电气设备手册

第二版

（上册）

黎文安 主编

内 容 提 要

本书是以实用为主、门类齐全、使用方便的《电气设备手册》，选择了近几年来国内电气设备的最新产品，为读者提供详细的产品技术数据、性能特点、适用范围以及生产厂家等信息。

本手册为《电气设备手册》（第二版），主要内容包括：电动机、变压器、高压电器及成套设备、电工测量仪器以及智能测量仪表等。

本手册以电气设备选型为主要目的，注重工程实用，是从事电气产品与系统设计、设备维修、技术革新等工程技术人员的必备工具书。

图书在版编目（CIP）数据

电气设备手册 : 全2册 / 黎文安主编. -- 2版. -- 北京 : 中国水利水电出版社, 2016.2
ISBN 978-7-5170-4079-8

Ⅰ. ①电… Ⅱ. ①黎… Ⅲ. ①电气设备－手册 Ⅳ. ①TM-62

中国版本图书馆CIP数据核字(2016)第022887号

书　　名	**电气设备手册　第二版　（上册）**
作　　者	黎文安　主编
出版发行	中国水利水电出版社 （北京市海淀区玉渊潭南路1号D座　100038） 网址：www.waterpub.com.cn E-mail：sales@waterpub.com.cn 电话：（010）68367658（发行部）
经　　售	北京科水图书销售中心（零售） 电话：（010）88383994、63202643、68545874 全国各地新华书店和相关出版物销售网点
排　　版	中国水利水电出版社微机排版中心
印　　刷	北京纪元彩艺印刷有限公司
规　　格	184mm×260mm　16开本　175.25印张（总）　4156千字（总）
版　　次	2007年7月第1版　2007年7月第1次印刷 2016年2月第2版　2016年2月第1次印刷
印　　数	0001—2000册
总 定 价	**560.00**元（上、下册）

《电气设备手册》(第二版)
编 辑 委 员 会

前　言

随着科学的发展和制造技术的不断进步，电气设备日新月异，新的产品大量面市。为满足电气工程技术领域从事产品与系统设计、技术革新、电气设备维修等工程技术人员的需要，我们在《电气设备手册》（2007年7月第一版）的基础上编写了《电气设备手册》（第二版），旨在为广大读者提供一部内容全面、新颖、适用性强的电气设备工具书，以便他们在设计和选型时参考。

本手册自2007年出版以来，深受读者好评。此次出版是在《电气设备手册》（2007年7月第一版）的基础上修订的。在确定《电气设备手册》（第二版）的内容时，我们以选择生命周期长、使用普遍性高、有统一规范的电气设备为原则，产品以高、新、精为特征。

与《电气设备手册》（2007年7月第一版）相比，本手册的内容有很大的变化，手册中大多数产品和生产厂家都是新的，代表了行业的发展方向。本手册删除了《电气设备手册》（2007年7月第一版）中的油断路器、高压试验设备、电线电缆与绝缘材料、高压电力电容器及无功补偿装置、低压电器及成套设备等产品。同时，增加了箱式变电站、特种电机、10kV柱上开关、10kV户外负荷开关、零序电流电压互感器、环网柜、智能测量仪表、非晶合金变压器、弱电设备过电压保护器等产品，使本手册的内容紧跟产品发展的步伐，更具有实用性。

本手册对每一种产品的性能特点、使用范围、技术参数都给予了详细介绍，并力求用表格形式表达，以便于读者阅读。

本手册由黎文安主编，编委会统稿和定稿。其中，第1、2、3、4章由黎文安、张国兵、王翔、邓建刚、高允京编写，第5、6、7、8、9、10、11、12、13、14、22章由桂玲玲、李海、李明东、汪应春、任波、邓建刚编写，第15、16、17、18、19、20、21由张军凯、赵旭光、张立宏、李明东、汪应春编写，第23、24、25由孟刚、张家华、庹文斌编写，第26、27、28、29、30、31章由黎文安、文康珍、詹韬、蔡晓光、刘清平编写。

随着科学的发展和制造技术的进步，各种新产品不断涌现，电气设备生产厂家众多，尤其是新生的生产厂家如雨后春笋层出不穷，这给我们收集资料、整理资料以及手册的编写带来了很大的困难，虽经多方努力，但本手册在内容和形式上仍难免存在遗漏和错误之处，我们真诚地希望读者在使用本手册时对错误之处加以指正。

《电气设备手册》(第二版) 编辑委员会

2015年9月

目　录

上　册

第 2 章 直流电动机

第 3 章 小功率电机

第7章 特种变压器

第 8 章 非晶合金变压器

第 13 章 消 弧 线 圈

第14章 放电线圈

第15章 箱式变电站

第 16 章 高压 SF_6 断路器

第1章　交流电动机

交流电动机按运行状态可分为同步电动机和异步电动机；按规格大小可分为大型交流电动机和中小型交流电动机。定子铁芯外径为990mm以上的电动机为大型交流电动机；中心高为630mm及以下或定子铁芯外径为990mm及以下的电动机为中小型交流电动机。

1.1　小型异步电动机

1.1.1　Y系列（IP23）三相异步电动机

一、概述

Y系列（IP23）电动机为鼠笼型三相异步电动机，是我国统一设计的系列产品，具有效率高、节能、堵转转矩高、噪声低、振动小、运行安全可靠等特点。适用于不含易燃、易爆或腐蚀性气体的一般场所和无特殊要求的金属切削机床、泵、风机、运输机械、搅拌机、农业机械、食品机械等，也适用于某些对启动转矩有较高要求的机械，如压缩机等。

电动机为B级绝缘，外壳防护等级为IP23，安装形式为IMB3，定子绕组为△接法。

型号含义

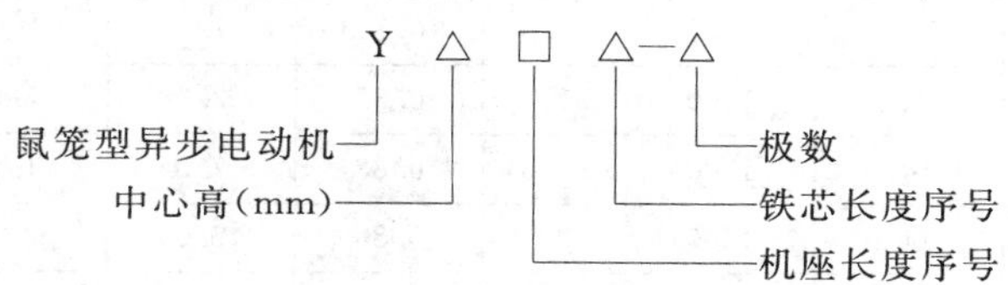

二、技术数据

电动机额定电压为380V，额定频率为50Hz。

Y系列（IP23）三相异步电动机技术数据，见表1-1。

三、外形及安装尺寸

Y系列（IP23）三相异步电动机外形及安装尺寸，见表1-2及图1-1。

表1-1 Y系列（IP23）三相异步电动机技术数据

型　　号	额定功率（kW）	额定电流（A）	同步转速（r/min）	效率（%）	功率因数	堵转电流/额定电流	堵转转矩/额定转矩	噪声（dB）	生产厂
Y160M—2	15	29.5	3000	88	0.88	7.0	1.7	85	
Y16011—2	18.5	35.5	3000	89	0.89	7.0	1.8	85	
Y16012—2	22	42.0	3000	89.5	0.89	7.0	2.0	85	
Y180M—2	30	57.2	3000	89.5	0.89	7.0	1.7	88	
Y180L—2	37	69.8	3000	90.5	0.89	7.0	1.9	88	
Y200M—2	45	84.5	3000	91	0.89	7.0	1.9	90	
Y200L—2	55	103	3000	91.5	0.89	7.0	1.9	90	
Y225M—2	75	140	3000	91.5	0.89	7.0	1.8	92	
Y250S—2	90	167	3000	92	0.89	7.0	1.7	97	
Y250M—2	110	202	3000	92.5	0.90	7.0	1.7	97	
Y280M—2	132	241	3000	92.5	0.90	7.0	1.6	99	
Y315S1—2	160	296	3000	91.5	0.90	7.0	1.4		
Y315S2—2	185	342	3000	91.5	0.90	7.0	1.4		
Y315M11—2	200	367	3000	92	0.90	7.0	1.4		
Y315M12—2	220	404	3000	92	0.90	7.0	1.4		
Y315M—2	250	457	3000	92.5	0.90	7.0	1.4		
Y160M—4	11	22.5	1500	87.5	0.85	7.0	1.9	76	
Y160L1—4	15	30.1	1500	88	0.86	7.0	2.0	80	湖北电机厂
Y160L2—4	18.5	36.8	1500	89	0.86	7.0	2.0	80	
Y180M—4	22	43.5	1500	89.5	0.86	7.0	1.9	80	
Y180L—4	30	58	1500	90.5	0.87	7.0	1.9	87	
Y200M—4	37	71.4	1500	90.5	0.87	7.0	2.0	87	
Y200L—4	45	85.9	1500	91.5	0.87	7.0	2.0	89	
Y225M—4	55	104	1500	91.5	0.88	7.0	1.8	89	
Y250S—4	75	141	1500	92	0.88	7.0	2.0	93	
Y250M—4	90	168	1500	92.5	0.88	7.0	2.2	93	
Y280S—4	110	209	1500	92.5	0.88	7.0	1.7	93	
Y280M—4	132	245	1500	93	0.88	7.0	1.8	96	
Y315S—4	160	306	1500	91	0.88	7.0	1.4		
Y315M11—4	185	349	1500	91.5	0.88	7.0	1.4		
Y315M12—4	200	375	1500	92	0.88	7.0	1.4		
Y315M21—4	220	413	1500	92	0.88	7.0	1.4		
Y315M22—4	250	467	1500	92.5	0.88	7.0	1.4		
Y160M—6	7.5	16.9	1000	85	0.79	6.5	2.0	78	

续表 1-1

型　号	额定功率 (kW)	额定电流 (A)	同步转速 (r/min)	效率 (%)	功率因数	堵转电流/额定电流	堵转转矩/额定转矩	噪声 (dB)	生产厂
Y160L—6	11	24.7	1000	86.5	0.78	6.5	2.0	78	湖北电机厂
Y180M—6	15	33.8	1000	88	0.81	6.5	1.8	81	
Y180L—6	18.5	38.3	1000	88.5	0.83	6.5	1.8	81	
Y200M—6	22	45.5	1000	89	0.85	6.5	1.7	81	
Y200L—6	30	60.3	1000	89.5	0.85	6，5	1.7	84	
Y225M—6	37	73.1	1000	90.5	0.87	6.5	1.8	84	
Y250S—6	45	87.4	1000	91	0.86	6.5	1.8	87	
Y250M—6	55	106	1000	91	0.87	6.5	1.8	87	
Y280S—6	75	143	1000	91.5	0.87	6.5	1.8	90	
Y280M—6	90	171	1000	92	0.88	6.5	1.8	90	
Y315S—6	110	209	1000	92	0.87	6.5	1.3		
Y315M1—6	132	251	1000	92	0.87	6.5	1.3		
Y315M2—6	160	304	1000	92	0.87	6.5	1.3		
Y160M—8	5.5	13.7	750	83.5	0.73	6.5	2.0	72	
Y160L—8	7.5	18.3	750	85	0.73	6.5	2.0	75	
Y180M—8	11	26.1	750	86.5	0.74	6.5	1.8	75	
Y180L—8	15	34.3	750	87.5	0.76	6.5	1.8	83	
Y200M—8	18.5	41.8	750	88.5	0.78	6.5	1.7	83	
Y200L—8	22	48.2	750	89	0.78	6.5	1.8	83	
Y225M—8	30	63.2	750	89.5	0.81	6.5	1.7	86	
Y250S—8	37	78	750	90	0.80	6.5	1.6	86	
Y250M—8	45	94.4	750	90.5	0.80	6.5	1.8	88	
Y280S—8	55	115	750	91	0.80	6.5	1.8	88	
Y280M—8	75	154	750	91.5	0.81	6.5	1.8	91	
Y315S—8	90	185	750	91.5	0.81	6.5	1.3		
Y315M1—8	110	226	750	91.5	0.81	6.5	1.3		
Y315M2—8	132	269	750	92	0.81	6.5	1.3		
Y315S—10	55	126	600	89.5	0.74	6.5	1.2		
Y315M1—10	75	169	600	90	0.75	6.5	1.2		
Y315M2—10	90	199	600	90.5	0.76	6.5	1.2		

表1-2 Y系列（IP23）三相异步电动机外形及安装尺寸 单位：mm

机座号	D		E		F		G		H	A	A/2	B	C	K	AB	AC	AD	HD	L	
	2极	4～10极	2极	4～10极	2极	4～10极	2极	4～10极											2极	4～10极
160M 160L	48	48	110	110	14	14	42.5	42.5	$160_{-0.5}^{0}$	254	127	210 254	108	15	330	380	290	405	540 585	540 585
180M 180L	55	55	110	110	16	16	49	49	$180_{-0.5}^{0}$	279	139.5	241 279	121	15	350	420	325	445	595 635	595 635
200M 200L 225M	60	60 60 65	140	140	18	18	53	53 53 58	$200_{-0.5}^{0}$ $200_{-0.5}^{0}$ $225_{-0.5}^{0}$	318 318 356	159 159 178	267 305 311	133 133 149	19	400 400 450	465 465 520	350 350 395	495 495 545	675 710 750	675 710 750
250S 250M	65	75	140	140	18	20	58	67.5	$225_{-0.5}^{0}$	406	203	311 349	168	24	510	550	410	600	785 825	785 825
280S 280M	65	80	140	170	18	22	58	71	$280_{-1.0}^{0}$	457	228.5	368 419	190	24	570	610	485	655	920 940	920 970
315S 315M	70	90	140	170	20	25	62.5	81	$315_{-1.0}^{0}$	508	254	406 457	216	28	680	792	586	865	1130 1180	1160 1210

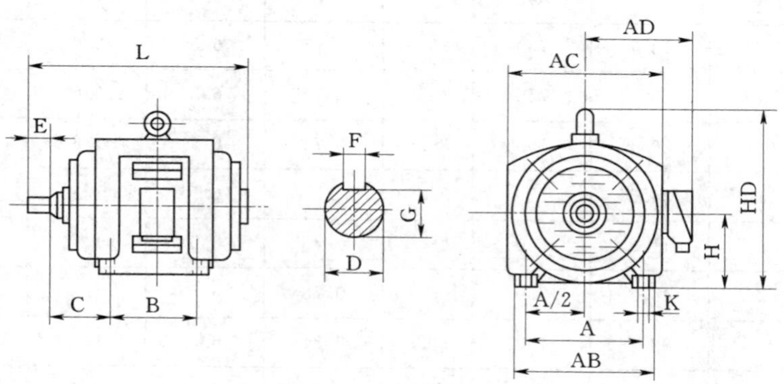

图1-1 Y系列（IP23）三相异步电动机外形及安装尺寸

1.1.2 Y系列（IP44）三相异步电动机

一、概述

Y系列（IP44）电动机为全封闭自扇冷鼠笼型三相异步电动机，适用于不含易燃、易爆或腐蚀性气体的一般场所和无特殊要求的金属切削机床、泵、风机、运输机械、搅拌机、农业机械、食品机械等，也适用于某些对启动转矩有较高要求的机械，如压缩机等。

电动机为B级绝缘，外壳防护等级为IP44，冷却方式为ICO141，工作方式为S1。3kW及以下电动机定子绕组为Y接法，4kW及以上电动机为△接法。从轴伸端看，出线盒在机座右边，H132～160机座的出线盒也可在左边。基本安装形式为IMB3、IMB5、IMB35。

型号含义

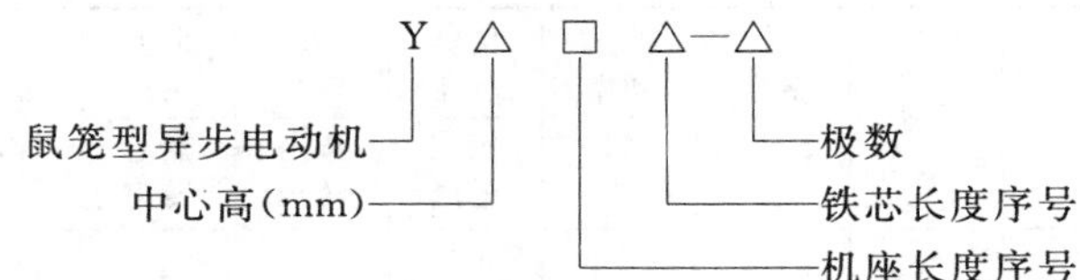

二、技术数据

电动机的额定电压为380V，额定频率为50Hz。

Y系列（IP44）三相异步电动机技术数据，见表1-3。

表1-3 Y系列（IP44）三相异步电动机技术数据

型号	额定功率(kW)	额定电流(A)	额定转速(r/min)	效率(%)	功率因数	堵转电流/额定电流	堵转转矩/额定转矩	最大转矩/额定转矩	噪声(dB)	转动惯量(kg·m²)	重量(kg)
Y801—2	0.75	1.81	2830	75	0.84	7.0	2.2	2.2	71	0.00075	16
Y802—2	1.1	2.52	2830	77	0.86	7.0	2.2	2.2	71	0.00090	17
Y90S—2	1.5	3.44	2840	78	0.85	7.0	2.2	2.2	75	0.0012	22
Y90L—2	2.2	4.74	2840	82	0.86	7.0	2.2	2.2	75	0.0014	25
Y100L—2	3.0	6.39	2870	82	0.87	7.0	2.2	2.2	79	0.0029	33
Y112M—2	4.0	8.17	2890	85.5	0.87	7.0	2.2	2.2	79	0.0055	45
Y132S1—2	5.5	11.1	2900	85.5	0.87	7.0	2.0	2.2	83	0.0109	64
Y132S2—2	7.5	15.0	2900	86.2	0.88	7.0	2.0	2.2	83	0.0126	70
Y160M1—2	11	21.8	2930	87.2	0.88	7.0	2.0	2.2	87	0.0377	117
Y160M2—2	15	29.4	2930	88.2	0.88	7.0	2.0	2.2	87	0.0449	125
Y160L—2	18.5	35.5	2930	89	0.89	7.0	2.0	2.2	87	0.0550	147
Y180M—2	22	42.2	2940	89	0.89	7.0	2.0	2.2	92	0.075	180
Y200L1—2	30	56.9	2950	90	0.89	7.0	2.0	2.2	95	0.124	240
Y200L2—2	37	69.8	2950	90.5	0.89	7.0	2.0	2.2	95	0.139	260
Y225M—2	45	83.9	2970	91.5	0.89	7.0	2.0	2.2	97	0.233	310
Y250M—2	55	103	2970	91.5	0.89	7.0	2.0	2.2	97	0.312	400
Y280S—2	75	140	2970	91.5	0.89	7.0	2.0	2.2	99	0.597	550
Y280M—2	90	167	2970	92	0.89	7.0	2.0	2.2	99	0.675	620
Y315S—2	110	204	2980	93	0.90	7.0	1.8	2.2	102	1.18	980
Y315M1—2	132	245	2980	94	0.90	7.0	1.8	2.2	102	1.82	1080
Y315M2—2	160	295	2980	94.5	0.90	7.0	1.8	2.2	102	2.08	1160
Y801—4	0.55	1.51	1390	73	0.76	6.5	2.2	2.2	67	0.0018	17
Y802—4	0.75	2.01	1390	74.5	0.76	6.5	2.2	2.2	67	0.0021	18
Y90S—4	1.1	2.75	1400	78	0.78	6.5	2.2	2.2	67	0.0021	22

续表 1-3

型　号	额定功率(kW)	额定电流(A)	额定转速(r/min)	效率(%)	功率因数	堵转电流/额定电流	堵转转矩/额定转矩	最大转矩/额定转矩	噪声(dB)	转动惯量(kg·m²)	重量(kg)
Y90L—4	1.5	3.65	1400	79	0.79	6.5	2.2	2.2	67	0.0027	27
Y100L1—4	2.2	5.03	1430	81	0.82	7.0	2.2	2.2	70	0.0054	34
Y100L2—4	3	6.82	1430	82.5	0.81	7.0	2.2	2.2	70	0.0067	38
Y112M—4	4	8.77	1440	84.5	0.82	7.0	2.2	2.2	74	0.0095	43
Y132S—4	5.5	11.6	1440	85.5	0.84	7.0	2.2	2.2	78	0.0214	68
Y132M—4	7.5	15.4	1440	87	0.85	7.0	2.2	2.2	78	0.0296	81
Y160M—4	11	22.6	1460	88	0.84	7.0	2.2	2.2	82	0.0747	123
Y160L—4	15	30.3	1460	88.5	0.85	7.0	2.2	2.2	82	0.0918	144
Y180M—4	18.5	35.9	1470	91	0.86	7.0	2.0	2.2	82	0.139	182
Y180L—4	22	42.5	1470	91.5	0.86	7.0	2.0	2.2	82	0.158	190
Y200L—4	30	56.8	1470	92.2	0.87	7.0	2.0	2.2	84	0.262	270
Y225S—4	37	69.8	1480	91.8	0.87	7.0	1.9	2.2	84	0.406	300
Y225M—4	45	84.2	1480	92.3	0.88	7.0	1.9	2.2	84	0.469	320
Y250M—4	55	103	1480	92.6	0.88	7.0	2.0	2.2	86	0.66	427
Y280S—4	75	140	1480	92.7	0.88	7.0	1.9	2.2	90	1.12	562
Y280M—4	90	161	1480	93.6	0.89	7.0	1.9	2.2	90	1.46	670
Y315S—4	110	201	1480	93.5	0.89	7.0	1.8	2.2	96	3.11	1000
Y315M1—4	132	241	1490	93.5	0.89	7.0	1.8	2.2	96	3.62	1100
Y315M2—4	160	291	1490	91	0.89	7.0	1.8	2.2	96	4.13	1160
Y90S—6	0.75	2.25	910	72.5	0.70	6.0	2.0	2.0	65	0.0029	23
Y90L—6	1.1	3.15	910	73.5	0.72	6.0	2.0	2.0	65	0.0035	25
Y100L—6	1.5	3.97	940	77.5	0.74	6.0	2.0	2.0	67	0.0069	35
Y112M—6	2.2	5.61	940	80.5	0.74	6.0	2.0	2.0	67	0.0138	45
Y132S—6	3	7.23	960	83	0.76	6.5	2.0	2.0	71	0.0286	65
Y132M1—6	4	9.40	960	84	0.77	6.5	2.0	2.0	71	0.0357	75
Y132M2—6	5.5	12.6	960	85.3	0.78	6.5	2.0	2.0	71	0.0449	85
Y160M—6	7.5	17.0	970	86	0.78	6.5	2.0	2.0	75	0.0881	120
Y160L—6	11	24.6	970	87	0.78	6.5	2.0	2.0	75	0.116	150
Y180L—6	15	31.4	970	89.5	0.81	6.5	1.8	2.0	78	0.207	200
Y200L1—6	18.5	37.7	970	89.8	0.83	6.5	1.8	2.0	78	0.315	220
Y200L2—6	22	44.6	970	90.2	0.83	6.5	1.8	2.0	78	0.360	250

续表 1-3

型　　号	额定功率(kW)	额定电流(A)	额定转速(r/min)	效率(%)	功率因数	堵转电流/额定电流	堵转转矩/额定转矩	最大转矩/额定转矩	噪声(dB)	转动惯量(kg·m²)	重量(kg)
Y225M—6	30	59.5	980	90.2	0.85	6.5	1.7	2.0	81	0.547	300
Y250M—6	37	72	980	90.8	0.86	6.5	1.8	2.0	81	0.834	410
Y280S—6	45	85.4	980	92	0.87	6.5	1.8	2.0	84	1.39	550
Y280M—6	55	104	980	92	0.87	6.5	1.8	2.0	84	1.65	600
Y315S—6	75	141	990	93	0.87	6.5	1.6	2.0	87	4.11	1000
Y315M1—6	90	168	990	93.5	0.87	6.5	1.6	2.0	87	4.78	1080
Y315M2—6	110	205	990	94	0.87	6.5	1.6	2.0	87	5.45	1150
Y315M3—6	132	246	990	94	0.87	6.5	1.6	2.0	87	6.12	1210
Y132S—8	2.2	5.81	710	81	0.71	5.5	2.0	2.0	66	0.0314	70
Y132M—8	3	7.72	710	82	0.72	5.5	2.0	2.0	66	0.0395	80
Y160M1—8	4	9.91	720	84	0.73	6	2.0	2.0	69	0.0753	120
Y160M2—8	5.5	13.3	720	85	0.74	6	2.0	2.0	69	0.0931	125
Y160L—8	7.5	17.7	720	86	0.75	5.5	2.0	2.0	72	0.126	150
Y180L—8	11	25.1	730	86.5	0.77	6	1.7	2.0	72	0.203	200
Y200L—8	15	34.1	730	88	0.76	6	1.8	2.0	75	0.339	250
Y225S—8	18.5	41.3	730	89.5	0.76	6	1.7	2.0	75	0.491	270
Y225M—8	22	47.6	730	90	0.78	6	1.8	2.0	75	0.547	300
Y250M—8	30	63.0	730	90.5	0.80	6	1.8	2.0	78	0.834	400
Y280S—8	37	78.2	740	91	0.79	6	1.8	2.0	78	1.39	520
Y280M—8	45	93.2	740	91.7	0.80	6	1.8	2.0	78	1.65	600
Y315S—8	55	111	740	92	0.82	6.5	1.6	2.0	87	4.79	1000
Y315M1—8	75	150	740	92.5	0.82	6.5	1.6	2.0	87	5.58	1100
Y315M2—8	90	179	740	93	0.82	6.5	1.6	2.0	87	6.37	1160
Y315M3—8	110	219	740	93	0.82	6.5	1.6	2.0	87	7.23	1230
Y315S—10	45	99	590	91	0.76	6.5	1.4	2.0	87	4.79	990
Y315M2—10	55	120	590	91.5	0.76	6.5	1.4	2.0	87	6.37	1150
Y315M3—10	75	160	590	92	0.77	6.5	1.4	2.0	87	7.15	1220

三、外形及安装尺寸

（1）B3 型 Y 系列（IP44）三相异步电动机外形及安装尺寸，见表 1-4 及图 1-2。

（2）B35 型 Y 系列（IP44）三相异步电动机外形及安装尺寸，见表 1-5 及图 1-3。

表 1-4 B3型Y系列（IP44）三相异步电动机外形及安装尺寸 单位：mm

机座号	D		F		G		E		K	H	A	A/2	B	C	AB	AC	AD	HD	L	
	2极	4～10极	2极	4～10极	2极	4～10极	2极	4～10极											2极	4～10极
80	19	19	6	6	15.5	15.5	40	40	10	$80_{-0.5}^{0}$	125	62.5	100	50	165	165	150	170	285	285
90S	24	24	8	8	20	20	50	50	10	$90_{-0.5}^{0}$	140	70	100	56	180	175	155	190	310	310
90L	24	24	8	8	20	50	50	50	10	$90_{-0.5}^{0}$	140	70	125	56	180	175	155	190	335	335
100L	28	28	8	8	24	24	60	60	12	$100_{-0.5}^{0}$	160	80	140	63	205	205	180	245	380	380
112M	28	28	8	8	24	24	60	60	12	$112_{-0.5}^{0}$	190	95	140	70	245	230	190	265	400	400
132S	38	38	10	10	33	33	80	80	12	$132_{-0.5}^{0}$	216	108	140	89	280	270	210	315	475	475
132M	38	38	10	10	33	33	80	80	12	$132_{-0.5}^{0}$	216	108	178	89	280	270	210	315	515	515
160M	42	42	12	12	37	37	110	110	15	$160_{-0.5}^{0}$	254	127	210	108	330	325	255	385	600	600
160L	42	42	12	12	37	37	110	110	15	$160_{-0.5}^{0}$	254	127	254	108	330	325	255	385	645	645
180M	48	48	14	14	42.5	42.5	110	110	15	$180_{-0.5}^{0}$	279	139.5	241	121	355	360	285	430	670	670
180L	48	48	14	14	42.5	42.5	110	110	15	$180_{-0.5}^{0}$	279	139.5	279	121	355	360	285	430	710	710
200L	55	55	16	16	49	49	110	110	19	$200_{-0.5}^{0}$	318	159	305	133	395	400	310	475	775	775
225S		60		18		53		140	19	$225_{-0.5}^{0}$	356	178	286	149	435	450	345	530		820
225M	55	60	16	18	49	53	110	140	19	$225_{-0.5}^{0}$	356	178	311	149	435	450	345	530	815	845
250M	60	65	18	18	53	58	140	140	24	$250_{-0.5}^{0}$	406	203	349	168	490	495	385	575	930	930
280S	65	75	18	20	58	67.5	140	140	24	$280_{-1.0}^{0}$	457	228.5	368	190	550	555	410	640	1000	1000
280M	65	75	18	20	58	67.5	140	140	24	$280_{-1.0}^{0}$	457	228.5	419	190	550	555	410	640	1050	1050
315S	65	80	18	22	58	71	140	170	28	$315_{-1.0}^{0}$	508	254	406	215	640	660	530	760	1200	200
315M	65	80	18	22	58	71	140	170	28	$315_{-1.0}^{0}$	508	254	457	216	640	660	530	760	1250	1250

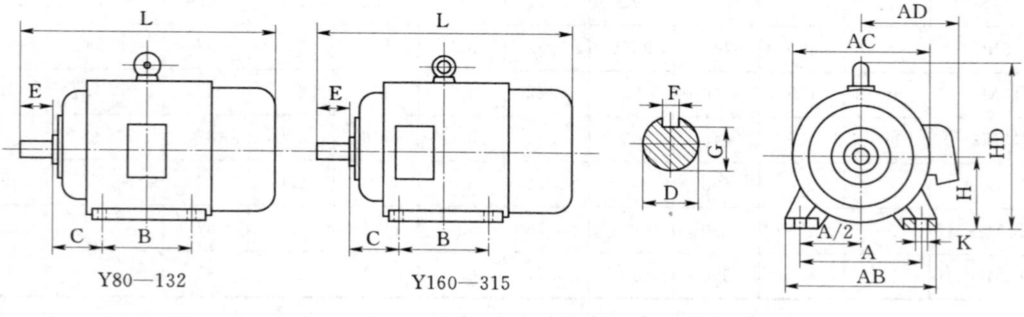

图 1-2 B3型Y系列（IP44）三相异步电动机外形及安装尺寸

（3）B5（V1）型Y系列三相异步电动机的外形与B35型Y系列三相异步电动机基本相同。

表 1-5 B35 型 Y 系列（IP44）三相异步电动机外形及安装尺寸

单位：mm

机座号	D		F		G		E		K	M	N	P	T	H	S	R	A	B	C_1	AB	AC	AD	HD	L	
	2 极	4～10 极	2 极	4～10 极	2 极	4～10 极	2 极	4～10 极																2 极	4～10 极
80	19	19	6	6	15.5	15.5	40	40	10	165	130	200	3.5	80	4×ϕ12	0	125	100	50	165	165	150	170	285	285
90S	24	24	8	8	20	20	50	50	10	165	130	200	3.5	90	4×ϕ12	0	140	100	56	180	175	155	190	310	310
90L	24	24	8	8	20	20	50	50	10	165	130	200	3.5	90	4×ϕ12	0	140	125	56	180	175	155	190	335	335
100L	28	28	8	8	24	24	60	60	12	215	180	250	4	100	4×ϕ15	0	160	140	63	205	200	180	245	380	380
112M	28	28	8	8	24	24	60	60	12	215	180	250	4	112	4×ϕ15	0	190	140	70	245	230	190	265	400	400
132S	38	38	10	10	33	33	80	80	12	265	230	300	4	132	4×ϕ15	0	216	140	89	280	270	210	315	475	475
132M	38	38	10	10	33	33	80	80	12	265	230	300	4	132	4×ϕ15	0	216	178	89	280	270	210	315	515	515
160M	42	42	12	12	37	37	110	110	15	300	250	350	5	160	4×ϕ19	0	254	210	108	330	325	255	385	600	600
160L	12	42	12	12	37	37	110	110	15	300	250	350	5	160	4×ϕ19	0	254	254	108	330	325	255	385	645	645
180M	48	48	14	14	42.5	42.5	110	110	15	300	250	350	5	180	4×ϕ19	0	279	241	121	355	360	285	430	670	670
180L	48	48	14	14	42.5	42.5	110	110	15	300	250	350	5	180	4×ϕ19	0	279	279	121	355	360	285	430	710	710
200L	55	55	16	16	49	49	110	110	19	350	300	400	5	200	4×ϕ19	0	318	305	133	395	400	310	475	775	775
225S		60		18		53		140	19	400	350	450	5	225	8×ϕ19	0	356	286	149	435	450	345	530		825
225M	55	60	16	18	49	53	110	140	19	400	350	450	5	225	8×ϕ19	0	356	311	149	435	450	345	530	815	845
250M	60	65	18	18	53	58	140	140	24	500	450	550	5	250	8×ϕ19	0	406	349	168	490	495	385	575	930	930
280S	65	75	18	20	58	67.5	140	140	24	500	450	550	5	280	8×ϕ19	0	457	368	190	550	555	410	640	1000	1000
280M	65	75	18	20	58	67.5	140	140	24	500	450	550	5	280	8×ϕ19	0	457	419	190	550	555	410	640	1050	1050
315S	65	80	18	22	58	71	140	170	28	600	550	660	6	315	8×ϕ24	0	508	406	216	640	660	530	760	1200	1200
315M	65	80	18	22	58	71	140	170	28	600	550	660	6	315	8×ϕ24	0	508	457	216	640	660	530	760	1250	1250

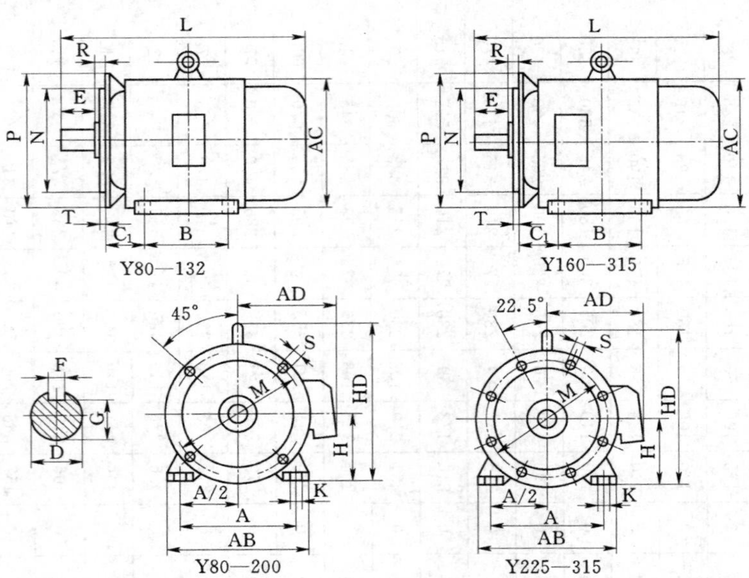

图1-3 B35型Y系列（IP44）三相异步电动机外形及安装尺寸

四、生产厂

湖北电机厂、重庆电机厂、厦门电机实业总公司、武汉微型电机厂、东工电机厂、湘潭电机股份有限公司。

1.1.3 Y2系列三相异步电动机

一、概述

Y2系列三相异步电动机额定电压为380V、额定频率为50Hz、防护等级为IP54、外形新颖美观，结构更加合理。其功率等级及安装尺寸与Y系列电动机相同，完全符合IEC标准，适用于驱动无特殊要求的各种机械设备。

Y2系列三相异步电动机有三种常见安装结构：

B3卧式，机座带底脚，端盖无凸缘（普通卧式安装）；

B5立式，机座无底脚，端盖有凸缘（普通立式安装）；

B35立卧式，机座带底脚，端盖有凸缘（立式、卧式两用安装）。

二、技术数据

Y2—160L—4—15kW三相异步电动机技术数据，见表1-6。

表1-6 Y2—160L—4—15kW三相异步电动机技术数据

型号	额定功率（kW）	满载时				堵转电流/额定电流	堵转转矩/额定转矩	最大转矩/额定转矩
		转速（r/min）	电流（A）	效率（%）	功率因数			
同步转速1500（r/min）								
Y2—100L2—4	3	1410	6.78	82	0.82	7	2.3	2.3
Y2—112M—4	4	1440	8.8	84	0.82	7	2.3	2.3
Y2—132M—4	7.5	1440	15.6	87	0.84	7	2.3	2.3

续表 1-6

型号	额定功率(kW)	满载时 转速(r/min)	电流(A)	效率(%)	功率因数	堵转电流/额定电流	堵转转矩/额定转矩	最大转矩/额定转矩
Y2—132S—4	5.5	1440	11.7	85	0.83	7	2.3	2.3
Y2—160L—4	15	1460	30.1	89	0.85	7.5	2.2	2.3
Y2—160M—4	11	1460	22.3	88	0.84	7	2.2	2.3
Y2—180L—4	22	1470	43.2	91	0.86	7.5	2.2	2.3
Y2—180M—4	18.5	1470	36.5	90.5	0.86	7.5	2.2	2.3
Y2—200L—4	30	1470	57.6	92	0.86	7.2	2.2	2.3
Y2—225M—4	45	1475	84.7	92.8	0.87	7.2	2.2	2.3
Y2—225S—4	37	1475	69.9	92.5	0.87	7.2	2.2	2.3
Y2—250M—4	55	1480	103	93	0.87	7.2	2.2	2.3
Y2—280M—4	90	1480	167	84.2	0.87	7.2	2.2	2.3
Y2—280S—4	75	1480	140	93.8	0.87	7.2	2.2	2.3
Y2—315L1—4	160	1480	287	94.9	0.89	6.9	2.1	2.2
Y2—315L2—4	200	1480	359	95	0.89	6.9	2.1	2.2
Y2—315M—4	132	1480	240	94.8	0.88	6.9	2.1	2.2
Y2—315S—4	110	1480	201	94.5	0.88	6.9	2.1	2.2
Y2—355L—4	315	1490	556	95.6	0.9	6.9	2.1	2.2
Y2—355M—4	250	1490	443	95.3	0.9	6.9	2.1	2.2

三、生产厂

台州恒富电动机厂。

1.1.4 Y—W、Y—WF系列户外、防腐型异步电动机

一、概述

Y—W、Y—WF 系列异步电动机是在 Y 系列（IP44）电动机的基础上，采用特殊密封措施和防腐措施而派生的产品，具有优良的抗化学腐蚀性能以及高效、节能、启动转矩高、噪声低、振动小、运行可靠等特点，适用于石油、化工、轻工、冶金、国防、医药和农业生产等。

电动机为 B 级绝缘（也可制造 F 级、H 级），外壳防护等级为 IP54、IP55，冷却方式为 ICO141，工作方式为 S1，基本安装形式为 IMB3、IMB5、IMB35。

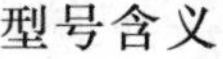

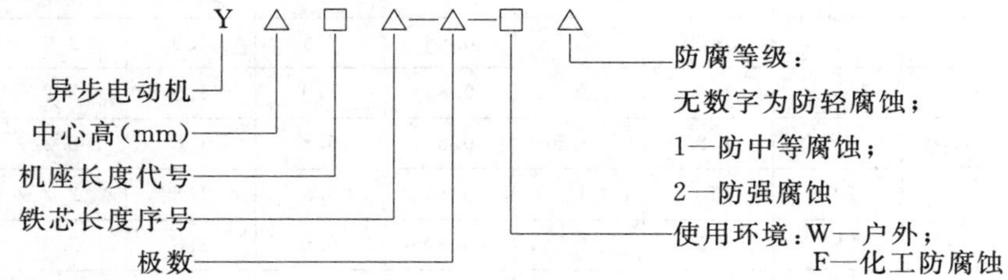

二、技术数据

电动机额定工作方式为 S1，额定电压为 380V，额定频率为 50Hz。

Y—W、Y—WF 系列异步电动机技术数据，见表 1-7。

表1-7 Y—W、Y—WF系列异步电动机技术数据

型号	额定功率(kW)	额定电流(A)	额定转速(r/min)	效率(%)	功率因数	堵转电流/额定电流	堵转转矩/额定转矩	最大转矩/额定转矩	生产厂
Y132S1—2	5.5	11.1	2900	85.5	0.88	7.0	2.0	2.2	重庆电机厂
Y132S2—2	7.5	15.0	2900	86.2	0.88	7.0	2.0	2.2	
Y160M1—2	11	21.8	2930	87.2	0.88	7.0	2.0	2.3	
Y160M2—2	15	29.4	2930	88.2	0.88	7.0	2.0	2.3	
Y160L—2	18.5	35.5	2930	89	0.89	7.0	2.0	2.2	
Y180M—2	22	42.2	2940	89	0.89	7.0	2.0	2.2	
Y200L1—2	30	56.9	2950	90	0.89	7.0	2.0	2.2	
Y200L2—2	37	69.8	2950	90.5	0.89	7.0	2.0	2.2	
Y225M—2	45	83.9	2970	91.5	0.89	7.0	2.0	2.2	
Y250M—2	55	102.6	2970	91.5	0.89	7.0	2.0	2.2	
Y280S—2	75	140.0	2970	92	0.89	7.0	2.0	2.2	
Y280M—2	90	166	2970	92.5	0.89	7.0	2.0	2.2	
Y315S—2	110	203.0	2980	92.5	0.89	6.8	1.8	2.2	
Y315M—2	132	242.0	2980	93	0.89	6.8	1.8	2.2	
Y315L1—2	160	292.0	2980	93.5	0.89	6.8	1.8	2.2	
Y315L2—2	200	365	2980	93.5	0.89	6.8	1.8	2.2	
Y132S—4	5.5	11.6	1440	85.5	0.84	7.0	2.2	2.2	
Y132M—4	7.5	15.4	1440	87	0.85	7.0	2.2	2.2	
Y160M—4	11	22.6	1460	88	0.84	7.0	2.2	2.3	
Y160L—4	15	30.3	1460	88.5	0.85	7.0	2.2	2.3	
Y180M—4	18.5	35.9	1470	91	0.86	7.0	2.0	2.2	
Y180L—4	22	42.5	1470	91.5	0.86	7.0	2.0	2.2	
Y200L—4	30	56.8	1470	92.2	0.87	7.0	2.0	2.2	
Y225S—4	37	74.9	1480	91.8	0.87	7.0	1.9	2.2	
Y225M—4	45	84.2	1480	92.3	0.88	7.0	1.9	2.2	
Y250M—4	55	102.7	1480	92.6	0.88	7.0	2.0	2.2	
Y280S—4	75	139.7	1480	92.7	0.88	7.0	1.9	2.2	
Y280M—4	90	164.3	1480	93.5	0.89	7.0	1.9	2.2	
Y315S—4	110	201	1485	93.5	0.89	6.8	1.8	2.2	
Y315M—4	132	240	1485	94	0.89	6.8	1.8	2.2	
Y315L1—4	160	289	1485	94.5	0.89	6.8	1.8	2.2	
Y315L2—4	200	361	1485	94.5	0.89	6.8	1.8	2.2	
Y132S—6	3	7.2	960	83	0.76	6.5	2.0	2.0	
Y132M1—6	4	9.4	960	84	0.77	6.5	2.0	2.0	

续表 1-7

型号	额定功率(kW)	额定电流(A)	额定转速(r/min)	效率(%)	功率因数	堵转电流/额定电流	堵转转矩/额定转矩	最大转矩/额定转矩	生产厂
Y132M2—6	5.5	12.6	960	85.3	0.78	6.5	2.0	2.0	重庆电机厂
Y160M—6	7.5	17.0	970	86.0	0.78	6.5	2.0	2.0	
Y160L—6	11	24.6	970	87.0	0.78	6.5	2.0	2.0	
Y180L—6	15	31.5	970	89.5	0.81	6.5	1.8	2.0	
Y200L1—6	18.5	37.7	970	89.8	0.83	6.5	1.8	2.0	
Y200L2—6	22	44.6	970	90.2	0.83	6.5	1.8	2.0	
Y225M—6	30	59.5	980	90.2	0.85	6.5	1.7	2.0	
Y250M—6	37	72	980	90.8	0.86	6.5	1.8	2.0	
Y280S—6	45	85.0	980	92.0	0.87	6.5	1.8	2.0	
Y280M—6	55	105.0	980	92.0	0.87	6.5	1.8	2.0	
Y315S—6	75	141.0	990	92.8	0.87	6.5	1.6	2.0	
Y315M—6	90	170.0	990	93.2	0.87	6.5	1.6	2.0	
Y315L1—6	110	206.0	990	93.5	0.87	6.5	1.6	2.0	
Y315L2—6	132	245.8	990	94	0.87	6.5	1.6	2.0	
Y132S—8	2.2	5.8	710	81	0.71	5.5	2.0	2.0	
Y132M—8	3	7.7	710	82	0.72	5.5	2.0	2.0	
Y160M1—8	4	9.9	720	84.0	0.73	6.0	2.0	2.0	
Y160M2—8	5.5	13.3	720	85.0	0.74	6.0	2.0	2.0	
Y160L—8	7.5	17.7	720	86.0	0.75	5.5	2.0	2.0	
Y180L—8	11	25.0	730	87.5	0.77	6.0	1.7	2.0	
Y200L—8	15	34.1	730	88.0	0.76	6.0	1.8	2.0	
Y225S—8	18.5	41.3	730	89.5	0.76	6.0	1.7	2.0	
Y225M—8	22	47.6	730	90.0	0.78	6.0	1.8	2.0	
Y250M—8	30	63	730	90.5	0.80	6.0	1.8	2.0	
Y280S—8	37	78.0	740	91.0	0.79	6.0	1.8	2.0	
Y280M—8	45	93.0	740	91.7	0.80	6.0	1.8	2.0	
Y315S—8	55	113.5	740	92.0	0.80	6.5	1.6	2.0	
Y315M0—8	75	152	740	92.5	0.81	6.5	1.6	2.0	
Y315L1—8	90	179	740	93.0	0.82	6.5	1.6	2.0	
Y315L2—8	110	219	740	93.3	0.82	6.3	1.6	2.0	
Y315S—10	45	101	590	91.5	0.74	6.0	1.4	2.0	
Y315M—10	55	122.7	590	92.0	0.74	6.0	1.4	2.0	
Y315L2—10	75	164	590	92.5	0.75	6.0	1.4	2.0	

三、外形及安装尺寸

（1）B3、B6、B7、B8、V5、V6机座带底脚，端盖无凸缘型Y—W、Y—WF系列电动机外形及安装尺寸，见表1-8及图1-4。

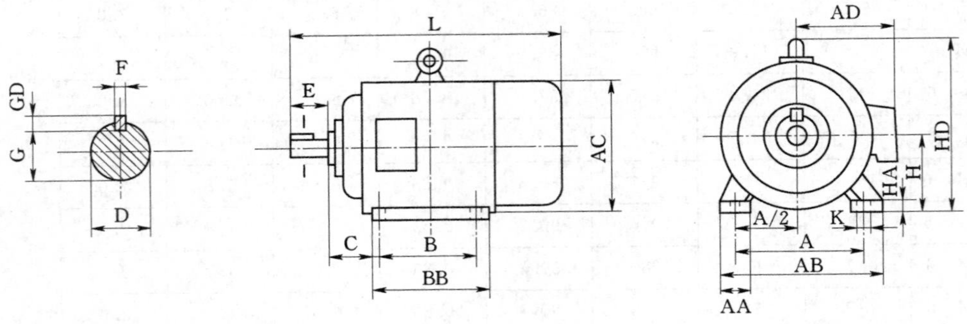

图1-4 B3、B6、B7、B8、V5、V6型Y—W及Y—WF系列电动机外形及安装尺寸

（2）B5、V1、V3卧式机座型Y—W、Y—WF系列电动机外形及安装尺寸，见表1-9及图1-5。

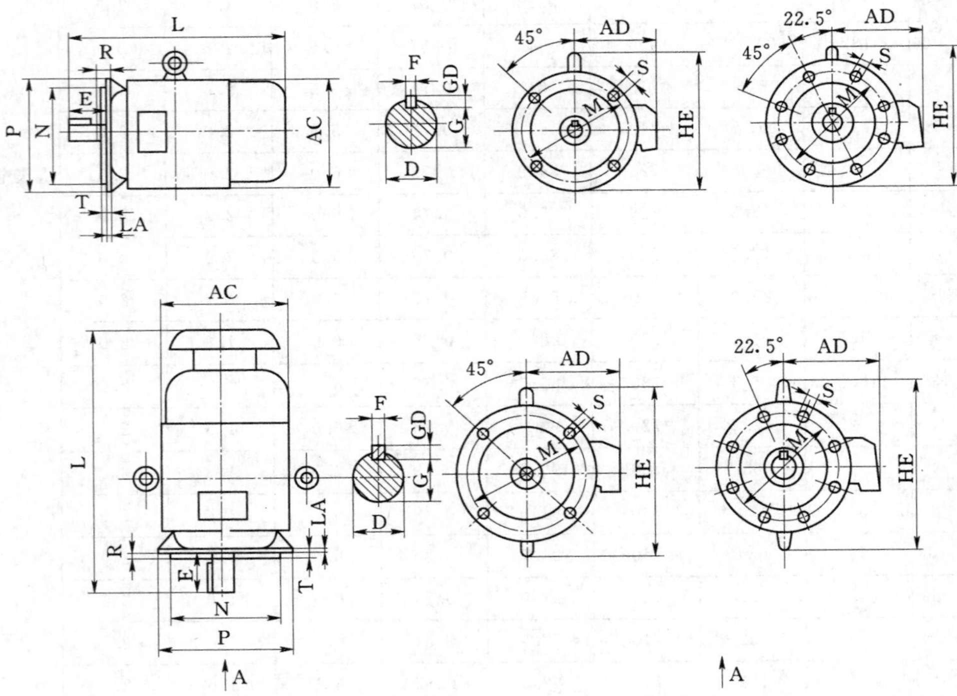

图1-5 B5、V1、V3型Y—W及Y—WF系列电动机外形及安装尺寸

（3）B35、V15、V36机座带底脚，端盖有凸缘型Y—W、Y—WF系列电动机外形及安装尺寸，见表1-10及图1-6。

表 1-8 B3、B6、B7、B8、V5、V6 型 Y—W 及 Y—WF 系列电动机外形及安装尺寸

单位：mm

型号	H	A	B	C	D		E		F		GD		G		K	AB	AC	AD	HD	AA	BB	HA	L		安装形式
					2 极	4～8 极	2 极	4～8 极	2 极	4～8 极	2 极	4～8 极	2 极	4～8 极									2 极	4～8 极	
Y132S	132	216	140	89	38	38	80	80	10	10	8	8	33	33	12	280	270	210	315	60	200	18	475	475	B3、B6、B7、B8、V5、V6 型
Y132M	132	216	178	89	38	38	80	80	10	10	8	8	33	33	12	280	270	210	315	60	238	18	515	515	
Y160M	160	254	210	108	42	42	110	110	12	12	8	8	37	37	15	330	335	265	385	70	270	20	605	605	
Y160L	160	254	254	108	42	42	110	110	12	12	8	8	37	37	15	330	335	265	385	70	314	20	650	650	
Y180M	180	279	241	121	48	48	110	110	14	14	9	9	42.5	42.5	15	355	360	285	430	70	311	22	670	670	B3 型
Y180L	180	279	279	121	48	48	110	110	14	14	9	9	42.5	42.5	15	355	360	285	430	70	349	22	775	710	
Y200L	200	318	305	133	55	55	100	110	16	16	10	10	49	49	19	395	420	315	475	70	379	25	775	775	
Y225S	225	356	286	149		60		140		18		11		53	19	435	475	345	530	75	368	28		820	
Y225M	225	356	311	149	55	60	110	140	16	18	10	11	49	53	19	435	475	345	530	75	393	28	815	845	
Y250M	250	406	349	168	60	65	140	140	18	18	11	11	53	58	24	490	515	385	575	80	455	30	930	930	
Y280S	280	457	368	190	65	75	140	140	18	20	11	12	58	67.5	24	550	580	410	640	85	530	35	1000	1000	
Y280M	280	457	419	190	65	75	140	140	18	20	11	12	58	67.5	24	550	580	410	640	85	581	35	1050	1050	
Y315S	315	508	406	216	65	80	140	170	18	22	11	14	58	71	28	744	645	576	865	120	609	45	1240	1270	
Y315M	315	508	457	216	65	80	140	170	18	22	11	14	58	71	28	744	645	576	865	120	720	45	1310	1340	
Y315L	315	508	457	216	65	80	140	170	18	22	11	14	58	71	28	744	645	576	865	120	720	45	1310	1340	

表1-9 B5、V1、V3型Y—W及Y—WF系列电动机外形及安装尺寸

单位：mm

型号	D		E		F		GD		G		T	M	N	P	R	S	AC	AD	LA	HE	L		安装形式
	2极	4～8极	2极	4～8极	2极	4～8极	2极	4～8极	2极	4～8极											2极	4～8极	
Y132S	38	38	80	80	10	10	8	8	33	33	4	265	230	300	0	4×ϕ15	270	210	14	315	475	475	B5、V1、V3型
Y132M	38	38	80	80	10	10	8	8	33	33	4	265	230	300	0	4×ϕ15	270	210	14	315	515	515	
Y160M	42	42	110	110	12	12	8	8	37	37	5	300	250	350	0	4×ϕ19	335	265	16	385	605	605	
Y160L	42	42	110	110	12	12	8	8	37	37	5	300	250	350	0	4×ϕ19	335	265	16	385	650	650	
Y180M	48	48	110	110	14	14	9	9	42.5	42.5	5	300	250	350	0	4×ϕ19	360	285	18	430 (500)	670 (730)	670 (730)	B5、V1型
Y180L	48	48	110	110	14	14	9	9	42.5	42.5	5	300	250	350	0	4×ϕ19	360	285	18	430 (500)	710 (770)	710 (770)	
Y200L	55	55	110	110	16	16	10	10	49	49	5	350	300	400	0	4×ϕ19	420	315	18	480 (550)	775 (850)	775 (850)	
Y225S	55	60	110	140		18		11		53	5	400	350	450	0	8×ϕ19	475	345	20	535 (610)		820 (910)	
Y225M	55	60	110	140	16	18	10	11	49	53	5	400	350	450	0	8×ϕ19	475	345	20	535 (610)	815 (905)	845 (935)	
Y250M	60	65	140	140	18	18	11	11	53	58	5	500	450	550	0	8×ϕ19	515	385	22	(650)	(1035)	(1035)	V1型
Y280S	65	75	140	140	18	20	11	12	58	67.5	5	500	450	550	0	8×ϕ19	580	410	22	(720)	(1120)	(1120)	
Y280M	65	75	140	140	18	20	11	12	58	67.5	5	500	450	550	0	8×ϕ19	580	410	22	(720)	(1170)	(1170)	
Y315S	65	80	140	170	18	22	11	14	58	71	6	600	550	660	0	8×ϕ24	645	576	25	900	1360	1390	
Y315M	65	80	140	170	18	22	11	14	58	71	6	600	550	660	0	8×ϕ24	645	576	25	900	1460	1490	
Y315L	65	80	140	170	18	22	11	14	58	71	6	600	550	660	0	8×ϕ24	645	576	25	900	1460	1490	

注 括号内尺寸仅用于V1结构。

表 1-10 B35、V15、V36 型 Y—W 及 Y—WF 系列电动机外形及安装尺寸

单位：mm

型号	H	A	B	C_1	D		E		F		GD		G		K	T	M	N	P	R	S	AB	AC	AD	HD	AA	BB	HA	LA	L		安装形式
					2 极	4～8 极	2 极	4～8 极	2 极	4～8 极	2 极	4～8 极	2 极	4～8 极																2 极	4～8 极	
Y132S	132	216	140	89	38	38	80	80	10	10	8	8	33	33	12	4	265	230	300	0	4×ϕ15	280	275	210	315	60	200	18	14	475	475	B35、V15、V36 型
Y132M	132	216	178	89	38	38	80	80	10	10	8	8	33	33	12	4	265	230	300	0	4×ϕ15	280	275	210	315	60	238	18	14	515	515	
Y160M	160	254	210	108	42	42	110	110	12	12	8	8	37	37	15	5	300	250	350	0	4×ϕ19	330	335	265	385	70	270	20	16	605	605	
Y160L	160	254	254	108	42	42	110	110	12	12	8	8	37	37	15	5	300	250	350	0	4×ϕ19	330	335	265	385	70	314	20	16	650	650	
Y180M	180	279	241	121	48	48	110	110	14	14	9	9	42.5	42.5	15	5	300	250	350		4×ϕ19	355	360	285	430	70	311	22	18	670	670	B35 型
Y180L	180	279	279	121	48	48	110	110	14	14	9	9	42.5	42.5	15	5	300	250	350		4×ϕ19	355	360	285	430	70	349	22	18	710	710	
Y200L	200	318	305	133	55	55	110	110	16	16	10	10	49	49	19	5	350	300	400		4×ϕ19	395	420	315	475	70	379	25	18	775	775	B35 型
Y225S	225	356	286	149		60		140	16	18	10	11	49	53	19	5	400	350	450		8×ϕ19	435	475	345	530	75	368	28	20		820	
Y225M	225	356	311	149	55	60	110	140	16	18	10	11	49	53	19	5	400	350	450		8×ϕ19	435	475	345	530	75	393	28	20	815	845	
Y250M	250	406	349	168	60	65	140	140	18	18	11	11	53	58	24	5	500	450	550		8×ϕ19	490	515	385	575	80	455	30	22	930	930	
Y280S	280	457	368	190	65	75	140	140	18	20	11	12	58	67.5	24	5	500	450	550		8×ϕ19	550	580	410	640	85	530	35	22	1000	1000	
Y280M	280	457	419	190	65	75	140	140	18	20	11	12	58	67.5	24	5	500	450	550		8×ϕ19	550	580	410	640	85	581	35	22	1050	1050	
Y315S	315	508	406	216	65	80	140	170	18	22	11	14	58	71	28	6	600	550	660		8×ϕ24	744	645	576	865	120	609	45	25	1240	1270	
Y315M	315	508	457	216	65	80	140	170	18	22	11	14	58	71	28	6	600	550	660		8×ϕ24	744	645	576	865	120	720	45	25	1310	1340	
Y315L	315	508	508	216	65	80	140	170	18	22	11	14	58	71	28	6	600	550	660		8×ϕ24	744	645	576	865	120	720	45	25	1310	1340	

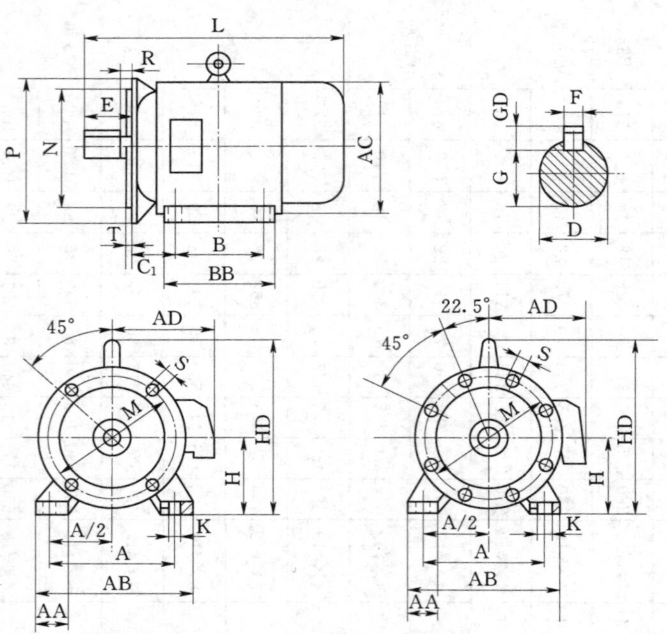

图 1-6　B35、V15、V36 型 Y—W 及 Y—WF 系列
电动机外形及安装尺寸

1.1.5　YD 系列变极多速三相异步电动机

一、概述

YD 系列变极多速三相异步电动机是 Y 系列（IP44）电动机的派生产品，可随负载性质的要求有极地变化转速，从而达到功率合理匹配和简化变速系统，是机械系统节约能耗的理想动力。广泛适用于机床、矿山、冶金、纺织、印染、化工、制革、制糖、农机等行业需要有级变速的各种机械设备。电动机具有国际互换性，便于单机或与机床配套出口，也可作为引进设备中同类型产品的备品电机。

电动机外壳防护等级为 IP44，冷却方式为 ICO141，工作方式为 S1，安装形式为 B3、B5、B35、V1 型。

型号含义

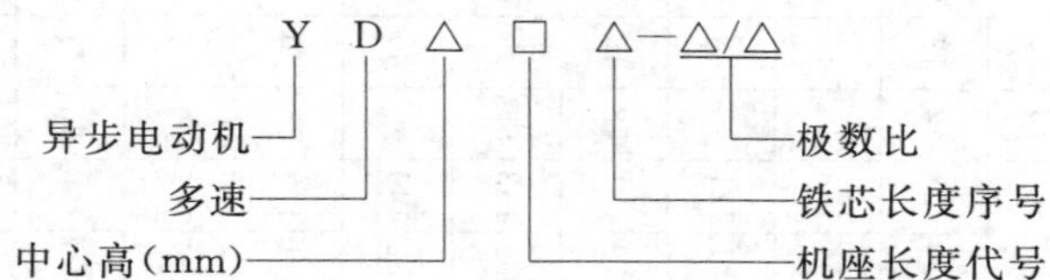

二、技术数据

电动机额定工作方式为 S1，额定电压为 380V，额定频率为 50Hz。

厦门电机实业总公司 YD 系列变极多速三相异步电动机技术数据，见表 1-11。

重庆电机厂 YD 系列变极多速三相异步电动机容量规格，见表 1-12。

表1-11 厦门电机实业总公司YD系列变极多速三相异步电动机技术数据

型号	额定功率(kW)	额定电流(A)	额定转速(r/min)	效率(%)	功率因数	接线方式	堵转电流/额定电流	堵转转矩/额定转矩	最大转矩/额定转矩
YD801—4/2	0.45/0.55	1.4/1.5	1400/2750	66/65	0.74/0.85	△/YY	6.5/7	1.5/1.7	1.8/1.8
YD802—4/2	0.55/0.75	1.7/2.0	1410/2770	68/66	0.74/0.85	△/YY	6.5/7	1.6/1.8	1.8/1.8
YD90S—4/2	0.85/1.1	2.3/2.7	1410/2840	74/72	0.77/0.85	△/YY	6.5/7	1.8/1.9	1.8/1.8
YD90L—4/2	1.3/1.8	3.3/4.3	1400/2830	76/74	0.78/0.85	△/YY	6.5/7	1.8/2	1.8/1.8
YD100L1—4/2	2/2.4	4.8/5.6	1430/2850	78/76	0.81/0.86	△/YY	6.5/7	1.7/1.9	1.8/1.8
YD100L2—4/2	2.4/3	5.6/6.6	1430/2850	79/77	0.83/0.89	△/YY	6.5/7	1.6/1.7	1.8/1.8
YD112M—4/2	3.3/4	7.4/8.6	1440/2890	82/79	0.83/0.89	△/YY	6.5/7	1.9/2	1.8/1.8
YD132S—4/2	4.5/5.5	9.8/11.9	1450/2870	83/79	0.84/0.89	△/YY	6.5/7	1.7/1.8	1.8/1.8
YD132M—4/2	6.5/8	13.8/17.0	1450/2880	84/80	0.85/0.89	△/YY	6.5/7	1.7/1.8	1.8/1.8
YD160M—4/2	9/11	18.5/22.8	1460/2920	87/82	0.85/0.89	△/YY	6.5/7	1.6/1.8	1.8/1.8
YD160L—4/2	11/14	22.3/28.7	1450/2910	87/82	0.86/0.90	△/YY	6.5/7	1.7/1.9	1.8/1.8
YD180M—4/2	15/18.5	29/37	1470/2950	89/85	0.87/0.90	△/YY	6.5/7	1.8/1.9	1.8/1.8
YD180L—4/2	18.5/22	35/41	1470/2950	89/86	0.88/0.91	△/YY	6.5/7	1.6/1.8	1.8/1.8
YD200L—4/2	26/30	49/55	1470/2950	89/85	0.89/0.92	△/YY	6.5/7	1.4/1.6	1.8/1.8
YD90S—6/4	0.65/0.85	2.3/2.3	920/1420	64/70	0.68/0.79	△/YY	6/6.5	1.6/1.4	1.8/1.8
YD90L—6/4	0.85/1.1	2.8/3.0	930/1420	66/71	0.70/0.79	△/YY	6/6.5	1.6/1.5	1.8/1.8
YD100L1—6/4	1.3/1.8	3.8/4.4	940/1440	74/77	0.70/0.80	△/YY	6/6.5	1.7/1.4	1.8/1.8
YD100L2—6/4	1.5/2.2	4.3/5.4	940/1430	75/77	0.70/0.80	△/YY	6/6.5	1.6/1.4	1.8/1.8
YD112M—6/4	2.2/2.8	5.7/6.7	950/1430	78/77	0.75/0.82	△/YY	6/6.5	1.8/1.5	1.8/1.8
YD132S—6/4	3/4	7.7/9.5	970/1440	79/78	0.75/0.82	△/YY	6/6.5	1.8/1.7	1.8/1.8
YD132M—6/4	4/5.5	9.8/12.3	970/1450	82/80	0.76/0.85	△/YY	6/6.5	1.6/1.4	1.8/1.8
YD160M—6/4	6.5/8	15.1/17.4	970/1450	84/82	0.78/0.84	△/YY	6/6.5	1.5/1.5	1.8/1.8
YD160L—6/4	9/11	20.6/23.3	970/1450	85/83	0.78/0.85	△/YY	6/6.5	1.6/1.7	1.8/1.8
YD180M—6/4	11/14	25/29	980/1470	85/84	0.76/0.85	△/YY	6/6.5	1.6/1.7	1.8/1.8
YD180L—6/4	13/16	29/33	980/1470	86/85	0.78/0.85	△/YY	6/6.5	1.7/1.7	1.8/1.8
YD200L—6/4	18.5/22	40/44	980/1460	87/86.5	0.78/0.86	△/YY	6.5/7	1.5/1.5	1.8/1.8
YD90L—8/4	0.45/0.75	1.9/1.8	670/1400	58/72	0.63/0.87	△/YY	5.5/6.5	1.6/1.4	1.8/1.8
YD100L—8/4	0.85/1.5	3.1/3.5	700/1410	67/74	0.63/0.88	△/YY	5.5/6.5	1.6/1.4	1.8/1.8
YD112M—8/4	1.5/2.1	5.0/5.0	700/1420	72/78	0.63/0.88	△/YY	5.5/6.5	1.7/1.7	1.8/1.8
YD132S—8/4	2.2/3.3	7.0/7.1	720/1440	75/80	0.64/0.88	△/YY	5.5/6.5	1.5/1.7	1.8/1.8
YD132M—8/4	3/4.5	9.0/9.3	720/1450	78/82	0.65/0.89	△/YY	5.5/6.5	1.5/1.6	1.8/1.8
YD160M—8/4	5/7.5	13.9/15.2	730/1450	83/84	0.66/0.89	△/YY	5.5/6.5	1.5/1.6	1.8/1.8
YD160L—8/4	7/11	19/21.8	730/1450	85/86	0.66/0.89	△/YY	5.5/6.5	1.5/1.6	1.8/1.8
YD180L—8/4	11/17	25/32	730/1470	87/88	0.72/0.91	△/YY	6/7	1.5/1.5	1.8/1.8

续表 1-11

型　号	额定功率 (kW)	额定电流 (A)	额定转速 (r/min)	效率 (%)	功率因数	接线方式	堵转电流/额定电流	堵转转矩/额定转矩	最大转矩/额定转矩
YD200L1—8/4	14/22	33/41	740/1470	87/88	0.74/0.92	△/YY	6/7	1.8/1.7	1.8/1.8
YD200L2—8/4	17/26	38/48	740/1470	87/88	0.74/0.92	△/YY	6/7	1.5/1.7	1.8/1.8
YD90S—8/6	0.35/0.45	1.6/1.4	670/930	56/70	0.60/0.72	△/YY	5/6	1.8/2	1.8/1.8
YD90L—8/6	0.45/0.65	1.9/1.9	680/920	59/71	0.60/0.73	△/YY	5/6	1.7/1.8	1.8/1.8
YD100L—8/6	0.75/1.1	2.9/3.0	710/940	65/75	0.60/0.73	△/YY	5/6	1.8/1.9	1.8/1.8
YD112M—8/6	1.3/1.8	4.5/4.8	710/940	72/78	0.61/0.73	△/YY	5/6	1.7/1.9	1.8/1.8
YD132S—8/6	1.8/2.4	5.7/6.2	720/970	76/80	0.62/0.73	△/YY	5/6	1.6/1.9	1.8/1.8
YD132M—8/6	2.6/3.7	8.2/9.4	720/970	78/82	0.62/0.73	△/YY	5/6	1.9/1.9	1.8/1.8
YD160M—8/6	4.5/6	13.3/14.7	730/970	83/85	0.62/0.73	△/YY	5/6	1.6/1.9	1.8/1.8
YD160L—8/6	6/8	17.5/19.3	730/970	84/86	0.62/0.73	△/YY	5/6	1.6/1.9	1.8/1.8
YD180M—8/6	7.5/10	21/24	730/980	84/86	0.62/0.73	△/YY	5/6	1.9/1.9	1.8/1.8
YD180L—8/6	9/12	23/28	730/980	85/86	0.65/0.75	△/YY	5/6	1.8/1.8	1.8/1.8
YD200L1—8/6	12/17	31/38	740/980	86/87	0.65/0.76	△/YY	5/6	1.8/2	1.8/1.8
YD200L2—8/6	15/20	39/44	740/980	87/88	0.65/0.76	△/YY	5/6	1.8/2	1.8/1.8
YD160M—12/6	2.6/5	11.6/11.9	480/970	74/84	0.46/0.76	△/YY	4/6	1.2/1.4	1.8/1.8
YD160L—12/6	3.7/7	16.1/15.8	480/970	76/85	0.46/0.79	△/YY	4/6	1.2/1.4	1.8/1.8
YD180L—12/6	5.5/10	19/20	490/980	79/86	0.54/0.86	△/YY	4/6	1.3/1.3	1.8/1.8
YD200L1—12/6	7.5/13	25/26	490/980	83/87	0.56/0.86	△/YY	4/6	1.5/1.5	1.8/1.8
YD200L2—12/6	9/15	28/30	490/980	83/87	0.57/0.87	△/YY	4/6	1.5/1.5	1.8/1.8
YD100L—6/4/2	0.75/1.3/1.8	2.6/3.7/4.5	950/1450/2900	67/72/71	0.65/0.75/0.85	Y/△/YY	5.5/6/7	1.8/1.6/1.6	1.8/1.8/1.8
YD112M—6/4/2	1.1/2/2.4	3.5/5.2/5.8	960/1450/2920	73/73/74	0.65/0.81/0.85	Y/△/YY	5.5/6/7	1.7/1.4/1.6	1.8/1.8/1.8
YD132S—6/4/2	1.8/2.6/3	5.1/6.1/7.4	970/1460/2910	75/78/71	0.71/0.83/0.87	Y/△/YY	5.5/6/7	1.4/1.3/1.7	1.8/1.8/1.8
YD132M1—6/4/2	2.2/3.3/4	6.0/7.5/8.8	970/1460/2910	77/80/76	0.72/0.84/0.91	Y/△/YY	5.5/6/7	1.3/1.3/1.7	1.8/1.8/1.8
YD132M2—6/4/2	2.6/4/5	6.8/9.0/10.8	970/1460/2920	80/80/77	0.72/0.84/0.91	Y/△/YY	5.5/6/7	1.5/1.4/1.7	1.8/1.8/1.8
YD160M—6/4/2	3.7/5/6	9.5/11.2/13.1	970/1460/2930	82/81/76	0.72/0.84/0.91	Y/△/YY	5.5/6/7	1.5/1.3/1.4	1.8/1.8/1.8
YD160L—6/4/2	4.5/7/9	11.4/15.1/18.8	970/1460/2930	83/83/79	0.72/0.85/0.92	Y/△/YY	5.5/6/7	1.5/1.2/1.3	1.8/1.8/1.8
YD112M—8/4/2	0.65/2/2.4	2.7/5.2/5.8	690/1450/2920	59/73/74	0.63/0.81/0.85	Y/△/YY	4.5/6/7	1.4/1.3/1.2	1.8/1.8/1.8
YD132S—8/4/2	1/2.6/3	3.6/6.1/7.1	720/1460/2910	69/78/74	0.61/0.83/0.87	Y/△/YY	4.5/6/7	1.4/1.2/1.4	1.8/1.8/1.8
YD132M—8/4/2	1.3/3.7/4.5	4.6/8.4/10.0	720/1460/2910	71/80/75	0.61/0.84/0.91	Y/△/YY	4.5/6/7	1.5/1.3/1.4	1.8/1.8/1.8

续表 1-11

型　　号	额定功率 (kW)	额定电流 (A)	额定转速 (r/min)	效率 (%)	功率因数	接线方式	堵转电流/额定电流	堵转转矩/额定转矩	最大转矩/额定转矩
YD160M—8/4/2	2.2/5/6	7.53/11.2/13.1	730/1460/2930	75/81/76	0.59/0.84/0.91	Y/△/YY	4.5/6/7	1.4/1.3/1.4	1.8/1.8/1.8
YD160L—8/4/2	2.8/7/9	9.18/15.1/18.8	730/1460/2930	77/83/79	0.60/0.85/0.92	Y/△/YY	4.5/6/7	1.3/1.2/1.3	1.8/1.8/1.8
YD112M—8/6/4	0.85/1/1.5	3.7/3.1/3.5	710/950/1430	62/68/75	0.56/0.73/0.86	△/Y/YY	5.5/6.5/7	1.7/1.3/1.5	1.8/1.8/1.8
YD132S—8/6/4	1.1/1.5/1.8	4.1/4.2/4.0	720/970/1450	68/74/78	0.60/0.73/0.87	△/Y/YY	5.5/6.5/7	1.4/1.3/1.3	1.8/1.8/1.8
YD132M1—8/6/4	1.5/2/2.2	5.2/5.4/4.9	720/970/1460	71/77/79	0.62/0.73/0.87	△/Y/YY	5.5/6.5/7	1.3/1.5/1.4	1.8/1.8/1.8
YD132M2—8/6/4	1.8/2.6/3	6.1/6.8/6.5	720/970/1460	72/78/80	0.62/0.74/0.87	△/Y/YY	5.5/6.5/7	1.5/1.5/1.5	1.8/1.8/1.8
YD160M—8/6/4	3.3/4/5.5	10.2/9.85/11.5	730/970/1450	79/81/83	0.62/0.76/0.87	△/Y/YY	5.5/6.5/7	1.7/1.4/1.5	1.8/1.8/1.8
YD160L—8/6/4	4.5/6/7.5	13.8/14.4/15.5	730/970/1460	80/83/84	0.62/0.76/0.87	△/Y/YY	5.5/6.5/7	1.6/1.6/1.5	1.8/1.8/1.8
YD180L—8/6/4	7/9/12	17/20/20	740/980/1470	81/83/84	0.65/0.80/0.90	△/Y/YY	6.5/7/7	1.6/1.5/1.4	1.8/1.8/1.8
YD200L—8/6/4	10/13/17	24/28/32	710/980/1470	85/86/86	0.72/0.81/0.90	△/Y/YY	6.5/7/7	1.6/1.5/1.4	1.8/1.8/1.8
YD180L—12/8/6/4	3.3/5/6.5/9	12/15/3/18	490/740/970/1480	72/79/82/83	0.55/0.62/0.88/0.89	△/△/YY/YY	5/6/6/7	1.6/1.5/1.3/1.3	1.8/1.8/1.8/1.8
YD200L1—12/8/6/4	4.5/7/8/11	16/19/16/21	490/740/980/1480	74/81/83/84	0.56/0.67/0.88/0.88	△/△/YY/YY	5/6/6/7	1.3/1.3/1.3/1.3	1.8/1.8/1.8/1.8
YD200L2—12/8/6/4	5.5/8/10/13	19/21/20/25	490/740/980/1480	75/81/83/84	0.56/0.67/0.88/0.88	△/△/YY/YY	5/6/6/7	1.3/1.3/1.3/1.3	1.8/1.8/1.8/1.8

表 1-12　重庆电机厂 YD 系列变极多速三相异步电动机容量规格

转速比	同步转速 (r/min)								
	1500/3000	1000/1500	750/1500	750/1000	500/1000	1000/1500/3000	750/1500/3000	750/1000/1500	500/750/1000/1500
机座号	功率 (kW)								
160M	9/11	6.5/8	5/7.5	4.5/6	2.6/5	3.7/5/6	2.2/5/6	3.3/4/5.1	
160M	11/14	9/11	7/11	6/8	3.7/7	4.5/7/9	2.8/7/9	4.5/6/7.5	
180M	15/18.5	11/14		7.5/10					
180L	18.5/22	13/16	11/17	9/12	5.5/10			7/9/12	3.3/5/6.5/9
200L	26/30	18.5/22						10/13/17	

续表 1-12

转速比	同步转速（r/min）								
	1500/3000	1000/1500	750/1500	750/1000	500/1000	1000/1500/3000	750/1500/3000	750/1000/1500	500/750/1000/1500
机座号	功率（kW）								
200L1			14/22	12/17	7.5/13				4.5/7/8/11
200L2			17/26	15/20	9/15				5.5/8/10/13
225S	32/37	22/28						14/18.5/24	
225M	37/45	26/32	24/34		12/20			17/22/28	7/11/13/20
280M	45/52	32/42	30/42		15/24			24/26/34	9/14/16/26
280S	60/72	42/55	40/55		20/30			30/34/42	11/18.5/20/34
280M	72/82	55/67	47/67		24/37			34/37/50	13/22/24/40
接线方式	△/YY					Y/△/YY		△/Y/YY	△/△/YY/YY
出线端数	6					9			12

三、外形及安装尺寸

B3、B5、B35、V1 型 YD 系列变极多速三相异步电动机外形及安装尺寸，见表 1-13 及图 1-7、表 1-14 及图 1-8、表 1-15 及图 1-9、表 1-16 及图 1-10。

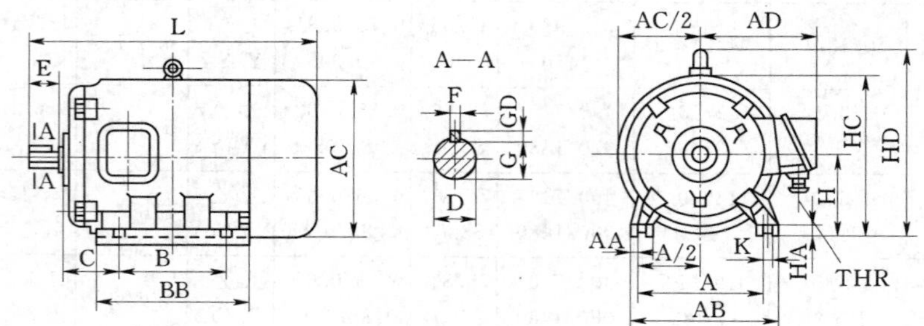

图 1-7 B3 型 YD 系列变极多速三相异步电动机外形及安装尺寸

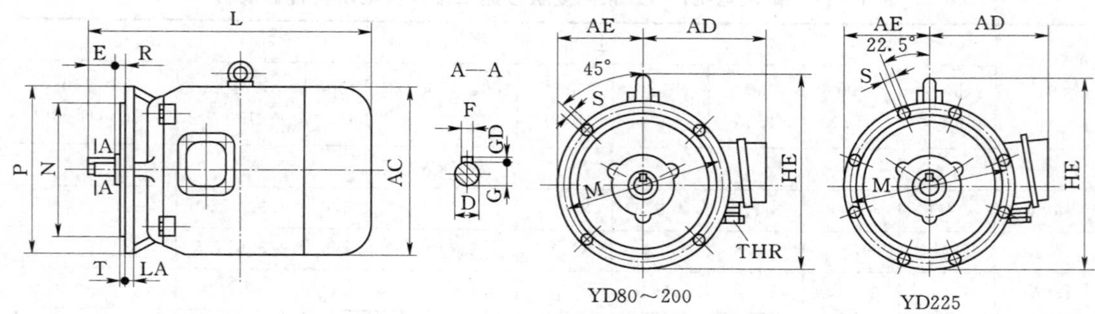

图 1-8 B5 型 YD 系列变极多速三相异步电动机外形及安装尺寸

表 1-13 B3 型 YD 系列变极多速三相异步电动机外形及安装尺寸

单位：mm

机座号	安装尺寸											外形尺寸											安装形式	生产厂
	H	A	A/2	B	C	D	E	F	G	GD	K	AB	AC	AC/2	AD	HC	HD	AA	BB	HA	L	THR		
80	$80_{-0.5}^{0}$	125		100	50	19j6 $(^{+0.009}_{-0.004})$	40	6	15.5	6	10	165		85	150	175					290	M24×1.5—6H		厦门电机实业总公司
90S	$90_{-0.5}^{0}$	140		100	56	24j6 $(^{+0.009}_{-0.004})$	50	8	20	7	10	180		90	160	195					315	M24×1.5—6H		
90L	$90_{-0.5}^{0}$	140		125	56	24j6 $(^{+0.009}_{-0.004})$	50	8	20	7	10	180		90	160	195					340	M24×1.5—6H		
100L	$100_{-0.5}^{0}$	160		140	63	28j6 $(^{+0.009}_{-0.004})$	60	8	24	7	12	205		105	180		245				380	M30×2—6H		
112M	$112_{-0.5}^{0}$	190		140	70	28j6 $(^{+0.009}_{-0.004})$	60	8	24	7	12	245		115	190		265				400	M30×2—6H		
132S	$132_{-0.5}^{0}$	216		140	89	38k6 $(^{+0.018}_{+0.002})$	80	10	33	8	12	280		135	210		315				475	M30×2—6H		
132M	$132_{-0.5}^{0}$	216		178	89	38k6 $(^{+0.018}_{+0.002})$	80	10	33	8	12	280		135	210		315				515	M30×2—6H		
160M	$160_{-0.5}^{0}$	254		210	108	42k6 $(^{+0.018}_{+0.002})$	110	12	37	8	15	330		165	265		385				605	M36×2—6H		
160L	$160_{-0.5}^{0}$	254		254	108	42k6 $(^{+0.018}_{+0.002})$	110	12	37	8	15	330		165	265		385				650	M36×2—6H		
180M	$180_{-0.5}^{0}$	279		241	121	48k6 $(^{+0.018}_{+0.002})$	110	14	42.5	9	15	355			285		430				670	M36×2—6H		
180L	$180_{-0.5}^{0}$	279		279	121	48k6 $(^{+0.018}_{+0.002})$	110	14	42.5	9	15	355			285		430				710	M36×2—6H		
160M	160	254	127	210	108	42	110	12	37	8	15	330	325		255		385	70	270	20	600		B3、B6、B7、B8、V5、V6 型	重庆电机厂
160L	160	254	127	254	108	42	110	12	37	8	15	330	325		255		385	70	314	20	645			
180M	180	279	139.5	241	121	48	110	14	42.5	9	15	355	360		285		430	70	311	22	670			
180L	180	279	139.5	279	121	48	110	14	42.5	9	15	355	360		285		430	70	349	22	710		B3 型	
200L	200	318	159	305	133	55	110	16	49	10	19	395	400		310		475	70	379	25	775			
225S	225	356	178	286	149	60	140	18	53	11	19	435	450		345		530	75	368	28	820			
225M	225	356	178	311	149	60	140	18	53	11	19	435	450		345		530	75	393	28	845			
250M	250	406	203	349	168	65	140	18	58	11	24	490	495		385		575	80	455	30	930			
280S	280	457	228.5	368	190	75	140	20	67.5	12	24	490	555		410		640	85	530	35	1000			
280M	280	457	228.5	419	190	75	140	20	67.5	12	24	550	555		410		640	85	581	35	1050			

表 1-14 B5 型 YD 系列变极多速三相异步电动机外形及安装尺寸

单位：mm

机座号	安装尺寸											外形尺寸							安装形式	生产厂
	D	E	F	G	GD	M	N	P	R	S	T	AC	AD	HE	AE	LA	L	THR		
80	19j6 $\left(^{+0.009}_{-0.004}\right)$	40	6	15.5	6	165	130j6 $\left(^{+0.014}_{-0.011}\right)$	200	0	4×ϕ12	3.5	175	150	185			290	M24×1.5—6H		厦门电机实业总公司
90S	24j6 $\left(^{+0.009}_{-0.004}\right)$	50	8	20	7	165	130j6 $\left(^{+0.014}_{-0.011}\right)$	200	0	4×ϕ12	3.5	195	160	195			315	M24×1.5—6H		
90L	24j6 $\left(^{+0.009}_{-0.004}\right)$	50	8	20	7	165	130j6 $\left(^{+0.014}_{-0.011}\right)$	200	0	4×ϕ12	3.5	195	160	195			340	M24×1.5—6H		
100L	28j6 $\left(^{+0.009}_{-0.004}\right)$	60	8	24	7	215	180j6 $\left(^{+0.014}_{-0.011}\right)$	250	0	4×ϕ15	4	215	180	245			380	M30×2—6H		
112M	28j6 $\left(^{+0.009}_{-0.004}\right)$	60	8	24	7	215	180j6 $\left(^{+0.014}_{-0.011}\right)$	250	0	4×ϕ15	4	240	190	265			400	M30×2—6H		
132S	38k6 $\left(^{+0.018}_{+0.002}\right)$	80	10	33	8	265	230j6 $\left(^{+0.016}_{-0.013}\right)$	300	0	4×ϕ15	4	275	210	315			475	M30×2—6H		
132M	38k6 $\left(^{+0.018}_{+0.002}\right)$	80	10	33	8	265	230j6 $\left(^{+0.016}_{-0.013}\right)$	300	0	4×ϕ15	4	275	210	315			515	M30×2—6H		
160M	42k6 $\left(^{+0.018}_{+0.002}\right)$	110	12	37	8	300	250j6 $\left(^{+0.016}_{-0.013}\right)$	350	0	4×ϕ19	5	335	265	385			605	M36×2—6H		
160L	42k6 $\left(^{+0.018}_{+0.002}\right)$	110	12	37	8	300	250j6 $\left(^{+0.016}_{-0.013}\right)$	350	0	4×ϕ19	5	335	265	385			650	M36×2—6H		
180M	48k6 $\left(^{+0.018}_{+0.002}\right)$	110	14	42.5	9	300	250j6 $\left(^{+0.016}_{-0.013}\right)$	350	0	4×ϕ19	5	380	285	430			670	M36×2—6H		
180L	48k6 $\left(^{+0.018}_{+0.002}\right)$	110	14	42.5	9	300	250j6 $\left(^{+0.016}_{-0.013}\right)$	350	0	4×ϕ19	5	380	285	430			710	M36×2—6H		
200L	55m6 $\left(^{+0.030}_{+0.011}\right)$	110	16	49	10	350	300js6 $\left(^{+0.016}_{-0.016}\right)$	400	0	4×ϕ19	5	420	315	480			775	M48×2—6H		
160M	42	110	12	37	8	300	250	350	0	19	5	325	255	385	180	16	600		B5、V3 型	重庆电机厂
160L	42	110	12	37	8	300	250	350	0	19	5	325	255	385	180	16	645			
180M	48	110	14	42.5	9	300	250	350	0	19	5	360	285	430	180	18	670			
180L	48	110	14	42.5	9	300	250	350	0	19	5	360	285	430	180	18	710			
200L	55	110	16	49	10	350	300	400	0	19	5	400	310	480	205	18	775		B 型	
225S	60	140	18	53	11	400	350	450	0	19	5	450	345	535	225	20	820			
225M	60	140	18	53	11	400	350	450	0	19	5	450	345	535	225	20	845			

表 1-15 B35 型 YD 系列变极多速三相异步电动机外形及安装尺寸

单位：mm

机座号	安装尺寸																	外形尺寸												安装形式	生产厂
	H	A	A/2	B	C_1	D	E	F	G	GD	K	M	N	P	R	S	T	AB	AC	AD	HC	HD	AA	AE	BB	LA	HA	L	THR		
80	$80_{-0.5}^{0}$	125		100	50	19j6 ($^{+0.009}_{-0.004}$)	40	6	15.5	6	10	165	130j6 ($^{+0.014}_{-0.011}$)	200	0	4×ϕ12	3.1	165	165	150	170	170						285	M24×1.5−6H		厦门电机实业总公司
90S	$90_{-0.5}^{0}$	140		100	56	24j6 ($^{+0.009}_{-0.004}$)	50	8	20	7	10	165	130j6 ($^{+0.014}_{-0.011}$)	200	0	4×ϕ12	3.1	180	175	155	190	190						310	M24×1.5−6H		
90L	$90_{-0.5}^{0}$	110		125	56	24j6 ($^{+0.009}_{-0.004}$)	50	8	20	7	10	165	130j6 ($^{+0.014}_{-0.011}$)	200	0	4×ϕ12	3.1	180	175	155	190	190						335	M24×1.5−6H		
100L	$100_{-0.5}^{0}$	160		140	63	28j6 ($^{+0.009}_{-0.004}$)	60	8	24	7	12	215	180j6 ($^{+0.014}_{-0.011}$)	250	0	4×ϕ15	4	205	205	180		245						380	M30×2−6H		
112M	$112_{-0.5}^{0}$	190		140	70	28j6 ($^{+0.009}_{-0.004}$)	60	8	24	7	12	215	180j6 ($^{+0.014}_{-0.011}$)	250	0	4×ϕ15	4	245	230	190		265						400	M30×2−6H		
132S	$132_{-0.5}^{0}$	216		140	89	38k6 ($^{+0.018}_{+0.002}$)	80	10	33	8	12	265	230j6 ($^{+0.016}_{-0.013}$)	300	0	4×ϕ15	4	280	270	210		315						475	M30×2−6H		
132M	$132_{-0.5}^{0}$	216		178	89	38k6 ($^{+0.018}_{+0.002}$)	80	10	33	8	12	265	230j6 ($^{+0.016}_{-0.013}$)	300	0	4×ϕ15	4	280	270	210		315						515	M30×2−6H		
160M	$160_{-0.5}^{0}$	254		210	108	42k6 ($^{+0.018}_{+0.002}$)	110	12	37	8	15	300	250j6 ($^{+0.016}_{-0.013}$)	350	0	4×ϕ19	5	330	325	255		385						600	M36×2−6H		
160L	$160_{-0.5}^{0}$	254		254	108	42k6 ($^{+0.018}_{+0.002}$)	110	12	37	8	15	300	250j6 ($^{+0.016}_{-0.013}$)	350	0	4×ϕ19	5	330	325	255		385						645	M36×2−6H		
180M	$180_{-0.5}^{0}$	279		241	121	48k6 ($^{+0.018}_{+0.002}$)	110	14	42.5	9	15	300	250j6 ($^{+0.016}_{-0.013}$)	350	0	4×ϕ19	5	355	380	285		430						670	M36×2−6H		
180L	$180_{-0.5}^{0}$	279		279	121	48k6 ($^{+0.018}_{+0.002}$)	110	14	42.5	9	15	300	250j6 ($^{+0.016}_{-0.013}$)	350	0	4×ϕ19	5	355	380	285		430						710	M36×2−6H		
200L	$200_{-0.5}^{0}$	318		305	133	55m6 ($^{+0.030}_{+0.011}$)	110	16	49	10	19	350	350js6 ($^{+0.016}_{-0.016}$)	400	0	4×ϕ19	5	395	420	315		475						775	M48×2−6H		
160M	160	254	127	210	108	42	110	12	37	8	15	300	250	350	0	19	5	330	325	255		385	70	180	270	16	20	600		B35、V15、V36 型	
160L	160	254	127	254	108	42	110	12	37	8	15	300	250	350	0	19	5	330	325	255		385	70	180	314	16	20	645			
180M	180	279	139.5	241	121	48	110	14	42.5	9	15	300	250	350	0	19	5	355	360	285		430	70	180	311	18	22	670		B35 型	重庆电机厂
180L	180	279	139.5	279	121	48	110	14	42.5	9	15	300	250	350	0	19	5	355	360	285		430	70	180	349	18	22	710			
200L	200	318	159	305	133	55	110	16	49	10	19	350	300	400	0	19	5	395	400	310		475	70	205	379	10	25	775			
225S	225	356	178	286	149	60	140	18	53	11	19	400	350	450	0	19	5	435	450	345		530	75	225	368	20	28	820			
225M	225	356	178	311	149	60	140	18	53	11	19	400	350	450	0	19	5	435	450	345		530	75	225	393	20	28	845			
250M	250	406	203	349	168	65	140	18	58	11	24	500	450	550	0	19	5	490	495	385		575	80	280	455	22	30	930			
280S	280	457	228.5	368	190	75	140	20	67.5	12	24	500	450	550	0	19	5	550	555	410		640	85	280	530	22	35	1000			
280M	280	457	228.5	419	190	75	140	20	67.5	12	24	500	450	550	0	19	5	550	555	410		640	85	280	581	22	35	1050			

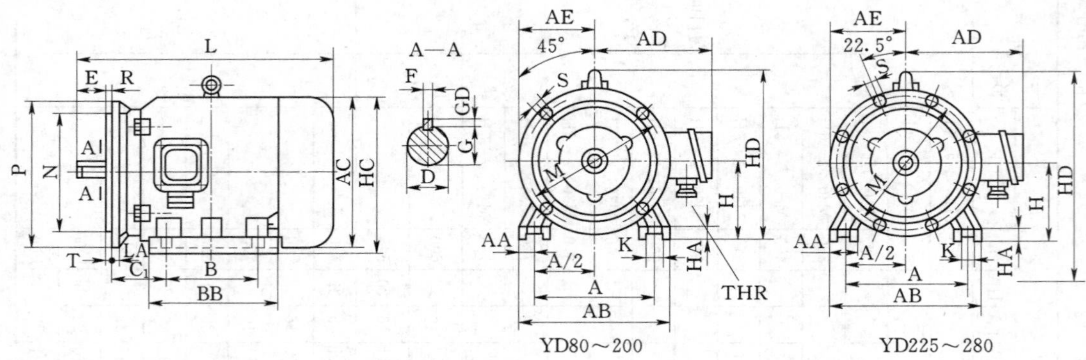

图1-9 B35型YD系列变极多速三相异步电动机外形及安装尺寸

表1-16 V1型YD系列变极多速三相异步电动机外形及安装尺寸 单位：mm

机座号	安装尺寸												外形尺寸					安装形式	生产厂
	D	E	F	G	GD	M	N	P	R	S	T	AC	AD	HE	AE	LA	L		
180M	48	110	14	42.5	9	300	250	350	0	19	5	360	285	500	180	18	730	V1型	重庆电机厂
180L	48	110	14	42.5	9	300	250	350	0	19	5	360	285	500	180	18	770		
200L	55	110	16	49	10	350	300	400	0	19	5	400	310	550	205	18	850		
225S	60	140	18	53	11	400	350	450	0	19	5	450	345	610	225	20	910		
225M	60	140	18	53	11	400	350	450	0	13	5	450	345	610	225	20	935		
250M	65	140	18	58	11	500	450	550	0	19	5	495	385	650	280	22	1035		
280S	75	140	20	67.5	12	500	450	550	0	19	5	555	410	720	280	22	1120		
280M	75	140	20	67.5	12	500	450	550	0	19	5	555	410	720	280	22	1170		

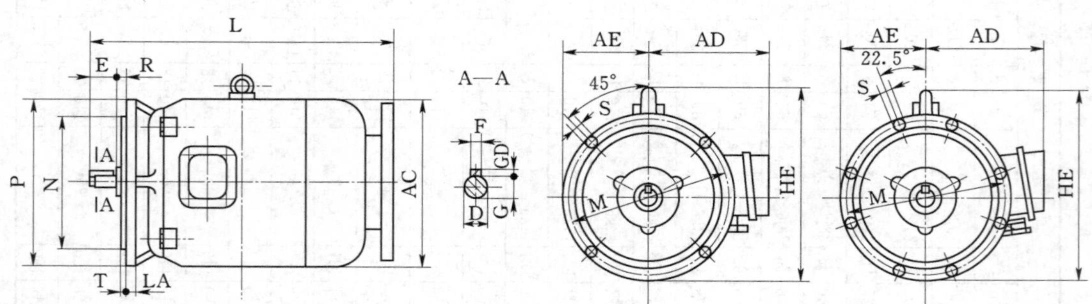

图1-10 V1型YD系列变极多速三相异步电动机外形及安装尺寸

1.1.6 YDT系列风机、泵类负载变极多速三相异步电动机

一、概述

YDT系列风机、泵类负载变极多速三相异步电动机是Y系列电动机的派生产品，具有噪声低、振动小、防潮性能好、运行可靠、维修方便等特点，并采用最新调制方案，按

风机、泵类负载特性（转矩与转速的平方成正比关系），根据转速配套相应的功率，合理匹配可节省大量能源，是风机负载类型的理想动力。广泛适用于矿山、冶金、纺织、印染、化工、建筑、轻工及民用设施等部门。

型号含义

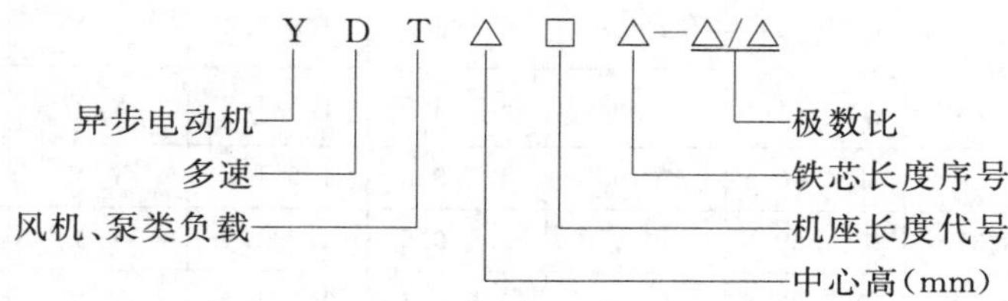

二、技术数据

电动机额定电压为380V，额定频率为50Hz。

YDT系列风机、泵类负载变极多速三相异步电动机技术数据，见表1-17。

表1-17 YDT系列风机、泵类负载变极多速三相异步电动机技术数据

型号	额定功率(kW)	额定电流(A)	额定转速(r/min)	堵转电流/额定电流	堵转转矩/额定转矩	接线方式	重量(kg)	生产厂
YDT132S—6/4	1.5/4.5	4.1/9.6	970/1450		1.8/2.2			湖北电机厂
YDT132M—6/4	2/6	5.2/12.2	970/1450	6/7.5	1.8/2.2	Y/Y	68	
YDT160M—6/4	3/9	7.1/17.9	970/1460	6/7.5	1.8/2.2	Y/Y	81	
YDT160L—6/4	4/12	9.2/23.8	970/1460	6/7.5	1.8/2.2	Y/Y	125	
YDT180M—6/4	4.5/14	10.7/27.7	980/1470	6/7.5	1.5/2.2	Y/Y	150	
YDT180L—6/4	5.5/17	12.9/33.2	980/1470	6/7.5	1.6/2.0	Y/Y	182	
YDT200L—6/4	8/24	18.8/47.3	980/1470	6/7.5	1.6/1.8	Y/Y	190	
YDT225S—6/4	10/30	23.5/59.1	980/1470	6/7.5	1.5/1.5	Y/Y	270	
YDT225M—6/4	12/37	30.6/72.9	980/1470	6/7.5	1.5/1.5	Y/Y	284	
YDT250M—6/4	16/47	40/92.6	980/1470	6/7.5	1.5/1.5	Y/Y	320	
YDT280S—6/4	20/60	51.8/118.2	980/1470	6/7.5	1.5/1.5	Y/Y	427	
YDT280M—6/4	27/72	63.5/141.8	980/1470	6/7.5	1.5/1.5	Y/Y	562	
YDT132S—8/6	1.1/2.4	2.9/4.9	720/980	6/7.5	2/2.2	Y/Y	667	
YDT132M—8/6	1.8/3.7	4.7/7.8	720/980	5.5/6.5	2/2.2	Y/Y	70	
YDT160M—8/6	2.6/6	7.1/13.6	720/980	5.5/6.5	2/1.9	Y/Y	83	
YDT160L—8/6	3.7/8	9.7/16.5	720/980	5.5/6.5	1.8/2.2	Y/Y	150	
YDT180M—8/6	4.5/10	12.7/22.1	730/980	5.5/6.5	1.8/2.0	Y/Y	165	
YDT180L—8/6	5.5/12	15.5/26.2	730/980	5.5/6.5	1.8/2.0	Y/Y	185	

续表 1-17

型　　号	额定功率(kW)	额定电流(A)	额定转速(r/min)	堵转电流/额定电流	堵转转矩/额定转矩	接线方式	重量(kg)	生产厂
YDT200L1—8/6	8/17	21/38	730/980	5.5/6.5	1.8/2.0	Y/Y	195	湖北电机厂
YDT200L2—8/6	10/20	25/45	730/980	5.5/6.5	1.8/2.0	Y/Y	275	
YDT225M—8/6	12/25	25.6/47	730/980	5.5/6.5	1.6/1.8	Y/Y	280	
YDT250M—8/6	15/30	31.4/56.4	730/980	5.5/6.5	1.6/1.8	Y/Y	325	
YDT280S—8/6	18/37	35.4/69.6	740/980	5.5/6.5	1.3/1.4	Y/Y	430	
YDT280M1—8/6	22/45	50.8/83.8	740/980	5.5/6.5	1.3/1.4	Y/Y	570	
YDT280M2—8/6	27/55	55.8/101	740/980	5.5/6.5	1.3/1.4	Y/Y	670	
YDT225M—12/6	4.4/22	15.7/44.5	490/980	5.5/6.5	1.3/1.5	Y/Y	690	
YDT250M—12/6	6/30	17.2/58.8	490/980	5/6.5	1.3/1.5	Y/YY	330	
YDT280S—12/6	7.5/37	21.5/72.2	490/980	5/6.5	1.3/1.5	Y/YY	430	
YDT280M—12/6	9/45	23.6/84.6	490/980	5/6.5	1.3/1.5	Y/YY	570	
YDT200L2—12/8/6	2.2/5.5/11	7.7/14.2/22.7	490/740/980	4/6/6.5	1.0/1.8/1.2	Y/YY Y/Y/YY	670/300	
YDT225M—12/8/6	3.3/7.5/15	10.8/17.3/31.6	490/740/980	4/6/6.5	1.0/1.8/1.2	Y/Y/YY	340	

三、外形及安装尺寸

YDT 系列风机、泵类负载变极多速三相异步电动机外形及安装尺寸，见表 1-18 及图 1-11。

表 1-18　YDT 系列风机、泵类负载变极多速三相异步电动机外形及安装尺寸　　单位：mm

机座号	A	B	C	D	E	F	G	H	AB	AC	AD	HD	K	L
132S	216	140	89	38	80	10	33	$132_{-0.5}^{0}$	280	270	210	315	12	475
132M	216	178	89	38	80	10	33	$132_{-0.5}^{0}$	280	270	210	315	12	515
160M	254	210	108	42	110	12	37	$160_{-0.5}^{0}$	330	325	255	385	15	600
160L	254	254	108	42	110	12	37	$160_{-0.5}^{0}$	330	325	255	385	15	645
180M	279	241	121	48	110	14	42.5	$180_{-0.5}^{0}$	355	360	285	430	15	670
180L	279	279	121	48	110	14	42.5	$180_{-0.5}^{0}$	355	360	285	430	15	710
200L	318	305	133	56	110	16	49	$200_{-0.5}^{0}$	395	400	310	475	19	775
225S	356	286	149	60	140	18	53	$225_{-0.5}^{0}$	435	450	345	530	19	820
225M	356	311	149	60	140	18	53	$225_{-0.5}^{0}$	435	450	345	530	19	845
250M	406	349	168	65	140	18	58	$250_{-0.5}^{0}$	490	495	385	575	24	930
280S	457	368	190	75	140	20	67.5	$280_{-0.5}^{0}$	550	555	410	640	24	1000
280M	457	419	190	75	140	20	67.5	$280_{-0.5}^{0}$	550	555	410	640	24	1050

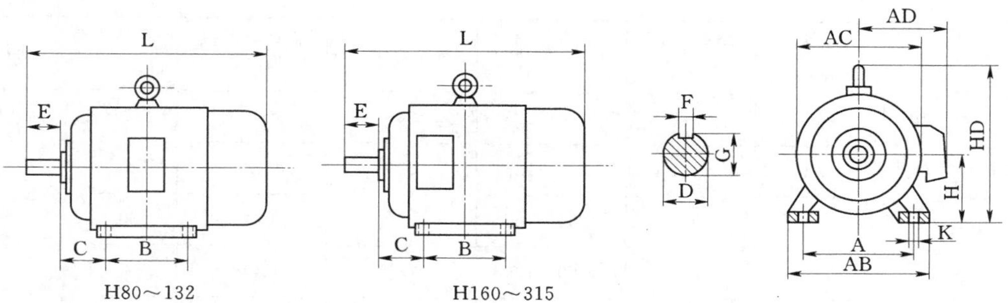

图 1-11 YDT 系列风机、泵类负载变极多速三相异步电动机外形及安装尺寸

1.1.7 YCT 系列电磁调速电动机

一、概述

YCT 系列电磁调速电动机由电磁转差离合器、测速发电机和拖动电动机组成，同控制器配套在额定转速范围内能进行恒转矩无级调速。广泛适用于纺织、印染、化工、电影制片、化学纤维、石油、冶金、造纸、印刷、橡胶、电线电缆、制糖、塑料、卷烟、电站、造船、矿山、食品及机械制造等需经常恒转矩变速的机械，更适用于风机、水泵等递减转矩变速的机械。

电动机为 B 级绝缘，外壳防护等级为 IP21，工作方式为 S1，安装形式为 IMB3，适用于无铁磁性物质尘埃、无腐蚀性和爆炸性气体的场合。

配套的 JD1 型电磁调速电动机控制器有 A 型（手动普通型）、B 型（手动精密型）和 C 型（自动精密型）三种。

型号含义

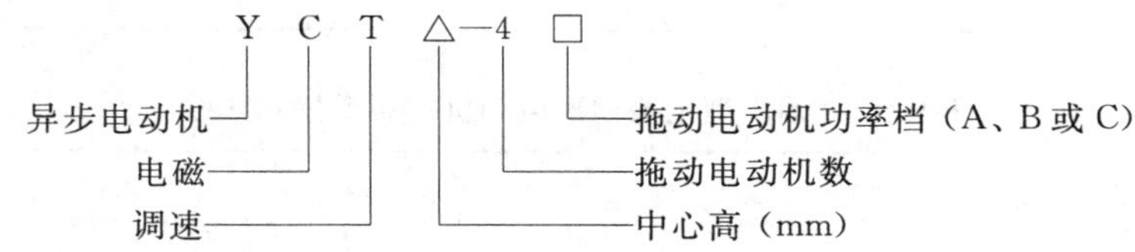

二、技术数据

电动机额定工作方式为 S1，额定电压为 380V，额定频率为 50Hz。

YCT 系列电磁调速电动机技术数据，见表 1-19。

JD1 型电磁调速电动机控制器技术数据，见表 1-20。

表 1-19 YCT 系列电磁调速电动机技术数据

型　　号	标称功率 (kW)	额定转矩 (N·m)	调速范围 (r/min)	转速变化率	拖动电动机型号	重量 (kg)	生产厂
YCT112—4A	0.55	3.6	1250～125	<3%	801—4	55	重庆电机厂
YCT112—4B	0.75	4.9	1250～125	<3%	802—4	55	
YCT132—4A	1.1	7.13	1250～125	<3%	90S—4	85	

续表 1-19

型　　号	标称功率（kW）	额定转矩（N·m）	调速范围（r/min）	转速变化率	拖动电动机型号	重量（kg）	生产厂
YCT132—4B	1.5	9.72	1250～125	<3%	90L—4	85	重庆电机厂
YCT160—4A	2.2	14.1	1250～125	<3%	100L1—4	120	
YCT160—4B	3.0	19.2	1250～125	<3%	100L2—4	120	
YCT180—4A	4.0	25.2	1250～125	<3%	112M—4	160	
YCT200—4A	5.5	35.1	1250～125	<3%	132S—4	205	
YCT200—4B	7.5	47.7	1250～125	<3%	132M—4	205	
YCT225—4A	11	69.1	1250～125	<3%	160M—4	350	
YCT225—4B	15	94.3	1250～125	<3%	160L—4	350	
YCT250—4A	18.5	116	1320～132	<3%	180M—4	620	
YCT250—4B	22	137	1320～132	<3%	180L—4	620	
YCT280—4A	30	189	1320～132	<3%	200L—4	900	
YCT315—4A	37	232	1320～132	<3%	225S—4	1250	
YCT315—4B	45	282	1320～132	<3%	225M—4	1250	
YCT355—4A	55	344	1320～440	<3%	250M—4	1510	
YCT355—4B	75	469	1320～440	<3%	280S—4	1700	
YCT355—4C	90	564	1320～600	<3%	280M—4	1700	

表 1-20　JD1 型电磁调速电动机控制器技术数据

型　　号	A JD1B—11 C	A JD1B—40 C	A JD1B—90 C	生产厂
控制电动机功率范围（kW）	0.55～11	0.55～40	0.55～90	重庆电机厂
最大输出电流（A）	3.15	5	5	
最大输出电压	直流 90V			
电源	220V±10%，50～60Hz			
测速发电机三相电压	100r/min 时≥2V			
转速变化率	A<2.5%，B≤1%，C≤1%			
稳速精度	A≤1%，B≤0.5%，C≤0.5%			

三、外形及安装尺寸

YCT 系列电磁调速电动机外形及安装尺寸，见表 1-21 及图 1-12。

表 1-21 YCT 系列电磁调速电动机外形及安装尺寸 单位：mm

机座号	安装尺寸									外形尺寸						
	A	WB	WC	D	E	F	G	H	K	AB	AD	HD	L	HA	AA	BB
112—4A	190	210	40	19	40	6	15.5	112	12	273	150	275	520	16	40	250
112—4B	190	210	40	19	40	6	15.5	112	12	273	150	275	520	16	40	250
132—4A	216	241	40	24	50	8	20	132	12	305	158	330	550	20	55	292
132—4B	216	241	40	24	50	8	20	132	12	305	158	330	575	20	55	292
160—4A	254	267	45	28	60	8	24	160	15	340	185	385	645	20	65	317
160—4B	254	267	45	28	60	8	24	160	15	340	185	385	665	20	65	317
180—4A	279	305	45	28	60	8	24	180	15	375	188	430	685	30	70	355
200—4A	318	356	50	38	80	10	33	200	19	420	230	485	805	30	80	435
200—4B	318	356	50	38	80	10	33	200	19	420	230	485	845	30	80	435
225—4A	356	406	56	42	110	12	37	225	19	485	225	530	965	30	94	476
225—4B	356	406	56	42	110	12	37	225	19	485	225	530	1010	30	94	476
250—4A	406	457	63	48	110	14	42.5	250	24	540	285	580	1130	35	105	525
250—4B	406	457	63	48	110	14	42.5	250	24	540	285	580	1170	35	105	525
280—4A	457	508	70	55	110	16	49	280	24	580	320	665	1260	40	110	580
315—4A	508	560	89	60	140	18	53	315	28	650	345	720	1400	45	130	655
315—4B	508	560	89	60	140	18	53	315	28	650	345	720	1425	45	130	655
355—4A	610	630	108	65	140	18	58	355	28	755	385	875	1500	55	130	720
355—4B	610	630	108	75	140	20	67.5	355	28	755	410	875	1630	55	130	740
355—4C	610	630	108	75	140	20	67.5	355	28	755	410	875	1660	55	130	740

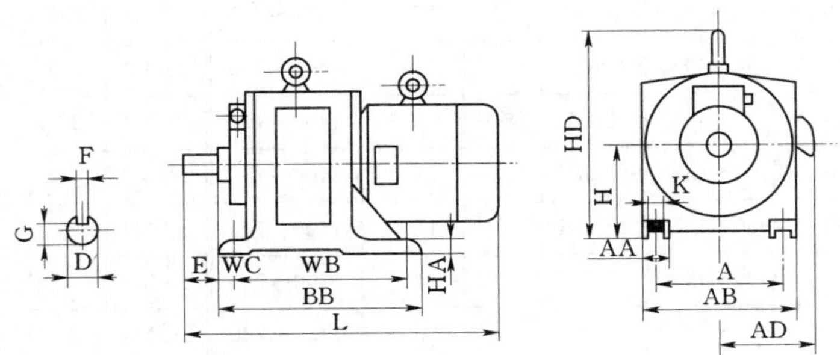

图 1-12 YCT 系列电磁调速电动机外形及安装尺寸

1.1.8 YWT 系列鼠笼型交流无级调速电动机

一、概述

YWT 系列鼠笼型交流无级调速电动机是根据鼠笼型交流电动机无级调速的新原理研

制的，其交流调速方式是电机及传动领域的重大突破。适用于风机、水泵等随转速降低而负载力矩也降低的负载，尤其适用于安装在城市夜间锅炉上使用的风机负载，可减轻对环境的噪声污染。

电动机外壳防护等级为封闭式 IP44，适用于湿度较大、灰尘较多的环境，也可制成开启式或其它防护形式。转速控制方式有手动、遥控、自动控制三种。安装形式为 IMB3。

型号含义

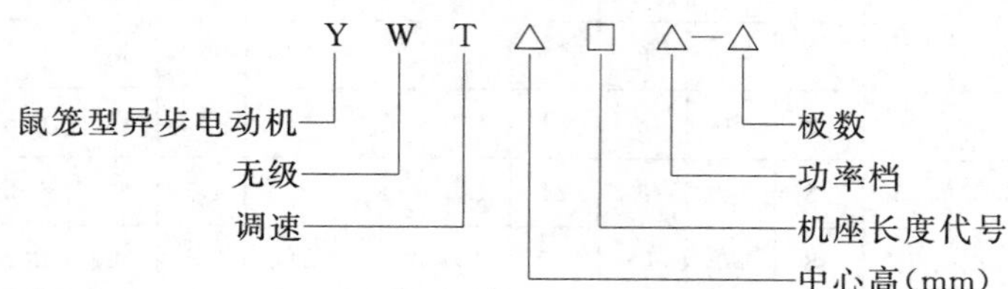

二、技术数据

YWT 系列鼠笼型交流无级调速电动机容量规格，见表 1-22。

表 1-22 YWT 系列鼠笼型交流无级调速电动机容量规格

机座号	额定功率(kW)	同步转速(r/min)	调速范围(r/min)	机座号	额定功率(kW)	同步转速(r/min)	调速范围(r/min)	机座号	额定功率(kW)	同步转速(r/min)	调速范围(r/min)
132M1	1.5	3000	2900～1450	132M1	1.5	1500	1400～700	132M1	1.1	1000	900～450
132M2	2.2	3000	2900～1450	132M2	2.2	1500	1400～700	132M2	1.5	1000	900～450
160L1	3	3000	2900～1450	160L1	3	1500	1400～700	160L1	2.2	1000	900～450
160L2	4	3000	2900～1450	160L2	4	1500	1400～700	160L2	3	1000	900～450
180L1	5.5	3000	2900～1450	180L1	5.5	1500	1400～700	180L1	4	1000	900～450
180L2	7.5	3000	2900～1450	180L2	7.5	1500	1400～700	180L2	5.5	1000	900～450
200L1	11	3000	2900～1450	200L1	11	1500	1400～700	200L1	7.5	1000	900～450
200L2	15	3000	2900～1450	200L2	15	1500	1400～700	200L2	11	1000	900～450
225M1	18.5	3000	2900～1450	225M1	18.5	1500	1400～700	225M1	15	1000	900～450
225M2	22	3000	2900～1450	225M2	22	1500	1400～700	225M2	18.5	1000	900～450
250M1	30	3006	2900～1450	250M1	30	1500	1400～700	250M1	22	1000	900～450
250M2	37	3000	2900～1450	250M2	37	1500	1400～700	250M2	30	1000	900～450
280M1	45	3000	2900～1450	280M1	45	1500	1400～700	280M1	37	1000	900～450
280M2	55	3000	2900～1450	280M2	55	1500	1400～700	280M2	45	1000	900～450
315L1	75	3000	2900～1450	315L1	75	1500	1400～700	315L1	55	1000	900～450
315L2	90	3000	2900～1450	315L2	90	1500	1400～700	315L2	75	1000	900～450
315L3	110	3000	2900～1450	315L3	110	1500	1400～700	315L3	90	1000	900～450

注 生产厂：重庆电机厂。

三、外形及安装尺寸

YWT系列鼠笼型交流无级调速电动机外形及安装尺寸，见表1-23及图1-13。

表1-23 YWT系列鼠笼型交流无级调速电动机外形及安装尺寸 单位：mm

机座号	极数	安装尺寸										外形尺寸							
		H	A	B	C	D	E	F	G	GD	K	AB	AC	AD	HD	AA	BB	HA	L
132M	2～6	132	216	178	89	38	80	10	33	7	12	280	275	210	630	60	440	18	1130
160L	2～6	160	254	254	108	42	110	12	37	8	15	330	335	265	690	70	450	20	1160
180L	2～6	180	279	279	121	48	110	14	42.5	9	15	355	380	285	730	65	470	22	1240
200L	2～6	200	318	305	133	55	110	16	49	10	19	395	420	315	770	70	550	25	1280
225M	2	225	356	311	149	55	110	16	49	11	19	435	475	345	820	75	590	28	1350
225M	4～6	225	356	311	149	60	140	18	53	11	19	435	475	345	820	75	590	28	1350
250M	2	250	406	349	168	60	140	18	53	11	24	490	515	385	870	80	590	30	1480
250M	4～6	250	406	349	168	65	140	18	58	11	24	490	515	385	870	80	590	30	1480
280M	2	280	457	419	190	65	140	18	58	12	24	560	580	410	930	85	650	32	1650
280M	4～6	280	457	419	190	75	140	20	67.5	12	24	560	580	410	930	85	650	32	1650
315L	2	315	508	508	216	65	140	18	58	11	28	744	645	576	1800	120	950	45	2300
315L	4～6	315	508	508	216	80	170	22	71	14	28	744	645	576	1800	120	950	45	2300

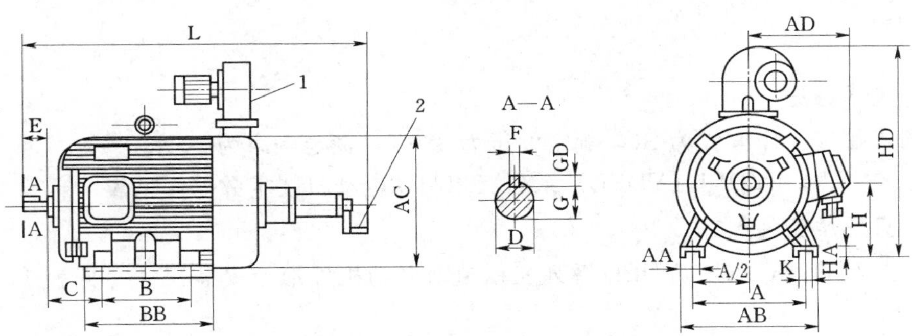

图1-13 YWT系列鼠笼型交流无级调速电动机（手动控制）外形及安装尺寸

1—鼓风机；2—手柄

1.1.9 YEJ、YED、YDEJ、YDED系列三相制动电动机

一、概述

YEJ、YED系列三相制动电动机和YDEJ、YDED系列变极多速三相制动电动机，是在Y系列和YD系列（IP44）电动机的前端盖与风扇之间附加一个直流电磁制动器所组成的派生产品，并具有国际互换性，可供出口主机配套用。YDEJ、YDED系列变极多速三相制动电动机具有多种可变速度，每种速度均具有与YEJ、YED系列相同的制动功能，可用于需要有极变速及制动要求的各种机械设备。

YEJ、YDEJ系列制动电动机采用电磁铁断电、弹簧力制动方式，适用于频繁启动、制动、防止滑行的升降机、运输机械、建筑机械等工程机械设备；YED、YDED系列制动电动机采用电磁铁通电制动方式，适用于经常启动、制动和要求制动迅速、定位准确的场合，如机床、轻纺、机械以及自动线装置。

电动机工作方式为S1，安装形式为B3型、B5型、B35型。

型号含义

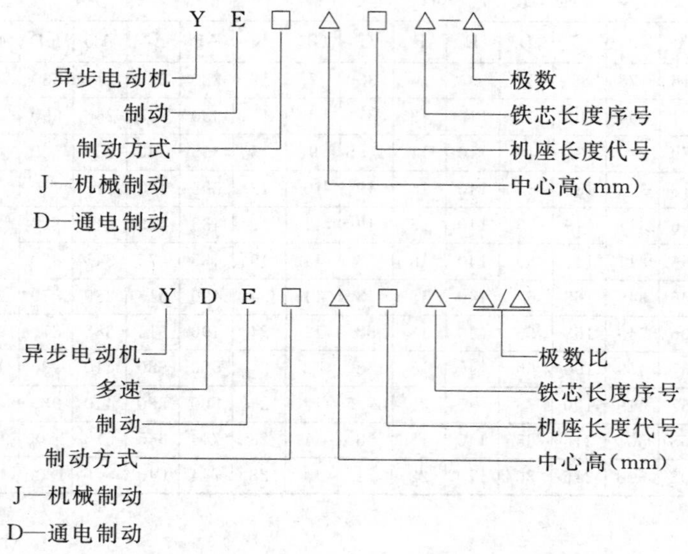

二、技术数据

电动机额定工作方式为S1，额定电压为380V，额定频率为50Hz。

YEJ（YED）、YDEJ（YDED）系列三相制动电动机技术数据，见表1-24。

三、外形及安装尺寸

YEJ、YED、YDEJ、YDED系列三相制动电动机外形及安装尺寸，见表1-25及图1-14。

表1-24 YEJ（YED）、YDEJ（YDED）系列三相制动电动机技术数据

型号	额定功率(kW)	额定电流(A)	额定转速(r/min)	效率(%)	功率因数	接线方法	堵转电流/额定电流	堵转转矩/额定转矩	最大转矩/额定转矩	额定制动力矩(N·m)	制动时间(s)	生产厂
YEJ801—2	0.75	1.8	2825	75	0.84		7.0	2.2	2.2	7.5	≤0.15	厦门电机实业总公司
YEJ802—2	1.1	2.4	2825	77	0.86		7.0	2.2	2.2	7.5	≤0.15	
YEJ90S—2	1.5	3.3	2840	78	0.85		7.0	2.2	2.2	15	≤0.2	
YEJ90L—2	2.2	4.7	2840	80.5	0.86		7.0	2.2	2.2	15	≤0.2	
YEJ100L—2	3	6.2	2880	82	0.87		7.0	2.2	2.2	30	≤0.25	
YEJ112M—2	4	8.2	2890	85.5	0.87		7.0	2.2	2.2	40	≤0.3	
YEJ132S1—2	5.5	11	2900	85.5	0.88		7.0	2.0	2.2	75	≤0.35	
YEJ132S2—2	7.5	14.8	2900	86.2	0.88		7.0	2.0	2.2	75	≤0.35	
YEJ801—4	0.55	1.5	1390	73	0.76		6.5	2.2	2.2	7.5	≤0.15	

续表 1-24

型　　号	额定功率(kW)	额定电流(A)	额定转速(r/min)	效率(%)	功率因数	接线方法	堵转电流/额定电流	堵转转矩/额定转矩	最大转矩/额定转矩	额定制动力矩(N·m)	制动时间(s)	生产厂
YEJ802—4	0.75	2	1390	74.5	0.76		6.5	2.2	2.2	7.5	≤0.15	
YEJ90S—4	1.1	2.7	1400	78	0.78		6.5	2.2	2.2	15	≤0.2	
YEJ901—4	1.5	3.6	1400	79	0.79		6.5	2.2	2.2	15	≤0.2	
YEJ100L1—4	2.2	5	1420	81	0.82		7.0	2.2	2.2	30	≤0.25	
YEJ100L2—4	3	6.7	1420	82.5	0.81		7.0	2.2	2.2	30	≤0.25	
YEJ112M—4	4	8.7	1440	84.5	0.82		7.0	2.2	2.2	40	≤0.3	
YEJ132S—4	5.5	11.6	1440	85.5	0.84		7.0	2.2	2.2	75	≤0.35	
YEJ132M—4	7.5	15.4	1440	87	0.85		7.0	2.2	2.2	75	≤0.35	
YEJ90S—6	0.75	2.2	910	72.5	0.70		6.0	2.0	2.0	15	≤0.2	
YEJ90L—6	1.1	3.1	910	73.5	0.72		6.0	2.0	2.0	15	≤0.2	
YEJ100L—6	1.5	3.9	940	77.5	0.74		6.0	2.0	2.0	30	≤0.25	
YEJ112M—6	2.2	5.6	940	80.5	0.74		6.0	2.0	2.0	40	≤0.25	
YEJ132S—6	3	7.2	960	83	0.76		6.5	2.0	2.0	75	≤0.3	
YEJ132M1—6	4	9.4	960	84	0.77		6.5	2.0	2.0	75	≤0.35	
YEJ132M2—6	5.5	12.6	960	85.3	0.78		6.5	2.0	2.0	75	≤0.35	
YEJ132S—8	2.2	5.8	710	80.5	0.71		5.5	2.0	2.0	75	≤0.35	厦门电机实业总公司
YEJ132M—8	3	7.7	710	82	0.72		5.5	2.0	2.0	75	≤0.35	
YDEJ801—4/2	0.45/0.55	1.4/1.5	1400/2750	66/65	0.74/0.85	△/YY	6.5/7	1.5/1.7	1.8/1.8	7.5/7.3	0.15/0.15	
YDEJ802—4/2	0.55/0.75	1.7/2.0	1410/2770	68/66	0.74/0.85	△/YY	6.5/7	1.6/1.8	1.8/1.8	7.5/7.5	0.15/0.15	
YDEJ90S—4/2	0.85/1.1	2.3/2.7	1410/2840	74/72	0.77/0.85	△/YY	6.5/7	1.8/1.9	1.8/1.8	15/15	0.2/0.2	
YDEJ901—4/2	1.3/1.8	3.3/4.3	1400/2830	76/74	0.78/0.85	△/YY	6.5/7	1.8/2	1.8/1.8	15/15	0.2/0.2	
YDEJ100L1—4/2	2/2.4	4.8/5.6	1430/2850	78/76	0.81/0.86	△/YY	6.5/7	1.7/1.9	1.8/1.8	30/30	0.25/0.25	
YDEJ100L2—4/2	2.4/3	5.6/6.6	1430/2850	79/77	0.83/0.89	△/YY	6.5/7	1.6/1.7	1.8/1.8	30/30	0.25/0.25	
YDEJ112M—4/2	3.3/4	7.4/8.6	1440/2890	82/79	0.83/0.89	△/YY	6.5/7	1.9/2	1.8/1.8	40/40	0.3/0.3	
YDEJ132S—4/2	4.5/5.5	9.8/11.9	1450/2870	83/79	0.84/0.89	△/YY	6.5/7	1.7/1.8	1.8/1.8	75/75	0.35/0.35	

续表1-24

型号	额定功率(kW)	额定电流(A)	额定转速(r/min)	效率(%)	功率因数	接线方法	堵转电流/额定电流	堵转转矩/额定转矩	最大转矩/额定转矩	额定制动力矩(N·m)	制动时间(s)	生产厂
YDEJ132M—4/2	6.5/8	13.8/17.0	1450/2880	84/80	0.85/0.89	△/YY	6.5/7	1.7/1.8	1.8/1.8	75/75	0.35/0.35	厦门电机实业总公司
YDEJ90S—6/4	0.65/0.85	2.3/2.3	920/1420	64/70	0.68/0.79	△/YY	6/6.5	1.6/1.4	1.8/1.8	15/15	0.2/0.2	
YDEJ901—6/4	0.85/1.1	2.8/3.0	930/1420	66/71	0.70/0.79	△/YY	6/6.5	1.6/1.5	1.8/1.8	15/15	0.2/0.2	
YDEJ100L1—6/4	1.3/1.8	3.8/4.4	940/1440	74/77	0.70/0.80	△/YY	6/6.5	1.7/1.4	1.8/1.8	30/30	0.25/0.25	
YDEJ100L2—6/4	1.5/2.2	4.3/5.4	940/1430	75/77	0.70/0.80	△/YY	6/6.5	1.6/1.4	1.8/1.8	30/30	0.25/0.25	
YDEJ112M—6/4	2.2/2.8	5.7/6.7	950/1430	78/77	0.75/0.82	△/YY	6/6.5	1.8/1.5	1.8/1.8	40/40	0.3/0.3	
YDEJ132S—6/4	3/4	7.7/9.5	970/1440	79/78	0.75/0.82	△/YY	6/6.5	1.8/1.7	1.8/1.8	75/75	0.35/0.35	
YDEJ132M—6/4	4/5.5	9.8/12.3	970/1450	82/80	0.76/0.85	△/YY	6/6.5	1.6/1.4	1.8/1.8	75/75	0.35/0.35	
YDEJ90L—8/4	0.45/0.75	1.9/1.8	670/1400	58/72	0.63/0.87	△/YY	5.5/6.5	1.6/1.4	1.8/1.8	15/15	0.2/0.2	
YDEJ100L—8/4	0.85/1.5	3.1/3.5	700/1410	67/74	0.63/0.88	△/YY	5.5/6.5	1.6/1.4	1.8/1.8	30/30	0.25/0.25	
YDEJ112M—8/4	1.5/2.4	5.0/5.0	700/1420	72/78	0.63/0.88	△/YY	5.5/6.5	1.7/1.7	1.8/1.8	40/40	0.3/0.3	
YDEJ132S—8/4	2.2/3.3	7.0/7.1	720/1440	75/80	0.64/0.88	△/YY	5.5/6.5	1.5/1.7	1.8/1.8	75/75	0.35/0.35	
YDEJ132M—8/4	3/4.5	9.0/9.3	720/1450	78/82	0.65/0.89	△/YY	5.5/6.5	1.5/1.6	1.8/1.8	75/75	0.35/0.35	
YDEJ90S—8/6	0.35/0.45	1.6/1.4	670/930	56/70	0.60/0.72	△/YY	5/6	1.8/2	1.8/1.8	15/15	0.2/0.2	
YDEJ90L—8/6	0.45/0.65	1.9/1.9	680/920	59/71	0.60/0.73	△/YY	5/6	1.7/1.8	1.8/1.8	15/15	0.25/0.25	
YDEJ100L1—8/6	0.75/1.1	2.9/3.0	710/940	65/75	0.60/0.73	△/YY	5/6	1.8/1.9	1.8/1.8	30/340	0.25/0.25	
YDEJ112M—8/6	1.3/1.8	4.5/4.8	710/940	72/78	0.61/0.73	△/YY	5/6	1.7/1.9	1.8/1.8	40/40	0.3/0.3	
YDEJ132S—8/6	1.8/2.4	5.7/6.2	720/970	76/80	0.62/0.73	△/YY	5/6	1.6/1.9	1.8/1.8	75/75	0.35/0.35	
YDEJ132M—8/6	2.6/3.7	8.2/9.4	720/970	78/82	0.62/0.70	△/YY	5/6	1.9/1.9	1.8/1.8	75/75	0.35/0.35	

表 1－25 YEJ、YED、YDEJ、YDED 系列三相制动电动机外形及安装尺寸

单位：mm

机座号	H	A	B	C_1	D	E	F	GD	G	K	T	M	N	P	R	S	AB	AD	AC	HD	AA	BB	HA	HE	L	安装形式
80	80	125	100	50	19	40	6	6	15.5	10							165	150	165	170	34	130	10		340	B3 型
90S	90	140	100	56	24	50	8	7	20	10							180	155	175	190	36	130	12		370	
90L	90	140	125	56	24	50	8	7	20	10							180	155	175	190	36	155	12		395	
100L	100	160	140	63	28	60	8	7	24	12							205	180	205	245	40	176	14		440	
112M	112	190	140	70	28	60	8	7	24	12							245	190	230	265	50	180	15		460	
132S	132	216	140	89	28	80	10	8	33	12							280	210	270	315	60	200	18		550	
132M	132	216	178	89	28	80	10	8	33	12							280	210	270	315	60	238	18		590	
80					19	40	6	6	15.5		3.5	165	130	200	0	4×ϕ12		150	165					185	340	B5 型
90S					24	50	8	7	20		3.5	165	130	200	0	4×ϕ12		155	175					195	370	
90L					24	50	8	7	20		3.5	165	130	200	0	4×ϕ12		155	175					195	395	
100L					28	60	8	7	24		4	215	180	250	0	4×ϕ15		180	205					245	440	
112M					28	60	8	7	24		4	215	180	250	0	4×ϕ15		190	230					265	460	
132S					38	80	10	8	33		4	265	230	300	0	4×ϕ15		210	270					315	550	
132M					38	80	10	8	33		4	265	230	300	0	4×ϕ15		210	270					315	590	
80	80	125	100	50	19	40	6	6	15.5	10	3.5	165	130	200	0	4×ϕ12	165	150	165	170	34	130	10		340	B35 型
90S	90	140	100	56	24	50	8	7	20	10	3.5	165	130	200	0	4×ϕ12	180	155	175	190	36	130	12		340	
90L	90	140	125	56	24	50	8	7	20	10	3.5	165	130	200	0	4×ϕ12	180	155	175	190	36	155	12		395	
100L	100	160	140	63	28	60	8	7	24	12	4	215	180	250	0	4×ϕ15	205	180	205	245	40	176	14		440	
112M	112	190	140	70	28	60	8	7	24	12	4	215	180	250	0	4×ϕ15	245	190	230	265	50	180	15		460	
132S	132	216	140	89	38	80	10	8	33	12	4	265	230	300	0	4×ϕ15	280	210	270	315	60	200	18		550	
132M	132	216	178	89	38	80	10	8	33	12	4	265	230	300	0	4×ϕ15	280	210	270	315	60	238	18		590	

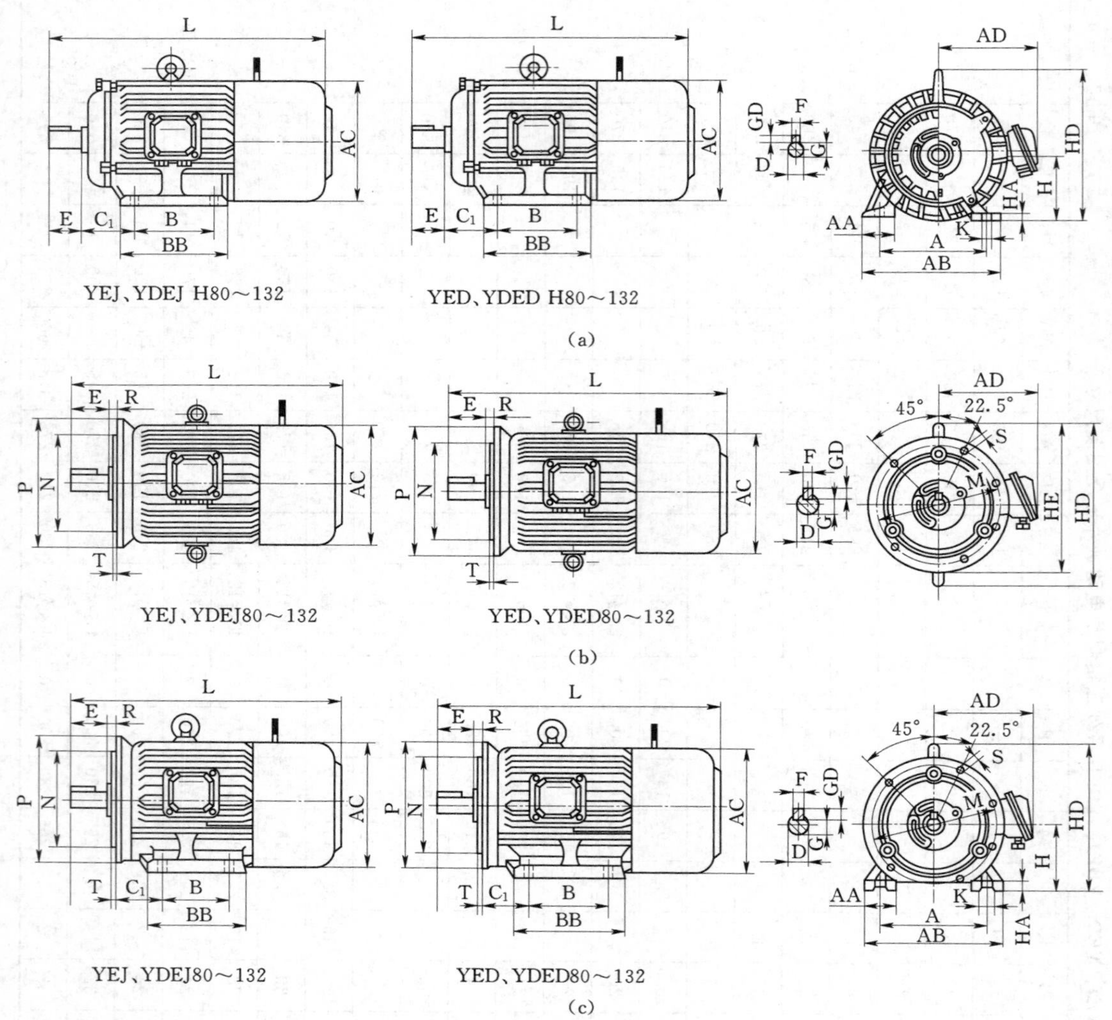

图 1-14 YEJ、YED、YDEJ、YDED 系列三相制动电动机外形及安装尺寸

(a) B3 型；(b) B5 型；(c) B35 型

1.1.10 YCH 型超高转差率异步电动机

一、概述

YCH 型超高转差率异步电动机是一种启动比较平滑、能减少供电网路的压降、转差率高、堵转电流小、堵转转矩大的新型节能电机，具有较软的机械特性，是与油井、抽油机配套的专用设备。与抽油机配套能改善抽油机和抽油杆的受力，延长抽油机及其它抽油设备的使用寿命，减轻对电网周期性的冲击。通过变更接线方法，使电动机具有四种转矩状态，即四种容量等级，可提高电动机的通用性及电网功率因数。

电动机为 F 级绝缘，外壳防护等级为 IP44，冷却方式为 ICO141。线圈内装有温度继电器。能在电机过热状态下自动停机而保证电机及其它设备的安全。配用控制装置，可自动实现各种保护。

型号含义

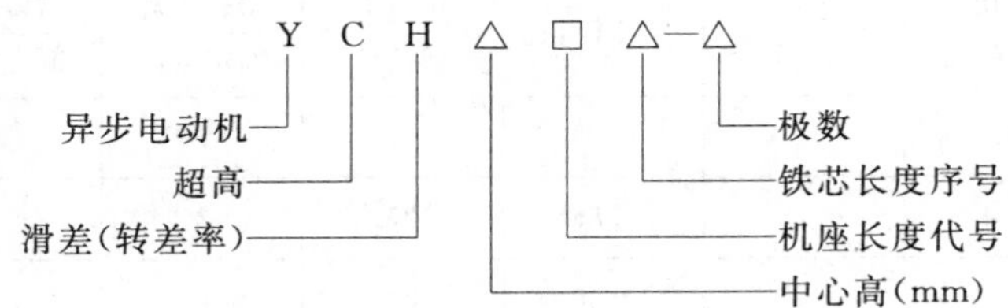

二、技术数据

电动机额定电压为380V，额定频率为50Hz。

YCH型超高转差率异步电动机技术数据，见表1-26。

表1-26 YCH型超高转差率异步电动机技术数据

型号	额定功率(kW)	效率(%)	功率因数	转差率(%)	堵转电流/额定电流	堵转转矩/额定转矩	生产厂
YCH225S1—6	5.7	57	0.84	27	3.5	1.5	兰州电机有限责任公司
YCH225S1—6	7.9	62	0.84	24	4	1.8	
YCH225S1—6	9.4	67	0.84	21	4.5	2.1	
YCH225S1—6	13.3	72	0.84	17	5	2.4	
YCH225S2—6	9.4	58	0.84	27	3.5	1.5	
YCH225S2—6	13	63	0.84	24	4	1.8	
YCH225S2—6	15.5	68	0.84	21	4.5	2.1	
YCH225S2—6	22	73	0.84	17	5	2.4	
YCH280S1—6	12.8	59	0.86	27	2	3.5	
YCH280S1—6	16	64	0.86	24	2.3	4	
YCH280S1—6	23	69	0.86	21	2.7	4.5	
YCH280S1—6	30	74	0.86	17	3	5	
YCH280S2—6	17	60	0.86	27	2	3.5	
YCH280S2—6	22	65	0.86	24	2.3	4	
YCH280S2—6	31	70	0.86	21	2.7	4.5	
YCH280S2—6	40	75	0.86	17	3	5	
YCH250M—6	12.8		0.86	27	3	2	
YCH250M—6	16		0.86	24	3.5	2.3	
YCH250M—6	23		0.86	21	4	2.7	

续表 1-26

型 号	额定功率 (kW)	效率 (%)	功率因数	转差率 (%)	堵转电流/额定电流	堵转转矩/额定转矩	生产厂
YCH250M—6	30		0.86	17	4.5	3	兰州电机有限责任公司
YCH225M—6	9.4		0.85	27	3	1.6	
YCH225M—6	13		0.85	24	3.5	1.9	
YCH225M—6	15.5		0.85	21	4	2.2	
YCH225M—6	22		0.85	17	4.5	2.5	
YCH200L—6	6		0.85	27	3.5	1.6	
YCH200L—6	8.2		0.85	24	4	1.9	
YCH200L—6	9.9		0.85	21	4.5	2.2	
YCH200L—6	14		0.85	17	5	2.5	

三、外形及安装尺寸

YCH 型超高转差率异步电动机外形及安装尺寸，见表 1-27 及图 1-15。

表 1-27 YCH 型超高转差率异步电动机外形及安装尺寸 单位：mm

型 号	H	A	A/2	B	C	D	E
YCH225S—6	$225_{-0.5}^{0}$	356±1.5	178±1.0	286±1.5	149	$\phi65m6_{+0.011}^{+0.030}$	140
YCH280S—6	$280_{-1.0}^{0}$	457±1.5	228.5±1.0	368±1.5	190	$\phi80m6$	170

型 号	F	G	HD	L	AC/2	AD	AB	A2	BB	K
YCH225S—6	$18_{-0.043}^{0}$	$58_{-0.2}^{0}$	535	860	235	385	435	85	348	19
YCH280S—6	$22_{-0.052}^{0}$	$71_{-0.2}^{0}$	630	1045	275	395	540	100	450	24

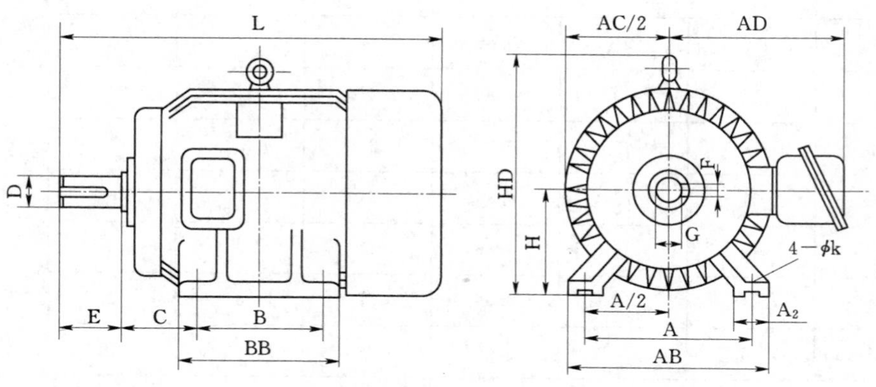

图 1-15 YCH 型超高转差率异步电动机外形及安装尺寸

1.1.11 YNZ—W系列振动桩锤用耐振三相异步电动机

一、概述

YNZ—W系列耐振三相异步电动机过载转矩大、启动转矩大、具有特殊结构和优良性能，是振动沉拔桩机振动锤的最佳拖动设备，可承受12×9.8m/s^{2}的振动加速度。

电动机为户外型，外壳防护等级为IP44，工作方式为短时工作制（S2 60min）。

型号含义

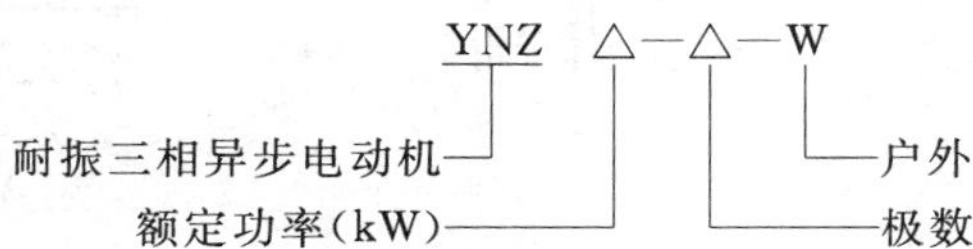

二、技术数据

YNZ—W系列耐振三相异步电动机技术数据，见表1-28。

表1-28 YNZ—W系列耐振三相异步电动机技术数据

额定功率（kW）	额定电压（V）	额定电流（A）	额定频率（Hz）	效率（%）	额定功率因数	工作方式	生产厂
60	380	123	50	91	0.8	S2 60min	兰州电机有限责任公司
75	380	152	50	91.5	0.8	S2 60min	
90	380	182	50	92	0.8	S2 60min	

三、外形及安装尺寸

YNZ—W系列耐振三相异步电动机外形及安装尺寸，见表1-29及图1-16。

表1-29 YNZ—W系列耐振三相异步电动机外形及安装尺寸 单位：mm

额定功率（kW）	A	A/2	B_1	B_2	C	D	E	F
60	570±1.4	285±1.0	185±0.7	185±0.7	220±2	$110^{+0.035}_{+0.013}$	150±0.5	$32^{0}_{-0.062}$
75	570±1.4	285±1.0	210±0.7	210±0.7	200±2	$110^{+0.035}_{+0.013}$	170±0.5	$32^{0}_{-0.062}$
90	570±1.4	285±1.0	210±0.7	210±0.7	200±2	$110^{+0.035}_{+0.013}$	95±0.5	$32^{0}_{-0.062}$

额定功率（kW）	G	H	K	AB	AC	AD	HD	L
60	$99^{0}_{-0.2}$	$355^{0}_{-1.0}$	6—ϕ42	700	700	410	820	930
75	$99^{0}_{-0.2}$	$355^{0}_{-1.0}$	6—ϕ50	710	700	440	820	976
90	$99^{0}_{-0.2}$	$355^{0}_{-1.0}$	6—ϕ50	710	700	440	820	1036

1.1.12 YSP系列三相抛光机

一、概述

YSP系列三相抛光机是Y系列电动机的派生产品，适用于电镀零件及其它需经表面光亮处理的零件的磨光、抛光。

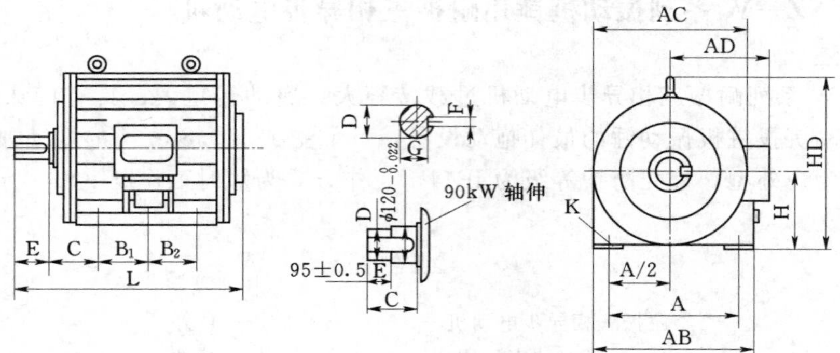

图 1-16 YNZ—W 系列耐振三相异步电动机外形及安装尺寸

电动机为两端出轴，轴伸两端带锥螺纹，外壳防护等级为 IP44、IP54、IP55，工作方式为连续周期工作制（S6），安装形式为机座带底脚卧式安装，可提供有注油孔或无注油孔两种结构形式。

型号含义

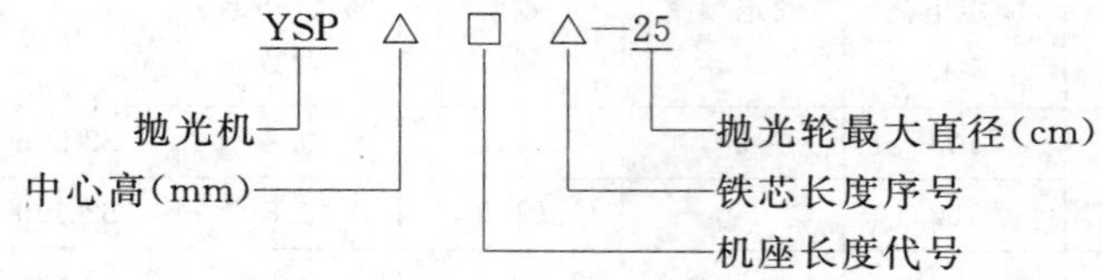

二、技术数据

YSP 系列三相抛光机技术数据，见表 1-30。

表 1-30 YSP 系列三相抛光机技术数据

最大布轮直径（mm）	250	250	生产厂
输出功率（kW）	2.2，4，5.5，7.5	2.2，4，5.5，7.5	厦门电机实业总公司
额定电压（V）	220，200/346，220/380，380，380/660，420	380，220/440	
额定频率（Hz）	50	60	
同步转速（r/min）	3000		

三、外形及安装尺寸

YSP 系列三相抛光机外形及安装尺寸，见表 1-31 及图 1-17。

表 1-31 YSP 系列三相抛光机外形及安装尺寸 单位：mm

型号	A	AB	H	HD	HA	AD	K	L	B	E	F	D	R	Y
YSP90L—25	140	180	$90^{\ 0}_{-0.5}$	190	12	155	10	850	125	75	240	30	1:4	12
YSP112M—25	190	245	$112^{\ 0}_{-0.5}$	265	15	190	12	980	140	77	280	35	1:3.5	13
YSP132S1—25	216	280	$132^{\ 0}_{-0.5}$	315	18	210	12	1100	140	96	295	45	1:3	13
YSP132S2—25	216	280	$132^{\ 0}_{-0.5}$	315	18	210	12	1100	140	96	295	45	1:3	13

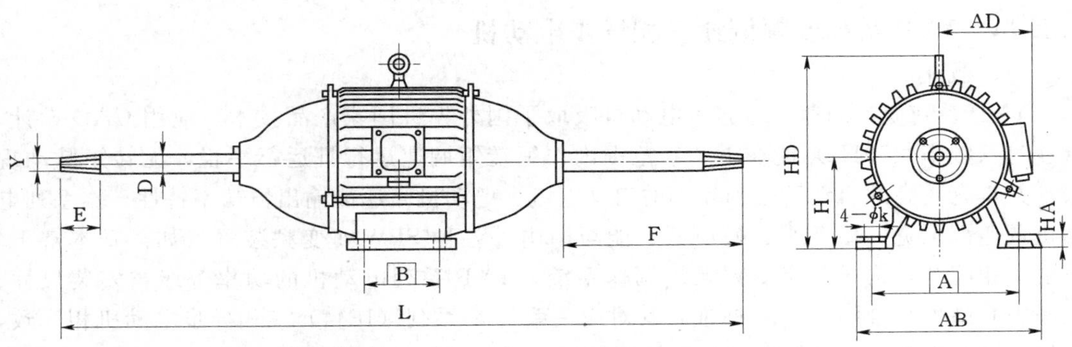

图 1－17 YSP 系列三相抛光机外形及安装尺寸

1.1.13 YJSL 系列紧凑型立式三相异步电动机

一、概述

在原 Y 系列普通三相异步电动机的基础上，开发出适用范围更广、防护等级更高的 YJSL 系列紧凑型立式三相异步电动机。本系列产品制造精良，具有力能指标高，可靠性强，振动及噪声小，安装维修方便等优点。电动机采用 F 级绝缘，安装尺寸和功率等级符合 IEC 72 标准。本系列电动机可用来驱动各种通用机械，如：压缩机、通风机、水泵、破碎机、切削机床、磨煤机、运输机械等，并可供矿山、机械工业、石油化工工业及其它工矿企业中作原动机用。

型号含义

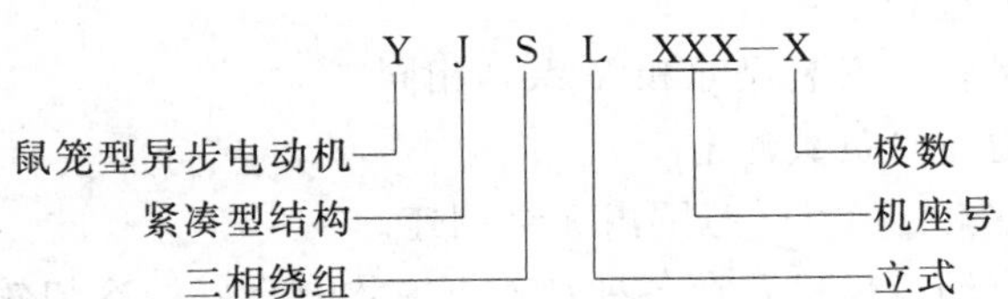

二、技术数据

YJSL 系列紧凑型（IP54）立式三相异步电动机容量型谱（380V），见表 1－32。

表 1－32 YJSL 系列紧凑型（IP54）立式三相异步电动机容量型谱（380V）

<table>
<tr><th colspan="2" rowspan="3">机座号</th><th colspan="4">同步转速</th><th colspan="2" rowspan="3">机座号</th><th colspan="4">同步转速</th></tr>
<tr><th>3000</th><th>1500</th><th>1000</th><th>750</th><th>3000</th><th>1500</th><th>1000</th><th>750</th></tr>
<tr><th colspan="4">功率（kW）</th><th colspan="4">功率（kW）</th></tr>
<tr><td rowspan="5">315</td><td>S</td><td>110</td><td>110</td><td>75</td><td>55</td><td rowspan="2">315</td><td rowspan="2">L</td><td rowspan="2">315</td><td rowspan="2">315</td><td>220</td><td rowspan="2">200</td></tr>
<tr><td>M</td><td>132</td><td>132</td><td>90</td><td>75</td><td>250</td></tr>
<tr><td rowspan="3">L</td><td>160</td><td>160</td><td>110</td><td>90</td><td rowspan="3">400</td><td rowspan="3">L</td><td>355</td><td>355</td><td>280</td><td>220</td></tr>
<tr><td>185</td><td>185</td><td>132</td><td>110</td><td>400</td><td>400</td><td>315</td><td>250</td></tr>
<tr><td>200</td><td>200</td><td></td><td></td><td>450</td><td>450</td><td></td><td></td></tr>
<tr><td rowspan="3">355</td><td rowspan="3">L</td><td>220</td><td>220</td><td>160</td><td>132</td><td rowspan="3">450</td><td rowspan="3">L</td><td>500</td><td>500</td><td>355</td><td>280</td></tr>
<tr><td>250</td><td>250</td><td>185</td><td>160</td><td>560</td><td>560</td><td>400</td><td>315</td></tr>
<tr><td>280</td><td>280</td><td>200</td><td>185</td><td>630</td><td>630</td><td>450</td><td>355</td></tr>
</table>

1.1.14 YVP系列变频调速三相异步电动机

一、概述

YVP系列变频调速三相异步电动机吸取了国外先进国家产品技术，应用CAD设计。低速时（频率<50Hz）能在1∶10范围内作恒转矩调速运行且运行平稳，无转矩脉动现象，并具有较高的启动转矩和较小的启动电流。电动机高速能输出恒功率特性。本系列电动机调速范围宽、振动小、噪声低、能与国内外各种SPWM变频装置（如：日本富士、三菱）相配套，构成交流变频无级调速系统。YVP系列电动机的功率等级与安装尺寸、机座中心高均符合国际IEC标准，其对应关系与Y系列（IP44）三相异步电动机相一致，互换性通用性强。本系统电动机为笼型结构、运行可靠、维修方便，并装有独立的冷却风机，保证电机在不同的转速下，具有较好的冷却效果。

YVP系列变频调速三相异步电动机与SPWM变频装置构成的调速系统与其它调速方式相比，具有节能效果明显、调速性能好、调速比宽、快速响应性优良、应用范围广、性能价格比高等优点，是目前交流调速方案中最先进的系统之一。可广泛用于数控机床的主轴传动、纺织、化工、冶金等行业的恒转矩、恒功率调速以及风机水泵等场合的节能调速，并具有计算机控制接口，有助于实现调速系统的自动化控制，是国家目前重点推广的高新技术节能产品。

二、结构特点

变频电机必须与变频器配合使用。目前国际上普遍采用变频调速，因为变频调速有以下优点：

（1）效率高、节能显著。

（2）体积小、重量轻、安装尺寸和Y系列相同。

（3）低频启动时力矩对负载冲击小。

（4）调速平滑能在5～100Hz范围内无级调速。

（5）在风罩内装有轴流风机，在各种转速下，均有良好的冷却效果。

（6）启动电流小，不用附加启动设备。

（7）应用范围广，在50Hz以下可作恒转矩运行，在50Hz以上可作恒功率运行。

（8）较电磁调速电机节能降耗，调速范围广，结构简单，使用可靠，维修方便。

三、使用环境

YVP系列变频调速三相异步电动机使用条件：

（1）环境温度不超过－15～＋40℃。

（2）海拔不超过1000m。

（3）电机防护等级IP44。

（4）额定电压380（220）V±10%。

（5）工作制：连续S1。

（6）绝缘等级：F级。

（7）额定频率50Hz。

四、技术数据

YVP系列变频调速三相异步电动机技术数据，见表1-33。

表 1－33 YVP 系列变频调速三相异步电动机技术数据

<table>
<tr><th>型 号</th><th>标称功率
(kW)</th><th>标称电流
(A)</th><th>额定转矩
(N·m)</th><th>恒转矩
变频范围
(Hz)</th><th>恒功率
调频范围
(Hz)</th><th>堵转转矩
额定转矩</th><th>堵转电流
标称电流</th><th>最大转矩
额定转矩</th><th>最小转矩
额定转矩</th></tr>
<tr><td>YVP80M1—4</td><td>0.55</td><td>1.5</td><td>3.5</td><td rowspan="16">5～50</td><td rowspan="23">50～100</td><td rowspan="16">2</td><td rowspan="23">10</td><td rowspan="23">2.8</td><td>1.7</td></tr>
<tr><td>YVP80M2—4</td><td>0.75</td><td>2</td><td>4.7</td><td rowspan="3">1.6</td></tr>
<tr><td>YVP90S—4</td><td>1.1</td><td>2.8</td><td>7</td></tr>
<tr><td>YVP90L—4</td><td>1.5</td><td>3.7</td><td>9.5</td></tr>
<tr><td>YVP100L1—4</td><td>2.2</td><td>5.1</td><td>14</td><td rowspan="3">1.5</td></tr>
<tr><td>YVP100L2—4</td><td>3</td><td>6.8</td><td>19</td></tr>
<tr><td>YVP112M—4</td><td>4</td><td>8.7</td><td>25.4</td></tr>
<tr><td>YVP132M—4</td><td>5.5</td><td>11.4</td><td>35</td><td rowspan="4">1.4</td></tr>
<tr><td>YVP160M—4</td><td>7.5</td><td>15.3</td><td>47.7</td></tr>
<tr><td>YVP160L—4</td><td>11</td><td>22.1</td><td>70</td></tr>
<tr><td>YVP180M—4</td><td>15</td><td>30.1</td><td>95.5</td></tr>
<tr><td>YVP180L—4</td><td>18.5</td><td>35.4</td><td>117.1</td><td rowspan="4">1.2</td></tr>
<tr><td>YVP200L—4</td><td>22</td><td>41.6</td><td>140.9</td></tr>
<tr><td>YVP225S—4</td><td>30</td><td>55.9</td><td>190.9</td></tr>
<tr><td>YVP225M—4</td><td>37</td><td>68.2</td><td>235.5</td></tr>
<tr><td>YVP250M—4</td><td>45</td><td>82.5</td><td>286.4</td><td rowspan="2">1.1</td></tr>
<tr><td>YVP280S—4</td><td>55</td><td>101</td><td>350.1</td><td rowspan="7">3～50</td><td rowspan="7">1.7</td></tr>
<tr><td>YVP280M—4</td><td>75</td><td>132.3</td><td>477.1</td><td rowspan="5">1</td></tr>
<tr><td>YVP315S—4</td><td>90</td><td>157.4</td><td>572.9</td></tr>
<tr><td>YVP315M—4</td><td>110</td><td>191.4</td><td>700.2</td></tr>
<tr><td>YVP315L—4</td><td>132</td><td>227.6</td><td>840.3</td></tr>
<tr><td>YVP315L1—4</td><td>160</td><td>274.2</td><td>1018.5</td></tr>
<tr><td>YVP315L2—4</td><td>200</td><td>341.6</td><td>1273.2</td><td>0.9</td></tr>
</table>

五、生产厂

台州恒富电动机厂。

1.2 中型异步电动机

1.2.1 YR 系列中型高压 10kV 三相异步电动机

一、概述

YR 系列中型高压 10kV 三相异步电动机适用于驱动风机、压缩机、水泵、破碎机、切削机床、运输机械及其它机械设备。启动时必须在转子回路串接规定要求的启动变阻器，不允许将转子绕组直接短接启动。电动机不适用于卷扬机等频繁启动及经常逆转的场合。如果需要，用以传动卷扬机、鼓风机、磨煤机、轧钢机的电动机，应在订货时提供有关技术资料和要求，作为电机特殊设计的依据，以确保电机可靠运行。

电动机为箱式结构，卧式安装，单轴伸，F级绝缘。从轴伸端看，旋转方向一般为顺时针，出线盒装于电动机右侧。

型号含义

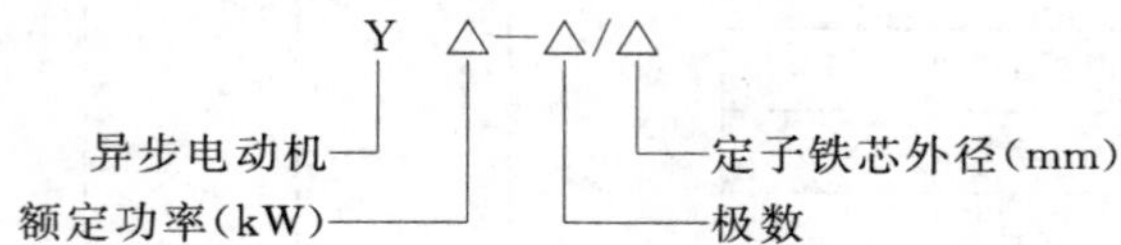

二、技术数据

YR系列中型高压10kV三相异步电动机额定电压为10kV，额定频率为50Hz。有关技术数据，见表1-34。

上海电机厂生产的YRKS系列空—水冷却封闭式电动机技术数据与该厂相应型号的YR系列电动机技术数据（质量除外）相同。

表1-34 YR系列中型高压10kV三相异步电动机技术数据

型号	额定功率(kW)	额定电流(A)	额定转速(r/min)	效率(%)	功率因数	最大转矩/额定转矩	转子电压(V)	转子电流(A)	转子电阻(75℃)(Ω)	冷却风量(m^3/s)	转动惯量(kg·m^2)	重量(kg)	生产厂
YR4501—4	200	14.3	1484	92.7	0.870	3.57	497	247			15.0	3590	上海电机厂（表中数据为设计值）
YR4502—4	220	15.6	1483	92.9	0.879	3.24	497	272			15.0	3620	
YR4503—4	250	17.7	1481	93.0	0.877	2.98	496	311			15.0	3650	
YR4504—4	280	19.6	1479	93.1	0.885	2.66	496	349			15.0	3680	
YR4505—4	315	22.6	1481	93.1	0.866	2.81	538	360			15.0	3750	
YR4506—4	355	25.2	1478	93.4	0.873	2.49	538	407			15.0	3800	
YR4507—4	400	28.5	1479	93.7	0.864	2.55	591	416			15.0	3860	
YR4508—4	450	32.0	1480	94.0	0.864	2.61	657	419			17.0	4020	
YR5001—4	500	34.5	1482	94.1	0.889	2.57	611	503			24.0	4380	
YR5002—4	560	38.9	1483	94.4	0.880	2.71	677	505			25.0	4420	
YR5003—4	630	43.5	1484	94.7	0.882	2.63	742	518			27.0	4550	
YR5004—4	710	49.0	1483	94.9	0.882	2.53	762	569			27.0	4700	
YR5005—4	800	55.8	1484	95.1	0.870	2.55	845	576			29.0	4880	
YR5601—4	900	61.1	1479	94.2	0.902	2.28	767	730			42.0	6150	
YR5602—4	1000	68.3	1482	94.6	0.894	2.54	874	703			45.0	6550	
YR5603—4	1120	76.3	1480	94.8	0.895	2.25	874	792			45	6650	
YR5604—4	1250	84.0	1483	95.2	0.902	2.42	1022	750			53.0	6750	
YR6301—4	1400	93.9	1484	95.1	0.905	2.7	1117	765			76.0	8170	

续表 1-34

型　　号	额定功率(kW)	额定电流(A)	额定转速(r/min)	效率(%)	功率因数	最大转矩/额定转矩	转子电压(V)	转子电流(A)	转子电阻(75℃)(Ω)	冷却风量(m^3/s)	转动惯量($kg \cdot m^2$)	重量(kg)	生产厂
YR6302—4	1600	105.5	1484	95.4	0.918	2.55	1233	793			88.0	8600	
YR6303—4	1800	120.1	1484	95.7	0.904	2.56	1328	824			88.0	8750	
YR6304—4	2000	132.6	1485	95.9	0.908	2.65	1496	810			100.0	9000	
YR4505—6	200	15.6	986	92.4	0.802	3.09	517	237			21.0	3590	
YR4506—6	220	16.8	984	92.5	0.817	2.81	517	261			21.0	3680	
YR4507—6	250	18.8	982	92.5	0.832	2.46	5.7	299			21.0	3800	
YR4508—6	280	21.0	983	92.8	0.831	2.48	564	306			22.0	4000	
YR5001—6	315	22.9	982	92.9	0.855	2.44	520	376			34.0	4150	
YR5002—6	355	25.6	983	93.3	0.859	2.41	568	388			37.0	4260	
YR5003—6	400	28.8	983	93.6	0.857	2.44	624	396			40.0	4350	
YR5004—6	500	35.7	982	93.8	0.861	2.23	694	446			43.0	4600	
YR5005—6	560	40.3	984	94.3	0.851	2.35	779	442			46.0	4690	
YR5006—6	630	44.1	985	94.7	0.871	2.23	730	532			63.0	6050	
YR5601—6	710	49.7	986	94.9	0.868	2.33	821	531			69.0	6350	
YR5602—6	710	49.7	986	94.9	0.868	2.33	821	531			69.0	6350	
YR5603—6	800	55.9	985	94.9	0.870	2.05	821	604			69.0	6550	上海电机厂（表中数据为设计值）
YR5604—6	900	63.9	986	95.2	0.854	2.24	934	591			73.0	6700	
YR6301—6	1000	68.5	987	95.3	0.885	2.18	897	684			99.0	8050	
YR6302—6	1120	78.1	989	95.6	0.867	2.55	1043	651			103.0	8550	
YR6303—6	1250	86.7	989	95.8	0.869	2.47	1137	666			113.0	8700	
YR6304—6	1400	97.6	990	95.9	0.864	2.51	1249	677			121.0	9000	
YR5001—8	200	14.8	736	91.8	0.847	2.27	478	262			39.0	4160	
YR5002—8	220	16.7	737	91.8	0.828	2.42	516	266			39.0	4260	
YR5003—8	250	18.8	735	92.0	0.837	2.12	515	305			39.0	4350	
YR5004—8	280	20.7	735	92.1	0.846	2.08	564	312			44.0	4450	
YR5005—8	315	23.5	736	92.4	0.838	2.14	619	318			46.0	4530	
YR5006—8	355	26.3	736	92.8	0.840	2.15	689	321			51.0	4600	
YR5007—8	400	29.5	734	92.8	0.844	1.9	688	366			51.0	4700	
YR5008—8	450	33.6	736	92.8	0.832	2.02	773	364			54.0	4800	
YR5603—8	500	38.1	740	93.8	0.809	2.57	881	346			78.0	6060	
YR5604—8	560	42.4	739	94.0	0.811	2.52	949	360			83.0	6300	
YR5605—8	630	46.9	739	94.5	0.821	2.46	1030	373			90.0	6540	
YR5606—8	710	52.2	738	94.4	0.831	2.18	1030	424			90.0	6750	

续表 1-34

型　　号	额定功率（kW）	额定电流（A）	额定转速（r/min）	效率（%）	功率因数	最大转矩/额定转矩	转子电压（V）	转子电流（A）	转子电阻（75℃）（Ω）	冷却风量（m³/s）	转动惯量（kg·m²）	重量（kg）	生产厂
YR6303—8	800	57.6	741	94.8	0.846	2.44	1132	431			141.0	8000	
YR6304—8	900	64.8	741	95.2	0.842	2.49	1245	439			151.0	8500	
YR6305—8	1000	71.4	740	95.1	0.850	2.24	1245	491			151.0	8650	
YR6306—8	1120	80.6	741	95.3	0.843	2.33	1382	494			161.0	8950	
YR5002—10	200	17.7	590	92.2	0.710	2.61	536	226			49.0	4240	
YR5003—10	220	18.9	589	92.2	0.729	2.37	536	250			49.0	4330	
YR5004—10	250	20.9	587	92.2	0.750	2.08	536	288			49.0	4440	
YR5005—10	280	23.0	586	92.0	0.764	1.85	536	327			49.0	4510	
YR5006—10	315	25.8	585	92.2	0.765	1.82	581	339			52.0	4580	
YR5007—10	355	29.2	586	92.5	0.759	1.82	632	351			55.0	4680	
YR5008—10	400	33.7	586	92.6	0.740	1.87	690	359			58.0	4780	
YR5603—10	450	36.6	589	92.7	0.765	2.06	701	397			92.0	6040	
YR5604—10	500	41.7	590	93.0	0.745	2.15	775	396			98.0	6280	
YR5605—10	560	45.8	588	93.1	0.758	1.91	774	449			98.0	6520	
YR5606—10	630	52.3	589	93.3	0.745	1.98	868	447			107.0	6730	上海电机厂（表中数据为设计值）
YR6304—10	710	54.0	590	94.1	0.806	1.82	889	499			157.0	8000	
YR6305—10	800	61.9	591	94.6	0.789	1.96	1011	488			168.0	8480	
YR6306—10	900	69.8	591	94.7	0.786	1.92	1086	511			177.0	8630	
YR6307—10	1000	77.0	591	94.8	0.792	1.88	1179	524			193.0	8920	
YR5602—12	200	17.8	492	91.4	0.710	2.82	583	208			88.0	5720	
YR5603—12	220	19.0	491	91.5	0.731	2.56	583	230			88.0	5790	
YR5604—12	250	20.9	490	91.5	0.754	2.25	583	264			88.0	5860	
YR5605—12	280	23.0	489	91.4	0.770	2.00	583	299			88.0	5950	
YR5606—12	315	25.8	489	91.7	0.769	1.98	635	308			95.0	6010	
YR5607—12	355	28.9	489	92.1	0.770	1.96	699	315			104.0	6250	
YR5608—12	400	33.3	490	92.2	0.753	2.02	773	319			110.0	6500	
YR5609—12	450	38.1	490	92.3	0.739	2.09	867	318			121.0	6700	
YR6305—12	500	41.0	490	92.9	0.758	1.97	774	398			157.0	7950	
YR6306—12	560	45.2	491	93.1	0.769	1.86	821	423			167.0	8450	
YR6307—12	630	51.6	491	93.6	0.753	1.95	927	418			183.0	8600	
YR6308—12	710	57.7	491	93.7	0.759	1.86	994	441			196.0	8900	

续表 1-34

型号	额定功率(kW)	额定电流(A)	额定转速(r/min)	效率(%)	功率因数	最大转矩/额定转矩	转子电压(V)	转子电流(A)	转子电阻(75℃)(Ω)	冷却风量(m^3/s)	转动惯量($kg\cdot m^2$)	重量(kg)	生产厂
YR450—4	315	21.9	1485	93.9	0.881	2.99	485	399				3800	重庆电机厂
YR450—4	355	24.5	1485	93.9	0.889	2.65	485	451				3800	
YR450—4	400	27.5	1486	94.4	0.888	2.77	546	449				4100	
YR450—4	450	30.8	1483	94.3	0.894	2.46	546	508				4100	
YR450—4	500	34.2	1485	94.5	0.891	2.71	624	491				4500	
YR450—4	560	38.2	1482	94.4	0.895	2.41	624	553				4500	
YR500—4	630	43.1	1484	94.6	0.892	2.72	672	575				4600	
YR500—4	710	48.1	1483	94.9	0.896	2.64	729	597				4800	
YR500—4	800	54.0	1480	95.1	0.898	2.61	795	615				5000	
YR500—4	900	60.7	1480	95.0	0.900	2.32	795	696				5000	
YR560—4	1000	67.1	1487	95.3	0.903	2.31	976	632				6300	
YR560—4	1120	74.5	1488	95.7	0.907	2.63	1173	583				6500	
YR560—4	1250	83.1	1487	95.6	0.908	2.36	1173	655				6500	
YR630—4	1400	93.5	1488	95.8	0.902	2.41	1299	661				8800	
YR630—4	1600	106.6	1489	95.9	0.903	2.54	1463	668				9000	
YR630—4	1800	119.9	1487	95.9	0.904	2.26	1463	757				9000	
YR630—4	2000	132.9	1489	96.1	0.905	2.47	1674	730				9600	
YR450—6	220	16.7	987	92.2	0.827	2.91	554	247				3400	
YR450—6	250	18.6	987	92.5	0.837	2.87	611	255				3500	
YR450—6	280	20.6	986	92.4	0.848	2.55	611	287				3500	
YR450—6	315	23.6	989	92.9	0.829	3.04	763	256				3700	
YR450—6	355	26.4	988	93.2	0.832	2.97	815	270				3900	
YR450—6	400	29.3	987	93.2	0.846	2.63	815	306				3900	
YR500—6	450	32.3	990	94.1	0.856	2.85	817	339				4200	
YR500—6	500	35.4	989	94.4	0.863	2.75	876	351				4400	
YR500—6	560	39.5	989	94.6	0.865	2.74	944	365				4500	
YR500—6	630	44.1	988	94.5	0.872	2.43	944	413				4500	
YR560—6	710	50.3	990	94.7	0.861	2.39	941	467				6200	
YR560—6	800	56.1	990	94.9	0.868	2.31	1021	484				6400	
YR560—6	900	62.8	990	95.1	0.870	2.28	1150	498				6600	
YR630—6	1000	69.6	991	95.4	0.870	2.21	1114	555				7650	
YR630—6	1120	77.7	992	95.5	0.871	2.24	1226	563				7800	
YR630—6	1250	86.3	992	95.7	0.874	2.30	1364	564				8600	

续表 1-34

型　　号	额定功率（kW）	额定电流（A）	额定转速（r/min）	效率（%）	功率因数	最大转矩/额定转矩	转子电压（V）	转子电流（A）	转子电阻（75℃）（Ω）	冷却风量（m^3/s）	转动惯量（kg·m^2）	重量（kg）	生产厂
YR630—6	1400	96.9	993	95.8	0.870	2.49	1535	558				8800	
YR450—8	220	18.1	741	92.2	0.762	3.01	631	217				3500	
YR450—8	250	19.9	740	92.2	0.787	2.64	631	248				3700	
YR500—8	280	21.5	740	92.9	0.809	2.22	525	341				4200	
YR500—8	315	24.1	740	93.2	0.809	2.26	573	344				4400	
YR500—8	355	26.98	740	93.4	0.815	2.23	632	352				4600	
YR500—8	400	30.0	741	93.6	0.821	2.24	704	355				4800	
YR500—8	450	33.6	741	93.8	0.824	2.30	794	353				5000	
YR500—8	500	37.0	740	93.7	0.832	2.06	794	396				5000	
YR560—8	560	41.8	741	94.0	0.823	2.33	843	414				6100	
YR560—8	630	46.4	741	94.2	0.832	2.18	905	436				6300	
YR560—8	710	52.2	741	94.4	0.832	2.17	974	456				6500	
YR630—8	800	59.7	740	94.9	0.815	2.03	970	515				7600	
YR630—8	900	66.8	741	94.9	0.819	2.00	1052	534				7900	
YR630—8	1000	74.1	740	95.1	0.819	2.01	1148	544				8500	
YR630—8	1120	82.6	741	95.2	0.822	2.00	1264	553				8800	
YR500—10	220	18.9	593	91.9	0.733	3.14	696	197				4200	重庆电机厂
YR500—10	250	21.2	592	92.1	0.740	3.02	737	212				4400	
YR500—10	280	23.0	591	92.2	0.763	2.69	737	238				4600	
YR500—10	315	25.2	590	92.4	0.771	2.58	785	252				4800	
YR500—10	355	28.1	590	92.3	0.789	2.28	785	286				4800	
YR500—10	400	31.5	590	92.4	0.793	2.20	837	303				5000	
YR500—10	450	35.0	588	92.3	0.804	2.00	837	345				5000	
YR560—10	500	40.8	591	92.9	0.762	2.49	960	326				6100	
YR560—10	560	45.1	591	93.0	0.770	2.43	1041	338				6300	
YR560—10	630	50.5	591	93.2	0.773	2.41	1137	347				6500	
YR630—10	710	56.1	591	93.5	0.781	2.04	1007	445				7600	
YR630—10	800	62.6	591	93.7	0.787	2.00	1092	463				7900	
YR630—10	900	69.8	591	94.0	0.792	2.01	1193	477				8500	
YR630—10	1000	77.4	591	93.9	0.794	2.00	1314	481				8800	
YR500—12	220	19.9	491	91.1	0.697	2.32	575	241				4800	
YR500—12	250	21.9	490	91.1	0.721	2.03	577	277				4800	
YR500—12	280	24.2	490	91.3	0.730	1.92	608	295				5000	

续表 1-34

型　　号	额定功率(kW)	额定电流(A)	额定转速(r/min)	效率(%)	功率因数	最大转矩/额定转矩	转子电压(V)	转子电流(A)	转子电阻(75℃)(Ω)	冷却风量(m^3/s)	转动惯量($kg \cdot m^2$)	重量(kg)	生产厂
YR500—12	315	26.7	488	91.3	0.745	1.90	610	337				5000	重庆电机厂
YR560—12	355	31.6	493	92.0	0.704	2.13	681	328				6100	
YR560—12	400	34.6	493	92.4	0.721	1.98	728	348				6300	
YR560—12	450	38.3	493	92.7	0.731	1.90	781	366				6500	
YR630—12	500	44.0	492	93.1	0.704	2.05	783	400				7600	
YR630—12	560	48.6	492	93.2	0.713	1.97	844	416				7900	
YR630—12	630	54.3	492	93.4	0.717	1.92	915	433				8500	
YR630—12	710	61.1	492	93.6	0.716	1.95	998	447				8800	
YR450—4	315	23.2	1480	92.5	0.84	1.8	520	393					湖北电机厂（表中数据为保证值）
YR450—4	355	26.2	1480	92.8	0.84	1.8	563	408					
YR450—4	400	28.8	1480	93.1	0.85	1.8	588	440					
YR450—4	450	32.2	1480	93.3	0.85	1.8	614	474					
YR450—4	500	35.3	1480	93.6	0.85	1.8	646	501					
YR450—4	560	40.4	1480	93.8	0.85	1.8	718	504					
YR500—4	630	44.6	1482	94.2	0.85	1.8	630	635					
YR500—4	710	50.3	1482	94.6	0.85	1.8	682	660					
YR500—4	800	55.9	1482	94.7	0.86	1.8	702	725					
YR500—4	900	62.6	1482	94.8	0.86	1.8	744	770					
YR500—4	1000	69.0	1482	94.9	0.86	1.8	818	776					
YR560—4	1120	77.0	1485	95.1	0.87	1.8	994	711					
YR560—4	1250	85.1	1485	95.2	0.87	1.8	1077	735					
YR560—4	1400	96.0	1485	95.3	0.87	1.8	1175	750					
YR630—4	1600	107.8	1488	95.4	0.88	1.8	1229	821					
YR630—4	1800	121.1	1488	95.5	0.88	1.8	1352	838					
YR630—4	2000	133.6	1488	95.6	0.88	1.8	1502	835					
YR450—6	280	21.7	982	92.2	0.81	1.8	520	355					
YR450—6	315	23.9	982	92.4	0.81	1.8	563	368					
YR450—6	355	27.2	982	92.6	0.81	1.8	614	380					
YR450—6	400	30.5	982	92.8	0.81	1.8	675	388					
YR500—6	450	34.3	985	93.1	0.81	1.8	808	363					
YR500—6	500	37.8	985	93.4	0.81	1.8	862	378					
YR500—6	560	42.7	985	93.6	0.81	1.8	923	396					
YR500—6	630	47.0	985	93.8	0.82	1.8	994	413					
YR500—6	710	53.6	985	94.0	0.82	1.8	1077	430					
YR500—6	800	57.0	988	94.3	0.82	1.8	1050	487					
YR560—6	900	63.6	988	94.5	0.84	1.8	1145	502					
YR560—6	1000	70.6	988	94.7	0.85	1.8	1260	505					

续表 1-34

型　号	额定功率（kW）	额定电流（A）	额定转速（r/min）	效率（%）	功率因数	最大转矩/额定转矩	转子电压（V）	转子电流（A）	转子电阻（75℃）（Ω）	冷却风量（m^3/s）	转动惯量（kg·m^2）	重量（kg）	生产厂
YR560—6	1120	79.5	988	94.9	0.85	1.8	1399	509					湖北电机厂（表中数据为保证值）
YR630—6	1250	88.8	988	95.1	0.85	1.8	1126	711					
YR630—6	1400	99.1	988	95.3	0.85	1.8	1228	730					
YR630—6	1600	111.7	988	95.4	0.85	1.8	1351	758					
YR500—8	280	23.6	740	92.2	0.75	1.8	619	293					
YR500—8	315	26.3	740	92.3	0.75	1.8	654	313					
YR500—8	355	29.5	740	92.5	0.75	1.8	692	334					
YR500—8	400	32.8	740	92.8	0.75	1.8	735	355					
YR500—8	450	35.6	740	93.1	0.77	1.8	784	374					
YR500—8	500	40.3	740	93.3	0.77	1.8	840	389					
YR560—8	560	43.3	740	93.6	0.79	1.8	965	375					
YR560—8	630	49.5	740	93.8	0.79	1.8	1039	393					
YR560—8	710	54.9	740	94.0	0.79	1.8	1126	408					
YR560—8	800	61.7	740	94.2	0.79	1.8	1228	422					
YR630—8	900	66.1	740	94.4	0.82	1.8	980	596					
YR630—8	1000	73.1	740	94.6	0.82	1.8	1070	606					
YR630—8	1120	81.9	740	94.8	0.82	1.8	1177	617					
YR500—10	250	22.0	590	91.4	0.72	1.8	496	335					
YR500—10	280	24.5	590	91.7	0.72	1.8	527	354					
YR500—10	315	26.7	590	92.1	0.72	1.8	562	373					
YR500—10	355	30.7	590	92.2	0.72	1.8	603	394					
YR560—10	400	33.3	592	92.4	0.74	1.8	784	337					
YR560—10	450	36.1	592	92.8	0.74	1.8	840	354					
YR560—10	500	40.5	592	93.0	0.75	1.8	905	365					
YR560—10	560	44.9	592	93.2	0.75	1.8	980	378					
YR560—10	630	50.6	592	93.4	0.76	1.8	1070	390					
YR630—10	710	54.6	592	93.7	0.76	1.8	1126	419					
YR630—10	800	61.4	592	93.8	0.76	1.8	1228	433					
YR630—10	900	69.6	592	93.9	0.78	1.8	1351	443					
YR630—10	1000	77.4	592	94.1	0.78	1.8	1501	442					
YR560—12	280	24.5	490	91.4	0.72	1.8	703	269					
YR560—12	315	27.2	490	91.5	0.72	1.8	745	287					
YR560—12	355	30.8	490	91.6	0.72	1.8	791	306					
YR560—12	400	34.7	490	91.8	0.72	1.8	844	324					
YR560—12	450	38.4	490	92.2	0.72	1.8	904	341					
YR630—12	500	41.7	492	92.4	0.73	1.8	908	359					
YR630—12	560	46.2	492	92.8	0.74	1.8	1009	371					
YR630—12	630	52.0	492	93.1	0.74	1.8	1101	383					
YR630—12	710	58.0	492	93.4	0.74	1.8	1211	392					

续表 1-34

型　　号	额定功率(kW)	额定电流(A)	额定转速(r/min)	效率(%)	功率因数	最大转矩/额定转矩	转子电压(V)	转子电流(A)	转子电阻(75℃)(Ω)	冷却风量(m^3/s)	转动惯量($kg\cdot m^2$)	重量(kg)	生产厂
YR4501—2	220	15.0	2981	92.85	0.915	2.58					16.0		兰州电机有限责任公司（表中数据为计算值/保证值）
YR4502—2	250	17.0	2978	92.93	0.916	2.26					18.0		
YR4503—2	280	19.0	2979	93.07	0.913	2.37					20.0		
YR4504—2	315	21.2	2979	93.30	0.920	2.38					22.0		
YR4505—2	355	23.8	2980	93.69	0.913	2.57					24.0		
YR4506—2	400	26.8	2978	93.85	0.914	2.28					27.0		
YR4507—2	450	30.4	2979	94.04	0.908	2.43					30.0		
YR4508—2	500	33.8	2976	94.15	0.906	2.21					33.0		
YR4509—2	560	37.8	2978	94.24	0.908	2.39					36.0		
YR5001—2	630	42.3	2979	94.33	0.909	2.31					39.0		
YR5002—2	710	47.2	2978	94.56	0.916	2.23					43.0		
YR5003—2	800	53.2	2978	94.83	0.914	2.24					51.0		
YR5004—2	900	59.5	2978	95.10	0.917	2.23					55.0		
YR5005—2	1000	66.0	2978	95.25	0.918	2.27					57.0		
YR5601—2	1120	74.2	2982	95.61	0.911	2.36					58.0		
YR5602—2	1250	82.8	2982	95.73	0.911	2.43					67.0		
YR5603—2	1400	93.2	2983	95.84	0.905	2.55					73.0		
YR5604—2	1600	106.3	2980	95.95	0.906	2.22					80.0		
YR6301—2	1800	118.0	2985	96.29	0.915	2.53					86.0		
YR6302—2	2000	131.0	2983	96.35	0.915	2.28					92.0		
YR6303—2	2240	148.1	2984	96.50	0.905	2.51					96.0		
YR630—2	2500	165.1	2982	96.55	0.906	2.25					105.0		
YR560—4	220	15.6	1480	91.8/90	0.91/0.86	2.4/1.8	435	320	0.0106	0.89	63	3600	
YR560—4	250	17.2	1477	91.8/90.5	0.91/0.86	2.1/1.8	416	365	0.0104	1	63	3600	
YR560—4	280	19.1	1481	92.3/90.5	0.92/0.86	2.4/1.8	492	345	0.0109	1.05	73	3550	
YR560—4	315	21.6	1476	93.2/91	0.90/0.86	2.2/1.8	487	388	0.0108	1.02	71	3650	
YR560—4	355	25	1476	92.3/91	0.9/0.86	1.9/1.8	508	447	0.0106	1.18	71	4200	
YR560—4	400	27.4	1477	93.5/91	0.9/0.86	2/1.8	527	454	0.0108	1.24	78	4300	

续表1-34

型号	额定功率(kW)	额定电流(A)	额定转速(r/min)	效率(%)	功率因数	最大转矩/额定转矩	转子电压(V)	转子电流(A)	转子电阻(75℃)(Ω)	冷却风量(m^3/s)	转动惯量($kg·m^2$)	重量(kg)	生产厂
YR560—4	450	30.6	1478	93.8/92	0.91/0.86	2/1.8	582	462	0.0113	1.33	86	4400	兰州电机有限责任公司（表中数据为计算值/保证值）
YR560—4	500	33.7	1479	94.1/92	0.91/0.86	2/1.8	651	458	0.0117	1.40	96	4550	
YR630—4	560	38.3	1482	93.1/92.5	0.91/0.87	2.4/1.8	656	516	0.0093	1.87	149	4850	
YR630—4	630	42.8	1487	93.4/92.5	0.91/0.87	3/1.8	856	444	0.0102	1.99	191	5150	
YR560—6	280	19.7	987	92.4/90.5	0.89/0.85	2.1/2.8	602	280	0.0164	1.03	130	4250	
YR560—6	315	22	988	92.6/91	0.89/0.85	2.7/1.8	672	282	0.0172	1.13	145	4450	
YR560—6	355	24.7	986	92.7/91	0.9/0.85	2.4/1.8	669	319	0.0170	1.27	150	4450	
YR630—6	400	27.3	988	93.3/91.5	0.91/0.86	2.1/1.8	601	400	0.0107	1.30	232	4750	
YR630—6	450	30.7	986	93.2/91.5	0.91/0.86	1.8/1.8	592	457	0.011	1.49	260	5050	
YR630—6	500	34.1	991	93.6/92	0.9/0.86	2.6/1.8	810	369	0.0118	1.53	288	5550	
YR630—6	560	37.8	991	93.9/92	0.91/0.86	2.5/1.8	869	386	0.0122	1.63	320	6150	
YR630—6	630	42.4	991	94.2/92.5	0.91/0.87	2.4/1.8	937	402	0.0126	1.76	345	6550	
YR630—8	355	26.5	742	92.4/91	0.85/0.82	2.6/1.8	717	308	0.0136	1.32	300	5500	
YR630—8	400	29.5	743	92.7/91.5	0.86/0.82	2.6/1.8	786	307	0.0148	1.44	345	6000	
YR630—8	450	33.2	743	93.3/91.5	0.84/0.82	2.6/1.8	864	323	0.0132	1.55	345	6000	
YR630—8	500	36.5	742	93/91.5	0.85/0.83	2.4/1.8	831	361	0.0146	1.69	345	6000	
YR630—8	560	40.4	742	93.3/92	0.86/0.83	2.3/1.8	890	377	0.0151	1.81	374	6450	
YR630—10	400	30	591	91.6/90.5	0.85/0.81	2.2/1.8	771	313	0.0216	1.65	474	6050	
YR630—10	450	33.3	592	91.9/90.5	0.85/0.81	2.3/1.8	855	306	0.023	1.79	527	6550	

三、外形及安装尺寸

(1) 上海电机厂和湖北电机厂生产的 YR 系列中型高压 10kV 三相异步电动机外形及安装尺寸，见表 1-35 及图 1-18。

表 1-35 上海电机厂和湖北电机厂的 YR 系列中型高压 10kV 三相异步电动机外形及安装尺寸

单位：mm

机座号	极数	A	B	C	D	E	F	G	t	b	H	K	AC	AD	HD	L	生产厂
450	4	800	1120	355	120	210	32	109			450	35	1120	810	935	2570	上海电机厂
450	6	800	1120	355	130	250	32	119			450	35	1120	810	935	2610	
500	4	900	1250	475	130	250	32	119			500	42	1220	860	1040	2920	
500	6～10	900	1250	475	140	250	36	128			500	42	1220	860	1040	2920	
560	4	1000	1600	500	150	250			11.4	39.7	560	42	1350	1020	1160	3050	
560	6～12	1000	1600	500	160	300			12.4	42.8	560	42	1350	1020	1160	3100	
630	4	1120	1800	530	170	300			12.4	44.2	630	48	1530	1120	1300	3170	
630	6～12	1120	1800	530	180	300			12.4	45.6	630	48	1530	1120	1300	3170	
450	4	800	1120	355	110	210	28	100			450	35	1300	1050	1475	2640	湖北电机厂
450	6	800	1120	355	110	210	28	100			450	35	1300	1050	1475	2640	
500	4	900	1250	475	120	210	32	109			500	42	1420	1080	1700	2920	
500	6～10	900	1250	475	130	250	32	119			500	42	1420	1080	1700	2920	
560	4	1000	1400	500	150	250			11.4	39.7	560	42	1600	1100	1850	3200	
560	6～12	1000	1400	500	160	300			12.4	42.8	560	42	1600	1100	1850	3200	
630	4	1120	1600	530	170	300			12.4	44.2	630	48	1800	1200	2050	3460	
630	6～12	1120	1600	530	180	300			12.4	45.6	630	48	1800	1200	2050	3460	

注 H560～630 电动机轴伸键为切向键，也可选用平键。

(2) 重庆电机厂和兰州电机厂生产的 YR 系列中型高压 10kV 三相异步电动机外形及安装尺寸，见表 1-36 及图 1-19。

(3) 上海电机厂生产的 YRKS 系列中型高压 10kV 三相异步电动机外形及安装尺寸，见表 1-37 及图 1-20。

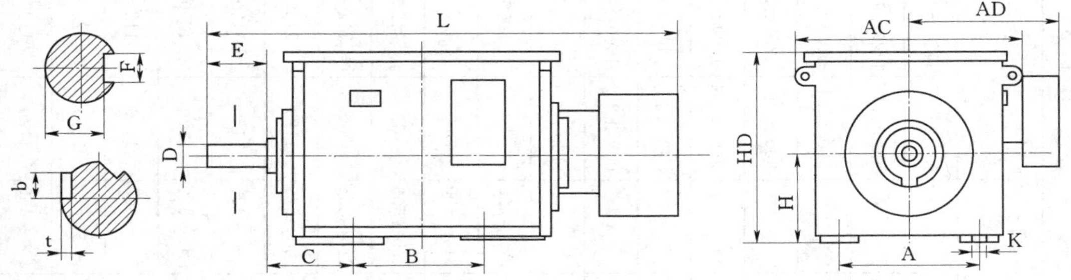

图 1-18 上海电机厂和湖北电机厂 YR 系列中型高压 10kV 三相异步电动机外形及安装尺寸

表 1-36 重庆电机厂和兰州电机厂的 YR 系列中型高压 10kV 三相异步电动机外形及安装尺寸

单位：mm

机座号	极数	功率(kW)	A	B	C	D	E	F	G	t	b	H	K	L	AD	HD_1	HD_2	生产厂
450	4		800±1.75	1120±1.75	355±4.0	$120^{+0.035}_{+0.013}$	210±0.57	$32^{0}_{-0.062}$	$109^{0}_{-0.02}$			$450^{0}_{-1.0}$	$35^{+0.62}_{0}$	2780	1540	965	1520	重庆电机厂（H560～630电机轴伸键为切向键，也可选用平键）
450	6～8		800±1.75	1120±1.75	355±4.0	$130^{+0.040}_{+0.015}$	250±0.57	$32^{0}_{-0.062}$	$119^{0}_{-0.092}$			$450^{0}_{-1.0}$	$34^{+0.62}_{0}$	2820	1540	965	1520	
500	4		900±2.1	1250±2.1	475±4.0	$130^{+0.040}_{+0.015}$	250±0.57	$36^{0}_{-0.062}$	$119^{0}_{-0.092}$			$450^{0}_{-1.0}$	$42^{+0.62}_{0}$	2950	1650	1085	1640	
500	6～12		900±2.1	1250±2.1	475±4.0	$140^{+0.040}_{+0.015}$	300±0.65	$36^{0}_{-0.062}$	$128^{0}_{-0.02}$			$450^{0}_{-1.0}$	$42^{+0.62}_{0}$	2950	1650	1085	1640	
560	4		1000±2.1	1400±2.1	500±4.0	$150^{+0.040}_{+0.015}$	300±0.65			$11.4^{+0.2}_{0}$	39.7	$450^{0}_{-1.0}$	$42^{+0.62}_{0}$	3180	1780	1190	1850	
560	6～12		1000±2.1	1400±2.1	500±4.0	$160^{+0.040}_{+0.015}$	300±0.65			$12.4^{+0.2}_{0}$	42.8	$450^{0}_{-1.0}$	$42^{+0.62}_{0}$	3230	1780	1190	1850	
630	4		1120±2.1	1600±2.1	530±4.0	$170^{+0.040}_{+0.015}$	300±0.65			$12.4^{+0.2}_{0}$	44.2	$450^{0}_{-1.0}$	$48^{+0.62}_{0}$	3470	1870	1330	1990	
630	6～12		1120±2.1	1600±2.1	530±4.0	$180^{+0.040}_{+0.015}$	300±0.65			$12.4^{+0.2}_{0}$	45.6	$450^{0}_{-1.0}$	$48^{+0.62}_{0}$	3470	1870	1330	1990	
560	4	220～280	950	1000	280	110	210	28	100			560	42	2400	1650		2000	兰州电机有限责任公司
560	4	315～400	950	1120	280	110	210	28	100			560	42	2500	1650		2000	
560	4	450～500	950	1120	280	110	210	28	100			560	42	2600	1650		2000	
560	6	280～355	950	1120	315	110	210	28	100			560	42	2550	1650		2000	
630	4	560～630	1120	1120	315	120	210	32	109			630	42	2700	1800		2150	
630	6	400～450	1120	1120	315	120	210	32	109			630	42	2600	1800		2150	
630	6	500～630	1120	1250	315	120	210	32	109			630	42	2700	1800		2150	
630	8	355～500	1120	1120	315	120	210	32	109			630	42	4250	1800		2150	
630	8	560	1120	1250	315	120	210	32	109			630	42	2650	1800		2150	
630	10	100～450	1120	1120	315	120	210	32	109			630	42	2450	1800		2150	

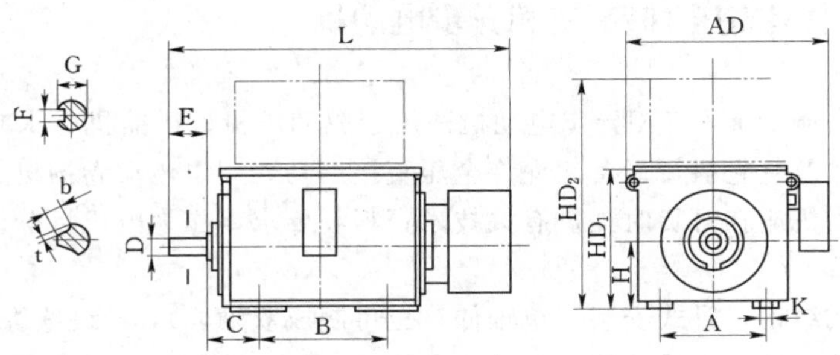

图 1-19　重庆电机厂和兰州电机厂 YR 系列中型高压 10kV 三相异步电动机外形及安装尺寸

表 1-37　上海电机厂 YRKS 系列中型高压 10kV 三相异步电动机外形及安装尺寸

单位：mm

机座号	极数	A	B	C	D	E	F	G	t	b	H	K	f	L	AC	AD	HD
450	4	800	1400	355	120	210	32	109			450	35	400	2280	620	810	2500
450	6	800	1400	355	130	250	32	119			450	35	400	2320	620	810	2500
500	4	900	1400	475	130	250	32	119			500	42	500	2750	680	860	2500
500	6～10	900	1400	475	140	250	36	128			500	42	500	2750	680	860	2500
560	4	1000	1600	500	150	250			11.4	39.7	560	42	500	3050	750	1020	2520
560	6～12	1000	1600	500	160	300			12.4	42.8	560	42	500	3100	750	1020	2520
630	4	1120	1800	530	170	300			12.4	44.2	630	48	500	3170	800	1120	2780
630	6～12	1120	1800	530	180	300			12.4	45.6	630	48	500	3170	800	1120	2780

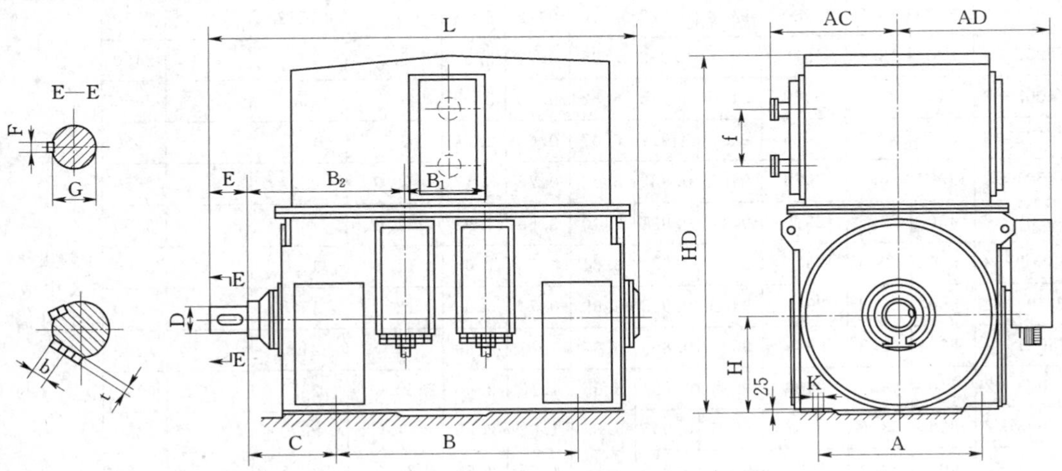

图 1-20　上海电机厂 YRKS 系列中型高压 10kV 三相异步电动机外形及安装尺寸

1.2.2　Y系列中型高压10kV三相异步电动机

一、概述

Y系列中型高压10kV三相异步电动机适用于驱动风机、压缩机、水泵、破碎机、切削机床、运输机械及其它机械设备。允许全压直接启动。用以传动卷扬机、鼓风机、磨煤机、轧钢机的电动机应在订货时提供有关技术资料和要求，作为电机特殊设计的依据，以确保电机可靠运行。

电动机为箱式结构，卧式安装，单轴伸（也可制成双轴伸），F级绝缘。从轴伸端看，旋转方向一般为顺时针，出线盒装于电动机右侧。

型号含义

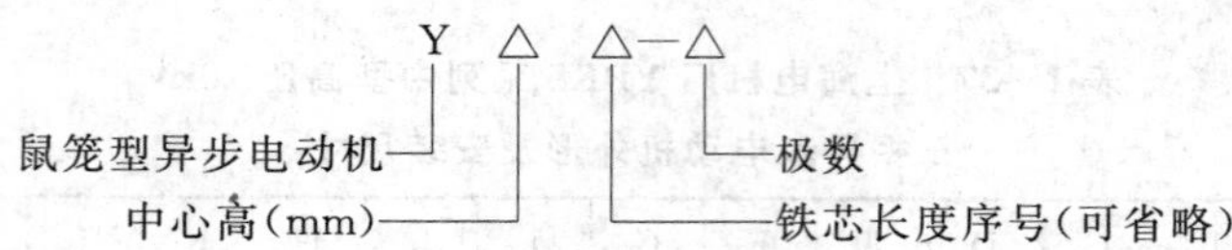

二、技术数据

电动机额定电压为10kV，额定频率为50Hz。

Y系列中型高压10kV三相异步电动机技术数据，见表1-38。

上海电机厂生产的YKS系列电动机（4～12极）技术数据与该厂相应型号的Y系列电动机技术数据（质量除外）相同。

表1-38　Y系列中型高压10kV三相异步电动机技术数据

型号	额定功率(kW)	额定电流(A)	额定转速(r/min)	效率(%)	功率因数	堵转电流/额定电流	堵转转矩/额定转矩	最大转矩/额定转矩	电机转动惯量(kg·m²)	负载转动惯量(kg·m²)	冷却风量(m³/s)	重量(kg)	生产厂
Y4001—2	250	16.5	2980	94.8	0.922	7.16	0.72	3.28	6.0	17.2		2650	上海电机厂（表中数据为设计值）
Y4002—2	280	18.7	2979	94.7	0.912	7.06	0.73	3.23	5.0	16.0		2460	
Y4003—2	315	21.0	2979	94.8	0.915	6.82	0.70	3.09	5.5	13.5		2650	
Y4004—2	355	23.5	2976	94.8	0.919	6.07	0.62	2.74	5.5	12.0		2650	
Y4501—2	400	26.1	2978	94.7	0.932	6.93	0.75	3.17	11.0	22.1		3350	
Y4502—2	450	29.5	2976	94.7	0.931	6.40	0.69	2.93	11.0	20.2		3260	
Y4503—2	500	32.9	2977	94.7	0.926	6.61	0.73	3.00	11.5	17.1		3350	
Y4504—2	560	36.9	2977	94.9	0.923	6.69	0.74	3.03	12.0	19.8		3900	
Y5001—2	630	42.8	2989	95.1	0.893	6.67	1.17	2.99	19.0	21.0		4250	
Y5002—2	710	48.0	2989	95.4	0.894	6.65	1.18	2.96	20.0	23.0		4440	
Y5003—2	800	53.5	2987	95.5	0.905	5.82	1.03	2.55	21.0	25.0		4630	
Y5004—2	900	59.9	2987	95.7	0.906	5.84	1.05	2.55	22.0	26.5		4820	
Y5601—2	1000	67.0	2985	95.1	0.907	5.10	0.77	2.33	29.0	28.0		5450	
Y5602—2	1120	74.5	2986	95.4	0.909	5.31	0.82	2.40	31.0	31.0		5740	

续表 1-38

型号	额定功率(kW)	额定电流(A)	额定转速(r/min)	效率(%)	功率因数	堵转电流/额定电流	堵转转矩/额定转矩	最大转矩/额定转矩	电机转动惯量(kg·m²)	负载转动惯量(kg·m²)	冷却风量(m³/s)	重量(kg)	生产厂
Y5603—2	1250	82.6	2986	95.7	0.912	5.58	0.83	2.50	34.0	36.0		6030	
Y5604—2	1400	92.8	2988	95.9	0.908	6.08	0.98	2.72	36.0	39.0		6320	
Y6301—2	1600	106.0	2985	95.6	0.911	5.10	0.75	2.34	41.0	55.0		6550	
Y6302—2	1800	118.8	2987	96.0	0.912	5.62	0.85	2.56	46.0	59.0		6960	
Y6303—2	2000	131.1	2985	96.1	0.917	4.90	0.75	2.20	49.0	66.0		7370	
Y6304—2	2240	146.6	2987	96.3	0.916	5.70	0.89	2.55	52.0	73.0		7780	
Y4501—4	220	15.3	1489	93.5	0.886	6.36	1.03	2.65	17.0	105.0		3630	
Y4502—4	250	17.5	1488	93.6	0.883	6.10	0.99	2.53	15.0	95.0		3580	
Y4503—4	280	19.6	1487	93.6	0.880	5.75	0.93	2.37	15.0	87.0		3510	
Y4504—4	315	22.4	1488	93.9	0.864	6.07	1.01	2.50	15.0	98.0		3510	
Y4505—4	355	25.1	1486	93.9	0.870	5.43	0.90	2.22	15.0	90.0		3580	
Y4506—4	400	28.4	1487	94.2	0.862	5.56	0.94	2.26	15.0	106.0		3630	
Y4507—4	450	31.9	1485	94.2	0.866	4.96	0.83	2.01	16.0	95.0		3850	
Y4508—4	500	35.3	1486	94.5	0.865	5.15	0.88	2.06	17.0	105.0		3900	
Y5001—4	560	38.3	1489	94.8	0.891	5.46	0.76	2.19	25.0	120.0		4100	
Y5002—4	630	43.2	1490	95.0	0.886	5.76	0.82	2.29	25.0	134.0		4250	
Y5003—4	710	48.5	1490	95.2	0.887	5.54	0.77	2.21	28.0	142.0		4380	上海电机厂（表中数据为设计值）
Y5004—4	800	54.7	1489	95.4	0.885	5.37	0.78	2.12	28.0	152.0		4500	
Y5005—4	900	62.1	1489	95.6	0.875	5.37	0.76	2.13	30.0	175.0		4650	
Y5601—4	1000	66.6	1489	95.0	0.913	5.41	0.63	2.23	43.0	190.0		5250	
Y5602—4	1120	74.8	1490	95.3	0.908	6.05	0.73	2.45	46.0	215.0		5420	
Y5603—4	1250	83.4	1489	95.5	0.906	5.34	0.63	2.18	46.0	255.0		5560	
Y5604—4	1400	92.4	1490	95.9	0.913	5.79	0.70	2.32	54.0	2850		5700	
Y6301—4	1600	105.6	1493	96.2	0.910	6.74	0.72	2.62	89.0	340.0		6450	
Y6302—4	1800	118.8	1492	96.3	0.908	6.01	0.64	2.35	89.0	385.0		6680	
Y6303—4	2000	132.5	1493	96.5	0.903	6.38	0.70	2.46	94.0	430.0		6820	
Y6304—4	2240	147.1	1493	96.6	0.905	6.04	0.64	2.34	104.0	460.0		7200	
Y4505—6	220	17.7	992	92.9	0.772	6.07	1.17	2.79	19.0	189.0		3550	
Y4506—6	250	19.6	991	93.0	0.792	5.49	1.03	2.45	19.0	176.0		3650	
Y4507—6	280	21.7	991	93.4	0.800	5.44	1.01	2.40	21.0	202.0		3850	
Y4508—6	315	24.5	991	93.7	0.792	5.49	1.04	2.43	22.0	239.0		3900	
Y5001—6	355	25.2	991	94.0	0.867	5.59	0.86	2.30	34.0	245		4150	
Y5002—6	400	28.2	991	94.3	0.87	5.55	0.87	2.27	37.0	280		4270	

续表1-38

型号	额定功率 (kW)	额定电流 (A)	额定转速 (r/min)	效率 (%)	功率因数	堵转电流/额定电流	堵转转矩/额定转矩	最大转矩/额定转矩	电机转动惯量 (kg·m²)	负载转动惯量 (kg·m²)	冷却风量 (m³/s)	重量 (kg)	生产厂
Y5003—6	450	31.6	992	94.6	0.868	5.63	0.88	2.28	40.0	329		4360	
Y5004—6	500	35.1	990	94.5	0.871	5.08	0.79	2.05	40.0	299		4490	
Y5005—6	560	39.2	991	94.8	0.871	5.25	0.83	2.10	43.0	331		4610	
Y5006—6	630	44.3	991	95.2	0.863	5.49	0.88	2.19	46.0	375		4700	
Y5601—6	710	49.6	993	95.4	0.866	5.91	0.83	2.31	59.0	420		5280	
Y5602—6	800	54.9	993	95.8	0.879	5.79	0.80	2.25	69.0	460		5450	
Y5603—6	900	62.7	994	95.9	0.863	6.41	0.92	2.46	73.0	500		5600	
Y5604—6	1000	69.3	993	96.0	0.867	5.75	0.82	2.20	73.0	540		5750	
Y6301—6	1120	77.0	995	96.2	0.874	6.56	0.84	2.53	103.0	581		6400	
Y6302—6	1250	85.6	995	96.4	0.875	6.31	0.79	2.44	113.0	622		6650	
Y6303—6	1400	96.3	995	96.5	0.870	6.47	0.82	2.48	121.0	693		6800	
Y6304—6	1600	109.6	995	96.7	0.872	6.40	0.81	2.44	134.0	981		7180	
Y5001—8	220	15.9	740	92.6	0.862	5.16	0.95	2.26	39.0	454		4180	
Y5002—8	250	18.4	741	92.5	0.849	5.36	1.02	2.34	39.0	392		4180	
Y5003—8	280	20.4	739	92.7	0.854	4.78	0.89	2.08	39.0	473		4260	
Y5004—8	315	22.7	739	92.8	0.862	4.72	0.89	2.03	43.0	416		4350	
Y5005—8	355	25.7	739	93.1	0.855	4.84	0.92	2.07	45.0	445		4410	上海电机厂（表中数据为设计值）
Y5006—8	400	29.0	738	93.1	0.856	4.26	0.81	1.83	45.0	480		4500	
Y5007—8	450	32.4	738	93.4	0.858	4.81	0.82	1.84	50.0	510		4650	
Y5008—8	500	36.4	739	93.4	0.850	4.71	0.93	1.99	53.0	540		4720	
Y5603—8	560	41.5	744	94.4	0.825	5.57	0.94	2.31	78.0	560		5300	
Y5604—8	630	46.5	743	94.6	0.827	5.45	0.93	2.25	83.0	620		5470	
Y5605—8	710	51.7	743	95.1	0.834	5.32	0.90	2.18	90.0	710		5630	
Y5606—8	800	60.7	744	95.1	0.800	5.49	0.98	2.28	90.0	800		5790	
Y6303—8	900	65.4	744	95.4	0.833	5.7	0.90	2.36	129.0	869		6450	
Y6304—8	1000	72.5	744	95.6	0.834	5.75	0.91	2.37	141.0	975		6700	
Y6305—8	1120	79.9	744	95.8	0.835	5.69	0.90	2.33	161.0	1080		6850	
Y6306—8	1250	90.0	745	95.9	0.836	5.99	0.96	2.44	175.0	1210		7240	
Y5002—10	220	18.7	592	92.9	0.732	4.98	1.07	2.50	49.0	760		4200	
Y5003—10	250	20.6	591	92.9	0.754	4.52	0.94	2.19	49.0	860		4290	
Y5004—10	280	22.7	590	92.8	0.769	4.11	0.84	1.95	49.0	998		4370	
Y5005—10	315	25.4	590	92.9	0.770	4.06	0.83	1.92	52.0	1140		4460	
Y5006—10	355	28.7	590	93.2	0.765	4.04	0.83	1.91	52.0	1230		4550	

续表 1-38

型　号	额定功率(kW)	额定电流(A)	额定转速(r/min)	效率(%)	功率因数	堵转电流/额定电流	堵转转矩/额定转矩	最大转矩/额定转矩	电机转动惯量(kg·m²)	负载转动惯量(kg·m²)	冷却风量(m³/s)	重量(kg)	生产厂
Y5007—10	400	33.2	590	93.2	0.746	4.12	0.87	1.96	58.0	1290		4680	上海电机厂（表中数据为设计值）
Y5008—10	450	38.6	590	93.5	0.720	4.14	0.91	2.01	61.0	1340		4750	
Y5603—10	500	41.2	593	93.7	0.749	4.92	1.01	2.18	98.0	1370		5350	
Y5604—10	560	45.3	592	93.8	0.761	4.43	0.88	1.93	98.0	1420		5500	
Y5605—10	630	51.6	593	94.0	0.750	4.59	0.94	2.00	107.0	1510		5650	
Y5606—10	710	59.3	593	94.1	0.735	4.75	1.00	2.09	119.0	1670		5810	
Y6304—10	800	61.8	594	95.0	0.787	4.62	0.86	1.89	168.0	2080		6550	
Y6305—10	900	69.7	593	95.1	0.784	4.53	0.85	1.84	177.0	2380		6750	
Y6306—10	1000	76.8	593	95.2	0.789	4.45	0.84	1.80	193.0	2440		6900	
Y6307—10	1120	86.9	593	95.2	0.782	4.5	0.86	1.81	204.0	2410		7300	
Y5602—12	220	18.9	495	92.3	0.729	5.44	1.13	2.53	88.0	1050		5330	
Y5603—12	250	20.8	495	92.4	0.752	4.95	0.99	2.23	88.0	978		5250	
Y5604—12	280	22.8	494	92.4	0.768	4.51	0.88	1.98	88.0	903		5250	
Y5605—12	315	25.6	494	92.7	0.767	4.47	0.88	1.96	95.0	1010		5330	
Y5606—12	355	28.7	494	93.0	0.768	4.44	0.87	1.94	104.0	1190		5520	
Y5607—12	400	33.0	494	93.0	0.751	4.55	0.92	1.99	110.0	1290		5660	
Y5608—12	450	37.8	494	93.1	0.738	4.66	0.97	2.05	121.0	1420		5800	
Y5609—12	500	41.3	493	93.3	0.748	4.22	0.86	1.83	121.0	1670		6000	
Y6305—12	560	44.7	492	93.6	0.773	4.18	0.83	1.89	167.0	2090		6600	
Y6306—12	630	51.1	493	94	0.757	4.34	0.88	1.98	183.0	2940		6800	
Y6307—12	710	57.1	493	94.1	0.763	4.16	0.83	1.88	196.0	3150		6960	
Y6308—12	800	64.6	492	94.1	0.76	4.09	0.83	1.84	207.0	3220		7350	
Y450—4	355	24.9	1490	94.0	0.877	6.36	1.34	2.36		190		3200	重庆电机厂
Y450—4	400	27.9	1488	94.0	0.880	5.66	1.19	2.10		260		3300	
Y450—4	450	31.2	1489	94.3	0.882	6.05	1.32	2.18		280		3360	
Y450—4	500	34.7	1487	94.3	0.882	5.43	1.12	1.96		290		3390	
Y500—4	560	38.8	1488	94.5	0.883	6.14	1.42	2.14		320		3500	
Y500—4	630	43.8	1490	94.7	0.877	6.16	1.33	2.24		325		4100	
Y500—4	710	48.9	1489	95.0	0.882	6.02	1.34	2.14		340		4450	
Y500—4	800	54.8	1488	95.2	0.885	5.97	1.38	2.07		370		4580	
Y500—4	900	61.6	1488	95.3	0.886	6.03	1.44	2.05		400		4780	
Y560—4	1000	66.5	1490	95.4	0.909	6.05	1.02	2.27		1340		6000	
Y560—4	1120	74.6	1490	95.5	0.908	5.39	0.91	2.02		1550		6280	

续表 1-38

型号	额定功率(kW)	额定电流(A)	额定转速(r/min)	效率(%)	功率因数	堵转电流/额定电流	堵转转矩/额定转矩	最大转矩/额定转矩	电机转动惯量(kg·m²)	负载转动惯量(kg·m²)	冷却风量(m³/s)	重量(kg)	生产厂
Y560—4	1250	82.4	1490	95.7	0.914	6.42	1.17	2.30		1800		6500	
Y560—4	1400	92.6	1490	95.8	0.912	5.71	1.04	2.24		2100		6700	
Y630—4	1600	105.2	1490	96.3	0.913	5.80	0.93	2.16		2000		8000	
Y630—4	1800	118.3	1491	96.3	0.913	6.40	1.12	2.30		2200		8350	
Y630—4	2000	131.6	1491	96.2	0.911	5.72	0.96	2.07		2300		8600	
Y630—4	2240	146.8	1489	96.4	0.914	6.42	1.15	2.24		2500		8800	
Y450—6	280	19.9	992	93.4	0.871	6.50	1.34	2.71		930		3200	
Y450—6	315	22.2	991	93.2	0.878	5.84	1.19	2.40		990		3300	
Y450—6	355	25.2	993	93.9	0.866	6.52	1.48	2.85		1080		3500	
Y450—6	400	28.3	993	94.0	0.868	6.61	1.47	2.79		1180		3550	
Y500—6	450	31.3	992	94.0	0.868	6.45	1.35	2.65		950		4000	
Y500—6	500	34.6	992	94.7	0.879	6.36	1.36	2.59		1020		4050	
Y500—6	560	38.5	991	94.9	0.885	6.13	1.33	2.47		1150		4400	
Y500—6	630	43.2	991	95.1	0.886	6.12	1.36	2.44		1300		4600	
Y560—6	710	49.1	993	95.3	0.877	6.13	1.03	2.27		3750		5980	
Y560—6	800	55.0	993	95.2	0.882	5.75	1.02	2.20		4200		6150	
Y560—6	900	61.5	993	95.5	0.885	5.63	1.02	2.12		4560		6400	重庆电机厂
Y560—6	1000	68.0	993	95.6	0.888	5.73	1.07	2.12		5150		6600	
Y630—6	1120	82.6	993	95.7	0.885	5.25	0.91	2.00		4950		7450	
Y630—6	1250	84.8	993	95.9	0.887	5.42	0.97	2.03		5560		7700	
Y630—6	1400	94.6	993	96.0	0.889	5.65	1.04	2.07		6400		8000	
Y630—6	1600	108.0	993	96.2	0.889	6.13	1.19	2.19		7150		8500	
Y450—8	220	16.9	744	92.9	0.808	6.26	1.56	2.69		3120		3200	
Y450—8	250	19.1	744	93.1	0.813	6.28	1.60	2.66		3250		3400	
Y500—8	280	20.7	744	93.6	0.834	4.99	0.98	2.00		2950		3900	
Y500—8	315	23.3	744	93.8	0.833	5.06	1.03	2.00		3000		4000	
Y500—8	355	26.1	744	93.9	0.834	5.11	1.07	1.99		3100		4100	
Y500—8	400	29.3	744	94.1	0.838	5.09	1.09	1.95		3200		4300	
Y500—8	450	32.8	744	94.2	0.842	5.19	1.14	1.95		3600		4500	
Y500—8	500	36.2	744	94.4	0.844	5.49	1.25	2.02		4000		4650	
Y560—8	560	40.9	745	94.7	0.835	5.48	1.12	2.12		6600		5900	
Y560—8	630	45.9	745	94.9	0.835	5.39	1.13	2.02		7500		6000	
Y560—8	710	51.4	745	95.0	0.840	5.06	1.05	1.93		8500		6300	

续表 1-38

型　号	额定功率 (kW)	额定电流 (A)	额定转速 (r/min)	效率 (%)	功率因数	堵转电流/额定电流	堵转转矩/额定转矩	最大转矩/额定转矩	电机转动惯量 (kg·m²)	负载转动惯量 (kg·m²)	冷却风量 (m³/s)	重量 (kg)	生产厂
Y630—8	900	64.6	743	95.4	0.843	4.54	0.85	1.96		8600		7500	
Y630—8	1000	71.5	743	95.4	0.846	4.57	0.85	1.94		1000		7900	
Y630—8	1120	80.0	743	95.5	0.846	4.63	0.88	1.94		11000		8250	
Y630—8	1250	88.7	743	95.6	0.849	4.73	0.90	1.95		13000		8500	
Y500—10	220	18.0	597	93.0	0.757	6.45	1.42	3.12		3520		3900	
Y500—10	250	19.8	597	93.2	0.782	6.08	1.24	2.75		3800		4000	
Y500—10	280	22.1	597	93.3	0.784	5.95	1.23	2.66		3900		4200	
Y500—10	315	24.3	596	93.4	0.801	5.39	1.09	2.36		4050		4400	
Y500—10	355	27.1	596	93.5	0.808	5.22	1.06	2.26		4600		4500	
Y500—10	400	30.4	596	93.7	0.810	5.07	1.04	2.18		4800		4700	
Y500—10	450	33.9	595	93.6	0.820	4.56	0.93	1.93		5200		5800	
Y560—10	500	38.7	596	93.9	0.794	4.90	0.97	2.22		10100		6200	
Y560—10	560	43.3	596	94.0	0.794	4.87	0.98	2.20		11500		6300	
Y560—10	630	48.3	596	94.1	0.800	4.79	0.98	2.13		13000		6500	
Y560—10	710	54.2	596	94.3	0.802	4.79	0.99	2.11		14500		7500	
Y630—10	800	60.2	594	94.3	0.813	4.08	0.81	1.96		1000		7900	重庆电机厂
Y630—10	900	67.4	594	94.4	0.817	4.03	0.82	1.91		11000		8100	
Y630—10	1000	74.5	594	94.5	0.819	4.05	0.83	1.91		12000		8350	
Y630—10	1120	83.1	594	94.6	0.822	4.09	0.82	1.90		13000		8800	
Y500—12	220	19.7	497	91.6	0.712	5.39	1.27	2.72		5500		4200	
Y500—12	250	21.5	497	91.8	0.731	4.93	1.12	2.39		6900		4400	
Y500—12	280	23.7	497	92.1	0.741	4.67	1.03	2.27		7500		4600	
Y500—12	315	26.1	496	92.1	0.758	4.28	0.93	2.01		9000		4850	
Y560—12	355	30.9	496	92.0	0.723	4.96	1.07	2.34		10500		5700	
Y560—12	400	33.8	496	92.3	0.741	4.43	0.99	2.15		10600		6000	
Y560—12	450	37.3	495	92.6	0.753	4.22	0.93	2.01		11500		6300	
Y560—12	500	41.0	496	92.8	0.760	4.08	0.90	1.93		12000		6500	
Y630—12	560	47.2	496	93.5	0.732	4.39	1.11	2.13		18000		7500	
Y630—12	630	52.4	496	93.7	0.740	4.26	1.07	2.04		19500		7800	
Y630—12	710	58.7	496	93.8	0.744	4.20	1.06	1.99		21000		8100	
Y630—12	800	66.1	496	93.9	0.744	4.17	1.06	1.98		23000		8500	

续表1-38

型　　号	额定功率（kW）	额定电流（A）	额定转速（r/min）	效率（%）	功率因数	堵转电流/额定电流	堵转转矩/额定转矩	最大转矩/额定转矩	电机转动惯量（kg·m²）	负载转动惯量（kg·m²）	冷却风量（m³/s）	重量（kg）	生产厂
Y450—2	355	24.6	2984	93.8	0.87	7.0	0.55	1.8					湖北电机厂（表中数据为保证值）
Y450—2	400	27.6	2984	94.1	0.87	7.0	0.55	1.8					
Y450—2	450	31.1	2984	94.3	0.87	7.0	0.55	1.8					
Y450—2	500	33.8	2984	94.4	0.87	7.0	0.55	1.8					
Y450—2	560	38.0	2984	94.5	0.87	7.0	0.55	1.8					
Y450—2	630	43.1	2984	94.6	0.87	7.0	0.55	1.8					
Y500—2	710	48.5	2982	94.7	0.88	7.0	0.55	1.8					
Y500—2	800	54.5	2982	94.8	0.88	7.0	0.55	1.8					
Y500—2	900	61.0	2982	94.9	0.88	7.0	0.55	1.8					
Y500—2	1000	68.1	2982	95.0	0.88	7.0	0.55	1.8					
Y500—2	1120	76.5	2982	95.2	0.88	7.0	0.55	1.8					
Y560—2	1250	82.8	2982	95.4	0.89	7.0	0.55	1.8					
Y560—2	1400	93.1	2982	95.5	0.89	7.0	0.55	1.8					
Y560—2	1600	106.8	2982	95.6	0.89	7.0	0.55	1.8					
Y630—2	1800	118.6	2986	95.7	0.90	7.0	0.55	1.8					
Y630—2	2000	132.0	2986	95.8	0.90	7.0	0.55	1.8					
Y630—2	2240	147.3	2986	96.0	0.90	7.0	0.55	1.8					
Y450—4	355	25.1	1487	93.3	0.86	7.0	0.7	1.8					
Y450—4	400	28.4	1487	93.5	0.86	7.0	0.7	1.8					
Y450—4	450	31.3	1487	93.9	0.86	7.0	0.7	1.8					
Y450—4	500	34.6	1487	94.0	0.86	7.0	0.7	1.8					
Y450—4	560	38.4	1487	94.2	0.86	7.0	0.7	1.8					
Y450—4	630	43.8	1487	94.4	0.86	7.0	0.7	1.8					
Y500—4	710	48.6	1489	95.0	0.87	7.0	0.7	1.8					
Y500—4	800	54.8	1489	95.1	0.87	7.0	0.7	1.8					
Y500—4	900	60.9	1489	95.2	0.88	7.0	0.7	1.8					
Y500—4	1000	67.4	1489	95.3	0.88	7.0	0.7	1.8					
Y500—4	1120	75.4	1489	95.4	0.88	7.0	0.7	1.8					
Y560—4	1250	83.2	1490	95.9	0.89	7.0	0.7	1.8					
Y560—4	1400	92.6	1490	95.7	0.89	7.0	0.7	1.8					
Y560—4	1600	106.1	1490	95.8	0.89	7.0	0.7	1.8					
Y630—4	1800	119.1	1492	95.9	0.89	7.0	0.6	1.8					
Y630—4	2000	132.2	1492	96.0	0.89	7.0	0.6	1.8					

续表 1-38

型　　号	额定功率(kW)	额定电流(A)	额定转速(r/min)	效率(%)	功率因数	堵转电流/额定电流	堵转转矩/额定转矩	最大转矩/额定转矩	电机转动惯量(kg·m²)	负载转动惯量(kg·m²)	冷却风量(m³/s)	重量(kg)	生产厂
Y630—4	2240	147.2	1492	96.1	0.89	7.0	0.6	1.8					
Y450—6	315	23.5	992	92.8	0.82	6.0	0.7	1.8					
Y450—6	355	26.0	992	93.1	0.83	6.0	0.7	1.8					
Y450—6	400	29.4	992	93.3	0.83	6.0	0.7	1.8					
Y450—6	450	33.0	992	93.5	0.83	6.0	0.7	1.8					
Y500—6	500	36.2	993	93.9	0.83	6.0	0.7	1.8					
Y500—6	560	40.3	993	94.1	0.84	6.0	0.7	1.8					
Y500—6	630	45.7	993	94.4	0.84	6.0	0.7	1.8					
Y500—6	710	50.6	993	94.6	0.84	6.0	0.7	1.8					
Y500—6	800	57.5	993	94.7	0.84	6.0	0.7	1.8					
Y560—6	900	62.2	992	94.9	0.85	6.0	0.7	1.8					
Y560—6	1000	68.8	992	95.1	0.85	6.0	0.7	1.8					
Y560—6	1120	76.9	992	95.3	0.85	6.0	0.7	1.8					
Y560—6	1250	86.3	992	95.4	0.86	6.0	0.7	1.8					
Y630—6	1400	94.5	993	95.7	0.86	6.0	0.7	1.8					
Y630—6	1600	112.2	993	95.8	0.86	6.0	0.7	1.8					湖北电机厂(表中数据为保证值)
Y630—6	1800	124.9	993	95.9	0.86	6.0	0.7	1.8					
Y500—8	315	25.3	744	92.8	0.77	6.0	0.7	1.8					
Y500—8	355	28.4	744	93.1	0.77	6.0	0.7	1.8					
Y500—8	400	31.8	744	93.2	0.78	6.0	0.7	1.8					
Y500—8	450	35.5	744	93.4	0.78	6.0	0.7	1.8					
Y500—8	500	38.3	744	93.8	0.79	6.0	0.7	1.8					
Y500—8	560	45.6	744	93.9	0.79	6.0	0.7	1.8					
Y560—8	630	46.4	744	94.4	0.82	6.0	0.7	1.8					
Y560—8	710	52.7	744	94.6	0.82	6.0	0.7	1.8					
Y560—8	800	58.8	744	94.7	0.82	6.0	0.7	1.8					
Y560—8	900	66.0	744	94.8	0.82	6.0	0.7	1.8					
Y630—8	1000	71.5	743	95.0	0.83	6.0	0.7	1.8					
Y630—8	1120	79.4	743	95.2	0.83	6.0	0.7	1.8					
Y630—8	1250	89.1	743	95.3	0.83	6.0	0.7	1.8					
Y500—10	280	23.6	594	92.4	0.74	5.5	0.7	1.8					
Y500—10	315	26.3	594	92.6	0.74	5.5	0.7	1.8					
Y500—10	355	28.9	594	92.8	0.75	5.5	0.7	1.8					

续表 1-38

型　　号	额定功率(kW)	额定电流(A)	额定转速(r/min)	效率(%)	功率因数	堵转电流/额定电流	堵转转矩/额定转矩	最大转矩/额定转矩	电机转动惯量(kg·m²)	负载转动惯量(kg·m²)	冷却风量(m³/s)	重量(kg)	生产厂
Y500—10	400	33.1	594	93.0	0.75	5.5	0.7	1.8					湖北电机厂(表中数据为保证值)
Y560—10	450	35.3	595	93.2	0.77	6.0	0.7	1.8					
Y560—10	500	38.3	595	93.4	0.77	6.0	0.7	1.8					
Y560—10	560	43.1	595	93.5	0.77	6.0	0.7	1.8					
Y560—10	630	48.0	595	93.7	0.78	6.0	0.7	1.8					
Y560—10	710	54.1	595	93.9	0.78	6.0	0.7	1.8					
Y630—10	800	58.8	593	94.3	0.80	6.0	0.7	1.8					
Y630—10	900	66.0	593	94.5	0.80	6.0	0.7	1.8					
Y630—10	1000	73.6	593	94.5	0.80	6.0	0.7	1.8					
Y630—10	1120	82.4	593	94.7	0.80	6.0	0.7	1.8					
Y560—12	315	26.2	496	92.3	0.73	6.0	0.7	1.8					
Y560—12	355	29.2	496	92.5	0.73	6.0	0.7	1.8					
Y560—12	400	33.0	496	92.7	0.73	6.0	0.7	1.8					
Y560—12	450	37.1	496	92.9	0.73	6.0	0.7	1.8					
Y560—12	500	40.6	496	93.2	0.73	6.0	0.7	1.8					
Y630—12	560	44.4	495	93.5	0.74	6.0	0.7	1.8					
Y630—12	630	49.5	495	93.7	0.74	6.0	0.7	1.8					
Y630—12	710	55.7	495	93.9	0.74	6.0	0.7	1.8					
Y630—12	800	62.3	495	94.3	0.74	6.0	0.7	1.8					
Y450—2	220	15.0	2981	92.85	0.915	6.85	0.65	2.58		16.0			兰州电机有限责任公司(表中数据为计算值/保证值)
Y450—2	250	17.0	2978	92.93	0.916	6.04	0.60	2.26		18.0			
Y450—2	280	19.0	2979	93.07	0.913	6.34	0.60	2.37		20.0			
Y450—2	315	21.2	2980	93.30	0.920	6.42	0.64	2.38		22.0			
Y450—2	355	23.8	2978	93.69	0.913	6.83	0.67	2.57		24.0			
Y450—2	400	26.8	2979	93.85	0.914	6.05	0.60	2.28		27.0			
Y450—2	450	30.4	2976	94.04	0.908	6.43	0.65	2.43		30.0			
Y450—2	500	33.8	2978	94.15	0.906	5.86	0.60	2.21		33.0			
Y450—2	560	37.8	2979	94.24	0.908	6.41	0.68	2.39		36.0			
Y500—2	630	42.3	2978	94.33	0.909	6.43	0.85	2.31		39.0			
Y500—2	710	47.2	2978	94.56	0.916	6.26	0.85	2.23		43.0			
Y500—2	800	53.2	2978	94.83	0.914	6.29	0.87	2.24		51.0			
Y500—2	900	59.5	2978	95.10	0.917	6.27	0.89	2.23		55.0			
Y500—2	1000	66.0	2978	95.25	0.918	6.42	0.93	2.27		57.0			

续表 1-38

型号	额定功率(kW)	额定电流(A)	额定转速(r/min)	效率(%)	功率因数	堵转电流/额定电流	堵转转矩/额定转矩	最大转矩/额定转矩	电机转动惯量(kg·m²)	负载转动惯量(kg·m²)	冷却风量(m³/s)	重量(kg)	生产厂
Y560—2	315	21.9	2970	91.7/91.5	0.91/0.86	5.4/7	0.7/0.6	2/1.6	31.3		1.3	4000	
Y560—2	355	24.5	2971	92.2/92	0.91/0.86	5.5/7	0.7/0.6	2/1.6	37.3		1.34	4050	
Y560—2	400	27.4	2971	92.5/92	0.91/0.86	5.6/7	0.75/0.6	2/1.6	40.9		1.46	4150	
Y560—2	450	30.4	2976	93.2/92.5	0.92/0.86	6.9/7	3.99/0.6	2.5/1.6	48.6		1.54	4250	
Y560—2	500	33.7	2976	93.2/92.5	0.92/0.86	6.7/7	0.97/0.6	2.4/1.6	51.3		1.65	4600	
Y560—2	560	37.4	2975	93.6/92.5	0.92/0.86	6.5/7	0.95/0.6	2.3/1.6	58.1		1.72	4750	
Y560—2	630	42	2978	93.7/93.5	0.93/0.86	7.3/7	1.1/0.6	2.6/1.6	59		2	4900	
Y560—2	1120	74.2	2982	95.61	0.911	6.38	0.69	2.36		58.0			
Y560—2	250	82.8	2982	95.73	0.911	6.59	0.73	2.43		67.0			
Y560—2	1400	93.2	2983	95.84	0.905	6.89	0.79	2.55		73.0			
Y560—2	1600	106.3	2980	95.95	0.906	6.01	0.68	2.22		80.0			
Y630—2	1800	118.0	2985	96.29	0.915	6.79	0.69	2.53		86.0			兰州电机有限责任公司(表中数据为计算值/保证值)
Y630—2	2000	131.0	2983	96.35	0.915	6.12	0.62	2.28		92.0			
Y630—2	2240	148.1	2984	96.50	0.905	6.71	0.70	2.51		96.0			
Y630—2	2500	165.1	2982	96.55	0.906	6.02	0.63	2.25		105.0			
Y450—4	220	15.82	1486	92.83	0.865	6.06	0.93	2.50		37.5		2890	
Y450—4	250	17.95	1485	93.04	0.864	5.83	0.90	2.41		40.0		2940	
Y450—4	280	19.87	1485	93.37	0.871	5.77	0.89	2.38		40.0		3000	
Y450—4	315	22.29	1484	93.57	0.872	5.67	0.89	2.34		42.5		3060	
Y450—4	355	24.92	1484	93.84	0.872	5.59	0.88	2.31		47.5		3160	
Y450—4	400	27.71	1480	93.82	0.888	5.69	0.88	2.42		62.5		3160	
Y450—4	450	30.83	1479	94.04	0.896	5.62	0.88	2.38		67.5		3230	
Y450—4	500	34.13	1479	94.21	0.898	5.72	0.91	2.42		75.0		3330	
Y450—4	560	37.7	1480	94.5	0.90	5.8	0.9	2.4		82.0		34904	
Y500—4	630	42.96	1487	94.47	0.896	6.11	0.89	2.47		82.5		4130	
Y500—4	710	48.23	1486	94.68	0.898	6.02	0.89	2.44		85.0		4330	
Y500—4	800	53.69	1486	94.90	0.906	5.84	0.87	2.35		92.5		4530	
Y500—4	900	59.92	1485	95.03	0.912	5.70	0.86	2.29		100.0		4730	
Y560—4	220	15.7	1488	91.2/90.5	0.91/0.86	6.0/7	0.89/0.7	2.3/1.6	63		0.8	3300	

续表 1-38

型号	额定功率(kW)	额定电流(A)	额定转速(r/min)	效率(%)	功率因数	堵转电流/额定电流	堵转转矩/额定转矩	最大转矩/额定转矩	电机转动惯量(kg·m²)	负载转动惯量(kg·m²)	冷却风量(m³/s)	重量(kg)	生产厂
Y560—4	250	17.5	1485	92.3/91	0.91/0.86	5.3/7	0.78/0.7	2.1/1.6	63		0.94	3300	
Y560—4	280	20	1487	92.0/91	0.91/0.86	5.9/7	0.92/0.7	2.3/1.6	73		0.99	3400	
Y560—4	315	21.6	1485	93.7/91.5	0.90/0.86	5.5/7	0.88/0.7	2.1/1.6	71		0.96	3920	
Y560—4	355	24.5	1482	93.6/91.5	0.90/0.86	4.8/7	0.78/0.7	1.9/1.6	71		1.1	3500	
Y560—4	400	27.5	1484	93.9/92	0.90/0.86	4.9/7	0.81/0.7	1.9/1.6	78		1.17	3300	
Y560—4	450	30.7	1483	94.1/92.5	0.90/0.86	4.9/7	0.84/0.7	1.9/1.6	86		1.26	4200	
Y560—4	1000	67.20	1489	95.47	0.900	5.85	0.84	2.24		337.5		5900	
Y560—4	1120	74.60	1489	95.53	0.907	5.71	0.85	2.16		395.0		6220	
Y560—4	1250	83.25	1489	95.68	0.906	5.95	0.90	2.25		460.0		6410	
Y560—4	1400	93.77	1490	95.87	0.899	6.27	0.96	2.39		547.5		6620	
Y630—4	500	34	1484	94.4/92.5	0.91/0.86	5/7	0.83/0.7	1.9/1.6	96		1.34	3670	
Y630—4	560	38.3	1487	93.4/92.5	0.9/0.87	5.5/7	0.88/0.7	2.2/1.6	149		1.77	4700	兰州电机有限责任公司(表中数据为计算值/保证值)
Y630—4	630	42.9	1490	93.6/93	0.91/0.87	6.9/7	1.2/0.7	2.8/1.6	180		1.93	5720	
Y630—4	1600	108.9	1491	96.01	0.883	5.88	0.85	2.24		487.5		7910	
Y630—4	1800	121.7	1491	96.20	0.888	6.02	0.92	2.34		572.5		8340	
Y630—4	2000	134.9	1491	96.29	0.889	6.12	0.91	2.31		605.0		8580	
Y630—4	2240	149.7	1491	96.39	0.886	5.97	0.90	2.23		650.0		8670	
Y560—6	280	20	991	92.7/91	0.9/0.85	1/1	1.1/0.7	2.9/1.6	130		0.98	4100	
Y560—6	315	21.8	991	92.9/91.5	0.9/0.85	7.2/7	1.2/0.7	2.9/1.6	145		1.08	4300	
Y560—6	355	24.9	989	93.0/91.5	0.9/0.85	6.4/7	1.0/0.7	2.6/1.6	150		1.4	3500	
Y630—6	400	27	988	93.3/92	0.92/0.86	5.8/7	0.93/0.7	2.3/1.6	232		1.29	4600	
Y630—6	450	30.4	985	93.1/92	0.92/0.86	4.7/7	0.79/0.7	1.9/1.6	260		1.49	4100	
Y630—6	500	33.7	990	93.6/92.5	0.92/0.86	7/7	1.2/0.7	2.8/1.6	288		1.54	5400	
Y630—6	560	38.3	986	93.8/92.5	0.92/0.86	6.7/7	1.7/0.7	2.7/1.6	320		1.65	6000	
Y630—6	630	41.9	990	94.1/93	0.92/0.87	6.5/7	1.2/0.7	2.6/1.6	345		1.79	6400	

续表 1-38

型号	额定功率(kW)	额定电流(A)	额定转速(r/min)	效率(%)	功率因数	堵转电流/额定电流	堵转转矩/额定转矩	最大转矩/额定转矩	电机转动惯量(kg·m^2)	负载转动惯量(kg·m^2)	冷却风量(m^3/s)	重量(kg)	生产厂
Y630—8	355	25.7	743	92.4/91	0.86/0.82	6.4/6.5	1.2/0.7	2.7/1.6	290		1.32	5350	兰州电机有限责任公司（表中数据为计算值/保证值）
Y630—8	400	28.5	743	92.7/91.5	0.88/0.83	6.3/6.5	1.2/0.7	2.6/1.6	320		1.43	4750	
Y630—8	450	32.7	743	92.8/91.5	0.86/0.83	6.3/6.5	1.2/0.7	2.7/1.6	345		1.56	5850	
Y630—8	500	35.9	743	93/92	0.86/0.84	5.7/6.5	1.1/0.7	2.4/1.6	345		1.7	5850	
Y630—8	560	40	741	93.2/92	0.87/0.84	5.5/6.5	1.1/0.7	2.3/1.6	374		1.84	6300	
Y630—10	400	29.3	592	91.7/91	0.86/0.81	5.5/6.5	1.1/0.7	2.3/1.6	474		1.62	5900	
Y630—10	450	33	592	91/91	0.86/0.81	5.8/6.5	1.2/0.7	2.5/1.6	527		1.77	6400	
Y500—12	220	18.96	495	91.83	0.729	4.76	0.87	2.13		1350.0		3900	
Y500—12	250	21.45	495	92.37	0.729	4.62	0.84	2.07		1722.5		4100	
Y500—12	280	23.33	495	92.64	0.748	4.56	0.83	2.00		1870.0		4350	
Y500—12	315	26.18	495	92.97	0.747	4.51	0.81	1.99		2305.0		4470	
Y560—12	355	28.57	496	92.91	0.772	5.25	0.93	2..17		2582.5		5660	
Y560—12	400	32.21	496	92.91	0.772	5.17	0.93	2.13		2622.5		5740	
Y560—12	450	35.97	496	93.22	0.775	5.05	0.90	2.07		3085.0		5900	
Y560—12	500	40.01	496	93.36	0.773	5.01	0.89	2.06		3482.5		6070	
Y630—12	560	45.55	496	94.01	0.755	4.82	0.85	1.97		4250.0		7420	
Y630—12	630	51.17	496	94.17	0.755	4.79	0.85	1.96		4780.0		7620	
Y630—12	710	57.31	496	94.33	0.758	4.75	0.84	1.93		5480.0		7900	
Y630—12	800	63.75	496	94.47	0.767	4.75	0.85	1.91		6140.0		8290	

注 兰州电机厂 Y630—4 型 630kW 为封团式带水—空冷却器逆转电动机。

三、外形及安装尺寸

（1）上海电机厂、湖北电机厂 Y 系列中型高压 10kV 三相异步电动机外形及安装尺寸，见表 1-39 及图 1-21。

（2）重庆电机厂、兰州电机有限责任公司 Y 系列中型高压 10kV 三相异步电动机外形及安装尺寸，见表 1-40 及图 1-22。

（3）上海电机厂 YKS 系列中型高压 10kV 三相异步电动机外形及安装尺寸，见表 1-41 及图 1-23。

表1-39 Y系列中型高压10kV三相异步电动机外形及安装尺寸 单位：mm

机座号	极数	A	B	C	D	E	F	G	H	K	AC	AD	HD_1	HD_2	L_1	L_2	生产厂
400	2	710	1000	375	90	170	25	81	400	35	1010	760		1330		2090	
450	2	800	1120	400	100	210	28	90	450	35	1120	810		1475		2340	
500		900	1250	560	110	210	28	100	500	42	1220	860		1655		2790	
560		1000	1400	560	130	250	32	119	560	42	1350	1020		1850		3020	
630	9	1120	1600	560	140	250	36	128	630	48	1530	1120		2050		3220	上海电机厂（2极电动机为双轴伸，左侧轴伸为主传动端）
450	4	800	1120	355	120	210	32	109	450	35	1120	810	935		2080		
450	6	800	1120	355	130	250	32	119	450	35	1120	810	935		2120		
500	4	900	1250	475	130	250	32	119	500	42	1220	860	1040		2550		
500	6～10	900	1250	475	140	250	36	128	500	42	1220	860	1040		2550		
560	4	1000	1400	500	150	250	36	138	560	42	1350	1020	1160		2715		
560	6～12	1000	1400	500	160	300	40	147	560	42	1350	1020	1160		2765		
630	4	1120	1600	530	170	300	40	157	630	48	1530	1120	1300		3030		
630	6～12	1120	1600	530	180	300	45	165	630	48	1530	1120	1300		3030		
450		800	1120	400	90	170	25	81	450	35	1300	1050	1475		2340		
450	4	800	1120	355	110	210	28	100	450	35	1300	1050	1475		2180		
450	6	800	1120	355	110	210	28	100	450	35	1300	1050	1475		2180		
500	2	900	1250	560	100	210	28	90	500	42	1420	1080	1700		2790		
500	4	900	1250	475	120	210	32	109	500	42	1420	1080	1700		2550		
500	6～10	900	1250	475	130	250	32	119	500	42	1420	1080	1700		2550		湖北电机厂（IP23）
560		1000	1400	560	130	250	32	119	560	42	1600	1100	1850		3020		
560	4	1000	1400	500	150	250	36	138	560	42	1600	1100	1850		2900		
560	6～12	1000	1400	500	160	300	40	147	560	42	1600	1100	1850		2900		
630	2	1120	1600	560	140	250	36	128	630	48	1800	1200	2050		3220		
630	4	1120	1600	530	170	300	40	157	630	48	1800	1200	2050		3100		
630	6～12	1120	1600	530	180	300	45	165	630	48	1800	1200	2050		3100		
450		800	1120	400	90	170	25	81	450	35	1300	1050		1700	2620		
450	4	800	1120	355	110	210	28	100	450	35	1300	1050		1700	2620		
450	6	800	1120	355	110	210	28	100	450	35	1300	1050		1700	2620		
500		900	1250	560	100	210	28	90	500	42	1420	1080		1930	3070		
500	4	900	1250	475	120	210	32	109	500	42	1420	1080		1930	3070		
500	6～10	900	1250	475	130	250	32	119	500	42	1420	1080		1930	3070		湖北电机厂（IP44）
560	2	1000	1400	560	130	250	32	119	560	42	1600	1100		2105	3400		
560		1000	1400	500	150	250	36	138	560	42	1600	1100		2105	3400		
560	6～12	1000	1400	500	160	300	40	147	560	42	1600	1100		2105	3400		
630		1120	1600	560	140	250	36	128	630	40	1800	1200		2335	3640		
630	4	1120	1600	630	170	300	40	157	630	40	1800	1200		2335	3640		
630	6～12	1120	1600	630	180	300	45	165	630	40	1800	1200		2335	3640		

表 1-40 重庆电机厂、兰州电机厂 Y 系列中型高压 10kV 三相异步电动机外形及安装尺寸

单位：mm

机座号	极数	功率（kW）	A	B	C	D	E	F	G	H	K	L	AD	HD_1	HD_2	生产厂
450	4		800±1.75	1120±1.75	355±4.0	$120^{+0.035}_{+0.013}$	210±0.57	$32^{0}_{-0.062}$	$109^{0}_{-0.2}$	$450^{0}_{-1.0}$	$35^{+0.62}_{0}$	2150	1540	965	1520	重庆电机厂
450	6～8		800±1.75	1120±1.75	355±4.0	$130^{+0.040}_{+0.015}$	250±0.57	$32^{0}_{-0.062}$	$119^{0}_{-0.2}$	$450^{0}_{-1.0}$	$35^{+0.62}_{0}$	2190	1540	965	1520	
500	4		900±2.1	1250±2.1	475±4.0	$130^{+0.040}_{+0.015}$	250±0.57	$32^{0}_{-0.062}$	$119^{0}_{-0.2}$	$500^{0}_{-1.0}$	$42^{+0.62}_{0}$	229	1650	1085	164	
500	6～12		900±2.1	1250±2.1	475±4.0	$140^{+0.040}_{+0.015}$	250±0.57	$36^{0}_{-0.062}$	$128^{0}_{-0.3}$	$500^{0}_{-1.0}$	$42^{+0.62}_{0}$	2320	1650	1085	1640	
560	4		1000±2.1	1400±2.1	500±4.0	$150^{+0.040}_{+0.015}$	250±0.57	$36^{0}_{-0.62}$	$138^{0}_{-0.3}$	$560^{0}_{-1.0}$	$42^{+0.62}_{0}$	2550	1780	1190	1850	
560	6～12		1000±2.1	1400±2.1	500±4.0	$160^{+0.040}_{+0.015}$	300±0.65	$40^{0}_{-0.62}$	$147^{0}_{-0.3}$	$560^{0}_{-1.0}$	$42^{+0.62}_{0}$	2600	1780	1190	1850	
630	4		1120±2.1	1600±2.1	530±4.0	$170^{+0.040}_{+0.015}$	300±0.65	$40^{0}_{-0.62}$	$157^{0}_{-0.3}$	$630^{0}_{-1.0}$	$48^{+0.62}_{0}$	2800	1870	1330	1990	
630	6～12		1120±2.1	1600±2.1	530±4.0	$180^{+0.040}_{+0.015}$	300±0.65	$45^{0}_{-0.62}$	$165^{0}_{-0.3}$	$630^{0}_{-1.0}$	$48^{+0.62}_{0}$	2840	1870	1330	1990	
560	2	315～450	950	900	560	80	170	22	71	560	42	2400	1450		1150	兰州电机有限责任公司
560	2	500～630	950	1000	560	80	170	22	71	560	42	2500	1450		1150	
560	4	220～280	950	1000	280	110	210	28	100	560	42	1800	1650		2000	
560	4	315～400	950	1120	280	110	210	28	100	560	42	1900	1650		2000	
560	4	450～500	950	1120	280	110	210	28	100	560	42	2000	1650		2000	
630	4	560～630	1120	1120	315	120	210	32	109	630	42	2100	1800		2150	
560	6	280～355	950	1120	315	110	210	28	100	560	42	1950	1650		2000	
630	6	400～450	1120	1120	315	120	210	32	109	630	42	2000	1800		2150	
630	6	500～630	1120	1250	315	120	210	32	109	630	42	2100	1800		2150	
630	8	355～500	1120	1120	315	120	210	32	109	630	42	1850	1800		2150	
630	8	560	1120	1250	315	120	210	32	109	630	42	2050	1800		2150	
630	10	400～450	1120	1120	315	120	210	32	109	630	42	1850	1800		2150	

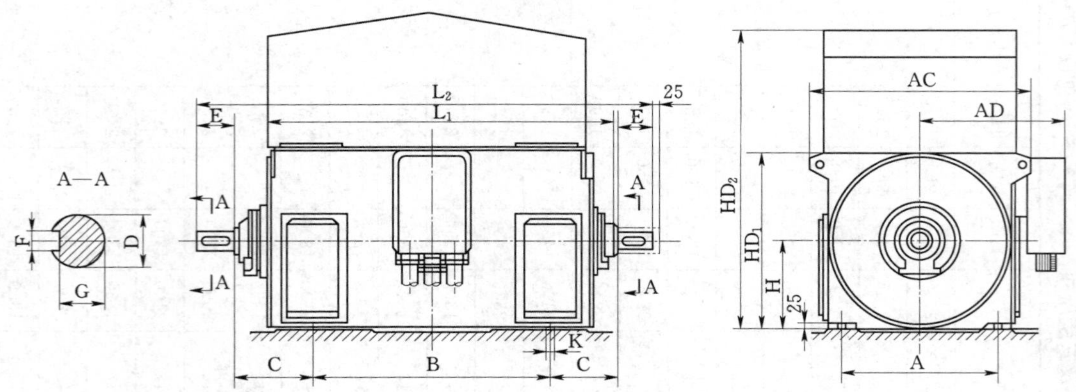

图 1-21 上海电机厂、湖北电机厂 Y 系列中型高压 10kV 三相异步电动机外形及安装尺寸

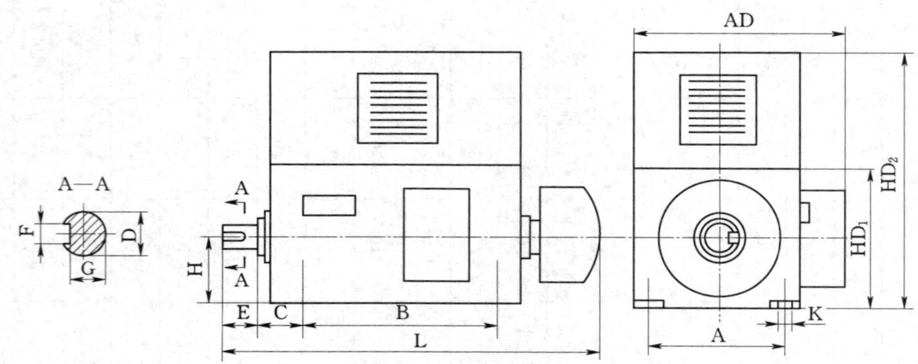

图 1-22 重庆电机厂、兰州电机有限责任公司 Y 系列中型高压 10kV 三相异步电动机外形及安装尺寸

表 1-41 上海电机厂 YKS 系列中型高压 10kV 三相异步电动机外形及安装尺寸 单位：mm

机座号	极数	A	B	C	D	E	F	G	H	K	f	L	AC	AD	HD
450	4	800	1120	355	120	210	32	109	450	35	400	2080	620	810	2500
450	6	800	1120	355	130	250	32	119	450	35	400	2120	620	810	2500
500	4	900	1250	475	130	250	32	119	500	42	500	2550	680	860	2500
500	6～10	900	1250	475	140	250	36	128	500	42	500	2550	680	860	2500
560	4	1000	1400	500	150	250	36	138	560	42	500	2715	750	1020	2520
560	6～12	1000	1400	500	160	300	40	147	560	42	500	2765	750	1020	2520
630	4	1120	1600	530	170	300	40	157	630	48	500	3030	800	1120	2780
630	6～12	1120	1600	530	180	300	45	165	530	48	500	3030	800	1120	2780

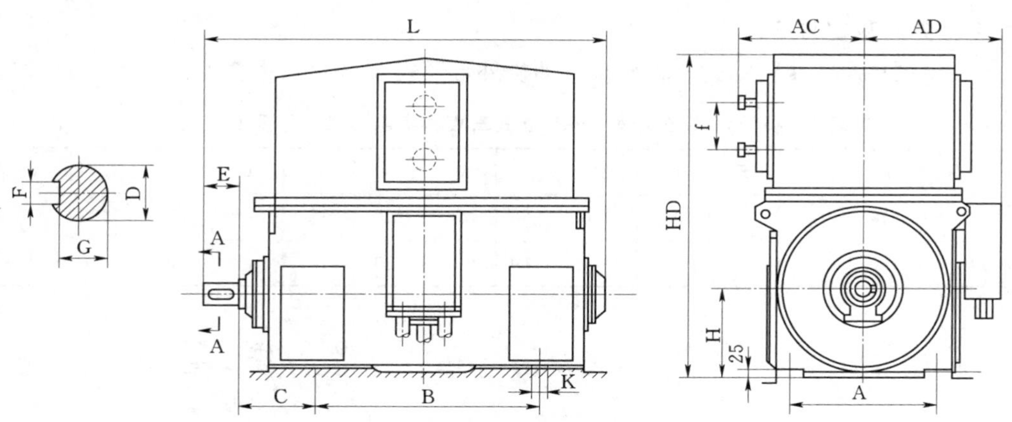

图 1-23 上海电机厂 YKS 系列中型高压 10kV 三相异步电动机外形及安装尺寸

1.2.3 YL 系列中型 10kV 立式三相异步电动机

一、概述

YL 系列中型 10kV 立式三相异步电动机直接由 10kV 级电网供电，可简化供电设备、节省投资、节约电能，适用于驱动立式水泵等其它需立式驱动的负载。允许全压直接启动。

电动机额定功率等级为 630、560、500、450、400、350、300、250kW；额定同步转速等级为 1500、1000、750、600、500r/min。

电动机为立式安装，外壳防护等级为 IP23。通风形式采用径向自通风系统，冷空气自上、下端盖侧面窗口进入电动机，热空气自机座侧面窗口逸出。电动机采用滚动轴承，上轴承包括推力轴承和上导轴承并带有添油孔和排油管，下轴承包括下导轴承和添油孔。

型号含义

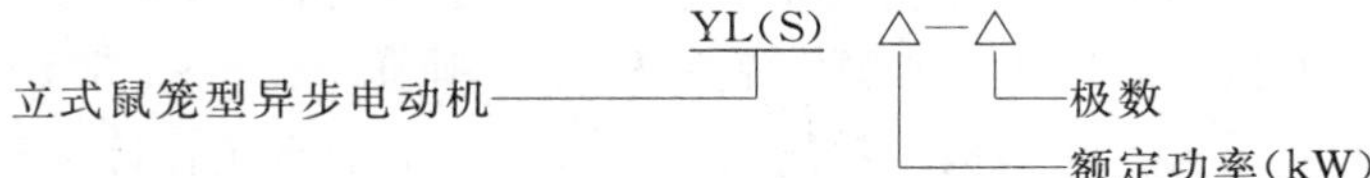

二、技术数据

YL 系列中型 10kV 立式三相异步电动机技术数据，见表 1-42。

表 1-42 YL 系列中型 10kV 立式三相异步电动机技术数据

型号	额定功率(kW)	额定电压(kV)	额定转速(r/min)	效率(%)	功率因数	堵转电流/额定电流	堵转转矩/额定转矩	最大转矩/额定转矩	转动惯量(kg·m²)	重量(kg)	生产厂
YL250—4	250	10	1485	90.5/90	0.86/0.8	5.3/6	0.86/0.7	2.1/1.8	0.06	3500	兰州电机有限责任公司
YLS450—12	450	10	496	92.5/90.5	0.78/0.76	4.8/6	1.08/0.8	2.2/1.8	1.2	8200	
YL500—4	250	10	1487	92	0.82	7.0	0.7	1.8	10.6	2780	湘潭电机股份有限公司
YL500—6	500	10	992	93.8	0.84	6.0	0.7	1.8	20.8	4450	
YL560—12	355	10	494	91.9	0.74	5.0	0.7	1.8	61	5550	

注 表中数据为计算值/保证值。

三、外形及安装尺寸

YL 系列中型 10kV 立式三相异步电动机外形及安装尺寸，见表 1-43 及图 1-24。

表 1-43 YL 系列中型 10kV 立式三相异步电动机外形及安装尺寸 单位：mm

型 号	D	E	F	G	M	N	P	R	h	b	L	L_1	n—ϕc
YL250—4	110	210	32	99.4	1150	1060	1250	220	12	1030	1855	968	12—ϕ28
YLS450—12	160	300	40	146.5	1950	1850	2050	310	10	1329	2100	1050	12—ϕ28

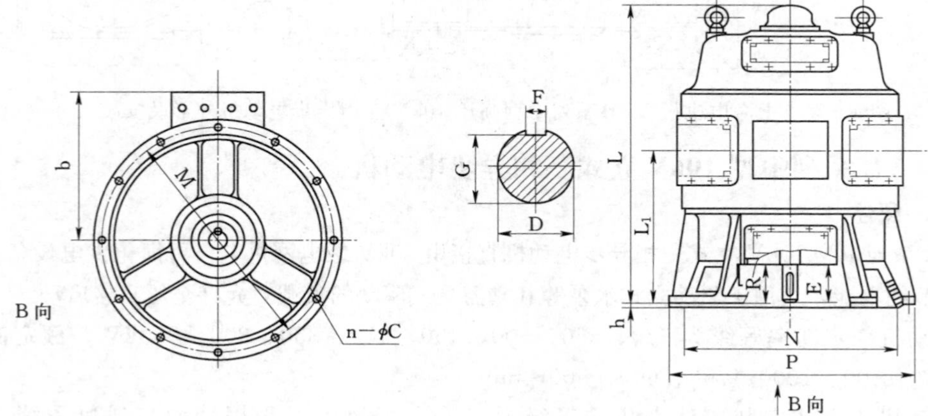

图 1-24 YL 系列中型 10kV 立式三相异步电动机外形及安装尺寸

1.2.4 YR 系列中型高压 6kV 三相绕线型异步电动机

一、概述

YR 系列中型高压 6kV 三相绕线型异步电动机是用来替代 JR 系列电动机的更新换代品。适用于驱动压缩机、通风机、水泵、破碎机、切削机床、运输机械等各种通用机械。用以传动鼓风机、磨煤机、轧钢机、卷扬机、皮带机的电动机应在订货时提供有关技术资料和要求，作为电动机特殊设计的依据，以确保电动机可靠运行。

电动机为箱式结构，卧式带底脚（IMB3）安装，单轴伸，F 级绝缘。从轴伸端看，旋转方向一般为顺时针，出线盒装于电动机右侧。

型号含义

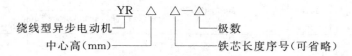

```
              YR  △  △—△
绕线型异步电动机—┘   │  │  └—极数
中心高(mm)————————┘  └————铁芯长度序号(可省略)
```

二、技术数据

YR（YRKK）系列中型高压 6kV、额定频率为 50Hz 三相绕线型异步电动机技术数据，见表 1-44。

上海电机厂生产的 YRKS 系列电动机技术数据与该厂相应型号的 YR 系列电动机技术数据（重量除外）相同。

表 1-44 YR（YRKK）系列中型高压 6kV 三相绕线型异步电动机技术数据

型号	额定功率（kW）	额定电流（A）	转速（r/min）	效率（%）	功率因数	最大转矩/额定转矩	转子电压（V）	转子电流（A）	转动惯量（kg·m²）	重量（kg）	生产厂
YR3551—4	220	25.7	1474	93.56	0.881	2.15	314	437.8	7	2200	
YR3552—4	250	29.1	1471	93.89	0.880	2.12	342	455.2	8	2290	
YR3553—4	280	32.7	1472	9417	0.876	2.17	376	461.8	9	2370	
YR4001—4	815	37.0	1473	93.8	0.872	2.28	376	519	11	2630	
YR4002—4	355	41.8	1474	94.0	0.869	2.39	418	524	12	2710	
YR4003—4	400	46.5	1473	94.4	0.877	2.19	438	565	13	2790	
YR4004—4	450	52.4	1475	94.6	0.874	2.27	493	562	14	2910	
YR4005—4	500	57.7	1476	94.9	0.878	2.21	537	572	15	2980	
YR4501—4	560	65.3	1482	95.2	0.868	2.39	672	530	17	3630	
YR4502—4	630	71.6	1480	95.1	0.89	2.18	667	582.3	19	3760	
YR4503—4	710	80.7	1481	95.3	0.889	2.17	759	596	20	3860	
YR4504—4	800	90.7	1482	95.5	0.889	2.19	843	603	21	4020	
YR5001—4	9000	101	1482	95.6	0.898	2.18	794	694	28	4410	
YR5002—4	1000	113	1484	95.8	0.890	2.40	894	682	30	4540	
YR5003—4	1120	127	1486	96.1	0.883	2.51	1022	666	32	4710	
YR5004—4	1250	139	1484	96.1	0.899	2.37	1052	723	34	4870	
YR5601—4	1400	156	1484	96.1	0.898	2.39	1050	810	57	6170	上海电机厂（表中数据为设计值）
YR5602—4	1600	178	1484	96.2	0.899	2.36	1130	862	60	6460	
YR5603—4	1800	199	1484	96.3	0.903	2.22	1225	894	65	6740	
YR6301—4	2000	218	1486	96.3	0.915	2.43	1379	904	90	8170	
YR6302—4	2240	245	1487	96.5	0.912	2.48	1517	918	97	8570	
YR6303—4	2500	274	1487	96.7	0.908	2.38	1643	948	103	8970	
YR4001—6	220	26.8	979	93.1	0.849	2.43	416	328	14	2610	
YR4002—6	250	30.7	980	93.2	0.841	2.52	468	330	15	2700	
YR4003—6	280	33.8	979	93.4	0.853	2.34	468	374	16	2790	
YR4004—6	315	38.6	982	93.8	0.837	2.50	561	346	18	2900	
YR4005—6	355	43.4	982	94.0	0.837	2.50	624	350	19	2990	
YR4501—6	400	47.4	985	94.4	0.860	2.72	694	354	25	3580	
YR4502—6	450	51.5	983	94.3	0.891	2.44	714	388	27	3690	
YR4503—6	500	57.6	984	94.6	0.884	2.57	792	387	28	3900	
YR4504—6	560	64.7	986	94.8	0.878	2.66	891	384	30	3950	
YR5001—6	630	74.5	984	94.6	0.860	2.09	682	573	41	4150	
YR5002—6	710	84.6	985	94.8	0.852	2.12	748	587	43	4280	
YR5003—6	800	94.5	986	95.2	0.856	2.15	830	591	48	4430	

续表 1-44

型　　号	额定功率(kW)	额定电流(A)	转速(r/min)	效率(%)	功率因数	最大转矩/额定转矩	转子电压(V)	转子电流(A)	转动惯量(kg·m²)	重量(kg)	生产厂
YR5004—6	900	105	985	95.3	0.864	1.97	896	621	51	4580	上海电机厂(表中数据为设计值)
YR5601—6	1000	116	986	95.5	0.871	2.18	912	701	63	5800	
YR5602—6	1120	129	987	95.7	0.870	2.19	1026	696	70	6060	
YR5603—6	1250	145	987	95.9	0.865	2.18	1118	712	74	6230	
YR6301—6	1400	161	988	95.9	0.874	2.00	836	1072	104	7080	
YR6302—6	1600	184	989	96.1	0.869	1.99	920	1114	107	7330	
YR6303—6	1800	208	989	96.2	0.867	2.01	1022	1126	121	7580	
YR4003—8	220	28.2	734	92.8	0.808	2.53	568	237	20	2600	
YR4004—8	250	31.7	733	92.8	0.819	2.07	567	270	21	2690	
YR4005—8	280	35.7	732	92.7	0.814	2.22	612	282	22	2750	
YR4501—8	315	40.3	733	93.0	0.808	2.42	572	341	27	3410	
YR4502—8	355	44.3	733	93.3	0.827	2.31	620	354	29	3520	
YR4503—8	400	47.8	732	93.6	0.860	2.13	677	365	31	3600	
YR4504—8	450	56.0	734	93.4	0.827	2.27	737	375	34	3730	
YR5001—8	500	61.0	737	94.1	0.838	2.07	706	437	43	4150	
YR5002—8	560	69.0	737	94.5	0.826	2.11	777	444	65	4260	
YR5003—8	630	77.2	738	94.7	0.829	2.10	863	449	50	4420	
YR5004—8	710	86.7	737	94.8	0.831	2.02	927	473	53	4570	
YR5601—8	800	96.8	738	94.9	0.838	2.10	979	529	80	5560	
YR5602—8	900	110	739	95.1	0.828	2.20	1118	519	88	5780	
YR5603—8	1000	118	738	95.1	0.856	1.89	1118	581	94	6000	
YR6301—8	1120	131	741	95.6	0.862	2.07	1149	596	124	7090	
YR6302—8	1250	147	741	95.7	0.857	2.11	1245	614	130	7400	
YR6303—8	1400	164	741	95.8	0.860	2.04	1358	631	142	7710	
YR4501—10	220	29.2	584	91.9	0.788	2.32	563	242	27	3310	
YR4502—10	250	32.4	584	92.2	0.805	2.19	610	254	30	3410	
YR4503—10	280	36.8	584	92.4	0.792	2.21	664	261	32	3510	
YR4504—10	315	40.8	584	92.7	0.803	2.17	732	266	35	3590	
YR4505—10	355	46.8	585	92.8	0.786	2.22	813	270	37	3720	
YR5001—10	400	51.4	588	93.2	0.804	2.14	732	337	50	4110	
YR5002—10	450	56.7	588	93.5	0.816	1.95	768	363	52	4220	
YR5003—10	500	62.8	588	93.8	0.816	1.97	855	362	58	4390	
YR5004—10	560	70.2	588	93.7	0.819	1.92	918	379	62	4540	
YR5601—10	630	77.8	589	94.4	0.826	1.89	979	424	86	5570	

续表 1-44

型　　号	额定功率(kW)	额定电流(A)	转速(r/min)	效率(%)	功率因数	最大转矩/额定转矩	转子电压(V)	转子电流(A)	转动惯量($kg\cdot m^2$)	重量(kg)	生产厂
YR5602—10	710	86.6	590	94.4	0.816	1.97	1118	417	95	5780	上海电机厂(表中数据为设计值)
YR5603—10	800	99.6	590	94.6	0.817	1.91	1204	437	101	5980	
YR6301—10	900	108	591	95.1	0.844	2.06	1143	483	138	7090	
YR6302—10	1000	120	591	95.2	0.826	2.01	1239	496	147	7400	
YR6303—10	1120	134	591	95.3	0.845	2.00	1351	509	161	7710	
YR4504—12	220	31.0	488	91.2	0.749	2.05	498	274	38	3580	
YR4505—12	250	35.8	489	91.8	0.730	2.12	568	271	42	3710	
YR5001—12	280	38.1	487	92.1	0.767	1.90	519	350	47	3950	
YR5002—12	315	41.5	487	92.6	0.788	1.88	593	342	50	4070	
YR5003—12	355	47.7	487	92.9	0.771	2.05	692	327	55	4210	
YR5004—12	400	53.0	488	92.9	0.781	1.80	692	375	60	4350	
YR5601—12	450	55.6	487	92.9	0.838	1.85	822	345	93	5380	
YR5602—12	500	63.2	489	93.4	0.815	2.06	923	337	98	5540	
YR5603—12	560	72.0	490	93.6	0.800	2.15	1057	329	105	5730	
YR5604—12	630	80.4	491	93.9	0.803	2.26	1233	314	120	5920	
YR6301—12	710	87.2	491	94.2	0.832	2.13	1204	383	158	7010	
YR6302—12	800	98.3	491	94.4	0.830	2.09	1305	399	169	7310	
YR6303—12	900	110	491	94.5	0.835	2.04	1423	412	185	7610	
YR6303—12	1000	120	494	95.2	0.841	1.99			198	7520	
YRKK3551—4	185		1500	92.0	0.83	1.8					
YRKK3552—4	200		1500	92.2	0.83	1.8					
YRKK3553—4	220		1500	92.4	0.83	1.8					
YRKK4001—4	250		1500	92.7	0.84	1.8					
YRKK4002—4	280		1500	92.8	0.84	1.8					
YRKK4003—4	315		1500	92.9	0.84	1.8					
YRKK4004—4	355		1500	93.0	0.84	1.8					
YRKK4005—4	400		1500	93.2	0.84	1.8					
YRKK4501—4	450		1500	93.4	0.85	1.8					
YRKK4502—4	500		1500	93.6	0.85	1.8					
YRKK4503—4	560		1500	93.9	0.85	1.8					
YRKK4504—4	630		1500	94.2	0.85	1.8					
YRKK5001—4	710		1500	94.3	0.86	1.8					
YRKK5002—4	800		1500	94.4	0.86	1.8					
YRKK5003—4	900		1500	94.5	0.86	1.8					

续表 1-44

型　号	额定功率(kW)	额定电流(A)	转速(r/min)	效率(%)	功率因数	最大转矩/额定转矩	转子电压(V)	转子电流(A)	转动惯量(kg·m²)	重量(kg)	生产厂
YRKK5004—4	1000		1500	94.6	0.86	1.8					上海电机厂(表中数据为设计值)
YRKK5602—4	1120		1500	94.7	0.87	1.8					
YRKK5603—4	1250		1500	94.8	0.87	1.8					
YRKK5604—4	1400		1500	94.9	0.87	1.8					
YRKK6301—4	1600		1500	95.0	0.87	1.8					
YRKK6302—4	1800		1500	95.1	0.87	1.8					
YRKK6303—4	2000		1500	95.2	0.87	1.8					
YRKK4001—6	185		1000	91.9	0.82	1.8					
YRKK4002—6	200		1000	92.1	0.82	1.8					
YRKK4003—6	220		1000	92.3	0.82	1.8					
YRKK4004—6	250		1000	92.5	0.82	1.8					
YRKK4005—6	280		1000	92.6	0.82	1.8					
YRKK4501—6	315		1000	92.8	0.83	1.8					
YRKK4502—6	355		1000	93.0	0.83	1.8					
YRKK4503—6	400		1000	93.3	0.83	1.8					
YRKK4504—6	450		1000	93.4	0.83	1.8					
YRKK5001—6	500		1000	93.6	0.84	1.8					
YRKK5002—6	560		1000	93.8	0.84	1.8					
YRKK5003—6	630		1000	94.1	0.84	1.8					
YRKK5004—6	710		1000	94.3	0.84	1.8					
YRKK5602—6	800		1000	94.5	0.85	1.8					
YRKK5603—6	900		1000	94.6	0.85	1.8					
YRKK5604—6	1000		1000	94.8	0.85	1.8					
YRKK6301—6	1120		1000	94.9	0.85	1.8					
YRKK6302—6	1250		1000	95.0	0.85	1.8					
YRKK6303—6	1400		1000	95.1	0.85	1.8					
YRKK4003—8	185		750	91.8	0.78	1.8					
YRKK4004—8	200		750	92.0	0.78	1.8					
YRKK4501—8	220		750	92.2	0.79	1.8					
YRKK4502—8	250		750	92.3	0.79	1.8					
YRKK4503—8	280		750	92.5	0.79	1.8					
YRKK4504—8	315		750	92.6	0.79	1.8					
YRKK5001—8	355		750	92.7	0.80	1.8					
YRKK5002—8	400		750	93.0	0.80	1.8					

续表 1-44

型　号	额定功率(kW)	额定电流(A)	转速(r/min)	效率(%)	功率因数	最大转矩/额定转矩	转子电压(V)	转子电流(A)	转动惯量(kg·m²)	重量(kg)	生产厂
YRKK5003—8	450		750	93.1	0.80	1.8					上海电机厂(表中数据为设计值)
YRKK5004—8	500		750	93.5	0.80	1.8					
YRKK5601—8	560		750	93.7	0.81	1.8					
YRKK5602—8	630		750	93.9	0.81	1.8					
YRKK5603—8	710		750	94.0	0.81	1.8					
YRKK5604—8	800		750	94.2	0.81	1.8					
YRKK6301—8	900		750	94.3	0.81	1.8					
YRKK6302—8	1000		750	94.4	0.81	1.8					
YRKK6303—8	1120		750	94.5	0.81	1.8					
YRKK6304—8	1250		750	95.1	0.84	1.8					
YRKK4501—10	185		600	90.9	0.77	1.8					
YRKK4502—10	200		600	91.1	0.77	1.8					
YRKK4503—10	220		600	91.3	0.77	1.8					
YRKK4504—10	250		600	91.5	0.77	1.8					
YRKK5001—10	280		600	91.8	0.78	1.8					
YRKK5002—10	315		600	91.9	0.78	1.8					
YRKK5003—10	355		600	92.1	0.78	1.8					
YRKK5004—10	400		600	92.8	0.78	1.8					
YRKK5601—10	450		600	93.1	0.79	1.8					
YRKK5602—10	500		600	93.3	0.79	1.8					
YRKK5603—10	560		600	93.5	0.79	1.8					
YRKK5604—10	630		600	93.6	0.79	1.8					
YRKK6301—10	710		600	93.7	0.80	1.8					
YRKK6302—10	800		600	93.8	0.80	1.8					
YRKK6303—10	900		600	94.3	0.82	1.8					
YRKK6304—10	1000		600	94.4	0.82	1.8					
YRKK6305—10	1120		600	94.6	0.82	1.8					
YRKK6303—12	900		600	93.9	0.80	1.8					
YRKK4503—12	185		500	90.6	0.72	1.8					
YRKK4504—12	200		500	90.8	0.72	1.8					
YRKK5001—12	220		500	91.0	0.73	1.8					
YRKK5002—12	250		500	91.3	0.73	1.8					
YRKK5003—12	280		500	91.7	0.73	1.8					
YRKK5004—12	315		500	92.0	0.73	1.8					

续表 1-44

型号	额定功率(kW)	额定电流(A)	转速(r/min)	效率(%)	功率因数	最大转矩/额定转矩	转子电压(V)	转子电流(A)	转动惯量(kg·m²)	重量(kg)	生产厂
YRKK5601—12	355		500	92.1	0.75	1.8					上海电机厂(表中数据为设计值)
YRKK5602—12	400		500	92.3	0.75	1.8					
YRKK5603—12	450		500	92.5	0.75	1.8					
YRKK6301—12	500		500	92.7	0.77	1.8					
YRKK6302—12	560		500	92.8	0.77	1.8					
YRKK6303—12	630		500	92.9	0.77	1.8					
YR355—4	220	27.5	1500	92.7	0.83	1.8	326	424			重庆电机厂
YR355—4	250	30.8	1500	93.0	0.84	1.8	350	447			
YR355—4	280	34.5	1500	93.1	0.84	1.8	364	484			
YR400—4	315	38.8	1500	93.1	0.85	1.8	385	508			
YR400—4	355	43.1	1500	93.3	0.85	1.8	420	524			
YR400—4	400	48.4	1500	93.5	0.85	1.8	463	534			
YR400—4	450	54.4	1500	93.7	0.85	1.8	488	571			
YR400—4	500	60.3	1500	93.9	0.85	1.8	546	565			
YR450—4	560	67.3	1500	94.2	0.85	1.8	531	652			
YR450—4	630	74.6	1500	94.5	0.86	1.8	580	670			
YR450—4	710	84.0	1500	94.6	0.86	1.8	618	708			
YR450—4	800	93.5	1500	94.6	0.87	1.8	664	745			
YR500—4	900	105.2	1500	94.6	0.87	1.8	682	809			
YR500—4	1000	116.5	1500	94.9	0.87	1.8	715	860			
YR500—4	1120	130.4	1500	95.0	0.87	1.8	798	861			
YR500—4	1250	145.4	1500	95.1	0.87	1.8	845	907			
YR560—4	1400	162.7	1500	95.2	0.87	1.8	1204	721			
YR560—4	1600	185.7	1500	95.3	0.87	1.8	1315	755			
YR560—4	1800	208.7	1500	95.4	0.87	1.8	1446	770			
YR630—4	2000	231.6	1500	95.5	0.87	1.8	1566	788			
YR630—4	2240	259.1	1500	95.6	0.87	1.8	1760	783			
YR630—4	2500	289	1500	95.7	0.87	1.8	1878	815			
YR400—6	220	28.3	1000	92.5	0.81	1.8	269	514			
YR400—6	250	31.6	1000	92.7	0.82	1.8	295	532			
YR400—6	280	35.4	1000	92.8	0.82	1.8	317	556			
YR400—6	315	39.7	1000	93.0	0.82	1.8	343	575			
YR400—6	355	44.7	1000	93.2	0.82	1.8	374	594			
YR450—6	400	49.6	1000	93.5	0.83	1.8	400	629			

续表 1-44

型 号	额定功率(kW)	额定电流(A)	转速(r/min)	效率(%)	功率因数	最大转矩/额定转矩	转子电压(V)	转子电流(A)	转动惯量(kg·m²)	重量(kg)	生产厂
YR450—6	450	55.1	1000	193.6	0.84	1.8	439	640			
YR450—6	500	61.1	1000	93.8	0.84	1.8	488	638			
YR450—6	560	68.2	1000	94.0	0.84	1.8	548	632			
YR500—6	630	75.6	1000	94.3	0.85	1.8	551	707			
YR500—6	710	85.1	1000	94.5	0.85	1.8	587	748			
YR500—6	800	95.6	1000	94.7	0.85	1.8	630	787			
YR500—6	900	107.5	1000	94.8	0.85	1.8	679	823			
YR560—6	1000	119.2	1000	95.0	0.85	1.8	1200	519			
YR560—6	1120	133.3	1000	95.1	0.85	1.8	1309	532			
YR560—6	1250	148.6	1000	95.2	0.85	1.8	1440	538			
YR630—6	1400	166.3	1000	95.3	0.85	1.8	1440	600			
YR630—6	1600	190	1000	95.4	0.85	1.8	1600	613			
YR630—6	1800	213.4	1000	95.5	0.85	1.8	1694	654			
YR400—8	220	29.4	750	92.2	0.78	1.8	432	320			
YR400—8	250	33.4	750	92.3	0.78	1.8	495	316			
YR400—8	280	36.9	750	92.5	0.79	1.8	550	319			
YR450—8	315	40.9	750	92.6	0.80	1.8	548	358			
YR450—8	355	46.1	750	92.7	0.80	1.8	599	369			重庆电机厂
YR450—8	400	51.7	750	93.0	0.80	1.8	659	377			
YR450—8	450	57.4	750	93.1	0.81	1.8	733	381			
YR500—8	500	63.5	750	93.5	0.81	1.8	846	365			
YR500—8	560	71.0	750	93.7	0.81	1.8	886	391			
YR500—8	630	79.7	750	93.9	0.81	1.8	999	390			
YR500—8	710	89.7	750	94.0	0.81	1.8	1000	442			
YR560—8	800	101	750	94.2	0.81	1.8	1065	470			
YR560—8	900	113.4	750	94.3	0.81	1.8	1143	494			
YR560—8	1000	125.8	750	94.4	0.81	1.8	1231	508			
YR630—8	1120	140.8	750	94.5	0.81	1.8	1178	595			
YR630—8	1250	157.0	750	94.6	0.81	1.8	1275	613			
YR630—8	1400	175.6	750	94.7	0.81	1.8	1391	628			
YR630—8	1600	200.5	750	94.8	0.81	1.8	1528	651			
YR450—10	220	30.1	600	91.3	0.77	1.8	312	448			
YR450—10	250	34.1	600	91.5	0.77	1.8	341	465			
YR450—10	280	37.6	600	91.8	0.78	1.8	375	473			

续表 1-44

型号	额定功率（kW）	额定电流（A）	转速（r/min）	效率（%）	功率因数	最大转矩/额定转矩	转子电压（V）	转子电流（A）	转动惯量（kg·m²）	重量（kg）	生产厂
YR450—10	315	42.3	600	91.9	0.78	1.8	417	477			
YR450—10	355	47.6	600	92.1	0.78	1.8	469	477			
YR500—10	400	53.2	600	92.8	0.78	1.8	439	573			
YR500—10	450	59.6	600	93.1	0.78	1.8	473	600			
YR500—10	500	65.3	600	93.3	0.79	1.8	540	579			
YR500—10	560	73.0	600	93.5	0.79	1.8	505	624			
YR560—10	630	81	600	93.6	0.80	1.8	956	408			
YR560—10	710	91.1	600	93.7	0.80	1.8	956	464			
YR560—10	800	102.6	600	93.8	0.80	1.8	1117	444			
YR630—10	900	115.3	600	93.9	0.80	1.8	1114	505			
YR630—10	1000	127.8	600	94.1	0.80	1.8	1214	514			
YR630—10	1120	143	600	94.2	0.80	1.8	1334	522			
YR630—10	1250	159.4	600	94.3	0.80	1.8	1481	522			
YR450—12	220	32.5	500	90.4	0.72	1.8	383	367			重庆电机厂
YR450—12	250	36.9	500	90.5	0.72	1.8	418	382			
YR500—12	280	40.2	500	91.7	0.73	1.8	578	306			
YR500—12	315	44.5	500	92.0	0.74	1.8	630	315			
YR500—12	355	49.5	500	92.0	0.75	1.8	693	322			
YR500—12	400	56.5	500	92.3	0.75	1.8	770	326			
YR500—12	450	62.4	500	92.5	0.75	1.8	828	341			
YR560—12	500	67.4	500	92.7	0.77	1.8	844	374			
YR560—12	560	75.4	500	92.8	0.77	1.8	900	396			
YR560—12	630	84.7	500	92.9	0.77	1.8	965	415			
YR630—12	710	95.4	500	93.0	0.77	1.8	964	466			
YR630—12	800	107.4	500	93.1	0.77	1.8	1040	488			
YR630—12	900	120.7	500	93.2	0.77	1.8	1128	504			
YR630—12	1000	134	500	93.3	0.77	1.8	1230	512			
YR355—4	220	26.5	1475	92.7	0.83	1.8	286	453			
YR355—4	250	30.2	1475	93	0.84	1.8	317	463			
YR355—4	280	33.5	1475	93.1	0.84	1.8	342	481			
YR400—4	315	37.5	1479	93.2	0.85	1.8	353	523			湖北电机厂（表中数据为保证值）
YR400—4	355	41.2	1479	93.3	0.85	1.8	372	560			
YR400—4	400	46.4	1479	93.5	0.85	1.8	406	577			
YR400—4	450	52.5	1479	93.7	0.85	1.8	447	589			

续表 1-44

型 号	额定功率(kW)	额定电流(A)	转速(r/min)	效率(%)	功率因数	最大转矩/额定转矩	转子电压(V)	转子电流(A)	转动惯量(kg·m²)	重量(kg)	生产厂
YR400—4	500	58	1479	93.9	0.85	1.8	499	587			湖北电机厂(表中数据为保证值)
YR450—4	560	64.2	1483	94.2	0.85	1.8	530	639			
YR450—4	630	72.8	1483	94.5	0.86	1.8	579	656			
YR450—4	710	82.5	1483	94.6	0.86	1.8	615	693			
YR450—4	800	91.4	1483	94.7	0.87	1.8	663	730			
YR500—4	900	100.9	1485	94.8	0.87	1.8	1011	522			
YR500—4	1000	111.8	1485	94.9	0.87	1.8	1057	554			
YR500—4	1120	124.2	1485	95	0.87	1.8	1146	573			
YR500—4	1250	138.2	1485	95.1	0.87	1.8	1252	585			
YR400—6	220	26.7	983	92.5	0.81	1.8	263	494			
YR400—6	250	30.9	983	92.7	0.82	1.8	301	487			
YR400—6	280	34.3	983	92.8	0.82	1.8	324	507			
YR400—6	315	38	983	93	0.82	1.8	341	542			
YR400—6	355	42.7	983	93.2	0.82	1.8	384	542			
YR450—6	400	48.1	985	93.5	0.83	1.8	417	584			
YR450—6	450	53.7	985	93.6	0.84	1.8	439	625			
YR450—6	500	59.5	985	93.8	0.84	1.8	488	623			
YR450—6	560	66.9	985	94	0.84	1.8	549	617			
YR500—6	630	73.5	988	94.3	0.85	1.8	900	409			
YR500—6	710	82.9	988	94.5	0.85	1.8	957	432			
YR500—6	800	94	988	94.7	0.85	1.8	1071	433			
YR500—6	900	104.6	988	94.8	0.85	1.8	1153	453			
YR400—8	220	28.3	736	92.2	0.78	1.8	392	327			
YR400—8	250	31.8	736	92.3	0.78	1.8	418	349			
YR400—8	280	35.6	736	92.5	0.79	1.8	471	347			
YR450—8	315	39.9	738	92.6	0.8	1.8	585	325			
YR450—8	355	44	738	92.7	0.8	1.8	635	338			
YR450—8	400	50.4	738	93	0.8	1.8	690	348			
YR450—8	450	56.4	738	93.2	0.81	1.8	760	355			
YR500—8	500	61	739	93.5	0.81	1.8	696	415			
YR500—8	560	67.9	739	93.7	0.81	1.8	767	422			
YR500—8	630	76.4	739	93.9	0.81	1.8	853	426			
YR500—8	710	85.3	739	94	0.81	1.8	915	449			
YR450—10	220	28.3	587	91.3	0.77	1.8	542	248			

续表 1-44

型　　号	额定功率(kW)	额定电流(A)	转速(r/min)	效率(%)	功率因数	最大转矩/额定转矩	转子电压(V)	转子电流(A)	转动惯量(kg·m²)	重量(kg)	生产厂
YR450—10	250	32.1	587	91.5	0.77	1.8	583	261			湖北电机厂(表中数据为保证值)
YR450—10	280	35.9	587	91.8	0.78	1.8	632	269			
YR450—10	315	40.7	587	91.9	0.78	1.8	688	277			
YR450—10	355	45.6	587	92.1	0.78	1.8	757	283			
YR500—10	400	50.3	589	92.8	0.78	1.8	690	333			
YR500—10	450	56.2	589	93.1	0.78	1.8	759	341			
YR500—10	500	62.5	589	93.3	0.79	1.8	846	340			
YR500—10	560	69.3	589	93.5	0.79	1.8	907	355			
YR450—12	220	30.8	489	90.4	0.72	1.8	514	259			
YR450—12	250	35.4	489	91.5	0.72	1.8	581	258			
YR500—12	280	37.4	490	91.7	0.73	1.8	515	313			
YR500—12	315	41.4	490	92	0.74	1.8	556	326			
YR500—12	355	46.4	490	92.1	0.75	1.8	605	337			
YR500—12	400	52.1	490	92.3	0.75	1.8	664	345			
YR560—4	1400		1500	95.2	0.87	1.8					
YR560—4	1600		1500	95.3	0.87	1.8					
YR560—4	1800		1500	95.4	0.87	1.8					
YR630—4	2000		1500	95.5	0.87	1.8					
YR630—4	2240		1500	95.6	0.87	1.8					
YR630—4	2500		1500	95.7	0.87	1.8					
YR560—6	1000		1000	95	0.85	1.8					
YR560—6	1120		1000	95.1	0.85	1.8					
YR560—6	1250		1000	95.2	0.85	1.8					
YR630—6	1400		1000	95.3	0.85	1.8					
YR630—6	1600		1000	95.4	0.85	1.8					
YR630—6	1800		1000	95.5	0.85	1.8					
YR560—8	800		750	94.2	0.81	1.8					
YR560—8	900		750	94.3	0.81	1.8					
YR560—8	1000		750	94.4	0.81	1.8					
YR630—8	1120		750	94.5	0.81	1.8					
YR630—8	1250		750	94.6	0.81	1.8					
YR630—8	1400		750	94.7	0.81	1.8					
YR560—10	630		600	93.6	0.8	1.8					
YR560—10	710		600	93.7	0.8	1.8					

续表 1-44

型　　号	额定功率（kW）	额定电流（A）	转速（r/min）	效率（%）	功率因数	最大转矩/额定转矩	转子电压（V）	转子电流（A）	转动惯量（kg·m²）	重量（kg）	生产厂
YR560—10	800		600	93.8	0.8	1.8					湖北电机厂（表中数据为保证值）
YR630—10	900		600	93.9	0.8	1.8					
YR630—10	1000		600	94.1	0.8	1.8					
YR630—10	1120		600	94.2	0.8	1.8					
YR560—12	450		500	92.5	0.77	1.8					
YR560—12	500		500	92.7	0.77	1.8					
YR560—12	560		500	92.8	0.77	1.8					
YR560—12	630		500	92.9	0.77	1.8					
YR630—12	710		500	93	0.77	1.8					
YR630—12	800		500	93.1	0.77	1.8					
YR630—12	900		500	93.2	0.77	1.8					
YR355—4	220	27.0	1500	93/92.7	0.85/0.83	2.3/1.8			20	2220	兰州电机有限责任公司（表中数据为计算值/保证值）
YR355—4	250	30.5	1500	93.5/93	0.84/0.84	2.1/1.8			19	2270	
YR355—4	280	33	1500	/93.1	/0.84	/1.8					
YR400—4	315	37.9	1500	93.4/92.8	0.86/0.85	2.5/1.8			40	3020	
YR400—4	355	41.1	1500	/93.3	/0.85	/1.8					
YR400—4	400	46.1	1500	/93.5	/0.85	/1.8					
YR400—4	450	51.5	1500	/93.7	/0.85	/1.8					
YR400—4	500	57.1	1500	/93.9	/0.85	/1.8					
YR450—4	560	63.8	1500	/94.2	/0.85	/1.8					
YR450—4	630	72.2	1500	/94.5	/0.86	/1.8					
YR450—4	710	80.6	1500	/94.6	/0.86	/1.8					
YR450—4	800	90.3	1500	/94.6	/0.87	/1.8					
YR500—4	900	103.0	1500	/94.6	/0.87	/1.8					
YR500—4	1000	113.0	1500	/94.9	/0.87	/1.8					
YR500—4	1120	126.5	1500	/95.0	/0.87	/1.8					
YR500—4	1250	141.0	1500	/95.1	/0.87	/1.8					
YR560—4	1400	157	1500	/95.2	/0.87	/1.8					
YR560—4	1600	178	1500	/95.3	/0.87	/1.8					
YR560—4	1800		1500	/95.4	/0.87	/1.8					
YR630—4	2000	223	1500	/95.5	/0.87	/1.8					

续表1-44

型　　号	额定功率(kW)	额定电流(A)	转速(r/min)	效率(%)	功率因数	最大转矩/额定转矩	转子电压(V)	转子电流(A)	转动惯量(kg·m^2)	重量(kg)	生产厂
YR630—4	2240	249	1500	/95.6	/0.87	/1.8					
YR630—4	2500	276	1500	/95.7	/0.87	/1.8					
YR400—6	220	26.8	1000	/92.5	/0.81	/1.8					
YR400—6	250	30.1	1000	/92.7	/0.82	/1.8					
YR400—6	280	33.8	1000	/92.8	/0.82	/1.8					
YR400—6	315	38.7	1000	93.1/92.7	0.84/0.82	18/1.8			66	3250	
YR400—6	355	42.5	1000	/93.2	/0.82	/1.8					
YR450—6	400	48	1000	94.1/93.5	0.85/0.83	1.98/1.8			98	2400	
YR450—6	450	53.4	1000	/93.6	/0.84	/1.8					
YR450—6	500	59.2	1000	/93.8	/0.84	/1.8					
YR450—6	560	66.5	1000	/94	/0.84	/1.8					
YR500—6	630	74.1	1000	/94.3	/0.85	/1.8					
YR500—6	710	84	1000	94.6/94.2	0.86/0.85	2/1.8			200	5500	
YR500—6	800	93.3	1000	/94.7	/0.85	/1.8					兰州电机有限责任公司（表中数据为计算值/保证值）
YR500—6	900	104.5	1000	/94.8	/0.85	/1.8			350	5900	
YR560—6	1000	115	1000	95/94.5	0.88/0.85	2.4/2					
YR560—6	1120	128	1000	/95.1	/0.85	/1.8			370	7000	
YR560—6	1250	142	1000	5.2/95.2	0.89/0.85	2.3/1.8					
YR630—6	1400	162	1000	/95.3	/0.85	/1.8					
YR630—6	1600	185	1000	/95.4	/0.85	/1.8					
YR630—6	1800	206	1000	/95.5	/0.85	/1.8					
YR400—8	220	28.7	750	/92.2	/0.78	/1.8					
YR400—8	250	32.3	750	/92.3	/0.78	/1.8					
YR400—8	280	36.3	750	/92.5	/0.79	/1.8					
YR450—8	315	41.3	750	/92.6	/0.80	/1.8					
YR450—8	355	46.0	750	/92.7	/0.80	/1.8					
YR450—8	400	51.6	750	/93.0	/0.80	/1.8					
YR450—8	450	57.7	750	/93.1	/0.80	/1.8					
YR500—8	500	63.0	750	/93.5	/0.8	/1.8					

续表 1-44

型号	额定功率(kW)	额定电流(A)	转速(r/min)	效率(%)	功率因数	最大转矩/额定转矩	转子电压(V)	转子电流(A)	转动惯量(kg·m²)	重量(kg)	生产厂
YR500—8	560	67.8	750	94.2/93.7	0.84/0.81	2/1.8			250	4790	
YR500—8	630	76.3	750	94.3/93.6	0.84/0.81	2/1.8			276	5140	
YR500—8	710	86.8	750	/94.0	/0.8	/1.8					
YR560—8	800	97	750	/94.2	/0.81	/1.8					
YR560—8	900		750	94.3	/0.81	/1.8					
YR560—8	1000		750	/94.4	/0.81	/1.8					
YR630—8	1120		750	/94.5	/0.81	/1.8					
YR630—8	1250	156	750	95.3/94.5	0.79/0.81	1.9/1.8			530	8460	
YR630—8	1400		750	/94.7	/0.81	/1.8					
YR630—8	1600		750	/94.8	/0.81	/1.8					
YR450—10	220	31.2	600	/91.3	/0.77	/1.8					
YR450—10	250	35.4	600	/91.5	/0.77	/1.8					
YR450—10	280	39.4	600	/91.8	/0.78	/1.8					
YR450—10	315	44.4	600	/91.9	/0.78	/1.8					兰州电机有限责任公司（表中数据为计算值/保证值）
YR450—10	355	50.0	600	/92.1	/0.78	/1.8					
YR500—10	400	53.9	600	/92.8	/0.78	/1.8					
YR500—10	450	59.8	600	/93.1	/0.78	/1.8					
YR500—10	500	67.7	600	/93.3	/0.79	/1.8					
YR500—10	560	74.3	600	/93.5	/0.79	/1.8					
YR560—10	630	78.4	600	94.1/93.5	0.82/0.8	2/1.8					
YR560—10	710		600	/93.7	/0.8	/1.8			450	5650	
YR560—10	800		600	/93.8	/0.8	/1.8					
YR630—10	900	112	600	/93.9	/0.8	/1.8					
YR630—10	1000	123	600	/94.1	/0.8	/1.8					
YR630—10	1120		600	/94.2	/0.8	/1.8					
YR630—10	1250		600	/94.3	/0.8	/1.8					
YR450—12	220	33	500	/90.4	/0.72	/1.8					
YR450—12	250	36.2	500	91.8/90.5	0.72/0.72	1.9/1.8					
YR500—12	280	40.0	500	/91.7	/0.73	/1.8			170	3950	

续表 1-44

型　号	额定功率（kW）	额定电流（A）	转速（r/min）	效率（%）	功率因数	最大转矩/额定转矩	转子电压（V）	转子电流（A）	转动惯量（kg·m²）	重量（kg）	生产厂
YR500—12	315	45.1	500	/92.0	/0.74	/1.8					
YR500—12	355	51.7	500	/92.0	/0.75	/1.8					
YR500—12	400	56.5	500	/92.3	/0.75	/1.8					
YR500—12	450	64.4	500	93/92.8	0.72/0.72	1.9/1.8					
YR560—12	500	66.5	500	/92.7	/0.77	/1.8			300	5730	兰州电机有限责任公司（表中数据为计算值/保证值）
YR560—12	560		500	/92.8	/0.77	/1.8					
YR560—12	630		500	/92.9	/0.77	/1.8					
YR630—12	710	95	500	/93.0	/0.77	/1.8					
YR630—12	800	106	500	/93.1	/0.77	/1.8					
YR630—12	900		500	/93.2	/0.77	/1.8					
YR630—12	1000		500	/93.3	/0.77	/1.8					

注　转速为同步转速或额定转速。

三、外形及安装尺寸

YR（YRKK）系列中型高压 6kV 三相绕线型异步电动机外形及安装尺寸，见表 1-45 及图 1-25。

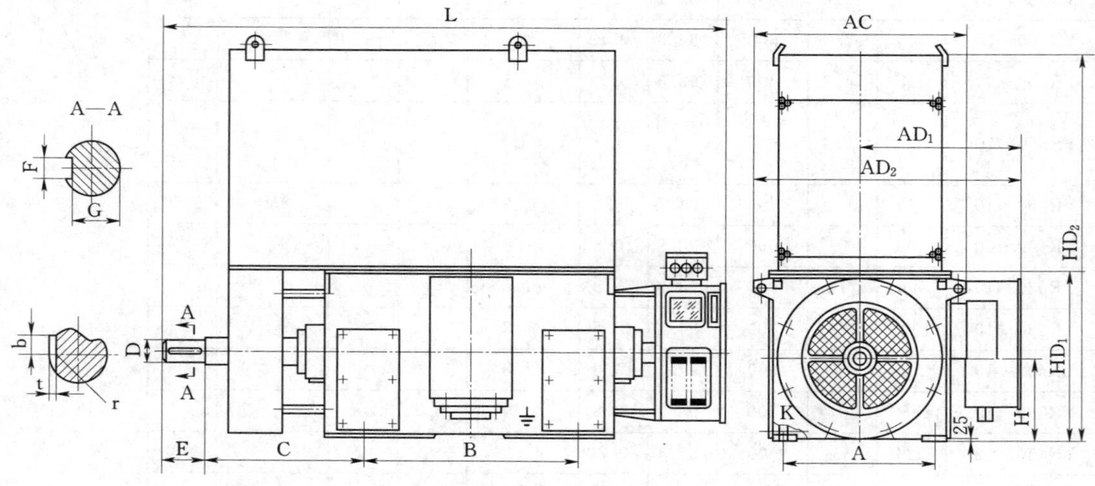

图 1-25　YR（YRKK）系列中型高压 6kV 三相绕线型异步电动机外形及安装尺寸

表 1-45 YR（YRKK）系列中型高压 6kV 三相绕线型异步电动机外形及安装尺寸

单位：mm

机座号	极数	A	B	C	D	E	F	G	t	b	r	H	K	AC	AD_1	AD_2	HD_1	HD_2	L	生产厂
355	4	630	900	315	100	210	28	90				355	28	970	745		780		2150	上海电机厂（YR系列）
400	4～8	710	1000	335	110	210	28	100				400	35	1010	760		835		2310	
450	4	800	1120	355	120	210	32	109				450	35	1120	810		935		2570	
450	6～12	800	1120	355	130	250	32	119				450	35	1120	810		935		2610	
500	4	900	1250	475	130	250	32	119				500	42	1220	860		1040		2920	
500	6～12	900	1250	475	140	250	36	128				500	42	1220	860		1040		2920	
560	4	1000	1400	500	150	250			11.4	39.7		560	42	1350	1020		1380		3400	
560	6～12	1000	1400	500	160	300			12.4	42.8		560	42	1350	1020		1380		3400	
630	4	1120	1600	530	170	300			12.4	44.2		630	48	1530	1120		1450		3700	
630	6～12	1120	1600	530	180	300			12.4	45.6		630	48	1530	1120		1450		3700	
355	4	630	900	560	100	210	28	90				355	28	965	745			1500	2550	上海电机厂（YRKK系列）
400	4～6	710	1000	560	110	210	28	100				400	35	1010	760			1700	2690	
400	8	710	1000	630	110	210	28	100				400	35	1010	760			1700	2760	
450	4	800	1120	560	120	210	32	109				450	35	1120	810			1900	2930	
450	6	800	1120	560	130	250	32	119				450	35	1120	810			1900	2930	
450	8～12	800	1120	630	130	250	32	119				450	35	1120	810			1900	3000	
500	4	900	1250	630	130	250	32	119				500	42	1220	860			2200	3230	
500	6	900	1250	630	140	250	36	128				500	42	1220	860			2200	3230	

续表 1-45

机座号	极数	A	B	C	D	E	F	G	t	b	r	H	K	AC	AD_1	AD_2	HD_1	HD_2	L	生产厂
500	8～12	900	1250	670	140	250	36	128				500	42	1220	860			2200	3270	上海电机厂(YRKK系列)
560	4	1000	1400	900	150	250			11.4	39.7		560	42	1350	1020			2400	3800	
560	6～12	1000	1400	900	160	300			12.4	42.8		560	42	1350	1020			2400	3850	
630	4	1120	1600	900	170	300			12.4	44.2		630	48	1530	1120			2700	4120	
630	6～12	1120	1600	900	180	300			12.4	45.6		630	48	1530	1120			2700	4120	
355	4	630	900	315	100	210	28	90				355	28	1100	800		800		2400	湖北电机厂（YR系列）
400	4～8	710	1000	335	110	210	28	100				400	35	1150	850		900		2420	
450	4	800	1120	335	120	210	32	109				450	35	1300	900		1000		2640	
450	6～12	800	1120	335	130	250	32	119				450	35	1300	900		1000		2640	
500	4	900	1250	475	130	250	32	119				500	42	1420	965		1100		2920	
500	6～12	900	1250	475	140	250	36	128				500	42	1420	965		1100		2920	
560	4	1000	1400	500	150	250			11.4	39.7	0.7/1.0	560	42	1600	1100		1220		3200	
560	6～12	1000	1400	500	160	300			12.4	42.8	0.7/1.0	560	42	1600	1100		1220		3200	
630	4	1120	1600	530	170	300			12.4	44.2	0.7/1.0	630	48	1800	1200		1360		3460	
630	6～12	1120	1600	530	180	300			12.4	45.6	0.7/1.0	630	48	1800	1200		1360		3460	
355	4	630±1.40	900±1.40	315±4.0	$100^{+0.035}_{+0.013}$	210±0.57	$28^{0}_{-0.052}$	$90^{0}_{-0.20}$				$355^{0}_{-1.0}$	$28^{+0.52}_{0}$							重庆电机厂（YR系列）
400	4～8	710±1.75	1000±1.75	355±4.0	$110^{+0.035}_{+0.013}$	210±0.57	$28^{0}_{-0.052}$	$100^{0}_{-0.20}$				$400^{0}_{-1.0}$	$35^{+0.62}_{0}$							
450	4	800±1.75	1120±1.75	355±4.0	$120^{+0.035}_{+0.013}$	210±0.57	$32^{0}_{-0.062}$	$109^{0}_{-0.20}$				$450^{0}_{-1.0}$	$35^{+0.62}_{0}$							

续表 1-45

机座号	极数	A	B	C	D	E	F	G	t	b	r	H	K	AC	AD_1	AD_2	HD_1	HD_2	L	生产厂
450	6～12	800±1.75	1120±1.75	355±4.0	$130^{+0.035}_{+0.013}$	250±0.57	$32^{0}_{-0.062}$	$119^{0}_{-0.20}$				$450^{0}_{-1.0}$	$35^{+0.62}_{0}$							重庆电机厂（YR系列）
500	4	900±2.10	1250±2.10	475±4.0	$130^{+0.040}_{+0.015}$	250±0.57	$32^{0}_{-0.062}$	$119^{0}_{-0.20}$				$500^{0}_{-1.0}$	$42^{+0.62}_{0}$							
500	6～12	900±2.10	1250±2.10	475±4.0	$140^{+0.040}_{+0.015}$	250±0.57	$36^{0}_{-0.062}$	$128^{0}_{-0.30}$				$500^{0}_{-1.0}$	$42^{+0.62}_{0}$							
560	4	1000±2.1	1400±2.1	500±4.0	$150^{+0.040}_{+0.015}$	250±0.57	$36^{0}_{-0.062}$	$138^{0}_{-0.30}$	$11.4^{+0.2}_{0}$	39.7	0.7/1.0	$560^{0}_{-1.0}$	$42^{+0.62}_{0}$	1600	1100			1700	3200	
560	6～12	1000±2.1	1400±2.1	500±4.0	$160^{+0.040}_{+0.015}$	300±0.65	$40^{0}_{-0.062}$	$147^{0}_{-0.30}$	$12.4^{+0.3}_{0}$	42.8	0.7/1.0	$560^{0}_{-1.0}$	$42^{+0.62}_{0}$	1600	1100			1700	3200	
630	4	1120±2.1	1600±2.1	530±4.0	$170^{+0.040}_{+0.015}$	300±0.65	$40^{0}_{-0.062}$	$157^{0}_{-0.30}$	$12.4^{+0.3}_{0}$	44.2	0.7/1.0	$630^{0}_{-1.0}$	$48^{+0.62}_{0}$	1800	1200			1900	3460	
630	6～12	1120±2.1	1600±2.1	530±4.0	$180^{+0.040}_{+0.015}$	300±0.65	$45^{0}_{-0.062}$	$165^{0}_{-0.30}$	$12.4^{+0.3}_{0}$	45.6	0.7/1.0	$630^{0}_{-1.0}$	$48^{+0.62}_{0}$	1800	1200			1900	3460	
5	4	630±1.4	900±1.4	315±4.0	$100^{+0.035}_{+0.013}$	210±0.57	$28^{0}_{-0.052}$	$90^{0}_{-0.20}$				$355^{0}_{-1.0}$	$28^{+0.52}_{0}$							兰州电机有限责任公司（YR系列）
400	4～8	710±1.75	1000±1.75	355±4.0	$110^{+0.035}_{+0.013}$	210±0.57	$28^{0}_{-0.052}$	$100^{0}_{-0.20}$				$400^{0}_{-1.0}$	$35^{+0.62}_{0}$							
450	4	800±1.75	1120±1.75	355±4.0	$120^{+0.035}_{+0.013}$	210±0.57	$32^{0}_{-0.062}$	$109^{0}_{-0.20}$				$450^{0}_{-1.0}$	$35^{+0.62}_{0}$							
450	6～12	800±1.75	1120±1.75	355±4.0	$130^{+0.040}_{+0.015}$	250±0.57	$32^{0}_{-0.062}$	$119^{0}_{-0.20}$				$450^{0}_{-1.0}$	$35^{+0.62}_{0}$							
500	4	900±2.1	1250±1.75	475±4.0	$130^{+0.040}_{+0.015}$	250±0.57	$42^{0}_{-0.062}$	$119^{0}_{-0.20}$				$500^{0}_{-1.0}$	$42^{+0.62}_{0}$							
500	6～12	900±2.1	1250±1.75	45±4.0	$140^{+0.040}_{+0.015}$	250±0.57	$36^{0}_{-0.062}$	$128^{0}_{-0.30}$				$500^{0}_{-1.0}$	$42^{+0.62}_{0}$							
560	4	1000±2.1	1400±2.1	500±2.1	$150^{+0.040}_{+0.015}$	250±0.57			$11.4^{+0.2}_{0}$	39.7		$560^{0}_{-1.0}$	$42^{+0.62}_{0}$			1900		1700	3200	
560	6～12	1000±2.1	1400±2.1	500±4.0	$160^{+0.040}_{+0.015}$	300±0.65			$12.4^{+0.3}_{0}$	42.8		$560^{0}_{-1.0}$	$42^{+0.62}_{0}$			1900		1700	3200	
630	4	1120±2.1	1600±2.1	530±4.0	$170^{+0.040}_{+0.015}$	300±0.65			$12.4^{+0.3}_{0}$	44.2		$630^{0}_{-1.0}$	$48^{+0.62}_{0}$			2100		1900	3460	
630	6～12	1120±2.1	1600±2.1	530±4.0	$180^{+0.040}_{+0.015}$	300±0.65			$12.4^{+0.3}_{0}$	45.6		$630^{0}_{-1.0}$	$48^{+0.62}_{0}$			2100		1900	3460	

YRKS系列中型高压6kV三相绕线型异步电动机外形及安装尺寸，见表1-46及图1-26。

表1-46 YRKS系列中型高压6kV三相绕线型异步电动机外形及安装尺寸 单位：mm

机座号	极数	A	B	C	D	E	F	G	t	b	H	K	AC	AD	HD	L	f
355	4	630	900	315	100	210	28	90			355	28	560	745	2115	2300	280
400	4～8	710	1000	355	110	210	28	100			400	35	580	760	2315	2460	400
450	4	800	1120	355	120	210	32	109			450	35	620	810	2500	2720	400
450	6～12	800	1120	355	130	250	32	119			450	35	620	810	2500	2760	400
500	4	900	1250	475	130	250	32	119			500	42	680	860	2500	3070	500
500	6～12	900	1250	475	140	250	36	128			500	42	680	860	2500	3070	500
560	4	1000	1400	500	150	250			11.4	39.7	560	42	750	1020	2520	3400	500
560	6～12	1000	1400	500	160	300			12.4	42.8	560	42	750	1020	2520	3400	500
630	4	1120	1600	530	170	300			12.4	44.2	630	48	800	1120	2780	3700	500
630	6～12	1120	1600	530	180	300			12.4	45.6	630	48	800	1120	2780	3700	500

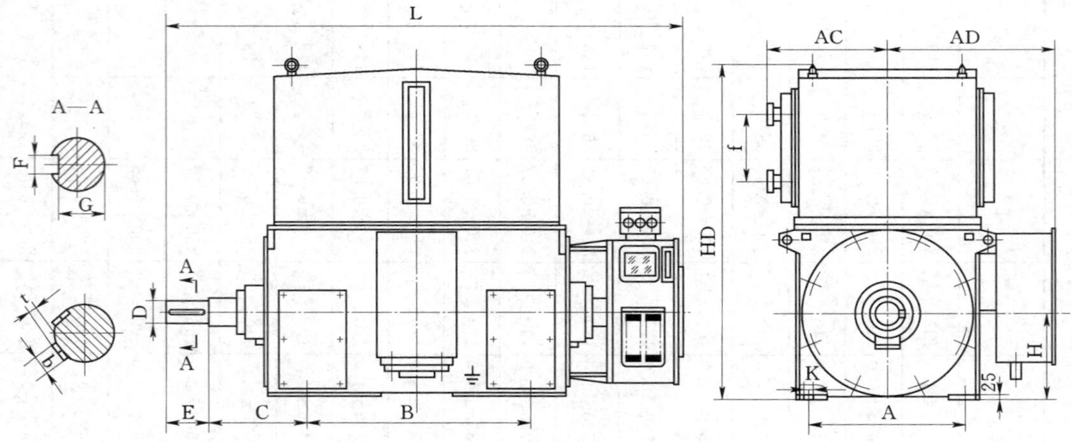

图1-26 YRKS系列中型高压6kV三相绕线型异步电动机外形及安装尺寸

1.2.5 Y系列中型高压6kV三相鼠笼型异步电动机

一、概述

Y系列中型高压6kV三相鼠笼型异步电动机是JS系列电动机的换代产品，适用于驱动压缩机、通风机、水泵、破碎机、切削机床、运输机械等各种通用机械，允许全压直接启动。

电动机为箱式结构，卧式带底脚（IMB3）安装，单轴伸，F级绝缘。从轴伸端看，旋转方向一般为顺时针，出线盒装于电动机右侧。

型号含义

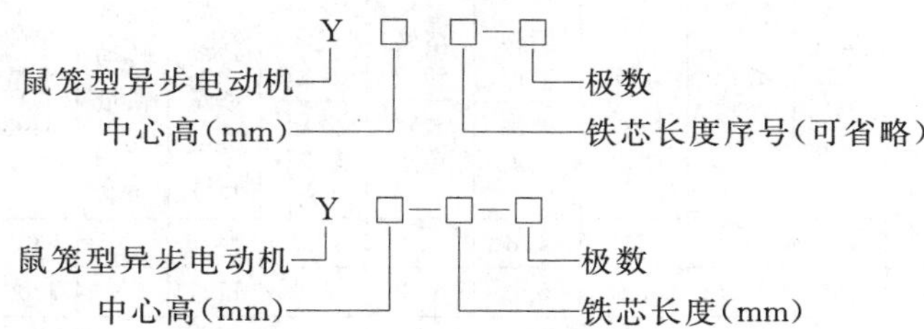

二、技术数据

电动机额定工作方式为 S1，额定电压为 6kV（也可制成 3、3.3kV 或 6.6kV 等），额定频率为 50Hz。

Y（YKS、YKK）系列中型高压 6kV 三相鼠笼型异步电动机技术数据，见表 1-47。

表 1-47 Y（YKS、YKK）系列中型高压 6kV 三相鼠笼型异步电动机技术数据

型号	额定功率（kW）	额定电流（A）	转速（r/min）	效率（%）	功率因数	堵转电流/额定电流	堵转转矩/额定转矩	最大转矩/额定转矩	电机转动惯量（kg·m²）	负载转动惯量（kg·m²）	冷却水量（kg/h）	重量（kg）		生产厂
												IP23	IP44	
Y355—34—4	220	26.3	1482	93.9	0.86	5.1	1.1	2.3	3.4		4000	1710	2030	东风电机厂（IP23 自通风冷却，IP44、IP54 水-空冷却）
Y355—37—4	250	29.6	1481	94.0	0.86	4.9	1.1	2.1	3.6		4300	1760	2070	
Y355—39—4	280	33	1480	94.2	0.87	4.8	1.1	2.1	3.8		4700	1800	2110	
Y355—48—4	315	37.1	1480	94.4	0.87	5.0	1.1	2.1	4.3		5100	1860	2170	
Y400—39—4	355	41.5	1485	94.8	0.87	5.6	1.1	2.4	6.5		5400	2280	2650	
Y400—43—4	400	46.4	1484	94.9	0.87	5.5	1.1	2.3	7.1		5900	2350	2730	
Y400—46—4	450	52.1	1484	95.1	0.88	5.6	1.2	2.3	7.7		6400	2400	2800	
Y400—50—4	500	57.6	1483	95.2	0.88	5.5	1.1	2.2	8.3		6900	2510	2890	
Y400—54—4	560	64.5	1484	95.4	0.88	5.8	1.2	2.3	9.0		7400	2600	2980	
Y450—46—4	630	72.2	1482	95.3	0.88	4.4	0.9	1.9	12.3		8500	3090	3540	
Y450—50—4	710	81.6	1483	95.4	0.88	4.6	1.0	2.0	13.2		9300	3180	3620	
Y450—54—4	800	91.6	1483	95.6	0.88	4.7	1.0	2.0	14.5		10000	3300	3740	
Y450—64—4	900	102.6	1484	95.8	0.88	5.1	1.1	2.2	16.9		11000	3520	3970	
Y500—50—4	1000	113.7	1487	95.8	0.88	4.9	0.9	2.2	27.5		12000	4010	4550	
Y500—54—4	1120	126.7	1487	95.9	3.89	4.9	1.0	2.2	30		13000	4160	4700	
Y500—64—4	1250	139.9	1487	96.0	0.90	5.1	1.0	2.2	35		14000	4410	5010	
Y500—69—4	1400	157.2	1487	96.1	0.89	5.3	1.1	2.3	37.8		15000	4620	5160	
Y355—46—6	220	27.3	988	93.4	0.83	5.1	1.2	2.2	7.7		4300	1870	2180	
Y355—50—6	250	30.8	987	93.7	0.84	4.9	1.2	2.1	8.3		4700	1930	2240	
Y400—43—6	280	33.8	987	93.9	0.85	4.9	1.1	2.1	11.4		5000	2310	2690	
Y400—46—6	315	37.8	987	94.1	0.85	4.8	1.1	2.0	12.3		5300	2380	2760	
Y400—50—6	355	42.5	987	94.3	0.85	4.8	1.1	2.0	13.2		5800	2460	2840	

续表 1-47

型　　号	额定功率(kW)	额定电流(A)	转速(r/min)	效率(%)	功率因数	堵转电流/额定电流	堵转转矩/额定转矩	最大转矩/额定转矩	电机转动惯量(kg·m²)	负载转动惯量(kg·m²)	冷却水量(kg/h)	重量(kg)		生产厂
												IP23	IP44	
Y400—54—6	400	47.7	986	94.4	0.86	4.8	1.1	1.9	14.5		6300	2550	2930	
Y450—46—6	450	52.8	986	94.6	0.87	5.0	1.1	2.3	17.7		7000	3050	3500	
Y450—50—6	500	58.7	987	94.7	0.87	5.1	1.1	2.3	19.0		7500	3140	3590	
Y450—54—6	560	65.7	987	94.9	0.86	5.4	1.2	2.4	20.8		8200	3240	3690	
Y450—64—6	630	73.3	987	95.0	0.87	5.3	1.2	2.4	24.4		9000	3470	3910	
Y500—50—6	710	81.6	989	95.2	0.88	5.3	1.0	2.3	39.0		10000	3910	4450	
Y500—54—6	800	91.2	989	95.4	0.89	5.3	1.1	2.2	42.8		11000	4050	4590	
Y500—64—6	900	102.3	989	95.5	0.89	5.4	1.1	2.3	50		12000	4330	4870	
Y500—69—6	1000	113.6	989	95.6	0.89	5.6	1.2	2.3	53.5		13000	4480	5020	
Y400—46—8	200	26.3	740	93.3	0.78	4.8	1.3	2.1	12.3		3800	2360	2740	
Y400—50—8	220	28.7	740	93.5	0.79	4.6	1.3	2.0	13.2		4100	2440	2810	
Y400—54—8	250	32.2	739	93.7	0.80	4.4	1.2	1.9	14.5		4500	2520	2900	
Y400—59—8	280	35.8	739	93.8	0.80	4.2	1.1	1.8	15.7		5000	2620	3000	
Y450—50—8	315	39.8	739	94.1	0.81	4.5	1.1	2.2	19.1		5300	3120	3560	
Y450—54—8	355	44.5	739	94.3	0.81	4.5	1.1	2.1	20.8		5800	3230	3670	
Y450—59—8	400	50.0	738	94.4	0.82	4.4	1.1	2.1	22.6		6500	3350	3790	
Y450—64—8	450	56.3	739	94.5	0.81	4.5	1.1	2.1	24.4		7100	3460	3900	东风电机厂(IP23自通风冷却，IP44、IP54水-空冷却)
Y500—46—8	500	61.7	741	95.0	0.82	4.9	1.1	2.2	36.3		7500	3790	4330	
Y500—54—8	560	68.1	740	95.1	0.83	4.6	1.1	2.0	42.7		8000	4030	4580	
Y500—59—8	630	76.5	741	95.2	0.83	4.8	1.1	2.1	46.3		8700	4180	4720	
Y500—69—8	710	86.1	740	95.2	0.83	4.8	1.1	2.0	53.5		9700	4460	5000	
Y450—43—10	200	26.2	592	92.9	0.79	4.6	1.3	2.0	23.6		4300	2870	3310	
Y450—46—10	220	28.6	592	93.2	0.79	4.6	1.3	2.0	25.5		4500	2940	3390	
Y450—50—10	250	32.3	591	93.3	0.80	4.4	1.2	1.9	27.5		5000	3030	3470	
Y450—54—10	280	35.9	591	93.5	0.80	4.3	1.2	1.8	30		5500	3120	3570	
Y450—59—10	315	40.3	591	93.7	0.80	4.3	1.2	1.8	32.5		6000	3230	3670	
Y450—64—10	355	45.5	591	93.8	0.80	4.3	1.2	1.8	35		6600	3310	3760	
Y500—46—10	400	49.4	591	94.3	0.83	4.0	0.9	1.9	47.3		6500	3720	4260	
Y500—50—10	450	55.5	591	94.4	0.83	4.0	0.9	1.8	50.8		7200	3830	4370	
Y500—54—10	500	61.5	592	94.6	0.83	4.1	0.9	1.9	55.5		7700	3960	4500	
Y500—59—10	560	69	592	94.8	0.82	4.3	1.0	1.9	60.0		8400	4090	4630	
Y500—69—10	630	77	592	94.8	0.83	4.2	1.0	1.9	69.8		9300	4320	4860	
Y450—54—12	200	28.4	494	92.7	0.73	4.3	1.2	2.2	30		4200	3090	3530	
Y450—59—12	220	30.7	494	92.9	0.74	4.1	1.1	2.1	32.5		4500	3190	3640	
Y450—64—12	250	34.2	493	93.1	0.76	3.9	1.0	1.9	35.5		5000	3280	3730	
Y500—50—12	280	38.4	494	93.6	0.75	4.8	1.3	2.2	50.8		5100	3760	4300	
Y500—54—12	315	42.4	494	93.9	0.76	4.6	1.2	2.1	55.5		5500	3900	4440	
Y500—59—12	355	47.1	494	94.1	0.77	4.3	1.1	2.0	60		6000	4040	4580	
Y500—64—12	400	52.8	493	94.2	0.78	4.2	1.1	1.9	65		6700	4180	4720	

续表 1-47

型　号	额定功率(kW)	额定电流(A)	转速(r/min)	效率(%)	功率因数	堵转电流/额定电流	堵转转矩/额定转矩	最大转矩/额定转矩	电机转动惯量(kg·m²)	负载转动惯量(kg·m²)	冷却水量(kg/h)	重量(kg)		生产厂
												IP23	IP44	
Y355—34—4	200	24.2	1484	93.3	0.85	5.5	1.2	2.5	3.4				1910	东风电机厂(IP44、IP54空-空冷却)
Y355—37—4	220	26.5	1483	93.5	0.86	5.4	1.2	2.4	3.6				1950	
Y355—39—4	250	29.8	1484	93.8	0.86	5.3	1.2	2.3	3.8				1990	
Y355—43—4	280	33.4	1483	94.0	0.86	5.5	1.3	2.4	4.2				2050	
Y400—39—4	315	37.4	1486	94.1	0.86	6.2	1.3	2.7	6.5				2540	
Y400—43—4	355	41.8	1486	94.3	0.87	6.1	1.3	2.6	7.1				2620	
Y400—46—4	400	46.9	1486	94.6	0.87	6.2	1.3	2.6	7.7				2690	
Y400—50—4	450	52.4	1485	94.7	0.87	6	1.3	2.5	8.3				2770	
Y400—54—4	500	58.3	1486	94.9	0.87	6.4	1.4	2.6	9.0				2860	
Y450—46—4	560	64.7	1484	94.8	0.88	4.9	1.0	2.2	12.3				3420	
Y450—50—4	630	73	1485	95.0	0.88	5.1	1.1	2.3	13.2				3510	
Y450—54—4	710	81.9	1485	95.2	0.88	5.2	1.1	2.3	14.5				3630	
Y450—64—4	800	92.2	1486	95.3	0.88	5.7	1.3	2.5	16.9				3860	
Y500—50—4	900	103.5	1488	95.1	0.88	5.3	1.0	2.4	27.5				4460	
Y500—54—4	1000	114.5	1488	95.3	0.88	5.4	1.1	2.5	30				4610	
Y500—64—4	1120	126.6	1488	95.5	0.89	5.6	1.1	2.5	35				4920	
Y500—69—4	1250	142	1489	95.6	0.89	5.9	1.3	2.6	37.8				5070	
Y400—37—6	200	24.9	990	93.0	0.83	5.6	1.3	2.5	10				2450	
Y400—39—6	220	27.3	990	93.4	0.83	5.6	1.3	2.5	10.5				2500	
Y400—43—6	250	30.6	989	93.6	0.84	5.4	1.3	2.3	11.4				2580	
Y400—46—6	280	34	989	93.8	0.85	5.3	1.3	2.3	12.3				2650	
Y400—50—6	315	38.1	988	94.0	0.85	5.2	1.2	2.2	13.2				2730	
Y400—54—6	355	42.7	988	94.3	0.85	5.2	1.2	2.2	14.5				2820	
Y450—46—6	400	47.5	988	94.4	0.86	5.5	1.2	2.6	17.7				3390	
Y450—50—6	450	53.5	988	94.5	0.86	5.6	1.2	2.6	19.0				3480	
Y450—54—6	500	59.5	989	94.7	0.85	5.9	1.3	2.7	20.8				3580	
Y450—64—6	560	66	988	94.8	0.86	5.9	1.4	2.7	24.4				3800	
Y500—50—6	630	73.2	990	94.9	0.87	5.9	1.2	2.5	39.0				4370	
Y500—54—6	710	81.6	990	95.1	0.88	5.9	1.2	2.5	42.8				4510	
Y500—64—6	800	91.6	990	95.2	0.88	6	1.3	2.5	50				4790	
Y500—69—6	900	103	990	95.3	0.88	6	1.3	2.6	53.5				4940	
Y400—46—8	185	24.7	741	93.2	0.77	5	1.4	2.2	12.3				2620	
Y400—50—8	200	26.5	741	93.4	0.78	5	1.4	2.2	13.2				2700	
Y400—54—8	220	28.8	741	93.7	0.78	4.9	1.3	2.1	14.5				2790	
Y400—59—8	250	32.4	741	93.8	0.79	4.7	1.3	2	15.7				2890	

续表 1-47

型号	额定功率(kW)	额定电流(A)	转速(r/min)	效率(%)	功率因数	堵转电流/额定电流	堵转转矩/额定转矩	最大转矩/额定转矩	电机转动惯量(kg·m²)	负载转动惯量(kg·m²)	冷却水量(kg/h)	重量(kg)		生产厂
												IP23	IP44	
Y450—50—8	280	36.1	740	94.1	0.79	5	1.2	2.5	19.1				3450	东风电机厂(IP44、IP54空-空冷却)
Y450—54—8	315	40.2	740	94.3	0.80	4.9	1.2	2.4	20.8				3560	
Y450—59—8	355	45.1	740	94.4	0.80	4.9	1.2	2.4	22.6				3680	
Y450—64—8	400	50.9	740	94.5	0.80	4.9	1.2	2.4	24.4				3790	
Y500—46—8	450	56.4	742	94.8	0.81	5.3	1.2	2.4	36.3				4240	
Y500—54—8	500	61.4	742	95.0	0.83	5.1	1.2	2.3	42.7				4490	
Y500—59—8	560	68.9	742	95.1	0.82	5.3	1.2	2.3	46.3				4630	
Y500—69—8	630	77.2	742	95.2	0.83	5.2	1.2	2.3	53.5				4920	
Y450—43—10	185	24.6	593	92.7	0.78	4.9	1.4	2.2	23.6				3210	
Y450—46—10	200	26.4	593	93.1	0.78	4.9	1.4	2.2	25.5				3280	
Y450—50—10	220	28.9	593	93.3	0.78	4.9	3.4	2.1	27.5				3360	
Y450—54—10	250	32.5	592	93.5	0.79	4.8	1.3	2.1	30				3460	
Y450—59—10	280	36.3	592	93.7	0.79	4.8	1.4	2.0	32.5				3570	
Y450—64—10	315	40.9	592	93.9	0.79	4.8	1.4	2.0	35				3650	
Y500—46—10	355	44.3	593	94.3	0.82	4.5	1.0	2.1	47.3				4180	
Y500—50—10	400	49.9	592	94.4	0.82	4.4	1.0	2.1	50.8				4290	
Y500—54—10	450	55.9	593	94.6	0.82	4.5	1.0	2.1	55.5				4420	
Y500—59—10	500	62.4	593	94.7	0.81	4.7	1.1	2.2	60.0				4550	
Y500—69—10	560	69.2	593	94.8	0.82	4.7	1.1	2.1	69.8				4780	
Y450—54—12	185	26.9	495	92.5	0.72	4.6	1.3	2.4	30				3430	
Y450—59—12	200	28.6	494	92.9	0.73	4.5	1.2	2.3	32.5				3530	
Y450—64—12	220	31	494	93.1	0.74	4.3	1.1	2.2	35.5				3620	
Y500—50—12	250	35.3	495	93.4	0.73	5.1	1.4	2.5	50.8				4220	
Y500—54—12	280	38.7	495	93.7	0.74	5	1.4	2.3	55.5				4360	
Y500—59—12	315	42.9	494	94.0	0.75	4.8	1.3	2.2	60.0				4500	
Y500—64—12	355	47.9	494	94.1	0.76	4.7	1.3	2.2	65				4640	
Y500—69—12	400	53.9	494	94.2	0.76	4.6	1.3	2.1	69.8				4780	
Y3551—4	220	25.4	1483	94.2	0.884	5.52	0.95	2.27	4.8	77		1790		上海电机厂(IP23Y系列，IP44YKS系列)
Y3552—4	250	28.6	1484	94.6	0.889	5.84	1.02	2.40	5.0	87		1840		
Y3553—4	280	31.4	1483	94.8	0.905	5.45	0.93	2.22	5.7	96		2000		
Y3554—4	315	35.3	1485	95.1	0.902	5.86	1.02	2.36	6.7	107		2160		
Y4001—4	355	40.4	1484	94.6	0.893	5.66	0.98	2.29	12	89		2340		

续表 1-47

型号	额定功率(kW)	额定电流(A)	转速(r/min)	效率(%)	功率因数	堵转电流/额定电流	堵转转矩/额定转矩	最大转矩/额定转矩	电机转动惯量(kg·m^2)	负载转动惯量(kg·m^2)	冷却水量(kg/h)	重量(kg)		生产厂
												IP23	IP44	
Y4002—4	400	45.2	1484	94.7	0.899	5.82	1.01	2.32	13	99		2380		上海电机厂(IP23Y系列，IP44YKS系列)
Y4003—4	450	50.7	1482	95.1	0.898	5.22	0.91	2.10	14	110		2440		
Y4004—4	500	56.2	1484	95.2	0.900	5.67	0.99	2.24	15	121		2520		
Y4005—4	560	62.9	1482	93.3	0.899	5.08	0.89	2.02	17	133		2620		
Y4501—4	630	70.4	1487	95.6	0.900	6.22	0.90	2.49	17	147		3180		
Y4502—4	710	79.2	1487	95.7	0.902	6.18	0.89	2.45	19	163		3210		
Y4503—4	800	89.5	1487	96.0	0.896	6.45	0.95	2.54	20	180		3300		
Y4504—4	900	101	1488	96.2	0.892	6.73	1.01	2.62	22	199		3850		
Y5001—4	1100	113	1488	96.0	0.890	6.20	0.82	2.48	26	217		4070		
Y5002—4	1120	126	1489	96.2	0.890	5.87	0.73	2.36	28	238		4280		
Y5003—4	1250	138	1491	96.5	0.902	6.44	0.78	2.49	32	259		4420		
Y5004—4	1400	155	1491	96.6	0.901	6.42	0.83	2.43	34	284		4600		
Y5601—4	1600	174	1489	96.5	0.916	5.99	0.68	2.30	52	315		5220		
Y5602—4	1800	196	1489	96.5	0.915	5.88	0.62	2.23	55	345		5420		
Y5603—4	2000	217	1489	96.7	0.917	5.78	0.67	2.18	60	373		5680		
Y6301—4	2240	242	1492	96.8	0.922	7.11	0.75	2.62	97	405		6390		
Y6302—4	2500	270	1492	97.0	0.918	6.74	0.69	2.52	103	437		6750		
Y6303—4	2800	301	1493	97.2	0.921	6.85	0.70	2.53	116	473		7110		
Y3553—6	220	26.3	983	93.6	0.861	4.5	0.95	1.89	9.5	210		2180		
Y3554—6	250	29.9	984	94.1	0.855	4.66	0.99	1.95	10	235		2290		
Y4002—6	280	33.3	988	94.3	0.859	5.85	1.19	2.36	16	261		2290		
Y4003—6	315	37.1	987	94.2	0.868	5.49	1.11	2.19	17	290		2380		
Y4004—6	355	42.1	988	94.6	0.858	5.86	1.21	2.33	18	323		2490		
Y4005—6	400	47.4	988	94.7	0.856	5.83	1.20	2.32	19	360		2590		
Y4501—6	450	52.8	990	94.9	0.864	5.81	1.18	2.18	25	400		3100		
Y4502—6	500	57.6	987	94.8	0.881	4.77	0.93	1.80	27	439		3300		
Y4503—6	560	64.6	988	95.1	0.878	4.98	0.98	1.86	28	486		3500		
Y4504—6	630	72.7	989	95.3	0.876	5.16	1.03	1.91	30	538		3700		
Y5001—6	710	82.2	990	95.6	0.869	5.19	0.82	1.99	39	598		3880		
Y5002—6	800	92.5	989	95.6	0.870	4.98	0.81	1.89	40	664		4020		
Y5003—6	900	105	991	95.9	0.864	5.35	0.87	2.02	45	735		4170		
Y5004—6	1000	115	990	96.0	0.870	5.06	0.83	1.90	47	804		4340		

续表 1-47

型　号	额定功率(kW)	额定电流(A)	转速(r/min)	效率(%)	功率因数	堵转电流/额定电流	堵转转矩/额定转矩	最大转矩/额定转矩	电机转动惯量(kg·m^2)	负载转动惯量(kg·m^2)	冷却水量(kg/h)	重量(kg)		生产厂
												IP23	IP44	
Y5601—6	1120	127	992	96.2	0.883	5.64	0.75	2.11	63	737		4850		上海电机厂(IP23Y系列，IP44YKS系列)
Y5602—6	1250	142	993	96.3	0.882	5.85	0.79	2.16	70	797		5100		
Y5603—6	1400	159	993	96.4	0.878	5.83	0.79	2.14	74	875		5350		
Y6301—6	1600	179	993	96.7	0.891	6.13	0.70	2.34	114	954		6300		
Y6302—6	1800	201	994	96.8	0.889	6.13	0.71	2.32	122	1050		6600		
Y6303—6	2000	225	994	96.9	0.884	6.35	0.75	2.37	130	1142		6950		
Y4003—8	220	28	793	93.7	0.808	5.13	1.14	2.16	20	423		2300		
Y4004—8	250	31.5	738	93.5	0.818	4.56	1.00	1.90	21	476		2380		
Y4005—8	280	35.5	738	93.7	0.810	4.55	1.01	1.89	22	528		2480		
Y4501—8	315	38.9	740	94.1	0.829	5.55	1.13	2.33	27	588		2960		
Y4502—8	355	42.9	740	94.3	0.843	5.38	1.08	2.23	29	655		3070		
Y4503—8	400	48.8	740	94.5	0.836	5.32	1.07	2.21	31	730		3180		
Y4504—8	450	54.3	740	94.6	0.842	5.22	1.03	2.16	34	812		3300		
Y5001—8	500	59.0	740	94.7	0.86	5.28	1.04	2.06	43	893		4020		
Y5002—8	560	66.8	741	94.9	0.850	5.27	1.04	2.06	45	988		4170		
Y5003—8	630	74.8	741	95.1	0.852	5.25	1.03	2.04	50	1100		4340		
Y5004—8	710	84.2	740	95.2	0.852	5.04	0.98	1.95	53	1220		4480		
Y5601—8	800	93	742	95.3	0.869	5.74	0.97	2.20	80	1360		5100		
Y5602—8	900	103	741	95.3	0.880	5.09	0.84	1.96	88	1510		5320		
Y5603—8	1000	115	742	95.5	0.878	5.13	0.85	1.96	94	1650		550		
Y6301—8	1120	127	744	96.1	0.88	5.91	0.81	2.26	124	1820		6660		
Y6302—8	1250	143	744	96.2	0.876	6.00	0.84	2.27	130	2000		6980		
Y6303—8	1400	159	744	96.3	0.879	5.88	0.83	2.21	142	2210		7300		
Y6304—8	1600	183	744	96.4	0.875	5.88	0.84	2.19	152	2470		7580		
Y4501—10	220	28.2	592	93.5	0.802	5.66	1.17	2.57	27	728		2880		
Y4502—10	250	31.5	591	93.3	0.818	5.03	1.01	2.25	28	819		2930		
Y4503—10	280	34.7	591	93.5	0.830	4.86	0.95	2.15	30	909		2980		
Y4504—10	315	39.3	591	93.7	0.823	4.86	0.97	2.16	32	1010		3090		
Y4505—10	355	43.9	591	93.9	0.829	4.76	0.93	2.10	35	1130		3150		

续表 1-47

型号	额定功率（kW）	额定电流（A）	转速（r/min）	效率（%）	功率因数	堵转电流/额定电流	堵转转矩/额定转矩	最大转矩/额定转矩	电机转动惯量（kg·m^2）	负载转动惯量（kg·m^2）	冷却水量（kg/h）	重量（kg）		生产厂
												IP23	IP44	
Y5001—10	400	49.3	593	94.3	0.828	5.14	1.02	2.12	50	1260		3870		上海电机厂（IP23Y系列，IP44YKS系列）
Y5002—10	450	54.8	592	94.4	0.837	4.82	0.95	1.97	52	1400		4000		
Y5003—10	500	60.7	592	94.6	0.838	4.86	0.95	1.98	58	1540		4150		
Y5004—10	560	68.9	593	94.7	0.826	5.06	1.01	2.06	63	1710		4320		
Y5005—10	630	78.3	593	94.9	0.816	5.01	1.01	2.05	66	1900		4500		
Y5601—10	710	86.2	593	95.3	0.832	5.24	0.97	2.13	97	2120		5100		
Y5602—10	800	97.1	593	95.2	0.833	5.09	0.94	2.05	103	2350		5350		
Y5603—10	900	108	593	95.2	0.839	4.91	0.90	1.97	112	2610		5580		
Y6301—10	1000	120	594	95.5	0.841	5.57	0.98	2.19	138	2870		6650		
Y6302—10	1120	135	594	95.7	0.834	5.59	1.00	2.19	147	3170		7000		
Y6303—10	1250	151	594	95.8	0.834	5.59	1.01	2.18	161	3490		7350		
Y6304—10	1400	169	594	95.9	0.831	5.64	1.02	2.19	176	3850		7630		
Y4504—12	220	29.6	492	92.5	0.773	4.69	1.09	2.11	38	1130		3000		
Y4505—12	250	33.1	490	92.1	0.788	4.19	0.95	1.85	40	1240		3130		
Y5001—12	280	36.9	493	93.1	0.785	4.59	0.94	2.10	47	1420		3840		
Y5002—12	315	41.2	493	93.2	0.790	4.51	0.91	2.05	51	1580		3970		
Y5003—12	355	46.6	493	93.4	0.785	4.49	0.91	2.04	55	1760		4120		
Y5004—12	400	52.7	493	93.6	0.780	4.50	0.92	2.05	60	1970		4280		
Y5005—12	450	58.6	493	94.1	0.785	4.52	0.90	2.05	67	2190		4460		
Y5601—12	500	61.6	494	94.4	0.827	5.08	0.93	2.13	94	2410		5050		
Y5602—12	560	69.9	495	94.5	0.816	5.30	0.98	2.23	105	2670		5250		
Y5603—12	630	77.2	494	94.6	0.830	4.95	0.90	2.06	111	2970		5500		
Y6301—12	710	85.2	494	94.9	0.845	5.04	0.89	2.06	158	3310		6610		
Y6302—12	800	96	494	95.0	0.844	4.95	0.88	2.01	169	3690		6930		
Y6303—12	900	108	494	95.1	0.847	4.82	0.85	1.95	185	4100		7250		
Y6304—12	1000	120	494	95.2	0.841	4.90	0.87	1.99	198	4550		7520		
YKK3551—4	185		1500	92.8	0.85	6.5	0.8	1.8						上海电机厂（YKK系列，表中数据为保证值）
YKK3552—4	200		1500	92.9	0.85	6.5	0.8	1.8						
YKK3553—4	220		1500	93.0	0.85	6.5	0.8	1.8						
YKK3554—4	250		1500	93.1	0.85	6.5	0.8	1.8						
YKK4002—4	280		1500	93.2	0.86	6.5	0.8	1.8						
YKK4003—4	315		1500	93.3	0.86	6.5	0.8	1.8						

续表1-47

型号	额定功率(kW)	额定电流(A)	转速(r/min)	效率(%)	功率因数	堵转电流/额定电流	堵转转矩/额定转矩	最大转矩/额定转矩	电机转动惯量(kg·m²)	负载转动惯量(kg·m²)	冷却水量(kg/h)	重量(kg)		生产厂
												IP23	IP44	
YKK4004—4	355		1500	93.5	0.86	6.5	0.8	1.8						上海电机厂(YKK系列，表中数据为保证值)
YKK4005—4	400		1500	93.7	0.86	6.5	0.8	1.8						
YKK4006—4	450		1500	93.9	0.86	6.5	0.8	1.8						
YKK4502—4	500		1500	94.0	0.86	6.5	0.8	1.8						
YKK4503—4	560		1500	94.2	0.86	6.5	0.8	1.8						
YKK4504—4	630		1500	94.4	0.86	6.5	0.8	1.8						
YKK4505—4	710		1500	94.6	0.86	6.5	0.8	1.8						
YKK5001—4	800		1500	94.8	0.87	6.5	0.7	1.8						
YKK5002—4	900		1500	94.9	0.87	6.5	0.7	1.8						
YKK5003—4	1000		1500	95.0	0.87	6.5	0.7	1.8						
YKK5004—4	1120		1500	95.1	0.87	6.5	0.7	1.8						
YKK5601—4	1250		1500	95.2	0.88	6.5	0.6	1.8						
YKK5602—4	1400		1500	95.3	0.88	6.5	0.6	1.8						
YKK5603—4	1600		1500	95.4	0.88	6.5	0.6	1.8						
YKK6301—4	1800		1500	95.5	0.88	6.5	0.6	1.8						
YKK6302—4	2000		1500	95.6	0.88	6.5	0.6	1.8						
YKK6303—4	2240		1500	95.7	0.88	6.5	0.6	1.8						
YKK4001—6	185		1000	92.4	0.82	6.0	0.8	1.8						
YKK4002—6	200		1000	92.6	0.82	6.0	0.8	1.8						
YKK4003—6	220		1000	92.8	0.82	6.0	0.8	1.8						
YKK4004—6	250		1000	93.0	0.82	6.0	0.8	1.8						
YKK4005—6	280		1000	93.3	0.82	6.0	0.8	1.8						
YKK4006—6	315		1000	93.5	0.82	6.0	0.8	1.8						
YKK4502—6	355		1000	93.7	0.83	6.0	0.8	1.8						
YKK4503—6	400		1000	93.8	0.83	6.0	0.8	1.8						
YKK4504—6	450		1000	94.1	0.83	6.0	0.8	1.8						
YKK4505—6	500		1000	94.3	0.83	6.0	0.8	1.8						
YKK5001—6	560		1000	94.4	0.84	6.0	0.7	1.8						
YKK5002—6	630		1000	94.5	0.84	6.0	0.7	1.8						
YKK5003—6	710		1000	94.8	0.84	6.0	0.7	1.8						
YKK5004—6	800		1000	94.9	0.84	6.0	0.7	1.8						
YKK5601—6	900		1000	95.0	0.85	6.5	0.7	1.8						

续表 1-47

型号	额定功率(kW)	额定电流(A)	转速(r/min)	效率(%)	功率因数	堵转电流/额定电流	堵转转矩/额定转矩	最大转矩/额定转矩	电机转动惯量(kg·m²)	负载转动惯量(kg·m²)	冷却水量(kg/h)	重量(kg) IP23	重量(kg) IP44	生产厂
YKK5602—6	1000		1000	95.1	0.85	6.5	0.7	1.8						上海电机厂（YKK系列，表中数据为保证值）
YKK5603—6	1120		1000	95.2	0.85	6.5	0.7	1.8						
YKK6301—6	1250		1000	95.3	0.86	6.5	0.7	1.8						
YKK6302—6	1400		1000	95.4	0.86	6.5	0.7	1.8						
YKK6303—6	1600		1000	95.5	0.86	6.5	0.7	1.8						
YKK4003—8	185		750	92.5	0.78	5.5	0.8	1.8						
YKK4004—8	200		750	92.7	0.78	5.5	0.8	1.8						
YKK4005—8	220		750	92.9	0.78	5.5	0.8	1.8						
YKK4502—8	250		750	93.0	0.79	5.5	0.8	1.8						
YKK4503—8	280		750	93.2	0.79	5.5	0.8	1.8						
YKK4504—8	315		750	93.4	0.79	5.5	0.8	1.8						
YKK4505—8	355		750	93.1	0.79	5.5	0.8	1.8						
YKK5001—8	400		750	93.7	0.80	5.5	0.8	1.8						
YKK5002—8	450		750	93.8	0.80	5.5	0.8	1.8						
YKK5003—8	500		750	94.2	0.80	5.5	0.8	1.8						
YKK5004—8	560		750	94.4	0.80	5.5	0.8	1.8						
YKK5601—8	630		750	94.5	0.82	6.0	0.7	1.8						
YKK5602—8	710		750	94.6	0.82	6.0	0.7	1.8						
YKK5603—8	800		750	94.7	0.82	6.0	0.7	1.8						
YKK6301—8	900		750	94.8	0.84	6.0	0.7	1.8						
YKK6302—8	1000		750	94.9	0.84	6.0	0.7	1.8						
YKK6303—8	1120		750	95.0	0.84	6.0	0.7	1.8						
YKK6304—8	1250		750	95.1	0.84	6.0	0.7	1.8						
YKK4501—10	185		600	91.7	0.77	5.5	0.8	1.8						
YKK4502—10	200		600	91.9	0.77	5.5	0.8	1.8						
YKK4503—10	220		600	92.1	0.77	5.5	0.8	1.8						
YKK4504—10	250		600	92.3	0.77	5.5	0.8	1.8						
YKK4505—10	280		600	93.5	0.77	5.5	0.8	1.8						
YKK5001—10	315		600	92.8	0.78	5.5	0.8	1.8						
YKK5002—10	355		600	93.0	0.78	5.5	0.8	1.8						
YKK5003—10	400		600	93.3	0.78	5.5	0.8	1.8						
YKK5004—10	450		600	93.4	0.78	5.5	0.8	1.8						

续表1-47

型号	额定功率(kW)	额定电流(A)	转速(r/min)	效率(%)	功率因数	堵转电流/额定电流	堵转转矩/额定转矩	最大转矩/额定转矩	电机转动惯量(kg·m^2)	负载转动惯量(kg·m^2)	冷却水量(kg/h)	重量(kg)		生产厂
												IP23	IP44	
YKK5601—10	500		600	93.6	0.80	6.0	0.7	1.8						上海电机厂(YKK系列，表中数据为保证值)
YKK5602—10	560		600	93.7	0.80	6.0	0.7	1.8						
YKK5603—10	630		600	93.8	0.80	6.0	0.7	1.8						
YKK5604—10	710		600	94.0	0.80	6.0	0.7	1.8						
YKK6301—10	800		600	94.2	0.82	6.0	0.7	1.8						
YKK6302—10	900		600	94.3	0.82	6.0	0.7	1.8						
YKK6303—10	1000		600	94.4	0.82	6.0	0.7	1.8						
YKK6304—10	1120		600	94.6	0.82	6.0	0.7	1.8						
YKK4504—12	185		500	92.0	0.72	5.5	0.8	1.8						
YKK4505—11	200		500	92.2	0.72	5.5	0.8	1.8						
YKK5001—12	220		500	92.2	0.73	5.5	0.8	1.8						
YKK5002—12	250		500	92.5	0.73	5.5	0.8	1.8						
YKK5003—12	280		500	92.7	0.73	5.5	0.8	1.8						
YKK5004—12	315		500	92.8	0.73	5.5	0.8	1.8						
YKK5601—12	355		500	93.0	0.75	6.0	0.7	1.8						
YKK5602—12	400		500	93.3	0.75	6.0	0.7	1.8						
YKK5603—12	450		500	93.4	0.75	6.0	0.7	1.8						
YKK5604—12	500		500	93.7	0.75	6.0	0.7	1.8						
YKK6301—12	560		500	93.8	0.78	6.0	0.7	1.8						
YKK6302—12	630		500	93.5	0.78	6.0	0.7	1.8						
YKK6303—12	710		500	94.0	0.71	6.0	0.7	1.8						
YKK6304—12	800		500	94.2	0.78	6.0	0.7	1.8						
Y355—4	220	26.7	1500	93.3	0.85	6.5	0.8	1.6						重庆电机厂
Y355—4	250	30.3	1500	93.4	0.85	6.5	0.8	1.6						
Y355—4	280	33.5	1500	93.5	0.86	6.5	0.8	1.6						
Y355—4	315	37.7	1500	93.6	0.86	6.5	0.8	1.6						
Y400—4	355	42.3	1500	93.8	0.86	6.5	0.8	1.6						
Y400—4	400	47.6	1500	94.0	0.86	6.5	0.8	1.6						
Y400—4	450	53.5	1500	94.2	0.86	6.5	0.8	1.6						
Y400—4	500	58.6	1500	94.3	0.87	6.5	0.8	1.6						
Y400—4	560	65.5	1500	94.5	0.87	6.5	0.8	1.6						
Y450—4	630	73.6	1500	94.7	0.87	6.5	0.8	1.6						

续表 1-47

型　号	额定功率(kW)	额定电流(A)	转速(r/min)	效率(%)	功率因数	堵转电流/额定电流	堵转转矩/额定转矩	最大转矩/额定转矩	电机转动惯量(kg·m²)	负载转动惯量(kg·m²)	冷却水量(kg/h)	重量(kg) IP23	重量(kg) IP44	生产厂
Y450—4	710	82.7	1500	94.9	0.87	6.5	0.8	1.6						重庆电机厂
Y450—4	800	93.0	1500	95.1	0.87	6.5	0.8	1.6						
Y450—4	900	104.6	1500	95.2	0.87	6.5	0.8	1.6						
Y500—4	1000	116.1	1500	95.3	0.87	6.5	0.7	1.6						
Y500—4	1120	128.4	1500	95.4	0.88	6.5	0.7	1.6						
Y500—4	1250	143.1	1500	95.5	0.88	6.5	0.7	1.6						
Y500—4	1400	160.1	1500	95.6	0.88	6.5	0.7	1.6						
Y560—4	1600	181	1500	95.7	0.89	6.5	0.8	1.8						
Y560—4	1800	203	1500	95.8	0.89	6.5	0.8	1.8						
Y560—4	2000	225.5	1500	95.9	0.89	6.5	0.8	1.8						
Y630—4	2240	252.3	1500	96.0	0.89	6.5	0.8	1.8						
Y630—4	2500	281.3	1500	96.1	0.89	6.5	0.8	1.8						
Y630—4	2800	314.7	1500	96.2	0.89	6.5	0.8	1.8						
Y355—6	220	27.8	1000	93.0	0.82	6.0	0.8	1.6						
Y355—6	250	31.4	1000	93.3	0.82	6.0	0.8	1.6						
Y400—6	280	34.7	1000	93.5	0.83	6.0	0.8	1.6						
Y400—6	315	39.0	1000	93.7	0.83	6.0	0.8	1.6						
Y400—6	355	43.8	1000	93.9	0.83	6.0	0.8	1.6						
Y400—6	400	49.3	1000	94.0	0.83	6.0	0.8	1.6						
Y450—6	450	54.7	1000	94.3	0.84	6.0	0.8	1.6						
Y450—6	500	59.9	1000	94.5	0.85	6.0	0.8	1.6						
Y450—6	560	67.0	1000	94.6	0.85	6.0	0.8	1.6						
Y450—6	630	75.3	1000	94.7	0.85	6.0	0.8	1.6						
Y500—6	710	84.6	1000	95.0	0.85	6.0	0.7	1.6						
Y500—6	800	95.2	1000	95.1	0.85	6.0	0.7	1.6						
Y500—6	900	107.0	1000	95.2	0.85	6.0	0.7	1.6						
Y500—6	1000	118.8	1000	95.3	0.85	6.0	0.7	1.6						
Y560—6	1120	131.4	1000	95.4	0.86	6.0	0.8	1.8						
Y560—6	1250	146.5	1000	95.5	0.86	6.0	0.8	1.8						
Y560—6	1400	163.8	1000	95.6	0.86	6.0	0.8	1.8						
Y630—6	1600	187	1000	95.7	0.86	6.0	0.8	1.8						
Y630—6	1800	210.2	1000	95.8	0.86	6.0	0.8	1.8						

续表 1-47

型号	额定功率(kW)	额定电流(A)	转速(r/min)	效率(%)	功率因数	堵转电流/额定电流	堵转转矩/额定转矩	最大转矩/额定转矩	电机转动惯量(kg·m²)	负载转动惯量(kg·m²)	冷却水量(kg/h)	重量(kg)		生产厂
												IP23	IP44	
Y630—6	2000	233.3	1000	95.9	0.86	6.0	0.8	1.8						重庆电机厂
Y400—8	220	29.2	750	92.9	0.78	5.5	0.8	1.6						
Y400—8	250	32.7	750	93.0	0.79	5.5	0.8	1.6						
Y400—8	280	36.6	750	93.2	0.79	5.5	0.8	1.6						
Y450—8	315	40.6	750	93.4	0.80	5.5	0.8	1.6						
Y450—8	355	45.7	750	93.5	0.80	5.5	0.8	1.6						
Y450—8	400	51.3	750	93.7	0.80	5.5	0.8	1.6						
Y450—8	450	57.0	750	93.8	0.81	5.5	0.8	1.6						
Y500—8	500	63.1	750	94.2	0.81	5.5	0.8	1.6						
Y500—8	560	69.6	750	94.4	0.82	5.5	0.8	1.6						
Y500—8	630	78.2	750	94.5	0.82	5.5	0.8	1.6						
Y500—8	710	88.1	750	94.6	0.82	5.5	0.8	1.6						
Y560—8	800	96.8	750	94.7	0.84	6.0	0.9	1.8						
Y560—8	900	108.8	750	94.8	0.84	6.0	0.9	1.8						
Y560—8	1000	120.7	750	94.9	0.84	6.0	0.9	1.8						
Y630—8	1120	135	750	95.0	0.84	6.0	0.9	1.8						
Y630—8	1250	150.6	750	95.1	0.84	6.0	0.9	1.8						
Y630—8	1400	168.5	750	95.2	0.84	6.0	0.9	1.8						
Y630—8	1600	192.3	750	95.3	0.84	6.0	0.9	1.8						
Y450—10	220	29.9	600	92.1	0.77	5.5	0.8	1.6						
Y450—10	250	33.4	600	92.3	0.78	5.5	0.8	1.6						
Y450—10	280	37.3	600	92.5	0.78	5.5	0.8	1.6						
Y450—10	315	41.4	600	92.6	0.79	5.5	0.8	1.6						
Y450—10	355	46.6	600	92.8	0.79	5.5	0.8	1.6						
Y500—10	400	51.6	600	93.3	0.80	5.5	0.8	1.6						
Y500—10	450	58.0	600	93.4	0.80	5.5	0.8	1.6						
Y500—10	500	64.3	600	93.6	0.80	5.5	0.8	1.6						
Y500—10	560	71.9	600	93.7	0.80	5.5	0.8	1.6						
Y500—10	630	80.8	600	93.8	0.80	5.5	0.8	1.6						
Y560—10	710	88.6	600	94.0	0.82	6.0	0.9	1.8						
Y560—10	800	99.7	600	94.2	0.82	6.0	0.9	1.8						
Y560—10	900	112	600	94.3	0.82	6.0	0.9	1.8						

续表 1-47

型号	额定功率(kW)	额定电流(A)	转速(r/min)	效率(%)	功率因数	堵转电流/额定电流	堵转转矩/额定转矩	最大转矩/额定转矩	电机转动惯量(kg·m^2)	负载转动惯量(kg·m^2)	冷却水量(kg/h)	重量(kg)		生产厂
												IP23	IP44	
Y630—10	1000	124.3	600	94.4	0.82	6.0	0.9	1.8						重庆电机厂
Y630—10	1120	139	600	94.6	0.82	6.0	0.9	1.8						
Y630—10	1250	154.7	600	94.8	0.82	6.0	0.9	1.8						
Y630—10	1400	173	600	94.9	0.82	6.0	0.9	1.8						
Y450—12	220	31.7	500	91.4	0.73	5.5	0.8	1.6						
Y450—12	250	35.9	500	91.7	0.73	5.5	0.8	1.6						
Y500—12	280	39.3	500	92.7	0.74	5.5	0.8	1.6						
Y500—12	315	43.6	500	92.8	0.75	5.5	0.8	1.6						
Y500—12	355	49.0	500	93.0	0.75	5.5	0.8	1.6						
Y500—12	400	55.0	500	93.3	0.75	5.5	0.8	1.6						
Y500—12	450	61.8	500	93.4	0.75	5.5	0.8	1.6						
Y560—12	500	65	500	93.7	0.79	6.0	0.9	1.8						
Y560—12	560	72.7	500	93.8	0.79	6.0	0.9	1.8						
Y560—12	630	81.7	500	93.9	0.79	6.0	0.9	1.8						
Y630—12	710	92	500	94.0	0.79	6.0	0.9	1.8						
Y630—12	800	103.4	500	94.0	0.79	6.0	0.9	1.8						
Y630—12	900	116.2	500	94.3	0.79	6.0	0.9	1.8						
Y630—12	1000	129	500	94.0	0.79	6.0	0.9	1.8						
Y355—2	220		3000	92.8	0.86	7	0.6	1.8						湖北电机厂(H355～630型2极电动机)
Y355—2	250		3000	92.9	0.86	7	0.6	1.8						
Y355—2	280		3000	93.1	0.86	7	0.6	1.8						
Y355—2	315		3000	93.4	0.86	7	0.6	1.8						
Y355—2	355		3000	93.7	0.86	7	0.6	1.8						
Y355—2	400		3000	94.1	0.86	7	0.6	1.8						
Y400—2	450		3000	94.4	0.86	7	0.6	1.8						
Y400—2	500		3000	94.6	0.87	7	0.6	1.8						
Y400—2	560		3000	94.7	0.87	7	0.6	1.8						
Y400—2	630		3000	94.9	0.87	7	0.6	1.8						
Y450—2	710		3000	95	0.87	7	0.6	1.8						
Y450—2	800		3000	95.2	0.87	7	0.6	1.8						
Y450—2	900		3000	95.3	0.87	7	0.6	1.8						
Y450—2	1000		3000	95.4	0.88	7	0.6	1.8						

续表 1-47

型号	额定功率(kW)	额定电流(A)	转速(r/min)	效率(%)	功率因数	堵转电流/额定电流	堵转转矩/额定转矩	最大转矩/额定转矩	电机转动惯量(kg·m²)	负载转动惯量(kg·m²)	冷却水量(kg/h)	重量(kg)		生产厂
												IP23	IP44	
Y500—2	1120		3000	95.5	0.88	7	0.6	1.8						湖北电机厂(H355～630型2极电动机)
Y500—2	1250		3000	95.6	0.88	7	0.6	1.8						
Y500—2	1400		3000	95.7	0.88	7	0.6	1.8						
Y500—2	1600		3000	95.8	0.88	7	0.6	1.8						
Y560—2	1800		3000	95.9	0.88	7	0.6	1.8						
Y560—2	2000		3000	96	0.88	7	0.6	1.8						
Y560—2	2240		3000	96.1	0.88	7	0.6	1.8						
Y630—2	2500		3000	96.2	0.89	7	0.6	1.8						
Y630—2	2800		3000	96.3	0.89	7	0.6	1.8						
Y630—2	3150		3000	96.3	0.89	7	0.6	1.8						
Y355—4	220	25.7	1479	95.3	0.85	6.5	0.8	1.8						湖北电机厂(H355～500型)
Y355—4	250	29.3	1481	93.4	0.85	6.5	0.8	1.8						
Y355—4	280	32.8	1482	93.5	0.86	6.5	0.8	1.8						
Y355—4	315	36.7	1481	93.6	0.86	6.5	0.8	1.8						
Y400—4	355	41.4	1485	93.8	0.86	6.5	0.8	1.8						
Y400—4	400	46.0	1485	94	0.86	6.5	0.8	1.8						
Y400—4	450	51.6	1485	94.2	0.86	6.5	0.8	1.8						
Y400—4	500	57.5	1485	94.3	0.87	6.5	0.8	1.8						
Y400—4	560	64.0	1485	94.5	0.87	6.5	0.8	1.8						
Y450—4	630	71.5	1488	94.8	0.87	6.5	0.8	1.8						
Y450—4	710	80.6	1488	95	0.87	6.5	0.8	1.8						
Y450—4	800	91.0	1488	95.1	0.87	6.5	0.8	1.8						
Y450—4	900	101.7	1488	95.2	0.87	6.5	0.8	1.8						
Y500—4	1000	112.7	1490	95.3	0.87	6.5	0.7	1.8						
Y500—4	1120	126.3	1489	95.4	0.88	6.5	0.7	1.8						
Y500—4	1250	140.3	1489	95.5	0.88	6.5	0.7	1.8						
Y500—4	1400	156.8	1489	95.6	0.88	6.5	0.7	1.8						
Y355—6	220	27.0	989	93	0.82	6	0.8	1.8						
Y355—6	250	30.1	989	93.3	0.82	6	0.8	1.8						
Y400—6	280	34.0	988	93.5	0.83	6	0.8	1.8						
Y400—6	315	37.9	988	93.7	0.83	6	0.8	1.8						
Y400—6	355	42.4	989	93.9	0.83	6	0.8	1.8						

续表 1-47

型　号	额定功率(kW)	额定电流(A)	转速(r/min)	效率(%)	功率因数	堵转电流/额定电流	堵转转矩/额定转矩	最大转矩/额定转矩	电机转动惯量(kg·m²)	负载转动惯量(kg·m²)	冷却水量(kg/h)	重量(kg)		生产厂
												IP23	IP44	
Y400—6	400	47.5	989	94	0.83	6	0.8	1.8						湖北电机厂(H355～500型)
Y450—6	450	53.7	991	94.3	0.84	6	0.8	1.8						
Y450—6	500	59.5	990	94.5	0.85	6	0.8	1.8						
Y450—6	560	66.4	990	94.7	0.85	6	0.8	1.8						
Y450—6	630	74.7	991	94.8	0.85	6	0.8	1.8						
Y500—6	710	83.2	992	95	0.85	6	0.7	1.8						
Y500—6	800	93.8	992	95.1	0.85	6	0.7	1.8						
Y500—6	900	105.7	992	95.2	0.85	6	0.7	1.8						
Y500—6	1000	117	992	95.3	0.85	6	0.7	1.8						
Y400—8	220	27.9	740	92.9	0.78	5.5	0.8	1.8						
Y400—8	250	31.4	740	93	0.79	5.5	0.8	1.8						
Y400—8	280	35.1	740	93.2	0.79	5.5	0.8	1.8						
Y450—8	315	39.5	742	93.4	0.8	5.5	0.8	1.8						
Y450—8	355	43.8	742	93.5	0.8	5.5	0.8	1.8						
Y450—8	400	49.8	742	93.7	0.8	5.5	0.8	1.8						
Y450—8	450	55.7	742	93.8	0.81	5.5	0.8	1.8						
Y500—8	500	60.7	743	94.3	0.81	5.5	0.8	1.8						
Y500—8	560	67.7	743	94.4	0.82	5.5	0.8	1.8						
Y500—8	630	76	743	94.5	0.82	5.5	0.8	1.8						
Y500—8	710	85.1	742	94.6	0.82	5.5	0.8	1.8						
Y450—10	220	27.9	591	92.1	0.77	5.5	0.8	1.8						
Y450—10	250	31.5	591	92.3	0.78	5.5	0.8	1.8						
Y450—10	280	35.2	591	92.5	0.78	5.5	0.8	1.8						
Y450—10	315	39.8	591	92.6	0.79	5.5	0.8	1.8						
Y450—10	355	44.6	591	92.8	0.79	5.5	0.8	1.8						
Y500—10	400	50	591	93.3	0.8	5.5	0.8	1.8						
Y500—10	450	55.9	591	93.4	0.8	5.5	0.8	1.8						
Y500—10	500	62.1	591	93.6	0.8	5.5	0.8	1.8						
Y500—10	560	69	591	93.7	0.8	5.5	0.8	1.8						
Y500—10	630	77.9	592	93.8	0.8	5.5	0.8	1.8						
Y450—12	220	30.3	493	91.4	0.73	5.5	0.8	1.8						
Y450—12	250	34.7	493	91.7	0.73	5.5	0.8	1.8						

续表 1-47

型　号	额定功率（kW）	额定电流（A）	转速（r/min）	效率（%）	功率因数	堵转电流/额定电流	堵转转矩/额定转矩	最大转矩/额定转矩	电机转动惯量（kg·m²）	负载转动惯量（kg·m²）	冷却水量（kg/h）	重　量（kg）		生产厂
												IP23	IP44	
Y500—12	280	37	493	92.7	0.74	5.5	0.8	1.8						湖北电机厂（H355～500型）
Y500—12	315	41.1	493	92.8	0.75	5.5	0.8	1.8						
Y500—12	355	46	493	93	0.75	5.5	0.8	1.8						
Y500—12	400	51.7	493	93.3	0.75	5.5	0.8	1.8						
Y500—12	450	58	493	93.4	0.75	5.5	0.8	1.8						
Y560—4	1600		1500	95.7	0.89	6.5	0.6	1.8						湖北电机厂（H560～630型）
Y560—4	1800		1500	95.8	0.89	6.5	0.6	1.8						
Y560—4	2000		1500	95.9	0.89	6.5	0.6	1.8						
Y630—4	2240		1500	96	0.89	6.5	0.6	1.8						
Y630—4	2500		1500	96.1	0.89	6.5	0.6	1.8						
Y630—4	2800		1500	96.2	0.89	6.5	0.6	1.8						
Y560—6	1120		1000	95.4	0.86	6.5	0.7	1.8						
Y560—6	1250		1000	95.5	0.86	6.5	0.7	1.8						
Y560—6	1400		1000	95.6	0.86	6.5	0.7	1.8						
Y630—6	1600		1000	95.7	0.86	6.5	0.7	1.8						
Y630—6	1800		1000	95.8	0.86	6.5	0.7	1.8						
Y630—6	2000		1000	95.9	0.86	6.5	0.7	1.8						
Y560—8	800		750	94.7	0.84	6	0.7	1.8						
Y560—8	900		750	94.8	0.84	6	0.7	1.8						
Y560—8	1000		750	94.9	0.84	6	0.7	1.8						
Y630—8	1120		750	95	0.84	6	0.7	1.8						
Y630—8	1250		750	95.1	0.84	6	0.7	1.8						
Y630—8	1400		750	95.2	0.84	6	0.7	1.8						
Y630—8	1600		750	95.3	0.84	6	0.7	1.8						
Y560—10	710		600	94	0.82	6	0.7	1.8						
Y560—10	800		600	94.2	0.82	6	0.7	1.8						
Y560—10	900		600	94.3	0.82	6	0.7	1.8						
Y630—10	1000		600	94.4	0.82	6	0.7	1.8						
Y630—10	1120		600	94.6	0.82	6	0.7	1.8						
Y630—10	1250		600	94.8	0.82	6	0.7	1.8						
Y630—10	1400		600	94.9	0.82	6	0.7	1.8						
Y560—12	500		500	93.7	0.79	6	0.7	1.8						

续表 1-47

型　号	额定功率(kW)	额定电流(A)	转速(r/min)	效率(%)	功率因数	堵转电流/额定电流	堵转转矩/额定转矩	最大转矩/额定转矩	电机转动惯量(kg·m²)	负载转动惯量(kg·m²)	冷却水量(kg/h)	重量(kg)		生产厂
												IP23	IP44	
Y560—12	560		500	93.8	0.79	6	0.7	1.8						湖北电机厂(H560～630型)
Y560—12	630		500	93.9	0.79	6	0.7	1.8						
Y630—12	710		500	94	0.79	6	0.7	1.8						
Y630—12	800		500	94.2	0.79	6	0.7	1.8						
Y630—12	900		500	94.3	0.79	6	0.7	1.8						
Y630—12	1000		500	94.4	0.79	6	0.7	1.8						
Y355—2	220	24.9	2972	93.15	0.912	6.59	0.71	2.46		16				兰州电机有限责任公司
Y355—2	250	28.3	2968	93.36	0.912	5.78	0.62	2.18		18				
Y355—2	280	31.3	2969	93.58	0.921	6.22	0.70	2.32		20				
Y355—2	315	35.2	2965	93.79	0.919	5.48	0.61	2.07		22				
Y355—2	355	39.3	2967	94.24	0.922	6.03	0.70	2.27		24				
Y355—2	400	44.50	2971	94.46	0.916	6.86	0.83	2.58		27				
Y400—2	450	48.8	2975	94.83	0.934	6.39	0.77	2.33		30				
Y400—2	500	54.4	2971	94.91	0.931	5.70	0.68	2.09		33				
Y400—2	560	60.3	2976	95.20	0.937	6.90	0.86	2.50		36				
Y400—2	630	68.0	2973	95.31	0.934	6.07	0.76	2.22		39				
Y450—2	710	77.5	2970	95.40	0.924	5.50	0.66	2.07		43				
Y450—2	800	87.0	2971	95.54	0.926	5.73	0.71	2.15		51				
Y450—2	900	97.8	2973	95.69	0.925	6.15	0.78	2.29		55				
Y450—2	1000	108.4	2974	95.84	0.926	6.63	0.89	2.46		57				
Y500—2	1120	122.0	2974	95.83	0.922	5.89	0.90	2.08		58				
Y500—2	1250	135.3	2977	95.97	0.926	6.69	1.07	2.34		67				
Y500—2	1400	151.9	2973	96.08	0.923	5.91	0.94	2.08		73				
Y500—2	1600	174.7	2976	96.19	0.916	6.75	1.12	2.36		80				
Y560—2	1800	196.5	2980	96.30	0.915	6.28	0.79	2.30		86				
Y560—2	2000	218.8	2977	96.41	0.912	5.58	0.69	2.05		92				
Y560—2	2240	246.5	2974	96.48	0.906	4.89	0.60	1.82		98				
Y630—2	2500	266.9	2981	96.57	0.933	6.47	0.81	2.34		105				
Y630—2	2800	300.1	2978	96.66	0.929	5.69	0.71	2.07		111				
Y630—2	3150	340.2	2975	96.71	0.921	4.95	0.61	1.82		117				
Y355—4	220	26.0	1500	93.4/93.3	0.86/0.85	5.9/6.5	1.2/0.8	2.3/1.6	17			2020		

续表 1-47

型号	额定功率（kW）	额定电流（A）	转速（r/min）	效率（%）	功率因数	堵转电流/额定电流	堵转转矩/额定转矩	最大转矩/额定转矩	电机转动惯量（kg·m²）	负载转动惯量（kg·m²）	冷却水量（kg/h）	重量（kg） IP23	IP44	生产厂
Y355—4	250	29.0	1500	94/93.4	0.88/0.85	5.13/6.5	1.0/0.8	1.95/1.6	68			2065		
Y355—4	280	33.0	1500	/93.5	/0.86	/6.5	/0.8	/1.6				2270		
Y355—4	315	37.0	1500	/93.6	/0.86	/6.5	/0.8	/1.6				2350		
Y400—4	355	40.7	1500	/93.8	/0.86	/6.5	/0.8	/1.6				2880		
Y400—4	400	45.9	1500	/94.0	/0.86	/6.5	/0.8	/1.6				3000		
Y400—4	450	50.1	1500	/94.2	/0.86	/6.5	/0.8	/1.6				3200		
Y400—4	500	56.5	1500	/94.3	/0.87	/6.5	/0.8	/1.6				3300		
Y400—4	560	63.0	1500	95/94.5	0.9/0.87	6.5/6.5	1.2/0.8	2.6/1.6	51			3420		
Y450—4	630	71.3	1500	/94.7	/0.87	/6.5	/0.8	/1.6				3800		
Y450—4	710	80.5	1500	/94.9	/0.87	/6.5	/0.8	/1.6				4000		
Y450—4	800	90.2	1500	/95.1	/0.87	/6.5	/0.8	/1.6				4100		
Y450—4	900	101.3	1500	/95.2	/0.87	/6.5	/0.8	/1.6				4400		
Y500—4	1000	113.0	1500	/95.3	/0.87	/6.5	/0.7	/1.6				5000		
Y500—4	1120	126.0	1500	/95.4	/0.88	/6.5	/0.7	/1.6				5200		兰州电机有限责任公司
Y500—4	1250	140.0	1500	/95.5	/0.88	/6.5	/0.7	/1.6				5400		
Y500—4	1400	157.0	1500	/95.6	/0.88	/6.5	/0.7	/1.6				5600		
Y560—4	1600	180	1500	/95.7	0.89/0.88	/6.5	/0.6	/1.8				6600		
Y560—4	1800	202	1500	/95.8	0.89/0.88	/6.5	/0.6	/1.8				6900		
Y560—4	2000	217	1500	/95.9	0.89/0.88	/6.5	/0.6	/1.8				7200		
Y630—4	2240	248	1500	/96.0	0.89/0.88	/6.5	/0.6	/1.8				8100		
Y630—4	2500	275	1500	96.6/96.1	0.91/0.89	5.8/6.5	0.95/0.6	2.1/1.8	322			8600		
Y630—4	2800	309	1500	/96.2	/0.89	/6.5	/0.6	/1.8				9100		
Y355—6	220	26.5	1000	93.5/93.0	0.85/0.82	4.9/6.0	0.83/0.8	1.95/1.6	36			2170		
Y355—6	250	29.5	1000	93.8/93.3	0.87/0.82	5/6.0	0.81/0.8	1.97/1.6	37			2280		

续表 1-47

型号	额定功率（kW）	额定电流（A）	转速（r/min）	效率（%）	功率因数	堵转电流/额定电流	堵转转矩/额定转矩	最大转矩/额定转矩	电机转动惯量（kg·m^2）	负载转动惯量（kg·m^2）	冷却水量（kg/h）	重量（kg）		生产厂
												IP23	IP44	
Y400—6	280	33.4	1000	/93.5	/0.83	/6.0	/0.8	/1.6						兰州电机有限责任公司
Y400—6	315	37.7	1000	93.8/93.7	0.86/0.83	5/6.0	0.88/0.8	1.98/1.6	66			2880		
Y400—6	355	42.3	1000	/93.9	/0.83	/6.0	/0.8	/1.6						
Y400—6	400	47	1000	94.3/94	0.87/0.83	/6.0	0.87/0.83	1.9/1.6	85			2960		
Y450—6	450	52	1000	94.7/94.3	0.88/0.84	5.6/6.0	1.0/0.8	2.1/1.6	98			3400		
Y450—6	500	57	1000	94.8/94.5	0.89/0.85	5.9/6.0	1.0/0.8	2.2/1.6	108			3600		
Y450—6	560	64	1000	94.6/94.6	0.89/0.85	5.3/6.0	0.95/0.8	2/1.6	106			3600		
Y450—6	630	72	1000	94.9/94.7	0.89/0.85	5.2/6.0	0.97/0.8	1.9/1.6	123			3800		
Y500—6	710	81	1000	95.5/95.0	0.88/0.85	5/6.0	0.86/0.7	1.9/1.6	180			4940		
Y500—6	800	91.1	1000	/95.1	/0.85	/6.0	/0.7	/1.6						
Y500—6	900	103	1000	/95.2	/0.85	/6.0	/0.7	/1.6						
Y500—6	1000	114.0	1000	/95.3	/0.85	/6.0	/0.7	/1.6						
Y560—6	1120	126.4	1000	/95.4	/0.86	/6.5	/0.7	/1.8						
Y560—6	1250	141	1000	/95.5	/0.86	/6.5	0.7	1.8						
Y560—6	1400		1000	/95.6	/0.86	/6.5	/0.7	/1.8						
Y630—6	1600	181	1000	/95.7	/0.86	/6.5	/0.7	/1.8						
Y630—6	1800	204	1000	/95.8	/0.86	/6.5	/0.7	/1.8						
Y630—6	2000	227	1000	/95.9	/0.86	/6.5	/0.7	/1.8						
Y400—8	220	28.4	750	/92.9	/0.78	/5.5	/0.8	/1.6						
Y400—8	250	32.0	750	/93.0	/0.79	/5.5	/0.8	/1.6						
Y400—8	280	35.6	750	/93.2	/0.79	/5.5	0.8	/1.6						
Y450—8	315	40.0	750	/93.4	/0.8	/5.5	/0.8	/1.6						
Y450—8	355	44	750	93.8/93.5	0.82/0.8	4.6/5.5	0.8/0.8	1.8/1.6	114			3600		
Y450—8	400	50.3	750	/93.7	/0.8	/5.5	/0.8	/1.6						

续表 1-47

型号	额定功率(kW)	额定电流(A)	转速(r/min)	效率(%)	功率因数	堵转电流/额定电流	堵转转矩/额定转矩	最大转矩/额定转矩	电机转动惯量(kg·m²)	负载转动惯量(kg·m²)	冷却水量(kg/h)	重量(kg)		生产厂
												IP23	IP44	
Y450—8	450	56.4	750	/93.8	/0.81	/5.5	/0.8	/1.6						
Y500—8	500	62	750	/94.2	/0.81	/5.5	/0.8	/1.6						
Y500—8	560	69.3	750	/94.4	/0.82	/5.5	/0.8	/1.6						
Y500—8	630	75.4	750	95/ 94.5	0.85/ 0.82	4.8/ 5.5	0.9/ 0.8	1.8/ 1.6	260			4815		
Y500—8	710	85	750	95/ 94.5	0.84/ 0.82	5.1/ 5.5	1.0/ 0.8	1.9/ 1.6	277			4950		
Y560—8	800	96.2	750	/94.7	/0.84	/6.0	/0.7	/1.8						
Y560—8	900	107.6	750	/94.8	/0.84	/6.0	/0.7	/1.8						
Y560—8	1000		750	/94.9	/0.84	/6.0	/0.7	/1.8						
Y630—8	1120		750	/95.0	/0.84	/6.0	/0.7	/1.8						
Y630—8	1250	151	750	/95.1	/0.84	/6.0	/0.7	/1.8						
Y630—8	1400	169	750	/95.2	/0.84	/6.0	/0.7	/1.8						
Y630—8	1600		750	/95.3	/0.84	/6.0	/0.7	/1.8						
Y450—10	220	29.9	600	/92.1	/0.77	/5.5	/0.8	/1.6						
Y450—10	250	32.5	600	93/ 92.3	0.8/ 0.78	4.9/ 5.5	1.0/ 0.8	2.1/ 1.6	106			3000		兰州电机有限责任公司
Y450—10	280	37	600	/92.5	/0.78	/5.5	/0.8	/1.6						
Y450—10	315	41.3	600	/92.6	/0.79	/5.5	/0.8	/1.6						
Y450—10	355	46.7	600	/92.8	/0.79	/5.5	/0.8	/1.6						
Y500—10	400	50.8	600	/93.3	/0.8	/5.5	/0.8	/1.6						
Y500—10	450	57	600	/93.4	/0.8	/5.5	/0.8	/1.6						
Y500—10	500	62.5	600	/93.6	/0.8	/5.5	/0.8	/1.6						
Y500—10	560	71.2	600	/93.7	/0.8	/5.5	/0.8	/1.6						
Y500—10	630	78.1	600	/93.8	/0.8	5.5	0.8	/1.6						
Y560—10	710	86.5	600	/94.0	/0.82	/6.0	/0.7	/1.8						
Y560—10	800	99.7	600	/94.2	/0.82	/6.0	/0.7	/1.8						
Y560—10	900	112	600	/94.3	/0.82	/6.0	/0.7	/1.8						
Y630—10	1000	122	600	/94.4	/0.82	/6.0	/0.7	/1.8						
Y630—10	1120	136	600	/94.6	/0.82	/6.0	/0.7	/1.8						
Y630—10	1250		600	/94.8	/0.82	/6.0	/0.7	/1.8						
Y630—10	1400		600	/94.9	/0.82	/6.0	/0.7	/1.8						

续表 1-47

型　　号	额定功率（kW）	额定电流（A）	转速（r/min）	效率（%）	功率因数	堵转电流/额定电流	堵转转矩/额定转矩	最大转矩/额定转矩	电机转动惯量（kg·m²）	负载转动惯量（kg·m²）	冷却水量（kg/h）	重　量（kg）		生产厂
												IP23	IP44	
Y450—12	220	31.4	500	/91.4	/0.73	/5.5	/0.8	/1.6						兰州电机有限责任公司
Y450—12	250	35	500	/91.7	/0.73	/5.5	/0.8	/1.6						
Y500—12	280	38.8	500	/92.7	/0.74	/5.5	/0.8	/1.6						
Y500—12	315	42.9	500	/92.8	/0.75	/5.5	/0.8	/1.6						
Y500—12	355	48.4	500	/93.0	/0.75	/5.5	/0.8	/1.6						
Y500—12	400	54.2	500	/93.3	/0.75	/5.5	/0.8	/1.6						
Y500—12	450	60.6	500	/93.4	/0.75	/5.5	/0.8	/1.6						
Y560—12	500	65.1	500	/93.7	/0.79	/6.0	/0.7	/1.8						
Y560—12	560	73	500	/93.8	/0.79	/6.0	/0.7	/1.8						
Y560—12	630		500	/93.9	/0.79	/6.0	/0.7	/1.8						
Y630—12	710	93	500	/94.0	/0.79	/6.0	70.1	/1.8						
Y630—12	800	104	500	/94.2	/0.79	/6.0	/0.7	/1.8						
Y630—12	900	117	500	/94.3	/0.79	/6.0	/0.7	/1.8						
Y630—12	1000		500	/94.4	/0.79	/6.0	/0.7	/1.8						

注　转速为同步转速或额定转速。

三、外形及安装尺寸

Y 系列中型高压 6kV 三相鼠笼型异步电动机外形及安装尺寸，见表 1-48 及图 1-27。

YKK 系列中型高压 6kV 三相鼠笼型异步电动机外形及安装尺寸，见表 1-49 及图 1-28。

YKS 系列中型高压 6kV 三相鼠笼型异步电动机外形及安装尺寸，见表 1-50 及图 1-29。

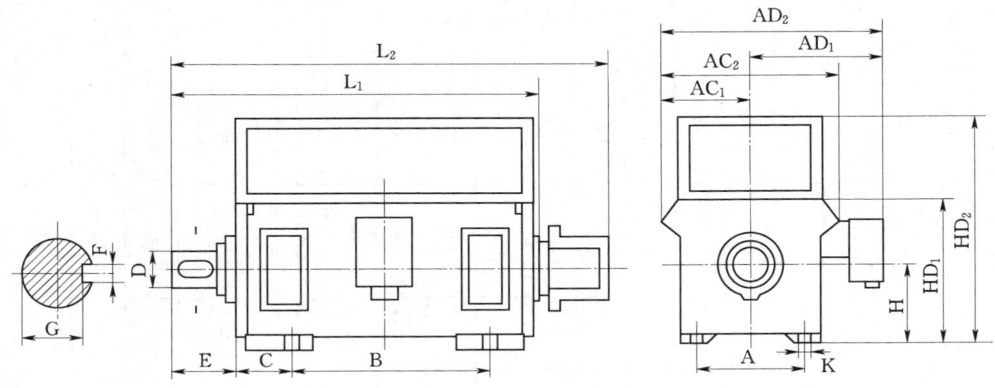

图 1-27　Y 系列中型高压 6kV 三相鼠笼型异步电动机外形及安装尺寸

表 1-48 Y系列中型高压6kV三相鼠笼型异步电动机外形及安装尺寸

单位：mm

机座号	极数	A	B	C	D	E	F	G	H	K	AC_1	AC_2	AD_1	AD_2	HD_1	HD_2	L_1	L_2	生产厂
355	4～6	630	900	315	100	210	28	90	355	28	500		775			1065	1720		东风电机厂（IP23自通风冷却防淋水式）
400	4～8	710	1000	335	110	210	28	100	100	35	560		835			1200	1860		
450	4	800	1120	355	120	210	32	109	150	35	620		895			1350	2035		
450	6～12	800	1120	355	130	250	32	119	450	35	620		895			1350	2075		
500	4	900	1250	475	130	250	32	119	500	42	690		965			1500	2220		
500	6～12	900	1250	475	140	250	36	128	500	42	690		965			1500	2220		
355	4～6	630	900	315	100	210	28	90	355	28		970	745		780		1820		上海电机厂Y系列IP23
400	4～8	710	1000	335	110	210	28	100	400	35		1010	760		835		1940		
450	4	800	1120	355	120	210	32	109	450	35		1120	810		935		2080		
450	6～12	800	1120	355	130	250	32	119	450	35		1120	810		935		2120		
500	4	900	1250	475	130	250	32	119	500	42		1220	860		1040		2550		
500	6～12	900	1250	475	140	250	36	128	500	42		1220	860		1040		2550		
560	4	1100	1400	500	150	250	36	138	560	42		1350	1020		1160		2715		
560	6～12	1100	1400	500	160	300	40	147	560	42		1350	1020		1160		2765		
630	4	1120	1600	530	170	300	40	157	630	48		1530	1120		1300		3030		
630	6～12	1120	1600	530	180	300	45	165	630	48		1530	1120		1300		3030		
355	4～12	630	900	315	100	210	28	90	355	28									重庆电机厂（HD_2的数值仅适用于IP23）
400	4～12	710	1000	335	110	210	28	100	400	35									
450	4	800	1120	355	120	210	32	109	450	35									
450	6～12	800	1120	355	130	250	32	119	450	35									

续表 1-48

机座号	极数	A	B	C	D	E	F	G	H	K	AC_1	AC_2	AD_1	AD_2	HD_1	HD_2	L_1	L_2	生产厂
500	4	900	1250	475	130	250	32	119	500	42									重庆电机厂（HD_2的数值仅适用于IP23）
500	6～12	900	1250	475	140	250	36	128	500	42									
560	4	1000	1400	500	150	250	36	138	560	42		1600	100			1700	2900		
560	6～12	1000	1400	500	160	300	40	147	560	42		1600	1100			1700	2900		
630	4	1120	1600	530	170	300	40	157	630	48		1800	1200			1900	3100		
630	6～12	1120	1600	530	180	300	45	165	630	48		1800	1200			1900	3100		
355	2	630	900	315	80	170	22	71	355	28		1100	800		800			1900	湖北电机厂(IP23，2极电动机为双轴伸）
355	4～6	630	900	315	100	210	28	90	355	28		1100	800		800		1890		
400	2	710	1000	375	90	170	25	81	400	35		1150	850		900			2120	
400	4～8	710	1000	335	110	210	28	100	400	35		1150	850		900		1980		
450	2	800	1120	400	100	210	28	90	450	35		1300	900		1000			2370	
450	4	800	1120	355	120	210	32	109	450	35		1300	900		1000		2180		
450	6～12	800	1120	355	130	250	32	119	450	35		1300	900		1000		2180		
500	2	900	1250	560	110	210	28	100	500	42		1420	965		1100			2820	
500	4	900	1250	475	130	250	32	119	500	42		1420	965		1100		2550		
500	6～12	900	1250	475	140	250	36	128	500	42		1420	965		1100		2550		
560	2	1000	1400	560	130	250	32	119	560	42		1600	1100		1220			3050	
560	4	1000	1400	500	150	250	36	138	560	42		1600	1100		1220		2900		
560	6～12	1000	1400	500	160	300	40	147	560	42		1600	1100		1220		2900		
630	2	1120	1600	560	140	250	36	128	630	48		1800	1200		1360			3250	
630	4	1120	1600	530	170	300	40	157	630	48		1800	1200		1360		3100		
630	6～12	1120	1600	530	180	300	45	165	630	48		1800	1200		1360		3100		

续表 1-48

机座号	极数	A	B	C	D	E	F	G	H	K	AC_1	AC_2	AD_1	AD_2	HD_1	HD_2	L_1	L_2	生产厂
355	2	630	900	315	80	170	22	71	355	28		1100	800			1330	2220		
355	4～6	630	900	315	100	210	28	90	355	28		1100	800			1330	2220		
400	2	710	1000	375	90	170	25	81	400	35		1150	850			1510	2360		
400	4～8	710	1000	335	110	210	28	100	400	35		1150	850			1510	2360		
450	2	800	1120	400	100	210	28	90	450	35		1300	900			1700	2620		
450	4	800	1120	355	120	210	32	109	450	35		1300	900			1700	2620		
450	6～12	800	1120	355	130	250	32	119	450	35		1300	900			1700	2620		
500	2	900	1250	560	110	210	28	100	500	42		1420	965			1930	3070		湖北电机厂(IP44)
500	4	900	1250	475	130	250	32	119	500	42		1420	965			1930	3070		
500	6～12	900	1250	475	140	250	36	128	500	42		1420	965			1930	3070		
560	2	1000	1400	560	130	250	32	119	560	42		1600	1100			2105	3400		
560	4	1000	1400	500	150	250	36	138	560	42		1600	1100			2105	3400		
560	6～12	1000	1400	500	160	300	40	147	560	42		1600	1100			2105	3400		
630	2	1120	1600	560	140	250	36	128	630	48		1800	1200			2335	3640		
630	4	1120	1600	530	170	300	40	157	630	48		1800	1200			2335	3640		
630	6～12	1120	1600	530	180	300	45	165	630	48		1800	1200			2335	3640		
355	4～12	630±1.40	900±1.40	315±4.0	$110^{+0.035}_{+0.013}$	210±0.57	$28^{0}_{-0.052}$	$90^{0}_{-0.20}$	$355^{0}_{-1.0}$	$28^{+0.52}_{0}$									
400	4～12	710±1.75	1000±1.75	335±4.0	$110^{+0.035}_{+0.013}$	210±0.57	$28^{0}_{-0.052}$	$100^{0}_{-0.20}$	$400^{0}_{-1.0}$	$35^{+0.62}_{0}$									
450	4	800±1.75	1120±1.75	355±4.0	$120^{+0.035}_{+0.013}$	210±0.57	$32^{0}_{-0.062}$	$109^{0}_{-0.20}$	$450^{0}_{-1.0}$	$35^{+0.62}_{0}$									
450	6～12	800±1.75	1120±1.75	355±4.0	$130^{+0.040}_{+0.015}$	250±0.57	$32^{0}_{-0.062}$	$119^{0}_{-0.20}$	$450^{0}_{-1.0}$	$35^{+0.62}_{0}$									
500	4	900±2.1	1250±2.1	475±4.0	$130^{+0.040}_{+0.015}$	250±0.57	$32^{0}_{-0.062}$	$119^{0}_{-0.20}$	$500^{0}_{-1.0}$	$42^{+0.62}_{0}$									兰州电机有限责任公司
500	6～12	900±2.1	1250±2.1	475±4.0	$140^{+0.040}_{+0.015}$	250±0.57	$36^{0}_{-0.062}$	$128^{0}_{-0.30}$	$500^{0}_{-1.0}$	$42^{+0.62}_{0}$									
560	4	1000±2.1	1400±2.1	500±4.0	$150^{+0.040}_{+0.015}$	250±0.57	$36^{0}_{-0.062}$	$138^{0}_{-0.30}$	$560^{0}_{-1.0}$	$42^{+0.62}_{0}$				1900		1700	2900		
560	6～12	1000±2.1	1400±2.1	500±4.0	$160^{+0.040}_{+0.015}$	300±0.65	$40^{0}_{-0.062}$	$147^{0}_{-0.30}$	$560^{0}_{-1.0}$	$42^{+0.62}_{0}$				1900		1700	2900		
630	4	1120±2.1	1600±2.1	530±4.0	$170^{+0.040}_{+0.015}$	300±0.65	$40^{0}_{-0.062}$	$157^{0}_{-1.0}$	$630^{0}_{-0.30}$	$48^{+0.62}_{0}$				2100		1900	3100		
630	6～12	1120±2.1	1600±2.1	530±4.0	$180^{+0.040}_{+0.015}$	300±0.65	$45^{0}_{-0.062}$	$165^{0}_{-0.30}$	$630^{0}_{-1.0}$	$48^{+0.62}_{0}$				2100		1900	3100		

表 1-49 YKK 系列中型高压 6kV 三相鼠笼型异步电动机外形及安装尺寸 单位：mm

机座号	极数	A	B	C	D	E	F	G	H	K	AC_1	AC_2	AD	HD	L	生产厂
355	4	630	900	315	100	210	28	90	355	28	500		775	1255	1865	东风电机厂（IP44、IP54 空-空冷却封闭式）
400	4～8	710	1000	335	110	210	28	100	400	35	560		835	1445	2025	
450	4	800	1120	355	120	210	32	109	450	35	620		895	1625	2195	
450	6～12	800	1120	355	130	250	32	119	450	35	620		895	1625	2235	
500	4	900	1250	475	130	250	32	119	500	42	690		965	1895	2420	
500	6～12	900	1250	475	140	250	36	128	500	42	690		965	1895	2420	
355	4～6	630	900	315	100	210	28	90	355	28		965	745	1500	2100	上海电机厂
400	4～8	710	1000	335	110	210	28	100	400	35		1010	760	1700	2160	
450	4	800	1120	355	120	210	32	109	450	35		1120	810	1900	2360	
450	6～12	800	1120	355	130	250	32	119	450	35		1120	810	1900	2400	
500	4	900	1250	475	130	250	32	119	500	42		1220	860	2200	2815	
500	6～12	900	1250	475	140	250	36	128	500	42		1220	860	2200	2815	
560	4	1000	1400	500	150	250	36	138	560	42		1350	1020	2400	2940	
560	6～12	1000	1400	500	160	300	40	147	560	42		1350	1020	2400	3110	
630	4	1120	1600	530	170	300	40	157	630	48		1530	1120	2700	3310	
630	6～12	1120	1600	530	180	300	45	165	630	48		1530	1120	2700	3310	

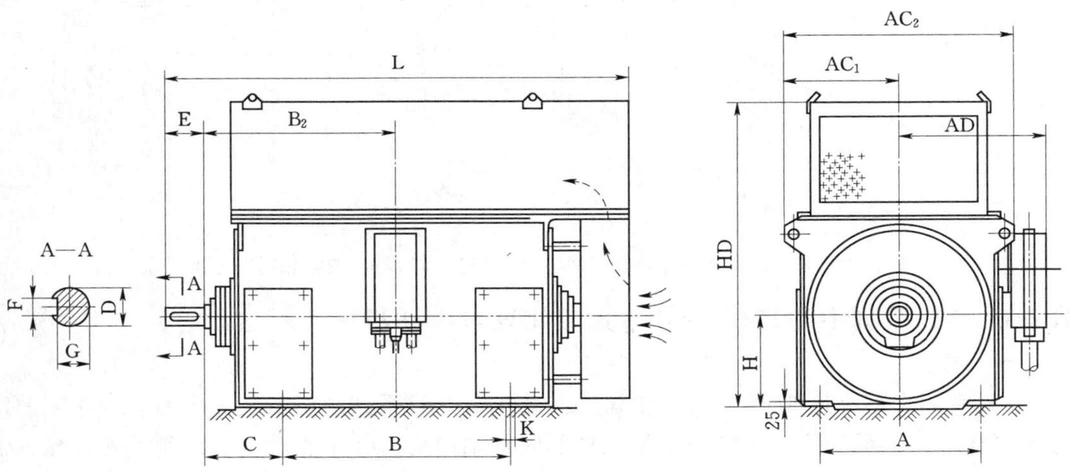

图 1-28 YKK 系列中型高压 6kV 三相鼠笼型异步电动机外形及安装尺寸

表 1-50 YKS 系列中型高压 6kV 三相鼠笼型异步电动机外形及安装尺寸 单位：mm

机座号	极数	A	B	C	D	E	F	G	H	K	AC	AD	HD	L	F	生产厂
355	4～6	630	900	315	100	210	28	90	355	28	530	775	1305	1720	300	东风电机厂（IP44 水-空冷却封闭式）
400	4～8	710	1000	335	110	210	28	100	400	35	580	835	1495	1860	400	
450	4	800	1120	355	120	210	32	109	450	35	630	895	1595	2035	400	
450	6～12	800	1120	355	130	250	32	119	450	35	630	895	1595	2075	400	
500	4	900	1250	475	130	250	32	119	500	42	690	965	1795	2220	500	
500	6～12	900	1250	475	140	250	36	128	500	42	690	965	1795	2220	500	
355	4～6	630	900	315	100	210	28	90	355	28	560	745	2115	1820	280	上海电机厂
400	4～8	710	1000	335	110	210	28	100	400	35	580	760	2315	1940	400	
450	4	800	1120	355	120	210	32	109	450	35	620	810	2500	2080	400	
450	6～12	800	1120	355	130	250	32	119	450	35	620	810	2500	2120	400	
500	4	900	1250	475	130	250	32	119	500	42	680	860	2500	2550	500	
500	6～12	900	1250	475	140	250	36	128	500	42	680	860	2500	2550	500	
560	4	1000	1400	500	150	250	36	138	560	42	750	1020	2520	2715	500	
560	6～12	1000	1400	500	160	300	40	147	560	42	750	1020	2520	2765	500	
630	4	1120	1600	530	170	300	40	157	630	48	800	1120	2780	3030	500	
630	6～12	1120	1600	530	180	300	45	165	630	48	800	1120	2780	3030	500	

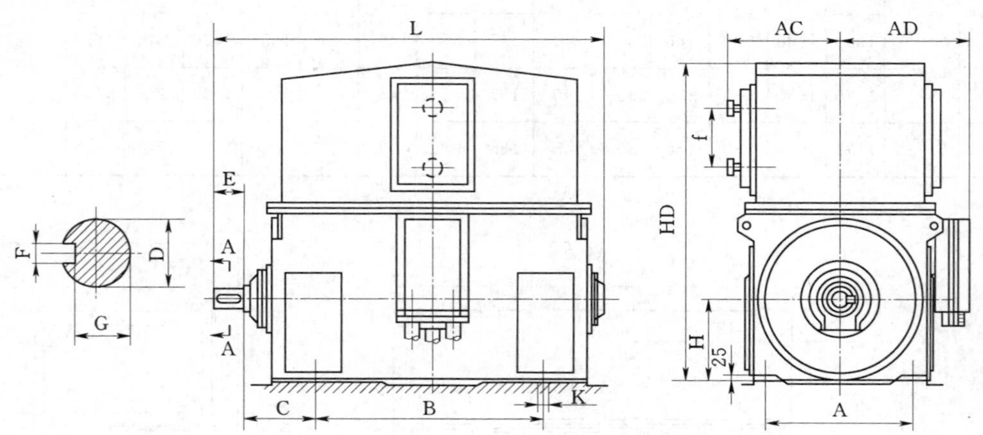

图 1-29 YKS 系列中型高压 6kV 三相鼠笼型异步电动机外形及安装尺寸

1.2.6 YL 系列中型高压 6kV 立式三相异步电动机

一、概述

YL 系列中型高压 6kV 立式三相异步电动机是 JSL 系列的更新换代产品，适用于驱动立式水泵，但不承受除电机转子重量以外的附加轴向力。如果驱动非水泵类立式机械，需特殊设计以保障电机的可靠运行。

电动机为箱式结构，F 级绝缘，外壳防护等级为 IP23，冷却方式为 ICO1。安装形式为 IMV1（立式带凸缘结构）。

型号含义

YL △ △—△

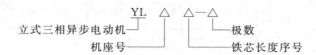

- YL：立式三相异步电动机
- 第一个△：机座号
- 第二个△：铁芯长度序号
- 第三个△：极数

二、技术数据

电动机额定电压为 6kV，额定频率为 50Hz。

YL 系列中型高压 6kV 立式三相异步电动机技术数据，见表 1－51。

表 1－51 YL 系列中型高压 6kV 立式三相异步电动机技术数据

型号	额定功率 (kW)	额定电流 (A)	额定转速 (r/min)	效率 (%)	功率因数	堵转电流/额定电流	堵转转矩/额定转矩	最大转矩/额定转矩	电机转动惯量 (kg·m²)	重量 (kg)	生产厂
YL3551—4	220	25.4	1483	94.2	0.884	5.52	0.95	2.27	4.8	2280	
YL3552—4	250	28.6	1484	94.6	0.889	5.84	1.02	2.40	5.0	2330	
YL3553—4	280	31.4	1483	94.8	0.905	5.45	0.93	2.22	5.7	2490	
YL3554—4	315	35.3	1485	95.1	0.902	5.86	1.02	2.36	6.7	2650	
YL4001—4	355	40.4	1484	94.6	0.893	5.66	0.98	2.29	12	2960	
YL4002—4	400	45.2	1484	94.7	0.899	5.82	1.01	2.32	13	3000	
YL4003—4	450	50.7	1482	95.1	0.898	5.22	0.91	2.10	14	3060	
YL4004—4	500	56.2	1484	95.2	0.900	5.67	0.99	2.24	15	3140	
YL4005—4	560	62.9	1482	93.3	0.899	5.08	0.89	2.02	17	3240	
YL4501—4	630	70.4	1487	95.6	0.900	6.22	0.90	2.49	17	3400	
YL4502—4	710	79.2	1487	95.7	0.902	6.18	0.89	2.45	19	3430	
YL4503—4	800	89.5	1487	96.0	0.896	6.45	0.95	2.54	20	3520	上海电机厂
YL4504—4	900	101	1488	96.2	0.892	6.73	1.01	2.62	22	4070	
YL5001—4	1000	113	1488	96.0	0.890	6.3	0.82	2.48	26	4370	
YL5002—4	1120	126	1489	96.2	0.890	5.87	0.73	2.36	28	4580	
YL5003—4	1250	138	1491	96.5	0.902	6.44	0.78	2.49	32	4720	
YL5004—4	1400	155	1491	96.6	0.901	6.42	0.83	2.43	34	4900	
YL3553—6	220	26.3	983	93.6	0.861	4.50	0.95	1.89	9.5	2670	
YL3554—6	250	29.9	984	94.1	0.855	4.66	0.99	1.95	10	2780	
YL4002—6	280	33.3	988	94.3	0.859	5.85	1.19	2.36	16	2910	
YL4003—6	315	37.1	987	94.2	0.868	5.49	1.11	2.19	17	3000	
YL4004—6	355	42.1	988	94.6	0.858	5.86	1.21	2.33	18	3110	
YL4005—6	400	47.4	988	94.7	0.856	5.83	1.20	2.32	19	3210	
YL4501—6	450	52.8	990	94.9	0.864	5.81	1.18	2.18	25	3320	

续表 1-51

型　号	额定功率(kW)	额定电流(A)	额定转速(r/min)	效率(%)	功率因数	堵转电流/额定电流	堵转转矩/额定转矩	最大转矩/额定转矩	电机转动惯量(kg·m²)	重量(kg)	生产厂
YL4502—6	500	57.6	987	94.8	0.881	4.77	0.93	1.80	27	3520	上海电机厂
YL4503—6	560	64.4	988	95.1	0.878	4.98	0.98	1.86	28	3720	
YL4504—6	630	72.7	989	95.3	0.876	5.16	1.03	1.91	30	3920	
YL5001—6	710	82.2	990	95.6	0.869	5.19	0.82	1.99	39	4180	
YL5002—6	800	92.5	989	95.6	0.870	4.98	0.81	1.89	40	4320	
YL5003—6	900	105	991	95.9	0.864	5.35	0.87	2.02	45	4470	
YL5004—6	1000	115	990	96.0	0.870	5.06	0.83	1.90	47	4740	
YL5601—6	1120	127	992	96.2	0.883	5.64	0.75	2.11	63	5350	
YL5602—6	1250	142	993	96.3	0.882	5.85	0.79	2.16	70	5600	
YL5603—6	1400	159	993	96.4	0.878	5.83	0.79	2.14	74	5850	
YL6301—6	1600	179	993	96.7	0.891	6.13	0.70	2.34	114	6900	
YL6302—6	1800	201	994	96.8	0.889	6.13	0.71	2.32	122	7200	
YL6303—6	2000	225	994	96.9	0.884	6.35	0.75	2.37	130	7550	
YL4003—8	220	28	739	93.7	0.808	5.13	1.14	2.16	20	2920	
YL4004—8	250	31.5	738	93.5	0.818	4.56	1.00	1.90	21	3000	
YL4005—8	280	35.5	738	93.7	0.810	4.55	1.01	1.89	22	3100	
YL4501—8	315	38.9	740	94.1	0.829	5.55	1.13	2.33	27	3180	
YL4502—8	355	42.9	740	94.3	0.843	5.38	1.08	2.23	29	3290	
YL4503—8	400	48.9	740	94.5	0.836	5.32	1.07	2.21	31	3400	
YL4504—8	450	54.3	740	94.6	0.842	5.22	1.03	2.16	34	3520	
YL5001—8	500	59.0	740	94.7	0.860	5.28	1.04	2.06	43	4320	
YL5002—8	560	66.8	741	94.9	0.850	5.27	1.04	2.06	45	4470	
YL5003—8	630	74.8	741	95.1	0.852	5.25	1.03	2.04	50	4640	
YL5004—8	710	84.2	740	95.2	0.852	5.04	0.98	1.95	53	4780	
YL5601—8	800	93	742	95.3	0.869	5.74	0.97	2.20	80	5600	
YL5602—8	900	103	741	95.3	0.880	5.09	0.84	1.96	88	5820	
YL5603—8	1000	115	742	95.5	0.878	5.13	0.85	1.96	94	6050	
YL6301—8	1120	127	744	96.1	0.880	5.91	0.81	2.26	124	7260	
YL6302—8	1250	143	744	96.2	0.876	5.00	0.84	2.27	130	7580	
YL6303—8	1400	159	744	96.3	0.879	5.88	0.83	2.21	142	7900	
YL6304—8	1600	183	744	96.4	0.875	5.88	0.84	2.19	152	8180	
YL4501—10	220	28.2	592	93.5	0.802	5.66	1.17	2.57	27	3100	
YL4502—10	250	31.5	591	93.3	0.818	5.03	1.07	2.25	28	3150	
YL4503—10	280	34.7	591	93.5	0.830	4.86	0.95	2.15	30	3200	

续表 1-51

型　　号	额定功率(kW)	额定电流(A)	额定转速(r/min)	效率(%)	功率因数	堵转电流/额定电流	堵转转矩/额定转矩	最大转矩/额定转矩	电机转动惯量(kg·m²)	重量(kg)	生产厂
YL4504—10	315	39.3	591	93.7	0.823	4.86	0.97	2.16	32	3310	上海电机厂
YL4505—10	355	43.9	591	93.9	0.829	4.76	0.93	2.10	35	3370	
YL5001—10	400	49.3	593	94.3	0.828	5.14	1.02	2.12	50	4170	
YL5002—10	450	54.8	592	94.4	0.837	4.82	0.95	1.97	52	4300	
YL5003—10	500	60.7	592	94.6	0.838	4.86	0.95	1.98	58	4450	
YL5004—10	560	68.9	593	94.7	0.826	5.06	1.01	2.06	63	4620	
YL5005—10	630	78.3	593	94.9	0.816	5.01	1.01	2.05	66	4800	
YL5601—10	710	86.2	593	95.3	0.832	5.24	0.97	2.13	97	5600	
YL5602—10	800	97.1	593	95.2	0.833	5.09	0.94	2.05	103	5850	
YL5603—10	900	108	593	95.2	0.839	4.91	0.90	1.97	112	6080	
YL6301—10	1000	120	594	95.5	0.841	5.57	0.98	2.19	138	7250	
YL6302—10	1120	135	594	95.7	0.834	5.59	1.00	2.19	147	7600	
YL6303—10	1250	151	594	95.8	0.834	5.59	1.01	2.18	161	7950	
YL6304—10	1400	169	594	95.9	0.831	5.64	1.02	2.19	176	8230	
YL4504—12	220	29.6	492	92.5	0.773	4.69	1.09	2.11	38	3220	
YL4505—12	250	33.1	490	92.1	0.788	4.19	0.95	1.85	40	3350	
YL5001—12	280	36.9	493	93.1	0.785	4.59	0.94	2.10	47	4140	
YL5002—12	315	41.2	493	93.2	0.790	4.51	0.91	2.05	51	4270	
YL5003—12	355	46.6	493	93.4	0.785	4.49	0.91	2.04	55	4450	
YL5004—12	400	52.7	493	93.6	0.780	4.50	0.92	2.05	60	4580	
YL5005—12	450	58.6	493	94.1	0.785	4.52	0.90	2.05	67	4760	
YL5601—12	500	61.6	494	94.4	0.827	5.08	0.93	2.13	94	5550	
YL5602—12	560	69.9	495	94.5	0.816	5.30	0.98	2.23	105	5760	
YL5603—12	630	77.2	494	94.6	0.830	4.95	0.90	2.06	111	6000	
YL6301—12	710	85.2	494	94.9	0.845	5.04	0.89	2.06	158	7210	
YL6302—12	800	96	494	95.0	0.844	4.95	0.88	2.01	169	7530	
YL6303—12	900	108	494	95.1	0.847	4.82	0.85	1.95	185	7850	
YL6304—12	1000	120	494	95.2	0.841	4.90	0.87	1.99	198	8120	
YL355—4	185	23	1485	93	0.84	6.5	0.8	1.8	2.8	2000	湘潭电机股份有限公司
YL355—4	250	30	1481	93.4	0.85	6.0	0.8	1.8	3.5	2050	
YL355—4	280	33.5	1480	93.5	0.86	6.0	0.8	1.8	3.8	2100	
YL400—4	500	58.6	1483	94.3	0.87	6.5	0.8	1.8	6.8	2756	
YL450—4	630	73.9	1483	94.3	0.87	6	0.8	1.6	12.3	3460	
YL450—8	315	40	741	93.5	0.81	5.5	0.8	1.6	16	3380	
YL450—8	450	57	739	93.8	0.81	5.5	0.8	1.6	24.5	4100	
YL500—4	1000	116.4	1487	95	0.87	6.0	0.7	1.6	27.5	4500	
YL500—6	630	74.6	991	94.5	0.86	6.0	0.9	1.8	31.2	4460	
YL500—12	450	61.8	494	93.4	0.75	5.5	0.8	1.6	50	4500	

注　表中数据为设计值。

三、外形及安装尺寸

YL系列中型高压6kV立式三相异步电动机外形及安装尺寸，见表1-52及图1-30。

表1-52 YL系列中型高压6kV立式三相异步电动机外形及安装尺寸 单位：mm

机座号	极数	N	P	LA	E	D	G	F	M	AD	J	K	α	H
355	4～6	1000	1150	38	210	100	90	28	1080	745	587	8	22.5	1710
400	4～8	1000	1150	38	210	110	100	28	1080	760	607	8	22.5	1850
450	4	1120	1250	38	210	120	109	32	1180	810	657	8	22.5	2000
450	6～12	1120	1250	38	250	130	119	32	1180	810	657	8	22.5	2000
500	4	1250	1400	42	250	130	119	32	1320	860	707	8	22.5	2100
500	6～12	1250	1400	42	250	140	128	36	1320	860	707	8	22.5	2100
560	6～12	1400	1600	45	300	160	147	40	1500	1050	814	12	0	2350
630	6～12	1600	1800	50	300	180	165	45	1700	1120	884	12	0	2470

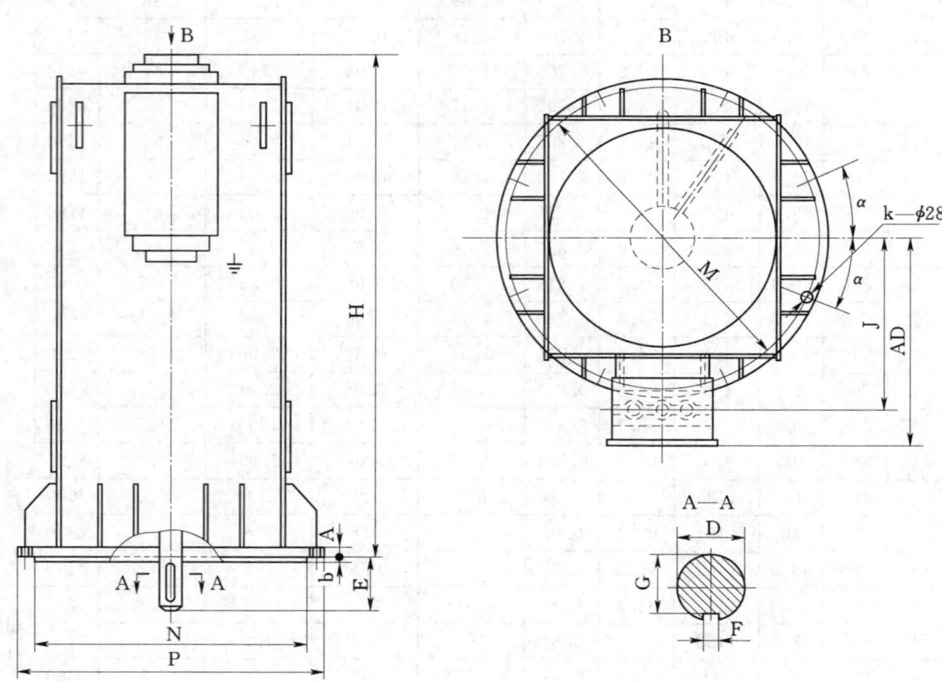

图1-30 YL系列中型高压6kV立式三相异步电动机外形及安装尺寸

1.2.7 YMSQ、YMKQ系列高启动转矩异步电动机

一、概述

YMSQ、YMKQ系列电动机为高启动转矩的中型高压6kV三相双鼠笼异步电动机，

主要用于火电厂磨煤机的驱动马达，也可用于煤炭、石油、化工、建材、冶金等工业生产中高启动转矩的动力设备。

电动机为箱式结构，端盖式滚动轴承，F级绝缘，双鼠笼转子结构，外壳防护等级为IP54。冷却方式为ICW37A81，空冷器放置在位于机座上方的顶罩内，机内冷却介质空气在由定转子、顶罩、空冷器等组成的风路内密闭循环。

型号含义

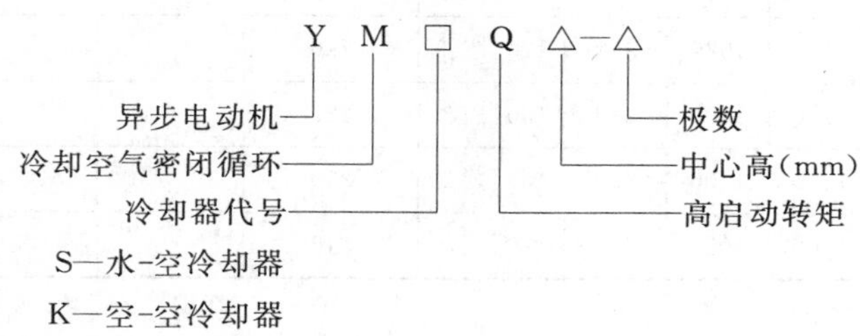

二、技术数据

电动机额定电压为6kV，额定频率为50Hz。

YMSQ、YMKQ系列高启动转矩异步电动机技术数据，见表1-53。

表1-53 YMSQ、YMKQ系列高启动转矩异步电动机技术数据

型号	额定功率(kW)	额定电流(A)	额定转速(r/min)	效率(%)	功率因数	堵转电流/额定电流	堵转转矩/额定转矩	最大转矩/额定转矩	冷却水量(kg/h)	质量(kg)	外形尺寸(mm)(长×宽×高)	通风方式	生产厂
YMSQ355—6	220	28.8	987	93.0	0.8	6.5	2.5	2.5	6000	2300	1463×1334×1299	单风扇轴向通风	
YMSQ450—6	380	50.2	990	94.0	0.8	7.0	2.5	2.2	7000	4500	2044×1613×1650		
YMSQ550—6	450	58.2	985	93.5	0.8	6.5	2.5	2.5	7000	4700	2044×1873×1748		
YMSQ630—6	550	65.4	990	94.6	0.85	7.0	2.5	2.2	9000	6800	1998×1977×1930		
YMSQ630—6	650	77.9	990	94.7	0.85	7.0	2.5	2.2	9000	7300	2234×1977×1930	双风扇径向通风	北京电力设备总厂
YMSQ630—6	800	95.1	991	95.1	0.85	7.0	2.5	2.2	12000	8000	2437×2202×1990		
YMSQ630—6	900	107	1000	95.1	0.85	6.5	2.8	2.5					
YMSQ630—6	1000	118.9	1000	95.1	0.85	6.5	2.8	2.5					
YMKQ630—6	550	65.4	990	94.6	0.85	7.0	2.5	2.2		6800	2000×1858×1820	空-空冷却器	

注 YMSQ630—6型800kW电动机装有轴承测温计。

三、外形及安装尺寸

YMSQ、YMKQ系列高启动转矩异步电动机安装尺寸，见表1-54及图1-31。

表 1-54 YMSQ、YMKQ 系列高启动转矩异步电动机安装尺寸 单位：mm

型 号	功率 (kW)	A	B	C	D	E	F	G	H	K
YMSQ355—6	220	610	800	255	$95^{+0.045}_{+0.023}$	170			$355^{0}_{-0.5}$	36
YMSQ450—6	380	750	1000	380	$110^{+0.035}_{+0.013}$	210±0.57			$450^{0}_{-0.5}$	35
YMSQ550—6	450	1060	1250	200	$120^{+0.035}_{+0.013}$	210			$550^{0}_{-0.5}$	
YMSQ630—6	550	1100	1020	330	$120^{+0.035}_{+0.013}$	210			$630^{0}_{-0.5}$	42
YMSQ630—6	650	1060	1400	230	$130^{+0.052}_{+0.027}$	220			$630^{0}_{-0.5}$	42
YMSQ630—6	800	1200	1400	290	$130^{+0.052}_{+0.027}$	250	$36^{0}_{-0.062}$	$53^{0}_{-0.2}$	$630^{0}_{-0.5}$	42
YMKQ630—6	550	1100	1020	330	$120^{+0.035}_{+0.013}$	210			$630^{0}_{-0.5}$	42

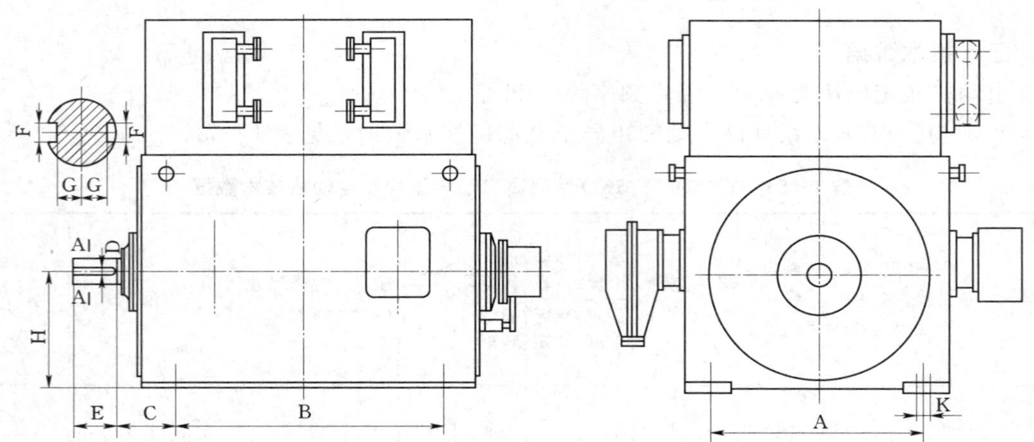

图 1-31 YMSQ、YMKQ 系列高启动转矩异步电动机安装尺寸

1.2.8 YR 系列（H280～355）三相低压异步电动机

一、概述

YR 系列（H280～355）三相低压异步电动机具有高效、节能、启动转矩大，在一定范围内可调速、性能好、噪声低、振动小、可靠性高、使用维护方便等特点。适用于驱动卷扬机、鼓风机、通风机、压缩机、水泵、破碎机、磨煤机、切削机床、运输机械及其它设备，并可供工矿企业作原动机之用。

型号含义

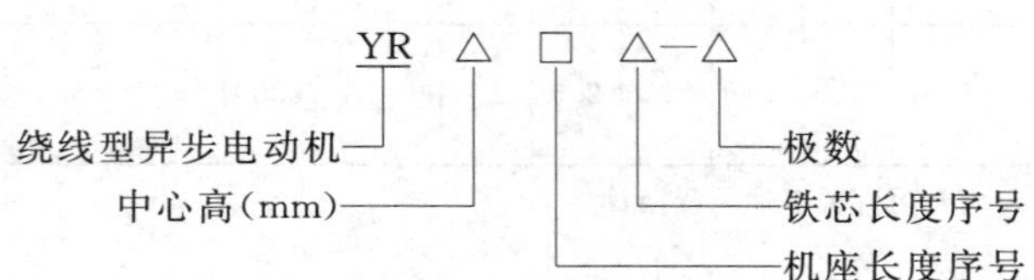

二、技术数据

电动机额定工作方式为S1，额定电压为380V，额定频率为50Hz。

YR系列（H280～355）三相低压异步电动机技术数据，见表1-55。

表1-55 YR系列（H280～355）三相低压异步电动机技术数据

型号	额定功率(kW)	额定电流(A)	转速(r/min)	效率(%)	功率因数	最大转矩/额定转矩	转子电压(V)	转子电流(A)	转子转动惯量(kg·m²)	重量(kg)	生产厂
YR280S—4	110	202	1463	92.4	0.897	3.32	381	180	4.0	850	上海电机厂（H280～355，IP23）
YR280M—4	132	240	1461	92.8	0.903	3.17	419	197	4.2	930	
YR315S—4	160	296	1472	92.7	0.887	2.27	204	493	3.8	1270	
YR315M—4	185	335	1473	93.3	0.899	2.20	227	510	4.4	1390	
YR315M—4	200	362	1476	93.8	0.894	2.41	256	486	4.8	1430	
YR315M—4	220	397	1479	94.2	0.893	2.65	292	464	5.3.	1500	
YR315M—4	250	451	1476	94.0	0.896	2.33	292	531	5.3	1500	
YR355M—4	280	502	1480	94.0	0.902	2.36	451	386	17.0	1990	
YR355M—4	315	563	1476	94.0	0.905	2.11	452	437	17.0	1990	
YR355L—4	355	632	1480	94.4	0.904	2.34	527	418	20.0	2100	
YR280S—6	75	144	966	90.8	0.875	2.50	392	122	4.0	800	
YR280M—6	90	168	970	91.5	0.887	2.50	480	119	4.5	1000	
YR315S—6	110	210	979	91.8	0.869	2.00	162	433	7.0	1450	
YR315M—6	132	247	985	93.3	0.872	2.45	225	365	8.5	1500	
YR315M—6	160	298	981	93.0	0.876	2.01	225	449	8.5	1500	
YR355M—6	185	346	982	93.3	0.870	1.94	231	505	10.0	1850	
YR355M—6	200	372	983	93.6	0.873	1.94	250	502	11.0	1900	
YR355M—6	220	408	983	93.8	0.874	1.95	273	505	12.0	2090	
YR355M—6	250	461	983	94.0	0.876	1.91	301	520	12.5	2160	
YR355L—6	280	515	985	94.3	0.876	2.04	334	521	13.0	2200	
YR280S—8	55	114	722	90.0	0.820	2.20	296	120	4.5	820	
YR280M—8	75	154	726	91.3	0.812	2.23	387	123	5.0	1000	
YR315S—8	90	177	734	92.1	0.842	2.12	199	285	8.0	1500	
YR315M—8	110	214	734	92.2	0.846	2.00	221	314	8.3	1530	
YR315M—8	132	257	734	92.8	0.845	2.00	249	334	8.5	1550	

续表1-55

型　　号	额定功率(kW)	额定电流(A)	转速(r/min)	效率(%)	功率因数	最大转矩/额定转矩	转子电压(V)	转子电流(A)	转子转动惯量(kg·m²)	重量(kg)	生产厂
YR355M—8	160	309	733	93.3	0.844	2.16	326	309	11.0	1950	上海电机厂(H280～355，IP23)
YR355M—8	185	356	733	93.3	0.848	2.08	359	325	12.0	2010	
YR355M—8	200	384	736	93.4	0.848	2.24	399	314	13.5	2080	
YR355L—8	220	417	736	93.8	0.855	2.24	450	305	15.0	2220	
YR355L—8	250	476	737	94.2	0.848	2.39	514	302	16.5	2310	
YR315S—10	55	121	585	91.0	0.760	2.00	124	283	7.0	1570	
YR315M—10	75	154	585	92.5	0.799	2.14	173	272	9.0	1670	
YR355M—10	90	190	589	92.5	0.780	2.00	175	325	16.0	2030	
YR355M—10	110	228	589	92.9	0.790	2.10	190	363	17.5	2100	
YR355M—10	132	271	588	92.9	0.797	1.93	209	398	19.0	2200	
YR355L—10	160	327	588	93.0	0.800	1.82	232	435	21.0	2290	
YR355L—10	185	377	588	93.4	0.797	1.81	261	446	23.0	2410	
YR315S—4	160	302.1	1474	93.7	0.90	2.2	402	238			重庆电机厂(H315～355，IP23)
YR315M1—4	185	348.2	1474	94.7	0.90	2.7	509	216			
YR315M2—4	200	474.4	1474	94.6	0.90	2.5	507	235			
YR315M3—4	220	411.8	1474	94.9	0.90	2.7	582	225			
YR315M4—4	250	466.9	1474	94.6	0.90	2.4	579	275			
YR355M2—4	280	499.9	1474	94.5	0.90	2.3	291	591.9			
YR355M3—4	315	557.5	1474	94.5	0.91	2.0	315.2	620			
YR355L1—4	355	628.9	1474	94.6	0.91	2.0	341.2	645			
YR315S—6	110	210.1	976	93	0.88	2.4	346	191			
YR315M1—6	132	251.3	976	93.1	0.88	2.2	395	200			
YR315M2—6	160	303	976	93.5	0.88	2.3	462	207			
YR355M1—6	185	342.3	976	93.4	0.88	1.9	233.8	496.7			
YR355M2—6	200	368.4	976	93.5	0.88	1.9	252.9	494.5			
YR355M3—6	220	405	976	93.8	0.88	2.0	277.1	496.5			
YR355M4—6	250	460	976	93.8	0.88	2.0	304.8	511.7			
YR355L1—6	280	519.6	976	94.0	0.87	2.1	337.7	514.4			
YR315S—8	90	187.5	734	92.8	0.8	2.3	268	212			
YR315M1—8	110	228.7	734	93.2	0.81	2.3	322	204			
YR315M2—8	132	273.6	734	93.3	0.82	2.1	357	221			
YR355M2—8	160	318.9	734	93.5	0.83	2.2	374	266			
YR355M3—8	185	364.6	734	93.5	0.84	1.9	423	273			

续表 1-55

型　　号	额定功率(kW)	额定电流(A)	转速(r/min)	效率(%)	功率因数	最大转矩/额定转矩	转子电压(V)	转子电流(A)	转子转动惯量(kg·m²)	重量(kg)	生产厂
YR355M4—8	200	393.3	734	93.5	0.84	1.9	423	298			重庆电机厂(H315～355，IP23)
YR355L1—8	220	430.1	734	93.5	0.85	2.0	485	284			
YR355L2—8	250	488.6	734	93.5	0.85	1.8	485	327			
YR315S—10	55	125.5	585	92.0	0.76	2.4	249	133			
YR315M1—10	75	169.2	585	92.3	0.77	2.3	308	147			
YR315M2—10	90	199.3	585	92.1	0.79	2.0	331	164			
YR355M2—10	110	224.5	585	92.8	0.80	2.3	249.4	275.9			
YR355M3—10	132	267.9	585	92.8	0.81	2.2	273.7	301.6			
YR355L1—10	160	323.4	585	92.8	0.81	2.0	304.8	330.6			
YR355L2—10	185	369.6	585	92.8	0.82	1.9	342.9	340.5			
YR355M4—12	90	189.0	480	90.5	0.79	2.1	293	162			
YR355L1—12	110	230.7	480	91.0	0.80	2.2	359	198			
YR355L2—12	132	277.0	480	91.5	0.80	2.0	430	237.6			重庆电机厂(H355、IP23)
YR355M—4	280	509.6	1500	93.8	0.89	1.8	292	595			
YR355M—4	315	573.3	1500	93.8	0.89	1.8	315	622			
YR355L—4	355	643.3	1500	94.2	0.89	1.8	341	647			
YR355M—6	185	350.7	1000	93.2	0.86	1.8	217	534			
YR355M—6	200	378.3	1000	93.4	0.86	1.8	234	535			
YR355M—6	220	410.9	1000	93.5	0.87	1.8	254	543			
YR355M—6	250	466.4	1000	93.6	0.87	1.8	277	566			
YR355L—6	280	521.3	1000	93.8	0.87	1.8	307	570			
YR355M—8	160	323.4	750	92.8	0.81	1.8	216	466			
YR355M—8	185	373.9	750	92.8	0.81	1.8	241	485			
YR355M—8	200	402.5	750	93.2	0.81	1.8	270	462			
YR355M—8	220	477.3	750	93.4	0.81	1.8	295	465			
YR355L—8	250	507.8	750	93.5	0.80	1.8	344	451			
YR355M—10	110	229.2	600	92.3	0.79	1.8	226	305			
YR355M—10	132	271.6	600	92.3	0.80	1.8	247	338			
YR355M—10	160	329.2	600	92.3	0.80	1.8	271	373			
YR355L—10	185	379.8	600	92.5	0.80	1.8	301	388			

注　转速为同步转速或额定转速。

三、外形及安装尺寸

YR系列（H280～355）三相低压异步电动机外形及安装尺寸，见表1-56及图1-32。

表 1-56 YR 系列（H280～355）三相低压异步电动机外形及安装尺寸

单位：mm

机座号	极数	H	A	B	C	D	E	F	GD	G	K	AB	AC	AD	BB	HD	L	生产厂
280S	4～10	280	457	368	190	80	170	22			24							上海电机厂（H280～355）
280M	4～10	280	457	419	190	80	170	22			24							
315S	4～10	315	508	406	216	90	170	25			28							
315M	4～10	315	508	457	216	90	170	25			28							
355M	4～10	355	610	560	254	100	210	28			28							
355L	4～10	355	610	630	254	100	210	28			28							
315S	4～10	315	508	406	216	90	170	25	14	81	28	628	792	396	390	928	1710	重庆电机厂（H315～355）
315M	4～10	315	508	457	216	90	170	25	14	81	28	628	792	396	790	928	1820	
355M	4～12	355	610	560	254	100	210	28	16	90	28	730	980	490	850	1120	2170	
355L	4～12	355	610	630	254	100	210	28	16	90	28	730	980	490	850	1120	2740	
355M	4～10	$355_{-1.0}^{0}$	610±1.40	560±1.40	254±4.0	$100_{+0.013}^{+0.035}$	210±0.57	$28_{-0.052}^{0}$		$62.5_{-0.2}^{0}$	$28_{0}^{+0.52}$							重庆电机厂（H355）
355L	4～10	$355_{-1.0}^{0}$	610±1.40	630±1.40	254±4.0	$100_{+0.013}^{+0.035}$	210±0.57	$28_{-0.052}^{0}$		$90_{-0.2}^{0}$	$28_{0}^{+0.52}$							

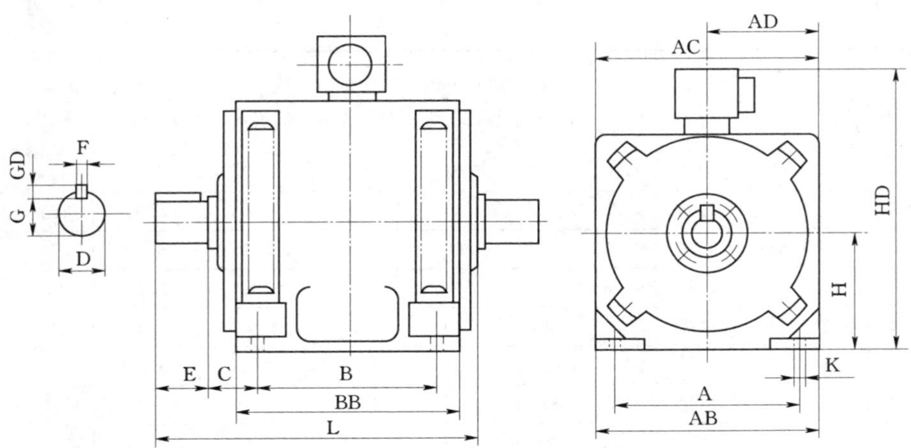

图 1-32 YR 系列（H280～355）三相低压异步电动机外形及安装尺寸

1.2.9 Y 系列（H280～355）三相低压异步电动机

一、概述

Y 系列（H280～355）三相低压异步电动机具有高效、节能、启动转矩大、性能好、噪声低、振动小、可靠性高、使用维护方便等特点。适用于驱动卷扬机、鼓风机、通风机、压缩机、水泵、破碎机、磨煤机、切削机床、运输机械及其它设备，并可供工矿企业作原动机之用。

型号含义

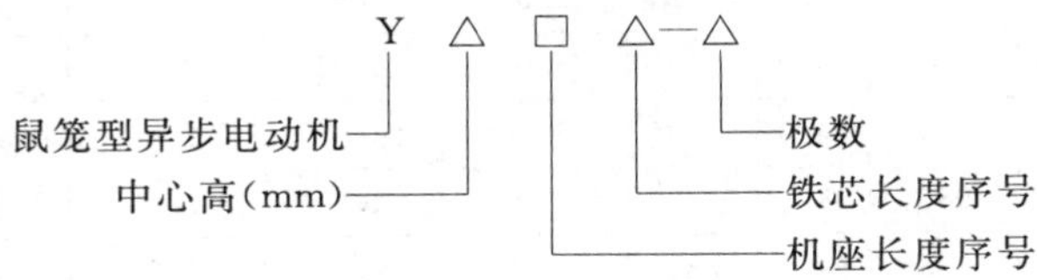

二、技术数据

电动机额定工作方式为 S1，额定电压为 380V，额定频率为 50Hz。

Y 系列（H280～355）三相低压异步电动机技术数据，见表 1-57。

表 1-57 Y 系列（H280～355）三相低压异步电动机技术数据

型号	额定功率（kW）	额定电流（A）	转速（r/min）	效率（%）	功率因数	堵转电流/额定电流	堵转转矩/额定转矩	最大转矩/额定转矩	转动惯量（kg·m²）	重量（kg）	生产厂
Y280M—2	132	239	2972	92.8	0.905	5.73	1.86	2.87	1.25	760	上海电机厂（H280～355，IP23）
Y315S—2	160	293	2962	92.7	0.904	5.73	1.72	2.65	2.20	1330	
Y315S—2	185	338	2955	92.8	0.905	4.98	1.49	2.28	2.20	1330	
Y315M—2	200	362	2964	93.5	0.907	6.06	1.89	2.71	2.50	1380	
Y315M—2	220	397	2960	93.8	0.909	5.54	1.73	2.46	2.50	1380	
Y355M—2	250	450	2965	93.8	0.900	5.65	1.00	2.00	5.00	1860	

续表 1-57

型　　号	额定功率(kW)	额定电流(A)	转速(r/min)	效率(%)	功率因数	堵转电流/额定电流	堵转转矩/额定转矩	最大转矩/额定转矩	转动惯量(kg·m²)	重量(kg)	生产厂
Y355M—2	280	495	2965	94.0	0.914	5.03	1.16	2.26	5.00	1860	
Y355M—2	315	558	2964	94.3	0.910	4.35	0.97	2.01	5.00	1860	
Y355L—2	355	622	2970	94.5	0.918	5.60	1.38	2.40	6.20	2030	
Y280S—4	110	202	1480	92.8	0.892	5.97	1.92	2.74	2.00	710	
Y280M—4	132	241	1479	93.0	0.896	5.70	1.87	2.59	2.20	740	
Y315S—4	160	296	1477	93.2	0.894	5.00	1.57	2.24	3.00	1140	
Y315M—4	185	340	1476	93.8	0.897	4.86	1.56	2.16	3.40	1260	
Y315M—4	200	365	1478	94.2	0.898	5.40	1.78	2.36	3.75	1330	
Y315M—4	220	402	1480	94.3	0.896	5.91	2.01	2.54	4.25	1330	
Y315M—4	250	456	1477	94.3	0.898	5.24	1.79	2.26	4.25	1340	
Y355M—4	280	503	1480	94.2	0.898	5.60	1.30	2.30	7.50	1730	
Y355M—4	315	563	1476	94.3	0.902	4.55	1.12	1.98	8.20	1800	
Y355L—4	355	631	1479	94.6	0.904	5.22	1.30	2.10	9.20	1900	
Y280S—6	75	142	987	92.3	0.869	5.82	2.07	2.27	2.25	690	
Y280M—6	90	168	988	92.6	0.881	5.87	2.08	2.23	2.75	780	
Y315S—6	110	206	985	93.4	0.880	5.04	1.53	2.16	4.25	1160	
Y315M—6	132	246	987	93.9	0.878	5.16	1.63	2.21	4.50	1310	
Y315M—6	160	296	986	94.1	0.881	5.03	1.62	2.13	5.00	1370	上海电机厂（H280 ～355，IP23）
Y355M—6	185	338	985	94.0	0.885	5.01	1.31	2.02	7.60	1790	
Y355M—6	200	365	986	94.0	0.886	5.09	1.35	2.03	8.20	1820	
Y355M—6	220	400	986	94.2	0.887	5.03	1.35	2.00	9.00	1850	
Y355M—6	250	454	985	94.3	0.888	4.92	1.34	1.94	9.60	1900	
Y355L—6	280	507	985	94.5	0.888	4.88	1.34	1.90	10.70	1980	
Y280S—8	55	110	738	91.7	0.828	5.06	1.95	2.19	2.70	750	
Y280M—8	75	151	739	92.2	0.819	5.45	2.20	2.24	3.30	825	
Y315S—8	90	179	738	92.7	0.831	4.85	1.48	2.05	5.10	1400	
Y315M—8	110	219	738	92.9	0.831	4.97	1.56	2.05	5.80	1440	
Y315M—8	132	261	738	93.4	0.831	5.23	1.68	2.13	6.40	1490	
Y355M—8	160	313	740	93.6	0.831	4.61	1.40	2.01	12.00	1740	
Y355M—8	185	362	740	93.6	0.830	4.63	1.40	1.97	12.50	1770	
Y355M—8	200	390	739	93.6	0.832	4.26	1.31	1.83	13.00	1800	
Y355L—8	220	427	739	94.0	0.833	4.23	1.30	1.81	14.00	1900	
Y355L—8	250	483	740	94.3	0.835	4.59	1.45	1.94	15.40	2020	
Y315S—10	55	111	590	92.0	0.814	4.72	1.58	2.32	5.30	1300	
Y315M—10	75	151	591	92.1	0.811	5.05	1.74	2.46	7.40	1500	
Y315M—10	90	182	589	92.2	0.818	4.25	1.48	2.02	7.40	1500	

续表 1-57

型　号	额定功率 (kW)	额定电流 (A)	转速 (r/min)	效率 (%)	功率因数	堵转电流/额定电流	堵转转矩/额定转矩	最大转矩/额定转矩	转动惯量 (kg·m^2)	重量 (kg)	生产厂
Y355M—10	110	222	591	92.8	0.811	4.31	1.30	2.11	11.60	1830	上海电机厂 (H280～355，IP23)
Y355M—10	132	265	590	93.3	0.812	4.31	1.32	2.08	13.00	1910	
Y355L—10	160	319	589	93.1	0.818	3.95	1.21	1.89	14.60	1910	
Y355L—10	185	369	589	93.2	0.819	3.90	1.15	1.87	16.00	2030	
Y315S—2	160	292.0	2970	92.6	0.92	6.5	1.7	2.6			重庆电机厂 (H315～355，IP23)
Y315M1—2	185	337.6	2970	92.5	0.92	6.6	1.5	2.0			
Y315M2—2	200	363.0	2970	93.0	0.92	6.4	1.8	2.4			
Y315M3—2	220	397.2	2970	93.5	0.92	6.0	1.6	2.0			
Y315M4—2	250	460.2	2970	93.8	0.91	6.2	1.7	2.4			
Y355M2—2	280	514.3	2975	94.7	0.91	4.4	1.1	2.0			
Y355M3—2	315	572.1	2975	94.5	0.91	4.5	1.1	2.1			
Y355L1—2	355	642.7	2975	95.4	0.92	4.7	1.2	2.1			
Y315S—4	160	297.0	1475	93.0	0.90	6.0	1.8	2.2			
Y315M1—4	185	341.6	1475	93.5	0.91	6.1	1.9	2.3			
Y315M2—4	200	368.1	1475	93.8	0.90	6.0	1.6	2.2			
Y315M3—4	220	404.1	1475	94.0	0.91	6.1	1.7	2.3			
Y315M4—4	250	457.7	1475	94.3	0.91	6.0	1.6	2.2			
Y355M2—4	280	506.9	1475	94.4	0.91	5.7	1.4	2.1			
Y355M3—4	315	563.9	1475	94.7	0.91	6.3	1.6	2.3			
Y355L1—4	355	634.2	1475	94.7	0.92	5.8	1.4	2.1			
Y315S—6	110	206.6	995	93.0	0.88	6.3	1.5	2.0			
Y315M1—6	132	246.5	995	93.5	0.89	6.2	1.6	2.1			
Y315M2—6	160	297.9	995	93.8	0.88	6.5	1.7	2.1			
Y355M1—6	185	343.7	985	94.1	0.88	5.8	1.7	2.4			
Y355M2—6	200	37.6	985	94.3	0.98	5.8	1.7	2.4			
Y355M3—6	220	404.1	985	94.4	0.89	5.8	1.7	2.4			
Y355M4—6	250	457.7	985	94.4	0.90	5.4	1.6	2.2			
Y355L2—6	280	512.6	985	94.6	0.89	5.4	1.7	2.2			
Y315S—8	90	183.1	735	92.3	0.86	6.0	1.5	2.1			
Y315M1—8	110	222.3	735	92.8	0.83	5.3	1.4	2.2			
Y315M2—8	132	265.4	735	93.3	0.83	5.4	1.4	2.0			
Y355M2—8	160	321.0	740	93.7	0.83	4.9	1.4	2.0			
Y355M3—8	185	371.1	740	93.8	0.82	5.1	1.5	2.0			
Y355M4—8	200	401.2	740	94.4	0.82	5.1	1.6	2.0			
Y355L1—8	220	439.0	735	94.1	0.83	4.7	1.4	1.9			
Y355L2—8	250	511.5	735	94.3	0.83						

续表 1-57

型　　号	额定功率(kW)	额定电流(A)	转速(r/min)	效率(%)	功率因数	堵转电流/额定电流	堵转转矩/额定转矩	最大转矩/额定转矩	转动惯量(kg·m^2)	重量(kg)	生产厂
Y315S—10	55	123.4	590	91.5	0.75	5.3	1.5	2.0			重庆电机厂(H315 ～355，IP23)
Y355M1—10	75	165.1	590	92.1	0.76	5.4	1.4	2.1			
Y315M2—10	90	195.6	590	92.0	0.78	4.8	1.3	2.0			
Y355M2—10	110	231.6	590	94.1	0.82	4.8	1.1	2.3			
Y355M3—10	132	273.6	590	94.1	0.82	4.4	1.1	2.1			
Y355L1—10	160	331.6	590	94.0	0.82	4.5	1.1	2.0			
Y355L2—10	185	382.6	590	93.5	0.82	4.4	1.2	2.0			
Y355M4—12	90	200.9	490	92.6	0.76	4.5	1.3	2.2			
Y355L1—12	110	241.4	490	93.0	0.77	4.1	1.2	2.0			重庆电机厂(H355,IP23)
Y355L2—12	132	289.1	490	94.7	0.77	4.4	1.3	2.0			
Y355M—2	280	513.7	3000	94.1	0.88	6.5	1	1.8			
Y355M—2	315	569.6	3000	94.4	0.89	6.5	1	1.8			
Y355M—2	355	640.6	3000	94.6	0.89	6.5	1	1.8			
Y355M—4	280	506.9	1500	94.3	0.89	6.5	1	1.8			
Y355M—4	315	563.9	1500	94.3	0.90	6.5	1	1.8			
Y355L—4	355	634.2	1500	94.5	0.90	6.5	1	1.8			
Y355M—6	185	343.7	1000	94.0	0.87	6	1	1.8			
Y355M—6	200	367.3	1000	94.0	0.88	6	1	1.8			
Y355M—6	220	403.7	1000	94.1	0.88	6	1	1.8			
Y355M—6	250	458.2	1000	94.2	0.88	6	1	1.8			
Y355L—6	280	512.6	1000	94.3	0.88	6	1	1.8			
Y355M—8	160	320.3	750	93.7	0.81	5.5	1	1.8			
Y355M—8	185	370.3	750	93.7	0.81	5.5	1	1.8			
Y355M—8	200	399.5	750	93.9	0.81	5.5	1	1.8			
Y355M—8	220	439.0	750	94.0	0.81	5.5	1	1.8			
Y355L—8	250	511.5	750	94.0	0.79	5.5	1	1.8			
Y355M—10	110	225.1	600	92.8	0.80	5.5	1	1.8			
Y355M—10	132	266.8	600	92.8	0.81	5.5	1	1.8			
Y355M—10	160	323.4	600	92.8	0.81	5.5	1	1.8			重庆电机厂(H355,IP44)
Y355L—10	185	373.1	600	93.0	0.81	5.5	1	1.8			
Y355M—2	185	336	2980	94	0.88	6.8	1.2	2.2		1740	
Y355M—2	200	363	2980	94.1	0.88	6.8	1.2	2.2		1760	
Y355M—2	220	398	2980	94.2	0.89	6.8	1.2	2.2		1780	
Y355M—2	250	447	2980	94.5	0.9	6.8	1.2	2.2		1800	
Y355L—2	280	500	2980	94.7	0.9	6.8	1.2	2.2		1900	
Y355L—2	315	560	2980	95	0.9	6.8	1.2	2.2		1950	

续表 1-57

型号	额定功率(kW)	额定电流(A)	转速(r/min)	效率(%)	功率因数	堵转电流/额定电流	堵转转矩/额定转矩	最大转矩/额定转矩	转动惯量(kg·m²)	重量(kg)	生产厂
Y355M—4	185	343	1488	94.2	0.87	6.8	1.3	2.2		1780	重庆电机厂(H355,IP44)
Y355M—4	200	370	1488	94.4	0.87	6.8	1.3	2.2		1800	
Y355M—4	220	408	1488	94.4	0.87	6.8	1.3	2.2		1830	
Y355M—4	250	462	1488	94.7	0.87	6.8	1.3	2.2		1850	
Y355L—4	280	516	1488	94.9	0.87	6.8	1.3	2.2		1900	
Y355L—4	315	580	1488	95.2	0.87	6.8	1.3	2.2		1950	
Y355M—6	160	301	991	94.1	0.86	6.5	1.3	2.0		1780	
Y355M—6	185	347	991	94.3	0.86	6.5	1.3	2.0		1800	
Y355M—6	200	374	991	94.3	0.86	6.5	1.3	2.0		1830	
Y355L—6	220	412	991	94.5	0.86	6.5	1.3	2.0		1900	
Y355L—6	250	467	991	94.7	0.86	6.5	1.3	2.0		1950	
Y355M—8	132	261	742	93.8	0.82	6.0	1.4	2.0		1780	
Y355M—8	160	317	742	94	0.82	6.0	1.4	2.0		1800	
Y355L—8	185	365	742	94.2	0.82	6.0	1.4	2.0		1900	
Y355L—8	200	394	742	94.3	0.82	6.0	1.4	2.0		1950	
Y355M—10	90	189	594	92.8	0.78	5.8	1.4	2.0		1900	
Y355L—10	110	230	593	93.2	0.78	5.8	1.4	2.0		1950	
Y355L—10	132	271	593	93.4	0.79	5.8	1.4	2.0		2000	

注 转速为同步转速或额定转速。

三、外形及安装尺寸

Y系列（H280～355）三相低压异步电动机（IP23）外形及安装尺寸，见表1-58及图1-33。

Y系列（H355）三相低压异步电动机（IP44）外形及安装尺寸，见表1-59及图1-34。

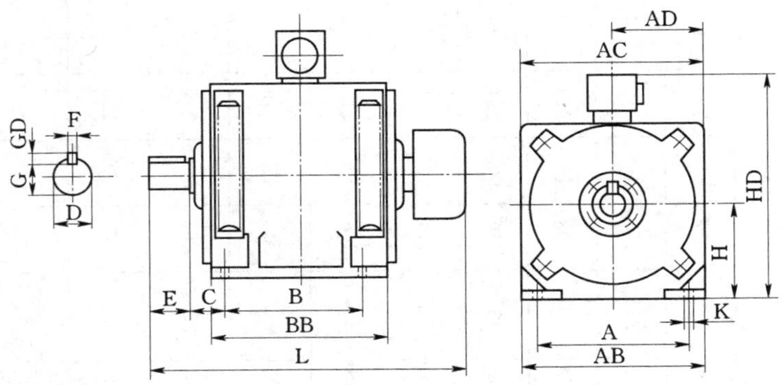

图1-33 Y系列（H280～355）三相低压异步电动机（IP23）外形及安装尺寸

表 1-58 Y系列（H280～355）三相低压异步电动机（IP23）外形及安装尺寸

单位：mm

机座号	H	A	B	C	2极					4～12极					K	AB	AC	AD	BB	HD	L	生产厂
					D	E	F	GD	G	D	E	F	GD	G								
280S	280	457	368	190	65	140	18			80	170	22			24							上海电机厂（H280～355）
280M	280	457	419	190	65	140	18			80	170	22			24							
315S	315	508	406	216	70	140	20			90	170	25			28							
315M	315	508	457	216	70	140	20			90	170	25			28							
355M	355	610	560	254	75	140	20			100	210	28			28							
355L	355	610	630	254	75	140	20			100	210	28			28							
315S	315	508	406	216	70	140	20	12	62.5	90	170	25	14	81	28	628	792	396	690	928	1390	重庆电机厂（H315～355）
315M	315	508	457	216	70	140	20	12	62.5	90	170	25	14	81	28	628	792	396	790	928	1490	
355M	355	610	560	254	75	140	20	12	67.5	100	210	28	16	90	28	730	980	490	850	1120		
355L	355	610	630	254	75	140	20	12	67.5	100	210	28	16	90	28	730	980	490	850	1120		
355M	$355_{-1.00}^{0}$	610±1.40	560±1.40	254±4.0	$70_{+0.010}^{+0.030}$	140±0.50	$20_{+0.052}^{0}$		$62.5_{-0.2}^{0}$	$100_{+0.013}^{+0.035}$	210±0.57	$28_{-0.052}^{0}$		$62.5_{-0.2}^{0}$	$28_{0}^{+0.52}$							重庆电机厂（H355）
355L	$355_{-1.00}^{0}$	610±1.40	630±1.40	254±4.0						$100_{+0.013}^{+0.035}$	210±0.57	$28_{-0.052}^{0}$		$90_{-0.2}^{0}$	$28_{0}^{+0.52}$							

表 1-59　Y 系列（H355）三相低压异步电动机（IP44）外形及安装尺寸　　单位：mm

机座号	极数	H	A	B_1	B_2	C	D	E	F	G	K	AB	HD	L_1	L
355M	2	$355_{-1.00}^{0}$	610±1.4	500±1.4	560±1.4	254±4.0	$75_{+0.011}^{+0.030}$	140±0.5	$20_{-0.52}^{0}$	67.5	$28_{0}^{+0.52}$	730	1010	680	1470
355M	4～10	$355_{-1.00}^{0}$	610±1.4	500±1.4	560±1.4	254±4.0	$95_{+0.013}^{+0.035}$	170±0.5	$20_{-0.52}^{0}$	86	$28_{0}^{+0.52}$	730	1010	680	1500
355L	2	$355_{-1.00}^{0}$	610±1.4	560±1.4	630±1.4	254±4.0	$75_{+0.011}^{+0.030}$	140±0.5	$20_{-0.52}^{0}$	67.5	$28_{0}^{+0.52}$	730	1010	750	1540
355L	4～10	$355_{-1.00}^{0}$	610±1.4	560±1.4	630±1.4	254±4.0	$95_{+0.013}^{+0.035}$	170±0.5	$20_{-0.52}^{0}$	86	$28_{0}^{+0.52}$	730	1010	750	1570

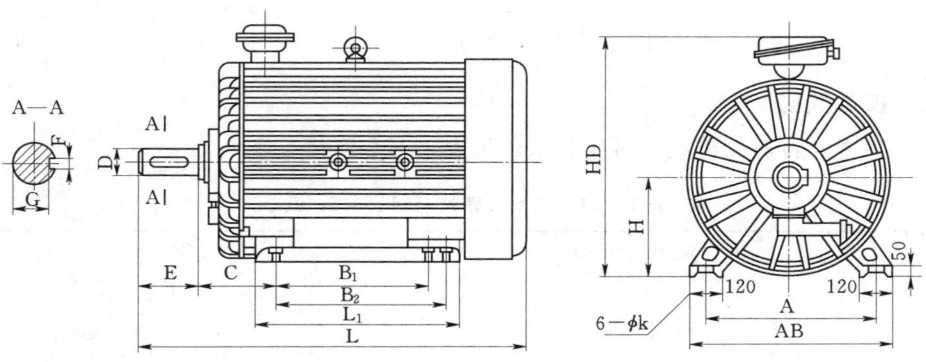

图 1-34　Y 系列（H355）三相低压异步电动机（IP44）外形及安装尺寸

1.2.10　YJS 系列紧凑型三相笼型异步电动机

YJS 系列紧凑型三相笼型异步电动机是在 Y 系列三相笼型异步电动机的基础上研制出的使用范围更广、防护等级更高、技术性能更好、结构紧凑、节能并能满足环保要求的新一代产品，具有振动及噪音小、安装及维修方便等特点。本系列电动机采用 F 级绝缘，电压分别为 6kV、10kV，安装尺寸及功率均符合 IEC 72 标准。本系列电动机适用于拖动压缩机、通风机、水泵、破碎机、金属切削机床、磨煤机、运输机械等，并可供矿山工业、机械工业、石油化工工业及其它工矿企业作原动机用。

型号含义

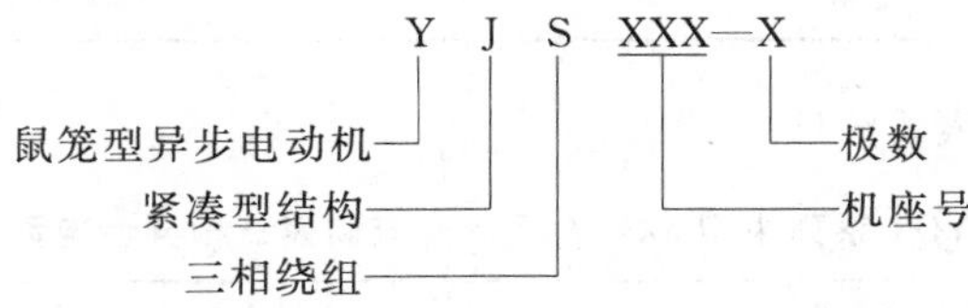

1.2.11　YQT 系列中型 6kV 内反馈交流调速三相异步电动机

一、概述

YQT 系列三相异步电动机，是根据内反馈交流调速原理设计、制造成功的特种调速电机。由斩波式调速装置与内反馈调速电机构成的内反馈交流调速系统，既具有优良的无级调速特性，又可取得比普通晶闸管串级调速更高的节能效果。同时，取消了逆变变压器，并通过内补偿大大提高了电机功率因数，有效地抑制了谐波对电网的污染，使串级调速技术更先进可靠，结构更紧凑合理，造价更低廉，为交流调速开辟了崭新途径。电机除作调速运行以外，还可作普通绕线式异步电机使用。作普通绕线式异步电机使用时，电机的各项性能指标均不低于同类绕线式异步电机的国家标准。本电机配以调速装置后，具有恒转矩调速特性，适用于中、大型水泵、风机、压缩机等设备的节能调速，也适用于恒转矩负载的拖动，具有显著的节电、节能、改进工艺、提高经济效益等效果。

型号含义

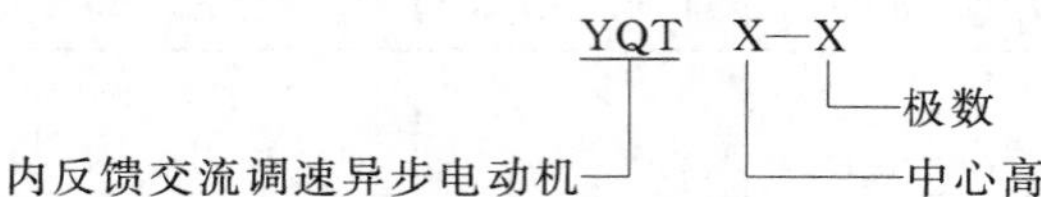

二、技术数据

（1）功率、转速与机座号对应关系，见表1-60。

表1-60 功率、转速与机座号对应关系

机座号	同步转速（r/min） 1500	1000	750
	功率（kW）		
400	200		
400	220		
400	250		
400	280		
450		200	
450	315	220	
450	355	250	200
450	400	280	220
450	450	315	250
450	500	355	280
500	560	400	

机座号	同步转速（r/min） 1500	1000	750
	功率（kW）		
500	630	450	315
500	710	500	355
500	800	560	400
560	900	630	450
560	1000	710	500
560	1120	800	560
560	1250		630
630	1400	900	710
630	1600	1000	800
630	1800	1120	900

（2）技术数据，见表1-61。

表1-61 YQT系列中型6kV内反馈交流调速三相异步电动机技术数据

型号	额定值 功率（kW）	电压（V）	电流（A）	转速（r/min） 最高	最低	效率（%）	额定功率因数	最大转矩/额定转矩	转子 电压（V）	电流（A）	电阻（Ω）	冷却风量（m^3/s）	重量（kg）
YQT400—4	200	6000	24	1476	528	92.26	0.868	2.03	324	392	0.00775	0.67	3000
YQT400—4	220	6000	26.3	1476	529	92.6	0.868	2.06	348	400	0.00785	0.70	3000
YQT400—4	250	6000	29.7	1476	531	92.84	0.872	1.96	375	423	0.00813	0.77	3200
YQT400—4	280	6000	33.3	1477	529	93.19	0.869	1.99	406	435	0.00823	0.82	3300
YQT450—4	315	6000	37.0	1490	598	93.16	0.881	2.32	437	451	0.00752	0.93	3300

续表 1-61

型号	额定值					效率 (%)	额定功率因数	最大转矩/额定转矩	转子			冷却风量 (m^3/s)	重量 (kg)
	功率 (kW)	电压 (V)	电流 (A)	转速 (r/min) 最高	转速 (r/min) 最低				电压 (V)	电流 (A)	电阻 (Ω)		
YQT450—4	355	6000	41.8	1481	600	93.3	0.875	2.37	477	465	0.00762	1.02	3400
YQT450—4	400	6000	46.5	1478	601	93.35	0.881	2.02	498	528	0.00770	1.14	3500
YQT450—4	450	6000	52.1	1479	601	93.64	0.888	2.02	526	538	0.00803	1.22	3700
YQT450—4	500	6000	57.8	1480	601	93.88	0.887	2.10	584	536	0.00838	1.30	4200
YQT500—4	560	6000	65.2	1486	598	99.04	0.881	1.99	524	611	0.00575	1.42	4500
YQT500—4	630	6000	72.8	1484	600	94.27	0.883	2.01	583	677	0.00531	1.53	4900
YQT500—4	710	6000	82.2	1485	598	94.48	0.879	2.10	655	474	0.00553	1.60	5300
YQT500—4	800	6000	92.4	1487	600	94.7	0.880	2.22	750	660	0.00585	1.79	5900
YQT560—4	900	6000	103.4	1487	600	94.58	0.883	2.13	750	746	0.00520	2.06	6300
YQT560—4	1000	6000	115.9	1489	600	94.81	0.875	2.41	874	704	0.00556	2.19	7000
YQT560—4	1120	6000	127.4	1487	601	95.14	0.889	2.03	877	793	0.00568	2.29	7500
YQT560—4	1250	6000	143.7	1489	600	95.23	0.879	2.41	1050	729	0.00604	2.50	8300
YQT630—4	1400	6000	160.1	1488	834	95.39	0.882	1.86	1290	678	0.00901	2.71	9200
YQT630—4	1600	6000	182.6	1488	835	95.51	0.883	1.82	1421	704	0.00945	3.01	9500
YQT630—4	1800	6000	205.3	1489	834	95.65	0.882	1.86	1578	711	0.00985	3.27	10900
YQT450—6	200	6000	25.5	985	527	92.29	0.817	1.97	296	427	0.00623	0.67	3100
YQT450—6	220	6000	28.1	985	528	92.32	0.817	1.99	318	438	0.00631	0.73	3100
YQT450—6	250	6000	31.4	985	529	92.89	0.824	1.88	343	461	0.00654	0.76	3400
YQT450—6	280	6000	35.3	985	528	92.82	0.822	1.89	371	476	0.00668	0.87	3500
YQT450—6	315	6000	39.5	986	529	93.08	0.824	1.87	405	490	0.00694	0.94	3800
YQT450—6	355	6000	44.4	986	529	93.35	0.823	1.88	446	500	0.00721	1.01	4100
YQT500—6	400	6000	49.1	987	529	93.82	0.836	1.81	447	564	0.00604	1.05	4800
YQT500—6	450	6000	54.7	987	531	94.05	0.841	1.80	497	569	0.00640	1.14	5400
YQT500—6	500	6000	60.5	988	531	94.27	0.844	1.85	560	559	0.00683	1.22	6000
YQT500—6	560	6000	67.9	990	531	94.49	0.84	1.98	640	544	0.00721	1.31	6600
YQT560—6	630	6000	76.3	990	531	94.32	0.843	2.01	639	613	0.00588	1.52	6800
YQT560—6	710	6000	85.9	991	532	94.40	0.843	2.15	747	588	0.00635	1.68	7200
YQT560—6	800	6000	96.2	990	532	94.52	0.847	1.91	747	667	0.00625	1.85	7500
YQT630—6	900	6000	105.6	990	435	94.82	0.865	2.13	1238	452	0.01565	1.97	8100
YQT630—6	1000	6000	118.6	992	434	95.00	0.854	2.47	1484	414	0.01690	2.11	9100
YQT630—6	1120	6000	131.7	991	434	95.13	0.86	2.19	1484	467	0.01677	2.29	9300
YQT450—8	200	6000	27.1	739	394	91.91	0.773	2.01	475	266	0.01474	0.7	3600
YQT450—8	220	6000	29.5	738	394	92.11	0.78	1.82	474	295	0.01456	0.75	3600
YQT450—8	250	6000	33.6	740	394	92.43	0.776	1.95	554	284	0.05171	0.82	4100
YQT450—8	280	6000	37.1	738	394	92.64	0.783	1.80	553	321	0.01551	0.89	4100

续表 1-61

型号	额定值					效率(%)	额定功率因数	最大转矩/额定转矩	转子			冷却风量(m³/s)	重量(kg)
	功率(kW)	电压(V)	电流(A)	转速(r/min) 最高	最低				电压(V)	电流(A)	电阻(Ω)		
YQT500—8	315	6000	41.2	741	395	93.13	0.791	1.97	605	327	0.01360	0.93	5200
YQT500—8	355	6000	45.7	741	396	93.56	0.799	1.90	667	334	0.01454	0.98	5900
YQT500—8	400	6000	51.3	741	396	93.87	0.799	1.91	741	338	0.01538	1.05	6500
YQT560—8	450	6000	57.6	741	440	93.82	0.802	1.91	763	370	0.01519	1.19	5500
YQT560—8	500	6000	63.6	741	441	94.03	0.805	1.93	850	369	0.01616	1.27	6000
YQT560—8	560	6000	71.2	742	442	94.21	0.804	2.00	957	365	0.01715	1.38	6700
YQT560—8	630	6000	79.5	742	442	94.33	0.808	2.01	1095	358	0.01901	1.51	7700
YQT630—8	710	6000	88.7	742	443	94.71	0.813	2.11	1099	400	0.01744	1.59	8200
YQT630—8	800	6000	99.6	743	443	94.85	0.815	2.21	1284	384	0.01930	1.74	9600
YQT630—8	900	6000	111.0	743	443	94.92	0.822	1.95	1284	436	0.01916	1.93	9800

1.3 大型异步电动机

1.3.1 YR系列大型10kV三相绕线型异步电动机

一、概述

YR系列大型10kV三相绕线型异步电动机直接由10kV级电网供电，可简化供电设备、节省投资、节约电能，适用于驱动轧机、球磨机、卷扬机及其它通用机械。

电动机为卧式安装，单轴伸，带切向键，带底板座式轴承，B级绝缘并经过防电晕处理。通风形式为开启式，也可制成其它形式。

型号含义

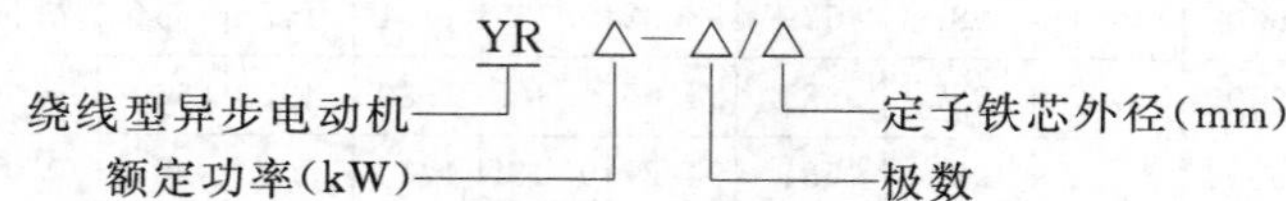

二、技术数据

YR系列大型10kV三相绕线型异步电动机技术数据，见表1-62。

表1-62 YR系列大型10kV三相绕线型异步电动机技术数据

型号	额定功率(kW)	额定电流(A)	额定转速(r/min)	效率(%)	功率因数	最大转矩/额定转矩	转子电压(V)	转子电流(A)	转子电阻(70℃)(Ω)	转动惯量(kg·m²)	生产厂
YR710—4	2500	174	1486	95.6	0.85	1.8	1115	1375			兰州电机有限责任公司
YR710—4	2800	194	1486	95.6	0.85	1.8	1218	1408			
YR710—4	3150	215	1468	95.7	0.85	1.8	1345	1432			

续表 1-62

型　　号	额定功率（kW）	额定电流（A）	额定转速（r/min）	效率（%）	功率因数	最大转矩/额定转矩	转子电压（V）	转子电流（A）	转子电阻（70℃）（Ω）	转动惯量（kg·m²）	生产厂
YR710—4	3550	241	1468	95.8	0.85	1.8	1497	1446			
YR800—4	4000	270	1487	95.9	0.86	1.8	1499	1634			
YR800—4	4500	305	1487	96.0	0.86	1.8	1686	1626			
YR800—4	5000	336	1487	96.1	0.86	1.8	1802	1692			
YR800—4	5600	373	1487	96.2	0.86	1.8	1935	1768			
YR710—6/1180	710	51	989	93.0	0.9	2.4	962	459	0.0129	440	
YR800—6/1180	800	57	989	93.3	0.9	2.3	1044	476	0.0134	490	
YR900—6/1180	900	64	990	93.6	0.9	2.3	1141	489	0.0139	550	
YR1000—6/1180	1000	70	990	93.8	0.9	2.3	1256	493	0.0145	600	
YR1120—6/1180	1120	79	990	94	0.9	2.3	1397	495	0.0153	680	
YR1250—6/1430	1250	88	990	93.9	0.9	2.2	1255	617	0.0113	1040	
YR1400—6/1430	1400	98	991	94.1	0.9	2.3	1397	619	0.0118	1160	
YR1600—6/1430	1600	111	989	94.4	0.9	1.9	1398	713	0.0118	1220	
YR1800—6/1430	1800	124	990	94.6	0.9	1.9	909	1229	0.0131	1390	
YR2000—6/1430	2000	138	991	94.7	0.9	2.1	1039	186	0.0135	1510	
YR2240—6/1730	2240	153	990	94.1	0.9	2.1	1154	1206	0.0161	2860	兰州电机有限责任公司
YR2500—6/1730	2500	170	990	94.3	0.9	2.1	1260	1230	0.0165	3140	
YR630—8/1180	630	45	742	93.1	0.86	2.7	943	417	0.0141	580	
YR710—8/1180	710	52	741	93.2	0.9	2.1	945	470	0.0140	690	
YR800—8/1180	800	57	741	93.5	0.87	2.4	1032	482	0.0145	760	
YR900—8/1430	900	65	741	93.1	0.9	2.1	947	594	0.0105	1220	
YR1000—8/1430	1000	72	742	93.4	0.9	2.0	1034	604	0.0109	1370	
YR1120—8/1430	1120	80	742	93.7	0.9	2.0	1139	613	0.0114	1530	
YR1250—8/1430	1250	89	742	93.9	0.9	2.1	1266	613	0.0119	1680	
YR1400—8/1430	1400	99	743	94.1	0.9	2.1	1427	607	0.0125	1910	
YR1600—8/1730	1600	111	742	93.6	0.9	2.0	1014	987	0.0189	3510	
YR1800—8/1730	1800	124	743	93.8	0.9	2.1	1186	945	0.0204	4280	
YR2000—8/1730	2000	137	743	94.0	0.9	2.1	1295	958	0.0210	4700	
YR2240—8/2150	2240	153	743	93.6	0.9	2.2	1295	1076	0.0201	7610	
YR2500—8/2150	2500	170	743	93.9	0.9	2.2	1426	1087	0.0208	8510	
YR500—10/1180	500	39	593	92.4	0.8	2.4	959	325	0.0200	800	
YR560—10/1180	560	43	593	92.4	0.8	2.4	1033	338	0.0205	830	
YR630—10/1180	630	47	593	92.8	0.83	2.7	1120	349	0.0213	910	

续表1-62

型　　号	额定功率（kW）	额定电流（A）	额定转速（r/min）	效率（%）	功率因数	最大转矩/额定转矩	转子电压（V）	转子电流（A）	转子电阻（70℃）（Ω）	转动惯量（kg·m²）	生产厂
YR710—10/1180	710	54	593	93	0.8	2.3	1222	361	0.0222	990	
YR800—10/1180	800	59	594	93.4	0.83	2.7	1346	368	0.0234	1100	
YR900—10/1430	900	66	592	93.1	0.8	2.3	1229	456	0.0209	1770	
YR1000—10/1430	1000	72	593	93.4	0.86	2.8	1353	457	0.0218	1950	
YR1120—10/1430	1120	82	593	93.6	0.8	2.4	1504	461	0.0227	2120	
YR1250—10/1430	1250	93	593	93.6	0.8	2.6	976	789	0.0244	2300	
YR1400—10/1730	1400	99	593	93.8	0.9	2.0	865	1015	0.0181	3900	
YR1600—10/1730	1600	110	592	94.2	0.89	2.0	864	1160	0.0179	3890	
YR1800—10/1730	1800	127	592	94.4	0.9	1.8	989	1139	0.0186	4280	
YR2000—10/1730	2000	139	593	94.6	0.9	2.0	1156	1073	0.0201	5060	
YR2240—10/2150	2240	158	593	94.2	0.9	2.2	1153	1203	0.0182	7610	
YR2500—10/2150	2500	173	593	94.2	0.9	2.1	1262	1229	0.0192	8950	
YR450—12/1430	450	35	492	91.8	0.8	2.2	694	410	0.0169	1240	
YR500—12/1430	500	39	492	92.2	0.8	2.2	773	408	0.0179	1420	
YR560—12/1430	560	43	493	92.4	0.8	2.3	871	403	0.0188	1590	
YR630—12/1430	630	49	493	92.5	0.8	2.4	995	396	0.0197	1770	兰州电机有限责任公司
YR710—12/1430	710	54	493	92.8	0.8	2.3	1073	414	0.0206	1950	
YR800—12/1430	800	60	494	93.2	0.82	2.9	1269	390	0.0226	2300	
YR900—12/1730	900	65	493	93.3	0.84	2.4	1227	455	0.0207	4110	
YR1000—12/1730	1000	71	493	93.5	0.86	2.5	1352	454	0.0215	4350	
YR1120—12/1730	1120	81	493	93.7	0.85	2.3	1350	460	0.0224	4510	
YR1250—12/1730	1250	92	493	93.8	0.86	2.4	970	781	0.0235	4800	
YR1400—12/1730	1400	100	494	93.8	0.86	2.5	937	926	0.0205	5100	
YR1600—12/1730	1600	109	496	93.5	0.87	2.3	980	1021	0.0215	5600	
YR1800—12/1730	1800	126	494	92.3	0.87	2.2	1073	1042	0.0220	6030	
YR2000—12/2150	2000	153	496	92.9	0.81	4.4	901	1359	0.0084	12750	
YR2240—12/2150	2240	167	496	93.3	0.83	4.2	963	1422	0.0086	13910	
YR2500—12/2150	2500	168	497	93.2	0.82	4.5	1033	1324	0.0090	15070	
YR450—16/1430	450	39	369	90.9	0.74	2.9	916	308	0.0281	2410	
YR500—16/1430	500	41	368	91.2	0.78	2.4	918	344	0.0292	2620	
YR560—16/1430	560	44	367	91.2	0.80	2.1	919	389	0.0296	2730	
YR630—16/1430	630	50	367	91.5	0.80	2.1	996	402	0.0304	2840	
YR710—16/1430	710	56	367	91.9	0.80	2.1	1086	415	0.0317	3060	

续表 1-62

型　　号	额定功率(kW)	额定电流(A)	额定转速(r/min)	效率(%)	功率因数	最大转矩/额定转矩	转子电压(V)	转子电流(A)	转子电阻(70℃)(Ω)	转动惯量(kg·m²)	生产厂
YR800—16/1730	800	67	371	92.9	0.75	2.5	1058	470	0.0164	4180	兰州电机有限责任公司
YR900—16/1730	900	74	371	93.2	0.76	2.4	1156	683	0.0172	4640	
YR1000—16/1730	1000	81	371	93.4	0.76	2.5	1273	487	0.0180	5100	
YR1120—16/1730	1120	91	371	93.7	0.76	2.5	1414	489	0.0188	5570	
YR1250—16/1730	1250	102	371	93.8	0.76	2.6	920	837	0.0207	6260	
YR1400—16/2150	1400	108	371	93.5	0.80	2.9	1110	777	0.0258	10430	
YR1600—16/2150	1600	122	371	93.8	0.81	2.8	1195	824	0.0261	11010	
YR1800—16/2150	1800	140	372	93.8	0.79	3.1	1415	779	0.0201	12750	
YR2000—16/2150	2000	155	372	94	0.79	3.2	1348	907	0.0074	13910	
YR2240—16/2150	2240	176	372	94.1	0.78	3.3	1497	913	0.0077	15070	
YR2500—16/2150	2500	185	371	94.4	0.83	2.7	867	1768	0.0083	16230	
YR400—20/1730	400	34	294	90	0.75	2.5	811	313	0.0293	4270	
YR450—20/1730	450	37	294	90.1	0.77	2.3	811	355	0.0292	4270	
YR500—20/1730	500	41	294	90.5	0.77	2.2	869	367	0.0298	4540	
YR560—20/1730	560	46	294	90.9	0.78	2.2	935	381	0.0307	4810	
YR630—20/1730	630	51	294	91.2	0.79	2.1	1015	396	0.0324	5340	
YR710—20/1730	710	57	294	91.5	0.79	2.1	1108	408	0.0340	5870	
YR800—20/1730	800	63	294	91.8	0.79	2.1	1223	415	0.0356	6410	
YR900—20/1730	900	71	294	92.1	0.79	2.2	1359	418	0.0373	6940	
YR1000—20/1730	1000	80	295	92.5	0.78	2.3	763	822	0.0100	7480	
YR1120—20/2150	1120	91	296	92.7	0.77	2.5	784	889	0.0208	12130	
YR1250—20/2150	1250	99	296	92.7	0.79	2.5	885	879	0.0224	14270	
YR1400—20/2150	1400	111	297	93.2	0.78	2.6	1014	854	0.0239	16410	
YR1600—20/2150	1600	121	296	93.4	0.82	2.1	1017	984	0.0247	17800	
YR1800—20/2150	1800	139	297	93.4	0.8	2.5	1224	861	0.0280	22120	
YR2000—20/2150	2000	157	297	93.6	0.79	2.6	1421	867	0.0286	22840	

三、外形及安装尺寸

YR 系列大型 10kV 三相绕线型异步电动机外形及安装尺寸，见表 1-63 及图 1-35。

表1-63 YR系列大型10kV三相绕线型异步电动机外形及安装尺寸 单位：mm

型号	D	E	C	B_1		A_1		b_5		l_1		h_4	
				开启式	管道式	开启式	管道式	开启式	管道式	开启式	管道式	开启式	管道式
YR710—6/1180	160	300	200	2000		1400		1620		2680		1685	
YR800—6/1180	160	300	200	2000		1400		1620		2680		1685	
YR900—6/1180	160	300	200	2090		1400		1620		2770		1685	
YR1000—6/1180	180	300	230	2150		1400		1620		2890		1685	
YR1120—6/1180	180	300	230	2150		1400		1620		2890		1685	
YR1250—6/1430	180	300	230	2000		1750		1970		2740		1855	
YR1400—6/1430	200	350	230	2100		1750		1970		2890		1855	
YR1600—6/1430	200	350	230	2100		1750		1970		2890		1855	
YR1800—6/1430	200	350	230	2100		1750		1970		2890		1855	
YR2000—6/1430	220	350	260	2200		1750		1970		3050		1855	
YR2240—6/1730	220	350	260	2200		2160		2440		3050		2075	
YR2500—6/1730	220	350	260	2200		2160		2440		3050		2075	
YR630—8/1180	160	300	200	2090		1400		1620		2770		1685	
YR710—8/1180	160	300	200	2090		1400		1620		2770		1685	
YR800—8/1430	160	300	200	1900		1750		1970		2580		1855	
YR900—8/1430	180	300	230	2000		1750		1970		2740		1855	
YR1000—8/1430	180	300	230	2000		1750		1970		2740		1855	
YR1120—8/1430	200	350	230	2090		1750		1970		2880		1855	
YR1250—8/1430	200	350	230	2090		1750		1970		2880		1855	
YR1400—8/1430	200	350	230	2100		1750		1970		2890		1855	
YR1600—8/1730	200	350	230	2000		2100		2440		2790		2075	
YR1800—8/1730	220	350	260	2200		2160		2440		3050		2075	
YR2000—8/1730	220	350	260	2200		2160		2440		3050		2075	
YR2240—8/2150	250	400	260	2100		2740		3020		3000		2005	
YR2500—8/2150	250	400	260	2100		2740		3020		3000		2005	
YR500—10/1180	160	300	200	2000		1400		1620		2680		1685	
YR560—10/1180	160	300	200	2000		1400		1620		2680		1685	
YR630—10/1180	160	300	200	2000		1400		1620		2680		1685	
YR630—10/1180	180	300	230				1820		2040		3730		1760
YR710—10/1180	180	300	230	2100	1900	1400		1620		2840		1685	
YR800—10/1180	180	300	230	2100		1400		1620		2840		1685	
YR900—10/1430	180	300	230	2000		1750		1970		2740		1855	
YR1000—10/1430	180	300	230	2000		1750		1970		2740		1855	
YR1120—10/1430	200	350	230	2100		1750		1970		2890		1855	
YR1120—10/1430	220	350	260				2500		2720		4000		2150

续表 1-63

型 号	D	E	C	B_1		A_1		b_5		l_1		h_4	
				开启式	管道式	开启式	管道式	开启式	管道式	开启式	管道式	开启式	管道式
YR1250—10/1430	200	350	230	2100	2050	1750		1970		2890		1855	
YR1400—10/1730	200	350	230	2250		2160		2440		3040		2075	
YR1600—10/1730	200	350	230	2250		2160		2440		3040		2075	
YR1800—10/1730	220	350	260	2100		2160		2440		2950		2075	
YR2000—10/1730	220	350	260	2100		2160		2440		2950		2075	
YR2240—10/2150	250	400	260	2100		2740		3020		3000		2005	
YR2500—10/2150	250	400	260	2100		2740		3020		3000		2005	
YR450—12/1430	160	300	200	1900		1750		1970		2580		1855	
YR500—12/1430	160	300	200	1900		1750		1970				1855	
YR560—12/1430	180	300	230	2000		1750		1970		2740		1855	
YR630—12/1430	180	300	230	2000		1750		1970		2740		1855	
YR710—12/1430	180	300	230	2000		1750		1970		2740		1855	
YR800—12/1430	180	300	230	2090		1750		1970		2830		1855	
YR900—12/1730	200	350	230	1900		2160		2440		2690		2075	
YR1000—12/1730	200	350	230	1900		2160		2440		2690		2075	
YR1120—12/1730	200	350	230	1900		2160		2440		2690		2075	
YR1250—12/1730	200	350	260	2050		2100		2300		2900		2075	
YR1400—12/1730	220	350	260	2100		2160		2440		2950		2075	
YR1600—12/1730	220	350	260	2100		2160		2440		2950		2075	
YR1600—12/1730	220	350	260		1925		2500		2720		3850		2150
YR1800—12/1730	220	350	260	2200	2160			2440		3050		2075	
YR2000—12/2150	250	400	260	2200	2740			3020		3100		2005	
YR2240—12/2150	250	400	260	2200	2740			3020		3100		2005	
YR2500—12/2150	280	500	300	2200	2740			3020		3230		2005	
YR400—16/1430	180	300	230	2000	1750			1970		2740		1855	
YR450—16/1430	180	300	230	2000	1750			1970		2740		1855	
YR500—16/1430	180	300	230	2090	1750			1970		2830		1855	
YR560—16/1430	180	300	230	2090	1750			1970		2830		1855	
YR630—16/1430	200	350	230	2100	1750			1970		2890		1855	
YR710—16/1430	200	350	230	2100	1750			1970		2890		1855	
R800—16/1730	200	350	230	2000	2160			2440		2790		2075	
YR900—16/1730	200	350	230	2000	2160			2440		2790		2075	
YR1000—16/1730	220	350	260	2100	2160			2440		2950		2075	
YR1120—16/1730	220	350	260	2100	2160			2440		2950		2075	
YR1250—16/1730	220	350	260	2200	2160			2440		3050		2075	

续表 1-63

型号	D	E	C	B_1		A_1		b_5		l_1		h_4	
				开启式	管道式	开启式	管道式	开启式	管道式	开启式	管道式	开启式	管道式
YR1400—16/2150	220	350	260	2000	2740			3020		2850		2005	
YR1600—16/2150	250	400	260	2100	2740			3020		3000		2005	
YR1800—16/2150	250	400	260	2200	2740			3020		3100		2005	
YR2000—16/2150	250	400	260	2200		2740		3020		3100		2005	
YR2240—16/2150	280	500	300	2200		2740		3020		3280		2005	
YR2500—16/2150	280	500	300	2300		2740		3020		3380		2005	
YR400—20/1730	200	350	230	1800		2160		2440		2590		2075	
YR450—20/1730	200	350	230	1800		2160		2440		2590		2075	
YR500—20/1730	200	350	230	1800		2160		2440		2590		2075	
YR560—20/1730	200	350	230	1800		2160		2440		2590		2075	
YR630—20/1730	200	350	230	2000		2160		2440		2790		2075	
YR710—20/1730	220	350	260	2100		2160		2440		2950		2005	
YR800—20/1730	220	350	260	2100		2160		2440		2950		2005	
YR900—20/1730	220	350	260	2200		2160		2440		3050		2005	
YR1000—20/1730	220	350	260	2200		2160		2440		3050		2005	
YR1120—20/2150	250	400	260	2100		2740		3020		3000		2005	
YR1250—20/2150	250	400	260	2100		2740		3020		3000		2005	
YR1400—20/2150	250	400	260	2200		2740		3020		3100		2005	
YR1600—20/2150	250	400	260	2200		2740		3020		3100		2005	
YR1800—20/2150	280	500	300	2300		2740		3020		3380		2005	
YR2000—20/2150	280	500	300	2300		2740		3020		3380		2005	

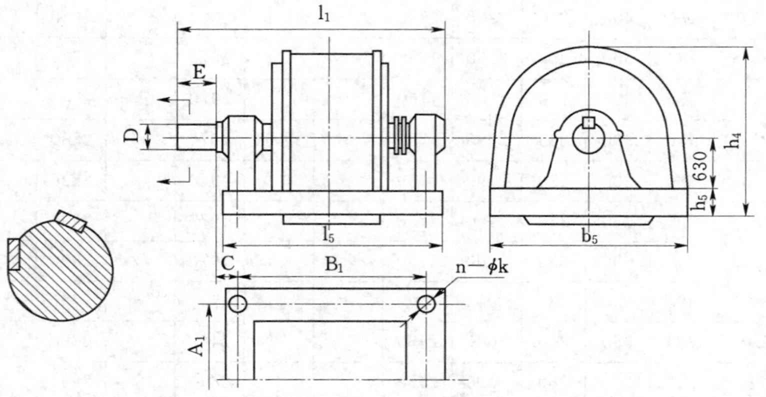

图 1-35　YR 系列大型 10kV 三相绕线型异步电动机外形及安装尺寸

1.3.2 Y系列大型10kV三相鼠笼型异步电动机

一、概述

Y系列大型10kV三相鼠笼型异步电动机直接由10kV级电网供电，可简化供电设备、节省投资、节约电能。适用于驱动水泵、风机、碾煤机、卷扬机、轧机及其它通用机械，并能组成电动发电机组，允许全压直接启动。

电动机为卧式安装，单轴伸（也可制成定子可移式），带底板座式轴承，B级绝缘并经过防电晕处理。通风形式为开启式，也可制成管道式或其它形式。

型号含义

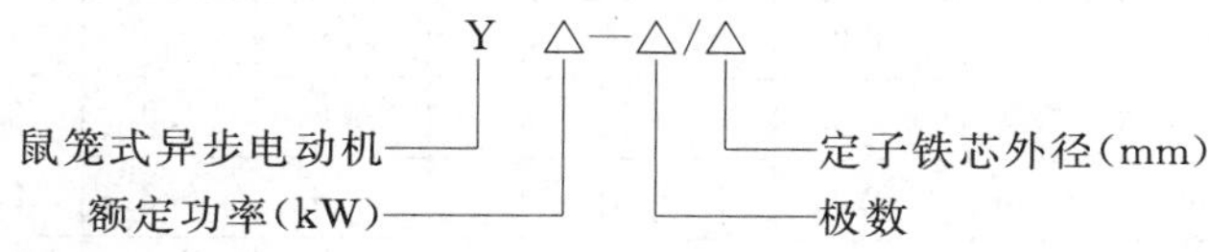

注 电动机中心高为H630。

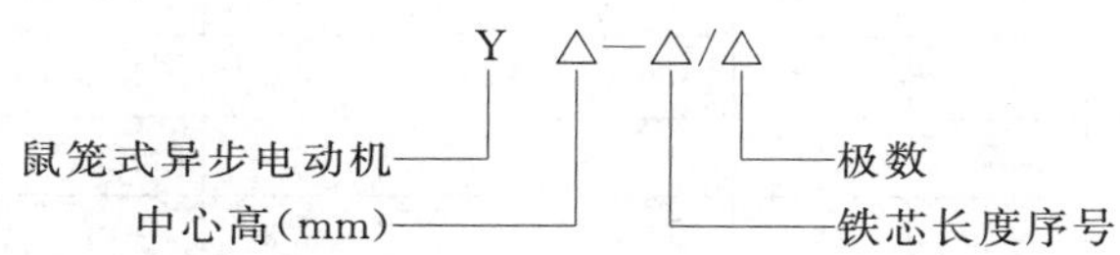

注 电动机中心高为H800～1000。

二、技术数据

中心高为H630、H800～1000的Y系列大型10kV三相鼠笼型异步电动机技术数据，见表1-64、表1-65。

表1-64 Y系列大型10kV三相鼠笼型异步电动机（H630）技术数据

型号	额定功率(kW)	额定电流(A)	额定转速(r/min)	效率(%)	功率因数	堵转电流/额定电流	堵转转矩/额定转矩	最大转矩/额定转矩	转动惯量($kg \cdot m^2$)	生产厂
Y710—4	3150	350	1492	96.3	0.87	6.5	0.5	1.8	540	兰州电机有限责任公司
Y710—4	3550	388	1492	96.3	0.87	6.5	0.5	1.8	600	
Y710—4	4000	434	1492	96.4	0.87	6.5	0.5	1.8	600	
Y710—4	4500	486	1492	96.4	0.87	6.5	0.5	1.8	600	
Y800—4	5000	546	1493	96.5	0.88	6.5	0.5	1.8	600	
Y800—4	5600	611	1493	96.5	0.88	6.5	0.5	1.8	730	
Y800—4	6300	687	1493	96.6	0.88	6.5	0.5	1.8	930	
Y900—4	7100	775	1493	96.7	0.88	6.5	0.5	1.8	1120	
Y900—4	8000	867	1493	96.8	0.88	6.5	0.5	1.8	1120	
Y900—4	9000	977	1493	96.9	0.88	6.5	0.5	1.8	1120	
Y710—6/1180	710	50	991	93.2	0.88	7.0	1.1	2.9	440	
Y800—6/1180	800	56	991	93.5	0.9	7.0	1.2	2.9	500	

续表 1-64

型号	额定功率(kW)	额定电流(A)	额定转速(r/min)	效率(%)	功率因数	堵转电流/额定电流	堵转转矩/额定转矩	最大转矩/额定转矩	转动惯量(kg·m²)	生产厂
Y900—6/1180	900	62	991	93.7	0.9	6.9	1.3	2.8	550	兰州电机有限责任公司
Y1000—6/1180	1000	69	991	93.9	0.9	7.0	1.3	2.8		
Y1120—6/1180	1120	77	991	94	0.9	7.0	1.4	2.8	650	
Y1250—6/1430	1250	85	993	94.2	0.9	7.0	0.9	2.8	1040	
Y1400—6/1430	1400	95	993	94.3	0.9	7.0	1.0	2.9	1160	
Y1600—6/1430	1600	107	991	94.7	0.9	6.0	0.8	2.4	1220	
Y1800—6/1430	1800	120	992	94.8	0.9	6.0	0.9	2.4	1390	
Y2000—6/1430	2000	133	993	94.9	0.9	6.8	1.0	2.7	1510	
Y2240—6/1730	2240	150	992	94.2	0.9	5.8	0.8	2.3	2860	
Y2500—6/1730	2500	167	992	94.5	0.9	5.8	0.8	2.3	3140	
Y630—8/1180	630	45	743	93.2	0.86	6.9	1.4	2.8	690	
Y710—8/1180	710	50	742	93.4	0.9	6.0	1.2	2.5	690	
Y800—8/1180	800	57	742	93.6	0.9	6.0	1.2	2.5	760	
Y900—8/1430	900	64	744	93.5	0.9	6.3	0.9	2.6	1220	
Y1000—8/1430	1000	70	744	93.8	0.9	6.2	0.9	2.5	1370	
Y1120—8/1430	1120	78	744	94	0.9	6.2	1.0	2.5	1530	
Y1250—8/1430	1250	87	744	94.2	0.9	6.4	1.0	2.6	1680	
Y1400—8/1430	1400	96	744	94.5	0.9	6.7	1.0	2.6	1910	
Y1600—8/1730	1600	108	744	93.9	0.9	6.7	0.84	2.6	3510	
Y1800—8/1730	1800	120	744	93.9	0.9	7.0	0.9	2.7	4280	
Y2000—8/1730	2000	133	744	94.2	0.9	7.0	1.0	2.7	4670	
Y2240—8/2150	2240	149	746	94	0.9	7.5	0.7	3.0	7610	
Y2500—8/2150	2500	165	746	94.2	0.9	7.4	0.7	3.0	8950	
Y500—10/1180	500	38	594	92.6	0.8	6.0	1.3	2.6	790	
Y560—10/1180	560	43	594	92.6	0.8	6.0	1.3	2.6	830	
Y630—10/1180	630	48	594	92.6	0.8	6.0	1.3	2.5	910	
Y710—10/1180	710	54	594	93	0.8	5.9	1.3	2.5	990	
Y800—10/1180	800	60	594	93.5	0.8	5.9	1.3	2.5	1100	
Y900—10/1430	900	66	595	93.7	0.8	6.0	1.0	2.5	1770	
Y1000—10/1430	1000	73	595	93.8	0.84	6.1	1.0	2.5	1950	
Y1120—10/1430	1120	82	595	94	0.8	6.3	1.1	2.6	2120	
Y1250—10/1430	1250	93	596	94	0.8	6.6	1.2	2.8	2300	
Y1400—10/1730	1400	97	594	94	0.9	5.8	0.9	2.3	3900	
Y1600—10/1730	1600	110	593	94.3	0.9	5.0	0.8	2.0	3900	

续表 1-64

型号	额定功率(kW)	额定电流(A)	额定转速(r/min)	效率(%)	功率因数	堵转电流/额定电流	堵转转矩/额定转矩	最大转矩/额定转矩	转动惯量(kg·m^2)	生产厂
Y1800—10/1730	1800	123	594	94.7	0.9	5.5	0.9	2.2	4280	兰州电机有限责任公司
Y2000—10/1730	2000	136	594	94.9	0.9	6.1	1.1	2.4	5060	
Y2240—10/2150	2240	155	596	94.7	0.9	6.5	0.7	2.7	7610	
Y2500—10/2150	2500	170	596	94.7	0.9	6.4	0.7	2.6	8950	
Y450—12/1430	450	36	496	92.6	0.8	5.3	0.8	2.3	1240	
Y500—12/1430	500	39	496	93	0.8	5.4	0.8	2.4	1420	
Y560—12/1430	560	44	496	93	0.8	5.6	0.9	2.4	1590	
Y630—12/1430	630	50	496	93	0.8	5.8	1.0	2.5	1770	
Y710—12/1430	710	55	496	93.3	0.8	5.6	1.0	2.4	1950	
Y800—12/1430	800	62	496	936	0.8	6.0	1.1	2.6	2300	
Y900—12/1730	900	66	496	93.1	0.84	5.9	0.9	2.4	3710	
Y1000—12/1730	100	73	496	93.3	0.85	5.9	1.0	2.4	4180	
Y1120—12/1730	1120	82	496	93.5	0.8	6.2	1.0	2.6	4410	
Y1250—12/1730	1250	90	495	93.8	0.86	5.4	0.9	2.2	4640	
Y1400—12/1730	1400	101	495	94	0.86	5.7	0.9	2.3	5110	
Y1600—12/1730	1600	116	496	94.2	0.85	6.0	1.0	2.5	5570	
Y1800—12/1730	1800	130	496	94.4	0.85	6.4	1.1	2.6	6500	
Y2000—12/2150	2000	138	496	94	0.89	6.7	0.9	2.7	11010	
Y2240—12/2150	2240	154	496	94.2	0.89	6.7	0.9	2.7	12020	
Y450—16/1430	450	37	370	91.4	0.77	4.7	1.1	2.1	2300	
Y500—16/1430	500	41	370	91.6	0.77	4.7	1.1	2.1	2410	
Y560—16/1430	560	45	370	91.8	0.78	4.6	1.1	2.0	2630	
Y630—16/1430	630	50	370	92.1	0.79	4.6	1.1	2.0	2840	
Y710—16/1730	710	56	370	92.5	0.79	4.5	1.0	1.9	3120	
Y800—16/1730	800	65	371	93.2	0.77	4.8	0.9	2.1	4410	
Y900—16/1730	900	73	371	93.4	0.76	4.9	0.9	2.1	4680	
Y1000—16/1730	1000	81	371	93.6	0.76	4.9	1.0	2.1	5110	
Y1120—16/1730	1120	91	371	93.8	0.76	5.0	1.0	2.2	5570	
Y1250—16/1730	1250	102	372	94	0.76	5.1	1.1	2.3	6270	
Y1400—16/2150	1400	106	372	93.7	0.81	6.1	1.0	2.6	11010	
Y1600—16/2150	1600	119	372	93.9	0.83	5.8	1.0	2.4	12170	
Y1800—16/2150	1800	133	372	94.1	0.83	5.7	1.0	2.4	13330	
Y2000—16/2150	2000	147	372	94.3	0.83	5.7	1.0	2.3	14490	

表1-65 Y系列大型10kV三相鼠笼型异步电动机（H800～1000）技术数据

型　号	额定功率（kW）	额定电流（A）	同步转速（r/min）	效率（%）	功率因数	冷却风量（m^3/s）	外形尺寸（mm）（长×宽×高）	生产厂
Y800—6—4	3150	216	1500	95.8	0.88	4.0	3430×2300×1700	东风电机厂
Y800—7—4	3550	243	1500	95.9	0.88	4.4	3430×2300×1700	
Y800—8—4	4000	273	1500	96	0.88	4.8	3430×2300×1700	
Y900—6—4	4500	304	1500	96	0.89	5.4	3650×2500×1900	
Y900—7—4	5000	338	1500	96.1	0.89	5.8	3650×2500×1900	
Y900—8—4	5600	378	1500	96.2	0.89	6.4	3650×2500×1900	
Y1000—6—4	6300	424	1500	96.3	0.89	7.0	3840×2750×2125	
Y1000—7—4	7100	478	1500	96.4	0.89	7.7	3840×2750×2125	
Y1000—8—4	8000	538	1500	96.4	0.89	8.6	3840×2750×2125	
Y800—6—6	2240	159	1000	95.6	0.85	3.0	3170×2300×1700	
Y800—7—6	2500	177	1000	95.7	0.85	3.2	3430×2300×1700	
Y800—8—6	2800	198	1000	95.8	0.85	3.5	3430×2300×1700	
Y800—9—6	3150	223	1000	95.9	0.85	3.9	3430×2300×1700	
Y900—6—6	3550	251	1000	95.9	0.85	4.4	3480×2500×1900	
Y900—7—6	4000	283	1000	96	0.85	4.8	3480×2500×1900	
Y900—8—6	4500	318	1000	96	0.85	5.4	3650×2500×1900	
Y1000—6—6	5000	354	1000	96	0.85	6	3540×2750×2125	
Y1000—7—6	5600	396	1000	96	0.85	6.7	3540×2750×2125	
Y1000—8—6	6300	446	1000	96	0.85	7.6	3540×2750×2125	
Y900—6—8	2500	187	750	95.5	0.81	3.4	3480×2500×1900	
Y900—7—8	2800	209	750	95.6	0.81	3.7	3480×2500×1900	
Y900—8—8	3150	235	750	95.7	0.81	4.1	3480×2500×1900	
Y1000—6—8	3550	262	750	95.8	0.81	4.5	3540×2750×2125	
Y1000—7—8	4000	294	750	95.9	0.82	4.9	3540×2750×2125	
Y1000—8—8	4500	330	750	96	0.82	5.4	3540×2750×2125	
Y900—6—10	2000	152	600	95	0.8	3.0	3480×2500×1900	
Y900—7—10	2240	170	600	95.2	0.8	3.2	3480×2500×1900	
Y900—8—10	2500	190	600	95.2	0.8	3.6	3480×2500×1900	
Y1000—6—10	2800	207	600	95.2	0.82	4.0	3540×2750×2125	
Y1000—7—10	3150	233	600	95.3	0.82	4.4	3540×2750×2125	
Y1000—8—10	3550	262	600	95.4	0.82	4.9	3540×2750×2125	
Y1000—6—12	2240	168	500	95.1	0.81	3.3	3540×2750×2125	
Y1000—7—12	2500	187	500	95.2	0.81	3.6	3540×2750×2125	
Y1000—8—12	2800	209	500	95.3	0.81	3.9	3540×2750×2125	

三、外形及安装尺寸

Y系列大型10kV三相鼠笼型异步电动机（H630）外形及安装尺寸，见表1-66。

表1-66 Y系列大型10kV三相鼠笼型异步电动机（H630）外形及安装尺寸 单位：mm

型号	D	E	C	B_1		A_1		b_5		l_1		h_4	
				开启式	管道式	开启式	管道式	开启式	管道式	开启式	管道式	开启式	管道式
Y710—6/1180	160	300	200	1800		1400		1620		2480		1685	
Y800—6/1180	160	300	200	1800		1400		1620		2480		1685	
Y900—6/1180	160	300	200	1800		1400		1620		2480		1685	
Y1000—6/1180	180	300	230	1900		1400		1620		2640		1685	
Y1120—6/1180	180	300	230	1900		1400		1620		2640		1685	
Y1250—6/1430	180	300	230	1800		1750		1970		2540		1855	
Y1400—6/1430	200	350	230	2000		1750		1970		2540		1855	
Y1600—6/1430	200	350	230	2000		1750		1970		2820		1855	
Y1800—6/1430	200	350	230	2000		1750		1970		2820		1855	
Y2000—6/1430	220	350	260	1900		1750		1970		2750		1855	
Y2240—6/1730	220	350	260	1900		2160		2440		2750		2075	
Y2500—6/1730	220	350	260	2000		2160		2440		2850		2075	
Y630—8/1180	160	300	200	1900		1400		1620		2850		1685	
Y630—8/1180	160	300	200		1900		1400		1620		2580		1685
Y710—8/1180	160	300	200	1900		1400		1620		2580		1685	
Y800—8/1180	160	300	200	1900		1400		1620		2580		1685	
Y900—8/1430	180	300	230	1900		1750		1970		2640		1855	
Y1000—8/1430	180	300	230	1900		1750		1970		2640		1855	
Y1120—8/1430	200	350	230	2000		1750		1970		2820		1855	
Y1250—8/1430	200	350	230	2000		1750		1970		2820		1855	
Y1400—8/1430	200	350	230	2000		1750		1970		2820		1855	
Y1600—8/1730	200	350	230	2000		2160		2440		2820		2075	
Y1600—8/1730	200	350	230		2400		2500		2720		3190		2150
Y1800—8/1730	220	350	260	2000		2160		2440		2850		2075	
Y2000—8/1730	220	350	260	2000		2160		2440		2850		2075	
Y2240—8/2150	250	400	300	1800		2740		3020		2700		2005	
Y2500—8/2150	250	400	300	1900		2740		3020		2800		2005	
Y500—10/1180	160	300	200	1900		1400		1620		2580		1685	
Y560—10/1180	160	300	200	1900		1400		1620		2580		1685	
Y630—10/1180	160	300	200	1900		1400		1620		2580		1685	
Y710—10/1180	180	300	230	2000		1400		1620		2740		1685	

续表 1-66

型 号	D	E	C	B_1		A_1		b_5		l_1		h_4	
				开启式	管道式	开启式	管道式	开启式	管道式	开启式	管道式	开启式	管道式
Y800—10/1180	180	300	230	2000		1400		1620		2740		1685	
Y900—10/1430	180	300	230	1800		1750		1970		2540		1855	
Y1000—10/1430	180	300	230	1800		1750		1970		2540		1855	
Y1120—10/1430	200	350	230	1900		1750		1970		2720		1855	
Y1250—10/1430	200	350	230	1900		1750		1970		2720		1855	
Y1400—10/1730	200	350	230	1900		2160		2440		2720		2075	
Y1600—10/1730	200	350	230	1900		2160		2440		2720		2075	
Y1800—10/1730	220	350	260	2000		2160		2440		2850		2075	
Y2000—10/1730	220	350	260	2000		2160		2440		2850		2075	
Y2240—10/2150	250	400	300	1800		2740		3020		2700		2005	
Y2500—10/2150	250	400	300	1900		2740		3020		2800		2005	
Y450—12/1430	160	300	200	1700		1750		1970		2380		1855	
Y500—12/1430	160	300	200	1700		1750		1970		2380		1855	
Y560—12/1430	180	300	230	1800		1750		1970		2540		1855	
Y630—12/1430	180	300	230	1800		1750		1970		2540		1855	
Y710—12/1430	160	300	230	1900		1750		1970		2640		1855	
Y800—12/1430	160	300	230	1900		1750		1970		2640		1855	
Y900—12/1730	200	350	230	1800		2160		2440		2620		2075	
Y1000—12/1730	200	350	230	1800		2160		2440		2620		2075	
Y1120—12/1730	200	350	230	1800		2160		2440		2620		2075	
Y1250—12/1730	220	350	260	1900		2160		2440		2750		2075	
Y1400—12/1730	220	350	260	2000		2160		2440		2850		2075	
Y1600—12/1730	220	350	260	2000		2160		2440		2850		2075	
Y1800—12/1730	220	350	260	2100		2160		2440		2950		2075	
Y2000—12/2150	250	400	300	1900		2740		3020		2800		2005	
Y2240—12/2150	250	400	300	1900		2740		3020		2800		2005	
Y450—16/1430	180	300	230	1900		1750		1970		2640		1855	
Y500—16/1430	180	300	230	1900		1750		1970		2640		1855	
Y560—16/1430	180	300	230	1900		1750		1970		2640		1855	
Y630—16/1430	200	350	230	2000		1750		1970		2820		1855	
Y710—16/1730	200	350	230	1800		2160		2440		2620		2075	
Y800—16/1730	200	350	230	1900		2160		2440		2620		2075	
Y900—16/1730	200	350	230	1900		2160		2440		2620		2075	
Y1000—16/1730	220	350	260	2000		2160		2440		2850		2075	

续表 1-66

型　号	D	E	C	B_1		A_1		b_5		l_1		h_4	
				开启式	管道式	开启式	管道式	开启式	管道式	开启式	管道式	开启式	管道式
Y1120—16/1730	220	350	260	2000		2160		2440		2850		2075	
Y1250—16/1730	220	350	260	2100		2160		2440		2950		2075	
Y1400—16/2150	220	350	260	1800		2740		3020		2650		2005	
Y1600—16/2150	250	400	300	1900		2740		3020		2800		2075	
Y1800—16/2150	250	400	260	2000		2740		3020		2900		2005	
Y2000—16/2150	250	400	260	2000		2740		3020		2900		2005	

1.3.3 YR 系列大型 6kV 绕线型异步电动机

一、概述

YR 系列大型 6kV 绕线型异步电动机适用于驱动轧机、卷扬机、泵、通风机、磨机、碾煤机及其它通用机械，并能组成电动发电机组。启动时须在转子回路串接规定要求的启动变阻器，通过调节外接附加电阻来调节启动转矩和启动电流，不允许将转子绕组直接短接启动。允许在停止后逆转，但不允许在运行中反接电源制动或逆转。

电动机为卧式安装，单轴伸（也可制成双轴伸），带切向键，座式滑动轴承，B 级绝缘并经过防电晕处理，不带有电刷提升和转子短接装置。通风形式为开启式、管道式和管道长轴式，也可制成其它各种特殊形式。

型号含义

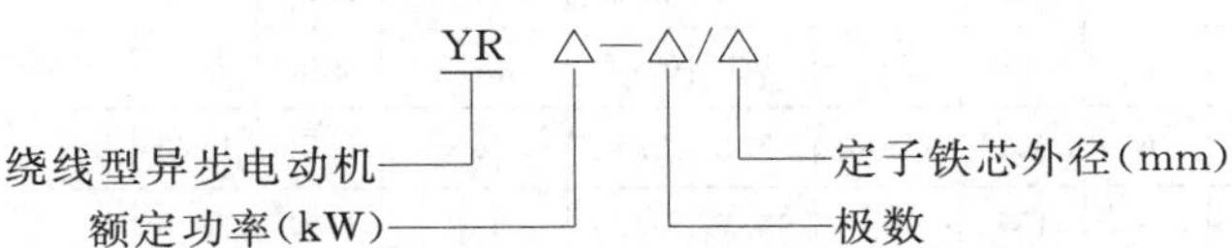

二、技术数据

YR 系列大型 6kV 绕线型异步电动机技术数据，见表 1-67。

表 1-67　YR 系列大型 6kV 绕线型异步电动机技术数据

型　号	额定功率(kW)	额定电压(kV)	额定电流(A)	额定转速(r/min)	效率(%)	功率因数	最大转矩/额定转矩	转子电压(V)	转子电流(A)	重量(kg)			生产厂
										开启式	管道式	管道长轴式	
YR710—4	2800	6	320	1486	95.8	0.87	1.8	1242	1373		11000		兰州电机有限责任公司
YR710—4	3150	6	355	1486	95.9	0.87	1.8	1350	1423		11500		
YR710—4	3550	6	394	1486	96.0	0.87	1.8	1477	1467		12000		
YR710—4	4000	6	441	1486	96.1	0.87	1.8	1628	1500		12500		
YR800—4	4500	6	504	1488	96.2	0.87	1.8	1623	1686		13500		
YR800—4	5000	6	560	1488	96.3	0.87	1.8	1803	1680		14200		
YR800—4	5600	6	628	1488	96.4	0.87	1.8	2029	1667		15000		

续表1-67

型号	额定功率(kW)	额定电压(kV)	额定电流(A)	额定转速(r/min)	效率(%)	功率因数	最大转矩/额定转矩	转子电压(V)	转子电流(A)	重量(kg)			生产厂
										开启式	管道式	管道长轴式	
YR710—6	2000	6	229	988	95.6	0.85	1.8	1496	824		11000		
YR710—6	2240	6	256	988	95.6	0.85	1.8	1663	828		11500		
YR710—6	2500	6	286	989	95.7	0.85	1.8	1872	817		12000		
YR710—6	2800	6	322	989	95.7	0.85	1.8	2138	797		12500		
YR800—6	3150	6	360	991	95.8	0.85	1.8	2141	897		13500		
YR800—6	3550	6	402	991	95.9	0.85	1.8	2506	858		14200		
YR800—6	4000	6	453	991	96.0	0.85	1.8	2502	977		14500		
YR800—6	4500	6	514	991	96.1	0.85	1.8	3001	908		15500		
YR1000—6/1180	1000	6	114	984	94	0.9	2	942	665	7090			
YR1250—6/1180	1250	6	141	988	94.5	0.905	2.29	1236	625	8060			
YR1600—6/1430	1600	6	184	987	94.3	0.886	2.01	708	799				
YR2000—6/1430	2000	6	229	987	94.8	0.886	2.15	867	825				
YR2500—6/1430	2500	6	285	990	95.9	0.86	2.5	1085	1406				
YR630—8/1180	630	6	74.5	737	93.3	0.87	1.89	679	588	6220			
YR710—8	1800	6	215	741	95.0	0.83	1.8	1071	1036		11500		
YR710—8	2000	6	238	741	95.1	0.83	1.8	1225	1000		12000		
YR710—8	2240	6	263	741	95.2	0.83	1.8	1227	1133		12500		兰州电机有限责任公司
YR800—8/1180	800	6	95	740	94	0.866	2.11	835	597	7210			
YR900—8	3550	6	407	744	95.6	0.84	1.8	1576	1376		17000		
YR900—8	4000	6	457	744	95.7	0.84	1.8	1773	1409		18000		
YR900—8	4500	6	513	744	95.8	0.84	1.8	1928	1423		18500		
YR1000—8/1180	1000	6	118	740	94	0.9	2.1	1040	595	7760			
YR1250—8/1430	1250	6/3	143/287	741	94.2	0.89	2.14	1048	742	8890			
YR1250—8/1430	1250	6	145	741	94.2	0.885	2.1	1073	743		11340		
YR1600—8/1430	1600	6	182	740	94.4	0.897	2.08	1268	723				
YR2000—8/1730	2000	6	227	740	94.2	0.9	2.01	1032	700				
YR2500—8/1730	2500	6	277	743	94.9	0.917	2.77	1423	1077	15000			
YR630—10/1180	630	6	77	590	93.2	0.84	2.05	845	469	6340			
YR710—10	1400	6	172	593	94.4	0.81	1.8	989	874		11000		
YR710—10	1600	6	196	593	94.5	0.81	1.8	1113	885		11500		
YR710—10	1800	6	221	593	94.6	0.81	1.8	1273	868		12500		
YR800—10/1180	800	6	96	593	93.8	0.854	2.35	1158	430	7610			
YR900—10	2800	6	338	594	95.0	0.82	1.8	1721	797		15000		

续表 1-67

型号	额定功率(kW)	额定电压(kV)	额定电流(A)	额定转速(r/min)	效率(%)	功率因数	最大转矩/额定转矩	转子电压(V)	转子电流(A)	重量(kg)			生产厂
										开启式	管道式	管道长轴式	
YR900—10	3150	6	380	594	95.1	0.82	1.8	1914	897		15500		兰州电机有限责任公司
YR900—10	3550	6	428	594	95.2	0.82	1.8	2153	987		16500		
YR900—10	4000	6	476	594	95.3	0.82	1.8	2149	998		17500		
YR1000—10/1430	1000	6	118	590	93.6	0.88	2.4	1166	536	9300		11780	
YR1250—10/1430	1250	6	146	590	94	0.88	2.17	1365	572	9700		13500	
YR1600—10/1730	1600	6	184	593	94.7	0.886	2.4	925	1068	12000		15400	
YR2000—10/1730	2000	6	227	593	94.8	0.89	2.15	1045	1183			18650	
YR2500—10/2150	2500	6	289	590	94.3	0.883	2.74	1392	636				
YR710—12	1120	6	144	493	93.8	0.78	1.8	876	798				
YR710—12	1250	6	160	493	93.9	0.78	1.8	975	799				
YR710—12	1400	6	179	493	94.0	0.78	1.8	1098	791				
YR800—12	1600	6	201	494	94.1	0.78	1.8	1105	898				
YR800—12	1800	6	226	494	94.2	0.78	1.8	1264	881				
YR800—12	2000	6	250	494	94.3	0.78	1.8	1358	916				
YR800—12	2240	6	281	494	94.4	0.78	1.8	1471	948				
YR900—12	2500	6	314	495	94.5	0.79	1.8	1473	1045				
YR900—12	2800	6	350	495	94.6	0.79	1.8	1607	1073				
YR900—12	3150	6	393	495	94.7	0.79	1.8	1768	1097				
YR400—12/1180	400	6	51	489	91.8	0.82	2.05	633	404	6140			
YR500—12/1180	500	6	63	490	92.3	0.825	2.07	756	424	6750			
YR630—12/1430	630	6	78	490	92.8	0.838	2	759	527	7800			
YR800—12/1430	800	6	100	491	93.4	0.828	2.17	928	540	8700			
YR1000—12/1430	1000	6	122	493	94	0.838	2.48	1290	480	9800		14000	
YR1250—12/1730	1250	6/3	150/300	494	93.8	0.85	2.58	1411	547			13650	
YR1600—12/1730	1600	6	187.5	493	94	0.873	2.2	898	1108	13050		15700	
YR2000—12/1730	2000	6	244.5	495	94.3	0.835	2.22	1037	1191			18300	
YR2500—12/2150	2500	6	286	494	94	0.893	2.67	1575	978			25000	
YR3200—12/2150	3200	6	367	494	94.5	0.888	2.33	1502	1317				
YR710—16	630	6	88	369	92.5	0.72	1.8	1075	368				
YR710—16	710	6	99	369	92.6	0.72	1.8	1257	353				
YR710—16	800	6	112	369	92.7	0.72	1.8	1518	327				
YR710—16	900	6	123	369	92.8	0.72	1.8	1513	372				
YR900—16	1400	6	215	370	93.3	0.74	1.8	1336	741				

续表1-67

型号	额定功率(kW)	额定电压(kV)	额定电流(A)	额定转速(r/min)	效率(%)	功率因数	最大转矩/额定转矩	转子电压(V)	转子电流(A)	重量(kg)			生产厂
										开启式	管道式	管道长轴式	
YR900—16	1600	6	240	370	93.4	0.74	1.8	1447	771				兰州电机有限责任公司
YR900—16	1800	6	266	370	93.5	0.74	1.8	1580	785				
YR500—16/1430	500	6	70	368	91.6	0.749	2.52	787	399	7140	9000		
YR630—16/1430	630	6/3	86/172	367	92	0.764	2.3	885	448		10240		
YR630—16/1430	630	6	86	367	92	0.764	2.3	885	448	8500			
YR800—16/1730	800	6	105	370	93.3	0.79	2.2	960	521			13140	
YR1000—16/1730	1000	6/3	130/260	370	93.6	0.794	2.1	1095	570				
YR1250—16/1730	1250	6	157	370	93.5	0.82	2.03	807	972	14000		17800	
YR1600—16/2150	1600	6	196	370	94	0.835	2.46	1036	954			17180	
YR2000—16/2150	2000	6	249	371	94.4	0.817	2.6	1297	920			21150	
YR2500—16/2150	2500	6	304	370	94.4	0.837	2.11	1484	604				
YR500—20/1730	500	6/3	70/140	294	91.2	0.756	2.39	810	390		10750		
YR630—20/1730	630	6	86	295	91.6	0.771	2.09	913	437				
YR800—20/1730	800	6	108	295	92	0.777	2.29	1226	409				
YR1000—20/1730	1000	6	135	295	92.6	0.763	2.58	849	739	12580			
YR1250—20/2150	1250	6	161	294	92.8	0.805	2.22	855	527				
YR1600—20/2150	1600	6	204	295	93.3	0.808	2.28	1072	535				
YR2000—20/2150	2000	6	255	295	93.7	0.856	2.23	1223	585				
YR500—24/1730	500	6	71	244	91	0.745	1.99	782	409	9880			
YR630—24/1730	630	6	93	244	91.3	0.713	2.2	1214	328				
YR800—24/2150	800	6/3	112/224	245	92	0.745	1.98	894	566			15000	
YR1000—24/2150	1000	6	138	244	92.4	0.754	2.11	1434	438				
YR1250—24/2150	1250	6	171	244	92.9	0.759	2.05	993	457				

注 表中数据为计算值。

三、外形及安装尺寸

YR系列大型6kV绕线型异步电动机外形及安装尺寸，见表1-68及图1-36。

表1-68 YR系列大型6kV绕线型异步电动机外形及安装尺寸 单位：mm

型号	D	E	C	B_1		B_2	A_1		b_5		l_1			h_4	
				开启式	管道式、管道长轴式	管道长轴式	开启式	管道式、管道长轴式	开启式	管道式、管道长轴式	开启式	管道式	管道长轴A	开启式	管道式、管道长轴式
YR1000—6/1180	160	300	200	1900			1400		1620		2580			1685	
YR1250—6/1180	160	300	200	2000			1400		1620		2680			1685	

续表 1-68

型号	D	E	C	B_1		B_2	A_1		b_5		l_1			h_4	
				开启式	管道式、管道长轴式	管道长轴式	开启式	管道式、管道长轴式	开启式	管道式、管道长轴式	开启式	管道式	管道长轴A	开启式	管道式、管道长轴式
YR1600—6/1430	180	300	230	1900	2400		1750	2160	1970	2380	2640	3140		1855	1930
YR2000—6/1430	180	300	230	2000	2500		1750	2160	1970	2380	2740	3240		1855	1930
YR2500—6/1430	200	350	230	2100	2600		1750	2160	1970	2380	2890	3390		1855	1930
YR630—8/1180	150	250	200	1800			1400		1620		2430			1685	
YR800—8/1180	160	300	200	1900			1400		1620		2580			1685	
YR1000—8/1180	160	300	200	2000			1400		1620		2680			1685	
YR1250—8/1430	180	300	230	2000	2500		1750	2160	1970	2380	2740	3240		1855	1930
YR1600—8/1430	200	350	230	2100	2600		1750	2160	1970	2380	2890	3390		1855	1930
YR2000—8/1730	200	350	230	1950	2000	900	2160	2500	2440	2720	2740		3690	2075	2150
YR2500—8/1730	220	350	260	2050	2050	1100	2160	2500	2440	2720	2900		4000	2075	2150
YR630—10/1180	150	250	200	1800			1400		1620		2430			1685	
YR800—10/1180	160	300	200	1900			1400		1620		2580			1685	
YR1000—10/1430	180	300	230	1900	1800	1100	1750	2160	1970	2380	2640		3640	1855	1930
YR1250—10/1430	180	300	230	2000	1900	1050	1750	2160	1970	2380	2740		3690	1855	1930
YR1600—10/1730	200	350	230	1950	2000	900	2160	2500	2440	2720	2740		3690	2075	2150
YR2000—10/1730	220	350	260	2050	2050	1100	2160	2500	2440	2720	2900		4000	2075	2150
YR2500—10/2150	250	400	260		1950	1050		3300		3520			3900		2480
YR400—12/1180	150	250	200	1800			1400		1620		2430			1685	
YR500—12/1180	150	250	200	1800			1400		1620		2430			1685	
YR630—12/1430	160	300	200	1700	2200		1750	2160	1970	2380	2380	2880		1855	1930
YR800—12/1430	180	300	230	1900	1800	1100	1750	2160	1970	2380	2640		3640	1855	1930
YR1000—12/1430	180	300	230	1900	1800	1100	1750	2160	1970	2380	2640		3640	1855	1930
YR1250—12/1730	200	350	230	1850	1900	850	2160	2500	2440	2720	2640		3540	2075	2150
YR1600—12/1730	220	350	260	1950	2000	1000	2160	2500	2440	2720	2800		3850	2075	2150
YR2000—12/1730	250	400	260	2050	2050	1100	2160	2500	2440	2720	2950		4050	2075	2150
YR2500—12/2150	250	400	260		1950	1050		3300		3520			3900		2480
YR3200—12/2150	280	500	300		2100	1100		3300		3520			4280		2480
YR500—16/1430	160	300	200	1700	2200		1750	2160	1970	2380	2380	2880		1855	1930
YR630—16/1430	180	300	230	1900	2400		1750	2160	1970	2380	2640	3140		1855	1930
YR800—16/1730	200	350	230	1850	1900	850	2160	2500	2440	2720	2640		3540	2075	2150
YR1000—16/1730	200	350	230	1950	2000	900	2160	2500	2400	2720	2740		3690	2075	2150
YR1250—16/1730	220	350	260	2050	2050	1100	2160	2500	2440	2720	2900		4000	2075	2150

续表 1-68

型　号	D	E	C	B_1		B_2	A_1		b_5		l_1			h_4	
				开启式	管道式、管道长轴式	管道长轴式	开启式	管道式、管道长轴式	开启式	管道式、管道长轴式	开启式	管道式	管道长轴A	开启式	管道式、管道长轴式
YR1600—16/2150	250	400	260		1950	1050		3300		3520			3900		2480
YR2000—16/2150	250	400	260		1950	1050		3300		3520			3900		2480
YR2500—16/2150	280	500	300		2100	1100		3300		3520			4280		2480
YR500—20/1730	180	300	230	1750	2250		2160	2500	2440	2720	2490	2990		2075	2150
YR630—20/1730	180	300	230	1750	2250		2160	2500	2440	2720	2490	2990		2075	2150
YR800—20/1730	200	350	230	1850	1900	850	2160	2500	2440	2720	2640		3540	2075	2150
YR1000—20/1730	220	350	260	1950	2000	1000	2160	2500	2440	2720	2800		3850	2075	2150
YR1250—20/2150	250	400	260		1850	900		3300		3520			3650		2480
YR1600—20/2150	250	400	260		1950	1050		3300		3520			3900		2480
YR2000—20/2150	280	500	300		2100	1100		3300		3520			4280		2480
YR500—24/1730	180	300	230	1750	2250		2160	2500	2440	2720	2490	2990		2075	2150
YR630—24/1730	220	350	260	1950	2550		2160	2500	2440	2720	2800	3400		2075	2150
YR800—24/2150	220	350	260		1650	750		3300		3520			3250		2480
YR1000—24/2150	250	400	260		1850	900		3300		3520			3650		2480
YR1250—24/2150	250	400	260		1950	1050		3300		3520			3900		2480

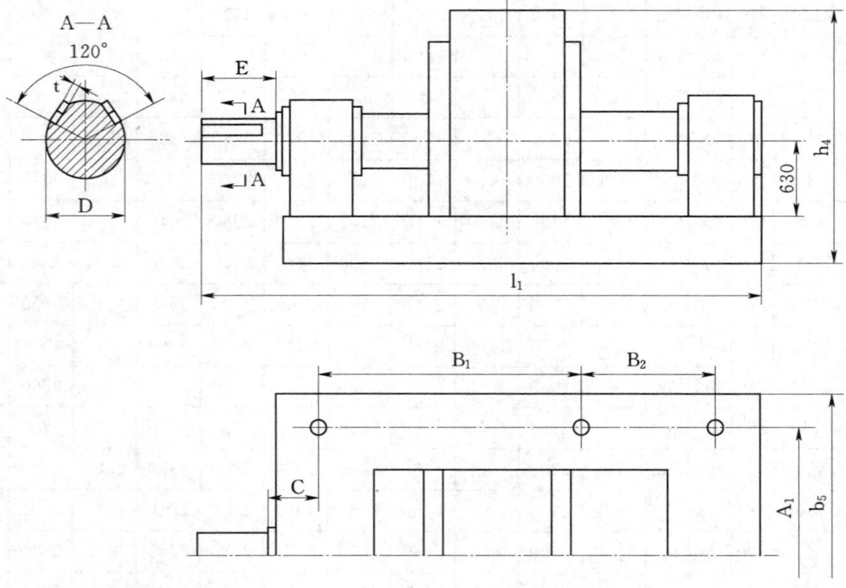

图 1-36 YR系列大型6kV绕线型异步电动机外形及安装尺寸

1.3.4 Y 系列大型 6kV 鼠笼型异步电动机

一、概述

Y 系列大型 6kV 鼠笼型异步电动机适用于驱动水泵、风机、碾煤机、卷扬机、轧机及其它通用机械，并能组成电动发电机组，允许全压直接启动。

电动机为卧式安装，单轴伸（也可制成定子可移式），双鼠笼转子，带底板座式轴承，B 级绝缘并经过防电晕处理。通风形式为开启式，也可制成管道式或其它形式。旋转方向可选定，但不得往复旋转或反接电源制动。

型号含义

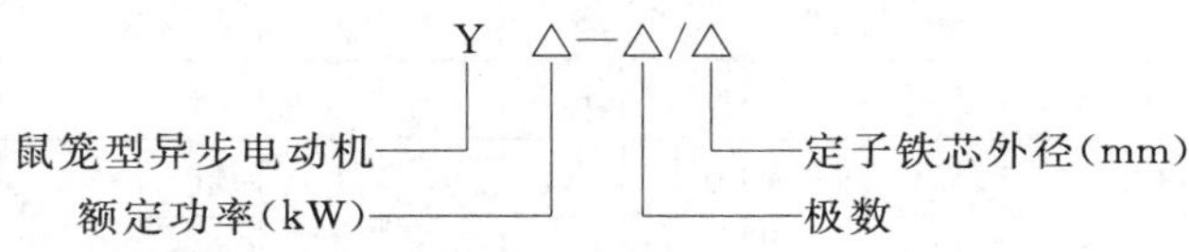

注 电动机中心高为 H630。

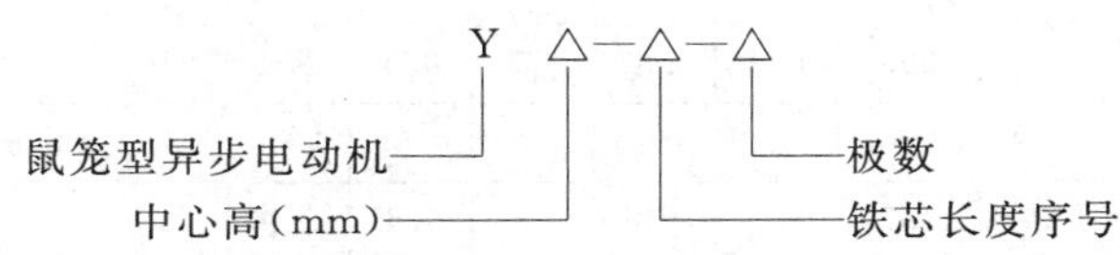

注 电动机中心高为 H800～1000。

二、技术数据

中心高为 H630、H800～1000 的 Y 系列大型 6kV 鼠笼型异步电动机技术数据，见表 1-69、表 1-70。

表 1-69 Y 系列大型 6kV 鼠笼型异步电动机（H630）技术数据

型号	额定功率(kW)	额定电流(A)	额定转速(r/min)	效率(%)	功率因数	堵转电流/额定电流	堵转转矩/额定转矩	最大转矩/额定转矩	转动惯量(kg·m²)	冷却风量(m³/s)	重量(kg)		生产厂
											开启式	管道式	
Y710—4	3150	350	1492	96.3	0.87	6.5	0.5	1.8	115			10500	兰州电机有限责任公司
Y710—4	3550	388	1492	96.3	0.87	6.5	0.5	1.8	129			11000	
Y710—4	4000	434	1492	96.4	0.87	6.5	0.5	1.8	148			11500	
Y710—4	4500	486	1492	96.4	0.87	6.5	0.5	1.8	165			12000	
Y800—4	5000	546	1493	96.5	0.88	6.5	0.5	1.8	240			13000	
Y800—4	5600	611	1493	96.5	0.88	6.5	0.5	1.8	260			13800	
Y800—4	6300	687	1493	96.6	0.88	6.5	0.5	1.8	290			14500	
Y900—4	7100	775	1493	96.7	0.88	6.5	0.5	1.8	400			16000	
Y900—4	8000	867	1493	96.8	0.88	6.5	0.5	1.8	460			17500	
Y900—4	9000	977	1493	96.9	0.88	6.5	0.6	1.8	460			18000	
Y710—6	2240	248	993	96.0	0.86	6.5	0.6	1.8	175			10500	

续表 1-69

型号	额定功率(kW)	额定电流(A)	额定转速(r/min)	效率(%)	功率因数	堵转电流/额定电流	堵转转矩/额定转矩	最大转矩/额定转矩	转动惯量(kg·m^2)	冷却风量(m^3/s)	重量(kg)		生产厂
											开启式	管道式	
Y710—6	2500	276	993	96.1	0.86	6.5	0.6	1.8	190			11000	
Y710—6	2800	309	993	96.1	0.86	6.5	0.6	1.8	210			11500	
Y710—6	3150	349	993	96.2	0.86	6.5	0.6	1.8	235			12000	
Y800—6	3550	390	994	96.2	0.86	6.5	0.6	1.8	320			13000	
Y800—6	4000	437	994	96.3	0.87	6.5	0.6	1.8	385			13600	
Y800—6	4500	491	994	96.3	0.87	6.5	0.6	1.8	385			14000	
Y800—6	5000	548	994	96.4	0.87	6.5	0.6	1.8	440			15000	
Y900—6	5600	612	995	96.4	0.87	6.5	0.6	1.8	490			16000	
Y900—6	6300	680	995	96.5	0.87	6.5	0.6	1.8	610			17000	
Y900—6	7100	770	995	96.6	0.87	6.5	0.5	1.8	610			19000	
Y1000—6/1180	1000	113	986	94.1	0.90	5	0.95	1.98	470	2.6	6940		
Y1250—6/1180	1250	143.5	987	94.5	0.89	5.66	1.1	2.26	760	2.8	7850		
Y1600—6/1430	1600	182	987	94	0.84	5.8	0.9	2.1	1050	3.6			
Y2000—6/1430	2000	226	987	94	0.9	6.0	0.9	2.1	1200	4.16			
Y2500—6/1430	2500	281	987	95	0.9	5.9	0.9	2.2	1500	4.9			
Y630—8/1180	630	74.2	739	93.58	0.87	5.84	0.884	1.96	570	1.7	6200		兰州电机有限责任公司
Y800—8/1180	800	94.5	740	94	0.868	5.27	0.99	2.17	610	1.9	6890		
Y1000—8/1180	1000	117.5	741	94.3	0.87	6.3	1.45	2.48	800	2.3	8100		
Y1250—8/1430	1250	144	742	94.4	0.9	5.26	0.8	2.1	1430	2.9	8700		
Y1600—8/1430	1600	182.2	743	94.8	0.89	5.9	0.95	2.33	1820	3.6	11000	12840	
Y2000—8/1730	2000	224	743	94.6	0.91	6.25	0.86	2.5	3500	4.64			
Y630—10/1180	630	76.3	590	93.2	0.855	4.58	0.9	1.9	700	1.7	6300		
Y800—10/1180	800	96.6	593	94	0.85	5.36	1.13	2.2	840	2.0	7370		
Y1000—10/1430	1000	118	594	94	0.866	5.5	0.85	2.23	1550	2.5	8700		
Y1250—10/1430	1250	148	595	94	0.86	5.5	0.9	2.0	2100	3.2			
Y1600—10/1730	1600	185	590	94.3	0.87	5.5	0.9	2.2	3900	3.4			
Y2000—10/1730	2000	228	594	95.8	0.88	5.88	0.94	2.3	4100	3.3			
Y400—12/1180	400	52.7	492.5	92.6	0.8	4.4	0.95	1.9	640	1.3	6200		
Y500—12/1180	500	63	495	92.5	0.81	6.2	1.6	2.2	720	1.5			
Y630—12/1430	630	80	495	93	0.81	6.5	1.2	2.3	1420	1.6			
Y800—12/1430	800	98.7	495	94	0.83	4.88	0.75	2.1	1600	1.6	8500		
Y1000—12/1430	1000	124.5	495	94.4	0.82	4.23	0.7	1.8	1550	2.3	8970		
Y1250—12/1730	1250	148	495	93.8	0.865	5.16	0.88	2.07	3800	3.2	10450		

续表 1-69

型号	额定功率(kW)	额定电流(A)	额定转速(r/min)	效率(%)	功率因数	堵转电流/额定电流	堵转转矩/额定转矩	最大转矩/额定转矩	转动惯量(kg·m^2)	冷却风量(m^3/s)	重量(kg) 开启式	重量(kg) 管道式	生产厂
Y1600—12/1730	1600	189	495	94.4	0.86	5.0	0.85	2.0	4900	3.9	12500		兰州电机有限责任公司
Y2000—12/1730	2000	237	495	94.3	0.86	4.8	0.8	1.9	6100	4.6			
Y500—16/1430	500	70	370	92.3	0.74	5.5	1.3	2.56	1860	1.7	7100		
Y630—16/1430	630	83	370	92	0.8	6.3	1.2	2.3	2200	2.1			
Y800—16/1730	800	110	370	92.5	0.76	5.0	0.9	1.9	4000	2.4			
Y1000—16/1730	1000	135	370	93.3	0.76	4.5	0.78	1.9	4400	2.0			
Y1250—16/1730	1250	157	371	94	0.74	4.6	0.8	1.9	5800	3.3	13570		
Y1600—16/2150	1600	202	372	94	0.81	5.67	0.99	2.4	9000	3.8			
Y2000—16/2150	2000	247	374	94.2	0.82	5.0	0.78	2.0	16000	4.7		19100	
Y1000—6/1180	1000	123	982	93/92.5	0.85/0.84	6.4/6.5	1.3/0.7	2.21/1.8			5300		东风电机厂(表中数据为设计值/标准值)
Y1250—6/1180	1250	151	983	93.5/93	0.85/0.84	6.1/6.5	1.3/0.7	2.15/1.8			7200		
Y1600—6/1430	1600	190	983	94/93.5	0.86/0.85	6.25/6.5	1.3/0.7	2.15/1.8			7400		
Y2000—6/1430	2000	238	985	94/93.5	0.86/0.85	6.2/6.5	1.3/0.7	2.15/1.8			9000		
Y2500—6/1430	2500	292	984	94.5/94	0.87/0.86	6.3/6.5	1.2/0.7	2.1/1.8			9700		
Y630—8/1180	630	80	735	92.5/92	0.815/0.81	6.2/6.5	1.1/0.7	2.0/1.8			5200		
Y800—8/1180	800	113	735	92.5/92	0.82/0.82	6.35/6.5	1.24/0.7	2.15/1.8			5500		
Y1000—8/1180	1000	124	734	92.5/92	0.835/0.83	6.4/6.5	1.25/0.7	2.1/1.8			7700		
Y1250—8/1430	1250	152	735	94/92.5	0.85/0.84	6.0/6.5	1.2/0.7	2.2/1.8			9300		
Y1600—8/1430	1600	191	734	93.5/93	0.86/0.85	6.4/6.5	1.1/0.7	2.2/1.8			9500		
Y2000—8/1730	2000	240	735	93.5/93	0.86/0.85	6.4/6.5	1.3/0.7	2.2/1.8			9900		
Y630—10/1180	630	76	588	92.8/92	0.84/0.80	6.3/6.5	1.3/0.7	2.4/1.8			5500		
Y800—10/1180	800	105	589	92.6/92	0.815/0.81	6.3/6.5	1.15/0.7	2.1/1.8			6500		
Y1000—10/1430	1000	118	593	94.3/92	0.862/0.82	6.2/6.5	1.46/0.7	2.41/1.8			8000		
Y1250—10/1430	1250	146	593	94.9/92	0.868/0.83	6.47/6.5	1.48/0.7	2.3/1.8			9000		
Y400—12/1180	400	51	490	92/90.5	0.8/0.77	6.0/6.5	1.2/0.7	2.1/1.8			5100		

续表 1-69

型号	额定功率(kW)	额定电流(A)	额定转速(r/min)	效率(%)	功率因数	堵转电流/额定电流	堵转转矩/额定转矩	最大转矩/额定转矩	转动惯量(kg·m²)	冷却风量(m³/s)	重量(kg)		生产厂
											开启式	管道式	
Y500—12/1180	500	65	491	92/91	0.8/0.78	6.3/6.5	1.25/0.7	2.0/1.8			5300		东风电机厂（表中数据为设计值/标准值）
Y630—12/1430	630	78	494	94.2/91.5	0.842/0.78	5.97/6.5	1.47/0.7	2.44/1.8			7100		
Y800—12/1430	800	99	494	94.3/91.5	0.824/0.79	5.64/6.5	1.95/0.7	2.24/1.8			8000		
Y1000—12/1430	1000	121	494	94.6/91.5	0.838/0.80	5.57/6.5	1.37/0.7	2.1/1.8			9000		
Y1250—12/1730	1250	149	493	94.4/92	0.855/0.82	5.42/6.5	1.12/0.7	2.17/1.8			10000		
Y1600—12/1730	1600	189	493	94.6/92	0.86/0.83	6.08/6.5	1.39/0.7	2.12/1.8			11700		
Y2000—12/1730	2000	235	494	95/92	0.86/0.83	6.45/6.5	1.61/0.7	2.25/1.8			14000		
Y500—16/1430	500	71	367	91/90.5	0.74/0.72	6.1/6.5	1.4/0.7	2.3/1.8			7500		
Y630—16/1430	630	91	365	91/90.5	0.73/0.72	6.1/6.5	1.2/0.7	2.0/1.8			9500		
Y800—16/1730	800	105	370	94/91	0.783/0.73	4.65/6.5	1.6/0.7	2.03/1.8			9600		
Y1000—16/1730	1000	131	370	94.4/91	0.80/0.73	4.75/6.5	1.28/0.7	2.04/1.8			9800		
Y1250—16/1730	1250	165	365	94.5/91.5	0.776/0.74	4.98/6.5	1.6/0.7	2.11/1.8			13500		
Y1600—16/2150	1600	200	365	94.7/91.5	0.817/0.78	5.4/6.5	1.1/0.7	2.12/1.8			14500		
Y2000—16/2150	2000	250	365	94.9/92	0.81/0.79	5.53/6.5	1.19/0.7	2.04/1.8			15000		
Y2500—16/2150	2500	310	365	95.24/93	0.814/0.80	5.3/6.5	1.91/0.7	2.04/1.8			15500		

表 1-70 Y系列大型6kV鼠笼型异步电动机（H800～1000）技术数据

型号	额定功率(kW)	额定电流(A)	同步转速(r/min)	效率(%)	功率因数	冷却风量(m³/s)	外形尺寸(mm)(长×宽×高)	生产厂
Y800—1—4	3150	356	1500	96	0.89	3.8	3170×2300×1700	东风电机厂
Y800—2—4	3350	400	1500	96.1	0.89	4.2	3170×2300×1700	
Y800—3—4	4000	451	1500	96.2	0.89	4.6	3170×2300×1700	
Y800—4—4	4500	501	1500	96.2	0.89	5.2	3170×2300×1700	
Y900—1—4	5000	556	1500	96.2	0.90	5.6	3480×2500×1900	
Y900—2—4	5600	632	1500	96.3	0.90	6.2	3480×2500×1900	
Y900—3—4	6300	700	1500	96.4	0.90	6.8	3480×2500×1700	

续表 1-70

型　　号	额定功率（kW）	额定电流（A）	同步转速（r/min）	效率（%）	功率因数	冷却风量（m^3/s）	外形尺寸（mm）（长×宽×高）	生产厂
Y800—1—6	2240	262	1000	95.6	0.86	3.0	2748×2300×1700	东风电机厂
Y800—2—6	2500	292	1000	95.7	0.86	3.2	3170×2300×1700	
Y800—3—6	2800	327	1000	95.9	0.86	3.5	3170×2300×1700	
Y800—4—6	3150	367	1000	96.0	0.86	3.8	3170×2300×1700	
Y900—1—6	3550	408	1000	96.1	0.87	4.2	3480×2500×1900	
Y900—2—6	4000	461	1000	96.2	0.87	4.6	3480×2500×1900	
Y900—3—6	4500	517	1000	96.3	0.87	5.0	3480×2500×1900	
Y900—4—6	5000	514	1000	96.3	0.87	5.0	3480×2500×1900	
Y800—1—8	1000	200	750	95.3	0.81	2.3	2748×2300×1700	
Y800—2—8	1800	224	750	95.4	0.81	2.5	3170×2300×1700	
Y800—3—8	2000	249	750	95.6	0.81	2.8	3170×2300×1700	
Y800—4—8	2240	278	750	95.7	0.81	3.0	3170×2300×1700	
Y900—1—8	2500	310	750	95.8	0.81	3.2	2930×2500×1900	
Y900—2—8	2800	347	750	95.8	0.81	3.5	3480×2500×1900	
Y900—3—8	3150	391	750	95.8	0.81	4.0	3480×2500×1900	
Y900—4—8	3550	434	750	95.9	0.81	4.4	3480×2500×1900	
Y800—1—10	1250	161	600	94.4	0.79	2.1	2748×2300×1700	
Y800—2—10	1400	180	600	94.7	0.79	2.2	2748×2300×1700	
Y800—3—10	1600	205	600	94.8	0.79	2.5	3170×2300×1700	
Y800—4—10	1800	230	600	95.0	0.79	2.7	3170×2500×1900	
Y900—1—10	2000	243	600	95.4	0.83	2.8	2930×2500×1900	
Y900—2—10	2240	272	600	95.6	0.83	3.0	2930×2500×1900	
Y900—3—10	2500	303	600	95.6	0.83	3.3	3480×2500×1900	
Y900—4—10	2800	340	600	95.6	0.83	3.7	3480×2500×1900	
Y1000—1—10	3150	377	600	95.6	0.84	4.2	3220×2750×2125	
Y1000—2—10	3550	425	600	95.8	0.84	4.5	3540×2750×2125	
Y1000—3—10	4000	477	600	96	0.84	4.8	3540×2750×2125	
Y1000—4—10	4500	537	600	96	0.84	5.4	3540×2750×2125	
Y800—1—12	1000	138	500	94.3	0.74	1.7	2748×2300×1700	
Y800—2—12	1120	154	500	94.5	0.74	1.8	3170×2300×1700	
Y800—3—12	1250	172	500	94.7	0.74	2.0	3170×2300×1700	
Y800—4—12	1400	192	500	94.8	0.74	2.2	3170×2300×1700	
Y900—1—12	1600	213	500	94.9	0.76	2.4	2930×2500×1900	
Y900—2—12	1800	240	500	95	0.76	2.7	2930×2500×1900	

续表 1-70

型　　号	额定功率 (kW)	额定电流 (A)	同步转速 (r/min)	效率 (%)	功率因数	冷却风量 (m^3/s)	外形尺寸（mm） (长×宽×高)	生产厂
Y900—3—12	2000	267	500	95	0.76	3.0	3480×2500×1900	
Y900—4—12	2240	298	500	95.2	0.76	3.2	3480×2500×1900	
Y1000—1—12	2500	307	500	95.7	0.82	3.3	3220×2750×2125	
Y1000—2—12	2800	343	500	95.7	0.82	3.6	3220×2750×2125	
Y1000—3—12	3150	386	500	95.7	0.82	4.1	3540×2750×2125	
Y800—1—16	500	74	375	93.3	0.70	1.0	2748×2300×1700	
Y800—2—16	560	82	375	93.3	0.70	1.1	2748×2300×1700	
Y800—3—16	630	92	375	93.5	0.70	1.2	2748×2300×1700	
Y800—4—16	710	104	375	93.5	0.70	1.4	2748×2300×1700	东风电机厂
Y800—5—16	800	118	375	93.5	0.70	1.6	3170×2300×1700	
Y900—1—16	900	130	375	94.2	0.71	1.6	2930×2500×1900	
Y900—2—16	1000	144	375	94.4	0.71	1.7	2930×2500×1900	
Y900—3—16	1120	161	375	94.4	0.71	1.9	3480×2500×1900	
Y900—4—16	1250	179	375	94.6	0.71	2.0	3480×2500×1900	
Y1000—1—16	1400	198	375	94.6	0.72	2.3	3220×2750×2125	
Y1000—2—16	1600	226	375	94.6	0.72	2.6	3220×2750×2125	
Y1000—3—16	1800	254	375	94.6	0.72	2.9	3220×2750×2125	
Y1000—4—16	2000	283	375	94.6	0.72	3.2	3540×2750×2125	

三、外形及安装尺寸

Y系列大型6kV鼠笼型异步电动机（H630）外形及安装尺寸，见表1-71及图1-37。

表1-71　Y系列大型6kV鼠笼型异步电动机（H630）外形及安装尺寸　　单位：mm

型　　号	D	E	C	B_1		A_1		b_5		l_1		h_4	
				开启式	管道式	开启式	管道式	开启式	管道式	开启式	管道式	开启式	管道式
Y1000—6/1180	160	300	200	1700		1400		1620		2380		1685	
Y1250—6/1180	160	300	200	1800		1400		1620		2480		1685	
Y1600—6/1430	180	300	230	1700	2260	1750	2160	1970	2380	2440	3000	1855	1930
Y2000—6/1430	180	300	230	1800	2300	1750	2160	1970	2380	2540	3040	1855	1930
Y2500—6/1430	200	350	230	1900	2460	1750	2160	1970	2380	2690	3250	1855	1930
Y630—8/1180	150	250	200	1600		1400		1620		2230		1685	
Y800—8/1180	160	300	200	1700		1400		1620		2380		1685	
Y1000—8/1180	160	300	200	1800		1400		1620		2480		1685	
Y1250—8/1430	180	300	230	1800	2300	1750	2160	1970	2380	2540	3040	1855	1930

续表 1-71

型 号	D	E	C	B_1		A_1		b_5		l_1		h_4	
				开启式	管道式	开启式	管道式	开启式	管道式	开启式	管道式	开启式	管道式
Y1600—8/1430	200	350	230	1900	2460	1750	2160	1970	2380	2690	3250	1855	1930
Y2000—8/1730	200	350	230	1800	2400	2160	2500	2440	2720	2590	3190	2075	2150
Y630—10/1180	150	250	200	1600		1400		1620		2230		1685	
Y800—10/1180	160	300	200	1700		1400		1620		2380		1685	
Y1000—10/1430	180	300	230	1700		1750		1970		2440		1855	
Y1250—10/1430	180	300	230	1800	2300	1750	2160	1970	2380	7540	3040	1855	1930
Y1600—10/1730	200	350	230	1800	2400	2160	2500	2440	2720	2590	3190	2075	2150
Y2000—10/1730	220	350	260	1900	2500	2160	2500	2440	2720	2750	3350	2075	2150
Y400—12/1180	150	250	200	1600		1400		1620		2230		1685	
Y500—12/1180	150	250	200	1600		1400		1620		2230		1685	
Y630—12/1430	160	300	200	1500		1750		1970		2180		1855	
Y800—12/1430	180	300	230	1700		1750		1970		2440		1855	
Y1000—12/1430	180	300	230	1700		1750		1970		2440		1855	
Y1250—12/1730	200	350	230	1700	2300	2160	2500	2440	2720	2490	3090	2075	2150
Y1600—12/1730	220	350	260	1800	2400	2160	2500	2440	2720	2650	3250	2075	2150
Y2000—12/1730	250	400	260	1900	2500	2160	3500	2440	2720	2800	3400	2075	2150
Y500—16/1430	160	300	200	1500		1750		1970		2180		1855	
Y630—16/1430	180	300	230	1700		1750		1970		2440		1855	
Y800—16/1730	200	350	230	1700	2300	2160	2500	2440	2720	2490	3090	2075	2150
Y1000—16/1730	200	350	230	1800	2400	2160	2500	2440	2720	2590	3190	2075	2150
Y1250—16/1730	220	350	260	1900	2500	2160	2500	2440	2720	2750	3350	2075	2150
Y1600—16/2150	250	400	260		2400		3300		3520		3300		2480
Y2000—16/2150	250	400	260		2400		3300		3520		3300		2480

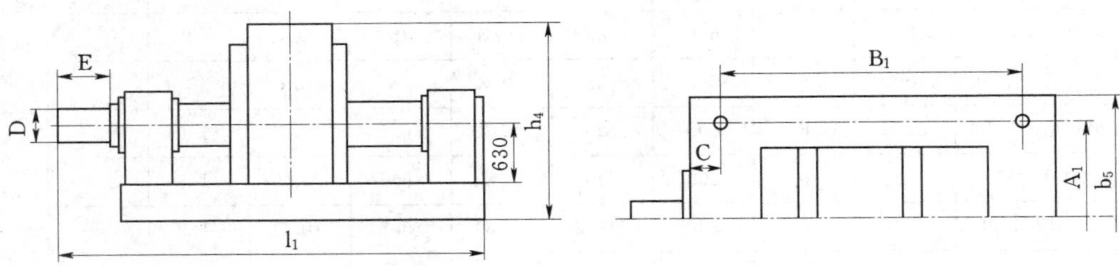

图 1-37 Y 系列大型 6kV 鼠笼型异步电动机（H630）外形及安装尺寸

1.3.5 YL 系列大型立式三相异步电动机

一、概述

YL 系列大型立式三相异步电动机适用于驱动立式水泵。基本形式为鼠笼型，允许全压直接启动。根据需要，可提供绕线型立式异步电动机，也可提供两种功率、两种转速的双速立式异步电动机。电动机为悬垂型立式安装，由定子、转子、上机架和下机架等组成。上、下机架为钢板焊接十字型整体结构，上机架中心体内装有推力轴承及上导轴承和油冷却器，下机架中心体内装有下导轴承及油冷却器。通风形式为开启式或管道式。

型号含义

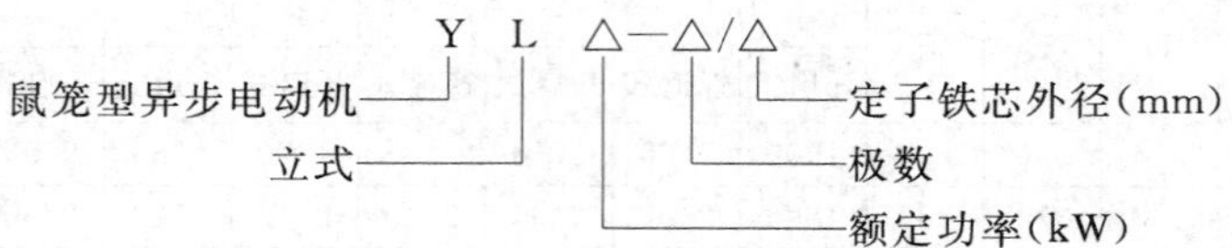

二、技术数据

YL系列大型立式三相异步电动机额定电压为6kV（也可制成10kV），额定频率为50Hz，技术数据见表1-72。

表1-72 YL系列大型立式三相异步电动机技术数据

型号	额定功率(kW)	额定电压(kV)	同步转速(r/min)	效率(%)	功率因数	堵转电流/额定电流	堵转转矩/额定转矩	最大转矩/额定转矩	转动惯量(kg·m²)	生产厂
YL630—8/1180	630		750	/93	/0.85	/6	/1	/1.8		兰州电机有限责任公司
YL800—8/1180	800	6	750	94.1/92	0.88/0.82	5.7/6.5	1.1/0.7	2.4/1.8	600	
YL900—8/1430	900	10	742	92	0.83	6.5	0.7	1.8	1140	
YL500—10/1180	500	10	600	92.6/91.5	0.84/0.82	6.2/6.5	1.2/0.9	2.6/	800	
YL440—10/1180	440	10	594	91	0.8	7.5	0.9	1.8	1680	
YL500—10/1430	500	10	594	91.5	0.83	5.2	0.9	1.7	1238	
YL1250—12/1730	1250	6	493	92	0.82	6.5	0.7	1.6	3300	
YL800—14/1250	800	6	493	93	0.73	6	0.8	1.8	1540	
YL450—16/1730	450	10	370	90.5	0.75	5	0.8	1.8	5330	
YL1800—16/2150	1800	6	371	92	0.79	6.5	0.7	1.8	10720	
YL710—24W	710	3	247	93	0.65	5	0.7	2.0	6940	
YL1000—10/1430	1000	6	600	/88	/0.8	/6	/0.7	/2		
YL1000—10/1730	1000	6	600	/88	/0.8	/6	/0.7	/2		
YL2000—10/2150	2000	6	600	/90	/0.82	/6.5	/0.7	/1.6		
YL2000—10/2150	2000	6	600	/90	/0.82	/6.5	/0.7	/1.6		
YL800—12/1430	800	6	500	/92.3	/0.81	/5.5	/0.7	/1.9		
YL1000—12/1730	1000	6	500	/90.5	/0.8	/5.5	/0.75	/1.8		
YL1600—8/1430	1600	10	741	93	0.85	6	0.7	1.8		
YL1600—12/2150	1600	6	500	/88	/0.8	/6	/0.7	/2		
YL2000—12/2150	2000	6	500	/88	/0.8	/6.5	/0.7	/2		
YL2500—12/2150	2500	6	500	/88	/0.8	/6.5	/0.7	/2		
YL1400—14/1730	1400	6	429	94.5/93	0.84/0.82	5/6.5	0.94/0.7	2/1.6	5600	
YL2000—18/2600	2000	6	333	93.2/92.5	0.82/0.78	5.8/6.0	1.2/1.1	2.6/2.0	31000	
YL1000—24/2600	1000	6	250	90.9/90	0.72/0.70	5.5/6.0	1.5/1.1	2.8/2.0	31000	

注 表中数据为计算值/保证值。

三、外形及安装尺寸

YL 系列大型立式三相异步电动机外形及安装尺寸，见表 1－73 及图 1－38。

表 1－73 YL 系列大型立式三相异步电动机外形及安装尺寸 单位：mm

型号	底脚螺栓尺寸					法兰尺寸						φD	h_1	h_2	h_3	φB	重量(kg)
	L	f	m	E	M	φC	φS	J	φd	n	φF						
YL630—8/1180	2000	350	4	8	42	420	340	9	45	8	500	48	950				
YL800—8/1180	1850	280	4	8	36	活法兰配 M145×3 螺纹					225	40	456	1360	600	2000	7770
YL500—10/1180	1850	280	4	8	36						225	40	456	1530	600	2000	8100
YL1000—10/1730	2520	350	4	8	42	420	340	9	45	8	500	48	950				
YL1000—10/1730	2700	350	4	8	42	420	340	9	45	8	500	48	950				
YL2000—10/2150	2900	350	4	8	42	420	340	9	45	8	500	48	950				
YL2000—10/2150	3100	350	4	8	42	420	340	9	45	8	500	48	950				
YL800—12/1430	2200	350	4	8	42	420	340	9	45	8	500	48	950				
YL1000—12/1730	2200	350	4	8	42	420	340	9	45	8	500	48	950				
YL1600—12/2150	3100	350	4	8	42	420	340	9	45	8	500	48	950				
YL2000—12/2150	3100	350	4	8	42	420	340	9	45	8	500	48	950				
YL2500—12/2150	3100	350	4	8	42	420	340	9	45	8	500	48	950				
YL1400—14/1730	2700	350	4	8	42	活法兰配 M180×3 螺纹						48	690	1615	865	2520	17000
YL2000—18/2600	3200	400	4	8		420	340	9	44.6	8	500	52	950	1780	1160	3500	28500
YL1000—24/2600	3200	400	4	8		420	340	9	44.6	8	500	52	950	1780	1160	3500	28500

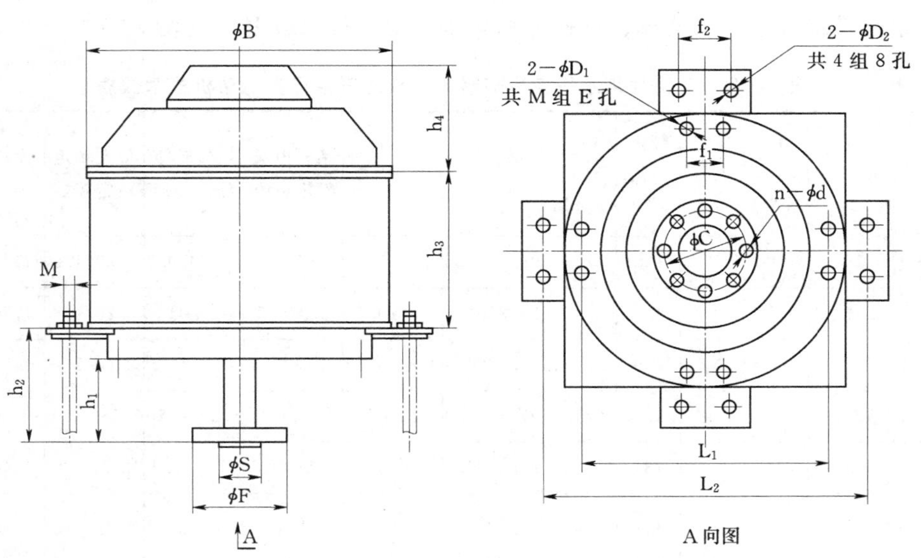

图 1－38 YL 系列大型立式三相异步电动机外形及安装尺寸

1.3.6 Y系列带水—空冷却器单、双速三相异步电动机

一、概述

Y系列带水—空冷却器单、双速三相异步电动机适用于驱动风机、循环泵等。为适应工况需要所制成的双速电机具有两种功率、两种转速，可提高被拖动机械的效率，是一种节能电机。

电动机为箱式结构，单轴伸，F级绝缘。防护形式为IP44，也可制成其它形式。旋转方向可选定，但不得往复旋转或反接电源制动。水—空冷却器进出水管位置可调换。从轴伸端看，主出线盒在电动机右侧，水—空冷却器进出水管位置在电动机左侧，也可改变其位置。双速电动机轴承为复合润滑式。

型号含义

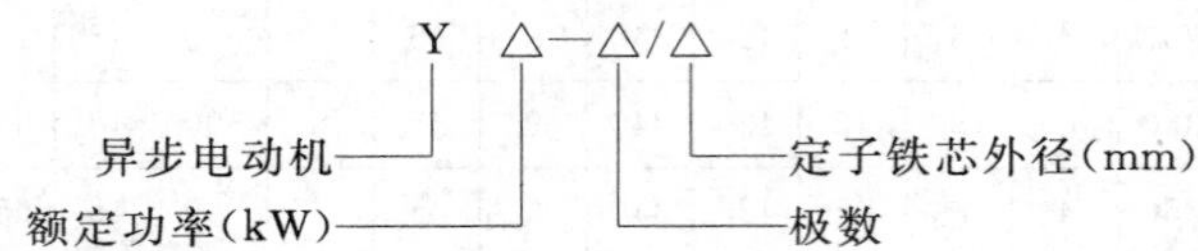

注 电动机为单速。

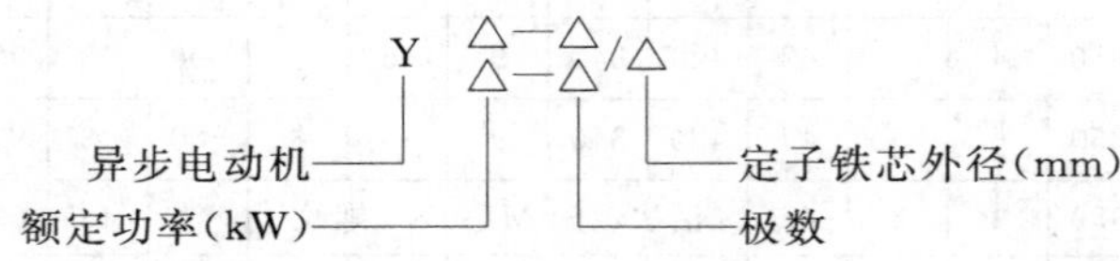

注 电动机为双速。

二、技术数据

Y系列带水—空冷却器单、双速三相异步电动机技术数据，见表1-74。

表1-74 Y系列带水—空冷却器单、双速三相异步电动机技术数据

型号	额定功率(kW)	额定电压(kV)	额定电流(A)	额定转速(r/min)	效率(%)	功率因数	堵转电流/额定电流	堵转转矩/额定转矩	最大转矩/额定转矩	转动惯量(kg·m²)	重量(kg)
Y1000—8/1250	1000	6	125	745	95.4/93.5	0.80/0.78	5.07/6.5	1.123/0.8	2.33/1.8	1080	11330
Y1250—8/1250	1250	6	156	745	95.3/94.5	0.81/0.78	5.0/6.5	1.04/0.8	2.25/1.8	1150	11500
Y1400—8/1250	1400	6.6	159	745	95.4/94.3	0.80/0.79	5.45/6.0	1.16/1.0	2.46/2.0	1430	14440
Y1600—8/1250	1600	6	197	745	95.6/95.0	0.82/0.80	4.9/6.0	1.03/0.80	2.18/1.80	1430	14000
Y1600—8/1250	1600	6.6	184	745	95.3/95.0	0.80/0.78	5.54/6.5	1.28/1.2	2.5/2.2	1540	16490
Y^{1250-6}_{630-8}/1250	1250	6	148	992	95.2/94.5	0.854/0.835	5.1/6.5	1.08/0.80	2.22/1.8	630	14450
	630	6	84	745	93.6/92.8	0.769/0.75	5.6/6.5	1.4/0.80	2.56/1.8	630	14450

续表 1-74

型　号	额定功率(kW)	额定电压(kV)	额定电流(A)	额定转速(r/min)	效　率(%)	功率因数	堵转电流/额定电流	堵转转矩/额定转矩	最大转矩/额定转矩	转动惯量(kg·m²)	重量(kg)
Y^{1400-8}_{710-10}/1250	1400	6	169	743	95.2/94.0	0.836/0.76	4.2/6.5	1.0/0.80	1.84/1.8	1010	14400
	710	6	105	597	93.3/92.0	0.698/0.67	5.64/6.5	1.7/0.80	2.83/1.8	1010	14400
Y^{1600-8}_{800-10}/1250	1600	6	197	745	95.6/94.5	0.82/0.79	4.9/6.5	1.1/0.80	2.2/1.8	1060	15000
	800	6	111	596	94.1/93.5	0.74/0.71	5.4/6.5	1.4/0.80	2.57/1.8	1060	15000
Y^{1600-6}_{800-8}/1250	1600	6	187	994	95.8/94.6	0.86/0.85	5.13/6.5	1.0/0.80	2.24/1.8	740	15030
	800	6	105	746	94.8/93.6	0.80/0.79	5.22/6.5	1.2/0.80	2.37/1.8	740	15030

注　表中数据为计算值/保证值。

三、外形及安装尺寸

Y系列带水—空冷却器单、双速三相异步电动机外形及安装尺寸，见表1-75及图1-39。

表1-75　Y系列带水—空冷却器单、双速三相异步电动机外形及安装尺寸　单位：mm

型　号	A	B	C	D	E	F	G	H	L	b	b_1	b_2	h	K
Y1000—8/1250	1600	2000	224	160	300	40	169	800	2915	1800	1350	1050	2550	4—ϕ56
Y1250—8/1250	1600	2000	224	160	300	40	169	800	2915	1800	1350	1050	2550	4—ϕ56
Y1400—8/1250	1600	2240	224	200	350	45	210	800	3040	1800	1350	1050	2550	4—ϕ56
Y1600—8/1250	1600	2000	224	160	300	40	169	800	2915	1800	1350	1050	2550	4—ϕ56
$Y^{11250-6}_{630-8}$/1250	1600	2240	315	160	300	40	169	800	3170	1800	1270	1050	2550	4—ϕ56
Y^{1400-8}_{710-10}/1250	1600	2500	250	160	300	40	169	800	3285	1800	1270	1050	2550	4
Y^{1600-8}_{800-10}/1250	1600	2500	250	160	300	40	169	800	3285	1800	1270	1050	2550	4
Y^{1600-6}_{800-8}/1250	1600	2240	315	160	300	40	169	800	3170	1800	1270	1050	2550	4

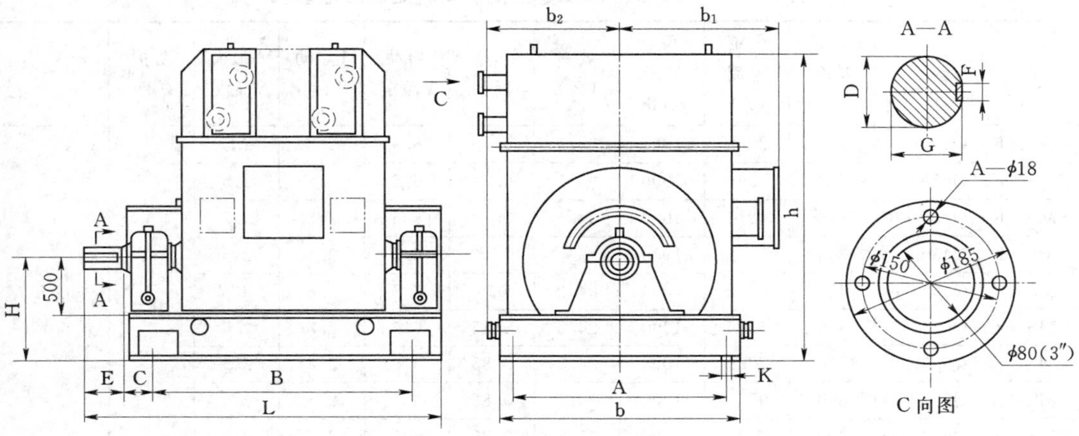

图1-39　Y系列带水—空冷却器单、双速三相异步电动机外形及安装尺寸

1.3.7 YMS 型大型高压电动机

一、概述

YMS 型大型高压电动机适用于驱动火电厂 200MW 机组全容量和 300MW 机组半容量电动液力调速锅炉给水泵组及其它机械设备。

电动机为箱式结构，冷却空气密闭循环，带水—空冷却器，防护等级为 IP54。

型号含义

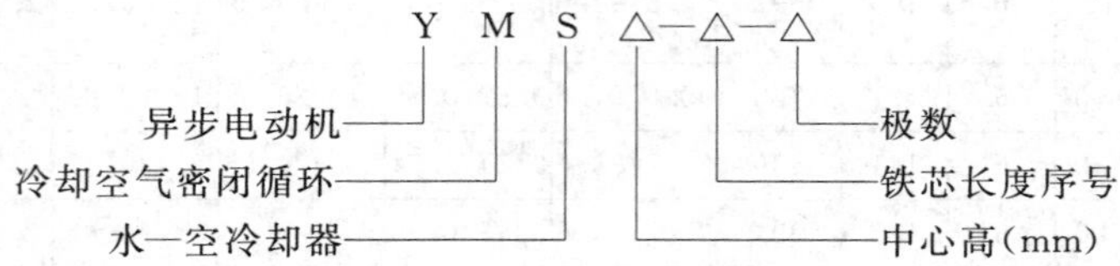

二、技术数据

YMS 型大型高压电动机额定电压为 6kV，额定频率为 50Hz，技术数据见表 1-76、表 1-77。

表 1-76 YMS 型大型高压电动机技术数据

型号	额定功率 (kW)	额定电流 (A)	额定转速 (r/min)	效率 (%)	功率因数	堵转电流/额定电流	堵转转矩/额定转矩	最大转矩/额定转矩	冷却水量 (kg/h)	重量 (kg)	外形尺寸 (mm) (长×宽×高)	生产厂
YMS800—1—4	5000	548	1486	95.5	0.88	6.0	0.8	1.8	41000	19600	3690×3000×2718	北京电力设备总厂
YMS800—1—4	5100	558	1486	95.5	0.88	6.0	0.8	1.8	44000	19600	3690×3000×2718	
YMS800—3—4	5400	588	1500	95.5	0.88	6.0	0.8	1.8	44000			
YMS800—2—4	5500	599	1487	95.5	0.88	6.0	0.8	1.8	44000	21000	3690×3000×2718	
YMS800—4—4	6300	686	1500	95.5	0.88	6.0	0.8	1.8	44000			

表 1-77 YMSQ、YMKQ 型高启动转矩高压电动机

型号	额定功率 (kW)	额定电流 (A)	额定转速 (r/min)	效率 (%)	功率因数	I启动/I额定	M启动/M额定	M最大/M额定	防护等级	生产厂
YMS (K) Q355—6	220	28.8	1000	93.9	0.79	6.5	2.8	2.5	IP54	北京电力设备总厂
YMS (K) Q450—6	280	36	1000	94.5	0.79	6.5	2.8	2.5		
YMS (K) Q450—6	330	42.4	1000	94.5	0.79	6.5	2.8	2.5		
YMS (K) Q450—6	380	50.2	1000	94	0.8	6.5	2.8	2.5		
YMS (K) Q550—6	450	58.2	1000	94.2	0.8	6.5	2.8	2.5		
YMS (K) Q630—6	550	65.4	1000	94.5	0.85	6.5	2.8	2.5		
YMS (K) Q630—6	650	77.9	1000	94.7	0.85	6.5	2.8	2.5		
YMS (K) Q630—6	800	95.1	1000	95.1	0.85	6.5	2.8	2.5		
YMS (K) Q630—6	900	107	1000	95.1	0.85	6.5	2.8	2.5		
YMS (K) Q630—6	1000	118.9	1000	95.1	0.85	6.5	2.8	2.5		

1.3.8 YNH 系列异步电动机

一、概述

YNH 系列异步电动机为异步鼠笼型转子，上水冷，防护等级为 IP44，工作制为 S1。YNH 系列异步电动机作为电动机运行时，电源电压为 6kV，电源频率为 50Hz。作为发电机运行时，输出电压为 6.3kV，频率 50Hz。也可以按照用户要求制造 60Hz 及其它电压为 10kV（10.5kV）的电动机，以下所列设计数据仅列出 50Hz，6kV（6.3kV）时的电动机与发电机运行时的额定数据。

本系列异步电动机主要用于石化系统催化裂化装置能量回收机组及备用机组，并广泛地用于电厂、矿山、重型机械作原动机用，以驱动压缩机、水泵等各种通用机械及其它的机械设备。9000kW 三相异步电动机是为兰州炼油化工总厂 mc11204 离心压缩机配套生产的驱动电动机，是目前国内最大容量的三相异步电动机。其名义功率为 9000kW，实际输出功率为 10000kW，能够长期运行。当电压下降到额定电压的 75%时，能直接启动 $GD^2=18000$ $kg\cdot m^2$ 的离心压缩机，其启动时间不大于 35s，堵转电流不大于额定电流的 4.7 倍。

产品型号及含义

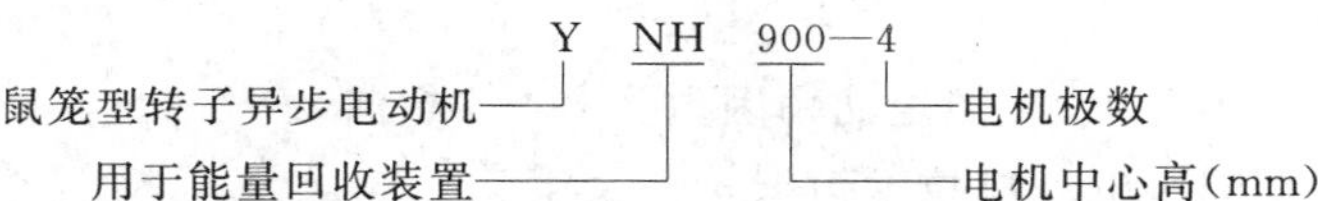

二、技术数据

YNH 系列异步电动机技术数据，见表 1-78。

表 1-78 YNH 系列异步电动机技术数据

型号	电动机运行											发电机运行						
	功率(kW)	定子电压(V)	定子电流(A)	额定转速(r/min)	效率(%)	功率因数	堵转电流/额定电流	堵转转矩/额定转矩	最大转矩/额定转矩	电机转动惯量($kg\cdot m^2$)	容许负载转动惯量($kg\cdot m^2$)	功率(kW)	定子电压(V)	定子电流(A)	额定转速(r/min)	效率(%)	功率因数	过载能力倍数
YNH710—4	3150	6000	345	1480	96.66	0.909	3.91	0.93	1.93	157	2450	3150	6300	321	1515	96.98	0.900	2.17
YNH710—4	3550	6000	389	1480	96.68	0.909	3.93	0.96	1.94	165	2560	3550	6300	362	1515	97.01	0.898	2.17
YNH710—4	4000	6000	438	1480	96.70	0.909	3.85	0.96	1.90	177	2750	4000	6300	408	1516	97.03	0.898	2.13
YNH710—4	4500	6000	492	1480	96.77	0.909	3.85	0.98	1.90	192	2940	4500	6300	459	1516	97.09	0.898	2.13
YNH800—4	5000	6000	547	1482	96.95	0.908	3.77	0.95	1.85	273	2890	5000	6300	510	1514	97.24	0.899	2.07
YNH800—4	5600	6000	611	1482	97.01	0.910	3.83	1.00	1.87	300	3180	5600	6300	570	1514	97.28	0.900	2.09
YNH800—4	6300	6000	681	1482	97.07	0.912	3.92	1.06	1.90	335	3550	6300	6300	641	1514	97.33	0.901	2.12
YNH900—4	7100	6000	774	1485	97.11	0.909	3.97	0.94	1.91	498	4070	7100	6300	723	1512	97.30	0.900	2.02
YNH900—4	8000	6000	872	1485	97.15	0.909	3.97	0.94	1.81	541	4380	8000	6300	815	1512	97.33	0.899	2.01
YNH900—4	9000	6000	983	1484	97.12	0.907	3.80	0.93	1.74	562	4530	9000	6300	915	1512	97.34	0.901	1.93
YNH900—4	10000	6000	1088	1484	97.21	0.910	3.97	1.02	1.79	622	5100	10000	6300	1018	1512	97.39	0.900	2.00

1.4 中小型同步电动机

1.4.1 T系列中型三相同步电动机

一、概述

T系列中型三相同步电动机适用于驱动风机、水泵、压缩机及其它通用机械。允许全压直接启动。

电动机为卧式安装，单轴伸，箱式结构，端盖滚动轴承。外壳防护形式为垂直防滴式(也可为其它形式)，通风形式为自然循环、管道通风或反管道出风（进风)，旋转方向从轴伸端看为顺时针。

型号含义

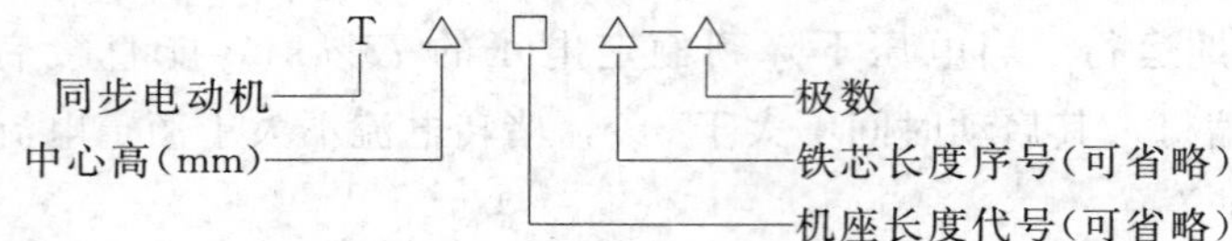

二、技术数据

电动机额定频率为50Hz，额定功率因数为0.9（超前)。

T系列中型三相同步电动机技术数据，见表1-79。

表1-79 T系列中型三相同步电动机技术数据

型号	额定功率(kW)	额定电压(kV)	额定电流(A)	额定转速(r/min)	效率(%)	堵转电流/额定电流	堵转转矩/额定转矩	牵入转矩/额定转矩
T630—4	800	6	90	1500	95.2/95	4.9/6	1.7/1	1.0/0.7
T630M1—4	1000	6	113	1500	95.5/95	4.9/6	1.8/1	1.0/0.7
T630S1—6	380	10	26.4	1000	92.2/91.7	6.2/6.5	1.6/1.2	1.2/1.0
T630S—6	380	10	26.4	1000	92.2/91.7	6.2/6.5	1.6/1.2	1.2/1.0
T630—6	560	10	38.4	1000	93.3/92.5	6.3/6.5	2.8/1.2	1.8/0.9
T630—8	400	10	28	750	91.9/90.5	5.7/6.5	1.3/1	1.1/0.9
T630—8	560	6	63	750	94.1/93	6.1/7	1.7/1.2	1.1/0.9
T630M1—10	400	10	28	600	92.9/91.7	6.0/6.5	1.7/0.9	1.1/0.7
T630M1—10	440	6	50	600	94.4/93	5.5/6.5	1.7/0.9	0.94/0.7

型号	最大转矩/额定转矩	转动惯量(kg·m²)	励磁装置型号	额定负载时		生产厂
				励磁电压(V)	励磁电流(A)	
T630—4	2.1/1.5	210	KGLF11—450/50	23	314	兰州电机有限责任公司
T630M1—4	2.1/1.5	240	KGLF11—450/50	25	382	
T630S1—6	2.1/1.8	200	KGLF11—200/50	35.4	174	
T630S—6	2.1/1.8	200	KGLF11—200/50	35.4	174	
T630—6	2.0/1.8	300	KGLF11—200/50	40	165	
T630—8	2.1/1.8	400	KGLF11—200/50	43.2	147.4	
T630—8	2.0/1.8	200	KGLF11—300/50	26	253	
T630M1—10	2.3/2.0	370	KGLF11—200/50	42.2	186.5	
T630M1—10	2.0/1.8	370	KGLF11—200/50	42	182	

注 表中数据为设计值/保证值。

三、外形及安装尺寸

T 系列中型三相同步电动机外形及安装尺寸，见表 1-80 及图 1-40。

表 1-80 T 系列中型三相同步电动机外形及安装尺寸 单位：mm

型号	通风形式	A	B	C	D	E	F	G	H	K	L	a	h	重量(kg)
T630—4 T630M1—4	G	1100	1450 1500	250	120	210	32	109 108.7	630	4—ϕ48	2140 2190	1542 1540	1920	5490 5780
T630S1—6 T630S—6	K BG	1120	1120	224	120	210	32	109	630	4—ϕ42	2430	1660 1684	1300 1900	4895 5130
T630—6	BG	1120	1250	315	120	210	32	109	630	4—ϕ42	2680	1710	1900	5920
T630—8 T630—8	K	1120	1120 960	315 280	120	210	32	109	630	4—ϕ42	2570 2290	1670 1530	1920 1820	4950 4460
T630M1—10 T630M1—10	K	1120	1500	250	120	210	32	108.5	630	4—ϕ42	2175	1435	1645	5330 5410

注 K—开启式；G—管道式；BG—半管道式。

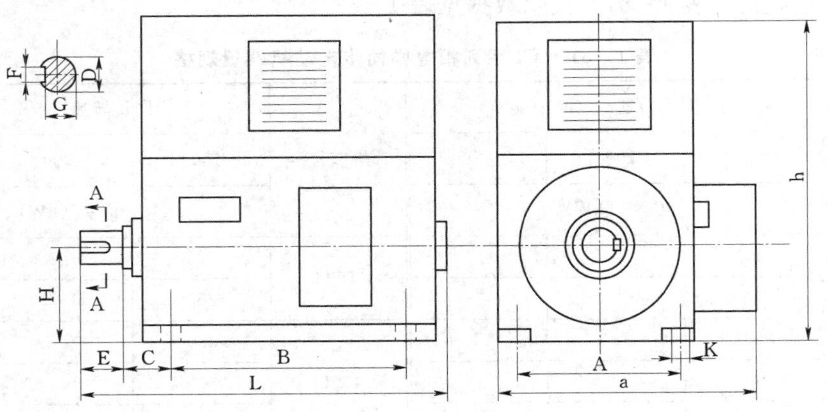

图 1-40 T 系列中型三相同步电动机外形及安装尺寸

1.4.2 TX 系列相复励同步电动机

一、概述

TX 系列相复励自励同步电动机运行于超前功率因数，转速恒定，具有补偿无功功率、改善电网功率因数、降低电网各环节的运行损耗和费用、提高发配电设备输出能力等特点。

电动机不需配置直流励磁机或其它励磁装置，自带相复励装置根据负载变化自动调整励磁，具有功率因数恒定、过载能力强、运行稳定等优点。在满负载时的功率因数为 0.9（超前）。根据需要，只要简单改变励磁装置的接线，就可得到功率因数为 1 的运行工况，此时电机本身效率较高。

电动机装有启动绕组，启动性能优良，不需昂贵的启动设备，配用 PDX、KPDX 型相复励同步电动机控制屏，启动和一般异步电动机同样方便。

电动机的结构及安装形式为 IMB3（机座带底脚、两个端盖轴承、单轴伸），外壳防护等级为 IP11（垂直防滴防护式），冷却方式为 IC01（自带风扇冷却、轴向通风），旋转方向从轴伸端看为顺时针，表面油漆色彩可以选择，也可提供湿热带用电动机。

型号含义

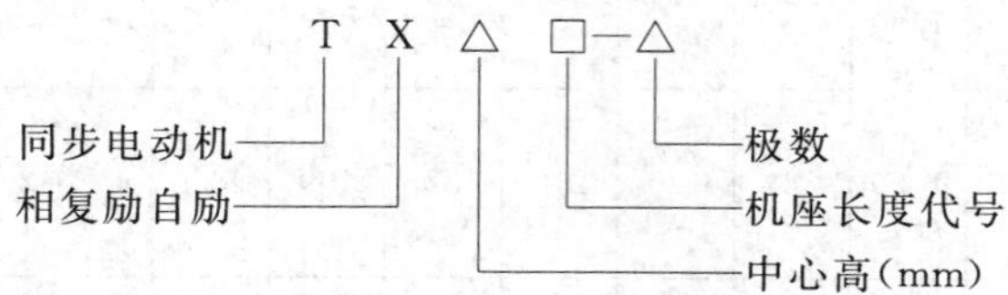

注 型号后加“TH”为湿热带用电动机。

二、技术数据

（1）额定工作方式为 S1，额定电压为 380V，额定频率为 50Hz，额定功率因数为 0.9（超前）。

（2）全压直接启动转矩 $M_{st}=1M_m$，标称牵入转矩 $M_p=0.8M_m$。

（3）定子接线方式为 Y，绝缘等级为 B 级。

（4）容量规格见表 1-81，技术数据见表 1-82。

表 1-81 TX 系列相复励同步电动机容量规格

机座号	同步转速（r/min） 1500	1000	750
	功率（kW）		
225S	30		
225M	40		
225L	50		
250M	60		
250L	75		
280S	95		
280L	112		
	132		
355S	150	95	
	160	112	
	185	132	
	200	150	95

机座号	同步转速（r/min） 1500	1000	750
	功率（kW）		
355M	220	160	112
	250	185	132
400L	280		
	300		
	320		
450S		200	150
		220	160
		250	185
		280	200
		300	220
		320	250
			280

表 1-82 TX 系列相复励同步电动机技术数据

功率 (kW)	同步转速 (r/min) 1500 额定电流 (A)	1500 效率 (%)	1500 堵转电流/额定电流	1000 额定电流 (A)	1000 效率 (%)	1000 堵转电流/额定电流	750 额定电流 (A)	750 效率 (%)	750 堵转电流/额定电流	生产厂
30	57.6	88	6.5							兰州电机有限责任公司
40	75.9	89	6.5							
50	93.8	90	6.5							
60	112	90.5	7							
75	140	90.5	7							
95	176	91.2	7	176	91	7	176	91	6.5	
112	207	91.2	7	208	91	7	208	91	6.5	
132	242	92	7	245	91	7	245	91	6.5	
150	275	92	7.5	277	91.5	7	277	91.5	6.5	
160	294	92	7.5	295	91.5	7	295	91.5	6.5	
185	338	92.5	7.5	339	92	7	339	92	6.5	
200	365	93	7.5	367	92	7	367	92	6.5	
220	399	93	7.5	402	92.5	7	402	92.5	6.5	
250	454	93	7.5	456	92.5	7	456	92.5	6.5	
280	508	93	7.5	511	92.5	7	511	92.5	6.5	
300	542	93.5	7.5	545	93	7				
320	578	93.5	7.5	581	93	7				

三、外形及安装尺寸

TX 系列相复励同步电动机外形及安装尺寸，见表 1-83 及图 1-41。

表 1-83 TX 系列相复励同步电动机外形及安装尺寸 单位：mm

机座号	B	l_1	H	A	A/2	C
225S	286±1.4	795	$225^{0}_{-0.8}$	356±1.4	178±1.0	149±3.0
225M	311±1.4	855				
225L	356±1.4	900				
250M	349±1.4	950	$250^{0}_{-0.5}$	406±1.4	203±1.0	168±4.0
250L	406±1.4	990				
280S	368±1.4	1150	$280^{0}_{-1.0}$	457±1.4	228.5±1.0	190±4.0
280L	457±1.4	1240				
355S	500±2.1	1270	$355^{0}_{-1.0}$	610±1.4	305±1.0	254±4.0
355M	560±1.4	1385				
450S	630±1.75	1415	$450^{0}_{-1.0}$	710±1.75	355±1.25	315±4.0

机座号	D	E	F	G	K	b	$2b_2$	h
225S	$60^{+0.030}_{+0.011}$	140±0.5	$18^{0}_{-0.043}$	$53^{0}_{-0.2}$	$20^{+0.52}_{0}$	450	530	660
225M								
225L								
250M	$70^{+0.030}_{+0.011}$	140±0.5	$20^{0}_{-0.052}$	$62.5^{0}_{-0.2}$	$24^{+0.52}_{0}$	490	590	780
250L								
280S	$80^{+0.030}_{+0.011}$	170±0.5	$22^{0}_{-0.052}$	$71^{0}_{-0.2}$	$24^{+0.52}_{0}$	560	660	860
280L								
355S	$90^{+0.035}_{+0.013}$	170±0.5	$25^{0}_{-0.052}$	$81^{0}_{-0.2}$	$28^{+0.62}_{0}$	720	860	1020
355M								
450S	$120^{+0.035}_{+0.013}$	210±0.57	$32^{0}_{-0.062}$	$109^{0}_{-0.2}$	$35^{+0.62}_{0}$	880	960	1180

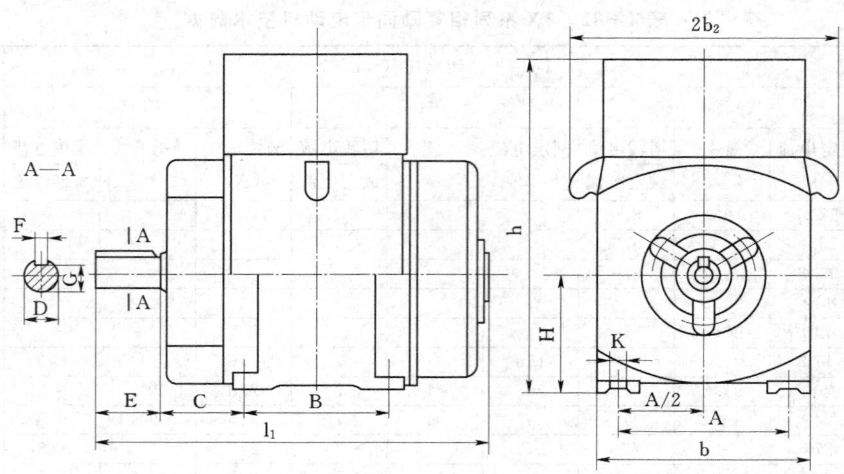

图 1-41 TX系列相复励同步电动机外形及安装尺寸

1.5 大型同步电动机

1.5.1 T(TD) 系列大型同步电动机

一、概述

T(TD) 系列大型同步电动机适用于驱动通风机、水泵及其它通用机械，并能组成电动发电机组。允许全压直接启动，启动时转子回路应串接10倍于磁场绕组电阻的启动电阻。

电动机为卧式安装，单轴伸，B级绝缘并有防电晕措施，可控硅励磁装置励磁。通风形式为开启式自扇冷式、管道或半管道通风式，也可制成封闭自循环通风式。旋转方向从集电环端看为逆时针，也可改为顺时针，但电动机风叶应作相应改变。

型号含义

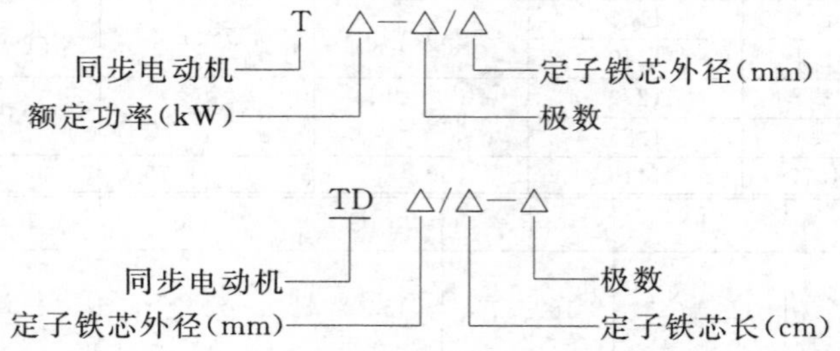

二、技术数据

T(TD) 系列大型同步电动机额定电压为6kV（根据需要也可制成10kV)。额定频率为50Hz，额定功率因数为0.9（超前)。有关技术数据，见表1-84。

三、外形及安装尺寸

T(TD) 系列大型同步电动机外形及安装尺寸，见表1-85及图1-42。

表 1-84 T(TD) 系列大型同步电动机技术数据

型号	额定功率 (kW)	额定电压 (kV)	额定电流 (A)	额定转速 (r/min)	效率 (%)	堵转电流/额定电流	堵转转矩/额定转矩	牵入转矩/额定转矩	最大转矩/额定转矩	转动惯量 (kg·m²)	励磁装置型号	额定负载时		生产厂
												励磁电压 (V)	励磁电流 (A)	
TD118/36—6	800	6	90	1000	95.2/94.5	6.4/7.0	1.92/1.0	1.13/1.0	2.11/1.8	500	KGLF11—300/50	33.5	243	兰州电机有限责任公司
TD118/49—6	1000	6	112	1000	95/94.5	6.6/7.0	1.74/1.0	1.28/1.0	2.25/1.8	1000	KGLF11—400/50	37.5	290	
TD118/49—6	1250	6	140	1000	95.8/95	5.6/7.0	1.58/1.0	1.1/0.9	1.97/1.8	680	KGLF11—400/50	35.0	320	
TD118/74—6	1600	6	178	1000	96/95.5	7.2/7.5	1.9/1.5	1.3/0.85	2.15/1.9	1030	KGLF11—300/50	42.7	292	
TD173/44—6	1600	10	123	1000	94/93	5.7/6.5	1.2/0.9	1.3/1.1	2.7/2.5	3300	KGLF11—400/75	68	349	
T800—8/1180	800	6	90.5	750	95/94	5.6/6.0	1.2/1.0	1.1/0.9	2.1/1.8	550	KGLF11—450/50	31	372	
T1000—8/1180	1000	6	113	750	95.5/94.5	5.7/6.0	1.2/1.0	1.2/0.9	2.1/2.0	850	KGLF11—400/74	44	293	
TD143/36—8	1250	6	141	750	95.5/94.5	5.2/6.0	1.3/1.1	1/0.9	2.1/1.8	1700	KGLF12—400/50	46	349	
T1600—8/1430	1600	6	179	750	96/95	5.7/6.0	1.2/1.0	1.2/0.9	2.1/1.8	2300	KGLF11—400/75	52.4	310	
TD143/49—8	1600	6	179	750	95.8/95	5.4/6.0	1.2/1.0	1/0.9	2.1/2	2000	KGLF11—400/75	53.2	315	
TD143/54—8	1600	6	179	750	95.8/95	6/6.5	1.5/1.0	1.2/0.9	2.1/1.8	2200	KGLF11—300/75	62	271	
TD143/54—8	1600	6	179	750	95.8/95	6/6.5	1.5/1.2	1.2/0.9	2.1/2	2200	KGLF11—300/75	62	271	
TD143/59—8	2000	6	224	750	96.1/95.4	5.5/6.0	1.3/1.0	1.1/0.9	2.1/1.8	1600	KGLF11—400/90	70.5	283	
TD143/59—8	2000	6	224	750	96.1/95.4	5.5/6.0	1.3/1.0	1.1/0.8	2.1/1.8	2000	KGLF11—400/90	70.5	283	
TD173/59—8	2500	10	168	750	95.3/94	6.4/7.0	1.3/1.0	1.3/1.0	2.3/2.0	4800	KGLF11—400/110	89	308	
TD173/64—8	3200	6	356	750	96/95	6.4/6.5	1.45/1.0	1.25/1.0	2.4/1.8	5800	KGLF11—400/90	74.5	350	
TD215/120—8	8000	10.5	568	750	96.6/96.5	7.4/7.5	1.4/1.0	1.9/1.3	2.6/2.0	21000	KGLF11—600/110	94.5	440	
T630—10/1180	630	6	72	600	94/93	6.1/6.5	1.2/1.0	1.27/1.0	2.1/1.8	750	KGLF11—300/75	52	228	
T800—10/1180	800	6	91	600	94/93.5	6.4/7.0	1.3/1.1	1.41/1.1	2.1/2.0	800	KGLF11—300/75	60	231	
TD143/40—10	1000	6/3	113/226	600	95/94.5	5.8/6.0	1.8/1.2	1.0/0.9	2.2/2.0	1500	KGLF11—400/50	46.7	264	
TD143/63—10	1600	6	177	600	95.6/95	6.6/7.0	2/1.5	1.2/1.0	2.2/2.0	2000	KGLF11—400/75	54.2	364	
TD173/66—10	2500	6	279	600	96/95	6.4/6.5	1/0.8	1.5/1.1	2.1/1.8	5000	KGLF11—400/90	82	297	
T3200—10/1730	3200	10	214	600	96/95	5.5/6.5	0.7/0.6	1.3/1.0	2.1/1.8	5000	KGLF11—450/90	71	370	
TD118/36—12	400	6	46	500	94/93	6.1/6.5	1.4/1.0	1.2/1.0	2.4/1.8	530	KGLF11—300/75	53	158	

续表 1-84

型　号	额定功率(kW)	额定电压(kV)	额定电流(A)	额定转速(r/min)	效　率(%)	堵转电流/额定电流	堵转转矩/额定转矩	牵入转矩/额定转矩	最大转矩/额定转矩	转动惯量(kg·m²)	励磁装置型号	额定负载时		生产厂
												励磁电压(V)	励磁电流(A)	
TD118/40—12	500	6	58	500	93.4/93	5.2/6.0	1/0.9	1.1/0.9	2.1/2.0	670	KGLF11—200/75	58	163	兰州电机有限责任公司
T630—12/1430	630	6	72	500	93.8/93	5.4/6.0	1.1/0.8	1.1/0.9	2.3/1.8	1100	KGLF11—300/50	44	253	
T800—12/1430	800	6	90	500	94.7/94	5.2/6.0	1/0.8	1.1/1.0	2.2/1.8	1330	KGLF11—300/75	57.7	254	
TD143/49—12	1000	6	113	500	95/94.5	5.5/6.0	1/0.9	1.2/0.9	2.2/2.1	1700	KGLF12—300/75	55.4	254	
TD173/39—12	1250	6	141	500	95.3/94.5	5.6/6.0	1.3/1.0	1.1/0.9	2.3/1.8	4400	KGLF11—300/75	62.1	266	
T1600—12/1730	1600	6	179	500	95.6/95	5.3/6.0	1.2/1.0	1/0.9	2.1/1.8	4400	KGLF11—300/75	69	245	
TD215/49—12	2500	6	282	500	95.2/95	6.8/7.0	1.6/1.0	1.3/1.0	2.3/2.0	11500	KGLF11—400/90	86	349	
TD215/54—12	3200	6	360	500	96/95	6.4/7.0	1.5/1.0	1.2/1.0	2.1/2.0	12000	KGLF11—400/110	94.5	364	
TD173/51—16	1250	6	142	375	95.5/95	6.1/6.5	1/0.9	1.35/1.1	2.35/2.0	4460	KGLF11—300/90	79	226	
TD215/44—20	1600	6	182	300	95/94	4.8/5.0	0.85/0.75	1/0.9	2.1/2.0	9000	KGLF11—300/110	89	236	
TD215/44—24	1250	6/3	143/286	250	94.7/94	5.2/6.0	1.1/0.9	1/0.9	2.2/2	9000	KGLF11—300/90	78	260	

注　表中数据为计算值/保证值。

表 1-85　T(TD) 系列大型同步电动机外形及安装尺寸

单位：mm

型　号	通风形式	A	B_1	B_2	C	D	E	n—ϕk	b_5	h_4	h_5	l_1	l_5	重量(kg)	备　注
TD118/36—6	K	1400	1800		200	160	300	4—ϕ48	1620	1685	280	2480	2100	6420	长轴，定子可移
TD118/49—6	G	1500	2240		200	160	300	4—ϕ48	1740	1730	250	2920	2560	8150	
TD118/49—6	BG	1500	2000		200	160	300	4—ϕ48	1740	1730	250	2680	2320	7780	
TD118/74—6	G	1500	2500			法兰 ϕ500		4—ϕ48	1740	1730	250	3222	2480	10350	
TD173/44—6	G	2500	1250	1550	250	200	350	6—ϕ48	2800	2150	320	3610	3160	17870	
T800—8/1180	K	1430	1690		200	150	250	4—ϕ42	1640	1655	250	2320	2010	6800	
T1000—8/1180	K	1400	1800		200	150	250	4—ϕ42	1640	1680	250	2430	2120	7800	
TD143/36—8	K	1750	1715			法兰 ϕ500		4—ϕ42	1970	1855	300	2445	2105	9730	
T1600—8/1430	K	1700	2000		230	180	300	4—ϕ48	1980	1835	280	2740	2360	11070	

续表 1-85

型　号	通风形式	A	B_1	B_2	C	D	E	n—φk	b_5	h_4	h_5	l_1	l_5	重量 (kg)	备　注
TD143/49—8	G	2160	1700	1000	230	180	300	6—φ48	2380	1910	280	3440	3040	12580	长轴，定子可移
TD143/54—8	BG	2080	1870		220	180	300	4—φ48	2380	1910	280	2570	2210	11660	
TD143/54—8	G	2080	2190		220	180	300	4—φ48	2380	1910	280	2890	2530	12260	
TD143/59—8	BG	2080	1910		220	180	300	4—φ42	2320	1910	280	2640	2270	12000	
TD143/59—8	G	2100	2500			法兰 φ500		4—φ48	2320	1910	280	3310	2890	14000	
TD173/59—8	K	2240	2240			法兰 φ500		4—φ48	2460	2075	320	3010	2630	17060	
TD173/64—8	G	2500	2100	1400		双法兰 φ500		6—φ48	2800	2150	320	4700	3920	22890	定子可移 cosφ 为 0.8（超前），闭路循环空气冷却
TD215/120—8	G	*	*	*	300	300	500	10—φ56	3420	2490	360	4980	4220	50600	
T630—10/1180	K	1400	1600		200	140	250	4—φ48	1640	1655	250	2230	1920	6300	
T800—10/1180	K	1400	1800		200	160	300	4—φ48	1640	1655	250	2480	2120	7230	
TD143/40—10	K	1650	1550		220	160	300	4—φ42	1890	1805	280	2250	1875	8750	
TD143/63—10	K	1800	1800		230	180	300	4—φ48	2000	1875	320	2540	2160	11600	
TD173/66—10	K	2200	2240		250	220	350	4—φ48	2460	2075	320	3080	2640	18000	
T3200—10/1730	K	2240	1400	1100		法兰 φ500		6—φ56	2460	2075	320	3340	2920	19800	
TD118/36—12	K	1400	1600		200	140	250	4—φ48	1640	1655	250	2230	1920	5600	
TD118/40—12	K	1400	1600		200	140	250	4—φ48	1640	1655	250	2230	1920	5730	
T630—12/1430	K	1800	1600		200	160	300	4—φ48	1990	1835	280	2280	1920	7560	
T800—12/1430	K	1800	1600		200	160	300	4—φ48	1990	1835	280	2280	1920	8500	
TD143/49—12	G	2160	2600		230	180	300	4—φ48	2380	1910	280	3340	2940	11836	长轴，定子可移
TD173/39—12	K	2160	1800		250	200	350	4—φ56	2440	2075	320	2610	2140	11430	
T1600—12/1730	K	2160	1900		250	220	350	4—φ56	2460	2075	320	2740	2300	15400	
TD215/49—12	BG	3000	2000		270	250	400	4—φ56	3240	2440	360	2910	2400	23600	
TD215/54—12	BG	3000	2100		270	250	400	4—φ56	3240	2440	360	3010	2500	24880	
TD173/51—16	K	2160	1800		250	200	350	4—φ48	2440	2075	320	2610	2160	12150	
TD215/44—20	G	3000	2350		270	250	400	4—φ56	3240	2440	360	3260	2770	16340	
TD215/44—24	G	3000	2350		270	250	400	4—φ56	3240	2440	360	3260	2770	16440	

注　K—开启式；G—管道式；BG—半管道式；*—特殊尺寸。

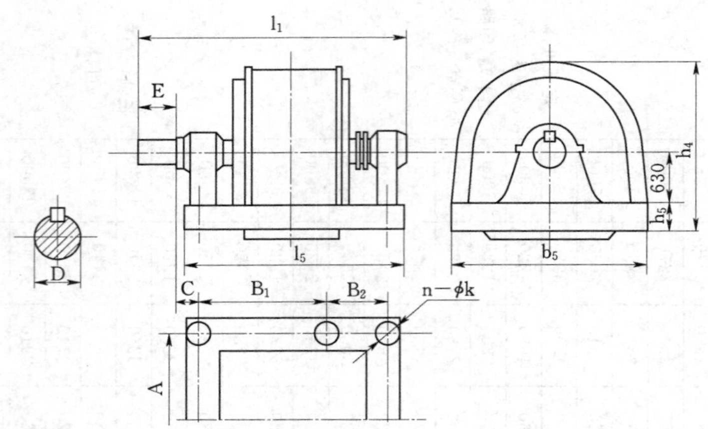

图1-42　T(TD)系列大型同步电动机外形及安装尺寸

1.5.2　T系列大型交流三相四极同步电动机

一、概述

T系列大型交流三相四极同步电动机适用于驱动风机、水泵、压缩机等。

电动机为卧式安装，单轴伸，通风形式为封闭式管道通风或闭路循环空气冷却，旋转方向从定子出线端看为顺时针（若需反向应在订货时注明）。

型号含义

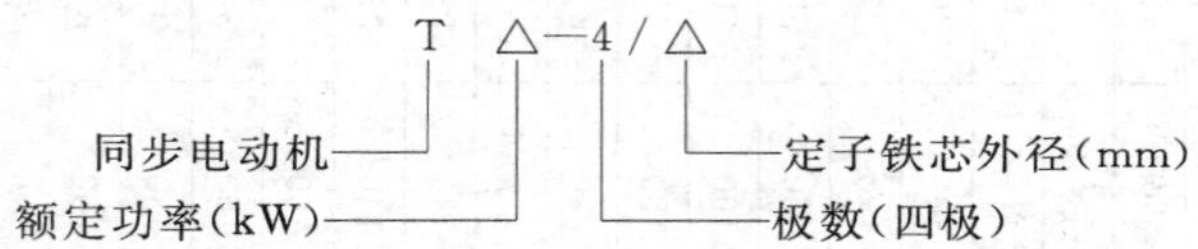

二、技术数据

电动机额定工作方式为S1，额定频率为50Hz，额定转速为1500r/min，额定功率因数为0.9（超前）。

T系列大型交流三相四极同步电动机技术数据，见表1-86。

表1-86　T系列大型交流三相四极同步电动机技术数据

型　号	额定功率(kW)	额定电压(kV)	额定电流(A)	效率(%)	堵转电流/额定电流	堵转转矩/额定转矩	牵入转矩/额定转矩	最大转矩/额定转矩	转动惯量(kg·m²)	额定负载时		生产厂
										励磁电压(V)	励磁电流(A)	
T1250—4/1180	1250	6	140	95.7/95	5.76/6.5	1.9/1	1.27/0.7	2.17/1.5	450	21	376	兰州电机有限责任公司
T1600—4/1180	1600	6	179	96/95	5.78/6.5	2.1/1	1.2/0.7	2.1/1.5	540	29		
T2000—4/1430	2000	6	223	95.8/95.2	6.8/7	2.3/1	1.45/0.7	2.1/1.5	1200	24	351	
T2500—4/1430	2500	6	278	96/95.2	5.6/7	1.83/1	1.19/0.7	1.98/1.5	1390	21.9	495	
T3200—4/1430	3200	6	356	96.3/95.4	5.58/7	1.93/1	1.17.0.7	1.89/1.5	1600	26.3	500	
T3200—4/1430	3200	10	213	96.1/95.4	5.48/7	1.78/1	1.2/0.7	1.98/1.5	1600	26.6	506	

续表 1-86

型　　号	额定功率（kW）	额定电压（kV）	额定电流（A）	效率（%）	堵转电流/额定电流	堵转转矩/额定转矩	牵入转矩/额定转矩	最大转矩/额定转矩	转动惯量（kg·m^2）	额定负载时		生产厂
										励磁电压（V）	励磁电流（A）	
T4000—4/1730	4000	6	445	96/95.6	5.2/8	1.5/1	1.2/0.7	1.85/1.5	2890	30.3	553	兰州电机有限责任公司
T4000—4/1730	4000	10	267	96/95.6	5.2/8	1.4/1	1.23/0.7	1.97/1.5	2890	31	566	
T5000—4/1730	5000	6	555	96.5/95.8	5.52/8	1.68/1	1.24/0.7	1.8/1.5	3870	35	534	
T5000—4/1730	5000	10	333	96.2/95.8	5.46/8	1.86/1	1.5/0.7	2.06/1.5	3870	35.8	545	
T6300—4/1730	6300	6	698	96.6/96	6.65/8	2.05/1	1.53/0.7	1.94/1.5	4850	41.5	540	
T6300—4/1730	6300	10	419	96.5/96	6.46/8	1.95/1	1.51/0.7	1.94/1.5	4850	41.5	540	
T800—6/1180	800	6	90	1000	6.4/7.0	1.92/1.0	1.13/1.0	2.11/1.8	0.5	33.5	243	
T1000—6/1180	1000	6	112	1000	6.62/7.0	1.74/1.0	1.275/1.0	2.25/1.8	1.0	37.5	290	
T1250—6/1180	1250	6	140	1000	5.62/7.0	1.58/1.0	1.1/0.9	1.97/1.8	0.68	35.0	320	
T1600—6/1180	1600	6	178	1000	7.24/7.5	1.99/1.5	1.324/1.0	2.15/1.9	1.03	42.7	292	
T1600—6/1730	1600	6	123	1000	5.72/6.0	0.982/0.9	1.46/1.0	2.68/2.0	3.3	68	349	
T800—8/1180	800	6	91	750	5.58/6.0	1.22/1.0	1.11/0.9	2.1/2.0	0.55	31	372	
T1000—8/1180	1000	6	113	750	5.7/6.0	1.2/1.0	1.167/0.9	2.09/2.0	0.76	39.8	320	
T1250—8/1430	1250	6	141	750	5.17/6.0	1.276/1.1	0.972/0.9	2.14/1.8	1.7	46.0	349	
T1600—8/1430	1600	6	179	750	5.69/6.0	1.16/1.0	1.18/0.9	2.06/1.8	2.3	52.4	310	
T2000—8/1430	2000	6	224	750	5.5/6.0	1.29/1.0	1.06/0.9	2.0/1.8	2.0	70.5	283	
T2500—8/1730	2500	10	169	750	7.39/7.5	1.329/1.0	1.649/1.0	2.27/2.0	5.4	89.0	308	
T3200—8/1730	3200	6	356	750	6.37/6.5	1.445/1.0	1.25/1.0	2.14/1.8	5.8	74.5	350	
T8000—8/2150	8000	10.5	568	750	7.39/7.5	1.39/1.0	1.88/1.3	2.63/2.0	21	94.5	440	
T630—10/1180	630	6	72	600	5.91/6.5	1.16/1.0	1.26/1.0	2.06/1.8	0.7	50.0	225	
T630—10/1180	630	10	43	600	6.06/6.5	1.52/1.0	0.95/0.9	2.24/2.0	0.91	57.3	177.7	
T800—10/1180	800	6	91	600	6.35/7.0	1.26/1.1	1.37/1.1	2.1/2.0	0.8	60.0	231	

注　表中数据为计算值/保证值。

三、外形及安装尺寸

T系列大型交流三相四极同步电动机外形及安装尺寸，见表1-87及图1-42。

表1-87　T系列大型交流三相四极同步电动机外形及安装尺寸　　单位：mm

型　　号	A	B_1	C	D	E	n—ϕk	b_5	h_4	h_5	l_1	l_5	重量（kg）
T1250—4/1180 T1600—4/1180	1600	2240	200	140	250	4—ϕ48	1800	1730	250	2870	2540	10100
T2000—4/1430 T2500—4/1430	2100	2500	200	160	300	4—ϕ56	2400	1910	280	3180	2800	14500
T3200—4/1430	2100	2800	220	180	300	4—ϕ56	2400	1910	280	3530	3140	15700
T4000—4/1730	2500	1320	220	200	350	6—ϕ48	2800	2150	320	3730	2980	
T5000—4/1730	2500	1400	220	200	350	6—ϕ56	2800	2150	320	3880	3140	
T6300—4/1730	2500	1500	250	220	350	6—ϕ56	2800	2150	320	4140	3400	

1.5.3 TDZ系列轧机用三相同步电动机

一、概述

TDZ系列轧机用三相同步电动机过载能力大，适用于驱动各种不同的轧钢设备或相应的变流机组。

电动机为卧式安装，单轴伸（也可制成定子可移式），座式滑动轴承，B级绝缘并经过防电晕处理，通风形式一般为管道通风。旋转方向从集电环端看为逆时针，也可制成顺时针。

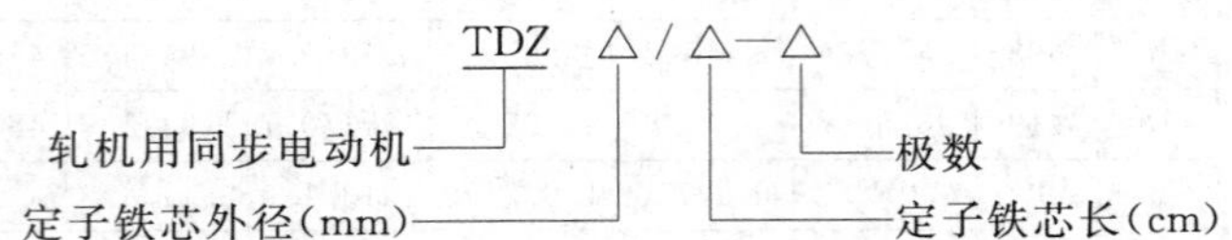

二、技术数据

电动机额定频率为50Hz，额定功率因数为0.8（超前）。

TDZ系列轧机用三相同步电动机技术数据，见表1-88。

表1-88 TDZ系列轧机用三相同步电动机技术数据

型号		TDZ173/44—6	TDZ173/59—6	TDZ215/56—8	TDZ143/49—10	TDZ143/54—10	TDZ173/51—12	TDZ215/49—12	TDZ260/66—12
额定功率（kW）		1600	2500	4000	860	1250	1600	2500	5600
额定电压（kV）		10	6	10	6	6	6	6	10
额定电流（A）		123	118	302	109	159	202	316	421
额定转速（r/min）		1000	1000	750	600	600	500	500	500
效率（%）		94/93	94.9/94.5	95.8/95	94.5/94	95.2/94.5	95.1/94.5	95.6/94.5	95.9/95
堵转电流/额定电流		5.7/6.5	6.5/7	6.5/7	5.7/7	5.7/6.5	5.7/7	6/6.5	5.4/6.5
堵转转矩/额定转矩		1.2/0.9	1.5/1	1.7/1	1.2/1	2/1	1.4/1	2.2/1	1.0/0.9
牵入转矩/额定转矩		1.3/1.1	1.5/1.2	1.2/1	1.4/1	1.0/0.9	1.3/1	1.1/1	1.0/0.9
最大转矩/额定转矩		2.7/2.5	2.7/2.5	2.5/2	2.7/2.4	2.5/2.4	2.7/2.4	2.5/2.4	3.2/2.8
转动惯量（kg·m^2）		3300	4000	11500	1700		5900	16000	35000
励磁装置型号		KGLF12—450/75	KGLF12—450/110	KGLF12—600/75	KGLF12—300/75	KGLF12—400/75	KGLF12—300/110	KGLF11—300/110	
额定负载时	励磁电压（V）	68	76	67	58	59.2	93	94	109
	励磁电流（A）	349	399	453	270	296	228	257	525
生产厂		兰州电机有限责任公司							

注 表中数据为计算值/保证值。

三、外形及安装尺寸

TDZ系列轧机用三相同步电动机外形及安装尺寸，见表1-89及图1-42。

表 1-89 TDZ 系列轧机用三相同步电动机外形及安装尺寸 单位：mm

型号	TDZ173/44—6	TDZ173/59—6	TDZ215/56—8	TDZ143/49—10	TDZ143/54—10	TDZ173/51—12	TDZ215/49—12	TDZ260/66—12
通风形式	G	G	G	G	G	G	K	G
A	2500	2500	3150	2160	2080	2500	2800	2400
B_1	2150	2150	*	2600	2270	2000	2800	*
B_2	1400	1400	*			1000		*
C		250		230	220	250	300	
D	双法兰 ϕ500	220	双法兰 ϕ500	180	180	220	320	双法兰 ϕ630
E		350		300	300	350	350	
n—ϕk	6—ϕ48	6—ϕ48	8—ϕ56	4—ϕ48	4—ϕ48	6—ϕ56	4—ϕ56	8—ϕ56
b_5	2800	2800	3440	2380	2320	2740	3020	4110
h_4	2150	2150	2490	1910	1890	2150	2405	2830
h_5	320	320	360	280	260	320	400	400
l_1	4750	4390	5090	3340	3000	3840	3690	5850
l_5	3970	3970	4240	2940	2630	3400	3235	4850
重量（kg）	21500	21200	36800	11830	12120	18360	24770	54000
备注	闭路循环空气冷却	管道长轴，定子可移	长轴，定子可移，闭路循环空气冷却	管道长轴，定子可移，顺时针		长轴，定子可移，顺时针	长轴，定子可移	长轴，定子可移

注 K—开启式；G—管道式；*—特殊尺寸。

1.5.4 TDMK 系列矿山磨机用三相同步电动机

一、概述

TDMK 系列矿山磨机用三相同步电动机适用于驱动矿山磨机，使用在尘土较少、无酸碱等腐蚀性气体的环境。

电动机为卧式安装，单轴伸，座式滑动轴承，B 级绝缘并经过防电晕处理。旋转方向从集电环端看为逆时针，也可改为顺时针，但电动机风叶应作相应改变。

型号含义

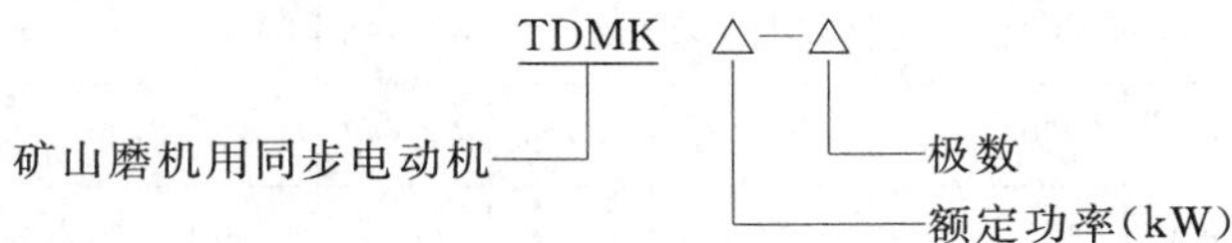

二、技术数据

电动机额定电压为 6kV（根据需要可改接成 3kV，也可制成 10kV），额定频率为 50Hz，额定功率因数为 0.9（超前）。

TDMK系列矿山磨机用三相同步电动机技术数据，见表1-90。

表1-90 TDMK系列矿山磨机用三相同步电动机技术数据

型号		TDMK400—32	TDMK500—36	TDMK630—36	TDMK630—36	TDMK800—36	TDMK1000—36	TDMK1250—40
额定功率（kW）		400	500	630	630	800	1000	1250
额定电压（kV）		3/6	6	6	10	6	6	6
额定电流（A）		95.2/47.6	59	74	44.2	93	115	144
额定转速（r/min）		187.5	167	167	167	167	167	150
效率（%）		90.1/90	/90.5	/91	92.2/91	/91.5	93.6/92	/92.5
堵转电流/额定电流		6.6/7.0	/7.0	/7.0	6.1/7.0	/7.0	6.5/7.0	/7.0
堵转转矩/额定转矩		1.94/1.7	/1.7	/1.7	1.8/1.7	/1.7	1.9/1.7	/1.7
牵入转矩/额定转矩		1.1/1.0	/1.0	/1.0	1/1.0	/1.0	1.1/1.0	/1.0
最大转矩/额定转矩		3.4/2.0	/2.0	/2.0	2.7/2.0	/2.0	2.7/2.0	/2.0
转动惯量（kg·m²）		7100			16500		21000	
励磁装置型号					KGLF11—200/110		KGLF11—300/110	
额定负载时	励磁电压（V）	86			95		87	
	励磁电流（A）	214			170		226	
生产厂		兰州电机有限责任公司						

注 表中数据为计算值/保证值。

三、外形及安装尺寸

TDMK系列矿山磨机用三相同步电动机外形及安装尺寸，见表1-91及图1-42。

表1-91 TDMK系列矿山磨机用三相同步电动机外形及安装尺寸 单位：mm

型号	通风形式	A	B_1	B_2	C	D	E	n—ϕk	b_5	h_4	h_5	l_1	l_5	重量(kg)
TDMK400—32	K	2750	1450		240	200	350	4—ϕ48	3040	2330	350	2250	1810	10145
TDMK500—36		3200	1500		270	220	350	4—ϕ48	3590	2580	350	2360	1920	13800
TDMK630—36		3200	1500		270	220	350	4—ϕ48	3590	2580	350	2360	1920	14300
TDMK630—36	BG	3830	2000		260	250	400	4—ϕ48	4110	2780	350	2900	2420	22000
TDMK800—36		3200	1600		260	250	400	4—ϕ48	3590	2580	350	2500	2020	14800
TDMK1000—36	K	3200	1600		260	250	400	4—ϕ48	3590	2580	350	2500	2020	16800
TDMK1250—40		4230	*	*	320	280	500	8—ϕ56	4590	3030	400	3450	2840	29400

注 K—开启式；BG—半管道式；*—特殊尺寸。

1.5.5 TK（TDK）系列压缩机用大型三相同步电动机

一、概述

TK（TDK）系列压缩机用大型三相同步电动机适用于驱动往复式空气压缩机，一般使用在没有粉尘、酸碱等腐蚀性气体和爆炸性气体的环境。

电动机为卧式安装，单轴伸（根据需要可制成无轴式）。旋转方向从集电环端看为顺时针，也可改为逆时针，但电动机风叶应作相应改变。

电动机额定功率（kW）等级为250、320、（350）、400、500、（550）、630、800、1000、1120、1250、1400、1600、1800、2000、2200、2500、2800、3200、3600、4000；电动机额定转速（r/min）等级为500、428、375、333、300、250。

型号含义

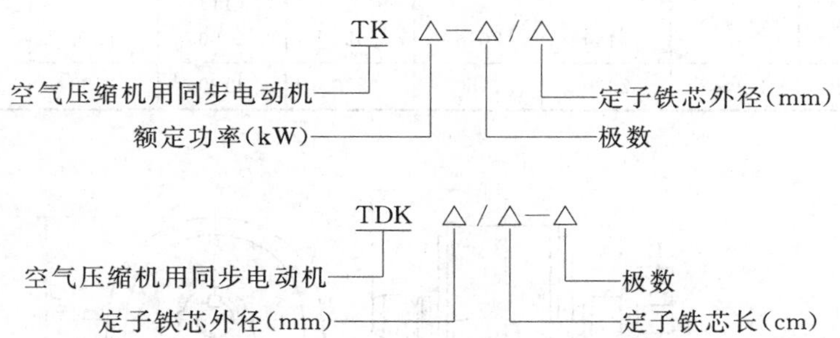

二、技术数据

电动机额定电压为6kV（也可制成10kV），额定功率因数为0.9（超前）。

TK（TDK）系列压缩机用大型三相同步电动机技术数据，见表1-92。

表1-92 TK（TDK）系列压缩机用大型三相同步电动机技术数据

型号	额定功率（kW）	额定电压（kV）	额定电流（A）	额定转速（r/min）	效率（%）	堵转电流/额定电流	堵转转矩/额定转矩	牵入转矩/额定转矩	最大转矩/额定转矩	转动惯量（kg·m²）	额定负载时		生产厂
											励磁电压（V）	励磁电流（A）	
TDK118/44—12	550	6/3	62.6/125.2	500	94.2/93	5.3/6.5	1.2/0.6	1.0/0.6	2.1/1.8	500	64.4	166	兰州电机有限责任公司
TK250—14/1180	250	6/3	29/58	428	92.2/91	5/6.5	0.9/0.6	0.6/0.6	2/1.8	410	37.5	183	
TK360—18/1730	360	6	42	333	92.4/91	3.84/6.5	1.1/0.6	0.7/0.6	2/1.8	2000	58.4	163	
TK500—20/1730	500	6/3	58/116	300	93/92	4.8/6.5	1/0.6	0.9/0.6	2.4/1.8	2100	49	259	

注 表中数据为计算值/保证值。

三、外形及安装尺寸

TK（TDK）系列压缩机用大型三相同步电动机外形及安装尺寸，见表1-93及图1-43。

表1-93 TK（TDK）系列压缩机用大型三相同步电动机外形及安装尺寸 单位：mm

型 号	A	B_1	H	ϕd	F	g
TDK118/44—12	1420	960	630	$\phi 170^{-0.04}_{0}$	$40^{+0.05}$	$181.2^{+0.3}_{0}$
TK250—14/1180	1530	650	500	$\phi 135^{+0.04}_{0}$ 锥度1：50	$36^{+0.10}_{-0.03}$	$143.9^{+0.25}_{0}$
TK360—18/1730	2160	1400	630	（C）200	（D）160	（E）300
TK500—20/1730	2100	1260	630	$\phi 215^{+0.04}$	$50^{+0.05}$	$229.2^{+0.3}$

型 号	$n-\phi k$	b_5	h_4	h_5	l_2	l_5	重量（kg）	备注
TDK118/44—12	4—ϕ48	1700	1690	260	870	2060	5000	无轴式
TK250—14/1180	4—ϕ42	1780	1535	260	1210	1550	3310	无轴式
TK360—18/1730	4—ϕ48	2440	2075	320	(11) 2080	1700	7100	单轴伸逆向
TK500—20/1730	4—ϕ42	2370	1950	270	1120	1520	4830	无轴式

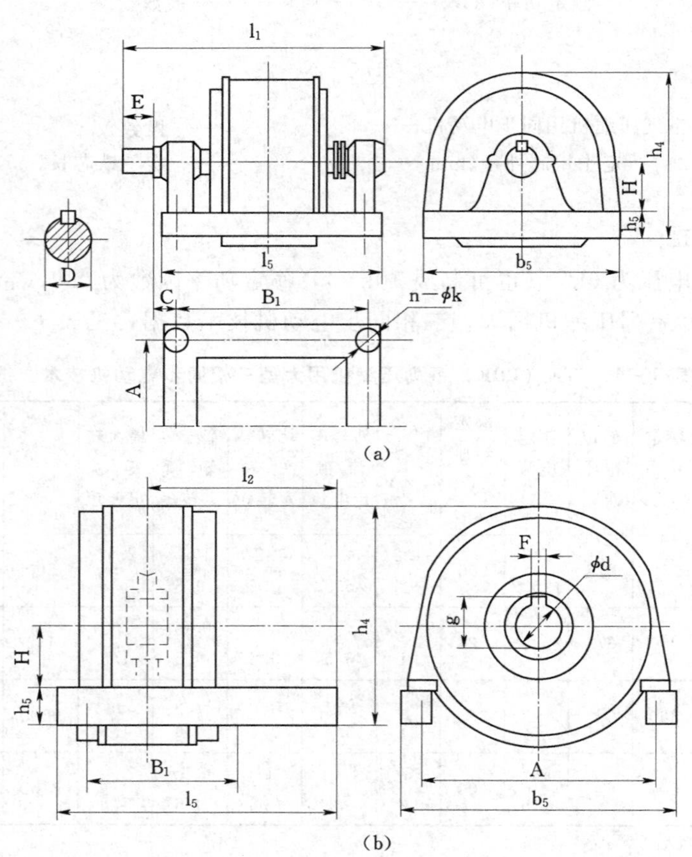

图1-43 TK（TDK）系列压缩机用大型三相同步电动机外形及安装尺寸

（a）单轴伸；（b）无轴式

1.5.6 TYD 系列同步异步电动机

一、概述

TYD 系列同步异步电动机按同步电动机或异步电动机状态运行，启动操作过程与绕线型异步电动机相同。异步启动转矩大，可满载启动，又易于牵入同步，适用于驱动水泥磨机及其它通用机械。

电动机为卧式安装，单轴伸。既可按箱式结构、零米布置、端盖滚动轴承制造，也可按带底板结构和滑动轴承式的大型系列制造。

型号含义

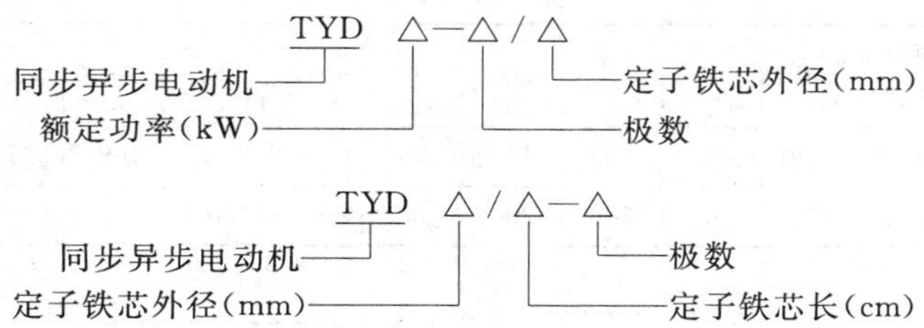

二、技术数据

TYD 系列同步异步电动机技术数据，见表 1-94。

表 1-94 TYD 系列同步异步电动机技术数据

型 号	额定功率(kW)	额定电压(kV)	运行状态	额定电流(A)	额定转速(r/min)	效率(%)	功率因数	堵转转矩/额定转矩	牵入转矩/额定转矩
TYD1000—6/1430	1000	6.3	同步	109	1000	93.7/93	0.9(超前)	3.7/1.8	1.96/1.2
			异步	115	990	93.8/92.5	0.85/0.84		
TYD1800—6/1430	1800	6.3	同步	193.4	1000	94.6/94	0.9(超前)	3.5/1.8	2.12/1.2
			异步	201	992	95.2/93.5	0.86/0.85		
TYD1000—8/1430	1000	6	同步	129	750	93/92	0.8(超前)	3.4/1.8	2.03/1.2
			异步	119	743	94.3/93	0.86/0.83		
TYD173/51—10	1250	6	同步	143	600	93.5/92	0.9(超前)	3.37/1.8	3.03/1.2
			异步	162	593	94/93	0.8/0.8		

型 号	最大转矩/额定转矩	转子电压(V)	转子电流(A)	额定负载时 励磁电压(V)	额定负载时 励磁电流(A)	转动惯量(kg·m²)	励磁机型号	生产厂
TYD1000—6/1430	1.44/1.35			11.4	1370	1480	ZHD72/2000	兰州电机有限责任公司
	3.7/1.8	915	672					
TYD1800—6/1430	1.41/1.35			19.6	1577	2120	ZHD72/2000	
	3.51/1.8	1373	797					
TYD1000—8/1430	1.61/1.35			17.6	1382	2380		
	3.4/3.4	1017	603					
TYD173/51—10	1.51/1.35			21.1	1650	4600		
	3.37/3	992	770					

注 表中数据为计算值/保证值。

三、外形及安装尺寸

TYD系列同步异步电动机外形及安装尺寸，见表1-95、表1-96及图1-44。

表1-95 TYD系列箱式结构同步异步电动机外形及安装尺寸 单位：mm

型号	通风形式	A	B	C	D	E	F	G	H	K	L	a	h	重量(kg)
TYD1000—6/1430	开启式	1700	1180	390	140	280	36	127.2	900	4—ϕ48	2902	2145	2448	10650
TYD1800—6/1430	开启式	1700	1400	390	160	240	40	146.5	900	4—ϕ48	3082	2145	2448	12850

表1-96 TYD系列带底板结构同步异步电动机外形及安装尺寸 单位：mm

型号	通风形式	A	B_1	C	D	E	n—ϕk	b_5	h_1	h_5	l_1	l_5	重量(kg)
TYD1000—8/1430	开启式	1780	2075	200	180	300	4—ϕ48	2020	1690	250	2820	2415	12750
TYD173/51—10	开启式	2240	1950	250	200	350	4—ϕ48	2460	2075	320	3150	2330	13300

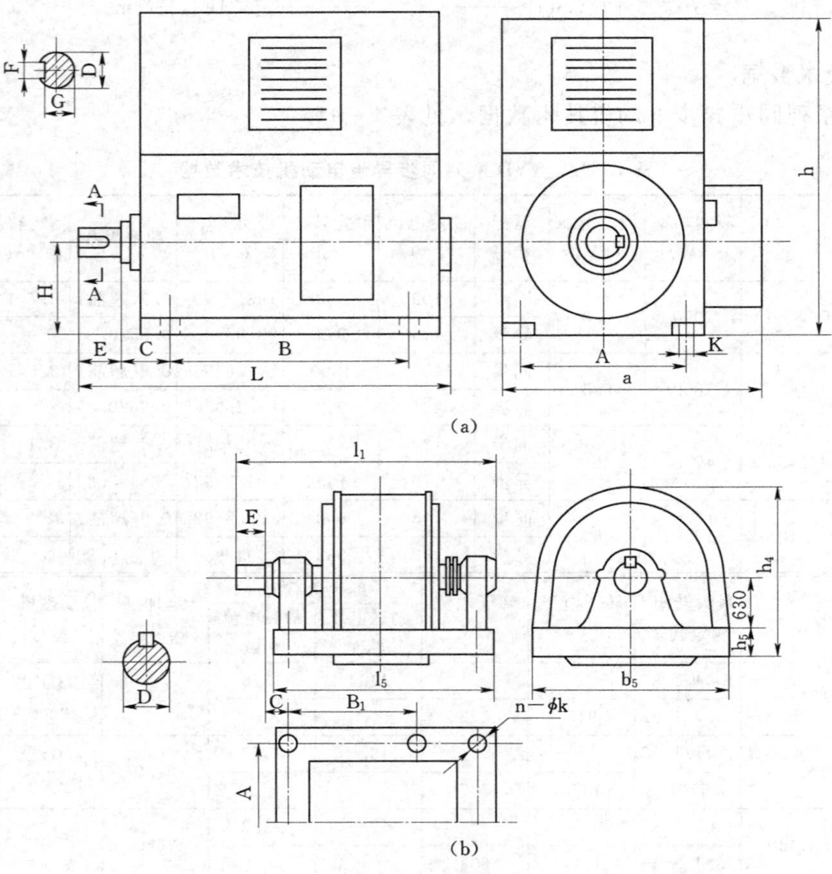

图1-44 TYD系列同步异步电动机外形及安装尺寸

(a) 箱式结构；(b) 带底板结构

1.5.7 TFW 大型高压相复励无刷同步发电机

一、概述

TFW 大型高压相复励无刷同步发电机可由内燃机、汽轮机、水轮机等原动机组成发电机机组，可作为备用电源和常用电源直接向负载供电，也可向电网供电。TFW 大型高压相复励无刷同步发电机由恒压装置（包括副绕组、电抗器、电流互感器、静止整流桥）、励磁机、旋转整流器组成其不可控励磁系统，当电压调节器 KXT 投入使用时不可控为可控状态，调压指标大大提高。TFW 大型高压相复励无刷同步发电机的功率范围为 1000～14000kW；电压可制作为 2400、3150、4160、6300、6600、10500、11000、13800V；频率可为 50Hz 或 60Hz；功率因数一般为 0.8（滞后）；性能符合国家标准 GB 755《旋转电机基本技术要求》的有关规定。

二、型号含义

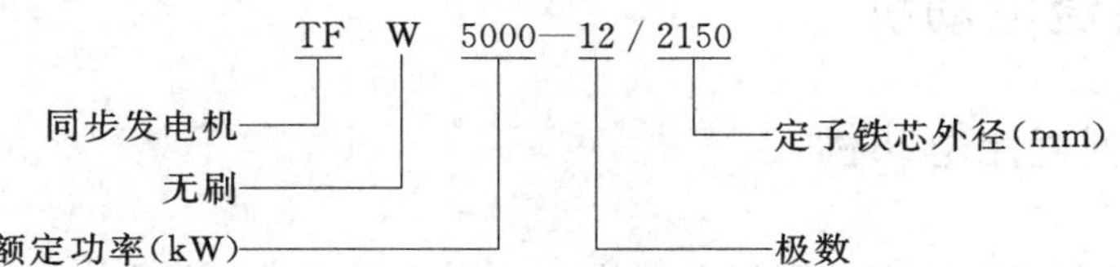

三、技术数据

TFW 大型高压相复励无刷同步发电机技术数据，见表 1-97。

表 1-97 TFW 大型高压相复励无刷同步发电机技术数据

型号	功率（kW）	电压（V）	电流（A）	功率因数 cosϕ 滞后	频率（Hz）	效率（%）	转速（r/min）	绝缘等级	电极 GD^2（$kg\cdot m^2$）	总重（t）
TFW5000—12/2150	5000	10500	344	0.8	50	95.5	500	F	20.5	38
TFW3000—6/1430	3000	10500	206	0.8	50	95	1000	F	2.2	22
TFW2500—12/2150	2500	10500	172	0.8	50	95	500	F	10.3	22.2
TFW2500—6/1430	2500	10500	172	0.8	50	95	1000	F	2	18.8
TFW2000—4/1180	2000	5500	262	0.8	50	95	1500	F	0.6	12.7
TFW1600—6/1430	1600	10500	110	0.8	50	94.5	1000	F	1.18	14.9

第2章　直 流 电 动 机

直流电动机按规格大小可分为大型、中型和小型直流电动机。电枢铁芯外径为990mm以上的电动机为大型直流电动机；电枢铁芯外径为368～990mm的电动机为中型直流电动机；中心高为400mm及以下或电枢铁芯外径为368mm及以下的电动机为小型直流电动机。

2.1　小型直流电动机

2.1.1　Z2系列直流电动机

一、概述

Z2系列为一般用途的小型直流电动机，使用于恒速或调速不大于2∶1的电力拖动系统中，如风扇、泵、各种机床及造纸、水泥、染织等工业部门。电动机制成与铅垂线成45°防滴角的防护式，可在顺时针或逆时针方向下工作，卧式电动机的出线盒位置从轴伸端看在机座左侧（也可配置在右侧）。1～3号机座为E级绝缘，其余为B级绝缘。

型号含义

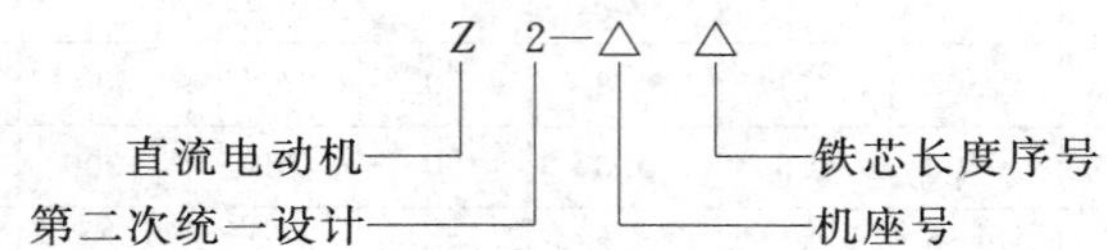

二、性能特点

励磁方式有并励和他励二种（均带有少量串励绕组），他励电压有110V和220V二种。调速方式有向上和向下二种。

（1）削弱磁场向上调速为恒功率运行，但转速不得超过电动机机械强度所允许的最高转速。

（2）降低电枢电压向下调速：①他励电动机向下调速前，应先削弱磁场升速至规定值（一般为1.2倍额定转速）后再降压向下调速。②冷却方式为外通风的电动机向下调速为恒转矩运行。③自扇冷式电动机转矩将随着转速降低而下降。

通风方式有自扇冷式（自带风扇，轴向通风）和他扇冷式（自带鼓风机，强迫通风），也可不带风机，按管道通风式使用。其中，他扇冷式仅在Z2—41～Z2—102号以上机座的电动机上采用。

转动方式可采用联轴器、正齿轮和三角皮带转动。电动机有一个圆柱形轴伸，也可制成二个圆柱形轴伸。对于1～6号机座的电动机，二个轴伸都可传递额定转矩；对于7～8

号机座的电动机，换向器端轴伸用联轴器转动时，能传递额定功率，用三角皮带或正齿轮转动时只能传递额定转矩的50%。

三、技术数据

Z2系列直流电动机额定电压为110V或220V，技术数据见表2-1。

表2-1 Z2系列直流电动机技术数据

型号	额定功率（kW）	额定电流（A）		额定转速（r/min）	最高转速（r/min）	飞轮力矩（kg·m²）	重量（kg）	外形尺寸（mm）（长×宽×高）	生产厂
		110V	220V						
Z2—11	0.8	10.0	5.00	3000	3000	0.012	32	401×292×254	重庆电机厂
Z2—12	1.1	13.0	6.52	3000	3000	0.045	36	421×292×254	
Z2—21	1.5	17.5	8.85	3000	3000	0.015	48	417×362×320	
Z2—22	2.2	24.7	12.2	3000	3000	0.055	56	442×362×320	
Z2—31	3	33.4	17.0	3000	3000	0.085	65	485×390×343	
Z2—32	4	43.8	21.65	3000	3000	0.105	76	520×390×343	
Z2—41	5.5	61.3	30.5	3000	3000	0.150	88	524×420×365	
Z2—42	7.5	82.0	40.6	3000	3000	0.180	101	554×420×365	
Z2—51	10		54.5	3000	3000	0.350	126	606×466×415	
Z2—52	13		68.7	3000	3000	0.400	148	646×466×415	
Z2—61	17		88.9	3000	3000	0.560	175	637×524×488	
Z2—62	22		114.2	3000	3000	0.650	196	671×524×488	
Z2—71	30		158.5	3000	3000	1.000	280	768×514×544	
Z2—72	40		210.0	3000	3000	1.200	320	808×514×544	
Z2—11	0.4	5.20	2.64	1500	3000	0.012	32	401×292×254	
Z2—12	0.6	7.55	3.77	1500	3000	0.045	36	421×292×254	
Z2—21	0.8	9.85	4.92	1500	3000	0.015	48	417×362×320	
Z2—22	1.1	13.0	6.50	1500	3000	0.055	56	442×362×320	
Z2—31	1.5	17.6	8.70	1500	3000	0.085	65	485×390×343	
Z2—32	2.2	25.0	12.35	1500	3000	0.105	76	520×390×343	
Z2—41	3	34.3	17.0	1500	3000	0.150	88	524×420×365	
Z2—42	4	44.4	22.2	1500	3000	0.180	101	554×420×365	
Z2—51	5.5	61.0	30.3	1500	2400	0.350	126	606×466×415	
Z2—52	7.5	82.2	40.8	1500	2400	0.400	148	646×466×415	

续表 2-1

型　　号	额定功率 (kW)	额定电流（A）		额定转速 (r/min)	最高转速 (r/min)	飞轮力矩 (kg·m²)	重量 (kg)	外形尺寸（mm）（长×宽×高）	生产厂
		110V	220V						
Z2—61	10	107.5	53.5	1500	3400	0.560	175	637×524×488	重庆电机厂
Z2—62	13	139.0	68.7	1500	2400	0.650	196	671×524×488	
Z2—71	17	180.8	89.8	1500	2250	1.000	280	768×614×544	
Z2—72	22	232.5	115.0	1500	2250	1.200	320	808×614×544	
Z2—81	30	315.0	155.8	1500	2250	2.800	393	855×689×609	
Z2—82	40		207.0	1500	2250	3.200	443	895×689×609	
Z2—91	55		287.0	1500	2000	5.900	630	1010×830×706	
Z2—92	75		383.0	1500	2000	7.000	730	1065×830×706	
Z2—101	100		511.0	1500	1800	10.300	970	1161×899×790	
Z2—102	125		630.0	1500	1800	12.000	1130	1211×899×790	
Z2—111	160		808.0	1500	1500	20.400	1300	1261×969×889	
Z2—112	200		1000.0	1500	1500	23.000	1550	1311×969×889	
Z2—21	0.4	5.31	2.64	1000	2000	0.015	48	417×362×320	
Z2—22	0.6	7.40	3.70	1000	2000	0.055	56	442×362×320	
Z2—31	0.8	10.0	4.95	1000	2000	0.085	65	485×390×343	
Z2—32	1.1	13.33	6.58	1000	2000	0.105	76	520×390×343	
Z2—41	1.5	18.00	8.9	1000	2000	0.150	88	524×420×365	
Z2—42	2.0	25.40	12.7	1000	2000	0.180	101	554×420×365	
Z2—51	3	34.30	7.15	1000	2000	0.350	126	606×466×415	
Z2—52	4	46.20	22.3	1000	2000	0.400	148	646×466×415	
Z2—61	5.0	61.40	30.3	1000	2000	0.560	175	637×524×488	
Z2—62	7.5	82.60	41.1	1000	2000	0.650	196	671×524×488	
Z2—71	10	110.2	54.7	1000	2000	1.000	280	768×614×544	
Z2—72	13	142.4	70.7	1000	2000	1.200	320	808×614×544	
Z2—81	17	183.5	91.0	1000	2000	2.800	393	855×689×609	
Z2—82	22	234.2	115.6	1000	2000	3.200	443	895×689×609	
Z2—91	30	322.0	161.0	1000	2000	5.900	630	1010×830×706	
Z2—92	40	425.0	211.0	1000	2000	7.000	730	1065×830×706	
Z2—101	55		285.0	1000	1500	10.300	970	1161×899×790	
Z2—102	75		385.0	1000	1500	12.000	1130	1211×899×790	
Z2—111	100		510.0	1000	1500	20.400	1300	1261×969×889	

续表 2-1

型　　号	额定功率 (kW)	额定电流（A）		额定转速 (r/min)	最高转速 (r/min)	飞轮力矩 (kg·m²)	重量 (kg)	外形尺寸（mm） (长×宽×高)	生产厂
		110V	220V						
Z2—112	125		630.0	1000	1500	23.000	1550	1311×969×889	重庆电机厂
Z2—31	0.6	7.91	3.9	750	1500	0.085	65	485×390×343	
Z2—32	0.8	10.00	4.95	750	1500	0.105	76	520×390×343	
Z2—41	1.1	14.20	7.0	750	1500	0.150	88	524×420×365	
Z2—42	1.5	18.20	9.1	750	1500	0.180	101	554×420×365	
Z2—51	2.2	26.15	13.0	750	1500	0.350	126	606×466×415	
Z2—52	3	35.2	17.4	750	1500	0.400	148	646×466×415	
Z2—61	4	46.6	23.0	750	1500	0.560	175	637×524×488	
Z2—62	5.5	62.1	30.9	750	1500	0.650	196	671×524×488	
Z2—71	7.5	84.1	42.1	750	1500	1.000	280	768×614×544	
Z2—72	10	112.2	55.7	750	1500	1.200	320	808×614×544	
Z2—81	13	145.0	71.8	750	1500	2.800	393	855×689×609	
Z2—82	17	185.8	92.0	750	1500	3.200	443	895×689×609	
Z2—91	22	242.0	121.0	750	1500	5.900	630	1010×830×706	
Z2—92	30	322.0	161.5	750	1500	7.000	730	1065×830×706	
Z2—101	40	427.5	212.5	750	1500	10.300	970	1161×899×790	
Z2—102	55		285.0	750	1500	12.000	1130	1211×899×790	
Z2—111	75		387.0	750	1500	20.400	1300	1261×969×889	
Z2—91	17	192.0	95.5	600	1200	5.900	630	1010×830×706	
Z2—92	22	242.5	120.5	600	1200	7.000	730	1065×830×706	
Z2—101	30	327.0	162.5	600	1200	10.300	970	1161×899×790	
Z2—102	40	430.0	214.0	600	1200	12.000	1130	1211×899×790	
Z2—111	55		287.0	600	1200	20.400	1300	1261×969×889	

注　1. 电动机的励磁方式为并励或他励。110V 电动机他励电压为 110V；220V 电动机他励电压为 110V 或 220V。

2. 外形尺寸是电动机基本安装形式 IMB3（A101）型的数值。

2.1.2　ZT2 系列广调速直流电动机

一、概述

ZT2 系列广调速直流电动机用调节励磁电流的方法变速，可广泛调速，供转速调节范围 1∶3 和 1∶4 的电力拖动中使用。

电动机为并激励磁（带有少量串激稳定绕组），也可制成他激励磁（同样带有串激稳定绕组）。基本安装形式为 IMB3，也可制成其它安装形式。可在顺时针或逆时针方向下工作。卧式电动机的出线盒位置从轴伸端看在机座左侧（也可配置在右侧）。

型号含义

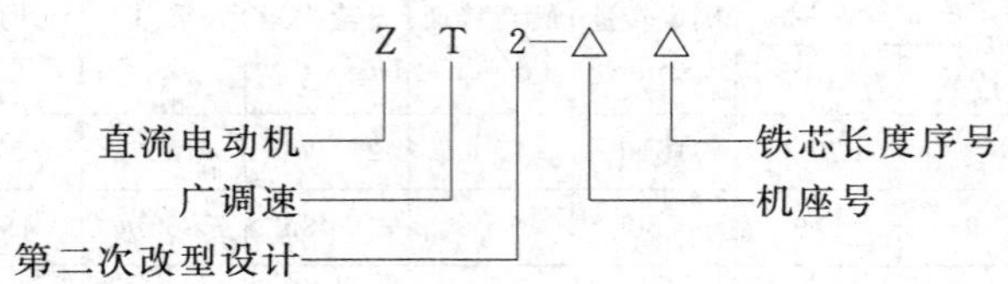

注 湿热带型在型号后加注“TH”。

二、技术数据

ZT2系列广调速直流电动机技术数据，见表2-2。

表2-2 ZT2系列广调速直流电动机技术数据

型号	额定功率(kW)	额定电压(V)	额定电流(A)	额定转速(r/min)	调速比	飞轮力矩(kg·m²)	外形尺寸(mm)(长×宽×高)	生产厂
ZT2—22	0.3	110	4.4	800/2400	1:3	0.055	442×362×320	重庆电机厂［外形尺寸是电动机基本安装形式IMB3(A101)型的数值］
ZT2—32	0.8	220	4.9/5.4	1000/3000	1:3	0.105	520×390×343	
ZT2—41	1.1	220	6.6/8.2	1000/3000	1:3	0.150	524×420×365	
ZT2—42	1.2	220	7.7/8.1	700/2100	1:3	0.180	554×420×365	
ZT2—51	1.2	440	3.9	700/2100	1:3	0.350	606×466×415	
ZT2—51	1.6	110	19.4/20.2	700/2100	1:3	0.350	606×466×415	
ZT2—51	1.6	220	10.1/12	700/2100	1:3	0.350	606×466×415	
ZT2—51	2.2	220	12.8/13.5	700/2100	1:3	0.350	606×466×415	
ZT2—51	2.5	220	14.9	700/2100	1:3	0.350	606×466×415	
ZT2—52	2.5	110	29/30	700/2100	1:3	0.400	646×466×415	
ZT2—52	3	220	17.1/17.6	1000/3000	1:3	0.400	646×466×415	
ZT2—81	4	220	25/27	400/1200	1:3	2.800	855×689×609	
ZT2—82	6.5	220	37	550/1650	1:3	3.200	895×689×609	
ZT2—82	13	220	72/74	750/2250	1:3	3.200	895×689×609	
ZT2—82	17	220	91	1000/3000	1:3	3.200	895×689×609	
ZT2—91	7.5	220	46	500/1500	1:3	5.900	1010×830×706	
ZT2—92	17	220	93/96	600/1800	1:3	7.000	1065×830×706	
ZT2—101	12	220	64/72.3	400/1200	1:3	10.300	1161×899×790	
ZT2—101	22	220	120/125	600/1800	1:3	10.300	1161×899×790	
ZT2—111	55	220	283	660/1980	1:3	20.400	1261×969×889	
ZT2—112	55	220	298/304	500/1500	1:3	23.000	1311×969×889	
ZT2—41	1.1	220	7	750/3000	1:4	0.150	524×420×365	
ZT2—52	1.4	220	9/9.7	500/2000	1:4	0.400	646×466×415	
ZT2—52	1.4	110	18/20	500/2000	1:4	0.400	646×466×415	

续表 2-2

型　号	额定功率（kW）	额定电压（V）	额定电流（A）	额定转速（r/min）	调速比	飞轮力矩（kg·m^2）	外形尺寸（mm）（长×宽×高）	生产厂
ZT2—52	2	220	12.5/13.3	700/2800	1：4	0.400	646×466×415	重庆电机厂［外形尺寸是电动机基本安装形式 IMB3（A101）型的数值］
ZT2—52	2.2	220	13.4/15	750/3000	1：4	0.400	646×466×415	
ZT2—61	3	220	17.7/25	750/3000	1：4	0.560	637×524×488	
ZT2—62	1.65	220	10.4	350/1400	1：4	0.650	671×524×488	
ZT2—71	4	220	23.6/25	600/2400	1：4	1.000	768×614×544	
ZT2—72	2.5	220	16	300/1200	1：4	1.200	808×614×544	
ZT2—72	4.5	220	26.3/27.2	450/1800	1：4	1.200	808×614×544	
ZT2—72	5.5	220	33/33.8	600/2400	1：4	1.200	808×614×544	
ZT2—81	7.5	110	88	600/2400	1：4	2.800	855×689×609	
ZT2—82	7.5	220	43.7/52	600/2400	1：4	3.200	895×689×609	
ZT2—92	10	110	119	500/2000	1：4	7.000	1065×830×706	
ZT2—92	10	220	54.2/66.5	500/2000	1：4	7.000	1065×830×706	
ZT2—101	13	220	71.5/95	500/2000	1：4	10.300	1161×899×790	
ZT2—102	22	220	121	500/2000	1：4	12.000	1211×899×790	
ZT2—111	22	220	120.5/127	400/1600	1：4	20.400	1261×969×889	

2.1.3 ZO2 系列封闭式直流电动机

一、概述

ZO2 系列封闭式直流电动机采用封闭式结构，适用于小尘埃及金属切屑等场合作为电力拖动之用。

电动机为并激励磁（带有少量串激稳定绕组），也可制成 110V 的他激励磁（同样带有串激稳定绕组）。基本安装形式为 IMB3，也可制成其它安装形式。在非换向器端有一个圆柱形轴伸，可在顺时针或逆时针方向工作。出线盒位置从换向器端看在机座左侧。

型号含义

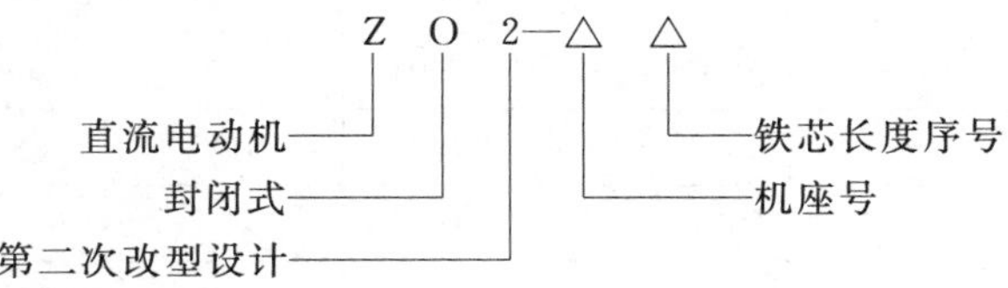

注　湿热带型在型号后加注“TH”。

二、技术数据

电动机额定电压为 110V 或 220V。

ZO2 系列封闭式直流电动机技术数据，见表 2-3。

表 2-3 ZO2 系列封闭式直流电动机技术数据

型号	额定功率（kW）	额定电压（V）	额定转速（r/min）	飞轮力矩（kg·m^2）	重量（kg）	外形尺寸（mm）（长×宽×高）	生产厂
ZO2—21	0.8	110，220	3000	0.015	48	417×362×320	
ZO2—22	1.1	110，220	3000	0.055	56	442×362×320	
ZO2—31	1.5	110，220	3000	0.085	65	485×390×343	
ZO2—32	2.2	110，220	3000	0.105	76	520×390×343	
ZO2—42	2.2	220	3000	0.180	101	554×420×365	
ZO2—51	3	220	3000	0.350	126	606×466×415	
ZO2—51	4	110，220	3000	0.350	126	606×466×415	
ZO2—61	5.5	220	3000	0.560	175	637×524×488	
ZO2—82	17	220	3000	3.200	443	895×689×609	
ZO2—21	0.4	110，220	1500	0.015	48	417×362×320	
ZO2—22	0.6	110，220	1500	0.055	56	442×362×320	
ZO2—41	0.8	220	1500	0.150	88	524×420×365	
ZO2—42	1.1	110，220	1500	0.180	101	554×420×365	
ZO2—51	2.2	110，220	1500	0.350	126	606×466×415	
ZO2—61	3.0	110，220	1500	0.560	175	637×524×488	
ZO2—62	4.0	110.22	1500	0.650	196	671×524×488	重庆电机厂［外形尺寸是电动机基本安装形式 IMB3（A101）型的数值］
ZO2—91	10	220	1500	5.900	630	1010×830×706	
ZO2—92	13	220	1500	7.000	730	1065×830×706	
ZO2—51	1.1	220	1000	0.350	126	606×466×415	
ZO2—52	1.5	220	1000	0.400	148	646×466×415	
ZO2—62	2.2	220	1000	0.650	196	671×524×488	
ZO2—71	3	110，220	1000	1.000	280	768×614×544	
ZO2—72	4	220	1000	1.200	320	808×614×544	
ZO2—81	13	220	1000				
ZO2—82	5.5	220	1000	3.200	443	895×689×609	
ZO2—91	7.5	110，220	1000	5.900	630	1010×830×706	
ZO2—42	0.6	220	750	0.180	101	554×420×365	
ZO2—52	1.1	110，220	750	0.400	148	646×466×415	
ZO2—52	1.5	110，220	750	0.400	148	646×466×415	
ZO2—71	2.2	220	750	1.000	280	768×614×544	
ZO2—72	3	220	750	1.200	320	808×614×544	
ZO2—91	5.5	220	750	5.900	630	1010×830×706	
ZO2—92	7.5	110	750	7.000	730	1065×830×706	

2.1.4 Z4系列直流电动机

一、概述

Z4系列直流电动机具有转动惯量小、动态性能好，并能承受较高的负载变化率等特点，广泛使用于冶金、机床、造纸、染织、印刷、水泥、塑料等工业部门。适用于调速范围广、过载能力1.6倍的电力拖动及需要平滑调速、效率高、自动稳速、反应灵敏的控制系统。额定功率范围为1.5～450kW（共分27个等级），额定电压为160、440V，额定转速等级为3000、1500、750、600、500、400r/min，励磁方式为他励（他励电压为180V）。根据需要也可派生出其它的功率、电压、转速及励磁电压值。

电动机不仅可用直流电源供电，更适用于静止整流电源供电。恒功率弱磁向上调速范围对于不同规格可达到额定转速的1.0～3.8倍，恒转矩降低电枢电压向下调速最低可至20r/min。电动机一般不带串励绕组，适用于正反转的自动控制，根据需要也可制成串励绕组。中心高100～280mm设计成无补偿绕组的电动机，315～355mm设计成有补偿绕组的电动机。额定电压为160V的电动机在单相桥式整流器供电下一般需带电抗器工作，外接电抗器的电感数值在铭牌上注明；额定电压为440V的电动机均不需外接电抗器。

电动机为八角形全叠片机座，单轴伸（也可制成双轴伸），F级绝缘，外壳防护等级为IP23S，冷却方式为ICO6（即自带鼓风机强迫通风，并有多种派生形式，如：自通风型、封闭型等），安装形式为IMB3、IMB35，传动方式为弹性联轴器连接（也可采用有一定径向力的传动方式），旋转方向从轴伸端看为顺时针，出线盒位置从传动端看在机座右侧。

型号含义

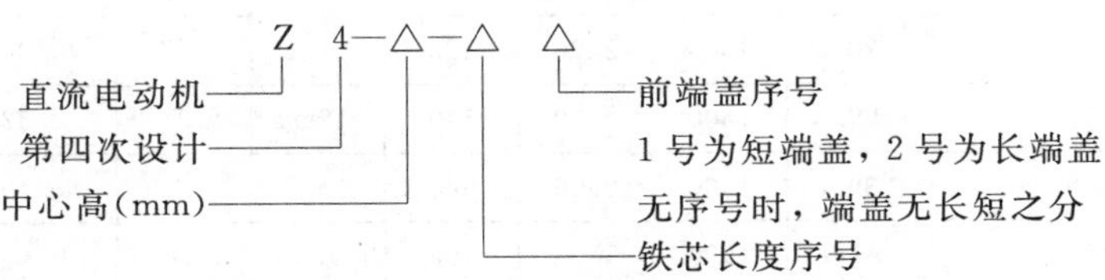

二、技术数据

电动机额定电压为160V或440V，工作制为S1，励磁方式为他励，励磁电压为180V。

Z4系列直流电动机技术数据，见表2-4。

表2-4 Z4系列直流电动机技术数据

型号	额定功率(kW)	额定电流(A)		额定转速(r/min)	最高转速(r/min)	励磁功率(W)	电枢电感(mH)	磁场电感(mH)	电枢转动惯量(kg·m²)	重量(kg)	生产厂
		160V	440V								
Z4—100—1	4		10.7	3000	4000	265	26	18	0.044	60	重庆电机厂
Z4—112/2—1	5.5		14.7	3000	4000	295	17.9	18	0.072	78	
Z4—112/2—2	7.5		19.6	3000	4000	320	14	19	0.088	86	
Z4—112/4—1	11		28.9	3000	4000	455	9	6.8	0.128	84	
Z4—112/4—2	15		38.6	3000	4000	570	6.4	5.8	0.156	94	

续表 2-4

型 号	额定功率(kW)	额定电流（A）		额定转速(r/min)	最高转速(r/min)	励磁功率(W)	电枢电感(mH)	磁场电感(mH)	电枢转动惯量($kg \cdot m^2$)	重量(kg)	生产厂
		160V	440V								
Z4—132—1	18.5		47.4	3000	4000	645	5.3	6.5	0.32	123	重庆电机厂
Z4—132—2	22		55.3	3000	3600	575	3.65	10	0.40	142	
Z4—132—3	30		75	3000	3600	795	2.75	7.2	0.48	162	
Z4—160—11	37		93.4	3000	3500	655	3.15	10	0.64	202	
Z4—160—22	45		113	3000	3500	705	2.7	10	0.76	224	
Z4—160—32	55		137	3000	3500	765	2.07	11	0.88	250	
Z4—180—22	75		185	3000	3400	1210	1.2	6.67	1.72	335	
Z4—180—42	90		221	3000	3200	1225	0.82	8.16	2.2	395	
Z4—200—12	110		270	3000	3000	1255	0.78	7.91	3.68	470	
Z4—200—32	132		322	3000	3200	1365	0.74	7.79	4.8	565	
Z4—100—1	2.2	17.9		1500	3000	230	11.2	22	0.044	60	
Z4—11/2—1	3	17.9		1500	3000	335	7.1	15	0.072	78	
Z4—11/2—1	3		8.7	1500	3000	295	59	17	0.072	78	
Z4—11/2—2	4	31.4		1500	3000	375	6.2	14	0.088	86	
Z4—11/2—2	4		11.3	1500	3000	280	14	19	0.088	86	
Z4—112/4—1	5.5	42.7		1500	2200	455	3.85	6.8	0.128	84	
Z4—112/4—1	5.5		15.6	1500	2200	390	32	9.3	0.128	84	
Z4—112/4—2	7.5		20.6	1500	2200	485	24.1	7.8	0.156	94	
Z4—132—1	11		29.6	1500	2500	540	18.9	9	0.32	123	
Z4—132—2	15		39.3	1500	2500	660	13.5	7.9	0.40	142	
Z4—132—3	18.5		47.8	1500	3000	795	9.8	7.1	0.48	162	
Z4—160—11	22		58.8	1500	3000	750	10.4	7.7	0.64	202	
Z4—160—31	30		77.8	1500	3000	765	8.3	10	0.88	250	
Z4—180—11	37		95	1500	3000	975	4.9	7.67	1.52	305	
Z4—180—21	45		115	1500	2800	1225	4.7	6.3	1.72	335	
Z4—180—41	55		140	1500	3000	1225	3.2	8.16	2.2	395	
Z4—200—21	75		188	1500	3000	1170	2.6	9.84	4.2	515	
Z4—225—11	110		275	1500	3000	1900	1.9	6.15	5.0	680	
Z4—225—31	132		326	1500	2400	1640	1.4	9.75	6.2	810	
Z4—250—12	160		399	1500	2100	2565	0.83	0.47	10	960	
Z4—250—21	185		459	1500	2200	2425	0.86	5.73	10	960	
Z4—250—31	200		492	1500	2400	2195	0.82	7.22	11.2	1060	

续表 2-4

型　　号	额定功率 (kW)	额定电流（A）		额定转速 (r/min)	最高转速 (r/min)	励磁功率 (W)	电枢电感 (mH)	磁场电感 (mH)	电枢转动惯量 ($kg \cdot m^2$)	重量 (kg)	生产厂
		160V	440V								
Z4—250—41	220		540	1500	2400	2470	0.69	6.47	12.8	1170	重庆电机厂
Z4—280—11	250		615	1500	2000	2540	0.65	6.26	16.4	1230	
Z4—280—22	280		684	1500	1800	2880	0.56	5.82	18.4	1350	
Z4—280—32	315		767	1500	1800	2705	0.56	6.88	21.2	1500	
Z4—280—42	355		864	1500	1800	2990	0.5	6.48	24	1650	
Z4—100—1	1.5	13.4		1000	2000	315	21.4	13	0.044	60	
Z4—100—1	1.5		4.79	1000	2000	265	163	18	0.044	60	
Z4—112/2—1	2.2	19.6		1000	2000	335	14.1	13	0.072	78	
Z4—112/2—1	2.2		7.1	1000	2000	335	110	13	0.072	78	
Z4—112/2—2	3	24.8		1000	2000	375	10.3	14	0.088	86	
Z4—112/2—2	3		9.3	1000	2000	375	83	14	0.088	86	
Z4—112/4—1	4	33.7		1000	1400	455	7.7	6.7	0.128	84	
Z4—112/4—1	4		12.3	1000	1400	390	63	9.1	0.128	84	
Z4—112/4—2	5.5	43.6		1000	2000	570	5.1	5.8	0.156	94	
Z4—112/4—2	5.5		16.1	1000	1500	570	42.5	5.8	0.156	94	
Z4—132—1	7.5		21.4	1000	1600	645	37.5	6.4	0.32	123	
Z4—132—2	11		30.7	1000	1600	660	27.5	7.8	0.40	142	
Z4—132—3	15		40.5	1000	1600	795	19.4	7	0.48	162	
Z4—160—21	18.5		51.1	1000	1600	1060	9.2	7.96	0.76	224	
Z4—160—31	22		59.2	1000	2000	1365	6.8	6.34	0.88	250	
Z4—180—21	30		79	1000	2000	1060	9.2	7.96	1.72	335	
Z4—180—31	37		97.5	1000	2000	1365	6.8	6.34	2.2	370	
Z4—200—11	45		117	1000	2000	1280	7.9	7.07	3.68	470	
Z4—200—31	55		140	1000	2000	1365	4.5	8.7	4.8	565	
Z4—225—11	75		194	1000	2000	1255	4.6	11.3	5.0	680	
Z4—225—31	90		227	1000	2000	2395	3.2	5.27	6.2	810	
Z4—250—11	110		280	1000	2000	1790	2.3	8.14	8.8	880	
Z4—250—31	132		332	1000	2000	2195	1.6	7.46	11.2	1060	
Z4—250—42	160		401	1000	2000	2430	1.4	6.93	12.8	1170	
Z4—280—21	200		498	1000	2000	2880	1.2	5.87	18.4	1350	
Z4—280—31	220		544	1000	2000	3210	1.0	5.54	21.2	1500	
Z4—280—42	250		616	1000	1800	3580	0.9	5.21	24	1650	

续表 2-4

型　　号	额定功率 (kW)	额定电流（A）		额定转速 (r/min)	最高转速 (r/min)	励磁功率 (W)	电枢电感 (mH)	磁场电感 (mH)	电枢转动惯量 (kg·m²)	重量 (kg)	生产厂
		160V	440V								
Z4—315—12	280		687	1000	1600	3805	0.33	5.07	21.2	1900	重庆电机厂
Z4—315—32	355		866	1000	1600	3835	0.22	6.81	27.2	2300	
Z4—315—42	400		972	1000	1600	3575	0.24	7.88	30.8	2530	
Z4—355—12	450		1093	1000	1500	3690	0.26	7.3	42	2900	
Z4—180—11	18.5		51.2	750	1900	1145	16.2	6.36	1.52	305	
Z4—180—21	22		60.3	750	1400	1060	16.3	7.76	1.72	335	
Z4—180—41	30		80.6	750	2250	1540	11.3	5.61	2.2	395	
Z4—200—11	37		97.8	750	2000	1255	9.9	8.12	3.68	470	
Z4—200—31	45		118.6	750	1400	1360	8	8.53	4.8	565	
Z4—225—11	55		145	750	1600	1875	8.1	5.9	5.0	680	
Z4—225—31	75		195	750	2250	2370	4.8	5.56	6.2	810	
Z4—250—21	90		227	750	2250	2395	3.6	5.63	10	960	
Z4—250—31	110		282	750	1900	2645	2.6	5.66	11.2	1060	
Z4—280—21	132		332	750	1600	2880	2.2	5.77	18.4	1350	
Z4—280—32	160		401	750	1700	3180	1.9	5.53	21.2	1500	
Z4—280—41	185		463	750	1900	3580	1.6	5.14	24	1650	
Z4—315—12	200		501	750	1900	3805	0.6	4.97	21.2	1900	
Z4—315—22	250		623	750	1600	4100	0.54	5.11	24	2090	
Z4—315—32	280		700	750	1600	3835	0.59	5.86	27.2	2300	
Z4—315—42	315		779	750	1600	4595	0.48	4.74	30.8	2530	
Z4—355—12	355		874	750	1500	4485	0.43	5.29	42	2900	
Z4—355—22	400		982	750	1600	4250	0.32	6.78	46	3180	
Z4—355—32	450		1098	750	1500	5830	0.28	4.62	52	3500	
Z4—180—11	15		43.8	600	2000	975	22.7	7.85	1.52	305	
Z4—180—21	18.5		52	600	1600	1210	19.9	6.96	1.72	335	
Z4—180—31	22		62.1	600	1250	1350	18.3	6.18	2.2	370	
Z4—200—21	30		82.1	600	1000	1185	15.3	9.3	4.2	515	
Z4—200—31	37		99.5	600	1600	1365	11.4	8.67	4.8	565	
Z4—225—11	45		122	600	1800	1900	11.3	5.93	5.0	680	
Z4—225—21	55		147	600	1200	2130	8.9	5.66	5.6	735	
Z4—250—21	75		197	600	2000	2395	4	6.13	10	960	
Z4—250—41	90		234	600	2000	2985	4.4	4.65	12.8	1170	
Z4—280—21	110		282	600	1500	2880	2.9	6.0	18.4	1350	
Z4—280—31	132		388	600	1200	3175	2.4	5.81	21.2	1500	

续表 2-4

型　　号	额定功率（kW）	额定电流（A）		额定转速（r/min）	最高转速（r/min）	励磁功率（W）	电枢电感（mH）	磁场电感（mH）	电枢转动惯量（kg·m²）	重量（kg）	生产厂
		160V	440V								
Z4—315—11	160		409	600	1900	2995	0.96	7.53	21.2	1900	
Z4—315—21	185		466	600	1900	4100	0.83	5.13	24	2090	
Z4—315—32	200		501	600	1500	3835	0.68	6.45	27.2	2300	
Z4—315—42	250		628	600	1600	4595	0.63	4.98	30.8	2530	
Z4—355—11	280		695	600	1600	4485	0.66	5.29	42	2900	
Z4—355—22	315		782	600	1500	4250	0.59	6.41	46	3180	
Z4—355—32	355		875	600	1600	5290	0.5	4.84	52	3500	
Z4—355—42	400		982	600	1600	6470	0.37	4.35	60	3850	
Z4—200—11	22		61.6	500	1350	925	23.3	12	3.68	470	
Z4—200—31	30		82.6	500	1350	1365	16.5	8.44	4.8	565	
Z4—225—11	37		102	500	1600	1900	14.1	6.24	5.0	680	
Z4—225—21	45		125	500	1400	2130	12.8	5.49	5.6	735	
Z4—250—21	55		147	500	1000	2395	5.8	6.08	10	960	
Z4—250—41	75		199	500	1900	2430	4.8	7.13	12.8	1170	
Z4—280—31	90		234	500	1800	2705	5.0	6.61	21.2	1500	
Z4—280—41	110		282	500	1200	2505	3.5	9	24	1650	重庆电机厂
Z4—315—11	132		342	500	1600	2995	1.7	7.01	21.2	1900	
Z4—315—21	160		413	500	1500	4100	1.1	5.18	24	2090	
Z4—315—41	185		468	500	1500	3575	0.9	7.58	30.8	2530	
Z4—355—11	200		507	500	1500	1990	1.1	18.6	42	2900	
Z4—355—22	250		626	500	1600	3450	0.91	8.84	46	3180	
Z4—355—32	315		787	500	1500	5830	0.65	4.5	52	3500	
Z4—355—42	355		890	500	1600	6470	0.56	4.23	60	3850	
Z4—250—41	18.5		52	400	1600	1210	19.9	6.96	12.8	1170	
Z4—315—11	110		292	400	1200	2500	2.1	9.92	21.2	1900	
Z4—315—31	132		343	400	1200	3855	1.5	6.37	27.2	2300	
Z4—315—41	160		416	400	1200	4595	1.3	5.03	30.8	2530	
Z4—355—12	185		479	400	1200	3450	1.29	9.27	42	2900	
Z4—355—21	200		512	400	1200	3450	1.2	9.27	46	3180	
Z4—355—31	220		556	400	1200	3985	0.96	8.26	52	3500	
Z4—355—42	250		627	400	1200	5455	0.85	5.59	60	3850	

三、外形及安装尺寸

Z4 系列直流电动机安装形式为 IMB3、IMB35，外形及安装尺寸，见表 2-5 及图 2-1。

表 2-5 Z4 系列直流电动机外形及安装尺寸

机座号	安装尺寸														外形尺寸									备注
	A	B	C	D	E	F	G	H	K	M	N	S	孔数	T	P	AB	AC	AD	b_1	HD	BB	L	L_1	
100—1	160	318	63	24	50	8	20	100	12							210	245	190	165	420	380	510	590	
112/2—1	190	337.5	70	28	60	8	24	112	12							235	265	210	180	475	410	555	615	
112/2—2	190	367.5	70	28	60	8	24	112	12							235	265	210	180	475	440	585	645	
112/4—1	190	347	70	32	80	10	27	112	12							235	265	210	220		420	585	645	
112/4—2	190	387	70	32	80	10	27	112	12							235	265	210	220	510	460	625	685	
132—1	216	355	89	38	80	10	33	132	12							270	305	245	220	550	435	630	825	IMB3 (H100～160)
132—2	216	405	89	38	80	10	33	132	12							270	305	245	220	550	485	690	875	
132—3	216	465	89	38	80	10	33	132	12							270	305	245	220	550	545	740	935	
160—11	254	411	108	48	110	14	42.5	160	15							330	360	295	240	640	495	755	965	
160—21	254	451	108	48	110	14	42.5	160	15							330	360	295	240	640	535	795	1005	
160—22	254	516	108	48	110	14	42.5	160	15							330	360	295	240	640	600	860	1040	
160—31	254	501	108	48	110	14	42.5	160	15							330	360	295	240	640	585	845	1055	
160—32	254	566	108	48	110	14	42.5	160	15							330	360	295	240	640	650	910	1090	
180—11	279	430	121	55	110	16	49	180	15							370	400	300	310	750	530	805	1035	
180—21	279	476	121	55	110	16	49	180	15							370	400	300	310	750	570	845	1075	
180—22	279	541	121	55	110	16	49	180	15							370	400	300	310	750	635	910	1140	
180—31	279	526	121	55	110	16	49	180	15							370	400	300	310	750	620	895	1125	
180—41	279	586	121	55	110	16	49	180	15							370	400	300	310	750	680	955	1185	IMB3 (H180～355)
180—42	279	651	121	55	110	16	49	180	15							370	400	300	310	750	745	1020	1250	
200—11	318	566	133	65	140	18	58	200	19							410	440	365	310	790	660	990	1170	
200—12	318	614	133	65	140	18	58	200	19							410	440	365	310	790	705	1035	1220	
200—21	318	606	133	65	140	18	58	200	19							410	440	365	310	790	700	1030	1210	
200—31	318	686	133	65	140	18	58	200	19							410	440	365	310	790	780	1110	1290	

续表 2-5

机座号	安装尺寸														外形尺寸								备注
	A	B	C	D	E	F	G	H	K	M	N	S	孔数	T	P	AB	AC	AD	b_1	HD	BB	L	L_1	
200—32	318	734	133	65	140	18	58	200	19							410	440	365	310	790	825	1155	1340	IMB3 (H180～355)
225—11	356	701	149	75	140	20	67.5	225	19							450	485	410	370	1000	795	1150	1615	
225—21	356	751	149	75	140	20	67.5	225	19							450	485	410	370	1000	845	1200	1665	
225—31	356	811	149	75	140	20	67.5	225	19							450	485	410	370	1000	905	1260	1725	
250—11	406	715	168	85	170	22	76	250	24							500	535	440	370	1040	815	1235	1650	
250—12	406	775	168	85	170	22	76	250	24							500	535	440	370	1040	875	1295	1710	
250—21	406	765	168	85	170	22	76	250	24							500	535	440	370	1040	865	1285	1700	
250—31	406	825	168	85	170	22	76	250	24							500	535	440	370	1040	925	1345	1760	
250—41	406	895	168	85	170	22	76	250	24							500	535	440	370	1040	995	1455	1830	
250—42	406	955	168	85	170	22	76	250	24							500	535	440	370	1040	1055	1475	1890	
280—11	457	762	190	95	170	25	86	280	24							560	595	465	420	1140	875	1325	1740	
280—21	457	822	190	95	170	25	86	280	24							560	595	465	420	1140	935	1385	1800	
280—22	457	912	190	95	170	25	86	280	24							560	595	465	420	1140	1025	1475	1890	
280—31	457	892	190	95	170	25	86	280	24							560	595	465	420	1140	1005	1455	1870	
280—32	457	982	190	95	170	25	86	280	24							560	595	465	420	1140	1095	1545	1960	
280—41	457	972	190	95	170	25	86	280	24							560	595	465	420	1140	1085	1535	1950	
280—42	457	1062	190	95	170	25	86	280	24							560	595	465	420	1140	1175	1625	2040	
315—11	508	887	190	100	210	28	90	315	28							630	665	500	430	1310	1010	1545	1705	
315—12	508	977	216	100	210	28	90	315	28							630	665	500	430	1310	1100	1635	1795	
315—21	508	967	216	100	210	28	90	315	28							630	665	500	430	1310	1090	1625	1785	
315—22	508	1057	216	100	210	28	90	315	28							630	665	500	430	1310	1180	1715	1875	
315—31	508	1057	216	100	210	28	90	315	28							630	665	500	430	1310	1180	1715	1875	
315—32	508	1147	216	100	210	28	90	315	28							630	665	500	430	1310	1270	1805	1965	

续表 2-5

机座号	安装尺寸														外形尺寸									备注
	A	B	C	D	E	F	G	H	K	M	N	S	孔数	T	P	AB	AC	AD	b_1	HD	BB	L	L_1	
315—41	508	1157	216	100	210	28	90	315	28							630	665	500	430	1310	1280	1815	1975	
315—42	508	1247	216	100	210	28	90	315	28							630	665	500	430	1310	1370	1905	2065	
355—11	610	968	254	110	210	28	100	355	28							710	743	715	430	1390	1105	1700	1815	
355—12	610	1058	254	110	210	28	100	355	28							710	745	715	430	1390	1195	1790	1905	IMB3
355—21	610	1058	254	110	210	28	100	355	28							710	745	715	430	1390	1195	1790	1905	（H180
355—22	610	1148	254	110	210	28	100	355	28							710	745	715	430	1390	1285	1880	1995	～355）
355—31	610	1158	254	110	210	28	100	355	28							710	745	715	430	1390	1295	1890	2005	
355—32	610	1248	254	110	210	28	100	355	28							710	745	715	430	1390	1385	1980	2095	
355—42	610	1358	254	110	210	28	100	355	28							710	745	715	430	1390	1495	2090	2205	
100—1	160	318	63	24	50	8	20	100	12	215	180	15	4	4	250	210		190	165	420	380	510	590	
112/2—1	190	337.5	70	28	60	8	24	112	12	215	180	15	4	4	250	235		210	180	475	410	5655	615	
112/2—2	190	367.5	70	28	60	8	24	112	12	215	180	15	4	4	250	235		210	180	475	440	585	645	
112/4—1	190	347	70	32	80	10	27	112	12	215	180	15	4	4	250	235		210	180	475	420	585	645	
112/4—2	190	387	70	32	80	10	27	112	12	215	180	15	4	4	250	235		210	220	510	460	625	685	
132—1	216	355	89	38	80	10	33	132	12	265	230	15	4	4	300	270		245	220	550	435	630	825	IMB35
132—2	216	405	89	38	80	10	33	132	12	265	230	15	4	4	300	270		245	220	550	485	690	875	（H100
132—3	216	465	89	38	80	10	33	132	12	265	230	15	4	4	300	270		245	220	550	545	740	935	～160）
160—11	254	411	108	48	110	14	42.5	160	15	300	230	19	4	5	350	330		295	240	640	495	755	965	
160—21	254	451	108	48	110	14	42.5	160	15	300	250	19	4	5	350	330		295	240	640	535	795	1005	
160—22	254	516	108	48	110	14	42.5	160	15	300	250	19	4	5	350	330		295	240	640	600	860	1040	
160—31	254	501	108	48	110	14	42.5	160	15	300	250	19	4	5	350	330		295	240	640	585	845	1055	
160—32	254	566	108	48	110	14	42.5	160	15	300	250	19	4	5	350	330		295	240	640	650	910	1090	
180—11	279	436	121	55	110	16	49	180	15	350	300	19	4	5	400	370		300	310	750	530	805	1035	IMB35 （H180
180—21	279	476	121	55	110	16	49	180	15	350	300	19	4	5	400	370		300	310	750	570	845	1075	～280）

续表 2-5

机座号	安装尺寸														外形尺寸									备注
	A	B	C	D	E	F	G	H	K	M	N	S	孔数	T	P	AB	AC	AD	b_1	HD	BB	L	L_1	
180—22	279	541	121	55	110	16	49	180	15	350	300	19	4	5	400	370		300	310	750	635	910	1140	IMB35 (H180～280)
180—31	279	526	121	55	110	16	49	180	15	350	300	19	4	5	400	370		300	310	750	620	895	1125	
180—41	279	586	121	55	110	16	49	180	15	350	300	19	4	5	400	370		300	310	750	680	955	1185	
180—42	279	651	121	55	110	16	49	180	15	350	300	19	4	5	400	370		300	310	750	745	1020	1250	
200—11	318	566	133	65	140	18	58	200	19	400	350	19	8	5	450	410		365	310	830	660	990	1170	
200—12	318	614	133	65	140	18	58	200	19	400	350	19	8	5	450	410		365	310	830	705	1035	1220	
200—21	318	606	133	65	140	18	58	200	19	400	350	19	8	5	450	410		365	310	830	700	1030	1210	
200—31	318	686	133	65	140	18	58	200	19	400	350	19	8	5	450	410		365	310	830	780	1110	1290	
200—32	318	734	133	65	140	18	58	200	19	400	350	19	8	5	450	410		365	310	830	825	1155	1340	
225—11	356	701	149	75	140	20	67.5	225	19	500	450	19	8	5	550	450		410	370	1000	795	1150	1615	
225—21	356	750	149	75	140	20	67.5	225	19	500	450	19	8	5	550	450		410	370	1000	845	1200	1645	
225—31	356	811	149	75	140	20	67.5	225	19	500	450	19	8	5	550	450		410	370	1000	905	1260	1725	
250—11	406	715	168	85	170	22	76	250	24	600	550	24	8	6	660	500		440	370	1040	815	1235	1650	
250—12	406	775	168	85	170	22	76	250	24	600	550	24	8	6	660	500		440	370	1040	875	1295	1710	
250—21	406	765	168	85	170	22	76	250	24	600	550	24	8	6	660	500		440	370	1040	865	1285	1700	
250—31	406	825	168	85	170	22	76	250	24	600	550	24	8	6	660	500		440	370	1040	925	1345	1760	
250—41	406	895	168	85	170	22	76	250	24	600	550	2.1	8	6	660	500		440	370	1040	995	1455	1830	
250—42	406	955	168	85	170	22	76	250	24	600	550	24	8	6	660	500		440	370	1040	1055	1475	1890	
280—11	457	762	190	95	170	25	86	280	24	600	550	24	8	6	660	560		465	420	1140	875	1325	1740	
280—21	457	822	190	95	170	25	86	280	24	600	550	24	8	6	660	560		465	420	1140	935	1385	1800	
280—22	457	912	190	95	170	25	86	280	24	600	550	24	8	6	660	560		465	420	1140	1025	1475	1890	
280—31	457	892	190	95	170	25	86	280	24	600	550	24	8	6	660	560		465	420	1140	1005	1455	1870	
280—32	457	982	190	95	170	25	86	280	24	600	550	24	8	6	660	560		465	420	1140	1095	1545	1960	
280—41	457	972	190	95	170	25	86	280	24	600	500	24	8	6	660	560		465	420	1140	1085	1535	1950	
280—42	457	1062	190	95	170	25	86	280	24	600	500	24	8	6	660	560		465	420	1140	1175	1625	2040	

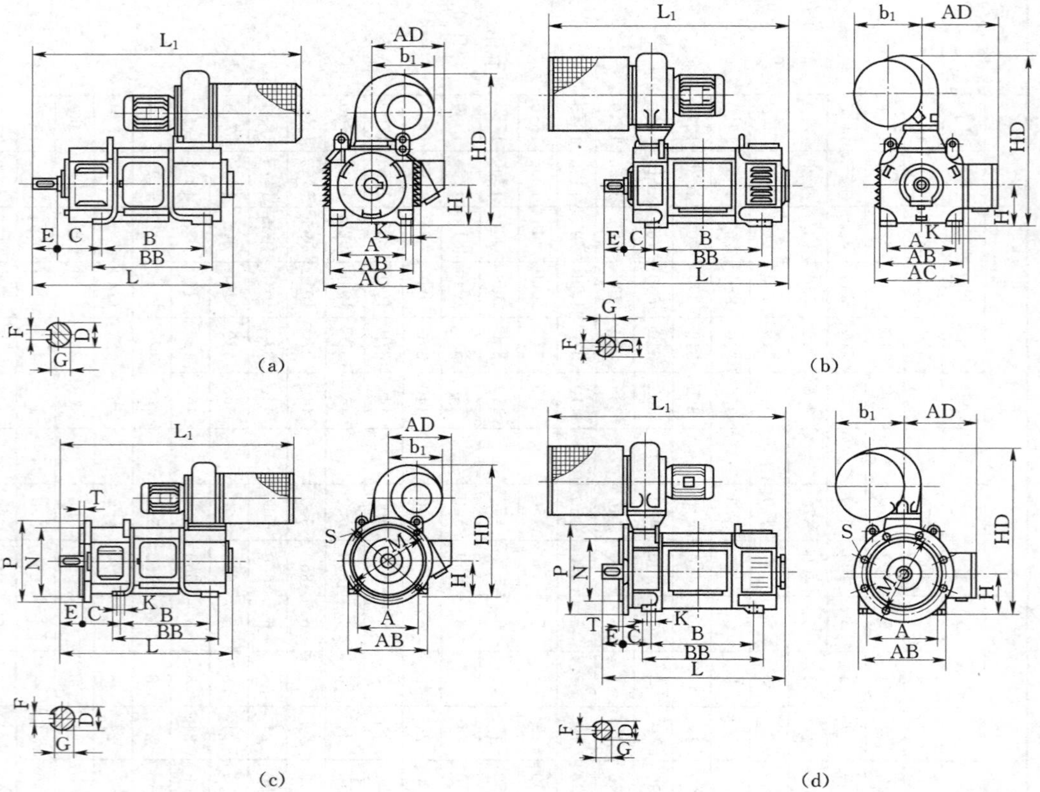

图 2-1　Z4 系列直流电动机外形及安装尺寸
(a) IMB3 (H100～160); (b) IMB3 (H180～355);
(c) IMB35 (H100～160); (d) IMB35 (H180～280)

2.1.5　ZLZ4 系列连铸机用直流电动机

一、概述

ZLZ4 系列连铸机用直流电动机具有封闭的外壳，适用于钢厂连铸机传动之用，也可以使用于多尘埃及金属切屑等场合。

电动机为自冷封闭式，励磁方式为他励，安装形式为 IMB3，出线盒位置从轴伸端看在机座右侧。

型号含义

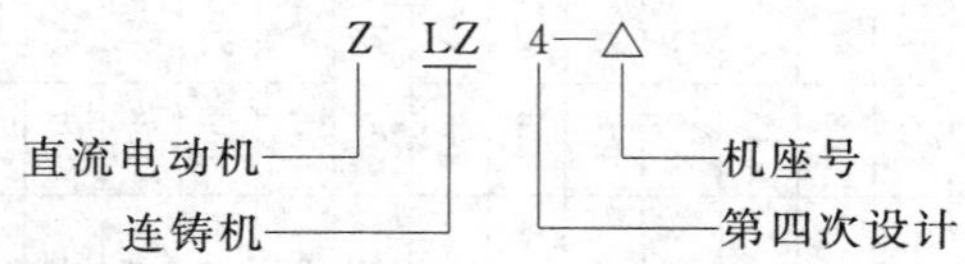

二、技术数据

ZLZ4 系列连铸机用直流电动机技术数据，见表 2-6。

表 2-6 ZLZ4 系列连铸机用直流电动机技术数据

型 号	额定功率(kW)	额定电压(V)	额定电流(A)	额定转速(r/min)	最高转速(r/min)	励磁电压(V)	工作制	电枢转动惯量(kg·m²)	重量(kg)	生产厂
ZLZ4—160	3/6	225/440	16	1250/2500	3000	220	S1	0.81	220	重庆电机厂
ZLZ4—160	5	400	14.3	1500/1750	3000	220/165	S1	0.81	220	
ZLZ4—180	7.5	220	38.6	1000	2000	220	S1	1.73	340	
ZLZ4—200	5	220	25.8	600	1000	220	S1	3.1	520	
ZLZ4—225	4/39	64/440	98	250/2035	2500	220	S6—60%	5.3	700	

三、外形及安装尺寸

ZLZ4 系列连铸机用直流电动机安装形式为 IMB3，外形及安装尺寸，见表 2-7 及图2-2。

表 2-7 ZLZ4 系列连铸机用直流电动机外形及安装尺寸 单位：mm

机座号	安装尺寸												
	A	B	C	D	DA	E	EA	F	FA	G	GB	GD	GF
160—11	254	411	108±3.0	$42^{+0.018}_{-0.002}$		110		$12^{0}_{-0.043}$		$37^{0}_{-0.2}$		8	
180—21	279	476	121±3.0	$55^{+0.030}_{-0.011}$		110		$16^{0}_{-0.043}$		$49^{0}_{-0.2}$		10	
180—31	279	526	121±3.0	$55^{+0.030}_{-0.011}$	$55^{+0.030}_{-0.011}$	110	110	$16^{0}_{-0.043}$	$16^{0}_{-0.043}$	$49^{0}_{-0.2}$	$49^{0}_{-0.2}$	10	10
200—11A	318	355	104±3.0	$65^{+0.030}_{-0.011}$		80		$18^{0}_{-0.043}$		$58^{0}_{-0.2}$		11	
225—11	356	701	149±4.0	$60^{+0.030}_{-0.011}$	$60^{+0.030}_{-0.011}$	140	140	$18^{0}_{-0.043}$	$18^{0}_{-0.043}$	$53^{0}_{-0.2}$	$53^{0}_{-0.2}$	11	11
160—11A	279	279	140±3.0	$48^{+0.018}_{-0.002}$	$48^{+0.018}_{-0.002}$	110	102.5	14	$14^{0}_{-0.043}$	$42.5^{0}_{-0.2}$	$42.5^{0}_{-0.2}$	9	9

机座号	安装尺寸		外形尺寸								备 注
	H	K	AB	AC	AD	BB	L	LC	HA	HD	
160—11	$160^{0}_{-0.5}$	$15^{+0.43}_{0}$	330	375	360	495	755		15	415	IMB3（H160—11，H180～225）
180—21	$180^{0}_{-0.5}$	$15^{+0.43}_{0}$	370	440	300	565	845		16	410	
180—31	$180^{0}_{-0.5}$	$15^{+0.43}_{0}$	370	450	300	620	880	995	16	415	
200—11A	$200^{0}_{-0.5}$	$19^{+0.52}_{0}$	410	480	350	425	650		18	440	
225—11	$225^{0}_{-0.5}$	$19^{+0.52}_{0}$	450	540	410	795	1155	1300	20	510	
160—11A	$180^{0}_{-0.5}$	$15^{+0.43}_{0}$	350	375	360	316	738	842.5	20	435	IMB3（H160—11A）

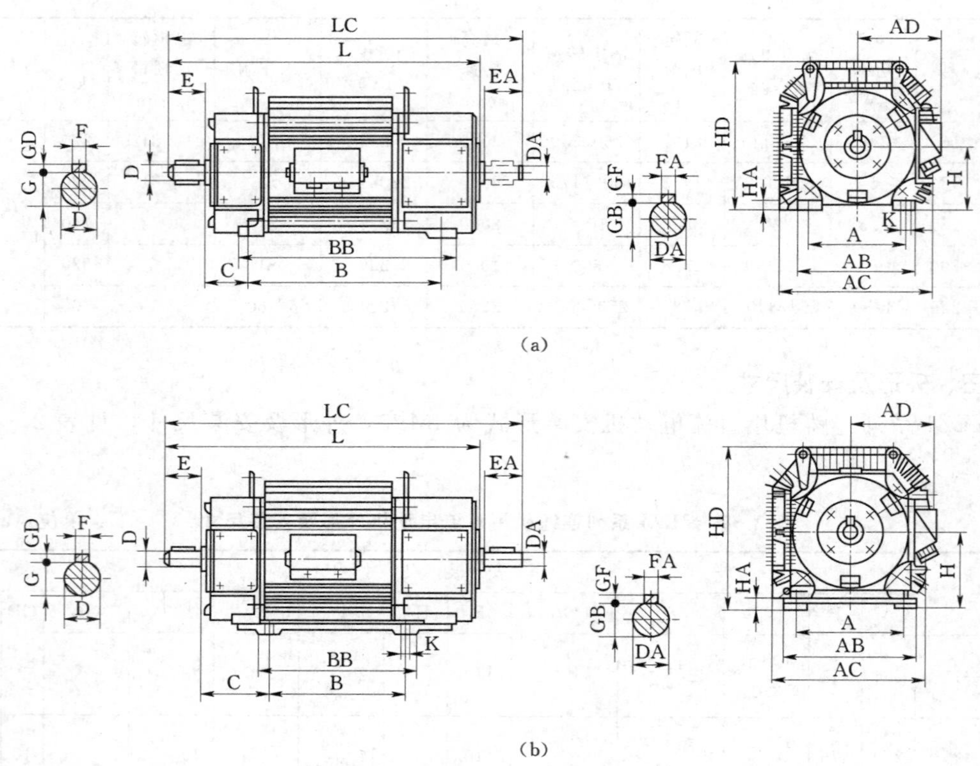

图 2-2 ZLZ4 系列连铸机用直流电动机外形及安装尺寸
(a) IMB3 (H160—11，H180～225)；(b) IMB3 (H160—11A)

2.1.6 ZZJ—800 系列冶金起重用直流电动机

一、概述

ZZJ—800 系列冶金起重用直流电动机具有惯量矩小、反应速度快、能承受经常性启动制动及正反转、有较大的过载能力、适应于由硅整流电源供电等特点，通常作为金属轧机的辅助传动机械和起重、吊车、电铲等机械的直流电动机。

电动机为带底脚卧式安装，双轴伸（轴伸锥度为 1∶10)，F 级绝缘，机座为圆形整体结构，出线盒位置从换向器端看在电动机左侧，冷却方式有由外壳表面自然冷却或装有内风扇的全封闭（IP44)、带有独立鼓风机的强迫通风（IP23)、管道进风自然出风（IP23)、管道进风管道出风（IP44）等形式。

二、技术数据

ZZJ—800 系列冶金起重用直流电动机额定电压为 220V 或 440V，技术数据见表 2-8。

三、外形及安装尺寸

ZZJ—800 系列冶金起重用直流电动机外形及安装尺寸，见表 2-9 及图 2-3。

表 2-8 ZZJ—800 系列冶金起重用直流电动机技术数据

机座号	外通风式连续定额或全封闭式短时工作制（S2）1h 定额						全封闭式串励短时工作（S2）30min 定额		全封闭式断续周期工作制（S3），负载持续率 FC=30%						外通风式连续定额时空气流量（m^3/s）	最大启动转矩（N·m）			最大运行转矩（N·m）			电枢转动惯量（kg·m^2）	最大安全运行转速（r/min）	生产厂
	功率（kW）	额定电压时的转速（r/min）					功率（kW）	额定电压时的转速（r/min）	串励		复励		并励											
		串励	复励	并励他励	并励、他励调速 220V	并励、他励调速 440V			功率（kW）	转速（r/min）	功率（kW）	转速（r/min）	功率（kW）	转速（r/min）		串励	复励	并励	串励	复励	并励			
802A	3.75	900	1025	1025	1025/2050	1025/2050	5.0	750	4.1	840	3.75	1080	3.75	1130	0.052	198	157	126	158	123	102	0.5	3600	重庆电机厂
802B	5.6	800	900	900	900/1800	900/1800	7.5	675	6.0	780	5.6	950	5.6	1000	0.052	330	270	216	268	210	177	0.75	3600	
802C	7.5	800	900	900	900/1800	900/1800	10.0	675	7.5	800	7.1	940	6.7	1000	0.076	450	360	237	360	280	220	0.75	3600	
803	11.2	725	800	800	800/2000	800/1600	14.1	620	11.2	725	10.8	840	10.5	880	0.094	740	610	400	600	470	360	1.8	3300	
804	15.0	650	725	725	725/1800	725/1450	19.5	580	15.0	650	13.8	775	12.7	800	0.12	1100	880	590	880	680	530	3.0	3000	
806	22.4	575	650	650	650/1950	650/1300	29.0	500	22.4	575	21.2	690	18.6	715	0.16	1870	1500	980	1490	1170	880	5.6	2600	
808	37.3	525	575	575	575/1725	575/1150	48.5	450	30.0	570	28	625	26.0	630	0.20	3400	2800	1860	2700	2150	1650	11.5	2300	
810	52	500	550	550	550/1650	550/1100	67	440	45.0	550	39	615	33.5	600	0.25	5000	4000	2700	4000	3100	2450	17.5	2200	
812	75	475	515	515	515/1300	515/1050	100	420	63.5	525	56	580	45.0	565	0.35	7450	6250	4150	6000	4900	3750	28	1900	
814	112	460	500	500	500/1250	500/1000	149	400	86	515	82	565	63.5	560	0.42	11600	9600	6400	9300	7500	5800	48	1700	
816	150	450	480	480	480/1200	480/960	200	400	112	500	104	540	82	535	0.57	16000	13300	8900	1260	10400	8000	75	1600	
818	186	410	435	435	435/110	435/870	243	360	138	485	123	490	97	470	0.75	21700	18400	12300	17400	14400	1100	110	1500	

注 1. 802 机座有三种规格，电动机安装尺寸均相同，但电磁设计不同。

2. 为获得调速电动机的调速范围，允许采用少量的稳定励磁绕组。

3. 断续周期工作制（S3）每周期为 5min，并励磁场连续励磁。

4. 最大启动转矩和最大运行转矩为考虑其它性能规定的限度可达到的最大数值。

5. 电枢转动惯量的容差取正值。

表 2-9 ZZJ—800系列冶金起重用直流电动机外形及安装尺寸

单位：mm

机座号	外形及安装尺寸																						锥度为1∶10的圆锥形轴伸尺寸									备注
	AB	BB	LC 锥度	H	A	B	XG	K 锥度	XH 锥度	BC BD	HD	风道凸缘的表面						电动机引出线				线盒 AD	轴伸尺寸				轴伸螺纹			键		
			1:10					1:10	1:10			VB	VC	VD	VE	VF	VG	YA	YE	YH	YK		NFN	U	V	(XF)	Y	XE	螺距	F	GD	
802	381	521	831	$193.5_{-0.5}^{0}$	318	419	95	22	20	304.5	400	22	10	10	184	121	56	10	127	219	76	320	111	45	82	15.4	28	M30	2	12	8	电动机的引出线仅对不装线盒时而言
803	432	597	932	$215.8_{-0.5}^{0}$	356	457	114	22	20	342.5	444	44	13	10	216	127	83	10	127	241	76	335	123.5	50	82	17.9	28	M36	3	12	8	
804	457	648	983	$228.5_{-0.5}^{0}$	381	483	127	22	20	368.5	470	57	13	10	229	140	70	10	127	254	76	335	123	50	82	17.9	28	M36	3	12	8	
806	508	698	1073	$254.0_{-1.0}^{0}$	419	533	127	26	24	393.5	521	54	13	10	260	152	86	10	127	279	76	385	143	65	105	23.9	35	M42	3	16	10	
808	578	794	1200	$285.5_{-1.0}^{0}$	476	629	130	33	30	444.5	584	54	13	19	292	165	89	10	128	318	76	425	155.5	75	105	27.9	35	M48	3	18	11	
810	622	826	1274	$311.0_{-1.0}^{0}$	521	660	146	33	30	476	635	54	13	19	305	178	92	10	128	342	76	460	161	85	90	31.7	40	M56	4	20	12	
812	686	914	1388	$339.5_{-1.0}^{0}$	572	724	159	33	30	521	692	64	16	19	349	210	124	10	128	371	76	495	173	95	90	35.2	40	M64	4	22	14	
814	762	1054	1538	$374.5_{-1.0}^{0}$	635	813	184	39	36	590.5	762	86	16	19	387	235	140	10	229	413	76	535	178.5	110	120	41.9	45	M80	4	25	14	
816	826	1187	1703	$406.2_{-1.0}^{0}$	686	889	216	39	36	660.5	829	114	25	19	406	279	168	10	229	444	114	580	191	120	120	45.9	45	M90	4	28	16	
818	914	1264	1795	$450.8_{-1.0}^{0}$	762	991	203	45	42	698.5	918	98	25	19	457	305	181	10	229	489	114	625	199	130	150	50	40	M100	4	28	16	

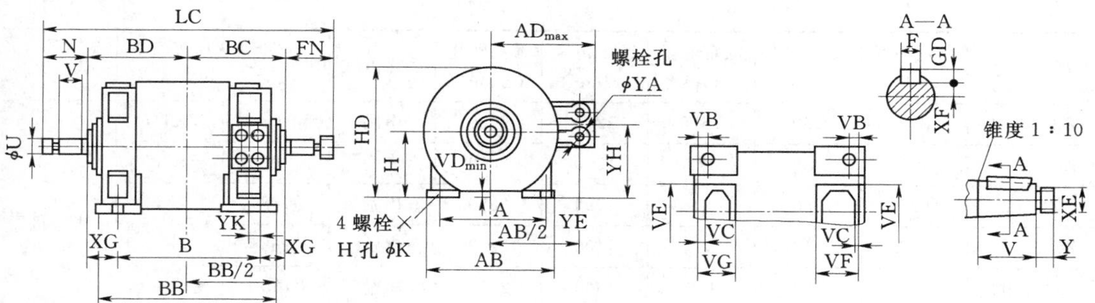

图 2-3 ZZJ—800 系列冶金起重用直流电动机外形及安装尺寸

2.1.7 ZQ 系列直流牵引电动机

一、概述

ZQ 系列直流牵引电动机使用于工矿电机车或无轨电车配套，作为主牵引动力。在海拔不超过 1200m、空气温度不超过 40℃的条件下能正常工作，并能随机车车辆在无爆炸危险介质的矿山井下巷道颠簸振动，在多尘埃及潮湿空气的环境中工作。

ZQ—4、ZQ—4—1、ZQ—4—2、ZQ—4—3、ZQ—4—4、ZQ—7、ZQ—7—1 适用于驱动矿用架线式电机车电动机，励磁方式为串励，工作制为 1h 制，绝缘等级为 B 级，通风方式为全封闭式。ZQ—4、ZQ—4—1、ZQ—4—2、ZQ—4—3、ZQ—4—4 的安装形式为全刚性悬挂结构；ZQ—7、ZQ—7—1 为卧式带底脚结构。

ZQ—100、ZQ—125 专用于无轨电车作牵引电动机，工作制为 1h，绝缘等级为 B 级，通风方式为自扇冷防护式，安装形式为悬挂式，电动机主、副轴伸均以联轴器传动。励磁方式 ZQ—100 为串励；ZQ—125 为复励。

型号含义

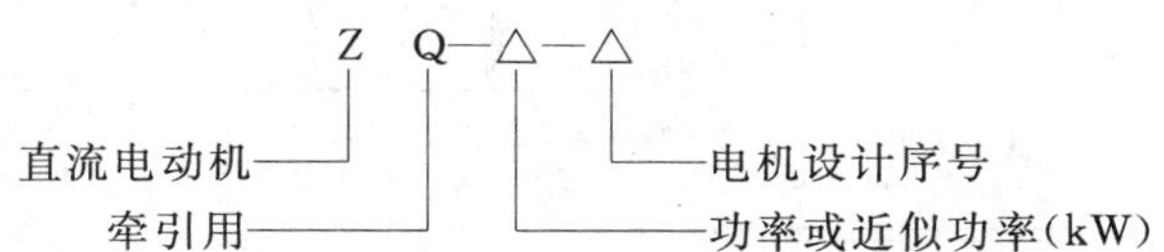

二、技术数据

电动机工作制为 1h 制。

ZQ 系列直流牵引电动机技术数据，见表 2-10。

表 2-10 ZQ 系列直流牵引电动机技术数据

型号	额定功率 (kW)	额定电压 (V)	额定电流 (A)	额定转速 (r/min)	最高转速 (r/min)	励磁方式	重量 (kg)	所配机车型号	生产厂
ZQ—4	4.5	42	135	1100	2200	串励	100	ZK1.5	重庆电机厂
ZQ—4—1	3.5	42	110	960	2250	串励	100	ZK1.5	
ZQ—4—2	3.5	97	45	960	2250	串励	100	ZK1.5	

续表 2-10

型　　号	额定功率 (kW)	额定电压 (V)	额定电流 (A)	额定转速 (r/min)	最高转速 (r/min)	励磁方式	重量 (kg)	所配机车型号	生产厂
ZQ—4—3	3.2	250	16.6	1200	2400	串励	100	ZK1.5	重庆电机厂
ZQ—4—4	3.5	40	112	1500	3000	串励	100	ZK1.5	
ZQ—7	6.5	250	31	1190	2380	串励	165	ZK3	
ZQ—7—1	6.5	110	73	1100	2200	串励	165	ZK3	
ZQ—100	100	600	183	1300	2500	串励	730	无轨电车	
ZQ—125	125	600	228	1550	3000	复励	730	无轨电车	

三、外形及安装尺寸

ZQ 系列直流牵引电动机外形及安装尺寸，见表 2-11 及图 2-4。

表 2-11　ZQ—7、ZQ—7—1 系列直流牵引电动机技术数据　　单位：mm

型　　号	A	B	H	AB	HD
ZQ—7	260±1.05	240±1.05	$178_{-0.8}^{0}$	320	380
ZQ—7—1	330±1.05	164±1.05	$150_{-0.1}^{0}$	380	355

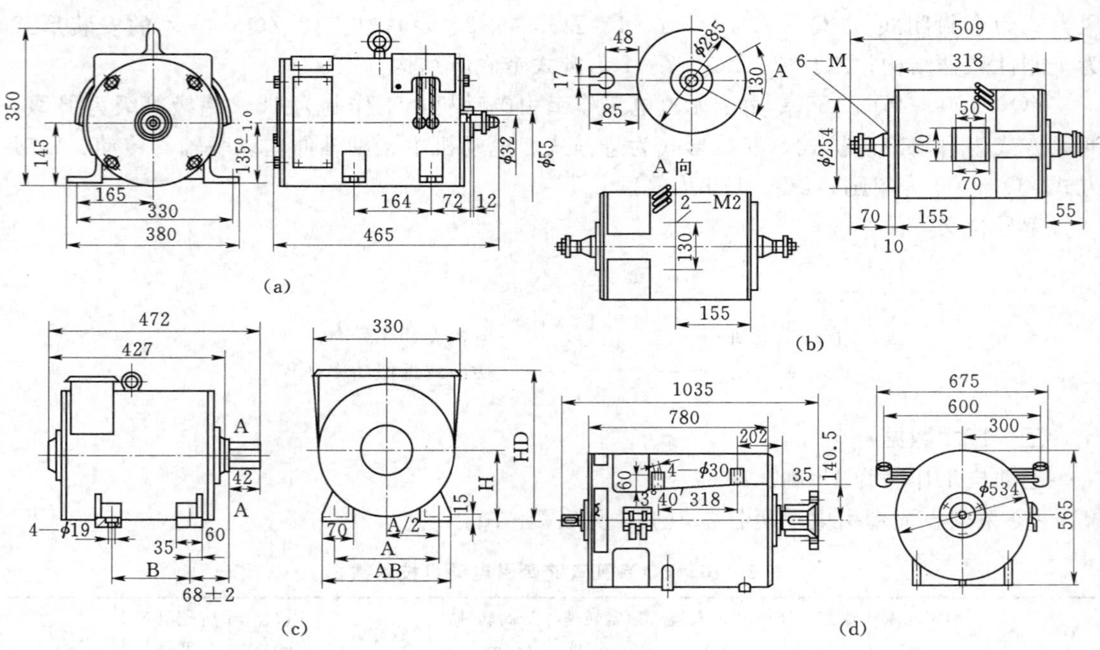

图 2-4　ZQ 系列直流牵引电动机外形及安装尺寸

(a) ZQ—4、ZQ—4—$\genfrac{}{}{0pt}{}{1}{\genfrac{}{}{0pt}{}{2}{3}}$；(b) ZQ—4—4；

(c) ZQ—7、ZQ—7—1；(d) ZQ—100、ZQ—125

2.2 大中型直流电动机

2.2.1 Z系列大型直流电动机

一、概述

Z系列大型直流电动机可供冶金设备如轧机等做动力用，根据不同的使用要求分为可逆转热轧电动机、可逆转冷轧电动机及非逆转电动机等。也适用于广调速机械动力，如高炉矿井卷扬等，能承受经常过载冲击性负荷。可采用直流发电机组供电和励磁，也可设计成可控硅整流装置供电和励磁。

电动机为卧式结构。机座分为铸钢和叠片两种，对于承受频繁冲击负荷轧机用电动机，或采用可控硅供电的电动机其机座制成叠片式。通风方式为封闭强制通风，分为换向器单独通风和不单独通风两种，根据需要也可制成自然冷却开启式。

型号含义

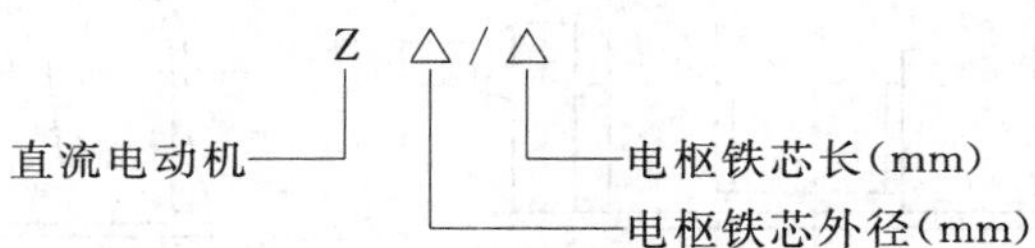

二、技术数据

Z系列大型直流电动机技术数据，见表2-12。

表2-12 Z系列大型直流电动机技术数据

型号	额定功率(kW)	额定电压(V)	额定电流(A)	额定转速(r/min)		过载能力(倍)				励磁电压(V)	励磁电流(A)	飞轮力矩(kg·m²)	通风方式	通风风压(Pa)	通风风量(m³/s)	效益(%)	重量(kg)	生产厂
						工作		切断										
				基速	高速	基速	高速	基速	高速									
Z1200/420	1200	660	1950	400	700	2.5	1.8	2.75	2.0	降63	89	3100	管道通风	600	4.5	94	20000	兰州电机有限责任公司
Z1250/450	2500	1000	2500	750		2.0				220/110	33/66		开启自冷			94.5	19200	
Z1800/250	1800	900	2140	600		2.0		2.5		110	20	11500	自通风			93.2	29000	
Z1800/560	700	660	1150	105	210	2.5	2.0	2.75	2.25	220/110	41/82	20000	管道通风	500	4.0	92	44000	
Z1800/850	360	560	785	25		堵4		堵4.8		110/55	106/212	30000	管道通风	850	6.5	82.3	55000	

三、外形及安装尺寸

Z系列大型直流电动机外形及安装尺寸，见表2-13及图2-5。

表 2-13 Z系列大型直流电动机外形及安装尺寸 单位：mm

型　号	l_1	l_5	l_{13}	l_{14}	l_{15}	l_{17}	l_{18}	A_1	B_1	b_5	C	D	E	H	h_4	h_5
Z1200/420	3170	3280	260	1300	1040	980	570	2320	2340	2560	270	250	300	630	2030	350
Z1250/450	2150	2300	260	1250		860		2500	1850	2800				630	2065	360
Z1800/250	3150	3450	300	1330	870	780	650	3300	2200	3600	300	320	350	630	2580	400
Z1800/560	3840	3320	280	1450	1380		730	3300	2830	3700	330	320	400	630	2580	400
Z1800/850	4215	3470	335	1430	1400		1050	2900	2830	3230	400	450	650	630	2450	400

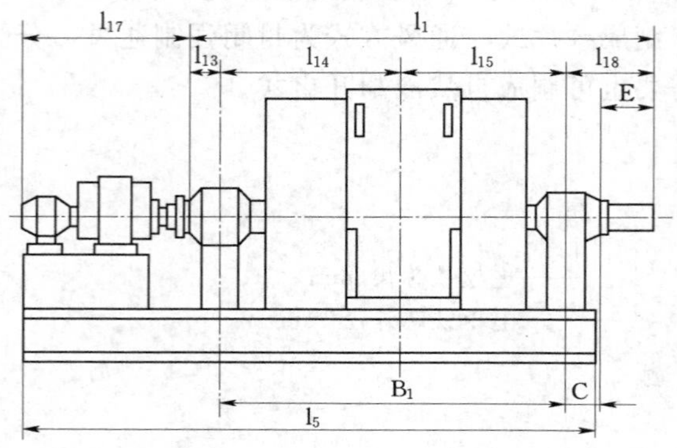

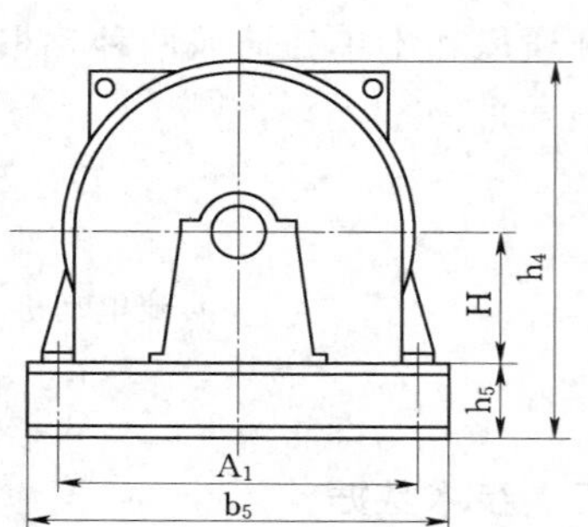

图 2-5 Z系列大型直流电动机外形及安装尺寸

2.2.2 Z系列中型直流电动机

一、概述

Z系列中型直流电动机适用于传动轧延机床或其辅助机械，以及需要广泛调速的大中型金属切削机床、挖掘机、造纸机、煤矿竖井、高炉卷扬等设备。

电动机为卧式结构，圆柱形单轴伸（也可制成双轴伸或圆锥形轴伸）。15号机座以下电动机采用端盖式滚动轴承，机座带底脚；16号机座以上电动机采用座式滑动轴承，由定子、转子轴承、底板、端罩等部件组成，座式轴承采用油环润滑或加油循环的复合润滑。通风方式为强制通风，按结构可分为自带鼓风机和管道通风两种。

型号含义

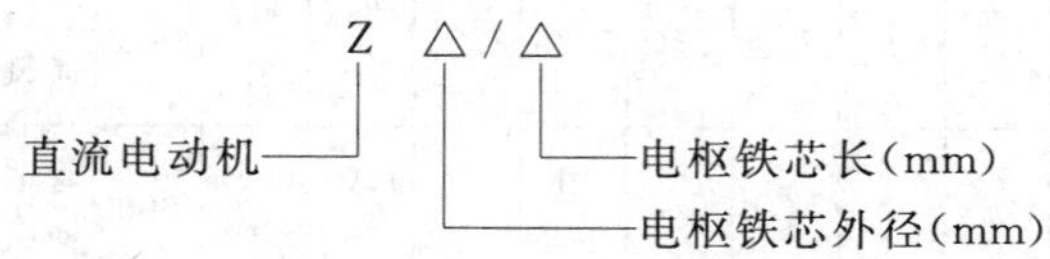

二、技术数据

Z系列中型直流电动机技术数据，见表2-14。

表 2-14 Z 系列中型直流电动机技术数据

型号	额定功率(kW)	额定电压(V)	额定电流(A)	额定转速(r/min)		过载能力（倍）				励磁电压(V)	励磁电流(A)	飞轮力矩(kg·m²)	通风方式	通风风压(Pa)	通风风量(m³/s)	效率(%)	重量(kg)	备注	生产厂
						工作		切断											
				基速	高速	基速	高速	基速	高速										
Z490/390	670	750	940	1100						110	50	110	自带鼓风机	2100	1.3	94	3600	硅供电	
Z493/320	150/300	220/440	730	500	1000	2.5	2.0	2.75	2.75	220/110	8/16	94	管道通风	2000	1.08	88/94	3500		
Z493/400	45/90	165/330	340	115	230					220/110	13/23	104	管道通风	2000	0.80	76/86	3600		
Z560/280	450	440	1100	1100		2.5		2.75		110	20	160	自带风扇	400	1.6	93.8	4600	硅供电	
Z560/440	400/500	440/600	970/890	750	1000	2.5	2.0	2.75	2.25	220/110	9/100	210	管道通风	850	1.6	94.4	5400		
Z560/500	200	400	560	250	1000	2.5	1.6	2.7	2.0	220/110	21/42	210	自带鼓风机	850	1.6	88.5	6200		
Z560/500	250	500	560	320	1000	2.5	2.0	2.75	2.25	220/110	22/44	210	管道通风	1300	1.9	89.7	6100		
Z560/550	400	440	970	500		2.5		2.75		220	24	239	管道通风	530	1.24	93	6600	硅供电	兰州电机有限责任公司
Z560/630	320	630	560	320	800	2.5		2.75	2.25	220/110	27/54	250	管道通风	1600	2.0	91.2	6900		
Z740/220	250	275	1000	500	1200	1.5	2.0	1.75	1.75	220/110	16/32	440	管道通风	1000	2.5	90.7	6600	硅供电	
Z740/220	630	630	1080	1250		2.0	1.5	2.25		220/110	14/28	440	管道通风	1000	2.5	93	6300	硅供电	
Z740/280	800	800	1060	1250		2.0		2.25		220/110	14/28	550	自带鼓风机			93	7600		
Z740/450	800	800	1060	750	900	2.5	2.5	2.75	2.75	220/110	18/36	800	自通风			94.2	8600	硅供电	
Z740/560	600	660	985	480	1000	2.0	1.5	2.25	1.75	220/110	26/52	1100	管道通风	1000	2.5	93.7	9800	硅供电	
Z990/320	630	630	1085	400	1000	2.5	2.0	2.75	2.25	220/110	39/78	1320	带风机，室内进出风			92.3	9700		

续表 2-14

型号	额定功率(kW)	额定电压(V)	额定电流(A)	额定转速(r/min)		过载能力(倍)				励磁电压(V)	励磁电流(A)	飞轮力矩(kg·m²)	通风方式	通风风压(Pa)	通风风量(m³/s)	效率(%)	重量(kg)	备注	生产厂
						工作		切断											
				基速	高速	基速	高速	基速	高速										
Z990/320	800	400	2150	500	1000	2.5	1.5	2.75	1.75	220/110	39/78	1320	管道通风	900	4.0	93.5	9700	硅供电	兰州电机有限责任公司
Z990/400	1300	660	2100	700	1000	2.5		2.75	2.25	220/110	39/78	1780	管道通风	500	4.0	94.4	12500	双轴伸(锥形)硅供电	
Z990/500	1250	660	2020	600		2.5	2.0	2.75		220/110	22/64	2040	管道通风	900	4.5	93.8	12500		
Z990/500	1400	660	2260	600	500	1.8		2.0	2.25	220/110	22/44	2040	管道通风	900	4.5	94.4	12500		
Z990/630	500	500	1140	160	1000	2.0	2.0	2.25	1.75	50	200	2180	两路通风	900	5.0	88.2	17000	硅供电	
Z990/630	1300	660	2100	470		2.5	1.5	2.75		220/110	39/78	2340	管道通风	900	5.0	94.6	16700	硅供电	

三、外形及安装尺寸

Z系列中型直流电动机外形及安装尺寸，见表2-15、表2-16及图2-6。

表2-15　15号机座以下Z系列中型直流电动机外形及安装尺寸　　单位：mm

型号	l	l_1	l_{17}	A	B	b	b_1	b_2	C	D	E	F	G	GD	H	h	h_1	K
Z490/390	750	1500		838	587	920	614	460	214	108锥	120				423	818	43	40
Z493/320	920	1680		900	790	1050		520	275	100	210	28	89.7	16	560	1080	40	36
Z493/400	920	1680		900	790	1050		520	275	100	210	28	89.7	16	560	1080	40	36
Z560/280	900	1762	171	106	710	1200	570	570	310	120	210	32	109	18	630	1215	40	48
Z560/440	1060	1970	250	1100	860	1200		565	315	两端130锥	250	36	50到中心	20	600	1165	35	44
Z560/500	1642	2250	244	950	1250	1170	691	600	280	140	250	36	127.2	20	630	1215	30	36
Z560/550	1385	2100	250	1000	1250	1190	691	595	250	140	250	36	128	20	630	1465	30	42
Z560/630	1772	2070	244	950	1400	1170	691	600	280	160	250	40	146.5	22	630	1215	30	36

表2-16　16号机座以上Z系列中型直流电动机外形及安装尺寸　　单位：mm

型号	l_1	l_5	l_{13}	l_{14}	l_{15}	l_{17}	l_{18}	A_1	B_1	b_5	C	D	E	F	G	GD	H	h_4	h_5
Z740/220	2250	2800	200	900	700	860	450	1400	1600	1650	200	140	250	36	127.2	20	630	1680	250
Z740/450	2500	3000	200	1000	800	860	500	1400	1800	1650	200	160	300	40	146.5	22	630	1680	250
Z740/560	2700	3200	200	1100	900	860	500	1400	2000	1650	200	160	300	40	146.5	22	630	1680	250

续表 2-16

型号	l_1	l_5	l_{13}	l_{14}	l_{15}	l_{17}	l_{18}	A_1	B_1	b_5	C	D	E	F	G	GD	H	h_4	h_5
Z990/320	2790	3240	220	1050	950	860	570	1700	2000	1900	220	200	350	45	184.7	25	630	1740	300
Z990/320（硅）	2790	3240	220	1050	950	860	570	1900	2000	2060	220	200	350	45	184.7	25	630	1870	320
Z990/400	3480	2600	570	1170	1070		570	1900	2240	2060	220	200 锥	350				630	1870	320
Z990/450	2895	3145	220	1175	930	780	570	1720	2105	1880	220	200	350	45	187	25	630	1740	300
Z990/500	2895	3345	220	1177.5	927.5	860	570	1720	2105	1880	220	200	350	45	184.7	25	630	1740	300
Z990/630	3170	3600	230	1250	1110	860	580	1900	2360	2060	230	200	350	45	184.7	25	630	1870	320

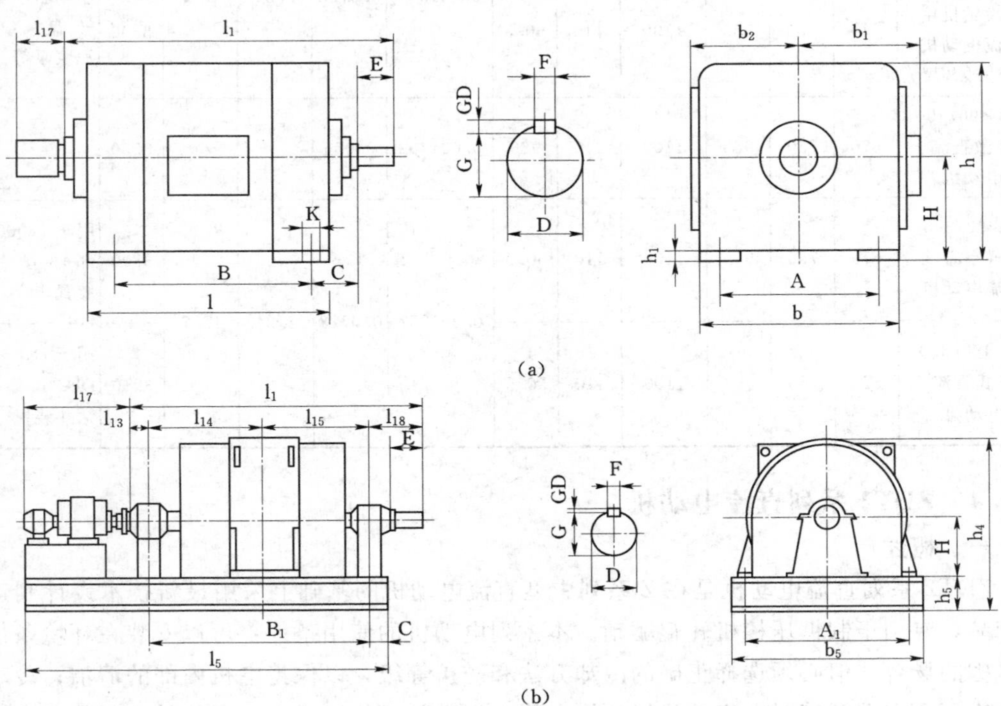

图 2-6 Z 系列中型直流电动机外形及安装尺寸

(a) 15 号机座以下；(b) 16 号机座以上

2.2.3 Z490/390 和 ZLC490/390 型石油钻机直流电动机

一、概述

石油钻机用直流电动机 Z490/390 和 ZLC490/390 型直流电动机，是从美国通用电气公司（GE 公司）引进技术制造的，并在此基础上开发了 ZS490/390、ZL490/390、$ZL_2$490/390 系列石油钻机用直流电动机，主要用于驱动石油钻机转盘、绞车、泥浆泵。顶部驱动钻井装置，也可用于其它合适的场合。本系列电动机采用 H 级绝缘，电动机性能优良，结构紧凑，重量轻，工作可靠，适用于可控硅电源（不必带滤波电抗器），可在陆地、海洋及沙漠环境中使用。

二、技术数据

Z490/390 和 ZLC490/390 型石油钻机用直流电动机技术数据，见表 2－17。

表 2－17　Z490/390 和 ZLC490/390 型石油钻机用直流电动机技术数据

<table>
<tr><th>型号及名称</th><th>额定功率（kW）</th><th>额定电压（V）</th><th>额定电流（A）</th><th>额定转速（r/min）</th><th>额定励磁电压（V）</th><th>额定励磁电流（A）</th><th>电枢回路电感（H）</th><th>电枢回路时间常数（s）</th><th>励磁回路电感（H）</th><th>励磁回路时间常数（s）</th><th>重量（kg）</th><th>电机主要用途</th></tr>
<tr><td>Z490/390 直流电动机</td><td>670</td><td>750</td><td>960</td><td>1100</td><td>110</td><td>50.5</td><td rowspan="2">0.001357</td><td rowspan="2">0.0728</td><td rowspan="2">2.34</td><td rowspan="2">1.37</td><td>3150</td><td rowspan="3">电动机均为卧式、主要用于驱动石油钻机、转盘、绞车、泥浆泵等</td></tr>
<tr><td>ZS490/390 沙漠钻机用直流电动机（带滤沙装置）</td><td>670</td><td>750</td><td>960</td><td>1100</td><td>110</td><td>50.5</td><td>3690</td></tr>
<tr><td>ZLC490/390 串激直流电动机</td><td>670</td><td>750</td><td>960</td><td>1100</td><td>110</td><td>960</td><td>0.001492</td><td>0.055</td><td></td><td></td><td>3530</td></tr>
<tr><td>ZL490/390 立式空心轴直流电动机</td><td>670</td><td>750</td><td>960</td><td>1100</td><td>110</td><td>50.5</td><td rowspan="2">0.001357</td><td rowspan="2">0.0728</td><td rowspan="2">2.34</td><td rowspan="2">1.37</td><td>3800</td><td>用于 DQ600 顶部驱动钻井装置</td></tr>
<tr><td>$ZL_2$490/390 立式直流电动机</td><td>670</td><td>750</td><td>960</td><td>1100</td><td>110</td><td>50.5</td><td>3910</td><td>用于 DQ—60DD2 顶部驱动钻井装置</td></tr>
</table>

2.2.4　ZDT2 系列直流电动机

一、概述

ZDT2 系列直流电动机是在 Z 系列中型直流电动机的基础上采用最新技术设计制造的新产品，专用于制糖压榨机轧辊驱动。本系列电动机的使用条件：可以安装在环境条件比较恶劣的场合，但必须选择正确的冷却方法和防护等级，以保持电机内部的清洁；冷却空气中应不含有酸碱等对电机的绝缘和换向能有损害的气体；适应于湿热带地区使用环境空气温度不超过 40℃；供电电源采用静止整流电源，也可采用直流发电机电源；当电动机采用静止整流电源供电时，整流器的脉波数应不小于：在额定转速、额定电压和额定负载电流下电源的峰值纹波因数不超过 10，允许不外接平波电抗器。

二、技术数据

ZDT2 系列直流电动机的技术数据，见表 2－18。

表 2-18 ZDT2 系列直流电动机技术数据

型　号	功率 (kW)	额定电压 下转速 (r/min)	弱磁转速 (r/min)	额定电流 (A)	效　率 (%)	励磁功率 (kW)	电枢电感 (mH)	转动惯量 (kg·m²)	重量 (kg)
ZDT2—355—5	370	750	1500	914	92	4.8	0.31	16.9	2850
	400	1000	1500	830	92.7	3.1	0.3		
400	1000	1500	976	93.2	3.5	0.22		22.1	2700
440	1000	1500	1078	92.8	3.5	0.19			
	250	500	1500	539	89.3	3.3	0.92	26	3250
250	500	1500	625	91	6.1	0.67			
280	500	1500	706	90.2	5.8	0.6			
400	800	1500	833	92.4	3.3	0.27		26	3250
400	800	1500	980	92.8	4.2	0.27			
440	800	1500	1083	92.3	4.2	0.24			
	500	650	1500	1035	93	5.5	0.27		
500	650	1500	1223	92.9	6.6	0.26			
500	750	1500	1034	93	3.8	0.32		52.4	4600
500	750	1500	1223	92.9	4.2	0.23			
580	650	1500	1428	92.4	8	0.23			
	400	420	1200	853	90.2	5.0	0.73		
400	420	1200	991	91.8	8.4	0.5		59.7	5200
470	420	1200	1177	90.8	8	0.43			
	500	400	1000	1048	91.8	7.2	0.39		
500	400	1000	1227	92.7	9.5	0.29		97	6000
570	400	1000	1408	92.1	8.6	0.25			
	700	450	800	1460	92.2	7.2	0.25		
700	450	800	1712	92.9	9	0.18		120	6800
740	450	800	1815	92.7	8.2	0.17			
ZDT2—560—2	900	600	1200	1868	92.7	8	0.15	126.3	6600
900	600	1200	2200	93	8.3	0.11			
	630	400	1000	1319	91.9	7.6	0.31		
630	400	1000	1554	92.2	9.8	0.23			
700	400	1000	1736	91.7	9.6	0.2		151	7100
900	500	1000	1877	92.2	8.5	0.18			
900	500	1000	2207	92.7	9.6	0.13			
ZDT2—560—4	900	400	800	1890	91.6	8.6	0.22	184	7800
900	400	800	2219	92.2	9	0.16			

三、外形及安装尺寸

ZDT2 系列直流电动机的安装尺寸，见表 2-19 及图 2-7。

表 2-19 ZDT2 系列直流电动机安装尺寸

单位：mm

型号	主要尺寸					底脚尺寸										轴伸尺寸					出线盒及风口尺寸					
	H	L	C	AC	HD	A	B	K	HA	AB	BB	AA	BA	BA′	BC	D	E	F	G	GD	AD	L_1	L_2	S_1	S_2	NT_2
ZDT2—315—2	315	1452	216	720	635	508	850	28	25	620	1065	115	230	280	124	90	170	25	81	14	490	92	585	125	145	165
ZDT2—315—3	315	1532	216	720	635	508	930	28	25	620	1145	115	230	280	124	90	170	25	81	14	490	92	665	125	145	2165
ZDT2—315—4	315	1632	216	720	635	508	1030	28	25	620	1245	115	230	280	124	90	170	25	81	14	490	92	765	125	145	2165
ZDT2—355—4	355	1715	254	800	720	610	1000	28	35	700	1310	120	280	320	124	110	210	28	100	16	630	90	730	150	168	3140
ZDT2—355—5	355	1835	254	800	720	610	1120	28	35	700	1430	120	280	320	124	110	210	28	100	16	630	90	850	150	168	3140
ZDT2—400—2	400	1660	280	906	810	686	900	35	30	790	1280	115	280	380	95	120	210	32	109	18	675	70	650	145	195	3175
ZDT2—400—3	400	1760	280	906	810	686	1000	35	30	790	1380	115	280	380	95	120	210	32	109	18	675	70	750	145	195	3175
ZDT2—450—3	450	1995	315	1000	910	800	1120	35	40	890	1554	120	360	340	93	140	250	36	128	20	725	115	880	175	175	4150
ZDT2—450—4	450	2125	315	1000	910	800	1250	35	40	890	1684	120	360	340	93	140	250	36	128	20	725	115	1010	175	175	4150
ZDT2—500—3	500	2110	280	1070	1010	900	1250	42	45	1090	1595	180	320	360	105	160	300	40	147	22	815	132	951	190	205	5135
ZDT2—500—4	500	2260	280	1070	1010	900	1400	42	45	1090	1745	180	320	360	105	160	300	40	147	22	815	132	1101	190	205	5135
ZDT2—560—2	560	2040	315	1180	1120	1000	1120	48	50	1200	1505	200	320	360	130	180	300	45	165	25	870	105	855	165	180	4180
ZDT2—560—3	560	2170	315	1180	1120	1000	1250	48	50	1200	1635	200	320	360	130	180	300	45	165	25	870	105	985	165	180	4180
ZDT2—560—4	560	2320	315	1180	1120	1000	1400	48	50	1200	1785	200	320	360	130	180	300	45	165	25	870	105	1135	165	180	4180

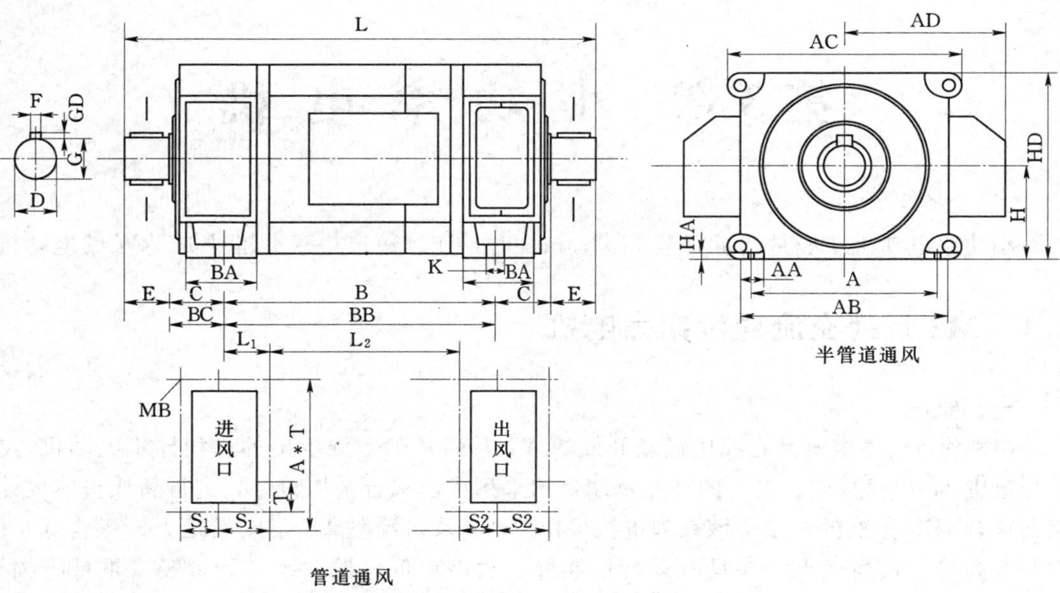

图 2-7　ZDT2 系列直流电动机安装尺寸

第3章 小功率电机

小功率电动机一般是指折算至1500r/min时，连续额定功率不超过1.1kW的电动机。

3.1 MS系列交流异步铝壳电机

一、概述

MS系列铝壳电机是在我国最新开发的Y2系列基础上派生出的三相异步电动机，机座号范围H56—H132。电机的外壳及端盖均采用优质铝合金压铸件，进行新式整体设计，完全符合IEC标准的规定。该系列电机保留了Y2系列效率高、启动转矩大、噪音低，防护等级高等一系列优点。并具有运行性能好、噪声更低、振动小、重量轻（重量降幅达40%～50%）、造型美观、结构合理、维修方便等特点。所有产品严格执行GB 14711—1993国际通用标准，由于铝合金导热性能的增强，电机的温升大大降低，延长了电机的使用寿命。

该系列电机为一般用途的电动机，适用于减/变速机、水泵、风扇、记录仪表、空气压缩机、车床、钻床、制冷、医疗器械等各种小型机械设备领域的配套。

低噪音、低振动，通过优化设计及工艺的改进，MS系列电机在噪音、振动有了大幅度降低并达到国际先进水平。

MS系列交流异步铝壳电机的标准设计防护等级为IP55，可按客户要求提供更高要求的防护等级。提高绝缘等级，增加电机使用寿命，标准电机采用了F级绝缘结构，从而提高了电机使用寿命，增加了电机可靠性。

二、特点

机座号：56-132。

安装形式：B3、B5、B35、B14、B34。

防护等级：IP54、IP55。

极数：2极、4极、6极。

绝缘等级：B级、F级。

电压等级：如346、380、440、460V，也可按用户要求设计。

频率：50Hz、60Hz。

接法：3kW及以下为Y接法，4kW及以上为△接法。

工作方式：连续S1。

冷却方式：IC411（外循环壳表面冷却）。

接线盒：顶置。

注：机座底脚和凸缘可供选择。

三、使用条件

海拔：不超过 1000m。

环境空气温度：—15℃≤0≤40℃。

工作制和定额：以连续工作制（S1）为基准的连续定额。

冷却方式：ICO141。

额定电压：380V±5%。

四、技术数据

MS 系列交流异步铝壳电机技术数据，见表 3-1。

表 3-1 MS 系列交流异步铝壳电机技术数据

MS 系列铝壳三相异步电动机									
400V，50Hz，绝缘等级：F，防护等级：IP55									
型　号	机座号	功率（kW）	电流（A）	转速（r/min）	效率（%）	功率因数	堵转转矩/额定转矩	堵转电流/额定电流	最大转矩/额定转矩
MS561—2	56	0.09	0.37	2700	63	0.76	2.3	6	2.4
MS562—2	56	0.12	0.45	2700	65	0.78	2.3	6	2.4
MS631—2	63	0.18	0.53	2720	63	0.80	2.3	6	2.4
MS632—2	63	0.25	0.66	2720	65	0.81	2.3	6	2.4
MS711—2	71	0.37	0.94	2740	66	0.81	2.3	6	2.4
MS712—2	71	0.55	1.34	2740	71	0.82	2.3	6	2.4
MS713—2	71	0.75	1.82	2730	72	0.83	2.2	6	2.4
MS801—2	80	0.75	1.75	2840	73	0.83	2.3	6	2.4
MS802—2	80	1.1	2.39	2840	76.2	0.84	2.3	6.5	2.4
MS803—2	80	1.5	3.16	2840	77	0.83	2.2	6	2.4
MS90S—2	90S	1.5	3.18	2840	78.5	0.84	2.3	6.5	2.4
MS90L—2	90L	2.2	4.60	2840	81	0.85	2.3	6.5	2.4
MS90L2—2	90L	3	6.15	2840	81.6	0.86	2.2	6	2.4
MS100L—2	100L	3	6.00	2870	82.6	0.87	2.3	7	2.4
MS100L2—2	100L	4	7.80	2870	83.2	0.87	2.2	7	2.3
MS112M—2	112M	4	7.80	2880	84.2	0.88	2.3	7	2.4
MS112L—2	112L	5.5	10.6	2880	85	0.88	2.2	7	2.3
MS132S1—2	132S	5.5	10.5	2900	85.7	0.88	2.3	7	2.4
MS132S2—2	132S	7.5	14.1	2900	87	0.88	2.3	7	2.4
MS132M—2	132M	9.2	16.6	2900	87.5	0.90	2	7	2.2
MS132L—2	132L	11	20	2930	88.4	0.90	2	7	2.2
MS160M1—2	160M	11	20	2940	88.4	0.90	2	7	2.2
MS160M2—2	160M	15	26.6	2940	89.4	0.91	2	7	2.2
MS160L—2	160L	18.5	32.6	2940	90	0.91	2	7	2.2

续表 3-1

型　号	机座号	功率(kW)	电流(A)	转速(r/min)	效率(%)	功率因数	堵转转矩/额定转矩	堵转电流/额定电流	最大转矩/额定转矩
MS561—4	56	0.06	0.3	1310	56	0.68	2.2	5.5	2.3
MS562—4	56	0.09	0.42	1310	58	0.70	2.2	5.5	2.3
MS631—4	63	0.12	0.44	1310	55	0.72	2.2	5.5	2.3
MS632—4	63	0.18	0.62	1310	60	0.73	2.2	5.6	2.3
MS711—4	71	0.25	0.79	1330	60	0.74	2.2	5.5	2.3
MS712—4	71	0.37	1.12	1330	65	0.75	2.2	5.5	2.3
MS713—4	71	0.55	1.61	1380	66	0.75	2.2	6	2.4
MS801—4	80	0.55	1.43	1390	67	0.75	2.3	6	2.4
MS802—4	80	0.75	1.91	1390	72	0.76	2.3	6	2.4
MS803—4	80	1.1	2.70	1390	76.2	0.79	2.2	6	2.4
MS90S—4	90S	1.1	2.70	1400	78.5	0.77	2.3	6	2.4
MS90L—4	90L	1.5	3.50	1400	78.5	0.79	2.3	6	2.4
MS90L2—4	90L	2.2	4.80	1400	81	0.80	2.2	7	2.4
MS100L1—4	100L	2.2	4.80	1430	81	0.81	2.3	7	2.4
MS100L2—4	100L	3.0	6.40	1430	82.6	0.82	2.3	7	2.4
MS100L3—4	100L	4.0	8.40	1430	84.2	0.82	2.2	7	2.3
MS112M—4	112M	4.0	8.40	1435	84.2	0.82	2.3	7	2.4
MS112L—4	112L	5.5	11.16	1440	85.7	0.83	2.2	7	2.2
MS132S—4	132S	5.5	11.2	1440	85.7	0.83	2.3	7	2.4
MS132M—4	132M	7.5	14.8	1440	87	0.84	2.3	7	2.4
MS132MX—4	132M	9.2	17.6	1440	87	0.84	2.3	7	2.4
MS132L1—4	132L	9.2	17.84	1460	87.5	0.85	2.2	7	2.2
MS132L2—4	132L	10	19.3	1460	88	0.85	2.2	7	2.2
MS132L3—4	132L	11	20.9	1460	88.4	0.86	2.2	7	2.2
MS160M—4	160M	11	20.65	1460	88.4	0.87	2.2	7	2.2
MS160L—4	160L	15	27.84	1460	88.4	0.87	2.2	7	2.2
MS711—6	71	0.18	0.74	850	56	0.66	1.6	4	1.7
MS712—6	71	0.25	0.95	850	61	0.68	2.1	4	2.2
MS713—6	71	0.37	1.27	890	61	0.69	2	4	2.1
MS801—6	80	0.37	1.30	890	62	0.70	2	5.5	2.2
MS802—6	80	0.55	1.79	890	67	0.72	2	5.5	2.2
MS803—6	80	0.75	2.22	900	68	0.72	2	4	2.3
MS90S—6	90S	0.75	2.10	910	69	0.72	2.1	5.5	2.2
MS90L—6	90L	1.1	2.90	910	72	0.73	2.1	5.5	2.2
MS100L—6	100L	1.5	3.70	940	74	0.76	2.1	5.5	2.2

续表 3-1

型　号	机座号	功率 (kW)	电流 (A)	转速 (r/min)	效率 (%)	功率因数	堵转转矩/额定转矩	堵转电流/额定电流	最大转矩/额定转矩
MS112M—6	112M	2.2	5.20	940	78	0.76	2.2	6.5	2.3
MS132S—6	132S	3.0	7.00	960	79	0.76	2.2	6.5	2.3
MS132M1—6	132M	4.0	9.10	960	80.5	0.76	2.2	6.5	2.3
MS132M2—6	132M	5.5	12.1	960	83	0.77	2.2	6.5	2.3
MS132M3—6	132M	7.5	16.54	960	85	0.77	2	6.5	2
MS160M—6	160M	7.5	15.74	960	86	0.80	2	6.5	2.2
MS160L—6	160L	11	22.97	960	87.5	0.79	2	6.5	2.2
MS90S—8	90S	0.37	1.49	660	62	0.61	1.8	4	2
MS90L—8	90L	0.55	2.18	660	63	0.61	1.8	4	2
MS100L1—8	100L	0.75	2.17	690	71	0.67	1.8	4	2
MS100L2—8	100L	1.1	2.39	690	73	0.69	1.8	5	2
MS112M—8	112M	1.5	4.50	690	75	0.69	1.8	5	2
MS132S—8	132S	2.2	5.75	710	77.8	0.71	1.8	6.9	2
MS132M—8	132M	3.0	7.5	710	80	0.73	1.8	6.9	2
MS132M1—8	132M	4.0	9.5	710	82	0.74	1.8	7	2
MS132M2—8	132M	5.5	12.5	710	84	0.74	1.8	7	2

五、生产厂

台州恒富电动机厂。

3.2 Y系列三相异步小功率电动机

一、概述

Y系列三相异步小功率电动机额定电压为380V，频率50Hz或60Hz，外壳防护等级为IP44，工作方式：S1，冷却方式IC411，能效等级：3极，采用B级绝缘，有B3（普通卧式安装）、B5（立式安装）、B35（立卧式安装）三种机座，配合公差IT5，符合Y系列（IP44）三相异步电动机技术条件JB/T 9616—1999。安装尺寸和功率等级完全符合IEC标准。

二、使用环境

环境温度：—15～+40℃。

使用冷却介质温度不超过+40℃。

海拔：不超过1000m。

频率：50Hz、60Hz。

三、技术数据

Y系列三相异步小功率电动机技术数据，见表3-2。

表3-2 Y系列三相异步小功率电动机技术数据

型号	额定功率(kW)	额定电流(A)	转速(r/min)	效率(%)	功率因数	堵转转矩/额定转矩	堵转电流/额定电流	最大转矩/额定转矩	噪声		振动速度(mm/s)	重量(kg)
						倍	倍	倍	1级	2级		
									dB(A)			
同步转速 1000r/min 6级												
Y112M—6	2.2	5.6	940	80.5	0.7	2	6	2.2	62	67	1.8	35
Y100L—6	1.5	4	940	77.5	0.7	2	6	2.2	62	67	1.8	35
Y90L—6	1.1	3.2	910	73.5	0.7	2	5.5	2.2	56	65	1.8	24
Y90S—6	0.75	2.3	910	72.5	0.7	2	5.5	2.2	56	65	1.8	21
同步转速 3000r/min 2级												
Y90L—2	2.2	4.8	2840	80.5	0.86	2.2	7	2.3	70	75	1.8	25
Y80M2—2	1.1	2.5	2830	77	0.86	2.2	7	2.3	66	71	1.8	18
Y80M1—2	0.75	1.8	2830	75	0.84	2.2	6.5	2.3	66	71	1.8	17
Y80M1—4	0.55	1.5	1390	73	0.76	2.4	6	2.3	56	67	1.8	17
Y80M2—4	0.75	2	1390	74.5	0.76	2.3	6	2.3	56	67	1.8	17
Y90S—4	1.1	2.7	1400	78	0.78	2.3	6.5	2.3	61	67	1.8	25
Y90S—2	1.5	3.4	2840	78.0	0.85	2.2	7.0	2.3	70	75	1	
同步转速 1500r/min 4级（实际转速略低于此，1400r/min左右）												
Y90L—4	1.5	3.7	1400	79	0.79	2.3	6.5	2.3	62	67	1.8	26
Y80M1—4	0.55	1.5	1390	73.0	0.76	2.4	6.0	2.3	56	67	1.8	

四、生产厂

台州恒富电动机厂。

3.3 Y2系列三相异步小功率电动机

一、概述

Y2系列三相异步电动机的功率等级及安装尺寸与Y系列电动机相同，完全符合IEC标准。取代Y系列（IP44）电动机的更新换代产品，Y2的2表示第二次设计，产品达到20世纪90年代国际先进水平。

Y2系列三相异步电动机是一般用途的电动机，适用于驱动无特殊要求的各种机械设备，额定电压为380V，额定频率为50Hz，防护等级为IP54，冷却方式为ICO141，3kW以下为Y（星形）接法，4kW以上为△（三角形）接法，工作方式为S1连续工作制。

Y2系列三相异步电动机外观美观，结构新颖，相比Y系列电机防护等级有所提高为IP54（Y系列为IP44），效率也比Y系列偏高。

二、技术数据

Y2系列三相异步电动机技术数据，见表3-3。

表3-3 Y2系列三相异步电动机技术数据

型号	额定功率(kW)	满载时				堵转电流/额定电流	堵转转矩/额定转矩	最大转矩/额定转矩
		转速(r/min)	电流(A)	效率(%)	功率因数			
同步转速1500r/min								
Y2—801—4	0.55	1390	1.6	71	0.75	5.2	2.4	2.3
同步转速3000r/min								
Y2—801—2	0.75	2845	1.83	75	0.83	6.1	2.2	2.3
同步转速1500r/min								
Y2—802—4	0.75	1390	2.03	73	0.76	6	2.3	2.3
同步转速3000r/min								
Y2—802—2	1.1	2845	2.58	77	0.84	7	2.2	2.3
同步转速1000r/min								
Y2—90L—6	1.1	910	3.18	72	0.73	5.5	2	2.1
同步转速1500r/min								
Y2—90L—4	1.5	1390	3.7	78	0.79	6	2.3	2.3
同步转速1000r/min								
Y2—90S—6	0.75	910	2.29	69	0.72	5.5	2	2.1
同步转速1500r/min								
Y2—90S—4	1.1	1390	2.89	75	0.77	6	2.3	2.3
Y2—100L1—4	2.2	1410	5.16	80	0.81	7	2.3	2.3

三、生产厂

台州恒富电动机厂。

3.4 YBDC系列隔爆型单相异步电动机

一、概述

YBDC系列隔爆型单相（电容启动）异步电动机具有效率高、噪音低、振动小、温升幅度大、性能优良、结构简单新颖、隔爆结构先进可靠、耐湿热、防霉菌、防微化学腐蚀等特点，可与轴流风机及机械设备配套。

型号含义

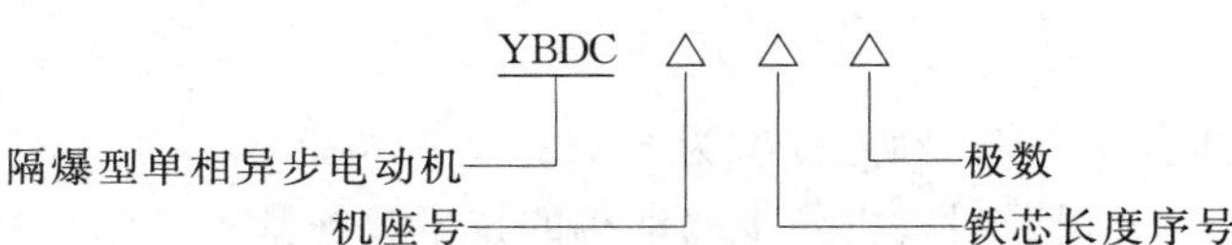

二、技术数据

YBDC 系列隔爆型单相异步电动机额定电压为 220V，额定频率为 50Hz，技术数据见表 3-4。

表 3-4 YBDC 系列隔爆型单相异步电动机技术数据

型号	额定功率(W)	额定电流(A)	额定转速(r/min)	效率(%)	功率因数	堵转电流(A)	堵转转矩/额定转矩	最大转矩/额定转矩	生产厂
YBDC8012	370	3.36	2800	65	0.77	21	2.8	1.8	武汉微型电机厂
YBDC8022	550	4.65	2800	68	0.79	29	2.8	1.8	
YBDC90S2	750	5.94	2800	70	0.80	37	2.5	1.8	
YBDC90L2	1100	9.65	2800	72	0.80	60	2.5	1.8	
YBDC8014	250	3.11	1400	58	0.63	15	2.8	1.8	
YBDC8024	370	4.24	1400	62	0.64	21	2.5	1.8	
YBDC90S4	550	5.57	1400	66	0.69	29	2.5	1.8	
YBDC90L4	750	6.77	1400	68	0.73	37	2.5	1.8	
YBDC90S6	250	4.21	910	54	0.50	20	2.5	1.8	
YBDC90L6	370	5.27	910	58	0.55	25	2.5	1.8	

3.5 YBSO、YBFa 系列隔爆型三相异步电动机

一、概述

YBSO、YBFa 系列隔爆型三相异步电动机具有效率高、噪音低、振动小、温升幅度大、性能优良、结构简单新颖、隔爆结构先进可靠、耐湿热、防霉菌、防微化学腐蚀等特点。

YBSO 系列电动机为小功率隔爆型三相异步电动机，可与 BT30、BT40、B30K4 等轴流风机及机械设备配套；YBFa 系列电动机为隔爆型三相轴流风机电动机，是 BT35—11 防爆轴流式通风机专用配套产品。

型号含义

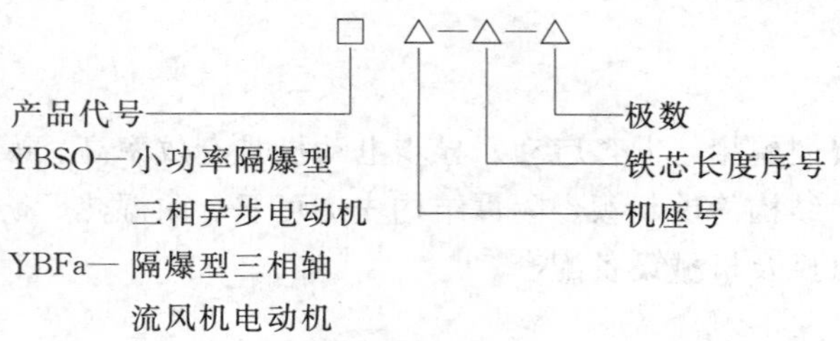

二、技术数据

电动机额定电压为 380V，额定频率为 50Hz。

技术数据与 YSF 三相系列风机异步电动机的技术数据基本相同，见表 3-5。

表3-5 YSF三相异步电动机技术数据

型号	额定功率(W)	额定电流(A)	额定转速(r/min)	效率(%)	功率因数	堵转电流/额定电流	堵转转矩/额定转矩	最大转矩/额定转矩	生产厂
YSF56—1—2	90	0.32	2800	62	0.68	6.0	2.3	2.4	武汉微型电机厂
YSF56—2—2	120	0.38	2800	67	0.71	6.0	2.3	2.4	
YSF63—1—2	180	0.53	2800	69	0.75	6.0	2.3	2.4	
YSF63—2—2	250	0.67	2800	72	0.78	6.0	2.3	2.4	
YSF71—1—2	370	0.95	2800	73.5	0.80	6.0	2.3	2.4	
YSF71—2—2	550	1.35	2800	75.5	0.82	6.0	2.3	2.4	
YSF80—1—2	750	1.75	2800	76.5	0.85	6.0	2.3	2.4	
YSF80—2—2	1100	2.25	2800	77	0.86	6.0	2.3	2.4	
YSF90—S—2	1500	3.43	2800	78	0.85	6.0	2.3	2.4	
YSF90—1—2	2200	4.81	2800	80.5	0.86	6.0	2.3	2.4	
YSF56—1—4	60	0.28	1400	56	0.58	6.0	2.4	2.4	
YSF56—2—4	90	0.39	1400	58	0.61	6.0	2.4	2.4	
YSF63—1—4	120	0.48	1400	60	0.63	6.0	2.4	2.4	
YSF63—2—4	180	0.65	1400	64	0.66	6.0	2.4	2.4	
YSF71—1—4	250	0.83	1400	67	0.68	6.0	2.4	2.4	
YSF71—2—4	370	1.12	1400	69.5	0.72	6.0	2.4	2.4	
YSF80—1—4	550	1.55	1400	73.5	0.73	6.0	2.4	2.4	
YSF80—2—4	750	2.01	1400	75.5	0.75	6.0	2.4	2.4	
YSF90—S—4	1100	2.74	1400	78	0.78	6.0	2.4	2.4	
YSF90—L—4	1500	3.64	1400	79	0.79	6.0	2.4	2.4	
YSF80—1—6	370	1.13	960	69	0.72	6.0	2.2	2.4	
YSF80—2—6	550	1.73	960	69	0.73	6.0	2.2	2.4	
YSF90—S—6	750	2.26	960	72.5	0.70	6.0	2.2	2.4	
YSF90—L—6	1100	3.15	960	73.5	0.72	6.0	2.2	2.4	
YT90S—2	1500	3.4	2840	78	0.85	7.0	2.2	2.2	武汉微型电机厂(YT系列)
YT90L—2	2200	4.7	2840	82	0.86	7.0	2.2	2.2	
YT100L—2	3000	6.4	2880	82	0.87	7.0	2.2	2.2	
YT112M—2	4000	8.2	2890	85.5	0.87	7.0	2.2	2.2	
YT132S1—2	5500	11.1	2900	85.5	0.88	7.0	2.0	2.2	
YT132S2—2	7500	15.0	2900	86.2	0.88	7.0	2.0	2.2	
YT90S—4	1100	2.7	1400	78	0.78	6.5	2.2	2.2	
YT90L—4	1500	3.7	1400	79	0.79	6.5	2.2	2.2	
Y100L1—4	2200	5.0	1420	81	0.82	7.0	2.2	2.2	
Y100L2—4	3000	6.8	1420	82.5	0.81	7.0	2.2	2.2	
YT112M—4	4000	8.8	1440	84.5	0.82	7.0	2.2	2.2	

续表 3-5

型　　号	额定功率 (W)	额定电流 (A)	额定转速 (r/min)	效　率 (%)	功率因数	堵转电流/额定电流	堵转转矩/额定转矩	最大转矩/额定转矩	生产厂
YT132S—4	5500	11.6	1440	85.5	0.84	7.0	2.2	2.2	武汉微型电机厂（YT系列）
YT132M—4	7500	15.4	1440	87	0.85	7.0	2.2	2.2	
YT90S—6	750	2.3	910	72.5	0.70	6.0	2.0	2.0	
YT90L—6	1100	3.2	910	73.5	0.72	6.0	2.0	2.0	
YT100L—6	1500	4.0	940	77.5	0.74	6.0	2.0	2.0	
YT112M—6	2200	5.6	940	80.5	0.74	6.0	2.0	2.0	
YT132S—6	3000	7.2	960	83	0.76	6.5	2.0	2.0	
YT132M1—6	4000	9.4	960	84	0.77	6.5	2.0	2.0	
YT132M2—6	5500	12.6	960	85.3	0.78	6.5	2.0	2.0	

3.6 YC系列单相电容启动异步电动机

一、概述

YC系列（原CO2系列）单相电容启动异步电动机具有启动转矩大、启动电流小、运行可靠、维护方便等特点，广泛适用于空气压缩机、泵、冰箱、洗衣机、医疗器械等驱动设备。

电动机为全封闭式结构，E级绝缘，外壳防护等级为IP44，冷却方式为ICO141，接线盒装在电动机顶部，启动电容装在电动机左上方（从轴伸端看）。

型号含义

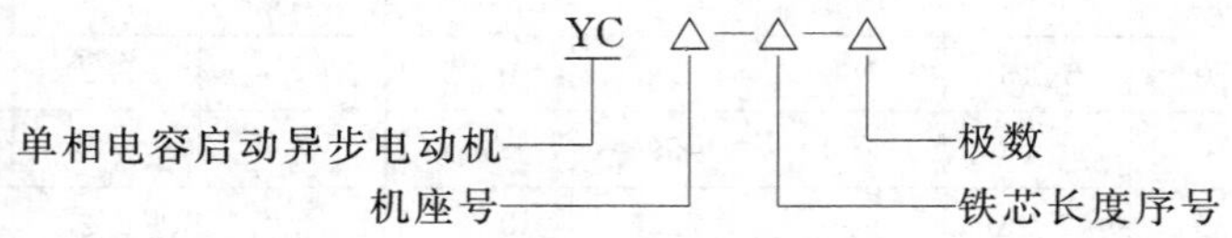

注　连字符“—”可省略。

二、技术数据

YC系列单相电容启动异步电动机额定电压为220V，额定频率为50Hz，技术数据见表3-6。

表3-6　YC系列单相电容启动异步电动机技术数据

型　　号	额定功率 (W)	额定电流 (A)	额定转速 (r/min)	效率 (%)	功率因数	堵转电流 (A)	堵转转矩/额定转矩	最大转矩/额定转矩	重量 (kg)	安装形式	生产厂
YC7112	180	1.90	2800	60	0.72	12	3.0	1.8	10.5	B3、B5、B14、B34	东风电机厂
YC7122	250	2.40	2800	64	0.74	15	3.0	1.8	11.5		
YC8012	370	3.36	2800	65	0.77	21	2.8	1.8	14.5		
YC8022	550	4.65	2800	68	0.79	29	2.8	1.8	17.0		

续表 3-6

型号	额定功率 (W)	额定电流 (A)	额定转速 (r/min)	效率 (%)	功率因数	堵转电流 (A)	堵转转矩/额定转矩	最大转矩/额定转矩	重量 (kg)	安装形式	生产厂
YC90S2	750	5.94	2800	70	0.82	37	2.5	1.8	20.5	B3、B5、B14、B34、B35	东风电机厂
YC90L2	1100	8.47	2800	72	0.82	60	2.5	1.8	23.5		
YC7114	120	1.88	1400	50	0.58	9	3.0	1.8	10.5		
YC7124	180	2.49	1400	53	0.62	12	3.0	1.8	11.0	B3、B5、B14、B34	
YC8014	250	3.11	1400	58	0.63	15	2.8	1.8	14.5		
YC8024	370	4.24	1400	62	0.64	21	2.5	1.8	16.0		
YC90S4	550	5.57	1400	66	0.69	29	2.5	1.8	19.5	B3、B5、B14、B34、B35	
YC90L4	750	6.77	1400	68	0.73	37	2.5	1.8	22.5		
YC71—1—2	180	1.89	2800	60	0.72	12	3.0	1.8			武汉微型电机厂
YC71—2—2	250	2.40	2800	64	0.74	15	3.0	1.8			
YC80—1—2	370	3.36	2800	65	0.77	21	2.8	1.8			
YC80—2—2	550	4.65	2800	68	0.79	29	2.8	1.8			
YC90—S—2	750	5.94	2800	70	0.80	37	2.5	1.8			
YC90—L—2	1100	8.68	2800	72	0.80	60	2.5	1.8			
YC71—1—4	120	1.88	1400	50	0.58	9	3.0	1.8			
YC71—2—4	180	2.49	1400	53	0.62	12	2.8	1.8			
YC80—1—4	250	3.11	1400	58	0.63	15	2.8	1.8			
YC80—2—4	370	4.24	1400	62	0.64	21	2.5	1.8			
YC90—S—4	550	5.57	1400	65	0.69	29	2.5	1.8			
YC90—L—4	750	6.77	1400	69	0.73	37	2.5	1.8			
YC90—S—6	250	4.21	960	54	0.50	20	2.5	1.8			
YC90—L—6	370	5.27	960	58	0.55	25	2.5	1.8			

三、外形及安装尺寸

YC 系列单相电容启动异步电动机的外形及安装尺寸与 YS 系列小功率三相异步电动机基本相同。

3.7 YCT 系列电磁调速电机

一、概述

YCT112 系列电磁调速电机可采用无极调速，应用十分广泛，是采用改变励磁电流大小的方法来调节输出转速的一种调速电机，由全国统一设计的最新产品，具有速度负反馈自动调节系统，速度变化率低于 3%；无失控区，最大可达 10∶1；控制功率小，便于自控、群控、遥控；启动性能好，启动转矩大，启动平滑，使用维护方便等特点，功率等级和安装尺寸符合 JB/T 7123—93 及 IEC 标准，被国家计经委、财政部、机电部、中国工商银行联合列为第六届、第七届、第十届节能产品。

二、使用环境

YCT系列电磁调速电机可根据用户的不同需求生产220V、380V、400V、415V、440V和60Hz的异电压异频率产品。

绝缘等级：B级

工作制：S1工作制

额定频率：50Hz

防护等级：IP21

YCT系列电磁调速电机只适用于恒转矩负载递减转矩负载上，不适用于恒功率特性的负载上。

三、技术数据

YCT系列电磁调速电机技术数据，见表3-7。

表3-7 YCT系列电磁调速电机技术数据

机座号	标称功率（kW）	额定转矩（N·m）	调速范围（r/min）
YCT112—4A	0.55	3.6	1230～125
YCT112—4B	0.75	4.9	1230～125
YCT132—4A	1.1	7.1	1230～125
YCT132—4B	1.5	9.7	1230～125
YCT160—4A	2.2	14.1	1250～125
YCT200—4A	5.5	36.1	1250～125

四、生产厂

台州恒富电动机厂、武汉市江汉区双成机电有限公司。

3.8 YD系列变极电机

一、概述

YD100L三速、YD112M三速、YD160M双速电机属于异步电动机变极调速，是通过改变定子绕组的连接方法达到改变定子旋转磁场磁极对数，从而改变电动机的转速。它的绝缘等级、防护等级、冷却方法、型号规格，结构与安装形式、使用条件、额定电压、额定频率等与Y系列（IP44）电动机相同。

二、注意事项

（1）发生人身触电事故。

（2）电动机或启动装置上冒烟起火。

（3）轴承剧烈发热。

（4）电动机剧烈振动。

（5）电动机发生窜轴、扫膛、转速突然下降、温度迅速上升。

三、技术数据

YD100L 三速、YD112M 三速、YD160M 双速变极电机技术数据，见表 3-8。

表 3-8 YD100L 三速、YD112M 三速、YD160M 双速变极电机技术数据

型号	功率 (kW)	电流 (A)	转速 (r/min)	效率 (%)	功率因数	堵转转矩/额定转矩	堵转电流/额定电流	最大转矩/额定转矩
YD100L—6	0.75	2.6	950	67	0.65	1.3	5.5	1.8
YD100L—4	1.3	3.7	1440	72	0.75	1.3	6	1.8
YD100L—2	1.8	4.5	2900	71	0.85	1.3	7	1.8
YD112M—8	0.65	2.7	700	59	0.63	1.3	4.5	1.8
YD112M—6	1.1	3.5	960	73	0.65	1.3	5.5	1.8
YD112M—4	2	5.1	1450	73	0.81	1.3	6	1.8
YD112M—2	2.4	5.8	2920	74	0.85	1.3	7	1.8
YD160M—12	2.6	11.6	480	75	0.46	1.2	4	1.8
YD160M—6	5	11.9	970	84	0.78	1.3	6	1.8

四、生产厂

台州恒富电动机厂、米迪电机（上海）有限公司。

3.9 YEJ 新系列小功率刹车电动机

一、概述

YEJ 系列小功率刹车电动机是全封闭自扇冷式鼠笼型，具有附加圆盘型直流制动器的三相异步电动机。具有制动迅速、结构简单、可靠性高、通用性强等优点。此外，制动器具有人工释放机构，被广泛应用于各种要求快速停止和准确定位的机械设备和传动装置中。

二、使用环境

YEJ 系列刹车电动机使用条件：

频率：50Hz，60Hz。

电压：220/380V，380/660V。

海拔：不超过 1000m。

工作制：S1。

环境空气温度随季节而变化，但不超过＋40℃。

接法：功率在 3kW 及以下为 Y 接法，4kW 及以上为△接法。

绝缘等级：B 级，F 级。

防护等级：IP44，IP54 或 IP55。

此外，制动器具有人工释放机构，被广泛应用于各种要求快速停止和准确定位的机械设备和传动装置中。

三、技术数据

YEJ 系列刹车电动机技术数据，见表 3-9。

表 3-9 YEJ 系列刹车电动机技术数据

型 号	功率 (kW)	满载时				堵转转矩/额定转矩	堵转电流/额定电流	最大转矩/额定转矩
		电流 (A)	转速 (r/min)	效率 (%)	功率因数			
同步转速 1500r/min								
YEJ801—4	0.55	1.5	1390	73	0.76	2.4	6	2.3
YEJ801—2	0.75	1.8	2825	75	0.84	2.2	6.5	2.3
YEJ802—4	0.75	2	1390	74.5	0.76	2.3	6	2.3
YEJ90L—6	1.1	3.2	910	73.5	0.72	2	5.5	2.2
YEJ90L—4	1.5	3.7	1400	79	0.79	2.3	6.5	2.3
YEJ90L—2	2.2	4.8	2840	80.5	0.86	2.2	7	2.3
YEJ100L—6	1.5	4	940	77.5	0.74	2	6	2.2
YEJ100L1—4	2.2	5	1420	81	0.82	2.2	7	2.3
YEJ90S—6	0.75	2.3	910	72.5	0.7	2	5.5	2.2
YEJ90S—4	1.1	2.7	1400	78	0.78	2.3	6.5	2.3
YEJ90S—2	1.5	3.4	2840	78	0.85	2.2	7	2.3
YEJ112M—6	2.2	5.6	960	80.5	0.74	2	6	2.2
同步转速 750r/min								
YEJ132S—8	2.2	5.8	10	0.5	0.71	2	5.5	2
YEJ132M—8	3	7.7	10	2	0.72	2	5.5	2
YEJ160M1—8	4	9.9	20	4	0.73	2	6	2
YEJ160M2—8	2.5	13.3	20	5	0.74	2	6	2
YEJ160L—8	5	17.7	20	6	0.75	2	5.5	2
YEJ180L—8	1	24.8	30	7.5	0.77	1.7	6	2

四、生产厂

台州恒富电动机厂、成都市上川机电设备有限公司。

3.10 YL 系列单相双值电容异步电动机

一、概述

YL 系列单相双值电容（其一电容用作启动电容，另一电容用作运转电容）异步电动机具有启动转矩大、启动电流小、力能指标高、高效节能、运行可靠、维护方便等特点，广泛适用于小功率机械传动设备，并能取代同机座号、同功率和转速的三相异步电动机，使以上设备可在单相电源上运行。

电动机为全封闭式结构，B 级绝缘，外壳防护等级为 IP44，冷却方式为 ICO141，接线盒装在电动机顶部。

型号含义

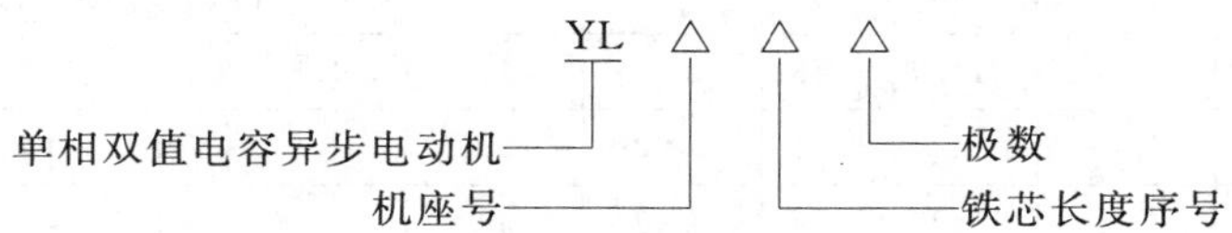

二、技术数据

YL 系列单相双值电容异步电动机额定电压为 220V，额定频率为 50Hz，技术数据见表 3-10。

表 3-10 YL 系列单相双值电容异步电动机技术数据

型号	额定功率（W）	额定电流（A）	额定转速（r/min）	效率（%）	功率因数	堵转电流（A）	堵转转矩/额定转矩	最大转矩/额定转矩	重量（kg）	安装形式	生产厂
YL7112	370	2.73	2800	67	0.92	16	1.8	1.7	10.5	B3、B5、B14、B34	东风电机厂
YL7122	550	3.88	2800	70	0.92	21	1.8	1.7	11.5		
YL8012	750	5.15	2800	72	0.92	29	1.8	1.7	15		
YL8022	1100	7.02	2800	75	0.95	40	1.8	1.7	17		
YL90S2	1500	9.44	2800	76	0.95	55	1.7	1.7	21	B3、B5、B14、B34、B35	
YL90L2	2200	13.7	2800	77	0.95	80	1.7	1.7	24		
YL100L12T	2600	15.9	2800	78	0.95	100	1.7	1.7	42	B3、B5、B35	
YL7114	250	1.93	1400	62	0.92	12	1.8	1.7	10.5	B3、B5、B14、B34	
YL7124	370	2.81	1400	65	0.92	16	1.8	1.7	11.5		
YLS014	550	4.00	1400	68	0.92	21	1.8	1.7	14.5		
YL8024	750	5.22	1400	71	0.92	29	1.8	1.7	16		
YL90S4	1100	7.21	1400	73	0.95	40	1.7	1.7	21	B3、B5、B14、B34、B35	
YL90L4	1500	9.57	1400	75	0.95	55	1.7	1.7	24		
YL100L14T	1800	11.5	1400	75	0.95	70	1.7	1.7	40	B3、B5、B35	
YL100L24T	2600	16.4	1400	76	0.95	100	1.7	1.7	45		
YL7112	370	2.73	2800	67	0.92	16	1.8	1.8			武汉微型电机厂
YL7122	550	3.88	2800	70	0.92	21	1.8	1.8			
YL8012	750	5.15	2800	72	0.92	29	1.8	1.8			
YL8022	1100	7.0	2820	75	0.95	40	1.8	1.7			
YL90S2	1500	9.45	2840	76	0.95	50	1.8	1.7			
YL90L2	2200	12.7	2840	78	0.95	80	1.8	1.7			
YL100L12	3000	18.2	2840	79	0.95	110	1.6	1.7			
YL7114	250	2.0	1400	62	0.92	12	1.8	1.8			
YL7124	370	2.8	1400	65	0.92	16	1.8	1.8			

续表 3-10

型　号	额定功率 (W)	额定电流 (A)	额定转速 (r/min)	效率 (%)	功率因数	堵转电流 (A)	堵转转矩/额定转矩	最大转矩/额定转矩	重量 (kg)	安装形式	生产厂
YL8014	550	4.0	1420	68	0.92	21	1.8	1.7			武汉微型电机厂
YL8024	750	4.75	1420	71	0.92	29	1.8	1.7			
YL90S4	1100	7.2	1420	73	0.95	40	1.8	1.7			
YL90L4	1500	9.6	1440	75	0.95	55	1.8	1.7			
YL100L14	2200	13.9	1440	76	0.95	80	1.6	1.7			
YL100L24	3000	18.4	1440	78	0.95	110	1.6	1.7			
YL7112	250	1.73	2800	69	0.95		0.35	1.8			邯郸市铜雀台机电有限责任公司
YL7122	370	2.5	2800	70	0.95		0.35	1.8			
YL7132	550	3.8	2800	85	0.71		2.5	1.8			
YL8012	750	5.0	2800	83	0.95		2.5	1.8			
YL8022	1100	6.9	2800	86	0.96		2.5	1.8			
YL90S2	1500	8.5	2800	85	0.95		2.8	1.8			
YL90L2	2200	9.5	2800	83	0.96		2.8	1.8			
YL8014	550	5.0	1400	66	0.9		2.5	1.8			
YL8024	750	5.8	1400	69	0.9		2.5	1.8			
YL90S4	1100	6.2	1400	68	0.9		2.8	1.8			

三、外形及安装尺寸

YL 系列单相双值电容异步电动机的外形及安装尺寸与 YS 系列小功率三相异步电动机基本相同。

3.11 YLG 高转矩单相异步电动机

一、概述

YLG 高转矩单相异步电动机是在 YL 系列基础上派生的产品，具有启动转矩大、力能指标高、高效节能、运行可靠、维护方便等特点，广泛适用于农用机械、食品机械、空压机、木工机械和过载能力要求较高的场合。

电动机为全封闭式结构，E 级绝缘，外壳防护等级为 IP44，冷却方式为 ICO141，安装形式为 IMB3，接线盒装在电动机顶部，引出线附近有接地螺钉和接地标志。

型号含义

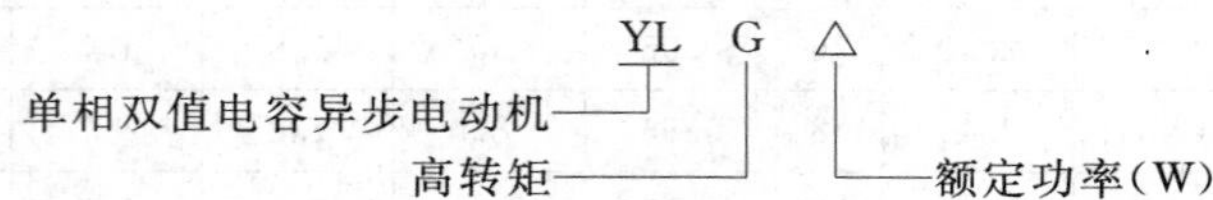

二、技术数据

YLG 高转矩单相异步电动机额定电压为 220V，额定频率为 50Hz，技术数据见表

3－11。

表 3－11 YLG 高转矩单相异步电动机技术数据

型号	额定电流（A）	额定转速（r/min）	效率（%）	功率因数	堵转电流（A）	堵转转矩/额定转矩	最大转矩/额定转矩	重量（kg）	生产厂
YLG600	4.1	2800	72	0.92	29	2.8	2.2	14	东风电机厂
YLG750	5.0	2850	75	0.92	40	2.8	2.2	18	
YLG1100	7.0	2850	80	0.90	55	2.5	2.2	19	
YLG1500	9.0	2850	81	0.95	65	2.5	1.9	21	
YLG2200	13.0	2850	81	0.95	85	2.2	1.9	24	

三、外形及安装尺寸

YLG 高转矩单相异步电动机外形及安装尺寸，见表 3－12 及图 3－1。

表 3－12 YLG 高转矩单相异步电动机外形及安装尺寸 单位：mm

型号	安装尺寸							外形尺寸（≤）				
	A	A/2	B	C	E	H	K(H14)	AB	AC	AE	HD	L
YLG600	125	62.5±0.5	100	50±1.5	40	$80_{-0.5}^{0}$	$10_{0}^{+0.36}$	160	165	120	200	285
YLG750	140	70±0.5	100	56±1.5	50	$90_{-0.5}^{0}$	$10_{0}^{+0.36}$	180	185	130	240	335
YLG1100	140	70±0.5	100	56±1.5	50	$90_{-0.5}^{0}$	$10_{0}^{+0.36}$	180	185	130	240	335
YLG1500	140	70±0.5	100	56±1.5	50	$90_{-0.5}^{0}$	$10_{0}^{+0.36}$	180	185	130	240	335
YLG2200	140	70±0.5	125	56±1.5	50	$90_{-0.5}^{0}$	$10_{0}^{+0.36}$	180	185	130	240	360

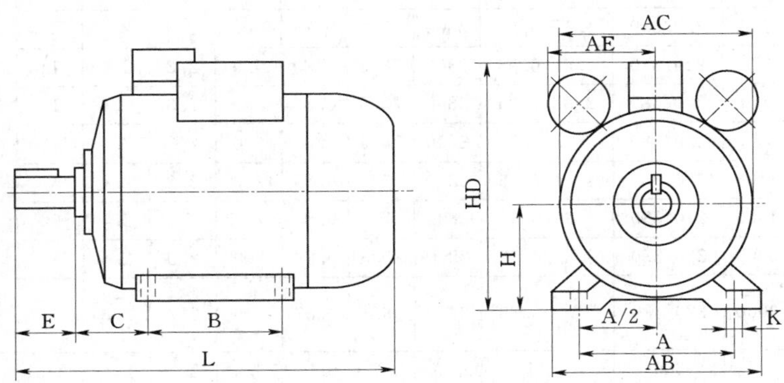

图 3－1 YLG 高转矩单相异步电动机外形及安装尺寸

3.12 YS 系列小功率三相异步电动机

一、概述

YS 系列（原 A02 系列）小功率三相异步电动机广泛适用于小功率机械传动设备。

YS80、YS90、YS100 中 B3 型、B5 型、B35 型的性能指标、外形尺寸及安装尺寸与 Y 系列三相异步电动机相同。

电动机为全封闭式结构，B 级绝缘，外壳防护等级为 IP44，冷却方式为 ICO141，接线盒装在电动机顶部或右侧（从轴伸端看）。

型号含义

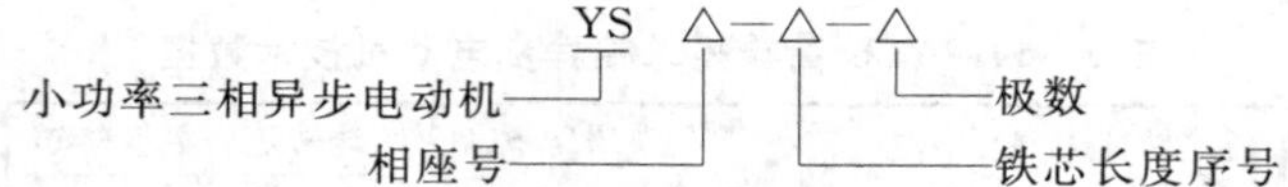

注 连字符“—”可省略。

二、技术数据

电动机额定频率为50Hz。使用220V电压时采用△接法；使用380V电压时采用Y接法。

YS系列小功率三相异步电动机技术数据，见表3-13。

表3-13 YS系列小功率三相异步电动机技术数据

型号	额定功率(W)	额定电压(V)	额定电流(A)	额定转速(r/min)	效率(%)	功率因数	堵转电流/额定电流	堵转转矩/额定转矩	最大转矩/额定转矩	重量(kg)	安装形式	生产厂
YS5012	40	380	0.17	2800	55	0.65	6.0	2.3	2.4	2.5	B3、B14、B34	东风电机厂
YS5022	60	380	0.23	2800	60	0.66	6.0	2.3	2.4	2.5		
YS5612	90	380	0.32	2800	62	0.68	6.0	2.3	2.4	3.5		
YS5622	120	380	0.38	2800	67	0.71	6.0	2.3	2.4	4		
YS6312	180	220/380	0.91/0.53	2800	69	0.75	6.0	2.3	2.4	7	B3、B5、B14、B34、B35	
YS6322	250	220/380	1.17/0.68	2800	72	0.78	6.0	2.3	2.4	7.5		
YS7112	370	220/380	1.66/0.96	2800	73.5	0.80	6.0	2.3	2.4	11		
YS7122	550	220/380	2.33/1.35	2800	75.5	0.82	6.0	2.3	2.4	12		
YS8012	750	220/380	3.03/1.75	2800	76.5	0.85	6.0	2.2	2.4	16		
YS8022	1100	220/380	4.41/2.55	2800	77	0.85	7.0	2.2	2.4	17		
YS90S2	1500	220/380	5.93/3.44	2800	78	0.85	7.0	2.2	2.4	22		
YS90L2	2200	220/380	8.34/4.83	2800	80.5	0.86	7.0	2.0	2.4	24		
YS100L12	3000	220/380	11.0/6.39	2800	82	0.87	7.0	2.2	2.3	34	B3、B5、B35	
YS5014	25	380	0.17	1400	42	0.53	6.0	2.4	2.4	2.5	B3、B14、B34	
YS5024	40	380	0.23	1400	50	0.54	6.0	2.4	2.4	2.5		
YS5614	60	380	0.28	1400	56	0.58	6.0	2.4	2.4	3.5		
YS5624	90	380	0.39	1400	58	0.61	6.0	2.4	2.4	4		
YS6314	120	220/380	0.83/0.48	1400	60	0.63	6.0	2.4	2.4	7	B3、B5、B14、B34	
YS6324	180	220/380	1.12/0.65	1400	64	0.66	6.0	2.4	2.4	7.5		
YS7114	250	220/380	1.44/0.83	1400	67	0.68	6.0	2.4	2.4	11	B3、B5、B14、B34、B35	
YS7124	370	220/380	1.94/1.12	1400	69.5	0.72	6.0	2.4	2.4	12		
YS8014	550	220/380	2.70/1.56	1400	73.5	0.73	6.0	2.4	2.4	16		
YS8024	750	220/380	3.48/2.01	1400	75.5	0.75	6.0	2.3	2.4	17		
YS100L14	2200	220/380	8.69/5.03	1400	81	0.82	7.0	2.2	2.3	34	B3、B5、B35	
YS100L24	3000	220/380	11.8/6.82	1400	82.5	0.81	7.0	2.2	2.3	37		

续表 3-13

型号	额定功率(W)	额定电压(V)	额定电流(A)	额定转速(r/min)	效率(%)	功率因数	堵转电流/额定电流	堵转转矩/额定转矩	最大转矩/额定转矩	重量(kg)	安装形式	生产厂
YS8016	370	220/380	2.23/1.29	930	68	0.64	5.5	2.0	2.0	16	B3、B5、B14、B34、B35	东风电机厂
YS8026	550	220/380	3.13/1.81	930	71	0.65	5.5	2.0	2.0	17		
YS90S6	750	220/380	3.89/2.25	930	73	0.69	5.5	2.0	2.1	22		
YS100L6	1500	220/380	6.86/3.97	930	77.5	0.74	6.0	2.0	2.2	34	B3、B5、B35	
YS56—1—2	90	380	0.32	2800	62	0.68	6	2.3	2.4			武汉微型电机厂
YS56—2—2	120	380	0.38	2800	67	0.71	6	2.3	2.4			
YS63—1—2	180	380	0.53	2800	69	0.75	6	2.3	2.4			
YS63—2—2	250	380	0.67	2800	72	0.78	6	2.3	2.4			
YS71—1—2	370	380	0.95	2800	73.5	0.80	6	2.3	2.4			
YS71—2—2	550	380	1.35	2800	75.5	0.82	6	2.3	2.4			
YS80—1—2	750	380	1.75	2800	76.5	0.85	6	2.3	2.4			
YS80—2—2	1100	380	2.25	2800	77	0.86	6	2.3	2.4			
YS90—S—2	1500	380	3.43	2800	78	0.85	6	2.3	2.4			
YS90—L—2	2200	380	4.81	2800	80.5	0.86	6	2.3	2.4			
YS56—1—4	60	380	0.28	1400	56	0.58	6	2.4	2.4			
YS56—2—4	90	380	0.39	1400	58	0.61	6	2.4	2.4			
YS63—1—4	120	380	0.48	1400	60	0.63	6	2.4	2.4			
YS63—2—4	180	380	0.65	1400	64	0.66	6	2.4	2.4			
YS71—1—4	250	380	0.83	1400	67	0.68	6	2.4	2.4			
YS71—2—4	370	380	1.12	1400	69.5	0.72	6	2.4	2.4			
YS80—1—4	550	380	1.55	1400	73.5	0.73	6	2.4	2.4			

三、外形及安装尺寸

YS 系列小功率三相异步电动机安装形式有 B3、B5、B14、B34 型和 B35 型五种，外形及安装尺寸见表 3-14 及图 3-2。

表 3-14 YS 系列小功率三相异步电动机外形及安装尺寸 单位：mm

机座号	B3、B5、B14、B34、B35 型安装尺寸									
	A	A/2	B	C	D	E	F	G	H	K
50	80	40±0.2	63	32±1.0	$9^{+0.007}_{-0.002}$	20±0.260	$3^{-0.004}_{-0.029}$	$7.2^{0}_{-0.10}$	$50^{0}_{-0.4}$	$5.8^{+0.30}_{0}$
56	90	45±0.2	71	36±1.5	$9^{+0.007}_{-0.002}$	20±0.260	$3^{-0.004}_{-0.029}$	$7.2^{0}_{-0.10}$	$56^{0}_{-0.5}$	$5.8^{+0.30}_{0}$
63	100	50±0.25	80	40±1.5	$11^{+0.008}_{-0.003}$	23±0.260	$5^{0}_{-0.030}$	$8.5^{0}_{-0.10}$	$63^{0}_{-0.5}$	$7^{+0.36}_{0}$
71	112	56±0.25	90	45±1.5	$14^{+0.008}_{-0.003}$	30±0.260	$5^{0}_{-0.030}$	$11^{0}_{-0.10}$	$71^{0}_{-0.5}$	$7^{+0.36}_{0}$

续表 3-14

机座号	B3、B5、B14、B34、B35 型安装尺寸									
	A	A/2	B	C	D	E	F	G	H	K
80	125	62.5±0.5	100	50±1.5	$19^{+0.009}_{-0.004}$	40±0.310	$6^{0}_{-0.030}$	$15.5^{0}_{-0.10}$	$80^{0}_{-0.5}$	$10^{+0.36}_{0}$
90S	140	70±0.5	100	56±1.5	$24^{+0.009}_{-0.004}$	50±0.310	$8^{0}_{-0.030}$	$20^{0}_{-0.20}$	$90^{0}_{-0.5}$	$10^{+0.36}_{0}$
90L	140	70±0.5	125	56±1.5	$24^{+0.009}_{-0.004}$	50±0.310	$8^{0}_{-0.030}$	$20^{0}_{-0.20}$	$90^{0}_{-0.5}$	$10^{+0.36}_{0}$
100L	160	80±0.5	140	63±2.0	$28^{+0.009}_{-0.004}$	60±0.370	$8^{0}_{-0.030}$	$24^{0}_{-0.20}$	$100^{0}_{-0.5}$	$12^{+0.43}_{0}$
56	90	45	71	36	9	20	3	7.2	56	5.8
63	100	50	80	40	11	23	4	8.5	63	7
71	112	56	90	45	14	30	5	11	71	7
80	125	62.5	100	50	19	40	6	15.5	80	10
90S	140	70	100	56	24	50	8	20	90	10
90L	140	70	125	56	24	50	8	20	90	10

机座号	B14、B34 型安装尺寸						B5、B35 型安装尺寸			
	M	N	P	R	S	T	M	N	P	R
50	55	$40^{+0.011}_{-0.005}$	70	0±1.0	M5	$2.5^{0}_{-0.120}$				
56	65	$50^{+0.011}_{-0.005}$	80	0±1.0	M5	$2.5^{0}_{-0.120}$				
63	75	$60^{+0.012}_{-0.007}$	90	0±1.0	M5	$2.5^{0}_{-0.120}$	115	$95^{+0.013}_{-0.009}$	140	
71	85	$70^{+0.012}_{-0.007}$	105	0±1.0	M6	$2.5^{0}_{-0.120}$	130	$110^{+0.013}_{-0.009}$	160	0±1.0
80	100	$80^{+0.012}_{-0.007}$	120	0±1.5	M6	$3.0^{0}_{-0.120}$	165	$130^{+0.014}_{-0.011}$	200	0±1.5
90S	115	$95^{+0.013}_{-0.009}$	140	0±1.5	M8	$3.0^{0}_{-0.120}$	165	$130^{+0.014}_{-0.011}$	200	0±1.5
90L	115	$95^{+0.013}_{-0.009}$	140	0±1.5	M8	$3.0^{0}_{-0.120}$	165	$130^{+0.014}_{-0.011}$	200	0±1.5
100L							215	$180^{+0.014}_{-0.011}$	250	0±2.0
56	65	50	80	0	M5	2.5				
63	75	60	90	0	M5	2.5	115	95	140	0
71	85	70	105	0	M6	2.5	130	110	160	0
80	100	80	125	0	M6	3	165	130	200	0
90S	115	95	140	0	M8	3	165	130	200	0
90L	115	95	140	0	M8	3	165	130	200	0

机座号	B5、B35 型安装尺寸		B3、B14、B34 型外形尺寸≤						B5、B35 型外形尺寸≤						生产厂
	S	T	AB	AC	AD	HD	AE	L	AB	AC	AD	HD	AE	L	
50			100	110	100	125		155							东风电机厂(100机座号有吊环螺钉)
56			115	120	110	135	80	170							
63	$10^{+0.36}_{0}$		130	130	125	165	85	230		130	125			250	
71	$10^{+0.36}_{0}$	$3.0^{0}_{-0.120}$	145	145	140	155	95	255	145	145	140	155	95	275	
80	$12^{+0.43}_{0}$	$3.5^{0}_{-0.120}$	165	175	150	175	110	290	165	175	150	175	110	290	
90S	$12^{+0.43}_{0}$	$3.5^{0}_{-0.120}$	180	195	160	195	120	315	180	195	160	195	120	315	

续表 3-14

机座号	B5、B35型安装尺寸		B3、B14、B34型外形尺寸≤						B5、B35型外形尺寸≤						生产厂
	S	T	AB	AC	AD	HD	AE	L	AB	AC	AD	HD	AE	L	
90L	$12^{+0.43}_{0}$	$3.5^{0}_{-0.120}$	180	195	160	195	120	340	180	195	160	195	120	340	东风电机厂(100机座号有吊环螺钉)
100L	$15^{+0.43}_{0}$	$4.0^{0}_{-0.120}$	205	215	180	245	130	380	205	215	180	245	130	380	
56			115	120	80	135		170							武汉微型电机厂
63	10	3	130	130	100	165		230		130				250	
71	10	3.5	145	145	110	180	95	255		145	110			275	
80	12	3.5	160	165	120	200	110	290		175	120			300	
90S	12	3.5	180	185	130	200	120	310		185	130			335	
90L	12	3.5	180	185	130	200	120	335		185	130			360	

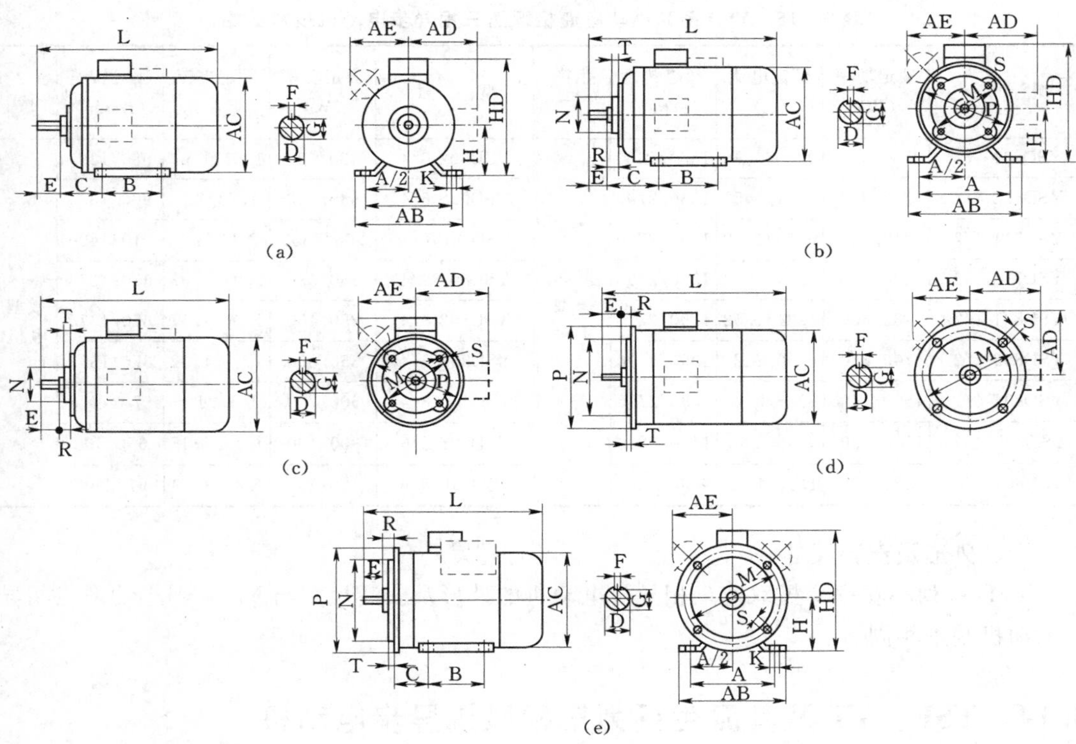

图 3-2 YS系列小功率三相异步电动机外形及安装尺寸
(a) B3型；(b) B34型；(c) B14型；(d) B5型；(e) B35型

3.13 YSD系列小功率变极双速三相异步电动机

一、概述

YSD系列小功率变极双速三相异步电动机是在YS系列基础上派生的产品，具有结构简单、运行可靠、使用维修方便等特点，是设备变速及节约能源的理想动力，广泛适用于冶金、纺织、印染、化工、建筑、轻工行业，也可为风机行业配套。电动机为E级绝缘，外壳防护等级为IP44，冷却方式为ICO141，接线盒装在电动机顶部。

型号含义

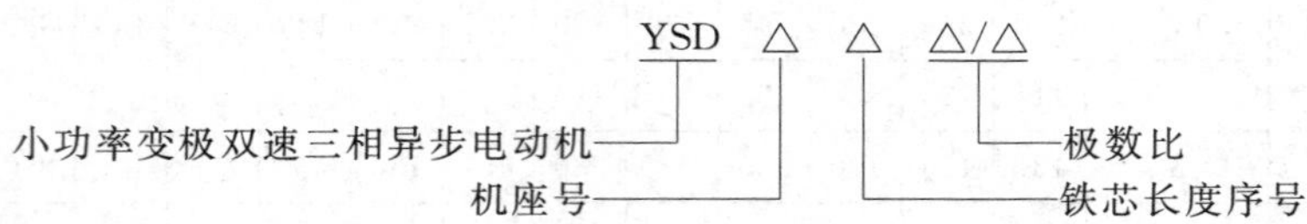

二、技术数据

YSD系列小功率变极双速三相异步电动机额定电压为380V，额定频率为50Hz，技术数据见表3-15。

表3-15 YSD系列小功率变极双速三相异步电动机技术数据

型号	额定功率（W）	额定电流（A）	额定转速（r/min）	生产厂	型号	额定功率（W）	额定电流（A）	额定转速（r/min）	生产厂
YSD631 4/2	100/150	0.40/0.43	1330/2650	武汉微型电机厂	YSD802 6/4	480/680	1.51/1.05	880/1395	武汉微型电机厂
YSD632 4/2	150/200	0.51/0.53	1330/2700		YSD90S 6/4	630/900	1.88/2.4	900/1395	
YSD711 4/2	210/280	0.75/1.80	1330/2700		YSD90L 6/4	900/1300	2.63/3.5	910/1400	
YSD712 4/2	300/430	0.94/1.17	1380/2750		YSD801 8/4	150/330	0.97/0.83	670/1375	
YSD801 4/2	480/600	1.31/1.52	1390/2770		YSD802 8/4	250/450	1.06/1.17	670/1375	
YSD802 4/2	700/850	2.0/2.2	1390/2790		YSD90S 8/4	350/500	1.53/1.32	670/1373	
YSD90S 4/2	1100/1400	2.8/3.4	1395/2795		YSD90L 8/4	500/700	1.85/1.6	670/1375	
YSD90L 4/2	1500/1900	3.8/4.63	1400/2800		YSD90S 8/6	300/400	1.13/1.15	670/900	
YSD801 6/4	380/500	1.15/1.35	880/1390		YSD90L 8/6	400/550	1.43/1.54	670/900	

三、外形及安装尺寸

YSD系列小功率变极双速三相异步电动机的外形及安装尺寸与YS系列小功率三相异步电动机基本相同。

3.14 YSF、YT及其派生系列三相风机异步电动机

一、概述

YSF、YT系列三相风机异步电动机是T35—11系列轴流式通风机专用配套电动机，具有结构简单、运行可靠、维护方便及技术经济指标优异等特点。YSF系列的派生系列有YSF—F1、YSF—B5及YSDF系列。

YSF—F1系列三相异步电动机是为了解决一般玻璃钢风机具有防腐性能，但与其配套的YSF系列电动机却不具备防腐性能这一矛盾而设计制造的防腐型轴流风机电动机。适用于各类防中等腐蚀的户内型电工产品。电动机为B级绝缘，外壳防护等级为IP54。

YSF—B5系列三相异步电动机是为了满足三相屋顶风机的需要而设计制造的，根据需要还可制成耐高温、高湿度及耐腐蚀（室内中等防腐F1）电动机。安装形式可通过机壳上三面六螺孔或端盖上的等级四孔完成。

YSDF系列三相异步电动机是为了满足T35轴流风机的变速要求而设计制造的小功率三相双速电动机。外壳防护等级为IP44，B级绝缘，接线盒装在机壳上。电动机通过机壳上三面六螺孔与风机固定。

型号含义

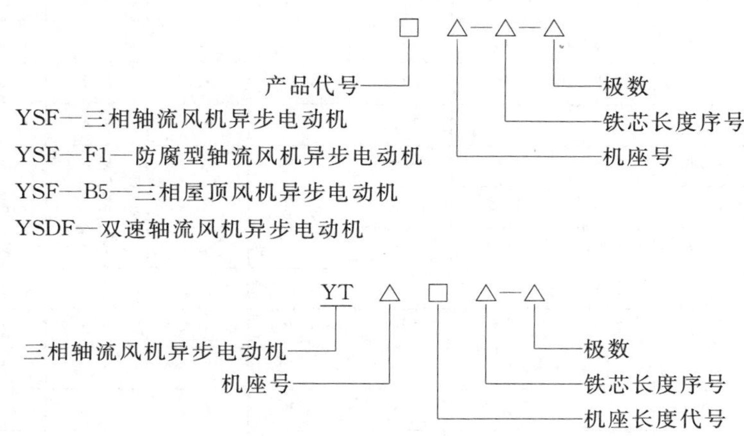

二、技术数据

电动机额定电压为380V，额定频率为50Hz。

YSF（YSF—F1、YSF—B5）、YT系列三相风机异步电动机技术数据，见表3-16。

YSDF系列三相双速风机异步电动机技术数据，见表3-17。

表3-16 YSF（YSF—F1、YSF—B5）、YT系列三相风机异步电动机技术数据

型号	额定功率（W）	额定电流（A）	额定转速（r/min）	效率（%）	功率因数	堵转电流/额定电流	堵转转矩/额定转矩	最大转矩/额定转矩	生产厂
YSF56—1—2	90	0.32	2800	62	0.68	6.0	2.3	2.4	武汉微型电机厂（YSF—F1、YSF—B5系列电动机技术数据与YSF系列电动机相同）
YSF56—2—2	120	0.38	2800	67	0.71	6.0	2.3	2.4	
YSF63—1—2	180	0.53	2800	69	0.75	6.0	2.3	2.4	
YSF63—2—2	250	0.67	2800	72	0.78	6.0	2.3	2.4	
YSF71—1—2	370	0.95	2800	73.5	0.80	6.0	2.3	2.4	
YSF71—2—2	550	1.35	2800	75.5	0.82	6.0	2.3	2.4	
YSF80—1—2	750	1.75	2800	76.5	0.85	6.0	2.3	2.4	
YSF80—2—2	1100	2.25	2800	77	0.86	6.0	2.3	2.4	
YSF90—S—2	1500	3.43	2800	78	0.85	6.0	2.3	2.4	
YSF90—1—2	2200	4.81	2800	80.5	0.86	6.0	2.3	2.4	

续表 3-16

型　　号	额定功率（W）	额定电流（A）	额定转速（r/min）	效率（%）	功率因数	堵转电流/额定电流	堵转转矩/额定转矩	最大转矩/额定转矩	生产厂
YSF56—1—4	60	0.28	1400	56	0.58	6.0	2.4	2.4	武汉微型电机厂（YSF—F1、YSF—B5 系列电动机技术数据与YSF系列电动机相同）
YSF56—2—4	90	0.39	1400	58	0.61	6.0	2.4	2.4	
YSF63—1—4	120	0.48	1400	60	0.63	6.0	2.4	2.4	
YSF63—2—4	180	0.65	1400	64	0.66	6.0	2.4	2.4	
YSF71—1—4	250	0.83	1400	67	0.68	6.0	2.4	2.4	
YSF71—2—4	370	1.12	1400	69.5	0.72	6.0	2.4	2.4	
YSF80—1—4	550	1.55	1400	73.5	0.73	6.0	2.4	2.4	
YSF80—2—4	750	2.01	1400	75.5	0.75	6.0	2.4	2.4	
YSF90—S—4	1100	2.74	1400	78	0.78	6.0	2.4	2.4	
YSF90—L—4	1500	3.64	1400	79	0.79	6.0	2.4	2.4	
YSF80—1—6	370	1.13	960	69	0.72	6.0	2.2	2.4	
YSF80—2—6	550	1.73	960	69	0.73	6.0	2.2	2.4	
YSF90—S—6	750	2.26	960	72.5	0.70	6.0	2.2	2.4	
YSF90—L—6	1100	3.15	960	73.5	0.72	6.0	2.2	2.4	
YT90S—2	1500	3.4	2840	78	0.85	7.0	2.2	2.2	武汉微型电机厂（YT系列）
YT90L—2	2200	4.7	2840	82	0.86	7.0	2.2	2.2	
YT100L—2	3000	6.4	2880	82	0.87	7.0	2.2	2.2	
YT112M—2	4000	8.2	2890	85.5	0.87	7.0	2.2	2.2	
YT132S1—2	5500	11.1	2900	85.5	0.88	7.0	2.0	2.2	
YT132S2—2	7500	15.0	2900	86.2	0.88	7.0	2.0	2.2	
YT90S—4	1100	2.7	1400	78	0.78	6.5	2.2	2.2	
YT90L—4	1500	3.7	1400	79	0.79	6.5	2.2	2.2	
Y100L1—4	2200	5.0	1420	81	0.82	7.0	2.2	2.2	
Y100L2—4	3000	6.8	1420	82.5	0.81	7.0	2.2	2.2	
YT112M—4	4000	8.8	1440	84.5	0.82	7.0	2.2	2.2	
YT132S—4	5500	11.6	1440	85.5	0.84	7.0	2.2	2.2	
YT132M—4	7500	15.4	1440	87	0.85	7.0	2.2	2.2	
YT90S—6	750	2.3	910	72.5	0.70	6.0	2.0	2.0	
YT90L—6	1100	3.2	910	73.5	0.72	6.0	2.0	2.0	
YT100L—6	1500	4.0	940	77.5	0.74	6.0	2.0	2.0	
YT112M—6	2200	5.6	940	80.5	0.74	6.0	2.0	2.0	
YT132S—6	3000	7.2	960	83	0.76	6.5	2.0	2.0	
YT132M1—6	4000	9.4	960	84	0.77	6.5	2.0	2.0	
YT132M2—6	5500	12.6	960	85.3	0.78	6.5	2.0	2.0	

表 3-17 YSDF 系列三相双速风机异步电动机技术数据

机座号	4/2 极		6/4 极		生产厂
	额定功率（W）	功率比	额定功率（W）	功率比	
801	150/700	4.7	160/530	3.25	武汉微型电机厂
802	250/950	3.8	210/680	3.15	
90S	330/1400	4.2	320/1100	3.44	
90L	500/2000	4.0	450/1400	3.11	

三、外形及安装尺寸

YSF、YT 及其派生系列三相风机异步电动机外形及安装尺寸，见表 3-18。

表 3-18 YSF、YT 及其派生系列三相风机异步电动机外形及安装尺寸 单位：mm

机座号	安装尺寸											外形尺寸				备注
	A	B	C	D	E	F	G	H	M	N	S	T	L	AC	HD	
90S	60±2	86±0.7	12	24	50	$8_{-0.036}^{0}$	$20_{-0.20}^{0}$	100	107±2	M6	M12	150	270	175	200	尺寸 C 为内螺纹深度
90L	60±2	115±0.7	12	24	50	$8_{-0.036}^{0}$	$20_{-0.20}^{0}$	100	107±2	M6	M12	150	259	175	200	
100L	73±2	130±0.7	16	28	60	$8_{-0.036}^{0}$	$24_{-0.20}^{0}$	105	140±2	M6	M12	169	320	192	218	
112M	80±2	130±0.7	16	28	60	$8_{-0.036}^{0}$	$24_{-0.20}^{0}$	115	145±2	M6	M12	185	340	210	238	
132S	100±2	130±2	16	38	80	$10_{-0.036}^{0}$	$33_{-0.20}^{0}$	135	185±2	M6	M14	225	395	240	275	
132M	100±2	168±2	16	38	80	$10_{-0.036}^{0}$	$33_{-0.20}^{0}$	135	185±2	M6	M14	225	395	240	275	

注 机座号为 50、56、63、71、80 的电动机的外形尺寸与 YYF、YYF—B5 系列风机异步电动机相同。

3.15 YU 系列单相电阻启动异步电动机

一、概述

YU 系列（原 BO2 系列）单相电阻启动异步电动机具有启动转矩适中、启动电流较大、运行可靠、维护方便等特点，广泛适用于小型机床、鼓风机、医疗器械、、工业缝纫机、排风扇等驱动设备。

电动机为全封闭式结构，E 级绝缘，外壳防护等级为 IP44，冷却方式为 ICO141，接线盒装在电动机顶部。

型号含义

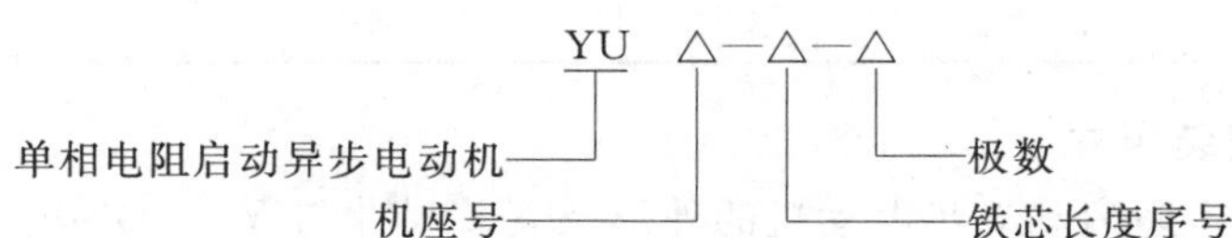

注 连字符“—”可省略。

二、技术数据

YU系列单相电阻启动异步电动机额定电压为220V，额定频率为50Hz，技术数据见表3-19。

表3-19 YU系列单相电阻启动异步电动机技术数据

型　　号	额定功率（W）	额定电流（A）	额定转速（r/min）	效率（%）	功率因数	堵转电流（A）	堵转转矩/额定转矩	最大转矩/额定转矩	重量（kg）	安装形式	生产厂
YU6312	90	1.09	2800	56	0.67	12	1.5	1.8	7.0	B3、B5、B14、B34	东风电机厂
YU6322	120	1.36	2800	58	0.69	14	1.4	1.8	7.5		
YU7112	180	1.89	2800	60	0.72	17	1.3	1.8	10		
YU7122	250	2.4	2800	64	0.74	22	1.1	1.8	11		
YU8012	370	3.36	2800	65	0.77	30	1.1	1.8	14.5		
YU8022	550	4.65	2800	68	0.79	42	1.0	1.8	17		
YU90S2	750	5.94	2800	70	0.82	55	0.8	1.8	20	B3、B5、B14、B34、B35	
YU90L2	1100	8.69	2800	72	0.82	90	0.8	1.8	23.5		
YU6314	60	1.23	1400	39	0.57	9	1.7	1.8	7.0	B3、B5、B14、B34	
YU6324	90	1.64	1400	43	0.58	12	1.5	1.8	7.5		
YU7114	120	1.88	1400	50	0.58	14	1.5	1.8	10		
YU7124	180	2.49	1400	53	0.62	17	1.4	1.8	11		
YU8014	250	3.11	1400	58	0.63	22	1.2	1.8	14		
YU8024	370	4.24	1400	62	0.64	30	1.2	1.8	16		
YU90S4	550	5.57	1400	65	0.69	42	1.0	1.8	19.5	B3、B5、B14、B34、B35	
YU90L4	750	6.77	1400	69	0.73	55	1.0	1.8	22.5		
YU63—1—2	90	1.09	2800	56	0.67	12	1.5	1.8			武汉微型电机厂
YU63—2—2	120	1.36	2800	58	0.69	14	1.4	1.8			
YU71—1—2	180	1.89	2800	60	0.72	17	1.3	1.8			
YU71—2—2	250	2.40	2800	64	0.74	22	1.1	1.8			
YU80—1—2	370	3.36	2800	65	0.77	30	1.1	1.8			
YU80—2—2	550	4.66	2800	68	0.79	42	1.0	1.8			
YU63—1—4	60	1.23	1400	39	0.57	9	1.7	1.8			
YU63—2—4	90	1.64	1400	43	0.58	12	1.5	1.8			
YU71—1—4	120	1.88	1400	50	0.58	14	1.5	1.8			
YU71—2—4	180	2.49	1400	53	0.62	17	1.4	1.8			
YU80—1—4	250	3.11	1400	58	0.63	22	1.2	1.8			
YU80—2—4	370	4.24	1400	62	0.64	30	1.2	1.8			

三、外形及安装尺寸

YU系列单相电阻启动异步电动机的外形及安装尺寸与YS系列小功率三相异步电动机基本相同。

3.16 YVP系列小功率变频调速电机

一、概述

YVP系列变频调速电机是以变频调速装置为供电电源的专用变频调速三相异步电动机，与变频装置组成的机电一体化系统，能够实现无级调速，达到节能和控制自动化的目的。

YVP系列变频调速电机的安装尺寸和功率等级均符合IEC标准，对应关系与Y系列三相异步电动机一致，互换性、通用性强。电动机采用F级绝缘，外壳防护等级IP44或IP54，冷却方式IC416，连续工作制（SI）。

YVP系列变频调速电机采用最先进的绕组分布，有效抑制变频电源高次谐波的影响，保证电机具有噪音低、振动小、效率高、过载能力强、节能效果明显等优点。采用优质电磁线、先进的真空浸漆工艺和绝缘工艺，满足变频条件下特有的绝缘要求。

二、技术数据

YVP系列变频调速电机技术数据，见表3-20。

表3-20 YVP系列变频调速电机技术数据

型号	额定功率（kW）	额定电流（A）	额定转速（r/min）	效率（%）	功率因数	堵转电流/额定电流	堵转转矩/额定转矩	最大转矩/额定转矩	外形尺寸（mm）		
									长	宽	高
YVP801—4	0.55	1.8	1420	76	0.68	7	2.2	2.2	380	237.5	175
YVP802—4	0.75	2.3	1380	75.1	0.77	6.5	2.2	2.2	380	237.5	175
YVP90L—4	1.5	4.1	1400	79	0.79	6.5	2.2	2.2	440	257.5	195
YVP100L1—4	2.2	5.5	1440	84.4	0.79	7.03	3.27	3.42	490	287.5	245
YVP90S—4	1.1	3	1400	79	0.78	6.5	2.2	2.2	410	257.5	195

三、生产厂

台州恒富电动机厂、成都市上川机电设备有限公司。

3.17 YX3系列高效节能三相异步电动机

一、概述

YX3系列高效节能三相异步电动机为全封闭自扇冷式三相异步电动机。效率指标符合GB 18613—2006《中小型三相异步电动机能效限定值及能效等级》中的“电动机节能评价值”中的2级效率的规定，效率水平相当于欧洲EFF1高效电动机，并满足美国能源法规定的电动机效率指标要求。

二、产品特点

YX3系列高效节能三相异步电动机产品主要有以下特点：

电动机主接线盒位于机座的顶部，可以左右出线，满足用户不同出线方式的要求。

机座号160及以上电机，可以根据用户需要提供定子测温装置、轴承测温装置、加热器、不停机注排油装置。

机座号225及以上电机，可根据用户需要提供底脚调整螺栓孔。

接线盒、机座、端盖和风罩的外形美观、样式新颖，并且有利于降噪和通风。

电动机采用热分级为155（F）级绝缘系统，从而延长电机的使用寿命。

电动机工作制为S1，冷却方式为IC411，外壳防护等级为IP55。

三、技术数据

YX3系列高效节能三相异步电动机技术数据，见表3-21。

表3-21 YX3系列高效节能三相异步电动机技术数据

产品型号	额定功率(kW)	额定转速(r/min)	额定电流(A)	堵转电流/额定电流	效率(%)	功率因数	额定转矩(N·m)	堵转转矩/额定转矩	最大转矩/额定转矩	转动惯量(kg·m²)	噪声声压级dB(A)		净重(kg)
											空载	负载	
同步转速1500r/min (4P)													
YX3 80M1—4	0.55	1430	1.48	6.3	80.7	0.7	3.5	2.3	2.3	0.002	58	63	
YX3 80M2—4	0.75	1430	1.98	6.5	82.3	0.7	4.8	2.3	2				
YX3 90L—4	1.5	1430	3.83	6.9	85	0.7	9.6	2.3	2				
YX3 90S—4	1.1	1430	2.85	6.6	83.8	0.7	7	2.3	2				
同步转速3000r/min (2P)													
YX3 80M2—2	1.1	2852	2.43	7.3	82.8	0.83	3.5	2.2	2.3	0.0014	67	69	

四、生产厂

台州恒富电动机厂。

3.18 YY系列单相电容运转异步电动机

一、概述

YY系列（原DO2系列）单相电容运转异步电动机具有力能指标高、启动转矩和启动电流小、运行可靠、维护方便等特点，适用于家用电器、风扇、电影放映机、录音机、记录仪表等驱动设备。

电动机为全封闭式结构，E级绝缘，外壳防护等级为IP44，接线盒装在电动机顶部。50、56机座号电动机采用ICO041冷却方式，63及以上机座号电动机采用ICO141冷却方式。

型号含义

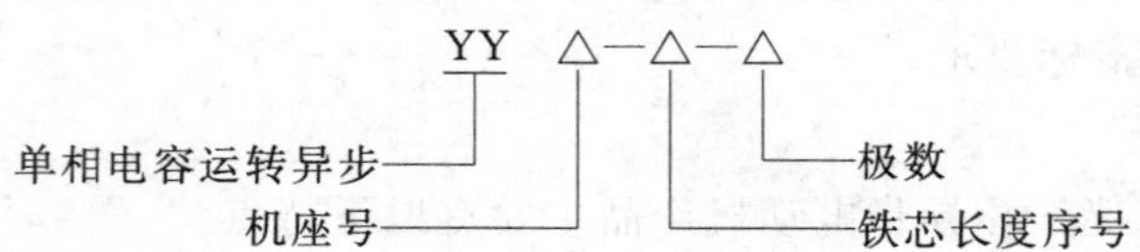

注 连字符“—”可省略。

二、技术数据

YY系列单相电容运转异步电动机额定电压为220V，额定频率为50Hz，技术数据见表3-22。

表3-22 YY系列单相电容运转异步电动机技术数据

型号	额定功率(W)	额定电流(A)	额定转速(r/min)	效率(%)	功率因数	堵转电流(A)	堵转转矩/额定转矩	最大转矩/额定转矩	重量(kg)	安装形式	生产厂
YY5012	40	0.48	2800	42	0.90	1.5	0.50	1.6	2.5	B3、B14、B34	东风电机厂
YY5022	60	0.57	2800	53	0.90	2.0	0.50	1.6	2.5		
YY5612	90	0.79	2800	56	0.92	2.5	0.50	1.6	4.0		
YY5622	120	0.99	2800	60	0.92	3.5	0.50	1.6	4.0		
YY6312	180	1.37	2800	65	0.92	5	0.40	1.6	7.0	B3、B5、B14、B34	
YY6322	250	1.84	2800	67	0.92	7	0.40	1.6	8.0		
YY7112	370	2.60	2800	68	0.95	10	0.35	1.6	10.5		
YY7122	550	3.76	2800	70	0.95	15	0.35	1.6	11.5		
YY8012	750	4.98	2800	72	0.95	20	0.33	1.6	14.5		
YY8022	1100	7.02	2800	75	0.95	30	0.33	1.6	17		
YY90S2	1500	9.44	2800	76	0.95	45	0.30	1.6	20.5	B3、B5、B14、B34、B35	
YY90L2	2200	13.7	2800	77	0.95	65	0.30	1.6	23.5		
YY5014	25	0.35	1400	38	0.85	1.2	0.55	1.6	2.5	B3、B14、B34	
YY5024	40	0.48	1400	45	0.85	1.5	0.55	1.6	2.5		
YY5614	60	0.61	1400	50	0.90	2.0	0.55	1.6	3.5		
YY5624	90	0.87	1400	52	0.90	2.5	0.55	1.6	4		
YY6314	120	1.06	1400	57	0.90	3.5	0.45	1.6	7	B3、B5、B14、B34	
YY6324	180	1.54	1400	59	0.90	5	0.45	1.6	7.5		
YY7114	250	2.07	1400	61	0.90	7	0.40	1.6	10.5		
YY7124	370	2.95	1400	62	0.92	10	0.40	1.6	11.5		
YY8014	550	4.25	1400	64	0.92	15	0.40	1.6	14.5		
YY8024	750	5.45	1400	68	0.92	20	0.35	1.6	16		
YY90S4	1100	7.65	1400	71	0.92	30	0.35	1.6	19.5	B3、B5、B14、B34、B35	
YY90L4	1500	10.2	1400	73	0.92	45	0.30	1.6	22.5		

续表 3-22

型号	额定功率(W)	额定电流(A)	额定转速(r/min)	效率(%)	功率因数	堵转电流(A)	堵转转矩/额定转矩	最大转矩/额定转矩	重量(kg)	安装形式	生产厂
YY63—1—2	180	1.37	2800	65	0.92	5.0	0.40	1.6			武汉微型电机厂
YY63—2—2	250	1.84	2800	67	0.92	7.0	0.40	1.6			
YY71—1—2	370	2.60	2800	68	0.95	10	0.35	1.6			
YY71—2—2	550	3.76	3800	70	0.95	15	0.35	1.6			
YY80—1—2	750	4.98	2800	72	0.95	20	0.33	1.6			
YY80—2—2	1100	7.02	2800	75	0.95	30	0.33	1.6			
YY63—1—4	120	1.06	1400	57	0.90	3.5	0.45	1.6			
YY63—2—4	180	1.54	1400	59	0.90	5.0	0.45	1.6			
YY71—1—4	250	2.07	1400	61	0.90	7.0	0.40	1.6			
YY71—2—4	370	2.95	1400	62	0.92	10	0.40	1.6			
YY80—1—4	550	4.25	1400	64	0.92	15	0.40	1.6			
YY80—2—4	750	5.45	1400	68	0.92	20	0.35	1.6			
YY5612	60	0.57	2800	53	0.9		0.35	1.8			邯郸市铜雀台机电有限责任公司
YY5622	90	0.81	2800	56	0.9		0.35	1.8			
YY6312	120	0.91	2800	63	0.95		0.35	1.8			
YY6322	180	1.29	2800	67	0.95		0.35	1.8			
YY5614	40	0.49	1400	45	0.84		0.35	1.8			
YY5624	60	0.64	1400	50	0.85		0.35	1.8			
YY6314	90	0.94	1400	51	0.85		0.35	1.8			
YY6324	120	1.74	1400	55	0.85		0.35	1.8			
YY7114	180	1.58	1400	59	0.88		0.35	1.8			
YY7124	370	3.5	1400	62	0.90		2.5	1.8			

三、外形及安装尺寸

YY系列单相电容运转异步电动机的外形及安装尺寸与YS系列小功率三相异步电动机基本相同。

3.19 YYF、YYF—B5系列单相风机异步电动机

一、概述

YYF系列单相风机异步电动机用于220V电源的T35轴流风机配套，具有结构简单、运行可靠、维护方便及技术经济指标优异等特点。外壳防护等级为IP44，E级绝缘，接线盒装在机壳上。电动机通过机壳上三面六螺孔与风机固定。

YYF—B5系列单相风机异步电动机是为了满足单相屋顶风机的需要而设计制造的，

根据需要还可制成耐高温、高湿度及耐腐蚀（室内中等防腐 F1）电动机。安装形式可通过机壳上三面六螺孔或端盖上的等级四孔完成。

型号含义

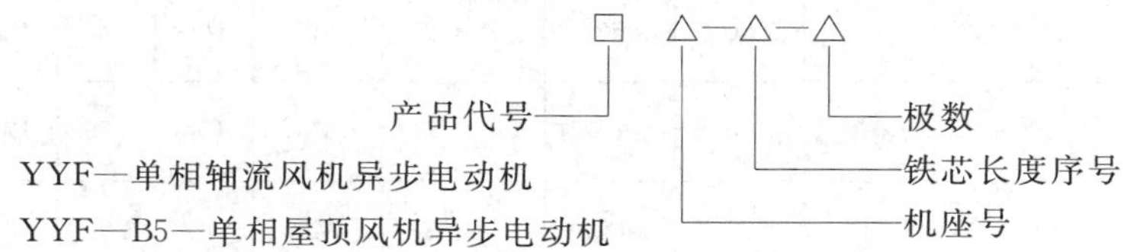

二、技术数据

YYF、YYF—B5 系列单相风机异步电动机额定电压为 220V，额定频率为 50Hz，技术数据，见表 3-23。

表 3-23 YYF、YYF—B5 系列单相风机异步电动机技术数据

机座号	额定功率（W）	额定电流（A）	额定转速（r/min）	功率因数	堵转电流/额定电流	堵转转矩/额定转矩	最大转矩/额定转矩	生产厂
50—1—2	25	0.33	2800	0.85	1.5	0.60	1.8	武汉微型电机厂
50—2—2	40	0.48	2800	0.90	2.0	0.50	1.8	
56—1—2	60	0.57	2800	0.90	2.5	0.50	1.8	
56—2—2	90	0.81	2800	0.90	3.2	0.35	1.8	
63—1—2	120	0.91	2800	0.95	5.0	0.35	1.8	
63—2—2	180	1.29	2800	0.95	7.0	0.35	1.8	
71—1—2	250	1.73	2800	0.95	10.0	0.35	1.8	
71—2—2	550		2800					
80—1—2	750	4.98	2800	0.95	20.0	0.33	1.6	
80—2—2	1100	7.02	2800	0.95	30.0	0.33	1.6	
50—1—4	16	0.28	1400	0.80	1.0	0.60	1.8	
50—2—4	25	0.36	1400	0.82	1.5	0.50	1.8	
56—1—4	40	0.49	1400	0.82	2.0	0.50	1.8	
56—2—4	60	0.64	1400	0.85	2.5	0.50	1.8	
63—1—4	90	0.94	1400	0.85	3.2	0.35	1.8	
63—2—4	120	1.17	1400	0.85	5.0	0.35	1.8	
71—1—4	180	1.58	1400	0.88	7.0	0.35	1.8	
71—2—4	250	2.04	1400	0.90	10.0	0.35	1.8	
80—1—4	550	4.25	1400	0.92	15.0	0.40	1.6	
80—2—4	750	5.45	1400	0.92	20.0	0.35	1.6	

三、外形及安装尺寸

YYF、YYF—B5 系列单相风机异步电动机外形及安装尺寸，见表 3-24 及图 3-3。

表 3-24 YYF、YYF—B5 系列单相风机异步电动机外形及安装尺寸 单位：mm

机座号	安装尺寸							外形尺寸				备注
	A	B	C	E	H	M	S	T	L	AC	HD	
50	47±2	35±0.35	10	20	62	58±2	M8	100	175	120	125	尺寸C为外螺纹长度
56	49±2	50±0.35	10	20	65	61±2	M8	104	175	122	130	
63	51±2	63±0.35	10	23	69	71±2	M8	108	202	130	138	
71	55±2	70±0.35	12	30	75	74±2	M8	120	226	140	150	
80	60±2	85±0.7	12	40	86	95±2	M8	142	259	160	172	

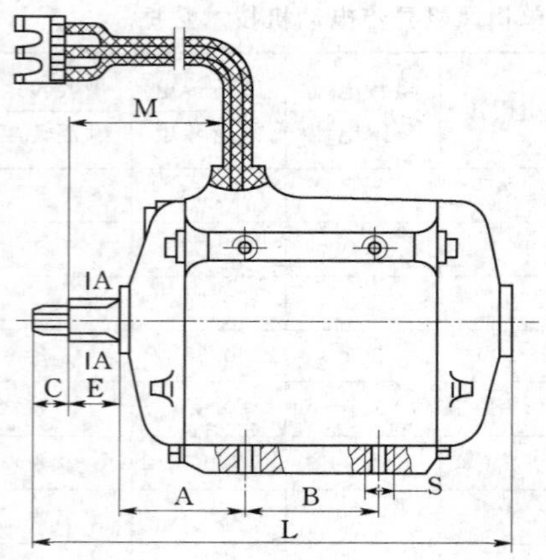

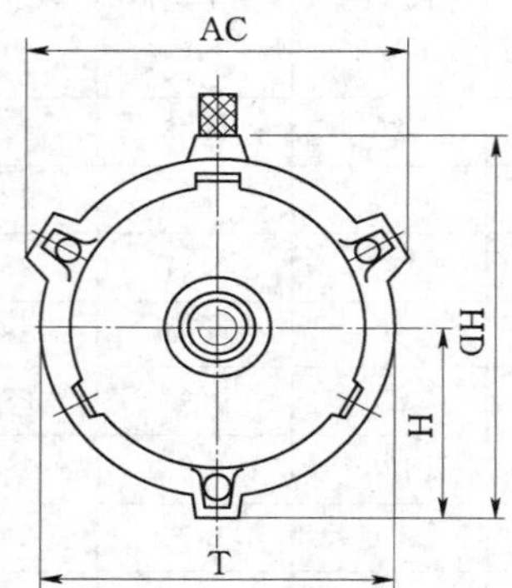

图 3-3 YYF、YYF—B5 系列单相风机异步电动机外形及安装尺寸

3.20 YZR、YZ 系列起重及冶金用电动机

一、概述

YZR、YZ 系列起重及冶金用电动机具有过载能力大和机械强度高的特点，特别适用于驱动各种类型的起重和冶金机械或其它类似的设备。

YZR 系列起重及冶金用电动机为绕线转子电动机，YZ 系列起重及冶金用电动机为笼型电动机。

二、使用环境

(1) 环境温度不超过 40℃（一般环境用）或 60℃（冶金环境用）。

(2) 海拔不超过 1000m。

(3) 经常地机械震动及冲击。

(4) 频繁地启动、制动（电气或机械的）及逆转。

三、技术数据

YZR、YZ 系列起重及冶金用电动机技术数据，见表 3-25、表 3-26、表 3-27。

表 3-25 YZR、YZ 系列起重及冶金用电动机技术数据（一）

机座		同步转速		
		1000r/min	750r/min	600r/min
112M		1.5		
132	M1	2.2		
	M2	3.7		
160	M1	5.5		
	M2	7.5	7.5	
	L	11		
180L		15	11	
200L		22	15	
225M		30	22	
250	M1	37	30	
	M2	45	37	
280	S	55	45	37
	M	75	55	45
315	S		75	55
	M		90	75
355	M1			90
	L1			110
	L2			132
400	L1			160
				200

表 3-26 YZR、YZ 系列起重及冶金用电动机技术数据（二）

额定功率（kW）	最大电流/额定电流	堵转转矩/额定转矩	最大转矩/额定转矩
≤5.5	2.0	2.0	2.3
>5.5～11	2.3	2.3	2.5
>11	2.5	2.5	2.8

表 3-27 **YZR、YZ** 系列起重及冶金用电动机技术数据（三）

系列	机座		1000r/min Jm (kg·m)	1000r/min 转子开路电压（V）	1000r/min 空载电流（A）	750r/min Jm (kg·m)	750r/min 转子开路电压（V）	750r/min 空载电流（A）	600r/min Jm (kg·m)	600r/min 转子开路电压（V）	600r/min 空载电流（A）	重量 (kg)
YZR	112M		0.03	100	2.7							73.5
YZR	132	M1	0.06	132	3.3							97
YZR	132	M2	0.07	185	4.5							108
YZR	160	M1	0.12	138	7.5							154
YZR	160	M2	0.15	185	10.5							160
YZR	160	L	0.20	250	13	0.20	205	11.9				174
YZR	180L		0.39	218	18.8	0.39	172	14.8				230
YZR	200L		0.67	200	26.6	0.67	178	19.7				317
YZR	225M		0.84	250	32.3	0.82	232	28.3				390
YZR	250	M1	1.52	250	27.2	1.52	272	34.5				512
YZR	250	M2	1.78	290	30.8	1.79	335	43.7				559
YZR	280	S	2.35	280	38.4	2.35	305	54.9	3.58	150	49	745
YZR	280	M	2.86	370	51.9	2.86	360	55.9	3.98	172	59	840
YZR	315	S				7.22	302	69.1	7.22	242	74.2	1026
YZR	315	M				8.68	372	64.6	8.68	325	99.2	1156
YZR	355	M							14.32	330	97.3	1520
YZR	355	L1							17.08	388	104.3	1764
YZR	355	L2							19.18	475	147.1	1810
YZR	400	L1							24.52	395	111	2400
YZR	400	L2							28.10	460	126	2950
YZ	112M		0.022		2.5							58
YZ	132	M1	0.056		3.1							80
YZ	132	M2	0.062		4.1							91.5
YZ	160	M1	0.114		6.5							118.5
YZ	160	M2	0.143		9.3							125
YZ	160	L	0.192		11.2	0.192		11.1				152
YZ	180L					0.352		12.2				205
YZ	200L					0.622		18.3				276
YZ	225M					0.820		24.3				347
YZ	250M1					1.432		33				462

四、生产厂

无锡市宏泰起重电机股份有限公司。

第4章　特　种　电　机

特种电机是相对于传统有刷直流电机和交流异步电机模糊概念。传统上，除有刷直流电机、交流异步电机外，所有电动机都叫做特种电机。而非运用于特种场合的电机才是特种电机。

4.1　ADM、ZDY 系列锥形转子三相异步电动机

一、概述

ADM、ZDY 系列锥形转子三相异步电动机，启动平稳，制动安全，且能与减速机配套，用于驱动起重机械及高效率机械和其它需要制动平缓的转动机械。

ADM、ZDY 系列电动机采用 380V 电源，50Hz，基本工作制为 S4，负载持续率 25%，等效启动次数 120 次/小时。

ADM、ZDY 系列电动机为封闭式结构，防护等级有 IP44 和 IP54，冷却方式为自冷式 ICO141，绝缘等级有 B 级和 F 级两种。

二、技术数据

ADM、ZDY 系列锥形转子三相异步电动机技术数据，见表 4-1。

表 4-1　ADM、ZDY 系列锥形转子三相异步电动机技术数据

型　号	额定功率 (kW)	额定电流 (A)	额定转速 (r/min)	启动转矩/额定转矩	启动电流 (A)	效　率 (%)	功率因数	磁拉力 (kg)	制动力矩 (N·m)
$ADM_1$11—4	0.2	0.72	1360	2	4	65	0.64	10.2	1.86
$ADM_1$12—4	0.4	1.25	1380	2	7	67	0.72	15	4.41
$ADM_1$21—4	0.8	2.4	1380	2.5	13	70	0.72	24	8.34
$ADM_1$22—4	1.5	4.3	1380	2.5	24	72	0.7	36	16.67
$ADM_1$23—4	2.2	6.0	1380	2.7	33	74	0.75	48	26.67
$ZDY_1$11—4	0.2	0.72	1380	2	4	65	0.64	10.2	
$ZDY_1$12—4	0.4	1.25	1380	2	7	67	0.72	15	
$ZDY_1$21—4	0.8	2.4	1380	2.5	13	70	0.72	24	
$ZDY_1$22—4	1.5	4.3	1380	2.5	24	72	0.74	36	
$ZDY_1$23—4	2.2	6.0	1380	2.7	33	74	0.75	48	
$ZDY_1$31—4	3.0	7.6	1380	2.7	42	79	0.77	74	
$ZDY_1$32—4	4.5	11	1380	2.7	62	78	0.80	98	
$ZDY_1$41—4	2.5	18	1400	3	100	75	0.80	153	

三、生产厂

湖北华博三六电机有限公司。

4.2 BZD隔爆型绕线转子三相异步电动机

一、概述

本系列电动机采用流行结构设计，具有结构紧凑、效率高、可靠性高、噪声低、重量轻、安装维护方便等优点。

本系列电动机防爆性能符合GB 3836.2—2000（爆炸性气体环境用电气设备 第二部分：隔爆型“d”）的规定。电动机制成隔爆型，其防爆标志为ExdⅡ CT4（Hz），适用于传爆能力不高于ⅡB和ⅡC级，引燃温度不低于T4组的可燃气体或蒸汽与空气形成的爆炸性混合物的场所，不适用于乙炔气体场所。

二、技术数据

ZDR系列隔爆型绕线转子三相异步电动机技术数据，见表4-2。

表4-2 BZD系列隔爆型绕线转子三相异步电动机技术数据

<table>
<tr><th>型号</th><th>功率
(kW)</th><th>额定电流
(A)</th><th>额定转速
(r/min)</th><th>最大转矩
额定转矩</th><th>堵转转矩
额定转矩</th><th>堵转电流
(A)</th><th>效率
(%)</th><th>功率因数</th><th>制动力矩
(N·m)</th><th>转动惯量
(kg·m²)</th><th>重量
(kg)</th></tr>
<tr><td>BZDY11—4</td><td>0.2</td><td>0.72</td><td rowspan="8">1380</td><td rowspan="2">2</td><td rowspan="2">2.0</td><td>4</td><td>65</td><td>0.64</td><td></td><td>0.003</td><td>19</td></tr>
<tr><td>BZDY12—4</td><td>0.4</td><td>1.25</td><td>7</td><td>67</td><td>0.72</td><td></td><td>0.004</td><td>21</td></tr>
<tr><td>BZDY21—4</td><td>0.8</td><td>2.4</td><td rowspan="4">2.5</td><td rowspan="4">2.5</td><td>13</td><td>70</td><td>0.72</td><td></td><td>0.009</td><td>49</td></tr>
<tr><td>BZDY22—4</td><td>1.5</td><td>4.3</td><td>24</td><td>72</td><td>0.74</td><td></td><td>0.011</td><td>56</td></tr>
<tr><td>BZD21—4</td><td>0.8</td><td>2.4</td><td>13</td><td>70</td><td>0.72</td><td>8.5</td><td>0.009</td><td>57</td></tr>
<tr><td>BZD22—4</td><td>1.5</td><td>4.3</td><td>24</td><td>72</td><td>0.74</td><td>17</td><td>0.011</td><td>66</td></tr>
<tr><td>BZD31—4</td><td>3</td><td>7.6</td><td rowspan="2">2.7</td><td rowspan="2">2.7</td><td>42</td><td>79</td><td>0.77</td><td>35</td><td>0.032</td><td>101</td></tr>
<tr><td>BZD32—4</td><td>4.5</td><td>11</td><td>60</td><td>78</td><td>0.8</td><td>50</td><td>0.04</td><td>108</td></tr>
<tr><td>BZD41—4</td><td>7.5</td><td>18</td><td rowspan="3">1400</td><td rowspan="3">3.0</td><td rowspan="3">3.0</td><td>100</td><td>79</td><td>0.8</td><td>85</td><td>0.10</td><td>168</td></tr>
<tr><td>BZD51—4</td><td>13</td><td>30</td><td>165</td><td>80</td><td>0.82</td><td>150</td><td>0.29</td><td>282</td></tr>
<tr><td>BZD52—4</td><td>18.5</td><td>42</td><td>229</td><td>82</td><td>0.82</td><td>252</td><td>0.48</td><td>318</td></tr>
</table>

三、生产厂

山东鲁新起重设备有限公司。

4.3 YDE系列实心转子制动三相异步电动机

一、概述

YDE系列实心转子制动三相异步电动机是为各种起重机的大车和小车运行机构配套

而研制的，该系列电动机有软启动特性，且不需外接电阻器或其它附加装置，直接通电就可实现比较理想的“软启动”效果。

YDE 系列电机的机械特性较软，电机具备“软启动”功能，可直接通电即可获得启重机的“软启动”。电机本身附带平面摩擦器，制动速度可调，电机无冲击运行，延长了电机及相关机械传动机构的使用寿命。电机启动电流小（是普通电机的 1/4～1/2），适应频繁启动，节电效果显著。较小的启动电流可延长主控交流接触器等电器元件的使用寿命。该电机过载能力强，即使堵转（憋车）5 分钟也不会烧毁电机。电机工作时无轴向窜动，无碳刷滑动接触点，电机故障率低。该系列电动机可代替绕线转子电动机，可大幅度降低起重机的制造成本。

二、技术数据

YDE 系列实心转子制动三相异步电动机技术数据，见表 4-3。

表 4-3 YDE 系列实心转子制动三相异步电动机技术数据

<table>
<tr><th>型　号</th><th>对应功率
(kW)</th><th>转　矩
(N·m)</th><th>堵转电流
(A)</th><th>同步转速
(r/min)</th><th>制动力矩
(N·m)</th><th>励磁电压
(V)</th></tr>
<tr><td>YDE80—4</td><td>0.2</td><td>2</td><td>1.6</td><td rowspan="8">1500</td><td rowspan="4">1～6</td><td rowspan="12">DC195</td></tr>
<tr><td>YDE80$_1$—4</td><td>0.4</td><td>4</td><td>2.2</td></tr>
<tr><td>YDE80$_2$—4</td><td rowspan="2">0.8</td><td rowspan="2">8</td><td rowspan="2">3.5</td></tr>
<tr><td>YDE80$_2$—4（D）</td></tr>
<tr><td>YDE90L—4</td><td rowspan="2">1.5</td><td rowspan="2">16</td><td rowspan="2">7.5</td><td rowspan="2">2～10</td></tr>
<tr><td>YDE90L—4（D）</td></tr>
<tr><td>YDE100L$_1$—4</td><td>2.2</td><td>24</td><td>10</td><td rowspan="2">3～20</td></tr>
<tr><td>YDE100L$_2$—4</td><td>3.0</td><td>30</td><td>12</td></tr>
<tr><td>YDE90S—6</td><td>0.5</td><td>8</td><td>4.0</td><td rowspan="4">1000</td><td rowspan="2">2～10</td></tr>
<tr><td>YDE90L—6</td><td>0.8</td><td>12</td><td>5.0</td></tr>
<tr><td>YDE100L—6</td><td>1.5</td><td>23</td><td>8.5</td><td rowspan="2">3～20</td></tr>
<tr><td>YDE112M—6</td><td>2.2</td><td>33</td><td>11.5</td></tr>
</table>

三、外形及安装尺寸

YDE 系列实心转子制动三相异步电动机外形及安装尺寸，见表 4-4 及图 4-1。

表 4-4 YDE 系列实心转子制动三相异步电动机外形及安装尺寸

<table>
<tr><th colspan="2" rowspan="2">型　号</th><th rowspan="2">功率
(kW)</th><th colspan="11">尺　寸 (mm)</th></tr>
<tr><th>D</th><th>D_1</th><th>D_2</th><th>L</th><th>L_1</th><th>L_2</th><th>L_3</th><th>AD</th><th>AC</th><th>S</th><th>P</th></tr>
<tr><td>YDE80—4</td><td rowspan="4">小盘</td><td>0.2</td><td rowspan="2">φ110</td><td rowspan="2">φ75h7</td><td rowspan="2">φ90</td><td rowspan="2">347</td><td rowspan="2">307</td><td rowspan="2">15</td><td rowspan="2">22</td><td rowspan="3">110</td><td rowspan="3">φ155</td><td rowspan="2">φ7</td><td rowspan="2">4×12h15×15e9×4c11</td></tr>
<tr><td>YDE80$_1$—4</td><td>0.4</td></tr>
<tr><td>YDE80$_2$—4</td><td>0.8</td><td rowspan="2">φ140</td><td rowspan="2">φ100h7</td><td rowspan="2">φ120</td><td>355</td><td>307</td><td rowspan="2">20</td><td rowspan="2">24</td><td rowspan="2">φ9</td><td rowspan="2">6×16h15×20e9×4c11</td></tr>
<tr><td>YDE90L—4</td><td>1.5</td><td>402</td><td>354</td><td>116</td><td>φ165</td></tr>
</table>

续表 4 - 4

型　号		功率(kW)	尺　寸（mm）										
			D	D_1	D_2	L	L_1	L_2	L_3	AD	AC	S	P
$YDE80_2$—4(D)	大盘	0.8	$\phi220$	$\phi180h7$	$\phi200$	325	279	12	30	110	$\phi155$	$\phi11$	6×21.9h15×25f9×6d11
YDE90L—4(D)		1.5				371	325			116	$\phi165$		
$YDE100L_1$—4		2.2				386	340			138	$\phi195$		
$YDE100L_2$—4		3.0				416	370						
$YDE80_2$—4(B)	特大盘	0.8	$\phi325$	$\phi250h7$	$\phi286$	337	279	18	36	110	$\phi155$	$\phi14$	
YDE90L—4(B)		1.5				387	325			116	$\phi165$		
$YDE100L_1$—4(B)		2.2				398	340			138	$\phi195$		
$YDE100L_2$—4(B)		3.0				428	370						
YDE90L—6	大盘	0.8	$\phi220$	$\phi180h7$	$\phi200$	371	325	12	30	116	$\phi165$	$\phi11$	
YDE100L—6		1.5				386	340			138	$\phi195$		
YDE112M—6		2.2				416	370						

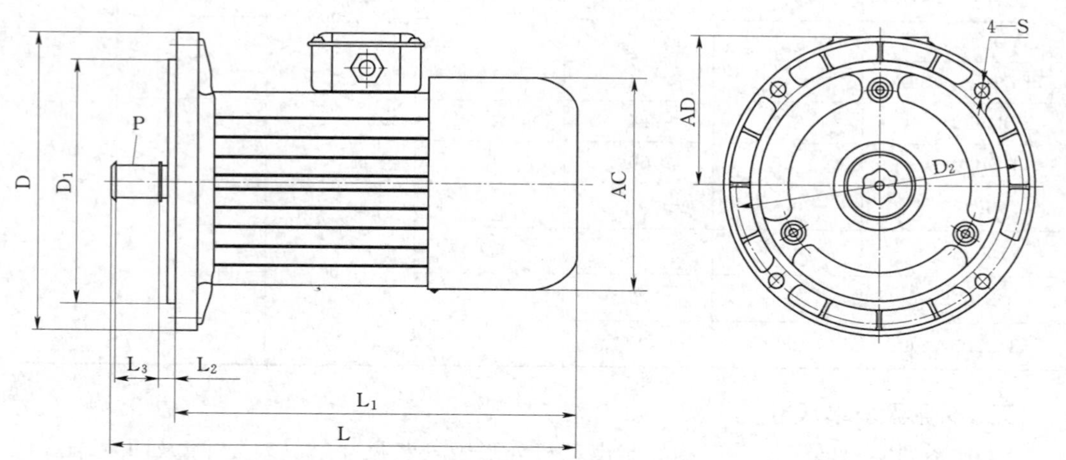

图 4 - 1　YDE 系列实心转子制动三相异步电动机外形及安装尺寸

四、生产厂

南京特种电机厂。

4.4　YEZ 系列锥形转子电动机

一、概述

YEZ、YEZW、YEZS 系列锥形转子电动机是与建筑机械配套而专门生产的产品，它融电机和制动器与一体，具有启动转矩大、制动可靠、结构紧凑、体积小、重量轻、可频繁启动等特点，且 YEZ 系列锥形转子电动机安装尺寸与 Y 系列电机相同，可与同型号电机互换，具有广泛的适应性。该电机的主要特点是：定子内表面和转子外表面都是圆锥形，电机轴除作旋转运动外，还作轴向窜动。当电机通电时，定转子铁芯产生轴向磁拉力是转子轴向移动并压缩弹簧，从而使风扇制动轮和制动座（后盖和端罩）脱离，转子随即旋转。当电机断电后，轴向磁拉力消失，在压力弹簧的作用下，转子带动风扇制动轮一起复位，使制动轮与制动座接触，产生摩擦力矩，使电机迅速停转。

二、技术数据

YEZ 系列锥形转子电动机技术数据，见表 4-5。

表 4-5　YEZ 系列锥形转子电动机技术数据

项目型号	主要技术参数											
	功率（kW）	转速（r/min）	额定电流（A）	最大转矩/额定转矩	启动转矩/额定转矩	启动电流（A）	功率（%）	功率因数	制动力矩（N·m）	转动惯量（N·m²）	重量（kg）	配套机械吨位（t）
YEZ100L—4	2.2	1380	6	2.7	2.7	33	74	0.75	26.67	1.3	43	
YEZ112S—4	3		7.6	2.7	2.7	42	78	0.77	43	1.3	52	0.5
YEZ112M—4	3.7		9	2.8	2.8	51		0.78	51	1.6	55	0.5
YEZ112L—4	4.5		11	2.7	2.7	60					64	
YEZ132S—4	5.5	1400	12.7	3	3	85	79	0.79	76	3.4	96	0.75
YEZ132M—4	7.5		18			100		0.8	98	3.9	111	1
YEZ160S—4	11		23			140	86	0.87	150	9.8	178	1.25
YEZ160M—4	13		30			165	80	0.82	182		188	1.6
YEZ160L—4	15		34			200	81		205	10.78	198	2
YEZ180M—4	18.5		42			229	82		252	11.2	210	2.5
YEZS100L—4/6	2.2/1.5	1380/920	6.6/6.5	2.7/2.5	2.7/2.5	43/27	74/70	0.75/0.70	26.67	1.3	43	
YEZS100L—4/8	2.0/1.1	1380/720	4.1/4.5	2.7/2.5	2.7/2.5	27/16		0.73/0.60	26.67	1.3	43	
YEZS112L—4/8	2.4/1.5		6.8/6.7	3.0/2.5	3.0/2.5	44/23.5	75/68	0.78/0.60	43	2	64	
YEZS112L—4/8	3.0/1.5		7.6/7.8			49/22	75/66	0.78/0.58	43	2	64	
YEZS132S—4/8	3.3/2.2		8.1/8.2	2.7/2.4	2.7/2.4	46/20.5	75/66	0.78/0.58	43	2	76	
YEZS132M—4/8	4.5/3.0		13.6/13.2	3.0/2.5	3.0/2.5	88/46	75/60	0.74/0.51	76	3.4	96	
YEZS180M—4/8	13/6.5	1400/700	29/22	3.5/2.5	3.5/2.5	185/68	80/70	0.80/0.65	182	9.8	210	

三、外形及安装尺寸

YEZ系列锥形转子电动机外形及安装尺寸，见表4-6及图4-2。

表4-6 YEZ系列锥形转子电动机外形及安装尺寸

<table>
<tr><th rowspan="2">型　号</th><th rowspan="2" colspan="2">E</th><th rowspan="2">R</th><th colspan="4">电机轴伸</th><th rowspan="2">ϕP</th><th rowspan="2">ϕN</th><th rowspan="2">T</th><th rowspan="2">LA</th><th rowspan="2">ϕM</th><th rowspan="2">ϕS</th><th rowspan="2">ϕAC</th><th rowspan="2">AD</th><th rowspan="2">L</th><th rowspan="2">HF</th></tr>
<tr><th>ϕD</th><th>GD</th><th>G</th><th>F</th></tr>
<tr><td rowspan="2">YEZ100L$_1$—4 2.2kW</td><td>平键</td><td>60</td><td>0</td><td>28</td><td>7</td><td>24</td><td>8</td><td rowspan="8">250</td><td rowspan="8">180j6</td><td rowspan="12">4</td><td rowspan="8">14</td><td rowspan="8">215</td><td rowspan="12">15</td><td rowspan="2">110</td><td rowspan="2">280</td><td rowspan="2">415</td><td rowspan="2">270</td></tr>
<tr><td>花键</td><td>40</td><td>20</td><td colspan="4">6×23h15×28c9 ×6c11</td></tr>
<tr><td rowspan="2">YEZ112S—4 3.0kW</td><td>平键</td><td>60</td><td>0</td><td>28</td><td>7</td><td>24</td><td>8</td><td rowspan="6">272</td><td rowspan="6">307</td><td rowspan="2">431</td><td rowspan="6">305</td></tr>
<tr><td>花键</td><td>40</td><td>20</td><td colspan="4">6×23h15×28c9 ×6c11</td></tr>
<tr><td rowspan="2">YEZ112M—4 3.7kW</td><td>平键</td><td>60</td><td>0</td><td>28</td><td>7</td><td>24</td><td>8</td><td rowspan="2">440</td></tr>
<tr><td>花键</td><td>40</td><td>20</td><td colspan="4">6×23h15×28c9 ×6c11</td></tr>
<tr><td rowspan="2">YEZ112L—4 4.5kW</td><td>平键</td><td>60</td><td>0</td><td>28</td><td>7</td><td>24</td><td>8</td><td rowspan="2">455</td></tr>
<tr><td>花键</td><td>40</td><td>20</td><td colspan="4">6×23h15×28c9 ×6c11</td></tr>
<tr><td rowspan="2">YEZ132S—4 5.5kW</td><td>平键</td><td>80</td><td>0</td><td>38</td><td>8</td><td>33</td><td>10</td><td rowspan="4">300</td><td rowspan="4">230j6</td><td rowspan="4">18</td><td rowspan="4">285</td><td rowspan="4">328</td><td rowspan="4">352</td><td rowspan="2">501</td><td rowspan="4">360</td></tr>
<tr><td>花键</td><td>50</td><td>30</td><td colspan="4">10×28h15×35c9 ×4c11</td></tr>
<tr><td rowspan="2">YEZ132M—4 7.5kW</td><td>平键</td><td>80</td><td>0</td><td>38</td><td>8</td><td>33</td><td>10</td><td rowspan="2">527</td></tr>
<tr><td>花键</td><td>50</td><td>30</td><td colspan="4">10×28h15×35c9 ×4c11</td></tr>
<tr><td rowspan="2">YEZ160S—4 11kW</td><td>平键</td><td>110</td><td>0</td><td>42</td><td>8</td><td>37</td><td>12</td><td rowspan="8">350</td><td rowspan="8">250j6</td><td rowspan="8">5</td><td rowspan="8">18</td><td rowspan="8">300</td><td rowspan="8">19</td><td rowspan="8">400</td><td rowspan="6">415</td><td>615</td><td rowspan="8">430</td></tr>
<tr><td>花键</td><td>80</td><td>20</td><td colspan="4">10×32h15×40c9 ×5c11</td><td>605</td></tr>
<tr><td rowspan="2">YEZ160M—4 13kW</td><td>平键</td><td>110</td><td>0</td><td>42</td><td>8</td><td>37</td><td>12</td><td>615</td></tr>
<tr><td>花键</td><td>80</td><td>20</td><td colspan="4">10×32h15×40c9 ×5c11</td><td>605</td></tr>
<tr><td rowspan="2">YEZ160L—4 15kW</td><td>平键</td><td>110</td><td>0</td><td>42</td><td>8</td><td>37</td><td>12</td><td rowspan="2">665</td></tr>
<tr><td>花键</td><td>80</td><td>30</td><td colspan="4">6×40h15×45c9 ×12c10</td></tr>
<tr><td rowspan="2">YEZ180M—4 18.5kW</td><td>平键</td><td>110</td><td>0</td><td>48</td><td>9</td><td>42.5</td><td>14</td><td rowspan="2">420</td><td rowspan="2">690</td></tr>
<tr><td>花键</td><td>80</td><td>30</td><td colspan="4">8×42h15×48c9 ×8c11</td></tr>
<tr><td rowspan="2">YEZ200L—4 22kW</td><td>平键</td><td>110</td><td>0</td><td>48</td><td>9</td><td>42.5</td><td>14</td><td rowspan="2">400</td><td rowspan="2">300js7</td><td rowspan="2">5</td><td rowspan="2">30</td><td rowspan="2">350</td><td rowspan="2">19</td><td rowspan="2">465</td><td rowspan="2">445</td><td rowspan="2">744</td><td rowspan="2">470</td></tr>
<tr><td>花键</td><td>80</td><td>30</td><td colspan="4">10×42h15×52c9 ×6c11</td></tr>
</table>

续表 4-6

型号		E	R	电机轴伸				φP	φN	T	LA	φM	φS	φAC	AD	L	HF
				φD	GD	G	F										
YEZ132S—12 1.5kW	平键	60	0	28	7	24	8	250	180j6	4	14	215	15	328	352	493	360
	花键	40	20	5×23h15×28c9×6c11													
YEZ132M—12 2.2kW	平键	80	0	38	8	33	10	300	230j6		16	265				527	
	花键	50	30	10×28h15×35c9×4c11													
YEZS100L—4/6 2.2/1.5kW	平键	60	0	28	7	24	8	250	180j6		14	215		210	276	415	270
	花键	40	20	6×23h15×28c9×8c11													
YEZS100L—4/8 2.0/1.1kW	平键	60	0	28	7	24	8										
	花键	40	20	6×23h15×28c9×8c11													
YEZS112L₁—4/8 2.4/1.5kW	平键	60	0	28	7	24	8							272	325	454	340
	花键	40	20	6×23h15×28c9×6c11													
YEZS112L₂—4/8 3.0/1.5kW	平键	60	0	28	7	24	8									456	
	花键	40	20	6×23h15×28c9×6c11													
YEZS132S—4/8 3.3/2.2kW	平键	80	0	38	8	33	10	300	230j6			265					
	花键	50	30	10×28h15×35c9×4c11													
YEZS132M—4/8 4.5/3.0kW	平键	80	0	38	8	33	10				16			328	352	550	360
	花键	50	30	10×28h15×35c9×4c11													
YEZS180M—4/8 13/6.5kW	平键	110	0	48	9	42.5	14	350	250j6	5	18	300	19	400	420	690	430
	花键	80	30	8×42h15×48c9×8c11													
YEZS132S—4/12 4.5/1.5kW	平键	60	0	28	7	24	8	250	180j6	4	14	215	15	328	352	493	360
	花键	40	20	6×23h15×28c9×6c11													

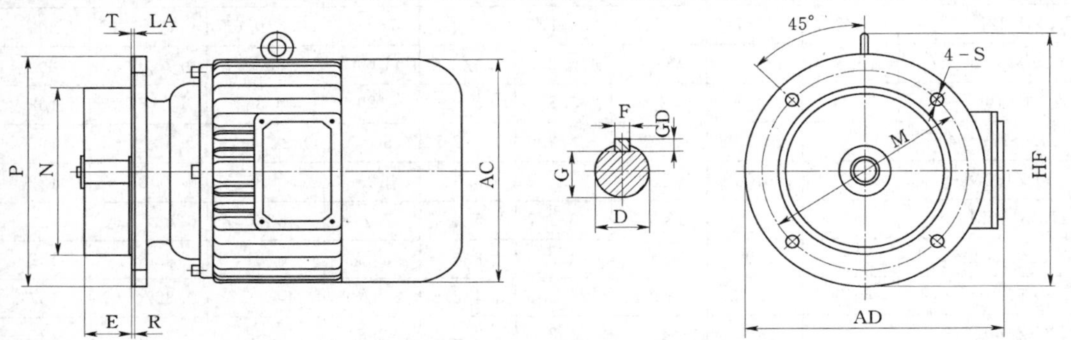

图 4-2 YEZ 系列锥形转子电动机外形及安装尺寸

四、生产厂

潍坊力圣昌电机有限公司。

4.5 YEZS系列建筑起重机械用锥形转子制动三相异步电动机

一、概述

TEZ、YEZW、YEZS系列锥形转子电动机是与建筑机械配套而专门设计的产品。它融电机和制动器于一体，具有启动转矩大、制动可靠、结构紧凑、体积小、重量轻、可频繁启动等特点，且YEZ系列锥形转子电动机安装尺寸与Y系列电机相同，可与同型号电机互换，具有广泛的适应性。该电机的主要特点是：定子内表面与转子外表面都是圆锥形，电机轴除作旋转运动外．还作轴向窜动，当电机通电时，定转子铁芯产生轴向磁拉力使转子轴向移动并压缩弹簧，从而使风扇制动轮与制动座（后盖或端罩）脱离，转子随即旋转。当电机断电后，轴向磁拉力消失，在压力弹簧的作用下，转子带动风扇制动轮一起复位，使制动轮与制动座接触，产生摩擦力矩，使电机迅速停转。

二、技术数据

YEZS系列建筑起重机械用锥形转子制动三相异步电动机技术数据，见表4-7。

表4-7 YEZS系列建筑起重机械用锥形转子制动三相异步电动机技术数据

型号	功率 (kW)	转速 (r/min)	额定电流 (A)	最大转矩/额定转矩	启动转矩/额定转矩	启动电流 (A)	效率 (B)	功率因数	制动力矩 (N·m)
YEZ112S—4	3.0	1380	7.6	2.7	2.7			0.78	42
YEZ112M—4	3.7	1380	9	2.7	2.7	55	0.78	0.78	51
YEZ112L—4	4.5	1380	11	2.7	2.7	60	0.78	0.80	62.7
YEZ112L—4 (J)	4.5	1380	11	2.7	2.7	60	0.78	0.80	62.7
YEZS112L—4/8	3.0/1.5	1440/700	9/7.5	3.0/2.5	3.0/2.5	49/22	0.77/0.6	0.76/0.47	62.7
YEZ132—4	5.5	1440	13	3.5	3.5	82	0.83	0.79	66.7
YEZS132—4/8	3.7/1.8	1380/690	10/8	2.7/2.5	2.7/2.5	53/23	0.79/0.64	0.69/0.53	66.7
YEZS132M—4/8	4.5/2.2	1380/690	11.5/10.5	2.7/2.4	2.7/2.4	53/26	0.8/0.58	0.74/0.51	66.7
YEZ132M—4	7.5	1440	17	3.2	3.2	101	0.64	0.80	98
YEZ132M—4 (J)	7.5	1440	17	3.2	3.2	101	0.64	0.80	98
YEZS132M—4/8	5.5/2.7	1420/700	16/12	2.9/2.5	2.9/2.5	76/36	0.8/0.65	0.67/0.47	98
YEZS132L—4/8	7.5/3.7	1420/700	18/13	3.0/2.5	3.0/2.5	110/47	0.82/0.7	0.76/0.58	98
YEZ160—4	11	1420	23	3.5	3.5	180	0.86	0.87	182
YEZS160—4/8	11/5.5	1420/690	24/20	3.2/2.6	3.2/2.6	160/70	0.84/0.73	0.83/0.62	182
YEZ160M—4	13	1400	30	3.5	3.5	195	0.85	0.85	182
YEZS160M—4/8	13/6.5	1390/685	28/22	3.5/2.7	3.5/2.7	171/78	0.83/0.7	0.83/0.60	182
YEZ160L—4	15	1400	34	3.0	3.0	200	0.81	0.82	182
YEZS160L—4/8	15/7.5	1400/690	33/22	3.4/2.5	3.4/2.5	222/89	0.84/0.73	0.82/0.69	182
YEZ180M—4	18.5	1400	42	3.2	3.2	248	0.86	0.86	225

三、生产厂

武汉莱斯特传动设备有限公司。

4.6　YZR2 系列起重及冶金用绕线转子三相异步电动机

一、概述

YZR2 系列起重及冶金用三相异步电动机是在 YZR 系列基础上更新设计的换代产品，克服了 YZR 电动机所存在的不足之处。适用于驱动各种形式的起重和冶金机械及其它类似设备。具有较大的过载能力和较高的机械强度，特别适用于短时或断续周期性运行，频繁启动和制动、有时过负载及有显著振动与冲击的设备。

二、技术数据

YZR2 系列起重及冶金用三相异步电动机技术数据，见表 4－8、表 4－9 及表 4－10。

表 4－8　YZR2 系列起重及冶金用三相异步电动机技术数据（一）

同步转速(r/min)	1500				1000				750				600			
极数	4				6				8				10			
负载持续率（%）	25	40	60	100	25	40	60	100	25	40	60	100	25	40	60	100
机座号	功率（kW）															
100L	2.5	2.2	1.9	1.6												
112M$_{2}^{1}$	3.3	3.0	2.6	2.0	1.7	1.5	1.3	1.1								
	4.5	4.0	3.5	3.0	2.5	2.2	1.9	1.6								
132M$_{2}^{1}$	6.3	5.5	4.8	4.0	3.3	3.0	2.6	2.2								
	7.0	6.3	5.3	4.8	4.5	4.0	3.5	3.0								
160M$_{2}^{1}$	8.5	7.5	6.3	5.0	6.3	5.5	4.8	4.0								
	13	11	9.5	8.0	8.5	7.5	6.3	5.05								
160L	17	15	13	11	13	11	9.5	8.0	8.5	7.5	6.3	5.5				
180L	25	22	19	16	17	15	13	11	13	11	9.5	8.0				
200L	35	30	26	22	25	22	19	16	17	15	13	11				
225M	42	37	32	27	35	30	25	22	26	22	19	16				
250M$_{2}^{1}$	52	45	39	33	42	37	32	27	35	30	26	22				
	63	55	47	40	52	45	39	33	42	37	32	27				
280S$_{2}^{1}$	70	63	53	46	63	55	47	40	52	45	39	33	42	37	32	27
	85	75	63	55	70	63	53	46								
280M	100	90	75	65	85	75	63	55	63	55	47	40	52	45	39	33
315S$_{2}^{1}$	125	110	92	80	100	90	75	65	70	63	53	46	63	55	47	40
									85	75	63	55	70	63	53	46
315M	150	132	110	95	125	110	92	80	100	90	75	65	85	75	63	55
355M$_{2}^{1}$									125	110	92	80	100	90	75	65
									150	132	110	95	125	110	92	80
355L									185	160	132	115	150	132	110	95
400L$_{2}^{1}$									230	200	170	145	185	160	132	115
									390	250	210	180	230	200	170	145

表4-9 YZR2系列起重及冶金用三相异步电动机技术数据(二)

工作方式	S3(6次/h)										转动惯量(kg·m²)	转子开路电压(V)
	25	40							60	100		
型号	额定功率(kW)	额定功率(kW)	定子电流(A)	转子电流(A)	最大转矩/额定转矩	转速(r/min)	效率(%)	功率因数	额定功率(kW)	额定功率(kW)		
YZR2—280S1—4	70	63	113.29	164.9	2.8	1468	91.0	0.91	53	46	1.85	230
YZR2—280S1—4	63	55	105.08	123.3	2.8	973	91.5	0.885	47	40	2.2	280
YZR2—280S—8	52	45	93.41	93.3	2.8	725	90.5	0.795	39	33	2.3	305
YZR2—280S—10	42	37	85.25	151.9	2.8	579	87.9	0.751	32	27	3.2	150
YZR2—280S2—4	85	75	134.08	203.6	2.8	1467	91.0	0.941	63	55	2.0	240
YZR2—280S2—6	70	63	122	128.2	2.8	976	91.5	0.885	53	46	2.4	300
YZR2—280M—4	100	90	159.58	182.7	2.8	1468	91.0	0.941	75	65	2.2	310
YZR2—280M—6	85	75	139.8	147.3	2.8	975	91.5	0.885	63	55	2.8	310
YZR2—280M—8	63	55	114.87	108.5	2.8	728	90.5	0.795	47	40	2.8	310
YZR2—280M—10	52	45	102.06	173.1	2.8	582	87.9	0.751	39	33	3.7	172
YZR2—315S—4	125	110	192.74	242.3	2.8	1463	93.0	0.92	92	80	4.2	290
YZR2—315S—6	100	90	168.65	212.7	2.8	979	92.0	0.88	75	65	5.4	255
YZR2—315S1—8	70	63	127.01	159.4	2.8	730	80.0	0.80	53	46	5.4	250
YZR2—315S1—10	63	55	119.4	157.2	2.8	582	89.0	0.78	47	40	6.8	225
YZR2—315S2—8	85	75	152.37	165.6	2.8	731	80.0	0.80	63	55	5.8	285
YZR2—315S2—10	70	63	136.08	161.7	2.8	583	90.0	0.78	53	46	7.3	242
YZR2—315M—4	150	132	229.54	215.7	2.8	1472	93.0	0.93	110	95	4.9	375
YZR2—315M—6	125	110	200.99	222.9	2.8	978	92.0	0.88	92	80	6.4	305
YZR2—315M—8	100	90	182.41	169.5	2.8	732	90.0	0.80	75	65	6.4	330
YZR2—315M—10	85	75	158.1	171.3	2.8	582	89.0	0.78	63	55	8.1	280
YZR2—355M—8	125	110	216.72	242.4	2.8	734	920	0.87	92	80	14.1	285
YZR2—355M—10	100	90	184.18	181.4	2.8	587	90.0	0.81	75	65	14.2	310
YZR2—355L1—8	150	132	255.17	254.4	2.8	734	92.0	0.84	110	95	15.8	325
YZR2—355L1—10	125	110	218.47	189.9	2.8	586	91.0	0.82	92	80	16.4	335
YZR2—355L2—8	185	160	308.12	263.2	2.8	735	92.0	0.86	132	115	17.3	380
YZR2—355L2—10	150	132	265.7	188.6	2.8	587	92.0	0.82	110	95	18.0	435
YZR2—400L1—8	230	200	381.98	316.4	2.8	739	92.0	0.83	170	145	22.8	390
YZR2—400L1—10	185	160	322.26	252.5	2.8	591	92.2	0.79	132	115	23.6	395
YZR2—400L2—8	300	250	489.79	314.4	2.8	749	80.0	0.80	210	180	25.8	480
YZR2—400L2—10	230	200	403.9	262.6	2.8	891	92.2	0.79	170	145	25.2	460

表 4-10 YZR2 系列起重及冶金用三相异步电动机技术数据（三）

工作方式	S3（6次/h）										转动惯量（kg·m²）	转子开路电压（V）
	25	40							60	100		
型号	额定功率（kW）	额定功率（kW）	定子电流（A）	转子电流（A）	最大转矩/额定转矩	转速（r/min）	效率（%）	功率因数	额定功率（kW）	额定功率（kW）		
YZR2—100L—4	2.5	2.2	5.53	18.6	2.4	1358	77.0	0.725	1.9	1.6	0.012	85
YZR2—112M1—4	3.3	3.0	7.67	19.8	2.4	1379	75.0	0.768	2.6	2.0	0.025	110
YZR2—112M1—4	1.7	1.5	4.27	10.8	2.4	1379	69.0	0.645	1.3	1.1	0.023	100
YZR2—112M2—4	4.5	4.0	9.77	19.1	2.4	1379	78.0	0.798	3.5	3.0	0.026	145
YZR2—112M2—4	2.5	2.2	6.07	12.1	2.4	1379	69.0	0.645	1.9	1.6	0.026	132
YZR2—132M1—4	6.3	5.5	12.36	36.1	2.4	1398	82.9	0.844	4.8	4.0	0.042	140
YZR2—132M1—6	3.3	3.0	8.15	18.7	2.4	923	75.8	0.733	2.6	2.2	0.045	110
YZR2—132M2—4	7.0	6.3	13.92	25.8	2.4	1399	82.9	0.844	5.3	4.8	0.044	170
YZR2—132M1—6	4.5	4.0	10.35	14.7	2.4	923	76.8	0.763	3.5	3.0	0.051	185
YZR2—160M1—4	8.5	7.5	16.07	27.7	2.6	1419	84.5	0.842	6.3	5.0	0.11	180
YZR2—160M1—6	6.3	5.5	13.59	26.4	2.4	949	80.0	0.76	4.8	4.0	0.12	138
YZR2—160M2—4	13	11	22.79	39.8	2.8	1423	84.5	0.862	9.5	8.0	0.13	180
YZR2—160M2—6	8.5	7.5	18.45	26.3	2.6	958	80.0	0.77	6.3	5.5	0.149	185
YZR2—160L—4	17	15	30.9	38.6	2.8	1437	85.5	0.862	13	11	0.15	260
YZR2—160L—6	13	11	25.23	29.1	2.8	954	82.0	0.79	9.5	8.0	0.19	250
YZR2—160L—8	8.5	7.5	21.01	24.2	2.6	712	78.0	0.69	6.3	5.5	0.19	205
YZR2—180L—4	25	22	44.02	52.1	2.8	1442	87.0	0.89	19	16	0.25	270
YZR2—180L—6	17	15	32.94	45.2	2.8	964	85.0	0.81	13	11	0.37	218
YZR2—180L—8	13	11	26.84	43.3	2.8	715	83.0	0.74	9.5	8.0	0.37	172
YZR2—200L—4	35	30	57.91	70.4	2.8	1453	89.0	0.88	26	22	0.41	270
YZR2—200L—6	25	22	43.84	74.3	2.8	963	88.0	0.84	19	16	0.63	200
YZR2—200L—8	17	15	33.24	56.6	2.8	719	85.0	0.75	13	11	0.63	178
YZR2—225M—4	42	37	70.83	75.9	2.8	1461	89.0	0.88	32	27	0.51	325
YZR2—225M—6	35	30	60.89	77.0	2.8	971	88.0	0.84	25	22	0.78	250
YZR2—225M—8	26	22	49.04	60.5	2.8	722	85.0	0.75	19	16	0.77	232
YZR2—250M1—4	52	45	82.44	157.7	2.8	1458	84.0	0.90	39	33	0.89	185
YZR2—250M1—6	42	37	71.89	96.6	2.8	947	88.0	0.86	32	27	1.41	250
YZR2—250M1—8	35	30	61.66	69.7	2.8	725	88.0	0.785	26	22	1.39	272
YZR2—250M2—4	63	55	98.93	157.4	2.8	1457	91.0	0.91	47	40	1.03	230
YZR2—250M2—6	52	45	85.54	100.4	2.8	974	88.0	0.86	39	33	1.63	290
YZR2—250M2—8	42	37	77.67	81.2	2.8	728	88.0	0.785	32	27	1.61	290

三、外形及安装尺寸

YZR2系列起重及冶金用三相异步电动机外形及安装尺寸，见表4-11～表4-13及图4-3～图4-5。

表4-11 YZR2系列起重及冶金用三相异步电动机外形及安装尺寸（一）

机座号	A	B	C	D	D_1	E	E_1	F	G	H	K		AB	AC	AD	BB	HD	L	LC
100L	160	140	63	28		60		8	24	100	12	M10	206	210	135	210	285	533	593
112M	190	140	70	32		80		10	27	112			350	235	160	225	315	590	670
132M	216	178	89	38					33	132			275	285		240	355	647	727
160M	254	210	108	48		110		14	42.5	160	15		320	320	200	290	425	758	868
160L		254														330		802	912
180L	279	279	121	55	M36×3		82		19.9	180			360	360		380	470	870	980
200L	318	305	133	60	M42×3	140	105	16	21.4	200	19		406	406	245	390	520	978	1118
225M	356	311	149	65					23.9	225			455	425		410	560	1050	1190
250M	406	349	168	70	M48×3			18	25.4	250	24		515	470	315	500	625	1195	1337
280S	457	368	190	85	M56×4	170	130	20	31.7	280			575	530		520		1265	1438
280M		419														570		1315	1489
315S	508	406	216	95	M64×4			22	35.2	315	28		640	620	370	550		1385	1562
315M		457														600		1443	1613
355M	610	560	254	110	M80×4	210	165	25	41.9	355			740	695	440	710		1654	1864
355L		630														780		1724	1934
400L	686	710	280	130	M100×4	250	200	28	50	400	35		855	800		880		1870	2120

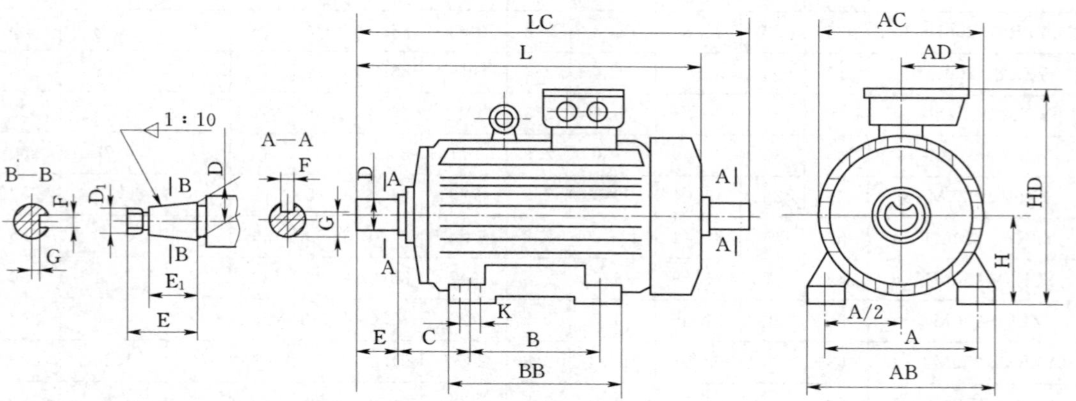

图4-3 YZR2系列起重及冶金用三相异步电动机外形及安装尺寸（一）

表 4-12 YZR2 系列起重及冶金用三相异步电动机外形及安装尺寸（二）

机座号	凸缘号	D	D_1	E	E_1	F	G	M	N	P	S	螺栓直径	孔数（个）	AD	L
100L	FF215	28		60		8	24	215	180	250	15	M12	4	180	533
112M		32		80		10	27							203	590
132M	FF265	38					33	265	230	300				218	647
160M	FF300	48		110		14	42.5	300	250	350	19	M16		265	758
160L															802
180L		55	M30×2		82		19.9							285	870
200L	FF400	60	M42×2	140	105	16	21.4	400	350	450			8	317	978
225M		65					23.9							335	1050

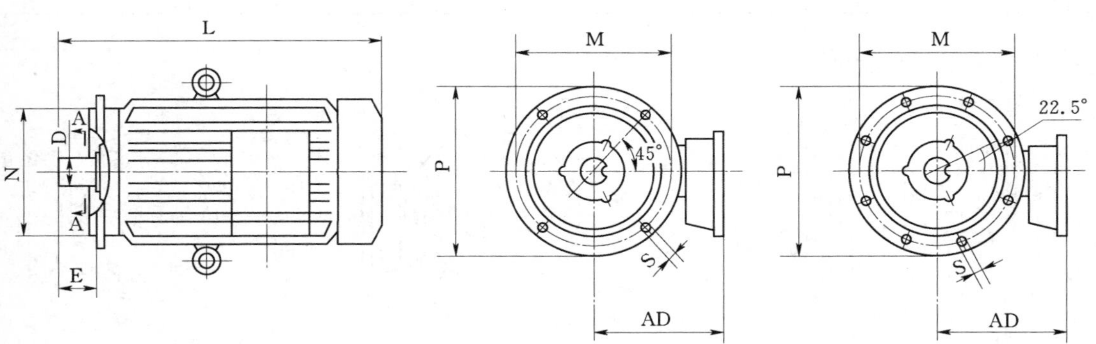

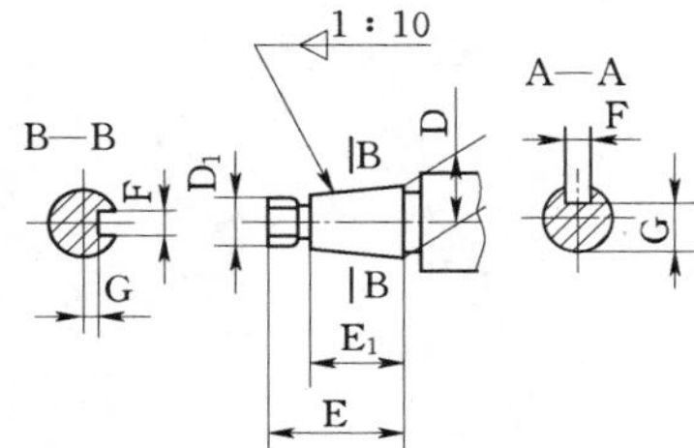

图 4-4 YZR2 系列起重及冶金用三相异步电动机外形及安装尺寸（二）

表 4-13 YZR2 系列起重及冶金用三相异步电动机外形及安装尺寸（三）

机座号	凸缘号	D	D_1	E	E_1	F	G	M	N	P	S	螺栓直径	孔数（个）	AD	L
100L	FF215	28		60		8	24	215	180	250	15	M12	4	180	573
112		32		80		10	27							203	630
132	FF265	38					33	265	230	300				218	687
160	FF300	48		110		14 1	42.5	300	250	350	19	M16		265	808
160															852
180		55			82		19.9							285	920
200	FF500	60		140	105	116	21.4 23.9	400	350 4	450	19		8	317	1028
225		65				18	25.4							335	1100
250		70				18	31.7 3	500	4					375	1257
280	FF600	85			130	220			450	550				455	1328
280															1379
315		95		170		22	35.2	600	550	660	24	M20		520	1452
315															1503

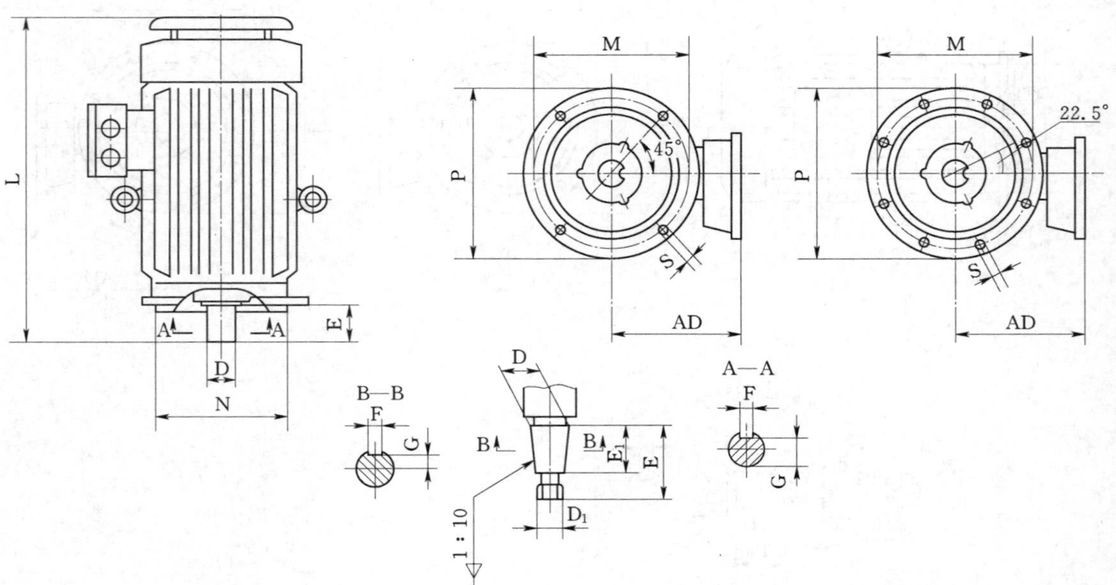

图 4-5 YZR2 系列起重及冶金用三相异步电动机外形及安装尺寸（三）

四、生产厂

纽科伦（新乡）起重机有限公司。

4.7 YZZ 系列电磁制动三相异步电动机

一、概述

YZZ 系列电磁制动三相异步电动机是一种驱制动合二为一的技术创新型新一代电动机，其优良的电磁设计、独特的制动设计及整机造型设计，使其具有外观紧凑合理、运行性能优良、使用维护方便、操作安全可靠等特点。特别适合使用在高层建筑施工人货两用升降机上，也可用于各种卷扬机和其它起重机械。

YZZ 系列电动机由两部分组成：电动机部分是封闭式自扇冷式三相交流异步电机；制动部分是具有改善电机启、制动性能和摩擦自动跟踪调整功能的圆盘直流制动器，由直流电磁铁、衔铁和主辅弹簧组成。电磁铁的四止退器组成，能对电磁铁的吸合和释放过程进行分解，从而达到是制动器平稳启动和平稳制动的效果。同时，由于止退器的特殊结构能使电磁铁和衔铁之间保持恒定的距离，因此当制动盘磨损导致制动间隙增大时，具有跟踪补偿间隙的特殊功能。

二、技术数据

YZZ 系列电磁制动三相异步电动机部分主要技术数据，见表 4－14。

表 4－14　YZZ 系列电磁制动三相异步电动机部分主要技术数据

<table>
<tr><th>型　　号</th><th>额定功率（kW）</th><th>额定电压（V）</th><th>额定电流（A）</th><th>额定频率（Hz）</th><th>额定转速（r/min）</th><th>绝缘等级</th><th>基准工作制</th><th>接法</th><th>堵转电流（A）</th><th>防护等级</th><th>最大转矩/额定转矩</th><th>堵转转矩/额定转矩</th></tr>
<tr><td>YZZ132S—4</td><td>6.3</td><td rowspan="4">380</td><td>14</td><td rowspan="4">50</td><td rowspan="4">1390</td><td rowspan="4">F</td><td rowspan="4">S3—25%</td><td rowspan="4">Y</td><td>80</td><td rowspan="4">IP54</td><td>2.25</td><td>2.25</td></tr>
<tr><td>YZZ132W—4</td><td>11</td><td>24</td><td>136</td><td rowspan="3">2.6</td><td rowspan="3">2.6</td></tr>
<tr><td>YZZ132L1—4</td><td>15</td><td>32</td><td>221</td></tr>
<tr><td>YZZ132L2—4</td><td>16.5</td><td>35</td><td>242</td></tr>
</table>

YZZ 系列电磁制动三相异步电动机直流制动器部分主要技术数据、外形及安装尺寸，见表 4－15 及图 4－6。

表 4－15　YZZ 系列电磁制动三相异步电动机直流制动器部分主要技术数据

<table>
<tr><th>型　　号</th><th>额定直流电压（V）</th><th>额定直流电流（A）</th><th>制动力矩（N·m）</th><th>绝缘等级</th><th>防护等级</th></tr>
<tr><td>YZZ132S—4</td><td rowspan="4">195</td><td rowspan="2">0.6</td><td>100</td><td rowspan="4">F</td><td rowspan="4">IP23</td></tr>
<tr><td>YZZ132W—4</td><td>120</td></tr>
<tr><td>YZZ132L1—4</td><td rowspan="2">1.1</td><td>175</td></tr>
<tr><td>YZZ132L2—4</td><td>210</td></tr>
</table>

三、生产厂

南京特种电机厂。

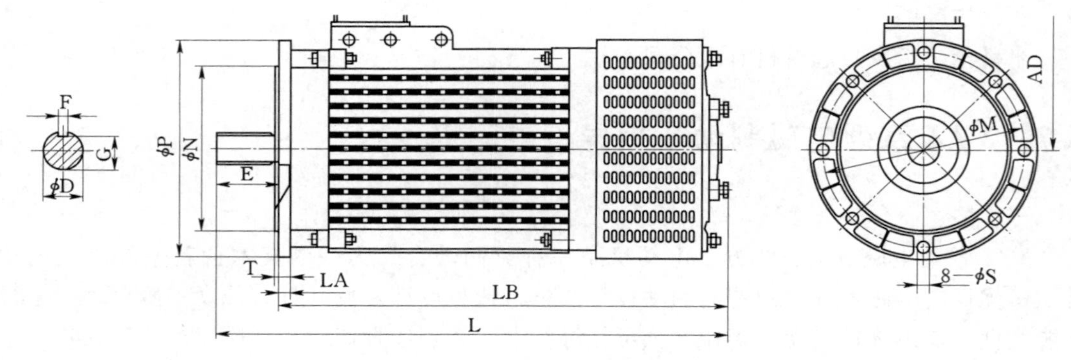

外形与安装尺寸

型号	凸缘号	安装尺寸										外形尺寸			
		D	E	F	G	M	N	P	R	S	I	AD	LA	LB	L
YZZ132S—4	FF265	$38^{+0.018}_{+0.002}$	80±0.37	$10^{0}_{-0.036}$	$33^{0}_{-0.12}$	265	$230^{+0.016}_{-0.013}$	300	0±2.0	$13.5^{+0.43}_{0}$	4	180	15	510	590
YZZ132M—4														580	660
YZZ132L1—4														615	695
YZZ132L2—4														630	710

图 4-6　YZZ 系列电磁制动三相异步电动机直流制动器外形及安装尺寸

4.8　ZD 系列锥形转子三相异步电动机

一、概述

本系列电机为锥形转子三相异步电动机，带有自动刹车装置，具有启动转矩大、制动可靠、结构紧凑、工作平稳、体积小、重量轻以及使用安全、维护方便等特点。本系列电机常用起重运输机械行业，特殊的机械设备要求能迅速制动、频繁启动、正反交替运行的场所。不适用于有易燃易爆及有熔化金属、有爆炸危险、酸碱类蒸汽的工作环境。本系列电机型号有：ZD1、ZDW、ZDX、功率：0.4～24kW，防护等级 IP44、IP54。

二、技术数据

ZD 系列锥形转子三相异步电动机技术数据，见表 4-16。

表 4-16　ZD 系列锥形转子三相异步电动机技术数据

型　号	额定功率 (kW)	额定电流 (A)	额定转速 (r/min)	启动转矩/额定转矩	启动电流 (A)	效　率 (%)	功率因数	磁拉力 (kg)	制动力矩 (N·m)
$ZD_1$12—4	0.4	1.25	1360	2	7	67	0.72	15	4.4
$ZD_1$21—4	0.8	2.4	1360	2.5	13	70	0.72	24	8.34
$ZD_1$22—4	1.5	4.3	1380	2.5	24	72	0.74	36	16.67
$ZD_1$31—4	3.0	7.6	1380	2.7	42	79	0.77	74	34.32
$ZD_1$32—4	4.5	11	1380	2.7	60	78	0.80	96	49.03

续表 4-16

型　号	额定功率（kW）	额定电流（A）	额定转速（r/min）	启动转矩/额定转矩	启动电流（A）	效　率（%）	功率因数	磁拉力（kg）	制动力矩（N·m）
$ZD_1$41—4	7.5	18	1400	3	100	79	0.80	153	83.3
$ZD_1$51—4	13	30	1400	3	165	80	0.82	198	147
$ZD_1$52—4	18.5	42	1400	3	229	82	0.82	210	252
ZDX62—6	18.5	43	980	2.8	202	84	0.83	250	390
$ZD_1$62—4	24	55	1400	3	300	83	0.62	290	390

三、生产厂

山东益统重工机械有限公司。

4.9 ZDR 系列锥形绕线转子三相异步电动机

一、概述

ZDR 系列锥形绕线转子三相异步电动机，可串接电阻启动，使其机械特性能人为随意变软，能在较小的启动电流提供较大的启动转矩，可进行小范围调速，启动平稳，制动安全，且能与减速机配套，用于驱动起重机械及高效率机械和其它需要利动平缓的制动机械。

ZDR 系列电动机采用 380V 电源，50Hz，基本工作制为 S4，负载持续率 25%，等效启动效率 120 次/小时。

ZDR 系列电动机为封闭式结构，防护等级为 IP44，冷却方式为自冷式 ICO141。绝缘等级有 B 级和 F 级两种。

二、技术数据

ZDR 系列锥形绕线转子三相异步电动机技术数据，见表 4-17。

表 4-17　ZDR 系列锥形绕线转子三相异步电动机技术数据

型　号	功率（kW）	转速（r/min）	额定电流（A）	最大转矩/额定转矩	效率（%）	功率因数	制动力矩（N·m）	转子开路电压（V）	转子电流（A）	重量（kg）
ZDR100—4	1.5	1350	4.3	2.5	70	0.75	10	131	8.7	39
ZDR100—4（D）	1.5	1350	4.3	2.5	70	0.75	10	131	8.7	39
ZDR112L1—4	2.1	1350	5.6	2.5	79	0.77	13.5	130	12.0	48
ZDR112L2—4	3.0	1350	6.9	2.5	79	0.77	19.0	130	16.0	54
ZDR125—4	4.6	1350	15.0	2.8	84	0.84	35.0	160	18.0	68
ZDR140—4	6.0	1400	19.0	2.8	83	0.83	62.0	185	20.0	86

三、外形及安装尺寸

ZDR 系列锥形绕线转子三相异步电动机外形及安装尺寸，见表 4-18 及图 4-7。

表 4-18 ZDR 系列锥形绕线转子三相异步电动机外形及安装尺寸

型　号	P	D	D_1	D_2	D_3	L	L_1	L_2	L_3	L_4	L_5	d
ZDR100—4 1.5kW	6×16h15×20e9×4c11	ϕ100h7	ϕ120	ϕ140	ϕ218	480	480	16.5	25	29	45.5	ϕ9
ZDR100—4 (D) 1.5kW	6×21.9h15×25f9×6d11	ϕ180h7	ϕ200	ϕ220	ϕ218	480	480	11.5	30	34	45.5	ϕ11
ZDR112L1—4 2.1kW	6×21.9h15×25f9×6d11	ϕ180h7	ϕ200	ϕ220	ϕ218	498	498	11.5	30	35	46.5	ϕ11
ZDR112L2—4 3.0kW	6×21.9h15×25f9×6d11	ϕ180h7	ϕ200	ϕ220	ϕ218	523	523	11.5	30	35	46.5	ϕ11
ZDR125—4 4.6kW	6×26h15×32f9×6d11	ϕ125h7	ϕ150	ϕ200	ϕ249	543	543	18	32	37	55	M12
ZDR140—4 8.0kW		ϕ125h7	ϕ150	ϕ218	ϕ277	627	572	18	30	37	55	M12

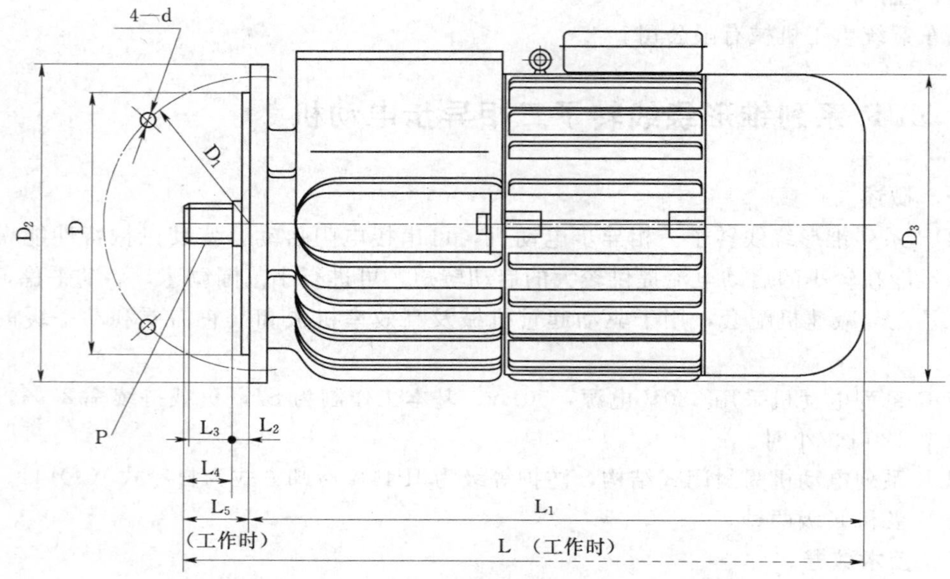

图 4-7 ZDR 系列锥形绕线转子三相异步电动机外形及安装尺寸

四、生产厂

山东亚泰重型机械有限公司。

4.10 ZDS 系列电动机

一、概述

ZDS 系列电动机具有快、慢两种速度，除与电动葫芦配套外，还适用于需要两种速度的机床和起重运输等机械。

本系列双电机阻，是由两个锥影转子制动电机 ZDM_1 和 ZD_1 通过中间慢速驱动装置连接，来实现两种速度的一种复合电动机，载重量：0.5～32t，防护等级 IP44、IP54。

二、技术数据

ZDS 系列电动机技术数据，见表 4-19。

表 4-19 ZDS系列电动机技术数据

型　号	功　率 (kW)	转　速 (r/min)	额定电流 (A)	最大转矩/额定转矩	启动转矩/额定转矩	启动电流 (A)	制动力矩 (N·m)	配套葫芦 (t)
$ZDS_1$0.2/0.6	0.2/0.8	157/1360	0.72/2.4	2.0/2.5	2.0/2.5	4/13	8.34	0.5
$ZDS_1$0.4/1.5	0.4/1.5	157/1380	1.25/4.3	2.0/2.5	2.0/2.5	7/24	16.67	1
$ZDS_1$0.4/3.0	0.4/3.0	127/1380	1.25/7.6	2.0/2.5	2.0/2.5	7/42	34.32	2
$ZDS_1$0.4/4.5	0.4/4.5	127/1380	1.25/11	2.0/2.5	2.0/2.5	7/60	48.00	3
$ZDS_1$0.8/7.5	0.6/7.5	129/1400	2.4/18	2.5/3.0	2.5/3.0	13/100	63.30	5
$ZDS_1$1.5/10	1.5/10	144/1400	4.3/30	2.5/3.0	2.5/3.0	24/165	142.10	10
$ZDS_1$2.2/18.5	2.2/18.5	144/1400	6.0/42	2.5/3.0	2.5/3.0	33/229	252	16
$ZDS_1$2.2—6/18.5—8	2.2/18.5	90/360	2.6/43	2.5/2.8	2.5/2.8	35/200	390	22
$ZDS_1$3.0/24	3.0/24	147/1400	2.4/55	2.5/3.0	2.5/3.0	42/300	390	30

三、生产厂

新乡市豫达电机有限公司。

第5章 油浸式电力变压器

S7系列以下的电力变压器已经被淘汰，本章收入了以S7、S8、S9和S10系列为主的油浸式电力变压器及密封式电力变压器。这些产品采用优质材料，在线圈、器身、绝缘方面选用了新的设计和工艺、先进的加工设备和手段，空载和负载损耗均明显降低，具有性能和结构可靠、体积小、重量轻、噪音低和效率高等优点，节能效果更为显著，大大延长了变压器的使用寿命。

S9系列是全国统一设计的产品。与S7系列相比，其空载损耗平均降低了8%，负载损耗平均降低了25%左右。S9系列将是SL7系列的更新换代产品。

S10系列与S7系列产品相比，空载损耗降低了30%，空载电流降低了60%，负载损耗降低了15%，噪音指标比国家标准低25%。

BS9系列属于特殊型产品，是最新系列的低损耗铜绕组变压器，抗腐蚀能力强，节能效果显著。

全密封变压器能有效地防止空气和水分的侵入，是一种省电、安全、结构轻巧、长用免修的新产品。其低压线圈采用铜箔绕制，具有较强的承受短路的能力。

有载调压电力变压器是输配电系统的重要组成部分，因此本章还介绍了有载调压变压器及其组成部分有载分接开关及驱动机构，保证变压器能在带负荷运行条件下调整电压、稳定输出电压，保证供电质量和连续供电。

5.1 无励磁油浸式电力变压器

5.1.1 6～10kV无励磁电力变压器

一、S7系列6～10kV配电及电力变压器

（一）概述

该系列变压器是三相油浸自冷双绕组铜线无载调压（调压范围为±5%）变压器，在交流50Hz输配电系统中作分配电能和变换电压用，可供户内外连续使用。

（二）技术数据

该系列变压器的技术数据，见表5-1。

二、SL7系列6～10kV级配电及电力变压器

（一）概述

该系列变压器是三相油浸自冷双绕组铝线无载调压（调压范围为±5%）变压器，在交流50Hz输配电系统中作分配电能和变换电压用，可供户内外连续使用。与S7系列相比，本系列同等级同容量变压器所占空间较大，但造价相对较低，适用于广大用户。

表 5-1　S7 系列 6～10kV 级铜绕组配电及电力变压器技术数据

型　　号	额定容量（kVA）	额定电压（kV）		连接组标号	损耗（kW）		空载电流（%）	阻抗电压（%）	重量（kg）			外形尺寸（mm）（长×宽×高）	轨距（mm）	生产厂
		高压	低压		短路	空载			器身	油	总体			
S7—30/10	30	6 6.3 10 10.5 11	0.4	Y，yn0	0.80	0.15	2.8	4	145	79	300	940×700×1040	400	铜川整流变压器厂、上海变压器厂、武汉变压器有限责任公司、南通市友邦变压器有限公司、江西第二变压器厂、佛山市变压器厂、济南志友股份有限公司、扬州三力电器（集团）公司
S7—50/10	50				1.15	0.19	2.5		215	95	415	970×800×1120	400	
S7—63/10	63				1.40	0.22	2.4							
S7—80/10	80				1.65	0.27	2.2		278	112	517	1050×800×1110	550	
S7—100/10	100				2.00	0.32	2.1		338	146	625	1090×520×1200	550	
S7—125/10	125				2.45	0.37	2.0		385	163	705	1130×550×1250	550	
S7—160/10	160				2.85	0.46	1.9		441	192	843	1240×670×1480	550	
S7—200/10	200				3.50	0.54	1.8		515	220	1005	1320×750×1530	550	
S7—250/10	250				4.00	0.64	1.7		510	254	1010	1350×770×1470	660	
S7—315/10	315				4.80	0.76	1.6		705	280	1290	1370×780×1540	660	
S7—400/10	400				5.80	0.92	1.5		875	321	1415	1530×930×1500	660	
S7—500/10	500				6.90	1.00	1.4		970	383	1781	1550×930×1630	660	
S7—630/10	630				8.10	1.30	1.3	4.5	1300	435	2080	1790×980×1780	820	
S7—800/10	800				9.90	1.54	1.2		1451	589	2420	1850×1090×2060	820	
S7—1000/10	1000				11.60	1.80	1.1		1810	740	3130	2080×1140×2360	820	
S7—1250/10	1250				13.80	2.20	1.0		2116	898	3709	2050×1140×2410	820	
S7—1600/10	1600				16.50	2.65	0.9		2533	998	4383	2230×1380×2770	820	
S7—2000/10	2000				19.80	3.10	0.8		3384	1093	5963	2870×1970×2900	820	
S7—2500/10	2500				23.00	3.65	0.7	5.5	3575	1430	6655	3160×2230×2990	1070	
S7—B—315/6—10	315				4.80	0.76	2.3	4	715	290	1330	1590×1375×1500	660	铜川整流变压器厂
S7—B—400/6—10	400				5.80	0.92	2.1		860	370	1560	1570×1590×1605	660	
S7—B—500/6—10	500				6.90	1.08	2.1		1000	370	1780	1500×1430×1690	660	
S7—B—630/6—10	630				8.10	1.30	1.8		1180	470	2125	1652×1875×1722	660	
S7—B—800/6—10	800				9.90	1.54	1.7	4.5	1352	505	2415	1705×1675×1870	820	
S7—B—1000/6—10	1000				11.60	1.80	1.4		1550	540	2870	1750×1795×1910	820	
S7—B—1250/6—10	1250				13.80	2.20	1.4		1850	630	3410	1815×1710×1970	820	
S7—B—1600/6—10	1600				16.50	2.65	1.3		2190	789	4140	1800×1940×2080	820	
S7—B—2000/6—10	2000				19.80	3.10	1.0		2675	950	4805	2145×2344×2300	820	

续表 5-1

型　号	额定容量(kVA)	额定电压(kV)		连接组标号	损耗(kW)		空载电流(%)	阻抗电压(%)	重量(kg)			外形尺寸(mm)(长×宽×高)	轨距(mm)	生产厂
		高压	低压		短路	空载			器身	油	总体			
S7—315/10	315	6 6.3 10 10.5 11	3.15 6.3	Y，d11	4.80	0.76	1.6	4	848	378	1625	1590×960×1680	660	济南志友股份有限公司、佛山市变压器厂、江西变电设备总厂、扬州三力电器（集团）公司、上海变压器厂、铜川整流变压器厂、南通变压器厂
S7—400/10	400				5.80	0.92	1.5		1010	398	1750	1680×1130×1830	660	
S7—500/10	500				6.90	1.08	1.4	4.5	1216	475	2280	1860×1140×1710	660	
S7—630/10	630				8.10	1.30	1.3		1536	592	2780	2250×1150×2000	820	
S7—800/10	800				9.90	1.54	1.2	5.5	1650	560	2980	1650×1200×2270	820	
S7—1000/10	1000				11.60	1.80	1.1		1907	647	3300	2350×1540×2310	820	
S7—1250/10	1250				13.80	2.20	1.0		2180	875	4160	2510×1570×2310	820	
S7—1600/10	1600				16.50	2.65	0.9		2725	865	4930	2620×1440×2480	820	
S7—2000/10	2000				19.80	3.10	0.9		3000	940	5355	2600×1440×2620	1070	
S7—2500/10	2500				23.00	3.65	0.8		3426	1243	6590	2470×2670×2710	1070	
S7—3150/10	3150				27.00	4.40	0.8							
S7—4000/10	4000				32.00	5.30	0.7		4792	1508	8575	2720×2480×2860	1070	
S7—5000/10	5000				36.70	6.40	0.7							
S7—6300/10	6300				41.00	7.50	0.6							
SF7—8000/10	8000				45.00	10.00	0.7	10.5			15760	3150×3150×3055		
SF7—16000/10	16000			Y，yn0	120.00	15.00	0.7				24500	3465×3270×3615		

注 型号中的 B 表示该变压器绕组为箔式结构，F 表示其冷却方式为风冷。

（二）技术数据

该系列 6～10kV 级配电及电力变压器的技术数据，见表 5-2。

三、S8 系列 6～10kV 级配电变压器

（一）概述

该系列变压器是三相油浸自冷双绕组铜线无载调压（调压范围为±5%）变压器。在交流 50Hz 配电系统中作分配电能和变换电压用，可安装于户内外连续使用。

（二）技术数据

该系列 6～10kV 级配电变压器的技术数据，见表 5-3。

四、SL8 系列 6～10kV 级配电变压器

（一）概述

该系列变压器为三相油浸自冷双绕组铝线无励磁调压变压器，其用途和外形与 S8 系列相似。

（二）技术数据

该系列 6～10kV 级铝线圈配电变压器的技术数据。见表 5-4。

表 5-2 SL7 系列 6～10kV 级铝绕组配电及电力变压器技术数据

型号	额定容量(kVA)	额定电压(kV)		连接组标号	损耗(kW)		空载电流(%)	阻抗电压(%)	重量(kg)			外形尺寸(mm)(长×宽×高)	轨距(mm)	生产厂
		高压	低压		短路	空载			器身	油	总体			
SL7—30/10	30	6 6.3 10 10.5 11	0.4	Y，yn0	0.80	0.15	2.8	4	145	87	317			济南志友股份有限公司、江西变电设备总厂、上海变压器厂、铜川整流变压器厂、武汉变压器有限责任公司
SL7—50/10	50				1.15	0.19	2.6		230	125	480	1110×685×1285	400/400	
SL7—63/10	63				1.40	0.22	2.5		255	135	525	1150×690×1305	550/550	
SL7—80/10	80				1.65	0.27	2.4		290	150	590	1200×785×1485	550/550	
SL7—100/10	100				2.00	0.32	2.3		340	170	685	1280×795×1530	550/550	
SL7—125/10	125				2.45	0.37	2.2		370	205	790	1300×840×1540	550/550	
SL7—160/10	160				2.85	0.46	2.1		470	245	945	1340×860×1660	550/550	
SL7—200/10	200				3.40	0.54	2.1		540	270	1070	1380×870×1700	550/550	
SL7—250/10	250				4.00	0.64	2.0		635	305	1235	1420×880×1770	660/660	
SL7—315/10	315				4.80	0.76	2.0		770	360	1470	1470×900×1870	660/660	
SL7—400/10	400				5.80	0.92	1.9		910	450	1790	1530×1230×2000	660/660	
SL7—500/10	500				6.90	1.08	1.9		1050	495	2050	1610×1240×2040	660/660	
SL7—630/10	630				8.10	1.30	1.8		1615	600	2720	1940×1120×2280	660/660	
SL7—800/10	800				9.90	1.54	1.5		1700	815	3200	2010×1730×2640	820/820	
SL7—1000/10	1000				11.60	1.80	1.2		2100	1048	3980	2100×1610×2900	820/820	
SL7—1250/10	1250				13.80	2.20	1.2		2450	1147	4650	2180×1830×2945	1070/1070	
SL7—1600/10	1600				16.50	2.65	1.1		3010	1332	5620	2235×2050×3150	820/820	
SL7—630/10	630	6 6.3 10 10.5 11	3.15 6.3	Y，d11	8.10	1.30	1.8	4.5	1470	740	2810			武汉变压器有限责任公司、铜川整流变压器厂、上海变压器厂、江西变电设备总厂、济南志友股份有限公司
SL7—800/10	800				9.90	1.54	1.5	5.5	1590	830	3130			
SL7—1000/10	1000				11.60	1.80	1.2		1850	920	3550			
SL7—1250/10	1250				13.80	2.20	1.2		2120	1020	4140			
SL7—1600/10	1600				16.50	2.65	1.1		2560	1210	5020			
SL7—2000/10	2000				19.80	3.10	1.0		2750	1220	5430	2590×1910×2710	1070/1070	
SL7—2500/10	2500				23.00	3.65	1.0		3280	1450	6330	2670×2140×2860	1070/1070	
SL7—3150/10	3150				27.00	4.40	0.9		3980	1670	7560	2730×2150×3130	1070/1070	
SL7—4000/10	4000				32.00	5.30	0.8		4620	1885	8775	2830×2370×3190	1070/1070	
SL7—5000/10	5000				36.70	6.40	0.8		5700	2120	10270	2710×2510×3330	1070/1070	
SL7—6300/10	6300				41.00	7.50	0.7		7000	2410	12130	2885×2540×3510	1070/1070	

表 5-3 S8 系列 6～10kV 级铜绕组配电变压器技术数据

型号	额定容量（kVA）	额定电压（kV）		连接组标号	损耗（kW）		空载电流（%）	阻抗电压（%）	重量（kg）			外形尺寸（mm）（长×宽×高）	轨距（mm）	生产厂
		高压	低压		短路	空载			器身	油	总体			
S8—100/10	100	6 6.3 10 10.5 11	0.4	Y，yn0 或 Y，zn11	2.00	0.29	1.6	4	328	150	590	1170×520×1250	550	上海变压器厂、佛山市变压器厂
S8—125/10	125				2.45	0.34	1.5		372	162	670	1220×610×1270	550	
S8—160/10	160				2.85	0.39	1.4		456	185	790	1300×650×1310	550	
S8—200/10	200				3.50	0.47	1.3		508	200	880	1310×670×1370	550	
S8—250/10	250				4.00	0.57	1.2		600	229	1040	1380×740×1400	660	
S8—315/10	315				4.80	0.68	1.1		716	269	1230	1460×810×1470	660	
S8—400/10	400				5.80	0.81	1.0		857	321	1470	1470×810×1530	660	
S8—500/10	500				6.90	0.97	1.0		982	350	1670	1560×910×1700	660	
S8—630/10	630			Y，yn0	8.10	1.15	0.9	4.5	1144	457	2000	1750×970×1810	820	
S8—800/10	800				9.90	1.40	0.8		1588	652	3182	2150×1000×2210	820	
S8—1000/10	1000				11.60	1.65	0.7		1800	795	3254	2230×1030×2420	820	
S8—1250/10	1250				13.80	1.95	0.7			950	4582	2440×1110×2500	820	
S8—1600/10	1600				16.50	2.35	0.6		2656	1019	5205	2530×1240×2560	820	

表 5-4 SL8 系列 6～10kV 级铝绕组配电变压器技术数据

型号	额定容量（kVA）	额定电压（kV）		连接组标号	损耗（kW）		空载电流（%）	阻抗电压（%）	生产厂
		高压	低压		短路	空载			
SL8—400/10	400	6 6.3 10 10.5 11	0.4	Y，yn0 D，yn11	4.30	0.80	1.0	4.0	临猗变压器厂、营口变压器厂、连云港变压器厂、钱江变压器厂、沂蒙变压器厂
SL8—500/10	500				5.10	0.96	1.0		
SL8—630/10	630				6.20	1.20	0.9	4.5	
SL8—800/10	800				7.50	1.40	0.8		
SL8—1000/10	1000				10.30	1.70	0.7		
SL8—1250/10	1250				12.00	1.95	0.6		
SL8—1600/10	1600				14.50	2.40	0.6		

五、S9 系列 6～10kV 级配电变压器

（一）概述

该系列变压器是三相油浸自冷双绕组铜线无载调压（调压范围为±5%）变压器，在交流 50Hz 配电系统中作分配电能和变换电压用，可安装于户内外连续使用。目前在国产铜绕组系列配电变压器系列中，其各项经济技术指标均较 S7、S8 系列同等级同容量变压器先进。

（二）技术数据

该系列 6～10kV 级铜绕组配电变压器的技术数据，见表 5-5。

表 5-5 S9 系列 6～10kV 级铜绕组配电变压器技术数据

型号	额定容量(kVA)	额定电压(kV)		连接组标号	损耗(kW)		空载电流(%)	阻抗电压(%)	重量(kg)			外形尺寸(mm)(长×宽×高)	轨距(mm)	生产厂
		高压	低压		短路	空载			器身	油	总体			
S9—30/10	30	6 6.3 10.5 10	0.4	Y，Yn0	0.60	0.13	2.4	4	165	90	340	990×650×1140	440/440	周至变压器厂、铜川整流变压器厂、南通市友邦变压器有限公司、武汉变压器厂、江西变电设备总厂、扬州三力电器（集团）公司、湖北变压器厂、济南志友股份有限公司、佛山市变压器厂
S9—50/10	50				0.87	0.17	2.2		260	100	455	1070×690×1190	440/440	
S9—63/10	63				1.04	0.20	2.2		280	115	505	1090×710×1210	550/550	
S9—80/10	80				1.25	0.25	2.0		340	130	590	1210×700×1370	550/550	
S9—100/10	100				1.50	0.29	2.0		380	140	650	1220×800×1400	550/550	
S9—125/10	125				1.75	0.31	1.8		440	175	790	1310×850×1430	550/550	
S9—160/10	160				2.10	0.42	1.7		530	195	930	1340×890×1460	550/550	
S9—200/10	200				2.50	0.50	1.7		605	215	1045	1380×900×1490	550/550	
S9—250/10	250				2.95	0.59	1.5		730	255	1245	1410×920×1540	660/660	
S9—315/10	315				3.50	0.70	1.5		855	280	1430	1460×1010×1580	660/660	
S9—400/10	400				4.20	0.84	1.4		1010	320	1645	1780×1100×1630	660/660	
S9—500/10	500				5.00	1.00	1.4		1155	360	1890	1570×1250×1670	660/660	
S9—630/10	630				6.00	1.23	1.2	4.5	1720	605	2825	1880×1530×1980	820/820	
S9—800/10	800				7.20	1.45	1.2		1965	680	3215	2220×1210×2320	820/820	
S9—1000/10	1000				10.0	1.70	1.1		2200	870	3945	2280×1560×2480	820/820	
S9—1250/10	1250				11.8	2.00	1.1		2615	980	4650	2310×1910×2630	1070/1070	
S9—1600/10	1600				14.0	2.45	1.0		2960	1115	5205	2350×1950×2700	1070/1070	
S9—1000/10	1000	6 6.3 10	0.4	Y，d11	0.3	1.70	0.7	5.5	1984	918	3800	2000×1340×2400	820/820	
S9—1250/10	1250				12.0	1.95	0.6		2622	834	4572	2220×1300×2360	1070/1070	
S9—1600/10	1600				14.5	2.40	0.6		2795	963	4863	2500×1290×2620	1070/1070	
S9—2500/10	2500				20.24	3.29	0.55		3810	1160	6550	2770×1470×2750	1070/1070	
S9—5000/10	5000				32.3	5.76	0.44		6315	2125	10570	2770×2800×3030	1070/1070	

注 济南志友股份有限公司还生产"箔式"SB9—400～1600 系列变压器。

六、S10 系列 6～10kV 级配电及电力变压器

（一）概述

该系列变压器是三相油浸自冷双绕组无载调压（调压范围为±5%或±2×2.5%）变压器，在交流 50Hz 输电配电系统中作分配电能和变换电压用，可供户内外连续使用。针对目前国产电力变压器损耗大、负荷率较低、空载运行时间长且噪声对环境影响大的现状，通过采用新标准、新结构和新材料，本系列变压器成为全国变压器行业研制开发出来的第一个节能新产品，其主要技术指标已达到目前国际同类产品的先进水平。与国内目前作为主导产品使用的 S7 系列节能变压器相比较，其空载损耗率平均可降低 30%，空载电流可降低 60%，负载损耗平均可降低 15%，噪音较同容量变压器的国家规定指标平均降

低25%。因此，本系列产品是符合国家能源工业发展方向，很有推广价值的又一代新型节能产品。

（二）技术数据

该系列6～10kV级配电及电力变压器的技术数据，见表5-6。

表5-6 S10系列6～10kV级配电及电力变压器的技术数据

型号	额定电压（kV）		连接组标号	损耗（kW）		空载电流（%）	阻抗电压（%）	重量（kg）	外形尺寸（mm）（长×宽×高）	轨距（mm）	生产厂
	高压	低压		短路	空载						
S10—100/10	6 6.3 10 10.5 11	0.4	Y，yn0 或 Y，zn1 D，yn11	1.68/1.80	0.22/0.23	1.15/1.25		560	1220×749×1020		铜川整流变压器厂
S10—125/10				2.06/2.15	0.25/0.27	1.1/1.2		652	1340×870×1230		
S10—160/10				2.39/2.65	0.31/0.32	1.05/1.15		753	1320×880×1270	550	
S10—200/10				2.86/3.06	0.37/0.38	1.05/1.15		891	1490×890×1420	550	
S10—250/10				3.36/3.50	0.44/0.46	1.0/1.1		1164	1626×980×1430	660	
S10—315/10				4.03/4.30	0.52/0.54	1.0/1.1	6	1324	1640×1000×1450	660	
S10—400/10				4.92/5.10	0.64/0.65	0.95/1.0		1594	1700×1030×1615	660	
S10—500/10				5.85/6.08	0.74/0.76	0.95/1.0	4.5	1968	1895×1120×1635	660	
S10—630/10				6.89/7.23	0.90/0.92	0.9/0.95		2534	1860×1110×1800	660	
S10—800/10				8.40/8.84	1.50/1.12	0.75/0.8		3250	1950×1250×1930	820	
S10—1000/10				9.30/0.36	1.23/1.35	0.6/0.65		3660	2350×1400×2250	820	
S10—1250/10				11.10/12.33	1.50/1.60	0.6/0.65		4570	2390×1420×2300	820	
S10—1600/10				14.00/14.60	1.80/1.89	0.55/0.6		5180	2430×1470×2490	820	
S10—630/10	6 6.3 10 10.5 11	6.4 6.3 3.15 3	Y，yn0 Y，d11	6.89	0.90	0.95	4.5	2650	1850×1140×1880	660	
S10—800/10				8.40	1.05	0.80		2980	1980×1250×1920	820	
S10—1000/10				9.30	1.23	0.65		3500	2300×1400×2480	820	
S10—1250/10				11.10	1.50	0.65		3980	2400×1450×2350	820	
S10—1600/10				14.00	1.80	0.6		5250	2550×1500×2690	820	
S10—2000/10		6.3 3.15	Y，d11	16.70	2.11	0.6		5780	2680×1550×2650	1070	
S10—2500/10				19.40	2.49	0.6	5.5	6850	2580×2270×2760	1070	
S10—3150/10				22.70	3.00	0.6		7840	2600×2680×2850	1070	
S10—4000/10	10 10.5 11	6.3 3.15		26.90	3.7	0.6		9320	3320×2750×3230	1070	
S10—5000/10				30.90	4.45	0.55		11500	3390×2840×3420	1070	
S10—6300/10				34.80	5.20	0.55		14000	3450×2980×3600	1070	

注 1. 斜线上方供Y，yn0连接组变压器用，斜线下方供Y，zn11或D，yn11连接组变压器用。

2. 高压分接范围为±5%或±2×2.5%。

七、S9—M 系列 10kV 全密封配电变压器

（一）型号含义

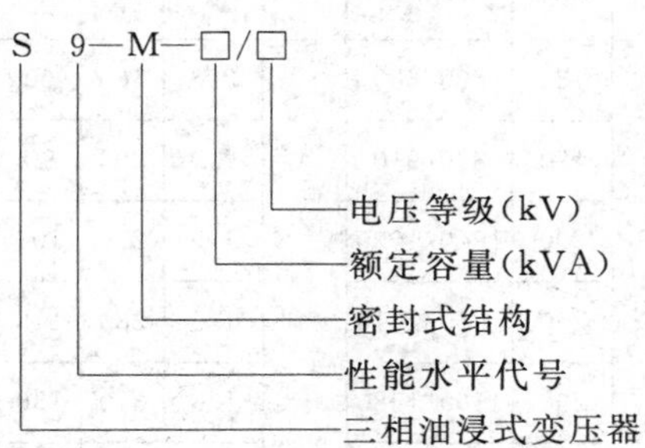

（二）结构特点

该系列变压器高压绕组全部采用多层圆筒式结构，改善了绕组的冲击分布。

容量在 630～2000kVA 范围内的低压绕组采用筒式或螺旋式结构，机械强度高，安匝分布平衡，产品的抗短路能力好。

器身追加了定位结构，使之在运输过程中不产生位移，同时所有紧固件加装扣紧螺母，确保产品在长期运行过程中紧固件不松动，满足了不吊芯的要求。变压器采用波纹油箱，取消了储油柜，箱盖与箱沿完全焊死或用螺栓紧固，延长了变压器油的使用寿命。

产品表面经去油、去锈、磷化处理后喷涂底漆、面漆，可以满足冶金、石化系统及潮湿污秽地区的特殊使用要求。

精选组件，采用了全密封变压器油箱，按标准要求安装有压力释放阀、信号温度计、气体继电器等，确保变压器安全运行。该系列产品外形美观，体积小，能减少安装占地面积，是理想的免维护优质产品。

（三）使用环境

装置种类：户外式。

正常环境使用条件：海拔不超过 1000m。环境温度最高＋40℃，最低－25℃。

特殊环境使用条件：海拔超过 1000m。环境温度最高＋40℃，最低－45℃。

安装场所：没有腐蚀性气体、无明显污垢的环境。

（四）技术数据

S9—M 系列 10kV 全密封配电变压器技术数据，见表 5－7。

（五）生产厂

红旗集团温州变压器有限公司。

八、SN7、SN8、DN8 系列 6～10kV 级农用配电变压器

（一）概述

该系列变压器适用于农村等分散用户作配电之用。

表5-7　S9—M系列10kV全密封配电变压器技术数据

额定电容（kVA）	电压组合			连接组标号	空载损耗（W）	负载损耗（W）	短路阻抗（%）	空载电流（W）	重量（kg）			外形尺寸（mm）（长×宽×高）	轨距（mm）
	高压（kV）	分接（%）	低压（kV）						器身重	油重	总重		
30	6 6.3 10 10.5 11	±5% 或 ±2×2.5	0.4	Yyn0 或 Dyn11	130	600/630	4.0	2.3	165	60	280	700×555×810	400×400
50					170	870/910		2.0	200	90	385	780×630×900	400×400
63					200	1040/1090		1.9	230	100	420	800×660×920	400×400
80					250	1250/1310		1.9	280	115	495	825×660×930	400×450
100					290	1500/1580		1.8	310	130	565	835×730×970	400×450
125					340	1800/1890		1.7	350	150	640	860×780×990	550×550
160					400	2200/2310		1.6	410	165	740	890×840×1010	550×550
200					480	2600/2730		1.5	490	170	910	1200×770×1020	550×550
250					560	3050/3200		1.4	570	190	990	1270×830×1080	550×550
315					690	3650/3830		1.4	670	230	1220	1420×960×1110	550×550
400					800	4300/4520		1.3	800	250	1430	1420×960×1170	660×660
500					960	5150/5410		1.2	940	290	1670	1500×1010×1230	660×660
630					1200	6200	4.5	1.1	1100	350	1940	1650×1140×1300	660×660
800					1400	7500		1.0	1370	385	2190	1750×1200×1350	820×820
1000					1700	10300		1.0	1520	471	2780	1780×1260×1450	820×820
1250					1950	12000		0.9	1820	520	3340	1860×1300×1550	820×820
1600					2400	14500		0.8	2150	660	3790	1940×1360×1600	820×820
2000					2520	17820		0.8	2310	813	4380	2000×1350×1900	820×820
2500					2970	20700		0.8	2730	1157	5135	2050×1500×1920	820×820

（二）技术数据

该系列6～10kV级农用配电变压器的技术数据，见表5-8。

九、D16系列10～35kV级配电变压器

（一）概述

高效率低损耗的小容量配电变压器，特别是单相变压器，直接装在靠近用电器处，给小动力负荷用户带来极大的方便。国外早就使用这类变压器，这给我国小电力用户和10/0.4kV配电网一个新的启示，提出了一种分散负荷供电方式的新概念。结合我国10kV系统的特点，按照美国ANSI标准制造出全绝缘5～25kVA系列单相配电变压器。

表 5-8 SN7、SN8、DN8 系列 10kV 级铜绕组三相农用配电变压器技术数据

型号	额定容量（kVA）	额定电压（kV）		连接组标号	损耗（kW）		空载电流（%）	阻抗电压（%）	重量（kg）			外形尺寸（mm）（长×宽×高）	轨距（mm）	生产厂
		高压	低压		短路	空载			器身	油	总体			
SN7—20/10	20	6 6.3 9.5 10 10.5	0.4	Y，yn0	0.65	0.13	3.0	4			225	925×610×1085	400/400	铜川整流变压器厂
SN7—30/10	30				0.85	0.15	2.8				270	970×760×1085	400/400	
SN7—50/10	50				1.25	0.19	2.6				340	990×775×1165	400/400	
SN7—63/10	63				1.50	0.22	2.4				400	1110×820×1195	400/400	
SN7—80/10	80				1.80	0.27	2.2				470	1210×830×1210	400/400	
SN7—100/10	100				2.15	0.32	2.1				530	1210×930×1235	400/400	
SN7—125/10	125				2.55	0.37	2.0				625	1450×940×1430	550/550	
SN7—160/10	160				3.10	0.46	1.9				730	1485×950×1470	550/550	
SN8—20/10	20	6 6.3 9.5 10 10.5	0.4	Y，yn0	0.60	0.11	3.0	4	95	60	230	950×610×1180	400/400	
SN8—30/10	30				0.80	0.13	2.8		125	65	270	960×760×1105	400/400	
SN8—50/10	50				1.15	0.18	2.6		175	70	345	990×760×1190	400/400	
SN8—63/10	63				1.40	0.21	2.4		200	80	380	1080×815×1210	400/400	
SN8—80/10	80				1.65	0.25	2.2		245	90	455	1185×820×1230	400/400	
SN8—100/10	100				2.05	0.29	2.1		275	100	515	1325×950×1260	400/400	
SN8—125/10	125				2.45	0.34	2.0		315	110	585	1240×800×1310	550/550	
SN8—160/10	160				2.85	0.4	1.9		390	135	710	1460×940×1495	550/550	
SN8—200/10	200				3.68	0.47	1.8	4.5	445	160	830	1530×945×1480	550/550	
SN8—250/10	250				4.30	0.56	1.7		520	180	950	1575×950×1525	550/550	
SN8—315/10	315				5.10	0.68	1.6		620	230	1170	1605×990×1570	660/660	
SN8—400/10	400				6.10	0.81	1.5		760	265	1375	1460×985×1620	660/660	
SN8—500/10	500				7.15	0.96	1.4		880	295	1575	1475×1145×1660	660/660	
DN8—M—5/10	5	6 10	0.48 0.24	I/I—0	0.16	0.05	4.5	3.5	35	30	105	475×445×905	200	
DN8—M—10/10	10				0.28	0.07	3.5		55	30	125	515×445×930	200	
DN8—M—16/10	16				0.40	0.10	3.0		70	35	150	555×455×930	200	
DN8—M—20/10	20				0.48	0.11	2.8		80	40	170	555×565×970	200	

（二）技术数据

该系列 10～35kV 级配电变压器的技术数据，见表 5-9。

表 5-9 D16 系列 10～35kV 级单相配电变压器技术数据

容量（kVA）	5	10	15	25	25
额定电压（V）	10/0.24	10/0.24	10/0.24	35/0.24	10/0.24
额定电流（A）	0.15/20.5	1/41.7	1.5/61.9	0.71/104.2	2.5/104.2
阻抗（%）	＜2.5	＜2.5	＜4	＜6	＜4
空载损耗（W）	30	45	60	110	90
负载损耗（W）	120	200	280	320	320
重量（kg）	70	110	150	250	210
效率（%）	＞97	＞97.5	＞98	＞98	＞98

注 该系列变压器由武汉特种变压器厂生产。

十、单相柱式配电变压器

（一）概述

D 型单相油浸自冷配电变压器和 CSP 全自动保护型单相油浸式自冷配电变压器，系用于居民住宅区和商业区的照明及动力电源设备。

（1）CSP 全自动保护型单相油浸式自冷配电变压器为全保护式结构，对雷击、短路、过载能起自身保护作用，自保护系统又能保护输配电线路不致因变压器自身故障而引起断电。

（2）D 型单相油浸自冷配电变压器油箱一般为圆筒式；容量为 75～333kVA 的变压器有冷却油管，为平台式，在油箱底部焊有平板，以便安装固定；容量在 50kVA 及以下的变压器为柱上安装式，带有安装支架。

（二）技术数据

单相柱式配电变压器的技术数据，见表 5-10。

表 5-10 单相柱式配电变压器技术数据

型号	额定容量（kVA）	额定电压（kV）			连接组标号	损耗（kW）		空载电流（%）	阻抗电压（%）	重量（kg）			外形尺寸（mm）（长×宽×高）	频率（Hz）	生产厂
		高压	高压分接	低压		短路	空载			器身	油	总体			
D—5/11	5	6350/11000		240	I，i6	0.116	0.025	1.27	2.5	57	29.15	102	445×550×970	50	上海变压器厂
D—10/11	10	6350/11000		240	I，i6	0.211	0.030	3.5	2.5	60	31	115	465×600×920	50	
D—10/15S	10	7620/11000	$^{+1}_{-3}$×25%	120/240	I，i6	0.195	0.065	3.5	2.5	67	44	132	515×650×855	60	
D—10/11	10	11000	$^{+1}_{-3}$×25%	240/480	I，i0	0.195	0.070	3.5	2.5	80	43	145	515×650×880	50	
D—10/15S	10	7620/13200	$^{+1}_{-3}$×25%	240/480	I，i6	0.205	0.070	3.4	2.9	66	56	145	520×665×925	60	
D—15/11	15	6350/11000		240	I，i6	0.292	0.036	3.2	2.5	92.3	45.05	157	495×590×1050	50	

续表 5-10

型　号	额定容量(kVA)	额定电压(kV)			连接组标号	损耗(kW)		空载电流(%)	阻抗电压(%)	重量(kg)			外形尺寸(mm)(长×宽×高)	频率(Hz)	生产厂
		高压	高压分接	低压		短路	空载			器身	油	总体			
D—15/15S	15	7620/11000		240/480	I，i6	0.300	0.110	2.88	2.8	80	53.7	155	520×665×925	60	
D—15/15S	15	7620/13200	$^{+1}_{-3}$×25%	120/240	I，i6	0.270	0.080	3.2	2.5	87.5	45	155	515×650×880	60	
D—25/115	25	7620/13200	$^{+1}_{-3}$×25%	120/240	I，i6	0.375	0.125	2.8	2.5	112.2	5.7	195	545×680×930	60	
D—25/11	25	11000	$^{+1}_{-3}$×25%	240/480	I，i0	0.390	0.120	2.8	2.5	125	66	218	560×690×970	50	
D—25/15	25	11000	±2×2.5%	250	I，i0	0.390	0.070	2.8	2.5	134	65.1	226	560×690×970	50	
D—25/15S	25	7620/13200		240/480	I，i6	0.400	0.150	2.8	3	115	72	215	560×690×990	60	
D—37.5/10S	37.5	11000	±2×2.5%	230	I，i0	0.530	0.155	2.5	2.4	174.8	75.3	280	560×690×1070	50	
D—50/15	50	11000	±2×2.5%	250	I，i0	0.640	0.190	2.3	2.5	216	141.4	399	655×785×1180	50	上海变压器厂
D—50/15S	50	7620/13200	$^{+1}_{-3}$×25%	120/240	I，i6	0.640	0.190	2.3	2.5	175	115	330	655×795×1050	60	
D—50/15	50	7620/13200	±2×2.5%	240/480	I，i6	0.540	0.130	2.3	2.5	221	107.5	370	655×785×1050	60	
D—75/15	75	7620/13200	±2×2.5%	240/480	I，i6	0.570	0.330	2.1	2.5	343	110	509	706×848×1120	60	
D—75/15S	75	7620/13200	±2×2.5%	120/240	I，i6	0.750	0.250	2.1	2.5	237.5	108.7	400	900×940×1050	60	
D—100/15S	100	7620/13200	±2×2.5%	240/480	I，i6	0.900	0.300	2.0	2.5	292	135	490	950×990×1080	60	
D—100/15	100	7620/13200	±2×2.5%	240/480	I，i6	0.900	0.300	2.0	2.5	367	117	565	1028×848×1170	60	
D—167/15	167	7620/13200	±2×2.5%	240/480	I，i6	1.450	0.390	1.8	2.5	545	132.5	781	1028×848×1330	60	

十一、套管封闭型 BS、BSL 系列 6～10kV 级配电及电力变压器

（一）概述

套管封闭型电力变压器可作为石油、化工、冶金、纺织、轻工等工业输配电之用。

BS7、BSL7 系列产品选用优质晶粒取向冷辗钢片，采用 45°全斜接缝铁芯，以环氧扎带代替冲孔，其优点是空载损耗低，噪音小。

BS8 系列变压器为箔式产品。箔式绕组具有损耗低、外形小、温升均匀、变压器油不易老化等优点。传统绕组因多根并绕而使漏磁场难于平衡而导致轴向应力大。采用箔式绕组后，由于高、低压绕组宽度一致，轴向漏磁场基本平衡，短路时变压器轴向应力仅为传统绕组的 1/10，因而变压器的稳定度大大提高。

BS9 系列变压器是最新的低损耗铜绕组产品，它采用优质材料，在线圈、器身和绝缘

方面运用了新的设计和工艺，使用了进口设备和专用流水线等先进的加工设备和手段，空载、负载损耗明显降低，性能和结构更加可靠，还具有抗腐蚀能力强的特点。该产品经特殊处理，表面及金属件涂有抗腐蚀能力强的防腐漆，适用于酸、碱、盐、氢、氨、化肥、农药等化工企业及腐蚀气体浓度大的场所。

BS9系列与BS7系列相比较，其空载损耗平均降低8%，负载损耗平均降低约25%，节能效果显著。

（二）技术数据

套管封闭型BS系列6～10kV级配电及电力变压器的技术数据，见表5-11。

表5-11 套管封闭型BS系列6～10kV级配电及电力变压器技术数据

型号	额定容量（kVA）	额定电压（kV）		连接组标号	损耗（kW）		空载电流（%）	阻抗电压（%）	重量（kg）			外形尺寸（mm）（长×宽×高）	轨距（mm）	生产厂
		高压	低压		短路	空载			器身	油	总体			
BS7—315	315	6.3 10 10.5 11 ±5% 或 ±2×2.5%	0.4	Y，yn0 或 D，yn11	4.80	0.76	2.0	4	728	273	1280	1470×870×1450	550	上海变压器厂、佛山市变压器厂
BS7—400	400				5.80	0.92	1.9		856	333	1565	1680×1030×1520	660	
BS7—500	500				6.90	1.08	1.9		1025	380	1860	1720×1050×1643	660	
BS7—630	630				8.10	1.30	1.8	4.5	1490	547	2570	1830×1090×1840	820	
BS7—800	800				9.90	1.54	1.5		1675	630	2920	2180×1125×2290	820	
BS7—1000	1000				11.60	1.80	1.2		2025	795	3545	2245×1340×2440	820	
BS7—1250	1250				13.80	2.20	1.2		2532	926	4381	2360×1450×2620	820	
BS7—1600	1600				16.50	2.65	1.1		2940	1095	5185	2450×1510×2595	820	
BS7—2000	2000				19.80	3.10	1.0	6	3300	1285	5932	2632×1500×2754	1070	
BSL7—315	315				4.80	0.76	2.0	4	770	354	1410	1520×970×1730	550	
BSL7—400	400				5.80	0.92	1.9		904	409	1748	1670×1065×1815	660	
BSL7—500	500				6.90	1.08	1.9		1100	507	2057	1630×1030×1930	660	
BSL7—630	630				8.10	1.30	1.8	4.5	1415	755	2720	1613×1280×2160	820	
BSL7—800	800				9.90	1.54	1.5		1700	847	3200	1916×1130×2640	820	
BSL7—1000	1000				11.60	1.80	1.2		2100	1048	3980	2125×1560×2900	820	
BSL7—1250	1250				13.80	2.20	1.2		2435	1160	4670	2092×1740×2990	820	
BSL7—1600	1600				16.50	2.65	1.1		2740	1196	5126	2340×1495×2930	820	
BSL7—2000	2000				19.80	3.10	1.0	5.5	2925	1248	5595	2555×1570×2760	1070	
BS8—400	400	6 6.3 10 10.5 11±5% 或 ±2×2.5%			4.30	0.80	1.0	4	1074	360	1728	1530×975×1610	660	
BS8—500	500				5.10	0.96	1.0		1204	388	1920	1741×1078×1705	660	
BS8—630	630				6.20	1.20	0.9	4.5	1390	484	2310	1630×1110×1770	820	
BS8—800	800				7.50	1.40	0.8		1658	516	2679	2020×1108×2261	820	
BS8—1000	1000				10.30	1.70	0.7		1755	630	3030	2020×1175×2248	820	
BS8—1250	1250				12.00	1.95	0.6		2080	664	3615	2030×1410×2340	820	
BS8—1600	1600				14.50	2.40	0.6		2505	815	4420	2110×1435×2495	820	

续表 5-11

型　号	额定容量(kVA)	额定电压(kV)		连接组标号	损耗(kW)		空载电流(%)	阻抗电压(%)	重量(kg)			外形尺寸(mm)(长×宽×高)	轨距(mm)	生产厂
		高压	低压		短路	空载			器身	油	总体			
BS9—315	315	6 6.3 10 10.5 11 ±5% 或 ±2×2.5%	0.4	Y，yn0或D，yn11	3.65	0.67	1.1	4	919	330	1516	1568×915×1600	660	上海变压器厂、佛山市变压器厂
BS9—400	400				4.30	0.80	1.0		1046	320	1659	1568×915×1600	660	
BS9—500	500				5.10	0.96	1.0		1090	345	1765	1718×1040×1650	820	
BS9—630	630				6.20	1.20	0.9	4.5	1678	564	2664	1772×1055×2000	820	
BS9—800	800				7.50	1.40	0.8		2036	630	3156	2100×1115×2530	820	
BS9—1000	1000				11.30	1.70	0.7		2126	677	3463	2098×1265×2641	820	
BS9—1250	1250				12.00	1.95	0.6		2671	982	4560	2105×1365×2855	820	
BS9—1600	1600				14.50	2.40	0.6		3006	1107	5198	2250×1390×2775	820	

十二、KS9 系列 10kV 三相矿用油浸式电力变压器

（一）结构特点

（1）油箱结构坚固，可承受一个大气压的压力试验，箱盖上无储油柜，箱壁两侧焊有高、低压电缆接线盒，作为电缆接线之用。高压线圈有额定电压及 15%的分接电压，利用分接开关变换电压，变换电压时必须先切断电源，然后去除箱壁上分接开关的风雨罩进行变换分接。

（2）KS9 变压器低压侧允许“Y”形接成 690V 供电，也可改接成形接成 400V 供电，在电缆接线盒内直接将次级端头引出六个瓷套供用户改装。

（3）整个变压器的吊起是利用箱壁所焊的吊拌，变压器箱底均装有小车支架，在支架上备有安装孔，可供矿井需要加装矿车滚轮。

（二）使用环境

KS9 变压器适用于煤矿井下中央变电所、井底车场、总进风道和主要进风道，虽有瓦斯但无爆炸危险的场所，也适用于隧道比较潮湿的环境中。

正常环境使用条件：海拔不超过 1000m。

环境温度：－25～＋40℃。

特殊环境使用条件：海拔超过 1000m。

环境温度：－45～＋40℃。

周围空气相对湿度不大于 95%（＋25℃）。

（三）技术数据

KS9 系列 10kV 三相矿用油浸式电力变压器技术数据，见表 5-12。

表 5-12 KS9 系列 10kV 三相矿用油浸式电力变压器技术数据

额定容量（kVA）	电压组合			连接组标号	空载损耗（W）	负载损耗（W）	短路阻抗（%）	空载电流（%）	重量（kg）			外形尺寸（mm）（长×宽×高）	轨距（mm）
	高压（kV）	分接（%）	低压（kV）						器身重	油重	总重		
50					170	870		2.0	195	85	390	1150×730×970	400×200
80					250	1250		1.8	285	115	540	1260×760×1010	450×220
100					290	1500		1.6	305	125	580	1340×780×1040	450×240
125					340	1800		1.5	345	135	645	1260×790×1060	450×240
160					400	2200		1.4	420	155	785	1350×800×1090	550×260
200	10 6.0	±5%或 ±2×2.5%	0.4 0.69	Yy0 或 Yd11	480	2600	4.0	1.3	495	170	900	1450×820×1110	550×260
250					560	3050		1.2	580	195	1035	1600×850×1140	550×280
315					670	3650		1.1	695	215	1205	1610×900×1190	550×280
400					800	4300		1.0	830	235	1405	1660×880×1230	550×300
500					960	5150		1.0	960	270	1620	1860×980×1260	660×300
630					1200	6200		0.9	1090	305	1840	1970×1100×1300	660×320

注 1. 根据用户要求低压可提供 1.2kV 的 KS9 变压器。
2. 表中重量及外形尺寸数据仅供参考。

（四）生产厂

山东天弘变压器有限公司。

十三、密封式 6～10kV 级配电及电力变压器

（一）概述

全密封式变压器能有效地防止空气和水分等的侵入，减缓油纸绝缘的老化速度，延长变压器的使用寿命，这是一种节能省电、安全可靠、结构轻巧、长用免修的新型产品。其低压线圈采用铜箔绕制，与同类变压器相比具有较强的承受短路的能力。

该产品设有 QYW 油浸式变压器保护装置，它是集气体释放、压力保护和温度控制为一体的多功能保护系统。该产品还利用安装在变压器油箱上的特制波纹冷却片随油温变化而膨胀和收缩，实现全密封温度补偿。

（二）技术数据

密封式 6～10kV 级配电及电力变压器的技术数据，见表 5-13。

十四、非晶合金式 6～10kV 级配电及电力变压器

SH11 系列 6～10kV 级非晶合金配电电力变压器是目前世界上节能效果最好的变压器，其空载损耗只有现行变压器的 1/4～1/5，特别适用于负载率低的用户，如广大农村地区和发展中地区。

该系列 6～10kV 级配电及电力变压器的技术数据，见表 5-14。

表 5-13 S7—M、S8—M、S9—M 系列 6～10kV 级配电及电力变压器技术数据

型号	额定容量(kVA)	额定电压(kV)		连接组标号	损耗(kW)		空载电流(%)	阻抗电压(%)	重量(kg)			外形尺寸(mm)(长×宽×高)	轨距(mm)	生产厂
		高压	低压		短路	空载			器身	油	总体			
S7—M—50/10	50				1.15/1.25	0.19	2.5			170	470	700×600×850	550	
S7—M—100/10	100				2/2.15	0.32	2.1			200	620	800×640×980	550	
S7—M—200/10	200				3.5/3.6	0.54	1.8			230	870	1300×800×1100	550	
S7—M—250/10	250				4/4.1	0.64	1.7	4		250	1020	1480×970×1150	660	
S7—M—315/10	315				4.8/4.9	0.76	1.6			280	1220	1500×1000×1200	660	
S7—M—400/10	400				5.8/6	0.92	1.5			350	1550	1750×1150×1220	660	
S7—M—500/10	500				6.9/7.15	1.08	1.4			380	1850	1630×1050×1320	660	
S7—M—630/10	630				8.1/8.5	1.30	1.3			400	2050	1800×1120×1330	820	
S7—M—800/10	800				9.9/10.4	1.54	1.2			500	2550	1850×1150×1400	820	
S7—M—1000/10	1000				11.6/12.2	1.80	1.1	4.5		600	3050	1950×1200×1500	820	
S7—M—1250/10	1250	6 6.3 10 10.5 11 ±5% 或 ±2× 2.5%			13.8/14.5	2.20	1.0			650	3550	2000×1250×1720	820	
S7—M—1600/10	1600				16.5/17.3	2.65	0.9			900	4500	2100×1300×1900	820	
S7—M—2000/10	2000			Y, yn0 或 D, yn11	20.5/21.5	3.10	0.9	5.5		1110	5500	2200×1390×2020	1070	上海变压器厂、济南志友股份有限公司、上海ABB变压器有限公司
S9—M—30/10	30				0.6	0.13	2.1			150	460	730×600×860	400	
S9—M—50/10	50				0.87/0.97	0.17	2.0			180	520	750×630×910	550	
S9—M—100/10	100				1.5/1.65	0.29	1.6			215	700	850×680×1050	550	
S9—M—200/10	200				2.6/2.8	0.47	1.3	4		240	1000	1070×830×1150	550	
S9—M—250/10	250				3.05/3.3	0.56	1.2			250	1100	1080×830×1200	660	
S9—M—315/10	315				3.65/3.9	0.67	1.1			280	1300	1360×800×1220	660	
S9—M—400/10	400				4.3/4.6	0.8	1.0			310	1550	1470×870×1280	660	
S9—M—500/10	500		0.4		5.1/5.4	0.96	1.0			350	1750	1500×890×1350	660	
S9—M—630/10	630				6.2/6.6	1.15	0.9			380	2000	1550×930×1370	820	
S9—M—800/10	800				7.5/8	1.40	0.8			420	2300	1660×1020×1440	820	
S9—M—1000/10	1000				10.3/10.9	1.65	0.7	4.5		530	2900	1760×1050×1550	820	
S9—M—1250/10	1250				12/12.7	1.95	0.6			610	3400	1970×1150×1700	820	
S9—M—1600/10	1600				14.5/15.3	2.35	0.6			800	4250	2050×1130×1900	820	
S9—M—2000/10	2000				18.3/19.5	2.85	0.6	5.5		1050	5350	2160×1340×2000	1070	
S8—M—100/10	100				2.00	0.29	1.6		328	150	614	1000×500×1110	550	
S8—M—125/10	125				2.45	0.34	1.5		372	157	668	1020×520×1130	550	
S8—M—160/10	160				2.85	0.39	1.4		456	180	793	1080×530×1170	550	
S8—M—200/10	200			Y, yn0 或 Y, zn11	3.50	0.47	1.3		508	195	882	1080×530×1230	550	
S8—M—250/10	250				4.00	0.57	1.2	4	600	218	1013	1330×760×1260	660	
S8—M—315/10	315	6 6.3 10 10.5 11 ±5%			4.80	0.68	1.1		716	268	1262	1450×840×1330	600	
S8—M—400/10	400				5.80	0.81	1.0		857	317	1493	1510×900×1390	660	佛山市变压器厂
S8—M—500/10	500				6.90	0.97	1.0		982	337	1674	1590×950×1410	660	
S8—M—630/10	630				8.10	1.15	0.9		1144	435	1990	1640×1010×1500	820	
S8—M—800/10	800				9.90/1.40	0.8			1588	608	2700	1880×1070×1630	820	
S8—M—1000/10	1000			Y, yn0	11.60/1.65	0.7		4.5	1800	757	3149	1910×1050×1760	820	
S8—M—1250/10	1250				13.80/1.95	0.7			2313	900	3922	2080×1140×1840	820	
S8—M—1600/10	1600				16.50/2.35	0.6			2656	967	4466	2230×1270×1900	820	

注 损耗栏斜线上方数据对应 Y，yn0 接法，斜线下方数据对应 D，yn11 接法。

表 5-14 SH11 系列 10kV 级变压器技术数据

型号	额定容量(kVA)	额定电压(kV)		连接组标号	损耗(kW)		阻抗电压(%)	重量(kg)			外形尺寸(mm)(长×宽×高)	生产厂
		高压	低压		短路	空载		器身	油	总体		
SH11—30/10	30	10.5 ±5%	0.4	D, yn11	0.60	0.029	4 4.5	122	121	441	1253×618×1174	佛山市变压器厂
SH11—50/10	50				0.87	0.043		178	150	595	1288×618×1256	
SH11—80/10	80				1.25	0.059		245	168	730	1375×700×1250	
SH11—100/10	100				1.50	0.069		290	180	817	1413×880×1255	
SH11—125/10	125				1.80	0.080		338	208	940	1450×835×1130	
SH11—160/10	160				2.20	0.096		406	247	1105	1520×840×1080	
SH11—200/10	200				2.60	0.114		484	291	1299	1578×858×1119	
SH11—250/10	250				3.05	0.130		550	338	1540	1670×860×1169	
SH11—315/10	315				3.65	0.156		662	399	1850	1783×863×1234	
SH11—400/10	400				4.30	0.182		852	485	2258	1935×870×1250	
SH11—500/10	500				5.10	0.212		1052	584	2740	2115×880×1300	

十五、SRN—M 系列耐高温液浸变压器

该产品采用了 NOMEX® 纸和高燃点油相配合，经 VIP 真空加压设备多次浸渍 H 级无溶剂浸渍漆技术，提高了耐热等级和机械强度。

在结构上设计为全密封，采用气垫式和压力释放阀保护，以及高、低压套管井均采用全绝缘结构，不仅使得外形尺寸缩小，而且能可靠保证人身安全，免维护，过载能力强，可在 120%负载下长期安全运行。变压器的器身按 S11 标准设计，空载损耗比 S9 降低了 30%，噪音低于 46dB。

生产厂：江苏中电集团有限公司。

SRN—M 系列耐高温液浸变压器的技术数据，见表 5-15。

十六、S11 型卷铁芯系列变压器

（一）概述

10kV 级 S11 型卷铁芯系列产品是具有节省能源、保护环境，运行可靠的新一代产品，其主要经济技术指标均达到同类产品的国际先进水平。

（二）结构

（1）铁芯采用“R”型卷铁芯截面，铁芯填充系数高，大大缩小产品器身体积。

（2）卷铁芯无接缝，空载工艺系数低，空载损耗，空载电流大，噪音低。

（3）铁芯、线圈绕制在专用设备上完成，机械自动化程度高，劳动生产率大大提高。

（三）性能指标

10kV S11 线型卷铁芯系列产品性能水平与 GB/T 6451 相比：

（1）空载损耗平均降低 30%。

（2）空载电流平均降低 70%。

（3）负载损耗平均降低 15%。

表 5-15 SRN—M 系列耐高温液浸变压器技术数据

型 号	电压组合（高压，kV）	电压组合（低压，kV）	高压分接范围	连接组标号	空载损耗（W）	负载损耗（W）	空载电流（%）	短路阻抗（%）	外形尺寸（mm）（长×宽×高）
SRN—M—30/10	10	0.4	±5%	Y，yn0	110	800	2.0	4.0	820×670×1030
SRN—M—50/10	10	0.4	±5%	Y，yn0	140	1220	1.9	4.0	870×705×1050
SRN—M—63/10	10	0.4	±5%	Y，yn0	160	1450	1.8	4.0	890×730×1100
SRN—M—80/10	10	0.4	±5%	Y，yn0	200	1750	1.7	4.0	920×740×1140
SRN—M—100/10	10	0.4	±5%	Y，yn0	220	2080	1.6	4.0	940×760×1160
SRN—M—125/10	10	0.4	±5%	Y，yn0	260	2490	1.5	4.0	960×770×1200
SRN—M—160/10	10	0.4	±5%	Y，yn0	310	2980	1.4	4.0	1000×750×1260
SRN—M—200/10	10	0.4	±5%	Y，yn0	375	3820	1.3	4.0	1020×760×1290
SRN—M—250/10	10	0.4	±5%	Y，yn0	440	4490	1.2	4.0	1080×780×1350
SRN—M—315/10	10	0.4	±5%	Y，yn0	530	5380	1.1	4.0	1120×890×1380
SRN—M—400/10	10	0.4	±5%	Y，yn0	630	6360	1.0	4.0	1280×1100×1450
SRN—M—500/10	10	0.4	±5%	Y，yn0	750	7630	0.9	4.0	1450×1030×1500
SRN—M—630/10	10	0.4	±5%	Y，yn0	890	9130	0.8	4.5	1520×1060×1550
SRN—M—800/10	10	0.4	±5%	Y，yn0	1080	11090	0.7	4.5	1650×1120×1650
SRN—M—1000/10	10	0.4	±5%	Y，yn0	1270	12810	0.6	4.5	1890×1200×1690
SRN—M—1250/10	10	0.4	±5%	Y，yn0	1500	15000	0.6	4.5	1970×1250×1780
SRN—M—1600/10	10	0.4	±5%	Y，yn0	1800	17370	0.5	4.5	2045×1350×1870
SRN—M—2000/10	10	0.4	±5%	Y，yn0	2150	20560	0.5	4.5	2150×1630×1750
SRN—M—2500/10	10	0.4	±5%	Y，yn0	2530	24300	0.4	4.5	2290×1880×1840
SRN—M—3150/10	10	0.4	±5%	Y，yn0	3010	29800	0.4	4.5	2440×2170×1940

（4）噪音平均降低 10dB。

（四）技术数据

10kV 级 S11—M·R 系列无励磁调压电力变压器技术数据，见表 5-16。

（五）生产厂

湖南华力通变压器有限公司。

十七、S9—M、S11—M 系列全密封变压器

全密封变压器，不同于普通油浸式变压器，它取消了储油柜，由波纹油箱本体的翅板作为散热冷却元件，同时随变压器油体积的增减而膨胀，使变压器内部与大气隔离，防止油的劣化和绝缘受潮，增强了运行的可靠性。

铁芯采用优质高强度漆包线（或纸包线）卷绕，圆筒式（或饼式）结构，按匝分布均匀，绝缘结构合理，具有很高的抗短路能力。

油箱为波纹结构，表面经磷化处理后用三防漆（防潮、防霉、防盐雾）涂装，能广泛地应用于冶金、矿山、石化等使用环境较恶劣的场合。油箱内使用的紧固件均采用止退螺

母，能保证长途运输后及运行时不至松脱。

表 5-16 10kV 级 S11—M·R 系列无励磁调压电力变压器技术数据

额定容量(kVA)	额定电压				空载损耗(W)	负载损耗(W)	空载电流(%)	短路阻抗(%)	声级dB	重量(kg)			轨距A×B(mm)	外形尺寸(mm)(长×宽×高)
	低压(kV)	高压分接范围(%)	低压(kV)	连接组标号						器身重	绝缘油重	总重		
10	6 6.3 6.6 10 10.5 11	+5 或 +2× 2.5%	0.4	Y, yn0 或 D, yn11	45	260	1.0	0.4	42	80	50	200	400×400	905×545×930
20					75	440	0.9		42	125	65	280	400×400	1020×610×960
30					100	600	0.8		44	165	70	320	400×400	1065×655×990
50					130	870	0.8		44	230	85	420	400×550	1150×680×1045
63					150	1040	0.7		44	270	95	485	400×550	1175×695×1120
80					180	1250	0.7		48	320	100	550	400×550	1245×745×1155
100					200	1500	0.6		48	350	110	590	400×550	1250×755×1185
125					240	1800	0.6		49	420	125	710	400×550	1290×765×1225
160					290	2200	0.5		49	500	140	820	550×550	1320×780×1290
200					330	2600	0.5		51	595	160	970	550×550	1370×790×1310
250					400	3050	0.4		51	730	195	1180	550×650	1365×790×1300
315					480	3650	0.4		53	840	215	1330	550×650	1455×845×1425
400					570	4300	0.4		53	1015	280	1630	550×750	1635×965×1505
500					680	5150	0.4		54	1195	305	1880	550×750	1620×980×1565
630					810	6200	0.4		54	1480	410	2360	660×850	1730×1050×1610
800					980	7500	0.3	4.5	57	1720	450	2750	660×850	1760×1070×1700
1000					1150	10300	0.3		57	1875	525	3140	820×850	1840×1095×1745
1250					1360	12000	0.2		59	2235	605	3670	820×850	1880×1130×1890
1600					1640	14500	0.2		59	3400	1200	6100	820×900	1935×1145×2005

所有组件均采用双重密封结构，杜绝渗漏。配用密封件均采用优质聚丙稀酸脂橡胶，能有效地防止光老化、电老化、热老化。

配有“遥测”信号温度计和压力释放阀，增强了变压器运行的可靠性。

S9—M、S11—M 系列全密封变压器技术数据，见表 5-17。

生产厂：湖南华力通变压器有限公司。

十八、S11—MD 地下式电力变压器

地下式变压器一般安装在地沟的检修孔或小型的地坑中，充分考虑这一环境的特殊性——超低温设计，低损耗，噪声小，体积小，造型美观大方，过载能力强，寿命周期内免维护，实现绿色环保，具有可靠的密封性，较强的机械性能、防腐蚀性能。

（1）铁芯：采用日本进口优质 30ZH120 高导磁冷轧晶粒取相硅钢片，三步搭接，45°全斜接缝，无冲孔，降低了工艺损耗，空载损耗较 GB/T 6451—1999 标准值降低 30%左右。

表 5-17 S9—M、S11—M 系列全密封变压器技术数据

型号	额定容量（kVA）	损耗（W）		阻抗电压（%）	空载电流（%）	重量（kg）			外形尺寸（mm）				
		空载	负载			器身	油重	总重	L	W	H	D	E
S9—M—80/10	80	250	1250		1.8	335	105	515	1150	640	1086	400	550
S9—M—100/10	100	290	1500		1.6	360	116	560	1170	670	1120	400	550
S9—M—125/10	125	340	1800		1.4	360	135	655	1195	700	1100	550	550
S9—M—160/10	160	400	2200		1.4	505	150	775	1225	715	1155	550	550
S9—M—200/10	200	480	2600	4.0	1.3	585	160	900	1275	715	1155	550	550
S9—M—250/10	250	560	3050		1.2	715	205	1150	1300	755	1240	550	550
S9—M—315/10	315	670	3650		1.1	765	220	1530	1360	920	1325	550	550
S9—M—400/10	400	800	4300		1.0	980	290	1530	1405	785	1340	550	550
S9—M—500/10	500	960	5100		1.0	1155	315	1740	1446	790	1415	660	660
S9—M—630/10	630	1200	6200		0.9	1345	410	2186	1605	880	1450	660	660
S9—M—800/10	800	1400	7500		0.8	1665	470	2560	1795	1060	1525	660	660
S9—M—1000/10	1000	1700	10300	4.5	0.7	1900	545	3065	1830	1070	1615	820	820
S9—M—1250/10	1250	1950	12800		0.6	2160	640	3430	1970	1170	1665	820	820
S9—M—1600/10	1600	2400	14500		0.6	2560	675	4160	2025	1185	1725	820	820
S9—M—2000/10	2000	2700	19600		0.4	3260	1150	5790	2160	1300	2130	820	820
S11—M—80/10	80	180	1250	5.5	1.8	320	105	520	1150	680	1090	550	400
S11—M—100/10	100	200	1500		1.6	350	140	560	1200	710	1090	550	400
S11—M—125/10	125	240	1800		1.4	430	140	670	1230	720	1170	550	400
S11—M—160/10	160	280	2200		1.4	500	145	760	1260	760	1130	400	400
S11—M—200/10	200	330	2600		1.3	590	160	900	1290	750	1160	550	550
S11—M—250/10	250	400	3050	4	1.2	690	200	1110	1370	760	1230	550	550
S11—M—315/10	315	480	3650		1.1	805	220	1250	1520	930	1310	550	550
S11—M—400/10	400	570	4300		1.0	970	320	1520	1410	790	1360	550	550
S11—M—500/10	500	600	5150		1.0	1115	310	1750	1440	780	1420	660	660
S11—M—630/10	630	810	6200		0.9	1260	410	2190	1620	890	1430	660	660
S11—M—800/10	800	980	7500		0.8	1476	450	2550	1810	1070	1510	660	660
S11—M—1000/10	1000	1150	10300	4.5	0.7	1590	530	3110	1840	1050	1620	820	820
S11—M—1250/10	1250	1360	12000		0.6	1760	640	3690	1980	1180	1610	820	820
S11—M—1600/10	1600	1640	14500		0.6	2130	790	4320	2060	1190	1230	820	820

（2）根据 IEC 标准要求，目前已大量使用的肘型电缆插头是可以满足水面以下长时间运行的，故高压进线均采用美国 Cooper 公司的肘型电缆头，具有防水全密封、全绝缘、全屏蔽特性。

（3）低压出线处可根据用户需要选用全密封的电缆接线盒或低压电缆插头，外形美

观，性能可靠。

（4）油箱采用耐腐蚀性较强的钢材和特殊的防腐工艺加工，外壳防护等级达IP68。

（5）箱盖采用全焊接工艺，高低压肘头法兰座和其它配件的法兰座也采用焊接结构固定在箱体上，保证了密封性。

（6）地下式变压器的试验项目及方法除符合GB 1094.1、GB 1094.2、GB 1094.3、GB 1094.5和GB/T 6451、JB/T 10217的规定外，进行了产品浸水试验。

生产厂：湖南华力通变压器有限公司。

S11—MD地下式电力变压器的技术数据，见表5-18。

表5-18 S11—MD地下式电力变压器的技术数据

型号	高压(kV)	低压(kV)	高压分接范围	连接组标号	空载电流(%)	空载损耗(W)	负载损耗(W)	短路阻抗(%)
S11—MD—30/10	10	0.4	±5%	Y，yn0	2.1	100	600	4
S11—MD—50/10	10	0.4	±5%		2.0	130	870	4
S11—MD—63/10	10	0.4	±5%		1.9	150	1040	4
S11—MD—80/10	10	0.4	±5%		1.8	180	1250	4
S11—MD—100/10	10	0.4	±5%		1.6	200	1500	4
S11—MD—125/10	10	0.4	±5%		1.5	240	1800	4
S11—MD—160/10	10	0.4	±5%		1.4	280	2200	4
S11—MD—200/10	10	0.4	±5%		1.3	340	2600	4
S11—MD—250/10	10	0.4	±5%		1.2	400	3050	4
S11—MD—315/10	10	0.4	±5%		1.1	480	3650	4
S11—MD—400/10	10	0.4	±5%		1.0	570	4300	4
S11—MD—500/10	10	0.4	±5%		1.0	680	5150	4
S11—MD—630/10	10	0.4	±5%		0.9	810	6200	4.5
S11—MD—800/10	10	0.4	±5%		0.8	980	7500	4.5

十九、10kV级S11—M·R型卷铁芯密封式配电变压器

10kV级S11—M·R型卷铁芯密封式配电变压器技术数据，见表5-19。

生产厂：湖南华力通变压器有限公司。

二十、S12—ZB（CZB、CZB1）系列组合变压器

S12—ZB（CZB、CZB1）系列组合变压器称为美式箱变，区别于传统的箱式变电站，将变压器、高压负荷开关、熔丝等保护元件装在绝缘油中，结构紧凑，采用高燃点绝缘油（312℃），适应特殊场合的需要。可以根据需要配置低压配电、计量和补偿装置。

该系列产品已在全国各地广泛应用于居民小区、公共场所、工矿企业等配电场合。技术数据见表5-20。

表 5-19 10kV 级 S11—M·R 型卷铁芯密封式配电变压器技术数据

型号	额定容量(kVA)	电压组合			连接组标号	空载损耗(kW)	负载损耗(kW)	空载电流(%)	短路阻抗(%)	重量(kg)		参考尺寸(mm)			轨距(mm)
		高压(kV)	高压分接范围	低压(kV)						油重	总重	长	宽	高	
S11—M·R—30/10	30	6 6.3 10 10.5 11	±5% 或 ±2×2.5%	0.4	Y,yn0	0.9	0.60	0.8	4	86	358	820	600	970	400×400
S11—M·R—50/10	50					0.12	0.87	0.75	4	115	475	880	660	1040	450×400
S11—M·R—63/10	63					0.14	1.04	0.7	4	125	550	900	680	1080	450×400
S11—M·R—80/10	80					0.18	1.25	0.7	4	140	605	940	690	1085	550×400
S11—M·R—100/10	100					0.20	1.50	0.65	4	160	665	980	720	1130	550×400
S11—M·R—125/10	125					0.24	1.80	0.65	4	170	780	1000	730	1170	550×550
S11—M·R—160/10	160					0.28	2.20	0.6	4	195	900	1040	760	1220	550×550
S11—M·R—200/10	200					0.33	2.60	0.6	4	220	1020	1080	780	1260	550×550
S11—M·R—250/10	250					0.40	3.05	0.5	4	251	1175	1390	780	1410	650×550
S11—M·R—315/10	315					0.48	3.65	0.45	4	270	1335	1420	790	1350	650×550
S11—M·R—400/10	400					0.57	4.30	0.4	4	310	1570	1450	790	1470	750×550
S11—M·R—500/10	500					0.68	5.10	0.4	4	335	1775	1490	810	1480	750×550
S11—M·R—630/10	630					0.85	6.20	0.4	4.5	450	2195	1600	900	1550	850×660
S11—M·R—800/10	800					0.99	7.50	0.4	4.5	515	2530	1630	910	1640	850×820
S11—M·R—1000/10	1000					1.20	10.3	0.3	4.5	575	2803	1730	1010	1660	850×820

表 5-20 S12 型变压器部分数据

额定容量(kVA)	S12 型变压器			阻抗电压(%)	额定容量(kVA)	S12 型变压器			阻抗电压(%)
	空载损耗(W)	负载损耗(W)	空载电流(%)			空载损耗(W)	负载损耗(W)	空载电流(%)	
100	0.08	1.50	0.9	4	500	0.27	5.10	0.4	4
125	0.09	1.80	0.8		630	0.32	6.20	0.4	4.5
160	0.13	2.20	0.7		800	0.39	7.50	0.4	
200	0.14	2.60	0.6		1000	0.45	10.30	0.3	
250	0.16	3.05	0.6		1250	0.55	12.80	0.3	
315	0.19	3.65	0.5		1600	0.66	14.50	0.3	
400	0.23	4.30	0.5						

二十一、10kV S13 型超低损耗三角形铁芯无励磁调压油浸配电变压器

三角形立体卷铁芯电力变压器与传统插片式电力变压器相比，具有以下一系列突出优点：

（1）节电节能：空载损耗减少 40%～50%；负载损耗减少 7%～10%。

（2）降低线损：空载电流减少 90%以上。

（3）超静：噪声降低 10～15dB。

（4）无干扰：漏磁减小 50%以上。

(5) 节约原材料：铜铁成本减少20%～30%。

(6) 经济效益显著：十年用电成本比新S9下降17.2%，比非晶态变压器下降12.5%。

10kV S13型超低损耗三角形铁芯无励磁调压油浸配电变压器技术数据，见表5-21。

表5-21 10kV S13型超低损耗三角形铁芯无励磁调压油浸配电变压器技术数据

容量(kVA)	电压组合			连接组标号	空载电流(%)	空载损耗(W)	阻抗电压(%)	负载损耗(W)
	高压(kV)	低压(kV)	调压范围(%)					
30	6 6.3 10	0.4	+5或 +2×2.5	Y,yn0 或 D,yn11	0.4	70	4.0	600
50					0.4	90		870
63					0.3	105		1040
80					0.3	125		1250
100					0.2	140		1500
125					0.2	165		1800
160					0.2	195		2200
200					0.2	235		2600
250					0.2	280		3050
315					0.15	335		3650
400					0.15	400		4300
500					0.15	475		5100

5.1.2 S11系列20kV油浸式配电变压器

(一) 概述

S11系列20kV油浸式配电变压器执行国家标准GB 1094《电力变压器》和GB/T 6451《三相油浸式电力变压器技术参数和要求》。

为适应江苏省经济社会和电网发展的新形势，提升配电网的供电能力，降低配电网损耗和供电成本，实践“升压、增容、换代、优化通路”的发展思路，满足电网系统20kV配电电压等级应用的要求，推出20kV级系列产品，产品特点与10kV相似，只是电压级作了提高，是节能环保的新一代产品。

(二) 型号含义

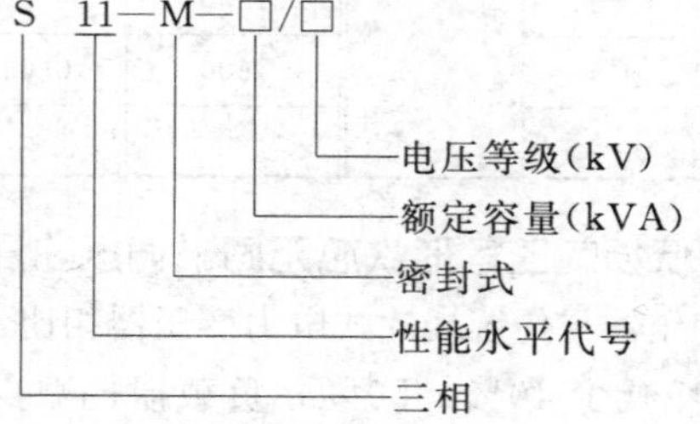

(三) 结构特点

节能：与S11型10kV比较，空载损耗与负载损耗较有下降，执行Q/GDW—10—325—2008。

使用寿命长：变压器油箱采用全密封结构，油箱与箱沿可用螺栓连接或焊死，变压器油不与空气接触延长了使用寿命。

运行可靠性高：油箱密封有关零部件进行改进，增加了可靠性，提高工艺水平以保证密封的可靠性。

占地面积小：S11—M系列电力变压器油箱采用波纹板式散热器，当油温变化时波纹板热胀冷缩可取代储油柜的作用，波纹板式油箱外形美观，占地面积小。

（四）技术数据

S11系列20kV油浸式配电变压器技术数据，见表5-22。

表5-22 S11系列20kV油浸式配电变压器技术数据

额定容量（kVA）	电压组合			连接组标号	空载损耗（W）	负载损耗（75℃）（W）	空载电流（%）	短路阻抗（%）
	高压（kV）	高压分接范围	低压（kV）					
30	20	±5%	0.4	D,yn11	90	660	2.1	5.5
50					130	960	2.0	
63					150	1145	1.9	
80					180	1370	1.8	
100					200	1650	1.6	
125					240	1980	1.5	
160					290	2420	1.4	
200					330	2860	1.3	
250					400	3350	1.2	
315					480	4010	1.1	
400					570	4730	1.0	
500					680	5660	1.0	
630					810	6820	0.9	6.0
800					980	8250	0.8	
1000					1150	11330	0.7	
1250					1350	13200	0.7	
1600					1630	15950	0.6	
2000					1950	19140	0.6	
2500					2340	22220	0.5	

（五）生产厂

江苏九鑫电气有限公司。

5.1.3 35kV级无励磁电力变压器

一、S7系列35kV级配电及电力变压器

（一）概述

S7系列35kV级配电及电力变压器是三相油浸自冷式双绕组无载调压变压器，在交流50Hz输配电系统中作为分配电能和变换电压之用，能在海拔不超过1000m、环境温度为−30～+40℃的户内外使用。

（二）技术数据

S7系列35kV级配电及电力变压器的技术数据，见表5-23。

表5-23 S7系列35kV级铜绕组三相配电及电力变压器技术数据

型号	额定容量(kVA)	额定电压(kV)		连接组标号	损耗(kW)		空载电流(%)	阻抗电压(%)	重量(kg)			外形尺寸(mm)(长×宽×高)	轨距(mm)	生产厂
		高压	低压		短路	空载			器身	油	总体			
S7—50/35	50				1.35	0.265	2.8		252	260	725	1100×1100×650	660/660	济南志友股份有限公司、南通市友邦变压器有限公司、江西变电设备总厂、武汉变压器有限责任公司、铜川整流变压器厂、佛山市变压器厂、上海变压器厂、扬州三力电器（集团）公司
S7—100/35	100				2.25	0.37	2.6		375	335	1020	1160×1255×1825	660/660	
S7—125/35	125				2.65	0.42	2.5		560	400	1150	1600×800×1970	660/660	
S7—160/35	160				3.15	0.47	2.4		680	430	1320	1620×800×2040	660/660	
S7—200/35	200				3.7	0.55	2.2		790	500	1525	1640×900×2075	660/660	
S7—250/35	250				4.4	0.64	2.0		881	540	1720	1800×1100×2080	660/660	
S7—315/35	315				5.3	0.76	2.0		1070	645	2045	1775×1200×2210	660/660	
S7—400/35	400	35±5%	0.4	Y，yn0	6.4	0.92	1.9		1220	685	2290	1780×1300×2220	820/820	
S7—500/35	500				7.7	1.08	1.9		1410	780	2700	2030×1300×2300	820/820	
S7—630/35	630				9.2	1.30	1.8		1700	903	3050	2295×1000×2535	820/820	
S7—800/35	800				11.0	1.54	1.5		2100	1080	3950	2540×1110×2600	820/820	
S7—1000/35	1000				13.5	1.80	1.4		2381	1208	4492	2300×1280×2880	820/820	
S7—1250/35	1250				16.3	2.20	1.2	6.5	2236	1210	4510	2300×1340×2700	1070/1070	
S7—1600/35	1600				19.5	2.65	1.1		2725	1270	5855	2595×1200×2970	1070/1070	
S7—2000/35	2000				22.5	3.40	1.0		3200	1290	6100	2600×1460×2650	1070/1070	佛山市变压器厂
S7—2500/35	2500				23.0	4.00	1.0		3970	1368	7108	2820×1520×2960	1070/1070	
S7—500/35	500				7.7	1.08	1.9		1510	850	2830	1925×1060×2410	820/820	上海变压器厂、佛山市变压器厂、铜川整流变压器厂、武汉变压制造厂、江西变电设备总厂、南通市友邦变压器有限公司、湖北变压器厂、扬州三力电器（集团）公司、济南志友股份有限公司
S7—630/35	630				9.2	1.30	1.8		1665	1128	3620	2372×1118×2620	820/820	
S7—800/35	800				11.0	1.54	1.5		1860	1167	4055	2320×1290×2750	820/820	
S7—1000/35	1000				13.5	1.80	1.4		2011	1185	4360		828/828	
S7—1250/35	1250				16.3	2.20	1.3		2470	1180	4750	2540×1290×2665	820/820	
S7—1600/35	1600			Y，d11	19.5	2.65	1.2		2580	1420	5620	2540×1460×2830	1070/1070	
S7—2000/35	2000				19.8	3.40	1.1		3355	1395	6140	2750×1480×2865	1070/1070	
S7—2500/35	2500				23.0	4.00	1.1		3508	1647	7930	2790×2680×2920	1070/1070	
S7—3150/35	3150	35，38.5±5%	3.15 6.3 10.5		27.0	4.75	1.0		4208	1914	9170	2650×2940×2840	1070/1070	
S7—4000/35	4000				32.0	5.65	1.0	7	5430	2180	9740	2860×2900×3270	1070/1070	
S7—5000/35	5000				36.7	6.75	0.9		6350	2400	11260	4030×3340×3340	1070/1070	
S7—6300/35	6300				41.0	8.20	0.9		680S	2415	12345	3600×2900×3330	1435/1435	
S7—8000/35	8000				45.0	11.50	0.8	7.5	10360	3450	17320	3780×2950×3550	1435/1435	佛山市变压器厂、武汉变压器有限责任公司、四川安岳变压器厂、济南志友股份有限公司
S7—10000/35	10000				53.0	13.60	0.8		11280	3810	19410	4100×3200×3780	1435/1435	
S7—12500/35	12500				63.0	16.00	0.7		12903	4050	20690	4400×3300×3480	1435/1435	
S7—16000/35	16000			Yn，d11	77.0	19.00	0.7		16570	4600	25000	4000×3380×3540	1475/1475	
S7—20000/35	20000				93.0	22.50	0.7	8.0	18500	5800	29500	4310×4120×4370	2040/2040	
S7—25000/35	25000				110.0	26.60	0.6		24380	7660	3700	4300×4150×4400	1475/1475	
S7—31500/35	31500				132.0	31.60	0.6		25900	8470	40150	5600×4050×4600	1475/1475	

二、SF7 系列 35kV 级电力变压器

(一) 概述

该系列变压器为三相油浸风冷铜绕组无载调压电力变压器，在交流 50Hz 输配电系统中作为分配电能和变换电压之用，可在户内户外连续使用。

(二) 技术数据

SF7 系列 35kV 级电力变压器的技术数据，见表 5-24。

表 5-24　SF7 系列 35kV 级铜绕组三相电力变压器技术数据

型号	额定容量 (kVA)	额定电压 (kV) 高压	额定电压 (kV) 低压	连接组标号	损耗 (kW) 短路	损耗 (kW) 空载	空载电流 (%)	阻抗电压 (%)	重量 (kg) 器身	重量 (kg) 油	重量 (kg) 总体	外形尺寸 (mm) (长×宽×高)	轨距 (mm)	生产厂
SF7—6300/35	6300	35 38.5 ±2×2.5%	3.15 3.3 6.3 6.6 10.5 11	YN，d11	41	8.2	0.9	7.5	6805	2175	11025	3050×2580×3330	1435/1435	济南志友股份有限公司、南通市友邦变压器有限公司、铜川整流变压器厂、上海变压器厂
SF7—8000/35	8000				45	11.5	0.8		9010	3600	14520	3810×2460×3650	1435/1435	
SF7—10000/35	10000				53	13.6	0.8		11000	4455	22620	4640×3520×3955	1435/1435	
SF7—12500/35	12500				63	16	0.7	8	12715	3975	21075	4540×3580×3825	1435/1435	
SF7—16000/35	16000				77	19	0.7		15750	4200	23620	4650×3630×4010	1435/1435	
SF7—20000/35	20000				93	22.5	0.7		18290	7020	35500	4845×4245×4465	1435/1435	
SF7—25000/35	25000				110	26.6	0.6							
SF7—31500/35	31500				132	31.6	0.6		27338	8435	43905	5860×4410×5210	1435/1435	

三、SL7 系列 35kV 级配电及电力变压器

(一) 概述

该系列变压器为三相油浸自冷铝绕组无载调压配电及电力变压器，在交流 50Hz 输配电系统中作为分配电能和变换电压用，可供户内外连续使用。

(二) 技术数据

该系列 35kV 级配电及电力变压器的技术数据，见表 5-25。

表 5-25　SL7 系列 35kV 级铝绕组三相配电及电力变压器技术数据

型号	额定容量 (kVA)	额定电压 (kV) 高压	额定电压 (kV) 低压	连接组标号	损耗 (kW) 短路	损耗 (kW) 空载	空载电流 (%)	阻抗电压 (%)	重量 (kg) 器身	重量 (kg) 油	重量 (kg) 总体	外形尺寸 (mm) (长×宽×高)	轨距 (mm)	生产厂
SL7—50/35	50	35	0.4	Y，yn0	1.35	0.27	2.8	6.5	272	331	830	1145×935×1790	660/660	铜川整流变压器厂、上海变压器厂、武汉变压器有限责任公司、江西第二变压器厂
SL7—100/35	100				2.25	0.37	2.6		425	390	1090	1185×995×1905	660/660	
SL7—125/35	125				2.65	0.42	2.5		472	504	1300	1200×980×2165	660/660	
SL7—160/35	160				2.65	0.47	2.4		555	568	1465	1310×980×2205	660/660	
SL7—200/35	200				3.70	0.55	2.2		670	635	1695	1770×1200×2240	660/660	
SL7—250/35	250				4.40	0.64	2.0		762	690	1890	1815×1200×2310	660/660	
SL7—315/35	315				5.30	0.76	2.0		870	760	2185	1960×1020×2460	660/660	
SL7—400/35	400				6.40	0.92	1.9		1085	855	2510	2580×1100×2620	820/820	
SL7—500/35	500				7.70	1.08	1.9		1250	922	2810	2100×1340×2680	820/820	
SL7—630/35	630				9.20	1.30	1.8		1475	1030	3225	2080×1360×2770	820/820	
SL7—800/35	800				11.00	1.54	1.5		1950	1280	4200	2320×1410×2975	820/820	
SL7—1000/35	1000				13.50	1.80	1.4		2095	1435	4595	2375×1900×3095	820/820	
SL7—1250/35	1250				16.30	2.20	1.2		2440	1590	5470	2410×1710×3170	1070/1070	
SL7—1600/35	1600				19.50	2.65	1.1		2870	1715	6060	2450×1400×3240	1070/1070	

续表 5-25

型号	额定容量(kVA)	额定电压(kV)		连接组标号	损耗(kW)		空载电流(%)	阻抗电压(%)	重量(kg)			外形尺寸(mm)(长×宽×高)	轨距(mm)	生产厂
		高压	低压		短路	空载			器身	油	总体			
SL7—800/35	800	35 38.5 ±5%	3.15 6.3 10.5	Y,d11	11	1.54	1.5	6.5	2160	1410	4360	2400×1170×2760	820/820	济南志友股份有限公司、江西变电设备总厂、铜川整流变压器厂、上海变压器厂
SL7—1000/35	1000				13.5	1.80	1.4							
SL7—1250/35	1250				16.3	2.20	1.3							
SL7—1600/35	1600				19.5	2.65	1.2		2800	1830	6325	2490×1610×3005	1070/1070	
SL7—2000/35	2000				19.8	3.40	1.1		3050	1630	6240	2750×1870×3135	1070/1070	
SL7—2500/35	2500				23	4.00	1.1		3530	1770	6980	2620×1890×3170	1070/1070	
SL7—3150/55	3150				27	4.75	1.0	7	4180	2040	8280	2670×2950×3260	1070/1070	
SL7—4000/85	4000				32	5.65	1.0		5020	2310	9590	2920×2220×3590	1070/1070	
SL7—5000/35	5000				36.7	6.75	0.9		5900	2740	11475	3900×2960×3690	1070/1070	
SL7—6000/35	6000				41	8.20	0.9	7.5	7230	2970	13340	3900×3000×3760	1435/1435	

四、SFL7 系列 35kV 级电力变压器

（一）概述

该系列变压器为三相油浸风冷铝绕组无载调压电力变压器，在交流 50Hz 输配电系统中作为分配电能和变换电压之用，可供户内外连续使用。

（二）技术数据

SFL7 系列 35kV 级电力变压器的技术数据，见表 5-26。

表 5-26 SFL7 系列 35kV 级铝绕组三相电力变压器技术数据

型号	额定容量(kVA)	额定电压(kV)		连接组标号	损耗(kW)		空载电流(%)	阻抗电压(%)	重量(kg)			外形尺寸(mm)(长×宽×高)	轨距(mm)	生产厂
		高压	低压		短路	空载			器身	油	总体			
SFL7—8000/35	8000	35 38.5 ±2×2.5%	3.15 3.3 6.3 6.6 10.5 11	YN,d11	45	11.5	0.8	7.5	10560	4295	17015	3430×3870×3940	1435/1435	上海变压器厂、铜川整流变压器厂、南通市友邦变压器有限公司
SFL7—10000/35	10000				53	13.6	0.8		11395	4700	21255	3950×3415×4140	1435/1435	
SFL7—12500/35	12500				63	16	0.7	8						
SFL7—16000/35	16000				77	19	0.7		16175	6370	27600	5170×3560×4340	1435/1435	
SFL7—20000/35	20000				93	22.5	0.7							
SFL7—25000/35	25000				110	26.6	0.6							
SFL7—31500/35	31500				132	31.6	0.6							

五、S7～M 系列 35kV 级全密封配电及电力变压器

（一）概述

该系列变压器为全密封式的三相油浸自冷铜绕组无载调压配电变压器，其结构特点是变压器内充满了油，油箱上的波纹冷却片随着油温的变化而收缩和膨胀。由于空气无法进入油箱，延缓了油和绝缘材料的老化，延长了变压器的寿命。本系列变压器在交流 50Hz 的输配电系统中作为分配电能和变换电压之用，可在户内外连续使用。

(二) 技术数据

该系列变压器的技术数据，见表 5-27。

表 5-27 全密封式 S7—M 系列 35kV 级配电变压器技术数据

型号	额定容量(kVA)	额定电压(kV)		连接组标号	损耗(kW)		空载电流(%)	阻抗电压(%)	重量(kg)			外形尺寸(mm)(长×宽×高)	轨距(mm)	生产厂
		高压	低压		短路	空载			器身	油	总体			
S7—M—100/35	100	35 ±5%	0.4	Y，yn0	2.25	0.37	2.6	6.5	415	520	1130	1530×940×1700	660/660	济南志友股份有限公司、上海 ABB 变压器有限公司
S7—M—160/35	160				3.15	0.47	2.4		555	530	1320	1530×940×1790	660/660	
S7—M—200/35	200				3.70	0.55	2.2		655	650	1580	1610×960×1830	660/660	
S7—M—250/35	250				4.40	0.64	2.0		825	760	1900	1660×960×1910	660/660	
S7—M—315/35	315				5.30	0.76	2.0		945	790	2100	1680×960×1950	660/660	
S7—M—400/35	400				6.40	0.92	1.9		1125	890	2470	1740×980×2010	820/820	
S7—M—500/35	500				7.70	1.08	1.9		1285	950	2880	1820×1040×2030	820/820	
S7—M—630/35	630				9.20	1.30	1.8		1460	1060	3660	1990×1180×2110	820/820	
S7—M—800/35	800				11.0	1.54	1.5		1670	1130	3840	1990×1190×2170	820/820	
S7—M—1000/35	1000				13.50	1.80	1.4		2120	1380	4810	2180×1290×2280	820/820	

六、SS7 系列 35kV 级电力变压器

SS7 系列 35kV 级电力变压器的技术数据，见表 5-28。

表 5-28 SS7 系列 2000～6300kVA、35kV 级三绕组电力变压器技术数据

型号	额定容量(kVA)	电压组合及分接范围			空载损耗(kW)	负载损耗(kV)	空载电流(%)	阻抗电压(%)		容量分配(%)	连接组标号	生产厂
		高压(kV)	中压(kV)	低压(kV)				升压	降压			
SS7—2000/35	2000	35，38.5 ±5%	10.5 11	3.15 6.3	4.25	29.7	1.5	14（高中）7（高低）6（中低）	14（高低）7（高中）6（中低）	100 /100 /50	Y，yn，d11	
SS7—2500/35	2500				5.0	32.2	1.5					
SS7—3150/35	3150				5.95	37.8	1.35					
SS7—4000/35	4000				7.1	44.8	1.35					
SS7—5000/35	5000				8.45	51.4	1.2					
SS7—6300/35	6300				10.25	57.4	1.2					

七、D 系列 35kV 级单相电力变压器

D 系列 35kV 级单相电力变压器的技术数据，见表 5-29。

八、S9 系列 35kV 级配电及电力变压器

(一) 概述

该系列变压器为三相油浸自冷铜绕组无载调压配电及电力变压器，在交流 50Hz 的输配电系统中作为分配电能和变换电压之用，可在户内外连续使用。

（二）技术数据

该系列变压器的技术数据，见表5-30。

表5-29 D系列833～2100kVA、35kV级单相电力变压器技术数据

额定容量(kVA)	额定电压(kV)		连接组标号	损耗(kW)		空载电流(%)	阻抗电压(%)	重量(kg)			外形尺寸(mm)(长×宽×高)	轨距(mm)	冲击全波试验电压(kV)		生产厂
	高压	低压		短路	空载			器身	油	总体			高压	低压	
833	33 35 ±2×2.0% ±5%	6.67 6.3	I，I0	8.15	1.25	1.1	6	1950	700	3250	1700×1080×2850	500×820	200	110	佛山市变压器厂
1050				9.50	1.45	1.0		2320	900	4000	1780×1140×3160	500×820			
1333				11.30	1.76	1.0		2590	1010	4700	1870×1200×3210	500×820			
1667				13.00	2.10	0.9		2870	1065	5000	1970×1300×3370	660×1070			
2100				14.50	2.55	0.9		3300	1150	5380	2040×1480×3840	660×1070			

表5-30 S9系列35kV级配电及电力变压器技术数据

型号	额定容量(kVA)	额定电压(kV)		连接组标号	损耗(kW)		空载电流(%)	阻抗电压(%)	重量(kg)			外形尺寸(mm)(长×宽×高)	轨距(mm)	生产厂
		高压	低压		短路	空载			器身	油	总体			
S9—100/35	100	35 ±5%	0.4	Y，yn0	2.10	0.35	1.9	6.5	460	380	1120	1185×995×1900	660	武汉长江变压器厂、济南志友股份有限公司、湖北变压器厂、武汉变压器有限责任公司
S9—160/35	160				2.80	0.45	1.8		540	455	1320	1660×800×1990	660	
S9—250/35	250				3.90	0.61	1.6		825	570	1800	1800×100×2190	660	
S9—315/35	315				4.70	0.72	1.5		970	740	2070	2090×1300×2345	660	
S9—500/35	500				6.90	1.03	1.3		1235	790	2480	2100×1550×2500	820	
S9—630/35	630				8.20	1.25	1.2		1475	885	3220	2080×1360×2530	820	
S9—800/35	800				9.50	1.48	1.1		1880	1040	3870	2120×1950×2750	820	
S9—1000/35	1000				11.05	1.76	1.0		2300	1325	4800	2375×1600×2935	820	
S9—1250/35	1250				14.50	2.10	1.0		2575	1265	4940	2400×1710×2950	820	
S9—1600/35	1600				17.50	2.50	0.8		3000	1500	5900	2450×1910×3000	1070	
S9—2000/35	2000				20.50	3.26	0.8		3390	1610	6645	2450×2100×3100	1070	
S9—500/35	500		3.15 6 10	Y，d11	6.90	1.03	1.3		1635	1000	3225	2260×1760×2590	820	武汉长江变压器厂、济南志友股份有限公司
S9—800/35	800				8.80	1.48	1.1		2020	1120	4010	2345×1780×2580	820	
S9—1000/35	1000				11.00	1.80	1.0		2210	1300	4600	2375×1600×2895	820	
S9—1250/35	1250				14.70	2.20	0.9		2440	1460	4960	2370×1600×3095	820	
S9—1600/35	1600				16.50	2.50	0.8		3000	1500	5900	2450×1910×3000	1070	
S9—2000/35	2000				16.80	3.20	0.8		3300	1400	6055	2370×1870×2800	1070	
S9—2500/35	2500				19.50	3.80	0.8		3900	1520	6990	2480×2380×2810	1070	
S9—3150/35	3150				22.50	4.50	0.8	7	4500	2090	8400	2455×2770×3000	1070	
S9—4000/35	4000				27.0	5.40	0.8		5440	2020	9495	2820×2800×3220	1070	
S9—5000/35	5000				31.00	6.50	0.7		6515	2740	11625	3100×2970×3320	1070	
S9—6300/35	6300				34.50	7.90	0.7		8200	2520	13130	2920×2980×3475	1475	

九、S10 系列 35kV 级配电及电力变压器

（一）概述

S10 系列变压器在低损耗变压器系列中属最新型号，节能效果又有所提高。该系列变压器为三相油浸自冷铜绕组无载调压配电及电力变压器，在交流 50Hz 的输配电系统中作分配电能和变换电压之用，可在户内外连续使用。

（二）技术数据

该系列 35kV 级配电及电力变压器的技术数据，见表 5－31。

表 5－31　S10 型 35kV 级铜绕组特低损耗三相电力变压器技术数据

型　号	额定容量(kVA)	额定电压(kV)		连接组标号	损耗(kW)		空载电流(%)	阻抗电压(%)	重量(kg)			外形尺寸(mm)(长×宽×高)	轨距(mm)	生产厂
		高压	低压		短路	空载			器身	油	总体			
S10—800/35	800	35 38.5 ±5%	3.15 6.3 10.5 ±2× 2.5%	Y，d11	10.2	1.4	1.5		1860	1167	4055	2320×1290×2750	820/820	铜川整流变压器厂、四川安岳变压器厂
S10—1000/35	1000				12.5	1.6	1.4		2610	1440	5360	2530×1460×2660	820/820	
S10—1250/35	1250				15.1	2.0	1.3		2470	1180	4750	2540×1290×2665	820/820	
S10—1600/35	1600				17.9	2.4	1.2		2580	1420	5620	2540×1460×2830	1070/1070	
S10—2000/35	2000				19.0	3.0	1.1		3355	1395	6140	2750×1480×2865	1070/1070	
S10—2500/35	2500				21.8	3.5	1.1		3508	1647	7930	2790×2690×2920	1070/1070	
S10—3150/35	3150				25.6	4.2	1.0		4208	1914	9170	2650×2940×2840	1070/1070	
S10—4000/35	4000				30.4	5.0	1.0		5430	2180	9740	2860×2900×3270	1070/1070	
S10—5000/35	5000				34.8	6.0	0.9		6350	2400	11260	4030×3340×3340	1070/1070	
S10—6300/35	6300				38.5	7.2	0.9		6805	2415	12345	3600×2900×3330	1070/1070	
S10—8000/35	8000	35 38.5 ±2× 2.5%	3.15 3.3 6.3 6.6 10.5 11	YN，d11	37.8	7.94	0.4				17580	3500×2800×2980	1475/1475	
S10—10000/35	10000				44.6	9.38	0.4				20550	3500×2900×3500	1475/1475	
S10—12500/35	12500				53.0	11.04	0.3				24900	3600×3100×3500	1475/1475	
S10—16000/35	16000				64.7	13.1	0.3				31800	3800×3300×3500	1475/1475	

注　根据需要可制作 35kV 级 3150kVA 及以下的配电变压器（35/0.4kV）。

十、S11 系列 35kV 三相无励磁调压配电变压器

（一）概述

S11 系列 35kV 变压器具有低损耗、低噪音、防雷电水平及抗突发短路能力强、外形美观等优点，采用先进生产设备和制造工艺及优质组配件相结合之精品，变压器具有通过计算机在线监测，远方控制的功能实现变电站无人值班化。

产品适用于三相 50Hz，35kV 电压等级的城乡工农业配电系统，各工矿企业、电站输配电工程及组合式变电站等。

（二）结构特点

铁芯采用优质高导磁取向冷轧硅钢片，全斜三接阶梯逢叠片结构，降低了空载电流及噪音。

高低压绕组采用优质无氧铜绕制，保证了变压器的直流电阻及负载损耗。

高低压绕组结构新型，合理布置分接区域及油道，提高机械强度和抗短路能力。

油箱为吊芯式或钟罩式结构，油箱壁成瓦楞形。油箱线条流畅、简洁、大方、美观。

（三）技术数据

S11系列35kV三相无励磁调压配电变压器技术数据，见表5-32。

表5-32 S11系列35kV三相无励磁调压配电变压器技术数据

容量（kVA）	电压组合（HV/LV）			连接组标号	9型损耗（kW）		10型损耗（kW）		11型损耗（kW）		空载电流（%）	短路阻抗（%）	轨距（mm）
	高压（kV）	分接范围（%）	低压（kV）		空载损耗	负载损耗	空载损耗	负载损耗	空载损耗	负载损耗			
50	38.5 35	±5 或 ±2 ×2.5%	0.4	Y，yn0	0.21	1.22	0.2	1.15	0.17	1.15	2.0	6.5	660×660
100					0.29	2.03	0.28	1.91	0.24	1.91	1.8		660×660
125					0.33	2.39	0.31	2.25	0.27	2.25	1.75		660×660
160					0.37	2.84	0.33	2.68	0.29	2.68	1.65		660×660
200					0.44	3.33	0.38	3.15	0.34	3.15	1.55		660×660
250					0.51	3.96	0.46	3.74	0.4	3.74	1.4		660×660
315					0.61	4.77	0.55	4.51	0.48	4.51	1.4		820×820
400					0.73	5.76	0.66	5.44	0.57	5.44	1.3		820×820
500					0.86	6.93	0.78	6.55	0.68	6.55	1.3		820×820
630					1.05	8.28	0.93	7.82	0.81	7.82	1.25		820×820
800					1.23	9.9	1.11	9.35	0.98	9.35	1.05		820×820
1000					1.44	12.15	1.32	11.48	1.16	11.48	1.0		820×820
1250					1.76	14.67	1.57	13.86	1.37	13.86	0.85		1070×1070
1600					2.12	17.65	1.9	16.58	1.66	16.58	0.75		1070×1070
2000					2.65	19.35	2.38	18.28	2.12	18.28	0.75		1070×1070
2500					3.2	23.52	2.88	21.2	2.56	21.2	0.7		1070×1070

（四）生产厂

浙江省江山市电力变压器有限公司。

十一、S11—M系列35kV三相油浸式电力变压器

（一）概述

S11—M系列35kV三相油浸式电力变压器采用全充油、密封型波纹油箱制作而成。油箱壳体因其特殊结构而可以膨胀收缩，以此来适应油体的变化，并且可以很好地满足散热要求。器身采用了新型绝缘结构，使其抗短路能力有了显著提高；铁芯由高质量冷轧硅钢片制成；高、低压绕组均选用无氧铜导线，并采用多层圆筒式结构；所有紧固件均采用特殊防松处理。产品具有高效率、低损耗的特点，可节省大量的电耗和运行费用，社会效益显著，是国家推广的高新技术产品，已被广泛地应用在各配电设备中。

S11—M系列35kV三相油浸式电力变压器性能符合国家GB 1094—1996《电力变压器》、GB/T 6451—1999《三相油浸式电力变压器技术参数和要求》标准，铁芯采用优质冷轧硅钢片，用阶梯三级接缝，表面涂固化漆，降低了损耗和噪声；线圈采用优质无氧铜导线绕制，散热采用新型油道结构，设计合理，并优化绝缘工艺，提高了机械强度和抗短路能力，外形美观大方、运行可靠。广泛用于变电站（所）及城乡电网。

（二）结构特点

(1) 高压绕组全部采用多层圆筒式结构，改善了绕组的冲击分布。

(2) 容量在 630～3150kVA 范围内的低压绕组采用筒式或螺旋式结构，机械强度高，安匝分布平衡，产品的抗短路能力好。

(3) 器身追加了定位结构，使之在运输过程中不产生位移，同时所有紧固件加装扣紧螺母，确保产品在长期运行过程中紧固件不松动，满足了不吊芯的要求。

(4) 产品表面经去油、去绣、磷化处理后喷涂底漆、面漆，可以满足冶金、石化系统及潮湿污地区的特殊使用要求。

(5) 精选组件，采用了全密封变压器油箱，按标准要求安装有压力释放阀、信号温度计、气体继电器等，确保变压器安全运行。

(6) 该系列产品外形美观，体积小，能减少安装占地面积，是理想的免维护优质产品。

（三）技术数据

S11—M 系列 35kV 三相油浸式电力变压器技术数据，见表 5-33。

表 5-33 S11—M 系列 35kV 三相油浸式电力变压器技术数据

额定容量 (kVA)	额定电压 (kV)		短路阻抗 (%)	连接组标号	空载损耗 (kW)	负载损耗 (kW)	空载电流 (%)	重量 (kg)			外形尺寸 (mm) (长×宽×高)	轨距 (mm)
	高压	低压						油	器身	总体		
50	35	0.4	6.5	Y，yn0	0.21	1.25	2.00	330	290	840	1145×935×1790	660
100					0.30	2.03	1.80	350	570	1170	1185×995×1800	660
125					0.34	2.35	1.75	455	725	1335	1210×980×2035	660
160					0.38	2.82	1.65	450	590	1340	1310×980×2100	660
200					0.44	3.30	1.55	510	610	1440	1700×1200×2100	660
250					0.51	3.90	1.40	570	730	1660	1815×1020×2100	660
315					0.61	4.70	1.40	620	830	1850	1960×1020×2200	820
400					0.74	5.70	1.30	680	950	2150	2080×1100×2400	820
500					0.87	6.90	1.30	760	1190	2480	2100×1340×2530	820
630					1.04	8.20	1.25	920	1620	3220	2080×1360×2530	820
800					1.25	10.0	1.05	1150	1820	3870	2325×1410×2750	820
1000					1.48	12.0	1.05	1300	2300	4600	2375×1600×2895	820
1250					1.76	14.0	0.85	1460	2440	4960	2375×1600×3090	1070
1600					2.13	16.5	0.75	1500	3000	5900	2450×1910×3000	820
800	35	10.5 6.3 3.15	6.5	Y，d11	1.48	8.80	1.1	1150	1820	3870	2320×1410×2750	820
1000					1.75	11.0	1.0	1300	2300	4600	2375×1600×2895	820
1250					2.10	14.5	0.9	1460	2440	4960	2370×1600×3095	1070
1600					2.50	16.5	0.8	1500	3000	5900	2450×1910×3000	1070
2000					2.60	19.0	0.75	1560	3300	6260	2750×1870×2900	1070
2500					3.10	21.5	0.75	1590	3800	6990	2810×1800×3000	1070

（四）生产厂

山东天弘变压器有限公司。

十二、SF10系列35kV级电力变压器

（一）概述

SF10系列变压器为三相油浸风冷铜绕组无载调压电力变压器，在交流50Hz输变电系统中作分配电能和变换电压之用，可在户内外连续使用。

（二）技术数据

SF10系列35kV级电力变压器的技术数据，见表5-34。

表5-34 SF10系列35kV级电力变压器技术数据

型号	额定容量(kVA)	额定电压(kV)		连接组标号	损耗(kW)		空载电流(%)	阻抗电压(%)	重量(kg)			外形尺寸(mm)(长×宽×高)	轨距(mm)	生产厂
		高压	低压		短路	空载			器身	油	总体			
SF10—6300/35	6300	35 38.5 ±2× 2.5%	3.15 3.3 6.3 6.6 10.5 11	YN,d11	38.5	7.2	0.9	7.5	7655	2530	11840	3330×2050×3570	1070/1070	铜川整流变压器厂
SF10—8000/35	8000				42.0	10.2	0.8		9010	3600	14520	3810×2460×3650	1435/1435	
SF10—10000/35	10000				48.0	12.0	0.8		10740	3940	18850	3800×2810×3826	1435/1435	
SF10—12500/35	12500				59.0	13.8	0.7		13500	4540	23460	3930×3630×4040	1435/1435	
SF10—16000/35	16000				73.0	15.9	0.7	8						
SF10—20000/35	20000				88.0	18.9	0.7							
SF10—25000/35	25000				104.0	22.5	0.6							
SF10—31500/35	31500				125.0	26.6	0.6							

5.1.4 63kV级无励磁电力变压器

一、S7、SF7、SFP7系列63kV级电力变压器

（一）概述

该系列变压器用于额定频率为50Hz、电压等级为63kV的输变电系统中，起传输电能和变换电压的作用，可在户内外连续使用。它的冷却方式按不同容量分为油浸自冷（6300kVA及以下）、油浸风冷（8000～40000kVA）和强迫油循环风冷（50000kVA及以上）。其油箱结构分为平顶式（6300kVA及以下）和钟罩式拱顶油箱（6300kVA以上）。

S7系列为三相油浸自冷铜线双绕组无载调压变压器。SF7系列为三相油浸风冷铜线双绕组无载调压变压器。SFP7系列为三相强迫油循环风冷铜线双绕组无载调压变压器。S7、SF7、SFP7系列电力变压器调压范围为±5%及±2×2.5%。

（二）技术数据

本系列变压器的技术数据，见表5-35。

二、SL7、SFL7、SFPL7系列63kV级电力变压器

（一）概述

该系列电力变压器适用于交流50Hz、额定电压为63kV的输变系统，作传输电能和变换电压之用，可在户内外连续使用。

表 5-35 S7、SF7、SFP7 系列 63kV 级电力变压器技术数据

型　号	额定容量(kVA)	额定电压(kV)		连接组标号	损耗(kW)		空载电流(%)	阻抗电压(%)	外形尺寸(mm)(长×宽×高)	质量(t)	生产厂
		高压	低压		短路	空载					
S7—630/63	630		6.3，6.6，10.5，11	Y，d11	8.4	2.0	2.0		2100×1845×3345	5.32	
S7—1000/63	1000		6.3，6.6，10.5，11	Y，d11	11.6	2.8	1.9		2450×1780×3440	6.40	
S7—1250/63	1250		10.5，11	Y，d11	14.0	3.2	1.8		2350×2000×3395	7.02	
S7—1600/63	1600		3.15，6.3，6.6，10.5，11	YN，d11	16.5	3.9	1.8		2535×1860×3400	8.01	
S7—2000/63	2000	60 63 66		Y，d11	19.5	4.6	1.7	8.0	2690×2045×3540	9.49	
S7—2000/63	2000			Y，yn0	19.5	4.6	1.7		2830×3075×3470	9.49	
S7—2500/63	2500		6.3，6.6，10.5，11	Y，d11	19.5	4.6	1.6				
S7—3150/63	3150			Y，d11	27.0	6.4	1.5		3150×2990×3737	11.04	
S7—4000/63	4000			Y，d11	32.0	7.6	1.4		3010×3230×3820	13.17	
S7—5000/63	5000			Y，d11	36.0	9.0	1.3		3470×3080×3900	14.71	
S7—630/63	630		0.4	Y，yn0		2.0	2.0	6.5	2125×1900×3162	5.29	
S7—1000/63	1000			YN，d11	11.6	2.8	1.9	8.0	2240×1950×3365	6.28	
S7—2000/63	2000			Y，d11	19.5	4.6	1.7		2830×3075×3470	9.56	
S7—6300/63	6300				40.0	11.6	1.2		4120×3515×4970	18.62	
S7—8000/63	8000				47.5	14.0	1.1		3995×3350×4260	21.10	
S7—10000/63	10000				56.0	16.5	1.1		4675×3515×4970	26.60	铜川整流变压器厂、沈阳变压器厂
S7—12500/63	12500		6.3，6.6，10.5，11		66.5	19.5	1.1				
S7—16000/63	16000				81.7	23.5	1.0				
S7—20000/63	20000				99.0	27.5	0.9		5730×4230×5070	40.08	
S7—25000/63	25000				117.0	32.5	0.9				
S7—31500/63	31500				141.0	38.5	0.9		6200×4280×5175	49.8	
SF7—8000/63	8000	60 63			47.5	14.0	1.1		4140×3370×4185	19.90	
SF7—8000/63	8000	66	33		47.5	14.0	1.1		4140×3340×4185	19.90	
SF7—10000/63	10000	±2×2.5%		YN，d11	56.0	16.5	1.1	9.0	3765×3810×4230	22.74	
SF7—12500/63	12500				66.5	19.5	1.0		4980×3450×3920	25.7	
SF7—16000/63	16000				81.7	23.5	0.9		3490×4630×4300	26.7	
SF7—20000/63	20000				99.0	27.5	0.9		5400×4300×4165	34.7	
SF7—25000/63	25000				117.0	32.5	0.9		5250×4112×4590	37.9	
SF7—31500/63	31500		6.3，6.6，10.5，11		141.0	38.5	0.8		5740×4320×5480	50.0	
SF7—40000/63	40000				165.5	46.0	0.8		5455×4280×5335	53.0	
SF7—50000/63	50000				205.0	55.0	0.7				
SF7—63000/63	63000				247.0	65.0	0.7				
SFP7—50000/63	50000				205.0	55.0	0.7		5390×4360×5400	67.1	
SFP7—63000/63	63000				260.0	65.0	0.7		6435×4650×5710	81.3	
SFP7—90000/63	90000				320.0	68.0	1.0		6880×6900×5855	100.4	

SL7系列为三相油浸自冷铝线双绕组无载调压变压器，SFL7系列为三相油浸风冷铝线双绕组无载调压变压器，SFPL7系列为三相强迫油循环风冷铝线双绕组无载调压变压器。它们的冷却方式、油箱结构和调压范围均与铜线绕组相同。

（二）技术数据

该系列63kV级电力变压器的技术数据，见表5-36。

表5-36 SL7系列63kV级电力变压器技术数据

型号	额定容量(kVA)	额定电压(kV)		连接组标号	损耗(kW)		空载电流(%)	阻抗电压(%)	重量(t)	外形尺寸(mm)(长×宽×高)	生产厂
		高压	低压		短路	空载					
SL7—630/63	630	60 63 66 ±5%	6.3 6.6 10.5 11	Y，d11 YN，d11	8.4	2.0	2.0	8.0			内蒙古变压器厂、哈尔滨变压器厂
SL7—1000/63	1000				11.6	2.8	1.9		6.62	2760×2000×3485	
SL7—1600/63	1600				16.5	3.9	1.8				
SL7—2000/63	2000				19.5	4.6	1.7				
SL7—2500/63	2500				23.0	5.4	1.6				
SL7—3150/63	3150			YN，d11	27.0	6.4	1.5		10.45	3900×3090×3830	
SL7—4000/63	4000				32.0	7.6	1.4				
SL7—5000/63	5000				36.0	9.0	1.3				
SL7—6300/63	6300	60 63 66 ±2×2.5%			40.0	11.0	1.2	9.0	16.90		
SL7—8000/63	8000				47.5	14.0	1.1		19.80	3470×3340×4065	
SL7—10000/63	10000				56.0	16.5	1.1		23.90	4100×3530×4340	
SL7—12500/63	12500				66.5	19.5	1.0		29.60	4235×3600×4290	
SL7—16000/63	16000				81.7	23.5	1.0		36.30	5675×3850×4900	
SL7—20000/63	20000				99.0	27.5	0.9		40.10	5730×4230×5070	
SL7—25000/63	25000				117.0	32.5	0.9		45.14	5000×4500×5270	
SL7—31500/63	31500				141.0	38.5	0.8		53.96	6150×4050×4715	
SL7—40000/63	40000				165.0	46.0	0.8		64.8	5600×4470×5720	
SL7—50000/63	50000				205.0	55.0	0.7				
SL7—63000/63	63000				247.0	65.0	0.7				

5.1.5 110kV级无励磁电力变压器

一、S7、SF7、SFP7系列110kV级电力变压器

（一）概述

该系列为油浸式无载调压电力变压器，适用于交流50Hz、额定电压为110kV的输变或配变电力系统，作传输电能和变换电压之用，可在户内、外连续使用。它主要由铁芯、线圈、器身绝缘、引线、油箱、上油柜、净油装置、冷却装置、调压装置、出线装置、测量和继电保护及控制装置等组成。

该系列电力变压器的冷却方式按容量可分为油浸自冷和强迫油循环风冷，调压范围为5级或±2×2.5%。

（二）技术数据

该系列110kV级电力变压器的技术数据，见表5-37。

表 5-37 S7、SF7、SEP7 系列 110kV 级电力变压器技术数据

型号	额定容量(kVA)	额定电压(kV)		连接组标号	损耗(kW)		空载电流(%)	阻抗电压(%)	重量(t)	外形尺寸(mm)(长×宽×高)	生产厂
		高压	低压		短路	空载					
S7—6300/110	6300	110，121±2×2.5%	6.3，6.6，10.5，11		41	11.6			21.7	5070×5650×4470	
S7—6300/110	6300	110^{+3}_{-1}×2.5%	6.3		41	11.6	1.1		21.7	5070×5650×4470	
S7—6300/110	6300	110，121	6.3，6.6，10.5，11		41	11.6			17.8	3695×3360×3865	
S7—6300/110	6300		35，38.5		44	12.5	1.5				
S7—8000/110	8000	110，121±2×2.5%	6.3，6.6，10.5，11		50	14.0	1.1		25.4	5035×3995×5385	武汉长江变压器厂
S7—10000/110	10000	100±2×2.5%	10.5，27.5		59	16.5	1.0		26.1	5920×3840×4220	
S7—12500/110	12500				70	19.5					
S7—16000/110	16000		6.3，6.6，10.5，11		86	23.5					
S7—20000/110	20000	110，121±2×2.5%			105	28	0.9		38.0		
SF7—6300/110	6300				41	11.6			18.5	4230×3270×3680	
SF7—6300/110	6300	110，121	35，38.5	YN，d11	44	12.5	1.5	10.5	19.3	3310×3442×4150	
SF7—8000/110	8000	110，121±2×2.5%	6.3，6.6，10.5，11		50	14.0	1.1		16.7	3965×3360×3865	
SF7—8000/110	8000	110，121	35，38.5		53	15.0	1.5		19.9	3400×3430×3730	
SF7—10000/110	10000	110，121±2×2.5%	6.3，6.6，10.5，11		59	16.5	1.0		20.0	4220×3635×4540	保定大型变压器公司、西安变压器厂、沈阳变压器厂、合肥 ABB 变压器有限公司、武汉变压器有限责任公司、铜川整流变压器厂、湖北变压器厂、江西变电设备总厂、济南志友股份有限公司、佛山市变压器厂
SF7—10000/110	10000	110，121			62	17.5	1.4		26.1	4315×3625×4730	
SF7—12500/110	12500	110，121±2×2.5%	35，38.5		70	19.5			22.6	4485×3764×3956	
SF7—12500/110	12500	110，121			74	20.5			29.8	4470×3700×4655	
SF7—12500/110	12500	121^{+3}_{-1}×2.5%			70	19.5			29.1	4498×3916×4565	
SF7—16000/110	16000	121，110±2×2.5%	6.3，6.6，10.5，11		86	23.5	0.9		29.8	4470×3700×4655	
SF7—16000/110	16000	110，121	35，38.5		91	24.5	1.3		31.5	4670×3935×4490	
SF7—20000/110	20000	110，121±2×2.5%	6.3，6.6，10.5，11		104	27.5	0.9		32.1	5300×4100×4390	
SF7—20000/110	20000	110，121	35，38.5		110	29.0	1.3		33.5	4900×4040×4315	

续表 5-37

型号	额定容量(kVA)	额定电压(kV)		连接组标号	损耗(kW)		空载电流(%)	阻抗电压(%)	重量(t)	外形尺寸(mm)(长×宽×高)	生产厂
		高压	低压		短路	空载					
SF7—20000/110	20000	121^{+3}_{-1}×2.5%	10.5，11	YN，d11	104	27.5		10.5	33.3	4498×4180×4812	保定大型变压器公司、西安变压器厂、沈阳变压器厂、合肥ABB变压器有限公司、武汉变压器有限责任公司、铜川整流变压器厂、湖北变压器厂、江西变电设备总厂、济南志友股份有限公司、佛山市变压器厂
SF7—25000/110	25000	110，121±2×2.5%	6.3，6.6，10.5，11		123	32.5	0.8		39.2	4940×4130×5170	
SF7—25000/110	25000	110，121	35，38.5		129	34.2	1.3		45.6	5900×4440×5470	
SF7—31500/110	31500	110，121±2×2.5%	6.3，6.6，10.5，11		148	38.5	0.8				
SF7—31500/110	31500	110，121	35，38.5		156	40.5	1.2		50.4	6240×4070×5750	
SF7—40000/110	40000	110，121±2×2.5%	6.3，6.6，10.5，11		174	46.0	0.7		61.3	6050×4880×5800	
SF7—40000/110	40000	110±2×2.5%	27.5		174	46.0	0.7		66.6	6170×5070×5550	
SF7—40000/110	40000	110，121	35，38.5		183	48.3	1.1			5785×4430×5710	
SF7—50000/110	50000	110，121±2×2.5%	6.3，6.6，10.5，11		216	55	0.7				
SF7—50000/110	50000	110±2×2.5%	27.5		216	55	0.7		71.4	6568×5136×5731	
SF7—63000/110	63000	110，121±2×2.5%	6.3，6.6，10.5，11		260	65	0.6		85.0	6960×5510×6055	
SF7—63000/110	63000	121±2×2.5%	11.5		260	5.0	0.6		86.0	7710×5450×6030	
SF7—75000/110	75000		6.3，6.6，10.5，11		300	75.0			89.2	7430×5310×5610	
SFP7—40000/110	40000	110，121	6.3，6.6，10.5，11		174	46.0	0.7		61.7	5480×4420×3845	保定大型变压器公司、西安变压器厂、沈阳变压器厂、合肥ABB变压器有限公司
SFP7—40000/110	40000	110，121	35，38.5		183	48.3	1.1				
SFP7—50000/110	50000	110，121±2×2.5%	6.3，6.6，10.5，11		216	55.0	0.7		69.4	5570×4380×5540	
SFP7—50000/110	50000	110，121	35，38.5				1.1				
SFP7—63000/110	63000	110，121	6.3，6.6，10.5，11		260	65.0	0.6		79.0	6500×3950×6060	
SFP7—63000/110	63000	110，121	35，38.5		273	68.3	1.0				
SFP7—75000/110	75000	121±2×2.5%	6.3，6.6，10.5，11		297	74	0.9		81.8	6560×4340×6180	
SFP7—75000/110	75000	121±2×2.5%	10.5		300	75	0.6		97.1	6280×4160×6140	
SFP7—90000/110	90000	110，121	6.3，6.6，10.5，11		330	85	0.5		94	5020×3085×5095	
SFP7—120000/110	120000	110，121±2×2.5%	10.5，13.8		470	115	0.8	10.8	123.6	12070×3680×6210	
SFP7—L120000/110	120000	110，121	6.3，6.6，10.5，11		422	106	0.5	10.5	112.6	9500×3680×5815	
SFP7—150000/110	150000	110，121±2×2.5%	13.8		547	107	0.6	13.0	136	8900×4900×6950	

二、SL7、SFL7、SFPL7 系列 110kV 级电力变压器

（一）概述

本系列电力变压器均为三相铝线双绕组的 110kV 级电力变压器，其用途、主要结构、冷却方式、调压范围均与三相铜线双绕组电力变压器的同系列相似。

SL7 系列为三相油浸自冷铝线双绕组无载调压电力变压器；SFL7 系列为三相油浸风冷铝线双绕组无载调压电力变压器；SFPL7 系列为三相强迫油循环风冷铝线双绕组无载调压电力变压器。

（二）技术数据

本系列产品的技术数据，见表 5－38。

表 5－38 SL7、SFL7、SFPL7 系列 110kV 级电力变压器技术数据

型号	额定容量（kVA）	额定电压（kV）		接线组标号	损耗（kW）		空载电流（%）	阻抗电压（%）	总重量（t）	外形尺寸（mm）（长×宽×高）	生产厂
		高压	低压		短路	空载					
SL7—6300/110	6300	110，121	35，38.5	YN，d11	44	12.5	1.5	10.5	21.7	4650×3970×4184	武汉长江变压器厂
SL7—6300/110	6300	110，121 2×2.5%	6.3，6.6 10.5，11		41	11.6	1.1		20.2	4980×3870×4160	
SL7—8000/110	8000	110，121 2×2.5%	6.3，6.6 10.5，11		50	14.0	1.1				
SL7—10000/110	10000	121 2×2.5%	6.3，6.6 10.5，11		59	16.5	1.0		32.3	6050×3600×5015	
SL7—12500/110	12500	110，121 2×2.5%			70	19.5	1.0				
SL7—16000/110	16000	110，121 2×2.5%			86	23.5	0.9		33.6	6800×4300×5490	
SFL7—6300/110	6300	110，121 ±2×2.5%	6.3，6.6，10.5，11		41	11.6	1.1		20.0	4980×3870×4160	保定大型变压器公司、西安变压器厂、沈阳变压器厂、合肥 ABB 变压器有限公司、武汉变压器有限责任公司、铜川整流变压器厂、湖北变压器厂、江西变电设备总厂、济南志友股份有限公司、佛山市变压器厂
SFL7—8000/110	8000	110，121	35，38.5		53	15.0	1.5				
SFL7—8000/110	8000	110，121 ±2×2.5%	6.3，6.6，10.5，11		50	14.0	1.1		22.5	4050×3480×4050	
SFL7—10000/110	10000	110，121	35，38.5		62	17.5	1.4				
SFL7—1000C1/110	10000	110，121 ±2×2.5%	6.3，6.6，10.5，11		59	16.5	1.0		25.2	4290×3970×4475	
SFL7—12500/110	12500	110，121 ±2×2.5%	6.3，6.6，10.5，11		70	19.5	1.0		28.7	4710×3970×4475	
SFL7—12500/110	12500	110，121	35，38.5		74	20.5	1.4				
SFL7—16000/110	16000	110，121 ±2×2.5%	6.3，6.6，10.5，11		86	23.5	0.9		34.2	4250×4380×4574	
SFL7—16000/110	16000	110，121	35，38.5		91	24.5	1.3				
SFL7—20000/110	20000	110，121 ±2×2.5%	6.3，6.6，10.5，11		104	27.5	0.9		38.3	5070×4400×5030	

续表 5-38

型号	额定容量(kVA)	额定电压(kV)		接线组标号	损耗(kW)		空载电流(%)	阻抗电压(%)	总重量(t)	外形尺寸(mm)(长×宽×高)	生产厂
		高压	低压		短路	空载					
SFL7—20000/110	20000	110，121	35，38.5	YN，d11	110	29.0	1.3	10.5			
SFL7—25000/110	25000	110，121 ±2×2.5%	6.3，6.6，10.5，11		123	32.5	0.8		45.6	5900×4400×5470	保定大型变压器公司、西安变压器厂、沈阳变压器厂、合肥ABB变压器有限公司、武汉变压器有限责任公司、铜川整流变压器厂、湖北变压器厂、江西变电设备总厂、济南志友股份有限公司、佛山市变压器厂
SFL7—25000/110	25000	110，121	35，38.5		129	34.2	1.2				
SFL7—31500/110	31500	110，121 ±2×2.5%	6.3，6.6，10.5，11		148	38.5	0.8		50.4	6240×4070×5750	
SFL7—31500/110	31500	110，121	35.38.5		156	40.5	1.2				
SFL7—40000/110	40000	110，121 ±2×2.5%	6.3，6.6，10.5，11		174	46.0	0.7		61.3	6050×4880×5800	
SFL7—50000/110	50000	110，121 ±2×2.5%	6.3，6.6，10.5，11		216	55.0	0.7		66.6	5785×4330×5710	
SFL7—63000/110	63000	110，121 ±2×2.5%	6.3，6.6，10.5，11		260	65.0	0.6		85.0	6960×5510×6055	
SFPL7—40000/110	40000	110，121 ±2×2.5%	6.3，6.6，10.5，11		174	46.0	0.7				保定大型变压器公司、西安变压器厂、沈阳变压器厂、合肥ABB变压器有限公司
SFPL7—40000/110	40000	110，121	35，38.5		216	55.0	1.1				
SFPL7—50000/110	50000	110，121	35，38.5		227	57.8	1.1				
SFPL7—63000/110	63000	110，121 ±2×2.5%	6.3，6.6，10.5，11		260	65.0	0.6				
SFPL7—63000/110	63000	110，121	35，38.5		273	68.3	1.0				
SFPL7—63000/110	63000	121 ±2×2.5%	13.8		266	50.5			62		
SFPL7—90000/110	90000	110，121	6.3，6.6，10.5，11		340	85	0.6				
SFPL7—120000/110	120000	110，121	6.3，6.6，10.5，11		422	106	0.5				

三、SS7、SFS7、SFPS7系列110kV级电力变压器

（一）概述

该系列为三相铜线三绕组电力变压器，适用于交流50Hz、额定电压为110kV的输变或配变电力系统，作传输电能和变换电压之用，可在户内外连续使用。它的调压装置布置在高压绕组或由高、中压绕组共同调压，无载调压分接开关为5级（±2×2.5%）或3级（±5%）调压。

冷却方式按不同容量分为油浸自冷（最大12500kVA）、油浸风冷（最大75000kVA）及强迫油循环风冷（40000kVA及以上）。

（二）技术数据

该系列产品的技术数据，见表5-39。

表 5-39 SS7、SFS7、SFPS7 系列 110kV 级电力变压器技术数据

型 号	额定容量(kVA)	额定电压(kV)			连接组标号	损耗(kW)		空载电流(%)	阻抗电压(%)			重量(t)	外形尺寸(mm)(长×宽×高)	轨距(mm)	生产厂
		高压	中压	低压		短路	空载		高低	高中	中低				
SS7—6300/110	6300	110，121	35，38.5		YN，yn0，d11	53.0	14.0	1.3			6.5	27.1	5975×4185×4320	1435	西安恒利变压器有限责任公司、武汉长江变压器厂
SS7—6300/110	6300	110，121	35，38.5			53.0	14.0	1.3							
SS7—8000/110	8000	110，121	35，38.5			63.0	16.6	1.3							
SS7—10000/110	10000	110，121	35，38.5			74.0	19.8	1.2				33.0	4870×3430×4930		
SS7—12500/110	12500	110，121	35，38.5			87.0	23.0	1.2							
SFS7—6300/110	6300	110，121	35，38.5			53.0	14.0	1.3							保定大型变压器公司、西安变压器厂、沈阳变压器厂、合肥ABB变压器有限公司、武汉变压器有限责任公司、铜川整流变压器厂、湖北变压器厂、江西变电设备总厂、济南志友股份有限公司、佛山市变压器厂
SFS7—8000/110	8000	110，121	35，38.5			63.0	16.6	1.3				28.5	5715×3860×4050	1435	
SFS7—10000/110	10000	110，121	35，38.5			74.0	19.8	1.2				30.6	5400×3780×4375	2040/2040	
SFS7—12500/110	12500	110，121	35，38.5			87.0	23.0	1.2				36.4	4670×3960×4430		
SFS7—12500/110	12500	110，121	35，38.5			87.0	23.0	1.2				43.2	6300×4200×4540		
SFS7—16000/110	16000	110，121	35，38.5			106	28.0	1.1				40.0	6140×4500×5065	1435/2000	
SFS7—16000/110	16000	110	35			106	28.0	1.1	17.5	10.5		40.0	6140×4500×5065	1435/2000	
SFS7—16000/110	16000	110，121	35，38.5			106	28.0	1.1	17～18	10.5		40.4	5410×4420×4470		
SFS7—20000/110	20000	110，121	35，38.5			125	33.0	1.1	10.5(升) 17～18(降)	17～18(升) 10.5(降)		49.1	6320×4626×4547	2000/1435	
SFS7—20000/110	20000	110，121	63，66，38.5			125	43.0	1.45	17	10		56.1	6500×4780×5346		
SFS7—20000/110	20000	110	27.5	10.5		115.0	32	1.1	17.5	10.5		43.04	5226×4428×4464		
SFS7—20000/110	20000	110，121	35，38.5	6.3，6.6，10.5		125.0	33	1.1	10.5(升) 17～18(降)	17～18(升) 10.5(降)		42.3	6045×4510×4435		

续表 5-39

型号	额定容量(kVA)	额定电压(kV)			连接组标号	损耗(kW)		空载电流(%)	阻抗电压(%)			重量(t)	外形尺寸(mm)(长×宽×高)	轨距(mm)	生产厂
		高压	中压	低压		短路	空载		高低	高中	中低				
SFS7—25000/110	25000	110，121	35，38.5	6.3，6.6，10.5	YN，yn0，d11	148.0	38.5	1.0	10.5(升) 17～18(降)	17～18(升) 10.5(降)	6.5	55	5710×4250×4940	2040/2040	保定大型变压器公司、西安变压器厂、沈阳变压器厂、合肥ABB变压器有限公司、武汉变压器有限责任公司、铜川整流变压器厂、湖北变压器厂、江西变电设备总厂、济南志友股份有限公司、佛山市变压器厂
SFS7—25000/110	25000	110	38.5	10.5		125.0	38.5	1.0	10.5	18		61.6	6700×4700×5600		
SFS7—25000/110	25000	110，121	35，38.5	6.3，6.6，10.5		148.0	38.5	1.0	10.5(升) 17～18(降)	17～18(升) 10.5(降)		57.14	6170×4415×5245	2000	
SFS7—31500/110	31500	110，121	35，38.5	6.3，6.6，10.5		175.0	46.0	1.0	10.5(升) 17～18(降)	17～18(升) 10.5(降)		73	6786×4726×6275		
SFS7—31500/110	31500	110	38.5	10.5		175.0	46.0	1.0	10.5	18.0		69.3	6700×4700×5900		
SFS7—31500/110	31500	110，121	35，38.5	6.3，6.6，10.5		175.0	46.0	1.0	10.5(升) 17～18(降)	17～18(升) 10.5(降)		62.9	7230×6280×5140		
SFS7—40000/110	40000					210.0	54.5	0.9				75.7	7180×5290×5680	1435/2000	
SFS7—50000/110	50000		35，38.5			250.0	65.0	0.9				84.6	7250×5150×5560	1435/2000	
SFS7—50000/110	50000		35，38.5			250.0	65.0	0.9				84.6	7250×5150×5560	1435/2000	
SFS7—63000/110	63000		35，38.5			300.0	77.0	0.8				102.0	7908×5540×6948	1435/2000	
			35.38.5						17～18 10.5	10.5 17～18					
SFS7—75000/110	75000		38.5			380.0	88.0		10.5	18.5		112.6	7790×5530×5820		
SFPS7—40000/110	40000					210.0	54.5	0.9	17.5	10.5		73.8	7091×4442×5680		
SFPS7—50000/110	50000	110，121	35，38.5	6.3，6.6，10.5		250.0	65.0	0.9	10.5(升) 17～18(降)	17～18(升) 10.5(降)		82.0	7340×4950×5210		
SFPS7—63000/110	63000		35，38.5	6.3，6.6，10.5		300.0	77.0	0.8	10.5 17～18	17～18 10.5		94.4	7560×4980×5260		
			35，38.5									87.4	6720×4360×5420	1475/1505	
SFPS7—80000/110	80000					400.0	80.0	0.8	17～18	10.5		89.8	7060×4600×5330		

表 5-40 SSL7、SFSL7 系列 110kV 级电力变压器技术数据

型号	额定容量(kVA)	额定电压(kV)			连接组标号	损耗(kW)		空载电流(%)	阻抗电压(%)			重量(t)	外形尺寸(mm)(长×宽×高)	轨距(mm)
		高压	中压	低压		短路	空载		高低	高中	中低			
SSL7—6300/110	6300	110,121±2×2.5	35,38.5±2×2.5	6.3,6.6,10.5		53.0	14.0	1.3	17～18	10.5		32.5	5635×3055×4915	
SSL7—8000/110	8000	110±2×2.5	38.5±2×2.5									32.5	5635×3055×4915	
SSL7—10000/110	10000					74.0	19.8	1.2	10.5,17～18	17～18,10.5		36.0	6370×4440×4990	
SFSL7—6300/110	6300	110		6.3,6.6,10.5,11		53	14		18	10.5		28.4		
SFSL7—6300/110	6300	110,121±2×2.5	35,38.5±2×2.5			53	14	1.3	10.6,17～18	17～18,10.5		28.4	4641×3860×4440	
SFSL7—6300/110	6300		35,38.5,66	6.3,11					10.6,17～18	17～18,10.5		25.3	3600×3750×4320	1475/1475
SFSL7—6300/110	6300	110,121	35,38.5	6.3,6.6,10.5,11		53	14	1.3	10.6,17～18	17.5,10.5				
SFSL7—8000/110	8000	110,121±2×2.5	35,38.5±2×2.5			63	16.6	1.3	10.5,17～18	17～18,10.5		27.8	5560×3810×4060	
		110							18	10.5		31.7	5300×3780×4460	
		110,121±2×2.5%	35,38.5,66	6.3,11					10.5,17～18	17～18,10.5		27.9	5010×3752×4552	1475/2040
		110,121	35,38.5		YN,yn0,d11			1.3	10.5,17.5	17.5,10.5	6.5			
SFSL7—10000/110	1000	110,121±2×2.5%	35,38.5±2×2.5%	6.3,6.6,10.5,11					10.5,17～18	17～18,10.5		35.2	5540×4510×4560	1435/1435
			38.5±2×2.5%			74	19.8	1.2	10.5,17.5	17.5,10.5		35.21	5540×4510×4560	1435/1435
		110,121	35,38.5			74	19.8	1.2	10.5,17～18	17～18,10.5				
		110		6.3,11		74	19.8	1.2	18	10.5		35.0		
		110,121±2×2.5%	35,38.5,66	6.3				1.2				29.3	4850×4170×4100	1475/2040
SFSL7—12500/110	12500	110,121±2×2.5%	35,38.5±2×2.5%	6.3,6.6,10.5,11		87	23	1.2	10.5,17～18	17～18,10.5				
		110,121	35,38.5			87	23.0	1.2						
		110		6.3,11		87	23.0		18,10.5	10.5,17～18		36.9		
		110,121±2×2.5%	35,38.5					1.2				31.1	5635×4010×3690	2040/2040
SFSL7—12500/110	16000	110,121±2×2.5%	35,38.5±2×2.5%	6.3,6.6,10.5,11		106	28.0	1.1	17～18	10.5		40	6140×4500×5065	
		110±8×1.25%	38.5±2×2.5%			106	30.3	1.5	17.5	10.5		49.5	6755×4550×5380	
		110,121	35,38.5			106	28.0	1.1	10.5,17.5	17～18,10.5				

续表 5-40

型号	额定容量(kVA)	额定电压(kV) 高压	中压	低压	连接组标号	损耗(kW) 短路	空载	空载电流(%)	阻抗电压(%) 高低	高中	中低	重量(t)	外形尺寸(mm)(长×宽×高)	轨距(mm)
SFSL7—12500/110	16000	110		6.3,11		106	28.0	1.3	18	10.5		41.1	6100×4090×4635	
		110,121±2×2.5%	38.5±2×2.5%	6.3,6.6,10.5,11		106	27.0			10.5		42	6000×4140×6305	2040/1475
			35,38.5	6.3,11					10.5(升) 17~18(降)	17~18(升) 10.5(降)		36.7	5420×3860×4885	2040/2040
SFSL7—20000/110	20000		35,38.5±2×2.5%	6.3,6.6,10.5,11		125.0	33.0	1.1				49.1	6320×4626×4547	
		110,121	35,38.5			125.0	33.0	1.1				47.5	5700×4430×5230	
		110		6.3,11					18	10.5		48.4	5860×4210×4930	
		110,121	38.5(35)±5%	6.3,6.6,10.5,11		123	32.0	0.9		10.5		49.0	6100×4130×5460	2040/1475
			35,38.5	6.3,11,17~18					10.5,17~18	17~18,10.5		39.0	6330×4160×4565	2040/2040
SFSL7—25000/110	25000	110,121±2×2.5%	35,38.5±2×2.5%	6.3,6.6,10.5,11		148	38.5	1.0				55.0	5710×4250×4940	2040/2040
		110,121	35,38.5		YN,yn0,d11							60.16	5400×4540×5510	
		110	35,38.5	6.3,11		148	38.5		18	10.5	6.5	56.5		
		110,121±2×2.5%		6.3,11					10.5(升) 17~18(降)	17~18(升) 10.5(降)		48.7	6180×4580×4965	2040/2040
SFSL7—31500/110	31500		35,38.5±2×2.5%	6.3,6.6,10.5,11		175	46.0	1.0				73.0	6786×4726×6275	
		110±2×2.5%	38.5±2×2.5%	6.3,11					17.5	10.5		71.4	6786×4726×6775	
		110±2×2.5%	38.5,33±5%	6.3,6.6,10.5,11		175	46.0	1.0				73	6786×4726×6275	1435/2000
		121±2×2.5%	38.5±5%	6.3,10.5					10.5	17.5		73	6786×4726×6275	1435/2000
		110,121±2×2.5%	35,38.5						10.5,17~18	17~18,10.5		68.7	4940×4600×5630	
SFSL7—40000/110	40000	110,121±2×2.5%	38.5,35±2×2.5%	6.3,6.6,10.5,11		162	44.0	1.1		10.5		67	7060×4725×5570	
						210	54.5	0.9	10.5(升) 17~18(降)	17~18(升) 10.5(降)		74.3	6850×4430×5605	
SFSL7—50000/110	50000		35,38.5±5%			250	65	0.9				74.7	6870×4530×5415	
SFSL7—63000/110	63000					300	77	0.8				10.2	7908×5540×6748	

四、SSL7、SFSL7 系列 110kV 级电力变压器

（一）概述

该系列电力变压器均为三相铝线三绕组变压器，其用途、主要结构、冷却方式、调压范围及方式均与三相铜线三绕组变压器相同。

SSL7 系列为三相油浸自冷铝线圈三绕组无载调压电力变压器，SFSL7 系列为三相油浸风冷铝线圈三绕组无载调压电力变压器。

（二）技术数据

该系列产品的技术数据，见表 5-40。

（三）生产厂

西安恒利变压器有限责任公司、武汉长江变压器厂、保定大型变压器公司、西安变压器厂、沈阳变压器厂、合肥 ABB 变压器有限公司、武汉变压器有限责任公司、铜川整流变压器厂、湖北变压器厂、江西变电设备总厂、济南志友股份有限公司、佛山市变压器厂。

五、110kV 级全绝缘无励磁调压变压器

（一）概述

110kV 变压器中性点绝缘水平与线圈端部相同且试验电压也一致的变压器称为全绝缘变压器。对于中性点不接地的变压器，若采用全绝缘变压器，在发生单相接地时，不会因中性点位移电压而损坏中性点绝缘。全绝缘变压器的结构与分级绝缘变压器相同，其用途、冷却方式及调压范围均与 7 系列变压器相同。

（二）技术数据

该系列电力变压器的技术数据，见表 5-41 和表 5-42。

表 5-41　110kV 级全绝缘双绕组无励磁调压变压器技术数据

型　号	额定容量（kVA）	额定电压（kV）		连接组标号	损耗（kW）		空载电流（%）	阻抗电压（%）	重量（t）	外形尺寸（mm）（长×宽×高）	生产厂
		高压	低压		短路	空载					
SFQ7—12500/110	12500	121，110 ±2×2.5%	10.5，6.6，6.3，11	YN，d11	70	19.5		10.5	28.7	4970×3990×5420	常州变压器厂
SFQ7—16000/110	16000				86	23.5			35.4	4820×4450×5610	
SFQ7—20000/110	20000				104	27.5	0.9				沈阳变压器厂
SFQ7—25000/110	25000				123	32.5	0.8				
SFQ7—31500/110	31500				148	38.5	0.8				
SFQ7—40000/110	40000				174	46	0.7				
SFPQ7—50000/110	50000				216	55	0.7				
SFPQ7—50000/110	50000	115^{+3}_{-1}×2.5%	10.5		216	55		12	72.9	6670×5455×5630	
SFPQ7—63000/110	63000	121，110 ±2×2.5%	10.5，6.6，6.3，11		260	65	0.6	10.5			

表 5－42　110kV 级全绝缘三绕组无励磁调压电力变压器技术数据

型号	额定容量(kVA)	额定电压(kV)			连接组标号	损耗(kW)		空载电流(%)	阻抗电压(%)			重量(t)	外形尺寸(mm)(长×宽×高)	生产厂
		高压	中压	低压		短路	空载		高低	高中	中低			
SFSQ7—16000/110	16000	110±2×2.5%	38.5±2×2.5%	10.5		106	28.0		18	10.5	6.5	41.1	5685×1560×5140	
SFSQ7—16000/110	16000		38.5±2×2.5%			106	28.0	1.1	17.5，0.5	10.5，17.5	6.5	45.4	5830×4360×5680	
SFSQ7—20000/110	20000	121，110±2×2.5%				125	33.0	1.0						
SFSQ7—25000/110	25000		38.5，35±2×2.5%			148	38.5		17～18	10.5	6.5			
SFSQ7—31500/110	31500			10.5，6.6，6.3，11	YN，yn0，d11	175	46.0	1.0				70.3	7140×4680×5850	沈阳变压器厂
SFSQ7—31500/110	31500	110±2×2.5%	38.5±2×2.5%			175	46.0		10.5	17.5	6.5			
SFSQ7—40000/110	40000					210	54.5	0.9						
SFSQ7—50000/110	50000	121，110±2×2.5%	38.5，35±5%			250	65	0.9	17～18	10.5	6.5			
SFSQ7—63000/110	63000					300	77	0.8						

六、S8、SF8、SFP8 系列 110kV 级电力变压器

（一）概述

该系列电力变压器适用于交流 50Hz、额定电压为 110kV 的输变或配变电力系统，作为传输电能和变换电能之用，可在户内外连续使用。该产品主要由铁芯、线圈、器身绝缘、引线、油箱、上油柜、净油装置、冷却装置、调压装置、出线装置、测量和继电保护及控制装置等部分构成。

冷却方式按容量分为油浸自冷（20000kVA）、油浸风冷（75000kVA）和强迫油循环风冷（40000kVA 及以上）。调压范围为 5 级或±2×2.5%。8 系列比 7 系列的同类型电力变压器损耗小，节能效果比较好。

（二）技术数据

该系列电力变压器技术数据，见表 5－43 和表 5－44。

表 5-43 S8、SF8、SFP8 系列 110kV 级电力变压器技术数据

型号	额定电压（kV）		连接组标号	损耗（kW）		空载电流（%）	阻抗电压（%）	重量（t）			外形尺寸（mm）（长×宽×高）	轨距（mm）	生产厂
	高压	低压		短路	空载			器身	油	总体			
S8—10000/110	115±2×2.5%	10.5	YN，d11	59	11.5	1.0	10.5	12	6.15	27	6060×3300×5700	1435×1435	西安变压器厂
SF8—31500/110	121±2×2.5%	10.5	YN，d11	156	25	0.7	10.5	25	7.8	39.7	5600×4050×5100	1435×1435	西安变压器厂
SF8—50000/110	121±2×2.5%	10.5	YN，d11	224	36	0.9	10.5	32	10.4	52.5	5900×4380×6100	1435×2000	西安变压器厂
SF8—63000/110	121^{+1}_{-3}×2.5%	10.5	YN，d11	260	40	0.9	10.5	37.1	13.8	65.5	6810×4520×5885	1435×2000	西安变压器厂
SF8—75000/110	115^{+3}_{-1}×2.5%	6.3	YN，d11	296	48	0.6	10.5	42.4	16	73.5	5970×4600×6500	1435×2000	西安变压器厂
SFP8—150000/110	121±2×2.5%	13.8	YN，d11	505	79	0.6	13	75.5	14.5	115	9320×3450×6200	1435×2000	西安变压器厂

表 5-44 SF8 系列 110kV 级低噪音电力变压器技术数据

型号	额定容量（kVA）	额定电压（kV）		连接组标号	损耗（kW）		空载电流（%）	阻抗电压（%）	重量（kg）			外形尺寸（mm）（长×宽×高）	生产厂
		高压	低压		短路	空载			器身	油	总体		
SF8—6300/110	6300	110 121 ±2×2.5%	6.3 6.6 10.5 11	YN，d11	41	10.5	0.90	10.5	8850	3400	15270	4710×4170×3890	佛山市变压器厂、南通市友邦变压器有限公司
SF8—8000/110	8000				50	12.0	0.85		9720	3420	17250	4780×4200×3925	
SF8—10000/110	10000				59	14.0	0.80		10670	4000	18850	4860×4230×3010	
SF8—12500/110	12500				70	16.5	0.75		13740	4230	21750	4900×4240×4150	
SF8—16000/110	16000				86	19.0	0.70		16250	4800	25410	5110×4310×4280	
SF8—20000/110	20000				104	22.0	0.65		18900	5660	30000	5240×4340×4370	
SF8—25000/110	25000				123	25.0	0.60		21600	6120	33800	5300×4380×4500	
SF8—31500/110	31500				148	29.5	0.55		25210	6500	38090	5420×4400×4620	
SF8—40000/110	40000				174	34.0	0.50		31250	8240	47110	5650×4490×4845	
SF8—50000/110	50000				216	41.0	0.45		34600	9260	52860	5770×4570×4920	
SF8—63000/110	63000				260	50.0	0.40		40600	9400	61100	5800×4570×5105	

七、SS8、SFS8、SFPS8 系列 110kV 级电力变压器

（一）概述

该系列电力变压器为三相铜线三绕组电力变压器，适用于交流 50Hz，额定电压为 110kV 的输变或配变电力系统，作为传输电能和变换电压之用，可在户内外连续使用。调压装置布置在高压侧绕组或由高、中压绕组共同调压，无载调压分接开关为 5 级（±2×2.5%）或 3 级（±5%）调压。

冷却方式与 7 系列的同类型变压器相似。

（二）技术数据

该系列电力变压器技术数据，见表 5-45 和表 5-46。

表 5-45　SS8、SFS8、SFPS8 系列 110kV 级变压器技术数据

型号	额定容量(kVA)	额定电压(kV)			连接组标号	损耗(kW)		空载电流(%)
		高压	中压	低压		短路	空载	
SS8—6300/110	6300	121±2×2.5%	38.5±2×2.5%	11	YN，yn0，d11	56.8	10.2	0.8
SFS8—16000/110	16000	110±2×2.5%	35±2×2.5%	6.3		106	18.6	
SFS8—31500/110	31500	110±2×2.5%	38.5^{+1}_{-3}×2.5%	10.5		180	30.2	1.1
SFS8—40000/110	40000		38.5±2×2.5%	11		227	36.4	
SFPS8—63000/110	63000	121±2×2.5%		6.3		303	53.1	0.68

型号	阻抗电压(%)			重量(t)			外形尺寸(mm)(长×宽×高)	轨距(mm)
	高低	高中	中低	器身	油	总体		
SS8—6300/110	17.5	10.5	6.5	10.6	8.8	26.5	5140×3490×3780	1435×2000
SFS8—16000/110	18			19.5	9.8	37.8	5750×4470×5570	
SFS8—31500/110	17.5			27	12.4	51.2	7170×4480×5320	
SFS8—40000/110	18.1	10.2	6.6	37.4	14.6	66.2	7600×4300×5575	
SFPS8—63000/110	10.5	17.5	6.5	52.5	18.5	88.3	7800×4440×6610	

注　生产厂：西安变压器厂。

表 5-46　SFS8 系列 110kV 级低噪音电力变压器技术数据

型号	额定容量(kVA)	额定电压(kV)			连接组标号	损耗(kW)		空载电流(%)
		高压	中压	低压		短路	空载	
SFS8—6300/110	6300	110 121 ±2× 2.5%	35 38.5 ±2× 2.5%	6.3 6.6 10.5 11	YN， yn0， d11	53	12.5	1.00
SFS8—8000/110	8000					63	14.5	0.95
SFS8—10000/110	10000					74	17.0	0.90
SFS8—12500/110	12500					87	19.5	0.85
SFS8—16000/110	16000					106	22.0	0.80
SFS8—20000/110	20000		35， 38.5 ±5%			125	26.0	0.75
SFS8—25000/110	25000					148	29.5	0.60
SFS8—31500/110	31500					175	34.0	0.55
SFS8—40000/110	40000					210	40.0	0.50
SFS8—50000/110	50000					250	48.0	0.55
SFS8—63000/110	63000					300	57.0	0.50

型号	阻抗电压(%)			重量(t)			外形尺寸(mm)(长×宽×高)
	高低	高中	中低	器身	油	总体	
SFS8—6300/110	10.5(升) 17～18(降)	17～18(升) 10.5(降)	6.5	9.91	4.44	19.47	4980×4490×3900
SFS8—8000/110				11.3	4.55	21.10	5030×4510×3990
SFS8—10000/110				12.3	5.20	22.48	5160×4550×4075
SFS8—12500/110				14.76	5.83	24.21	5250×4580×4765
SFS8—16000/110				17.27	6.34	30.50	5520×4670×4355
SFS8—20000/110				19.4	6.63	31.20	5545×4675×4445
SFS8—25000/110				24.25	7.60	36.60	5750×4750×4545
SFS8—31500/110				31.0	9.30	45.20	5980×4810×4700
SFS8—40000/110				35.93	10.3	53.48	6200×4900×4900
SFS8—50000/110				41.13	11.6	60.92	6400×4910×4930
SFS8—63000/110				48.65	12.7	70.50	6390×4980×5150

注　生产厂：南通市友邦变压器有限公司、佛山市变压器厂。

八、SF10系列110kV级电力变压器

（一）概述

该系列电力变压器为国内目前损耗较低、节能效果较好的三相铜线双绕组油浸式电力变压器，其用途、冷却方式、调压范围均与7系列和8系列的同类型变压器相似。

（二）技术数据

该系列110kV级电力变压器的技术数据，见表5-47。

表5-47　SF10系列110kV级铜线双绕组特低损耗三相电力变压器技术数据

型　号	额定容量(kVA)	额定电压(kV)		连接组标号	损耗(kW)		空载电流(%)	阻抗电压(%)	重量(kg)			外形尺寸(mm)(长×宽×高)	轨距(mm)	生产厂
		高压	低压		短路	空载			器身	油	总体			
SF10—6300/110	6300	110 121 ±2× 2.5%	6.3 6.6 10.5 11	YN，d11	41	9.4	1.1	10.5						铜川整流变压器厂
SF10—8000/110	8000				50	11.3	1.1							
SF10—10000/110	10000				59	13.3	1.0		12000	5200	24050	4080×3950×4810	1435/1435	
SF10—12500/110	12500				70	15.7	1.0							
SF10—16000/110	16000				86	18.0	0.9		15620	7120	29830	3970×4210×4380	1435/1435	
SF10—20000/110	20000				104	21	0.9		19000	8750	34500	5550×4250×4550	1435/2000	
SF10—25000/110	25000				123	24.5	0.8							
SF10—31500/110	31500				148	29.3	0.8							

九、SFS10系列110kV级电力变压器

（一）概述

该系列电力变压器为国内目前损耗较低、节能效果较好的三相铜线三绕组油浸式电力变压器，其用途、冷却方式、调压范围均与7系列和8系列的同类型变压器相似。

（二）技术数据

该系列110kV级电力变压器的技术数据，见表5-48。

表5-48　SFS10型110kV级铜线三绕组特低损耗三相电力变压器技术数据

型　号	额定容量(kVA)	电压组合(kV)			连接组标号	阻抗电压(%)			损耗(kW)	
		高压	中压	低压		高中	高低	中低	空载	短路
SFS10—6300/110	6300	110 121 ±2× 2.5%	35 38.5 ±2× 2.5%	6.3 6.6 10.5 11	YN，yn0，d11	升 17～18 (升) 10.5 (降)	10.5 (升) 17～18 (降)	压 6.5 (升) 6.5 (降)	11.3	53
SFS10—8000/110	8000								13.4	63
SFS10—10000/110	10000								16.0	74
SFS10—12500/110	12500								18.5	87
SFS10—16000/110	16000								22.6	106
SFS10—20000/110	20000								26.6	125
SFS10—25000/110	25000								31.1	148
SFS10—31500/110	31500								37.1	175

续表 5－48

型　　号	空载电流（%）	重量（kg）			外形尺寸（mm）（长×宽×高）	轨距 纵向/横向（mm）	备注	生产厂
		器身	油	总体				
SFS10—6300/110	1.3	10500	7350	24500	4180×3800×4300	1435/2000		铜川整流变压器厂
SFS10—8000/110	1.3							
SFS10—10000/110	1.2	14455	9080	30030	5620×3860×4300	1435/2000		
SFS10—12500/110	1.2							
SFS10—16000/110	1.1	18370	7970	34860	5280×4280×4315	1435/2000	1：1：1	
SFS10—20000/110	1.1	23270	10640	44270	6360×4520×4320	1435/2000		
SFS10—25000/110	1.0							
SFS10—31500/110	1.0	29070	12510	54170	6660×4210×6380	1435/2000	1：1：1	

5.1.6　220kV 级无载调压电力变压器

一、概述

220kV 级系列电力变压器适用于交流 50Hz、额定电压为 220kV 的输变线路的电网，作传输电能和变换电压之用，可在户内外连续使用。

220kV 油浸式系列电力变压器主要由铁芯、线圈、器身绝缘和引线、油箱、上油柜、净油装置、冷却装置、调压装置及测量和保护控制系统等装置构成。

铁芯分为三相三柱式和三相五柱式，铁芯由套管引出接地。绕组分为高压线圈和低压线圈，高压线圈分为全纠结式和纠结连续式，低压线圈分为螺旋式和连续式。

绕组耦合方式分为独立型和自耦型，冷却方式分为风冷（F）和水冷（S），循环方式分为自然循环和强迫油循环，调压装置由高压绕组中性点或中部调压，无载调压分 5 级（±2×2.5%），油箱均为钟罩式。

二、技术数据

220kV 级系列电力变压器的技术数据，见表 5－49～表 5－51。

表 5－49　220kV 级双线圈无载调压电力变压器技术数据

型　　号	额定容量（kVA）	额定电压（kV）		连接组标号	损耗（kW）		阻抗电压（%）	空载电流（%）	重量（t）		外形尺寸（mm）（长×宽×高）	轨距（mm）	生产厂
		高压	低压		短路	空载			总体	运输体			
SFP7—31500/220	31500	220，242	6.3，6.6，10.5	YN，d11	150	44	12～14	1.1					保定大型变压器公司、西安变压器厂、沈阳变压器厂、合肥 ABB 变压器有限公司、湖北变压器厂、济南志友股份有限公司、江西变压器厂、常州变压器厂、太原变压器厂
		220，242±2×2.5%	6.3，6.6，10.5，11									—	
SFP7—40000/220	40000	236±2×2.5%	18				14	0.8			9770×7150×7950		
		220^{+1}_{-3}×2.5%	38.5		194	52	13.2	1.0	89.6		9800×7150×7030		
		220，242	6.3，6.6，10.5		175	52	12～14	1.1					
		220，242	6.3，6.6，10.5，11		175	52	12	1.1	95.0		7570×7850×7010		

续表 5-49

型号	额定容量(kVA)	额定电压(kV) 高压	低压	连接组标号	损耗(kW) 短路	空载	阻抗电压(%)	空载电流(%)	重量(t) 总体	运输体	外形尺寸(mm)(长×宽×高)	轨距(mm)	生产厂
SFP7—50000/220	50000	220，242	11	YN，d11	210	61	12～14	1.0					保定大型变压器公司、西安变压器厂、沈阳变压器厂、合肥ABB变压器有限公司、湖北变压器厂、济南志友股份有限公司、江西变压器厂、常州变压器厂、太原变压器厂
		220，242 ±2×2.5%	6.3，6.6，10.5，11						103		7570×4720×7000		
SFP7—63000/220	63000	220，242	11		245	73							
		220，242 ±2×2.5%	6.3，6.6，10.5，11						119		7680×4840×6930		
SFP7—90000/220	90000	220，242	10.5，11，13.8		320	96	12.5	0.9					
		220，242 ±2×2.5%	10.5，11，13.8						154		6528×5032×7432		
		220^{+1}_{-0}×2.5%	38.5		320	90～96	13.1		119		6810×4300×7315		
SFP7—120000/220	120000	220，242	11		385	118	12～14	0.9	154		6150×5080×6760		
		220，242 ±2×2.5%	10.5，11，13.8					1.3	171		9140×5260×6965		
		242±2×2.5%	10.5，15.75					0.9	151	103.5	6465×4100×7395	1435（2×2000）	
		220±2×2.5%	121		490	126	14	0.8	161		6330×4880×7370		
SFP7—150000/220	150000	220，242	11，13.8					0.8	166	142.3		1435（2×2000）	
		220，242 ±2×2.5%	10.5，11，13.8，15.75		450	140	12～14		152～199		7190×4440×7260	1435（2×2000）	
SFP7—180000/220	180000	220，242	13.8		510	140	12～14	0.8					
		242±2×2.5%	66		571	130	13.1				8000×5480×6960		
		220，242 ±2×2.5%	11，13.8，15.75		510	160	12～14		200		8000×5500×7000		
SFP7—240000/220	240000	220，242	15.75		630	200	120～14	0.7	198.5	145		1435（2×2000）	
		220，242 ±2×2.5%	11，13.8，15.75						200～250		10200×4490×7175		
SFP7—250000/220	250000	220±2×2.5%	15.75		615	162	12.13	0.7	274		12440×8060×8500		
SFP7—300000/220	300000	220，242 ±2×2.5%	15.75，18		750	230	12～14	0.6					
SFP7—360000/220	360000	236±2×2.5%	20		828	180	13.13	0.6	263		9035×7780×8500		
		242±2×2.5%	18，20		860	272	14	0.6(0.8)	257	195	9770×7110×7810	1435（3×2000）	
		242±2×2.5%	18			190	14.3	0.28	256	192	11600×6652×6930		
		220，236，242 ±2×2.5%	15.75，18			272	12～14	0.6	260		12000×7400×7665		

续表 5-49

型号	额定容量(kVA)	额定电压(kV)		连接组标号	损耗(kW)		阻抗电压(%)	空载电流(%)	重量(t)		外形尺寸(mm)(长×宽×高)	轨距(mm)	生产厂
		高压	低压		短路	空载			总体	运输体			
SFP—370000/220	370000	242	20				13.56		257	195		1435(3×2000)	
SFP7—400000/220	400000	236	18				14.28		250	195		1435(3×2000)	保定大型变压器公司、西安变压器厂、沈阳变压器厂、合肥ABB变压器有限公司、湖北变压器厂、济南志友股份有限公司、江西变压器厂、常州变压器厂、太原变压器厂
		242	24				14		250	195			
SFP—100000/220	100000	242	13.8	YN,d11	380	100	13	0.8	172		6260×4970×7870		
USFP—100000/220							12.89	0.8	172	46		1435×1435	
SSP—120000/220	120000	242	10.5,15.75		380~440	118~126	14	0.9	155		7250×4560×7260		

表 5-50 220kV级三线圈无载调压电力变压器技术数据

型号	额定容量(kVA)	额定电压(kV)			连接组标号	阻抗电压(%)			空载电流(%)	损耗(kW)		重量(t)	外形尺寸(mm)(长×宽×高)	生产厂
		高压	中压	低压		高低	高中	中低		空载	短路			
SFPS7—31500/220	31500	220,242	69,121	6.3,6.6,10.5,11,35,38.5		12~14(升)	22~24(升)	7~9	1.1					
SFPS7—40000/220	40000				YN,yn0,d11	22~24(降)	12~14(降)		1.0					保定大型变压器厂、西安变压器厂、沈阳变压器厂、合肥ABB变压器有限公司、济南志友股份有限公司、江西变压器厂、常州变压器厂、太原变压器厂、湖北变压器厂
SFPS7—50000/220	50000	242±5×2.5%	121	11		14	22	7.5	0.8	70	250	127.5	9750×3680×7200	
		220,242	69,121	6.3,6.6,10.5,11,35,38.5		12~14(升) 22~24(降)	22~24(升) 12~14(降)	7~9	0.9	70	250			
SFPS7—63000/220	63000	220,242	69,121	6.3,6.6,10.5,11,35,38.5		12~14(升) 22~24(降)	22~24(升) 12~14(降)	7~9	0.9	83	290			
	63000/63000/63000	220,242±2×2.5%	121			22~24(升) 12~14(降)	12~14(升) 22~24(降)	7~9	0.9	83	290			
SFPS7—90000/220	90000	220,242	69,121	11,35.5,10.5,35,13.8	YN,yn0,d11	12~14(升) 22~24(降)	22~24(升) 12~14(降)	7~9	0.8	118	390			
		220±2×2.5%	121	6.3		23.5	13.6	7.5	0.9	105	360	165	12800×5530×6000	

续表 5-50

型号	额定容量(kVA)	额定电压(kV)			连接组标号	阻抗电压(%)			空载电流(%)	损耗(kW)		重量(t)	外形尺寸(mm)(长×宽×高)	生产厂
		高压	中压	低压		高低	高中	中低		空载	短路			
SFPS7—90000/220	90000/90000/90000	220, 242±2×2.5%	121	10.5,11, 13.8,35, 38.5	YN, yn0, d11	22～24 或 12～14	12～14 或 22～24	7～9	0.8	108	390			保定大型变压器厂、西安变压器厂、沈阳变压器厂、合肥ABB变压器有限公司、济南志友股份有限公司、江西变压器厂、常州变压器厂、太原变压器厂、湖北变压器厂
	90000/90000/90000	242±2×2.5%	121	10.5		13	23	8	0.8	95	420	147	10600×5600×6700	
	90000/54000/90000	220±2×2.5%	36.75	34.65	YN, d11, y0	22.3	13.85	7.6	0.8	78.2	405	134	8950×5100×7000	
SFPS7—120000/220	120000	220, 242±2×2.5%	121	10, 10.5, 11,38.5	YN, d11	22～24	12～24	7～9	0.8	133	480	196	13720×6190×7110(低压侧 38.5kV)	
		230±2×2.5%		10.5		24	14	8	0.8	133	480	196	11000×6906×7110	
		220^{+3}_{-1}×2.5%		10.5, 11		22～24	14	7～8	0.8	133	480	196	11000×6906×7110	
		220, 242	69, 121	10.5,11, 13.8,35, 38.5		12～24 22～24	22～24 12～24	7～9	0.8	133	480			
		220^{+3}_{-1}×2.5%	115	37.5		23	14	7	0.8	133	480	197	10620×5440×7005	
				10.5		23	13	8	0.8	138	480	175	8310×5005×6900	
		220^{+4}_{-0}×2.5%	121	38.5		24	15	7.4		148	640	206	8160×5430×7250	
		220					14		0.8	129	477	174	11500×6040×6680	
										104	476	178	10400×5700×7050	
	120000 (100/100/50)	220^{+3}_{-1}×2.5%	121	38.5		22.68	13.1	7.34		133	480	175	8642×5044×6877	
SFPS—120000/220	120000	220^{+3}_{-1}×2.5%	118	37		23	13	8		106.4	432	169.5	8825×5255×8135	
		230±2×2.5%	121	38.5		23	13	8		90	422	170	8825×5255×7900	
SFPS7—150000/220	150000	220, 242±2×2.5%	121	11, 13.8	YN, yn0, d11	12～14 22～24	22～24 12～14	7～9	0.7	157	570	200	13000×6500×7100	
		220^{+0}_{-4}×2.5%	121	13.8		13.5	23	8	0.7	157	570	211	13260×6900×7125	
		220, 242	69, 121	11,13.8, 15.75, 35,38.5		12～14 22～24	22～24 12～24	7～9	0.7	157	570			

续表5-50

型号	额定容量(kVA)	额定电压(kV) 高压	中压	低压	连接组标号	阻抗电压(%) 高低	高中	中低	空载电流(%)	损耗(kW) 空载	短路	重量(t)	外形尺寸(mm)(长×宽×高)	生产厂
SFPS7—150000/220	150000	220^{+3}_{-1}×2.5%	38.5±5%	11		14.23	22.53	7.91	0.7	157	570	188	8700×5120×6825	保定大型变压器厂、西安变压器厂、沈阳变压器厂、合肥ABB变压器有限公司、济南志友股份有限公司、江西变压器厂、常州变压器厂、太原变压器厂、湖北变压器厂
SFPS7—180000/220	180000	220,242	69,121	11,13.6,15.75,35,38.5		12~14(升) 22~24(降)	22~24(升)	7~9	0.7	178	650			
		220±2×2.5%	121	10.5		23	14	7	0.7			247	9380×5355×7120	
		231±2×2.5%	69	11		22~24	12~14	7					7710×5265×6980	
		220^{+3}_{-1}×2.5%	115	37.5	YN,yn0,d11	23.15	13.56	7.597		200		213	9050×4975×6950	
		220,242	121	11,13.8,15.75,35,38.5		12~14或22~24	22~24或12~14		0.7	178	650			
SFPS7—240000/220	240000	242±2×2.5%	121	15.75		22~24	12~14		0.7	170	380	268	14500×6080×7790	
		220,242	69,121	11,13.8,35,15.75,38.5		12~14(升) 22~24(降)	22~24(升) 12~14(降)	7~9	0.6	220	800			
		242±2×2.5%	121			22~24	12~14		0.6	220	800			
		242	121	15.75			13.41		0.6	220	800	268		

表5-51 220kV级三线圈无载调压自耦变压器技术数据

型号	额定容量(kVA)	额定电压(kV) 高压	中压	低压	连接组标号	阻抗电压(%) 高低	高中	中低	空载电流(%)	损耗(kW) 空载	负载	重量(t)	外形尺寸(mm)(长×宽×高)
OSFPS7—31500/220	31500	220,242	121	6.6,10.5,11,13.8,35,38.5	YN,a0,d11	8~12(升) 28~34(降)	12~14 8~10	14~18 18~24	3.9/0.8	31/28	130/110		
OSFPS7—40000/220	40000									27/33	160/135		
OSFPS7—50000/220	50000								0.8/0.7	42/38	189/160		
OSFPS7—63000/220	63000									50/45	224/190		
OSFPS7—90000/220	90000	220^{+3}_{-1}×2.5%	121	6.6		30	8.5	20	0.6	57	260	109	11020×4580×7120
		220,242	121	6.6,10.5,11,13.8,35,38.5		8~12 28~24	12~14 8~10	14~18 18~24	0.7/0.6	63/57	307/260		
		220±2×2.5%	121	10.5			15			50	210	110	9840×5290×5790

续表 5-51

型号	额定容量(kVA)	额定电压(kV) 高压	中压	低压	连接组标号	阻抗电压(%) 高低	高中	中低	空载电流(%)	损耗(kW) 空载	负载	重量(t)	外形尺寸(mm)(长×宽×高)
OSFPS7—90000/220	90000/45000/90000	230±2×2.5%	121	38.5	YN,a0,d11	11.8	11.7	18.2	0.34	54	260	101	8940×4790×6600
		242±2×2.5%	121	10.5,13.8		8～12	12～14	14～18	0.7	63	307		
	90000/90000/45000	220±2×2.5%	121	6.6,11,35,38.5		28～24	8～10	18～24	0.8	57	260		
		220	121	38.5		31	8.2	21	0.19	41	245	101	8770×5620×6970
OSFPSF—120000/220	120000	242±2×2.5%	121	38.5		33	8.5	21	0.6	70	320	128	11930×4745×7125
		220±2×2.5%										124.5	11930×4960×7045
		230±2×2.5%	121	38.5		31	9	21	0.3	56	288	126	7550×5350×7290
OSFPS7—120000/220	120000	220,242	121	10.5,11,13.8,18,15.75,35,38.5		8～12(升) 28～34(降)	12～14(升) 8～10(降)	14～18(升) 18～24(降)	0.7/0.6	77/70	378/320		
		220^{+10}_{-7}×2.5%	121	38.5		37	8.5	25		82	320	134.7	9280×4985×6615
		220^{+3}_{-1}×2.5%			YN,a0,yn0,d11	33	8.2	22		71	320	126.3	6795×4835×7131
		220±2×2.5%			YN,a0,yn0	33	9	22		70	320	132.4	13130×5560×6000
		230^{+3}_{-1}×2.5%		38.5		32	9	22		71	345	148.3	9010×5200×6930
		220^{+3}_{-1}×2.5%		38.5	YN,a0,d11		8.5		0.5	57	320	124.0	9840×4960×6985
		220±2×2.5%		11			9.5		0.5	67	450	100.0	8200×5250×7070
		220±2×2.5%		38.5		28～34	8～10	18～24		70～77	320～370	133～195	13130×5410×7050
		230^{+3}_{-1}×2.5%		10.5,11,35,38.5	YN,a0,yn0	28～34	8～10	18～24		77	378	139.0	6750×5500×7100
		230^{+3}_{-1}×2.5%				28～34	8～10	18～24		70	320	141.0	8600×4900×6980
	120000/120000/60000	220±2×2.5%		38.5	YN,a0,d11	32	9	22	0.6	71	340	147	8802×5415×7032
		220^{+3}_{-1}×2.5%		38.5		32	8.7	20.5	0.22	62	320	107.9	11550×5600×7600
		231±2×2.5% 220^{+3}_{-1}×2.5%		38.5		29	8.4	18.4	0.21	53	320	105	8200×6030×6350

续表 5-51

型号	额定容量(kVA)	额定电压(kV) 高压	中压	低压	连接组标号	阻抗电压(%) 高低	高中	中低	空载电流(%)	损耗(kW) 空载	负载	重量(t)	外形尺寸(mm)(长×宽×高)
OSFPS7—120000/220		242±2×2.5%		10.5,13.8		8~12	12~14	14~18	0.7	77	378		
	120000/60000/120000/150000	220^{+3}_{-1}×2.5%		38.5		10.5	10	18.5	0.3	75	300	105	8200×6030×6350
OSFPS7—120000/220		242±2×2.5%	121	10.5		11.6	12.6	17.4	0.17	62	370	138	11100×4530×6580
		220 242		13.8,18		8~12 28~34	12~14 8~10	14~18 18~24	0.6/0.5	91/82	450/380		
OSFPS7—120000/220	150000/75000/150000	242±2×2.5%		10.5,15.75,18		8~12	12~14	14~18	0.5	91	450		
				10.5		11.8	12.9	17.8	0.22	66	430	132	7390×6180×7010
	150000/150000/75000	220±2×2.5%	121	11.35,38.5		28~34	8~10	18~24	0.5	82	380		
	150000/150000/45000	242±2×2.5%		6.3		29.2	8.7	18.3	0.16	61	400	132	9120×5830×7540
OSFPS7—150000/220	150000	220^{+3}_{-1}×2.5%	117	37		31.3	8.3	20.2				143	8310×5689×7537
OSFPS7—180000/220	180000	220,242	121	10.5,11,13.8,18,15.75,35,38.5	YN,a0,d11	8~12 28~34	12~14 8~10	14~18 18~24	0.6/0.5	105/95	515/430		
	180000/180000/120600	220±2×2.5%	115	37.5		13	13	18	0.6	105	515	190	10352×5515×7120
	180000/90000/180000	242±2×2.5%	121	10.5,13.8,15.75,18		8~12	12~14	14~18	0.6	95~105	430~515		
		242±2×2.5%	115	37.5		11~3	12	18.1	0.23	85	530	152	9810×5990×6790
	180000/180000/90000	220±2×2.5%	121	38.5		31.2	7.8	21.4	0.7	53	430	152	10510×5990×6840
OSFPS7—240000/220	240000	220,242	121	10.5,11,13.8,18,15.75,35,38.5		8~12 28~34	12~14 8~10	14~38 18~24	0.5/0.4	124/112	662/560		
	240000/120000/240000	242	121	10.5,13.8,18,15.75		8~12	12~14	14~18	0.5	124	662		

续表 5-51

型号	额定容量(kVA)	额定电压(kV)			连接组标号	阻抗电压(%)			空载电流(%)	损耗(kW)		重量(t)	外形尺寸(mm)(长×宽×高)
		高压	中压	低压		高低	高中	中低		空载	负载		
OSFPS7—240000/220	240000/240000/120000	220		11.35,38.5		28～34	8～10	18～24	0.4	112	560		
OSFPSL—300000/220	300000/150000/300000	242	121	15.75	YN,a0,d11	11.6	13.1	18.8	0.3	195	900	202.7	11050×5500×6395
OSFPS—360000/220	360000/180000/360000					12	12.1	18.8	0.39	258	1164	235.5	11000×5885×6770

注 生产厂：保定大型变压器公司、西安变压器厂、沈阳变压器厂、合肥ABB变压器有限公司、济南志友股份有限公司、江西变压器厂、常州变压器厂、太原变压器厂、衡阳变压器厂。

5.2 有载调压电力变压器

有载调压电力变压器是输配电系统中的重要组成部分，适用于电网电压波动较大而用户对电压质量要求较高的场合或负荷中心，在户内、外均可使用。

这种变压器的作用是当电网电压波动时，不间断地在带负荷运行条件下，通过自动或手动改变变压器高、低压侧线圈的匝数比，保持输出电压的稳定，从而保证供电质量，提高用电设备的工作效能和安全可靠性。

有载调压电力变压器的组成部分有变压器主体、有载分接开关、有载调压控制器及储油器、测量保护装置等附件。它与普通电力变压器的主要区别是在高压线圈部分增加了调压线圈。

有载调压电力变压器在使用时不能并联运行，因为有载分接开关的切换不能保证同步工作。

5.2.1 6～10kV级有载调压电力及配电变压器

一、SZ7、SZL7系列电力及配电变压器

（一）概述

该系列变压器适用于交流50Hz，额定电压为6～10kV级输配电系统，当电网电压波动时可不停电调压，在带负荷的情况下自动稳定输出电压。该产品可在户内外连续使用，属节能型有载调压变压器。

SZ7系列为三相铜线双绕组有载调压电力及配电变压器；SZL7系列为三相铝线双绕组有载调压电力及配电变压器。

（二）技术数据

SZ7系列6～10kV级有载调压电力及配电变压器的技术数据，见表5-52和表5-53，SZL7系列6～10kV级有载调压变压器的技术数据，见表5-54。

表5-52 SZ7系列10kV级铜绕组有载调压三相电力变压器技术数据

型号	额定容量(kVA)	额定电压(kV)		连接组标号	损耗(kW)		空载电流(%)	阻抗电压(%)	重量(kg)			外形尺寸(mm)(长×宽×高)	轨距(mm)	生产厂
		高压	低压		短路	空载			器身	油	总体			
SZ7—500/10	500	6 6.3 10 10.5 ±4× 2.5% ±2× 2.5%	3.15 6.3	Y, d11	6.90	1.08	1.4	4	1194	418	2099	1700×1320×1840	660	佛山市变压器厂
SZ7—630/10	630				8.50	1.40	1.3	4.5						
SZ7—800/10	800				10.4	1.66	1.2							
SZ7—1000/10	1000				12.18	1.93	1.1		1952	952	4040	2340×1400×2390	820	
SZ7—1250/10	1250				14.49	2.35	1.0							
SZ7—1600/10	1600				17.30	3.00	0.9		2816	945	4655	2570×1480×2500	1070	
SZ7—2500/10	2500			D,yn11	23.0	3.65	1.0		3610	1725	8735	2730×2750×2900	1070	
SZ7—5000/10	5000			Y,d11	36.7	6.40	0.8	6	6240	2150	11590	3330×3440×2880	1070	
SZ7—6300/10	6300				41.0	7.50	0.6	5.5	7270	2062	12600	3300×2910×2910	1070	

表5-53 SZ7系列10kV级铜绕组有载调压三相配电变压器技术数据

型号	额定容量(kVA)	额定电压(kV)		连接组标号	损耗(kW)		空载电流(%)	阻抗电压(%)	重量(kg)			外形尺寸(mm)(长×宽×高)	轨距(mm)	生产厂
		高压	低压		短路	空载			器身	油	总体			
SZ7—100/10	100	6 6.3 10^{+4}_{-2} × 2.5%	0.4	Y, yn0	2.0	0.32	2.3	4 4.5 5.5	400	200	750	1510×930×1270	550/550	铜川整流变压器厂、上海变压器厂、江西变电设备总厂、武汉变压器有限责任公司、南通市友邦变压器有限公司、湖北变压器厂、济南志友股份有限公司、佛山市变压器厂、扬州三力电器(集团)公司
SZ7—200/10	200				3.4	0.54	2.1		520	310	1160	1700×930×1425	660/660	
SZ7—250/10	250				4.0	0.64	2.0		595	330	1270	1745×1065×1445	660/660	
SZ7—315/10	315				4.8	0.76	2.0		715	450	1610	1800×1070×1755	550/550	
SZ7—400/10	400				5.8	0.92	1.9		845	520	1845	1855×1000×1825	660/660	
SZ7—500/10	500				6.9	1.08	1.9		1040	575	2250	1860×1100×1935	660/660	
SZ7—630/10	630				8.5	1.40	1.8		1335	715	2870	2120×1340×1870	820/820	
SZ7—800/10	800				10.4	1.66	1.8		1780	865	3350	2345×1365×2355	820/820	
SZ7—1000/10	1000				12.18	1.93	1.7		1860	1070	4070	2425×1380×2470	820/820	
SZ7—1250/10	1250				14.49	2.35	1.6		2215	1460	4990	2445×1520×2715	820/820	
SZ7—1600/10	1600				17.3	3.0	1.5		2665	1550	5640	2485×1540×2795	820/820	
SZ7—2000/10	2000				21.2	3.3	1.5		3120	1997	5687	2710×1600×2810	1070/1070	
SZ7—B—630/10	630				8.5	1.4	1.8		1180	560	2380	2180×1680×1760	820/820	
SZ7—B—800/10	800				10.4	1.66	1.8		1360	600	2620	2200×1840×1850	820/820	
SZ7—B—1000/10	1000				12.18	1.93	1.7		1560	620	3135	2360×1860×1900	820/820	
SZ7—B—1250/10	1250				14.49	2.35	1.5		1865	900	3860	2490×1960×2155	820/820	
SZ7—B—1600/10	1600				17.3	3.0	1.5		2190	790	4140	2210×1940×2080	820/820	

注 B指该变压器低压线圈采用箔式结构。

表 5-54 SZL7 系列 10kV 级三相铝绕组有载调压配电变压器技术数据

型号	额定容量(kVA)	额定电压(kV)		连接组标号	损耗(kW)		空载电流(%)	阻抗电压(%)	重量(kg)			外形尺寸(mm)(长×宽×高)	轨距(mm)	生产厂
		高压	低压		短路	空载			器身	油	总体			
SZL7—200/10	200				3.4	0.54	2.1		555	360	1265	1780×910×1690	550/550	
SZL7—250/10	250				4.0	0.64	2.0	4	660	390	1450	1820×930×1805	660/660	
SZL7—315/10	315				4.8	0.76	2.0		780	465	1695	1870×930×1915	660/660	武汉变压器有限责任公司、江西变电设备总厂、铜川整流变压器厂、上海变压器厂
SZL7—400/10	400				5.8	0.92	1.9		935	520	1975	1970×1000×1985	660/660	
SZL7—500/10	500	6 6.3 10^{+4}_{-2} × 2.5%	0.4	Y,yn0	6.9	1.08	1.9		1080	565	2220	2005×1000×2050	660/660	
SZL7—630/10	630				8.5	1.40	1.8		1510	840	3140	2085×1530×2340	820/820	
SZL7—800/10	800				10.4	1.66	1.8	4.5	1760	935	3605	2420×1210×2680	820/820	
SZL7—1000/10	1000				12.18	1.93	1.7		2170	1280	4585	2475×1555×2906	820/820	
SZL7—1250/10	1250				14.49	2.35	1.6		2510	1420	5240	2530×1227×2996	820/820	
SZL7—1600/10	1600				17.3	3.00	1.5		3055	1600	6100	2560×1975×3116	820/820	

二、SZ9 系列 6～10kV 级电力及配电变压器

(一) 概述

该系列变压器为三相铜线双绕组有载调压变压器，其用途、作用、结构及外形均与 SZ7 相似。SZ9 系列比 SZ7 系列的节能效果更好。

(二) 技术数据

该系列变压器的技术数据，见表 5-55。

表 5-55 SZ9 系列 10kV 级三相铜线双绕组配电及电力变压器技术数据

型号	额定容量(kVA)	额定电压(kV)		连接组标号	损耗(kW)		空载电流(%)	阻抗电压(%)	重量(kg)			外形尺寸(mm)(长×宽×高)	轨距(mm)	生产厂
		高压	低压		短路	空载			器身	油	总体			
SZ9—200/10	200				2.55	0.49	1.5		632	280	1200	1710×920×1590	660/660	
SZ9—250/10	250				3.09	0.61	1.5				1370	1410×1100×1560	660/660	
SZ9—315/10	315				3.6	0.73	1.4		1010	450	1845	1880×1035×1915	660/660	
SZ9—400/10	400				4.4	0.87	1.3				1780	1500×1340×1650	660/660	
SZ9—500/10	500				5.18	0.97	1.0	4	1160	380	2000	1500×1130×1830	660/660	
SZ9—630/10	630	6 6.3 10^{+4}_{-2} × 2.5%	0.4	Y,yn0	6.38	1.26	0.9		1685	660	2900	2200×1250×2070	820/820	
SZ9—800/10	800				7.8	1.5	0.9	4.5	1710	676	3100	2450×1290×2270	820/820	佛山市变压器厂
SZ9—B—800/10	800				7.5	1.4	0.8	5.5	1725	605	2825	1890×1035×1915	820/820	
SZ9—1000/10	1000				10.72	1.74	0.8		2020	973	3900	2430×1220×2520	820/820	
SZ9—1250/10	1250				12.75	2.12	0.7		2365	876	4250	2500×1340×2510	1070/1070	
SZ9—1600/10	1600				15.22	2.7	0.7		2836	970	5038	2650×1580×2710	820/820	
SZ9—2500/10	2500				22.3	3.21	0.65		3820	1480	7130	2940×1480×2920	820/820	
SZ9—5000/10	5000		3.15 6.3	Y,d11	31.4	6.15	0.7	5.5			10430	2840×2390×3030		
SZ9—6300/10	6300				35.1	7.21	0.7				12320	3020×2420×3190		

三、SZ10系列6～10kV级有载调压配电变压器

（一）概述

该系列为三相铜线双绕组有载调压配电变压器，其用途、结构外形、作用均与SZ7相似。但SZ10系列产品的节能效果是目前国内较好的。

（二）技术数据

该系列变压器的技术数据，见表5-56。

表5-56 SZ10系列10kV新型节能双绕组有载调压变压器技术数据

<table>
<tr><th rowspan="2">型　号</th><th rowspan="2">额定容量
（kVA）</th><th colspan="2">额定电压（kV）</th><th rowspan="2">连接组
标号</th><th colspan="2">损耗（kW）</th><th rowspan="2">空载电流
（%）</th><th rowspan="2">阻抗电压
（%）</th><th rowspan="2">生产厂</th></tr>
<tr><th>高压</th><th>低压</th><th>短路</th><th>空载</th></tr>
<tr><td>SZ10—200/10</td><td>200</td><td rowspan="10">6
6.3
10±4
×2.5%</td><td rowspan="10">0.4</td><td rowspan="10">Y，yn0</td><td>2.86</td><td>0.375</td><td>1.05</td><td rowspan="6">4</td><td rowspan="10">四川安岳变压器厂</td></tr>
<tr><td>SZ10—250/10</td><td>250</td><td>3.36</td><td>0.44</td><td>1.0</td></tr>
<tr><td>SZ10—315/10</td><td>315</td><td>4.03</td><td>0.525</td><td>1.0</td></tr>
<tr><td>SZ10—400/10</td><td>400</td><td>4.92</td><td>0.64</td><td>0.95</td></tr>
<tr><td>SZ10—500/10</td><td>500</td><td>5.85</td><td>0.74</td><td>0.95</td></tr>
<tr><td>SZ10—630/10</td><td>630</td><td>7.15</td><td>0.97</td><td>0.9</td></tr>
<tr><td>SZ10—800/10</td><td>800</td><td>8.74</td><td>1.15</td><td>0.9</td><td rowspan="4">4.5</td></tr>
<tr><td>SZ10—1000/10</td><td>1000</td><td>10.25</td><td>1.34</td><td>0.85</td></tr>
<tr><td>SZ10—1250/10</td><td>1250</td><td>12.18</td><td>1.625</td><td>0.8</td></tr>
<tr><td>SZ10—1600/10</td><td>1600</td><td>14.55</td><td>2.07</td><td>0.75</td></tr>
</table>

注　根据用户需要可提供高压绕组为10.5kV及11kV的有载调压变压器。

四、SZ11系列10kV三相油浸式有载调压电力变压器

（一）概述

SZ11系列产品是在S9系列的基本上制造的，空载损耗平均降低了30%，平均温升降低10K，产品使用寿命增加一倍多，即使在超负载20%的条件下仍可长期运行；产品运行噪音平均降低2～4dB。

（二）型号含义

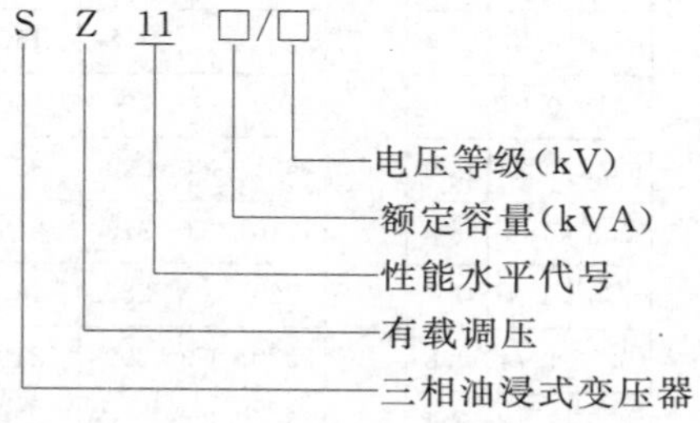

（三）使用环境

装置种类：户外式。

正常环境使用条件：海拔不超过1000m。

环境温度最高+40℃，最低-25℃。

特殊环境使用条件：海拔超过 1000m。

环境温度最高＋40℃，最低－45℃。

安装场所：没有腐蚀性气体、无明显污垢的环境。

（四）技术数据

SZ11 系列 10kV 三相油浸式有载调压电力变压器技术数据，见表 5－57。

表 5－57 SZ11 系列 10kV 三相油浸式有载调压电力变压器技术数据

额定容量（kVA）	电压组合			连接组标号	空载损耗（W）	负载损耗（W）	短路阻抗（%）	空载电流（%）	重量（kg）			外形尺寸（mm）长×宽×高	轨距（mm）
	高压（kV）	分接（%）	低压（kV）						器身重	油重	总重		
200	10 6.3 6.0	±4 ×2.5%	0.4	Y，yn0 或 D，yn11	385	2910	4.0	1.2	595	210	1065	1400×755×1210	550×550
250					450	3420		1.1	690	220	1200	1430×800×1220	550×550
315					535	4100		1.0	825	270	1400	1470×835×1350	550×550
400					640	4960		0.9	1010	280	1670	1530×900×1400	660×660
500					770	5900		0.9	1205	330	1980	1550×930×1440	660×660
630					960	7270	4.5	0.8	1365	395	2305	1760×890×1460	660×660
800					1120	8890		0.7	1630	470	2740	1810×935×1810	820×820
1000					1360	10430		0.6	1820	550	3160	1920×1090×1860	820×820
1250					1560	12400		0.6	2120	635	3595	2035×1210×1930	820×820
1600					1920	14800		0.6	2540	735	4220	2085×1380×2070	820×820
2000					2020	18200		0.5	3030	930	4700	2115×1490×2200	820×820

五、生产厂

红旗集团温州变压器有限公司。

5.2.2 35kV 级有载调压电力及配电变压器

一、SZ7、SFZ7、SFSZ7 系列铜绕组有载调压电力及配电变压器

（一）概述

该系列 35kV 级有载调压电力及配电变压器是输配电系统中的重要设备之一。在电网电压波动时，它能在负荷运行条件下自动或手动调压，保持输出电压的稳定，从而提高供电质量。该系列变压器属节能型产品。

SZ7 系列产品为三相油浸自冷铜线双绕组有载调压电力及配电变压器，适用于交流 50Hz 的输配电系统，作为传输和分配电能、变换稳定电压之用，可在户内外连续使用。

SFZ7 系列产品为三相油浸风冷铜线双绕组有载调压电力及配电变压器，SFSZ7 系列产品为三相油浸风冷铜线三绕组有载调压电力及配电变压器，均与 SZ7 系列产品的用途

和使用环境相同。

（二）技术数据

该系列变压器的技术数据，见表5-58。

表5-58 SZ7、SFZ7、SFSZ7系列35kV级有载调压变压器技术数据

型号	额定容量(kVA)	额定电压(kV)		连接组标号	损耗(kW)		空载电流(%)	阻抗电压(%)	重量(kg)			外形尺寸(mm)(长×宽×高)	轨距(mm)	生产厂
		高压	低压		短路	空载			器身	油	总体			
SZ7—500/35	500	35 38.5	0.4	Y，d11	8.1	1.15	2.4	6.5					820	上海变压器厂、南通市友邦变压器有限公司、铜川整流变压器厂、佛山市变压器厂、济南志友股份有限公司
SZ7—630/35	630		6.3 10 10.5		9.6	1.38	2.2		1680	1385	3840	2229×1362×2615	820	
SZ7—800/35	800				11.6	1.63	1.9						820	
SZ7—1000/35	1000				14.2	1.91	1.7						820	
SZ7—1250/35	1250				17.1	2.33	1.6						820	
SZ7—1600/35	1600				20.5	2.81	1.5						820	
SZ7—2000/35	2000				20.8	3.6	1.4		3191	2024	6792	3020×1675×2828	1070	
SZ7—2500/35	2500				24.15	4.25	1.4						1070	
SZ7—3150/35	3150				28.9	5.05	1.3	7	4350	2620	9435	3395×2900×3030	1475	
SZ7—4000/35	4000				34.1	6.05	1.3		5070	2814	10560	3510×2766×2890	1475	
SZ7—5000/35	5000				40.0	7.25	1.2		6240	2182	9500	2790×1155×2767	1475	
SZ7—6300/35	6300				43.0	8.80	1.2	7.5	8170	4078	15780	3830×3195×3535	1475	
SZ7—8000/35	8000			YN，d11	47.8	9.96	0.71	8	9980	4880	19330	4625×3640×3735	1475	
SZ7—10000/35	10000				57.6	11.2	0.52	7.5	12940	5470	22800	3984×3610×3965	1475	
SZ7—12500/35	12500				66.1	14.2	0.78	8	13480	4480	20720	4420×1860×3120	1475	
SZ7—16000/35	16000				74.3	16.6	0.67		16830	7625	31160	4990×3770×4445	1475	
SZ7—20000/35	20000			D，yn11	90.8	19.2	0.59	12	21570	8540	37350	4855×4335×4520	1475	
SFZ7—8000/35	8000			YN，d11	46.9	9.96	0.71	7.5	10050	4370	17980	4400×2750×3735	1475	
SFZ7—10000/35	10000				58.2	11.83	0.82		11370	4645	19865	4610×3055×3795	1475	
SFZ7—12500/35	12500				64.5	15.2	0.82	8	13740	4727	21063	3980×1860×3120	1475	
SFZ7—16000/35	16000				80.4	17.4	0.72		16220	6640	27740	5320×3840×4020	1475	
SFZ7—20000/35	20000				92.3	20.2	0.68		19000	7330	31685	5340×3810×4140	1475	
SFSZ7—8000/35	8000		6.3 6.6 10.5		47.5	12.3	1.1	7.5	10050	4370	17980	4400×2750×3735	1475	
SFSZ7—10000/31	10000				56.2	14.5	1.1		12590	5470	22800	4400×3610×4000	1475	
SFSZ7—12500/31	12500				66.5	17.1	1.0	8	13647	6406	24365	4800×3280×3940	1475	
SFSZ7—16000/35	16000				80	20.6	1.0		16220	6640	27740	5320×3840×4020	1475	

二、SZL7、SFZL7系列35kV级有载调压电力变压器

（一）概述

该系列产品为三相铝线绕组有载调压变压器，其用途作用、结构外形均与SZ7系列

35kV 级变压器相同。

SZL7 系列产品为三相油浸自冷铝线双绕组有载调压电力变压器，SFZL7 系列产品为三相油浸风冷铝线双绕组有载调压电力变压器。

（二）技术数据

该系列 35kV 级变压器的技术数据，见表 5－59。

表 5－59　SZL7、SFZL7 系列 35kV 级三相铝绕组有载调压电力变压器技术数据

型　号	额定容量（kVA）	额定电压（kV）		连接组标号	损耗（kW）		空载电流（%）	阻抗电压（%）	重量（kg）			外形尺寸（mm）（长×宽×高）	轨距（mm）	生产厂
		高压	低压		短路	空载			器身	油	总体			
SZL7—1600/35	1600	35 38.5	6.3 10.5	Y，d11	17.65	3.05	1.4	6.5						济南志友股份有限公司、南通市友邦变压器有限公司、铜川整流变压器厂、江西变电设备总厂、武汉变压器有限责任公司、上海变压器厂
SZL7—2000/35	2000				20.8	3.6	1.4		3130	2050	7110	3240×1975×3130	1070/1070	
SZL7—2500/35	2500				21.15	4.25	1.4		3590	2200	7830	3355×1995×3350	1070/1070	
SZL7—3150/35	3150				28.9	5.05	1.3	7.0	4250	2840	9980	3435×3110×3475	1070/1070	
SZL7—4000/35	4000				34.1	6.05	1.3		5082	2935	10800	3430×2460×3580	1070/1070	
SZL7—5000/35	5000				40	7.25	1.2		5990	3325	12230	3530×2500×3690	1070/1070	
SZL7—6300/35	6300				43	8.8	1.2		7270	3710	14640	3760×2630×3770	1435/1435	
SZL7—8000/35	8000		6.3 6.6 10.5	YN，d11	47.5	12.3	1.1	7.5			19000	4365×3250×5750		
SZL7—10000/35	10000				56.2	14.5	1.1				23000	4155×3340×5354		
SZL7—12500/35	12500				66.5	17.1	1.0	8.0						
SZL7—16000/35	16000				86.0	23.0	1.0				34500	5393×3482×5340		
SZL7—8000/35	8000				47.5	12.3	1.1	7.5	9400	4800	18430	3850×3500×4290	1435/1435	
SFZL7—10000/35	10000				56.2	14.5	1.1							
SFZL7—12500/35	12500				66.5	17.1	1.0	8.0						
SFZL7—16000/35	16000				81.5	20.1	1.0		15345	7450	29080	4250×3680×4540	1435/1435	
SFZL7—20000/35	20000				96	24.3	1.0							
SFZL7—31500/35	31500				123.0	31.2	0.8							
SFZL7—40000/35	40000				160.0	38.0	0.6				52900	5265×4430×5450		

三、SZ9 系列 35kV 级有载调压电力及配电变压器

（一）概述

该系列产品为三相铜绕组有载调压节能效果较好的 35kV 级电力及配电变压器，其用途、作用、使用环境和结构外形均与 7 系列相似，9 系列与 7 系列的不同之处主要在于节能效果不同，SZ9 系列比 SZ7 系列的节能效果更好。

（二）技术数据

武汉长江变压器厂 SZ9 系列变压器的技术数据，见表 5－60。

红旗集团温州变压器有限公司 SZ9 系列 35kV 三相油浸式有载调压电力变压器技术数据，见表 5－61。

表 5-60 SZ9 系列 35kV 级铜绕组配电及电力变压器技术数据

型号	额定容量 (kVA)	额定电压 (kV)		连接组标号	损耗 (kW)		空载电流 (%)	阻抗电压 (%)	重量 (kg)			外形尺寸 (mm) (长×宽×高)	轨距 (mm)	生产厂
		高压	低压		短路	空载			器身	油	总体			
SZ9—630/35	630				8.61	1.28	1.3				3470	2280×1360×2530	820/820	
SZ9—800/35	800				9.98	1.51	1.2		1885	1325	4120	2820×1820×2540	820/820	
SZ9—1000/35	1000			Y, yn0	12.68	1.79	1.1		2080	1440	4690	2715×1810×2710	820/820	
SZ9—1250/35	1250				15.23	2.14	1.0				5110	2540×1460×1110		
SZ9—1600/35	1600				18.44	2.55	0.9	6.5			6150	2650×1910×2000		
SZ9—1000/35	1000				11.55	1.79	1.1				4850	2575×1600×2875		
SZ9—1250/35	1250				14.80	2.14	1.0				5110	2575×1600×3075		
SZ9—1600/35	1600	35 38.5	0.4		17.30	2.55	0.9				6150	2650×1910×3000		武汉长江变压器厂
SZ9—2000/35	2000				17.68	3.35	0.9		3185	1720	6325	2650×2000×2510	1070/1070	
SZ9—2500/35	2500				20.5	3.87	0.8		3755	1875	7270	2650×2140×2760	1070/1070	
SZ9—3150/35	3150			Y, d11	23.4	4.67	0.8		4770	1980	8510	3235×2335×2825	1070/1070	
SZ9—4000/35	4000				30.0	5.5	0.8		5260	2700	10600	3325×2960×3170	1070/1070	
SZ9—5000/35	5000				32.6	6.3	0.8	7.0			11450	3040×2300×3500		
SZ9—6300/35	6300				36.3	8.06	0.7		7860	5360	16680	3900×3200×3385	1475/1475	
SZ9—8000/35	8000				50.4	10.4	0.7				17130	4430×3242×3220		
SZ9—10000/35	10000				73.0	17.8	0.6				25230	4500×3300×3770		

表 5-61 红旗集团温州变压器有限公司 SZ9 系列 35kV 三相油浸式有载调压电力变压器技术数据

额定容量 (kVA)	电压组合			连接组标号	空载损耗 (W)	负载损耗 (W)	短路阻抗 (%)	空载电流 (%)	重量 (kg)			外形尺寸 (mm) (长×宽×高)	轨距 (mm)
	高压 (kV)	分接 (%)	低压 (kV)						器身重	油重	运输重		
2000	35				2.88	20.25	6.5	0.80	2775	1560	5965	3010×2065×2540	1070×1070
2500					3.40	21.73		0.80	3300	1750	6950	3035×2650×2610	1070×1070
3150					4.04	26.01		0.72	3770	1970	7900	3160×2095×2640	1070×1070
4000				Y,d11	4.84	30.69	7.0	0.72	4520	2260	91100	3295×2325×2890	1070×1475
5000		±3 ×2.5	10.5 6.3		5.80	36.00		0.68	5480	2475	10855	3350×2520×3000	1070×1475
6300	35 3.85				7.04	38.70		0.68	6810	2620	12300	3475×2645×3050	1070×1475
8000					9.84	42.75	7.5	0.60	8066	3330	15300	4900×3126×3277	1475×1475
10000				YN,d11	11.60	50.58		0.60	9705	3750	17858	5044×3152×3397	1475×1475
12500					13.68	59.85	8.0	0.56	10960	4215	20042	5054×3192×3432	1475×1475

四、SZ10 系列 35kV 级有载调压电力变压器

（一）概述

该系列为三相铜绕组有载调压 35kV 级电力变压器，是目前我国节能效果较好的 35kV 级有载调压电力变压器，其用途、作用、使用环境和结构外形均与 7 系列和 9 系列

相似。

（二）技术数据

该系列变压器的技术数据，见表 5－62。

表 5－62 SZ10 系列 35kV 级新型节能双绕组有载调压变压器技术数据

型号	额定容量（kVA）	额定电压（kV）		连接组标号	损耗（kW）		空载电流（%）	阻抗电压（%）	生产厂
		高压	低压		短路	空载			
SZ10—2000/35	2000	35	6.3 10.5	YN，d11	17.50	2.49	0.85	6.5	四川安岳变压器厂
SZ10—2500/35	2500				20.30	2.94	0.85		
SZ10—3150/35	3150	35 38.5			24.30	3.49	0.8	7.0	
SZ10—4000/35	4000				28.70	4.18	0.8		
SZ10—5000/35	5000				33.60	5.01	0.7		
SZ10—6300/35	6300				36.15	6.08	0.7	7.5	
SZ10—8000/35	8000		6.3， 6.6， 10.5		39.90	8.49	0.65		
SZ10—10000/35	10000				47.30	10.01	0.65	8.0	
SZ10—12500/35	12500				55.90	11.80	0.65		

5.2.3 60kV 级有载调压电力变压器

一、概述

60kV 级有载调压电力变压器包括 SZ7、SFZ7、SFPZ7、SFZL7、SFSZ7、SFZ8、SFZ10 等系列，适用于交流 50Hz、电压等级为 60kV 的输变线路和变电所中。当电网电压波动时，它能在带负荷运行状况下通过自动或手动方式调整电压，保持输出稳定的电压，从而提高供电质量。该系列产品均为节能型有载调压电力变压器，其调压装置为高压绕组抽分接头，且为中性点调压。该系列产品主要由铁芯、线圈、器身绝缘和引线、油箱、油枕、净油器、冷却装置、有载调压装置及测量、保护和控制操动装置构成。

SZ7、SFZ7、SFPZ7、SFZL7、SFSZ7、SFZ8、SFZ10 等系列产品分别为三相油浸自冷铜线双绕组、三相油浸风冷铜线双绕组、三相油浸风冷强迫油循环、三相油浸风冷铝线双绕组、三相油浸风冷铜线三绕组有载调压电力变压器。

二、技术数据

该系列各型号电力变压器的技术数据，见表 5－63。

5.2.4 110kV 级有载调压电力变压器

一、SFZ7、SFPZ7、SFZL7 系列 110kV 级有载调压电力变压器

（一）概述

该系列产品适于在电压等级为 110kV 的输电及配电电网中作为变换电压之用，且当电网电压波动时可在带负荷运行状态下自动或手动调整电压，保持输出稳定的电压。在户内外均可使用。该系列变压器在工厂和直接使用电气设备的用户中基本不能使用，绝大多数只在电网中使用。该系列均属节能变压器。

（二）技术数据

该系列各型号变压器的技术数据，见表 5－64。

表 5-63 60kV级有载调压电力变压器技术数据

型号	额定容量(kVA)	额定电压(kV) 高压	额定电压(kV) 低压	连接组标号	损耗(kW) 短路	损耗(kW) 空载	空载电流(%)	阻抗电压(%)	重量(t)	外形尺寸(mm)(长×宽×高)	生产厂
SZ7—6300/63	6300	60 63 66 69 ±2× $2.5\%^{+4}_{-8}$ × 1.25%	13.8 13.2 10.5 6.6 6.3 6	YN, d11	40.0	12.5	1.3		24.0	5670×3510×4100	沈阳变压器厂、大连变压器厂、长春变压器厂、哈尔滨变压器厂、辽阳变压器厂、保定变压器厂、铜川整流变压器厂
SZ7—8000/63	8000				47.5	15.0	1.2				
SZ7—10000/63	10000				56.0	17.8	1.1		31.01	5790×3580×4640	
SZ7—12500/63	12500				66.5	21.0	1.0		33.8	5520×3900×4750	
SZ7—16000/63	16000				81.7	25.3	1.0		36.2	5700×3900×4500	
SZ7—20000/63	20000				99.0	30.0	0.9		45.2	5865×4320×4925	
SZ7—25000/63	25000				117.0	35.5	0.9		46.07	5255×4100×4800	
SZ7—31500/63	31500				141.0	42.2	0.8		108.4	6100×4100×5100	
SFZ7—6300/63	6300				40.0	12.5	1.3				
SFZ7—8000/63	8000				47.5	15.0	1.2				
SFZ7—10000/63	10000				56.0	17.8	1.1		31.01	5790×3580×4640	
SFZ7—12500/63	12500				66.5	21.0	1.0		33.8	5520×3900×4750	
SFZ7—16000/63	16000				81.7	25.3	1.0		36.2	5700×3900×4500	
SFZ7—20000/63	20000				99.0	30.0	0.9		45.2	5865×4320×4925	
SFZ7—25000/63	25000				117.0	35.5	0.9		46.07	5255×4100×4800	
SFZ7—31500/63	31500				141.0	42.2	0.8		108.4	6100×4100×5100	
SFZ7—40000/63	40000				165.5	50.5	0.8				
SFZ7—50000/63	50000				205.0	59.7	0.7		81.1	6790×4475×5820	
SFZ7—63000/63	63000				247	71	0.7		73.1	7080×4660×5703	
SFPZ7—63000/63	63000	60, 63, 66			247	71	0.7		73.1	7080×4660×5703	
SFZL7—31500/63	31500				422	141	0.8		67.5	6400×3965×5725	
SFSZ7—10000/63	10000	66	11 (中压) 6.3 (低压)		69			16(高低), 9(高中), 6.5(中低)	35.2	5330×4270×4700	
SFZ8—5000/69	5000	69	13.2	D, yn1	40	9.5	1.3	9.0	17.615	4620×3220×3730	
SFZ10—10000/69	10000				56.8	13.3	1.1	7.5	26.62	5580×3980×4070	

表 5-64 SFZ7、SFPZ7、SFZL7 系列 110kV 级有载调压变压器技术数据

型号	额定容量(kVA)	额定电压(kV)		连接组标号	损耗(kW)		空载电流(%)	阻抗电压(%)	重量(kg)			外形尺寸(mm)(长×宽×高)	轨距(mm)	生产厂
		高压	低压		短路	空载			器身	油	总体			
SFZ7—6300/110	6300	110 121	6.3 6.6 10.5	YN,d11	41	12.5	1.4	10.5	9015	9230	22900	5770×4120×4280	1435/2000	湖北变压器厂、济南志友股份有限公司、佛山市变压器厂、武汉长江变压器厂、武汉变压器有限责任公司、上海变压器厂、铜川整流变压器厂
SFZ7—8000/110	8000				50	15	1.4		10500	8800	24500	5110×4290×4300	1475/1475	
SFZ7—10000/110	10000				59	17.8	1.3		12090	7480	25900	4860×3720×4210	1435/2000	
SFZ7—12500/110	12500				70	21	1.3		14680	9700	30000	5450×4300×4400	1475/1475	
SFZ7—16000/110	16000				86	25.3	1.2		16880	11330	39380	5150×4320×4280	1435/1435	
SFZ7—20000/110	20000				104	30	1.2		17780	11280	40420	6370×3940×5310	1435/2000	
SFZ7—25000/110	25000				123	35.5	1.1		21220	14820	47570	6260×4210×4830	1435/2000	
SFZ7—31500/110	31500				148	42.2	1.1		23980	13880	52020	6410×3780×5420	1435/2000	
SFZ7—40000/110	40000				174	50.5	1.0		28750	12500	51000	5600×4500×5400	2040/1475	
SFZ7—50000/110	50000				216	59.7	1.0		40300	13000	64500	5800×5000×5200	2045/1475	
SFZ7—63000/110	63000				260	71.0	0.9		47670	13500	72000	6000×5200×5500	2045/1475	
SFPZ7—50000/110	50000	110 121	6.3 10.5									6310×4100×5230	2040/2040	
SFPZ7—63000/110	63000											6500×4140×5580	2040/2040	
SFZL7—6300/110	6300				41	12.5	1.4					5320×3870×4160	1475/1475	
SFZL7—8000/110	8000				50	15.0	1.3					5350×3900×4200	1475/1475	
SFZL7—10000/110	10000				59	17.8	1.3					4805×3810×4900	1475/1475	
SFZL7—12500/110	12500				70	21.0	1.3					5020×3740×4150	1475/1475	
SFZL7—16000/110	16000				86	25.3	1.2					5320×3590×4200	1475/1475	
SFZL7—20000/110	20000				104	30	1.2					5580×3920×4700	2040/1475	
SFZL7—25000/110	25000				123	35.5	1.1					5960×4380×5150	2040/1475	
SFZL7—31500/110	31500				148	42.2	1.1					6200×4920×5320	2040/1475	

二、SFSZ7、SFPSZ7 系列 110kV 级有载调压电力变压器

（一）概述

该系列变压器为三相铜线三绕组有载调压电力变压器，其使用范围、用途、作用、外形结构与双绕组有载调压变压器相似，只是在外形结构上增加了中压侧套管，且布置在低压套管的同侧；其调压方式也有所不同，即有载调压在高压绕组调压或高、中压绕组共同调压。

（二）技术数据

该系列变压器的技术数据，见表 5-65。

三、SFZ8、SFSZ8 系列 110kV 级有载调压电力变压器

（一）概述

该系列产品为 110kV 级节能型有载调压变压器，只是本系列比 7 系列同类型产品的节能效果又进了一步，其余功能均与 7 系列相似。

表5-65 SFSZ7、SFPSZ7系列110kV级铜线三绕组有载调压三相电力变压器技术数据

型号	额定容量(kVA)	额定电压(kV)			连接组标号	损耗(kW)		空载电流	阻抗电压(%)			重量(kg)			外形尺寸(mm)(长×宽×高)	轨距(mm)	生产厂
		高压	中压	低压		短路	空载		高低	高中	中低	器身	油	总体			
SFSZ7—6300/110	6300					53	15	1.7				10800	8500	25500	5000×3700×3900	1475/1475	
SFSZ7—8000/110	8000					63	18					11600	9600	28100	5300×4700×3950	1435/2000	
SFSZ7—10000/110	10000					74	21.3	1.6				13440	9300	31790	5650×4300×3950	1435/2000	
SFSZ7—12500/110	12500					87	25.2					19600	12000	39400	6100×4200×4300	2040/1475	
SFSZ7—16000/110	16000					106	30.3	1.5				21870	14330	46560	6220×4200×4300	1435/2000	
SFSZ7—20000/110	20000					125	35.8					21180	11710	42900	5690×4270×4830	1435/2000	
SFSZ7—25000/110	25000	110	38.5			148	42.3	1.4				27280	16000	56400	6500×4630×4560	1435/2000	
SFSZ7—31500/110	31500					175	50.3					29420	16210	57500	6500×3440×5040	1435/2000	佛山市变压器厂、济南志友股份有限公司、上海变压器厂、武汉变压器厂、武汉长江变压器厂、湖北变压器厂
SFSZ7—40000/110	40000			6.3 6.6 10.5	YN, yn, d11	210	60.2	1.3	17～18	10.5	6.5	38950	18670	69480	7020×4570×5490	2040/2040	
SFSZ7—50000/110	50000					250	71.2					50500	20000	85000	7500×4200×5300	2040/2040	
SFSZ7—63000/110	63000					300	84.7	1.2				61000	21000	99800	7900×4400×5500	2040/2040	
SFPSZ7—50000/110	50000					250	71.2	1.3							7650×4810×5730	2040/2040	
SFPSZ7—63000/110	63000					300	84.7	1.2							8430×5270×5940	2040/2040	
SFSZ7—12500/110	12500	110	21												6200×4700×4000	1475/1475	
SFSZ7—16000/110	16000					106	30.3	1.5				20900	11500	41400	5870×4450×4135	2040/2040	
SFSZ7—20000/110	20000	110	38.5			125	35.8					26300	13600	50200	6300×4560×4800	2040/2040	
SFSZ7—25000/110	25000					148	42.3	1.4				32000	15500	59200	6900×4550×4930	2040/2040	
SFSZ7—31500/110	31500					175	50.3					34680	16000	64000	6940×5080×5045	2040/2040	

(二) 技术数据

该系列变压器的技术数据，见表 5-66 和表 5-67。

表 5-66 SFZ8 系列 110kV 级三相铜线双绕组有载调压电力变压器技术数据

型号	额定容量 (kVA)	额定电压 (kV)		连接组标号	损耗 (kW)		空载电流 (%)	阻抗电压 (%)	重量 (kg)			外形尺寸 (mm) (长×宽×高)	轨距 (mm)	生产厂
		高压	低压		短路	空载			器身	油	总体			
SFZ8—6300/110	6300	110	6.3 6.6 10.5	YN, d11	41	11.5	0.95	10.5	8020	3670	15730	4560×3240×3190	1475/1475	湖北变压器厂、西安变压器厂、南通变压器厂、佛山市变压器厂、济南志友股份有限公司
SFZ8—8000/110	8000				50	13.2	0.90		9260	3690	17760	4610×3270×3280		
SFZ8—10000/110	10000				59	15.2	0.85		10880	5050	20240	4690×3420×3570		
SFZ8—12500/110	12500				70	17.5	0.80		12880	5110	23430	4830×3680×4130		
SFZ8—16000/110	16000				86	20.5	0.75		15340	6260	27200	4950×4050×4570	2040/1475	
SFZ8—20000/110	20000				104	23.5	0.70		17540	8350	33000	5110×4530×4735		
SFZ8—25000/110	25000				123	27.0	0.65		20660	8520	36710	5330×4590×4830		
SFZ8—31500/110	31500				148	31.0	0.60		24210	9800	41710	5410×4630×4964		
SFZ8—40000/110	40000				174	37.0	0.55		30590	11550	49340	5530×4820×5150		
SFZ8—50000/110	50000				216	44.0	0.50		34100	15500	62300	5660×5010×5290		
SFZ8—63000/110	63000				260	56.0	0.45		39660	16520	66100	6420×5180×5450		

表 5-67 SFSZ8 系列 110kV 级三相铜线三绕组有载调压电力变压器技术数据

型号	额定容量 (kVA)	额定电压 (kV)			连接组标号	损耗 (kW)		空载电流	阻抗电压 (%)		
		高压	中压	低压		短路	空载		高低	高中	中低
SFSZ8—6300/110	6300	110	38+5	6.3 6.6 10.5	YN, yn0, d11	53	13.5	1.10	17～18	10.5	6.5
SFSZ8—8000/110	8000					63	16.0	1.05			
SFSZ8—10000/110	10000					74	18.0	1.00			
SFSZ8—12500/110	12500					87	21.0	0.95			
SFSZ8—16000/110	16000					106	24.5	0.90			
SFSZ8—20000/110	20000					125	28.0	0.85			
SFSZ8—25000/110	25000					148	32.0	0.80			
SFSZ8—31500/110	31500					175	38.5	0.75			
SFSZ8—40000/110	40000					210	43.0	0.70			
SFSZ8—50000/110	50000					250	52.0	0.65			
SFSZ8—63000/110	63000					300	63.0	0.60			

型号	重量 (g)			外形尺寸 (mm) (长×宽×高)	轨距 (mm)	生产厂
	器身	油	总体			
SFSZ8—6300/110	10910	6440	21470	5980×4490×3900	1475/1475	佛山市变压器厂、南通市友邦变压器有限公司、西安变压器厂、济南志友股份有限公司
SFSZ8—8000/110	12300	6550	23100	6030×4510×3990	1475/1475	
SFSZ8—10000/110	13300	7200	26480	6160×4550×4075	2040/1475	
SFSZ8—12500/110	16760	7830	30210	6250×4580×4765	2040/1475	
SFSZ8—16000/110	19270	9340	36500	6250×4670×4355	2040/1475	
SFSZ8—20000/110	21400	9630	39200	6250×4675×4445	2040/1475	
SFSZ8—25000/110	27250	10600	45600	6280×4750×4545	2040/1495	
SFSZ8—31500/110	31370	15140	58260	6000×5020×4962	2040/2040	
SFSZ8—40000/110	36000	19640	68900	6280×4936×5390	2040/2040	
SFSZ8—50000/110	46130	18600	74920	7400×4960×5430	2040/2040	
SFSZ8—63000/110	53650	19700	86500	7390×4980×5450	2040/2040	

四、SFZ9、SZ9D、SFSZ9、SSZ9D系列110kV级有载调压电力变压器

(一)概述

该系列产品为三相铜绕组有载调压电力变压器，其用途、作用、使用环境、结构外形等均与7、8两系列变压器相似，它的节能效果比8系列产品又进了一步。

SFZ9系列产品为三相油浸风冷铜线双绕组有载调压电力变压器，SZ9D系列产品为三相油浸自冷铜线双绕组低噪音有载调压电力变压器，SFSZ9系列产品为三相油浸风冷铜线三绕组有载调压电力变压器，SSZ9D系列产品为三相油浸自冷铜线三绕组低噪音有载调压电力变压器。

(二)技术数据

该系列变压器的技术数据，见表5-68、表5-69。

表5-68 SFZ9、SZ9D系列110kV级三相铜线双绕组有载调压电力变压器技术数据

型号	额定容量(kVA)	额定电压(kV)		连接组标号	损耗(kW)		空载电流(%)	阻抗电压(%)	重量(kg)			外形尺寸(mm)(长×宽×高)	生产厂
		高压	低压		短路	空载			器身	油	总体		
SFZ9—6300/110	6300	110	6.3 6.6 10.5	YN,d11	39.8	11.5	0.95		10030	3850	18820	4560×3240×3190	合肥ABB变压器有限公司、济南志友股份有限公司、西安变压器厂、南通变压器厂
SFZ9—8000/110	8000				45	13.2	0.90		11890	5100	21420	4610×3270×3280	
SFZ9—10000/110	10000				54.0	15.2	0.85		13560	6190	26140	4690×3420×3570	
SFZ9—12500/110	12500				65.9	17.5	0.80		15180	7300	28740	4830×2680×4130	
SFZ9—16000/110	16000				82.2	20.5	0.75		17700	8100	32730	4950×4050×4570	
SFZ9—20000/110	20000				100	23.5	0.70		22220	9240	39700	5110×4530×4735	
SFZ9—25000/110	25000				114	27.0	0.65		27810	10500	43800	5330×4590×4830	
SFZ9—31500/110	31500				133	31.0	0.60		29900	11470	48800	5410×4630×4964	
SFZ9—40000/110	40000				156	37.0	0.55		34470	14740	56660	5830×4820×5150	
SFZ9—50000/110	50000				194	44.0	0.50		35710	15780	65240	6060×5010×5129	
SFZ9—63000/110	63000				260	56.0	0.45		41645	16250	72405	6420×5180×5450	
SZ9D—6300/110	6300				39.8	11.0	1.08	10.33	10535	4016	19760	5600×4100×4000	
SZ9D—8000/110	8000				45	12.0	1.13	10.26	12480	5350	22495	5670×4100×4100	
SZ9D—10000/110	10000				54.0	14.4	0.9	10.26	14236	6500	27450	5700×4200×4200	
SZ9D—12500/110	12500				65.9	16.4	0.85	10.4	15940	7700	30108	5730×4200×4300	
SZ9D—16000/110	16000				82.2	19.5	0.81	10.6	18590	8500	34375	5750×4300×4600	

表 5-69 SFSZ9、SSZ9D 系列 110kV 级三相铜线三绕组有载调压变压器技术数据

型号	额定容量 (kVA)	额定电压 (kV)			连接组标号	损耗 (kW)		空载电流 (%)	阻抗电压 (%)			重量 (kg)			外形尺寸 (mm) (长×宽×高)	生产厂
		高压	中压	低压		短路	空载		高低	高中	中低	器身	油	总体		
SFSZ9—6300/110	6300	110	38.5	6.3 6.6 10.5	YN,yn0,d11	51.3	13.5	1.10	17~18	10.5	6.5	12040	7570	26000	5980×4490×3900	合肥ABB变压器有限公司、济南志友股份有限公司、西安变压器厂、南通变压器厂
SFSZ9—8000/110	8000					60.2	16.0	1.05				13950	8030	29080	6030×4510×3990	
SFSZ9—10000/110	10000					71.1	18.0	1.00				16100	8700	32515	6160×4550×4075	
SFSZ9—12500/110	12500					86.1	21.0	0.95				19300	9560	37700	6250×4580×4765	
SFSZ9—16000/110	16000					101	24.5	0.90				23100	11520	43795	6520×4670×4355	
SFSZ9—20000/110	20000					101	28.0	0.85				27900	12180	52380	6545×4675×4445	
SFSZ9—25000/110	25000					127	32.0	0.80				33300	12570	56580	6750×4750×4545	
SFSZ9—31500/110	31500					157	38.5	0.75				42350	16190	70020	6980×4810×4700	
SFSZ9—40000/110	40000					188	43.0	0.70				45860	18090	76300	7200×4900×4900	
SFSZ9—50000/110	50000					225	52.0	0.65				50440	20050	80665	7400×4910×4930	
SFSZ9—63000/110	63000					274	63.0	0.60				56330	21700	87825	7390×4980×5150	
SSZ9D—6300/110	6300					51.3	10.9	1.39				12645	7950	27400	6100×4700×4100	
SSZ9D—8000/110	8000					60.2	12.9	1.25				14650	8435	30535	6200×4700×4200	
SSZ9D—10000/110	10000					71.1	14.2	1.11				16940	9140	34140	6300×4800×4300	
SSZ9D—12500/110	12500					86.1	17.9	1.11				20270	10040	39600	6500×4800×4400	
SSZ9D—16000/110	16000					101.5	20.2	0.99				24275	12100	45985	6600×4900×4600	
SSZ9D—20000/110	20000					109.9	24.5	0.87				29305	12785	54995	6800×4900×4700	
SSZ9D—25000/110	25000					127.8	28.8	0.84				34925	13200	59410	7000×5000×4800	
SSZ9D—31500/110	31500					157.5	35.1	0.8				44470	17000	73524	7200×5100×5000	
SSZ9D—40000/110	40000					188.5	40.3	0.81				48150	19000	80135	7200×5100×5400	
SSZ9D—6300/110	6300					52.7	10.8	1.33				12680	7145	27190	6100×4700×4100	
SSZ9D—8000/110	8000					62.9	12.8	1.24				14600	7581	30365	6200×4700×4200	
SSZ9D—10000/110	10000					73.6	14.7	1.12				17045	8239	34300	6300×4800×4300	
SSZ9D—12500/110	12500					82.1	16.6	1.05				20260	9225	39165	6400×4900×4500	
SSZ9D—16000/110	16000					91.1	22.3	1.08				25390	10213	46735	6700×4900×4500	
SSZ9D—20000/110	20000					111.3	24.6	0.88				29190	11636	54825	6800×4900×4700	
SSZ9D—25000/110	25000					129.8	29.9	0.9				35620	11901	59800	7000×5000×4800	
SSZ9D—31500/110	31500					148.3	33.7	0.72				44550	17000	72290	7100×5100×5000	
SSZ9D—40000/110	40000					182.6	41.2	0.78				50445	19000	81300	7300×5100×5400	

5.2.5 220kV 级有载调压电力变压器

220kV 级变压器按用途可分为升压变压器和降压变压器，适用于输变电网中，作传输电能、变换电压之用，其容量范围为 2000～400000kVA。目前国产的 63000～200000kVA 三相双绕组和三绕组有载调压降压、升压电力变压器，采用片式散热器来提高冷却效果，减小运行噪音；增加平衡绕组以减小星形—星形连接绕组的零序阻抗，减小二次谐波电压幅值，并稳定中性点电压；通过降低变压器铁芯磁通密度来降低变压器的噪音水平；采用外铁芯变压器（壳式变压器）来增强抗短路能力和降低损耗。

表 5-70 列出了按国家标准设计的具有代表性的产品的技术数据。国内生产厂还可以根据需要设计制造出低于国家损耗标准 10%～30%的低损耗 8 型、9 型和 10 型变压器，供用户选择。

表 5-70 220kV 低损耗双绕组、三绕组有载调压变压器（SFPZ7、SFPSZ7）技术数据

型号	额定容量(kVA)	额定电压(kV)			连接组标号	损耗(kW)		空载电流(%)	阻抗电压(%)			生产厂
		高压	中压	低压		短路	空载		高低	高中	中低	
SFPZ7—63000/220	63000	220		10.5 35 38.5	YN,d11	245	79	0.9	12～14			保定大型变压器公司、西安变压器厂、沈阳变压器厂、合肥 ABB 变压器有限公司、济南志友股份有限公司、湖北变压器厂
SFPZ7—90000/220	90000					320	101	0.8				
SFPZ7—120000/220	120000					385	124	0.8				
SFPZ7—150000/220	150000					450	146	0.7				
SFPZ7—180000/220	180000					520	169	0.7				
SFPSZ7—63000/220	63000		121		YN,yn0,d11	290	89	1	22～24	12～14	7～9	
SFPSZ7—90000/220	90000					390	116	0.9				
SFPSZ7—120000/220	120000					480	144	0.9				
SFPSZ7—150000/220	150000					570	170	0.8				
SFPSZ7—180000/220	180000					700	195	0.8				

5.3 有载分接开关及驱动机构

有载分接开关是有载调压变压器的重要组成部分，它在驱动机构的控制及驱动下使变压器在带负荷运行情况下调整电压，保证供电质量和连续供电。

有载分接开关在电力系统中可作为逆调压、联络电网、无功分配以及调节负荷潮流等的手段，在电化工、电冶炼工业所用的特种变压器上作为带负载调节电流和功率的手段。有载分接开关是保护现代化电力系统供电质量的关键电气设备之一，也是改造旧电力系统的手段。

电阻式有载分接开关按切换开关与选择开关的配合方式可分为复合式和组合式。复合式分接开关是选择开关兼有切换作用，切换及选择开关复合成一体。组合式有载分接开关是切换开关和选择开关分开各成一体，依赖传动装置进行联动，实现调整电压的功能。

电阻式有载分接开关的调压方式可分为线圈端部调压、中性点调压和中部调压。

订货时必须注明开关型号、变压器额定容量、额定通过电压、额定通过电流、接线方式、级电压、抽头百分比和调压级数。

5.3.1 FY_{30}^{3}复合式有载调压分接开关

一、概述

FY_{30}^{3}有载分接开关适用于交流 50Hz、线电压额定值在 60kV 及以下、最大额定通过电流为 350A（三相）或 700A（单相）及以下的油浸式电力变压器及电炉、整流等特种变压器，但不适用于电力机车用变压器及干式变压器。FY_{30}^{3}有载分接开关有单相和三相两类，三相分接开关与相应的变压器结合构成三相星形连接的端部、中部和中性点调压或构成三相三角形连接的端部或中部调压；单相分接开关能构成任意连接的调压。FY_{30}^{3}有载分接开关选用 DCJ3 电动操作机构作为开关的传动和控制机构，能够完成手动、电动操作，配用相应的其它组件能完成远距离操作和自动操作，分接开关在开关本体、操作机构箱盖、控制室等处有三套单独位置显示装置，供显示和观察之用。

FY_{30}^{3}有载分接开关的使用条件：分接开关周围介质的温度，在变压器油中为−25～+100℃；海拔不超过 1000m；安装轴线与垂直面的倾斜度不超过 2%，无导电尘埃，无腐蚀性气体或蒸气浓度低于金属及绝缘介质有破坏作用的数值、无爆炸危险等。

二、型号含义

FY_{30}^{3}有载分接开关的型号含义如下：

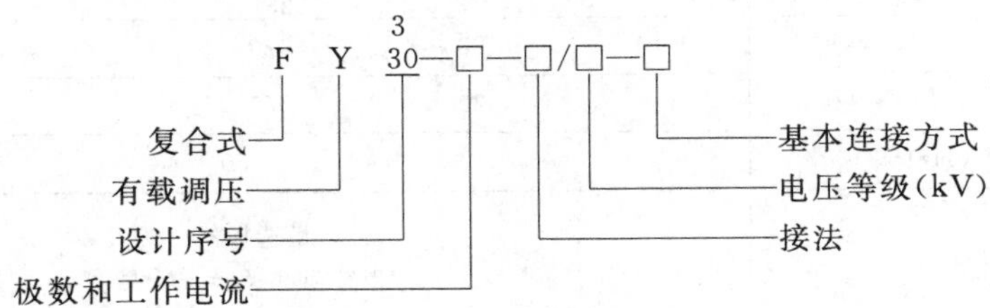

基本连接方式的编号说明如下：

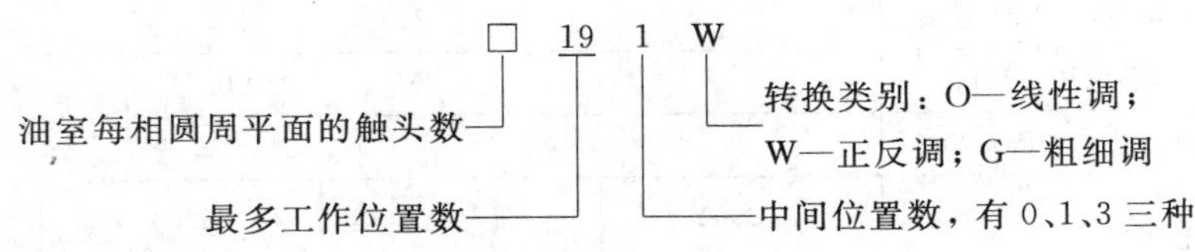

三、技术数据

（一）FY3 分接开关的技术数据

（1）极数：三极、单极。

（2）接法：三相 Y 接、△接，单极接法任意。

（3）额定通过电流（A）：≤350。

（4）级电压（V）：≤1000。

（5）额定级容量（kVA）：350。

（6）额定频率（Hz）：50。

（7）最多操作位置数：不带转换选择器为14级，带转换选择器为27级。

（8）额定工作电压（kV）：≤60。

（9）切换过渡过程时间（ms）：60。

（10）切换过渡方式：双电阻。

（二）FY30分接开关技术数据

FY30分接开关的技术数据，见表5-71。

表5-71　FY30分接开关技术数据

<table>
<tr><td colspan="2">型　号</td><td colspan="2">Ⅲ200Y
Ⅲ350Y</td><td colspan="2">Ⅲ200△
Ⅲ350△</td><td colspan="2">I200
I350</td><td colspan="2">I700</td></tr>
<tr><td colspan="2">相数</td><td colspan="2">3</td><td colspan="2">3</td><td colspan="2">1</td><td colspan="2">1</td></tr>
<tr><td colspan="2">连接方式</td><td colspan="2">中性点</td><td colspan="6">在绕组任何部位</td></tr>
<tr><td colspan="2">最大额定通过电流（A）</td><td colspan="6">200　350</td><td colspan="2">700</td></tr>
<tr><td rowspan="2">短路电流
（kA）</td><td>热稳定（3s）</td><td colspan="6">$\frac{200A}{4}$　$\frac{350A}{5}$</td><td colspan="2">10</td></tr>
<tr><td>动稳定（峰值）</td><td colspan="6">10　12.5</td><td colspan="2">25</td></tr>
<tr><td rowspan="3">最大级电压
（V）</td><td>10个触头</td><td colspan="6">1500</td><td colspan="2">1500</td></tr>
<tr><td>12个触头</td><td colspan="6">1400</td><td colspan="2">1400</td></tr>
<tr><td>14个触头</td><td colspan="6">1000</td><td colspan="2">1000</td></tr>
<tr><td rowspan="3">额定切换容量
（kVA）</td><td>10个触头</td><td colspan="6">$\frac{200A}{300}$　$\frac{350A}{525}$</td><td colspan="2">660</td></tr>
<tr><td>12个触头</td><td colspan="6">280　420</td><td colspan="2">520</td></tr>
<tr><td>14个触头</td><td colspan="6">200　350</td><td colspan="2">450</td></tr>
<tr><td colspan="2">额定频率（Hz）</td><td colspan="8">50</td></tr>
<tr><td colspan="2">操作位置</td><td colspan="8">不带转换选择器：最大14
带转换选择器：最大27</td></tr>
<tr><td rowspan="3">绝缘水平
（kV）</td><td>最大系统电压</td><td colspan="8">电压等级 35kV　60kV
40.5　69</td></tr>
<tr><td>冲击试验电压（1.2/50μs）</td><td colspan="8">200　325</td></tr>
<tr><td>工频试验电压（1min）</td><td colspan="8">85　140</td></tr>
<tr><td colspan="2">选择开关油室密封（Pa）</td><td colspan="8">6×10^4</td></tr>
<tr><td colspan="2">分接开关</td><td colspan="2">Ⅲ200Y
Ⅲ350Y</td><td colspan="2">Ⅲ200△
Ⅲ350△</td><td colspan="2">I200
I350</td><td colspan="2">I700</td></tr>
<tr><td colspan="2">重量（kg）</td><td colspan="2">140</td><td colspan="2">150</td><td colspan="2">120</td><td colspan="2">130</td></tr>
<tr><td rowspan="2">换油容积（dm³）</td><td>不带转换选择器</td><td colspan="2">135</td><td colspan="2">185</td><td colspan="2">85</td><td colspan="2">120</td></tr>
<tr><td>带转换选择器</td><td colspan="2">165</td><td colspan="2">220</td><td colspan="2">115</td><td colspan="2">150</td></tr>
<tr><td rowspan="3">加油量 V_s 和油枕
最小容积 ΔV(dm³)</td><td></td><td>V_s</td><td>ΔV</td><td>V_s</td><td>ΔV</td><td>V_s</td><td>ΔV</td><td>V_s</td><td>ΔV</td></tr>
<tr><td>不带转换选择器</td><td>105</td><td>14</td><td>165</td><td>21</td><td>60</td><td>10</td><td>85</td><td>12</td></tr>
<tr><td>带转换选择器</td><td>130</td><td>17</td><td>180</td><td>22</td><td>85</td><td>12</td><td>108</td><td>15</td></tr>
</table>

5.3.2 其它型号的复合式有载分接开关

一、F 型有载分接开关

（一）概述

F 型系列有载分接开关适用于额定电压 35、66kV，额定通过电流 200、350A，频率 50Hz 的油浸式电力变压器或特种变压器。在变压器带负载状态下切换分接位置以达到调节电压的目的，三相有载分接开关用于 Y 接法中性点调压和△接法的调压方式。

（二）技术数据

F 型开关主要技术数据，见表 5-72。

表 5-72 F 型开关主要技术数据

分类特征		技术数据					
最大额定通过电流（A）		200A			350A		
相数		1	3	3	1	3	3
频率（Hz）		50、60					
接线方式		—	Y	△	—	Y	△
承受短路能力（kA）	热稳定（2s 有效值）	3.3			4		
	动稳定（峰值）	8			10		
级电压（V）	10 接点	1500			1500		
	12 接点	1400			1400		
	14 接点	1000			1000		
额定级容量（kVA）	10 接点	300			525		
	12 接点	280			420		
	14 接点	200			350		
分接位置数		线性调 14、正反调或粗细调 27					
绝缘水平	绝缘等级（kV）	35			66		
	最高工作电压（kV）	40.5			72.5		
	工频试验电压（kV）	85			140		
	雷电冲击试验电压（kV）	200			325		
油室密封压力	工作压力（Pa）	3×10^4					
	试验压力（Pa）	6×10^4Pa 在 80～85℃的油温下进行 24h 试验而不渗漏					
开关质量（kg）		110～150					
配用电动机构		DCF					

二、FI型有载分接开关

（一）型号含义

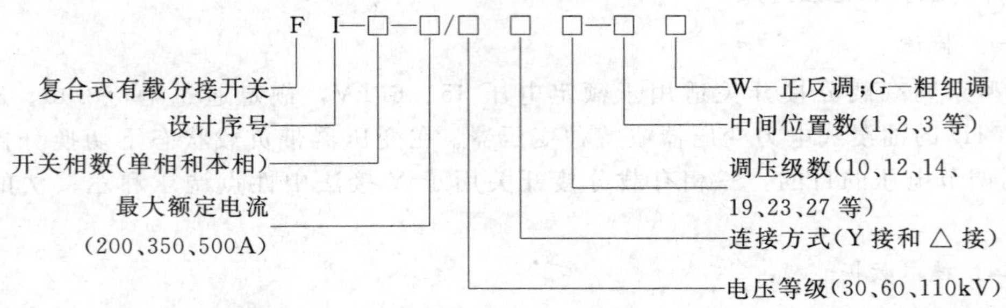

（二）技术数据

FI型有载分接开关的技术数据，见表5-73。

表5-73 FI型有载分接开关技术数据

型号		FⅢ200Y	FⅢ200△	FI200	FⅢ350Y	FⅢ350△	FI350	FI700	FⅢ500Y	FⅢ500△
相数		3	3	1	3	3	1	1	3	3
适用于		中性点	任何接法		中性点	任何接法			中性点	任何接法
最大额定电流（A）			200			350		700	500	
最大级电压（V）	10接点		1500			1500		1500	1500	
	12接点		1400			1400		1400	1400	
	14接点		1000			1000		1000		
动热稳定	试验平均值		4			5		10	7	
	峰值（kV）		10			12.5		25	17	
级容量（kVA）										
级容量（kVA）	10接点		300			525		660	400	525
	12接点		280			420		520	325	420
	14接点		200			350		450		
额定频率（Hz）					50～60				50～60	
分接位置数					不带换向器　最大14				12	
					带换向器　最大27				23	
额定电压（kV）					30		60			
最大工作电压（kV）					36		72.5			
冲击试验（kV）					200		350			
工频试验（kV）					70		140			
开关油箱压力（N/cm^2）					3（工作压力）		6（试验压力）			
重量（kg）		FⅢ200Y	FⅢ200△	FI200	FI350Y	FⅡ350△	FI350	FI700	FⅢ500Y	FⅢ500△
		130	140	110	140	150	120	130	190	200
油重（kg）	不带换向器	125	165	80	135	185	85	120	205	240
	带换向器	155	200	110	165	220	115	150	235	275

三、C1型有载分接开关系列

（一）概述

C1系列有载分接开关适用于额定电压35～220kV，最大额定通过电流为三相300、600A，单相300、600、800、1200、1500A，频率为50Hz的电力变压器。本型开关用电动操作机构与有载分接开关本体相连，通过操作机构，在负荷下变换分接头以达到调节电压的目的。三相有载分接开关用于Y接法中性点调压，单相有载分接开关则用于任意的调压方式。

（二）型号含义

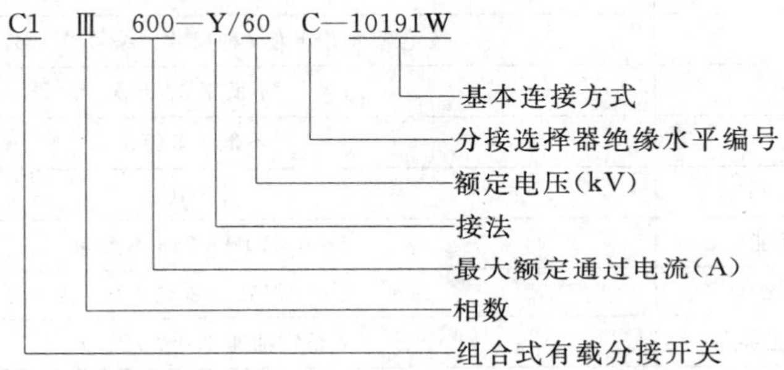

基本连接方式说明：

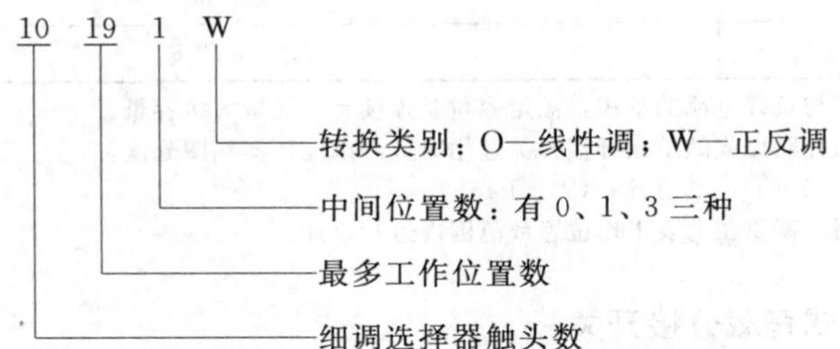

（三）技术数据

C1系列有载分接开关技术数据，见表5-74。

表5-74 C1系列有载分接开关技术数据

型号	C1—Ⅲ600	C1—Ⅰ600	C1—Ⅰ800	C1—Ⅰ1200	C1—Ⅰ1500
最大额定通过电流（A）	600	600	800	1200	1500
额定频率（Hz）	50				
相数和连接方式	三相Y接	单相任意连接方式			
最大级电压（V）	3300				
额定级容量（kVA）	1500	1980	2640	3500	3500

续表 5-74

型号		C1—Ⅲ600	C1—Ⅰ600	C1—Ⅰ800	C1—Ⅰ1200	C1—Ⅰ1500
承受短路能力（kA）	热稳定	8	8	16	24	24
	动稳定	20	20	40	60	60
工作位置数		槽轮分10、12、14、16、18档，不带极性选择器最大为18，带极性选择器最大为35				
开关绝缘水平	单位（kV）	35	60	110	120	
	最高工作电压	40.5	69	126	252	
	工频试验电压（1min）	85	140	230	460	
	冲击试验电压（1.2/50）	200	330	550	1050	
分接选择器		按绝缘水平分为4种尺寸，编号A、B、C、D				
机械寿命		不低于50万次				
电气寿命		不低于5万次				
切换开关油箱	工作压力（Pa）	3×10^4				
	密封性能	6×10^4Pa 24h不渗漏				
	超压保护	爆破盖 2×10^5Pa				
	保护继电器	整定油速1.0m/s±10%				
排油量（L）		约190～270				
充油量（L）		约125～190				
重量（kg）		约260～280				
配用电动机构		DC8				

注 1. 级容量等于级电压与负载电流的乘积，额定容量是连续允许的最大级容量。
2. 三相分接开关触头并联而成的单相分接开关选用时应考虑变压器线圈分流。两路分流：C1—Ⅰ1200；三路分流；C1—Ⅰ1500。
3. 调压级数可根据用户需要在上表工作位置数范围内进行设计。

四、SY $\begin{matrix}X\\J\\T\end{matrix}$ 型复合式有载分接开关

（一）型号含义

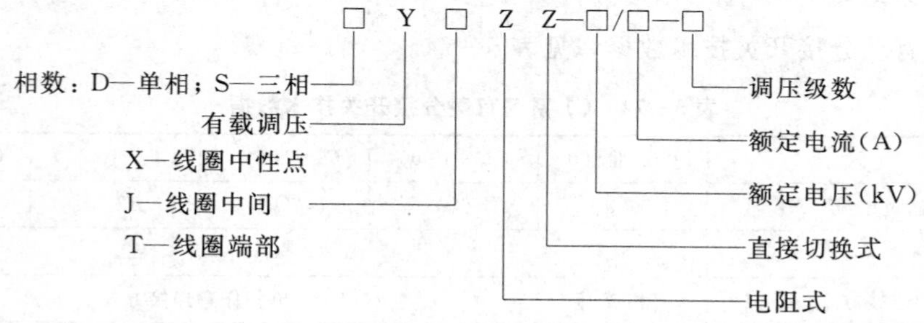

（二）技术数据

SY $\begin{matrix}X\\J\\T\end{matrix}$ ZZ 型复合式有载分接开关的技术数据，见表5-75。

表 5-75 S（D）Y $\begin{matrix}X\\J\\T\end{matrix}$ZZ 型复合式有载分接开关技术数据

型　号	级电压（V）	切换过渡方式	切换过渡时间（ms）	操作电源（VAC）	交流耐压水平（kV）
SYXZZ—10/100—9	≤289	单电阻	18～22	220	35
SYJZZ—35/200—7	≤600	双电阻	35～40	380	85
SYXZZ—35/200—8	≤600	双电阻	35～40	380	85
SYXZZ—10/400—8	≤289	双电阻	35～40	380	35
SYJZZ—35/400—7	≤600	双电阻	35～40	380	85
SYTZZ—10/200—8	≤289	双电阻	35～40	380	35
SYTZZ—35/200—8	≤600	双电阻	35～40	380	85
DYTZZ—10/100—9	≤289	双电阻	18～22	220	35
DYTZZ—$^{10}_{35}$52/200—8	≤289 ≤600	双电阻	35～40	380	35 85

5.3.3 Z型、ZY1组合式有载调压分接开关

一、Z型分接开关

（一）概述

Z型开关适用于额定电压66、110kV及220kV，额定通过电流（三相）500A，单相800、1200A，频率50Hz的油浸式电力变压器或特种变压器，在变压器带负载状态下切换分接位置以达到调节电压的目的。三相有载分接开关用于Y接法中性点调压，单相有载分接开关则用于任意的调压方式。

（二）技术数据

Z型开关主要技术数据，见表5-76。

表 5-76 Z型开关主要技术数据

分类特征		技术数据		
		Ⅲ500	Ⅱ800	Ⅰ1200
最大额定通过电流（A）		500	800	1200
额定频率（Hz）		50、60		
相数和连接方式		三相Y连接	单相任意连接	
最大级电压（V）		3000		
额定级容量（kVA）		1000	1600	2500
承受短路能力（kA）	热稳定（2s有效值）	5.0	8	12
	动稳定（峰值）	12.5	20	30
工作位置数		线性调9、13、17；正反调±13、±17		
绝缘水平	额定电压（kV）	66	110	220
	最大工作电压（kV）	72.5	126	252
	工频试验电压（kV）	140	230	460
	雷电冲击试验电压（kV）	325	550	1050

续表 5-76

<table>
<tr><td colspan="2" rowspan="2">分类特征</td><td colspan="3">技术数据</td></tr>
<tr><td>Ⅲ500</td><td>Ⅱ800</td><td>Ⅰ1200</td></tr>
<tr><td colspan="2">分接选择器</td><td colspan="3">按绝缘水平分为四种等级，编号 A、B、C、D</td></tr>
<tr><td colspan="2">机械寿命（万次）</td><td colspan="3">80</td></tr>
<tr><td colspan="2">电气寿命（万次）</td><td colspan="3">20</td></tr>
<tr><td rowspan="4">切换开关油室</td><td>工作压力（Pa）</td><td colspan="3">3×10^4</td></tr>
<tr><td>密封性能（Pa）</td><td colspan="3">6×10^4Pa 在 80～85℃的油温下进行 24h 试验而不渗漏</td></tr>
<tr><td>超压保护（kPa）</td><td colspan="3">在 200～300 时爆破</td></tr>
<tr><td>保护继电器</td><td colspan="3">整定油速 1.0m/s±10%</td></tr>
<tr><td colspan="2">排油量（L）</td><td colspan="3">190～270</td></tr>
<tr><td colspan="2">充油量（L）</td><td colspan="3">125～190</td></tr>
<tr><td colspan="2">重量（kg）</td><td colspan="3">240～350</td></tr>
<tr><td colspan="2">配用电动机构</td><td colspan="3">DCY</td></tr>
</table>

二、ZY1 组合式有载调压分接开关

（一）概述

ZY1 系列有载调压分接开关适用于额定电压为 35～220kV，额定电流三相为 500A、单相为 500～1200A，频率为 50Hz 的三相 Y 接法中性点调压、单相任意连接和调压的电力变压器或调压变压器，在带负荷的情况下变换分接头以达到调整电压的目的。这种有载调压分接开关的使用条件为：油的温度不超出－25～＋100℃，周围空气温度为－25～＋40℃，无严重尘沙、爆炸性和腐蚀性气体的场所。

（二）型号含义

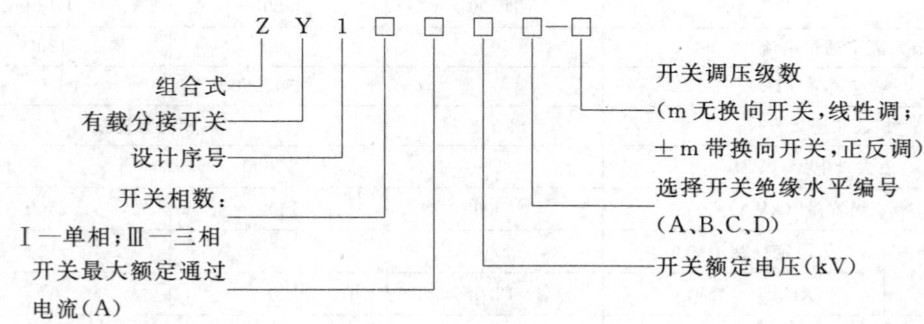

（三）技术数据

ZY1 系列有载分接开关的技术数据，见表 5-77～表 5-80。

表 5－77 ZY 系列有载分接开关技术数据

型 号		ZY1A—Ⅲ300	ZY1A—Ⅲ500	ZY1A—Ⅰ300	ZY1A—Ⅰ500	ZY1A—Ⅰ600	ZY1A—Ⅰ800	ZY1A—Ⅰ1200	ZY1A—Ⅰ1500
最大额定通过电流（A）		300	500	300	500	600	800	1200	1500
额定电压（kV）		35、60、110、220							
额定频率（Hz）		50							
相数		三相		单相					
连接方式		Y		任意连接方式					
最大级电压（V）		3300							
额定级容量（kVA）		1000	1400	1000	1400		2000	3100	
调压级数	无转换选择器 带转换选择器	7、9、13、17、±9、±13、±17、 （±8、±12、±16 三个中间位置）							
分接选择器		按绝缘水平分为 4 种尺寸，编号为 A、B、C、D							
切换开关油箱工作压力(Pa)		3×10^4							
分接开关排油量（L）		约 190～270							
分接开关充油量（L）		约 125～190							
重量（kg）		约 240～305							
配用电动机构		DCJ[10]							

注 级容量等于级电压和负载电流的乘积，额定级容量是连续允许的最大级容量。

表 5－78 ZY 系列有载分接开关绝缘水平

额定电压（kV）	最高工作电压（kV）	交流工频试验电压（1min，kV）	冲击试验电压（kV）		额定电压（kV）	最高工作电压（kV）	交流工频试验电压（1min，kV）	冲击试验电压（kV）	
			全波 1.5/40	截流 2～5μs				全波 1.5/40	截流 2～5μs
35	40.5	85	200	225	110	125	230	550	630
60	60	140	330	300	220	252	460	1050	1210

表 5－79 ZY 系列有载分接开关内部各部件绝缘水平 单位：kV

绝缘距离符号	选择开关 A 型		选择开关 B 型		选择开关 C 型		选择开关 D 型	
	全波 1.5/40	工频 1min	全波 1.5/40	工频 1min	全波 1.5/40	工频 1min	全波 1.5/40	工频 1min
a	135	50	265	50	350	82	460	105
b	135	50	265	50	350	82	460	146
a0	130	30	130	30	130	30	130	30

表 5－80 ZY 系列有载分接开关长期载流触头能承受的短路电流

型 号		ZY1—Ⅲ500	ZY1—Ⅰ500	ZY1—Ⅰ800	ZY1—Ⅰ1200
额定电流（A）		500	500	800	1200
短路电流（kA）	热稳定（3s 有效值）	7.5	7.5	8	12
	动稳定（峰值）	18.75	18.75	20	30

5.3.4 SYXZ三相有载中性点调压电阻式分接开关

一、35、110kV SYXZ三相有载中性点调压电阻式分接开关

（一）概述

该系列产品为积木式结构，开关由接触器、选择开关（带或不带范围开关）、快速机构、操纵机构组成。接触器装在开关顶部绝缘筒内，接触器采用滚转式结构，动触头装在扇形的支持件上，由主轴上的一个Y形臂驱动，以既定的程序与静触头接触分离，完成电路切换。接触器下部安装快速机构，采用四连杆弹簧储能，过死点释放机构。快速机构下部安装选切开关和范围开关，选切开关为套轴结构，按单双数分接上、下两段。选切开关和范围开关只能在无载的情况下依次变换分接头。操纵机构由传动系统、辅助传动系统和控制电路组成，内装电动操作按钮、档位指示、动作记数器，机械限位等，可作电动、手动及遥控操作，一般可用于中、大型有载调压变压器。

（二）技术数据

该系列产品的技术数据，见表5-81。

表5-81 SYXZ系列组合式有载分接开关技术数据

型　　号	调压范围	级电压（V）	切换过渡方式	切换过渡时间（ms）	操作电流（VAC）	交流耐压水平（kV）
SYXZ—35/200—7	1	≤1800	双电阻	30～50	380	85
SYXZ—35/200—15	2	≤1800	双电阻	30～50	380	85
SYXZ—35/200—13	1	≤1800	双电阻	30～50	380	85
SYXZ—35/200—27	2	≤1800	双电阻	30～50	380	85
SYXZ—110/200—7	1	≤1800	双电阻	30～50	380	85
SYXZ—110/400—7	1	≤1800	四电阻	40～60	380	85
SYXZ—110/400—15	2	≤1800	四电阻	40～60	380	85
SYXZ—110/400—27	2	≤1800	四电阻	40～60	380	85

二、SYXZ—10/200—9系列有载分接开关

适用于额定电压10kV，额定电流200A及以下的油浸式电力变压器中，其调压方式为中性点调整。

主要优点：本开关为电阻式快速直接切换的立式隔离式结构，使变压器的油隔离。本开关与YTK—A—10型集成电路控制器配套，可使变压器实现手动和自动调压。

三、SYX/JZ—35/400—7系列有载分接开关

有载分接开关（笼体形开关）是油浸式变压器在带负荷的情况下，改变变压器的线圈匝数、达到改变电压或电流的一种装置。

主要优点：本开关是把选择和切换设计成一个整体的装入式结构，并配有电动、微机自动控制器，具有结构简单、操作方便等特点。

开关技术数据：

额定电压：35kV。

额定电流：400A。

调压级数：7。

额定级电压：600V。

操作电压：380V。

质量：184kg。

四、SYJ/XZ—35/200—7/8 有载分接开关

有载分接开关（笼体形开关）是油浸式变压器在带负荷的情况下，改变变压器的线圈匝数，达到改变电压或电流的一种装置。

主要优点：本开关是把选择和切换设计成一个整体的整体装入式结构，并配有电动、微机自动控制器，具有结构简单、操作方便等特点。

开关技术数据：

额定电压：35kV。

额定电流：200A。

调压级数：7.8。

额定级电压：600V。

操作电压：380V。

质量：164kg。

五、SYX/J/Z—10 系列有载分接开关

适用于额定电压 10kV，额定电流 100A 及以下的油浸式电力变压器中，其调压方式为中性点、中部、端部调整。

主要优点：本开关为电阻式快速直接切换的立式隔离式结构，使变压器的油隔离、筒盖上装有吸湿器与大气接通。本开关与 YTK—A—10 型集成电路控制器配套，可使变压器实现手动和自动调压。

该系列开关型号及技术数据，见表 5-82。

表 5-82 SYX/J/Z—10 系列有载分接开关技术数据

开关型号	SYXZ—10/100—9	SYTZ Ⅱ—10/100—9	SYJZ—10/100—8	开关型号	SYXZ—10/100—9	SYTZ Ⅱ—10/100—9	SYJZ—10/100—8
额定电压（kV）	10	10	10	切换方式	单电阻	单电阻	单电阻
额定电流（A）	100	100	100	控制电源（V）	220	220	220
调压级数	300	300	300	重量（kg）	50	50	50
调压形式	中性点	端部	中部				

5.3.5 DYZ 系列开关

DYZ 系列开关适用于电压 35kV 及以下等级油浸消弧线圈的单相有载开关，与相应控制系统配套使用。

一、DYZⅡ—35/100—□有载分接开关

（一）概述

单相有载分接开关是适应 35kV 电压等级的油浸式消弧线圈在带负荷的情况下，改变其线圈匝数，达到调整输出电感电流的目的。

本系列开关为复合式结构，与消弧线圈接地保护装置的控制器配合使用，可以完成自动跟踪补偿的任务。开关外壳为绝缘筒，使开关油与消弧线圈内的变器油隔离。

（二）技术数据

该型号有载分接开关技术数据，见表5-83。

表5-83 DYZⅡ—35/100—□有载分接开关技术数据

开关型号	DYZⅡ—35/100—9	DYZⅡ—35/100—15	开关型号	DYZⅡ—35/100—9	DYZⅡ—35/100—15
额定电压（kV）	35	10	调压形式	端部或中部	中部
额定电流（A）	35	100	控制电源（V）	220	220
调压级数	9	15	重量（kg）	60	70

二、DYZ□—10/100—□有载分接开关

（一）概述

单相有载开关为电阻式快速直接切换的立式隔离式结构，开关外壳为绝缘筒，适用于10kV电压等级及以下电网配置的油浸式消弧线圈接地补偿装置。通过改变线圈匝数，调节电抗值，获取不同数值的电感电流，达到补偿的目的。

本系列开关为复合式结构，具有体积小、结构简单、工作可靠、调流范围大等特点。当与消弧线圈配合工作，网络出现鼓掌接地时，开关进制分接切换。

（二）技术数据

该型号有载分接开关技术数据，见表5-84。

表5-84 DYZ□—10/100—□有载分接开关技术数据

开关型号	DYZ—10/100—9	DYZ—10/100—12	DYZⅢ—10/100—15	DYZⅢ—10/200—15	开关型号	DYZ—10/100—9	DYZ—10/100—12	DYZⅢ—10/100—15	DYZⅢ—10/200—15
调流级数	9	12	15	15	控制电源（V）	220	220	220	220
额定电压(kV)	10	10	10	10	额定频率(Hz)	50	50	50	50
调压形式	端部调压	端部调压	端部调压	端部调压	重量（kg）	45	45	45	45

三、DYZⅡ—10/□—□有载分接开关

（一）概述

系列单相有载分接开关，适应10kV电压等级单相变压器或油浸式消弧线圈接地补偿装置，通过改变线圈匝数，达到调整电压或电流的目的。

本系列开关为复合式结构，具有结构简单、工作可靠、切换容量大等特点，可进行手动、自动操作，与消弧线圈控制系统配合，可完成自动跟踪补偿的目的。

（二）技术数据

该型号有载分接开关技术数据，见表5-85。

表 5-85 DYZⅡ—10/□—□有载分接开关技术数据

开关型号	DYZⅡ—10/100—9	DYZⅡ—10/100—12	DYZⅡ—10/100—15	DYZⅡ—10/200—9	DYZⅡ—10/200—12	DYZⅡ—10/200—15
额定电压（kV）	10	10	10	10	10	10
额定电流（A）	100	100	100	100	100	100
调压级数	9	12	15	9	12	15
调压形式	端部或中部	端部或中部	端部或中部	端部或中部	端部或中部	端部或中部
控制电源（V）	220	220	220	220	220	220
重量（kg）	45	50	55	50	55	60

5.3.6 V型、M型、T型有载分接开关

德国MR公司的有载分接开关在国内应用较多，有7种类型，但主要为V型、M型和T型3种（A型和H型可包括在V型中，MS型可包括在M型中，G型只比T型的开断容量大一些），其型号和技术数据见表5-86。

表 5-86 MR公司有载分接开关的型号和基本数据

种类	型号	型式	相数	最大额定通过电流（A）	最大额定级电压（V）	最大额定开断容量（kVA）	变压器最高电压（kV）	最大冲击试验电压 1.2/50（kV）	最大工频试验电压 50Hz（kV）	最大调压级数	
										不带转换选择器	带转换选择器
选择开关	A	AⅢ100Y	3	100	500	28～37.5 28～37.5	52	250	105	8	15
		AⅢ100△	3								
		AⅠ100	1								
	V	VⅢ200Y	3	200	1500～1000	300～200	72.5（76）	350	140	14	27
		VⅢ200△	3	200		300～200					
		VⅢ350Y	3	350		525～350					
		VⅢ350△	3	350		525～350					
		VⅢ500Y	3	500		525～420					
		VⅢ500△	3								
		VⅠ200	1	200		300～200					
		VⅠ350	1	350		525～350					
		VⅠ700	1	700		660～450					
	H	HⅢ350△	3	350	2000	700～525	145	650	275	14	27

续表 5-86

种类	型号	型式	相数	最大额定通过电流（A）	最大额定级电压（V）	最大额定开断容量（kVA）	变压器最高电压（kV）	最大冲击试验电压 1.2/50（kV）	最大工频试验电压 50Hz（kV）	最大调压级数	
										不带转换选择器	带转换选择器
有载分接开关	MS	MSⅢ300	3	300	3300	1000	170	750	325	14	27
		MSⅠ301	1								
	M	MⅢ350	3	350	3300	1000	245	1050	460	18	35
		MⅢ500	3	500		1400					
		MⅢ600	3	600		1500					
		MⅠ351	1	350		1000					
		MⅠ501	1	500		1400					
		MⅠ601	1	600		1500					
		MⅠ802	1	800		2000					
		MⅠ1200	1	1200		3100					
		MⅠ1500	1	1500		3500					
		MⅠ1800	1	1800		4200					
		MⅢ350△	3	350		1000	123	550	230		
		MⅢ500△	3	500		1400					
		MⅢ600△	3	600		1500					
	T	TⅢ600	3	600	4000	2400	420	1425	630	18	35
		YⅢ1000	3	1000		2500					
		TⅠ601	1	600		2400					
		TⅠ1001	1	1000		2500					
		TⅠ1502	1	1500		3250					
		TⅠ2002	1	2000		3250					
		TⅠ3000	1	3000		用户需求					
	G	GⅢ1602	3	1600	5000	5000	420	1425	630	16	31
		GⅢ2002	3	2000		用户需求					
		GⅢ2500	3	2500		用户需求					
		GⅠ1612	1	1600		5000					
		GⅠ3022	1	3000		6500					
		GⅠ4500	1	4500		用户需求					

一、V型选择开关

V型有载选择开关是一种切换开关和选择器合为一体的开关。开关为双电阻式，电压有30kV和60kV，三相开关的通过电流为200、350A和500A。

（一）型号含义

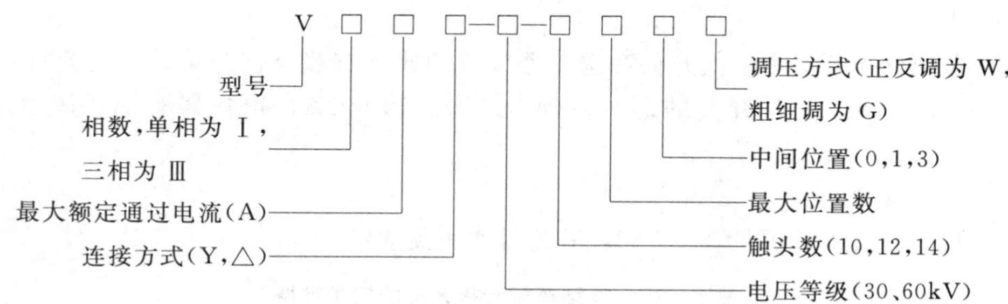

（二）技术数据

V 型选择开关的技术数据，见表 5－87。

表 5－87　V 型选择开关技术数据

型号		VⅢ200Y	VⅢ200△	VⅠ200	VⅢ350Y	VⅢ350△	VⅠ350	VⅠ700	VⅢ500Y	VⅢ500△
相数		3	3	1	3	3	1	1	3	3
调压部位		中性点	任意部位		中性点	任意部位			中性点	任意部位
最大额定通过电流（A）		200			350			700	500	
承受短路电流能力（kA）	热稳定	4			5			10	7	
	动稳定	10			12.5			25	17.5	
最大额定级电压（V）	10 级	1500			1500			1500	1500	
	12 级	1400			1400			1400	1400	
	14 级	1000			1000			1000		
额定开断容量（kVA）	10 级	300			525			660	400	
	12 级	280			420			520	325	
	14 级	200			350			450		
额定频率（Hz）		50～60								
分接级数	不带转换选择器	10，12，14							10，12	
	带转换选择器	19，23，27							19，23	
对地绝缘等级（kV）		30				60				
允许最高电压（kV）		36				72.5				
试验电压（kV）	冲击电压	200				350				
	工频电压	70				140				
重量（kg）		130	140	110	140	150	120	130	190	200
排油体积（dm^3）	不带转换选择器	125	165	80	135	185	85	120	205	240
	带转换选择器	155	200	110	165	220	115	150	235	275
油室密封压力		30kPa（0.3bar），试验压力 60kPa（0.6bar）								

二、M型有载分接开关

（一）概述

M型有载分接开关为切换开关和选择器分离的典型有载分接开关。开关为双电阻式，电压为30～220kV，三相开关的通过电流为300A和500A，选择器有A、B、C、D等类型。

（二）技术数据

M型开关的技术数据见表5-88，其绝缘水平见表5-89。

表5-88 M型有载分接开关的技术数据

<table>
<tr><td colspan="2">型　号</td><td>MⅢ300</td><td>MⅢ500</td><td>MⅠ301</td><td>MⅠ501</td><td>MⅠ802</td><td>MⅠ1200</td><td>MⅠ1500</td><td>MⅢ300△</td><td>MⅢ500△</td></tr>
<tr><td colspan="2">相数</td><td>3</td><td>3</td><td>1</td><td>1</td><td>1</td><td>1</td><td>1</td><td>3</td><td>3</td></tr>
<tr><td colspan="2">调压部位</td><td>中性点</td><td>中性点</td><td>任意部位</td><td>任意部位</td><td>任意部位</td><td>任意部位</td><td>任意部位</td><td>线端</td><td>线端</td></tr>
<tr><td colspan="2">最大额定通过电流（A）</td><td>300</td><td>500</td><td>300</td><td>500</td><td>800</td><td>1200</td><td>1500</td><td>300</td><td>500</td></tr>
<tr><td rowspan="2">承受短路电流能力</td><td>热稳定</td><td>6</td><td>8</td><td>6</td><td>8</td><td>16</td><td>24</td><td>24</td><td>6</td><td>8</td></tr>
<tr><td>动稳定</td><td>15</td><td>20</td><td>15</td><td>20</td><td>40</td><td>60</td><td>60</td><td>15</td><td>20</td></tr>
<tr><td colspan="2">最大额定级电压（V）</td><td>3000</td><td>3000</td><td>3000</td><td>3000</td><td>3000</td><td>3000</td><td>3000</td><td>3000</td><td>3000</td></tr>
<tr><td colspan="2">额定开断容量（kVA）</td><td>900</td><td>1000</td><td>900</td><td>1000</td><td>1600</td><td>2500</td><td>2500</td><td>900</td><td>1000</td></tr>
<tr><td colspan="2">额定频率（Hz）</td><td colspan="9">50～60</td></tr>
<tr><td rowspan="2">分接级数</td><td>不带转换选择器</td><td colspan="9">10，12，14，16，18</td></tr>
<tr><td>带转换选择器</td><td colspan="9">19，23，27，31，35</td></tr>
<tr><td colspan="2">对地绝缘等级（kV）</td><td colspan="3">30</td><td>60</td><td>110</td><td>150</td><td colspan="3">220</td></tr>
<tr><td colspan="2">允许最高电压（kV）</td><td colspan="3">36</td><td>72.5</td><td>125</td><td>170</td><td colspan="3">250</td></tr>
<tr><td rowspan="2">试验电压（kV）</td><td>冲击电压</td><td colspan="3">200</td><td>350</td><td>550</td><td>750</td><td colspan="3">1050</td></tr>
<tr><td>工频电压</td><td colspan="3">75</td><td>140</td><td>230</td><td>325</td><td colspan="3">460</td></tr>
<tr><td rowspan="2">重量（kg）</td><td>不带转换选择器</td><td colspan="2">265</td><td colspan="2">240</td><td>250</td><td colspan="2">260</td><td colspan="2">510</td></tr>
<tr><td>带转换选择器</td><td colspan="2">280</td><td colspan="2">260</td><td>270</td><td colspan="2">285</td><td colspan="2">540</td></tr>
<tr><td rowspan="5">排油体积（dm³）</td><td>30kV</td><td colspan="2">195</td><td colspan="2"></td><td></td><td colspan="2"></td><td colspan="2"></td></tr>
<tr><td>60kV</td><td colspan="2">200</td><td colspan="2">190</td><td>195</td><td colspan="2">205</td><td colspan="2">470</td></tr>
<tr><td>110kV</td><td colspan="2">225</td><td colspan="2">215</td><td>220</td><td colspan="2">225</td><td colspan="2">595</td></tr>
<tr><td>150kV</td><td colspan="2">245</td><td colspan="2">235</td><td>240</td><td colspan="2">245</td><td colspan="2"></td></tr>
<tr><td>220kV</td><td colspan="2">265</td><td colspan="2">255</td><td>260</td><td colspan="2">260</td><td colspan="2"></td></tr>
<tr><td colspan="2">油室密封压力</td><td colspan="9">30kPa（0.3bar），试验压力60kPa（0.6bar）</td></tr>
</table>

注 M300和MⅠ301的新型号为MⅢ350和M351Ⅰ，下同。

表 5-89 M型有载分接开关绝缘水平

绝缘距离	MⅢ型Y结、MⅠ型并按选择器分类					
	A		B		C	
	冲击(kV)	工频(5min, kV)	冲击(kV)	工频(5min, kV)	冲击(kV)	工频(5min, kV)
a	135	50	265	50	350	82
b	135	50	265	50	350	82
C1	200	95	485	143	545	173
C2	200	95	495	150	550	182
d	135	50	265	50	350	82
a0	90①	20①	90①	20①	90①	20①

绝缘距离	MⅢ型Y结、MⅠ型并按选择器分类		MⅢ300/500△—60/B		MⅢ300/500△—110/C	
	D					
	冲击(kV)	工频(5min, kV)	冲击(kV)	工频(kV)	冲击(kV)	工频(kV)
a	490	105	265	50	350	82
b	490	146	350	140	550	230
C1	590	208	485	143	545	178
C2	590	225	350	140	550	230
d	490	105	265	50	350	82
a0	90①	20①	90①	6②	90①	6②

① 带有火花放电保护间隙所承受的电压。

② 当连接 2×100kΩ 保护电阻时承受的电压。

三、T型有载分接开关

(一) 概述

T型有载分接开关也是典型的有载分接开关。开关为四电阻式，电压为60～220kV，三相开关的电流为600A和1000A，最大级电压增至4000V，切换容量比M型开关约大1倍。当M型开关容量不能满足时可采用T型开关。选择器分为B、C、D、DE、E等类别。

(二) 技术数据

T型开关各种型号的技术数据，见表5-90。

表 5-90 T型有载分接开关技术数据

型 号	TⅢ600	TⅢ1000	TⅠ601	TⅠ1001	TⅠ1502	TⅠ2002
相数	3	3	1	1	1	1
调压部位	中性点	中性点	任意部位	任意部位	任意部位	任意部位
最大额定通过电流（A）	600	1000	600	1000	1500	2000

续表 5-90

型号		TⅢ600	TⅢ1000	TⅠ601	TⅠ1001	TⅠ1502	TⅠ2002
承受短路电流能力（kA）	热稳定	8	15	8	15	24	24
	动稳定	20	37.5	20	37.5	60	60
最大额定级电压（V）		4000	4000	4000	4000	4000	4000
额定开断容量（kVA）		2400	2500	2400	2500	3250	3250
选择器型号		B，C，D	C，D，DE，E	C，D	C，D，DE，E，	C，D	C，D，DE，E
额定频率（Hz）		50～60					
分接级数	不带转换选择器	10，12，14，16，18					
	带转换选择器	19，23，27，31，25					

项目					
对地绝缘等级（kV）		60	110	150	220
允许最高电压（kV）		72.5	125	170	250
试验电压（kV）	冲击电压	350	550	750	1050
	工频电压	140	230	325	460

项目								
重量（kg）	不带转换选择器	390	415	360	375	380	385	390
	带转换选择器	425	440	380	395	395	410	410
排油体积（dm^3）	60kV	240	270	255	260	275	265	280
	110kV	265	295	280	285	300	290	305
	150kV	290	320	300	305	320	310	325
	220kV	310	340	315	320	335	325	340
油室密封压力		30kPa（0.3bar），试验压力60kPa（0.6bar）						

5.3.7 有载分接开关的驱动机构

有载分接开关驱动机构是有载分接开关变换操作位置的控制和传动装置，安装在变压器油箱的侧壁上，借助水平传动轴、伞形齿轮和垂直传动轴与分接开关连接在一起。

驱动机构采用箱式结构，箱体内装有操动分接开关的全部机械和电气部件，可供电动、手动、远程电动和自动调压装置控制的操作。

一、DCJ系列电动机构

DCJ系列电动机构由箱体、传动齿轮机构、位置控制和指示机构以及电气控制设备等组成，其技术数据见表5-91。

表5-91 DCJ系列电动机构技术数据

型号	DCJ3	DCJ1		DCJ2		DCJ2	DCJ10	DCJ30
功率（kW）	0.37	0.37	0.75	1.1	2.2	3.0	0.75/1.1	0.37
电压（单相/三相）（V）	220/380	220/380				220/380	380	380

续表 5-91

型号	DCJ3	DCJ1		DCJ2		DCJ2	DCJ10	DCJ30
电流（A）	1.95/1.16	1.95/1.16	3.4/2.0	4.8/2.8	8.0/4.4	11.6/6.5	2.0/2.8	1.16
频率（Hz）	50	50				50	50	50
同步转速（r/min）	1500	1500				1500	1500	1400
每变换操作一次传动轴转数	2	33				33	33	1
每变换操作一次传动时间（s）	约4	约5				约5	约5	约2.4
传动轴上的转矩（N·m）	45	9	18	26	52	70	18/26	45
每变换操作一次手柄转数	30	33	33	33	33	54	33	30
最大工作位置数	35	35				35	35	35
控制电压和加热器电压（V）	～220	～220				～220	～220	～220
控制中路消耗功率（VA）	52 16	52（在激励时） 24（在运行时）				52 24	65	52 16
固定加热器功率（W）	30	30				30	50	30
恒温器控制加热器功率（W）	100	100				100	100	
对地试验电压（kV/min）	2.5	2.5				2.5	2.5	2.5
尺寸（宽×高×厚）（mm）	548×614×283	553×970×300				628×1245×362	553×970×317	588×675×284
重量（kg）	60	90				130	120	60

二、MA7 型电动机构

（一）概述

电机驱动机构用于驱动分接开关，使其达到所选定的工作位置。在电动机构箱内设有操动分接开关的全部电气和机械部件。

电动机构的传动装置有一个带坚固联轴器的皮带轮，该联轴器在终端位置被阻挡而不能脱离，在调整电动机构时应注意这一结构特点。电动机构中电动机的功率和电流均可变换，以保证每一种开关的组合均可用电动机构来操动。

电动机构装上辅助装置后即可适应于任何工作条件和已有设备。

（二）技术数据

MA7 系列电动机构的技术数据，见表 5-92。

表 5-92 MA7 系列电动机构技术数据

型号	MA7，MA7/8			
电动机额定功率（kW）	0.37	0.75	1.1	1.5
电压（V）	220/380			
电流（A）	1.9/1.1	3.5/2.0	4.8/2.8	6.7/3.9
频率（Hz）	50			
同步速度（r/min）	1500			

续表 5-92

型　号	MA7，MA7/8			
每操动一次驱动轴的转数	33			
每操动一次运行时间（s）	约5			
驱动轴上额定力矩（N·m）	9	18	26	35
每操动一次手柄的转数	33			
最多工作位置	35（70或105）			
控制和加热电器电压（V）	220			
控制电机的输入容量（VA）	52（通电时），24（运行过程中）			
由温度继电器控制的加热器功率（W）	MA7：100，MA7/8：150			
加热器功率（W）	30			
对地试验电压（电动机除外）有效值（kV/min）	2.5			
重量（kg）	MA7：约90，MA7/8：约130			

三、DCY电动机构

（一）概述

DCY电动机构主要用作Z型有载分接开关变换操作的驱动和控制机构，根据DCY电动机构的参数、性能和结构、亦可供其它型式的分接开关选配。

一般情况下，本电动机构作为成套供应的Z型有载开关中的一个配套产品。

本电动机构按照级进操作的原理，分接开关从一个工作位置运动到邻近的一个工作位置的过程中，电动机构由单一的控制信号启动，并且不中断地完成一次切换。

电动机构配备防止两末端超位的电气限位和机械限位装置，对于有3个中间位置的分接开关，电动机构备有自动超越中间位置的接点装置。电动机构可用按钮进行电动操作，也可以用手柄进行手动操作，并具备手动和电动操作的连锁装置。

电动机构具有防止相序紊乱的安全控制回路、五位机械计数器，并能防尘、防雨、防虫，不须更换油脂，结构合理、维修方便等特点。

（二）技术数据

DCY电动机构技术数据，见表5-93。

四、DCF电动机构

（一）概述

DCF电动机构主要用来操作F型有载分接开关，根据DCF电动机构的参数、性能和结构，亦可供其它型式的分接开关选配。

一般情况下，本电动机构作为成套供应的F型有载分接开关中的一个配套产品。

本电动机构按照级进操作的原理，分接开关从一个工作位置运动到邻近的一个工作位

表 5-93 DCY 电动机构技术数据

分类特征		技术数据	分类特征	技术数据
绝缘水平	额定电压（V）	220/380 三相	输出轴的传动力矩（N·m）	最大 35
	额定电流（A）	3.4/2.0	工作位置数（级）	AC220
	额定功率（kW）	0.75	控制回路及加热器电压（V）	在 200～300 时爆破
	额定频率（Hz）	50、60	加热器功率（W）	防潮加热器 50，恒温器控制 100
	同步速度（r/min）	1500		
每级分接变换转动轴的转数		约 5	控制回路工频耐受电压（kV/min）	2
每级分接变换的时间（s）		33	机械寿命（万次）	80
每级分接变换受柄操作的转数		18	重量（kg）	约 110

注 当分接开关有 3 个中间位置时，电动机构有中间位置超越接点。

置的过程中，电动机构由单一的控制信号启动，并且不中断地完成一次切换。

电动机构配备防止两末端超位的电气限位装置，对于有 3 个中间位置的分接开关，电动机构备有自动超越中间位置的接点装置，电动机构可用按钮进行电动操作，也可用手柄进行手动操作，并具备手动和电动操作的连锁装置。

电动机构具有防止相序紊乱的安全控制回路，五位机械计数器，并能防尘、防雨、防虫，不须更换油脂，结构合理、维修方便等特点。

（二）技术数据

DCF 电动机构技术数据，见表 5-94。

表 5-94 DCF 电动机构技术数据

分类特征		技术数据	分类特征	技术数据
电动机构参数	额定电压（V）	380 三相	输出轴的传动力矩（N·m）	45
	额定功率（W）	370	控制回路及加热器电压（V）	220
	额定电流（A）	1.1	控制回路工频耐受电压（kV/min）	2
	额定频率（Hz）	50～60	加热器功率（W）	30
	转速（r/min）	1400	电动机构箱保护等级	IP54
每级分接变换转动轴的转数		2	机械寿命（万次）	80
每级分接变换操作时间（s）		约 4.4	重量（kg）	60
每级分接变换受柄操作的转数		30		

注 为满足特殊使用者的要求，电动机构的标准设计可做变动。

5.3.8 常用有载分接开关与驱动机构的配合

常用有载分接开关与驱动机构的配合情况，见表 5-95。

表 5－95 常用有载分接开关与驱动机构的配合

型　　号		DEJ_{30}^{3}	DCJ1，DCJ2，DCJ10				DCJ2
电动机额定功率（kW）		0.37	0.37	0.75	1.1	2.2	3.0
Fy_{30}^{3} 型分接开关	Ⅲ200y Ⅲ200△	• •	• •				
	Ⅲ350△y Ⅲ350△	• •	• •				
	Ⅲ500y Ⅲ500△	• •	• •				
	Ⅰ200 3×Ⅰ200（组）	•	•	•			
	Ⅰ350 3×Ⅰ300（组）	•	•	•			
	Ⅰ700△ 3×Ⅰ700（组）	•	•		•		
Zy3 型分接开关	Ⅲ300	•	•				
	Ⅰ300 3×Ⅰ500（组）	• •	• •				
Zy1 型分接开关	Ⅲ500			•			
	Ⅰ500 3×Ⅲ500（组）	•	•	•			
	Ⅰ800 3×Ⅰ800（组）	•	•		•		
	Ⅰ1200 3×Ⅰ1200（组）			•	•		
	Ⅰ1500 3×Ⅰ1500（组）			•	•		
Zy2 型分接开关	Ⅲ600 Ⅲ1000			• •			
	Ⅰ600 3×Ⅰ600（组）	•	•	•			
	Ⅰ1000 3×Ⅰ1000（组）	•	•		•		
	Ⅰ1500 3×Ⅰ1500（组）			•	•		
	Ⅰ2000 3×Ⅰ2000			•	•		
三极大型分接开关 3×单相大型分接开关（组）						•	•

5.4 无励磁分接开关

无励磁调压电路有4种，即中性点调压电路（一般适用于电压为35kV级及以下的多层圆筒式线圈）、中性点“反接”调压电路（适用于电压为15kV级及以下的连续式线圈）、中部调压电路和中部并联调压电路。前两种电路采用三相中性点调压无励磁分接开关；后两种电路则采用三相中部调压无励磁分接开关，其调压范围为±5%，或±2×2.5%。

型号含义

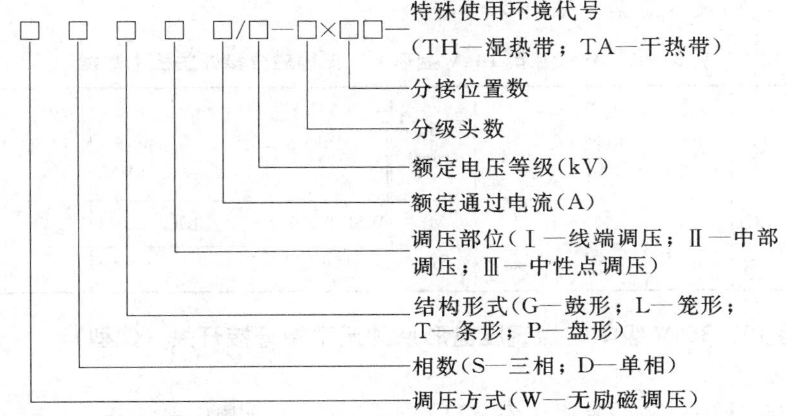

已有的分接开关型号一般是相数在第一位，中性点调压用字母“X”，同时标有触头形式字母（J—夹片式，P—楔形触头）和设计序号等。

无励磁分接开关的绝缘水平，见表5-96。

表5-96 无励磁分接开关绝缘水平

电压等级(kV)	调压部位和范围	雷电冲击全波1.2/50μs(kV)			工频耐压1min(kV)		
		对地	相间	触头间	对地	相间	触头间
10	中性点调压，±5%				35	5	5
	中部调压，±5%，±2×2.5%				35	35	15
35	中性点调压，±5%				85	30	10
	中部调压，±5%，±2×2.5%	200	200	90	85	85	28
63	中部调压，±5%，±2×2.5%	325	325	150	140	140	45
110				110			45
220				285			90

注 对地和相间电压适用于63kV级及以下且操动机构与分接开关连成整体的结构。

订货须知：

订购无励磁分接开关时必须注明产品的型号、名称、规格和数量。在订购特殊用途的分接开关时，要提供变压器的技术数据，其中包括型号、额定电压、容量、级电压、二次电压、调压级数、接线方式和安装方式等。

5.4.1 10、35kV级盘形系列无励磁分接开关

一、三相10kV中性点调压盘形系列无励磁分接开关（B型）

（一）概述

该系列产品在开关接线螺栓上部设置了隔离挡板，有效地防止了变压器上定位卡板与开关接线螺栓间可能发生的放电和闪络现象，而且这种开关与目前大多数产品相比降低了高度，操作和定位更为可靠。

（二）技术数据

该系列产品的技术数据，见表5-97。

表5-97 WSPⅢ型10kV盘形系列无励磁分接开关技术数据

型号	额定电压（kV）	额定电流（A）	分接位置数	尺寸M（mm）	型号	额定电压（kV）	额定电流（A）	分接位置数	尺寸M（mm）
WSPⅢ63/10—3×3B	10	63	3	M6	WSPⅢ250/10—3×3B	10	250	3	M10
WSPⅢ125/10—3×3B	10	125	3	M8					

二、三相10、35kV级中性点调压盘形系列无励磁分接开关（C型）

（一）概述

该系列产品结构新颖、紧凑、安装尺寸小，能简单地替换老式开关，而不必修改变压器尺寸。其操作有强手感，定位有提示和自锁功能，有可靠的限位措施，保证了安装、操作和维护的绝对安全。该产品的耐压裕度大，过载能力强，是全密封变压器和农用变压器的理想配套产品。

（二）技术数据

该系列产品的技术数据，见表5-98。

表5-98 WSPⅢ型10、35kV级中性点调压盘形系列无励磁分接开关技术数据

型号	额定电压（kV）	额定电流（A）	分接位置数	型号	额定电压（kV）	额定电流（A）	分接位置数
WSPⅢ63/10—3×3C	10	63	3	WSPⅢ63/35—3×3C	35	63	3
WSPⅢ125/10—3×3C	10	125	3	WSPⅢ125/35—3×3C	35	125	3
WSPⅢ250/10—3×3C	10	250	3	WSPⅢ250/35—3×3C	35	250	3
WSPⅢ400/10—3×3C	10	400	3	WSPⅢ400/35—3×3C	35	400	3

三、单相10、35kV级端部、中部调压盘形系列无励磁分接开关

（一）概述

该系列产品结构新颖、紧凑、安装尺寸小，能简单地替换老式开关，不必修改变压器尺寸。该产品在操作时有强手感，定位有提示和自锁功能，有可靠限位措施，保证了安

装、操作和维护的绝对安全。该产品耐压裕度大，过载能力强，是全密封变压器和农用变压器的理想配套产品。

（二）技术数据

该系列产品的技术数据，见表 5－99。

表 5－99 WDPⅠ（Ⅱ）10、35kV 级端部、中部调压盘形系列无励磁分接开关技术数据

型号	额定电压（kV）	额定电流（A）	型号	额定电压（kV）	额定电流（A）
WDPⅠ63/10—3×3、5×5、6×6	10	63	WDPⅡ63/10—5×4～12×11	10	63
WDPⅠ125/10—3×3、5×5、6×6	10	125	WDPⅡ125/10—5×4～12×11	10	125
WDPⅠ250/10—3×3、5×5、6×6	10	250	WDPⅡ250/10—5×4～12×11	10	250
WDPⅠ400/10—3×3、5×5、6×6	10	400	WDPⅡ400/10—5×4～12×11	10	400
WDPⅠ63/35—3×3、5×5、6×6	35	63	WDPⅡ63/35—5×4～12×11	35	63
WDPⅠ125/35—3×3、5×5、6×6	35	125	WDPⅡ125/35—5×4～12×11	35	125
WDPⅠ250/35—3×3、5×5、6×6	35	250	WDPⅡ250/35—5×4～12×11	35	250
WDPⅠ400/35—3×3、5×5、6×6	35	400	WDPⅡ400/35—5×4～12×11	35	400

四、三相 10、35kV 级中部调压盘形系列无励磁分接开关

（一）概述

该系列产品结构新颖、紧凑、安装尺寸小，能简单地替换老式开关，不必修改变压器尺寸。由于其操作有强手感，定位有提示和自锁功能，并有可靠限位措施，保证了安装、操作和维护的绝对安全。该产品的耐压裕度大、过载能力强，是全密封变压器和农用变压器的理想配套产品。

（二）技术数据

该系列产品的技术数据，见表 5－100。

表 5－100 WSPⅡ10、35kV 级中部调压盘形系列无励磁分接开关技术数据

型号	额定电压（kV）	额定电流（A）	分接位置数	型号	额定电压（kV）	额定电流（A）	分接位置数
WSPⅡ63/10—4×3	10	63	3	WSPⅡ63/35—4×3	35	63	3
WSPⅡ125/10—4×3	10	125	3	WSPⅡ125/35—4×3	35	125	3
WSPⅡ250/10—4×3	10	250	3	WSPⅡ250/35—4×3	35	250	3
WSPⅡ63/10—6×5	10	63	5	WSPⅡ63/35—6×5	35	63	5
WSPⅡ125/10—6×5	10	125	5	WSPⅡ125/35—6×5	35	125	5
WSPⅡ250/10—6×5	10	250	5	WSPⅡ250/35—6×5	35	250	3

5.4.2 条形系列无励磁调压分接开关

一、三相10、35kV中部调压条形系列分接开关

（一）概述

该系列产品改进了密封结构与操作定位结构，克服了原传动结构设计中存在的“过约束”，传动灵活，不存在机械卡死乃至断裂的现象。新材料的采用使其机械强度得以提高，全浮动动触头使接触电阻小且稳定，箱盖下高度较低。

（二）技术数据

该系列产品的技术数据，见表5-101。

表5-101 WSTⅡ型10、35kV级中部调压条形系列分接开关技术数据

型号	额定电压（kV）	额定电流（A）	分接位置数	型号	额定电压（kV）	额定电流（A）	分接位置数
WSTⅡ163/10—4×3	10	63		WSTⅡ250/10—8×7	10	250	7
WSTⅡ125/10—4×3	10	125	3	WSTⅡ63/35—4×3	35	63	3
WSTⅡ250/10—4×3	10	250	3	WSTⅡ125/35—4×3	35	125	3
WSTⅡ63/10—6×5	10	63	3	WSTⅡ250/35—4×3	35	250	3
WSTⅡ125/10—6×5	10	125	5	WSTⅡ63/35—6×5	35	63	5
WSTⅡ250/10—6×5	10	250	5	WSTⅡ125/35—6×5	35	125	5
WSTⅡ63/10—8×7	10	63	7	WSTⅡ250/35—6×5	35	250	5
WSTⅡ125/10—8×7	10	125					

二、三相10、35kV级中性点调压条形系列分接开关

（一）概述

该系列产品改进了密封结构与操作定位结构，克服了原传动结构设计中存在的“过约束”，传动灵活，不存在机械卡死乃至断裂的现象。新材料的采用使该产品的机械强度较高，V型结构的全浮动动触头使操作有强手感，接触电阻小且稳定，箱盖下高度较低。

（二）技术数据

该系列产品的技术数据，见表5-102。

表5-102 WSTⅢ型10、35kV级中性点调压条形系列分接开关技术数据

型号	额定电压（kV）	额定电流（A）	分接位置数	型号	额定电压（kV）	额定电流（A）	分接位置数
WSTⅢ63/10—3×3	10	63	3	WSTⅢ63/35—3×3	35	63	3
WSTⅢ125/10—3×3	10	125	3	WSTⅢ125/35—3×3	35	125	3
WSTⅢ250/10—3×3	10	250	3	WSTⅢ250/35—3×3	35	250	3
WSTⅢ63/10—5×5	10	63	5	WSTⅢ63/35—5×5	35	63	5
WSTⅢ125/10—5×5	10	125	5	WSTⅢ125/35—5×5	35	125	5
WSTⅢ250/10—5×5	10	250	5	WSTⅢ250/35—5×5	35	250	5

注 该系列产品设计有外密封，箱侧安装，操作方式，供箱式变电站变压器配套使用。

三、三相 10、35kV 端部调压条形系列分接开关

（一）概述

该系列产品改进了密封结构与操作定位结构，克服了原传动结构设计中存在的“过约束”，传动灵活，不存在机械卡死乃至断裂的现象。新材料的采用使其机械强度较高，全浮动动触头使接触电阻小且稳定，箱盖下高度较低。

（二）技术数据

该系列产品的技术数据，见表 5-103。

表 5-103 WSTI 型 10、35kV 级端部调压条形系列分接开关技术数据

型号	额定电压（kV）	额定电流（A）	分接位置数	型号	额定电压（kV）	额定电流（A）	分接位置数
WSTⅠ63/10—3×3	10	63	3	WSTⅠ63/35—3×3	35	63	3
WSTⅠ125/10—3×3	10	125	3	WSTⅠ125/35—3×3	35	125	3
WSTⅠ250/10—3×3	10	250	3	WSTⅠ250/35—3×3	35	250	3
WSTⅠ63/10—5×5	10	63	5	WSTⅠ63/35—5×5	35	63	5
WSTⅠ125/10—5×5	10	125	5	WSTⅠ125/35—5×5	35	125	5
WSTⅠ250/10—5×5	10	250	5	WSTⅠ250/35—5×5	35	250	5

四、单相 10、35kV 级中部调压条形系列分接开关

（一）概述

该系列产品改进了密封结构与操作定位结构，克服了原传动结构设计中存在的“过约束”，传动灵活，不存在机械卡死乃至断裂的现象。新材料的采用使其机械强度较高，全浮动动触头使开关接触电阻小且稳定，箱盖下高度较低。

（二）技术数据

该系列产品的技术数据，见表 5-104。

表 5-104 WDTⅡ10、35kV 级端部调压条形系列分接开关技术数据

型号	额定电压（kV）	额定电流（A）	分接位置数	型号	额定电压（kV）	额定电流（A）	分接位置数
WDTⅡ63/10—4×3	10	63	3	WDTⅡ63/35—6×5	35	63	5
WDTⅡ125/10—4×3	10	125	3	WDTⅡ125/35—4×3	35	125	3
WDTⅡ250/10—4×3	10	250	3	WDTⅡ125/35—6×5	35	125	5
WDTⅡ63/10—6×5	10	63	5	WDTⅡ250/35—4×3	35	250	3
WDTⅡ125/10—6×5	10	125	5	WDTⅡ250/35—6×5	35	250	5
WDTⅡ250/10—6×5	10	250	5	WDTⅡ350/35—6×5	35	350	5
WDTⅡ63/35—4×3	85	63	3				

五、单相 110kV 级中部调压条形系列分接开关

（一）概述

该系列产品在密封结构上采用了先进的梯形密封圈，密封可靠，操作维护简便。动触

头采用双簧压紧，接触稳定可靠。

（二）技术数据

该系列产品的技术数据，见表5-105。

表5-105　WDTⅡ型110kV级中部调压条形系列分接开关技术数据

型　　号	额定电压（kV）	额定电流（A）	分接位置数	型　　号	额定电压（kV）	额定电流（A）	分接位置数
WDTⅡ250/110—4×3	110	250	3	WDTⅡ630/110—6×5	110	630	5
WDTⅡ400/110—4×3	110	400	3	WDTⅡ1000/110—6×5	110	1000	3
WDTⅡ630/110—4×3	110	630	3	WDTⅡ250/110—8×7	110	250	7
WDTⅡ250/110—6×5	110	250	5	WDTⅡ400/110—8×7	110	400	7
WDTⅡ350/110—6×5	110	350	5	WDTⅡ630/110—8×7	110	630	7
WDTⅡ400/110—6×5	110	400	5				

5.4.3　笼形系列无励磁调压分接开关

一、三相10、35、63kV级中部调压笼形系列分接开关

（一）概述

该系列产品的触头部分改变了传统的夹片式结构，采用目前最新颖的滚柱式结构，具有触头磨损小、载流裕度大、接触可靠、操作手感强等优点，并在操作机构上设置了限位结构，使用方便。

（二）技术数据

该系列产品的技术数据，见表5-106。

表5-106　WSLⅡ型10～63kV级中部调压笼形系列分接开关技术数据

型　　号	额定电压（kV）	额定电流（A）	分接位置数	型　　号	额定电压（kV）	额定电流（A）	分接位置数
WSLⅡ125/10—4×3	10	125	3	WSLⅡ125/35—6×5	35	125	5
WSLⅡ125/10—6×5	10	125	5	WSLⅡ250/35—4×3	35	250	3
WSLⅡ250/10—4×3	10	250	3	WSLⅡ250/35—6×5	35	250	5
WSLⅡ250/10—6×5	10	250	5	WSLⅡ400/35—4×3	35	400	3
WSLⅡ400/10—4×3	10	400	3	WSLⅡ400/35—6×5	35	400	5
WSLⅡ400/10—6×5	10	400	5	WSLⅡ630/35—4×3	35	630	3
WSLⅡ630/10—4×3	10	630	3	WSLⅡ630/35—6×5	35	630	5
WSLⅡ630/10—6×5	10	630	5	WSLⅡ1000/35—6×5	35	1000	5
WSLⅡ1000/10—6×5	10	1000	3	WSLⅡ250/63—6×5	63	250	5
WSLⅡ125/35—4×3	35	125	3	WSLⅡ400/63—6×5	63	400	5

二、三相10、35kV中部调压电动立式笼形系列开关

（一）概述

该系列产品的触头部分为目前最先进的滚柱式结构，具有较强的操作手感及自动归位

功能。这种开关轻便灵活，载流裕度大，安装维护简便，各密封处均可在开关外直接调节，尤其适用于电炉变压器。

该系列产品专门配有电动控制器，具有档位显示和多种联锁保护功能。

（二）技术数据

该系列产品的技术数据，见表5-107。

表5-107 WSLⅡ型10、35kV级中部调压电动立式笼形系列分接开关技术数据

型号	额定电压(kV)	额定电流(A)	分接位置数	型号	额定电压(kV)	额定电流(A)	分接位置数
WSLⅡ125/10—4×3DL	10	125	3	WSLⅡ125/35—4×3DL	35	125	3
WSLⅡ125/10—6×5DL	10	125	5	WSLⅡ125/35—6×5DL	35	125	5
WSLⅡ250/10—4×3DL	10	250	3	WSLⅡ250/35—4×3DL	35	250	3
WSLⅡ250/10—6×5DL	10	250	5	WSLⅡ400/35—4×3DL	35	400	3
WSLⅡ630/10—6×5DL	10	630	5	WSLⅡ400/35—6×5DL	35	400	5
WSLⅡ400/10—4×3DL	10	400	3	WSLⅡ250/35—6×5DL	35	250	5
WSLⅡ400/10—7×6DL	10	400	6	WSLⅡ125～400/35—8×7DL	35	125～400	7
WSLⅡ125～400/10—8×7DL	10	125～400	7	WSLⅡ630/35—6×5DL	35	630	5

三、三相10、35kV级中部调压电动卧式笼形系列分接开关

（一）概述

该系列产品的触头部分采用滚柱式结构，具有操作手感强及自动归位功能、轻便、灵活，载流裕度大，安装维护简便，各密封处均可在开关外直接方便地调节与维护等特点。安装高度较立式大幅度降低，便于节省变压器材料，尤其适用于电炉变压器。

（二）技术数据

该系列产品的技术数据，见表5-108。

表5-108 WSLⅡ型10、35kV级中部调压电动卧式笼形系列分接开关技术数据

型号	额定电压(kV)	额定电流(A)	分接位置数	型号	额定电压(kV)	额定电流(A)	分接位置数
WSLⅡ125/10—4×3DW	10	125	3	WSLⅡ125/35—4×3DW	35	125	3
WSLⅡ125/10—6×5DW	10	125	5	WSLⅡ125/35—6×5DW	35	125	5
WSLⅡ250/10—4×3DW	10	250	3	WSLⅡ250/35—4×3DW	35	250	3
WSLⅡ250/10—6×5DW	10	250	5	WSLⅡ250/35—6×5DW	35	250	5
WSLⅡ400/10—4×3DW	10	400	3	WSLⅡ400/35—4×3DW	35	400	3
WSLⅡ400/10—6×5DW	10	400	5	WSLⅡ400/35—6×5DW	35	400	5
WSLⅡ630/10—6×5DW	10	630	5	WSLⅡ125～400/35—8×7DW	35	125～400	17
WSLⅡ125～400/10—8×7DW	10	125～400	7	WSLⅡ630/35—6×3DW	35	630	5

四、三相 10、35kV 级多范围正反调压笼形系列分接开关

（一）概述

该系列产品是一种带范围开关的无励磁分接开关。

（二）技术数据

该系列产品的技术数据，见表 5-109。

表 5-109 WSL 型 10、35kV 级多范围正反调压笼形系列分接开关技术数据

型　号	额定电压（kV）	额定电流（A）	分接位置数	型　号	额定电压（kV）	额定电流（A）	分接位置数
WSL250/10±5	10	250	±5	WSL250/35±5	35	250	±5
WSL400/10±5	10	400	±5	WSL400/35±5	35	400	±5

5.4.4 鼓形系列无励磁调压分接开关

一、单相 35、110kV 级中部调压鼓形系列分接开关

（一）概述

本系列产品的结构特点是 B 型开关取消蜗卷弹簧而采用圆柱弹簧，制作容易，触头压力稳定，操作手感强；C 型开关采用楔形触头结构，触头接触压力大，操作力矩小，同时增设了增强操作手感的结构。B、C 型开关都具有触头磨损小，使用寿命长的优点。

（二）技术数据

该系列产品的技术数据，见表 5-110。

表 5-110 WDGⅡ（B/C）型 35、110kV 级中部调压鼓形系列分接开关技术数据

型　号	额定电压（kV）	额定电流（A）	分接位置数	型　号	额定电压（kV）	额定电流（A）	分接位置数
WDGⅡ400/35—4×3B	35	400	3	WDGⅠ1000/110—6×5B	110	1000	5
WDGⅡ630/35—4×3B	35	630	3	WDGⅠ400/110—6×5C WDGⅠ400/35—6×5C	110	400	5
WDGⅡ400/110—4×3B	110	400	3				
WDGⅡ630/110—4×3B	110	630	3	WDGⅠ630/110—6×5C WDGⅠ630/35—6×5C	110	630	5
WDGⅡ1000/110—4×3B	110	1000	3	WDGⅠ1000/110—6×5C	110	1000	5
WDGⅠ400/110—6×5B	110	400	5	WDGⅠ1600/110—6×5C	110	1600	5
WDGⅠ630/110—6×5B	110	630	5	WDGⅠ1000/35—4×3B	35	1000	3

二、单相 110、220kV 级中部调压鼓形系列分接开关

WDG 型系列无励磁分接开关为油浸式变压器用分接开关，额定电压为 110～220kV，额定通过电流为 300、500、600、1000A，1250 单相，频率 50Hz，适用于在变压器一、二次侧中部调压的油浸式变压器。

本系列分接开关由开关本体、传动杆和操动机构三大部分组成。分接开关为手动操作，操作机构为箱盖型，安装在变压器箱盖上，开关本体为鼓形，操动机构通过传动杆与开关本体连接，开关本体通过变压器器身上的支架安装在变压器相间线圈之间。

该系列产品的技术数据，见表 5-111。

表 5-111 WDGⅡ无励磁分接开关技术数据

<table>
<tr><td colspan="2">开关型号</td><td colspan="3">WDGⅡ300—1000/110—6×5</td><td colspan="3">WDGⅡ600—1250/220—6×5</td></tr>
<tr><td colspan="2">额定通过电流（A）</td><td>300</td><td>500</td><td>1000</td><td>600</td><td>1000</td><td>1250</td></tr>
<tr><td colspan="2">额定频率（Hz）</td><td colspan="6">50</td></tr>
<tr><td colspan="2">调压范围</td><td colspan="6">±2×2.5%</td></tr>
<tr><td colspan="2">分接位置数</td><td colspan="6">5</td></tr>
<tr><td rowspan="2">承受短路能力（kA）</td><td>热稳定（2s有效值）</td><td>5.5</td><td>7.5</td><td>10</td><td>9</td><td>10</td><td>12.5</td></tr>
<tr><td>动稳定（峰值）</td><td>14</td><td>18.75</td><td>25</td><td>22.5</td><td>25</td><td>31.25</td></tr>
<tr><td rowspan="4">绝缘水平</td><td rowspan="2">额定电压等级（kV）</td><td colspan="3">110</td><td colspan="3">220</td></tr>
<tr><td>对地</td><td>触头间</td><td>触头对动触间</td><td>对地</td><td>触头间</td><td>触头对动触间</td></tr>
<tr><td>工频耐受电压（kV）（1min）</td><td>230</td><td>55</td><td>85</td><td>400</td><td>140</td><td>140</td></tr>
<tr><td>冲击试验电压 1.2/50μs</td><td>480</td><td>175</td><td>200</td><td>—</td><td>—</td><td>—</td></tr>
</table>

第6章 干式电力变压器

铁芯和绕组都不浸入绝缘液体中的变压器称为干式变压器。由于干式变压器结构简单、维护方便，又具有防潮、耐腐蚀、阻燃、防爆、防火、无污染、过载能力强，可靠性高等优点，我国于20世纪80年代末引进干式电力变压器，并受到重视和推广。随着我国国民经济建设的发展、城乡电网建设和改造、西部大开发的步伐加快、北京申办2008年奥运会成功，人们对环保、安全问题日益关注。因此，干式电力变压器被广泛应用于人口稠密的居民区、机场、车站、码头、地下铁道、繁荣的商业区以及重要的工矿企业。在某些场合，干式电力变压器取代油浸电力变压器，成为就近供电的唯一替代品。

近几年来，我国干式变压器每年以高达20%以上的增长率迅猛增加，成为世界上干式变压器产销量最大的国家之一。据有关部门不完全统计，全国干式变压器生产厂约有百余家，其中500MVA以上的厂仅有十几家。随着低噪（2500kVA以下配电变压器噪声已控制在50dB以内）、节能（空载损耗已降低达25%）的SC（B）9系列的推广应用，使我国干式变压器的性能指标及制造技术已达到世界先进水平，并拥有自主的知识产权，有很高的竞争能力。人们都看到一个事实是：国外的高低压电器产品占据国内的重要市场，而唯独干式变压器却在国内的重要市场、重大的工程中，难见国外产品的踪影。

1. 干式电力变压器分类

按型号分为SC（环氧树脂浇注包封式）、SCR（非环氧树脂浇注固体绝缘包封式）、SG（敞开式）等。

按绝缘等级分为B级、F级、H级、C级等，它们的温度限值见表6-1。

表6-1 按绝缘等级分的干式变压器温度限制值

绝缘等级（级）	A	E	B	F	H	N	C
最高允许温度（℃）	105	120	130	155	180	200	220
绕组温升限值（K）	60	75	80	100	125	135	150
性能参考温度（℃）	80	95	100	120	145	155	170

我国干式电力变压器一类是环氧树脂浇注变压器。环氧树脂类变压器有真空浇注工艺类和缠绕工艺类，分为厚层有填料环氧树脂浇注、薄层有填料环氧树脂浇注、薄层无填料环氧树脂浇注及少量缠绕树脂包封技术干式变压器。

另一类是NOMEX®纸类变压器。近几年各干式电力变压器生产厂引进国外先进的制造技术、制造设备及测试手段，使产品性能先进、结构合理、使用更安全可靠。国外新型H级OVDT干式变压器和VDT干式变压器开始进入我国市场。

其它类是发展非晶合金做铁芯的干式变压器，也是非常有前景的，节约能源，减少对环境的破坏。

2. 干式电力变压器执行标准

IEC（国际电工委员会）60726—1982《干式电力变压器》；

国家标准 GB 6450—1986《干式电力变压器》；

GB/T 10228—1997《干式电力变压器技术参数和要求》；

CEEIA 101—2003《干式变压器产品质量分等》。

根据国家环境保护总局 2004 年的《环境标志产品认证技术要求干式电力变压器》（HBC 21—2004）自 2004 年 2 月 1 日起实施，替代（HBC 21—2003）。

3. 干式电力变压器气候等级、环境等级、耐火等级

随着城市建设的发展，人们对环保、安全问题日益关注，对干式电力变压器要求越来越高。干式变压器必须承受气候、环境、耐火三项特殊试验能力。

（1）气候等级。

IEC 60076—11《干式电力变压器》标准草案定义了两种气候等级：

C1 级：变压器适合运行的环境温度不低于－5℃，但最低可以在－25℃的环境中存放或运输。

C2 级：变压器最低可以在－25℃的环境中运行、运输或存放。

（2）环境等级。

IEC 60076—11 标准草案从湿度、冷凝性、污秽程度 3 个因素划分定义了 3 种不同的环境等级。

E0 级：变压器上无冷凝、轻污秽，通常把设备放置在干净的室内。

E1 级：变压器偶尔有冷凝现象发生，一般性污秽。

E2 级：经常产生冷凝或污秽严重，或者二者同时存在。

（3）耐火等级。

IEC 60076—11 标准草案定义了两种耐火等级。

F0 级：未规定耐火性能，除变压器设计的特殊性，不采取特殊措施。

F1 级：在有火灾危险场合使用的变压器，能限制燃烧的产生，尽可能减少有毒物质与黑烟的排放。

在我国，除了没有制造 C 级绝缘的干式配电变压器外，目前世界上有的品种我国都有。这些采用不同材料、不同结构及不同制造工艺的干式电力变压器在技术上各有特色，但干式电力变压器都是暴露在空气当中的，均存在受潮、被污秽的问题。部分干式电力变压器绝缘材料在温度出现骤冷骤热变化，以及在它的热膨胀系数与导体的热膨胀系数相差较大时，易出现干裂现象。而且绝缘材料中含有较多的可燃聚合物和卤素，燃烧时会产生大量的热量、烟雾和有毒气体。因此，进行三项特殊试验是完全必要的，目前我国已有几家干式电力变压器产品通过了这三项特殊试验。

4. 声级水平

SC（B）10 系列配电变压器已将其噪声比现行国际（JB/T 10088—1999　6～220kV 变压器声级）降低达 10～20dB（A）。新系列 2500kVA 及以下容量的配电变压器，噪声一般可控制在 50dB（A）以内，见表 6－2 声级水平比较。

表6-2 声级水平比较 单位：dB

容量（kVA）	250	500	800	1000	1250	1600	2000	2500
国际值	58	62	64	64	65	66	66	71
SC（B）10系列产品值	48	48	48	48	48	48	48	50

5. 干式配电变压器电压

一次侧电压通常为35～10kV及以下，二次侧电压通常为0.4/0.23kV。为了保证用户端电压的稳定，可对一次侧电压进行小范围调整。电压调整方式有两种：

(1) 无励磁调压。变压器必须切断高压侧所有电气接线之后，在高压侧分接端子上进行调整，调整范围±2×2.5%，通常干式配电变压器都属于这一种。

(2) 有载调压。调压范围±4×2.5%。

6. 干式变压器的温度控制系统

(1) 风机自动控制。通过预埋在低压绕组最热处的 P_t100 热敏测温电阻测取温度信号。

(2) 超温报警、跳闸。通过预埋在低压绕组中的PTC非线性热敏电阻采集绕组或铁芯温度信号。

(3) 温度显示系统。通过预埋在低压绕组中的 P_t100 热敏电阻测取温度变化值，直接显示各相绕组温度（三相巡检及最大值显示，并可记录历史最高温度），可将最高温度以4～20mA模拟量输出，若需传输至远方（距离可达1200m）计算机，可加配计算机接口。

7. 干式变压器的冷却方式

自然冷却（AN）和强迫空气冷却（AF）。

8. 干式变压器的防护方式

根据使用环境特征及防护要求，干式变压器选择不同的外壳。通常选用IP20防护外壳，可防止直径大于12mm的固体异物及鼠、蛇、猫、雀等小动物进入造成短路停电等恶性故障，为带电部分提供安全屏障。若须变压器安装在户外，可选用IP23防护外壳，更可防止与垂直线成60°角以内的水滴入。但IP23外壳会使变压器冷却下降，选用时要注意运行容量的降低。

(1) 对于置于单独变压器室的干式变压器，加装防护外壳后运行十分安全。

(2) 对于置于高低压配电室的干式变压器，加装防护外壳既美观整齐，又安全可靠。

(3) 变压器若采用与低压配电屏相配套的侧线出线，变压器的母排出线就可直接同低压配电屏相贯通连接，这将使配电室中看不到母排或走母排的桥架，使整个高、低压配电室更为整齐美观。

(4) 对于置于户外的干式变压器，必须加装防护外壳才能运行。

9. 配电干式变压器连接组别

国标GB 50052—95《供配电系统设计规范》第6章中“在TN及TT系统接地型式的低压电网中，宜选用D，yn11接线组别的三相变压器作为配电变压器”。D，yn11接线方式的变压器，对中性线电流没有限制，可达变压器低压侧之线（相）电流，从而能充分利用变压器的容量、发挥其设备能力，尤其适宜以单相负荷为主而出现三相不平衡的配电变压器。

10. 干式变压器的过载能力

干式变压器的过载能力与环境温度、过载前的负荷情况（起始负载），变压器的绝缘散热情况和发热时间常数等有关。若有需要，可向生产厂索取干式变压器的负荷曲线。

11. 干式变压器低压出线方式

干式变压器低压出线方式有低压标准封闭母线出线、低压标准横排侧出线、低压标准立排侧出线。

6.1 PSC（F）D9型海洋平台干式电力变压器

一、概述

PSC（F）D9型海洋平台干式电力变压器由泰州海田电气制造有限公司生产，适用于海洋平台，F级绝缘，B级温升。

型号中有“F”为带风机，没有“F”为不带风机。

二、技术数据

（1）额定高压（kV）：10.5，10，6.4，3.3。

（2）额定容量（kVA）：200～2500。

（3）工频耐压（kV）：35。

（4）空载损耗、负载损耗、空载电流、短路阻抗等技术数据，见表6-3。

表6-3 PSC（F）D9型海洋平台干式电力变压器技术数据

型号	额定容量（kVA）	空载损耗（W）	负载损耗（W）	空载电流（%）	短路阻抗（%）	噪声（dB）	重量（kg）	外形尺寸（mm）（长×宽×高）	生产厂
PSC（F）D9—200	200	665	2535	0.8	4	46	1400	1550×1300×2020	泰州海田电气制造有限公司
PSC（F）D9—250	250	770	2765	0.8	4	46	1550	1550×1300×2020	
PSC（F）D9—315	315	910	3375	0.7	4	47	1750	1650×1400×2020	
PSC（F）D9—400	400	1000	3880	0.7	4	47	2050	1650×1400×2020	
PSC（F）D9—500	500	1195	4750	0.6	4	49	2350	1750×1400×2220	
PSC（F）D9—630	630	1335	5770	0.6	6	49	2800	1750×1400×2220	
PSC（F）D9—800	800	1540	6620	0.5	6	51	3400	1920×1500×2420	
PSC（F）D9—1000	1000	1780	7740	0.5	6	51	3880	1920×1500×2420	
PSC（F）D9—1250	1250	2100	9230	0.5	6	52	4550	2150×1500×2420	
PSC（F）D9—1600	1600	2470	11180	0.5	6	52	5550	2250×1600×2420	
PSC（F）D9—2000	2000	3360	13370	0.4	6	53	6100	2250×1600×2620	
PSC（F）D9—2500	2500	4050	16360	0.4	6	54	7200	2350×1650×2820	

三、外形及安装尺寸

该产品外形及安装尺寸，见图6-1。

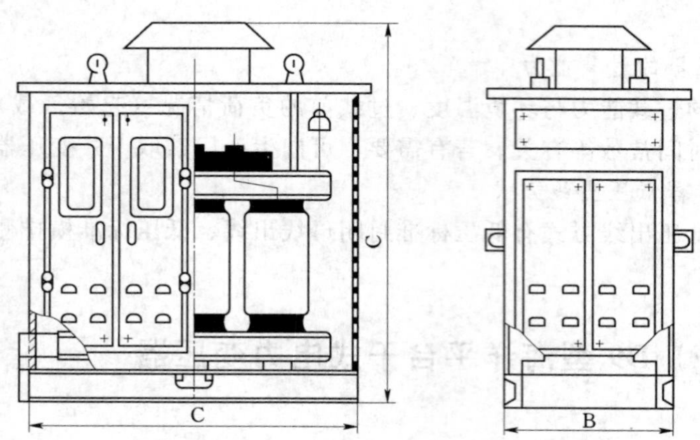

图6-1　PSC（F）D9型海洋平台干式电力变压器外形尺寸

四、订货须知

订货时必须提供产品型号、额定容量、电压组合、频率、高压分接范围、连接组标号、短路阻抗及特殊要求。

6.2　SC（B）（Z）8系列树脂浇注干式变压器

一、概述

SC（B）（Z）8系列树脂浇注干式变压器广泛应用于输变电系统、宾馆、高层建筑、商业中心、体育场馆、石化厂、地铁、车站、机场、海上钻台等场所，特别适合于负荷中心和具有特殊防火要求的场所。

宁波天安（集团）股份有限公司生产的SC（Z）8系列树脂绝缘干式电力变压器，引进了ABB-Micafil公司20世纪90年代FRVT制造技术、德国GEORG公司剪切线、斯托伯格绕线机等先进的设备，产品具有损耗低、体积小、重量轻、噪声低、防潮、耐污、抗裂、抗冲击、阻燃、过载能力强、局放小等优点。

二、型号含义

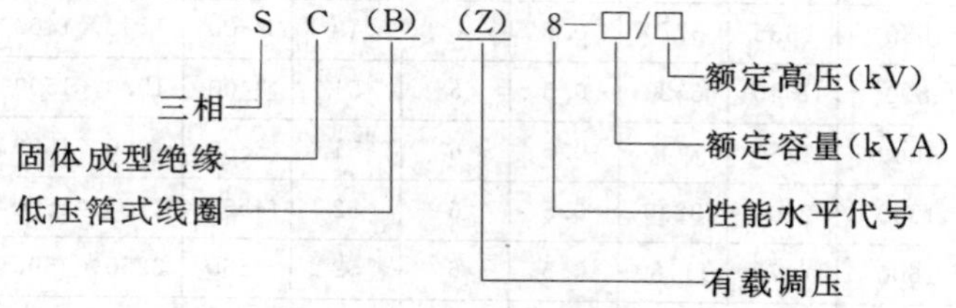

三、技术数据

（1）额定容量（kVA）：10000及以下。

（2）电压等级（kV）：6～35。

（3）分接范围：±2×2.5%，±5%（或其它）。

(4) 相数：3 相。

(5) 频率（Hz）：50，60。

(6) 调压方式：无励磁调压或有载调压。

(7) 连接组标号：Y，yn0，D，yn11。

(8) 短路阻抗：标准阻抗。

(9) 使用环境：相对湿度 100%，环境温度不高于 40℃。

(10) 最高温升：100K。

(11) 冷却方式：自冷（AN）或风冷（AF）。

(12) 绝缘等级：F 级。

(13) 防护等级：IP00、IP20（户内）、IP23（户外）。

(14) 绝缘水平（kV）：

10kV 产品工频耐压 35，冲击耐压 75；

20kV 产品工频耐压 50，冲击耐压 125；

35kV 产品工频耐压 70，冲击耐压 170。

(15) 空载损耗、负载损耗、空载电流、短路阻抗、噪声水平等技术数据，见表 6-4、表 6-5。

表 6-4 SC (Z) 8 系列树脂绝缘干式变压器技术数据

型号	电压组合			连接组标号	空载损耗（W）	负载损耗（75℃）（W）	短路阻抗（%）	空载电流（%）	噪声水平（dB）	重量（kg）	外形尺寸（mm）（长×宽×高）	
	高压（kV）	分接范围（%）	低压（kV）								无外壳	带 IP20 防护外壳
SC8—30/10	10（10.5 11 6 6.3 6.6）	±2×2.5 或 ±5	0.4	Y，yn0 或 D，yn11	240	610	4	2.2	42	290	700×460×750	1360×1040×1163
SC8—50/10					290	620		2.0	42	470	945×750×950	1400×1120×1413
SC8—80/10					340	1100		1.8	42	580	945×750×945	1400×1120×1413
SC8—100/10					350	1250		1.8	43	600	945×750×965	1400×1120×1413
SC8—125/10					550	1500		1.6	43	760	1040×860×1045	1560×1120×1585
SC8—160/10					560	1850		1.4	45	860	1040×860×1085	1560×1120×1585
SC8—200/10					650	2020		1.4	45	980	1040×860×1115	1560×1120×1585
SC8—250/10					810	2130		1.4	45	1180	1170×860×1120	1560×1160×1645
SC8—315/10					1100	3140		1.2	47	1385	1275×860×1225	1600×1200×1665
SC8—400/10					1220	3660		1.2	47	1690	1305×860×1285	1680×1200×1705
SC8—500/10					1340	4210		1.2	47	1980	1305×860×1340	1680×1200×1705
SC8—630/10					1640	5030		1.0	49	2240	1365×860×1475	1800×1260×1785
SC8—630/10					1600	5160	6	1.0	49	2230	1375×860×1465	1800×1260×1785
SC8—800/10					1700	6630		1.0	50	2600	1430×1070×1460	2000×1320×1835
SC8—1000/10					2200	7500		0.8	50	3290	1725×1070×1565	2120×1400×1875
SC8—1250/10					2570	8720		0.8	52	4120	1890×1070×1615	2280×1440×1995
SC8—1600/10					3300	11800		0.8	52	5585	2000×1270×1865	2400×1500×2175
SC8—2000/10					4100	12400		0.6	54	5860	2000×1270×2145	2400×1500×2395
SC8—2500/10					4500	14300		0.6	54	6300	2035×1270×2160	2560×1500×2460

续表 6-4

型号	电压组合			连接组标号	空载损耗(W)	负载损耗(75℃)(W)	短路阻抗(%)	空载电流(%)	噪声水平(dB)	重量(kg)	外形尺寸(mm)(长×宽×高)	
	高压(kV)	分接范围(%)	低压(kV)								无外壳	带IP20防护外壳
SCZ—250/10					900	2240		1.4	45	1180		1560×1920×1800
SCZ—315/10					1150	3300		1.2	47	1390		1600×2000×1800
SCZ—400/10					1280	3850	4	1.2	47	1710		1680×2000×1800
SCZ—500/10					1410	4420		1.0	47	1920		1680×2000×1800
SCZ—630/10					1720	5280		1.0	49	2250		1800×2000×1800
SCZ—630/10	10	±4×2.5	0.4	Y，yn0或D，yn11	1680	5420		1.0	49	2270		1800×2000×1800
SCZ—800/10					1790	6960		1.0	50	2320		2000×2120×1900
SCZ—1000/10					2370	7880		0.8	50	2730		2120×2200×1950
SCZ—1250/10					2700	9160	6	0.8	52	3350		2280×2240×2000
SCZ—1600/10					3460	12390		0.8	52	4150		2400×2300×2180
SCZ—2000/10					4300	13000		0.6	54	5600		2400×2300×2400
SCZ—2500/10					4800	15100		0.6	54	5880		2560×2600×2490
SC8—50/20					400	820		2.4	48	520	1060×600×820	
SC8—80/20					450	1320		2.0	50	650	1060×600×1000	
SC8—100/20					480	1730		2.0	50	650	1120×750×1100	
SC8—125/20					500	1990		1.6	51	780	1120×750×1120	
SC8—160/20					600	2060		1.6	51	900	1180×750×1130	
SC8—200/20					700	2230		1.6	52	1100	1200×750×1150	
SC8—250/20					800	2620		1.6	52	1230	1280×750×1200	
SC8—315/20					940	3140		1.5	52	1480	1360×860×1320	
SC8—400/20	20（24 22 18）	±2×2.5或±5	0.4	Y，yn0或D，yn11	1140	3560	6	1.5	53	1720	1400×860×1320	
SC8—500/20					1300	4540		1.5	54	2000	1520×860×1500	
SC8—630/20					1520	5670		1.3	54	2200	1620×860×1500	
SC8—800/20					1900	6690		1.3	54	3000	1620×1070×1650	
SC8—1000/20					2380	7610		1.2	54	3200	1680×1070×1690	
SC8—1250/20					2700	9690		1.2	55	3600	1880×1070×1800	
SC8—1600/20					3200	11500		1.0	55	5000	2020×1070×2000	
SC8—2000/20					3800	12200		1.0	56	5600	2100×1380×2200	
SC8—2500/20					4400	15000		1.0	56	6600	2220×1380×2220	

续表 6-4

型号	电压组合			连接组标号	空载损耗（W）	负载损耗（75℃）（W）	短路阻抗（%）	空载电流（%）	噪声水平（dB）	重量（kg）	外形尺寸（mm）（长×宽×高）	
	高压（kV）	分接范围（%）	低压（kV）								无外壳	带 IP20 防护外壳
SC8—50/35	35 38.5	±2×2.5 或 ±5	0.4	Y，yn0 或 D，yn11	520	940	6	2.6	48	720	1200×600×980	
SC8—80/35					620	1570		2.2	50	730	1260×600×1190	
SC8—100/35					670	1920		1.8	50	830	1360×720×1280	
SC8—125/35					760	2230		1.8	51	1040	1420×720×1280	
SC8—160/35					860	2460		1.8	51	1080	1420×720×1330	
SC8—200/35					970	2620		1.8	52	1200	1420×720×1380	
SC8—250/35					1100	3160		1.8	52	1400	1450×840×1560	
SC8—315/35					1300	3580		1.7	52	1600	1600×840×1680	
SC8—400/35					1600	4010		1.7	53	1860	1680×840×1680	
SC8—500/35					1820	5410		1.6	54	2280	1700×840×1700	
SC8—630/35					2200	6810		1.5	54	2600	1820×840×1780	
SC8—800/35					2600	7330		1.4	54	3100	1880×1060×2020	
SC8—1000/35					2020	8290		1.4	54	3800	2000×1060×2040	
SC8—1250/35					3600	10300		1.4	55	4280	5160×1060×2060	
SC8—1600/35					4000	12750		1.3	55	5500	2220×1060×2120	
SC8—2000/35					4680	13960		1.2	56	6200	2280×1320×2300	
SC8—2500/35					5800	16200		1.0	56	6800	2350×1500×2340	
SC8—800/35	35 38.5	±2×2.5 或 ±5	10.5 （11 6.3 3.15）	Y，yn0 或 D，yn11	2650	7500	6	1.6	58	3200	1900×1070×2000	
SC8—1000/35					3060	8550		1.5	58	3800	1980×1070×2020	
SC8—1250/35					3660	10650		1.4	60	4480	2200×1070×2050	
SC8—1600/35					4600	13260		1.3	60	5600	2240×1380×2100	
SC8—2000/35					4710	14300	7	1.3	61	6320	2280×1380×2320	
SC8—2500/35					5800	17000		1.2	61	7000	2350×1500×2340	
SC8—3150/35					7300	20100	8	1.0	62	9400	2720×1500×2360	
SC8—4000/35					8200	22700		0.9	62	11200	2720×1500×2500	
SC8—5000/35					10000	31400		0.8	63	13500	2980×1760×2560	
SC8—6300/35					11500	33180		0.8	63	16800	3300×1760×2620	
SC8—8000/35					13200	35800	9	0.6	64	22000	3300×1760×2750	
SC8—10000/35					15500	39300		0.6	65	27000	3980×1760×3200	

表6-5 SC（B）8系列树脂绝缘干式变压器技术数据

型号	电压组合		低压（kV）	连接组标号	空载损耗（W）	负载损耗（W）			空载电流（%）	短路阻抗（%）	噪声水平（dB）	重量（kg）	外形尺寸（长×宽×高）（mm）		生产厂
	高压（kV）	高压分接范围				75℃	100℃	120℃					无外壳	带外壳	
SC8—30/10	10（11 10.5 6.3 6 3.15）	±2×2.5%或±5%	0.4（6.3 6 3.15 3 0.69 0.415）	Y，yn0或D，yn11	220	620			3.2	4	54	410	880×620×710	1330×950×1030	锦州变压器股份有限公司
SC8—50/10					310	885			2.8		54	420	880×620×720	1330×950×1050	
SC8—80/10					420	1155			2.2		55	627	990×620×860	1440×950×1165	
SC8—100/10					440	1475			2.2		55	720	1020×720×960	1470×1020×1280	
SC8—125/10					535	1730			2.2		58	790	1040×820×1085	1490×1030×1300	
SC8—160/10					610	1985			2.2		58	1000	1070×900×1300	1520×1100×1450	
SC8—200/10					710	2395			2.2		58	1060	1100×900×1300	1550×1100×1500	
SC8—250/10					820	2795			1.8		58	1245	1195×950×1300	1640×1150×1550	
SC8—315/10					1000	3310			1.8		60	1450	1270×950×1325	1720×1170×1620	
SCB8—400/10					1150	4050			1.8		60	1680	1270×950×1435	1720×1200×1780	
SCB8—500/10					1310	4940			1.8		62	1740	1280×1000×1435	1730×1250×1800	
SCB8—630/10					1500	5750			1.8		62	2150	1330×1000×1750	1780×1280×1900	
SCB8—630/10					1460	6120			1.3	6	62	2220	1340×1000×1750	1800×1300×1950	
SCB8—800/10					1750	7145			1.3		64	2450	1600×1000×1770	2050×1350×2050	
SCB8—1000/10					2000	8350			1.3		64	2900	1600×1100×1800	2070×1360×2100	
SCB8—1250/10					2350	9955			1.3		65	3755	1680×1100×1970	2130×1370×2150	
SCB8—1600/10					2800	12050			1.3		66	4530	1800×1200×2040	2150×1380×2200	
SCB8—2000/10					3740	14850			1.3		66	5240	1880×1250×2090	2300×1440×2400	
SCB8—2500/10					4300	17640			1.3		71	6595	1950×1300×2290	2350×1450×2680	

续表 6-5

型号	电压组合		低压(kV)	连接组标号	空载损耗(W)	负载损耗(W)			空载电流(%)	短路阻抗(%)	噪声水平(dB)	重量(kg)	外形尺寸(长×宽×高)(mm)		生产厂
	高压(kV)	高压分接范围				75℃	100℃	120℃					无外壳	带外壳	
SCB8—30/10	10	±2×2.5%或±5%	0.4	Y，yn0 D，yn11	210		780	830	3.2	4	48	380	850×510×850		四川变压器厂
SCB8—50/10					270		1100	1170	2.8		48	430	940×530×930		
SCB8—80/10					340		1520	1620	2.6		50	580	1000×530×1000		
SCB8—100/10					380		1740	1850	2.4		50	620	1040×600×1060		
SCB8—125/10					440		2040	2170	2.2		51	810	1050×600×1150		
SCB8—160/10					540		2350	2500	2.2		51	900	1060×600×1250		
SCB8—200/10					550		2790	2970	2.0		51	920	1060×600×1300		
SCB8—250/10					710		3050	3240	2.0		51	1210	1180×800×1325		
SCB8—315/10					770		3840	4080	1.8		52	1300	1180×750×1350		
SCB8—400/10					860		4410	4690	1.8		52	1530	1240×800×1460		
SCB8—500/10					980		5400	5740	1.8		53	1680	1260×800×1530		
SCB8—630/10					1310		6500	6910	1.6		54	2000	1480×970×1620		
SCB8—630/10					1250		6600	7010	1.6		54	2215	1480×970×1685		
SCB8—800/10					1360		7700	8180	1.6	6	54	2410	1515×970×1650		
SCB8—1000/10					1460		9000	9560	1.4		56	2900	1600×970×1670		
SCB8—1250/10					1830		10700	11400	1.4		56	3340	1680×970×1765		
SCB8—1600/10					2140		13000	13800	1.4		56	4580	1830×1220×2030		
SCB8—2000/10					2570		16000	17000	1.2		56	5480	2000×1220×2110		
SCB8—2500/10					3760		19000	20200	1.2		58	6200	2040×1220×2110		

四、订货须知

订货必须提出产品型号、额定容量、相数、频率、额定电压（高压/低压）、分接范围、连接组标号、短路阻抗、冷却方式、防护外壳等级、使用条件、是否配置温控和温显系统、订货数量及交货日期等要求。

五、生产厂

宁波天安（集团）股份有限公司、锦州变压器股份有限公司、四川变压器厂。

6.3 SCR_{10}^{9}系列树脂绝缘绕包式干式变压器

一、概述

SCR_{10}^{9}系列树脂绝缘绕包式干式变压器，其独特的优良性能是特别适用于输变电系统、高层建筑、商贸中心、宾馆饭店、住宅小区、体育场馆、机场、码头、广播电视、邮电通讯、石化工厂及其特别要求防火防爆的场所。

SCR_{10}^{9}系列干式电力变压器由于采用先进的设计和工艺，使其具有优异的性能和特点：

（1）阻燃能力强、防火防爆、不污染环境，可安装在负荷中心。

（2）树脂绝缘、长玻璃纤维增强缠绕包封线圈，具有钢铁一样的强度，抗短路，耐冲击，永不开裂。

（3）防潮性能好，绝缘水平高。

（4）散热性能好，过载能力强，强迫风冷时可使额定容量提高50%。

（5）损耗低、体积小、维护简单、安装方便。

（6）有完善的自动温度监测和保护装置，可保证变压器安全可靠运行。

该产品正常使用条件：

（1）最高温度（℃）：40。

（2）最高日平均温度（℃）：30。

（3）最高年平均气温（℃）：20。

（4）最低温度（℃）：－5（户内）。

（5）最低储存温度（℃）：－30。

（6）海拔（m）：＜1000。

（7）户内使用。特殊使用条件下运行的变压器应在订货合同中注明。

江西变电设备有限公司生产的缠绕干式电力变压器，是引进德国BSD公司的全自动数控缠绕机设备生产的一种城市防火、防爆节能型变压器。其高压线圈采用无氧铜导线绕制，层间绝缘、端部绝缘均采用混合树脂的玻璃丝。低压线圈由铜导线或铜箔绕制而成。

二、型号含义

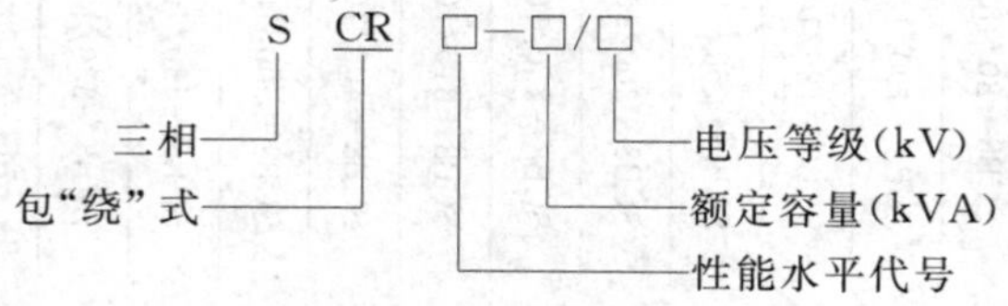

三、技术数据

（1）电压等级（kV）：35 及以下。

（2）频率（Hz）：50 或 60。

（3）相数：3 相或单相。

（4）分接范围：±5％或±2×2.5％（无励磁调压）；±4×2.5％（有载调压）。

（5）连接组别：Y，yn0 或 D，yn11 或其它。

（6）调压方式：无励磁调压或有载调压。

（7）阻抗电压：按表技术数据或按用户要求。

（8）绝缘等级：F 级。

（9）冷却方式：自冷（AN）或自冷（AN）/风冷（AF）。

（10）防护等级：IP00、IP20、IP23。

（11）绝缘水平：

电压等级（kV）			工频耐压（kV）			雷电冲击耐压（kV）		
6	10	35	20/25①	28/35①	70	60	75	170

① 斜线上方为标准型；斜线下方为加强型。

F 级绝缘 SCR_{10}^{9}系列包封线圈干式变压器技术数据：

（1）高压电压组（kV）：6，6.3，6.6，10，10.5，11，35，38.5。

（2）高压分接范围：±5％或±2×2.5％。

（3）低压（kV）：0.4。

（4）连接组别：Y，yn0 或 D，yn11。

（5）绝缘水平：工频耐压 35kV，雷电冲击耐压 75kV。

（6）SCR_{10}^{9}系列包封线圈干式变压器空载损耗、负载损耗、阻抗电压、空载电流、噪声水平等技术数据，见表 6-6、表 6-7。

表 6-6 SCR_{10}^{9}系列包封线圈干式变压器技术数据

型　号	空载损耗（W）	负载损耗（75℃）（W）	阻抗电压（％）	空载电流（％）	噪声水平（dB）	重　量（kg）
SCR9—30/10	220	655	4	3.2	50	250
SCR9—50/10	310	920	4	2.8	54	380
SCR9—80/10	410	1270	4	2.6	55	580
SCR9—100/10	450	1460	4	2.4	55	600
SCR9—160/10	610	1960	4	2.2	58	850
SCR9—200/10	700	2330	4	2.0	58	1000
SCR9—250/10	810	2550	4	2.0	58	1200
SCR9—315/10	990	3200	4	1.8	60	1350
SCR9—400/10	1100	3690	4	1.8	60	1600
SCR9—500/10	1310	4510	4	1.8	62	1900

续表 6-6

型　号	空载损耗（W）	负载损耗（75℃）（W）	阻抗电压（%）	空载电流（%）	噪声水平（dB）	重　量（kg）
SCR9—630/10	1510	5430	4	1.6	62	2200
SCR9—630/10	1460	5510	6	1.6	62	2100
SCR9—800/10	1710	6430	6	1.6	64	2450
SCR9—1000/10	1990	7510	6	1.4	64	2950
SCR9—1250/10	2350	8990	6	1.4	65	3550
SCR9—1600/10	2750	10800	6	1.4	66	4150
SCRB9—2000/10	3750	13400	6	1.2	66	4920
SCRB9—2500/10	4500	15900	6	1.2	71	5900
SCR9—315/35	1300	3850	6	2.0	61	1790
SCR9—400/35	1530	4950	6	2.0	61	2110
SCR9—500/35	1800	6090	6	2.0	63	2480
SCR9—630/35	2070	7100	6	1.8	63	2720
SCR9—800/35	2430	8410	6	1.8	66	3210
SCR9—1000/35	2700	9670	6	1.8	66	3820
SCR9—1250/35	3150	11700	6	1.6	68	4230
SCR9—1600/35	3600	14200	6	1.6	68	5400
SCRB9—2000/35	4230	16700	6	1.4	68	6200
SCRB9—2500/35	4950	20000	6	1.4	72	6710

表 6-7　SCR9、SCR10 系列树脂绝缘缠绕干式变压器技术数据（江西变电设备有限公司）

型　号	电压组合			连接组标号	空载损耗（W）	负载损耗（W）	空载电流（%）	短路阻抗（%）	绝缘等级	轨距（mm）	噪声水平（dB）	重量（kg）
	高压（kV）	分接范围（%）	低压（kV）									
SCR9—30/10	6 6.3 6.6 10 10.5 11	±2×2.5 或±5	0.4	Y，yn0 或 D，yn11	200	615	1.2	4	H级 或F级	500×500	42	315
SCR9—50/10					290	900	1.2				42	360
SCR9—80/10					390	1200	1.1				42	415
SCR9—100/10					430	1450	1.1				42	580
SCR9—125/10					500	1610	1.0				44	785
SCR9—160/10					580	1900	1.0				44	820
SCR9—200/10					665	2280	0.9				45	970
SCR9—250/10					765	2490	0.9				45	1090
SCR9—315/10					935	3140	0.8			660×660	46	1250
SCR9—400/10					1040	3600	0.8			820×820	46	1590

续表 6-7

型号	电压组合		低压 (kV)	连接组 标号	空载 损耗 (W)	负载 损耗 (W)	空载 电流 (%)	短路 阻抗 (%)	绝缘 等级	轨距 (mm)	噪声 水平 (dB)	重量 (kg)
	高压 (kV)	分接 范围 (%)										
SCR9—500/10	6 6.3 6.6 10 10.5 11	±2× 2.5 或±5	0.4	Y, yn0 或 D, yn11	1230	4510	0.8	4	H级 或 F级	820×820	46	1740
SCR9—630/10					1400	5430	0.8				47	2110
SCR9—630/10					1360	5510	0.6	6			47	2020
SCR9—800/10					1540	6430	0.6				48	2300
SCR9—1000/10					1870	7500	0.5				48	2830
SCR9—1250/10					2220	8960	0.5			1070×1070	48	3350
SCR9—1600/10					2540	10850	0.5				49	3970
SCR9—2000/10					2220	13360	0.4				50	4800
SCR9—2500/10					4000	15800	0.4				50	5400
SCR9—315/35	35 38.5				1140	3640	1.3			660×660	47	1570
SCR9—400/35					1330	4680	1.3				47	1810
SCR9—500/35					1565	5750	1.3			820×820	48	2130
SCR9—630/35					1800	6700	1.2				48	2450
SCR9—800/35					2110	7940	1.2				49	3060
SCR9—1000/35					2345	9130	1.2				49	3720
SCR9—1250/35					2740	11060	1.1			1070×1070	49	4120
SCR9—1600/35					3130	13440	1.1				51	5270
SCR9—2000/35					3675	15810	0.9				51	5990
SCR9—2500/35					4000	18930	0.9				53	6870
SCR9—800/35			3.15 6 6.3 10 10.5 11	Y, d11	2175	8165	1.2			820×820	49	3360
SCR9—1000/35					2580	9500	1.2				49	4090
SCR9—1250/35					3030	11210	1.1			1070×1070	49	4330
SCR9—1600/35					3565	13435	1.1				51	5800
SCR9—2000/35					4110	15810	1.0	7			51	6590
SCR9—2500/35					4690	18930	1.0				53	7550
SCR9—3150/35					5865	21300	0.9	8		1475×1475	57	8900
SCR9—4000/35					6805	25610	0.9				57	9520
SCR9—5000/35					8130	30360	0.7				57	12840
SCR9—6300/35					9620	35480	0.7				59	13860
SCR9—8000/35				Y, d11 或 YN, d11	10500	39340	0.6	9			59	16100
SCR9—10000/35					12510	48245	0.6				61	21180
SCR9—12500/35					14860	58070	0.5				61	25600
SCR9—16000/35					18000	71760	0.5				61	35700

续表6-7

型号	电压组合		低压(kV)	连接组标号	空载损耗(W)	负载损耗(W)	空载电流(%)	短路阻抗(%)	绝缘等级	轨距(mm)	噪声水平(dB)	重量(kg)
	高压(kV)	分接范围(%)										
SCR10—30/10	6 6.3 6.6 10 10.5 11	±2×2.5 或±5	0.4	Y，yn0 或 D，yn11	190	560	1.0	4	H级 或 F级	500×500	40	
SCR10—50/10					270	850	1.0				40	
SCR10—80/10					360	1100	0.9				40	
SCR10—100/10					400	1370	0.8				41	
SCR10—125/10					460	1530	0.75				41	
SCR10—160/10					530	1855	0.75				43	
SCR10—200/10					605	2100	0.7				43	
SCR10—250/10					705	2045	0.7				44	
SCR10—315/10					870	3030	0.6			660×660	44	
SCR10—400/10					970	3480	0.6			820×820	45	
SCR10—500/10					1150	4260	0.6				45	
SCR10—630/10					1315	5130	0.5				46	
SCR10—630/10					1270	5205	0.5	6		820×820	46	
SCR10—800/10					1485	6070	0.5				47	
SCR10—1000/10					1730	7095	0.4				47	
SCR10—1250/10					2045	8460	0.4			1070×1070	48	
SCR10—1600/10					2100	10240	0.4				48	
SCR10—2000/10					2860	12620	0.3				49	
SCR10—2500/10					3460	14995	0.3				49	

四、外形及安装尺寸

SCR9系列10kV级包封线圈干式变压器外形及安装尺寸，见表6-8、表6-9及图6-2。

表6-8 SCR9系列树脂绝缘缠绕干式变压器外形及安装尺寸

(江西变电设备有限公司)

单位：mm

型号	短路阻抗(%)	A	B	C	D	E	F	G	M_0	K_1	A_3	A_2	A_1	备注
SCR9—30/10	4	895	660	865	550	795	255	274	280	100	550	550	550	无外壳
SCR9—50/10		970	660	970	550	900	257	276	305	100	550	550	550	
SCR9—80/10		1000	660	1005	550	935	259	282	315	150	550	550	550	
SCR9—100/10		1030	660	1025	550	955	262	289	325	150	550	550	550	
SCR9—125/10		1050	660	1075	550	1005	268	294	330	150	550	550	550	
SCR9—160/10		1090	660	1134	550	1008	275	304	345	150	550	550	550	
SCR9—200/10		1150	660	1090	550	1020	296.5	308	365	150	550	550	550	

续表 6-8

型号	短路阻抗(%)	A	B	C	D	E	F	G	M_0	K_1	A_3	A_2	A_1	备注
SCR9—250/10		1180	660	1190	550	1064	275	308	375	150	550	550	550	
SCR9—315/10		1230	770	1127	660	1116	279	318	390	150	660	660	660	
SCR9—400/10	4	1360	960	1229	820	1098	289.5	334	435	200	657	983	910	
SCR9—500/10		1360	960	1307	820	1175	298	337	435	200	657	983	910	
SCR9—630/10		1410	960	1375	820	1215	302	337	450	200	657	983	910	
SCR9—630/10		1470	960	1316	820	1163	304	352	470	200	657	983	910	
SCR9—800/10		1550	960	1419	820	1223	315	351	485	200	657	983	910	无外壳
SCR9—1000/10		1600	960	1480	820	1283	323	358	515	200	657	983	910	
SCR9—1250/10	6	1740	1255	1615	1070	1381	330	380	560	200	859	1281	1205	
SCR9—1600/10		1810	1255	1764	1070	1534	341	380	585	200	859	1281	1205	
SCR9—2000/10		1960	1255	1851	1070	1611	357	398	635	250	859	1281	1205	
SCR9—2500/10		2040	1255	1955	1070	1735	397	401	660	250	859	1281	1205	
SCR9—100/10		1350	950	1280	550	1025			325	150				
SCR9—125/10		1430	950	1330	550	1075			330	150				
SCR9—160/10		1460	950	1390	550	1134			345	150				
SCR9—200/10		1490	950	1400	550	1090			365	150				
SCR9—250/10	4	1500	950	1420	550	1190			375	150				
SCR9—315/10		1510	950	1470	550	1200			390	200				
SCR9—400/10		1560	1070	1525	660	1229			435	200				
SCR9—500/10		1560	1250	1595	820	1307			435	200				
SCR9—630/10		1730	1250	1875	820	1375			450	200				带外壳
SCR9—630/10		1770	1250	1635	820	1316			470	200				
SCR9—800/10		1810	1250	1715	820	1419			485	200				
SCR9—1000/10		1900	1250	1875	820	1480			515	200				
SCR9—1250/10	6	2040	1500	1910	1070	1615			560	200				
SCR9—1600/10		2110	1500	2050	1070	1764			585	200				
SCR9—2000/10		2270	1500	2130	1070	1851			635	250				
SCR9—2500/10		2380	1500	2260	1070	1955			660	250				

五、订货须知

订货时必须提供产品型号、额定容量、相数、频率、额定电压、调压范围、连接组别、阻抗电压、冷却方式、防护等级、使用条件、特殊要求。

六、生产厂

中国西电集团·西安西电电工材料有限责任公司干式变压器厂、中国人民电器集团江西变电设备有限公司。

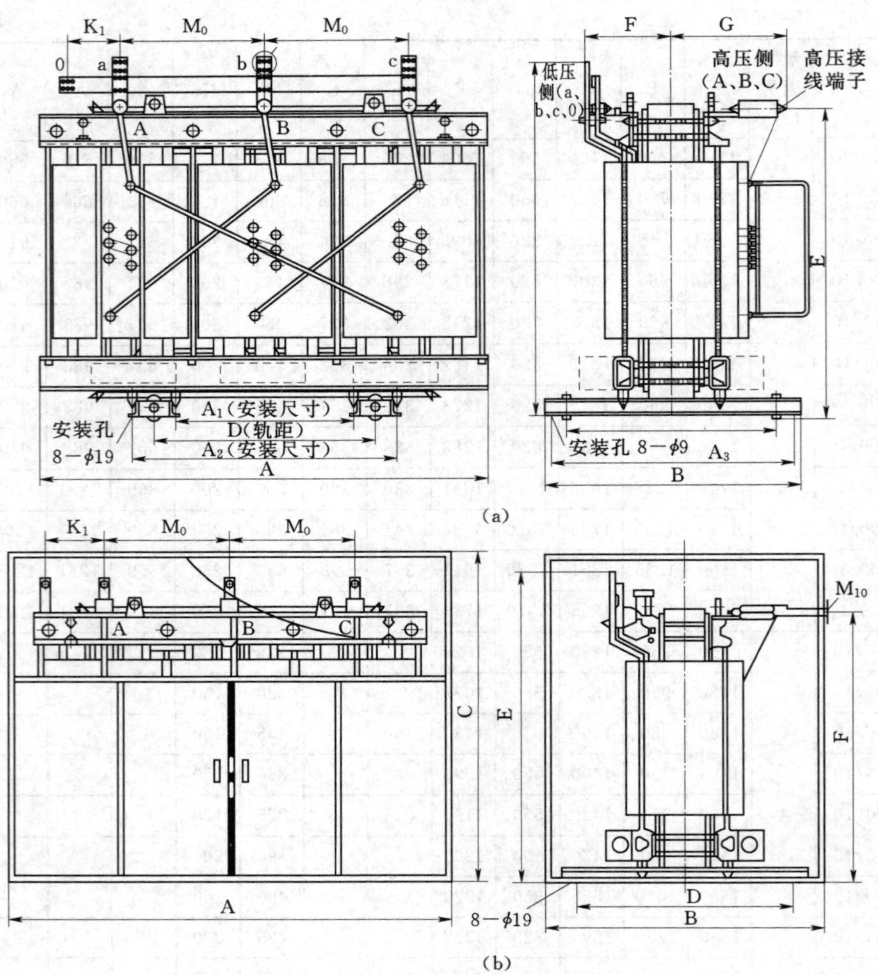

图 6-2　SCR9 系列 10kV 级包封线圈干式变压器外形及安装尺寸（江西变电设备有限公司）

(a) 无外壳；(b) 带外壳

表 6-9　SCR（B）9 系列 10kV 级包封线圈干式变压器外形尺寸

型　　号	阻抗电压(%)	外形尺寸（长×宽×高）(mm)		生产厂
		无防护外罩	带防护外罩	
SCR—100/10	4	1000×840×1110	1400×1150×500	中国西电集团西安西电电工材料有限责任公司
SCR—160/10		1000×900×1260	1500×1200×1650	
SCR—200/10		1150×950×1270	1550×1250×1670	
SCR—250/10		1180×950×1350	1580×1250×1750	
SCR—315/10		1250×940×1350	1650×1240×1750	
SCR—400/10		1300×900×1350	1700×1200×1750	
SCR—500/10		1350×1000×1470	1750×1300×1870	

续表 6-9

型　　号	阻抗电压（%）	外形尺寸（长×宽×高）（mm）		生产厂
		无防护外罩	带防护外罩	
SCR—630/10	4	1380×1000×1650	1780×1300×2050	中国西电集团西安西电电工材料有限责任公司
SCR—630/10	6	1400×1000×1510	1800×1300×1910	
SCR—800/10		1550×1020×1550	1950×1300×1950	
SCR—1000/10		1600×1020×1570	2000×1300×1970	
SCR—1250/10		1650×1100×1750	2050×1400×2150	
SCR—1600/10		1750×1100×1770	2150×1400×2170	
SCRB9—2000/10		1845×1100×2010	2250×1400×2400	
SCRB9—2500/10		1910×1100×2200	2300×1400×2600	

6.4 SC9、SC10 系列环氧树脂浇注干式变压器

一、概述

SC9 型环氧浇注变压器是昆山市特种变压器制造有限公司在 SC8 型产品的基础上改进设计的产品，从铁芯选材、加工工艺叠片接缝型式等方面都很先进，损耗指标与 SC8 相比都有很大幅度的降低，结构合理、外形美观、技术指标先进、质量可靠。

SC10 型环氧浇注变压器是在 SC9 基础上作进一步改进的新产品，损耗指标又再一次的降低。SC10 型产品与 SC9 型产品相比，空载损耗平均下降 18%，负载损耗平均下降 13.2%，空载电流平均下降 20.5%，指标先进、节能效果显著，因此该产品属 21 世纪新一代的新产品。

SC9、SC10 环氧浇注变压器符合如下标准：

中国国家标准 GB 6450—86《干式电力变压器》，GB/T 10228—1997《三相树脂浇注干式电力变压器技术参数和要求》。

国际电工委员会标准 IEC 726—82《干式电力变压器》。

德国工业标准 DIN 42523—92《浇注树脂变压器》。

声级水平符合 ZBK 41005—89《6—220kV 变压器声级》。

该系列产品正常使用条件：

(1) 最高环境温度＋40℃，最低环境温度－25℃，最高日平均气温＋30℃，最高年平均气温＋20℃。

(2) 海拔不超过 1000m，户内使用。

(3) 频率（Hz）：50 或 60。

(4) 冷却方式：空气自冷（AN）或风冷（AF）。

(5) 输入电源电压的波形近似于正弦波。

二、型号含义

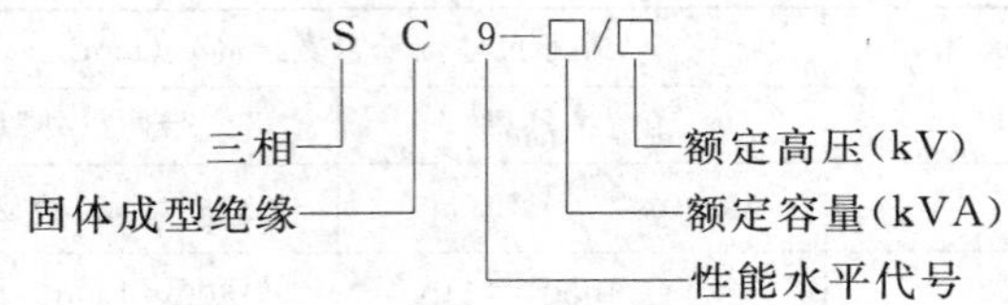

三、技术数据

(1) 额定高压(kV):6,6.3,6.6,10,10.5,11,35,38.5。

(2) 额定低压(kV):0.4。

(3) 连接组标号:Y,yn0,D,yn11。

(4) 绝缘水平(kV),见表6-10。

表6-10 SC9、SC10系列环氧浇注干式变压器绝缘水平

电压等级	设备最高电压 U_m(有效值,kV)	额定短时工频耐压(有效值,kV)	雷电冲击耐受电压(峰值,kV)	电压等级	设备最高电压 U_m(有效值,kV)	额定短时工频耐压(有效值,kV)	雷电冲击耐受电压(峰值,kV)
≤1	≤1.1	3		15	17.5	35	95
3	3.5	10	40	20	23	50	125
6	6.9	35(标准为20)	60	35	40.5	70	170
10	11.5	35(标准为28)	75				

(5) 空载损耗、负载损耗、空载电流、短路阻抗、噪声水平等技术数据,见表6-11。

表6-11 SC^{9}_{10}系列10~35kV级环氧浇注干式变压器

型号	额定容量(kVA)	空载损耗(W)	负载损耗(120℃)(W)	空载电流(%)	短路阻抗(%)	噪声(dB)	重量(kg)	外形尺寸(mm)(长×宽×高)	低压端子
SC9—5/10	5	60	224	6.9	4	50	100	545×430×545	M8
SC9—10/10	10	102	401	5.5		50	135	560×430×610	M8
SC9—20/10	20	169	593	3.71		50	220	575×430×635	M8
SC9—30/10	30	187	609	2.42		50	285	600×500×690	M10
SC9—50/10	50	277	865	2.04		50	405	655×500×715	M10
SC9—80/10	80	378	1290	1.81		50	535	920×500×935	M10
SC9—100/10	100	411	1515	1.73		50	605	975×650×955	M12
SC9—125/10	125	474	1819	1.59		53	660	1070×650×985	M12
SC9—160/10	160	554	2105	1.47		53	855	1100×650×1150	M12
SC9—200/10	200	617	2440	1.45		53	1075	1130×780×1210	M12
SC9—250/10	250	746	2718	1.42		53	1190	1160×780×1395	2×M10
SC9—315/10	315	856	3413	1.25		53	1620	1200×780×1400	2×M10
SC9—400/10	400	1035	4133	1.22		53	1725	1230×780×1515	2×M10
SC9—500/10	500	1134	5469	1.16		53	1940	1290×940×1685	2×M12
SC9—630/10	630	1289	5985	1.07		55	2255	1400×940×1710	2×M12

续表 6-11

型　　号	额定容量（kVA）	空载损耗（W）	负载损耗（120℃）（W）	空载电流（%）	短路阻抗（%）	噪声（dB）	重量（kg）	外形尺寸（mm）（长×宽×高）	低压端子
SC9—630/10	630	1274	6372	1.02		55	2275	1440×940×1690	2×M12
SC9—800/10	800	1455	7070	0.95		55	2590	1540×940×1815	2×M12
SC9—1000/10	1000	1694	8604	0.93		55	3250	1600×940×1875	2×M12
SC9—1250/10	1250	2012	9866	0.92	6	55	3830	1740×1200×1950	2×M12
SC9—1600/10	1600	2408	11825	0.89		58	4610	1810×1200×2020	4×M16
SC9—2000/10	2000	2990	14920	0.82		58	5495	1920×1200×2100	4×M16
SC9—2500/10	2500	3574	18100	0.79		58	6615	2010×1200×2150	4×M16
SC10—5/10	5	51	197	5.6		50	100	545×430×545	M8
SC10—10/10	10	87	355	4.11		50	135	560×430×610	M8
SC10—20/10	20	142	525	2.93		50	220	575×430×635	M8
SC10—30/10	30	159	548	2.18		50	285	600×500×690	M10
SC10—50/10	50	235	765	1.87		50	405	655×500×715	M10
SC10—80/10	80	322	1102	1.63		50	535	920×500×935	M10
SC10—100/10	100	349	1310	1.55		50	605	975×650×955	M12
SC10—125/10	125	402	1582	1.43	4	53	660	1070×650×985	M12
SC10—160/10	160	466	1831	1.32		53	855	1100×650×1150	M12
SC10—200/10	200	525	2123	1.31		53	1075	1130×780×1210	M12
SC10—250/10	250	632	2405	1.26		53	1190	1160×780×1395	2×M10
SC10—315/10	315	725	3391	1.13		53	1620	1200×780×1400	2×M10
SC10—400/10	400	877	4019	1.05		53	1725	1230×780×1515	2×M10
SC10—500/10	500	961	4840	0.96		53	1940	1290×940×1685	2×M12
SC10—630/10	630	1088	5415	0.91		55	2255	1400×940×1710	2×M12
SC10—630/10	630	1035	6120	0.89		55	2275	1440×940×1690	2×M12
SC10—800/10	800	1224	6260	0.86		55	2590	1540×940×1815	4×M12
SC10—1000/10	1000	1427	7514	0.81		55	3250	1600×940×1875	4×M12
SC10—1250/10	1250	1705	8584	0.78		55	3830	1740×1200×1950	4×M12
SC10—1600/10	1600	2016	10290	0.73		58	4610	1810×1200×2020	4×M16
SC10—2000/10	2000	2543	13100	0.69	6	58	5495	1920×1200×2100	4×M16
SC10—2500/10	2500	3025	17150	0.62		58	6615	2010×1200×2150	4×M16
SC9—30/35	30	286	732	2.96		55	490	1075×780×1215	M10
SC9—50/35	50	363	984	2.88		55	680	1085×780×1255	M10
SC9—80/35	800	504	1398	2.71		55	855	1155×780×1345	M10
SC9—100/35	100	667	1672	2.66		55	995	1290×920×1460	M12

续表 6-11

型 号	额定容量(kVA)	空载损耗(W)	负载损耗(120℃)(W)	空载电流(%)	短路阻抗(%)	噪声(dB)	重量(kg)	外形尺寸(mm)(长×宽×高)	低压端子
SC9—125/35	125	759	1849	2.57	6	55	1215	1380×920×1530	M12
SC9—160/35	160	955	2307	2.49		56	1295	1420×920×1550	M12
SC9—200/35	200	1097	2565	2.34		56	1355	1490×920×1595	M12
SC9—250/35	250	1200	3034	2.31		56	1430	1560×920×1610	2×M10
SC9—315/35	315	1290	4340	2.27		56	1660	1640×1180×1695	2×M10
SC9—400/35	400	1480	5115	2.19		56	1910	1755×1180×1790	2×M10
SC9—500/35	500	1705	6796	2.02		57	2280	1810×1190×1895	2×M12
SC9—630/35	630	1985	7805	1.95		57	2695	1880×1190×2010	2×M12
SC9—800/35	800	2307	9693	1.89		57	3240	1985×1190×2115	4×M12
SC9—1000/35	1000	2612	10425	1.78		57	3830	2130×1600×2215	4×M12
SC9—1250/35	1250	3015	13505	1.67		58	4515	2190×1600×2390	4×M12
SC9—1600/35	1600	3491	15900	1.56		58	5525	2290×1600×2495	4×M16
SC9—2000/35	2000	4077	18770	1.45		58	6670	2405×1600×2520	4×M16
SC9—2500/35	2500	4790	22930	1.35		58	7325	2506×1600×2645	4×M16
SC10—30/35	30	234	648	2.59	6	55	490	1075×780×1215	M10
SC10—50/35	50	308	871	2.47		55	680	1085×780×1255	M10
SC10—80/35	80	427	1237	2.34		55	855	1155×780×1345	M10
SC10—100/35	100	565	1480	2.31		55	995	1290×920×1460	M12
SC10—125/35	125	643	1636	2.24		55	1215	1380×920×1530	M12
SC10—160/35	160	809	2042	2.21		56	1295	1420×920×1550	M12
SC10—200/35	200	930	2270	2.06		56	1355	1490×920×1595	M12
SC10—250/35	250	1015	2685	2.02		56	1430	1560×920×1610	2×M10
SC10—315/35	315	1130	3870	1.96		56	1660	1640×1180×1695	2×M10
SC10—400/35	400	1255	4527	1.83		56	1910	1755×1180×1790	2×M10
SC10—500/35	500	1445	6015	1.77		57	2280	1810×1190×1895	2×M12
SC10—630/35	630	1682	6907	1.69		57	2695	1880×1190×2010	2×M12
SC10—800/35	800	1955	8578	1.55		57	3240	1985×1190×2115	4×M12
SC10—1000/35	1000	2214	9226	1.43		57	3830	2130×1600×2215	4×M12
SC10—1250/35	1250	2560	11950	1.39		58	4515	2190×1600×2390	4×M12
SC10—1600/35	1600	2958	1400	1.27		58	5525	2290×1600×2495	4×M16
SC10—2000/35	2000	3469	16215	1.11		58	6670	2405×1600×2520	4×M16
SC10—2500/35	2500	4066	20290	0.98		58	7325	2506×1600×2645	4×M16

四、订货须知

订货必须提供产品型号、额定容量、相数、频率、额定电压（高压/低压）、分接范围、绝缘水平、连接组别、短路阻抗、使用条件、冷却方式、低压出线方式、温控及其它等要求。

五、生产厂

昆山市特种变压器制造有限公司。

6.5　SC (B) (Z)$_{10}^{9}$系列环氧树脂浇注干式变压器

6.5.1　顺特 SC (B) (Z)$_{10}^{9}$系列

顺特电气有限公司是国家科委授予的实施火炬计划先进高新技术企业，环氧树脂浇注干式变压器市场占有率连续 10 年位居全国第一，占 35%以上。目前，干式变压器已发展于 SC—SC3—SCB3—SC（B）8—SC（B）9—SC（B）10 等第六代产品，其中 SC10 系列产品的技术参数水平已全面达到当前国际先进水平。该厂产品具有以下特点：

（1）安全，难燃防火，无污染，可直接安装在负荷中心。

（2）免维护、安装简单，综合运行成本低。

（3）防潮性能好，可在 100%湿度下正常运行，停运后不经预干燥即可投入运行。

（4）损耗低、局部放电量低、噪音小，散热能量强，强迫风冷条件下可以 150%额定负载运行。

（5）配备有完善的温度保护控制系统，为变压器安全运行提供可靠保障。

（6）可靠性高。据对已经投入运行的 20000 多台产品的运行研究，产品的可靠性指标达到国际先进水平。

产品铁芯采用优质冷轧硅钢片制造，45°全斜接缝结构，芯柱采用绝缘带绑扎，铁芯表面采用绝缘树脂密封以防潮防锈，夹件及紧固件经表面处理以防止锈蚀。采用五阶步叠铁芯工艺，铁芯由剪切线自动堆栈。铁芯成型采用不叠上铁轭方案，有效地降低了空载损耗、空载电流和铁芯噪音。

产品线圈采用 F 级绝缘的铜导线作导体、玻纤与环氧树脂复合材料作绝缘，其膨胀系数与导体相近，具有良好的抗冲击、抗温度变化、抗裂性能，不会因短路产生的电弧和外在火源持续燃烧。线圈内外层铺敷玻璃纤维，变压器容量较大时设计有通风道。线圈经真空干燥浇注成薄绝缘结构，无气泡、空穴。

对于低电压、大电流线圈，其短路时的短路应力较大，同时低压匝数较少，低压电流越大采用线绕型其安匝不平衡问题越突出，散热也需着重考虑，因此采用箔式绕组解决了上述问题。选用法国 STOLLBERG 公司自动箔式绕线机绕制箔式绕圈，内部采用氩气保护焊接，精度高，焊接电阻小，无外部焊接过程。绕组层间采用 DMD 绝缘，端站用树脂密封固化。

变压器上采用温度显示控制系统，利用 PTC 非线性电阻和 PT100 线性电阻双传感原理，LED 温度显示，具有温度设定、保存最高温度值、自动发出报警跳闸信号、自动/手动启停风机等功能。正由于采用PTC与PT100双保护线路，因此变压器温控系统具有精度高、稳定可靠的优点。风冷系统采用帘式风机，噪音低、省电、冷却均匀，易安装。

变压器可根据用户的要求加装高压或低压互感器，电能表、电压表、电流表、功率表、功率因数表等各种计量仪表系统。

配电变压器出线方式可根据不同的接口形式制造常规出线、标准封闭母线、标准横排侧出线、标准立排侧出线，也可根据用户要求设计特殊出线方式。

根据不同的使用情况，变压器可配置不同防护等级的外壳，IP00防护等级为无外壳产品，IP20外壳可防止大于12mm的固体物质进入，适合户内安装使用。IP23防护外壳除了具有IP20外壳的特点外，还可防止与垂直线成60°角以内的水滴流入，适合户外安装使用。IP20外壳的材料一般为铝合金板，IP23外壳材料一般为钢板或铝合金复合板。

干式变压器冷却方式为自然空气冷却（AN）和强迫空气冷却（AF）。自然空气冷却时，正常使用条件下，变压器可连续输出100%的额定容量。强迫空气冷却时，正常使用条件下，变压器输出容量可提高50%，适用于各种急救过负荷或断续过负荷运行。由于负载损耗和阻抗电压增幅较大，不推荐强迫空气冷却（AF）长时间连续过负载运行。对自然空气冷却（AN）和强迫空气冷却（AF）的变压器，均需保证变压器室具有良好的通风能力。当变压器安装在地下室或其它通风能力较差环境时，须增设散热通风装置，通风量按1kW损耗需2～4m^3/min风量选取。风机数量、功率及电源配置，见表6-12。

表6-12　风机数量、功率及电源配置

变压器容量（kVA）	250～500	630～1000	1250～1600	2000～2500	≥3150
风机数量×功率（W）	4×40	6×40	6×80	6×90	（10～12）×90
风机电源（V）	～220	～220	～220	～220	～220

强迫风冷系统由温度控制器根据变压器的温度变化控制，实现开户与关闭操作。

顺特电气干式变压器过载能力按照GB/T 17211《干式电力变压器负载导则》标准。

顺特电气有限公司环氧树脂浇注干式变压器产品，由于采用引进的先进技术制造。科学管理、优质原材料、完善的ISO9001质量保证体系，各项性能指标均符合GB/T 10228、GB 640、IEC 60726、DIN 42523等标准。目前我国知名建筑和重点工程都有顺特电气的产品在安全运行。

该产品广泛使用于公共建筑、城市高层建筑及政府设施的负荷中心、电站、发电厂、隧道、机场、高速公路、火车站、地铁、工厂企业、矿山井下、油田、海上石油钻井平台、船舶、石油化工厂、学校、体育中心、医院、商业中心及一切户内配电系统中，尤其适合于防火要求高的场所，是取代油浸变压器实现就近供电的唯一替代品。

一、顺特SC（B）$^{9}_{10}$系列10～35kV级环氧浇注干式变压器

（一）概述

顺特电气有限公司SC（B）10系列产品已为该厂第六代产品，技术参数水平已全面

达到当前国际先进水平。我国知名建筑和重点工程都有该产品安全运行。

（二）型号含义

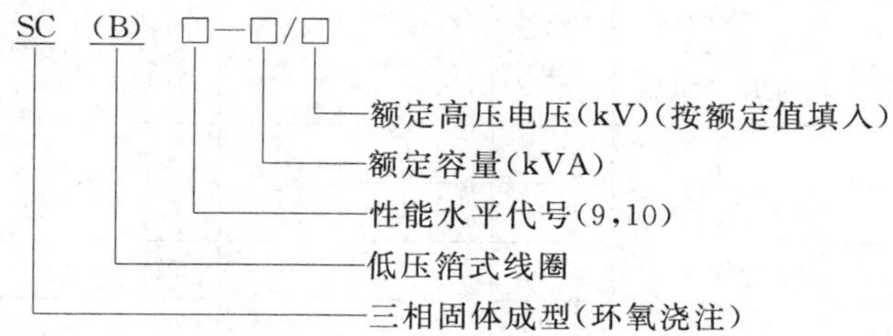

（三）技术数据

该系列产品的基本技术指标如下：

（1）电压等级（kV）：10，20，35。

（2）相数：三相。

（3）频率（Hz）：50。

（4）容量范围（kVA）：

电压等级（kV）	配电变压器（kVA）	电力变压器（kVA）	电压等级（kV）	配电变压器（kVA）	电力变压器（kVA）
10	30～2500	630～10000	35	50～2500	800～20000
20	50～2500	800～20000			

（5）连接组别：D，yn11 或 Y，yn0（配电变压器）；YN，d11 或 Y，d11（电力变压器）。

（6）绝缘等级：F 级。

（7）绝缘水平：

额定电压（kV）	工频耐压（kV）	雷电冲击耐压（kV）	额定电压（kV）	工频耐压（kV）	雷电冲击耐压（kV）	额定电压（kV）	工频耐压（kV）	雷电冲击耐压（kV）
10	35	75	20	50	125	35	70	170

（8）冷却方式：自然空气冷却（AN）和强迫空气冷却（AF）。

该系列产品的空载损耗、负载损耗、阻抗电压、空载电流、噪音等技术数据 10kV 级见表 6－13、20kV 级见表 6－14、35kV 级见表 6－15。

表 6－13　SC（B）9 系列、SC（B）10 系列 10kV 级环氧树脂浇注干式变压器技术数据

型　号	额定容量（kVA）	额定电压（kV）		空载损耗（W）	负载损耗（W）（75℃）	阻抗电压（%）	空载电流（%）	噪音（dB）	重量（kg）	备注
		高压	低压							
SC9—160/10	160	10（11 10.5 6.6 6.3 6）	0.4	550	1970	4	1.2	50	840	配电变压器
SC9—200/10	200			620	2330		1.2	50	930	
SC9—250/10	250			720	2540		1.2	50	1110	
SC9—315/10	315			880	3200		1.0	52	1295	
SC9—400/10	400			980	3680		1.0	52	1545	

续表 6-13

型号	额定容量 (kVA)	额定电压 (kV)		空载损耗 (W)	负载损耗 (W) (75℃)	阻抗电压 (%)	空载电流 (%)	噪音 (dB)	重量 (kg)	备注
		高压	低压							
SCB9—500/10	500	10 (11 10.5 6.6 6.3 6)	0.4	1230	4510	4	1.0	52	1900	配电变压器
SCB9—630/10	630			1430	5430		0.8	52	2235	
SCB9—630/10	630			1150	5600	6	0.8	52	2100	
SCB9—800/10	800			1520	6430		0.8	52	2550	
SCB9—1000/10	1000			1600	7510		0.6	52	2900	
SCB9—1250/10	1250			2050	9100		0.6	52	3590	
SCB9—1600/10	1600			2500	10910		0.6	52	4320	
SCB9—2000/10	2000			3200	13360		0.4	52	5250	
SCB9—2500/10	2500			3500	15870		0.4	52	5995	
SC10—30/10	30	10 (10.5 11 6.6 6.3 6)		170	620	4	2.4	46	320	
SC10—50/10	50			240	860		2.0	46	415	
SC10—80/10	80			320	1140		1.6	46	550	
SC10—100/10	100			350	1370		1.6	46	665	
SC10—125/10	125			410	1580		1.2	46	755	
SC10—160/10	160			480	1860		1.2	46	845	
SC10—200/10	200			550	2200		1.2	48	1005	
SC10—250/10	250			630	2400		1.2	48	1140	
SC10—315/10	315			770	3030		1.0	48	1315	
SC10—400/10	400			850	3480		1.0	48	1830	
SCB10—500/10	500			1020	4260		1.0	48	2060	
SCB10—630/10	630			1180	5130		0.8	48	2570	
SCB10—630/10	630			1100	5200	6	0.8	48	2210	
SCB10—800/10	800			1330	6070		0.8	48	2570	
SCB10—1000/10	1000			1550	7100		0.6	48	3140	
SCB10—1250/10	1250			1830	8460		0.6	48	3580	
SCB10—1600/10	1600			2140	10240		0.6	48	4610	
SCB10—2000/10	2000			2400	12620		0.4	48	5720	
SCB10—2500/10	2500			2850	14990		0.4	50	6560	
SC10—630/10	630	10 (10.5 11 6.3 6 6.6 3.15)	10.5 11 6.3 6 6.6 3.15	1230	5520	6	0.8	55	2530	电力变压器
SC10—800/10	800			1400	6460		0.8	56	3060	
SC10—1000/10	1000			1680	7650		0.6	56	3505	
SC10—1250/10	1250			1960	9130		0.6	57	4190	
SC10—1600/10	1600			2310	11060		0.6	57	4780	

续表 6-13

型号	额定容量(kVA)	额定电压(kV)		空载损耗(W)	负载损耗(W)(75℃)	阻抗电压(%)	空载电流(%)	噪音(dB)	重量(kg)	备注
		高压	低压							
SC10—2000/10	2000	10 (10.5 11 6.3 6 6.6 3.15)	10.5 11 6.3 6 6.6 3.15	3150	13210	6	0.4	58	5650	电力变压器
SC10—2500/10	2500			3710	15590		0.4	58	6750	
SC10—3150/10	3150			4410	18890	7	0.3	59	8010	
SC10—4000/10	4000			5250	21900		0.6	60	9475	
SC10—5000/10	5000			6230	25910		0.2	61	11410	
SC10—6300/10	6300			7350	30730		0.2	61	13480	
SC10—8000/10	8000			9800	37720	8	0.2	61	15300	
SC10—10000/10	10000			11100	42520		0.2	61	20000	

表 6-14 SC(B)9 系列、SC(B)系列 20kV 级环氧树脂浇注干式变压器技术数据

型号	额定容量(kVA)	额定电压(kV)		空载损耗(W)	负载损耗(W)(75℃)	阻抗电压(%)	空载电流(%)	噪音(dB)	重量(kg)	备注
		高压	低压							
SC9—50/20	50	20 (24 22 20 18 15.75 13.8)	0.4	380	910	6	2.2	49	480	配电变压器
SC9—80/20	80			430	1470		1.8	49	685	
SC9—100/20	100			440	1860		1.8	49	725	
SC9—125/20	125			480	2130		1.4	50	800	
SC9—160/20	160			560	2240		1.4	50	920	
SC9—200/20	200			640	2430		1.4	50	1100	
SC9—250/20	250			730	2880		1.4	52	1250	
SC9—315/20	315			870	3350		1.0	52	1510	
SC9—400/20	400			1070	3830		1.0	52	1750	
SCB9—500/20	500			1230	4940		1.0	52	2300	
SCB9—630/20	630			1490	5980		0.8	52	2630	
SCB9—800/20	800			1710	7070		0.8	52	2990	
SCB9—1000/20	1000			2100	8650		0.6	52	3545	
SCB9—1250/20	1250			2430	10220		0.6	52	3910	
SCB9—1600/20	1600			2880	12220		0.6	53	4800	
SCB9—2000/20	2000			3600	14930		0.4	53	5460	
SCB9—2500/20	2500			4200	17420		0.4	53	6610	
SC10—50/20	50			330	860		2.0	48	480	
SC10—80/20	80			340	1410		1.6	48	685	
SC10—100/20	100			360	1800		1.6	48	650	
SC10—125/20	125			390	2070		1.2	48	800	

续表 6-14

型　　号	额定容量(kVA)	额定电压(kV) 高压	额定电压(kV) 低压	空载损耗(W)	负载损耗(W)(75℃)	阻抗电压(%)	空载电流(%)	噪音(dB)	重量(kg)	备注
SC10—160/20	160	20 (24 22 20 18 15.75 13.8)	0.4	450	2170	6	1.2	48	920	配电变压器
SC10—200/20	200			530	2340		1.2	50	1100	
SC10—250/20	250			600	2790		1.5	50	1250	
SC10—315/20	315			710	3240		1.0	50	1510	
SC10—400/20	400			860	3690		1.0	50	1750	
SCB10—500/20	500			980	4680		1.0	52	2300	
SCB10—630/20	630			1240	5850		0.8	52	2630	
SCB10—800/20	800			1430	7070		0.8	52	2990	
SCB10—1000/20	1000			1730	8650		0.6	52	3545	
SCB10—1250/20	1250			2030	10220		0.6	52	3910	
SCB10—1600/20	1600			2400	12180		0.6	52	4800	
SCB10—2000/20	2000			2850	14150		0.4	52	5460	
SCB10—2500/20	2500			3300	16500		0.4	52	6610	
SC10—800/20	800		10 (10.5 11 6 6.3 6.6)	1850	7250		1.2	52	3110	电力变压器
SC10—1000/20	1000			2260	9200		1.2	52	3610	
SC10—1250/20	1250			2660	11200		1.1	52	4390	
SC10—1600/20	1600			3130	13100		1.1	54	5390	
SC10—2000/20	2000			3650	15000	7	0.9	55	5640	
SC10—2500/20	2500			4180	17250		0.9	55	7040	
SC10—3150/20	3150			5320	20730	8	0.7	58	8200	
SC10—4000/20	4000			5980	24050		0.7	58	10980	
SC10—5000/20	5000			6740	27540		0.5	58	11760	
SC10—6300/20	6300			8610	32260		0.5	60	14700	
SC10—8000/20	8000			10600	36500		0.4	60	18100	
SC10—10000/20	10000			12440	41460		0.4	60	24300	
SC10—12500/20	12500			15670	44800		0.4	60	28000	
SC10—16000/20	16000			19570	50600		0.3	60	38000	
SC10—20000/20	20000			23460	59300		0.3	63	40000	

表 6-15 SC (B) 9 系列、SC (B) 10 系列 35kV 级环氧树脂浇注干式变压器技术数据

型号	额定容量(kVA)	额定电压(kV)		空载损耗(W)	负载损耗(W)(75℃)	阻抗电压(%)	空载电流(%)	噪音(dB)	重量(kg)	备注
		高压	低压							
SC9—50/35	50	35(38.5 33)	0.4	480	1020	6	2.2	51	650	配电变压器
SC9—80/35	80			570	1750		1.8	51	840	
SC9—100/35	100			610	2270		1.8	52	940	
SC9—125/35	125			710	2450		1.4	53	1050	
SC9—160/35	160			800	2750		1.4	53	1100	
SC9—200/35	200			880	3020		1.4	54	1645	
SC9—250/35	250			1020	3540		1.4	54	1940	
SC9—315/35	315			1160	3850		1.2	55	1860	
SC9—400/35	400			1400	4320		1.2	55	1850	
SCB9—500/35	500			1690	5500		1.2	55	2580	
SCB9—630/35	630			2070	6370		1.0	55	3070	
SCB9—800/35	800			2430	7160		1.0	55	3430	
SCB9—1000/35	1000			2700	8640		1.0	57	4320	
SCB9—1250/35	1250			3000	11350		0.8	57	4835	
SCB9—1600/35	1600			3600	13970		0.8	58	5580	
SCB9—2000/35	2000			4230	14930		0.6	58	6500	
SCB9—2500/35	2500			4950	18340		0.6	58	8690	
SC10—50/35	50			400	870		2.0	48	650	
SC10—80/35	80			470	1540		1.6	48	840	
SC10—100/35	100			500	2000		1.6	48	940	
SC10—125/35	125			580	2110		1.2	48	1050	
SC10—160/35	160			650	2320		1.2	48	1100	
SC10—200/35	200			720	2560		1.2	50	1645	
SC10—250/35	250			830	3040		1.2	50	1940	
SC10—315/35	315			1090	3420		1.0	50	1860	
SC10—400/35	400			1280	4320		1.0	50	1850	
SCB10—500/35	500			1500	5410		1.0	50	2580	
SCB10—630/35	630			1730	6300		0.8	52	3070	
SCB10—800/35	800			2030	7160		0.8	52	3430	
SCB10—1000/35	1000			2250	8590		0.6	52	4320	
SCB10—1250/35	1250			2630	10410		0.6	52	4835	
SCB10—1600/35	1600			3000	12640		0.6	52	5580	
SCB10—2000/35	2000			3530	14880		0.4	52	6500	
SCB10—2500/35	2500			4130	17810		0.4	52	8690	

续表 6-15

型　　号	额定容量(kVA)	额定电压（kV）		空载损耗(W)	负载损耗(W)(75℃)	阻抗电压(%)	空载电流(%)	噪音(dB)	重量(kg)	备注
		高压	低压							
SC10—800/35	800	35(38.5)	10(10.5 11 6 6.3 6.6)	2220	8160	6	1.3	55	3450	电力变压器
SC10—1000/35	1000			2640	9500		1.3	55	3900	
SC10—1250/35	1250			3100	11210		1.1	55	4500	
SC10—1600/35	1600			3650	13430		1.1	55	6080	
SC10—2000/35	2000			4200	15720	7	0.9	58	7220	
SC10—2500/35	2500			4800	18920		0.9	58	9000	
SC10—3150/35	3150			6000	21300	8	0.7	60	9670	
SC10—4000/35	4000			6960	25600		0.7	60	10555	
SC10—5000/35	5000			8320	30350		0.5	60	12850	
SC10—6300/35	6300			9840	35470		0.5	62	16765	
SC10—8000/35	8000			1120	39330	9	0.4	62	18400	
SC10—10000/35	10000			12800	42500		0.4	65	28200	
SC10—12500/35	12500			16800	48890		0.4	65	35000	
SC10—16000/35	16000			20000	54560		0.3	65	37720	
SC10—20000/35	20000			23750	63730		0.3	65	42000	

（四）外形及安装尺寸

(1) 顺特电气 SC（B）9 系列，SC（B）10 系列 10kV 级环氧树脂浇注干式变压器的外形及安装尺寸见表 6-16，配电变压器的外形尺寸见图 6-3，电力变压器的外形尺寸见图 6-4。

表 6-16　SC（B）9 系列、SC（B）10 系列 10kV 级环氧树脂浇注干式变压器外形及安装尺寸

单位：mm

型　　号	a	b	c	d	d1	d3	e	f	g	h	i	k1	k2	k3	D	备注
SC9—160/10	1150	740	1115	550	690	550	1020	1020	271	373	350	150			14	配电变压器
SC9—200/10	1150	740	1135	550	690	550	1040	1040	276	378	350	150			14	
SC9—250/10	1200	740	1220	550	690	550	1185	1105	273	382	350	200			14	
SC9—315/10	1240	850	1290	660	800	660	1255	1175	286	395	350	200			14	
SC9—400/10	1270	850	1340	660	800	660	1345	1225	292	401	350	200			14	
SCB9—500/10	1420	850	1400	660	800	660	1392	1285	325	417	350		160	455	14	
SCB9—630/10	1510	850	1460	660	800	660	1452	1345	338	428	350		180	485	14	
SCB9—630/10	1450	850	1530	660	800	660	1522	1415	320	408	350		180	465	14	
SCB9—800/10	1600	1070	1500	820	1020	820	1492	1385	338	426	350		180	515	18	
SCB9—1000/10	1600	1070	1630	820	1020	820	1630	1515	338	426	350		200	515	18	
SCB9—1250/10	1690	1070	1780	820	1020	820	1790	1665	358	436	350		220	545	18	

续表 6-16

型号	a	b	c	d	d1	d3	e	f	g	h	i	k1	k2	k3	D	备注
SCB9—1600/10	1890	1070	1703	820	1020	820	1693	1568	384	456	350		220	610	18	
SCB9—2000/10	2070	1070	1740	820	1020	820	1660	1605	416	507	350		240	670	18	
SCB9—2500/10	2070	1070	1910	820	1020	820	1830	1775	424	507	350		240	670	18	
SC10—30/10	930	600	785	550	550		690	690	219	336	210	150			14	
SC10—50/10	990	600	830	550	550		735	735	231	348	210	150			14	
SC10—80/10	990	600	1000	550	550		905	905	233	350	250	150			14	
SC10—100/10	1080	740	1080	550	690	550	985	985	249	364	250	150			14	
SC10—125/10	1080	740	1165	550	690	550	1070	1070	247	361	250	150			14	
SC10—160/10	1110	740	1180	550	690	550	1085	1085	258	366	350	150			14	
SC10—200/10	1150	740	1220	550	690	550	1125	1125	270	376	350	150			14	
SC10—250/10	1150	740	1340	550	690	550	1305	1225	265	374	350	200			14	配电变压器
SC10—315/10	1240	850	275	660	800	660	1240	1160	285	394	350	200			14	
SC10—400/10	1290	850	1380	660	800	660	1345	1265	292	401	350	200			14	
SCB10—500/10	1450	850	1400	660	800	660	1392	1285	323	421	350		160	465	14	
SCB10—630/10	1570	850	1460	660	800	660	1452	1345	345	437	350		180	505	14	
SCB10—630/10	1480	850	1530	660	800	660	1522	1415	320	408	350		180	475	14	
SCB10—800/10	1540	1070	1570	820	1020	820	1562	1455	329	417	350		180	495	18	
SCB10—1000/10	1650	1070	1630	820	1020	820	1630	1515	347	435	350		200	530	18	
SCB10—1250/10	1650	1070	1780	820	1020	820	1790	1665	354	434	350		220	530	18	
SCB10—1600/10	1770	1070	1965	820	1020	820	1955	1835	376	448	350		220	570	18	
SCB10—2000/10	1950	1070	2010	820	1020	820	1930	1875	406	498	350		240	630	18	
SCB10—2500/10	2080	1070	2010	820	1020	820	1930	1875	417	503	350		240	675	18	
SC10—630/10	1650	850	1620	660	800	660	1569	1505	412	412	350	350				
SC10—800/10	1680	1070	1760	820	1020	820	1709	1645	414	414	350	500				
SC10—1000/10	1770	1070	1680	820	1020	820	1609	1545	438	438	350	540				
SC10—1250/10	1890	1070	1990	820	1020	820	1880	1780	453	453	350	350				
SC10—1600/10	2040	1070	1945	820	1020	820	1940	1810	515	450	350	350				
SC10—2000/10	2070	1070	2175	820	1020	820	2104	2040	519	482	350	350				
SC10—2500/10	2200	1070	2060	820	1020	820	1985	1925	542	505	350	350				电力变压器
SC10—3150/10	2290	1370	2310	1070	1300		2324	2175	444	513	350	350				
SC10—4000/10	2430	1370	2410	1070	1300		2410	2255	572	561	500	500				
SC10—5000/10	2700	1370	2445	1475	1300		2415	2115	641	524	880	500				
SC10—6300/10	2940	1780	2545	1475	1710		2515	2515	629	561	1005	600				
SC10—8000/10	3010	1780	2640	1475	1710		2644	2552	641	660	500	500				
SC10—10000/10	3240	1780	2730	1475	1710		2650	2690	790	792	500	500				

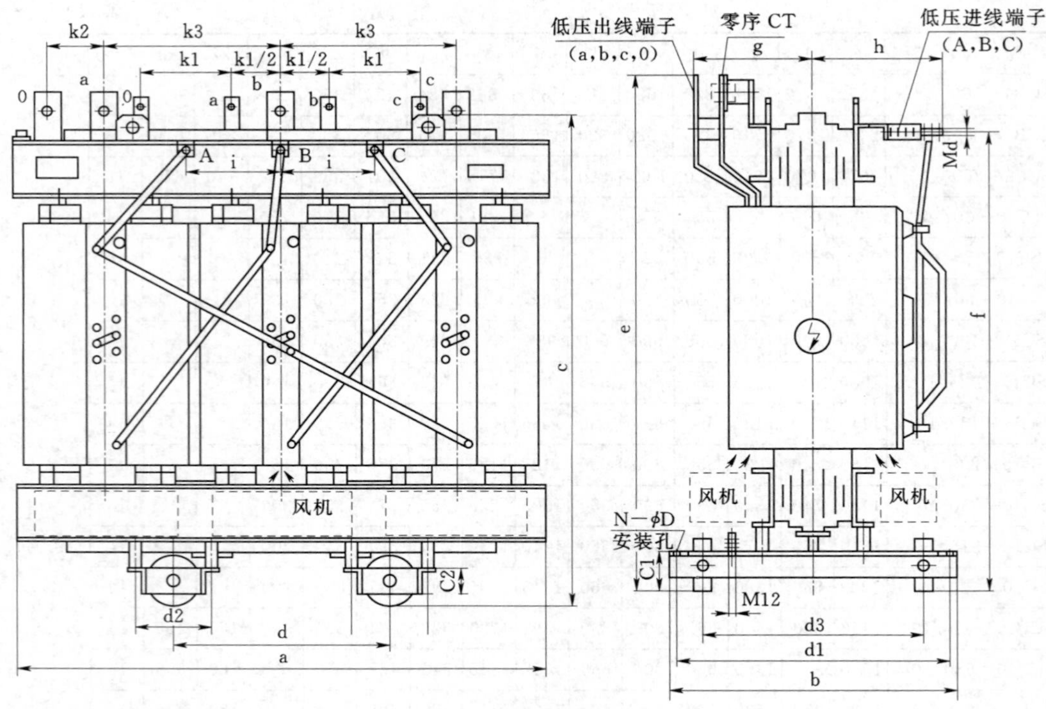

图 6-3 顺特电气 SC（B）9 系列、10 系列环氧树脂浇注干式配电变压器外形及安装尺寸（10、20、35kV 级）

注 1. 高压出线端子 Md，当容量 Sn<2000kVA 时，Md=M10；当 Sn≥2000kVA 时，Md=M16。
2. 10 系列 Sn≤80kVA 产品为底座结构，不带滚轮。
3. 9 系列 Sn≤630kVA、10 系列 80kVA<Sn≤630kVA 时，C1=120，C2=80，d2=220；Sn>630kVA 时，C1=160，C2=80，d2=220。
4. 箔式产品低压端 0、a、b、c 为不对称结构，相间距参数按 k3、k2；线绕产品低压端 0、a、b、c 为对称结构，相间距参数按 k1。
5. 强迫风冷系统（风机）尺寸不超过本体尺寸（a×b）范围。
6. 10 系列产品 Sn≤80kVA 时，N=4；Sn>80kVA 时，N=8。

图 6-4 中，变压器为底座结构，不带滚轮；容量 Sn≤2500kVA 的 10kV 和 20kV 产品，以及容量 Sn≤1600kVA 的 35kV 产品为小车结构，带滚轮。

（2）顺特电气 SC（B）9 系列、SC（B）10 系列 20kV 级环氧树脂浇注干式变压器的外形及安装尺寸，见表 6-17。

（3）顺特电气 SC（B）9 系列、SC（B）10 系列 35kV 级环氧树脂浇注干式变压器外形及安装尺寸，见表 6-18。

（五）订货须知

订货时必须提供变压器型号、额定容量、相数、频率、额定电压（一次侧/二次侧）、绝缘水平、连接组别、短路阻抗、使用条件（海拔高度、环境温度）、冷却方式、低压出线方式（常规出线、标准封闭母线、标准横排侧出线、标准立排侧出线、配零序 CT）、温控温湿系统等要求。

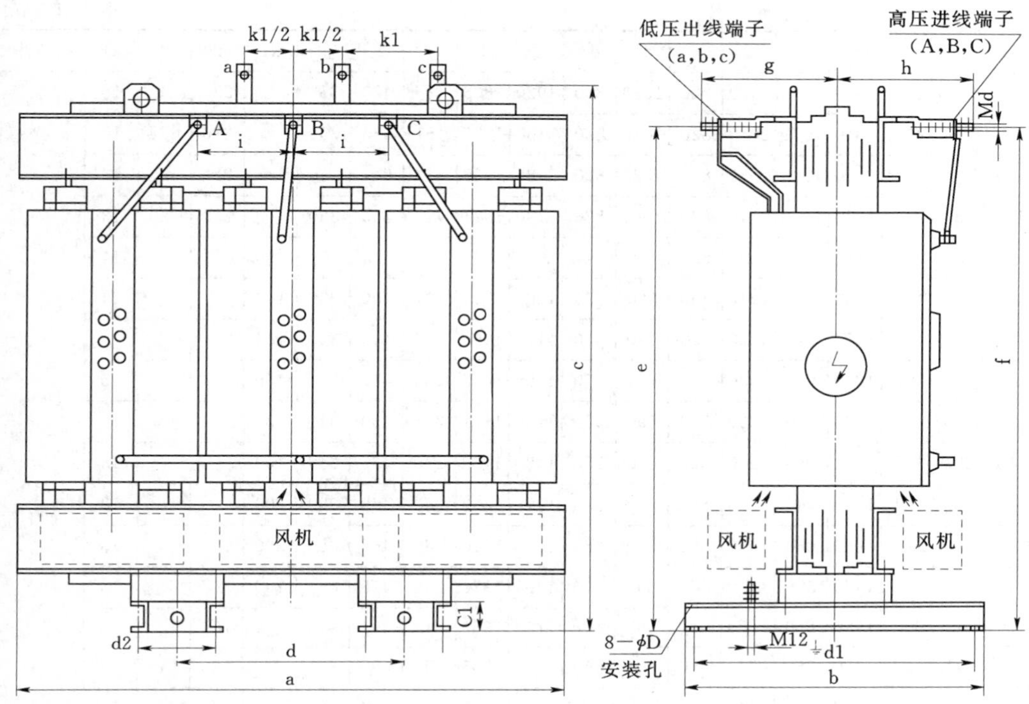

图 6-4 顺特电气 SC10 系列环氧树脂浇注干式电力变压器外形尺寸（10、20、35kV 级）

表 6-17 SC (B) 9 系列、SC (B) 10 系列 20kV 级环氧树脂浇注干式变压器外形及安装尺寸

单位：mm

型号	a	b	c	d	d1	d3	e	f	g	h	i	k1	k2	k3	D	备注
SC9—50/20	1080	600	840	550	550		810	810	230	430	350	150			14	
SC9—80/20	1330	740	1140	550	690	550	1109	1045	237	449	350	150			14	
SC9—100/20	1380	740	1180	550	690	550	1240	1095	245	450	350	150			18	
SC9—125/20	1380	740	1180	550	690	550	1255	1095	255	460	350	150			18	
SC9—160/20	1400	740	1230	550	690	550	1260	1200	265	470	350	150			18	
SC9—200/20	1400	740	1250	550	690	550	1280	1320	270	475	350	150			18	
SC9—250/20	1480	740	1360	550	690	550	1375	1430	280	485	350	200			18	配电变压器
SC9—315/20	1480	850	1440	660	800	660	1455	1510	280	485	350	200			18	
SC9—400/20	1550	850	1550	660	800	660	1565	1620	290	495	350	200			18	
SCB9—500/20	1590	850	1780	660	800	660	1775	1665	315	502	350		180	510	18	
SCB9—630/20	1680	850	1780	660	800	660	1772	1665	325	493	350		180	540	18	
SCB9—800/20	1690	1070	1940	820	1020	820	1940	1825	324	507	350		180	545	18	
SCB9—1000/20	1800	1070	1970	820	1020	820	1980	1855	337	507	350		160	580	18	

续表 6-17

型　号	a	b	c	d	d1	d3	e	f	g	h	i	k1	k2	k3	D	备注
SCB9—1250/20	1830	1070	1920	820	1020	820	1920	1805	456	479	350		220	590	18	
SCB9—1600/20	2010	1070	2070	820	1020	820	2160	1895	451	526	350		220	650	18	
SCB9—2000/20	2130	1070	2070	820	1020	820	2080	1935	444	547	350		220	685	18	
SCB9—2500/20	2220	1070	2110	820	1020	820	2030	1975	422	555	350		220	720	18	
SC10—50/20	1180	600	940	550	550		910	910	230	430	350	150			14	
SC10—80/20	1230	740	1240	550	690	550	1209	1145	237	490	350	150			14	
SC10—100/20	1250	740	1225	550	690	550	1140	1095	245	440	350	150			18	
SC10—125/20	1250	740	1230	550	690	550	1155	1095	255	440	350	150			18	
SC10—160/20	1280	740	1230	550	690	550	1160	1100	265	450	350	150			18	
SC10—200/20	1360	740	1250	550	690	550	1180	1120	270	455	350	150			18	
SC10—250/20	1390	740	1360	550	690	550	1375	1230	280	465	350	200			18	配电变压器
SC10—315/20	1390	850	1440	660	800	660	1455	1310	280	465	350	200			18	
SC10—400/20	1480	850	1450	660	800	660	1465	1320	290	475	350	200			18	
SCB10—500/20	1690	850	1780	660	800	660	1795	1665	315	502	350		180	510	18	
SCB10—630/20	1780	850	1780	660	800	660	1772	1665	325	493	350		180	540	18	
SCB10—800/20	1790	1070	1940	820	1020	820	1940	1825	324	507	350		180	545	18	
SCB10—1000/20	1900	1070	1970	820	1020	820	1980	1855	337	507	350		160	580	18	
SCB10—1250/20	1930	1070	1920	820	1020	820	1920	1805	456	479	350		220	590	18	
SCB10—1600/20	2110	1070	2070	820	1020	820	2160	1895	451	526	350		220	650	18	
SCB10—2000/20	2230	1070	2070	820	1020	820	2080	1935	444	547	350		220	685	18	
SCB10—2500/20	2320	1070	2110	820	1020	820	2080	1975	422	555	350		220	720	18	
SC10—800/20	1810	1070	2015	820	1020	820	2020	1900	500	492	350	350				
SC10—1000/20	1910	1070	1810	820	1020	820	1875	1690	390	500	350	350				
SC10—1250/20	2010	1070	1995	820	1020	820	1965	1860	612	530	350	350				
SC10—1600/20	2100	1070	2020	820	1020	820	2210	1990	410	540	350	350				
SC10—2000/20	2080	1070	2110	820	1020	820	2030	1975	409	540	350	350				
SC10—2500/20	2400	1070	2120	820	1020	820	2049	1985	512	554	350	350				
SC10—3150/20	2500	1430	2305	1070	1360		2305	1970	627	584	500	430				
SC10—4000/20	2770	1430	2460	1070	1360		2587	2305	691	598	500	400				电力变压器
SC10—5000/20	2805	1780	2460	1475	1710		2411	1837	674	723	935	550				
SC10—6300/20	2980	1780	2450	1475	1710		2605	2500	480	615	500	500				
SC10—8000/20	2980	1780	2550	1475	1710		2605	2500	500	615	500	500				
SC10—10000/20	3420	1800	2820	2300	1730		2675	2570	530	645	500	500				
SC10—12500/20	3700	1800	2850	2300	1730		2700	2650	570	650	500	500				
SC10—16000/20	4020	1800	3280	2580	1730		3090	2760	610	675	1340	700				
SC10—20000/20	4020	1800	3480	2580	1730		3290	2960	660	675	1340	700				

表 6-18 SC（B）9 系列、SC（B）10 系列 35kV 级环氧树脂浇注干式变压器外形及安装尺寸

单位：mm

型　号	a	b	c	d	d1	d3	e	f	g	h	i	k1	k2	k3	D	备注
SC9—50/35	1500	740	1245	550	690	550	1214	1145	235	504	350	150			14	
SC9—80/35	1560	740	1365	550	690	550	1334	1270	244	456	350	150			14	
SC9—100/35	1580	740	1480	550	690	550	1410	1350	255	470	350	150			14	
SC9—125/35	1600	740	1590	550	690	550	1520	1460	260	490	350	150			14	
SC9—160/35	1650	740	1650	550	690	550	1680	1520	270	525	350	150			14	
SC9—200/35	1680	740	1770	550	690	550	1804	1650	282	543	350	200			14	
SC9—250/35	1740	740	1875	550	690	550	1909	1755	287	548	350	200			14	
SC9—315/35	1710	850	1815	660	800	660	1849	1690	284	543	350	200			18	
SC9—400/35	1710	850	1890	660	800	660	1895	1765	305	580	350	200			18	
SCB9—500/35	1860	850	1960	660	800	660	1955	1840	317	596	350		150	600	18	
SCB9—630/35	1950	850	1960	660	800	660	1972	1860	326	605	350		180	630	18	
SCB9—800/35	2010	1070	2080	820	1020	820	2070	1940	336	613	350		160	650	18	
SCB9—1000/35	2110	1070	2110	820	1020	820	2100	1970	356	633	350		160	680	18	
SCB9—1250/35	2200	1070	2070	820	1020	820	2110	1980	373	638	350		180	715	18	
SCB9—1600/35	2370	1070	2170	820	1020	820	2175	2030	391	654	350		200	770	18	
SCB9—2000/35	2430	1070	2170	820	1020	820	2092	2030	414	663	350		200	790	18	配电变压器
SCB9—2500/35	2680	1370	2275	1070	1300		2210	2135	441	689	350		200	875	22	
SC10—50/35	1600	740	1345	550	690	550	1314	1245	235	504	350	150			14	
SC10—80/35	1660	740	1465	550	690	550	1434	1370	244	456	350	150			14	
SC10—100/35	1540	740	1380	550	690	550	1310	1250	255	540	350	150			14	
SC10—125/35	1540	740	1390	550	690	550	1320	1260	280	550	350	150			14	
SC10—160/35	1540	740	1450	550	690	550	1380	1320	280	555	350	150			14	
SC10—200/35	1780	740	1870	550	690	550	1904	1750	282	543	350	200			14	
SC10—250/35	1840	740	1975	550	690	550	2009	1855	287	548	350	200			14	
SC10—315/35	1810	850	1915	660	800	660	1949	1790	284	543	350	200			18	
SC10—400/35	1810	850	1790	660	800	660	1795	1665	305	580	350	200			18	
SCB10—500/35	1960	850	1960	660	800	660	1955	1840	317	596	350	200	150	600	18	
SCB10—630/35	2050	850	1960	660	800	660	1972	1860	326	605	350	200	180	630	18	
SCB10—800/35	2110	1070	2080	820	1020	820	2070	1940	336	613	350		160	650	18	
SCB10—1000/35	2210	1070	2110	820	1020	820	2100	1970	356	633	350		160	680	18	
SCB10—1250/35	2300	1070	2070	820	1020	820	2110	1980	373	638	350		180	715	18	

续表 6-18

型　号	a	b	c	d	d1	d3	e	f	g	h	i	k1	k2	k3	D	备注
SCB10—1600/35	2470	1070	2170	820	1020	820	2175	2030	391	654	350		200	770	18	
SCB10—2000/35	2530	1070	2170	820	1020	820	2092	2030	414	663	350		200	790	18	配电变压器
SCB10—2500/35	2780	1370	2275	1070	1300		2210	2135	441	689	350		220	875	22	
SC10—800/35	2080	1070	2040	820	1020	820	2003	1905	616	595	350	400				
SC10—1000/35	2020	1070	1960	820	1020	820	1995	1830	390	615	350	350				
SC10—1250/35	2250	1070	2040	820	1020	820	2110	1905	400	625	350	350				
SC10—1600/35	2460	1070	2350	820	1020	820	2295	2210	609	652	350	350				
SC10—2000/35	2640	1370	2340	1070	1300		2285	2080	671	645	350	350				
SC10—2500/35	2790	1370	2450	1070	1300		2290	2085	740	689	550	550				
SC10—3150/35	2770	1370	2280	1070	1300		2274	2192	452	696	500	500				
SC10—4000/35	2940	1780	2375	1475	1710		2345	2025	732	664	980	550				电力变压器
SC10—5000/35	2940	1780	2695	1475	1710		2665	2345	732	664	980	550				
SC10—6300/35	3460	1780	2760	2040	1710		2700	2365	701	690	1135	500				
SC10—8000/35	3390	1780	2800	2040	1710		2800	2420	770	696	1130	600				
SC10—10000/35	3990	1800	3070	2300	1680		2955	2620	825	744	1330	600				
SC10—12500/35	4170	1800	3285	2300	1680		3161	2811	640	763	500	500				
SC10—16000/35	4380	1800	3260	2580	1680		3073	2741	831	838	1460	700				
SC10—20000/35	4380	1800	3320	2580	1680		3125	3125	780	811	1460	700				

（六）生产厂

顺特电气有限公司（原广东顺德特种变压器厂）。

二、顺特 SCZ（B）$_{10}^{9}$系列 10kV 级有载调压配电变压器

（一）概述

当电网电压波动时，为提供高质量的稳定电压，必须对变压器进行电压调整。可靠的不间断电源对用户越显重要，有载调压干式变压器的应用更趋广泛。

顺特 SCZ（B）9 系列、10 系列 10kV 级有载调压配电干式变压器特点是采用一体化设计，结构紧凑，占地面积小，安装方便。有载调压变压器控制原理，见图 6-5。

该产品标准：GB/T 10228，GB 6450，IEC 60726，DIN 42523。广泛应用于公共建筑及政府设施、水力发电厂、火力发电厂、核电站、地铁、机场、火车站、隧道、码头、高速公路、工厂企业、矿山井下、油田、海上石油钻井平台、船舶、石油化工厂、城市高层建筑、科技教育及体育设施、国外用户。

（二）结构特点

（1）有载分接开关采用干式真空箱型结构，由电动机构、带过渡电阻的真空切换开关

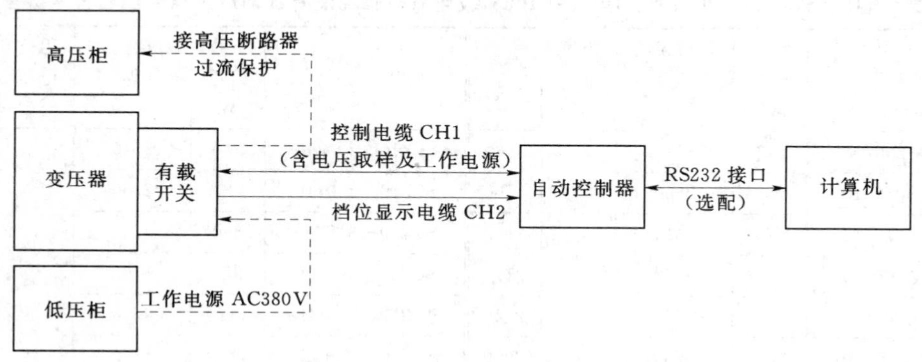

图 6-5 顺特 SC (B) 9 系列、10 系列 10kV 有载调压、变压器控制原理图

和分接选择器组成。

(2) 有载分接开关必须配备自动控制器，便于现场或远程控制，可按用户需要提供计算机接口。

(3) 带外壳的有载产品，外壳在右侧面（面向开关）开单门，低压侧开双门。

(4) 有载调压变压器的低压端子与同一容量无励磁调压配电变压器相同。

(5) 有载调压变压器并联运行时，台数不可超过 4 台。

(三) 型号含义

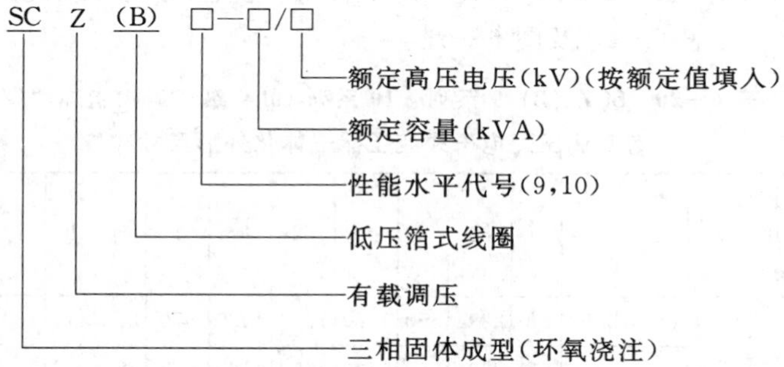

(四) 技术数据

(1) 额定高压（kV）：10（10.5，11，6，6.3，6.6）。

(2) 额定低压（kV）：0.4。

(3) 连接组别：D，yn11 或 Y，yn0。

(4) 分接范围：±4×2.5%（9 分接）。

(5) 绝缘水平：工频耐压 35kV；雷电冲击耐压 75kV。

(6) 防护等级：IP00，IP20，IP23。

(7) 额定频率（Hz）：50 或 60。

(8) 相数：三相。

该产品的空载损耗、负载损耗、阻抗电压等技术数据，见表 6-19。

表 6-19 SCZ（B）9 系列、10 系列 10kV 级环氧树脂浇注有载调压配电变压器技术数据

型　　号	空载损耗（W）	负载损耗（W）（75℃）	阻抗电压（%）	重量（kg）	型　　号	空载损耗（W）	负载损耗（W）（75℃）	阻抗电压（%）	重量（kg）
SCZ9—200/10	670	2470	4	1480	SCZ10—200/10	560	2240	4	1555
SCZ9—250/10	780	2660		1660	SCZ10—250/10	680	2500		1690
SCZ9—315/10	970	3410		1925	SCZ10—315/10	850	3150		1945
SCZ9—400/10	1080	3960		2175	SCZ10—400/10	950	3700		2460
SCZB9—500/10	1280	4760		2540	SCZB10—500/10	1120	4500		2700
SCZB9—630/10	1470	5680		2900	SCZB10—630/10	1290	5360		3210
SCZB9—630/10	1420	5790	6	2740	SCZB10—630/10	1190	5470	6	2850
SCZB9—800/10	1670	6840		3130	SCZB10—800/10	1460	6460		3150
SCZB9—1000/10	1950	8090		3480	SCZB10—1000/10	1680	7650		3720
SCZB9—1250/10	2300	9740		4170	SCZB10—1250/10	2010	9200		4160
SCZB9—1600/10	2700	11470		4900	SCZB10—1600/10	2360	10840		5190
SCZB9—2000/10	3680	14070		5910	SCZB10—2000/10	2700	13290		6380
SCZB9—2500/10	4400	16740		6675	SCZB10—2500/10	3250	15810		7240

（五）外形及安装尺寸

顺特 SCZ（B）9 系列、10 系列 10kV 级环氧树脂浇注有载调压配电干式变压器一体化外形及安装尺寸，见表 6-20 及图 6-6。

表 6-20 SCZ（B）9 系列、10 系列 10kV 级环氧树脂浇注有载调压配电干式变压器一体化外形尺寸

单位：mm

型　　号	阻抗电压（%）	a	b	c	c1	c2	d	d1	d2	e	f	g	h	i	k1	k2	k3	m	D
SCZ9—200/10	4	1600	1650	2200	100	2294	550	1580	1310	1020	970	265	410	160	150			225	18
SCZ9—250/10		1600	1650	2200	100	2294	550	1580	1310	1165	1035	273	382	160	200			250	18
SCZ9—315/10		1900	1750	2200	100	2294	660	1680	1410	1235	1085	286	395	160	200			270	18
SCZ9—400/10		1900	1750	2200	100	2294	660	1680	1410	1325	1135	292	401	160	200			285	18
SCZB9—500/10		1900	1750	2200	100	2294	660	1680	1410	1372	1175	325	401	160		160	455	360	18
SCZB9—630/10		1900	1750	2200	100	2294	660	1680	1410	1432	1215	338	428	160		180	485	405	18
SCZB9—630/10	6	1900	1750	2200	100	2294	660	1680	1410	1502	1305	320	408	160		180	465	375	18
SCZB9—800/10		2200	1850	2200	125	2294	820	1780	1470	1457	1240	338	426	160		180	515	450	24
SCZB9—1000/10		2200	1850	2200	125	2294	820	1780	1470	1595	1370	338	428	180		200	515	410	24
SCZB9—1250/10		2200	1850	2200	125	2294	820	1780	1470	1755	1560	358	436	200		220	545	415	24
SCZB9—1600/10		2200	1850	2200	125	2294	820	1780	1470	1658	1450	384	456	200		220	610	415	24
SCZB9—2000/10		2400	1900	2400	125	2494	820	1830	1520	1625	1420	416	507	200		240	670	605	24
SCZB9—2500/10		2400	1900	2400	125	2494	820	1830	1520	1795	1590	424	507	200		240	670	605	24

续表 6-20

型　号	阻抗电压(%)	a	b	c	c1	c2	d	d1	d2	e	f	g	h	i	k1	k2	k3	m	D
SCZ10—200/10	4	1600	1650	2200	100	2294	550	1580	1310	1085	1015	270	376	160	150			225	18
SCZ10—250/10		1600	1650	2200	100	2294	550	1580	1310	1265	1105	265	374	160	200			250	18
SCZ10—315/10		1900	1750	2200	100	2294	660	1680	1410	1200	1030	285	394	160	200			270	18
SCZ10—400/10		1900	1750	2200	100	2294	660	1680	1410	1305	1135	292	401	160	200			295	18
SCZB10—500/10		1900	1750	2200	100	2294	660	1680	1410	1352	1135	323	421	160		160	465	375	18
SCZB10—630/10		1900	1750	2200	100	2294	660	1680	1410	1392	1195	345	437	160		180	505	435	18
SCZB10—630/10	6	1900	1750	2200	100	2294	660	1680	1410	1462	1245	320	408	160		180	475	390	18
SCZB10—800/10		2200	1850	2200	125	2294	820	1780	1450	1502	1250	329	417	160		180	495	420	24
SCZB10—1000/10		2200	1850	2200	125	2294	820	1780	1450	1570	1310	347	435	180		200	530	435	24
SCZB10—1250/10		2200	1850	2200	125	2294	820	1780	1470	1765	1525	354	434	200		220	530	395	24
SCZB10—1600/10		2200	1850	2200	125	2294	820	1780	1470	1920	1690	376	448	200		220	570	455	24
SCZB10—2000/10		2400	1900	2400	125	2494	820	1830	1520	1895	1655	406	498	200		240	630	545	24
SCZB10—2500/10		2400	1900	2400	125	2494	820	1830	1520	1895	1655	420	503	200		240	675	610	24

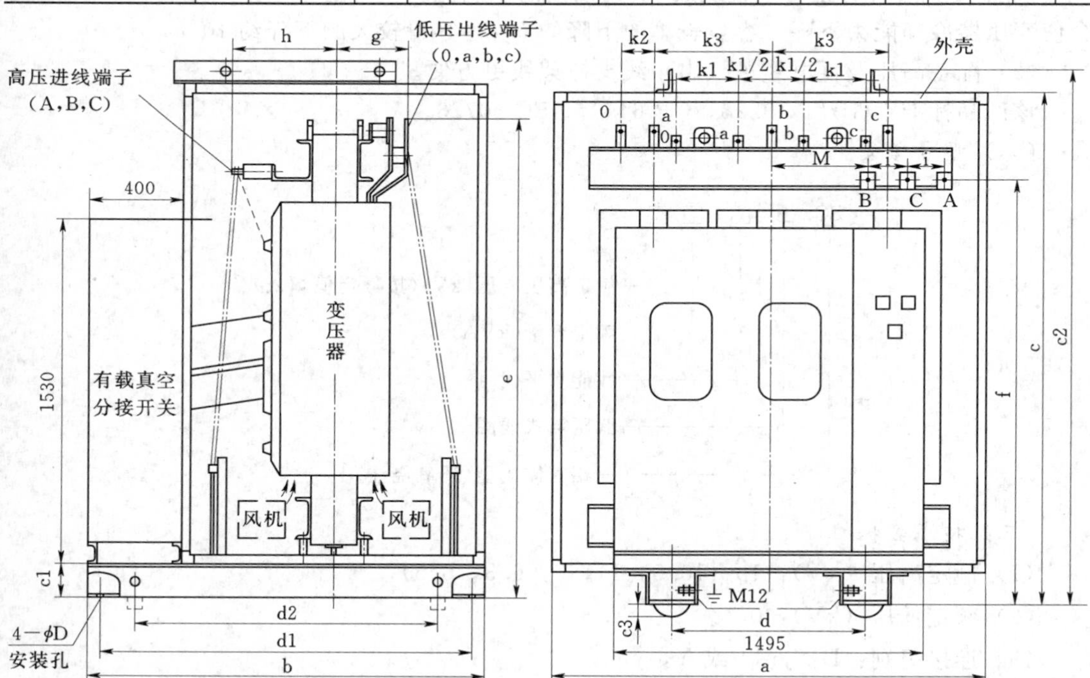

图 6-6　顺特 SCZ (B) 9 系列、10 系列有载调压配电干式变压器一体化外形尺寸
(10kV 级 200～2500kVA)

注　1. 箔式产品端子 0、a、b、c 为不对称结构，含有 k3、k2 参数；绕线式产品低压端子 0、a、b、c 为对称结构，只含 k1 参数。

2. 有载变压器一体化去小车车轮安装方式，用户要求时才配小车轮。

3. 有载变压器一体化外壳产品尺寸与带外壳产品尺寸原则上一样，其高度可按用户要求适当降低。

4. 容量 Sn≤630kVA 时，c3=25；Sn>630kVA 时，c3=35。

（六）订货须知

订货时必须提供变压器型号、额定容量、相数、频率、额定电压（一次侧/二次侧）、分接范围、绝缘水平、连接组别、短路阻抗、使用条件（海拔高度、环境温度）、冷却方式、外壳防护等级（IP00、IP20）、低压出线方式（常规出线、标准封闭母线、标准横排侧出线、标准立排侧出线、配零序CT）、温控温湿系统等要求。

（七）生产厂

顺特电气有限公司。

三、顺特SC（B）$^{9}_{10}$系列10kV级带保护外壳配电变压器

（一）概述

顺特SC（B）9系列、10系列10kV级带保护外壳配电变压器采用耐用的铝合金外壳，对变压器作进一步的安全保护，防护等级达IP20及IP23，户内使用。户外使用的IP23外壳需专门设计。

该产品特点：

（1）IP20外壳可防止直径大于12mm的固体异物进入，为带电部分提供安全屏障。IP23外壳更兼具备防止与垂直线成60°角以内的水滴流入，可适用于户外运行（IP23外壳会使变压器冷却能力下降，容量较小的下降约5%，容量较大的下降约10%）。

（2）配备高压及低电缆进（出）线支撑架线更方便。

该产品标准：GB/T 10228，GB 6450，IEC 60726。

（二）型号含义

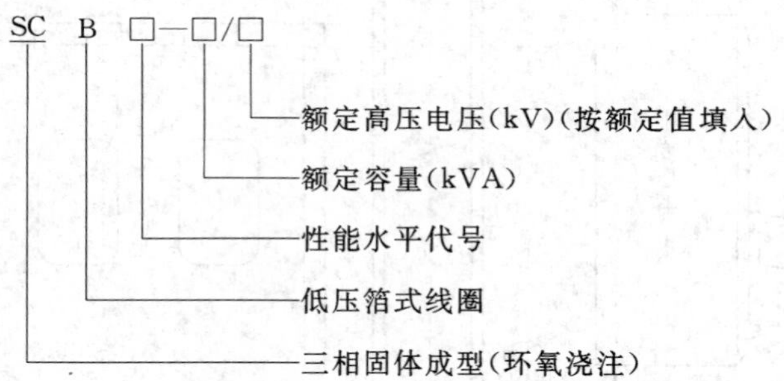

（三）技术数据

（1）额定高压（kV）：10（10.5，11，6，6.3，6.6）。

（2）额定低压（kV）：0.4。

（3）连接组别：D，yn11或Y，yn0。

（4）绝缘水平：工频耐压35kV；雷电冲击耐压75kV。

（5）防护等级：IP20，IP23。

（6）额定频率（Hz）：50或60。

（7）相数：三相。

（四）外形及安装尺寸

顺特SC（B）9系列、10系列10kV级环氧树脂浇注带保护外壳配电干式变压器外形

及安装尺寸，见表6-21及图6-7。

表6-21 SC (B) 9系列、10系列10kV级环氧树脂浇注带保护外壳配电干式变压器外形及安装尺寸

单位：mm

型号	阻抗电压 U_k (%)	a	b	c	c1	c2	d	d1	d2	e	f	g	h	i	k1	k2	k3	D	重量 (kg)
SC9—160/10	4	1500	1200	1600	100	1694	550	1130	860	1000	1000	214	373	350	150			18	1015
SC9—200/10		1500	1200	1600	100	1694	550	1130	860	1020	1020	219	378	350	150			18	1105
SC9—250/10		1500	1200	1600	100	1694	550	1130	860	1165	1085	273	382	350	200			18	1285
SC9—315/10		1600	1250	1600	100	1694	660	1180	910	1235	1155	286	395	350	200			18	1540
SC9—400/10		1600	1250	1600	100	1694	660	1180	910	1325	1205	292	401	350	200			18	1765
SC9—500/10		1700	1250	1600	100	1694	660	1180	910	1372	1265	325	401	350		160	455	18	2150
SC9—630/10		1800	1350	1800	100	1894	660	1280	1010	1432	1325	338	428	350		180	485	18	2465
SCB9—630/10	6	1800	1350	1800	100	1894	660	1280	1010	1502	1395	320	408	350		180	465	18	2360
SCB9—800/10		1900	1350	1800	100	1894	820	1280	950	1432	1395	338	426	350		180	515	24	2800
SCB9—1000/10		1900	1350	1800	100	1894	820	1280	950	1570	1455	338	428	350		200	515	24	3130
SCB9—1250/10		2000	1350	2000	125	2094	820	1280	970	1755	1630	358	436	350		220	545	24	3845
SCB9—1600/10		2200	1450	2200	125	2294	820	1380	1070	1658	1533	384	456	350		220	610	24	4660
SCB9—2000/10		2400	1500	2200	125	2294	820	1430	1120	1625	1570	416	507	350		240	670	24	5610
SCB9—2500/10		2400	1500	2200	125	2294	820	1430	1120	1795	1740	424	507	350		240	670	24	6355
SC10—30/10	4	1300	1100	1200	50	1257	550	800		670	670	219	336	210	150			14	455
SC10—50/10		1300	1100	1200	50	1257	550	800		715	715	231	348	210	150			14	670
SC10—80/10		1300	1100	1200	50	1257	550	800		885	885	233	350	250	150			14	700
SC10—100/10		1400	1200	1400	100	1457	550	1130	860	985	985	238	355	250	150			18	865
SC10—125/10		1400	1200	1400	100	1457	550	1130	860	1050	1050	247	364	250	150			18	955
SC10—160/10		1500	1200	1600	100	1694	550	1130	860	1065	1065	258	366	350	150			18	1020
SC10—200/10		1500	1200	1600	100	1694	550	1130	860	1085	1085	270	376	350	150			18	1180
SC10—250/10		1500	1200	1600	100	1694	550	1130	860	1265	1185	265	374	350	200			18	1315
SC10—315/10		1600	1250	1600	100	1694	660	1180	910	1200	1140	285	394	350	200			18	1560
SC10—400/10		1600	1250	1600	100	1694	660	1180	910	1305	1225	292	401	350	200			18	2050
SCB10—500/10		1700	1250	1600	100	1694	660	1180	910	1622	1505	301	399	350		160	465	18	2310
SCB10—630/10		1800	1350	1800	100	1894	660	1280	1010	1392	1325	345	437	350		180	505	18	2800

续表 6-21

型　号	阻抗电压 U_k (%)	a	b	c	c1	c2	d	d1	d2	e	f	g	h	i	k1	k2	k3	D	重量 (kg)
SCB10—630/10		1800	1350	1800	100	1894	660	1280	1010	1462	1355	320	408	350		180	475	18	2470
SCB10—800/10		1900	1350	1800	100	1894	820	1280	950	1520	1395	329	417	350		180	495	24	2800
SCB10—1000/10		1900	1350	1800	100	1894	820	1280	950	1570	1455	347	435	350		200	530	24	3370
SCB10—1250/10	6	2000	1350	2000	125	2094	820	1280	970	1755	1630	355	433	350		220	530	24	3835
SCB10—1600/10		2200	1450	2200	125	2294	820	1380	1070	1920	1800	376	448	350		220	570	24	4890
SCB10—2000/10		2400	1500	2200	125	2294	820	1380	1070	1895	1840	406	498	350		240	630	24	6080
SCB10—2500/10		2400	1500	2200	125	2294	820	1430	1120	1895	1840	417	503	350		240	675	24	6920

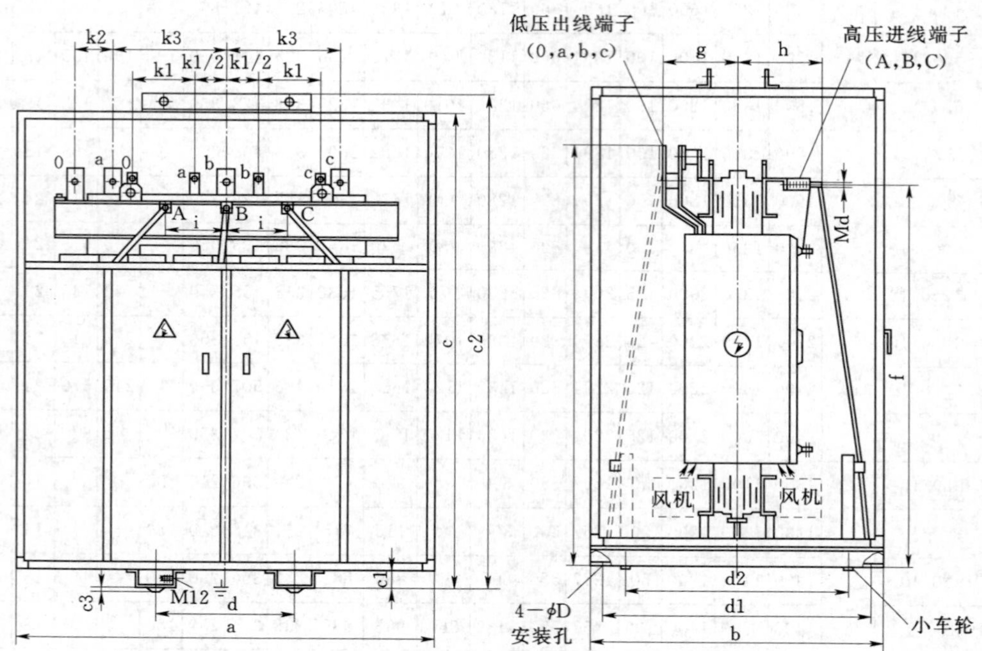

图 6-7　顺特 SC（B）9 系列、10 系列 10kV 级带保护外壳配电变压器外形尺寸

注　1. 高压出线端子 Md，当容量 Sn＜2000kVA 时，Md＝M10；当 Sn≥2000kVA 时，Md＝M16。

2. 箔式产品低压端子 0、a、b、c 为不对称结构，含有 k1、k2 参数；线绕产品低压端子 0、a、b、c 为对称结构，仅含 k1 参数。

3. SC（B）10 系列：容量 Sn≤80kVA 产品，c3＝0；80kVA＜Sn＜1250kVA，c3＝25；Sn≥1250kVA，c3＝35。SC（B）9 系列：160kVA＜Sn＜1250kVA 产品，c3＝25；Sn≥1250kVA，c3＝35。

4. 变压器安装现场就位后，为去轮安装方式，相关尺寸对应去轮后情况。

（五）订货须知

订货必须提供变压器型号、额定容量、相数、频率、额定电压（一次侧/二次侧）、分接范围、绝缘水平、连接组别、短路阻抗、使用条件（海拔、环境温度）、冷却方式、外壳防护等级、低压出线方式（常规出线、标准封闭母线、标准横排出线、标准立排出线、配零序 CT）、温控温湿系统等要求。

（六）生产厂

顺特电气有限公司。

6.5.2 泰州海田 SC (B)$^{9}_{10}$系列

一、概述

泰州海田电气制造有限公司的 SC（B）9、SC（B）10 系列带填料薄绝缘环氧树脂干式电力变压器，是引进德国 HüBERS 公司最新环氧树脂浇注设备和软件技术生产的新一代干式变压器。该产品性能优良、质量可靠，系目前国内最新结构型式的干式变压器，达到了国际先进水平。产品的散热能力、过载能力、阻燃特性、机械强度、抗短路能力、局放、噪声、外观、节能及使用寿命等方面均优于 SC（B）8 系列产品。

该产品适用于各类重点工程，城市电网建设及各种特殊环境，在机场、电厂、车站、码头、工矿企业、海洋平台、电力通讯、高层建筑、科研机构、住宅小区、商务中心等场所已广泛使用。

二、产品特点

（1）防火性能好。变压器采用的带填料环氧树脂具有优良的阻燃特性，阻燃等级达到 94V—0，对使用场所无需特殊的防火要求。

（2）防潮性能好。变压器线圈采用环氧树脂浇注成型，无吸湿功能，可在 100%湿度下正常运行，其结构件均可满足“三防”要求。

（3）放电量小。变压器线圈采用高空压力浇注而成，使绕组中树脂浸透更充分，固化后的绕组无空穴或气泡，10kV 级产品局部放电量为 5pC 左右，可在额定电压下长期安全运行。

（4）绝缘水平高。高压器能承受标准电压、加强绝缘耐压及冲击电压的能力、抗短路、耐雷电冲击性能好。

（5）过载能力大。变压器损耗低、散热性能好，如果配置风冷系统可大大提高短时过载能力（增容 50%），确保安全运行。

（6）机械强度高。变压器绕组用带填料环氧树脂及特殊绝缘结构固化成型，材质稳定，不会因恶劣气候及温差而产生龟裂。

（7）经济性能好。变压器无自然、无爆炸、无油污等因素，可安装在负荷附近，可大大减少安装费用。变压器体积小、重量轻、安装方便，如选用带外壳的变压器，即可避免人物接近，不须另设变电室，可节省建筑费和维修费用。

（8）损耗低，噪声小。

（9）具有自动温度监视与保护。

三、产品结构

（1）线圈。高低压线圈采用铜导线（或铜箔）作导体，与玻璃纤维及环氧树脂复合材料浇注成坚固整体。绕组中绝缘材料与铜导体的膨胀系数十分接近，当工作温度发生变化时，绕组表面不会龟裂。高压线圈采用分段圆筒式结构，层间电压低，具有较强的承受过电压能力，较大容量的低压线圈设有散热气道，具有良好的散热能力。线圈浇注原料的配比、混料搅拌、浇注固化，真空干燥等全过程均由引进的德国 HüBERS 最新浇注设备计算机控制软件自动处理。浇注成型的线圈表面光滑，无空穴气泡，局放量大大低于国家现行标准值。

（2）铁芯。铁芯是变压器的核心部件之一，选取优质晶粒取向冷轧硅钢片材料，45°全斜接缝，心柱和铁轭均用高强度绝缘带绑扎。铁芯表面采用特殊树脂涂封防潮防锈，夹件及坚固件亦经表面处理可防锈蚀。经过处理后的铁芯保证了低损耗、低空载电流和低噪声。

（3）过热保护。该产品配备温控系统，防止过载时的突然过热以及因缺少通风，极度的周围温度造成的变压器过热。为此，利用埋入低压绕组内的感温元件作为数显仪的信号源，可监视变压器温度的变化，当温度达到某一设定值时将启停风机或报警，以保证变压器运行正常。

（4）外壳保护。变压器分为带外壳和不带外壳，IP00 为不带外壳，户内使用。IP20 外壳可防止大于 12mm 的固体物进入，为户内使用。IP22、IP23 外壳除具备 IP20 外壳的特点外，IP22 外壳可防止直线成 15°角以内的水滴进入；IP23 外壳可防止与直线成 60°角以内的水滴进水，给带电部分提供安全屏障。变压器带外壳使冷却能力降低 5%左右，而较大容量的变压器则需降低 10%左右。

（5）冷却。变压器冷却方式一般采用自然空气冷却（AN），可连续输出 100%额定容量。如果用户需要，对于任何保护等级的变压器，都可配置低噪声的风冷系统。采用强迫空气冷却（AF），变压器输出容量可提高 40%～50%。

变压器正常运行时需要合适的通风量，一般变压器每 1kW 损耗需要 $4m^3/min$ 的通风量，因此当变压器安装在地下室时或其它通风效果较差的环境时应考虑通风问题。

（6）过载能力。变压器应在正常运行条件下使用，但在规定的绕组热点温度限值内，可在限定的时间内作超铭牌额定负载运行。在事故状态下短时应急过载时间，可参照过载曲线掌握短时过载运行情况。

四、型号含义

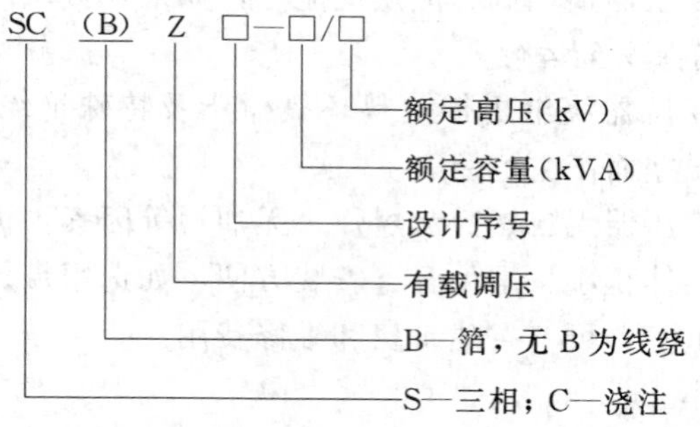

五、技术数据

（1）标准：GB 6450、GB 1094、GB/T 10228—1997、IEC 726。

（2）容量范围（kVA）：50～10000。

（3）分接范围（%）：±5，±2×2.5（或按用户需求）。

(4) 电压等级 (kV): 6～35。

(5) 调压方式: 无励磁调压或有载调压。

(6) 频率 (Hz): 50 或 60。

(7) 相数: 三相或单相。

(8) 连接组别: Y, yn0, D, yn11。

(9) 阻抗电压 (%): 标准阻抗。

(10) 冷却方式: 自冷 (AN) 或风冷 (AF)。

(11) 绝缘等级: F 级 (或按用户要求)。

(12) 绝缘水平:

电压等级 (kV)	6, 10	20	35
工频耐压 (kV)	35	50	70
雷电冲击电压 (kV)	75	125	170

(13) 防护等级: IP00, IP20, IP22, IP23。

(14) 使用条件。

海拔不超过 1000m; 环境温度最高温度不超过 40℃; 相对湿度可达 100%; 可耐受地震烈度 8 度。

(15) 空载损耗、负载损耗、空载电流、阻抗电压等技术数据, 见表 6-22。

表 6-22　SC (B) (Z)、9、SC (B) 10 系列 10～35kV 级环氧树脂浇注干式变压器技术数据

(泰州海田电气制造有限公司)

型　号	额定容量 (kVA)	电压组合 (kV)		高压分接 (%)	连接组标号	空载损耗 (W)	负载损耗 (120℃) (W)	空载电流 (%)	阻抗电压 (%)	噪声 (dB)	重量 (kg)	备注
		高压	低压									
SC (B) 9—30/10	30	10.5 10 6.3 6	0.4	±5 或 ±2 ×2.5	Y, yn0 或 D, yn11	205	700	1.8	4	43	380	干式配电变压器
SC (B) 9—50/10	50					285	995	1.5		43	530	
SC (B) 9—80/10	80					390	1380	1.2		44	600	
SC (B) 9—100/10	100					430	1580	1.0		44	720	
SC (B) 9—125/10	125					500	1850	1.0		46	820	
SC (B) 9—160/10	160					580	2140	1.0		46	950	
SC (B) 9—200/10	200					665	2535	0.8		46	1120	
SC (B) 9—250/10	250					770	2765	0.8		46	1230	
SC (B) 9—315/10	315					910	3375	0.7		47	1400	
SC (B) 9—400/10	400					1000	3880	0.7		47	1700	
SC (B) 9—500/10	500					1195	4750	0.6		49	1960	
SC (B) 9—630/10	630					1335	5770	0.6	6	49	2400	
SC (B) 9—800/10	800					1540	6620	0.5		51	2850	
SC (B) 9—1000/10	1000					1780	7740	0.5		51	3330	

续表 6-22

型号	额定容量(kVA)	电压组合(kV)		高压分接(%)	连接组标号	空载损耗(W)	负载损耗(120℃)(W)	空载电流(%)	阻抗电压(%)	噪声(dB)	重量(kg)	备注
		高压	低压									
SC(B)9—1250/10	1250	10.5 10 6.3 6	0.4	±5 或 ±2 ×2.5	Y, yn0 或 D, yn11	2100	9230	0.5	6	52	4050	干式配电变压器
SC(B)9—1600/10	1600					2470	11180	0.5		52	5000	
SC(B)9—2000/10	2000					3360	13770	0.4		53	5500	
SC(B)9—2500/10	2500					4050	16360	0.4		54	6500	
SC(B)9—630/10	630	6 或 6.3 6.6 10 10.5 11	3 或 3.15 6 6.3	±5 或 ±2 ×2.5	Y, d11	1570	6690	1.2	6	50		干式电力变压器
SC(B)9—800/10	800					1800	7830	1.2		51		
SC(B)9—1000/10	1000					2160	9270	1.2		51		
SC(B)9—1250/10	1250					2500	11070	1.0	7	52		
SC(B)9—1600/10	1600					2970	13410	1.0		52		
SC(B)9—2000/10	2000					4050	16020	0.9		53		
SC(B)9—2500/10	2500					4770	18900	0.9		54		
SC(B)9—3150/10	3150					5670	22050	0.7		55		
SC(B)9—4000/10	4000	10 或 10.5 11				6750	26550	0.7		56		
SC(B)9—5000/10	5000					8000	31410	0.5		57		
SC(B)9—6300/10	6300					9450	37260	0.5		58		
SC(B)Z—250/10	250	10	0.4		Y, yn0 或 D, yn11	910	3190	0.8	4	46	1500	有载调压干式配电变压器
SC(B)Z—315/10	315					1080	3820	0.7		47	1650	
SC(B)Z—400/10	400					1215	4490	0.7		17	1950	
SC(B)Z—500/10	500					1440	5450	0.6		49	2250	
SC(B)Z—630/10	630					1600	6630	0.6	6	49	2650	
SC(B)Z—800/10	800					1880	7830	0.6		51	3000	
SC(B)Z—1000/10	1000					2190	9270	0.5		51	3500	
SC(B)Z—1250/10	1250					2580	11160	0.5		52	4450	
SC(B)Z—1600/10	1600					3030	13140	0.5		52	5480	
SC(B)Z—2000/10	2000					4140	16110	0.5		53	6000	
SC(B)Z—2500/10	2500					4950	19170	0.4		54	7080	
SC(B)9—30/35	30	35 或 38.5	0.4	±5 或 ±2 ×2.5	Y, yn0 或 D, yn11	360	1200	3.0	6	49		干式配电变压器
SC(B)9—50/35	50					450	1500	2.5		49		
SC(B)9—80/35	80					520	2000	2.2		49		
SC(B)9—100/35	100					660	2290	1.8		50		
SC(B)9—125/35	125					760	2790	1.8		50		
SC(B)9—160/35	160					860	3200	1.8		50		
SC(B)9—200/35	200					960	3490	1.8		50		

续表 6-22

型号	额定容量(kVA)	电压组合(kV)		高压分接(%)	连接组标号	空载损耗(W)	负载损耗(120℃)(W)	空载电流(%)	阻抗电压(%)	噪声(dB)	重量(kg)	备注
		高压	低压									
SC (B) 9—250/35	250	35或38.5	0.4	±5或±2×2.5	Y, yn0或D, yn11	1080	4000	1.8	6	50		干式配电变压器
SC (B) 9—315/35	315					1300	4410	1.6		50		
SC (B) 9—400/35	400					1530	5670	1.6		50		
SC (B) 9—500/35	500					1800	6970	1.4		51		
SC (B) 9—630/35	630					2070	8120	1.4		51		
SC (B) 9—800/35	800					2430	9630	1.2		51		
SC (B) 9—1000/35	1000					2700	11070	1.0		51		
SC (B) 9—1250/35	1250					3150	13410	0.8		52		
SC (B) 9—1600/35	1600					3600	16290	0.8		52		
SC (B) 9—2000/35	2000					4230	19170	0.7		53		
SC (B) 9—2500/35	2500					4950	22950	0.7		54		
SC (B) 9—800/35	800		3.15或6 6.3 10 10.5 11		Y, yn0或Y, d11	2500	9900	1.3	6	51		干式电力变压器
SC (B) 9—1000/35	1000					2970	11500	1.3		52		
SC (B) 9—1250/35	1250					3480	13590	1.0		52		
SC (B) 9—1600/35	1600					4100	16200	1.0		52		
SC (B) 9—2000/35	2000					4700	19100	0.9	7	53		
SC (B) 9—2500/35	2500					5400	22900	0.9		54		
SC (B) 9—3150/35	3150					6700	25800	0.7	8	55		
SC (B) 9—4000/35	4000					7800	31000	0.7		56		
SC (B) 9—5000/35	5000					9300	36800	0.5		57		
SC (B) 9—6300/35	6300					11000	43000	0.5		58		
SC (B) 9—8000/35	8000				Y, d11或YN, d11	12600	47700	0.4	9	59		
SC (B) 9—10000/35	10000			±3×2.5		14400	58500	0.3		59		
SC (B) 9—12500/35	12500		6或6.3 10 10.5 11			16000	61800	0.3		61		
SC (B) 9—16000/35	16000					20000	64100	0.3		61		
SC (B) 9—20000/35	20000					23000	73300	0.3		64		
SC (B) 9—50/20	50	20或22 18	0.4或0.69 0.48 0.42 0.38	±5或±2×2.5	Y, yn0或D, yn11	360	1070	2.2	6	49		
SC (B) 9—80/20	80					430	1170	2.0		49		
SC (B) 9—100/20	100					460	2190	2.0		49		
SC (B) 9—125/20	125					500	2600	1.6		50		
SC (B) 9—160/20	160					580	2690	1.6		50		
SC (B) 9—200/20	200					680	2950	1.6		50		
SC (B) 9—250/20	250					760	3340	1.6		50		

续表 6-22

型号	额定容量(kVA)	电压组合(kV)		高压分接(%)	连接组标号	空载损耗(W)	负载损耗(120℃)(W)	空载电流(%)	阻抗电压(%)	噪声(dB)	重量(kg)	备注
		高压	低压									
SC(B)9—315/20	315	20或22 18	0.4或0.69 0.48 0.42 0.38	±5或±2×2.5	Y,yn0或D,yn11	900	4100	1.4	6	51		干式电力变压器
SC(B)9—400/20	400					1100	4670	1.4		51		
SC(B)9—500/20	500					1450	5290	1.4		51		
SC(B)9—630/20	630					1650	7190	1.2		52		
SC(B)9—800/20	800					1900	8990	1.2		52		
SC(B)9—1000/20	1000					2100	10990	1.2		52		
SC(B)9—1250/20	1250					2400	13800	1.0		52		
SC(B)9—1600/20	1600					3000	16190	1.0		52		
SC(B)9—2000/20	2000					3600	17790	0.8		53		
SC(B)9—2500/20	2500		3.15或6 6.3 10 10.5 11			4300	20800	0.8		54		
SC(B)9—3150/20	3150				Y,d11或YN,d11	5400	26000	0.7	8	55		
SC(B)9—4000/20	4000					6300	29780	0.7		55		
SC(B)9—5000/20	5000					7600	34360	0.6		57		
SC(B)9—6300/20	6300					9400	39510	0.6		57		
SC(B)9—8000/20	8000					11000	45810	0.5	9	59		
SC(B)9—10000/20	10000					13000	51310	0.5		59		
SC(B)9—12500/20	12500					16000	53940	0.4		61		
SC(B)9—16000/20	16000					20000	60930	0.4		61		
SC(B)9—20000/20	20000					24000	71930	0.4		62		
SC(B)10—30/10	30	10.5 10 6.3 6	0.4	±2×2.5或±5	Y,yn0或D,yn11	185	630	1.6	4	39	510	干式配电变压器
SC(B)10—50/10	50					255	895	1.4		39	580	
SC(B)10—80/10	80					350	1240	1.0		39	690	
SC(B)10—100/10	100					390	1420	0.8		40	740	
SC(B)10—125/10	125					450	1665	0.8		41	870	
SC(B)10—160/10	160					520	1925	0.8		42	1040	
SC(B)10—200/10	200					595	2280	0.7		43	1315	
SC(B)10—250/10	250					690	2490	0.7		44	1425	
SC(B)10—315/10	315					820	3040	0.6		45	1600	
SC(B)10—400/10	400					900	3490	0.6		45	1910	
SC(B)10—500/10	500					1075	4275	0.5		45	2250	
SC(B)10—630/10	630					1200	5195	0.5	6	45	2660	
SC(B)10—800/10	800					1385	5960	0.4		45	3000	
SC(B)10—1000/10	1000					1600	6970	0.4		45	3520	
SC(B)10—1250/10	1250					1890	8300	0.4		47	4380	
SC(B)10—1600/10	1600					2220	10060	0.4		47	5650	
SC(B)10—2000/10	2000					3020	12390	0.3		47	6090	
SC(B)10—2500/10	2500					3640	14720	0.3		47	7250	

六、外形及安装尺寸

SC（B）9、SC（B）Z9、SC（B）10系列10kV级环氧树脂浇注干式配电变压器外形及安装尺寸，见表6-23。

表6-23 SC（B）$^{9}_{10}$、SC（B）Z9系列10kV级干式配电变压器外形尺寸

型号	阻抗电压（%）	无防护外壳（IP00）		带防护外壳（IP20）		轨距（mm）
		重量（kg）	外形尺寸（mm）（长×宽×高）	重量（kg）	外形尺寸（mm）（长×宽×高）	
SC（B）9—30/10	4	380	1000×630×800		1400×1200×1600	
SC（B）9—50/10		530	1000×630×880		1400×1200×1600	
SC（B）9—80/10		600	1050×630×980		1400×1200×1600	
SC（B）9—100/10		720	1050×630×1015		1400×1200×1600	
SC（B）9—125/10		820	1050×750×1015		1550×1300×1800	
SC（B）9—160/10		950	1050×750×1015		1550×1300×1800	
SC（B）9—200/10		1120	1100×750×1080		1550×1300×1800	
SC（B）9—250/10		1230	1100×750×1100		1550×1300×1800	
SC（B）9—315/10		1400	1180×1000×1120		1650×1400×1800	
SC（B）9—400/10		1700	1190×1050×1250		1650×1400×1800	
SC（B）9—500/10		1960	1200×1050×1370		1750×1400×2000	
SC（B）9—630/10	6	2400	1420×1080×1445		1750×1400×2000	
SC（B）9—800/10		2850	1600×1280×1550		1920×1500×2200	
SC（B）9—1000/10		3330	1600×1280×1640		1920×1500×2200	
SC（B）9—1250/10		4050	1750×1280×1720		2150×1500×2200	
SC（B）9—1600/10		5000	1900×1340×1825		2250×1600×2200	
SC（B）9—2000/10		5500	1900×1340×1900		2250×1600×2400	
SC（B）9—2500/10		6500	2000×1380×2060		2350×1650×2600	
SC（B）Z9—250/10	4	1500	2000×750×1450			660×660
SC（B）Z9—315/10		1650	2060×750×1500			
SC（B）Z9—400/10		1950	2090×750×1550			
SC（B）Z9—500/10		2250	2130×750×1650			
SC（B）Z9—630/10	6	2650	2200×1000×1700			820×820
SC（B）Z9—800/10		3000	2400×1000×1750			
SC（B）Z9—1000/10		3500	2400×1000×1940			
SC（B）Z9—1250/10		4450	2560×1000×1920			820×1140
SC（B）Z9—1600/10		5480	2700×1000×2025			820×1240
SC（B）Z9—2000/10		6000	2700×1000×2100			
SC（B）Z9—2500/10		7080	2800×1000×2260			820×1300

续表 6-23

型　号	阻抗电压（%）	无防护外壳（IP00）		带防护外壳（IP20）		轨距（mm）
		重量（kg）	外形尺寸（mm）（长×宽×高）	重量（kg）	外形尺寸（mm）（长×宽×高）	
SC（B）10—30/10	4	510	1000×630×820	580	1400×1200×1600	
SC（B）10—50/10		580	1000×630×900	650	1400×1200×1600	
SC（B）10—80/10		690	1050×630×1000	760	1400×1200×1600	
SC（B）10—100/10		740	1050×630×1035	810	1400×200×1600	
SC（B）10—125/10		870	1050×750×1120	960	1550×1300×1800	
SC（B）10—160/10		1040	1050×750×1165	1130	1550×1300×1800	
SC（B）10—200/10		1315	1100×750×1200	1405	1550×1300×1800	
SC（B）10—250/10		1425	1100×750×1245	1515	1550×1300×1800	
SC（B）10—315/10		1600	1180×1000×1195	1700	1650×1400×1800	
SC（B）10—400/10		1910	1190×1050×1295	2010	1650×1400×1800	
SC（B）10—500/10		2250	1200×1050×1420	2360	1750×1400×2000	
SC（B）10—630/10	6	2660	1420×1080×1465	2770	1750×1400×2200	
SC（B）10—800/10		3000	1600×1280×1630	3120	1920×1500×2200	
SC（B）10—1000/10		3520	1600×1280×1730	3650	1920×1500×2200	
SC（B）10—1250/10		4380	1750×1280×1820	4520	2150×1500×2200	
SC（B）10—1600/10		5650	1900×1340×1940	5800	2250×1600×2200	
SC（B）10—2000/10		6090	1900×1340×2020	6240	2250×1600×2400	
SC（B）10—2500/10		7250	2000×1380×2200	7440	2350×1650×2600	

七、订货须知

订货必须提供产品型号、额定容量、电压组合、高压分接范围、频率、连接组标号、短路阻抗、防护等级、冷却方式（AN 或 AF 风机）、是否配控温、订货数量、交货日期等要求。

八、生产厂

泰州海田电气制造有限公司。

6.5.3 宁波天安（集团）SC（B）9 系列

一、概述

宁波天安（集团）股份有限公司生产的 SC（B）9、SC（B）10 型树脂绝缘干式电力变压器是引进欧洲最新带填料薄绝缘真空浇注和箔式绕组技术，并在原有的德国 GEORG 公司剪切线、斯托伯格绕线机 ABB—MICAFIL 浇注设备等先进的生产装备的基础上，再次引进德国 HÜBERS 新一代带填料浇注设备、意大利新型箔式绕线机等制造而成的新一代低耗、低噪声干式变压器。

该系列产品结构合理，使用与监护简单方便。配备 BDWK 系列干式变压器用温度自动检测控制系统后，可实现超温报警及超温自动跳闸和自动起停风机等功能，为变压器安全可靠运行提供了有力保证。

该产品可广泛用于输变电系统、宾馆、饭店、高层建筑、商业中心、体育场馆、石化工厂、地铁、车站、机场、海上钻台、隧道等场所，特别适合于负荷中心和具有特殊防火要求的场所。

二、产品特点

（1）高低压线圈均采用铜导体，玻璃纤维增强，高真空状态下干燥和浇注环氧树脂。固化后形成的圆筒形整体，机械强度高，抗短路能力强。局部放电小，可靠性高，使用寿命长。

（2）阻燃、防爆、不污染环境。采用进口的环氧树脂加玻璃纤维复合绝缘材料，且环氧树脂中含有一定比例的石英粉，导热系数和阻燃性能比树脂加玻璃纤维材料有所提高，高温下树脂不会产生有害有毒气体。

（3）线圈不吸潮，铁芯夹件有特殊的防蚀涂层，可在高湿度和其它恶劣环境中运行。间断运行无需去潮处理。

（4）抗短路、雷电冲击水平高。

（5）线圈内外侧树脂层薄，散热性能好。冷却方式一般采用空气自然冷却（AN），对于任何防护等级的变压器都可配置风冷系统（AF），以提高短时过载能力，确保安全运行。

（6）低损耗，低噪声，节能效果好，运行经济，免维护。

（7）体积小，重量轻，占地空间少。安装费用低，不须考虑设置排油池、防火消防设施和备用电源等。

（8）因无火灾、爆炸之虑，可分散安装在负荷中心，充分靠近用电点，从而降低线路和节省昂贵的低压费用。

SC（B）10 型树脂绝缘干式电力变压器是在 SC（B）9 的基础上进行改进和提高，最显著的区别在于 SC（B）10 的负载损耗下降 5%，空载损耗下降 10%。其余都相同。

三、型号含义

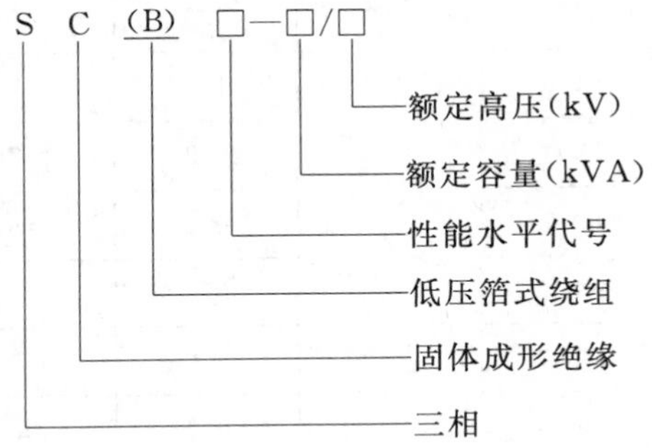

四、技术数据

（1）额定容量（kVA）：30～2500。

(2) 电压等级 (kV)：高压10 (10.5，11，6，6.3，6.6)；低压0.4。

(3) 分接范围：±2×2.5%或其它。

(4) 相数：3相。

(5) 频率 (Hz)：50。

(6) 连接组标号：D，yn11，Y，yn0或其它。

(7) 阻抗电压 (%)：4，6。

(8) 绝缘水平 (kV)：工频耐压35，冲击耐压75。

(9) 绝缘等级：F级。

(10) 空载损耗、负载损耗、空载电流、噪声等技术数据，见表6-24。

表6-24　SC (B) 9系列树脂浇注干式配电变压器技术数据

型　号	空载损耗 (W)	负载损耗 (75℃) (W)	短路阻抗 (%)	空载电流 (%)	噪声水平 (dB)	重量 (kg)	生产厂
SC9—30/10	200	650	4	2.2	40	320	宁波天安（集团）股份有限公司
SC9—50/10	300	920		2.0	40	360	
SC9—80/10	380	1270		1.8	40	420	
SC9—100/10	430	1450		1.8	42	460	
SC9—125/10	520	1700		1.6	42	550	
SC9—160/10	600	1960		1.4	42	660	
SC9—200/10	700	2330		1.4	44	810	
SC9—250/10	800	2540		1.4	44	920	
SC9—315/10	940	3200		1.2	46	1120	
SCB9—400/10	960	3680		1.2	46	1540	
SCB9—500/10	1150	4500		1.2	46	2075	
SCB9—630/10	1320	5400		1.0	47	2580	
SCB9—630/10	1280	5500	6	1.0	47	2370	
SCB9—800/10	1500	6400		1.0	47	2770	
SCB9—1000/10	1760	7500		0.8	47	3290	
SCB9—1250/10	2060	8900		0.8	48	4120	
SCB9—1600/10	2400	10800		0.8	48	4380	
SCB9—2000/10	3200	13300		0.6	50	5100	
SCB9—2500/10	3800	15800		0.6	50	6080	

五、外形及安装尺寸

该系列产品外形及安装尺寸，见表6-25及图6-8。

表 6-25 SC (B) 9 系列 10kV 级树脂浇注干式配电变压器外形及安装尺寸 单位：mm

型号	短路阻抗（%）	无外壳								带 IP20 防护外壳										生产厂
		a	b	c	d	g	h	k	i	a	b	c	d	g	g1	h	k	i	重量（kg）	
SC9—30/10	4	700	500	750	400	175	205	240	250	1360	1040	1163	400	175	480	205	240	250	320	宁波天安（集团）股份有限公司
SC9—50/10		920	650	950	550	180	210	315	250	1400	1120	1413	550	180	500	210	315	250	500	
SC9—80/10		960	650	950	550	210	220	315	250	1400	1120	1413	550	210	500	220	315	250	620	
SC9—100/10		960	650	970	550	210	220	315	250	1400	1120	1413	550	210	500	220	315	250	640	
SC9—125/10		990	650	1050	550	220	225	355	250	1560	1120	1585	550	220	500	225	355	250	800	
SC9—160/10		1040	650	1090	550	240	225	355	250	1560	1120	1585	550	240	500	225	355	250	900	
SC9—200/10		1080	650	1120	550	240	230	370	250	1560	1120	1585	550	240	500	230	370	250	1020	
SC9—250/10		1140	650	1120	660	250	235	390	250	1560	1160	1645	660	250	520	235	390	250	1180	
SC9—315/10		1260	800	1230	660	270	240	425	250	1680	1200	1665	660	270	540	240	425	250	1430	
SCB9—400/10		1320	800	1390	660	287	252	445	350	1720	1200	1785	660	287	540	352	445	350	1890	
SCB9—500/10		1360	800	1455	660	291	355	455	350	1720	1200	1785	660	291	540	355	455	350	2120	
SCB9—630/10		1460	800	1600	660	295	358	490	350	1720	1200	1785	660	295	570	358	490	350	2310	
SCB9—630/10	6	1460	800	1480	660	288	351	490	350	1840	1200	1785	660	288	570	351	490	350	2410	
SCB9—800/10		1520	960	1590	820	298	357	510	350	1960	1280	1835	820	298	600	357	510	350	2820	
SCB9—1000/10		1600	960	1720	820	315	374	535	350	1960	1280	1995	820	315	630	374	535	350	3340	
SCB9—1250/10		1640	960	1810	820	320	380	545	350	2040	1400	2195	820	320	650	380	555	350	3940	
SCB9—1600/10		1740	960	1835	820	337	392	580	350	2200	1400	2235	820	333	680	388	600	350	4860	
SCB9—2000/10		1890	1220	2060	1070	345	410	630	350	2200	1400	2395	1070	335	680	390	600	350	5250	
SCB9—2500/10		2070	1220	2180	1070	365	430	690	350	2480	1560	2515	1070	365	710	430	690	350	6150	

六、订货须知

订货必须提供产品型号、额定容量、相数、频率、额定电压（高压/低压）、分接范围、连接组标号、短路阻抗、冷却方式、防护外壳等级、使用条件、温控和湿控系统、订货数量和交货日期及其它等要求。

七、生产厂

宁波天安（集团）股份有限公司。

6.5.4 许继 SC (B) (Z)$_{10}^{9}$系列

许继变压器有限公司是著名的许继集团有限公司与香港 EMO 工程有限公司合资组建的高新技术企业，拥有一批高精加工设备和先进的测试仪器，专业化生产具有国内先进水平的 6、10、20、35kV 级各种规格的环氧树脂绝缘干式电力变压器。许继变压器有限公司长期与大专院校进行广泛的技术合作，并引进国内外新技术、新工艺、新设备、测试仪和微机测试系统等，使干式变压器产品质量稳定可靠。还建立了一套以质量为中心、以计

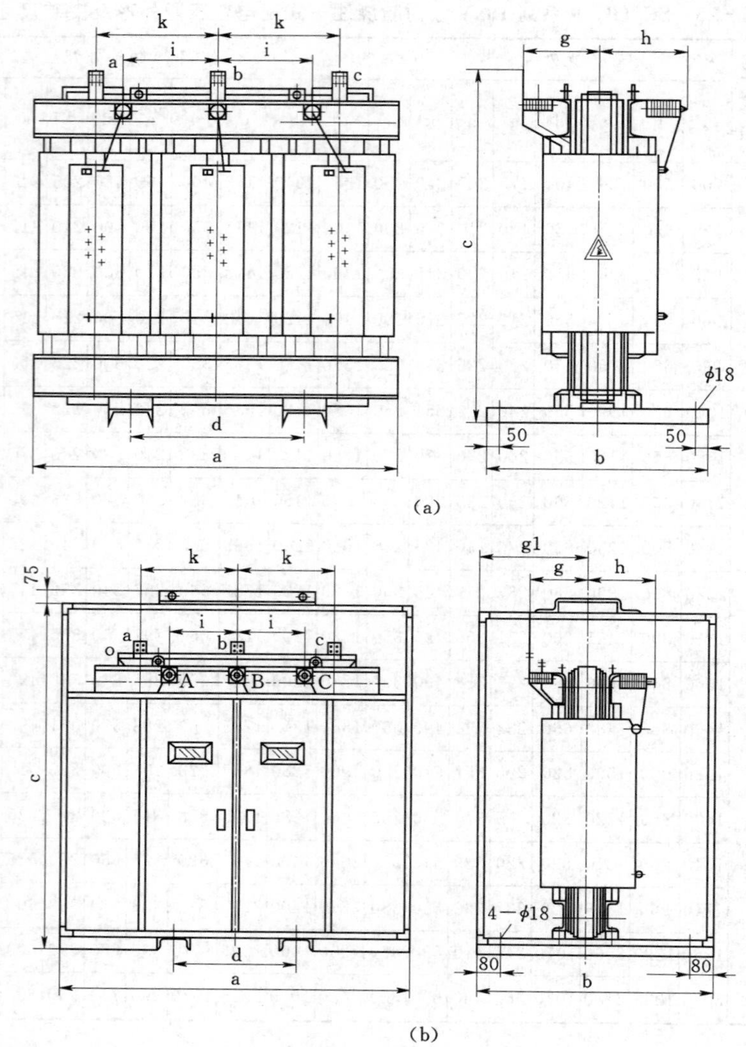

图6-8 宁波天安集团SC（B）9系列10kV级树脂浇注干式配电变压器外形及安装尺寸

（a）无外壳；（b）带IP20防护外壳

量、标准化为质量体系，从产品的设计、制造、测试、安装及服务各个环节，实施质量保证。具有先进的生产、测试设备、完善的测试手段。1997年通过ISO9001质量体系认证，1999年通过ISO14001环境管理体系认证。

（一）产品特点

（1）免维护。

（2）阻燃和对环境具有良好的适应性。

（3）设计精巧，占地面积小，安装简单。

（4）节能低损耗。

(5) 低噪音。

(6) 过载能力强。

(7) 抗短路能力强。

(8) 过电压时具有很强的绝缘能力。

(9) 可安装在环境恶劣的场合。

(10) 强迫风冷时可提高容量运行。

高、低压线圈按额定容量大小分别采用圆铜线、扁铜线、铜箔绕制，采用瑞士汽巴—嘉基带填料环氧树脂系统，玻璃丝纤维增强，在真空状态下实现无气泡浇注。

线圈绝缘层热膨胀系数十分接近于铜导体，并且具有良好的导热性能，线圈运行时具有优越的抗冲击、抗温度变化和抗裂性能。

铜带从德国进口，铜带两边缘呈圆弧形，完全消除了由于边缘毛刺破坏线圈匝间绝缘的危险，使得线圈匝间绝缘更可靠。

每个线圈都经局部放电测试，放电量小于 5pC。

蜂窝式冷却气道设置合理，散热好，过载能力强。

铁芯采用日本进口优质高导磁、低损耗、冷轧晶粒取向硅钢片制造，45°全斜接缝，步进叠装结构，空载损耗降低约 20%，激磁电流小。芯柱采用高强度绝缘带绑扎紧实牢固，噪声比国内同类产品低 10～15dB，平板式夹件具有良好的通风效果。

变压器低压出线方式：有常规出线、标准封闭母线、标准横排侧出线、标准立排侧出线、配零序 CT 及其它。对于额定容量≤2000kVA 的变压器，仍按常规出线，其侧出线由用户用软电缆连接。额定容量≥2000kVA 时，a、b、c 三相低压采用双铜排出线，两铜排间距为 10mm。

温度控制系统见图 6-9。

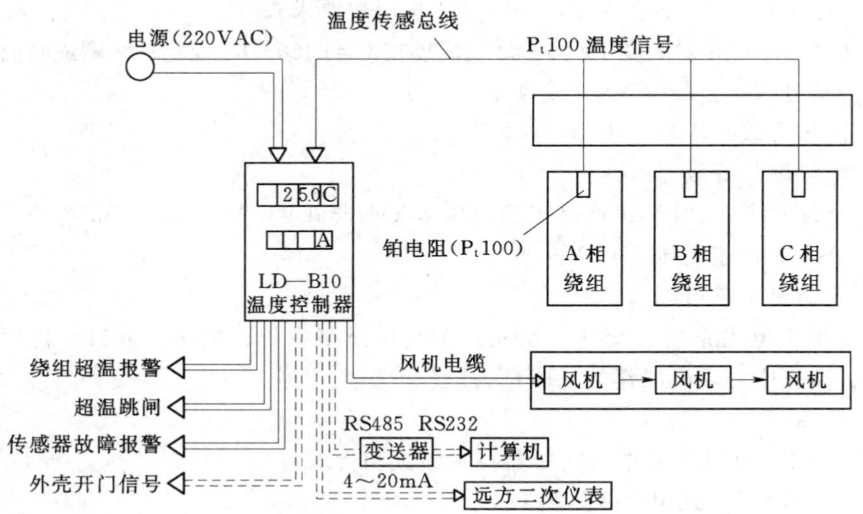

图 6-9 LD—B10 系列温度控制系统

控温、测温功能一体化设计。

超温报警、跳闸均可由传感 P_t100 信号动作，进一步提高系统可靠性。

抗干扰性能完全满足 JB/T 7631—94《变压器用电阻温度计》要求。

可按用户需要提供变压器绕组最高温度 4～20mA 模拟量输出或 RS232 计算机接口，适应现代自动化监控。

简洁实用的外观及性能设计，充分考虑用户的各种需要，安装方式灵活、快捷。

带外壳（IP20）产品的温控器装于外壳低压侧。

不带外壳产品的温控器装于变压器本体支架，方便实现系统的不停电检修。

LD—B10 系列温控器功能：

(1) 三相绕组温度巡检和最大值，历史最高温度记录。

(2) 风机启停自动控制/手动控制显示并输出（触点容量 7A/250VAC）。

(3) 超温报警、超温跳闸触点输出（触点容量 7A/250VAC 或 10A/24VDC）。

(4) 仪表故障自检，传感器故障报警。

(5) 绕组最高温度 4～20mA 模拟量输出（此功能为可选项）。

(6) RS232C 计算机接口输出，传输距离 1200m（含计算机温度监控软件）。（此功能为可选项）

(二) 产品技术数据

(1) 电压等级（kV）：10/0.4，20/0.4，35/0.4，35/10。

(2) 调压方式：无励磁调压或有载调压。

(3) 分接范围：±5%或±2×2.5%。

(4) 容量（kVA）：50～20000。

(5) 频率（Hz）：50，60。

(6) 相数：三相或单相。

(7) 连接组别：Y，yn0 或 D，yn11（或按用户要求）。

(8) 使用环境：相对湿度 100%；环境温度按 GB 6450—86 规定；线圈最高温升 100K。

(9) 冷却方式：自冷（AN）或风冷（AF）。

(10) 防护等级：IP00、IP20（户内型）。

(11) 绝缘耐热等级：F 级。

(12) 绝缘水平：10kV 级产品工频耐压 28kV、35kV，冲击耐压 75kV。35kV 级产品工频耐压 70kV，冲击耐压 170kV。

(三) 产品应用范围

广泛应用于电力系统、交通、地铁、车站、公路系统、机场、港口、公用建筑、宾馆、医院、商业中心、高层建筑、体育场馆、工矿企业等。

(四) 产品标准

GB/T 10228—9《干式电力变压器技术参数和要求》；

GB 6450—86《干式电力变压器》；

IEC 726—82《干式电力变压器》；

IEC 76—80《电力变压器》；

DIN 42523—87《浇注树脂干式变压器》。

一、许继 SC (B)$^{9}_{10}$系列 10～35kV 级干式电力变压器

(一) 型号含义

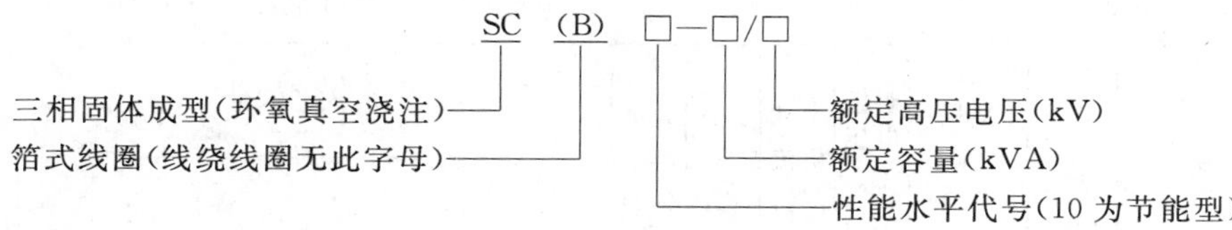

(二) 技术数据

许继变压器有限公司 SC (B)$^{9}_{10}$系列 10kV 级干式电力变压器技术数据见表 6-26，20kV 级见表 6-27，35kV 级见表 6-28。

表 6-26 SC (B)$^{9}_{10}$系列 10kV 级 30～2500kVA 干式电力变压器技术数据

额定电压：10 (11，10.5，6.6，6.3，6) kV　　连接组别：Y，yn0 或 D，yn11

额定低压：0.4kV　　绝缘水平：L175AC35/L10AC3

型号	空载损耗 P_0 (W)	负载损耗 P_K (75℃) (W)	阻抗电压 U_K (%)	空载电流 (%)	噪音 (A) (dB)	重量 G_T (kg)	外形尺寸 (mm)									
							a	b	c	d	d1	e	f	g	k1	k2
SC10—30/10	190	560		1.4	39	320	750	520	750	420	460	190	275	670	250	65
SC10—50/10	260	850		1.2	39	370	800	520	890	460	460	210	280	800	270	65
SC10—80/10	320	1100		1.2	39	480	930	620	920	520	520	220	290	830	315	65
SC10—100/10	350	1370		1.0	40	640	920	620	920	520	520	225	295	820	315	65
SC10—125/10	430	1600		0.8	42	660	1020	620	1020	520	520	230	300	930	340	70
SC10—160/10	480	1855		0.8	44	860	1080	620	1090	520	520	240	305	1000	360	80
SC10—200/10	550	2205		0.8	44	930	1080	620	1150	520	520	245	310	1060	360	80
SC10—250/10	650	2400		0.8	45	1120	1140	620	1210	520	520	245	315	1110	380	80
SC10—315/10	750	3030		0.6	46	1400	1200	850	1305	660	820	250	320	1200	400	100
SC10—400/10	790	3485		0.6	46	1640	1230	850	1340	660	820	260	325	1230	410	120
SC10—500/10	920	4250		0.6	46	1900	1290	850	1420	660	820	265	330	1310	430	120
SC10—630/10	1200	5120	4	0.5	46	2420	1380	850	1720	660	820	265	330	1580	460	130
SC10—630/10	1090	5200		0.5	46	2200	1440	850	1450	660	820	265	330	1330	480	120
SCB10—800/10	1240	6070		0.5	46	2700	1470	1050	1590	820	1010	270	335	1460	490	120
SCB10—1000/10	1440	7100		0.4	46	3380	1590	1050	1670	820	1010	280	345	1500	530	140
SCB10—1250/10	1600	8460		0.4	49	3960	1650	1050	1790	820	1010	285	350	1640	550	140
SCB10—1600/10	1900	10245		0.4	49	4540	1680	1050	2030	820	1010	300	360	1850	560	140
SCB10—2000/10	2600	12620		0.3	49	5780	1920	1190	2040	1070	1140	310	375	1940	640	160
SCB10—2500/10	3150	14995		0.3	49	6360	2070	1190	2050	1070	1140	320	385	1910	690	180
SC9—30/10	200	560		1.4	40	320	750	520	750	420	460	190	275	670	250	65
SC9—50/10	260	850		1.2	40	370	800	520	890	460	460	210	280	800	270	65
SC9—80/10	320	1100		1.2	40	480	930	620	920	520	520	220	290	830	315	65
SC9—100/10	350	1450		1.0	41	580	920	620	905	520	520	220	290	820	315	65

续表 6-26

额定电压：10（11，10.5，6.6，6.3，6）kV　　连接组别：Y，yn0 或 D，yn11

额定低压：0.4kV　　绝缘水平：L175AC35/L10AC3

型号	空载损耗 P_0（W）	负载损耗 P_K（75℃）（W）	阻抗电压 U_K（%）	空载电流（%）	噪音（A）（dB）	重量 G_T（kg）	外形尺寸（mm）									
							a	b	c	d	d1	e	f	g	k1	k2
SC9—125/10	430	1600		0.8	43	660	1020	620	1015	520	520	230	300	930	340	70
SC9—160/10	480	1950		0.8	45	820	1080	620	1090	820	520	240	305	1000	360	80
SC9—200/10	550	2300		0.8	45	930	1080	620	1150	520	520	240	310	1060	360	80
SC9—250/10	650	2400	4	0.8	46	1120	1140	620	1210	520	520	245	315	1110	380	80
SC9—315/10	750	3100		0.6	47	1280	1200	850	1305	660	820	250	320	1200	400	100
SC9—400/10	790	3600		0.6	47	1500	1230	850	1340	660	820	260	325	1230	410	120
SC9—500/10	920	4250		0.6	47	1900	1290	850	1420	660	820	265	330	1310	430	120
SC9—630/10	1200	5400		0.5	47	2300	1380	850	1690	660	820	265	330	1580	460	130
SC9—630/10	1090	5400		0.5	47	2050	1400	850	1430	660	820	265	330	1330	480	120
SCB9—800/10	1240	6450		0.5	47	2520	1470	1050	1570	820	1010	270	335	1460	490	120
SCB9—1000/10	1440	7300		0.4	47	3190	1590	1050	1640	820	1010	280	345	1500	530	140
SCB9—1250/10	1600	8800	6	0.4	50	3800	1650	1050	1770	820	1010	285	350	1630	550	140
SCB9—1600/10	1900	10800		0.4	50	4300	1680	1050	2010	820	1010	285	350	1850	560	140
SCB9—2000/10	2600	13200		0.3	50	5600	1920	1190	1990	1070	1140	310	375	1870	640	160
SCB9—2500/10	3150	15800		0.3	50	6150	2070	1190	2060	1070	1140	320	385	1920	690	180

表 6-27　SC（B）$^{9}_{10}$系列 20kV 级干式电力变压器技术数据

主要技术参数：20/0.4（10.5，6.3，6）kV　50Hz，AC：50kV

型号	空载损耗 P_0（W）	负载损耗 P_K（75℃）（W）	阻抗电压 U_K（75℃）（%）	空载电流 I_0（%）	噪音（A）（dB）	外形尺寸（mm）							重量 G_T（kg）
						a	b	c	d	d1	e	f	
SC9—100/20	390	1900	6	1.4	45	1100	720	1100	520	520	245	450	560
SC9—125/20	400	2300	6	1.4	45	1120	720	1150	520	520	255	460	620
SC9—160/20	500	2400	6	1.4	46	1250	720	1150	520	520	260	480	510
SC9—200/20	560	2600	6	1.4	46	1250	720	1250	520	520	275	455	900
SC9—250/20	650	3000	6	1.2	46	1440	720	1350	660	520	280	465	1050
SC9—315/20	780	3450	6	1.2	49	1440	850	1360	660	820	280	465	1500
SC9—400/20	900	3900	6	1.2	49	1440	850	1360	660	820	290	470	1500
SC9—500/20	1000	5000	6	1.2	51	1560	1050	1600	1050	1010	350	475	1520
SC9—630/20	1300	6200	6	1.2	51	1560	1050	1680	1050	1010	375	500	2100

续表 6-27

主要技术参数：20/0.4 (10.5，6.3，6) kV 50Hz，AC：50kV

型号	空载损耗 P_0 (W)	负载损耗 P_K (75℃) (W)	阻抗电压 U_K (75℃) (%)	空载电流 I_0 (%)	噪音 (A) (dB)	外形尺寸 (mm)							重量 G_T (kg)
						a	b	c	d	d1	e	f	
SCB9—800/20	1520	8000	6	1.0	52	1650	1050	1700	1050	1010	380	510	2510
SCB9—1000/20	1800	10100	6	1.0	52	1700	1050	1900	1050	1010	390	515	3500
SCB9—1250/20	2100	12100	6	1.0	52	1800	1050	1920	1050	1010	395	530	4350
SCB9—1600/20	2500	14400	6	1.0	55	1830	1050	2200	1050	1010	400	540	5400
SCB9—2000/20	3000	16500	7	1.0	55	1950	1190	2150	1070	1140	420	560	6250
SCB9—2500/20	3500	18900	7	1.0	57	2100	1190	2150	1070	1140	430	570	7100
SCB9—3150/20	4650	23000	8	0.8	59	2280	1350	2270	1070	1300	435	575	8500
SCB9—4000/20	5500	26500	8	0.8	59	2500	1350	2500	1070	1300	420	600	10000
SCB9—5000/35	6500	30400	8	0.6	63	2740	1350	2550	1070	300	460	610	11850
SCB9—6300/35	8000	35700	9	0.6	63	2950	1850	2800	1475	1800	480	625	14600
SCB9—8000/35	9650	40000	9	0.5	63	2980	1850	2900	1505	1800	500	630	18900
SCB9—10000/20	11000	4500	9	0.5	63	3400	1850	2950	1505	1800	540	650	24500

表 6-28 SC (B)$^{9}_{10}$系列 35kV 级干式电力变压器技术数据

主要技术参数：35/0.4 (11，10.5，6.6，6.3，3.3) kV 50Hz，AC：70kV

型号	空载损耗 P_0 (W)	负载损耗 P_K (75℃) (W)	阻抗电压 U_K (%)	空载电流 I_0 (%)	噪音 (A) (dB)	外形尺寸 (mm)							重量 G_T (kg)
						a	b	c	d	d1	e	f	
SC9—100/35	570	1800	6	2.6	45	1420	720	1250	520	520	236	490	830
SC9—125/35	650	2000	6	2.5	45	1420	720	1250	520	520	240	505	950
SC9—160/35	710	2500	6	2.4	46	1440	720	1350	520	520	265	520	1100
SC9—200/35	800	3200	6	2.2	46	1440	720	1400	520	520	275	530	1250
SC9—250/35	870	3700	6	2.0	49	1460	720	1610	520	520	285	570	1450
SC9—315/35	1020	4250	6	2.0	50	1540	820	1650	660	820	300	575	1550
SC9—400/35	1300	4300	6	1.9	51	1670	820	1690	660	820	310	590	1610
SC9—500/35	1500	4700	6	1.9	51	1700	1050	1720	820	1050	350	595	2100
SC9—630/35	1850	7900	6	1.8	52	1790	1050	1780	820	1050	370	595	2300
SCB9—800/35	2100	8540	6	1.5	52	1850	1050	1900	820	1050	385	610	2950
SCB9—1000/35	2600	9900	6	1.4	55	1920	1050	1950	820	1050	395	620	3600
SCB9—1250/35	3100	12000	6	1.3	55	2080	1050	2100	820	1050	400	630	4250
SCB9—1600/35	3650	15000	6	1.2	55	2200	1050	2150	820	1050	400	650	5400
SCB9—2000/35	4000	16500	7	1.1	55	2350	1190	2220	1190	1190	430	650	5950

续表 6-28

主要技术参数：35/0.4（11，10.5，6.6，6.3，3.3）kV　50Hz，AC：70kV

型　号	空载损耗 P_0（W）	负载损耗 P_K（75℃）（W）	阻抗电压 U_K（%）	空载电流 I_0（%）	噪音（A）（dB）	外形尺寸（mm）							重量 G_T（kg）
						a	b	c	d	d1	e	f	
SCB9—2500/35	4750	19200	7	1.1	57	2400	1190	2300	1190	1190	435	650	6500
SCB9—3150/35	5800	24000	8	1.0	57	2790	1340	2350	1190	1190	460	670	9500
SCB9—4000/35	6800	27400	8	1.0	60	2790	1340	2400	1190	1190	470	680	11600
SCB9—5000/35	8050	32000	8	0.9	60	3000	1340	2480	1190	1190	485	710	13800
SCB9—6300/35	9600	37000	8	0.8	64	3400	1840	2650	1475	1475	500	720	16500
SCB9—8000/35	10800	41000	9	0.8	64	3400	1840	2750	1475	1475	545	730	22000
SCB9—10000/35	12500	46000	9	0.6	64	4000	1840	2850	2300	2300	640	750	27000
SCB9—12500/35	16000	48500	9	0.6	64	4100	1880	3200	2300	2300	650	770	35400
SCB9—16000/35	19500	54000	9	0.5	65	4300	1880	3400	2580	2580	800	850	41000
SCB9—20000/35	22500	63000	9	0.5	65	4500	1880	3600	2580	2580	810	900	43500

（三）外形及安装尺寸

许继变压器有限公司 SC（B）$^{9}_{10}$系列 10kV 级干式电力变压器外形及安装尺寸，见图 6-10；20kV 级见图 6-11；35kV 级见图 6-12。

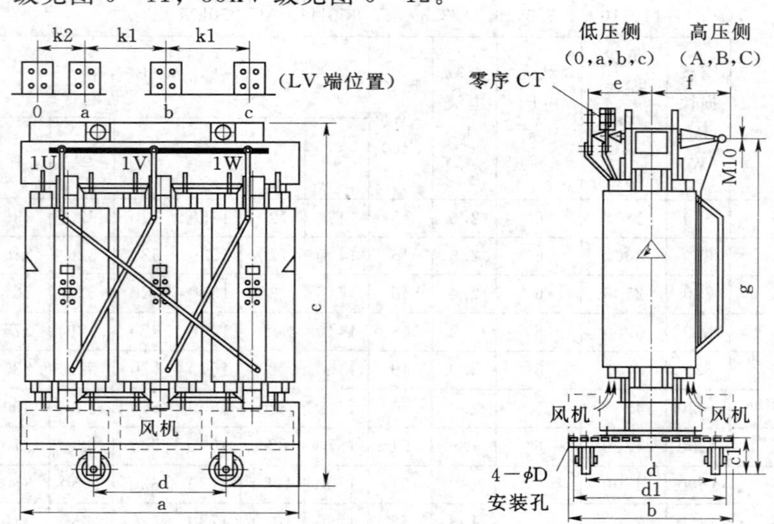

图 6-10　SC（B）$^{9}_{10}$系列 10kV 级 30～2500kVA 干式电力变压器外形及安装尺寸

注　1. 变压器容量 Sn≤80kVA 不带小车轮；100kVA≤Sn≤630kVA 时，c1＝160；Sn≥800kVA，c1＝240。

2. 变压器安装开孔位置尺寸为 d×d1，孔径 ϕ14（S≤630kVA），ϕ18（S≥800kVA）。

3. 强迫风冷系统（风机）尺寸不超过本体尺寸（a×b）范围。

4. 变压器在运输和运行时应将轮子去掉。

5. 为了方便现场维护及安全运行，变压器本体最大处距墙壁不得小于 1m。

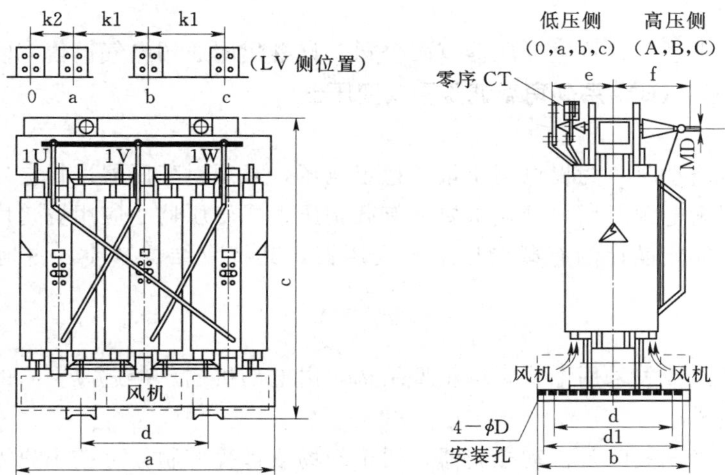

图 6-11 SC (B)$^{9}_{10}$系列 20kV 级干式电力变压器外形及安装尺寸

注 1. 变压器安装开孔位置尺寸为 d×d1，孔径 ϕ14 (S≤630kVA)，ϕ18 (S≥800kVA)，ϕ28 (S≥5000kVA)。
2. 强迫风冷系统（风机）尺寸不超过本体尺寸（a×b）范围。
3. 为了方便现场维护及安全运行，变压器本体最大处距墙壁不小于 1.5m。

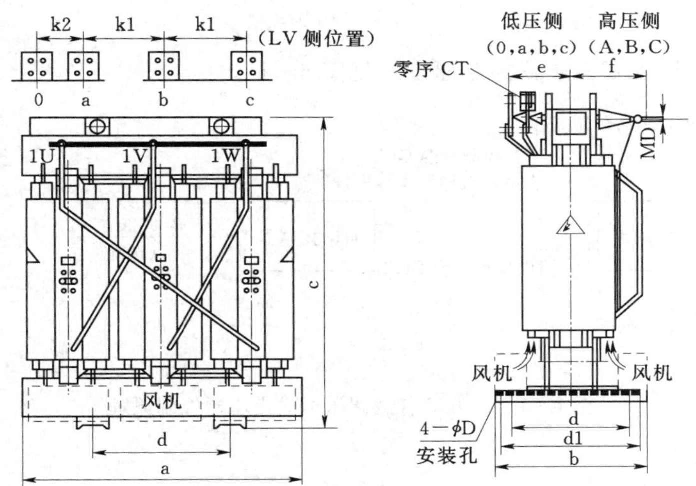

图 6-12 SC (B)$^{9}_{10}$系列 35kV 级干式电力变压器外形及安装尺寸

注 1. 变压器安装开孔位置尺寸为 d（左图）×d1（右图），孔径 ϕ14 (S≤630kVA)，ϕ18 (S≥800kVA)，ϕ28 (S≥5000kVA)。
2. 强迫风冷系统（风机）尺寸不超过本体尺寸（a×b）范围。
3. 为了方便现场维护及安全运行，变压器本体最大处距墙壁不小于 1.5m。

（四）订货须知

订货必须提供变压器型号、高低压额定电压、额定容量、连接组标号、温控温湿系统、冷却方式、分级范围、阻抗电压、防护等级、相数、频率、绝缘水平、使用条件、低压出线方式、订货数量等要求。

（五）生产厂

许继集团有限公司、许继变压器有限公司、许继集团通用电气销售有限公司。

二、许继 SCZ（B）$_{10}^{9}$系列有载调压干式变压器

（一）概述

当电网电压波动时，为提供高质量的稳定电压，必须对变压器进行电压调整。

可靠的不间断电源对用户越显重要，有载调压干式变压器的应用更趋广泛。

本产品为一体化设计的有载调压干式变压器，其特点结构紧凑、占地面积小、安装方便。

（二）结构

(1) 有载分接开关采用干式真空箱型结构，由电动机构、带过渡电阻的真空切换开关和分接选择器组成。

(2) 有载分接开关配备自动控制器，便于现场或远程控制，可按用户需要提供计算机接口。

(3) 有载调压变压器的低压端子、高压端子与同一容量无励磁调压变压器相同。

(4) 带外壳的有载产品，外壳在右侧面（面向开关）开单门。

(5) 有载调压变压器并联运行时，必须配置同步控制器，且并联运行台数不可超过4台。

（三）原理

10kV 有载调压干式变压器控制原理，见图 6-13。

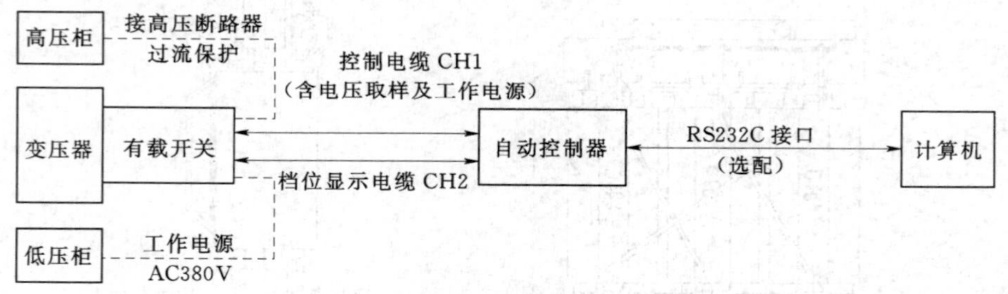

图 6-13 10kV 有载调压干式变压器控制原理

（四）型号含义

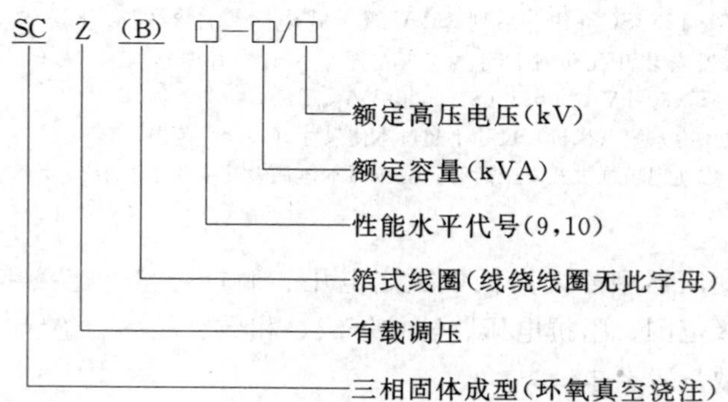

(五) 技术数据

许继变压器有限公司 SCZ (B)$^{9}_{10}$系列 10kV 级有载调压干式变压器技术数据，见表 6-29。

表 6-29 SCZ (B)$^{9}_{10}$系列 10kV 级有载调压干式变压器技术数据

额定高压：10（11，10.5，6.6，6.3，6）kV 额定低压：0.4kV 绝缘水平：L175AC35/L10AC3

连接组别：Y，yn0 或 D，yn11 分接范围：±4×2.5%（9 分接）

型号	空载损耗 P_o (W)	负载损耗 P_k (75℃) (W)	阻抗电压 U_k (%)	外形尺寸 (mm)									重量 (kg)
				a	b	c	d	d1	e	f	g	h	
SCZ9—250/10	700	2600	4	1600	1720	1600	520	710	245	315	1080	1200	1765
SCZ9—315/10	850	3340		1600	1720	1600	660	840	250	320	1180	1310	2020
SCZ9—400/10	920	3900		1720	1800	1800	660	820	260	325	1260	1365	2220
SCZ9—500/10	1150	4700		1720	1800	1800	660	820	265	330	1310	1430	2555
SCZ9—630/10	1300	5670		1920	2000	2200	660	820	265	330	1570	1720	2880
SCZ9—630/10	1200	5790	6	1920	2000	2200	660	820	265	330	1330	1440	3000
SCBZ9—800/10	1450	6800		1920	2000	2200	820	990	270	335	1460	1570	3320
SCBZ9—1000/10	1650	8000		2000	2000	2200	820	990	280	345	1500	1620	3780
SCBZ9—1250/10	2050	9700		2120	2000	2200	820	990	285	350	1720	1770	4530
SCBZ9—1600/10	2450	11400		2200	2000	2300	820	990	285	360	1860	2010	5140
SCBZ9—2000/10	2900	14000		2300	2200	2400	820	1060	310	375	1870	1990	6200
SCBZ9—2500/10	3450	16700		2500	2200	2400	1070	1060	320	385	1920	2060	7410

(六) 外形及安装尺寸

许继变压器有限公司 SCZ (B)$^{9}_{10}$系列 10kV 级有载调压干式变压器外形及安装尺寸，见图 6-14。

(七) 订货须知

订货必须提供产品的型号、额定容量、高低压额定电压及分接范围、相数、频率、连接组标号、温控温湿系统、绝缘水平、阻抗电压、防护等级、使用环境、冷却方式、低压出线方式、订货数量等要求。

(八) 生产厂

许继集团有限公司、许继变压器有限公司、许继集团通用电气销售有限公司。

三、许继 SC (B)$^{9}_{10}$系列带保护外壳干式变压器

(一) 概述

许继变压器有限公司 SC (B)$^{9}_{10}$系列带保护外壳干式变压器保护外壳的防护等级为 IP20 和 IP23 两种。

IP20 外壳可防止直径大于 12mm 的固体异物进入，为带电部分提供安全屏障。IP23

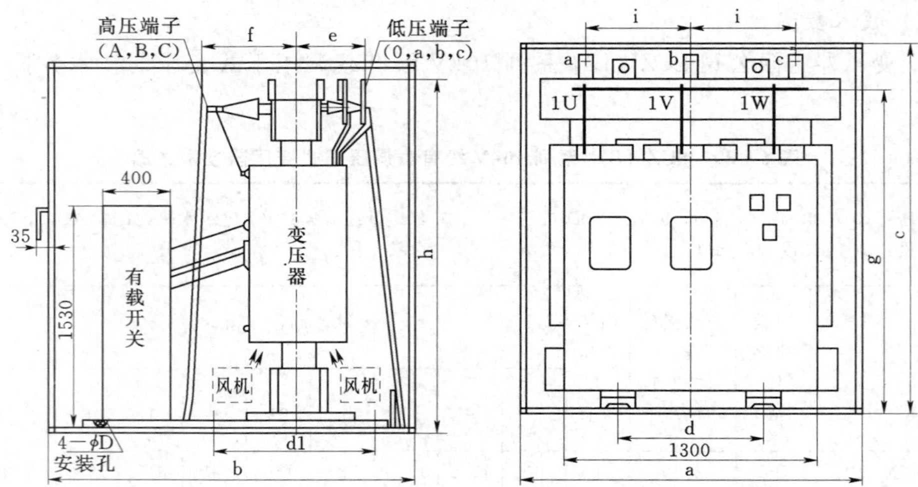

图 6-14 SCZ (B)$^{9}_{10}$系列 10kV 级有载调压干式变压器外形及安装尺寸

注 1. 变压器安装开孔位置为 d×d1，孔径 ϕ14 (S≤630kVA)，ϕ18 (S≥800kVA)。

2. 有载调压变压器出厂时不带小车轮。

3. 有载调压变压器本体不带外壳尺寸与带外壳尺寸基本上一样，其高度同无磁调压变压器。

4. 为了方便现场维护及安全运行，外壳距墙壁不得少于 1m。

5. 温控器安装在外壳低压侧。

外壳更兼具备防止与垂直线成 60°角以内的水滴流入，可适用于户外运行。

IP23 外壳会使变压器冷却能力下降，容量较小（S≤630kVA）的下降约 5%，容量较大（S≥800kVA）的下降约 10%。

配备高压及低压电缆进（出）线支撑架接线更方便。

温控器安装在外壳低压侧。

（二）技术数据

许继变压器有限公司 SC (B)$^{9}_{10}$系列带保护外壳干式变压器技术数据，见表 6-30。

（三）外形及安装尺寸

产品的外形及安装尺寸，见图 6-15。

表 6-30 SC (B)$^{9}_{10}$系列带保护外壳干式变压器技术数据

额定高压：10 (11，10.5，6.6，6.3，6) kV　　连接组别：Y，yn0 或 D，yn11

额定低压：0.4kV　　绝缘水平：L175AC35/L10AC3

型号	阻抗电压 U_k (%)	外形尺寸 (mm)									重量 G_T (kg)
		a	b	c	d	d1	e	f	g	h	
SC9—30/10	4	1320	1120	1320	420	460	190	275	670	750	415
SC9—50/10		1320	1120	1320	460	460	210	280	800	890	620
SC9—80/10		1320	1120	1320	520	520	220	290	820	915	650
SC9—100/10		1320	1120	1320	520	520	220	290	820	915	740
SC9—125/10		1320	1120	1320	520	520	230	295	925	1015	890

续表 6-30

额定高压：10（11，10.5，6.6，6.3，6）kV　　连接组别：Y，yn0 或 D，yn11

额定低压：0.4kV　　绝缘水平：L175AC35/L10AC3

型　　号	阻抗电压 U_k（%）	外形尺寸（mm）									重量 G_T（kg）
		a	b	c	d	d1	e	f	g	h	
SC9—160/10	4	1520	1120	1520	520	520	240	295	995	1085	1005
SC9—200/10		1520	1120	1520	520	520	240	300	1060	1145	1125
SC9—250/10		1600	1120	1600	520	520	245	300	1110	1195	1300
SC9—315/10		1600	1120	1600	660	820	250	310	1200	1305	1515
SC9—400/10		1720	1200	1800	660	820	260	320	1225	1340	1890
SC9—500/10		1720	1200	1800	660	820	265	325	1310	1420	2170
SC9—630/10		1920	1320	2200	660	820	265	330	1570	1690	2470
SC9—630/10	6	1920	1320	2200	660	820	265	330	1320	1430	2530
SCB9—800/10		1920	1320	2200	820	1010	270	335	1460	1570	2960
SCB9—1000/10		2000	1320	2200	820	1010	280	345	1500	1640	3495
SCB9—1250/10		2120	1400	2200	820	1010	285	350	1630	1770	4295
SCB9—1600/10		2200	1400	2300	820	1010	300	350	1850	2010	5065
SCB9—2000/10		2300	1600	2400	1070	1070	310	375	1870	1990	6050
SCB9—2500/10		2500	1600	2400	1070	1070	330	385	1920	2060	6790

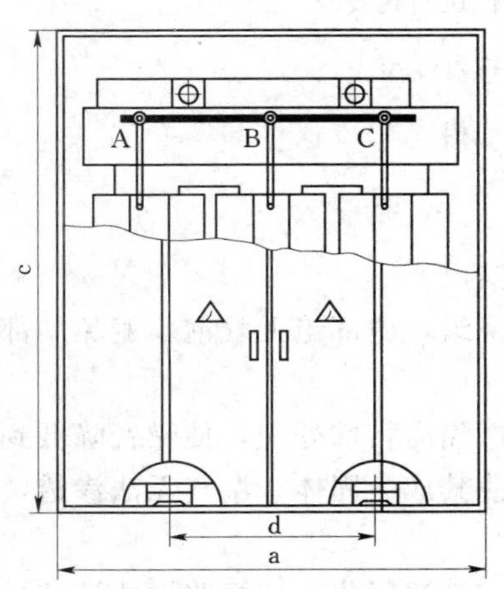

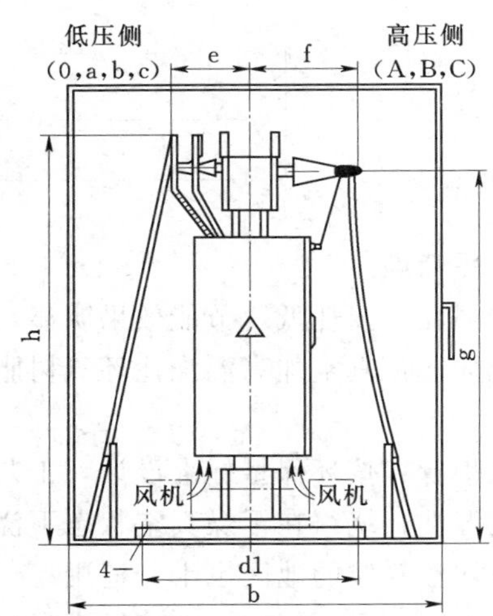

图 6-15　SC (B)$^{9}_{10}$系列 10kV 电力干式变压器 IP20 外壳尺寸

注　1. 变压器安装开孔位置为 d×d1，孔径 ϕ14（S≤630kVA），ϕ18（S≥800kVA）。

2. 变压器在出厂时不带小车轮。

3. 为了方便现场维护及安全运行，外壳距墙壁不得少于 1m。

4. 温控器安装在外壳低压侧。

（四）订货须知

订货必须提供型号、额定容量、高低压额定电压及分接范围、相数、频率、阻抗电压、连接组标号、防护等级、温控温湿系统、绝缘水平、冷却方式、使用条件、低压出线方式、订货数量等要求。

（五）生产厂

许继集团有限公司、许继变压器有限公司、许继集团通用电气销售有限公司。

6.5.5 “亚地”SC（B）10—Z系列

一、概述

苏州亚地特种变压器有限公司生产的SC（B）10—Z系列具有安全型、环保型、低噪音环氧树脂干式变压器，适用于高层建筑、住宅区、医院、机场等许多场合，可深入负荷中心。

该产品为安全可靠理想的环氧树脂变压器，各项性能符合GB 6450、GB/T 10228—97、JB/T 10088—99、JB/T 56009—98、ZBK 41003—98、IEC 726标准。

二、型号含义

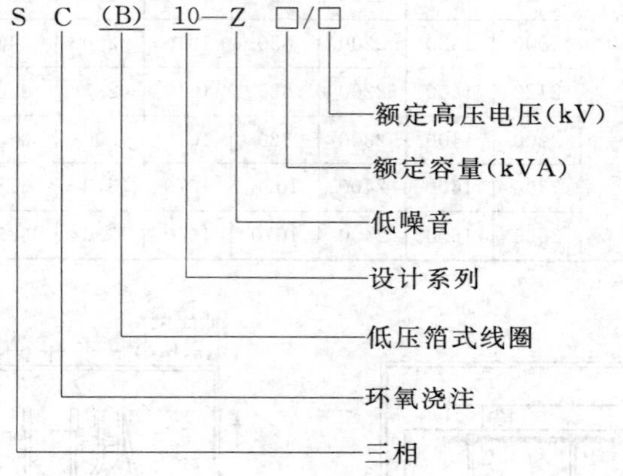

三、产品特点

（1）低损耗：损耗低，节能效果明显，经济实惠。

（2）低局放：真空加高温浇注环氧树脂高压绕组，内部绝无气泡，避免局部放电起决定性作用。

（3）低噪音：按环保型标准设计，工艺作防振隔离特殊处理，使噪音降低到最低。

（4）抗湿性：绕组在干燥真空状态下浇注，使其成为固体，湿气无法渗透，对环境条件较差及海洋性气候的地区也十分适用。

（5）抗短路冲击：绕组在玻璃纤维强化中真空浇注固化，抗短路性能远超过其它结构的变压器，当发生短路时，线圈不会出现位移。

（6）耐热冲击：绕组不会因温度激烈变化而发生开裂或变化。

（7）耐雷击能力强：能承受一切所规定要求的耐压及冲击电压的能力。

（8）高过载能力：浇注式变压器具有较大绕组热时间常数，对短时间超载远优于其它类型变压器。强迫风冷（AF）方式最高可增加50%的使用容量。

（9）过温保护：该变压器可配备温控、湿显系统，通过预埋在低压绕组中的PTC测温元件测取信号。直观显示各绕组温度，并可带计算机接口，实现远程温度监测。绕组温度大于80℃时系统内自动启动风机冷却，低于60℃自动停止风机，并设有报警及跳闸功能。

表6-31 "亚地"SC（B）10—Z系列环氧树脂浇注干式变压器技术数据

<table>
<tr><th rowspan="2">型　号</th><th colspan="2">空载损耗（W）</th><th rowspan="2">负载损耗（75℃）（W）</th><th rowspan="2">短路阻抗（%）</th><th rowspan="2">空载电流（%）</th><th colspan="2">噪声水平（dB）</th><th colspan="2">外形尺寸（长×宽×高）（mm）</th><th rowspan="2">重量（kg）</th><th rowspan="2">轮距（mm）</th></tr>
<tr><th>标准</th><th>节能</th><th>标准</th><th>低噪</th><th>无防护外壳</th><th>带防护外壳</th></tr>
<tr><td>SC10—Z—30/10</td><td>240</td><td>180</td><td>720</td><td rowspan="12">4</td><td>2.0</td><td>54</td><td>45</td><td>880×660×700</td><td></td><td>300</td><td>400</td></tr>
<tr><td>SC10—Z—50/10</td><td>340</td><td>260</td><td>1010</td><td>2.0</td><td>54</td><td>45</td><td>880×660×715</td><td></td><td>390</td><td>400</td></tr>
<tr><td>SC10—Z—80/10</td><td>460</td><td>350</td><td>1400</td><td>2.0</td><td>55</td><td>47</td><td>910×600×940</td><td></td><td>415</td><td>400</td></tr>
<tr><td>SC10—Z—100/10</td><td>500</td><td>380</td><td>1610</td><td>2.0</td><td>55</td><td>47</td><td>930×740×1010</td><td></td><td>580</td><td>400</td></tr>
<tr><td>SC10—Z—125/10</td><td>590</td><td>450</td><td>1890</td><td>1.6</td><td>58</td><td>49</td><td>930×740×1085</td><td></td><td>640</td><td>550</td></tr>
<tr><td>SC10—Z—160/10</td><td>680</td><td>520</td><td>2170</td><td>1.6</td><td>58</td><td>51</td><td>1030×740×1110</td><td>1140×840×1260</td><td>720</td><td>550</td></tr>
<tr><td>SC10—Z—200/10</td><td>780</td><td>600</td><td>2580</td><td>1.4</td><td>58</td><td>51</td><td>1080×740×1150</td><td>1170×850×1300</td><td>870</td><td>550</td></tr>
<tr><td>SC10—Z—250/10</td><td>900</td><td>690</td><td>2820</td><td>1.4</td><td>58</td><td>51</td><td>1110×740×1180</td><td>1200×880×1330</td><td>1010</td><td>660</td></tr>
<tr><td>SC10—Z—315/10</td><td>1100</td><td>840</td><td>3550</td><td>1.1</td><td>59</td><td>51</td><td>1160×850×1270</td><td>1280×900×1420</td><td>1190</td><td>660</td></tr>
<tr><td>SC10—Z—400/10</td><td>1220</td><td>930</td><td>4080</td><td>1.1</td><td>59</td><td>51</td><td>1170×850×1410</td><td>1330×910×1560</td><td>1440</td><td>660</td></tr>
<tr><td>SC10—Z—500/10</td><td>1450</td><td>1110</td><td>4990</td><td>1.0</td><td>61</td><td>53</td><td>1260×850×1430</td><td>1360×930×1580</td><td>1720</td><td>660</td></tr>
<tr><td>SCB10—Z—630/10</td><td>1680</td><td>1400</td><td>6000</td><td>1.0</td><td>61</td><td>53</td><td>1460×850×1530</td><td>1500×970×1700</td><td>2010</td><td>820</td></tr>
<tr><td>SCB10—Z—630/10</td><td>1620</td><td>1350</td><td>6080</td><td rowspan="6">6</td><td>1.0</td><td>61</td><td>53</td><td>1460×850×1530</td><td>1660×1100×1730</td><td>2120</td><td>820</td></tr>
<tr><td>SCB10—Z—800/10</td><td>1900</td><td>1580</td><td>7110</td><td>0.8</td><td>63</td><td>56</td><td>1600×1070×1590</td><td>1660×1100×1790</td><td>2480</td><td>820</td></tr>
<tr><td>SCB10—Z—1000/10</td><td>2210</td><td>1840</td><td>8320</td><td>0.8</td><td>63</td><td>56</td><td>1790×1070×1680</td><td>1880×1160×1880</td><td>3300</td><td>820</td></tr>
<tr><td>SCB10—Z—1250/10</td><td>2610</td><td>2180</td><td>9930</td><td>0.8</td><td>64</td><td>56</td><td>1820×1070×1820</td><td>1900×1180×2000</td><td>3680</td><td>820</td></tr>
<tr><td>SCB10—Z—1600/10</td><td>3060</td><td>2550</td><td>12000</td><td>0.6</td><td>65</td><td>58</td><td>1940×1070×1880</td><td>2020×1210×2050</td><td>4610</td><td>820</td></tr>
<tr><td>SCB10—Z—2000/10</td><td>4150</td><td>3460</td><td>14800</td><td>0.6</td><td>65</td><td>58</td><td>1950×1070×1940</td><td>2020×1210×2100</td><td>5330</td><td>820</td></tr>
</table>

(10) 免维护保养：对环境无害，产品可直接安装于负载中心，防潮、抗湿热、阻燃、自熄、免维护。

四、技术数据

(1) 额定高压（kV）：10（10.5，11，6.6，6.3，6）。

(2) 额定低压（kV）：0.4。

(3) 绝缘水平（kV）：工频耐压35；雷电冲击电压75。

(4) 绝缘等级：F级。

(5) 噪声水平（dB）：低于国际，45～58。

(6) 调压方式：无载调压±2×2.5%或有载调压。

(7) 连接组别：D，yn11或Y，yn0。

(8) 冷却方式：自冷（AN）或风冷（AF）。

(9) 防护等级：IP00（无防护外壳）；IP20（有防护外壳，户内）；IP23（有防护外壳，户外）。

(10) 空载损耗、负载损耗、空载电流、短路阻抗等技术数据，见表6-31。

五、订货须知

订货时必须提供产品型号、相数、频定容量、电压组合、分接范围、绝缘水平、连接组别、短路阻抗、使用条件、冷却方式、外壳防护等级、低压出线方式、温控及其它特殊要求。

六、生产厂

苏州亚地特种变压器有限公司。

6.5.6 江变SC（B）$(Z)_{10}^{9}$系列

一、概述

江西变电设备有限公司生产的SC9、SCB9、SC10、SCB10系列树脂浇注薄绝缘干式变压器，以短玻璃丝为填料的浇注线圈采用分段圆筒式，线圈内部设置有轴向气道以改善散热条件。科学的浇注成型工艺可确保树脂充分渗透到匝间、层间，以保证产品的电器绝缘强度及较少的局放量（≤5pC）。如何防止树脂浇注体龟裂、控制浇注体内残留气泡的产生、把局放降低到最小极限，一直是国内外干变制造厂的重大课题，是树脂浇注干式变压器的关键制造技术。江西变电设备有限公司通过引进德国专家技术指导及反复的生产实践、频繁的理化试验，成功地解决了这一尖端难题，使以短玻璃丝为填料的薄绝缘真空浇注产品，其抗拉强度提高到170N/mm^2，弯曲强度提高到220N/mm^2，从整体上提高了树脂固化体的机械性能。

10kV级环氧树脂浇注干式变压器是一种城市防灾节能型变压器。该产品具有难燃、防火、防爆、防震、防尘、耐潮、安全可靠等特性，不用绝缘油，不存在渗漏油问题，无环境污染，维护简便，能深入负荷中心缩小供电半径，减少线路损耗，节约电能，提高供电质量。因而该系列产品具有广泛的应用前景，特别适用于高层建筑、车站、码头、工矿企业、医院、学校、商业中心、海上石油平台、船舶、石油化工厂、隧道、机场等场所，还十分适用于组合成套变电站。

二、产品使用条件

(1) 环境温度：最高气温+40℃，最高日平均气温+30℃，最高年平均气温+20℃，最低气温-15℃。

(2) 频率：50Hz或60Hz。

(3) 相对湿度：≤100%。

(4) 海拔：≤1000m。

(5) 安装场所无严重影响变压器绝缘的气体，如蒸气、化学气体及爆炸和腐蚀性介质。

(6) 安装场所无严重振动，保持良好通风，不受阳光直接照射。

三、产品结构

铁芯选用优质晶体取向冷轧硅钢片叠制，45°全斜接缝，表面用树脂涂层覆盖，上下夹件拉紧均采用拉紧螺杆结构。

高压线圈由铜导线绕制，然后由环氧树脂在真空下浇注而成。

低压线圈由铜导线或由铜箔浇制，干燥固化，然后用环氧树脂端部浇注。

线圈压紧和定位采用硅橡胶过渡缓冲结构，以防止变压器共振，降低噪声。

变压器高压侧备有分接端子，根据供电电压可进行调节。

江西变电设备有限公司在400kVA及以上容量的变压器装有温度测量数字显示的装置，测量低压线圈内部热点温度，并可配备温度控制的强迫风冷装置，可提高输出容量40%～50%。用户可根据需要选用温控器，具有监测数字显示三相低压绕组内部最高温度、三相测量线路断线的故障报警、自动启动和停止强迫风冷的风机、超温报警、超温跳闸、三相巡回显示的功能，为干式变压器提供可靠的保护装置，从而提高变压器运行的安全性。

变压器冷却方式有自然冷却（AN）和强迫通风冷却（AF）。在自然冷却条件下，可在额定容量下长期安全运行。也可以按用户需要，对带防护外壳和不带防护外壳产品，配装吹风冷却装置（AF）。当强迫吹风系统投入运行后，可增加输出额定容量的40%～50%。

变压器防护等级为IP00（变压器不配外壳），户内使用。用户需要可配带外壳IP20和IP23。IP20外壳可防止大于12mm的固体异物进入，给带电部件提供安全屏障。IP23还可防止与垂直线60°角以内的水滴流入，这种外壳冷却能力降低，较小容量的变压器约降低5%，较大容量的变压器约降低10%。

四、型号含义

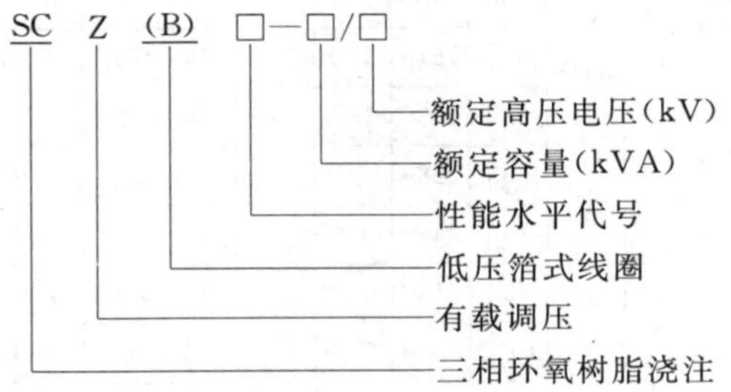

五、技术数据

（1）标准：GB 6450—86，ZBK 41003—88，IEC 726—83，DIN 42523—87，GB 1094.1～2—1996，GB 1094.3～5—1985，GB/T 10228—1997，JB 3837。

（2）额定容量（kVA）：30～20000。

（3）电压等级（kV）：35 及以下。

（4）相数：3 相或单相。

（5）频率（Hz）：50，60。

（6）连接组标号：Y，yn0，D，yn11（或按用户要求）。

（7）绝缘等级：F 级。

（8）最高温升：100K。

（9）温度限值：155℃。

（10）冷却方式：AN 或 AN/AF。

（11）防护等级：IP00，IP23（户内），IP23（户外）。

（12）绝缘水平：

额定电压（kV）	工频耐压（有效值，kV）	雷电冲击电压（最大值，kV）	额定电压（kV）	工频耐压（有效值，kV）	雷电冲击电压（最大值，kV）
<1	3		10	35	75
3	10	40	20	50	125
6	25	60	35	70	170

（13）局放量（pC）：<5。

（14）空载损耗、负载损耗、空载电流、短路阻抗、噪声水平等技术数据，见表 6-32。

表 6-32　SC（B）Z_{10}^{9}系列环氧树脂浇注干式变压器技术数据

型号	电压组合			连接组标号	空载损耗（W）	负载损耗（W）	空载电流（%）	短路阻抗（%）	噪声水平（dB）	重量（kg）	外形尺寸（长×宽×高）（mm）	
	高压（kV）	高压分接范围	低压（kV）								无外壳	带外壳
SC（B）9—30/10	6 6.3 6.6 10 10.5 11	±2×2.5%或±5%	0.4	Y，yn0或D，yn11	200	615	1.2	4	42	315	895×660×865	
SC（B）9—50/10					290	900	1.2		42	360	970×660×970	
SC（B）9—80/10					390	1200	1.1		42	415	1000×660×1005	
SC（B）9—100/10					430	1450	1.1		42	580	1030×660×1025	1350×950×1280
SC（B）9—125/10					500	1610	1.0		44	785	1050×660×1075	1430×950×1330
SC（B）9—160/10					580	1900	1.0		44	820	1090×660×1134	1460×950×1390
SC（B）9—200/10					665	2280			45	970	1150×660×1090	1490×950×1400
SC（B）9—250/10					765	2490	0.9		45	1090	1180×660×1190	1500×950×1420
SC（B）9—315/10					935	3140	0.8		46	1250	1230×770×1127	1510×950×1470
SC（B）9—400/10					1040	3600	0.8		46	1590	1360×960×1229	1560×1070×1525
SC（B）9—500/10					1230	4510	0.8		46	1740	1360×960×1307	1560×1250×1595

续表 6-32

型号	电压组合			连接组标号	空载损耗（W）	负载损耗（W）	空载电流（%）	短路阻抗（%）	噪声水平（dB）	重量（kg）	外形尺寸（长×宽×高）（mm）	
	高压（kV）	高压分接范围	低压（kV）								无外壳	带外壳
SC (B) 9—630/10	6 6.3 6.6 10 10.5 11	±2 × 2.5% 或 ±5%	0.4	Y， yn0 或 D， yn11	1400	5430	0.8	4	47	2110	1410×960×1375	1730×1250×1875
SC (B) 9—630/10					1360	5510	0.6	6	47	2020	1470×960×1316	1770×1250×1635
SC (B) 9—800/10					1540	6430	0.6		48	2300	1550×960×1419	1810×1250×1715
SC (B) 9—1000/10					1870	7500	0.5		48	2830	1600×960×1480	1900×1250×1875
SC (B) 9—1250/10					2220	8960	0.5		48	3350	1740×1255×1615	2040×1500×1910
SC (B) 9—1600/10					2540	10850	0.5		49	3970	1810×1255×1764	2110×1500×2050
SC (B) 9—2000/10					3330	13360	0.4		50	4800	1960×1255×1851	2270×1500×2130
SC (B) 9—2500/10					4000	15800	0.4		50	5400	2040×1255×1955	2380×1500×2260
SC (B) 10—30/10	6 6.3 6.6 10 10.5 11	±2 × 2.5% 或 ±5%	0.4	Y， yn0 或 D， yn11	190	560	1.0	4	40			
SC (B) 10—50/10					270	850	1.0		40			
SC (B) 10—80/10					360	1100	0.9		40			
SC (B) 10—100/10					400	1370	0.8		41			
SC (B) 10—125/10					460	1530	0.75		41			
SC (B) 10—160/10					530	1855	0.75		43			
SC (B) 10—200/10					605	2100	0.7		43			
SC (B) 10—250/10					705	2045	0.7		44			
SC (B) 10—315/10					870	3030	0.6		44			
SC (B) 10—400/10					970	3480	0.6		45			
SC (B) 10—500/10					1150	4260	0.6		45			
SC (B) 10—630/10					1315	5130	0.5		46			
SC (B) 10—630/10					1270	5205	0.5	6	46			
SC (B) 10—800/10					1485	6070	0.5		47			
SC (B) 10—1000/10					1730	7095	0.4		47			
SC (B) 10—1250/10					2045	8465	0.4		48			
SC (B) 10—1600/10					2100	10240	0.4		48			
SC (B) 10—2000/10					2860	12620	0.3		49			
SC (B) 10—2500/10					3460	14995	0.3		49			
SC (B) 9—315/35	35 38.5	±2 × 2.5% ±5%	0.4	Y， yn0 D， yn11	1140	3640	1.3	6	47	1570		
SC (B) 9—400/35					1330	4680	1.3		47	1810		
SC (B) 9—500/35					1565	5750	1.3		48	2130		
SC (B) 9—630/35					1800	6700	1.2		48	2450		
SC (B) 9—800/35					2110	7940	1.2		49	3060		
SC (B) 9—1000/35					2345	9130	1.2		49	3720		

续表 6-32

型号	电压组合			连接组标号	空载损耗（W）	负载损耗（W）	空载电流（%）	短路阻抗（%）	噪声水平（dB）	重量（kg）	外形尺寸（长×宽×高）（mm）	
	高压（kV）	高压分接范围	低压（kV）								无外壳	带外壳
SC（B）9—1250/35	35 38.5	±2 × 2.5% ±5%	0.4	Y，yn0 D，yn11	2740	11060	1.1	6	49	4120		
SC（B）9—1600/35					3130	13440	1.1		51	5270		
SC（B）9—2000/35					3675	15810	0.9		51	5990		
SC（B）9—2500/35					4000	18930	0.9		53	6870		
SC（B）9—800/35	35 38.5	±2 × 2.5% ±5%	3.5 6 6.3 10 10.5 11	Y，d11	2175	8165	1.2	6	49	3360		
SC（B）9—1000/35					2580	9500	1.2		49	4090		
SC（B）9—1250/35					3030	11210	1.1		49	4330		
SC（B）9—1600/35					3565	13435	1.1		51	5800		
SC（B）9—2000/35					4110	15810	1.0	7	51	6590		
SC（B）9—2500/35					4690	18930	1.0		53	7550		
SC（B）9—3150/35					5865	21300	0.9	8	57	8900		
SC（B）9—4000/35					6805	25610	0.9		57	9520		
SC（B）9—5000/35					8130	30360	0.7		57	12840		
SC（B）9—6300/35					9620	35480	0.7		59	13860		
SC（B）9—8000/35				Y，d11 YN，d11	10500	39340	0.6	9	59	16100		
SC（B）9—10000/35					12150	48245	0.6		61	21180		
SC（B）9—12500/35					14860	58070	0.5		61	25600		
SC（B）9—16000/35					18000	71760	0.5		61	35700		
SC（B）Z9—315/10	6 6.3 6.6 10 10.5 11	±4 × 2.5%	0.4	Y，yn0 D，yn11	935	3155	0.8	4	45			
SC（B）Z9—400/10					1040	3705	0.8		46			
SC（B）Z9—500/10					1230	4500	0.8		46			
SC（B）Z9—630/10					1405	5360	0.8		47			
SC（B）Z9—630/10					1360	5470	0.6	6	47			
SC（B）Z9—800/10					1540	6465	0.6		48			
SC（B）Z9—1000/10					1870	7645	0.5		48			
SC（B）Z9—1250/10					2220	9205	0.5		49			
SC（B）Z9—1600/10					2540	10900	0.5		49			
SC（B）Z9—2000/10					3330	13400	0.4		50			
SC（B）Z9—2500/10					4000	15810	0.4		50			

六、订货须知

订货时必须提供产品型号、额定容量、电压组合、调压方式、频率、相数、连接组标号、短路阻抗、冷却方式、防护等级、绝缘等级、绝缘水平、温控、使用条件及特殊要求。

七、生产厂

中国·人民电器集团江西变电设备有限公司。

6.5.7 “山海”SC (Z) (B)$^{9}_{10}$系列

一、概述

“山海”牌 SC（Z）（B）$^{9}_{10}$系列 10～35kV 环氧树脂浇注型绝缘干式电力变压器为广州特种变压器厂有限公司的“名牌”产品。该产品特点：

（1）结构设计先进合理，体积小，重量轻，安装方便，免维护，经济性能好。

（2）噪音低，损耗低，散热性能好，过负载能力强。

（3）防潮性能好，可在相对湿度 95％的环境中正常运行。

（4）局部放电量小，可保证在工作电压下长期安全运行。

（5）强迫风冷时，可使额定容量短时间增加 40％～50％。

（6）绝缘性能好，耐雷电冲击水平高，承受突发短路能力强。

（7）机械强度高和热稳定性好，由于绝缘材料的合理组合，可以获得与铜导体一致的温度膨胀系数，具有明显的抗冲击、抗温度变化和抗裂性能。

（8）电脑温控器自动监测与保护为变压器安全运行提供可靠保障。

（9）阻燃能力强，具有自动熄火的特性，可安装在负荷中心。

产品执行标准 GB 6450、IEC 60726、GB/T 10228，户内使用。

二、型号含义

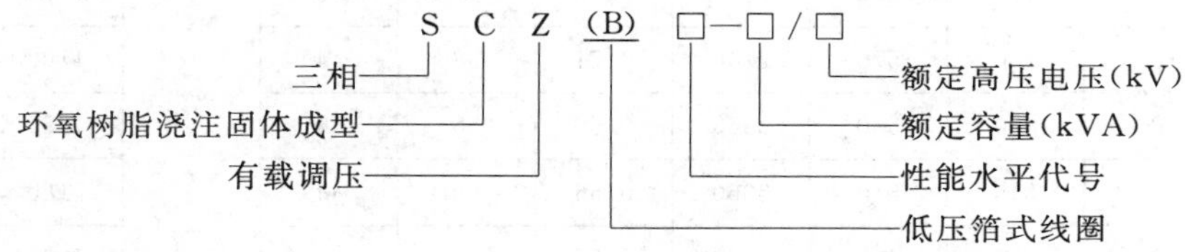

三、技术数据

（1）额定容量（kVA）：30～10000。

（2）额定高压电压（kV）：10（11，10.5，6，6.3，6.6）、35。

（3）额定低压电压（kV）：0.4。

（4）高压分接范围（％）：±5，±2×2.5，±4×2.5。

（5）频率（Hz）：50，60。

（6）相数：3 相，单相。

（7）连接组别：D，yn11；Y，yn0。

（8）调压方式：无励磁调压或有载调压。

（9）绝缘水平：

额定电压（kV）：6，10，20，35。

工频耐压（kV/5min）：20，35，50，75。

雷电冲击电压（kV）：60，75，125，170。

绝缘耐热等级（级）：F 或 H。

（10）最高温升（K）（线圈平均温升）：＜100（F级）；＜125（H级）。

（11）温度极限（℃）：155（F级绝缘线圈最热点）；180（H级绝缘线圈最热点）。

（12）冷却方式：AN（自然空气冷却）；AF（强迫空气冷却）。

（13）防护等级：IP00（无防护外壳）；IP20，IP23（有防护外壳）。

（14）海拔（m）：＜1000；＜4000（高原型）。

（15）环境温度（℃）：－30～＋40。

（16）相对湿度（%）：95。

（17）空载损耗、负载损耗、空载电流、噪声水平、阻抗电压技术数据，见表6-33。

表6-33 SC（Z）（B）$_{10}^{9}$系列10～35kV树脂绝缘干式变压器技术数据

型号	额定容量（kVA）	空载损耗（W）	负载损耗（W）	空载电流（%）	噪声水平（dB）		阻抗电压（%）	外形尺寸（mm）（长×宽×高）
					标准	低噪声		
SC9—30/10	30	190	530	1.2	51	41		940×530×860
SC9—50/10	50	250	830	1.2	53	41		940×530×930
SC9—80/10	80	330	1100	0.93	54	42		1100×650×845
SC9—100/10	100	350	1390	0.85	55	43		1100×650×1050
SC9—125/10	125	420	1550	0.75	57	43		1100×760×1130
SC9—160/10	160	490	1900	0.73	57	43	4	1100×760×1170
SC9—200/10	200	570	2200	0.71	58	44		1100×760×1170
SC9—250/10	250	650	2360	0.66	58	44		1180×760×1280
SC9—315/10	315	810	3050	0.66	59	44		1180×760×1335
SC9—400/10	400	900	3520	0.55	60	45		1230×760×1370
SC9—500/10	500	1130	4300	0.55	60	45		1260×760×1585
SC9—630/10	630	1200	5380	0.45	61	46		1475×970×1460
SC9—630/10	630	1150	5500	0.45	62	46		1475×970×1460
SC9—800/10	800	1350	6370	0.43	64	47		1480×970×1520
SC9—1000/10	1000	1600	7500	0.43	64	47		1635×970×1635
SC9—1250/10	1250	2100	9000	0.35	65	48	6	1665×970×1840
SC9—1600/10	1600	2300	10950	0.25	65	49		1830×1220×1970
SC9—2000/10	2000	2750	13100	0.25	66	50		1980×1220×2115
SC9—2500/10	2500	3300	15700	0.25	71	50		2050×1220×2190
SCB9—500/10	500	1080	4250	0.55	62	46		1300×760×1390
SCB9—630/10	630	1180	5350	0.45	62	46	4	1480×970×1420
SCB9—630/10	630	1100	5230	0.45	62	46		1480×970×1420

续表 6-33

型号	额定容量（kVA）	空载损耗（W）	负载损耗（W）	空载电流（%）	噪声水平（dB）		阻抗电压（%）	外形尺寸（mm）（长×宽×高）
					标准	低噪声		
SCB9—800/10	800	1310	6200	0.43	64	47	6	1550×970×1475
SCB9—1000/10	1000	1550	7430	0.43	64	47		1635×970×1530
SCB9—1250/10	1250	1970	8970	0.35	65	48		1665×970×1740
SCB9—1600/10	1600	2230	10900	0.25	65	49		1830×1220×1750
SCB9—2000/10	2000	2650	13060	0.25	66	49		1940×1220×1920
SCB9—2500/10	2500	3160	15630	0.25	71	49		2050×1220×1920
SC10—30/10	30	170	520	1.1	51	40	4	950×530×850
SC10—50/10	50	240	810	1.1	53	40		950×530×890
SC10—80/10	80	320	1060	0.93	54	40		1120×650×910
SC10—100/10	100	340	1350	0.85	55	41		1120×650×1010
SC10—125/10	125	410	1540	0.75	57	41		1150×760×1060
SC10—160/10	160	480	1830	0.73	57	42		1150×760×1100
SC10—200/10	200	550	2160	0.71	58	42		1150×760×1100
SC10—250/10	250	630	2330	0.66	58	42		1200×760×1210
SC10—315/10	315	770	3000	0.66	59	42		1200×760×1265
SC10—400/10	400	850	3440	0.55	60	43		1250×760×1310
SC10—500/10	500	1020	4200	0.55	60	43		1300×760×1460
SC10—630/10	630	1150	5100	0.45	61	45		1490×970×1460
SC10—630/10	630	1080	5180	0.45	62	45	6	1490×970×1460
SC10—800/10	800	1290	6050	0.43	64	47		1500×970×1500
SC10—1000/10	1000	1510	7060	0.43	64	47		1650×970×1550
SC10—1250/10	1250	1820	8430	0.35	65	48		1730×970×1780
SC10—1600/10	1600	2120	10200	0.25	65	49		1800×1220×1900
SC10—2000/10	2000	2400	12540	0.25	66	49		1960×1220×2040
SC10—2500/10	2500	2860	14980	0.25	71	49		2020×1220×2120
SCB10—500/10	500	1020	4200	0.55	62	43	4	1350×760×1360
SCB10—630/10	630	1150	5100	0.45	62	45		1500×970×1390
SCB10—630/10	630	1080	5180	0.45	62	45	6	1500×970×1390
SCB10—800/10	800	1290	6050	0.43	64	47		1550×970×1445
SCB10—1000/10	1000	1510	7060	0.43	64	47		1635×970×1500
SCB10—1250/10	1250	1820	8440	0.35	65	48		1665×970×1710
SCB10—1600/10	1600	2120	10170	0.25	65	49		1800×1220×1760
SCB10—2000/10	2000	2400	12540	0.25	66	49		1950×1220×1890
SCB10—2500/10	2500	2860	14980	0.25	71	49		2050×1220×1990

续表 6-33

型　号	额定容量 (kVA)	空载损耗 (W)	负载损耗 (W)	空载电流 (%)	噪声水平 (dB)		阻抗电压 (%)	外形尺寸 (mm) (长×宽×高)
					标准	低噪声		
SCZB9—500/10	500	1080	4700	0.45	62	46	4	
SCZB9—630/10	630	1180	5600	0.43	62	46		
SCZB9—630/10	630	1100	5700	0.43	62	46	6	
SCZB9—800/10	800	1310	6730	0.35	64	47		
SCZB9—1000/10	1000	1550	8000	0.25	64	47		
SCZB9—1250/10	1250	1970	9600	0.25	65	48		
SCZB9—1600/10	1600	2230	11320	0.25	65	49		
SCZB9—2000/10	2000	2650	13900	0.25	66	49		
SCZB9—2500/10	2500	3160	16530	0.25	71	49		
SCZ9—315/10	315	810	3300	0.55	59	44	4	
SCZ9—400/10	400	900	3880	0.45	60	45		
SCZ9—500/10	500	1130	4720	0.45	60	46		
SCZ9—630/10	630	1200	5600	0.43	61	47		
SCZ9—630/10	630	1150	5730	0.43	62	47	6	
SCZ9—800/10	800	1350	6780	0.35	64	47		
SCZ9—1000/10	1000	1600	8010	0.25	65	48		
SCZ9—1250/10	1250	2100	9650	0.25	65	48		
SCZ9—1600/10	1600	2300	11360	0.25	65	49		
SCZ9—2000/10	2000	2750	13930	0.25	66	49		
SCZ9—2500/10	2500	3300	16570	0.25	71	49		
SCZ10—315/10	315	770	3120	0.55	59	44	4	
SCZ10—400/10	400	850	3650	0.45	60	45		
SCZ10—500/10	500	1020	4450	0.45	60	46		
SCZ10—630/10	630	1150	5290	0.43	61	47		
SCZ10—630/10	630	1080	5420	0.43	62	47	6	
SCZ10—800/10	800	1290	6400	0.35	64	47		
SCZ10—1000/10	1000	1510	7600	0.25	64	48		
SCZ10—1250/10	1250	1820	9100	0.25	65	48		
SCZ10—1600/10	1600	2120	10730	0.25	65	49		
SCZ10—2000/10	2000	2400	13150	0.25	66	49		
SCZ10—2500/10	2500	2860	15650	0.25	71	49		
SCZB10—500/10	500	1020	4400	0.45	62	46	4	
SCZB10—630/10	630	1150	5250	0.43	62	46		
SCZB10—630/10	630	1080	5370	0.43	62	46	6	

续表 6-33

型　　号	额定容量（kVA）	空载损耗（W）	负载损耗（W）	空载电流（%）	噪声水平（dB）		阻抗电压（%）	外形尺寸（mm）（长×宽×高）
					标准	低噪声		
SCZB10—800/10	800	1290	6350	0.35	64	47	6	
SCZB10—1000/10	1000	1510	7510	0.25	64	47		
SCZB10—1250/10	1250	1820	9010	0.25	65	48		
SCZB10—1600/10	1600	2120	10650	0.25	65	49		
SCZB10—2000/10	2000	2400	13100	0.25	66	49		
SCZB10—2500/10	2500	2860	15600	0.25	71	49		
SC9—630/10①	630	1420	5800	1.15	61	48		1540×970×1395
SC9—800/10①	800	1620	6780	1.15	62	48		1650×970×1500
SC9—1000/10①	1000	1950	8800	1.0	64	49		1700×970×1630
SC9—1250/10①	1250	2400	9600	1.0	64	49		1860×970×1840
SC9—1600/10①	1600	2700	11600	1.0	65	51		1950×1220×1970
SC9—2000/10①	2000	3650	14000	0.85	65	51		2100×1220×2100
SC9—2500/10①	2500	4350	16400	0.85	66	51		2200×1220×2190
SC9—3150/10①	3150	5100	19050	0.8	71	52	7	2350×1220×2450
SC9—4000/10①	4000	6080	23500	0.7	65	52		2460×1220×2650
SC9—5000/10①	5000	7210	27600	0.6	65	53		2750×1220×2760
SC9—6300/10①	6300	8500	32700	0.6	66	53		2950×1220×2900
SC10—630/10①	630	1350	5750	1.15	61	48	6	1540×970×1395
SC10—800/10①	800	1600	6400	1.15	62	48		1650×970×1500
SC10—1000/10①	1000	1900	8750	1.0	64	49		1700×970×1630
SC10—1250/10①	1250	2300	9500	1.0	64	49		1860×970×1840
SC10—1600/10①	1600	2650	11500	1.0	65	51		1950×1220×1970
SC10—2000/10①	2000	3400	13850	0.85	65	51		2100×1220×2100
SC10—2500/10①	2500	4250	16300	0.85	66	51		2200×1220×2190
SC10—3150/10①	3150	4900	18850	0.8	71	52	7	2350×1220×2450
SC10—4000/10①	4000	5300	23200	0.7	65	52		2460×1220×2650
SC10—5000/10①	5000	6750	27500	0.6	65	53		2750×1220×2760
SC10—6300/10①	6300	7850	32600	0.6	66	53		2950×1220×2900
SC9—315/35	315	1230	3810	1.2	53	48	6	
SC9—400/35	400	1450	4900	1.2	53	48		
SC9—500/35	500	1700	6030	1.2	54	49		
SC9—630/35	630	1960	7030	1.2	54	49		
SC9—800/35	800	2290	8330	1.1	57	50		
SC9—1000/35	1000	2550	9570	1.1	57	50		

续表 6-33

型　　号	额定容量(kVA)	空载损耗(W)	负载损耗(W)	空载电流(%)	噪声水平(dB)		阻抗电压(%)	外形尺寸(mm)(长×宽×高)
					标准	低噪声		
SC9—1250/35	1250	2970	11600	1.0	59	51	6	
SC9—1600/35	1600	3400	14080	1.0	59	52		
SC9—2000/35	2000	3990	16570	0.9	59	52		
SC9—2500/35	2500	4670	19840	0.9	60	52		
SCB9—500/35	500	1700	5950	1.2	54	49	6	
SCB9—630/35	630	1960	6960	1.2	54	49		
SCB9—800/35	800	2290	8250	1.1	57	50		
SCB9—1000/35	1000	2550	9500	1.1	57	50		
SCB9—1250/35	1250	2970	11530	1.0	59	51		
SCB9—1600/35	1600	3400	14030	1.0	59	52		
SCB9—2000/35	2000	3990	16500	0.9	59	52		
SCB9—2500/35	2500	4670	19750	0.9	60	52		
SC9—800/35①	800	2550	8560	1.4	57	50	6	
SC9—1000/35①	1000	3260	10150	1.4	57	50		
SC9—1250/35①	1250	3600	12100	1.3	59	51		
SC9—1600/35①	1600	4380	14510	1.3	59	52		
SC9—2000/35①	2000	4860	16570	1.2	59	52	7	
SC9—2500/35①	2500	5600	19840	1.2	60	52		
SC9—3150/35①	3150	6850	22330	1.1	61	53	8	
SC9—4000/35①	4000	7800	26850	1.1	62	54		
SC9—5000/35①	5000	9450	31830	0.9	63	55		
SC9—6300/35①	6300	11000	37200	0.8	64	56		
SC9—8000/35①	8000	12530	41200	0.7	65	56	9	
SC9—10000/35①	10000	14520	50580	0.6	66	58		
SC10—800/35①	800	2250	8200	1.4	57	50	6	
SC10—1000/35①	1000	2900	10000	1.4	57	50		
SC10—1250/35①	1250	3100	11820	1.3	59	51		
SC10—1600/35①	1600	4150	14250	1.3	59	52		
SC10—2000/35①	2000	4550	15650	1.2	59	52	7	
SC10—2500/35①	2500	5100	19600	1.2	60	52		
SC10—3150/35①	3150	6550	22510	1.1	61	53	8	
SC10—4000/35①	4000	7250	26050	1.1	62	54		
SC10—5000/35①	5000	9200	30900	0.9	63	55		
SC10—6300/35①	6300	11050	35750	0.8	64	56		

续表 6-33

型 号	额定容量（kVA）	空载损耗（W）	负载损耗（W）	空载电流（%）	噪声水平（dB）		阻抗电压（%）	外形尺寸（mm）（长×宽×高）
					标准	低噪声		
SC10—8000/35①	8000	12200	40630	0.7	65	56	9	
SC10—10000/35①	10000	14250	46550	0.6	66	58		
SCB10—500/35	500	1500	5310	1.2	54	49	6	1700×970×1860
SCB10—630/35	630	1730	6200	1.2	54	49		1800×970×1910
SCB10—800/35	800	2030	7400	1.1	57	50		1800×1220×1980
SCB10—1000/35	1000	2240	8500	1.1	57	50		2000×1220×2000
SCB10—1250/35	1250	2610	10300	1.0	59	51		2050×1220×2130
SCB10—1600/35	1600	2960	12500	1.0	59	52		2230×1220×2320
SCB10—2000/35	2000	3500	14730	0.9	59	52		2350×1220×2350
SCB10—2500/35	2500	4100	17600	0.9	60	52		2400×1220×2350
SC10—315/35	315	1080	3390	1.2	53	48		1650×970×1950
SC10—400/35	400	1280	4360	1.2	53	48		1700×970×2000
SC10—500/35	500	1500	5360	1.2	54	49		1700×970×2030
SC10—630/35	630	1730	6250	1.2	54	49		1800×970×2100
SC10—800/35	800	2030	7400	1.1	57	50		1800×1220×2130
SC10—1000/35	1000	2240	8510	1.1	57	50		2000×1220×2320
SC10—1250/35	1250	2610	10310	1.0	59	51		2050×1220×2460
SC10—1600/35	1600	2960	12520	1.0	59	52		2230×1220×2600
SC10—2000/35	2000	3500	14730	0.9	59	52		2350×1220×2650
SC10—2500/35	2500	4100	17640	0.9	60	52		2400×1220×2650

① 干式电力变压器。

四、外形及安装尺寸

10kV 级干式配电变压器 IP20 防护外壳外形及安装尺寸，见表 6-34 及图 6-16。

表 6-34 "山海"牌 SC（B）9 系列环氧树脂浇注干式变压器（IP20 防护外壳）外形及安装尺寸

型 号	阻抗电压（%）	外形及安装尺寸（mm）							重量（kg）
		L	H_1	H_2	B	D	E	G	
SC9—30/10	4	1200	1000	1150	1000	400	820	400	430
SC9—50/10		1300	1200	1350	1000	400	820	400	570
SC9—80/10		1350	1250	1400	1000	550	820	400	720
SC9—100/10		1400	1250	1400	1000	550	820	450	760
SC9—125/10		1400	1250	1400	1000	660	820	450	950
SC9—160/10		1400	1250	1400	1000	660	820	450	1050
SC9—200/10		1400	1250	1400	1000	660	820	450	1070
SC9—250/10		1500	1450	1600	1220	660	1070	555	1360

续表 6-34

型　　号	阻抗电压（%）	外形及安装尺寸（mm）							重量（kg）
		L	H_1	H_2	B	D	E	G	
SC9—315/10		1500	1450	1630	1220	660	1070	555	1500
SC9—400/10	4	1600	1450	1630	1220	660	1070	540	1680
SC9—500/10		1650	1650	1830	1220	660	1070	555	1950
SC9—630/10		1650	1650	1810	1220	660	1150	555	2400
SC9—630/10		2000	1650	1810	1300	820	1150	160	2500
SC9—800/10		2000	1650	1810	1300	820	1150	600	2570
SC9—1000/10		2000	1900	1810	1300	820	1150	600	3080
SC9—1250/10	6	2000	1900	2110	1300	820	1150	600	3500
SC9—1600/10		2140	2100	2365	1420	1070	1270	670	4900
SC9—2000/10		2300	2200	2530	1450	1070	1300	700	5750
SC9—2500/10		2300	2200	2530	1450	1070	1300	700	6520
SCB9—500/10	4	1650	1480	1660	1300	660	1150	600	1700
SCB9—630/10		2000	1600	1780	1300	820	1150	600	2390
SCB9—800/10		2000	1600	1780	1300	820	1150	600	2580
SCB9—1000/10		2000	1600	1780	1300	820	1150	600	3070
SCB9—1250/10	6	2020	1800	1980	1300	820	1150	600	3650
SCB9—1600/10		2140	1900	2100	1420	1070	1270	670	4890
SCB9—2000/10		2280	2030	2130	1450	1070	1300	650	5720
SCB9—2500/10		2280	2030	2130	1450	1070	1300	650	6500

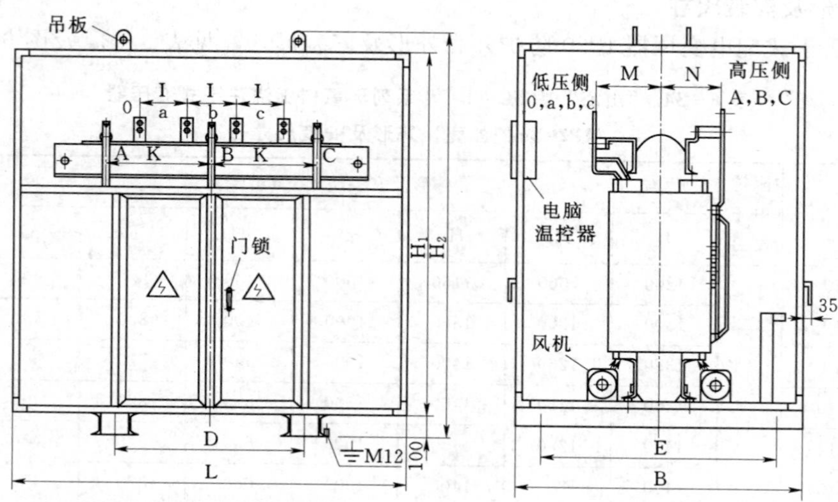

图 6-16　SC（B）9 系列 IP20 防护外壳 10kV 级干式配电变压器外形及安装尺寸（30～2500kVA）

五、订货须知

订货必须提供产品型号、相数、频率、高压分接范围、阻抗电压、连接组标号、使用条件、绝缘耐热等级、外壳防护等级、冷却方式、温度控制器及其它特殊要求。

六、生产厂

广州特种变压器厂有限公司。

6.5.8　浙江广天 SC（B）$^{9}_{10}$系列

一、概述

浙江广天变压器有限公司是专业生产开发干式变压器系列产品的国家重点生产企业，是国家经贸委“城网和农网”产品推荐企业。产品 SCB9、SCB10 系列环氧树脂绝缘干式电力变压器及 NOMEX® 绝缘 SG（H）B10 型非包封与包封型干式电力变压器均通过了国家变压器监督检测中心，各系列产品突发短路试验均一次通过。在历次国家干式变压器抽检中，均获得优等品的测试结果。通过了国家变压器研究所的鉴定，取得了 SCB9、SCB10、SG（H）B10—30～2500kVA 系列产品型号证书。

该公司产品是在吸收国内外先进技术的基础上，充分利用和结合公司的特色工艺和工装，通过不断优化创新，主要经济、技术指标均居国内先进水平，达到 IEC 标准。使深入负荷中心的变压器真正达到了低噪音、低损耗、低局放，产品运行安全可靠且质量稳定。产品广泛应用于国内与周边国家的重点工程、高层建筑、机场、车站、码头、工矿企业、隧道等对输变电设备的防火、安全及环保等要求较高的场所。从经济安全适应环境性等方面，该产品更具有广泛的发展前景，在很多场合中已取代油浸式变压器。

浙江广天变压器有限公司拥有干式变压器生产的先进设备，并拥有瑞士哈弗莱局放测试仪、日本功率分析仪、美国功率谐波分析仪、局放测试屏蔽室等先进的检测设备及设施，确保产品的性能可靠。

二、产品特点

（1）运行安全，难燃防火，无污染，可直接安装在负荷中心。

（2）免维护，安装简便，运行成本低。

（3）防潮性能好，可在100%湿度下正常运行，停运后可不经干燥处理而重新投运。

（4）损耗低，局放量低，噪音小，散热能力强，强迫风冷条件下具有 150%的超载能力。

（5）配备温度显示控制装备，为变压器安全运行提供可靠保障。

（6）可靠性高，性能指标达到国际先进水平。

三、结构特点

（1）铁芯采用优质冷轧硅钢片制造，45°全斜接缝结构，铁芯表面用树脂绝缘覆盖密封，以防潮防锈。所有金属件均表面处理，以防锈蚀。夹件、底座进行喷塑，既美观，又防锈蚀。铁芯采用三级步进结构工艺，有效地降低了空载损耗、空载电流和铁芯噪声。

（2）线圈高压采用绝缘导线作导体，低压采用铜箔作导体，环氧树脂复合材料作绝缘，因二者膨胀系数相接近，保证浇注体具有良好的抗冲击、抗温度变化、抗裂性能。低压线圈在箔绕机上绕制，高压线圈则在自动排线的专机上绕制，线圈的内外侧均铺置增强网格布。线圈绕制完毕后进行真空干燥。

(3) 环氧树脂混合料采用配方、浇注工艺，融合了当今先进科学技术，将整个浇注和固化过程通过计算机网络传输至浇注控制终端，在浇注罐内一次完成，其间所有过程在计算机终端监视中，由计算机自动调整，从而排除了人为因素，使浇注体无气泡、空穴，确保线圈浇注质量。环氧树脂混合料组成部分都具有自熄性，不会持续燃烧，也不会产生有毒气体和污染环境，且具有良好的绝缘性能，从而保证了树脂浇注干式变压器的优良性能。

(4) 高压线圈各相中部有分接线端子引出。根据铭牌分接要求可以调节到各种电压值。一般端子1～2连接为+5%，2～3连接为额定电压，3～4连接为−5%。进线端子包括分接的螺栓使用前均应给予紧固。

(5) 变压器附有接地螺栓，以供运行中变压器安全接地。

(6) 冷却方式为空气自冷式（AN）或者强风冷却（AF）。

风冷装置采用帘式风机，具有噪音低、省电、冷却均匀、易安装的优点。它受温度显示控制装置的控制而暂停。当风机启动期间，即变压器在强迫风冷条件下运行，可使变压器的额定负载提高到150%。

(7) 外壳保护装置采用美观耐用的铝合金、不锈钢外壳，对变压器作进一步的安全保护，防护等级达到IP20和IP23。IP20外壳可防止直径大于12mm的固体异物进入，为带电部分提供安全屏障。IP23外壳更兼具防止与垂直45°角以内的水滴流入，可适用于户外运行（IP23外壳会使变压器冷却能力下降，小容量的下降约5%，大容量的下降约10%）。

(8) 温控保护系统装置通过安插在低压绕组中的PIC测温元件实现对变压器的检测与控制。温度显示控制设备直接（或巡回）显示三相绕组的温度值、超温报警、启停风机、跳闸报警、安全报警及传感器本身故障报警等功能。

四、使用条件

(1) 环境温度（℃）：−5～+40。

(2) 海拔（m）：<1000。

(3) 相对湿度（%）：<90（空气温度+25℃）。

五、型号含义

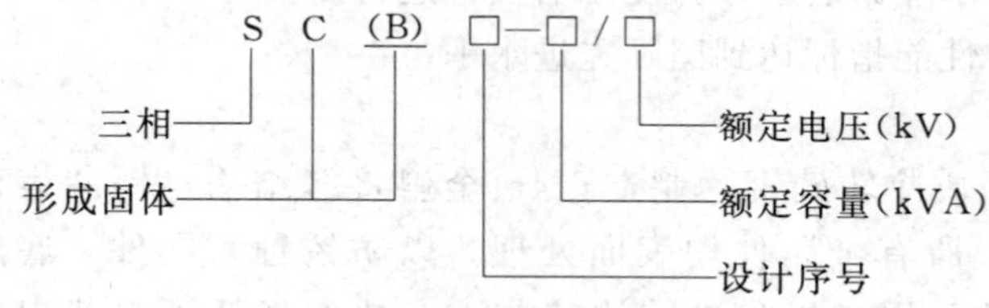

六、技术数据

该产品技术数据见表6-35、表6-36。

表 6-35 SC (B)$^{9}_{10}$系列 10kV 级环氧树脂干式电力变压器技术数据

型号	电压组合			连接组标号	短路阻抗（%）	空载电流（%）	空载损耗（W）	负载损耗（W）	噪声（dB）	重量（kg）	外形尺寸（mm）（长×宽×高）
	高压（kV）	分接范围（%）	低压（kV）								
SC (B) 9—30/10	6 6.3 6.6 10 10.5 11	±5 或 ±2 ×2.5	0.4	Y，yn0 D，yn11	4	2.0	220	740	45	225	585×400×580
SC (B) 9—50/10						1.5	310	1050	45	300	585×400×655
SC (B) 9—80/10						1.1	410	1450	46	500	785×500×800
SC (B) 9—100/10						1.1	450	1660	46	620	855×500×860
SC (B) 9—125/10						1.0	530	1950	45	650	990×650×1050
SC (B) 9—160/10						0.9	610	2250	46	850	1050×650×1080
SC (B) 9—200/10						0.9	700	2670	47	870	1100×650×1130
SC (B) 9—250/10						0.9	810	2910	48	1100	1140×650×1150
SC (B) 9—315/10						0.8	990	3670	48	1400	1180×820×1250
SC (B) 9—400/10						0.8	1100	4220	49	1550	1220×820×1300
SC (B) 9—500/10						0.7	1300	5160	49	1700	1240×820×1350
SC (B) 9—630/10						0.6	1500	6210	49	2200	1270×820×1410
SC (B) 9—630/10					6	0.6	1460	6300	50	2300	1400×820×1400
SC (B) 9—800/10						0.5	1700	7360	51	2500	1400×820×1460
SC (B) 9—1000/10						0.5	1990	8600	52	2900	1460×920×1580
SC (B) 9—1250/10						0.4	2350	10260	53	3550	1570×920×1620
SC (B) 9—1600/10						0.4	2750	12420	54	4600	1720×1200×1860
SC (B) 9—2000/10						0.3	3730	15300	55	5500	1800×1270×2050
SC (B) 9—2500/10						0.3	4500	18180	56	6200	1950×1270×2200
SCB10—125/10					4	0.9	480	1960	45	750	1050×650×1080
SCB10—160/10						0.9	550	2130	45	900	1100×650×1130
SCB10—200/10						0.8	630	2530	46	1050	1140×650×1150
SCB10—250/10						0.8	730	2760	47	1280	1180×760×1250
SCB10—315/10						0.7	890	3480	47	1550	1220×760×1300
SCB10—400/10						0.7	990	4000	48	1700	1240×920×1350
SCB10—500/10						0.6	1170	4900	48	2150	1270×920×1410
SCB10—630/10						0.5	1350	5900	48	2400	1400×920×1450
SCB10—630/10					6	0.5	1300	5980	49	2450	1480×920×1410
SCB10—800/10						0.4	1530	6990	50	2950	1530×920×1580
SCB10—1000/10						0.4	1790	8170	51	3500	1600×920×1650
SCB10—1250/10						0.3	2110	9740	52	3900	1650×1000×1700
SCB10—1600/10						0.3	2470	11790	53	4600	1720×1200×1860
SCB10—2000/10						0.25	3350	14530	54	5500	1800×1270×2050
SCB10—2500/10						0.25	4000	17270	54	6200	1950×1270×2200

表6-36 SC (B) 9系列35kV级干式电力变压器技术数据

型　号	额定容量(kVA)	空载损耗(W)	负载损耗(W)	空载电流(%)	短路阻抗(%)	外形尺寸(mm)(长×宽×高)
SC (B) 9—30/35	30	350	850	2.8	6	1070×650×1350
SC (B) 9—50/35	50	450	1100	2.8	6	1070×650×1360
SC (B) 9—63/35	63	500	1450	2.6	6	
SC (B) 9—80/35	80	580	1950	2.6	6	1230×660×1360
SC (B) 9—100/35	100	650	2300	2.4	6	1250×660×1360
SC (B) 9—125/35	125	730	2600	2.4	6	1450×760×1500
SC (B) 9—160/35	160	860	2900	2.2	6	1550×920×1650
SC (B) 9—200/35	200	1000	3350	2.2	6	1600×920×1700
SC (B) 9—250/35	250	1150	3850	2.2	6	1630×920×1800
SC (B) 9—315/35	315	1320	4200	2.0	6	1650×920×1850
SC (B) 9—400/35	400	1550	5400	2.0	6	1700×920×1900
SC (B) 9—500/35	500	1820	6650	2.0	6	1800×1170×1950
SC (B) 9—630/35	630	2090	7730	1.8	6	1860×1170×1980
SC (B) 9—800/35	800	2450	9100	1.8	6	1980×1170×2000
SC (B) 9—1000/35	1000	2720	10500	1.8	6	2000×1170×2030
SC (B) 9—1250/35	1250	3180	12800	1.6	6	2100×1170×2150
SC (B) 9—1600/35	1600	3640	15500	1.6	6	2150×1170×2330
SC (B) 9—2000/35	2000	4270	18000	1.4	6	2200×1170×2480
SC (B) 9—2500/35	2500	5000	20000	1.4	6	2210×1170×2690

绝缘水平 (kV):

额定电压(kV)	工频耐压(kV)	雷电冲击耐压(kV)	额定电压(kV)	工频耐压(kV)	雷电冲击耐压(kV)
10	35	75	35	70	170

七、订货须知

订货时必须提供产品型号、电压组合、相数、频率、连接组标号、冷却方式、保护等级、使用条件、绝缘水平及特殊要求。

八、生产厂

浙江广天变压器有限公司。

6.5.9 保定天威SC (B) (Z)$^{9}_{10}$系列

保定天威特变配电设备有限公司、广西柳州特种变压器有限责任公司、锦州变压器股份有限公司、甘肃宏宇变压器有限公司、韶关变压器厂、科旺特种变压器厂、四川变压器厂、常州华迪特种变压器有限公司生产的SC (B) (Z)$^{9}_{10}$系列环氧树脂浇注干式变压器技术数据，见表6-37、表6-38。

表 6-37 SC (B) (Z)$^{9}_{10}$系列环氧树脂浇注干式变压器技术数据

型号	电压组合 高压 (kV)	电压组合 高压分接范围	电压组合 低压 (kV)	连接组标号	空载损耗 (W)	负载损耗 (W) 75℃	负载损耗 (W) 120℃	空载电流 (%)	短路阻抗 (%)	噪声水平 (dB)	重量 (kg)	外形尺寸 (长×宽×高) (mm) 无外壳	外形尺寸 (长×宽×高) (mm) 带外壳	生产厂
SCB9—100/10	6 6.3 10 10.5 11	±2 ×2.5% 或 ±5%	0.4	Y, yn0 或 D, yn11	420		1570	1.2	4	40	780	1100×630×1100	1550×1200×1700	保定天威特变配电设备有限公司
SCB9—160/10					570		2120	1.2		42	920	1190×630×1140	1550×1200×1700	
SCB9—200/10					660		2500	1.2		42	1120	1210×720×1160	1650×1300×1700	
SCB9—250/10					760		2750	1.2		44	1260	1240×800×1130	1650×1300×1700	
SCB9—315/10					930		3460	1.0		46	1440	1300×820×1150	1650×1300×1700	
SCB9—400/10					1030		3980	1.0		46	1650	1330×830×1250	1650×1300×1700	
SCB9—500/10					1230		4870	1.0		48	1990	1370×850×1280	1750×1400×1700	
SCB9—630/10					1420		5870	0.8		48	2240	1400×870×1430	1750×1400×1700	
SCB9—630/10					1370		5950	0.8	6	48	2200	1520×970×1330	1950×1500×2000	
SCB9—800/10					1610		6950	0.8		50	2600	1570×975×1440	1950×1500×2000	
SCB9—1000/10					1880		8120	0.6		50	2940	1610×1270×1540	1950×1500×2000	
SCB9—1250/10					2210		9690	0.6		52	3510	1640×1270×1710	1950×1500×2000	
SCB9—1600/10					2600		11730	0.6		56	4340	1700×1020×1840	2200×1500×2200	
SCB9—2000/10					3340		14450	0.4		56	5230	1820×1015×1870	2200×1500×2200	
SCB9—2500/10					4130		17170	0.4		59	5820	1870×1310×2050	2300×1700×2200	
SC9—30/10	10 (11 10.5 6.3 6 3.15)	±2 ×2.5% 或 ±5%	0.4 (6.3 6 3.15 3 0.69 0.415)		200	560		2.8	4	48	318	960×600×745		广西柳州特种变压器有限责任公司
SC9—50/10					260	860		2.4		48	380	960×610×885	1270×950×1090	
SC9—80/10					340	1140		2.0		48	525	1020×610×910	1280×960×1120	
SC9—100/10					360	1440		2.0		50	610	990×700×920	1300×1020×1170	
SC9—125/10					420	1580		1.6		50	810	1050×700×985	1360×1060×1210	
SC9—160/10					500	1980		1.6		50	855	1065×700×1030	1380×1060×1250	
SC9—200/10					560	2240		1.6		50	1065	1125×700×1110	1480×1060×1410	

续表 6-37

型号	电压组合			连接组标号	空载损耗（W）	负载损耗（W）		空载电流（%）	短路阻抗（%）	噪声水平（dB）	重量（kg）	外形尺寸（长×宽×高）（mm）		生产厂
	高压（kV）	高压分接范围	低压（kV）			75℃	120℃					无外壳	带外壳	
SC9—250/10	10（11 10.5 6.3 6 3.15）	±2×2.5%或±5%	0.4（6.3 6 3.15 3 0.69 0.415）		650	2410		1.6	4	52	1160	1170×700×1115	1500×1100×1370	广西柳州特种变压器有限责任公司
SC9—315/10					820	3100		1.4		52	1425	1230×860×1220	1540×1120×1435	
SC9—400/10					900	3600		1.4		52	1715	1320×860×1250	1600×1160×1555	
SC9—500/10					1100	4300		1.4		52	1980	1320×860×1395	1640×1180×1615	
SC9—630/10					1200	5400		1.2		52	2280	1410×860×1510	1740×1200×1715	
SC9—630/10					1120	5600		1.2	6	52	2145	1410×860×1465	1740×1200×1715	
SC9—800/10					1350	6600		1.2		53	2430	1515×860×1480	1880×1200×1755	
SC9—1000/10					1550	7600		1.0		53	3315	1680×1070×1630	2000×1280×1900	
SC9—1250/10					2000	9100		1.0		53	3830	1650×1070×1775	1960×1320×1980	
SC9—1600/10					2300	11000		1.0		53	4500	1790×1070×1770	2100×1320×1980	
SC9—2000/10					2700	13300		0.8		54	5415	2000×1070×2070	2260×1340×2320	
SC9—2500/10					3200	15800		0.8		54	6270	2040×1070×2190	2260×1340×2450	
SC10—30/10	10（10.5 11 6 6.3 6.6）		0.4	D，yn11或Y，yn0	170	620		2.2	4	48	350	900×600×840		
SC10—50/10					240	860		1.8		48	475	990×600×880		
SC10—80/10					320	1210		1.4		48	650	1110×600×895		
SC10—100/10					350	1370		1.4		48	810	1120×700×1077		
SC10—125/10					410	1610		1.0		48	900	1150×700×1117		
SC10—160/10					480	1860		1.0		48	1010	1150×700×1187		
SC10—200/10					550	2200		1.0		50	1120	1180×700×1217		
SC10—250/10					630	2400		1.0		50	1330	1240×700×1247		
SC10—315/10					770	3030		0.8		50	1480	1290×810×1237		
SC10—400/10					850	3480		0.8		50	1840	1330×810×1397		

续表 6-37

型号	电压组合 高压(kV)	电压组合 高压分接范围	电压组合 低压(kV)	连接组标号	空载损耗(W)	负载损耗(W) 75℃	负载损耗(W) 120℃	空载电流(%)	短路阻抗(%)	噪声水平(dB)	重量(kg)	外形尺寸(长×宽×高)(mm) 无外壳	外形尺寸(长×宽×高)(mm) 带外壳	生产厂
SCB10—500/10	10 (10.5 11 6 6.3 6.6)	±2×2.5% 或 ±5%	0.4	D,yn11 或 Y,yn0	1020	4260		0.8	4	50	2420	1540×810×1427		广西柳州特种变压器有限责任公司
SCB10—630/10					1180	5120		0.8		50	2810	1600×810×1487		
SCB10—630/10					1130	5200		0.8	6	50	2810	1600×810×1487		
SCB10—800/10					1330	6060		0.8		50	2790	1650×960×1427		
SCB10—1000/10					1550	7090		0.6		50	3570	1770×960×1527		
SCB10—1250/10					1830	8460		0.6		52	4360	1870×1020×1614		
SCB10—1600/10					2140	10200		0.6		52	4360	1870×1020×1614		
SCB10—2000/10					2400	12600		0.4		52	5710	2080×1020×1984		
SCB10—2500/10					2850	15000		0.4		52	5710	2080×1020×1984		
SCB10—2000/10					2280	14300		0.4	8	52	7160	2140×1020×2104		
SCB10—2500/10					2700	17250		0.4		52	6860	2200×1020×2064		
SCB10—2000/10					2230	15400		0.4	10	52	5780	2140×1020×1924		
SCB10—2500/10					2650	18600		0.4		52	6450	2200×1020×2034		
SC9—50/35	35 (38.5 36 30)		0.4 (11 10.5 6.6 6.3 3.15)	Y,yn0 或 D,yn11	450	945		2.4	6	48	740	1300×720×1200		
SC9—100/35					540	2200		2.0		48	840	1450×720×1290		
SC9—125/35					705	2321		2.0		48	950	1450×720×1300		
SC9—160/35					750	2550		1.8		48	1050	1450×720×1360		
SC9—200/35					800	2810		1.8		50	1150	1450×720×1435		
SC9—250/35					915	3344		1.7		50	1300	1450×720×1615		
SC9—315/35					1150	3762		1.5		50	1600	1610×860×1680		
SC9—400/35					1405	4840		1.5		50	1750	1700×860×1725		
SC9—500/35					1650	5951		1.4		50	2180	1700×860×1725		

续表 6-37

型号	电压组合			连接组标号	空载损耗（W）	负载损耗（W）		空载电流（%）	短路阻抗（%）	噪声水平（dB）	重量（kg）	外形尺寸（长×宽×高）（mm）		生产厂
	高压（kV）	高压分接范围	低压（kV）			75℃	120℃					无外壳	带外壳	
SC9—630/35	35（38.5 36 30）	±2×2.5%或±5%	0.4（11 10.5 6.6 6.3 3.15）	Y，yn0或D，yn11	1890	6950		1.4	6	52	2500	1800×860×1775		广西柳州特种变压器有限责任公司
SC9—800/35					2240	8280		1.3		52	3120	1900×1080×1900		
SC9—1000/35					2490	9449		1.3		52	3800	1950×1080×1900		
SC9—1250/35					2930	11429		1.1		52	4200	2000×1080×2050		
SC9—1600/35					3300	13926		1.1		52	5380	2200×1080×2050		
SC9—2000/35					3950	16335		0.9		52	6110	2300×1080×2150		
SC9—2500/35					4600	19591		0.9	7	52	6600	2300×1080×2370		
SC9—3150/35					7100	24800		0.9		60	8900	2600×1330×2370		
SC9—4000/35					7850	28666		0.9	9	60	9700	2700×1330×2400		
SC9—5000/35					9700	34045		0.8		60	11650	3000×1330×2400		
SC9—6300/35					11500	39380		0.8		62	13850	3050×1810×2800		
SC9—8000/35					13500	44660		0.7		62	16000	3200×1810×2800		
SC9—10000/35					15900	51381		0.7		62	21200	3400×1810×2800		
SC10—50/35	10（10.5 11 6 6.3 6.6）		0.4	D，yn11或Y，yn0	390	870		2.4	6	48	800	1450×700×1220		
SC10—80/35					460	1540		2.0		48	1150	1510×700×1422		
SC10—100/35					490	2000		2.0		48	1290	1390×700×1532		
SC10—125/35					570	2110		1.6		48	1690	1480×700×1617		
SC10—160/35					640	2320		1.6		48	1690	1480×700×1617		
SC10—200/35					710	2560		1.6		50	1790	1570×700×1622		
SC10—250/35					820	3040		1.6		50	1830	1660×700×1627		
SC10—315/35					1090	3420		1.4		50	2050	1660×810×1767		
SC10—400/35					1270	4400		1.4		50	2400	1720×810×1787		

续表 6-37

型号	电压组合			连接组标号	空载损耗（W）	负载损耗（W）		空载电流（%）	短路阻抗（%）	噪声水平（dB）	重量（kg）	外形尺寸（长×宽×高）（mm）		生产厂
	高压（kV）	高压分接范围	低压（kV）			75℃	120℃					无外壳	带外壳	
SC10—500/35	10（10.5 11 6 6.3 6.6）	±2×2.5%或±5%	0.4	D，yn11 或 Y，yn0	1500	5410		1.4	6	50	2650	1720×810×1837		广西柳州特种变压器有限责任公司
SC10—630/35					1720	6310		1.2		52	3400	1850×840×1877		
SC10—800/35					2020	7480		1.2		52	3800	1960×960×1877		
SC10—1000/35					2250	8590		1.0		52	4620	2060×960×2197		
SC10—1250/35					2620	10390		1.0		52	5420	2150×1070×2197		
SC10—1600/35					3000	12660		1.0		52	6800	2320×1070×2197		
SC10—2000/35					3520	14850		0.8		52	7770	2380×1070×2197		
SC10—2500/35					4120	17810		0.8		52	9220	2410×1070×2197		
SC9—100/35	35 或 38.5	±5%或±2×2.5%		Y，yn0 或 D，yn11	510		2200	2.4	6	48				甘肃宏宇变压器有限公司
SC9—125/35					640		2300	2.4		48				
SC9—160/35					680		2450	2.3		48				
SC (B) 9—200/35					720		2800	2.2		54				
SC (B) 9—250/35					760		2750	2.0		54				
SC (B) 9—315/35					960		3680	2.0		54				
SC (B) 9—400/35					1280		3760	1.9		55				
SC (B) 9—500/35					1440		4160	1.9		55				
SC (B) 9—630/35					1680		6840	1.8		55				
SC (B) 9—800/35					2250		7920	1.5		58				
SC (B) 9—1000/35					2670		9670	1.5		58				
SC (B) 9—1250/35					3130		12400	1.4		58				
SC (B) 9—1600/35					3690		14670	1.4		58				
SC (B) 9—2000/35					4200		17200	1.3	7	58				
SC (B) 9—2500/35					4860		19200	1.3		58				

续表 6-37

型号	电压组合			连接组标号	空载损耗（W）	负载损耗（W）		空载电流（%）	短路阻抗（%）	噪声水平（dB）	重量（kg）	外形尺寸（长×宽×高）（mm）		生产厂
	高压（kV）	高压分接范围	低压（kV）			75℃	120℃					无外壳	带外壳	
SC9—3150/35	35或38.5	±5%或±2×2.5%		Y，yn0或D，yn11	6080		23000	1.1	8	60				甘肃宏宇变压器有限公司
SC9—4000/35					7050		27000	1.1		60				
SC9—5000/35					8430		31000	0.9		60				
SC9—6300/35					9960		36000	0.9		60				
SC9—8000/35					11340		41000	0.9	9	63				
SC9—10000/35					12960		46000	0.8		63				
SC9—12500/35					14600		48000	0.7	10	63				
SC9—16000/35					17800		54000	0.7		63				
SC9—20000/35					21500		63000	0.7		63				
SC9—30/10	10（11 10.5 6.6 6.3 6）	±2×2.5%或±5%	0.4		195		750	3.2	4	44	335	850×630×785		
SC9—50/10					280		1050	2.8		44	405	880×630×889		
SC9—80/10					380		1450	2.6		45	605	1030×630×880		
SC9—100/10					420		1660	2.4		45	715	1030×630×1028		
SC9—125/10					495		1950	2.2		47	805	1030×630×1148		
SC9—160/10					570		2250	2.2		47	905	1100×630×1018		
SC9—200/10					650		2670	2.0		47	1015	1100×630×1138		
SC9—250/10					755		2910	2.0		47	1200	1170×750×1209		
SC9—315/10					920		3670	1.8		48	1395	1170×750×1379		
SC9—400/10					1020		4220	1.8		48	1600	1170×750×1529		
SC9—500/10					1210		5160	1.8		50	1830	1230×750×1512		
SC9—630/10					1410		6220	1.6		50	2290	1330×750×1592		
SC（B）9—630/10					1350		6300	1.6	6	50	2350	1440×910×1564		
SC（B）9—800/10					1590		7360	1.6		52	2605	1460×910×1614		
SC（B）9—1000/10					1770		8660	1.4		52	3080	1500×910×1729		

续表 6-37

型　号	电压组合			连接组标号	空载损耗（W）	负载损耗（W）		空载电流（%）	短路阻抗（%）	噪声水平（dB）	重量（kg）	外形尺寸（长×宽×高）（mm）		生产厂
	高压（kV）	高压分接范围	低压（kV）			75℃	120℃					无　外　壳	带　外　壳	
SC (B) 9—1250/10	10（11 10.5 6.6 6.3 6）	±2×2.5%或±5%	0.4	Y，yn0 或 D，yn11	2180		10260	1.4	6	53	3740	1590×910×1854		甘肃宏宇变压器有限公司
SC (B) 9—1600/10					2560		12420	1.4		53	4650	1690×940×1910		
SC (B) 9—2000/10					3450		15300	1.2		54	5430	1690×940×2170		
SC (B) 9—2500/10					4200		18180	1.2		55	6150	1920×987×2033		
SC (B) 9—30/10				D，yn11 或 Y，yn0	210		700	2.4	4	47	360	930×720×860		韶关变压器厂
SC (B) 9—50/10					290		1000	2.4		47	430	950×880×964	1200×1050×1200	
SC (B) 9—80/10					390		1380	2		47	620	1000×880×990	1260×1200×1200	
SC (B) 9—100/10					430		1630	1.8		47	680	1020×790×1030	1260×1200×1200	
SC (B) 9—125/10					490		1800	1.6		48	780	1030×880×1050	1370×1200×1200	
SC (B) 9—160/10					580		2150	1.4		48	850	1070×1104×1100	1370×1200×1300	
SC (B) 9—200/10					650		2550	1.4		49	1100	1130×1104×1210	1400×1300×1500	
SC (B) 9—250/10					780		2850	1.4		50	1250	1120×870×1330	1400×1300×1500	
SC (B) 9—315/10					920		3600	1.4		50	1450	1140×1104×1510	1570×1300×1700	
SC (B) 9—400/10					1050		4200	1.2		50	1770	1260×1104×1470	1570×1300×1700	
SC (B) 9—500/10					1200		5150	1.2		51	2040	1270×1104×1590	1600×1350×1870	
SC (B) 9—630/10					1500		6200	1.2		51	2100	1300×1104×1520	1600×1350×1870	
SC (B) 9—630/10					1400		6200	1.0	6	51	2500	1480×1120×1510	1860×1400×1800	
SC (B) 9—800/10					1650		7260	1.0		51	2980	1530×1104×1590	1860×1400×1800	
SC (B) 9—1000/10					1950		8530	0.8		52	3260	1630×1104×1600	1930×1500×1950	
SC (B) 9—1250/10					2250		10200	0.8		52	4000	1650×1104×1590	2000×1500×1950	
SC (B) 9—1600/10					2650		12300	0.8		54	4570	1690×1104×1765	2200×1500×2300	
SC (B) 9—2000/10					3600		14800	0.6		56	6000	1880×1200×1950	2200×1500×2500	
SC (B) 9—2500/10					4350		17600	0.6		56	6950	2070×1370×2300	2400×1650×2700	

续表 6-37

型号	电压组合			连接组标号	空载损耗（W）	负载损耗（W）		空载电流（%）	短路阻抗（%）	噪声水平（dB）	重量（kg）	外形尺寸（mm）（长×宽×高）	生产厂
	高压（kV）	高压分接范围	低压（kV）			75℃	120℃						
SCZ9—315/10	6 6.3 6.6 10 10.5 11	±4×2.5%	0.4	Y，yn0 D，yn11	1130		4250	2.2	4	48	1480	1170×1588×1780	甘肃宏宇变压器有限公司
SCZ9—400/10					1260		4990	2.2		48	1650	1170×1588×1780	
SCZ9—500/10					1490		6060	2.0		50	2175	1230×1610×1780	
SCZ9—630/10					1720		7220	2.0		50	2460	1330×1618×1780	
SCZ9—630/10					1660		7370	2.0	6	50	2520	1440×1700×1780	
SCZ9—800/10					1950		8710	1.8		52	2870	1460×1700×1780	
SCZ9—1000/10					2280		10300	1.8		52	3300	1500×1700×1900	
SCZ9—1250/10					2680		12400	1.6		53	4010	1590×1700×1900	
SCZ9—1600/10					3140		14600	1.6		53	5180	1690×1868×1988	
SCZ9—2000/10					4290		17900	1.4		54	5840	1690×1868×2248	
SCZ9—2500/10					5130		21300	1.4		55	6360	1920×1868×2200	
SC9—30/10	10（11 10.5 6.3 6 3.15）	±2×2.5% ±5%	0.4（6.3 6 3.15 3 0.69 0.415）	Y，yn0 D，yn11	200	560		2.8	4	48	315	960×600×745	锦州变压器股份有限公司
SC9—50/10					260	860		2.4		48	520	990×600×840	
SC9—80/10					340	1140		2.0		48	550	1030×600×955	
SC9—100/10					360	1400		2.0		50	590	1030×740×1100	
SC9—125/10					420	1580		1.6		50	740	1110×740×1120	
SC9—160/10					500	1980		1.6		50	880	1150×740×1155	
SC9—200/10					560	2240		1.6		50	1000	1150×740×1275	
SC9—250/10					650	2140		1.6		52	1175	1200×740×1365	
SC9—315/10					820	3100		1.4		52	1580	1240×850×1395	
SCB9—400/10					900	3600		1.4		52	1580	1240×850×1520	

续表 6-37

型号	电压组合			连接组标号	空载损耗（W）	负载损耗（W）		空载电流（%）	短路阻抗（%）	噪声水平（dB）	重量（kg）	外形尺寸（mm）（长×宽×高）	生产厂
	高压（kV）	高压分接范围	低压（kV）			75℃	120℃						
SCB9—500/10	10（11 10.5 6.3 6 3.15）	±2×2.5%±5%	0.4（6.3 6 3.15 3 0.69 0.415）	Y，yn0 D，yn11	1050	4300		1.4	4	52	1920	1330×850×1640	锦州变压器股份有限公司
SCB9—630/10					1200	5400		1.2		52	2210	1390×850×1680	
SCB9—630/10					1100	5600		1.2	6	52	2270	1480×850×1680	
SCB9—800/10					1350	6600		1.2		53	2710	1510×1070×1840	
SCB9—1000/10					1550	7600		1.0		53	3275	1600×1070×1860	
SCB9—1250/10					2000	9100		1.0		53	3950	1770×1070×1910	
SCB9—1600/10					2300	11000		1.0		53	4785	1860×1070×1970	
SCB9—2000/10					2700	13300		0.8		54	5765	2010×1070×2035	
SCB9—2500/10					3200	15800		0.8		54	6490	2040×1070×2250	
SC9—30/10	6 6.3 6.6 10 10.5 11	±5% ±2×2.5%	0.4	Y，yn0 D，yn11	240		830	3.2	4				科旺特种变压器厂
SC9—50/10					340		1170	2.8					
SC9—80/10					460		1620	2.6					
SC9—100/10					500		1850	2.4					
SC9—125/10					590		2170	2.2					
SC9—160/10					680		2500	2.2					
SC9—200/10					780		2970	2.0					
SC9—250/10					900		3240	2.0					
SC9—315/10					1100		4080	1.8					
SC9—400/10					1220		4690	1.8					
SC9—500/10					1450		5740	1.6					
SC9—630/10					1680		6910	1.6					
SC9—630/10					1620		7010	1.6					
SC9—800/10					1900		8180	1.6					

续表6-37

型号	电压组合			连接组标号	空载损耗（W）	负载损耗（W）		空载电流（%）	短路阻抗（%）	噪声水平（dB）	重量（kg）	外形尺寸（mm）（长×宽×高）	生产厂
	高压（kV）	高压分接范围	低压（kV）			75℃	120℃						
SC9—1000/10	6 6.3 6.6 10 10.5 11	±5 ±2 ×2.5%	0.4	Y，yn0 D，yn11	2210		9560	1.4	6				科旺特种变压器厂
SC9—1250/10					2610		11400	1.4					
SC9—1600/10					3060		13800	1.4					
SC9—2000/10					4150		17000	1.2					
SC9—2500/10					5000		20200	1.2					
SC（B）9—30/10	10 （11 10.5 6.6 6.3 6）	±2 ×2.5% ±5%			210		830	2.7	4	54	300	850×510×850	四川变压器厂
SC（B）9—50/10					270		1170	2.5		54	430	940×530×930	
SC（B）9—80/10					340		1620	2.3		55	580	1000×530×1000	
SC（B）9—100/10					380		1850	2.2		55	620	1040×600×1060	
SC（B）9—125/10					440		2170	2.1		58	810	1050×600×1150	
SC（B）9—160/10					540		2500	1.9		58	900	1060×600×1250	
SC（B）9—200/10					550		2970	1.9		58	920	1060×600×1300	
SC（B）9—250/10					710		3240	1.5		58	1210	1180×800×1325	
SC（B）9—315/10					770		4080	1.3		60	1300	1180×750×1350	
SC（B）9—400/10					860		4690	1.3		60	1530	1240×800×1460	
SC（B）9—500/10					980		5470	1.2		62	1680	1260×800×1530	
SC（B）9—630/10					1310		6910	1.1		62	2000	1480×970×1620	
SC（B）9—630/10					1250		7010	1.0	6	62	2215	1480×970×1685	
SC（B）9—800/10					1360		8180	1.0		64	2410	1515×970×1650	
SC（B）9—1000/10					1460		9560	1.0		64	2900	1600×970×1670	
SC（B）9—1250/10					1830		11400	1.0		65	3340	1680×970×1765	
SC（B）9—1600/10					2140		13800	0.9		66	4580	1830×1220×2030	
SC（B）9—2000/10					2570		17000	0.7		66	5480	2000×1220×2110	
SC（B）9—2500/10					3760		20200	0.7		68	6200	2040×1220×2110	

表 6-38 SC (B)$^{9}_{10}$系列 10kV 级 200～2500kVA 环氧树脂绝缘浇注干式变压器技术数据

型号	额定容量 (kVA)	空载损耗 (W)	负载损耗 (120℃) (W)	空载电流 (%)	短路阻抗 (%)	噪音水平 (dB)	重量 (kg)	外形尺寸 (mm) (长×宽×高)	生产厂
SC9—200/10	200	680	2670	1.6	4	47	1250	1230×870×1395	常州华迪特种变压器有限公司
SC9—250/10	250	800	2915	1.6		47	1280	1230×870×1375	
SC9—315/10	315	970	3670	1.4		48	1450	1310×870×1300	
SC9—400/10	400	1050	4220	1.4		48	1800	1340×870×1425	
SCB9—500/10	500	1250	5160	1.4		50	2230	1450×1020×1655	
SCB9—630/10	630	1460	6220	1.2		50	2550	1450×1020×1765	
SCB9—630/10	630	1350	6310	1.0	6	52	2650	1610×1020×1710	
SCB9—800/10	800	1600	7360	1.0		52	2800	1610×1020×1725	
SCB9—1000/10	1000	1850	8600	1.0		52	3340	1620×1020×1870	
SCB9—1250/10	1250	2150	10260	1.0		52	3750	1640×1020×1880	
SCB9—1600/10	1600	2550	12420	1.0		53	4500	1830×1070×1995	
SCB9—2000/10	2000	3300	15300	0.8		54	5100	2080×1070×2070	
SCB9—2500/10	2500	4200	18180	0.8		54	6400	2150×1070×2155	
SC10—200/10	200	580	2520	1.2	4	46	1310	1230×870×1395	
SC10—250/10	250	670	2750	1.2		46	1350	1230×870×1375	
SC10—315/10	315	820	3460	1.0		47	1550	1310×870×1300	
SC10—400/10	400	910	3980	1.0		47	1950	1340×870×1425	
SCB10—500/10	500	1090	4880	1.0		48	2450	1450×1020×1655	
SCB10—630/10	630	1260	5870	0.9		48	2700	1450×1020×1765	
SCB10—630/10	630	1210	5950	0.8	6	50	2850	1610×1020×1710	
SCB10—800/10	800	1420	6950	0.8		50	3000	1610×1020×1725	
SCB10—1000/10	1000	1660	8120	0.8		51	3550	1625×1020×1870	
SCB10—1250/10	1250	1960	9690	0.8		51	4000	1640×1020×1880	
SCB10—1600/10	1600	2300	11720	0.8		52	4700	1830×1070×1995	
SCB10—2000/10	2000	3110	14450	0.6		53	5350	2080×1070×2070	
SCB10—2500/10	2500	3750	17160	0.6		53	6700	2150×1070×2155	

6.6 SC (B) 9 系列环氧树脂浇注干式电力变压器

一、概述

该环氧树脂浇注干式变压器材料优质、配方科学，采用先进的生产检测设备，按严格的工艺生产而成。产品具有可靠性高，使用寿命长的特点。根据不同的使用环境，可配置不同防护等级的外壳或不配置外壳。可作为油浸式变压器的更新换代产品，适用于高层建筑、商业中心、机场、隧道、化工厂、核电站、船舶等重要或特殊环境场所。

二、型号含义

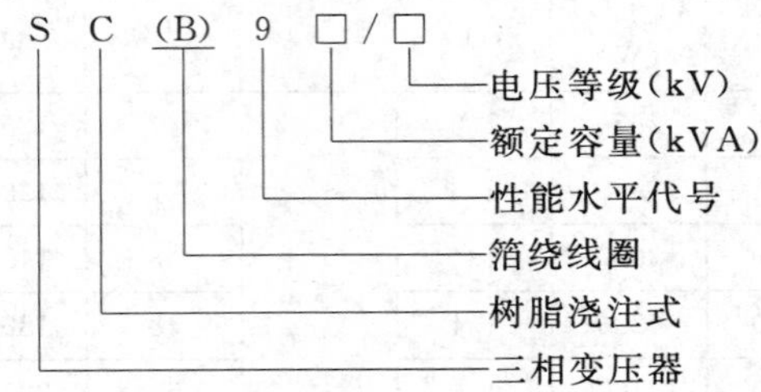

三、结构特点

铁芯材料采用优质冷轧取向硅钢片，全斜接缝叠片式结构。

低压线圈为箔式绕组结构，采用优质铜箔绕制，高压线圈为层式结构，真空环氧浇注成型。

安全，防火，无污染，可直接运行于负荷中心。

机械强度高，抗短路能力强，局部放电小，热稳定性好，可靠性高，使用寿命长。

低损耗，低噪音，节能效果明显，免维护。

散热性能好，过负载能力强，强迫风冷时可提高容量运行。

防潮性能好，适应高湿度和其它恶劣环境中运行。

可配备完善的温度监测和保护系统。采用智能信号温控系统，可自动监测并同屏显示三相绕组各自的工作温度，可自动启动、停止风机，并有报警、跳闸等功能设置。

体积小，重量轻，占地空间少，安装费用低。

四、技术数据

SC（B）9系列10kV环氧树脂浇注干式电力变压器技术数据，见表6-39。

表6-39　SC（B）9系列10kV环氧树脂浇注干式电力变压器技术数据

额定容量(kVA)	电压组合			连接组标号	空载损耗(W)	负载损耗(W) 120℃	空载电流(W)	短路阻抗(%)	主机重量(kg)	带外壳重量(kg)	外形尺寸(mm)		轨距(mm)
	高压(kV)	分接(%)	低压(kV)								长×宽×高(无防护外罩)	长×宽×高(有防护外罩)	
30	6 6.3 10 10.5 11	±5% 或 ±2 ×2.5	0.4	Y, yn0 或 D, yn11	220	750	2.4	4	310	395	670×500×695	1050×900×1000	350×450
50					310	1060	2.4		385	430	670×500×755	1050×900×1050	350×450
80					420	1460	1.8		475	535	930×600×785	1300×1000×1100	550×550
100					450	1670	1.8		590	660	990×600×800	1350×1050×1150	550×550
125					530	1950	1.6		665	745	1030×600×820	1400×1050×1150	550×550
160					610	2250	1.5		750	840	1040×710×940	1400×1100×1200	660×660
200					700	2680	1.4		880	985	1090×710×960	1450×1100×1300	660×660
250					810	2920	1.4		1000	1120	1110×710×1050	1500×1100×1350	660×660
315					990	3670	1.2		1150	1325	1150×710×1100	1550×1100×1450	660×660

续表 6-39

额定容量（kVA）	电压组合			连接组标号	空载损耗（W）	负载损耗（W）120℃	空载电流（W）	短路阻抗（%）	主机重量（kg）	带外壳重量（kg）	外形尺寸（mm）		轨距（mm）
	高压（kV）	分接（%）	低压（kV）								长×宽×高（无防护外罩）	长×宽×高（有防护外罩）	
400	6 6.3 10 10.5 11	±5% 或 ±2 ×2.5	0.4	Y，yn0 或 D，yn11	1100	4220	1.2	4	1410	1580	1250×715×1205	1650×1150×1500	660×660
500					1310	5170	1.2		1575	1760	1280×870×1290	1650×1250×1650	820×820
630					1510	6220	1.0		1950	2180	1320×870×1380	1700×1300×1700	820×820
630					1460	6310	1.0	6	1750	1960	1370×870×1210	1750×1300×1650	820×820
800					1710	7360	1.0		2030	2300	1390×870×1360	1750×1300×1700	820×820
1000					1990	8610	1.0		2350	2650	1440×870×1460	1800×1300×1800	820×820
1250					2350	10260	1.0		2780	3100	1520×870×1580	1900×1350×1900	820×820
1600					2760	12400	1.0		3250	3640	1590×870×1620	2000×1500×1950	820×820
2000					3400	15300	0.8		3830	4310	1660×1120×1790	2000×1500×2100	1070×1070
2500					4000	18180	0.8		4350	4880	1720×1120×1910	2100×1500×2200	1070×1070

SC（B）9系列35kV环氧树脂浇注干式电力变压器技术数据，见表6-40。

表6-40 SC（B）9系列35kV环氧树脂浇注干式电力变压器技术数据

额定容量（kVA）	电压组合			连接组标号	空载损耗（W）	负载损耗（W）120℃	空载电流（W）	短路阻抗（%）	声级（dB）	主机重量（kg）	外形尺寸（mm）（长×宽×高）	低压端子
	高压（kV）	分接（%）	低压（kV）									
50	35 38.5	±5% 或 ±2 ×2.5	0.4	Y，yn0 或 D，yn11	500	1500	2.8	6	51	750	1080×600×1200	25×3
80					560	1760	2.7		51	8000	1250×600×1300	25×3
100					700	2200	2.4		52	840	1250×600×1380	40×4
125					760	2350	2.0		53	1020	1250×600×1380	40×4
160					880	2960	1.8		53	1100	1440×600×1510	40×4
200					980	3500	1.8		55	1260	1470×600×1540	50×5
250					1100	4000	1.6		56	1500	1530×600×1570	50×5
315					1310	4750	1.6		57	1670	1590×750×1590	60×6
400					1530	5700	1.4		57	2030	1680×750×1620	60×6
500					1800	7000	1.4		57	2300	1680×750×1660	60×6
630					2070	8100	1.2		57	2800	1770×750×1840	80×8
800					2400	9600	1.2		59	3200	1830×900×1950	80×8
1000					2700	11000	1.0		59	3700	1920×900×1950	100×8
1250					3150	13400	0.9		60	4370	1980×900×2110	100×10
1600					3600	16300	0.9		61	5400	2130×900×2170	100×12
2000					4250	19200	0.9		61	6550	2220×1210×2290	120×12
2500					4950	23000	0.9		61	7570	2340×1200×2300	120×15

五、生产厂

红旗集团温州变压器有限公司。

6.7 SC（B）10 环氧树脂浇注干式电力变压器

一、概述

该环氧树脂浇注干式变压器材料优质、配方科学，采用先进的生产检测设备，按严格的工艺生产而成。产品具有可靠性高，使用寿命长的特点。根据不同的使用环境，可配置不同防护等级的外壳或不配置外壳。可作为油浸式变压器的更新换代产品，适用于高层建筑、商业中心、机场、隧道、化工厂、核电站、船舶等重要或特殊环境场所。

二、型号含义

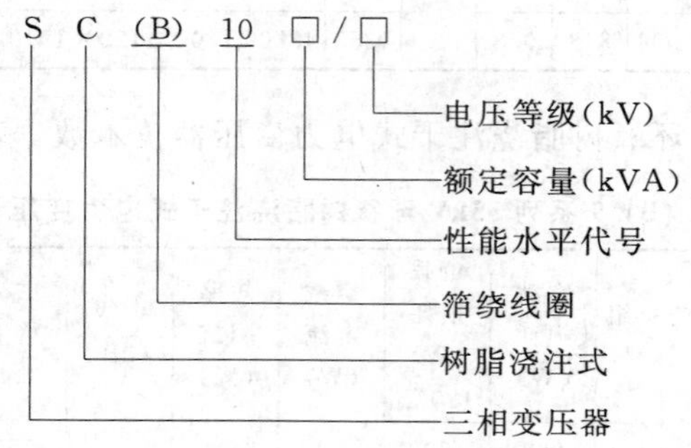

三、结构特点

铁芯材料采用优质冷轧取向硅钢片，全斜接缝叠片式结构。

低压线圈为箔式绕组结构，采用优质铜箔绕制，高压线圈为层式结构，真空环氧浇注成型。

本系列变压器与 SCB9 型相比，空载损耗、空载电流和噪声更低。

安全，防火，无污染，可直接运行于负荷中心。

机械强度高，抗短路能力强，局部放电小，热稳定性好，可靠性高，使用寿命长。

散热性能好，过负载能力强，强迫风冷时可提高容量运行。

防潮性能好，适应高湿度和其它恶劣环境中运行。

可配备完善的温度监测和保护系统。采用智能信号温控系统，可自动监测并同屏显示三相绕组各自的工作温度，可自动启动、停止风机，并有报警、跳闸等功能设置。

体积小，重量轻，占地空间少，安装费用低。

四、技术数据

SC（B）10 系列 10kV 环氧树脂浇注干式电力变压器技术数据，见表 6-41。

20kV 级 SC（B）10 无励磁调压配电变压器性能技术数据，见表 6-42。

表 6-41 SC（B）10 系列 10kV 环氧树脂浇注干式电力变压器技术数据

额定容量（kVA）	电压组合			连接组标号	空载损耗（W）	负载损耗（W）120℃	空载电流（W）	短路阻抗（%）	主机重量（kg）	带外壳重量（kg）	外形尺寸（mm）		轨距（mm）
	高压（kV）	分接（%）	低压（kV）								长×宽×高（无防护外罩）	长×宽×高（有防护外罩）	
30	6 6.3 10 10.5 11	±5% 或 ±2 ×2.5	0.4	Y，yn0 或 D，yn11	190	710	2.4	4	310	395	670×500×695	1050×900×1000	350×450
50					270	1000	2.4		385	430	670×500×755	1050×900×1050	350×450
80					370	1380	1.8		475	535	930×600×785	1300×1000×1100	550×550
100					400	1570	1.8		590	660	990×600×800	1350×1050×1150	550×550
125					470	1850	1.6		665	745	1030×600×820	1400×1050×1150	550×550
160					540	2130	1.5		750	840	1040×710×940	1400×1100×1200	660×660
200					620	2530	1.4		880	985	1090×710×960	1450×1100×1300	660×660
250					720	2760	1.4		1000	1120	1110×710×1050	1500×1100×1350	660×660
315					880	3470	1.2		1150	1325	1150×710×1100	1550×1100×1450	660×660
400					980	3990	1.2		1410	1580	1250×710×1205	1650×1150×1500	660×660
500					1160	4880	1.2		1575	1760	1280×870×1290	1650×1250×1650	820×820
630					1340	5880	1.0		1950	2180	1320×870×1380	1700×1300×1700	820×820
630					1300	5960	1.0	6	1750	1960	1370×870×1220	1750×1300×1650	820×820
800					1520	6960	1.0		2030	2300	1390×870×1360	1750×1300×1700	820×820
1000					1770	8130	1.0		2350	2650	1440×870×1460	1800×1300×1800	820×820
1250					2090	9690	1.0		2780	3100	1520×870×1580	1900×1350×1900	820×820
1600					2450	11730	1.0		3250	3640	1590×870×1630	2000×1500×1950	820×820
2000					3050	14450	0.8		3830	4310	1660×1120×1790	2000×1500×2100	1070×1070
2500					3600	17170	0.8		4350	4880	1720×1120×1910	2100×1500×2200	1070×1070

表 6-42 20kV 级 SC（B）10 无励磁调压配电变压器性能技术数据

额定容量（kVA）	连接组标号	电压组合			空载电流（%）	不同的绝缘耐热等级的负载损耗（W）			空载损耗（W）	短路阻抗（%）
		高压（kV）	高压分接范围（%）	低压（kV）		B(100℃)	F(120℃)	H(145℃)		
50	Y，yn0 或 D，yn11	20 22 24	±5% ±2 ×2.5	0.4	2.4	1230	1300	1390	380	6.0
100					2.2	1980	2100	2250	600	6.0
160					1.8	2470	2500	2800	750	6.0
200					1.8	2950	3100	3910	820	6.0
250					1.6	3440	3500	4600	940	6.0
315					1.6	4100	4300	5460	1080	6.0
400					1.4	4900	5100	6500	1280	6.0
500					1.4	5800	6100	7750	1500	6.0
630					1.2	6880	7200	9300	1700	6.0

续表 6-42

额定容量（kVA）	连接组标号	电压组合			空载电流（%）	不同的绝缘耐热等级的负载损耗（W）			空载损耗（W）	短路阻抗（%）
		高压（kV）	高压分接范围（%）	低压（kV）		B(100℃)	F(120℃)	H(145℃)		
800	Y,yn0 或 D,yn11	20 22 24	±5% ±2×2.5	0.4	1.2	8230	8700	11000	1950	6.0
1000					1.0	9720	10300	13000	2300	6.0
1250					1.0	11500	12150	15650	2650	6.0
1600					1.0	13780	14600	18500	3100	6.0
2000					0.8	16300	17250	21800	3600	8.0
2500					0.8	19350	20400	20000	4300	8.0

35kV 级 SC（B）10 无励磁调压配电变压器性能技术数据，见表 6-43。

表 6-43　35kV 级 SC（B）10 无励磁调压配电变压器性能技术数据

额定容量（kVA）	连接组标号	电压组合			空载电流（%）	空载损耗（W）	负载损耗（W）（120℃）	短路阻抗（%）
		高压（kV）	高压分接范围（%）	低压（kV）				
315	Y,yn0 或 D,yn11	35 或 38.5	±5 或 2×2.5	0.4 3.15 6 6.3 10 10.5 11	2	1160	4170	6 7 8 9
400					2	1360	5360	
500					2	1600	6590	
630					1.8	1840	7680	
800					1.9	2220	9350	
1000					1.9	2640	10880	
1250					1.7	3090	12840	
1600					1.7	3650	15390	
3000					1.5	4200	18110	
2500					1.5	4800	21680	
3150					1.3	5000	24400	
4000					1.3	6950	29330	
5000					1.1	8320	34770	
6300					1.1	9840	40630	
8000	Y,d11 或 YN,d11				1	11200	45050	
10000					1	12800	51200	7
12500					0.9	16150	55300	
16000					0.8	19560	59800	

五、生产厂

红旗集团温州变压器有限公司、江苏九鑫电气有限公司。

6.8 SC (B) 11系列10kV级树脂绝缘干式变压器

一、概述

SC (B) 11系列10kV级树脂绝缘干式变压器为低损耗电力（配电）变压器，填补了国内空白。该产品是在SC (B) 9系列干式变压器基础上，运用新材料和先进技术开发出的新一代节能型户内用的变压器。用石英粉作填料，采用德国HUBERS公司生产的树脂真空浇注设备、薄膜脱气及静态混料技术，保证产品质量，具有节能、运行可靠性高、结构紧凑、良好的绝缘性及防火安全性等特点。空载损耗较国家标准低30%以上，负载损耗较国家标准低15%以上，适用于城市、高层建筑及城市电网改造，更深入负荷中心。

二、型号含义

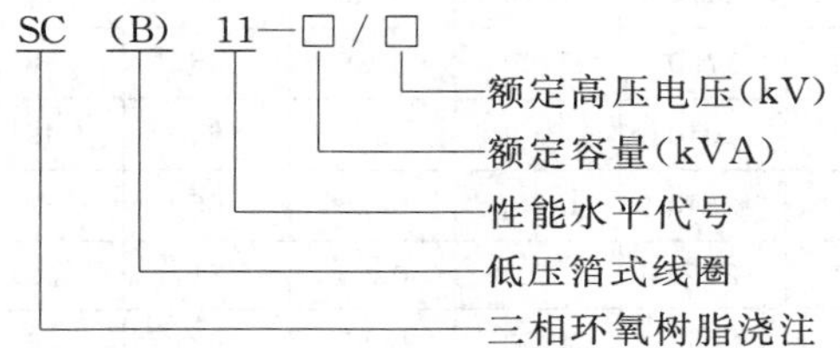

三、技术数据

（1）产品标准：GB 6450—86，GB/T 10228—97，IEC 726，DIN 42523。

（2）额定高压（kV）：10（11，10.5，6.6，6.3，6）。

（3）额定低压（kV）：0.4。

（4）连接组别：D，yn11或Y，yn0。

（5）高压分接范围：±5%或±2×2.5%。

（6）绝缘水平：工频耐压35kV（有效值），雷电冲击电压75kV（最大值）。

（7）广州特种变压器、韶关变压器SC (B) 11系列10kV级树脂绝缘干式变压器技术数据，见表6-44。

表6-44 广州特种变压器、韶关变压器SC (B) 11系列10kV级树脂绝缘干式变压器技术数据

型号	额定容量(kVA)	空载损耗(W)	负载损耗(W)	空载电流(%)	噪声水平(dB)		阻抗电压(%)	重量(kg)	生产厂
					标准	低噪声			
SC11—30/10	30	160	510	1.1	51	40	4	350	广州特种变压器厂有限公司
SC11—50/10	50	230	790	1.1	53	40		480	
SC11—80/10	80	300	1040	0.93	54	40		630	
SC11—100/10	100	330	1320	0.85	55	41		670	
SC11—125/10	125	380	1510	0.75	57	41		860	
SC11—160/10	160	450	1800	0.73	57	42		950	
SC11—200/10	200	520	2110	0.71	58	42		970	

续表 6-44

型 号	额定容量(kVA)	空载损耗(W)	负载损耗(W)	空载电流(%)	噪声水平(dB)		阻抗电压(%)	重量(kg)	生产厂
					标准	低噪声			
SC11—250/10	250	600	2300	0.66	58	42	4	1260	广州特种变压器厂有限公司
SC11—315/10	315	730	2940	0.66	59	42		1400	
SC11—400/10	400	810	3400	0.55	60	43		1580	
SC11—500/10	500	990	4150	0.55	60	43		1720	
SC11—630/10	630	1120	5060	0.45	61	45	6	2270	
SC11—630/10	630	1070	5130	0.45	62	45		2270	
SC11—800/10	800	1260	6010	0.43	64	46		2450	
SC11—1000/10	1000	1470	7010	0.43	64	46		2950	
SC11—1250/10	1250	1760	8400	0.35	65	48		3370	
SC11—1600/10	1600	2040	10150	0.25	65	49		4770	
SC11—2000/10	2000	2340	12500	0.25	66	49		5560	
SC11—2500/10	2500	2850	12510	0.25	71	49		6300	
SCB11—500/10	500	990	4150	0.55	62	43	4	1600	
SCB11—630/10	630	1120	5060	0.45	62	45		1600	
SCB11—630/10	630	1070	5130	0.45	62	45	6	2265	
SCB11—800/10	800	1260	6010	0.43	64	46		2460	
SCB11—1000/10	1000	1470	7010	0.43	64	46		2950	
SCB11—1250/10	1250	1760	8400	0.35	65	48		3390	
SCB11—1600/10	1600	2040	10150	0.25	65	49		4700	
SCB11—2000/10	2000	2340	12500	0.25	66	49		5500	
SCB11—2500/10	2500	2850	12510	0.25	71	49		6200	
SC (B) 11—30/10	30	165	700	2.2		47	4	360	韶关变压器厂
SC (B) 11—50/10	50	235	990	1.9		47		430	
SC (B) 11—80/10	80	320	1370	1.8		47		620	
SC (B) 11—100/10	100	350	1570	1.6		47		680	
SC (B) 11—125/10	125	410	1800	1.5		48		780	
SC (B) 11—160/10	160	475	2120	1.4		48		850	
SC (B) 11—200/10	200	545	2520	1.4		49		1100	
SC (B) 11—250/10	250	630	2750	1.4		50		1250	
SC (B) 11—315/10	315	770	3460	1.2		50		1450	
SC (B) 11—400/10	400	850	3980	1.2		50		1770	
SC (B) 11—500/10	500	1175	4870	1.2		51		2040	
SC (B) 11—630/10	630	1130	5870	1.1		51		2100	

续表 6-44

型号	额定容量（kVA）	空载损耗（W）	负载损耗（W）	空载电流（%）	噪声水平（dB）		阻抗电压（%）	重量（kg）	生产厂
					标准	低噪声			
SC（B）11—630/10	630	1130	5950	1.0		51	6	2500	韶关变压器厂
SC（B）11—800/10	800	1330	6950	1.0		51		2980	
SC（B）11—1000/10	1000	1540	8120	0.8		52		3260	
SC（B）11—1250/10	1250	1825	9690	0.8		52		4000	
SC（B）11—1600/10	1600	2140	11730	0.8		54		4570	
SC（B）11—2000/10	2000	2700	14450	0.6		56		6000	
SC（B）11—2500/10	2500	3200	17170	0.6		56		6950	

（8）江苏九鑫电气有限公司SC（B）11树脂绝缘干式变压器性能技术数据，见表6-45。

表6-45 江苏九鑫电气有限公司SC（B）11树脂绝缘干式变压器性能技术数据

额定容量（kVA）	连接组标号	电压组合			空载电流（%）	空载损耗（W）	负载损耗（120℃）（W）	阻抗电压（%）	噪声水平（db）
		高压（kV）	高压分接范围（%）	低压（kV）					
30	Y,yn0 或 D,yn11	6 6.3 6.6 10 10.5 11	±5%或±2×2.5%	0.4	2.72	175	670	4.0	44
50					2.38	245	950		44
80					2.21	335	1310		45
100					2.04	360	1500		45
125					1.86	425	1755		48
160					1.87	495	2020		48
200					1.70	565	2400		48
250					1.70	650	2620		48
315					1.53	795	3300		50
400					1.53	885	3790		50
500					1.53	1050	4640		52
630					1.36	1215	5585		52
630					1.36	1170	5665	6.0	52
800					1.36	1370	6610		54
1000					1.19	1600	7720		54
1250					1.19	1885	9210		55
1600					1.19	2210	11150		56
2000					1.02	2990	13730		56
2500					1.02	3600	1632		60

四、外形及安装尺寸

SC（B）11系列10kV级树脂绝缘干式变压器外形及安装尺寸，广州特种变压器SC11系列见表6-46、广州特种变压器、韶关变压器SC（B）11系列见表6-47及图6-17。

表6-46　广州特种变压器SC11系列树脂绝缘干式变压器外形及安装尺寸

型　号	额定容量(kVA)	外形及安装尺寸（mm）									重量(kg)	低压端子	生产厂
		L	B	H	F	D	M	N	K	I			
SC11—30/10	30	950	530	850	880	400	210	250	270	140	350	TMR—1型	广州特种变压器厂有限公司
SC11—50/10	50	950	530	890	930	400	210	260	290	150	480	TMR—1型	
SC11—80/10	80	1120	650	910	950	550	230	280	340	200	630	TMR—1型	
SC11—100/10	100	1120	650	1010	990	550	230	280	340	200	670	TMR—1型	
SC11—125/10	125	1150	760	1060	1010	660	240	285	340	200	860	TMR—1型	
SC11—160/10	160	1150	760	1100	1050	660	240	285	345	200	950	TMR—1型	
SC11—200/10	200	1150	760	1100	1050	660	240	300	345	200	970	TMR—2型	
SC11—250/10	250	1200	760	1210	1100	660	250	310	380	200	1260	TMR—2型	
SC11—315/10	315	1200	760	1265	1150	660	250	310	405	200	1400	TMR—2型	
SC11—400/10	400	1250	760	1310	1180	660	300	315	410	200	1580	TMR—3型	
SC11—500/10	500	1300	760	1460	1280	660	300	325	410	200	1720	TMR—3型	
SC11—630/10	630	1490	970	1460	1300	820	315	360	350	250	2270	TMR—4型	
SC11—800/10	800	1500	970	1500	1350	820	345	370	350	250	2450	TMR—5型	
SC11—1000/10	1000	1650	970	1550	1400	820	345	380	350	300	2950	TMR—5型	
SC11—1250/10	1250	1730	970	1780	1650	820	420	380	350	300	3370	TMR—6型	
SC11—1600/10	1600	1800	1220	1900	1750	1070	400	380	350	310	4770	TMR—6型	
SC11—2000/10	2000	1960	1220	2040	1900	1070	540	400	350	360	5560	TMR—7型	
SC11—2500/10	2500	2020	1220	2120	2000	1070	445	425	350	400	6300	TMR—7型	

表6-47　广州特种变压器、韶关变压器SC（B）11系列树脂绝缘干式变压器外形尺寸

型　号	阻抗电压(%)	外形尺寸（长×宽×高）（mm）		低压端子(型)	生产厂
		无防护外罩	IP20防护外罩		
SCB11—500/10	4	1350×760×1360		TMR—8	广州特种变压器厂有限公司
SCB11—630/10	6	1500×970×1390		TMR—8	
SCB11—800/10		1550×970×1445		TMR—11	
SCB11—1000/10		1635×970×1500		TMR—9	
SCB11—1250/10		1665×970×1710		TMR—13	
SCB11—1600/10		1800×1220×1760		TMR—13	
SCB11—2000/10		1950×1220×1890		TMR—15	
SCB11—2500/10		2050×1220×1900		TMR—16	

续表 6-47

型 号	阻抗电压（%）	外形尺寸（长×宽×高）（mm）		低压端子（型）	生产厂
		无防护外罩	IP20 防护外罩		
SC (B) 11—30/10	4	920×720×860			韶关变压器厂
SC (B) 11—50/10		950×880×964	1200×1050×1200		
SC (B) 11—80/10		1000×880×990	1260×1200×1200		
SC (B) 11—100/10		1020×790×1030	1260×1200×1200		
SC (B) 11—125/10		1030×880×1050	1370×1200×1200		
SC (B) 11—160/10		1070×1104×1100	1370×1200×1300		
SC (B) 11—200/10		1130×1104×1210	1400×1300×1500		
SC (B) 11—250/10		1120×870×1330	1400×1300×1500		
SC (B) 11—315/10		1140×1104×1510	1570×1300×1700		
SC (B) 11—400/10		1260×1104×1470	1570×1300×1700		
SC (B) 11—500/10		1270×1104×1590	1600×1350×1870		
SC (B) 11—630/10		1300×1104×1520	1600×1350×1870		
SC (B) 11—630/10	6	1480×1120×1510	1860×1400×1800		
SC (B) 11—800/10		1530×1104×1590	1860×1400×1800		
SC (B) 11—1000/10		1630×1104×1600	1930×1500×1950		
SC (B) 11—1250/10		1650×1104×1590	2000×1500×1950		
SC (B) 11—1600/10		1690×1104×1765	2200×1500×2300		
SC (B) 11—2000/10		1880×1200×1950	2200×1500×2500		
SC (B) 11—2500/10		2070×1370×2300	2400×1650×2700		

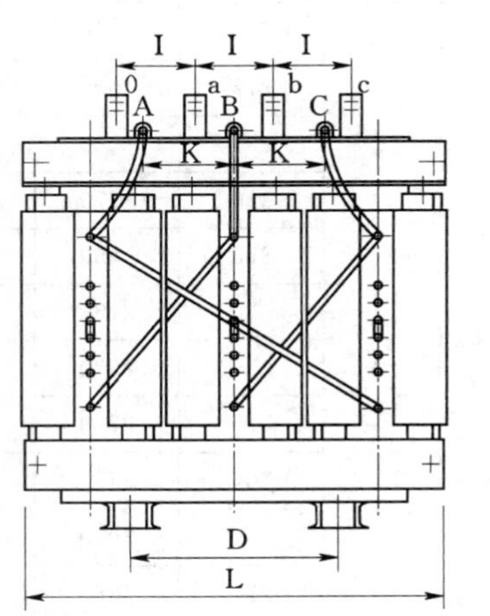

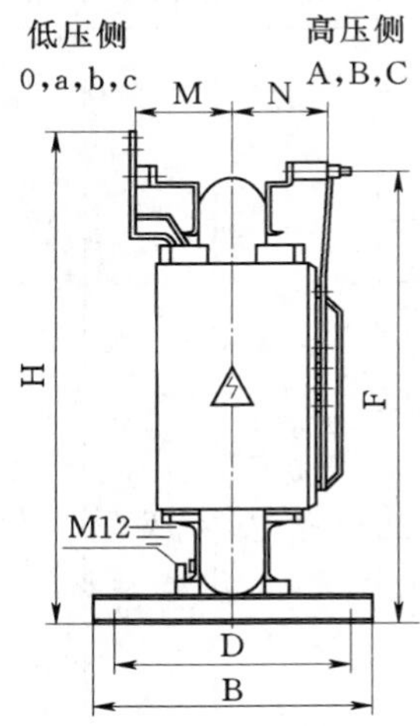

图 6-17 广州特种变压器、韶关变压器 SC11 系列 30～500kVA 干式配电变压器外形及安装尺寸

6.9 SC（B）13 型干式电力变压器

一、结构特点

低损耗：产品空载损耗比 SCB11 型产品降低 20%以上，节能效果优异，运行经济，免维护。

低噪声：产品噪声水平比现行专业标准 JB/T 10088—1999《6～220kV 级变压器声级》低 10～15dB 以上。

低局放：树脂混合材料采用国外最先进的搅拌方法和真空薄膜脱气两种技术，使混合料搅拌均匀，并排除混合料内的气泡。产品仅有极低的局部放电量，可控制在 5pC 以下。高、低压线圈均在真空和压力下浇注，使树脂绝缘既具有全包封性，又具有层匝间浸清性。浇注体具有致密的固化结构，阻然、防爆、不污染环境。

缠绕线圈的玻璃纤维等绝缘材料具有自熄特性，不会因短路产生电弧，高热下树脂不会产生有毒有害气体。

高机械强度：带填料的树脂使浇注体内的膨胀系数差异小，固化收缩率小，内应力小，固化物的硬度高，在高、低压线圈的内外表面环氧树脂包封层内，放置有预制成型的加强材料，具有犹如钢筋混凝土一样的致密结构，因而机械强度大于纯环氧树脂，能承受突发短路电动力作用而无损伤。

二、技术数据

SC（B）13 型干式电力变压器技术数据，见表 6-48。

表 6-48 SC（B）13 型干式电力变压器技术数据

型号	额定容量（kVA）	连接组标号	电压组合（kV）			空载损耗（W）	负载损耗（W）	空载电流（%）	短路抗阻（%）
			高压	分接范围	低压				
SC13—30	30	Y,yn0 或 D,yn11	10 6.3 6	±5% ±2×2.5% 或 +3×2.5% −1×2.5%	0.4	150	710	2.3	4.0
SC13—50	50					215	1000	2.2	
SC13—80	80					295	1380	1.7	
SC13—100	100					320	1570	1.7	
SC13—125	125					375	1850	1.5	
SC13—160	160					430	2130	1.5	
SC13—200	200					495	2530	1.3	
SC13—250	250					575	2760	1.3	
SC13—315	315					705	3470	1.1	
SC13—400	400					785	3990	1.1	
SC13—500	500					930	4880	1.1	
SC13—630	630					1070	5880	0.9	
SC13—630	630					1040	5960	0.9	6.0
SC13—800	800					1215	6960	0.9	

续表 6-48

型号	额定容量（kVA）	连接组标号	电压组合（kV）			空载损耗（W）	负载损耗（W）	空载电流（%）	短路抗阻（%）
			高压	分接范围	低压				
SC13—1000	1000	Y，yn0 或 D，yn11	10 6.3 6	±5% ±2×2.5% 或 +3×2.5% −1×2.5%	0.4	1415	8130	0.9	6.0
SC13—1250	1250					1670	9690	0.9	
SC13—1600	1600					1960	11730	0.9	
SC13—2000	2000					2440	14450	0.7	
SC13—2500	2500					2880	17170	0.7	

三、生产厂

江苏华辰变压器有限公司。

6.10 SC(Z)(B)$^{9}_{10}$—D 系列 10～35kV 级环氧树脂绝缘干式配电变压器

一、概述

常州华迪特种变压器有限公司是由国家定点生产电力变压器的骨干企业常州变压器厂与加拿大 PONTEC 公司合资组建，生产 SC(Z)(B)$^{9}_{10}$—D 系列 10～35kV 级环氧树脂绝缘干式配电变压器。

该产品在电磁设计上，由于选取了较低的磁密和电密，产品的总损耗比国标大幅度的降低，已达同期产品的国际先进水平，不但噪音低、温升低，而且过负荷能力强，进而使用户的变电成本也大幅度降低。

在产品结构上，由于线圈采用环氧浇注或铜箔绕制的形式，故而线圈整体的机械强度高，抗突发短路能力强。因干式变压器的散热介质直接为空气，所以无渗漏、无排放、无污染。

在产品取材上，铁芯均采用优质冷轧硅钢片制成 45°全斜接缝的结构，且表面选用散热性能强的树脂漆进行涂刷，具有防锈、防水、散热快、耐腐蚀的特点。线圈采用耐热等级为 C 级（200℃）的优质无氧铜线，在全真空状态下用进口树脂浇注而成，因而局部放电量低，不燃不爆，且变压器使用寿命长。

在附件配置上，该产品采用了优质的温控器及低噪声风机，可对三相绕组的运行温度进行实时监测，并根据产品运行温度的高低将风机自动投切。当绕组的运行温度高于 120℃时，温控器发出超温声讯报警；当绕组的运行温度高于 150℃时，温控器发出跳闸信号，以供断路器切断高压电源的输入，从而保证变压器的安全运行。还可根据用户要求配置不同防护等级的外壳，并加装开门报警。

SC（Z）（B)$^{9}_{10}$—D 系列环氧树脂绝缘干式电力变压器广泛适用于高层建筑、商业中心、影剧院、医院、实验室、海上钻井平台、船舶、化工厂、地铁、矿山、车站、机场等人员密集和安全性要求较高的场合。

二、使用条件

（1）使用环境：

海拔≤1000m；

最高气温≤＋40℃；

最高日平均气温≤＋30℃；

最高年平均气温≤＋20℃；

最低气温＞－30℃；

相对湿度≤100％（25℃时）。

如使用条件超出上述限制时，应按GB 6450的相关规定，作适当的定额调整。

（2）户内安装使用，室内应清洁并具有良好的通风能力，通风量按1kW总损耗（空载损耗＋负载损耗）需2～4m^3/min风量选取。

（3）电源电压应为近似对称的正弦波。

三、产品特点

（1）机械强度高，局部放电小，可靠性高。

（2）阻燃、防爆、不污染环境，可安装在负荷中心。

（3）可在100％相对湿度和其它恶劣环境中运行。间断运行无须去潮处理。

（4）抗短路、雷电冲击水平高。

（5）散热性能好。

（6）损耗低，节电效果好，运行经济，可免维护。

（7）体积小，重量轻，占地空间小，安装方便。

该产品冷却方式一般采用空气自然冷却（AN），对于任何防护等级的变压器都可配置风冷系统（AF）。

四、型号含义

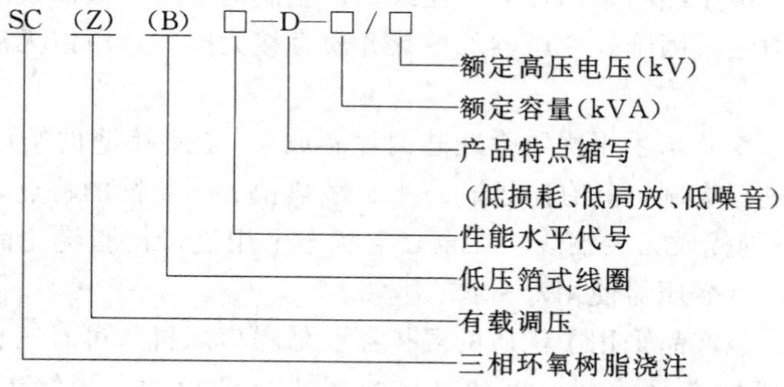

五、技术数据

（1）标准：GB 1094—1996、GB 6450—1986、GB/T 10228—1997、DIN 42523、IEC 726。

（2）额定容量（kVA）：30～16000。

（3）电压等级（kV）：10，20，35。

（4）频率（Hz）：50，60。

（5）相数：三相，单相。

（6）防护等级：IP00，IP20，IP23。

（7）绝缘等级：F级。

(8) 绝缘水平：

10kV 级产品工频耐压 35kV，雷电冲击电压 75kV；

20kV 级产品工频耐压 50kV，雷电冲击电压 125kV；

35kV 级产品工频耐压 70kV，雷电冲击电压 170kV。

(9) 连接组别、分接范围、空载损耗、负载损耗、空载电流、短路阻抗、噪声水平等技术数据 10kV 级见表 6-49、35kV 级见表 6-50，SCZ (B)$^{9}_{10}$—D 系列有载调压干式变压器见表 6-51。

表 6-49 SC (B)$^{9}_{10}$—D 系列 10kV 级 30～2500kVA 干式配电变压器技术数据

型号	额定容量(kVA)	电压组合(kV)		分接范围(%)	连接组标号	空载损耗(W)		负载损耗(W)			短路阻抗(%)	空载电流(%)	噪声水平(dB)	重量(kg)
		高压	低压			国标	节能	国标	120℃	75℃				
SC9—D—30/10	30					210	200	750	740	650		2	46	310
SC9—D—50/10	50					305	280	1055	1000	875		2	46	370
SC9—D—80/10	80					410	370	1460	1450	1270		1.2	46	560
SC9—D—100/10	100					450	400	1665	1600	1400		1.2	46	610
SC9—D—125/10	125					530	470	1955	1890	1650		1.0	47	860
SC9—D—160/10	160					610	520	2250	2175	1900		1.0	47	950
SC9—D—200/10	200					700	620	2675	2520	2200	4	1.0	47	1160
SC9—D—250/10	250					810	700	2920	2805	2450		1.0	49	1250
SCB9—D—315/10	315					990	850	3675	3590	3135		0.8	49	1500
SCB9—D—400/10	400					1095	950	4220	4010	3500		0.8	50	1750
SCB9—D—500/10	500	10 (10.5 11 6 6.3 6.6)	0.4	±5 或 ±2×2.5	Y，yn0 D，yn11	1305	1150	5170	4810	4200		0.8	50	2070
SCB9—D—630/10	630					1510	1350	6220	5780	5050		0.8	50	2200
SCB9—D—630/10	630					1455	1250	6310	6070	5300		0.6	50	2460
SCB9—D—800/10	800					1710	1540	7365	7270	6350		0.6	50	2650
SCB9—D—1000/10	1000					1985	1780	8605	8405	7340		0.6	51	3100
SCB9—D—1250/10	1250					2345	2300	10260	10140	8860	6	0.4	51	3650
SCB9—D—1600/10	1600					2750	2600	12420	12280	10720		0.4	52	4550
SCB9—D—2000/10	2000					3735	3400	15300	15180	13260		0.4	52	5200
SCB9—D—2500/10	2500					4500	4300	18180	17950	15680		0.4	52	6700
SC10—D—30/10	30					190	190	705	700	610		2	46	380
SC10—D—50/10	50					270	260	995	980	855	4	2	46	450
SC10—D—80/10	80					365	350	1380	1370	1195		1.2	46	660

续表 6-49

型号	额定容量(kVA)	电压组合(kV)		分接范围(%)	连接组标号	空载损耗(W)		负载损耗(W)			短路阻抗(%)	空载电流(%)	噪声水平(dB)	重量(kg)
		高压	低压			国标	节能	国标	120℃	75℃				
SC10—D—100/10	100	10 (10.5 11 6 6.3 6.6)	0.4	±5 或 ±2 ×2.5	Y, yn0 D, yn11	400	390	1575	1550	1355	4	1.2	46	750
SC10—D—125/10	125					470	450	1845	1800	1570		1.0	47	960
SC10—D—160/10	160					540	500	2125	2120	1850		1.0	47	1080
SC10—D—200/10	200					620	600	2525	2500	2180		1.0	47	1230
SC10—D—250/10	250					720	680	2755	2700	2360		1.0	49	1360
SCB10—D—315/10	315					880	830	3470	3350	2925		0.8	49	1680
SCB10—D—400/10	400					970	900	3990	3900	3410		0.8	50	1880
SCB10—D—500/10	500					1160	1100	4880	4400	3840		0.8	50	2175
SCB10—D—630/10	630					1340	1300	5875	5300	4630		0.8	50	2385
SCB10—D—630/10	630					1295	1200	5960	5800	5065	6	0.6	50	2650
SCB10—D—800/10	800					1520	1450	6955	6750	5900		0.6	50	2880
SCB10—D—1000/10	1000					1765	1700	8130	8100	7080		0.6	51	3240
SCB10—D—1250/10	1250					2085	2000	9690	9300	8130		0.4	51	3860
SCB10—D—1600/10	1600					2440	2350	11730	11500	10050		0.4	52	4755
SCB10—D—2000/10	2000					3320	2900	14450	14200	12400		0.4	52	5490
SCB10—D—2500/10	2500					4000	3500	17170	16500	14410		0.4	52	7200

表 6-50 SC(B)9—D 系列 35kV 级干式变压器技术数据

型号	额定容量(kVA)	电压组合(kV)		分接范围(%)	连接组标号	空载损耗(W)	负载损耗(W)		空载电流(%)	短路阻抗(%)	噪声水平(dB)	备注
		高压	低压				120℃	75℃				
SC(B)9—D—30/35	30	35 或 38.5	0.4	±5 ±2 ×2.5	Y, yn0 D, yn11	360	1200	1040	3.0	6	50	干式配电变压器
SC(B)9—D—50/35	50					450	1500	1310	2.5		50	
SC(B)9—D—80/35	80					520	2000	1740	2		50	
SC(B)9—D—100/35	100					660	2290	2000	1.8		51	
SC(B)9—D—125/35	125					760	2790	2430	1.8		51	
SC(B)9—D—160/35	160					860	3200	2790	1.8		51	
SC(B)9—D—200/35	200					960	3490	3040	1.8		51	
SC(B)9—D—250/35	250					1080	4000	3490	1.8		51	
SC(B)9—D—315/35	315					1300	4410	3850	1.6		51	
SC(B)9—D—400/35	400					1530	5670	4950	1.6		51	

续表 6-50

型号	额定容量（kVA）	电压组合（kV）		分接范围（%）	连接组标号	空载损耗（W）	负载损耗（W）		空载电流（%）	短路阻抗（%）	噪声水平（dB）	备注
		高压	低压				120℃	75℃				
SC（B）9—D—500/35	500					1800	6970	6080	1.4		52	
SC（B）9—D—630/35	630					2070	8120	7090	1.4		52	
SC（B）9—D—800/35	800					2430	9630	8410	1.2		52	
SC（B）9—D—1000/35	1000					2700	11070	9660	1.0		52	
SC（B）9—D—1250/35	1250	35 或 38.5	0.4	±5 ±2 ×2.5	Y， yn0 D， yn11	3150	13400	11700	0.8	6	53	干式配电变压器
SC（B）9—D—1600/35	1600					3600	16280	14210	0.8		53	
SC（B）9—D—2000/35	2000					4230	19170	16740	0.7		54	
SC（B）9—D—2500/35	2500					4950	22950	20040	0.8		55	
SC9—D—800/35	800					2500	9900	8640	1.3	6	52	
SC9—D—1000/35	1000					2970	11520	10060	1.3	6	52	
SC9—D—1250/35	1250					3480	13590	11860	1.0	6	53	
SC9—D—1600/35	1600					4100	16290	14220	1.0	6	53	
SC9—D—2000/35	2000		3.15 6 6.3 10 10.5 11	±5 ±2 ×2.5	Y,yn0 D,yn11	4700	19170	16740	0.9	7	54	
SC9—D—2500/35	2500					5400	22950	20040	0.9	7	55	干式电力变压器
SC9—D—3150/35	3150	35 或 38.5				6700	25830	22550	0.7	8	56	
SC9—D—4000/35	4000					7800	31050	27110	0.7	8	57	
SC9—D—5000/35	5000					9300	36810	32140	0.5	8	58	
SC9—D—6300/35	6300					11000	43020	37570	0.5	8	59	
SC9—D—8000/35	8000					12600	47700	41650	0.4	9	60	
SC9—D—10000/35	10000				Y,d11 YN,d11	14400	58500	51090	0.3	9	60	
SC9—D—12500/35	12500		6，6.3 10,10.5 11	±3 ×2.5		16000	61830	54000	0.3	9	62	
SC9—D—16000/35	16000					20000	64100	55980	0.3	9	62	

表 6-51 SCZ（B）$^{9}_{10}$—D 系列有载调压干式变压器技术数据

额定高压：10（10.5，11，6，6.3，6.6）kV；额定低压 0.4kV

连接组别：Y，yn0，D，yn11；分接范围：±4×2.5%（9 分接）

型号	空载损耗（W）		负载损耗（W）			短路阻抗（%）	空载电流（%）	噪声水平（dB）	重量（kg）
	国标	节能	国标	120℃	75℃				
SCZ9—D—200/10	770	655	2810	2520	2200	4	1.0	47	1230
SCZ9—D—250/10	890	770	3060	2850	2490	4	1.0	47	1300

续表 6-51

额定高压：10（10.5，11，6，6.3，6.6）kV；额定低压 0.4kV
连接组别：Y，yn0，D，yn11；分接范围：±4×2.5%（9分接）

型号	空载损耗（W）		负载损耗（W）			短路阻抗（%）	空载电流（%）	噪声水平（dB）	重量（kg）
	国标	节能	国标	120℃	75℃				
SCZ9—D—315/10	1090	930	3825	3800	3320	4	0.8	49	1600
SCZ9—D—400/10	1215	1100	4490	4350	3800	4	0.8	50	2000
SCZB9—D—500/10	1440	1250	5455	4810	4200	4	0.8	50	2130
SCZB9—D—630/10	1655	1400	6500	5780	5050	4	0.8	50	2300
SCZB9—D—630/10	1600	1350	6635	6070	5300	6	0.6	50	2550
SCZB9—D—800/10	1880	1600	7840	7550	6595	6	0.6	50	2700
SCZB9—D—1000/10	2195	1850	9270	8405	7340	6	0.6	51	3140
SCZB9—D—1250/10	2580	2300	11160	10030	8760	6	0.4	51	4000
SCZB9—D—1600/10	3030	2600	13140	12500	10920	6	0.4	52	4900
SCZB9—D—2000/10	4140	3400	16110	15500	13540	6	0.4	52	5300
SCZB9—D—2500/10	4950	4300	19170	18600	16250	6	0.4	52	6800
SCZ10—D—200/10	685	645	2650	2400	2095	4	1.0	47	1280
SCZ10—D—250/10	790	750	2895	2610	2275	4	1.0	47	1390
SCZ10—D—315/10	965	900	3615	3610	3150	4	0.8	49	1710
SCZ10—D—400/10	1080	1050	4245	4240	3700	4	0.8	50	2130
SCZ10—D—500/10	1280	1200	5155	4400	3840	4	0.8	50	2250
SCZB10—D—630/10	1470	1380	6140	5400	4720	4	0.8	50	2460
SCZB10—D—630/10	1420	1300	6265	6000	6240	6	0.6	50	2680
SCZB10—D—800/10	1670	1550	7405	7400	6460	6	0.6	50	2900
SCZB10—D—1000/10	1950	1780	8755	8100	7080	6	0.6	51	3300
SCZB10—D—1250/10	2295	2150	10540	9900	8650	6	0.4	51	4000
SCZB10—D—1600/10	2695	2450	12410	12410	10830	6	0.4	52	4900
SCZB10—D—2000/10	3680	3100	15215	15210	13880	6	0.4	52	5500
SCZB10—D—2500/10	4400	4000	18105	18100	15800	6	0.4	52	7200

六、外形及安装尺寸

SC（B）$^{9}_{10}$—D 系列环氧浇注 10kV 级干式配电变压器外形及安装尺寸，见表 6-52 及图 6-18，带 IP20 外壳尺寸见表 6-53。

表 6-52 SC (B)$_{10}^{9}$—D 系列 10kV 级 30～2500kVA 干式配电变压器外形及安装尺寸

单位：mm

型号	短路阻抗(%)	a	b	c	d	e	f	g	h	i	k1	k2	k3
SC9—D—30/10		860	520	735	520	805	495	164		295	150	100	145
SC9—D—50/10		890	650	820	520	890	605	175		305	150	100	155
SC9—D—80/10		1000	720	870	520	940	640	193		340	200	100	140
SC9—D—100/10		1000	720	935	520	1005	640	195		340	200	100	140
SC9—D—125/10		1140	720	1065	520	1135	915	241	360	380	240	270	70
SC9—D—160/10	4	1140	720	1180	520	1250	1030	241	360	380	240	270	70
SC9—D—200/10		1210	870	1165	670	1235	1035	267	375	400	240	290	90
SC9—D—250/10		1210	870	1245	670	1315	1115	267	375	400	240	290	90
SCB9—D—315/10		1300	870	1170	670	1240	1050	276	380	425	425	150	
SCB9—D—400/10		1340	870	1255	670	1325	1110	292	395	440	440	150	
SCB9—D—500/10		1440	1020	1365	820	1390	1240	292	405	475	475	180	
SCB9—D—630/10		1440	1020	1400	820	1425	1270	300	405	470	470	180	
SCB9—D—630/10		1640	1020	1380	820	1405	1255	292	405	545	545	170	
SCB9—D—800/10		1640	1020	1450	820	1475	1310	301	405	545	545	170	
SCB9—D—1000/10		1700	1020	1470	820	1495	1335	311	415	560	560	170	
SCB9—D—1250/10	6	1820	1070	1530	870	1555	1385	323	425	600	600	180	
SCB9—D—1600/10		1900	1070	1755	870	1780	1570	357	440	630	630	180	
SCB9—D—2000/10		1940	1070	1915	870	1940	1710	363	445	645	645	210	
SCB9—D—2500/10		2180	1070	2045	870	2070	1840	379	475	725	725	210	
SC10—D—30/10		860	520	735	520	805	495	164		295	150	100	145
SC10—D—50/10		890	650	820	520	890	605	175		305	150	100	155
SC10—D—80/10		1000	720	870	520	940	640	193		340	200	100	140
SC10—D—100/10		1000	720	935	520	1005	640	195		340	200	100	140
SC10—D—125/10		1140	720	1065	520	1135	915	241	360	380	240	270	70
SC10—D—160/10	4	1140	720	1180	520	1250	1030	241	360	380	240	270	70
SC10—D—200/10		1210	870	1165	670	1235	1035	267	375	400	240	290	90
SC10—D—250/10		1210	870	1245	670	1315	1115	267	375	400	240	290	90
SCB10—D—315/10		1300	870	1170	670	1240	1050	276	380	425	425	150	
SCB10—D—400/10		1340	870	1255	670	1325	1110	292	395	440	440	150	
SCB10—D—500/10		1440	1020	1365	820	1390	1240	292	405	475	475	180	

续表 6-52

型　号	短路阻抗（%）	a	b	c	d	e	f	g	h	i	k1	k2	k3
SCB10—D—630/10	4	1440	1020	1400	820	1425	1270	300	405	470	470	180	
SCB10—D—630/10		1640	1020	1380	820	1405	1255	292	405	545	545	170	
SCB10—D—800/10		1640	1020	1450	820	1475	1310	301	405	545	545	170	
SCB10—D—1000/10		1700	1020	1470	820	1495	1335	311	415	560	560	170	
SCB10—D—1250/10	6	1820	1070	1530	870	1555	1385	323	425	600	600	180	
SCB10—D—1600/10		1900	1070	1755	870	1780	1570	357	440	630	630	180	
SCB10—D—2000/10		1940	1070	1915	870	1940	1710	363	445	645	645	210	
SCB10—D—2500/10		2180	1070	2045	870	2070	1840	379	475	725	725	210	

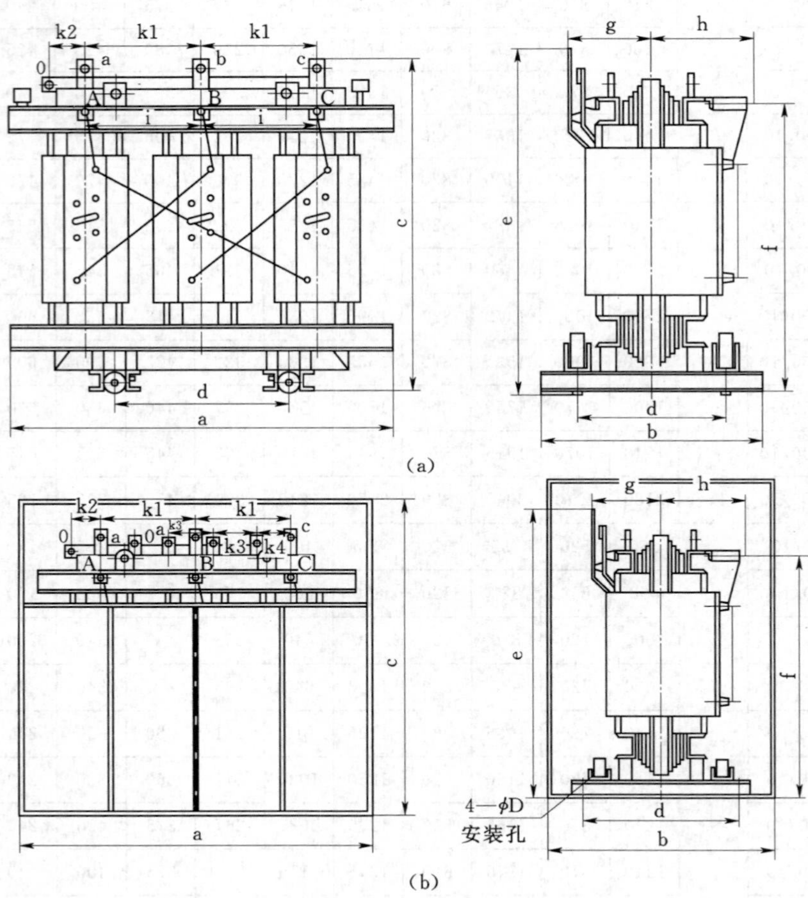

图 6-18　SC (B)$^{9}_{10}$—D系列 10kV 级干式配电变压器外形及安装尺寸

（常州华迪特种变压器有限公司）

(a) SCB9、SCB10 系列；(b) 带防护 IP20 外壳

表 6-53 SC (B)$^{9}_{10}$—D 系列 10kV 级 30～2500kVA 干式配电变压器带 IP20 外壳外形及安装尺寸

单位：mm

型号	短路阻抗（%）	a	b	c	d	e	f	g	h	k1	k2	k3	k4
SC—D—30/10	4	1200	1100	1100	520	805	505	164				150	145
SC—D—50/10		1200	1100	1100	520	890	625	175				150	155
SC—D—80/10		1300	1150	1150	520	940	640	193				200	140
SC—D—100/10		1300	1150	1200	520	1005	675	195				200	140
SC—D—125/10		1450	1150	1400	520	1135	915	241	360			240	70
SC—D—160/10		1450	1150	1500	520	1250	1030	241	360			240	70
SC—D—200/10		1550	1300	1500	670	1235	1035	267	375			240	90
SC—D—250/10		1550	1300	1600	670	1315	1115	267	375			240	90
SCB—D—315/10		1650	1300	1600	670	1240	1050	276	380	425	150		
SCB—D—400/10		1700	1350	1650	670	1325	1110	292	395	440	150		
SCB—D—500/10		1800	1400	1700	820	1390	1240	292	405	475	180		
SCB—D—630/10		1800	1400	1700	820	1425	1270	300	405	470	180		
SCB—D—630/10	6	2000	1400	1700	820	1405	1255	292	405	545	170		
SCB—D—800/10		2000	1400	1800	820	1475	1310	301	405	545	170		
SCB—D—1000/10		2050	1400	1800	820	1495	1335	311	415	560	170		
SCB—D—1250/10		2150	1450	1850	870	1555	1385	323	425	600	180		
SCB—D—1600/10		2200	1450	2000	870	1780	1570	357	440	630	180		
SCB—D—2000/10		2400	1450	2200	870	1940	1710	363	445	645	210		
SCB—D—2500/10		2600	1500	2300	870	2070	1840	379	475	725	210		

七、订货须知

订货时必须提供产品型号、电压组合、相数、频率、连接组标号、外壳结构形式、使用条件、温控温显系统、风冷系统、外壳尺寸、外壳出线方式、防护及特殊要求。

八、生产厂

常州华迪特种变压器有限公司。

6.11 SC (Z) (B)$^{9}_{10}$—Z 型 10kV 级环氧树脂浇注干式变压器

一、概述

环氧树脂浇注 SC（B）9、SC（B）10、SCZ9、SCZ10（10～35kV、30～20000kVA)—Z 型系列产品，是由江苏华鹏变压器有限公司生产。该公司引进了德国 GEORGE 公司和比利时 SOEN 公司横剪线、德国 HEDRICH 公司环氧真空浇注设备、德国 STOLLBERG 公司箔式绕线机、美国 TEKTRONIX 公司 1000kV 高压发生器、德国 LDIC 局放仪等先进设备和技术，在消化吸收国外先进技术的同时，利用该公司的特色工艺，通过优化创新成功生产出低噪音、低损耗、低局放干式变压器。主要技术性能指标均居国际先进水平。研制成功的SC9—Z型—20000/35干式变压器为目前亚洲单台容量最大产品。各系列产品全部通过突发短路试验，SC9—Z—1250/10干式变压器于1998年通过荷兰KEMA认证。

SCZ_{10}^{9}—Z型、SC $(B)_{10}^{9}$—Z型玻璃纤维增强薄绝缘树脂浇注干式变压器可作为油浸式配电变压器的更新换代产品。特别适用于电厂、高层建筑、商业中心、剧院、医院、实验室、博物馆、石油钻井平台、船舶、港口、车站、机场、石油工厂、地下铁道、隧道、矿山井下和其它重要场所。

该系列产品采用标准GB 1094、GB 6450—86、GB/T 10228—1997，符合DIN 42523、IEC 726标准。

二、产品特点

(1) 高压绕组用铜线，低压绕组用铜线或铜箔绕制，玻璃纤维毡填充包绕，真空状态下用不加填料的环氧树脂浇注，固化后形成坚固的圆筒形整体，机械强度高，局部放电小，可靠性高。

(2) 阻燃、防爆、不污染环境。缠绕线圈的玻璃纤维等绝缘材料具有自熄特性，不会因短路产生电弧，高热下树脂不会产生有毒有害气体。

(3) 线圈不吸潮，铁芯夹件有特殊的防蚀保护层，可在100%相对湿度和其它恶劣环境中运行。间断运行无须去潮处理。

(4) 抗短路、雷电冲击水平高。

(5) 线圈内外侧树脂层薄，散热性能好。冷却方式一般采用空气自然冷却（AN)。对于任何防护等级的变压器都可配置风冷系统（AF)，以提高短时过载能力，确保安全运行。

(6) 损耗低，节能效果好，运行经济，可免维护。

(7) 体积小，重量轻，占地空间小，安装费用低，不须考虑排油池、防火消防设施和备用电源等。

(8) 因无火灾、爆炸之虞，可分散安装在负荷中心，充分靠近用电点，从而降低线路造价和节省昂贵的低压设施费用。

该系列产品的温控系统由温度控制器和安装在产品最热点即低压绕组上端部的 P_t100 铂电阻测温传感器构成。温度控制器具有温度显示和控制功能，对变压器的各相温度巡回显示和控制。若过载运行或故障引起变压器绕组温度过高，温度控制器能发出报警信号；当绕组温度超过安全值时能自动跳闸。采用强迫风冷时，由温度控制器根据绕组温度高低自动启停风机。

三、技术数据

(1) 额定电压（kV)：高压10（10.5，11，6，6.3，6.6)，低压0.4。

(2) 容量范围（kVA)：30～20000。

(3) 调压方式：无励磁调压或有载调压。

(4) 分接范围：±5%，±2×2.5%（或按用户需要)。

(5) 频率（Hz)：50，60。

（6）相数：3相。

（7）连接组标号：Y，yn0；D，yn11。

（8）使用环境：相对湿度100%，环境温度不高于40℃。

（9）最高温升：100K。

（10）冷却方式：自冷（AN）或风冷（AF）。

（11）防护等级：IP00，IP20（户内），IP23（户外）。

（12）绝缘等级：F级。

（13）绝缘水平：

10kV级产品工频耐压35kV，冲击耐压75kV；

20kV级产品工频耐压50kV，冲击耐压125kV；

35kV级产品工频耐压70kV，冲击耐压170kV。

（14）空载损耗、负载损耗、空载电流、短路阻抗、噪声水平等技术数据见表6-54，有载调压干式配电变压器技术数据见表6-55。

表6-54　SC (B)$_{10}^{9}$—Z型10kV级环氧树脂浇注干式变压器技术数据

型　号	空载损耗 (W)	负载损耗 (75℃)(W)	空载电流 (%)	短路阻抗 (%)	噪声水平 (dB)	重　量 (kg)
SC9—Z—30/10	210	610	1.6	4	44	335
SC9—Z—50/10	300	910	1.4		44	405
SC9—Z—80/10	410	1260	1.0		45	605
SC9—Z—100/10	450	1390	0.8		45	715
SC9—Z—125/10	530	1700	0.8		47	805
SC9—Z—160/10	610	1960	0.8		47	905
SC9—Z—200/10	700	2330	0.7		47	1015
SC9—Z—250/10	810	2540	0.7		47	1200
SC9—Z—315/10	990	3140	0.6		48	1395
SC9—Z—400/10	1090	3660	0.6		48	1600
SC9—Z—500/10	1300	4500	0.5		50	1830
SC9—Z—630/10	1500	5410	0.5		50	2290
SC9—Z—630/10	1450	5500	0.5	6	50	2350
SC9—Z—800/10	1710	6420	0.4		52	2605
SC9—Z—1000/10	1950	7500	0.4		52	3080
SC9—Z—1250/10	2340	8960	0.4		53	3740
SC9—Z—1600/10	2750	10840	0.4		53	4650
SCB9—Z—630/10	500	5410	0.5	4	50	2415
SCB9—Z—630/10	1450	5500	0.5	6	50	2420
SCB9—Z—800/10	1710	6420	0.4		52	2690
SCB9—Z—1000/10	1950	7500	0.4		52	3145

续表 6-54

型　　号	空载损耗 (W)	负载损耗 (75℃)(W)	空载电流 (%)	短路阻抗 (%)	噪声水平 (dB)	重　　量 (kg)
SCB9—Z—1250/10	2340	8960	0.4	6	53	3630
SCB9—Z—1600/10	2750	10840	0.4		53	4760
SCB9—Z—2000/10	3620	13360	0.3		54	5260
SCB9—Z—2500/10	4500	15870	0.3		55	6870
SCB9—Z—3150/10	5000	19640	0.3		55	7830
SCB9—Z—800/10	1500	6780	0.4	8	52	2760
SCB9—Z—1600/10	2500	11650	0.4		53	4790
SCB9—Z—2000/10	3000	13760	0.3		54	5380
SCB9—Z—2500/10	4000	17500	0.3		55	6615
SC10—Z—30/10	190	610	1.6	4	40	345
SC10—Z—50/10	260	850	1.4		40	420
SC10—Z—80/10	350	1200	1.0		40	625
SC10—Z—100/10	380	1370	0.8		41	740
SC10—Z—125/10	440	1600	0.8		42	830
SC10—Z—160/10	510	1850	0.8		43	930
SC10—Z—200/10	590	2200	0.7		44	1050
SC10—Z—250/10	680	2400	0.7		45	1240
SC10—Z—315/10	820	3020	0.6		46	1440
SC10—Z—400/10	920	3480	0.6		46	1650
SC10—Z—500/10	1090	4260	0.5		46	1885
SC10—Z—630/10	1260	5120	0.5		46	2360
SC10—Z—630/10	1210	5190	0.5	6	46	2420
SC10—Z—800/10	1420	6070	0.4		46	2700
SC10—Z—1000/10	1660	7090	0.4		46	3170
SC10—Z—1250/10	1960	8460	0.4		48	3940
SC10—Z—1600/10	2200	11000	0.4		48	4800
SCB10—Z—630/10	1260	5120	0.5	4	46	2430
SCB10—Z—630/10	1210	5190	0.5	6	46	2420
SCB10—Z—800/10	1420	6070	0.4		46	2750
SCB10—Z—1000/10	1660	7090	0.4		46	3170
SCB10—Z—1250/10	1960	8460	0.4		48	3650

续表 6-54

型　　号	空载损耗(W)	负载损耗(75℃)(W)	空载电流(%)	短路阻抗(%)	噪声水平(dB)	重　　量(kg)
SCB10—Z—1600/10	2300	10200	0.4	6	48	4760
SCB10—Z—2000/10	2900	12600	0.3		48	5260
SCB10—Z—2500/10	3750	15000	0.3		48	6870
SCB10—Z—3150/10	4500	19640	0.3		50	7830
SCB10—Z—800/10	1350	6400	0.4	8	46	2760
SCB10—Z—1600/10	2200	11000	0.4		48	4790
SCB10—Z—2000/10	2500	13000	0.3		48	5380
SCB10—Z—2500/10	3500	16800	0.3		48	6615

表 6-55　SCZ (B)$^{9}_{10}$—Z型10kV级有载调压干式配电变压器技术数据

型　　号	高压分接(%)	连接组标号	空载损耗(W)	负载损耗(75℃)(W)	空载电流(%)	短路阻抗(%)	噪声水平(dB)	重量(本体)(kg)	外形尺寸(长×宽×高)(mm)		轨距(mm)
									本　体	防护外壳	
SCZ9—Z—250/10	±4×2.5(9分接)	Y, yn0 或 D, yn11	910	2790	0.8	4	47	1445	1170×1478×1460	1600×1860×1800	660×660
SCZ9—Z—315/10			1080	3330	0.7		48	1590	1170×1478×1505	1600×1860×1800	
SCZ9—Z—400/10			1215	3920	0.7		48	1900	1230×1482×1498	1600×1860×1800	
SCZ9—Z—500/10			1440	4760	0.6		50	2230	1330×1490×1585	1800×1900×2000	
SCZ9—Z—630/10			1650	5660	0.6		50	2430	1330×1493×1660	1800×1900×2000	
SCZ9—Z—630/10			1600	5790	0.6	6	50	2520	1440×1530×1695	1800×1900×2000	
SCZ9—Z—800/10			1880	6830	0.5		52	2780	1460×1636×1750	2000×2000×2200	820×820
SCZ9—Z—1000/10			2190	8090	0.5		52	3325	1500×1640×1912	2000×2000×2200	
SCZ9—Z—1250/10			2580	9740	0.5		53	4070	1590×1692×2058	2150×2100×2200	
SCZB9—Z—800/10			1880	6830	0.5		52	2860	1460×1630×1635	2000×2000×2200	
SCZB9—Z—1000/10			2190	8090	0.5		52	3380	1510×1640×1720	2000×2000×2200	
SCZB9—Z—1250/10			2580	9740	0.5		53	3850	1590×1640×1780	2150×2000×2200	
SCZB9—Z—1600/10			3030	11470			53	4900	1700×1640×1900	2150×2100×2200	
SCZB9—Z—2000/10		D, yn11	4140	14060	0.4		54	5400	1780×1656×1955	2300×2100×2200	
SCZB9—Z—2500/10			4950	16740	0.4		55	7000	2070×1692×2035	2500×2200×2200	
SCZ10—Z—250/10			780	2600	0.7	4	45	1445	1170×1478×1460	1600×1860×1800	660×660
SCZ10—Z—315/10			900	3150	0.6		46	1590	1170×1478×1505	1600×1860×1800	
SCZ10—Z—400/10		Y, yn0 或 D, yn11	1080	3700	0.6		46	1900	1230×1482×1498	1600×1860×1800	
SCZ10—Z—500/10			1280	4500	0.5		48	2230	1330×1490×1585	1800×1900×2000	
SCZ10—Z—630/10			1470	5350	0.5		48	2430	1330×1493×1660	1800×1900×2000	
SCZ10—Z—630/10			1420	5470	0.5	6	48	2520	1440×1530×1695	1800×1900×2000	

续表 6-55

型号	高压分接（%）	连接组标号	空载损耗（W）	负载损耗（75℃）（W）	空载电流（%）	短路阻抗（%）	噪声水平（dB）	重量（本体）（kg）	外形尺寸（长×宽×高）（mm）		轨距（mm）
									本体	防护外壳	
SCZ10—Z—800/10	±4×2.5（9分接）	Y，yn0 或 D，yn11	1670	6460	0.4	6	48	2780	1460×1636×1750	2000×2000×2200	820×820
SCZ10—Z—1000/10			1950	7640	0.4		48	3325	1500×1640×1912	2000×2000×2200	
SCZ10—Z—1250/10			2290	9200	0.4		50	4070	1590×1692×2058	2150×2100×2200	
SCZB10—Z—800/10			1670	6460	0.4		48	2860	1460×1630×1635	2000×2000×2200	
SCZB10—Z—1000/10			1950	7640	0.4		48	3380	1510×1640×1720	2000×2000×2200	
SCZB10—Z—1250/10			2290	9200	0.4		50	3850	1590×1640×1780	2150×2000×2200	
SCZB10—Z—1600/10			2690	10830	0.4		50	4900	1700×1640×1900	2150×2100×2200	
SCZB10—Z—2000/10			3320	13280	0.3		50	5400	1780×1656×1955	2300×2100×2200	
SCZB10—Z—2500/10			4400	15800	0.3		50	7000	2070×1692×2035	2500×2200×2200	

四、外形及安装尺寸

SC（B）$^{9}_{10}$—Z 型 10kV 级干式配电变压器外形尺寸，见表 6-56。

表 6-56 SC（B）$^{9}_{10}$—Z 型 10kV 级干式配电变压器外形尺寸

型号	短路阻抗（%）	无外壳（mm）		带 IP20 保护外壳（mm）	
		长×宽×高	低压端子	长×宽×高	重量（kg）
SC9—Z—30/10	4	850×630×785	3×30	1300×1100×1200	430
SC9—Z—50/10		880×630×889	3×30	1300×1100×1200	510
SC9—Z—80/10		1030×630×880	3×30	1500×1200×1400	725
SC9—Z—100/10		1030×830×1028	4×30	1500×1200×1400	835
SC9—Z—125/10		1030×630×1148	4×30	1500×1200×1400	930
SC9—Z—160/10		1110×630×1018	4×50	1500×1200×1400	1030
SC9—Z—200/10		1110×630×1138	5×50	1500×1200×1400	1140
SC9—Z—250/10		1170×750×1209	6×50	1600×1250×1800	1370
SC9—Z—315/10		1170×750×1379	6×50	1600×1250×1800	1565
SC9—Z—400/10		1170×750×1529	6×50	1600×1250×1800	1770
SC9—Z—500/10		1230×750×1552	6×50	1800×1350×2000	2045
SC9—Z—630/10		1330×750×1592	8×50	1800×1350×2000	2525
SC9—Z—630/10	6	1440×750×1564	8×50	1800×1350×2000	2565
SC9—Z—800/10		1460×940×1614	6×80	2000×1400×2000	2880
SC9—Z—1000/10		1500×940×1729	8×80	2000×1400×2000	3310
SC9—Z—1250/10		1590×940×1854	8×100	2150×1450×2200	4180
SC9—Z—1600/10		1690×940×1910	10×100	2150×1450×2200	5100

续表 6-56

型　号	短路阻抗（%）	无外壳（mm）		带 IP20 保护外壳（mm）	
		长×宽×高	低压端子	长×宽×高	重量（kg）
SCB9—Z—630/10	4	1380×750×1698	8×50	1800×1350×2000	2630
SCB9—Z—630/10	6	1420×750×1600	8×50	1800×1350×2000	2635
SCB9—Z—800/10		1460×940×1635	6×80	2000×1400×2000	2920
SCB9—Z—1000/10		1510×940×1720	8×80	2000×1400×2000	3375
SCB9—Z—1250/10		1590×940×1790	8×100	2150×1450×2200	3870
SCB9—Z—1600/10		1700×940×1900	10×100	2150×1450×2200	5000
SCB9—Z—2000/10		1780×940×1955	10×120	2300×1500×2200	5520
SCB9—Z—2500/10		2070×940×2035	12.5×125	2500×1550×2200	7150
SCB9—Z—3150/10		2070×940×2290	15×140	2600×1600×2500	8150
SCB9—Z—800/10	8	1510×940×1608	8×60	2000×1400×2000	3000
SCB9—Z—1600/10		1820×940×1906	10×100	2300×1500×2200	5030
SCB9—Z—2000/10		1880×940×1917	10×120	2300×1500×2200	5640
SCB9—Z—2500/10		2070×940×2025	12.5×125	2500×1500×2200	6895
SC10—Z—30/10	4	850×630×785	3×30	1300×1100×1200	430
SC10—Z—50/10		880×630×889	3×30	1300×1100×1200	510
SC10—Z—80/10		1030×630×880	3×30	1500×1200×1400	725
SC10—Z—100/10		1030×630×1028	4×30	1500×1200×1400	835
SC10—Z—125/10		1030×630×1148	4×30	1500×1200×1400	930
SC10—Z—160/10		1110×630×1018	4×50	1500×1200×1400	1030
SC10—Z—200/10		1110×630×1138	5×50	1500×1200×1400	1140
SC10—Z—250/10		1170×750×1209	6×50	1600×1250×1800	1370
SC10—Z—315/10		1170×750×1379	6×50	1600×1250×1800	1565
SC10—Z—400/10		1170×750×1529	6×50	1600×1250×1800	1770
SC10—Z—500/10		1230×750×1552	6×50	1800×1350×2000	2045
SC10—Z—630/10		1330×750×1592	8×50	1800×1350×2000	2525
SC10—Z—630/10	6	1440×750×1564	8×50	1800×1350×2000	2565
SC10—Z—800/10		1460×940×1614	6×80	2000×1400×2000	2880
SC10—Z—1000/10		1500×940×1729	8×80	2000×1400×2000	3310
SC10—Z—1250/10		1590×940×1860	8×100	2150×1450×2200	4180
SC10—Z—1600/10		1690×940×2000	10×100	2150×1450×2200	5300
SCB10—Z—630/10	4	1380×750×1698	8×50	1800×1350×2000	2645
SCB10—Z—630/10	6	1420×750×1600	8×50	1800×1350×2000	2635
SCB10—Z—800/10		1460×940×1635	6×80	2000×1400×2000	2980

续表 6-56

型　号	短路阻抗（%）	无外壳（mm）		带IP20保护外壳（mm）	
		长×宽×高	低压端子	长×宽×高	重量（kg）
SCB10—Z—1000/10	6	1510×940×1720	8×80	2000×1400×2000	3400
SCB10—Z—1250/10		1590×940×1790	8×100	2150×1450×2200	3890
SCB10—Z—1600/10		1700×940×1900	10×100	2150×1450×2200	5000
SCB10—Z—2000/10		1780×940×1955	10×120	2300×1500×2200	5520
SCB10—Z—2500/10		2070×940×2035	12.5×125	2500×1550×2200	7150
SCB10—Z—3150/10		2070×940×2290	15×140	2600×1600×2500	8150
SCB10—Z—800/10	8	1510×940×1608	8×60	2000×1400×2000	3000
SCB10—Z—1600/10		1820×940×1906	10×100	2300×1500×2200	5030
SCB10—Z—2000/10		1880×940×1917	10×120	2300×1500×2200	5640
SCB10—Z—2500/10		2070×940×2025	12.5×125	2500×1550×2200	6895

五、订货须知

订货必须提供产品型号、额定容量、相数、频率、额定电压（高压/低压）、分接范围、连接组标号、短路阻抗、冷却方式、防护等级、使用条件、温度控制器、订货数量、交货时间等要求。

六、生产厂

江苏华鹏变压器有限公司。

6.12 H级NOMEX®纸干式变压器

6.12.1 环保型H级干式变压器

一、概述

保定天威顺达变压器有限公司是国内最早生产NOMEX®阻燃H级环保型敞开通风式变压器公司。H级绝缘环保型干式变压器技术先进、性能优越、经济效益显著，该产品占据美国干式变压器市场80%，并填补了国内空白，荣获了国家技术专利和新产品专利。

保定天威集团研制开发出新一代敞开通风式（OVDT）H级绝缘干式变压器，绝缘系统经美国UL保险商试验认可，主要绝缘材料用美国杜邦公司高科技产品，电气、机械、化学、耐热、阻燃性能优越的NOMEX®芳香聚酰胺纤维纸。

保定天威集团为确保产品制造质量，采用先进的技术和管理，引进国外一流的关键生产设备和试验装置，并严格执行ISO9000质量体系标准。

该产品分布在国家重点工程项目、电厂、化工、建筑等不同行业中，最大限度地满足各种用户需求。

SGZ（B）10、SGB10系列H级干式变压器可根据用户需要配备风冷系统采用贯流式风机，风量大，能耗低，噪声低，外形美观，安装方便，运行可靠。

控制系统采用系统温度控制器，该温控器利用埋设在变压器三相低压绕组中的三支PT100铂电阻来测量变压器绕组中最热点温度，并通过数字显示可随时了解变压器运行温度，还可以设定控制温度转折点，启停风机，超温报警，超温跳闸及控制系统故障保护、报警，如风机过载、断相等保护，确保变压器能安全、可靠运行。

为提高供电质量，稳定电网电压，10kV有载调压变压器可采用一体化设计，结构紧凑，安装简单方便。

二、产品特点

（一）尺寸小，重量轻，局部放电低

NOMEX®纸的耐压强度高，工频击穿场强为（20～40）kV/mm，相对介电常数2，较层压纸板环氧树脂更接近空气。当干式变压器的绝缘采用NOMEX®纸时，通过计算机电场分析计算可使干式变压器内部电场分布更加合理，避免电场的过分集中，降低了局部放电量。铁芯采用进口优质晶粒取向硅钢板，空载损耗低，变压器体积小，重量轻。

（二）过载能力强

NOMEX®纸耐热温度高，属于C级绝缘材料，即使温度高达220℃时其电气性能和机械性能都十分稳定，可保持良好的绝缘性能，降为H级180℃使用，保证了H级干式变压器较强的过负荷能力。更适合钢厂轧钢用的整流变压器、电气机车用牵引变压器等经常过负荷的场合。本产品采用NOMEX®绝缘材料，无需风机冷却，允许长期过载20%运行。

（三）环保性能好

NOMEX®纸绝缘系统化学性能稳定，安全阻燃、无毒、抗辐射，即使发生火灾时，NOMEX®纸制品也不会产生毒气；不受800兆拉德（该剂量足以使聚脂层压板粉碎）电离辐射的影响，可以经受酸碱的腐蚀，以及真菌或霉菌的侵袭，是制造环保型电气产品及干式变压器更新换代的绝缘系统。H级环保型干式变压器在美国已得到广泛应用。

（四）防潮性能好，抗环境温度突变的能力强

NOMEX®纸本身不吸水，具有很好的防潮性；采用VPI技术，经过真空压力浸漆后，干式变压器性能更加可靠，更适合在温、湿度变化范围大的环境中使用。

（五）运行可靠、维护方便

由于H级NOMEX®纸干式变压器高压采用饼式绕组与低压采用箔式绕组，经真空压力浸漆，增强了承受突发短路的能力。运行中不开裂，运行可靠，且维护方便。

（六）期满回收方便，满足环保要求

NOMEX®纸干式变压器，当产品到使用期满后，回收方便，且无毒、不污染空气。铜线、铁芯可再利用，适应环保潮流要求，真正做到“绿色”产品。

三、型号含义

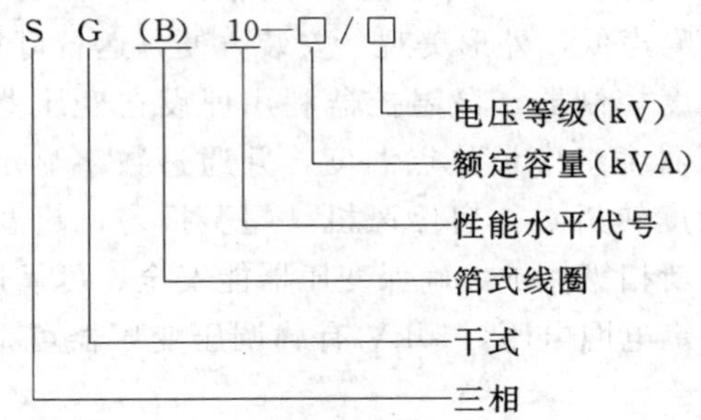

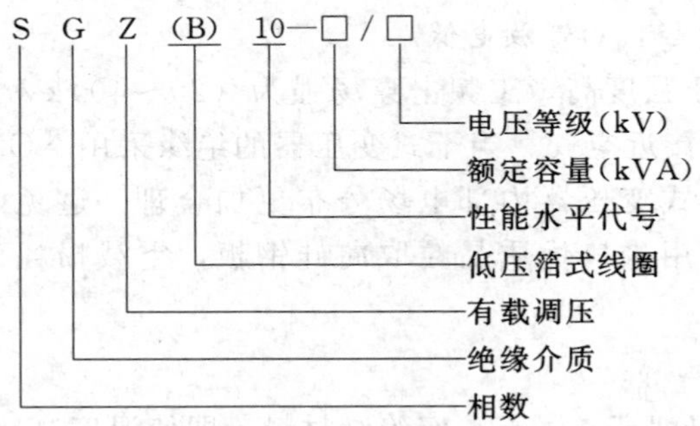

四、技术数据

(1) 标准：GB 6450—1986《干式电力变压器》，GB/T 10228—1997《干式电力变压器技术参数和要求》，GB 4208—1993《外壳防护等级（IP 代码）》。

(2) 容量（kVA）：30～5000。

(3) 额定高压（kV）：6，6.3，6.6，10，10.5，11。

(4) 额定低压（kV）：0.4。

(5) 分接范围：±5%或±2×2.5%；±4×2.5%。

(6) 相数：三相，单相。

(7) 频率（Hz）：50，60。

(8) 连接组别：Y，yn0；D，yn11；Y，d11。

(9) 相对湿度：100%。

(10) 使用条件：环境温度≤40℃。

(11) 冷却方式：AN（自冷）或 AF（风冷）。

(12) 绝缘等级：H 级。

(13) 绝缘水平：10kV 级产品工频耐压 35kV，冲击耐压 75kV。

(14) 空载损耗、负载损耗、短路阻抗、空载电流等技术数据，见表 6-57。

五、外形及安装尺寸

H 级 NOMEX® 纸 SG（B）（Z）10 系列干式变压器外形及安装尺寸见图 6-19，防护外壳外形尺寸见表 6-58 及图 6-20。

表6-57 H级NOMEX®纸SG（B）（Z）10系列干式变压器技术数据

型号	空载损耗（W）	负载损耗(75℃)（W）	短路阻抗（%）	声级(dB)	空载电流（%）	外形尺寸（mm）							重量（kg）	备注	生产厂
						L	B	H	L1	L2	d	f			
SG10—30/10	200	680	4	42	3.0	900	450	880	265	220	550	360	370	配电变压器	保定天威集团有限公司
SG10—50/10	250	970	4	42	2.8	940	500	985	295	220	550	360	450		
SG10—80/10	370	1340	4	43	2.2	985	500	1055	295	226	550	660	585		
SG10—100/10	400	1530	4	43	2.2	1010	700	1135	295	226	660	660	665		
SG10—125/10	480	1770	4	44	2.2	1060	700	1175	306	228	660	660	790		
SG10—160/10	540	2080	4	45	2.0	1120	700	1230	312	228	660	660	930		
SG10—200/10	620	2520	4	45	1.8	1180	700	1275	312	238	660	660	1035		
SG10—250/10	720	2930	4	45	1.8	1290	700	1330	315	238	660	660	1185		
SG10—315/10	880	3750	4	48	1.8	1320	700	1355	315	240	660	660	1365		
SGB10—400/10	970	4400	4	48	1.8	1510	1110	1490	315	240	920	820	1815		
SGB10—500/10	1160	5380	4	50	1.8	1530	1160	1525	314	313	920	820	1935		
SGB10—630/10	1300	6440	4	50	1.4	1630	1240	1650	321	323	960	900	2270		
SGB10—630/10	1290	6600	6	52	1.4	1630	1240	1650	321	323	960	900	2270		
SGB10—800/10	1520	7750	6	54	1.4	1690	1240	1560	323	325	1030	900	2415		
SGB10—1000/10	1760	9300	6	56	1.3	1690	1240	1720	323	325	1040	900	2870		
SGB10—1250/10	2080	10100	6	56	1.3	1750	1280	1815	331.5	333.5	1080	940	3410		
SGB10—1600/10	2440	11300	6	56	1.3	1870	1280	1940	326.5	346.5	1150	940	4415		
SGB10—2000/10	3320	14200	6	57	1.1	2000	1280	1975	349.5	355.5	1240	940	4900		
SGB10—2500/10	4000	16500	6	58	1.1	2100	1320	2030	365	356	1340	940	5620		
SGZ10—200/10	710	4030	4		2.4	1650	1600	1800	419	274	550	1310	1630	有载调压配电变压器（分接范围±4×2.5%）	
SGZ10—250/10	840	4760	4		2.4	1650	1600	1800	415	270	550	1310	1730		
SGZ10—315/10	1015	5630	4		2.2	1750	1600	1800	431	287	660	1410	2010		
SGZB10—400/10	1200	6660	4		2.2	1750	1800	2000	394	287	660	1410	2240		
SGZB10—500/10	1380	7850	4		2.0	1750	1800	2000	409	315	660	1410	2550		
SGZB10—630/10	1680	9300	4		2.0	1750	1800	2000	416	315	660	1410	2850		
SGZB10—630/10	1620	9780	4		2.0	1750	1800	2000	406	315	660	1410	2990		
SGZB10—800/10	1960	11580	4		1.8	1850	2200	2200	408	315	820	1470	3310		
SGZB10—1000/10	2370	13370	4		1.8	1850	2200	2200	418	328	820	1470	3760		
SGZB10—1250/10	2880	15900	4		1.6	1850	2200	2200	435	355	820	1470	4510		
SGZB10—1600/10	3320	18500	4		1.6	1850	2200	2200	446	370	820	1470	5160		
SGZB10—2000/10	4020	21780	4		1.4	1900	2300	2400	493	400	820	1520	6210		
SGZB10—2500/10	4840	25000	4		1.4	1900	2400	2400	504	400	820	1520	7565		

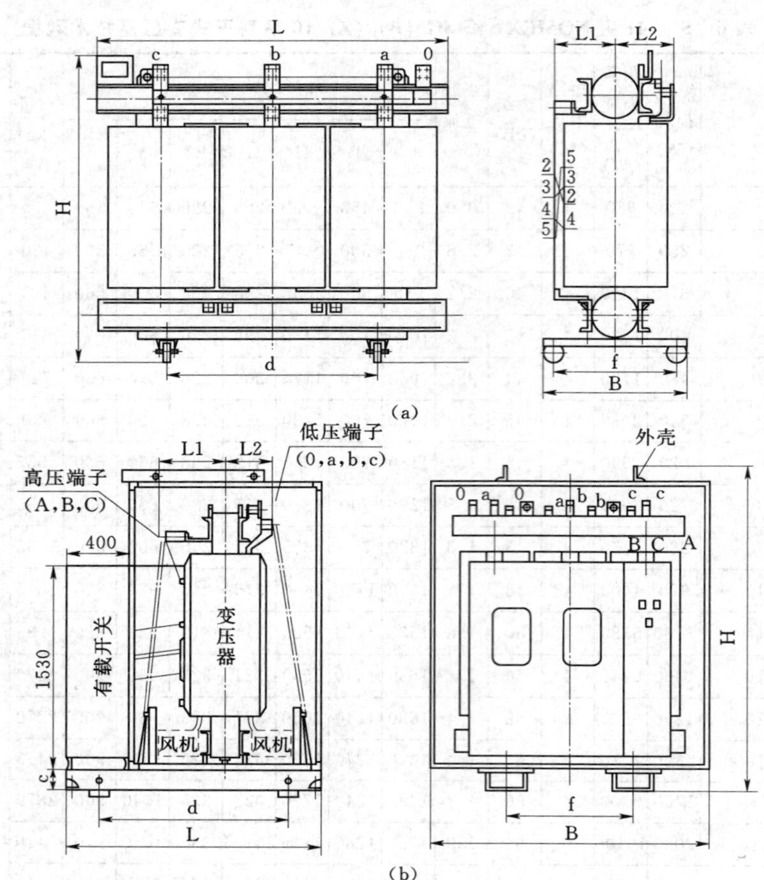

图6-19 H级NOMEX®纸SG(B)(Z)10系列干式变压器外形及安装尺寸(保定天威集团)

(a) SG(B)10系列;(b) SGZ(B)10系列

表6-58 SG(B)10系列配电变压器防护外壳外形尺寸

型号	外形尺寸(mm)			重量(kg)	型号	外形尺寸(mm)			重量(kg)
	H	L	B			H	L	B	
SG10—30/10	1200	1300	1100	405	SGB10—400/10	1900	1780	1680	1955
SG10—50/10	1200	1300	1100	485	SGB10—500/10	1900	1780	1680	2155
SG10—80/10	1200	1300	1100	620	SGB10—630/10	2200	1800	1350	2560
SG10—100/10	1300	1300	1100	715	SGB10—800/10	1900	1920	1640	2615
SG10—125/10	1300	1300	1100	850	SGB10—1000/10	1900	1920	1640	2870
SG10—160/10	1500	1500	1100	970	SGB10—1250/10	1900	2020	1640	3640
SG10—200/10	1500	1500	1100	1140	SGB10—1600/10	2200	2140	1680	4480
SG10—250/10	1500	1500	1100	1275	SGB10—2000/10	2200	2270	1680	5130
SG10—315/10	1500	1600	1100	1370	SGB10—2500/10	2200	2470	1680	5370

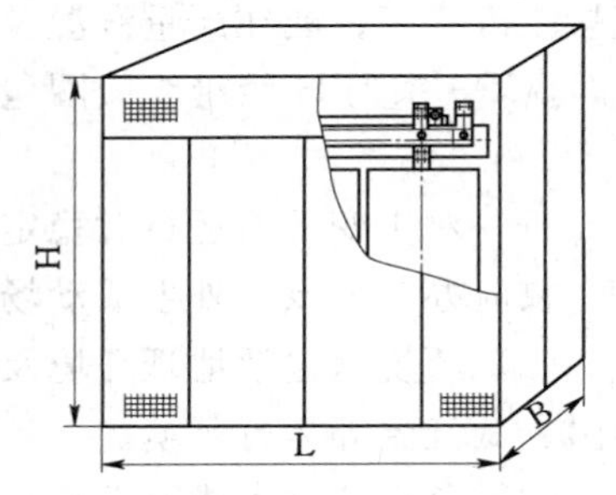

图6-20 H级SG（B）10系列配电变压器防护外壳外形尺寸

六、生产厂

保定天威集团有限公司、保定天威顺达变压器有限公司、中电电气集团、江苏中电设备制造公司、江苏中电变压器制造有限公司。

6.12.2 杜邦技术SCR9系列H级绝缘线圈包封型干式变压器

一、概述

昆明赛格迈特种变压器电气有限责任公司主要生产35kV级以下电压等级H级新型干式变压器，于2001年9月正式成为杜邦Reliatra*N*®变压器特许制造商，生产H级绝缘包封型（SCR系列）及H级绝缘非包封型（SG系列）干式变压器。产品均符合杜邦公司制定的Reliatra*N*®技术变压器标准，悬挂杜邦Reliatra*N*®技术变压器铭牌，接受杜邦公司在设计、生产、品质管理、销售及售后服务的监督管理。

二、产品性能

（一）可靠性高

（1）产品除满足国家标准GB 6450—86和GB/T 1022897等外，还采用IEC 60076—11（国际电工委员会技术标准）和国际上最先进的NFC 52（法国标准）和HD 464（欧洲标准）。

（2）产品为H级（工作温度180℃）耐热绝缘等级，而主要绝缘材料却是C级（工作温度220℃），留有较大的裕度。

（3）能承受恶劣条件的储存、运输。

（4）能在恶劣条件下（包括气候、地理环境）正常运行。

（5）能承受户外型变压器的大气和操作过电压。

（6）有比一般干式变压器更强的过负载能力。

（7）有很好的抗短路能力。

（8）变压器在正常使用情况下可免维修。

（二）安全性好

（1）变压器在使用中不会助燃，能阻燃、不会爆炸及释放出有害气体。

（2）变压器在使用时，不会对环境、其它设备特别是对人身造成危害。

（三）环保性好

（1）产品在制造、运输、储存、运行时都不会对环境造成污染。

（2）产品在使用寿命结束后，线圈可以回收，资源可以重新利用，不会对环境造成危害。

（3）噪音较低。

SCR9系列产品已在意大利CESI独立实验室按欧洲标准HD 464通过了F1级耐火能力试验，C2级承受热冲击能力试验和F2级适应环境能力试验。因此，在被燃烧时烟雾透明度高，温度低且不含有害气体；在骤冷骤热的条件下能安全运行，在−25℃的环境下可直接投入运行；能在严重潮湿及污秽的环境下安全运行。

SCR9系列H级绝缘线圈包封型干式变压器由于拥有卓越的性能，因此该产品特别适用于：

（1）对于变压器运行时稳定性、安全性及防火性能有特殊要求的重要场合，如党政机关、政府办公地点、外事活动场所、居民密集区等。

（2）环境（包括地理环境及气候条件）特别恶劣的运行条件，如高海拔、高潮湿、高气温、低气温等运行环境。

（3）负荷波动大或要求长时间过负荷的场所，如城市轻轨、冶金行业、发电厂、高层建筑、购物中心等。

三、产品结构

（一）铁芯

用高质量、高导磁、优质晶粒取向硅钢片，降低空载损耗与噪音。铁芯片剪切采用德国GEORG公司的全自动剪切线，剪切精度高，切片毛刺小。采用全斜接缝步进叠片方式，芯柱用胶接、绑扎工艺。铁芯夹件及其它金属结构件均采用特殊工艺处理，美观、耐腐蚀。

（二）线圈

低压线圈使用铜箔绕制，高压线圈使用NOMEX® 材料包铜导线绕制。为多层圆筒式结构。高、低压线圈层间绝缘均采用NOMEX® 制品。由于无需模具浇注，具有设计及制造上的灵活性，特别适宜个性化的优化设计。

箔式的低压线圈与层式的高压线圈相配合，绕组端部漏磁小，使变压器的抗短路能力强。由于作为主绝缘的NOMEX® 制品具有较高的体积电阻率和表面电阻率，在高温下仍能保持较高的电阻率，介电损耗因数在高温下变化不大，故该产品具有卓越的电气性能。在短路故障中，热稳定性能良好，过负荷能力和耐冲击性负荷能力强。

线圈在整个制造过程中不用真空浇注或缠绕，线圈无气泡，不会开裂，在运输、运行中受到局部损坏可以进行修复。

四、型号含义

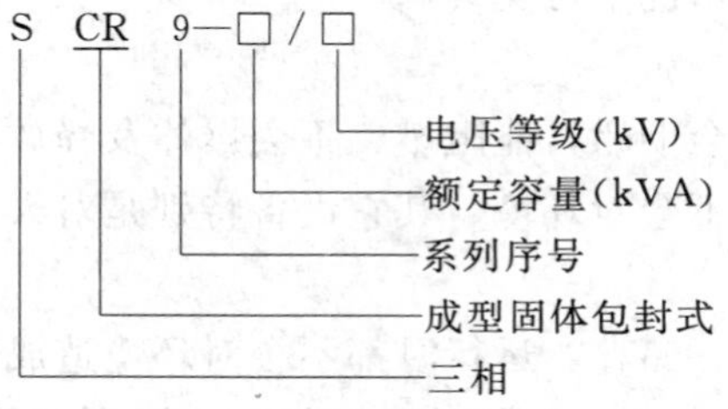

五、技术数据

（1）标准：GB 6450—1986《干式电力变压器》、GB/T 10228—1997《干式电力变压器技术参数和要求》、GB 10237—1998《电力变压器绝缘水平和绝缘试验，外绝缘空气间隙》、GB/T 17211—1998《干式电力变压器负载导则》、IEC 60076—11《国际电工委员会标准—干式电力变压器》、NFC 52—726《法国标准—干式电力变压器》、HD464S1/A2—

1991、HD464S1/A3—1992《欧洲标准》。

（2）使用条件：按GB 6450—1986《干式电力变压器》1.2条。当环境温度＞40℃，海拔＞1000m时，按该国际有关规定进行修正。

（3）过载能力：自然空气冷却（AN）时，正常使用条件下变压器可连续输出110%的额定容量。强迫空气冷却（AF）时，正常使用条件下变压器输出容量可提高50%。

（4）电压组合。高压（kV）：3、6、10；低压（kV）：0.4。

（5）频率（Hz）：50。

（6）调压范围。无励磁调压（%）：±5或2×2.5。

（7）连接组标号：Y，yn0；D，yn11。

（8）局部放电量≤5pC。

（9）空载损耗、负载损耗、空载电流、阻抗电压、噪音等技术数据，见表6-59。

表6-59　杜邦技术SCR9系列H级绝缘线圈包封型干式变压器技术数据

型　号	额定容量（kVA）	空载损耗（W）（标准型）	负载损耗（W）		空载电流（%）	阻抗电压（%）	噪　音（dB）	无外罩器身重量（kg）	带外罩器身重量（kg）
			75℃	145℃					
SCR9—30/10	30	240	720	880	1.0	4	40	240	340
SCR9—50/10	50	300	920	1130	1.0	4	40	300	400
SCR9—80/10	80	400	1270	1560	1.0	4	40	440	590
SCR9—100/10	100	440	1460	1790	1.0	4	40	520	670
SCR9—125/10	125	520	1700	2080	1.0	4	41	600	750
SCR9—160/10	160	590	1960	2400	0.8	4	41	700	850
SCR9—200/10	200	630	2240	2750	0.8	4	41	850	1050
SCR9—250/10	250	750	2410	2950	0.8	4	44	1090	1290
SCR9—315/10	315	870	3100	3800	0.8	4	44	1270	1470
SCR9—400/10	400	1040	3600	4410	0.8	4	44	1530	1730
SCR9—500/10	500	1130	4300	5270	0.6	4	44	1790	1990
SCR9—630/10	630	1350	5400	6620	0.6	4	45	2160	2360
SCR9—630/10	630	1200	5510	6750	0.6	6	45	1940	2140
SCR9—800/10	800	1500	6500	7970	0.5	6	45	2400	2600
SCR9—1000/10	1000	1700	7500	9190	0.5	6	45	2680	2930
SCR9—1250/10	1250	1980	9000	11030	0.5	6	46	3200	3450
SCR9—1600/10	1600	2340	10820	13260	0.4	6	46	4025	4325
SCR9—2000/10	2000	2850	13340	16350	0.4	6	46	4900	5150
SCR9—2500/10	2500	3700	15790	19350	0.4	6	46	6090	6340

六、外形及安装尺寸

该产品外形及安装尺寸，见表6-60及图6-21。

表 6-60 杜邦技术 SCR9 系列 H 级绝缘线圈包封型干式变压器外形及安装尺寸

单位：mm

型　号	外形及安装尺寸										备注
	L	W	H	B1	B2	H1	H2	D	E	F	
SCR9—30/10	800	640	890	330	143	775	870	280	400	37	无外壳
SCR9—50/10	880	640	920	355	155	780	830	280	400	37	
SCR9—80/10	900	640	980	340	155	820	900	280	400	37	
SCR9—100/10	1000	780	970	365	175	790	895	280	400	55	
SCR9—125/10	1000	780	1120	360	169	926	1035	280	400	55	
SCR9—160/10	1100	780	1050	375	186	870	975	350	400	55	
SCR9—200/10	1100	780	1120	375	186	940	1035	350	400	55	
SCR9—250/10	1170	1000	1140	335	235	930	970	280	400	55	
SCR9—315/10	1210	1000	1180	400	260	1040	1110	280	550	55	
SCR9—400/10	1260	1100	1290	405	265	1100	1135	280	550	55	
SCR9—500/10	1310	1100	1380	405	265	1180	1225	280	550	55	
SCR9—630/10	1430	1100	1400	410	270	1170	1220	350	660	55	
SCR9—800/10	1580	1150	1440	420	285	1215	1270	350	660	55	
SCR9—1000/10	1480	1150	1620	430	335	1340	1410	350	820	55	
SCR9—1250/10	1630	1150	1640	445	355	1355	1430	350	820	65	
SCR9—1600/10	1840	1250	1820	465	370	1500	1590	350	820	65	
SCR9—2000/10	1860	1250	1810	470	390	1485	1570	350	820	65	
SCR9—2500/10	2065	1300	1920	4488	405	1590	1660	350	820	65	
SCR9—30/10	1160	900	1340	330	143	775	870	280	400	37	带外壳
SCR9—50/10	1160	900	1340	355	155	780	830	280	400	37	
SCR9—80/10	1160	900	1340	340	155	820	900	280	400	37	
SCR9—100/10	1460	1060	1515	365	175	790	895	280	400	55	
SCR9—125/10	1460	1060	1515	360	169	926	1035	280	400	55	
SCR9—160/10	1460	1060	1515	375	186	870	975	350	400	55	
SCR9—200/10	1460	1060	1515	375	186	940	1035	350	400	55	
SCR9—250/10	1520	1260	1375	335	235	930	970	280	400	55	
SCR9—315/10	1520	1260	1375	400	260	1040	1110	280	550	55	
SCR9—400/10	1740	1340	1555	405	265	1100	1135	280	550	55	
SCR9—500/10	1740	1340	1555	405	265	1180	1225	280	550	55	
SCR9—630/10	1740	1340	1555	410	270	1170	1220	350	660	55	
SCR9—800/10	1940	1420	1835	420	285	1215	1270	350	660	55	
SCR9—1000/10	1940	1420	1835	430	335	1340	1410	350	820	55	
SCR9—1250/10	1940	1420	1845	445	355	1355	1430	350	820	65	
SCR9—1600/10	2160	1500	2005	465	370	1500	1590	350	820	65	
SCR9—2000/10	2160	1500	2005	470	390	1485	1570	350	820	65	
SCR9—2500/10	2400	1560	2125	488	405	1590	1660	350	820	65	

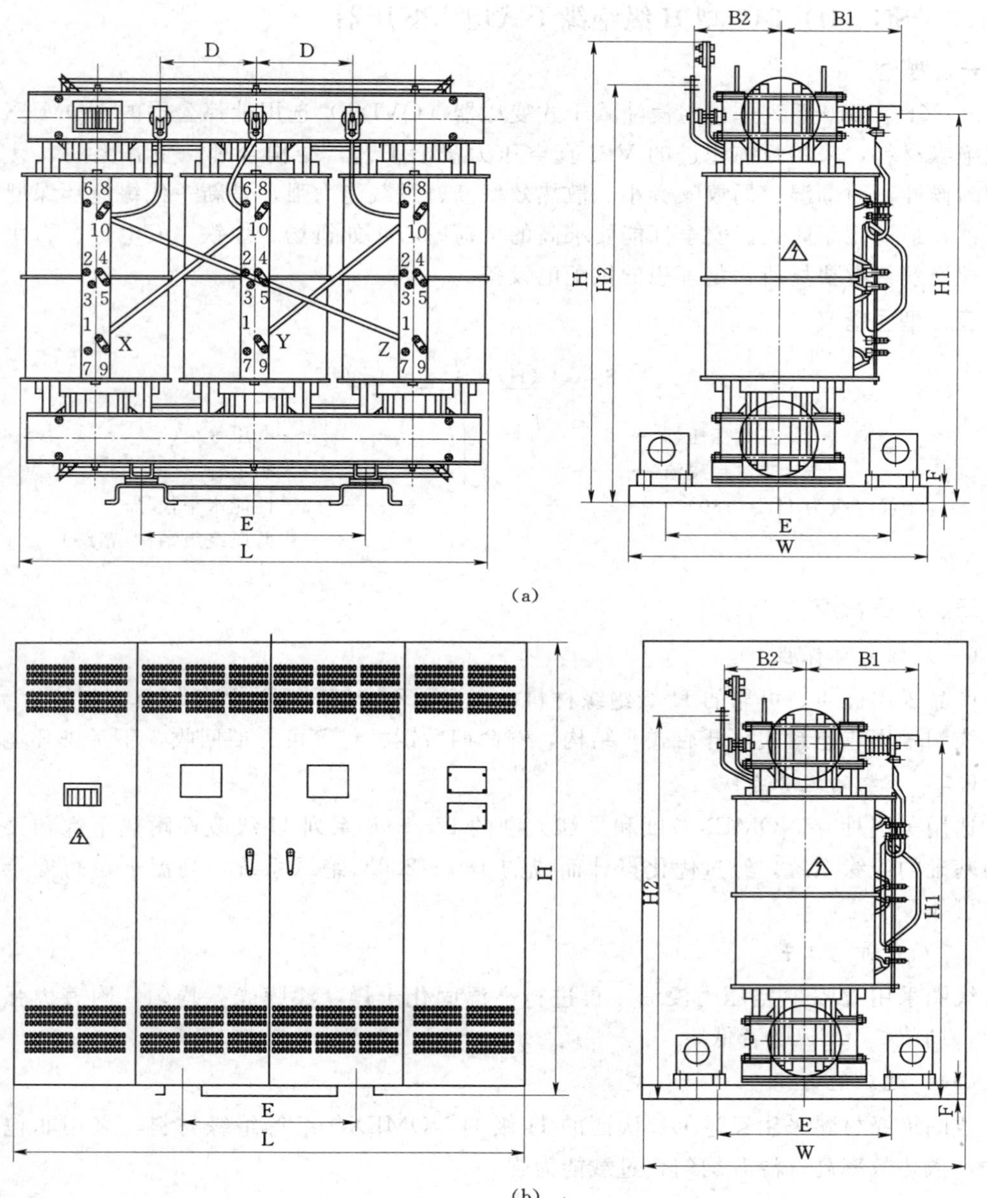

图 6-21 杜邦技术 SCR9 系列 H 级绝缘线圈包封型干式变压器外形及安装尺寸

(a) 无外壳；(b) 带外壳

七、订货须知

订货时必须提供产品型号、电压组合、分接范围、频率、连接组标号、阻抗电压、绝缘水平、使用条件、冷却方式、外壳防护等级、低压出线方式、温控器及其它特殊要求。

八、生产厂

昆明赛格迈特种变压器电气有限责任公司（原云南变压器电气股份有限公司）。

6.12.3 SG（H）B10型H级绝缘干式电力变压器

一、概述

SG（H）B10系列非包封浸渍式干式变压器（OVDT）选用杜邦公司的NOMEX®纸为主绝缘材料，采用目前先进的VPI真空压力浸渍工艺，结构合理，整齐美观，具有优异的耐候性、耐潮湿、局放噪音小、散热效率高、过载能力强，是新一代绿色环保型干式变压器，最适用于防火、安全性能要求高的负荷中心，如机场、地铁、发电厂、石化、核电、核潜艇等重要场所，是理想的供配电设备。

二、型号含义

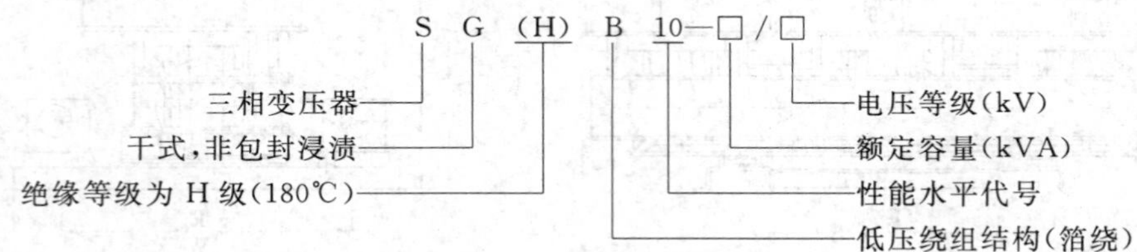

三、产品特点

（一）绿色环保性

产品采用优质、可靠的H级绝缘材料，高温下不分解、不排放任何有害气体。

线圈采用非包封式（开启式）结构，寿命期后铜材料等可方便回收，不污染环境。

（二）可靠的绝缘系统

选用美国杜邦NOMEX®纸和吴江太湖的ET—90系列H级改性耐热不饱和聚脂树脂为基础的绝缘系统，经过优化设计而成的180～220℃绝缘系统，高温下运行安全、稳定、可靠。

（三）先进的工艺

线圈采用VPI真空压力浸渍，再进行高温固化干燥，漆膜光亮均匀，附着力强，不龟裂，局放≤5pC，噪音低。

（四）过载能力强

线圈绝缘材料采用经过UL认证的H级的NOMEX®纸等绝缘材料，采用非包封式结构，散热效率高，温升均匀，过载能力强。

（五）抗短路能力强

高、低压线圈整体进行真空压力浸渍工艺，线圈端部采用碟簧和硅橡胶双效预压紧装置，增强了线圈及产品的机械强度，提高了产品的抗短路能力。

（六）优异的耐候性

产品整体覆盖H级绝缘漆两次，漆膜附着力强、机械强度高、绝缘性能好，具有优异的耐潮湿、盐雾、灰尘能力，适合在重度污染环境下运行。

四、技术数据

SG（H）B10系列非包封干式变压器技术数据，见表6-61。

表6-61 SG(H)B10系列非包封干式变压器技术数据

额定容量(kVA)	电压组合			连接组标号	空载电流(%)	阻抗电压(%)	空载损耗(W)	负载损耗(W)(145℃)	声级(dB)	重量(kg)	轨距(mm)	生产厂
	高压(kV)	高压分接范围(%)	低压(kV)									
100	6 6.3 10 11 10.3 11	±5 ±2×2.5 或其它	0.4	Y，yn0 D，yn11	1.1	4	408	2165		550	400×400	宁波天安（集团）股份有限公司
125					1.0		480	2590		620	550×550	
160					0.9		560	3100		725		
200					0.9		655	3975		825		
250					0.9		760	4675		950		
315					0.75		880	5610		1140		
400					0.75		1040	6630		1320		
500					0.6		1200	7945		1700	660×660	
630					0.6		1400	9265		2000		
630					0.8	6	1345	9775		1700		
800					0.8		1695	11560		2025	820×820	
1000					0.8		1985	13345		2375		
1250					0.8		2385	15640		2720		
1600					0.65		2735	18105		3310		
2000					0.65		3320	21250		3830	1070×1070	
2500					0.65		4000	24735		4450		
125	6 6.3 6.6 10 10.5 11	±5 ±2×2.5	0.4	Y，yn0 D，yn11	0.9	4	480	2130	45	750		浙江广天变压器有限公司
160					0.9		560	2550	45	900		
200					0.8		660	3280	46	1050		
250					0.8		770	3850	47	1280		
315					0.7		890	4620	47	1550		
400					0.7		1050	5460	48	1900		
500					0.6		1210	6550	48	2150		
630					0.5		1410	7630	48	2350		
630					0.5	6	1360	8050	49	2400		
800					0.4		1710	9520	50	2850		
1000					0.4		2000	10990	51	3300		
1250					0.3		2410	12880	52	3450		
1600					0.3		2770	14910	53	4200		
2000					0.25		3360	17500	54	4850		
2500					0.25		4050	20370	54	5500		

五、外形及安装尺寸

该产品的外形及安装尺寸，见表 6-62 及图 6-22。

表 6-62 SG（H）B10 系列 10kV 级 125～2500kVAH 级绝缘干式变压器外形及安装尺寸（浙江广天变压器有限公司）

单位：mm

型号	外形尺寸					有防护外罩				
	a	b	c	d	h	A	B	m	n	h
SG（H）B10—125/10	1080	650	550	550	1100	1550	1200	550	1150	1800
SG（H）B10—160/10	1150	650	550	550	1150	1550	1200	550	1160	1800
SG（H）B10—200/10	1180	650	660	550	1200	1550	1200	660	1160	1800
SG（H）B10—250/10	1220	760	660	660	1250	1550	1200	660	1160	1800
SG（H）B10—315/10	1280	760	660	660	1280	1700	1300	660	1260	1900
SG（H）B10—400/10	1350	920	660	820	1320	1700	1300	660	1260	1900
SG（H）B10—500/10	1410	920	660	820	1350	1700	1300	660	1260	1900
SG（H）B10—630/10	1450	920	660	820	1450	1800	1400	660	1360	1900
SG（H）B10—630/10	1480	920	660	820	1420	1800	1400	660	1360	1900
SG（H）B10—800/10	1500	1000	820	820	1480	1800	1400	820	1360	1900
SG（H）B10—1000/10	1600	1000	820	820	1700	1950	1400	820	1360	2000
SG（H）B10—1250/10	1600	1000	820	820	1700	1950	1400	820	1360	2000
SG（H）B10—1600/10	1680	1200	820	1070	1870	2000	1500	820	1460	2200
SG（H）B10—2000/10	1850	1270	820	1070	2070	2100	1500	820	1460	2400
SG（H）B10—2500/10	1950	1270	820	1070	2200	2400	1500	820	1460	2600

注 因产品不断改进，该表提供的数据仅供参考。若需取得最新尺寸，请及时与该公司联系。

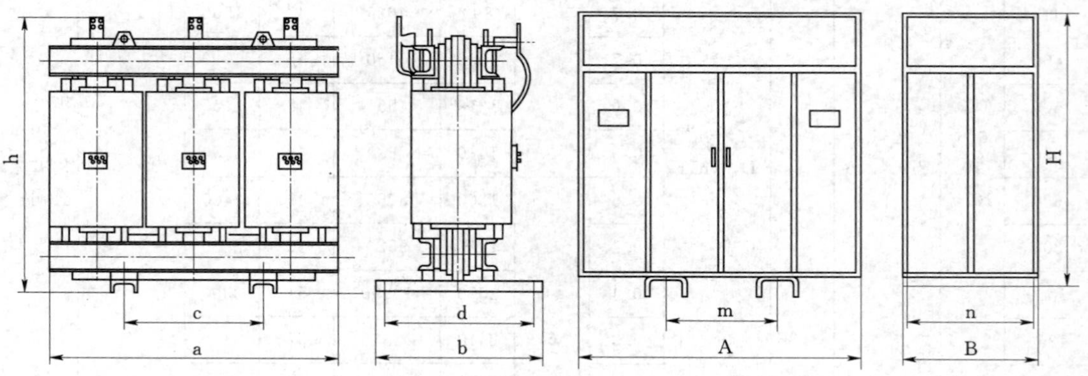

图 6-22 SG（H）B10 系列 10kV 级干式变压器外形及安装尺寸（浙江广天变压器有限公司）

六、订货须知

订货时必须提供产品型号、额定容量、额定电压、高压分接范围、相数、连接组标号、冷却方式、保护等级、使用条件、绝缘水平、采用标准及其它特殊要求。

七、生产厂

宁波天安（集团）股份有限公司、浙江广天变压器有限公司。

6.12.4 SG10型H级绝缘非包封线圈干式电力变压器

一、概述

SG10型H级绝缘非包封线圈干式电力变压器绝缘系统主要材料采用了美国杜邦公司专有技术制造的NOMEX®芳香聚酰胺纤维纸。该纸是全球公认的高品质电绝缘材料，NOMEX®绝缘系统OVDT通过最苛刻EDF标准试验（恶劣的环境试验、火焰试验、过载能力试验），因此SG10型H级绝缘干式电力变压器承受热冲击能力强、过负载能力大、阻燃、防火性能高、低损耗、局部放电量小、噪声低、不产生有害气体、不污染环境，对湿度、灰尘不敏感、体积小、不开裂、维护简便。

该产品广泛应用于国家城市电网、农村电网建设，最适宜用于防护要求高、负荷波动大以及污秽潮湿的恶劣环境中。如：机场、发电厂、冶金作业、医院、高层建筑、购物中心、居民密集区以及石油化工、核电站、核潜艇等特殊环境中。

二、产品特点

(1) 产品为H级（耐热温度180℃）耐热绝缘等级，关键部位耐热等级已达C级，散热性能好。

(2) 可靠性高。SG10型新产品的特殊线圈设计、工艺及材料，使产品的三防性能极佳（防潮、防湿、防盐雾），更能承受热冲击，永无龟裂，无局部放电产生。可在100%湿度下正常运行，停运后不需要干燥处理即可投入运行。

以NOMEX®纸为绝缘材料，在变压器的整个使用寿命期间都保持极佳的电性能和机械性能。

NOMEX®产品不易老化，耐收缩及抗压缩，加上弹力特强，因此可以确保变压器即使在使用数年之后线圈仍保持结构紧密，并且能够承受短路的压力。

(3) 环保。SG10型新产品寿命期后可分散回收，满足客户要求，克服了环氧树脂浇注干式变压器由于树脂、玻璃丝固化融合成整体，导致寿命期后不可分散、污染环境的缺陷。

(4) 安全。SG10型新产品为当今最高安全性能的干式变压器。所有绝缘材料均为不助燃、自熄、无毒。在800℃高温下长时间燃烧无有毒烟雾产生，从而克服了环氧浇注干式变压器燃烧时产生有毒气体的缺陷。SG10型新产品在电力、地铁、船舶、化工、冶金、高层小区住宅等安全性能高、湿热、通风不良的场合更显优越性。

(5) 能在恶劣环境下（包括气候、地理环境）正常运行。

(6) 能承受户外的大气和操作过电压。

(7) 过载能力强。SG10型新产品采用新结构、新材料、新工艺、散热条件好、热寿命长、过负荷能力强，在120%过负载下无须强迫风冷可长期安全可靠运行。

(8) 噪音低。

(9) 体积更小，重量更轻。该产品与等同容量的环氧树脂浇注干式变压器产品相比，尺寸和重量减少30%。

(10) 无磁新结构。SG10型新产品采用不导磁的材料做拉板等，无杂散损耗，降低了负载损耗，提高了变压器运行的经济效益。

(11) 设计灵活。SG10型新产品克服了环氧树脂浇注干式变压器需要制作专门的浇注模具，可按用户的要求设计制作所需的任何规格。

(12) 卓越的耐潮湿性。

NOMEX®绝缘系统OVDT干式变压器足以抵挡水分的侵入。采用先进的VPI设备和真空压力浸渍技术。UI认可的高品质浸渍漆，在180℃及以上的温度下可长期连续运行。

(13) 产品采用的NOMEX®纸不受水分的影响，甚至在95%RH以下，保持80%电气强度，保持很低的介电常数和损耗因数。保持优良的体积电阻。

(14) 不需单独的变压器室，不需吊芯检修及承重梁，节约土建占地和占空。

(15) 安装便捷，无须调试，几乎不需维护，运行维护成本低。

三、产品结构

(1) 高、低压绕组线圈选用NOMEX®绝缘材料，并经VPI真空加压设备多次浸渍国际先进的无溶剂浸渍漆。多次烘焙化以后，外用高强度H级绝缘材料密封，并高温固化。高压线圈采用机械强度高、散热条件好（高、低压线圈均采用了可在200℃以上长期使用的NOMEX®绝缘材料）的连续式结构，避免了多层圆筒式线圈层间电压高、散热能力差、容易热击穿，以及机械强度低的缺点，从而提高了产品运行的可靠性。

(2) 铁芯。铁芯采用进口晶粒取向优质高导磁性能硅钢片叠装而成。步进式45°全斜结构，绕组与铁芯间采用弹性固定装置，使变压器具有较低的空载损耗和噪声。

铁芯表面经特殊的工艺处理，既降低变压器噪声，又使变压器在运行中铁芯不会锈蚀。

铁芯由拉螺杆适度夹紧，无冲孔，上、下夹件由拉板连接并与底座固定为一体，绕组通过弹性垫块固定，缓冲结构可减轻绕组的震动程度和噪声。

(3) 引出线。高压出线端子固定在绕组上部，分接头在绕组中部，在断电的情况下通过连接片变化分接抽头，从而调节输出电压。

低压出线端子为板式导电排，通过螺栓与导出排可靠连接。

(4) 外壳。SG型干式变压器可提供防护等级为IP20和IP23的外壳。IP20外壳不允许直径为12mm的固体导物进入，IP23还可防止与垂线成60°角以内的水淋入。为保证冷却空气流通，外壳的底部由网孔板制成。

(5) 过载能力。SG10型干式变压器采用新结构、新材料、新工艺，散热条件好，热寿命长，过负载能力强，无需风机冷却，在120%过负载下可长期安全可靠运行。在IP23环境下无需风机冷却，仍可长期满负荷运行。

(6) 温控系统。产品的测温装置采用先进的干式变压器温度控制器，通过埋设在三相低压绕组中的铂热电阻阻值的变化，反映绕组的温度、整定特定的温度，具有超温报警、超温跳闸、三相温度巡回显示等功能。

四、型号含义

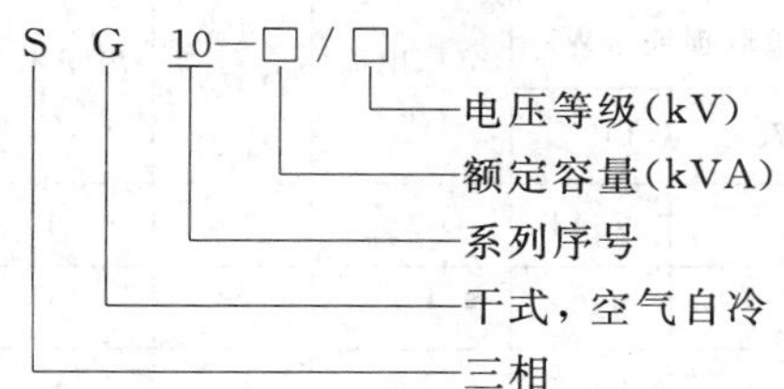

五、技术数据

(1) 高压电压组合 (kV)：3，5.5，6，6.3，6.6，10，10.5，11。

(2) 高压分接范围：±5%或±2×2.5%。

(3) 低压 (kV)：0.4。

(4) 连接组别：Y，yn0 或 D，yn11。

(5) 频率 (Hz)：50。

(6) 局部放电量：≤5pC。

(7) 绝缘水平：

电压等级 (kV)	设备的最高电压 U_m (kV)	额定工频耐受电压 (有效值，kV)	额定雷电冲击耐受电压 (峰值，kV)	电压等级 (kV)	设备的最高电压 U_m (kV)	额定工频耐受电压 (有效值，kV)	额定雷电冲击耐受电压 (峰值，kV)
	<1.1	3	—	10	11.5	35 (标准为 28)	75
3	3.5	10	40	15	17.5	38	95
6	6.9	20	60	20	23	50	125

(8) 标准：IEC 726《国际电工委员会标准—干式电力变压器》；GB 6450—1986《干式电力变压器》；GB/T 10228—1997《干式电力变压器技术参数和要求》；GB/T 17211—1998《干式电力变压器负载导则》；GB 10237—1998《电力变压器绝缘水平和绝缘试验、外绝缘的空气间隙》；GB 4208—1993《外壳防护等级 (IP 代码)》；JB/T 56009—1998《干式电力变压器产品质量分等》；JB/T 501—1991《电力变压器试验导则》；JB/T 10008—1999《6～220kV 级变压器声级》。

(9) 空载损耗、负载损耗、短路阻抗、空载电流、声级等技术数据，见表 6-63。

表 6-63　SG10 型 H 级绝缘非包封线圈干式变压器技术数据

型　号	空载损耗 (W)	负载损耗 (W)		空载电流 (%)	声级 (LPA) (dB)	短路阻抗 (%)	重量 (kg)	备　注	生产厂
		75℃	145℃						
SG10—100/10	408		2167	2.4	55	4	650		中国西电集团西安西电电工材料有限责任公司干式变压器厂
SG10—160/10	560		3102	2.2	58	4	800		
SG10—200/10	656		3978	2.0	58	4	940		
SG10—250/10	760		4675	2.0	58	4	1100		
SG10—315/10	880		5610	1.8	60	4	1250		
SG10—400/10	1040		6630	1.8	60	4	1550		

续表 6-63

型　号	空载损耗(W)	负载损耗（W）		空载电流(%)	声级(LPA)(dB)	短路阻抗(%)	重量(kg)	备　注	生产厂
		75℃	145℃						
SG10—500/10	1200		7948	1.8	62	4	1800		中国西电集团西安西电电工材料有限责任公司干式变压器厂
SG10—630/10	1400		9265	1.6	62	4	2000		
SG10—630/10	1344		9775	1.6	62	6	1980		
SG10—800/10	1696		11560	1.6	64	6	2400		
SG10—1000/10	1984		13345	1.4	64	6	2900		
SG10—1250/10	2384		15640	1.4	65	6	3300		
SG10—1600/10	2736		18105	1.4	66	6	4200		
SG10—2000/10	3320		21250	1.2	66	6	4800		
SG10—2500/10	4000		24735	1.2	71	6	5700		
SG10—100/10	400		1352	0.8	40	4	600	节能型	中电电气集团有限公司、江苏中电设备制造公司、江苏中电变压器制造有限公司
SG10—160/10	540		1904	0.8	42	4	760		
SG10—200/10	620		2400	0.8	42	4	920		
SG10—250/10	720		2750	0.7	44	4	1080		
SG10—315/10	880		3460	0.7	46	4	1230		
SG10—400/10	970		3980	0.6	46	4	1510		
SG10—500/10	1160		4870	0.6	47	4	1740		
SG10—630/10	1310		5870	0.6	47	4	1760		
SG10—630/10	1290		5950	0.6	47	6	1930		
SG10—800/10	1520		6950	0.5	48	6	2260		
SG10—1000/10	1760		8120	0.5	48	6	2750		
SG10—1250/10	2080		9690	0.5	49	6	3140		
SG10—1600/10	2440		11730	0.5	50	6	3820		
SG10—2000/10	3320		14450	0.4	50	6	4490		
SG10—2500/10	4000		17170	0.4	51	6	5480		
SG10—100/10	380		1352	0.9	42	4	580	标准型	
SG10—160/10	500		1904	0.9	43	4	740		
SG10—200/10	570		2400	0.8	43	4	900		
SG10—250/10	730		2950	0.8	45	4	1060		
SG10—315/10	850		3700	0.7	46	4	1200		
SG10—400/10	1005		5400	0.7	47	4	1480		
SG10—500/10	1120		6340	0.6	48	4	1720		

续表 6-63

型　号	空载损耗（W）	负载损耗（W）		空载电流（%）	声级（LPA）（dB）	短路阻抗（%）	重量（kg）	备　注	生产厂
		75℃	145℃						
SG10—630/10	1260		8740	0.5	49	4	1740	标准型	中电电气集团有限公司、江苏中电设备制造公司、江苏中电变压器制造有限公司
SG10—630/10	1200		9200	0.5	50	6	1900		
SG10—800/10	1530		10120	0.4	51	6	2240		
SG10—1000/10	1720		11700	0.4	51	6	2720		
SG10—1250/10	2030		14200	0.3	52	6	3100		
SG10—1600/10	2300		16530	0.3	53	6	3800		
SG10—2000/10	2700		18900	0.25	53	6	4450		
SG10—2500/10	3220		21047	0.25	54	6	5450		
SG10—100/10	400	1530		0.8	40	4	630		苏州安泰变压器有限公司
SG10—160/10	540	2080		0.8	42	4	800		
SG10—200/10	620	2530		0.8	42	4	970		
SG10—250/10	720	2940		0.7	44	4	1140		
SG10—315/10	880	3750		0.7	46	4	1310		
SG10—400/10	970	4400		0.6	46	4	1610		
SG10—500/10	1160	5380		0.6	47	4	1850		
SG10—630/10	1290	6440		0.6	47	6	2060		
SG10—800/10	1520	7750		0.5	48	6	2410		
SG10—1000/10	1760	9300		0.5	48	6	2910		
SG10—1250/10	2080	10190		0.5	49	6	3330		
SG10—1600/10	2440	11340		0.5	50	6	4070		
SG10—2000/10	3320	14270		0.4	50	6	4780		
SG10—2500/10	4000	16550		0.4	51	6	5840		
SG10—30/10	190	560		1.0	40	4			中国·人民电器集团
SG10—50/10	270	850		1.0	40	4			
SG10—80/10	360	1100		0.9	40	4			
SG10—100/10	400	1370		0.8	41	4			
SG10—125/10	460	1530		0.75	41	4			
SG10—160/10	530	1855		0.75	43	4			江西变电设备有限公司
SG10—200/10	605	2100		0.7	43	4			
SG10—250/10	705	2045		0.7	44	4			
SG10—315/10	870	3030		0.6	44	4			
SG10—400/10	970	3480		0.6	45	4			
SG10—500/10	1150	4260		0.6	45	4			
SG10—630/10	1315	5130		0.5	45	4			

续表 6-63

型　　号	空载损耗（W）	负载损耗（W）		空载电流（%）	声级（LPA）（dB）	短路阻抗（%）	重量（kg）	备　注	生产厂
		75℃	145℃						
SG10—630/10	1270	5205		0.5	46	6			江西变电设备有限公司
SG10—800/10	1485	6070		0.5	47	6			
SG10—1000/10	1730	7095		0.4	47	6			
SG10—1250/10	2045	8460		0.4	48	6			
SG10—1600/10	2100	10240		0.4	48	6			
SG10—2000/10	2860	12620		0.3	49	6			
SG10—2500/10	3460	14995		0.3	49	6			

六、外形及安装尺寸

SG10型H级非包封线圈干式变压器外形及安装尺寸，见表6-64及图6-23。

表6-64　SG10型H级绝缘非包封线圈干式变压器外形及安装尺寸

型　　号	短路阻抗（%）	无防护外罩（mm）（长×宽×高）	有防护外罩（mm）（长×宽×高）	m（mm）	n（mm）	l（mm）	s（mm）	生产厂
SG10—100/10	4	1050×550×906	1450×850×1300					中国西电集团西安西电电工材料有限责任公司干式变压器厂
SG10—160/10	4	1080×650×1045	1450×850×1300					
SG10—200/10	4	1145×650×1064	1550×950×1400					
SG10—250/10	4	1200×910×1074	1650×1150×1400					
SG10—315/10	4	1255×910×1185	1650×1150×1550					
SG10—400/10	4	1290×910×1255	1750×1150×1600					
SG10—500/10	4	1315×910×1335	1750×1150×1700					
SG10—630/10	4	1430×910×1300	1850×1150×1800					
SG10—630/10	6	1410×910×1445	1850×1150×1650					
SG10—800/10	6	1475×1070×1404	1950×1300×1800					
SG10—1000/10	6	1525×1070×1505	1950×1300×1900					
SG10—1250/10	6	1570×1070×1505	2050×1300×1900					
SG10—1650/10	6	1615×1320×1800	2050×1550×2200					
SG10—2000/10	6	1715×1320×1832	2150×1550×2200					
SG10—2500/10	6	1770×1320×1994	2250×1550×2400					
SG10—80/10	4	975×500×885	1400×800×1300	500	400	338	120	中电电气集团有限公司、江苏中电设备制造公司、江苏中电变压器制造有限公司
SG10—100/10	4	1000×500×906	1400×800×1300	500	400	342	140	
SG10—160/10	4	1030×600×1045	1500×900×1400	660	500	356	140	
SG10—200/10	4	1095×600×1064	1500×900×1400	660	500	376	135	
SG10—250/10	4	1150×860×1074	1600×1100×1400	660	660	396	142	
SG10—315/10	4	1205×860×1185	1600×1100×1550	660	660	415	150	

续表 6-64

型　　号	短路阻抗（%）	无防护外罩（mm）（长×宽×高）	有防护外罩（mm）（长×宽×高）	m（mm）	n（mm）	l（mm）	s（mm）	生产厂
SG10—400/10	4	1240×860×1255	1700×1100×1600	820	660	425	155	中电电气集团有限公司、江苏中电设备制造公司、江苏中电变压器制造有限公司
SG10—500/10	4	1265×860×1335	1700×1100×1700	820	660	435	155	
SG10—630/10	4	1380×860×1300	1800×1100×1800	820	820	473	165	
SG10—630/10	6	1360×860×1445	1800×1100×1650	820	820	465	170	
SG10—800/10	6	1425×1020×1404	1900×1250×1800	820	820	485	170	
SG10—1000/10	6	1475×1020×1505	1900×1250×1900	820	820	505	165	
SG10—1250/10	6	1520×1020×1505	2000×1250×1900	820	820	520	170	
SG10—1600/10	6	1565×1270×1800	2000×1500×2200	1070	1070	534	191	
SG10—2000/10	6	1655×1270×1832	2100×1500×2200	1070	1070	565	188	
SG10—2500/10	6	1720×1270×1994	2200×1500×2400	1070	1070	585	198	
SG10—100/10	4	940×520×920	1340×900×1150	660	400			苏州安泰变压器有限公司
SG10—160/10	4	1000×540×960	1340×900×1150	660	400			
SG10—200/10	4	1100×570×1050	1500×1000×1280	660	450			
SG10—250/10	4	1120×600×1120	1500×1000×1280	660	450			
SG10—315/10	4	1190×610×1210	1700×1100×1460	660	660			
SG10—400/10	4	1300×620×1330	1700×1100×1460	820	660			
SG10—500/10	4	1330×640×1410	1900×1100×1610	820	660			
SG10—630/10	6	1450×640×1365	1900×1100×1610	820	660			
SG10—800/10	6	1500×650×1480	2000×1200×1770	820	820			
SG10—1000/10	6	1590×700×1570	2000×1200×1770	820	820			
SG10—1250/10	6	1610×710×1700	2100×1270×2130	820	820			
SG10—1600/10	6	1660×750×1770	2100×1270×2130	1070	1070			
SG10—2000/10	6	1700×800×1930	2100×1270×2130	1070	1070			
SG10—2500/10	6	1780×820×2090	2200×1350×2300	1070	1070			

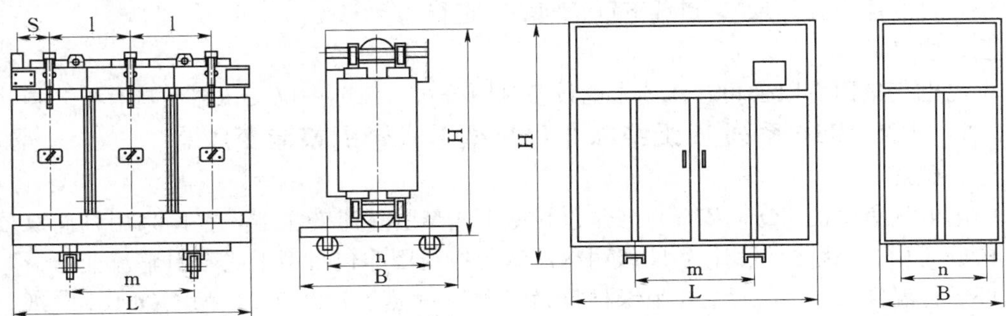

图 6-23　SG10 型 H 级绝缘非包封线圈干式变压器外形及安装尺寸
（江苏中电变压器制造有限公司）

七、订货须知

订货必须提供产品的型号、额定容量、额定电压（高压/低压）、频率、分接范围、绝缘水平、阻抗电压、连接组标号（连接方式）、冷却方式、温控系统定货数量、交货日期及其它（特殊要求）等要求。

八、生产厂

中国西电集团西安西电电工材料有限责任公司干式变压器厂、中电电气集团有限公司、江苏中电设备制造公司、江苏中电变压器制造有限公司、苏州安泰变压器有限公司、中国·人民电器集团、江西变电设备有限公司。

6.12.5 SGB11 型 H 级绝缘非晶合金干式变压器

一、概述

SGB11 型 H 级绝缘非晶合金干式变压器是在 SG10 型 H 级绝缘敞开通风干式变压器的基础上，江苏中电设备制造公司运用美国、中国成熟的技术开发设计的又一全新产品，其性能优越，大幅度降低了空载损耗、负载损耗，是当今世界最先进的干式变压器产品，安全、可靠、环保、节能，可深入负荷中心，适应高密度负荷的现代化城市发展的需要。

二、产品结构

该产品铁芯由非晶合金带材卷制而成，采用矩形截面、四框五柱结构，空载损耗比普通的干式变压器降低了 3/4。低压线圈采用铜箔绕制，抗短路能力强。高压线圈选用杜邦 NOMEX® 绝缘系统，采用连续式结构，并经 VPI 真空加压设备多次浸渍 H 级无溶剂树脂、高温烘焙固化，机械强度高，散热效果好。

三、产品特点

（1）本产品采用纸绝缘系统，阻燃、防爆、不污染、防火等级高。

（2）机械强度高，承受短路能力强，运行安全可靠。

（3）低损耗、低局放、节能效果好。

（4）低噪音，体积小，安装简便，免维护。

（5）绝缘水平高，使用寿命长。

（6）“三防”性能极佳，无龟裂现象。

（7）寿命期后能分解回收，不污染环境。

（8）过载能力强，120％负载下可长期安全运行。

四、生产厂

中电电气集团有限公司、江苏中电设备制造公司、江苏中电变压器制造有限公司。

6.12.6 ZQSGB10 系列 H 级绝缘非包封型干式牵引整流变压器

一、概述

中电电气集团的 ZQSGB10 系列非包封型干式牵引整流变压器，整体采用轴向双分裂结构构成 3 相 24 脉波。设计为 H 级耐热绝缘等级线圈非包封型干式牵引整流变压器，最高允许运行温度 140℃，而主要绝缘材料为 C 级（耐热可达 220℃）的 NOMEX® 纸，留有较多的设计裕度。

过载能力强，完全满足地铁、轻轨等负载变化大的要求。ZQSGB10 系列线圈非包封型干式牵引整流变压器的铁芯，选用日本30ZH120的低损优质高导磁硅钢片叠积而成，采用步进式全斜接缝，并采取特殊的降噪降阻隔措施，使噪声降低到最低程度。

高、低压线圈采用紧绕工艺，有效地提高了线圈的机械强度。产品的制造为非环氧树脂浇注工艺，采用VPI真空压力浸渍高温固化工艺，不仅使产品有一定的电气、机械特性，还使产品能承受骤冷骤热的突然严重过负载的运行情况。

耐高温的NOMEX®纸、胶或漆经过真空压力浸渍，高温烘焙干燥后有较强的防污秽能力。

二、生产厂

中电电气集团、江苏中电变压器制造有限公司。

6.12.7 SGBH11型H级非晶合金干式变压器

一、概述

全新SGBH11型H级绝缘非晶合金变压器，是江苏中电变压器制造有限公司在成功生产SG10型H级绝缘敞开通风干式变压器的基础上，运用美国、中国成熟的技术开发设计的又一全新产品。其性能优越，大幅度降低了空载损耗、负载损耗，是当今世界最先进的干式变压器。安全、可靠、环保节能，可深入负荷中心，适应高密度负荷的现代化城市发展的需要。广泛用于防火要求高、负荷波动大，以及污秽潮湿的恶劣环境。

二、产品结构

铁芯由非晶合金带材卷制而成，采用矩形截面、四框五柱结构，空载损耗比普通的干式变压器降低了3/4。

低压线圈采用铜箔绕制，抗短路能力强。高压线圈选用杜邦NOMEX®绝缘系统，采用连续式结构，并经VPI真空加压设备多次浸渍H级无溶剂树脂、高温烘焙固化，机械强度高，散热效果好。

三、产品特点

(1) 采用NOMEX®纸绝缘系统，阻燃、防爆、不污染，防火等级高。

(2) 机械强度高，承受短路能力强，运行安全可靠。

(3) 低损耗，节能效果显著。

(4) 噪音低，体积小，安装简便，免维护。

(5) 局部放电量小，绝缘水平高，产品使用寿命长。

(6) “三防”能力极佳，无龟裂现象。

(7) 寿命期后能分解回收，永不污染环境。

(8) 过载能力强，120%负载下可长期安全运行。

四、生产厂

中电电气集团有限公司、江苏中电设备制造公司、江苏中电变压器制造有限公司。

6.12.8 35kV级H级绝缘敞开通风SG10系列干式励磁变压器

一、产品结构

铁芯选用日本优质的30ZH120高导磁性能硅钢片，空载损耗低，铁芯表面涂以H级绝缘树脂，防潮、防锈。

线圈的绝缘系统采用美国杜邦公司的 NOMEX® 绝缘材料，经 VPI 真空压力浸漆设备多次浸渍无溶剂绝缘漆，高温烘焙固化，机械强度好，电气强度高。

二、产品特点

过载能力强、耐受电压高、承受热冲击强；绝缘材料难燃、自熄、防火性能高；低损耗、低噪音、低局放；对温度、灰尘不敏感；体积小、重量轻、维护方便、使用寿命长；运行安全、可靠、节能，寿命期后易回收，无污染。

三、生产厂

中电电气集团有限公司、江苏中电设备制造公司、江苏中电变压器制造有限公司。

6.12.9 SG（B）10 非包封线圈干式电力变压器

一、概述

北京电力设备总厂从德国 MORA 变压器公司引进 MORA 变压器设计制造技术，获得德国 MORA 公司授权在国内可以生产制造和销售 MORA 变压器，开发生产 SG（B）10 非包封线圈干式电力变压器。该产品运行可靠、过负荷能力强、损耗低、温升低、局放低、过负荷能力强，防潮及防火能力强，线圈可回收利用，产品性能完全符合 GB 6450 和 IEC 60726 标准的要求。

二、技术数据

额定容量（kVA）：100～2500。

额定电压（kV）：6，10。

连接组标号：D，yn11，Y，yn0。

三、生产厂

北京电力设备总厂。

6.13 DC10—Z 单相树脂绝缘干式电力变压器

一、用途

需单相电源的城市路灯中置柜、所用变等。

二、产品特点

可直接深入负荷中心，阻燃、防爆、不污染环境、防火等级高。

机械强度高，承受短路能力强，运行安全可靠。

低损耗，节能效果显著，比同容量三相干式变压器降低损耗约 40%。

噪音低。

体积小，重量轻，占用空间少。

安装简便，免维护。

局部放电量接近于零。

绝缘水平高，温升设计特别低，使用寿命长。

三、技术数据

（1）电压组合（kV）：10（3，6，6.3）（高压）；0.23（低压）。

（2）额定容量（kVA）：10～250。

(3) 调压方式：无励磁调压。

(4) 分接范围：±5%，±2×2.5%。

(5) 阻抗电压（%）：4。

(6) 绝缘水平：F 级。

(7) 空载损耗（W）：110。

(8) 负载损耗（W）：240。

(9) 声级（dB）：42。

(10) 空载电流（%）：2.2。

(11) 短路阻抗（%）：3.8。

(12) 重量（kg）：190。

四、生产厂

中电电气集团有限公司、江苏中电变压器制造有限公司。

6.14 DC 全封闭干式电力变压器

浙江广天变压器有限公司新开发的新型产品 DC 全封闭干式电力变压器，它是应用户特殊需要，将 6～10kV 电压直接变为 220V 使用。

该产品铁芯由优质取向硅钢片冲叠而成，初级线圈用铜导线绕制，尔后用环氧树脂将铁芯和线圈全部包封。体积小、重量轻、造型美观、使用安全可靠。可广泛用于电气柜内，当电柜发生运行故障时，必须停电检修，其时现场将可能无其它用电源，本产品可作为现场供电电源，供检修照明和其它小功率动力用电。产品还可广泛用于小功率用电场所和临时用电场合。

该产品由于环氧树脂浇注工艺复杂，浇注模具制作困难，目前 DC 型全封闭干式电力变压器产品有 0.6、1、1.5、2、2.5、3kVA 等 6 个容量等级。

6.15 智能化低损耗干式变压器

一、概述

顺特电气有限公司智能化低损耗干式变压器产品是在低损耗干式变压器的基础上开发的，适用于配网自动化需要的新型干式变压器。该产品由变压器、传感器装置、变压器智能终端 TTU、后台监测管理系统四部分组成，其中 TTU 部分采用模块化、组合式结构，具有体积小、配置灵活、安装方便的特点。通过它，可实现变压器的在线监测。

智能化低损耗干式变压器可按多种模式运行：

(1) 采用单一“变压器”运行方式，可实现基本变压器功能。

(2) 采用“变压器＋传感器装置”二组合运行方式，可为传统继电保护装置提供电气控制信号。

(3) 采用“变压器＋传感器装置＋TTU”三组合运行方式，可实现遥测和遥信功能，为配网 SCADA 系统提供变压器的各种数据。

(4) 采用“变压器+传感器装置+TTU装置+后台监控管理系统”四组合运行方式，可实现遥测、遥信、遥控功能，实现对变压器运行状态的实时监控，实现变压器的经济运行。

智能化低损耗干式变压器，是电网改造和实现配网自动化的理想升级换代产品。

二、产品特点

(一) 智能化低损耗干式变压器产品特点

(1) 采用模块化设计，各功能模块可按用户要求选择组合。

(2) 使用三维设计平台对变压器结构进行三维参数化设计，产品标准化、通用化、系列化水平高，进一步提高了产品的可能性。

(3) 通过产品电磁结构设计和特殊制造工艺处理，产品噪声低于国家标准限值 14～23dB。

(4) 较低的额定温升设计，使产品具有更强的过载能力和额定负载下更长的使用寿命。

(二) 变压器智能终端的功能特点

(1) 集遥测、遥信、遥控于一体。

(2) 功能齐全，具有监测控制、有载电压调节、变压器运行温度控制等多种功能。

(3) 终端大屏幕 LCD 液晶显示。

(4) 模块化设计，用户可根据需求选择功能模块。

(5) 既可独立运行，也可组网运行。组网灵活方便，通讯方式可用光纤、无线或电话等。

(6) 完备的自检测和自诊断功能。

(7) 体积小，便于安装与维护。

(8) 可靠性高，抗干扰能力强，符合 IEC 电磁兼容标准。

(9) 后台软件管理、分析功能丰富，能生成各种曲线和报表。

三、生产厂

顺特电气有限公司。

6.16 特殊用途干式变压器

一、地铁牵引供电干式变压器

(一) 概述

随着城市规模不断扩大，公共交通拥挤及汽车污染日趋严重的问题，已倍受世界各国的重视和关注。由此，城市地下铁道交通以其容量大、安全、快捷和良好的环保效果获得越来越广泛的应用和发展。

顺特电气有限公司在国内率先成功地开发研制出12脉波牵引干式整流变压器。24脉干式整流变压器填补了国内空白，跟上并达到目前世界轨道装备的最新水平。现已有两台2500kVA/35kV24脉波干式整流变压器挂网运行于广州地铁线上。

该产品研制成功，开辟了我国干式变压器新的应用领域，为我国城市轨道交通的发展树立了一个里程碑。适用于城市地铁及轨道交通的供电系统。

（二）产品特点

24 脉波牵引干式整流变压器产品特点如下：

（1）整流回路对电网的谐波污染比 12 脉波整流回路降低 50%，可省去该处的滤波装置。

（2）技术难度更大。通过严格控制关键结构的设计，以保证产品输出量及各参数的平衡性、一致性和互换性。

（3）两台机组运行时为 24 脉波，单台机组也可 12 脉波运行，提高了系统的可靠性。

（4）可在严酷的负载条件下可靠运行。

（5）输出波形平滑，可省去平波装置，简化电网结构，节约设备投资及占地、安装投资，同时提高电网质量和可靠性，节约维护费用。

（三）技术数据

额定容量：(kVA)：800～4400kVA。

电压等级（kV）：10，35。

整流脉波数：12，24。其中 24 脉波整流回路对电网的谐波污染比 12 脉波整流回路降低 50%，可省去该处的滤波装置。

（四）生产厂

顺特电气有限公司。

二、励磁整流干式变压器

顺特电气有限公司的励磁整流干式变压器，额定容量 315～3000×3kVA，电压等级有 10、13.8、15.75、20、22kV，通常采用单相结构、高压离相封闭母线进线、高低压线圈之间带屏蔽。适用于水力发电厂和火力发电厂的静态励磁系统。

三、一般整流干式变压器

顺特电气有限公司生产的一般整流干式变压器额定容量 315～4000kVA，电压等级有 10、35kV。适用于一般工矿企业的整流系统。

四、H 桥整流干式变压器

顺特电气有限公司生产的 H 桥整流干式变压器额定容量 315～2500kVA，电压等级有 3、6kV，每台每相 3～9 个绕组，可以两台组合，通过移相连接成 H 桥整流。适用于电机交—交变频供电系统。

五、三相五柱式整流干式变压器

顺特电气有限公司生产的三相五柱式整流干式变压器额定容量 30～2500kVA，电压等级 10、35kV，用于双反星形的整流电路中，可以取消平衡电抗器和减少调压电流冲击，同时可降低运输高度。适用于安装场地受限制变压器或应用于双反星形整流系统。

六、冶金电炉干式变压器

顺特电气有限公司生产的冶金电炉干式变压器额定电流小于 20000A，电压等级有 10、35kV，带无励磁调压分接开关。适用于冶金大电流电炉电源系统。

七、船用及采油平台用干式变压器

顺特电气有限公司生产的船用及采油平台用干式变压器额定容量30～10000kVA，电压等级有0.38～35kV，通过中国船级社认证，获得中国船级社船用产品型式认可证书。适用于船用及采油平台用电源系统。

八、核电站用干式变压器

顺特电气有限公司生产的核电站用干式变压器额定容量1000～1250kVA，电压等级有10kV，通过1E级核电站用干式变压器实验考核和认证。适用于核电站和核反应堆设备用核岛1E级电气系统。

九、电气化铁道所用干式变压器

顺特电气有限公司生产的电气化铁道所用干式变压器额定容量20～315kVA，电压等级27.5kV，连接组别有D，yn11、Ⅰi0、Ⅱyn0（两相变三相）。适用于电气化铁道牵引变电所、开闭所、AT所、分区所的所用自用电系统。

十、自耦干式变压器

顺特电气有限公司生产的自耦干式变压器额定容量30～2500kVA，电压等级10、35kV，该种变压器可降低成本。适用于电机启动供电系统。

十一、双电压变换干式变压器

顺特电气有限公司生产的双电压变换干式变压器额定容量30～2500kVA，电压等级6、10kV，通过变换连接组别或者变换绕组线段连接方式，可以实现双电压（6kV与10kV）变换。适用于不同电压供电的供电系统。

6.17 SG、ZSG三相干式变压器

一、概述

SG、ZSG三相干式变压器为户内空气自冷式，适用于交流50Hz（60Hz特殊）电压660V的电路中，用于电源隔离、低压输配电等场合。

本产品的高、低电压可由用户任意选择，但不大于660V。

二、型号含义

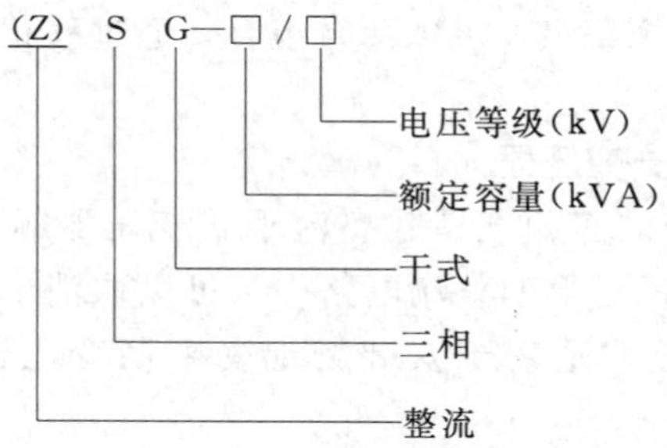

三、技术数据

SG系列三相干式变压器技术数据，见表6-65。

表 6-65 SG系列三相干式变压器技术数据

型号	额定电压（V）		连接组标号	损耗（W）		空载电流（%）	阻抗电压（%）	重量（kg）	生产厂
	高压	低压		空载	短路				
SG—1/0.5	220 380 400 660	36 110 127 220 380 （可任选）	D，y11	19	40	≤8	6	15	昆山市特种变压器制造有限公司
SG—2/0.5				28	60	≤8	6	25	
SG—3/0.5				35	80	≤8	6	30	
SG—4/0.5				45	110	≤8	6	35	
SG—5/0.5				55	130	≤8	5	39	
SG—6/0.5				65	160	≤7	5	52	
SG—7/0.5				75	200	≤7	5	55	
SG—8/0.5				85	260	≤7	5	60	
SG—9/0.5				95	310	≤7	5	63	
SG—10/0.5				110	350	≤7	4.5	65	
SG—12/0.5				130	410	≤7	4.5	70	
SG—15/0.5				150	520	≤6	4.5	120	
SG—20/0.5				170	600	≤6	4.5	140	
SG—25/0.5				210	700	≤5	4.5	180	
SG—30/0.5				240	750	≤5	4.5	210	
SG—35/0.5				290	850	≤5	4.5	250	
SG—50/0.5			D，yn11	360	1100	≤4	4.5	350	
SG—63/0.5				420	1350	≤4	4.5	400	
SG—75/0.5				500	1600	≤4	4.5	460	
SG—100/0.5			Y，yn0	620	1850	≤3	4	520	
SG—150/0.5				780	2100	≤3	4	650	
SG—250/0.5				1100	2500	≤3	4	1000	
SG—315/0.5				1550	3600	≤2	4	1300	
SG—500/0.5				2250	6200	≤2	4	1850	
SG—1/0.5	220 380	36 127 220 380 400	Y，yn0 D，yn11	40	70	15		23	重庆高压电器厂
SG—2/0.5				60	90	15		28	
SG—3/0.5				80	120	15		38	
SG—5/0.5				110	180	10		61	
SG—8/0.5				150	320	10		75	
SG—10/0.5				180	350	10		85	
SG—15/0.5				200	450	10		115	
SG—20/0.5				250	590	10		160	

续表 6-65

型 号	额定电压（V）		连接组标号	损耗（W）		空载电流（%）	阻抗电压（%）	重量（kg）	生产厂
	高压	低压		空载	短路				
SG—30/0.5	220 380	36 127 220 380 400	Y，yn0 D，yn11	290	810	10		195	重庆高压电器厂
SG—50/0.5				450	1200	10		300	
SG—80/0.5				650	2000	10		455	
SG—100/0.5				690	2500	10		570	

四、外形及安装尺寸

该系列产品外形及安装尺寸，见表 6-66 及图 6-24。

表 6-66 SG 三相干式变压器外形及安装尺寸

型 号	阻抗电压（%）	外形尺寸（mm）			安装尺寸（mm）			生产厂
		B	D	H	A	C	d（孔径）	
SG—1/0.5	6	270	150	260	200	100	ϕ8.5	昆山市特种变压器制造有限公司
SG—2/0.5		280	160	260	200	110	ϕ8.5	
SG—3/0.5		280	180	260	200	135	ϕ8.5	
SG—4/0.5		300	210	260	200	155	ϕ10.5	
SG—5/0.5	5	300	220	260	200	160	ϕ10.5	
SG—6/0.5		350	210	300	200	150	ϕ10.5	
SG—7/0.5		350	220	300	200	150	ϕ10.5	
SG—8/0.5		380	230	330	200	160	ϕ10.5	
SG—9/0.5		380	235	330	200	160	ϕ10.5	
SG—10/0.5	4.5	380	240	330	200	170	ϕ10.5	
SG—12/0.5		380	245	330	200	170	ϕ10.5	
SG—15/0.5		570	300	410	300	250	ϕ10.5	
SG—20/0.5		620	300	490	300	250	ϕ10.5	
SG—25/0.5		700	350	510	400	300	ϕ10.5	
SG—30/0.5		700	350	550	400	300	ϕ10.5	
SG—35/0.5		720	350	580	400	300	ϕ10.5	
SG—50/0.5		800	350	620	500	300	ϕ12.5	
SG—63/0.5		900	400	650	500	350	ϕ12.5	
SG—75/0.5		1000	400	700	500	350	ϕ12.5	
SG—100/0.5	4	1000	400	780	500	350	ϕ12.5	
SG—150/0.5		1050	450	800	500	400	ϕ12.5	
SG—250/0.5		1200	500	950	600	450	ϕ16	
SG—315/0.5		1300	550	1050	800	500	ϕ16	
SG—500/0.5		1400	600	1200	900	550	ϕ16	

续表 6-66

型号	阻抗电压（%）	外形尺寸（mm）			安装尺寸（mm）			生产厂
		B	D	H	A	C	d（孔径）	
SG—1/0.5		300	180	265	185	160	ϕ9	重庆高压电器厂
SG—2/0.5		300	180	265	185	160	ϕ9	
SG—3/0.5		330	195	265	224	174	ϕ9	
SG—5/0.5		430	240	340	280	200	ϕ12	
SG—8/0.5		470	240	264	310	195	ϕ12	
SG—10/0.5		470	245	360	340	205	ϕ12	
SG—15/0.5		550	250	430	360	210	ϕ12	
SG—20/0.5		620	270	470	400	225	ϕ12	
SG—30/0.5		660	275	480	440	232	ϕ12	
SG—50/0.5		760	334	520	490	300	ϕ12	
SG—80/0.5		950	420	650	660	320	ϕ14	
SG—100/0.5		1000	450	700	690	330	ϕ14	

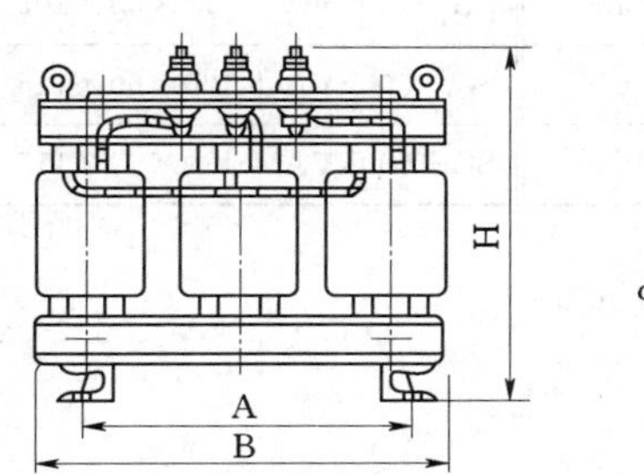

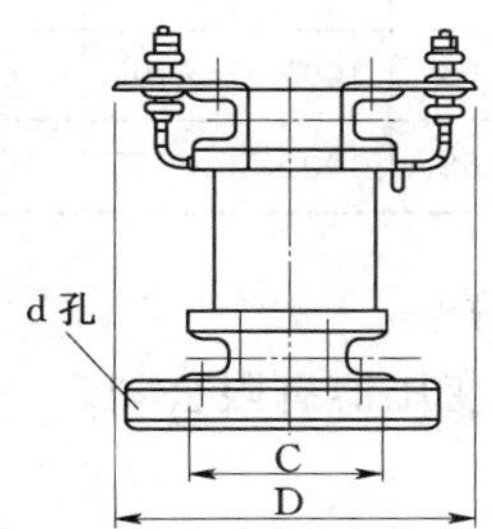

图 6-24 SG系列三相干式变压器外形及安装尺寸
（昆山市特种变压器制造有限公司）

五、生产厂（一）

昆山市特种变压器制造有限公司、重庆高压电器厂。

山东省聊城华恒变压器有限公司SG三相干式隔离变压器技术数据，见表 6-67。

表 6-67 山东省聊城华恒变压器有限公司SG三相干式隔离变压器技术数据

名称	单、三相隔离变压器
型号	SG、OG（1～1000kVA）
输入电压（V）	单相：110、220、380 三相：220、380、660、690（客户可以自定电压）
输出电压（V）	单相：12、24、48、100、110、120、220 三相：100、110、220、380、400、660、690（客户可以自定电压）
温升（℃）	155（含环境温度）
耐压（V）	3000无击穿
绝缘等级	H级或F级
噪音（dB）	<60（1米以外）

山东省聊城华恒变压器有限公司SG三相干式隔离变压器外形及安装尺寸，见表6-68。

表6-68 山东省聊城华恒变压器有限公司SG三相干式隔离变压器外形及安装尺寸

规格	变压器尺寸(cm)	外壳尺寸(cm)	重量(kg)	规格	变压器尺寸(cm)	外壳尺寸(cm)	重量(kg)
SG—10kVA	52×42×52	70×35×77	115	SG—150kVA	85×37×68	120×65×115	750
SG—15kVA	52×42×52	70×35×77	165	SG—180kVA	95×45×83	120×65×115	930
SG—20kVA	55×28×65	80×40×87	176	SG—200kVA	95×45×83	120×65×115	1080
SG—30kVA	55×28×65	80×40×87	200	SG—250kVA	95×45×83	120×65×115	1180
SG—40kVA	60×26×38	80×40×87	245	SG—300kVA	105×45×95	120×70×125	1450
SG—50kVA	60×26×38	80×40×87	270	SG—320kVA	105×45×95	130×50×135	1700
SG—60kVA	65×30×45	90×50×95	330	SG—350kVA	105×45×95	130×50×135	1950
SG—70kVA	65×30×45	90×50×95	360	SG—400kVA	115×55×105	140×60×145	2150
SG—80kVA	75×35×68	100×50×105	430	SG—450kVA	115×55×105	140×60×145	2450
SG—100kVA	75×35×68	100×50×105	500	SG—500kVA	120×60×115	145×65×150	2700
SG—120kVA	75×35×68	100×50×105	580	SG—600kVA	120×60×115	145×65×150	2950

六、生产厂（二）

山东省聊城华恒变压器有限公司。

6.18 DG、DDG系列单相干式变压器

一、概述

DG、DDG系列低电压变压器适用于交流50Hz（60Hz特殊）电压650V的电路中，用于开关、电流互感器或其它电器设备的连续负载试验及作升流之用。

本产品高低压的电压可由用户选择，但不大于650V。

二、型号含义

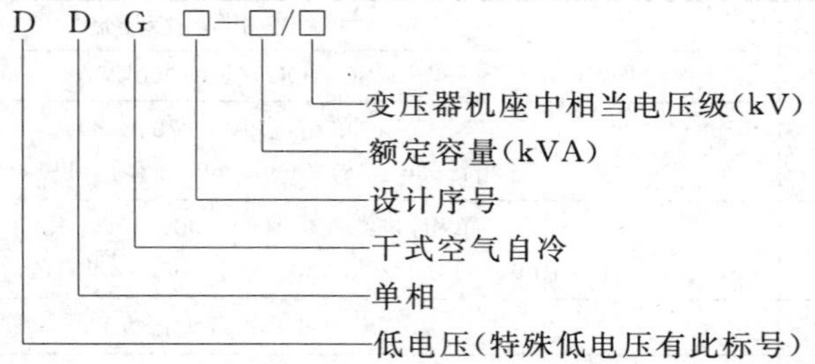

三、技术数据

DG、DDG系列单相干式变压器技术数据，见表6-69、表6-70。

表 6-69 DG、DDG 系列单相干式变压器技术数据

型号	额定电压（V）			连接组别	次级电流并串	损耗（W）		阻抗电压（%）	空载电流（%）	重量（kg）	生产厂
	高压	低压并串				空载	短路				
DG—5/0.5	380	220		Ii0	22.7	60	200	≤5	≤8	35	昆山市特种变压器制造有限公司
DG—10/0.5		220			45.5	100	400		≤8	65	
DG—15/0.5		220			68.2	100	400		≤7	110	
DG—20/0.5		220			90.9	120	450		≤6	140	
DG—25/0.5		220			113.6	180	660		≤6	160	
DDG—30/0.5	220 380	12	24	Ii0	2500 1200	240	940	≤10	≤6	180	
DDG—50/0.5	220 380	18	36		2778 1389	350	1250	≤8	≤5	250	
DDG—80/0.5	220 380	40	80		2000 1000	450	1800	≤10	≤5	420	
DDG—100/0.5	220 380	24	48		4176 2083	540	2250	≤8	≤4	460	
DDG—180/0.5	220 380	36	72		5000 2500	840	3000	≤8	≤3	700	
DDG—240/0.5	220 380	44	132	Ii0	10910 3664 5455 832	1000	3500	≤7	≤3	900	
DDG—320/0.5	650	75	150	Ii0	12800 6400 4266 2133	1280	4200	≤5	≤2	1200	
DG—0.5/0.5	110 220 380	36 110 220								12	重庆高压电器厂
DG—1/0.5										17	
DG—2/0.5										29	
DG—3/0.5										38	
DG—4/0.5										53	
DG—5/0.5										54	
DG—6/0.5										64	
DG—8/0.5										68	
DG—10/0.5										73	
DG—15/0.5										96	
DG—20/0.5										138	
DG—30/0.5										210	

表 6-70 DDG2 系列低电压大电流干式变压器技术数据

型号	额定容量(kVA)	初级电压(V)	次级电压(V)			次级电流(A)			外形尺寸(mm)(长×宽×高)	安装尺寸(mm)(长×宽)	重量(kg)	生产厂
			并	并	串	双并	并	串				
DDG2—10/0.5	10	220 380 650		4	8		2500	1250	410×400×470	200×190	75	重庆高压电器厂
DDG2—20/0.5	20		6	12	24	3333	1667	883	440×420×540	200×210	130	
DDG2—30/0.5	30		7	14	28	4286	2143	1072	480×450×590	200×230	175	
DDG2—50/0.5	50		9	18	36	5556	2778	1389	530×520×650	300×250	240	
DDG2—100/0.5	500		12	24	48	8333	4167	7083	675×520×720	380×330	460	

四、外形及安装尺寸

该系列产品外形及安装尺寸，见表 6-71 及图 6-25。

表 6-71 DG、DDG 系列单相变压器外形及安装尺寸

型号	阻抗电压(%)	外形尺寸(mm)			安装尺寸(mm)		生产厂
		B	D	H	A	C	
DG—5/0.5	≤5	240	210	280	150	150	昆山市特种变压器制造有限公司
DG—10/0.5		300	230	340	150	170	
DG—15/0.5		440	300	460	250	250	
DG—20/0.5		460	300	480	250	250	
DG—25/0.5		480	300	500	250	250	
DDG—30/0.5	≤10	490	350	600	300	300	
DDG—50/0.5	≤8	530	400	650	350	350	
DDG—80/0.5	≤10	680	450	730	400	400	
DDG—100/0.5	≤8	675	450	750	400	400	
DDG—180/0.5		760	500	880	450	450	
DDG—240/0.5	≤7	810	600	1000	550	550	
DDG—320/0.5	≤5	840	650	1200	600	600	
DG—0.5/0.5		180	210	250			重庆高压电器厂
DG—1/0.5		200	220	290			
DG—2/0.5		250	195	360			
DG—3/0.5		250	210	360			
DG—4/0.5		340	240	360			
DG—5/0.5		340	240	360			
DG—6/0.5		370	240	400			
DG—8/0.5		370	240	400			
DG—10/0.5		370	255	420			
DG—15/0.5		420	260	460			
DG—20/0.5		460	300	545			
DG—30/0.5		500	320	590			

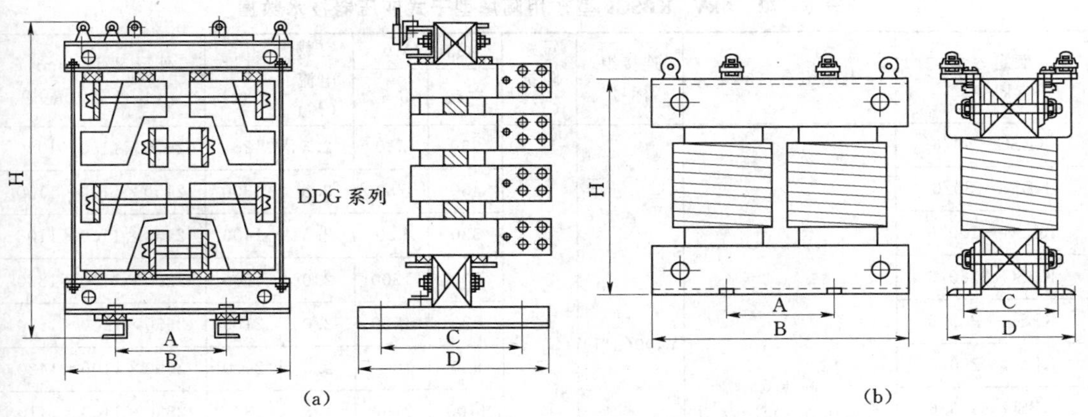

图 6-25 DDG、DG 系列单相干式变压器外形及安装尺寸
（昆山市特种变压器制造有限公司）
(a) DDG 系列；(b) DG 系列

五、订货须知

订货必须提供产品型号、额定容量、高低压电压及其它等要求。如订购特低电压变压器可作为特殊产品提出。

六、生产厂

昆山市特种变压器制造有限公司、重庆高压电器厂。

6.19 KBSG9 系列矿用变压器干式变压器

一、概述

KBSG9 系列矿用变压器干式变压器（移动式变电站）既适用于有甲烷混合气体和煤尘，且有爆炸危险的矿井环境，也适用于不足以腐蚀金属和破坏绝缘的气体及蒸汽环境中。该变压器具有强度高、温升低、散热防潮性能好、易维护等优点。

安装高度不超过海拔 1000m（正常使用），特殊环境另作说明。

周围环境温度不高于 40℃。

周围空气相对湿度不大于 95%（+25℃时）。

无强烈颠簸、震动以及与垂直面倾斜度不超过 15°的环境中。

KBSG9 矿用隔爆型干式变压器（KBSG9 变压器）的容量为 50～16000kVA。

电压等级分为两档：60kV—0.4 和 10kV—0.4，同时具有圆筒形。

二、结构特点

KBSG9 矿用隔爆型干式变压器铁芯选用优质低损耗晶粒取向硅钢片制作而成，空载损耗低、空载电流小、噪音低。所有绝缘采用 H 级或 C 级绝缘材料，热稳定性好，可长期满负荷运行。

三、技术数据

6kV KBSG9 型矿用隔爆型干式变压器技术数据，见表 6-72。

表6-72 6kV KBSG9型矿用隔爆型干式变压器技术数据

额定容量（kVA）	电压组合（kV）	连接组标号	短路阻抗（%）	损耗（W）		空载电流（%）	重量（kg）	外形尺寸（mm）（长×宽×高）
				空载	负载			
KBSG—50/6	高压6 低压0.693/0.4 1.2/0.693 3.45	Y,y0(d11)	4	350	550	2.5	1250	2075×1100×1050
KBSG—80/6				450	780	2.5	1300	2150×1100×1100
KBSG—100/6				520	920	2.5	1400	2150×1100×1100
KBSG—160/6				700	1300	2.0	1500	2200×1100×1220
KBSG—200/6				820	1550	2.0	2100	2650×1100×1400
KBSG—250/6				950	1800	2.0	2470	2690×1100×1420
KBSG—315/6				1100	2150	1.8	2895	2830×1100×1410
KBSG—400/6				1300	2600	1.8	3260	2920×1100×1440
KBSG—500/6				1500	3100	1.5	3700	2990×1100×1475
KBSG—630/6				1800	3680	1.5	4120	3050×1100×1550
KBSG—800/6		Y,y0(d11) Y,yn0		2050	4500	1.0	5300	3100×1100×1430
KBSG—1000/6				2350	5400	1.0	5700	3160×1100×1480
KBSG—1250/6		Y,y0 Y,yn0		2750	6500	1.0	6600	3200×1100×1520
KBSG—1600/6				3350	8000	0.8	7600	3260×1100×1570

10kV KBSG9型矿用隔爆型干式变压器技术数据，见表6-73。

表6-73 10kV KBSG9型矿用隔爆型干式变压器技术数据

额定容量（kVA）	电压组合（kV）	连接组标号	短路阻抗（%）	损耗（W）		空载电流（%）	重量（kg）	外形尺寸（mm）（长×宽×高）
				空载	负载			
KBSG—50/10	高压10 低压0.693/0.4 1.2/0.693 3.45	Y,y0（d11）	4	390	680	2.5	1250	2075×1100×1050
KBSG—80/10				490	880	2.5	1300	2150×1100×1100
KBSG—100/10				560	1050	2.5	1400	2150×1100×1100
KBSG—160/10				800	1500	2.0	1500	2200×1100×1200
KBSG—200/10				950	1800	2.0	2200	2760×1100×1480
KBSG—250/10				1100	2100	2.0	2760	2800×1100×1510
KBSG—315/10				1300	2500	1.8	2990	2840×1100×1500
KBSG—400/10				1500	3000	1.8	3430	2940×1100×1550
KBSG—500/10				1750	3500	1.5	3800	3020×1100×600
KBSG—630/10				2000	4100	1.5	4380	3140×1100×1410
KBSG—800/10		Y,y0（d11） Y,yn0		2300	5100	1.2	5400	3190×1100×1490
KBSG—1000/10			4.5	2600	6100	1.2	6500	3240×1100×1530
KBSG—1250/10		Y,y0 Y,yn0		3100	7400	1.0	7100	3300×1100×1580
KBSG—1600/10			5	3800	8500	1.0	8050	3350×1100×1630

6kV KBSG9—T 型矿用隔爆型干式变压器技术数据，见表 6-74。

表 6-74 6kV KBSG9—T 型矿用隔爆型干式变压器技术数据

额定容量 (kVA)	电压组合 (kV)	连接组标号	短路阻抗 (%)	损耗 (W)		空载电流 (%)	重量 (kg)	外形尺寸 (mm) (长×宽×高)
				空载	负载			
KBSG—T—50/6	高压 6 低压 0.693/0.4 1.2/0.693 3.45	Y,y0 (d11)	4	350	550	2.5	1250	2075×808×1050
KBSG—T—80/6				450	780	2.5	1300	2150×808×1100
KBSG—T—100/6				520	920	2.5	1400	2150×808×1100
KBSG—T—160/6				700	1300	2.0	1500	2290×815×1220
KBSG—T—200/6				820	1550	2.0	2200	2900×815×1220
KBSG—T—250/6				950	1800	2.0	2760	2400×1100×1255
KBSG—T—315/6				1100	2150	1.8	2990	2500×1100×1370
KBSG—T—400/6				1300	2600	1.8	3430	2600×1100×1445
KBSG—T—500/6				1500	3100	1.5	3800	2740×1100×1570
KBSG—T—630/6				1800	3680	1.5		
KBSG—T—800/6		Y,y0 (d11) Y,yn0		2050	4500	1.0		
KBSG—T—1000/6				2350	5400	1.0		
KBSG—T—1250/6		Y,y0 Y,yn0		2750	6500	1.0		
KBSG—T—1600/6				3350	8000	0.8		

10kV KBSG9—T 型矿用隔爆型干式变压器技术数据，见表 6-75。

表 6-75 10kV KBSG9—T 型矿用隔爆型干式变压器技术数据

额定容量 (kVA)	电压组合 (kV)	连接组标号	短路阻抗 (%)	损耗 (W)		空载电流 (%)	重量 (kg)	外形尺寸 (mm) (长×宽×高)
				空载	负载			
KBSG—T—50/10	高压 10 低压 0.693/0.4 1.2/0.693 3.45	Y,y0 (d11)	4	390	680	2.5	1250	2575×720×1050
KBSG—T—80/10				490	880	2.5	1300	2650×720×1100
KBSG—T—100/10				560	1050	2.5	1400	2815×750×1100
KBSG—T—160/10				800	1500	2.0	1500	2815×750×1200
KBSG—T—200/10				950	1800	2.0	2200	2815×800×1480
KBSG—T—250/10				1100	2100	2.0	2760	2815×900×1510
KBSG—T—315/10				1300	2500	1.8	2990	2865×1100×1500
KBSG—T—400/10				1500	3000	1.8	3430	2865×1100×1550
KBSG—T—500/10				1750	3500	1.5		
KBSG—T—630/10				2000	4100	1.5		
KBSG—T—800/10		Y,y0 (d11) Y,yn0		2300	5100	1.2		
KBSG—T—1000/10			4.5	2600	6100	1.2		
KBSG—T—1250/10		Y,y0 Y,yn0		3100	7400	1.0		
KBSG—T—1600/10			5	3800	8500	1.0		

四、生产厂

山东天弘变压器有限公司。

6.20 SG（B）10系列非包封变压器

一、概述

SG（B）10系列非包封变压器采用美国UL认可的NOMEX绝缘系统生产的非包封线圈三相干式电力变压器，具有安全、可靠、节能、防火、防爆、维护简单等优点。其设计先进、结构合理、外形美观、主要性能指标均优于国内标准，如：局放水平、空载损耗、负载损耗、噪声以及能适应高湿度环境使用等，可安装在靠近湖、海、河边污秽潮湿的环境及防火要求高，负荷较大的地区，适用于高层建筑、机场、车站、码头、地铁、医院、电厂、冶金行业、购物中心、居民密集区以及石油化工、核电站、核潜艇等场所。

二、结构特点

（1）精心设计的线圈结构及真空浸渍处理工艺，使SG（B）10变压器无局部放电产生，并且在整个寿命期内，无任何龟裂现象，无绝缘水平下降现象。

（2）高压采用连续式绕组、低压箔绕，整体真空浸渍及固化处理，并采用高强度陶瓷支撑，有很好的突发短路电流的承受能力。

（3）难燃、阻燃、无毒、自熄、防火。

（4）在高温明火燃烧下，SG（B）10变压器几乎无任何烟雾产生。

（5）变压器为H级（180℃）绝缘。

（6）绝缘层极薄且均匀。短时过负荷能力极强，无需强制冷却，可120%长期过负荷、140%过负荷3小时。由于这种绝缘材料不老化且有弹性，因此在±50℃条件下可立即加满载。

三、使用环境

（1）环境温度：—50℃～±50℃。

（2）海拔高度：≤1000m。

四、技术数据

SG（B）10系列非包封变压器技术数据，见表6-76。

表6-76 SG（B）10系列非包封变压器技术数据

型号及容量（kVA）	空载损耗（W）		负载损耗（W）（145℃）		空载电流（W）		声级（LPA）（dB）		短路阻抗（%）
	企标	国标	企标	国标	企标	国标	企标	国标	
SG（B）10—100/10	405	510	1880	2550	2.4	2.4	40	55	4.0
SG（B）10—160/10	560	700	2550	3650	2.0	2.0	42	58	
SG（B）10—200/10	630	820	3100	4680	2.0	2.0	42	58	
SG（B）10—250/10	760	950	3600	5500	1.8	2.0	44	58	
SG（B）10—315/10	880	1100	4600	6600	1.8	1.8	46	60	
SG（B）10—400/10	1040	1300	5400	7800	1.8	1.8	46	60	
SG（B）10—500/10	1200	1500	6600	9350	1.8	1.8	47	62	

续表 6-76

型号及容量（kVA）	空载损耗（W）		负载损耗（W）（145℃）		空载电流（W）		声级（LPA）（dB）		短路阻抗（%）
	企标	国标	企标	国标	企标	国标	企标	国标	
SG（B）10—630/10	1340	1680	7900	11500	1.6	1.6	47	62	6.0
SG（B）10—800/10	1690	2120	9500	13600	1.3	1.6	48	64	
SG（B）10—1000/10	1980	2480	11400	15700	1.3	1.4	48	64	
SG（B）10—1250/10	2350	2980	12500	18400	1.3	1.4	49	65	
SG（B）10—1600/10	2700	3420	13900	21300	1.3	1.4	50	66	
SG（B）10—2000/10	3320	4150	17500	25000	1.2	1.2	50	66	
SG（B）10—2500/10	4000	5000	20300	2910	1.2	1.2	51	67	

五、生产厂

江苏华辰变压器有限公司。

第7章 特种变压器

特种变压器是一种在特殊环境和特殊负载情况下使用的，具有一定性能的专用供电电源变压器。按其基本用途可分为一般工业用变流变压器、传动用变流变压器、电弧炉用变压器、矿热炉用变压器、电石炉用变压器、铁合金电炉用变压器、电渣炉用变压器、熔铜炉用变压器、工频感应炉用变压器、电阻炉（盐浴炉）用变压器、电化学电解用变压器、矿用变压器、牵引用变流变压器、铁道电气化用变压器、电脱盐用变压器、试验变压器、中频变压器、防腐变压器、气体绝缘变压器、密封式不烧液体变压器、防雷变压器、高阻抗变压器、硅油变压器、分裂变压器、接地变压器、非晶合金电力变压器等。

特种变压器型号的字母排列顺序及含义如下。

（1）第1组字母表示用途：

ZB—一般工业用；

ZS—传动用；

ZC—充电用；

ZH—电化学电解用；

ZD—电镀用；

ZK—电磁控制保护用；

ZJ—异步机中“串激”调速用；

ZF—电影放映用；

ZL—励磁用；

ZM—中频调速用；

SF、JQ、SQY—牵引用；

ZV—蓄电池浮充电用；

ZZ—直流输电用；

ZY—特殊用、电脱盐用；

HS—电弧炉用；

HK—矿热炉用；

HC—电石炉用；

HT—铁合金电炉用；

HZ—电渣炉用；

HD—熔铜炉用；

HP—工频感应炉用；

HU、ZU—电阻炉（盐浴炉）用；

KS—矿用；

SF、OD—铁道电化用；
YD—试验用；
PR—中频用；
SQ—气体绝缘用；
S9—□WF—防腐用；
S18—密封式充不燃液体用；
S27—防雷用；
SSi—硅油用；
TS、TX、TO—调压用。
(2) 第 2 组字母表示网侧相数：
D—单相；
S—三相。
(3) 第 3 组字母表示线圈外绝缘介质：
J—变压器油，不表示；
G—空气（干式）；
C—成型固体。
(4) 第 4 组字母表示调压方式：
Z—由网侧线圈有载调压；
T—由内附自耦调压变压器或串联调压变压器有载调压；
无励磁调压或不调压，不表示。
(5) 第 5 组字母表示导线材质：
Cu—铜，不表示；
L—铝。
(6) 第 6 组字母表示内附附属装置：
K—平衡电抗器；
B—饱和电抗器（磁放大器）。
(7) 特殊使用环境防护类型：
CY—船舶用；
GY—高原地区用；
WB—污秽地区用；
TH—湿热带地区用；
AT—干热带地区用；
KY—一般矿用。

7.1 整流变压器

整流变压器是整流设备中的重要组成部分，与整流器一起组成全套整流装置，以完成交流变直流。其中整流变压器的功能是将交流电网电压变换成整流器所需的电压，并通过相数与相位角的变换来改善交流侧和直流侧的运行特性。通常为使整流得到的直流电压更平直，整流变压器的二次侧不少于三相，有的是六相和十二相。整流变压器广泛应用于国民经济各部门中的电热冶金、电化学、电解、调速、冶炼、牵引、交直流传动、励磁、充放电、工业电源等各种需要直流电源及电压变换的场合。

整流变压器主要用途如下：

(1) 一般工业用；

(2) 充电用；

(3) 电化学、电解用；

(4) 电影放映用；

(5) 高压整流用；

(6) 电磁控制保护用；

(7) 电镀用；

(8) 励磁用；

(9) 牵引用；

(10) 电力传动用；

(11) 变频电源用；

(12) 变频调速用；

(13) 异步电机串激调速用；

(14) 直流输电用；

(15) 蓄电池浮充电用。

整流变压器两侧相数分为：单相、三相。

绕组外绝缘介质：变压器油；空气“干”式；成型固定：绕注式、包封式。

冷却装置种类：自然循环冷却装置；风冷却装置；水冷却装置。

油循环方式：自然循环、强迫油循环。

调压方式：无励磁调压或不调压；由网侧绕组有载调压；由内侧自耦调压或串联调压变压器（有载调压）。

绕组数：双绕组，三绕组。

线圈导线材质：铜，铜箔，铝，铝箔。

内附属装置：电抗器。

7.1.1 大型整流变压器

一、概述

西安西电变压器有限责任公司（原名西安变压器厂）隶属于中国西安电力机械制造集团公司，是中国最大的变压器的骨干企业，是我国输变电设备和其它热供电设备制造的主要公司，产品应用于国内重点工程，并进入国际市场。

西变公司生产的整流变压器具有历史悠久、技术先进、品种多样、产品质量稳定可靠特点。20世纪80年代，西变公司与多家国外厂家合作，广泛吸取先进工艺和技术，生产出具有国际水平的产品，为国内外提供了各类优质整流变压器，1996年生产的第一套220kV直降式整流变压器组在云南铝厂成功运行，其技术性能和可靠性可与国外同期产品相比拟。

二、总体结构特点

西变公司生产的整流变压器的总体结构形式很多，具体为：

(1) 按整流电路形式分类有：三相桥式整流变压器结构；双反星形带平衡电抗器的整流变压器结构；双反星形三相五柱式整流变压器结构。

(2) 按调压方式分类有：无励磁调压整流变压器结构；有载调压整流变压器结构。这其中又有单器身变磁通调压结构、调变加主变结构、串变调压结构。

(3) 按器身安装方式分类有：器身连箱盖结构；钟罩式结构。这其中又分成钟罩式、半钟罩式、三节钟罩式。

(4) 按冷却方式分类有：自冷，风冷，强油水冷或风冷，以及强油导向冷却。

此外，整流变压器还可分为主调共箱式和主调分箱式，以及内附饱和电抗器、平衡电抗器和外附饱和电抗器、平衡电抗器等结构。

整流变压器种类繁多，可根据用户的各种要求设计制造各结构型式的变压器。

三、内部结构特点

铁芯采用优质冷轧硅钢片。在大型变压器中，为降低空载损耗，铁芯片采用全斜接缝。铁芯整体结构采用引进的先进技术。网侧线圈多采用连续式结构，调压线圈多采用层式结构，而阀侧线圈一般均为双饼式结构。由于利用了电子计算机计算电场和线圈的冲击特性，使得线圈结构具有优良的电气特性和耐冲击强度。

对于较大型整流变压器，油箱采用折板式结构，不仅美化了外形，而且大大提高了油箱的机械强度。

阀侧出线既有箱顶出线，又有箱壁出线，方便与整流装置的连线。

阀侧出线端子采用环氧浇注成形低压导电杆，使变压器外形美观紧凑。

整流变压器装有各种温度计、瓦斯继电器、释压器、互感器等保护装置，对于高电压产品采用隔膜式储油柜，以保证变压器的安全可靠运行。

四、技术数据

35～220kV 级大型整流变压器技术数据，见表 7-1。

表 7-1 35～220kV 级大型整流变压器技术数据

型 号	额定容量 (MVA)	直流电压 (V)	直流电流 (A)	单机脉波数	整流方式	机组台数
ZHSFPTB—110/220	110	1220	2×37000	12	三相桥式整流	4
ZHSFPTB—88/220	89.3	1180	2×33000	12		6
ZHSFPTB—86/220	80.84	920	2×37500	12		4
ZHSFPTB—70.5/220	70.5	880	2×34000	12		4
ZHSFPT—12.6/66	12.6 (60Hz)	80～300	2×50000	12		1
ZHSTB—90/110	45.23	920	40000	12		4
ZHSTB—50/35	24.04	315	63000	12		1
ZHST—80/110	37.5	920	34000	12		3

续表 7-1

型　号	额定容量(MVA)	直流电压(V)	直流电流(A)	单机脉波数	整流方式	机组台数
ZHST—70/110	33.9	800	36000	12	三相桥式整流	3
ZHST—40/35	20.2	800	22000	12		2
ZHST—25/35	11.8	420	24000	12		3
ZHSSPTKB—13.7/35	14.2/19.296	225	55000	12	双反星整流	1
ZHSSPTKB—13.6/35	13.6/19.05	210	55000	12		1
ZHSSPTKB—13/35	13/18.146	200	55000	12		1
ZHSTK—31.5/110	12.85/18.1	300	36000	6		3
ZHSSPK—12.5/35	11.54/16.35	400	25000	6		1
ZHSTK—10/35	3.6/5.5	120	25000	6		1

五、生产厂

西安西电变压器有限责任公司。

7.1.2 电解电化学用整流变压器

一、概述

ZH系列电解电化学用整流变压器是化学工业所使用的交流变直流装置中的配套变压器，并通过相数和相位角的变换改善交流侧及直流侧运行特性的一种专用变压器，可用于电解有色金属化合物制取铝、镁、铜及其它金属，用于电解含盐制取氯碱、电解水制取氢和氧等电解装置。

变压器的铁芯采用优质晶粒取向硅钢片，线圈低压侧为铜排绕制结构，其外观和结构与电力变压器类似。冷却方式有自然油冷、风冷强迫油循环及水冷强迫油循环等。

该系列变压器的调压方式有无励磁调压和有载调压，并配有无励磁调压开关或带有平衡电抗器和电抗器。

二、型号含义

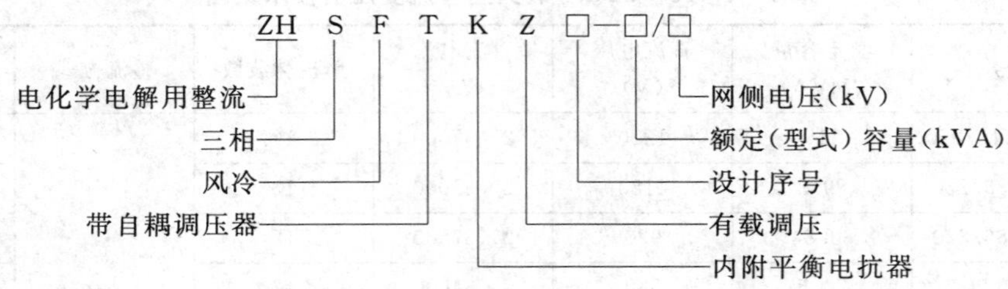

其中F、T、K、Z按用户需求设计

三、技术数据

ZH系列电解电化学用整流变压器的技术数据，见表7-2～表7-5。

表 7-2 ZH 系列 35～110kV 级电解电化学用整流变压器技术数据

型号	额定直流电压(V)	额定直流电流(A)	整流方式	等效相数	移相角度(°)	调压级数	自饱和电抗器	平衡电抗器	外形尺寸(mm)			重量(kg)			生产厂
									长	宽	高	器身	油	总体	
ZHSTK—1800/35	85	13000	双反星	12	0	13			3150	1850	2850	6300	5800	15200	广西柳州特种变压器有限责任公司
ZHST—4000/35	300	10000	三相桥	24	±7.5	13			4780	3170	4090	9500	7570	22770	
ZHSZ—4000/35	315	10000	三相桥	12	±15	13			3960	3100	3850	9230	6750	22600	
ZHSTK—4000/35	290	11000	双反星	12	±15	13			3940	3210	3780	8750	6800	21500	
ZHSZ—4600/35	370	10000	三相桥	12	0	13			4010	3250	3800	9150	7500	25000	
ZHSZ—4675/35	380	11000	三相桥	12	±15	13			3980	3300	3750	8900	7600	25200	
ZHSZ—5300/35	400	12000	三相桥	18	±20,0	13			3980	3250	3850	9150	8650	26000	
ZHST—6000/35	315	18000	三相桥	12	0	27			3800	2600	3250	15000	6500	26700	
ZHST—6000/35	370	11000	三相桥	24	±7.5	27			4360	3190	4600	12400	8500	26700	
ZHSTK—6300/35	210	25000	双反星	12	0	13		√	3850	2550	3350	14500	7500	26800	
ZHSTK—6300/35	180	32000	双反星	36	±10,0	27		√	5600	3620	4220	12780	8800	31810	
ZHSTK—7500/35	310	25000	双反星	12	0	13		√	4150	3000	3350	15500	8900	31440	
ZHSFT—8000/35	325	20000	三相桥	12	0	27			4350	3190	4600	12400	9500	28700	
ZHSSPT—8200/35	480	15000	三相桥	12	0	13			4360	3350	4600	1650	10500	30000	
ZHSFT—9000/35	520	10000	三相桥	24	±7.5	27			5000	2690	3750	18500	11500	36500	
ZHSFT—10000/35	370	13000	三相桥	24	±7.5	27			5500	3000	4850	23000	12500	41000	
ZHSSPTK—10000/35	350	27000	双反星	24	±7.5	54		√	5000	2782	3800	19060	11000	36200	
ZHSFT—12500/35	380	19000	三相桥	24		54			5600	4200	4100	19800	15400	45000	
ZHSFT—13800/35	350	25000	三相桥	36	±0,0	27			4700	4080	4060	18900	12000	40550	
ZHSFPTKB—31500/35	190	63000	双反星	24	±7.5	35		√	7600	6200	4850	26900	24300	78000	
ZHSFPTB—50000/35	375	54000	三相桥	30	±24,±12	48			6880	4450	4960	37700	18600	78500	
ZHS—333/10									1640	1490	1821	865	520	1920	保定天威集团特变电气有限公司
ZHS—1350/10									3444	2114	3140	3221	2823	8853	
ZHK—1200/10									2565	2090	2655	2665	1723	5955	
ZHSSPZK—848/6									4860	2810	3370	3495	5300	11696	
ZHSSPZK—2189/6									5535	3050	4245	7405	6440	18300	
ZHSZ—1000/10		11125～19185	双反星			8			2960	2060	2600	3860		10600	锦州变压器股份有限公司
ZHSPZ—2000/6		23925～47850	双反星			17			4190	2000	2820	6620		14700	
ZHSPZ—3000/6		36600～56730	双反星			17			4230	2200	3000	9100		20000	
ZHSPZ—5000/6		100000～125000	双反星			27			4500	2500	3700	16710		34000	
ZHSPZ—6300/35		100000～125000	双反星			27			5040	2610	4550	22400		48300	
ZHSFZ—4000/63		10800	桥式			9			3990	2520	3800	10300		25000	

续表 7-2

型号	额定直流电压(V)	额定直流电流(A)	整流方式	等效相数	移相角度(°)	调压级数	自饱和电抗器	平衡电抗器	外形尺寸(mm)			重量(kg)			生产厂
									长	宽	高	器身	油	总体	
ZHSTK—4000/35	360	10800	双反星	24	±75 ±22.5	13		√	4160	2900	3240	5300	4500	16200	广西柳州特种变压器有限责任公司
ZHSZ—4200/35	350	11000	三相桥式	12	0,30	13			4150	2850	3620	5200	4500	16000	
ZHSTK—4700/35	160	25000	双反星	12	7.5	13			4100	3150	3120	5500	5000	18000	
ZHSSPT—5000/35	470	9000	三相桥式	24	±7.5	13			4650	3170	4630	12900	8980	27410	
ZHSSPT—5400/35	390	12000	三相桥式	24	±75 ±22.5	13			4230	3580	3520	8550	6800	21580	
ZHST—6300/35	350	10000	三相桥式	12	0	13			5600	3620	4220	12780	8800	31810	
ZHSFPTK—9000/35	240	33000	双反星	24	±7.5	27		√	4500	2900	4160	20120	12100	41000	
ZHSFT—9000/35	230	33000	三相桥式	36	±10,0	27			5800	3800	4150	16500	10500	43500	
ZHSFTK—9000/35	200	20000	双反星	12	±15	27		√	6500	2700	3700	25000	13000	46000	
ZHSSPT—9000/35	310	24000	三相桥式	48	±3.75 ±26.25	27			4600	2800	3500	23000	12000	43000	
ZHSSPTK—9500/35	300	27000	双反星	12	0	27		√	5360	3170	3800	24000	13000	44000	
ZHSFPT—11000/35	300	33000	三相桥式	36	±10,0	27			5500	2850	3300	18300	12200	44100	
ZHSSPT—12000/35	360	37000	三相桥式	24	±7.5	27			6600	4380	4310	20100	13500	42900	
ZHSFPTK—13500/35	190	65000	三相桥式	36	±10,0	27		√	5000	3600	3800	17800	11300	48000	
ZHSSPT—16000/35	500	25000	三相桥式	18	+5,+25 −15	27			4600	3350	4520	2400	15000	45000	
ZHSFPTB—16750/35	265	42000	三相桥式	36	±10,0	54			6910	3420	3900	22500	16000	58900	
ZHSFPT—24000/35	500	4000	三相桥式	12	+5	27			5020	2790	4800	37000	20000	68000	
ZHSFPT—25000/35	175	63000	双反星	24	±7.5	27			6700	4500	3870	35000	16000	64000	
ZHSFPTB—28000/35	250	31500	三相桥式	12	0	54			6020	3850	4200	32200	20000	65000	
ZHSFPT—50000/35	500	31500	三相桥式	36	±10,0	54			7600	3400	4750	29210	24800	73420	
ZHSFPTB—50000/35	530	35000	三相桥式	24	±7.5	54			7650	3500	4650	30000	25000	74500	
ZHSFT—14000/110	680	18000	三相桥式	24	±75	35			6400	4650	5440	33500	24000	74600	
ZHSFT—10800/110	360	30000	三相桥式	24	±75	27			4450	5200	5390	32000	18000	63100	
ZHSFPTB—17130/110	350	42000	三相桥式	48	±3.75 ±11.25 ±18.75 ±26.25	35	√		6400	7100	5310	45500	32000	110800	
ZHSFPT—18900/110	450	4000	三相桥式	12	0	33			9940	5250	5760	48000	29000	94000	
ZHSFPT—20000/110	350	60000	双反星形	24	±75	17			6420	7000	4400	38000	26000	85500	

续表 7-2

型号	额定直流电压（V）	额定直流电流（A）	整流方式	等效相数	移相角度（°）	调压级数	自饱和电抗器	平衡电抗器	外形尺寸（mm）			重量（kg）			生产厂
									长	宽	高	器身	油	总体	
ZHSFPTB—25500/110	480	42000	三相桥式	48	±3.75 ±11.25 ±18.75 ±26.25	54	√		6800	7160	5650	55000	36560	121000	广西柳州特种变压器有限责任公司
ZHSFPTB—34000/110	475	60000	三相桥式	48	±3.75 ±11.25 ±18.75 ±26.25	54	√		7880	7500	5660	59800	40800	143600	
ZHSFPTB—40000/110	475	72000	三相桥式	48	±3.75 ±11.25 ±18.75 ±26.25	54	√		7900	7600	5750	65000	46800	158000	
ZHSFPTK—47000/110	223	70000	双反星形	12	0	17		√	9165	4050	5380	41770	29560	87000	
ZHSFPT—48400/110	458	78750	三相桥式	48	±3.75 ±11.25 ±18.75 ±26.25	54			7800	6200	6000	69000	40000	135000	
ZHSFPTB—50000/110	520	40000	三相桥式	36	±10,0	54	√		9000	3500	4660	51000	31000	101050	
ZHSFPTB—50000/110	600	60000	三相桥式	48	±3.75 ±11.25 ±18.75 ±26.25	70	√		7000	7000	5520	78000	43000	156000	
ZHSFPTB—75000/110	840	84000	三相桥式	48	±3.75 ±11.25 ±18.75 ±26.25	70	√		8500	8060	6100	95200	52000	205200	
ZHSFPTB—82000/110	1080	63000	三相桥式	60	±9,±21 ±3,±15 ±27	79	√		9100	8200	6000	110000	67000	235000	
ZHSFPTB—85000/110	800	88000	三相桥式	60	±9,±21 ±3,±15 ±27	79	√		9200	8200	6400	114000	68000	242000	

表7-3 ZH系列电解电化学用整流变压器技术数据

<table>
<tr><th>型号</th><th>一次电压(kV)</th><th>二次电压(kV)</th><th>变压器接法</th><th>配套流柜系列</th><th>直流容量(kVA)</th><th>备注</th><th>生产厂</th></tr>
<tr><td>ZHZ—16000/35</td><td rowspan="2">35</td><td rowspan="2"></td><td rowspan="2"></td><td rowspan="2">ZHS系列
ZES系列</td><td rowspan="34"></td><td rowspan="22"></td><td rowspan="34">苏州亚地特种变压器有限公司</td></tr>
<tr><td>ZHZ—20000/35</td></tr>
<tr><td>ZHK—100/0.5</td><td rowspan="2">0.5</td><td rowspan="10">二次电压按用户要求</td><td rowspan="10">Y/Y_T⅄
△/Y_T⅄</td><td rowspan="10">KES系列
KGS系列
KHS系列
KDS系列
KGHS系列
GHS系列</td></tr>
<tr><td>ZHK—200/0.5</td></tr>
<tr><td>ZHK—250/10</td><td>10，0.5</td></tr>
<tr><td>ZHK—400/10</td><td rowspan="7">10
6</td></tr>
<tr><td>ZHK—500/10</td></tr>
<tr><td>ZHK—800/10</td></tr>
<tr><td>ZHK—1000/10</td></tr>
<tr><td>ZHK—1250/10</td></tr>
<tr><td>ZHK—1600/10</td></tr>
<tr><td>ZHK—2000/10</td></tr>
<tr><td>ZHZK—1000/10</td><td rowspan="5"></td><td rowspan="10">二次电压按用户要求，有载电压最大27级，另带饱和电抗器</td><td rowspan="10">Y/Y_T⅄
△/Y_T⅄
或
Y/Y_T⅄×2
△/Y_T⅄×2</td><td rowspan="10">KGS
KHS
KDS
KGHS
GHS
KES
（有载系列）</td></tr>
<tr><td>ZHZK—2000/10</td></tr>
<tr><td>ZHZK—3000/10</td></tr>
<tr><td>ZHZK—4000/10</td></tr>
<tr><td>ZHZK—5000/10</td></tr>
<tr><td>ZHZK—7500/35</td><td rowspan="5">35
10</td></tr>
<tr><td>ZHZK—10000/35</td></tr>
<tr><td>ZHZKB—7500/35</td></tr>
<tr><td>ZHZKB—12500/35</td></tr>
<tr><td>ZHZKB—16000/35</td></tr>
<tr><td>ZHSSPZ—4000/10</td><td rowspan="2">10
6</td><td rowspan="9">按用户要求，最大调压范围60%～105%</td><td rowspan="9">Y，y—⅄
或
D，y—⅄</td><td rowspan="9"></td><td rowspan="9">单机6脉同相逆并联</td></tr>
<tr><td>ZHSSPZ—5500/10</td></tr>
<tr><td>ZHSSPZ—7500/35</td><td rowspan="3">35</td></tr>
<tr><td>ZHSSPZ—12500/35</td></tr>
<tr><td>ZHSSPZ—16000/35</td></tr>
<tr><td>ZHSZ—1000/10</td><td rowspan="4">10
6</td></tr>
<tr><td>ZHSZ—2000/10</td></tr>
<tr><td>ZHSZ—2500/10</td></tr>
<tr><td>ZHSZ—3150/10</td></tr>
<tr><td>ZHS—100/10</td><td rowspan="2">10
6
0.5</td><td rowspan="3">二次电压按用户要求</td><td rowspan="3">Y/△—11
Y/△Y
Y/△▽</td><td rowspan="3">GHS系列
ZHS系列
ZES系列</td><td rowspan="3"></td></tr>
<tr><td>ZHS—200/10</td></tr>
<tr><td>ZHS—400/10</td><td>10，6</td></tr>
</table>

续表 7-3

型　　号	一次电压（kV）	二次电压（kV）	变压器接法	配套流柜系列	直流容量（kVA）	备注	生产厂
ZHS—500/10	10	二次电压按用户要求	Y/△—11 Y/△Y Y/△▽	GHS系列 ZHS系列 ZES系列			苏州亚地特种变压器有限公司
ZHS—800/10							
ZHS—1000/10	6						
ZHS—1250/10							
ZHS—1600/35	35 10 6						
ZHS—2000/35							
ZHS—3000/35	35 10						
ZHS—4000/35							
ZHZ—1000/10	10 6	二次电压按用户要求，最大有载电压54级	Y/△—11 △，Y/△△ △，Y/△▽	GHS ZHS ZES （有载系列）			
ZHZ—1500/10							
ZHZ—2250/10							
ZHZ—3200/10							
ZHZ—4000/35	35，10，6						
ZHZ—5000/35	35						
ZHZ—7500/35							
ZHZ—12500/35							
ZHZ—2250/10	10 6	有载 15级 19级 27级	△/△—12 Y/△—11 Y/△▽ Y/△Y △/△		560		
ZHZ—3200/10					1000		
ZHZ—3500/10					1250		
ZHZ—4000/10	35 10				1500		
ZHZ—5500/10					2000		
ZHZ—6300/10					2500		
ZHZ—7500/10					3000		
ZHZ—12000/10					5000		
ZHZ—15000/10	35				6300		

表 7-4　ZHS 系列电解电化学用整流变压器技术数据

型　　号	连接组标号	整流方式	直流空载电压（V）	直流负载电流（A）	生产厂
ZHSZ—9450/10	YN/d5,d11	三相桥	450	10000	甘肃宏宇变压器有限公司
ZHSZ—8820/35	YN/d5,d11	三相桥	450	10000	
ZHSZ—8820/35	Z(+20°)/d5—d11				
ZHSZ—8820/35	Z(+20°)/d5—d11				
ZHSFPTB—17235/35	YN/Z(−15°)/d5—d11	三相桥	383	43000	

续表 7-4

型　号	连接组标号	整流方式	直流空载电压（V）	直流负载电流（A）	生产厂
ZHSFPTB—17235/35	YN/Z(+5°)/d5—d11	三相桥	383	43000	甘肃宏宇变压器有限公司
ZHSFPTB—17235/35	YN/Z(X25°)/d5—d11				
ZHSTKB—6820/10	Y/Y0/Y6—y12	双反星形	184	12500	
ZHSTKB—6820/10	Z(−20°)/Y0/Y6—y12				
ZHSTKB—6820/10	Z(+20°)/Y0/Y6—y12				
ZHSTK—13000/35	Z(−15°)/Y0/Y6—y12	双反星形	155	40000	
ZHSTK—13000/35	Z(+15°)/Y0/Y6—y12				
ZHSTK—14580/35	Z(0)/Y0/Y6—y12				
ZHSZK—9200/35	Y/Y12y6	双反星形	150	25000	
ZHSFT—16000/35	Z/Z(±15°)Y6—y12		170	45000	
ZHSTK—25000/35	Z/Z(±20°)Y6—y12		250	28000	
ZHSSPT—31500/35	YN/Z(+20°,−10°)/d5—d11	三相桥	350	40000	
ZHSPT—31500/35	YN/Z(+20°,−10°)/d5—d11				
ZHSTK—32700/35	Z(7.5°)/Z(±15°)y6—y12	双反星形	275	35000	
ZHSTK—32700/35	Z(7.5°)/Z(±15°)y6—y12				
ZHSFTKZ—14000/6.3	Z(+20°)/D/Y1—Y7	双反星形	172	40000	
ZHSFTKZ—14000/6.3	Z(0°)/D/Y1—Y7				
ZHSFTKZ—14000/6.3	Z(−20°)/D/Y1—Y7				

表 7-5　ZHS 型电解电化学用整流变压器技术数据

型　号	电压比（高压/低压）（kV）	短路阻抗（%）	连接组标号	损耗（W）		重量（kg）			外形尺寸（mm）（长×宽×高）	生产厂
				负载	空载	器身	油	总体		
ZHS—1350/10	10/0.070	7～8	Y，yn0—yn6	33700	2000	3221	2823	8853	3444×2114×3140	保定天威集团特变电气有限公司

7.1.3　传动用整流变压器

一、产品用途

传动用整流变压器可用作轧机、机床、造纸机、电梯、加工机床等直流传动装置的整流设备。

二、结构特点

整流变压器一般二次电压低、电流大。为了提高整流效率，二次侧的相数一般不少于三相，有时采用六相、十二相或加移相线圈。多台并联使用增多相数可减少脉动，提高供电系统的功率因数。

变压器的线圈为同心式绕组。调压通过变磁通调压，由可控硅元件或饱和电抗器来实现相位控制调压。

该系列产品一般为空气干式自冷型。

三、型号含义

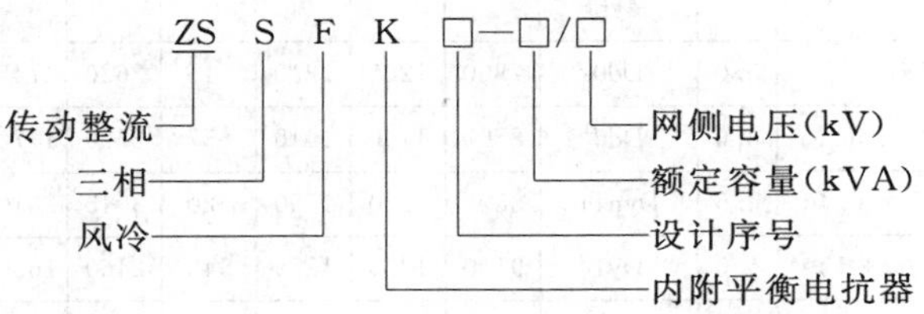

四、技术数据

ZS系列传动用整流变压器技术数据，见表7-6。

表7-6 ZS系列传动用整流变压器技术数据

型号	电压比（高压/低压）(kV)	短路阻抗(%)	连接组标号	损耗（W）		重量（kg）			外形尺寸（mm）（长×宽×高）	备注	生产厂
				负载	空载	器身	油	总体			
ZSS—5200/10	10^{+3}_{-1}×5%/3.3	20	Dd0	55000	3800	6580	3125	13860	4340×3075×3315		保定天威集团特变电气有限公司
ZSS—7000/10	10^{+3}_{-1}×5%/3.3	20	Yd1	67000	6000	8404	5150	19124	4845×3415×3595		
ZSS—7300/10	10±2×2.5%/6.6	5.75	Dy11	45000	9200	9325	3640	16620	3585×2680×3820		
ZSSS—7400/35	35±2×2.5%/2×1.18	6.0	Dd0—y11	55000	8100	10100	5050	20900	4200×4900×3870		
ZSS—8100/10	10±2×2.5%/6.6	5.75	Dy11	47000	10000	10290	3835	17935	3625×2770×3910		
ZSS—8500/10	10^{+3}_{-1}×5%/3.3	20	Yd1	83000	7000	9775	5550	21500	5005×3525×3660		
ZSSS—9000/10	10±2×2.5%/2×2.85	13	Dd0—yn11	115000	7200	9555	3947	16186	3860×2030×3075		
ZSS—9000/10	10^{+3}_{-1}×5%/3.3	20	Yd1	79000	7200	10280	5810	22500	4888×3378×3670		
ZSS—9500/10	10^{+3}_{-1}×5%/3.3	20	Yd1	82000	7700	10280	5810	22500	4888×3378×3670		
ZSS—10000/10	10^{+3}_{-1}×2.5%/3.3	20	Yd1	76700	7800	11400	6880	25680	5490×3308×4165		
ZSSF—11500/35	35±2×2.5%/1.13	16.0	Yd5	58000	14000	16035	6480	27150	4100×2824×4810		
ZSSF—12000/6	6.3±2×2.5%/2×2.6	7.0	Dd0—y5	67500	11500	13460	5360	23560	4050×3290×4365		
ZSSF—12600/35	35±2×2.5%/1.13	6.0	Dd0	67000	14000	16035	6480	27150	4100×2824×4810		
ZSS—13100/35	35±2×2.5%/1.15	6.0	Dy11	61300	13000	16785	7750	32180	4350×4750×4930		
ZSSF—13700/35	35±2×2.5%/1.13	6.0	Dd0	70000	15100	17745	7250	29550	4230×3050×4830		
ZSS—13900/35	35±2×2.5%/0.9	6.0	Dy11	64000	13500	18030	8235	34290	4410×5000×5000		
ZSS—16300/35	35±3×2.5%/1.1	6.0	Dy11	70300	15400	20010	8940	37680	4480×5400×5070		
ZSS—400/10	10±5%/0.43	4.0	Dyn11	4300	800	1015	380	1780	1565×1290×1705		
ZLLS—420/10	10±2×2.5%/2×0.305	4.0	Dd0—y5	6350	860	961	609	2264	1905×1622×1975		
ZSS—500/6	6.3±2×2.5%/0.4	4.5	Dyn11	5610	1050	1420	580	2800	2000×2050×2550		

续表 7-6

型号	电压比（高压/低压）（kV）	短路阻抗（%）	连接组标号	损耗（W）		重量（kg）			外形尺寸（mm）（长×宽×高）	备注	生产厂
				负载	空载	器身	油	总体			
ZHS—500/10	10/0.1992	4.5	Y，yn0—yn6	9600	1050	1295	825	2925	2536×1230×1930		
ZSSM—600/10	10±2×2.5%/0.42	6.0	Dd0	7300	1200	1210	515	2620	1745×2735×1720		
ZSS9—630/6	6.3±5%/0.46	8.0	Dd0	8500	1100	1415	637	2720	1770×1530×1936		
ZSS—630/6	6.3±2×2.5%/0.40	4.5	Dyn11	6820	1320	1550	620	3045	2010×2070×2535		
ZSS—650/3	3±2×2.5%/3.15	6.0	Dy1	9100	1200	1255	540	2460	1630×1590×1895		
ZLLS—740/10	10±2×2.5%/2×0.575	4.0	Dd0—y5	10500	1400	1492	793	3259	1985×2012×2220		
ZSSM—750/10	10±2×2.5%/0.6	6.0	Dd0	8700	1300	1405	620	2990	1860×2580×1770		
ZS—800/6	6/0.34/0.37/0.40	6.0	Dd0	7800	1400	1825	730	3195	2140×1240×1920		
ZSS—800/6	6±5%/0.4	6.0	Dy11	9900	1540	1576	705	3043	2228×1374×2148		
ZSS—1000/6	6.0±5%/0.44	6.0	Dy11	12200	1900	1837	838	3578	2300×1650×2208		
ZSS—1000/10	10±2×2.5%/0.42	4.5	Dd0/Dy11	10300	1700	2112	897	3859	2110×1490×2410		
ZSS—1060/10	10±2×2.5%/1.15	6.0	Dd0	11500	1450	5845	2635	11315	3795×2495×2725		
ZHK—1200/10	10±5%/0.198	6.25	Dyn11—yn5	22500	2100	2665	1723	5955	2565×2090×2655		
ZSS—1250/10	10±5%/0.44	6.0	Dy11	16300	1900	2205	1090	4410	2300×1870×2375		
ZSSS—1500/10	10±2×2.5%/2×0.62	6.0	Dd0—y11	15000	2200	2340	975	4750	3460×2035×2030	双裂解	保定天威集团特变电气有限公司
ZSS—1500/10	10±2×2.5%/3.3	5.75	Dy11	13500	2500	2860	1205	5260	2555×1588×2630		
ZSS—1600/10	6.3±5%/0.4	7.5	Yyn0	17500	2650	2680	1145	5160	2420×1550×2365		
ZSS—1600/10	10±5%/0.42	4.5	Dyn11	14500	2400	3111	1148	5491	2220×1920×2620		
ZSS—1600/10	10±5%/0.66	6.0	Dd0	18000	2300	2745	1240	5310	2440×2060×2385		
ZSS—1750/10	10±2×2.5%/6.3	6.0	Dy1	18200	2400	2795	1190	5320	2285×1730×2375		
ZSS—1800/10	10±5%/0.655	6.0	Dd0	18150	2700	3063	1342	5795	2400×2390×2500		
ZSS—1900/10	10^{+3}_{-1}×5%/3.3	20	Yd1	24000	2000	3353	1719	7180	3785×2405×2675		
ZSS—2000/10	10^{+3}_{-1}×5%/0.66	17	Dd0	27000	2000	3185	1990	7750	3720×3005×2360		
ZSS—2300/10	10±2×2.5%/0.42	6.0	Dy11	20900	3000	3570	1495	7020	2590×3510×2500		
ZSS—2400/10	10±2×2.5%/0.75	6.0	Dy11	22100	3100	3635	1535	7185	2590×3510×2530		
ZSS—2500/10	10±5%/0.63	4.5	Dy11	20300	3360	4179	1582	7390	2485×2275×2830		
ZSS—2500/6	6.3±2×2.5%/0.63	6.5	Dd0/Dy11	20500	3360	4260	1945	7980	2660×2475×2590		
ZSS—2600/10	10^{+3}_{-1}×5%/3.3	20	Yd1	31000	2500	3917	2015	8843	4265×3095×2765		
ZSS—2700/6	6.3±2×2.5%/0.63	6.5	Dy0/Dy11	21500	3560	4500	1990	8325	2660×2555×2645		
ZSS—2700/10	10±2×2.5%/0.63	6.5	Dd0/Dy11	21500	3560	4485	2035	8500	2660×2795×2645		
ZSS—2850/10	10±2×2.5%/0.66	6.5	Dd0	24200	3500	4240	1810	7910	2635×2705×2500		
ZSS—3000/6	6±5%/0.66	4.5	Dd0	24550	6000	4203	1744	7843	3135×2164×2665		

续表 7-6

型号	电压比（高压/低压）(kV)	短路阻抗(%)	连接组标号	损耗(W)		重量(kg)			外形尺寸(mm)（长×宽×高）	备注	生产厂
				负载	空载	器身	油	总体			
ZSS—3150/10	10±5%/0.63	6.0	Dd0	24100	3990	4911	1993	8870	2770×2555×2690		保定天威集团特变电气有限公司
ZSSS—3150/10	10±5%/2×0.66	6.0	Dd0—y11	32000	4000	5049	2528	9990	3100×2575×2560	双裂解	
ZSS—3150/10	10.5±2×2.5%/0.42	8.0	Dy11	27000	3800	4720	1993	8765	2950×2415×2700		
ZSS—3400/6	6±5%/0.66	6.0	Dy0	28000	5700	4733	1933	8706	3321×2124×2640		
ZSSS—3600/10	10±2×2.5%/2×0.69	6.0	Dd0—y11	29000	4400	5285	2557	10525	3020×3845×3230	双裂解	
ZSS—3700/10	10±2×2.5%/0.63	6.5	Dy11	27200	4500	5505	2295	10091	2915×2715×2925		
ZSS—4000/10	10^{+3}_{-1}×5%/3.3	20	Dd0	42000	3500	5817	2604	11640	4475×3225×3080		
ZSZ—4000/66	66^{+4}_{-2}×2.5%/10	9.5	Dyn11	32000	7600	6650	5520	16430	4890×3000×3770		
ZSS—4500/10	10.5±2×2.5%/0.63	7.0	Dd0	31500	5600	6405	2670	11495	3255×2805×2495		
ZSS—4650/10	10±2×2.5%/1.15	6.0	Dy5	35000	5800	6185	2800	12000	3625×2845×3325		
ZSSS—5000/6	6.3±2×2.5%/2×0.69	8.0	Dd0—y11	50000	4600	5870	3010	12240	3185×2925×3190	双裂解	
ZSS—5000/10	10±2×2.5%/6.6	13.2	Dy11	43000	6400	6800	2750	12600	3240×2835×3105		
ZSSS—5200/35	35±2×2.5%/2×1.12	6.0	Dd0—y11	45000	6400	7340	4140	16045	3160×4500×3760	双裂解	
ZSI—630/3	3.3±2×2.5%/3×1.15	6～8	Dd(0±20°)	10150	1160	1735	1070	3645	2260×1570×2350	三裂解	
ZSI—700/6	6.3±2×2.5%/3×1.1	6～8	Dd(0±20°)	11300	2000	1710	1220	4340	2230×2535×2155	三裂解	
ZSI—800/3	3.3±2×2.5%/3×1.15	6～8	Dd(0±20°)	13000	1300	1980	1190	4100	2260×1650×2515	三裂解	
ZSI—900/6	6.0±2×2.5%/3×2.10	6～8	Dd(0±20°)	13900	1500	2070	1305	4370	2320×1745×2540	三裂解	
ZSIG—900/6	6.0±3×2.5%/3±2.10	6～8	Dd(0±20°)	15000	2000	2720		3170	2490×1380×2220	三裂解	
ZSI—1000/6	6.3±2×2.5%/3×2.0	6～8	Dd(0±20°)	16900	1580	2130	1460	4770	2425×1610×2995	三裂解	
ZSI—1000/6	6.3±2×2.5%/3×1.1	6～8	Dd(0±20°)	15200	2300	2145	1445	5190	2300×2565×3075	三裂解	
ZSIG—1250/6	6.0±5%/3×2.0	5～7	Dd(0±20°)	18000	2650	3620		4220	2712×1197×2700	三裂解	
ZSIG—1250/3	3.0±2×2.5%/3×2.0	6～8	Dd(0±20°)	18000	2700	2560		4160	2700×1360×2430	三裂解	
ZSI—2000/10	10^{+1}_{-3}×2.5%/3×2.0	6～8	Dd(0±20°)	25200	2800	3480		7190	2690×2334×3110	三裂解	
ZSI—2250/6	6.0±2×2.5%/2×2.2	6～8	Dd(0±20°)	24000	3000	3930	1940	7530	2505×2340×2830	三裂解	
ZSIG—2250/6	6.0±5%/3×2.0	6～8	Dd(0±20°)	24480	4500	5680	2010	5680	2950×1270×2645	三裂解	
ZSI—2750/6	6.3±2×2.5%/2×0.718	6～8	Dd(0±20°)	37800	5460	4120	2170	8930	2740×3390×3390	三裂解	
ZSI—5750/10	10±2×2.5%/3×2.3	6～8	Dd(0±20°)	56000	5600	7220	3390	14410	3750×2885×3775	三裂解	

型号	额定电压(V)		连接组标号	重量(kg)			轨距(mm)	外形尺寸(mm)（长×宽×高）	生产厂
	网侧	阀侧		器身	油	总体			
ZS—30/10	10000	380	D,y11	100	85	315	350	980×410×920	张家港五洲变压器有限公司、张家港市五洲调压器厂
ZS—50/10	10000	380	D,y11	241	90	410	450	1010×710×950	
ZS—100/10	10000	170	D,y11	396	145	665	500	1315×800×1060	
ZS—100/10	10000	380	D,y11	524	171	905	660	1485×915×1140	
ZS—200/10	10000	200	D,y11	605	215	1045	660	1590×980×1210	

续表 7-6

型　　号	额定电压（V）		连接组标号	重量（kg）			轨距（mm）	外形尺寸（mm）（长×宽×高）	生产厂
	网侧	阀侧		器身	油	总体			
ZS—250/6	6000	470	D，y11	632	188	1260	660	1700×1100×1480	
ZS—320/10	10000	330	D，d0	877	305	1586	800	1790×1080×1460	
ZS—400/10	10000	380	D，y11	910	457	1875	660	1720×1070×1770	
ZS—500/10	10000	238	Y，d11	1000	464	2110	820	2130×1160×1790	
ZS—650/6.3	6300	520	D，y11	1394	557	2615	820	2240×1210×1850	
ZS—800/6	6000	485	Y，d11	1810	650	3510	820	2380×1360×2175	
ZS—1000/10	10000	244	Y，d11	1840	772	3760	820	2520×1590×2245	
ZS—1250/10	10000	532	Y，d11	2190	770	4250	1070	2550×1430×2010	
ZS—1600/10	10000	380	Y，d11	2400	980	5120	1070	2710×1490×2650	
ZS—2000/10	10000	745	D，y11	3730	1100	6455	1070	2800×1650×2345	
ZS—2500/10	10000	2×78	D，d0	3570	1310	6910	1070	2810×1660×2640	
ZS—2700/6.3	6300	570	D，y11	3735	1805	7810	1070	2430×3260×2815	
ZS—3150/10	10000	2×690	D，d0y11	4260	1815	8730	1070	2450×3060×2870	
ZS—4000/6	6000	2×740	D，d0y11	5055	2030	10105	1070	3200×2780×2895	
ZS—5600/10	10000	2×1100	D，d0y11	7200	3020	13770	1475	3380×2970×3300	
ZS—6300/10	10000	188—336	Y，d11—d5	9480	5800	19050	1475	4980×4410×3900	张家港五洲变压器有限公司、张家港市五洲调压器厂
ZSFZ—8000/35	35000	117—180	D/Yd—d	9920	6710	21900	1475	4650×4380×4720	
ZSFZ—10000/35	35000	189—430	Y/Dd—d	13200	9730	29000	1475	4800×4450×4700	
ZSFZ—125000/35	35000	150—310	Y/Dd—d	14500	10500	33800	1475	4850×4570×4750	
ZSFZ—16000/35	35000	195—520	Y/Dd—d	18200	13500	40700	1475	5850×4970×5650	
ZSK—160/0.5	380	$20\sqrt{3}$	D/y—□—人	345	285	845	550	1540×990×1330	
ZSK—250/0.5	380	$38\sqrt{3}$	Y/y—□—人	475	440	1490	820	1770×1140×1660	
ZSK—315/0.5	380	$38\sqrt{3}$	D/y—□—人	680	560	1640	820	1780×1150×1600	
ZSK—400/10	10000	$72\sqrt{3}$	Y/y—□—人	710	620	1780	820	1795×1020×1710	
ZSK—500/10	10000	$20\sqrt{3}$	Y/y—□—人	1200	930	3040	820	2120×1270×1840	
ZSK—630/10	10000	$110\sqrt{3}$	Y/y—□—人	1250	880	2900	820	2020×1210×2090	
ZSK—800/10	10000	$120\sqrt{3}$	Y/y—□—人	1560	1290	3890	1070	2045×1175×2495	
ZSK—1000/10	10000	$62\sqrt{3}$	D/y—□—人	1740	1370	4320	1070	2525×1375×2480	
ZSK—1250/10	10000	$210\sqrt{3}$	Y/y—□—人	1840	1500	4440	1070	2605×1410×2495	
ZSK—1600/10	10000	$140\sqrt{3}$	D/y—□—人	2370	1540	5200	1070	2690×1450×2545	
ZSK—1750/10	10000	$128\sqrt{3}$	D/y—□—人	2415	1577	5300	1070	2650×1430×2580	
ZSK—2000/10	10000	$70\sqrt{3}$	D/y—□—人	2375	1610	5410	1070	2615×1630×2445	
ZSK—2500/10	10000	$120\sqrt{3}$	Y/y—□—人	3170	1750	6090	1070	2400×2470×2530	
ZSFK—3150/10	10000	$270\sqrt{3}$	D/y—□—人	3960	2540	8200	1070	2780×2510×2965	

续表 7-6

型号	额定电压(V)		连接组标号	重量(kg)			轨距(mm)	外形尺寸(mm)(长×宽×高)	生产厂
	网侧	阀侧		器身	油	总体			
ZSK—3500/35	35000	$82\sqrt{3}$	Y/y—□—人	5615	3790	12000	1505	2800×3450×3650	张家港五洲变压器有限公司、张家港市五洲调压器厂
ZSFK—6300/10	10000	$174\sqrt{3}$	D/y—□—人	5580	5320	15400	1435	3850×3810×3800	
ZSKZ—630/10	10000	$(50—60)\sqrt{3}$	D/y—□—人	1640	1410	4250	1070	2780×1370×2530	
ZSKZ—2000/10	10000	$(664—139)\sqrt{3}$	Y/y—□—人	2820	2400	7500	1300	2780×1370×2530	
ZSKZ—3500/10	10000	$(104—176)\sqrt{3}$	Y/y—□—人	4460	4340	11900	1435	3700×3300×3890	
ZSKZ—4000/10	10000	$(254—53)\sqrt{3}$	Y/y—□—人	4470	4740	12100	1435	3850×3600×3900	
ZSKZ—5000/10	10000	$(40—70)\sqrt{3}$	Y/y—□—人	8310	6525	18315	1435	4200×3800×3800	
ZSFK—8000/10	10000	$104\sqrt{3}$	D/y—□—人	10870	8750	25230	1435	4535×3830×3695	
ZSFK—12500/10	10000	$82\sqrt{3}$	Y/y—□—人	11480	9040	26000	1435	5400×3410×3680	
ZSHK—16000/35	35000	$106\sqrt{3}$	Y/y—□—人	16200	10800	33000	1435	6600×3900×4100	
ZS—80/10	10000 6000 500	二次电压按用户要求	Y,d11						苏州亚地特种变压器有限公司
ZS—100/10									
ZS—160/10									
ZS—200/10									
ZS—250/10									
ZS—315/10									
ZS—400/10	10000 6000								
ZS—500/10									
ZS—800/10									
ZS—1000/35	35000 10000 6000								
ZS—1250/35									

注 苏州亚地特种变压器有限公司 ZS 系列传动用整流变压器的配套流柜系列为：KJF 系列、KGJF 系列、KSF 系列、KLF 系列、ZHF 系列。

7.1.4 ZSG_5 六相双反星无平衡电抗器五柱整流变压器

一、概述

ZSG_5 系列五柱整流变压器是专业配六相双反星半波整流装置的电源变压器。该变压器铁芯用五柱式结构，可让三相相位相同的三倍频高次谐波磁通在旁轭中成回路。三相五柱式铁芯也和平衡电抗器一样，能够使两个三相半波整流并联运行。三相五柱式铁芯可让不对称分量中的零序磁通从旁轭通过，从而大大降低整流机箱的结构零件损耗。采用三相五柱铁芯取消了平衡电抗器，整个整流装置的大电流母线结构得到了简化，造型的自由度得到解放，工艺更显合理，节省原材料，减轻了整机重量。

该系列产品适用于海拔 1000m 以下地区使用，产品可装在整流机箱内。使用最高环境温度+40℃，最低环境温度－30℃。空气自冷式结构，使用时必须有良好通风，避免剧烈震动和有害空气、粉尘浸蚀。

二、结构特点

该系列产品为五柱铁芯结构（三芯柱、二旁轭），芯柱截面为多级圆形，上下轭及旁轭均为矩形，用优质硅钢片叠积。线圈用优质无氧铜电磁线绕制，内线圈为圆筒式，外线圈为多饼并联，散热良好，芯柱直径超过80，中间加20散热气道。

绝缘材料有B级和F级二种。

三、技术数据

ZSG_5 系列产品技术数据，见表7-7。

表7-7 ZSG_5 六相双反星无平衡电抗器五柱式整流变压器技术数据

型号	标称容量(kVA)	网侧(Y)		阀侧(Y—⅄)		整流输出(DC)		外形尺寸(mm)(长×宽×高)	重量(kg)	生产厂
		电压(V)	电流(A)	相电压(V)	相电流(A)	电压(V)	电流(A)			
ZSG_5—8.5/0.5	8.5	380	10.5	11.3	144.5	12	500	560×315×370	110	昆山市特种变压器制造有限公司
ZSG_5—12.5/0.5	12.5	380	15.8	16.9	144.5	18	500	615×320×425	136	
ZSG_5—16.5/0.5	16.5	380	21	22.6	144.5	24	500	635×330×445	172	
ZSG_5—25/0.5	25	380	31.4	33.8	144.5	36	500	680×345×500	236	
ZSG_5—16.5/0.5	16.5	380	21	11.3	289	12	1000	640×330×460	178	
ZSG_5—25/0.5	25	380	31.4	16.9	289	18	1000	670×340×485	224	
ZSG_5—33.5/0.5	33.5	380	42.1	22.6	289	24	1000	765×350×540	302	
ZSG_5—50/0.5	50	380	63	33.8	289	36	1000	825×365×600	400	
ZSG_5—25/0.5	25	380	31.6	11.3	433.5	12	1500	745×340×475	235	
ZSG_5—37.5/0.5	37.5	380	47.2	16.9	433.5	18	1500	800×355×495	302	
ZSG_5—50/0.5	50	380	63.2	22.6	433.5	24	1500	825×365×515	332	
ZSG_5—75/0.5	75	380	94.5	33.8	433.5	36	1500	925×380×575	500	
ZSG_5—33.5/0.5	33.5	380	42.1	11.3	578	12	2000	815×350×490	294	
ZSG_5—50/0.5	50	380	62.9	16.9	578	18	2000	870×360×520	370	
ZSG_5—70/0.5	70	380	84.2	22.6	578	24	2000	900×375×545	448	
ZSG_5—100/0.5	100	380	125.9	33.8	578	36	2000	990×375×545	622	
ZSG_5—50/0.5	50	380	63.2	11.3	867	12	3000	825×375×515	363	
ZSG_5—75/0.5	75	380	94.4	16.9	867	18	3000	880×425×575	470	
ZSG_5—100/0.5	100	380	126.3	22.6	867	24	3000	920×440×595	587	
ZSG_5—150/0.5	150	380	188.9	33.8	867	36	3000	1030×465×700	813	
ZSG_5—67/0.5	67	380	84.2	11.3	1156	12	4000	850×420×555	430	
ZSG_5—100/0.5	100	380	125.9	16.9	1156	18	4000	945×450×595	596	
ZSG_5—135/0.5	135	380	168.4	22.6	1156	24	4000	990×455×635	712	
ZSG_5—200/0.5	200	380	252.2	33.8	1156	36	4000	1065×475×765	942	
ZSG_5—85/0.5	85	380	105.2	11.3	1445	12	5000	930×445×575	535	
ZSG_5—125/0.5	125	380	157.4	16.9	1445	18	5000	950×450×645	663	
ZSG_5—165/0.5	165	380	210.5	22.6	1445	24	5000	1055×475×715	902	
ZSG_5—250/0.5	250	380	314.8	33.8	1445	36	5000	1145×495×755	1110	
ZSG_5—100/0.5	100	380	126.3	11.3	1734	12	6000	960×445×590	582	
ZSG_5—150/0.5	150	380	188.8	16.9	1734	18	6000	1005×450×655	720	
ZSG_5—200/0.5	200	380	252.6	22.6	1734	24	6000	1090×475×720	960	
ZSG_5—300/0.5	300	380	377.7	33.8	1734	36	6000	1230×500×795	1308	

四、订货须知

订货必须提供变压器额定容量、型号、交流输入电压、直流输出电压及电流、绝缘等级、外形尺寸、整流器硅元件放一侧还是二侧及其它特殊要求。

五、生产厂

昆山市特种变压器制造有限公司。

7.1.5 ZSG（Z_2）直流电动机配套整流变压器

一、概述

ZSG（Z_2）直流电动机配套整流变压器是专业配套直流传动装置用的电源变压器，一次侧为电网电压可Y接或D接，二次侧为阀侧需要电压，适应不同的整流接线可Y接或D接。整流变压器容量和直流电动机功率相匹配，能满足 Z_2 直流电动机 110V/220V、从 0.4～220kW 的配套。

该系列产品适用于海拔 1000m 及以下地区使用，安装于户内无剧烈震动、无任何有害气体或粉尘的场合。变压器周围的最高环境温度为＋40℃，最低为－30℃，年平均温度为＋20℃及以下，确保使用寿命。

二、结构特点

该系列产品有油浸自冷和干式自冷。油浸自冷为A级绝缘，干式自冷有B级和F级。变压器均用优质冷轧片加工斜接缝铁芯，线圈用优质无氧铜电磁线绕制，属优质节能型，连接组别为 D/Y、Y/Y、Y/D 三种供用户选择使用。干式的有防护型、非防护型两种，防护型有 IP22 防滴式外壳。油浸式的使用片式散热器油箱、波纹油箱，散热良好。

三、技术数据

ZSG（Z_2）直流电动机配套整流变压器技术数据，见表 7-8。

表 7-8 ZSG（Z_2）直流电动机配套整流变压器技术数据

整流变压器						配套直流电动机			生产厂
容量（kVA）	整流方式	次级相电压（V）	电感值（mH）	外形尺寸（mm）（长×宽×高）	重量（kg）	型号	功率（kW）	电压（V）	
1	三相Y桥	56	2.82	320×100×230	22	Z_2—11 21	0.4	110	昆山市特种变压器制造有限公司
		113	11.39				0.4	220	
1.4	三相Y桥	56	2.04	320×100×260	28	Z_2—12 22 31	0.6	110	
		113	8.27				0.6	220	
1.8	三相Y桥	56	1.57	350×110×270	32	Z_2—11 21 31 32	0.8	110	
		113	6.43				0.8	220	
2.2	三相Y桥	56	1.36	391×122×275	39	Z_2—12 22 32 41	1.1	110	
		113	5.51				1.1	220	

续表7-8

整流变压器						配套直流电动机			生产厂
容量 (kVA)	整流方式	次级相 电压 (V)	电感值 (mH)	外形尺寸(mm) (长×宽×高)	重量 (kg)	型号	功率 (kW)	电压 (V)	
2.8	三相Y桥	56	1.07	391×122×290	44	Z_2— 21 31 41 42	1.5	110	昆山市特种变压器制造有限公司
		113	4.32				1.5	220	
4	三相Y桥	56	0.748	445×145×315	58	Z_2— 22 32 42 51	2.2	110	
		113	3.02				2.2	220	
5.5	三相Y桥	56	0.545	455×145×355	72	Z_2— 31 41 51 52	3	110	
		113	2.21				3	220	
7	三相Y桥	56	0.427	481×151×375	86	Z_2— 32 42 51 62	4	110	
		113	1.74				4	220	
10	三相Y桥	56	0.3	513×163×395	105	Z_2— 41 51 61 62	5.5	110	
		113	1.22				5.5	220	
14	三相Y桥	56	0.214	605×195×450	145	Z_2— 42 52 62 71	7.5	110	
		113	0.871				7.5	220	
18	三相Y桥	56	0.166	620×200×470	167	Z_2— 51 61 71 72	10	110	
		113	0.677				10	220	
23	三相Y桥	56	0.131	648×208×510	206	Z_2— 52 62 72 81	13	110	
		113	0.532				13	220	
30	三相Y桥	56	0.101	677×217×540	244	Z_2— 61 71 81 82 91	17	110	
		113	0.406				17	220	
38	三相Y桥	56	0.079	705×227×570	290	Z_2— 62 72 82 91 92	22	110	
		113	0.321				22	220	

续表 7-8

整流变压器						配套直流电动机			生产厂
容量(kVA)	整流方式	次级相电压(V)	电感值(mH)	外形尺寸(mm)(长×宽×高)	重量(kg)	型号	功率(kW)	电压(V)	
52	三相Y桥	56	0.058	813×263×620	377	Z_2—81 91 92 101	30	110	昆山市特种变压器制造有限公司
		113	0.234				30	220	
68	三相Y桥	56	0.044	827×267×655	437	Z_2—82 92 101 102	40	110	
		113	0.179				40	220	
92	三相Y桥	113	0.133	885×286×705	558	Z_2—91 101 102 111	55	220	
125	三相Y桥	113	0.098	930×300×780	685	Z_2—92 102 111 112	75	220	
165	三相Y桥	113	0.074	1047×337×845	892	Z_2—101 111 112	100	220	
200	三相Y桥	113	0.061	1125×365×920	1050	Z_2—102 112	125	220	
260	三相Y桥	113	0.047	1154×374×975	1240	Z_2—111	160	220	
320	三相Y桥	113	0.038	1200×390×1010	1450	Z_2—112	200	220	

四、订货须知

订货必须提供产品型号、使用网路电压、整流接线型式、连接组别、整流输出空载电压、额定工作电流、油浸或干式（防护型式）、外形尺寸、配套直流电动机型号等。

五、生产厂

昆山市特种变压器制造有限公司。

7.1.6 ZD静电除尘高压整流变压器

一、概述

ZD静电除尘高压整流变压器是整流器和变压器的结合，是整流变压器和硅整流元件一体化的装置，变压器套管输出即为直流电源。该产品主要配套于静电除尘体（金属圆筒）使用，整流变压器输出直流高压电源送至除尘器本体内即产生电晕，电晕区的正离子和电子在电场力的作用下向二极运动。粉尘颗粒吸附于运动着的电子沿电力线方向向另一电极沉积，产生静电除尘的效果。

该产品为油浸式结构，适用于海拔1000m及以下地区使用，一般安装于户内。变压器的最高环境温度+40℃，最低−30℃，年平均温度+20℃以下，空气相对湿度不大于

85％，周围无爆炸性危险的气体。温升标准、线圈温升65℃，铁芯温升65℃。

二、结构特点

该产品为单相变压器。铁芯为双柱框式结构，用优质冷轧硅钢片全斜叠积成圆形芯柱，矩形铁轭。线圈用优质无氧铜电磁线绕制，初级为圆筒式，次级为分段筒式。初级线圈有三档抽头，适应供电电压的调节，因变压器自身的阻抗较小，在初级侧串联一个电抗器，增加其阻抗值，减小短路电流。电抗器也有三档抽头，供调节选用。并备有压力释放阀和信号温度计或配备插入式温度计。硅整流元件置于变压器顶上的小油箱内，更换硅整流元件不必将变压器整体吊芯。

三、技术数据

ZD系列静电除尘高压整流变压器技术数据，见表7-9。

表7-9 ZD系列静电高压整流变压器技术数据

型号	交流输入（单相）			直流输出		外形尺寸（mm）（长×宽×高）	重量（kg）	生产厂
	电压（V）	额定电流（A）	容量（kVA）	平均值电压（kV）	额定电流（A）			
ZD—0.1/40	380	13	5	40	0.1	540×400×900	200	昆山市特种变压器制造有限公司
ZD—0.1/60		19.5	7.5	60		605×400×1095	270	
ZD—0.1/72		23.4	9	72		670×400×1275	295	
ZD—0.2/40	380	26	10	40	0.2	560×400×1020	270	
ZD—0.2/60		39	15	60		655×450×1185	385	
ZD—0.2/72		46.8	18	72		670×450×1305	450	
ZD—0.4/40	380	52	20	40	0.4	624×450×1055	330	
ZD—0.4/60		77.9	30	60		735×780×1240	560	
ZD—0.4/72		93.5	36	72		800×815×1365	670	
ZD—0.6/40	380	77.9	30	40	0.6	660×730×1165	475	
ZD—0.6/60		116.9	45	60		750×785×1280	630	
ZD—0.6/72		140.3	54	72		860×845×1415	790	
ZD—0.8/40	380	103.9	40	40	0.8	685×745×1160	515	
ZD—0.8/60		155.8	60	60		805×815×1330	730	
ZD—0.8/72		187	72	72		915×875×1440	915	
ZD—1/40	380	129.9	50	40	1	730×770×1220	620	
ZD—1/60		194.8	75	60		825×825×1355	830	
ZD—1/72		233.8	90	72		940×885×1495	1025	
ZD—1.2/40	380	155.8	60	40	1.2	775×790×1230	670	
ZD—1.2/60		233.8	90	60		860×920×1385	915	
ZD—1.2/72		280.5	110	72		950×970×1520	1080	

续表 7-9

型号	交流输入（单相）			直流输出		外形尺寸（mm）（长×宽×高）	重量（kg）	生产厂
	电压（V）	额定电流（A）	容量（kVA）	平均值电压（kV）	额定电流（A）			
ZD—1.4/40	380	181.8	70	40	1.4	770×785×1265	710	昆山市特种变压器制造有限公司
ZD—1.4/60		272.7	105	60		870×925×1430	960	
ZD—1.4/7.2		327.3	125	72		960×975×1565	1105	
ZD—1.6/40	380	207.8	80	40	1.6	795×800×1280	780	
ZD—1.6/60		311.7	120	60		870×925×1470	1015	
ZD—1.6/7.2		374	145	72		975×985×1600	1260	
ZD—1.8/40	380	233.8	90	40	1.8	815×900×1300	830	
ZD—1.8/60		350	135	60		900×940×1500	1100	
ZD—1.8/72		420.8	160	72		985×990×1625	1320	
ZD—2/40	380	259.7	100	40	2	820×890×1330	880	
ZD—2/60		389.6	150	60		920×950×1520	1170	
ZD—2/72		467.5	180	72		995×1075×1640	1410	

四、订货须知

订货必须提供产品型号、额定容量、直流输出电压、直流输出电流及变压器油型号。

五、生产厂

昆山市特种变压器制造有限公司。

7.1.7 ZS、ZG_7 高频感应设备阳极变压器

一、概述

高频感应加热设备，目前已广泛应用于金属零件的表面热处理工艺之中。由于高频感应加热的集肤效应，能对金属表面进行加热处理，具有变形小、加热时间短等优点，应用范围极广，高频感应加热焊管目前亦被广泛采用。该阳极变压器是提供感应加热设备高压电源的主变压器，将 380V 网路电压升高，整流为直流高压供振荡管振荡为高频高压电源，经输出变压器和工作线圈耦合感应加热。

阳极变压器有油浸自冷和干式自冷，均属户内式。该系列产品适用于海拔 1000m 以下地区，周围最高环境温度+40℃，最低－30℃，年平均温度+20℃以下地区连续使用，空气相对湿度不大于 85%，在无爆炸、导电尘埃、剧烈震动、冲击的地方和足以腐蚀金属破坏绝缘的气体及蒸气的环境中运行。

二、结构特点

油浸式结构和一般油浸整流变压器无其差异，在高压侧增加了一只星点套管。干式产品为 F 级绝缘，高压线圈有浇注型、非浇注型。铁芯均用优质冷轧片全斜接缝叠积，低压线圈为圆筒式，高压为分段圆筒式或多饼连续式。高压线圈有额定电压的±5%抽头，供调节输出电压。

三、技术数据

ZS系列高频感应加热设备配套油浸式整流变压器技术数据，见表7－10；ZG_7系列高频感应加热设备配套干式整流变压器技术数据，见表7－11。

表7－10 高频感应加热设备配套油浸式整流变压器技术数据

型号	额定容量(kVA)	整流接线	网侧		阀侧		整流输出		生产厂
			电压(V)	电流(A)	电压(V)	电流(A)	电压(V)	电流(A)	
ZS—100/10	100	D/Y桥	380	152.3	8500	6.8	11500	8.3	昆山市特种变压器制造有限公司
ZS—100/10	100	Y/Y桥	380	151.8	9000	6.4	12200	7.8	
ZS—100/10	100	D/Y桥	400	150.1	8500	6.8	11500	8.3	
ZS—100/10	100	Y/Y桥	400	144.2	9000	6.4	12200	7.8	
ZS—160/10	160	D/Y桥	380	245.2	9000	10.3	12200	12.6	
ZS—160/10	160	Y/Y桥	380	245.2	9000	10.3	12200	12.6	
ZS—160/10	160	D/Y桥	400	232.9	9000	10.3	12200	12.6	
ZS—160/10	160	Y/Y桥	400	232.9	9000	10.3	12200	12.6	
ZS—160/10	160	D/Y桥	380	244.6	10500	8.8	14200	10.8	
ZS—160/10	160	Y/Y桥	380	244.6	10500	8.8	14200	10.8	
ZS—160/10	160	D/Y桥	400	232.4	10500	8.8	14200	10.8	
ZS—160/10	160	Y/Y桥	400	232.4	10500	8.8	14200	10.4	
ZS—160/10	160	D/Y桥	380	242.3	11500	8	15500	9.8	
ZS—160/10	160	Y/Y桥	380	242.3	11500	8	15500	9.8	
ZS—160/10	160	D/Y桥	400	230.2	11500	8	15500	9.8	
ZS—160/10	160	Y/Y桥	400	230.2	11500	8	15500	9.8	
ZS—315/10	315	D/Y桥	380	479	10500	17.3	14200	21.2	
ZS—315/10	315	D/Y桥	400	455	10500	17.3	14200	21.2	
ZS—315/10	315	D/Y桥	380	479	11500	15.8	15500	19.4	
ZS—315/10	315	D/Y桥	400	455	11500	15.8	15500	19.4	
ZS—630/10	630	D/Y桥	380	957.2	11000	33.1	14900	40.6	
ZS—630/10	630	D/Y桥	400	909.1	11000	33.1	14900	40.6	
ZS—630/10	630	D/Y桥	380	957.2	11500	31.6	15500	38.7	
ZS—630/10	630	D/Y桥	400	909.1	11500	31.6	15500	38.7	

表7－11 高频感应加热设备配套干式整流变压器技术数据

型号	额定容量(kVA)	网侧		阀侧		外形尺寸(mm)(长×宽×高)	重量(kg)	配套高频设备	生产厂
		电压(V)	电流(A)	电压(kV)	电流(A)				
ZG_7—6/4	6	324	6.2	4.5	0.76	480×300×360	75	GP—3.5	昆山市特种变压器制造有限公司
ZG_7—16/6	16	324	28.5	6	1.53	680×360×550	245	GP—8	
ZG_7—30/8	30	324	53.5	8	2.17	860×405×680	360	GP—15	
ZG_7—50/10	50	324	89.1	8.5	3.4	885×500×700	445	GP—30	
ZG_7—100/10	100	380	152	9.5	6.1	1010×600×810	570	GP—60	
ZG_7—160/10	160	380	243	10.5	8.8	1205×730×915	860	GP—100	
ZG_7—315/10	315	380	479	11.5	15.8	1410×770×1100	1540	GP—200	
ZG_7—630/10	630	380	957	11.5	31.6	1690×910×1300	2120	GP—400	

四、订货须知

订货必须提供高频设备型号、油浸或干式、感应加热设备阳极高压和电流、外形尺寸及其它特殊要求。

五、生产厂

昆山市特种变压器制造有限公司。

7.1.8 地铁牵引整流装置

一、概述

地铁牵引整流装置随着城市规模不断扩大、公共交通拥挤及汽车污染日趋严重的问题已备受重视和关注，城市轨道交通以其容量大、安全、快捷和良好的环保效果，获得越来越广泛的应用和发展。

顺特电气有限公司在国内率先成功开发研制出12脉波和24脉波牵引整流装置（包括牵引整流变压器和牵引整流器两部分），达到目前世界轨道交通牵引整流设备的最新水平。该产品已应用于伊朗德黑兰地铁、广州地铁一号线和二号线、北京地铁复八线、上海地铁明珠线、长春轻轨、大连快轨、上海轻轨、深圳地铁、上海共和高架轨道、武汉轻轨一号线一期等工程。

地铁牵引整流装置的正常使用条件：

（1）网侧电压幅值的持续波动范围不超过额定值的±5%，短暂波动（小于1s）不超过±10%，瞬时波动（例如在换相过程中）不超过基波峰值的20%。

（2）海拔＜1000m。

（3）整流器运行时环境温度－10～＋40℃。年平均环境温度＜＋30℃。

（4）空气最大相对湿度为90%（在相当于空气温度20±5℃时）。

（5）运行地点无导电爆炸尘埃、无腐蚀金属和破坏绝缘的气体或蒸汽。

（6）无剧烈振动和冲击，垂直倾斜度＜5%。

（7）整流器在储存和运输环境温度－40～＋55℃。

二、产品特点

（1）24脉波整流输出，整流回路对电网的谐波污染小，可省去滤波装置。

（2）两台机组运行时为24脉波，也可单台机组12脉波运行，提高系统的可靠性。

（3）输出波形平衡，可省去平波装置，简化电网结构，节约投资，提高电网质量和可靠性。

（4）大功率、高电压的平板式整流二极管组成三相桥式整流回路，损耗低。

（5）结构设计合理，保证整流装置在大负荷下长时间稳定运行。

（6）通过PSCAD仿真优化设计的过电压保护电路，保护功能可靠。

（7）双重过电压保护措施，有效地抑制操作过电压和换相过电压。

（8）快速熔断器进行综合过载和短路保护，保护整流管不损坏。

（9）故障处理装置采用模块化组合式结构的PLC控制器，系统配置灵活，功能扩展方便。

（10）操作界面采用支持中文显示的触摸屏，可进行系统部分参数设置，操作方便。

（11）具有通信接口，可实现各种故障报警信号远距离传送。

（12）具有在线实时显示整流器的电流、电压和温度参数功能。

（13）能够在线实时监测和显示整流管、熔断器和压敏电阻工作状态。

三、技术数据

ZQA型地铁牵引整流器技术数据，见表7-12；ZQSC（B）9系列地铁牵引整流变压器（24脉波）技术数据，见表7-13。

表7-12 ZQA型地铁牵引整流器技术数据

型号	额定直流电流（A）	额定直流电压（V）	电连接型式	负载等级	电压调整率	电流均衡度	效率
ZQA—400/750	400	750	(B6U)2P	Ⅴ或Ⅵ	≤6%	≥98%	≥98%
ZQA—630/750	630						
ZQA—800/750	800						
ZQA—1000/750	1000						
ZQA—1600/750	1600						
ZQA—2000/750	2000						
ZQA—2300/750	2300						
ZQA—2500/750	2500						
ZQA—1000/1500	1000	1500					
ZQA—1600/1500	1600						
ZQA—2000/1500	2000						
ZQA—2300/1500	2300						
ZQA—2500/1500	2500						
ZQA—3150/1500	3150						

表7-13 ZQSC（B）9系列地铁牵引整流变压器（24脉波）技术数据

型号	阀侧电压（kV）	连接组别	短路阻抗（%）	空载损耗（W）	负载损耗（W）	外形尺寸(mm)（长×宽×高）	重量（kg）
ZQSC9—1600/35	1.22(1.18)	D,y5d0（−7.5°）和D,y7d2（+7.5°）	7	3200	10300	2580×1370×2480	7360
ZQSC9—2200/35	1.22(1.18)		7	4400	11200	2650×1552×2630	9000
ZQSC9—2500/35	1.22(1.18)		8	4500	14400	2670×1434×2630	9450
ZQSC9—3300/35	1.22(1.18)		8	5800	20500	2970×1435×2735	11500
ZQSC9—4000/35	1.22(1.18)		8	6500	23000	3060×1500×2820	13600

续表 7-13

型 号	阀侧电压(kV)	连接组别	短路阻抗(%)	空载损耗(W)	负载损耗(W)	外形尺寸(mm)(长×宽×高)	重量(kg)
ZQSC9—4400/35	1.22(1.18)	D,y5d0(−7.5°)和D,y7d2(+7.5°)	8	7000	23500	3060×1530×2850	14000
ZQSC9—800/10	1.22		7	1300	6000	1650×1320×2200	3425
ZQSC9—1600/10	1.22		7	3100	7500	2020×1380×2020	5650
ZQSC9—1800/10	1.22		7	3200	10050	2140×1440×2020	6180
ZQSC9—2000/10	1.22		7	3300	13000	2230×1320×2120	6745
ZQSC9—2200/10	1.22		7	3500	13900	2290×1385×2180	7500
ZQSC9—2500/10	1.22		7	3700	14600	2290×1385×2210	7635
ZQSC9—3300/10	1.22		8	4800	18500	2440×1470×2260	10000
ZQSC9—4000/10	1.22		8	5800	22700	2480×1570×2300	11000
ZQSCB9—800/10	0.61		7	1220	6150	1650×1250×2015	3420
ZQSCB9—1600/10	0.61		7	2600	8500	2020×1380×2020	5230
ZQSCB9—1800/10	0.61		8	2750	11200	2140×1440×2020	5770
ZQSCB9—2000/10	0.61		8	2900	13800	2290×1320×1940	6250
ZQSCB9—2200/10	0.61		8	3300	14800	2340×1370×2060	7130
ZQSCB9—2500/10	0.61		8	3700	15100	2380×1370×2060	7300
ZQSCB9—3300/10	0.61		8	4300	19200	2440×1470×2260	9500
ZQSCB9—4000/10	0.61		8	5400	23580	2480×1530×2285	10600

四、订货须知

订货必须提供产品型号、数量及配置情况，负载等级、脉波数、故障功能显示是否需要支持中文显示触摸屏、通信规约、交货时间和方式及其它要求。

五、生产厂

顺特电气有限公司。

7.1.9 环氧浇注干式整流变压器

一、产品用途

ZHZSC、ZSC 环氧浇注干式整流变压器作为整流网络中广泛用于化工、中介、直流传动、直流冶炼、励磁。

二、产品特点

该系列产品能深入负荷中心，减少线损，改善易燃状况，免维护，改善场地环境，可配有载调压。

特殊规格另行设计制造。配有外壳、温控温显系统、风冷系统。

三、技术数据

ZHZSC、ZSC 环氧浇注干式整流变压器技术数据，见表 7-14。

表 7-14　ZHZSC、ZSC 环氧浇注干式整流变压器技术数据

规格	配整流柜系列	变压器接法	一次电压等级（kV）	备注	规格	配整流柜系列	变压器接法	一次电压等级（kV）	备注
80/10	KJF 系列 KGJF 系列 KSF 系列 KLF 系列 ZHF 系列	Y/△—11	10，6，0.5	二次电压按用户要求	800/10	GHS 系列 ZHS 系列 ZES 系列	Y/△—11 Y/△Y Y/△▽	10，6	二次电压按用户要求
100/10			10，6，0.5		1000/10			10，6	
160/10			10，6，0.5		1250/10			10，6	
200/10			10，6，0.5		1600/35			35，10，6	
250/10			10，6，0.5		2000/35			35，10，6	
315/10			10，6，0.5		3000/35			35，10	
400/10			10，6		4000/35			35，10	
500/10			10，6		1000/10	GHS 有载系列； ZHS 有载系列； ZES 有载系列	Y/△—11 △，Y/△△ △，Y/△▽	10，6	二次电压按用户要求，最大有载级数 54 级
800/10			10，6		1500/10			10，6	
1000/35			35，10，6		2250/10			10，6	
1250/35			35，10，6		3200/10			35，10，6	
100/10	GHS 系列 ZHS 系列 ZES 系列	Y/△—11 Y/△Y Y/△▽	10，6，0.5		4000/35			35，10，6	
200/10			10，6，0.5		5000/35			35	
400/10			10，6		7500/35			35	
500/10			10，6		12500/35			35	

四、生产厂

苏州亚地特种变压器有限公司。

7.1.10　ZSG 系列干式整流变压器

一、产品用途

ZSG 系列干式整流变压器为供各类整流设备直流电源使用的专用变压器。有单相、三相、多相（6～36 相）等类型。

二、型号含义

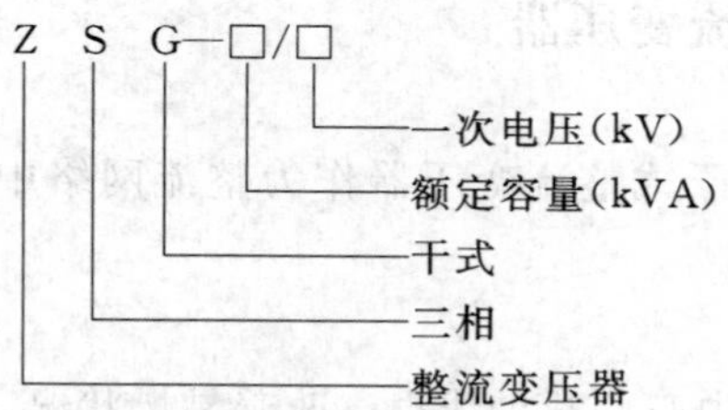

三、技术数据

ZSG 系列干式整流变压器技术数据，见表 7-15。

表 7-15 ZSG 系列 0.5kV 级干式整流变压器技术数据

型号	额定电压（V）		连接组标号	重量（kg）	外形尺寸（mm）（长×宽×高）
	网侧	阀侧			
ZSG—10/0.38	380	173	Y，y0	105	570×240×450
ZSG—15/0.38	380	173	Y，y0	130	580×270×460
ZSG—20/0.38	380	130	Y，y0	175	670×300×500
ZSG—25/0.38	380	160	D，y11	200	685×260×500
ZSG—30/0.38	380	189	D，y11	210	660×260×500
ZSG—40/0.38	380	129	D，y11	230	700×280×510
ZSG—50/0.38	380	40	D，y11	325	720×300×570
ZSG—68/0.38	380	210	D，y11	415	850×330×640
ZSG—70/0.38	380	100	D，y11	420	1050×400×650
ZSG—100/0.38	380	230	D，y11	540	915×360×740
ZSG—160/0.38	380	230	D，y11	940	1080×390×880
ZSG—200/0.38	380	250	D，y11	1150	1080×400×1020
ZSG—350/0.38	380	230	D，y11	1300	1160×420×1010
ZSG—315/0.5	380	270	D，y11	1480	1230×800×1240
ZSG—400/0.5	380	127	D，y11	1600	1310×820×1280
ZSG—500/0.5	380	189	D，y11	2080	1420×900×1320

四、生产厂

张家港五洲变压器有限公司。

7.1.11 异频机串激调速用整流变压器

一、产品用途

ZJ 型整流变压器用于异频机串激调速交流装置电源变压器。

二、型号含义

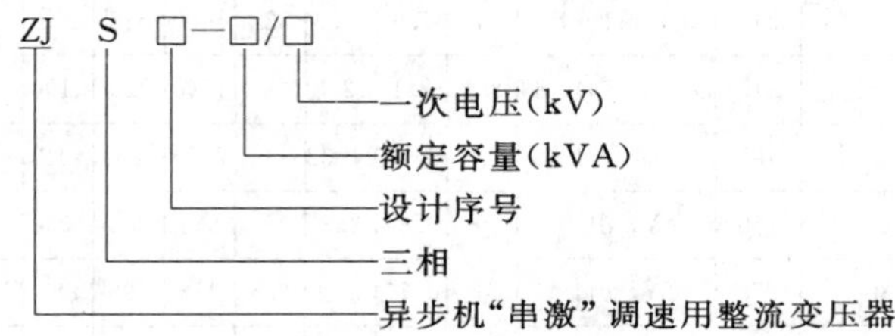

三、技术数据

该系列产品的技术数据，见表 7-16。

表 7-16 ZJ型异频机串激调速用整流变压器技术数据

型号	额定容量(kVA)	额定电压(V)		连接组标号	阻抗电压(%)	损耗(kW)		空载电流(%)	重量(kg)			外形尺寸(mm)(长×宽×高)	轨距(mm)
		初级	次级			空载	负载		器身	油	总体		
ZJS—100/0.4	100	380	127		5	0.38	2.43	3.5	300	120	550	1450×980×1290	550
ZJS—160/0.4	150	380	165		6	0.62	3.9	5	552	191	1000	1461×881×1326	550
ZJS—200/0.4	200	380	250		6	0.85	4.5	6.5	526	256	1070	1550×885×1411	660
ZJS—250/0.4	212	380	250		7	0.8	5.0	4					
ZJS—100/6	95.4	6000±5%	150		6	0.5	2.3	4	365	120	635	1360×850×1100	550
ZJS—200/6	180	6000	220	Y，d11	6	0.83	4.64	5.5	692	240	1220	1579×919×1358	660
ZJS—200/6	183	6000	300		6	0.83	4.63	5.5	692	240	1220	1579×919×1358	660
ZJS—200/6	200	6000±5%	250		6	0.74	3.85	3.5	530	230	1000	1460×890×1500	550
ZJS—250/6	220	6000	250		6	1.0	4.5	7	708	239	1270	1698×1048×1370	660
ZJS—250/6	223	6000±5%	350		6	0.7	4.8	3	469	236	1010	1595×1020×1250	550
ZJS—315/6	267	6000±5%	380		6.1	0.9	5.0	3	630	300	1260	1660×1020×1400	660
ZJS—315/6	300	6000±5%	70	D，y11，y5	8.0	1.15	6.76	7	660	300	1310	1701×1061×1470	550
ZJS—315/6	300	6000±5%	350		6.5	0.95	4.95	3	680	260	1225	1560×910×1446	660
ZJS—400/6	320	6000±5%	460	Y，d11	6	1.25	6.3	5	840	300	1530	1755×1060×1459	660
ZJS—400/6	345	6000±5%	450		6	1.5	5.9	5	759	360	1556	1784×1068×1810	820
ZJS—400/6	400	6000±5%	630		5～7	1.5	5.7	5	1280	450	2160	1808×1090×1797	660
ZJS—400/6	400	6000±5%	350	D，y11—y5	8	1.05	8.2	3	795	340	1560	1717×1088×1530	550
ZJS—400/6	382	6000±5%	450	Y，d11	6	1.15	5.5	3	860	280	1450	1590×920×1590	660
ZJS—400/6	353	6000	250	Y，d11	5	0.82	6.0	1.8	800	340	1520	1720×1100×1630	660
ZJS—500/6	414	6000±5%	264 232		6.5	1.39	7.11	4	1015	315	1770	9140×1230×1488	660
ZJS—500/6	450	6000±5%	260	D，y11—y5	8	1.5	8.75	7	875	350	1090	1901×1240×1530	550
ZJS—500/6	468	6000±5%	270	D，y11	8	1.5	8.5	8	1096	555	2100	2215×1130×1915	660
ZJS—500/6	470	6000±5%	238	D，y11—y5	8	1.35	8.6	2.1	1160	590	2210	2040×1180×1870	660
ZJS—500/6	435	6000±5%	385	D，y11—y5	8	1.22	7.65	8	880	350	1655	1790×1090×1530	550
ZJS—800/6	676	6000±5%	342	D，y11—y5	6	1.9	12.6	2	1400	615	2750	1850×1310×2150	820
ZJS—1000/3	853	3000±5%	410	D，y11，D，d0	8.1	2.1	12.8	2	1590	710	3190	2200×1340×2150	820
ZJS—1250/6	1222.5	6000±5%	465	D，y11	6	3.15	11.32	4	2230	1000	4010	2338×1318×2401	820
ZJSL—160/0.4	150	380	150	Y，d11	6	0.84	3.3	7	565	255	1050	1563×923×1357	550
ZJSL—160/0.4	142	380	250	Y，d11	6	0.77	3.11	3.5	452	195	885	1510×920×1290	550
ZJSL—250/0.4	222.6	380±5%	350	Y，d11	6	0.65	5.45	3	417	213	945	1440×870×1410	550
ZJSL—315/6	270	6000±5%	350	Y，d11	6	1.25	5.7	6	686	318	1500	1700×1020×1644	660
ZJSL—315/6	315	6000±5%	430	Y，d11	6～7	1.29	5.5	6	715	320	1400	1788×1092×1528	660

四、生产厂

陕西铜川变压器股份有限公司（原铜川整流变压器厂）。

7.1.12 变频电源用整流变压器

ZPS型变频电源用整流变压器由陕西铜川变压器股份有限公司、苏州亚地特种变压器有限公司生产，技术数据见表7-17。

表7-17 ZPS型变频电源用整流变压器技术数据

型号	额定容量（kVA）	额定电压（V）		连接组标号	空载损耗（W）	负载损耗（W）	空载电流（%）	阻抗电压（%）	外形尺寸（mm）（长×宽×高）	重量（kg）	生产厂
		初级	次级								
ZPS—400/10	345	10000±5%	400	Y，d11	1500	6050	3	8	1784×1068×1810	1571	陕西铜川变压器股份有限公司
ZPS—800/10	800	10000±5%	660	Y，d11	3500	13400	4	7.4	2383×1256×2446	4190	
ZPS—1600/10	1000	10000±5%	6300	Y，d11	3100	21400	3.5	7	2419×1376×2522	4100	
ZPS—1250/10	1250	10000 6000		Y，y—⅄或D，y—⅄							苏州亚地特种变压器有限公司
ZPS—2500/10	2500										
ZPS—4000/10	4000										
ZPS—6300/35	6300	35000									
ZPS—8000/35	8000	35000									
ZPS—16000/35	16000	35000									

注 苏州亚地特种变压器有限公司的ZPS型产品为中频电炉用整流变压器，12脉整流；无载电动调压或有载调压。需强油循环风冷（水冷）订货时注明。

7.1.13 CC型高压静电除尘用整流变压器

CC型高压静电除尘用整流变压器由陕西铜川变压器股份有限公司生产，技术数据见表7-18。

表7-18 CC型高压静电除尘用整流变压器技术数据

型号	额定容量（kVA）	额定电压（V）		连接组标号	阻抗电压（%）	空载电流（%）	空载损耗（W）	负载损耗（W）	外形尺寸（mm）（长×宽×高）	重量（kg）	生产厂
		初级	次级								
CC—21.5/86	21.5	380	8600 77500 69000	I，I0	15	22	410	480	862×950×1685	677	陕西铜川变压器股份有限公司
CC—40/20	40	380	20		15	9	350	850	862×950×1685	765	
CC—40/25	40	380	25		14	9	400	750	862×950×1685	765	
CC—43/86	43	380	86000 77500 69000		15	7	400	720	862×950×1685	765	

续表 7-18

型　　号	额定容量(kVA)	额定电压(V) 初级	额定电压(V) 次级	连接组标号	阻抗电压(%)	空载电流(%)	空载损耗(W)	负载损耗(W)	外形尺寸(mm)(长×宽×高)	重量(kg)	生产厂
CC—43/72	43	380	72000 60000 48000	I，I0	15	9	410	690	862×950×1685	765	陕西铜川变压器股份有限公司
CC—100/86	76	380	86000 77500 69000		<10	7	750	1700	1050×1090×1690	1155	
CC—160/92	112	380	92000 78000 64000		12～16	5	800	1450	1135×1175×1690	1360	
Aϕ—18/72	18	380	72000 60000 48000		16.5	17	250	500	882×1108×1550	550	
Aϕ—36/72	36	380			14.5	15	300	430	882×1108×1550	550	

7.1.14 充电用整流变压器

ZC型充电用整流变压器由陕西铜川变压器股份有限公司生产，技术数据见表7-19。

表7-19 ZC型充电用整流变压器技术数据

型　　号	额定容量(kVA)	额定电压(V) 初级	额定电压(V) 次级	连接组标号	阻抗电压(%)	空载电流(%)	空载损耗(W)	负载损耗(W)	外形尺寸(mm)(长×宽×高)	重量(kg)	生产厂
ZCSG—100/0.4	86.5	380	305	Y，d11	5	4	600	1500	1070×700×945	555	陕西铜川变压器股份有限公司
ZCSL—125/0.4	120	380	302		4～5	6.5	700	2800	1419×859×1412	890	

7.1.15 电镀用整流变压器

ZD型电镀用整流变压器由陕西铜川变压器股份有限公司生产，技术数据见表7-20。

表7-20 ZD型电镀用整流变压器技术数据

型　　号	容量(kVA)	额定电压(V) 初级	额定电压(V) 次级	连接组标号	阻抗电压(%)	空载电流(%)	空载损耗(W)	负载损耗(W)	外形尺寸(mm)(长×宽×高)	重量(kg)	生产厂
ZDDG—30/0.9	24	190	40	I，I0	5.5	5	190	820	655×340×932	200	
ZDSK—250/0.4	188	380	31$\sqrt{3}$	D，y5—y11	10	6	1040	7340	2020×1240×1990	2420	陕西铜川变压器股份有限公司
ZDSK—315/0.4	208	500	17$\sqrt{3}$		8	6	1250	10060	2140×1270×1785	2513	
ZDSK—400/0.4	184	650，380	25$\sqrt{3}$		8～10	4	1000	8170	1960×1160×2043	2130	
ZDSK—500/0.4	195	650	16$\sqrt{3}$		7	10	1430	9000	2140×1260×1785	2475	
ZDSK—500/0.4	332	420	18$\sqrt{3}$		7.7	5	1300	14000	2590×1490×2220	3600	

续表 7-20

型号	容量(kVA)	额定电压(V)		连接组标号	阻抗电压(%)	空载电流(%)	空载损耗(W)	负载损耗(W)	外形尺寸(mm)(长×宽×高)	重量(kg)	生产厂
		初级	次级								
ZDS—500/10	500	10000	435, 395 350	Y, y0; Y, d11	6~8	2.5	1750	8750	2330×1225×2560	2930	陕西铜川变压器股份有限公司
ZDS—500/10	500	$10000^{+5\%}_{-10\%}$	265, 350, 395	Y, y0; Y, d11	6~8	2.5	1800	8500	2330×1225×2560	3000	

7.1.16 励磁用整流变压器

ZL 型励磁用变压器由陕西铜川变压器股份有限公司生产，技术数据见表 7-21。

表 7-21 ZL 型励磁用整流变压器技术数据

型号	容量(kVA)	额定电压(V)		连接组标号	阻抗电压(%)	空载电流(%)	空载损耗(W)	负载损耗(W)	外形尺寸(mm)(长×宽×高)	重量(kg)	生产厂
		初级	次级								
ZLS—100/0.4	94	380	110	Y, d11	5	6	540	2100	1410×861×1276	680	陕西铜川变压器股份有限公司
ZLS—160/0.4	156	380	245		5	3.5	620	3900	1577×1027×1376	916	
ZLS—200/0.4	200	380	200		5	6	1150	4300	1550×885×1411	1150	
ZLS—250/0.4	210	380	245		5	6.5	1000	4300	1540×930×1412	1080	
ZLS—250/0.4	210	380	205		5	6.5	1150	4500	1540×930×1412	1165	
ZLSL—80/0.4	64	380	75		5	8	500	2150	1125×792×1266	548	
ZLSL—100/0.4	100	380	420		5	4.5	500	2400	1320×820×1204	590	
ZLSL—125/0.4	102	380	160		5	7	600	2300	1405×865×1312	763	
ZLSL—160/0.4	136	380	160		5.5	7	800	3150	1426×836×1356	895	

7.1.17 特殊用途整流变压器

ZY 型特殊用途整流变压器由苏州亚地特种变压器有限公司、陕西铜川变压器股份有限公司生产，技术数据见表 7-22、表 7-23。

表 7-22 ZY 型特殊用途整流变压器技术数据

型号	容量(kVA)	额定电压(V)		连接组标号	阻抗电压(%)	空载电流(%)	空载损耗(W)	负载损耗(W)	外形尺寸(mm)(长×宽×高)	重量(kg)	生产厂
		初级	次级								
ZYS—30/0.4	15.4	380	14.8	D, y	4.5~ 5.5	14	220	700	840×735×1044	340	陕西铜川变压器股份有限公司
ZYS—80/0.4	80	380	75	Y, d11	6	8	470	2570	1390×800×1356	710	
ZYS—135/8.5	135	8500	380	D, yn1	6~6.5	4	800	4000	1455×880×1285	880	
ZYS—400/0.4	260	650	95	Y, y0 Y, d11	<7	7	1000	6200	1946×1080×1735	2120	
ZYS—400/0.4	400	398 230	400	Y, d11 D, d0	20	4.5	1000	10300	2030×1260×1674	2010	

续表 7-22

<table>
<tr><th rowspan="2">型号</th><th rowspan="2">容量
(kVA)</th><th colspan="2">额定电压
(V)</th><th rowspan="2">连接组
标号</th><th rowspan="2">阻抗
电压
(%)</th><th rowspan="2">空载
电流
(%)</th><th rowspan="2">空载
损耗
(W)</th><th rowspan="2">负载
损耗
(W)</th><th rowspan="2">外形尺寸(mm)
(长×宽×高)</th><th rowspan="2">重量
(kg)</th><th rowspan="2">生产厂</th></tr>
<tr><th>初级</th><th>次级</th></tr>
<tr><td>ZYS—1250/6.3</td><td>937</td><td>5200</td><td>36.8;
34.4;
31.9;
21;221</td><td>Y—D,
y6</td><td>4.5～
5.5</td><td>1</td><td>2600</td><td>23000</td><td>2500×2030×3490</td><td>6160</td><td rowspan="3">陕西铜川变压器股份有限公司</td></tr>
<tr><td>GZYS—20/0.4</td><td>20</td><td>380
±10%</td><td>$7\sqrt{3}$
+10%;
$640\sqrt{3}$
−40%</td><td>Y,yn0</td><td><12.5</td><td>7.2</td><td>200</td><td>900</td><td>1040×760×1103</td><td>385</td></tr>
<tr><td>GZYS—1600/6</td><td>1166</td><td>6000</td><td>150</td><td>Y,y0
Y,d11</td><td><8</td><td>4.12</td><td>6300</td><td>22400</td><td>2189×1284×3111</td><td>9130</td></tr>
</table>

表 7-23 ZYS 型特殊用途整流变压器技术数据

<table>
<tr><th rowspan="2">型号</th><th rowspan="2">容量
(kVA)</th><th colspan="2">额定电压
(V)</th><th rowspan="2">连接组
标号</th><th rowspan="2">重量
(配电炉)
(kg)</th><th rowspan="2">备注</th><th rowspan="2">生产厂</th></tr>
<tr><th>初级</th><th>次级</th></tr>
<tr><td>ZYS—1250/10</td><td>1250</td><td rowspan="6">10000
6000</td><td rowspan="7">按用户要求</td><td rowspan="7">Y/△—11
△—Y/△
△—Y/△▽
△—Y/△Y
△/Y_{T} ⅄⅄$_{T}$ Y
Y/Y_{T} ⅄⅄$_{T}$ Y</td><td>1500</td><td rowspan="7">直流电弧炉冶炼用(无载电动调压或有载调压)</td><td rowspan="14">苏州亚地特种变压器有限公司</td></tr>
<tr><td>ZYS—2500/10</td><td>2500</td><td>3000</td></tr>
<tr><td>ZYS—4000/10</td><td>4000</td><td>5000</td></tr>
<tr><td>ZYS—6300/35</td><td>6300</td><td>10000</td></tr>
<tr><td>ZYS—8000/35</td><td>8000</td><td>15000</td></tr>
<tr><td>ZYS—12500/35</td><td>12500</td><td>20000</td></tr>
<tr><td>ZYS—16000/35</td><td>16000</td><td>35000
10000
6000</td><td>25000</td></tr>
<tr><td>ZYSZ—1250/10</td><td>1250</td><td rowspan="3">10000
6000</td><td rowspan="7">按用户要求,最大调压范围60%～105%</td><td rowspan="7">Y,y—⅄
或
D,y—⅄</td><td rowspan="7"></td><td rowspan="7">碳化硅、石墨冶炼用;
单机6脉同相逆并联。需强油循环风冷(水冷)订货时注明</td></tr>
<tr><td>ZYSZ—2500/10</td><td>2500</td></tr>
<tr><td>ZYSSPZ—4000/10</td><td>4000</td></tr>
<tr><td>ZYSSPZ—6300/35</td><td>6300</td><td rowspan="4">35000</td></tr>
<tr><td>ZYSSPZ—8000/35</td><td>8000</td></tr>
<tr><td>ZYSSPZ—12500/35</td><td>12500</td></tr>
<tr><td>ZYSSPZ—16000/35</td><td>16000</td></tr>
</table>

7.1.18 其它用途整流变压器(矿用)

由陕西铜川变压器股份有限公司生产的其它用途整流变压器(矿用)技术数据,见表7-24。

表 7-24 其它用途整流变压器（矿用）技术数据

型号	容量(kVA)	额定电压(V)		连接组标号	阻抗电压(%)	空载电流(%)	空载损耗(W)	负载损耗(W)	外形尺寸(mm)(长×宽×高)	重量(kg)	生产厂
		初级	次级								
ZTS—135/6KY	135	6000±5%	472	Y，d11	7～11	8	750	3100	1510×890×1125	966	陕西铜川变压器股份有限公司
ZTS—160/6KY	160	6000	214	Y，d11	7～8	7	900	3400	1570×940×1175	1200	
ZTS—2500/6.3	1100	6000±5%	610	Y，y0	＜6	0.3	11140	39000	2230×1550×2870	5170	
ZTSL—135/0.4KY	135	380/660	472	D，d0 Y，d0	7	7	750	3200	1555×905×1125	1036	
ZTSL—160/0.4KY	136	660/380	214	D，d0 Y，d11	7	7	760	3300	1555×905×1125	1049	
ZTSL—200/0.4KY	182	660/380	214	Y，d11 D，d0	7	7	950	3730	1615×925×1235	1252	
ZTSL—200/6KY	200	6000±5%	214	Y，d11	7	7	600	3600	1650×960×1235	1120	

7.2 牵引变压器

7.2.1 新型铁路平衡牵引变压器

一、概述

新型铁路平衡牵引变压器是保定天威保变电气股份有限公司自主开发的新产品，2001年3月获国家专利（专利号 ZL00201821·7），是国家技术中心开发的重点项目。该产品已在北京铁路局挂网运行。

该产品以美国杜邦公司生产的 NOMEX® 纸为主要绝缘材料，具有耐高温、高过载、低阻抗、抗短路能力强等特点。

二、产品特点

1. 结构简单

改进坎勃勒（KublerⅡ）型平衡牵引变压器结构采用三相三柱铁芯；高压侧为星形接线，有中性点可引出；二次侧具有△回路，仅比普通三相 YN，d11 连接非平衡牵引变压器多两个绕组。该结构是目前现有平衡牵引变压器中最简单的一种。

2. 阻抗匹配灵活，平衡性好

采用了新的平衡变压器设计方法，绕组 ax、by、cz 的阻抗匹配系数不唯一，其阻抗匹配系数取值能在较大范围内满足平衡要求，在阻抗匹配非唯一固定关系情况下，将对称三相电力系统变换为幅值相等、相位差 90°电角度的二相电力系统，满足二相侧负荷相等时，三相侧对称；二相侧负荷不相等时，三相侧平衡，极大改善和消除负序电流对电力系统的影响。

3. 节能显著

新型平衡牵引变压器容量利用率较高，达 95.98%。由于它的高容量利用率，一台 31.5MVA 的平衡变压器供电能力胜过一台容量利用率为 75.6%的 40MVA 的 YN，d11

连接的变压器，同时降低旧线扩能改造成本，可节约投资数十万元。采用较低容量的平衡变完全可以替代原有的较大容量的YN，d11连接的变压器，并节约巨大资金。该产品损耗较低、电压损失较小。

4. 抗短路能力强

由于牵引变压器特殊的供电环境，当列车通过时导电弓支撑绝缘子闪络，造成瞬间短路（一般情况下70次/年），其短路电流是额定电流的6～10倍，故要求牵引变压器应具有足够的短路强度和耐冲击能力。该产品特点是从设计、工艺等方面采取了相应的措施，极大地提高了抗短路能力。

5. 过负荷能力高

该产品根据该类变压器负载变化比较频繁，有时出现短时几倍于额定容量的冲击负载等不同于常规电力负载的情况，依据有关标准提供的负载曲线编制了过负荷能力分析软件，严格遵循相关规定和计算方法，使产品具有较高的过负载能力。

改进的坎勃勒（Kubler Ⅱ）型平衡牵引变压器与其它牵引变压器结构优缺点比较，见表7-25。

表7-25 平衡牵引变压器与其它牵引变压器优缺点比较

类型	名称	连接组别示意图	结构特点					容量利用率	制造复杂程序	备注
			高压侧是否有中性点	高压侧电流是否对称	低压侧是否有三角形绕组	阻抗匹配难易程度	高压侧三相阻抗对称度			
非平衡牵引变压器	普通三相 YN，d11		有	否	有	—	高	0.756	简单	
非平衡牵引变压器	十字交叉		有	否	有	—	高	0.756	复杂	
非平衡牵引变压器	VV型 V，V0		无	否	无	—	低	1.0	简单	
平衡牵引变压器	斯科特 (Scott)		无	是	无	—	低	0.964	复杂	
平衡牵引变压器	李布兰克 (LeBlanc)		无	是	无	—	低	0.9225	中等	

续表 7-25

类型	名称	连接组别示意图	结构特点						制造复杂程序	备注
			高压侧是否有中性点	高压侧电流是否对称	低压侧是否有三角形绕组	阻抗匹配难易程度	高压侧三相阻抗对称度	容量利用率		
平衡牵引变压器	伍德桥（Woodbridge）		有	是	有	—	低	0.913	复杂	
	坎勃勒（Kubler）		有	是	有	难，唯一值	高	0.9598	中等	
	变形坎勃勒（Kubler Ⅰ）		有	是	有	容易，一定范围	中等	0.9523—0.9598	中等	
	改进坎勃勒（Kubler Ⅱ）		有	是	有	容易，一定范围	高	0.9598	简单	保定保菱变压器有限公司产品

三、生产厂

保定保菱变压器有限公司。

7.2.2 YN，d11 三相牵引变压器（SF1—QY）

一、概述

YN，d11 三相牵引变压器是云南变压器电气股份有限公司与铁道部第二勘测设计院联合开发的产品，为高原型（GY），容量 10000～63000kVA。该产品结构先进，已达到技术协议和技术条件等有关要求，在国内同类产品中具有领先地位，已在贵昆线、湘黔线、川黔线、鹰厦线、太焦线、焦枝线、陇海线、宝成线、兰新线等铁路干线上正常运行，对国内电气化铁路建设作出了巨大贡献。

二、产品特点

(1) 具有较好的抗频繁短路能力。

(2) 具有适应短时严重过负载和三相负荷不平衡的能力。

(3) 实用性广、设计计算和制造工艺成熟、结构简单、可靠性高。

(4) 安装、使用、维修方便，并能提供三相自用电源等优点而被广泛采用。

该产品为云南变压器电气股份有限公司第一系列产品。

三、技术数据

YN，d11 三相牵引变压器（SF1—QY）技术数据，见表 7-26。

表7-26 YN，d11三相牵引变压器（SF1—QY）技术数据

型　号	容量（kVA）	电压组合	空载损耗（kW）	负载损耗（kW）	空载电流（%）	阻抗电压（%）	连接组标号
SF1—QY（GY）	10000	（110±2×2.5%）/27.5kV	11.5	59	0.7	10.5或8.4	YN，d11
	12500		13.5	70	0.7		
	16000		15.5	86	0.6		
	20000		19	104	0.6		
	25000		24	123	0.55		
	31500		28	148	0.5		
	40000		34	174	0.45		
	50000		40	216	0.4		
	63000		49	260	0.4		

注　可以根据用户要求提供空载电流、空载损耗、负载损耗小于表中规定典型值的产品。

四、生产厂

云南变压器电气股份有限公司。

7.2.3 YN/▽阻抗匹配平衡牵引变压器（SF2—QY）

一、概述

YN/▽阻抗匹配平衡牵引变压器是云南变压器电气股份有限公司与湖南大学、铁道部第二勘测设计院、成都铁路局共同开发的牵引变压器，容量10000～63000kVA。该产品获中国专利发明创造金奖，被列为国家火炬计划高技术产品，已为京郑线、成昆线、武广线、内昆线、贵娄线等铁路干线提供200多台平衡牵引变压器。

该产品为云南变压器电气股份有限公司第二系列产品。

二、产品特点

(1) 该产品的接线图在国内外均为首创，结构上有突破性的改进，以不对称的结构实现运行功能上的平衡与对称，它既可制造成用于铁路电气化“BT”或直接供电方式的产品，又能制造成按“AT”供电方式的产品，可满足两相制供电的要求，能有效减小零序和负序电流。

(2) 输出容量大、负荷能力强，在原边电流相同的情况下，副边电路电流是YN，d11牵引变压器的1.323倍，一台20000kVA的负荷能力相当于YN，d11牵引变压器26460kVA的负荷能力，容量利用率达到100%。

(3) 副边两臂电流相等时，原边三相电流为对称系，即使副边两相电流不等（一相有，一相无；或者一相大，一相小），原边三相的中性点电流也为零。

(4) 原边仍为YN接法，中性点可接地，与传统的电力变压器相同。

(5) 副边尽管为两相制，但仍有“△”形接法的线圈，能有效限制高次谐波。

三、技术数据

YN/▽阻抗匹配平衡牵引变压器技术数据，见表7-27。

表 7-27 YN/▽阻抗匹配平衡牵引变压器（SF2—QY）技术数据

型　号	容量（kVA）	电压组合	空载损耗（kW）	负载损耗（kW）	空载电流（%）	阻抗电压（%）	连接组标号
SF2—QY（GY）	10000	（110±2×2.5%）/27.5kV	12.5	59	0.7	10.5 或 8.4	YN/▽
	12500		14.5	70	0.7		
	16000		16.5	86	0.6		
	20000		20	104	0.6		
	25000		25	123	0.55		
	31500		29	148	0.5		
	40000		35	174	0.45		
	50000		41	216	0.4		
	63000		50	260	0.4		

注　可以根据用户要求提供空载电流、空载损耗、负载损耗小于表中规定典型值的产品。

四、生产厂

云南变压器电气股份有限公司。

7.2.4 YN，d11 三相不等容牵引变压器（SF3—QY）

一、概述

YN，d11 三相不等容牵引变压器是云南变压器电气股份有限公司与铁二院，成都铁路局再次联合开发的第三系列产品，是为适应两部电价制改革推出的新型牵引变压器。

该产品基本原理是根据铁路牵引变压器运行时三相负荷为不对称的特点，在 YN，d11 三相牵引变压器（SF1—QY）的基础上，将中相（B）富裕容量抽出，平均分配到两个边（A、C）相，制造成三相容量不等的牵引变压器，达到提高容量利用率、降低主变压器选用容量的目的。

该产品为全国首创，是国家火炬计划高新技术产品，并获专利。

二、产品特点

（1）三相容量不等，但三相阻抗相等，接线不变。

（2）可大幅度降低主变压的一次投资费用及运行电费，经济效益十分显著。

（3）安装维护方便，适用新线建设，对老线改造也可直接替换安装，不需要任何更改工程，是 YN，d11 三相牵引变压器理想的更新换代产品。

该产品填补了国内牵引变压器的不吊芯检查直接投入运行的空白，填补了国内牵引变压器经受住突发短路试验的空白。

三、生产厂

云南变压器电气股份有限公司。

7.2.5 高过载率、低阻抗、YN，d11三相不等容牵引变压器（SF4—QY）

一、概述

高过载率、低阻抗、YN，d11三相不等容牵引变压器是云南变压器电气股份有限公司与铁二院、成都铁路局再次联合开发的第四系列产品，重新调整变压器的参数，结构上在线圈的匝绝缘、垫块、撑条等处采用进口NOMEX耐高温绝缘材料，提高了短时过载能力，比原不等容牵引变压器提高了两个容量等级。

二、产品特点

（1）该产品的基本工作原理与SF3—QY型相同。

（2）负载能力较SF3—QY型提高一个等级，可靠性高，具有显著的经济效益。

三、生产厂

云南变压器电气股份有限公司。

7.2.6 高过载率、低阻抗、YN/▽阻抗匹配平衡牵引变压器（SF5—QY）

一、概述

高过载率、低阻抗、YN/▽阻抗匹配牵引变压器（SF5—QY）系列产品，是云南变压器电气股份有限公司与成都铁路局及铁道部第二勘测设计院合作开发成功的第五系列新产品。通过使用DUPONT公司耐高温绝缘材料的NOMEX和降低阻抗，达到大幅度提高牵引变压器在运行中的短时过载的能力，在阻抗匹配平衡牵引变压器SF2—QY上再提高一个容量等级。

该系列产品已投入湘黔线的田坝、宝老山、龙里、贵定等牵引变电所运行。

二、产品特点

（1）基本工作原理与SF2—QY型相同。

（2）负载能力较SF2—QF型提高一个等级，可靠性高，在节约能源及设备投资的效果十分显著。

三、生产厂

云南变压器电气股份有限公司。

7.2.7 VV接线共轭式牵引变压器（SF6—QY）

一、概述

VV接线共轭式牵引变压器是云南变压器电气股份有限公司与郑州铁路局机务处、铁道部第一勘测设计院电化处共同开发的第6大系列的新产品，采用在一个传统的等截面三柱铁芯结构，将中柱铁芯作为共同的铁轭回路，在两边铁芯制造出两台独立的单相变压器绕组进行V形连接，提高变压器容量利用系数，减小变压器体积、降低变压器损耗和制造成本。其在电磁性能上和两个单相变压器实现的VV连接完全相同，已安全、可靠地运行于襄渝铁路线上。

二、产品特点

（1）容量利用率100%，体积小，损耗低。

（2）适用于电气铁路直接供或BT供电方式，安装维护方便，可靠性高。

（3）两上单相变压器容量可以相等，可以不等，适用性广。

（4）两个单相变压器可以各自分别调压，调压方式可选择有载调压或无励磁调压，选型灵活，使用方便。

7.2.8 牵引变压器配套产品

一、铁道专用二相变三相逆斯科特变压器

平衡牵引变压器的输出α、β相角差为90°的二相制电源，所以站用电变压器（一般为50～100kVA的27500V/400—231V的供站内自用的配电变压器）应采用云南变压器电气股份有限公司配套的二相变三相逆斯科特变压器，将27500V的二相制电压再逆变为400—231V的三相四线制电源，解决站用电，其特点：

（1）采用了一系列的措施满足较高的动、热稳定性的要求，绕组温升低。

（2）损耗低。

（3）绝缘强度高。

（4）安全、可靠地运行于海拔2500m以下的污秽环境中。

二、自耦有载调压增压变压器

在正常情况下，铁道牵引变压器主变压器的副边输出为27.5V，牵引机车在运行时接触网的电压也希望能保持25V左右，但由于机车运行的随意性，以及运量增加后牵引变压器容量不足等，造成接触网电压大幅度下降，严重影响机车的安全运行。在国内多数采用串联电容器或加大接触网截面来补偿接触网的电压降落，但补偿程度有限，损坏率高，投资较大。云南变压器电气股份有限公司开发了自耦有载调压增压变压器产品，解决了接触网电压波动。

三、铁道专用27.5kV级油浸式电力变压器

该产品技术数据，见表7-28。

表7-28 铁道专用27.5kV级双绕组无励磁调压油浸电力变压器技术数据

额定容量(kVA)	电压组合			连接组标号	空载损耗(kW)	负载损耗(kW)	空载电流(%)	阻抗电压(%)	备注	生产厂
	高压(kV)	高压分接范围	低压(kV)							
10	27.5	±5	0.23	I，I0	0.07	0.29	3.0	6.5	1. 单相变压器；2. 根据用户要求在分接级数和电压不变情况下，分接范围可供−5%～−10%	云南变压器电气股份有限公司
20					0.10	0.50	2.9			
30					0.14	0.67	2.8			
50					0.20	1.02	2.7			
63					0.24	1.17	2.6			
80					0.25	1.40	2.4			
100					0.295	1.66	2.2			
125					0.335	1.96	2.0			
160					0.375	2.35	1.8			
250					0.44	2.78	1.6			

续表 7-28

额定容量(kVA)	电压组合			连接组标号	空载损耗(kW)	负载损耗(kW)	空载电流(%)	阻抗电压(%)	备 注	生产厂
	高压(kV)	高压分接范围	低压(kV)							
30	27.5	±5%	0.4	Y，yn0 D，yn11	0.230	1.08	2.9	6.5	1. 三相变压器； 2. 根据用户要求变压器的高压分接范围可供±2×2.5%； 3. 可提供空载电流、空载损耗、负载损耗小于表中规定值	云南变压器电气股份有限公司
50					0.265	1.35	2.8			
63					0.300	1.60	2.7			
80					0.335	1.90	2.6			
100					0.370	2.25	2.6			
125					0.420	2.65	2.5			
160					0.470	3.15	2.4			
200					0.550	3.70	2.2			
250					0.640	4.40	2.0			
315					0.760	5.30	2.0			
400					0.920	6.40	1.9			
500					1.080	7.70	1.9			
630					1.300	9.20	1.8			
800					1.540	11.00	1.5			
1000					1.800	13.50	1.4			
1250					2.200	16.30	1.2			
1600					2.650	19.50	1.1			
2000					3.400	19.80	1.0			
100	27.5	±5%	6.3 6.6 10.5	Y，y0 D，y11 D，d0 Y，d11	0.37	2.25	2.6	6.5		
125					0.42	2.65	2.5			
160					0.47	3.15	2.4			
200					0.55	3.70	2.2			
250					0.64	4.40	2.0			
315					0.76	5.30	1.9			
400					0.92	6.40	1.9			
500					1.08	7.70	1.8			
630					1.30	9.20	1.5			
800					1.54	11.00	1.4			
1000					1.80	13.50	1.3			
1250					2.20	16.30	1.2			
1600					2.65	19.50	1.1			
2000					3.40	19.80	1.1			
2500					4.00	23.00	1.1			
3150	27.5	±5%	6.3 10.5	Y，d11 D，y11 D，d0	4.75	27.00	1.0	7.0		
4000					5.65	32.00	1.0			
5000					6.75	36.70	0.9			
6300					8.20	41.00	0.9			

7.2.9 斯考特变压器

一、概述

斯考特变压器是三相变二相的变压器。低压绕组的结构容量与同容量的二台普通单相变压器相同。

本产品适用于二个单相负载相等的场合。

二、结构特点

斯考特连接的变压器通常是由两个单相变压器组成。将一台变压器高压绕组的末端连接在另一台高压绕组的中央，便可组成“T”形结构的三相高压绕组。每个低压绕组均是简单的单相绕组，它们之间没有电的联系。它们的电压和电流与普通单相变压器相同。但每个高压绕组和电流却与普通单相变压器不同。

三、技术数据

斯考特变压器技术数据，见表7-29。

表7-29 斯考特变压器技术数据

型号	额定容量(kVA)	相数	额定电压(V)		连接组标号	损耗(W)		空载电流(%)	阻抗电压(%)	外形尺寸(mm)(长×宽×高)
			一次	二次		空载	短路			
S/D—20	20	3	380	根据用户要求任意选择	T	180	630	3.8	4	580×320×550
S/D—30	30	3	380		T	240	960	3.5	4	630×350×560
S/D—40	40	3	380		T	280	1120	3.1	4	670×380×600
S/D—50	50	3	380		T	330	1400	2.85	4	720×400×600
S/D—60	60	3	380		T	350	1530	2.8	4	780×400×620
S/D—80	80	3	380		T	420	1720	2.7	4	850×430×700
S/D—100	100	3	380		T	520	2080	2.6	5	900×450×720
S/D—120	120	3	380		T	580	2320	2.6	5	920×450×800
S/D—160	160	3	380		T	650	2600	2.5	5	960×480×850
S/D—180	180	3	380		T	730	2920	2.3	5	960×500×900
S/D—200	200	3	380		T	920	3500	2.1	5	1020×500×900
S/D—240	240	3	380		T	1120	4480	1.8	5.5	1150×500×930
S/D—300	300	3	380		T	1800	7200	1.6	5.5	1200×520×950
S/D—400	400	3	380		T	2600	9100	1.3	5.5	1310×550×1100

四、生产厂

宜兴市兴益特种变压器有限公司、江苏苏州变压器有限公司。

7.3 TDDGW6 型单相多磁路变压器

一、概述

多磁路变压器能实现大容量连续有载调压，可用于大中小型低压电器的发热试验，动作特性校正和动热稳定等试验。采用一台多磁路变压器可进行单相试验，采用三台同样的设备，则可进行三相试验。可根据需要，配套生产多磁路自动、手动控制柜（不带电流测量系统）。

多磁路调压变压器具有以下优点：

(1) 采用容量较小的调压器可实现大容量范围内的全程调节，其调压容量与范围均可获得几倍的扩大。

(2) 由于多磁路变压器的绝大部分输出能量来自电网，输出电流波形中的 5/6（即 N—1/N）具有很好的正弦性，能满足《低压电器基本试验方法》的要求。

(3) 因为是 1∶N 的调压方案，故设备投入电网后效率高，损耗小。

(4) 配套设备简单，调节与控制方便。

多磁路变压器为干式自冷变压器，适用于无腐蚀气体的户内，周围最高温度不超过 40℃，年平均温度在＋20℃及以下，线圈平均温升为＋60℃。

二、结构特点

铁芯材料为高导磁晶粒取向冷轧硅钢片，每一铁芯为一磁路，芯柱为阶梯形圆截面，轭部为矩形或阶梯形截面。

线圈由铜导线绕制。初级线圈为内线圈，分别套装在各铁芯上；次级线圈为外线圈，贯穿于每一铁芯（即磁路）。

整个变压器器身固定在槽钢和滚轮制成的小车上，便于移动安装。

三、型号含义

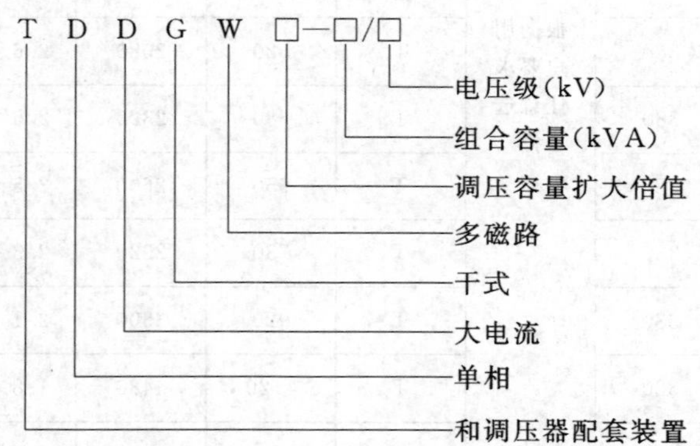

四、技术数据

TDDGW6 型单相多磁路变压器技术数据，见表 7-30。

五、生产厂

苏州安泰变压器有限公司。

表 7-30 TDDGW6 型单相多磁路变压器技术数据

型号			TDDGW—24/0.5				TDDGW—48/0.5				TDDGW—60/0.5				TDDGW—120/0.5			
			B	B	B	B	B	B	B	B	B	B	B	B	B	B	B	B
每一磁路容量（kVA）			6	6	6	6	16	8	8	16	20	10	10	20	40	20	20	40
额定组合容量（kVA）			24				48				60				120			
短时（5s）容量（kVA）			120				240				375				600			
初级电压（V）			220				220				220				220			
初级电流（A）			27.3	27.3	27.3	27.3	72.7	36.35	36.35	72.7	91	45.5	45.5	91	182	91	91	182
初级短时（5s）电流（A）			137	137	137	137	364	182	182	364	568	284	284	568	909	545.5	454.5	909
次级电压（V）	次级接法	全并	10				12				15				20			
		并串	2 并 2 串				2 并 2 串 24				3 并 2 串 30				3 并 2 串 40			
		并串									2 并 3 串 45				2 并 3 串 60			
		全串	50				48				90				120			
次级电流（A）		全并	2400				4000				4000				6000			
		并串	2 并 2 串				2 并 2 串 2000				3 并 2 串 2000				3 并 2 串 3000			
		并串									2 并 3 串 1330				2 并 3 串 2000			
		全串	480				1000				667				1000			
次级短时（5s）电流（A）		全并	12000				20000				25000				30000			
		并串									3 并 2 串 12500				3 并 2 串 15000			
		并串	2 并 2 串				2 并 2 串 10000				2 并 3 串 8333				2 并 3 串 10000			
		全串	2400				5000				4167				5000			
组合阻抗（%）			≤2.5				≤2.5				≤2.5				≤2.5			
组合空载电流（%）			10				7				15				9			
组合损耗（W）		短路	500				830				1000				1650			
		空载	450				500				1000				1500			
配置调压器容量（kVA）			10				15				20				50			
重量（kg）			270				510				660				1150			
外形尺寸（mm）（长×宽×高）			955×340×610				1050×420×725				1140×455×740				1260×530×865			

续表 7-30

型号			TDDGW—24/0.5				TDDGW—48/0.5				TDDGW—60/0.5				TDDGW—960/0.5			
			B	B	B	B	B	B	B	B	B	B	B	B	B	B	B	B
每一磁路容量（kVA）			80	40	40	80	160	80	80	160	210	105	105	210	320	160	160	320
额定组合容量（kVA）			240				480				630				960			
短时（5s）容量（kVA）			840				1800				2350				3360			
初级电压（V）			380	580	380	380	380	580	380	380	380	580	380	380	380	580	380	380
初级电流（A）			210.5	69	105	210.5	421	138	210.5	421	553	181	276	553	842	276	421	842
初级短时（5s）电流（A）			737	241	368	737	1579	517	789.5	1579	2060	675	1030	2060	2947	966	1474	2947
次级电压（V）	次级接法	全并	24				36				42				48			
		并串	4并2串 48				4并2串 72				5并2串 84				5并2串 96			
		并串	2并4串 96				2并4串 144				2并5串 210				2并5串 240			
		全串	192				288				420				480			
次级电流（A）		全并	10000				13333				15000				20000			
		并串	4并2串 5000				4并2串 6667				5并2串 7500				5并2串 10000			
		并串	2并4串 2500				2并4串 3333				2并5串 3000				2并5串 4000			
		全串	1250				1667				1500				2000			
次级短时（5s）电流（A）		全并	35000				50000				56000				70000			
		并串	4并2串 17500				4并2串 25000				5并2串 28000				5并2串 35000			
		并串	2并4串 8750				2并4串 12500				2并5串 11200				2串5并 14000			
		全串	4375				6250				5600				7000			
组合阻抗（%）			≤2.5				≤2.5				≤2.5				≤2.5			
组合空载电流（%）			3				2				1.7				2			
组合损耗（W）		短路	3200				5000				5700				8500			
		空载	1600				2700				3300				4000			
配置调压器容量（kVA）			75				150				200				300			
重量（kg）			1490				2810				3455				5150			
外形尺寸（mm）（长×宽×高）			1350×610×980				1675×730×1155				1775×755×1215				1970×840×1490			

注 表内所列产品均适用于交流装置，如用户需要适用于直流装置的多磁路变压器，也能生产，具体规格洽谈。

7.4 船用、舰用变压器

7.4.1 CDG_D^S、CS（G）D、PSG、JSGD系列船用、舰用变压器

一、概述

CDGS、CDGD、CSGD、PSG、CSD、JSGD系列船用、舰用变压器均由泰州海田电气制造有限公司生产，执行IEC92标准，经中华人民共和国船舶检验局型式认可，并指定为国家替代进口产品，系中船总公司部优产品。

CSD系列船用变压器采用斜接缝铁芯结构，与CSGD系列相比，体积缩小27%～44%，重量减轻5%～26%，损耗降低13.8%。

CDGS、CDGD、CSGD、PSG、CSD系列船用变压器均为干式、B级绝缘产品（也可供F级或H级绝缘），适用于船舶、海洋平台及其它场所用于照明、电力、通讯或电网隔离。使用条件：

海拔高度（m）：≤1000。

环境温度（℃）：≤45。

相对湿度（%）：≤95。

有凝露、油雾、盐雾和霉菌的影响。

有船舶正常营运时所产生的振动、冲击、角度≤22.5°的摇摆和角度≤15°的倾斜。

JSGD系列舰用变压器规格容量有0.5、1、2、3、5、7.5、10、15、16、20、25、30、40、50、63、80、100、125、160、200、250kVA，其中系列噪声抑制变压器规格容量有0.5、1、2、3、5、7.5、10、15、20、25kVA。由于泰州海田电气制造有限公司生产的舰用变压器系国内唯一通过海军装备部鉴定并投产的产品，按有关规定，其性能参数没有登录，如需要请与公司联系。

二、结构特征

1. 防水式（CDGS系列产品）

铁芯采用优质冷轧硅钢带卷制而成，并经特殊工艺处理以降低空载电流和空载损耗。

线圈为B级绝缘。

铁芯与线圈外表用环氧树脂浇铸成一体，具有严密的防水防潮性能。

电缆引入可通过变压器顶部的接线盒方便地接线。

2. 防滴式（CDGD，$CSGD_{Ⅱ、Ⅲ}$，CSGD，CSD，PSG系列产品）

铁芯采用优质冷轧硅钢片精心叠制而成，能牢固地固定绕组，在使用条件下使振动减至最小。绕组由漆包线、玻璃丝包线或复合绝缘导线绕制而成，绝缘等级为B、F或H级。

变压器箱体由优质钢板制成，结构上充分考虑空气流通，又能有效防滴、防鼠进入内部。

三、技术数据

船用变压器技术数据，见表7-31。

表 7-31 船用变压器技术数据

型　号	额定容量（kVA）	相数	初级电压（V）		次级电压（V）		连接组标号	短路阻抗（%）	空载损耗（W）	负载损耗（75℃）（W）	空载电流（%）	防护等级
			50Hz	60Hz	50Hz	60Hz						
CDGS	0.5	1	400 230	450	400 230 115 40 25	450 230 115 40 25	I，I0	3.5	15	20	18	IP55
	1							3.3	20	30	16	
	2							3.0	30	50	14	
	3							3.0	40	65	12	
	5							3.5	60	85	10	
CDGD①	5	1	(410)② 400 (390) (380)	450 (445) (440)	400 230 115	450 230 115	I，I0	2.5	65	100	12	IP22
	7.5							2.5	90	160	11	
	10							2.5	95	190	11	
	15							2.5	115	255	9	
	20							2.2	145	300	8	
	25							2.2	170	370	8	
	30							2.2	250	435	7	
	35							2.0	265	435	7	
	40							2.0	275	505	6	
	45							2.0	280	555	6	
	50							1.9	290	600	6	
	60							2.3	295	660	5	
	75							2.4	295	775	4	
CSGD	3	3	(410) 400 (390) (380)	450 (445) (440)	400 230 115	450 230 115	Y，yn0 Y，d11	3.5	65	95	14	IP22 IP23
	5							3.5	75	155	12	
	10							3.5	120	260	10	
	15							3.5	145	355	8	
	25							3.5	220	520	8	
	35							3.5	300	800	5	
	50							3.5	400	920	5	
	75							3.5	495	1200	4	
	100							3.5	660	1940	4	
PSG	125						Y，d11 D，yn11	3.5	450	2000	2	
	150							3.5	640	2400	2	
	200							3.5	700	2800	2	
	250							3.5	950	3200	1.5	

续表 7-31

型 号	额定容量 (kVA)	相数	初级电压（V）		次级电压（V）		连接组标号	短路阻抗 (%)	空载损耗 (W)	负载损耗 (75℃) (W)	空载电流 (%)	防护等级
			50Hz	60Hz	50Hz	60Hz						
CSD	3	3	(410) 400 (390)	450 (445) (440)	400 230 115	450 230 115	Y，yn0 Y，d11 D，d0	3.5	60	90	13	IP22 IP23
	5							3.5	95	135	11	
	10							3.5	140	250	10	
	16							3.5	174	365	8	
	20							3.5	200	440	7	
	25							3.5	240	460	6	
	30							3.5	280	535	5	
	40							3.5	290	580	4	
	50							3.5	290	920	3	
	63							3.5	340	1050	3	
	80							3.5	390	1150	2	
	100							3.5	460	1540	2	
	125							3.5	520	1830	2	
	160							3.5	580	2170	2	
	200							3.5	650	2500	2	
	250		400	450				3.5	890	3000	1.9	
	300							4.0	1350	3600	1.8	
	400							4.0	1450	3700	1.8	
	500							4.0	1500	4300	1.7	

① CDGD可用于组合成CSGDⅡ（一个箱体内3只单相变压器）或CSGDⅢ（一个箱体内4只单相变压器），性能参数参照CDGD产品。

② 括号内数字表示分接电压。

四、外形及安装尺寸

船用变压器外形及安装尺寸，见表7-32～表7-34。

表7-32 船用变压器外形及安装尺寸

型号	额定容量 (kVA)	外形及安装尺寸图	外形尺寸（mm）			安装尺寸（mm）			重量 (kg)
			L	B	H	L_1	B_1	ϕd	
CDGS	0.5	H; L; B; 4—ϕd; B_1; L_1	198	160	260	162	120	9	10
	1		198	160	270	162	120	9	15
	2	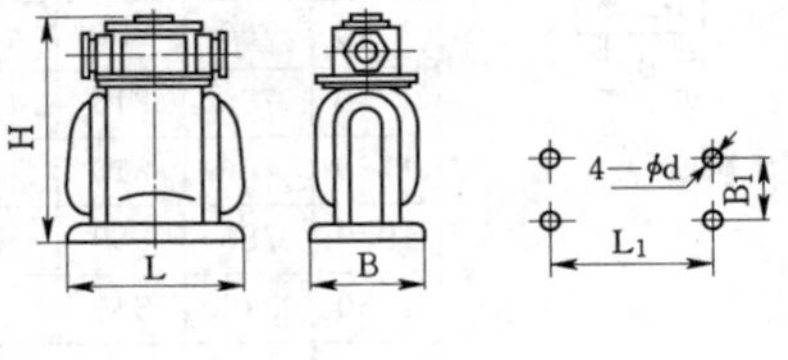	232	172	300	200	140	11	22
	3		232	172	325	200	140	11	30
	5		270	210	355	240	180	13	43

续表 7-32

型号	额定容量 (kVA)	外形及安装尺寸图	外形尺寸（mm）			安装尺寸（mm）			重量 (kg)
			L	B	H	L_1	B_1	ϕd	
CDGD	5	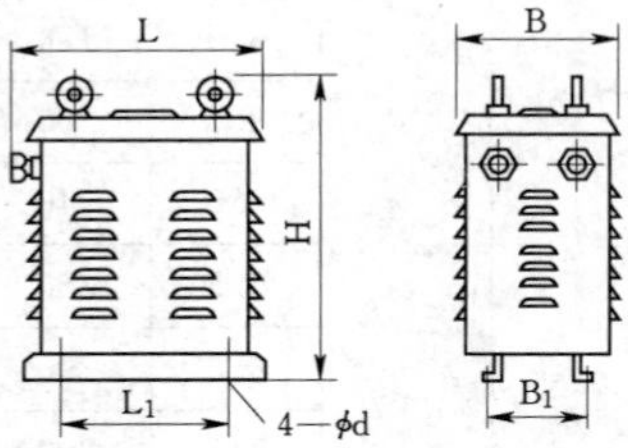	465	325	510	350	214	12	75
	7.5		490	335	580	370	224	12	85
	10		495	345	590	380	234	12	100
	15		535	375	630	410	240	14	140
	20		575	400	690	460	265	14	190
	25		585	410	730	470	275	14	195
	30		605	430	750	490	295	14	270
	35		625	430	750	510	295	14	275
	40		635	440	770	520	305	14	290
	45		635	440	780	520	305	14	300
	50		665	460	830	530	325	14	320
	60		665	470	850	530	351	18	395
	75		665	470	910	530	351	18	450
$CSGD_{II}$	15	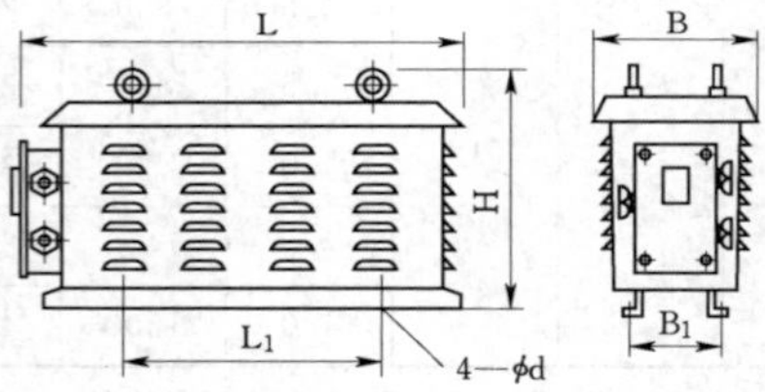 一个箱体 3 只单相变压器	890	525	515	620	390	12	230
	22.5		890	530	570	620	395	12	270
	30		935	535	590	680	410	14	305
	45		1140	620	640	800	470	14	425
	60		1200	640	700	820	500	14	540
	75		1200	660	760	820	510	18	570
	90		1410	760	790	900	618	18	800
	105		1410	760	790	900	618	18	815
	120		1425	760	810	900	618	18	865
	135		1425	760	810	900	618	18	900
	150		1575	780	880	1000	618	22	970
	180		1575	810	880	1000	634	22	1180
	225		1575	810	930	1000	634	22	1340
$CSGD_{III}$	15	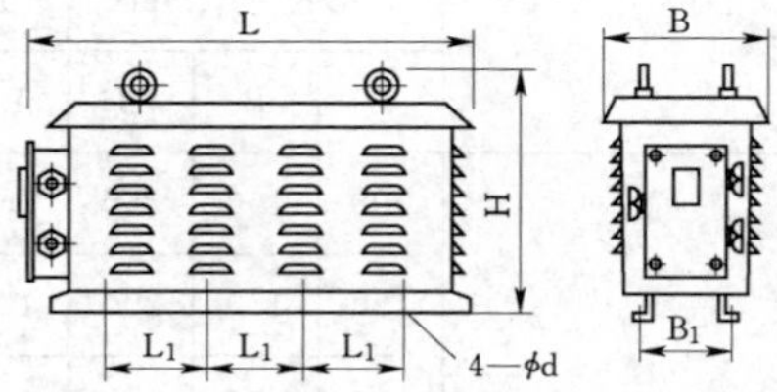 一个箱体 4 只单相变压器	1100	525	515	260	390	12	305
	22.5		1100	530	570	260	395	12	355
	30		1155	535	590	270	410	14	405
	45		1410	620	640	330	470	14	570
	60		1480	640	700	360	500	14	740
	75		1480	660	760	360	510	18	770
	90		1740	760	790	450	618	18	1070
	105		1740	760	790	450	618	18	1090
	120		1760	760	810	450	618	18	1150
	135		1760	760	810	450	618	18	1200
	150		1960	780	880	500	618	22	1290
	180		1960	810	880	500	634	22	1580
	225		1960	810	930	500	634	22	1790

表 7-33 船用变压器外形及安装尺寸（IP22）

型号	容量 (kVA)	外形简图	外形尺寸（mm）			安装尺寸（mm）			重量 (kg)
			L	B	H	L_1	B_1	ϕd	
CSGD	3	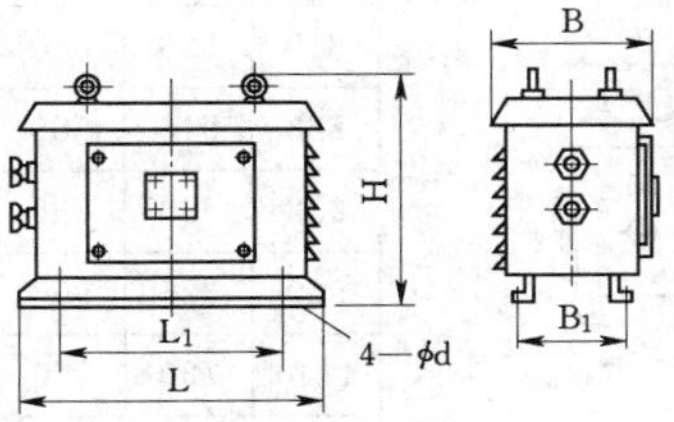	562	404	454	450	266	12	65
	5		624	430	525	500	292	12	105
	10		724	484	586	580	358	14	155
	15		734	494	610	600	368	14	170
	25		770	498	640	640	368	14	220
	35		828	516	680	640	382	14	280
	50		892	560	795	680	416	18	355
	75		960	620	900	700	480	18	510
	100		1100	690	970	720	506	22	630
PSG	125		1100	690	1020	720	506	22	710
	150		1220	750	1080	820	566	26	850
	200		1280	800	1120	880	616	26	1000
	250		1350	850	1165	920	666	26	1390
CSD	3	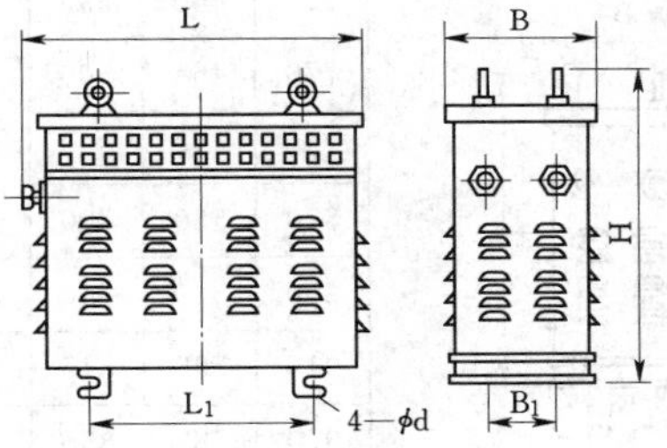	475	340	430	270	220	12	60
	5		505	350	495	290	230	12	78
	10		595	380	535	350	260	12	115
	16		655	400	575	390	280	12	145
	20		675	410	595	400	290	14	170
	25		730	425	600	430	305	14	210
	30		740	430	635	440	310	14	230
	40		820	480	700	490	360	14	300
	50		840	490	740	500	370	14	325
	63		885	505	815	530	395	16	420
	80		915	520	855	550	400	18	490
	100		935	560	960	560	410	18	550
	125		1100	610	1020	590	425	22	680
	160		1220	660	1080	620	440	22	810
	200		1280	720	1120	660	460	26	950

五、订货须知

订货时必须提供产品型号、额定容量、电压组合、调压范围、额定频率、连接组标号、短路阻抗及特殊要求。

六、生产厂

泰州海田电气制造有限公司（泰州海田变压器有限公司）。

表 7-34 船用变压器外形及安装尺寸（IP23）

型号	容量（kVA）	外形简图	外形尺寸（mm）			安装尺寸（mm）			重量（kg）
			L	B	H	L_1	B_1	ϕd	
CSGD	3	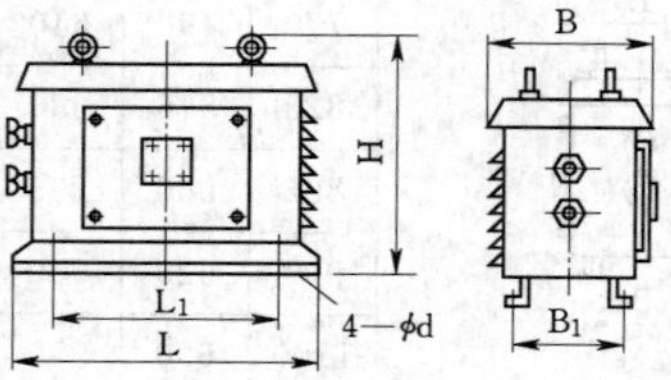	605	444	454	450	300	12	65
	5		664	460	525	500	322	12	110
	10		764	504	586	580	378	14	160
	15		734	494	610	600	368	14	175
	25		810	528	640	640	398	14	225
	35		828	516	680	640	382	14	285
	50		932	590	795	680	446	18	360
	75		960	620	900	700	480	18	515
	100		1140	720	970	720	536	22	640
PSG	125		1150	720	1020	720	536	22	720
	150		1270	780	1080	820	596	26	860
	200		1330	830	1120	880	646	26	1010
	250		1400	880	1165	920	696	26	1400
CSD	3	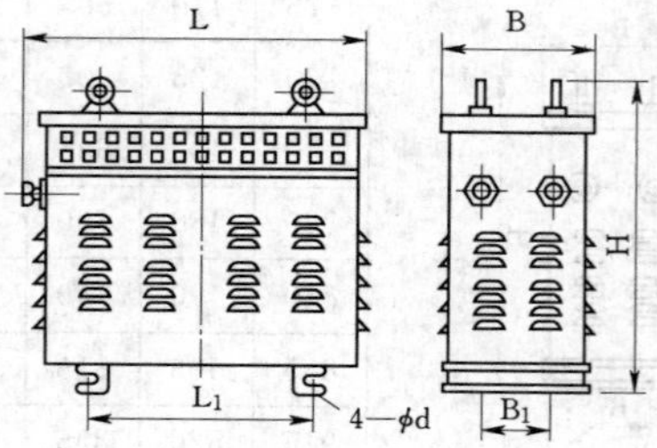	525	390	430	270	220	12	65
	5		560	410	495	290	230	12	85
	10		650	440	535	350	260	12	120
	16		710	415	575	390	280	12	150
	20		725	460	595	400	290	14	175
	25		770	465	600	430	305	14	215
	30		780	470	635	440	310	14	235
	40		870	530	700	490	360	14	305
	50		890	540	740	500	370	14	335
	63		915	535	815	530	385	16	430
	80		970	585	855	550	400	18	500
	100		985	615	960	560	410	18	560
	125		1200	720	1020	590	425	22	690
	160		1270	780	1080	620	440	22	820
	200		1350	820	1120	660	460	26	960

7.4.2 CSGDC型防滴式船用变压器

一、概述

目前船舶用电交流制为多数，船用变压器系交流制船舶用作照明及配电之用，起隔离和降压作用。船用发电机，发电电压多数为400V，也有500V，经变压器降压至231V供船舶电器使用 。船用变压器能承受最高环境温度+45℃、最低环境温度-40℃。最高湿度95%、倾斜振动45°。该产品一般为防滴式IP22，冷却方式为AN—AN。

该产品使用条件为干式自冷有防滴式外壳，适用在船舶内使用，输入输出均用电缆，通过电缆接线盒连接。底脚安装 25～40kVA，用 4×M16 固定，63～100kVA 用 4×M24 固定，160～250kVA 用 8×M24 固定。舱内不得有易燃易爆有害气体，应保持通风良好，最高环境温度不超出+45℃。

二、结构特点

船用变压器铁芯均为芯式结构，用优质冷轧片叠积而成，叠片接缝用五级全斜，芯柱和铁轭均为多级圆形。线圈用优质无氧铜电磁线绕制，经高真空环氧树脂浇注，防潮性能特好。器身外围有金属外壳，既保持良好通风，又能防止小动物钻入，确保变压器安全运行。

三、技术数据

CSGDC 防滴式船用变压器技术数据，见表 7-35。

表 7-35　CSGDC 防滴式船用变压器技术数据

型　　号			CSGDC 25/0.5	CSGDC 40/0.5	CSGDC 63/0.5	CSGDC 100/0.5	CSGDC 160/0.5	CSGDC 250/0.5
额定容量		kVA	25	40	63	100	160	250
初级电压	50Hz	V	400、500					
	60Hz	V	400、440、450					
次级电压	50Hz	V	115、133、231、400				231、400	
	60Hz	V	110、115、220、231				231	
连接组别			D，y5、D，d0					
周率		C/s	50、60					
分接电压			±2.5%					
负载损耗		W	600	690	800	1200	1900	2600
空载损耗	50Hz	W	180	195	290	320	490	670
	60Hz	W	165	170	265	307	476	650
阻抗电压	50Hz	%	3.2	3.2	3.2	3.2	3.2	3.6
	60Hz	%	3.6	3.6	3.6	3.6	3.6	4.1
绝缘等级			F、H					
最高环境温度			45℃					
冷却方式			AN—AN					
防护型式			IP—22					
外形尺寸（长×宽×高）		mm	780×500×730		997×598×936		1195×678×1113	
重量		kg	235	305	445	605	855	1145

四、订货须知

订货时必须提供产品型号、额定容量、额定电压、连接组标号、阻抗电压及特殊要求。

五、生产厂

昆山市特种变压器制造有限公司。

7.4.3 CXB系列船用小型变压器

一、概述

CXB系列船用小型变压器可供控制回路、指示器及局部照明用。

二、型号含义

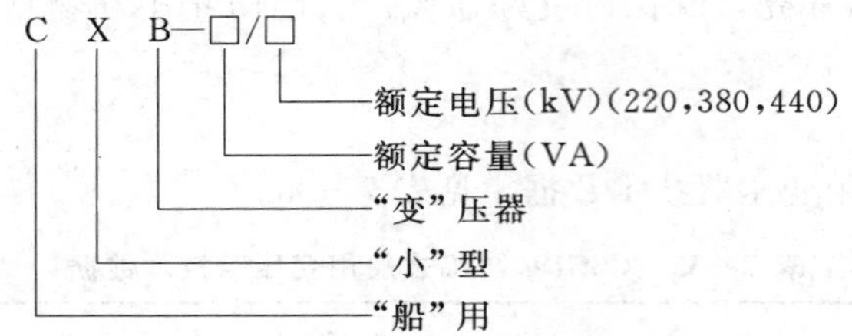

三、技术数据

CXB系列船用小型变压器技术数据，见表7-36。

表7-36 CXB系列船用小型变压器技术数据

型号	额定容量(VA)	相数	频率(Hz)	电压组合(V)		外形尺寸(mm)(长×宽×高)	安装尺寸(mm)			重量(kg)
				初级	次级		a	b	ϕd	
CXB—40	40	1	50或60	220 380 440	用户选定	78×68×88	50	57	7	1.2
CXB—50	50					78×68×88	50	57	7	1.25
CXB—63	63					78×68×88	50	57	7	1.3
CXB—100	100					85×85×96	55	67	7	2.0
CXB—160	160					85×88×105	70	71	7	2.8
CXB—200	200					85×102×115	70	85	8	3.5
CXB—400	400					132×85×152	95	79	10	6.3
CXB—500	500					132×92×163	105	79	10	8.0

四、外形及安装尺寸

该系列产品外形尺寸，见图7-1。

五、订货须知

订货必须提供产品型号、额定容量、频率、相数、电压组合、外形尺寸及特殊要求。

六、生产厂

泰州海田电气制造有限公司。

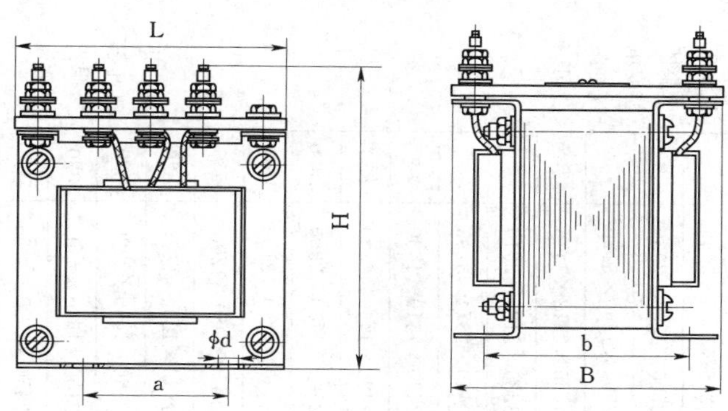

图 7-1 CXB系列船用小型变压器外形尺寸
（泰州海田电气制造有限公司）

7.5 电弧炉用变压器

一、概述

电弧炉用变压器为专供冶炼电石、铁合金及熔炼各种合金钢的电弧炉使用的电源变压器。它将较高的电网电压降到电弧炉所需的工作电压。变压器的低压侧接到电弧炉的 3 个电极上，电炉与炉料间形成电弧，产生很大热量来熔化炉料。根据电弧炉的负荷特点，变压器采取限流措施，高压侧串入电抗器或带有低压串联变压器。

该系列产品专供三相电炉作电源变压器用，其各项技术指标符合 ZBK41002—87、IEC—76.1 等标准的有关规定。

二、结构特点

该系列产品的铁芯由带漆膜的硅钢片叠积而成，线圈一般为初、次级交叉排列，装于同一纸筒上，初级 △形连接时，一般引出 6 个出头，以便在箱外变换接法。低压次级出头以铜排引出箱外。变压器油箱一般为长圆形，以钢板轧圆焊接而成。箱壁上装有冷却油管，以增加散热面。

变压器调压方式有无励磁调压和有载调压，并配有无励磁调压开关，或带串联电抗器的无励磁调压开关及有载调压开关。

三、型号含义

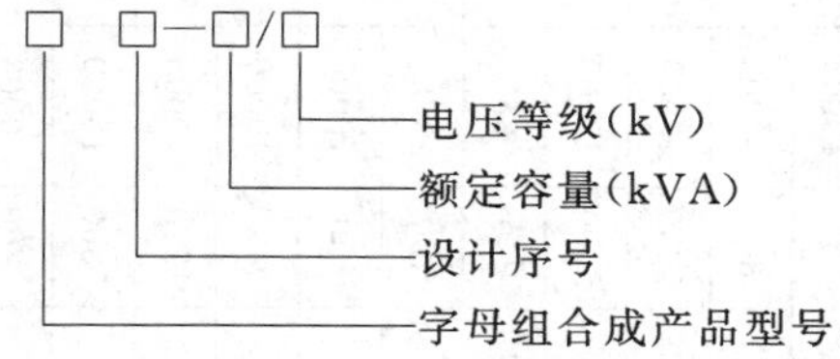

H—电弧炉变压器；S—三相；D—单相；F—风冷；
P—强迫油循环水冷；Z—在字母组合后面为有载调压

四、技术数据

电弧炉用各种变压器的技术数据，见表 7-37、表 7-38。

表 7-37 电弧炉用各种变压器技术数据（一）

型号	额定容量(kVA)	额定电压（V）		连接组标号	阻抗电压(%)	损耗（W）		空载电流(%)	重量（kg）			外形尺寸（mm）（长×宽×高）	轨距(mm)	生产厂
		初级	次级			空载	负载		器身	油	总体			
HSK—630/10	630	10000	200，170，116，98	D—Y，d0—11		2095			1970	1465	4620	2205×1365×2990		保定天威集团特变电气有限公司
HSK—800/10	800	10000	200，170，116，98	D—Y，d0—11		2344			2250	1600	5250	2216×1375×3020		
HSK—1000/10	1000	10000	200，170，116，98	D—Y，d0—11		2478			2510	1790	5800	2235×1555×3045		
HSK—1250/10	1250	10000	210～140	D—Y，d0—11		2900	16500		2850	2150	6880	2700×1760×2960		
HSK—1600/10	1600	10000	210，180，121，104	D—Y，d0—11	8.5	3335			3430	2445	7880	2960×1760×3170		
HSK—2000/10	2000	10000	210，180，121，104	D—Y，d0—11		4055			3800	2985	9500	4065×2112×3415		
HSK—2000/10	2000	10000	170～130	Y，d11		2840	27945		3885	3155	1015	3285×3125×2910		
HSK—3150/10	3150	10000	220，170，121，98	D—Y，d0—11	12	6000	39000		5795	4150	13450	3440×2374×3793		
HSZ—500/10	500	10000	50～90	Y，y0					1190	259	2910	2460×1410×1930	820	佛山市变压器有限责任公司
HSZ—800/10	800	10000	90～135	Y，d11					2400	900	4740	2420×1440×2520	820	
HSZ—1000/10	1000	10000	80～115	Y，d11					3160	1608	6940	2660×1730×2950	1070	
HSZ—2000/10	2000	10000	72～92	D，d0					4960	2848	10600	3330×2870×3190	1070	
HS—250/0.38	250	380	80	D，d0					745	277	1355	1570×980×1200	550	
HS—400/6.3	400	6300	210	Y，d11					1090	498	2170	1820×1050×2010	820	
HS—650/10	650	10000	58～66	Y，d11					1660	1158	3700	2550×1430×2220	820	
HS—800/10	800	10000	70～90	Y，d11					1790	1116	4125	2100×1510×2600	820	
HS—1200/10	1200	10000	210	D，y11					2570	1520	5760	2550×1520×3030	1070	
HS—1800/10	1800	10000	80～100	Y，d11					3580	2487	9175	2950×3090×3340	1070	
HS—1800/10	1800	10000	160～200	Y，d11					3604	2383	8870	2780×2930×3540	1070	
HS—2000/10	2000	10000	72～92	D，d0					4890	2292	10335	3000×2650×3190	1070	
HS—2500/10	2500	10000	140～220	Y，d11					4692	2262	9678	3040×2880×3080	1070	
HS—3000/10	3000	10000	130～220	Y，d11					5390	1914	10254	3050×3240×3185	1070	

续表 7-37

型号	额定容量(kVA)	额定电压(V)		连接组标号	阻抗电压(%)	损耗(W)		空载电流(%)	重量(kg)			外形尺寸(mm)(长×宽×高)	轨距(mm)	生产厂
		初级	次级			空载	负载		器身	油	总体			
HS—4200/10	4200	10000	121～240	Y，d11					6805	3749	14700	3680×3030×3440	1435	佛山市变压器有限责任公司
HSSP—2000/10	2000	10000	72～92	D，d0					4560	2119	7924	2440×1640×3220	1070	
HSSP—2500/10	2500	10000	84～100	D，d0					4445	1875	7500	2590×1400×3140	1070	
HSSP—3150/10	3150	10000	84～112	D，d0					6170	2267	10375	3220×1400×3510	1070	
HSSP—4000/10	4000	10000	190～250	Y，d11					6395	2000	9930	3280×1650×3180	1070	
HSSP—6000/10	6000	10000	100～130	D，d0					7600	3000	12700	3700×2160×3760	1435	
HS—2500/35	2500	35000	84～100	D—Y，d0—11					4950	3150	10890	8820×1860×3500	1435	
HS—3000/35	3000	35000	82～96						5500	4300	14150	3700×2960×3720	1505	
HSSP—5000/35	5000	35000	96～126	D，d0					8095	3820	14375	3340×2260×3670	1505	
HS—315/0.4	225	400	$45\sqrt{3}$，$55\sqrt{3}$，$65\sqrt{3}$	Y，yn0	5～7	1100	3900	6	773	255	1315	1615×915×1380	660	陕西铜川变压器股份有限公司
HS—650/3	650	3000	65，70，75，85	Y，d11	10	1600	12600	1.5	1770	1365	4035	2305×1380×2450	1070	
HS—1000/10	1000	10000 6000	526	Y，d11； Y，yn0	5	3500	16600	1.4	3200	3640	8750	3840×3550×3130	1450	
HS—1000/10	860	1000± 2×9%	740	Y，d11	7～10	3300	16500	3	2260	1450	5010	2610×1470×2120	820	
HS—1000/0.5	1000	10500	127，144，175， 220，250	D，d0	8～9	1800	17000	1.7	2020	1440	4810	2560×1580×2330	960	
HS—1250/10	1250	6000 6300 10000 ±2×9%	414～535/ 239～309	Y，d11； Y，yn0	7	4800	25000	5	2590	2900	7760	3080×3000×2950	1070	
HS—1250/10	1250	10000， 6000	398	D—Y，d0—11	7.5	2950	21700	1	3130	3600	8430	3780×2640×3230	1505	
HS—1250/6.3	1250	6300	100，105，110， 115，120	Y，d11	10	2900	21800	2	2320	1210	4965	2650×1490×2380	820	
HS—1800/10	1800	10000	76，78，84，90，96	D，d0	7～9	3400	28000	1.5	4830	2300	8820	2530×1740×2590	1070	

续表 7-37

型号	额定容量(kVA)	额定电压(V)		连接组标号	阻抗电压(%)	损耗(W)		空载电流(%)	重量(kg)			外形尺寸(mm)(长×宽×高)	轨距(mm)	生产厂
		初级	次级			空载	负载		器身	油	总体			
HS—2000/10	2000	10000	486～750/281～433	D，y11；Y，yn0	6.5	6800	40000	2.9	3950	4430	11600	3340×3120×3240	1070	陕西铜川变压器股份有限公司
HSL—400/10	400	10000	400	Y—D，yn0—1	4.5	2200	9700	5	1605	2220	5170	2750×1500×2588	1070	
HSL—630/10	630	10000	500	Y—D，yn0—1	5.9	2200	16000	5	1660	2385	5513	2900×1620×2588	1070	
HSK—1250/10	860	10000	200，200，200，170，116，98	D—Y，yn—1	8～9	3100	16500	2	3440	3220	8035	3280×2380×3315	1070	
HSK—1800/10	1250	10000 6000	104，121，180，210	D—Y，d0—11	8～9	5000	25800	7.1	4500	3900	10000	3950×2870×3240	1505	
HSK—3000/10	2250	10000 6000	220，190，127，110	D—Y，d0—11	8～9	7700	38200	6.5	6800	5000	14400	4170×3420×3530	1505/1475	
HSK—4200/10	3200	10000 6000	240，210，139，121	D—Y，d0—11	7～8	10200	50500	7	9130	6560	19000	4470×3350×3770	1505	
HSZ—3150/6.3	3150	6300 9级调压	并506，串1012	Y，d11	5～6	5750	46700	2.2	6000	5980	15200	4525×3170×4310	1050/2000	
HSPK—4200/10	3200	10000 6000	240，210，139，121	D—Y，d0—11	8～9	10200	50500	5.8	9130	6560	19000	4470×3350×3770	1505	
HSSP—4200/6	4000	6052	127，144，175，220，250	D，d0	8～9	5800	54500	1.2	6100	2770	9800	2950×1780×3600	1070	
HSSP—5000/6.3	5000	6300	100，105，110，115，120	D，d0	10	8200	60500	0.8	8260	3970	13350	2850×1700×3970	1435	
HSSP—1800/35	1800	35000	72，78，84，90，96	Y，d11	10.5	4500	32600	1.2	5470	3390	9720	2885×1980×3400	1070/1435	
HSSP—4000/35	4000	35000	95，100，105，110，115	Y，d11	10	8250	55700	1.3	7460	4085	12520	2850×1700×3910	1435	
HSSPK—7200/10		10000							9000	7200	21000	4230×1910×4045	1050/1800	
HSSPZL—5000/35	5000	35000 9档开关	111，115，120，90，93，96，99.5，103，106	D，y11	9	10000	93000	2	9650	11450	25600	5438×2500×6400	1505	

续表 7-37

型号	额定容量(kVA)	额定电压(V)		连接组标号	阻抗电压(%)	损耗(W)		空载电流(%)	重量(kg)			外形尺寸(mm)(长×宽×高)	轨距(mm)	生产厂
		初级	次级			空载	负载		器身	油	总体			
HS—400/10	400	300~10000	190/110						1346		3065	2310×1370×2235		营口特种变压器有限公司
HS—600/10	600	10000 6000	190/110						1810		4400	2445×1410×2485		
HS—800/10	800	10000 6000	160/90						2500		4500	2230×1300×2350		
HS—1000/10	1000	10000 6000	200/116						3600		4700	2430×1460×2680		
HS—1200/10	1200	3000~10500	200/116						2550		5500	2670×1600×3150		
HS—650/10	650	10000	80~100(3级)						1395	931	3256	2225×1790×2010		广西柳州特种变压器有限责任公司
HS—1200/10	1200	10000	100~140(5级)						3330	1215	5555	2360×1465×2365		
HSSP—1800/10	1800	10000	75~96(5级)						5291	3498	10801	3840×2000×3250		
HSSP—2500/10	2500	10000	78~102(7级)						4200	2900	9000	3500×1820×2700		
HSSP—2500/10	2500	10000	84~104(5级)						4866	2800	10305	4500×1400×2698		
HSSP—2500/10	2500	10000	85~115(5级)						4200	2900	9000	3500×1820×2700		
HSK—2500/10	2500	10000	121~187(5级)						4719	3157	11140	3470×2890×2730		
HSSP—1800/35	1800	35000	76~92(5级)						3500	1950	6900	2500×1410×2750		
HSSJ—2500/35	2500	35000	78~102(5级)						4865	2800	9665	4500×1540×2850		
HSSJZ—2500/35	2500	35000	77~101(7级)						4500	3000	9560	4100×2400×2600		
HSSP—3000/35	3000	35000	88~112(5级)						4800	2800	8450	3500×1800×2900		
HSSPZ—3600/35	3600	35000	76~104(8级)						8326	4343	14936	4560×2375×3470		
HSSPZ—4000/35	4000	35000	84~112(8级)						8000	5600	16600	3074×2500×3090		
HSSP—4000/35	4000	35000	70~126(8级)						7800	5300	16000	6000×2550×2960		
HSFPKZ—5000/35	5000	35000	72~99(13级)						8438	5980	19083	5100×2160×4340		
HSSP—10000/35	10000	35000	105~158(8级)						21300	14500	42100	5470×3164×5030		
HSSPZ—15000/110	15000	110000	200~480(15级)						26000	15000	51000	7100×3700×6500		

续表7-37

型　号	额定容量(kVA)	额定电压(V)		连接组标号	阻抗电压(%)	损耗(W)		空载电流(%)	重量(kg)			外形尺寸(mm)(长×宽×高)	轨距(mm)	生产厂
		初级	次级			空载	负载		器身	油	总体			
HS—400/6.3	400	6300	210	Y，d11					1250	800	2800	1890×1315×1930	820	张家港五洲变压器有限公司
HS—630/10	630	10000	58～66	Y，d11					1980	1810	4990	2540×2600×3140	820	
HS—800/10	800	10000	70～90	Y，d11					2500	2080	6190	2680×2620×3250	820	
HS—1000/10	1000	10000	84～100	Y，d11					3100	2280	7400	2780×2640×3280	1070	
HS—1250/10	1250	10000	104～1210	D—Y，d0—11					3500	2460	8140	2850×2680×3370	1070	
HS—1600/10	1600	10000	104～200	D—Y，d0—11					4200	2990	9990	2980×2760×3500	1070	
HS—2000/10	2000	10000	72～92	D—Y，d0—11					4700	3400	11200	3200×2950×3620	1070	
HS—2500/10	2500	10000	140～220	D—Y，d0—11					4500	4200	12680	3110×2500×3920	1070	
HS—3150/10	3150	10000	130～200	D—Y，d0—11					5600	5300	14950	3150×2640×3980	1070	
HS—4200/10	4200	10000	121～240	D—Y，d0—11					6805	4700	15700	3680×3030×3440	1435	
HSSP—2000/10	2000	10000	110～220	D—Y，d0—11					3690	2600	8100	2800×2850×2950	1070	
HSSP—2200/10	2200	10000	72～92	Y，d11					4200	3090	10350	2900×2000×3500	1435	
HSSP—2500/10	2500	10000	130～215	Y，d11					4680	2600	9770	2700×1560×3360	1435	
HSSP—3150/10	3150	10000	121～240	D—Y，d0—11					6500	4250	13900	3300×2000×3500	1435	
HSSP—4500/10	4500	10000	127～250	D—Y，d0—11					8500	4750	15100	3200×1980×3700	1435	
HSSP—5500/10	5500	10000	139～260						9000	4910	17700	3800×2000×4150	1505	
HSSP—6300/10	6300	10000	139～260						10150	5050	19930	3850×2000×4400	1505	
HSSP—8000/10	8000	10000	133～280						12100	7500	24900	3850×2000×4500	1505	
HSSP—9000/10	9000	10000	150～280						14150	8640	27900	3800×2250×4350	1505	
HSSP—5500/35	5500	35000	139～260						9790	5590	19150	3900×1950×3500	1505	
HSSP—6300/35	6300	35000	139～260						10300	3960	20140	3900×1950×4600	1505	
HSSP—9000/35	9000	35000	300～140	Y，d11					12650	9500	28990	4450×2700×4300	2000	
HSSP—12500/35	12500	35000	340～150	Y，d11					18600	12800	41700	5850×3300×4900	2000	

续表 7-37

型号	额定容量(kVA)	额定电压（V）		连接组标号	阻抗电压（%）	损耗（W）		额定二次电流（A）	串联电抗器		重量（kg）	外形尺寸（mm）（长×宽×高）	轨距（mm）	生产厂
		初级	次级			空载	负载		额定容量（kvar）	电抗压降（%）				
HSK—3000/10	3000	10000	110～220（6级）	D—Y，d0—11	7.9			3333	250					西安恒利变压器有限责任公司
HSK—1800/10	1800	10000	121～210（6级）	D—Y，d0—11				1985						
HGSF—4000/10	4000	10000	982～2000（11级）	D—Y，yn1—0，yl—0				1154.7						
HGS—1600/10	1600	10000	491～1000（11级）	D—Y，yn1—0，yl—0				923.76						
HSK—4200/10	4200	10000	121～240（6级）	D—Y，d—11				$440\sqrt{3}$	320					
HSK—1000/10	630	6000 6300 10000 10500 11000	200，170，116，96	D—Y，d0—11	8～9			1819	120	19				
HSK—1200/10	800							2309	150	19				
HSK—1500/10	1000							2887	190	19				
HSK—1800/10	1250		1210，180，121，104					3437	200	16				
HSK—2000/10	1600							4399	260	16				
HSK—2800/10	2000							5499	320	16				
HSK—3300/10	2500		220，190，127，110					6561	280	11.2				
HSSPK—4200/10	3150							8267	350	11.2				
HSSPK—5200/10	4000	35000	240，210，139，121	D—Y，d0—11	8～9			9623	340	8.5				
HSSPK—6500/10	5000							12028	430	8.5				
HS—1350/6.3	1195	6300	115	Y，d11	10	2900	21800				4965	2650×1490×2380	820	
HS—1250/10	860	10000	740	Y，d11	7～10	3130	16400				5010	1500×650×1710	820	
HS—3200/10				Y，yn0										
HSL—315/0.4	225	400	113		5.7	1103	3839				1315	1615×915×1380	660	
HSL—1250/6		6000												
HSL—1250/6.3		6300		D—Y，y11										

续表 7-37

型号	额定容量(kVA)	额定电压(V)		连接组标号	阻抗电压(%)	损耗(W)		额定二次电流(A)	串联电抗器		重量(kg)	外形尺寸(mm)(长×宽×高)	轨距(mm)	生产厂
		初级	次级			空载	负载		额定容量(kvar)	电抗压降(%)				
HSL—630/10		10000		Y, d11	5.9									西安恒利变压器有限责任公司
HSL—1250/10	860	10000	740		7～10									
HSJ—630/10	630	10000	175～449（18级）	Y—D, y0, d1				908						
HSJ—800/10	800	10000	147～433（18级）	Y—D, y0, d1				1160						
HSJ—1000/10	1000	10000	176～586（18级）	Y—D, y0, d1				1098						
HSJ—1250/10	1250	10000	239～535（18级）	Y—D, y0, d1				1445						
HSJ—1250/6.3	1250	6300	281～748（18级）	Y—D, y0, d1				965						
HSJ—1800/10	1800	10000	72～96（5级）	D, d0				12372						
HSJ—2000/10	2000	10000	281～750（18级）	Y—D, y0, d1				1540						
HSSPZ—12000/35	12000	35000	130～350（15级）	Y, d11	10.1～32	15000	190000				2928	5120×3060×4272	2000	
HS—1000/10	650	10000	98, 116, 170, 200	D—Y, d0—d11	10～11 24～28	2000	10050				4965	2515×1635×3025	820	
HS—1800/10	1250	10000	104, 121, 180, 210	D—Y, d0—d11	9～11 22～26	3700	17000				7450	2805×1865×3303	1070	
HS—3000/10	2200	10000	110, 127, 190, 220	D—Y, d0—d11	8～9 18～22	5530	24240				10880	2850×1945×3495	1070	
HS—4200/10	3200	10000	121, 139, 210, 240	D—Y, d0—d11	7～8 16～22	8150	38000				14310	4155×3155×3605	1505	
HSSP—4200/10	3200	6000	121, 139, 210, 240	D—Y, d0—d11	7～8 16～22	8150	38000				11170	4155×3155×3606	1505	
HSSPK—7200/10	5500	10000	139, 210, 240, 260	D—Y, d0—d11	7～8 14～24	11300	47350				20830	3240×2760×4210	1435	
HSK—1250/6 或 10	1250	6000 6300 10000 10500 11000 (35000)	210, 180, 121, 104	D—Y, d0—11					200		9500	3950×2870×3240	1505×1505	西安西电变压器有限责任公司
HSK—2500/6 或 10	2500		220, 190, 127, 110	D—Y, d0—11					280		13100	4170×3020×3530	1505×1505	
HSK—3150/6 或 10			220, 190, 127, 110	D—Y, d0—11					350		16900	4470×3120×3770	1505×1505	
HSK—4000/10 或 35	4000		240, 210, 139, 121	D—Y, d0—11					340		19500	3835×1930×4100	1505×1505	

续表 7-37

型号	额定容量(kVA)	额定电压(V)		连接组标号	阻抗电压(%)	损耗(W)		额定二次电流(A)	串联电抗器		重量(kg)	外形尺寸(mm)(长×宽×高)	轨距(mm)	生产厂
		初级	次级			空载	负载		额定容量(kvar)	电抗压降(%)				
HSK—5000/10或35	5000	6000 6300 10000 10500 (35000)	240，210，139，121	D—Y，d0—11					430		21000	4500×2000×4100	1505×1800	西安西电变压器有限责任公司
HSK—6300/10或35	6300		260，240，210，139						360		27800	4850×3200×4120	1505×2000	
HSK—8000/10或35	8000		260，240，210，139	D—Y，d0—11					460		35000	5000×3200×4400	2000×1435	
HSSPZ—10000/35	10000	35000 38500	280～240，240～100	D，d0 YN，d11 Y，d11							42600	4800×3500×4800	2000×1435	
HSSPZ—12500/35	12500		314～270，270～116								52600	4500×3835×4840	2000×2000	
HSSPZ—16000/35	16000		353～305，305～137								59200	4700×4200×5300	2000×2000	
HSSPZ—20000/35	20000	110000 35000 38500 121000	392～340，340～158	D，d0 YN，d11 Y，d11 (35kV)级 YN，d11 (110kV级)							70000	5500×4200×5350	2000×2000	
HSFPZ—25000/35	25000		436～380，380～184								93000	6630×4200×5400	(1435×1435)×2000	
HSFPZ—31500/35	31500		489～425，425～201											
HSFPZ—40000/35	40000		547～475，475～223											
HSFPZ—50000/110	50000		610～530，530～250											
HS7—630	630	6000 6300 10000 10500 11000	200，170，116，98	D—Y，d0—11 D—Y，d2—1	24～26(大阻抗) 10～11(小阻抗)			1819						南通友邦变压器有限公司
HS7—800	800							2309						
HS7—1000	1000							2887						
HS7—1250	1250		210，180，121，104		22～24(大阻抗) 9～10(小阻抗)			3437						
HS7—1600	1600							4399						
HS7—2000	2000							5499						

续表 7-37

型　号	额定容量 (kVA)	额定电压（V） 初级	额定电压（V） 次级	连接组标号	阻抗电压（%）	损耗（W） 空载	损耗（W） 负载	额定二次电流（A）	串联电抗器 额定容量（kvar）	串联电抗器 电抗压降（%）	重量（kg）	外形尺寸（mm）（长×宽×高）	轨距（mm）	生产厂
HS7—2500	2500	6000, 6300, 10000, 10500, 11000	220，190，127，110	D—Y，d0—11 D—Y，d2—1	21～23（大阻抗）			6561						
					8～9（小阻抗）									
HS7—3150	3150				19～21（大阻抗）			8267						
					7～8（小阻抗）									
HSK7—630	630	6000, 6300, 10000, 10500, 11000	200，170，116，98	D—Y，d0—11 D—Y，d2—1				1819	120	19				南通友邦变压器有限公司
HSK7—800	800							2309	150	19				
HSK7—1000	1000							2887	190	19				
HSK7—1250	1250		210，180，121，104					3437	200	16				
HSK7—1600	1600							4399	260	16				
HSK7—2000	2000							5499	320	16				
HSK7—2500	2500	6000, 6300, 10000, 10500, 11000	220，190，127，110	D—Y，d0—11 D—Y，d2—1				6561	280	11.2				
HSK7—3150	3150							8267	350	11.2				
HSK7—4000	4000		240，210，139，121		8～9			9623	340	8.5				
HSK7—5000	5000				8～9			12038	430	8.5				
HSK7—6300	6300		260，240，210，139		7～8			13990	360	5.7				
HSK7—8000	8000				7～8			177650	460	5.7				

续表 7-37

型号	额定容量（kVA）	额定电压（V）		连接组标号	阻抗电压（%）	损耗（W）		额定二次电流（A）	串联电抗器		重量（kg）	外形尺寸（mm）（长×宽×高）	轨距（mm）	生产厂
		初级	次级			空载	负载		额定容量（kvar）	电抗压降（%）				
HSZ7—10000	10000	35000 38500	280～240，240～110	D，d0 Y，d11 D，d2 Y，d1 YN，d1	7～8			24056						南通友邦变压器有限公司
HSZ7—12500	12500		314～270，270～116		7～8			26729						
HSZ7—16000	16000	35000 38500 110000 121000	353～305，305～137		7～8			30287						
HSZ7—20000	20000		392～340，340～158	YN，d11 Y，d11 （35kV级） YN，d11 （110kV级） D，d2 Y，d1 YN，d1	6～7 （35kV级） 7.5～8.5 （110kV级）			33962						
HSZ7—25000	25000		436～380，380～184					37984						
HSZ7—31500	31500		489～425，425～201					42792						
HSZ7—40000	40000		547～475，475～223					48619						
HSZ7—50000	50000		610～530，530～250					54467						
HSZ7—63000	63000		673～585，585～277					62176						
HSZ7—80000	80000		760～660，660～310					69982						

续表 7-37

型号	额定容量(kVA)	额定电压(V)		连接组标号	阻抗电压(%)	损耗(W)		额定二次电流(A)	串联电抗器		重量(kg)	外形尺寸(mm)(长×宽×高)	轨距(mm)	生产厂
		初级	次级			空载	负载		额定容量(kvar)	电抗压降(%)				
HSSPZ—3000/35	3000	35000	166—136—115.5	Y，d11	4.4	5560	25320				19510			甘肃宏宇变压器有限公司
HSSPZ—7200/35	5500		270—180—136	Y，d11	7	13500	65500				19500			
HSSPZ—7200/35	5500		270—180—136	Y，d11	7	10100	62000				23000			
HSSPZ—7200/35	5500		270—180—136	Y，d11	7	10100	62000				23000			
HSSPZ—10000/35	10000		300—220—140	Y，d11	7.3	14950	126900				34800			
HSSPZ—10000/35	10000		280—190—100	Y，d11	9	16490	139800				33685			
HSSPZ—12500/35	12500		340—245—150	Y，d11	8.46	16900	146900				41890			
HSSPZ—12500/35	12500		250—214—150	Y，d11	6.38	19600	134000				40400			
HSSPZ—13000/35	9000		300.5—220—139.5	Y，d11	9.25	13000	130500				28525			
HSSPZ—13000/35	9000		300.5—220—139.5	Y，d11	9	20200	132300				28960			
HSSPZ—13000/35	13000		300—220—140	Y，d11	7.06	21000	122200 170600 160700				50180			
HSSPZ—16000/35	16000		353—245—137	Y，d11	7.1	20500	147700				52250			
HSSPZ—16000/35	16000		360—250—140	Y，d11	7.1	20500	147700				52520			
HSSPZ—12500/35	12500		340—245—150	Y，d11	7.5	19000	134400				41890			
HSSPZ—12500/35	12500	110000	314—270—116	YN，d11	7.81	26500	178300				61340			
HSSPZ—15000/110	15000		390—339—152	YN，d11	7.91	22900	179700				58000			
HSSPZ—18000/110	18000		436—380—184	YN，d11	6.6	34330	177700				70360			

表 7-38 电弧炉用各种变压器技术数据（二）

型　号	额定容量（kVA）	二次电压（V）	接　法	配电炉（kg）	重量（kg）	备注	生产厂
HS—3200/10	3200	170～125（4档）	Dy/d—12—11	25000	13500	钢包精练炉用	苏州亚地特种变压器有限公司
HSSP—5500/10	5500	212～150	Dd0	50000	18500		
HSSPZ—20000/35	20000	240～148（有载）	Y，d11	60000	36800		
HS—630/10	630	200～98（4档）	DY/d—12—11	500	4000	电弧炉用（大小阻抗）	
HS—1000/10	1000	200～98（4档）	DY/d—12—11	1000	5500		
HS—1250/10	1250	210～104（4档）	DY/d—12—11	1500	6500		
HS—2000/10	2000	220～110（4档）	DY/d—12—11	3000	9800		
HS—2500/10	2500	220～110（4档）	DY/d—12—11	4000	13500		
HS—3140/10	3150	220～110（4档）	DY/d—12—11	5000	14500		
HSK—800/10	630	200～98（4档）	DY/d—12—11	500	6000	电弧炉用（带串联电抗器）	
HSK—1000/10	800	200～98（4档）	DY/d—12—11	750	7200		
HSK—1250/10	1000	200～98（4档）	DY/d—12—11	1000	8500		
HSK—1800/10	1250	210～104（4档）	DY/d—12—11	1500	9800		
HSK—3000/10	2200	220～110（4档）	DY/d—12—11	3000	12500		
HSK—4200/10	3200	220～121（4档）	DY/d—12—11	5000	16500		
HSK—7200/10	5500	260～121（4档）	DY/d—12—11	10000	24300		

五、生产厂

保定天威集团特变电气有限公司、沈阳变压器有限责任公司、陕西铜川变压器股份有限公司、营口特种变压器有限公司、广西柳州特种变压器有限责任公司、张家港五洲变压器有限公司、西安恒利变压器有限责任公司、西安西电变压器有限责任公司、南通友邦变压器有限公司、甘肃宏宇变压器有限公司、佛山市变压器有限责任公司、苏州亚地特种变压器有限公司。

7.6 炼钢电弧炉变压器

7.6.1 HSJ 型三相电弧炼钢炉用变压器

一、概述

HSJ 型三相电弧炼钢炉用变压器为配套 1.5～10t 三相电弧炼钢炉使用之电源变压器，供户内使用，一般用于碱性或酸性炼钢、冶炼优质钢或合金钢。其冶炼过程分为熔化期，氧化期和还原期 3 个阶段。在熔化期，电炉变压器是将较高的电网电压降到电弧炉所需要的较低的工作电压。此电压加到电弧炉的 3 个电极上，使电极和炉料间形成电弧，产生热量将炉料熔化。在熔化期能量的消耗最大，这时变压器基本上是在超负荷下运行。在氧化期和还原期，炉料已熔化，为了保持炉温，变压器在恒定二次电流降低电压、降低容量情况下运行。

电弧炼钢炉在熔化期经常发生电极短路，在变压器上产生很大的短路电流，给变压器带来极大的危险。为了减少这种威胁，常把短路电流限制在额定电充的3倍以下，即要求变压器二次回路中的总阻抗在30%运行。如果二次回路总阻抗不能满足要求时，则在变压器的一次侧接入电抗器，限制了短路电流，又增进了电弧的稳定性。但在氧化期和还原期，短路的可能性很小，为了提高功率因数，常将一次侧串接的电抗器切除。昆山市特种变压器制造有限公司的该系列产品就针对上述的特殊要求而设计专用三相电弧炉变压器。

二、技术数据

HSJ 系列三相电弧炼钢炉用变压器技术数据，见表 7-39。

表 7-39 HSJ 系列三相电弧炼钢炉用变压器

型号	额定容量（kVA）		额定电压		损耗		阻抗电压（%）	空载电流（%）	连接组别	重量（kg）			外形尺寸（mm）（长×宽×高）			轮距（mm）
	主变	电抗器	高压（kV）	低压（kV）	空载（W）	负载（W）				器身	油	总体				
HSJ—100/0.38	100		0.38	81～140	900	4000	30	9	D—Y/D—12—11	420	220	990	1670	1220	1510	660
HSJ—175/10	175		10	101/175	1200	4600	23	7	D—Y/D—12—11	630	260	1200	1295	1040	1750	660
HSJ—180/0.5	160		0.5	47～74	965	4900	26.2	5.8	D—Y/D—12—11	920	350	1900	1740	1430	1880	660
HSJ—240/10	200		10	110/190	1700	9800	26	4	D—Y/D—12—11	1165		1990	1660	1190	1950	820
HSJ—400/10	350		10	110/190	1950	11000	28	6	D—Y/D—12—11	1550	470	2950	1890	1280	1980	820
HSJ—560/10	500		10	110/190	2260	14200	26	8	D—Y/D—12—11	2100	605	3400	2110	1350	2020	820
HSJ—650/10	600		10	110/190	2440	14600	28.5	6.5	D—Y/D—12—11	2100	690	3710	2150	1370	2100	820
HSJ—750/10	750		10	110/190	2600	18900	26	5	D—Y/D—12—11	2260	880	4100	2595	1500	2650	820
HSJ—800/10	800	50	10	110/190	3000	15800	15.5	5	D—Y/D—12—11	2300	1200	4450	2400	1400	2450	820
HSJ—1000/10	1000	100	10	110/190	2800	18200	18	5.5	D—Y/D—12—11	2500	1300	4700	2680	1620	2520	820
HSJ—1200/10	1200	200	10	110/190	3100	19500	15	6.5	D—Y/D—12—11	3110	1600	5500	2730	1750	2610	1070
HSJ—1500/10	1500	300	10	110/190	3950	21700	12.5	5.5	D—Y/D—12—11	3790	1850	6740	2810	1895	2690	1070
HSJ—1800/10	1800	300	10	121/210	4500	22000	12.5	4.5	D—Y/D—12—11	4600	1940	7890	3050	1980	2770	1070
HSJ—2700/10	2250	450	10	121/210	5950	31000	10.5	4.5	D—Y/D—12—11	4960	2055	8615	3215	2140	2920	1070
HSJ—3150/10	3150	550	10	121/210	6540	33400	12.5	5.5	D—Y/D—12—11	5570	2250	9520	3550	2620	3160	1070
HSJ—4000/10	4000	650	10	121/210	7390	38600	12.5	4.5	D—Y/D—12—11	7255	2530	11700	3710	2880	3325	1070

三、生产厂

昆山市特种变压器制造有限公司。

7.6.2 HS 型炼钢电弧炉变压器

一、概述

炼钢电弧炉变压器是根据电炉炼钢生产对电源的特殊要求而设计制造的专用变压器。用于冶炼优质钢和合金钢，硅酸铝耐火纤维。

二、结构特点

电弧炉变压器除具有普通变压器的特性外，还要满足炼钢工艺特殊要求，有一定超载能力和抗短路机械强度。电弧炉变压器的调节方式分为有载调压和无励磁调压两种。有载调压的电弧炉变压器不带串联电抗器。无励磁调压的电弧炉变压器的结构形式分为带串联电抗器的和不带串联电抗器两种。这两种结构均能在最高二次电压下改变阻抗，前者靠串联电抗器的投入和切除来改变阻抗，而后者则是靠改变电弧炉变压器自身高压绕组联结方式来改变阻抗。

三、技术数据

HS型炼钢电弧炉变压器技术数据，见表7-40。

表7-40 HS型炼钢电弧炉变压器技术数据

型 号	额定容量(kVA)	额定电压		连接组标号	重量（kg）			轮距（mm）(横向×纵向)	外形尺寸（mm）(长×宽×高)
		初级(kV)	次级（V）		器身	油	总体		
HSK—260/0.5	260	0.4	95—110	Yd11	800	420	1600	700×600	1200×800×1450
HSK—280/0.5	280	0.4	95—110	Yd11	840	420	1670	700×600	1200×800×1550
HSK—300/0.5	300	0.4	95—110	Yd11	870	510	1830	700×600	1250×800×1550
HSK—315/0.5	315	0.4	95—110	Yd11	930	560	2180	750×700	1250×870×1580
HSK—360/0.5	360	0.4	110	Yd11	1080	630	2360	800×750	1360×910×1600
HSK—400/0.5	400	0.4	95—190	Yd11	1150	670	2730	800×800	1360×950×1700
HSK—400/6	400	6	105—90—90—75—60.6—52—52—43.3	D—Yd0—11	1360	930	3010	820×820	2150×1230×2200
HSK—630/10	630	10	180	Yyn0	1280	800	2950	820×820	1600×1150×1900
HSZ—800/10	800	10	200—100	Yyn0	1620	830	3260	820×820	2250×1350×2200
HSK—800/10	800	10	200—170—115—98	D—Yd0—11	2250	1600	5250	820×820	2250×1365×2980
HSK—1000/10	1000	10	200—200—170—115—115—98	D—Yd0—11	2510	1790	5800	850×850	2290×1555×3050
HSK—1250/10	1250	10	210—180—180 121—104—104	D—Yd0—11	2850	2150	6880	1050×1050	2700×1760×3100
HSSP—1400/10	1400	10	220—220—190—127—127—110	D—Yd0—11	3300	1850	6800	1050×1050	2700×2050×2800
HSK—1600/10	1600	10	210—210—180—121—121—104	D—Yd0—11	3530	2445	7860	1070×1070	2960×1760×3170
HSSPK—1800/35	1800	35	222—206—190—174—158—128	Yd11	5200	3800	13800	1505×1505	2850×1900×3800
HSZ—2000/6.3	2000	6.3	240—220—180—160—140—120	Yd0—11	4100	2750	9050	1070×1505	3000×2390×2620
HS—2200/10	2200	10	222—220—190—127—110	D—Yd0—11	4530	2800	10000	1070×1070	3250×2550×2900
HS—2500/10	2500	10	240—240—210—170—138—121	D—Yd0—11	5460	3200	11800	1070×1070	3400×2500×3100
HSK—3150/10	3150	10	220—220—170—121—121—98	D—Yd0—11	5795	4150	13450	1505×1505	3440×2375×3800

续表 7-40

型号	额定容量(kVA)	额定电压		连接组标号	重量(kg)			轮距(mm)(横向×纵向)	外形尺寸(mm)(长×宽×高)
		初级(kV)	次级(V)		器身	油	总体		
HSSPK—4000/10	4000	10	240—240—210—138—121	D—Yd0—11	6400	3200	12600	1505×1505	3150×2900×3300
HSSPK—4000/35	4000	35	24b2d0—210—138—138—127	D—Yd0—11	7700	5800	17900	1505×1505	3580×2960×3510
HSSPK—5500/10	5500	10	260—245—232—5—210—150—141.5—134—121	D—Yd0—11	7800	3800	13400	1505×1505	3070×2000×3120
HSSPK—5500/10	5500	10	263—247—5—235—211—152—143—136—122	D—Yd0—11	8140	3860	13850	1505×1505	3100×2000×3120
HSSPK—5500/35	5500	35	260—245—232.5—210—150—141.5—134—121	D—Yd0—11	9800	5500	17700	1505×1505	3650×2100×3570
HSSPK—6300/10	6300	10	2协 260—240—139—150	D—Yd0—11	9000	4015	15500	1505×1050	3100×2100×3400
HSSPK—6300/35	6300	35	260—260—240—210—150—139—121	D—Yd0—11	11330	5300	20000	1505×1505	3570×2200×3660
HSSP—8000/10	8000	10	280—260—230—133—150—162	D—Yd0—11	9300	4600	17000	1505×1505	3300×2200×3400
HSSP—9000/10	9000	10	280—260—220—160—150—127	D—Yd0—11	12200	7640	25000	1505×1505	3800×2250×4200
HSSP—9000/35	9000	35	320—256—233—185—148—135	D—Yd0—11	12600	8400	27500	1505×1505	3900×2700×4500
HSSPZ—10000/35	10000	35	300—140 (19级)	Yd11	13800	9400	30000	2000×2000	4450×2700×4300
HSSPZ—12500/35	72500	35	340—150 (19级)	Yd11	18000	11800	39000	2000×2000	4800×3200×4800
HSSPZ—16000/35	16000	35	360—140 (19级)	Yd11	21500	13000	47000	2000×2000	4550×3300×4900
HSSPZ—20000/35	20000	35	392—158 (19级)	Yd11	27600	15000	53000	2000×2000	4600×3900×5000
HSSPZ—25000/35	25000	35	436—184 (19级)	Dd0	34000	19000	66800	2000×2000	4600×3900×5300
HSSPZ—31500/35	31500	35	489—201 (19级)	Dd0	42240	21700	75600	2000×2000	5000×4000×6000
HSSPZ—40000/35	40000	35	547—223 (19级)	Dd0	39600	25600	88600	2000×2000	5600×4000×6100
HSSPZ—50000/35	50000	35	610—250 (19级)	Dd0	46300	30300	102600	2000×2000	5720×4100×6300
HSSPZ—63000/35	63000	35	673—277 (19级)	Dd0	55200	35800	120000	2000×2000	5850×4200×6500

四、生产厂

江苏苏州变压器有限公司。

7.7 感应炉变压器及配套平衡电抗器

一、用途

HGS、PKD系列感应炉变压器及配套平衡电抗器广泛用于工矿企业中。

二、技术数据

该系列产品的技术数据，见表 7-41。

表 7-41 感应炉变压器及配套平衡电抗器

型　号	额定容量 (kVA)	接　法	二次电压 (V)	配电炉 (kg)	重量 (kg)
HGS—400/10	400	Dy/d—12—11	500～425（二次） 232～197（三次）	750	3400
HGS—500/10	500	Dy/d—12—11	500～425（二次） 232～197（三次）	1000	3800
HGS—630/10	630	Dy/d—12—11	750～638（二次） 288～245（三次）	1500	4750
HGS—1000/10	1000	Dy/d—12—11	1000～850（二次） 381～324（三次）	3000	5600
HGS—1600/10	1600	Dy/d—12—11	1000～850（二次） 333～283（三次）	5000	9000
HGS—2000/10	2000	Dy/d—12—11	2000～981（二次） 679～333（三次）	7000	10500
HGS—3150/10	3150	Dy/d—12—11	2000～1700（二次） 653～554（三次）	10000	11800
PKD—250/1				750	1300
PKD—315/1				1500	1600
PKD—400/1				1500	1800
PKD—630/1				3000	2800
PKD—1000/1				5000	4000
PKD—2000/2				10000	5200
PKD—2500/2				15000	6300

注　1. 二次电压（三次）可根据用户要求。
2. 需强油循环风冷（水冷）在订货时注明。
3. 特殊要求在订货时注明。

三、订货须知

订货时必须提供产品型号、额定容量、变压器接法、初级和次级电压、有载调压范围及其它特殊要求。

四、生产厂

苏州亚地特种变压器有限公司。

7.8 HGSC 环氧浇注干式电炉变压器

一、用途

HGSC 环氧浇注干式电炉变压器适用于电弧炉、矿热炉、感应炉。

二、产品特点

该系列产品能深入负荷中心，减少线损，改善易燃状况，免维护，改善场地环境，可配有载调压。

特殊规格另行设计制造。配有外壳，温控湿显系统、风冷系统。

三、技术数据

该系列产品技术数据，见表 7-42。

表 7-42 HGSC 环氧浇注干式电炉变压器技术数据

型号	额定功率(kVA)	一次电压(kV)	二次电压(V)	接法	配电炉(kg)	重量(kg)	生产厂
HGSC—400/10	400	10	500～425（二次） 232～197（三次）	Dy/d—12—11	750	2500	苏州亚地特种变压器有限公司
HGSC—500/10	500	10	500～425 232～197	Dy/d—12—11	1000	2900	
HGSC—630/10	630	10	750～638 288～245	Dy/d—12—11	1500	3400	
HGSC—1000/10	1000	10	1000～850 381～324	Dy/d—12—11	3000	4800	
HGSC—1600/10	1600	10	1000～850 333～283	Dy/d—12—11	5000	6700	
HGSC—2000/10	2000	10	2000～981 679～333	Dy/d—12—11	7000	8300	
HGSC—3150/10	3150	10	2000～1700 653～554	Dy/d—12—11	10000	9600	

7.9 电石炉用变压器

一、概述

电石炉用变压器适用于冶炼电石电弧炉的供电电源，其冷却方式一般 5000kVA 以下为油浸自冷式，5000kVA 以上的为强油循环水冷却。

二、产品结构

电石炉用变压器的铁芯为心式结构，线圈多为交错排列，低压引线由铜排在箱盖上引出，其调压方式无激磁电动、手动调压，利用开关进行 D—Y 接法的变换，也可进行有载调压。

三、型号含义

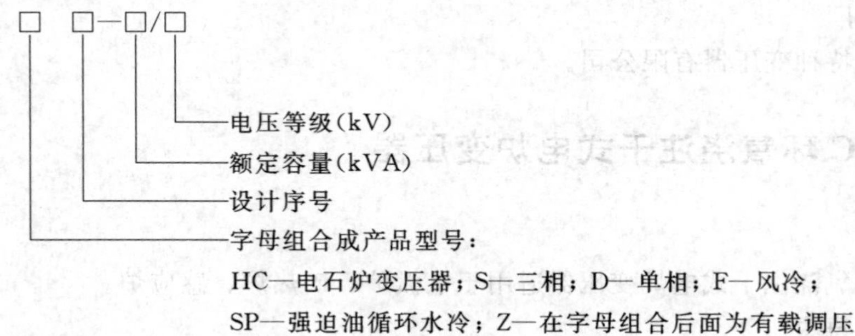

四、技术数据

电石炉用变压器技术数据，见表 7-43。

表 7-43 电石炉用变压器技术数据

型号	额定容量 (kVA)	额定电压 (V)		连接组标号	阻抗电压 (%)	损耗 (W)		空载电流 (%)	重量 (kg)			外形尺寸 (mm) (长×宽×高)	轨距 (mm)	生产厂
		初级	次级			空载	负载		器身	油	总体			
HCSSP—10000/35	10000	35000	156～99（17级）	Y，d11	12～66	14770	116900	1	16000	12153	36000	4397×3020×4932	2000	西安恒利变压器有限责任公司
HCSSP—11500/35	11500	35000	170～138（6级）	D，d0	7.3	17220	135000	0.85	15850	12870	36820	5470×2840×5215	2000	
HCSSP—12500/35	12500	35000	160～130（7级）	D，d0	7～11.5	15800	177000	1.5	17600	11000	67780	5470×2840×4915	2000	
HCSSP—13500/35	13500	35000	162～132（7级）	D，d0	7～10	18665	178750	0.7	19350	12650	40200	5580×2840×4960	1594	
HCSSPZ—16500/35	16500	35000	178～139（7级）	Y，d11	6.5～7.5	24000	18000	2	24400	16650	48100	6000×3160×5250	2000	
HCSSPZ—18000/35	18000	35000	190～120（27级）	D，d0 Y，d11	7	48000	216000	3.5	21700	14470	47270	6000×4200×4904	2000	
HCSSP—3000/10	3000	10000	165～123（7级）	D，d0	6～8	8500	41000	2.5	5680	5920	15350	3640×2410×3446	1505	
HCSSPZ—5000/10	5000	10000	183～140（15级）	D，d0	6～7	11000	78000	2	9152	9944	21560	3935×2900×4320	1435	
HCS7—1000/6	1000	6000	50，55，60	Y，d11	7	2530	15000				4940	2810×1620×2510	1070	
HCS7—1000/6	1000	6000	66.5，70，73.5	Y，d11	7	2530	15000				5450	2760×1540×2580	1070	
HCS7—1800/6	1800	6000	72，78，84，90，96	D，d0	7～9	3400	28000				8820	3530×1740×2590	1070	
HCS7—1000/6.3	1000	6300	71.6，75，78	Y，d11	7～5	3000	16500				4950	2420×1480×2455	1070	
HCS7—1200/6.3	1200	6300	72.5，78，83.5	Y，d11	10	3000	20000				4950	2420×1480×2455	1070	
HCS7—1800/6.3	1800	6300	72，84，96	D，d0	10.5	9000	26000				13690	3200×1760×3700	1070	
HCSL7—400/10	400	10000	65，70，75	Y，d11	8	2400	9400				3020	2070×1210×1895	1050	
HCS7—1000/10	1000	10000	66.5，70，73.5	Y，d11	7	2900	16910				4550	2420×1500×2400	820	
HCS—400/10	400	10000	65，60，55	Y，d11	6	1200	9000		1350	1365	3845	2678×1468×2570	1070	
HCS—1350/10	1350	10000 6300	98，85，80，75，70	D，d0	8	3600	28200	2	3000	2760	8070	2588×1750×3445	1070	
HCSSP—2500/10	1800	10000 6300	92，88，84	D，d0	7～10	5500	32000	5	3665	2300	7315	2700×1460×3250	1070	
HCSSP—2000/10	2000	10000 6300	82，78，75，72，68	D，d0	7～6	5000	30000	1.5	4780	2660	9550	2800×1850×3210	1070	

续表 7-43

型号	额定容量 (kVA)	额定电压 (V)		连接组标号	阻抗电压 (%)	损耗 (W)		空载电流 (%)	重量 (kg)			外形尺寸 (mm) (长×宽×高)	轨距 (mm)	生产厂
		初级	次级			空载	负载		器身	油	总体			
HCSSP—3000/35	2000	35000	105～70（5级）	Y，d11	7.4，5	13150	36400	4	6000	4800	15300	4390×2650×3450	1505	西安恒利变压器有限责任公司
HCSSP—2500/10	2500	10000	100，95，90，87，84	D，d0	6～7	8250	34540	2	5565	3000	10235	2810×1870×3435	1505	
HCSSP—2500/10	2500	10000	88，84，80，76，72	Y，d11	7	7000	35000	2	4910	3770	11350	2810×1870×2035	1050	
HCSSP—3000/10	3000	10000 6300	96，92，88，84，80，76	Y，d11	7～8	8500	64000	2	5950	4200	13380	3110×3470×3470	1055	
HCSSP—3200/35	3200	35000	108，101，95，89，85	Y，d11	7～8	7000	55000	1	6300	4300	13860	3190×2010×3330	1055	
HCSSP—3500/10	3500	10000	106，100，95，89，84	D，d0	7～8	8400	67000	1.5	6530	3940	13550	3020×1810×3515	1050	
HCSSP—3600/10	3600	10000	105，100，95，90，85	D，d0	8.5	8000	46000	3	7160	4840	14890	3050×1920×3700	1505	
HCSSP—5000/35	3600	35000	120～90（5级）	Y，d11	7,11,6	7955	62730	1.13	5800	4340	14040	3000×2186×3444	1505	
HCSSP—5000/10	5000	10000	120～90（5级）	Y，d11	8.63	8030	82770	5	7500	4570	15340	3038×2900×4630	1505	
HCSSP—6000/10	5000	10000	120～90（7级）	Y，d11	11，6	6900	85000	1	7500	4800	15750	2948×1911×3786	1050	
HCSSP—6000/35	5000	35000	120～90（5级）	Y，d11	7～11	11000	80000	1.5	8160	5300	18010	3160×2922×3598	1505	
HCSSP—10000/35	10000	35000	140×112（7级）	D，d0	6.5	18000	110000	1	17600	11000	37780	5354×2840×4915	2000	
HCSSPZ—5000/35	5000	35000										4500×2370×4000	1800	西安西电变压器有限责任公司
HCSSPZ—18000/35	18000	35000	190～112	D，d0										
HCS7—1000/10		10000	95，63.5，70	Y，d0	7	2300	16000				4850	2280×1380×2560	1070	陕西铜川变压器股份有限公司
HCS7—1800/10		10000	72，78，84，90，96	D，d0	8.42	4350	17000				7320	2420×1740×1730	1070	
HCS7—2000/10		10000	75	D，d0	6～7	3700	27000				11860	3100×1760×3300	1070	
HCS7—3000/10		10000	75，80，85，90，95	Y，d11	8～9	5300	47000				10970	4010×3200×3440	1070	

续表 7-43

型号	额定容量(kVA)	额定电压(V)		连接组标号	阻抗电压(%)	损耗(W)		空载电流(%)	重量(kg)			外形尺寸(mm)(长×宽×高)	轨距(mm)	生产厂
		初级	次级			空载	负载		器身	油	总体			
HCS7—4000/10	4000	10000	80，85，90，95，100	Y，d11	12	6200	60000				13030	4280×3230×3600	1050	陕西铜川变压器股份有限公司
HCS7—5000/35	5000	35000	92，98，104，110，116	Y，d11		8100	90000				19300	4280×3480×4330	1050	
HCS—4000/35	3600	35000	84，87，90，93，96	Y，d11	11.5	6200	60000	1	6050	3310	13030	4280×3230×3600	1505	
HCS—5000/35	5000	35000	92，98，104，110，116	Y，d11	9	8100	68100	0.6	8580	5810	19300	4280×3480×4330	1505	
HCSZ—1000/10	1000	10000	90，100，105，110 115，120，130，140	Y，d11	7	2700	19000	2.6	3280	2910	7755	3340×1740×2870	1070	
HCSSP—2000/10	2000	10000	18档 486～750/281～433	D，y11 Y，yn0	6.5	6800	40000	2.9	3950	4430	11600	3340×3120×3240	1070	
HCSSP—2400/10	2400	10000	72，78，84，90，96	Y，d11	11	3500	40000	0.6	4620	1810	6950	2250×1210×1896	1070	
HCS—400/10	400	10000	65，70，75	Y，d11	8	2400	9400	6.5	1595	720	3020	2070×1210×1896	860	
HCS—400/10	400	10000	85，90，95	Y，d11	6.5	1100	6500	0.9	1395	885	2800	2120×1300×2210	820	
HCS—800/6	800	6000 ±5%	55，60，65	Y，d11	7	1670	17000	1.5	2071	1360	4560	2665×1540×2500	1070	
HCS—1000/6	1000	6000	50，55，60	Y，d11	8	2550	17500	2	2470	1550	4940	2810×1620×2510	1070	
HCS—1000/6.3	1000	6300	71.5，75，78	Y，d11	7.5									
HCS—1000/10	1000	10000	66.5，70，73.5	Y，d11	7	2900	16900	3.6	2243	1120	4353	2420×1480×2452	820	
HCS—1000/10	1000	10000	55，63.5，70	Y，d11	7	2300	16000	2	2450	1360	4850	2280×1380×2560	820	
HCS—1000/10	1000	10000 6000	66，73，80，87，94	Y，d11	7～8	2400	15000	1.4	2600	1860	5450	2760×1540×2580	1070	
HCS—1200/6.3	1200	6300	72.5，78，83.5	Y，d11	10	3000	20000	2			4950	2420×1480×2455	1070	
HCS—1800/6	1800	6300 6000	72，84，96	D，d0	10.5	9000	26000	5	6700	4385	13690	3200×1706×3700	1505	

续表 7-43

型号	额定容量 (kVA)	额定电压 (V)		连接组标号	阻抗电压 (%)	损耗 (W)		空载电流 (%)	重量 (kg)			外形尺寸 (mm) (长×宽×高)	轨距 (mm)	生产厂
		初级	次级			空载	负载		器身	油	总体			
HCS—1800/10	1800	10000 6000	76, 80, 84, 88, 92	D, d0	7～9	3400	28000	1.5	4830	2300	8820	2530×1740×2590	1070	陕西铜川变压器股份有限公司
HCS—2000/10	2000	10000	75	D, d0	6～7	3700	27000				11860	3100×1760×3300	1070	
HCS—3000/10	3000	10000	75, 80, 85, 90, 95	Y, d11	8～9	5300	47000	1	5240	2670	10970	4010×3200×3440	1070	
HCS—3600/10	3600	10000	90, 97.5, 105, 112.5, 120	D, d0	7.5～9.5	6000	56000	1	6410	3460	13170	4040×3200×3690	1070	
HCS—5000/10	5000	10000	88, 93, 98, 103, 108, 113, 118	D, d0	12.5	7000	70000	0.5	7861	6390	21722	3995×3850×4170	1475	
HCS—2000/35	2000	35000	68, 73, 78	Y, d11	8.5～9	4700	31000	1.2	4600	2810	9530	2870×3100×3320	1070	
HCS—3000/35	3000	35000	82, 87, 92, 97, 102	Y, d11	9.5	6100	46500	1	5610	3109	12705	4260×3420×3470	1070	
HCS—4000/35	4000	35000	80, 85, 90, 95, 100	Y, d11	10～11	6400	55000	1	7200	4190	14840	4440×3280×3770	1505	
HCS—1000/10	1000	6000 10000	57～73	Y, d11	5～7	3270	21400	3	2210	1940	5900	2480×1525×2600	1070	锦州变压器股份有限公司
HCS—2000/10	2000		67～83	Y, d11	5～7	5500	36000	3	3660	2860	9000	2795×2115×3190	1070	
HCSSP—3150/10	3150		82～98	Y, d11	5～7	7800	51200	3	3890	3025	9995	2900×2235×3320	1070	
HCSSP—5000/10	5000		90～110	Y, d11	5～7	10200	71400	3	6375	3995	13130	3180×2700×4330	1070	
HCSSP—8000/10	8000	35000	108～128	D, d0	6～8	13300	112000	3	9505	5985	17500	3800×2910×4640	1070	

型号	额定容量 (kVA)	额定电压 (V)		连接组标号	额定二次电流 (A)	短路阻抗 (%)	串联电抗器		重量 (kg)			外形尺寸 (mm) (长×宽×高)	生产厂
		初级	次级				额定容量 (kvar)	电抗压降 (%)	器身	油	总体		
带串联电抗器的无励磁调压电石炉变压器	630	6000 6300 10000 10500 11000	200, 170, 116, 98	D—Y d0—11	1819	8～9	120	19					锦州变压器股份有限公司
	800				2309		150						
	1000				2887		190						
	1250		210, 180, 121, 104		3437		200	16					
	1600				4399		260						
	2000				5499		320						

续表 7-43

型号	额定容量(kVA)	额定电压(V)		连接组标号	额定二次电流(A)	短路阻抗(%)	串联电抗器		重量(kg)			外形尺寸(mm)(长×宽×高)	生产厂
		初级	次级				额定容量(kvar)	电抗压降(%)	器身	油	总体		
带串联电抗器的无励磁调压电石炉变压器	2500	6000 6300 10000 10500 11000	220，190，127，110	D—Y d0—11	6561	8～9	280	11.2					锦州变压器股份有限公司
	3150				8267		350						
	4000		240，210，139，121		9623		340	8.5					
	5000				12028		430						
	6300		260，240，210，139		13990		360	5.7					
	8000				17765	7～8	460						
HCS7—1000/10	1000	10000	40～90（5级）						2800	2300	7660	2700×2700×2900	广西柳州特种变压器有限责任公司
HCSJ—1000/10	1000	10000	80～121（5级）						1985	1905	5109	2460×1610×2285	
HCS—1800/10	1800	10000	72～96（5级）						5846	2684	10940	2320×3030×2945	
HCSSPZ—3000/10	3000	10000	90～125（7级）						5454	3800	12500	4335×2450×3150	
HCSSPZ—3600/10	3600	10000	72～116（7级）						5800	3700	12000	4900×2400×3500	
HCS—1250/35	1250	35000	64～170（8级）						2880	1880	6870	4990×1520×2080	
HCSSPZ—1800/35	1800	35000	63～97（10级）						4940	4870	12680	4405×2000×2635	
HCSSP—3000/35	3000	35000	78～98（5级）						5600	2820	10100	3810×2300×2900	
HCSSPZ—3000/35	3000	35000	80～96（8级）						4750	2500	9400	3800×2400×2700	
HCSSPZ—17300/35	17300	35000	137～171（13级）						23000	12000	41000	6840×2680×5260	
HCS—1000/10	1000	10000	96～72（5档）	D，y11							8500		苏州亚地特种变压器有限公司
HCS—1800/10	1800	10000	96～72（5档）	D，y11							11000		
HCS—2400/10	2400	10000	96～72（5档）	D，y11							13500		
HCSSP—3500/35	3500	35000	108～84（5档）	D，y11							14500		
HCSSP—5000/35	5000	35000	120～95（5档）	D，y11							19800		
HCSSP—6300/35	6300	35000	126～100（5档）	D，d0							22100		

7.10 铁合金炉用变压器

一、用途

本系列产品专供冶炼铁合金电源之用。

二、型号含义

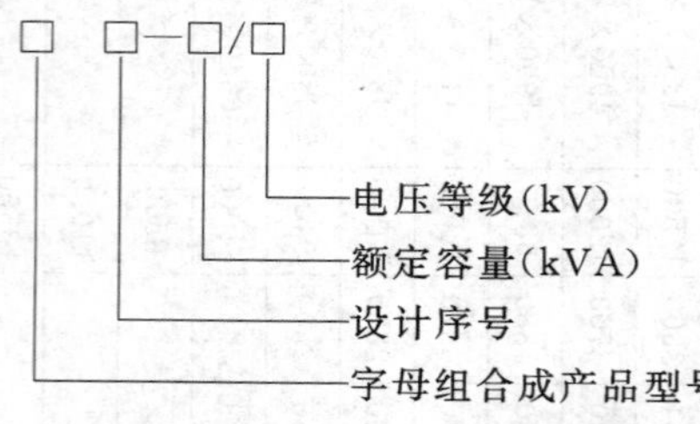

HC—铁石金炉变压器；S—三相；D—单相；F—风冷；

SP—强迫油循环水冷；Z—在字母组合后面为有载调压

三、技术数据

HT 系列铁合金炉变压器技术数据，见表 7-44。

表 7-44　HT 系列铁合金炉用变压器技术数据

型　号	电压组合			短路阻抗(%)	连接组标号	损耗(W)		重量(kg)			外形尺寸(mm)(长×宽×高)	生产厂
	高压(kV)	分接范围	低压(V)			空载	负载	器身	油	总体		
HTSSPZ—14500/35	35	±8×1.25%	170～126	8	Y，d11	22000	156000	19800	16170	45640	6590×4085×5665	保定天威集团特变电气有限公司
HTSSPZ—16500/35	35	±8×1.25%	180～133		Y，d11	35550	150000	28000	15000	57000	7940×4430×5040	
HTSSPZ—40000/110	110	±8×1.25%	190.5～142.3		Y，d11	50000	310000	47000	31000	96000	6685×4485×6190	
HTSSP—5000/35	35		96～116(5级)					6950	6400	15500	4900×2120×3280	广西柳州特种变压器有限责任公司

7.11 HJSSP 型钢包精炼炉变压器

一、概述

钢包精炼炉变压器输出电压较低、电流较大、电弧稳定、电流波动小。为了适应炉况变化，变压器均采用精细有载调压。

钢包精炼炉变压器是根据钢包炉精炼工艺特点而设计制造的专用变压器。

二、技术数据

HJSSP 型钢包精炼炉变压器技术数据，见表 7-45。

表 7-45　HJSSP 型钢包精炼炉变压器技术数据

型　号	额定容量(kVA)	额定电压		连接组标号	重量(kg)			轮距(mm)(横向×纵向)	外形尺寸(mm)(长×宽×高)
		初级(kV)	次级(V)		器身	油	总体		
HJSSP—2000/6	2000	6	185—150(4 级)	Dd0	3050	2250	8000	1070×1070	2100×1620×2590
HJSSP—2200/10	2200	10	180—150(4 级)	Dd0	3600	2900	8300	1070×1070	2350×1780×2600
HJSSP—2400/10	2400	10	200—190—180—115—110—704	D—Yd0—11	3550	2100	9230	1070×1070	2400×1670×2750
HJSSP—2800/10	2800	10	190—175—160—110—101—92.5	D—Yd0—11	5000	2750	10300	1070×1070	2800×1900×3300
HJSSP—3150/10	3150	10	210—150(5 级)	Yd11	5500	3350	10600	1505×1505	2830×1850×3200
HJSSP—3200/35	3200	35	210—195—170—121—112.5—98	D—Yd0—11	6480	4150	14200	1505×1505	3150×1900×3600
HJSSP—4000/10	4000	10	210—155(4 级)	Dd0	6580	4230	13450	1505×1505	3000×2000×3500
HJSSP—4000/35	4000	35	210—129(5 级)	Yd11	7200	4300	1470	1505×1505	3450×1970×3600
HJSSP—5000/10	5000	10	210—195—180—165—121	D—Yd0—11	7030	4300	14500	1505×1505	3200×1950×3400
HJSSP—5500/10	5500	10	215—189—150(6 级)	Dd0	7800	4300	15600	1505×1505	3150×2000×3500
HJSSP—5500/35	5500	35	212—195—155	Yd11	8600	5600	17850	1505×1505	3700×2300×3800
HJSSP—6300/35	6300	35	215—155(5 级)	Yd11	9500	7000	19000	1505×1505	3700×2300×4500
HJSSP—7000/10	7000	10	216—161(5 级)	Dd0	9800	4650	17500	1505×1505	3600×2200×3600
HJSSP—7000/35	7000	35	220—145(6 级)	Yd11	10200	7000	21600	1505×1505	4350×2400×4500
HJSSP—8000/35	8000	35	240—155(6 级)	Yd11	10800	7200	22000	1505×1505	4200×2600×4600
HJSSPZ—9000/35	9000	35	240—223—165(13 级)	Yd11	10300	6500	21500	1505×1505	4120×2450×4100
HJSSPZ—10000/10	10000	10	240—170(9 级)	Dd0	9800	6000	21000	1505×1505	3800×2420×3900
HJSSPZ—12500/10	12500	10	270—225—150(15 级)	6 出	12500	9500	27500	2000×2000	4520×2800×4700
HJSSPZ—14000/35	14000	35	290—260—210(9 级)	Yd11	16400	9600	31900	2000×2000	4520×3200×4700
HJSSPZ—15000/35	15000	35	300—240—150(11 级)	Yd11	17800	10400	37500	2000×2000	4300×3350×4800
HJSSPZ—18000/35	18000	35	345—312—235(11 级)	Yd11	20800	12300	42700	2000×2000	4300×3520×5000
HJSSPZ—25000/35	25000	35	400—325—160(17 级)	Yd11	26100	15000	51400	2000×2000	4700×4200×5000

三、生产厂

江苏苏州变压器有限公司。

7.12　HDZ 系列电渣炉变压器

一、概述

电渣炉用于将普通冶炼方法制成的钢材进行再熔化精炼，普遍采用单相供电。

专供生产航空承钢、高温合金、电阻合金、精密合金和某些有色金属等，还可用来生产大型优质合金钢锭、大型扁锭或板坯及其它特殊的异形铸件等电渣炉电源之用。

二、产品特点

电渣炉变压器均无电抗器。电渣冶金和电弧炼钢不同，当直接用电极加辅助钢屑的方法起弧造渣时，仅在开始阶段有电弧，造渣完毕后就转变为一个基本无弧的电渣过程，这个过程一直延续到熔炼结束，电渣炉电源的变压器需要低的空载电压和小的阻抗电压。电渣炉变压器低压电压要有调压级数。调压方式有：①无励磁无载调压；②有励磁无载调压；③有载调压。不论采用何种调压方式均通过高压线圈上的开关调节。

三、技术数据

HDZ系列电渣炉变压器技术数据，见表7-46。

表7-46 HDZ系列电渣炉变压器技术数据

型号	额定容量(kVA)	额定电压		连接组标号	重量(kg)			轮距(mm)(横向×纵向)	外形尺寸(mm)(长×宽×高)
		初级(kV)	次级(V)		器身	油	总体		
HZD—160/0.5	160	0.4	40	Ii0	500	270	7080	550×820	1120×1150×1150
HZD—250/0.5	250	0.4	45	Ii0	600	340	1260	550×820	1150×1210×1250
HZD—270/0.5	270	0.4	40—45—50	Ii0	650	340	7350	550×820	1150×1300×1300
HZD—315/0.5	315	0.4	45—50—55	Ii0	780	420	1720	550×820	1460×1380×1300
HZDZ—315/10	315	10	60—30(9级)	Ii0	850	635	7940	660×820	2220×1580×2380
HZD—400/10	400	10	60—55—51—47—44	Ii0	1300	690	2960	820×820	2220×1570×2380
HZDZ—500/10	500	10	70—50(9级)	Ii0	1400	710	2900	660×1070	2200×2000×2070
HZD—630/10	630	10	70—40(8级)	Ii0	1450	975	3150	550×1070	2200×2050×2150
HZDZ—630/10	630	10	67—45(9级)	Ii0	1470	975	3200	550×1070	1900×1750×2100
HZDZ—700/10	700	10	70—47(9级)	Ii0	1700	990	3900	550×1070	1780×1800×2160
HZD—700/10	700	10	70—64—56—52—47	Ii0	1750	990	4000	820×1070	2100×1630×2600
HZDZ—700/6.3	700	6.3	70—47(9级)	Ii0	1790	1000	4100	550×1070	1780×1800×2160
HZDZ—800/10	800	10	70—47(9级)	Ii0	1800	1060	4200	550×1070	1780×1880×2160
HZDZ—800/10	800	10	87—60(9级)	Ii0	1880	960	3860	660×1070	2400×2000×2200
HZD—1000/10	1000	10	80—50(9级)	Ii0	2020	1620	5350	660×1070	2470×2250×2350
HTZ—7118/6.3	1118	6.3	260—40(11级)	YaT	2800	2300	7100	1070×1435	2800×2210×2280
HZDZ—1400/6	1400	6	70—45(9级)	Ii0	2400	1400	5000	660×1070	2160×2060×2700
HTZ—7474/6.3	1474	6.3	275—60(11级)	YaT	3200	2450	7650	1070×1430	2950×2210×2430
HZDSPZ—1600/6	1600	6	80—30(24级)	Ii0	4000	2800	9800	820×1070	3800×2050×2850
HZDSPZ—1620/10	1620	10	90—55(8级)	Ii0	2900	2010	7050	660×1070	2500×1750×2850
HZDSPZ—1620/10	1620	10	95—55(27级)	Ii0	3050	4000	10500	820×1070	3370×1920×3500

续表 7-46

型号	额定容量(kVA)	额定电压		连接组标号	重量(kg)			轮距(mm)(横向×纵向)	外形尺寸(mm)(长×宽×高)
		初级(kV)	次级(V)		器身	油	总体		
HZDSPZ—2200/10	2200	10	125—52(27级)	Ii0	4060	5100	13200	820×1505	3400×1980×3600
HZDSPZ—2400/10	2400	10	96—56(18级)	Ii0	4760	5100	13800	820×1505	3400×2050×3600
HZDSPZ—3150/35	3150	35	120—70(27级)	Ii0	5700	4300	14800	1070×1505	3700×2400×4500
HZDSPZ—3400/10	3400	10	130—75(27级)	Ii0	5080	5000	14200	1070×1505	3400×2180×3760

四、生产厂

江苏苏州变压器有限公司。

7.13 矿热炉变压器

7.13.1 HK系列矿热炉变压器

一、概述

HK系列矿热炉用变压器为适于冶炼黄磷、电石、铁合金等矿热炉使用的电源变压器。

二、型号含义

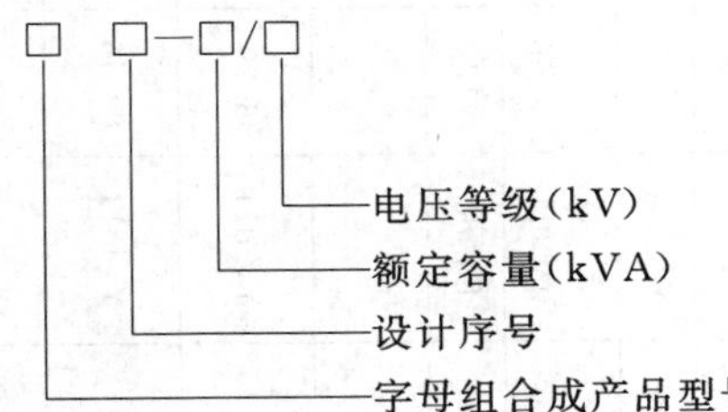

HK—矿热炉变压器；S—三相；D—单相；F—风冷；CKS—电抗器；SP—强迫油循环水冷；Z—在字母组合后面为有载调压

三、技术数据

该系列产品技术数据，见表7-47。

7.13.2 HL、HT、HC系列矿热炉变压器

一、概述

矿热炉是铁合金炉、电石炉、黄磷炉、电熔刚玉炉、碳化硼炉、氰盐炉等各种埋弧炉的总称。

二、产品特点

矿热炉变压器的负载连续、平稳，阻抗电压低，调压级数较多，级差较小过载能力强。可分为有载、无励磁调压两种。一般前几级恒容量输出，后几级恒电流输出。

三、技术数据

HL、HT、HC系列矿热炉变压器技术数据，见表7-48。

表7-47 HK型矿热炉变压器技术数据

型号	额定容量(kVA)	额定电压(V)		连接组标号	阻抗电压(%)	损耗(kW)		空载电流(%)	重量(kg)			外形尺寸(mm)(长×宽×高)	轨距纵向/横向(mm)	生产厂
		初级	次级			空载	负载		器身	油	总体			
HKS—1800/10	1800	10000	90，100，110，120，130	D，d0	9.5	3.4	28	1.5	3935	2250	8010	2600×1724×2740	1070	陕西铜川变压器股份有限公司
HKS—1800/10	1800	10000 6000	121，138，156，173，210，240，270，300	Y—D/d0—11	7	5.2	23.6	2.7	3900	2750	8630	3300×1480×3150	1070	
HKS—5000/35	5000	35000	111，115，119，123，127	Y，d11	8.5	9.95	56	1	8570	5730	19570	4740×3830×4130	1505	
HKS2—400/6.3	400	6300	35～85	Y，d11	4～4.5	1.9	50	3	2425	2425	6130	3160×1820×2590	1435	
HKSSP—1800/10	1800	10000	76，80，84，88，92	D，d0	7～9	3.4	28	1.5	4830	2300	8820	2530×1740×2590	1070	
HKSSP—3000/10	3000	10000	75，80，85，90，95	Y，d11	8～9	5.3	47	1	5240	2670	10970	4010×3200×3440	1070	
HKSSP—3500/10	3500	10000	125，155，185，200，220	D，d0	9	5.6	58.5	0.8	6020	2815	10260	2870×1800×3370	1505	
HKSSP—5000/6.3	5000	6300		Y，d11	10	8.2	60.5				13350	2859×1700×3970	1505	
HKSSP—1800/35	1800	35000	72，78，84，90，96	Y，d11	9	4.1	32.2	1	4440	2410	7660	2550×1750×3320	1475	
HKSSP7—3500/35	3500	35000	200	Y—D d0—11	8.5	4.3	57	0.8	8120	6415	17890	3830×1900×3575	1070/2000	
HKSSP—5000/35	5000	35000	76，80，84，88，92	D，d0	12	8	75	0.5	8130	5700	17000	3280×1900×3950	1470	
HKSP—6300/35	6300	35000							9000	7200	21000	4230×1910×4045	1050/1800	
HKS—400/10	400	10000 6300	95，90，85	Y，d11	6.79	1.17	8.675	2.8	1240	990	3180	2250×1420×2350	1070	西安恒利变压器有限公司
HKS—650/10	650	10000 6300	95，85，75	Y，d11	8～10	1.97	12.76	3	1170	1630	4810	2510×1436×2730	1070	
HKS—1000/10	750	10000 6300	130，120，110，100	D，d0	8.5	3	15.8	2.5	1965	1680	5175	2385×1480×2885	1070	
HKSZ—1000/10	750	10000 6300	130～90（9级）	Y，d11	6.5	3	11	3	2455	1785	5690	2516×1480×2785	1070	

续表 7-47

型号	额定容量(kVA)	额定电压(V)		连接组标号	阻抗电压(%)	损耗(kW)		空载电流(%)	重量(kg)			外形尺寸(mm)(长×宽×高)	轨距纵向/横向(mm)	生产厂
		初级	次级			空载	负载		器身	油	总体			
HKS—800/10	800	10000 6300	115，105，95	Y，d11	8	3	15.7	3	2010	1705	5100	2350×1504×2680	1070	西安恒利变压器有限公司
HKS—1000/10	1000	10000 6300	115～75（8级）	D，d0	12～14	5	15	3	2958	2265	7176	2800×1830×2837	1070	
HKS—1000/10	1000	10000 6300	240～150（8级）	Y，d11	13	5	15	3	2690	2010	6030	2600×1650×2840	1070	
HKS—1250/10	1000	10000 6300	120～80（5级）	Y，d11	8	3.2	18.5	1.5	2267	1768	5545	2530×1485×2825	1070	
HKS—2200/10	2200	10000 6300	210～140（5级）	Y，d11	7～8	7	35	3	4860	2950	10700	3000×1850×3450	1070	
HKSSP—2500/10	2500	10000 6300	215～130（6级）	Y，d0	7	10.5	35	2	4685	2585	9610	2730×1480×3380	1070	
HKS—3000/10	3000	10000 6300	105～90（5级）	Y，d11	8～9	7	42.5	3	6045	2770	12830	3040×1910×3590	1050	
HKS—3000/10	3000	10000 6300	230～150（5级）	Y，d11	7	7.5	45	1.5	5400	3065	10360	2070×1825×3450	1070	
HKSSP3—5000/10	5000	10000 6300	260～150（7级）	Y，d11	7～8	14.5	65	2.5	10500	5320	18330	3380×1870×4270	1505	
HKSSP—6000/10	6000	10000 6300	150～90（7级）	Y，d11	7～8	12	110	2.5	9910	5720	19300	3320×2000×4220	1505	
HKSSP2—6300/35	6300	35000	270～135（15级）	Y，d11	7～8	11.6	85	2.5	11225	9275	25590	4390×2600×4060	2000	
HKSSP—7200/10	7200	10000 6300	139～98（7级）	Y，d11	6～7	18	90	2	11370	5780	22900	3300×2355×4300	1505	
HKSSP2—8300/35	6300	35000	150～102（13级）	Y，d11	8	11	121	1	9230	7000	22500	4055×2695×3980	1505	
HKS—1800/6	1800	6000	173，156，138，121	Y—D，d11	7	4.1	23.6				8630	3300×1480×3150	1505	
HKS—1800/10	1800	10000	300，270，240，210	Y—D，d0	7	4.1	23.6				8630	3300×1480×3150	1505	
HKS—5000/35	5000	35000	111，115，119，123，127	D，d0									1505	

续表 7-47

型号	额定容量(kVA)	额定电压(V)		连接组标号	阻抗电压(%)	损耗(kW)		空载电流(%)	重量(kg)			外形尺寸(mm)(长×宽×高)	轨距纵向/横向(mm)	生产厂
		初级	次级			空载	负载		器身	油	总体			
HKS—5000/35	5000	35000	92, 98, 104, 110, 116	Y, d11	8.5	9.9	56.0				19560	4700×3830×4170	1505	西安恒利变压器有限公司
HKSSP—5000/6.3	5000	6300			10	8.2	60.5				13350	2850×1700×3970	1505	
HKSSP—6300/10	6300	10000	104, 111, 118, 125, 122	D, y11									1505	
HKSSP—5000/35	5000	35000	102, 106, 110, 114, 118, 122, 126, 130, 134, 138	Y, d0										
HKSSP—6300/35	6300	35000	76, 80, 84, 88, 92	D, d0	12	8	75				1700	3280×1900×3950	1475	
HKSSP—3150/10	3150	10000	112～84	Y, d11					4985	4300	12660	4700×2420×2970		保定天威集团特变电气有限公司
HKSSP—4000/35	4000	35000	88	Y, d11		8.128			6545	4525	14950	4455×2685×2950		
HKDZ—5270/10	5270	10000	340～236	I, I0		9	57		7395	6980	20000	5125×3500×3652		
HKSSPZ—6050/6	6050	6000	180～60	Y, d11		15.9	99		15875	6800	28740	8280×3450×4530		
HKSSP7—1800/10	1800	10000	72～96 (5级)						4430	1760	8440	4450×2000×2660		广西柳州特种变压器有限责任公司
HKSSP—3200/10	3200	10000	88～112 (5级)						4504	4580	11400	4335×2415×3200		
HKSSPZ—1800/35	1800	35000	105～160 (7级)						5600	2800	11000	3800×2400×2880		
HKSSP—2500/35	2500	35000	84～108 (5级)						4700	2800	9800	3500×1800×3000		
HKSSP—3200/35	3200	35000	80～115 (7级)						5300	4350	13200	4335×2300×3100		
HKSSP—3200/35	3200	35000	80～115 (8级)						6800	2900	11040	3600×1900×3100		
HKSSP—3600/35	3600	35000	82～98 (5级)						4740	2486	9846	3074×2540×3090		
HKSSP—5000/35	5000	35000	85～120 (8级)						6280	4300	15500	3810×2100×3155		
HKSSPZ—5100/35	5100	35000	214～284 (8级)						9500	5700	17100	4800×2780×3650		
HKSSPZ—6300/35	6300	35000	102～150 (13级)						7500	6500	17200	5400×2350×3660		
HKSSP—7200/35	7200	35000	127～135 (8级)						9150	6780	18700	4850×2360×4250		

表 7-48 HL、HT、HC 系列矿热炉变压器技术数据

型号	额定容量(kVA)	额定电压		连接组标号	重量(kg)			轮距(mm)(横向×纵向)	外形尺寸(mm)(长×宽×高)
		初次(kV)	次级(V)		器身	油	总体		
HLSSP—1000/10	1000	10	80—60(7 级)	Dd0	3200	2300	6580	1070×1070	1600×1300×2500
HTSSP—1250/6.3	1250	6.3	85—58(8 级)	Dd0	3400	2500	7280	1070×1070	1800×1300×2600
HTSZ—1800/6.6	1800	6.6	300—150(15 级)	Yd11	3600	2300	8800	1070×1070	2950×2600×2600
HTSZ—2650/10	2650	10	150—70(9 级)	Dd0	3680	3000	9800	1070×1505	3590×2900×2660
HLSS—3200/10	3200	10	100—84(5 级)	Dd0	5300	3500	12600	1505×1505	3800×1700×2800
HCSS—3200/35	3200	35	96—64(7 级)	Yd11	6960	4100	13800	1505×1505	3800×1700×3500
HCSSP—5000/10	5000	10	124—71(8 级)	Yd11	8600	4300	16200	1505×1505	2650×1800×3000
HCSSP—5000/35	5000	35	124—71(8 级)	Yd11	10400	4800	17600	1505×1505	2860×1950×3600
HLSSP—6000/10	6000	10	130—100(8 级)	Dd0	1.400	6000	20500	1505×1505	2650×1850×3200
HCSSPZ—6000/35	6000	35	134—100(11 级)	Yd11	1.800	6000	21600	1505×1505	2900×2050×3700
HCSSP—6300/35	6300	35	133—100(17 级)	Yd11	10900	5200	18700	1505×1505	3250×2000×3600
HTSSP—6300/35	6300	35	134—100(9 级)	Yd11	10500	6000	19000	1505×1505	3250×2030×3700
HTSFP—8000/35	8000	35	130—98(8 级)	Yd11	13000	7000	23800	1505×1505	3930×2350×3800
HCSSPZ—10000/35	10000	35	156—100(19 级)	Yd11	16500	10000	31000	2000×2000	4200×2830×4200
HCSSPZ—12500/35	12500	35	168—120(19 级)	Yd11	18500	12000	37500	2000×2000	4320×3100×4250
HCSSPZ—12500/10	12500	10	154—108(14 级)	Dd0	17800	9000	32500	2000×2000	4200×2950×4100
HTSSPZ—16500/10	16500	10	160—120(14 级)	Dd0	22500	11700	42800	2000×2000	4200×2900×4500
HCSSPZ—16500/35	16500	35	185—118(27 级)	Dd0	27300	13200	39500	2000×2000	4500×3200×4650
HCSSPZ—20000/35	20000	35	188—112(19 级)	Dd0	27800	14700	42800	2000×2000	4700×3200×4800
HCSSPZ—25000/35	25000	35	195—105(27 级)	Dd0	25300	15900	51000	2000×2000	5200×3250×5100

四、生产厂

江苏苏州变压器有限公司。

7.14 ZUDG、ZUSG 盐浴炉变压器

一、概述

ZUDG (J)，ZUSG (J) 型盐浴炉变压器系列适用于额定功率为 50Hz 的交流线路上作为调节盐浴炉电源电压之用。

二、技术数据

ZUDG、ZUSG 盐浴炉变压器技术数据，见表 7-49。

表 7-49 ZUDG、ZUSG 盐浴炉变压器技术数据

型号	额定容量(kVA)	相数	额定电压(V)		电流(A)		损耗(W)		阻抗电压(%)	空载电流(%)	连接组标号
			初级	次级	高压	低压	空载	短路			
ZUDG—25(J)	25	1	380	12.5	39.6	1250	140	820	8	4	I. I0
				14.8	48						
				17.4	56.8						
				25	79						
				29.6	96						
				34.8	114						
ZUSG—35(J)	35	3	380	6.69	24.6	1400	240	1100	6	6	Y. D—d—11—12
				8.37	30.6						
				10.45	38.5						
				11.6	42.7						
				14.5	53.5						
				18.1	66.7						
ZUSG—50(J)	50	3	380	11.7	43.3	1400	280	1550	7	5	Y. D—y—12—11
				14.7	54.5						
				18	66.6						
				20.4	75.9						
				25.4	94.5						
				31.5	117						
ZUDG—50(J)	50	1	380	11.2	44.2	2315	250	1450	12	5	I. I0
				12.7	63.5						
				14.6	76.8						
				17.3	9.1						
				22.4	132.5						
				25.4	156						
				29.2	173						
				34.6	213.6						
ZUSG—75(J)	75	3	380	11.2	60	2190	350	2000	12	4	Y. D—Y—12—11
				12.6	67.5						
				14.7	86.5						
				17.3	102						
				19.3	114						
				21.9	125						
				25.2	142						
				30	159.5						

续表 7-49

型　号	额定容量(kVA)	相数	额定电压(V)		电流(A)		损　耗(W)		阻抗电压(%)	空载电流(%)	连接组标号
			初级	次级	高压	低压	空载	短路			
ZUSG—100(J)	100	3	380	11.2 12.6 14.7 17.3 19.3 21.9 25.2 30	87.5 98.8 114.5 134.5 152 171 197.5 212.5	2950	450	2600	12	4	Y.D—Y—12—11
ZUSG—150(J)	150	3	380	11.2 12.6 14.7 17.3 19.3 21.9 25.2 30	129.6 147.8 171.8 202.7 226 250 276 318	4460	650	3500	13	3	Y.D—Y—12—11
ZUSG—200(J)	200	3	380	12.6 15 17.3 19.6 21.8 26 30 34	176 209 240 273 304 362 418 462	5500	820	4150	12	2.5	Y.D—Y—12—11
ZUSJ—250	250	3	380	11.5 13.5 15 20 23.5 26	218 256 285 380 447 494	7200	1020	5100	14	2	Y.D—Y—12—11

三、生产厂

江苏苏州变压器有限公司。

7.15 HGS 工频炉变压器

一、概述

工频感应炉直接使用工频电源，利用电磁感应原理熔化金属。广泛用于黑色及有色金属的熔化及各种高牌号的铸铁、可锻铸铁、球墨铁等。

二、结构特点

工频炉变压器负载电源平稳，一般没有过载要求。结构设计特点与同容量电力变压器相类似，只是调压方式、调压范围有异。

三、技术数据

HGS工频炉变压器技术数据，见表7-50。

表7-50 HGS工频炉变压器技术数据

型号	额定容量(kVA)	额定电压		连接组标号	重量(kg)			轮距(mm)(横向×纵向)	外形尺寸(mm)(长×宽×高)
		初级(kV)	次级(V)		器身	油	总体		
HGS—630/10	630	10	440—260,254—150	D—Y Y11—0	1580	1190	3920	820×820	2500×1150×2000
HGS—700/35	700	35	500—480—460—440—420—400—370—340—310	Yd11	1700	1440	4320	820×820	2750×1500×2440
HGS—800/10	800	10	1050—520,606—300	D—Y y11—0	2200	1400	4400	820×820	2560×1500×2250
HGS—1000/10	1000	10	1050—520,606—300	D—Y y11—0	2890	1810	5520	820×820	2580×1900×2700
HGSZ—1000/10	1000	10	1050—1000—950—900—850—800—750—700—650	Dy11	2150	1300	4800	1070×800	2600×1560×2500
HGS—1000/10	1000	10	1050—1000—950—900—750—625—500—400—300	ynd11	1850	940	3840	1070×800	2600×2100×2250
HGS—1600/10	1600	10	1050—520 606—300	D—Y y11—0	3860	1950	6600	820×820	2870×2000×2780
HGS—1600/10	1600	10	500—480—460—440—420—400—370—340—310	Yd11	2550	1500	5650	820×820	2800×1690×2490
HGS—1600/10	1600	10	1046—300(18档)	D—Y y11—0	2950	1670	6200	820×820	2190×1680×2480
HGSZ—1600/10	1600	10	544—270(13档)	Yd11	2800	1600	6000	820×820	2750×1760×2540
HGS—1600/35	1600	35	500—480—460—440—420—400—370—340—310	Yd11	3400	2250	7500	1070×1070	3130×1560×2810
HGSZ—2000/10	2000	10	480—456—432—408—360—321—290—264	Ya0 Yd11	3640	2040	7900	1070×1070	2870×1960×2570
HGSZ—2000/10	2000	10	1030—1000—950—830—710—590—470—350—300	Yd11	4550	3000	9800	1070×1505	2800×2390×2580
HGS—2500/10	2500	10	7050—520,606—300	D—Y y11—0	4730	2080	8000	1070×1070	3000×2150×2830
HGS—3150/10	3150	10	1050—520,606—300	D—Y y11—0	6330	2450	10450	1070×1070	3000×2260×2860
HGS—4200/10	4200	10	7050—520,606—300	D—Y y11—0	7850	3000	13000	1505×1505	3700×2600×3160

四、生产厂

江苏苏州变压器有限公司。

7.16 HS 多晶硅还原炉变压器

一、概述

多晶硅炉变压器是多晶硅还原炉根据硅棒的工艺要求，调整输出电压、电流对硅棒进行加热。

二、结构特点

多晶硅炉变压器输出端采用多绕组结构、调压级数，一般 4～6 级，级差较大，过载能力强输出功率为恒功率，调压范围 100～2000V。

三、型号含义

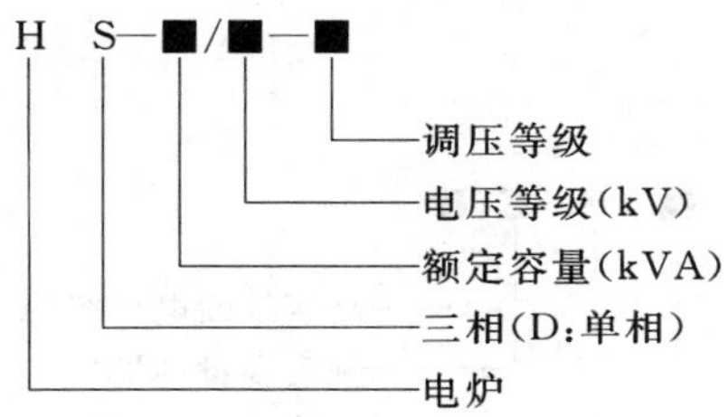

四、技术数据

HS 多晶硅还原炉变压器技术数据，见表 7-51。

表 7-51　HS 多晶硅还原炉变压器技术数据

型　号	额定容量 (kVA)	额定电压		重量 (kg)			外形尺寸 (mm)
		初级 (kV)	次级 (V)	器身	油	总体	(长×宽×高)
HS—350/10—3	350	10	375—1500	1050	520	2264	1905×1625×1975
HS—500/10—4	500	10	375—1700	1420	650	2800	2000×2050×2150
HS—630/10—4	630	10	375—1500	1825	730	3200	2140×1240×2550
HS—1000/10—4	1000	10	280—1800	2112	950	3860	2150×1490×2410
HS—1350/10.35—4	1350	10	250—2000	2340	980	4750	2460×1850×2030
HS—1600/10.35—4	1600	10	240—1600	2680	1150	7185	2420×1920×2365
HS—2280/10.35—8	2280	10	190—1950	4400	2560	9270	2678×2162×2650
HS—2400/10.35—4	2400	10	180—1800	3600	1535	8325	2590×3510×2530
HS—2700/10.35—4	2700	10	240—1700	4500	1990	8325	2660×2555×2645
HS—3400/10.35—4	3400	10	150—1700	5285	2557	10525	3020×3845×3230
HS—3600/10.35—4	3600	10	200—1600	5505	2605	11640	3221×3845×3325
HS—3600/10.35—7	7500	10	182—1950	12500	3800	19500	2900×1950×3500

五、生产厂

宜兴市兴益特种变压器有限公司。

7.17 HDG、HSG 硅钼棒（玻璃电熔）炉变压器

一、概述

硅钼棒（玻璃电熔）炉变压器是宜兴市兴益特种变压器有限公司针对硅钼棒电炉（玻璃电熔炉）配套而设计，适用于电源隔离低压输出的场合。

硅钼棒（玻璃电熔）炉变压器供硅钼棒（玻璃电熔）炉前电源之用。

二、产品特点

硅钼棒电热体的电阻随温度升高急剧增大，开始加热时，电热体的电阻较小，所需电压较低，约为工作电压的1/4～1/3，根据硅钼棒电热体的工作电压及其电阻和温度的正向特性，变压器输出电压采用多抽头的方式来满足加热体在不同温度时需要的工作电压，从而提高电网功率因数。

三、型号含义

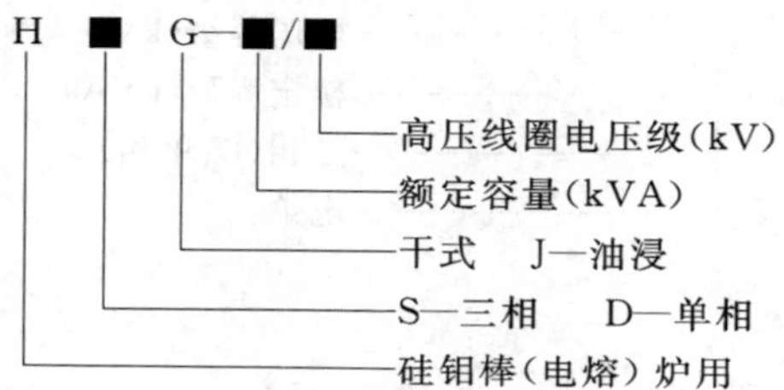

四、技术数据

HDG、HSG 硅钼棒（玻璃电熔）炉变压器技术数据，见表 7-52。

表 7-52 HDG、HSG 硅钼棒（玻璃电熔）炉变压器技术数据

型号	额定容量(kVA)	相数	额定电压（V）		连接组标号	损耗（W）		空载电流(%)	阻抗电压(%)	外形尺寸（mm）(长×宽×高)
			初级	次级		空载	短路			
HDG—10/0.5	10	1	220.380	根据用户要求任意选择	Li0	80	250	3.5	3.5	400×350×530
HDG—12/0.5	12	1	220.380		Li0	85	280	3.5	3.5	400×350×550
HDG—16/0.5	16	1	380		Li0	100	400	3.2	3.5	430×350×550
HDG—20/0.5	20	1	380		Li0	120	450	2.85	3.5	450×380×560
HDG—25/0.5	25	1	380		Li0	130	480	2.8	3.5	450×400×580
HDG—30/0.5	30	1	380		Li0	150	570	2.6	3.5	470×400×600
HDG—40/0.5	40	1	380		Li0	160	620	2.5	3.8	500×400×600
HDG—50/0.5	50	1	380		Li0	180	700	2.5	3.8	530×420×630
HDG—80/0.5	80	1	380		Li0	200	800	2.1	4	620×400×650
HDG—120/0.5	120	1	380		Li0	360	1320	1.8	4	750×420×680
HSG—20/0.5	20	3	380		D，y11	100	460	3.2	3.5	550×320×480
HSG—25/0.5	25	3	380		D，y11	160	640	3.1	3.5	580×350×500
HSG—30/0.5	30	3	380		D，y11	180	720	2.8	3.5	600×380×550

续表 7-52

型号	额定容量 (kVA)	相数	额定电压（V）		连接组标号	损耗（W）		空载电流 (%)	阻抗电压 (%)	外形尺寸（mm） (长×宽×高)
			初级	次级		空载	短路			
HSG—35/0.5	35	3	380	根据用户要求任意选择	D，y11	200	840	2.6	3.5	650×380×550
HSG—40/0.5	40	3	380		D，y11	220	920	2.5	3.5	680×400×580
HSG—50/0.5	50	3	380		D，y11	300	1400	2.1	3.5	750×400×600
HSG—60/0.5	60	3	380		D，y11	340	1600	1.9	3.8	780×400×650
HSG—80/0.5	80	3	380		D，y11	380	1900	1.8	3.8	820×430×680
HSG—120/0.5	120	3	380		D，y11	480	2160	1.6	4	950×450×700
HSG—150/0.5	150	3	380		D，y11	560	2480	1.5	4	1020×500×800
HSG—200/0.5	200	3	380		D，y11	620	2600	1.3	4.5	1100×500×950
HSG—250/0.5	250	3	380		D，y11	820	3560	0.8	4.5	1150×520×1000
HSG—315/0.5	315	3	380		D，y11	920	5200	0.7	4.5	1200×550×1150
HSG—400/0.5	400	3	380		D，y11	1120	6000	0.6	4.5	1300×550×1200
HSG—500/0.5	500	3	380		D，y11	1140	6900	0.58	4.6	1350×580×1250
HSG—630/0.5	630	3	380		D，y11	1450	7100	0.58	4.6	1750×1150×1700
HSG—720/10	720	3	10000		D，y11	1600	7500	0.56	4.6	1820×1300×1850
HSG—850/10	850	3	10000		D，y11	1750	8250	0.56	4.6	1850×1360×1850
HSG—1000/10	1000	3	10000		D，y11	1950	10800	0.56	4.8	2000×1350×2015
HSG—1125/10	1125	3	10000		D，y11	2200	12000	0.56	4.8	2065×1350×2075
HSG—1600/10	1600	3	10000		D，y11	25000	15000	0.54	4.8	2150×1400×2150

五、生产厂

宜兴市兴益特种变压器有限公司。

7.18 ZHDG、ZHSG 硅碳棒（玻璃浮法槽锡）炉变压器

一、概述

硅碳棒（玻璃浮法槽锡）炉变压器是宜兴市兴益特种变压器有限公司针对硅碳棒电炉配套设计，适用于电源隔离。

硅碳棒（玻璃浮法槽锡）炉变压器专供硅碳棒炉（玻璃浮法槽锡）前电源之用。

二、产品特点

硅碳棒加热体在使用过程中，电阻值是随着使用时间的增加而增加的，这种现象叫做老化，棒的老化应视为正常现象，棒老化后会使炉温降低，为了能正常工作，提高硅碳棒的使用寿命，采用调节变压器的输出电压，从而满足硅碳棒的工作电压，调节幅度可达2～3倍。

三、型号含义

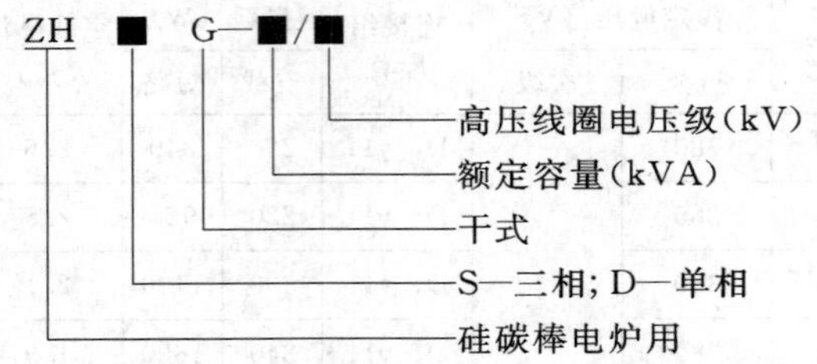

四、技术数据

ZHDG、ZHSG硅碳棒（玻璃浮法槽锡）炉变压器技术数据，见表7-53。

表7-53 ZHDG、ZHSG硅碳棒（玻璃浮法槽锡）炉变压器技术数据

型号	额定容量(kVA)	相数	额定电压（V）		连接组标号	损耗		空载电流(%)	阻抗电压(%)	外形尺寸（mm）（长×宽×高）
			初级	次级		空载(W)	短路(W)			
ZHDG—10/0.5	10	1	220，380	根据用户要求任意选择	I.i0	90	360	3.8	3.5	400×350×560
ZHDG—15/0.5	15	1	220，380		I.i0	110	440	3.8	3.5	420×350×580
ZHDG—20/0.5	20	1	380		I.i0	140	580	3.5	3.5	450×350×600
ZHDG—30/0.5	30	1	380		I.i0	160	670	3.1	4	450×380×650
ZHDG—40/0.5	40	1	380		I.i0	180	810	2.8	4	500×380×700
ZHDG—50/0.5	50	1	380		I.i0	200	900	2.6	4	600×400×700
ZHDG.60/0.5	60	1	380		I.i0	240	1080	2.3	4	650×400×750
ZHDG—80/0.5	80	1	380		I.i0	320	1440	2.1	4	650×420×780
ZHDG—100/0.5	100	1	380		I.i0	360	1620	7.9	4	700×450×800
ZHSG—20/0.5	20	3	380		D,Y11	160	640	4	3.8	570×320×500
ZHSG—30/0.5	30	3	380		D,Y11	220	980	3.6	3.8	630×350×500
ZHSG—35/0.5	35	3	380		D,Y11	280	1160	3.2	3.8	650×350×550
ZHSG—50/0.5	50	3	380		D,Y11	380	1800	2.8	4	680×380×550
ZHSG—80/0.5	80	3	380		D,Y11	480	2160	2.3	4	800×400×550
ZHSG—100/0.5	100	3	380		D,Y11	560	2520	2.1	4	900×400×600
ZHSG—120/0.5	120	3	380		D,Y11	620	3000	1.7	4	950×450×600
ZHSG—150/0.5	150	3	380		D,Y11	700	3500	1.5	4.5	1020×450×700
ZHSG—180/0.5	180	3	380		D,Y11	760	4200	1.5	4.5	1050×500×750
ZHSG—200/0.5	200	3	380		D,Y11	820	5400	7.3	4.5	1050×500×800
ZHSG—250/0.5	250	3	380		D,Y11	920	6000	1.2	4.5	1150×550×900
ZHSG—315/0.5	315	3	380		D,Y11	1120	6800	1.1	4.5	1200×550×950

五、生产厂

宜兴市兴益特种变压器有限公司、江苏苏州变压器有限公司。

7.19 石化专用型低损耗变压器

一、产品结构

S_{10}^{9}—M系列石化专用型低损耗变压器由浙江三变集团生产。

铁芯采用优质的晶粒取向矽钢片，通过德国引进的GEORG矽钢片横剪线剪成45°接缝，叠成多级圆截面，确保低噪音低损耗。

高压线圈采用圆筒式，低压采用圆筒式或箔式，使承受短路和冲击的能力大大提高，磁路分布更加合理。高低压线圈为同心分布，线圈间为薄纸筒小油隙的油隔板结构。

外罩有用优质钢材焊接而成，表面经除锈、磷化处理并喷防腐涂料，能有效防止油污、化学物质的侵蚀。结构外形美观、整体协调、安装简单、维护方便，可广泛适用于户外环境较差场所。

该系列产品的技术标准按IEC76、GB 1094.1～2—1996、GB 1094.3，5—85，其中S9—M系列技术参数符合国家S9型系列变压器标准。S10—M系列变压器的空载损耗平均较S9系列下降21%。

绝缘结构：油浸式电力变压器，A级绝级。

分接开关：±5%或±2.5%的无载调压开关。

二、技术数据

该系列产品技术数据，见表7-54。

表7-54 石化专用型低损耗变压器技术数据

型号	额定容量（kVA）	额定电压（kV）		连接组别	冷却方式	空载损耗（W）	负载损耗（W）	阻抗电压（%）	重量（kg）	
		高压	低压						油	总体
S9—M—315/10F	315					670	3650	4	230	1350
S9—M—400/10F	400					800	4300	4	270	1560
S9—M—500/10F	500					960	5100	4	300	1760
S9—M—630/10F	630					1200	6200	4.5	400	2320
S9—M—800/10F	800					1400	7500	4.5	450	2750
S9—M—1000/10F	1000					1700	10300	4.5	500	3260
S9—M—1250/10F	1250					1950	12800	4.5	550	3460
S9—M—1600/10F	1600	3 6.3 10 ±5%	0.4	Y,yn0 D,yn11	ONAN	2400	14500	4.5	650	4150
S9—M—2000/10F	2000					2520	17800	4.5	1170	6090
S9—M—2500/10F	2500					2970	20700	4.5	1360	6920
S10—M—315/10F	315					540	3460	4	300	1600
S10—M—400/10F	400					650	4080	4	365	1855
S10—M—500/10F	500					780	4840	4	400	2100
S10—M—630/10F	630					920	5890	4.5	435	2330
S10—M—800/10F	800					1120	7120	4.5	500	2770

续表 7-54

型号	额定容量(kVA)	额定电压(kV)		连接组别	冷却方式	空载损耗(W)	负载损耗(W)	阻抗电压(%)	重量(kg)	
		高压	低压						油	总体
S10—M—1000/10F	1000	3 6.3 10 ±5%	0.4	Y, yn0 D, yn11	ONAN	1320	9780	4.5	520	3260
S10—M—1250/10F	1250					1560	11400	4.5	585	3585
S10—M—1600/10F	1600					1880	13770	4.5	665	4700
S10—M—2000/10F	2000					2240	16900	4.5	1210	6900
S10—M—2500/10F	2500					2640	19660	4.5	1420	7840

三、订货须知

订货必须提供产品型号、额定容量、电压组合、调压范围、频率、连接组别、阻抗电压、出线方式及其它要求。

四、生产厂

浙江三变集团有限公司。

7.20 矿用电力变压器

一、用途

KS9系列矿用电力变压器容量为50～630kVA、电压等级6kV及以下，专为矿井配电及电力输送之用。户内装置，如在户外久存必须有防雨水溅入措施。

二、技术数据

该系列产品为油浸式电力变压器，试验偏差及变压器组部件的温升限值均符合国标规定，其技术数据见表7-55。

表7-55 KS9系列矿用油浸式电力变压器技术数据

型号	额定容量(kVA)	空载损耗(W)	负载损耗(W)	空载电流(%)	阻抗电压(%)	型号	额定容量(kVA)	空载损耗(W)	负载损耗(W)	空载电流(%)	阻抗电压(%)
KS9—50	50	170	870	2.0	4	KS9—200	200	470	2600	1.3	4
KS9—63	63	200	1040	1.9		KS9—250	250	560	3050	1.2	
KS9—80	80	250	1250	1.8		KS9—315	315	670	3650	1.1	
KS9—100	100	290	1500	1.6		KS9—400	400	800	4300	1.0	
KS9—125	125	340	1800	1.5		KS9—500	500	960	5150	1.0	
KS9—160	160	390	2200	1.4		KS9—630	630	1150	6200	0.9	4.5

三、生产厂

四川变压器厂。

7.21 KBSG—T 型矿用隔爆型干式变压器

一、概述

由中电电气集团有限公司研制生产的 KBSG—T 型、KBSG1A—T 型矿用隔爆型干式变压器和 KBSGZY—T 型矿用隔爆型移动变电站是采用杜邦 NOMEX 纸、高温油为基础的绝缘系统。壳体采取小截距波纹圆筒整体成型结构，波纹间无焊缝，波纹圆筒盖采取先进的球面结构，大大提高了机械强度，使产品的散热性能提高。产品具有结构紧凑、体积小、重量轻、顶部不积尘、不积水等优点，配套于有甲烷混合气体和煤尘爆炸危险的煤矿井下《矿用隔爆干式变压器》和《矿用隔爆型移动变压器》的隔爆壳体，作为煤矿井下综合机械化采掘机设备的配电设备。

二、型号含义

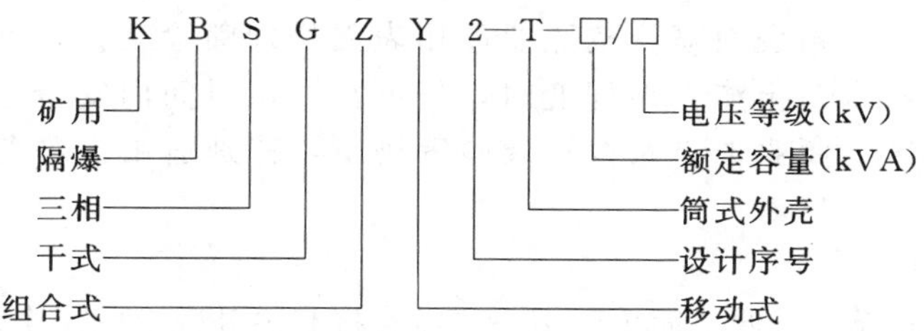

三、技术数据

该产品技术数据，见表 7-56。

表 7-56 KBSG—T 型矿用隔爆型干式变压器技术数据

型号	额定电压（kV）		额定电流（A）		空载损耗（W）	负载损耗（W）	阻抗电压（%）	空载电流（%）	连接组标号
	高压	低压	高压	低压					
KBSG—T—100/10	10±5%	0.69/0.4	5.7	83.3/144.3	700	1200	4.5	3	Y，y0 或 Y，d11
KBSG—T—200/10	10±5%	0.69/0.4	11.5	166.6/288.6	1100	1950	4.5	2.5	
KBSG—T—315/10	10±5%	1.2/0.69	18.1	151.5/262.4	1450	2700	4.5	2.5	
KBSG—T—500/10	10±5%	1.2/0.69	28.8	240.5/416.5	2000	3800	4.5	2	
KBSG—T—630/10	10±5%	1.2/0.69	36.3	303.1/525	2300	4500	5.5	2	
KBSG—T—800/10	10±5%	1.2	41.6	384.9	2500	6000	6	1.5	Y，y0
KBSG—T—1000/10	10±5%	1.2	57.7	481.1	2950	7100	6.5	1.5	

四、生产厂

中电电气集团有限公司。

7.22 地埋式变压器

7.22.1 "顺特"地埋式变压器

一、概述

地埋式变压器（简称地埋变），是一种将变压器、高压负荷开关和保护用熔断器等安装在油箱中的紧凑型组合式配电设施。地埋变安装时置于地坑之中，具有不占用地表空间，可以在一定时间内浸没在水中运行，免维护等特点，在北美地区得到了广泛的应用。我国人口众多，城市人口密度大，采用地理变对于节约城市配电设施占地面积、提高城市土地利用率具有重要意义，因此在城网改造和建设中有广泛应用。

顺特电气有限公司的地埋变是引进美国通用电气公司（GE）的技术设计生产。变压器器身、高压负荷开关、限流熔断器和插入式熔断器放在同一密封油箱之中，体积较小、结构紧凑。地埋变配有油浸式负荷开关，可完成带负荷开断和关合操作。地埋变采用全密封结构，油箱表面喷涂按照船舶用表面处理喷涂工艺标准执行，能抵抗洪水的浸泡，当地坑浸水乃至淹没地埋变时，仍可在一定时间内安全运行。广泛应用于工业园区、居民小区、商业中心及教育设施等场所，特别适用于对高度和占地面积有严格要求的用户。

三、产品特点

(1) 运输和起吊极为方便、简单。用户只需直接起吊外壳上的4个吊耳便能吊起整台地埋变，不需其它吊具。

(2) 采用全绝缘结构，无需绝缘距离，可靠保证人身安全。

(3) 油箱采用16Mn低合金结构钢制造。16Mn综合力学性能，焊接性及低温韧性、冷冲压等性能都非常良好。与Q235—A钢相比，强度提高50%，耐大气腐蚀提高20%～30%，低温冲击韧性也很优越。能有效提高油箱综合机械性能。

(4) 油箱表面喷涂按照船舶用表面处理喷涂工艺标准执行，即钢板打磨后喷涂底漆及面漆，有效地保证了油箱外壳的耐候性。

(5) 采用全密封结构，高低压端子的裸露部分通过优质绝缘密封胶与环境隔离。

(6) 油浸式负荷开关是进口特殊加长型的三相联动开关，具有弹簧操作结构，可完成带负荷开断和关合操作。负荷开关中的二位置开关用于单终端，四位置开关本身具有环网功能，因此地埋变既可运行于环网，又可运行于终端供电方式，转换十分方便，提高了供电的可靠性。

(7) 采用了独特的散热片，保证了散热片的机械强度和散热能力。

(8) 安装后不占用地表面积，不影响观瞻。

(9) 适用于防水、防火的地下电网。

(10) 产品出厂前经过严格的检验，可靠性高。

该产品使用条件：

环境温度：最高＋40℃、最低－45℃、最高月平均温度＋30℃、最高年平均温度＋20℃。

安装环境无爆炸性、腐蚀性气体，安装场所无剧烈震动冲击，允许在一定时段内部分或全部浸没在水中运行。

地震引发的地面加速度：水平方向低于 3m/s^2，垂直方向低于 1.5m/s^2。

倾斜度<3°。

三、型号含义

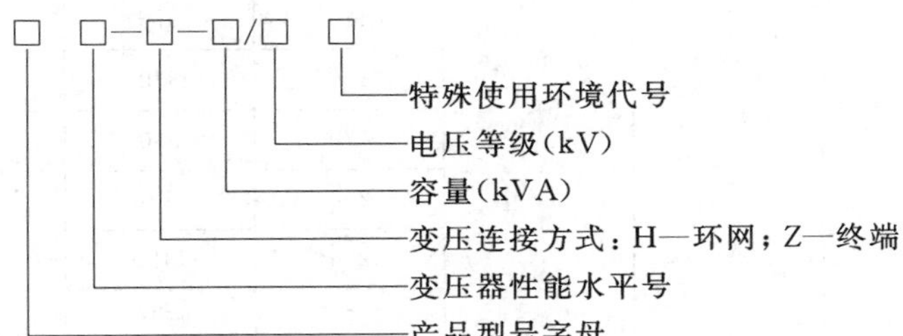

地埋式变压器产品型号字母排列及含义：

分类	含义		代表字母	分类	含义	代表字母
型式	地埋式变压器	共箱式	DG	低压导线材质	铜线	—
		分箱式	DF		铜箔	B
相数	单相		D		铝箔	LB
	三相		S	铁芯材质	硅钢片	—
绝缘油	矿物油		—		非晶合金	H
	难燃油		R			

例如 DGSB10—H—500/10 表示用矿物油、铁芯为硅钢片、高压环网结构的 10 系列 500kVA 三相 10kV 地埋式变压器。

四、技术数据

(1) 额定电压（kV）：高压侧 10，低压侧 0.4。

(2) 最高工作电压（kV）：高压侧 12。

(3) 额定容量（kVA）：30～2500。

(4) 额定电流（元件）（A）：高压侧 5～630，低压侧 50～4000。

(5) 短时耐受电流（kA）：高压侧 12.5，低压侧 15～75。

(6) 额定短时耐受时间（s）：高压侧 2，低压侧 1。

(7) 峰值耐受电流（kA）：高压侧 31.5，低压侧 30～165。

(8) 工频耐压（kV）：高压侧 35，变压器 35，低压侧 5。

(9) 雷电冲击耐压（kV）：高压侧 75，变压器 75。

(10) 高压限流熔断器额定开断电流（kA）：高压侧 50。

(11) 噪声水平（dB）：≤48。

(12) 额定频率（Hz）：50。

(13) 空载损耗、负载损耗、空载电流、短路阻抗等技术数据，见表 7-57。

表 7-57 10系列地埋式变压器技术数据

额定容量 (kVA)	电压组合 (kV)		连接组标号	空载损耗 (W)	负载损耗 (W)	空载电流 (%)	短路阻抗 (%)
	高 压	低 压					
10	6 6.3 10 10.5 11	0.23 0.4 0.69	D，yn11 (Y，yn0 Y，zn11)	55	270	2.1	4
20				85	450	2.0	
30				110	570	1.9	
50				150	820	1.8	
63				170	980	1.7	
80				200	1180	1.6	
100				230	1420	1.5	
125				270	1710	1.4	
160				310	2090	1.3	
200				370	2470	1.2	
250				450	2890	1.1	
315				540	3460	1.0	
400				650	4080	0.9	
500				780	4840	0.9	
630				920	5890	0.8	4.5
800				1120	7120	0.7	
1000				1320	9780	0.6	
1250				1560	12200	0.5	
1600				1880	13800	0.5	
2000				2240	16500	0.4	
2500				2640	19200	0.4	

五、外形及安装尺寸

地埋式变压器外形及安装尺寸，见表7-58及图7-2。

表 7-58 地埋式变压器外形尺寸

单位：mm

额定容量 (kVA)	H_1	H_2	W_1	W_2	L_1
30～125	1325	1575	1325	1445	900
160～500	1435	1688	1495	1615	1035
630～1000	1470	1725	1670	1790	1140
1200～1600	1435	1690	1725	1845	1205

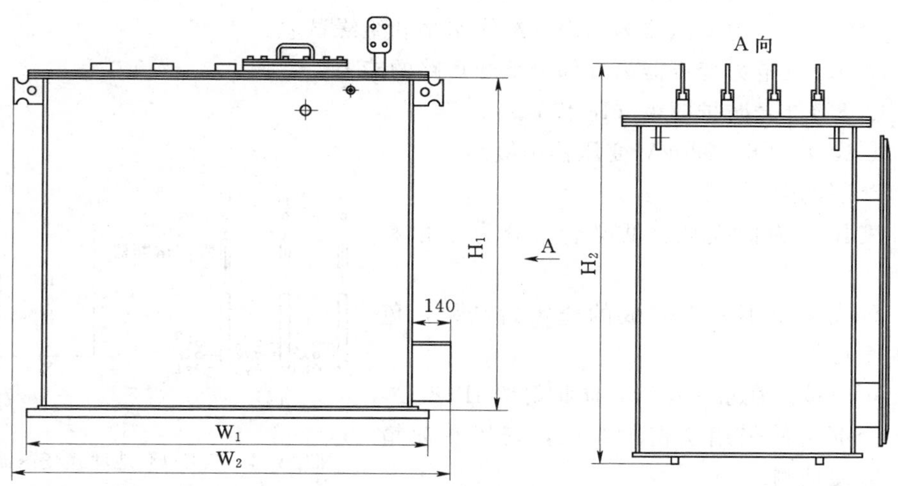

图 7-2 地埋式变压器外形尺寸

六、订货须知

订货时必须提供产品容量、高低压额定电压、相数、分接范围、短路阻抗、连接组别、空载和负载损耗、绝缘油、高压单元（供电方式中环网、双电源、终端、环网额定电流、进线电缆截面)、功能件选项（高压带电显示、高压短路故障显示、高压避雷器）及其它特殊要求。

七、生产厂

顺特电气有限公司。

7.22.2 “亚地”S11—M—D 型地埋式变压器

一、概述

苏州亚地特种变压器有限公司 S11—M—D 型地埋式变压器为全密封油浸式，将变压器器身和高压保护用熔断器设计安置在油箱内。变压器选用 CEEYTGZ 一体式高压套管座，配用 CEEZT 分离插拔式电缆接头，选用新型高可靠、外拔插入式限流熔断器，以及无励磁调压分接开关、低压套管、压力释放阀等成套装置，必要时可以加装高压负荷开关和油位计、温度计等组件。

地埋式变压器可以节约地面空间，避免影响市容，可安装在电缆沟旁和检修明沟旁，地坑采用水泥砖砌成或埋入式非金属地坑，特别适用于小区、工业开发区、高速公路、高架道路、桥梁、隧道、机场、港口、广场等场所的照明系统，或者缺少空间的闹市和市区道路改造，以及施工工地等临时用电。

该产品使用条件：海拔不超过 1000m，最高气温＋40℃，最高日平均气温＋30℃，最低气温－25℃。

该产品执行标准：

GB 1094.1《电力变压器第一部分总则》。

GB 1094.2《电力变压器第二部分温升》。

GB 1094.3《电力变压器第三部分绝缘水平和绝缘试验》。

GB 1094.5《电力变压器第五部分承受短路的能力》。

GB 4208《外壳防护等级（IP代码）》。

GB/T 10088《6—220kV变压器声级》。

二、产品特点

(1) 变压器为低损耗、低噪音，分为三相和单相两种。

(2) 外壳用全不锈钢制成的全密封结构，免维护，安全可靠。

(3) 可直接浸在水中运行，防护等级IP68。

(4) 全部组件采用全密封结构，安置在油箱面盖上，方便检测。

(5) 高压限流熔断器采用外拔插入式，方便检查，便于更换。

(6) 系统安置方便、快捷。

(7) 最为安全的工作环境。

(8) 变压器配套非金属地坑，重量轻，施工、安装方便。

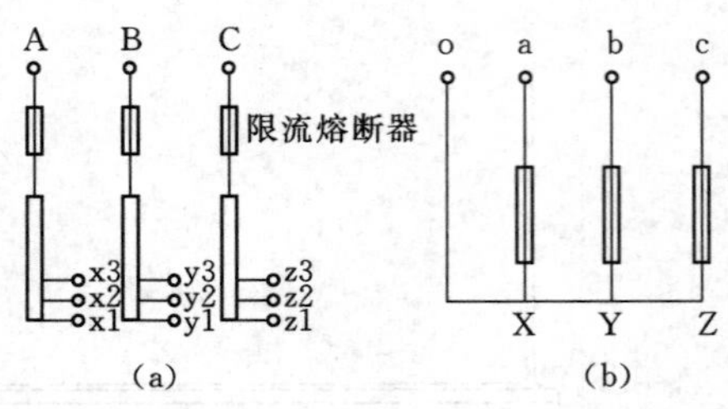

图7-3 “亚地”地埋式变压器高、低压接线原理图

(a) 高压接线；(b) 低压接线

三、高、低压接线原理

该产品高压接线、低压接线原理，见图7-3。

四、外形结构

该产品外形结构，见图7-4。

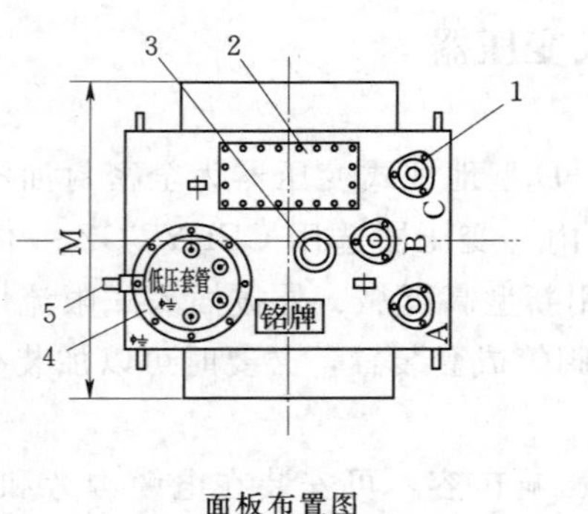

面板布置图

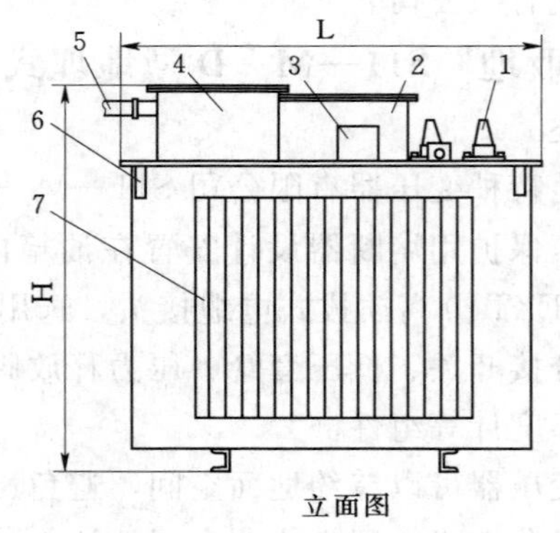

立面图

图7-4 “亚地”地埋式变压器外形结构

1—高压电缆插件；2—高压熔断器密封舱；3—分接开关；4—低压端子密封舱；5—低压电缆；6—变压器起吊环；7—散热片

五、技术数据

“亚地”S11—M—D型地埋式变压器技术数据，见表7-59。

表 7-59 "亚地"S11—M—D型地埋式变压器技术数据

型号	额定容量(kVA)	电压组合(kV)		高压分接范围	连接组标号	空载损耗(W)	负载损耗(W)	空载电流(%)	阻抗电压(%)	外形尺寸(mm)(长×宽×高)	重量(kg)	
		高压	低压								油	总体
S11—M—D—30/10	10	6 10	0.4	±2.5% 或 ±2×2.5%	D,yn11 Y,yn0	100	700	1.20	4 4.5	900×900×950	151	500
S11—M—D—50/10	50					130	870	1.12		900×900×950	160	610
S11—M—D—63/10	63					150	1040	1.08		1000×900×1000	195	720
S11—M—D—80/10	80					180	1250	1.04		1000×1000×1100	247	850
S11—M—D—100/10	100					200	1500	0.96		1100×1000×1150	290	910
S11—M—D—125/10	125					240	1800	0.88		1300×1000×1200	299	1180
S11—M—D—160/10	160					280	2200	0.8		1500×1000×1300	308	1350
S11—M—D—200/10	200					340	2600	0.7		1500×1100×1600	331	1530
S11—M—D—250/10	250					400	3050	0.6		1500×1100×1600	365	1690
S11—M—D—315/10	315					480	3650	0.4		1600×1100×1700	400	2010
S11—M—D—400/10	400					570	4300	0.4		1600×1100×1700	453	2150

六、安装尺寸

该产品安装地坑尺寸，见表 7-60 及图 7-5。

表 7-60 地埋式变压器安装地坑尺寸

型号	容量(kVA)	地坑尺寸(mm)		
		DL	DW	DH
S11—M—D—30/10	30	1400	1400	1200
S11—M—D—50/10	50			
S11—M—D—63/10	63	1500	1500	1350
S11—M—D—80/10	80			
S11—M—D—100/10	100	1600	1500	1400

型号	容量(kVA)	地坑尺寸(mm)		
		DL	DW	DH
S11—M—D—125/10	125	2000	1500	1550
S11—M—D—160/10	160			
S11—M—D—200/10	200	2000	1500	1850
S11—M—D—250/10	250			
S11—M—D—315/10	315	2200	1500	1950
S11—M—D—400/10	400			

注 以上尺寸为推荐值，客户应根据变压器进出电缆及配套设备的安装方式和要求适当调整尺寸。

七、生产厂

苏州亚地特种变压器有限公司。

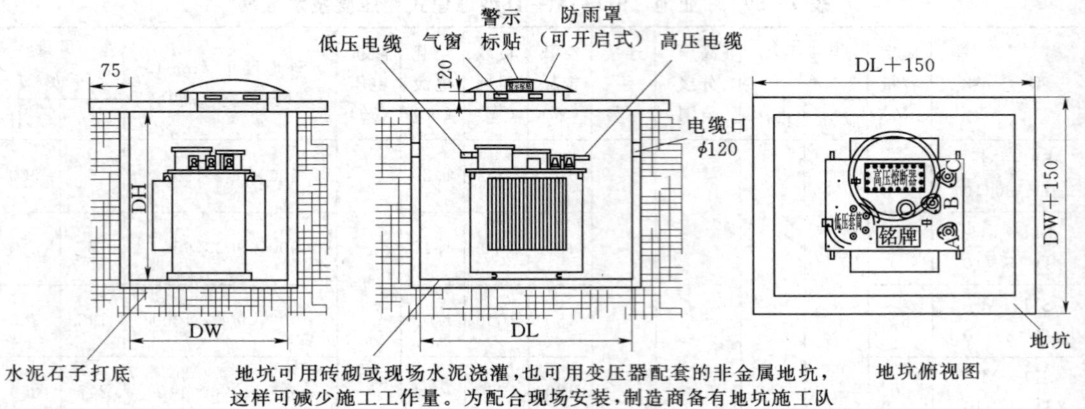

图7-5 “亚地”地埋式变压器安装地坑尺寸

7.23 接地变压器

7.23.1 DKSC系列干式接地变压器

一、概述

DKSC系列接地变压器为中性点接地变压器，用于输变电系统，能有效地保护电力设备，阻止事故发展，提高电网质量。

该产品为干式接地变压器，冷却方式为AN或AF，供户内使用。

二、型号含义

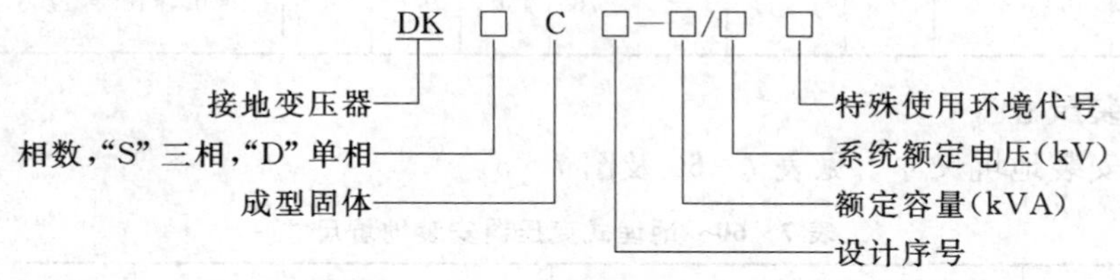

三、技术数据

（1）各项技术指标符合GB 10229、IEC 289、ZBK 41003、SBK/QB 0005等标准的规定。

（2）绝缘水平：雷电冲击电压60、75、185kV；短时交流电压25、35、85kV。

（3）带二次绕组的接地变压器的一次分接范围为±5%或±2×2.5%。

（4）连接组别：不带二次绕组的接地变压器为ZN，带二次绕组的接地变压器为ZN，yn1或ZN，yn11。

（5）技术数据，见表7-61。

四、外形及安装尺寸

该产品外形及安装尺寸，见图7-6。

表 7-61 DKSC 系列干式接地变压器技术数据

型号	额定容量（kVA）	额定电抗率（%）	额定电抗（Ω）	损耗（W）		空载电流（%）	阻抗电压（%）	重量（kg）	外形尺寸（mm）										生产厂
				空载	负载（120℃）				a	b	c	d/e	f1	f2	g	h	i	k	
DKSC—200/6.3	200/50	3.5	6.93	540	500	1.8	3.97	880	1360	850	1085	660/660	990	1054	273	326	300	150	顺特电气有限公司
DKSC—200/6.3	200/80	2.05	4.07	760	700	1.8	3.28	1060	1420	850	1175	660/660	1080	1140	295	369	400	150	
DKSC—315/6.3	315/50	3.43	4.32	560	380	1.6	1.95	930	1220	850	1185	660/660	1090	1154	289	337	270	200	
DKSC—400/6.3	400/400	0.9	0.9	1650	3110	1.6	3.92	2140	1570	1070	1609	660/660	1465	1529	319	411	300	200	
DKSC—415/6.3	415/100	3.7	3.54	770	710	1.6	4.01	1390	1450	850	1245	660/660	1150	1214	289	365	300	150	
DKSC—160/6.6	160/40	2.5	6.81	560	320	1.8	2.27	850	1330	850	1125	660/660	1030	1095	289	360	250	150	
DKSC—315/6.6	315/50	3	4.15	590	330	1.6	1.62	1000	1220	850	1255	660/660	1160	1224	289	337	270	200	
DKSC—200/10.5	200/80	4.04	22.2	500	960	1.8	6.08	1200	1390	850	1286	660/660	1191	1255	264	321	300	150	
DKSC—250/10.5	250/125	2.18	9.61	740	1350	1.8	4	1200	1380	850	1240	660/660	1145	1209	296	371	300	150	
DKSC—250/10.5	250/50	4.8	21.2	640	360	1.8	3.89	1100	1420	850	1251	660/660	1156	1220	272	352	300	150	
DKSC—300/10.5	300/100	2.65	9.72	690	950	1.6	3.93	1170	1330	850	1300	660/660	1205	1297	287	361	300	150	
DKSC—315/10.5	315/100	2.78	9.72	690	960	1.6	3.93	1170	1330	850	1315	660/660	1220	1284	287	361	300	150	
DKSC—315/10.5	315/100	2.74	9.61	760	760	1.6	3.96	1280	1420	850	1255	660/660	1160	1224	288	364	300	150	
DKSC—315/10.5	315/65	4.26	14.9	640	470	1.6	3.96	1170	1450	850	1135	660/660	1040	1104	279	355	300	150	
DKSC—315/10.5	315/80	1.29	6.04	940	580	1.6	1.43	1200	1280	850	1320	660/660	1205	1265	306	354	270	200	
DKSC—350/10.5	350/100	2.3	7.2	900	610	1.6	2.48	1460	1420	850	1285	660/660	1270	1334	303	374	300	150	
DKSC—350/10.5	350/50	2.82	8.88	740	300	1.6	1.89	1320	1450	850	1230	660/660	1135	1199	295	419	300	150	
DKSC—400/10.5	400/10	3.1	8.41	760	20	1.6	0.35	1250	1420	850	1210	660/660	1115	1179	293	369	300	200	
DKSC—400/10.5	400/10	3.1	8.41	760	20	1.6	0.35	1250	1420	850	1210	660/660	1115	1179	293	369	300	200	
DKSC—400/10.5	400/100	3.3	9.08	750	730	1.6	3.95	1400	1480	850	1220	660/660	1125	1189	293	369	300	150	
DKSC—400/10.5	400/100	2	5.5	990	720	1.6	2.33	1430	1450	850	1295	660/660	1200	1264	305	369	300	150	

续表 7-61

型号	额定容量（kVA）	额定电抗率（%）	额定电抗（Ω）	损耗（W）		空载电流（%）	阻抗电压（%）	重量（kg）	外形尺寸（mm）										生产厂
				空载	负载（120℃）				a	b	c	d/e	f1	f2	g	h	i	k	
DKSC—400/10.6	400/100	4.24	3.56	750	680	1.6	3.98	1400	1480	850	1246	660/660	1131	1235	268	381	300	240	顺特电气有限公司
DKSC—400/10.5	400/200	2.77	7.64	920	1630	1.6	5.93	1740	1540	1070	1455	660/660	1340	1404	302	365	340	200	
DKSC—400/10.5	400/200	2.03	5.59	1050	1800	1.6	3.9	1490	1450	850	1431	820/820	1336	1400	316	373	330	150	
DKSC—400/10.5	400/250	2.54	7	930	2570	1.6	6.12	1730	1480	850	1450	660/660	1335	1479	284	358	290	240	
DKSC—400/10.5	400/250	1.68	4.63	1130	2380	1.6	4.06	1820	1450	850	1620	660/660	1385	1649	280	378	250	200	
DKSC—400/10.5	400/400	1.47	4.05	1290	4140	1.6	6.13	2100	1560	850	1470	660/660	1355	1479	291	387	300	200	
DKSC—400/10.5	400/50	4.2	11.7	770	230	1.6	2.05	1340	1480	850	1226	660/660	1131	1195	293	398	300	150	
DKSC—400/10.5	400/80	4.2	11.7	610	560	1.6	3.83	1280	1390	850	1300	660/660	1205	1269	283	365	300	150	
DKSC—450/10.5	450/100	1.8	4.43	1230	560	1.6	1.62	1530	1480	850	1370	660/660	1275	1339	317	359	300	150	
DKSC—450/10.5	450/100	2.52	6.19	1000	610	1.6	2.46	1480	1510	1070	1365	820/820	1246	1310	305	393	340	150	
DKSC—460/10.5	460/100	4.06	9.73	770	700	1.6	4	1410	1450	850	1245	660/660	1150	1214	289	381	300	150	
DKSC—500/10.5	500/160	2.47	5.46	1000	1270	1.4	2.99	1660	1380	850	1560	660/660	1465	1529	313	365	250	150	
DKSC—500/10.5	500/160	2.94	6.49	950	1240	1.4	3.98	1650	1510	850	1415	660/660	1320	1384	309	376	300	150	
DKSC—500/10.5	500/315	1.42	3.13	1390	2460	1.4	3.97	2210	1570	1070	1504	820/820	1360	1424	299	386	300	200	
DKSC—630/10.5	630/160	3.85	6.73	890	1170	1.4	3.99	1950	1541	850	1515	660/660	1400	1400	278	386	300	150	
DKSC—630/10.5	630/250	2.51	4.4	1170	1930	1.4	4.05	2065	1480	850	1630	660/660	1515	1659	287	381	290	240	
DKSC—630/10.5	630/315	1.8	3.16	1490	2170	1.4	4.02	2350	1630	1070	1589	820/820	1445	1569	323	409	340	200	
DKSC—800/10.5	800/200	3.58	4.94	1230	1120	1.2	3.87	2280	1670	1070	1605	820/820	1510	1574	309	430	300	200	
DKSC—800/10.5	800/315	3.18	4.38	1350	2280	1.2	6.25	2600	1770	1070	1622	820/820	1480	1602	304	396	350	200	
DKSC—1250/10.5	1250/315	2.81	2.48	1710	1520	1.2	2.99	3290	1680	850	1591	660/660	1476	1541	320	414	360	270	
DKSC—260/11	260/80	2.93	13.6	660	660	1.8	3.97	1130	1390	850	1205	550/660	1110	1174	279	355	300	150	

续表 7-61

型号	额定容量(kVA)	额定电抗率(%)	额定电抗(Ω)	损耗(W)		空载电流(%)	阻抗电压(%)	重量(kg)	外形尺寸(mm)										生产厂
				空载	负载(120℃)				a	b	c	d/e	f1	f2	g	h	i	k	
DKSC—630/11	630/400	1.45	2.78	1350	2640	1.4	4.01	2430	1600	1070	1529	820/820	1385	1509	342	414	300	200	顺特电气有限公司
DKSC—100/6	100	2.60	9.4	360	1720	1.8		580	1110	740	1006	550/550	1000			327	270		
DKSC—630/6	630	2.48	1.42	1070	5920	1.4		1560	1390	850	1350	660/660	1235			371	310		
DKSC—200/6.3	200	1.92	3.81	660	3190	1.8		770	1150	740	1220	550/550	1125			363	300		
DKSC—315/6.3	315	2.03	2.56	780	3900	1.6		1000	1200	740	1230	550/550	1135			346	300		
DKSC—500/6.3	500	2.56	2.03	880	5720	1.4		1190	1270	850	1245	660/660	1150			360	300		
DKSC—160/10.5	160	2.42	16.7	530	2460	1.8		760	1175	740	1140	550/550	1045			354	280		
DKSC—200/10.5	200	2.52	13.9	570	2580	1.8		900	1240	850	1110	660/660	1015			360	300		
DKSC—250/10.5	250	2.02	8.92	780	3070	1.6		940	1270	850	1175	660/660	1080			373	270		
DKSC—315/10.5	315	2.34	8.2	730	3750	1.6		1000	1240	850	1250	660/660	1155			367	300		
DKSC—315/10.5	315	2.34	8.2	750	3750	1.6		990	1240	850	1250	660/660	1155			418	300		
DKSC—315/10.5	315	2.16	7.57	800	3560	1.6		1050	1240	740	1310	550/550	1215			344	300		
DKSC—315/10.5	315	2.16	7.57	800	3560	1.6		1160	1240	740	1310	550/550	1215			344	300		
DKSC—400/10.5	400	2.44	6.73	870	4800	1.6		1050	1290	850	1280	660/660	1185			350	270		
DKSC—420/10.5	420	2.55	6.69	820	5310	1.6		1150	1270	850	1325	660/660	1230			372	300		
DKSC—500/10.5	500	1.91	4.21	1080	5460	1.4		1350	1330	850	1311	660/660	1216			366	280		
DKSC—500/10.5	500	4.01	8.83	640	6840	1.4		1200	1280	850	1370	660/660	1275			335	280		
DKSC—500/10.5	500	0.74	1.63	1750	2160	1.4		2050	1390	850	1650	660/660	1535			411	300		
DKSC—600/10.5	600	1.53	2.81	1440	5020	1.4		1750	1420	850	1455	660/660	1340			409	305		
DKSC—630/10.5	630	1.61	2.82	1450	5740	1.4		1780	1420	850	1455	660/660	1340			409	305		
DKSC—750/10.5	750	2.20	1.33	1250	6910	1.4		1550	1390	850	1375	660/660	1280			396	270		
DKSC—500/35	500	4.42	35.8	2210	8640	1.4		2950	2415	1070	2049		1971						

续表 7-61

型号	额定容量 (kVA)	额定电抗率 (%)	额定电抗 (Ω)	损耗 (W)		空载电流 (%)	阻抗电压 (%)	噪声 (dB)	重量 (kg)	外形尺寸 (mm) (长×宽×高)	生产厂
				空载	负载 (75℃)						
DKSC—100/10.5	100	2.5	27.6	420	2000	2.2	2.5	52	610	1150×740×940	广州特种变压器厂有限公司
DKSC—100/10.5	100	4	44.1	420	2000	2.2	4	52			
DKSC—200/10.5	200	2.5	13.8	680	3330	2.2	2.5	55	960	1165×740×1245	
DKSC—200/10.5	200	4	22.1	680	3330	2.2	4	55			
DKSC—315/10.5	315	4	12.7	960	4720	1.8	4	57	830	1250×850×1040	
DKSC—315/10.5	315	2.5	8.75	960	4720	1.8	2.5	57	1020	1195×740×1235	
DKSC—400/10.5	400	2.5	6.89	1080	5470	1.8	2.5	57	1250	1255×850×1330	
DKSC—400/10.5	400	4	11.0	1080	5470	1.8	4	57	975	1250×740×1205	
DKSC—500//10.5	500	2.5	5.51	1280	6660	1.8	2.5	59	1330	1255×850×1415	
DKSC—500/10.5	500	4	8.82	1280	6660	1.8	4	59			
DKSC—630/10.5	630	2.5	4.41	1480	7770	1.8	2.5	59	1570	1285×850×1455	
DKSC—630/10.5	630	4	7.0	1480	7770	1.8	4	59			
DKSC—160/10.5	160/80	2.5	17.2	590	1160	2.2	4	52	850	1225×740×740	
DKSC—160/10.5	160/80	4	27.6	590	1160	2.2	6	52			
DKSC—200/10.5	200/80	2.5	13.8	680	1160	2.2	4	55	1100	1285×850×1285	
DKSC—200/10.5	200/80	4	22.1	680	1160	2.2	6	55			
DKSC—315/10.5	315/160	2.2	7.7	960	1900	1.8	4	57	1250	1350×850×1330	
DKSC—315/10.5	315/160	2.5	8.75	960	1330	1.8	2.8	57	1220	1350×850×1290	
DKSC—315/6.3	315/50	3.4	4.3	960	810	1.8	2	57	1150	1280×850×1255	
DKSC—400/10.5	400/200	2.0	5.51	1080	2220	1.8	4	57	1640	1430×850×1375	
DKSC—400/10.5	400/250	1.7	4.7	1080	2640	1.8	4	57	1830	1450×850×1616	
DKSC—400/10.5	400/250	2.5	6.89	1080	2640	1.8	6	57	1730	1480×850×1451	
DKSC—400/10.5	400/400	1.5	4.13	1080	3700	1.8	6	57	2100	1560×850×1380	
DKSC—400/10.5	400/400	2.7	7.44	1080	3700	1.8	11	57	2030	1490×850×1525	
DKSC—500/10.5	500/250	2.5	5.51	1280	2640	1.8	4	59	1890	1375×850×1560	
DKSC—500/10.5	500/250	4	8.82	1280	2640	1.8	6.5	59			
DKSC—630/10.5	630/160	2.5	4.38	1480	1900	1.8	2.5	59	2000	1510×850×1410	
DKSC—630/10.5	630/180	4	7.0	1480	1900	1.8	6	59	1950	1540×850×1515	
DKSC—630/10.5	630/250	2.5	4.38	1480	2640	1.8	4	59	2065	1480×850×1630	
DKSC—630/10.5	630/250	4	7.0	1480	2640	1.8	6.5	59			

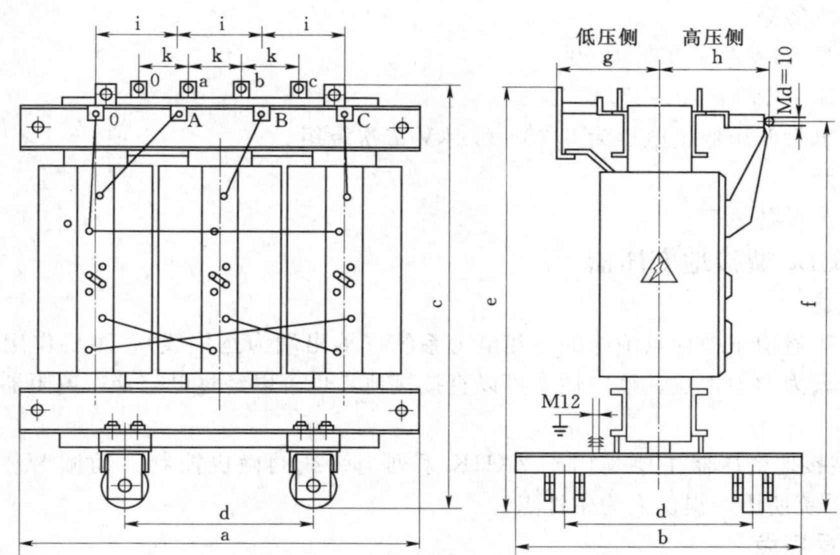

图 7-6 DKSC 系列干式接地变压器外形及安装尺寸（顺特电气有限公司）

五、订货须知

订货时必须提供原（副）方额定容量和额定电压、高压调压分接范围、阻抗电压或零序阻抗、连接组别、冷却方式、使用条件（户内）及其它性能等要求。

7.23.2 DS（D）B 系列油浸式接地变压器

一、概述

DS（D）系列油浸式接地变压器为三相变压器，用来为无中性点的系统提供一个人为的、可带负载的中性点，供系统接地。其接地方式有直接接地，与消弧线圈或电阻器或接地电抗器组合接地等。接地变压器可带一个供连续使用的二次绕组，作为变电站站用电源。

该产品由北京电力设备总厂生产，损耗低、噪声低、性能可靠。

二、技术数据

额定容量（kVA）：23～6500。

额定电压（kV）：10～66。

该产品可带低压额定电压为 0.23～0.4kV 二次绕组。

三、生产厂

北京电力设备总厂。

7.23.3 DSBC 系列环氧浇注接地变压器

一、概述

DSBC 系列环氧浇注接地变压器由北京电力设备总厂生产，为支援西部开发的重点项目，生产了国内 35kV 最大容量的环氧浇注式接地变压器 DSBC—1000/5～400/0.4 产品，2001 年投入使用，运行良好。此系列产品通过了国家变压器检验监督中心的各项试验的检测，并通过新产品鉴定。

二、技术数据

额定容量（kVA）：23～1200。

额定电压（kV）：10～35。

该产品可带低压额定电压为0.23～0.4kV二次绕组。

三、生产厂

北京电力设备总厂。

7.23.4 SJD_9型接地变压器

一、概述

接地变压器用于中性点绝缘的三相电力系统（输出端为△接线），主要作用是为该系统提供一个人为的中性点。该中性点可以直接接地，也可以经过电抗器、电阻器或消弧线圈接地。

SJD_9型接地变压器主要是用于ZXHK系列消弧线圈微机控制自动调谐装置在6～10kV电力系统使用，提供人为中性点。

二、产品特点

（1）为使接地变压器中性点零序电流有效输出，SJD_9型接地变压器主绕组采用Z_N型曲折接线。即在同一铁芯柱上绕匝数相等，不同相的两个绕组，使其通过大小相等方向相反的电流。三相曲折形连接接地变压器，零序电流产生的零序磁通不能在铁芯内形成闭合回路，因此零序磁通较小，即零序阻抗较低，可使SJD_9型接地变压器的容量100%被有效利用。

（2）SJD_9型接地变压器，可以根据用户需要设置低压绕组作为变电站的辅助电源。

（3）SJD_9型接地变压器为了满足ZXHK系列消弧线圈微机控制器自动调谐装置的需要，在主绕组内设置有三相不对称电压调节抽头，接至分接开关，调节分接开关改变中性点位移电压，其相电压不对称差值，原则上应控制在2%以内。SJD_9型接地变压器调节开关各分接设置的规定如下表。

开关位置 用途	Ⅰ	Ⅱ	Ⅲ	Ⅳ	Ⅴ
无辅助电源要求	额定	额定过渡	A相+1%B、C相额定	额定过渡	B相−2%、A、C相额定
有辅助电源要求	+5%	额定	−5%	额定过渡	A相+1%、B、C相额定

（4）为了消除谐波对其中性点输出信号的影响，减小自动调谐采集信号的失真、提高抗干扰能力，在SJD_9型接地变压器内部设置了稳定绕组，其容量原则上控制在不低于10kVA，其开口角引至油箱外部闭合。

（5）SJD_9型接地变压器，采用Z_N型曲折连接时，连接组别一般为Z_{N1}、Z_{N11}两种。无特殊说明按Z_{N1}制造。

该产品使用环境：

海拔不超过1000m。

环境温度最高气温+40℃。

户外使用最低气温−20℃，户内使用最低气温−5℃。

空气相对湿度≤80％（＋20℃）。

不含有腐蚀性气体及导电尘埃存在。

无剧烈和强力振动的场所。

无火灾、爆炸危险的场所。

三、型号含义

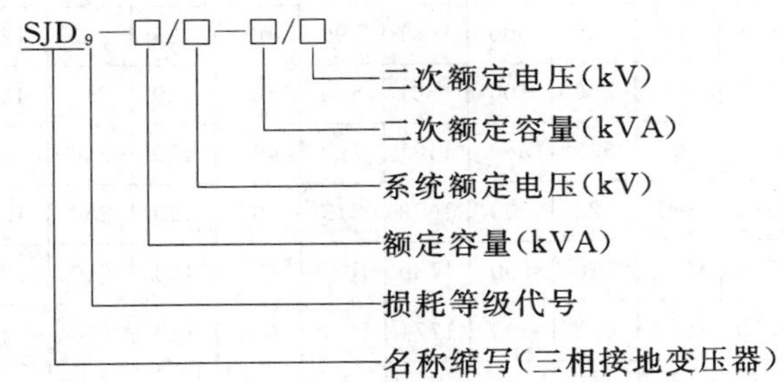

四、技术数据

该产品技术数据，见表7-62。

表7-62 SJD$_9$型接地变压器技术数据

额定容量（kVA）		100	125	160	200	250	315	400	500	630	800
6.3 kV	绝缘水平（kV）	冲击60、工频25、感应200Hz、200％额定电压									
	中性点电流（A）	28	35	44	55	70	87	110	138	174	220
	零序阻抗（Ω/相）	由用户在产品订货时提出（4～8Ω）									
	总损耗（kW）	根据S_9系列电力变压器损耗要求参照执行									
	器身吊重（kg）	389	435	483	489	543	582	648	697	779	1346
	油重（kg）	163	278	258	258	427	410	430	546	535	648
	总重（kg）	622	783	811	896	1245	1340	1535	1692	1750	2650
	外形尺寸（mm）										
	地脚尺寸（mm）	550×550	660×730	660×730	550×550	660×580	660×620	820×620	820×660	660×600	660×660
10.5 kV	绝缘水平（kV）	冲击75、工频35、感应200Hz、200％额定电压									
	中性点电流（A）	17	21	27	33	41	52	66	82	105	132
	零序阻抗（Ω/相）	由用户在产品订货时提出（4～8Ω）									
	总损耗（kW）	根据S_9系列电力变压器损耗要求参照执行									
	器身吊重（kg）	389	435	483	489	543	582	648	697	779	1346
	油重（kg）	163	278	258	258	427	410	430	546	535	648
	总重（kg）	622	783	811	896	1245	1340	1535	1692	1750	2650
	外形尺寸（mm）										
	地脚尺寸（mm）	550×550	660×730	660×730	550×550	660×580	660×620	820×620	820×660	660×600	660×600
说明		绝缘水平所列数值为产品出厂试验值，安装现场验收可按85％执行									

注 二次额量通常情况下不标出，将其容量包含在额定容量之内。如SJD$_9$—315/10.5—80/0.4可写成SJD$_9$—400/10.5。

五、外形及安装尺寸

SJD_9 型接地变压器外形及安装尺寸，见表 7-63 及图 7-7。

表 7-63 SJD_9 型接地变压器外形及安装尺寸（6～10kV） 单位：mm

代号 容量(kVA)	A	A_1	B	B_1	B_2	C	C_1	C_2	C_3	C_4	C_5	D	E	L	ϕd
100	1304	990	660	460	500	1481	790	405	129	250	120	550	550	55	250
125	1364	1050	800	500	500	1561	870	405	129	250	120	660	730	35	250
160	1364	1050	800	500	500	1481	790	405	129	250	120	660	730	35	250
200	1502	1190	660	520	500	1603	912	405	129	250	120	550	550	55	250
250	1580	1320	1072	570	600	1739	1048	405	129	250	120	660	580	55	250
315	1704	1390	1082	600	700	1771	1080	405	129	250	120	660	620	55	250
400	1749	1435	1082	600	700	1771	1080	405	129	250	120	820	620	55	250
500	1749	1435	1180	650	700	1851	1160	405	129	250	120	820	660	55	250
630	1554	1240	1005	680	700	1901	1210	405	129	250	120	660	600	55	250
800	1720	1320	1100	680	800	2014	1210	405	129	250	120	660	660	50	310
1000	1810	1410	1100	680	800	2014	1210	405	129	250	120	660	700	50	310

注 1. SJD_9 型接地变压器均为曲折形接线，一般供货产品连接组别为 Z_{N1}。
2. 接地变压器油箱有椭圆和长方形两种，还有配带不配带二次负荷之分，请用户订货时说明，本表所列尺寸只供参考，实际尺寸见随机总装配图。
3. 接地变压器是否配带小车，请订货时说明，一般供货产品不配带小车。

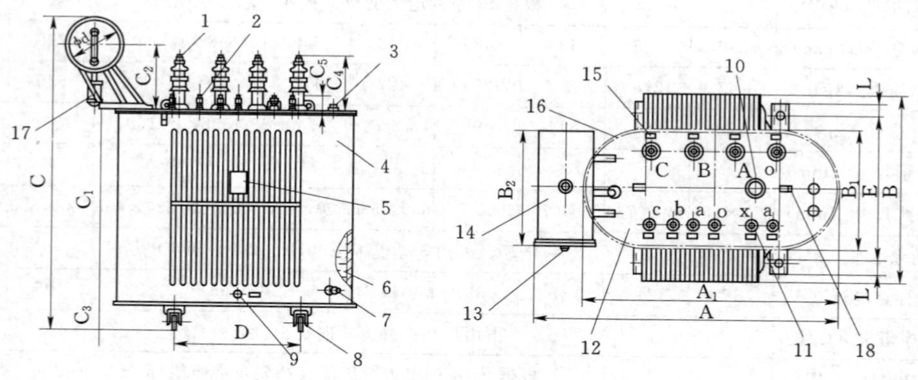

图 7-7 SJD_9 型接地变压器外形及安装尺寸

1—高压机械端子；2—低压极线端子；3—温度计座；4—油箱；5—铭牌；6—变压器油；7—油标活门；8—小车；9—接地螺钉；10—调节开关；11—开口三角形封闭端子；12—箱盖；13—油表管件；14—储油柜；15—字牌；16—箱盖连接螺栓；17—吸湿器；18—吊板

六、生产厂

保定天威集团特变电气有限公司、保定天威顺达变压器有限公司、保定天威集团工贸实业有限公司（金特电气分公司）。

7.24 QZB 系列自耦变压器

一、概述

QZB 系列自耦变压器系用于三相交流 50Hz、380V、功率 11～35kW 鼠笼型电动机自耦减压启动，启动完毕应将变压器切除。其使用环境：

（1）海拔不超过 2500m，不同海拔高度的允许最高空气温度如下：

海拔（m）	气温（℃）	海拔（m）	气温（℃）	海拔（m）	气温（℃）	海拔（m）	气温（℃）
≤1000	40	1000～1500	37.5	1500～2000	35	2000～2500	32.5

（2）最低空气温度为－40℃。

（3）最湿月的平均最大相对湿度为 90％。

（4）无显著摇动和冲击振动。

（5）无具有爆炸危险的介质，无足以腐蚀金属和破坏绝缘的气体与尘埃。

（6）没有雨雪侵袭。

二、型号含义

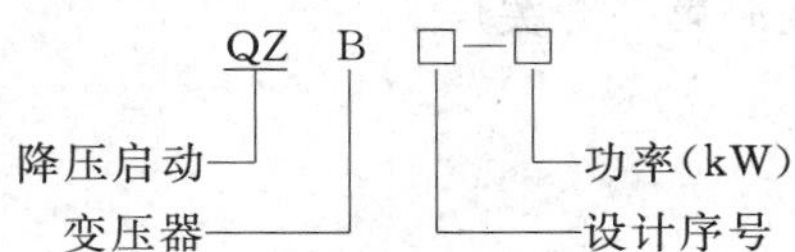

三、结构

该系列产品为三相星形连接的空气自冷式变压器，铁芯为三柱式。14～135kW 的线圈是每相的初、次级绕制成单只线圈，190kW 及以上的线圈是每相由 8 只饼式线圈组成，并用拉紧螺杆将线圈压紧。

QZB 系列自耦变压器具有 60％和 80％额定电压比抽头，且抽头出线端有明显的电压比标志。

四、技术数据

该系列变压器的技术数据，见表 7－64。

QZB 系列自耦变压器为短时工作制。当被启动电动机接在变压器 60％或 80％额定电压抽头上时，变压器连续负载时间不大于 120s；在正常一次或连续数次负载的情况下，当变压器负载时间达到 120s 时，则再次负载的间隔冷却时间不小于 4h。

当变压器功率 P_1 与被启动电动机功率 P_2 不相符时，变压器的连续负载时间 t_2 的估算公式为：

$$t_2 = 120K\frac{P_1^2}{P_2^2}$$

式中 P_1——变压器（铭牌）功率（kW）；

P_2——被启动电动机的功率（kW）；

K——系数，当 $P_2 \leqslant P_1$ 时，$K=1$；当 $P_2 > P_1$ 时，$K=0.95$。

表 7-64 QZB 系列启动自耦变压器技术数据

型号	自耦变压器功率（kW）	控制电动机功率（kW）	额定工作电流（参考值）（A）	最大启动时间（s）	重量（kg）	型号	自耦变压器功率（kW）	控制电动机功率（kW）	额定工作电流（参考值）（A）	最大启动时间（s）	重量（kg）
QZB12—11	11	11	22	30	17	QZB12—55	55	55	103	60	50
QZB12—15	15	15	29	30	18	QZB12—75	75	75	140	60	57.7
QZB12—18.5	18.5	18.5	36	40	23.2	QZB1—115	115	115	207	90	130
QZB12—20	20	20	39	40	23.6	QZB1—135	135	135	248	90	145
QZB12—22	22	22	42	40	30.8	QZB1—190	190	190	331	90	168
QZB12—28	28	28	54	40	32.5	QZB1—225	225	225	404	90	210
QZB12—30	30	30	57	40	35.5	QZB1—260	260	260	459	90	220.8
QZB12—37	37	37	70	60	39.3	QZB1—300	300	300	514	90	220.8
QZB12—40	40	40	76	60	39.3	QZB1—315	315	315	579	90	220.8
QZB12—45	45	45	84	60	48						

五、生产厂

上海电器股份有限公司上海第一开关厂。

7.25 电厂用变压器

7.25.1 电厂用发电机变压器

发电机变压器是发电厂生产发电以及电力传输的核心设备。西安西电变压器有限责任公司生产的发电机变压器损耗低、噪音低、局部放电量小、抗短路能力强、运行安全可靠，完全符合电力设计的要求。产品的电压等级从 110kV 到 500kV，三相变压器的最大容量为 420MVA，并可提供单相发电机变压器和多种方式的组合变压器，不受各种恶劣运输条件的限制。

产品可配套 220、250、300、600MW 等各种火电机组和水电机组。其中，SFP10—370MVA/220kV 及 SFP9—420MVA/220kV 新型发电机变压器为通过“两部”鉴定新产品；SFP10—400MVA/500kV 变压器技术参数性能已经达到世界领先水平。

7.25.2 电厂用双分裂变压器

一、概述

为了满足电厂安全发电的需要，低压辐向双分裂变压器从根本上提高了发电厂用变压器和启动/备用变压器的抗短路能力，确保了电厂的安全生产。该产品的电压等级从 35～220kV，容量包括 31.5～63MVA。西安西电变压器有限责任公司还开发研制了 50MVA/30kV 低压轴向双分裂启备变，并努力开发 330kV 低压辐向双分裂变压器。

二、低压变压器的运行特点

（1）两低压线圈间有很大的短路阻抗，分别对高压线圈的阻抗不仅相等而且较小。

(2) 变压器分裂系数 K 一般大于 4.5。

(3) 安匝不平衡非常小，抗短路能力增强。

(4) 允许变压器单臂运行，并保证高可靠性。

(5) 高压线圈处于两个低压线圈的中间，受力平衡，提高变压器抗短路能力。

三、技术数据

辐向双分裂变压器技术数据，见表 7－65。

四、生产厂

西安西电变压器有限责任公司。

表 7－65 辐向双分裂变压器技术数据

高压厂用工作变压器			启动/备用变压器		
型号	连接组标号	额定电压（kV）	型号	连接组标号	额定电压（kV）
SFF8—31.5MVA/20kV	D，yn1—yn1	20±2×2.5%/6.3—6.3	SFFZ10—31.5MVA/110kV	YN，yn0—yn0＋d	110±8×1.25%/6.3—6.3
SFF7—31.5MVA/15kV	D，d0—d0	15.75±2×2.5%/6.3—6.3	SFFZ10—40MVA/110kV	YN，d11—d11	110±8×1.25%/6.3—6.3
SFF—31.5MVA/20kV	D，yn1—yn1	20±2×2.5%/6.3—6.3	SFFZ10—40MVA/110kV	YN，yn0—yn0＋d	110±8×1.25%/6.3—6.3
SFF8—40MVA/2kV	D，yn1—yn1	20±2×2.5%/6.3—6.3	SFFZ10—40MVA/100kV	YN，d11—d11	115±8×1.25%/6.3—6.3
SFF10—40MVA/24kV	D，yn1—yn1	24±2×2.5%/6.3—6.3	SFF—50MVA/110kV	YN，d11—d11	115±2×2.5%/6.3—6.3
SFF10—40MVA/20kV	D，yn1—yn1	20±2×2.5%/6.3—6.3	SFFZ—40MVA/220kV	YN，yn0—yn0（d11）	220±8×1.25%/6.3—6.3
SFF10—40MVA/20kV	D，d0—d0	20±2×2.5%/6.3—6.3	SFFZ—50MVA/220kV	YN，yn0—yn0（d11）	230±8×1.25%/6.3—6.3
SFF9—40MVA/20kV	D，yn1—yn1	20±2×2.5%/6.3—6.3	SFFZ—63MVA/220kV	YN，d11—d11	220±8×1.25%/6.3—6.3
SS10—40MVA/20kV	D，yn1—yn1	20±2×2.5%/6.3—6.3			
SFFZ—50MVA/20kV	D，yn1—yn1	20±2×2.5%/6.3—6.3			
SFF9—50MVA/20kV	D，yn1—yn1	20±2×2.5%/6.3—6.3			
SFF—50MVA/20kV	D，yn1—yn1	20±2×2.5%/6.3—6.3			

7.26　SF_6 气体绝缘变压器

一、概述

保定保菱变压器有限公司目前已全部引进日本三菱电机的 SF_6 气体绝缘变压器技术，具备生产 110kV 级气体绝缘变压器的能力。

SF_6 气体绝缘变压器无油，不易燃烧，防爆，保护人们赖以生存的环境，与周围环境相协调。重量轻，可灵活机动布置，冷却器可装在变压器箱体上，也可单独分离安装在侧面，甚至可安装在屋顶上。带有 GIS，能供改善维修保养完全气体绝缘的变电所所需、低损耗。由于绝缘采用 SF_6 气体，气体绝缘变压器无需充油变压器的储油柜、净油器、地下储油罐、消防和报警系统、地下水槽（喷水系统用）、防火墙、油栅、放入砂砾的油挡坑等附属设施，因此该产品总成本降低，也减少了检修总费用。现场安装无需内部装配，运输重比充油变压器少 25%。作为弧接触点使用的真空开关，其寿命比油式开关长得多。

该产品可广泛应用于石油工业、化学工业、自来水和液化气公司、高层建筑、地下变电所、机场和铁路、公共设施、百货商店、宾馆饭店、医院等场所。

二、保护系统

SF_6 气体绝缘变压器有可靠的保护系统，见图 7-8。

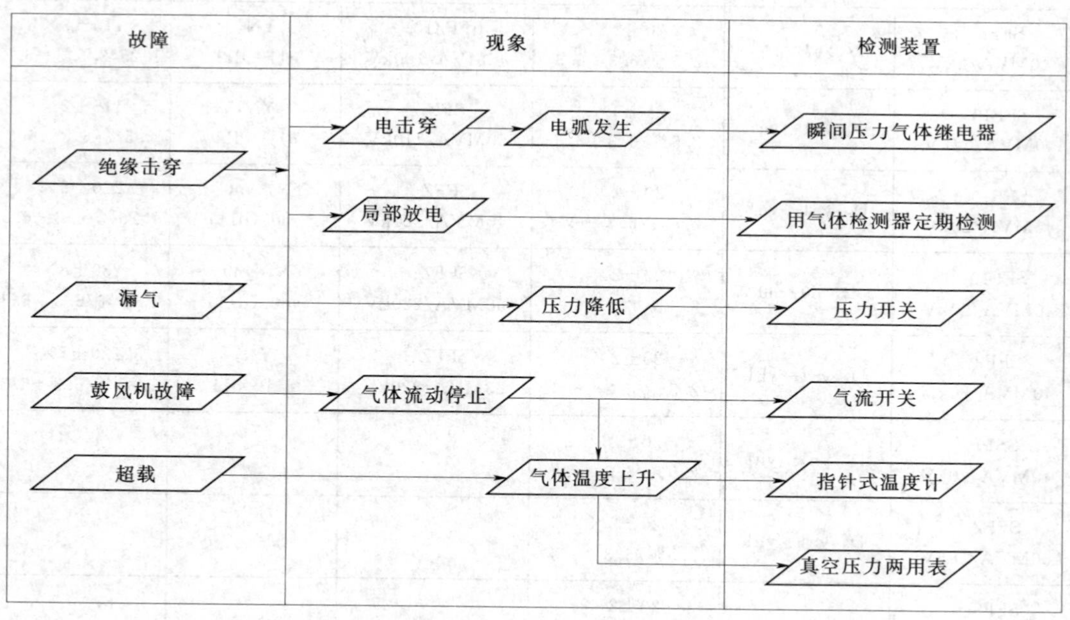

图 7-8　SF_6 气体绝缘变压器可靠的保护系统

三、生产厂

保定保菱变压器有限公司。

7.27 220kV 级高原型、湿热型变压器

一、概述

220kV 级高原型、湿热型变压器是根据我国高原地区及东南亚地区湿热气候的特点而研制开发的新产品。

云南变压器电气股份有限公司已具备生产 220kV 级 240000kVA 及以下容量的高原型、湿热型变压器的能力。该产品采用新技术、新工艺，对产品结构作了较大改进，使产品的过负荷能力和抗短路能力有进一步的提高。产品不但能在高原及湿热地区正常运行，也更能满足一般地区的运行要求。

二、技术数据

220kV 级高原型、湿热型变压器技术数据，见表 7－66、表 7－67。

表 7－66 220kV 级高原型、湿热型变压器技术数据

<table>
<tr><th rowspan="2">额定容量（kVA）</th><th colspan="3">电压组合及分接范围</th><th rowspan="2">连接组（标号）</th><th rowspan="2">空载损耗（kW）</th><th rowspan="2">负载损耗（kW）</th><th rowspan="2">空载电流（%）</th><th colspan="2">阻抗电压（%）</th><th rowspan="2">备 注</th></tr>
<tr><th>高压（kV）</th><th>中压（kV）</th><th>低压（kV）</th><th>升压</th><th>降压</th></tr>
<tr><td>31500
40000
50000
63000</td><td rowspan="3">220①
242±2×
2.5%</td><td rowspan="3">69
121</td><td>6.3
6.6①
10.5
11①
35①
38.5①</td><td rowspan="3">YN，yn0，
d11</td><td>50
60
70
83</td><td>180
210
250
290</td><td>1.1
1.0
0.9
0.9</td><td rowspan="3">高—中
22～24、
高—低
12～14、
中—低
7～9</td><td rowspan="3">高—中
12～14、
高—低
22～24、
中—低
7～9</td><td rowspan="3">1. 三绕组无励磁调压变压器
2. 容量分配（%）
100/100/100
100/50/100
100/100/50</td></tr>
<tr><td>90000
120000</td><td>10.5
11①
10.8
35①
38.5①</td><td>108
133</td><td>390
480</td><td>0.8
0.8</td></tr>
<tr><td>150000
180000
240000</td><td>11①
13.8
15.75
35①
38.5①</td><td>157
178
220</td><td>570
650
800</td><td>0.7
0.7
0.6</td></tr>
<tr><td>31500
40000
50000
63000</td><td rowspan="2">220±8×
1.25%</td><td rowspan="2"></td><td>6.3
6.6
10.5
11
35
38.5</td><td rowspan="2">YN，d11</td><td>48
57
67
79</td><td>150
175
210
245</td><td>1.1
1.0
0.9
0.9</td><td colspan="2" rowspan="2">12～14</td><td rowspan="2">1. 双绕组有载调压变压器
2. 低压也可为 63kV 级的产品</td></tr>
<tr><td>90000
120000
150000
180000</td><td>10.5
11
35
38.5</td><td>101
124
146
169</td><td>320
385
450
520</td><td>0.8
0.8
0.7
0.7</td></tr>
</table>

续表 7-66

额定容量(kVA)	电压组合及分接范围			连接组(标号)	空载损耗(kW)	负载损耗(kW)	空载电流(%)	阻抗电压(%)		备注
	高压(kV)	中压(kV)	低压(kV)					升压	降压	
31500 40000 50000 63000	220±8×1.25%	69 121	6.3 6.6 10.5 11 35 38.5	YN，yn0，d11	55 65 76 89	180 210 250 290	1.2 1.1 1.0 1.0	高—中 12～14、高—低 22～24、中—低 7—9		1. 三绕组有载调压变压器 2. 容量分配（%） 100/100/100 100/50/100 100/100/50
90000 120000 150000 180000			10.5 11 35 38.5		116 144 170 195	390 480 570 700	0.9 0.9 0.8 0.8			
30000	220/$\sqrt{3}$±2×2.5%	115/$\sqrt{3}$	37	YN，a0，d11	20	117	0.25	高—中 9、中—低 22、高—低 32		三绕组自耦
40000	220/$\sqrt{3}$±8×1.25%		37	YN，yn0，d11	31	197	0.25	高—中 14、中—低 7～9、高—低 24		三绕组有载调压
40000			10		31	197	0.25			
31500 40000 50000 63000	220[①] 242±2×2.5%		6.3 6.6[①] 10.5 11[①]	YN，d11	44 52 61 73	150 175 210 245	1.1 1.1 1.0 1.0	12～14		双绕组无励磁调压变压器
90000 120000			10.5 13.8 11[①]		96 118	320 385	0.9 0.9			
150000 180000 240000			11[①] 13.8 15.75		140 160 200	450 510 630	0.8 0.8 0.7			

① 降压变压器用。

表 7-67 220kV 级高原型、湿热型无励磁调压自耦调压变压器技术数据

额定容量(kVA)	电压组合及分接范围			连接组标号	升压组合			降压组合			阻抗电压(%)	
	高压(kV)	中压(kV)	低压(kV)		空载损耗(kW)	负载损耗(kW)	空载电流(%)	空载损耗(kW)	负载损耗(kW)	空载电流(%)	升压	降压
31500	220[①] 242±2×2.5%	121	6.6[①] 10.5 11[①] 13.8 35[①] 38.5[①]	YN，a0，d11	31	130	0.9	28	110	0.8	高—中 12～14、高—低 8～12、中—低 14～18	高—中 8～10、高—低 28～34、中—低 18～24
40000					37	160	0.9	33	135	0.8		
50000					42	189	0.8	38	160	0.7		
63000					50	224	0.8	45	190	0.7		
90000					63	307	0.7	57	260	0.6		
120000			10.5 11[①] 13.8 15.75 18 35[①] 38.5[①]		77	378	0.7	70	320	0.6		
150000					91	450	0.6	82	380	0.5		
180000					105	515	0.6	95	430	0.5		
240000					124	662	0.5	112	560	0.4		

注 1. 容量分配（%）：升压组合 100/50/100；降压组合 100/100/50。
2. 阻抗电压为 100%额定容量时的数值。

① 降压变压器用。

三、生产厂

云南变压器电气股份有限公司。

7.28 大型壳式变压器

一、概述

保定保菱变压器有限公司具有设计、制造、试验 220～500kV 级壳式变压器的全部技术。壳式变压器已有多台在安全可靠运行，如云南大朝山水电站 ODFPSZ—150000/500 壳式变压器、广东东莞站 SFPSZ—180000/220 壳式变压器。

二、结构与特色

1. 箱体结构——壳式机构

铁芯和线圈冷却效果好，油量少，运输便利，安装空间紧凑，抗突发短路能力强，可靠性高。

2. 线圈构造——矩形扁形线圈

杂散损耗低，转位效果好，损耗分布均衡，冷却效率高，机械应力适当，可靠性高。

3. 线圈排列——交错排列

杂散损耗低，机械力小，铁芯及线圈尺寸稳定，可靠性高，设计功能多样化，出线方便。

4. 铁芯构造——斜角叠式连接

铁损小，噪音低，铁芯冷却效果好，机械强度大，可靠性高。

5. 绝缘构造——耐冲击绝缘

理想的沿线圈冲击波分布，利用合理的油间隙调节电场，沿等电位线绝缘布置，线圈分别由固体绝缘件覆盖，线圈之间绝缘强度高。

壳式结构与芯式结构在损耗方面的性能对比：

型　号	壳式	芯式	型　号	壳式	芯式
ODFPSZ—150MVA/500kV	93%	100%	USSP—250MVA/220kV	96%	100%
USSP—250MVA/50kV	100%	100%			

6. 运输

壳式变压器可直立运输又可躺倒运输，运输高度可显著降低；承受运输路途中意外事故的能力也很强。为了能够向运输条件比较困难的发电厂或变电所提供超高压大容量的变压器，壳式变压器可以采取特殊三相结构（组合式结构）或解体运输结构（CGPA 技术），有极大的灵活性。

壳式变压器和芯式结构变压器运输性能对比，见表 7－68。

7. 变压器用油量及占地面积

壳式变压器的油箱为波形结构，用油量少，占地面积小。铁芯与油箱之间没有绝缘方面的问题，为便于装配只留有很小的间隙，因此用油量和占地面积均较小。壳式结构与芯式结构在用油量和占地面积的性能对比，见表 7－69。

表 7-68 芯式结构和壳式结构运输性能对比

型号	运输尺寸		运输重量	
	壳式	芯式	壳式	芯式
ODFPSZ—150MVA/500kV	19.04m/86.6%	21.98m/100%	90t/91.8%	98t/100%
USSP—250MVA/500kV	9.60m/71.4%	13.44m/100%	80t/92%	87.3t/100%
USSP—250MVA/220kV	10.56m/82%	12.88m/100%	75t/95.8%	78.3t/100%

表 7-69 芯式结构和壳式结构在用油量和占地面积性能对比

型号	安装占地面积		用油量	
	壳式	芯式	壳式	芯式
ODFPSZ—150MVA/500kV	84m/77%	109m/100%	29t/59%	49t/100%
USSP—250MVA/500kV	56m/62%	89m/100%	14t/52%	27t/100%
USSP—250MVA/220kV	46m/75%	61m/100%	11t/65%	17t/100%

三、生产厂

保定天威集团保定保菱变压器有限公司。

7.29 卷铁芯变压器

卷铁芯无励磁调压全密封变压器，铁芯采用损耗更小的优质硅钢片，不需冲剪，无冲孔，消除了传统铁芯的横向、纵向接缝，减少了磁阻和损耗。同时，卷铁芯变压器充分利用了硅钢片的取向性，消除了因磁路和硅钢片取向不一致所增加的损耗，其性能与S9型相比，空载损耗下降30%～45%，空载电流降低80%，噪声水平下降7～10dB，属于更新换代的节能、环保产品。

卷铁芯变压器具有结构简单、体积小、重量轻、噪音小、安装方便灵活、运行稳定可靠、自身损耗小、节电效果明显、环保效果好等特点。由于该产品是使用特殊工艺绕制而成，线圈无套装而直接绕在铁芯上，又具备防盗的特点。因此，该产品特别适用于农业排灌电网的应用，及城网、农网的建设和改造。因其优良的性能，具有很高的经济和社会效前因，是国家推广使用的节能型新产品。

7.29.1 S11—MR三相卷铁芯全密封变压器

一、用途

S11—MR—30～500kVA、10kV级三相卷铁芯全密封配电变压器，适用于10kV、50Hz输配电系统中，可供工矿企业和动力照明用。

该系列产品适用工作条件按GB 1094.1—1996《电力变压器》标准。

二、产品特点

S11—MR三相卷铁芯全密封配电变压器是节能型产品，具有工艺先进、高技术、性能技术领先、结构新颖、外形美观及占地面积小的特点。

宁波天安（集团）股份有限公司的该系列产品，铁芯为硅钢片条料卷制而成的无接缝不分级的接近纯圆形截面，铁轭、铁芯柱连接为圆角，铁芯为封闭形。高、低压线圈直接绕在铁芯上，两线圈同心度好，抗短路性能好。取消储油柜，采用波纹板油箱，温度引起的油体积变化由波纹片的弹性调节，使变压器油与空气隔绝延长使用寿命。采用波纹油箱温升，占地面积小，外形美观。铁芯加工全部机械化，减轻劳动强度，使产品质量提高，质量稳定。

三、型号含义

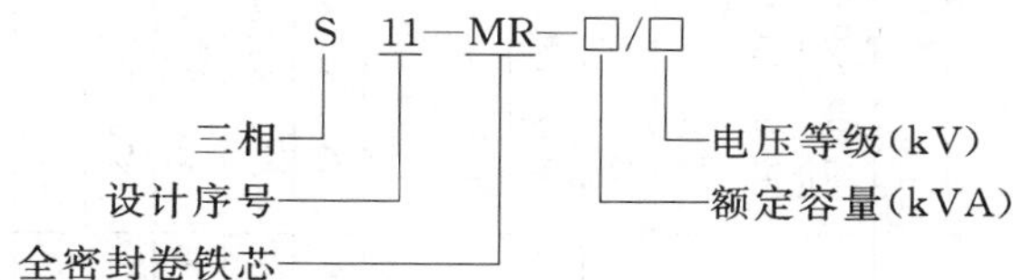

四、技术数据

该系列产品的技术数据，见表7-70。

五、订货须知

订货时必须提供产品型号、额定容量、高低压额定电压、连接组标号、阻抗电压、分接范围、频率及其它特殊要求。

7.29.2 S9—R型三相卷铁芯变压器

一、用途

S9—R型30～500kVA、10kV级三相卷铁芯配电变压器适用于10kV、50Hz输配电系统中，供工矿企业和居民区、商业街道、农村动力照明用。

二、产品特点

1. 铁损低、空载电流小、噪声小

无接缝卷铁芯是由条料卷制而成，每级只有一条料，级间无接缝，铁芯柱与铁轭连接处是圆角，不存在磁通横穿硅钢片的现象，所以空载损耗、空载电流、噪声远比叠片铁芯变压器小，一般铁损约降低20%～30%，空载电流约降低50%～70%。

2. 抗短路能力好

高压线圈直接绕在低压线圈上，低压线圈直接绕在铁芯上，两线圈同心度好，减少了短路时径向力，抗短路能力好。

3. 产品质量高

铁芯经过纵剪机加工硅钢片条料、绕制机卷制成铁芯、真空退火炉退火，全部实现机械化，消除了人为因素对产品质量的直接影响，有利于质量的提高和控制，提高了生产效率，减轻了劳动强度。

三、型号含义

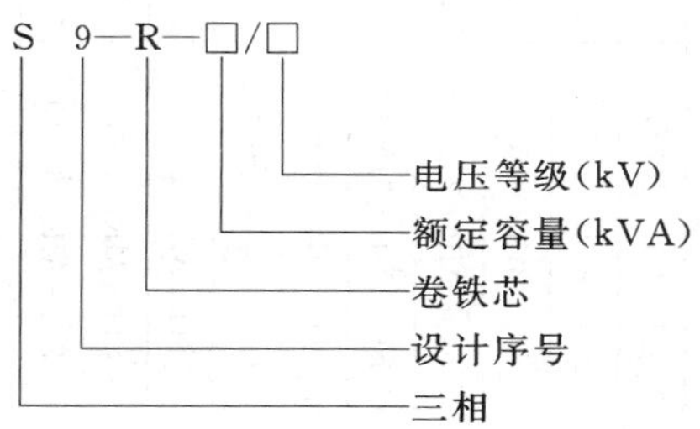

表 7-70 S11—MR三相卷铁芯全密封配电变压器技术数据

型号	额定容量（kVA）	额定电压（kV）			连接组标号	空载损耗（W）	负载损耗（W）	空载电流（%）	阻抗电压（%）	重量（kg）			轨距（mm）	外形尺寸（mm）（长×宽×高）	生产厂
		高压	分接范围	低压						器身	油	总体			
S11—MR—30/10	30					90	600	0.6		165	85	340		900×520×900	
S11—MR—50/10	50					120	870	0.6		220	95	420		950×510×980	
S11—MR—63/10	63					140	1040	0.57		260	105	480	400	1010×580×1000	
S11—MR—80/10	80					175	1250	0.54		300	110	520		1040×600×1020	
S11—MR—100/10	100					200	1500	0.48		350	125	580		1150×620×1100	
S11—MR—125/10	125	6 6.3 10	±5%	0.4	Y，yn0	235	1800	0.45	4.0	400	135	680		1150×620×1100	宁波天安（集团）股份有限公司
S11—MR—160/10	160					280	2200	0.42		480	165	790	550	1200×640×1180	
S11—MR—200/10	200					335	2600	0.39		560	185	930		1240×660×1160	
S11—MR—250/10	250					390	3050	0.36		680	210	1150		1320×700×1200	
S11—MR—315/10	315					465	3650	0.33		800	240	1280		1400×780×1300	
S11—MR—400/10	400					560	4300	0.3		980	290	1560	660	1460×820×1380	
S11—MR—500/10	500					670	5150	0.3		1200	340	1820		1520×860×1420	
S11—MR—30/10	30					100	600	1.0		205	90	380	400×400	780×605×1090	
S11—MR—50/10	50					130	870	1.0		280	100	470	400×400	820×635×1155	
S11—MR—63/10	63					150	1040	0.9		325	110	530	400×400	845×645×1195	
S11—MR—80/10	80					180	1250	0.9		375	120	620	400×400	870×650×1235	
S11—MR—100/10	100					200	1500	0.9		420	125	675	400×400	890×665×1260	
S11—MR—125/10	125	6 6.3 10 10.5 11	±5%	0.4	Y，yn0	240	1800	0.8	4.0	475	135	740	550×550	920×665×1280	泰州海田电气制造有限公司
S11—MR—160/10	160					280	2200	0.8		545	140	830	550×550	945×685×1345	
S11—MR—200/10	200					340	2600	0.8		650	170	995	550×550	990×685×1420	
S11—MR—250/10	250					400	3050	0.7		820	205	1255	550×550	1055×710×1485	
S11—MR—315/10	315					480	3650	0.7		960	230	1450	660×660	1075×765×1550	
S11—MR—400/10	400					570	4300	0.6		1135	255	1700	660×660	1120×895×1625	
S11—MR—500/10	500					680	5100	0.6		1310	285	1965	660×660	1155×865×1685	

续表 7-70

型号	额定容量（kVA）	额定电压（kV）			连接组标号	空载损耗（W）	负载损耗（W）	空载电流（%）	阻抗电压（%）	重量（kg）			轨距（mm）	外形尺寸（mm）（长×宽×高）	生产厂
		高压	分接范围	低压						器身	油	总体			
S11—MR—30/10	30					100	600	0.58							
S11—MR—50/10	50					130	870	0.55							
S11—MR—63/10	63					150	1040	0.52							
S11—MR—80/10	80					180	1250	0.49							
S11—MR—100/10	100					200	1500	0.43							
S11—MR—125/10	125					240	1800	0.40							
S11—MR—160/10	160					280	2200	0.38	4.0						
S11—MR—200/10	200					340	2600	0.35							
S11—MR—250/10	250	6 6.3 10	±5% ±2×2.5%	0.4	Y，yn0 D，yn11	400	3050	0.33							
S11—MR—315/10	315					480	3650	0.30							甘肃宏宇变压器有限公司
S11—MR—400/10	400					570	4300	0.27							
S11—MR—500/10	500					680	5100	0.27							
S11—MR—630/10	630					810	6200	0.25							
S11—MR—800/10	800					980	7500	0.23							
S11—MR—1000/10	1000					1150	10300	0.21	4.5						
S11—MR—1250/10	1250					1360	1200	0.18							
S11—MR—1600/10	1600					1640	14500	0.18							
S11—MR—20/6～10	20					70	430	0.6		130	65	270	400×400	940×520×920	
S11—MR—30/6～10	30	6 6.3 10 10.5 11	±5% ±2×2.5%	0.4	Y，yn0	90	600	0.54	4.0	160	80	320	400×400	970×620×960	
S11—MR—50/6～10	50					120	870	0.45		225	105	460	400×450	1020×670×1050	

续表 7-70

型号	额定容量(kVA)	额定电压(kV)			连接组标号	空载损耗(W)	负载损耗(W)	空载电流(%)	阻抗电压(%)	重量(kg)			轨距(mm)	外形尺寸(mm)(长×宽×高)	生产厂
		高压	分接范围	低压						器身	油	总体			
S11—MR—63/6～10	63	6 6.3 10 10.5 11	±5% ±2×2.5%	0.4	Y，yn0	140	1040	0.43	4.0	270	120	540	400×450	1080×690×1120	甘肃宏宇变压器有限公司
S11—MR—80/6～10	80					175	1250	0.40		310	130	580	400×450	1100×610×1180	
S11—MR—100/6～10	100					200	1500	0.37		360	150	690	400×450	1210×720×1220	
S11—MR—125/6～10	125					235	1800	0.36		400	160	760	550×550	1260×740×1240	
S11—MR—160/6～10	160					280	2200	0.32		480	175	870	550×550	1320×760×1260	
S11—MR—200/6～10	200					335	2600	0.3		570	190	980	550×550	1380×780×1280	
S11—MR—250/6～10	250					390	3050	0.29		655	205	1120	550×660	1420×810×1320	
S11—MR—315/6～10	315					465	3650	0.27		795	260	1300	550×660	1460×830×1380	
S11—MR—400/6～10	400					560	4300	0.36		930	305	1570	660×750	1520×850×1430	
S11—MR—500/6～10	500					670	5100	0.24		1180	330	1880	660×750	1580×870×1520	
S11—MR—30/6～10	30	6 6.3 10 11	±5% ±2×2.5%	0.4	Y，yn0 D，yn11	90	600	0.4	4.0			369		785×642×980	河南新亚集团股份有限公司
S11—MR—50/6～10	50					130	870	0.4				485		1082×645×1020	
S11—MR—80/6～20	80					180	1250	0.38				580		1168×678×1066	
S11—MR—100/6～10	100					200	1500	0.38				662		1196×680×1143	
S11—MR—125/6～10	125					240	1800	0.35				799		1210×720×1160	
S11—MR—160/6～10	160					280	2200	0.35				851		1296×750×1156	
S11—MR—200/6～10	200					330	2600	0.32				1007		1306×786×1260	
S11—MR—250/6～10	250					400	3050	0.32				1202		1368×798×1310	
S11—MR—315/6～10	315					480	3650	0.30				1450		1386×806×1390	
S11—MR—400/6～10	400					560	4300	0.38				1747		1452×838×1420	

续表 7-70

型号	额定容量（kVA）	额定电压（kV）			连接组标号	空载损耗（W）	负载损耗（W）	空载电流（%）	阻抗电压（%）	重量（kg）			轨距（mm）	外形尺寸（mm）（长×宽×高）	生产厂
		高压	分接范围	低压						器身	油	总体			
S11—MR—500/6～10	500	6 6.3 10 11	±5% ±2× 2.5%	0.4	Y，yn0 D，yn11	680	5100	0.26	4.0			1954		1528×885×1464	河南新亚集团股份有限公司
S11—MR—630/6～10	630					810	6200	0.25				2282		1660×962×1520	
S11—MR—800/6～10	800					980	7500	0.23	4.5			3060		1688×980×1610	
S11—MR—1000/6～10	1000					1150	10300	0.20				336		1785×980×1690	
S11—MR—1250/6～10	1250					1360	12000	0.19				3870		1810×1080×1790	
S11—MR—1600/6～10	1600					1640	14500	0.19				4475		1860×1096×1890	
S11—MR—50/35	50	33 35 38.5	±5%		Y，yn0	160	1150	0.5	6.5			680		1090×650×1330	
S11—MR—100/35	100					220	1910	0.45				862		1120×710×1480	
S11—MR—125/35	125					250	2250	0.42				1079		1350×780×1760	
S11—MR—160/35	160					280	2680	0.4				1345		1640×820×1830	
S11—MR—200/35	200					330	3150	0.38				1496		1780×878×1900	
S11—MR—250/35	250					400	3740	0.36				1565		1900×960×1960	
S11—MR—315/35	315					500	4500	0.34				1780		2030×1030×1990	
S11—MR—400/35	400					600	5440	0.32				2120		2050×1100×2130	
S11—MR—500/35	500					700	6550	0.3				2440		1920×1050×2100	
S11—MR—630/35	630					810	7820	0.28				2780		2300×1170×2280	
S11—MR—800/35	800					1000	9350	0.28				3150		2350×1680×2350	
S11—MR—1000/35	1000					1200	11480	0.26				3620		2120×1206×1860	
S11—MR—1250/35	1250					1390	13860	0.26				4075		2400×1650×1900	
S11—MR—1600/35	1600					1690	16480	0.26				4530		2410×1780×1996	

四、技术数据

S9—R—30～50kVA 三相卷铁芯配电变压器技术数据，见表 7-71。

表 7-71 S9—R 型三相卷铁芯配电变压器技术数据

型号	额定容量 (kVA)	额定电压 (kV) 高压	分接范围	低压	连接组标号	空载损耗 (W)	负载损耗 (W)	空载电流 (%)	阻抗电压 (%)	重量 (kg) 器身	油	总体	轨距 (mm)	外形尺寸 (mm) (长×宽×高)
S9—R—30/10	30	6 6.3 10	±5%	0.4	Y, yn0	130	600	2.1	4.0	132	71	280	400	943×597×963
S9—R—50/10	50					170	870	2.0		186	87	366		1005×754×1008
S9—R—63/10	63					200	1040	1.9		215	94	414		1047×764×1028
S9—R—80/10	80					250	1250	1.8		259	91	482		1053×774×1068
S9—R—100/10	100					290	1500	1.6		295	122	547		1097×784×1111
S9—R—125/10	125					340	1800	1.5		347	141	647	550	1134×804×1181
S9—R—160/10	160					400	2200	1.4		417	158	750		1187×814×1282
S9—R—200/10	200					480	2600	1.3		479	172	848		1382×806×1382
S9—R—250/10	250					560	3050	1.2		561	208	994		1487×832×1352
S9—R—315/10	315					670	3650	1.1		668	240	1170	660	1521×834×1487
S9—R—400/10	400					800	4300	1.0		773	271	1343		1634×1006×1489
S9—R—500/10	500					960	5150	1.0		900	303	1543		1667×1016×1553

五、订货须知

订货时必须提供产品型号、连接组标号、高低压额定电压、分接范围、阻抗电压及其它特殊要求。

六、生产厂

宁波天安（集团）股份有限公司。

7.29.3 S9—MR 型三相卷铁芯全密封变压器

一、概述

S9—MR 型三相卷铁芯全密封配电变压器采用高导磁、晶粒取向硅钢片，沿轧制方向裁成无接缝三芯柱（五芯柱）铁芯，与 S9 叠片式铁芯结构变压器相比，空载电流、空载损耗、运行噪声大大降低。励磁电流小、运行噪声低是卷铁芯变压器一大特点，是新型、节能绿色环保型产品。

二、型号含义

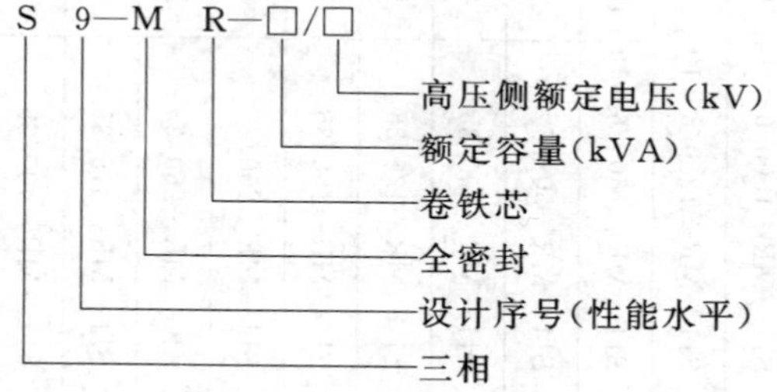

三、技术数据

S9—MR 型三相卷铁芯全密封配电变压器技术数据，见表 7-72。

表 7-72 S9—MR 型卷铁芯双绕组无励磁调压变压器技术数据

型号	额定容量(kVA)	额定电压(kV)			连接组标号	空载损耗(W)	负载损耗(W)	空载电流(%)	阻抗电压(%)	重量(kg)			外形尺寸(mm)(长×宽×高)
		高压	分接范围	低压						器身	油	总体	
S9—MR—10/6～10	10					75	275	0.8				258	730×599×887
S9—MR—20/6～10	20					105	475	0.8				308	755×624×927
S9—MR—30/6～10	30					130	600	0.75				336	780×624×977
S9—MR—50/6～10	50					170	870	0.75				446	1079×654×947
S9—MR—80/6～10	80					250	1250	0.68				538	1144×669×1022
S9—MR—100/6～10	100					290	1500	0.6				600	1149×670×1057
S9—MR—125/6～10	125					340	1800	0.55	4			708	1200×710×1100
S9—MR—160/6～10	160					400	2200	0.5				774	1269×744×1154
S9—MR—200/6～10	200	6 6.3 10 11	±5% ±2× 2.5%	0.4	Y， yn0 D， yn11	480	2600	0.5				890	1296×766×1250
S9—MR—250/6～10	250					560	3050	0.45				1062	1356×786×1290
S9—MR—315/6～10	315					670	3650	0.4				1164	1386×796×1390
S9—MR—400/6～10	400					800	4300	0.4				1464	1452×818×1352
S9—MR—500/6～10	500					960	5150	0.3				1737	1508×858×1442
S9—MR—630/6～10	630					1200	6200	0.3				2226	1606×926×1502
S9—MR—800/6～10	800					1400	7500	0.25				2839	1688×948×1561
S9—MR—1000/6～10	1000					1700	10300	0.25	4.5			3146	1758×978×1666
S9—MR—1250/6～10	1250					1950	12800	0.2				3653	1788×1008×1796
S9—MR—1600/6～10	1600					2400	14500	0.2				4261	1860×1096×1890

四、订货须知

订货时必须提供产品型号、高低压额定电压、分接范围、连接组标号、阻抗电压及其它特殊要求。

五、生产厂

河南新亚集团股份有限公司。

7.29.4 S13—RLM 型组合卷铁芯立体三相变压器

一、用途

S13—RLM 型组合卷铁芯立体三相变压器用于电压为 35kV 及以下、频率为 50～60Hz 供电网络。低压输出 400V，容量为 10～1600kVA。

二、型号含义

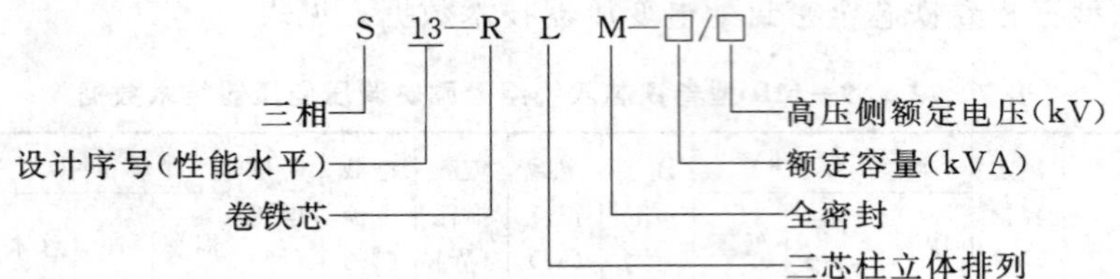

三、产品特点

(1) 铁芯为卷绕式无接缝结构。

(2) 三芯柱是“品”字形立体排列，三相铁轭磁路等长。

(3) 节能效果显著，与GB/T 6451标准相比，空载下降45%左右，负载损耗下降31%，性能超过S11水平。

(4) 空载电流仅为叠片式变压器的10%，线路损耗降低，网络功率因数提高。

表7-73 S13—RLM型10kV级卷铁芯立体型双绕组无励磁调压变压器技术数据

型号	额定容量(kVA)	电压组合			连接组标号	空载损耗(W)	负载损耗(W)	空载电流(%)	短路阻抗(%)	外形尺寸(mm)(长×宽×高)	重量(kg)
		高压(kV)	高压分接范围(%)	低压(kV)							
S13—RLM—10/10	10	6 6.3 10 11	±5 ±2×2.5	0.4	Y,yn0 D,yn11	50	250	0.35	4	670×910	230
S13—RLM—20/10	20					65	460	0.35		700×935	290
S13—RLM—30/10	30					80	580	0.28		710×975	320
S13—RLM—50/10	50					110	830	0.25		865×955	424
S13—RLM—80/10	80					150	1200	0.22		907×1060	511
S13—RLM—100/10	100					170	1440	0.21		916×1060	570
S13—RLM—125/10	125					200	1750	0.20		962×1120	673
S13—RLM—160/10	160					225	2060	0.19		1010×1184	736
S13—RLM—200/10	200					260	2520	0.18		1018×1260	846
S13—RLM—250/10	250					310	2880	0.17		1030×1370	1090
S13—RLM—315/10	315					380	3460	0.16		1080×1250	1130
S13—RLM—400/10	400					450	4200	0.16		1135×1365	1362
S13—RLM—500/10	500					540	4980	0.15		1183×1446	1615
S13—RLM—630/10	630					640	5900	0.15	4.5	1266×1503	2048
S13—RLM—800/10	800					770	7130	0.14		1318×1566	2583
S13—RLM—1000/10	1000					910	9600	0.13		1388×1670	2830
S13—RLM—1250/10	1250					1080	11800	0.12		1398×1760	3280
S13—RLM—1600/10	1600					1300	13500	0.11		1487×1890	3748

(5) 运行噪声比叠片式变压器小 10dB。

(6) 全密封波纹油箱，体积小，散热好，温升低。

(7) 外表静电喷塑，耐腐蚀，使用寿命长。

四、技术数据

该产品技术数据，见表 7-73。

五、订货须知

订货时必须提供产品型号、电压组合、连接组标号、短路阻抗及其它特殊要求。

六、生产厂

河南新亚集团股份有限公司。

7.29.5 SZ11—R 型卷铁芯变压器

一、用途

SZ11—R—200～1600kVA 双绕组卷铁芯有载调压变压器用于电压为 10kV 级及以下、频率为 50Hz 供电网络。

二、型号含义

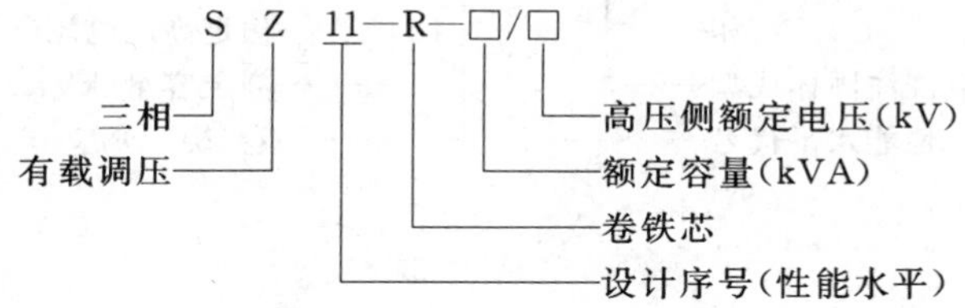

三、技术数据

该产品技术数据，见表 7-74。

表 7-74 SZ11—R 型 10kV 级卷铁芯双绕组有载调压变压器技术数据

额定容量(kVA)	电压组合			连接组标号	空载损耗(W)	负载损耗(W)	空载电流(%)	短路阻抗(%)	外形尺寸(mm)(长×宽×高)	重量(kg)
	高压(kV)	高压分接范围(%)	低压(kV)							
200	6 10 11	±×2.5	0.4	Y，yn0 D，yn11	395	2890	0.4	4	1625×835×1450	1080
250					485	3400	0.4		1700×1020×1520	1225
315					575	4080	0.38		1680×1050×1580	1430
400					685	4930	0.38		1750×1030×1610	1750
500					825	5850	0.35		1820×1046×1650	1953
630					1050	7200	0.3	4.5	2180×1080×1890	2280
800					1280	8840	0.3		2320×1098×2280	3025
1000					1500	10350	0.28		2325×1260×2480	3500
1250					1770	12300	0.24		2380×1360×2380	4280
1600					2260	14700	0.22		2385×1380×2850	4880

四、生产厂

河南新亚集团股份有限公司。

7.29.6 SC11—R 系列树脂绝缘卷铁芯干式电力变压器

一、概述

SC11—R 系列树脂绝缘卷铁芯干式电力变压器为国内首创，消化吸收国内外高新技术的基础上开发研制的产品，关键技术是改变铁芯和线圈的结构及传统的工艺制作方式，技术参数比 GB/T 10228—1997 标准低，其空载损耗低 30%以上，空载电流低 70%以上，负载损耗低 20%左右，噪声水平由 60dB 左右降为 45dB 左右，绝缘等级为 F 级或 H 级，具有节能效果显著、环境污染减小、性能优良、运行可靠、体积小、重量轻、不开裂、优异的防潮和阻燃性等特点，为环保型节能产品。

该产品执行 GB 6450、IEC 60726、GB/T 10228 标准。

二、型号含义

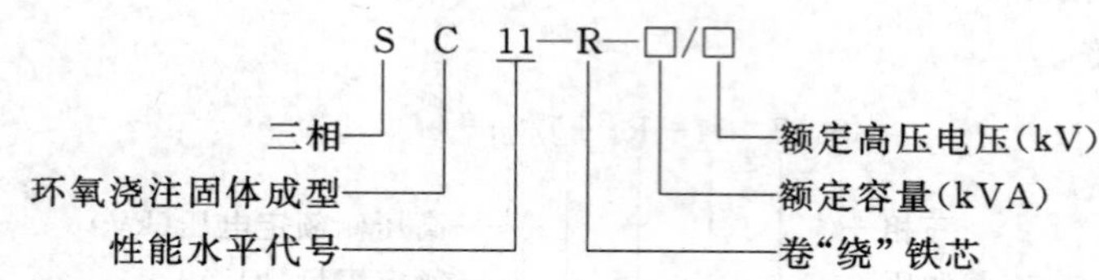

三、使用条件

(1) 户内使用。

(2) 海拔 (m)：<1000 (高原型<4000)。

(3) 环境温度 (℃)：－30～＋40。

(4) 相对湿度 (%)：95。

四、技术数据

额定高压电压 (kV)：10 (11，10.5，6，6.3)，6.6。

额定低压电压 (kV)：0.4。

额定频率 (Hz)：50，60。

额定容量 (kVA)：30～2500。

高压分接范围 (%)：±5，±2×2.5，±4×2.5。

相数：单相，3 相。

连接组别：D，yn11；Y，yn0。

调压方式：无励磁调压或有载调压。

绝缘方式：

额定电压 (kV)	工频耐压 (kV/5min)	雷电冲击电压 (kV)	额定电压 (kV)	工频耐压 (kV/5min)	雷电冲击电压 (kV)
6	20	60	10	35	75

绝缘耐热等级：F 级或 H 级。

最高温升（K）：线圈平均温升＜100。

温度极限（℃）：155（F级绝缘线圈最热点）。

冷却方式：AN（自然空气冷却）；AF（强迫空气冷却）。

防护等级：IP00（无防护外壳），IP20、IP23（有防护外壳）。

空载损耗、负载损耗、空载电流、噪声水平技术数据，见表7-75。

表7-75 SC11—R系列树脂绝缘卷铁芯干式电力变压器技术数据

型号	额定容量（kVA）	空载损耗（W）	负载损耗（75℃）（W）	空载电流（%）	噪声水平（dB）		阻抗电压（%）
					标准	低噪声	
SC11—R—30/10	30	160	560	0.93	51	38	4
SC11—R—50/10	50	230	790	0.93	53	39	
SC11—R—80/10	80	310	1100	0.93	54	39	
SC11—R—100/10	100	340	1250	0.85	55	39	
SC11—R—125/10	125	400	1470	0.75	57	40	
SC11—R—160/10	160	460	1700	0.73	57	40	
SC11—R—200/10	200	530	2010	0.71	58	40	
SC11—R—250/10	250	610	2200	0.66	58	40	
SC11—R—315/10	315	750	2760	0.66	59	40	
SC11—R—400/10	400	830	3180	0.55	60	41	
SC11—R—500/10	500	980	3890	0.55	60	41	
SC11—R—630/10	630	1140	4680	0.45	61	43	
SC11—R—630/10	630	1100	4770	0.45	62	43	6
SC11—R—800/10	800	1280	5540	0.43	64	44	
SC11—R—1000/10	1000	1490	6480	0.43	64	44	
SC11—R—1250/10	1250	1760	7960	0.35	65	46	
SC11—R—1600/10	1600	2070	9640	0.35	65	48	
SC11—R—2000/10	2000	2820	11870	0.35	65	49	
SC11—R—2500/10	2500	3400	14110	0.35	65	49	

五、订货须知

订货时必须提供产品型号、额定容量、相数、频率、电压组合、调压方式、阻抗电压、连接组标号、绝缘耐热等级、外壳防护等级、冷却方式、温度控制器等及其它特殊要求。

六、生产厂

广州特种变压器有限公司。

7.29.7　KS11—R油浸式卷铁芯矿用电力变压器

一、用途

KS11—R系列油浸式卷铁芯矿用一般型电力变压器适用于煤矿井下虽有煤尘、瓦斯但无爆炸危险的场所，供电力拖动和照明等用的电力变压器。

二、型号含义

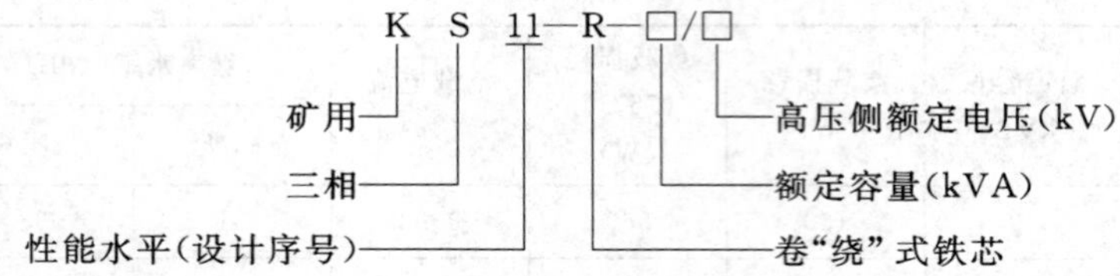

三、产品特点

该系列产品符合JB 3955—1993标准，性能水平大为改善，空载损耗下降30%，负载损耗下降15%。由于采用卷铁芯，改善了磁路系统，空载电流下降70%以上。采用高导磁硅钢片和片式散热器等结构，重量轻，体积小，有利于井下移动和安装。损耗小，温度低，节能效果显著，使用寿命长，运行噪声低。

四、技术数据

该产品技术数据，见表7-76。

表7-76　KS11—R型油浸式矿用卷铁芯电力变压器

型　号	容量(kVA)	空载损耗(W)	负载损耗(W)	空载电流(%)	短路阻抗(%)	外形尺寸(mm)(长×宽×高)	重量(kg)
KS11—R—50	50	130	980	0.45	4.0	930×800×500	290
KS11—R—63	63	150	1200	0.43		950×800×950	350
KS11—R—80	80	190	1400	0.42		980×850×1000	400
KS11—R—100	100	220	1700	0.40		1000×900×1070	500
KS11—R—125	125	260	2100	0.38		1050×950×1180	700
KS11—R—160	160	320	2420	0.37		1100×980×1200	850
KS11—R—200	200	380	2900	0.35		1200×1000×1250	1000
KS11—R—250	250	450	3400	0.34		1250×1050×1350	1100
KS11—R—315	315	530	4080	0.30		1300×1100×1400	1200
KS11—R—400	400	640	4930	0.28		1700×1200×1490	1440
KS11—R—500	500	760	5900	0.26		2000×1350×1580	1710
KS11—R—630	630	910	6900	0.25	4.5	2300×1400×1670	2010
KS11—R—800	800	1080	8400	0.23		2700×1450×1700	2500
KS11—R—1000	1000	1260	9900	0.20		3000×1500×1700	2700

五、生产厂

河南新亚集团股份有限公司。

7.29.8 D11—MR 型单相卷铁芯全密封自保型变压器

一、用途

D11—MR 型单相卷铁芯全密封自保型配电变压器用于电压 35kV 及以下供配电网络、低压馈电 230V 等。

二、型号含义

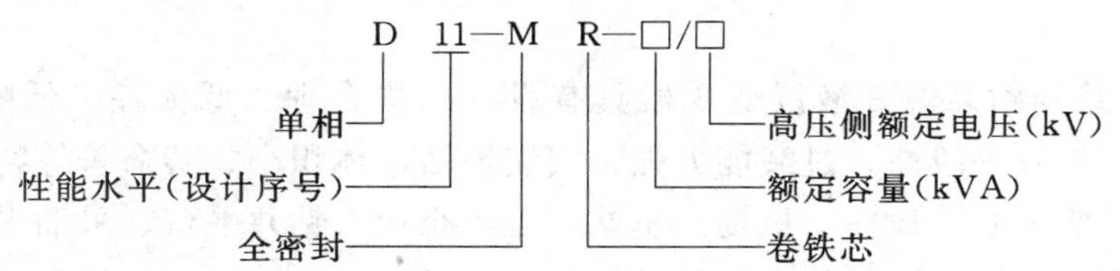

三、产品特点

(1) 两种户外式结构：①高压架空进线型；②高低压地缆进线馈电型。

(2) 自保型：有避雷、短路、过载保护。

(3) 铁芯卷绕无接缝，损耗小，噪声低。

(4) 静电喷塑全密封波纹箱体，可“三防”。

该变压器为低噪声、低损耗、节能环保产品，适用于居民小区、别墅区、宾馆、学校及科研院所。

四、技术数据

该产品技术数据，见表 7-77。

表 7-77 D11—MR 型 10kV 级单相卷铁芯双绕组无励磁调压变压器技术数据

型号	额定容量(kVA)	电压组合(kV)		连接组别	空载损耗(W)	负载损耗(W)	空载电流(%)	短路阻抗(%)
		高压	低压					
D11—MR—3/10	3	6 6.3 10 11	0.23	Ii0 Ii6	20	120	0.9	3.5
D1—MR—5/10	5				25	130	0.8	
D11—MR—10/10	10				40	250	0.7	
D11—MR—15/10	15				50	320	0.6	
D11—MR—20/10	20				62	360	0.5	
D11—MR—25/10	25				75	410	0.5	
D11—MR—30/10	30				90	550	0.45	
D11—MR—50/10	50				120	250	0.4	
D11—MR—75/10	75				160	1150	0.4	
D11—MR—100/10	100				200	1350	0.35	
D11—MR—125/10	125				225	1750	0.35	
D11—MR—160/10	160				260	2200	0.3	

五、生产厂

河南新亚集团股份有限公司。

7.30 SRN（Z）9贝它液浸变压器

一、概述

江苏中电输配电设备有限公司是国内首家生产β液浸变压器，采用美国杜邦公司的NOMEX®绝缘纸与β油完美结合，主要性能指标达到国际先进水平，填补国内空白。

SRN（Z）系列耐高温β液浸变压器具有设计结构合理、低损耗、低噪声、耐高温、难燃、免维护、绝缘等级高、过载能力强、安装灵活、体积小、寿命长等特点，可广泛用于高层建筑、商业中心、地铁、机场、车站、工矿企业、钻井平台、采油平台，特别适用于负荷波动较大的居民小区，具有运行经济性。

二、产品结构

SRN（Z）9型耐高温β液浸变压器采用了Beta Fluid液和NOMEX®纸相配合，提高耐热等级和机械强度，在结构上为全密封，无渗漏，采用气垫式和压力释放阀保护，以及高、低压套管采用全绝缘结构，外形尺寸小，能可靠保证人身安全。

该产品主要绝缘材料是从美国进口的β液和耐高温的NOMEX®纸。β液是一种性能优良的高科技环保液体，能抑制电弧着火或燃烧，具有极优的电气特性，含有100%碳氢和生物降解成分，可完全降解，无毒性，对人体和环境无危害，可循环利用。NOMEX®纸具有特有的介电强度。机械韧性、热稳定性和化学相容性，最适用于电气绝缘领域。因此β液浸变压器空载损耗比S9变压器降低20%，寿命期超过30年，线圈和β液的温度远低于许可温度，有很强的过载能力，是新型安全、防火、环保节能变压器，兼顾了油浸式变压器和干式变压器的共同优点，比油浸变压器更安全，比干式变压器更实惠，成为继干式变压器、油浸变压器之后的又一新型变压器。

三、型号含义

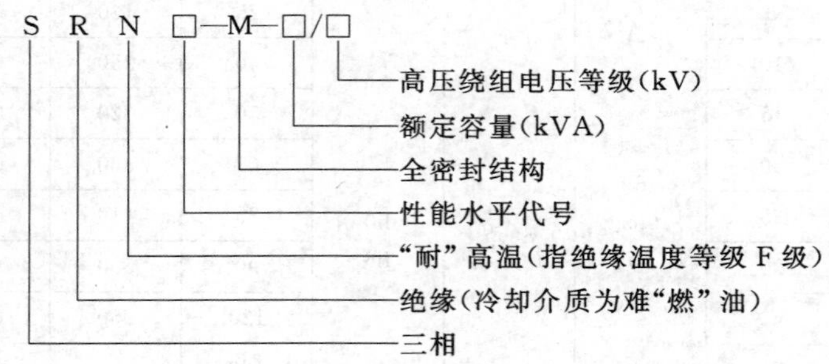

四、技术数据

SRN（Z）9—（M）系列耐高温β液浸变压器技术数据，见表7-78。

表 7-78 SRN (Z) 9— (M) 系列耐高温β液浸变压器技术数据

型号	额定容量(kVA)	电压组合(kV)		高压分接	连接组标号	空载损耗(W)	负载损耗(75℃)(W)	空载电流(%)	短路阻抗(%)	备注
		高压	低压							
SRN9—M—30/10	30	6.0 6.3 10	0.4	±5% 或 ±2× 2.5%	Y，yn0 或 Y，zn11 D，yn11 (当为Y，zn11和D，yn11时，负载损耗平均升高5%)	110	800	2.0	4.0	配电变压器
SRN9—M—50/10	50					140	1220	1.9		
SRN9—M—63/10	63					160	1450	1.8		
SRN9—M—80/10	80					200	1750	1.7		
SRN9—M—100/10	100					220	2080	1.6		
SRN9—M—125/10	125					260	2490	1.5		
SRN9—M—160/10	160					310	2980	1.4		
SRN9—M—200/10	200					375	3820	1.3		
SRN9—M—250/10	250					440	4490	1.2		
SRN9—M—315/10	315					530	5380	1.1		
SRN9—M—400/10	400					630	6360	1.0		
SRN9—M—500/10	500					750	7630	0.9		
SRN9—M—630/10	630					890	9130	0.8	4.5	
SRN9—M—800/10	800					1080	11090	0.7		
SRN9—M—1000/10	1000					1270	12810	0.6		
SRN9—M—1250/10	1250					1500	15000	0.6		
SRN9—M—1600/10	1600					1800	17370	0.5		
SRN9—M—2000/10	2000					21500	20560	0.5		
SRN9—M—2500/10	2500					2530	24300	0.4		
SRN9—M—3150/10	3150					3010	29800	0.4		
SRN9—50/35	50	35	0.4	±5%	Y，yn0	190	1420	1.9	6.5	配电变压器
SRN9—100/35	100					270	2360	1.7		
SRN9—125/35	125					300	2780	1.65		
SRN9—160/35	160					330	3310	1.6		
SRN9—200/35	200					385	3890	1.55		
SRN9—250/35	250					460	4620	1.5		
SRN9—315/35	315					545	5570	1.45		
SRN9—400/35	400					655	6720	1.4		

续表 7-78

型号	额定容量（kVA）	电压组合（kV）		高压分接	连接组标号	空载损耗（W）	负载损耗（75℃）（W）	空载电流（%）	短路阻抗（%）	备注
		高压	低压							
SRN9—500/35	500	35	0.4	±5%	Y，yn0	780	8090	1.3	6.5	配电变压器
SRN9—630/35	630					930	9660	1.2		
SRN9—800/35	800					1110	11550	1.1		
SRN9—1000/35	1000					1320	14180	1.0		
SRN9—1250/35	1250					1570	17120	0.9		
SRN9—1600/35	1600					1900	20480	0.8		
SRN9—800/35	800	35	3.15 6.3 10.5	±5%	Y，d11	1110	11500	0.9	6.5	电力变压器
SRN9—1000/35	1000					1320	14800	0.85		
SRN9—1250/35	1250					1570	17900	0.8		
SRN9—1600/35	1600					1900	21500	0.75		
SRN9—2000/35	2000					2320	23600	0.7		
SRN9—2500/35	2500					2800	25300	0.65		
SRN9—3150/35	3150	35 38.5	3.15 6.3 10.5	±5%	Y，d11	3450	29700	0.6	7	
SRN9—4000/35	4000					4120	35200	0.6		
SRN9—5000/35	5000					4880	40380	0.55		
SRN9—6300/35	6300					5840	45100	0.55	7.5	
SRN9—8000/35	8000		3.15 3.3 6.3 6.6 10.5 11	±2×2.5%	YN，d11	8000	49500	0.50		
SRN9—10000/35	10000					9450	58300	0.50		
SRN9—12500/35	12500					11200	69300	0.45	8	
SRN9—16000/35	16000					13600	84700	0.45		
SRN9—20000/35	20000					16100	102300	0.40		
SRN9—25000/35	25000					19100	121000	0.40		
SRN9—31500/35	31500					22800	145000	0.35		
SRNZ9—2000/35	2000	35	6.3 10.5	±3×2.5%	Y，d11	2570	24800	0.7	6.5	有载电力变压器
SRNZ9—2500/35	2500					3060	26600	0.65		
SRNZ9—3150/35	3150	35 38.5	6.3 10.5	±3×2.5%		3640	31800	0.6	7	
SRNZ9—4000/35	4000					4360	37500	0.6		
SRNZ9—5000/35	5000					5200	43900	0.55		
SRNZ9—6300/35	6300					6200	47300	0.55	7.5	
SRNZ9—8000/35	8000	35 38.5	6.3 6.6 10.5 11	±3×2.5%	YN，d11	8800	52300	0.5		
SRNZ9—10000/35	10000					10400	61800	0.5		
SRNZ9—12500/35	12500					12300	73200	0.45	8	

五、外形及安装尺寸

SRN9—M 系列耐高温 β 液浸变压器外形及安装尺寸，见表 7-79 及图 7-9。

表 7-79 SRN9—M 系列 30～1600/10 耐高温液浸配电变压器外形尺寸

型号	额定容量(kVA)	外形尺寸（mm）(长×宽×高)	轨距(mm)	型号	额定容量(kVA)	外形尺寸（mm）(长×宽×高)	轨距(mm)
SRN9—M—30/10	30	820×670×1030	400×400	SRN9—M—400/10	400	1280×1100×1450	660×660
SRN9—M—50/10	50	870×705×1050	550×550	SRN9—M—500/10	500	1450×1030×1500	660×660
SRN9—M—63/10	63	890×730×1100	550×550	SRN9—M—630/10	630	1520×1060×1550	820×820
SRN9—M—80/10	80	920×740×1140	550×550	SRN9—M—800/10	800	1650×1120×1650	820×820
SRN9—M—100/10	100	940×760×1160	550×550	SRN9—M—1000/10	1000	1895×1200×1690	820×820
SRN9—M—125/10	125	960×770×1200	550×550	SRN9—M—1250/10	1250	1970×1250×1780	820×820
SRN9—M—160/10	160	1000×750×1260	550×550	SRN9—M—1600/10	1600	2045×1350×1870	820×820
SRN9—M—200/10	200	1020×760×1290	550×550	SRN9—M—2000/10	2000	2150×1630×1750	1070×1070
SRN9—M—250/10	250	1080×780×1350	550×550	SRN9—M—2500/10	2500	2290×1880×1840	1070×1070
SRN9—M—315/10	315	1120×890×1380	660×660	SRN9—M—3150/10	3150	2440×2170×1940	1070×1070

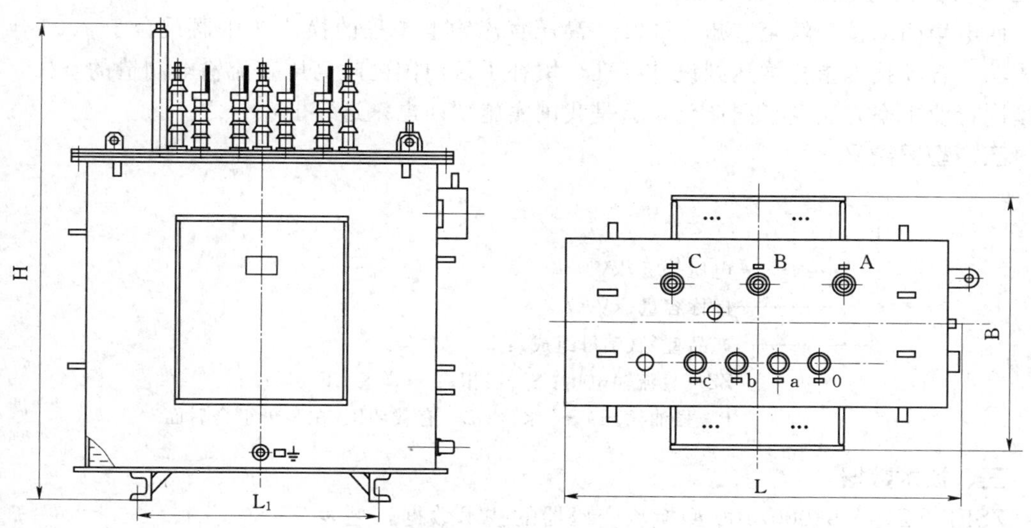

图 7-9 SRN9—M—30～1600/10 耐高温液浸配电变压器外形尺寸

六、订货须知

订货必须提供产品型号、额定容量、相数、频率、额定高压和低压及分接范围、调压方式、连接组标号、短路阻抗、使用条件、防污等级、冷却方式（液浸自冷或液浸风冷）、绝缘材料、耐热等级、特殊要求等。

七、生产厂

中电电气集团有限公司、江苏中电输配电设备有限公司。

7.31 直流输电用换流变压器

一、概述

直流输电损耗小，线路走廊小，联网灵活，运行稳定可靠，是远距离输电以及异频网间联络的重要输电方式。换流变压器是直流输电换流站的关键设备，其可靠性直接影响整个系统的运行。

西安西电变压器有限责任公司作为“中国直流基地”西电集团的重要组成部分，是我国最早从事换流变压器的研究、设计、制造的骨干企业。20多年来，对换流变压器进行了持续深入与系统的研究，结合多次技术引进，现已掌握了成熟的HVDC换流变压器的设计、制造与试验技术，并拥有先进的分析计算和CAD软件，一流的生产设备和试验设备，以及可靠的质量保证体系。西变公司多次承担大型直流输电工程用的换流变压器的设计和制造，如为三峡—常州±500kV直流输电工程提供的ZZDFPZ—297.5MVA/500kV换流变压器、为±50kV嵊泗直流输电工程提供的ZSFPZ—36MVA/35kV换流变压器、运行在舟山±100kV直流输电工程之中的ZSFPZ—63MVA/100kV换流变压器，因此西变公司已积累了十分丰富的工程经验，有能力向国内外提供一流的换流变压器。

西电集团承接三峡至广州±500kV高压直流输电工程的换流变压器首台于2003年生产成功，各项技术指标均达到设计标准，填补了目前国内超高压直流输电制造的空白，在全国同行业中率先实现了国产化，这是我国实施“西电东送”的项目之一。

二、型号含义

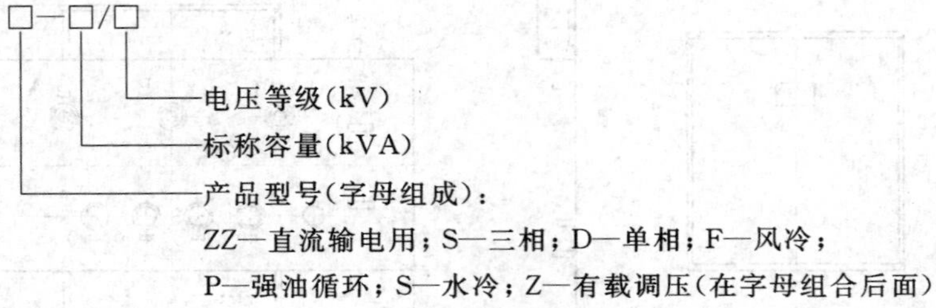

三、技术数据

ZSFP（Z）—63000/100型换流变压器的技术数据，见表7-80。

四、生产厂

西电集团西安西电变压器有限责任公司。

表 7-80 ZSFP（Z）—63000/100 型换流变压器技术数据

型号	电压（kV）	连接组标号	阻抗电压（%）			重量（kg）			
			1～2 次	1～3 次	2～3 次	器身	油	运输	总体
ZSFP（Z）—63000/100	$115^{+18}_{-8}\times1.2\%$/83.5/10.5	YN，y0，d11	18.54	9.82	8.48	82000	40000	97000（充氮）	152000
ZSFP—63000/100	38.5±2×2.5%/81/10.5	YN，y0，d11	17.1	8.46	7.09	78000	28000	94000（充氮）	135000

7.32 DC—3，5/10（G）单相浇注式变压器

一、概述

DC—3，5/10（G）单相浇注式变压器作配电所自用变压器，为配电所提供充电、操作、控制、信号、保护等电源。其特点为体积小、重量轻、无局部放电、阻抗电压低、使用安装方便（可放在配电柜内），是替代三相油浸变压器的首选产品。

二、型号含义

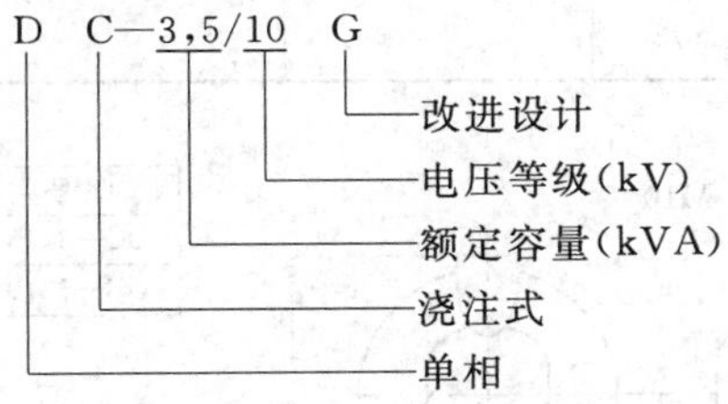

三、产品结构

该产品为全封闭环氧树脂浇注结构，采用 C 型铁芯。在同一铁芯柱上同心地装有高压、低压线圈。

四、技术数据

（1）额定绝缘水平（kV）：12/42/75。

（2）额定频率（Hz）：50，60。

（3）局部放电量（pC）：<20。

（4）污秽等级：Ⅱ级。

（5）其它技术数据，见表 7-81。

五、外形及安装尺寸

该产品外形及安装尺寸，见图 7-10。

表 7-81 DC—3，5/10（G）单相浇注式变压器技术数据

型号	额定电压比（V）	220（380/$\sqrt{3}$）绕组额定容量（VA）	100V 绕组额定容量（VA）	100/$\sqrt{3}$V 绕组额定容量（VA）	生产厂
DC—3/10 DC—3/10G	10000/20	3000			江苏靖江互感器厂
	10000/220/100	3000	50		
	10000/380/$\sqrt{3}$/100/$\sqrt{3}$	每相 3000		每相 50	
	10000/$\sqrt{3}$/380/$\sqrt{3}$	每相 3000			
	10000/$\sqrt{3}$/380/$\sqrt{3}$/100/$\sqrt{3}$	每相 3000		每相 50	
DC—5/10	10000/220	5000			
	10000/220/100	5000	50		
	10000/380/$\sqrt{3}$/100/$\sqrt{3}$	每相 5000		每相 50	
	10000/$\sqrt{3}$/380/$\sqrt{3}$	每相 5000			
	10000/$\sqrt{3}$/380/$\sqrt{3}$/100/$\sqrt{3}$	每相 5000		每相 50	
DC—3/10 DC—3/10G	10000/220	3000			大连第二互感器厂
	10000/220/100	3000	50		
	10000/$\sqrt{3}$/380/$\sqrt{3}$	每相 3000			
	10000/$\sqrt{3}$/380/$\sqrt{3}$/100/$\sqrt{3}$	每相 3000		每相 50	

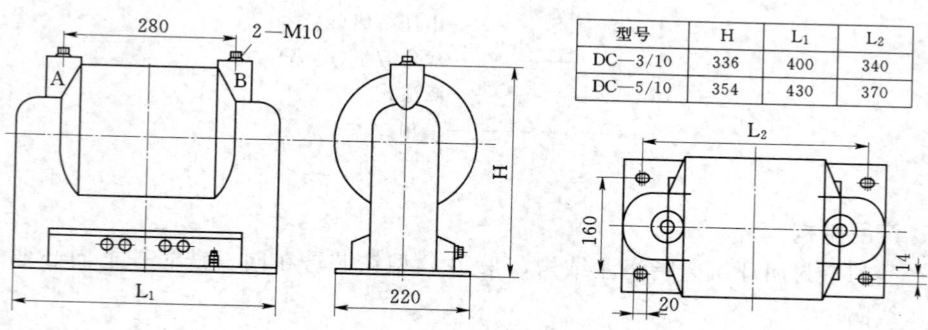

型号	H	L_1	L_2
DC—3/10	336	400	340
DC—5/10	354	430	370

图 7-10 DC—3，5/10 型单相浇注式变压器外形及安装尺寸
（江苏靖江互感器厂）

7.33 SPS2—10/0.22 电源变压器

一、概述

SPS2—10/0.22 电源变压器为户外环氧树脂真空浇注，与真空自动配电开关 VSP5—

15JSAT 和控制器共同安装，高压侧接 10kV 母线，低压侧为 VSP5 及控制器提供操作电源和检测信号。两台单相变压器为 1 组，用托架组装一体，方便运输和起吊安装。

二、产品结构

该产品为干式户外单相变压器，全封闭式。铁芯用优质冷轧钢片绕制成型，与一次绕组、二次绕组一起以先进的环氧树脂浇注工艺浇注成型。免维护，高低压接线端子连接牢固，二次出线分成 3 个不同方向，方便接线，防窃电。

三、技术数据

(1) 环境温度（℃）：−40～+55。

(2) 额定频率（Hz）：50。

(3) 高压侧额定电压（kV）：10。

(4) 低压侧额定电压（V）：220。

(5) 额定连续工作容量（VA）：200。一次电压范围在（0.8～1.2）×一次电压额定值；二次负荷范围在（0.1～1.0）×200VA 时，电压测量误差<1.0%。

(6) 最大连续工作容量（VA）：1000，即具有 1000VA 的长期负荷能力。

(7) 短时最大容量（1s）（VA）：3000。

(8) 阻抗（%）：<15（3000VA）。

(9) 1min 工频耐受电压（kV）：42。

(10) 感应耐压（kV）：28（150Hz、40s）。

(11) 绝缘及误差满足 GB 1207—1997《电压互感器》标准。

(12) 过负荷能力满足 GB 645.5—86《干式电力变压器》标准。

四、外形及安装尺寸

SPS2—10/0.22 电源变压器外形及安装尺寸，见图 7-11。

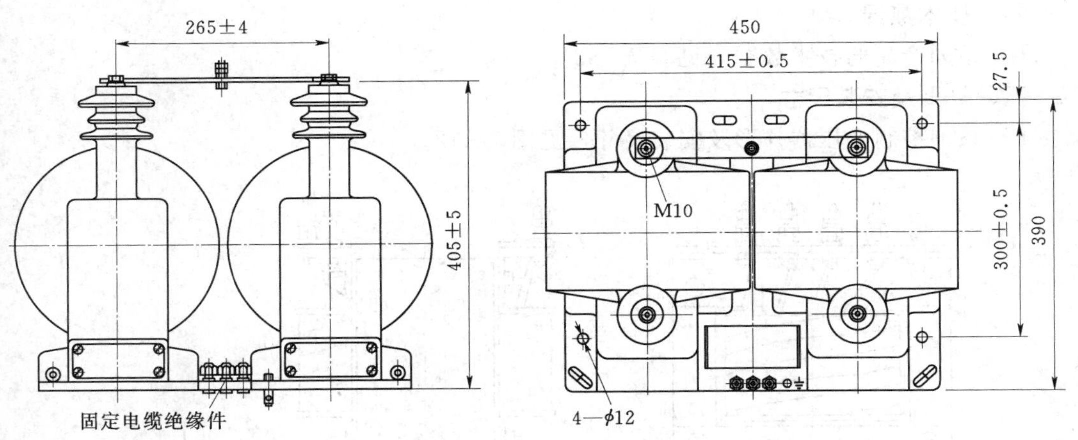

图 7-11 SPS2—10/0.22 电源变压器外形及安装尺寸

五、生产厂

大连第二互感器厂。

7.34 控制变压器

7.34.1 BK系列控制变压器

一、概述

BK系列控制变压器适用于交流50Hz（60Hz特殊）电压至660V的电路中，作为机床和各种机械设备一般电器的控制电流和局部照明及指示灯的电源之用。

二、型号含义

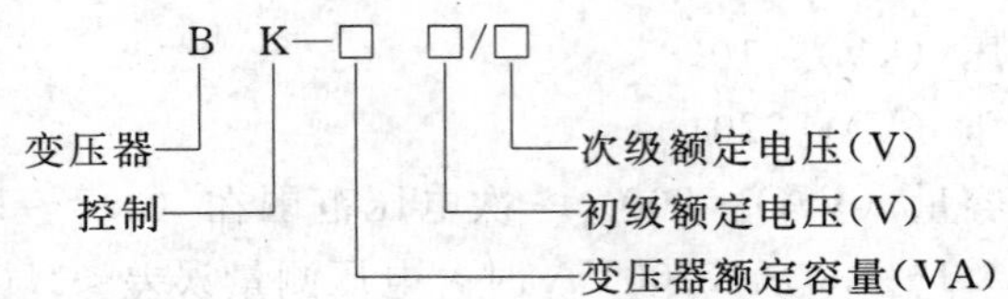

三、产品结构

该系列产品为单相多绕组开启式的E—I壳式结构。初次级绕组分开绕制，电压由多种数值结合，一般初级电压有110、220、380、420、440V及600V，次级电压有6.3、12、24、36、42、110V及127V。次级绕组又分为控制绕组和照明绕组两种，额定电压为127V的通常用作控制绕组，36V或12V通常用作照明绕组。如兼有127V及36V或12V两种电压，这两种电压分开绕制。有时在127V或36V绕组中采用抽头得出6.3V电压，供信号灯使用。

该系列产品分为普通型、湿热型、海洋湿热型三种，可根据使用环境选择产品类型。

四、技术数据

BK系列产品的技术数据，见表7-82。

五、外形及安装尺寸

BK系列控制变压器外形及安装尺寸，见图7-12。

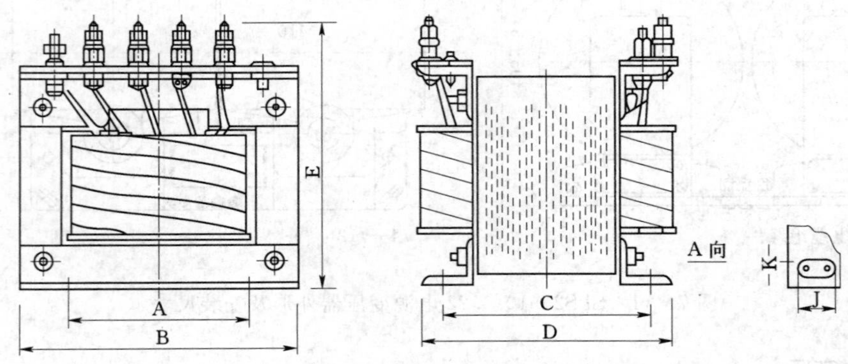

图7-12 BK系列控制变压器外形及安装尺寸

表 7-82 BK 系列控制变压器技术数据

型号	额定容量(VA)	额定电压(V)		外形尺寸(mm)			安装尺寸(mm)		安装孔(mm)		重量≤(kg)	生产厂
		初级	次级	B	D	E	长	宽	K	J		
BK—50	50	110 220 380	12, 24, 36, 110, 127, 220, 380, 6.3～36, 12～127, 36～127, 6.3～12～127, 6.3～36～127	90	80	100	72	65			3	重庆高压电器厂
BK—100	100			100	90	112	82	76			2.2	
BK—150	150			106	105	132	88	84			4.5	
BK—200	200			106	120	132	88	96			5	
BK—250	250			106	125	132	88	104			5.5	
BK—300	300			160	110	160	105	84			8.1	
BK—400	400			160	118	160	105	91			9	
BK—500	500			160	130	160	105	99			10.5	
BK—700	700			160	140	160	105	109			12.3	
BK—1000	1000			160	175	160	105	149			17.3	
BK—1500	1500			200	185	208	165	149			26	
BK—2000	2000			200	195	208	165	162			29	
BK—25	25			75	48	85	62.5±0.7	49±1.5	5	7	1	昆山市特种变压器制造有限公司
BK—50	50			84	75	90	70±0.7	69±1.5	6	10	1.7	
BK—100	100			96	90	110	80±0.7	75±1.5	6	10	3	
BK—150	150			105	100	120	87.5±0.7	80±1.5	7	9	3.5	
BK—250	250			120	135	130	100±0.7	85±1.5	7	9	5.3	
BK—300	300			120	145	130	100±0.7	90±1.5	7	9	7.5	
BK—400	400			150	115	155	125±0.7	95±1.5	7	9	8.5	
BK—500	500			150	125	155	125±0.7	105±1.5	7	9	10.5	
BK—750	750			168	145	170	140±0.7	104±2	8	10	13.5	
BK—1000	1000			168	155	170	140±0.7	114±2	8	10	17	
BK—1500	1500			192	155	195	160±0.7	141±2	8	10	25	
BK—2000	2000			192	175	195	160±0.7	161±2	8	10	28	
BK—2500	2500			192	190	195	160±0.7	176±2	8	10	33	
BK—3000	3000			192	210	195	160±0.7	196±2	8	10	37	
BK—4000	4000			225	220	225	184±0.7	185±2	8	12	41	
BK—5000	5000			225	230	225	184±0.7	195±2	8	12	46	

7.34.2 DBK_2 系列低损耗单相控制变压器

一、概述

DBK_2 系列低损耗单相控制变压器主要用于机床控制电器及局部照明（指示灯）的电

源变压器。适用于交流50～60Hz、电压500V以下的电路中，体积小、重量轻。

二、型号含义

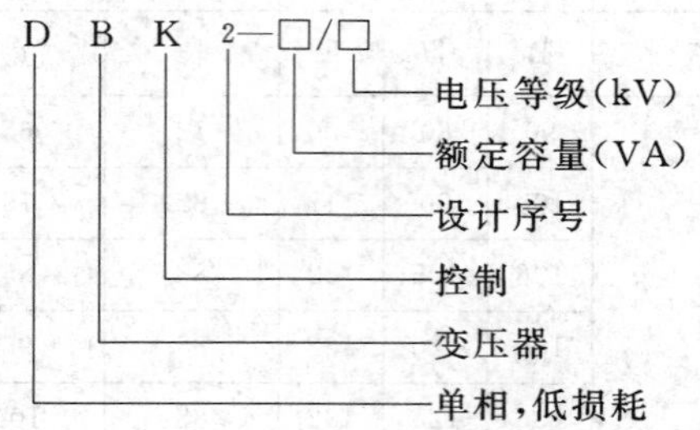

三、产品结构

DBK_2系列控制变压器采用心式全斜接缝铁芯，双绕组立式结构，B级绝缘，节电效果明显，可替代BK型产品。

四、技术数据

DBK_2系列产品的技术数据，见表7-83。

表7-83　DBK_2系列低损耗单相控制变压器技术数据

型号	额定容量（VA）	额定电压（V）		损耗（W）		空载电流（%）	阻抗电压（%）	外形尺寸（mm）（长×宽×高）	安装尺寸（mm）	重量（kg）
		初级	次级	空载	负载					
DBK_2—50/0.5	50	220 380	36 127 36～24 127～36 127～110 （抽头式）	2	5	40	10	75×69×122	40×40	1.4
DBK_2—100/0.5	100			3	10	30	10	80×69×132	40×40	1.8
DBK_2—150/0.5	150			4	13.5	25	9	90×77×145	56×56	2.5
DBK_2—200/0.5	200			5	15	22	7.5	93×77×151	56×56	2.9
DBK_2—250/0.5	250			6	18	22	7.2	99×77×157	56×56	3.3
DBK_2—300/0.5	300			7	20	30	6.7	120×101×181	70×63	4.6
DBK_2—400/0.5	400			8	24	25	6	120×112×181	70×73	5.6
DBK_2—500/0.5	500			10	26	20	5.1	120×122×181	70×83	6.6
DBK_2—1000/0.5	1000			15	35	12	3.5	150×133×221	90×101	13
DBK_2—2000/0.5	2000			23	55	9	2.8	174×152×258	110×115	22
DBK_2—3000/0.5	3000			30	75	8	2.6	195×205×293	130×125	29
DBK_2—4000/0.5	4000			39	99	7	2.6	232×194×344	150×115	37
DBK_2—5000/0.5	5000			48	99	7	2.1	229×219×344	150×130	45

五、生产厂

重庆高压电器厂。

7.34.3　BJZ系列局部照明变压器

一、概述

BJZ系列局部照明变压器适用于50～60Hz、电压为500V及以下电路，通常作局部安全照明指示灯的电源变压器。变压器分普通型、湿热型和海洋湿热型等类型。

二、型号含义

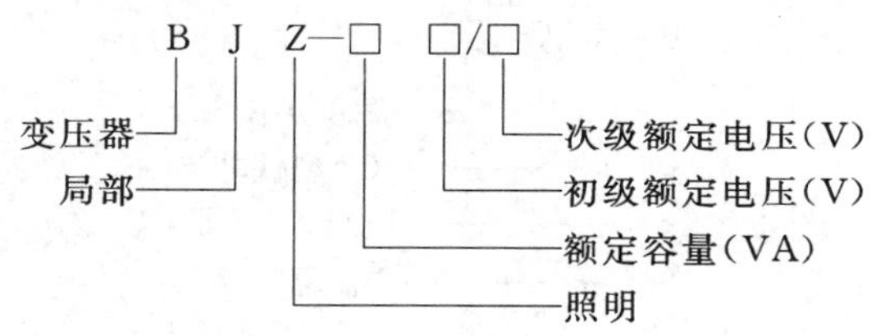

三、产品结构

BJZ 系列局部照明变压器的铁芯采用壳式和心式硅钢片叠装结构，绕组为多层同心式双绕组，且为单相防护式结构。带有防护壳，在高压侧加装熔断器和开关。

四、技术数据

BJZ 系列局部照明变压器的技术数据，见表 7-84。

表 7-84 BJZ 系列局部照明变压器技术数据

型　号	额定容量 (VA)	初级额定电压 (V)	次级额定电压 (V)	重量 (kg)	外形尺寸 (mm) (长×宽×高)
BJZ—50/0.5	50	220、380	12、24、36、110、127、220、380	2.5	160×145×130
BJZ—100/0.5	100			4.2	170×175×135
BJZ—150/0.5	150			5.5	170×175×135
BJZ—200/0.5	200			5.8	170×175×135
BJZ—250/0.5	250			8.5	225×205×175
BJZ—300/0.5	300			9.3	225×205×175
BJZ—400/0.5	400			10.6	225×205×175
BJZ—500/0.5	500			14.5	240×200×210
BJZ—1000/0.5	1000			23.5	265×220×265
BJZ—2000/0.5	2000			42.5	315×260×330
BJZ—3000/0.5	3000			51	315×260×330
BJZ—4000/0.5	4000			68.5	415×320×360
BJZ—5000/0.5	5000			70	415×320×360

五、生产厂

重庆高压电器厂。

7.34.4 BKC 系列控制变压器

一、概述

BKC 系列控制变压器适用于 50～60Hz、电压至 500V 的电路中，一般用作机床控制电器或局部照明灯的电源变压器，也可作为小型电源变压器。

该产品高、低压电压可由用户任意选择，但不大于 500V。

二、型号含义

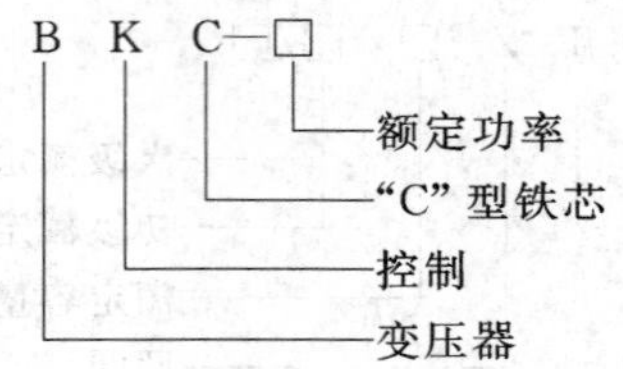

三、外形及安装尺寸

BKC系列控制变压器外形及安装尺寸，见表7-85及图7-13。

表7-85 BKC系列控制变压器外形及安装尺寸

型号	安装尺寸（mm）		安装孔（mm）		外形尺寸（mm）				重量（kg）≤
	A	D	K	J	B	C	E	H	
BKC—25		58±1	4.5	6.5	50	55	72	80	0.84
BKC—50	50±1	59±1	5	8	62	68	74	96	1.2
BKC—100	56±1	77±1	6	9	72	76	94	105	1.85
BKC—150	56±1	77±1	6	9	72	77	94	116	2.45
BKC—250	78±1	77±1	6	9	92	96	94	134	3.8
BKC—350	90±1	91±1	6	9	106	107	110	144	4.9
BKC—500	100±1	96±1	6	9	122	122	115	165	5.96

注 BKC—25型安装孔在B的中心，孔距为D，孔长4.5×6.5，供固定两点。

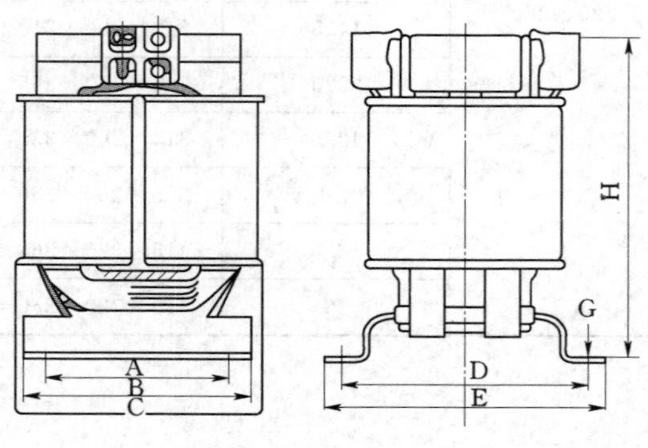

图7-13 BKC系列控制变压器外形及安装尺寸

四、生产厂

昆山市特种变压器制造有限公司。

7.34.5 JBK_3、JBK_4系列控制变压器

一、概述

JBK_3、JBK_4系列机床控制变压器是昆山市特种变压器制造有限公司参照德国西门子公司（SIEMENS）20世纪80年代先进技术设计制造的新系列产品，符合VDE0550、IEC204—1、IEC439等标准要求，适用于交流50～60Hz、输入电压不超过500V的各类机床、机械设备等一般电器控制电源和局部照明、指示灯的电源。

该产品高、低压电压可由用户任意选择，但不大于500V，高压侧具有±5%的电压调整。

二、型号含义

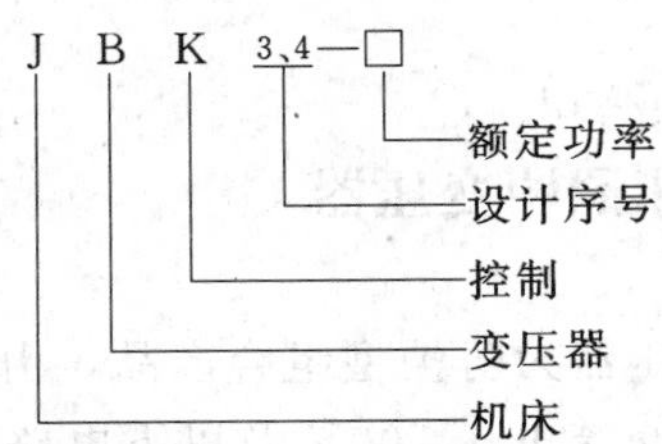

三、外形及安装尺寸

JBK$_3$、JBK$_4$ 系列控制变压器外形及安装尺寸，见表 7-86 及图 7-14。

表 7-86 JBK$_4^3$ 系列控制变压器外形及安装尺寸

额定容量(VA)	安装尺寸		安装孔(mm)		外形尺寸(mm)				接线端数量		重量(kg)≤
	A	C	K	J	B_{max}	D	E_{max}	F	JBK$_3$	JBK$_4$	
40	56±0.4	46±2.5	4.8	9	83	85	89	1	12	8	1.2
63	56±0.4	46±2.5	4.8	9	83	85	89	1	12	8	1.3
100	64±0.4	62±2.5	5.8	11	86	105	94	1	12	8	2.1
160	84±0.4	71±3	5.8	11	98	105	109	1.5	14	10	2.8
250	84±0.4	85±3	5.8	11	98	120	109	1.5	14	10	3.5
400	90±0.4	85±2	5.8	11	122	102	125	2	18	14	4.9
630	122±0.5	90±3.5	7	12	152	112	154	2	22	18	7.2
1000	126±3.5	152±3.5	7	12	160	210	155	3	18	14	11.5
1600	146±3.5	176±3.5	7	12	184	235	170	3	22	18	16.2
2500	174±3.5	200±3.5	7	12	210	265	175	4	22	18	23

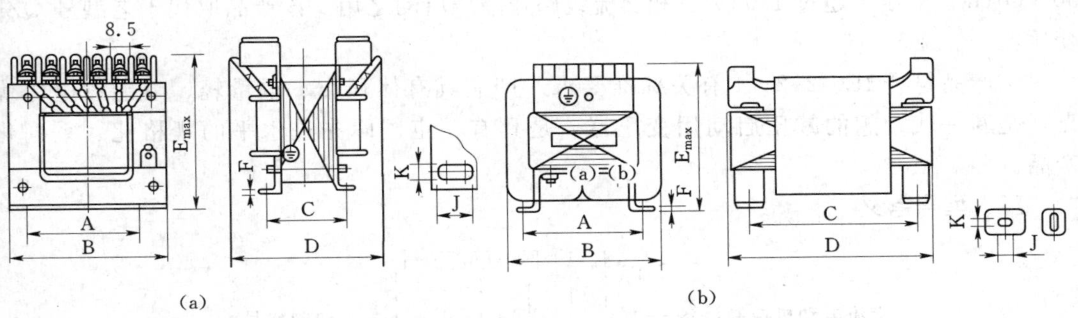

图 7-14 JBK$_4^3$ 系列控制变压器外形及安装尺寸

(a) JBK$_3$—40～630VA；(b) JBK$_3$—1000～2500VA

注 JBK$_4$ 系列与 JBK$_3$ 系列的外形及安装尺寸全同，仅接线端数量不同。

四、认货须知

认货必须提供产品规格、额定功率、初级和次级电压值（次级多绕组需注明分配容量）及其它要求。

五、生产厂

昆山市特种变压器制造有限公司。

7.34.6 BZ系列防护型机床照明变压器

一、概述

BZ系列防护型机床照明变压器为防护型组合产品，由控制变压器、主令开关及保护外壳组成，适用于50～60Hz、交流电压500V及以下电路中，作机床及其它设备的局部照明之用。该产品有普通型、湿热型、海洋湿热型等类型。

二、技术数据

该系列产品的技术数据，见表7-87。

表7-87 BZ系列防护型机床照明变压器技术数据

产品型号	额定容量（VA）	额定电压（V）		外形尺寸（mm）（长×宽×高）	安装尺寸（mm）	重量（kg）
		初级	次级			
BZ—50H	50	220 380	12 36	225×123×96	198×100	2.8
BZ—100H	100					3.2

三、生产厂

重庆高压电器厂。

7.35 JJ1、QZB三相自耦减压启动变压器

一、概述

JJ1自耦变压器为户内装置，空气自冷式，适用于工矿企业。三相电动机其额定频率50～60Hz，电压不超过1200V三相交流线路作降压启动之用。该产品取代于老型号QZB变压器。

该产品符合IEC 292—4有关标准要求。产品具有体积小、重量轻、节能省电等优点，是新一代理想的减压启动用变压器，是具有一定国际先进水平的规格化、系列化产品。

二、型号含义

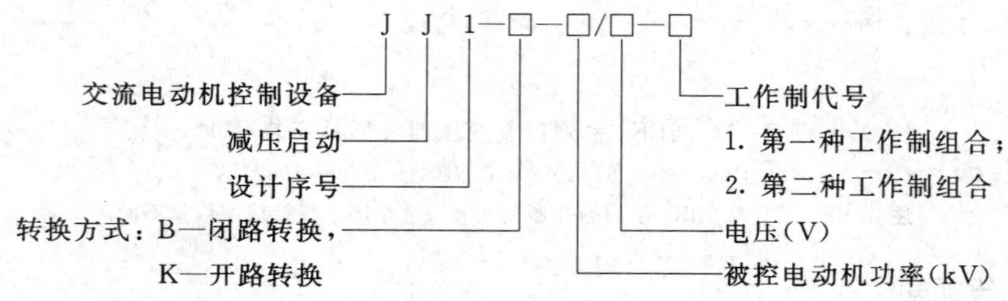

三、技术数据

JJ1 三相自耦减压启动变压器技术数据，见表 7－88。

表 7－88　JJ1 系列自耦减压启动变压器技术数据

型　号	工作电压（V）				安装尺寸（mm）		安装孔		外形尺寸（mm）			重量（kg）
	输入	输　出			A	C	K	J	B	D	H	
		60％	65％	80％								
JJ1—11kW/380—2	380V		247V ±2	304V ±2	200	102	12	18	260	138	225	21
JJ1—14kW/380—2					200	102	12	18	260	138	225	23
JJ1—20kW/380—2					200	112	12	18	260	150	225	26
JJ1—22kW/380—2					200	112	12	18	260	150	225	26
JJ1—28kW/380—2					200	110	12	18	285	148	235	31
JJ1—30kW/380—2					200	110	12	18	285	148	235	31
JJ1—40kW/380—2					200	123	12	18	285	158	235	36
JJ1—45kW/380—2					200	130	12	18	285	168	235	40
JJ1—55kW/380—2					200	136	12	18	325	182	265	50
JJ1—75kW/380—2					200	140	12	18	325	190	265	55
JJ1—90kW/380—2		228V ±2			250	148	12	18	355	200	310	85
JJ1—100kW/380—2					250	144	12	18	355	200	330	87
JJ1—110kW/380—2					250	144	12	18	355	200	330	89
JJ1—115kW/380—2					250	144	12	18	355	200	330	89
JJ1—135kW/380—2					320	152	12	18	390	200	330	92
JJ1—155kW/380—2					320	160	12	18	390	200	330	100
JJ1—180kW/380—2					400	157	ϕ13		460	250	350	150
JJ1—190kW/380—2					400	157	ϕ13		460	250	350	153
JJ1—200kW/380—2					400	157	ϕ13		460	250	370	160
JJ1—225kW/380—2					400	157	ϕ13		460	250	370	162
JJ1—250kW/380—2					400	164	ϕ13		490	250	410	200
JJ1—260kW/380—2					400	164	ϕ13		490	250	410	210
JJ1—280kW/380—2					400	164	ϕ13		490	250	410	220
JJ1—300kW/380—2					400	164	ϕ13		490	250	420	250
JJ1—325kW/380—2					400	164	ϕ13		490	250	420	260

注　660V 和 1200V 电压等级的变压器外形尺寸和安装尺寸同上。

额定工作制：任何工作制的变压器均应能够从冷态开始连续地启动两次，两次之间的时间间隔 30s。正常使用的变压器启动时间为每次不超过 15s，其 1 小时内不超过 3 次（凡铭牌注明第二种工作制组合的变压器也适用于第一种工作制组合）。

四、外形及安装尺寸

JJ1 系列三相自耦减压启动变压器外形及安装尺寸，见表 7－88 及图 7－15。

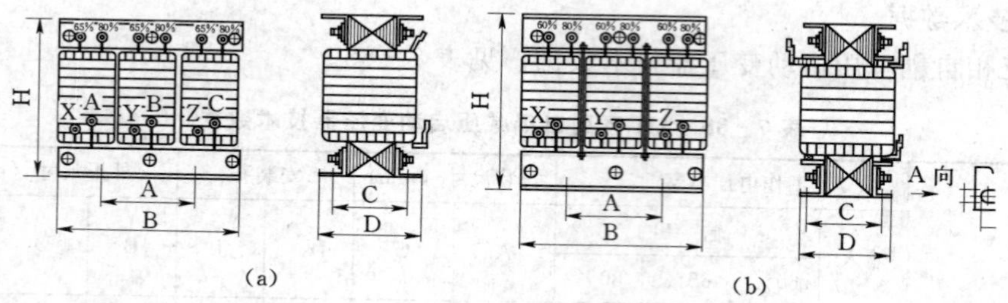

图 7-15 JJ1、QZB 系列三相自耦减压启动变压器外形及安装尺寸
(a) JJ1、QZB—11～75kW；(b) JJ1、QZB—90～315kW

五、订货须知

订货必须提供电压等级（380、660V 或 1200V 选择）、抽头电压比及特制要求。

六、生产厂

昆山市特种变压器制造有限公司。

7.36 升降变压器

7.36.1 ST 型升降变压器

一、用途

ST 型升降变压器是一种交流电压变换装置，通过使用该产品后，将多种电网的电压转换为通用的电压输出，所有的电子电气设备在额定功率下均能安全使用。

二、技术数据

(1) 输入电压（V）：AC110～250 或 200，220，240。

(2) 具有熔断保护器或过流保护器。

(3) 输出电压（V）：AC110，220。

三、外形尺寸

该产品外形尺寸，见表 7-89。

表 7-89 ST 型升降变压器外形尺寸

型号	额定容量 (kVA)	外形尺寸 (mm) (长×宽×高)	重量 (kg)	型号	额定容量 (kVA)	外形尺寸 (mm) (长×宽×高)	重量 (kg)
ST—100	100	395×315×225	22	ST—1500	1500	300×255×215	11
ST—200	200	395×315×225	28	ST—2000	2000	340×255×215	14
ST—300	300	355×315×245	29.5	ST—3000	3000	340×255×215	15
ST—500	500	400×190×245	30.5	ST—4000	4000	400×285×240	17
ST—750	750	315×220×245	20	ST—5000	5000	390×285×215	18
ST—1000	1000	300×255×215	9	ST—10000	10000	425×320×300	33

四、生产厂

宁波金源电气有限公司。

7.36.2 TC型升降变压器

一、用途

TC型升降变压器专门为额定交流电压与所在地区的电网电压不同的电气电子设备工作而设计，该产品在额定功率下均能安全使用。

二、技术数据

（1）输入电压（V）：AC110或220。

（2）备有双头电源线。

（3）输出电压（V）：AC220或110。

三、外形尺寸

该产品外形尺寸，见表7-90。

表7-90 TC型升降变压器外形尺寸

型　号	额定容量（kVA）	外形尺寸（mm）（长×宽×高）	重　量（kg）	型　号	额定容量（kVA）	外形尺寸（mm）（长×宽×高）	重　量（kg）
TC—100	100	440×255×175	18.5	TC—1500	1500	465×255×220	18.5
TC—200	200	440×255×175	25.5	TC—2000	2000	465×275×220	23.5
TC—300	300	265×265×205	20.5	TC—3000	3000	465×295×220	27.5
TC—500	400	285×265×205	25.5	TC—4000	4000	250×255×185	23
TC—750	750	400×180×205	36	TC—5000	5000	260×225×285	25
TC—1000	1000	465×245×220	16	TC—10000	10000	425×320×300	36

四、生产厂

宁波金源电气有限公司。

7.36.3 THG型升降变压器

一、用途

THG型升降变压器专门为额定交流电压与所在地区的电网电压不同的电气电子设备工作而设计，该产品在额定功率下均能安全使用。

二、技术数据

（1）输入电压（V）：AC110或220。

（2）频率（Hz）：50，60。

（3）具有熔断保护器。

（4）输出电压（V）：AC110或220。

（5）内置AC110V/220V电压拨动开关。

三、外形尺寸

该产品外形尺寸，见表7-91。

四、生产厂

宁波金源电气有限公司。

表7-91 THG型升降变压器

型号	额定容量(kVA)	外形尺寸(mm)(长×宽×高)	重量(kg)	型号	额定容量(kVA)	外形尺寸(mm)(长×宽×高)	重量(kg)
THG—100	100	480×265×175	18.5	THG—1500	1500	465×255×220	18.5
THG—200	200	480×295×175	25.5	THG—2000	2000	465×275×220	23.5
THG—300	300	315×295×205	20.5	THG—3000	3000	465×295×220	27.5
THG—500	500	335×295×205	25.5	THG—4000	4000	250×225×185	23
THG—750	750	430×210×205	26	THG—5000	5000	260×225×185	25
THG—1000	1000	465×245×220	16	THG—10000	10000	425×320×300	36

7.37 恒压变压器系列

一、概述

在电子电路中，为了变换电压需要使用变压器。如果要求输出的电压不随电网电压波动，就需要使用恒压变压器。恒压变压器是现代较理想的高可靠稳压电源，具有稳压范围宽、稳压精度高、过载短路保护和抗干扰能力强等优点。经过几十年的不断发展，恒压变压器已形成了多个系列近百个品种，广泛应用于铁路、通讯、有线电视、仪器、核工业等领域。

恒压变压器结构与原理，见图7-16。

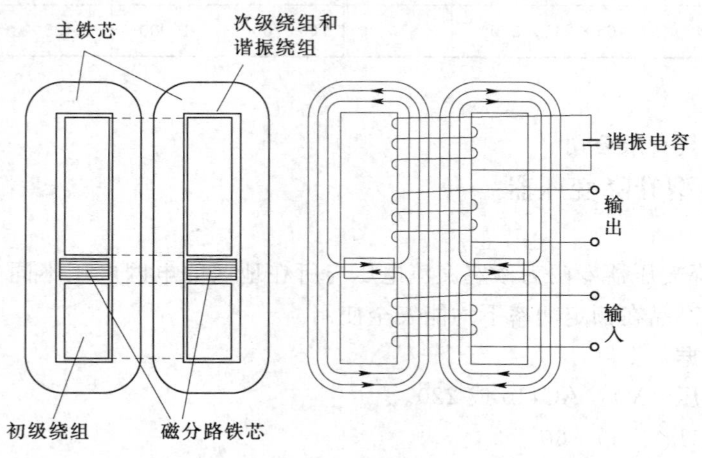

图7-16 恒压变压器结构与原理图

二、型号含义

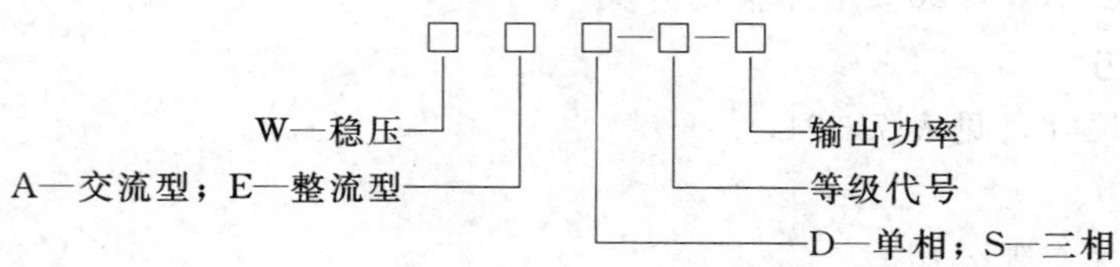

型号中几点说明：

(1) 输出功率：型号上所标为恒压变压器的交流输出功率。如果是整流型恒压变压器，要求直流功率换算成恒压变压器输出端交流功率。

(2) 等级代号：等级代号是以恒压变压器的波形失真度的水平来确定。恒压变压器满负载失真度小于5%为WAD—3型，小于10%，大于5%为WAD—2B型，大于10%为WAD—1型。

三、订货须知

订货时必须提供：

(1) 交流恒压变压器类：型号、等级、输出功率、输入电压、输出电压、输出电流、工作频率、耐压等级、温度等级等。如变压器输入、输出有抽头或几组输出，必须提供详细原理图和文字说明。

(2) 整流型恒压变压器类：型号、等级、输入电压、输出电压（直流）、输出电流（直流）、工作频率、耐压等级、温度等级，并附整流滤波线路图。

(3) 普通恒压变压器的稳压范围为输入电压的±15%，如有特殊要求需说明。

7.37.1 WAD—1型灯丝恒压变压器

一、概述

WAD—1型灯丝恒压变压器是专为高频设备的电子管灯丝开发研制的新产品，结构精良、性能优越、噪声低、体积小、重量轻，特别是具有输出电压稳定和软启动限流性能，并有抗尖峰过压及短路保护等功能。可靠性高，属半永久性器件，能大大延长电子管的使用寿命，提高高频设备的稳定性和工作可靠性。该产品广泛地作为高频设备的电子管灯丝电源。

二、技术数据

WAD—1型系列灯丝恒压变压器技术数据，见表7-92。

(1) 输入电压（V）：220或380。

(2) 频率（Hz）：50。

(3) 输出电压：适配各型电子管灯丝电压。

(4) 负载特性：当负载从空载到满载变化时，输出电压变化≤±2%。

(5) 输出电压稳定性：在额定负载下，当输入变化±15%～10%，输出电压变化≤±2%。

(6) 软启动特性：当输出短路时（相当于电子管冷灯丝低阻状态），短路电流小于额定负载电流的1.5～2倍，同时输出电压自动降至近似零，且变压器亦能自行短时保护，不会产生任何损坏。由于该型变压器的输出过流保护特性，限制了电子管特性启动的峰值电流，使冷态灯丝免受大电流冲击伤害，从而保护电子管。

(7) 额定功率1kW以下效率为80%～85%；1kW以上效率85%～90%。

(8) 工作环境温度－40～＋40℃，采用F级耐高温材料。

三、生产厂

中科院上海核所特种变压器有限公司。

表 7-92 WAD—1型系列灯丝恒压变压器技术数据

规 格 (V/A)	输出功率 (W)	外形尺寸 (mm) (长×宽×高)	重 量 (kg)	适配发射电子管型号
5/22	110	115×87×128	4.5	6T58
5/22 耐压 10kV	110	119×90×136	4.7	6T58 应用于负高电压电路，耐压 10kV
10/13	130	119×90×136	5	FU—501
12.6/23	290	119×140×136	9	FU—5SF
6.3/50	315	119×140×156	9.7	TM—704F
7/75	525	126×148×165	11.9	FU—10SZ 4042
7.5/150	600	135×156×172	13.4	FU—101F FU—824FSZ FU—826Sz FU—924F
8.3/150	1125	137×214×187	23	FU—834FS FU—924S FU—832FF FU—832Z
8.3/150	1245	145×214×187	24	FD—917S FU—22SZ FU—307S FU—828SZ 4041
8/225	1800	185×230×221	36	FU—308S FU—105Z1 Z2 Z3 Z4 E5—12/40 FU—840SZ 4051
12/210	2520	216×270×222	43	FD—911SZ FU—23SZ FD—914S 4053
12.6/380	4788	338×230×341	86	BW1185J2 3092
H12.6/380 耐压 20kV	4788	338×230×341	86	BW1185J2 3092 应用于负高电压电路，耐压 10kV
17.5/380	6650	338×240×341	116	FU—918SC 4023A
17.5/420	7350	338×250×341	124	FD—912S
17.5/520	9100	338×260×341	142	FU—914SC
17.2/600	10320	338×340×346	164	FU—309S FD—5S

7.37.2 WAD—3型铁路信号系统恒压变压器

一、概述

WAD—3型铁路信号系统用大功率低温升恒压变压器是新型的正弦波交流恒压器，是铁路信号系统电源屏配套的稳压电源设备，适用于铁路交流电气化区段和非电气化区段信号设备，亦适用于城市轨道交通（轻轨和地铁）信号系统电源屏，既可集中供电，又能分散供电。该产品输出电压稳定，温升低，效率高，体积小，输出波形失真度小，具有抗干扰和过载短路保护功能，结构独特，安全可靠。

该产品是上海核所特种变压器有限公司实用新型专利产品，是在一般交流恒压变压器的基础上对铁芯磁路结构和铁芯制造工艺进行了重大改进，铁芯采用组合叠片和G型相结合的独特结构，极大提高了恒压变压器的电性能指标，单位功率的体积、重量显著下降。该产品已在铁路系统中广泛应用，并已应用于尼日利亚和缅甸的铁路信号工程。

二、技术数据

(1) 输入电压（V）：220（50Hz）。

(2) 输出电压（V）：220±2%（50Hz）。

(3) 稳定性：电网电压160～260V变化时，满载输出电压保持稳定；电网电压176～253V变化时，满载输出电压变化≤±3%。

(4) 负载特性：当负载从满载到空载时，输出电压变化<2%。

(5) 短路保护特性：当输出短路时，输入电流和输出电流均小于额定负载时的2倍，短路30min恒压变压器无任何损伤，短路解除，自动恢复电压。

(6) 功率：>85%。

(7) 功率因数：>0.95。

(8) 输出波形失真度：满载<5%，空载<10%。

(9) 频率特性：当频率变化1%时，输出电压变化<1.6%。

(10) 绝缘电阻：初级对地（铁芯）、初级对次级、次级对地均1000MΩ。

(11) 抗电强度：初级对地、初级对次级均≥2kV（1min）。

(12) 运行方式：连续工作。

(13) 冷却方式：自然冷却。

表7-93 WAD—3型铁路信号系统恒压变压器外形及安装尺寸

型号		外形尺寸（mm）（长×宽×高）	安装尺寸（mm）（宽×深，孔径）	重量（kg）
WAD—3—625W	变压器	190×135×230	110×85ϕ8	19
	电容器	175×66×230	154×50ϕ8×4	
AWD—3—1.1kW	变压器	174×165×234	140×147ϕ8	27
	电容器	175×66×230	154×50ϕ4.5×4	
WAD—3—1.25kW	变压器	190×190×230	110×135ϕ8	36
	电容器	175×66×230	154×50ϕ4.5×4	
WAD—3—2.5kW	变压器	234×200×282	172×135ϕ10	58
	电容器	316×195×284	240×170ϕ8	
WAD—3—3.75kW	变压器	280×210×320	200×154ϕ10	80
	电容器	316×195×366	240×170ϕ8	
WAD—3—5kW	变压器	340×240×390	274×167ϕ12	122
	电容器	316×195×366	240×170ϕ8	
WAD—3—6.5kW	变压器	340×245×390	274×195ϕ12	150
	电容器	316×195×366	240×170ϕ8	
WAD—3—7.5kW	变压器	340×310×390	274×212ϕ12	170
	电容器	316×195×366	240×170ϕ8	
WAD—3—10kW	变压器	340×310×510	274×242ϕ12	196
	电容器	316×195×698	240×170ϕ8	

(14) 使用环境：工作环境温度－40～＋40℃。

(15) 温升：6.5kW 以下，满载<50℃（F 级绝缘）；7.5、10kW，满载<65℃（F 级绝缘）。

(16) 噪声（A 计权）：6.5kW 以下，满载 55dB，空载<60dB；7.5、10kW 以下，满载<60dB，空载<68dB。

三、外形及安装尺寸

WAD—3 型铁路信号系统恒压变压器外形及安装尺寸，见表 7-93。

四、生产厂

中科院上海核所特种变压器有限公司。

7.37.3 WAD—1B、WAD—2B、WAD—3 型杂波隔离型交流恒压变压器

一、技术数据

(1) 输入电压（V）：220（50Hz）。

(2) 输出电压（V）：220（50Hz）。

(3) 输出电压稳定性：在额定负载下，当输入电压在 220V±15%范围内变化时，输出电压变化≤±1%。

(4) 负载特性：当负载从满载到空载变化时，输出电压变化≤±2%；额定功率在 2.5kVA 以上时≤±3%。

(5) 动态响应特性：当输入电压陡变时，暂态恢复时间<30ms；当输入电压有浪涌时，暂态恢复时间<50ms。

(6) 抗干扰特性：衰减杂波干扰能力 >60dB。

(7) 尖峰过压保护特性：当电网有尖峰、过压时，恒压变压器可保护使用设备，免遭尖峰过压的冲击。

(8) 短路保护特性：当输出短路时，输入电流和输出电流均小于额定负载时的 2.5 倍，短路 30min 电源无任何损伤。

(9) 输出波形失真度：

WAD—1B 系列满载时<25%；

WAD—2B 系列满载时<5%～10%；

WAD—3 型系列满载时<5%。

(10) 方波变正弦波特性：作为逆变器，配用 WAD—2B、WAD—3 型系列，输入方波，其输出可获得正弦波。

(11) 频率特性：当频率变化 1%时输出电压变化<1.6%。

(12) 满载时效率：额定功率 1kW 以下效率为 80%～85%，1kW 以上效率 85%～90%。

(13) 长期使用环境：工作环境温度－40～＋40℃，采用 F 级耐高温材料。

注意事项：

检测输出电压值时，必须采用电动系真有效值仪表（D—26 型）。若使用万用表或数字电压表等整流检波型电表测量时，则读数约偏高 3%～10%，不代表真实值。

二、外形及安装尺寸

WAD—1B、WAD—2B、WAD—3 杂波隔离型交流恒压变压器系列外形及安装尺寸，见表 7-94。

表 7-94 WAD—1B、WAD—2B、WAD—3 杂波隔离型交流恒压变压器外形及安装尺寸

型号	额定容量（VA）	外形尺寸（mm）（长×宽×高）	重量（kg）	型号	额定容量（VA）	外形尺寸（mm）（长×宽×高）	重量（kg）
WAD—1B—10	10	87×167×65	1	WAD—2B—2.5K	2500	277×460×304	50.5
WAD—1B—35	35	107×155×77	1.7	WAD—2B—5K	5000	340×630×640	90
WAD—1B—50	50	124×170×87	2.3	WAD—3—300	300	160×240×230	11.6
WAD—1B—75	75	135×170×100	3	WAD—3—500	500	170×290×240	18.1
WAD—2B—125	125	136×252×102	4.5	WAD—3—1000	1000	180×340×260	26.6
WAD—2B—250	250	146×295×127	8.3	WAD—3—2000	2000	230×440×300	46.7
WAD—2B—400	400	154×285×225	13	WAD—3—3000	3000	260×545×350	68.8
WAD—2B—630	630	167×315×241	18.5	WAD—3—5000	5000	285×600×395	92.2
WAD—2B—1.25K	1250	177×385×256	29.5				

三、生产厂

中科院上海核所特种变压器有限公司。

7.37.4 WCC、WED—3 型整流恒压变压器

一、概述

WCC、WED—3 型整流恒压变压器输出（一路或多路）经整流滤波后即成直流稳压电源，也可作为高精度直流稳压电源的前级预稳压。

本系列产品输出波形是梯形波，无峰值电压，不能按普通变压器的计算方法来确定各输出绕组的电压、电流值。订货时必须提供各整流电路输出的直流电压值和直流负载电流值及整流电路形式等。

二、技术数据

（1）输出电压：在额定负载下，当输入电压在 220V±15%范围内变化时，输出电压变化≤±1%，其中 WCC—5、WCC—8.5 输出电压变化≤±2%。

（2）负载特性：当负载从满载变化到半载时，整流输出电压变化：WCC 型 4%～8%，WED—3 型 2%～5%。

（3）输出电压精度：满载时 3%。

（4）短路保护特性：当输出短路时，输入电流小于额定负载时的 2.5 倍，短路 30min 恒压变压器无任何损伤。

（5）频率特性：当频率变化 1%时，整流输出电压变化<1.6%。

（6）输出波形：梯形波。

（7）使用环境：工作环境温度－40～＋40℃，采用 F 级耐高温材料。

三、外形及安装尺寸

WCC、WED—3整流型恒压变压器外形及安装尺寸，见表7-95。

表7-95 WCC、WED—3整流型恒压变压器外形及安装尺寸

型 号	额定容量 (VA)	外形尺寸（mm）(长×宽×高)	安装尺寸（mm）(长×宽)	重 量 (kg)
WCC—5	3～5	52×45×38	37	0.24
WCC—8.5	6～6.8	59×51×39	43	0.32
WCC—14	9～14	65×56×48	46	0.48
WCC—22	15～22	75×64×50	54	0.66
WCC—36	23～36	82×68×61	20×58	0.98
WCC—60	37～60	96×79×63	20×69	1.35
WCC—95	61～95	103×85×76	24×73	1.98
WED—3—120	80～120	110×69×114	50×51	2.4
WED—3—185	121～185	113×77×134	50×51	3.3
WED—3—270	186～270	118×85×146	60×60	4.4
WED—3—360	271～360	122×98×147	60×70	5.8
WED—3—440	361～440	122×98×167	60×70	6.7
WED—3—535	441～535	122×123×156	112×42	7.7
WED—3—675	536～675	122×140×156	122×50	10
WED—3—830	676～830	126×143×172	122×50	11.4
WED—3—915	831～915	134×151×172	122×50	12.3
WED—3—1000	916～1000	134×151×187	122×50	13.8
WED—3—1300	1001～1300	126×201×172	134×50+50	17.4
WED—3—1500	1301～1500	134×201×187	134×50+50	18.7
WED—3—1600	1501～1660	144×201×190	134×50+50	21.8
WED—3—2300	1661～2300	163×211×204	164×50+50	27.5
WED—3—2800	2301～2800	179×224×214	164×50+50	31.8
WED—3—3600	2801～3600	209×244×214	180×50+50	33.6
WED—3—4600	3601～4600	213×306×214	180×75+75	38.6
WED—3—5600	4601～5600	213×306×246	180×75+75	48

四、生产厂

中科院上海核所特种变压器有限公司。

7.37.5 TCP—2有线电视网用宽压交流恒压电源系列

一、概述

有线电视用宽压交流恒压电流作为有线电视网络的供电电源，广泛应用于全国各地的有线电视网络系统中。该产品设计新颖、结构独特、稳压范围宽，具有抗干扰能力和过载短路保护特性，高度可靠，能长时间连续安全运行，具有国际同类产品先进水平。

二、技术数据

（1）输入电压：220V（50Hz）。

（2）输出电压：60V（50Hz）。

（3）稳定性：电网电压160～280V间变化，输出电压保持稳定。电网电压从170～270V间变化，满载输出电压变化<±2%。

（4）负载特性：当负载从满载到空载时，输出电压变化<2%。

（5）短路保护特性：当输出短路时，输入电流和输出电流均小于额定负载时的2.5倍，短路30min电源无任何损伤。

（6）效率：80%～90%。

（7）长期使用温度：－40～＋40℃，采用F级耐高温绝缘材料，可安装在室内或野外。

（8）运行方式：连续工作。

（9）输出电流及外形尺寸，见表7-96。

表7-96 TCP—2有线电视用交流恒压电源系列技术数据

型号	输出电压（V）	输出电流（A）	外形尺寸（mm）（长×宽×高）	重量（kg）	型号	输出电压（V）	输出电流（A）	外形尺寸（mm）（长×宽×高）	重量（kg）
TCP—2—60V/2A	60	2	197×167×272	8	TCP—2—60V/9A	60	9	197×205×296	16.1
TCP—2—60V/3A	60	3	197×167×272	9.4	TCP—2—60V/10A	60	10	197×205×296	18.5
TCP—2—60V/4.2A	60	4.2	197×167×272	10.3	TCP—2—60V/12A	60	12	197×205×296	19.8
TCP—2—60V/6A	60	6	197×205×296	13.7	TCP—2—60V/15A	60	15	197×205×296	20.7
TCP—2—60V/8.4A	60	8.4	197×205×296	15.4					

注 1. 型号不同，技术指标也不同。
2. 除提供上述的整机电源外，也提供恒压变压器，自行组装。

三、生产厂

中科院上海核所特种变压器有限公司。

7.38 低压变压器

7.38.1 SE低压变压器

一、用途

SE低压变压器为空气自冷式，不需外部加装散热器，主要用作交流电源电压变换，适用于各种性质的负载。

二、技术数据

电压（V）：1000 以下。

频率（Hz）：50，60。

输入（V）：3 相　440，420，400，380。

输出（V）：3 相　220，190，120，110，100。

单相电压（V）：127，110，100，36，24 等。

容量（kVA）：10～1250。

输出电压精度（%）：±2（负载范围内）。

连接组标号：Y，yn0；D，yn0。

表 7-97　SE 低压变压器外形尺寸

型　号	容量（kVA）	输入电压（V）	输出电压（V）	相数	额定电流（A）	频率（Hz）	外形尺寸（mm）（长×宽×高）	重量（kg）
SE—10	10	380	220…	3	26	50	460×340×440	68
SE—20	20	380		3	52		460×340×440	92
SE—30	30	380		3	78		600×480×580	128
SE—40	40	380		3	105		600×480×580	160
SE—50	50	380		3	131		600×480×580	190
SE—60	60	380		3	157		680×520×660	238
SE—80	80	380		3	210		680×520×660	280
SE—100	100	380		3	262		780×520×700	350
SE—120	120	380		3	315		880×560×760	420
SE—150	150	380		3	393		880×560×760	560
SE—200	200	380		3	524		880×560×760	680
SE—250	250	380		3	656		980×760×1080	760
SE—300	300	380		3	787		980×760×1080	860
SE—400	400	380		3	1049		1060×800×1200	1050
SE—500	500	380		3	1312		1180×800×1280	1370
SE—600	600	380		3	1574		1180×800×1280	1560
SE—800	800	380		3	2099		1280×980×1380	1880
SE—1000	1000	380		3	2624		1280×980×1380	2080
SE—1250	1250	380		3	3280		1400×1080×1580	2280

注　1. 表中为常规产品，自耦式设计。

2. 精密型产品原材料为进口。

效率（%）：96（<200kVA），98（≥200kVA）。

抗电强度：2000V/60s<10mA。

负载性能：连续100%满载时承受1.5～3倍瞬间冲击电流。

绝缘电阻（MΩ）：>5。

环境温度（℃）：－5～＋40。

相对湿度（%）：<90。

温升（℃）：≤65。

噪音（dB）：≤60。

三、外形及安装尺寸

SE低压变压器外形尺寸，见表7-97。

四、生产厂

东莞市科旺电源设备有限公司。

7.38.2 SO低压变压器

一、用途

SO低压变压器（油浸式）主要为进口设备电压不同于国内电网电压而设计，电压等级为1000V及以下，将国内电网380V转换为不同电压的设备供电。

二、技术数据

输入电压（V）：3相440，420，400，380。

输出电压（V）：3相240，220，200，190，173，120，110，100。

单相（V）：127，110，100等。

容量（kVA）：50～2000。

输出电压精度（%）：±2（负载范围内）。

连接组标号：Y，yn0；D，yn0。

频率（Hz）：50。

效率（%）：96（<2000kVA），98（≥2000kVA）。

抗电强度：2000V/60s<10mA。

负载性能：连续100%满载时承受1.5～3倍瞬间冲击电流。

绝缘电阻（MΩ）：>20。

环境温度（℃）：－5～＋40。

相对湿度（%）：<90。

温升（℃）：≤55。

噪音（dB）：≤60。

三、外形及安装尺寸

SO低压变压器外形尺寸，见表7-98。

四、生产厂

东莞市科旺电源设备有限公司。

表 7-98 SO低压变压器外形尺寸

型号	容量（kVA）	输入电压（V）	输出电压（V）	相数	额定电流（A）	频率（Hz）	外形尺寸（mm）（长×宽×高）	重量（kg）
SO—50	50	380	220	3	131	50	660×680×660	280
SO—100	100		220		262		760×680×720	420
SO—150	150		220		393		840×780×790	590
SO—200	200		220		524		840×780×790	720
SO—250	250		220		656		930×870×840	790
SO—300	300		220		787		1040×800×930	940
SO—400	400		220		1049		1120×940×1080	1250
SO—500	500		220		1312		1160×1020×1180	1430
SO—600	600		220		1574		1500×1140×1300	1645
SO—800	800		220		2099		1680×1200×1480	1890
SO—1000	1000		220		2624		1680×1400×1480	2650
SO—1250	1250		220		3280		1800×1480×1580	3215
SO—1600	1600		220		4199		1960×1540×1780	3850
SO—2000	2000		220		5248		1960×1540×1780	4250

注 1. 表中为常规产品，自耦式设计。
2. 精密型主要材料为进口。

7.38.3 DDG低电压大电流变压器

一、概述

本系列适用于额定频率为50Hz的开关、电流互感器、金刚石、短路加热等电器设备的连续负载试验作升流及加热。一般需在电源前侧加电压调节，使低压侧达到无级调压。

二、技术数据

DDG低电压大电流变压器技术数据，见表7-99。

表 7-99 DDG低电压大电流变压器技术数据

型号	额定容量（kVA）	相数	额定电压（V）		损耗		空载电流（%）	阻抗电压（%）	连接组标号	外形尺寸（mm）（长×宽×高）
			初级	次级	空载（W）	短路（W）				
DDG—5	5	1	220，380，650	根据用户要求任意选择	60	200	5	≤10	LiO	350×350×500
DDG—10	10	1	220，380，650		80	280	4	≤10	LiO	400×400×550
DDG—15	15	1	220，380，650		120	400	3.5	≤8	LiO	430×400×580
DDG—20	20	1	220，380，650		120	450	3.2	≤8	LiO	440×437×580
DDG—25	25	1	380，650		150	520	3.1	≤8	LiO	480×450×630
DDG—30	30	1	380，650		240	850	3.1	≤6	LiO	490×470×650
DDG—35	35	1	380，650		280	940	2.8	≤6	LiO	530×500×650
DDG—40	40	1	380，650		320	1050	2.7	≤6	LiO	550×520×650
DDG—50	50	1	380，650		350	1250	2.5	≤5	LiO	550×520×700

续表 7-99

型号	额定容量(kVA)	相数	额定电压(V)		损耗		空载电流(%)	阻抗电压(%)	连接组标号	外形尺寸(mm)(长×宽×高)
			初级	次级	空载(W)	短路(W)				
DDG—80	80	1	380 650	根据用户要求任意选择	450	1800	2.3	≤5	LiO	680×520×750
DDG—100	100	1	380 650		540	2250	2.1	≤5	LiO	680×520×750
DDG—150	150	1	380 650		720	2800	1.8	≤5	LiO	760×580×850
DDG—200	200	1	380 650		840	3200	1.6	≤5	LiO	760×620×900
DDG—240	240	1	380 650		1000	3500	1.5	≤5	LiO	810×680×1180
DDG—320	320	1	380 650		1280	4000	1.3	≤5	LiO	840×680×1200

三、生产厂

江苏苏州变压器有限公司。

7.39 SG 三相隔离变压器

一、概述

本产品是江苏苏州变压器有限公司针对工矿企业配套而设计，适用于电源隔离输配电等场合。

二、技术数据

SG 三相隔离变压器技术数据，见表 7-100。

表 7-100 SG 三相隔离变压器技术数据

型号	额定容量(kVA)	相数	额定电压(V)		损耗		空载电流(%)	阻抗电压(%)	连接组标号	重量(kg)	外形尺寸(mm)(长×宽×高)
			初级	次级	空载(W)	短路(W)					
SG—5/0.5	5	3	380 650 6000 10000	根据用户要求任意选择	75	200	5.5	4	YV0	65	430×275×311
SG—10/0.5	10	3			120	256	4.5	3.32	D,yn11	80	470×330×370
SG—15/0.5	15	3			200	450	4	3.5	D,yn0	120	570×470×410
SG—20/0.5	20	3			228	520	3.8	≤6.5	D,yn11	210	730×260×540
SG—25/0.5	25	3			240	570	3.5	3.92	D,y11	180	650×300×515
SG—30/0.5	30	3			280	680	3.2	3.78	D,yn11	180	650×300×540
SG—35/0.5	35	3			380	820	3	3.61	D,yn11	195	660×300×544
SG—50/0.5	50	3			450	1100	2.8	3.8	Y,d11,Dd0	320	880×570×1020
SG—60/0.5	60	3			530	1320	2.6	3.5	YV0	300	760×570×540
SG—75/0.5	75	3			600	1600	2.5	3.0	Y,yn0	370	800×300×625
SG—80/0.5	80	3			720	1720	2.3	3.5	Y,yn0	455	1040×650×750
SG—100/0.5	100	3			780	1800	2	4	Y,yn0	455	1040×650×750
SG—160/0.5	160	3			1100	2100	1.8	4	Y,yn0	870	1210×650×1185

续表 7-100

型 号	额定容量 (kVA)	相数	额定电压 (V)		损 耗		空载电流 (%)	阻抗电压 (%)	连接组标号	重量 (kg)	外形尺寸 (mm) (长×宽×高)
			初级	次级	空载 (W)	短路 (W)					
SG—240/10	240	3	380 650 6000 10000	根据用户要求任意选择	1500	2300	1.5	4	Y,yn0	1180	1250×650×1200
SG—250/15	250	3			1050	3790	1.2	4	D,yn11	1240	1270×650×1305
SG—315/10	315	3			1280	3800	1.1	4	D,yn11	1530	1400×760×1410
SG—400/6	400	3			1590	4550	0.8	4	D,yn11	1850	1460×760×1495
SG—500/0.5	500	3			1400	6400	0.9	4	Y,yn0	1778	1400×780×1276
SG—500/10	500	3			1850	5410	0.8	4	D,yn11	2100	1500×780×1595
SG—630/10	630	3			2100	6420	0.6	4	D,yn11	2400	1560×780×1680
SG—800/10	800	3			2200	7630	0.6	6	Y,yn0	2600	1640×780×1665
SG—1000/10	1000	3			2540	8850	0.5	6	Y,yn0	3150	1720×940×1775

三、生产厂

江苏苏州变压器有限公司。

第8章 非晶合金变压器

非晶合金变压器是20世纪70年代开发研制的一种节能型变压器，世界上最早研发非晶合金变压器的国家是美国，当时由美国通用电气（GE）公司承担了非晶合金变压器的研制项目。到20世纪80年代末实现了商品化生产。由于使用了一种新的软磁材料——非晶合金，非晶合金变压器的性能超越了各类硅钢变压器。

8.1 S（B）H15系列非晶合金油浸式配电变压器

一、概述

非晶合金变压器是一种用非晶合金材料代替硅钢片制造的新型节能变压器。产品性能稳定、可靠且节能效果显著，是电力变压器理想的更新换代产品。

二、使用环境

非晶合金干式变压器可用于高层建筑、商业中心、地铁、机场、车站、工矿企业和发电厂，特别适用易燃、易爆和防火要求高的场所。因此，非晶合金干式变压器是户内供电网络中最理想的节能型配电设备。

三、型号含义

S（B）H15—M—□/□；

S：表示三相变压器；

B：表示箔绕线圈；

H：表示非晶合金铁芯；

15：表示性能水平代号；

□/□：表示额定容量kVA/电压等级。

四、产品特点

（1）节能降耗环保效果非常显著，非晶合金变压器就是用非晶合金材料代替硅钢片制造变压器。它与现行S9系列变压器相比空载损耗下降74%、空载电流下降45%，产品达到国家一级能效标准。

（2）非晶合金没有晶格存在，因此其磁化功率小，并具有良好的温度稳定性。

（3）损耗小、噪声小、散热能力强。

五、技术数据

S（B）H15系列非晶合金油浸式配电变压器技术数据，见表8-1及表8-2。

六、生产厂

佛山诺亚电器有限公司、山东天弘变压器有限公司。

表8-1 S (B) H15系列非晶合金油浸式配电变压器技术数据

产品型号 (kVA)	额定电压			连接组标号
	高压 (kV)	高压分接范围 (%)	低压 (kV)	
S (B) H15—M—30/10	6 6.3 10 10.5 11	±5 或 ±2×2.5	0.4	D, yn11 或 Y, yn0
S (B) H15—M—50/10				
S (B) H15—M—63/10				
S (B) H15—M—80/10				
S (B) H15—M—100/10				
S (B) H15—M—125/10				
S (B) H15—M—160/10				
S (B) H15—M—200/10				
S (B) H15—M—250/10				
S (B) H15—M—315/10				
S (B) H15—M—400/10				
S (B) H15—M—500/10				
S (B) H15—M—630/10				
S (B) H15—M—800/10				
S (B) H15—M—1000/10				
S (B) H15—M—1250/10				
S (B) H15—M—1600/10				
S (B) H15—M—2000/10				
S (B) H15—M—2500/10				

表8-2 S (B) H15系列非晶合金油浸式配电变压器技术数据

空载损耗 (W)	负载损耗 (W)	空载电流 (%)	短路阻抗 (%)	总重 (kg)	轨迹 (mm)	外形尺寸 (mm) (长×宽×高)
33	600	1.5	4	345	400	910×580×875
43	870	1.2		480	400	950×620×1040
50	1040	1.1		545	400	1020×640×900
60	1250	0.9		625	400	1110×640×910
75	1500	0.8		710	400	1060×770×1070
85	1800	0.6		850	550	1130×660×1030
100	2200	0.6		940	5500	1060×930×1150
120	2600	0.6		1085	550	1110×930×1170
140	3050	0.5		1265	550	1180×1010×1180
170	3650	0.5		1485	550	1180×1010×1180
200	4300	0.5		1860	660	1200×1010×1180
240	5150	0.3		2180	660	1270×1160×1200

续表 8-2

空载损耗 (W)	负载损耗 (W)	空载电流 (%)	短路阻抗 (%)	总重 (kg)	轨迹 (mm)	外形尺寸 (mm) (长×宽×高)
320	6200	0.3	4.5	2480	660	1450×1240×1330
380	7500	0.3		3048	820	1520×1380×1460
450	10300	0.3		3420	820	1720×1460×1510
530	12000	0.2		4218	820	1785×1330×1690
630	14500	0.2		4922	820	1880×1380×1970
750	18300	0.2	5	6150	820	2080×1540×1965
900	21200	0.2		6742	820	2400×1500×2350

8.2 20kV 级 SBH15 全密封油浸式非晶合金电力变压器

一、概述

SBH15 全密封油浸式非晶合金电力变压器是全充油密封型。原理同密封型电力变压器。非晶合金的基础元素是铁、镍、钴、硅、硼、碳等组成。是一种向同性的软磁材料，磁化功率小，不存在阻碍畴壁移动的结构缺陷，厚度极薄，只有 0.027mm，填充系数相应变小，只有 0.75～0.8，电阻率很高，是硅钢板的 3～6 倍，硬度是硅钢片的 5 倍，非晶合金材料对应力特别敏感。

SBH11—M—30～1600/6～10 系列产品负载损耗在 GB/T 6451 标准值基础上下降 15%，空载损耗在 GB/T 6451 标准组 I 值基础上下降 70%。执行标准 JB/T 10318—2002《油浸式非晶合金铁芯配电变压器技术参数》和江苏省电力公司企业标准 Q/GDW—10—325—2008。

二、技术数据

20kV 级 SBH15 全密封油浸式非晶合金电力变压器技术数据，见表 8-3。

表 8-3 20kV 级 SBH15 全密封油浸式非晶合金电力变压器技术数据

额定容量 (kVA)	电压组合			连接组标号	空载损耗 (W)	负载损耗 (75℃) (W)	空载电流 (%)	短路阻抗 (%)
	高压 (kV)	高压分接范围 (%)	低压 (kV)					
30	20	±5 ±2×2.5	0.4	Y，yn0 或 D，yn11	90	660	2.1	5.5
50					130	960	2.0	5.5
63					150	1145	1.9	5.5
80					180	1370	1.8	5.5
100					200	1650	1.6	5.5

续表8-3

额定容量(kVA)	电压组合			连接组标号	空载损耗(W)	负载损耗(75℃)(W)	空载电流(%)	短路阻抗(%)
	高压(kV)	高压分接范围(%)	低压(kV)					
125	20	±5 ±2×2.5	0.4	Y，yn0或 D，yn11	240	1980	1.5	5.5
160					280	2420	1.4	5.5
200					340	2860	1.3	5.5
250					400	3350	1.2	5.5
315					480	4010	1.1	5.5
400					570	4730	1.0	5.5
500					680	5660	1.0	5.5
630					810	6820	0.9	6.0
800					980	8250	0.8	6.0
1000					1150	11330	0.7	6.0
1250					1350	13200	0.7	6.0
1600					1630	15950	0.6	6.0
2000					1950	19140	0.6	6.0
2500					2340	22220	0.5	6.0

三、生产厂

江苏九鑫电气有限公司。

8.3 SBH16—MD型非晶合金地下式变压器

一、概述

非晶合金地下式变压器主要用于道路、桥梁、隧道等的照明系统。地下安装，高低压电缆地下敷设，不影响绿化及城市整体景观。

二、型号含义

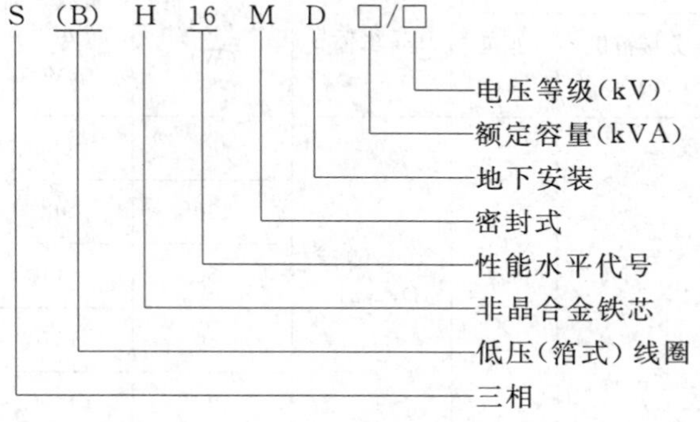

三、使用环境

非晶合金地下式变压器能耗低；油箱为全密封结构；耐腐蚀、防进水；运行可靠，可用于需配变入地及其它防护要求高的地区。

四、产品特点

(1) 外壳采用特种钢板制作，具有防腐、密封、防进水，直接安装在地下并可浸没在水中运行一段时间。

(2) 高压侧装有限流熔断器保护，高低压均以电缆进出，所有接口密封，保证产品可靠安全。

(3) 铁芯用非晶合金带材卷成，空载损耗低，发热量低。

(4) 地下变考虑到通风散热的特殊情况，油面温升及绕组温升比国标下降 10K。

五、技术数据

SBH16—MD 型非晶合金地下式变压器技术数据，见表 8-4。

表 8-4 SBH16—MD 型非晶合金地下式变压器技术数据

额定容量 (kVA)	电压			连接组标号	空载损耗 (W)	空载电流 (%)	负载损耗 (W)	阻抗电压 (%)
	高压 (kV)	高压分接范围 (%)	低压 (kV)					
100	6 6.3 10 10.5 11	±5 ±2×2.5	0.4	D，yn11	58	0.7	1500	4
200					90	0.5	2600	
250					110	0.5	3050	
315					130	0.4	3650	
400					160	0.4	4300	
500					190	0.4	5150	
630					245	0.4	6200	4.5

六、生产厂

上海中莱特子金电气股份有限公司。

8.4 SC (B) H10 系列非晶合金树脂绝缘干式变压器

一、概述

非晶合金干式变压器空载损耗比 GB/T 10228 表 4 组 Ⅰ 降低 75%，负载损耗比 GB/T 10228 表 4 降低 15%，是当代最先进的节能型干式变压器。干式变压器无油，没有燃烧的危险，安装在室内，可深入负荷中心，以适应高密度负荷的现代化大城市发展的需要。

本产品具有空载损耗低、无油、阻燃自熄、耐潮、抗裂和免维修等优点。凡是现在使用普通干变的场所都可由非晶干变所取代，可用于高层建筑、商业中心、地铁、机场、车站、工矿企业和发电厂。特别适合于易燃、易爆等防火要求高的场所安装使用。

二、产品特点

本产品低压为箔式线圈，采用铜箔绕制，高压线圈用H级高强度漆包线绕制，采用玻璃纤维加强的环氧树脂包封结构，具有优良的耐潮和抗裂性能。铁芯由非晶合金材卷制而成，采用矩形截面、四框五柱式结构。

三、型号含义

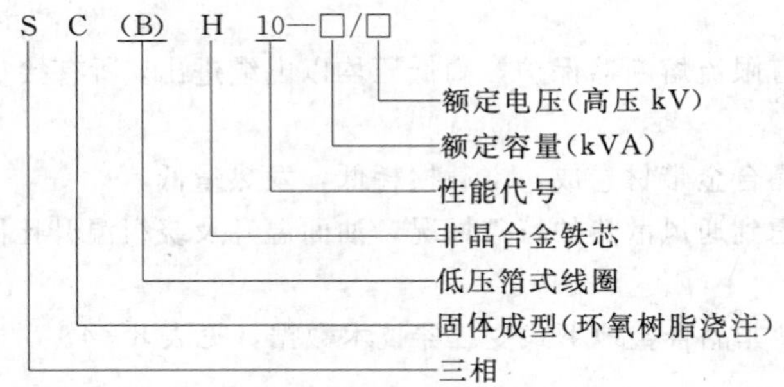

四、技术数据

SC（B）H10系列非晶合金树脂绝缘干式变压器技术数据，见表8-5。

表8-5　SC（B）H10系列非晶合金树脂绝缘干式变压器技术数据

额定容量(kVA)	电压组合（kV）		连接组标号	损耗（kW）		空载电流(%)	阻抗电压(%)	绝缘等级	重量(kg)	外形尺寸（mm）(长×宽×高)	轨距(纵向×横向)
	高压	低压		空载	负载						
100	11 10.5 10 6.3 6	0.4	D，yn11 或 Y，yn0	0.013	1.570	0.8	4	F/F	890	950×600×960	550×550
160				1.017	2.100	0.8			1170	1220×600×1060	550×550
200				0.200	2.500	0.7			1400	1270×710×1160	660×660
250				0.230	2.750	0.7			1560	1350×760×1240	660×660
315				0.280	3.460	0.6			1770	1370×870×1260	820×820
400				0.300	3.980	0.6			2180	1460×870×1360	820×820
500				0.360	4.870	0.6			2440	1490×870×1430	820×820
630				0.420	5.870	0.5	6		2850	1760×1120×1490	1070×1070
800				0.480	6.950	0.5			3430	1850×1120×1610	1070×1070
1000				0.550	8.100	0.4			4050	1900×1120×1170	1070×1070
1250				0.660	9.700	0.4			4690	2030×1120×1880	1070×1070
1600				0.750	11.70	0.4			5610	2100×1120×1970	1070×1070
2000				1.040	14.45				5820	2120×1120×1990	1070×1070
2500				1.250	17.17				6730	2190×1120×2110	1070×1070

五、生产厂

上海顺特电气有限公司。

8.5 SC（B）H15型非晶合金干式变压器

一、概述

非晶合金干式变压器无油，没有燃烧的危险，安装在室内，可深入负荷中心，以适应高密度负荷的现代化大城市发展的需要。其空载损耗比GB/T 10228表4组Ⅰ降低75%，负载损耗比GB/T 10228表4降低15%，是当代最先进的节能型干式变压器。

二、型号含义

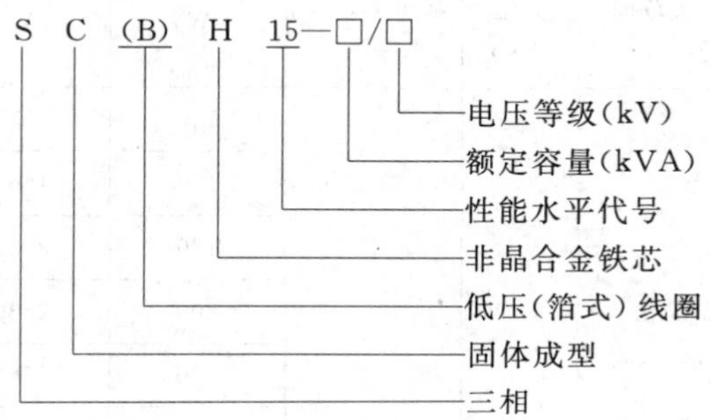

三、使用环境

上海中莱特子金电气股份有限公司生产的10kV非晶合金干式变压器，具有低损耗、低噪音、低温升、低局放、短时超铭牌运行能力大，承受短路能力强的特点，很好地解决了城区企事业单位供用电中的消防压力。非晶合金干式变压器可广泛应用于高层建筑、商业中心、机场、车站、码头、地铁、工厂和地下配电站等。

四、产品特点

（1）安全，难燃防火，无污染，可直接安装在负荷中心。

（2）机械强度高、短路承载能力强、运行安全可靠。

（3）免维护、安装简便，综合运行成本低。

（4）防潮性能好，可在100%湿度下正常运行，停运后不经预干燥即可投入运行。

（5）低损耗、低局放、低噪音、散热能力强，强迫风冷条件下可以150%额定负荷运行。

（6）配备有完善的温度保护控制系统，为变压器安全运行提供可靠保障。

（7）非晶合金干式变压器的显著特点是空载损耗小而经济运行负荷率相对较低。

（8）特别适用于负载率在50%～80%区间，实行三班制的工矿企业。

（9）非晶合金变压器对配电设备的可靠运行、能源和运行费用的节约都非常有利。

（10）非晶合金干式变压器损耗低、发热少、温升低，运行性能稳定。

（11）非晶合金干式变压器超载能力强、安全可靠、耐腐蚀性能强，具有免维护性，可广泛应用于国防、地下室、高层建筑等要求不间断供电的场所。

五、技术数据

相数：3相；

频率：50Hz；

局部放电：不大于 10pC；

绝缘耐热等级：F 级；

绕组平均温升：不大于 100K；

噪音水平：声级符合 JB/T 22072—2008。

SC（B）H15 型非晶合金干式变压器技术数据，见表 8-6 及表 8-7。

表 8-6 SC（B）H15 型非晶合金干式变压器技术数据

额定容量（kVA）	电压			连接组标号	空载损耗（W）	负载损耗（W）	空载电流（%）	阻抗电压（%）
	高压（kV）	高压分接范围（%）	低压（kV）					
100	6 6.3 6.6 10 10.5 11	±2×2.5 ±5	0.4	D，yn11 Y，yn0	130	1570	1.2	4
125					150	1850	1.1	
160					170	2130	1.1	
200					200	2530	1.0	
250					230	2760	1.0	
315					280	3470	0.9	
400					310	3990	0.8	
500					360	4880	0.8	
630					420	5880	0.7	
630					410	5960	0.7	6
800					480	6960	0.7	
1000					550	8130	0.6	
1250					660	9690	0.6	
1600					760	11730	0.6	
2000					1000	14450	0.5	
2500					1200	17170	0.5	

表 8-7 SC（B）H15 型非晶合金干式变压器技术数据

电压等级（kV）	设备最高电压有效值（kV）	额定短时工频耐受电压有效值（kV/min）	额定雷电冲击耐受电压全波峰值（kV）
≤1	≤1.1	3	—
6	7.2	20	60
10	12	35	75

六、生产厂

上海中莱特子金电气股份有限公司。

8.6 SCRBH15 型非晶合金变压器

一、概述

SCRBH15 型非晶合金变压器适当成分的液体金属，以大约每秒摄氏 100 万度的冷却速率，急速凝固所获得的合金，因其原子在结晶化之前即已凝固，结果使合金具有类似玻璃的非结晶原子结构及优点的软磁性质。

二、产品特点

(1) 超低损耗特性，省能源、用电效率高。

(2) 非晶金属材料制造时使用较低能源以及其超低的损耗特性，可大幅节省电力消耗及减少电厂发电量，相对的减少 SO_2、CO_2 废气的排放，降低对环境污染及温室效应，免保养，无污染。

(3) 运转温度低、绝缘老化慢、变压器使用寿命长。

(4) 高超载能力，高机械强度。

(5) 非晶铁芯在通过较高频率磁通时，仍具有低铁损及低激磁电流的特性而不致产生铁芯饱和的问题，故以非晶铁芯制成的 SCRBH15 型非晶合金变压器具有较好的耐谐波能力。

(6) 投资回收效益快。

三、技术数据

额定功率：50/60 (kVA)；

效率 (η)：100～1000；

电压比：10000/400 (V)；

外形结构：立式；

冷却方式：风冷式；

防潮方式：灌封式；

绕组数目：三绕组；

铁芯结构：非晶合金；

冷却形式：干式；

铁芯形状：R 型；

电源相数：三相；

频率特性：低频；

型号：SCRBH15—200/10；

应用范围：电力；

品牌：萨顿斯。

四、生产厂

萨顿斯（上海）电源有限公司。

8.7 SGB（H）11型非晶合金干式变压器

一、概述

SGB（H）11型非晶合金干式变压器性能优越，产品安全、可靠、环保，可深入负荷中心，适应高密度负荷的现代化大城市发展的需要。该产品大幅度降低了空载损耗、负载损耗，是当今世界最先进的干式变压器。

SGB（H）11型非晶合金干式变压器具有阻燃、自熄、耐潮、抗潮、抗裂和免维护等优点，可广泛用于高层建筑、商业中心、地铁、机场、车站、工矿企业和发电厂，特别适合于易燃、易爆等防火要求高的场所安装使用。

二、产品特点

(1) 铁芯由非晶合金带材卷制而成，采用矩形截面，三相五柱结构，空载损耗比普通的干式变压器降低四分之三，节能效果显著。

(2) 低压线圈采用铜箔绕制，高压线圈选用NOMEX绝缘材料，采用连续式结构，并经VPI真空加压设备多次浸渍H级无溶剂绝缘、高温烘焙固化，机械强度高，散热效果好，承受短路能力强。

(3) 阻燃、防爆、不污染，防火等级高。

(4) 噪音低，体积小，安装简单，免维护。

(5) 局部放电量小，绝缘水平高，产品使用寿命长。

(6)“三防”能力极佳，无龟裂现象。

(7) 寿命期后能分解回收，永不污染环境。

(8) 过载能力强，120%负载下可长期安全运行。

三、技术数据

SGB（H）11型非晶合金干式变压器技术数据，见表8-8。

表8-8 SGB（H）11型非晶合金干式变压器技术数据

型号	额定容量(kVA)	空载电流(%)	空载损耗(W)	负载损耗(75℃)(W)	短路阻抗(%)
SGBH11—100/10	100	0.6	130	1850	4
SGBH11—160/10	160	0.5	170	2500	
SGBH11—200/10	200	0.5	200	2970	
SGBH11—250/10	250	0.5	230	3240	
SGBH11—315/10	315	0.4	280	4080	
SGBH11—400/10	400	0.4	300	4690	
SGBH11—500/10	500	0.4	360	5740	
SGBH11—630/10	630	0.2	400	7010	
SGBH11—800/10	800	0.2	480	8180	
SGBH11—1000/10	1000	0.1	550	9560	6

四、生产厂

山东明大电器有限公司。

8.8 SH11系列全密封非晶合金电力变压器

一、概述

非晶合金变压器是用非晶合金铁芯制造的变压器，具有高饱和磁感应强度、低矫顽力、低激磁电流、低损耗（空载损耗为S7型产品的1/5）、低噪声等特点，是新一代环保变压器。

SH11型非晶合金变压器，铁芯为单框式五框卷铁芯结构，低压线为箔绕式。结构合理，各项性能指标达标。

二、型号含义

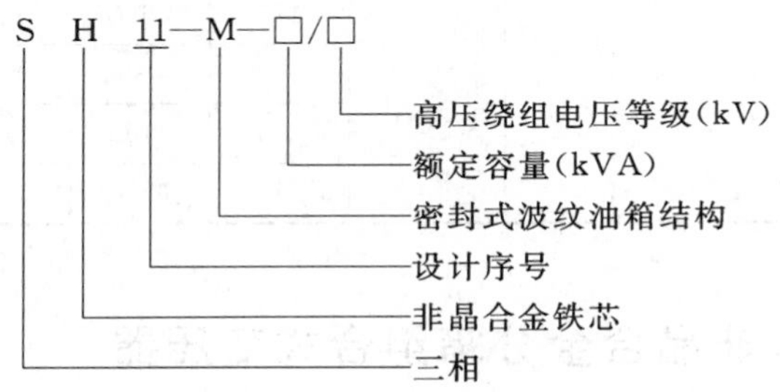

三、技术数据

该系列产品技术数据，见表8-9。

表8-9 SH11系列非晶合金电力变压器技术数据

型号	额定容量(kVA)	电压组合（kV）		连接组标号	空载损耗(W)	负载损耗(W)	空载电流(%)	短路阻抗(%)	生产厂
		高压	低压						
SH11—M—30	30	6 6.3±5% 10	0.4	D，yn11	35	570	1.0	4	甘肃宏宇变压器有限公司、山东明大电器有限公司
SH11—M—50	50				45	830	0.9		
SH11—M—63	63				55	1020	0.9		
SH11—M—80	80				65	1220	0.8		
SH11—M—100	100				75	1480	0.8		
SH11—M—125	125				85	1780	0.65		
SH11—M—160	160				110	2180	0.65		
SH11—M—200	200				125	2570	0.5		
SH11—M—250	250				150	2990	0.5		
SH11—M—315	315				170	3630	0.45		
SH11—M—400	400				215	4280	0.45		
SH11—M—500	500				250	5060	0.45		
SH11—M—630	630				300	6180	0.4	4.5	
SH11—M—800	800				360	7480	0.4		
SH11—M—1000	1000				430	10200	0.35		
SH11—M—1250	1250				500	12700	0.35		
SH11—M—1600	1600				600	14400	0.35		

续表 8-9

型　号	额定容量 (kVA)	电压组合 (kV)		连接组标号	空载损耗 (W)	负载损耗 (W)	空载电流 (%)	短路阻抗 (%)	生产厂
		高压	低压						
SH11—50	50	10 6.3	0.4	D，yn11	45	870	0.8	4	苏州安泰变压器有限公司
SH11—80	80				65	1250	0.8		
SH11—100	100				75	1500	0.7		
SH11—125	125				90	1800	0.65		
SH11—160	160				105	2200	0.65		
SH11—200	200				125	2600	0.60		
SH11—250	250				148	3050	0.60		
SH11—315	315				175	3650	0.60		
SH11—400	400				210	4300	0.60		
SH11—500	500				250	5100	0.60		
SH11—630	630				310	6200	0.55	4.5	

8.9 ZFSBH16型非晶合金分箱组合式变压器

一、概述

非晶合金分箱组合式变压器可把电网电压变换成系统或负载所需要的电压，实现电能的传递与分配，可取代硅钢片铁芯的变压器而广泛使用于户外的配电系统。本产品的大量入网运行可取得良好的节能效果并可减少对大气的污染，特别适用于电能不足和负荷波动大以及难以进行日常维护的地区。由于变压器采用全密封结构，绝缘油和绝缘介质不受大气污染，因而可在潮湿的环境中运行，是城市和农村广大配电网络中理想的配电设备。

二、型号含义

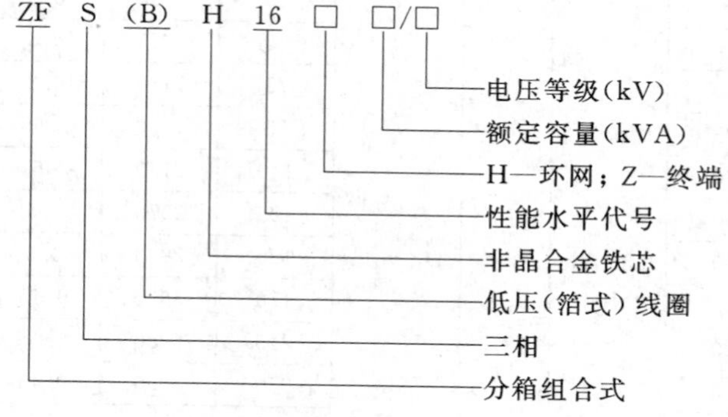

三、使用环境

ZFSBH16型非晶合金分箱组合式变压器由SF6环网柜、非晶合金铁芯变压器和低压馈电柜三部分组成，是为环网供电而开发的新产品，汇集了非晶美式箱变的结构及欧式箱变的功能，特别适合环网中运行，是住宅区和城市配电网络中理想的配电设备。

四、产品特点

(1) 低损耗：损耗小同时具备非晶配变的所有优点。

(2) 分箱组合：环网柜与变压器分箱组合，负荷开关切换时不对变压器油产生影响。

(3) 不间断供电：不会发生变压器瞬间断电现象，适用于重要场所。

(4) 带电显示：环网柜上装有带电显示装置，可直观地显示出设备是否有电，该装置适用于核相和验电。

(5) 防止缺相供电：环网柜内配装带有撞击器的熔丝，可以防止缺相供电。

(6) 安全可靠：该环网柜的开关有合闸—分闸—接地三个位置，只有开关处于接地位置，才可打开熔断器仓门，确保人身安全。

(7) 短路容量大：该环网柜负荷开关额定热稳定电流 20kA，开关短路容量大可满足环网运行的要求。

(8) 电动操作：如选用电动机构的环网柜，可实现配电自动化。

五、技术数据

ZFSBH16 型非晶合金分箱组合式变压器技术数据，见表 8-10。

表 8-10 ZFSBH16 型非晶合金分箱组合式变压器技术数据

额定容量(kVA)	电压			连接组标号	空载损耗(W)	空载电流(%)	负载损耗(W)	阻抗电压(%)
	高压(kV)	高压分接范围(%)	低压(kV)					
100	6 6.3 10 10.5 11	±5 ±2×2.5	0.4	D,yn11	58	0.7	1500	4
200					90	0.5	2600	
250					110	0.5	3050	
315					130	0.4	3650	
400					160	0.4	4300	
500					190	0.4	5150	
630					245	0.4	6200	4.5

注 特殊规格或非标产品的各项技术参数由供需双方协商确定。

六、生产厂

上海中莱特子金电气股份有限公司。

8.10 ZGSBH15 型非晶合金组合式变压器

一、概述

非晶合金组合式变压器可把电网电压变换成系统或负载所需要的电压，实现电能的传递与分配，可取代硅钢片铁芯的变压器而广泛使用于户外的配电系统。本产品的大量入网运行可取得良好的节能效果并可减少对大气的污染，特别适用于电能不足和负荷波动大以及难以进行日常维护的地区。由于变压器采用全密封结构，绝缘油和绝缘介质不受大气污染，因而可在潮湿的环境中运行，是城市和农村广大配电网络中理想的配电设备。

二、型号含义

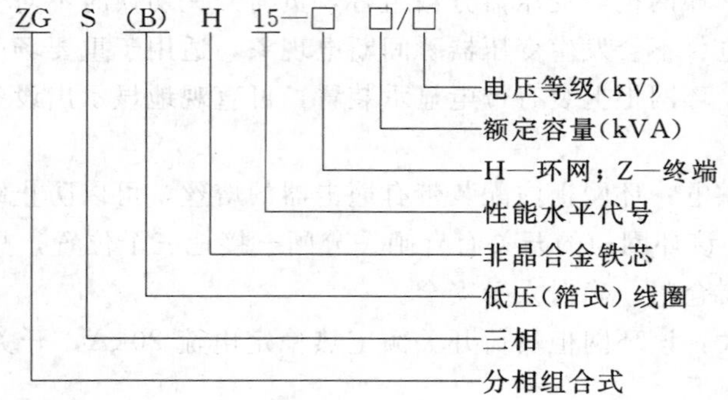

三、使用环境

非晶合金组合式变压器深入负荷中心，把电网电压变换成所需电压。用于户外配电系统，损耗低，节能环保。

本品特适用于电能不足和负荷波动大的地区，采用了全密封结构，外壳被特殊处理，广泛应用于沿海及高污染地区，既可用于环网，又可用于终端。

四、产品特点

(1) 灵活运行：可安装 V 型或 T 型负荷开关，可灵活用于环网或终端供电方式。

(2) 安装方便：基础平台整体就位后，接通高低压电缆即可投入运行。

(3) 安全可靠：高压室内无裸露的带电零件。

(4) 深入负荷中心：缩小供电半径，节省电缆投资，提高供电质量。

(5) 有利环保：节能降耗，减少环境污染。

(6) 占地面积小：节约土地资源。

五、技术数据

ZGSBH15 型非晶合金组合式变压器技术数据，见表 8-11 及表 8-12。

表 8-11 ZGSBH15 型非晶合金组合式变压器技术数据

额定容量(kVA)	电压			连接组标号	空载损耗(W)	负载损耗(W)	空载电流(%)	阻抗电压(%)
	高压(kV)	高压分接范围(%)	低压(kV)					
30	6 6.3 6.6 10 10.5 11	±2×2.5 ±5	0.4	D，yn11 Y，yn0	33	630/600	1.70	4
50					43	910/870	1.30	
63					50	1090/1040	1.20	
80					60	1310/1250	1.10	
100					75	1580/1500	1.00	
125					85	1890/1800	0.90	
160					100	2310/2200	0.70	
200					120	2730/2600	0.70	

续表 8-11

额定容量（kVA）	电压			连接组标号	空载损耗（W）	负载损耗（W）	空载电流（%）	阻抗电压（%）
	高压（kV）	高压分接范围（%）	低压（kV）					
250	6 6.3 6.6 10 10.5 11	±2×2.5 ±5	0.4	D，yn11 Y，yn0	140	3200/3050	0.70	4
315					170	3830/3650	0.50	
400					200	4520/4300	0.50	
500					240	5410/5150	0.50	
630					320	6200	0.30	4.5
800					380	7500	0.30	
1000					450	10300	0.30	
1250					530	12000	0.20	
1600					630	14500	0.20	
2000					750	18300	0.20	5
2500					900	21200	0.20	

注 1. 当铁芯为三相三柱时，根据需要也可采用 Y，yn0 连接组。
2. 对于额定容量为 500kVA 及以下的三相变压器，表中斜线上方的负载损耗适用于 D，yn11 连接组，斜线下方的负载损耗值适用于 Y，yn0 连接组。
3. 如果用户需要，也可选用其它损耗值。
4. 根据用户需要，可提供其它高压分接范围的三相变压器。

表 8-12 ZGSBH15 型非晶合金组合式变压器技术数据

额定容量（kVA）	电压			连接组标号	空载损耗（W）	负载损耗（W）	空载电流（%）	阻抗电压（%）
	高压（kV）	高压分接范围（%）	低压（kV）					
30	20	±2×2.5 ±5	0.4	D，yn11 Y，yn0	40	690/600	1.50	5.5
50					55	1010/960	1.20	
63					65	1200/1150	1.10	
80					75	1440/1370	1.00	
100					90	1730/1650	0.90	
125					100	2080/1980	0.80	
160					120	2540/2420	0.60	
200					145	3000/2860	0.60	
250					165	3520/3350	0.60	
315					200	4210/4010	0.50	
400					240	4970/4730	0.50	
500					290	5940/5660	0.50	
630					370	6820	0.30	6
800					450	8250	0.30	

续表 8-12

额定容量（kVA）	电压			连接组标号	空载损耗（W）	负载损耗（W）	空载电流（%）	阻抗电压（%）
	高压（kV）	高压分接范围（%）	低压（kV）					
1000	20	±2×2.5 ±5	0.4	D，yn11 Y，yn0	530	11320	0.30	6
1250					620	13200	0.20	
1600					750	15950	0.20	
2000					900	19140	0.20	
2500					1080	22220	0.20	

注 1. 当铁芯为三相三柱时，根据需要也可采用 Y，yn0 连接组。

2. 对于额定容量为 500kVA 及以下的三相变压器，表中斜线上方的负载损耗适用于 D，yn11 连接组，斜线下方的负载损耗值适用于 Y，yn0 连接组。
3. 如果用户需要，也可选用其它损耗值。
4. 根据用户需要，可提供其它高压分接范围的三相变压器。
5. 表中的性能参数也适用于高压为双电压 20（10）kV 的变压器。

六、生产厂

上海中莱特子金电气股份有限公司。

第9章　调　压　器

调压器是可以在一定范围内平滑无级地调节输出电压的交流电器。从原理上分，主要类型有感应调压器、自耦调压器、动圈式调压器和晶闸管调压器。

感应调压器：工作原理和结构与堵转的异步电动机相似，而能量转换关系则类似于自耦变压器。它借助于手轮或伺服电动机等传动机构，使定子和转子之间产生角位移，从而改变定子绕组与转子绕组感应电动势的相位和幅值关系，以达到调节输出电压的目的。感应调压器有三相式和单相式两种。由于感应调压器无滑动触头，故运行很可靠。但是，它仅在调压过程中转动一个角度，并不持续旋转，故散热条件差。容量小者可采用空气冷却，容量大者则需用油冷却。感应调压器的重量、励磁电流和损耗等均大于自耦变压器。

自耦调压器：实质上是一种电压可连续调节的自耦变压器。其铁芯有环式与柱式两种。柱式铁芯与一般变压器相似，用硅钢片叠成；环式铁芯则用硅钢带卷成。20kVA及以下的小容量自耦调压器，多先用环式铁芯；容量超过20kVA者多采用柱式铁芯。在环式自耦调压器的结构中，绕组用绝缘铜线单层绕在环式铁芯上。线圈部分表面磨去绝缘层而成光滑平面，用电化石墨做成的电刷与它相接触。电刷可借手轮在导线表面旋转滑动，从而改变输出电压。电流容量大于10A者，有用两个或多个电刷并联的。自耦调压器一般都制成自冷、干式。在容量特别大或使用环境特殊的场合，也有制成油浸自冷式。三个环式单相自耦调压器共轴配装，即可构成三相自耦调压器。

动圈式调压器：结构与原理同变压器相似。它通过一个在同一铁芯上自身短路的动线圈，沿铁芯柱上下移动，以改变另外两个匝数相等而反相串联的线圈的阻抗与电压分配，调节输出电压。

晶闸管调压器又称“晶闸管电力调整器”“可控硅电力调整器”或简称“电力调整器”。“晶闸管”又称“可控硅”（SCR）是一种四层三端半导体器件，把它接在电源和负载中间，配上相应的触发控制电路板，就可以调整加到负载上的电压、电流和功率。“晶闸管调整器”主要用于各种电加热装置（如电热工业窑炉、电热干燥机、电热油炉、各种反应罐、反应釜的电加热装置）的加热功率调整，既可以“手动”调整，又可以和电动调节仪表、智能调节仪表、PLC以及计算机控制系统配合，实现对加热温度的恒值或程序控制。

9.1　接触式调压器

接触式调压器就是匝比连续可调的自耦变压器，主要由铁芯、线圈、电刷、外壳、手轮等组成。当调压器电刷借助于手轮、主轴和刷架的作用，沿线圈的磨光表面滑动时就可连续地改变匝比，从而使输出电压平滑地从零调节到最大值，能在满负荷下无级平滑调节输出电压。电源相数分单相和三相。

接触调压器的形式有环式和柱式，冷却方式有干式自冷和油浸自冷。接触调压器具有波形不失真、体积小、重量轻、效率高、调压特性好、使用方便、可靠及能长期运行等特点。广泛应用于化工、冶金、仪器仪表、机电制造、轻工、科学实验、公用设施、家用电器中，以实现调压、控温、调速、调光、功率控制等目的，是一种理想的交流调压电源。

环式接触调压器主要用于小型通用调压电源，柱式接触调压器主要用于优质节能调压等方面。

一、TDGC2、TSGC2 型干式自冷自耦接触调压器

(一) 用途

该系列产品是全国统一设计的新系列产品，为干式自冷自耦接触调压器（环形），已被国家列为推广项目，用以取代 TDGC、TSGC 等老系列调压器。广泛用于实验室、工矿企业、农村及与其它电器设备相配套。户内使用，不准并联使用。

该系列产品的用途分为两大类：

(1) 将交流电压在规定数值内作连续性调节电压，而能得到所需的电压值。

(2) 调节输出端的电压，使负荷所需的电压保持在一定的范围内，而不致受到输入电压波动的影响。

(二) 型号含义

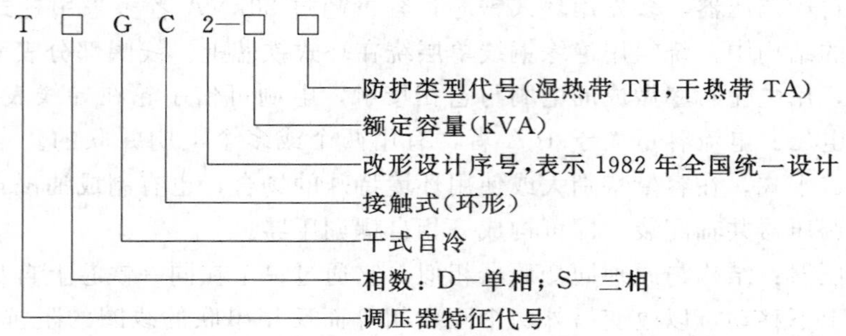

(三) 产品结构

在卷成的硅钢片环铁芯上绕有一单层的绕组，并有一至数个装在刷架上的电刷，用弹簧结构使其与绕组的铜表面有良好的接触，在中轴的带动下可旋转近 340°，达到自动调压的目的。这些结构的零部件均牢固地固定在一骨架上，外有机壳保护，机壳上装有手轮、接线柱、刻度盘（或指示仪表）等，使用方便，指示明显。

1. 单元结构

单相 0.2～10kVA 调压器为调压单元结构，一般为台式，外面有防护通风罩。

2. 单相组装结构

单相大容量调压器系由几个相同规格的单元组装而成，各单元的电刷接触组装在同一主轴上，线圈输出端并联连接，输出端连接平衡电抗器，以平衡单元间电流分布并抑制环流。

3. 三相组装结构

三相接触调压器由 3 个相同规格的单元调压器在机械上组成一体，而 3 个调压器单体的电刷均装在一根轴上以得到平衡的输出电压，绕组在电气上连成星形，并将中心点引出外面。

（四）技术数据

TDGC2、TSGC2 型接触调压器的技术数据，见表 9-1。

该型产品各项电气性能指标已达到国际同类产品的水平，绝缘水平为 A 级，线圈平均温升限值 60℃。

表 9-1 T_S^DGC2 型接触调压器技术数据

型号	额定容量（kVA）	相数	额定频率（Hz）	额定输入电压（V）	额定输出电压（V）	额定输出电流（A）	总损耗（75℃）（W）	空载电流（%）	外形尺寸（mm）（长×宽×高）	重量（kg）	生产厂
TDGC2—0.2	0.2					0.8			130×115×125	2.4	
TDGC2—0.5	0.5					2			150×132×136	3.3	
TDGC2—1	1	1	50	220	0～250	4			207×182×158	6.1	
TDGC2—2	2					8			207×182×190	8.5	
TDGC2—3	3					12			235×210×198	11	
TDGC2—4	4					16			272×245×248	12.5	
TDGC2—5	5					20			272×245×248	15.5	
TDGC2—7	7					28			350×320×262	26.5	
TDGC2—10	10	1	50	220	0～250	40			350×320×262	28.5	上海电器股份有限公司电压调整器厂
TDGC2—15	15					60			395×320×505	53	
TDGC2—20	20					80			395×320×505	59	
TDGC2—30	30					120			395×320×730	88.5	
TSGC2—3	3					4			207×182×450	19	
TSGC2—6	6					8			207×182×557	25.5	
TSGC2—9	9					12			235×210×567	33.5	
TSGC2—12	12	3	50	380	0～430	16			272×245×681	45	
TSGC2—15	15					20			272×245×681	50	
TSGC2—20	20					27			350×320×730	77.4	
TSGC2—30	30					40			350×320×730	83	
TDGC2—0.2	0.2					0.8					
TDGC2—0.5	0.5					2					
TDGC2—1	1					4					
TDGC2—2	2					8					
TDGC2—3	3	1	50	220	0～250	12					上海桑科机电设备成套工程有限公司、中国·人民电器集团
TDGC2—4	4					16					
TDGC2—5	5					20					
TDGC2—7	7					28					
TDGC2—10	10					40					

续表9-1

型号	额定容量(kVA)	相数	额定频率(Hz)	额定输入电压(V)	额定输出电压(V)	额定输出电流(A)	总损耗(75℃)(W)	空载电流(%)	外形尺寸(mm)(长×宽×高)	重量(kg)	生产厂
TDGC2—15	15	1	50	220	0～250	60					上海桑科机电设备成套工程有限公司、中国·人民电器集团
TDGC2—20	20					80					
TDGC2—30	30					120					
TSGC2—3	3	3	50	380	0～430	4					
TSGC2—6	6					8					
TSGC2—9	9					12					
TSGC2—12	12					16					
TSGC2—15	15					20					
TSGC2—20	20					27					
TSGC2—30	30					40					
TDGC2—0.2	0.2	1	50	220	0～250	0.8	10	0.1	108×94×130	2.3	长春市调压器厂
TDGC2—0.5	0.5					2	23	0.2	167×162×170	4.5	
TDGC2—1	1					8	35	0.3	200×170×190	7	
TDGC2—2	2					12	73	0.4	210×195×235	13.5	
TDGC2—3	3					16	85	0.5	280×255×220	18	
TDGC2—4	4					20	97.5	0.6	390×355×230	27	
TDGC2—5	5					40	173	1	390×355×243	30	
TDGC2—10	10					60	283	1.5	400×355×410	70	
TDGC2—20	20					80	367	2	400×355×845	128	
TSGC2—3	3	3	50	380	0～430	4	105	0.25	210×195×525	36	
TSGC2—6	6					8	171	0.3	210×195×570	44	
TSGC2—9	9					12	219	0.4	310×316×580	57	
TSGC2—12	12					16	255	0.5	334×310×520	80	
TSGC2—15	15					20	292.5	0.6	390×355×650	85	
TSGC2—20	20					26.8	338	0.7	390×355×650	100	
TDGC2—0.1	0.1	1	50	220	0～250	0.45					北京调压器厂
TDGC2—0.2	0.2					0.8					
TDGC2—0.5	0.5					2			132×150×136	3.5	
TDGC2—1	1					4			182×207×158	6.1	
TDGC2—2	2					8			182×207×190	8.3	
TDGC2—3	3					12			210×235×198	11	
TSGC2—0.3	0.3	3	50	380	0～430	0.45			96×100×272		
TSGC2—0.6	0.6					0.8			96×100×326		

续表 9-1

型　　号	额定容量（kVA）	相数	额定频率（Hz）	额定输入电压（V）	额定输出电压（V）	额定输出电流（A）	总损耗（75℃）（W）	空载电流（%）	外形尺寸（mm）（长×宽×高）	重量（kg）	生产厂
TSGC2—1.5	1.5	3	50	380	0～430	2			132×150×350	11	北京调压器厂
TSGC2—3	3					4			182×207×450	19	
TSGC2—6	6					8			182×207×557	26	
TSGC2—9	9					12			210×235×567	33	
TDGC2—0.2K	0.2	1	50	220	0～250	0.8			305×255×130	11	宁波金源电气有限公司
TDGC2—0.5K	0.5					2			290×185×140	15	
TDGC2—1K	1					4			480×280×280	13	
TDGC2—2K	2					8			480×280×300	17	
TDGC2—3K	3					12			525×300×295	24	
TDGC2—4K	4					16			350×305×340	17	
TDGC2—5K	5					20			280×250×250	18	
TDGC2—7K	7					28			350×305×540	26	
TDGC2—10K	10					40			350×305×740	31	
TDGC2—15K	15					60			400×400×690	41	
TDGC2—20K	20					80			400×320×520	39	
TDGC2—30K	30					120			400×320×520	43	
TSGC2—3K	3	3		380	0～430	4			265×240×530	20	
TSGC2—6K	6					8			265×240×595	26	
TSGC2—9K	9					12			290×260×600	33	
TSGC2—12K	12					16			350×305×740	36	
TSGC2—15K	15					20			350×305×740	41	
TSGC2—20K	20					27			450×400×690	60	
TSGC2—30K	30					40			400×400×1120	77	
TDGC2—0.2	0.2	1	50	220	0～250	0.8			130×115×125	2.2	苏州市电压调整器厂
TDGC2—0.5	0.5					2			150×132×136	3.5	
TDGC2—1	1					4			207×182×158	6.1	
TDGC2—2	2					8			207×182×190	8.3	
TDGC2—3	3					12			235×210×198	11	
TDGC2—4	4					16			272×245×248	13.5	
TDGC2—5	5					20			270×245×248	15.5	
TDGC2—10	10					40			290×245×455	33	
TDGC2—15	15					60			290×245×656	50	
TDGC2—20	20					80			410×450×610	98	
TDGC2—30	30					120			410×445×900	152	

续表 9-1

型号	额定容量(kVA)	相数	额定频率(Hz)	额定输入电压(V)	额定输出电压(V)	额定输出电流(A)	总损耗(75℃)(W)	空载电流(%)	外形尺寸(mm)(长×宽×高)	重量(kg)	生产厂
TSGC2—3	3	3	50	380	0～430	4			207×182×450	19	苏州市电压调整器厂
TSGC2—6	6					8			207×182×557	26	
TSGC2—9	9					12			235×210×567	33	
TSGC2—12	12					16			272×245×656	44	
TSGC2—15	15					20			272×245×656	49	
TSGC2—30	30					40			410×450×900	148	

型号	额定容量(kVA)	相数	额定输入电压(V)	额定输出电压(V)	额定输出电流(A)	短路损耗(W)	空载损耗(W)	外形尺寸(mm)(长×宽×高)	重量(kg)	生产厂
TDGC2J—0.2	0.2	1	220	0～250	0.8	7.5	6.5	135×100×155	3.6	重庆高压电器厂
TDGC2J—0.5	0.5	1	220	0～250	2	20	13	160×130×177	4.5	
TDGC2J—1	1	1	220	0～250	4	28	18	198×183×232	10.5	
TDGC2J—2	2	1	220	0～250	8	42	25	265×239×232	15	
TDGC2J—3	3	1	220	0～250	12	80	28	280×255×221	17.5	
TDGC2J—4	4	1	220	0～250	16	100	33	390×354×234	28.5	
TDGC2J—5	5	1	220	0～250	20	130	40	390×354×244	31	
TSGC2J—3	3	3	380	0～430	4	84	54	195×183×537	22	
TSGC2J—6	6	3	380	0～430	8	126	75	265×239×543	40	
TSGC2J—10	10	3	380	0～430	13.6	306	99	390×354×537	73	
TSGC2J—15	15	3	380	0～430	20	330	120	390×354×644	90.5	

型号		额定容量(kVA)	相数	额定输入电压(V)	额定输出电压(V)	额定输出电流(A)	负载损耗(W)	空载损耗(W)	外形尺寸(mm)(长×宽×高)	重量(kg)	生产厂
TDGC2—0.2	0.2	1	220	0～250	0.8	6.5①	3.5			2.4	宁波调压器厂
TDGC2—0.5	0.5				2	17①	6			3.3	
TDGC2—1	1				4	25①	10			6.1	
TDGC2—2	2				8	42①	15			8.5	
TDGC2—3	3				12	55①	18			11	
TDGC2—4	4				16	65①	20			12.5	
TDGC2—5	5				20	75①	22.5			15.5	
TDGC2—7	7				28	95①	26			26.5	
TDGC2—10	10				40	140①	33			28.8	
TDGC2—16	15				60	230①	53			53	
TDGC2—20	20				80	300①	67			59	
TDGC2—30	30				120	460①	101			88.5	

续表 9-1

型　号		额定容量（kVA）	相数	额定输入电压（V）	额定输出电压（V）	额定输出电流（A）	负载损耗（W）	空载损耗（W）	外形尺寸（mm）（长×宽×高）	重量（kg）	生产厂
TSGC2—3	3	3	380	0～430	4	75①	30			19	宁波调压器厂
TSGC2—6	6				8	126①	45			25.5	
TSGC2—9	9				12	165①	54			33.5	
TSGC2—12	12				16	195①	60			45	
TSGC2—15	15				20	225①	67.5			50	
TSGC2—20	20				27	260①	78			77.4	
TSGC2—30	30				40	420①	99			83	

注 1. 宁波调压器厂 TDGC2 型最大压降为 5V，TSGC2 型最大压降为 9V。

2. 宁波调压器厂 TDGC2、TSGC2 系列产品经过更新换代空载电流、总损耗均有较大幅度降低，大容量的接触调压器改进了电刷结构触点温升在 70℃以下，并在设计中采用了工程塑料，淘汰了铸铁件，因此较大幅度地缩小体积，减轻重量。

① 负载损耗。

（五）外形及安装尺寸

接触式调压器外形及安装尺寸，见表 9-2 及图 9-1。

表 9-2 TDGC2、TSGC2 型接触式调压器外形及安装尺寸 单位：mm

型　号	外形及安装尺寸								生产厂
	L_2	L_1	H	H_1	h	φ	M_d	$φ_1$	
TDGC2—0.2	130	115	125	90	23	100	4	8	上海电器股份有限公司电压调整器厂
TDGC2—0.5	150	132	136	98	23	116	4	8	
TDGC2—1	207	182	158	120	30	156	5	12	
TDGC2—2	207	182	190	140	30	156	5	12	
TDGC2—3	235	210	198	140	36	190	6	12	
TDGC2—4	272	245	248	182	36	218	8	12	
TDGC2—5	272	245	248	182	36	218	8	16	
TDGC2—7	350	320	262	192	36	290	8	16	
TDGC2—10	350	320	262	192	36	290	8	16	
TDGC2—15	395	320	505	420	36		10	16	
TDGC2—20	395	320	505	420	36		10	16	
TDGC2—30	395	320	730	645	36		10	16	
TSGC2—3	207	182	450	396	30		8	12	
TSGC2—6	207	182	557	490	30		8	12	
TSGC2—9	235	210	567	490	36		8	12	
TSGC2—12	272	245	681	616	36		10	16	
TSGC2—15	272	245	681	616	36		10	16	
TSGC2—20	350	320	730	645	36		10	16	
TSGC2—30	350	320	730	645	36		10	16	

二、TDGC2J、TSGC2J 型干式自冷接触调压器

（一）概述

TDGC2J、TSGC2J 型干式自冷接触调压器产品为全国统一设计的经济节能型产品，已被国家列为推广项目。3kVA 及以上单元产品、组装产品沿用原有产品的结构形式，但与 TDGC、TSGC 型老产品相比，其空载损耗下降了 4.7%，负载损耗下降了 17.3%，总损耗下降了 14%，具有波形不失真、体积小、重量轻、效率高、使用方便、可靠、能长期运行等优点，可广泛用于工业、科学实验、公用设施、家用电器中，以实现调压、控温、调速、调光、功率控制等，是一种理想的交流调压电源设备。

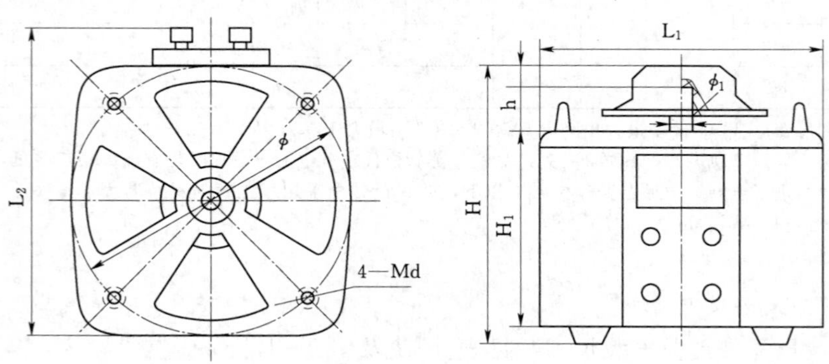

图 9-1 TDGC2 型接触式调压器外形及安装尺寸

（二）型号含义

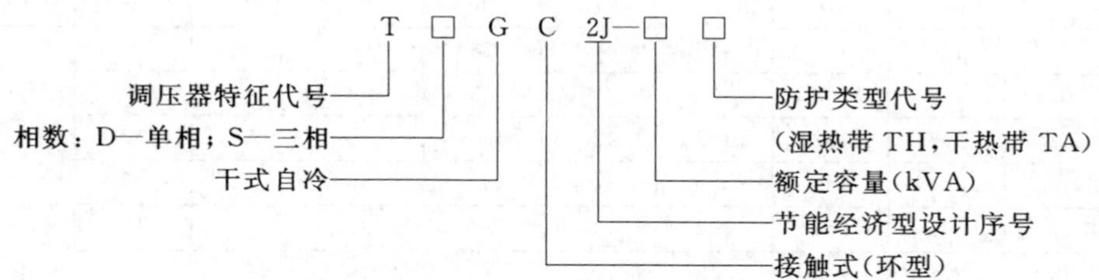

（三）技术数据

该系列产品的技术数据，见表 9-3。

表 9-3 TDGC2J、TSGC2J 型干式自冷接触调压器技术数据

型号	额定容量（kVA）	相数	频率（Hz）	额定输入电压（V）	额定输出电压（V）	额定输出电流（A）	总损耗（75℃）（W）	空载电流（%）	外形尺寸（mm）（长×宽×高）	重量（kg）	生产厂
TDGC2J—0.2	0.2	1	50	220	0～250	0.8	14	0.18	130×115×125	2.4	上海电器股份有限公司电压调整器厂
TDGC2J—0.5	0.5					2	33	0.36	150×132×136	3.3	
TDGC2J—1	1					4	46	0.55	210×195×160	6.1	
TDGC2J—2	2					8	67	0.65	210×195×190	8.5	
TDGC2J—3	3					12	108	0.85	375×251×220	16.5	
TDGC2J—4	4					16	133	0.90	390×355×232	27	

续表 9-3

型　　号	额定容量(kVA)	相数	频率(Hz)	额定输入电压(V)	额定输出电压(V)	额定输出电流(A)	总损耗(75℃)(W)	空载电流(%)	外形尺寸(mm)(长×宽×高)	重量(kg)	生产厂
TDGC2J—5	5	1	50	220	0～250	20	170	1.00	390×355×257	30	上海电器股份有限公司电压调整器厂
TDGC2J—10	10					40	345	2.00	430×355×410	70	
TDGC2J—15	15					60	520	3.00	430×355×650	90	
TDGC2J—20	20					80	695	4.00	430×355×850	128	
TSGC2J—3	3	3	50	380	0～430	4	138	0.55	210×195×450	19	
TSGC2J—6	6					8	201	0.65	210×195×557	25.5	
TSGC2J—9	9					12	324	0.85	235×210×567	33.5	
TSGC2J—12	12					16	399	0.90	390×355×650	85	
TSGC2J—15	15					20	510	1.00	390×355×650	85	
TSGC2J—20	20					27	720	1.30	390×355×650	100	
TDGC2J—0.5	0.5	1	50～60	220	0～250	2				4.1	北京调压器厂
TDGC2J—1	1					4				11	
TDGC2J—2	2					8				13.5	
TDGC2J—3	3					12			272×303×242	18	
TDGC2J—5	5					20			356×390×267	32.5	
TDGC2J—7	7					28			356×390×283	35	
TDGC2J—10	10					40			356×400×434	62	
TDGC2J—15	15					60			356×400×622	85	
TDGC2J—20	20					80			356×400×660	101	
TSGC2J—3	3	3	50～60	380	0～430	4			280×276×465	35	
TSGC2J—6	6					8			248×276×555	46	
TSGC2J—9	9					12			280×310×580	57	
TSGC2J—15	15					20			356×390×622	85	
TSGC2J—20	20					27			356×390×660	100	
TDGC2J—0.2	0.2	1	50	220	0～250	0.8	7.5		135×100×155	3.64	重庆高压电器厂
TDGC2J—0.5	0.5					2	20		160×130×177	4.5	
TDGC2J—1	1					4	28		198×183×232	10.2	
TDGC2J—2	2					8	42		265×239×232	15	
TDGC2J—3	3					12	80		280×255×221	17.5	
TDGC2J—4	4					16	100		390×354×234	28.2	
TDGC2J—5	5					20	130		390×354×244	31.3	
TSGC2J—3	3	3	50	380	0～430	4	84		195×183×537	21.98	
TSGC2J—6	6					8	126		265×239×537	40	
TSGC2J—10	10					13.6	306		390×354×543	73	
TSGC2J—15	15					20	330		390×354×644	90.5	

续表 9-3

型号	额定容量（kVA）	相数	频率（Hz）	额定输入电压（V）	额定输出电压（V）	额定输出电流（A）	总损耗（75℃）（W）	空载电流（%）	外形尺寸（mm）（长×宽×高）	重量（kg）	生产厂
TDGC2J—1	1	1	50	220	0～250	4			205×190×220	9.5	佛山电器有限公司
TDGC2J—2	2					8			270×235×224	14	
TDGC2J—3	3					12			315×270×270	20	
TDGC2J—5	5					20			380×335×255	30	
TDGC2J—10	10					40			400×335×405	58	
TDGC2J—15	15					60			400×335×550	80	
TDGC2J—20	20					80			400×335×710	115	
TDGC2J—30	30					120			400×335×1006	175	
TSGC2J—3	3	3	50	380	0～430	4			205×190×496	26	
TSGC2J—6	6					8			270×235×462	39	
TSGC2J—9	9					12			315×270×545	55	
TSGC2J—15	15					20			400×335×550	80	
TSGC2J—30	30					40			400×335×1006	125	

该系列产品绝缘等级为A级，线圈温升为60℃。调压器允许短时间超过额定输出电流值，但不能超过表9-4中的规定。

表 9-4 T_S^DGC2J 型调压器过负荷能力

过载（%）			不允许超过时间（min）		
20	40	60	60	30	5

（四）外形及安装尺寸

接触式调压器的外形有方形、圆形、六角形和八角形等几种形状，其外形尺寸见表9-5及图9-2。

表 9-5 TDGC2J、TSGC2J 型接触调压器外形及安装尺寸

型号	外形尺寸（mm）						型号	外形尺寸（mm）					
	A	B	D	Z	h	H		A	B	D	Z	h	H
TDGC2J—0.5		145	127		144	169	TDGC2J—15	356	400		374	562	622
TDGC2J—1		234	214		152	200	TDGC2J—20	356	400		374	592	660
TDGC2J—2		234	214		190	242	TSGC2J—3	280	276		280	415	465
TDGC2J—3	272	303		308	191	242	TSGC2J—6	280	276		280	500	555
TDGC2J—5	356	390		374	195	267	TSGC2J—9	280	310		316	514	580
TDGC2J—7	356	390			210	283	TSGC2J—15	356	390		374	562	622
TDGC2J—10	356	400		374	376	434	TSGC2J—20	356	390		374	592	660

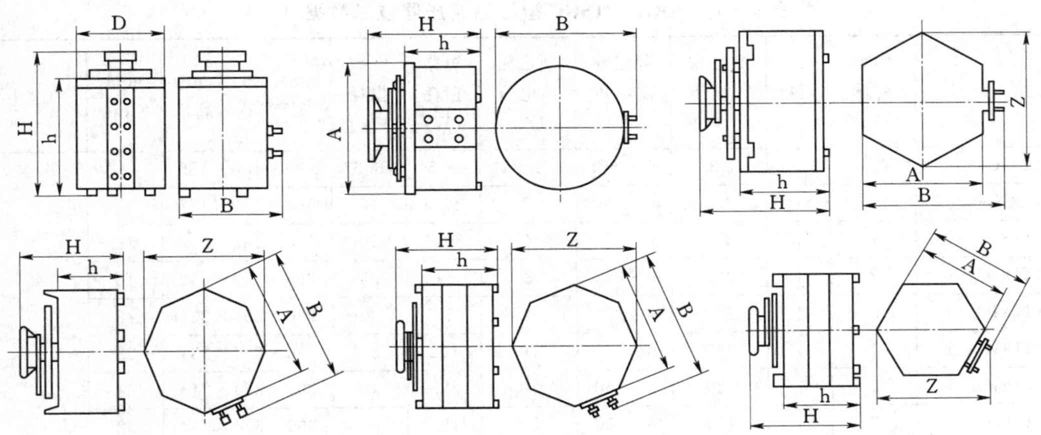

图 9-2 TDGC2J、TSGC2J 型接触调压器外形及安装尺寸（北京调压器厂）

三、TDGC、TSGC 型干式自冷接触调压器

（一）用途

TDGC、TSGC 型接触调压器是老系列产品，适用于频率 50Hz、电压等级为 500V 以下的电路中，可带负载无级而平滑地调节电压，供给负载的输入功率、补偿电源电压的波动或与其它专用设备配套。

（二）型号含义

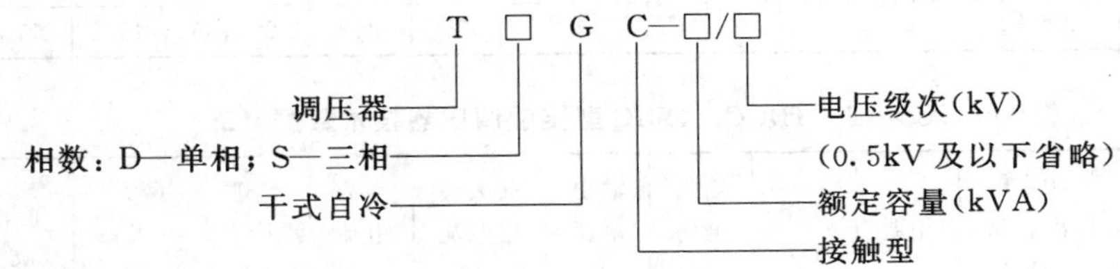

（三）工作原理

接触调压器借助于可移动的电刷在线圈磨光表面上的接触位置的改变，使负载电压能够在一定的范围内获得无级而平滑的调节。

（四）产品结构

接触调压器主要由一矽钢片环状铁芯组成，其上绕一单压绕组，一至数个装在刷架上的电刷用弹簧使其与绕组的表面保持良好的接触，这些结构部件均固装在一座架上，外装通风护罩成为一个整体。

（五）技术数据

TDGC、TSGC 型接触调压器技术数据，见表 9-6、表 9-7。

四、TE$^{D}_{S}$GC 型电动接触调压器

（一）用途

TEDGC、TESGC 型为电动接触调压器，用于工业、科研、公共设施等，可实现调压、调速、调光、控温、自动控制和功率调节，是一种交流调压电源设备。

表 9-6 TDGC、TSGC 型接触调压器技术数据（一）

型　号	额定容量(kVA)	相数	额定输入电压(V)	额定输出电压(V)	额定输出电流(A)	短路损耗(W)	空载损耗(W)	外形尺寸(mm)(长×宽×高)	重量(kg)	生产厂
TDGC—0.2	0.2	1	220	0～250	0.8	9.5	6.5	135×100×155	4	重庆高压电器厂
TDGC—0.5	0.5	1	220	0～250	2	25.5	15	160×130×177	5	
TDGC—1	1	1	220	0～250	4	30.5	20	198×183×232	10	
TDGC—2	2	1	220	0～250	8	51	25	265×239×232	15	
TDGC—3	3	1	220	0～250	12	91.5	30	280×255×221	18	
TDGC—4	4	1	220	0～250	16	122	35	390×354×234	28	
TDGC—5	5	1	220	0～250	20	162.5	40	390×354×244	31	
TDGC—7	7	1	220	0～250	28	218.5	50	390×354×244	32	
TDGC—10	10	1	220	0～250	40	325	80	426×354×408	58	
TDGC—15	15	1	220	0～250	60	487.5	120	426×354×644	95	
TDGC—20	20	1	220	0～250	80	650	160	426×354×845	119	
TDGC—30	30	1	220	0～250	120	975	240	426×354×1030	142	
TSGC—3	3	3	380	0～430	4	91.5	60	195×183×537	22	
TSGC—6	6	3	380	0～430	8	152	75	265×239×543	40	
TSGC—10	10	3	380	0～430	13.6	360	105	390×354×537	73	
TSGC—15	15	3	380	0～430	20	487.5	120	390×354×644	90	
TSGC—20	20	3	380	0～430	26.6	650	140	390×354×644	91	
TSGC—30	30	3	380	0～430	40	975	240	426×354×1140	173	

表 9-7 TDGC、TSGC 型接触调压器技术数据（二）

型　号	额定输出容量(kVA)	相数	频率(Hz)	输入电压(V)	输出电压(V)	最大输出电流(A)	空载电流(%)	空载功率(W)	最大电压降(V)	重量(kg)	生产厂
TDGC—0.2	0.2	1	50	220	0～250	0.8	0.23	6.5	5	2.3	宁波调压器厂
TDGC—0.5	0.5					2	0.44	1.5	5	4.5	
TDGC—1	1					4	0.60	20	5	7	
TDGC—2	2					8	0.72	25	5	8.5	
TDGC—3	3					12	0.96	30	5	16.1	
TDGC—5	5					20	1.1	40	5	26	
TDGC—10	10					40	2.2	80	5	57.5	
TDGC—15	15					60	3.3	120	5	76.5	
TDGC—20	20					80	4.4	160	5	101.5	
TSGC—3	3	3	50	380	0～430	4	0.60	60	9	24	
TSGC—6	6					8	0.72	75	9	29	
TSGC—9	9					12	0.96	90	9	57	
TSGC—15	15					20	1.1	120	9	74.5	

（二）技术数据

该系列产品技术数据，见表 9-8、表 9-9。

表 9-8 TE$^{D}_{S}$GC 型电动接触调压器技术数据

型　　号	额定容量（kVA）	相数	输入电压（V）	输出电压（V）	输出电流（A）	外形尺寸（mm）（长×宽×高）	重量（kg）	生产厂
TEDGC—0.5	0.5	1	220	0～250	2	150×130×150	3.5	苏州市电压调整器厂
TEDGC—1	1				4	210×180×160	6.1	
TEDGC—2	2				8	210×180×170	8.3	
TEDGC—3	3				12	240×210×180	11	
TEDGC—5	5				20	270×240×220	15.5	
TEDGC—7	7				28	390×360×220	35	
TEDGC—10	10				40	410×450×300	50	
TEDGC—15	15				60	290×240×700	53	
TEDGC—20	20				80	410×450×660	101	
TEDGC—30	30				120	410×450×1000	155	
TESGC—1.5	1.5	3	380	0～430	2	150×132×350	12	
TESGC—3	3				4	207×182×450	21	
TESGC—6	6				8	207×182×500	27	
TESGC—9	9				12	235×210×600	36	
TESGC—15	15				20	272×245×700	53	
TESGC—20	20				27	430×355×700	136	
TESGC—30	30				40	410×450×1000	152	

表 9-9 TEDGC、TESGC 型电动接触调压器技术数据

型　　号	额定容量（kVA）	相数	输入电压（V）	输出电压（V）	输出电流（A）	型　　号	额定容量（kVA）	相数	输入电压（V）	输出电压（V）	输出电流（A）
TEDGC—3	3	1	220	0～250	12	TESGC—3	3	3	380	0～430	4
TEDGC—5	5	1	220	0～250	20	TESGC—6	6	3	380	0～430	8
TEDGC—7	7	1	220	0～250	28	TESGC—9	9	3	380	0～430	12
TEDGC—10	10	1	220	0～250	40	TESGC—15	15	3	380	0～430	20
TEDGC—15	15	1	220	0～250	60	TESGC—20	20	3	380	0～430	27
TEDGC—20	20	1	220	0～250	80						

注　生产厂：北京调压器厂。

五、TDGC2—P系列单相调压器

（一）概述

TDGC2—P系列单相调压器由青岛日昌电器有限公司生产，起始电压“零伏”，控制电压精度高，带负载平滑无级调压，电刷不打火花，负载特性稳定，能长期运行，过载能力强，体积和重量仅为其它调压器的一半，铁损和铜损也仅为其它调压器的一半，是目前国内体积较小的一种调压器。单相容量0.1～5kVA。

该产品设计为金属底座，安装牢固，绝缘达到2000兆欧，适应于环境非常恶劣的设备仪器中。

（二）技术数据

该产品技术数据，见表9-10。

表9-10 TDGC2—P系列单相调压器技术数据

型号	容量(kVA)	输入电压(V)	输出电压(V)	额定电流(A)	外形尺寸(mm)(长×宽×高)	型号	容量(kVA)	输入电压(V)	输出电压(V)	额定电流(A)	外形尺寸(mm)(长×宽×高)
TDGC2—P—0.1	0.1	220	0～250	0.5	80×40×140	TDGC2—P—1	1	220	0～250	4	125×55×145
TDGC2—P—0.2	0.2			0.8	112×55×140	TDGC2—P—2	2			8	170×70×165
TDGC2—P—0.3	0.3			1.2	112×55×140	TDGC2—P—2	2			12	170×70×175
TDGC2—P—0.5	0.5			2	112×55×140	TDGC2—P—5	5			20	200×70×195
TDGC2—P—0.75	0.75			3	112×55×140	TDGC2—P—7	7			28	235×90×240

（三）生产厂

青岛日昌电器有限公司。

六、TD—M型便携式接触调压器

（一）用途

TD—M系列方型调压器是便携式接触调压器产品，具有波形不失真、效率高等特点，还带有电源开关、指示灯、电压表，使用方便，广泛使用于工业生产和科研单位。

（二）技术数据

该产品技术数据，见表9-11。

表9-11 TD—M型便携式接触调压器技术数据

型号	容量(kVA)	相数	频率(Hz)	输入电压(V)	输出电压(V)	外形尺寸(mm)(长×宽×高)	重量(kg)
TD1—0.5K	0.5	1	50/60	110 220	0～130 130～260	190×155×145	4.2
TD2—1K	1					230×180×220	10.5
TD2—2K	2					230×185×215	12.5
TD2—3K	3					280×205×260	15.8
TD2—5K	5					300×295×295	21

（三）生产厂

苏州市电压调整器厂。

9.2 感应调压器

感应调压器的结构类似一般大型立式线绕式异步电动机，但由于经常处于制动状态下工作，因此作用原理又与变压器相似。感应调压器上装有蜗轮传动机构，借以使转子产生角位移或使转子制动。当转子的相对角位置改变后，对于单相调压器，改变了定子绕组与转子绕组间的交链磁通，使次级绕组感应电势改变；对于三相调压器，改变定子绕组与转子绕组上的感应电势相位，并借自耦式线路连接而使输出电压获得平滑无级的变化。定子、转子产生相对位移是通过手轮或伺服电机带动传动机构来实现的。

三相调压器的一次绕组可以放置在定子中也可放置在转子中。单相调压器的一次绕组也可放置在定子或转子中，但工作原理与三相调压器不同，在铁芯及气隙中产生的磁场是脉动的而非旋转，不均匀分布，当转子与定子绕组间的轴线位置改变后，二次绕组上的感应电势随着磁链的不同而改变，但相位不产生位移。

感应调压器的冷却方式有干式自冷、强迫风冷、油浸自冷等；调压范围为5%～100%；波形畸变率小于5%；效率大于96%；空载电流小于10%；调压方式有手动和自动及可稳定等；调压相数为单相、两相和三相。

一、TDGA、TSGA、TSGAP型干式自冷感应调压器

（一）用途

该系列产品的容量范围为3.5～25kVA，主要用于工业设备或实验室中，在输入电压为恒定时，带负载无级而平滑地调节负载电压。

（二）型号含义

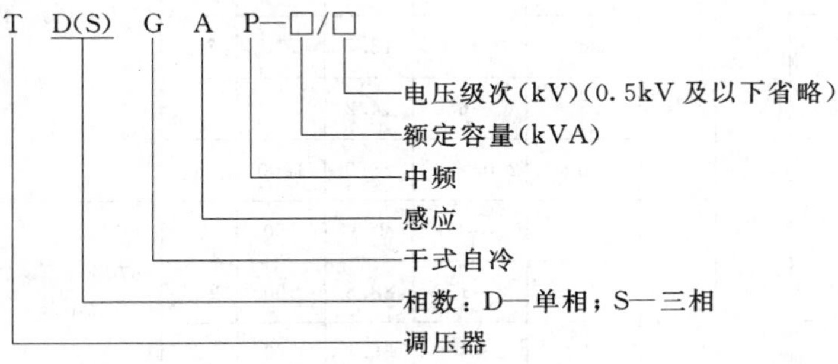

（三）产品结构

该系列产品由主体和传动控制两个部分组成。主体由定子、线绕式转子、前后两个端盖组成，并为卧式安装。单相绕组为单层同心式，三相为双层短节距叠绕组。传动控制为电动、手动两用式，是由两对蜗轮、蜗杆、手轮、传动电动机、行程开关及限位器组成。正常情况下，一般是通过遥控设备的按钮控制调压器上的伺服电动机作正、反运转，从而改变输出电压。手轮传动常用来细调节电压或在传动电动机发生故障时保证调压器能够正

常调节电压。行程开关是限制调压器的输出电压在最高、最低极限时自动切断电动机电源。限位器是限制转子只能在规定的机械角度内转动。

(四) 技术数据

该系列产品的技术数据，见表9-12。

(五) 订货须知

订货时必须提供产品型号、额定容量、相数、频率、额定输入电压、输出电压范围及台数。

表9-12 T_S^DGA、TSGAP型干式自冷感应调压器技术数据

型号	额定容量(kVA)	相数	频率(Hz)	额定输入电压(V)	输出电压范围(V)	额定输出电流(A)	总损耗(75℃)(W)	空载电流(%)	外形尺寸(mm)(长×宽×高)	重量(kg)	生产厂
TDGA—10	10			220	0～400	25	560	10			
TDGA—10	10			380	0～650	15.4	560	5.8			
TDGA—12.5	12.5	1	50	220	0～400	31.3	670	12.2	570×450×990	300	
TDGA—12.5	12.5			380	0～650	19.2	670	7.1			
TDGA—16	16			380	200～500	32	690	5.8			
TSGA—3.5	3.5			193～253	220	9.2	180	1.8	460×260×300	45	上海电器股份有限公司电压调整器厂
TSGA—7.5	7.5			330～430	380	12	300	2.2	880×680×720	60	
TSGA—10	10			380	0～650	8.9	630	3.4		270	
TSGA—12.5	12.5	3	50	380	0～650	11.1	750	4.1		270	
TSGA—16	16			380	0～420	22	1000	5.6		300	
TSGA—16	16			380	200～500	18.5	710	3.4	570×450×990	270	
TSGA—16	16			380	0～650	14.2	900	5		300	
TSGA—25	25			380	200～500	28.9	1000	5		300	
TSGAP—16	16			110	0～90	103	750	12		270	
TSGAP—20	20	3	50	220	0～130	88.8	900	7.4	570×450×990(中频)	300	
TSGAP—25	25			220	0～400	36.1	750	7		270	
TDGA—50	50			220	0～250	200	2800	13.5		750	吉林省长春调压器厂
TDGA—50	50			220	0～400	125	2600	12.5		650	
TDGA—50	50	1	50	380	0～420	119	2800	11.9	1130×1130×1470	650	
TDGA—50	50			380	0～500	100	2600	12.5		650	
TDGA—50	50			380	0～650	77	2600	12.5		650	

（六）生产厂

上海电器股份有限公司电压调整器厂、吉林省长春调压器厂。

二、T_{S}^{D}（J）A型油浸自冷感应调压器

（一）用途

TD（J）A、TS（J）A型油浸自冷感应调压器能在带负荷情况下，无级、平滑、连续地调节输出电压。主要用于电机电器试验、电炉控温、整流设备配套、发电机励磁等，在机械制造、化工、纺织、通讯、军工等行业得到广泛应用。

（二）产品特点

（1）无触点调节，使用寿命长。

（2）适用于各种性能的负载。

（3）过载能力强。

（4）运行可靠，使用、维护方便。

（三）型号含义

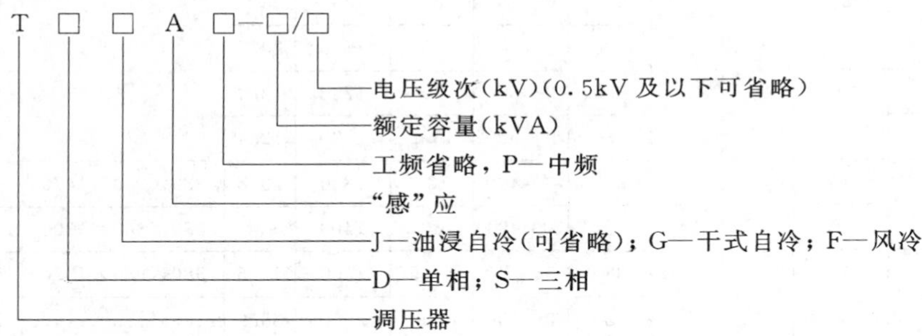

（四）产品结构

油浸自冷感应调压器结构类似于一般立式绕线转子异步电动机。由于它处于制动状态下工作，其工作原理相似于感应电机和变压器。当定子与转子相对位置改变后，对于单相调压器即改变了次级绕组感应电势的大小，对于三相调压器即改变了次级绕组感应电势的相位，再借自耦式或双圈式的线路连接，使负载电压能够在一定的范围内无级而平滑地调节。

该产品由器身（其中包括定子、转子、底座、面板及调节控制机构）和冷却油箱两大部分组成。定子和转子的绕组绝缘等级为A级。调压器的减速器与传动电动机啮合时为电动调节，减速器与传动电动机分离时可手动调节。

（五）使用条件

（1）海拔不超过1000m。

（2）周围介质温度－25～＋40℃，空气相对湿度不大于85％。

（3）不含有化学腐蚀性气体、蒸汽，不受雨水浸入，无爆炸性危险的气体。

（4）不能并联运行。

（六）技术数据

该系列产品技术数据，见表9－13。

表9-13 TD(J)A、TS(JA)型油浸自冷感应调压器技术数据

型号	额定容量(kVA)	相数	频率(Hz)	额定输入电压(V)	输出电压范围(V)	额定输出电流(A)	总损耗(75℃)(W)	空载电流(A)	外形尺寸(mm)(长×宽×高)	重量(kg)	生产厂
TDA—16	16			220	0～400	40	900	11.5		380	
TDA—16	16			380	0～650	24.6	900	6.5		380	
TDA—16	20			220	0～400	50	1060	14		420	
TDA—20	20			380	0～500	40	1270	9.2		420	
TDA—20	20			380	0～650	30.8	1060	8		420	
TDA—25	25			220	0～250	100	1600	18.7		450	
TDA—25	25			220	0～400	62.5	1250	17.5	880×880×1300	420	
TDA—25	25			380	0～500	50	1320	10.3		420	
TDA—25	25			380	200～500	50	1000	6.5		380	
TDA—25	25			380	0～650	38.5	1250	9.8		420	
TDA—30	30			220	0～400	75	1730	20.7		450	
TDA—30	30			380	0～500	60	1730	12.4		450	
TDA—30	30			380	0～650	46.2	1730	12.4		450	
TDA—40	40			220	0～400	100	1800	25.8	980×980×1470	650	
TDA—40	40			380	200～500	80	1400	9.8	880×880×1300	420	
TDA—40	40			380	0～650	61.5	1800	14.5	980×980×1470	650	
TDA—50	50	1	50	220	0～250	200	2800	36.9	1130×1130×1470	750	上海电器股份公司电压调整器厂
TDA—50	50			220	0～400	125	2120	31.5		650	
TDA—50	50			380	0～420	119	2800	21.9	980×980×1470	650	
TDA—50	50			380	0～500	100	2600	19.7		650	
TDA—50	50			380	0～650	76.9	2120	18		650	
TDA—56	56			380	0～420	133	2800	24.4		750	
TDA—63	63			220	0～400	158	2500	38.7	1130×1130×1470	750	
TDA—63	63			380	0～500	126	2650	23		750	
TDA—63	63			380	200～500	126	2000	14.5	980×980×1470	650	
TDA—63	63			380	0～650	96.9	2500	21.3	1130×1130×1470	750	
TDA—80	80			220	0～400	200	3000	47.5		1100	
TDA—80	80			380	0～650	123	3000	26.5		1100	
TDA—100	100			220	0～400	250	3550	58	1050×1050×1660	1150	
TDA—100	100			380	0～400	238	4000	36.5		1150	
TDA—100	100			380	0～500	200	3750	34.5		1150	
TDA—100	100			380	200～500	200	2800	21.8	1130×1130×1470	750	
TDA—100	100			380	0～650	154	3550	32.5	1050×1050×1660	1150	

续表 9-13

型　　号	额定容量（kVA）	相数	频率（Hz）	额定输入电压（V）	输出电压范围（V）	额定输出电流（A）	总损耗（75℃）（W）	空载电流（A）	外形尺寸（mm）（长×宽×高）	重量（kg）	生产厂
TDA—150	150			220	0～400	375	6150	90.5	1270×1270×1710	1600	
TDA—150	150			380	0～650	231	6150	50.6		1600	
TDA—200	200			220	0～400	500	6300	106		1700	
TDA—200	200	1	50	380	0～420	476	8500	76.6	1420×1420×1710	1700	
TDA—200	200			380	0～650	308	6300	60		1700	
TDA—250	250			380	0～650	385	7500	73	1380×1380×2280	2800	
TDA—315	315			380	0～650	485	9000	73		2800	
TSA—20	20				0～500	23.1	1400	5.2		405	
TSA—20	20				0～650	17.8	1180	4.6		405	
TSA—22	22				0～420	30.2	1600	5.7		405	
TSA—25	25				0～220	65.6	2240	9.5		450	
TSA—25	25				0～500	28.9	1500	6	880×880×1300	405	
TSA—25	25				0～650	22.2	1400	5.6		405	
TSA—30	30				0～420	41.2	2250	8		405	
TSA—30	30				0～500	34.6	1900	7.1		405	上海电器股份公司电压调整器厂
TSA—30	30				0～650	26.6	1900	7.3		405	
TSA—35	35				0～420	48.1	2250	8.8		450	
TSA—40	40				0～220	105	3150	14	1130×1130×1470	720	
TSA—40	40				0～500	46.2	2120	9		450	
TSA—40	40				200～500	46.2	1600	5.6	880×880×1300	405	
TSA—40	40	3	50	380	0～650	35.5	2000	8.5		450	
TSA—50	50				0～420	68.7	3200	13.1		720	
TSA—50	50				0～500	57.7	2900	11.8	980×980×1470	720	
TSA—50	50				0～650	44.4	2360	10.3		450	
TSA—56	56				0～420	77	3200	14		720	
TSA—63	63				0～220	165	4500	21.2	1130×1130×1470	810	
TSA—63	63				0～500	72.7	3000	13.2		720	
TSA—63	63				200～500	72.7	2240	8.5	880×880×1300	450	
TSA—63	63				0～650	56	2800	12.5		720	
TSA—75	75				0～500	86.6	3900	16.7		720	
TSA—75	75				0～650	66.6	3900	16.3	1130×1130×1470	720	
TSA—90	90				0～420	142	4500	21.7		810	
TSA—100	100				0～220	262	6300	31.5		1250	

续表 9-13

型号	额定容量(kVA)	相数	频率(Hz)	额定输入电压(V)	输出电压范围(V)	额定输出电流(A)	总损耗(75℃)(W)	空载电流(A)	外形尺寸(mm)(长×宽×高)	重量(kg)	生产厂
TSA—100	100	3	50	380	0～500	115	4250	20	1130×1130×1470	810	上海电器股份公司电压调整器厂
TSA—100	100	3	50	380	200～500	116	3150	12.5	1130×1130×1470	720	上海电器股份公司电压调整器厂
TSA—100	100	3	50	380	0～650	88.8	4000	19	1130×1130×1470	810	上海电器股份公司电压调整器厂
TSA—125	125	3	50	380	0～650	111	4750	23	1200×1200×1660	1200	上海电器股份公司电压调整器厂
TSA—160	160	3	50	380	0～420	220	6300	31.5	1200×1200×1660	1300	上海电器股份公司电压调整器厂
TSA—160	160	3	50	380	0～500	185	6000	30	1200×1200×1660	1300	上海电器股份公司电压调整器厂
TSA—160	160	3	50	380	200～500	185	4500	19	1130×1130×1470	810	上海电器股份公司电压调整器厂
TSA—160	160	3	50	380	0～650	142	5600	28	1200×1200×1660	1300	上海电器股份公司电压调整器厂
TSA—200	200	3	50	380	0～420	275	8500	44.3	1270×1270×1710	1600	上海电器股份公司电压调整器厂
TSA—200	200	3	50	380	0～650	178	6700	34.5	1350×1350×1660	1300	上海电器股份公司电压调整器厂
TSA—250	250	3	50	380	0～500	289	8500	45	1420×1420×1710	1800	上海电器股份公司电压调整器厂
TSA—250	250	3	50	380	0～650	222	8500	42.5	1420×1420×1710	1800	上海电器股份公司电压调整器厂
TSA—315	315	3	50	380	0～650	280	10000	51.5	1380×1380×2280	2850	上海电器股份公司电压调整器厂
TSA—400	400	3	50	380	0～420	550	12500	71	1530×1530×2280	3200	上海电器股份公司电压调整器厂
TSA—500	500	3	50	380	0～650	444	14000	77.5	1530×1530×2280	3300	上海电器股份公司电压调整器厂
TSA—630	630	3	50	380	190～570	638	12500	63	1530×1530×2280	3150	上海电器股份公司电压调整器厂
TSA—1250/6	1250	3	50	6300	0～6300	115	30000	14.5	2560×2560×2980	8750	上海电器股份公司电压调整器厂
TDA—10/0.5	10	1	50	220	0～400	25	650	8.2	880×880×1292	345	吉林省长春调压器厂
TDA—10/0.5	10	1	50	380	0～650	15.4	650	4.2	880×880×1292	345	吉林省长春调压器厂
TDA—16/0.5	16	1	50	220	0～400	40	1000	11.5	880×880×1292	380	吉林省长春调压器厂
TDA—16/0.5	16	1	50	380	0～650	25	1000	6.7	880×880×1292	380	吉林省长春调压器厂
TDA—20/0.5	20	1	50	220	0～400	50	1265	14	880×880×1292	420	吉林省长春调压器厂
TDA—20/0.5	20	1	50	380	0～500	40	1265	9.3	880×880×1292	420	吉林省长春调压器厂
TDA—20/0.5	20	1	50	380	0～650	31	1265	9	880×880×1292	420	吉林省长春调压器厂
TDA—25/0.5	25	1	50	220	0～650	100	1600	18.7	1130×1130×1470	450	吉林省长春调压器厂
TDA—25/0.5	25	1	50	220	0～400	63	1400	17	1130×1130×1470	420	吉林省长春调压器厂
TDA—25/0.5	25	1	50	380	0～500	50	1400	10.4	880×880×1292	420	吉林省长春调压器厂
TDA—25/0.5	25	1	50	380	0～650	39	1400	10.5	880×880×1292	420	吉林省长春调压器厂
TDA—30/0.5	30	1	50	220	0～400	75	1730	20.6	880×880×1292	450	吉林省长春调压器厂
TDA—30/0.5	30	1	50	380	0～500	60	1730	10.5	880×880×1292	420	吉林省长春调压器厂
TDA—30/0.5	30	1	50	380	0～650	46	1730	12.4	880×880×1292	450	吉林省长春调压器厂
TDA—75/0.5	75	1	50	220	0～400	187	3500	12	1056×1056×1663	1100	吉林省长春调压器厂
TDA—75/0.5	75	1	50	380	0～500	150	3500	12	1056×1056×1663	1100	吉林省长春调压器厂
TDA—75/0.5	75	1	50	380	0～650	115	3500	12	1056×1056×1663	1100	吉林省长春调压器厂

续表 9-13

型号	额定容量(kVA)	相数	频率(Hz)	额定输入电压(V)	输出电压范围(V)	额定输出电流(A)	总损耗(75℃)(W)	空载电流(A)	外形尺寸(mm)(长×宽×高)	重量(kg)	生产厂
TDA—100/0.5	100	1	50	220	0～400	250	4200	11.5	1060×1060×1660	1100	吉林省长春调压器厂
TDA—100/0.5	100			380	0～500	200	4200	37.6		1100	
TDA—100/0.5	100			380	0～650	154	4200	36.5		1100	
TDA—150/0.5	150			220	0～400	375	6156	90.5	1270×1270×1470	1600	
TDA—150/0.5	150			380	0～650	231	6156	50.6		1600	
TDA—200/0.5	200			220	0～400	500	7800	112	1430×1430×1710	1600	
TDA—200/0.5	200			380	0～650	308	7800	69		1600	
TDA—250/0.5	250			380	0～650	385	900	86	1530×1530×2090	2500	
TSA—10/0.5	10	3	50	380	0～400	4.4	560	3.6	570×570×900	300	
TSA—10/0.5	10			380	0～650	8.9	560	4.5		300	
TSA—10/0.5	10			380	0～420	22	560	4.5		300	
TSA—10/0.5	10			380	0～650	14.2	560	5.6		300	
TSA—20/0.5	20			380	0～380	31	1600	5.8	880×880×1300	405	
TSA—20/0.5	20			380	0～500	23	1400	5.2		405	
TSA—20/0.5	20			380	0～650	18	1400	5		405	
TSA—25/0.5	25			380	0～400	36	650	6.5	570×570×900	300	
TSA—30/0.5	30			380	0～380	46	2250	8.7	880×880×1300	436	
TSA—30/0.5	30			380	0～420	41.5	2250	8		436	
TSA—30/0.5	30			380	0～500	35	1900	7.1		436	
TSA—30/0.5	30			380	0～650	27	1900	7.3		436	
TSA—50/0.5	50			380	0～380	76	3200	14	1130×1130×1470	720	
TSA—50/0.5	50			380	0～420	69	3200	13	980×980×1470	720	
TSA—50/0.5	50			380	0～500	58	2900	11.8		720	
TSA—50/0.5	50			380	0～650	45	2900	11.5		720	
TSA—75/0.5	75			380	0～380	114	4200	16.7	1130×1130×1470	8100	
TSA—75/0.5	75			380	0～500	87	3900	16.1		720	
TSA—75/0.5	75			380	0～650	67	3900	21.7		720	
TSA—100/0.5	100			380	0～500	115	4500	21.2	1130×1130×1470	810	
TSA—100/0.5	100			380	0～650	89	4500	21		810	
TSA—150/0.5	150			380	0～500	173	6500	28.9	1270×1270×1660	1100	
TSA—150/0.5	150			380	0～650	134	6500	29.8	1130×1130×1470	810	
TSA—200/0.5	200			380	0～400	288	8500	40.5	1270×1270×1710	1600	
TSA—200/0.5	200			380	0～650	178	8500	40	1350×1350×1660	1100	

续表 9-13

型　号	额定容量(kVA)	相数	频率(Hz)	额定输入电压(V)	输出电压范围(V)	额定输出电流(A)	总损耗(75℃)(W)	空载电流(A)	外形尺寸(mm)(长×宽×高)	重量(kg)	生产厂
TSA—250/0.5	250	3	50	380	0～500	288	10500	50.5	1430×1430×1710	1600	吉林省长春调压器厂
TSA—250/0.5	250			380	0～650	222	10500	50		1700	
TSA—300/0.5	300			380	0～650	266	12000	60.7	1530×1530×2090	2500	
TSA—400/0.5	400			380	0～650	365	14000	81	1530×1530×2250	3020	
TSA—630/0.5	630			380	0～650	710	21000	160	2150×2150×2700	6500	
TSA—1200/0.5	1200			380	0～6300	114.5	28000	11.5	2560×2560×2980	8750	
TDA—16/0.5	16	1	50	220	0～400	40	900		887×887×1270	400	常德恒力调压器有限公司
				380	0～650	24.6					
TDA—20/0.5	20			220	0～400	50	1060				
				380	0～650	30.8					
TDA—25/0.5	25			220	0～400	62.5	1250				
				380	0～650	38.5					
TDA—31.5/0.5	31.5			220	0～400	78.8	1500				
				380	0～650	48.5					
TDA—40/0.5	40			220	0～400	100	1800		961×961×1464	700	
				380	0～650	61.5					
TDA—50/0.5	50			220	0～400	125	2120				
				380	0～650	76.9					
TDA—63/0.5	63			220	0～400	158	2500				
				380	0～650	96.9					
TDA—80/0.5	80			220	0～400	200	3000		1181×1181×1653	1100	
				380	0～650	123					
TDA—100/0.5	100			220	0～400	250	3550				
				380	0～650	154					
TDA—125/0.5	125			220	0～400	313	4500		1281×1281×1714	1600	
				380	0～650	192					
TDA—160/0.5	160			220	0～400	400	5300				
				380	0～650	246					
TDA—200/0.5	200			220	0～400	246	6300				
				380	0～650	308					
TDA—250/0.5	250			380	0～650	385	7500				
TDA—315/0.5	315					485	9000				
TDA—400/0.5	400					615	10600				
TDA—500/0.5	500					769	12500				
TDA—630/0.5	630					969	15000				

续表 9-13

型号	额定容量（kVA）	相数	频率（Hz）	额定输入电压（V）	输出电压范围（V）	额定输出电流（A）	总损耗（75℃）（W）	空载电流（A）	外形尺寸（mm）（长×宽×高）	重量（kg）	生产厂
TSA—20/0.5	20	3	50	380	0～650	17.8	1180		887×887×1270	400	常德恒力调压器有限公司
TSA—20/0.5	25					22.2	1400				
TSA—31.5/0.5	31.5					28	1700				
TSA—40/0.5	40					35.5	2000				
TSA—50/0.5	50					44.5	2360				
TSA—63/0.5	63					56	2800		1137×1137×1464	700	
TSA—80/0.5	80					71.1	3350				
TSA—100/0.5	100					88.8	4000				
TSA—125/0.5	125					111	4750		1331×1331×1653	1100	
TSA—160/0.5	160					142	5600				
TSA—200/0.5	200					178	6700				
TSA—250/0.5	250					222	8500		1530×1530×2090	1600	
TSA—315/0.5	315					280	10000			2500	
TSA—400/0.5	400					355	11800			2800	
TSA—500/0.5	500					444	14000				
TSA—630/0.5	630					560	17000				
TSA—800/0.5	800					711	20000				
TSA—1000/0.5	1000					888	23600				
TDA—25	25	1	50	380					876×876×1290		营口特种变压器有限公司
TDA—50	50			220 380					984×984×1464		
TDA—100	100								1056×1056×1653		
TDA—200	200								1426×1426×1714		
TSA—25	25	3	50	380					876×876×1294		
TSA—50	50								984×984×1464		
TSA—100	100								1134×1134×1464		
TSA—250	250								1426×1426×1714		
TSA—630	630								1432×1432×2756		
TDJA—16	16	1	50	220	0～400	40	900	11.5	880×880×1300	380	宁波调压器厂
TDJA—16	16			380	0～650	24.6	900	6.5	880×880×1300	380	
TDJA—20	20			220	0～400	50	1060	14	880×880×1300	420	
TDJA—20	20			380	0～500	40	1270	9.2	880×880×1300	420	
TDJA—20	20			380	0～650	30.8	1060	8	880×880×1300	420	
TDJA—25	25			220	0～250	100	1600	18.7	880×880×1300	450	

续表 9-13

型　　号	额定容量(kVA)	相数	频率(Hz)	额定输入电压(V)	输出电压范围(V)	额定输出电流(A)	总损耗(75℃)(W)	空载电流(A)	外形尺寸(mm)(长×宽×高)	重量(kg)	生产厂
TDJA—25	25	1	50	220	0～400	62.5	1250	17.5	880×880×1300	420	宁波调压器厂
TDJA—25	25			380	0～500	50	1320	10.3	880×880×1300	420	
TDJA—25	25			380	200～500	50	1000	6.5	800×880×1300	380	
TDJA—25	25			380	0～650	38.5	1250	9.0	880×880×1300	420	
TDJA—30	30			220	0～400	75	1730	20.7	880×880×1300	450	
TDJA—30	30			380	0～500	60	1730	12.4	880×880×1300	450	
TDJA—30	30			380	0～650	46.2	1730	12.4	880×880×1300	450	
TDJA—40	40			220	0～400	100	1800	25.0	980×980×1470	650	
TDJA—40	40			380	200～500	80	1400	9.8	880×880×1300	420	
TDJA—40	40			380	0～650	61.5	1800	14.5	980×980×1470	650	
TDJA—50	50			220	0～250	200	2800	36.9	1130×1130×1470	750	
TDJA—50	50			220	0～400	125	2120	31.5	980×980×1470	650	
TDJA—50	50			380	0～420	110	2800	21.9	980×980×1470	650	
TDJA—50	50			380	0～500	100	2600	19.7	980×980×1470	650	
TDJA—50	50			380	0～650	79.9	2120	18	980×980×1470	650	
TDJA—56	56			380	0～420	133	2800	24.4	1130×1130×1470	750	
TDJA—63	63			220	0～400	158	2500	38.7	1130×1130×1470	750	
TDJA—63	63			380	0～500	126	2650	23	1130×1130×1470	750	
TDJA—63	63			380	200～500	126	2000	14.5	980×980×1470	650	
TDJA—63	63			380	0～650	96.9	2500	21.3	1130×1130×1470	750	
TDJA—80	80			220	0～400	200	3000	47.5	1050×1050×1660	1100	
TDJA—80	80			380	0～650	123	3000	26.5	1050×1050×1660	1100	
TDJA—100	100			220	0～400	250	3550	58	1050×1050×1660	1150	
TDJA—100	100			380	0～500	238	4000	36.5	1050×1050×1660	1150	
TDJA—100	100			380	0～500	200	3750	34.5	1050×1050×1660	1150	
TDJA—100	100			380	200～500	200	2800	21.0	1130×1130×1470	750	
TDJA—100	100			380	0～650	154	3550	32.5	1050×1050×1660	1150	
TDJA—150	150			220	0～400	375	6150	90.5	1270×1270×1710	1600	
TDJA—150	150			380	0～650	231	6150	50.6	1270×1270×1710	1600	
TDJA—200	200			220	0～400	500	6300	106	1420×1420×1710	1700	
TDJA—200	200			380	0～420	476	8500	76.6	1420×1420×1710	1700	
TDJA—200	200			380	0～650	308	6300	60	1420×1420×1710	1700	
TDJA—250	250			380	0～650	305	7500	73	1360×1360×2200	2800	
TDJA—315	315			380	0～650	485	9000	93	1360×1360×2200	2800	

续表 9-13

型　　号	额定容量(kVA)	相数	频率(Hz)	额定输入电压(V)	输出电压范围(V)	额定输出电流(A)	总损耗(75℃)(W)	空载电流(A)	外形尺寸(mm)(长×宽×高)	重量(kg)	生产厂
TSJA—20	20	3	50	380	0～180	61	1900	16.5	880×880×1300	405	宁波调压器厂
TSJA—20	20				0～380	31	1600	14.5	880×880×1300	405	
TSJA—20	20				0～500	23.1	1400	5.2	880×880×1300	405	
TSJA—20	20				0～650	17.8	1180	4.6	880×880×1300	405	
TSJA—22	22				0～420	30.2	1600	5.7	880×880×1300	405	
TSJA—25	25				0～220	65.6	2240	9.5	880×880×1300	405	
TSJA—25	25				0～500	28.9	1500	6	880×880×1300	405	
TSJA—25	25				0～650	22.2	1400	5.6	880×880×1300	405	
TSJA—30	30				0～400	96	2600	12.4	880×880×1300	405	
TSJA—30	30				0～380	45.6	1900	8.7	880×880×1300	405	
TSJA—30	30				0～420	41.2	2250	8	880×880×1300	405	
TSJA—30	30				0～500	34.6	1900	7.1	880×880×1300	405	
TSJA—30	30				0～650	26.6	1900	7.3	880×880×1300	405	
TSJA—35	35				0～420	48.1	2250	8.8	880×880×1300	450	
TSJA—40	40				0～220	105	3150	14	1130×1130×1470	720	
TSJA—40	40				0～550	46.2	2120	9	880×880×1300	450	
TSJA—40	40				200～500	46.2	1600	5.6	880×880×1300	405	
TSJA—40	40				0～650	35.5	2000	8.5	880×880×1300	450	
TSJA—50	50				0～180	160	3800	17.2	980×980×1470	720	
TSJA—50	50				0～300	76	3200	13	980×980×1470	720	
TSJA—50	50				0～420	68.7	3200	13.1	980×980×1470	720	
TSJA—50	50				0～500	57.7	2900	11.0	980×980×1470	720	
TSJA—50	50				0～650	44.4	2360	10.3	880×880×1300	450	
TSJA—56	56				0～420	77	3200	14	980×980×1470	720	
TSJA—63	63				0～220	165	4500	21.2	980×980×1470	810	
TSJA—63	63				0～500	72.7	3000	13.2	980×980×1470	720	
TSJA—63	63				200～500	72.7	2240	8.5	880×880×1300	450	
TSJA—63	63				0～650	56	2800	12.5	1130×1130×1470	720	
TSJA—75	75				0～180	240	5300	22	1130×1130×1470	810	
TSJA—75	75				0～380	114	4200	21	1130×1130×1470	810	
TSJA—75	75				0～420	103	3500	21	1130×1130×1470	810	
TSJA—75	75				0～500	86.6	3900	16.7	1130×1130×1470	810	
TSJA—75	75				0～650	66.6	3900	16.3	1130×1130×1470	810	
TSJA—90	90				0～420	124	4500	24.7	1130×1130×1470	810	

续表 9-13

型　号	额定容量（kVA）	相数	频率（Hz）	额定输入电压（V）	输出电压范围（V）	额定输出电流（A）	总损耗（75℃）（W）	空载电流（A）	外形尺寸（mm）（长×宽×高）	重量（kg）	生产厂
TSJA—100	100	3	50	380	0～180	321	6500	37	1130×1130×1470	1250	宁波调压器厂
TSJA—100	100				0～220	262	6300	31.5	1200×1200×1660	1250	
TSJA—100	100				0～420	138	5000	27	1200×1200×1660	1250	
TSJA—100	100				0～500	115	4250	20	1130×1130×1470	810	
TSJA—100	100				200～500	116	3150	12.5	1130×1130×1470	720	
TSJA—100	100				0～650	88.8	4000	19	1130×1130×1470	810	
TSJA—125	125				0～650	111	4750	23	1200×1200×1660	1200	
TSJA—160	160				0～420	220	6300	31.5	1200×1200×1660	1300	
TSJA—160	160				0～500	185	6000	30	1200×1200×1660	1300	
TSJA—160	160				200～500	185	4500	19	1130×1130×1470	810	
TSJA—160	160				0～650	142	5600	28	1200×1200×1660	1300	
TSJA—200	200				0～420	275	8500	44.3	1270×1270×1710	1600	
TSJA—200	200				0～650	178	6700	34.5	1350×1350×1660	1300	
TSJA—250	250				0～500	289	8500	45	1420×1420×1710	1800	
TSJA—250	250				0～650	222	8500	42.5	1420×1420×1710	1800	
TSJA—315	315				0～650	280	10000	51.5	1380×1380×2260	2850	
TSJA—400	400				0～420	550	12500	71	1530×1530×2280	3200	
TSJA—500	500				0～650	444	14000	77.5	1530×1530×2280	3300	
TSJA—630	630				190～570	638	12500	63	1530×1530×2280	3150	
TD（J）A—16	16	1	50	220	0～400	40	900	11.2			上海森普电器研究所、上海森迪调压变压设备有限公司、上海桑科机电设备成套工程有限公司
				380	0～650	24.6	900	6.5			
TD（J）A—20	20			220	0～400	50	1060	13.6			
				380	0～650	30.8	1060	8			
TD（J）A—25	25			220	0～400	62.5	1250	17			
				380	0～650	38.5	1250	9.8			
TD（J）A—31.5	31.5			220	0～400	78.8	1500	20.6			
				380	0～650	48.5	1500	11.8			
TD（J）A—40	40			220	0～400	100	1800	25			
				380	0～650	61.5	1800	14.5			
TD（J）A—50	50			220	0～400	125	2120	30.7			
				380	0～650	76.9	2120	18			
TD（J）A—63	63			220	0～400	158	2500	37.5			
				380	0～650	96.9	2500	21.8			

续表 9-13

型　号	额定容量（kVA）	相数	频率（Hz）	额定输入电压（V）	输出电压范围（V）	额定输出电流（A）	总损耗（75℃）（W）	空载电流（A）	外形尺寸（mm）（长×宽×高）	重量（kg）	生产厂
TD（J）A—80	80	1	50	220	0～400	200	3000	46.2			上海森普电器研究所、上海森迪调压变压设备有限公司、上海桑科机电设备成套工程有限公司
				380	0～650	123	3000	26.5			
TD（J）A—100	100			220	0～400	250	3550	56			
				380	0～650	154	3550	32.5			
TD（J）A—125	125			220	0～400	313	4250	69			
				380	0～650	192	4250	40			
TD（J）A—160	160			220	0～400	400	5000	85			
				380	0～650	246	5000	48.7			
TD（J）A—200	200			220	0～400	500	6000	103			
				380	0～650	308	6000	60			
TD（J）A—250	250			220	0～400	625	7100	125			
				380	0～650	385	7100	73			
TD（J）A—315	315			220	0～400	788	8500	155			
				380	0～650	485	8500	90			
TD（J）A—400	400			380	0～650	615	10000	109			
TD（J）A—400/6				6000	0～6300	63.5	10600	9.3			
TD（J）A—400/10				10000	0～10500	38.1	11200	5.8			
TD（J）A—500	500			380	0～650	769	11800	132			
TD（J）A—500/6				6000	0～6300	79.4	12500	11.2			
TD（J）A—500/10				10000	0～10500	47.6	13200	7.1			
TD（J）A—630	630			380	0～650	969	14000	165			
TD（J）A—630/6				60000	0～6300	100	15000	13.6			
TD（J）A—630/10				10000	0～10500	60	16000	8.8			
TD（J）A—800	800			380	0～650	1231	17000	200			
TD（J）A—800/6				6000	0～6300	127	18000	17			
TD（J）A—800/10				10000	0～10500	76.2	19000	10.6			
TD(J)A—1000	1000			380	0～650	1538	20000	243			
TD(J)A—1000/6				6000	0～6300	159	21200	20.6			
TD(J)A—1000/10				10000	0～10500	95.2	22400	12.8			
TS（J）A—20	20	3	50	380	0～650	17.8	1180	4.6			
TS（J）A—25	25			380	0～650	22.2	1400	5.6			
TS（J）A—31.5	31.5			380	0～650	28	1700	6.9			
TS（J）A—40	40			380	0～650	35.5	2000	8.3			
TS（J）A—50	50			380	0～650	44.4	2360	10.3			

续表 9-13

型号	额定容量(kVA)	相数	频率(Hz)	额定输入电压(V)	输出电压范围(V)	额定输出电流(A)	总损耗(75℃)(W)	空载电流(A)	外形尺寸(mm)(长×宽×高)	重量(kg)	生产厂
TS (J) A—63	63	3	50	380	0～650	56	2800	12.5			上海森普电器研究所、上海森迪调压变压设备有限公司、上海叠科机电设备成套工程有限公司
TS (J) A—80	80			380	0～650	71.1	3350	15.5			
TS (J) A—100	100			380	0～650	88.8	4000	19			
TS (J) A—125	125			380	0～650	111	4750	23			
TS (J) A—160	160			380	0～650	142	5600	28			
TS (J) A—200	200			380	0～650	178	6700	34.5			
TS (J) A—250	250			380	0～650	222	8000	42.5			
TS (J) A—315	315			380	0～650	280	9500	51.5			
TS (J) A—400	400			380	0～650	355	11200	63			
TS (J) A—500	500			380	0～650	444	13200	77.5			
TS (J) A—630	630			380	0～650	560	16000	95			
TS (J) A—630/6				6000	0～6300	57.7	17000	8			
TS (J) A—630/10				10000	0～10500	34.6	18000	5			
TS (J) A—800	800			380	0～650	711	19000	115			
TS (J) A—800/6				6000	0～6300	73.3	20000	9.8			
TS (J) A—800/10				10000	0～10500	44	21200	6.2			
TS(J)A—1000	1000			380	0～650	888	22400	140			
TS(J)A—1000/6				6000	0～6300	91.6	23600	11.8			
TS(J)A—1000/10				10000	0～10500	55	25000	7.5			
TS(J)A—1250	1250			380	0～650	1110	26500	175			
TS(J)A—1250/6				6000	0～6300	115	28000	14.5			
TS(J)A—1250/10				10000	0～10500	68.7	30000	9.3			
TS(J)A—1600	1600			380	0～650	1421	31500	212			
TS(J)A—1600/6				6000	0～6300	147	33500	18			
TS(J)A—1600/10				10000	0～10500	88	35500	11.2			

(七) 订货须知

订货时必须提供产品型号、额定容量、相数、频率、额定输入电压、输出电压范围及台数。

三、TDFA (L)、TSFA (L) 型强迫风冷感应调压器

(一) 用途

TDFA (L)、TSFA (L) 型强迫风冷感应调压器的容量范围为 250～1000kVA，主要用于工业设备或试验室中，当输入电压为恒定时可无级而平滑地调节负载调压。

（二）型号含义

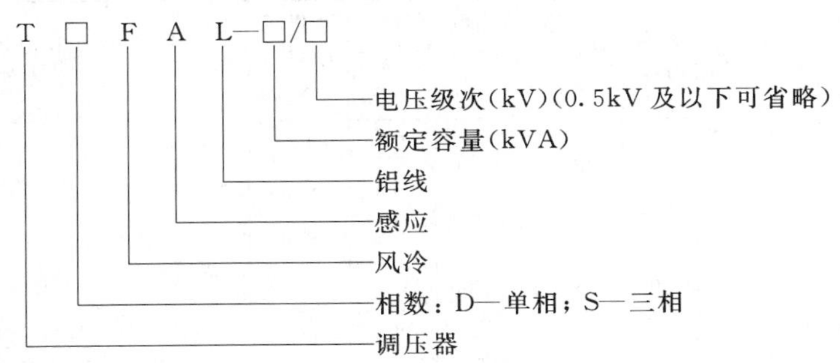

（三）产品结构

该系列产品由主体、传动控制与通风机构组成。主体由定子、线绕式转子和端盖底座组成，并为立式安装。铁芯分为定子和转子铁芯，绕组分为定子绕组和转子绕组。E 级绝缘，单相、三相绕组为双层短节距叠绕组，传动控制为电动、手动两用式。通风机构有轴流式风机。转动、控制机构由两级蜗轮减速器与行程开关（限制器）组成。传动电动机（采用标准型三相异步电动机）通过弹性联轴器与第一级蜗杆连接，第一级蜗轮与第二级蜗杆的连接通过手柄的离合器实现。通过遥控按钮来驱动电动机，以任意调节输出电压的大小。手轮调节一般用来细调节电压或在传动电动机发生故障时使用。使用时必须拉开手柄使离合器与蜗轮的啮合分离，消除第一蜗轮的自锁作用。行程开关能在输出电压出现最高、最低两个极限位置时自动切断电动机电源。调压器顶部装有三相异步电动机（通风电动机），以驱动离心式风扇达到强迫风冷的目的。

当调压器输入为高压、输出为低压时可按双圈式连接。

TDFAL、TSFAL 型强迫风冷感应调压器系老产品 TDFA、TSFA 的改型产品。绕组采用了铝电磁线，并由四级改为二级，在器身结构、通风机、传动机构等方面对老产品进行了较大的改动，因此在使用中必须注意以下两点：

(1) 通风冷却机构由三只轴流式通风机组成，风扇的运转方向应使空气从调压器内部抽出。在使用时要同时启动三只通风机，为监视应加装联锁及报警信号。

(2) 传动机构中不使用因过流而可切断的保险螺钉，必须在负载端进行过流保护。过流保护允许不超过 50%的额定电流值，过电流的时间不超过 15s。

（四）技术数据

该系列产品的技术数据，见表 9-14。

（五）生产厂

上海电器股份有限公司电压调整器厂。

四、TWDA、TWSA、TWDGA、TWSGA 型可调可稳感应调压器

（一）概述

TWDA、TWSA 型系列产品为油浸自冷可调可稳感应调压器，TWDGA、TWSGA 型系列产品为干式自冷可调可稳感应调压器。该系列可调可稳感应调压器与 TK 型控制器配合，不仅能在带负载情况下平滑、无级地调节输出电压，而且当电网电压在一定范围内

表 9-14 TDFA（L）、TSFA（L）型强迫风冷感应调压器技术数据

型　　号	额定容量（kVA）	相数	频率（Hz）	额定输入电压（V）	输出电压范围（V）	额定输出电流（A）	总损耗（75℃）（W）	空载电流（A）	外形尺寸（mm）（长×宽×高）	重量（kg）	备注
TDFAL—500	500	1	50	380	0～650	769	13200	150	1200×1200×2130	3300	cosϕ=1.0
TDFAL—650	650					1000	16000	208		3500	
TSFAL—560	560	3	50	380	0～650	497	18000	105		3300	
TSFAL—800	800					711	21200	128		3300	
TSFAL—1000	1000					888	25000	160		3600	
TDFA—250	250	1	50	380	0～650	385	9000	91.5	1150×1150×2060	2100	
TDFA—300	300					462	9500	97.3		2100	
TSFA—250	250	3	50	380	0～220	656	13000	71.7		2100	
TSFA—350	350				0～380	532	11800	99.8		2100	
TSFA—400	400				0～650	355	14000	85		2100	

波动或负载在额定电流范围内变化时，又能自动调节负载电压预先整定的电压值，并稳定在一定精度范围内。该系列产品具有调压、稳压双重功能，进一步提高电源质量，是一种良好的交流调压及交流稳压电源装置，可以广泛应用于工业、农业、国防、科研等部门，作为调压、稳压的通用电源设备。

该系列产品的调压范围可以从零到最大输出电压，稳压范围为（0.2～0.8）最大输出电压。当电网电压波动在－20%～＋5%、负载电流为零到额定输出电流时，在其稳定范围内的输出电压都能保持稳定。如果负载电流小于或等于输出电流的85%时，其电网电压波动可允许到－20%～＋10%。稳压精度在最高稳定电压时为±1%，在最低稳定电压时不大于±5%。

该产品特点是可平滑、无级地调节并稳定负载电压，寿命长，运行可靠，波形畸变小，过载能力强，使用、维护方便。

（二）型号含义

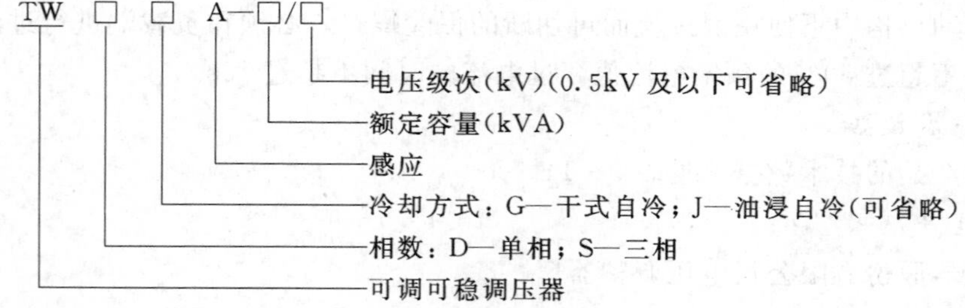

（三）产品结构

该产品由感应调压器和可调可稳控制器通过外部电气连接组合而成。

感应调压器冷却方式为干式自冷和油浸自冷两种。干式自冷感应调压器由器身、传动机构、罩壳三大部分组成；油浸自冷感应调压器由器身、传动机构、油箱三大部分组成。传动机构由伺服电动机（一般为鼠笼式转子异步电动机）、减速器和限位器组成。

控制器 TK 为台式结构，拆除罩壳可以作屏式使用。控制器面板装有输出电压表、四位直键转换开关、信号灯、整定电压旋钮和精度调节旋钮。控制器后板装有控制器电源保险丝及 20 线矩形插头座。

（四）技术数据

该系列产品的系统控制线路元件见表 9－15，技术数据见表 9－16。

（五）生产厂

上海电器股份有限公司电压调整器厂。

表 9－15 系统控制线路元件明细表

序号	代号	名 称	数量	序号	代号	名 称	数量
1	T	感应调压器	1	4	SK、JK	限位开关	1
2	D	伺服电动机	1	5	TK	控制器	1
3	Z_H	感应调压器负载	1	6	AZ—20JWI	插头	1

表 9－16 TW$_S^D$A、TW$_S^D$GA 型可调可稳感应调压器技术数据

型 号	额定容量（kVA）	相数	频率（Hz）	额定输入电压（V）	输出电压范围（V）	稳压范围（%）	稳压精度（%）	额定输出电流（A）	总损耗（75℃）（W）	空载电流（A）	外形尺寸（mm）（长×宽×高）	重量（kg）	控制器型号
TWDA—16	16	1	50	220	0～400	30～90	±（1～5）	40	900	11.5	880×880×1300	380	TK—420/1.6
TWDA—16	16			380	650			24.6	900	6.5		380	TK—650/1.6
TWDA—25	25			220	0～400			62.5	1250	17.5		420	TK—420/1.6
TWDA—25	25			380	0～500			50	1320	10.3		420	TK—500/1.6
TWDA—25	25			380	0～650			38.5	1250	9.8		420	TK—650/1.6
TWDA—40	40			220	0～400	30～90	±（1～5）	100	1800	25.8	980×980×1470	650	TK—420/1.6
TWDA—40	40			380	0～650			61.5	1800	14.5		650	TK—650/1.6
TWDA—56	56			380	0～420			133	2800	24.4	1130×1130×1470	750	TK—420/1.6
TWDA—63	63			220	0～400			158	2500	38.7		750	TK—420/1.6
TWDA—63	63			380	0～500			126	2650	23		750	TK—500/1.6
TWDA—63	63			380	0～650			96.9	2500	21.3		750	TK—650/1.6
TWDA—100	100			220	0～400			250	3550	58	1050×1050×1660	1150	TK—420/1.6
TWDA—100	100			380	0～420			238	4000	36.5		1150	TK—420/1.6
TWDA—100	100			380	0～500			200	3750	34.5		1150	TK—500/1.6
TWDA—100	100			380	0～650			154	3550	32.5		1150	TK—650/1.6
TWDA—150	150			220	0～400			375	6150	90.5	1270×1270×1710	1600	TK—420/1.6
TWDA—150	150			380	0～650			231	6150	50.6		1600	TK—650/1.6
TWDA—250	250			380	0～650			385	7500	73	1380×1380×2280	2800	TK—650/3.5

续表 9-16

型　　号	额定容量(kVA)	相数	频率(Hz)	额定输入电压(V)	输出电压范围(V)	稳压范围(%)	稳压精度(%)	额定输出电流(A)	总损耗(75℃)(W)	空载电流(A)	外形尺寸(mm)(长×宽×高)	重量(kg)	控制器型号
TWSA—22	22	3	50	380	0～420	30～90	±(1～5)	30.2	1600	5.7	880×880×1300	405	TK—420/1.6
TWSA—25	25				0～500			28.9	1500	6		405	TK—500/1.6
TWSA—25	25				0～650			22.2	1400	5.6		405	TK—650/1.6
TWSA—35	35				0～420			48.1	2250	8.8		450	TK—420/1.6
TWSA—40	40				0～500			46.2	2120	9		450	TK—500/1.6
TWSA—40	40				0～650			35.5	2000	8.5		450	TK—650/1.6
TWSA—56	56				0～420			77	3200	14	1130×1130×1470	720	TK—420/1.6
TWSA—63	63				0～500			72.7	3000	13.2		720	TK—500/1.6
TWSA—63	63				0～650			56	2800	12.5		720	TK—650/1.6
TWSA—90	90				0～420			124	4500	21.7		810	TK—420/1.6
TWSA—100	100				0～500			115	4250	20		810	TK—500/1.6
TWSA—100	100				0～650			88.8	4000	19		810	TK—650/1.6
TWSA—160	160				0～420			220	6300	31.5	1200×1200×1660	1300	TK—420/1.6
TWSA—160	160				0～500			185	6000	30		1300	TK—500/1.6
TWSA—160	160				0～650			142	5600	28		1300	TK—650/1.6
TWSA—250	250				0～500			289	8500	45	1420×1420×1710	1800	TK—500/1.6
TWSA—250	250				0～650			222	8500	42.5		1800	TK—650/1.6
TWSA—400	400				0～420			550	12500	71	1530×1530×2280	3200	TK—420/3.5
TWSA—400	400				0～650			355	11800	68	1380×1380×2280	3000	TK—650/3.5
TWSA—630	630				0～650			560	17000	95	2050×2050×2730	6000	TK—650/11
TWSA—1000	1000				0～650			888	23600	140	2150×2150×2730	6800	TK—650/11
TWDGA—10	10	1		220	0～400	30～90	±(1～5)	25	560	10	570×450×990	300	TK—420/0.72
TWDGA—10	10			380	0～650			15.4	560	5.8		300	TK—650/0.72
TWSGA—10	10	3		380	0～650	30～90	±(1～5)	8.9	630	3.4	570×450×990	270	TK—650/0.72
TWSGA—16	16				0～420			22	1000	5.6		300	TK—420/0.72
TWSGA—16	16				0～650			14.2	900	5		300	TK—650/0.72

注　稳压范围用输出电压上限值的百分数表示。

五、TSJA—Y型油浸自冷试验用感应调压器

（一）概述

TSJA—Y型油浸自冷感应调压器是电机试验用感应调压器系列，采用“斜槽定子铁芯”、“斜成形定子线圈”新工艺，使输出电压波形畸变小，达到IEC对电机试验电源标准的要求。产品的突加过负荷能力大，效率高，具有两种调压速度，为电机行业提供了新型试验电源。该产品适用于工业、农业、国防及科研等部门作为调节电压的通用设备。

（二）使用条件

（1）海拔不超过1000m。

（2）周围介质温度不高于＋40℃。

（3）空气相对湿度不大于85％。

（4）不含有化学腐蚀性气体及蒸汽的环境。

（5）无爆炸危险的气体。

（6）户内使用。

（7）温升标准：油面温升55℃（在周围介质温度为40℃时，油面最高温度不允许超过95℃），绕组温升65℃，铁芯温升80℃。

（三）型号含义

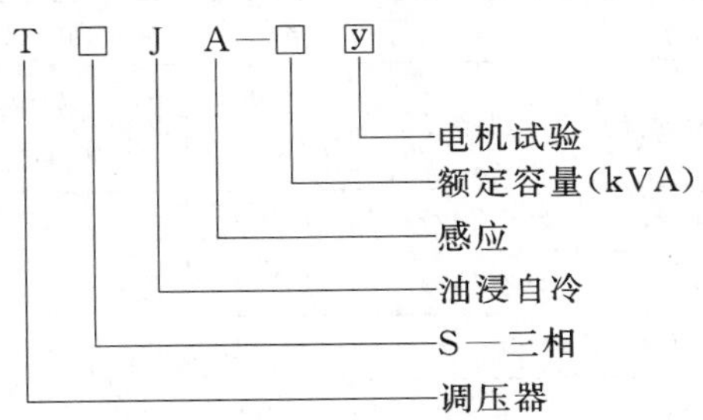

（四）产品特点

该系列产品采用定子斜槽新结构和双速伺服电动机，加强了调压器主要结构件和传动机构的机械强度，合理选取槽配合和各种电磁参数，并采用优质磁性材料，因此与一般型三相感应调压器相比，在性能上有很大的改进和提高，能较好地满足电机试验的要求。具有下述特点：

（1）输出电压波形好，调压特性连续均匀平滑。符合国际电工委员会（IEC）标准。

（2）空载电流和总损耗较小，突加负荷时短时过负荷能力大，因此与助于减少过安装容量，有利于节约电能和运行费用。

（3）输出端电压调节范围宽，能满足异步电动机空载特性、短时升高电压试验和实测杂散损耗试验的要求。

（4）噪音振动较小，减少环境污染，改善试验工作条件。

（5）采用双速异步电动机作伺服电动机具有两种电动调压速度，并可方便切换，能满足不同试验项目对调压速度的不同要求。

（五）技术数据

（1）TSJA—Y型电机试验感应调压器技术数据，见表9-17。

表 9-17　TSJA—Y 型电机试验感应调压器技术数据

型　　号	额定容量 (kVA)	相数	频率 (Hz)	额定输入电压 (V)	输出电压 (V)	输出电流 (A)
TSJA—63Y	63	3	50	380	0～650	56
TSJA—100Y	100			380	0～650	88.6
TSJA—160Y	160			380	0～650	142
TSJA—250Y	250			380	0～650	222
TSJA—400Y	400			380	0～650	355
TSJA—630Y	630			380	0～650	560
TSJA—1000Y	1000			380	0～650	888
TSJA—1250Y	1250			380	0～650	1111

注　TSJA—Y 也能写成 TYSA。

（2）TSJA—Y 型电机试验感应调压器采用双速异步电动机作伺服电动机的技术数据，见表 9-18。

表 9-18　伺服电动机、磁力启动器技术数据

型　　号	伺服电动机						
	双速异步电动机型号	功率 (kW)	相数	频率 (Hz)	极数	额定电压 (V)	额定电流 (A)
TSJA—160/0.5—Y	JDO3—T—SC1　4/2	0.7/1	3	50	4/2	380	1.90/246
TSJA—250/0.5—Y	JDO3—T—802　4/2	0.7/1			4/2	380	1.90/246
TSJA—400/0.5—Y	JDO3—T—802　4/2	0.7/1			4/2	380	1.90/246
TSJA—630/0.5—Y	JDO3—T—100L　4/2	21/28			4/2	380	481/628
TSJA—1000/0.5—Y	JDO3—T—100L　4/2	21/28			4/2	380	481/628

型　　号	磁力启动器			外形尺寸 (mm) (长×宽×高)	重量 (kg)
	型　　号	吸引线电压 (V)	热元件电流 (A)		
TSJA—160/0.5—Y	QC12—2/NH	380	2.4	1260×1260×1675	1500
TSJA—250/0.5—Y	QC12—2/NH	380	2.4	1540×1540×1735	1820
TSJA—400/0.5—Y	QC12—2/NH	380	2.4	1520×1520×2246	3020
TSJA—630/0.5—Y	QC12—3/NH	380	11	2050×2050×2730	6000
TSJA—1000/0.5—Y	QC12—3/NH	380	11	2500×2500×2730	7400

（六）生产厂

上海桑科机电设备成套工程有限公司。

六、TYSA 型电机试验用调压器

（一）概述

TYSA 型感应调压器是专为电机试验而研制的系列产品，该系列产品能满足电机试

验对可调电源的要求。广泛应用于高压电器及其材料的试验与研究。例如变压器、互感器、电抗器、电容器、开关、电缆、瓷套管、绝缘子和绝缘材料的研究院所和制造厂的测试中心、试验站等。

（二）产品特点

TYSA 型电机试验用感应调压器除具有一般感应调压器的全部特点外，还具有以下特点：

（1）采用斜槽，进一步提高输出电压调节的平滑性。

（2）输出电压的下限值很小（≤1%U_{2max}）。

（3）输出电压波形正弦性畸变率进一步减小。

（4）短时过载能力能满足电机试验的要求。

（5）输出电压波形畸变很小，且与输入电压基本同相位。

（6）平滑、无级、连续调节输出电压，且接触系统可靠无火花。

（7）运行噪声小。

（8）采用双速电动机，也可根据用户需要采用交流伺服电动机或直流调速电动机等，以满足电机试验对调压速度的要求。

（9）可根据用户要求，适配专用试验变压器，以满足不同类型电机试验的需要。

（三）技术数据

TYSA 型电机试验用调压器技术数据，见表 9－19。

表 9－19　TYSA 型电机试验用调压器技术数据

额定容量（kVA）	相数	频率（Hz）	额定输入电压（V）	输出电压范围（V）	额定输出电流（A）	总损耗（75℃）（W）	空载电流（A）
20	3	50	380	0～650	17.8	1180	4.6
25			380	0～650	22.2	1400	5.6
31.5			380	0～650	28	1700	6.9
40			380	0～650	35.5	2000	8.3
50			380	0～650	44.4	2360	10.3
63			380	0～650	56	2800	12.5
80			380	0～650	71.1	3350	15.5
100			380	0～650	88.8	4000	19
125			380	0～650	111	4750	23
160			380	0～650	142	5600	28
200			380	0～650	178	6700	34.5
250			380	0～650	222	8000	42.5
315			380	0～650	280	9500	51.5
			6000	0～6300	28.9	10000	4.4
			6000	0～13000	14	10600	4.4
			10000	0～10500	17.3	10600	2.7
			10000	0～13000	14	10600	2.7

续表9-19

额定容量(kVA)	相数	频率(Hz)	额定输入电压(V)	输出电压范围(V)	额定输出电流(A)	总损耗(75℃)(W)	空载电流(A)
400	3	50	380	0～650	355	11200	63
			6000	0～6300	36.7	11800	5.3
			6000	0～13000	17.8	12500	5.3
			10000	0～10500	22	12500	3.4
			10000	0～13000	17.8	12500	3.4
500			380	0～650	444	13200	77.5
			6000	0～6300	45.8	14000	6.5
			6000	0～13000	22.2	15000	6.5
			10000	0～10500	27.5	15000	4.1
			10000	0～13000	22.2	15000	4.1
630			380	0～650	560	16000	95
			6000	0～6300	57.7	17000	8
			6000	0～13000	28	18000	8
			10000	0～10500	34.6	18000	5
			10000	0～13000	28	18000	5
800			380	0～650	711	19000	115
			6000	0～6300	73.3	20000	9.8
			6000	0～13000	35.5	21200	9.8
			10000	0～10500	44	21200	6.2
			10000	0～13000	35.5	21200	6.2
1000			380	0～650	888	22400	140
			6000	0～6300	91.6	23600	11.8
			6000	0～13000	44.4	25000	11.8
			10000	0～10500	55	25000	7.5
			10000	0～13000	44.4	25000	7.5
1250			380	0～650	1110	26500	175
			6000	0～6300	115	28000	14.5
			6000	0～13000	55.5	30000	14.5
			10000	0～10500	68.7	30000	9.3
			10000	0～13000	55.5	30000	9.3
1600			380	0～650	1421	31500	212
			6000	0～6300	147	33500	18
			6000	0～13000	71.1	35500	18
			10000	0～10500	88	35500	11.2
			10000	0～13000	71.1	35500	11.2

续表 9-19

额定容量 (kVA)	相数	频率 (Hz)	额定输入电压 (V)	输出电压范围 (V)	额定输出电流 (A)	总损耗 (75℃) (W)	空载电流 (A)
2000	3	50	380	0～650	1776	37500	258
			6000	0～6300	183	40000	21.8
			6000	0～13000	88.8	42500	21.8
			10000	0～10500	110	42500	13.6
			10000	0～13000	88.8	42500	13.6
2500			380	0～650	2220	45000	315
			6000	0～6300	229	47500	26.5
			6000	0～13000	111	50000	26.5
			10000	0～10500	137	50000	17
			10000	0～13000	111	50000	17
3150			380	0～650	2798	53000	387
			6000	0～6300	289	56000	32.5
			6000	0～13000	140	60000	32.5
			10000	0～10500	173	60000	20.6
			10000	0～13000	140	60000	20.6
4000			380	0～650	3553	63000	475
			6000	0～6300	367	67000	40
			6000	0～13000	178	71000	40
			10000	0～10500	220	71000	25
			10000	0～13000	178	71000	25
5000			380	0～650	4441	75000	580
			6000	0～6300	458	80000	48.7
			6000	0～13000	222	85000	48.7
			10000	0～10500	275	85000	30.7
			10000	0～13000	222	85000	30.7
6300			380	0～650	5596	90000	710
			6000	0～6300	577	95000	60
			6000	0～13000	280	100000	60
			10000	0～10500	346	100000	37.5
			10000	0～13000	280	100000	37.5
8000			380	0～650	7106	106000	875
			6000	0～6300	733	112000	73
			6000	0～13000	355	118000	73
			10000	0～10500	440	118000	46.2
			10000	0～13000	355	118000	46.2

续表 9-19

额定容量（kVA）	相数	频率（Hz）	额定输入电压（V）	输出电压范围（V）	额定输出电流（A）	总损耗（75℃）（W）	空载电流（A）
10000	3	50	380	0～650	8882	125000	1060
			6000	0～6300	916	132000	90
			6000	0～13000	444	140000	90
			10000	0～10500	550	140000	56
			10000	0～13000	444	140000	56

（四）生产厂

上海帝融电器设备制造有限公司。

9.3 磁性调压器

一、概述

磁性调压器又名可控变压器，是由饱和电抗器和变压器两者组合成一体的可调压电源设备，相互间既有电的耦合，又有磁的耦合，是一种没有机械传动装置、无触点、使用稳定可靠的调压器。输出电压的调节是应用饱和电抗器的电抗可控特性，即用改变直流励磁来控制，使线圈的电抗值发生变化，从而改变电压分布，可以开环手控，也可以综合多种信号（如电压、温度等）反馈，实行闭环程序控制和自动控制，它是自动控制系统中一种新型执行元件。

磁性调压器的用途：

（1）由于磁性调压器具有良好的下坠特性，对电炉、盐溶淬火炉、电镀等容易发生短路的设备起到恒流及限流的保护作用。

（2）磁性调压器具有变压器的特点，可以制造自耦或双圈形式。特别是双圈式，在输入高电压、输出低压大电流或输出高电压情况下使用，具有优良的隔离作用。

（3）对正常使用时需要获得程序控制和自动控制的情况，磁性调压器是一个很好的执行元件，具有稳定、使用可靠、寿命长的特点，可以实现自动控温、程序控温，也可利用微处理机实现多功能控制，也可作为稳压稳流装置。

（4）磁性调压器的设计、制造是根据特定负载性质（电阻、电感、电容）以及调压范围进行的，故为专用配套可调电源设备。不同于一般调压器，能广泛使用于不同场合。可用于单晶炉、多晶炉、重熔炉、裂解炉、真空电炉、盐浴炉、电镀以及调速等。

（5）磁性调压器的空载调压范围下，一般不适宜作空载调压使用。

磁性调压器按工作相数分为单相（TDH）、三相（TSH）、三相/二相（TTH）型，按冷却介质又分为油浸式（代号J略去）及干式（G）。

二、型号含义

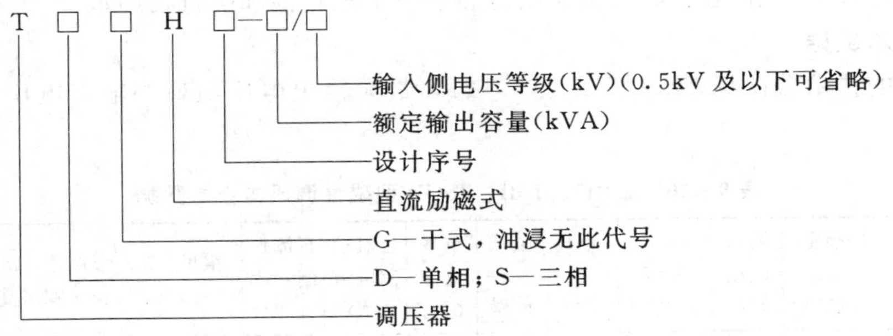

三、使用条件

(1) 海拔不超过 1000m。

(2) 周围介质温度不高于+40℃。

(3) 空气相对湿度不大于 85%。

(4) 没有强烈震动场所。

(5) 频率：50Hz。

(6) 相数：单相，3 相。

(7) 冷却方式：油浸自冷，空气自冷，空气风冷。

(8) 户内使用。

四、工作原理

磁性调压器是由变压器和饱和电抗器两部分组成，其工作过程就是利用饱和电抗器电抗可调控的特性，改变电源电压在变压器一次绕组（WB_1）和电抗器电抗绕组（WG）上的分配比例，达到调节二次输出电压的目的。磁性调压器所规定的调压范围是针对额定负载电阻，若实际使用的负载电阻不等于额定值，则调压器的调压范围也会随之改变，特别明显的将是在调压的下限区域，因此磁性调压器一般不宜作空载调压。磁性调压器含有饱和电抗器，由于其限流作用，因而可获得较好的下坠特性，但负载电压波形有所畸变，其畸变的程度和输出功率的大小有关。

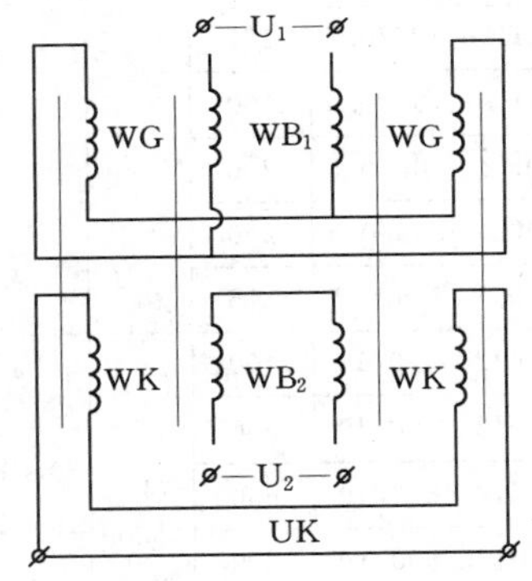

图 9-3 磁性调压器工作原理图
WB_1—初级绕组；WB_2—次级绕组；WG—电抗绕组；WK—控制绕组

磁性调压器工作原理，见图 9-3。

五、产品结构

单相磁性调压器具有 4 个铁芯柱和 4 套绕组，即变压器初级绕组 WB_1 及次级绕组 WB_2、饱和电抗器工作绕组 WG 及直流控制绕组 WK。WB_1、WB_2 分别套在两个内柱上（或套在外柱上），WG、WK 分别套在外柱上（或套在两个内柱上），各绕组分别串联连接（电抗绕组也可并联连接）。

三相磁性调压器目前常用三台单相磁性调压器组合而成，性能较好，直流控制可以集中进行，也可以分别独立控制。

三台单相磁性调压器组合成一台三相磁性调压器（其主回路方式为：Y/Y或△/△，或Y/△，或△/Y），或由一个三相变压器加上一个三相饱和电抗器组成。

六、技术数据

该产品的技术数据见表9-20、表9-21，最大输出电压与最小输出电压比最大可达10倍以上。

表9-20 TDH2、TSH、TSGH型磁性调压器技术数据

型号	额定容量（kVA）	输入电压（V）	输出电压（V）	损耗（W）		空载电流（%）	直流控制电流（A）	直流控制功率（W）	重量（kg）	外形尺寸（mm）（长×宽×高）	生产厂
				空载	负载						
TDH2—20/0.5	20	380	5～35 10～70	95	1360	2.5	5	380	500	1020×770×930	苏州亚地特种变压器有限公司
TDH2—30/0.5	30			150	1850	2.5	10	530	740	1080×900×1140	
TDH2—50/0.5	50			190	3000	2.5	10	720	1010	1160×900×1400	
TDH2—63/0.5	63			220	3600	2.5	10	920	1200	135×1040×1580	
TDH2—80/0.5	80			270	4200	2.5	10	1100	1470	1290×1060×1530	
TDH2—100/0.5	100			320	5000	2.5	20	1320	1720	1240×1030×1570	
TDH2—125/0.5	125			370	5500	2.0	20	1650	1970	1285×1050×1670	
TDH2—160/0.5	160			460	7500	2.0	20	1680	2380	1325×1109×1730	
TDH2—200/0.5	200			540	10000	2.0	20	2030	3060	1525×1025×1860	
TDH2—250/0.5	250			640	11500	2.0	20	2690	3520	1585×1205×2040	
TDH2—315/0.5	315			760	12500	1.8	40	3050	4490	1715×1280×2200	
TDH2—400/10	400	10000 6300	20～140 40～280	920	12700	1.8	40	3180	5330	2370×1295×2740	
TDH2—500/10	500			1080	15200	1.6	40	3440	5870	2450×1325×2780	
TDH2—630/10	630			1300	17700	1.6	40	3640	7250	2450×1395×2890	
TDH2—800/10	800			1540	22000	1.6	40	4500	8760	2750×1650×3180	
TDH2—1000/10	1000			1800	26000	1.6	40	5000	10100	2850×1800×3250	
TDH2—1600/10	1600		20～90	2550	42000	1.33	60	6120	14600	2970×2590×3800	
TDH2—2000/10	2000		20～100	3050	46520	1.0	60	7500	15400	3100×2925×3800	
TSH—50/0.5	50	10000 6300 380	5～17.5 5～20 5～30 5～40 10～60 10～70	335	3150	2.5	10	735	1315	1050×920×1760	
TSH—63/0.5	63			350	3500	2.5	10	1100	1550	1100×920×1760	
TSH—80/0.5	80			350	5400	2.5	10	800	1680	1100×1090×1570	
TSH—100/0.5	100			360	4950	2.5	10	900	1900	1080×1090×1650	
TSH—125/0.5	125			475	6400	2.5	20	1500	2100	1180×1200×1760	
TSH—160/0.5	160			500	7500	2.0	20	1700	1440	1200×1220×1820	
TSH—200/0.5	200			600	850	2.0	20	1800	3000	1230×1240×2020	
TSH—250/0.5	250			630	11000	2.0	20	2400	3250	1520×1250×2120	
TSH—315/0.5	315			790	12500	1.8	20	2700	3890	1600×1310×2230	
TSH—400/0.5	400			940	15800	1.4	20	3200	4750	1500×1350×2200	
TSH—500/0.5	500			1060	17800	1.4	40	5760	5400	1820×1320×2240	

续表 9-20

型号	额定容量(kVA)	输入电压(V)	输出电压(V)	损耗(W)		空载电流(%)	直流控制电流(A)	直流控制功率(W)	重量(kg)	外形尺寸(mm)(长×宽×高)	生产厂
				空载	负载						
TSGH—30/0.5	30	380	7～70	110	1710	3.0	10	470	400	880×400×800	苏州亚地特种变压器有限公司
TSGH—50/0.5	50			200	1850	3.0	10	630	750	1080×520×890	
TSGH—80/0.5	80			285	3460	3.0	10	700	1080	1450×620×1540	
TSGH—63/0.5	63			350	2700	2.0	10	600	1200	1580×670×1540	
TSGH—80/0.5	80			370	3000	1.6	10	800	1350	1440×700×1860	
TSGH—90/0.5	90			400	3200	1.6	10	800	1400	1600×680×1550	
TSGH—100/0.5	100			480	3400	1.6	10	900	1500	1630×680×1650	
TSGH—125/0.5	125			720	4000	1.5	20	1190	2000	1785×720×1800	
TSGH—160/0.5	160			750	4310	1.5	20	1400	2500	1650×760×1800	
TSGH—200/0.5	200			1110	5100	1.4	20	1800	3200	1800×800×1920	
TSGH—250/0.5	250			1450	6000	1.4	20	1960	3800	2170×880×2130	

型号	额定容量(kVA)	输入电压(V)	输出电压(V)	损耗(W)		空载电流(%)	直流控制电流(A)	直流控制功率(W)	额定输出电流(A)	外形尺寸(mm)(长×宽×高)	生产厂
				空载	负载						
TDH—30/0.5	30	380	5～35 10～70	150	1850	2.5	10	530	857 428.5		上海电器股份有限公司电压调整器厂
TDH—40/0.5	40		5～35 10～70	170	2500			650	1143 572		
TDH—50/0.5	50		5～35 10～70	190	3000			720	1428.5 714.5		
TDH—63/0.5	63		5～35 10～70	220	3600			920	1800 900		
TDH—80/0.5	80		5～35 10～80	270	4200		15	1100	2286 1143		
TDH—100/0.5	100		5～35 10～70	320	5000		20	1320	2857 1428.5		
TDH—125/0.5	125		5～35 10～70	370	5500	2.0		1650	3571.5 1786		
TDH—160/0.5	160		5～35 10～70	460	7500			1680	4572 2286		
TDH—200/0.5	200		5～35 10～70	540	10000			2030	5714 2857		
TDH—250/0.5	250		5～35 10～70	640	11500			2690	7143 3571.5		
TDH—315/0.5	315		5～35 10～70	760	12500	1.8	40	3050	9000 4500		
TDH—400/0.5	400		20～140 40～280	820	12700			3180	2857 1428.5		

续表 9-20

型号	额定容量 (kVA)	输入电压 (V)	输出电压 (V)	损耗 (W) 空载	损耗 (W) 负载	空载电流 (%)	直流控制电流 (A)	直流控制功率 (W)	额定输出电流 (A)	外形尺寸 (mm) (长×宽×高)	生产厂
TDH—500/0.5	500	380	20～140 40～280	1080	15200	1.6	40	3830	8571.5 1786		上海电器股份有限公司电压调整器厂
TDH—630/0.5	630		20～140 40～280	1300	17700			4640	4500 2250		
TDH—800/0.5	800		20～140 40～280	1540	22000			4500	5714 2857		
TDH—1000/0.5	1000		20～140 40～280	1800	26000			5000	7143 3571.5		
TSH—30/0.5	30		10～70	150	1850	2.5	5	550	247		
TSH—40/0.5	40			170	2500			680	339		
TSH—50/0.5	50			190	3000			770	412		
TSH—63/0.5	63			220	3600			1080	520		
TSH—80/0.5	80			270	4200		8	1110	660		
TSH—100/0.5	100			320	5000		10	1250	825		
TSH—125/0.5	125			370	5500	2.8		1560	1031		
TSH—160/0.5	160			460	7500		15	1840	1320		
TSH—200/0.5	200			540	10000			2140	1650		
TSH—250/0.5	250			540	11500			2640	2062		
TSH—315/0.5	315			760	12500	1.8	20	2800	2598		
TDGH—16/0.5	16			160	1000	2.1	5	170	228.5		
TDGH—20/0.5	20			210	1200	1.8	5	410	286.5		
TDGH—30/0.5	30			310	1600	1.8	7	470	428.5		
TDGH—40/0.5	40			340	2200	1.7	7	640	572.0		
TDGH—50/0.5	50			360	2700	1.7	7	640	714.5		
TSGH—63/0.5	63			450	3200	1.6	10	700	520		
TSGH—80/0.5	80			480	3700	1.6	10	800	660		
TSGH—100/0.5	100			580	4200	1.6	15	850	825		
TSGH—125/0.5	125			690	4700	1.5	20	1200	1030		
TSGH—160/0.5	160			860	5900	1.5	20	1400	1320		
TSGH—200/0.5	200			920	7600	1.4	20	1800	1650		
TSGH—250/0.5	250			900	9100	1.4	20	2000	2062		

续表 9-20

型　　号	额定容量(kVA)	输入电压(V)	输出电压(V)	损耗(W)		空载电流(%)	直流控制功率(W)	直流控制电流(A)	重量(kg)	外形尺寸(mm)(长×宽×高)	生产厂
				空载	负载						
TDH2—20/0.5	20			90	1360	2.5	380	5	505	1020×770×930	
TDH2—30/0.5	30			150	1850	2.5	530	10	740	1080×900×1140	
TDH2—40/0.5	40			170	2500	2.5	650	10	850	1125×870×1270	
TDH2—50/0.5	50			190	3000	2.5	720	10	1010	1160×900×1400	
TDH2—63/0.5	63			220	3600	2.5	920	10	1215	1235×1040×1585	
TDH2—80/0.5	80			270	4200	2.5	1100	15	1470	1290×1060×1535	
TDH2—100/0.5	100	380	5～35 10～70	320	5000	2.5	1320	20	1720	1240×1030×1575	
TDH2—125/0.5	125			370	5500	2.0	1650	20	1970	1285×1050×1675	
TDH2—160/0.5	160			460	7500	2.0	1680	20	2385	1325×1100×1735	
TDH2—200/0.5	200			540	10000	2.0	2030	20	3065	1525×1205×1860	
TDH2—250/0.5	250			640	11500	2.0	2090	20	3520	1585×1205×2040	
TDH2—315/0.5	315			760	12500	1.8	3050	40	4490	1715×1280×2200	
TDH2—400/0.5	400			920	12700	1.8	3180	40	5230	2370×1295×2748	
TDH2—500/0.5	500			1080	15200	1.6	3840	40	5865	2450×1325×2780	
TDH2—630/0.5	630	10000	20～140 40～280	1300	17700	1.6	3640	40	7250	2450×1395×2890	
TDH2—800/0.5	800			1540	22000	1.6	4500	40	8755	2750×1650×3180	宜兴市万石特种陶瓷电炉变压器厂
TDH2—1000/0.5	1000			1800	26000	1.6	50000	40	10100	2850×1800×3245	
TDH—1600/0.5	1600	6300	25～85	2550	42000	1.33	6120	60	14600	3970×2590×3800	
TDH—2000/0.5	2000	6600	40～95	3050	46520	1.0	7500	60	14100	3100×1925×3850	
TDH—3150/0.5	3150	10000	40～120	4000	60000	0.65	10500	60	17000	2400×1925×3600	
TDGH—30/0.5	30		5～30	110	1710	3	470	7	400	880×400×795	
TDGH—50/0.5	50		5～35	200	1640	3	630	7	750	1080×515×885	
TDGH—80/0.5	80		5～35 10～70	285	3465	4	700	10	1085	1450×620×1540	
TSGH—50/0.5	50		6～60	320	2650	2.0	600	10	850	1500×620×1375	
TSGH—63/0.5	63		8～80	350	2700	1.6	600	15	1200	1580×666×1540	
TSGH—80/0.5	80	380	10～75	366	3000	1.6	800	11	1600	1440×700×1860	
TSGH—90/0.5	90		7～70	400	2800	1.6	700	10	1400	1600×680×1550	
TSGH—100/0.5	100		7～70	480	3400	1.6	900	10	1500	1630×680×1550	
TSGH—125/0.5	125		7～70	720	4000	1.5	1190	20	2000	1785×720×1800	
TSGH—160/0.5	160		10～75	745	4310	1.5	1400	16	2500	1650×760×1800	
TSGH—200/0.5	200		10～75	1110	5100	1.4	1800	20	3200	1800×800×1920	
TSGH—250/0.5	250		10～75	1436	6000	1.4	1960	20	3800	2170×880×2130	

续表 9-20

型号	额定容量(kVA)	输入电压(V)	输出电压(V)	损耗(W)		空载电流(%)	直流控制功率(W)	直流控制电流(A)	重量(kg)	外形尺寸(mm)(长×宽×高)	生产厂
				空载	负载						
TSH—35/0.5	35	380	5～17.5	250	2900	3	600	3	935	1020×840×1450	宜兴市万石特种陶瓷电炉变压器厂
TSH—50/0.5	50			335	2845	2.5	735	7	1315	1000×840×1760	
TSH—63/0.5	63		5～20	350	3500	3.5	1100	15	1550	1100×920×1760	
TSH—80/0.5	80		5～30	350	5400	2.5	770	10	1685	1100×1090×1570	
TSH—100/0.5	100			360	4935	2.5	850	10	1900	1075×1086×1645	
TSH—125/0.5	125		5～35	475	6400	2.5	1500	20	2100	1170×1200×1760	
TSH—150/0.5	150		5～40	485	6690	2.0	10000	20	2500	1075×1216×1775	
TSH—160/0.5	160			500	7500	2.0	1700	20	2440	1200×1220×1815	
TSH—200/0.5	200		10～60	600	8500	2.0	1800	20	3000	1230×1240×2020	
TSH—250/0.5	250		10～70	630	11000	1.95	2400	20	3250	1520×1250×2120	
TSH—315/0.5	315			790	12500	2.0	2700	20	3885	1300×1310×2230	
TSH—400/0.5	400		40～100		15000	1.8	3000	20	4835	1500×1360×2258	
TSH—500/0.5	500		37～260		17280	1.8	5760	40	5130	1820×1360×2222	
TSH—630/10	630	10000	20～100 40～170		22800	1.0	6000	40	7320	2370×1600×3220	
TSH—1250/10	1250		36～250		39800	1.75	10200	40	12900	2770×2000×3240	

型号	额定容量(kVA)	输入电压(V)	输出电压(V)	总损耗	空载电流(%)	直流控制电流(A)	直流控制功率(W)	额定输出电流(A)	重量(kg)	外形尺寸(mm)(长×宽×高)	生产厂
TDGH—5	5	380	7～70	0.45	2.5	2	120	71.5	300	700×450×710	张家港五洲变压器有限公司、张家港市五洲调压器厂
TDGH—10	10	380	7～70	0.86	2.5	2	200	143	360	760×500×830	
TDGH—16	16	380	7～70	1.16	2.1	5	300	229	400	810×560×880	
TDGH—20	20	380	7～70	1.41	1.8	5	410	286	480	900×560×920	
TDGH—30	30	380	7～70	1.91	1.8	7	470	429	580	990×590×960	
TDGH—40	40	380	7～70	2.54	1.7	7	600	571	700	1080×600×1020	
TDGH—50	50	380	7～70	3.06	1.7	7	640	714	800	1140×600×1100	
TDGH—63	63	380	7～70	3.65	1.6	10	700	900	900	1180×620×1200	
TDGH—80	80	380	7～70	4.18	1.6	10	800	1143	1050	1300×640×1300	
TDH—10	10	380	7～70	0.86	2.8	2	220	143	400	650×760×1080	
TDH—20	20	380	7～70	1.45	2.5	5	380	286	500	710×800×1130	
TDH—30	30	380	7～70	2.00	2.5	10	530	429	600	800×960×1150	
TDH—40	40	380	7～70	2.67	2.5	10	650	571	720	860×1020×1160	
TDH—50	50	380	7～70	3.19	2.5	10	720	714	980	900×1180×1190	
TDH—63	63	380	5～35	3.82	2.5	10	920	1800	1210	960×1210×1400	
TDH—80	80	380	5～35	4.47	2.5	15	1100	2286	1440	1020×1210×1400	

续表 9-20

型号	额定容量 (kVA)	输入电压 (V)	输出电压 (V)	总损耗	空载电流 (%)	直流控制电流 (A)	直流控制功率 (W)	额定输出电流 (A)	重量 (kg)	外形尺寸 (mm) (长×宽×高)	生产厂
TDH—100	100	380	5～35	5.32	2.5	20	1320	2857	1620	1080×1280×1620	张家港五洲变压器有限公司、张家港市五洲调压器厂
TDH—125	125	380	1～25	5.87	2.0	20	1650	5000	1880	1150×1320×1700	
TDH—160	160	380	1～25	7.96	2.0	20	1680	6400	2200	1180×1360×1800	
TDH—200	200	380	1～35	10.54	2.0	20	2030	5714	2800	1200×1380×1900	
TDH—250	250	380	9～90	12.14	2.0	20	2690	2778	3200	1420×1390×1950	
TDH—315	315	6300	9～90	13.26	1.8	40	3050	3500	3500	1480×1450×2020	
TDH—400	400	6300	9～90	13.26	1.8	40	3180	4444	4300	1600×1500×2050	
TDH—500	500	10000	9～90	16.28	1.6	40	3640	5556	5200	1800×1550×2120	
TDH—630	630	10000	70～180	18.0	1.6	40	3840	3500	7100	1880×1500×2180	
TDH—800	800	10000	70～180	23.54	1.6	40	4500	4444	8800	1980×1700×2210	
TDH—1000	1000	10000	70～250	27.80	1.6	40	5000	4000	10800	2120×1910×2350	
TDH—1600	1600	10000	70～250	38.60	1.6	40	7800	6400	16200	2280×2480×2720	
TSGH—10	10	380	3000～5000	0.86	2.5	2	185	1.15	380	530×630×890	
TSGH—20	20	380	1000～3000	1.41	1.8	2	250	3.85	500	610×630×900	
TSGH—30	30	380	5～35	1.91	1.7	7	470	495	550	720×630×1000	
TSGH—40	40	380	5～35	2.54	1.7	7	600	660	720	880×630×1280	
TSGH—50	50	380	5～35	3.06	1.6	7	640	825	840	1080×640×1360	
TSGH—63	63	380	5～35	3.65	1.6	10	700	1039	940	1320×640×1420	
TSGH—80	80	380	5～35	4.18	1.6	10	800	1320	1220	1500×660×1570	
TSGH—100	100	380	5～35	4.78	1.6	15	850	1650	1420	1550×740×1900	
TSGH—125	125	380	5～35	5.39	1.5	20	1200	2062	1600	1550×760×2010	
TSH—10	10	380	150～500	0.86	2.5	2	220	11.5	380	700×800×870	
TSH—20	20	380	60～600	1.45	2.5	2	380	19.25	520	800×890×1000	
TSH—30	30	380	150～500	2.00	2.5	5	550	34.64	780	840×980×1500	
TSH—40	40	380	150～500	2.67	2.5	5	680	46.19	920	860×1020×1200	
TSH—50	50	380	5～35	3.19	2.5	5	770	825	1040	890×1100×1260	
TSH—63	63	380	5～35	3.82	2.5	5	1080	1039	1200	910×1120×1400	
TSH—80	80	380	5～35	4.47	2.5	8	1110	1320	1440	950×1150×1560	
TSH—100	100	380	7～70	5.32	2.5	10	1250	825	1620	990×1200×1610	
TSH—125	125	380	7～70	5.87	2.0	10	1560	1031	1880	1030×1220×1680	
TSH—160	160	380	7～70	7.96	2.0	15	1840	1320	2200	1070×1240×1740	
TSH—200	200	380	7～70	10.54	2.0	15	2140	1650	2800	1210×1420×1800	
TSH—250	250	380	7～70	12.14	2.0	15	2640	2062	3200	1320×1570×1860	
TSH—315	315	380	30～65	13.26	1.8	20	2800	2798	4700	1495×1620×1980	
TSH—500	500	380	5～35	16.28	1.6	40	3840	8248	7620	2270×1910×2400	
TSH—800	800	10000	65～650	23.54	1.6	40	4800	710	9950	2580×2030×2835	

表9-21 T_S^D(J)H油浸自冷、T_S^DGH干式自冷磁性调压器技术数据

型号	额定容量(kVA)	相数	频率(Hz)	额定输入电压(V)	输出电压范围(V)	额定输出电流(A)	损耗(kW)		空载电流(%)	直流控制功率(kW)	直流控制电流(A)	生产厂
							空载	负载				
TD(J)H—5	5					143/71.5	0.05	0.40	2.8	0.10	2	
TD(J)H—10	10					286/143	0.06	0.80	2.8	0.22	2	
TD(J)H—16	16					457/228.5	0.07	1.14	2.5	0.34	2	
TD(J)H—20	20					572/286	0.09	1.36	2.0	0.38	5	
TD(J)H—30	30					857/428.5	0.14	1.75	2.0	0.50	5	
TD(J)H—40	40					1143/571.5	0.16	2.40	2.0	0.65	10	
TD(J)H—50	50					1428/714	0.18	2.85	2.0	0.72	10	
TD(J)H—63	63	1	50	380	5～35 7～70	1800/900	0.21	3.40	2.0	0.92	10	
TD(J)H—80	80					2286/114.3	0.26	4.00	1.8	1.10	15	
TD(J)H—100	100					2857/1428.5	0.31	4.80	1.8	1.32	20	
TD(J)H—125	125					3572/1786	0.36	5.25	1.5	1.65	20	
TD(J)H—160	160					4572/2286	0.45	7.20	1.5	1.68	20	
TD(J)H—200	200					5714/2857	0.53	9.70	1.5	2.00	20	
TD(J)H—250	250					7143/3571.5	0.62	11.20	1.5	2.50	20	
TD(J)H—315	315					9000/4500	0.74	12.00	1.3	3.00	40	
TD(J)H—400	400					2857/1428.5	0.90	12.70	1.3	3.20	40	
TD(J)H—500	500					3571.5/1786	1.06	15.20	1.3	3.64	40	
TD(J)H—630	630					4500/2250	1.28	17.70	1.3	4.00	40	上海森普电器研究所、上海森迪调压变压设备有限公司
TD(J)H—800	800	1	50	10000	20～140 40～280	5714/2857	1.50	22.00	1.3	4.60	40	
TD(J)H—1000	1000					7143/3571.5	1.76	26.00	1.3	5.40	40	
TD(J)H—1250	1250					8928/4464	2.15	32.00	1.2	6.00	40	
TD(J)H—1600	1600					11428/5714	2.55	40.00	1.2	6.90	60	
TS(J)H—30	30					496/248	0.15	1.85	2.0	0.60	10	
TS(J)H—40	40					660/330	0.17	2.80	2.0	0.68	10	
TS(J)H—50	50					824/412	0.19	3.00	2.0	0.77	10	
TS(J)H—63	63					1040/520	0.22	3.60	2.0	1.08	15	
TS(J)H—80	80					1320/660	0.27	4.20	1.8	1.20	15	
TS(J)H—100	100	3	50	380	5～35 7～70	1650/825	0.32	5.00	1.8	1.50	20	
TS(J)H—125	125					2062/1031	0.37	5.50	1.6	1.80	20	
TS(J)H—160	160					2640/1320	0.46	7.50	1.6	2.20	20	
TS(J)H—200	200					3300/1650	0.54	10.00	1.6	2.50	20	
TS(J)H—250	250					4124/2062	0.64	11.50	1.4	2.70	20	
TS(J)H—315	315					5196/2598	0.76	12.50	1.4	2.90	40	
TS(J)H—400	400					6600/3300	0.90	16.00	1.2	4.20	40	

续表 9-21

型号	额定容量（kVA）	相数	频率（Hz）	额定输入电压（V）	输出电压范围（V）	额定输出电流（A）	损耗（kW）		空载电流（%）	直流控制功率（kW）	直流控制电流（A）	生产厂
							空载	负载				
TS（J）H—500	500	3	50	380	5～35 7～70	8248/4124	1.06	18.80	1.2	5.00	40	上海森普电器研究所、上海森迪调压变压设备有限公司
TS（J）H—630	630	3	50	10000	7～70	5196	1.22	22.80	1.0	6.00	40	
TS（J）H—800	800					6600	1.48	27.00	1.0	7.20	60	
TS（J）H—1000	1000					8248	1.80	33.00	1.0	8.50	60	
TDGH—16	16	1	50	380	7～70	229	0.14	1.0	2.1	0.22	5	
TDGH—20	20					286	0.16	1.2	1.8	0.26	5	
TDGH—30	30					429	0.20	1.6	1.8	0.38	7	
TDGH—40	40					572	0.25	2.0	1.6	0.42	7	
TDGH—50	50					715	0.30	2.5	1.6	0.49	7	
TDGH—63	63					900	0.36	2.9	1.5	0.60	10	
TDGH—80	80					1143	0.44	3.2	1.5	0.70	10	
TDGH—100	100					1429	0.51	3.8	1.4	0.84	15	
TDGH—125	125					1786	0.60	4.5	1.4	0.93	15	
TDGH—160	160					2285	0.68	5.2	1.4	1.10	20	
TDGH—200	200					2857	0.76	6.2	1.4	1.34	20	
TDGH—250	250					3571	0.84	7.1	1.2	1.60	20	
TDGH—315	315					4500	0.92	8.8	1.2	2.00	20	
TSGH—30	30	3	50	380	7～70	247	0.22	1.8	2.0	0.35	7	
TSGH—40	40					330	0.26	2.2	2.0	0.45	7	
TSGH—50	50					412	0.31	2.7	2.0	0.62	10	
TSGH—63	63					520	0.40	3.2	1.8	0.80	10	
TSGH—80	80					660	0.45	3.7	1.8	1.00	10	
TSGH—100	100					825	0.53	4.2	1.6	1.15	10	
TSGH—125	125					1031	0.64	4.7	1.6	1.35	20	
TSGH—160	160					1320	0.74	5.9	1.4	1.60	20	
TSGH—200	200					1650	0.85	7.1	1.4	1.90	20	
TSGH—250	250					2062	1.02	8.6	1.2	2.30	20	
TSGH—315	315					2598	1.24	10.8	1.2	2.50	20	
TSGH—400	400					3300	1.45	13.0	1.2	2.90	20	
TSGH—500	500					4124	1.74	15.6	1.0	3.44	40	
TSGH—630	630					5196	2.10	18.8	1.0	4.20	40	

续表 9-21

型　　号	额定容量（kVA）	相数	频率（Hz）	额定输入电压（V）	输出电压范围（V）	直流控制电流（A）	总损耗（W）	外形尺寸（mm）（长×宽×高）	生产厂
TDJH$_2$—16/0.5	16	1	50	380	5～35 7～70	2	1270	1020×770×930	苏州市电压调整器厂
TDJH$_2$—20/0.5	20					5	1450	1100×900×1140	
TDJH$_2$—30/0.5	30					10	2000	1100×900×1140	
TDJH$_2$—40/0.5	40					10	2670	1160×900×1400	
TDJH$_2$—50/0.5	50					10	3190	1200×1030×1500	
TDJH$_2$—63/0.5	63					10	3820	1240×1030×1500	
TDJH$_2$—80/0.5	80					15	4470	1240×1030×1500	
TDJH$_2$—100/0.5	100					15	5000	1240×1030×1800	
TDJH$_2$—125/0.5	125					20	5870	1500×1100×1800	
TDJH$_2$—160/0.5	160					20	7960	1500×1100×1800	
TDJH$_2$—200/0.5	200					20	9040	1500×1100×2000	
TDJH$_2$—250/0.5	250					20	9940	1500×1300×2000	
TDJH$_2$—315/0.5	315					40	11760	1800×1300×2000	
TDJH$_2$—400/0.5	400			10000	20～140 40～280	40	13620	2400×1350×2800	
TDJH$_2$—500/10	500					40	16280	2450×1350×2800	
TDJH$_2$—630/10	630					40	19000	2400×1350×2800	
TDJH$_2$—800/10	800					40	23540	2800×1000×3200	
TDJH$_2$—1000/10	1000					40	27800	2850×1200×3200	
TSJH—50/0.5	50	3	50	380	5～35 10～70	15			
TSJH—63/0.5	63					15			
TSJH—80/0.5	80					15			
TSJH—100/0.5	100					15			

型　　号	额定容量（kVA）	额定输入电压（V）	输出电压范围（V）	损耗（W）		空载电流（%）	直流控制功率（W）	直流控制电流（A）	重量（kg）	外形尺寸（mm）（长×宽×高）	生产厂
				空载	负载						
TDH2—20/0.5	20	380	5～35 7～70	90	1360	2.5	380	5	505	1020×770×930	苏州市姑苏调压变压器厂、苏州特种变压器厂
TDH2—30/0.5	30			150	1850	2.5	530	10	740	1080×900×1140	
TDH2—40/0.5	40			170	2500	2.5	650	10	860	1125×870×1290	
TDH2—50/0.5	50			190	3000	2.5	720	10	1010	1160×900×1400	
TDH2—63/0.5	63			220	3600	2.5	920	10	1215	1235×1040×1585	
TDH2—80/0.5	80			270	4200	2.5	1100	15	1470	1240×1030×1535	
TDH2—100/0.5	100			320	5000	2.5	1320	20	1720	1260×1030×1575	
TDH2—125/0.5	125			370	5500	2.0	1650	20	1970	1285×1050×1675	
TDH2—160/0.5	160			460	7500	2.0	1680	20	2385	1325×1100×1735	

续表 9-21

型　　号	额定容量（kVA）	额定输入电压（V）	输出电压范围（V）	损耗（W）		空载电流（%）	直流控制功率（W）	直流控制电流（A）	重量（kg）	外形尺寸（mm）（长×宽×高）	生产厂
				空载	负载						
TDH2—200/0.5	200	380	5～35 7～70	540	10000	2.0	2030	20	3065	1525×1205×1860	苏州市姑苏调压变压器厂、苏州特种变压器厂
TDH2—250/0.5	250			640	11500	2.0	2690	20	3520	1585×1205×2040	
TDH2—315/0.5	315			760	12500	1.8	3050	40	4490	1715×1280×2200	
TDH2—400/10	400	10000 (6300)	20～140 40～280	920	12700	1.6	3200	40	530	2370×1295×2750	
TDH2—500/10	500			1080	15200	1.6	3440	40	5870	2450×1325×2780	
TDH2—630/10	630			1300	17700	1.6	3640	40	7250	2450×1395×2890	
TDH2—800/10	800			1540	22000	1.6	4500	40	8760	3750×1650×3180	
TDH2—1000/10	1000			1800	26000	1.6	5000	40	10100	2850×1800×3245	
TDH—1250/10	1250			2150	32500	1.4	5800	40	11800	2900×1800×3350	
TDH—1600/10	1600		25～85	2550	42000	1.35	6120	60	13500	3000×1800×3450	
TDH—2000/10	2000		40～100	3050	46520	1.0	7500	60	14100	3100×1925×3850	
TDH—2500/10	2500		40～120	3550	54000	0.8	9000	60	15600	2300×1925×3500	
TDH—3150/10	3150			4000	60000	0.65	10500	60	17000	2400×1925×3600	
TDGH—20/0.5	20	380	5～35 7～70 20～140	100	1150	3.0	240	5	350	850×450×740	
TDGH—30/0.5	30			115	1560	3.0	350	7	440	900×480×770	
TDGH—40/0.5	40			150	1950	2.5	385	7	540	940×500×840	
TDGH—50/0.5	50			190	2300	2.5	490	7	760	1320×590×1440	
TDGH—63/0.5	63			240	2750	2.5	600	10	880	1380×620×1440	
TDGH—80/0.5	80			285	3300	2.2	700	10	1080	1440×650×1520	
TDGH—100/0.5	100			335	3900	2.2	800	20	1320	1480×660×1540	
TDGH—125/0.5	125			400	4500	2.2	900	20	1580	1550×680×1600	
TSGH—30/0.5	30	380 (415)	5～35 5～40 7～70 8～80	200	1620	2.5	350	7	640	1380×580×1200	
TSGH—40/0.5	40			245	2000	2.5	430	7	790	1720×600×1280	
TSGH—50/0.5	50			310	2500	2.0	620	10	850	1450×620×1280	
TSGH—63/0.5	63			340	2750	2.0	800	10	1020	1520×650×1450	
TSGH—80/0.5	80			370	3100	1.6	950	10	1240	1550×670×1500	
TSGH—90/0.5	90			400	3550	1.6	1020	10	1300	1600×680×1550	
TSGH—100/0.5	100			480	3850	1.5	1120	10	1450	1630×700×1650	
TSGH—125/0.5	125			550	4550	1.5	1300	20	1700	1690×730×1700	
TSGH—160/0.5	160			680	5250	1.4	1500	20	2000	1780×760×1820	
TSGH—185/0.5	185			720	5800	1.4	1650	20	2200	1800×780×1840	
TSGH—200/0.5	200			750	6300	1.2	1750	20	2320	1850×800×1850	
TSGH—250/0.5	250			840	7500	1.0	2100	20	2750	1900×880×1950	

续表 9-21

型号	额定容量(kVA)	额定输入电压(V)	输出电压范围(V)	损耗(W)		空载电流(%)	直流控制功率(W)	直流控制电流(A)	重量(kg)	外形尺寸(mm)(长×宽×高)	生产厂
				空载	负载						
TSH—20/0.5	20	380(415)	5～17.5 5～20 5～30 5～35 5～40 6～60 7～70	135	1650	2.5	440	5	640	850×810×1120	苏州市姑苏调压变压器厂、苏州特种变压器厂
TSH—30/0.5	30			175	2250	2.5	600	5	830	940×1050×1250	
TSH—35/0.5	35			200	12550	2.5	700	5	900	980×1080×1300	
TSH—40/0.5	40			220	2850	2.5	810	5	980	980×1080×1300	
TSH—50/0.5	50			260	3250	2.5	900	10	1280	1000×1100×1420	
TSH—63/0.5	63			300	3900	2.2	1100	15	1480	1080×1100×1500	
TSH—80/0.5	80			350	4800	2.2	1260	15	1680	1100×1160×1580	
TSH—100/0.5	100			420	5750	2.0	1500	15	1850	1150×1180×1700	
TSH—125/0.5	125			455	6900	2.0	1800	20	2100	1180×1200×1750	
TSH—150/0.5	150			480	7800	1.8	2100	20	2300	1200×1200×1820	
TSH—160/0.5	160			500	8500	1.8	2200	20	2400	1200×1280×1840	
TSH—200/0.5	200			550	9600	1.8	2500	20	2800	1250×1300×1880	
TSH—250/0.5	250			650	11200	1.6	2700	20	3500	1520×1250×2100	
TSH—315/0.5	315			780	12800	1.5	2900	20	4000	1300×1310×2180	
TSH—400/0.5	400			940	15800	1.4	3200	20	4750	1500×1350×2240	
TSH—500/0.5	500			1060	17800	1.4	5760	40	5400	1820×1320×2240	
TSH—630/10	630	10000(6300)	20～100 35～250	1200	22800	1.0	6000	40	7200	230×1600×3200	
TSH—1250/10	1250			2600	39800	0.9	10200	60	12800	2770×2000×3240	
TDH_2—20/0.5	20	380	5～35 7～70	90	1360	2.5	380	5	505	1020×770×930	上海建意特种变压器有限公司
TDH_2—30/0.5	30			150	1850	2.5	530	10	740	1080×900×1140	
TDH_2—40/0.5	40			170	2500	2.5	650	10	860	1125×870×1290	
TDH_2—50/0.5	50			190	3000	2.5	720	10	1010	1160×900×1400	
TDH_2—63/0.5	63			220	3600	2.5	920	10	1215	1235×1040×1585	
TDH_2—80/0.5	80			270	4200	2.5	1100	15	1470	1240×1030×1535	
TDH_2—100/0.5	100			320	5000	2.5	1320	20	1720	1260×1030×1575	
TDH_2—125/0.5	125			370	5500	2.0	1650	20	1970	1285×1050×1675	
TDH_2—160/0.5	160			460	7500	2.0	1680	20	2385	1325×1100×1735	
TDH_2—200/0.5	200			540	10000	2.0	2030	20	3065	1525×1205×1860	
TDH_2—250/0.5	250			640	11500	2.0	2690	20	3520	1585×1205×2040	
TDH_2—315/0.5	315			760	12500	1.8	3050	40	4490	1715×1280×2200	
TDH_2—400/0.5	400	10000(6300)	20～140 40～280	920	12700	1.8	3200	40	5330	2370×1295×2750	
TDH_2—500/0.5	500			1080	15200	1.6	3440	40	5870	2450×1325×2780	
TDH_2—630/0.5	630			1300	17700	1.6	3640	40	7250	2450×1395×2890	
TDH_2—800/0.5	800			1540	22000	1.6	4500	40	8760	2750×1650×3180	

续表 9-21

型号	额定容量(kVA)	额定输入电压(V)	输出电压范围(V)	损耗(W)		空载电流(%)	直流控制功率(W)	直流控制电流(A)	重量(kg)	外形尺寸(mm)(长×宽×高)	生产厂
				空载	负载						
TDH_2—1000/0.5	1000	10000 (6300)	20～140	1800	26000	1.6	5000	40	10100	2850×1800×3245	上海建意特种变压器有限公司
TDH—1250/10	1250		40～280	2150	32500	1.4	5800	40	11800	2900×1800×3350	
TDH—1600/10	1600		25～85	2550	42000	1.35	6120	60	13500	3000×1800×3450	
TDH—2000/10	2000		40～100	3050	46520	1.0	7500	60	14100	3100×1925×3850	
TDH—2500/10	2500		40～120	3550	54000	0.8	9000	60	15600	2300×1925×3500	
TDH—3150/10	3150			4000	60000	0.65	10500	60	17000	2400×1925×3600	
TDGH—20/0.5	20	380	5～35 7～70 20～140	100	1150	3.0	240	5	350	850×450×740	
TDGH—30/0.5	30			115	1560	3.0	350	7	440	900×480×770	
TDGH—40/0.5	40			150	1950	2.5	385	7	540	940×500×840	
TDGH—50/0.5	50			190	2300	2.5	490	7	760	1320×590×1400	
TDGH—63/0.5	63			240	2750	2.5	600	10	880	1380×620×1440	
TDGH—80/0.5	80			285	3300	2.2	700	10	1080	1440×650×1520	
TDGH—100/0.5	100			335	3900	2.2	800	20	1320	1480×660×1540	
TDGH—125/0.5	125			400	4500	2.2	900	20	1580	1550×680×1600	
TSGH—30/0.5	30	380 (415)	5～35 5～40 7～70 8～80	200	1620	2.5	350	7	640	1380×580×1280	
TSGH—40/0.5	40			245	2000	2.5	430	7	790	1720×600×1280	
TSGH—50/0.5	50			310	2500	2.0	620	10	850	1450×620×1350	
TSGH—63/0.5	63			340	2750	2.0	800	10	1020	1520×650×1450	
TSGH—80/0.5	80			370	3100	1.6	950	10	1240	1550×670×1500	
TSGH—90/0.5	90			400	3550	1.6	1020	10	1300	1600×680×1550	
TSGH—100/0.5	100			480	3850	1.5	1120	10	1450	1630×700×1650	
TSGH—125/0.5	125			550	4550	1.5	1300	20	1700	1690×730×1700	
TSGH—160/0.5	160			680	5250	1.4	1500	20	2000	1780×760×1820	
TSGH—185/0.5	185			720	5800	1.4	1650	20	2200	1800×780×1840	
TSGH—200/0.5	200			750	6300	1.2	1750	20	2320	1850×800×1850	
TSGH—250/0.5	250			840	7500	1.0	2100	20	2750	1900×880×1950	
TSH—20/0.5	20	380 (415)	5～17.5 5～20 5～30 5～35 5～40 6～60 7～70	135	1650	2.5	440	5	640	850×810×1120	
TSH—30/0.5	30			175	2250	2.5	600	5	830	940×1050×1250	
TSH—35/0.5	35			200	12550	2.5	700	5	900	980×1080×1300	
TSH—40/0.5	40			220	2850	2.5	810	5	980	980×1080×1300	
TSH—50/0.5	50			260	3250	2.5	900	10	1280	1000×1100×1420	
TSH—63/0.5	63			300	3900	2.2	1100	15	1480	1080×1100×1500	
TSH—80/0.5	80			350	4800	2.2	1260	15	1680	1100×1160×1580	
TSH—100/0.5	100			42	5750	2.0	1500	15	1850	1150×1180×1700	

续表 9-21

型　号	额定容量（kVA）	额定输入电压（V）	输出电压范围（V）	损耗（W）		空载电流（%）	直流控制功率（W）	直流控制电流（A）	重量（kg）	外形尺寸（mm）（长×宽×高）	生产厂
				空载	负载						
TSH—125/0.5	125	380（415）	5～17.5 5～20 5～30 5～35 5～40 6～60 7～70	455	6900	2.0	1800	20	2100	1180×1200×1750	上海建意特种变压器有限公司
TSH—150/0.5	150			480	7800	1.8	2100	20	2300	1200×1200×1820	
TSH—160/0.5	160			500	8500	1.8	2200	20	2400	1200×1280×1840	
TSH—200/0.5	200			550	9600	1.8	2500	20	2800	1250×1300×1880	
TSH—250/0.5	250			650	11200	1.6	2700	20	3500	1520×1250×2100	
TSH—315/0.5	315			780	12800	1.5	2900	20	4000	1300×1310×2180	
TSH—400/0.5	400			940	15800	1.4	3200	20	4750	1500×1350×2200	
TSH—500/0.5	500			1060	17800	1.4	5760	40	5400	1820×1320×2240	
TSH—630/10	630	10000（6300）	20～100 35～250	1200	22800	1.0	6000	40	7200	2370×1600×3200	
TSH—1250/0.5	1250			2600	39800	0.9	10200	60	12800	2770×2000×3240	
TDH2—20/0.5	20	380	5～35 7～70	90	1360	2.5	380	5	505	1020×770×930	苏州华群电气设备有限公司
TDH2—30/0.5	30			150	1850	2.5	530	10	740	1080×900×1140	
TDH2—40/0.5	40			170	2500	2.5	650	10	860	1125×870×1290	
TDH2—50/0.5	50			190	3000	2.5	720	10	1010	1160×900×1400	
TDH2—63/0.5	63			220	3600	2.5	920	10	1215	1235×1040×1585	
TDH2—80/0.5	80			270	4200	2.5	1100	15	1470	1240×1030×1535	
TDH2—100/0.5	100			320	5000	2.5	1320	20	1720	1260×1030×1575	
TDH2—125/0.5	125			370	5500	2.0	1650	20	1970	1285×1050×1675	
TDH2—160/0.5	160			460	7500	2.0	1680	20	2385	1325×1100×1735	
TDH2—200/0.5	200			540	10000	2.0	2030	20	3065	1525×1205×1860	
TDH2—250/0.5	250			640	11500	2.0	2690	20	3520	1585×1205×2040	
TDH2—315/0.5	315			760	12500	1.8	3050	40	4490	1715×1280×2200	
TDH2—400/10	400	10000（6300）	20～140 40～280	920	12700	1.6	3200	40	5330	2370×1295×2750	
TDH2—500/10	500			1080	15200	1.6	3440	40	5870	2450×1325×2780	
TDH2—630/10	630			1300	17700	1.6	3640	40	7250	2450×1395×2890	
TDH2—800/10	800			1540	22000	1.6	4500	40	8760	3750×1650×3180	
TDH2—1000/10	1000			1800	26000	1.6	5000	40	10100	2850×1800×3245	
TDH—1250/10	1250			2150	32500	1.4	5800	40	11800	2900×1800×3350	
TDH—1600/10	1600		25～85	2550	42000	1.35	6120	60	13500	3000×1800×3450	
TDH—2000/10	2000		40～100	3050	46520	1.0	7500	60	14100	3100×1925×3500	
TDH—2500/10	2500		40～120	3550	54000	0.8	9000	60	15600	2300×1925×3500	
TDH—3150/10	3150			4000	60000	0.65	10500	60	17000	2400×1925×3600	
TDGH—20/0.5	20	380	5～35 7～70 20～140	100	1150	3.0	240	5	350	850×450×740	
TDGH—30/0.5	30			115	1560	3.0	350	7	440	900×480×770	

续表 9-21

型号	额定容量(kVA)	额定输入电压(V)	输出电压范围(V)	损耗(W) 空载	损耗(W) 负载	空载电流(%)	直流控制功率(W)	直流控制电流(A)	重量(kg)	外形尺寸(mm)(长×宽×高)	生产厂
TDGH—40/0.5	40	380	5～35 7～70 20～140	150	1950	2.5	385	7	540	940×500×840	苏州华群电气设备有限公司
TDGH—50/0.5	50			190	2300	2.5	490	7	760	1320×590×1440	
TDGH—63/0.5	63			240	2750	2.5	600	10	880	1380×620×1440	
TDGH—80/0.5	80			285	3300	2.2	700	10	1080	1440×650×1540	
TDGH—100/0.5	100			335	3900	2.2	800	20	1320	1480×660×1540	
TDGH—125/0.5	125			400	4500	2.2	900	20	1580	1550×680×1600	
TSGH—30/0.5	30	380 (415)	5～35 5～40 7～70 8～80	200	1620	2.5	350	7	640	1380×580×1200	
TSGH—40/0.5	40			245	2000	2.5	430	7	790	1720×600×1280	
TSGH—50/0.5	50			310	2500	2.0	620	10	850	1450×620×1280	
TSGH—63/0.5	63			340	2750	2.0	800	10	1020	1520×650×1450	
TSGH—80/0.5	80			370	3100	1.6	950	10	1240	1550×670×1500	
TSGH—90/0.5	90			400	3550	1.6	1020	10	1300	1600×680×1550	
TSGH—100/0.5	100			480	3850	1.5	1120	10	1450	1630×700×1650	
TSGH—125/0.5	125			550	4550	1.5	1300	20	1700	1690×730×1700	
TSGH—160/0.5	160			680	5250	1.4	1500	20	2000	1780×760×1820	
TSGH—185/0.5	185			720	5800	1.4	1650	20	2200	1800×780×1840	
TSGH—200/0.5	200			750	6300	1.2	1750	20	2320	1850×800×1850	
TSGH—250/0.5	250			840	7500	1.0	2100	20	2750	1900×880×1950	
TSH—30/0.5	30	380 (415)	5～17.5 5～20 5～30 5～35 5～40 6～60 7～70	175	2250	2.5	600	5	830	940×1050×1250	
TSH—35/0.5	35			200	12550	2.5	700	5	900	980×1080×1300	
TSH—40/0.5	40			220	2850	2.5	810	5	980	980×1080×1300	
TSH—50/0.5	50			260	3250	2.5	900	10	1280	1000×1100×1420	
TSH—63/0.5	63			300	3900	2.2	1100	15	1480	1080×1100×1500	
TSH—80/0.5	80			350	4800	2.2	1260	15	1680	1100×1160×1580	
TSH—100/0.5	100			420	5750	2.0	1500	15	1850	1150×1180×1700	
TSH—125/0.5	125			455	6900	2.0	1800	20	2100	1180×1200×1750	
TSH—150/0.5	150			480	7800	1.8	2100	20	2300	1200×1200×1820	
TSH—160/0.5	160			500	8500	1.8	2200	20	2400	1200×1280×1840	
TSH—200/0.5	200			550	9600	1.8	2500	20	2800	1250×1300×1880	
TSH—250/0.5	250			650	11200	1.6	2700	20	3500	1520×1250×2100	
TSH—315/0.5	315			780	12800	1.5	2900	20	4000	1300×1310×2180	
TSH—400/0.5	400			940	15800	1.4	3200	20	4750	1500×1350×2200	
TSH—500/0.5	500			1060	17800	1.4	5760	40	5400	1820×1320×2240	
TSH—630/10	630	10000 (6300)	20～100 35～250	1200	22800	1.0	6000	40	7200	2370×1600×3200	
TSH—1250/0.5	1250			2600	39800	0.9	10200	60	12800	2770×2000×3240	

七、订货须知

订货时必须提供产品型号、额定电压（初次级）、负载等要求。

9.4　柱式调压器

柱式调压器是通过沿着调压器的绕组轴向在调压绕组裸露之处移动的电刷来改变输出电压的一种调压器，主要零件为铁芯、调压绕组、补偿绕组、接触机械（碳刷机构）、传动机构。

一、TDZ型接触型调压器

（一）用途

TDZ型接触柱型调压器是一种连续调整输出电压的装置，作为配合试验变压器作工频试验用的电动调压器，在高压试验中可提供从零至额定最大值的可变交流输出电压。

该调压器与传统的移圈调压器、感应调压器相比，有阻抗电压小、波形畸变小等特点。

（二）型号含义

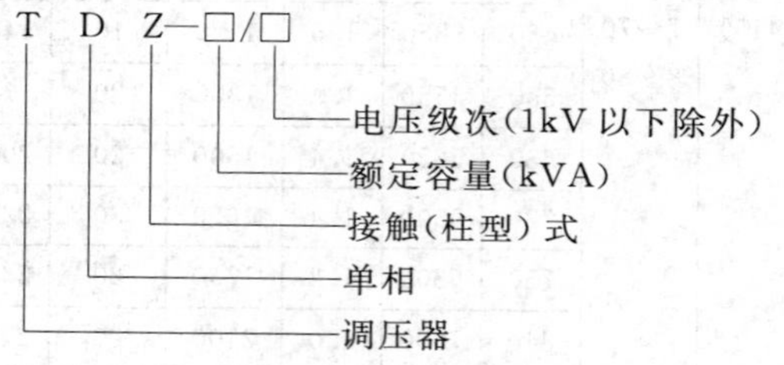

（三）产品结构

该产品为单相油浸接触柱型调压器，适用于户内使用。由铁芯（E式）、线圈、电刷、减速机、油箱、联轴器、储油柜等组成，运输中减速机和储油柜可拆。使用该产品应按照控制台提供的控制线路接线。

（四）技术数据

TDZ型接触柱型调压器技术数据，见表9-22。

表9-22　TDZ型接触柱型调压器技术数据

型　　号	额定容量(kVA)	额定电压(kV)	额定电流(A)	阻抗电压(%)	外形尺寸(mm)(长×宽×高)	重量(kg)
TDZ—100	100	0.38/0～0.42	272/240	2.7	1060×1060×1595	1680
TDZ—300/10	300	10/0～3	32/100	5.56	1630×1210×3200	4250
TDZ—500/10	500	10/0～1.5	54/333	3.6	1360×1000×3000	4250
TDZ—800/10	800	10/0～3	85/267	8.5	1920×1920×3055	4540
TDZ—800	800	0.38/0～0.42	2230/1905	7.15	1920×1920×3055	8500
TDZ—1000/10	1000	10/0～10	100/100	8	1920×1920×3055	8500

（五）生产厂

营口特种变压器有限公司。

二、TDZZG、TDJA 型转心式接触柱型调压器

（一）用途

TDZZG、TDJA 型转心式接触柱型调压器，是在接触调压器的基础上发展起来的一种新型专利产品，克服了普通接触调压器容量偏小的缺点。该产品有油浸和干式两种，效率高、电压波形小、起始电压为零、体积小、重量轻，是一种可均匀平滑调整输出电压的电气装置。主要应用于工频试验、工业电炉、中小型整流及电信、冶金煤矿、化工、纺织等部门的设备中，用来调节或稳定电压，特别是在实验中作试验电源时具有移圈调压器、感应调压器不可比拟的优点。

（二）型号含义

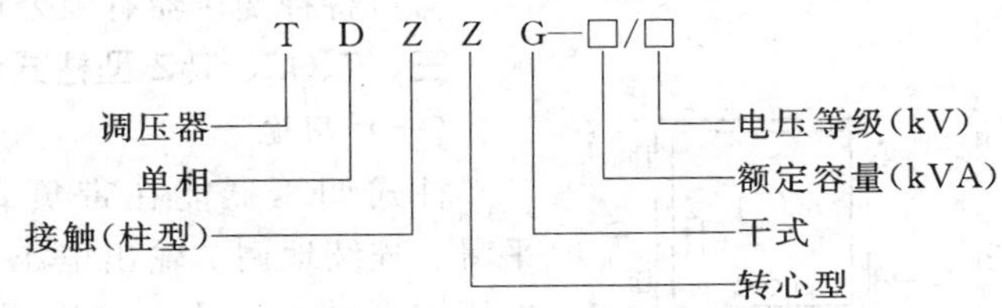

（三）产品结构

该调压器可以根据不同的需要做成单相、三相、感应或自耦式等不同类型，由外铁芯、转子、压线盒和电传导组件及机械传动部分组成，其主要部件由转动的铁芯和转动的线圈组成的一个可以自由转动的转子，由转子转动带动刷握，通过在动线圈上上下下移动来调节输出电压，解决了原有接触调压器的短路匝和跃变火花问题。

（四）技术数据

TDZZG、TDJA 型转心式接触柱型调压器技术数据，见表 9-23。

表 9-23 TDZZG、TDJA 型转心式接触柱型调压器技术数据

型号	额定容量(kVA)	总损耗(W)	空载电流(%)	波形畸变率(%)	重量(kg)	外形尺寸(mm)(长×宽×高)
TDZZG—50/0.5	50	729	<12	<3	326	450×450×1500
TDZZG—100/0.5	100	1355	<10	<3	450	510×510×1650
TDZZG—200/0.5	200	3047	<5	<3	865	540×540×1830
TDZZG—300/0.5	300	5508	<5	<3	1376	760×760×2020
TDJA—50/0.5	50	2800	<20	<5	750	φ180×1470
TDJA—100/0.5	100	4200	<20	<5	1100	φ1270×1710
TDJA—200/0.5	200	7800	<20	<5	1600	φ1430×1710
TDJA—300/0.5	300	12000	<20	<5	2500	φ1530×2090

（五）外形及安装尺寸

该产品的外形及安装尺寸，见表 9-24 及图 9-4。

表 9-24 TDZZG 型转心式接触柱型调压器外形及安装尺寸

型号	外形及安装尺寸（mm）					型号	外形及安装尺寸（mm）				
	A	B	C	D	E		A	B	C	D	E
TDZZG—25	1365	975	540	422	420	TDZZG—150	1595	1205	640	480	520
TDZZG—50	1530	1140	580	450	450	TDZZG—250	1880	1490	690	530	530
TDZZG—100	1570	1180	630	470	506	TDZZG—300	1690	1300	766	540	610

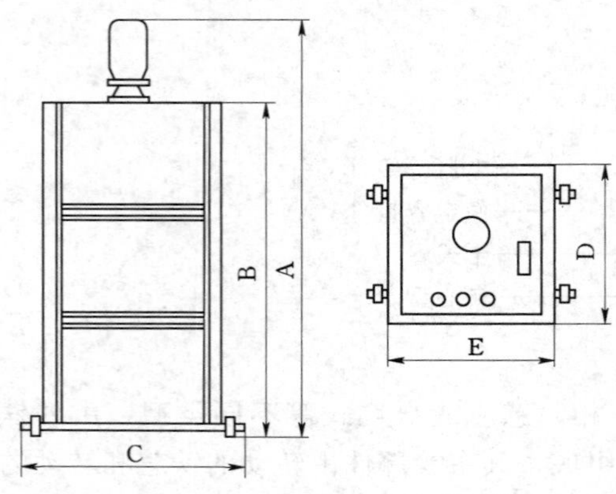

图 9-4 TDZZG 型转心式接触柱型调压器外形及安装尺寸

（六）生产厂

营口特种变压器有限公司。

三、T_S^DGZ、T_S^DZ 型柱式调压器

（一）用途

柱式调压器能在带负载情况下，无级、平滑、连续地调节输出电压。由于其阻抗低、电压波形畸变率小，特别适用于作电机、电器的试验电源。此外，还可用于整流设备、直流调速、通讯设备、医疗仪器等配套。

（二）产品特点

（1）空载电流及总损耗小。

（2）输出电压波形畸变率小。

（3）阻抗电压低。

（4）输出电压下限值小。

（5）输出电压调节线性度好。

（6）能承受瞬时突加负载。

（三）型号含义

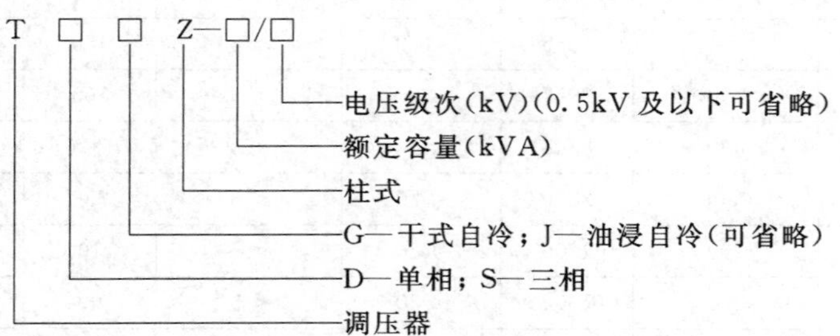

（四）技术数据

T_S^DGZ 型干式自冷柱式调压器和 T_S^DZ 型油浸自冷柱式调压器技术数据，见表 9-25。

表 9-25 T_S^DGZ、T_S^DZ 型柱式调压器技术数据

型　号	额定容量(kVA)	相数	频率(Hz)	额定输入电压(V)	输出电压范围(V)	额定输出电流(A)	损耗(W)		空载电流(%)
							空载	负载(75℃)	
TDGZ—16	16	1	50	220	0～250	64	110	200	2.5
TDGZ—20	20					80	120	250	2.8
TDGZ—25	25					100	130	320	3.2
TDGZ—31.5	31.5					126	140	420	3.5
TDGZ—40	40					160	150	530	4
TDGZ—50	50					200	280	700	6.3
TDGZ—63	63					252	300	900	7
TDGZ—80	80					320	330	1180	8
TDGZ—100	100					400	530	1500	11.8
TDGZ—125	125					500	560	2000	13.2
TSGZ—25	25	3	50	380	0～430	33.6	170	300	1.3
TSGZ—31.5	31.5					42.3	180	400	1.4
TSGZ—40	40					53.7	200	500	1.6
TSGZ—50	50					67.1	220	650	1.7
TSGZ—63	63					84.6	250	850	1.9
TSGZ—80	80					107	420	1120	3.6
TSGZ—100	100					134	450	1400	4
TSGZ—125	125					168	500	1800	4.5
TSGZ—160	160					215	800	2500	5
TSGZ—200	200					269	850	3150	7
TDZ—25	25	1	50	220	0～250	100	80	500	1.8
TDZ—31.5	31.5					126	100	650	2.2
TDZ—40	40					160	120	850	2.6
TDZ—50	50					200	140	1120	3.3
TDZ—63	63					252	160	1400	3.7
TDZ—80	80					320	260	1800	5.6
TDZ—100	100					400	300	2200	6.5
TDZ—125	125					500	330	3000	7.5
TDZ—160	160					640	480	4000	11.2
TDZ—200	200					800	560	5000	13.2
TSZ—40	40	3	50	380	0～430	53.7	130	800	1
TSZ—50	50					67.1	150	1000	1.2
TSZ—63	63					84.6	180	1250	1.5
TSZ—80	80					107	200	1600	1.8

续表 9-25

型号	额定容量（kVA）	相数	频率（Hz）	额定输入电压（V）	输出电压范围（V）	额定输出电流（A）	损耗（W）		空载电流（%）
							空载	负载（75℃）	
TSZ—100	100	3	50	380	0～430	134	250	2000	2
TSZ—125	125					168	400	2800	3
TSZ—160	160					215	450	3550	3.5
TSZ—200	200					269	500	4500	4.5
TSZ—250	250					336	700	6000	6
TSZ—315	315					423	800	7500	7

（五）生产厂

上海森普电器研究所、上海森迪调压变压设备有限公司、上海桑科机电设备成套工程有限公司。

四、TE$_{S}^{D}$GZ、TE$_{S}^{D}$Z 型柱式接触调压器

（一）用途

TEDGZ、TESGZ 型产品为干式柱式接触调压器，TEDZ、TESZ 型产品为油浸柱式接触调压器。该系列柱式接触调压器是一种电压比连续可调并可带负载调压的自耦调压器，广泛用于工业（如机电制造、仪表仪器、化工、冶金、矿山、纺织、印染、医疗）、科研、公共设施等部门，可进行调压、调速、调光、控温、自动控制、功率调节等，是一种理想的交流调压电源设备，适应任何类型的负载。

（二）型号含义

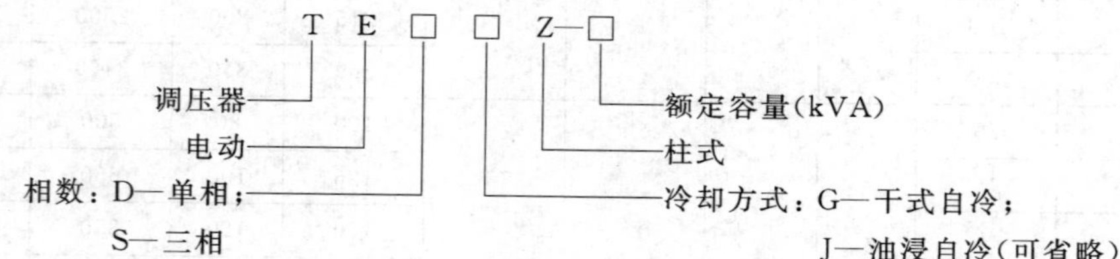

（三）产品结构

该系列产品的结构特点是体积小、重量轻、效率高、波形畸变小、调压特性好、使用方便、可靠、能长期运行等。

单相产品是由两铁芯柱上的两个线圈通过平衡电抗器并联而成。三相产品是由三铁芯柱上的三个线圈按星形接法连接而成。

该产品的传动方式为链条或丝杆两种形式，配备有电动和手动两种操作方式。

油浸柱式接触调压器的油箱一般采用扁管式散热器油箱，也可制成散热片油箱或波纹式油箱。

（四）技术数据

该系列产品的技术数据，见表 9-26。

表 9-26 TE$^{D}_{S}$GZ、TE$^{D}_{S}$Z 系列电动柱式接触调压器技术数据

型号	额定容量（kVA）	相数	频率（Hz）	输入电压（V）	输出电压范围（V）	输出电流（A）	工作方式	冷却方式	外形尺寸（mm）（长×宽×高）	重量（kg）	生产厂
TEDGZ—20	20	1	50	220	0～250	80	电动	干式自冷	350×310×880		重庆高压电器厂
TEDGZ—30	30					120			400×320×950		
TEDGZ—60	60					240			450×330×1125		
TESGZ—30	30	3	50	380	0～430	40	电动	干式自冷	450×310×880		
TESGZ—60	60					80			500×310×950		
TESGZ—90	90					120			600×330×1125		
TEDZ—30	30	1	50	220	0～250	120	电动	油浸自冷	540×660×950		
TEDZ—50	50					200			600×670×1020		
TEDZ—100	100					400			650×680×1200		
TESZ—50	50	3	50	380	0～430	67	电动	油浸自冷	600×600×950		
TESZ—100	100					133			700×670×1020		
TESZ—150	150					200			800×680×1200		
TEDGZ—20	20	1	50	220	0～250	80	电动	干式自冷			北京调压器厂
TEDGZ—30	30					120					
TEDGZ—40	40					160					
TESGZ—30	30	3	50	380	0～430	40	电动	干式自冷			
TESGZ—40	40					53					
TESGZ—45	45					60					
TESGZ—50	50					67					
TESGZ—60	60					80					
TEDGZ—30	30	1	50	220/380	0～420	71	电动	干式自冷	450×600×1500	220	苏州市电压调整器厂
					0～650	46					
TEDGZ—50	50				0～420	119			450×600×1500	300	
					0～650	77					
TEDGZ—75	75				0～420	179			450×600×1500	480	
					0～650	115					
TEDGZ—100	100				0～420	238			700×900×1800	600	
					0～650	154					
TEDGZ—150	150				0～420	357			700×900×1800	750	
					0～650	231					
TEDGZ—200	200				0～420	476			800×1000×1800	900	
					0～650	308					
TEDGZ—250	250				0～420	595			800×1000×1800	1200	
					0～650	385					

续表 9-26

型　　号	额定容量(kVA)	相数	频率(Hz)	输入电压(V)	输出电压范围(V)	输出电流(A)	工作方式	冷却方式	外形尺寸(mm)(长×宽×高)	重量(kg)	生产厂
TEDGZ—300	300	1	50	220/380	0～420	714	电动	干式自冷	1000×1300×2000	1600	苏州市电压调整器厂
					0～650	462					
TEDGZ—350	350				0～420	833			1000×1300×2000	2000	
					0～650	528					
TESGZ—60	60	3	50	380	0～420	48			700×600×1500	300	
					0～650	31					
TESGZ—100	100				0～420	79			700×600×1500	520	
					0～650	51					
TESGZ—150	150				0～420	119			900×700×1800	650	
					0～650	77					
TESGZ—200	200				0～420	159			900×700×1800	720	
					0～650	103					
TESGZ—250	250				0～420	198			900×1000×1800	850	
					0～650	128					
TESGZ—300	300				0～420	238			900×1000×1800	1200	
					0～650	154					
TESGZ—360	360				0～420	286			1000×1300×2000	1500	
					0～650	185					
TESGZ—420	420				0～420	333			1000×1300×2000	2000	
					0～650	215					
TESGZ—500	500				0～420	397			1000×1300×2000	2600	
					0～650	256					
TESJZ—60	60				0～420	48	电动	油浸式冷			
					0～650	31					
TESJZ—100	100				0～420	79					
					0～650	51					
TESJZ—150	150				0～420	119					
					0～650	77					
TESJZ—200	200				0～420	159					
					0～650	103					
TESJZ—250	250				0～420	198					
					0～650	128					
TESJZ—300	300				0～420	238					
					0～650	154					

续表 9-26

型　号	额定容量（kVA）	相数	频率（Hz）	输入电压（V）	输出电压范围（V）	输出电流（A）	工作方式	冷却方式	外形尺寸（mm）（长×宽×高）	重量（kg）	生产厂
TESJZ—360	360	3	50	380	0～420	286	电动	油浸式冷			苏州市电压调整器厂
					0～650	185					
TESJZ—420	420				0～420	333					
					0～650	215					
TESJZ—500	500				0～420	397					
					0～650	256					
TEDJZ—60	60	1	50	220/380	0～420	119					
					0～650	77					
TEDJZ—100	100				0～420	238					
					0～650	154					
TEDJZ—150	150				0～420	357					
					0～650	231					
TEDJZ—200	200				0～420	476					
					0～650	308					
TEDJZ—250	250				0～420	595					
					0～650	385					
TEDJZ—300	300				0～420	714					
					0～650	642					

柱式接触调压器容量的计算公式为：

$$P=\sqrt{m}I_2U_2$$

式中　P——柱式接触调压器的额定输出容量，kVA；

m——相数，单相 $m=1$、三相 $m=3$；

I_2——额定输出电流，A；

U_2——最高输出电压（三相为线电压），V。

使用该产品时，严禁 2 台或多台调压器并联使用。

五、SYH 系列滚轮柱式调压器

（一）用途

SYH 系列滚轮柱式调压器主要作可调交流电源配套于印染、化纤机械或其它可调电源场所的电气传动设备中，如在调压器的后面接整流装置，可输出可调直流电源，供直流电动机调速之用。

（二）使用条件

（1）海拔不超过 1000m。

（2）环境温度－5～＋40℃。

(3) 环境湿度：最高温度为40℃时，相对湿度不超过50%，在温度低于20℃以下时，相对湿度不超过90%。

（三）结构特点

(1) 三相自耦式。

(2) 铁芯为三相柱式。

(3) 线圈分为公用绕组及串联绕组，串联绕组为输入绕组，装置在内层。公用绕组为调压绕组，装置在外层。

(4) 输出电压调节由伺服电动机经变速机构带动滚轮电刷组，沿外层线圈表面上下滑动进行电压调节。

(5) 在调压器侧面配置L×19—131行程开关上、下各一只，作为调压器本体的极限保护。若SYH76型在调压器顶部配置的顺序控制器，由变速机构带动，内配置7套L×W5—11G2行程开关，供上、下限位和工艺限位。

（四）技术数据

SYH876系列滚轮柱式调压器技术数据，见表9-27。

表9-27 SYH876系列滚轮柱式调压器技术数据

型号	额定容量(kVA)	输入		输出		外形尺寸(mm)(长×宽×高)	安装尺寸(mm)	生产厂
		电压(V)	电流(A)	电压(V)	电流(A)			
SYH876—10	10	380	15.2	180	32	420×500×755	340×375	苏州市明达电器设备有限公司
SYH876—15	15	380	22.8	180	48	420×500×750	340×375	
SYH876—20	20	380	30.4	180	64	420×500×955	340×375	
SYH876—25	25	380	38	180	80	420×500×955	340×375	
SYH876—30	30	380	45.6	180	96	420×500×990	340×375	
SYH876—40	40	380	60.8	180	128	420×500×1020	340×375	
SYH876—10	10	380		0～190	30			苏州市电压调整器厂
SYH876—15	15	380		0～190	45			
SYH876—20	20	380		0～190	61			
SYH876—25	25	380		0～190	76			
SYH876—30	30	380		0～190	91			
SYH876—40	40	380		0～190	121			
SYH876—50	50	380		0～190	152			
SYH876—60	60	380		0～190	182			
SYH876—80	80	380		0～190	242			

9.5 移圈式调压器

一、概述

TYDY、TYSY、TDY、TSY型移圈调压器与工频试验变压器配套使用，在高压试验中提供从零至额定最大值的可变交流输出电压。户内使用。

移圈调压器主要用于容量在25～3150kVA、电压10kV及以下的试验变压器及中小型整流设备中。

二、型号含义

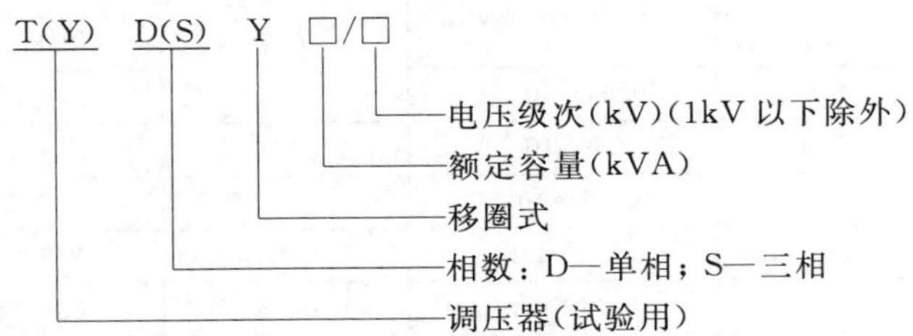

三、产品结构

该产品结构除有移动线圈外，其余类似一般油浸变压器，具有A级绝缘的主线圈、辅助线圈和动线圈，通过动线圈的上下移动与主线圈、辅助线圈相对位置的改变来平滑调整负载电压。此外，尚有齿轮传动机构及限位装置，可手动、电动控制。当电动控制时，调压器的负载电压自下限值的时间约为1min，移圈调压器电压调节范围大。

四、技术数据

该产品的技术数据，见表9-28。

表9-28 TY_S^DY、T_S^DY型移圈调压器技术数据

型号	额定容量(kVA)	额定电压(kV)		额定电流(A)	连接组标号
		初级	次级		
TSY—250/10	250	10	0～10.5		Y—自耦
TSY—250/6	250	6	0～6.3		Y—自耦
TSY—500/10	500	10	0～10.5		Y—自耦
TSY—500/6	500	6	0～6.3		Y_0—自耦
TSY—1000/10	1000	10	0～10.5		Y_0—自耦
TSY—1000/6	1000	6	0～6.3		Y_0—自耦

型号	阻抗电压(%)	损耗(W)		空载电流(A)	重量(kg)	外形尺寸(mm)(长×宽×高)	生产厂
		空载	负载				
TSY—250/10	8.5	4500	9000		4160	2950×2800×3850	陕西铜川变压器股份有限公司
TSY—250/6	8.5	4500	9000		4160		
TSY—500/10	8.5				7180		
TSY—500/6	8.5				7180		
TSY—1000/10	8.5	11100	30300		11500		
TSY—1000/6	8.5	11100	30300		11500		

续表 9-28

型　　号	额定容量(kVA)	额定电压（kV）		额定电流(A)	连接组标号
		初级	次级		
TYDY—25	25	0.025～0.25	0.22	100/117.9	
TYDY—50	50	0.042～0.42	0.38	119/1.38	
TYDY—100	100			238/295	
TYDY—250	250	0.055～0.55		454.5/692	
TYDY—500/10	500	0.9～10.5	10	47.6/59.3	
TYDY—750/10	750	0.26～10.5	10	71.4/77.5	
TYDY—1250/10	1250	0.8～1.3	10	55.5/79.25	
TSY—630	630	0.38～0.55	0.38	661/1134	
TDY—500	500	0.05～0.5	0.38	1000/1430	

型　　号	阻抗电压(%)	损耗（W）		空载电流(A)	重量(kg)	外形尺寸（mm）（长×宽×高）	生产厂
		空载	负载				
TYDY—25	11.8				430	735×600×1286	营口特种变压器有限公司
TYDY—50	10.3				743	908×812×1764	
TYDY—100	7.8				1200	938×830×1645	
TYDY—250	12.8				2394	1100×1080×1950	
TYDY—500/10	12				4250	1330 1980 ×1200×2730	
TYDY—750/10	9.05				8630	1640×1100×2950	
TYSY—1250/10	14.8				12840	1894×1100×3210	
TSY—630	11						
TDY—500	13						

注 1. TYDY 型移圈调压器与试验变压器配套使用。

2. TYDY 型移圈调压器为非并联运行方式。

9.6 高压试验调压器

一、概述

高压试验配用的调压器，除了其输出容量、相数、频率、输出电压变化范围等基本参数应满足试验要求外，还要求调压器应具有：

（1）输出电压质量好。要求调压器输出电压波形应尽量接近正弦波；输出电压下限最好为零；有些场合还要求输出电压与输入电压同相位。

（2）调压特性好。要求调压器阻抗不宜过大；调压特性曲线平滑线性；调节方便、可靠。

（3）环境保护好。要求调压器运行噪声小。

高压试验用调压器一般采用移圈调压器、感应调压器和接触调压器三种类型。由于这三种类型调压器在工作原理和结构上差异甚大，因而有其各自的特点和适用场合。比较理想的类型是高压试验常用的接触调压器，特别是专为高压试验成套设备设计制造的柱式调压器新系列。

表 9-29 TY_S^DZ 型高压试验柱式调压器技术数据

型号	额定容量(kVA)	相数	频率(Hz)	额定输入电压(V)	输出电压范围(V)	额定输入电流(A)	额定输出电流(A)	产品组成		外形尺寸(mm)(长×宽×高)	重量(kg)			伺服电动机型号	备注
								代号	台数		器身	油	总		
TYDZ—20	20	1	50	380	0～430	53	46.5	TZ	1	615×650×1185	109	107	285	ZD200/20—220	
TYDZ—50	50	1	50	380	0～430	132	116	TZ	1	670×980×1380	178	204	485	ZD200/20—220	
TYDZ—100	100	1	50	380	0～430	264	232	TZ	1					ZD200/20—220	
TYDZ—150	150	1	50	380	0～430	397	349	TZ	1	100×1520×1750	736	650	1900	ZD200/20—220	
TYDZ—200	200	1	50	380	0～430	529	465	TZ	1						
TYDZ—250/3	250	1	50	380	0～3300	661	76	TZ	1						
TYDZ—300/3	300	1	50	3000	0～3300	101.2	91	TZ	1	1450×1480×1930	1500	1268	3600	ZD200/20—220	
TYDZ—300/10	300	1	50	10000	0～3300	30.3	91	TZ	1	1450×1618×1930	1522	1455	3900	ZD200/20—220	
TYDZ—500/3	500	1	50	380	0～3300	1320	152	BJ	1	1680×1200×1750	1510	720	3100	ZD200/20—220	装置总重 6000kg
								TZ	1	1620×1390×1800	990	1080	2900		
TYDZ—500/10	500	1	50	10000	0～3300	50.5	152	BJ	1	1680×1200×1750	1510	720	3100	ZD200/20—220	装置总重 6000kg
								TZ	1	1620×1200×1800	990	1080	2900		
TYDZ—750/3	750	1	50	380	0～3300	1990	227	BJ	1	1700×1500×1850	1710	815	3450	ZD200/20—220	装置总重 7250kg
								TZ	1	1515×1700×1900	1320	1440	3800		
TYDZ—750/10	750	1	50	10000	0～3300	75.6	227	BJ	1	1700×1500×1850	1710	815	3450	ZD200/20—220	装置总重 7520kg
								TZ	1	1515×1700×1900	1320	1440	3800		
TYDZ—1000/10	1000	1	50	10000	0～10500	100	95	BJ	1	1855×1735×2330	2850	1520	5800	ZD200/20—220	装置总重 11500kg

续表 9-29

型号	额定容量（kVA）	相数	频率（Hz）	额定输入电压（V）	输出电压范围（V）	额定输入电流（A）	额定输出电流（A）	产品组成		外形尺寸（mm）（长×宽×高）	重量（kg）			伺服电动机型号	备注
								代号	台数		器身	油	总		
TYDZ—1000/10	1000	1	50	10000	0～10500	100	95	TZ	3	1140×1200×1690	630	740	1900	ZD200/20—220	装置总重 11500kg
TYDZ—1500/10	1500	1	50	10000	0～10500	161	143	BJ	1					ZD200/20—220	
								TZ	3						
TYDZ—2000/10	2000	1	50	1000	0～10500	201	190	BJ	1	1725×1920×2560	4140	2600	8600	ZD200/20—220	装置总重 17450kg
								TZ	3	850×1920×2060	1115	1110	2950		
TYDZ—2500/6.3	2500	1	50	6000	0～6300	422	397	BJ	1	2100×2180×2160	4544	2900	9900	ZD200/20—220	装置总重 21900kg
								TZ	4	860×2070×1960	1075	1135	3000		
TYSZ—50	50	3	50	380	0～430	76	67	TZ	1						
TYSZ—100	100	3	50	380	0～430	153	134	TZ	1						
TYSZ—150	150	3	50	380	0～430	229	201	TZ	1						
TYSZ—200	200	3	50	380	0～430	305	269	TZ	1	1360×1340×1550	830	660	2070	ZD200/20—220	
TYSZ—200	200	3	50	380	0～650	305	178	TZ	1	1360×1340×1550	830	660	2070	ZD200/20—220	
TYSZ—300	300	3	50	380	0～430	458	403	TZ	1	1400×1400×1660	1520	975	3200	ZD200/20—220	
TYSZ—300	300	3	50	400	0～420	449	412	TZ	1	1400×1400×1660	1520	975	3200	ZD200/20—220	
TYSZ—300	300	3	50	380	0～650	458	266	TZ	1	1440×1400×1660	1520	975	3200	ZD200/20—220	

TYDZ、TYSZ 型高压试验柱式调压器是专为高压试验设备配套而研制的调压电源，用于高压试验变压器的一次侧调压。

该产品广泛应用于高压电器及其材料的试验与研究，例如变压器、互感器、电抗器、电容器、开关、电缆、瓷套管、绝缘子和绝缘材料的研究院所和制造厂的测试中心、试验站等。

二、产品特点

(1) 阻抗电压低，能满足高电压试验（如污秽试验）的要求。

(2) 输出电压下限值很小（$\leqslant 1\% U_{2max}$）。

(3) 输出电压波形畸变很小，且与输入电压基本同相位。

(4) 平滑、无级、连续调节输出电压，且接触系统可靠无火花。

(5) 伺服电动机采用直流电动机，调压速度可在一定范围内调节。

(6) 运行噪声小。

三、型号含义

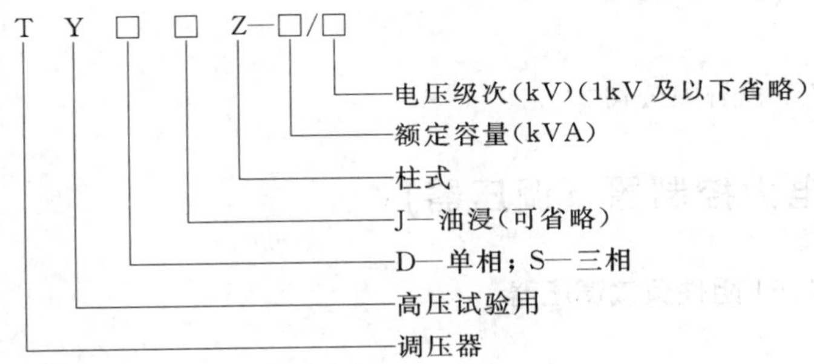

四、技术数据

该产品的技术数据，见表 9-29。

五、生产厂

上海森普电器研究所、上海森迪调压变压设备有限公司、上海桑科机电设备成套工程有限公司。

9.7 SVR 馈线自动调压器

一、概述

农网中一些 10kV 线路过长，或在排灌期间负荷大，导致电压波动较大，供电质量难以保证。SVR 系列馈线自动调压器在架空线中段或末端，对电压实施监测、控制、调节，确保输出电压为 10kV。此外，这种装置也可安装在变电站变压器出线侧，用于主变不具备调压能力的变电站。

二、产品特点

(1) 体积小，容量大，适合双杆安装。

(2) 自动跟踪输入电压变化稳定输出电压，电压调整精度高，动作可靠。

(3) 调压控制器控制工作采用工业级控制芯片，抗干扰能力强，可以适应户外恶劣条件。

(4) 设有当前档位显示，并可以显示输出电压、线路电流和设定值。

(5) 利用上下限位信号进行调压动作闭锁，防止各种方式下可能出现的误操作。

(6) 控制器设有RS232和RS485通信接口，实现近程无线抄表和数据设定，也可通过有线、无线、光缆实现与变电站上位机的通信。

三、技术数据

(1) 额定容量（kVA）：≤5000。

(2) 额定电压（kV）：10。

(3) 接线方式：三相三线制星形接线。

(4) 电压调整范围：输入电压10kV±20%；输出电压10kV。

(5) 分接开关档位：5～9档。

(6) 调压控制器测量精度：电流（0.5%）；电压（0.5%）。

(7) 动作延时（s）：0～999。

四、生产厂

西安森宝电气工程有限公司。

9.8 晶闸管电力控制器（调压器）

一、KTA1、KTF1阻性负载调压器

（一）用途

KTA1、KTF1阻性负载调压器是一种利用可控硅进行移相调压的电源设备，可以通过电位器或者通过仪表自动实现输出电压的无级连续调节。

该产品广泛适用于工业电器设备的调压、调速、加热及灯光控制，尤其适用于各种热贯性小、冷热态电阻率变化大的电加热装置。

（二）型号含义

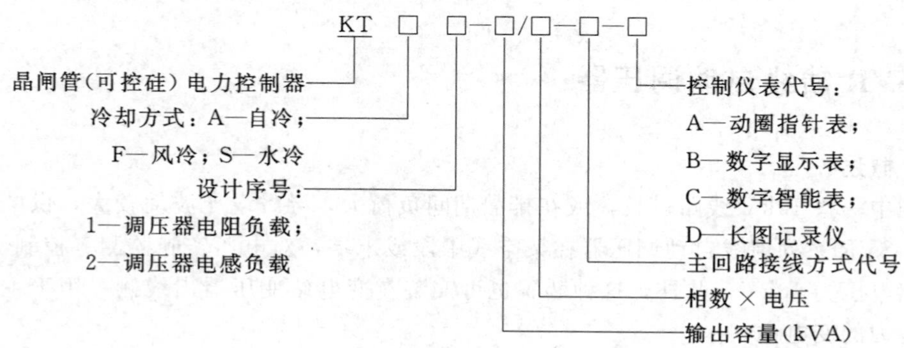

（三）技术数据

该产品技术数据，见表9-30。

表 9-30 KTA1、KTF1 阻性负载调功器技术数据

型　号	额定输出容量（kVA）	相数	输入电压（V）	输出电压（V）	输出电流（A）	结构形式	外形尺寸（mm）（长×宽×高）	生产厂
KTA1—2/1×220	2				9	不带数显仪表	160×275×80	
KTA1—5/1×220	5				23		160×400×80	
KTA1—10/1×220—Y	10	1	220		46		400×500×700	
KTA1—25/1×220—□—Y	25				114	自动控温，自冷	400×500×700	
KTA1—40/1×220—□—Y	40				182		500×400×1000	
KTF1—32/3×380—□—Y	32				49		500×400×1000	
KTF1—56/3×380—□—Y	56				86		500×500×1000	
KTF1—63/3×380—□—Y	63				97		600×500×1300	
KTF1—80/3×380—□—Y	80				123		600×500×1700	
KTF1—125/3×380—□—Y	125				193		600×500×1700	
KTF1—160/3×380—□—Y	160				246		800×600×2200	
KTF1—250/3×380—□—Y	250				385		800×600×2200	
KTF1—320/3×380—□—Y	320	3	380		493	自动控制，强迫风冷	800×600×2200	永嘉航空电气设备厂
KTF1—500/3×380—□—Y	500				770		1000×600×2200	
KTF1—640/3×380—□—Y	640				986		1000×600×2200	
KTF1—750/3×380—□—Y	750				1155		1100×600×2200	
KTF1—1000/3×380—□—Y	1000				1540		1200×650×2200	
KTF1—1200/3×380—□—Y	1200				1845		1200×650×2200	
KTF1—1400/3×380—□—Y	1400				2155		1300×700×2200	
KTF1—1500/3×380—□—Y	1500				2310		1300×700×2200	
KTF1—125/3×380—□—Y	125				193		600×500×1700	
KTF1—160/3×380—□—Y	160	3	380		247	程序控制，强迫风冷	800×600×2200	
KTF1—250/3×380—□—Y	250				385		800×600×2200	
KTF1—320/3×380—□—Y	320				493		800×600×2200	
KTA1—40/1×220×6	40	1	220		182	6台组装一柜	1000×600×2200	
KTF1—32/3×380×4	32	3	380		49	4台组装一柜	1000×600×2200	
KTA1—5.5/1×220	5.5				25		400×400×240	
KTA1—10/1×220	10				45		400×400×240	
KTF1—20/1×220	20		220	0～215	90		400×400×240	
KTF1—30/1×220	30				136		280×400×600	
KTF1—40/1×220	40	1			182		280×400×600	北京调压器厂
KTF1—63/1×220	63				286		500×500×1200	
KTF1—100/1×220	100		380	0～375	455		500×500×1200	
KTA1—9/1×380	9				24		400×400×240	

续表 9-30

型　　号	额定输出容量(kVA)	相数	输入电压(V)	输出电压(V)	输出电流(A)	结构形式	外形尺寸(mm)(长×宽×高)	生产厂
KTA1—16/1×380	16	1	380	0～375	42		400×400×240	北京调压器厂
KTA1—34/1×380	34				90		400×400×420	
KTA1—50/1×380	50				132		280×400×600	
KTA1—80/1×380	80				210		280×400×600	
KTA1—110/1×380	110				290		500×500×1200	
KTA1—180/1×380	180				474		500×500×1200	
KTA1—15/3×380	15	3			23		400×450×800	
KTA1—30/3×380	30				46		400×450×800	
KTA1—60/3×380	60				91		400×450×800	
KTA1—90/3×380	90				136		500×500×1200	
KTA1—125/3×380	125				190		500×500×1200	
KTA1—200/3×380	200				300		600×500×1600	
KTA1—320/3×380	320				485		800×600×2000	

二、KT1、KT3 晶闸管交流电力控制器（调压器）

（一）概述

KT1、KT3 晶闸管交流电力控制器可用于 50～60Hz 电网的单相、三相系统，广泛适用于铁铬、铁铬铝、远红外发热元件的温度控制，硅化硅、二硅化钼、钨、钼、钼、铌等发热元件的温度控制，盐浴炉、工频感应炉、熔融玻璃的温度控制，整流变压器、电炉变压器、斯考特变压器、电力变压器一次侧电压控制，磁性调压器、饱和电抗器的直绕组激磁控制，三相力矩电动机、单相串激电动机速度控制，电压、电流、功率、灯光平滑无级调节及恒定控制。

该产品控制方式为手动控制（电位器）、PID 连续控制、PID 断续控制、通—断控制、电压控制。

该产品供选择电路有恒电流回路（C）、恒电压回路（V）、恒功率回路（W）、线性化回路（L）、长时间软启动（S）、加热器断线检测（H）。

（二）技术数据

（1）相数：KT1 单相调压，KT3 三相调压。

（2）触发方式：相控、移相触发。

（3）输出调节范围：输入电压的 0～98%。

（4）适用负荷：电阻负荷电感负荷变压器一次侧。

（5）控制输入信号：

1）通断接点。

2）电流信号：DC4～20mA（250Ω），0～10mA（820Ω），1～5mA（1.5kΩ）及其它电流信号。

3）电压信号：DC1～5V（10kΩ）。

（6）技术数据，见表 9-31。

表 9-31 KT1、KT3 晶闸管交流电力控制器（调压器）技术数据

型号	额定电压（V）	额定电流（A）	额定容量（kVA）	型号	额定电压（V）	额定电流（A）	额定容量（kVA）
KT1—2030□	220	30	6.5	KT3—2030□	220	30	11.5
KT1—4030□	380		11.5	KT3—4030□	380		19.5
KT1—2050□	220	50	11.0	KT3—2050□	220	50	19.0
KT1—4050□	380		19.0	KT3—4050□	380		33.0
KT1—2075□	220	75	16.5	KT3—2075□	220	75	28.5
KT1—4075□	380		28.5	KT3—4075□	380		49.0
KT1—2100□	220	100	22.0	KT3—2100□	220	100	38.0
KT1—4100□	380		38.0	KT3—4100□	380		66.0
KT1—2150□	220	150	33.0	KT3—2150□	220	150	57.0
KT1—4150□	380		57.0	KT3—4150□	380		99.0
KT1—2250□	220	250	55.0	KT3—2250□	220	250	95.0
KT1—4250□	380		95.0	KT3—4250□	380		165.0
KT1—2350□	220	350	77.0	KT3—2350□	220	350	133.0
KT1—4350□	380		133.0	KT3—4350□	380		230.0
KT1—2450□	220	450	99.0	KT3—2450□	220	450	171.0
KT1—4450□	380		171.0	KT3—4450□	380		296.0
KT1—2600□	220	600	132.0	KT3—2600□	220	600	228.0
KT1—4600□	380		228.0	KT3—4600□	380		395.0
KT1—2800□	220	800	176.0	KT3—2800□	220	800	305.0
KT1—4800□	380		304	KT3—4800□	380		528

（三）生产厂

上海电器股份有限公司电压调整器厂。

9.9 感应移相器

一、用途

TXSGA、TXSA 型感应移相器适用于仪表校验、离子整流、电解设备配套、电子及科研等单位使用，当输入电压恒定时作为调整输出电压相角的设备，能实现在带负载情况下平滑、无级地调节输出电压的相位角。该产品寿命长、运行可靠、使用和维护方便。

二、型号含义

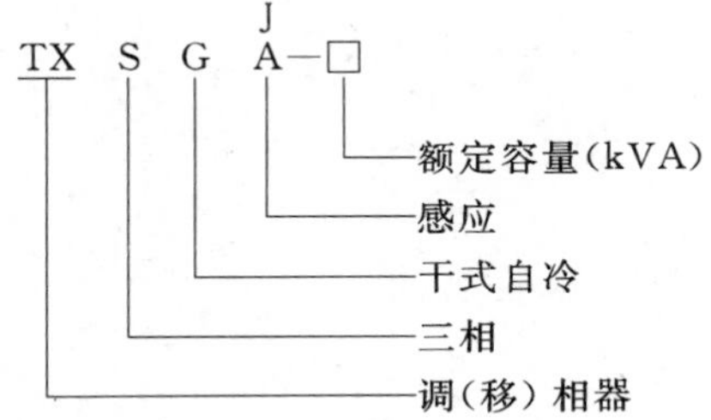

三、产品结构

移相器的结构类似一般线绕式异步电动机，但由于经常处于制动状态下工作，又与变压器作用原理相似。

感应移相器结构由主体和传动控制组成。主体分立式及卧式安装。移相器的绕组一般是双层短节距叠绕组。传动控制为电动、手动，手动式用于1kVA及以下，在端盖上装置有刻度盘与指针，以指示移转相位角。传动装置是由2对蜗轮、蜗杆、手轮、传动电动机（即伺服电动机，采用标准型三相异步电动机）、行程开关（按钮）及限位器等组成。当转子相对角位置改变后，虽然绕组感应电势的大小不变，但改变了定子绕组与转子绕组的感应电势相位，即达到移相目的。定、转子绕组连接可为星形（Y），也可为三角形（△）。感应移相器与一般感应调压器不同，绕组为双卷式的。

四、技术数据

该产品技术数据，见表9-32。

表9-32 TXSGA、TXSA型感应移相器技术数据

型号	额定容量(kVA)	额定电压(V)		额定输出电流(A)	总损耗(75℃)(W)	空载电流(A)	调相角度(°)	接线方式	外形尺寸(mm)(长×宽×高)	重量(kg)	生产厂
		输入	输出								
TXSGA—1	1	220/380	220/380	2.62/1.52	200	1.34/0.77	±180	△/Y	350×320×450	52	上海电器股份有限公司电压调整器厂
TXSGA—7.5	7.5			19.7/11.4	750	8.0/4.6			570×450×990	300	
TXSA—20	20			52.5/30.4	3360	17.8/10.3			ϕ880×1300	450	
TXSGA—1	1	220/380	220/380	2.63/1.52	200		±180	△/Y	350×320×450	52	吉林省长春调压器厂
TXSGA—7.5	7.5			19.8/11.5	200				574×450×990	300	
TXSGA—20	20			52.7/30.4	2250				880×880×1300	450	

第10章 调 功 器

调功器是一种可控硅作为交流电源过零无触点开关的控制设备，广泛应用于冶金、建材、化工、轻纺、电子、汽车等行业的电加热、控温及可以自动连续调节功率的场所。装置主要电路采用大功率晶闸管为电力电子开关元件，通过控制零脉冲数来调节输出功率。

对电加热场合的温度进行高精度控制，是提高产品品质因素和成品率的主要条件。采用高新技术实现电加热工艺过程的温度自动控制、程序控制，是提高被加工工件质量、降低电耗、提高经济效益的重要途径。随着微电子技术的发展，不断开发了新一代全电子式调功触发器。国家科学技术委员会成果办公室发文［（93）国科成果办字第126号］，推荐采用浙江省永嘉航空电气设备厂与中国航空工业设计院合作研制成功的KTA3、KTF3系列微电子调功器。该产品在消化、吸收国外先进技术基础上，触发回路采用可控硅触发模块和时间比例转换模块。该模块不需同步变压器及脉冲变压器，采用光电耦合器作信号隔离，并经封装处理，具有抗干扰性能强、防腐蚀性能好等特点。控制回路采用以微处理器为核心的智能数字温度显示检测和记录仪表，对八段温度曲线进行PID运算和程序控制，具有程序设定、打印记录、故障检测、报警及自动处理等功能。该产品还可利用工业控制计算机对整个车间炉群或烘道的数十个测温点的工艺过程同时进行闭环群控、人机对话、屏幕显示和打印机打印工艺参数、动态参数汉字清单，并可与上位管理计算机通讯形成网络化。

KTA3、KTF3系列微电子调功器为节能新产品推广使用。

10.1 KTA3、KTF3系列自动控温微电子调功器

一、概述

KTA3、KTF3系列自动控温微电子调功器是由浙江省永嘉航空电气设备厂与中国航空工业设计院在吸收消化国外先进技术基础上合作研制的新产品，是一种闭环控制的温度调节装置，适用于镍铬、铁铬铝、远红外、碳化硅、二氧化钼、钨、钽、钼、铌或辐射管等为发热元件的温度控制场合。

该产品由周波控制模块、晶闸管过零触发模块及可控硅（晶闸管）元件、智能数显温度调节仪组成触发控制，进行PTD参数自整定调节，输出0～10mA或4～20mA信号，对输出功率进行周波数控制，连续平滑地输出功率。由电流互感器、快速熔断器、温度继电器、压敏电阻等组成的保护报警系统。

该产品具有体积小、重量轻、控温精度高、无波形畸变、功率因数好、节约电能、抗干扰能力强、结构简单、维护方便、防腐蚀性能好、寿命长、效率高等优点，是电加热自动控制系统中一种最为理想的新一代执行装置。

KTA3、KTF3系列自动控温微电子调功器各项技术指标符合国家JB 3283—83等标准要求。

适用范围：

(1) 线性电阻炉负载，如加热元件的各种电阻炉、真空炉、井式炉等电炉、加热罐、烘道。

(2) 负载电阻由电源直接供电而不需要经过变压器匹配的场合。

(3) 需要按照一定的工艺程序及速度（升温速度—恒温时间—降温速度）进行自动控温、巡回检测和记录的生产场合、对整个车间电炉炉群的数十个测温点进行群控的生产场合和科研单位使用。

二、型号含义

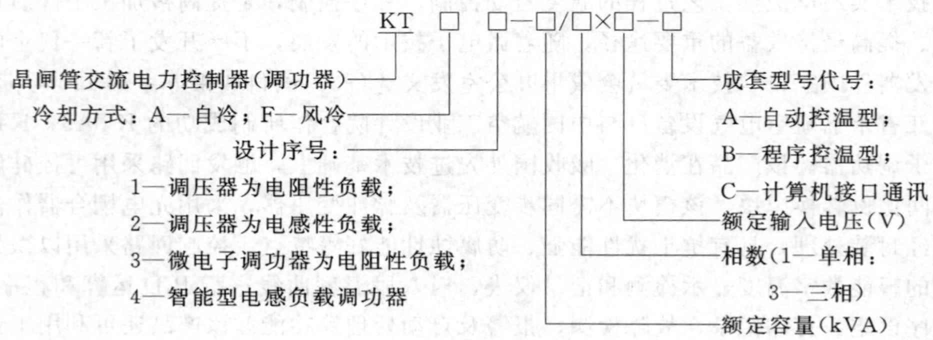

三、使用条件

(1) 海拔（m）：≤2000。

(2) 周围介质温度（℃）：－10～＋50。

(3) 空气相对湿度（%）：≤95。

(4) 无化学腐蚀、爆炸性气体、剧烈震动和冲击场合。

(5) 户内使用（应有良好的通风条件）。

四、工作原理

自动控温微电子调功器采用周波过零与周期过零触发两种方式，将可控硅以开关工作状态串接在电源与负载之间，改变设定周期内的导通率（导通周波数）就能调节输出功率的大小。各结构环节的组成和工作原理，见图10-1。

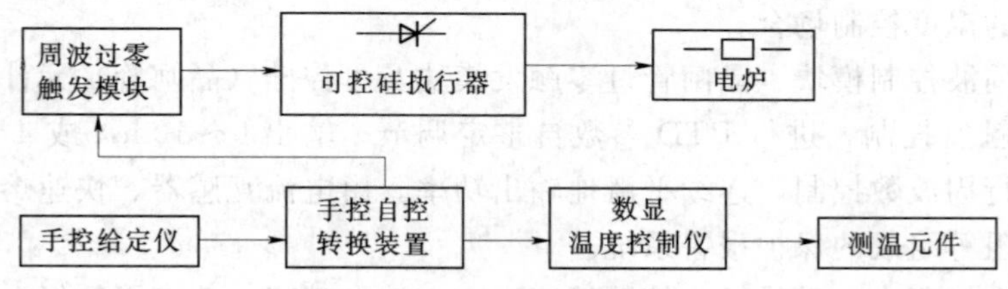

图10-1　KTA3、KTF3系列自动控温微电子调功器工作原理

该产品可实现手动控制及自动控制。将开关拨向正手动旋钮可改变输出功率大小；开

关拨向自动位置时，数显调节检测控温仪可实现对电炉的自动控制。

过流保护。凡发生熔丝断、过电流、温度异常、LED显示及报警接点输出，即铃响报警。

五、技术数据

(1) 输出电流（A）：2～2310。

(2) 额定容量（kVA）：单相2～160，三相32～1500。

(3) 频率（Hz）：50，60。

(4) 额定输入电压（V）：220，380。

(5) 负载电压（V）：215，375。

(6) 负载接法：Y或△。

(7) 控温精度（%）：±0.2，±0.5。

(8) 负载功率因数：cosϕ=1。

(9) 设定调节周期（s）：0～13。

(10) 输出调节范围：额定容量的0～100%。

(11) 绝缘耐压（V）：单相2000/min；三相2800/min。

(12) 控制方式：自动/手动。

(13) 工作方式：连续/断续。

(14) 输入信号：随传感器而定。

技术数据见表10-1。

表10-1 KTA3、KTF3系列微电子调功器技术数据

型号及规格	额定输出容量（kVA）	相数（C）	额定输入电压（V）	额定输入电流（A）	结构形式	外形尺寸（mm）（长×宽×高）
KTA3—2/1×220	2	1	220	9	不带数显仪表	160×275×80
KTA3—5/1×220	5	1	220	23	不带数显仪表	160×400×80
KTA3—10/1×220—Y	10	1	220	46	自动控温、自冷	400×500×700
KTA3—25/1×220—□—Y	25	1	220	114	自动控温、自冷	400×500×700
KTA3—40/1×220—□—Y	40	1	220	182	自动控温、自冷	500×400×1000
KTF3—32/3×380—□—Y	32	3	380	49	自动控制、强迫风冷	500×400×1000
KTF3—56/3×380—□—Y	56	3	380	86	自动控制、强迫风冷	500×500×1000
KTF3—63/3×380—□—Y	63	3	380	973	自动控制、强迫风冷	600×500×1300
KTF3—80/3×380—□—Y	80	3	380	123	自动控制、强迫风冷	600×500×1700
KTF3—125/3×380—□—Y	125	3	380	193	自动控制、强迫风冷	600×500×1700
KTF3—160/3×380—□—Y	160	3	380	246	自动控制、强迫风冷	800×600×2200
KTF3—250/3×380—□—Y	250	3	380	385	自动控制、强迫风冷	800×600×2200
KTF3—320/3×380—□—Y	320	3	380	493	自动控制、强迫风冷	800×600×2200
KTF3—500/3×380—□—Y	500	3	380	770	自动控制、强迫风冷	1000×600×2200

续表10-1

型号及规格	额定输出容量(kVA)	相数(C)	额定输入电压(V)	额定输入电流(A)	结构形式	外形尺寸(mm)(长×宽×高)
KTF3—640/3×380—□—Y	640	3	380	9855	自动控制、强迫风冷	1000×600×2200
KTF3—750/3×380—□—Y	750	3	380	1155	自动控制、强迫风冷	1100×600×2200
KTF3—1000/3×380—□—Y	1000	3	380	1540	自动控制、强迫风冷	1200×650×2200
KTF3—1200/3×380—□—Y	1200	3	380	1845	自动控制、强迫风冷	1200×650×2200
KTF3—1400/3×380—□—Y	1400	3	380	2155	自动控制、强迫风冷	1300×700×2200
KTF3—1500/3×380—□—Y	1500	3	380	2310	自动控制、强迫风冷	1300×700×2200
KTF3—1800/3×380—□—Y	1800	3	380	2760	自动控制、强迫风冷	1400×700×2200
KTA3—40/1×220×6	40	1	220	182	6台组装一柜	1000×600×2200
KTF3—32/3×380×4	32	3	380	49	4台组装一柜	1000×600×2200

注 1. 自动控温型配用AL808(与欧陆808相同)×m系列数显温度调节仪，在“型号”栏方格中填“A”。
2. 程序控温型配微电脑高精度程序控温仪和微型打印机(或中长图记录仪)，在“型号”栏中填“B”。

六、外形及安装尺寸

KTA3、KTF3系列自动控温微电子调功器外形及安装尺寸，见图10-2。

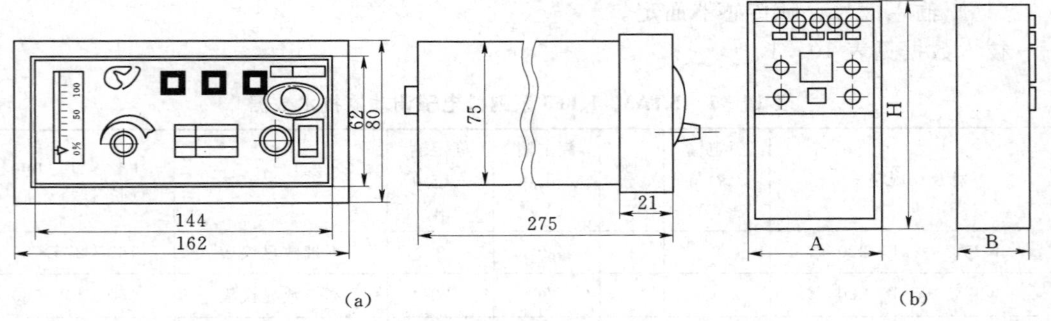

图10-2 KTA3、KTF3系列调功器外形及安装尺寸
(a) KTA3—3/1型；(b) KTA3—5/1～40/1、KTF3型

七、订货须知

订货时必须提供产品型号、外形、色调、负载接法及配用仪表的型号与检测传感器的分度号、测温范围(量程)。防潮、防霉、防尘雾产品必须说明“TH”。如留计算机接口或需计算机软件配套应予说明。

八、生产厂

永嘉航空电气设备厂。

10.2 KTA3、KTF3阻性负载调功器

一、用途

该产品是一种可控硅作为交流电源过零无触点开关的控制设备。在设定周期内通过控

制正弦波导通周波数，实现输出功率的调节。该产品广泛适用于冶金、建材、化工、轻纺等行业的电加热设备。

二、产品特点

(1) 过零触发方式，正弦波输出。

(2) 前馈控制，输出功率。

(3) 手动/自控无扰动切换。

三、型号含义

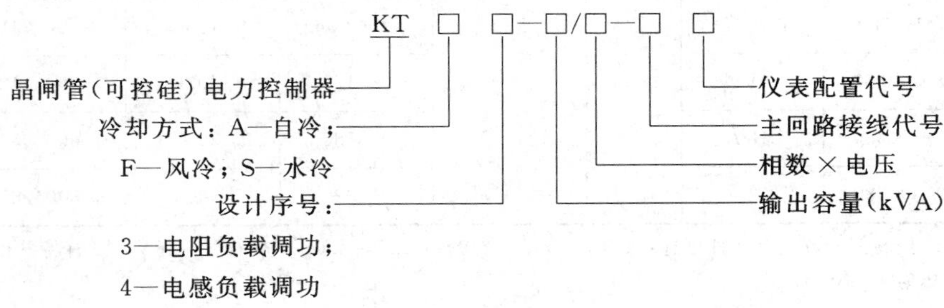

四、技术数据

KTA3、KTF3 阻性负载调功器技术数据，见表 10-2。

表 10-2 KTA3、KTF3 阻性负载调功器技术数据

型号	容量(kVA)	相数	输入电压(V)	输出功率范围(kVA)	输出电流(A)	外形尺寸(mm)(长×宽×高)
KTA3—5.5/1×220	5.5	1	220	0~5.5	25	360×450×710
KTA3—10/1×220	10			0~10	45	360×450×710
KTF3—20/1×220	20			0~20	90	360×450×710
KTF3—30/1×220	30			0~30	136	360×450×710
KTF3—40/1×220	40			0~40	200	360×450×710
KTF3—60/1×220	60			0~60	300	500×420×1200
KTA3—9/1×380	9	1	380	0~9	25	360×450×710
KTA3—16/1×380	16			0~16	45	360×450×710
KTF3—34/1×380	34			0~34	90	360×450×710
KTF3—50/1×380	50			0~50	136	360×450×710
KTF3—80/1×380	76			0~76	200	360×450×710
KTF3—100/1×380	110			0~110	300	500×420×1200
KTF3—200/1×380	190			0~190	500	500×420×1200

续表 10-2

型　　号	容量(kVA)	相数	输入电压(V)	输出功率范围(kVA)	输出电流(A)	外形尺寸 (mm)(长×宽×高)
KTA3—15/3×380	15	3	380	0～15	25	500×420×1200
KTA3—30/3×380	30			0～30	45	500×420×1200
KTF3—60/3×380	60			0～60	90	500×420×1200
KTA3—90/3×380	90			0～90	136	500×420×1200
KTF3—125/3×380	125			0～125	200	500×420×1200
KTF3—180/3×380	180			0～180	300	660×500×1800
KTF3—320/3×380	320			0～320	500	800×650×2000

注　外接输入控制信号方式有4种可选：1.4～20mA，2.0～10mA，3.0～5V，4.0～10V。没有特殊说明时，出厂给定方式为4～20mA。

五、生产厂

北京调压器厂。

10.3　KTA4、KTF4系列智能型电感负载调功器

一、用途

KTA4、KTF4系列智能型电感负载调功器广泛应用于工频感应炉、盐浴淬火炉、二硅化钼电炉等感性及带变压器的电炉行业，作温度自动控制器使用。

二、型号含义

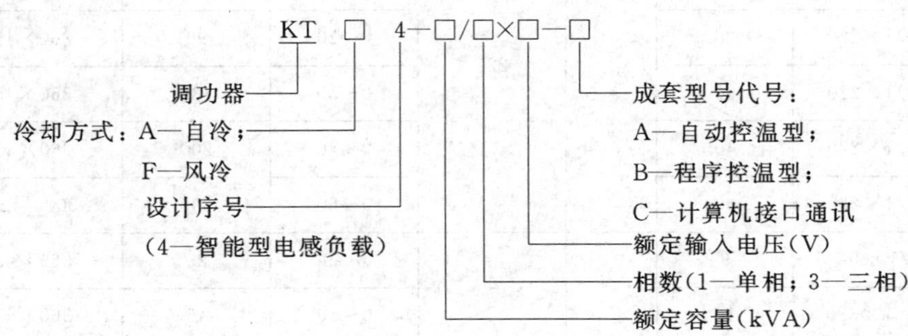

三、产品特点

KTA4、KTF4系列智能型电感负载调功器是以微处理为核心的新型调功器，采用软启动技术自动检测负载功率因数，在最佳相位转换为过零触发调功模式，可在出现浪涌电流时截止触发，具有输出波形不失真、不产生电网高频干扰、效率高、操作简单、自动化程度高等特点。

该产品符合我国JB 3283—83、日本JEC 214—1983等标准要求。

四、使用条件

(1) 环境温度（℃）：0～40。

(2) 相对湿度（%）：≤95。

(3) 海拔（m）：<1200。

五、技术数据

KTA4、KTF4 系列智能型电感负载调功器技术数据，见表 10-3。

表 10-3 KTA4、KTF4 系列智能型电感负载调功器技术数据

型号	额定容量（kVA）	相数	额定输入电压（V）	额定输出电压（V）	额定输出电流（A）	结构形式	外形尺寸（mm）（长×宽×高）	重量（kg）
KTA4—25/1×220	25	1	220	217	114	自动控制，自冷	400×300×700	
KTA4—40/1×220	40				182		500×400×900	
KTA4—100/1×220	100				454		600×500×1300	
KTA4—160/1×220	160				727		600×500×1300	
KTF4—32/3×380	32	3	380	375	49	自动控制，强迫风冷	500×400×900	80
KTF4—56/3×380	56				86		500×400×1300	90
KTF4—63/3×380	63				97		600×500×1300	95
KTF4—80/3×380	80				123		600×500×1800	115
KTF4—125/3×380	125				193		700×500×1800	145
KTF4—160/3×380	160				246		800×600×1800	150
KTF4—250/3×380	250				385		800×600×2200	250
KTF4—320/3×380	320				493		800×600×2200	270
KTF4—500/3×380	500				770		1000×600×2200	350
KTF4—640/3×380	640				985		1000×600×2200	
KTF4—750/3×380	750				1155		1100×650×2200	
KTF4—32/1×380	32	1	380	375	84	自动控制，强迫风冷	500×400×900	50
KTF4—56/1×380	56				147		500×400×900	60
KTF4—63/1×380	63				166		500×400×900	65
KTF4—80/1×380	80				210		600×500×1300	75
KTF4—125/1×380	125				329		600×500×1300	80
KTF4—160/1×380	160				421		600×500×1800	90

六、外形及安装尺寸

该产品外形及安装尺寸，见图 10-3。

七、生产厂

永嘉航空电气设备厂。

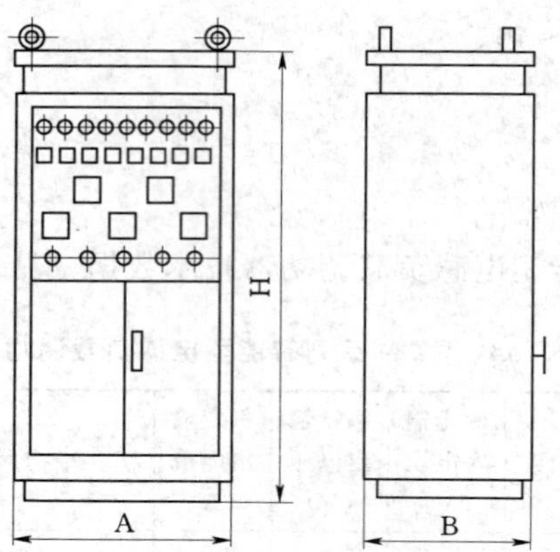

图10-3 KTF4系理智能型电感负载调功器外形尺寸

10.4 KT3—Z系列晶闸管交流电力控制器（调功器）

一、概述

KT3—Z系列晶闸管交流电力控制器，是上海电器股份有限公司引进日本专有技术经消化吸收研制的产品。在主回路采用了可控硅和二极管组成的模块式结构或组件，在控制回路中采用了专用厚膜集成电路，使产品具有体积小、重量轻，同时功能和可靠性又提高了一步。根据需要，可按不同控制信号方式换接控制接点的连接，就能得到不同的控制特性曲线。

该产品又称调功器，具有操作方便、可靠性高等优点，在各个领域中被广泛使用。

二、型号含义

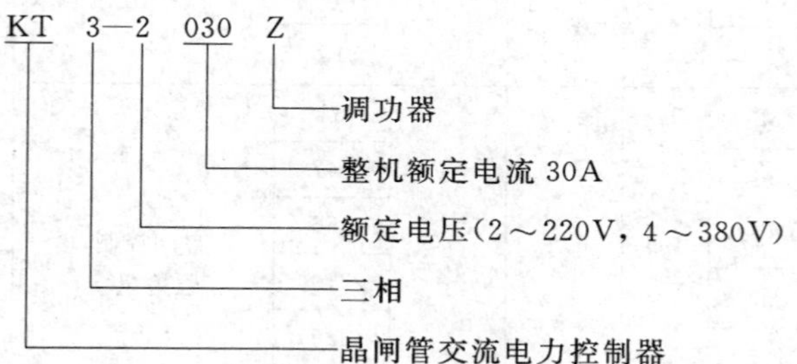

三、技术数据

(1) 额定输入电压（V）：(AC) 220，380。

(2) 允许电压波动范围：额定输入电压的±10%。

(3) 额定频率（Hz）：50，60（可通过控制端子换接）。

(4) 额定电流（环境温度40℃）(A)：30，50，100，150，250，350，450，600，800。

（5）控制电源容量（VA）：30（220V AC）。

（6）风扇电源功率（VA）：75（220V AC）。

（7）输出周波数控制范围（%）：0～100。

（8）斜率设定范围（%）：0～100。

（9）下点设定范围（%）：0～100。

（10）环境温度（℃）：－5～＋40（湿度 90%以下）。

（11）保存温度（℃）：－10～＋70。

（12）负载性质：阻性。

（13）控制信号：①接点信号：通—断接点信号。②电流信号：4～20mA（DC），输入阻抗 250Ω；1～5mA（DC），输入阻抗 1.5kΩ；0～10mA（DC），输入阻抗 820Ω。③电压信号：1～5V（DC），输入阻抗 10kΩ。

（14）保护方式：过流、短路、过热保护。

（15）报警输出：250V（AC）、0.5A 或 27V（DC）、2A（常开接点）。

（16）绝缘电阻（MΩ）：>20（用 500V 兆欧表）。

（17）冷却方式：自冷，风冷（100A 以上），水冷（800A）。

四、外形及安装尺寸

KT3—Z 系列调功器外形尺寸，见表 10－4 及图 10－4。

表 10－4 KT3—Z 系列晶闸管交流电力控制器（调功器）外形及安装尺寸

型号	额定电流（A）	冷却方式	外形尺寸（mm）						重量（kg）	内部发热量（W）
			A	B	C	D	E（高）	M		
KT3—□030Z	30	自冷	260	190	470	490	265	M6	20	144
KT3—□050Z	50		260	190	470	490	265	M6	20	225
KT3—□075Z	75		356	240	485	505	290	M8	26	315
KT3—□100Z	100		356	240	485	505	290	M8	26	420
KT3—□150Z	150	风冷	420	300	573	610	370	M10	40	630
KT3—□250Z	250		420	300	573	610	370	M10	40	1088
KT3—□350Z	350		575	480	750	780	440	M10	58	1532
KT3—□450Z	450		575	480	750	780	440	M10	58	2165
KT3—□600Z	600		575	480	(800)	(830)	(460)	M10	(65)	
KT3—□800Z	800	水冷	700			1800	700		(180)	

五、生产厂

上海电器股份有限公司电压调整器厂。

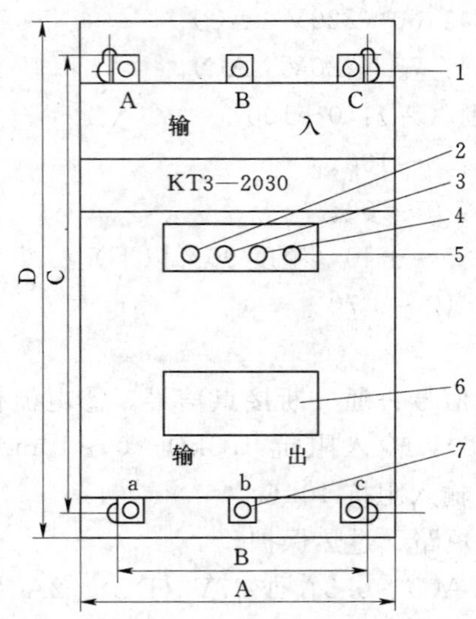

图 10-4　KT3—Z系列晶闸管交流电力控制器（调功器）外形及安装尺寸

1—电源输入端；2—过电流显示窗；3—超温显示窗；4—快熔断显示窗；5—负载断线显示窗；6—TK3—2030Z主要技术参数；7—负载输出端子安装螺栓

10.5　单相GBC2M—3数字调压调功器

一、概述

GBC2M—3系列单相晶闸管调压调功器是移相与过零触发综合型晶闸管电力控制器，采用数字电子线路控制；给定信号多种选择，开环控制；如需恒压、恒流、恒功率等闭环功能，请选择北京佳凯中兴自动化技术有限公司的ZK1000系列可控硅调压器。

如需带RS485通信功能，请选择北京佳凯中兴自动化技术有限公司的JK1S系列全数字晶闸管功率控制器。

本调压器设计紧凑、功能完善、体积小、重量轻、使用维护方便。

适用于阻性负载、感性负载、变压器一次侧。可广泛应用于工业各领域的电压、电流、功率连续调节。

二、产品特点

调功调压一体化功能。

自动控制、手动控制功能，切换无扰动。

可选择限压、限流、过流保护功能。

外部开关量控制软启动与软停车，避免电流冲击。

完善的过流、过热等保护。

三、技术数据

单相GBC2M—3数字调压调功器技术数据，见表10-5。

表 10－5 单相 GBC2M—3 数字调压调功器技术数据

项目	数据
电 源	1ϕ AC220V、380V±15% 50/60Hz
输出电压	0～95%输入电压
输出电流	AC25～3000A
适用负载	电阻性负载、电感性负载、变压器一次侧
给定信号	DC0～5V、DC0～10V、DC4～20mA、外部电位器等
斜坡时间	软启动、软停止时间：1～120s，可调
限流特性	限制输出电流在额定值范围内
调节精度	优于 1%
过流保护	输出电流≥2 倍额定值时，10ms 内截止输出
过热保护	主回路晶闸管温度>75℃，截止输出

四、外形及安装尺寸

单相 GBC2M—3 数字调压调功器外形及安装尺寸，见表 10－6。

表 10－6 单相 GBC2M—3 数字调压调功器外形及安装尺寸

项 目	型号代码	规 格	
单相数字调压调功器	GBC2M—3—	基本功能：移相调压，锁相环同步，宽脉冲触发 调节分辨率：0.2°（调压），20ms（调功） 缓启动时间：0.2～120s 可调 缓停时间：10s 报警输出：常开接点 1A 250V AC 环境温湿度：0～40℃，90%RH 最大	
1. 控制输入	4	4～20mADC，接收电阻：120Ω	
	5	0～5V DC，输入电阻：10kΩ	
	10	0～10V DC，输入电阻：10kΩ	
2. 触发方式	T—	触发反并联可控硅	
3. 电流容量/参考尺寸（控制板选型不含此项）	020—	20A	220（长）×124（宽）×167（高）
	030—	30A	220（长）×124（宽）×167（高）
	040—	40A	220（长）×124（宽）×167（高）
	050—	50A	220（长）×124（宽）×167（高）
	080—	80A	245（长）×162（宽）×200（高）
	100—	100A	245（长）×162（宽）×200（高）
	150—	150A	290（长）×164（宽）×258（高）
	200—	200A	290（长）×164（宽）×258（高）
	300—	300A	320（长）×175（宽）×300（高）
	350—	350A	320（长）×175（宽）×300（高）
	400—	400A	400（长）×175（宽）×350（高）
	500—	500A	400（长）×175（宽）×350（高）
	600—	600A	非标定制
	800—	800A	非标定制
	1000—	1000A	非标定制
4. 电流限制和过流报警	N—	无	
	C—	带电流限制功能和过流报警	
5. 调功方式	U00	无	
	U01	阻性调功	

五、生产厂

北京佳凯中兴自动化技术有限公司。

10.6 ZKZ3三相两控型交流调功器

一、概述

ZKZ3三相两控交流调功型数字可控硅触发板是过零触发专用晶闸管电力控制器，采用数字电子线路控制；给定信号多种选择，开环控制；如需恒压、恒流、恒功率等闭环功能，可选择北京佳凯中兴自动化技术有限公司的KTY399系列可控硅调压器。

如需带RS485通信功能可选择北京佳凯中兴自动化技术有限公司的JK3S系列全数字晶闸管功率控制器。

本调压器设计紧凑、功能完善、体积小、重量轻、使用维护方便。

适用于阻性负载。可广泛应用于工业各领域的电压、电流、功率控制。

二、产品特点

周波过零变周期与PWM定周期一体化功能。

自动控制、手动控制功能，切换无扰动。

可选择过流保护功能。

完善的过流、过热等保护。

三、技术数据

ZKZ3三相两控型交流调功器技术数据，见表10-7。

表10-7 ZKZ3三相两控型交流调功器技术数据

电源	1ϕ AC220V、380V±15% 50/60Hz
输出电压	0～95%输入电压
输出电流	AC25～3000A
适用负载	电阻性负载、电感性负载、变压器一次侧
给定信号	DC0～5V、DC0～10V、DC4～20mA、外部电位器等
斜坡时间	软启动、软停止时间：1～120s，可调
限流特性	限制输出电流在额定值范围内
调节精度	优于1%
过流保护	输出电流≥2倍额定值时，10ms内截止输出
过热保护	主回路晶闸管温度>75℃，截止输出

四、外形及安装尺寸

ZKZ3三相两控型交流调功器外形及安装尺寸，见表10-8。

表 10－8 ZKZ3 三相两控型交流调功器外形及安装尺寸

项　　目	型号代码	规　　格	
单相数字调压调功器	GBC2M—3—	基本功能：移相调压，锁相环同步，宽脉冲触发 调节分辨率：0.2°（调压），20ms（调功） 缓启动时间：0.2～120s 可调　缓停时间：10s 报警输出：常开接点　1A　250V　AC 环境温湿度：0～40℃，90%RH 最大	
1. 控制输入	4	4～20mA DC，接收电阻：120Ω	
	5	0～5V DC，输入电阻：10kΩ	
	10	0～10V DC，输入电阻：10kΩ	
2. 触发方式	T—	触发反并联可控硅	
3. 电流容量/参考尺寸（控制板选型不含此项）	020—	20A	220（长）×124（宽）×167（高）
	030—	30A	220（长）×124（宽）×167（高）
	040—	40A	220（长）×124（宽）×167（高）
	050—	50A	220（长）×124（宽）×167（高）
	080—	80A	245（长）×162（宽）×200（高）
	100—	100A	245（长）×162（宽）×200（高）
	150—	150A	290（长）×164（宽）×258（高）
	200—	200A	290（长）×164（宽）×258（高）
	300—	300A	320（长）×175（宽）×300（高）
	350—	350A	320（长）×175（宽）×300（高）
	400—	400A	400（长）×175（宽）×350（高）
	500—	500A	400（长）×175（宽）×350（高）
	600—	600A	非标定制
	800—	800A	非标定制
	1000—	1000A	非标定制
4. 电流限制和过流报警	N—	无	
	C—	带电流限制功能和过流报警	
5. 调功方式	U00	无	
	U01	阻性调功	

五、生产厂

北京佳凯中兴自动化技术有限公司。

第11章 稳 压 器

11.1 感应自动调压稳压器

一、TN_S^D (J) A、TN_S^DGA 型感应自动调压稳压器

（一）用途

TN_S^D（J）A 型油浸自冷感应自动调压稳压器、TN_S^DGA 型干式自冷感应自动调压稳压器为一般通用稳压电源，寿命长，维护简单，广泛应用于工农业生产、广播电视、邮电通信、建筑工程等。当电网电压在允许范围内波动时，通过调压器自动调节，使输出电压调到额定值，并稳定在一定的精度范围内。

（二）型号含义

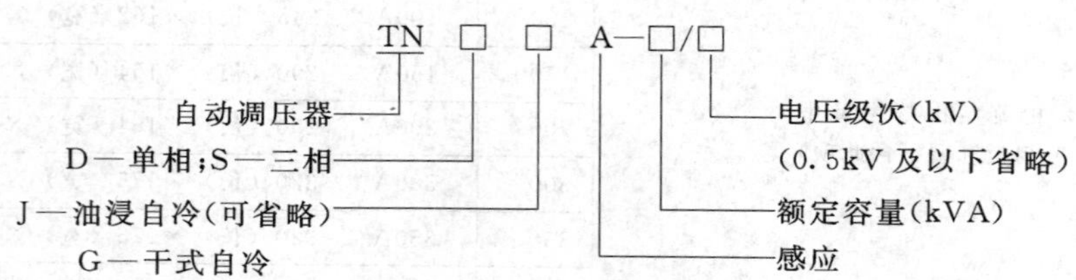

（三）工作原理

感应自动调压器（感应稳压器）由感应调压器 T、伺服电动机 D、控制器 ZK 组合一闭环控制系统，见图 11-1。感应调压器为执行元件，控制器为控制元件。控制器的量测环节从感应调压器二次侧（负载端）测得的信号电压值与给定值相比较，再将偏差送至放大环节，经放大后，驱动感应调压器的伺服电动机。对感应调压器进行自动调节直至调压器输出电压恢复到额定值，且保持在一定的精度范围内为止。

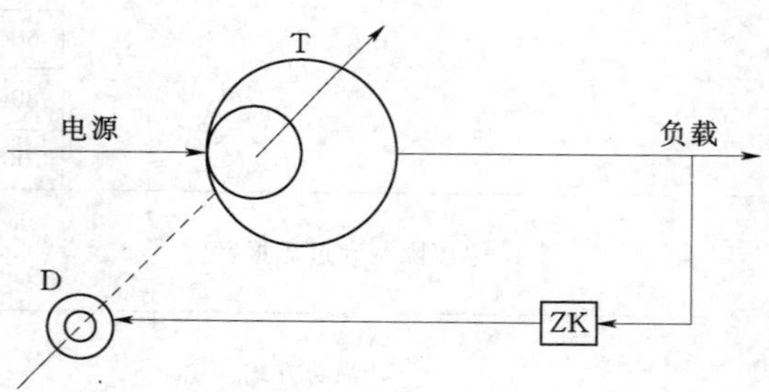

图 11-1　自动调压器系统方框图

T—感应调压器；D—伺服电动机；ZK—控制器

对同一台感应调压器一般既可以正接使用，也可以反接使用。

正接时，单相从 A、X 输入，a、x 输出。三相从 A、B、C 输入，a、b、c 输出，输入电压允许波动范围为$^{+10}_{-15}\% \times U_1$。

反接时，单相从 a、x 输出，A、X 输入。三相从 a、b、c 输入，A、B、C 输出，输入电压允许波动范围一般为±20%×U。

（四）产品结构

自动感应调压器结构分为器身、油箱及传动机构三大部分。

器身类似于堵转立式绕线异步电动机，由定子、转子、面板、底座组成，面板上有套管出线装置、注油器、传动机构。

油箱结构与一般电力变压器基本相同。

传动机构由伺服电动机、减速器、限位器组成。伺服电动机为一般三相鼠笼转子异步电动机。减速器为二级蜗轮蜗杆变速。限位器由停档、限制件、缓冲器、限位开关组成。控制方式有手动、电动。

（五）技术数据

TN_S^D（J）A 型油浸自冷自动感应调压器、TN_S^DGA 型干式自冷自动感应调压器技术数据，见表 11-1～表 11-3。

表 11-1 TN_S^D（J）A 型油浸自冷自动调压器技术数据

型号	额定容量（kVA）	相数	频率（Hz）	额定输入电压（V）	输入电压范围（V）	额定输出电压（V）	稳压精度（%）	额定输出电流（A）	总损耗（75℃）（W）	空载电流（A）	接法	生产厂
TND（J）A—25	25	1	50	220	±20	220	±1	114	900	11.2	反接	上海森普电器研究所、上海森迪调压变压设备有限公司
TND（J）A—35	35				+10 −15			159			正接	
TND（J）A—40	40			220	±20	220	±1	182	1250	17	反接	
TND（J）A—56	56				+10 −15			255			正接	
TND（J）A—63	63			220	±20	220	±1	286	1800	25	反接	
TND（J）A—90	90				+10 −15			409			正接	
TNS（J）A—40	40	3	50	380	±20	380	±1	60.8	1400	5.6	反接	
TNS（J）A—56	56				+10 −15			85.1			正接	
TNS（J）A—63	63			380	±20	380	±1	95.7	2000	8.5	反接	
TNS（J）A—90	90				+10 −15			137			正接	
TNS（J）A—100	100			380	±20	380	±1	152	2800	12.5	反接	
TNS（J）A—140	140				+10 −15			213			正接	
TNS（J）A—160	160			380	±20	380	±1	243	4000	19	反接	
TNS（J）A—225	225				+10 −15			342			正接	
TNS（J）A—250	250			380	±20	380	±1	380	5600	28	反接	
TNS（J）A—350	350				+10 −15			532			正接	

续表 11-1

型号	额定容量(kVA)	相数	频率(Hz)	额定输入电压(V)	输入电压范围(V)	额定输出电压(V)	稳压精度(%)	额定输出电流(A)	总损耗(75℃)(W)	空载电流(A)	接法	生产厂
TNS (J) A—400	400	3	50	380	±20	380	±1	608	8000	42.5	反接	上海森普电器研究所、上海森迪调压变压设备有限公司
TNS (J) A—560	560				+10 −15			851			正接	
TNS (J) A—630	630			380	±20	380	±1	957	11200	63	反接	
TNS (J) A—900	900				+10 −15			1367			正接	
TNS (J) A—1000	1000			380	±20	380	±1	1519	16000	95	反接	
TNS (J) A—1400	1400				+10 −15			2127			正接	
TNS (J) A—1000/6	1000			6000	±20	6000	±1	96.2	17000	8	反接	
TNS (J) A—1400/6	1400				+10 −15			135			正接	
TNS (J) A—1000/10	1000			10000	±20	10000	±1	57.7	18000	5	反接	
TNS (J) A—1400/10	1400				+10 −15			80.8			正接	
TNS (J) A—1600/6	1600			6000	±20	6000	±1	154	23600	11.8	反接	
TNS (J) A—2250/6	2250				+10 −15			217			正接	
TNS (J) A—1600/10	1600			10000	±20	10000	±1	92.4	25000	7.5	反接	
TNS (J) A—2250/10	2250				+10 −15			130			正接	
TNS (J) A—2500/6	2500			6000	±20	6000	±1	241	33500	18	反接	
TNS (J) A—3500/6	3500				+10 −15			337			正接	
TNS (J) A—2500/10	2500			10000	±20	10000	±1	144	35500	11.2	反接	
TNS (J) A—3500/10	3500				+10 −15			202			正接	
TNS (J) A—3500/6	3500			6000	±10	6000	±1	337	23600	11.8	正接	
TNS (J) A—3500/10	3500			10000	±10	10000	±1	202	25000	7.5	正接	
TNS (J) A—5600/6	5600			6000	±10	6000	±1	539	33500	18	正接	
TNS (J) A—5600/10	5600			10000	±10	10000	±1	323	35500	11.2	正接	

注 1. 具有正、反两种接法的自动调压器，以正接时的容量作为额定容量的标准称值。

2. 按频率50Hz设计的自动调压器，如果能满足在60Hz下的运行特性，则允许在60Hz的频率下运行，考核仍按频率50Hz及相应的性能参数进行考核。

表 11-2 $TN_S^D A$ 型油浸自冷自动调压器技术数据

型号	额定容量(kVA)	相数	频率(Hz)	额定输入电压(V)	输入电压变化范围(V)	额定输出电压(V)	稳压精度(%)	额定输出电流(A)	外形尺寸(mm)(长×宽×高)	重量(kg)		接线方式	生产厂
										器身	总体		
TNDA—35	25/35	1	50	220	±20 +10 −15	200	±1	113.6/159	880×880×1292	215	380	反接 正接	
TNDA—56	40/56	1	50	220	±20 +10 −15	200	±1	182/255	880×880×1292	241	420	反接 正接	
TNSA—56	40/56	3	50	380	±20 +10 −15	380	±1	60.8/85.1	880×880×1292	221	405	反接 正接	
TNSA—90	63/90	3	50	380	±20 +10 −15	380	±1	95.8/137	880×880×1292	248	450	反接 正接	
TNSA—140	100/140	3	50	380	±20 +10 −15	380	±1	152/213	1130×1130×1469	370	720	反接 正接	上海电器股份有限公司电压调整器厂
TNSA—220	160/220	3	50	380	±20 +10 −15	380	±1	243/334	1130×1130×1469	420	810	反接 正接	
TNSA—350	250/350	3	50	380	±20 +10 −15	380	±1	380/532	1200×1200×1660			反接 正接	
TNSA—560	400/560	3	50	380	±20 +10 −15	380	±1	608/851	1420×1420×1710			反接 正接	
TNSA—900	630/900	3	50	380	±20 +10 −15	380	±1	957/1367	1380×1380×2280			反接 正接	
TNSA—20/0.5	20				±20			31					
TNSA—50/0.5	50				±20			76					
TNSA—90/0.5	90				±20			137					
TNSA—140/0.5	140				±15			213					
TNSA—200/0.5	200				±20			304					
TNSA—250/0.5	250	3	50	380	±15	380	±1	380					常德恒力调压器有限公司
TNSA—300/0.5	300				±20			456					
TNSA—350/0.5	350				±15			532					
TNSA—400/0.5	400				±20			608					
TNSA—560/0.5	560				±15			851					
TNSA—900/0.5	900				±15			1367					

表 11-3　TN$^{D}_{S}$A、TN$^{D}_{S}$GA 型感应自动调压器技术数据

型号	额定容量(kVA)	相数	频率(Hz)	额定输入电压(V)	额定输出电压(cosϕ=0.8)(V)	额定输出电流(A)	外形尺寸(mm)	重量(kg)	控制器型号	冷却方式	生产厂
TNDA—35	25	1	50	220±20%	220±1%	114	ϕ880×1300	380	ZK—220/1.6	油浸	上海桑科机电设备成套工程有限公司
	35			220$\pm^{10}_{15}$%	220±1%	159					
TNDA—56	40			220±20%	220±1%	182		420	ZK—220/1.6		
	56			220$\pm^{10}_{15}$%	220±1%	255					
TNDA—90	63			220±20%	220±1%	286	ϕ1130×1470	660	ZK—220/1.6		
	90			220$\pm^{10}_{15}$%	220±1%	409					
TNSA—56	40	3	50	380±20%	380±1%	60.8	ϕ880×1300	420	ZK—380/1.6		
	56			380$\pm^{10}_{15}$%	380±1%	85.1					
TNSA—90	63			380±20%	380±1%	95.7		450	ZK—380/1.6		
	90			380$\pm^{10}_{15}$%	380±1%	137					
TNSDA—140	100			380±20%	380±1%	152	ϕ1130×1470	720	ZK—380/1.6		
	140			380$\pm^{10}_{15}$%	380±1%	213					
TNSA—225	160			380±20%	380±1%	243		810	ZK—380/1.6		
	225			380$\pm^{10}_{15}$%	380±1%	342					
TNSA—350	250			380±20%	380±1%	380	ϕ1270×1660	1600	ZK—380/1.6		
	350			380$\pm^{10}_{15}$%	380±1%	532					
TNSA—560	400			380±20%	380±1%	608	ϕ1430×1900	2500	ZK—380/1.6		
	560			380$\pm^{10}_{15}$%	380±1%	851					
TNSA—900	630			380±20%	380±1%	957	ϕ1520×2250	3020	ZK—380/3.5		
	900			380$\pm^{10}_{15}$%	380±1%	1367					
TNSA—1400/6	1000			6000±20%	6000±1%	96.2	ϕ2150×2730	6150	ZK—6000/11		
	1400			6000$\pm^{10}_{15}$%	6000±1%	135					
TNSA—1400/10	1000			6000±20%	10000±1%	57.7		6250	ZK—10000/11		
	1400			10000$\pm^{10}_{15}$%	10000±1%	80.8					
TNSA—2250/6	1600			10000±20%	6000±1%	154		7100	ZK—6000/11		
	2250			6000$\pm^{10}_{15}$%	6000±1%	217					
TNSA—2250/10	1600			10000±20%	10000±1%	92.4		7250	ZK—10000/11		
	2250			10000$\pm^{10}_{15}$%	10000±1%	130					

续表 11-3

型号	额定容量(kVA)	相数	频率(Hz)	额定输入电压(V)	额定输出电压(cosϕ=0.8)(V)	额定输出电流(A)	外形尺寸(mm)	重量(kg)	控制器型号	冷却方式	生产厂
TNDGA—14	10	1	50	220±20%	220±1%	45.5	570×450×990	270	ZK—220/0.72	干式	上海桑科机电设备成套工程有限公司
	14			$220\pm^{10}_{15}\%$	220±1%	63.6					
TNDGA—22.5	16			220±20%	220±1%	72.7		300	ZK—220/0.72		
	22.5			$220\pm^{10}_{15}\%$	220±1%	102					
TNSGA—22.5	16	3	50	380±20%	380±1%	24.3		270	ZK—380/0.72		
	22.5			$380\pm^{10}_{15}\%$	380±1%	34.2					
TNSGA—35	25			380±20%	380±1%	38		300	ZK—380/0.72		
	35			$380\pm^{10}_{15}\%$	380±1%	53.2					
TNSGA—63	63			380±1%	380±1%	95.7		300	ZK—380/0.72		
TNDGA—22	16	1	50	220±20%	220±1%	72.7		300	WKⅡ—220/0.72	干式	上海电器股份有限公司电压调整器厂
	22			$220\pm^{10}_{15}\%$		100					
TNDGA—9	9	1	50	$220\pm^{10}_{20}\%$	220±1%	40.9		270	ZK—220/0.72		
	6.3			220±30%		28.6		270			
TNDGA—22.5	22.5	1	50	$220\pm^{10}_{15}\%$	220±1%	102		300	ZK—220/0.72		
	6			220±20%		727		300			
TNSGA—20	20	3	50	380±20%	380±1%	30.4		270	WKⅡ—380/0.72		
TNSGA—22	16	3	50	380±20%	380±1%	24.3		270			
	22			$380\pm^{10}_{15}\%$		33.4		270			
TNSGA—35	25	3	50	380±20%	380±1%	38		300			
	35			$380\pm^{10}_{15}\%$		53.2		300			
TNSGA—63	63	3	50	380±10%	380±1%	95.7		300			
TNSGA—22.5	22.5	3	50	$380\pm^{10}_{15}\%$	380±1%	34.2		270	ZK—380/0.72		
	16			380±20%		24.3		270			
TNSGA—35	35	3	50	$380\pm^{10}_{15}\%$	380±1%	53.2		300			
	25			380±20%		38		300			
TNSGA—63	63	3	50	380±10%	380±1%	95.7					

二、LS 标准型感应式稳压器

（一）概述

LS 系列标准型感应式稳压器，是对 TNSJA 进行多次技术改良研制成功的新一代油浸感应式稳压器。该产品采用集成电路控制技术，主体为感应电压调整器（IVR），内无碳刷、无链条及磨损元件，具有调压范围宽、稳压精度高、功耗小、寿命长、免维护等优点，广泛应用于 SMT、CNC、火花机、大型机床、车间稳压及全厂稳压。

（二）产品特性

（1）坚固耐用，使用年限长，设计寿命15年以上。

（2）可靠性高，稳定性好。集成电路控制，模块化设计，方便维护。

（3）无级电压调整（无刷式）：线性调压或稳压，输出电压平稳。

（4）超足容量，带载能力强，可100%负载连续使用。

（5）具有过/欠压保护功能，安全可靠。

（6）输出电压、输出电压精度可设置。

（三）技术数据

（1）容量（kVA）：100～1600。

（2）输入电压（V）：380±15%。

（3）输出电压（V）：380。

（4）稳压精度（%）：±（1～5）（可设置）。

（5）稳压校正（V）：360～420（可设置）。

（6）响应时间（s）：<0.5。

（7）效率（%）：>95。

（8）波形失真（%）：<3。

（9）抗电强度：2000V/60s<10mA。

（10）绝缘电阻：（MΩ）：>20。

（11）环境温度：－5～＋40℃。

（12）温升（℃）：⩽55。

（13）噪音（dB）：<68。

技术数据，见表11－4。

表11－4 LS标准型感应式稳压器技术数据

型 号	容量（kVA）	相数	输出电压（V）	额定电流（A）	频率（Hz）	外形尺寸（mm）（长×宽×高）	重量（kg）
LS—100	100	3	380V±1% 可设置 1%～5%	152	50	800×640×1550	420
LS—150	150	3		228		1020×880×1750	580
LS—200	200	3		304		1020×940×1750	690
LS—250	250	3		380		1020×940×1750	760
LS—300	300	3		456		1180×1020×1890	1200
LS—350	350	3		532		1180×1020×1890	1380
LS—400	400	3		608		1180×1020×1890	1450
LS—500	500	3		760		1180×1080×1890	1550
LS—600	600	3		912		1180×1180×2050	1700
LS—700	700	3		1064		1180×1180×2050	1900
LS—800	800	3		1216		1680×1680×2200	2100
LS—900	900	3		1368		1680×1680×2200	2250
LS—1000	1000	3		1520		1680×1680×2200	2400
LS—1250	1250	3		1900		1800×1800×2200	3600
LS—1600	1600	3		2432		1800×1800×2200	3800

（四）生产厂

东莞市科旺电源设备有限公司。

三、ZK4A 型稳压控制器

（一）概述

ZK4A 型稳压控制器与特殊设计的感应调压器，通过电气连接组成感应自动调压器。当自动调压器的输入电压在允许范围内变化、输出电流从零到额定值之间变化时，控制器即对调压器的伺服电动机实行可逆驱动，使自动调压器的输出电压自动调节到额定值，并稳定在一定的精度范围内。该控制器由专用集成模块、CMOS 集成电路、固态继电器及接触器组成，具有精度高、运行可靠、消耗功率小、抗干扰性能强、使用维护方便等特点，为户内使用装置。

（二）型号含义

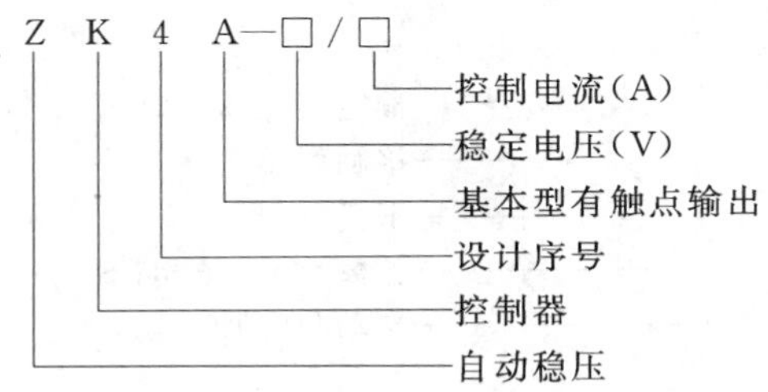

（三）产品结构

该控制器为台式结构，拆除外罩和底脚即为抽屉式结构，采用无触点和有触点混合控制系统。面板上装有开关、旋钮、按钮、指示灯、电压表等。接线插座、熔断器安装在面板上，接触器、印刷线路板安装在内部安装板上。

（四）技术数据

ZK4A 型稳压控制器技术数据，见表 11-5。

表 11-5 ZK4A 型稳压控制器技术数据

型号	稳定电压(V)	频率(Hz)	稳压精度(%)	控制电流(A)	电压整定范围(%)	控制器电源电压(V)
ZK4A—220/0.72	220	50	±(1～5)	0.72	±5	380±15%（三线四线制）
ZK4A—380/0.72	380			0.72		
ZK4A—220/1.6	220			1.6		
ZK4A—380/1.6	380			1.6		
ZK4A—220/3.5	220			3.5		
ZK4A—380/3.5	380			3.5		
ZK4A—6000/11	6000①			11		
ZK4A—10000/11	10000①			11		

① 稳定电压为 6000V 和 10000V 时应配电压互感器，取样电压为 100V。

（五）生产厂

上海电器股份有限公司电压调整器厂。

11.2 接触自动调压稳压器

一、TNDGC、TNSGC 型接触自动调压器

（一）概述

TNDGC、TNSGC 型自动稳压器为接触自动调压器，是伺服式高精度交流稳压器，具有过压、过流保护、欠压指示等功能，能有效地解决由于电源电压偏低或偏高而导致电器设备不能工作而损坏，并可延长电器设备的使用寿命。

（二）型号含义

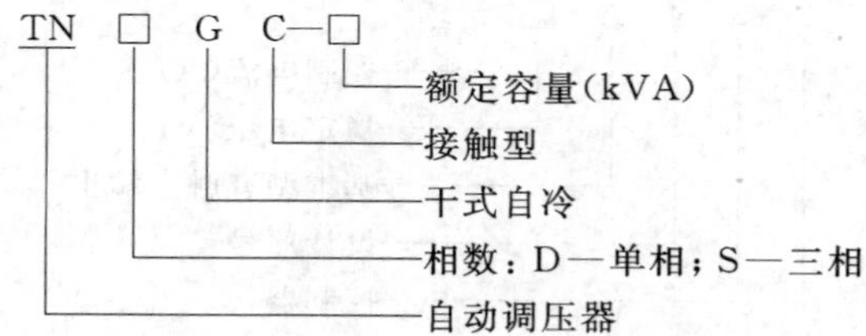

（三）技术数据

TNDGC、TNSGC 型接触自动调压器（稳压器）技术数据，见表 11-6。

表 11-6 TNDGC、TNSGC 型接触自动调压稳压器技术数据

<table>
<tr><th>型号</th><th>容量
(kVA)</th><th>相数</th><th>输入
电压
(V)</th><th>输出
电压
(V)</th><th>输出
电流
(A)</th><th>稳定
精度
(%)</th><th>应变
时间
(s)</th><th>外形尺寸 (mm)
(长×宽×高)</th><th>重量
(kg)</th><th>生产厂</th></tr>
<tr><td>TNDGC—Ⅱ—1</td><td>1</td><td rowspan="5">1</td><td rowspan="3">160～250</td><td rowspan="4">220/110</td><td>4</td><td>2</td><td><2</td><td>220×200×170</td><td></td><td rowspan="8">北京调压器厂</td></tr>
<tr><td>TNDGC—Ⅱ—2</td><td>2</td><td>8</td><td>2</td><td><2</td><td>240×200×170</td><td></td></tr>
<tr><td>TNDGC—Ⅱ—3</td><td>3</td><td>12</td><td>2</td><td><2</td><td>240×330×240</td><td></td></tr>
<tr><td>TNDGC—Ⅱ—5</td><td>5</td><td rowspan="2">160～260</td><td>22</td><td>2</td><td><2</td><td>240×530×240</td><td></td></tr>
<tr><td>TNDGC—Ⅱ—6</td><td>6</td><td>220</td><td>27</td><td>2</td><td><2</td><td>380×380×540</td><td></td></tr>
<tr><td>TNSGC—Ⅱ—3</td><td>3</td><td rowspan="3">3</td><td rowspan="3">300～450</td><td rowspan="3">380</td><td>4</td><td>2</td><td><2</td><td>300×300×1000</td><td></td></tr>
<tr><td>TNSGC—Ⅱ—6</td><td>6</td><td>8</td><td>2</td><td><2</td><td>300×300×1000</td><td></td></tr>
<tr><td>TNSGC—Ⅱ—9</td><td>9</td><td>12</td><td>2</td><td><2</td><td>300×300×1000</td><td></td></tr>
<tr><td>TNDGC—0.5</td><td>0.5</td><td rowspan="5">1</td><td rowspan="5">140～270</td><td rowspan="5">110/220</td><td>2.3</td><td></td><td></td><td>210×170×150</td><td>4</td><td rowspan="5">苏州市电压调整器厂</td></tr>
<tr><td>TNDGC—1</td><td>1</td><td>4.5</td><td></td><td></td><td>210×170×150</td><td>4.5</td></tr>
<tr><td>TNDGC—2</td><td>2</td><td>9.1</td><td></td><td></td><td>280×250×185</td><td>13</td></tr>
<tr><td>TNDGC—3</td><td>3</td><td>13.6</td><td></td><td></td><td>310×265×225</td><td>16</td></tr>
<tr><td>TNDGC—5</td><td>5</td><td>22.7</td><td></td><td></td><td>310×265×225</td><td>26</td></tr>
</table>

续表 11-6

型号	容量 (kVA)	相数	输入电压 (V)	输出电压 (V)	输出电流 (A)	稳定精度 (%)	应变时间 (s)	外形尺寸 (mm) (长×宽×高)	重量 (kg)	生产厂
TNDGC—7.5	7.5	1	140～270	110/220	34			380×280×360	35	苏州市电压调整器厂
TNDGC—10	10				45			380×280×360	38	
TNDGC—15	15				68			450×600×360	45	
TNDGC—20	20				91			450×600×360	55	
TNDGC—30	30				136			450×600×800	90	
TNDGC—40	40				182			450×600×800	110	
TNDGC—45	45				205			480×650×1000	130	
TNDGC—60	60				273			480×650×1000	160	
TNDGC1		1	160～240	220±4%						佛山电器有限公司
TNSGC1		3	280～415	380±4%						

二、TNDGC2、TNSGC2 型自动调压器

(一) 用途

北京调压器厂生产的 TNDGC2、TNSGC2 型自动调压器（稳压器）具有容量大、效率高、无波形畸变、电压调节平衡，适用负载广泛，能承受瞬时超载，可长期连续工作，没有过压、过流、机械故障、自动保护装置以及体积小、重量轻、使用方便、运行可靠、维护简便等特点。可广泛应用于工业、农业、国防、交通、邮电、卫生、科研、广播、文化等领域的大型机电设备、金属加工设备、生产流水线、建筑工程设备、电梯、微机机房、电脑控制设备、刺绣轻纺设备、空调、广播电视、宾馆、家用电器、医疗器械、加速器、X 光机、核磁共振、CT 配套使用的稳压器。

(二) 型号含义

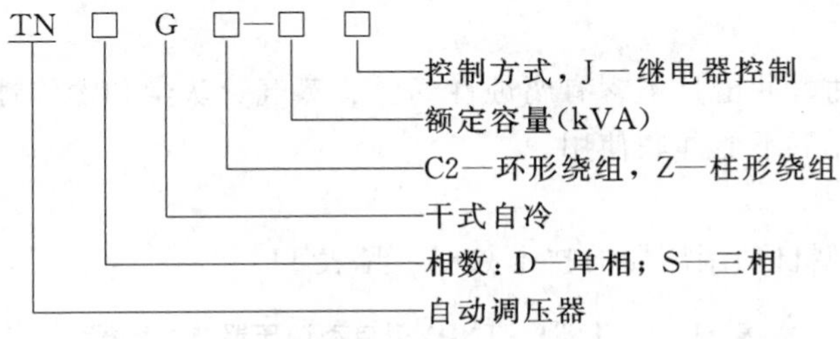

(三) 技术数据

该系列产品技术数据，见表 11-7。

(四) 生产厂

北京调压器厂。

表 11－7 TNDGC2、TNSGC2 型自动调压器（稳压器）技术数据

型　　号	容量(kVA)	相数	频率(Hz)	输入电压(V)	输出电压(V)	输出电流(A)	稳压精度(%)	应变时间(s)	波形畸变(%)	调整方式	外形尺寸（mm）（长×宽×高）	重量(kg)
TNDGC2—10		1	50～60	176～242	220		1	＜1	0.1		500×460×1250	90
	10	1	50～60	176～242	220	45	1	＜1	0.1		500×460×1250	125
TNDGC2—20	20	1	50～60	187～242	220	90	1	＜1	0.1		500×460×1250	137
TNDGC2—30	30	1	50～60	176～242	220	135	1	＜1	0.1		500×600×1500	225
TNDGC2—40	40	1	50～60	176～242	220	180	1	＜1	0.1		500×600×1800	300
TNSGC2—3	3	3	50～60	300～420	380	4.5	2		0.1	统调	300×300×1100	80
TNSGC2—6	6	3	50～60	300～420	380	9	2		0.1	分调	300×300×1100	100
TNSGC2—9	9	3	50～60	300～420	380	13	2		0.1	分调	300×300×1100	140
TNSGC2—15	15	3	50～60	300～420	380	22	1	＜1	0.1	分调/统调	500×500×1750	175
TNSGC2—20	20	3	50～60	300～420	380	30	1	＜1	0.1	分调/统调	500×500×1750	190
TNSGC2—30	30	3	50～60	300～420	380	45	1	＜1	0.1	分调/统调	660×640×1700	320
TNSGC2—60	60	3	50～60	323～420	380	90	1	＜1	0.1	分调/统调	800×700×1750	380
TNSGC2—100	100	3	50～60	300～420	380	135	1	＜1	0.1	分调/统调	1250×500×1830	750

三、TN_S^D1、TND2 型自动调压器

（一）概述

TN_S^D1、TND2 型自动调压器是一种新型产品。它由交流电动机作驱动，当负荷输入电压变化时，其输出电压能始终保持稳定。

该产品具有优异的性能，波形失真小、效率高、功率因数高、完全不受电网频率波动的影响。广泛应用于需要稳压的电气器具，尤其是为电风扇、空调、冰箱、电视机、照明系统、录音机、录像机等设备提供了一种可靠的稳压电源。

使用条件：

（1）无剧烈振动、冲击且不含有腐蚀性气体、蒸气、灰尘和爆炸性物质的环境中。

（2）在一般情况下不能并联使用。

（二）技术数据

TN_S^D1、TND2 型自动调压器的技术数据，见表 11－8。

表 11－8 TN_S^D1、TND2 型自动调压器技术数据

型　　号	容　量(kVA)	相　数	频　率(Hz)	接　法	输入电压(V)	输出电压(V)	反应时间(s)
TND2—1	1	1	50～60		80～130→110±4% ⤨ 160～240→220±4%		≤4
TND2—2	2	1	50～60				≤4

续表 11-8

<table>
<tr><th>型　号</th><th>容　量
(kVA)</th><th>相　数</th><th>频　率
(Hz)</th><th>接　法</th><th>输入电压
(V)</th><th>输出电压
(V)</th><th>反应时间
(s)</th></tr>
<tr><td>TND1—3</td><td>3</td><td rowspan="5">1</td><td rowspan="5">50～60</td><td rowspan="5"></td><td rowspan="5">160～240</td><td rowspan="5">110±4%
220±4%</td><td rowspan="5">≤4</td></tr>
<tr><td>TND1—5</td><td>5</td></tr>
<tr><td>TND1—10</td><td>10</td></tr>
<tr><td>TND1—15</td><td>15</td></tr>
<tr><td>TND1—20</td><td>20</td></tr>
<tr><td>TNS1—3</td><td>3</td><td rowspan="5">3</td><td rowspan="5">50～60</td><td rowspan="5">Y—</td><td rowspan="5">280</td><td rowspan="5">220±4%
380±4%</td><td rowspan="5">≤4</td></tr>
<tr><td>TNS1—6</td><td>6</td></tr>
<tr><td>TNS1—10</td><td>10</td></tr>
<tr><td>TNS1—15</td><td>15</td></tr>
<tr><td>TNS1—20</td><td>20</td></tr>
</table>

（三）生产厂

上海桑科机电设备成套工程有限公司。

四、SVC 系列高性能自动交流稳压器

（一）概述

SVC 系列高性能自动交流稳压器是吸收国外先进技术，并结合国内电网实况而研制的产品，由接触式自耦调压器、伺服电动机、自动控制电路等组成。当电网电压不稳定或负载变化时，自动控制电路按输出电压的变化驱动伺服电动机，调整接触式自耦调压器上碳刷的位置，使输出电压调整到额定值，输出电压稳定可靠效率高，可长期连续工作。

该产品在电网电压波动大或电网电压季节性变化大的地区使用，可使各类负载、仪器、仪表、家用电器等能正常工作。在电压不正常的场合必须使用交流稳压电源，因此该产品广泛使用于任何用电场所，是一种理想的稳压电源。

该产品具有波形不失真、体积小、重量轻、效率高、使用方便、可靠、能长期运行等特点。

SVC 系列高性能三相交流稳压电源是单相 SVC 系列高性能自动稳压电源的组合，电网输入为三相四线制，星形（Y 形）接法，输出亦为三相四线制，由 3 只电流表分别指示各相的输出电流，由一只转换开关及一只电压表换档监测各相线电压。

（二）技术数据

SVC 系列高性能自动交流稳压器技术数据，见表 11-9。

表 11-9　SVC 系列高性能自动交流稳压器技术数据

SVC 系列	单　相	三　相
输入电压（V）	160～250	280～430
输出电压（V）	220±3%（3kVA 以下带有 110kV 输出）	单相 380V±3%（三相 A、B、C 相位角不变时）
频率（Hz）	50，60	50，60

续表 11-9

SVC系列	单 相	三 相
调整时间（s）	<1（输入电压变化10%时）	<1（输入电压变化10%时）
环境温度（℃）	−5～+40	−5～+40
温升（℃）	<60（在满负荷条件下）	<60（在满负荷条件下）
相对湿度（%）	<90	<90
波形失真	无附加失真	无附加失真
效率（%）	>90	>90

（三）生产厂

上海稳压器厂。

五、SVC_3 型三相自动调压稳压器

（一）用途

SVC_3 型三相自动调压器是伺服电机型高精度交流稳压电源，具有功耗小、工作可靠、稳定精度高的特点，是工厂企业单位的必备稳压电源。

（二）技术数据

（1）输入电压（V）：AC280～430。

（2）频率（Hz）：50。

（3）带有过流保护装置。

（4）输出电压（V）：AC380±4%。

（5）有输出电压、电流指示。

（6）额定容量、额定输出电流技术数据，见表11-10。

表11-10 SVC_3 型三相自动调压稳压器技术数据

型 号	额定容量（kVA）	额定输出电流（A）	外形尺寸（mm）（长×宽×高）	重量（kg）	型 号	额定容量（kVA）	额定输出电流（A）	外形尺寸（mm）（长×宽×高）	重量（kg）
SVC_3—1.5	1.5	2.3	290×220×480	15	SVC_3—30	30	46	430×430×750	95
SVC_3—3	3	4.5	290×220×480	19	SVC_3—50	50	76	600×800×400	130
SVC_3—6	6	9	430×275×700	21	SVC_3—80	80	121	600×800×400	180
SVC_3—9	9	13.6	400×320×850	34	SVC_3—100	100	152	600×800×400	230
SVC_3—12	12	18	400×320×850	24	SVC_3—180	180	273	750×1050×1700	300
SVC_3—15	15	22.7	400×320×850	55	SVC_3—225	225	342	750×1050×1700	320
SVC_3—20	20	30	430×430×750	75	SVC_3—320	325	486	900×1200×2000	400

（三）生产厂

宁波金源电气有限公司。

11.3 柱式自动调压稳压器

一、TN$_S^D$GZ、TN$_S^D$Z 型柱式自动调压器（柱式稳压器）

（一）用途

TN$_S^D$GZ、TN$_S^D$Z 型柱式自动调压器为优质节能稳压电源，广泛应用于生产流水线、电梯、精密机床、广播电视、邮电通信、医疗设备、宾馆、体育场、计算机房（可户外使用）。

（二）型号含义

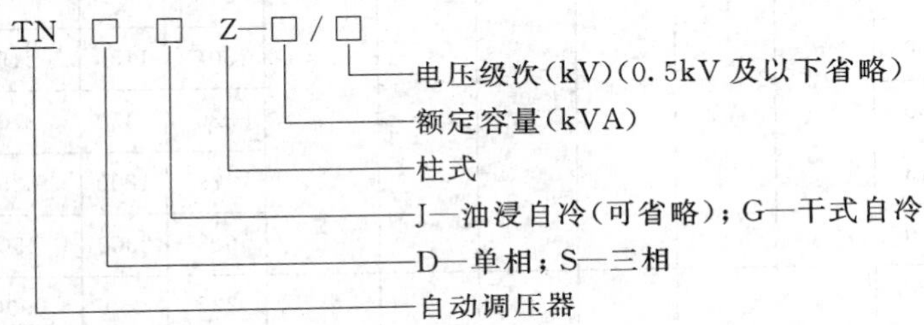

（三）技术数据

TN$_S^D$GZ 型干式自冷柱式自动调压器、TN$_S^D$Z 型油浸自冷柱式自动调压器技术数据，见表 11-11、表 11-12。

表 11-11　TN$_S^D$GZ、TN$_S^D$Z 型柱式自动调压器技术数据

型　号	额定容量(kVA)	相数	频率(Hz)	额定输入电压(V)	输入电压范围(V)	额定输出电压(V)	稳压精度(%)	额定输出电流(A)	损耗(W)		空载电流(A)	生产厂
									空载	负载(75℃)		
TNDGZ—32	32	1	50	220	176～264	220	±(1～5)	145	300	400	7	上海森普电器研究所、上海森迪调压变压设备有限公司
TNDGZ—40	40							182	350	500	9	
TNDGZ—50	50							227	400	600	11	
TNDGZ—63	63							286	500	750	13	
TNDGZ—80	80							364	580	1000	16	
TNDGZ—100	100							455	650	1200	19	
TNDGZ—125	125							568	800	1500	23	
TNDGZ—160	160							727	950	1950	27	
TNDGZ—200	200							909	1150	2500	33	
TNDGZ—250	250							1136	1450	3100	40	

续表 11-11

型号	额定容量(kVA)	相数	频率(Hz)	额定输入电压(V)	输入电压范围(V)	额定输出电压(V)	稳压精度(%)	额定输出电流(A)	损耗(W)		空载电流(A)	生产厂
									空载	负载(75℃)		
TNSGZ—50	50	3	50	380	304～456	380	±(1～5)	76	350	530	4	上海森普电器研究所、上海森迪调压变压设备有限公司
TNSGZ—63	63							95.7	500	650	5	
TNSGZ—80	80							122	580	850	6	
TNSGZ—100	100							152	650	1050	7	
TNSGZ—125	125							190	750	1350	8	
TNSGZ—160	160							243	950	1680	10	
TNSGZ—200	200							304	1150	2150	12	
TNSGZ—250	250							380	1450	2700	15	
TNSGZ—315	315							479	1800	3350	18	
TNSGZ—400	400							608	2300	4500	23	
TNDZ—50	50	1	50	220	176～264	220	±(1～5)	227	250	900	10	
TNDZ—63	63							286	320	1150	12	
TNDZ—80	80							364	400	1450	15	
TNDZ—100	100							455	480	1800	18	
TNDZ—125	125							568	600	2300	22	
TNDZ—160	160							727	700	2900	27	
TNDZ—200	200							909	850	3700	33	
TNDZ—250	250							1136	1050	4600	40	
TNDZ—315	315							1432	1300	5800	49	
TNDZ—400	400							1818	1700	7500	63	
TNSZ—80	80	3	50	380	304～456	380	±(1～5)	122	360	1250	5.5	
TNSZ—100	100							152	480	1550	7	
TNSZ—125	125							190	560	2000	8	
TNSZ—160	160							243	700	2500	10	
TNSZ—200	200							304	850	3200	12	
TNSZ—250	250							380	1050	4000	15	
TNSZ—315	315							479	1300	5000	18	
TNSZ—400	400							608	1650	6700	23	
TNSZ—500	500							760	2000	8500	28	
TNSZ—630	630							957	2250	11200	35	

表 11－12 TNSGZ 型柱式自动调压器技术数据（北京调压器厂）

型　　号	容量（kVA）	相数	频率（Hz）	输入电压（V）	输出电压（V）	输出电流（A）	稳压精度（%）	应变时间（s）	波形畸变（%）	调整方式	外形尺寸（mm）（长×宽×高）	备注
TNSGZ—120（SBW）	120	3	50～60	300～456	380	180	1～5可调	<1.5	0.1	分调	1050×750×1500	单柜
TNSGZ—180	180					270					1100×750×2150	
TNSGZ—225	225					330					1100×750×2150	
TNSGZ—300	300					450					1100×850×2150	
TNSGZ—400	400					600					2000×850×2150	
TNSGZ—500	500					760					2000×900×2150	
TNSGZ—600	600					910					3000×900×2150	
TNSGZ—800	800					1210					4000×800×2200	双柜
TNSGZ—900	900					1360					4000×800×2200	
TNSGZ—1000	1000					1520					4000×850×2200	
TNSGZ—1200	1200					1810					4000×850×2200	
TNSGZ—1600	1600	3	50～60	300～456	380	2400	1～5可调	<1.5	0.1	分调	1200×1000×2200	三柜
TNSGZ—1800	1800	3	50～60	300～456	380	2700	1～5可调	<1.5	0.1	分调	1200×1000×2200	
TNSGZ—2000	2000	3	50～60	300～456	380	3000	1～5可调	<1.5	0.1	分调	1200×1000×2200	

（四）生产厂

上海森普电器研究所、上海森迪调压变压设备有限公司、北京调压器厂。

二、WSGZ—R 无人值守柱式稳压器

（一）概述

WSGZ—R 型无人值守柱式稳压器，是上海电器股份有限公司电压调整器厂在引进丹麦专有技术和专用设备的基础上试制成功的系列产品，主要用于有线通信和微波通信的“无人值班、少人值守”通信站、增话站，满足邮电通信设备及其它重量用电设备对交流稳压电源性能、可靠性以及遥控稳定性的要求。

WSGZ—R 型无人值守柱式稳压器（简称 R 型稳压器）输入电压的波动范围为±20%，但当电压波动±30%时须降至额定容量的 85%使用。除具有“柱式稳压器”的特点外，该产品还具有电网断电再复电时自动投入稳压运行、缺相（包括高压缺相）保护、自动直通运行、自动开关冷却风机等功能，另外还具有防雷保护和稳压运行、直通运行、故障等三种状态的运行接口。

（二）型号含义

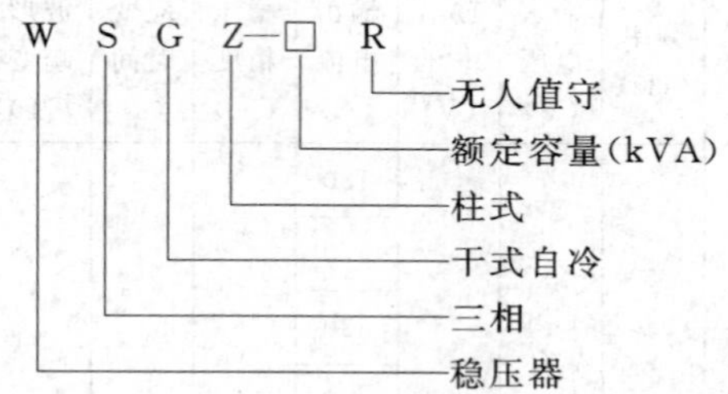

（三）技术数据

该产品的技术数据，见表11-13。

表11-13 WSGZ—R型无人值守柱式稳压器技术数据

型号	额定容量(kVA)	相数	频率(Hz)	输入电压范围(V)	额定输出电压(V)	额定输出电流(A)	损耗(W)		空载电流(A)	外形尺寸(mm)(长×宽×高)	重量(kg)
							空载	短路(75℃)			
WSGZ—20R	20					30.4	100	320	1.0	750×600×2000	400
WSGZ—30R	30					45.6	140	500	1.2		
WSGZ—40R	40	3	50	304～456	380±1%	60.8	160	650	1.3	750×600×2000	550
WSGZ—50R	50					76	320	500	5		
WSGZ—63R	63					95.7	400	600	5.6	800×900×2000	750
WSGZ—100R	100					152	620	960	8.5	800×900×2000	800

（四）生产厂

上海电器股份有限公司电压调整器厂。

三、WDZ、WSZ、WDGZ、WSGZ型柱式稳压器

（一）概述

WDZ、WSZ、WDGZ、WSGZ型柱式稳压器（又名柱式自动调压器），是上海电器股份有限公司电压调整器厂引进丹麦专有技术和关键设备制造的节能型产品，其性能指标达到德国VDE—0552标准的要求。柱式稳压器是一种交流稳压装置，当电网电压在允许范围内波动或负载变化时，稳压器能使输出电压自动稳定在额定值，稳压精度可在±1%～5%范围内调节。

该系列柱式稳压器有单相、三相、干式、油浸自冷式，可广泛应用于邮电、通讯、医院、影剧院、电视台、摄影棚、试验室、交通运输、财政金融、工厂、农村、商贸、军工、科研等各个部门，作为稳定负载电压的设备。

（二）产品特点

(1) 稳压精度高，±1%～5%可调。

(2) 波形失真小，畸变增量≤0.1%。

(3) 反应时间快，调压速度≥25V/s。

(4) 噪声低，可闻噪声≤60dB。

（5）效率高，一般≥98.5%。

（6）适应感性、容性、阻性各种负载。

（7）采用原装进口滚轮电刷，无火花，耐磨损，使用寿命10年以上，无需维护、更换。

（8）先进可靠的无触点控制器。

（9）采用单相伺服系统，启动和制动特性好，勿需断相及相序保护。

（10）干式柱式稳压器带有输入、输出、直通接触器（或开关）、熔断器等配电器件，具有自动稳压和电动调压两种功能。

（11）有过、欠电压自动报警功能。

（12）材质优、工艺好，允许电网电压波动±30%。

（三）产品结构

WDZ、WSZ型为油浸自冷柱式稳压器，由特殊设计的变压器、传动机构、电刷接触系统、油箱和控制器组成。变压器线圈外表经过磨光加工，去除绝缘，得到光滑的导体面以便与电刷接触。传动机构由伺服电机、蜗轮、蜗杆、链条等组成。电刷接触系统由碳轮、弹簧片、碳轮桥等组成。油箱采用波纹结构。

WDGZ、WSGZ型空气自冷干式柱式稳压器主要由器身、控制器、箱体及配电保护线路等组成，绝缘等级为B级。器身由磨光线圈表面调压器（或调压器加补偿变压器）、机架及传动机构组成，传动机构由齿轮伺服电动机、传动链轮、滚轮电刷接触系统及限位开关组成。机架和外壳组成箱体、箱体内安装控制器、配电用接触器或自动开关、熔断器及其它配电用、保护用器件。该产品采用底部进出线。

（四）型号含义

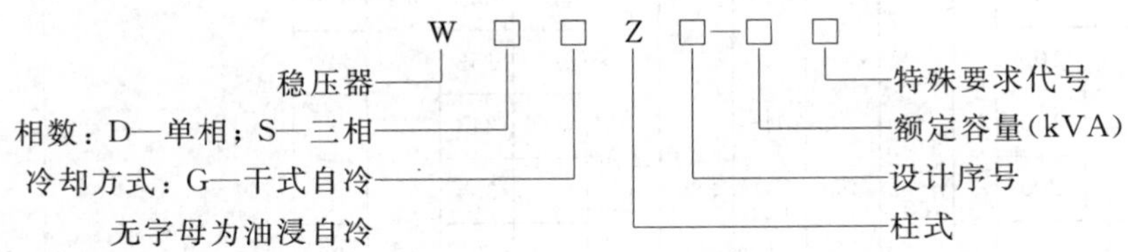

特殊要求代号：

A—户外使用油浸稳压器；B—户内使用油浸稳压器；O—“簿形”柜体干式稳压器；R—无人值守专用稳压器；T—电梯专用稳压器；F—分相控制三相稳压器。

（五）技术数据

该系列产品技术数据，见表11-14。

（六）订货须知

订货时必须提供产品型号（包括尾注号）、额定容量、频率、输入电压波动范围、额定输出电压、户内或户外使用、台数等要求。

（七）生产厂

上海电器股份有限公司电压调整器厂。

表 11－14 WSGZ 型干式自冷柱式稳压器技术数据

型号	额定容量(kVA)	相数	频率(Hz)	额定输入电压(V)	输入电压范围(V)	额定输出电压(V)	稳压精度(%)	额定输入电流(A)	额定输出电流(A)	阻抗电压(%)	重量(kg)	外形尺寸(mm)(长×宽×高)	
												一般型	O型
WSGZ—20	20	3	50 60	380	304～456(±20%)	380	±(1～5)	40	30.4	3	170	600×633×1130	600×650×1300
WSGZ—40	40							80	60.8	3.5	285	600×752×1233	600×650×1300
WSGZ—63	63							122	95.7	1.2	410	750×850×1965	850×650×2000
WSGZ—100	100							193	152		460	750×850×1965	850×650×2000
WSGZ—160	160							300	243		1300	1100×1000×2200	
WSGZ—200	200							386	304		1360	1100×1000×2200	
WSGZ—90	90	3	50 60	380	323～437(±15%)	380	±(1～5)	162	137	1.0	410	750×850×1965	850×650×2000
WSGZ—140	140							252	213		460	750×850×1965	850×650×2000
WSGZ—225	225							405	342		1300	1100×1000×2200	
WSGZ—280	280							503	425		1360	1100×1000×2200	
WSGZ—20R	20	3	50 60	380	304～456(±20%)	380	±(1～5)	40	30.4		400		
WSGZ—40R	40							80	60.8		285		
WSGZ—250	250								380				
WSZ—32	32	3	50 60	380	304～456(±20%)	380	±(1～5)		48.6		225		
WSZ—63	63								95.7		400		
WSZ—100	100								152		720		
WSZ—160	160								243				
WSZ—200	200								304				
WSZ—250	250								380		1920		
WSZ—315	315								479				
WSZ—400	400								608				
WSZ—500	500								760				
WSZ—140	140	3	50 60	380	323～437(±15%)	380	±(1～5)		213		720		
WSZ—225	225								342				
WSZ—280	280								425				
WSZ—350	350								532		1920		
WSZ—440	440								669				

注 1. 允许在 60Hz 频率下运行，性能按 50Hz 考核。

2. 一般型箱体为老结构，O 型箱体为派生新结构，厚度较薄。

11.4 TSD 挂壁式交流稳压器

一、概述

TSD 系列伺服式高精度全自动交流稳压器是在 SVC 的基础上重新设计的产品，由接触式自耦调压器、伺服式电动机、自动控制电路等组成。该型号的稳压器较之原稳压器产品，稳压器品质更为精良，功能大有增加，造型新颖而豪华，稳压器采用挂式安装，节省占地空间。当电网电压不稳定或负载变化时，自动采样控制电路发出信号驱动伺服电机，调整自耦调压器碳刷的位置，使输出电压调整到额定值并达到稳定状态。本系列稳压器品种多、规格全、具有波形不失真、性能可行、可长期运行等特点，设有过压保护功能，根据用户需要，设置延时、过压、欠压保护等保护功能，市电、稳压自动转变等功能。

二、使用环境

广泛应用于家庭、医院、办公室、工业自动化等需要稳压的场所，适用计算机、测试设备、照明系统、通讯系统医疗设备、工业自动化设备、音响设备等各种需要稳压的设备。

三、技术数据

TSD 挂壁式交流稳压器技术数据，见表 11-15。

表 11-15 TSD 挂壁式交流稳压器技术数据

输入电压	单相 160～250V	环境温度	－10～＋40℃
输出电压	单相 220 与 110V	相对湿度	＜95％
稳压精度	220V±3％与 110V±6％	温升	＜60℃
频率	50Hz/60Hz	波形失真	无附加波形失真
调整时间	＜1 秒（输入电压变化 10％时）	负载功率因素	0.8
效率	＞90％	抗电强度	1500V/min
过压保护	246V±4V	绝缘电阻	＞5M&Omega
欠压保护	184V±4V	延时时间	长 5min±2min，短 5s±2s

四、外形及安装尺寸

TSD 挂壁式交流稳压器外形及安装尺寸，见表 11-16。

表 11-16 TSD 挂壁式交流稳压器外形及安装尺寸

型号规格（kVA）	产品尺寸（mm）（深×宽×高）	包装尺寸（mm）（深×宽×高）	重量（kg）	台装
TSD—3	370×250×130	420×320×180	11	1
TSD—4	370×250×130	420×320×180	12	1
TSD—5	430×300×140	490×360×190	25	1
TSD—6	430×300×140	490×360×190	26	1
TSD—7	430×300×140	490×360×210	27	1
TSD—8	480×320×190	520×380×250	29	1
TSD—10	480×320×190	520×380×250	32	1

五、生产厂

上海天锡电气设备制造有限公司。

11.5 DJA、SJA系列电子交流稳压器

一、概述

DJA单相电子交流稳压器和SJA三相电子交流稳压器是专为稳定交流电压而研制的通用电源设备，当输入电源电压波动或负载电流变化时都可保持输出电压稳定不变。

该系列稳压器的控制线路采用进口集成电路及晶体管。由于半导体寿命长、可靠性高，开机约2s左右即可投入正常稳压工作，且空载损耗低。该产品具有稳压范围宽、稳压精度高、体积小、重量轻、波形失真小、寿命长、噪音低等优点。还设有过压保护电路，可以在控制线路万一失控或其它原因造成输出电压过高时保护电路动作，使输出电压下降到200V左右，以确保用电设备安全。还增设有软启动电路，使仪器开机数秒后进入正常工作状态，避免开机冲击。

该产品适用于一切需要高稳定电源的设备，如精密测量仪器、复印机、化学分析仪器、电子计算机、电压测量、摄扩影印、电视录音、医疗仪器、邮电通讯设备、电视差转机、引进设备电脑绣花机等，因而是科研单位、工矿企业、大专院校、医院、家庭工业实验室等部门必需的设备。

二、工作原理

该系列产品由升压变压器、磁放大器、阻流圈、取样变压器及电子控制线路等组成。当输入电压波动或负载变动时，变动讯号经取样变压器，通过双T网络输入放大后，控制磁放大器直流线圈中的直流电流从而变更了磁放大器交流线圈的电感量，进而改变了磁放大器与自耦变压器上的电压分配及相位关系，使输出电压保护稳定，达到稳压的目的。

三、技术数据

(1) 输入电压（V）：单相160～265，180～248；三相280～460，312～430。

(2) 输出电压（V）：单相220；三相380。

(3) 稳压精度（%）：±10，±0.5。

(4) 波形畸变（%）：≤±5。

(5) 负载稳定（%）：≤±0.5。

(6) 工作温度（℃）：－10～＋40。

(7) 相对湿度（%）：＜80。

四、外形及安装尺寸

该产品外形尺寸，见表11-17。

五、生产厂

上海稳压器厂。

表 11-17 SJA、DJA 系列电子交流稳压器外形尺寸

型 号	容 量 (kVA)	外形尺寸 (mm) (长×宽×高)	重 量 (kg)	型 号	容 量 (kVA)	外形尺寸 (mm) (长×宽×高)	重 量 (kg)
SJA—3	3	320×450×570	80	DJA—1	1	450×250×165	22
SJA—5	5	320×450×570	105	DJA—2	2	450×250×500	32
SJA—10	10	420×660×980	150	DJA—3	3	450×250×500	45
SJA—15	15	420×660×980	190	DJA—5	5	450×250×500	60
SJA—20	20	640×475×880	260	DJA—10	10	430×465×560	135
SJA—30	30	640×475×880	350	DJA—15	15	500×410×850	190
SJA—50	50	880×475×1250	420	DJA—20	20	650×480×1170	250
SJA—100	100	1050×870×1700	1320	DJA—30	30	560×570×790	300

11.6 补偿式电力稳压器

一、SJW—WB、DJW—WB 微电脑无触点补偿式电力稳压器

(一) 概述

DJW—WB、SJW—WB 系列单、三相大功率全自动补偿式稳压器是引进国外交流稳压电源最新技术，结合国情研制的一种最新大功率交流稳压电源。它集先进的组合绕组补偿式和无触点开关、微机控制交流稳压技术于一体，具有高效节能、调节快速、三相自动平衡、无机械故障和炭刷磨损，并具有延时、过欠压报警和保护等功能。该产品突破性解决了系统和器件运行中的暂态过程对无触点开关产生的动态电流冲击和过电压所造成对系统和器件的损害，瞬时过载能力强，大大提高了系统运行可靠性。

(二) 结构特点

(1) 采用先进的组合绕组补偿技术，波形失真小，补偿变压器的功率最小，材料消耗和功率损失小，高效节能，体积小，重量轻。

(2) 采用单片机控制晶闸管，切换组合绕组进行适时补偿调节，并防止动态电流冲击，实现快速无触点调节。瞬时过载能力强，适用于多种负载，动态响应速度快，无机械和炭刷的磨损和维护。

(3) 采用单片机分相控制，具有延时启动、三相自动平衡调节、断相、超限与故障显示、报警和保护等多种功能。

(三) 型号含义

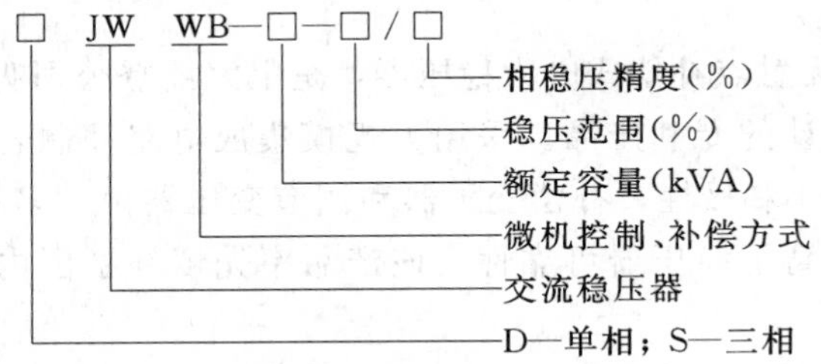

（四）工作原理

该产品工作原理，见图 11-2。

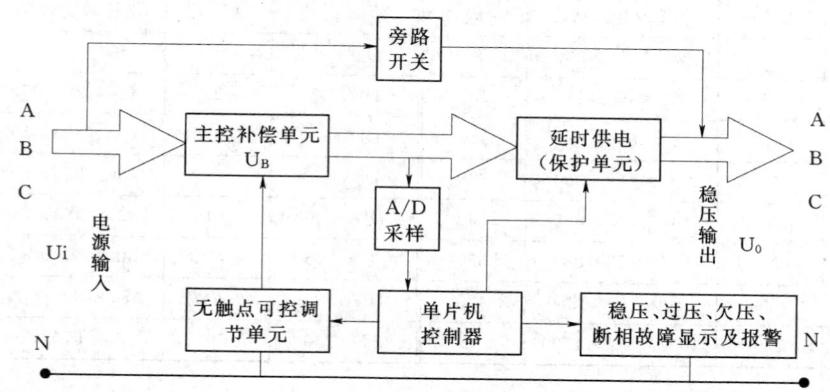

图 11-2 SJW—WB、DJW—WB 型电力稳压器工作原理框图

该稳压器主要由补偿变压器等主控补偿单元、晶闸管等可控调节单元、A/D 转换、单片机控制及显示报警和延时供电、保护等单元构成。

当电网电压 U_i 波动或负载变化时，反馈电压随之变化，经 A/D 采样输入单片机与额定值比较，并由微机程序软件判断处理，输出相应的晶闸管导通，切换对应的补偿变压器的组合绕组，改变了补偿电压的 U_B 值，快速达到稳定的输出电压 U_0（$U_0=U_i+U_B$）。

（五）技术数据

（1）输入电压范围：－30％～±20％可选择。

（2）输出电压调节范围：±5％之内可选择。

（3）稳压精度（％）：±(2～5)。

（4）效率（％）：＞95。

（5）负载功率因数：＞±0.7。

（6）应变时间（s）：0.1～0.3。

（7）采用分相调节，具有三相自动平衡功能。

（8）承受瞬时超负载（额定电流的 1.5～2 倍）。

^D_SJW—WB 型电力稳压器技术数据，见表 11-18。

（六）生产厂

上海稳压器厂。

二、DBW5、SBW5 型无触点补偿式电力稳压器

（一）概述

DBW5、SBW5 型无触点补偿式电力稳压器，是上海潘登公司吸收国外先进技术，同时结合我国国情特殊设计的专利产品。采用大规模集成电路控制若干个晶闸管零电压通断，改变补偿电压的大小和极性，补偿变压器和调节变压器由“多补偿变压器组合群体”取得补偿电压，大大提高了稳压器可靠性。该产品率先填补了国内无触点电力稳压器的空白。

表 11-18 $^{D}_{S}$JW—WB 型电力稳压器技术数据

稳压范围 (V)	稳压精度 (%)	型　　号	额定容量 (kVA)	输出电流 (A)	型　　号	额定容量 (kVA)	输出电流 (A)
单相 187～253 三相 323～437	2.0	SJW—WB—10—15/2.0	10	16	DJW—WB—3—15/2.0	3	14
		SJW—WB—20—15/2.0	20	30	DJW—WB—5—15/2.0	5	23
		SJW—WB—30—15/2.0	30	46	DJW—WB—10—15/2.0	10	46
		SJW—WB—50—15/2.0	50	76	DJW—WB—20—15/2.0	20	91
		SJW—WB—100—15/2.0	100	152	DJW—WB—30—15/2.0	30	127
	4.0	SJW—WB—10—15/4.0	10	16	DJW—WB—3—15/4.0	3	14
		SJW—WB—20—15/4.0	20	30	DJW—WB—5—15/4.0	5	23
		SJW—WB—30—15/4.0	30	46	DJW—WB—10—15/4.0	10	46
		SJW—WB—50—15/4.0	50	76	DJW—WB—20—15/4.0	20	91
		SJW—WB—100—15/4.0	100	152	DJW—WB—30—15/4.0	30	127
单相 176～264 三相 304～456	2.5	SJW—WB—10—20/2.5	10	16	DJW—WB—3—15/2.5	3	14
		SJW—WB—20—20/2.5	20	30	DJW—WB—5—15/2.5	5	23
		SJW—WB—30—20/2.5	30	46	DJW—WB—10—15/2.5	10	46
		SJW—WB—50—20/2.5	50	76	DJW—WB—20—15/2.5	20	91
		SJW—WB—100—20/2.5	100	152	DJW—WB—30—15/2.5	30	127
	5.0	SJW—WB—10—15/5.0	10	16	DJW—WB—3—15/5.0	3	14
		SJW—WB—20—15/5.0	20	30	DJW—WB—5—15/5.0	5	23
		SJW—WB—30—15/5.0	30	46	DJW—WB—10—15/5.0	10	46
		SJW—WB—50—15/5.0	50	76	DJW—WB—20—15/5.0	20	91
		SJW—WB—100—15/5.0	100	152	DJW—WB—30—15/5.0	30	127

潘登 DBW5、SBW5 型无触点补偿电力稳压器与其它稳压器相比，具有以下优点：

(1) 调压极快，只需 40ms 即可输出稳定电压，而机械碳刷型需 7s 才能完成。

(2) 调压无碳刷接触、无机械操作。

(3) 三相分调，适应三相不平衡的负载。

(4) 补偿最大可达±50%。

(5) 节能效果显著，效果可达 99%。

(6) 低电压工作时能保证 100%的带负载能力。

(7) 适应任何恶劣的、安全性能要求高的工作环境。

(8) 带防雷和滤波功能，能抑制浪涌和吸收谐波。

该产品分为 5A 和 5B 两大系列。

5A 系列：

SBW5A/DBW5A 无触点补偿式电力稳压器；

SBW5A/DBW5A—TJ 通信基站专用稳压器。

5B 系列：

SBW5B/DBW5B 无触点补偿式免维护电力稳压器；

SBW5B/DBW5B—GD 广电机房专用稳压器；

SBW5B/DBW5B—YL 医疗设备专用稳压器；

SBW5B/DBW5B—KJ 抗干扰、净化稳压器。

该产品已通过 ISO9001 国际质量认证，已获信息产业部颁发的进网许可证，多项技术属国内外首创，其整体技术达到国际同类产品的先进水平，是目前国内最先进、容量最大的无触点补偿式免维护电力稳压器。

（二）型号含义

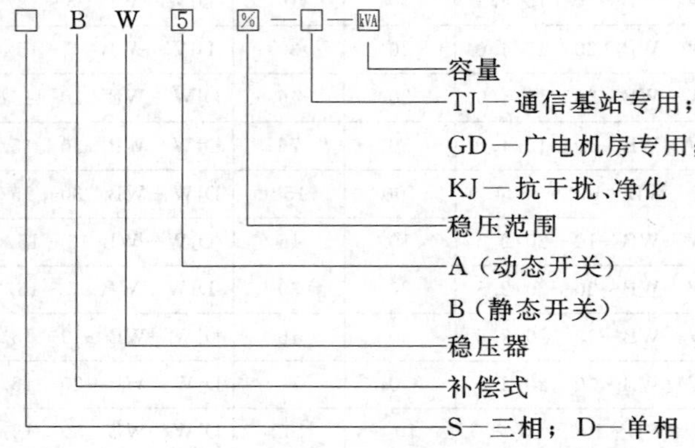

（三）结构特点

1. 无触点、无碳刷、无机械部件

主电路采用多个补偿变压器组合，通过继电器或固态继电器的零电压切换达到稳压的目的，并完全避免了因碳刷磨损及碳刷接触而产生的火花引起的高频干扰等缺陷。使用寿命长，其 MTBF 达 100000h 以上。

2. 电压调节系统

结构简单，主机无电机、链条、齿轮等传动系统。机械故障为零，经久耐用，长期免维护。

3. 远程监控（选件）

按信息产业部电信总局通信协议的监控接口，实现电脑远程遥信、遥测、遥控。

4. 防雷电浪涌装置（选件）

产品带有浪涌防护器，也可选用世界第一品牌美国强世林雷电浪涌防护器与防雷模块。

5. 主电路滤波系统（选件）

根据需要可在主电路加装各种型号的滤波器。

6. 功率因数补偿系统（选件）

对感性负载大的用户可配自动功率补偿系统，功率因数达 99%。

该产品具有上电（自动）、延时、过欠压保护、故障保护、短路保护、缺相保护、雷电浪涌保护、报警、消音、相序相保（选项）等功能。

（四）工作原理

该系列产品工作原理，见图 11-3。

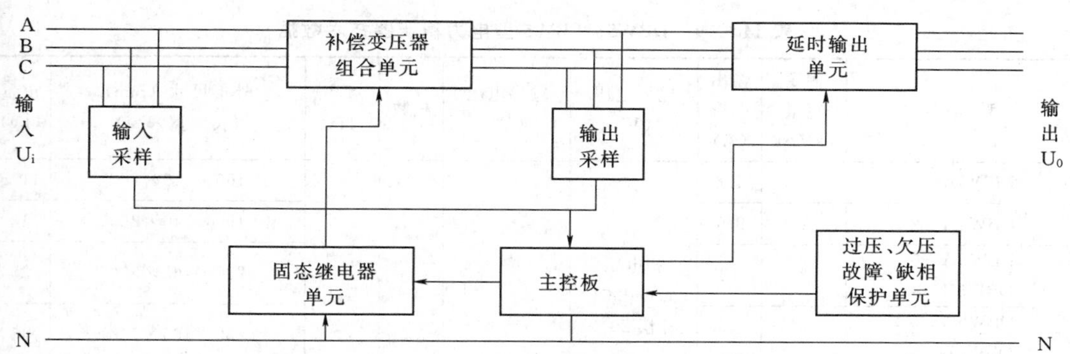

图 11-3 SBW5 型稳压器工作原理（主电路方框图）

稳压器由多个补偿变压器组成正负电压补偿单元，用固态继电器群组成主控单元。主控板对输入、输出采样与基准电压进行比较，运算放大后输出触发信号，触发相应的固态继电器。通过不同的固态继电器的通断来控制不同级别的补偿，从而得到相应的补偿电压，达到稳压的目的。主控板对保护单元的信号进行检测比较，正常则输出信号给延时单元，延时单元延时 3～5s 后或 3～5min 后给负载供电（三相稳压器只有短延时）。

（五）技术数据

（1）输入相电压（V）：176～264（220V±20%），154～286（220V±30%），132～308（220V±40%）。

（2）输出相电压（V）：220。

（3）稳压精度（%）：±(3～5)。

（4）响应时间：输入电压对额定值阶跃变化 40%时，稳定时间≤0.4s。

（5）实际效率（%）：≥98。

（6）温升（K）：主机<80。

（7）绝缘电阻（MΩ）：整机对地≥2。

（8）频率（Hz）：50，60。

（9）绝缘强度：正弦交流电压 2000V/1min 无闪络和击穿。

（10）波形谐波：输出电压波形无畸变、无谐波增量。

DBW5、SBW5 型电力稳压器技术数据，见表 11-19。

（六）订货须知

订货时必须提供产品型号、容量、额定输出电压、输入电压变化范围、稳压精度、功率因数等。

（七）生产厂

上海潘登电源有限公司（上海潘登公司）。

三、SBW、DBW 全自动补偿式稳压器

（一）概述

SBW、DBW 全自动补偿式稳压器是参照国际同类产品，结合国情而研制生产的新一代节能型稳压器，稳定交流电压。利用迭加原理、补偿法使系统输出的稳定电源大部分直接取自于电网，当电网电压波动或负载变化而造成电压波动时，能自动保持电压的稳定输出。

表 11-19 DBW5、SBW5 型电力稳压器技术数据

型　　号	额定容量 (kVA)	输出电流 (A)	输入电压 (V)	输出电压 (V)	相数	频率 (Hz)	外形尺寸 (mm) (长×宽×高)	重量 (kg)
DBW5A—1	1	4.6	相电压 176～264 (补偿 20%) 相电压 154～286 (补偿 30%) 相电压 132～308 (补偿 40%)	相电压 220V ±3%～5%	单相	50～60	160×340×260	11.5
DBW5A—2	2	9.1					160×340×260	13
DBW5A—3 DBW5B—3	3	13					230×465×500	35
DBW5A—5 DBW5B—5	5	22					230×465×500	45
DBW5A—7 DBW5B—7	7	32					230×465×500	50
DBW5A—10 DBW5B—10	10	45					320×500×800	60
DBW5A—15 DBW5B—15	15	68					320×500×800	80
DBW5A—20 DBW5B—20	20	90					320×500×800	115
DBW5A—30 DBW5B—30	30	136					400×500×1000	160
DBW5A—50 DBW5B—50	50	227					400×500×1000	200
SBW5A—3	3	4.5	相电压 176～264 线电压 304～456 (补偿 20%) 相电压 154～286 线电压 266～494 (补偿 30%) 相电压 132～308 线电压 228～532 (补偿 40%)	相电压 220V ±3%～5% 相电压 380V ±3%～5%	三相	50～60	420×330×800	58
SBW5A—5	5	7.5					420×330×800	65
SBW5A—10 SBW5B—10	10	15					550×420×1260	135
SBW5A—15 SBW5B—15	15	22					550×420×1260	155
SBW5A—20 SBW5B—20	20	30					550×420×1260	170
SBW5A—30 SBW5B—30	30	45					600×520×1380	204
SBW5A—50 SBW5B—50	50	76					600×520×1380	267
SBW5A—100 SBW5B—100	100	150					850×650×1800	470
SBW5A—150 SBW5B—150	150	225					900×750×1800	520
SBW5A—225 SBW5B—225	225	340					1000×850×1900	610
SBW5B—320	320	485					1000×850×1900	810
SBW5B—400	400	608					1200×1100×2000	890
SBW5B—500	500	757					1200×1100×2000	1020
SBW5B—600	600	909					1200×1100×2000	1150
SBW5B—800	800	1212					(800×1000×2000)×2 柜	1590
SBW5B—1000	1000	1515					(800×1000×2000)×2 柜	1930

该系列产品与其它稳压器相比，具有容量大、效率高、无附加波形畸变、电压调整平稳等优点，抗冲击能力强，能适应任何负载，可长期连续工作，手动/自动切换，使用安装方便，运行可靠。广泛应用于工矿企业、邮电、油田、铁路、建筑工地、学校、医院、宾馆、国防、科研等部门的电子计算机、精密机床、计算机体层扫描摄影（CT）、精密仪器、试验装置、电梯、进口设备及生产流水线上。同时，也适用于电源电压低、波动幅度大的低压配电终端及负载较大的用电设备（如升降机、起重机、搅拌机）等一切需要电压稳定的场所。

（二）型号含义

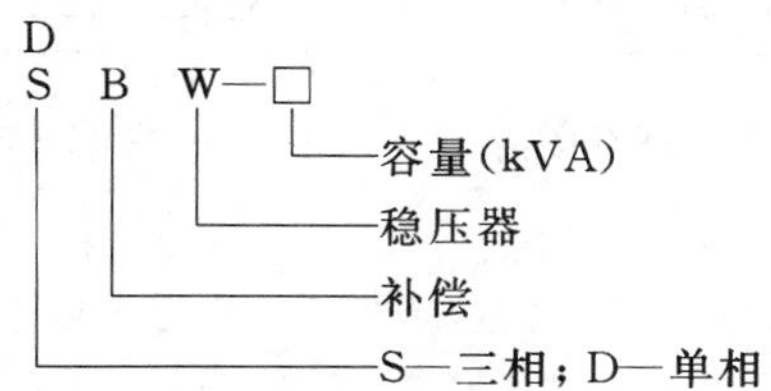

（三）产品特性

（1）体积小、重量轻、结构紧凑。

（2）负载性能好，适用于阻性、容性及感性等负载。

（3）输出和输入电压同相位，手动/自动切换。

（4）电压无级调节，电压输出平稳，不产生波形畸变。

（5）能承受瞬时过载冲击，可长期连续工作。

（6）保护功能完善：过/欠压、过流、过载、相序保护、旁路等。

（7）根据需要有三相分调式、稳变一体式。

（四）使用条件

（1）环境温度（℃）：－15～＋40。

（2）海拔（m）：＜2000。

（3）相对湿度：最湿月的平均相对湿度为90％（25℃时）。

（4）无严重影响稳压器绝缘的气体、蒸气、化学性沉积、灰尘、污垢及其它爆炸性和侵蚀性介质。

（5）无严重的振动或颠簸。

（6）四柜产品必须紧挨供电变压器安装。

（7）当非线性负载，如可控硅拖动系统、UPS、变频器等负载容量≥1/4稳压器容量时，必须订货时注明，加装特制的滤波电路。

（五）工作原理

该产品由补偿电路、控制电路、检测电路及操作电路等组成，其工作原理框图见图11－4。其中，补偿电路、控制电路和检测电路组成输出电压的自动补偿系统。

SBW系列稳压器的补偿电路（见图11－5）是由补偿变压器BT、带有伺服电动机及减速传动机构的接触式调压器AT等组成。当输入电压U_{in}改变或因负载变化而引起输出电压U_{out}变化时，由检测电路从稳压器输出端采样并给出控制信号，控制接触式调压器上的伺服电动机转动，经减速机构减速并由链条驱动碳刷在接触式调压器表面作往复滑动，调节接触式调压器的输出电压来改变补偿电压，实现自动保护输出电压的稳定。

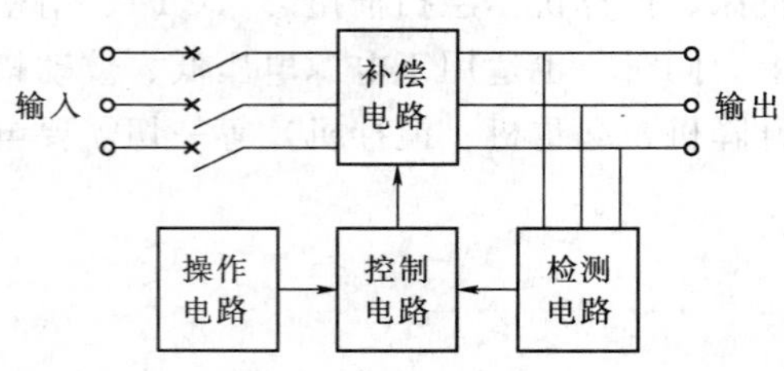

图 11-4 SBW稳压器工作原理框图

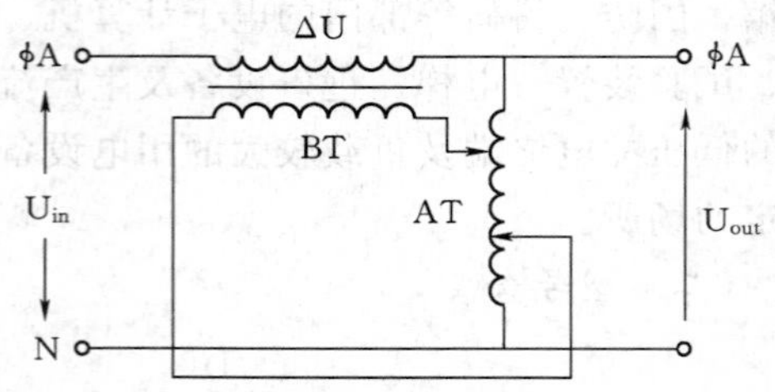

图 11-5 SBW稳压器补偿电路

（六）技术数据

(1) 频率（Hz）：50，60。

(2) 稳压精度（%）：±(1～5) 可设置。

(3) 输入电压：380±15%，±20%，±25%，±30%。

(4) 响应时间（s）：<0.5。

(5) 效率（%）：>98。

(6) 波形失真：无附加波形畸变。

(7) 抗电强度：2000V/60s <10mA。

(8) 绝缘电阻（MΩ）：≥3。

(9) 保护应变时间（s）：≤6。

(10) 输出电压中心值调节范围：380V±3%。

SBW、DBW全自动补偿式稳压器技术数据，见表 11-20。

表 11-20 SBW、DBW全自动补偿式稳压器技术数据

型号	容量（kVA）	相数	频率（Hz）	输入电压（V）	输出电压（V）	额定输出电流（A）	外形尺寸（mm）（长×宽×高）	重量（kg）	生产厂
SBW—6	6	3	50	380±15%	380±1%～5%	9	680×280×350	39	东莞市科旺电源设备有限公司
SBW—10	10	3			380±1%～5%	15	680×280×350	48	
SBW—15	15	3			380±1%～5%	22	980×360×410	80	
SBW—20	20	3			380±1%～5%	30	980×360×410	95	
SBW—30	30	3			380±1%～5%	46	1000×410×470	130	
SBW—40	40	3			380±1%～5%	60	1130×550×550	206	
SBW—50	50	3			380±1%～5%	76	1130×550×550	265	
SBW—60	60	3			380±1%～5%	90	1160×560×660	301	
SBW—90	90	3			380±1%～5%	136	1160×560×660	510	

续表 11-20

型　号	容量(kVA)	相数	频率(Hz)	输入电压(V)	输出电压(V)	额定输出电流(A)	外形尺寸（mm）（长×宽×高）	重量(kg)	生产厂
SBW—100	100	3			380±1%～5%	152	1200×1200×660	530	
SBW—150	150	3			380±1%～5%	228	1500×1200×660	690	
SBW—200	200	3			380±1%～5%	304	1800×1300×710	900	
SBW—250	250	3			380±1%～5%	380	1800×1300×710	1150	
SBW—300	300	3			380±1%～5%	456	2000×1300×900	1500	
SBW—350	350	3			380±1%～5%	532	2000×1300×900	1580	东莞市科旺电源设备有限公司
SBW—400	400	3	50	380±20%	380±1%～5%	608	2000×1300×1200	1680	
SBW—500	500	3			380±1%～5%	760	2100×1300×1200	1800	
SBW—600	600	3			380±1%～5%	912	2100×1300×1200	1900	
SBW—800	800	3			380±1%～5%	1216	2200×1450×1300	2050	
SBW—1000	1000	3			380±1%～5%	1520	2200×1200×1200（3柜）	2200	
SBW—1250	1250	3			380±1%～5%	1900	2200×1200×1200（3柜）	2450	
SBW—1600	1600	3			380±1%～5%	2432	2200×1200×1200（4柜）	2600	
SBW—20	20			304～456	380	30	800×600×1400（单柜）	240	
SBW—30	30			304～456	380	46	800×600×1400（单柜）	280	
SBW—50	50			304～456	380	76	800×600×1400（单柜）	320	
SBW—100	100			304～456	380	152	850×650×1850（单柜）	480	
SBW—150	150	3	50/60	304～456	380	228	850×650×1850（单柜）	650	
SBW—180	180			304～456	380	273	1100×800×2000（单柜）	780	上海精达电力稳压器制造有限公司、上海精达电压调整器厂有限公司
SBW—225	225			304～456	380	342	1100×800×2000（单柜）	950	
SBW—320	320			304～456	380	486	1400×800×2200（单柜）	1200	
SBW—400	400			304～456	380	608	1400×800×2200（单柜）	1400	
SBW—500	500			304～456	380	760	1200×800×2000（双柜）	1600	
SBW—600	600			304～456	380	912	1200×800×2000（双柜）	1800	
SBW—800	800	3	5/60	304～456	380	1216	1200×800×2000（双柜）	2400	
SBW—1000	1000			304～456	380	1520	1200×800×2200（双柜）	2800	
SBW—1200	1200			304～456	380	1824	1200×800×2200（双柜）	3000	
SBW—1400	1400			304～456	380	2128	1200×800×2200（四柜）	3250	
SBW—1600	1600	3	5/60	304～456	380	2430	1200×800×2200（四柜）	3500	
SBW—2000	2000			304～456	380	3040	1200×800×2200（四柜）	4000	

续表 11-20

型　号	容量（kVA）	相数	频率（Hz）	输入电压（V）	输出电压（V）	额定输出电流（A）	外形尺寸（mm）（长×宽×高）	重量（kg）	生产厂
SBW—10	10	3	50，60	304～456	380±5%（可设定）	16	750×500×1200（单柜）		上海稳压器厂
SBW—20	20					31			
SBW—30	30					46	820×570×1340（单柜）		
SBW—50	50					76			
SBW—100	100					152	950×670×1700（单柜）		
SBW—180	180					278	1050×800×1850（单柜）		
SBW—225	225					342			
SBW—320	320					487	1200×820×2150（单柜）		
SBW—400	400					608			
SBW—600	600					928	（1000×750×2150）×2双柜		
DBW—3	3	1	50，60	176～264	220±5%（可设定）	14	280×400×460（单柜）		
DBW—5	5					23			
DBW—10	10					46	280×430×460（单柜）		
DBW—30	20					91	820×570×1340（单柜）		
DBW—30	30					137			
DBW—50	50					228			
SBW—10	10	3	50	304～456	380±5%（可设定）	16	700×550×1100	200	上海稳利达电气有限公司
SBW—20	20					31		280	
SBW—30	30					46	760×550×1350	320	
SBW—50	50					76		375	
SBW—100	100					152	950×650×1650	460	
SBW—180	180					278	1050×750×2200	520	
SBW—225	225					342		600	
SBW—320	320					487	1200×850×2200	750	
SBW—400	400					608		860	
SBW—500	500					760	1050×800×2200	1080	
SBW—600	600					928		1120	
SBW—800	800					1238	1200×850×2200	1550	
SBW—1000	1000					1550	1500×900×2200	1680	
SBW—1200	1200					1825	1050×900×2200	2180	
SBW—1400	1400					2127		2380	
SBW—1600	1600					2431		2580	
SBW—1800	1800					2735		2780	
SBW—2000	2000					3038		2980	

续表 11－20

型　号	容量（kVA）	相数	频率（Hz）	输入电压（V）	输出电压（V）	额定输出电流（A）	外形尺寸（mm）（长×宽×高）	重量（kg）	生产厂
DBW—3	3	1	50	154～286	220±5%（可设定）	14	420×250×420	37	上海稳利达电气有限公司
DBW—5	5					23	420×250×420	42	
DBW—10	10					46	500×300×500	63	
DBW—20	20			176～264		91	700×500×1100	180	
DBW—30	30					137		250	
DBW—50	50					228	760×550×1350	320	
DBW—100	100					455	950×650×1650	420	

（七）外形及安装尺寸

该产品外形及安装尺寸，见表 11－21、表 11－22 及图 11－6。

表 11－21　SBW 全自动补偿式稳压器外形及安装尺寸

容　量（kVA）	外形及安装尺寸（mm）						柜数	生产厂
	L_0	W_0	L	W	H			
20	550	520	800	600	1400	16	单柜	上海精达电力稳压器制造有限公司、上海精达电压调整器厂有限公司
30	550	520	800	600	1400	16		
50	550	520	800	600	1400	16		
100	650	560	850	650	1850	16		
150	650	560	850	650	1850	16		
180	850	740	1100	800	2000	16		
225	850	740	1100	800	2000	16		
320	1050	740	1400	800	2200	16		
400	1050	740	1400	900	2200	16		
500	1050	740	1200	800	2000	16	双柜	
600	1050	740	1200	800	2000	16		
800	1050	740	1200	800	2000	16		
1000	1050	740	1200	800	2200	16		
1200	1050	740	1200	800	2200	16		
1400	1050	740	1200	800	2200	16	四柜	
1600	1050	740	1200	800	2200	16		
2000	1050	740	1200	800	2200	16		

表 11-22 DBW、SBW全自动补偿式电力稳压器外形及安装尺寸

相数	容量（kVA）	外形尺寸（mm）（深×宽×高）	底座（mm）（深×宽）	柜数	生产厂
三相	10	550×700×1100	490×550	单柜	上海稳利达电气有限公司
	20				
	30	550×760×1350	560×480		
	50				
	100	650×950×1650	580×545		
	180	750×1050×2200	850×665		
	225				
	320	850×1200×2200	1000×790		
	400				
	500	800×1050×2200	850×740	双柜	
	600				
	800	850×1200×2200（主柜） 850×1050×2200（副柜）	1200×840		
	1000	900×1500×2200	1300×840		
	1200	900×1050×2200	850×890	三柜	
	1400				
	1600				
	1800				
	2000				
单相	3	420×250×420		单柜	
	5	420×250×420			
	10	500×300×500			
	20	500×700×1100			
	30				
	50	550×760×1350			
	100	650×950×1650			
	180	750×1050×2000			
	225				
	300	900×1200×2140			

（八）订货须知

订货时必须提供产品型号、容量、额定输出电压、输入电压变化范围、稳压精度、电源输入位置等要求。

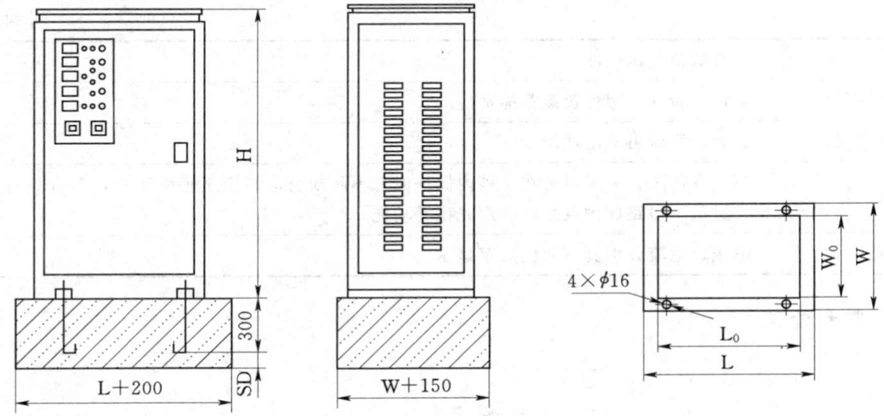

图 11-6 SBW 全自动补偿式稳压器外形及安装尺寸
（上海精达电力稳压器制造有限公司）

四、ZBW/ZDBW 智能型无触点交流电力稳压器

（一）概述

ZBW/ZDBW 系列无触点补偿式免维护电力稳压器，系上海熙顺电气有限公司自行研制开发、生产的具有国际领先水平的专利无触点稳压器。ZBW/ZDBW 型无触点稳压器采用集成电路按特定顺序控制若干个晶闸管电压过零通断，来改变补偿电压的大小与极性，是晶闸管交流开关技术与变压器技术的完美结合

采用大功率晶闸管（可控硅）代替机械与碳刷来控制调压，容量可做到 2000kVA，补偿范围最大可达±50%，效率可达 99%以上，是引领大功率电力稳压器发展方向的先进产品，是节能型绿色环保产品，具备所有保护功能，工作十分可靠，适应性特强，实现了全无触点调压，具有稳定性能好，效率特高等优点，对电网无污染；能在各种恶劣的电网和复杂的负载下可靠地连续工作，使用寿命极长，能连续无故障运行 10 万小时以上，实现了稳压器长期免维护。

（二）结构特点

ZBW/ZDBW 智能型无触点交流电力稳压器结构特点，见表 11-23。

表 11-23 ZBW/ZDBW 智能型无触点交流电力稳压器结构特点

响应速度快	12 位高速 AD 采集，每周波采集 64 点，单片机进行数字处理运算，电子模块快速补偿
可设定多种调整方式	同调：当设定同调时，AD 同时采集 A、B、C 三相电压的真有效值进行平均计算，给出指令进行补偿，可以有效提高三相电压的不平衡度
	分调：当设定分调时，三相电压各自调整，保证三相电压都在精度范围内，特别适合单相负载
	自动判断：微电脑自动分析应该进行同调或分调
测量技术先进	12 位 AD 采集，单片机进行数字滤波及真有效值计算
控制精确无误	大规模可编程逻辑器件与单片机的完美配合
人性化的界面	通过操作面板触摸键可以设定各种指标（输出电压、稳压精度、保护功能）
输出波形无失真	无触点过零开关切换，同频、锁相、正弦波叠加补偿原理

续表 11-23

抵抗谐波干扰	真有效值电压检测
负载范围广	阻性、容性、感性负载都能适应
缓启动抗冲击	具有先稳压再输出功能
保护功能全	当出现过压、欠压时可在1秒内保护或者不间断自动转换至旁路工作，并且具有完善的缺相、过载、短路保护及故障后声光报警功能
电压电流显示	电压、电流分别真有效值数字显示

（三）型号含义

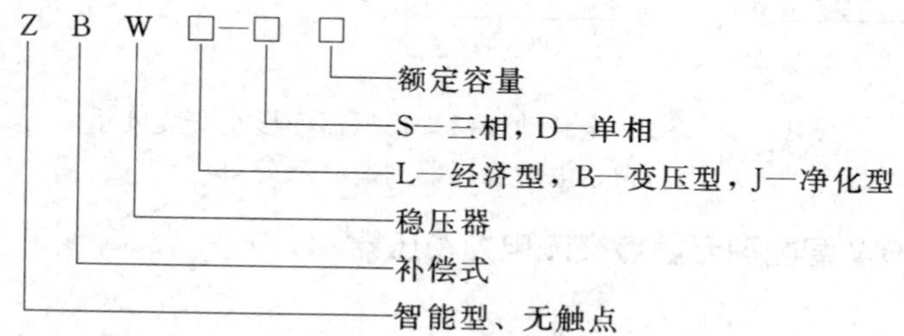

（四）技术数据

ZBW/ZDBW智能型无触点交流电力稳压器技术数据，见表11-24。

表11-24 ZBW/ZDBW智能型无触点交流电力稳压器技术数据

输入	稳压范围	三相304～456V，单相176～264V
	频率	47～63Hz
输出	额定电压	相电压220V，线电压380V
	中心电压值调节范围	±7%
	稳压精度	±(1～5)%可选择（常规设定为±2%）
	响应时间	快（一个电源周波20ms）
	波形失真	不产生附加波形畸变（静态）
	效率	≥98%
	三相不平衡度	三相电压自动平衡
	延时输出	先稳压再输出（保护设备不受冲击）
保护	过压	输出相电压超过10%（245V），切断输出或不间断转向旁路
	欠压	输出相电压低于10%（195V），切断输出或不间断转向旁路
	缺相	具备（自动切断）
	过载	电子检测，过载3分钟内切断输出
	过流	电子检测和断路器双重保护
	短路	电子检测和断路器双重保护

（五）工作原理

采用微电脑（MCU＋PLD＋12位高速AD）智能检测，输出指令控制电子模块（IGBT或SCR）的快速切换，通过变压器同频、锁相、正弦波叠加补偿保持输出电压的稳定。响应速度快、无碳刷、无触点、无机械、三相电压自动平衡。该产品的工作原理见

图 11－7。

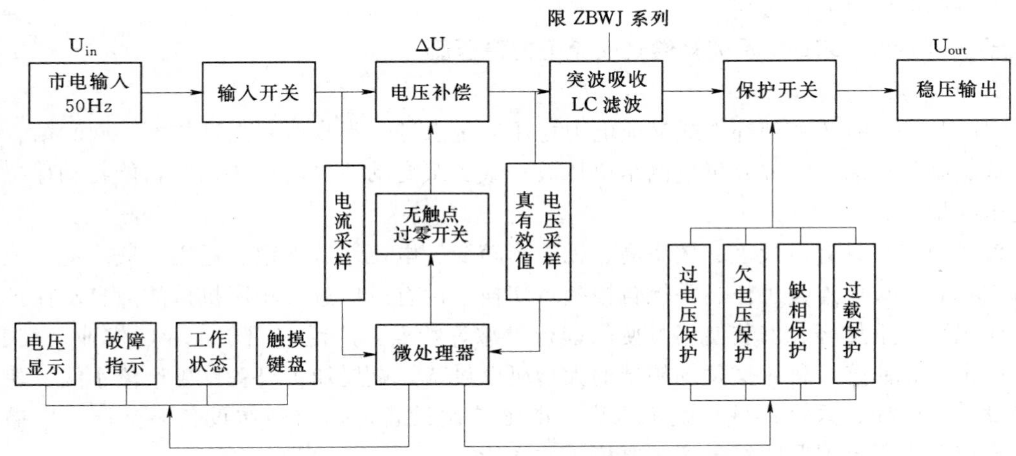

图 11－7　ZBW/ZDBW 智能型无触点交流电力稳压器原理图

(六) 外形及安装尺寸

ZBW/ZDBW 智能型无触点交流电力稳压器外形及安装尺寸，见表 11－25。

表 11－25　ZBW/ZDBW 智能型无触点交流电力稳压器外形及安装尺寸

型　号	额定容量 (kVA)	输入电压范围 (V)	输出电压 (V)	额定输出电流 (A)	机柜外形尺寸 (mm) (长×宽×高)	重量 (kg)
ZBW—S10	10	三相 304～456V	三相 380V±7% 可设置	15	500×500×1000	140
ZBW—S20	20			30	500×500×1000	160
ZBW—S30	30			46	600×600×1300	180
ZBW—S50	50			76	600×600×1300	195
ZBW—S75	75			114	660×660×1500	316
ZBW—S100	100			152	660×660×1500	330
ZBW—S150	150			228	700×700×1600	450
ZBW—S225	225			342	900×800×1900	530
ZBW—S320	320			486	1100×1000×2200	630
ZBW—S400	400			608	1100×1000×2200	750
ZBW—S500	500			760	1200×1000×2200	870
ZBW—S600	600			912	1200×1000×2200	980
ZBW—D3	3	单相 176V～264V	单相 220V±7% 可设置	14	250×500×500	20
ZBW—D5	5			23	250×500×500	28
ZBW—D10	10			45	350×600×600	50
ZBW—D20	20			91	350×600×600	80
ZBW—D30	30			136	660×660×1400	100
ZBW—D50	50			227	660×660×1400	140

（七）生产厂

上海熙顺电气有限公司。

五、CSBW、CDBW系列补偿式交流电力稳压器

（一）概述

CSBW、CDBW系列补偿式交流电力稳压器是引进、吸收西欧先进技术，同时结合我国国情研制的产品。当外界供电网络电压波动或负载变动造成电压波动时，能自动保持输出电压的稳定。

该系列产品具有容量大、效率高、无波形畸变、电压调节平稳、适用负载广泛、能承受瞬时超载、长期连续工作、手控自控随意切换、设有过压过流相序机械故障自动保护装置、体积小、重量轻、安装使用方便、运行可靠等特点。广泛应用于工业、农业、交通、邮电、军事、铁路、科研文化等领域的大型机电设备、金属加工设备、生产流水线、建筑工程设备、电梯、医疗器械、微机机房、电脑控制设备、刺绣轻纺设备、空调、广播电视、宾馆及家用电器照明等一切需要稳压的场所。

该产品又称为抗干扰净化电力稳压器。

（二）使用条件

（1）环境温度（℃）：－15～＋45。

（2）海拔（m）：＜1000。

（3）相对湿度（%）：≤90。

（4）无严重影响稳压器绝缘的气体、蒸汽、化学沉积、灰尘、污垢及其它爆炸性和侵蚀性介质。

（5）无严重振动或颠簸。

（三）型号含义

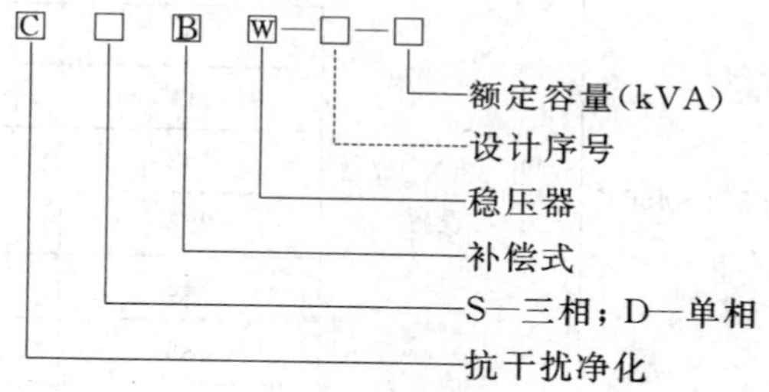

（四）工作原理和结构

该产品由稳压、抗干扰净化两部分组成，见图11－8。

图11－8 CSBW、CDBW系列稳压器工作原理框图

稳压部分由补偿电路、电压检测电路、伺服电机控制电路及减速传动结构，以及主电路开关操作电路、电压、电流测量和保护电路组成。

电压补偿电路由接触调压器与补偿变压器组成。接触调压器一次连接在稳压器的输出端，二次接补偿变压器的一次线圈，补偿变压器二次线圈串联在主回路中。

抗干扰部分作用：

(1) 在输入端由瞬态电压冲击抑制器对所有冲击干扰进行吸收。

(2) 在输出回路中由灵敏追踪滤波器进行滤波抑制，从而达到抗干扰净化之目的。

(五) 技术数据

该产品技术数据，见表 11-26。

表 11-26 CSBW、CDBW 系列补偿式交流电力稳压器技术数据

型 号	额定容量(kVA)	输出电流(A)	输入电压(V)	输出电压(V)	相数	耐压(V)	绝缘电阻(MΩ)	效率	波形畸变	工作频率(Hz)	稳压精度	稳定时间	抗干扰(雷击)能力	滤波性能
CSBW—10	10	16	304～456	380 ±5% 可设定	三相	2000 1分钟无击穿	≥2	≥98%	纯正弦波输出	50～60	±(1～5)% 可设定	输入电压相对于额定值跃变在10%时稳定时间小于1.5s	尖峰抑制输入4000V脉宽2s，输出小于2V 25kA峰值大电流0.4μs冲击2次	频率0.15M～10G插入损耗，差模70～100dB，共模100dB
CSBW—20	20	31												
CSBW—30	30	46												
CSBW—50	50	76												
CSBW—100	100	152												
CSBW—180	180	278												
CSBW—225	225	342												
CSBW—320	320	487												
CSBW—400	400	608												
CSBW—500	500	760												
CSBW—600	600	928												
CSBW—800	800	1238												
CSBW—1000	1000	1550												
CSBW—1200	1200	1825												
CDBW—3	3	14	176～264	220 ±5% 可设定	单相	1500 1分钟无击穿								
CDBW—5	5	23												
CDBW—10	10	46												
CDBW—20	20	91												
CDBW—30	30	137												
CDBW—50	50	228												
CDBW—100	100	455												

(六) 外形及安装尺寸

该产品外形及安装尺寸，见表 11-27。

表 11-27 CSBW、CDBW 系列稳压器外形及安装尺寸

型　号	容 量 (kVA)	外形尺寸 (mm) (长×宽×高)	底　座 (mm)	柜 数	重 量 (kg)
CSBW—10	10	700×550×1100	550×490	单柜	200
CSBW—20	20				280
CSBW—30	30	760×550×1350	480×560		320
CSBW—50	50				375
CSBW—100	100	950×650×1650	545×580		460
CSBW—180	180	1050×750×2200	665×850		520
CSBW—225	225				600
CSBW—320	320	1200×850×2200	790×1000		750
CSBW—400	400				860
CSBW—500	500	1050×800×2200	740×850	双柜	1080
CSBW—600	600				1120
CSBW—800	800	1200×850×2200 (主柜) 1050×850×2200 (副柜)	840×1200		1550
CSBW—1000	1000	1500×900×2200	840×1300		1680
CSBW—1200	1200	1050×950×2200	890×850	三柜	2180
CSBW—1400	1400				2380
CSBW—1600	1600				2580
CSBW—1800	1800				2780
CSBW—2000	2000				2980
CDBW—3	3	250×420×420		单柜	37
CDBW—5	5	250×420×420			42
CDBW—10	10	300×500×500			63
CDBW—20	20	700×500×1100			180
CDBW—30	30				250
CDBW—50	50	760×550×1350			320
CDBW—100	100	950×650×1650			420
CDBW—180	180	1050×750×2000			520
CDBW—225	225				600
CDBW—300	300	1200×900×2140			680

（七）生产厂

上海稳利达电气有限公司。

六、JD—SBWDT—3B 系列可控硅交流稳压器

（一）概述

SBWDT 可控硅交流稳压器是新一代交流稳压器，集微机测控、可控硅无触点开关和

变压器技术于一体，具有容量大、体积小、响应快、无噪声等特点。与国内外同类产品比较，该产品具有如下技术特色：

(1) 可控硅无环流控制。针对可控硅电流过零自然关断的特性，采用精确相位控制和过零触发技术，使可控硅在切换时无冲击性共态电流，稳压器完全撇除了限流电阻，大幅提高整机的可靠性和效率。30kVA 的该产品效率达到 99.2%。

(2) 变压器优化设计。SBWDT 可控硅交流稳压器采用三相分调系统，合理的变比和精确的设计使稳压器具有极小巧的体积，在所有稳压器产品中，SBWDT 稳压器的容量体积比最高。

(3) 高度智能化。采用微机测控装置，监控每相的输入电压、输出电压和电流、机柜温度，具有完善的自检及保护功能。

(二) 型号含义

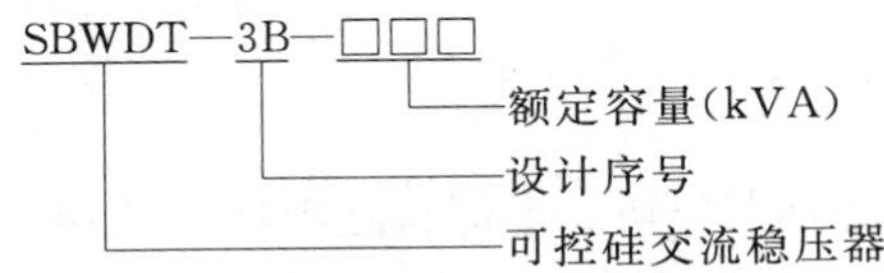

(三) 工作原理

该稳压器由电压调节电路、升压补偿电路、微机控制电路、操作电路组成，其工作原理见图 11-9。其中电压调节电路、升压补偿电路和微机控制电路组成了输出电压的自动稳压系统。SBWDT 系列稳压器的电压调节电路由多抽头自耦变压器及 8 个可控硅开关 SCR1～SCR8 组成。

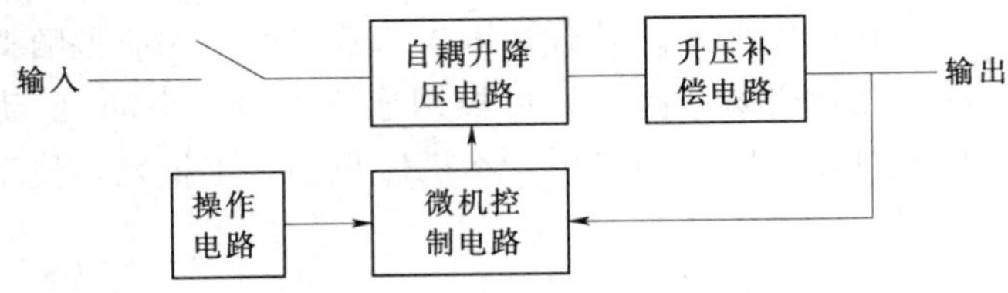

图 11-9　SBWDT 稳压器工作原理框图

(四) 技术数据

(1) 稳压范围 (V)：220±30%（常规机型 140～380V，联通专用机型 128～286V）。

(2) 稳压精度 (%)：≤±5。

(3) 整机效率 (%)：≥98。

(4) 输出和输入电压同相位。

(5) 具有欠压、过压、过载、缺相、相序保护功能。

(6) 响应时间 (s)：≤0.1。

(7) 能承受瞬时过载冲击。

(8) 长期连续工作制。

(9) 具有 RS232 遥控遥测接口。

SBWDT—3B 型可控硅交流稳压器技术数据，见表 11-28。

表 11-28 SBWDT—3B型可控硅交流稳压器技术数据

型 号	额定容量（kVA）	额定频率（Hz）	输 入 电 压（V）	输出电压（V）	输出电流（A）	重 量（kg）	外形尺寸（mm）（长×宽×高）
SBWDT—3B—10	10	50	140～300或128～286	220	15	190	480×550×1380
SBWDT—3B—20	20	50	140～300或128～286	220	30	210	480×550×1380
SBWDT—3B—30	30	50	140～300或128～286	220	46	230	480×550×1380
SBWDT—3B—50	50	50	140～300或128～286	220	76	370	610×830×1540
SBWDT—3B—100	100	50	140～300或128～286	220	152	520	610×830×1540

（五）订货须知

订货时必须提供产品型号、容量、额定输出电压、输入电压变化范围、稳压精度、电源输入位置等。

（六）生产厂

上海精达电力稳压器制造有限公司、上海精达电压调整器厂有限公司。

七、SBW—F系列三相分调/全自动补偿式电力稳压器

（一）概述

SBW—F系列三相分调式全自动补偿式电力稳压器，是SBW系列产品加以改进的稳压器，适合三相电压输入不平衡的电网，当电网波动或负载电流变化时，三相输出能自动平衡，且保持电压调节平稳的优点。

（二）产品特点

本系列产品与其它型式稳压器相比具有容量大、效率高、无波形畸变、电压调节平稳等优点，适用负载广泛，能承受瞬时超载，可长期连续工作，手动/自动切换，设有过压保护、缺相、相序保护及机械故障自动保护，本机体积小，重量轻，使用安装方便，运行可靠等优点。

（三）使用环境

该系列稳压器广泛用于邮电、商场、电梯、医院、学校、印刷、证券等所有需要正常电压保证的场合及大、中型工矿企业车间，部分供电及重要设备和配套。

（1）海拔高度不超过2500M；

（2）环境温度：－25～＋40℃；

（3）相对湿度：≤90％；

（4）安装场所应无严重影响稳压器绝缘的气体、蒸汽、化学沉积、灰尘、污垢及其他爆炸性和侵蚀性介质；安装场所应无严重振动或颠簸，凡不符合上述规定的特殊使用条件，应由使用单位和我厂协商确定。

（四）技术数据

SBW—F系列三相分调/全自动补偿式电力稳压器技术数据，见表11-29。

（五）外形及安装尺寸

SBW—F系列三相分调/全自动补偿式电力稳压器外形及安装尺寸，见表11-30。

表 11-29 SBW—F 系列三相分调/全自动补偿式电力稳压器技术数据

项目	技术数据
输入电压	三相四线相电压 175～250V 相电压，线电压 304～456V
输出电压	三相 380V（可定制 390V/400V）
输出精度	1%～5%（可调）
频率	50Hz/60Hz
效率	≥98%（功率等级 50kVA 以上）
响应速度	≤1.5s
环境温度	—10～+40℃
绝缘电阻	≥5MΩ
过载能力	2 倍额定电流，维持 1min
波形失真	无附加波形失真
保护功能	过压、欠压、过流、缺相、相序、旁路

表 11-30 SBW—F 系列三相分调/全自动补偿式电力稳压器外形及安装尺寸

型号	输入电压	输出电压	输出精度	电流（A）	重量（kg）	外形尺寸（cm）（宽×深×高）
SBW—F—30	三相四线制相电压 220V ±20%、线电压 380V±20%	380V	1%～5%（可调）	46	400	110×85×140
SBW—F—50				76	470	
SBW—F—100				152	152	110×90×150
SBW—F—150				227	600	120×95×160
SBW—F—200				303	800	110×85×190
SBW—F—250				379	900	
SBW—F—300				455	1250	120×213×75/2
SBW—F—350				530	1400	
SBW—F—400				608	1600	90×193×75/2
SBW—F—450				682	1600	
SBW—F—500				760	1900	105×213×110/2
SBW—F—600				912	2000	
SBW—F—800				1216	2200	110×205×110/2
SBW—F—1000				1520	2800	110×205×110/3
SBW—F—1600				2431	4600	120×205×120/4
SBW—F—2000				3030	7200	146×225×130/4

（六）生产厂

上海天锡电气设备制造有限公司。

八、SBW—Y 系列预补型大功率电力稳压器

（一）概述

SBW—Y 系列预补型大功率电力稳压器是上海稳压器厂参照国外工业发达国家分段

补偿式大功率电力稳压器的最新技术，结合我国国情研制的新一代产品，具有容量大(630～3000kVA)、效率高(>98.5%)、稳压范围宽(380±20%，380±30%)、精度高[380V±(1～5)%]、保护功能强、可靠性好等优点，是 SBW 系列普通型电力稳压器的更新换代产品。

(二) 技术数据

(1) 输入电压(V)：380。

(2) 输出电压(V)：380±5%。

(3) 相数：3 相。

(4) 耐压(V)：2000/1min 无击穿。

(5) 绝缘电阻(MΩ)：≥3。

(6) 效率(%)：≥98.5。

(7) 波形畸变：≤0.1。

(8) 工作频率(Hz)：50，60。

(9) 稳压精度(%)：±(1～5)可设定。

SBW—Y 系列预补型大功率电力稳压器技术数据，见表 11-31。

表 11-31 SBW—Y 系列预补型大功率电力稳压器技术数据

型号	容量(kVA)	额定输出电流(A)	外形尺寸(mm)(长×宽×高)	重量(kg)
SBW—Y630	630	958	1200×750×2150×2	2100
SBW—Y800	800	1216	1200×750×2150×2	2466
SBW—Y1000	1000	1520	1250×750×2150×2 900×750×2150×4	2586
SBW—Y1200	1200	1824	1200×750×2150×3 900×750×2150×6	3120
SBW—Y1600	1600	2432	1200×750×2150×4 900×750×2150×8	3600
SBW—Y2000	2000	3040	1200×750×2150×5 900×750×2150×10	4320
SBW—Y3000	3000	4560	1250×800×2150×6 1000×800×2150×12	6480

(三) 生产厂

上海稳压器厂。

九、S(D)JW—WBF 无触点大功率电力稳压器

(一) 概述

该产品集先进的组合绕组补偿方式和无触点开关、微机控制交流稳压技术于一体，具有高效节能、调节快速、三相自动平衡、无机械故障和碳刷磨损等特点，并具有延时、过压、欠压报警和保护等功能。

(二) 技术数据

(1) 输入电压(V)：

单相 DJW—WB10～70kVA：220；

三相 SJW—WB20～200kVA：380±20%，±30%。

(2) 输出电压精度：380V±1.5%，±2%，±3%。

(3) 效率(%)：>95。

(4) 负载功率因数：cosϕ=0.7。

(5) 应变时间（s）：≤0.1。

(6) 频率（Hz）：50，60。

(7) 瞬时过载能力：额定电流的1～1.5倍。

（三）生产厂

上海稳压器厂。

11.7 净化参数稳压器

一、SCWY、DCWY系列无触点净化参数稳压器

（一）概述

SCWY、DCWY系列无触点净化交流参数稳压器属于参数调整型式，也称为正弦能量分配型交流稳压电源，是目前国际上流行的交流稳压电源之一。

电路中采用可控硅相控技术，同时利用电抗器、铁磁性材料的非线性和电容器组成谐振方式来实现调整，以达到交流稳压的目的。

该产品广泛应用于电脑相关产品、医疗监控系统、程序控制系统、自动测试设备、广播电视设备、邮电通讯设备、自动插件机、生产线、印刷设备、塑胶注射设备、自动取款机、科研实验等一切需要稳压的场所。

（二）型号含义

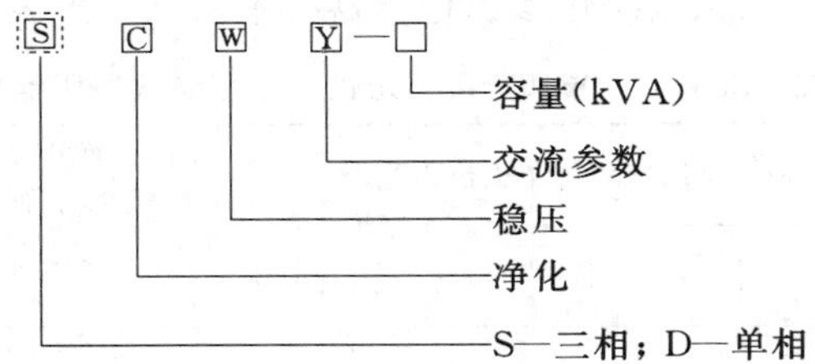

（三）工作原理

电网输入电压偏低时，可控硅控制电路通过对输入、输出取样比较，使双向可控硅的导通角增大，L1和L2组成并联电路，电路呈感性，这时电流流过T1是同相，电压相加，输出处于升压状态。当输入电压偏高时，控制电路使双向可控硅的导通角减小，L1、L2电路中电流呈容性，电压下降，输出处于降压状态。

该产品是连续调整式，配合闭环反馈控制电路，所以能达到很高的稳压精度，动态响应速度快，过冲幅度小，输出电压谐波较小等特点。

该产品输入端加入EM1电磁滤波器E1及大容量JI型重负载滤波电容，可抑制电网中高能量的尖峰电压及各种噪声干扰，使其输出经净化的纯净波形。

SCWY、DCWY系列无触点净化参数稳压器的工作原理，见图11-10。

（四）技术数据

(1) 常模尖峰抑制：

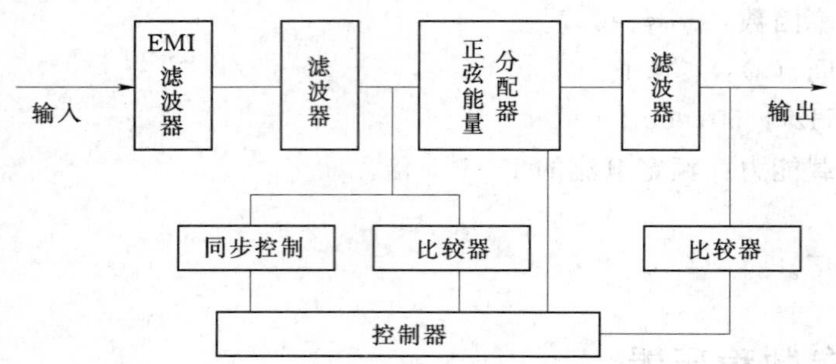

图 11-10 SCWY、DCWY稳压器工作原理框图

输入4000V（宽度3.5ms），输出＜40V；

输入2000V（宽度10ms），输出＜40V；

输入1000V（宽度50ms），输出＜40V。

（2）过压保护：

单相 输出240V±5；

三相 输出电压≥415V时（单相指示240V时）输出回路自动切断。

（3）告警电压（V）：

单相 输出235～250，过压指示灯亮；输出185～200，欠压指示灯亮。

三相 输出电压320～345（单相指示185～200），欠压指示灯亮。

（4）具有缺相保护。

SCWY、DCWY系列无触点净化参数稳压器技术数据，见表11-32。

表 11-32 SCWY、DCWY系列无触点净化参数稳压器技术数据

型号	额定容量（kVA）	输出电流（A）	输入电压（V）			输出电压（V）	稳压精度（%）	工作频率（Hz）	效率（满载时）（%）	输出波形附加失真（%）	瞬间恢复时间	外形尺寸（mm）（长×宽×高）	重量（kg）
			Ⅰ	Ⅱ	Ⅲ								
DCWY—1	1	4.5	174～242	185～256	195～266	220	±(0.5～1)	50±5%	≥98	≤3	≤0.03ms	125×365×220	11
DCWY—2	2	9										200×450×355	20
DCWY—3	3	16										200×450×355	25
DCWY—5	5	23										200×450×355	34
DCWY—10	10	46										244×500×410	48
SCWY—3	3	4.5	319～449			380	±(0.5～1)	50±5%	≥98	≤3	≤0.03s	250×450×480	39
SCWY—6	6	9										280×450×560	61
SCWY—10	10	16										500×350×995	120
SCWY—15	15	23										500×350×995	145
SCWY—20	20	31										500×350×995	160
SCWY—30	30	46										600×400×1000	180

（五）生产厂

上海稳利达电气有限公司。

二、KWPS智能净化稳压器

（一）用途

KWPS智能净化稳压器是一种新型的高性能微电脑控制的交流稳压设备，主要技术来自美国航天成果，采用PWM控制，是目前国际市场上最先进的交流稳压电源之一。

该产品集净化、稳压、自动保护功能于一体，具有稳压范围宽、响应速度快、精度高、抗干扰能力强、失真度小、寿命长、噪音低、功率因数高等优点，广泛应用于电信、医疗、科研、金融、精密仪器设备、交通、学校等重要场所。

（二）产品特性

（1）具有净化、稳压双重功效。稳压范围宽，滤波净化功能、抗干扰能力强。

（2）采用PWM技术，LCD液晶显示，输出精度高，响应时间小于40ms。

（3）三相分调，平衡稳压：无级调压，在三相输入或三相负载不平衡时能确保三相输出平衡。

（4）提高电网功率因数：在输入线路中呈容性，能有效地提高整个线路的功率因数。

（5）可靠性高：电子式无触点，没有机械磨损，效率高，噪音小，寿命长。

（6）旁路功能：易维护，设有“稳压”和“市电直供”转换开关，方便故障维修时使用。

（7）适应不同的使用环境，一次安装调试后不需要因使用环境变化而做调整。

（8）三遥功能：根据要求可配置RS232、RS485通讯端口，实现远程通讯、监控。

（9）保护功能齐全：过/欠压，错相，缺相，过流，过载保护。

（10）可根据要求加装防雷功能。

（三）技术数据

（1）容量（kVA）：5～50（单相），10～300（三相）。

（2）输入电压（V）：单相220±20％；三相380±20％。

（3）输出电压（V）：220，380。

（4）稳压精度（％）：±0.5～1。

（5）频率（Hz）：50。

（6）响应时间（ms）：＜40。

（7）效率（％）：＞98。

（8）波形失真（％）：＜3。

（9）功率因数：0.9～1.0。

（10）抗电强度：单相1500V/60s＜10mA；三相2000V/60s＜10mA。

（11）绝缘电阻（MΩ）：＞5。

（12）环境温度：－10～＋40℃。

（13）相对湿度（％）：＜95。

（14）噪音（dB）：＜60。

KWPS智能净化稳压器技术数据，见表11－33。

表 11-33 KWPS智能净化稳压器技术数据

型　号	容　量 (kVA)	相　数	频　率 (Hz)	稳压精度 (%)	外形尺寸（mm） (长×宽×高)	重　量 (kg)
KWPS—5	5	1	50	±0.5～1	970×500×400	70
KWPS—10	10	1	50	±0.5～1	970×500×400	135
KWPS—15	15	1	50	±0.5～1	1200×600×520	170
KWPS—20	20	1	50	±0.5～1	1200×600×520	200
KWPS—30	30	1	50	±0.5～1	1200×600×520	255
KWPS—40	40	1	50	±0.5～1	1400×700×600	330
KWPS—50	50	1	50	±0.5～1	1400×700×600	390
KWPS—10	10	3	50	±0.5～1	1400×700×660	172
KWPS—15	15	3	50	±0.5～1	1400×700×660	200
KWPS—20	20	3	50	±0.5～1	1400×700×660	260
KWPS—30	30	3	50	±0.5～1	1400×700×660	340
KWPS—40	40	3	50	±0.5～1	1600×800×660	420
KWPS—50	50	3	50	±0.5～1	1600×800×660	550
KWPS—60	60	3	50	±0.5～1	1600×800×660	580
KWPS—100	100	3	50	±0.5～1	1800×1000×800	680
KWPS—150	150	3	50	±0.5～1	1800×1000×800	710
KWPS—200	200	3	50	±0.5～1	1800×1200×1000	800
KWPS—250	250	3	50	±0.5～1	1800×1200×1000	880
KWPS—300	300	3	50	±0.5～1	1800×1200×1000	990

（四）生产厂

东莞市科旺电源设备有限公司。

三、JJW—JSW 精密净化交流稳压器

（一）概述

JJW/JSW 系列精密净化交流稳压器，采用国际上先进的正弦能量分配程式的电源调节技术，代表了交流稳压技术的最新发展水平。其电路由正弦能量分配器和大功率滤波器并联组成。具有稳压精度高、过载能力高、可靠性好、抗干扰能力强、效率高，可长期连续工作，使用寿命长，适用各种性质的负载（阻性、感性、容性）等优点，是取代 614 系列电子式稳压器、磁饱和稳压器的理想代换产品。

（二）使用环境

适用于电脑网络工程、电子仪器设备、医疗设备、科研单位、邮电通讯、银行系统、精密仪器、检测设备等设施配套使用。

（三）技术数据

JJW—JSW 精密净化交流稳压器技术数据，见表 11-34。

表 11－34　JJW—JSW 精密净化交流稳压器技术数据

输入稳压范围	175～260V±3％	三相 310～450V
输入适用范围	175～260V	三相 310～450V
频率	50Hz±5％	
输出电压	220V±0.5％	三相 380V±1％
过压保护	单相 245±5V	三相 420V±8V
源电压效应	≤±0.5％	
负载效应	≤±1％	
响应时间	≤50ms	
附加波形失真	≤±5％（附加）	
相对湿度	≤90％	
尖峰吸收	输入 1000V/3us 尖峰 输出≤5V	
绝缘电阻	＞5MΩ	
负载功率因素	＞0.9	
环境温度	—5～＋40℃	
效率	＞98％（满载）	

（四）生产厂

上海熙顺电气有限公司。

11.8　智能稳压器

一、KWPS—B 智能交流稳压器

（一）用途

KWPS—B 系列智能交流稳压器是根据通信行业的要求，并针对供电电压突变频繁的情况，特别研发制造的可控硅电子开关式交流稳压器。

该产品具有体积小、重量轻、效率高、稳压范围宽、响应速度快、无波形畸变、运行可靠、基本上免维护等优点，广泛应用于通信、铁路、金融、科研等行业的高精尖设备作为前级交流稳压电源，尤其适合电网电压波动幅度大、电压瞬间变化恶劣的供电环境。

（二）产品特性

（1）具有故障智能旁路和手动机械旁路功能。

（2）保护功能完善：旁路、故障、缺相、过/欠压。

（3）适用于任意负载：阻性、容性、感性。

（4）三相分调，自动平衡输出电压。

（5）分体式设计，方便搬运，多选择进出线，方便安装。

（6）根据要求可加装 RS232、RS485 通信端口。

（三）技术数据

（1）容量（kVA）：10～50。

(2) 输入电压(V):380±30%。
(3) 输出电压(V):380。
(4) 稳压精度(%):±5。
(5) 频率(Hz):50。
(6) 响应时间(ms):≤100。
(7) 效率(%):>96。
(8) 波形失真(%):<1。
(9) 抗电强度:2000V/60s<10mA。
(10) 绝缘电阻(MΩ):>5。
(11) 环境温度:-10~+40℃。
(12) 相对湿度(%):<95。
(13) 噪音(dB):<60。

(四) 生产厂

东莞市科旺电源设备有限公司。

二、KWPS—C智能数控稳压器

(一) 概述

KWPS—C智能数控稳压器是引进国际交流稳压电源新技术,并根据国情设计开发的一种最新大功率交流稳压电源。它集先进的组合绕组补偿方式和晶闸管技术、微机控制交流稳压技术于一体,具有高效节能、动态响应速度快、三相自动平衡、无机械故障和碳刷磨损等特点,保护功能齐全,大大提高系统运行可靠性。

该产品采用单片机分相控制,高精度A/D转换,稳压精度高,是目前国内最新型的稳压电源设备,广泛应用于邮电、工业、交通、军事、科研等领域。

(二) 产品特性

(1) 三相自动平衡调节,稳压精度高。
(2) 智能化控制,数控无触点,智能数码式调压。
(3) 响应时间短(≤48ms),效率高(≥98%)。
(4) 具有旁路功能,维护方便。
(5) 完善的保护功能:过/欠压,错相,缺相,过流,过载。
(6) 负载性能好,能适应各类负载,并能承受短时过载。
(7) 抗干扰性强,能抑制高频干扰。

(三) 技术数据

(1) 容量(kVA):单相5~50;三相10~500。
(2) 输入电压(V):单相220±15%;三相380±15%。
(3) 输出电压(V):220,380。
(4) 稳压精度(%):±1。
(5) 频率(Hz):50。
(6) 响应时间(ms):≤48。
(7) 效率(%):≥98。

(8) 波形失真(%):≤0.5。

(9) 抗电强度:2000V/60s,<10mA。

(10) 绝缘电阻(MΩ):>5。

(11) 环境温度(℃):-10~+40。

(12) 相对湿度(%):<95。

(13) 噪音(dB):≤60。

(四) 生产厂

东莞市科旺电源设备有限公司。

三、RLS 智能型无触点稳压器

(一) 概述

RLS系列智能型无触点稳压器是汲取欧美先进技术,通过多次突破性改良而研制的高新技术产品,已获国家专利。

该产品采用微电脑控制技术,由专门订制的元器件、进口电器配件及优质电工材料制成。内无碳刷及磨损元件,具有调压功能强、精度高、功耗小、寿命长、免维护等优点,广泛应用于高精尖设备、大型机床、火花机、彩印设备、全厂稳压。

该产品 400kVA 以下配置自动报警、断电保护系统,500kVA 以下配置两套控制系统、自动切换。

(二) 产品特性

(1) 独特的两套系统控制,自动切换,可靠性高,稳定性好。

(2) 无触点,永不磨损,使用寿命长达 15 年以上。

(3) 数字显示,各电参量一目了然。

(4) 预置功能强。输出电压、输出精度、保护限值可以任意设定。

(5) 无级电压调整(无刷式),线性稳压,输出电压平稳无阶跃变化。

(6) 超足容量,带负载能力强,可 100%负载连续使用。

(7) 特性优良,日制高导磁矽钢片,使空载损耗、负载损耗、无载电流最低。

(三) 技术数据

(1) 容量(kVA):100~3000。

(2) 输入电压(V):380±15%。

(3) 稳压精度(%):±(1~5)(可设置)。

(4) 稳压校正(V):360~420(可设置)。

(5) 响应时间(s):<0.5。

(6) 保护方式:过/欠压、相序、过流、过载。

(7) 效率(%):>98。

(8) 波形失真(%):<3。

(9) 抗电强度:2000V/60s<10mA。

(10) 绝缘电阻(MΩ):>20。

(11) 噪音(dB):<65。

(12) 环境温度-5~+40℃,相对湿度<95%。

RLS智能型无触点稳压器技术数据，见表11-35。

表11-35 RLS智能型无触点稳压器技术数据

型 号	容量(kVA)	相数	输出电压(V)	额定电流(A)	频率(Hz)	外形尺寸(mm)(长×宽×高)	重量(kg)
RLS—100	100	3	380V±1% 可设置 1%～5%	152	50	800×640×1550	420
RLS—150	150	3		228		1020×880×1750	580
RLS—200	200	3		304		1020×940×1750	690
RLS—250	250	3		380		1020×940×1750	760
RLS—300	300	3		456		1180×1020×1890	1200
RLS—350	350	3		532		1180×1020×1890	1380
RLS—400	400	3		608		1180×1020×1890	1450
RLS—500	500	3		760		1180×1080×1890	1550
RLS—600	600	3		912		1180×1180×2050	1700
RLS—700	700	3		1064		1180×1180×2050	1900
RLS—800	800	3		1216		1680×1680×2200	2100
RLS—900	900	3		1368		1680×1680×2200	2250
RLS—1000	1000	3		1520		1680×1680×2200	2400
RLS—1250	1250	3		1900		1800×1800×2200	3600
RLS—1600	1600	3		2432		1800×1800×2200	3800
RLS—2000	2000	3		3040		2020×1800×2400	4300
RLS—2500	2500	3		3800		2100×2000×2400	4600
RLS—3000	3000	3		4560		2200×2200×2660	5200

（四）生产厂

东莞市科旺电源设备有限公司。

11.9 A(V)R、CVR系列自动稳压器

一、AR型全自动稳压器

（一）用途

AR型全自动稳压器是继电器类高精度家用稳压器，使用该产品后能将大范围波动的电压调整至通用的交流电压输出，是现代家用的理想稳压电源。该产品具有功耗小、安全可靠、稳定范围宽。

（二）技术数据

（1）输入电压（V）：AC75～130或180～260。

（2）具有过流保护器。

（3）输出电压（V）：AC110±4%或220±4%。

（4）显示输出电压指示。

（5）具有110V/220V输入电压拨动开关。

（三）外形尺寸

该产品外形尺寸，见表11-36。

表11-36 AR型全自动稳压器外形尺寸

型　号	额定容量（W）	外形尺寸（mm）（长×宽×高）	重量（kg）	型　号	额定容量（W）	外形尺寸（mm）（长×宽×高）	重量（kg）
AR—350	350	460×245×370	19	AR—3000	3000	380×340×450	25
AR—500	500	515×295×380	25	AR—4000	4000	400×380×510	30
AR—1000	1000	340×310×430	19	AR—5000	5000	400×380×510	32
AR—2000	2000	380×340×450	21				

（四）生产厂

宁波金源电气有限公司。

二、AVR型高精度交流自动调压稳压器

（一）用途

AVR型高精度交流自动调压稳压器是伺服电机型高精度家用交流稳压电源，具有功耗小、工作可靠、稳定精度高的特点，适用于电网电压波动较大的地区使用。

（二）技术数据

（1）输入电压（V）：80～130/160～250。

（2）输出电压（V）：AC220/110，±2%。

（3）具有高精度3s/3min的延时功能。

（4）具有过载提示保护功能。

（5）快速启动。

（三）外形尺寸

该产品外形尺寸，见表11-37。

表11-37 AVR型高精度交流自动调压稳压器外形尺寸

型　号	额定容量（W）	外形尺寸（mm）（长×宽×高）	重量（kg）	型　号	额定容量（W）	外形尺寸（mm）（长×宽×高）	重量（kg）
AVR—500	500	560×310×200	19	AVR—1500	1500	325×310×200	14
AVR—1000	1000	560×310×200	21.5				

（四）生产厂

宁波金源电气有限公司。

三、AVR型交流自动调压稳压器

（一）用途

AVR型交流自动调压稳压器是继电器类高精度家用稳压器，适合于宽带范围的电压调整，具有体积小、重量轻、输出波形失真小、反应快的特点，是现代家电的理想电源。

（二）技术数据

（1）输入电压（AC）：140～250V。

(2) 频率 (Hz): 50, 60。

(3) 具有 3s/3min 延时功能。

(4) 输出电压 (AC): 220V±8%。

(5) 具有欠/过压保护。

(三) 外形尺寸

该产品外形尺寸，见表 11-38。

表 11-38 AVR 型交流自动调压稳压器技术数据

型 号	额定容量 (W)	外形尺寸 (mm) (长×宽×高)	重量 (kg)	型 号	额定容量 (W)	外形尺寸 (mm) (长×宽×高)	重量 (kg)
AVR—500S	500	545×350×200	21	AVR—3000S	3000	320×335×230	26
AVR—1000S	1000	545×310×200	26	AVR—5000S	5000	525×515×350	31
AVR—1500S	1500	310×285×200	19	AVR—7500S	7500	415×265×340	24
AVR—2000S	2000	320×315×230	21	AVR—10000S	10000	415×265×340	27

(四) 生产厂

宁波金源电气有限公司。

四、CVR 型自动稳压器

(一) 用途

CVR 型自动稳压器是继电器类高精度家用稳压器，能将大范围波动的电压调整至通用的交流电压输出，是现代家用的理想稳压电源。该产品具有功耗小、安全可靠、稳定范围宽的特点。

(二) 技术数据

(1) 输入电压 (AC): 160～250V 或 80～130V。

(2) 具有过流保护器。

(3) 输出电压: 110V±8%。

(4) 显示输出电压指示。

(三) 外形尺寸

该产品外形尺寸，见表 11-39。

表 11-39 CVR 型自动稳压器外形尺寸

型 号	额定容量 (W)	外形尺寸 (mm) (长×宽×高)	重量 (kg)	型 号	额定容量 (W)	外形尺寸 (mm) (长×宽×高)	重量 (kg)
CVR—350	350	475×250×245	21	CVR—3000	3000	400×340×340	25
CVR—500	500	475×250×245	24	CVR—4000	4000	400×340×180	16
CVR—1000	1000	505×295×295	30	CVR—5000	5000	485×385×220	25
CVR—2000	2000	400×340×340	22				

(四) 生产厂

宁波金源电气有限公司。

11.10 RD系列数字直流稳压稳流电源系列

一、概述

RD系列数字直流稳压稳流电源内部采用IGBT模块调整模式，具有高效能、高精度、高稳定性等特性，主要应用于科研单位、实验室和电子产线等需要高效电源测试时使用。属高频开关电源，可调直流稳压电源，大功率直流稳压电源，直流可调稳压电源，直流电源供应器，大功率直流电源。

目前国内已有众多直流电机、直流控制器、电容器、继电器、电阻器等生产企业使用RD系列直流稳压稳流电源用于产品测试和老化，另外众多科研单位、军工电子研究所、航空电器、有色金属等单位，使用此电源进行高精度电源供应下的科研工作，广受赞誉。

二、产品特点

（1）输出显示：输出电压电流LED显示。

（2）采用19英寸标准化尺寸，可组合放置于各种工作台面及机架。

（3）体积小、重量轻、节能高效。

（4）恒压恒流：输出恒压恒流自动切换，电压电流值连续线性调节。

（5）保护功能：过压保护、过流保护、过温保护、欠压保护、过载保护。

（6）短路特性：本机工作状态下长时间短路。

（7）外接补偿：本机可选外接补偿，可降低因输出回路较长等造成的压降。

（8）过压保护值：输出过压佑护值可调，保护后切断输出并锁定，重新开机恢复。

（9）通信功能：可选特殊数据接口，与其它设备数据连接控制，或与PLC连接。（选配）

（10）外控功能：可选0～5V或4～20mA信号控制电源的输出电压和电流（选配）。

（11）定时功能：可选定时开关机功能（选配）。

三、使用环境

（1）电机类：电动车电机、电动车控制器、直流电机测试老化等。

（2）电具类：LED测试及老化、节能灯泡测试及老化、灯具测试、钨丝气化等。

（3）汽车类：汽车电子、大功率直流电机、汽车电机控制器、车用灯光、点烟器、汽车影音测试及老化等。

（4）电子器件类：电容器、电阻、继电器、晶体管、传感器等。

（5）显示器类：显示屏、液器屏、触摸屏、车载DVD、手机显示器等。

（6）电化学类：电解、电镀、阳极氧化、有色金属研究等。

（7）其它需要直流电源供应的产品测试及研发，如磁控管等。

（8）备选功能：（选配）①外控功能：可选0～5V或4～20mA信号控制电源的输出电压和电流；②定时功能：可选定时开关机功能；③通信功能：可选数据接口，与计算机连接控制，或与PLC连接。

四、技术数据

RD系列数字直流稳压稳流电源系列技术数据，见表11-40。

表 11－40 RD系列数字直流稳压稳流电源系列技术数据

项目	技术数据
交流输入	10kW以下单相220V±10%
直流输出	电压0～ 额定值V可调；电流0～ 额定值A可调
稳压精度	源效应：≤0.2%有效值 （输入电源电压变化±10%时引起的输出电压的变化率）
	时漂：≤0.3%有效值 （电源连续工作时间大于8个小时引起的输出电压的变化率）
	温漂：≤0.03%有效值/℃ （环境温度范围内由环境温度变化引起的输出电压的变化率）
	负载效应：≤0.3%有效值 （电源输出电流从零至额定值变化时引起的输出电压变化率）
稳流精度	源效应：≤0.2%有效值 （输入电源电压变化±10%时引起的输出电压的变化率）
	时漂：≤0.8%有效值 （电源连续工作时间大于8个小时引起的输出电压的变化率）
	温漂：≤0.03%有效值/℃ （环境温度范围内由环境温度变化引起的输出电压的变化率）
	负载效应：≤0.3%有效值 （电源输出电流从零至额定值变化时引起的输出电压变化率）
输出纹波	稳压状态：≤0.3%+10mV（rms）（有效值）
	稳流状态：≤0.5%+10mA（rms）（有效值）
输出显示	4位半数字表 精度：±1%+1个字
	显示格式 00.00～19.99V；000.0～199.9V；0000～1999V；
电压电流设定	电位器（十圈）
过压保护	内置O.V.P保护，保护值为额定值+5%，保护后关闭输出，重新开机解锁
过流保护	过载、短路、定电流输出
温度保护	内置O.T.P保护，保护值为85℃±5%（散热器温度），保护后关闭输出
输出极性	输出正（+）、负（－）可以任意接地
散热方式	强制风冷
操作环境	室内使用设计，温度：0℃～40℃；湿度：10%～85%RH
储存环境	温度：－20℃～70℃；湿度：10%～90%RH

五、外形及安装尺寸

RD系列数字直流稳压稳流电源系列外形及安装尺寸，见表11－41。

表 11－41 RD系列数字直流稳压稳流电源系列外形及安装尺寸

输出电压	型号规格	0～30V系列（均可调）	外观	型号规格	0～50V系列（均可调）	外观
0～10A	RD—3010	0～30V 0～10A 可调	A	RD—5010	0～50V 0～10A 可调	A
0～20A	RD—3020	0～30V 0～20A 可调	A	RD—5020	0～50V 0～20A 可调	A
0～30A	RD—3030	0～30V 0～30A 可调	A			

续表 11-41

输出电压	型号规格	0～60V 系列（均可调）	外观	型号规格	0～100V 系列（均可调）	外观
0～5A	RD—605	0～60V 0～5A 可调	A	RD—1005	0～100V 0～5A 可调	A
0～10A	RD—6010	0～60V 0～10A 可调	A	RD—10010	0～100V 0～10A 可调	A
输出电压	型号规格	0～150V 系列（均可调）	外观	型号规格	0～200V 系列（均可调）	外观
0～3A	RD—1503	0～150V 0～3A 可调	A	RD—2003	0～200V 0～3A 可调	A
0～5A	RD—1505	0～150V 0～5A 可调	A	RD—2005	0～200V 0～5A 可调	A
输出电压	型号规格	0～300V 系列（均可调）	外观			
0～2A	RD—3002	0～300V 0～2A 可调	A			
0～3A	RD—3003	0～300V 0～3A 可调	A			

六、生产厂

上海天锡电气设备制造有限公司。

11.11 WYJ 系列直流稳压电源

一、概述

采用进口集成元器件组装的通用仪器，直流输出电压分档连续可调，稳定可靠，仪器具有限流保护，结构简单，维护方便，电源的稳定度和纹波系数良好，低噪音，体积小，可广泛应用于工业生产、大专院校实验室、研究所、邮电通讯和自动化设备上使用。同规格仪器可串联、并联方式同时使用。

该系列产品有单路、双路、多路独立输出等规格。

二、技术数据

（1）输入电压（V）：AC200±10％。

（2）输出电压（V）：DC1.25～30，1.25～60 连续可调（固定输出可微调）。

（3）输出电流（A）：1，2，3，5，10，15，20，25，30，40，50（固定输出 100A）。

（4）电压调整率（％）：0.5。

（5）电流调整率（％）：1。

（6）纹波抑制比（％）：0.03。

（7）输出噪声（dB）：65。

（8）限流保护：自动复位。

（9）使用环境温度：－10～＋40℃，相对湿度＜80％，无腐蚀气体。

（10）连续工作。

三、生产厂

上海稳压器厂。

第12章 电 抗 器

交流设备中，为限制和调节电流必须在独立的回路中接入电抗器。我国在40多年生产铁芯电抗器和空芯线路阻波器的基础上，1990年后推出新型干式空芯电抗器，采用环氧玻璃纤维包封多层，与油浸式电抗器相比，具有重量轻、线性度好、机械强度高、噪音低、安装方便等优点。更为突出的是，户外式干式空芯电抗器在任何恶劣的气候条件下运行几乎不需维护；又由于采用了自灭性绝缘材料，阻燃性能对电抗器的安装场所无需严格的防火要求，从而减少基建投资和维护费用。因此，干式空芯电抗器广泛应用于电力、钢铁、电炉、化工、化纤等大型企业及电气化铁路和电器检测场所，其优良、可靠的性能是传统的油浸铁芯电抗器的替代产品。

半芯干式电抗器首次实现了在干式空芯电抗器的空芯处放入铁芯，节能效果显著，具有噪音低、机械强度高、线性度好、抗短路冲击能力强、无任何污染等优点。半芯产品与空芯比较：

(1) 同容量同规格的情况下，运行的电能损耗降低25%～40%。

(2) 同容量同规格的情况下，直径缩小20%～30%。

(3) 同容量同规格的情况下，节约占地面积20%～45%。

(4) 在0～2倍额定电压的范围内半芯干式电抗器的伏安特性仍为线性。

(5) 噪音低是半芯干式电抗器的明显特点。

(6) 同样适用于户内运行。

(7) 具有空芯产品的其它优点。

现将电抗器分类及用途分述如下：

1. 电抗器分类

干式空芯电抗器有并联电抗器、串联电抗器、可控硅控制电抗器、可调串联电抗器(电气化铁道专用)、限流电抗器、滤波电抗器、可调滤波电抗器、平波电抗器、阻尼电抗器、分裂电抗器、中性点接地限流电抗器（消弧线圈)、电动机启动电抗器、均荷电抗器、塞流电抗器、静止无功补偿并联电抗器、平衡电抗器、干式磁控可调电抗器。

半芯干式电抗器的接线分串联和并联两种方式。

2. 电抗器用途

(1) 串联电抗器：与改善功率因数的高压并联电容器组相串联，限制投入电容器时的涌流，与电容器组一起对高次谐波（主要是3次、5次）提供低阻抗通道，以抑制电网波形的畸变，同时还抑制电容器支路的高次谐波电流，减轻电容器由谐波电流引起的过载。

(2) 并联电抗器：在超高压远距离输电系统中，连接于变压器三次线圈上，用于补偿线路的电容性充电电流，限制系统电压升高和操作过电压，保证线路可靠稳定运行。

(3) 限流电抗器：串联连接在系统上，当系统发生故障时用于限制短路电流，使短路电流降低至设备允许的数值。在正常运行时，有持续电流通过限流电抗器。对限流电抗器要求工作可靠、能经受系统短路电流所产生的强大电动力和热作用而不发生绝缘击穿、过热变形或破坏。

(4) 中性点接地电抗器：也称消弧线圈，用来补偿输电系统对地故障时的容性电流。

(5) 塞流电抗器：阻止谐波进入系统，保护设备不受谐波损害。

(6) 滤波电抗器：通常串联连接于电容器回路中，为某次谐波提供一个低阻抗通道，避免谐波过多地进入系统。

(7) 分裂电抗器：是一对绕向相反的线圈或带中间抽头的电抗器。正常工作时电抗器分裂的两部分由于电流方向相反，产生的磁通大部分抵消，所以馈线与负载之间呈现低阻抗。当一臂所接线路发生短路故障时，故障电流仅流过电抗器的一半线圈，产生比另一半线圈大得多的磁通，大大提高了相对电抗值，限制故障电流，起限制电抗器作用。

(8) 平波电抗器：用于高压直流输出系统（HVDC）和大功率直流电气传动装置中，降低直流回路中的脉动电流分量，保证直流电流的稳定。

(9) 阻尼电抗器：与电容器串联，限制电容器投入交流电网时的涌流。正常运行时，阻尼电抗器内流过电容器的额定电流、最大允许过负载电流等于电容器组按电力电容器有关标准允许的相应电流值（规定为 1.3 倍额定电流）。

(10) 启动电抗器：用于大型交流电动机降压启动。

(11) 静止无功补偿并联电抗器：用于晶闸管相控快速无功补偿装置（SVC）中。

(12) 平衡电抗器：与感应电炉、电容器共同组成三相电源的平衡负载。

12.1 半芯干式电抗器

半芯干式电抗器把传统铁芯电抗器结构中的铁芯柱放在空芯电抗器的空芯之中。区别于传统铁芯电抗器之处在于其铁芯并不包围整个线圈而形成闭合回路，将铁芯电抗器原来放置在芯柱上的气隙（这些气隙是为获得特定电感值所必需的）转移到空芯电抗器的线圈外部，因此节约了大量的铁芯材料。

1. 半芯干式电抗器特点

(1) 由于在线圈中放入了由高导磁材料做成的芯柱，使线圈中的磁导率大大增加，因此与空芯电抗器相比较，在同等容量下线圈的直径可大幅度缩小，导线用量大大减少，损耗也随之大幅度降低。与干式空芯并联电抗器相比较，体积减小 30%～50%，半芯并联电抗器运行时的电能损耗降低 20%～30%，半芯串联电抗器运行时的电能降低 30%～40%。

(2) 半芯电抗器的铁芯柱经整体真空环氧浇注成型，整体密实、坚固，运行时振动极小，噪音很低。电抗器经特殊的防护措施处理后可直接使用于户外，不受任何环境条件的限制。

(3) 半芯干式电抗器的伏安特性近似线性。

(4) 该产品具有干式空芯电抗器的诸多优点，机械强度高、抗短路能力强、采用自灭性材料制作，勿需严格的防火措施，维护工作量小，运行安全可靠性高。

半芯干式电抗器是在干式空芯电抗器的基础上研制的又一代创新产品，由西安中扬电气股份有限公司（原西安扬子电器有限责任公司）自行研制开发生产的产品，为我国第一家填补了国内空白，也为我国实现该类产品国产化奠定了坚实的基础。新型半芯干式电抗器于 1997 年获国家专利（专利权号 ZL97239725.6）。

2. 半芯干式电抗器分类

按半芯干式电抗器的接线分串联和并联两种方式。串联电抗器通常起限流作用，并联电抗器经常用于无功补偿。

3. 半芯干式电抗器用途

（1）半芯干式并联电抗器在超高压远距离输电系统中，连接于变压器的三次线圈上，用于补偿线路的电容性充电电流，限制系统电压升高和操作过电压，降低系统绝缘水平，保证线路可靠运行。

（2）半芯干式串联电抗器安装在电容器回路中，在电容器回路投入时起到抑制冲击电流的作用，同时与电容器组组成谐波回路，起特定的谐波滤波作用。

12.1.1 BKGL 系列半芯干式并联电抗器

一、型号含义

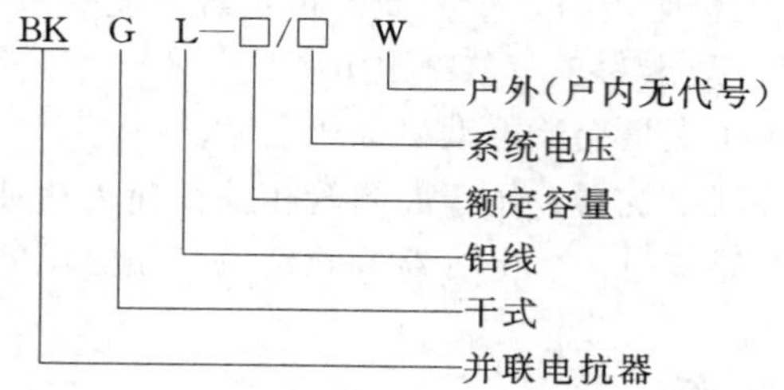

二、技术数据

（1）执行标准：IEC 289—88，GB 10229—88，JB 5346—1998，DL 462—92。

（2）BKGL 系列半芯干式并联电抗器技术数据，见表 12-1。

表 12-1 BKGL 系列半芯干式并联电抗器技术数据

型号	额定电压 (kV)	额定容量 (kVA)	外径 ϕD (mm)	本体高度 h (mm)	a (mm)	H_3 (mm)	c (mm)	本体重量 (kg)	损耗 (kW)	安装支点	安装底脚 ϕd (mm)
BKGL—3333/10	10	3333	1400	1450	100	735	200	2750	14	8	1250
BKGL—5000/10	10	5000	1500	1450	120	735	250	3700	17	8	1450
BKGL—6700/10	10	6700	1650	1500	120	735	300	4400	20.5	8	1500
BKGL—10000/10	10	10000	1800	1550	140	735	350	5800	26	8	1650
BKGL—3333/35	35	3333	1450	2200	100	735	100	3100	15	8	1300
BKGL—5000/35	35	5000	1590	2200	120	735	150	4000	18.5	8	1420
BKGL—6700/35	35	6700	1700	2200	120	735	200	5000	22	8	1520
BKGL—10000/35	35	10000	1860	2200	140	735	250	6500	28	8	1690
BKGL—15000/35	35	15000	1990	2200	160	735	350	9200	34	8	1800
BKGL—20000/35	35	20000	2150	2200	160	735	500	11000	39	8	1950

注 表中列出为一相电抗器的参数。

三、外形及安装尺寸

新型半芯干式电抗器外形及安装尺寸，见图 12-1。

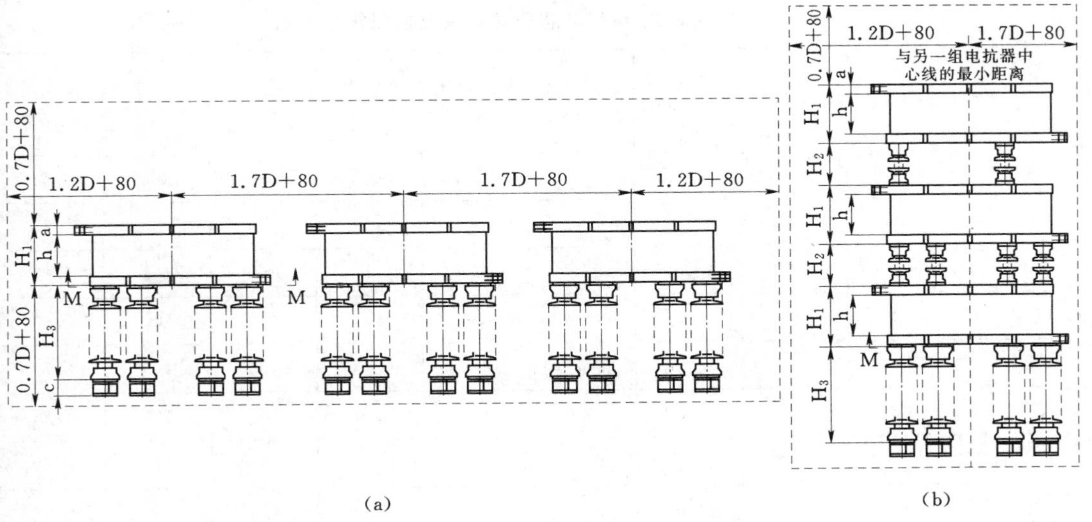

图 12-1 新型半芯干式电抗器外形及安装尺寸

(a) 三相叠装布置；(b) 一字形布置

四、订货须知

订货时必须提供系统额定电压及频率、电抗器额定电流、电抗器额定电抗和额定容量及最高工作电压、安装方式（一字形或品字形）及其它特殊要求。

五、生产厂

西安中扬电气股份有限公司。

12.1.2 CKGL 系列半芯干式串联电抗器

一、型号含义

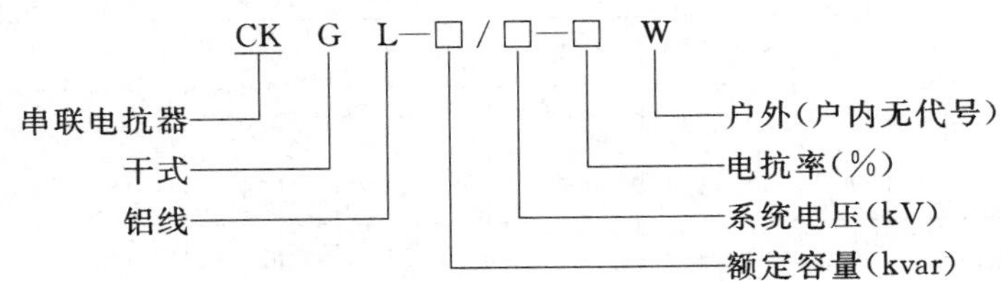

二、技术数据

(1) 执行标准：IEC 289—88，GB 10229—88，JB 5346—1998，DL 462—92。

(2) CKGL 系列半芯干式串联电抗器技术数据，见表 12-2。

三、订货须知

订货时必须提供系统额定电压及频率、配套电容器组额定容量及端电压、电抗器额定电流和电抗或电抗率、安装方式、电抗器进出线夹角及其它特殊要求。

四、生产厂

西安中扬电气股份有限公司。

表12-2 CKGL系列半芯干式串联电抗器技术数据

型号	并联电容器组容量(kvar)	电容器端电压(kV)	额定电流(A)	额定电抗(Ω)	外径(m)	线包高度(m)	重量(kg)	损耗(kW)
CKGL—20/10—5	1200	$11/\sqrt{3}$	63	5.04	405	390	85	0.54
CKGL—24/10—6	1200	$11/\sqrt{3}$	63	6.05	425	400	97	0.58
CKGL—48/10—12	1200	$12/\sqrt{3}$	57.7	14.4	440	460	162	1.01
CKGL—25/10—5	1500	$11/\sqrt{3}$	78.5	4.04	430	400	100	0.60
CKGL—30/10—6	1500	$11/\sqrt{3}$	78.7	4.84	460	400	115	0.72
CKGL—60/10—12	1500	$12/\sqrt{3}$	72.2	11.55	550	460	192	1.26
CKGL—30/10—5	1800	$11/\sqrt{3}$	94.5	3.36	460	400	115	0.72
CKGL—36/10—6	1800	$11/\sqrt{3}$	94.5	4.03	525	410	130	0.86
CKGL—72/10—12	1800	$12/\sqrt{3}$	86.6	9.60	550	640	220	1.30
CKGL—40/10—5	2400	$11/\sqrt{3}$	126	2.52	320	300	142	0.96
CKGL—48/10—6	2400	$11/\sqrt{3}$	126	3.02	440	460	162	1.15
CKGL—96/10—12	2400	$12/\sqrt{3}$	115.5	7.20	560	650	273	1.73
CKGL—45/10—5	2700	$11/\sqrt{3}$	141.7	2.24	445	470	155	0.95
CKGL—54/10—6	2700	$11/\sqrt{3}$	141.7	2.69	510	470	177	1.13
CKGL—108/10—12	2700	$12/\sqrt{3}$	130	6.4	550	520	298	1.55
CKGL—50/10—5	3000	$11/\sqrt{3}$	157.5	2.02	530	470	168	1.05
CKGL—60/10—6	3000	$11/\sqrt{3}$	157.5	2.42	550	470	192	1.26
CKGL—120/10—12	3000	$12/\sqrt{3}$	144	5.78	620	660	323	1.73
CKGL—55/10—5	3300	$11/\sqrt{3}$	173	1.84	540	470	180	0.86
CKGL—66/10—6	3300	$11/\sqrt{3}$	173	2.20	550	520	206	1.25
CKGL—132/10—12	3300	$12/\sqrt{3}$	158.8	5.24	650	680	347	1.90
CKGL—60/10—5	3600	$11/\sqrt{3}$	189	1.68	510	460	192	1.26
CKGL—72/10—6	3600	$11/\sqrt{3}$	189	2.02	590	460	220	2.16
CKGL—144/10—12	3600	$12/\sqrt{3}$	173	4.81	640	780	370	2.08
CKGL—70/10—5	4200	$11/\sqrt{3}$	220	1.44	560	560	216	1.26
CKGL—84/10—6	4200	$11/\sqrt{3}$	220	1.73	560	560	247	1.51
CKGL—168/10—12	4200	$12/\sqrt{3}$	202.1	4.12	670	700	415	2.42

续表 12-2

型　　号	并联电容器组容量 (kvar)	电容器端电压 (kV)	额定电流 (A)	额定电抗 (Ω)	外　径 (m)	线包高度 (m)	重　量 (kg)	损　耗 (kW)
CKGL—75/10—5	4500	$11/\sqrt{3}$	236	1.35	560	470	227	1.35
CKGL—90/10—6	4500	$11/\sqrt{3}$	236	1.61	560	630	260	1.62
CKGL—180/10—12	4500	$12/\sqrt{3}$	216.5	3.84	590	640	437	2.59
CKGL—80/10—5	4800	$11/\sqrt{3}$	252	1.26	580	410	238	1.44
CKGL—96/10—6	4800	$11/\sqrt{3}$	252	1.51	570	630	273	1.73
CKGL—192/10—12	4800	$12/\sqrt{3}$	231	3.60	600	640	460	2.77
CKGL—83/10—5	5000	$11/\sqrt{3}$	262.4	1.21	540	540	245	1.50
CKGL—100/10—6	5000	$11/\sqrt{3}$	262.4	1.45	560	650	280	1.70
CKGL—200/10—12	5000	$12/\sqrt{3}$	240.6	3.46	610	820	474	2.88
CKGL—90/10—5	5400	$11/\sqrt{3}$	283	1.12	560	640	260	1.62
CKGL—108/10—6	5400	$11/\sqrt{3}$	283	1.35	640	650	298	1.55
CKGL—216/10—12	5400	$12/\sqrt{3}$	260	3.20	640	820	502	3.11
CKGL—100/10—5	6000	$11/\sqrt{3}$	315	1.01	560	650	280	1.80
CKGL—120/10—6	6000	$11/\sqrt{3}$	315	1.21	600	670	323	1.73
CKGL—240/10—12	6000	$12/\sqrt{3}$	289	2.88	610	690	543	3.46
CKGL—110/10—5	6600	$11/\sqrt{3}$	346	0.915	600	650	303	1.57
CKGL—132/10—6	6600	$11/\sqrt{3}$	346	1.10	625	700	347	1.90
CKGL—264/10—12	6600	$12/\sqrt{3}$	318	2.62	660	720	583	3.80
CKGL—116/7/10—5	7000	$11/\sqrt{3}$	367.4	0.865	600	670	316	1.68
CKGL—140/10—6	7000	$11/\sqrt{3}$	367.4	0.96	625	700	362	2.02
CKGL—280/10—12	7000	$12/\sqrt{3}$	336.4	2.47	670	730	609	4.03
CKGL—120/10—5	7200	$11/\sqrt{3}$	378	0.84	615	650	323	1.73
CKGL—144/10—6	7200	$11/\sqrt{3}$	378	0.99	635	670	370	2.08
CKGL—288/10—12	7200	$12/\sqrt{3}$	346.4	2.40	650	690	622	4.15
CKGL—130/10—5	7800	$11/\sqrt{3}$	409	0.775	615	660	343	1.87
CKGL—156/10—6	7800	$11/\sqrt{3}$	409	0.93	625	700	393	2.24
CKGL—312/10—12	7800	$12/\sqrt{3}$	375.3	2.22	675	700	660	3.74
CKGL—133/3/10—5	8000	$11/\sqrt{3}$	420	0.775	615	660	350	1.92
CKGL—160/10—6	8000	$11/\sqrt{3}$	420	0.91	650	700	400	2.30

续表 12-2

型　　号	并联电容器组容量（kvar）	电容器端电压（kV）	额定电流（A）	额定电抗（Ω）	外　径（m）	线包高度（m）	重　量（kg）	损　耗（kW）
CKGL—320/10—12	8400	$12/\sqrt{3}$	384.9	2.16	720	720	673	3.84
CKGL—140/10—5	8400	$11/\sqrt{3}$	441	0.72	635	700	362	2.02
CKGL—168/10—6	8400	$11/\sqrt{3}$	441	0.86	660	720	415	2.42
CKGL—336/10—12	8400	$12/\sqrt{3}$	404.2	2.06	740	720	698	4.03
CKGL—150/10—5	9000	$11/\sqrt{3}$	472	0.67	595	480	382	2.16
CKGL—180/10—6	9000	$11/\sqrt{3}$	472	0.81	670	720	483	2.59
CKGL—360/10—12	9000	$12/\sqrt{3}$	433	1.92	740	780	735	4.32
CKGL—160/10—5	9600	$11/\sqrt{3}$	504	0.63	410	500	400	2.30
CKGL—192/10—6	9600	$11/\sqrt{3}$	504	0.76	670	720	460	2.77
CKGL—384/10—12	9600	$12/\sqrt{3}$	462	1.80	780	780	772	4.61
CKGL—167/10—5	10000	$11/\sqrt{3}$	526	0.61	550	600	413	2.41
CKGL—200.4/10—6	10000	$11/\sqrt{3}$	526	0.725	560	800	474	2.89
CKGL—400.9/10—12	10000	$12/\sqrt{3}$	481	1.73	870	820	798	4.80

注　1. 表中列出的为一相电抗器的参数。
　　2. 根据要求提供非标准产品。

12.2　干式空芯电抗器

干式空芯电抗器与油浸铁芯式电抗器相比，具有重量轻、线性度好、抗机械强度高、噪音低等优点。更为突出的是，户外式电抗器在任何恶劣的气候条件下运行而几乎不需维护。又由于采用了自灭性绝缘材料，电抗器安装场所无需严格的防火要求，从而减少基建投资和维护费用。因此，近年来以干式空芯电抗器逐步取代传统的油浸铁芯式电抗器的趋势正在迅速发展。

1. 新型干式空芯电抗器特点

（1）所有电抗器均由环氧树脂浸渍过的长玻璃丝束对线圈进行包封。电抗器由数个线圈包封组成。

（2）电抗器线圈采用绝缘性能优良的薄膜作为导线的匝绝缘。

（3）电抗器表面覆盖有耐紫外线辐射的硅有机漆，具有良好的耐户外气候条件的性能。

（4）电抗器线圈层间采用聚酯玻璃纤维引拔棒，作为轴向散热气道，具有优良的散热性能。

（5）电抗器在温升计算时，考虑了热点的最高温度，并留有相当的裕度，保证了电抗器的长期运行。

(6) 由于电抗器采用多层并联结构，线圈的轴向电应力为零，在稳态工作电压下沿线圈高度方向的电压分布均匀。

(7) 由于电抗器采用浸渍环氧树酯的长纤维玻璃丝束进行包封，线圈经固化处理具有很好的整体性。电抗器在整个使用寿命（＞30 年）期间噪音水平低于 60dB。

(8) 电抗器采用截面很小的铝导线（ϕ1.6～ϕ4.5）作为线圈导线，有效地降低了谐波下导线中的涡流损耗。

(9) 由于采用了环氧树脂浸渍的长玻璃丝束对线圈进行包封，在电抗器通过短路电流时所产生的巨大机械力由包封承受，从而整个线圈导线具有较高的抗短路电流的能力。

(10) 电抗器导线部分均用氩弧焊焊接，机械结构上无紧固螺栓，大大提高了运行可靠性。

(11) 电抗器结构简单、紧凑、能长期运行在户外，设备维护简单方便。

(12) 电抗器单位重量的“kvar”值较大。

干式空芯电抗器结构，见图 12-2。

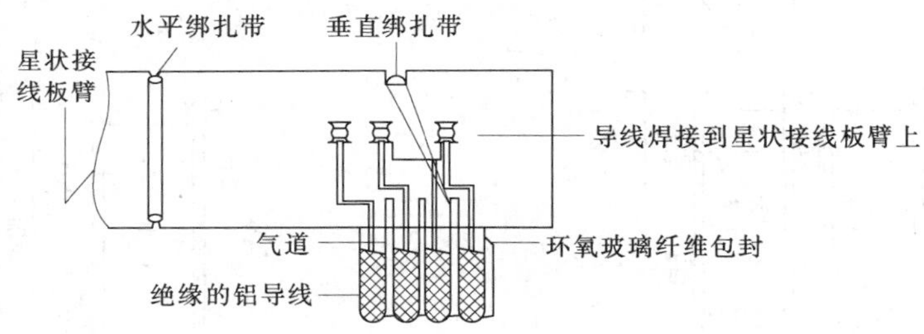

图 12-2 干式空芯电抗器结构
（苏州亚地特种变压器有限公司）

2. 干式空芯电抗器使用条件

使用地点：户外或户内。

环境温度：－40～＋45℃。

海拔：＜1000m。

安装地点应无有害气体、蒸汽及导电性或爆炸性尘埃。

3. 干式空芯电抗的分类及用途

电抗器的接线分串联和并联两种方式。串联电抗器通常起限流作用，并联电抗器经常用于无功补偿。

常见的几种电抗器有串联电抗器、并联电抗器、限流电抗器、中性点接地电抗器、塞流电抗器、滤波电抗器、分裂电抗器、静止无功补偿并联电抗器、平衡电抗器，启动电抗器、平波电抗器。

干式空芯电抗器执行标准：GB 10229—1988《电抗器》，JB 5346—1998《串联电抗器》，IEC—289《电抗器》，DL 46292《高压并联电容器用串联电抗器订货技术条件》。

4. 外形及安装方式

干式空芯电抗器外形及安装方式，见图 12-3、图 12-4。

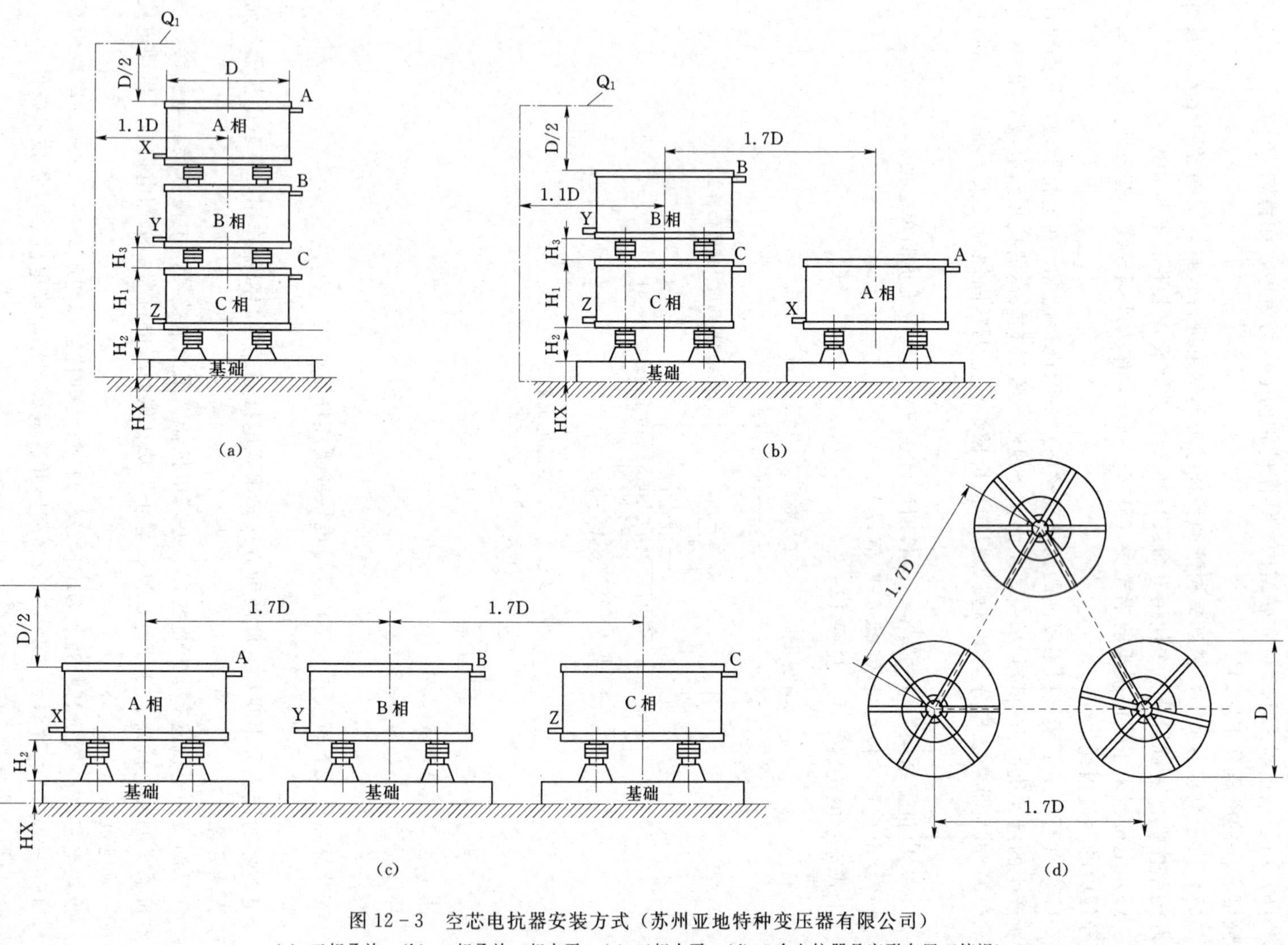

图 12－3　空芯电抗器安装方式（苏州亚地特种变压器有限公司）

（a）三相叠放；（b）二相叠放一相水平；（c）三相水平；（d）3 个电抗器品字形布置（俯视）

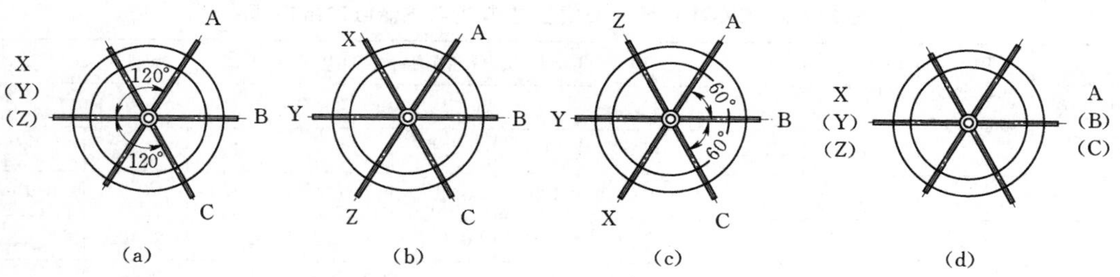

图 12-4 空芯电抗器出线夹角
（西安西电电工材料有限责任公司）

5. 订货须知

干式空芯电抗器订货时必须提供：

(1) 产品型号；

(2) 系统最高电压、额定电压及频率；

(3) 电抗器额定容量、额定电流、额定电抗（电感）、额定电抗率、动热稳定电流和时间、绝缘水平；

(4) 并联电容器组总容量、电容器额定电压；

(5) 电抗器安装方式及进出线端子方向、安装空间对外形尺寸的限制范围；

(6) 外壳颜色及特殊要求。

12.2.1 CKGKL 干式空芯串联电抗器

一、概述

CKGKL 系列干式空芯串联电抗器安装在电容器回路中，在电容器回路投入时起到抑制冲击电流的作用，同时还与电容器组一起组成谐波回路，起特定谐波的滤波作用。

该产品广泛应用于电力、化工、冶金、电气化铁道、高电压大容量试验室以及其它特殊场合。产品符合 IEC—289、GB 10229—88《电抗器》标准。由西安中扬电气股份有限公司生产。

二、型号含义

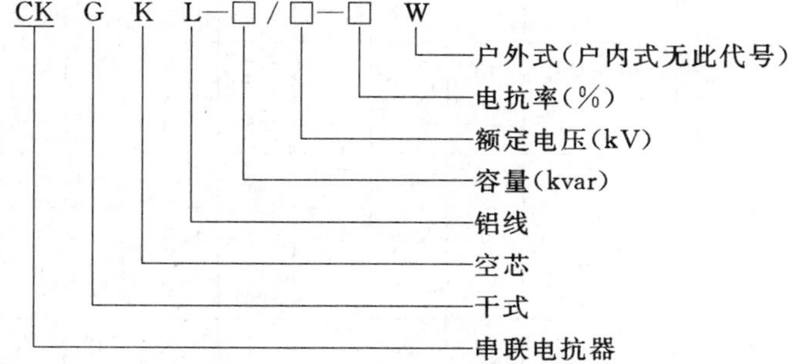

三、技术数据

(1) CKGKL 系列干式空芯电抗器的额定端电压，见表 12-3。

(2) CKGKL 系列干式空芯串联电抗器技术数据，见表 12-4～表 12-6。

表 12－3 CKGKL 系列干式空芯串联电抗器额定端电压

系统额定电压（kV）	配套并联电容器的额定电压（kV）	每相电容器的串联台数（台）	串联电抗器的额定端电压（kV）							
			额定电抗器（%）							
			0.3	0.5	1	4.5	5	6	12	13
6	6.6/$\sqrt{3}$	1		0.0191	0.0381	0.171	0.191	0.229	0.457	0.495
10	11/$\sqrt{3}$	1		0.0318	0.0635	0.286	0.318	0.381	0.762	0.826
	12/$\sqrt{3}$	1		0.0346	0.0693		0.346	0.416	0.831	0.901
35	10.5	2		0.105	0.210		1.050	1.260	2.520	2.730
	11	2		0.110	0.220	0.990	1.100	1.320	2.640	2.860
	12	2		0.120	0.240		1.200	1.440	2.880	3.120
66	19	2	0.114	0.190	0.380					
	20	2				1.800	2.000	2.400		
	22	2							5.280	5.720

表 12－4 CKGKL 系列干式空芯串联电抗器技术数据（一）

型号	系统电压（kV）	容量（kvar）	电流（A）	百分电抗（%）	端电压（V）	感抗（Ω）	损耗（kW）	外形尺寸（mm）		重量（kg）	并联电容器		生产厂
								外径	高度		额定容量（kvar）	额定电压（kV）	
CKGKL—40/6—5	6.6/$\sqrt{3}$	40	210	5	190.5	0.91	1.60	790	500	185	2400	6.6	苏州亚地特种变压器有限公司
CKGKL—48/6—6		48	210	6	229	1.09	1.68	870	500	200	2400	6.6	
CKGKL—96/6—12		96	210	12	457	2.176	2.88	960	580	290	2400	6.6	
CKGKL—104/6—13		104	210	13	495	2.46	2.50	1124	650	300	2400	6.6	
CKGKL—10/6—1		10	262	1	38.1	0.145	0.45	620	400	85	3000	6.6	
CKGKL—50/6—5		50	262	5	190.5	0.726	1.75	870	500	200	3000	6.6	
CKGKL—60/6—6		60	262	6	229	0.874	2.1	950	600	235	3000	6.6	
CKGKL—120/6—12		120	262	12	457	1.744	2.88	1100	630	378	3000	6.6	
CKGKL—130/6—13		130	262	13	495	1.89	3.12	1160	680	400	3000	6.6	
CKGKL—12/6—1		12	315	1	38.1	0.121	0.54	600	400	100	3600	6.6	
CKGKL—60/6—5		60	315	5	190.5	0.605	2.1	950	60	235	3600	6.6	
CKGKL—72/6—6		72	315	6	229	0.73	2.16	1200	470	320	3600	6.6	
CKGKL—144/6—12		144	315	12	457	1.45	3.46	1280	780	510	3600	6.6	
CKGKL—156/6—13		156	315	13	495	1.57	3.74	1400	792	542	3600	6.6	
CKGKL—14/6—1		14	367.4	1	38.1	0.104	0.63	626	285	118	4200	6.6	
CKGKL—70/6—5		70	367.4	5	190.5	0.52	2.1	1080	640	300	4200	6.6	
CKGKL—84/6—6		84	367.4	6	229	0.623	2.52	1180	490	342	4200	6.6	

续表 12-4

型号	系统电压(kV)	容量(kvar)	电流(A)	百分电抗(%)	端电压(V)	感抗(Ω)	损耗(kW)	外形尺寸(mm)		重量(kg)	并联电容器		生产厂
								外径	高度		额定容量(kvar)	额定电压(kV)	
CKGKL—168/6—12	6.6/$\sqrt{3}$	168	367.4	12	457	1.244	4.03	1400	720	556	4200	6.6	苏州亚地特种变压器有限公司
CKGKL—182/6—13		182	367.4	13	495	1.350	4.37	1420	780	558	4200	6.6	
CKGKL—16/6—1		16	420	1	38.1	0.091	0.72	660	300	116	4800	6.6	
CKGKL—80/6—5		80	420	5	190.5	0.45	2.4	1180	460	348	4800	6.6	
CKGKL—96/6—6		96	420	6	229	0.545	2.88	1124	650	380	4800	6.6	
CKGKL—192/6—12		192	420	12	457	1.09	4.61	1230	740	610	4800	6.6	
CKGKL—208/6—13		208	420	13	495	1.179	4.99	1280	760	675	4800	6.6	
CKGKL—60/10—6	11/$\sqrt{3}$	60	157.5	6	381.1	2.42	2.10	1100	470	280	3000	11	
CKGKL—120/10—12		120	157.5	12	762.1	4.84	2.88	1240	660	456	3000	11	
CKGKL—130/10—13		130	157.5	13	825.6	5.24	3.12	1280	660	496	3000	11	
CKGKL—11/10—1		11	173	1	635.1	0.37	0.50	622	290	97	3300	11	
CKGKL—55/10—5		55	173	5	317.6	1.84	1.43	1080	470	278	3300	11	
CKGKL—346.7/10—13	12/$\sqrt{3}$	346.7	384.9	13	900.7	2.34	6.94	1440	794	740	8000	12	
CKGKL—14/10—0.5		14	404.2	0.5	34.64	0.086	0.63	710	440	118	8400	12	
CKGKL—28/10—1		28	404.2	1	69.3	0.17	1.12	760	460	228	8400	12	
CKGKL—140/10—5		140	404.2	5	346.4	0.86	3.36	1270	700	532	8400	12	
CKGKL—168/10—6		168	404.2	6	415.7	1.03	4.03	1320	700	406	8400	12	
CKGKL—336/10—12		336	404.2	12	831.4	2.06	6.72	1480	720	710	8400	12	
CKGKL—364/10—13		364	404.2	13	900.7	2.23	7.28	1480	736	728	8400	12	
CKGKL—15/10—0.5		15	433	0.5	34.64	0.08	0.68	720	440	121	9000	12	
CKGKL—30/10—1		30	433	1	69.3	0.16	1.2	770	460	233	9000	12	
CKGKL—150/10—5		150	433	5	346.4	0.80	3.6	1190	480	500	9000	12	
CKGKL—180/10—6		180	433	6	415.7	0.96	4.32	1340	720	550	9000	12	
CKGKL—360/10—12		360	433	12	831.4	1.92	7.2	1480	780	740	9000	12	
CKGKL—390/10—13		390	433	13	900.7	2.08	7.8	1600	780	770	9000	12	
CKGKL—16/10—0.5		16	462	0.5	34.64	0.075	0.72	780	440	123	9600	12	
CKGKL—32/10—1		32	462	1	69.3	0.15	1.28	780	460	240	9600	12	
CKGKL—160/10—5		160	462	5	346.4	0.75	3.84	820	496	520	9600	12	
CKGKL—192/10—6		192	462	6	415.7	0.90	4.61	1340	720	590	9600	12	

续表 12-4

型　　号	系统电压(kV)	容量(kvar)	电流(A)	百分电抗(%)	端电压(V)	感抗(Ω)	损耗(kW)	外形尺寸(mm)		重量(kg)	并联电容器		生产厂
								外径	高度		额定容量(kvar)	额定电压(kV)	
CKGKL—384/10—12	12/$\sqrt{3}$	384	462	12	831.4	1.80	7.68	1560	780	740	9600	12	苏州亚地特种变压器有限公司
CKGKL—416/10—13		416	462	13	900.7	1.95	8.3	1700	820	770	9600	12	
CKGKL—16.67/10—0.5		16.67	481	0.5	34.64	0.072	0.76	800	440	126	10000	12	
CKGKL—33.34/10—1		33.34	481	1	69.3	0.144	1.34	780	460	245	10000	12	
CKGKL—166.7/10—5		166.7	481	5	346.4	0.72	4.02	1100	600	550	10000	12	
CKGKL—200/10—6		200	481	6	415.7	0.86	4.8	1120	800	610	10000	12	
CKGKL—400/10—12		400	481	12	831.4	1.73	8	1740	820	760	10000	12	
CKGKL—433/10—13		433	481	13	900.7	1.87	8.66	1760	820	788	10000	12	
CKGKL—16/35—1	36.4/$\sqrt{3}$	16	76.2	1	210	2.76	0.72	585	450	112	4800	36.4	
CKGKL—80/35—5		80	76.2	5	1050	13.78	2.4	1100	680	362	4800	36.4	
CKGKL—96/35—6		96	76.2	6	1261	16.55	2.88	1140	688	380	4800	36.4	
CKGKL—192/35—12		192	76.2	12	2522	33.09	4.61	1320	820	650	4800	36.4	
CKGKL—208/35—13		208	76.2	13	273.2	35.85	4.99	1380	824	700	4800	36.4	
CKGKL—12/35—0.5		12	114.3	0.5	105	0.92	0.54	564	450	98	7200	36.4	
CKGKL—24/35—1		24	114.3	1	210	1.84	0.96	592	450	124	7200	36.4	
CKGKL—120/35—5		120	114.3	5	1050	9.19	2.88	1240	680	389	7200	36.4	
CKGKL—144/35—6		144	114.3	6	1261	11.03	3.46	1320	688	490	7200	36.4	
CKGKL—288/35—12		288	114.3	12	2522	22.06	6.91	1480	820	650	7200	36.4	
CKGKL—312/35—13		312	114.3	13	2732	23.90	6.24	1540	824	685	7200	36.4	
CKGKL—14/35—0.5		14	133.3	0.5	105	0.79	0.63	572	450	102	8400	36.4	
CKGKL—28/35—1		28	133.3	1	210	1.58	1.12	600	450	127	8400	36.4	
CKGKL—140/35—5		140	133.3	5	1050	7.87	3.36	1300	680	440	8400	36.4	
CKGKL—168/35—6		168	133.3	6	1261	9.45	4.03	1400	680	550	8400	36.4	
CKGKL—336/35—12		336	133.3	12	2522	18.9	6.72	1580	820	720	8400	36.4	
CKGKL—364/35—13		364	133.3	13	2732	20.50	7.20	1700	824	772	8400	36.4	
CKGKL—16/35—0.5		16	152.4	0.5	105	0.69	0.72	585	456	143	9600	36.4	
CKGKL—32/35—1		32	152.4	1	210	1.38	1.28	700	470	240	9600	36.4	
CKGKL—160/35—5		160	152.4	5	1050	6.89	3.84	1400	720	420	9600	36.4	
CKGKL—192/35—6		192	152.4	6	1261	8.27	4.61	1460	742	590	9600	36.4	
CKGKL—384/35—12		384	152.4	12	2522	16.55	7.68	1580	840	770	9600	36.4	

续表 12-4

型号	系统电压(kV)	容量(kvar)	电流(A)	百分电抗(%)	端电压(V)	感抗(Ω)	损耗(kW)	外形尺寸(mm)		重量(kg)	并联电容器		生产厂
								外径	高度		额定容量(kvar)	额定电压(kV)	
CKGKL—416/35—13	$36.4/\sqrt{3}$	416	152.4	13	2732	17.93	8.32	1600	852	1040	9600	36.4	苏州亚地特种变压器有限公司
CKGKL—20/35—0.5		20	190.5	0.5	105	0.55	0.90	600	450	90	12000	36.4	
CKGKL—40/35—1		40	190.5	1	210	1.1	1.60	720	480	210	12000	36.4	
CKGKL—200/35—5		200	190.5	5	1050	5.51	4.8	1280	850	550	12000	36.4	
CKGKL—240/35—6		240	190.5	6	1261	6.62	5.76	1300	860	690	12000	36.4	
CKGKL—480/35—12		480	190.5	12	2522	13.24	9.6	1600	900	970	12000	36.4	
CKGKL—520/35—13		520	190.5	13	2732	14.34	8.32	1640	920	1020	12000	36.4	
CKGKL—23.33/35—0.5		23.33	222.2	0.5	105	0.473	0.93	620	450	128	14000	36.4	
CKGKL—46.67/35—1		46.67	222.2	1	210	0.945	1.88	740	486	268	14000	36.4	
CKGKL—233.3/35—5		233.3	222.2	5	1050	4.73	5.6	1280	860	490	14000	36.4	
CKGKL—280/35—6		280	222.2	6	1261	5.68	6.72	1300	860	682	14000	36.4	
CKGKL—56/35—1	$38.1/\sqrt{3}$	56	254.6	1	220	0.864	1.96	800	450	298	16800	38.1	
CKGKL—280/35—5		280	254.6	5	1100	4.32	6.72	1360	680	680	16800	38.1	
CKGKL—336/35—6		336	254.6	6	1320	5.18	6.72	1430	684	840	16800	38.1	
CKGKL—672/35—12		672	254.6	12	2640	10.37	10.75	1710	820	1082	16800	38.1	
CKGKL—728/35—13		728	254.6	13	2860	11.23	11.65	1780	832	1280	16800	38.1	
CKGKL—33.33/35—0.5		33.33	303	0.5	110	0.363	1.33	710	470	242	20000	38.1	
CKGKL—66.67/35—1		66.67	303	1	220	0.725	2.0	820	470	298	20000	38.1	
CKGKL—333.3/35—5		333.3	303	5	1100	3.63	6.7	1430	680	862	20000	38.1	
CKGKL—400/35—6		400	303	6	1320	4.36	8	1460	682	924	20000	38.1	
CKGKL—800/35—12		800	303	12	2640	8.71	12.8	1800	820	1360	20000	38.1	
CKGKL—867/35—13		867	303	13	2860	9.44	13.87	1840	832	1520	20000	38.1	
CKGKL—40/35—0.5		40	363.6	0.5	110	0.302	1.6	720	480	210	24000	38.1	
CKGKL—80/35—1		80	363.6	1	220	0.604	2.4	1100	680	362	24000	38.1	
CKGKL—400/35—5		400	363.6	5	1100	3.02	8	1600	848	940	24000	38.1	
CKGKL—480/35—6		480	363.6	6	1320	3.63	9.6	1600	900	970	24000	38.1	
CKGKL—960/35—12		960	363.6	12	2640	7.26	15.36	1800	868	1200	24000	28.1	
CKGKL—1040/35—13		1040	363.6	13	2860	7.87	12.48	1820	870	1920	24000	38.1	
CKGKL—16/35—1	$41.6/\sqrt{3}$	16	66.7	1	240	3.6	0.72	585	452	114	48000	41.6	
CKGKL—80/35—5		80	66.7	5	1200	18	2.4	1100	680	362	48000	41.6	
CKGKL—96/35—6		96	66.7	6	1441	21.6	2.88	1320	820	380	48000	41.6	
CKGKL—192/35—12		192	66.7	12	2882	43.2	4.16	1380	824	650	48000	41.6	
CKGKL—208/35—13		208	66.7	13	3122	46.8	4.99	1400	824	700	48000	41.6	

续表 12-4

型　号	系统电压(kV)	容量(kvar)	电流(A)	百分电抗(%)	端电压(V)	感抗(Ω)	损耗(kW)	外形尺寸(mm)		重量(kg)	并联电容器		生产厂
								外径	高度		额定容量(kvar)	额定电压(kV)	
CKGKL—10/35—0.5	$41.6/\sqrt{3}$	10	83.3	0.5	120	1.44	0.45	560	450	92	6000	41.6	苏州亚地特种变压器有限公司
CKGKL—20/35—1		20	83.3	1	240	2.88	0.90	588	450	120	6000	41.6	
CKGKL—100/35—5		100	83.3	5	1200	14.4	3.0	1180	680	370	6000	41.6	
CKGKL—120/35—6		120	83.3	6	1441	17.3	2.88	1200	688	389	6000	41.6	
CKGKL—240/35—12		240	83.3	12	2882	34.6	6.76	1300	820	620	6000	41.6	
CKGKL—260/35—13		260	83.3	13	3122	37.5	6.24	1320	824	650	6000	41.6	
CKGKL—333.3/35—5		333.3	277.8	5	1200	4.32	6.67	1430	680	862	2000	41.6	
CKGKL—400/35—6		400	277.8	6	1441	5.19	8	1460	682	924	2000	41.6	
CKGKL—800/35—12		800	277.8	12	2882	10.37	16	1800	820	1360	2000	41.6	
CKGKL—867/35—13		867	277.8	13	3122	11.24	17.34	1840	832	1520	2000	41.6	
CKGKL—40/35—0.5		40	333.3	0.5	120	0.36	1.60	720	480	210	2400	41.6	
CKGKL—80/35—1		80	333.3	1	240	0.72	2.4	1100	680	362	2400	41.6	
CKGKL—400/35—5		400	333.3	5	1200	3.6	8	1240	680	950	2400	41.6	
CKGKL—480/35—6		480	333.3	6	1441	4.32	9.6	1520	780	1020	2400	41.6	
CKGKL—960/35—12		960	333.3	12	2882	8.64	15.36	1800	868	1200	2400	41.6	
CKGKL—1040/35—13		1040	333.3	13	3122	9.37	12.48	1820	870	1292	2400	41.6	
CKGKL—28/35—0.5		28	233.3	0.5	120	0.515	1.12	600	450	127	16800	41.6	
CKGKL—56/35—1		56	233.3	1	240	1.03	1.96	800	450	289	16800	41.6	
CKGKL—280/35—5		280	233.3	5	1200	5.15	6.72	1460	680	680	16800	41.6	
CKGKL—336/35—6		336	233.3	6	1441	6.177	6.72	1430	684	840	16800	41.6	
CKGKL—672/35—12		672	233.3	12	2882	12.35	10.75	1710	820	1082	16800	41.6	
CKGKL—728/35—13		728	233.3	13	3122	13.38	11.65	1780	832	1280	16800	41.6	
CKGKL—33.33/35—0.5		33.33	277.8	0.5	120	0.432	1.33	710	450	242	20000	41.6	
CKGKL—66.67/35—1		66.67	277.8	1	240	0.864	2.0	820	450	298	20000	41.6	
CKGKL—333.3/35—5		333.3	277.8	5	1200	4.32	6.67	1430	680	862	20000	41.6	
CKGKL—400/35—6		400	277.8	6	1441	5.19	8	1460	682	924	20000	41.6	
CKGKL—800/35—12		800	277.8	12	2882	10.37	16	1800	820	1360	20000	41.6	
CKGKL—867/35—13		867	277.8	13	3122	11.24	17.34	1840	832	1520	20000	41.6	
CKGKL—40/35—0.5		40	333.3	0.5	120	0.36	1.60	720	480	210	24000	41.6	
CKGKL—80/35—1		80	333.3	1	240	0.72	2.4	1100	680	362	24000	41.6	
CKGKL—400/35—5		400	333.3	5	1200	3.6	8	1240	680	950	24000	41.6	
CKGKL—480/35—6		480	333.3	6	1441	4.32	9.6	1520	780	1020	24000	41.6	
CKGKL—960/35—12		960	333.3	12	2882	8.64	10.36	1800	868	1200	24000	41.6	

续表 12-4

型号	系统电压(kV)	容量(kvar)	电流(A)	百分电抗(%)	端电压(V)	感抗(Ω)	损耗(kW)	外形尺寸(mm)		重量(kg)	并联电容器		生产厂
								外径	高度		额定容量(kvar)	额定电压(kV)	
CKGKL—1040/35—13	41.6/$\sqrt{3}$	1040	333.3	13	3122	9.37	12.48	1820	870	1290	24000	41.6	苏州亚地特种变压器有限公司
CKGKL—19/66—1	65.82/$\sqrt{3}$	19	50	1	380	7.6	0.86	600	400	143	5700	65.82	
CKGKL—11.5/66—0.5		11.5	60.53	0.5	190	3.319	0.52	584	330	132	6900	65.82	
CKGKL—23/66—1		23	60.53	1	380	6.278	0.92	640	480	180	6900	65.82	
CKGKL—14/66—0.5		14	73.68	0.5	190	2.579	0.63	600	330	138	8400	65.82	
CKGKL—28/66—1		28	73.68	1	380	5.517	1.12	620	502	150	8400	65.82	
CKGKL—16.5/66—0.5		16.5	86.84	0.5	190	2.188	0.74	608	380	146	9900	65.82	
CKGKL—33/66—1		33	86.84	1	380	4.376	1.32	642	520	316	9900	65.82	
CKGKL—15/66—0.3		15	131.6	0.3	114	0.866	0.68	600	400	265	15000	65.82	
CKGKL—25/66—0.5		25	131.6	0.5	190	1.444	1.00	642	500	318	15000	65.82	
CKGKL—50/66—1		50	131.6	1	380	2.888	1.75	890	500	438	15000	65.82	
CKGKL—21/66—0.3		21	184.2	0.3	114	0.619	0.84	630	480	176	21000	65.82	
CKGKL—35/66—0.5		35	184.2	0.5	190	1.031	1.40	650	530	334	21000	65.82	
CKGKL—70/66—1		70	184.2	1	380	2.063	2.10	820	620	583	21000	65.82	
CKGKL—24/66—0.3		24	210.5	0.3	114	0.542	0.96	640	488	192	24000	65.82	
CKGKL—40/66—0.5		40	210.5	0.5	190	0.903	1.6	660	540	348	24000	65.82	
CKGKL—80/66—1		80	210.5	1	380	1.8	2.4	842	632	602	24000	65.82	
CKGKL—30/66—0.3		30	263.4	0.3	114	0.433	1.2	642	520	300	30000	65.82	
CKGKL—50/66—0.5		50	263.4	0.5	190	0.722	1.75	772	562	528	30000	65.82	
CKGKL—90/66—4.5	69.28/$\sqrt{3}$	90	50	4.5	1800	36	2.7	920	640	621	6000	69.28	
CKGKL—100/66—5		100	50	5	2000	40	3	1100	660	634	6000	69.28	
CKGKL—120/66—6		120	50	6	2400	48	3.6	1200	720	696	6000	69.28	
CKGKL—112.5/66—4.5		112.5	62.5	4.5	1800	28.8	2.7	1182	710	657	7500	69.28	
CKGKL—125/66—5		125	62.5	5	2000	32	3	1240	724	732	7500	69.28	
CKGKL—150/66—6		150	62.5	6	2400	38.4	3.6	1400	740	776	7500	69.28	
CKGKL—150/66—4.5		150	83.3	4.5	1800	21.61	3.6	1400	740	776	10000	69.28	
CKGKL—167/66—5		167	83.3	5	2000	24	4	1424	746	792	10000	69.28	
CKGKL—200/66—6		200	83.3	6	2400	28.81	4.8	1462	762	860	10000	69.28	
CKGKL—225/66—4.5		225	125	4.5	1800	14.4	5.4	1480	762	883	15000	69.28	
CKGKL—250/66—5		250	125	5	2000	16	6	1502	766	894	15000	69.28	
CKGKL—300/66—6		300	125	6	2400	19.2	7.2	1700	788	940	15000	69.28	
CKGKL—315/66—4.5		315	175	4.5	1800	10.286	6.3	1700	790	972	21000	69.28	
CKGKL—350/66—5		350	175	5	2000	11.43	7	1740	820	1012	21000	69.28	

续表 12-4

型号	系统电压(kV)	容量(kvar)	电流(A)	百分电抗(%)	端电压(V)	感抗(Ω)	损耗(kW)	外形尺寸(mm)		重量(kg)	并联电容器		生产厂
								外径	高度		额定容量(kvar)	额定电压(kV)	
CKGKL—420/66—6	$69.28/\sqrt{3}$	420	175	6	2400	13.71	8.4	1868	846	1258	21000	69.28	苏州亚地特种变压器有限公司
CKGKL—360/66—4.5		360	200	4.5	1800	9	7.2	1620	820	992	24000	69.28	
CKGKL—400/66—5		400	200	5	2000	10	8	1840	846	1160	24000	69.28	
CKGKL—480/66—6		480	200	6	2400	12	9.6	1860	854	1324	24000	69.28	
CKGKL—405/66—4.5		405	225	4.5	1800	8	8.1	1840	848	1200	27000	69.28	
CKGKL—450/66—5		450	225	5	2000	8.89	9	1850	850	1286	27000	69.28	
CKGKL—540/66—6		540	225	6	2400	10.67	8.64	1880	862	1236	27000	69.28	
CKGKL—450/66—4.5		450	250	4.5	1800	7.2	9	1850	850	1290	30000	69.28	
CKGKL—500/66—5		500	250	5	2000	48	10	1880	860	1348	30000	69.28	
CKGKL—264/66—12	$76.21/\sqrt{3}$	264	50	12	5280	105.6	6.34	1580	970	927	6600	76.21	
CKGKL—286/66—13		286	50	13	5720	114.4	6.86	1600	972	941	6600	76.21	
CKGKL—345.8/66—12		345.8	65.5	12	5280	80.6	7.0	1640	976	998	8600	76.21	
CKGKL—374.7/66—13		374.7	65.5	13	5720	87.33	7.5	1660	980	1280	8600	76.21	
CKGKL—600/66—12		600	113.64	12	5280	46.46	9.6	1820	980	1302	15000	76.21	
CKGKL—650/66—13		650	113.64	13	5720	50.86	10.4	1830	982	1332	15000	76.21	
CKGKL—1200/66—12		1200	227.27	12	5280	23.23	14.4	1830	990	1620	30000	76.21	
CKGKL—1300/66—13		1300	227.27	13	5720	25.17	15.6	1830	990	1640	30000	76.21	
CKGKL—1437/66—12		1437	272.7	12	5280	19.36	17.24	1834	994	1674	36000	76.21	
CKGKL—1560/66—13		1560	272.7	13	5720	20.98	18.72	1850	998	1720	36000	76.21	

注 1. 表中列出的技术数据，供参考选用。

2. 表中列出的为一相电抗器的参数。

3. 电抗器的设计可以满足各种特殊要求。由于要求的规格各不相同，表内不可能将所有的规格包括在内。

表 12-5 CKGKL 系列干式空芯串联电抗器技术数据（二）

型号	并联电容器		电抗率(%)	电流(A)	电抗(Ω)	损耗(kW)	尺寸(mm)			重量(kg)	支点	生产厂
	额定容量(kvar)	额定电压(kV)					外径	高度	底脚			
CKGKL—20/6—5	1200	$6.6/\sqrt{3}$	5	105	1.815	0.9	710	410	640	96	4	西安中扬电气股份有限公司（原西安扬子电器有限责任公司）
CKGKL—24/6—6	1200	$6.6/\sqrt{3}$	6	105	2.18	1.03	725	410	640	110	4	
CKGKL—48/6—12	1200	$6.6/\sqrt{3}$	12	105	4.36	1.73	910	440	830	160	4	
CKGKL—52/6—13	1200	$6.6/\sqrt{3}$	13	105	4.72	1.84	925	500	850	170	4	
CKGKL—25/6—5	1500	$6.6/\sqrt{3}$	5	131.2	1.452	1.06	725	420	640	101	4	
CKGKL—30/6—6	1500	$6.6/\sqrt{3}$	6	131.2	1.745	1.22	745	430	650	115	4	
CKGKL—60/6—12	1500	$6.6/\sqrt{3}$	12	131.2	3.485	2.05	970	520	880	175	6	

续表 12-5

型号	并联电容器 额定容量（kvar）	并联电容器 额定电压（kV）	电抗率（%）	电流（A）	电抗（Ω）	损耗（kW）	尺寸（mm） 外径	尺寸（mm） 高度	尺寸（mm） 底脚	重量（kg）	支点	生产厂
CKGKL—65/6—13	1500	$6.6/\sqrt{3}$	13	131.2	3.776	2.17	990	520	890	186	6	西安中扬电气股份有限公司
CKGKL—30/6—5	1800	$6.6/\sqrt{3}$	5	157.5	1.21	1.22	730	430	640	124	4	
CKGKL—36/6—6	1800	$6.6/\sqrt{3}$	6	157.5	1.454	1.40	760	440	660	142	4	
CKGKL—72/6—12	1800	$6.6/\sqrt{3}$	12	157.5	2.90	2.35	1140	540	1080	185	6	
CKGKL—78/6—13	1800	$6.6/\sqrt{3}$	13	157.5	3.14	2.49	1160	540	1080	197	6	
CKGKL—40/6—5	2400	$6.6/\sqrt{3}$	5	210	0.91	1.51	820	440	760	145	6	
CKGKL—48/6—6	2400	$6.6/\sqrt{3}$	6	210	1.09	1.73	900	440	820	167	6	
CKGKL—96/6—12	2400	$6.6/\sqrt{3}$	12	210	2.176	2.91	1160	520	1080	210	6	
CKGKL—104/6—13	2400	$6.6/\sqrt{3}$	13	210	2.46	3.09	1200	590	1060	223	4	
CKGKL—10/6—1	3000	$6.6/\sqrt{3}$	1	262	0.145	0.53	660	340	580	54	4	
CKGKL—50/6—5	3000	$6.6/\sqrt{3}$	5	262	0.726	1.79	880	440	800	153	6	
CKGKL—60/6—6	3000	$6.6/\sqrt{3}$	6	262	0.874	2.05	960	530	860	175	6	
CKGKL—120/6—12	3000	$6.6/\sqrt{3}$	12	262	1.744	3.44	1240	570	1100	270	6	
CKGKL—130/6—13	3000	$6.6/\sqrt{3}$	13	262	1.89	3.66	1300	610	1160	287	4	
CKGKL—12/6—1	3600	$6.6/\sqrt{3}$	1	315	0.121	0.61	680	350	590	62	6	
CKGKL—60/6—5	3600	$6.6/\sqrt{3}$	5	315	0.605	2.05	940	530	850	166	6	
CKGKL—72/6—6	3600	$6.6/\sqrt{3}$	6	315	0.73	2.35	1145	680	1060	190	6	
CKGKL—144/6—12	3600	$6.6/\sqrt{3}$	12	315	1.45	3.95	1290	710	1150	320	6	
CKGKL—156/6—13	3600	$6.6/\sqrt{3}$	13	315	1.57	4.19	1340	732	1200	340	6	
CKGKL—14/6—1	4200	$6.6/\sqrt{3}$	1	367.4	0.104	0.69	650	350	600	74	4	
CKGKL—70/6—5	4200	$6.6/\sqrt{3}$	5	367.4	0.52	2.30	1130	570	1050	180	6	
CKGKL—84/6—6	4200	$6.6/\sqrt{3}$	6	367.4	0.623	2.64	1190	580	1110	206	6	
CKGKL—168/6—12	4200	$6.6/\sqrt{3}$	12	367.4	1.244	4.43	1400	660	1260	360	6	
CKGKL—182/6—13	4200	$6.6/\sqrt{3}$	13	367.4	1.350	4.71	1420	720	1280	382	6	
CKGKL—16/6—1	4800	$6.6/\sqrt{3}$	1	420	0.091	0.76	710	380	640	88	4	
CKGKL—80/6—5	4800	$6.6/\sqrt{3}$	5	420	0.45	2.54	1150	450	1080	196	6	
CKGKL—96/6—6	4800	$6.6/\sqrt{3}$	6	420	0.545	2.91	1123	590	1020	405	6	
CKGKL—192/6—12	4800	$6.6/\sqrt{3}$	12	420	1.09	4.90	1320	680	1180	430	6	
CKGKL—208/6—13	4800	$6.6/\sqrt{3}$	13	420	1.179	5.20	1350	700	1210	205	6	
CKGKL—20/10—5	1200	$11/\sqrt{3}$	5	63	5.04	0.9	810	410	640	98	4	
CKGKL—24/10—6	1200	$11/\sqrt{3}$	6	63	6.05	1.03	855	420	790	106	4	
CKGKL—48/10—12	1200	$11/\sqrt{3}$	12	63	12.10	1.73	885	440	810	162	4	
CKGKL—52/10—13	1200	$11/\sqrt{3}$	13	63	13.11	1.84	975	475	890	172	6	

续表 12-5

型号	并联电容器		电抗率(%)	电流(A)	电抗(Ω)	损耗(kW)	尺寸(mm)			重量(kg)	支点	生产厂
	额定容量(kvar)	额定电压(kV)					外径	高度	底脚			
CKGKL—25/10—5	1500	$11/\sqrt{3}$	5	78.7	4.04	1.06	870	420	790	102	4	西安中扬电气股份有限公司
CKGKL—30/10—6	1500	$11/\sqrt{3}$	6	78.7	4.84	1.22	925	420	860	116	4	
CKGKL—60/10—12	1500	$11/\sqrt{3}$	12	78.7	9.68	2.05	1110	480	1040	186	6	
CKGKL—65/10—13	1500	$11/\sqrt{3}$	13	78.7	10.49	2.17	1200	480	1120	198	6	
CKGKL—30/10—5	1800	$11/\sqrt{3}$	5	94.5	3.36	1.22	900	385	840	108	4	
CKGKL—36/10—6	1800	$11/\sqrt{3}$	6	94.5	4.03	1.40	990	390	910	123	4	
CKGKL—72/10—12	1800	$11/\sqrt{3}$	12	94.5	8.06	2.35	1100	580	1010	210	6	
CKGKL—78/10—13	1800	$11/\sqrt{3}$	13	94.5	8.74	2.49	1160	600	1080	223	6	
CKGKL—40/10—5	2400	$11/\sqrt{3}$	5	126	2.52	1.51	840	320	760	148	4	
CKGKL—48/10—6	2400	$11/\sqrt{3}$	6	126	3.02	1.73	880	400	790	170	4	
CKGKL—96/10—12	2400	$11/\sqrt{3}$	12	126	6.05	2.91	1110	580	1020	218	6	
CKGKL—104/10—13	2400	$11/\sqrt{3}$	13	126	6.55	3.09	1120	590	980	232	6	
CKGKL—45/10—5	2700	$11/\sqrt{3}$	5	141.7	2.24	1.65	885	410	790	150	4	
CKGKL—54/10—6	2700	$11/\sqrt{3}$	6	141.7	2.69	1.89	920	420	840	172	6	
CKGKL—108/10—12	2700	$11/\sqrt{3}$	12	141.7	5.38	3.18	1120	470	980	260	6	
CKGKL—117/10—13	2700	$11/\sqrt{3}$	13	141.7	5.83	3.38	1180	610	1040	276	6	
CKGKL—10/10—1	3000	$11/\sqrt{3}$	1	157.5	0.4	0.53	680	310	630	55	4	
CKGKL—50/10—5	3000	$11/\sqrt{3}$	5	157.5	2.02	1.79	1025	450	930	156	6	
CKGKL—60/10—6	3000	$11/\sqrt{3}$	6	157.5	2.42	2.05	1100	460	980	180	6	
CKGKL—120/10—12	3000	$11/\sqrt{3}$	12	157.5	4.84	3.44	1250	605	1110	274	6	
CKGKL—130/10—13	3000	$11/\sqrt{3}$	13	157.5	5.24	3.66	1280	610	1140	291	6	
CKGKL—11/10—1	3300	$11/\sqrt{3}$	1	173	0.37	0.57	685	310	640	58	4	
CKGKL—55/10—5	3300	$11/\sqrt{3}$	5	173	1.84	1.92	1050	410	980	178	6	
CKGKL—66/10—6	3300	$11/\sqrt{3}$	6	173	2.2	2.20	1140	460	1010	203	6	
CKGKL—132/10—12	3300	$11/\sqrt{3}$	12	173	4.41	3.70	1340	610	1200	210	6	
CKGKL—143/10—13	3300	$11/\sqrt{3}$	13	173	4.77	3.93	1380	720	1230	223	6	
CKGKL—12/10—1	3600	$11/\sqrt{3}$	1	189	0.34	0.61	690	360	640	60	4	
CKGKL—60/10—5	3600	$11/\sqrt{3}$	5	189	1.68	2.05	1085	410	1000	160	6	
CKGKL—72/10—6	3600	$11/\sqrt{3}$	6	189	2.02	2.35	1145	410	1000	186	6	
CKGKL—144/10—12	3600	$11/\sqrt{3}$	12	189	4.03	3.95	1340	710	1200	330	6	
CKGKL—156/10—13	3600	$11/\sqrt{3}$	13	189	4.37	4.19	1380	710	1240	351	6	
CKGKL—13/10—1	3900	$11/\sqrt{3}$	1	205	0.31	0.65	680	310	640	63	4	
CKGKL—65/10—5	3900	$11/\sqrt{3}$	5	205	1.55	2.17	1060	410	980	159	6	

续表 12-5

型　　号	并联电容器		电抗率（%）	电流（A）	电抗（Ω）	损耗（kW）	尺　　寸（mm）			重量（kg）	支点	生产厂
	额定容量（kvar）	额定电压（kV）					外径	高度	底脚			
CKGKL—78/10—6	3900	$11/\sqrt{3}$	6	205	1.86	2.49	1100	430	1010	182	6	西安中扬电气股份有限公司
CKGKL—156/10—12	3900	$11/\sqrt{3}$	12	205	3.72	4.19	1240	720	1100	270	6	
CKGKL—169/10—13	3900	$11/\sqrt{3}$	13	205	4.03	4.45	1280	730	1140	287	6	
CKGKL—14/10—1	4200	$11/\sqrt{3}$	1	220	0.29	0.69	660	310	640	66	4	
CKGKL—70/10—5	4200	$11/\sqrt{3}$	5	220	1.44	2.30	990	500	910	188	6	
CKGKL—84/10—6	4200	$11/\sqrt{3}$	6	220	1.73	2.64	1095	437	980	189	6	
CKGKL—168/10—12	4200	$11/\sqrt{3}$	12	220	3.46	4.43	1230	640	1100	278	6	
CKGKL—182/10—13	4200	$11/\sqrt{3}$	13	220	375	4.71	1275	680	1130	296	6	
CKGKL—15/10—1	4500	$11/\sqrt{3}$	1	236	0.27	0.72	680	310	640	70	4	
CKGKL—75/10—5	4500	$11/\sqrt{3}$	5	236	1.35	2.42	1100	410	1020	215	6	
CKGKL—90/10—6	4500	$11/\sqrt{3}$	6	236	1.61	2.78	1120	570	1040	247	6	
CKGKL—180/10—12	4500	$11/\sqrt{3}$	12	236	3.22	4.67	1280	492	1140	288	6	
CKGKL—195/10—13	4500	$11/\sqrt{3}$	13	236	3.50	4.96	1280	582	1140	306	6	
CKGKL—16/10—1	4800	$11/\sqrt{3}$	1	252	0.25	0.76	685	315	630	73	4	
CKGKL—80/10—5	4800	$11/\sqrt{3}$	5	252	1.26	2.54	1080	360	1010	198	6	
CKGKL—96/10—6	4800	$11/\sqrt{3}$	6	252	1.51	2.91	1200	570	1060	227	6	
CKGKL—192/10—12	4800	$11/\sqrt{3}$	12	252	2.88	4.90	1360	590	1220	320	6	
CKGKL—208/10—13	4800	$11/\sqrt{3}$	13	252	3.28	5.20	1400	602	1260	340	6	
CKGKL—16.67/10—1	5000	$11/\sqrt{3}$	1	262.4	0.24	0.78	680	370	630	75	4	
CKGKL—83.3/10—5	5000	$11/\sqrt{3}$	5	262.4	1.21	2.62	1080	470	1010	189	6	
CKGKL—100/10—6	5000	$11/\sqrt{3}$	6	262.4	1.45	3.00	1165	570	1020	243	6	
CKGKL—200/10—12	5000	$11/\sqrt{3}$	12	262.4	2.90	5.05	1225	750	1080	330	6	
CKGKL—216/10—13	5000	$11/\sqrt{3}$	13	262.4	3.15	5.35	1300	750	1160	351	6	
CKGKL—18/10—1	5400	$11/\sqrt{3}$	1	283	0.22	0.83	760	370	640	82	4	
CKGKL—90/10—5	5400	$11/\sqrt{3}$	5	283	1.12	2.78	1120	578	980	210	6	
CKGKL—108/10—6	5400	$11/\sqrt{3}$	6	283	1.35	3.18	1255	590	1110	240	6	
CKGKL—216/10—12	5400	$11/\sqrt{3}$	12	283	2.69	5.35	1340	760	1200	355	6	
CKGKL—234/10—13	5400	$11/\sqrt{3}$	13	283	2.92	5.68	1400	680	1260	377	6	
CKGKL—20/10—1	6000	$11/\sqrt{3}$	1	315	0.2	0.9	810	370	710	92	4	
CKGKL—100/10—5	6000	$11/\sqrt{3}$	5	315	1.01	3.00	1005	590	850	245	6	
CKGKL—120/10—6	6000	$11/\sqrt{3}$	6	315	1.21	3.44	1210	610	1060	265	6	
CKGKL—240/10—12	6000	$11/\sqrt{3}$	12	315	2.42	5.79	1210	630	1060	380	6	
CKGKL—260/10—13	6000	$11/\sqrt{3}$	13	315	2.62	6.15	1300	640	1160	404	6	

续表 12-5

型号	并联电容器 额定容量 (kvar)	并联电容器 额定电压 (kV)	电抗率 (%)	电流 (A)	电抗 (Ω)	损耗 (kW)	尺寸 (mm) 外径	尺寸 (mm) 高度	尺寸 (mm) 底脚	重量 (kg)	支点	生产厂
CKGKL—22/10—1	6600	$11/\sqrt{3}$	1	346	0.18	0.97	830	350	710	93	6	西安中扬电气股份有限公司
CKGKL—110/10—5	6600	$11/\sqrt{3}$	5	346	0.915	3.23	1170	580	1060	250	4	
CKGKL—132/10—6	6600	$11/\sqrt{3}$	6	346	1.10	3.70	1180	640	1040	280	6	
CKGKL—264/10—12	6600	$11/\sqrt{3}$	12	346	2.20	6.22	1250	670	1120	405	6	
CKGKL—286/10—13	6600	$11/\sqrt{3}$	13	346	2.38	6.61	1310	682	1160	430	6	
CKGKL—23.33/10—1	7000	$11/\sqrt{3}$	1	367.4	0.17	1.01	830	390	730	94	6	
CKGKL—116.7/10—5	7000	$11/\sqrt{3}$	5	367.4	0.865	3.37	1175	605	1030	270	6	
CKGKL—140/10—6	7000	$11/\sqrt{3}$	6	367.4	0.96	3.87	1200	630	1060	310	6	
CKGKL—280/10—12	7000	$11/\sqrt{3}$	12	367.4	1.93	6.50	1315	650	1170	430	6	
CKGKL—303/10—13	7000	$11/\sqrt{3}$	13	367.4	2.10	6.90	1380	690	1240	457	6	
CKGKL—24/10—1	7200	$11/\sqrt{3}$	1	378	0.17	1.03	875	360	790	95	4	
CKGKL—120/10—5	7200	$11/\sqrt{3}$	5	378	0.84	3.44	1275	570	1130	288	6	
CKGKL—144/10—6	7200	$11/\sqrt{3}$	6	378	0.99	3.95	1310	610	1170	330	6	
CKGKL—288/10—12	7200	$11/\sqrt{3}$	12	378	1.98	6.64	1140	630	1000	432	6	
CKGKL—312/10—13	7200	$11/\sqrt{3}$	13	378	2.15	7.05	1300	547	1160	459	6	
CKGKL—26/10—1	7800	$11/\sqrt{3}$	1	409	0.16	1.09	840	390	790	98	4	
CKGKL—130/10—5	7800	$11/\sqrt{3}$	5	409	0.775	3.66	1180	600	1040	266	6	
CKGKL—156/10—6	7800	$11/\sqrt{3}$	6	409	0.93	4.19	1240	640	1100	305	6	
CKGKL—312/10—12	7800	$11/\sqrt{3}$	12	409	1.86	7.05	1320	680	1180	460	6	
CKGKL—338/10—13	7800	$11/\sqrt{3}$	13	409	2.02	7.49	1340	680	1200	489	6	
CKGKL—26.7/10—1	8000	$11/\sqrt{3}$	1	420	0.15	1.12	870	380	790	100	4	
CKGKL—133.3/10—5	8000	$11/\sqrt{3}$	5	420	0.755	3.73	1225	600	1080	275	6	
CKGKL—160/10—6	8000	$11/\sqrt{3}$	6	420	0.91	4.27	1250	63	1100	313	6	
CKGKL—320/10—12	8000	$11/\sqrt{3}$	12	420	1.81	7.19	1430	670	1280	472	6	
CKGKL—347/10—13	8000	$11/\sqrt{3}$	13	420	1.96	7.64	1435	672	1290	501	6	
CKGKL—28/10—1	8400	$11/\sqrt{3}$	1	441	0.14	1.16	820	390	710	105	4	
CKGKL—140/10—5	8400	$11/\sqrt{3}$	5	441	0.72	3.87	1200	640	1060	288	6	
CKGKL—168/10—6	8400	$11/\sqrt{3}$	6	441	0.86	4.43	1240	656	1100	330	6	
CKGKL—336/10—12	8400	$11/\sqrt{3}$	12	441	1.73	7.46	1350	680	1210	490	6	
CKGKL—364/10—13	8400	$11/\sqrt{3}$	13	441	1.87	7.92	1380	685	1240	520	6	
CKGKL—30/10—1	9000	$11/\sqrt{3}$	1	472	0.13	1.22	890	400	790	110	4	
CKGKL—150/10—5	9000	$11/\sqrt{3}$	5	472	0.67	4.07	1280	420	1140	309	6	

续表 12-5

型　号	并联电容器		电抗率(%)	电流(A)	电抗(Ω)	损耗(kW)	尺　寸(mm)			重量(kg)	支点	生产厂
	额定容量(kvar)	额定电压(kV)					外径	高度	底脚			
CKGKL—180/10—6	9000	$11/\sqrt{3}$	6	472	0.81	4.67	1335	522	1190	354	6	西安中扬电气股份有限公司
CKGKL—360/10—12	9000	$11/\sqrt{3}$	12	472	1.61	7.85	1445	684	1300	528	6	
CKGKL—390/10—13	9000	$11/\sqrt{3}$	13	472	1.74	8.34	1560	720	1420	560	6	
CKGKL—32/10—1	9600	$11/\sqrt{3}$	1	504	0.13	1.28	900	400	790	116	4	
CKGKL—160/10—5	9600	$11/\sqrt{3}$	5	504	0.63	4.27	1290	446	1150	332	6	
CKGKL—192/10—6	9600	$11/\sqrt{3}$	6	504	0.76	4.90	1340	660	1200	381	6	
CKGKL—384/10—12	9600	$11/\sqrt{3}$	12	504	1.51	8.24	1450	720	1310	540	6	
CKGKL—416/10—13	9600	$11/\sqrt{3}$	13	504	1.64	8.75	1600	760	1460	574	6	
CKGKL—33.4/10—1	10000	$11/\sqrt{3}$	1	526	0.12	1.32	780	400	660	122	4	
CKGKL—167/10—5	10000	$11/\sqrt{3}$	5	526	0.61	4.41	1200	550	1080	330	6	
CKGKL—200.4/10—6	10000	$11/\sqrt{3}$	6	526	0.725	5.06	1275	730	1130	378	6	
CKGKL—400.9/10—12	10000	$11/\sqrt{3}$	12	526	1.45	8.51	1410	790	1270	550	6	
CKGKL—434.2/10—13	1000	$11/\sqrt{3}$	13	526	1.57	9.04	1485	795	1340	584	6	
CKGKL—20/10—5	1200	$12/\sqrt{3}$	5	57.7	6	0.9	810	350	640	98	4	
CKGKL—24/10—6	1200	$12/\sqrt{3}$	6	57.7	7.2	1.03	855	360	790	106	4	
CKGKL—28/10—12	1200	$12/\sqrt{3}$	12	57.7	14.4	1.73	885	400	810	162	6	
CKGKL—52/10—13	1200	$12/\sqrt{3}$	13	57.7	15.61	1.84	975	425	890	172	6	
CKGKL—25/10—5	1500	$12/\sqrt{3}$	5	72.2	4.8	1.06	870	356	790	102	4	
CKGKL—30/10—6	1500	$12/\sqrt{3}$	6	72.2	5.76	1.22	925	360	860	116	6	
CKGKL—60/10—12	1500	$12/\sqrt{3}$	12	72.2	11.51	2.05	1110	400	1040	186	6	
CKGKL—65/10—13	1500	$12/\sqrt{3}$	13	72.2	12.48	2.17	1200	415	1120	198	6	
CKGKL—30/10—5	1800	$12/\sqrt{3}$	5	86.6	4	2.22	900	362	840	108	6	
CKGKL—36/10—6	1800	$12/\sqrt{3}$	6	86.6	4.8	1.40	990	370	910	123	6	
CKGKL—72/10—12	1800	$12/\sqrt{3}$	12	86.6	9.6	2.35	1100	540	1010	220	6	
CKGKL—78/10—13	1800	$12/\sqrt{3}$	13	86.6	10.4	2.49	1160	580	1080	223	6	
CKGKL—40/10—5	2400	$12/\sqrt{3}$	5	115.5	3	1.51	840	350	760	148	6	
CKGKL—48/10—6	2400	$12/\sqrt{3}$	6	115.5	3.6	1.73	880	380	790	170	6	
CKGKL—96/10—12	2400	$12/\sqrt{3}$	12	115.5	7.2	2.91	1140	570	1010	246	6	
CKGKL—104/10—13	2400	$12/\sqrt{3}$	13	115.5	7.8	3.09	1120	570	1010	237	6	
CKGKL—45/10—5	2700	$12/\sqrt{3}$	5	130	2.67	1.65	885	405	790	153	6	
CKGKL—54/10—6	2700	$12/\sqrt{3}$	6	130	3.20	1.89	920	412	840	175	6	
CKGKL—108/10—12	2700	$12/\sqrt{3}$	12	130	6.40	3.18	1120	460	990	260	6	
CKGKL—117/10—13	2700	$12/\sqrt{3}$	13	130	6.93	3.38	1180	605	1040	276	6	

续表12-5

型号	并联电容器		电抗率(%)	电流(A)	电抗(Ω)	损耗(kW)	尺寸(mm)			重量(kg)	支点	生产厂
	额定容量(kvar)	额定电压(kV)					外径	高度	底脚			
CKGKL—10/10—1	3000	$12/\sqrt{3}$	1	144	0.48	0.53	680	350	630	55	4	西安中扬电气股份有限公司
CKGKL—50/10—5	3000	$12/\sqrt{3}$	5	144	2.4	1.79	1025	410	930	155	6	
CKGKL—60/10—6	3000	$12/\sqrt{3}$	6	144	2.89	2.05	1085	410	980	162	6	
CKGKL—120/10—12	3000	$12/\sqrt{3}$	12	144	5.78	3.44	1250	600	1110	270	6	
CKGKL—130/10—13	3000	$12/\sqrt{3}$	13	144	6.26	3.66	1280	600	1140	287	6	
CKGKL—11/10—1	3300	$12/\sqrt{3}$	1	158.8	0.44	0.57	685	350	640	58	4	
CKGKL—55/10—5	3300	$12/\sqrt{3}$	5	158.8	2.18	1.92	1050	405	980	178	6	
CKGKL—66/10—6	3300	$12/\sqrt{3}$	6	158.8	2.62	2.20	1140	440	1010	203	6	
CKGKL—132/10—12	3300	$12/\sqrt{3}$	12	158.8	5.24	3.70	1340	620	1200	210	6	
CKGKL—143/10—13	3300	$12/\sqrt{3}$	13	158.8	5.68	3.93	1380	720	1240	223	6	
CKGKL—12/10—1	3600	$12/\sqrt{3}$	1	173	0.40	0.61	690	380	640	60	4	
CKGKL—60/10—5	3600	$12/\sqrt{3}$	5	173	2	2.05	1085	420	1000	163	6	
CKGKL—72/10—6	3300	$12/\sqrt{3}$	6	173	2.41	2.35	1145	420	1000	188	6	
CKGKL—144/10—12	3600	$12/\sqrt{3}$	12	173	4.81	3.95	1340	720	1200	330	6	
CKGKL—156/10—13	3600	$12/\sqrt{3}$	13	173	5.21	4.19	1380	720	1240	351	6	
CKGKL—13/10—1	3900	$12/\sqrt{3}$	1	187.6	0.37	0.65	680	360	640	63	4	
CKGKL—65/10—5	3900	$12/\sqrt{3}$	5	187.6	1.85	2.17	1060	410	980	159	6	
CKGKL—78/10—6	3900	$12/\sqrt{3}$	6	187.6	2.22	2.49	1100	420	1010	182	6	
CKGKL—156/10—12	3900	$12/\sqrt{3}$	12	187.6	4.44	4.19	1240	720	1100	270	6	
CKGKL—169/10—13	3900	$12/\sqrt{3}$	13	187.6	4.81	4.45	1280	732	1140	287	6	
CKGKL—14/10—1	4200	$12/\sqrt{3}$	1	202.1	0.34	0.69	660	350	640	66	4	
CKGKL—70/10—5	4200	$12/\sqrt{3}$	5	202.1	1.72	2.30	990	500	910	188	6	
CKGKL—84/10—6	4200	$12/\sqrt{3}$	6	202.1	2.06	2.64	1095	500	980	189	6	
CKGKL—168/10—12	4200	$12/\sqrt{3}$	12	202.1	4.12	4.43	1230	650	1080	336	6	
CKGKL—182/10—13	4200	$12/\sqrt{3}$	13	202.1	4.46	4.71	1275	680	1130	357	6	
CKGKL—15/10—1	4500	$12/\sqrt{3}$	1	216.5	0.32	0.72	680	360	640	70	4	
CKGKL—75/10—5	4500	$12/\sqrt{3}$	5	216.5	1.6	2.42	1100	410	1020	196	6	
CKGKL—90/10—6	4500	$12/\sqrt{3}$	6	216.5	1.922	2.78	1120	570	1040	224	6	
CKGKL—180/10—12	4500	$12/\sqrt{3}$	12	215.6	3.84	4.67	1280	600	1140	288	6	
CKGKL—195/10—13	4500	$12/\sqrt{3}$	13	215.6	4.16	4.96	1280	600	1140	306	6	
CKGKL—16/10—1	4800	$12/\sqrt{3}$	1	231	0.30	0.76	685	360	630	73	4	
CKGKL—80/10—5	4800	$12/\sqrt{3}$	5	231	1.5	2.54	1080	410	1010	198	6	
CKGKL—96/10—6	4800	$12/\sqrt{3}$	6	231	1.80	2.91	1200	580	1060	227	6	

续表 12-5

型号	并联电容器		电抗率（%）	电流（A）	电抗（Ω）	损耗（kW）	尺寸（mm）			重量（kg）	支点	生产厂
	额定容量（kvar）	额定电压（kV）					外径	高度	底脚			
CKGKL—192/10—12	4800	$12/\sqrt{3}$	12	231	3.60	4.90	1360	595	1220	320	6	西安中扬电气股份有限公司
CKGKL—208/10—13	4800	$12/\sqrt{3}$	13	231	3.90	5.20	1400	598	1260	340	6	
CKGKL—16.67/10—1	5000	$12/\sqrt{3}$	1	240.6	0.29	0.78	680	370	630	75	4	
CKGKL—83.33/10—5	5000	$12/\sqrt{3}$	5	240.6	1.44	2.62	1080	470	1010	189	6	
CKGKL—100/10—6	5000	$12/\sqrt{3}$	6	240.6	1.73	3.00	1130	540	1010	243	6	
CKGKL—200/10—12	5000	$12/\sqrt{3}$	12	240.6	3.46	5.05	1225	760	1080	398	6	
CKGKL—216.7/10—13	5000	$12/\sqrt{3}$	13	240.6	3.75	5.35	1300	760	1160	423	6	
CKGKL—18/10—1	5400	$12/\sqrt{3}$	1	260	0.27	0.83	760	370	640	82	4	
CKGKL—90/10—5	5400	$12/\sqrt{3}$	5	260	1.34	2.78	1120	548	980	219	6	
CKGKL—108/10—6	5400	$12/\sqrt{3}$	6	260	1.60	3.18	1255	590	1140	251	6	
CKGKL—216/10—12	5400	$12/\sqrt{3}$	12	260	3.20	5.35	1340	760	1200	355	6	
CKGKL—234/10—13	5400	$12/\sqrt{3}$	13	260	3.47	5.68	1400	762	1260	377	6	
CKGKL—20/10—1	6000	$12/\sqrt{3}$	1	289	0.24	0.9	810	378	770	90	4	
CKGKL—100/10—5	6000	$12/\sqrt{3}$	5	289	1.2	3.00	1005	580	850	227	6	
CKGKL—120/10—6	6000	$12/\sqrt{3}$	6	289	1.44	3.44	1215	610	1090	260	6	
CKGKL—240/10—12	6000	$12/\sqrt{3}$	12	289	2.88	5.79	1210	630	1060	438	6	
CKGKL—260/10—13	6000	$12/\sqrt{3}$	13	289	3.12	6.15	1300	640	1160	446	6	
CKGKL—22/10—1	6600	$12/\sqrt{3}$	1	318	0.22	0.97	830	370	710	93	4	
CKGKL—110/10—5	6600	$12/\sqrt{3}$	5	318	1.09	3.23	1170	580	1060	250	6	
CKGKL—132/10—6	6600	$12/\sqrt{3}$	6	318	1.31	3.07	1180	630	1040	280	6	
CKGKL—264/10—12	6600	$12/\sqrt{3}$	12	318	2.62	6.22	1250	660	1120	405	6	
CKGKL—286/10—13	6600	$12/\sqrt{3}$	13	318	2.84	6.61	1310	672	1160	430	6	
CKGKL—23.34/10—1	7000	$12/\sqrt{3}$	1	336.8	0.21	1.01	830	360	730	94	4	
CKGKL—116.7/10—5	7000	$12/\sqrt{3}$	5	336.8	1.03	3.37	1175	610	1030	270	6	
CKGKL—140/10—6	7000	$12/\sqrt{3}$	6	336.8	1.23	3.87	1200	640	1060	310	6	
CKGKL—280/10—12	7000	$12/\sqrt{3}$	12	336.8	2.47	6.50	1315	670	1170	430	6	
CKGKL—303.3/10—13	7000	$12/\sqrt{3}$	13	336.8	2.67	6.90	1380	680	1240	457	6	
CKGKL—24/10—1	7200	$12/\sqrt{3}$	1	336.4	0.20	1.03	875	360	790	95	4	
CKGKL—120/10—5	7200	$12/\sqrt{3}$	5	336.4	1.0	3.44	1275	580	1130	288	6	
CKGKL—144/10—6	7200	$12/\sqrt{3}$	6	336.4	1.20	3.95	1310	610	1170	330	6	
CKGKL—288/10—12	7200	$12/\sqrt{3}$	12	336.4	2.40	6.64	1140	630	1170	590	6	
CKGKL—312/10—13	7200	$12/\sqrt{3}$	13	336.4	2.60	7.05	1300	630	1160	626	6	
CKGKL—26/10—1	7800	$12/\sqrt{3}$	1	375.3	0.19	1.09	840	380	790	98	4	

续表 12-5

型号	并联电容器		电抗率（%）	电流（A）	电抗（Ω）	损耗（kW）	尺寸（mm）			重量（kg）	支点	生产厂
	额定容量（kvar）	额定电压（kV）					外径	高度	底脚			
CKGKL—130/10—5	7800	$12/\sqrt{3}$	5	375.3	0.93	3.66	1180	580	1040	266	6	西安中扬电气股份有限公司
CKGKL—156/10—6	7800	$12/\sqrt{3}$	6	375.3	1.11	4.19	1240	590	1100	305	6	
CKGKL—312/10—12	7800	$12/\sqrt{3}$	12	375.3	2.22	7.05	1320	590	1180	46	6	
CKGKL—338/10—13	7800	$12/\sqrt{3}$	13	375.3	2.40	7.49	1340	650	1200	489	6	
CKGKL—26.7/10—1	8000	$12/\sqrt{3}$	1	384.9	0.18	1.12	870	390	790	100	4	
CKGKL—133.6/10—5	8000	$12/\sqrt{3}$	5	384.9	0.9	3.73	1225	600	1080	275	6	
CKGKL—160/10—6	8000	$12/\sqrt{3}$	6	384.9	1.08	4.27	1250	620	1100	313	6	
CKGKL—320/10—12	8000	$12/\sqrt{3}$	12	384.9	2.16	7.19	1430	640	1290	525	6	
CKGKL—346.7/10—13	8000	$12/\sqrt{3}$	13	384.9	2.34	7.64	1435	734	1290	558	8	
CKGKL—28/10—1	8400	$12/\sqrt{3}$	1	404.2	0.17	1.16	820	390	710	105	4	
CKGKL—140/10—5	8400	$12/\sqrt{3}$	5	404.2	0.86	3.87	1200	640	1060	288	6	
CKGKL—168/10—6	8400	$12/\sqrt{3}$	6	404.2	1.03	4.43	1240	645	1100	330	6	
CKGKL—336/10—12	8400	$12/\sqrt{3}$	12	404.2	2.06	7.46	1350	670	1210	490	8	
CKGKL—364/10—13	8400	$12/\sqrt{3}$	13	404.2	2.23	7.92	1380	676	1240	520	8	
CKGKL—30/10—1	9000	$12/\sqrt{3}$	1	433	0.16	1.22	890	400	790	110	6	
CKGKL—150/10—5	9000	$12/\sqrt{3}$	5	433	0.80	4.07	1280	430	1140	309	6	
CKGKL—180/10—6	9000	$12/\sqrt{3}$	6	433	0.96	4.67	1335	660	1190	354	6	
CKGKL—360/10—12	9000	$12/\sqrt{3}$	12	433	1.92	7.85	1445	720	1300	581	8	
CKGKL—390/10—13	9000	$12/\sqrt{3}$	13	433	2.08	8.34	1560	720	1420	617	8	
CKGKL—32/10—1	9600	$12/\sqrt{3}$	1	462	0.15	1.28	900	400	790	116	6	
CKGKL—160/10—5	9600	$12/\sqrt{3}$	5	462	0.75	4.27	1290	446	1150	332	6	
CKGKL—192/10—6	9600	$12/\sqrt{3}$	6	462	0.90	4.90	1340	660	1200	381	6	
CKGKL—384/10—12	9600	$12/\sqrt{3}$	12	462	1.80	8.24	1450	720	1310	540	8	
CKGKL—416/10—13	9600	$12/\sqrt{3}$	13	462	1.95	8.75	1600	760	1460	574	8	
CKGKL—33.34/10—1	10000	$12/\sqrt{3}$	1	481	0.144	1.32	780	400	660	122	6	
CKGKL—166.7/10—5	10000	$12/\sqrt{3}$	5	481	0.72	4.41	1200	540	1080	330	6	
CKGKL—200/10—6	10000	$12/\sqrt{3}$	6	481	0.86	5.06	1275	720	1130	378	6	
CKGKL—400/10—12	10000	$12/\sqrt{3}$	12	481	1.73	8.50	1410	760	1270	550	8	
CKGKL—433/10—13	10000	$12/\sqrt{3}$	13	481	1.87	9.02	1485	760	1340	584	8	
CKGKL—80/35—5	4800	2×10.5	5	76.2	13.78	2.54	1100	620	1010	214	6	
CKGKL—96/35—6	4800	2×10.5	6	76.2	16.55	2.91	1200	635	1080	245	6	
CKGKL—192/35—12	4800	2×10.5	12	76.2	33.09	4.90	1360	765	1220	400	6	
CKGKL—208/35—13	4800	2×10.5	13	76.2	35.85	5.20	1400	769	1260	425	6	

续表 12-5

型　　号	并联电容器		电抗率（%）	电流（A）	电抗（Ω）	损耗（kW）	尺　　寸（mm）			重量（kg）	支点	生产厂
	额定容量（kvar）	额定电压（kV）					外径	高度	底脚			
CKGKL—100/35—5	6000	2×10.5	5	95.2	11.03	3.00	1120	620	1010	248	6	
CKGKL—120/35—6	6000	2×10.5	6	95.2	13.25	3.44	1210	628	1080	284	8	
CKGKL—240/35—12	6000	2×10.5	12	95.2	26.49	5.79	1440	760	1300	465	8	
CKGKL—260/35—13	6000	2×10.5	13	95.2	28.70	6.15	1480	764	1350	494	6	
CKGKL—120/35—5	7200	2×10.5	5	114.3	9.19	3.44	1210	624	1080	284	6	
CKGKL—144/35—6	7200	2×10.5	6	114.3	11.03	3.95	1250	628	1120	325	8	
CKGKL—288/35—12	7200	2×10.5	12	114.3	22.06	6.64	1430	760	1280	550	8	
CKGKL—312/35—13	7200	2×10.5	13	114.3	23.90	7.05	1500	764	1360	584	6	
CKGKL—140/35—5	8400	2×10.5	5	133.3	7.87	3.87	1240	620	1100	320	6	
CKGKL—168/35—6	8400	2×10.5	6	133.3	9.45	4.43	1300	620	1160	367	8	
CKGKL—336/35—12	8400	2×10.5	12	133.3	18.9	7.46	1540	760	1400	625	8	
CKGKL—364/35—13	8400	2×10.5	13	133.3	20.50	7.92	1620	764	1480	664	6	
CKGKL—160/35—5	9600	2×10.5	5	152.4	6.89	4.27	1300	660	1160	360	6	
CKGKL—192/35—6	9600	2×10.5	6	152.4	8.27	4.90	1460	682	1320	413	8	
CKGKL—384/35—12	9600	2×10.5	12	152.4	16.55	8.24	1630	695	1490	700	8	
CKGKL—416/35—13	9600	2×10.5	13	152.4	17.93	8.75	1670	792	1530	743	6	
CKGKL—166.7/35—5	10000	2×10.5	5	158.7	6.62	4.41	1300	660	1160	365	6	西安中扬电气股份有限公司
CKGKL—200/35—6	10000	2×10.5	6	158.7	7.95	5.05	1400	688	1260	418	8	
CKGKL—400/35—12	10000	2×10.5	12	158.7	15.89	8.50	1650	788	1510	730	8	
CKGKL—434/35—13	10000	2×10.5	13	158.7	17.21	9.03	1680	800	1550	775	6	
CKGKL—200/35—5	12000	2×10.5	5	190.5	5.51	5.05	1270	780	1160	410	6	
CKGKL—240/35—6	12000	2×10.5	6	190.5	6.62	5.79	1320	800	1180	470	8	
CKGKL—480/35—12	12000	2×10.5	12	190.5	13.24	9.74	1680	840	1540	837	8	
CKGKL—526/35—13	12000	2×10.5	13	190.5	14.34	8.17	1710	860	1580	890	6	
CKGKL—233.3/35—5	14000	2×10.5	5	222.2	4.73	5.67	1300	620	1160	450	6	
CKGKL—280/35—6	14000	2×10.5	6	222.2	5.68	6.50	1340	620	1200	516	8	
CKGKL—560/35—12	14000	2×10.5	12	222.2	11.35	8.63	1700	760	1560	930	8	
CKGKL—670/35—13	14000	2×10.5	13	222.2	12.30	9.17	1730	772	1590	988	6	
CKGKL—240/35—5	14400	2×10.5	5	228.6	4.59	5.79	1350	760	1210	472	6	
CKGKL—288/35—6	14400	2×10.5	6	228.6	5.52	6.64	1370	760	1230	542	8	
CKGKL—577/35—12	14400	2×10.5	12	228.6	11.03	8.83	1720	860	1580	980	8	
CKGKL—625/35—13	14400	2×10.5	13	228.6	11.95	9.375	1760	872	1620	1040	6	
CKGKL—266.7/35—5	16000	2×10.5	5	254	4.133	6.27	1370	624	1230	540	6	

续表 12-5

型　号	并联电容器		电抗率(%)	电流(A)	电抗(Ω)	损耗(kW)	尺　寸(mm)			重量(kg)	支点	生产厂
	额定容量(kvar)	额定电压(kV)					外径	高度	底脚			
CKGKL—320/35—6	16000	2×10.5	6	254	4.96	7.19	1480	624	1340	620	8	西安中扬电气股份有限公司
CKGKL—641/35—12	16000	2×10.5	12	254	9.93	9.55	1750	760	1610	1140	8	
CKGKL—694/35—13	16000	2×10.5	13	254	10.76	10.14	1790	772	1650	1210	6	
CKGKL—280/35—5	16800	2×10.5	5	266.7	3.94	6.50	1470	620	1330	545	8	
CKGKL—336/35—6	16800	2×10.5	6	266.7	4.73	7.46	1540	624	1400	625	8	
CKGKL—673/35—12	16800	2×10.5	12	266.7	9.46	9.91	1710	760	1570	1150	8	
CKGKL—729/35—13	16800	2×10.5	13	266.7	10.24	10.52	1780	772	1650	1221	6	
CKGKL—333.3/35—5	20000	2×10.5	5	317.5	3.3	7.41	1480	620	1340	625	8	
CKGKL—400/35—6	20000	2×10.5	6	317.5	3.97	8.50	1550	625	1420	717	8	
CKGKL—801/35—12	20000	2×10.5	12	317.5	7.94	11.29	1800	760	1660	1330	8	
CKGKL—867/35—13	20000	2×10.5	13	317.5	8.61	11.98	1840	772	1700	1412	8	
CKGKL—400/35—5	24000	2×10.5	5	381	2.76	8.50	1650	788	1520	730	8	
CKGKL—480/35—6	24000	2×10.5	6	381	3.31	9.74	1680	840	1540	837	8	
CKGKL—961/35—12	24000	2×10.5	12	381	6.12	12.95	1800	868	1660	1560	8	
CKGKL—1041/35—13	24000	2×10.5	13	381	7.17	13.75	1820	870	1680	1656	6	
CKGKL—80/35—5	4800	2×11	5	72.7	15.13	2.54	1100	620	1010	224	6	
CKGKL—96/35—6	4800	2×11	6	72.7	18.16	2.91	1200	660	1100	257	6	
CKGKL—192/35—12	4800	2×11	12	72.7	36.31	4.90	1360	764	1220	400	6	
CKGKL—208/35—13	4800	2×11	13	72.7	39.34	5.20	1400	764	1260	425	6	
CKGKL—100/35—5	6000	2×11	5	90.7	12.13	3.00	1120	620	1010	248	6	
CKGKL—120/35—6	6000	2×11	6	90.7	14.55	3.44	1210	628	1080	284	6	
CKGKL—240/35—12	6000	2×11	12	90.7	29.11	5.79	1440	760	1300	465	6	
CKGKL—260/35—13	6000	2×11	13	90.7	31.53	6.15	1480	764	1350	494	6	
CKGKL—120/35—5	7200	2×11	5	109.1	10.08	3.44	1210	620	1080	284	6	
CKGKL—144/35—6	7200	2×11	6	109.1	12.1	3.95	1250	620	1120	325	6	
CKGKL—288/35—12	7200	2×11	12	109.1	24.2	6.64	1430	760	1280	550	8	
CKGKL—312/35—13	7500	2×11	13	109.1	26.21	7.05	1500	770	1360	584	6	
CKGKL—140/35—5	8400	2×11	5	127.3	8.64	3.87	1240	532	1100	320	6	
CKGKL—168/35—6	8400	2×11	6	127.3	10.37	4.43	1300	620	1160	367	8	
CKGKL—336/35—12	8400	2×11	12	127.3	20.74	7.46	1540	764	1400	625	8	
CKGKL—364/35—13	8400	2×11	13	127.3	22.74	7.92	1620	766	1480	664	6	
CKGKL—160/35—5	9600	2×11	5	145.5	7.56	4.27	1300	660	1160	360	6	
CKGKL—192/35—6	9600	2×11	6	145.5	9.07	4.90	1460	682	1320	413	8	

续表 12-5

型　号	并联电容器		电抗率 (%)	电流 (A)	电抗 (Ω)	损耗 (kW)	尺　寸 (mm)			重量 (kg)	支点	生产厂
	额定容量 (kvar)	额定电压 (kV)					外径	高度	底脚			
CKGKL—384/35—12	9600	2×11	12	145.5	18.14	8.24	1650	780	1490	700	8	西安中扬电气股份有限公司
CKGKL—416/35—13	9600	2×11	13	145.5	19.66	8.75	1670	792	1530	743	6	
CKGKL—166.7/35—5	10000	2×11	5	151.5	7.26	4.41	1300	660	1160	365	6	
CKGKL—200/35—6	10000	2×11	6	151.5	8.71	5.05	1400	688	1260	418	8	
CKGKL—400/35—12	10000	2×11	12	151.5	17.43	8.50	1650	788	1510	730	8	
CKGKL—433/35—13	10000	2×11	13	151.5	18.88	9.03	1680	800	1550	775	6	
CKGKL—200/35—5	12000	2×11	5	181.1	6.05	5.05	1270	688	1160	425	6	
CKGKL—240/35—6	12000	2×11	6	181.1	7.26	5.79	1320	750	1180	488	8	
CKGKL—480/35—12	12000	2×11	12	181.1	14.52	9.74	1680	840	1540	837	8	
CKGKL—520/35—13	12000	2×11	13	181.1	15.73	8.17	1710	860	1580	890	6	
CKGKL—233.3/35—5	14000	2×11	5	212.1	5.185	5.67	1300	800	1160	450	6	
CKGKL—280/35—6	14000	2×11	6	212.1	6.22	6.50	1340	802	1200	516	8	
CKGKL—560/35—12	14000	2×11	12	212.1	12.45	8.63	1700	860	1560	930	8	
CKGKL—670/35—13	14000	2×11	13	212.1	13.48	9.17	1730	864	1590	988	6	
CKGKL—240/35—5	14400	2×11	5	218.2	5.04	5.79	1350	760	1210	472	6	
CKGKL—288/35—6	14400	2×11	6	218.2	6.05	6.64	1370	760	1230	542	8	
CKGKL—576/35—12	14400	2×11	12	218.2	12.10	8.83	1720	860	1580	980	8	
CKGKL—624/35—13	14400	2×11	13	218.2	13.11	9.375	1760	872	1620	1040	6	
CKGKL—266.7/35—5	16000	2×11	5	242.4	4.537	6.27	1370	624	1230	540	6	
CKGKL—320/35—6	16000	2×11	6	242.4	5.45	7.19	1480	630	1340	620	8	
CKGKL—640/35—12	16000	2×11	12	242.4	10.89	9.55	1750	760	1610	1140	8	
CKGKL—693/35—13	16000	2×11	13	242.4	11.80	10.14	1790	772	1650	1210	6	
CKGKL—280/35—5	16800	2×11	5	254.6	4.32	6.50	1470	600	1330	545	8	
CKGKL—336/35—6	16800	2×11	6	254.6	5.18	7.46	1540	604	1400	625	8	
CKGKL—672/35—12	16800	2×11	12	254.6	10.37	9.91	1710	760	1570	1150	8	
CKGKL—728/35—13	16800	2×11	13	254.6	11.23	10.52	1780	762	1650	1221	6	
CKGKL—333.3/35—5	20000	2×11	5	303	3.63	7.41	1480	600	1340	625	8	
CKGKL—400/35—6	20000	2×11	6	303	4.36	8.50	1550	602	1420	717	8	
CKGKL—800/35—12	20000	2×11	12	303	8.71	11.28	1800	760	1660	1330	8	
CKGKL—867/35—13	20000	2×11	13	303	9.44	11.98	1840	772	1700	1412	8	
CKGKL—400/35—5	24000	2×11	5	363.6	3.02	8.50	1650	620	1520	730	8	
CKGKL—480/35—6	24000	2×11	6	363.6	3.63	9.74	1680	720	1540	837	8	
CKGKL—960/35—12	24000	2×11	12	363.6	7.26	12.93	1800	808	1660	1560	8	

续表 12-5

型号	并联电容器		电抗率（%）	电流（A）	电抗（Ω）	损耗（kW）	尺寸（mm）			重量（kg）	支点	生产厂
	额定容量（kvar）	额定电压（kV）					外径	高度	底脚			
CKGKL—1040/35—13	24000	2×11	13	363.6	7.87	13.74	1820	810	1680	1656	6	西安中扬电气股份有限公司
CKGKL—80/35—5	4800	2×12	5	66.7	18	2.54	1100	620	1010	227	6	
CKGKL—96/35—6	4800	2×12	6	66.7	21.6	2.91	1250	665	1180	260	6	
CKGKL—192/35—12	4800	2×12	12	66.7	43.2	4.90	1360	770	1220	400	6	
CKGKL—208/35—13	4800	2×12	13	66.7	46.8	5.20	1400	770	1260	425	6	
CKGKL—100/35—5	6000	2×12	5	83.3	14.4	3.00	1120	625	1010	248	6	
CKGKL—120/35—6	6000	2×12	6	83.3	17.3	3.44	1210	630	1080	284	6	
CKGKL—240/35—12	6000	2×12	12	83.3	34.6	5.79	1440	760	1300	465	6	
CKGKL—260/35—13	6000	2×12	13	83.3	37.5	6.15	1480	764	1350	494	6	
CKGKL—120/35—5	7200	2×12	5	100	12	3.44	1210	620	1080	284	6	
CKGKL—144/35—6	7200	2×12	6	100	14.4	3.95	1250	620	1120	325	6	
CKGKL—288/35—12	7200	2×12	12	100	28.8	6.64	1430	760	1280	588	8	
CKGKL—312/35—13	7200	2×12	13	100	31.2	7.05	1500	765	1360	625	6	
CKGKL—140/35—5	8400	2×12	5	116.7	10.7	3.87	1240	530	1100	320	6	
CKGKL—168/35—6	8400	2×12	6	116.7	12.35	4.43	1300	605	1160	367	8	
CKGKL—336/35—12	8400	2×12	12	116.7	24.7	7.46	1540	765	1400	625	8	
CKGKL—364/35—13	8400	2×12	13	116.7	26.75	7.92	1620	765	1480	664	6	
CKGKL—160/35—5	9600	2×12	5	133.3	9	4.27	1300	665	1160	315	6	
CKGKL—192/35—6	9600	2×12	6	133.3	10.81	4.90	1460	685	1320	361	8	
CKGKL—384/35—12	9600	2×12	12	133.3	21.62	8.24	1630	785	1490	700	8	
CKGKL—416/35—13	9600	2×12	13	133.3	23.42	8.75	1670	792	1530	743	6	
CKGKL—166.7/35—5	1000	2×12	5	138.9	8.64	4.41	1300	660	1160	365	6	
CKGKL—200/35—6	10000	2×12	6	138.9	10.37	5.05	1400	690	1260	418	8	
CKGKL—400/35—12	10000	2×12	12	138.9	20.75	8.50	1650	790	1510	730	8	
CKGKL—433/35—13	10000	2×12	13	138.9	22.48	9.03	1680	805	1550	775	6	
CKGKL—200/35—5	12000	2×12	5	166.7	7.2	5.05	1270	690	1160	410	6	
CKGKL—240/35—6	12000	2×12	6	166.7	8.64	5.79	1320	755	1180	470	8	
CKGKL—480/35—12	12000	2×12	12	166.7	17.29	9.74	1680	840	1540	837	6	
CKGKL—520/35—13	12000	2×12	13	166.7	18.73	8.17	1710	865	1580	890	6	
CKGKL—233.3/35—5	14000	2×12	5	194.4	6.17	5.67	1300	800	1160	450	6	
CKGKL—280/35—6	14000	2×12	6	194.4	7.41	6.50	1340	802	1200	516	8	
CKGKL—560/35—12	14000	2×12	12	194.4	14.83	8.63	1700	860	1560	930	8	
CKGKL—607/35—13	14000	2×12	13	194.4	16.06	9.17	1730	865	1590	988	6	

续表 12-5

型　　号	并联电容器		电抗率（%）	电流（A）	电抗（Ω）	损耗（kW）	尺　寸（mm）			重量（kg）	支点	生产厂
	额定容量（kvar）	额定电压（kV）					外径	高度	底脚			
CKGKL—240/35—5	14400	2×12	5	200	6	5.79	1350	765	1210	472	6	
CKGKL—288/35—6	14400	2×12	6	200	7.2	6.64	1370	765	1230	542	8	
CKGKL—576/35—12	14400	2×12	12	200	14.4	8.83	1720	865	1580	980	8	
CKGKL—624/35—13	14400	2×12	13	200	15.6	9.375	1760	875	1620	1040	6	
CKGKL—266.7/35—5	16000	2×12	5	222.2	5.4	6.27	1370	625	1230	540	6	
CKGKL—320/35—6	16000	2×12	6	222.2	6.49	7.19	1480	635	1340	620	8	
CKGKL—640/35—12	16000	2×12	12	222.2	12.97	9.55	1750	765	1610	1140	8	
CKGKL—694/35—13	16000	2×12	13	222.2	14.05	10.14	1790	775	1650	1210	6	
CKGKL—280/35—5	16800	2×12	5	233.3	5.15	6.50	1470	600	1330	545	8	
CKGKL—336/35—6	16800	2×12	6	233.3	6.177	7.46	1540	604	1400	625	8	
CKGKL—672/35—12	16800	2×12	12	233.3	12.35	9.91	1710	760	1570	1150	8	
CKGKL—728/35—13	16800	2×12	13	233.3	13.38	10.52	1780	765	1650	1210	8	
CKGKL—333.3/35—5	20000	2×12	5	277.8	4.32	7.41	1480	605	1340	625	8	
CKGKL—400/35—6	20000	2×12	6	277.8	5.19	8.50	1550	605	1420	717	8	
CKGKL—800/35—12	20000	2×12	12	277.8	10.37	11.28	1800	760	1660	1330	8	
CKGKL—867/35/13	20000	2×12	13	277.8	11.24	11.98	1840	775	1700	1420	8	西安中扬电气股份有限公司
CKGKL—400/35—5	24000	2×12	5	333.3	3.6	8.5	1650	625	1520	730	8	
CKGKL—480/35—6	24000	2×12	6	333.3	4.32	9.74	1680	725	1540	837	8	
CKGKL—960/35—12	24000	2×12	12	333.3	8.64	12.93	1800	810	1660	1560	8	
CKGKL—1040/35—13	24000	2×12	13	333.3	9.37	13.74	1820	815	1680	1656	6	
CKGKL—90/63—4.5	6000	2×20	4.5	50	36	2.78	1080	580	1010	621	6	
CKGKL—100/63—5	6000	2×20	5	50	40	3.00	1120	600	980	634	6	
CKGKL—120/63—6	6000	2×20	6	50	48	3.44	1210	660	1060	696	6	
CKGKL—112.5/63—4.5	7500	2×20	4.5	62.5	28.8	3.28	1185	650	1030	657	6	
CKGKL—125/63—5	7500	2×20	5	62.5	32	3.55	1240	664	1100	732	6	
CKGKL—150/63—6	7500	2×20	6	62.5	38.4	4.07	1320	680	1180	776	6	
CKGKL—150/63—4.5	10000	2×20	4.5	83.3	21.61	4.07	1320	680	1180	776	6	
CKGKL—167/63—5	10000	2×20	5	83.3	24	4.41	1350	686	1210	792	6	
CKGKL—200/63—6	10000	2×20	6	83.3	28.81	5.05	1400	700	1260	860	6	
CKGKL—225/63—4.5	15000	2×20	4.5	125	14.4	5.52	1420	702	1280	883	6	
CKGKL—250/63—5	15000	2×20	5	125	16	5.97	1440	706	1300	894	8	
CKGKL—300/63—6	15000	2×20	6	125	19.2	6.85	1620	728	1480	940	8	
CKGKL—315/63—4.5	21000	2×20	4.5	175	10.286	7.10	1620	730	1480	972	8	

续表 12-5

型　　号	并联电容器		电抗率(%)	电流(A)	电抗(Ω)	损耗(kW)	尺　　寸(mm)			重量(kg)	支点	生产厂
	额定容量(kvar)	额定电压(kV)					外径	高度	底脚			
CKGKL—350/63—5	21000	2×20	5	175	11.43	7.69	1660	760	1520	1012	8	西安中扬电气股份有限公司
CKGKL—420/63—6	21000	2×20	6	175	13.71	8.81	1800	786	1660	1258	8	
CKGKL—360/63—4.5	24000	2×20	4.5	200	9	7.85	1660	760	1520	992	8	
CKGKL—400/63—5	24000	2×20	5	200	10	8.50	1780	786	1640	1160	8	
CKGKL—480/63—6	24000	2×20	6	200	12	9.74	1840	794	1700	1324	8	
CKGKL—405/63—4.5	27000	2×20	4.5	225	8	8.58	1780	788	1640	1200	8	
CKGKL—450/63—5	27000	2×20	5	225	8.89	9.28	1820	790	1680	1286	8	
CKGKL—540/63—6	27000	2×20	6	225	10.67	8.40	1880	802	1740	1336	8	
CKGKL—450/63—4.5	30000	2×20	4.5	250	7.2	9.28	1820	790	1680	1290	8	
CKGKL—500/63—5	30000	2×20	5	250	48	7.93	1850	800	1710	1348	8	
CKGKL—264/63—12	6600	2×22	12	50	105.6	6.22	1450	910	1310	927	8	
CKGKL—286/63—13	6600	2×22	13	50	114.4	6.61	1500	912	1360	941	8	
CKGKL—345.8/63—12	8600	2×22	12	65.5	80.6	7.62	1640	913	1500	998	8	
CKGKL—374.7/63—13	8600	2×22	13	65.5	87.33	8.09	1680	920	1540	1280	8	
CKGKL—600/63—12	15000	2×22	12	113.64	46.46	9.09	1860	920	1720	1302	8	
CKGKL—650/63—13	15000	2×22	13	113.64	50.86	9.65	1870	922	1740	1332	8	
CKGKL—1200/63—12	30000	2×22	12	227.27	23.23	15.29	1880	930	1740	1620	8	
CKGKL—1300/63—13	30000	2×22	13	227.27	25.17	16.24	1880	930	1740	1640	8	
CKGKL—1437/63—12	36000	2×22	12	272.7	19.36	17.50	1885	934	1740	1674	8	
CKGKL—1560/63—13	36000	2×22	13	272.7	20.98	18.62	1890	938	1750	1720	8	

注　1. 表中列出的为一相电抗器的参数。

2. 根据用户要求可提供非标准产品。

表 12-6　CKGKL 系列干式空芯串联电抗器技术数据（三）

型　　号	系统电压(kV)	额定电抗率(%)	额定端电压(V)	单相容量(kvar)	额定电流(A)	额定电抗(Ω)	外形尺寸(外径×高度)(D×H)(mm)	相间距(mm)	单相重量(kg)	三相容量(kvar)	75℃时损耗比值(%)	并联额定电容量(kvar)	电容器额定电压(kV)	生产厂
CKGKL—20/10—6	10	6	381.1	20	52.5	7.259	900×450	252	90	60	4.0	1000	$11/\sqrt{3}$	西安西电电工材料有限责任公司
CKGKL—24/10—6	10	6	381.1	24	63.0	6.049	900×480	252	110	72	4.0	1200	$11/\sqrt{3}$	
CKGKL—30/10—6	10	6	381.1	30	78.7	4.842	950×500	252	150	90	4.0	1500	$11/\sqrt{3}$	
CKGKL—36/10—6	10	6	381.1	36	94.5	4.033	1000×500	252	160	108	4.0	1800	$11/\sqrt{3}$	
CKGKL—40/10—6	10	6	381.1	40	105.0	3.630	1050×520	252	210	120	4.0	2000	$11/\sqrt{3}$	
CKGKL—48/10—6	10	6	381.1	48	126.0	3.025	1050×540	252	220	144	3.5	2400	$11/\sqrt{3}$	
CKGKL—54/10—6	10	6	381.1	54	141.7	2.689	1050×540	252	230	162	3.5	2700	$11/\sqrt{3}$	

续表 12-6

型号	系统电压(kV)	额定电抗率(%)	额定端电压(V)	单相容量(kvar)	额定电流(A)	额定电抗(Ω)	外形尺寸(外径×高度)(D×H)(mm)	相间距(mm)	单相重量(kg)	三相容量(kvar)	75℃时损耗比值(%)	并联额定电容量(kvar)	电容器额定电压(kV)	生产厂
CKGKL—60/10—6	10	6	381.1	60	157.4	2.421	1100×540	252	260	180	3.5	3000	$11/\sqrt{3}$	
CKGKL—72/10—6	10	6	381.1	72	188.9	2.017	1180×540	252	300	216	3.0	3600	$11/\sqrt{3}$	
CKGKL—80/10—6	10	6	381.1	80	209.9	1.816	1120×540	252	300	240	3.0	4000	$11/\sqrt{3}$	
CKGKL—84/10—6	10	6	381.1	84	220.4	1.729	1120×540	252	300	252	3.0	4200	$11/\sqrt{3}$	
CKGKL—96/10—6	10	6	381.1	96	251.9	1.513	1140×600	252	340	288	3.0	4800	$11/\sqrt{3}$	
CKGKL—100/10—6	10	6	381.1	100	262.4	1.452	1140×620	252	380	300	3.0	5000	$11/\sqrt{3}$	
CKGKL—108/10—6	10	6	381.1	108	283.4	1.345	1170×650	252	400	324	2.4	5400	$11/\sqrt{3}$	
CKGKL—120/10—6	10	6	381.1	120	314.9	1.210	1200×660	252	410	360	2.4	6000	$11/\sqrt{3}$	
CKGKL—144/10—6	10	6	381.1	144	377.8	1.011	1250×670	252	440	432	2.4	7200	$11/\sqrt{3}$	
CKGKL—156/10—6	10	6	381.1	156	409.3	0.931	1270×670	252	480	468	2.4	7800	$11/\sqrt{3}$	
CKGKL—168/10—6	10	6	381.1	168	440.8	0.865	1320×700	252	520	504	2.4	8400	$11/\sqrt{3}$	
CKGKL—192/10—6	10	6	381.1	192	503.8	0.756	1340×720	252	580	576	2.4	9600	$11/\sqrt{3}$	
CKGKL—200/10—6	10	6	381.1	200	524.8	0.726	1420×760	252	600	600	2.4	10000	$11/\sqrt{3}$	
CKGKL—48/10—12	10	12	831.4	48	57.7	14.404	1000×540	252	220	144	3.5	1200	$12/\sqrt{3}$	
CKGKL—60/10—12	10	12	831.4	60	72.2	11.515	1050×540	252	240	180	3.5	1500	$12/\sqrt{3}$	西安西电电工材料有限责任公司
CKGKL—72/10—12	10	12	831.4	72	86.6	9.600	1100×560	252	340	216	3.0	1800	$12/\sqrt{3}$	
CKGKL—84/10—12	10	12	831.4	84	101.0	8.232	1120×600	252	360	252	3.0	2100	$12/\sqrt{3}$	
CKGKL—96/10—12	10	12	831.4	96	115.5	7.198	1120×650	252	370	288	3.0	2400	$12/\sqrt{3}$	
CKGKL—108/10—12	10	12	831.4	108	129.9	6.400	1150×650	252	400	324	2.4	2700	$12/\sqrt{3}$	
CKGKL—120/10—12	10	12	831.4	120	144.3	5.762	1220×650	252	420	360	2.4	3000	$12/\sqrt{3}$	
CKGKL—144/10—12	10	12	831.4	144	173.2	4.800	1260×660	252	480	432	2.4	3600	$12/\sqrt{3}$	
CKGKL—168/10—12	10	12	831.4	168	202.1	4.114	1300×700	252	540	504	2.4	4200	$12/\sqrt{3}$	
CKGKL—192/10—12	10	12	831.4	192	230.9	3.601	1310×710	252	580	576	2.4	4800	$12/\sqrt{3}$	
CKGKL—216/10—12	10	12	831.4	216	259.8	3.200	1310×740	252	600	648	2.4	5400	$12/\sqrt{3}$	
CKGKL—240/10—12	10	12	831.4	240	288.7	2.880	1320×700	252	610	720	2.4	6000	$12/\sqrt{3}$	
CKGKL—264/10—12	10	12	831.4	264	317.5	2.619	1320×710	252	620	792	2.4	6600	$12/\sqrt{3}$	
CKGKL—288/10—12	10	12	831.4	288	346.4	2.400	1340×720	252	640	864	2.4	7200	$12/\sqrt{3}$	
CKGKL—312/10—12	10	12	831.4	312	375.2	2.216	1350×700	252	680	936	2.0	7800	$12/\sqrt{3}$	
CKGKL—336/10—12	10	12	831.4	336	404.1	2.057	1460×720	252	700	1008	2.0	8400	$12/\sqrt{3}$	
CKGKL—360/10—12	10	12	831.4	360	433.0	1.920	1480×760	252	710	1080	2.0	9000	$12/\sqrt{3}$	
CKGKL—384/10—12	10	12	831.4	384	461.9	1.800	1540×780	252	720	1152	2.0	9600	$12/\sqrt{3}$	
CKGKL—400/10—12	10	12	831.4	400	481.1	1.728	1740×800	252	740	1200	2.0	9600	$12/\sqrt{3}$	

12.2.2 CKK系列干式空芯串联电抗器

一、用途

在并联补偿电容器装置中，CKK系列干式空芯串联电抗器与并联电容器串联连接用以抑制谐波电压放大，减少系统电压波形畸变和限制电容器回路投入时的冲击电流。该产品广泛用于电力、化工、冶金、电气化铁道等场合。

二、技术数据

CKK系列干式空芯串联电抗器技术数据，见表12-7。

表12-7 CKK系列干式空芯串联电抗器技术数据

型号	并联电容器组容量(kvar)	额定电抗率(%)	额定电抗(Ω)	额定电流(A)	短时电流(3s)(kA)	损耗比值(%)	外形尺寸(mm)			底座中径Dc(mm)	重量(kg)	安装方式	生产厂
							外径D(φ)	H_1	总高H				
CKK—36/6—6	1800	6	1.454	158	3.95	4	1180	602	2949	1000	755	三相叠放	北京电力设备总厂
CKK—72/6—12	1800	12	3.454	144	3.6	2.8	1180	602	2950	1000	1037		
CKK—48/6—6	2400	6	1.090	210	5.25	3.15	1160	582	2801	1000	813		
CKK—96/6—12	2400	12	2.594	192	4.81	2.4	1100	6.12	2891	900	1161		
CKK—60/6—6	3000	6	0.874	262	6.5	2.7	780	632	2876	630	873		
CKK—120/6—12	3000	12	2.072	241	6.02	2.5	1160	532	2965	1000	1249		
CKK—90/6—5	5400	5	0.415	465	9.3	2.8	1300	552	2793	1200	1020		
CKK—157/6—6	7850	6	0.334	685.6	17.14	2.5	1060	682	3409	850	1382		
CKK—320/6—12	8000	12	0.778	641.3	16.03	1.5	1310	672	3453	1100	1810		
CKK—20/10—6	1000	6	7.256	52.5	1.31	4.23	1080	642	3063	900	782		
CKK—48/10—12	1200	12	14.368	57.8	1.45	2.99	1000	1092	1613	850	400	三相平放	
CKK—48/10—6	2400	6	3.024	126	3.15	2.95	1160	602	3153	1000	1090	三相叠放	
CKK—96/10—12	2400	12	7.190	116	2.9	2.63	1350	652	3380	1200	1230		
CKK—60/10—6	3000	6	2.421	158	3.95	2.95	1160	602	3153	1000	1123		
CKK—120/10—12	3000	12	5.755	144.4	3.61	2.00	1300	692	3233	1100	1559		
CKK—134/10—12	3350	12	3.600	193	4.85	2.2	1000	792	1377	850	437	三相平放	
CKK—12/10—1	3600	1	0.310	196.7	4.92	3.7	930	482	2733	700	690	三相叠放	
CKK—30/10—2.5	3600	2.5	0.84	189	4.725	4	710	722	3153	550	663		
CKK—54/10—4.5	3600	4.5	1.515	188.8	4.72	3	1050	712	3423	850	1030		
CKK—60/10—5	3600	5	1.674	189.3	4.73	2.9	920	562	1083	750	266	三相平放	
CKK—72/10—6	3600	6	2.016	189	4.7	3.03	1170	552	3080	1000	1090	三相叠放	
CKK—120/10—10	3600	10	3.360	189	4.73	2.2	1000	772	1357	850	413	三相平放	
CKK—144/10—12	3600	12	4.804	173	4.4	2.11	1280	632	3320	1100	1368	三相叠放	
CKK—16/10—1	4800	1	0.252	252	12.5	3.9	945	442	2613	700	680		
CKK—96/10—6	4800	6	1.5135	252	6.3	2.86	1200	672	3363	1000	1186		
CKK—192/10—12	4800	12	3.597	231	5.775	1.9	1320	622	2537	1100	1571		

续表 12-7

型　号	并联电容器组容量（kvar）	额定电抗率（%）	额定电抗（Ω）	额定电流（A）	短时电流（3s）（kA）	损耗比值（%）	外形尺寸（mm）			底座中径 Dc（mm）	重量（kg）	安装方式	生产厂
							外径 D(ϕ)	H_1	总高 H				
CKK—41/10—2.5	4920	2.5	0.5613	270	6.75	3	1060	652	3045	900	905	三相叠放	北京电力设备总厂
CKK—100/10—6	5000	6	1.451	262.5	6.56	2.34	1130	742	3589	1000	1483		
CKK—16.7/10—1	5010	1	0.242	263	6.58	4	850	452	2433	650	553		
CKK—108/10—6	5400	6	1.344	283.5	7.088	2	1300	672	3173	1100	1307	三相平放	
CKK—216/10—12	5400	12	3.20	260	6.5	1.8	1260	882	1553	1100	520		
CKK—100/10—5	6000	5	1.008	315	7.88	2.1	1000	552	3006	850	1294	三相叠放	
CKK—120/10—6	6000	6	1.21	315	7.88	2.1	1300	652	3113	1100	1460		
CKK—240/10—12	6000	12	2.88	289	7.3	2.08	1400	852	3980	1200	1639		
CKK—252/10—12.5	6000	12.5	3.00	290	7.25	1.6	1270	852	3822	1040	2020		
CKK—52/10—2.5	6240	2.5	0.4457	340	8.5	3	1100	602	2971	850	1015		
CKK—120/10—5	7200	5	0.842	378	9.5	2.34	1220	602	3230	1040	1370		
CKK—144/10—6	7200	6	1.00	378	9.5	2.37	1200	672	3440	1000	1632		
CKK—288/10—12	7200	12	2.4	347	8.7	1.7	1340	652	3400	1200	2200		
CKK—300/10—12.5	7200	12.5	2.493	347	8.7	1.74	1480	784	3775	1300	1792		
CKK—320/10—12	8000	12	2.159	385	9.63	1.9	1400	802	1473	1180	680	三相平放	
CKK—410/10—13	9462	13	1.975	455.6	11.39	1.4	1460	854	4000	1200	2460	三相叠放	
CKK—192/10—6	9600	6	0.757	504	12.6	2.05	1300	654	3385	1100	1513		
CKK—384/10—12	9600	12	1.800	462	11.6	1.15	1500	804	3840	1300	2385		
CKK—200/10—6	10000	6	0.7285	525	13.1	2.0	1160	632	3258	1000	1680		
CKK—433/10—12	10000	12	1.872	481	12.03	1.4	1480	812	3912	1300	2633		
CKK—160/11—6	8000	6	0.9073	419.9	10.5	2.1	1210	632	3061	1000	1430		
CKK—802/20—6	40080	6	0.7246	1052	26.3	1.2	1520	1336	2131	1350	1695	三相平放	
CKK—1603/20—12	40080	12	1.725	965	24	1	1770	910	2209	1600	1845		
CKK—36/35—6	1800	6	48.67	27.3	0.683	2.56	1630	1112	1947	1450	762		
CKK—72/35—6	1800	6	115.24	25	0.625	2.56	1480	2172	2907	1300	897		
CKK—96/35—12	2400	12	86.66	33.4	0.835	2.78	1480	1782	2515	1300	782		
CKK—60/35—6	3000	6	29.1	45.5	1.138	2.56	1490	982	4655	1300	2053	三相叠放	
CKK—120/35—12	3000	12	69.08	42	1.050	2.08	1840	1232	2067	1650	904	三相平放	
CKK—48/35—6	3400	6	36.42	36.4	0.910	2.33	1490	1102	1837	1300	750		
CKK—72/35—6	3600	6	24.2	54.5	1.363	2.17	1440	962	4595	1250	2231	三相叠放	
CKK—144/35—12	3600	12	57.78	50	1.250	2.22	1840	1102	1937	1650	839	三相平放	
CKK—96/35—6	4800	6	18.15	72.7	1.818	2.38	1450	832	4205	1250	2018	三相叠放	
CKK—192/35—12	4800	12	43.33	66.7	1.668	2.08	1790	972	4725	1600	2491		

续表 12-7

型号	并联电容器组容量(kvar)	额定电抗率(%)	额定电抗(Ω)	额定电流(A)	短时电流(3s)(kA)	损耗比值(%)	外形尺寸(mm)			底座中径Dc(mm)	重量(kg)	安装方式	生产厂
							外径D(φ)	H_1	总高H				
CKK—108/35—6	5400	6	16.13	82	2.050	2.13	1500	792	4085	1300	2198	三相叠放	
CKK—216/35—12	5400	12	38.4	75	1.875	2.17	1790	912	4545	1600	2389		
CKK—234/35—13	5400	13	41.6	75	1.875	2.00	1340	1544	2166	1100	786	三相平放	
CKK—120/35—6	6000	6	14.54	91	2.275	2.17	1500	762	3995	1300	1715		
CKK—240/35—12	6000	12	34.54	83.4	2.085	2.22	1790	912	4445	1600	2308		
CKK—144/35—6	7200	6	12.12	109	2.725	2.22	1610	672	3825	1450	2161		
CKK—288/35—12	7200	12	28.79	100	2.5	2.00	1700	932	4620	1650	2566		
CKK—168/35—6	8400	6	10.36	128	3.2	2.17	1410	732	3905	1250	2072		
CKK—336/35—12	8400	12	24.52	117	2.925	1.88	1680	932	4605	1500	2712		
CKK—200/35—6	10000	6	8.713	151.5	3.788	1.67	1440	742	3935	1250	2294		
CKK—400/35—12	10000	12	20.74	139	3.475	1.64	1710	872	4425	1550	2084		
CKK—195/35—4.5	13000	4.5	7.713	159	3.975	1.82	1340	752	3865	1150	2068		
CKK—260/35—6	13000	6	6.7	197	4.525	1.92	1540	632	3605	1350	2281	三相叠放	
CKK—520/35—12	13000	12	15.95	181	4.525	1.41	1640	842	4335	1450	3145		
CKK—400/35—6	20000	6	4.33	304	7.6	1.40	1390	702	3715	1200	2549		
CKK—800/35—12	20000	12	3.27	277	6.925	1.07	1800	822	4325	1700	4711		
CKK—420/35—6	25200	6	2.89	382	9.550	1.4	1550	842	4235	1350	2919		北京电力设备总厂
CKK—1008/35—12	25200	12	8.23	350	8.750	0.98	1680	882	4455	1500	5288		
CKK—1200/35—12	30000	12	6.912	417	10.425	0.92	1800	792	4185	1600	4602		
CKK—1603/35—12	40075	12	5.17	556.7	20	1.00	1890	1166	5595	1600	5900		
CKK—668/35—5	40080	5	1.81	607.3	20	1.1	1570	884	4599	1300	4020		
CKK—1200/35—6	60000	6	1.453	909	22.752	0.87	1810	952	4665	1600	5321		
CKK—2660/35—13	60000	13	3.65	850	21.25	0.69	2050	1202	2237	1800	2797	三相平放	
CKK—1120/35—4	84000	4	0.848	1140	28.5	0.93	1650	862	4295	1380	4565	三相叠放	
CKK—120/63—6	6000	6	48	50	1.25	2.3	1430	1230	2122	1350	911		
CKK—240/63—12	6000	12	110.94	46.51	1.163	2.0	1730	1842	2734	1580	1183	三相平放	
CKK—192/63—6	9600	6	30	80	2.0	2.0	1600	992	1984	1400	919		
CKK—384/63—12	9600	12	69.3	74.41	1.860	1.4	1750	1612	2504	1600	1306		
CKK—300/63—6	15000	6	19.2	125	3.125	1.7	1670	842	4952	1500	2550	三相叠放	
CKK—600/63—12	15000	12	44.3	116.27	2.907	1.33	1560	1442	2334	1400	1338	三相平放	
CKK—600/63—6	30000	6	9.608	250	6.250	1.09	1690	782	4822	1500	3647	三相叠放	
CKK—1200/63—12	30000	12	22.2	233	5.825	0.94	1900	1072	2013	1700	3341		
CKK—117/63—1	35100	1	1.49	280	7	2.1	990	912	1947	870	564		

续表 12-7

型号	并联电容器组容量（kvar）	电容额定电压（kV）	额定电抗率（%）	额定电抗（Ω）	额定电流（A）	单相容量（kvar）	单相损耗（75℃）（W）	外形尺寸（mm）			重量（kg）	生产厂
								外径 D(ϕ)	h (a)	总高 H (b)		
CKGK—20/6—6	1000	$6.6/\sqrt{3}$	6	2.613	87.5	20	1200	660	252	490	130	北京电力设备总厂
CKGK—30/6—6	1500		6	1.841	126.0	30	1449	660	252	500	150	
CKGK—36/6—6	1800		6	1.451	157.5	36	1541	670	252	500	160	
CKGK—48/6—6	2400		6	1.089	210.0	48	1718	800	252	490	200	
CKGK—60/6—6	3000		6	0.871	262.5	60	1902	950	252	480	230	
CKGK—72/6—6	3600		6	0.726	315.0	72	2081	1000	252	490	320	
CKGK—84/6—6	4200		6	0.622	367.5	84	2260	1000	252	500	340	
CKGK—96/6—6	4800		6	0.544	419.9	96	2438	1100	252	480	370	
CKGK—60/6—12	1500	$7.2/\sqrt{3}$	12	4.146	120.3	60	1902	1000	252	580	240	
CKGK—72/6—12	1800		12	3.457	144.3	72	2081	1000	252	560	320	
CKGK—96/6—12	2400		12	2.592	192.4	96	2774	1000	252	560	370	
CKGK—120/6—12	3000		12	2.073	240.6	120	2769	1100	252	630	440	
CKGK—144/6—12	3600		12	1.728	288.7	144	3154	1300	252	750	510	
CKGK—168/6—12	4200		12	1.481	336.8	168	3528	1400	252	720	550	
CKGK—192/6—12	4800		12	1.296	384.9	192	3878	1400	252	740	610	
CKGK—20/10—6	1000	$11/\sqrt{3}$	6	7.262	52.5	20	1200	700	252	490	130	
CKGK—30/10—6	1500		6	4.842	78.7	30	1449	900	252	400	140	
CKGK—36/10—6	1800		6	4.033	94.5	36	1541	900	252	400	200	
CKGK—48/10—6	2400		6	3.025	126.0	48	1718	900	252	450	250	
CKGK—60/10—6	3000		6	2.421	157.4	60	1902	1000	252	480	280	
CKGK—72/10—6	3600		6	2.017	188.9	72	2081	1100	252	480	320	
CKGK—84/10—6	4200		6	1.729	220.4	84	2260	1100	252	560	350	
CKGK—96/10—6	4800		6	1.513	251.9	96	2438	1150	252	630	370	
CKGK—100/10—6	5000		6	1.452	262.4	100	2500	1200	252	630	380	
CKGK—108/10—6	5400		6	1.345	283.4	108	2624	1200	252	650	390	
CKGK—120/10—6	6000		6	1.210	314.9	120	2796	1200	252	670	450	
CKGK—150/10—6	7500		6	0.968	393.6	150	3255	1250	252	680	500	
CKGK—168/10—6	8400		6	0.865	440.8	168	3528	1300	252	720	550	
CKGK—192/10—6	9600		6	0.756	503.8	192	3878	1350	252	720	600	
CKGK—200/10—6	10000		6	0.726	524.8	200	4000	1400	252	720	610	
CKGK—60/10—12	1500	$12/\sqrt{3}$	12	11.515	72.2	60	1902	1100	252	460	230	
CKGK—72/10—12	1800		12	9.600	86.6	72	2081	1100	252	640	250	

续表 12-7

型号	并联电容器组容量(kvar)	电容额定电压(kV)	额定电抗率(%)	额定电抗(Ω)	额定电流(A)	单相容量(kvar)	单相损耗(75℃)(W)	外形尺寸(mm)			重量(kg)	生产厂
								外径D(φ)	h(a)	总高H(b)		
CKGK—96/10—12	2400	$12/\sqrt{3}$	12	7.198	115.5	96	2438	1100	252	670	290	西安电力电容器厂
CKGK—120/10—12	3000		12	5.762	144.3	120	2796	1200	252	670	380	
CKGK—144/10—12	3600		12	4.800	173.2	144	3154	1300	252	770	510	
CKGK—168/10—12	4200		12	4.114	202.1	168	3528	1400	252	720	560	
CKGK—192/10—12	4800		12	3.601	230.9	192	3878	1400	252	750	610	
CKGK—216/10—12	5400		12	3.200	259.8	216	4234	1400	252	780	640	
CKGK—240/10—12	6000		12	2.880	288.7	240	4608	1400	252	800	680	
CKGK—300/10—12	7500		12	2.304	360.8	300	5490	1500	252	800	710	
CKGK—336/10—12	8400		12	2.057	404.1	336	6048	1520	252	800	780	
CKGK—384/10—12	9600		12	1.820	461.9	384	6758	1550	252	800	840	
CKGK—400/10—12	10000		12	1.728	481.1	400	7020	1650	252	820	940	
CKGK—100/35—6	4200	11	6	17.425	75.7	100	2500	1150	420	680	380	
CKGK—120/35—6	6000		6	14.521	90.9	120	2796	1200	420	680	400	
CKGK—150/35—6	7500		6	11.620	113.6	150	3255	1300	420	680	490	
CKGK—168/35—6	8400		6	10.369	127.3	168	3528	1400	420	680	550	
CKGK—192/35—6	9600		6	9.072	145.5	192	3878	1450	420	740	590	
CKGK—200/35—6	10000		6	8.713	151.5	200	4000	1500	420	740	620	
CKGK—240/35—6	12000		6	7.261	181.8	240	4608	1500	420	760	690	
CKGK—300/35—6	15000		6	5.807	227.3	300	5490	1500	420	800	770	
CKGK—200/35—12	1500	12	12	41.498	69.4	200	4000	1500	420	740	600	
CKGK—240/35—12	6000		12	34.574	83.3	240	4608	1400	420	820	620	
CKGK—300/35—12	7500		12	27.639	104.2	300	5490	1450	420	820	670	
CKGK—336/35—12	8400		12	24.679	116.7	336	6048	1500	420	820	720	
CKGK—384/35—12	9600		12	21.605	133.3	384	6758	1550	420	840	770	
CKGK—400/35—12	10000		12	20.734	138.9	400	7000	1600	420	840	940	
CKGK—480/35—12	12000		12	17.277	166.7	480	8208	1600	420	900	970	

注 在重量栏中，对应于“三相平放”的数值为单台重量，对应于“三相叠放”的数值为三相总重量。

12.2.3 CKSCKL 系列干式空芯串联电抗器

一、概述

CKSCKL 系列干式空芯串联电抗器是电力系统无功补偿装置的重要设备，与电容器（组）串联使用，用来改善供电系统的功率因数，在无功补偿装置投入电网时，可限制合闸瞬时的涌流和操作过电压，当供电系统中存在高次谐波时，选择适当电抗值的电抗器，可抑制、吸收高次谐波电流。对电力电容器的安全运行、改善系统的电压波形和供电质量有重要作用。

该系列产品的使用条件为：户外或户内；环境温度－40～＋45℃之间任一温度类别下运行（由用户确定）；海拔不超过1000m；最大风速35m/s；绝缘等级为F级；安装地点清洁、无有害气体、蒸气、无导电性或爆炸性尘埃；月平均相对湿度不大于90%，日平均相对湿度不大于95%；当用于户内时应有足够的通风，一般每1kW损耗应有不小于$4m^3$/min的通风量。

二、结构与性能

(1) 采用多层并联筒式结构，每个并联筒由环氧树脂包封的线圈组成。电抗器为干式空芯型，维护简单，运行安全，不存在磁饱和现象，电感值不随电流的变化而变化，线性度好。

(2) 线圈外部由环氧树脂浸透的玻璃纤维包封，经高温固化，整体性强，噪音小，机械强度高，可耐受很大短路电流的冲击。

(3) 导体由多股小截面铝导线平行绕制而成，进一步降低线圈的匝间电压，使匝间绝缘安全可靠，涡流和漏磁损耗减小。

(4) 采用多层并联绕组结构，线圈组之间有通风道，利于空气对流和散热。由于电流分布在各层，更能满足动、热稳定的要求。

(5) 采用星状铝导电架的吊臂结构，机械强度高，涡流损耗小，所有铝线全焊接到上、下吊架的铝导电臂上，满足线圈分数匝的要求。

(6) 根据需要，电抗器电感可以制成带抽头可调或者连续可调等形式。

(7) 电抗器线圈浸渍阻燃环氧，外表面涂抗紫外线、抗老化的特殊绝缘漆，能承受户外恶劣的气象条件，正常使用寿命可达30年。

(8) 不需日常维护，运行安全可靠。

三、型号含义

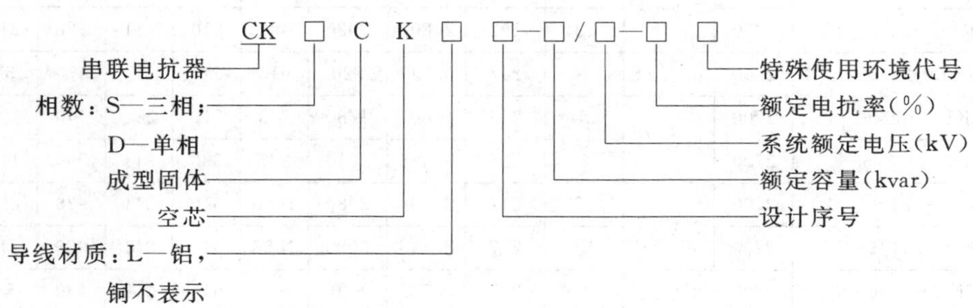

四、技术数据

(1) 额定电压（kV）：6，10，35。

(2) 雷电冲击电压（kV）：60，75，200。

(3) 短时交流电压（kV）：35，42，95。

(4) 标准：GB 10229，JB 5346，IEC 289，Q/SJ 11003—1999。

(5) 该系列产品的技术数据，见表12-8。

表12-8 CKSCKL系列干式空芯串联电抗器技术数据

型号	并联电容器		电抗率（%）	额定电流（A）	额定电抗（Ω）	额定损耗（75℃）（W）	外形尺寸（mm）			底座中径 Dc（mm）	重量（kg）	安装方式
	额定容量（kvar）	额定电压（kV）					D	H	h			
CKSCKL—12/6—1	1200	6.3/$\sqrt{3}$	1	110	0.331	550	728	560	211	590	41	
CKSCKL—60/6—5	1200	6.6/$\sqrt{3}$	5	105	1.815	1080	918	560	211	780	96	
CKSCKL—72/6—6	1200		6	105	2.178	1200	918	610	211	780	107	
CKSCKL—144/6—12	1200	7.2/$\sqrt{3}$	12	96	5.184	1960	1134	660	211	970	165	
CKSCKL—156/6—13	1200		13	96	5.616	2030	1223	660	211	1060	166	
CKSCKL—15/6—1	1500	6.3/$\sqrt{3}$	1	137	0.265	560	731	560	211	590	45	
CKSCKL—75/6—5	1500	6.6/$\sqrt{3}$	5	131	1.452	1200	925	560	211	780	106	
CKSCKL—90/6—6	1500		6	131	1.742	1360	975	590	211	830	119	
CKSCKL—180/6—12	1500	7.2/$\sqrt{3}$	12	120	4.147	2080	1050	660	211	880	182	
CKSCKL—195/6—13	1500		13	120	4.493	2200	1100	660	211	930	190	
CKSCKL—18/6—1	1800	6.3/$\sqrt{3}$	1	165	0.221	660	832	560	211	690	51	
CKSCKL—90/6—5	1800	6.6/$\sqrt{3}$	5	157	1.210	1420	702	610	211	560	103	
CKSCKL—108/6—6	1800		6	157	1.452	1660	751	610	211	610	108	
CKSCKL—216/6—12	1800	7.2/$\sqrt{3}$	12	144	3.456	2470	1003	660	211	840	165	
CKSCKL—234/6—13	1800		13	144	3.744	2640	1106	610	211	940	182	
CKSCKL—24/6—1	2400	6.3/$\sqrt{3}$	1	220	0.165	770	605	510	211	460	50	
CKSCKL—120/6—5	2400	6.6/$\sqrt{3}$	5	210	0.907	1660	830	510	211	690	120	叠装
CKSCKL—144/6—6	2400		6	210	1.089	1810	886	530	211	750	141	
CKSCKL—288/6—12	2400	7.2/$\sqrt{3}$	12	192	2.592	3010	1084	610	211	920	205	
CKSCKL—312/6—13	2400		13	192	2.808	3020	1081	610	211	920	211	
CKSCKL—27/6—1	2700	6.3/$\sqrt{3}$	1	247	0.147	820	610	510	211	470	51	
CKSCKL—135/6—5	2700	6.6/$\sqrt{3}$	5	236	0.807	1780	883	510	211	740	129	
CKSCKL—162/6—6	2700		6	236	0.968	2010	927	530	211	790	141	
CKSCKL—324/6—12	2700	7.2/$\sqrt{3}$	12	217	2.304	2980	1090	610	211	920	223	
CKSCKL—351/6—13	2700		13	217	2.496	3080	1086	610	211	920	218	
CKSCKL—30/6—1	3000	6.3/$\sqrt{3}$	1	275	0.132	800	570	510	211	430	56	
CKSCKL—150/6—5	3000	6.6/$\sqrt{3}$	5	262	0.726	1850	843	510	211	700	133	
CKSCKL—180/6—6	3000		6	262	0.871	2080	939	510	211	800	146	
CKSCKL—360/6—12	3000	7.2/$\sqrt{3}$	12	241	2.074	3100	1096	610	211	930	236	
CKSCKL—390/6—13	3000		13	241	2.246	3330	1095	610	211	930	235	
CKSCKL—36/6—1	3600	6.3/$\sqrt{3}$	1	330	0.11	930	573	490	211	430	56	
CKSCKL—180/6—5	3600	6.6/$\sqrt{3}$	5	315	0.605	2170	1003	610	211	840	161	
CKSCKL—216/6—6	3600		6	315	0.726	2450	1103	610	211	940	178	

续表 12-8

型号	并联电容器		电抗率（%）	额定电流（A）	额定电抗（Ω）	额定损耗（75℃）（W）	外形尺寸（mm）			底座中径 Dc（mm）	重量（kg）	安装方式
	额定容量（kvar）	额定电压（kV）					D	H	h			
CKSCKL—432/6—12	3600	$7.2/\sqrt{3}$	12	289	1.728	2630	1246	560	211	1080	242	
CKSCKL—468/6—13	3600		13	289	1.872	4060	1569	660	211	1400	314	
CKSCKL—40/6—1	4000	$6.3/\sqrt{3}$	1	366	0.099	920	600	460	211	460	63	
CKSCKL—200/6—5	4000	$6.6/\sqrt{3}$	5	350	0.545	2300	1001	660	211	840	176	
CKSCKL—240/6—6	4000		6	350	0.653	2640	1049	660	211	880	184	
CKSCKL—480/6—12	4000	$7.2/\sqrt{3}$	12	321	1.555	4180	1424	660	211	1260	295	
CKSCKL—520/6—13	4000		13	321	1.685	4220	1574	660	211	1410	332	
CKSCKL—42/6—1	4200	$6.3/\sqrt{3}$	1	385	0.095	940	716	530	211	570	88	
CKSCKL—210/6—5	4200	$6.6/\sqrt{3}$	5	367	0.519	2280	1010	580	211	850	207	
CKSCKL—252/6—6	4200		6	367	0.622	2520	1075	580	211	920	234	
CKSCKL—504/6—12	4200	$7.2/\sqrt{3}$	12	337	1.481	4140	1380	660	211	1220	332	
CKSCKL—546/6—13	4200		13	337	1.605	4460	1480	660	211	1320	353	叠装
CKSCKL—45/6—1	4500	$6.3/\sqrt{3}$	1	412	0.088	1000	713	530	211	560	105	
CKSCKL—225/6—5	4500	$6.6/\sqrt{3}$	5	394	0.484	2330	1070	580	211	910	226	
CKSCKL—270/6—6	4500		6	394	0.581	2670	1077	580	211	920	237	
CKSCKL—540/6—12	4500	$7.2/\sqrt{3}$	12	361	1.382	4410	1378	660	211	1220	330	
CKSCKL—585/6—13	4500		13	361	1.498	4600	1480	660	211	1320	357	
CKSCKL—48/6—1	4800	$6.3/\sqrt{3}$	1	440	0.083	980	729	480	211	580	90	
CKSCKL—240/6—5	4800	$6.6/\sqrt{3}$	5	420	0.454	2320	1020	580	211	860	224	
CKSCKL—288/6—6	4800		6	420	0.545	2960	1072	580	211	910	228	
CKSCKL—576/6—12	4800	$7.2/\sqrt{3}$	12	385	1.296	4480	1387	660	211	1230	350	
CKSCKL—624/6—13	4800		13	385	1.404	4660	1485	660	211	1330	370	
CKSCKL—60/10—5	1200	$11/\sqrt{3}$	5	63	5.0404	900	800	410	342	720	100	
CKSCKL—72/10—6	1200	$11/\sqrt{3}$	6	63	6.0484	1030	850	430	342	780	105	
CKSCKL—144/10—12	1200	$12/\sqrt{3}$	12	58	14.334	1730	880	440	342	820	160	
CKSCKL—75/10—5	1500	$11/\sqrt{3}$	5	79	4.0195	1060	880	420	342	820	105	
CKSCKL—90/10—6	1500	$11/\sqrt{3}$	6	79	4.8234	1220	930	430	342	860	115	
CKSCKL—180/10—12	1500	$12/\sqrt{3}$	12	72	11.547	2050	1110	490	342	1040	190	三叠
CKSCKL—90/10—5	1800	$11/\sqrt{3}$	5	94	3.3781	1220	920	390	342	840	105	
CKSCKL—108/10—6	1800	$11/\sqrt{3}$	6	94	4.0537	1400	1000	390	342	920	125	
CKSCKL—216/10—12	1800	$12/\sqrt{3}$	12	87	9.5561	2350	1200	540	342	1020	230	
CKSCKL—105/10—5	2100	$11/\sqrt{3}$	5	110	2.8868	1370	920	400	342	840	125	
CKSCKL—126/10—6	2100	$11/\sqrt{3}$	6	110	3.4641	1570	1010	400	342	930	150	

续表 12-8

型　号	并联电容器		电抗率 (%)	额定电流 (A)	额定电抗 (Ω)	额定损耗 (75℃) (W)	外形尺寸 (mm)			底座中径 Dc (mm)	重量 (kg)	安装方式
	额定容量 (kvar)	额定电压 (kV)					D	H	h			
CKSCKL—252/10—12	2100	$12/\sqrt{3}$	12	101	8.2315	2640	1100	560	342	930	240	
CKSCKL—120/10—5	2400	$11/\sqrt{3}$	5	126	2.5202	1510	940	360	342	850	150	
CKSCKL—144/10—6	2400	$11/\sqrt{3}$	6	126	3.0242	1730	900	400	342	810	175	
CKSCKL—288/10—12	2400	$12/\sqrt{3}$	12	115	7.2294	2910	1110	580	342	1010	250	
CKSCKL—135/10—5	2700	$11/\sqrt{3}$	5	142	2.2362	1650	890	410	342	800	152	
CKSCKL—162/10—6	2700	$11/\sqrt{3}$	6	142	2.6835	1890	930	410	342	840	178	
CKSCKL—324/10—12	2700	$12/\sqrt{3}$	12	130	6.3953	3180	1100	460	342	970	260	
CKSCKL—150/10—5	3000	$11/\sqrt{3}$	5	157	2.0226	1790	1030	450	342	940	158	
CKSCKL—180/10—6	3000	$11/\sqrt{3}$	6	157	2.4271	2050	1100	460	342	980	185	
CKSCKL—360/10—12	3000	$12/\sqrt{3}$	12	144	5.7735	3440	1260	600	342	1120	275	
CKSCKL—165/10—5	3300	$11/\sqrt{3}$	5	173	1.8355	1920	1060	420	342	980	180	
CKSCKL—198/10—6	3300	$11/\sqrt{3}$	6	173	2.2026	2200	1130	450	342	1020	205	
CKSCKL—396/10—12	3300	$12/\sqrt{3}$	12	159	5.2288	3700	1140	450	342	1020	210	
CKSCKL—180/10—5	3600	$11/\sqrt{3}$	5	189	1.6801	2050	1090	420	342	1000	165	
CKSCKL—216/10—6	3600	$11/\sqrt{3}$	6	189	2.0161	2350	1140	420	342	1020	190	
CKSCKL—432/10—12	3600	$12/\sqrt{3}$	12	173	4.8057	3950	1340	720	342	1200	325	
CKSCKL—195/10—5	3900	$11/\sqrt{3}$	5	205	1.549	2170	1070	430	342	990	168	
CKSCKL—234/10—6	3900	$11/\sqrt{3}$	6	205	1.8588	2490	1100	430	342	1010	185	三叠
CKSCKL—468/10—12	3900	$12/\sqrt{3}$	12	188	4.4223	4190	1250	730	342	1100	280	
CKSCKL—210/10—5	4200	$11/\sqrt{3}$	5	220	1.4434	2300	1000	490	342	920	190	
CKSCKL—252/10—6	4200	$11/\sqrt{3}$	6	220	1.7321	2640	1100	440	342	980	192	
CKSCKL—504/10—12	4200	$12/\sqrt{3}$	12	202	4.1158	4430	1240	640	342	1110	280	
CKSCKL—225/10—5	4500	$11/\sqrt{3}$	5	236	1.3455	2420	1110	410	342	1020	210	
CKSCKL—270/10—6	4500	$11/\sqrt{3}$	6	236	1.6146	2780	1130	560	342	1030	245	
CKSCKL—540/10—12	4500	$12/\sqrt{3}$	12	217	3.8313	4670	1290	500	342	1140	290	
CKSCKL—240/10—5	4800	$11/\sqrt{3}$	5	252	1.2601	2540	1100	370	342	1020	200	
CKSCKL—288/10—6	4800	$11/\sqrt{3}$	6	252	1.5121	2910	1210	580	342	1070	225	
CKSCKL—576/10—12	4800	$12/\sqrt{3}$	12	231	3.5991	4900	1370	590	342	1230	320	
CKSCKL—250/10—5	5000	$11/\sqrt{3}$	5	262	1.212	2620	1070	470	342	1010	190	
CKSCKL—300/10—6	5000	$11/\sqrt{3}$	6	262	1.4544	3000	1170	580	342	1020	245	
CKSCKL—600/10—12	5000	$12/\sqrt{3}$	12	241	3.4497	5050	1230	740	342	1080	330	
CKSCKL—270/10—5	5400	$11/\sqrt{3}$	5	283	1.1221	2780	1130	570	342	970	215	
CKSCKL—324/10—6	5400	$11/\sqrt{3}$	6	283	1.3465	3180	1260	590	342	1110	245	
CKSCKL—648/10—12	5400	$12/\sqrt{3}$	12	260	3.1976	5350	1350	750	342	1210	360	
CKSCKL—300/10—5	6000	$11/\sqrt{3}$	5	315	1.0081	3000	1010	590	342	860	240	

续表 12-8

型号	并联电容器		电抗率（%）	额定电流（A）	额定电抗（Ω）	额定损耗（75℃）（W）	外形尺寸（mm）			底座中径 Dc（mm）	重量（kg）	安装方式
	额定容量（kvar）	额定电压（kV）					D	H	h			
CKSCKL—360/10—6	6000	$11/\sqrt{3}$	6	315	1.2097	3440	1200	610	342	1050	260	
CKSCKL—720/10—12	6000	$12/\sqrt{3}$	12	289	2.8768	5790	1300	640	342	1160	380	
CKSCKL—330/10—5	6600	$11/\sqrt{3}$	5	346	0.9178	3230	1180	580	342	1060	260	
CKSCKL—396/10—6	6600	$11/\sqrt{3}$	6	346	1.1013	3700	1180	630	342	1060	280	
CKSCKL—792/10—12	6600	$12/\sqrt{3}$	12	318	2.6144	6220	1250	680	342	1120	400	
CKSCKL—360/10—5	7200	$11/\sqrt{3}$	5	378	0.8401	3440	1275	570	342	1140	290	
CKSCKL—432/10—6	7200	$11/\sqrt{3}$	6	378	1.0081	3950	1310	610	342	1170	330	
CKSCKL—864/10—12	7200	$12/\sqrt{3}$	12	346	2.4028	6640	1150	640	342	1000	430	三叠
CKSCKL—400/10—5	8000	$11/\sqrt{3}$	5	420	0.7561	3730	1230	600	342	1180	280	
CKSCKL—480/10—6	8000	$11/\sqrt{3}$	6	420	0.9073	4270	1250	630	342	1110	315	
CKSCKL—960/10—12	8000	$12/\sqrt{3}$	12	385	2.1594	7190	1430	670	342	1280	470	
CKSCKL—500/10—5	10000	$11/\sqrt{3}$	5	525	0.6048	4410	1200	550	342	1080	330	
CKSCKL—600/10—6	10000	$11/\sqrt{3}$	6	525	0.7258	5050	1280	730	342	1130	380	
CKSCKL—1200/10—12	10000	$12/\sqrt{3}$	12	481	1.7284	1510	1400	800	342	1270	560	
CKSCKL—300/35—5	6000	2×11	5	91	12.09	3000	1130	620		1010	250	
CKSCKL—360/35—6	6000	2×11	6	91	14.51	3440	1210	630		1080	280	
CKSCKL—720/35—12	6000	2×12	12	83	34.70	5790	1450	750		1300	460	
CKSCKL—360/35—5	7200	2×11	5	109	10.09	3440	1210	620		1080	280	
CKSCKL—432/35—6	7200	2×11	6	109	12.11	3950	1260	620		1120	330	
CKSCKL—864/35—12	7200	2×12	12	100	28.80	6640	1440	770		1280	540	
CKSCKL—420/35—5	8400	2×11	5	127	8.661	3870	1240	530		1100	320	
CKSCKL—504/35—6	8400	2×11	6	127	10.39	4430	1310	630		1170	370	
CKSCKL—1008/35—12	8400	2×12	12	117	24.62	7460	1550	760		1400	630	
CKSCKL—480/35—5	9600	2×11	5	145	7.586	4270	1300	660		1160	360	
CKSCKL—576/35—6	9600	2×11	6	145	9.103	4900	1470	680		1320	410	三平
CKSCKL—1152/35—12	9600	2×12	12	133	21.65	8240	1660	780		1500	710	
CKSCKL—500/35—5	10000	2×11	5	152	7.237	4410	1310	660		1160	360	
CKSCKL—600/35—6	10000	2×11	6	152	8.684	5050	1410	690		1270	420	
CKSCKL—1200/35—12	10000	2×12	12	139	20.72	8500	1550	760		1400	720	
CKSCKL—800/35—5	16000	2×11	5	242	4.545	6270	1380	630		1350	530	
CKSCKL—960/35—6	16000	2×11	6	242	5.455	7190	1470	640		1350	630	
CKSCKL—1920/35—12	16000	2×12	12	222	12.97	12090	1760	750		1620	1160	
CKSCKL—1000/35—5	20000	2×11	5	303	3.63	7410	1500	600		1400	630	
CKSCKL—1200/35—6	20000	2×11	6	303	4.36	8500	1550	610		1420	720	
CKSCKL—2400/35—12	20000	2×12	12	278	10.36	14290	1810	760		1470	1350	

注 表中所列为单相数据。

五、订货须知

订货时必须提供额定容量，额定电压，额定电抗率，额定电流及最大连续电流，额定电抗，短时、峰值耐受电流及持续时间，安装方式（水平或垂直叠装）、使用条件（户外或户内），出线端子角度及其它要求。

六、生产厂

顺特电气有限公司。

12.2.4 CKSGKL干式空芯串联电抗器

一、用途

CKSGKL干式空芯串联电抗器应用于电力系统、大型钢铁、石化、冶金企业、电气化铁路等，主要功能是限制开关投切的涌流，抑制线路中高次谐波，提高供电质量，在并联补偿电容器装置中，与并联电容器串联连接用以抑制电容器投切过程中的合闸涌流，保护电容器组，补偿电容电流。

二、产品结构

该产品树脂浇注干式空芯电抗器，线圈采用多层导线并联结构，每隔几层以气道隔开，形成轴向热槽，构成线圈的多个包封，线圈在真空浇注系统中经树脂浇注后成型，线圈上下部装设星形架以电气连接各包封导线。

三、产品特点

（1）机械强度高，抗短路能力强。

（2）层间电压低，绝缘可靠。

（3）计算机辅助优化设计，电流分布均匀，环流小，损耗低。

（4）极好的散热效果，过载能力强。

（5）体积小、重量轻、震动小、噪声低。

（6）绝缘层耐候性好，防火耐磨，抗老化，不龟裂。

（7）免维护，运行安全可靠，寿命长。

四、技术数据

（1）电压等级（kV）：6，10，35。

（2）额定电流（A）：≤4000。

（3）相数：三相，单相。

（4）额定容量（kvar）：≤20000。

（5）运行寿命：30年。

（6）安装场所：户内或户外。

（7）安装方式：三相叠装、三相水平。

五、生产厂

许继集团、许继变压器有限公司、许继集团通用电气销售有限公司。

12.2.5 CKDK型干式空芯串联电抗器

一、概述

CKDK型干式空芯串联电抗器适用于6～63kV电力系统中，与并联电容器串联，用以抑制电网电压波形畸变，提高电网质量和保证电力系统安全运行；抑制流过电容器组的谐波电流和限制合闸涌流，保护电容器的安全可靠运行。

二、结构特点

(1) 电抗器采用干式空芯结构，避免油浸式电抗器发生漏油、易燃等，维护简单，运行安全、无铁芯不存在铁磁饱和，电感值不会随电流而变化，线性度好，噪音低。

(2) 电抗器由环氧树脂浸过无纬玻璃丝带对线圈进行包封。线圈采用绝缘性能优良的聚酯薄膜及玻璃丝作为导线的匝绝缘。

(3) 电抗器表面覆盖有耐紫外线辐射的硅有机漆，具有良好的耐户外气候条件性能。

(4) 线圈内部采用聚酯引拔棒作为轴向散热气道，具有优良的散热性能。

(5) 温升计算时考虑了热点最高温度，并有相当裕度，保证长期安全运行。

(6) 采用多层并联结构，线圈轴向电应力为零，在稳态工作电压下沿线圈轴向高度方向的电压分布均匀。

(7) 使用寿命 30 年，噪音水平小于 60dB。

(8) 采用截面很小的铝导线（$\phi2\sim\phi4$），有效降低了谐波状态下导线中的涡流损耗。

(9) 有极高的抗短路电流能力。

(10) 导电部分均用氩弧焊接，机械结构无紧固零件，大大提高运行可靠性。

(11) 结构简单紧凑，长期运行户外，免维护。

(12) 由抗器单位重量的“kvar”值较大。

三、使用条件

(1) 海拔：小于 1000m。

(2) 环境温度：$-40\sim+45$℃。

(3) 最大风速：小于 30m/s。

(4) 相对湿度：月平均小于 90%，日平均小于 95%。

(5) 承受烈度为 8 度的地震。

(6) 无有害气体、蒸汽、导电性或爆炸性尘埃。

(7) 无剧烈振动或颠簸。

四、型号含义

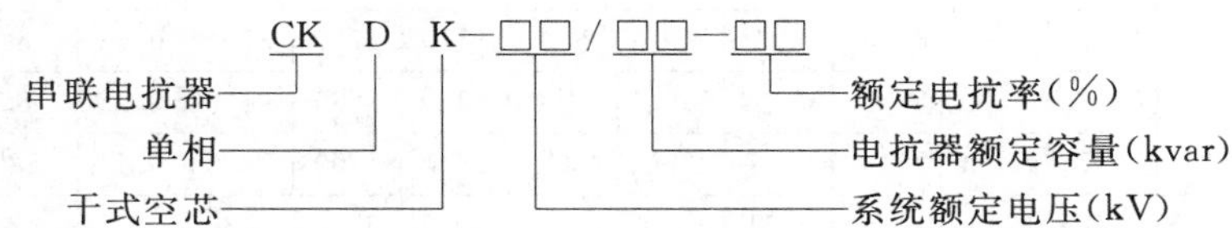

五、技术数据

(1) 在 1.1 倍额定电压下连续运行。

(2) 在最大工作电流为 1.35 倍额定电流下连续运行。

(3) 在 3 次和 5 次谐波电流含量均不大于 35%、总电流有效值不大于 1.2 倍额定电流下连续运行。

六、生产厂

上虞电力电容器有限公司。

12.2.6 BKGKL 系列干式空芯并联电抗器

一、概述

BKGKL 系列干式空芯并联电抗器广泛用于电力、冶金、矿山、石油化工、铁道电气化、高电压大容量试验室及其它特殊行业。

该产品在超高压远距离输电系统中，连接于变压器的三次线圈上，用于补偿线路的电容性充电电流，限制系统电压升高和操作过电压，从而降低系统绝缘水平，保证线路可靠运行。

二、型号含义

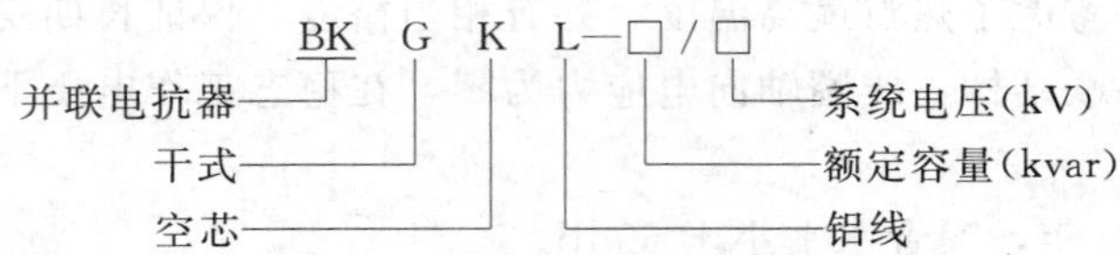

三、技术数据

BKGKL 系列干式空芯并联电抗器技术数据，见表 12-9、表 12-10。

表 12-9 BKGKL 系列干式空芯并联电抗器技术数据（一）

型号	额定电压(kV)	额定容量(kvar)	额定电感(mH)	额定电抗(Ω)	额定电流(A)	外径 D (mm)	本体高度 h(mm)	总高 H (mm)	总重(kg)	损耗比(%)	安装支点(mm)	安装中心(mm)	生产厂
BKGKL—1000/10	10	1000	106.09	33.33	173.2	1400	1280	2060	1330	1.28	8	1200	苏州亚地特种变压器有限公司
BKGKL—2000/10	10	2000	53.16	16.70	346.4	1500	1320	2150	1930	0.74	8	1300	
BKGKL—3333/10	10	3333	31.83	10.0	577.4	1750	1430	2390	2750	0.70	8	1520	
BKGKL—5000/10	10	5000	21.22	6.67	866.0	1840	1510	2510	3500	0.60	8	1590	
BKGKL—6700/10	10	6700	15.84	4.98	1160.5	1960	1590	2650	4650	0.52	8	1710	
BKGKL—10000/10	10	10000	10.61	3.33	1732.1	2160	1680	2840	5000	0.43	12	1880	
BKGKL—15000/10	10	15000	7.07	2.22	2598.1	2430	1790	3090	5600	0.36	12	2130	
BKGKL—2000/15.75	15.75	2000	131.59	41.34	219.9	1650	1580	2490	2050	0.81	8	1450	
BKGKL—3333/15.75	15.75	3333	79.0	24.80	366.6	1830	1620	2620	2850	0.73	8	1600	
BKGKL—5000/15.75	15.75	5000	52.64	16.54	549.9	2000	1710	2790	3700	0.63	8	1750	
BKGKL—6700/15.75	15.75	6700	39.28	12.34	736.8	2100	1730	2860	4560	0.52	8	1850	
BKGKL—10000/15.75	15.75	10000	26.32	8.27	1099.7	2390	1820	3100	5300	0.44	12	2110	
BKGKL—15000/15.75	15.75	15000	17.55	5.51	1649.6	2510	1885	3190	6530	0.37	12	2210	
BKGKL—20000/15.75	15.75	20000	13.16	4.13	2199.5	2750	1880	3340	8300	0.34	12	2450	
BKGKL—2000/35	35	2000	650.0	204.1	99.0	1930	2180	3190	2220	0.90	8	1620	
BKGKL—3333/35	35	3333	389.8	122.47	165.0	1930	2180	3230	3010	0.72	8	1700	
BKGKL—5000/35	35	5000	259.9	81.66	247.4	2280	2330	3550	4100	0.64	8	2030	
BKGKL—6700/35	35	6700	194.0	60.94	331.6	2350	2520	3780	5020	0.56	8	2100	
BKGKL—10000/35	35	10000	130.0	40.83	495	2535	2520	3890	6015	0.45	12	2255	
BKGKL—15000/35	35	15000	86.6	27.22	742.3	2630	2520	3920	7500	0.37	12	2330	
BKGKL—20000/35	35	20000	65.0	20.42	989.8	2850	2600	4110	9600	0.32	12	2550	

续表 12 - 9

型　号	额定容量(kvar)	系统电压(kV)	额定电压(V)	额定电流(A)	额定电抗(Ω)	额定电感(mH)	外形尺寸(mm)		总高(mm)	重量(kg)	损耗比(75℃)(%)	安装支点(个)	安装节径(mm)	生产厂
							外径	高度						
BKGKL—500/10	500	10	5773.5	86.6	66.67	212.21	1300	1200	1930	1020	2.00	8	1100	西安西电电工材料有限责任公司
BKGKL—1000/10	1000	10	5773.5	173.2	33.33	106.09	1400	1280	2060	1330	1.60	8	1200	
BKGKL—1500/10	1500	10	5773.5	259.8	22.22	70.73	1460	1300	2910	1620	1.22	8	1260	
BKGKL—1670/10	1670	10	5773.5	289.3	19.96	63.53	1460	1300	2110	1750	1.16	8	1260	
BKGKL—2000/10	2000	10	5773.5	346.4	16.67	53.07	1500	1320	2150	1930	1.05	8	1300	
BKGKL—3000/10	3000	10	5773.5	519.6	11.11	35.36	1620	1420	2310	2520	0.85	8	1420	
BKGKL—4000/10	4000	10	5773.5	692.8	8.33	26.51	1730	1480	2425	3080	0.71	8	1480	
BKGKL—5000/10	5000	10	5773.5	866.0	6.67	21.22	1840	1510	2510	3500	0.63	8	1590	
BKGKL—6700/10	6700	10	5773.5	1160.5	4.98	15.85	1960	1590	2650	4650	0.56	12	1710	
BKGKL—10000/10	10000	10	5773.5	1732.1	3.33	10.60	2160	1680	2840	5000	0.45	12	1910	
BKGKL—1000/15.75	1000	15.75	9093.3	110.0	82.67	263.15	1460	1420	2230	1510	1.60	8	1260	
BKGKL—1500/15.75	1500	15.75	9093.3	165.0	55.00	175.42	1580	1480	2350	1830	1.22	8	1380	
BKGKL—1670/15.75	1670	15.75	9093.3	183.7	49.50	157.56	1600	1520	2400	1950	1.16	8	1400	
BKGKL—2000/15.75	2000	15.75	9093.3	219.9	41.33	131.56	1650	1580	2490	2050	1.05	8	1450	
BKGKL—3000/15.75	3000	15.75	9093.3	329.9	27.56	87.73	1840	1620	2570	2750	0.85	8	1590	
BKGKL—4000/15.75	4000	15.75	9093.3	440.0	20.67	65.79	1860	1670	2680	3240	0.71	8	1610	
BKGKL—5000/15.75	5000	15.75	9093.3	549.9	16.53	52.62	2000	1710	2790	3700	0.63	8	1750	
BKGKL—6700/15.75	6700	15.75	9093.3	736.8	12.34	39.28	2100	1730	2860	4560	0.56	12	1850	
BKGKL—10000/15.75	10000	15.75	9093.3	1099.7	8.27	26.32	2390	1820	3100	5300	0.45	12	2140	
BKGKL—1500/35	1500	35	20207.3	74.2	272.15	866.28	1850	1900	2905	1940	1.22	8	1600	
BKGKL—1670/35	1670	35	20207.3	82.6	244.51	778.30	1890	2100	3125	2010	1.16	8	1640	
BKGKL—2000/35	2000	35	20207.3	99.0	204.11	649.70	1930	2180	3190	2220	1.05	8	1680	
BKGKL—3000/35	3000	35	20207.3	148.5	136.08	433.16	1950	2180	3230	3000	0.85	8	1700	
BKGKL—4000/35	4000	35	20207.3	197.6	102.06	324.87	2100	2300	3450	3570	0.71	8	1850	
BKGKL—5000/35	5000	35	20207.3	24.4	81.67	259.96	2280	2300	3550	4100	0.64	12	2030	
BKGKL—6700/35	6700	35	20207.3	331.6	60.95	194.00	2350	2520	3780	5020	0.56	12	2100	
BKGKL—10000/35	10000	35	20207.3	494.6	40.83	129.97	2535	2520	3890	6015	0.45	12	2255	

注　以上技术数据，供设计使用时选用，也可以根据用户特殊规格设计、制造。

四、订货须知

订货时必须提供额定电压及频率、电抗器额定电抗和额定电流及最高工作电压、安装方式、电抗器进出线夹角及其它特殊要求。

表 12-10 BKGKL 系列干式空芯并联电抗器技术数据（二）

型 号	额定电压(kV)	额定容量(kvar)	额定电感(mH)	额定电抗(Ω)	额定电流(A)	外径(mm)	本体高度(mm)	总高(mm)	单相本体重(kg)	损耗比(%)	安装支点	安装底脚(mm)	生产厂
BKGKL—1000/10	10	1000	106.09	33.33	173.2	1385	1509	2384	1231	1.08	6	1240	西安中扬电气股份有限公司
BKGKL—2000/10	10	2000	53.16	16.70	346.4	1660	1540	2590	1636	0.87	8	1525	
BKGKL—3333/10	10	3333	31.83	10.0	577.4	1810	1666	2766	2623	0.58	6	1670	
BKGKL—5000/10	10	5000	21.22	6.67	866.0	1840	1510	2510	3500	0.60	8	1590	
BKGKL—6700/10	10	6700	15.84	4.98	1160.5	1960	1590	2650	4650	0.52	8	1710	
BKGKL—10000/10	10	10000	10.61	3.33	1732.1	2360	1596	3021	4152	0.34	8	2220	
BKGKL—15000/10	10	15000	7.07	2.22	2598.1	2430	1790	3090	5600	0.36	12	2130	
BKGKL—1000/11	11	1000	128.4	40.33	157.5	1400	1569	2349	1183	1.18	8	1260	
BKGKL—10000/11	11	10000	12.8	4.03	1574.6	2182	1660	2940	4253	0.40	12	2045	
BKGKL—667/35	35	667	1949.1	612.3	33.0	2405	2534	3964	1325	1.63	8	2170	
BKGKL—1000/35	35	1000	1299.4	408.2	49.5	2350	2386	3761	1466	1.40	8	1760	
BKGKL—2000/35	35	2000	650.0	204.1	99.0	209.5	2314	3514	2088	0.96	8	1940	
BKGKL—3333/35	35	3333	389.8	122.47	165.0	2070	2214	3444	2720	0.68	8	1760	
BKGKL—5000/35	35	5000	259.9	81.66	247.4	2280	2330	3550	4100	0.64	8	2030	
BKGKL—6700/35	35	6700	194.0	60.94	331.6	2410	2006	3366	4352	0.43	8	2250	
BKGKL—10000/35	35	10000	130.0	40.83	495	2550	2326	3896	4820	0.38	8	2400	
BKGKL—13333/35	35	13333	97.5	30.63	659.8	2405	2520	4035	7970	0.30	12	2218	
BKGKL—15000/35	35	15000	86.7	27.22	742.3	2830	3136	3971	7077	0.33	12	2660	
BKGKL—18883/35	35	18883	68.8	21.6	934.5	3090	2356	3996	8992	0.25	12	2900	
BKGKL—20000/35	35	20000	65.0	20.42	989.8	3130	2316	4061	9228	0.27	12	2950	

12.2.7 BKK 系列干式空芯并联电抗器

一、概述

BKK 系列干式空芯并联电抗器应用计算机进行电磁计算和结构设计，采用环氧玻璃纤维增强的多包封并联结构，使用先进的工艺技术和微机控制的生产设备进行产品生产和检验。该产品具有电感线性度好、损耗低、温度分布均匀、绝缘强度好、机械强度高、局放小、噪音低、体积小、重量轻、防潮、阻燃、过载能力强、可靠性高、无污染、免维修等优点，可以广泛应用于输变电系统、电气铁道、冶金、石化等领域。户内和户外使用，特别是要求具有较高的动热稳定性、防火性能和需要户外运行的场所。

BKK 系列干式空芯并联电抗器作用是与电力系统并联，补偿输电线路中电容电流，防止轻负荷下出线线端电压升高，维持输电系统的电压稳定。

电抗器整个外表面涂有抗紫外线防护层，安装方式灵活，可三相叠放和三相水平分布。进线端子夹角 0°、90°、180°三种。安装空芯电抗器时，应该保证电抗器对其它金属部件的最小净磁空间距离。对于大金属部件和形成闭环的金属部件的净化空间距离加大。

该系列产品使用条件：

(1) 环境温度：−25～+40℃。

(2) 海拔：不超过1000m。

(3) 最大风速：30m/s（离地面10m高处10min内平均值）。

(4) 绝缘等级：F级。

(5) 当产品用于户内时应有足够的通风，一般每1kW损耗应有不小于4m³/min的空气通风量。

(6) 温升：线圈平均温升≤75K（电阻法）。

二、型号含义

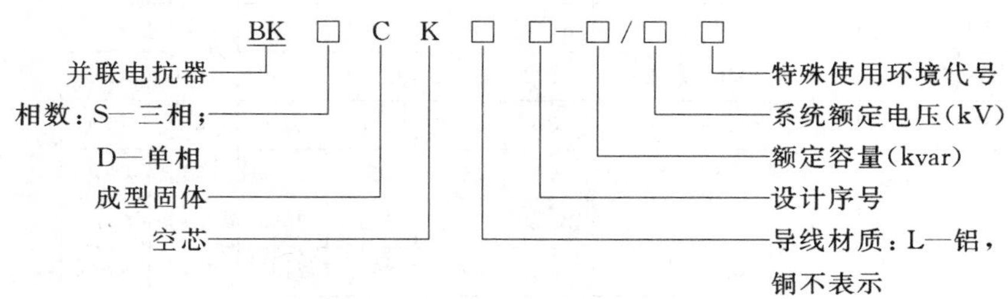

三、技术数据

(1) BKK型干式空芯并联电抗器技术性能符合GB 10229、IEC 289、SBK/QB 0002等标准的要求。

(2) 绝缘水平：雷电冲击电压75、200、325kV；短时交流电压35、85、140kV。

(3) 超载能力：1.35倍额定电流下连续运行。

(4) 热稳定性能：能耐受额定电抗率的倒数倍的额定电流，时间为2s。

(5) 动稳定性能：能耐受热稳定电流的2.55倍，时间0.5s，无任何热的机械损伤。

(6) 额定电压、稳定电流、配套电容器参数、额定电抗、额定电感、单相损耗等技术数据，见表12-11、表12-12。

表12-11 BKDCKL系列干式空芯并联电抗器技术数据

型号	额定电压(kV)	单相容量(kvar)	额定电流(A)	额定电抗(Ω)	单相损耗(75℃)(kW)	外形尺寸(mm)		底座中径Dc(mm)	重量(kg)	安装方式	生产厂
						D	H				
BKDCKL—1000/10	10	1000	173.2	33.33	20.0	1380	1500	2380	1240	三平	顺特电气有限公司
BKDCKL—2000/10	10	2000	346.4	16.67	22.0	1650	1540	2590	1640		
BKDCKL—3333/10	10	3333	577.3	10.0	24.0	1950	1520	1670	2410		
BKDCKL—5000/10	10	5000	866.0	6.67	30.0	1970	1520	1670	2930		
BKDCKL—6667/10	10	6667	1155	5.00	34.7	2060	1520	1780	3300		
BKDCKL—8000/10	10	8000	1386	4.17	39.8	2150	1700	1870	3850		

续表 12－11

型　　号	额定电压(kV)	单相容量(kvar)	额定电流(A)	额定电抗(Ω)	单相损耗(75℃)(kW)	外形尺寸(mm)		底座中径Dc(mm)	重量(kg)	安装方式	生产厂
						D	H				
BKDCKL—10000/10	10	10000	1732	3.33	42.5	2200	1700	1900	4390	三平	顺特电气有限公司
BKDCKL—15000/10	10	15000	2598	2.22	52.8	2500	1700	2200	5600		
BKDCKL—1000/35	35	1000	49.5	408.3	20.5	1400	1570	1260	1180		
BKDCKL—2000/35	35	2000	99.0	204.2	22.5	2090	2300	1940	2080		
BKDCKL—3333/35	35	3333	164.9	122.5	24.5	2070	2200	1860	2720		
BKDCKL—5000/35	35	5000	247.4	81.7	30.5	2410	2000	2250	4350		
BKDCKL—6667/35	35	6667	329.9	61.2	35.5	2160	2360	1840	4690		
BKDCKL—8000/35	35	8000	395.9	51.0	38.6	2170	2360	1850	4970		
BKDCKL—10000/35	35	10000	494.9	40.83	44.6	2660	2460	2330	6010		
BKDCKL—15000/35	35	15000	742.3	27.22	55.9	2760	2460	2440	7170		
BKDCKL—20000/35	35	20000	989.7	20.42	62.5	2890	2460	2440	8230		
BKDCKL—25000/35	35	25000	1237	16.33	75.0	3070	2460	2850	10500		

注　表中所列为单相数据。

表 12－12　BKK 系列干式空芯并联电抗器技术数据

型　　号	系统电压(kV)	额定电压(kV)	额定容量(kvar)	额定电流(kA)	额定电抗(Ω)	额定电感(mH)	损耗比值(%)	外形尺寸(mm)			底座中径Dc(mm)	重量(kg)	安装支点(个)	生产厂
								外径D	H_1	总高				
BKK—500/10	10	$10/\sqrt{3}$	500	0.087	66.6	212.1	2.40	1607	1322	2130	1500	803	8	北京电力设备总厂、无锡电力电容器有限公司
BKK—1000/10			1000	0.173	33.4	106.4	1.58	1429	1322	2060	1250	1059	8	
BKK—1500/10			1500	0.260	22.2	70.7	1.22	1460	1252	1980	1250	1250	8	
BKK—1670/10			1670	0.289	20.0	63.5	1.16	1568	1102	1910	1300	1290	8	
BKK—2000/10			2000	0.347	16.7	53.2	0.99	1587	1092	1900	1300	1404	8	
BKK—3000/10			3000	0.520	11.1	35.5	0.95	1857	1464	2270	1600	1918	8	
BKK—4000/10			4000	0.693	8.33	26.5	0.85	1921	1374	2255	1600	2178	8	
BKK—5000/10			5000	0.866	6.67	21.2	0.69	2135	1504	2525	1800	2822	8	
BKK—6700/10			6700	1.161	4.98	15.9	0.56	2214	1264	2375	1800	3583	8	
BKK—10000/10			10000	1.732	3.34	10.6	0.49	2528	1494	2715	2100	4370	8	
BKK—15000/10			15000	2.598	2.22	7.1	0.40	2792	1644	2965	2300	5860	8	
BKK—20000/10			20000	3.464	1.67	5.3	0.38	3023	1596	3115	2400	6753	8	
BKK—1000/15	15	$15/\sqrt{3}$	1000	0.110	82.7	263.4	1.54	1825	1522	2415	1700	1152	8	
BKK—1500/15			1500	0.165	55.1	175.5	1.33	1727	1432	2315	1550	1352	8	
BKK—1670/15			1670	0.184	49.5	157.6	1.28	1630	1472	2280	1450	1436	8	
BKK—2000/15			2000	0.220	41.3	131.5	1.05	1698	1352	2160	1450	1529	8	
BKK—3000/15			3000	0.330	27.6	87.9	0.85	1790	1252	3135	1500	1908	8	

续表 12-12

型　号	系统电压(kV)	额定电压(kV)	额定容量(kvar)	额定电流(kA)	额定电抗(Ω)	额定电感(mH)	损耗比值(%)	外形尺寸(mm)			底座中径Dc(mm)	重量(kg)	安装支点(个)	生产厂
								外径D	H_1	总高				
BKK—4000/15	15	$15/\sqrt{3}$	4000	0.440	20.7	65.8	0.71	1964	1132	2015	1600	2230	8	北京电力设备总厂、无锡电力电容器有限公司
BKK—5000/15			5000	0.550	16.5	52.6	0.67	2125	1654	2675	1800	3020	8	
BKK—6700/15			6700	0.737	12.3	39.3	0.52	2110	1644	2665	1800	3754	8	
BKK—10000/15			10000	1.100	8.3	26.3	0.44	2438	1484	2705	1900	5065	8	
BKK—15000/15			15000	1.65	5.5	17.5	0.38	2746	1394	2715	2150/2600	5423	8	
BKK—20000/15			20000	2.20	4.1	13.1	0.35	3022	1635	3155	2150/2600	7204	16	
BKK—30000/15			30000	3.30	2.8	8.8	0.28	3318	1706	3255	2150/2900	9968	16	
BKK—1500/35			1500	0.074	272.0	866.2	1.47	2760	1672	3030	2600	1826	8	
BKK—1670/35			1670	0.083	245.0	780.3	1.18	2721	1682	3040	2600	1965	8	
BKK—2000/35			2000	0.099	204.0	649.7	1.05	2577	1642	2810	2450	2035	8	
BKK—3000/35			3000	0.149	136.0	433.1	1.00	2465	1612	2780	2200	2434	8	
BKK—4000/35			4000	0.198	102.0	324.8	0.82	2345	1644	2815	2100	2712	8	
BKK—5000/35			5000	0.248	81.7	260.2	0.64	2292	1574	2745	2100	3032	8	
BKK—6700/35	35	$35/\sqrt{3}$	6700	0.332	61.0	194.3	0.56	2368	1454	2625	2100	3448	8	
BKK—10000/35			10000	0.495	41.0	130.6	0.45	2346	1604	2830	2000	4976	8	
BKK—10000/35			10000	0.456	50.0	159.2	0.40	2460	1584	2690	2000	4950	8	
BKK—15000/35			15000	0.743	27.2	86.6	0.39	2989	1634	3160	2600	5829	8	
BKK—20000/35			20000	0.990	20.4	64.9	0.34	3002	1826	3350	2000/2800	8064	16	
BKK—30000/35			30000	1.485	13.6	43.3	0.27	3310	1886	3510	2500/2900	10332	16	
BKK—40000/35			40000	1.980	10.2	32.5	0.25	3727	1656	3470	2700/3200	11924	16	
BKK—4000/63			4000	0.110	3310	1054.1	0.79	3231	1754	3360	3000	3434	8	
BKK—5000/63			5000	0.138	265.0	843.9	0.71	3298	1604	3200	3100	3593	8	
BKK—6700/63			6700	0.184	198.0	630.6	0.65	3089	1765	3370	2850	4077	8	
BKK—10000/63			10000	0.275	132.0	420.4	0.50	2883	1764	3270	2600	4944	8	
BKK—15000/63	63	$63/\sqrt{3}$	15000	0.413	88.2	280.9	0.39	2810	1644	3150	2400	6074	8	
BKK—20000/63			20000	0.550	66.2	210.8	0.35	2895	1766	3270	2100/2500	8480	16	
BKK—30000/63			30000	0.823	44.1	140.4	0.30	3606	1936	3740	2850/3300	9921	16	
BKK—40000/63			40000	1.100	33.1	105.4	0.27	3664	1846	3650	2750/3200	10731	16	

注　1. 表中所列为单相数据。

2. 表中底座中径（Dc，mm），在北京电力设备总厂产品中为“安装节径（mm）”。

四、外形及安装尺寸

BKDCKL型干式空芯并联电抗器外形及安装尺寸，见图12-5。

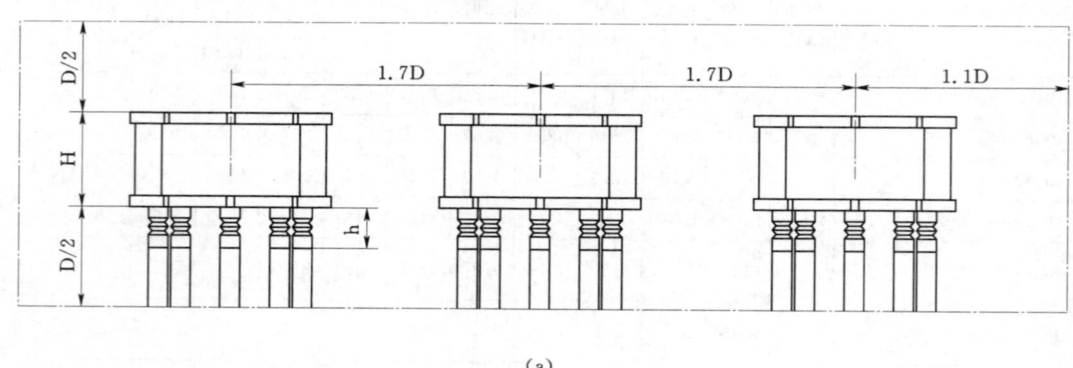

(a)

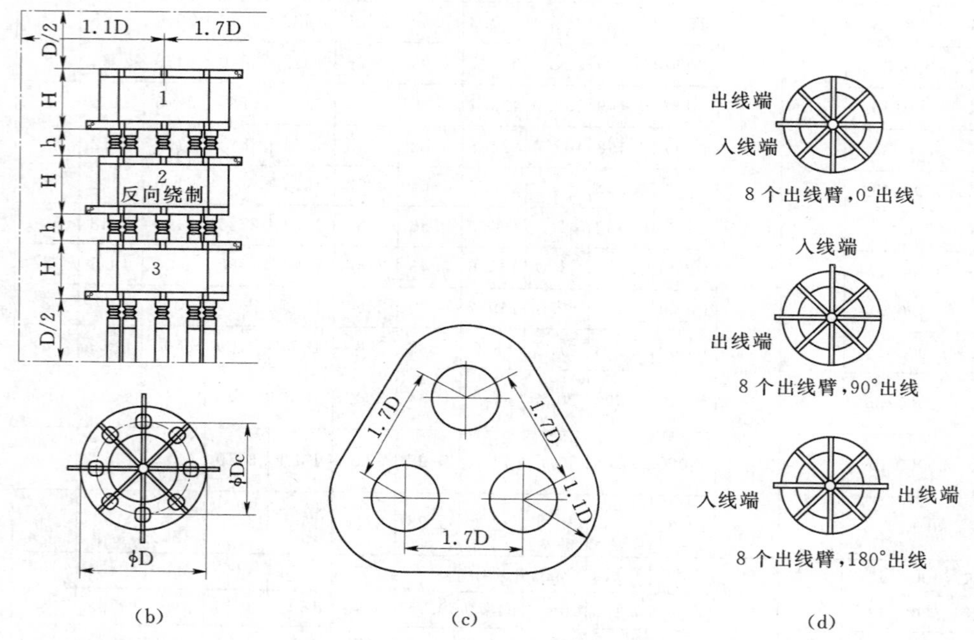

(b) (c) (d)

图12-5 BKDCKL型干式空芯并联电抗器外形及安装尺寸

(a) 三相水平"一"形布置（相对于不形成闭环的金属部件和其它电抗器的最小磁间距）；
(b) 三相叠装布置（相对于不形成闭环的金属部件和其它电抗器的最小磁间距）；
(c) 三相水平"△"形布置；(d) 出线端子方向（仅以8个出线臂为例）

五、订货须知

订货时必须提供额定容量、额定电压、并联电抗器最高运行电压、额定电流、额定电抗、使用条件（户外或户内）、出线端子角度及其它性能数据等要求。

12.2.8 CKK 高压串联电抗器

一、概述

在并联补偿电容器装置中，与并联电容器串联连接用以抑制谐波电压放大，减少系统电压波形畸变和限制电容器回路投入时的涌流。

二、型号含义

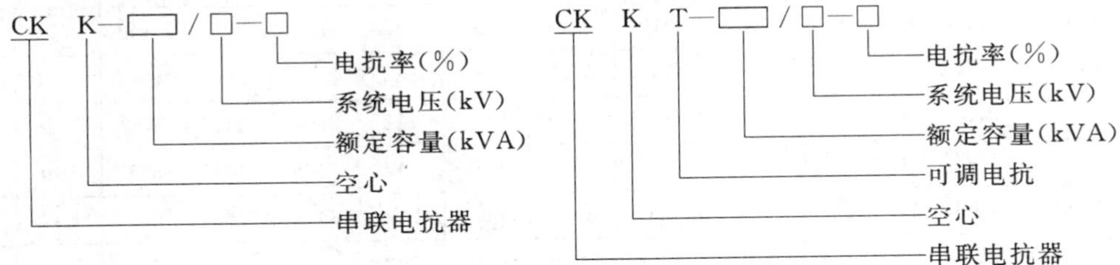

三、技术数据

CKK 高压串联电抗器技术数据，见表 12-13。

表 12-13 CKK 高压串联电抗器技术数据

序号	电容器容量(kvar)	型号	系统电压(kV)	额定电流(A)	额定电抗(Ω)	外径 D (mm)	高度 H_1 (mm)	总高 H (mm)	线圈重量(kg)	总重(kg)	损耗值(kW)	安装节径 D_C (mm)
1	1200	CKK—20/6—5	6	104.7	1.82	810	562	2979	135	579	0.88	650
2	1200	CKK—24/6—6		104.8	2.19	800	622	3159	146	612	1.04	650
3	1200	CKK—48/6—12		96.2	5.19	1040	712	3429	194	756	1.73	900
4	1500	CKK—25/6—5		131	1.46	810	562	2979	139	591	1.06	650
5	1500	CKK—30/6—6		131	1.75	860	572	3009	154	636	1.18	700
6	1500	CKK—60/6—12		120.2	4.15	1100	632	3265	212	810	1.97	950
7	1800	CKK—30/6—5		157.1	1.22	820	552	2949	141	597	1.23	650
8	1800	CKK—36/6—6		157.2	1.46	870	562	2979	156	642	1.37	700
9	1800	CKK—72/6—12		144.3	3.46	1020	622	3159	228	858	2.16	900
10	2400	CKK—40/6—5		209.4	0.91	960	602	3099	174	696	1.52	800
11	2400	CKK—48/6—6		209.6	1.09	960	652	3249	188	738	1.73	850
12	2400	CKK—96/6—12		192.4	2.59	1100	612	3205	297	1131	2.66	900
13	3000	CKK—50/6—5		261.8	0.73	1020	552	2949	192	750	1.77	850
14	3000	CKK—60/6—6		262	0.87	1020	592	3069	207	832	1.98	850
15	3000	CKK—120/6—12		240.5	2.08	1070	592	3145	318	1188	2.72	850
16	3600	CKK—60/6—5		314.2	0.61	1040	542	2919	212	810	1.80	850
17	3600	CKK—72/6—6		314.4	0.73	1040	582	3039	231	867	2.02	850
18	3600	CKK—144/6—12		288.6	1.73	1180	732	3656	363	1323	3.07	1000
19	4200	CKK—70/6—5		366.5	0.52	940	592	3069	223	843	2.07	750
20	4200	CKK—84/6—6		366.8	0.62	1040	582	3039	249	921	2.30	850

续表 12-13

序号	电容器容量(kvar)	型 号	系统电压(kV)	额定电流(A)	额定电抗(Ω)	外径 D(mm)	高度 H_1(mm)	总高 H(mm)	线圈重量(kg)	总重(kg)	损耗值(kW)	安装节径 D_C(mm)
21	4200	CKK—168/6—12	6	336.7	1.48	1140	762	3655	389	1401	3.49	950
22	4800	CKK—80/6—5		419	0.46	1060	542	2995	245	909	2.16	850
23	4800	CKK—96/6—6		419.2	0.55	1060	582	3115	268	984	2.41	850
24	4800	CKK—192/6—12		384.8	1.30	1200	712	3505	416	1542	3.78	1000
25	1200	CKK—20/10—5		62.9	5.06	840	712	3429	151	627	0.88	700
26	1200	CKK—24/10—6		63	6.05	890	722	3459	162	660	1.02	750
27	1200	CKK—48/10—12		57.8	14.38	1140	832	4251	229	861	1.72	1000
28	1500	CKK—25/10—5		78.6	4.04	1040	602	3099	158	648	1.07	900
29	1500	CKK—30/10—6		78.7	4.84	1040	642	3219	172	690	1.20	900
30	1500	CKK—60/10—12		72.2	11.50	1090	792	3745	221	843	2.05	950
31	1800	CKK—30/10—5		94.3	3.37	1010	542	2919	164	666	1.19	850
32	1800	CKK—36/10—6		94.5	4.03	1010	582	3039	171	687	1.42	850
33	1800	CKK—72/10—12		86.6	9.60	1100	772	3685	250	924	2.25	950
34	2400	CKK—40/10—5		125.8	2.53	1020	562	2979	179	711	1.42	850
35	2400	CKK—48/10—6		126	3.02	1020	582	3039	186	732	1.65	850
36	2400	CKK—96/10—12		115.5	7.19	1160	702	3475	298	1134	2.59	1000
37	3000	CKK—45/10—4.5		157.3	1.82	1030	512	2829	185	729	1.58	850
38	3000	CKK—50/10—5		157.2	2.02	1020	522	2859	189	741	1.77	850
39	3000	CKK—60/10—6		157.5	2.42	1030	562	2979	212	810	1.83	900
40	3000	CKK—120/10—12		144.4	5.76	1170	692	3445	323	1209	2.87	1000
41	3600	CKK—54/10—4.5		189	1.51	1000	502	2799	201	777	1.74	850
42	3600	CKK—60/10—5		188.7	1.69	950	542	2919	212	810	1.79	750
43	3600	CKK—72/10—6		189	2.02	1040	542	2995	229	861	2.11	800
44	3600	CKK—144/10—12		173.3	4.80	1140	702	3475	355	1305	3.18	950
45	3600	CKK—156/10—13		173	5.20	1140	722	3535	377	1371	3.38	950
46	3900	CKK—65/10—5		204.4	1.56	950	552	3025	218	828	1.91	750
47	4000	CKK—67/10—5		210	1.52	1000	532	2965	221	837	1.96	850
48	4000	CKK—80/10—6		210	1.81	1050	552	3025	252	930	2.17	950
49	4000	CKK—160/10—12		193	4.32	1150	692	3445	378	1374	3.25	950
50	4200	CKK—70/10—5		220.1	1.45	1010	522	2859	227	855	1.98	850
51	4200	CKK—84/10—6		220.5	1.73	1070	532	2965	258	954	2.12	900
52	4200	CKK—168/10—12		202.2	4.11	1150	672	3385	387	1401	3.44	950
53	4800	CKK—72/10—4.5		252	1.14	1020	662	3279	241	897	2.17	800

续表 12-13

序号	电容器容量(kvar)	型号	系统电压(kV)	额定电流(A)	额定电抗(Ω)	外径 D(mm)	高度 H_1(mm)	总高 H(mm)	线圈重量(kg)	总重(kg)	损耗值(kW)	安装节径 D_C(mm)
54	4800	CKK—80/10—5	6	251.6	1.26	1070	662	3355	251	933	2.32	900
55	4800	CKK—96/10—6		252	1.51	1110	702	3475	262	966	2.81	900
56	4800	CKK—192/10—12		231	3.60	1210	682	3489	430	1518	3.81	1000
57	5000	CKK—84/10—5		262	1.21	1020	682	3415	245	909	2.38	800
58	5000	CKK—100/10—6		262.5	1.45	1120	682	3415	278	1014	2.62	950
59	5000	CKK—200/10—12		241	3.45	1270	622	3309	421	1511	3.81	1050
60	5100	CKK—204/10—12		245.4	3.40	1380	582	3189	441	1681	3.92	1150
61	5400	CKK—90/10—5		283	1.12	1070	682	3415	263	969	2.45	900
62	5400	CKK—108/10—6		283.5	1.34	1190	652	3325	308	1145	2.54	1000
63	5400	CKK—216/10—12		260	3.20	1240	632	3369	448	1646	3.85	1050
64	6000	CKK—90/10—4.5		315	0.91	1080	632	3265	266	978	2.26	900
65	6000	CKK—100/10—5		315	1.01	1070	652	3325	275	1005	2.72	900
66	6000	CKK—120/10—6		315	1.21	1130	682	3415	324	1212	2.97	950
67	6000	CKK—240/10—12		289	2.88	1360	832	3939	475	1783	4.80	1200
68	6048	CKK—252/10—12.5		290	3.00	1070	822	3835	570	2012	3.93	850
69	6600	CKK—110/10—5		346	0.92	1090	652	3325	310	1170	2.70	950
70	6600	CKK—132/10—6		346.5	1.10	1090	712	3505	336	1248	3.05	950
71	6600	CKK—264/10—12		318	2.62	1370	812	3879	511	1891	4.99	1200
72	7000	CKK—117/10—5		367	0.87	1100	642	3295	314	1182	2.74	900
73	7000	CKK—140/10—6		367.5	1.04	1150	662	3355	352	1296	2.97	950
74	7000	CKK—280/10—12		337	2.47	1390	782	3789	530	1948	4.94	1200
75	7200	CKK—120/10—5		377.4	0.84	1140	632	3339	321	1203	2.88	950
76	7200	CKK—144/10—6		378	1.01	1180	652	3325	354	1302	3.35	1000
77	7200	CKK—288/10—12		347	2.40	1390	792	3969	540	1978	5.02	1200
78	8000	CKK—134/10—5		420	0.76	1050	672	3385	324	1210	2.90	900
79	8000	CKK—146/10—5.5		420	0.83	1090	682	3415	350	1290	3.37	950
80	8000	CKK—160/10—6		420	0.91	1160	662	3355	374	1360	3.36	950
81	8000	CKK—320/10—12		385	2.16	1440	762	3879	570	2136	5.00	1200
82	8000	CKK—334/10—12.5		386	2.24	1460	762	3879	592	2134	5.12	1250
83	8000	CKK—347/10—13		385.6	2.33	1450	752	3848	601	2161	5.09	1250
84	8400	CKK—140/10—5		440	0.72	1110	622	3235	338	1248	3.10	950
85	8400	CKK—168/10—6		441	0.86	1220	622	3309	370	1358	3.40	1000
86	8400	CKK—336/10—12		404.3	2.06	1500	722	3759	574	2080	5.50	1300

续表 12-13

序号	电容器容量 (kvar)	型号	系统电压 (kV)	额定电流 (A)	额定电抗 (Ω)	外径 D (mm)	高度 H_1 (mm)	总高 H (mm)	线圈重量 (kg)	总重 (kg)	损耗值 (kW)	安装节径 D_C (mm)
87	9000	CKK—150/10—5		472	0.67	1170	602	3175	353	1299	3.16	950
88	9000	CKK—180/10—6		472.4	0.81	1170	652	3325	394	1422	3.50	950
89	9000	CKK—360/10—12		434	1.92	1510	722	3759	604	2170	5.60	1300
90	9300	CKK—372/10—12		427.8	2.02	1510	712	3729	620	2218	5.68	1300
91	9500	CKK—190/10—6		470.2	0.86	1180	672	3459	434	1542	3.43	1000
92	10000	CKK—167/10—5		524.1	0.61	1220	582	3189	361	1331	3.60	1000
93	10000	CKK—199/10—6		481	0.86	1310	602	3249	415	1493	3.97	1100
94	10000	CKK—200/10—6		525	0.73	1230	602	3249	412	1484	3.78	1000
95	10000	CKK—391/10—12		439	2.03	1470	762	3879	647	2299	5.67	1250
96	10000	CKK—400/10—12		482	1.73	1620	672	3609	640	2278	5.98	1450
97	14400	CKK—240/10—5		756	0.42	1300	712	3579	475	1783	4.33	1100
98	14400	CKK—576/10—12		693	1.20	1590	682	3639	821	2821	6.67	1400
99	4800	CKK—80/35—5		73	15.13	1240	852	4458	304	1280	2.44	1050
100	4800	CKK—96/35—6		73	18.15	1290	902	4608	322	1334	2.99	1100
101	4800	CKK—192/35—12		67	43.20	1680	1072	5268	464	1856	4.77	1500
102	6000	CKK—100/35—5		91	12.10	1240	832	4398	302	1274	2.97	1050
103	6000	CKK—120/35—6	6	91	14.52	1300	872	4518	373	1487	2.94	1100
104	6000	CKK—240/35—12		84	34.56	1740	972	4968	517	2023	5.35	1550
105	7200	CKK—120/35—5		110	10.08	1320	712	4038	351	1421	2.92	1150
106	7200	CKK—144/35—6		110	12.10	1460	742	4128	400	1568	3.53	1250
107	7200	CKK—288/35—12		100	28.80	1760	952	4908	574	2194	5.60	1550
108	7600	CKK—305/35—12		100	30.50	1760	962	4938	579	2193	5.70	1550
109	8400	CKK—140/35—5		127.3	8.64	1260	742	4128	347	1497	3.42	1100
110	8400	CKK—168/35—6		127.3	10.37	1230	792	4278	401	1571	3.40	1050
111	8400	CKK—336/35—12		117	24.69	1660	952	4908	603	2273	5.87	1450
112	9600	CKK—160/35—5		145.5	7.56	1220	752	4158	376	1496	3.66	1000
113	9600	CKK—192/35—6		145.5	9.08	1270	782	4248	416	1616	4.10	1100
114	9600	CKK—384/35—12		133.3	21.60	1620	892	4728	624	2336	6.20	1450
115	10000	CKK—167/35—5		152	7.26	1130	812	4338	393	1547	3.65	950
116	10000	CKK—200/35—6		152	8.71	1180	852	4458	436	1676	4.10	1000
117	10000	CKK—400/35—12		139	20.74	1720	882	4698	673	2491	6.42	1550
118	12000	CKK—200/35—5		182	6.05	1190	762	4188	426	1646	4.00	1000
119	12000	CKK—240/35—6		182	7.26	1240	792	4278	481	1811	4.35	1050

续表 12-13

序号	电容器容量(kvar)	型　　号	系统电压(kV)	额定电流(A)	额定电抗(Ω)	外径D(mm)	高度H_1(mm)	总高H(mm)	线圈重量(kg)	总重(kg)	损耗值(kW)	安装节径D_C(mm)
120	12000	CKK—480/35—12	6	167	17.28	1690	822	4518	684	2524	7.00	1500
121	14000	CKK—234/35—5		212	5.19	1170	762	4188	469	1775	4.08	1000
122	14000	CKK—280/35—6		212	6.22	1220	792	4278	530	1958	4.41	1050
123	14000	CKK—560/35—12		195	14.81	1640	842	4578	745	2707	7.77	1450
124	14400	CKK—240/35—5		218.2	5.04	1230	722	4068	471	1799	3.97	1000
125	14400	CKK—288/35—6		218.2	6.05	1240	782	4248	553	2027	4.30	1050
126	14400	CKK—576/35—12		200	14.40	1660	832	4548	796	2860	7.36	1450
127	16000	CKK—266/35—5		242	4.55	1270	712	4038	506	1886	4.93	1070
128	16000	CKK—320/35—6		242	5.45	1320	742	4128	567	2069	5.41	1120
129	16000	CKK—640/35—12		222	12.96	1600	934	4780	868	3168	9.04	1400
130	16800	CKK—280/35—5		255	4.32	1280	692	3978	521	1931	4.95	1080
131	16800	CKK—336/35—6		255	5.19	1330	752	4158	596	2252	5.43	1100
132	16800	CKK—672/35—12		234	12.30	1490	1004	4990	941	3387	8.41	1290
133	20000	CKK—334/35—5		304	3.62	1300	702	4008	592	2240	5.50	1100
134	20000	CKK—400/35—6		303	4.36	1350	762	4188	672	2480	6.02	1150
135	20000	CKK—800/35—12		278	10.37	1570	924	4750	1068	3768	8.91	1370
136	24000	CKK—400/35—5		364	3.03	1490	842	4504	650	2414	6.46	1290
137	24000	CKK—480/35—6		364	3.63	1550	872	4594	725	2647	6.91	1350
138	24000	CKK—960/35—12		334	8.64	1620	954	1828	1175	1383	10.60	1420
139	25200	CKK—420/35—5		382	2.88	1540	812	4414	666	2366	6.72	1340
140	25200	CKK—504/35—6		382	3.46	1570	842	4504	764	2756	6.83	1370
141	25200	CKK—1008/35—12		350	8.23	1630	934	1808	1197	1405	10.78	1430
142	40000	CKK—668/35—5		607	1.82	1530	884	4630	910	3294	9.40	1330
143	40000	CKK—800/35—6		606	2.18	1720	834	4554	1065	3759	9.33	1520
144	40000	CKK—1604/35—12		557	5.17	1860	1124	2148	1449	1657	16.59	1660
145	20000	CKK—400/66—6		167	14.40	1440	1554	2481	808	931	6.89	1250
146	23333	CKK—350/66—4.5		190	9.70	1410	1372	2299	680	803	5.64	1200
147	26000	CKK—520/66—6		200	13.00	1430	1784	3128	965	1354	7.53	1200
148	60000	CKK—1200/66—6		488.8	5.03	1630	1364	2391	1633	1819	9.10	1400

四、生产厂

北京电力设备总厂。

12.2.9　BKDK 壳式并联电抗器

一、概述

BKDK 壳式并联电抗器由保定保菱变压器有限公司生产。该产品的技术优势：

（1）绝缘结构合理、局部放电量低。相绕组由两路并联而成，线端对地绝缘距离大于中性点对地绝缘距离。相绕组的成型绝缘件沿等位线布置，绝缘可靠性高，局部放电量低。

（2）耐雷电冲击能力强。壳式并联电抗器线饼表面积大，饼间电容大，线饼对地电容小，采用沿等位线布置的成形绝缘件，具有很高的耐受雷电冲击的能力。

（3）磁通分布均匀，附加损耗低，无局部过热现象。由于壳式（空芯）并联电抗器在线圈心脏部位不使用铁磁材料，其磁路长度为芯式（间隙铁芯式）并联电抗器的 4 倍左右，因而空间磁通密度 B 只相当于芯式（间隙铁芯式）并联电抗器的 20％～30％。

壳式并联电抗器的磁屏蔽吸收了主空道中全部的磁通，屏蔽效果完好，油箱壁、磁屏蔽夹件和拉螺杆中附加损耗几乎为零，又由于在磁屏蔽窗内不使用任何铁磁材料，因而金属结构件杂散损耗极低，可以根本上避免发生局部过热，有效降低电抗器的总损耗。

（4）电磁力小、振动和噪音低。在电抗器挂网运行时，电抗器组中的电流所产生的磁通流经磁屏蔽和空气隙形成回路，电磁吸引力与电抗器的容量成正比，与气隙长度成反比。由于壳式空芯电抗器的气隙长度为芯式间隙铁芯型电抗器的气隙长度的 4 倍左右，因而电磁吸引力只相当于芯式间隙铁芯型电抗器的 1/4 左右（意味着振动的激励源振幅小）；又由于壳式空芯电抗器的结构简单，通过进行振动频率的数值分析，可以采取有效措施使固有振动频率大于 120Hz 或小于 80Hz，以避开 100Hz 的谐振频率。多台产品出厂试验结果表明：壳式并联电抗器的箱壁振动的振幅不超过国家标准规定值的 25％；由于振动的降低，噪声实测值 8dB（A）以上。

（5）温度分布均匀、冷却效果好。壳式并联电抗器线饼竖直装配，线饼表面的垂直油道使油有良好的对流散热，获得良好冷却效果。

（6）磁化特性线性度高。由于在主空道中只采用了非铁磁材料，磁化特性曲线在 1.7 倍额定电压时仍为直线。并联电抗器的国家标准 GB 10229—88 规定：磁化特性在 1.5 倍额定电压时应为直线。目前芯式间隙铁芯型电抗器在出厂试验时磁化特性曲线通常测量 1.3 倍额定电压，而壳式空芯型并联电抗器在出厂试验时磁化特性曲线通常测量到 1.7 倍额定电压。

保定保菱变压器有限公司拥有天威保变和日本三菱合作生产的 500kV 级壳式并联电抗器技术，合作产品挂网运行良好。

二、产品结构

典型壳式并联电抗器的外形结构，见图 12－6。

三、技术数据

BKDK 型壳式并联电抗器的技术数据，见表 12－14。

四、生产厂

保定保菱变压器有限公司。

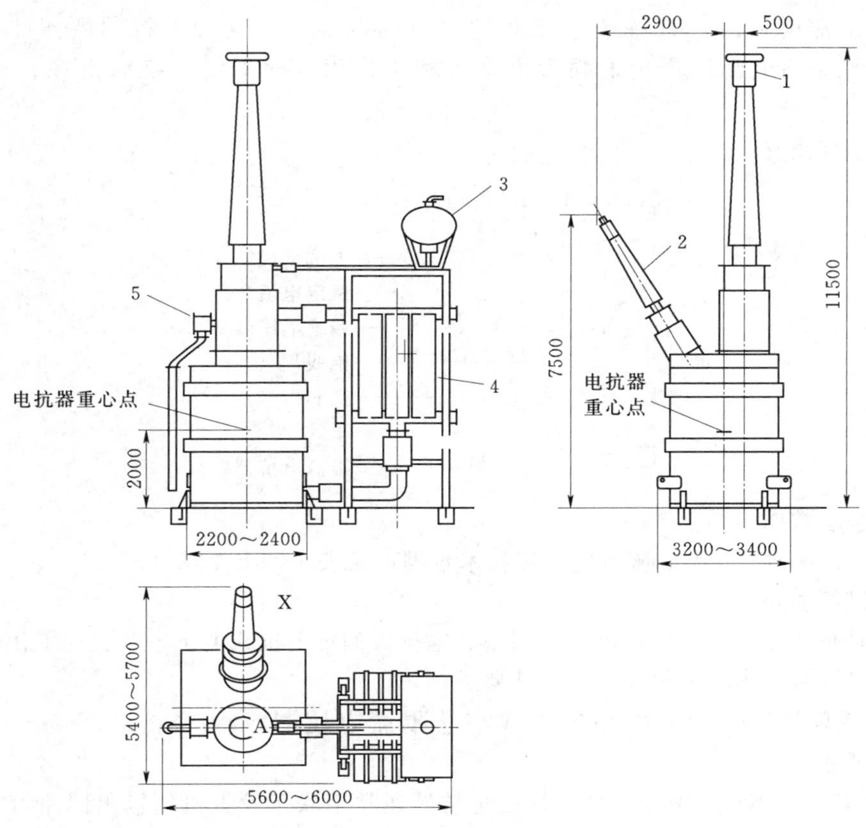

图 12-6 BKDK 型壳式并联电抗器外形结构

1—线端套管；2—中性点套管；3—储油柜；4—片式散热器；5—压力释放器

表 12-14 BKDK 型壳式关联电抗器技术数据

型 号	相数	频率(Hz)	额定容量(kvar)	额定电压(kV)	额定电抗(Ω)	冷却方式	重 量 (kg)				
							器身	油箱及附件	油	总体	运输
BKDK—40Mvar/500kV	单相	50	40	$550/\sqrt{3}$	2520	ONAN	42000	20000	12000	74000	52000
BKDK—50Mvar/500kV			50		2017	ONAN	48000	22000	14000	84000	58000
BKDK—60Mvar/500kV			60		1681	ONAN	55000	25000	16000	96000	70000

注 1. 线端套管吊高 14000～16000mm。
2. 中性点套管吊高 9000mm。
3. 电抗器重量、尺寸和装配位置仅供参考，可根据要求进行调整。

12.3 干式空芯限流电抗器

12.3.1 XKGKL 系列干式空芯限流电抗器

一、概述

XKGKL 系列干式空芯限流电抗器限制短路电流，将短路电流降低至设备允许的数值。在正常运行时，有持续电流通过限流电抗器。对这种电抗器要求工作可靠、能经受系统短路电流所产生的强大电动力和热作用，而不发生绝缘击穿、过热变形或破坏。

二、型号含义

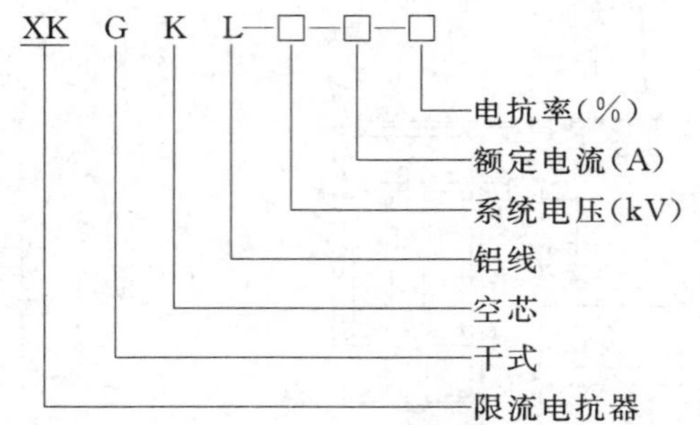

三、技术数据

XKGKL 系列干式空芯限流电抗器技术数据，见表 12－15、表 12－16。

四、订货须知

订货时必须提出系统额定电压及频率、电抗器额定电抗或电抗率及长期工作电流、安装方式、电抗器进出线夹角及其它特殊要求。

12.3.2 XKSCKL、XKK 系列干式空芯限流电抗器

一、概述

XKSCKL、XKK 系列干式空芯限流电抗器通常串联于发电机的输出回路、变压器或其它高压电器设备的输出或输入回路中，用于限制系统发生故障时的故障电流，将短路电流限制在规定的范围内（降低至其后接设备的容许值），从而缩小事故范围，提高系统的运行稳定性和可靠性。在正常运行时，有持续电流通过限流电抗器。

对这种电抗器要求工作可靠、能经受系统短路电流所产生的强大电动力和热作用，而不发生绝缘击穿、过热变形或破坏。

该产品符合 GB 10229—88《电抗器》、IEC 289—88《电抗器》、JB 629—82《限流电抗器》、SBK/QB 0003 等技术标准的要求。

该产品应用计算机进行电磁计算和结构设计，采用多层并联风道、环氧玻璃纤维增强的多包封并联结构，使用先进的工艺技术和微机控制的生产设备及引进的检验设备进行产品生产和检验，具有电感线性度好、损耗低、温度分布均匀、绝缘强度好、机械强度高、局放小、噪音低、体积小、重量轻、防潮、阻燃、过载能力强、可靠性高、无污染、免维修等优点，可广泛用于输变电系统、电气铁道、冶金、石化等领域，可以户内、户外安装运行，特别适合于要求具有较高的动热稳定性、防火性能和需要户外运行的场所。

电抗器整个外表面涂有抗紫外线防护层，安装方式灵活，可三相叠放，也可三相水平分布。使用寿命可达 30 年。

该产品使用条件：

（1）环境温度：－25～＋40℃。

表 12-15 XKGKL 系列干式空芯限流电抗器技术数据（一）

型号	额定电流（A）	额定电压（kV）	电抗率（%）	单相无功容量（kvar）	三相通过容量（kvar）	额定电感（mH）	动稳定电流峰值（kA）	热稳定电流（kV）	线圈外径（mm）	线圈高度（mm）	中间瓷件高度（mm）	每相损耗（W）	安装中心直径（mm）	下瓷座高度（mm）	每相重量（kg）	生产厂
XKGKL—10—400—3	400	10	3	69.3	3×2390.4	1.378	34.0	13.33	910	470	315	2210	760	525	135	苏州亚地特种变压器有限公司
XKGKL—10—400—4			4	92.4		1.838	25.5	10.0	930	470	315	2700	780	525	166	
XKGKL—10—400—5			5	115.5		2.297			950	470	315	3160	800	525	197	
XKGKL—10—400—6			6	138.6		2.757			960	480	315	3650	810	525	225	
XKGKL—10—400—8			8	184.8		3.676			1000	540	315	4480	850	525	280	
XKGKL—10—400—10			10	230.9		4.594			1050	600	315	5220	900	525	331	
XKGKL—6—500—4	500	6	4	69.3	3×1732.1	0.882	31.88	12.5	900	480	270	2200	750	525	135	
XKGKL—6—500—5			5	86.3		1.103			930	520	270	2600	780	525	159	
XKGKL—6—500—6			6	103.9		1.132			950	550	270	2870	800	525	182	
XKGKL—6—500—8			8	138.6		1.764			970	590	270	3610	820	525	225	
XKGKL—6—500—10			10	173.2		2.205			990	640	270	4210	840	525	267	
XKGKL—10—500—4		10	4	115.5	3×2886.8	1.470	31.88	12.5	950	480	315	3110	800	525	197	
XKGKL—10—500—5			5	144.3		1.838			970	520	315	3680	820	525	232	
XKGKL—10—500—6			6	173.2		2.205			990	550	315	4210	840	525	267	
XKGKL—10—500—8			8	230.9		2.940			1020	585	315	5280	870	625	331	
XKGKL—10—500—10			10	288.7		3.676			1050	620	315	6190	900	625	391	
XKGKL—6—600—4	600	6	4	83.1	3×2078.5	0.735	38.25	15.0	900	550	270	2450	750	525	154	
XKGKL—6—600—5			5	103.9		0.919			970	550	270	2910	820	525	182	
XKGKL—6—600—6			6	124.7		1.103			1020	550	270	3310	870	625	208	
XKGKL—6—600—8			8	166.3		1.470			1070	570	270	4050	920	625	258	
XKGKL—6—600—10			10	207.8		1.838			1125	610	270	4910	975	625	305	
XKGKL—10—600—4		10	4	138.6	3×3464.1	1.225	38.25	15.0	1050	560	315	3320	900	625	226	

续表 12-15

型　号	额定电流(A)	额定电压(kV)	电抗率(%)	单相无功容量(kvar)	三相通过容量(kvar)	额定电感(mH)	动稳定电流峰值(kA)	热稳定电流(kV)	线圈外径(mm)	线圈高度(mm)	中间瓷件高度(mm)	每相损耗(W)	安装中心直径(mm)	下瓷座高度(mm)	每相重量(kg)	生产厂
XKGKL—10—600—5	600	10	5	173.2	3×3464.1	1.531	38.25	15.0	1090	580	315	4100	940	625	267	苏州亚地特种变压器有限公司
XKGKL—10—600—6			6	207.8		1.838			1125	610	315	4900	975	625	305	
XKGKL—10—600—8			8	277.1		2.450			1175	630	315	5800	1020	625	378	
XKGKL—10—600—10			10	346.4		3.063			1240	650	315	6710	1090	725	410	
XKGKL—6—2000—4	2000	6	4	277.1	3×6928.2	0.211	127.5	50.0	1170	750	315	5370	1020	625	351	
XKGKL—6—2000—5			5	346.4		0.276	102.0	40.0	1260	770	315	6200	1110	725	416	
XKGKL—6—2000—6			6	415.7		0.331			1350	780	315	7110	1200	725	480	
XKGKL—6—2000—8			8	554.3		0.441			1400	850	315	8550	1250	725	596	
XKGKL—6—2000—10			10	692.8		0.551			1450	880	315	9870	1300	825	703	
XKGKL—6—2000—12			12	831.4		0.662			1480	920	315	10910	1280	825	808	
XKGKL—10—2000—4		10	4	461.9	3×11547	0.368	127.5	50.0	1360	780	315	7650	1210	725	514	
XKGKL—10—2000—5			5	577.4		0.459	102.0	40.0	1400	830	315	8890	1250	725	610	
XKGKL—10—2000—6			6	692.8		0.551			1450	880	315	9870	1300	825	703	
XKGKL—10—2000—8			8	923.8		0.735			1490	930	315	12000	1290	825	873	
XKGKL—10—2000—10			10	1154.7		0.919			1540	950	315	13570	1340	825	1031	
XKGKL—10—2000—12			12	1385.6		1.103			1580	1030	315	15410	1380	825	1183	
XKGKL—6—200—3	200	6	3	20.8	3×692.8	1.654	17.0	6.67	780	490	270	880	630	470	57	
XKGKL—6—200—4			4	27.7		2.205	12.75	5.0	800	530	270	1020	650	470	70	
XKGKL—6—200—5			5	34.6		2.757			830	570	270	1310	680	470	82	
XKGKL—6—200—6			6	41.6		3.308			850	610	270	1520	700	470	96	
XKGKL—6—200—8			8	55.4		4.411	17.0	6.75	880	650	270	1820	730	470	115	
XKGKL—10—200—3		10	3	34.6	3×1154.7	2.757	12.75	5.0	830	530	315	1340	680	525	81	

续表 12-15

型号	额定电流(A)	额定电压(kV)	电抗率(%)	单相无功容量(kvar)	三相通过容量(kvar)	额定电感(mH)	动稳定电流峰值(kA)	热稳定电流(kV)	线圈外径(mm)	线圈高度(mm)	中间瓷件高度(mm)	每相损耗(W)	安装中心直径(mm)	下瓷座高度(mm)	每相重量(kg)	生产厂
XKGKL—10—200—4	200	10	4	46.2	3×1154.7	3.676	12.75	5.0	860	570	315	1670	710	525	100	苏州亚地特种变压器有限公司
XKGKL—10—200—5			5	57.7		4.594			880	610	315	1910	730	525	118	
XKGKL—10—200—6			6	69.3		5.513			910	650	315	2170	760	525	136	
XKGKL—10—200—8			8	92.4		7.351			950	700	315	2610	800	525	167	
XKGKL—6—300—3	300	6	3	31.2	3×1039.2	1.103	25.5	10.0	830	570	270	1250	680	525	78	
XKGKL—6—300—4			4	41.6		1.470	19.13	7.5	860	610	270	1500	710	525	96	
XKGKL—6—300—5			5	52.0		1.838			880	640	270	1750	730	525	110	
XKGKL—6—300—6			6	62.4		2.205			900	660	270	1870	750	525	125	
XKGKL—6—300—8			8	83.1		2.940			930	700	270	2370	780	525	155	
XKGKL—10—300—3		10	3	52.0	3×1732.1	1.838	17.0	6.75	880	640	315	1370	730	525	109	
XKGKL—10—300—4			4	69.3		2.450	19.13	7.5	910	670	315	2180	760	525	135	
XKGKL—10—300—5			5	86.6		3.063			940	690	315	2490	790	525	159	
XKGKL—10—300—6			6	103.9		3.676			970	710	315	2860	820	525	182	
XKGKL—10—300—8			8	138.6		4.900			990	730	315	3550	840	525	227	
XKGKL—6—400—3	400	6	3	41.6	3×1385.6	0.827	34.0	13.33	860	470	270	1530	710	525	95	
XKGKL—6—400—4			4	55.4		1.103	25.5	10.0	890	470	270	1960	740	525	115	
XKGKL—6—400—5			5	69.3		1.378			910	470	270	2220	760	525	136	
XKGKL—6—400—6			6	83.1		1.654			920	470	270	2570	770	525	155	
XKGKL—6—400—8			8	110.9		2.205			950	470	270	3140	800	525	191	
XKGKL—6—400—10			10	138.6		2.757			960	480	270	3650	810	525	225	
XKGKL—6—2500—4	2500	6	4	346.4	3×8660.3	0.176	159.38	62.5	1280	740	315	5300	1130	725	420	
XKGKL—6—2500—5			5	433.0		0.221	127.5	50.0	1350	750	315	6400	1200	725	497	

续表 12-15

型号	额定电流(A)	额定电压(kV)	电抗率(%)	单相无功容量(kvar)	三相通过容量(kvar)	额定电感(mH)	动稳定电流峰值(kA)	热稳定电流(kV)	线圈外径(mm)	线圈高度(mm)	中间瓷件高度(mm)	每相损耗(W)	安装中心直径(mm)	下瓷座高度(mm)	每相重量(kg)	生产厂
XKGKL—6—2500—6	2500	6	6	519.6	3×8660.3	0.265	127.5	50.0	1400	810	315	7600	1250	725	569	苏州亚地特种变压器有限公司
XKGKL—6—2500—8			8	692.8		0.353			1460	850	315	9200	1310	825	707	
XKGKL—6—2500—10			10	866.0		0.441			1490	860	315	10710	1290	825	836	
XKGKL—6—2500—12			12	1039.2		0.529			1530	900	315	12300	1330	825	958	
XKGKL—10—2500—4		10	4	577.4	3×14433.8	0.294	159.38	62.5	1450	840	415	8200	1300	825	616	
XKGKL—10—2500—5			5	721.7		0.368	127.5	50.0	1470	850	415	9510	1270	825	729	
XKGKL—10—2500—6			6	866.0		0.441			1490	860	415	10710	1390	825	836	
XKGKL—10—2500—8			8	1154.7		0.588			1550	910	415	13480	1350	825	1037	
XKGKL—10—2500—10			10	1443.4		0.735			1625	940	415	16000	1425	925	1226	
XKGKL—10—2500—12			12	1732.1		0.882			1670	980	415	17900	1470	925	1406	
XKGKL—6—3000—4	3000	6	4	451.7	3×10392.3	0.147			1300	710	415	6310	1150	725	482	
XKGKL—6—3000—5			5	519.6		0.184	153.0	60.0	1370	760	415	7950	1220	725	568	
XKGKL—6—3000—6			6	623.5		0.221			1410	760	415	8980	1260	825	653	
XKGKL—6—3000—8			8	831.4		0.294			1450	790	415	10720	1250	825	810	
XKGKL—6—3000—10			10	1039.2		0.368			1550	860	415	12800	1350	825	953	
XKGKL—6—3000—12			12	1247.1		0.441			1590	890	415	13420	1390	825	1204	
XKGKL—6—800—4	800	6	4	110.9	3×2771.3	0.551	51.0	20.0	950	550	270	2950	800	525	190	
XKGKL—6—800—5			5	138.6		0.689			1000	570	270	3440	850	525	224	
XKGKL—6—800—6			6	166.3		0.827			1090	570	270	3950	940	625	256	
XKGKL—6—800—8			8	221.7		1.013			1140	600	270	4860	990	625	318	
XKGKL—6—800—10			10	277.1		1.378			1200	620	270	5610	1050	625	350	
XKGKL—10—800—4		10	4	184.8	3×4618.8	0.919	51.0	20.0	1110	580	315	4250	960	625	265	

续表 12-15

型号	额定电流(A)	额定电压(kV)	电抗率(%)	单相无功容量(kvar)	三相通过容量(kvar)	额定电感(mH)	动稳定电流峰值(kA)	热稳定电流(kV)	线圈外径(mm)	线圈高度(mm)	中间瓷件高度(mm)	每相损耗(W)	安装中心直径(mm)	下瓷座高度(mm)	每相重量(kg)	生产厂
XKGKL—10—800—5	800	10	5	230.9	3×4618.8	1.149	51.0	20.0	1160	600	315	4990	1010	625	308	苏州亚地特种变压器有限公司
XKGKL—10—800—6			6	277.1		1.378			1200	620	315	5610	1050	625	350	
XKGKL—10—800—8			8	369.5		1.833			1240	650	315	6870	1090	725	435	
XKGKL—10—800—10			10	461.9		2.297			1290	680	315	8060	1140	725	515	
XKGKL—6—1000—4	1000	6	4	138.6	3×3464.1	0.441	63.75	25.0	990	600	270	3520	840	625	221	
XKGKL—6—1000—5			5	173.2		0.551			1010	630	270	4180	860	625	248	
XKGKL—6—1000—6			6	207.8		0.662			1030	660	270	4610	880	625	284	
XKGKL—6—1000—8			8	277.1		0.882			1140	680	270	5350	990	625	351	
XKGKL—6—1000—10			10	346.4		1.103			1200	710	270	6330	1050	625	415	
XKGKL—6—1000—12			12	415.7		1.323			1240	750	270	7380	1090	725	477	
XKGKL—10—1000—4		10	4	230.9	3×5773.5	0.735	63.75	25.0	1120	650	315	4760	970	625	308	
XKGKL—10—1000—5			5	288.7		0.919			1160	680	315	5610	1010	625	363	
XKGKL—10—1000—6			6	346.4		1.103			1200	710	315	6330	1050	625	415	
XKGKL—10—1000—8			8	461.9		1.470			1225	750	315	7590	1075	725	516	
XKGKL—10—1000—10			10	577.4		1.838			1250	795	315	8900	1100	725	610	
XKGKL—10—1000—12			12	692.8		2.205			1290	840	315	10200	1140	725	697	
XKGKL—6—1500—4	1500	6	4	207.8	3×5196.2	0.294	95.63	37.5	1100	660	270	4380	950	625	283	
XKGKL—6—1500—5			5	259.8		0.368			1150	680	270	5170	1000	625	335	
XKGKL—6—1500—6			6	311.8		0.441			1200	700	270	5690	1050	625	385	
XKGKL—6—1500—8			8	415.7		0.588			1260	730	270	6980	1110	725	476	
XKGKL—6—1500—10			10	519.6		0.735			1340	750	270	7880	1190	725	561	
XKGKL—6—1500—12			12	623.5		0.882			1380	760	270	9050	1230	725	643	

续表 12－15

型　号	额定电流(A)	额定电压(kV)	电抗率(%)	单相无功容量(kvar)	三相通过容量(kvar)	额定电感(mH)	动稳定电流峰值(kA)	热稳定电流(kV)	线圈外径(mm)	线圈高度(mm)	中间瓷件高度(mm)	每相损耗(W)	安装中心直径(mm)	下瓷座高度(mm)	每相重量(kg)	生产厂
XKGKL—10—1500—4	1500	6	4	346.4	3×8660.3	0.490	95.63	37.5	1240	780	315	5710	1090	725	415	苏州亚地特种变压器有限公司
XKGKL—10—1500—5			5	433.0		0.613			1300	730	315	7090	1150	725	491	
XKGKL—10—1500—6			6	519.6		0.735			1340	750	315	7880	1190	725	561	
XKGKL—10—1500—8			8	692.8		0.980			1380	770	315	9410	1230	725	698	
XKGKL—10—1500—10			10	866.0		1.255			1450	800	315	10300	1250	825	827	
XKGKL—10—1500—12			12	1039.2		1.470			1500	820	315	11810	1300	825	960	
XKGKL—10—3000—4	3000	10	4	692.8	3×17320.5	0.245	153.0	60.0	1500	780	415	9670	1330	825	707	
XKGKL—10—3000—5			5	866.0		0.306			1530	850	415	11200	1350	825	835	
XKGKL—10—3000—6			6	1039.5		0.368			1560	880	415	12960	1360	825	958	
XKGKL—10—3000—8			8	1385.6		0.490			1590	930	415	13980	1395	825	1189	
XKGKL—10—3000—10			10	1732.1		0.613			1650	940	415	15950	1450	825	1406	
XKGKL—10—3000—12			12	2078.5		0.735			1695	990	415	18120	1495	825	1612	
XKGKL—6—3500—4	3500	6	4	485.0	3×12124.4	0.126	178.5	70.0	1450	860	415	1780	1300	825	541	
XKGKL—6—3500—5			5	606.2		0.158			1560	910	415	7700	1410	825	640	
XKGKL—6—3500—6			6	727.5		0.189			1600	960	415	8700	1400	825	734	
XKGKL—6—3500—8			8	969.9		0.252			1640	1000	415	11190	1440	925	910	
XKGKL—6—3500—10			10	1212.4		0.315			1680	1170	415	11900	1480	925	1076	
XKGKL—6—3500—12			12	1454.9		0.378			1750	1210	415	12870	1550	925	1234	
XKGKL—10—3500—4		10	4	808.3	3×20207.3	0.210	178.5	70.0	1530	1220	415	9600	1330	825	794	

续表 12-15

型号	额定电流（A）	额定电压（kV）	电抗率（%）	单相无功容量（kvar）	三相通过容量（kvar）	额定电感（mH）	动稳定电流峰值（kA）	热稳定电流（kV）	线圈外径（mm）	线圈高度（mm）	中间瓷件高度（mm）	每相损耗（W）	安装中心直径（mm）	下瓷座高度（mm）	每相重量（kg）	生产厂
XKGKL—10—3500—5	3500	10	5	1010.4	3×20207.3	0.263	178.5	70.0	1600	1240	415	10500	1400	825	939	苏州亚地特种变压器有限公司
XKGKL—10—3500—6			6	1212.4		0.315			1730	1260	415	11900	1530	925	1076	
XKGKL—10—3500—8			8	1616.6		0.420			1790	1340	415	14500	1590	925	1335	
XKGKL—10—3500—10			10	2020.7		0.525			1800	1390	415	18100	1600	925	1578	
XKGKL—10—3500—12			12	2424.9		0.63			1850	1450	415	20950	1650	1000	1809	
XKGKL—6—4000—4	4000	6	4	554.3	3×13856.4	0.110	204.0	80.0	1450	980	415	7870	1300	825	598	
XKGKL—6—4000—5			5	692.3		0.138			1490	1050	415	9100	1340	825	708	
XKGKL—6—4000—6			6	831.4		0.165			1540	1070	415	10240	1340	825	811	
XKGKL—6—4000—8			8	1108.5		0.221			1580	1180	415	12710	1380	825	1006	
XKGKL—6—4000—10			10	1385.6		0.276			1620	1210	415	15060	1420	925	1188	
XKGKL—6—4000—12			12	1662.8		0.331			1660	1290	415	17000	1460	925	1364	
XKGKL—10—4000—4		10	4	923.8	3×23094.0	0.184	204.0	80.0	1490	1100	415	11810	1290	825	878	
XKGKL—10—4000—5			5	1154.7		0.230			1530	1150	415	13550	1330	825	1037	
XKGKL—10—4000—6			6	1385.6		0.276			1620	1210	415	15060	1420	925	1188	
XKGKL—10—4000—8			8	1847.5		0.368			1650	1250	415	18030	1450	925	1476	
XKGKL—10—4000—10			10	2309.4		0.459			1670	1300	415	21950	1470	925	1745	
XKGKL—10—4000—12			12	2771.3		0.551			1780	1400	415	25050	1580	925	2000	

续表 12－15

型　号	额定电流(A)	额定电压(kV)	电抗率(%)	三相通过容量(kvar)	单相无功容量(kvar)	额定电感(mH)	短时电流 4s(kA)	动稳定电流峰值(kA)	外形尺寸(mm)(外径×高度)	单相损耗(75℃)(W)	单相重量(kg)	安装节径(mm)	生产厂
XKGKL—6—800—4	800	6	4	3×2771.3	110.9	0.551	20.0	51.0	950×550	3287	217	800	西安西电电工材料有限责任公司
XKGKL—6—800—5	800	6	5	3×2771.3	138.6	0.689	20.0	51.0	1000×570	3775	248	850	
XKGKL—6—800—6	800	6	6	3×2771.3	166.3	0.827	20.0	51.0	1090×570	4214	275	940	
XKGKL—6—800—8	800	6	8	3×2771.3	221.7	1.103	20.0	51.0	1140×600	5056	329	990	
XKGKL—10—800—4	800	10	4	3×4618.8	184.8	0.919	20.0	51.0	1110×580	4525	300	960	
XKGKL—10—800—5	800	10	5	3×4618.8	230.9	1.149	20.0	51.0	1160×600	5190	342	1010	
XKGKL—10—800—6	800	10	6	3×4618.8	277.1	1.378	20.0	51.0	1200×620	5807	379	1050	
XKGKL—10—800—8	800	10	8	3×4618.8	369.5	1.838	20.0	51.0	1240×650	6965	458	1090	
XKGKL—6—1000—4	1000	6	4	3×3464.1	138.6	0.441	25.0	63.75	990×600	3959	246	840	
XKGKL—6—1000—5	1000	6	5	3×3464.1	173.2	0.551	25.0	63.75	1010×630	4554	276	860	
XKGKL—6—1000—6	1000	6	6	3×3464.1	207.8	0.662	25.0	63.75	1030×660	5090	308	880	
XKGKL—6—1000—8	1000	6	8	3×3464.1	277.1	0.882	25.0	63.75	1140×680	5691	385	990	
XKGKL—6—1000—10	1000	6	10	3×3464.1	346.4	1.103	25.0	63.75	1200×710	6512	445	1050	
XKGKL—10—1000—4	1000	10	4	3×5773.5	230.9	0.735	25.0	63.75	1120×650	5076	347	970	
XKGKL—10—1000—5	1000	10	5	3×5773.5	288.7	0.919	25.0	63.75	1160×680	5839	394	1010	
XKGKL—10—1000—6	1000	10	6	3×5773.5	346.4	1.103	25.0	63.75	1200×710	6511	455	1050	
XKGKL—10—1000—8	1000	10	8	3×5773.5	461.9	1.470	25.0	63.75	1225×750	7815	531	1075	
XKGKL—10—1000—10	1000	10	10	3×5773.5	577.4	1.838	25.0	63.75	1250×790	9000	613	1100	
XKGKL—6—1500—4	1500	6	4	3×5196.2	207.8	0.294	37.5	95.63	1100×660	4350	343	950	
XKGKL—6—1500—5	1500	6	5	3×5196.2	259.8	0.368	37.5	95.63	1150×680	5234	398	1000	

续表 12-15

型　号	额定电流 (A)	额定电压 (kV)	电抗率 (%)	三相通过容量 (kvar)	单相无功容量 (kvar)	额定电感 (mH)	短时电流 4s (kA)	动稳定电流峰值 (kA)	外形尺寸 (mm) (外径×高度)	单相损耗 (75℃) (W)	单相重量 (kg)	安装节径 (mm)	生产厂
XKGKL—6—1500—6	1500	6	6	3×5196.2	311.8	0.441	37.5	95.63	1200×700	5828	453	1050	西安西电电工材料有限责任公司
XKGKL—6—1500—8	1500	6	8	3×5196.2	415.7	0.588	37.5	95.63	1260×730	7182	543	1110	
XKGKL—6—1500—10	1500	6	10	3×5196.2	519.6	0.735	37.5	95.63	1340×750	8276	632	1190	
XKGKL—10—1500—4	1500	10	4	3×8660.3	346.4	0.490	37.5	95.63	1240×700	6331	467	1090	
XKGKL—10—1500—5	1500	10	5	3×8660.3	433.0	0.613	37.5	95.63	1300×730	7437	559	1150	
XKGKL—10—1500—6	1500	10	6	3×8660.3	519.0	0.735	37.5	95.63	1340×750	8061	632	1190	
XKGKL—10—1500/8	1500	10	8	3×8660.3	629.8	0.980	37.5	95.63	1380×770	9722	750	1230	
XKGKL—10—1500/10	1500	10	10	3×8660.3	866.0	1.225	37.5	95.63	1450×800	11550	914	1250	
XKGKL—6—2000/4	2000	6	4	3×6928.2	277.1	0.221	40.0	102.0	1170×750	5935	410	1020	
XKGKL—6—2000/5	2000	6	5	3×6928.2	346.4	0.276	40.0	102.0	1260×770	6748	472	1110	
XKGKL—6—2000/6	2000	6	6	3×6928.2	415.7	0.331	40.0	102.0	1350×780	7503	530	1200	
XKGKL—6—2000/8	2000	6	8	3×6928.2	554.3	0.441	40.0	102.0	1400×850	8984	624	1250	
XKGKL—6—2000/10	2000	6	10	3×6928.2	629.8	0.551	40.0	102.0	1450×880	10344	721	1300	
XKGKL—6—2000/12	2000	6	12	3×6928.2	631.4	0.662	40.0	102.0	1480×920	11064	794	1280	
XKGKL—10—2000/4	2000	10	4	3×11547.0	461.9	0.368	40.0	102.0	1360×780	8018	560	1210	
XKGKL—10—2000/5	2000	10	5	3×11547.0	544.4	0.459	40.0	102.0	1400×830	9214	641	1250	
XKGKL—10—2000/6	2000	10	6	3×11547.0	692.8	0.551	40.0	102.0	1450×880	10337	716	1300	
XKGKL—10—2000/8	2000	10	8	3×11547.0	923.8	0.735	40.0	102.0	1490×930	12338	862	1290	
XKGKL—10—2000/10	2000	10	10	3×11547.0	1154.7	0.919	40.0	102.0	1540×950	14081	910	1340	
XKGKL—10—2000/12	2000	10	12	3×11547.0	1385.6	1.103	40.0	102.0	1580×1030	15087	1125	1380	

表12-16 XKGKL系列干式空芯限流电抗器技术数据（二）

型号	额定电流（A）	额定电压（kV）	电抗率（%）	单相无功容量（kvar）	三相通过容量（kvar）	额定电感（mH）	动稳定电流峰值（kA）	热稳定电流（4s）（kA）	线圈外径（mm）	线圈高度（mm）	中间瓷件高度（mm）	下瓷座高度（mm）	安装底脚直径（mm）	每相损耗（W）	每相重量（kg）	生产厂
XKGKL—6—200—1			1	6.93		0.551			625	460	270	315	720	850	37	
XKGKL—6—200—3			3	20.8		1.654			780	220	270	440	630	1390	52	
XKGKL—6—200—4		6	4	27.7	3×692.8	2.205			800	430	270	440	650	1020	70	
XKGKL—6—200—5			5	34.6		2.757			830	510	270	440	680	1310	82	
XKGKL—6—200—6			6	41.6		3.308			850	550	270	440	700	1520	96	
XKGKL—6—200—8	200		8	55.4		4.411	12.75	5.0	880	570	270	440	730	1820	115	
XKGKL—10—200—3			3	34.6		2.757			830	430	315	525	680	1340	81	
XKGKL—10—200—4			4	46.2		3.676			860	310	315	525	710	2045	94	
XKGKL—10—200—5		10	5	57.7	3×1154.7	4.594			880	510	315	525	730	1910	118	
XKGKL—10—200—6			6	69.3		5.513			910	550	315	525	760	2170	136	
XKGKL—10—200—8			8	92.4		7.351			950	600	315	525	800	2610	167	西安中扬电气股份有限公司
XKGKL—6—300—3			3	31.2		1.103			830	470	270	525	680	1250	78	
XKGKL—6—300—4			4	41.6		1.470			860	510	270	525	710	1500	96	
XKGKL—6—300—5		6	5	52.0	3×1039.2	1.838			880	245	270	525	730	2100	100	
XKGKL—6—300—6			6	62.4		2.205			900	560	270	525	750	1870	125	
XKGKL—6—300—8	300		8	83.1		2.940	19.13	7.5	930	600	270	525	780	2370	155	
XKGKL—10—300—3			3	52.0		1.838			880	540	315	525	730	1370	109	
XKGKL—10—300—4			4	69.3		2.450			910	570	315	525	760	2180	135	
XKGKL—10—300—5		10	5	86.6	3×1732.1	3.063			940	590	315	525	790	2490	159	
XKGKL—10—300—6			6	103.9		3.676			970	610	315	525	820	2860	182	
XKGKL—10—300—8			8	138.6		4.900			990	630	315	525	840	3550	227	
XKGKL—6—400—3	400	6	3	41.6	3×1385.6	0.827	25.5	10.0	860	280	270	525	710	1930	87	

续表 12-16

型号	额定电流 (A)	额定电压 (kV)	电抗率 (%)	单相无功容量 (kvar)	三相通过容量 (kvar)	额定电感 (mH)	动稳定电流峰值 (kA)	热稳定电流 (4s) (kA)	线圈外径 (mm)	线圈高度 (mm)	中间瓷件高度 (mm)	下瓷座高度 (mm)	安装底脚直径 (mm)	每相损耗 (W)	每相重量 (kg)	生产厂
XKGKL—6—400—4	400	6	4	55.4	3×1385.6	1.103	25.5	10.0	905	325	270	525	740	2155	110	西安中扬电气股份有限公司
XKGKL—6—400—5			5	69.3		1.378			910	370	270	525	760	2220	136	
XKGKL—6—400—6			6	83.1		1.654			920	370	270	525	770	2570	155	
XKGKL—6—400—8			8	110.9		2.205			950	390	270	525	800	3560	160	
XKGKL—6—400—10			10	138.6		2.275			960	380	270	525	810	3650	225	
XKGKL—6—400—20			20	277.13		5.508			1230	355	270	525	1090	5000	324	
XKGKL—10—400—3	400	10	3	69.3	3×2390.4	1.378	25.5	10.0	910	370	315	525	760	2210	135	
XKGKL—10—400—4			4	92.4		1.838			930	370	315	525	780	3000	154	
XKGKL—10—400—5			5	115.5		2.297			950	370	315	525	800	3160	197	
XKGKL—10—400—6			6	138.6		2.757			960	430	315	525	810	3900	200	
XKGKL—10—400—8			8	184.8		3.676			1000	490	315	625	850	4480	280	
XKGKL—10—400—10			10	230.9		4.594			1050	500	315	525	900	5220	331	
XKGKL—6—500—4	500	6	4	69.3	3×1732.1	0.882	31.88	12.5	900	290	270	525	750	4850	127	
XKGKL—6—500—5			5	86.3		1.103			930	420	270	525	780	2600	159	
XKGKL—6—500—6			6	103.9		1.132			950	450	270	525	800	2810	182	
XKGKL—6—500—8			8	138.6		1.764			995	370	270	525	820	4090	190	
XKGKL—6—500—10			10	173.2		2.205			970	490	270	525	840	4210	225	
XKGKL—10—500—4		10	4	115.5	3×2886.8	1.470			950	380	315	525	800	3110	197	
XKGKL—10—500—5			5	144.3		1.838			970	420	315	525	820	3680	232	
XKGKL—10—500—6			6	173.2		2.205			990	450	315	525	840	4210	267	
XKGKL—10—500—8			8	230.9		2.940			1020	485	315	625	870	5280	331	
XKGKL—10—500—10			10	288.7		3.676			1050	520	315	625	900	6190	390	

续表 12-16

型号	额定电流（A）	额定电压（kV）	电抗率（%）	单相无功容量（kvar）	三相通过容量（kvar）	额定电感（mH）	动稳定电流峰值（kA）	热稳定电流（4s）（kA）	线圈外径（mm）	线圈高度（mm）	中间瓷件高度（mm）	下瓷座高度（mm）	安装底脚直径（mm）	每相损耗（W）	每相重量（kg）	生产厂
XKGKL—6—600—4	600	6	4	83.1	3×2078.5	0.735	38.25	15.0	965	385	270	525	750	2555	160	西安中扬电气股份有限公司
XKGKL—6—600—5			5	103.9		0.919			970	450	270	525	820	2910	182	
XKGKL—6—600—6			6	124.7		1.103			985	325	270	625	870	1850	187	
XKGKL—6—600—8			8	166.3		1.470			1070	375	270	625	920	3980	237	
XKGKL—6—600—10			10	207.8		1.838			1125	510	270	625	975	4910	305	
XKGKL—10—600—4		10	4	138.6	3×3464.1	1.225			1050	460	315	625	900	3320	225	
XKGKL—10—600—5			5	173.2		1.531			1090	480	315	625	940	4100	267	
XKGKL—10—600—6			6	207.8		1.838			1125	510	315	625	975	4900	305	
XKGKL—10—600—8			8	277.1		2.450			1175	530	315	625	1020	5800	378	
XKGKL—10—600—10			10	346.4		3.063			1240	550	315	700	1090	6710	410	
XKGKL—6—800—4	800	6	4	110.9	3×2771.3	0.551	51.0	20.0	950	335	315	525	800	3288	165	
XKGKL—6—800—5			5	138.6		0.689			1000	360	270	525	850	3564	202	
XKGKL—6—800—6			6	166.3		0.827			1085	385	270	625	940	3968	228	
XKGKL—6—800—8			8	221.7		1.102			1140	440	270	625	990	4724	275	
XKGKL—6—800—10			10	277.1		1.378			1180	360	270	625	1050	5300	314	
XKGKL—10—800—4		10	4	184.8	3×4618.8	0.919			1110	480	315	625	960	4250	265	
XKGKL—10—800—5			5	230.9		1.149			1160	500	315	625	1010	4990	308	
XKGKL—10—800—6			6	277.1		1.378			1100	370	315	625	1050	5710	292	
XKGKL—10—800—8			8	369.5		1.838			1240	415	315	700	1090	6105	382	
XKGKL—10—800—10			10	461.9		2.297			1290	650	315	700	1140	6870	515	
XKGKL—6—1000—4	1000	6	4	138.6	3×3464.1	0.441	63.75	25.0	1010	330	270	525	840	3427	201	
XKGKL—6—1000—5			5	173.2		0.551			1020	350	270	625	860	4054	226	

续表 12-16

型号	额定电流(A)	额定电压(kV)	电抗率(%)	单相无功容量(kvar)	三相通过容量(kvar)	额定电感(mH)	动稳定电流峰值(kA)	热稳定电流(4s)(kA)	线圈外径(mm)	线圈高度(mm)	中间瓷件高度(mm)	下瓷座高度(mm)	安装底脚直径(mm)	每相损耗(W)	每相重量(kg)	生产厂
XKGKL—6—1000—6	1000	6	6	207.8	3×3464.1	0.662	63.75	25.0	1050	375	270	625	880	4358	263	西安中扬电气股份有限公司
XKGKL—6—1000—8			8	277.1		0.882			990	500	270	625	990	3520	221	
XKGKL—6—1000—10			10	346.4		1.103			1010	530	270	625	1050	4180	248	
XKGKL—6—1000—12			12	415.7		1.323			1030	560	270	700	1090	4610	284	
XKGKL—10—1000—4		10	4	230.9	3×5773.5	0.735			1140	580	315	625	970	5350	351	
XKGKL—10—1000—5			5	288.7		0.919			1200	610	315	625	1010	6330	415	
XKGKL—10—1000—6			6	346.4		1.103			1250	475	315	625	1050	6230	368	
XKGKL—10—1000—8			8	461.9		1.470			1225	495	315	700	1075	6814	470	
XKGKL—10—1000—10			10	577.4		1.838			1250	695	315	700	1100	8900	610	
XKGKL—10—1000—12			12	692.8		2.205			1290	740	315	700	1140	10200	697	
XKGKL—6—1500—4	1500	6	4	207.8	3×5196.2	0.294	95.63	37.5	1100	560	270	625	950	4380	283	
XKGKL—6—1500—5			5	259.8		0.368			1150	370	270	625	1000	4721	320	
XKGKL—6—1500—6			6	311.8		0.441			1200	600	270	625	1050	5690	385	
XKGKL—6—1500—8			8	415.7		0.588			1260	630	270	700	1110	6980	476	
XKGKL—6—1500—10			10	519.6		0.735			1350	395	270	700	1190	7274	485	
XKGKL—6—1500—12			12	623.5		0.882			1380	660	270	700	1230	9050	561	
XKGKL—10—1500—4		10	4	346.4	3×8660.3	0.490			1240	680	315	700	1090	5710	415	
XKGKL—10—1500—5			5	433.0		0.613			1300	630	315	700	1150	7090	491	
XKGKL—10—1500—6			6	519.6		0.735			1360	375	315	700	1190	4142	468	
XKGKL—10—1500—8			8	692.8		0.980			1415	420	315	700	1230	9211	569	
XKGKL—10—1500—10			10	866.0		1.225			1450	700	315	780	1250	7880	827	
XKGKL—10—1500—12			12	1039.2		1.470			1500	720	315	780	1300	11810	960	

续表 12-16

型号	额定电流（A）	额定电压（kV）	电抗率（%）	单相无功容量（kvar）	三相通过容量（kvar）	额定电感（mH）	动稳定电流峰值（kA）	热稳定电流（4s）（kA）	线圈外径（mm）	线圈高度（mm）	中间瓷件高度（mm）	下瓷座高度（mm）	安装底脚直径（mm）	每相损耗（W）	每相重量（kg）	生产厂
XKGKL—6—2000—4	2000	6	4	277.1	3×6928.2	0.221	127.5	50.0	1170	650	315	625	1020	5370	351	西安中扬电气股份有限公司
XKGKL—6—2000—5			5	346.4		0.276			1260	420	415	700	1110	6188	358	
XKGKL—6—2000—6			6	415.7		0.331			1350	680	315	700	1200	7110	480	
XKGKL—6—2000—8			8	544.3		0.441			1415	440	315	700	1250	8374	480	
XKGKL—6—2000—10			10	692.8		0.551			1450	780	315	780	1300	9870	596	
XKGKL—6—2000—12			12	831.4		0.662			1480	820	315	780	1280	10910	703	
XKGKL—10—2000—4		10	4	461.9	3×11547	0.368			1360	410	315	700	1210	6864	458	
XKGKL—10—2000—5			5	577.4		0.459			1410	425	315	780	1250	8422	501	
XKGKL—10—2000—6			6	692.8		0.551			1455	460	315	780	1300	9224	576	
XKGKL—10—2000—8			8	923.8		0.735			1490	490	315	780	1290	9795	770	
XKGKL—10—2000—10			10	1154.7		0.919			1695	585	315	780	1340	12846	821	
XKGKL—10—2000—12			12	1385.6		1.103			1580	930	315	780	1380	15410	1183	
XKGKL—6—2500—4	2500	6	4	346.4	3×8660.3	0.176	159.4	62.5	1280	640	315	700	1130	5300	420	
XKGKL—6—2500—5			4	433.0		0.221			1350	650	315	700	1200	6400	497	
XKGKL—6—2500—6			6	519.6		0.265			1430	420	315	700	1250	7864	471	
XKGKL—6—2500—8			8	692.8		0.353			1460	750	315	700	1310	9200	707	
XKGKL—6—2500—10			10	866.0		0.441			1490	760	315	780	1290	10710	836	
XKGKL—6—2500—12			12	1039.0		0.529			1530	800	315	780	1330	12300	958	
XKGKL—10—2500—4		10	4	577.4	3×14433.8	0.294			1450	370	415	780	1300	8089	507	
XKGKL—10—2500—5			5	721.7		0.368			1470	420	315	780	1270	9013	603	

续表 12-16

型号	额定电流（A）	额定电压（kV）	电抗率（%）	单相无功容量（kvar）	三相通过容量（kvar）	额定电感（mH）	动稳定电流峰值（kA）	热稳定电流（4s）（kA）	线圈外径（mm）	线圈高度（mm）	中间瓷件高度（mm）	下瓷座高度（mm）	安装底脚直径（mm）	每相损耗（W）	每相重量（kg）	生产厂
XKGKL—10—2500—6	2500	10	6	866.0	3×14433.8	0.441	159.4	62.5	1480	460	315	780	1290	10560	667	西安中扬电气股份有限公司
XKGKL—10—2500—8			8	1154.7		0.588			1510	535	315	780	1350	11580	866	
XKGKL—10—2500—10			10	1443.4		0.735			1640	490	315	780	1425	13287	938	
XKGKL—10—2500—12			12	1732.1		0.882			1670	880	415	780	1470	17900	1406	
XKGKL—6—3000—4	3000	6	4	415.7	3×10392.3	0.147	191.3	75.0	1300	610	415	700	1150	6310	482	
XKGKL—6—3000—5			5	519.6		0.184			1370	660	415	700	1220	7950	568	
XKGKL—6—3000—6			6	623.5		0.221			1410	660	415	780	1260	8980	653	
XKGKL—6—3000—8			8	831.4		0.294			1470	450	415	780	1250	9354	685	
XKGKL—6—3000—10			10	1039.2		0.368			1560	450	415	780	1350	11347	737	
XKGKL—6—3000—12			12	1247.1		0.441			1590	790	415	780	1390	13420	1204	
XKGKL—10—3000—4		10	4	692.8	3×17320.5	0.245			1510	400	415	780	1330	8800	583	
XKGKL—10—3000—5			5	866.0		0.306			1520	455	415	780	1350	9981	690	
XKGKL—10—3000—6			6	1039.2		0.368			1560	780	415	780	1360	12960	958	
XKGKL—10—3000—8			8	1385.6		0.490			1585	640	415	780	1395	13476	957	
XKGKL—10—3000—10			10	1732.1		0.613			1650	600	415	780	1450	14147	1184	
XKGKL—10—3000—12			12	2078.5		0.735			1695	700	415	780	1495	15713	1356	
XKGKL—6—3500—4	3500	6	4	485.0	3×12124.4	0.126	223.2	87.5	1450	760	415	780	1300	7180	541	
XKGKL—6—3500—5			5	606.2		0.158			1560	810	415	780	1410	7700	640	
XKGKL—6—3500—6			6	727.5		0.189			1505	460	415	780	1400	8788	648	
XKGKL—6—3500—8			8	969.9		0.252			1640	900	415	780	1440	11190	910	

续表 12-16

型号	额定电流(A)	额定电压(kV)	电抗率(%)	单相无功容量(kvar)	三相通过容量(kvar)	额定电感(mH)	动稳定电流峰值(kA)	热稳定电流(4s)(kA)	线圈外径(mm)	线圈高度(mm)	中间瓷件高度(mm)	下瓷座高度(mm)	安装底脚直径(mm)	每相损耗(W)	每相重量(kg)	生产厂
XKGKL—6—3500—10	3500	6	10	1212.4	3×12124.4	0.315	223.2	87.5	1680	1070	415	780	1480	11900	1076	西安中扬电气股份有限公司
XKGKL—6—3500—12			12	1454.9		0.315			1740	530	415	780	1550	14176	1011	
XKGKL—10—3500—4		10	4	808.3	3×20207.3	0.208			1530	1120	415	780	1330	9600	794	
XKGKL—10—3500—5			5	1010.4		0.210			1600	1140	415	780	1400	10500	939	
XKGKL—10—3500—6			6	1212.4		0.263			1680	485	415	780	1530	12718	832	
XKGKL—10—3500—8			8	1616.6		0.420			1710	560	415	780	1590	14532	1040	
XKGKL—10—3500—10			10	2020.7		0.525			1800	610	415	780	1600	16937	1198	
XKGKL—10—3500—12			12	2424.9		0.630			1850	610	415	1000	1650	17281	1470	
XKGKL—6—4000—4	4000	6	4	554.3	3×13856.4	0.110	255.0	100.0	1450	880	415	780	1300	7870	598	
XKGKL—6—4000—5			5	692.3		0.138			1490	950	415	780	1340	9100	708	
XKGKL—6—4000—6			6	831.4		0.165			1540	490	415	780	1340	9209	736	
XKGKL—6—4000—8			8	1108.5		0.221			1580	550	415	780	1380	11202	856	
XKGKL—6—4000—10			10	1385.6		0.276			1620	1110	415	780	1420	15060	1188	
XKGKL—6—4000—12			12	1662.8		0.331			1660	1190	415	780	1460	17000	1364	
XKGKL—10—4000—4		10	4	923.8	3×23094.0	0.184			1490	1000	415	780	1290	11810	878	
XKGKL—10—4000—5			5	1154.7		0.230			1530	1050	415	780	1330	13550	1037	
XKGKL—10—4000—6			6	1385.6		0.276			1630	545	415	780	1420	13010	962	
XKGKL—10—4000—8			8	1847.5		0.368			1650	1150	415	780	1450	18030	1476	
XKGKL—10—4000—10			10	2309.4		0.459			1685	695	415	780	1470	16769	1411	
XKGKL—10—4000—12			12	2771.3		0.551			1780	1300	415	780	1580	25050	2000	

注 表中列出的为一相电抗器的参数。

(2) 海拔：不超过 1000m。

(3) 最大风速：30m/s（离地面 10m 高处 10min 内平均值）。

(4) 绝缘等级：F 级。

(5) 安装在地下室或其它空间受限制的地方时，一般每 1kW 损耗应有不小于 $4m^3/min$ 的空气通风。

二、型号含义

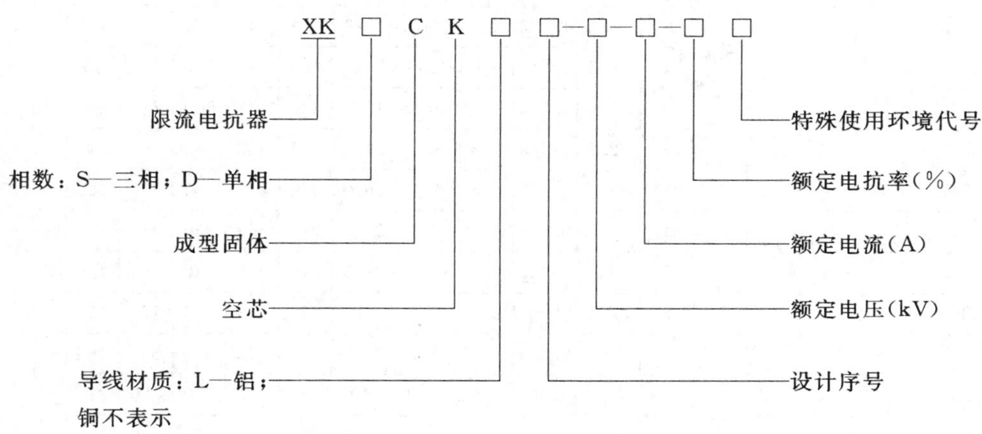

三、产品结构

该系列产品采用空芯结构，无铁芯，多根并联绝缘小铝导线多股平行绕制，环氧树脂浸透玻璃纤维包封，整体高温固化，绕组为多层并联结构，层间有通风道，吊臂为铝合金星形结构，涡流损耗小，机械强度高。根据需要，电抗器线圈电感可作为带抽头可调。

四、技术数据

(1) 超载能力：1.35 倍额定电流下连续运行。

(2) 热稳定性能：能耐受额定电抗率的倒数倍的额定电流，时间为 2s。

(3) 动稳定性能：能耐受热稳定电流的 2.55 倍，时间 0.5s，无任何热的机械的损伤。

(4) 温升：线圈平均温升≤75K（电阻法）。

(5) 雷电冲击电压为 60、75kV，短时交流电压为 35、45kV。

(6) 额定电压、额定电流、配套电容器技术数据，见表 12－17。

五、订货须知

订货时必须提供额定电流、额定电压、额定电抗率、短时和峰值耐受电流及持续时间、安装方式（水平或垂直叠装）、使用条件、出线端子角度及其它性能等要求。

六、生产厂

顺特电气有限公司、北京电力设备总厂、无锡电力电容器有限公司、青岛恒顺电器有限公司。

表12-17 XKSCKL系列干式空芯限流电抗器技术数据

型号	额定电压(kV)	额定电流(A)	电抗率(%)	单相容量(kvar)	额定电抗(Ω)	短时电流(2s)(kA)	峰值电流(0.5s)(kA)	额定损耗(75℃)(W)	外形尺寸(mm)			底座中径Dc(mm)	重量(kg)	安装方式	生产厂
									D	h	H				
XKSCKL—6—200—4	6	200	4	27.7	0.693	5.0	12.8	1020	800	342	420	650	70	三叠	顺特电气有限公司
XKSCKL—6—200—5			5	34.6	0.866	4.0	10.2	1310	830	342	500	680	80		
XKSCKL—6—200—6			6	41.6	1.039	3.3	8.5	1520	850	342	550	700	95		
XKSCKL—6—200—8			8	55.4	1.386	2.5	6.375	1820	880	342	570	730	115		
XKSCKL—10—200—4	10		4	48.5	1.212	5.0	12.8	2040	860	342	310	710	95		
XKSCKL—10—200—5			5	60.6	1.516	4.0	10.2	1910	880	342	500	730	120		
XKSCKL—10—200—6			6	72.7	1.819	3.3	8.5	2170	910	342	540	760	140		
XKSCKL—10—200—8			8	97.0	2.425	2.5	6.4	2610	950	342	600	800	165		
XKSCKL—6—400—4	6	400	4	55.4	0.346	10.0	25.5	2150	910	342	330	740	110		
XKSCKL—6—400—5			5	69.3	0.433	8.0	20.4	2220	915	342	370	760	135		
XKSCKL—6—400—6			6	83.1	0.52	6.7	17.0	2570	920	342	370	770	150		
XKSCKL—6—400—8			8	111	0.693	5.0	12.8	3560	950	342	390	800	160		
XKSCKL—6—400—10			10	139	0.866	4.0	10.2	3650	960	342	380	810	230		
XKSCKL—10—400—4	10		4	97.0	0.606	10.0	25.5	3000	930	342	370	780	150		
XKSCKL—10—400—5			5	121	0.758	8.0	20.4	3160	950	342	370	800	195		
XKSCKL—10—400—6			6	145	0.909	6.7	17.0	3900	960	342	430	810	200		
XKSCKL—10—400—8			8	194	1.212	5.0	12.8	4480	1000	342	490	850	280		
XKSCKL—10—400—10			10	242	1.516	4.0	10.2	5220	1050	342	500	900	330		
XKSCKL—6—600—4	6	600	4	83.1	0.231	15.0	38.3	2555	960	342	380	750	160		
XKSCKL—6—600—5			5	104	0.289	12.0	30.6	2910	970	342	450	820	180		
XKSCKL—6—600—6			6	125	0.346	10.0	25.5	1850	980	342	320	870	190		
XKSCKL—6—600—8			8	166	0.462	7.5	19.1	3980	1070	342	370	920	235		
XKSCKL—6—600—10			10	208	0.577	6.0	15.3	4900	1130	342	510	970	300		
XKSCKL—10—600—4	10		4	145	0.404	15.0	38.3	3320	1050	342	460	900	220		
XKSCKL—10—600—5			5	182	0.505	12.0	30.6	4000	1090	342	480	940	270		
XKSCKL—10—600—6			6	218	0.606	10.0	25.5	4900	1130	342	510	970	300		
XKSCKL—10—600—8			8	291	0.808	7.5	19.1	5800	1180	342	530	1020	380		
XKSCKL—10—600—10			10	364	1.01	6.0	15.3	6710	1250	342	550	1090	410		
XKSCKL—6—800—4	6	800	4	111	0.173	20.0	51.0	3280	950	342	340	800	165		
XKSCKL—6—800—5			5	139	0.217	16.0	40.8	3560	1000	342	350	850	200		
XKSCKL—6—800—6			6	166	0.26	13.3	34.0	3960	1090	342	380	940	230		
XKSCKL—6—800—8			8	222	0.346	10.0	25.5	4720	1140	342	440	990	270		
XKSCKL—6—800—10			10	277	0.433	8.0	20.4	5300	1180	342	350	1050	310		

续表 12-17

型号	额定电压(kV)	额定电流(A)	电抗率(%)	单相容量(kvar)	额定电抗(Ω)	短时电流(2s)(kA)	峰值电流(0.5s)(kA)	额定损耗(75℃)(W)	外形尺寸(mm) D	h	H	底座中径Dc(mm)	重量(kg)	安装方式	生产厂
XKSCKL—10—800—4	10	800	4	194	0.303	20.0	51.0	4250	1100	342	480	960	270	三叠	顺特电气有限公司
XKSCKL—10—800—5			5	242	0.379	16.0	40.8	4990	1150	342	500	1000	300		
XKSCKL—10—800—6			6	291	0.455	13.3	34.0	5700	1100	342	370	1050	290		
XKSCKL—10—800—8			8	388	0.606	10.0	25.5	6100	1240	342	420	1090	380		
XKSCKL—10—800—10			10	485	0.758	8.0	20.4	6850	1290	342	650	1140	500		
XKSCKL—6—1000—4	6	1000	4	139	0.139	25.0	63.8	3430	1000	342	330	840	200		
XKSCKL—6—1000—5			5	173	0.173	20.0	51.0	4050	1020	342	350	860	230		
XKSCKL—6—1000—6			6	208	0.208	16.7	42.5	4360	1050	342	370	880	260		
XKSCKL—6—1000—8			8	277	0.277	12.5	31.9	3520	1000	342	500	990	220		
XKSCKL—6—1000—10			10	346	0.346	10.0	25.5	4200	1010	342	530	1050	250		
XKSCKL—6—1000—12			12	416	0.416	8.33	21.3	4600	1050	342	560	1090	280		
XKSCKL—10—1000—4	10		4	242	0.242	25.0	63.8	5350	1150	342	580	970	350		
XKSCKL—10—1000—5			5	303	0.303	20.0	51.0	6330	1200	342	610	1010	420		
XKSCKL—10—1000—6			6	364	0.364	16.7	42.5	6230	1250	342	480	1050	370		
XKSCKL—10—1000—8			8	485	0.485	12.5	31.9	6810	1230	342	490	1070	470		
XKSCKL—10—1000—10			10	606	0.606	10.0	25.5	8900	1250	342	700	1100	610		
XKSCKL—10—1000—12			12	727	0.727	8.33	21.3	10200	1300	342	740	1150	700		
XKSCKL—6—1500—4	6	1500	4	208	0.092	37.5	95.6	4380	1100	342	560	950	280		
XKSCKL—6—1500—5			5	260	0.115	30.0	76.5	4720	1200	342	370	1000	320		
XKSCKL—6—1500—6			6	312	0.139	25.0	63.8	5690	1200	342	600	1050	380		
XKSCKL—6—1500—8			8	416	0.185	18.8	47.8	6980	1250	342	630	1110	475		
XKSCKL—6—1500—10			10	520	0.231	15.0	38.3	7270	1350	342	400	1200	485		
XKSCKL—6—1500—12			12	624	0.277	12.5	31.9	9050	1380	342	650	1230	560		
XKSCKL—10—1500—4	10		4	364	0.162	37.5	95.6	5710	1240	342	680	1090	420		
XKSCKL—10—1500—5			5	455	0.202	30.0	76.5	7100	1300	342	630	1150	490		
XKSCKL—10—1500—6			6	546	0.242	25.0	63.8	4140	1350	342	380	1190	470		
XKSCKL—10—1500—8			8	727	0.323	18.8	47.8	9200	1420	342	420	1230	570		
XKSCKL—10—1500—10			10	909	0.404	15.0	38.3	7880	1450	342	700	1250	830		
XKSCKL—10—1500—12			12	1091	0.485	12.5	31.9	11800	1500	342	720	1300	960		
XKSCKL—6—2000—4	6	2000	4	277	0.069	50.0	127.5	5370	1170	342	650	1020	350		
XKSCKL—6—2000—5			5	346	0.087	40.0	102.0	6180	1260	342	420	1110	360		
XKSCKL—6—2000—6			6	416	0.104	33.3	85.0	7110	1350	342	680	1200	480		
XKSCKL—6—2000—8			8	554	0.139	25.0	63.8	8370	1420	342	440	1250	480		

续表 12-17

型号	额定电压(kV)	额定电流(A)	电抗率(%)	单相容量(kvar)	额定电抗(Ω)	短时电流(2s)(kA)	峰值电流(0.5s)(kA)	额定损耗(75℃)(W)	外形尺寸(mm)			底座中径Dc(mm)	重量(kg)	安装方式	生产厂
									D	h	H				
XKSCKL—6—2000—10	6	2000	10	693	0.173	20.0	51.0	9870	1450	342	780	1300	600	三叠	顺特电气有限公司
XKSCKL—6—2000—12			12	831	0.208	16.7	42.5	10900	1480	342	820	1280	700		
XKSCKL—10—2000—4	10		4	485	0.121	50.0	127.5	6860	1350	342	410	1210	460		
XKSCKL—10—2000—5			5	606	0.152	40.0	102.0	8400	1400	342	430	1250	500		
XKSCKL—10—2000—6			6	727	0.182	33.3	85.0	9220	1460	342	460	1300	580		
XKSCKL—10—2000—8			8	970	0.242	25.0	63.8	9780	1500	342	490	1290	720		
XKSCKL—10—2000—10			10	1212	0.303	20.0	51.0	12800	1690	342	590	1340	820		
XKSCKL—10—2000—12			12	1455	0.364	16.7	42.5	15400	1580	342	930	1380	1180		
XKSCKL—6—2500—4	6	2500	4	346	0.055	62.5	159.4	5300	1280	342	640	1130	420	三平	
XKSCKL—6—2500—5			5	433	0.069	50.0	127.5	6400	1350	342	650	1200	490		
XKSCKL—6—2500—6			6	520	0.083	41.7	106.3	7860	1430	342	420	1250	470		
XKSCKL—6—2500—8			8	693	0.111	31.3	79.7	9200	1460	342	750	1310	700		
XKSCKL—6—2500—10			10	866	0.139	25.0	63.8	10700	1490	342	760	1290	840		
XKSCKL—6—2500—12			12	1039	0.166	20.8	53.1	12300	1530	342	800	1330	950		
XKSCKL—10—2500—4	10		4	606	0.097	62.5	159.4	8090	1450	342	370	1300	500		
XKSCKL—10—2500—5			5	758	0.121	50.0	127.5	9000	1470	342	420	1270	600		
XKSCKL—10—2500—6			6	909	0.145	41.7	106.3	10500	1480	342	460	1300	670		
XKSCKL—10—2500—8			8	1212	0.194	31.3	79.7	11580	1510	342	540	1350	860		
XKSCKL—10—2500—10			10	1516	0.242	25.0	63.8	13280	1640	342	490	1430	940		
XKSCKL—10—2500—12			12	1819	0.29	20.8	53.1	17000	1670	342	850	1470	1400		
XKSCKL—6—3000—4	6	3000	4	416	0.046	75.0	191.3	6300	1300	342	600	1150	500		
XKSCKL—6—3000—5			5	520	0.058	60.0	153.0	7900	1350	342	650	1220	560		
XKSCKL—6—3000—6			6	624	0.069	50.0	127.5	8980	1400	342	650	1260	650		
XKSCKL—6—3000—8			8	831	0.092	37.5	95.6	9350	1450	342	450	1250	680		
XKSCKL—6—3000—10			10	1039	0.115	30.0	76.5	11340	1550	342	450	1350	740		
XKSCKL—6—3000—12			12	1247	0.139	25.0	63.8	13400	1590	342	800	1390	1200		
XKSCKL—10—3000—4	10		4	727	0.081	75.0	191.3	8800	1510	342	400	1330	580		
XKSCKL—10—3000—5			5	909	0.101	60.0	153.0	9900	1520	342	450	1350	690		
XKSCKL—10—3000—6			6	1091	0.121	50.0	127.5	12960	1560	342	780	1360	950		
XKSCKL—10—3000—8			8	1455	0.162	37.5	95.6	13470	1590	342	640	1400	960		
XKSCKL—10—3000—10			10	1819	0.202	30.0	76.5	14100	1650	342	600	1450	1180		
XKSCKL—10—3000—12			12	2182	0.242	25.0	63.8	15700	1690	342	700	1500	1350		
XKSCKL—6—3500—4	6	3500	4	485	0.04	87.5	223.1	7180	1450	342	750	1300	540		

续表 12-17

型号	额定电压(kV)	额定电流(A)	电抗率(%)	单相容量(kvar)	额定电抗(Ω)	短时电流(2s)(kA)	峰值电流(0.5s)(kA)	额定损耗(75℃)(W)	外形尺寸(mm)			底座中径Dc(mm)	重量(kg)	安装方式	生产厂
									D	h	H				
XKSCKL—6—3500—5	6	3500	5	606	0.049	70.0	178.5	7700	1560	342	800	1410	640	三平	顺特电气有限公司
XKSCKL—6—3500—6			6	727	0.059	58.3	148.8	8700	1500	342	450	1400	650		
XKSCKL—6—3500—8			8	970	0.079	43.8	111.6	11200	1640	342	900	1440	910		
XKSCKL—6—3500—10			10	1212	0.099	35.0	89.3	11900	1680	342	1050	1480	1070		
XKSCKL—6—3500—12			12	1455	0.119	29.2	74.4	14100	1740	342	530	1550	1010		
XKSCKL—10—3500—4	10		4	849	0.069	87.5	223.1	9600	1530	342	1120	1330	800		
XKSCKL—10—3500—5			5	1061	0.087	70.0	178.5	10500	1600	342	1140	1400	940		
XKSCKL—10—3500—6			6	1273	0.104	58.3	148.8	12700	1680	342	490	1530	830		
XKSCKL—10—3500—8			8	1697	0.139	43.8	111.6	14500	1710	342	550	1590	1040		
XKSCKL—10—3500—10			10	2122	0.173	35.0	89.3	16900	1800	342	610	1600	1200		
XKSCKL—10—3500—12			12	2546	0.208	29.2	74.4	17200	1850	342	610	1650	1470		
XKSCKL—6—4000—4	6	4000	4	554	0.035	100.0	255.0	7880	1450	342	880	1300	600		
XKSCKL—6—4000—5			5	693	0.043	80.0	204.0	9000	1500	342	950	1340	700		
XKSCKL—6—4000—6			6	831	0.052	66.7	170.0	9200	1540	342	490	1340	750		
XKSCKL—6—4000—8			8	1108	0.069	50.0	127.5	11200	1580	342	550	1380	850		
XKSCKL—6—4000—10			10	1386	0.087	40.0	102.0	15000	1620	342	1110	1420	1200		
XKSCKL—6—4000—12			12	1663	0.104	33.3	85.0	17000	1660	342	1190	1460	1350		
XKSCKL—10—4000—4	10		4	970	0.061	100.0	255.0	11800	1500	342	1000	1300	880		
XKSCKL—10—4000—5			5	1212	0.076	80.0	204.0	13600	1530	342	1050	1330	1040		
XKSCKL—10—4000—6			6	1455	0.091	66.7	170.0	13010	1630	342	550	120	960		
XKSCKL—10—4000—8			8	1940	0.121	50.0	127.5	18030	1650	342	1150	1450	1470		
XKSCKL—10—4000—10			10	2425	0.152	40.0	102.0	16800	1690	342	700	1470	1410		
XKSCKL—10—4000—12			12	2910	0.182	33.3	85.0	25000	1780	342	1300	1580	2000		

型号	额定电压(kV)	额定电流(A)	额定电抗率(%)	额定电感(mH)	短时电流4s(kA)	峰值电流(kA)	单相容量(kvar)	单相损耗75℃(W)	外形尺寸(mm)			底座中径Dc(mm)	单相重量(kg)	生产厂
									D	H_1	h			
XKK—6—200—3	6	200	3	1.645	5	12.75	20.8	1069	1071	627	280	900	141	北京电力设备总厂、无锡电力电容器有限公司
XKK—6—200—4			4	2.206			27.7	1289	1071	707	280	900	160	
XKK—6—200—5			5	2.757			34.7	1496	1071	767	280	900	179	
XKK—6—200—6			6	3.309			41.6	1691	1071	837	280	900	191	
XKK—6—200—8			8	4.412			55.5	2062	1071	967	280	900	231	
XKK—10—200—4	10		4	3.676			46.2	1816	1071	887	280	900	209	
XKK—10—200—5			5	4.595			57.7	2126	1071	987	280	900	236	

续表 12-17

型号	额定电压(kV)	额定电流(A)	额定电抗率(%)	额定电感(mH)	短时电流4s(kA)	峰值电流(kA)	单相容量(kvar)	单相损耗75℃(W)	外形尺寸(mm) D	外形尺寸(mm) H_1	外形尺寸(mm) h	底座中径Dc(mm)	单相重量(kg)	生产厂
XKK—10—200—6	10	200	6	5.513	5	12.75	69.3	2377	1171	1007	280	1000	261	北京电力设备总厂、无锡电力电容器有限公司
XKK—10—200—8			8	7.351			92.4	2873	1271	1087	280	1100	308	
XKK—6—300—3	6	300	3	1.103	7.5	19.125	31	1384	990	592	280	800	160	
XKK—6—300—4			4	1.470			42	1663	1040	632	280	850	186	
XKK—6—300—5			5	1.838			52	1928	1040	692	280	850	208	
XKK—6—300—6			6	2.205			62	2165	1090	732	280	900	230	
XKK—6—300—8			8	2.940			83	2610	1140	802	280	950	269	
XKK—10—300—3	10		3	1.838			52	1928	1040	692	280	850	208	
XKK—10—300—4			4	2.450			69	2312	1140	742	280	950	245	
XKK—10—300—5			5	3.063			87	2495	1140	822	280	950	291	
XKK—10—300—6			6	3.675			104	2682	1195	902	280	1000	345	
XKK—10—300—8			8	4.900			139	3249	1245	1012	280	1050	408	
XKK—6—400—4	6	400	4	1.103	10	25.5	55.4	2068	1040	597	280	850	184	
XKK—6—400—5			5	1.379			69.2	2348	1140	627	280	950	209	
XKK—6—400—6			6	1.654			83.2	2678	1140	667	280	950	227	
XKK—6—400—8			8	2.206			111	3230	1140	737	280	950	262	
XKK—10—400—4	10		4	1.838			92.4	2865	1140	687	280	950	238	
XKK—10—400—5			5	2.298			115.5	3318	1140	757	280	950	267	
XKK—10—400—6			6	2.757			138.6	3746	1140	827	280	950	294	
XKK—10—400—8			8	3.676			184.8	4552	1140	947	280	950	346	
XKK—6—600—4	6	600	4	0.735	15	38.25	83.1	2472	1083	607	280	900	255	
XKK—6—600—5			5	0.919			103.9	3125	1054	627	280	900	247	
XKK—6—600—6			6	1.103			124.8	3572	1155	617	280	1000	274	
XKK—6—600—8			8	1.470			166.3	4184	1155	687	280	1000	317	
XKK—10—600—4	10		4	1.225			138.6	3224	1168	667	280	1000	337	
XKK—10—600—5			5	1.532			173.3	4147	1157	707	280	1000	300	
XKK—10—600—6			6	1.838			207.9	5238	1150	727	280	1000	329	
XKK—10—600—8			8	2.451			277.2	6251	1250	777	280	1100	388	
XKK—6—800—4	6	800	4	0.552	20	51	111.0	3287	980	567	280	800	244	
XKK—6—800—5			5	0.689			138.5	3775	980	607	280	800	271	
XKK—6—800—6			6	0.827			166.3	4214	1130	567	280	950	294	
XKK—6—800—8			8	1.103			221.8	5056	1130	637	280	950	338	
XKK—10—800—4	10		4	0.919			184.8	4524	1176	607	280	1000	335	

续表 12-17

型　　号	额定电压 (kV)	额定电流 (A)	额定电抗率 (%)	额定电感 (mH)	短时电流 4s (kA)	峰值电流 (kA)	单相容量 (kvar)	单相损耗 75℃ (W)	外形尺寸 (mm)			底座中径 Dc (mm)	单相重量 (kg)	生产厂
									D	H_1	h			
XKK—10—800—5	10	800	5	1.149	20	51	231.0	5190	1276	607	280	1100	375	北京电力设备总厂、无锡电力电容器有限公司
XKK—10—800—6			6	1.379			277.3	5807	1276	647	280	1100	407	
XKK—10—800—8			8	1.838			369.6	6965	1276	727	280	1100	477	
XKK—6—1000—4	6	1000	4	0.441	25	63.75	139	3959	1035	619	280	850	272	
XKK—6—1000—5			5	0.551			174	4554	1035	659	280	850	303	
XKK—6—1000—6			6	0.662			208	5090	1035	689	280	850	331	
XKK—6—1000—8			8	0.882			277	5691	1200	619	280	1050	419	
XKK—6—1000—10			10	1.103			347	6512	1250	719	280	1100	474	
XKK—10—1000—4	10		4	0.735			231	5076	1200	639	280	1050	386	
XKK—10—1000—5			5	0.919			289	5839	1200	689	280	1050	425	
XKK—10—1000—6			6	1.103			347	6511	1250	719	280	1100	474	
XKK—10—1000—8			8	1.471			462	7815	1250	799	280	1100	546	
XKK—10—1000—10			10	1.838			577	9000	1250	869	280	1100	616	
XKK—6—1500—4	6	1500	4	0.294	37.5	95.63	209	4536	1235	689	386	1100	408	
XKK—6—1500—5			5	0.368			260	5234	1235	689	386	1230	460	
XKK—6—1500—6			6	0.441			312	5828	1385	719	385	1230	502	
XKK—6—1500—8			8	0.588			416	7182	1485	739	386	1300	612	
XKK—6—1500—10			10	0.736			520	8276	1485	819	386	1300	679	
XKK—10—1500—4	10		4	0.490			347	6331	1430	719	386	1300	518	
XKK—10—1500—5			5	0.613			444	7437	1483	779	386	1300	627	
XKK—10—1500—6			6	0.735			520	8061	1486	839	386	1300	702	
XKK—10—1500—8			8	0.980			693	9722	1540	899	386	1450	802	
XKK—10—1500—10			10	1.225			866	11552	1693	919	386	1500	1000	
XKK—6—2000—4	6	2000	4	0.221	40	102	278	5935	1200	798	386	1050	468	
XKK—6—2000—5			5	0.276			347	6748	1300	810	386	1100	527	
XKK—6—2000—6			6	0.331			416	7503	1410	790	386	1250	579	
XKK—6—2000—8			8	0.441			554	8984	1410	860	386	1250	658	
XKK—6—2000—10			10	0.551			694	10344	1510	880	386	1350	740	
XKK—6—2000—12			12	0.662			832	11064	1510	940	386	1350	781	
XKK—10—2000—4	10		4	0.368			463	8018	1458	800	386	1300	605	
XKK—10—2000—5			5	0.459			577	9214	1458	850	386	1300	672	
XKK—10—2000—6			6	0.551			692	10337	1510	880	386	1350	730	
XKK—10—2000—8			8	0.735			924	12338	1558	960	386	1400	851	

续表 12-17

型号	额定电压(kV)	额定电流(A)	额定电抗率(%)	额定电感(mH)	短时电流4s(kA)	峰值电流(kA)	单相容量(kvar)	单相损耗75℃(W)	外形尺寸(mm) D	H_1	h	底座中径Dc(mm)	单相重量(kg)	生产厂
XKK—10—2000—10	10	2000	10	0.919	40	102	1155	14081	1658	990	386	1500	970	北京电力设备总厂、无锡电力电容器有限公司
XKK—10—2000—12			12	1.103			1386	15807	1658	1060	386	1500	1066	
XKK—6—2500—4	6	2500	4	0.176	50	128	346	6185	1330	740	386	1150	542	
XKK—6—2500—5			5	0.221			433	7801	1430	750	386	1250	603	
XKK—6—2500—6			6	0.265			520	8719	1430	800	386	1250	652	
XKK—6—2500—8			8	0.353			693	10394	1530	800	386	1350	740	
XKK—6—2500—10			10	0.441			866	11988	1530	860	386	1350	821	
XKK—6—2500—12			12	0.529			1039	13312	1630	880	386	1450	912	
XKK—10—2500—4	10		4	0.294			577	9299	1530	770	386	1350	685	
XKK—10—2500—5			5	0.368			721	10666	1530	820	386	1350	757	
XKK—10—2500—6			6	0.441			866	11988	1530	860	386	1350	822	
XKK—10—2500—8			8	0.588			1154	14215	1630	920	386	1450	961	
XKK—10—2500—10			10	1.735			1443	16250	1730	950	386	1550	1087	
XKK—10—2500—12			12	0.882			1731	18172	1730	1020	386	1550	1199	
XKK—6—3000—4	6	3000	4	0.147	50	128	416	7992	1390	720	386	1200	571	
XKK—6—3000—5			5	0.184			520	9165	1390	760	386	1200	623	
XKK—6—3000—6			6	0.221			625	10395	1490	750	386	1300	668	
XKK—6—3000—8			8	0.294			831	12453	1590	790	386	1400	783	
XKK—6—3000—10			10	0.368			1041	14299	1655	840	386	1500	967	
XKK—6—3000—12			12	0.441			1247	13991	1655	890	386	1500	1057	
XKK—10—3000—4	10		4	0.245			693	11074	1655	740	386	1500	795	
XKK—10—3000—5			5	0.306			865	12733	1655	800	386	1500	882	
XKK—10—3000—6			6	0.368			1040	14299	1656	840	386	1500	968	
XKK—10—3000—8			8	0.490			1387	15027	1656	930	386	1500	1114	
XKK—10—3000—10			10	0.613			1733	17042	1756	940	386	1600	1225	
XKK—10—3000—12			12	0.735			2078	19384	1756	1000	386	1600	1346	
XKK—6—3500—4	6	3500	4	0.126	63	168	485	8014	1640	858	386	1450	838	
XKK—6—3500—5			5	0.158			606	7742	1710	908	386	1520	1078	
XKK—6—3500—6			6	0.189			727	8749	1710	958	386	1520	1139	
XKK—6—3500—8			8	0.252			970	11299	1740	1008	386	1550	1162	
XKK—6—3500—10			10	0.315			1212	10801	1885	1208	386	1690	1668	
XKK—6—3500—12			12	0.378			1455	12891	2017	1258	386	1830	1678	
XKK—10—3500—4	10		4	0.210			808	9915	1748	1308	386	1560	1030	

续表 12-17

型号	额定电压 (kV)	额定电流 (A)	额定电抗率 (%)	额定电感 (mH)	短时电流 4s (kA)	峰值电流 (kA)	单相容量 (kvar)	单相损耗 75℃ (W)	外形尺寸 (mm)			底座中径 Dc (mm)	单相重量 (kg)	生产厂
									D	H_1	h			
XKK—10—3500—5	10	3500	5	0.262	63	168	1010	9463	1882	1208	386	1690	1568	北京电力设备总厂、无锡电力电容器有限公司
XKK—10—3500—6			6	0.315			1212	10704	1930	1258	386	1840	1688	
XKK—10—3500—8			8	0.420			1617	14730	1951	1408	386	1760	1287	
XKK—10—3500—10			10	0.525			2021	18600	1975	1508	386	1780	1760	
XKK—10—3500—12			12	0.630			2425	21582	2072	1508	386	1880	1858	
XKK—6—4000—4	6	4000	4	0.110	80	204	554	8145	1590	978	386	1400	967	
XKK—6—4000—5			5	0.138			693	9377	1640	1078	386	1450	1087	
XKK—6—4000—6			6	0.165			831	10550	1640	1098	386	1450	1198	
XKK—6—4000—8			8	0.221			1108	12995	1640	1218	386	1450	1393	
XKK—6—4000—10			10	0.276			1386	14772	1740	1258	386	1550	1570	
XKK—6—4000—12			12	0.331			1663	17069	1690	1398	386	1500	1742	
XKK—10—4000—4	10		4	0.184			924	12091	1570	1138	386	1380	1120	
XKK—10—4000—5			5	0.230			1155	14167	1570	1238	386	1560	1262	
XKK—10—4000—6			6	0.276			1386	16531	1620	1248	386	1430	1295	
XKK—10—4000—8			8	0.368			1848	19031	1680	1398	386	1490	1640	
XKK—10—4000—10			10	0.459			2309	23045	1710	1428	386	1520	1685	
XKK—10—4000—12			12	0.551			2771	26807	1900	1428	386	1710	1704	
XKK—6—5000—4	6	5000	4	0.088	80	204	692	10733	1720	988	386	1550	1177	
XKK—6—5000—5			5	0.110			866	12302	1770	1028	386	1600	1298	
XKK—6—5000—6			6	0.132			1039	14072	1770	1068	386	1600	1402	
XKK—6—5000—8			8	0.176			1386	17412	1820	1148	386	1650	1612	
XKK—6—5000—10			10	0.221			1732	20359	1870	1208	386	1700	1780	
XKK—6—5000—12			12	0.265			2078	22237	2022	1208	386	1850	1949	
XKK—10—5000—4	10		4	0.147			1155	15088	1820	1078	386	1650	1454	
XKK—10—5000—5			5	0.184			1443	17597	1850	1108	386	1700	1436	
XKK—10—5000—6			6	0.221			1732	20359	1870	1208	386	1700	1780	
XKK—10—5000—8			8	0.294			2309	24616	2060	1208	386	1900	1979	
XKK—10—5000—10			10	0.368			2887	27812	2120	1288	386	1950	2290	
XKK—10—5000—12			12	0.441			3464	31393	2260	1308	386	2100	2399	

注 1. 表中所列为单相数据。

2. D为外径（ϕ）。

12.4 FKDCKL 干式空芯限流分裂电抗器

一、概述

分裂电抗器串联在系统中用于限制故障电流，在正常运行时呈低阻抗，一旦出现故障则呈较大的阻抗。

该产品有水平安装和垂直叠装两种安装方式，各项性能符合 GB 10229、JB 629、IEC 289、SBK/QB 0003 等标准。

二、型号含义

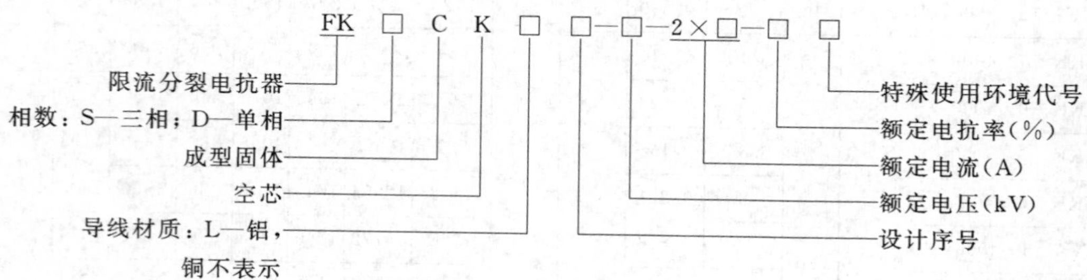

三、技术数据

(1) 绝缘水平：雷电冲击电压为 60、75kV，短时交流电压为 35、45kV。

(2) 额定电压、额定电流、电抗率、单臂电抗、单臂峰值电流、单相损耗等技术数据，见表 12-18。

表 12-18 FKDCKL 干式空芯限流分裂电抗器技术数据

型号	额定电压 (kV)	额定电流 (A)	电抗率 (%)	单相容量 (kvar)	单臂电抗 (Ω)	单臂短时电流 (3s) (kA)	单臂峰值电流 (0.5s) (kA)
FKDCKL—6.3—2×1500—10	6.3	2×1500	10	2×546	0.2425	15.0	38.3
FKDCKL—10—2×1500—6	10	2×1500	6	2×520	0.2309	25.0	63.8

型号	单相损耗 75℃ (W)	外形尺寸 (mm)			底座中径 Dc (mm)	重量 (kg)	安装方式
		D	H	h			
FKDCKL—6.3—2×1500—10	2×8430	1482	1130	211	1250	1075	三平
FKDCKL—10—2×1500—6	2×8170	1539	1130	336	1250	1090	三平

四、外形及安装尺寸

FKDCKL 型干式空芯限流分裂电抗器外形及安装尺寸，见图 12-7。

五、订货须知

订货时必须提供额定电流、额定电压、额定电抗率、短时及峰值耐受电流及持续时间、安装方式、使用条件（户外或户内）、出线端子角度及其它性能等要求。

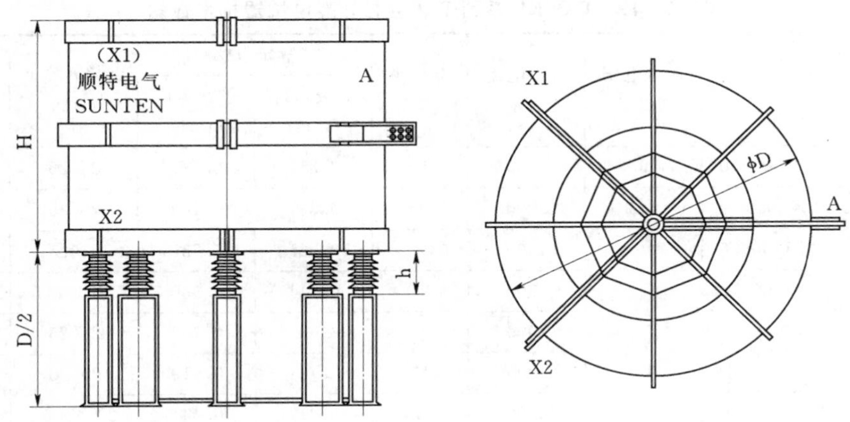

图 12-7　FKDCKL 型干式空芯限流分裂电抗器外形尺寸

六、生产厂

顺特电气有限公司。

12.5　FKGKL 系列干式空芯分裂电抗器

一、概述

FKGKL 系列干式空芯分裂电抗器是一对绕向相反的线圈或带中间抽头的电抗器。正常工作时电抗器分裂的两部分由于电流方向相反，产生的磁通大部分抵消，所以馈线与负载之间呈现低阻抗。当一臂所接线路发生短路故障时，故障电流仅流过电抗器的一半线圈，产生比另一半线圈大得多的磁通，大大提高了相对电抗值，限制了故障电流，起限流电抗器作用。

该产品串联在系统中，广泛应用于电力、钢铁、电炉、化工、化纤等大型企业及电气化铁路和电器检测场所，性能优良、可靠。

二、型号含义

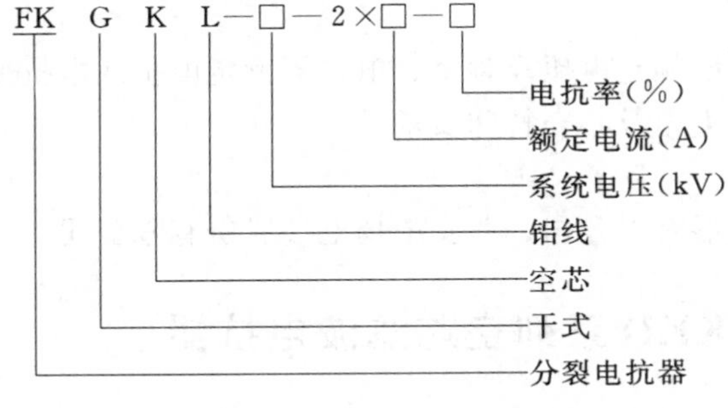

三、技术数据

该产品技术数据，见表 12-19。

表 12-19 FKGKL 系列干式空芯分裂电抗器技术数据

型号	额定电压 (kV)	额定电流 (A)	电抗率 (%)	额定电感		短时电流 4s (kA)	峰值电流 (kA)
				分裂运行 (mH)	单臂运行 (mH)		
FKGKL—6—2×2500—10	6	2500	10	0.315	0.441	2×25	2×63.75
FKGKL—6.3—2×2000—8	6.3	2000	8	0.337	0.463	2×25	2×63.75
FKGKL—10—2×1500—6	10	1500	6	0.525	0.735	2×25	2×63.75
FKGKL—10—2×1500—8		1500	8	0.711	0.980	2×18.75	2×47.8
FKGKL—10—2×2000—8		2000	8	0.53	0.735	2×25	2×63.75
FKGKL—10—2×2000—10		2000	10	0.721	0.919	2×20	2×51
FKGKL—10—2×2500—6		2500	6	0.317	0.441	2×41.67	2×106.5
FKGKL—10—2×2500—8		2500	8	0.451	0.588	2×31.25	2×80
FKGKL—10—2×3000—8		3000	8	0.354	0.490	2×37.5	2×95.625
FKGKL—10.5—2×2000—10	10.5	2000	10	0.754	0.964	2×20	2×51

型号	容量 (kvar)	损耗 (kW)	尺寸 (mm)			每相重量 (kg)	生产厂
			外径	高度	底脚		
FKGKL—6—2×2500—10	2×618.5	2×10.5	1550	1264	1400	1420	西安中扬电气股份有限公司
FKGKL—6.3—2×2000—8	2×423.3	2×8.5	1485	1299	1340	1070	
FKGKL—10—2×1500—6	2×371.1	2×7.7	1460	1097	1300	1005	
FKGKL—10—2×1500—8	2×502.6	2×8.6	1515	1197	1360	1285	
FKGKL—10—2×2000—8	2×666	2×10.5	1650	1360	1500	1540	
FKGKL—10—2×2000—10	2×906	2×11.5	1510	1590	1360	1845	
FKGKL—10—2×2500—6	2×622.4	2×11	1585	1297	1440	1360	
FKGKL—10—2×2500—8	2×885.5	2×12.5	1650	1616	1500	1735	
FKGKL—10—2×3000—8	2×1000.9	2×14	1770	1450	1620	1832	
FKGKL—10.5—2×2000—10	2×947.5	2×12.1	1510	1590	1360	1845	

注 表中列出为一相电抗器的参数。

四、订货须知

订货时必须提供系统额定电压及频率、电抗器额定电抗或电抗率及长期工作电流、安装方式、电抗器进出线夹角及其它特殊要求。

五、生产厂

苏州亚地特种变压器有限公司、西安中扬电气股份有限公司。

12.6 LKKT、LKKD 系列空芯滤波电抗器

一、概述

LKKT、LKKD 系列空芯滤波电抗器与并联电容器组串联使用，组成串联谐振回路，滤除指定的高次谐波。滤波支路对基波频率都呈现阻性，也满足了无功补偿的一定要求。

二、型号含义

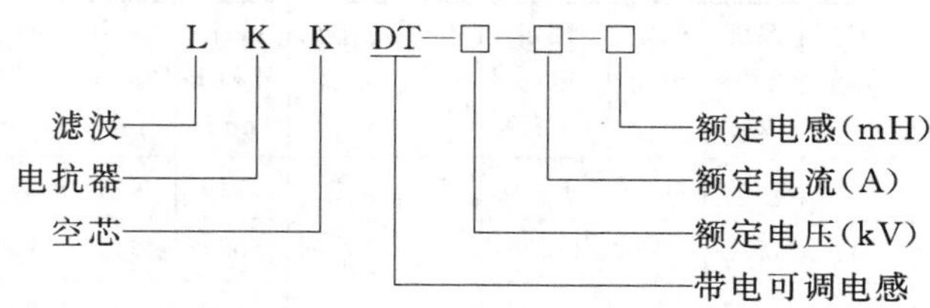

三、技术数据

该产品的技术数据，见表12-20、表12-21。

表12-20 LKKD系列空芯滤波电抗器技术数据（重庆高压电器厂）

调谐次数	3	5	7	11	13	高通
电感（mH）	15.18	3.83	2.221	0.491	0.431	0.169
基波电流（A）	82.19	108.6	93.54	160.42	138.28	169.4
谐波电流（A）	50	86.4	56	112	89	130.4
基波通过容量（kvar）	32.2	14.2	6.11	4.43	2.6	1.52
谐波通过容量（kvar）	35.8	44.9	15.32	21.3	14	21.33

表12-21 LKKT（F）系列空芯滤波电抗器技术数据

型号	额定容量（kvar）	系统电压（kV）	额定电流（A）	额定电感（mH）	调谐次数	电感调节范围（%）	线圈外径D（mm）	线圈高度H_1（mm）	总高度H（mm）	节径（mm）	重量（kg）	生产厂
LKKT—6—500—0.21	17	6	500	0.21	11	±5	1460	442	21.84	1300	488	北京电力设备总厂
LKKT—6—237—1.88	33	6	237	1.88	7		1450	542	2285	4130	531	
LKKT—6—300—1.96	55	6	300	1.96	7		1520	592	2605	1350	725	
LKKT—6—365—1.83	76	6	365	1.83	5		1550	552	2464	1350	623	
LKKT—6—400—2.47	124	6	400	2.47	5		1660	602	2625	1500	860	
LKKT—6.3—140—1.9	12	6.3	140	1.87	7		1440	552	2423	1250	508	
LKKT—6.3—410—0.4	19	6.3	410	0.36	13		1260	502	2204	1100	524	
LKKT—6.3—406—0.5	26	6.3	406	0.5	11		1310	552	2304	1100	599	
LKKT—6.3—220—2.5	37	6.3	220	2.45	5		1500	622	2594	1300	698	
LKKT—10—500—0.46	14	10	500	0.46	3		1510	512	2455	1350	599	
LKKT—10—300—0.58	16	10	300	0.58			1470	532	2459	1300	543	
LKKT—10—76.4—34	63	10	76.4	34.36	6		1420	532	2329	1250	636	
LKKT—10—164.8—13	107	10	164.8	12.53			1420	592	2499	1250	691	
LKKT—10—409.5—5	264	10	409.5	5.01			1560	672	2609	1400	844	
LKKT—12—624—14	1656	12	624	13.54	2		1690	712	2884	1500	1832	
LKKT—18.2—146—21	137	18.2	146	20.48	4		1430	602	1980	1250	592	

续表 12-21

型号	额定容量(kvar)	系统电压(kV)	额定电流(A)	额定电感(mH)	调谐次数	电感调节范围(%)	线圈外径 D(mm)	线圈高度 H_1(mm)	总高度 H(mm)	节径(mm)	重量(kg)	生产厂
LKKT—18.2—347—5	177	18.2	347	4.69	5		1310	442	2155	1150	564	
LKKT—18.2—315—17	538	18.2	315	17.26	3		1620	612	2645	1450	976	
LKKT—18.2—412—32	1708	18.2	412	32.05	2		1740	792	3080	1550	1640	
LKKT—35—102—4.86	16	35	102	4.86	13		1480	522	2226	860	407	
LKKT—35—172—3.63	34	35	172	3.63	11		1440	512	2206	860	430	
LKKT—35—185—21	226	35	185	21.079			1380	482	2298	1200	720	
LKKT—35—105—101	350	35	105	101.073	3		1920	644	2922	1750	1000	
LKKT—35—100—291	914	35	100	291.081	2		2210	884	3478	2050	1700	
LKKT—35—155—177	1333	35	155	176.7	2		2010	864	4307	1800	1921	
LKKT—110—41—116	61	110	41	116.11	7		1620	714	2308	1450	434	
LKKT—110—72—62	101	110	72	61.984			1830	942	4225	1650	1161	
LKKT—110—56—121	120	110	56	121.355			2060	1092	4409	1850	1076	
LKKT—110—64—191	246	110	64	190.985		±5	1830	932	4165	1650	1256	北京电力设备总厂
LKKT—110—45—646	410	110	45	645.53	4		2080	1292	4706	1850	1025	
LKKT—110—64—382	491	110	64	381.97			2320	1042	4154	2150	1517	
LKKT—110—94—366	1015	110	94	365.72	3		2100	1052	2714	1900	1650	
LKKF—0.66—400—2		0.66	400	2			940		1580		220	
LKKF—0.22—400—4		0.22	400	4			880		750		520	
LKKF—0.5—623—5		0.5	623	5			860		790		800	
LKKF—0.5—800—3		0.5	800	3			840		990		560	
LKKF—0.66—1300—2.6		0.66	1300	2.6			940		1580		700	
LKKF—0.66—1300—2.6		0.66	1300	2.6			860		1110		700	
LKKF—0.5—990—3		0.5	990	3			840		990		585	
LKKF—0.75—1845—2		0.75	1845	2			960		1100		1030	

四、生产厂

北京电力设备总厂、重庆高压电器厂。

12.7 干式铁芯电抗器

12.7.1 CKDG 低压单相串联电抗器

一、概述

串联电抗器，里面通过的是交流电，它的作用是与功率因数补偿电容器串联，对稳态性谐波（5、7、11、13 次）构成串联谐振。通常有电抗率 4.5%～6%电抗器，对 5 次谐波通常电抗率为4.5%属于高感值电抗器，对3次谐波通常电抗率为12%～13%，对2次谐波通常电抗率为26%～27%属甚高感值电抗器。接入串联电抗器，运行电压升高6%，工作电流也随之大约6%。装有串联电抗器的电容器容量占2/3及以上时，则不会产生谐波谐振，能有效地吸收电网谐波，改善系统的电压波形，提高系统的功率因数，并能有效地抑制合闸涌流及操作过电压，有效地保护了电容器。

二、产品特点

(1) 该电抗器分为三相和单相两种，均为铁芯干式。

(2) 铁芯采用优质低损耗进口冷轧取向硅钢片，芯柱由多个气隙分成均匀小段，气隙采用环氧层压玻璃布板作间隔，以保证电抗气隙在运行过程中不发生变化。

(3) 线圈采用H级或F级漆包扁铜线绕制，排列紧密且均匀，外表不包绝缘层，具有极佳的美感且有较好的散热性能。

(4) 电抗器的线圈和铁芯组装成一体后，经过预烘→真空浸漆→热烘固化工艺流程，采用H级浸渍漆，使电抗器的线圈和铁芯牢固地结合在一起，不但大大减小了运行时的噪音，而且具有极高的耐热等级，可确保电抗器在高温下亦能安全地无噪音地运行。

(5) 电抗器芯柱部分紧固件采用无磁性材料，确保电抗器具有较高的品质因数和较低的温升，确保具有较好的滤波效果。

(6) 外露部件均采取了防腐蚀处理，引出端子采用冷压铜管端子。

(7) 该电抗器与国内同类产品相比具有体种小、重量轻、外观美等优点，可与国外知名品牌相媲美。

三、使用环境

(1) 海拔高度不超过2000m。

(2) 运行环境温度-25～+45℃，相对湿度不超过90%。

(3) 周围无有害气体，无易燃易爆物品。

(4) 周围环境应有良好的通风条件，如装在柜内，应加装通风设备。

四、技术数据

(1) 可用于400V、660V系统。

(2) 电抗率的种类：1%、6%、12%。

(3) 额定绝缘水平：3kV/min。

(4) 电抗器各部位的温升限值：铁芯不超过85K，电圈温升不超过95K。

(5) 电抗器噪声不大于45dB。

(6) 电抗器能在工频加谐波电流不大于1.35倍额定电流下长期运行。

(7) 电抗值线性度：在1.8倍额定电流下的电抗值与额定电流下的电抗值之比不低于0.95。

(8) 三相电抗器的任意两相电抗值之差不大于±3%。

(9) 耐温等级H级（180℃）以上。

五、外形及安装尺寸

CKDG低压单相串联电抗器外形及安装尺寸，见表12-22及表12-23。

CKDG型，230V，单相，XL/XC=6%，匹配电容电压：250V。

表 12-22 CKDG低压单相串联电抗器外形及安装尺寸（一）

型　号	匹配电容器规格 (kvar)	电抗器容量 (kvar)	电感量 (mH)	外形尺寸（mm）（长×宽×高）	安装尺寸 (mm)
CKDG—0.3/0.23—6%	5	0.3	2.389	135×155×140	95×105，4—ϕ8
CKDG—0.45/0.23—6%	7.5	0.45	1.592	135×165×155	95×105，4—ϕ8
CKDG—0.6/0.23—6%	10	0.6	1.194	170×175×160	120×115，4—ϕ8
CKDG—0.72/0.23—6%	12	0.72	0.987	170×180×170	120×115，4—ϕ8
CKDG—0.84/0.23—6%	14	0.84	0.860	170×190×175	120×125，4—ϕ8
CKDG—0.9/0.23—6%	15	0.9	0.796	170×195×180	120×125，4—ϕ8
CKDG—0.96/0.23—6%	16	0.96	0.732	155×195×200	105×135，4—ϕ8
CKDG—1.2/0.23—6%	20	1.2	0.597	155×195×200	105×135，4—ϕ8
CKDG—1.44/0.23—6%	24	1.44	0.510	155×205×210	105×145，4—ϕ8
CKDG—1.5/0.23—6%	25	1.5	0.478	155×205×210	105×145，4—ϕ8
CKDG—1.68/0.23—6%	28	1.68	0.414	155×210×220	105×145，4—ϕ8
CKDG—1.8/0.23—6%	30	1.8	0.398	155×210×220	105×145，4—ϕ8
CKDG—1.92/0.23—6%	32	1.92	0.382	155×215×250	105×145，4—ϕ8
CKDG—2.16/0.23—6%	36	2.16	0.325	190×225×260	140×155，4—ϕ10
CKDG—2.5/0.23—6%	40	2.4	0.306	190×235×265	140×155，4—ϕ10
CKDG—2.7/0.23—6%	45	2.7	0.268	190×255×275	140×175，4—ϕ10
CKDG—3.0/0.23—6%	50	3.0	0.239	190×260×280	140×175，4—ϕ10

注 1. 其它电压等级、不同容量、不同电抗率的电抗器可根据用户要求制造。
2. CKDG型，230V，单相，XL/XC=12%，匹配电容器电压：280V。

表 12-23 CKDG低压单相串联电抗器外形及安装尺寸（二）

型　号	匹配电容器规格 (kvar)	电抗器容量 (kvar)	电感量 (mH)	外形尺寸（mm）（长×宽×高）	安装尺寸 (mm)
CKDG—0.6/0.23—12%	5	0.6	6.0	155×160×160	105×115，4—ϕ8
CKDG—0.9/0.23—12%	7.5	0.9	4.013	155×165×175	105×115，4—ϕ8
CKDG—1.2/0.23—12%	10	1.2	2.996	170×180×180	120×125，4—ϕ8
CKDG—1.44/0.23—12%	12	1.44	2.484	170×185×195	120×125，4—ϕ8
CKDG—1.68/0.23—12%	14	1.68	2.140	170×195×185	120×135，4—ϕ8
CKDG—1.8/0.23—12%	15	1.8	1.987	170×195×185	120×135，4—ϕ8
CKDG—1.92/0.23—12%	16	1.92	1.873	170×210×185	120×145，4—ϕ8
CKDG—2.4/0.23—12%	20	2.4	1.498	170×215×200	120×145，4—ϕ8
CKDG—2.88/0.23—12%	24	2.88	1.261	190×210×240	140×155，4—ϕ10
CKDG—3.0/0.23—12%	25	3.0	1.185	190×210×240	140×155，4—ϕ10
CKDG—3.36/0.23—12%	28	3.36	1.070	190×210×260	140×155，4—ϕ10
CKDG—3.6/0.23—12%	30	3.6	0.994	190×215×280	140×155，4—ϕ10
CKDG—3.84/0.23—12%	32	3.84	0.936	190×215×295	140×155，4—ϕ10
CKDG—4.32/0.23—12%	36	4.32	0.841	190×235×290	140×165，4—ϕ10
CKDG—4.8/0.23—12%	40	4.8	0.749	190×235×310	140×165，4—ϕ10
CKDG—5.4/0.23—12%	45	5.4	0.650	190×240×320	140×165，4—ϕ10
CKDG—6.0/0.23—12%	50	6.0	0.611	210×250×330	160×175，4—ϕ10

注 其它容量的电抗器可根据用户要求制造。

六、生产厂

上海新变电力科技有限公司。

12.7.2 CKSC 系列干式铁芯串联电抗器

一、概述

CKSC 系列干式铁芯串联电抗器与高压并联电容器组相串联，具有补偿电网无功功率，提高系统功率因数和输电能力以及抑制谐波，减少电网电压波形畸变，限制电容器组的开关合闸涌流等众多功能。该产品应用引进的树脂绝缘干式电力变压器设计技术、工艺、生产设备及检验设备，具有绝缘强度好、局放小、机械强度高、节能、体积小、重量轻、防潮、阻燃、噪音低、过载能力强、可靠性高、漏磁小、少维护、安装方便等优点，可广泛应用于输变电系统、电气铁道、冶金、石化等领域，特别适于安装空间有限和具有特殊防火要求的城网变电站、地下变电站以及对电磁干扰有特殊要求的微机控制站等场所。

昆山市特种变压器制造有限公司生产的系列产品电压等级 6.3、10、35kV，可配电抗率均为容抗的 6%，用户如有特殊要求可提供电抗率 4.8%或 12%。电容器组容量从 1000～6300kvar 都能满足，对特殊需要电容器组容量亦可满足要求。该产品能在 $3\sqrt{2}\times$ 端电压（峰值）下、在 1.35 倍额定电流下正常连续运行，也能在三次或五次谐波电流含量均不大于 35%的总电流有效值为 1.2 倍的额定电流下连续运行。

该系列产品适用海拔 1000m 及以下地区使用、安装于户内无剧烈震动、无任何有害气体或粉尘的场合。电抗器最高环境温度为+40℃、最低为－30℃、年平均温度为+20℃及以下。

该产品的冷却方式为空气自冷（AN）或强迫风冷（AF），保护等级 IP00、IP20、IP23 等，绝缘等级 F 级，一般为户内式产品。

执行标准：GB 10229—88《电抗器》，JB 5346—98《串联电抗器》，DL 462—92《高压并联电容器用串联电抗器订货技术条件》，IEC 289—88《电抗器》，Q/SJ 11002—1999。

二、产品结构

浙江广天变压器有限公司生产的 CKSC（CKDC）型铁芯式串联电抗器，铁芯柱是带有数个小气隙分段组成的，其气隙是依赖绝缘板垫形成的，为压紧铁芯中各饼、减小噪音，设置上下压梁结构。线圈用铜导线绕制，并用环氧树脂封闭。

昆山市特种变压器制造有限公司的系列产品铁芯均为三柱芯式结构，芯柱截面均为多级圆形，芯柱上有若干气隙有硅钢片叠积的铁饼组成。线圈型式有圆筒式、连续式双螺旋、四螺旋四种，根据电流大小选择使用。

许继集团产品结构特点：铁芯采用日本进口优质冷轧硅钢片叠装，全斜接缝。采用特殊处理工艺，有效降低运行时的震动和噪声。反板式夹件具有良好的通风效果。线圈环氧树脂浇注，玻璃丝纤维增强，在真空状态下实现无气泡浇注。蜂窝式冷却气道设置均匀密集合理，散热好，过载能力强，线圈与铁芯组装时，采用弹性连接，整体具有减振功能和很好的抗短路冲击性能。运行寿命 30 年。

三、型号含义

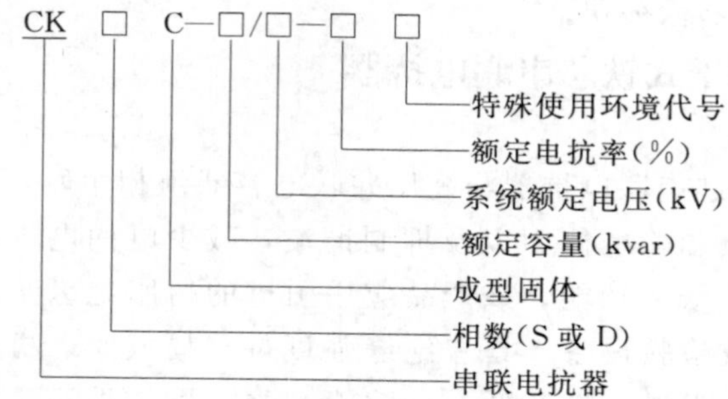

四、技术数据

(1) 绝缘水平：雷电冲击电压 75、60kV；短时交流电压 35、25kV。

(2) 绕组绝缘电阻满足相—地不小于 100MΩ。

CKSC 系列干式铁芯串联电抗器技术数据，见表 12 - 24～表 12 - 27。

表 12 - 24　CKSC 系列干式铁芯串联电抗器技术数据（一）

型号	并联电容器		额定电抗率(%)	额定电流(A)	额定电抗(Ω)	额定容量(kvar)	额定损耗(75℃)(W)	外形尺寸(mm)							重量(kg)	生产厂
	额定容量(kvar)	额定电压(kV)						a	b	c	d/e	f	h	i		
CKSC—9/10—6	150	$11/\sqrt{3}$	6	8	47.6	9	220	940	590	823	550/400	780	309	295	290	
CKSC—12/10—6	200	$11/\sqrt{3}$	6	10	38.1	12	270	930	590	888	550/400	845	309	290	310	
CKSC—15/10—6	250	$11/\sqrt{3}$	6	13	29.3	15	320	930	590	1045	400/400	965	281.5	290	380	
CKSC—27/10—6	450	$11/\sqrt{3}$	6	24	15.9	27	500	960	740	1031	550/550	971	326	300	485	
CKSC—30/10—6	500	$11/\sqrt{3}$	6	26	14.7	30	540	960	590	1018	400/400	960	323.5	300	500	
CKSC—54/10—6	900	$11/\sqrt{3}$	6	47	8.11	54	840	990	590	1033	550/400	975	329	310	540	
CKSC—72/10—6	1200	$11/\sqrt{3}$	6	63	6.05	72	1040	1060	590	1103	550/400	1045	323.5	335	600	
CKSC—90/10—6	1500	$11/\sqrt{3}$	6	79	4.82	90	1220	1030	740	1174	550/550	1094	304.5	325	730	
CKSC—108/10—6	1800	$11/\sqrt{3}$	6	94	4.05	108	1400	1060	740	1285	550/550	1205	305.5	355	890	
CKSC—18/10—1	1800	$10.5/\sqrt{3}$	1	99	0.61	18	370	940	590	843	550/400	800	309	295	310	
CKSC—126/10—6.3	2000	$11/\sqrt{3}$	6.3	105	3.81	126	1570	1030	740	1420	550/550	1340	305.5	325	950	顺特电气有限公司
CKSC—24/10—1	2400	$10.5/\sqrt{3}$	1	132	0.46	24	460	940	590	938	550/400	880	320.5	295	400	
CKSC—144/10—6	2400	$11/\sqrt{3}$	6	126	3.02	144	1740	1030	740	1340	550/550	1260	306	325	900	
CKSC—288/10—12	2400	$12/\sqrt{3}$	12	115	7.23	288	2920	1300	850	1500	660/660	1420	319.5	415	1560	
CKSC—30/10—1	3000	$10.5/\sqrt{3}$	1	165	0.37	30	540	990	590	823	550/400	775	320.5	310	340	
CKSC—135/10—4.5	3000	$11/\sqrt{3}$	4.5	157	1.82	135	1660	1030	740	1290	550/550	1210	304	325	840	
CKSC—150/10—5	3000	$11/\sqrt{3}$	5	157	2.02	150	1790	1030	740	1350	550/550	1270	304	325	900	
CKSC—180/10—6	3000	$11/\sqrt{3}$	6	157	2.43	180	2050	1120	740	1450	550/550	1370	319	355	1200	
CKSC—162/10—4.5	3600	$11/\sqrt{3}$	4.5	189	1.51	162	1900	1060	740	1425	550/550	1345	305.5	335	1000	
CKSC—216/10—6	3600	$11/\sqrt{3}$	6	189	2.02	216	2350	1170	740	1455	550/550	1375	323	370	1390	
CKSC—432/10—12	3600	$12/\sqrt{3}$	12	173	4.81	432	3950	1630	1070	1635	1070/820	1555	343	525	2550	

续表 12-24

型号	并联电容器		额定电抗率（%）	额定电流（A）	额定电抗（Ω）	额定容量（kvar）	额定损耗（75℃）（W）	外形尺寸（mm）							重量（kg）	生产厂
	额定容量（kvar）	额定电压（kV）						a	b	c	d/e	f	h	i		
CKSC—240/10—6	4000	11/$\sqrt{3}$	6	210	1.81	240	2550	1350	850	1168	660/660	1115	312	430	1250	
CKSC—480/10—12	4000	12/$\sqrt{3}$	12	192	4.33	480	4280	1470	850	1770	660/660	1690	318.5	470	2180	
CKSC—252/10—6	4200	11/$\sqrt{3}$	6	220	1.73	252	2640	1300	850	1255	660/660	1175	316.5	415	1230	
CKSC—48/10—1	4800	10.5/$\sqrt{3}$	1	264	0.23	48	760	960	600	1025	550/550	945	290	300	485	
CKSC—216/10—4.5	4800	11/$\sqrt{3}$	4.5	252	1.13	216	2350	1110	740	1465	550/550	1385	319.5	350	1230	
CKSC—225/10—4.5	5000	11/$\sqrt{3}$	4.5	262	1.09	225	2430	1360	850	1148	660/660	1095	362	435	1180	
CKSC—250/10—5	5000	11/$\sqrt{3}$	5	262	1.21	250	2630	1300	850	1255	660/660	1175	316.5	415	1250	
CKSC—300/10—6	5000	11/$\sqrt{3}$	6	262	1.45	300	3010	1330	850	1430	660/660	1350	319.5	425	1500	
CKSC—600/10—12	5000	12/$\sqrt{3}$	12	241	3.45	600	5060	1480	850	1495	660/660	1415	390	475	2220	
CKSC—270/10—5	5400	11/$\sqrt{3}$	5	283	1.12	270	2780	1330	850	1350	660/660	1270	319.5	425	1440	
CKSC—648/10—12	5400	12/$\sqrt{3}$	12	260	3.2	648	5360	1500	850	1594	820/820	1514	390	480	2500	
CKSC—300/10—5	6000	11/$\sqrt{3}$	5	315	1.01	300	3010	1320	850	1521	660/660	1441	318.5	420	1530	
CKSC—360/10—6	6000	11/$\sqrt{3}$	6	315	1.21	360	3450	1420	850	1490	660/660	1410	355	455	1900	
CKSC—720/10—12	6000	12/$\sqrt{3}$	12	289	2.88	720	5800	1690	1070	1610	820/820	1435	393	545	2600	顺特电气有限公司
CKSC—840/10—12	7000	13/$\sqrt{3}$	12	311	2.90	840	6510	1740	1070	1660	1000/820	1580	410	560	3190	
CKSC—864/10—12	7200	12/$\sqrt{3}$	12	346	2.40	864	6650	1740	1070	1610	820/820	1530	397.5	560	2950	
CKSC—468/10—6	7800	11/$\sqrt{3}$	6	409	0.93	468	4200	1510	850	1440	660/660	1360	318.5	485	1920	
CKSC—480/10—6	8000	11/$\sqrt{3}$	6	420	0.91	480	4280	1510	850	1440	660/660	1360	318.5	485	1930	
CKSC—960/10—12	8000	12/$\sqrt{3}$	12	385	2.16	960	7190	1680	850	1950	660/660	1870	414	540	3580	
CKSC—600/10—6	10000	12/$\sqrt{3}$	6	481	0.86	600	5060	1530	1070	1540	820/820	1540	393	490	2540	
CKSC—1200/10—12	10000	13/$\sqrt{3}$	12	444	2.03	1200	8500	2010	1070	1760	1070/820	1680	410	650	3760	
CKSC—30/6—5	600	6.6/$\sqrt{3}$	5	52	3.66	30	540	880	590	1000	550/550	1480	288	275	410	
CKSC—36/6—6	600	6.6/$\sqrt{3}$	6	52	4.40	36	620	840	600	1015	550/550	985	316	260	385	
CKSC—54/6—6	900	6.6/$\sqrt{3}$	6	79	2.89	54	840	970	590	1013	550/400	955	332	305	550	
CKSC—60/6—5	1200	6.6/$\sqrt{3}$	5	105	1.81	60	900	970	590	1013	550/400	955	332	305	550	
CKSC—72/6—6	1200	6.6/$\sqrt{3}$	6	105	2.18	72	1040	920	600	1195	400/400	1115	300	290	690	
CKSC—75/6—5	1500	6.6/$\sqrt{3}$	5	131	1.45	75	1070	960	600	1151	550/550	1071	298.5	300	620	
CKSC—120/6—5	2400	6.6/$\sqrt{3}$	5	210	0.91	120	1520	1060	740	1261	550/550	1181	307	335	830	
CKSC—180/6—5	3600	6.6/$\sqrt{3}$	5	315	0.60	180	2050	1120	740	1355	550/550	1275	312	355	1080	
CKSC	≤1000	6，10，35	4～13	≤1500												许继集团

续表 12-24

型号	并联电容器组容量(kvar)	电容器额定电压(kV)	额定电抗率(%)	额定电抗(Ω)	额定电流(A)	额定容量(kvar)	损耗75℃(W)	外形尺寸(mm)							重量(kg)	生产厂
								a	b	c	d	f	h	i		
CKSC—180/10—6	3000	$11\sqrt{3}$	6	2.42	157.4	180	1530	1020	720	1280	500	1269	320	405	1053	西安西电电工材料有限责任公司
CKSC—270/10—6	4500	$11\sqrt{3}$	6	1.61	236	270	2250	1125	720	1470	500	1350	320	425	1450	
CKSC—288/10—6	4800	$11\sqrt{3}$	6	1.51	252	288	2480	1130	720	1510	500	1390	320	425	1440	
CKSC—300/10—6	5000	$11\sqrt{3}$	6	1.45	262	300	2610	1250	830	1320	650	1200	320	445	1560	
CKSC—324/10—6	5400	$11\sqrt{3}$	6	1.34	283	324	2780	1280	830	1310	650	1190	320	445	1580	
CKSC—360/10—6	6000	$11\sqrt{3}$	6	1.21	315	360	3050	1300	830	1340	650	1220	320	445	1692	
CKSC—420/10—6	7000	$11\sqrt{3}$	6	1.04	367	420	3550	1300	850	1390	650	1270	320	445	1892	
CKSC—480/10—6	8000	$11\sqrt{3}$	6	0.91	419	480	3880	1300	850	1530	650	1370	320	445	2050	
CKSC—540/10—12	4500	$12\sqrt{3}$	12	3.84	217	540	4280	1495	850	1385	650	1265	320	485	2220	
CKSC—576/10—12	4800	$12\sqrt{3}$	12	3.60	231	576	4450	1495	850	1410	650	1290	320	485	2310	
CKSC—600/10—12	5000	$12\sqrt{3}$	12	3.45	241	600	4600	1495	850	1450	650	1320	320	485	2400	
CKSC—648/10—12	5400	$12\sqrt{3}$	12	3.20	260	648	4900	1495	850	1530	650	1370	320	485	2620	
CKSC—720/10—12	6000	$12\sqrt{3}$	12	2.88	289	720	5390	1600	1050	1620	800	1470	320	525	3050	
CKSC—792/10—12	6600	$12\sqrt{3}$	12	2.62	317	792	5800	1610	1050	1620	800	1470	320	530	3110	
CKSC—840/10—12	7000	$12\sqrt{3}$	12	2.47	337	840	6100	1630	1050	1610	800	1460	340	540	3195	
CKSC—864/10—12	7200	$12\sqrt{3}$	12	2.40	346	864	6290	1630	1050	1610	800	1460	340	540	3210	
CKSC—836/10—12	7800	$12\sqrt{3}$	12	2.22	375	936	6650	1630	1050	1690	800	1540	340	540	3400	
CKSC—960/10—12	8000	$12\sqrt{3}$	12	2.16	386	960	6800	1670	1050	1600	800	1450	340	560	3420	

表 12-25 CKSC 环氧树脂浇注 6.3、10、35kV 电力电容器三相串联电抗器技术数据

型号	额定容量(kVA)	额定电压(kV)	额定电流(A)	每相电抗(Ω)	端电压(V)	电容器组容量(V)	重量(kg)	冷却方式 AN/AF	外形尺寸(mm)(长×宽×高)	生产厂
CKSC—60/6	60	6.3	87.5	2.618	229	1000	510	AN	895×350×820	昆山市特种变压器制造有限公司
CKSC—75/6	75	6.3	109.5	2.094	229	1250	605	AN	940×360×860	
CKSC—94/6	94	6.3	136.5	1.678	229	1560	700	AN	955×375×895	
CKSC—120/6	120	6.3	175	1.309	229	2000	845	AF	975×385×970	
CKSC—150/6	150	6.3	218.7	1.047	229	2500	960	AF	1045×395×1020	
CKSC—190/6	190	6.3	275.6	0.831	229	3150	1115	AF	1075×410×1050	
CKSC—240/6	240	6.3	349.9	0.654	229	4000	1295	AF	1170×420×1075	
CKSC—300/6	300	6.3	437.3	0.524	229	5000	1565	AF	1260×440×1200	
CKSC—380/6	380	6.3	551.1	0.416	229	6300	1975	AF	1330×455×1310	
CKSC—60/10	60	10	52.5	7.259	381	1000	585	AN	1055×360×870	
CKSC—75/10	75	10	65.1	5.807	381	1250	690	AN	1115×370×905	

续表 12－25

型　　号	额定容量（kVA）	额定电压（kV）	额定电流（A）	每相电抗（Ω）	端电压（V）	电容器组容量（V）	重量（kg）	冷却方式 AN/AF	外形尺寸（mm）（长×宽×高）	生产厂
CKSC—94/10	94	10	81.7	4.653	381	1560	795	AN	1150×385×970	昆山市特种变压器制造有限公司
CKSC—120/10	120	10	105	3.630	381	2000	925	AN	1185×395×990	
CKSC—150/10	150	10	131.2	2.904	381	2500	1015	AN	1240×410×1030	
CKSC—190/10	190	10	165.3	2.304	381	3150	1245	AF	1280×425×1065	
CKSC—240/10	240	10	210	1.815	381	4000	1485	AF	1360×440×1155	
CKSC—300/10	300	10	262.4	1.451	381	5000	1775	AF	1460×450×1255	
CKSC—380/10	380	10	330.7	1.152	381	6300	2175	AF	1535×475×1365	
CKSC—60/35	60	35	15	88.935	1334	1000	660	AN	1150×830×1065	
CKSC—75/35	75	35	18.7	71.148	1334	1250	755	AN	1180×840×1120	
CKSC—94/35	94	35	23.4	57.009	1334	1560	885	AN	1210×850×1160	
CKSC—120/35	120	35	30	44.467	1334	2000	1035	AN	1255×865×1195	
CKSC—150/35	150	35	37.5	35.575	1334	2500	1205	AN	1355×895×1270	
CKSC—190/35	190	35	47.2	28.233	1334	3150	1410	AN	1390×910×1315	
CKSC—240/35	240	35	60	22.234	1334	4000	1585	AN	1435×925×1375	
CKSC—300/35	300	35	75	17.787	1334	5000	1895	AN	1505×945×1425	
CKSC—380/35	380	35	94.5	14.117	1334	6300	2255	AN	1550×980×1495	

表 12－26　CKSC 系列干式铁芯串联电抗器技术数据（二）

型　　号	并联电容器组容量（kvar）	电容端电压（kV）	额定电抗率（%）	额定电抗（Ω）	额定电流（A）	额定容量（kvar）	额定损耗（75℃）（W）	外形尺寸（mm）						重量（kg）	生产厂
								a	b	c	d	e	h		
CKSC—60/10—5	1200	$11/\sqrt{3}$	5	5.04	63	60	760	325	520	1040	480	420	980	475	西安中扬电气股份有限公司
CKSC—72/10—6		$11/\sqrt{3}$	6	6.05	63	72	870	350	560	1100	515	460	940	615	
CKSC—144/10—12		$12/\sqrt{3}$	12	14.37	57.8	144	1500	375	600	1170	545	500	1185	1030	
CKSC—75/10—5	1500	$11/\sqrt{3}$	5	4.03	78.7	75	910	350	560	1100	515	460	965	635	
CKSC—90/10—6		$11/\sqrt{3}$	6	4.84	78.8	90	1050	350	560	1100	515	460	1035	688	
CKSC—180/10—12		$12/\sqrt{3}$	12	11.51	72.2	180	1680	390	620	1200	560	520	1220	1238	
CKSC—90/10—5	1800	$11/\sqrt{3}$	5	3.36	94.5	90	1000	350	560	1100	515	460	1035	688	
CKSC—108/10—6		$11/\sqrt{3}$	6	4.03	94.5	108	1210	365	580	1140	540	480	1065	835	
CKSC—216/10—12		$12/\sqrt{3}$	12	9.6	86.6	216	2050	415	660	1260	610	560	1240	1558	
CKSC—120/10—5	2400	$11/\sqrt{3}$	5	2.52	126	120	1310	375	600	1170	545	500	1075	925	
CKSC—144/10—6		$11/\sqrt{3}$	6	3.02	126	144	1480	375	600	1170	545	500	1170	1015	
CKSC—288/10—12		$12/\sqrt{3}$	12	7.2	115.5	288	2500	440	700	1320	630	600	1325	2030	
CKSC—135/10—5	2700	$11/\sqrt{3}$	5	2.24	141.7	135	1420	375	600	1170	545	600	1170	1015	

续表 12-26

型号	并联电容器组容量(kvar)	电容端电压(kV)	额定电抗率(%)	额定电抗(Ω)	额定电流(A)	额定容量(kvar)	额定损耗(75℃)(W)	外形尺寸(mm) a	b	c	d	e	h	重量(kg)	生产厂
CKSC—162/10—6	2700	$11/\sqrt{3}$	6	2.69	141.7	162	1650	390	620	1200	560	520	1185	1190	西安中扬电气股份有限公司
CKSC—324/10—12		$12/\sqrt{3}$	12	6.39	130.0	324	2650	440	700	1320	630	600	1400	2145	
CKSC—150/10—5	3000	$11/\sqrt{3}$	5	2.02	157.5	150	1550	375	600	1170	545	500	1235	1075	
CKSC—180/10—6		$11/\sqrt{3}$	6	2.42	157.3	180	1670	390	620	1200	560	520	1215	1225	
CKSC—360/10—6		$12/\sqrt{3}$	12	5.75	144.4	360	2800	440	700	1320	640	600	1480	2260	
CKSC—165/10—5	3300	$11/\sqrt{3}$	5	1.83	173.2	165	1650	390	620	1200	570	520	1195	1195	
CKSC—198/10—6		$11/\sqrt{3}$	6	2.2	173.2	198	1940	390	620	1200	570	520	1305	1315	
CKSC—396/10—12		$12/\sqrt{3}$	12	5.23	158.8	396	3200	470	750	1390	680	650	1440	2740	
CKSC—180/10—5	3600	$11/\sqrt{3}$	5	1.68	189	180	1800	390	620	1200	570	520	1270	1275	
CKSC—216/10—6		$11/\sqrt{3}$	6	2.02	189	216	2050	415	660	1260	610	560	1270	1584	
CKSC—432/10—12		$12/\sqrt{3}$	12	4.8	173.3	432	3610	470	750	1390	680	650	1475	2805	
CKSC—200/10—5	4000	$11/\sqrt{3}$	5	1.51	210	200	1950	390	620	1200	570	520	1210	1315	
CKSC—240/10—6		$11/\sqrt{3}$	6	1.81	210	240	2220	415	660	1260	610	560	1300	1630	
CKSC—480/10—12		$12/\sqrt{3}$	12	4.32	192.5	480	3750	470	750	1390	680	650	1595	3025	
CKSC—210/10—5	4200	$11/\sqrt{3}$	5	1.45	219.7	210	2000	415	660	1260	610	560	1245	1550	
CKSC—252/10—6		$11/\sqrt{3}$	6	1.74	220.5	252	2100	415	660	1260	610	560	1335	1675	
CKSC—504/10—12		$12/\sqrt{3}$	12	4.11	202.2	504	3970	490	780	1440	680	680	1520	3315	
CKSC—225/10—5	4500	$11/\sqrt{3}$	5	1.35	236.2	225	2130	415	660	1260	610	560	1315	1634	
CKSC—270/10—6		$11/\sqrt{3}$	6	1.61	236.2	270	2400	440	700	1320	640	600	1345	2050	
CKSC—540/10—12		$12/\sqrt{3}$	12	3.84	216.6	540	3950	490	780	1440	700	680	1595	3465	
CKSC—240/10—5	4800	$11/\sqrt{3}$	5	1.26	252	240	2150	415	660	1260	610	560	1345	1685	
CKSC—288/10—6		$11/\sqrt{3}$	6	1.51	252	288	2450	440	700	1320	630	600	1380	2105	
CKSC—576/10—2		$12/\sqrt{3}$	12	3.6	231	576	4300	490	780	1440	700	680	1660	3605	
CKSC—250/10—5	5000	$11/\sqrt{3}$	5	1.21	262	250	2090	415	660	1260	610	560	1385	1730	
CKSC—300/10—6		$11/\sqrt{3}$	6	1.45	262	300	2480	440	700	1320	630	600	1415	2160	
CKSC—600/10—12		$12/\sqrt{3}$	12	3.45	240.7	600	4480	520	830	1520	720	730	1605	4195	
CKSC—270/10—5	5400	$11/\sqrt{3}$	5	1.12	283.5	270	2410	415	660	1260	610	560	1420	1780	
CKSC—324/10—6		$11/\sqrt{3}$	6	1.34	283.5	324	2750	440	700	1320	630	600	1450	2218	
CKSC—648/10—12		$12/\sqrt{3}$	12	3.2	259.9	648	4760	520	830	1520	720	730	1650	4308	
CKSC—300/10—5	6000	$11/\sqrt{3}$	5	1.01	315	300	2480	440	700	1320	630	600	1415	2155	
CKSC—360/10—6		$11/\sqrt{3}$	6	1.21	315	360	2750	440	700	1320	630	600	1555	2378	
CKSC—720/10—12		$12/\sqrt{3}$	12	2.88	288.8	720	5080	520	830	1520	720	730	1765	4605	
CKSC—330/10—5	6600	$11/\sqrt{3}$	5	0.92	346.5	330	2730	440	700	1320	630	600	1455	2210	

续表 12-26

型号	并联电容器组容量(kvar)	电容端电压(kV)	额定电抗率(%)	额定电抗(Ω)	额定电流(A)	额定容量(kvar)	额定损耗(75℃)(W)	外形尺寸(mm)						重量(kg)	生产厂
								a	b	c	d	e	h		
CKSC—396/10—6	6600	$11/\sqrt{3}$	6	1.1	346.5	396	3050	470	750	1390	680	650	1475	2785	西安中扬电气股份有限公司
CKSC—792/10—12		$12/\sqrt{3}$	12	2.62	317.7	792	5650	550	880	1580	765	780	1770	5485	
CKSC—350/10—5	7000	$11/\sqrt{3}$	5	0.86	367.5	350	2690	440	700	1320	630	600	1515	2298	
CKSC—420/10—6		$11/\sqrt{3}$	6	1.04	367.5	420	3350	470	750	1390	680	650	1570	2965	
CKSC—840/10—12		$12/\sqrt{3}$	12	2.47	336.9	840	5900	550	880	1580	765	780	1820	5625	
CKSC—360/10—5	7200	$11/\sqrt{3}$	5	0.84	378	360	2730	440	700	1320	630	600	1555	2365	
CKSC—432/10—6		$11/\sqrt{3}$	6	1.01	378	432	3410	470	750	1390	680	650	1615	3040	
CKSC—864/10—12		$12/\sqrt{3}$	12	2.4	346.6	864	6000	550	880	1580	765	780	1815	5625	
CKSC—390/10—5	7800	$11/\sqrt{3}$	5	0.78	409.4	390	3400	440	700	1320	630	600	1645	2505	
CKSC—468/10—6		$11/\sqrt{3}$	6	0.93	409.4	468	3600	470	750	1390	680	650	1660	3130	
CKSC—936/10—12		$12/\sqrt{3}$	12	2.22	375.5	936	6380	570	910	1630	785	810	1950	6605	
CKSC—400/10—5	8000	$11/\sqrt{3}$	5	0.76	416	400	3450	470	750	1390	680	650	1570	2955	
CKSC—480/10—6		$11/\sqrt{3}$	6	0.91	419.9	480	3690	470	750	1390	680	650	1710	3225	
CKSC—960/10—12		$12/\sqrt{3}$	12	2.16	385.1	960	6510	570	910	1630	785	810	1930	6630	

表 12-27 CKSC 系列串联电抗器技术数据

型号	额定容量(kVA)	线路额定电压(kV)	端子电压(V)	端子电流(A)	电抗率(%)	损耗(W)	重量(kg)	生产厂
CKSC—27/6—6	27	6.3	218	42	6	850	200	浙江广天变压器有限公司
CKSC—27/10—6	27	10.5	364	25	6	850	200	
CKSC—36/6—6	36	6.3	218	55	6	1000	250	
CKSC—36/10—6	36	10.5	364	33	6	1000	250	
CKSC—60/6—6	60	6.3	218	92	6	1350	350	
CKSC—60/10—6	60	10.5	364	55	6	1350	350	
CKSC—90/6—6	90	6.3	218	138	6	1800	450	
CKSC—90/10—6	90	10.5	364	82	6	1800	450	
CKSC—120/6—6	120	6.3	218	184	6	2200	550	
CKSC—120/10—6	120	10.5	364	110	6	2200	550	
CKSC—150/6—6	150	6.3	218	229	6	2500	650	
CKSC—150/10—6	150	10.5	364	137	6	2500	650	
CKSC—180/6—6	180	6.3	218	275	6	2850	750	

续表 12-27

型　　号	额定容量 (kVA)	线路额定电压 (kV)	端子电压 (V)	端子电流 (A)	电抗率 (%)	损耗 (W)	重量 (kg)	生产厂
CKSC—180/10—6	180	10.5	364	165	6	2850	750	浙江广天变压器有限公司
CKSC—240/6—6	240	6.3	218	367	6	3450	900	
CKSC—240/10—6	240	10.5	364	220	6	3450	900	
CKSC—300/10—6	300	10.5	364	275	6	3900	1100	
CKSC—360/10—6	360	10.5	364	320	6	4000	1300	
CKSC—450/10—6	450	10.5	364	415	6	4300	1600	
CKSC—600/10—6	600	10.5	364	550	6	6300	2000	

五、外形及安装尺寸

CKSC 系列干式铁芯串联电抗器外形尺寸，见图 12-8。

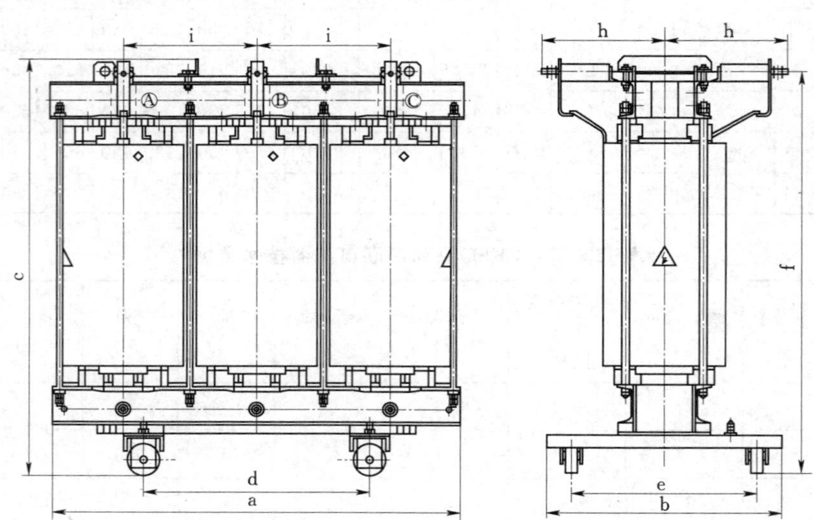

图 12-8　CKSC 系列干式铁芯串联电抗器外形尺寸

六、订货须知

订货必须提供产品型号、额定容量、电网线路额定电压、电抗率、匹配电容的容量、绝缘等级、额定电流及最大连续电流、额定电抗、短时峰值耐受电流及持续时间、冷却方式及其它性能数据。

12.7.3　CKSG 低压串联电抗器

一、概述

串联电抗器，里面通过的是交流电，它的作用是与功率因数补偿电容器串联，对稳态性谐波（5、7、11、13 次）构成串联谐振。通常有电抗率 4.5%～6%电抗器，对 5 次谐波通常电抗率为 6%属于高感值电抗器，对 3 次谐波通常电抗率为 12%～13%，对 2 次谐波通常电抗率为 26%～27%，属甚高感值电抗器。接入串联电抗器，运行电压升高 6%，工作电流也随之大约 6%。运行经验认为，装有串联电抗器的电容器容量占 2/3 及以上时，则不会产生谐波谐振，能有效地吸收电网谐波，改善系统的电压波形，提高系统的功率因数，并能有效地抑制合闸涌流及操作过电压，有效地保护了电容器。

二、产品特点

（1）该电抗器分为三相和单相两种，均为铁芯干式。

（2）铁芯采用优质低损耗进口冷轧取向硅钢片，芯柱由多个气隙分成均匀小段，气隙采用环氧层压玻璃布板作间隔，以保证电抗气隙在运行过程中不发生变化。

（3）线圈采用 H 级或 C 级漆包扁铜线绕制，排列紧密且均匀，外表不包绝缘层，具有极佳的美感且有较好的散热性能。

（4）电抗器的线圈和铁芯组装成一体后，经过预烘→真空浸漆→热烘固化工艺流程，采用 H 级浸渍漆，使电抗器的线圈和铁芯牢固地结合在一起，不但大大减小了运行时的噪音，而且具有极高的耐热等级，可确保电抗器在高温下亦能安全地无噪音地运行。

（5）电抗器芯柱部分紧固件采用无磁性材料，确保电抗器具有较高的品质因数和较低的温升，确保具有较好的滤波效果。

（6）外露部件均采取了防腐蚀处理，引出端子采用冷压铜管端子。

（7）该电抗器与国内同类产品相比具有体积小、重量轻、外观美等优点，可与国外知名品牌相媲美。

三、使用环境

（1）海拔高度不超过 2000m。

（2）运行环境温度－25～＋45℃，相对湿度不超过 90%。

（3）周围无有害气体，无易燃易爆物品。

（4）周围环境应有良好的通风条件，如装在柜内，应加装通风设备。

四、型号含义

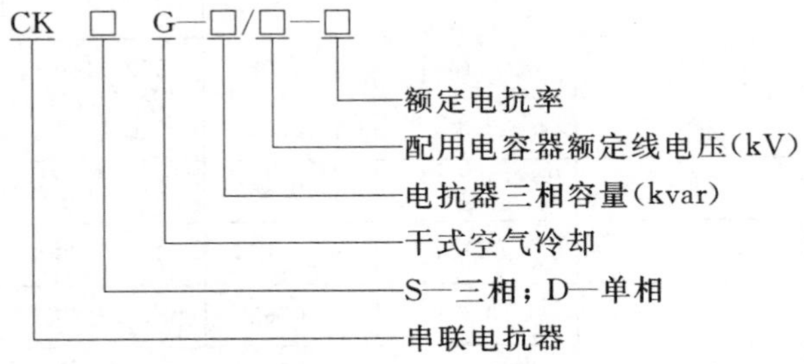

五、技术数据

（1）可用于 400V、660V 系统。

（2）电抗率的种类：1%、6%、12%。

（3）额定绝缘水平 3kV/min。

（4）电抗器各部位的温升限值：铁芯不超过 40K，电圈温升不超过 52K。

（5）电抗器噪声不大于 30dB。

（6）电抗器能在工频加谐波电流不大于 1.8 倍额定电流下长期运行。

（7）电抗值线性度：在1.8倍额定电流下的电抗值与额定电流下的电抗值之比不低于0.95。

（8）三相电抗器的任意两相电抗值之差不大于±2%。

（9）耐温等级H级（180℃）以上。

六、外形及安装尺寸

CKSG低压串联电抗器外形及安装尺寸，见表12-28及表12-29。

表12-28 CKSG低压串联电抗器外形及安装尺寸（一）

型　号	匹配电容器容量（kvar）	电抗器容量（kvar）	电感量（mH）	外形尺寸（mm）（长×宽×高）	安装尺寸（mm）
CKSG—0.3/0.4—6%	5	0.3	3×7.739	180×135×155	90×85，4—ϕ8
CKSG—0.45/0.4—6%	7.5	0.45	3×5.159	180×135×175	90×85，4—ϕ8
CKSG—0.6/0.4—6%	10	0.6	3×3.866	205×140×160	100×95，4—ϕ8
CKSG—0.72/0.4—6%	12	0.72	3×3.217	205×145×160	100×95，4—ϕ8
CKSG—0.84/0.4—6%	14	0.84	3×2.771	245×145×165	135×90，4—ϕ8
CKSG—0.9/0.4—6%	15	0.9	3×2.580	245×145×170	135×95，4—ϕ8
CKSG—0.96/0.4—6%	16	0.96	3×2.548	250×150×170	135×95，4—ϕ8
CKSG—1.2/0.4—6%	20	1.2	3×1.943	250×150×170	135×95，4—ϕ8
CKSG—1.44/0.4—6%	24	1.44	3×1.624	250×155×180	135×95，4—ϕ8
CKSG—1.5/0.4—6%	25	1.5	3×1.561	250×155×190	135×100，4—ϕ8
CKSG—1.68/0.4—6%	28	1.68	3×1.369	250×155×190	135×100，4—ϕ8
CKSG—1.8/0.4—6%	30	1.8	3×1.274	250×160×200	135×100，4—ϕ8
CKSG—1.92/0.4—6%	32	1.92	3×1.210	250×160×210	135×100，4—ϕ8
CKSG—2.16/0.4—6%	36	2.16	3×1.083	250×160×210	135×105，4—ϕ8
CKSG—2.4/0.4—6%	40	2.4	3×0.955	270×160×210	155×110，4—ϕ8
CKSG—2.7/0.4—6%	45	2.7	3×0.860	270×160×210	155×110，4—ϕ8
CKSG—3.0/0.4—6%	50	3.0	3×0.764	310×180×240	155×125，4—ϕ10
CKSG—3.6/0.4—6%	60	3.6	3×0.637	310×180×240	155×125，4—ϕ10
CKSG—4.32/0.4—6%	72	4.32	3×0.541	310×185×240	155×125，4—ϕ10
CKSG—4.8/0.4—6%	80	4.8	3×0.484	310×190×240	155×125，4—ϕ10
CKSG—5.4/0.4—6%	90	5.4	3×0.414	310×195×240	155×130，4—ϕ10
CKSG—6.0/0.4—6%	100	6.0	3×0.382	310×215×240	155×140，4—ϕ10
CKSG—7.2/0.4—6%	120	7.2	3×0.318	310×220×240	155×150，4—ϕ10

注 1. 其它电压等级、不同容量、不同电抗率的电抗器可根据用户要求制造。
2. 400V系统，三相，XL/XC=12%，匹配电容器电压：480V。
3. 400V系统，三相，XL/XC=6%，匹配电容器电压：450V。

表 12-29 CKSG 低压串联电抗器外形及安装尺寸（二）

型　　号	匹配电容器规格 (kvar)	电抗器容量 (kvar)	电感量 (mH)	外形尺寸（mm）（长×宽×高）	安装尺寸 (mm)
CKSG—0.6/0.4—12%	5	0.6	3×17.611	205×140×160	100×95，4—ϕ8
CKSG—0.9/0.4—12%	7.5	0.9	3×11.752	245×145×170	135×95，4—ϕ8
CKSG—1.2/0.4—12%	10	1.2	3×8.790	250×150×170	135×95，4—ϕ8
CKSG—1.44/0.4—12%	12	1.44	3×7.325	250×155×190	135×100，4—ϕ8
CKSG—1.68/0.4—12%	14	1.68	3×6.274	250×155×190	135×100，4—ϕ8
CKSG—1.8/0.4—12%	15	1.8	3×5.860	250×160×200	135×100，4—ϕ8
CKSG—1.92/0.4—12%	16	1.92	3×5.510	250×160×200	135×100，4—ϕ8
CKSG—2.4/0.4—12%	20	2.4	3×4.395	270×160×210	155×110，4—ϕ8
CKSG—2.88/0.4—12%	24	2.88	3×3.662	270×160×210	155×110，4—ϕ8
CKSG—3.0/0.4—12%	25	3.0	3×3.522	310×180×240	155×125，4—ϕ10
CKSG—3.36/0.4—12%	28	3.36	3×3.153	310×180×240	155×125，4—ϕ10
CKSG—3.6/0.4—12%	30	3.6	3×2.930	310×180×240	155×125，4—ϕ10
CKSG—3.84/0.4—12%	32	3.84	3×2.739	310×180×240	155×125，4—ϕ10
CKSG—4.32/0.4—12%	36	4.32	3×2.452	310×185×240	155×125，4—ϕ10
CKSG—4.8/0.4—12%	40	4.8	3×2.197	310×190×240	155×125，4—ϕ10
CKSG—5.4/0.4—12%	45	5.4	3×1.943	310×195×240	155×130，4—ϕ10
CKSG—6.0/0.4—12%	50	6.0	3×1.752	310×215×240	155×140，4—ϕ10
CKSG—7.2/0.4—12%	60	7.2	3×1.465	310×230×260	155×150，4—ϕ10
CKSG—9.6/0.4—12%	80	9.6	3×1.099	350×240×260	180×150，4—ϕ10
CKSG—14.4/0.4—12%	120	14.4	3×0.732	380×250×260	180×150，4—ϕ10

注　1. 其它电压等级、不同容量、不同电抗率的电抗器可根据用户要求制造。
2. CKDG 型，230V，单相，XL/XC=12%，匹配电容器电压：280V。

七、生产厂

上海东安电器制造有限公司、上海匡正电气制造有限公司、恒一电气有限公司、上海新变电力科技有限公司。

12.7.4 CKSGQ 型干式铁芯串联电抗器

一、概述

CKSGQ 型干式铁芯串联电抗器是电力系统无功补偿的重要配套设备。电力电容器与 CKSCQ 型干式铁芯电抗器串联后，能有效地抑制网络中的高次谐波，限制合闸涌流及操作过电压，对保护电力电容器的安全运行，改善系统的电压波形，提高电网的供电质量起重大作用。

该产品比传统的油浸式电抗器体积流小 30%，具有重量轻、占空间小、结构简单、安装方便等特点，是用在户内和成套电容补偿片架或柜式装置中的理想配套设备，价格比空芯电抗器低10%～18%，略高于油浸电抗器，损耗低于油浸电抗器。

二、产品结构

该产品的铁芯采用国产DQ151和进口Z11硅钢片，芯柱经多个气隙均分成小段组成，气隙采用环氧布板作为隔绝间隙，以保证间隙在电抗器长期运行下而发生变化。线圈采用环氧玻璃丝带包绕，加强绝缘和机械强度，导线采用双玻璃丝包铜扁线，并加涂环氧树脂。

三、型号含义

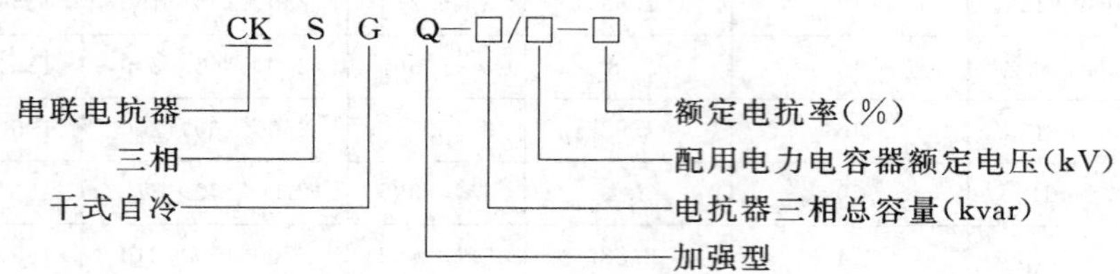

四、技术数据

(1) 铁芯温升不大于85℃，线圈温升不大于70℃（电阻法）。

(2) 在工频1.35倍额定电流下运行。

(3) 噪声不大于50dB。

(4) 耐压试验标准接电力部35kV工频标准。

(5) 电抗器额定电压：

1) 电抗率为4.5%时，当系统额定电压为6、10、35、60kV时，电抗器额定电压分别为171.5、285.8、990、1710V；

2) 电抗率为5%时，当系统额定电压为6、10、35、60kV时，电抗器额定电压分别为190.5、317.5、1100、1900V；

3) 电抗率为6%时，当系统额定电压为6、10、35、60kV时，电抗器额定电压分别为228.6、381、1320、2280V；

4) 电抗率为12%时，当系统额定电压为6、10、35、60kV时，电抗器额定电压分别为457.2、762.1、2640、4560V。

CKSGQ型干式铁芯串联电抗器技术数据，见表12-30。

五、生产厂

无锡电力电容器有限公司。

12.7.5 BK_S^DC 系列干式铁芯并联电抗器

一、概述

BK_S^DC系列干式铁芯并联电抗器应用于电力系统，通常安装在高压长距离输电线的始端升压站、中间联络站以及高压直流输电的换流站中，并联连接于35kV及以下的回路中，具有补偿电网无功功率，降低电网损耗，提高输电能力以及抑制电网谐振过电压，防止发电机自励磁，清除空载长线电容效应和高压电缆电容效应，抑制工频过电压等功能，可节约能源，提高电力系统的运行稳定性和可靠性。

表 12-30 CKSGQ 型干式铁芯串联电抗器技术数据（通用性 $X_L/X_C=6\%$）

配电容器容量（kvar）	配电抗器容量（kvar）	配用电容器额定电压（kV）	电抗器额定电流（A）	电抗器额定电抗（Ω）	外形尺寸（mm）		重量（kg）
					长×宽×高	底座中心距 $A_1\times B_1$	
300	16	$6.6/\sqrt{3}$	26.2	8.725	750×510×950	420×440	150
		$11/\sqrt{3}$	15.7	24.26			
450	27	$6.6/\sqrt{3}$	39.37	5.8	800×550×980	450×440	180
		$11/\sqrt{3}$	23.60	16.14			
600	36	$6.6/\sqrt{3}$	52.6	4.35	900×620×1080	500×450	220
		$11/\sqrt{3}$	31.5	12.1			
900	54	$6.6/\sqrt{3}$	78.8	2.90	900×620×1080	500×450	255
		$11/\sqrt{3}$	47.2	8.07			
1000	80	$6.6/\sqrt{3}$	87.5	2.61	900×620×1080	500×450	270
		$11/\sqrt{3}$	52.5	7.26			
1200	72	$6.6/\sqrt{3}$	105	2.18	900×630×1150	600×450	310
		$11/\sqrt{3}$	63	6.05			
1500	90	$6.6/\sqrt{3}$	137	1.67	1100×650×1150	600×450	325
		$11/\sqrt{3}$	78.7	2.84			
2000	1230	$6.6/\sqrt{3}$	175	1.31	1100×650×1150	600×450	450
		$11/\sqrt{3}$	105	3.63			
2400	144	$6.6/\sqrt{3}$	210	1.09	1200×800×1220	600×450	680
		$11/\sqrt{3}$	126	3.02			
2500	150	$6.6/\sqrt{3}$	219	1.04	1200×800×1220	600×450	680
		$11/\sqrt{3}$	131	2.91			
3000	180	$6.6/\sqrt{3}$	262	0.87	1200×800×1220	600×550	800
		$11/\sqrt{3}$	157	2.43			
3300	198	$6.6/\sqrt{3}$	288.7	0.79	1200×800×1220	600×550	800
		$11/\sqrt{3}$	173	2.20			
3600	216	$6.6/\sqrt{3}$	315	0.73	1280×820×1250	700×600	980
		$11/\sqrt{3}$	189	2.02			
4000	240	$6.6/\sqrt{3}$	350	0.65	1280×820×1250	700×600	980
		$11/\sqrt{3}$	210	1.81			
4800	288	$6.6/\sqrt{3}$	420	0.544	1300×850×1300	700×600	1080
		$11/\sqrt{3}$	252	1.51			
5000	300	$6.6/\sqrt{3}$	437	0.52	1300×850×1300	700×600	1080
		$11/\sqrt{3}$	262	1.45			
6000	360	$11/\sqrt{3}$	314	1.21	1300×860×1300	700×600	1250
7000	420	$11/\sqrt{3}$	367.4	1.037	1500×860×1360	800×700	1500
7500	450	$11/\sqrt{3}$	394	0.97	1500×860×1360	800×700	1560

注 无锡电力电容器有限公司也生产 CKSQ 型油浸铁芯串联电抗器，其技术数据与此表相同。

该产品与并联电容器、大功率晶闸管和微机控制系统组成静止无功补偿装置，可对电力系统的无功功率进行适时动态调节。

该产品应用引进树脂绝缘干式电力变压器的设计技术、工艺技术和生产设备及检验设备进行产品设计、生产和检验，因此具有绝缘强度好、局放小、机械强度高、节能、体积小、重量轻、防潮、阻燃、损耗小、无污染、安装方便、免维修、噪音低、可靠性高、漏磁少、匝间过电压承受能力强等优点，有良好的散热条件和足够的过载能力。可广泛用于输变电系统、电气铁道、冶金、石化等领域，特别适于安装空间有限和具有特殊防火要求的城网变电站和地下变电站。

该系列产品的使用条件：

（1）户内使用，应安装在场地清洁，通风良好和具有合适大气条件的场所，一般每 1kW 损耗应有不小于 4m^3/min 的空气通风量。

（2）冷却方式：空气自冷（AN）和强迫风冷（AF）。

（3）保护等级：IP00、IP20、IP23 等。

（4）环境温度：－10～＋40℃。

（5）海拔不超过 1000m。

（6）绝缘等级：F 级。

二、型号含义

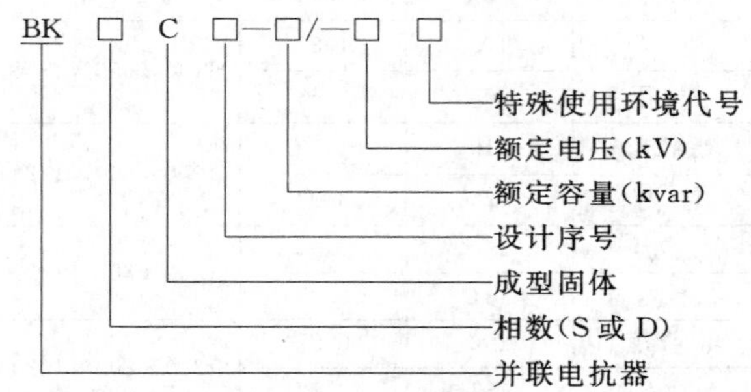

三、技术数据

BK$_S^D$C 系列干式铁芯并联电抗器技术性能符合 GB 10229—88《电抗器》、IEC 289—88《电抗器》、JB 5346—98《串联电抗器》、SBK/QB 0002、DL 462—92 的规定。

雷电冲击电压 75、220kV，短时交流电压 35、85kV。

该产品技术数据，见表 12－31。

四、外形及安装尺寸

BKSC 系列干式铁芯并联电抗器外形及安装尺寸，见图 12－9。

五、生产厂

顺特电气有限公司、西安西电电工材料有限责任公司。

12.7.6 H 级绝缘干式电抗器

一、概述

H 级绝缘干式电抗器由中电电气集团有限公司生产。该产品结构，铁芯采用日本优

表 12-31 BK_S^DC 系列干式铁芯并联电抗器技术数据

型号	额定容量(kvar)	额定电压(kV)	额定电流(A)	额定电抗(Ω)	损耗(75℃)(kW)	外形尺寸(mm)									重量(kg)	生产厂
						a	b	c	d	e	f	g	h	i		
BKSC—3000/10	3000	10	173	33.3	15.4	2350	1320	1922	1500	1250	1872	549	515	750	7000	顺特电气有限公司
BKSC—5000/10	5000		289	20.0	20.3	2760	1320	2155	1770	1250	2067	477	557	885	11300	
BKSC—6000/10	6000		346	16.7	25.2	2760	1320	2252	1770	1250	2164	477	557	885	12000	
BKSC—8000/10	8000		462	12.5	30.5	2930	1320	2631	1880	1250	2561	635	596	940	16600	
BKSC—10000/10	10000		577	10.0	50.8	2900	1800	2600	1880	1250	2390	640	600	1000	17000	
BKSC—6000/35	6000	35	99	204.1	38.6	3020	1780	2369	1880	1250	2231	730	780	970	11500	
BKSC—8000/35	8000		132	153.1	44.5	3240	1780	2434	1880	1250	2396	750	800	1050	15000	
BKDC—10000/35	10000		495	40.8	32.0	3122	1600	2881	1880	1250	2691	800	870	1210	15800	
BKSC—4000/10	4000	10	230.9	25	28	2150	1050	2210	850		1980		640	710	8300	西安西电电工材料有限责任公司
BKSC—5000/10	5000		288.7	20	32.5	2380	1300	2310	1050		2210		650	760	9800	
BKSC—6000/10	6000		346.4	16.6	736.8	2700	1300	2380	1050		2250		670	880	11500	
BKSC—8000/10	8000		461.9	12.5	42.8	2700	1300	2420	1050		2290		700	880	13800	
BKSC—10000/10	10000		577.4	10	50	2880	1520	2520	1450		2390		730	950	1680	
BKSC—6000/35	6000	35	99	204.1	38.5	3010	1750	2350	1470		2220		780	9651	1500	
BKSC—8000/35	8000		132	153.1	44	3220	1750	2415	1470		2295		828	1035	14550	
BKSC—10000/35	10000		165	122.5	52	3330	1750	2630	1470		2500		850	1070	18300	
BKSC—16000/35	16000		263.9	76.6	75	3720	1750	2860	1470		2730		870	1200	26350	

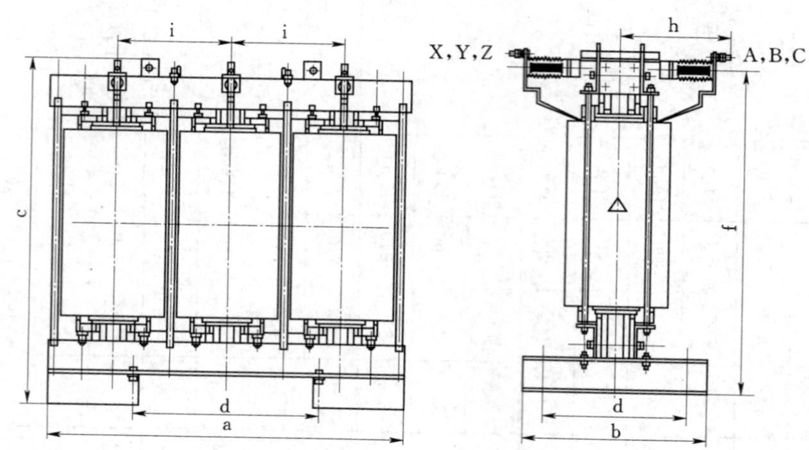

图 12-9 BKSC 系列干式铁芯并联电抗器外形尺寸

质的 30ZH120 高导磁性能硅钢片，空载损耗低，铁芯表面涂以 H 级绝缘树脂，防潮、防锈；线圈的绝缘系统采用 NOMEX®绝缘材料，经 VP 真空压力浸漆设备多次浸渍无溶剂绝缘漆，高温烘焙固化，机械强度高，电气强度高。该产品广泛用于防火要求高、负荷波动大以及污秽潮湿恶劣环境中，如冶金行业、无人值守变电站、电力电容补偿开关柜、高层建筑、石油化工等。

二、产品特点

H 级绝缘干式电抗器体积小、重量轻、局放低、噪音低、电气强度高、承受热冲击性能强、"三防"能力极佳，无龟裂，阻燃，无有害气体产生，为寿命期后能分解回收的环保绿色产品。

三、生产厂

中电电气集团有限公司，(杜邦 ReLiatra*N*®变压器特许制造商)。

12.7.7 LKSG 滤波电抗器

一、概述

LKSG 滤波电抗器用于低压滤波柜中，与滤波电容器相串联，调谐至某一谐振频率，用来吸收电网中相应频率的谐波电流。低压电网中有大量整流、变流、变频装置等谐波源，其产生的高次谐波会严重危害主变及系统中其它电器设备的安全运行。滤波电抗器与电容器相串联后，不但能有效地吸收电网谐波，而且提高了系统的功率因数，对于系统的安全运行起到了较大的作用。

二、产品特点

(1) LKSG 滤波电抗器分为三相和单相两种，均为铁芯干式。

(2) 铁芯采用优质低损耗进口冷轧取向硅钢片，芯柱由多个气隙分成均匀小段，气隙采用环氧层压玻璃布板作间隔，采用专用粘接剂粘接，以保证电抗气隙在运行过程中不发生变化。

(3) 线圈采用 H 级或 C 级漆包扁铜线绕制，排列紧密且均匀。

(4) 电抗器的线圈和铁芯组装成一体后经过预烘→真空浸漆→热烘固化工艺流程，采用H级浸渍漆，使电抗器的线圈和铁芯牢固地结合在一起。

（5）电抗器的夹件、紧固件等采用非磁性材料，确保电抗器具有较高的品质因数，确保具有较好的滤波效果。

（6）外露部件均采取了防腐蚀处理，引出端子采用了镀锡铜管端子。

三、使用环境

（1）海拔高度不超过2000m。

（2）运行环境温度－25～＋45℃，相对湿度不超过90％。

（3）周围无有害气体，无易燃易爆物品。

（4）周围环境应有良好的通风条件，如装在柜内，应加装通风设备。

四、技术数据

（1）可用于400V、660V系统。

（2）额定绝缘水平3kV/min。

（3）电抗器各部位的温升限值：铁芯不超过45K，电圈温升不超过55K。

（4）电抗器噪声不大于45dB。

（5）三相电抗器的任意两相电抗值之差不大于±3％。

（6）耐温等级H级（180℃）以上。

五、外形及安装尺寸

LKSG滤波电抗器外形及安装尺寸，见表12-32及表12-33。

表12-32 LKSG滤波电抗器外形及安装尺寸（一）

型　　号	电抗器电感量（μH）	谐调电容器电容量（μF）	滤波次数	额定电流（A）	外形尺寸（mm）（长×宽×高）	安装尺寸（mm）
LKSG—0.4—25/1986	1986	231	5	25	225×155×200	175×95，4—ϕ8
LKSG—0.4—31/1582	1582	290	5	31	225×160×200	175×95，4—ϕ8
LKSG—0.4—37/1318	1318	346	5	37	250×170×200	200×100，4—ϕ10
LKSG—0.4—50/981	981	462	5	50	265×190×215	215×120，4—ϕ10
LKSG—0.4—62/790	790	579	5	62	280×205×230	230×125，4—ϕ10
LKSG—0.4—74/659	659	692	5	74	280×210×260	230×125，4—ϕ10
LKSG—0.4—93/527	527	861	5	93	285×200×290	215×125，4—ϕ10
LKSG—0.4—112/438	438	1027	5	112	265×200×355	215×125，4—ϕ12
LKSG—0.4—124/396	396	1137	5	124	265×205×280	215×125，4—ϕ12
LKSG—0.4—149/329	329	1385	5	149	280×220×420	230×145，4—ϕ12
LKSG—0.4—186/264	264	1770	5	186	330×230×420	290×145，4—ϕ12
LKSG—0.4—248/198	198	2275	5	248	325×285×480	265×175，4—ϕ12
LKSG—0.4—310/158	158	2895	5	310	350×330×520	290×205，4—ϕ12
LKSG—0.4—372/132	132	3539	5	372	420×350×545	360×245，4—ϕ12

注　电容电压525V。

表 12-33 LKSG滤波电抗器外形及安装尺寸（二）

型　　号	电抗器电感量 (μH)	谐调电容器电容量 (μF)	滤波次数	额定电流 (A)	外形尺寸 (mm) (长×宽×高)	安装尺寸 (mm)
LKSG—0.4—24/1009	1009	231	7	24	205×155×155	155×95，4—ϕ8
LKSG—0.4—30/810	810	290	7	30	205×165×155	155×95，4—ϕ8
LKSG—0.4—36/676	676	346	7	36	235×165×160	185×95，4—ϕ10
LKSG—0.4—48/506	506	462	7	48	250×175×175	200×100，4—ϕ10
LKSG—0.4—61/402	402	579	7	61	250×185×195	200×100，4—ϕ10
LKSG—0.4—73/337	337	692	7	73	265×200×195	215×110，4—ϕ10
LKSG—0.4—91/269	269	861	7	91	235×185×240	185×110，4—ϕ10
LKSG—0.4—109/225	225	1027	7	109	235×185×260	185×110，4—ϕ12
LKSG—0.4—121/191	191	1137	7	121	238×190×280	185×110，4—ϕ12
LKSG—0.4—146/159	159	1385	7	146	250×205×315	200×125，4—ϕ12
LKSG—0.4—182/127	127	1770	7	182	250×210×340	200×125，4—ϕ12

注　电容电压525V。

六、生产厂

上海东安电器制造有限公司、上海新变电力科技有限公司。

12.7.8 ZKSG型干式铁芯阻波电抗器

一、概述

ZKSG—275/6.3干式铁芯阻波电抗器适用于电压等级为6.3kV的高压线路中，用于阻止高次谐波电流的通过。

该电抗器为户内使用，使用场地的海拔不超过2000m，相对湿度为90%，环境温度－10～＋45℃。

二、型号含义

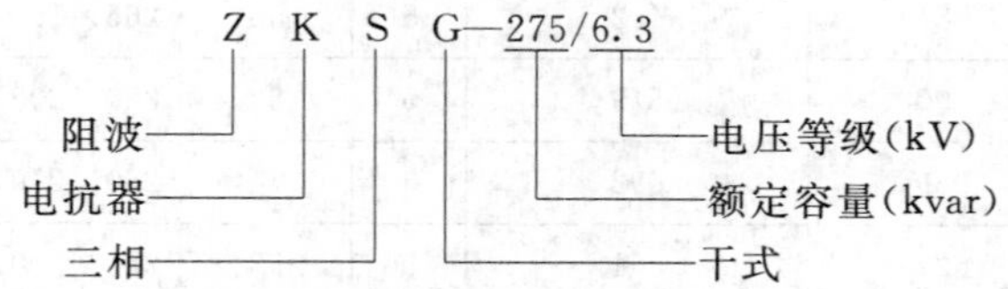

三、产品结构

该产品为干式铁芯电抗器，绕组材料为玻璃丝包扁线，其结构为分段圆筒式。铁芯由若干个铁饼叠装而成，铁饼间用绝缘板隔开形成间隙。其铁轭结构与变压器一样，铁饼与铁轭由压紧装置通过螺杆拉紧形成一个整体。

四、技术数据

额定容量（kvar）：275。

相数：3。

线路额定电压（kV）：6.3。

电抗器端电压（V）：919。

额定电流（A）：100。

损耗（W）：3150。

重量（kg）：2000。

五、生产厂

重庆高压电器厂。

12.8 LKG6系列交流滤波电抗器

一、概述

LKG6系列滤波电抗器适用于谐波频率不大于1000Hz、电压为6kV的交流电网中，用作谐波滤波、限流、改善电网波形和提高电网功率因数。该产品为户内使用，使用场地海拔不超过2000m，环境温度为−10～+45℃。

二、型号含义

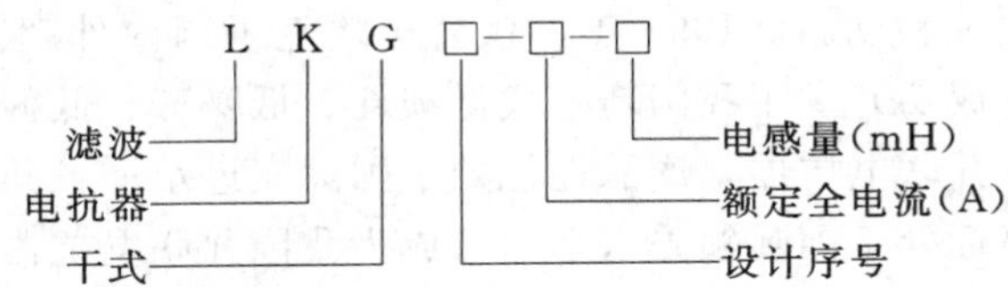

三、产品结构

该产品采用玻璃丝包铜线空芯绕制，自然冷却，匝间设有竖向通风道及横向通风道，采用防污、加强型的支柱绝缘子，底座等金属物均采用非导磁材料。

电抗器的电感值调节为无载调节，抽头粗调，不锈钢螺杆细调，使电感值在最小电感与最大电感之间连续可调，无死区。

四、技术数据

该产品的技术数据，见表12-34。

表12-34 LKG系列交流滤波电抗器技术数据

型号	电感量(mH)	额定全电流(A)	额定调谐频率(Hz)	额定品质因数	外形尺寸(mm)(长×宽×高)	安装尺寸(mm)		重量(kg)
						直径	孔径	
LKG6—144—16.2627	16.2627	140	150	65	1000×1000×1360	920	4—ϕ14	550
LKG6—220—3.7414	3.7414	220	250	65	1000×1000×1260	860	4—ϕ14	505
LKG6—140—3.0542	3.0542	140	350	60	1000×1000×1360	860	4—ϕ14	478
LKG6—320—0.4735	0.4735	320	550	50	950×950×1260	840	4—ϕ14	390
LKG6—272—0.3767	0.3767	272	650	50	950×950×1260	840	4—ϕ14	388

五、生产厂

重庆高压电器厂。

12.9 油浸式电抗器

12.9.1 BKD（S）油浸式并联电抗器

一、概述

西安西电变压器有限责任公司是我国最大的电抗器制造厂，也是我国目前唯一专门从事各类电抗器研究和开发的厂。该公司具有 40 多年从事研究、开发、设计和制造电抗器的历史，产品种类繁多，规格多样。目前产品主要类型有：并联电抗器、中性点接地电抗器、平波电抗器、消弧线圈、限流电抗器、滤波电抗器、阻尼电抗器及其它特殊用途电抗器。

油浸式并联电抗器是该公司的主导产品之一。20 世纪 70 年代初期该厂就开始研制超高压、大容量并联电抗器，先后为我国第一条 330kV 超高压输电线路和第一条输电线路提供了 330kV、90Mvar 三相并联电抗器和 500kV，40Mvar 单相并联电抗器。1979 年该公司从法国 ALSTHOM 公司引进 500kV 级、50Mvar 并联电抗器，在消化吸收引进技术的同时不断开展技术攻关和创新。1991 年，该公司攻克了国内外超高压并联电抗器普遍存在的局部过热问题，成功开发了我国新一代低损耗、低噪音、低振动、低局放、无局部过热、高可靠性超高压并联电抗器，产品性能处于国际先进水平，其中噪音、振动、局部过热、可靠性等主要指标处于国际领先水平，已成为我国并联电抗器研究、开发、设计及专业化制造的基地。

目前，西安西电变压器有限责任公司的并联电抗器产品已标准化、系列化，电压等级有 10、35、66、110、132、154、220、330、500kV，容量从 7kvar 到 10、20、30、40、45、50、60、80Mvar，并可根据需要制造各种具有特殊要求的并联电抗器产品。其中 500kV 并联电抗器性能已达国际先进水平，成为国内外知名品牌的产品，批量使用在我国三峡输变电送出和西电东送工程中，也是三峡枢纽工程 500kV 输变电设备中唯一全部采用的国产设备。

西安西电变压器有限责任公司也是国内最早研究和生产直流输电用平波电抗器的厂，20 世纪 80 年代为舟山直流输变电工程提供了±100kV 的平波电抗器，20 世纪 90 年代末又为嵊泗直流输变电工程提供了±50kV 的平波电抗器，近期与瑞典 ABB 合作生产了三峡至常州±500kV 直流输电用平波电抗器。

二、产品结构

（1）铁芯，单相为单芯柱两旁柱结构，三相为品字形芯柱、卷铁轭结构。电抗器芯柱由铁芯饼和气隙垫块组成。铁芯饼为辐射形叠片结构，并采用特殊浇铸工艺浇注成整体，铁轭与旁柱用环氧玻璃丝粘带绑扎，铁芯采用强有力的压紧和减震措施，整体性能好，震动及噪音小，损耗低，无局部过热。

（2）线圈采用冲击特性和散热性能好的层式结构。

（3）油箱为钟罩式结构，便于维护和检修。油箱为圆形或多边形、强度高、震动小，结构紧凑，单相并联电抗器的油箱和铁芯间设有防止器身在运输过程中发生位移的强力定位装置。油箱壁设有磁屏蔽，降低了漏磁在箱壁产生的损耗，清除了箱壁的局部过热。

西安西电变压器有限责任公司的 BKD（S）型电抗器运行于马来西亚、印度尼西亚、印度、菲律宾、泰国、巴基斯坦及内蒙古丰镇、湖北凤凰山、甘肃靖远、安徽肥西、北京房山、山西运城、河北徐水保北、云南大朝山、陕西西安等变电站或电厂。目前，已有 300 多台产品在全国各地挂网运行。

三、产品特点

西变公司的主导产品 500kV 并联电抗器具有结构合理、技术成熟、先进、总损耗低（单台总损耗已降到 100kW 以下）、无局部过热、噪音低、振动小、可靠性高、性能指标均优于国外同类产品等特点，现已研制生产第四代产品。

四、型号含义

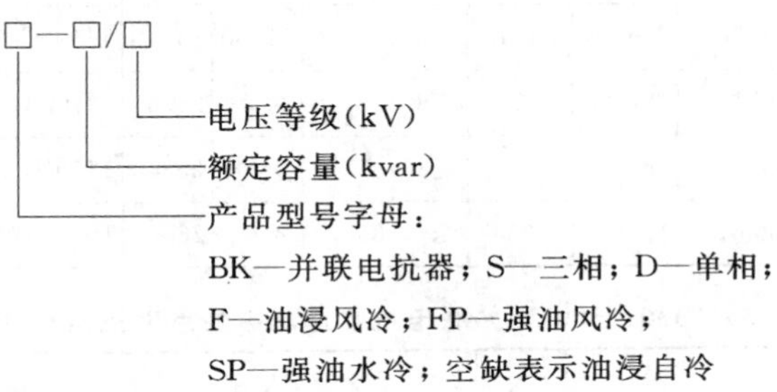

五、技术数据

BKD（S）系列并联电抗器技术数据，见表 12－35；500kV 并联电抗器选配中性点电抗器及 330kV 并联电抗器选配中性点电抗器技术数据，见表 12－36。

主要电压等级（kV）：10，15，35，66，110，132，154，220，330，420，500。

系列容量（kvar）：5，10000，20000，20000，35000，40000，45000，50000，60000。

表 12－35　BKD（S）系列并联电抗器技术数据

型　　号	额定容量(kvar)	额定电压(V)	额定电流(A)	每相阻抗(Ω)	噪音(dB)	重量（t）			总损耗保证值(W)	外形尺寸（mm）（长×宽×高）	生产厂
						总体	油	运输			
BKD—20000/330	20000	$363000/\sqrt{3}$	95.43	2196.15	≤80	40.06	13.00	30.00	96000	6000×5800×7250	西安西电变压器有限责任公司
BKD—30000/330	30000	$363000/\sqrt{3}$	143.15	1464.05	≤80	43.60	13.80	33.60	99000	5800×5800×7250	
BKD—40000/500	40000	$550000/\sqrt{3}$	126	2520.2	≤80	60.00	19.40	48.00	110000	6000×4340×9800	
BKD—50000/500	50000	$550000/\sqrt{3}$	157.5	2016.7	≤80	58.40	19.10	43.30	160000	5950×5150×9960	
BKD—50000/500	50000	$525000/\sqrt{3}$	165	1837.5	≤80	70.00	19.50	54.00	120000	4670×6360×9810	
BKD—50000/500	50000	$550000/\sqrt{3}$	157.5	2016.7	≤80	70.00	19.50	54.00	120000	4670×6360×9810	
BKD—60000/500	60000	$550000/\sqrt{3}$	189	1680.6	≤80	74.00	20.80	62.00	140000	6150×4340×9800	
BKS—30000/10	30000	10500	1650	3.675	≤80	35.10	9.39	24.50	125000	5640×4400×4700	
BKS—30000/10	30000	11000	1575	4.033	≤80	35.10	9.39	24.50	125000	5640×4400×4700	
BKS—30000/15	30000	15000	1154.7	7.5	≤80	35.20	9.40	24.50	125000	5800×3130×4650	
BKS—20000/35	20000	37000	312.1	68.45	≤80	30.00	8.50	21.20	94000	5670×4220×4310	
BKS—20000/35	20000	37500	307.92	70.31	≤80	30.00	8.50	21.20	80000	5670×4220×4310	

续表 12-35

型号	额定容量(kvar)	额定电压(V)	额定电流(A)	每相阻抗(Ω)	噪音(dB)	重量(t)			总损耗保证值(W)	外形尺寸(mm)(长×宽×高)	生产厂
						总体	油	运输			
BKS—30000/35	30000	35000	494.9	40.83	≤80	35.10	9.39	24.50	125000	5640×4400×4755	
BKS—30000/35	30000	37000	468.46	45.6	≤80	35.10	9.39	24.50	125000	5640×4400×4755	
BKS—30000/35	30000	37000	468.46	45.6	≤80	36.00	9.40	25.00	125000	5800×3130×4780	
BKS—30000/35	30000	37500	461.9	46.875	≤80	29.40	6.15	26.60	100000	3615×2670×4420	
BKS—35000/35	35000	34500	585.7	34	≤80	39.50	10.00	30.40	105000	5700×3200×4980	西安西电变压器有限责任公司
BKS—45000/35	45000	34500	753.07	26.45	≤80	47.50	11.80	34.40	148000	6100×3930×4950	
BKS—30000/60	30000	60000	288.7	120	≤80	35.70	9.73	25.50	137000	5950×4400×4540	
BKS—30000/60	30000	66000	262.43	145.2	≤80	35.70	9.73	25.00	125000	5950×4400×4540	
BKS—40000/63	40000	$63000/\sqrt{3}$	1099.7	33	≤80	35.70	8.00	28.00	103000	5150×3350×5180	

表 12-36　330、500kV 并联电抗器选配中性点电抗器技术数据

型号	额定电流(A)	10s最大电流(A)	电抗(Ω)		电压等级(kV)	噪音(dB)	绝缘水平(kV)		重量(t)			总损耗保证值(W)	外形尺寸(mm)(长×宽×高)
			额定抽头	其它抽头			首端	末端	油	运输	总体		
XKD—4200/110	100		420	370，470					3.75	8.34	10.59	35000	2890×2690×4890
XKD—4300/110	130		220	187，253					3.90	12.50	15.50	39000	3800×2090×4290
XKD—5000/110	130		270	243，297					4.30	13.00	15.60	44000	3700×2080×4440
XKD—6000/110	100	300	600	500，400	330	≤80	110	35	5.20	16.30	19.40	54000	4135×2300×4670
XKD—8000/110	100		800	720，640					5.40	17.65	21.50	58000	4110×2360×3290
XKD—8000/110	130	260	400	480					5.30	17.00	21.00	60000	4350×2310×3385
XKD—500(450)①/154			500	450，550					4.80	8.00	9.00	11150	2400×2050×5260
XKD—600/154			600	540，660					6.40	10.70	12.00	11750	2730×2350×5120
XKD—700/154			700	630，770					6.85	11.50	12.80	13350	2730×2350×5330
XKD—720/154	30	300	800		500	≤80	154	35	7.20	12.00	13.60	14650	2730×2350×5470
XKD—720/154			700	600，800					6.85	11.50	12.80	13820	2730×2350×5330
XKD—800/154			800	720，800					7.15	12.00	13.40	15290	2730×2350×5120
XKD—810/154			800	700，900					7.15	12.00	13.40	15290	2730×2350×5120

① (　) 为老产品。

六、生产厂

中国西电集团、西安西电变压器有限责任公司。

12.9.2 CK_D^S（Q）系列油浸式铁芯串联电抗器

一、概述

CK_D^S（Q）系列油浸式铁芯串联电抗器适用于频率为50Hz、电压等级6～35kV并与高压并联电容器相串联的线路中，是电力系统静止无功补偿装置的重要组成部分，能有效地抑制高次谐波，限制合闸涌流和操作过电压，对电容器组的安全运行，改善网路电压波形，提高供电质量和电网安全起到重要作用。

二、型号含义

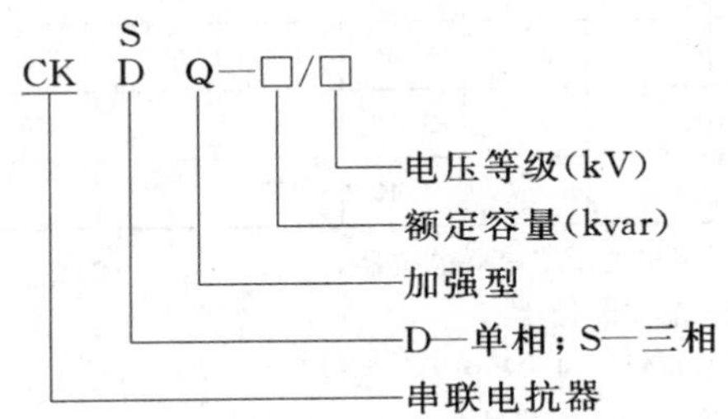

三、产品结构

该产品的绕组用纸包扁线，为连续式结构，铁芯结构为直接缝，多级铁饼气隙，材料为冷轧取向优质硅钢片。

四、技术数据

该产品的技术数据，见表12-37。

表12-37 CKS（Q）系列油浸式铁芯串联电抗器技术数据

型号	额定容量(kvar)	系统电压(kV)	额定电流(A)	电抗率(%)	损耗(kW)	端子电流(A)	总体重量(kg)	外形尺寸(mm)(长×宽×高)	轨距(mm)	生产厂
CKSQ—60/6	60	6	87	6			1000	960×1070×1440	550	北京电力设备总厂
CKSQ—120/6	120	6	175	6			1300	1020×1100×1660	550	
CKSQ—120/10	120	10	105	6			1300	1120×1100×1600	660	
CKSQ—300/10	300	10	262	6			2350	1300×1320×1900	770	
CKSQ—450/10	450	10	394	6			2800	1500×1680×2010	820	
CKSQ—600/10	600	10	525	6			3500	1550×1850×2150	820	
CKSQ—240/35	240	35	61	6			2350	1700×1250×2100	820	
CKSQ—450/35	450	35	114	6			2900	1500×1660×2200	770	
CKSQ—600/35	600	35	152	6			3500	2200×1720×2470	820	
CKSQ—1200/35	1200	35	303	6			5750	2000×2000×2600	1070	
CKSQ—600/35	600	35	69	12			3700	1900×1830×2400	820	
CKSQ—1200/35	1200	35	139	12			5950	2200×2110×2600	1070	
CKSQ—150/35	150	35	124	6			1800	1300×1300×1940	400	

续表 12-37

型　号	额定容量（kvar）	系统电压（kV）	额定电流（A）	电抗率（%）	损耗（kW）	端子电流（A）	总体重量（kg）	外形尺寸（mm）（长×宽×高）	轨距（mm）	生产厂
CKS—60	60	10.5			0.96	55		1175×500×1570		
CKS—90	90	10.5			1.32	82.5		1175×830×1670		
CKS—120	120	10.5			1.68	110				
CKS—150	150	10.5			2.00	137.4		1300×1000×1470		重庆高压电器厂
CKS—180	180	10.5			2.30	165		1340×1030×1500		
CKS—240	240	10.5			2.90	220		1450×1010×1650		
CKS—300	300	10.5			3.40	275				

注　1. 重庆高压电器厂能生产相同规格的干式串联电抗器。
2. 重庆高压电器厂 CKS 系列产品安装尺寸：
CKS—60、CKS—90 安装尺寸 450×450×ϕ19；
CKS—150、CKS—180、CKS—240 安装尺寸 660×660×ϕ19。

五、生产厂

北京电力设备总厂、重庆高压电器厂。

12.10　DCL 直流平波电抗器

一、概述

DCL 直流平波电抗器具有如下特点：

（1）改善电容滤波造成的输入电流波形畸变。

（2）减少和防止因冲击电流造成整流桥损坏和电容过热。

（3）提高功率因数，降低直流母线交流脉冲。

（4）限制电网电压的瞬变。

二、技术数据

（1）额定工作电压：400～1200V/50Hz。

（2）额定工作电流：3～1500A/40℃。

（3）抗电强度：铁芯-绕组 3000VAC/50Hz/5mA/10s 无飞弧击穿（工厂测试）。

（4）绝缘电阻：铁芯-绕组 1000VDC，绝缘阻值≥100MV。

（5）电抗器噪音：小于 50dB（与电抗器水平距离点 1m 测试）。

（6）温升小于 70K。

（7）防护等级：IP00。

（8）绝缘等级：F 级以上。

（9）产品执行标准：IEC 289：1987 电抗器。

GB 10229—88 电抗器（eqv IEC 289：1087）。

JB 9644—1999 半导体电气传动用电抗器。

三、外形及安装尺寸

DCL 直流平波电抗器外形及安装尺寸，见表 12－38。

表 12－38　DCL 直流平波电抗器外形及安装尺寸

型　号	适配功率（kW）	额定电流（A）	绝缘等级	重量（kg）	尺寸≤（mm）			孔位		孔径（mm）
					A	B	C	D	E	F
DCL—1.5	1.5	7	F、H	0.8	66	76	56	55	53	5
DCL—2.2	2.2	8	F、H	0.9	66	76	56	55	53	5
DCL—3.7	3.7	14	F、H	1.3	66	95	56	55	67	5
DCL—5.5	5.5	16	F、H	1.6	76	95	66	64	68	5
DCL—7.5	7.5	20	F、H	1.8	76	103	65	64	67	5
DCL—11	11	40	F、H	3.5	85.5	140	75	71	120	5
DCL—15	15	50	F、H	4.2	96	143	81	80	102	5
DCL—18.5	18.5	65	F、H	6.2	105	164	90	87.5	117	5
DCL—22	22	70	F、H	6.2	114	153	98	95	110	6
DCL—30	30	80	F、H	7.6	114	160	98	95	125	6
DCL—37	37	100	F、H	9.8	133.2	170	114	111	126	6
DCL—45	45	120	F、H	10.5	135	180	120	111	126	6
DCL—55	55	146	F、H	12.5	135	200	120	111	146	6
DCL—75	75	200	F、H	16.5	155	220	135	127	158	7

四、生产厂

上海新变电力科技有限公司。

12.11　KZ 直流（平波）电抗器

一、概述

KZ 直流（平波）电抗器主要用于变频器及整流电路中，提高功率因数及滤除纹波电压电流干扰。电抗器采用优质进口冷轧矽钢片精制而成，具有体积小、温升低、噪音小等特点。

二、产品特点

（1）改善电容滤波造成的输入电流波形畦变。

（2）减少和防止因冲击电流造成整流桥损坏和电容过热。

（3）提高功率因素，降低直流母线交流脉冲。

（4）限制电网电压的瞬变。

三、技术数据

（1）额定工作电压：DC500V～DC540V。

（2）抗电强度：铁芯-绕阻 2500VAC/50Hz/5mA/60s 无飞弧击穿。

（3）绝缘电阻：铁芯-绕组 500VDC，绝缘阻值≥100MΩ。

（4）电抗器噪音小于 65dB（与电抗器水平距离点 1m 测试）。

(5) 温升小于70K。

(6) 产品执行标准：IEC 289：1987电抗器。

GB 10229—88电抗器（eqv IEC 289：1987）。

JB 9644—1999半导体电气传动用电抗器。

四、外形及安装尺寸

KZ直流（平波）电抗器外形及安装尺寸，见表12-39。

表12-39 KZ直流（平波）电抗器外形及安装尺寸

电机功率(kW)	额定电流(A)	额定电感(mH)	外形尺寸(mm)(长×宽×高)	安装尺寸(mm)
0.75	3	28	78×45×70	60×52—ϕ6
2.2	6	11	78×50×70	60×55—ϕ6
3.7	12	6.3	110×80×95	60×60—ϕ8
7.5	23	3.6	120×85×110	70×50—ϕ8
15	33	2	120×90×110	70×55—ϕ8
18.5	40	1.3	120×90×110	70×55—ϕ8
22	50	1.08	130×100×120	70×55—ϕ8
30	65	0.8	155×110×140	95×80—ϕ8
37	78	0.7	155×110×140	95×80—ϕ8
45	95	0.54	160×115×210	95×80—ϕ8
55	115	0.45	160×115×210	95×80—ϕ8
75	160	0.36	200×160×260	95×85—ϕ8
90	180	0.33	200×160×260	100×80—ϕ8
132	250	0.26	200×160×260	100×85—ϕ8
160	340	0.17	240×180×320	100×90—ϕ8
220	460	0.09	240×180×320	110×100—ϕ8
315	650	0.07	240×180×320	110×100—ϕ8

五、生产厂

上海匡正电气制造有限公司。

12.12 PK系列平波电抗器

一、概述

PK系列平波电抗器在直流系统中的作用主要为谐波电流提供高阻抗，以抑制直流系统中电压和电流谐波分量的有害作用，特别是在轻载状态下减少直流系统中电压和电流的脉动分量，以保证直流电流的恒定值，即起到平波作用。在系统出现故障（例如换流站中逆变器换相失败）的情况下，平波电抗器能够有效地抑制故障电流上升的速度，限制短路电流的峰值。

平波电抗器主要用在超高压直流输电系统以及工业性直流系统中，如钢铁、采矿和加工工业的大型整流馈电式直流电动机拖动系统。

西安西电变压器有限责任公司（原西安变压器厂）是我国最大的专业生产电抗器的制造厂，1985 年我国第一条镇海—舟山±100kV 跨海直流输电线路上的 100kV/500A 平波电抗器为该厂制造；2004 年 2 月成功制造了 PKDFP—120—3000—120 灵宝换流站用平波电抗器，完全依靠自主技术、自行设计、独立制造，产品性能优越，可靠性高，完全能满足联网工程性能要求，填补了国内直流输电设备制造的空白。标志着中国已独立掌握了世界尖端的平波电抗器设计制造技术，该产品外形尺寸（m，长×宽×高）为 9.8×6.5×5.6，总重量 124t。

西变公司在直流设备制造领域为国内第一，国际先进的优势地位，用于三峡—广州±500kV 直流输电工程的平波电抗器外形尺寸（m，长×宽×高）为 13×13.5×14.2，总重 338t，是目前世界同类产品中电流最大、技术性能要求最高、体积最大的平波电抗器，为油浸铁芯式。

直流供电的晶闸管电气传动中，平波电抗器也是不可少的。因为脉动的直流输出的电压所包含的谐波分量在直流电动机内造成不必要的损耗和发热，谐波中的负序分量则产生反向力矩，而且当晶闸管深控时，若脉动的直流输出电压的瞬时值低于电动机的反电势，将使电流不连续。

二、型号含义

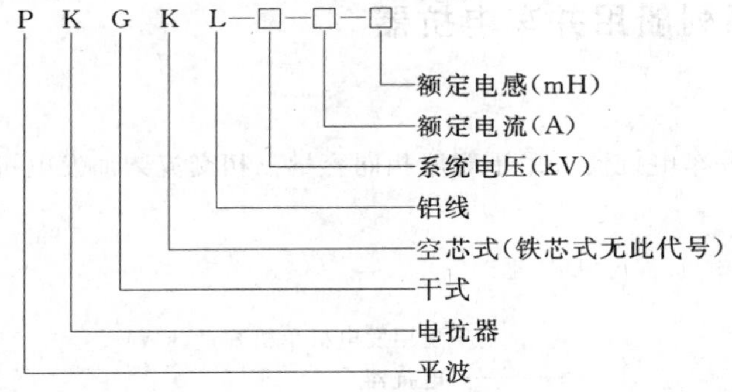

三、技术数据

PK 系列平波电抗器技术数据，见表 12-40。

表 12-40 PK 系列平波电抗器技术数据

型号	直流电压(kV)	交流电压(V)	电流(A)	工作频率(Hz)	容量(kvar)	损耗(kW)		外形尺寸(mm)(长×宽×高)	重量(kg)	生产厂
						空载	负载			
PKD—630/1		1050	600		630	1.0	5.3	1625×1245×2265	2160	陕西铜变股份有限公司（原铜川整流变压器厂）
PKD—400/1		785	510		400	0.99	3.1	1345×1100×2209	1800	
PKDL—500/0.5		500	1000		500	0.76	3.8	1380×1040×1565	1305	
PKDL—250/0.4		400	625		250	0.47	2.5	963×890×1560	690	
PKDGN—162		92.5	1750	300	162			440×430×640	160	上海电气股份有限公司变压器厂
PKDGN—340		310 555	2200	300	340			530×480×690	335	
PKDGN—700		700	2000	300	700			530×480×870	400	

续表 12-40

型　号	直流电压(kV)	交流电压(V)	电流(A)	工作频率(Hz)	容量(kvar)	损耗(kW)		外形尺寸(mm)(长×宽×高)	重量(kg)	生产厂
						空载	负载			
PKDGN—875	0.7	460	2500	300	875			750×665×1225	1150	上海电气股份有限公司变压器厂
PKDG—600		150	4000	300	600			630×428×1158		
PKG—400—250		400	250		100			520×370×770	300	佛山变压器有限责任公司
PKG—860—272		860	372		320			740×1020×850	653	
PKD—1000/1		1050	952.4		1000			1630×1748×3020	3110	西安恒利变压器有限责任公司
PKD—2500/1		2100	1190.5		2500			1790×2550×3265	5130	
PKDFP—100000/100	100		500						46000	西安西电变压器有限责任公司
PKDFP—500000/1200A			1200							
PKDFP—500000/300A			300							
PKDFP—500000/300A			3000							

12.13 BDK 系列船用并车电抗器

一、概述

BDK 系列船用并车电抗器可用于舰船相同容量三相交流柴油发电机组粗整步并车。

二、型号含义

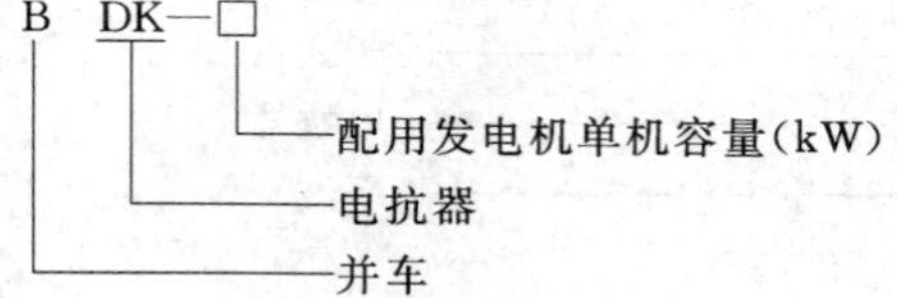

三、外形及安装尺寸

BDK 系列船用并车电抗器外形尺寸，见表 12-41 及图 12-10。

表 12-41 BDK 系列船用并车电抗器外形尺寸

型　号	配用发电机单机容量(kW)	外形尺寸(mm)(长×宽×高)	A(mm)	重量(kg)	型　号	配用发电机单机容量(kW)	外形尺寸(mm)(长×宽×高)	A(mm)	重量(kg)
BDK—24	24	154×202×250	118	10	BDK—120	120	178×228×280	132	19
BDK—40	40	158×206×230	122	10	BDK—250	250	204×257×28	152	29
BDK—64	64	172×222×230	132	13	BDK—400	400	220×284×280	170	36
BDK—90	90	168×218×250	132	15	BDK—630	630	234×298×320	184	50

四、生产厂

泰州海田电气制造有限公司。

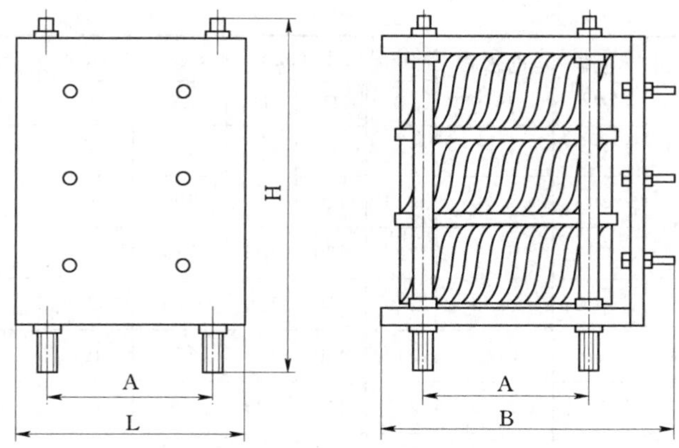

图 12-10 BDK 系列船用并车电抗器外形尺寸

12.14 SJDK 系列三相交流电抗器

一、概述

SJDK 系列三相交流电抗器适用于交流 50Hz（60Hz）特殊电压至 660V 的电路中，仅用作变频器输入端，在交流回路中防止电压突变、限制短路电流，在逆变输出中滤去高次谐波，减少对电网污染。

二、型号含义

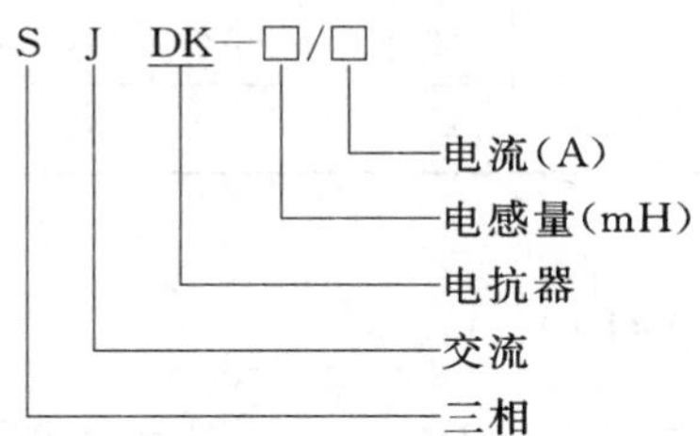

三、技术数据

SJDK 系列产品技术数据，见表 12-42。

表 12-42 SJDK 系列三相交流电抗器技术数据

型号	电机功率 (kW)	电流 (A)	电感量 (mH)	外形尺寸（mm）			安装尺寸（mm）		安装孔（mm）		重量 (kg)
				B	D	H	A	C	K	T	
SJDK—0.4	0.4	1.3	18	110	60	65			7	13	
SJDK—0.75	0.75	2.5	8.4	180	90	110	100	65	7	13	7
SJDK—1.5	1.5	5	4.2	180	90	110	100	65	7	13	8
SJDK—2.2	2.2	7.5	3.6	190	100	155		70	7	13	10
SJDK—3.7	3.7	10	2.2	210	100	155	100	75	7	13	13

续表 12-42

型　号	电机功率 (kW)	电流 (A)	电感量 (mH)	外形尺寸 (mm)			安装尺寸 (mm)		安装孔 (mm)		重量 (kg)
				B	D	H	A	C	K	T	
SJDK—5.5	5.5	15	1.42	210	105	155	100	80	7	13	15
SJDK—7.5	7.5	20	1.06	210	110	155	100	85	7	13	17
SJDK—11	11	30	0.7	240	120	155	120	90	7	13	20
SJDK—15	15	40	0.53	240	130	180	120	95	7	13	22
SJDK—18.5	18.5	50	0.42	240	140	180	120	105	7	13	24
SJDK—22	22	60	0.36	255	140	190	120	110	11	18	27
SJDK—30	30	80	0.26	255	145	190	120	115	11	18	31
SJDK—37	37	90	0.24	255	150	190	120	120	11	18	35
SJDK—45	45	120	0.18	300	180	200	120	130	11	18	42
SJDK—55	55	150	0.15	310	165	240	120	115	11	18	50
SJDK—75	75	200	0.11	315	165	240	120	120	11	18	55
SJDK—110	110	250	0.09	315	165	260	120	125	11	18	63
SJDK—132	132	270	0.08	315	165	260	120	125	11	18	66
SJDK—160	160	330	0.06	340	175	260	120	130	11	18	75
SJDK—185	185	450	0.05	340	180	260	120	135	11	18	85
SJDK—220	220	490	0.04	380	180	320	120	135	11	18	95
SJDK—300	300	660	0.03	380	190	320	120	140	11	18	120

四、外形及安装尺寸

该产品外形及安装尺寸，见图 12-11。

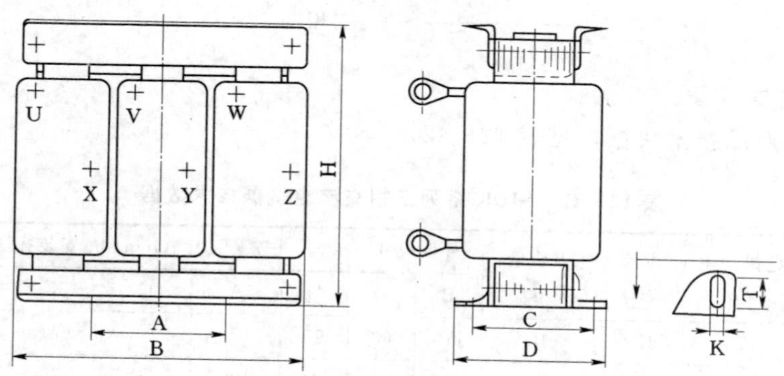

图 12-11　SJDK 系列三相交流电抗器外形及安装尺寸

五、生产厂

昆山市特种变压器制造有限公司。

12.15 启动电抗器

12.15.1 QKSC 系列干式铁芯启动电抗器

一、概述

QKSC 系列干式铁芯启动电抗器用于高压交流电动机的启动，通常串联于电动机的启动回路中起到限制电动机启动电流、减小系统电压波动、避免系统误跳闸、提高电力系统运行的安全性和可靠性等作用。该产品完全符合 GB 10229—88《电抗器》、IEC 289—88《电抗器》、SBK/QB 0008 等技术标准的要求。

该产品由顺特电气有限公司生产，应用国外树脂绝缘干式电力变压器的设计技术、工艺技术和生产设备与检验设备进行生产和检验，产品具有绝缘性好，机械强度高、电感线性度好、体积小、重量轻、防潮、阻燃、噪音低、可靠性高、免维修等优点，可广泛应用于冶金、化工、电气铁道、供水工程等领域，特别适于安装空间有限和具有特殊防火要求的场所。

该电抗器的铁芯用优质硅钢片制造，采用玻璃纤维环氧树脂包封，为户内使用。其冷却方式为空气自冷（AN）式，保护等级有 IP00、IP20、IP23 等，绝缘等级为 F 级，2min 运行温度极限为 200℃。如果将启动电抗器安装在地下室或开关柜等空间受限制的地方时，一般每 1kW 损耗应有不小于 2m^3/min 的空气通风量。

启动电抗器为间隔短时运行工作方式，每次启动连续运行时间为 60s，允许连续启动次数为 2 次，连续启动 2 次后应间隔 120min 后方可再次启动。

二、型号含义

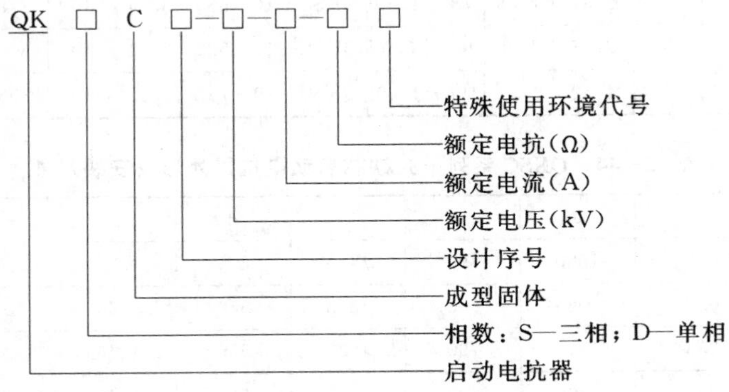

三、技术数据

该产品的绝缘水平为雷电冲击电压 40、60、75kV，短时交流电压 18、25、35kV，其技术数据，见表 12-43。

四、外形及安装尺寸

QKSC 系列干式铁芯启动电抗器外形及安装尺寸，见表 12-44 及图 12-12。

表 12-43 QKSC 系列干式铁芯启动电抗器技术数据

型号	额定电压(kV)	额定容量(kvar)	额定电抗(Ω)	额定电流(A)	重量(kg)	型号	额定电压(kV)	额定容量(kvar)	额定电抗(Ω)	额定电流(A)	重量(kg)
QKSC—3—1600—0.3	3	2304	0.3	1600	1420	QKSC—6—1389—1.01	6	5846	1.01	1389	2015
QKSC—3—2000—0.2	3	2400	0.2	2000	1410	QKSC—6—1600—0.51	6	3917	0.51	1600	1395
QKSC—3—2000—0.3	3	3600	0.3	2000	1860	QKSC—6—1680—0.68	6	5758	0.68	1680	1590
QKSC—6—2500—0.3	6	5625	0.3	2500	1930	QKSC—10—86—20.1	10	447	20.1	86	380
QKSC—6—131—9.42	6	485	9.42	131	400	QKSC—10—96—18.0	10	499	18.0	96	380
QKSC—6—155—7.93	6	571	7.93	155	415	QKSC—10—107—16.2	10	556	16.2	107	410
QKSC—6—189—3	6	321	3	189	380	QKSC—10—119—14.6	10	618	14.6	119	490
QKSC—6—189—6.5	6	697	6.5	189	440	QKSC—10—134—12.9	10	696	12.9	134	510
QKSC—6—223—6.48	6	967	6.48	223	590	QKSC—10—150—11.5	10	779	11.5	150	545
QKSC—6—261—5.53	6	1131	5.53	261	625	QKSC—10—242—7.16	10	1257	7.16	242	755
QKSC—6—282—1.7	6	406	1.7	282	380	QKSC—10—270—6.41	10	1403	6.41	270	790
QKSC—6—329—4.02	6	1305	4.02	329	735	QKSC—10—301—5.75	10	1564	5.75	301	780
QKSC—6—466—3.18	6	2072	3.18	466	1020	QKSC—10—308—8.1	10	2305	8.1	308	1085
QKSC—6—502—1.38	6	1044	1.38	502	645	QKSC—10—336—5.15	10	1746	5.15	336	845
QKSC—6—350—2.9	6	1066	2.9	350	665	QKSC—10—383—4.52	10	1990	4.52	383	930
QKSC—6—556—2.45	6	2272	2.45	556	980	QKSC—10—431—4.02	10	2239	4.02	431	970
QKSC—6—690—1.19	6	1700	1.19	690	770	QKSC—10—450—1.92	10	1166	1.92	450	700
QKSC—6—726—1.78	6	2814	1.78	726	1325	QKSC—10—478—3.62	10	2484	3.62	478	1120
QKSC—6—787—1.58	6	2937	1.58	787	1360	QKSC—10—535—3.24	10	2780	3.24	535	1165
QKSC—6—900—0.9	6	2187	0.9	900	830	QKSC—10—590—2.94	10	3066	2.94	590	1210
QKSC—6—1089—1.17	6	4162	1.17	1089	1300	QKSC—10—787—2.12	10	3939	2.12	787	1225

表 12-44 QKSC 系列干式铁芯启动电抗器外形及安装尺寸 单位：mm

型号	a	b	c	d	f	h	i
QKSC—3—1600—0.3	1080	790	1465	550	1326	397	340
QKSC—3—2000—0.2	1080	800	1383	550	1250	398.5	340
QKSC—3—2000—0.3	1160	790	1585	550	1446	410.5	365
QKSC—3—2500—0.3	1300	900	1893	660	1746	435	415
QKSC—6—189—3	880	600	953	400	841	321	275
QKSC—6—282—1.7	880	600	953	400	841	321	275
QKSC—6—350—2.9	980	740	1114	550	976	342.5	310
QKSC—6—502—1.38	960	740	1133	550	1016	337	300
QKSC—6—503—1.55	990	740	1272	550	1136	342.5	310
QKSC—6—556—2.45	1110	740	1193	550	1055	361.5	350

续表 12-44

型号	a	b	c	d	f	h	i
QKSC—6—690—1.19	990	740	1215	550	1079	342.5	310
QKSC—6—900—0.9	1035	740	1205	550	1071	348	325
QKSC—6—1089—1.17	1110	740	1523	550	1386	361.5	350
QKSC—6—1600—0.51	1190	850	1319	660	1184	412.5	375
QKSC—6—1680—0.68	1190	850	1499	660	1356	412.5	375
QKSC—10—308—8.1	1110	740	1337	550	1201	361.5	350
QKSC—10—450—1.92	1030	740	123	550	985	343	410
QKSC—10—787—2.12	1120	740	1312	550	1191	369	350

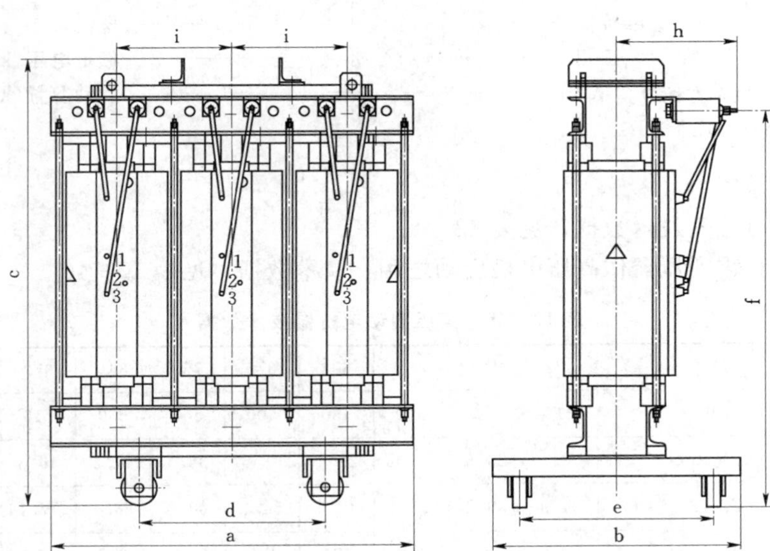

图 12-12 QKSC 系列干式铁芯启动电抗器外形及安装尺寸

五、订货须知

订货时必须提供额定电压、额定电流、额定电抗、每次启动运行时间和连续运行次数、启动与冷却周期、使用条件（户内）及其它性能等要求。

六、生产厂

顺特电气有限公司。

12.15.2 高压启动电抗器

一、用途

用于配电容量无法直接启动电动机的情况下，作为三相高压电机启动时使用，工作时间为 2min，热态启动一次，间隙时间为 5h。

二、产品特点

该产品由苏州亚地特种变压器有限公司生产。启动电抗器为三相排列式结构，有三种类型：QKSJ—油浸式启动电抗器（绝缘等级为A级）；QKSG—浸漆干式启动电抗器（绝缘等级为B级）；QKSC—环氧浇注式启动电抗器（绝缘等级为F级）。

同等容量的启动电抗器，重量和外形尺寸，油浸式均大于干式，绝缘水平以环氧浇注干式为最佳。

环氧浇注高压启动电抗器可改观不安全因素和改善环境，体积小、重量轻、免维修，不会受到空气、环境影响而降低绝缘，适用于各种场合的使用，确保可靠性，是逐步替代油浸式、浸漆干式的启动电抗器。

启动电抗器常规降压启动分为60%、65%、70%，每相有一个85%抽头。

三、型号含义

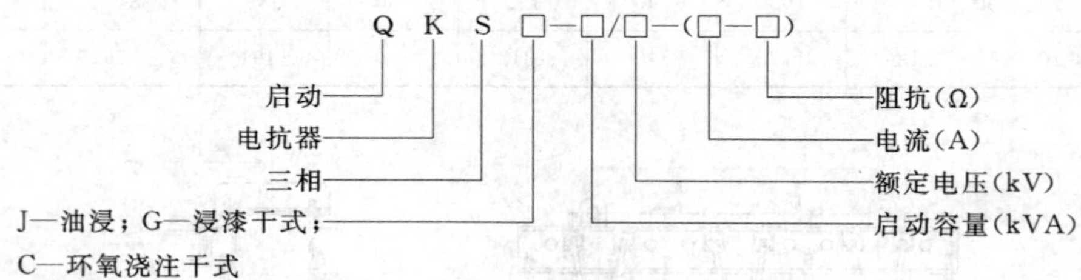

四、技术数据

（1）启动电抗器技术数据，见表12-45。

（2）使用自耦变压器作高压电机启动之用，技术数据，见表12-46。

表12-45 高压启动电抗器技术数据

电机功率	HP	422	476	536	603	670	750	844	952	1072	1206
	kW	315	355	400	450	500	560	630	710	800	900
电机额定电流	10kV（A）	21	23.5	26.6	29.1	32.5	36.4	41.2	46.3	51.8	58.1
	6kV（A）	34.9	39.2	44.3	48.5	54.1	60.6	68.6	77.1	86.2	96.8
启动电流	10kV（A）	126	141	160	175	195	219	247	278	311	349
	6kV（A）	209.4	235.2	266	291	325	364	412	436	518	581
10kV电抗器	额定容量（kVA）	500	560	650	700	775	850	1000	1100	1250	1400
	65%降压启动电流	82	92	104	114	127	142	161	181	202	227
	阻抗（Ω）	25	22	20	18	16	14	13	11	10	9
	重量（kg）	300	320	330	350	375	400	440	450	470	530
	外形尺寸（mm）（干式）	750×350×800						900×430×900			
6kV电抗器	额定容量（kVA）	500	560	650	700	775	850	1000	1100	1250	1400
	65%降压启动电流	136	153	173	190	211	237	268	301	337	378
	阻抗（Ω）	9	8	7	6.4	5.8	5.1	4.5	4	3.6	3.2
	重量（kg）	330	320	330	350	375	400	420	430	450	510
	外形尺寸（mm）（干式）	720×350×750						860×410×850			

续表 12-45

电机功率	HP	1340	1500	1675	1876	2144	2412	2680	3000	3350	3751	4220
	kW	1000	1120	1250	1400	1600	1800	2000	2240	2500	2800	3150
电机额定电流	10kV（A）	64.7	74.1	82.8	92.6	105.7	118.4	131.0	146.2	163.7	182.0	203.1
	6kV（A）	107.8	124.4	138.0	154.1	176.1	197.2	218.2	243.6	272.7	303.2	338.5
启动电流	10kV（A）	388	448	497	556	634	711	786	878	933	1092	1219
	6kV（A）	647	747	828	925	1057	1184	1310	1462	1637	1820	2031
10kV电抗器	额定容量（kVA）	1600	1800	2000	2400	2600	2950	3150	3500	4000	1500	5000
	65%降压启动电流	253	292	323	361	413	462	511	571	639	710	792
	阻抗（Ω）	8	7	6.3	6	5	4.4	4	3.5	3.2	2.8	2.6
	重量（kg）	580	630	700	800	850	940	1000	1100	1200	1300	1400
	外形尺寸（mm）（干式）	900×430×900		1000×450×1200					1000×500×1500		1000×600×1600	
6kV电抗器	额定容量（kVA）	1600	1800	2000	2400	2600	2950	3150	3500	4000	4500	5000
	65%降压启动电流	421	485	538	602	687	770	851	950	1064	1183	1321
	阻抗（Ω）	2.9	2.5	2.3	2	1.8	1.6	1.4	1.3	1.14	1.03	0.92
	重量（kg）	560	610	680	780	830	920	980	1050	1150	1250	1350
	外形尺寸（mm）（干式）	860×410×850		950×400×1100					950×450×1400		550×550×1500	

注 1. 本系列电抗器的阻抗及额定电流的设定是针对 Y 系列电动机 2 极电机，启动电流与额定电流的比值为 6 倍，若其它系列电机或启动电流倍数有变化，可以另行设计制造。

2. HP：电机输出功率（1HP=0.746kW）。

表 12-46 高压电机启动用启动电抗器、自耦变压器技术数据

额定电压（kV）	HP	kW	FLA@6.6kV（A）	LRA@6.6kV（A）	电抗器		自耦变压器	
					型号	外形尺寸（mm）（长×宽×高）	型号	外形尺寸（mm）（长×宽×高）
6.6	462	345	35.6	244	QKSC—640/6.6	720×350×750	SOC—1785/6.6	950×450×760
	507	378	39	266	QKSC—695/6.6	720×350×750	SOC—1945/6.6	1000×450×770
	456	407	42	283	QKSC—740/6.6	720×350×750	SOC—2080/6.6	1020×450×770
	578	429	44.3	298	QKSC—780/6.6	720×350×750	SOC—5186/6.6	1020×450×770
	617	460	47.5	323	QKSC—840/6.6	720×350×750	SOC—2390/6.6	1050×450×790
	658	491	50.5	343	QKSC—895/6.6	720×350×750	SOC—2515/6.6	1050×450×800
	704	525	54.1	363	QKSC—945/6.6	720×350×750	SOC—2665/6.6	1050×450×800
	750	560	57.5	390	QKSC—1020/6.6	720×350×750	SOC—2860/6.6	1050×450×815
	800	597	61.4	417	QKSC—1085/6.6	800×410×850	SOC—3055/6.6	1150×500×840

续表12-46

额定电压(kV)	HP	kW	FLA@6.6kV(A)	LRA@6.6kV(A)	电抗器		自耦变压器	
					型 号	外形尺寸(mm)(长×宽×高)	型 号	外形尺寸(mm)(长×宽×高)
6.6	850	634	65.2	442	QKSC—1155/6.6	800×410×850	SOC—3235/6.6	1150×500×840
	900	671	69	468	QKSC—1220/6.6	800×410×850	SOC—3430/6.6	1150×500×875
	1000	746	76.5	517	QKSC—1345/6.6	800×410×850	SOC—3785/6.6	1170×500×885
	1100	821	84.1	517	QKSC—1345/6.6	800×410×850	SOC—3785/6.6	1170×500×885
	1200	895	91.7	621	QKSC—1620/6.6	800×410×850	SOC—4550/6.6	1230×550×910
	1300	970	99.3	674	QKSC—1755/6.6	950×400×1100	SOC—4940/6.6	1230×550×900
	1400	1045	106	714	QKSC—1855/6.6	950×400×1100	SOC—5225/6.6	1350×550×900
	1500	1119	114	761	QKSC—1980/6.6	950×400×1100	SOC—5570/6.6	1350×550×900
	1650	1231	125	855	QKSC—2230/6.6	950×400×1100	SOC—6255/6.6	1350×550×910
	1750	1306	132	875	QKSC—2275/6.6	950×400×1100	SOC—6400/6.6	1230×550×910
10	462	345	24	200	QKSC—790/10	750×350×800	SOC—2217/10	1000×500×850
	507	378	26.3	220	QKSC—870/10	750×350×800	SOC—2442/10	1100×500×850
	456	407	28.4	220	QKSC—870/10	750×350×800	SOC—2442/10	1100×500×850
	578	429	29.9	220	QKSC—870/10	750×350×800	SOC—2442/10	1100×500×850
	617	460	32.1	220	QKSC—870/10	750×350×800	SOC—2442/10	1100×500×850
	658	491	34.1	230	QKSC—910/10	750×350×800	SOC—2546/10	1100×500×850
	704	525	26.5	250	QKSC—990/10	750×350×800	SOC—2771/10	1100×500×850
	750	560	38.8	270	QKSC—1070/10	750×350×800	SOC—2996/10	1150×500×850
	800	597	41.2	285	QKSC—1120/10	900×430×900	SOC—3152/10	1150×500×850
	850	634	43.8	305	QKSC—1200/10	900×430×900	SOC—3377/10	1150×500×850
	900	671	46.3	320	QKSC—1260/10	900×430×900	SOC—3551/10	1200×600×900
	1000	746	51.2	356	QKSC—1400/10	900×430×900	SOC—3949/10	1250×600×900
	1100	821	56.4	394	QKSC—1550/10	900×430×900	SOC—4365/10	1250×600×920
	1200	895	61.6	430	QKSC—1700/10	900×430×900	SOC—4763/10	1250×600×950
	1300	970	65.9	465	QKSC—1830/10	1000×450×1200	SOC—5161/10	1400×600×950
	1400	1045	70.6	500	QKSC—1970/10	1000×450×1200	SOC—5542/10	1400×600×950
	1500	1119	75.2	540	QKSC—2125/10	1000×450×1200	SOC—5993/10	1400×600×980
	1650	1231	82.8	590	QKSC—2330/10	1000×450×1200	SOC—6547/10	1400×600×980
	1750	1306	87.8	630	QKSC—2490/10	1000×450×1200	SOC—6980/10	1400×600×1000

注 1. FLA：电机满载电流。

2. LRA：电机堵转电流。

3. HP：电机输出功率（1HP=0.746kW）。启动电抗器和自耦变压器设计按65%和80%启动电流设计，全部为环氧浇注工艺。绝缘等级：F级。

五、生产厂

苏州亚地特种变压器有限公司。

12.15.3 QKSG（Y系列6000V）电动机配套启动电抗器

一、概述

交流异步电动机在额定电压下启动时，初始启动电流将是很大的，往往超过额定电流的许多倍（一般5～7倍）。为了减少启动电流，不使对电网造成影响，通常用降低电压的方法来启动交流异步电动机，常用的降压方法是采用电抗器或自耦变压器，交流电动机的启动过程很短（一般数秒钟至2分钟），启动后就将降压启动用的电抗器或自耦变压器切除。QKSG系列产品是根据Y系6000V高压异步电动机的启动特性设计的启动电抗器，适应范围220～1400kW。

该系列产品适用于海拔1000m及以下地区使用，安装于户内无剧烈震动、无任何有害气体或粉尘的场合。电抗器最高环境温度为+40℃，启动电抗器的温度不高出周围温度130℃，当启动时间满2分钟（一次或数次之和）时应冷却6小时才可再启动。

二、产品结构

启动电抗器有油浸式和干式，铁芯均用硅钢片叠积成三柱芯式结构，芯柱截面为多级，铁轭截面为矩形，3个芯柱上均有若干个气隙，将铁芯柱分割成若干个铁芯饼，气隙板连同铁芯饼利用上下轭夹件上的拉螺杆拉紧。线圈为圆筒式，有额定电抗值的85%抽头。

三、型号含义

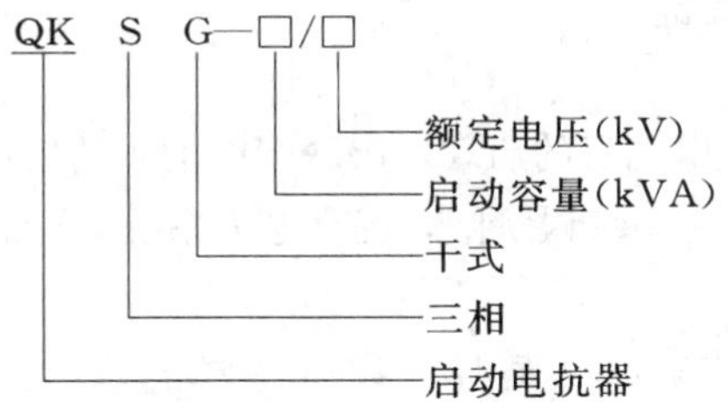

四、技术数据

QKSG系列电动机配套启动电抗器技术数据，见表12-47。

表12-47 QKSG（Y系列6000V）电动机配套启动电抗器技术数据

型号	启动容量(kVA)	启动电流(A)	每相电抗(Ω)	外形尺寸(mm)(长×宽×高)	重量(kg)	被启动电动机	
						型号	功率(kW)
QKSG—400/6	393	123	8.667	865×330×700	275	Y355—4	220
QKSG—450/6	445	139	7.669	895×340×760	310	Y355—4	250
QKSG—500/6	493	154	6.992	910×345×740	340	Y355—4	280
QKSG—550/6	553	173	6.162	925×350×760	370	Y355—4	315
QKSG—630/6	620	194	5.496	940×355×785	410	Y400—4	355
QKSG—700/6	700	219	4.868	955×360×800	460	Y400—4	400

续表 12-47

型　号	启动容量 (kVA)	启动电流 (A)	每相电抗 (Ω)	外形尺寸 (mm) (长×宽×高)	重量 (kg)	被启动电动机	
						型号	功率 (kW)
QKSG—800/6	787	246	4.333	975×360×820	480	Y400—4	450
QKSG—850/6	854	267	3.993	1015×385×840	545	Y400—4	500
QKSG—1000/6	963	301	3.542	1030×385×880	580	Y400—4	560
QKSG—1100/6	1081	338	3.154	1090×390×905	655	Y450—4	630
QKSG—1250/6	1215	380	2.805	1105×390×920	690	Y450—4	710
QKSG—1400/6	1366	427	2.496	1120×410×970	765	Y450—4	800
QKSG—1600/6	1538	481	2.216	1135×410×1015	830	Y450—4	900
QKSG—1900/6	1844	499	2.469	1150×420×1060	935	Y500—4	1000
QKSG—2100/6	2040	552	2.232	1170×430×1095	985	Y500—4	1120
QKSG—2300/6	2273	615	2.003	1225×440×1120	1075	Y500—4	1250
QKSG—2600/6	2543	688	1.791	1250×445×1145	1150	Y500—4	1400

五、订货须知

订货时必须提供产品型号、启动容量及被启动电动机的型号功率、启动电抗器启动电流、启动电抗器每相电抗值、启动电抗器线路电压、外形尺寸及特殊要求。

六、生产厂

昆山市特种变压器制造有限公司。

12.15.4 QKSJ 启动电抗器

一、用途

该系列产品用于高压交流电动机的启动，串联于电动机的启动回路中起到限制电动机启动电流，减小系统电压波动，避免系统误跳闸，提高电力系统运行的安全性和可靠性等作用。

二、技术数据

QKSJ 启动电抗器技术数据，见表 12-48、表 12-49。

表 12-48 QKSJ 启动电抗器技术数据 (一)

型　号	启动容量 (kVA)	额定电流 (A)	重量 (kg)	生产厂	型　号	启动容量 (kVA)	额定电流 (A)	重量 (kg)	生产厂
QKSJ—320/6	320	100	300	张家港五洲变压器有限公司、张家港市五洲调压器厂	QKSJ—1800/6	1750	320	1050	张家港五洲变压器有限公司、张家港市五洲调压器厂
QKSJ—320/6	320	180	400		QKSJ—1800/6	1690	560	1100	
QKSJ—320/6	322	320	420		QKSJ—1800/6	1770	750	1100	
QKSJ—560/6	510	100	510		QKSJ—1800/6	1800	1000	1100	
QKSJ—560/6	554	180	510		QKSJ—1800/6	1910	1350	1100	
QKSJ—560/6	584	320	510		QKSJ—3200/6	3010	560	1140	
QKSJ—1000/6	970	180	665		QKSJ—3200/6	3050	750	1140	
QKSJ—1000/6	1010	320	665		QKSJ—3200/6	3150	1000	1140	
QKSJ—1000/6	990	560	620		QKSJ—5100/6	5050	560	1350	
QKSJ—1000/6	1050	1000	620						

表 12-49 QKSJ 启动电抗器技术数据（二）

型 号	额定容量(kvar)	输入电压(V)	工作电流(A)	电抗压降(V)	交流电感(mH)	铁芯损耗(W)	绕组损耗(W)	外形尺寸(mm)(长×宽×高)	重量(kg)	生产厂
QKSJ/4—0.5	0.12	380	4	10	7.96	3.5	7.7	180×50×130	3.8	上海建意特种变压器有限公司
QKSJ/6—0.5	0.18	380	6	10	5.31	4.9	9.8	208×58×130	5	
QKSJ/8—0.5	0.24	380	8	10	3.98	5.5	12.7	208×58×130	6	
QKSJ/10—0.5	0.3	380	10	10	3.18	6.7	15	210×70×140	7.5	
QKSJ/14—0.5	0.42	380	14	10	2.27	8.2	19.8	210×70×140	9	
QKSJ/18—0.5	0.54	380	18	10	1.77	9.6	21.6	210×70×140	10.5	
QKSJ/25—0.5	0.75	380	25	10	1.27	11.5	28.4	220×80×170	13	
QKSJ/35—0.5	1.05	380	35	10	0.91	14.1	40.1	220×80×170	16	
QKSJ/45—0.5	1.35	380	45	10	0.71	17.5	45.3	280×100×200	20	
QKSJ/50—0.5	1.5	380	50	10	0.64	19.9	45.5	280×100×200	21.5	
QKSJ/70—0.5	2.1	380	70	10	0.46	22.7	58.5	280×100×200	25	
QKSJ/100—0.5	3	380	100	10	0.32	32.3	76.2	320×120×240	35	
QKSJ/130—0.5	3.9	380	130	10	0.25	40.2	99.8	320×130×240	43.5	
QKSJ/170—0.5	5.1	380	170	10	0.19	47	117	320×130×240	51	
QKSJ/200—0.5	6	380	200	10	0.16	51.1	127.2	360×130×250	55	
QKSJ/250—0.5	7.5	380	250	10	0.13	60.8	148.1	360×130×250	66	
QKSJ/300—0.5	9	380	300	10	0.11	64.6	164.7	380×140×270	69.5	
QKSJ/350—0.5	10.5	380	350	10	0.09	76.4	202.1	380×140×270	83	
QKSJ/400—0.5	12	380	400	10	0.08	82.7	196.8	380×150×270	89	
QKSJ/440—0.5	13.2	380	440	10	0.072	88.6	226.5	380×150×270	96	
QKSJ/480—0.5	14.4	380	480	10	0.066	100.6	246.1	380×150×270	109.5	
QKSJ/580—0.5	17.4	380	580	10	0.055	108.8	321.9	420×160×300	120	
QKSJ/680—0.5	20.4	380	680	10	0.047	123	334.3	420×160×300	133	
QKSJ/760—0.5	22.8	380	760	10	0.042	132.7	369.1	480×180×320	147	
QKSJ/850—0.5	25.5	380	850	10	0.038	144.8	353.3	480×180×320	155	
QKSJ/1000—0.5	30	380	1000	10	0.032	154.9	435	500×200×350	170	
QKSJ/1250—0.5	36.5	380	1250	10	0.022	169.8	575	500×200×350	200	
QKSJ/1600—0.5	47	380	1600	10	0.013	174.2	685.6	550×250×400	245	
QKSJ/2000—0.5	60	380	2000	10	0.009	186.7	815	550×250×400	285	

12.16 XK10系列限流电抗器

一、用途

XK10系列限流电抗器用于较大容量配电装置中，安装于母线间或馈线出口端，作为限制短路电流用。

二、型号含义

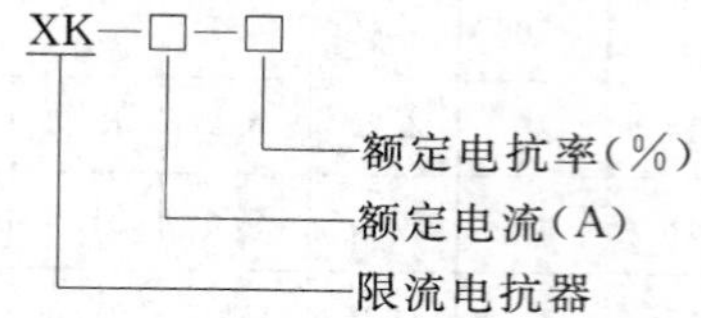

三、产品特点

该系列产品均为单相，3个单相组成三相组。排列方式有三相垂直、二叠一并、三相并列，对电流大、电抗百分值小的电抗器只能作三相并列。

四、技术数据

该产品技术数据，见表12-50。

表12-50 XK10限流电抗器技术数据

型号	额定电流(A)	额定电抗率(%)	动稳定电流(kA)	热稳定电流(kA)(s)	额定损耗(kW)	支持柱数	外形尺寸(mm)		重量(kg)	安装尺寸(φ)(mm)
							直径(φ)	高度		
XK10—150—3	150	3	9.75	9.2	1.56	8	900	935	145	630
XK10—150—4	150	4	9.56	9.3	1.86	8	1000	1000	145	730
XK10—150—5	150	5	7.65	9.25	2.2	8	1050	1060	180	780
XK10—150—6	150	6	6.4	9.28	2.5	8	1050	1210	180	780
XK10—150—8	150	8	4.78	9.22	2.98	8	1100	1275	230	830
XK10—200—3	200	3	13.0	9.8	2.10	8	850	940	180	580
XK10—200—4	200	4	12.75	9.87	2.435	8	950	1000	200	680
XK10—200—5	200	5	10.20	9.85	2.91	8	1000	1040	230	730
XK10—200—6	200	6	8.5	9.8	3.34	8	1000	1125	250	730
XK10—200—8	200	8	6.4	9.8	3.99	8	1100	1205	260	830
XK10—200—10	200	10	5.1	9.55	4.9	8	1150	1315	300	880
XK10—300—3	300	3	19.5	17.15	2.015	8	900	985	230	630
XK10—300—4	300	4	19.12	17.45	2.54	8	900	1010	250	630
XK10—300—5	300	5	15.3	12.6	3.68	8	1000	1040	280	730
XK10—300—6	300	6	12.75	12.65	4.07	8	1000	1125	300	730
XK10—300—8	300	6	9.56	12.6	5.0	8	1100	1180	360	800

续表 12-50

型号	额定电流（A）	额定电抗率（%）	动稳定电流（kA）	热稳定电流（kA）（s）	额定损耗（kW）	支持柱数	外形尺寸（mm）		重量（kg）	安装尺寸（ϕ）（mm）
							直径（ϕ）	高度		
XK10—300—10	300	10	7.65	12.2	6.0	8	1150	1275	400	880
XK10—400—3	400	3	26.0	22.25	3.06	8	900	810	280	630
XK10—400—4	400	4	25.5	22.2	3.625	8	1000	845	300	730
XK10—400—5	400	5	20.4	22.0	4.18	8	1050	900	340	780
XK10—400—6	400	6	17.0	15.5	4.78	8	1050	990	370	780
XK10—400—8	400	8	12.75	15.5	5.78	8	1150	1060	400	880
XK10—400—10	400	10	10.2	15.3	6.8	10	1200	1150	450	930
XK10—500—3	500	3	32.5	27.0	3.29	8	1000	845	300	730
XK10—500—4	500	4	31.9	27	4.0	8	1050	930	340	780
XK10—500—5	500	5	25.5	21	5.64	8	1100	990	370	830
XK10—500—6	500	6	21.25	20.6	6.29	8	1150	1050	400	880
XK10—500—8	500	8	15.95	20.5	7.58	10	1250	1130	440	980
XK10—600—4	600	4	38.25	34	4.13	10	1100	895	380	830
XK10—600—5	600	5	30.6	28.6	5.87	8	1100	990	400	830
XK10—600—6	600	6	25.5	24.7	6.8	8	1100	1080	440	830
XK10—600—8	600	8	19.12	24.8	8.19	10	1200	1160	550	930
XK10—600—10	600	10	15.3	24.4	9.77	10	1300	1210	680	1030
XK10—750—5	750	5	38.25	32.1	6.18	10	1250	845	600	970
XK10—750—6	750	6	31.9	31.6	6.77	10	1250	910	800	970
XK10—750—8	750	8	23.9	31.6	8.1	10	1250	1070	860	970
XK10—750—10	750	10	19.12	30.3	9.87	10	1250	1215	900	970
XK10—1000—5	1000	5	51.0	43.2	7.12	10	1300	890	720	980
XK10—1000—6	1000	6	42.5	41.0	7.54	10	1300	970	890	980
XK10—1000—8	1000	8	31.9	37.1	9.96	10	1300	1130	1150	980
XK10—1000—10	1000	10	25.5	38.6	11.25	10	1300	1270	1250	980
XK10—1500—8	1500	8	47.8	59.8	14.2	12	1400	1285	1450	1080
XK10—1500—10	1500	10	38.25	60	15.95	12	1400	1455	1600	1080
XK10—2000—8	2000	8	63.75	56.8	15.45	12	1500	1260	1750	1170
XK10—2000—10	2000	10	51.0	71.2	17.85	12	1500	1430	1900	1170
XK10—3000—8	3000	8	95.62	117	21.4	12	1600	1345	2500	1280
XK10—3000—12	3000	12	64.5	115	27.2	12	1600	1730	2870	1280

五、订货须知

订货时必须提供额定电压、额定电流、额定电抗、动稳定和热稳定电流、安装方式、使用条件及其它要求。

六、生产厂

苏州亚地特种变压器有限公司。

12.17 XKK 系列限流电抗器

一、概述

XKK 系列限流电抗器串联在系统上，在系统发生故障时，用以限制短路电流，使短路电流降至其后设备的允许值。

二、型号含义

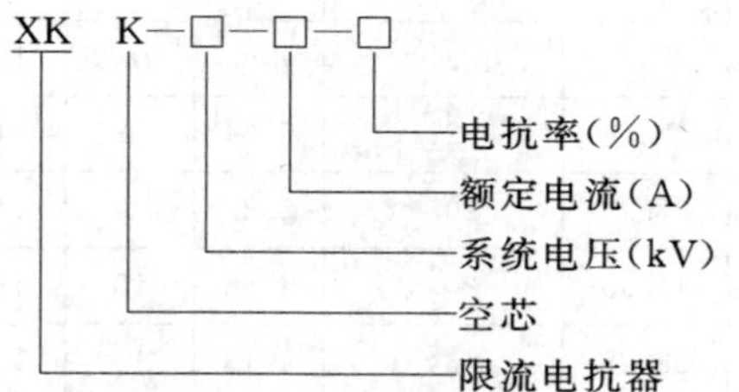

三、技术数据

XKK 系列限流电抗器技术数据，见表 12－51。

表 12－51 XKK 系列限流电抗器技术数据

型号	额定电压(kV)	额定电流(A)	电抗率(%)	动稳定电流(kA)	短时电流4s(kA)	额定电感(mH)	单相容量(kVA)	单相损耗(kW)	线圈外径D(mm)	线圈高度H(mm)
XKK—6—200—3	6	200	3	12.8	5	1.654	20.8	1.278	970	602
XKK—6—200—4			4			2.205	27.7	1.542	1020	662
XKK—6—200—5			5			2.757	34.6	1.789	1020	722
XKK—6—200—6			6			3.308	41.6	2.015	1070	762
XKK—6—200—8			8			4.411	55.4	2.455	1070	872
XKK—6—200—10			10			5.513	69.3	2.834	1170	912
XKK—10—200—3	10		3			2.757	34.6	1.780	1070	702
XKK—10—200—4			4			3.676	46.2	2.165	1070	802
XKK—10—200—5			5			4.594	57.7	2.525	1070	892
XKK—10—200—6			6			5.513	69.3	2.834	1170	912
XKK—10—200—8			8			7.351	92.4	3.425	1270	982
XKK—10—200—10			10			9.189	115.5	3.971	1320	1072

续表 12-51

型　号	额定电压(kV)	额定电流(A)	电抗率(%)	动稳定电流(kA)	短时电流4s(kA)	额定电感(mH)	单相容量(kVA)	单相损耗(kW)	线圈外径D(mm)	线圈高度H(mm)
XKK—6—300—3			3			1.103	31.2	1.844	970	582
XKK—6—300—4			4			1.470	41.6	2.224	1020	632
XKK—6—300—5			5			1.838	52.0	2.335	1020	742
XKK—6—300—6	6		6			2.205	62.4	2.626	1070	772
XKK—6—300—8			8			2.940	83.1	3.181	1120	852
XKK—6—300—10			10			3.676	103.9	3.691	1170	922
XKK—10—300—3		300	3	19.1	7.5	1.838	52.0	2.573	1020	702
XKK—10—300—4			4			2.450	69.3	2.811	1120	782
XKK—10—300—5			5			3.063	86.6	3.272	1120	872
XKK—10—300—6	10		6			3.676	103.9	3.691	1170	922
XKK—10—300—8			8			4.901	138.6	4.486	1220	1032
XKK—10—300—10			10			6.126	173.2	5.186	1320	1092
XKK—6—400—3			3			0.827	41.6	1.910	990	542
XKK—6—400—4			4			1.103	55.4	2.296	1040	582
XKK—6—400—5			5			1.378	69.3	2.649	1040	632
XKK—6—400—6	6		6			1.654	83.1	2.979	1090	662
XKK—6—400—8			8			2.205	110.9	3.591	1140	732
XKK—6—400—10			10			2.757	138.6	4.165	1140	812
XKK—10—400—3		400	3	25.5	10	1.378	69.3	2.649	1140	602
XKK—10—400—4			4			1.838	92.4	3.185	1140	672
XKK—10—400—5			5			2.297	115.5	3.688	1140	742
XKK—10—400—6	10		6			2.757	138.6	4.151	1190	782
XKK—10—400—8			8			3.676	184.8	5.041	1190	902
XKK—10—400—10			10			4.594	230.9	5.837	1240	952
XKK—6—600—4			4			0.735	83.1	2.957	1060	532
XKK—6—600—5			5			0.919	103.9	3.395	1060	582
XKK—6—200—3			3			1.654	20.8	1.278	970	602
XKK—6—200—4			4			2.205	27.7	1.542	1020	662
XKK—6—200—5			5			2.757	34.6	1.789	1020	722
XKK—6—200—6	6	600	6	38.3	15	3.308	41.6	2.015	1070	762
XKK—6—200—8			8			4.411	55.4	2.455	1070	872
XKK—6—200—10			10			5.513	69.3	2.834	1170	912
XKK—10—200—3			3			2.757	34.6	1.780	1070	702
XKK—10—200—4			4			3.676	46.2	2.165	1070	802

续表 12-51

型号	额定电压(kV)	额定电流(A)	电抗率(%)	动稳定电流(kA)	短时电流4s(kA)	额定电感(mH)	单相容量(kVA)	单相损耗(kW)	线圈外径D(mm)	线圈高度H(mm)
XKK—10—200—5	6	600	5	38.3	15	4.594	57.7	2.525	1070	892
XKK—10—200—6			6			5.513	69.3	2.834	1170	912
XKK—10—200—8			8			7.351	92.4	3.425	1270	982
XKK—10—200—10			10			9.189	115.5	3.971	1320	1072
XKK—6—300—3			3			1.103	31.2	1.844	970	582
XKK—6—300—4			4			1.470	41.6	2.224	1020	632
XKK—6—300—5			5			1.838	52.0	2.335	1020	742
XKK—6—300—6			6			2.205	62.4	2.626	1070	772
XKK—6—300—8			8			2.940	83.1	3.181	1120	852
XKK—6—300—10			10			3.676	103.9	3.691	1170	922
XKK—10—300—3			3			1.838	52.0	2.573	1020	702
XKK—10—300—4			4			2.450	69.3	2.811	1120	782
XKK—10—300—5			5			3.063	86.6	3.272	1120	872
XKK—10—300—6			6			3.676	103.9	3.691	1170	922
XKK—10—300—8			8			4.901	138.6	4.486	1220	1032
XKK—10—300—10			10			6.126	173.2	5.186	1320	1092
XKK—6—400—3			3			0.827	41.6	1.910	990	542
XKK—6—400—4			4			1.103	55.4	2.296	1040	582
XKK—6—400—5			5			1.378	69.3	2.649	1040	632
XKK—6—400—6			6			1.654	83.1	2.979	1090	662
XKK—6—400—8			8			2.205	110.9	3.591	1140	732
XKK—6—400—10			10			2.757	138.6	4.165	1140	812
XKK—10—400—3			3			1.378	69.3	2.649	1140	602
XKK—10—400—4			4			1.838	92.4	3.185	1140	672
XKK—10—400—5			5			2.297	115.5	3.688	1140	742
XKK—10—400—6			6			2.757	138.6	4.151	1190	782
XKK—10—400—8			8			3.676	184.8	5.041	1190	902
XKK—10—400—10			10			4.594	230.9	5.837	1240	952
XKK—6—600—4			4			0.735	83.1	2.957	1060	532
XKK—6—600—5			5			0.919	103.9	3.395	1060	582
XKK—6—2000—5			5			0.276	346.4	6.923	1310	776
XKK—6—2000—6			6			0.331	415.7	7.576	1410	796
XKK—6—2000—8			8			0.441	554.3	9.083	1460	856
XKK—6—2000—10			10			0.551	692.8	10.217	1510	906

续表 12-51

型号	额定电压(kV)	额定电流(A)	电抗率(%)	动稳定电流(kA)	短时电流4s(kA)	额定电感(mH)	单相容量(kVA)	单相损耗(kW)	线圈外径D(mm)	线圈高度H(mm)
XKK—6—2000—12	6	600	12	38.3	15	0.662	831.4	11.198	1570	906
XKK—10—2000—4	6	600	4	38.3	15	0.368	461.9	7.914	1470	806
XKK—10—2000—5	6	600	5	38.3	15	0.459	577.4	9.060	1470	866
XKK—10—2000—6	6	600	6	38.3	15	0.551	692.8	10.191	1520	896
XKK—10—2000—8	6	600	8	38.3	15	0.735	923.8	12.196	1570	976
XKK—10—2000—10	6	600	10	38.3	15	0.919	1154.7	13.705	1730	946
XKK—10—2000—12	6	600	12	38.3	15	1.103	1385.6	15.416	1730	1016
XKK—6—2500—4	6	600	4	38.3	15	0.176	346.4	6.803	1340	716
XKK—6—2500—5	6	600	5	38.3	15	0.221	433.0	7.511	1390	756
XKK—6—2500—6	6	600	6	38.3	15	0.265	519.6	8.258	1440	776
XKK—6—2500—8	6	600	8	38.3	15	0.353	692.8	10.346	1540	796
XKK—6—2500—10	6	600	10	38.3	15	0.441	866.0	11.910	1540	856
XKK—6—2500—12	6	600	12	38.3	15	0.529	1039.2	13.295	1640	876
XKK—10—2500—4	6	600	4	38.3	15	0.294	577.4	9.282	1540	756
XKK—10—2500—5	6	600	5	38.3	15	0.368	721.7	10.627	1540	806
XKK—10—2500—6	6	600	6	38.3	15	0.441	866.0	11.910	1540	856
XKK—10—2500—8	6	600	8	38.3	15	0.588	1154.7	13.871	1640	906
XKK—10—2500—10	6	600	10	38.3	15	0.735	1443.4	15.359	1750	946
XKK—10—2500—12	6	600	12	38.3	15	0.882	1732.1	16.967	1750	1006
XKK—6—3000—4	6	600	4	38.3	15	0.147	415.7	7.617	1410	686
XKK—6—3000—5	6	600	5	38.3	15	0.184	519.6	8.657	1410	736
XKK—6—3000—6	6	600	6	38.3	15	0.221	623.5	9.571	1510	756
XKK—6—3000—8	6	600	8	38.3	15	0.294	831.4	11.397	1610	786
XKK—6—3000—10	6	600	10	38.3	15	0.368	1039.2	12.834	1670	806
XKK—6—3000—12	6	600	12	38.3	15	0.441	1247.1	14.212	1680	856
XKK—10—3000—4	6	600	4	38.3	15	0.245	692.8	10.158	1670	716
XKK—10—3000—5	6	600	5	38.3	15	0.306	866.0	11.630	1670	766
XKK—10—3000—6	6	600	6	38.3	15	0.368	1039.2	12.830	1670	806
XKK—10—3000—8	6	600	8	38.3	15	0.490	1385.6	14.986	1670	906
XKK—10—3000—10	6	600	10	38.3	15	0.613	1732.1	16.707	1780	936
XKK—10—3000—12	6	600	12	38.3	15	0.735	2078.5	18.842	1780	1006
XKK—6—3500—4	6	600	4	38.3	15	0.126	485.0	8.151	1440	888
XKK—6—3500—5	6	600	5	38.3	15	0.158	606.2	9.335	1540	928
XKK—6—3500—6	6	600	6	38.3	15	0.189	727.5	10.454	1540	968

续表 12-51

型号	额定电压(kV)	额定电流(A)	电抗率(%)	动稳定电流(kA)	短时电流4s(kA)	额定电感(mH)	单相容量(kVA)	单相损耗(kW)	线圈外径D(mm)	线圈高度H(mm)
XKK—6—3500—8	6	600	8	38.3	15	0.252	969.9	11.876	1650	1028
XKK—6—3500—10			10			0.315	1212.4	14.044	1750	1048
XKK—6—3500—12			12			0.378	1454.9	15.709	1800	1098
XKK—10—3500—4			4			0.210	808.3	10.957	1640	968
XKK—10—3500—5			5			0.263	1010.4	12.400	1700	1018
XKK—10—3500—6			6			0.315	1212.4	14.044	1750	1048
XKK—10—3500—8			8			0.420	1616.6	16.702	1850	1088
XKK—10—3500—10			10			0.525	2020.7	19.202	1950	1128
XKK—10—3500—12			12			0.630	2424.9	21.088	1980	1028
XKK—6—4000—4			4			0.110	554.3	9.080	1560	848
XKK—6—4000—5			5			0.138	692.8	10.167	1550	918
XKK—6—4000—6			6			0.165	831.4	11.255	1650	938
XKK—6—4000—8			8			0.221	1108.5	13.150	1660	1008
XKK—6—4000—10			10			0.276	1385.6	15.416	1770	1018
XKK—6—4000—12			12			0.331	1662.8	17.303	1770	1088
XKK—10—4000—4			4			0.184	923.8	11.914	1660	958
XKK—10—4000—5			5			0.230	1154.7	13.478	1710	1008
XKK—10—4000—6			6			0.276	1385.6	15.416	1770	1018
XKK—10—4000—8			8			0.368	1847.5	18.460	1820	1088
XKK—10—4000—10			10			0.459	2309.4	20.162	1930	1128
XKK—10—4000—12			12			0.551	2771.3	22.168	2030	1168
XKK—6—5000—4			4			0.088	692.8	9.828	1700	908
XKK—6—5000—5			5			0.110	866.0	11.106	1760	948
XKK—6—5000—6			6			0.132	1039.2	12.482	1760	998
XKK—6—5000—8			8			0.176	1385.6	14.258	1810	1098
XKK—6—5000—10			10			0.221	1732.1	16.704	1900	1168
XKK—6—5000—12			12			0.265	2078.5	18.797	1950	1218
XKK—10—5000—4			4			0.147	1154.7	12.754	1810	1018
XKK—10—5000—5			5			0.184	1443.4	14.704	1810	1080
XKK—10—5000—6			6			0.221	1732.1	16.704	1900	1168
XKK—10—5000—8			8			0.294	2309.4	19.731	1950	1278
XKK—10—5000—10			10			0.368	2886.8	22.508	2050	1338
XKK—10—5000—12			12			0.441	3464.1	25.062	2160	1368
XKK—35—100—1.5			1.5			9.55	30	0.9	1250	752

续表 12-51

型　号	额定电压（kV）	额定电流（A）	电抗率（%）	动稳定电流（kA）	短时电流4s（kA）	额定电感（mH）	单相容量（kVA）	单相损耗（kW）	线圈外径D（mm）	线圈高度H（mm）
XKK—35—100—3	6	600	3	38.3	15	18.94	59.5	2.56	940	742
XKK—35—100—5			5			32.16	101	3.5	1.40	772
XKK—35—100—6			6			38.59	121	3.9	1140	872
XKK—35—100—10			10			64.32	202	5.5	1250	932
XKK—35—200—12			12			38.59	485	9.2	1170	1032
XKK—35—400—12			12			19.3	970	13.3	1480	772
XKK—35—700—12			12			11.03	1698	17.9	1580	1084
XKK—35—1000—8			8			5.15	1617	16.1	1680	1044

四、生产厂

北京电力设备总厂。

12.18　XD1 限流电抗器

一、概述

XD1 型限流电抗器是采用不饱和聚酯树脂浇注成型的干式电抗器，使电容器投入限制瞬间涌流之用。

二、型号含义

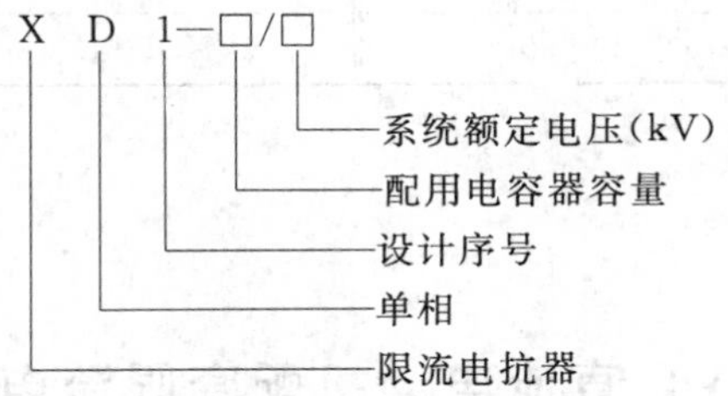

三、使用环境

(1) 环境空气温度：—5～＋40℃。

(2) 相对湿度：40℃时≤50%；20℃时≤90%。

(3) 海拔高度：≤1000m。

(4) 环境条件：无有害气体和蒸汽，无导电性或爆炸性尘埃，无剧烈的机械振动。

(5) 每台三相电容器每相均应配置一只电抗器。当三相并列安装时应注意电抗器接线的进出方向，其中间相必须和两侧相的接线相反，如两侧相首端 X1 为进线，则中间相末端 X2 为进线。电抗器相互间中心距离不得小于 42mm。

四、技术数据

XD1 限流电抗器技术数据，见表 12-52。

表 12-52 XD1 限流电抗器技术数据

产品型号	所配电容容量 (kvar)	额定电压 (V)	额定电流 (A)	限流倍数 (In)
XD1—12	12	380	22.5	≥50
XD1—14	14	380	26	≥50
XD1—15	15	380	28	≥50
XD1—16	16	380	30	≥50
XD1—18	18	380	33.6	≥50
XD1—20	20	380	37.5	≥50
XD1—25	25	380	47	≥50
XD1—30	30	380	56	≥50

五、外形及安装尺寸

XD1 限流电抗器外形及安装尺寸，见表 12-53。

表 12-53 XD1 限流电抗器外形及安装尺寸

产品型号	外形尺寸（mm）（长×宽×高）	产品型号	外形尺寸（mm）（长×宽×高）
XD1—12	90×32×90	XD1—20	110×48×110
XD1—14	90×32×90	XD1—25	110×48×110
XD1—15	90×32×90	XD1—30	110×48×110
XD1—16	90×32×90	XD1—36	110×48×110
XD1—18	90×32×90	XD1—40	110×48×110

六、生产厂

恒一电气有限公司。

12.19 CKS（$Z_4$440V）直流电动机配套限流电抗器

一、概述

$Z_4$440V 直流电动机供电是用 380V 电网电源通过三相桥式整流获得，省去了整流变压器，因此电路的短路阻抗很小，短路电流也很大。为限制短路电流一般须串联限流电抗器（即交流电抗器）。该系列产品对限制晶闸管起导瞬间的电流上升率及限制对电网的谐波干扰也有显著作用，当要求的额定电抗压降（相当于整流变压器的电抗压降）确定以后，匹配相应的电值。

该系列产品适用于海拔 1000m 及以下地区使用，安装于户内无剧烈震动、无任何有害气体或粉尘的场合。电抗器周围最高环境温度为＋40℃，最低环境温度为－30℃，年平均温度为＋20℃及以下。

二、产品结构

该系列产品均为干式空气自冷，绝缘等级为B级和F级。铁芯用优质硅钢片叠积成方形或圆形，芯柱和铁轭间留有气隙。线圈用优质无氧铜电磁线绕制。铁轭压紧使用拉紧螺杆加锁紧螺母，防止噪声过大。电抗器整体浸渍绝缘漆，防止大电流冲击而线圈松动。

三、技术数据

CKS（$Z_4$440V）直流电动机配套限流电抗器技术数据，见表12－54。

表12－54　CKS（$Z_4$440V）直流电动机配套限流电抗器（电抗压降10V）技术数据

型　　号	额定电流（A）	额定电抗（Ω）	重量（kg）	外形尺寸（mm）（长×宽×高）	配套直流电动机		
					型　　号	转速（r/min）	功率（kW）
CKS—5/10	5	2	5.5	198×58×140	Z_4—100—1	990	1.5
CKS—7/10	7	1.429	6.1	200×65×145	Z_4—100—1 Z_4—112/2—1	965—1480	2.2
CKS—9/10	9	1.111	8	213×73×155	Z_4—112/2—1 Z_4—112/2—2	1010—1500	3
CKS—12/10	12	0.833	9	228×83×160	Z_4—100—1 Z_4—112/2—2 Z_4—112/4—1	980—2960	4
CKS—15/10	15	0.667	10	250×90×165	Z_4—112/4—1 Z_4—112/4—2 Z_4—112/2—1	1025—2960	5.5
CKS—20/10	20	0.5	12.5	257×90×185	Z_4—112/2—2 Z_4—112/4—2 Z_4—132—1	975—2980	7.5
CKS—30/10	30	0.333	16	269×90×195	Z_4—112/4—1 Z_4—132—1 Z_4—132—2	995—2950	11
CKS—40/10	40	0.25	20	273×103×220	Z_4—132—2 Z_4—132—3 Z_4—180—11	600—3035	15
CKS—50/10	50	0.2	24.5	302×103×240	Z_4—132—1 Z_4—132—3 Z_4—160—21	600—2850	18.5
CKS—60/10	60	0.167	26	315×105×250	Z_4—132—2 Z_4—160—11 Z_4—160—31	500—3090	22
CKS—80/10	80	0.125	34	350×120×265	Z_4—132—3 Z_4—160—31 Z_4—180—21	500—3000	30
CKS—100/10	100	0.1	44	365×120×285	Z_4—160—11 Z_4—180—11 Z_4—180—31	500—3000	37

续表 12-54

型 号	额定电流 (A)	额定电抗 (Ω)	重量 (kg)	外形尺寸 (mm) (长×宽×高)	配套直流电动机		
					型 号	转速 (r/min)	功率 (kW)
CKS—120/10	120	0.083	46	369×120×295	Z_4—160—21 Z_4—180—21 Z_4—200—11	500—3000	45
CKS—145/10	145	0.069	54	369×131×305	Z_4—180—41 Z_4—225—11 Z_4—200—31	500—3010	55
CKS—195/10	195	0.051	68	432×137×325	Z_4—180—21 Z_4—200—21 Z_4—225—11	500—3000	75
CKS—230/10	230	0.044	76	432×145×330	Z_4—180—41 Z_4—200—31 Z_4—225—31	400—3000	90
CKS—285/10	285	0.035	86	438×158×340	Z_4—200—12 Z_4—225—11 Z_4—250—11	400—3000	110
CKS—335/10	335	0.03	102	478×158×350	Z_4—200—32 Z_4—225—31 Z_4—250—31	400—3000	132
CKS—400/10	400	0.025	110	479×164×355	Z_4—250—11 Z_4—250—42 Z_4—280—32	400—1500	160
CKS—460/10	460	0.022	120	479×173×365	Z_4—250—21 Z_4—280—41 Z_4—315—21	400—1500	185
CKS—500/10	500	0.02	126	479×179×375	Z_4—280—21 Z_4—315—12 Z_4—315—32	400—1500	200
CKS—540/10	540	0.019	134	480×185×385	Z_4—250—41 Z_4—280—32 Z_4—355—31	400—1500	220
CKS—610/10	610	0.016	156	538×185×405	Z_4—280—11 Z_4—280—42 Z_4—315—22	400—1500	250
CKS—680/10	680	0.015	164	541×196×405	Z_4—280—22 Z_4—315—12 Z_4—315—32	600—1500	280
CKS—770/10	770	0.013	180	556×206×410	Z_4—280—32 Z_4—315—22 Z_4—315—42	500—1500	315
CKS—860/10	860	0.012	198	586×206×430	Z_4—280—42 Z_4—315—32 Z_4—355—12	500—1500	355

续表 12-54

型　号	额定电流 (A)	额定电抗 (Ω)	重量 (kg)	外形尺寸（mm）（长×宽×高）	配套直流电动机		
					型　号	转速 (r/min)	功率 (kW)
CKS—960/10	960	0.01	209	614×219×435	Z_4—315—42 Z_4—355—22 Z_4—315—42	600—1500	400
CKS—1100/10	1100	0.009	233	644×234×440	Z_4—355—12 Z_4—355—32	750—1000	450

四、订货须知

订货必须提供产品型号、电抗器额定电流、电抗压降、电抗值、最大允许外形尺寸、绝缘等级、配套直流电动机型号。

五、生产厂

昆山市特种变压器制造有限公司。

12.20 ZJKK 系列中性点接地限流电抗器

一、概述

ZJKK 系列中性点接地限流电抗器接在高抗或变压器三相中性点和地之间，用于将系统接地故障时线对地电流限制在适当数值的单相电抗器。

二、型号含义

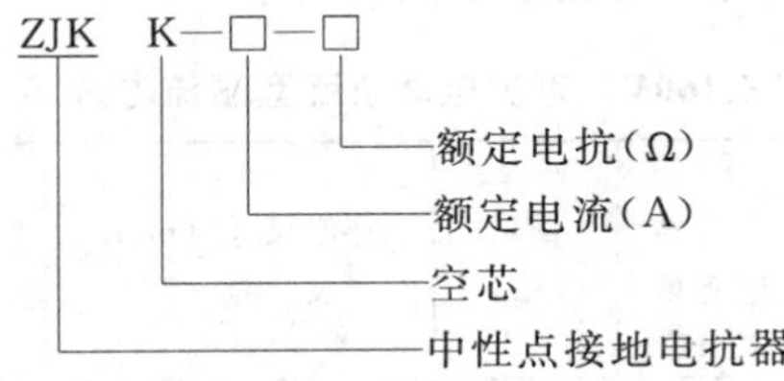

三、技术数据

ZJKK 系列中性点接地限流电抗器技术数据，见表 12-55。

表 12-55 ZJKK 系列中性点接地限流电抗器技术数据

序号	型　号	系统电压等级 (kV)	额定电流 (A)	额定短时电流及时间 (A/s)	额定阻尼 (Ω)	阻抗抽头
1	ZJKK—100—550	330	100	200/10	550	495/605
2	ZJKK—12—230	330	12	200/10	230	107/253
3	ZJKK—30—900	500	30	300/10	900	800/1000
4	ZJKK—100—5	500	100	9000/10	5	/

四、生产厂

北京电力设备总厂。

12.21 CKD、LK（$Z_4$160V）直流电动机配套交流电抗器、平波电抗器

一、概述

CKD、LK（$Z_4$160V）直流电动机配套交流电抗器和平波电抗器是专为 $Z_4$160V 直流电机配套的电器元件，160V 直流电动机电源是直接用 220V 电网电源经单相桥式整流而获得。在桥式整流器进线侧为扩大阻抗，限制短路电流必须加装限流电抗器（即交流电抗器）。整流输出为限制脉动电流又必须串联平波电抗器，从而使直流电动机电源波纹平滑，无断续现象，运转正常。该产品的额定电流和电感值是按照电机制造厂提供的参数设计。

该系列产品适用于海拔 1000m 及以下地区使用，安装于户内无剧烈震动、无任何有害气体或粉尘的场合，电抗器周围最高环境温度为+40℃，最低环境温度为—30℃，年平均温度为+20℃及以下。

二、产品结构

该系列产品为干式空气自冷、绝缘等级为 B 级和 F 级，铁芯用优质硅钢片叠积成方形或圆形，芯柱和铁轭间留有气隙。线圈用优质无氧铜电磁线绕制。铁轭压紧使用拉紧螺杆加锁紧螺母，防止噪声过大。整体浸渍绝缘漆，防止大电流冲击而线圈松动。

三、技术数据

CKD、LK（$Z_4$160V）系列产品技术数据，见表 12－56。

表 12－56 CKD、LK（$Z_4$160V）直流电动机配套限流电抗器、平波电抗器技术数据

型号	额定电流（A）	限流电抗器电抗值（Ω）	平波电抗器电感量（mH）	重量（kg）	外形尺寸（mm）（长×宽×高）	配套直流电动机		
						型号	转速	功率（kW）
CKD—15/10	15	0.667		5	120×55×165	Z_4—100—1（160）	955	1.5
LK—15/15	15		15	8.5	165×80×190			
CKD—20/10	20	0.5		5.5	132×62×165	Z_4—100—1（160）	1490	2.2
LK—20/15	20		15	14.5	201×96×220			
CKD—25/10	25	0.4		6	132×67×165	Z_4—112/2—1（160）	975	2.2
LK—25/20	25		20	24	230×110×250			
CKD—30/10	30	0.333		7	143×68×165	Z_4—11/2—1（160）	1540	3
LK—30/20	30		20	26.5	242×117×275			
CKD—30/10	30	0.333		7	143×68×165	Z_4—112/2—2（160）	1070	3
LK—30/10	30		10	19	222×107×215			
CKD—35/10	35	0.286		8.5	150×70×165	Z_4—112/2—2（160）	1450	4
LK—35/12	35		12	30.5	250×120×285			

续表 12-56

型号	额定电流(A)	限流电抗器电抗值(Ω)	平波电抗器电感量(mH)	重量(kg)	外形尺寸(mm)(长×宽×高)	配套直流电动机		
						型号	转速	功率(kW)
CKD—40/10	40	0.25		9.5	151×71×175	Z_4—112/4—1 (160)	990	4
LK—40/4.5	40		4.5	19.5	228×108×245			
CKD—50/10	50	0.2		11	161×76×190	Z_4—112/4—1 (160)	1520	5.5
LK—50/6.5	50		6.5	31.5	252×122×285			
CKD—50/10	50	0.2		11	161×76×190	Z_4—112/4—2 (160)	1090	5.5
LK—50/6	50		6	28	252×122×280			

四、订货须知

订货必须提供产品型号、电抗器额定电流、交流电抗器电抗压降、平波电抗器电感值、绝缘等级、外形尺寸是否有特殊要求、配套电动机型号等。

五、生产厂

昆山市特种变压器制造有限公司。

12.22 LK (Z_2) 直流电动机配套平波电抗器

一、概述

平波电抗器亦称滤波电抗器或滤波阻流圈，用于整流回路之中，消除整流后的波纹脉动成分，按三相全波整流回路电压波形计算，平波电抗器的脉冲频率是300Hz。本系列产品的额定电流和额定电感均是按照 Z_2 系列直流电动机需要设计的，既考虑到限制电流的脉动成分，又考虑电流连续不断，用综合法求取各种电动机的电感值，不让整流电流脉动成分过大而引起换向恶化。

该系列产品适用于海拔1000m及以下地区使用。户内装置于无剧烈震动、无任何有害气体或粉尘的场合。电抗器周围最高环境温度为+40℃，最低为—30℃，年平均温度为20℃及以下，确保使用寿命。

二、产品结构

该系列电抗器均为铁芯式结构，主要有铁芯和线圈两部分组成。铁芯一般为二柱框式结构，二柱由多只硅钢片铁饼叠积而成，饼间有绝缘板隔开，不让铁芯出现磁饱和。铁轭为方轭，组装后靠拉螺杆上下压紧，减小噪声。

该系列产品为干式自冷，有B级和F级二种绝缘等级。

三、技术数据

LK (Z_2) 直流电动机配套平波电抗器技术数据，见表12-57。

四、订货须知

订货必须提供产品型号、工作电压（交流电压）、额定电流及最小工作电流、额定电感、直流工作电压、外形尺寸有否规定、配套直流电动机型号等。

表12-57 Z_2直流电动机配套平波电抗器

平波电抗器参数					配套直流电动机		
型号	额定电流 (A)	电感值 (mH)	外形尺寸(mm) (长×宽×高)	重量 (kg)	型号	功率 (kW)	电压 (V)
LK—6/79.6	6	79.6	170×80×180	7.5	Z_2—11 21	0.4	110
LK—3/323.2	3	323.2				0.4	220
LK—9/53.5	9	53.5	193×93×200	11.5	Z_2—12 22 31	0.6	110
LK—4.5/215.5	4.5	215.5				0.5	220
LK—12/41.9	12	41.9	203×98×210	14	Z_2—11 21 31 32	0.8	110
LK—6/167.3	6	167.3				0.8	220
LK—15/29.4	15	29.4	211×101×240	18	Z_2—12 22 32 41	1.1	110
LK—8/120.2	8	120.2				1.1	220
LK—21/22.9	21	22.9	232×112×265	20	Z_2—21 31 41 42	1.5	110
LK—11/92.8	11	92.8				1.5	220
LK—28/16	28	16	239×114×289	27	Z_2—22 32 42 51	2.2	110
LK—14/64.6	14	64.6				2.2	220
LK—38/11.9	38	11.9	259×124×300	36	Z_2—31 41 51 52	3	110
LK—20/48.2	20	48.2				3	220
LK—50/9	50	9	259×124×325	40	Z_2—32 42 51 62	4	110
LK—26/37.4	26	37.4				4	220
LK—72/6.79	72	6.79	279×134×340	50	Z_2—41 51 61 62	5.5	110
LK—36/27.5	36	27.5				5.5	220
LK—95/4.92	95	4.92	299×144×355	65	Z_2—42 52 62 71	7.5	110
LK—50/19.9	50	19.9				7.5	220
LK—125/3.78	125	3.78	310×150×380	76	Z_2—51 61 71 72	10	110
LK—65/15.4	65	15.4				10	220

续表 12－57

平波电抗器参数					配套直流电动机		
型　号	额定电流（A）	电感值（mH）	外形尺寸（mm）（长×宽×高）	重量（kg）	型　号	功率（kW）	电压（V）
LK—170/2.85	170	2.85	360×175×435	96	Z_2—52、62、72、81	13	110
LK—85/11.6	85	11.6				13	220
LK—220/2.25	220	2.25	379×184×450	108	Z_2—61、71、81、82、91	17	110
LK—110/8.94	110	8.94				17	220
LK—280/1.75	280	1.75	397×192×520	142	Z_2—62、72、82、91、92	22	110
LK—140/7.06	140	7.06				22	220
LK—375/1.31	375	1.31	419×204×555	172	Z_2—81、91、92、101	30	110
LK—190/5.25	190	5.25				30	220
LK—500/0.989	500	0.989	465×225×580	214	Z_2—82、92、101、102	40	110
LK—250/3.99	250	3.99				40	220
LK—330/2.98	330	2.98	466×226×605	247	Z_2—91、101、102、111	55	220
LK—450/2.22	450	2.22	546×266×670	328	Z_2—92、102、111、112	75	220
LK—590/1.67	590	1.67	575×280×700	401	Z_2—101、111、112	100	220
LK—730/1.35	730	1.35	606×296×725	488	Z_2—102、112	125	220
LK—930/1.06	930	1.06	626×306×755	565	Z_2—111	160	220
LK—1150/0.854	1150	0.854	656×321×790	660	Z_2—112	200	220

五、生产厂

昆山市特种变压器制造有限公司。

12.23 TKS、TKD型可调电抗器

一、用途

TKS、TKD型可调电抗器能在额定工作电压下平滑、无级、连续地改变电抗值，作发电机组负荷试验时的可调电感负载，它和可调电阻器相配合可以在一定范围内调节负荷率和负载功率因数。

该产品广泛应用于发电设备厂、动力机厂、柴油机厂、汽油机厂、电机厂、造船厂、车辆电源厂以及有关研究所、设计院的机组试验站或检测中心，以取代采用感应调压器反接作为可调电感负载的使用方法。

二、产品特点

(1) 电流调节范围大，可无极、平滑、连续地调节电流。

(2) 电感调节线性度及稳定性好，且能承受过载10%1小时。

(3) 与可调电阻器配套使用时，有功、无功电流调节互不影响，能准确调节负荷率及功率因数。

(4) 具有两种接法，适用于50Hz/400 (690) V或60Hz/450V电源。

(5) 操作方便，运行安全可靠，并可长时间连续运行。

(6) 可多台并联使用。

三、型号含义

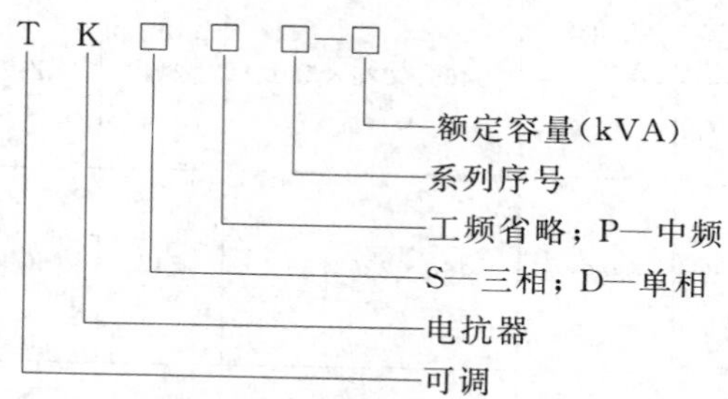

四、技术数据

该系列产品技术数据，见表12-58。

表12-58 TKS型可调电抗器技术数据

型号	额定容量(kVA)	相数	频率(Hz)	额定电压(V)	电流可调范围(A)		重量(kg)			伺服电动机规格	外形尺寸(mm)(长×宽×高)
					接法1	接法2	油	器身	总体		
TKS1—25	25	3	50	400	0.8～8	3.6～36.1	110	355	6000	A02—7124 370W 3φ50Hz 380V 1.12A	890×890×1650
TKS1—30	30				1.0～10	4.3～43.3					
TKS1—40	40				1.3～12.5	5.8～57.7	200	300	745		1040×900×1650
TKS1—50	50				1.6～16	7.2～72.2					
TKS1—60	60				2～20	8.7～86.6	220	430	910		1080×900×1700

续表 12-58

型号	额定容量（kVA）	相数	频率（Hz）	额定电压（V）	电流可调范围（A）		重量（kg）			伺服电动机规格	外形尺寸（mm）（长×宽×高）
					接法 1	接法 2	油	器身	总体		
TKS1—75	75	3	50	400	2.5～25	10.8～108	250	430	110	A02—7124 370W 3ϕ50Hz 380V 1.12A	1230×1050×1700
TKS1—100	100				3.2～32	14.4～144	380	520	1420		1250×1140×1920
TKS1—125	125				4～40	18～180					
TKS1—150	150				5～50	21.7～217	440	740	1780		1340×1140×1980
TKS1—200	200				6.3～63	28.9～289	450	770	1900		1340×1140×1980
TKS1—250	250				8～80	36.1～361					
TKS1—300	300				10～100	43.3～433	660	1320	3040		1580×1360×2220
TKS1—380	380				12.5～125	54.8～548	680	1360	3150		1580×1360×2220
TKS1—420	420				12.5～125	60.6～606	690	1480	3330		1580×1360×2310
TKS1—500	500				16～160	72.2～722					
TKS2—100	100	3	50	400	5.6～45	20～144	380	520	1420	A02—7124 370W 3ϕ50Hz 380V 1.12A	
				690	10～83.7						
TKS2—125	125			400	7～56	25～180					
				690	12.5～105						
TKS2—150	150			400	9～70	32～317	440	740	1780		
				690	16～126						
TKS2—200	200			400	11.2～90	40～289	450	770	1900		
				690	20～167						
TKS2—250	250			400	14～112	50～361					
				690	25～209						
TKS2—300	300			400	18～140	63～433	660	1320	3040		
				690	32～251						
TKS2—400	400			400	22.5～180	80～577	690	1480	3300		
				690	40～335						
TKS2—500	500			400	28～225	100～722					
				690	50～418						
TKS2—600	600			400	35～280	125～866	815	2200	4670	Y802—4 750W 3ϕ50Hz 380V 2A	
				690	63～502						
TKS2—750	750			400	45～350	160～1083	880	2510	5160		
				690	80～628						

续表 12-58

型号	额定容量(kVA)	相数	频率(Hz)	额定电压(V)	电流可调范围(A)		重量(kg)			伺服电动机规格	外形尺寸(mm)(长×宽×高)
					接法1	接法2	油	器身	总体		
TKS2—1000	1000	3	50	400	56～450	200～1443	1290	3300	6500	Y802—4 750W 3ϕ50Hz 380V 2A	
				690	100～837						
TKS2—1250	1250			400	70～560	250～1804	1600	3910	7400		
				690	125～1046						
TKS2—1600	1600			400	90～700	315～2309	1530	4540	8400	Y90S—6 750W 3ϕ50Hz 380V 2.3A	
				690	160～1339						
TKS2—2000	2000			400	110～900	400～2887					
				690	200～1673						

注 1. 本系列可调电抗器可作 60Hz/450V 使用，此时电流可调范围的下限值、上限值是 50Hz、100V 时的 0.9375 倍。

2. 其它规格可调电抗器包括单相、中频，可根据需要按协议承接试制。

五、生产厂

上海桑科机电设备成套工程有限公司。

12.24 TKS 型可调负载电抗器

一、概述

TKS 型可调负载电抗器是上海桑科机电设备成套工程有限公司研制开发的最新一代产品，能在确定工作电压下平滑、无级、连续地改变电抗值。

该产品的典型用途是作为三相、50Hz、400V 发电机负荷试验时的可调电感负载，是各种动力机驱动的发电机组和其它三相交流发电机的必不可少的试验设备，可用于各种动力机厂、柴油机厂、汽油机厂、电机厂、造船厂、发电设备厂、车辆电源厂以及有关研究所、设计院的机组试验站或检测中心，以取代投资大、效果差的一般感应调压器，作可调电感负载的使用方法。

该产品已被上海内燃机研究所，宁波动力机厂、河南柴油机厂、淄博渔轮柴油机厂、上海东沟船厂和福州发电机厂等单位采用。

TKS 型可调电抗器与反接法感应调压器相比较，见表 12-59。

二、产品特点

(1) 电感电流调节范围大，可平滑，无级、连续地调节。

(2) 电流调节稳定性好，仅随电压线性变化。

(3) 损耗小，自身功率因数低。

(4) 操作方便，运行安全可靠。

(5) 可长期连续运行。

(6) 可以多台并联使用。

表 12-59　TKS 型可调电抗器与反接法感应调压器比较

项目	TKS 可调电抗器	反接法感应调压器
可靠性	安全可靠调节方便，在整个调节范围内	电感值小时，调节不当会造成短路，使设备及被测发电机损坏或烧毁
稳定性	电压略有波动时，电感电流变化小，稳定性好	电压略有波动时，电感电流变化大，稳定性差
产品出力	大	小（电抗器容量仅为调压器容量的 40%左右）
初投资	省	比 TKS 产品大，大容量尤为显著

三、技术数据

该系列可调电抗器可作为 3 相、50Hz、400V 相应容量发电机 25%～100%负荷试验时的可调电感负载，发电机功率因数为 0.8 滞后，其产品技术数据见表 12-60。

表 12-60　TKS 系列可调负载电抗器技术数据

型　号	额定容量（kVA）	相数	频率（Hz）	额定电压（V）	电流可调范围（A）	自身功率因数	适用发电机功率范围（W）	冷却方式
TKS—75	75	3	50	400	15～108	0.10～0.05	63～100	油浸自冷
TKS—150	150				30～217	0.10～0.05	125～200	
TKS—300	300				60～433	0.05～0.04	250～400	
TKS—600	600				126～866	0.06～0.04	500～800	
TKS—700	750				150～1033	0.08～0.04	630～1000	

四、生产厂

上海桑科机电设备成套工程有限公司。

12.25　JCK 型交流三相进线电抗器

一、概述

JCK 型三相进线电抗器是在可控硅供电的直流电气传动系统中，当供电装置由电源直接供电时，串联于各相的进线电抗器可以抑制电流上升率，以保护可控硅整流元件，且对电网起谐波抑制作用。

电抗器是一种电感元件，应用十分广泛，在电力系统和电气传动方面较为突出，电抗器在电路中主要作限流滤波、无功补偿、移相、储能、高压、功率放大等。

二、技术数据

该产品技术数据，见表 12-61。

三、生产厂

张家港五洲变压器有限公司、张家港市五洲调压器厂。

表 12－61　JCK 型交流进线电抗器技术数据

型　号	电流 (A)	电感 (mH)	重量 (kg)	外形尺寸（mm）（长×宽×高）	型　号	电流 (A)	电感 (mH)	重量 (kg)	外形尺寸（mm）（长×宽×高）
JCK—8/3.5	8	3.5	3.5	150×90×120	JCK—240/0.12	240	0.12	60	420×190×450
JCK—20/1.4	20	1.4	6	200×120×160	JCK—270/0.104	270	0.140	70	430×180×500
JCK—25/0.98	25	0.89	7	200×120×190	JCK—300/0.093	300	0.093	75	390×195×480
JCK—35/0.8	35	0.8	8	200×120×190	JCK—350/0.080	350	0.080	80	430×185×490
JCK—40/0.7	40	0.7	12	210×120×200	JCK—400/0.070	400	0.070	85	490×230×550
JCK—50/0.56	50	0.56	15	210×120×210	JCK—450/0.062	450	0.062	95	460×220×600
JCK—80/0.35	80	0.35	25	280×130×310	JCK—510/0.055	510	0.055	105	480×300×550
JCK—100/0.28	100	0.28	35	350×160×390	JCK—560/0.050	560	0.050	110	500×300×550
JCK—120/0.23	120	0.23	40	370×180×450	JCK—600/0.047	600	0.047	120	520×300×550
JCK—140/0.2	140	0.2	45	390×190×420	JCK—630/0.045	630	0.045	125	530×300×600
JCK—185/0.15	185	0.15	50	395×175×350	JCK—700/0.040	700	0.040	130	530×300×610
JCK—220/0.13	220	0.13	55	340×160×480	JCK—800/0.035	800	0.035	135	540×300×680

12.26　TDK—1 电梯电抗器

一、概述

TDK—1 型电梯电抗器降低电动机启动时电流，消除电磁吸盘上加工零件后的剩磁，以及矫正发电机组与电网之间的相位差，得到同步的操作电压。

该产品的铁芯为三柱心式，矩形截面，绕组设有多组抽头，以满足不同的电抗值要求。

二、技术数据

（1）相数：3 相。

（2）额定容量（kVA）：19。

（3）额定电流（A）：47。

（4）额定电压（V）：380。

（5）外形尺寸（mm）：270×200×240。

（6）安装尺寸（mm）：180×146×ϕ9。

（7）重量（kg）：60。

（8）抽头（匝）：40，50，60，70，80，90，100，110，120，130。

三、生产厂

重庆高压电器厂。

12.27　XZF 型线路阻波器

一、概述

XZF 型线路阻波器是串联在输电线路上，用以阻止高频载波信号向非通信方向传送，供电力载波通信和高频保护加工通道之用。

该产品使用条件：

使用地点：户外。

环境温度：—40～＋45℃。

海拔：＜1000m。

额定频率：50Hz。

执行标准：GB/T 7330—98《交流电力系统阻波器》，国际电工 IEC 353 标准。

二、产品结构

XZF 型线路阻波器一般由主线圈、调谐装置和避雷器组成。

（1）主线圈是用聚酯薄膜绝缘铝线绕制，采用环氧树脂浸渍长纤维玻璃丝包封。线圈经固化后具有很高的机械强度，能耐受极高的短路电流。采用多层并绕多个包封的结构，包封层间有垂直散热气道，散热效果好、温度低、结构紧凑。导电部分用氩弧焊接，机械结构上无紧固零件，运行可靠性高。表面涂覆有紫外线辐射的有机漆，具有良好的耐气候性能。

（2）调谐装置由电容器、调谐电感和电阻组成，与主线圈构成谐振回路，对载波频率呈高阻抗，对工频电流呈低阻抗。其中电容器根据绝缘要求分别采用 30～120kV 耐压的复合介质电容。调谐电感采用绝缘导线绕成的空芯线圈，经特殊工艺处理，具有防潮和耐高压性。

（3）避雷器是将阻波器所承受的雷电冲击及操作过电压限制在一定的范围之内，用以保护调谐装置和主线圈。本产品采用氧化锌带串联间隙避雷器。

三、型号含义

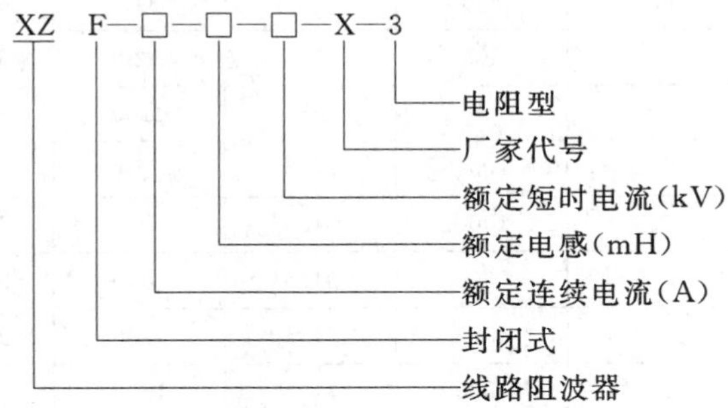

四、技术数据

（1）额定电感（mH）：0.2，0.3，0.5，1.0，1.5，2.0。

（2）额定连续电流（A）：400，630，800，1000，1250，1600，2000，2500，3150，4000。

（3）额定短时电流（kA）：16.0，20.0，25.0，31.5，40.0，50.0，63.0，80.0。

（4）阻塞频带带宽，见表 12-62。

（5）XZF 型线路阻波器技术数据，见表 12-63。

（6）XZF 与 XZK 型阻波器功率损耗对比，见表 12-64。

表 12-62 XZF型线路阻波器阻塞频带带宽

主线圈额定电感(mH)	频带带宽 Rb≥570Ω					
	频段号					
	1	2	3	4	5	6
0.2	260～500	224～360	192～280	168～228	114～196	130～172
0.3	208～500	172～300	148～228	128～184	120～164	108～140
0.5	160～500	124～268	100～168	84～124		
1.0	84～500					
2.0	48～500	40～152				

表 12-63 XZF型线路阻波器技术数据

型　　号	额定电感(mH)	额定电流(A)	短时电量(kA)	最大直径(mm)	高度(mm)	重量(kg)	安装尺寸(mm)
XZF—630—0.2/20	0.2	630	20	650	680	95	中心点
XZF—630—0.3/20	0.3	630	20	780	700	105	中心点
XZF—630—0.5/20	0.5	630	20	810	760	145	中心点
XZF—630—1.0/20	1.0	630	20	850	800	220	中心点
XZF—630—2.0/20	2.0	630	20	900	850	340	400
XZF—800—0.2/25	0.2	800	25	710	700	110	中心点
XZF—800—0.3/25	0.3	800	25	750	800	150	中心点
XZF—800—0.5/25	0.5	800	25	840	654	260	中心点
XZF—800—1.0/25	1.0	800	25	920	834	320	600
XZF—800—2.0/25	2.0	800	25	1100	920	420	750
XZF—1000—0.2/31.5	0.2	1000	31.5	760	720	180	中心点
XZF—1000—0.3/31.5	0.3	1000	31.5	880	750	230	中心点
XZF—1000—0.5/31.5	0.5	1000	31.5	1050	850	340	700
XZF—1000—1.0/31.5	1.0	1000	31.5	1300	920	510	800
XZF—1000—2.0/31.5	2.0	1000	31.5	1200	980	880	900
XZF—1250—0.2/50	0.2	1250	50	660	700	260	中心点
XZF—1250—0.3/50	0.3	1250	50	810	835	310	中心点
XZF—1250—0.5/50	0.5	1250	50	1010	870	360	800
XZF—1250—1.0/50	1.0	1250	50	1170	1230	650	900
XZF—1250—2.0/50	2.0	1250	50	1410	1300	1100	1000
XZF—1600—0.2/50	0.2	1600	50	840	850	310	800
XZF—1600—0.3/50	0.3	1600	50	950	880	400	800
XZF—1600—0.5/50	0.5	1600	50	1150	1000	520	800

续表 12－63

型　号	额定电感(mH)	额定电流(A)	短时电量(kA)	最大直径(mm)	高度(mm)	重量(kg)	安装尺寸(mm)
XZF—1600—1.0/50	1.0	1600	50	1350	1240	820	900
XZF—1600—2.0/50	2.0	1600	50	1500	1250	1400	1500
XZF—2000—0.2/50	0.2	2000	50	1050	790	450	700
XZF—2000—0.3/50	0.3	2000	50	1250	900	500	800
XZF—2000—0.5/50	0.5	2000	50	1320	980	680	900
XZF—2000—1.0/50	2.0	2000	50	1410	1260	1070	1100
XZF—2000—2.0/50	2.0	2000	50	1760	1260	1800	1500
XZF—2500—0.2/50	0.2	2500	50	1200	920	610	850
XZF—2500—0.3/50	0.3	2500	50	1250	1050	750	950
XZF—2500—0.5/50	0.2	2500	50	1400	1270	900	1100
XZF—2500—1.0/50	1.0	2500	50	1560	1260	1480	1300
XZF—2500—2.0/50	2.0	2500	50	1930	1250	2100	1800
XZF—3150—0.2/63	0.2	3150	63	1250	1050	720	1200
XZF—3150—0.3/63	0.3	3150	63	1410	1100	950	1300
XZF—3150—0.5/63	0.5	3150	63	1560	1300	1200	1550
XZF—3150—1.0/63	1.0	3150	63	1830	1560	2050	1800
XZF—3150—2.0/63	2.0	3150	63	2400	1710	3400	1900
XZF—4000—0.2/80	0.2	4000	80	1500	1200	900	1200
XZF—4000—0.3/80	0.3	4000	80	1550	1310	1100	1350
XZF—4000—0.5/80	0.5	4000	80	1900	1500	1400	1550
XZF—4000—1.0/80	1.0	4000	80	2120	1500	2500	1800
XZF—4000—2.0/80	2.0	4000	80	2550	1800	4300	2000

表 12－64　XZF 与 XZK 型阻波器功率损耗对比

额定持续电流(A)	额定电感(mH)	损耗（kW）		额定持续电流(A)	额定电感(mH)	损耗（kW）	
		封闭式(XZF)	开放式(XZK)			封闭式(XZF)	开放式(XZK)
1250	1.0	10.2	20.6	2500	1.0	18.04	42.4
1600	1.0	12.7	22.8	3150	1.0	24.5	54.4

五、订货须知

订货时必须提供产品额定电感、额定电流、阻塞频带、支柱绝缘子的安装尺寸及外形图、户外使用及其它特殊要求。

六、生产厂

西安中扬电气股份有限公司。

12.28 FKK系列分裂电抗器

一、概述

在配电系统中，正常运行时其电感很小，一旦出现故障，则对系统呈现出较大的阻尼以限制故障电流，这种电抗器被使用在所有情况下保持隔离的两个分离馈电系统。

二、型号含义

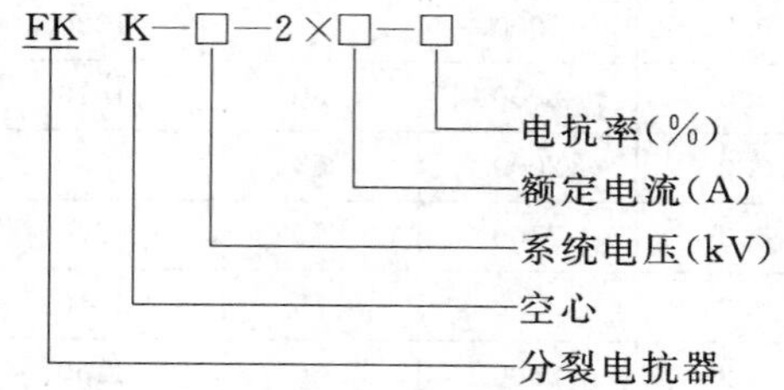

三、技术数据

FKK系列分裂电抗器技术数据，见表12-65。

表12-65 FKK系列分裂电抗器技术数据

序号	型号	系统电压(kV)	额定电流(A)	额定电感(mH)	耦合系数	动稳定电流(kA)	短时电流4s(kA)	单相容量(kVA)
1	FKK—10—2×1500—8	10	2×1500	2×0.980	0.3	2×95.6	2×37.5	2×693
2	FKK—10—2×2000—4	10	2×2000	2×0.368	0.3	2×102	2×40	2×462
3	FKK—10—2×2000—8	10	2×2000	2×0.735	0.3	2×102	2×40	2×924
4	FKK—10—2×2500—4	10	2×2500	2×0.294	0.3	2×128	2×50	2×577
5	FKK—10—2×2500—8	10	2×2500	2×0.588	0.3	2×128	2×50	2×1155
6	FKK—10—2×3000—4	10	2×3000	2×0.245	0.3	2×128	2×50	2×693
7	FKK—10—2×3000—8	10	2×3000	2×0.490	0.3	2×128	2×50	2×1386
8	FKK—10—2×3000—10	10	2×3000	2×0.613	0.3	2×128	2×50	2×1732

四、生产厂

北京电力设备总厂。

12.29 SYKK系列试验电抗器

一、概述

SYKK系列试验电抗器应用在高压试验室中，为满足高压试验的各种需求而设计的各种用途的电抗器。

二、型号含义

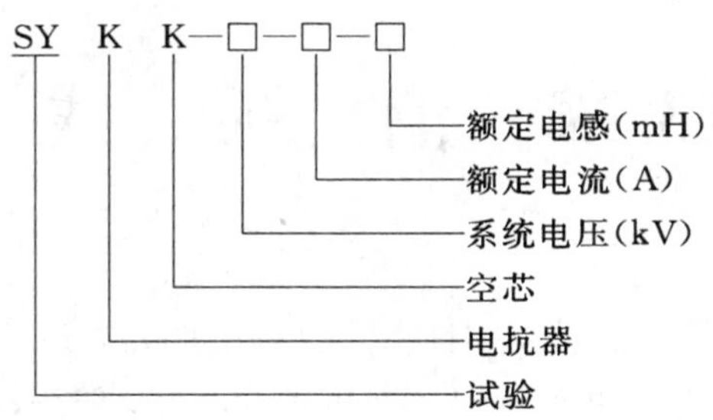

三、技术数据

SYKK 系列试验电抗器技术数据，见表 12-66。

表 12-66 SYKK 系列试验电抗器技术数据

序号	型 号	系统电压（kV）	冲击电流（A）	额定电流（mH）
1	SYKK—110—100—1591.55	110	100	1591.55
2	SYKK—110—1250—15.92	110	1250	15.92
3	SYKK—110—1250—50.93	110	1250	50.93
4	SYKK—110—1250—66.85	110	1250	66.85
5	SYKK—220—2100—256	220	2100	256
6	SYKK—220—3500—128	220	3500	128
7	SYKK—220—8485—16	220	8485	16
8	SYKK—220—20000—8	220	20000	8

四、生产厂

北京电力设备总厂。

第13章　消　弧　线　圈

在我国绝大多数电力系统都是以中性点非直接接地方式运行的，这是因为电力系统的故障和事故至少有60%以上是单相接地，而中性点不接地的系统在发生单相接地时仍能保持三相的对称性，可以继续对用户供电，提高供电的可靠性。但当发生单相接地故障时，接地电容电流很大。如果接地电弧不能可靠熄灭，就会迅速发展为相间短路，引起线路跳闸，供电中断。如果接地电弧发展为间歇性的熄灭与重燃，就会引起弧光接地过电压，危及电气设备的绝缘。

在电网中性点装设消弧线圈是减少接地电流，抑制弧光接地过电压的一种行之有效的措施。消弧线圈产生的电感电流补偿了接地点的电容电流，并且降低了故障相电压恢复速度，使接地点电弧自动熄灭，消除了间歇性电弧的产生，从而使系统自动恢复正常。在发生稳定性单相接地时，很小的残余接地电流并不会造成危险，健全相电压升高到线电压也不会威胁系统绝缘，系统仍可继续供电，运行人员可在规定的时间内发现并处理故障。

中性点接地方式是一个非常复杂的问题，要考虑到电力系统运行及控制的各个方面，一个电网采取怎样的运行方式要视具体情况而定，但有一点毫无疑问，中性点经消弧线圈接地方式，由于其已经被实践证明了的显著的优越性仍将在中国中压配电网占重要位置，尤其对一些要考虑安全问题及较高的供电可靠性的应用场合（如煤矿和石油化工企业供电网）。从接地方式的角度来考虑限制电容电流的问题，中性点经消弧线圈接地就是唯一的选择。

消弧线圈的补偿效果与其脱谐度有很大关系，调谐适当的消弧线圈才能达到理想的效果，而电网是发生变化的，从而其单相接地电容电流随之变化，这就需要根据电网的变化来调整消弧线圈的补偿电流，这种工作较繁琐，而且人工和机械动作很难及时准确地调谐消弧线圈，所以实现消弧线圈的自动调谐。

前苏联是较早使用中性点经消弧线圈接地的国家之一，也较早开始研制自动调谐的消弧线圈。中国从1989年开始自动调谐的消弧线圈的研究，上海交通大学1992年研制出ZBXH气隙可调式自动跟踪补偿装置，1993年研制出ZDB助磁式动态补偿装置，1995年武汉水利电力大学研制出ZXFZ磁阀式自动补偿装置，2001年广东智光电气有限公司和广东省电力试验研究所研制生产的KD—XH型配电网智能快速消弧系统。广州智光电气有限公司生产的产品，采用全新的高短路阻抗变压器式可控消弧线圈（已获两项专利）和大功率可控硅技术，配以先进的新型控制器和单相接地故障检测装置，可实时跟踪配电网，对瞬时性单相接地故障具有极佳的快速补偿效果而确保能消除，对非瞬时性单相接地故障既能快速（远小于10s）判断故障线路并跳闸（可选），又可以按传统消弧线圈接地方式持续运行。KD—XH型配电网智能快速消弧系统采用全新的技术，避免了以往各类自动跟踪消弧线圈的各种局部缺点，从而获得更佳的消弧效果，是一种优良的新型配电网中性点补偿装置。

保定天威集团保定天威顺达变压器有限公司2001年研制开发了H级干式偏磁自动跟踪补偿消弧线圈，利用施加直流励磁电流来改变铁芯的磁阻，从而达到改变消弧线圈电抗值。它可以带高压以电的速度调节电感值，鉴于油浸产品易燃，维护较为复杂，偏磁局部过热等缺陷，采用美国UL认可的NOMEX®绝缘系统，具有安全、可靠、防火、防爆、维护简单等优点，产品以其电控无极连续、静态可调的优良技术性能，在电网正常运行时，不施加励磁电流，将消弧线圈调整到远离谐振点的状态，避免串联谐振过电压及各种谐振过电压产生的可能，并实时检测电容电流大小，当电网发生单相接地后，瞬间调节消弧线圈，实施最佳补偿。该公司开发的10、35kV两个电压等级的干式系统产品填补了国内空白，技术水平达到了国内先进水平。

国内外消弧线圈基本性能对比，见表13-1。

表13-1 国内外消弧线圈基本性能对比

种类＼性能	补偿方式	调节特性	阻尼电阻	机械运动部件	响应时间	一次设备寿命	补偿范围
直流偏磁	动态补偿	无级连续可调	无	全静态结构没有机械运动部件	2个周波	同变压器	大于6倍下限
有载调匝	预调式	有较大级差电流	有	有载开关含有机械运动部件	2个周波	取决于阻尼电阻和有载开关的寿命	2～3倍下限
调电容式	动态补偿	有级差电流	无	全静态结构没有机械运动部件	2个周波	取决于电容和真空开关	大于5倍下限

紫金集团南京紫金电力保护设备有限公司（原南京有线电厂）研制的ZDBX—Ⅱ型全状态自动补偿消弧装置能实时自动采集、实时监视及实时判断系统运行信号和运行状态，保障系统不发生谐振。

顺特电气有限公司研制的XH_S^DCZTG（F）型自动调谐消弧线圈接地装置，用于6～35kV电压等级配电网的自动补偿单相接地故障电流的智能化成套电气设备，准确测量电网线路电容电流，快速自动补偿单相接地电流，补偿效果好，运行可靠性高。

国内配电网智能化快速消弧装置、自动补偿消弧装置具有较高的推广和应用价值。

13.1 ZDBX—Ⅱ型全状态自动补偿消弧装置

一、概述

ZDBX—Ⅱ型全状态自动补偿装置由紫金集团南京紫金电力保护设备有限公司（原南京有线电厂）生产，该装置能实时自动采集中性点电压、电流、系统三相电压等信号，计算出系统的对地电容电流并实时跟踪其变化，实时监视系统的运行状况，判断系统的运行状态。在系统未发生单相接地正常运行时，消弧线圈运行于高脱谐度方式，保障系统不发生谐振，将中性点电压限制在规程规定的范围内，无须串联阻尼电阻。一旦系统发生单相接地，立即调节消弧线圈二次侧的补偿电容器组至预算的最佳级数。在系统单相接地持续的过程中，控制器仍实时采样系统信号，判断接地状态，并监视系统接地电容电流的变化，判断消弧线圈是否真正处于最佳补偿状态，必要时进行实时调节。因此，无论在金属接地状态下，还是在间歇性接地状态下，都能做到始终实时调节补偿，保持系统的最佳补偿状态，直至单相接地故障消失或被排除。

二、产品结构

ZDBX—Ⅱ型全状态自动补偿消弧装置由干式接地变压器、干式消弧线圈、补偿电容柜、控制柜、三次调谐电容、三次调谐电感、有载分接开关和采样装置等部件组成，见图13-1。

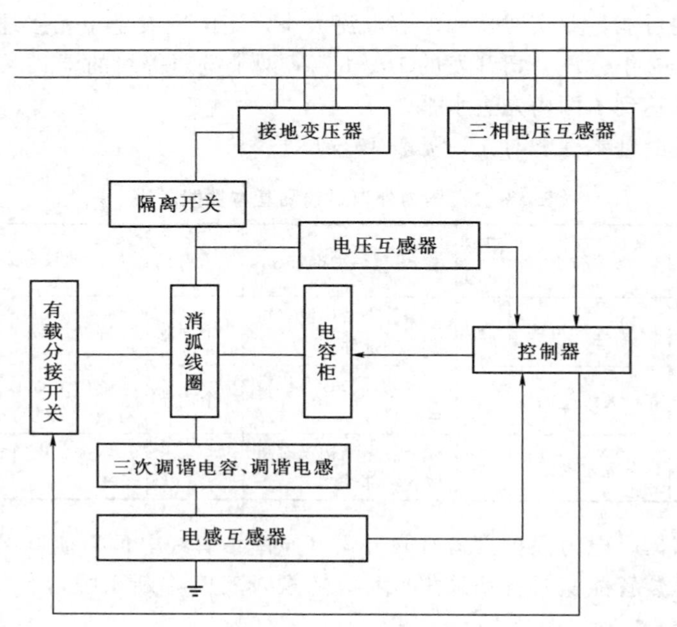

图13-1　ZDBX—Ⅱ型全状态自动补偿消弧装置电气框图

我国电网6、10kV侧变压器绕组通常为△接法，无中性点引出，因此用Z型接法的接地变压器引出中性点，同时带二次绕组，供站用电。消弧装置中采用带二次侧的干式消弧线圈，一次侧将有载分接开关调节一次抽头到预定位置。二次侧接入补偿电容柜，通过可控硅投切调节16级电容器组，实现对消弧线圈电感的等效调节。控制柜中装有自动补偿控制器、中性点电压表、中性点电流表和打印机等。

（一）接地变压器

对于35、66kV配电网，变压器组为Y型接法，有中性点引出，不需要使用接地变压器。对△接法的6、10kV电网无中性点引出，需用接地变压器引出中性点。干式接地变压器为三相内星形接线，与一般三相干式变压器有相似的结构。把每相分成匝数相等的两个部分，分别与临相的另一半反极性相连。当系统单相接地时，几乎全部相电压都加到消弧线圈上，提高了消弧线圈的利用率。

该装置接地变压器型号为DKSC—1350（100）/10.5，额定电压为10.5±2×2.5%/0.4kV，一次侧采用Z型结构，零序阻抗低，激磁阻抗大，功耗小。接地变压器带有五档抽头，调整合理的中性点不对称电压，克服由于配电网大部分采用电缆出线、中性点不对称电压很低所造成的自动调谐困难。

（二）调节消弧线圈

消弧线圈为带铁芯的电感线圈，型号 XHDCZ—1350/10，额定电压 6062V，电流调节范围 39～223A，设有 1～13 档分抽头的等比调节。消弧线圈接在接地变压器中性点上，当系统发生单相接地前，根据系统电容电流的大小，通过电机调节有载分接开关分接头位置使消弧线圈处于最佳预调状态，实现消弧线圈初调节，当系统发生单相接地时，这时必须通过调节消弧线圈二次侧的电容，即调节消弧线圈一次侧的等效电感，达到最佳补偿状态，残流控制在规定范围内。

由于电子开关的应用，消弧线圈在预调状态时，运行于高脱谐度方式，保证中性点电压限制在规定范围内，因而该装置不需加阻尼电阻。

（三）采样装置

消弧线圈的采样装置为系统三相电压互感器、中性点电压互感器。当系统发生单相接地或其它故障时，将三相不平衡电压输入至控制器；当系统发生单相金属性接地或间歇性接地状态下，分别将采集的三相不平衡电压、中性点电压和中性点电流送入控制器采样部分，通过控制器的控制和运算，发出指令调节消弧线圈和可控电容的大小，以达到最佳补偿效果，使脱谐度和残流最小。

（四）电容柜

电容柜由快速熔断器、可控硅、触发模块和电容器组成，消弧线圈电压通过电容补偿柜内控制电容的大小来实现，电容柜内共有四组电容，总容量为 375kvar，按 8∶4∶2∶1 配置，改变可控硅的开合状态，实现消弧线圈 16 级的等差调节。

（五）控制柜

控制柜中的控制器是整个装置的核心部分。控制器采用低功耗，高频率的 MSP430 系列单片机，可靠性高、抗干扰性好。控制器具有如下特点：

（1）采用大屏幕液晶中文显示。

（2）大容量的信息存储系统，便于事故分析和正常维护。

（3）具有各类自检、安全报警及遥控功能，有效提高设备安全。

（4）有联机运行自动调协功能。

（5）通过串行口实现数据远送、综合自动化。

三、型号含义

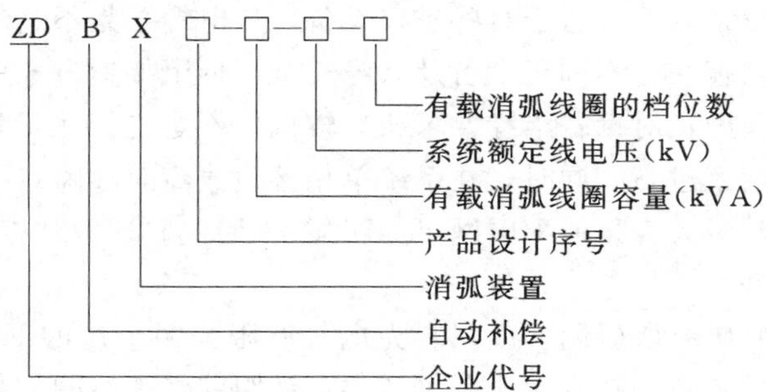

四、使用条件

(1) 适用于6～35kV电压等级电网的单相接地电容电流自动补偿。

(2) 适用各类室内变电所。

(3) 装置的消弧线圈，补偿电容柜、接地变压器、三次调谐电感、调谐电容及有载开关安装在消弧室、控制柜安装在变电所的控制所。

(4) 环境温度(℃)：－10～＋45。

(5) 大气压(kPa)：80～110。

(6) 环境湿度(%)：90(＋25℃)；50(＋40℃)。

(7) 无导电尘埃，无腐蚀性气体。

五、技术数据

(1) 工作电压(V)：220±10%(交流、直流)。

(2) 功率损耗(W)：≤100。

(3) 通讯接口：RS232，RS485。

(4) 通讯规约：问答式或循环式(最新部颁101规约)。

(5) 电容电流测量精度(%)：±3。

(6) 残流范围(A)：≤3。

(7) 接地响应时间(ms)：＜100。

(8) 单相接地判据：中性点电压≥15%额定电压，并且三相中有一相对地电压≤65%额定相电压。

六、生产厂

紫金集团南京紫金电力保护设备有限公司(原南京有线电厂)。

13.2　KD—XH型配电网智能化快速消弧系统

一、概述

配电网中性点接地方式的选择是关系到电力系统运行可靠性的一项重大决策，须综合考虑多种因素并通过经济比较决定。消弧线圈接地方式能自动消除瞬时性单相接地故障，具有减少跳闸次数、降低接地故障电流的优点，但由于不能切除非瞬时性单相接地故障，整个配电系统须承受较长时间(2h)的工频过电压(线电压)，因此对设备的绝缘水平要求高，这对配电系统设备(尤其对于某些进口设备，如电缆)是不利的。同时，非瞬时性单相接地故障的长时间存在也不利于设备及人身安全。低阻接地方式可避免配电系统出现长时间工频过电压的问题，对设备绝缘要求相对较低，不足之处在于系统中任何单相接地故障都跳闸，导致跳闸率过高。同时，在系统单相接地故障时故障点接地电流很大，也带来许多不利影响(尤其对大容量的配电网更为明显)。因此，这两种接地方式都各有利弊，只能适用于一定的条件。

由广东省电力试验研究所研制，广州智光电气有限公司生产的KD—XH型配电网智能化快速消弧系统采用全新的技术，避免了各类自动跟踪消孤线圈的各种局部缺点，获得更佳的消弧效果，是一种优良的新型配电网中性点补偿装置。该产品采用全新的高短路阻抗变压器式可控消弧线圈（已获两项专利）和大功率可控硅技术，配以先进的新型控制器和单相接地故障检测装置，可实时跟踪配电网，对瞬时性单相接地故障具有极佳的快速补偿效果而确保能消除，对非瞬时性单相接地故障既能快速（远小于10s）判断故障线路并跳闸（可选），又可以按传统消弧线圈接地方式持续运行。该产品为国内首创，达到国内领先水平，具有较高的推广和应用价值。

二、工作原理

KD—XH消弧系统采用的KD—XH型高短路阻抗变压器式可控消弧线圈结构原理及等效电路，见图13-2。

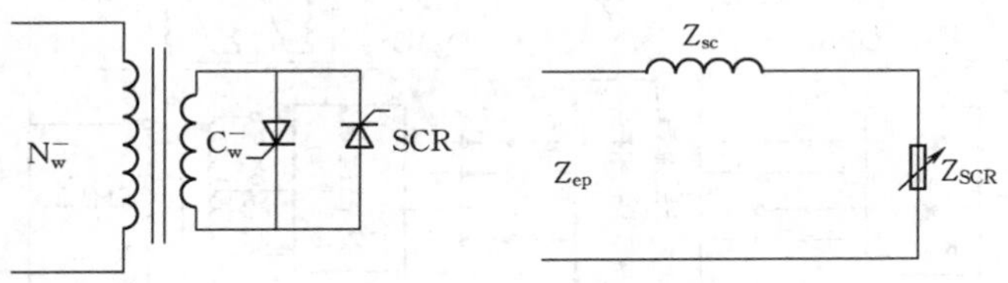

图13-2 KD—XH型高短路阻抗变压器式可控消弧线圈结构原理等效电路

变压器的一次绕组作为工作绕组（NW）接入配电网中性点，二次绕组作为控制绕组（CW），由两个反向并接的可控硅（SCR）短路，可控硅的导通角由触发控制器控制。该变压器的短路阻抗高达100%。调节可控硅的导通角由0°～180°之间变化，使可控硅的等效阻抗Z_{SCR}在无穷大至零之间变化，则NW两端的等效阻抗Z_{ep}就在无穷大至变压器的短路阻抗Z_{SC}之间变化，输出的补偿电流就可在零至额定值之间得到连续无级调节。可控硅工作于与电感串联的无电容电路中，其工况既无反峰电压的威胁，又无电流突变的冲击，因此可靠性得到保障。

KD—XH型可控消弧线圈具有3个独特的优点：

(1) 因采用短路阻抗而不是励磁阻抗作为工作阻抗，因而其伏安特性保证在0～110%额定电压范围内保持极佳的线性度。

(2) 因采用可控硅控制，因其响应速度极快，且输出电流在0～100%额定电流间连续无级调节。

(3) 与传统的调匝式、直流偏磁式及调气隙式等相比，其结构简单，噪音小，不带任何转动或传动机构，无有载开关和接触器。

三、消弧系统组成

KD—XH型消弧系统由接地变压器、高短路阻抗变压器式消弧线圈、控制柜和中心屏组成，见图13-3。

(1) 接地变压器。

对于35、66kV配电网，变压器绕组为Y接法，变压器零序阻抗较低时可不用接地变压器。对6、10kV配电网，因变压器绕组为△接法，需要用接地变压器制造中性点，以便加装消弧线圈。为降低零序阻抗，接地变压器一般采用Z形接线，并可带适当的二次容量以代替站用变压器。

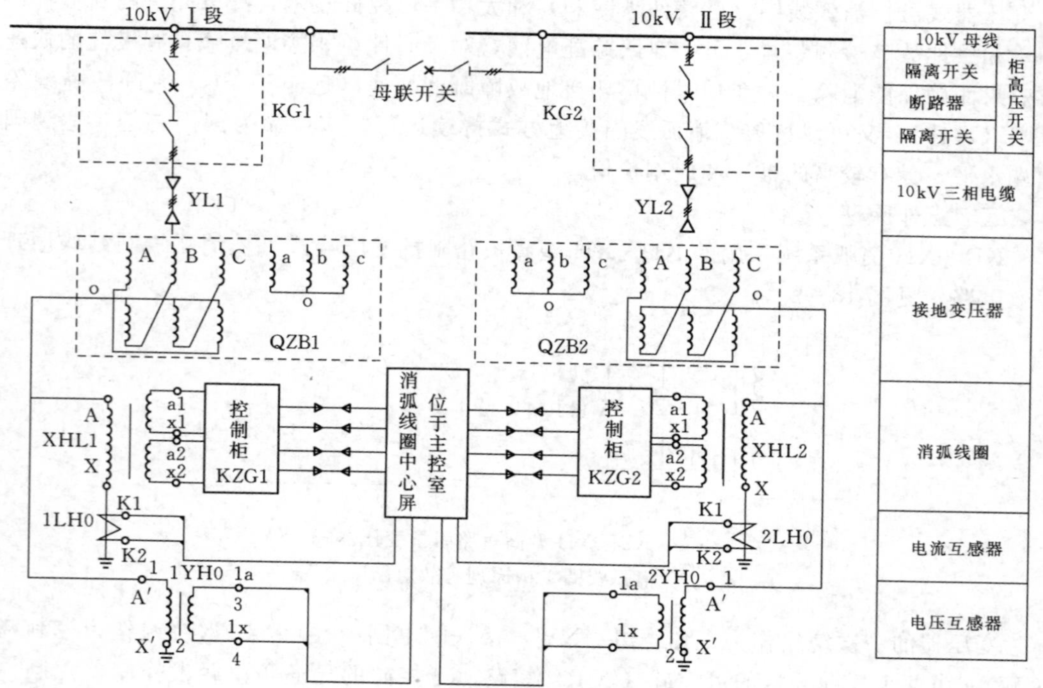

图 13-3 KD—XH 型消弧系统基本接线图（以一控二方式基本接线为例）

（2）高短路阻抗变压器式消弧线圈。

（3）控制柜用于装配大功率可控硅及相应的滤波装置，与消弧线圈就近安装。

（4）中心屏。安装于主控室，内含 KD—XH 型消弧系统控制装置和单相接地故障检测装置（选件）、跳闸出口端子及压板（选件）等。

四、技术特点

（1）响应极快。可在发生单相接地故障后立即（$<$5ms）动作，极快地输出补偿电流而抑制弧光，防止因弧光引起空气电离而造成相间短路。同时，能有效地消除相隔时间很短的连续多次的单相接地故障，例如间歇性弧光接地或雷雨季节中阵发性多条线路弧光接地等。

（2）伏安特性在 0～110％额定电压范围内保持极佳的线性度。满足在中性点电压 U_n 大范围变化的条件下都能精确补偿的要求，从而确保高阻接地、弧光接地状态下仍具良好的消弧效果。

（3）输出的补偿电流在 0～100％额定电流范围内可连续无级调节。一方面实现了大范围精确补偿，另一方面适应了配电网不同发展时期对其容量的不同需要，在初始阶段当电容电流较小时消弧系统能正常动作，而远期又无须更换设备。

（4）接地点残流小。由于 KD—XH 消弧系统具有伏安特性良好、电流无级连续调整等特性，故可使残流理论上达 10A，实际应用中在不考虑配网零序有功电流的影响时，残流大多可限制在 2A 以下，保证可靠熄弧。

（5）单相接地后成套装置可动态调整。KD—XH 消弧系统采用快速、静态调节技术，系统发生单相接地故障后，如果运行方式改变（如为了寻找接地线路，母线开关由合→分变化），消弧线圈能随着运行方式的改变迅速实现动态调整（由原来的补偿两段电容电流之和变成补偿单段电容电流），将成套装置补偿电流动态调整到与运行方式改变后的系统电容电流相适应。（一般的自动跟踪消弧线圈都自动闭锁，不再调节。）

(6) 无须设置阻尼电阻。由于采用了随调控制方式，因此不需如预调方式那样加阻尼电阻，也不会出现危险的串联谐振过电压，既提高了运行可靠性，又简化了设备。

(7) 多台消弧线圈之间可实现并联运行。系统的组成方式灵活，一台系统控制器可以控制一台消弧线圈，也可同时控制两台消弧线圈，以此为基本单元，可实现多台消弧线圈之间的并列运行，单台清弧线圈只需满足安装段容量需要。通过引入母联开关辅助常开接点，系统控制器能自动识别系统运行方式。

(8) 控制器技术先进，性能优越，跟踪速度快。系统电容电流变化后，可在1s内跟踪完毕。采取可靠的软、硬件设计和多重抗干扰措施，确保装置长期可靠运行不“死机”。装置采用液晶汉化显示，带通信功能，可将系统信息远传，适合无人值守要求。

(9)“并行”选线方式，选线与补偿同时进行，保障快速消弧效果。一般选线靠延迟短接阻尼电阻（0.5～1s）方法进行选线，对瞬时性接地故障无法快速补偿。DDS—02系列可选线与补偿同时进行，无延时。

(10) 消弧线圈无传动、转动机构，可靠性高，噪音低，维护简单。

五、型号含义

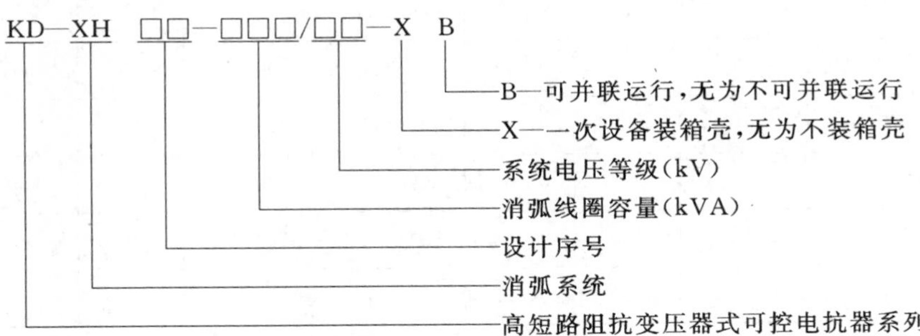

六、使用条件

(1) 环境温度：一次设备－30～＋40℃；系统控制器－25～＋55℃。

(2) 大气相对湿度：日平均不超过95%；月平均不超过90%（25℃）。

(3) 海拔：1000m以下。

(4) 大气压力：86～106kPa。

(5) 具有良好的接地网。

七、技术数据

(一) KD—XH型消弧系统技术数据

(1) 系统电压等级（kV）：6，10，35，66。

(2) 响应时间（ms）：≤5。

(3) 电流调节范围：0～100%额定电流。

（4）电流调节方式：无级连续。

（5）电容电流测量误差（%）：≤2。

（6）接地信息记录：240次，可掉电保持。

（7）中性点电压：电网正常运行时，中性点电压小于电网额定相电压的5%。

（8）通信方式：RS—232或RS485，波特率1200～9600b/s可选。

（9）一次设备冷却方式：AN或FN。

（10）一次设备防护等级：IPXX。

（11）系统控制器电源：AC 220V±10%，50Hz；DC 220V±10%或110V±10%。

（12）选线及路数：单台最大38路（DDS系列）。

（二）部分型号技术数据

部分型号技术数据见表13-2。

表13-2　KD—XH型消弧系统技术数据

型　号	系统电压等级（kV）	额定容量（kVA）	电流调节范围（A）	型　号	系统电压等级（kV）	额定容量（kVA）	电流调节范围（A）
KD—XH□1—200/6.3	6	200	0～55	KD—XH□1—630/10.5	10	630	0～104
KD—XH□1—400/6.3	6	400	0～110	KD—XH□1—800/10.5	10	800	0～132
KD—XH□1—500/6.3	6	500	0～137	KD—XH□1—900/10.5	10	900	0～148
KD—XH□1—150/10.5	10	150	0～25	KD—XH□1—1000/10.5	10	1000	0～165
KD—XH□1—250/10.5	10	250	0～41	KD—XH□1—1210/10.5	10	1210	0～200
KD—XH□1—315/10.5	10	315	0～52	KD—XH□1—550/35	35	550	0～27
KD—XH□1—400/10.5	10	400	0～66	KD—XH□1—1100/35	35	1100	0～54
KD—XH□1—500/10.5	10	500	0～82				

注　“□”为0时接地变压器、消弧线圈为干式产品；“□”为1时接地变压器、消弧线圈为油式产品。

八、外形及安装尺寸

（1）以干式户内安装、不带箱壳为例，一次设备安装尺寸，见图13-4。

（2）接地变压器、消弧线圈、控制柜外形和安装尺寸，见表13-3。

（3）中心屏外形尺寸（长×宽×高）（mm）：800×600×2260（常规）；800×600×2360（常规）；或按用户要求。

九、订货须知

订货时必须提供：

（1）系统运行电压等级、所需容量、运行方式（或系统主接线图）。

（2）一次设备是户内还是户外安装使用。

（3）接地变压器、消弧线圈的绝缘型式（干式或油浸式）。

（4）一次设备安装场地尺寸。

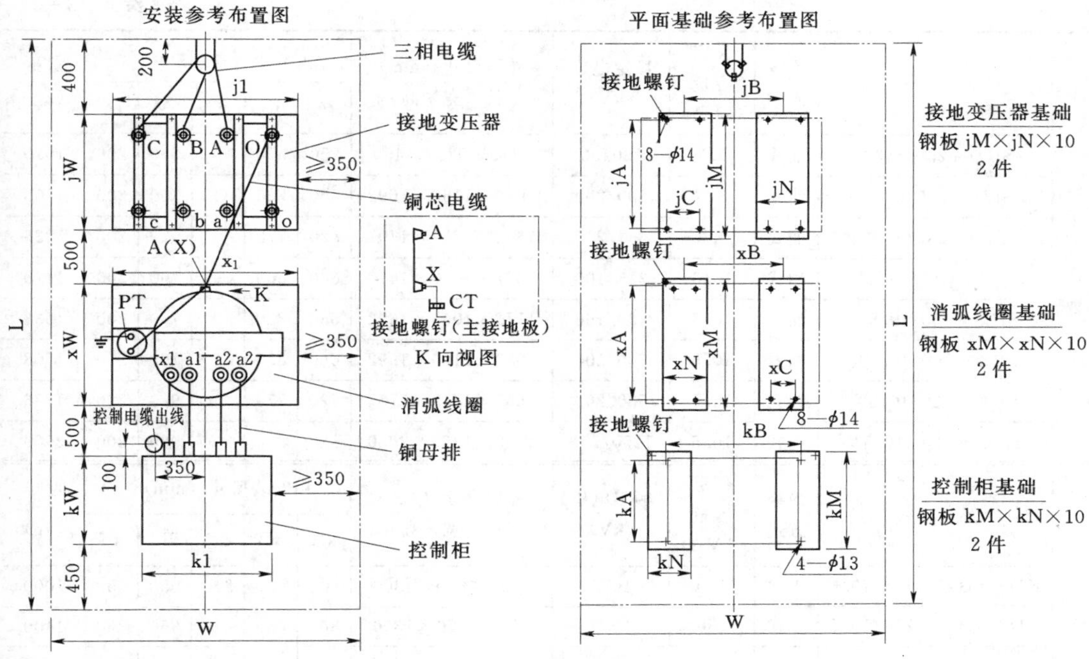

图 13-4 一次设备安装尺寸

注 1. 尺寸 L×W 为 KD—XH 消弧系统一次设备所需基本平面布置尺寸，可根据实际场地等进行调整或加遮栏及通道等。

2. 消弧线圈“X”端经 CT 可靠接地应与设备外壳接地、PT 接地端分开，单独接至变电站主接地点。因为系统发生接地故障时消弧线圈“X”端流过较大电流。

3. 各设备基础参考图示位置布置，基础高出地坪 200mm。

表 13-3 KD—XH 型配电网智能化快速消弧系统外形和安装尺寸

	型 号	绝缘方式	额定容量(kVA)	额定电压(kV)	外形尺寸(mm)(长×宽×高)	安装尺寸(mm)					重量(kg)
						jA	jB	jC	jM	jN	
接地变压器	DKSC—250/10.5*	干式	10.5	250/125	1380×850×1240	800	660	220	950	370	1200
	DKSC—315/10.5	干式	10.5	315	1240×850×1200	800	660	220	950	370	1060
	DKSC—315/10.5*	干式	10.5	315/160	1350×850×1300	800	660	220	950	370	1250
	DKSC—400/10.5	干式	10.5	400	1290×850×1220	800	660	220	950	370	1190
	DKSC—500/10.5	干式	10.5	500	1290×850×1330	800	660	220	950	370	1320
	DKSC—500/10.5*	干式	10.5	500/100	1510×1070×1370	1020	820	280	1170	430	1560
	DKSC—630/10.5	干式	10.5	630	1360×850×1490	800	660	220	950	370	1590
	DKSC—630/10.5*	干式	10.5	630/315	1630×1070×1590	1020	820	280	1170	430	2350
	DKSC—1250/10.5*	干式	10.5	1250/315	1740×1070×1800	1020	820	280	1170	430	2940

续表 13-3

	型　　号	绝缘方式	额定容量（kVA）	额定电压（kV）	外形尺寸（mm）（长×宽×高）	安装尺寸（mm）					重量（kg）
						jA	jB	jC	jM	jN	
接地变压器	SJD9—250/6.3*	油式	6.3	250/80	1313×920×1459	550	550	—	650	200	1010
	SJD9—500/6.3*	油式	6.3	500/200	1960×1160×1692	660	820	—	760	200	1708
	SJD9—630/6.3*	油式	6.3	630/200	1665×1219×1707	820	770	—	920	200	1836
	SJD9—315/10.5*	油式	10.5	315/100	1597×1090×1410	660	660	—	760	200	1170
	SJD9—400/10.5*	油式	10.5	400/160	1772×1006×1692	660	820	—	760	200	1533
	SJD9—500/10.5*	油式	10.5	500/200	1960×1160×1692	660	820	—	760	200	1708
	SJD9—630/10.5*	油式	10.5	630/200	1665×1219×1707	820	770	—	920	200	1836
	SJD9—1250/10.5*	油式	10.5	1250/250	1880×1360×2060	820	820	—	920	200	2960

	型　　号	绝缘方式	额定容量（kVA）	额定电压（kV）	外形尺寸（mm）（长×宽×高）	安装尺寸（mm）					重量（kg）
						xA	xB	xC	xM	xN	
消弧线圈	KD—XH01—150/10.5	干式	150	10.5	1100×850×1300	800	660	210	950	350	1000
	KD—XH01—250/10.5	干式	250	10.5	1130×850×1300	800	660	210	950	350	1400
	KD—XH01—315/10.5	干式	315	10.5	1280×850×1360	800	660	210	950	350	1540
	KD—XH01—400/10.5	干式	400	10.5	1320×1070×1360	1020	820	210	1170	350	1600
	KD—XH01—500/10.5	干式	500	10.5	1350×1070×1475	1020	820	210	1170	350	1900
	KD—XH01—630/10.5	干式	630	10.5	1400×1070×1520	1020	820	210	1170	350	2120
	KD—XH11—250/10.5	油式	250	10.5	1415×950×1385	950	660		1050	200	1430
	KD—XH11—315/10.5	油式	315	10.5	1415×950×1460	950	660		1050	200	1570
	KD—XH11—500/10.5	油式	500	10.5	1725×1446×1510	1070	660		1170	200	2200
	KD—XH11—600/10.5	油式	600	10.5	1850×1550×1600	1070	660		1170	200	2300

	配套消弧线圈容量（kVA）	k1	kW	kh	kA	kB		kM	kN	重量（kg）
控制柜	150，250，315，400，500	900	650	1330	600	950		750	300	500
	630及以上	900	650	1480	600	950		750	300	700

注　有“*”的型号产品带二次绕组。

（5）接地变压器可自行置备，否则需说明接地变压器是否需要二次绕组及其容量、连接组别。

（6）是否配单相接地故障检测装置，若需要应提供变电站出线线路数，说明是否预留跳闸出口。

（7）中心屏尺寸及颜色等要求。

十、生产厂

广州智光电气有限公司。

13.3 XH$^{D}_{S}$CZTG（F）型自动调谐消弧线圈接地装置

一、概述

我国配电网大多数为中性点非直接接地，单相接地故障是配电网常见的故障之一。随着配电网规模的扩大和大量采用地下电缆，当发生单相接地故障时，接地电流很大。如果接地电弧不能可靠熄灭，就会迅速发展为相间短路，引起线路跳闸，供电中断。如果接地电弧发展为间歇性的熄灭与重燃，就会引起弧光接地过电压，危及电气设备的绝缘。

在电网中性点装设消弧线圈是减小接地电流，抑制弧光接地过电压的一种行之有效的措施。以往我国电网普遍采用的手动调分接头式消弧线圈，由于不断随电网参数的变化进行补偿，现已逐渐淘汰，绝大部分被自动调谐消弧线圈所代替。

顺特电气有限公司生产的XHSCZTG、XHSCZTF、XHDCZTF、XHDCZTF型系列自动调谐消弧线圈接地装置，是目前全国统一通过国家机械工业局和国家电力公司联合鉴定的，用于6～35kV电压等级配电网的自动补偿单相接地故障电流的智能化成套电气设备（此装置关键技术已获三项专利）。

该装置产品可准确测量电网线路电容电流，快速自动补偿单相接地电流，补偿效果好，运行可靠性高，可大大提高电网的供电可靠性，是配电网必不可少的电气设备。

二、产品特点

（1）响应速度快。该接地装置从单相接地故障信号传入控制器到接地装置实现补偿的时间不超过50ms。

（2）调节范围宽。可在10%～100%最大补偿电流范围内任意调节，级位调节一次到位，相邻级位电流差为3A。

（3）在线实时监测自动跟踪补偿。PLC可编程控制器对电网线路电压、中性点电压和电流进行在线实时监测，自动跟踪电网参数的变化，实现最佳补偿。

（4）动态调谐无需阻尼电阻。早期的自动调谐消弧线圈由于实现感抗调节的时间长，大都采用预调谐的工作方式，即在电网正常时就将消弧线圈调节至接近谐振点的区域，所以必须串接阻尼电阻以限制中性点电位升高。该装置可快速实现感抗调节（10ms内），采用动态调谐的工作方式，即在电网正常时，消弧线圈工作于远离谐振点的区域，确保电网中性点低电位。在电网发生单相接地故障时，消弧线圈马上转入接近谐振点的工作区域，实现最佳补偿。

（5）运行可靠性高。经国家鉴定试验和实际运行，充分证明该接地装置对金属性接地、高阻性接地、弧光接地及瞬间接地都具有良好的补偿效果。在半小时内电网发生10次瞬间接地，其中最小时间间隔为10s内发生了三次瞬间故障，接地装置每次都准确地动作，将接地残流控制在设定值以下，确保了电网的稳定。

（6）测量精度高。自动测量电网线路对地电容电流，测量误差确保2%以内。

（7）成熟的晶闸管应用技术。精确的投入时刻控制，可靠的触发方式，有效的保护措施，确保晶闸管使用的安全性和可靠性，妥善解决了投切电容的过压过流问题。

（8）装置成套化无油化。成套装置包括接地变压器、消弧线圈、控制器、电容补偿柜、隔离开关、PT、CT，并有过压过流保护设备氧化锌避雷器和熔断器。

成套装置有两种结构形式：组合式和分立式。组合式结构为顺特电气独创，布局紧凑合理，占地小，外形美观，安装方便。

成套装置的设备组件全部为无油化产品，无机械传动机构，在运行使用过程中维护工作量极少，安全性和环保性能好。

(9) 人机对话功能齐全。支持中文显示的 TP170 型触摸屏可实现多种人机对话功能，通过设置用户注册口令防止非运行人员的操作，操作简单方便，界面直观明了，具体有：在线实时显示电网参数功能、自动/手动控制方式切换功能、时间参数和运行参数及控制参数设置功能、电网电容电流即时测量切能、以往故障信息查询功能、打印功能。

(10) 多台并联运行功能（可选）。对于分别安装于多段母线的接地装置，其控制器能根据母联开关的状态，按主从控制方式来实现两台及以上的并联运行，确保多台寿命等同。

(11) 接地选线功能（可选）。小电流接地选线部件对于金属性接地、高阻性接地、弧光接地等故障都能准确选出接地线路，选线时间不超过 1s。

(12) 通讯功能。具有 RS485 通讯接口，可及时将接地装置的有关运行参数上传给主站，其通讯遵循 SC1801、CDT、IEC870—5—101 等规约。

(13) 报警功能。在下列情况下报警器发出声光报警信号：

控制器自检故障；消弧线圈过流；

电网中性点过压；电网发生单相接地故障之初；

接地装置在故障下运行超过 2h。

(14) 跳闸功能（可选）。对于非瞬间接地，控制器将按用户设定时间，发出跳闸信号。

三、工作原理

该产品接地装置的电气原理图，见图 13-5。

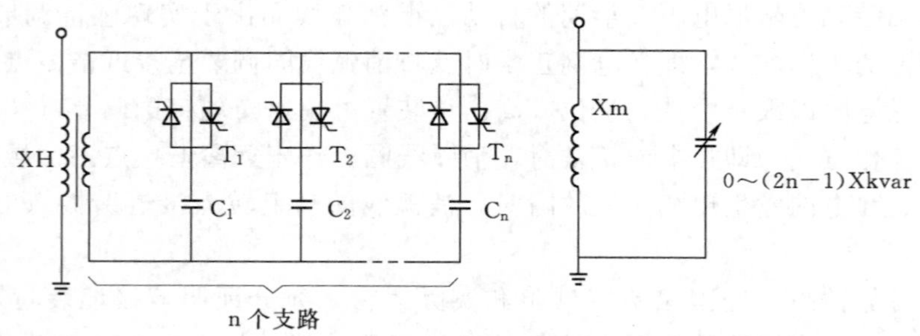

图 13-5 接地装置的电气原理图

控制器根据中性点电压和电流信号进行分析和运算，测出电网线路的对地容抗，判断消弧线圈在电网发生单相接地故障时应工作在哪个级位。在电网正常运行时，所有晶闸管不导通，消弧线圈等值感抗最小，接地装置工作于过补偿的最大失谐状态。

当电网发生单相接地时，控制系统按照故障前的判断结果，向触发电路发出控制信号，控制 T_1、T_2、…、T_n 的触发脉冲的产生，实现晶闸管开关的开合和接地装置相应的级位，以降低接地弧道中的残流在用户要求值以下，实现灭弧功能。当接地故障消除时，控制器根据中性点电压的下降作线路电压的上升判定故障消除，退出故障工作状态，接地装置即转入过补偿的最大失谐状态。

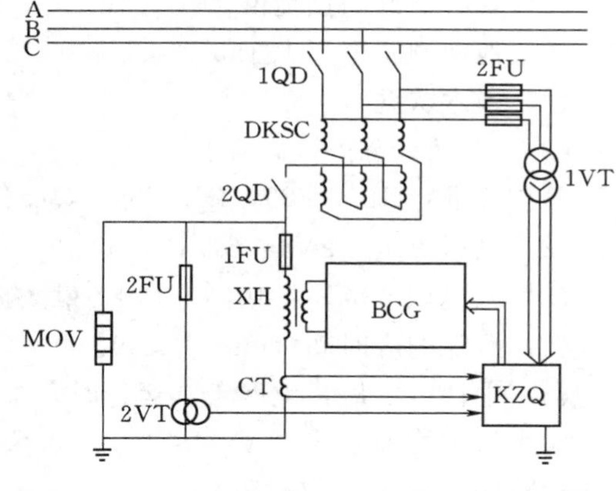

图 13-6 XHSCZTG 型接地装置的电气结构图

四、电气结构

XHSCZTG 型接地装置的电气结构，见图 13-6。

(1) 主电路设备。

DKSC：干式接地变压器（电网无中性点时）；

XH：干式消弧线圈；

1QD：三相隔离开关（电网无中性点时）；

2QD：单相隔离开关。

(2) 控制设备。

BCG：电容补偿柜（干式电容）；

KZQ：自动调谐控制器。

(3) 测量设备。

1VT：干式三相电压互感器组；

2VT：干式单相电压互感器；

CT：干式电流互感器。

(4) 保护设备。

MOV：氧化锌避雷器；

1TU：高压熔断器；

2FU：电压互感器用熔断器。

五、型号含义

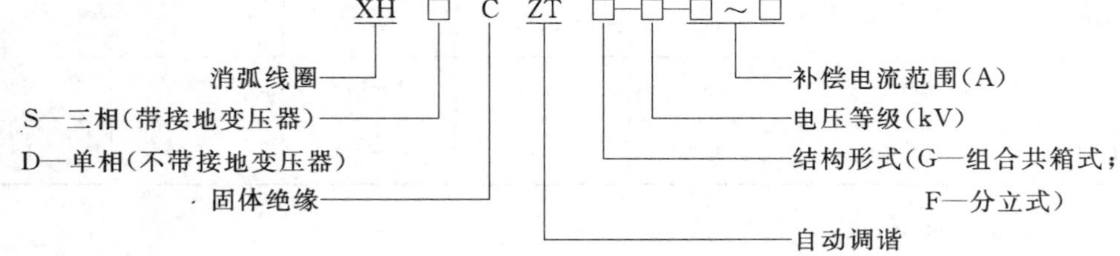

六、使用条件

(1) 环境温度：－30～＋40℃。

(2) 空气相对湿度：日平均不超过 95%，月平均不超过 90%（＋25℃）。

(3) 海拔：1000m 以下。

(4) 工作场所：无火灾、爆炸危险，无导电尘埃，无剧烈振动。

（5）具有良好的接地网。

（6）地面倾斜度不大于3°。

七、技术数据

（一）接地装置

（1）标准：GB 10229，IEC 289，Q/SJ 11008—2000。

（2）电压等级（kV）：6，10，35。

（3）电流调节范围：10%～100%最大额定电流。

（4）故障响应时间（ms）：＜50。

（5）中性点电压：电网正常运行时，中性点电压小于电网额定相电压的15%。

（6）最大接地残流（A）：≤10。

（7）冷却方式：AN或AF。

（8）防护等级：IPXX。

（9）控制器电源：AC220V，80VA。

（10）XH$_{S}^{D}$CZTG型接地装置的电流级差、声级技术数据，见表13-4。

表13-4 XH$_{S}^{D}$CZTG型接地装置技术数据

型号	电压等级（kV）	额定容量（kVA）	额定电流调节范围（A）	电流级差（A）	声级（dB）
XHSCZTG—10—5～35	10	210	5～35	3	54
XHSCZTG—10—5～42	10	250	5～42	3	54
XHSCZTG—10—10～50	10	300	10～50	3	54
XHSCZTG—10—10～75	10	450	10～75	3	54
XHSCZTG—10—10～100	10	600	10～100	3	56
XHSCZTG—10—25～200	10	1200	25～200	3	61
XHDCZTG—35—10～25	35	550	10～25	3	60
XHDCZTG—35—10～50	35	1100	10～50	3	63
XHDCZTG—35—10～100	35	2200	10～100	3	68

（二）接地变压器

（1）标准：GB 10229，IEC 289，SBK/QB 0005。

（2）电压等级（kV）：10。

（3）绝缘等级：F级。

（4）绝缘水平：雷电冲击电压75kV；短时交流电压35kV。

（5）冷却方式：AN/AF。

（6）防护等级：IP00。

(7) 使用条件：户内式。

(8) 分接：带二次绕组的接地变压器的一次分接电压为±5%，±2×2.5%。

(9) 连接组标号：ZN（不带二次绕组）；ZN，yn1 或 AN，yn11（带二次绕组）。

(10) DKSC 型接地变压器的空载电流、阻抗电压、空载损耗、负载损耗、声级等技术数据，见表 13-5。

表 13-5　DKSC 型接地变压器技术数据

型　号	额定容量 (kVA)	中性点可接消弧线圈容量 (kVA)	中性点电流 (A/2h)	空载损耗 (W)	负载损耗 (120℃) (W)	空载电流 (%)	电抗率 (%)	零序阻抗 (Ω)	阻抗电压 (%)	声级 (dB)	重量 (kg)
DKSC—250/50/10.5	250/50	250	42	650	360	1.8	4.8	21.2	3.89	50	1100
DKSC—250/125/10.5	250/125	250		750	1350	1.8	2.18	9.61	4	51	1200
DKSC—315/10.5	315	315	52	810	3570	1.6	2.2	7.57		52	1160
DKSC—315/80/10.5	315/80	315		940	580	1.6	1.3	6.04	1.43	52	1200
DKSC—315/160/10.5	315/160	315		1010	2000	1.6	2.2	7.70	4.02	52	1250
DKSC—460/100/10.5	460/100	460	76	770	710	1.6	4.06	9.73	4	52	1410
DKSC—630/10.5	630	630	109	1440	6600	1.6	1.6	2.71		52	1590
DKSC—630/200/10.5	630/200	630		1070	1680	1.6	3.0	5.23	4.03	52	1920
DKSC—630/315/10.5	630/315	630		1490	2170	1.6	1.8	3.16	4.02	52	2350
DKSC—1250/315/10.5	1250/315	1250	206	1670	1600	1.2	3.8	3.33	3.94	52	2040

注　带二次绕组的接地变压器的负载损耗和阻抗电压为在二次额定容量下的值。

(三) 消弧线圈技术要求

(1) 标准：GB 10229，IEC 289，Q/SJ 11014。

(2) 电压等级（kV）：10，35。

(3) 绝缘等级：F 级。

(4) 绝缘水平：雷电冲击电压 75、200kV；短时交流电压 35、85kV。

(5) 冷却方式：AN。

(6) 防护等级：IP00。

(7) 使用条件：户内式。

(8) XHDC 型消弧线圈的额定电流、额定电抗、损耗、声级等技术数据，见表 13-6。

八、外形及安装尺寸

(1) 组合共箱式接地装置（户外式）典型结构布局见图 13-7，外形及安装尺寸，见表 13-7。

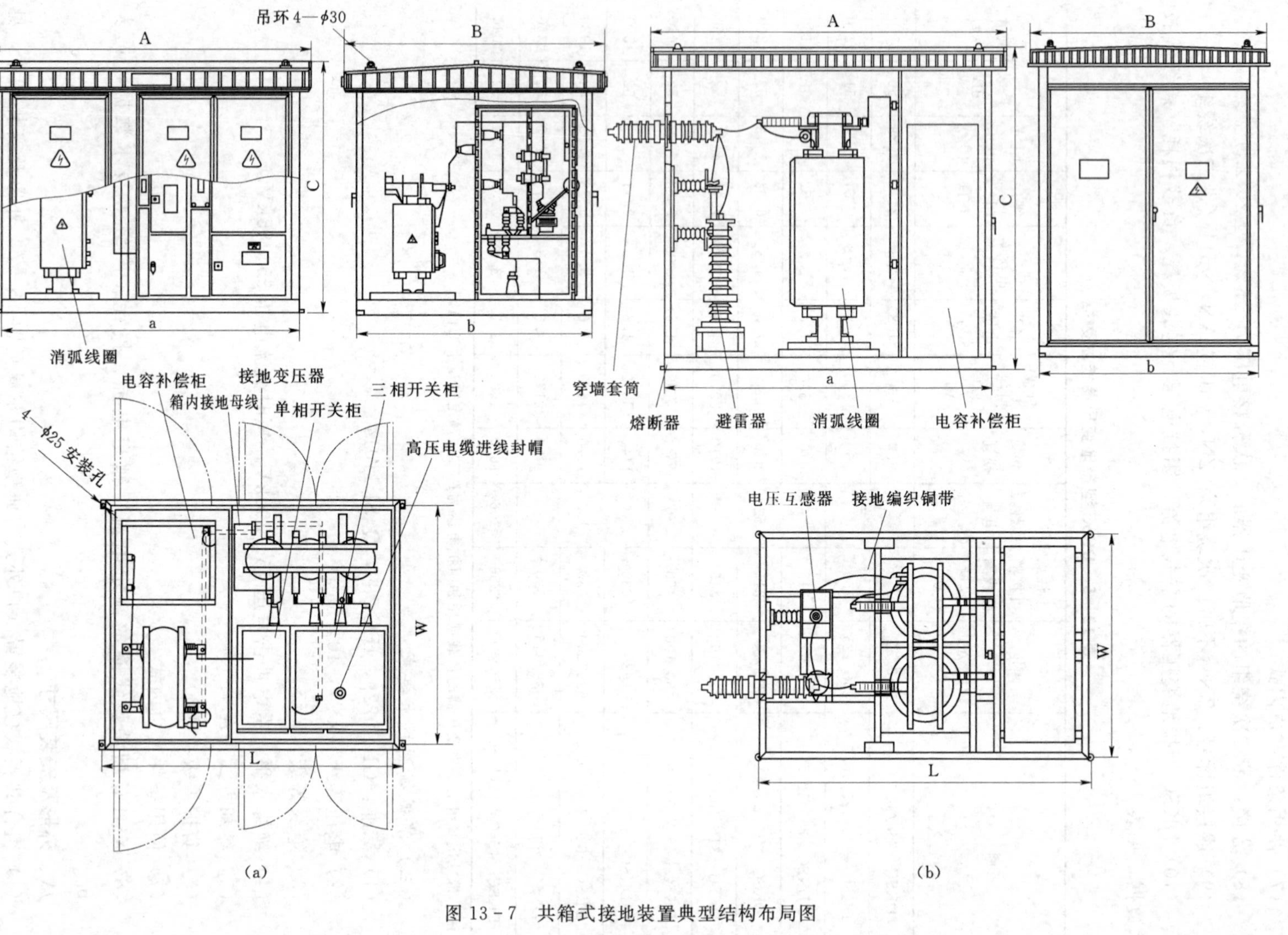

图 13－7 共箱式接地装置典型结构布局图

(a) 10kV；(b) 35kV

表 13-6 XHDC 型消弧线圈技术数据

型　　号	电压等级 (kV)	额定容量 (kVA)	额定电压 (kV)	额定电流 (A)	额定电抗 (Ω)	损耗 (120℃) (W)	声级 (dB)	重量 (kg)
XHDC—210/10	10	212	$10.5/\sqrt{3}$	5～35	1212～173	2980	56	895
XHDC—250/10	10	255		5～42	1212～144	3600	56	1210
XHDC—300/10	10	303		10～50	606～121	4590	56	1020
XHDC—450/10	10	455		10～75	606～80.8	5600	56	1405
XHDC—600/10	10	606		10～100	606～60.6	6600	58	1460
XHDC—1200/10	10	1212		25～200	242～30.3	11800	63	2975
XHDC—550/35	35	556	$38.5/\sqrt{3}$	10～25	222.3～889	9440	62	1970
XHDC—1100/35	35	1112		10～50	222.3～445	14100	65	3700
XHDC—2200/35	35	2223		10～100	222.3～222	20800	70	5091

表 13-7 组合共箱式接地装置外形及安装尺寸

型　　号	外　形　尺　寸 (mm)					安装尺寸 (mm)		重量 (kg)
	A	a	B	b	C	L	W	
XHSCZTG—10—5～35	3250	3000	2650	2400	2460	3055	2320	3650
XHSCZTG—10—5～42	3250	3000	2650	2400	2460	3055	2320	4050
XHSCZTG—10—10～50	3250	3000	2650	2400	2460	3055	2320	3880
XHSCZTG—10—10～75	3250	3000	2650	2400	2460	3055	2320	4460
XHSCZTG—10—10～100	3250	3000	2650	2400	2460	3055	2320	5360
XHSCZTG—10—25～200	3250	3300	2650	2400	2460	3355	2320	8120
XHDCZTG—35—10～25	3000	2750	2100	1850	2620	2805	1770	3400
XHDCZTG—35—10～50	3450	3200	2290	2040	2690	3255	1960	5600
XHDCZTG—35—10～100	3450	3200	2620	2370	2690	3255	2290	8600

(2) 分立式（户内）接地装置典型结构布置，见图 13-8。外形及安装尺寸，见表 13-8。

表 13-8 分立式（户内）接地装置典型布置外形及安装尺寸

型　　号	外　形　及　安　装　尺　寸 (mm)								
	W_B	L_B	H_B	L_D	W_D	H_D	L_S	W_S	H_S
XHSCZTF—10—5～35	800	950	1900	540	1000	1900	1000	1000	1900
XHSCZTF—10—5～42	800	950	1900	540	1000	1900	1000	1000	1900
XHSCZTF—10—10～50	800	950	1900	540	1000	1900	1000	1000	1900
XHSCZTF—10—10～75	800	1100	1900	540	1000	1900	1000	1000	1900
XHSCZTF—10—10～100	800	1100	1900	540	1000	1900	1000	1000	1900
XHSCZTF—10—25～200	850	1320	1900	540	1000	1900	1000	1000	1900

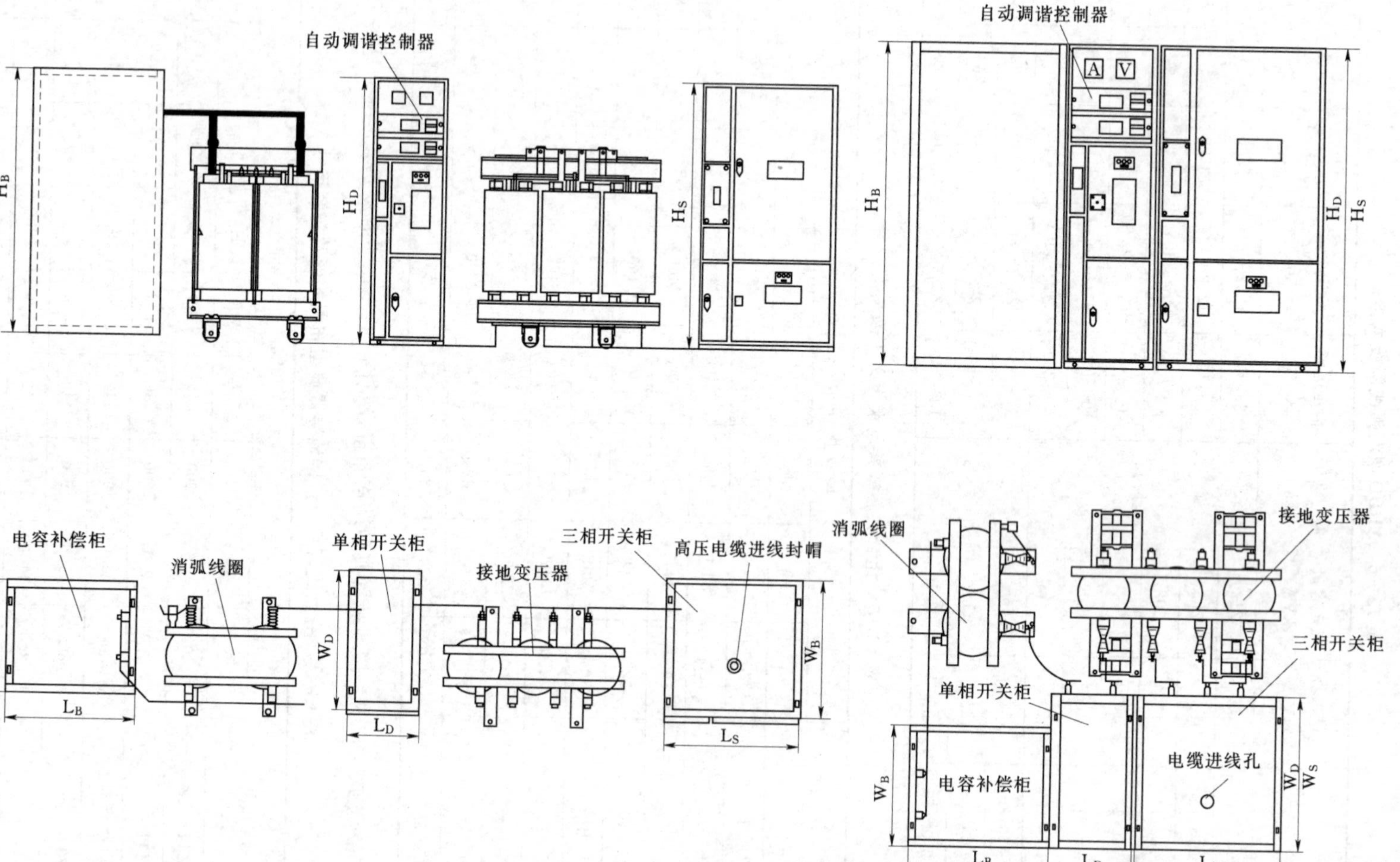

图 13-8 10kV 分立式（户内）接地装置典型结构布置

（3）自动调谐控制器、接地变压器、消弧线圈外形尺寸，见表13－9。

表13－9　自动调谐控制器、接地变压器、消弧线圈外形尺寸

接地变压器		消弧线圈		自动调谐控制器
型　号	外形尺寸（mm）	型　号	外形尺寸（mm）	外形尺寸（mm）
DKSC—250/50/10.5	1420×850×1251	XHDC—210/10	870×740×1277	465×483×360
DKSC—250/125/10.5	1380×850×1240	XHDC—250/10	910×740×1432	
DKSC—315/10.5	1240×740×1310	XHDC—300/10	870×740×1453	
DKSC—315/80/10.5	1280×850×1320	XHDC—450/10	960×740×1577	
DKSC—315/160/10.5	1350×850×1300	XHDC—600/10	1010×850×1445	
DKSC—460/100/10.5	1450×850×1245	XHDC—1200/10	1100×1070×1688	
DKSC—630/10.5	1360×850×1483	XHDC—550/35	1350×850×1965	
DKSC—630/200/10.5	1510×1070×1654	XHDC—1100/35	1630×1070×2131	
DKSC—630/315/10.5	1630×1070×1589	XHDC—2200/35	1960×1070×1970	
DKSC—1250/315/10.5	1740×1070×1798	XHDC		

注　控制器采用标准4U机箱，安装在现场的接地装置中，也可安装变电站控制室的标准控制屏上，或占用其中一个间格与其它控制器共用一个控制屏。控制器与外围部件之间用1条6mm×1.5mm屏蔽电缆和1条12mm×1.5mm屏蔽电缆连接。控制器后部采用插接式端子连接。

九、订货须知

订货必须提供：

（1）电网额定电压；

（2）电网中性点电压和线路电容电流变化范围；

（3）接地装置的额定容量；

（4）接地装置的补偿电流调节范围；

（5）接地装置的最大额定电流的允许运行时间；

（6）使用户件（户内或户外）；

（7）产品结构形式（组合式或分立式）；

（8）防护等级；

（9）接地变压器的额定容量、额定电压、高压分接范围、阻抗电压或零序阻抗、连接组标号；

（10）消弧线圈技术参数；

（11）其它性能等。

十、生产厂

顺特电气有限公司。

13.4　干式偏磁自动跟踪补偿消弧接地成套装置

一、概述

干式偏磁自动跟踪补偿消弧接地成套装置由保定天威集团的子公司保定天威顺达变压

器有限公司生产，采用美国UL认可的NOMEX®绝缘系统，具有安全可靠、防火、防爆、免维护等优点，并以其电控无极连续、静态可调的技术性能，领先行业，是传统的调气隙、有载调容、有载调匝型消弧线圈的换代产品。

在电网中性点装设消弧线圈是减小接地电流、抑制弧光接地过电压的一种行之有效的措施。偏磁式自动跟踪补偿消弧接地装置，可准确测量电网线路电容电流，快速自动补偿单相接地电流，补偿效果好，是配电网络优选的电器设备。

二、工作原理

利用施加直流励磁电流来改变铁芯的磁阻，从而达到改变消弧线圈电抗值，它可以带高压以电的速度调节电感值，鉴于油浸产品易燃、维护较为复杂、偏磁局部过热等缺陷，采用美国UL认可的NOMEX®绝缘系统，具有安全、可靠、防火、防爆、维护简单等优点，产品以其电控无级连续，静态可调的优良技术性能。在电网正常运行时，不施加励磁电流，将消弧线圈调整到远离谐振点的状态，避免串联谐振过电压及各种谐振过电压产生的可能，而无须阻尼电阻，并实时检测电容电流大小，当电网发生单相接地后，瞬间调节消弧线圈，实时最佳补偿。

三、产品结构

(1) 铁芯具有3个柱铁芯，边柱上有两极减小截面部分作为磁化区，上下轭铁使偏磁磁通构成回路。铁芯紧固采用非导磁钢板拉紧，穿心螺杆和旁螺杆夹紧结构，硅钢片采用30RGH130或性能相当的冷轧电工钢带，夹件采用C型钢板，铁芯夹紧结构，设计合理，性能优良。

(2) 绕组有5个，两个励磁绕组，3个交流绕组，低压励磁绕组为多层层式，高压交流绕组为连续式。线圈采用VPI真空压力浸漆，提高了机械强度与防潮性能。

(3) 该产品绝缘电气设计吸取了国内外干式变压器的先进技术，重点解决了DVDT干式变压器的高压绝缘技术，利用美国杜邦公司的NOMEX®绝缘材料作为绝缘系统，10kV产品绝缘水平达到LI75AC35，35kV产品绝缘水平达到LI170AC70，一次本体除了满足国际GB 10229《电抗器》、GB 1094《电力变压器》、GB 6450《干式电力变压器》等标准外，还具备安全阻燃、局放小于5pC、过载能力强、运行可靠性高、使用寿命长等特点。

四、产品特点

(1) 调节精度高。电控无级连续可调，利用施加直流励磁电流，改变铁芯的磁阻，达到连续调节消弧线圈电抗值，可以带高电压以电的速度调节电感值。

(2) 可靠性高，使用寿命长。全静态结构，内部无任何运动部件，整套装置无任何触点，使用寿命同变压器。

(3) 在线实时监测，自动跟踪补偿。对电网电压、中性点电压和电流进行在线实时监测，自动跟踪电网参数的变化。

(4) 响应速度快。补偿响应时间不超过20ms。

(5) 调节范围大。补偿电流调节范围大，上下限之比可达6～10倍。

(6) 动态补偿，无须阻尼电阻。采用自动跟踪动态补偿方式，可带高压调节，从根本上解决了补偿系统串联谐振过电压的问题，无须外加阻尼电阻，不存在由于控制死区而引发电阻崩烧。

(7) 测量精度高。自动测量电网线路对地电容电流、中性点位移电压，测量误差小于2%。

(8) 控制系统功能齐全。

1) 具有RS—232、RS485串行接口，可同上位机通讯，实时传送电网电容电流、中性点电压、装置自检信息，电网发生接地故障后传送补偿电流、残流等信息。

2) 自动、手动控制方式切换功能。

3) 可实现两台并行运行，合理分配并联消弧线圈的容量，确保设备安全可靠。

4) 可实时显示电容电流，补偿后残流，具有电容电流追忆功能及接地故障追忆功能。

(9) 接地选线功能。可通过消弧线圈本体发出的故障信号，准确选出接地线路。

五、使用条件

(1) 海拔：1000m以下。

(2) 环境温度：−30～+40℃。

(3) 空气相对湿度：日平均不超过95%，月平均不超过90%。

(4) 周围无严重影响绝缘性能的污秽、无腐蚀和爆炸性介质。

(5) 电源电压的波形近似于正弦波。

(6) 系统频率：50Hz。

(7) 具有良好的接地网。

六、型号含义

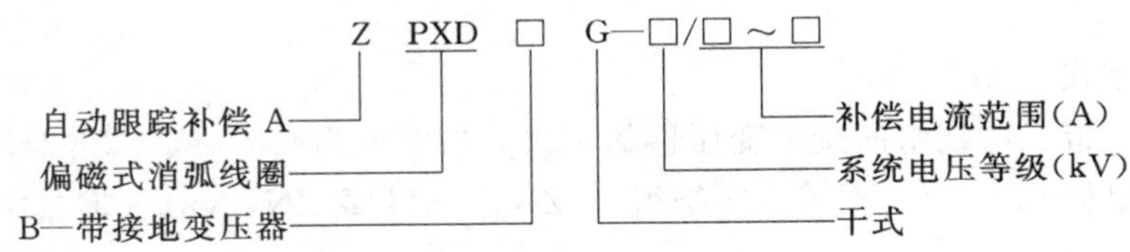

七、电气结构

该产品的电气结构，见图13-9。

八、技术数据

(一) 接地变压器技术数据

接地变压器通常用来为无中性点的系统提供一个人为的可带负载的中性点供系统接地。其接地方式有：直接接地、与消弧线圈接地等。接地变压器可带一个连续使用的二次绕组（低压绕组）作为变电站站用电源。

(1) 引用标准：GB 10229，GB 1094，GB 6450。

(2) 电压等级（kV）：6.3，10，38。

(3) 高压（kV）：10（10.5，6.3，38.5）。

(4) 带二次低压（kV）：0.4（6.3，6，3.15，3）。

(5) 绝缘等级：H级。

(6) 绝缘水平：按照GB 6450。

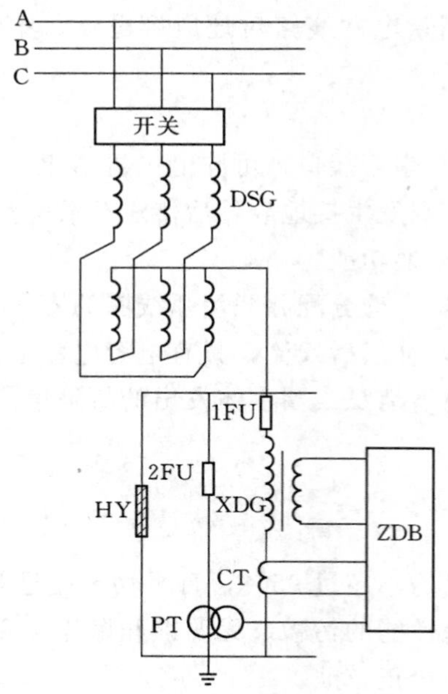

图 13-9 干式偏磁自动跟踪补偿成套装置电气结构图

DSG—干式接地变压器（电网无中性点时可带二次站变）；XDG—干式消弧线圈；
ZDB—自动跟踪补偿控制器；PT—测量用干式电压互感器；CT—测量用干式电流互感器；
HY—设备保护用氧化锌避雷器；1FU—高压熔断器；2FU—电压互感器用熔断器

（7）冷却方式：AN，AF。

（8）分接：带二次绕组的接地变压器的一次分接电压为±5％或±2×2.5％。

（9）连接组标号：ZN（不带二次绕组）；ZN，yn11 或 ZN，yn1（带二次绕组）。

（10）使用条件：户内式。

（11）防护等级：IP00，IP20，IP23。

（12）DSG 接地变压器中性点电流、零序阻抗、空载损耗、负载损耗、空载电流等技术数据，见表 13-10。

（13）DGS 型接地变压器外形尺寸，见表 13-11。

（14）接地变压器的容量比所带消弧线圈的容量大 1.1 倍左右，若带二次，接地变压器的容量应为二次容量和消弧容量之和。

（二）消弧线圈技术数据

（1）引用标准：GB 10229，GB 1094，GB 6450。

（2）电压等级（kV）：6.3，10，35。

（3）绝缘水平：按照 GB 6450。

（4）绝缘等级：H 级。

（5）冷却方式：AN。

（6）使用条件：户内式。

表 13-10 干式偏磁自动跟踪补偿成套装置的 DSG 型接地变压器技术数据

型 号	容量 (kVA)	中性点电流 (A/2h)	零序阻抗 (Ω)	空载损耗 (W)	负载损耗 (W)	空载电流 (%)
DSG9—200/10.5	200	30	10.7	700	1965	1.8
DSG9—315/10.5	315	50	4.5	1018	3057	1.8
DSG9—400/10.5	400	60	5.7	1203	3217	1.8
DSG9—500/10.5	500	80	436	1317	3852	1.8
DSG9—630/10.5	630	100	4.4	1324	4834	1.6
DSG9—800/10.5	800	125	3.76	1560	6009	1.6
DSG9—1000/10.5	1000	150	2.26	1962	7345	1.4
DSG9—1250/10.5	1250	200	2.17	2025	8284	1.4
DSG9—200/6.3	200	30	4.47	640	2036	1.8
DSG9—315/6.3	315	50	3.0	876	3141	1.8
DSG9—400/6.3	400	60	2.1	1203	3256	1.8
DSG9—500/6.3	500	80	1.77	1317	3763	1.8
DSG9—630/6.3	630	100	1.5	1297	4842	1.6
DSG9—800/6.3	800	125	1.4	1609	6002	1.6
DSG9—1000/6.3	1000	150	0.8	1915	7302	1.4
DSG9—1250/6.3	1250	200	0.9	1933	8399	1.4

表 13-11 DSG 接地变压器外形尺寸

型 号	外形尺寸 (mm) (长×宽×高)	型 号	外形尺寸 (mm) (长×宽×高)	型 号	外形尺寸 (mm) (长×宽×高)
DSG—200	1260×700×1065	DSG—500	1460×800×1215	DSG—1000	1680×1000×1360
DSG—315	1370×720×1060	DSG—630	1520×800×1240	DSG—1250	1725×1000×1450
DSG—400	1445×800×1155	DSG—800	1600×900×1280		

(7) 防护等级：IP00，IP20，IP23。

(8) 最大补偿电流技术数据，见表 13-12。

表 13-12 XDG 系列干式偏磁消弧线圈技术数据

干式偏磁消弧线圈					
6kV		10kV		35kV	
型 号	最大补偿电流 (A)	型 号	最大补偿电流 (A)	型 号	最大补偿电流 (A)
XDG—6/10	10	XDG—10/10	10	XDG—35/10	10
XDG—6/20	20	XDG—10/20	20	XDG—35/20	20
XDG—6/30	30	XDG—10/30	30	XDG—35/30	30

续表 13-12

干式偏磁消弧线圈					
6kV		10kV		35kV	
型　号	最大补偿电流（A）	型　号	最大补偿电流（A）	型　号	最大补偿电流（A）
XDG—6/40	40	XDG—10/40	40	XDG—35/40	40
XDG—6/50	50	XDG—10/50	50	XDG—35/50	50
XDG—6/60	60	XDG—10/60	60	XDG—35/60	60
XDG—6/70	70	XDG—10/70	70	XDG—35/70	70
XDG—6/80	80	XDG—10/80	80	XDG—35/80	80
XDG—6/90	90	XDG—10/90	90	XDG—35/90	90
XDG—6/100	100	XDG—10/100	100	XDG—35/100	100
XDG—6/110	110	XDG—10/110	110		
XDG—6/120	120	XDG—10/120	120		
XDG—6/130	130	XDG—10/130	130		
XDG—6/140	140	XDG—10/140	140		
XDG—6/150	150	XDG—10/150	150		
XDG—6/160	160	XDG—10/160	160		
XDG—6/170	170	XDG—10/170	170		
XDG—6/180	180	XDG—10/180	180		
XDG—6/190	190	XDG—10/190	190		
XDG—6/200	200	XDG—10/200	200		

（9）消弧线圈外形尺寸，见表13-13。

表13-13　XDG型消弧线圈外形尺寸

型　号	外形尺寸（mm）（长×宽×高）	型　号	外形尺寸（mm）（长×宽×高）	型　号	外形尺寸（mm）（长×宽×高）
XDG—6/60	1324×800×1340	XDG—6/200	1560×1000×1720	XDG—10/100	1450×1000×1600
XDG—6/75	1328×800×1500	XDG—10/30	1255×800×1350	XDG—10/150	1550×1000×1680
XDG—6/100	1470×1000×1390	XDG—10/50	1450×1000×1506	XDG—10/200	1690×1200×1760
XDG—6/140	1445×1000×1605	XDG—10/60	1320×1000×1342		

九、外形及安装尺寸

ZDB—11系列自动消弧线圈控制系统外形尺寸，见图13-10。

十、订货须知

订货必须提供使用条件、系统运行条件、接地变压器参数、消弧线圈补偿电流范围和其它参数、消弧线圈接地变压器的防护等级及其它性能要求。

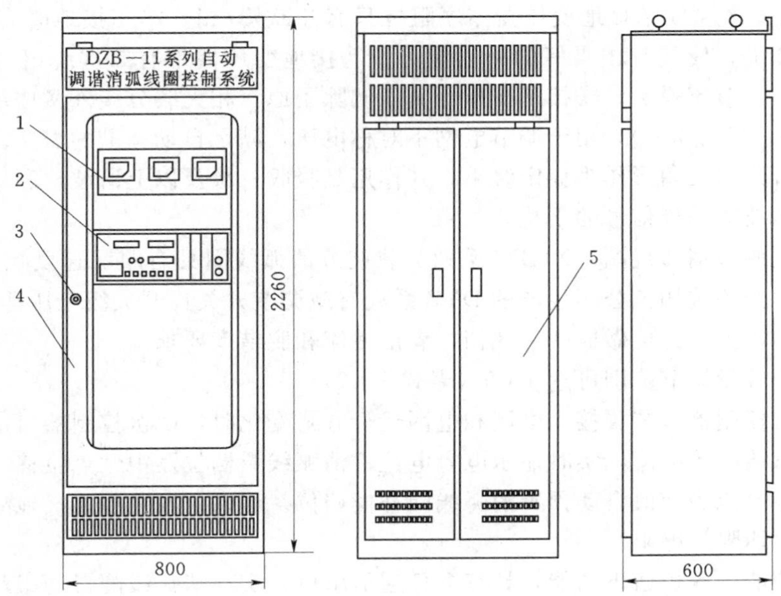

图 13-10　DZB—11 系列自动消弧线圈控制系统外形尺寸
1—仪表盘；2—控制器；3—锁；4—玻璃门；5—后门

十一、生产厂

保定天威集团保定天威顺达变压器有限公司。

13.5　XHJZ 智能型消弧限压接地补偿装置

一、概述

国内对中性点不接地系统采用消弧线圈运行方式已取得突破性进展，消弧线圈已经由老式的单一人工调抽头式发展成为微机自动跟踪测量电容电流、自动调节补偿，以及消弧线圈经串联阻尼电阻接地的三位一体的自动跟踪补偿消弧线圈成套装置。保定天威集团工贸实业有限公司金特电气分公司开发研制生产的 XHJZ 智能型消弧限压接地补偿装置产品技术性能先进、跟踪补偿准确、质量可靠、维护使用方便，能实时跟踪电网参数变化，补偿中性点不接地电网的单相接地故障电容电流效果达到最佳状态，限制电网稳态和暂态过电压。该装置各项技术性能指标达到设计要求和标准。

二、产品结构

该装置由 SJD_9 型接地变压器（系统无中性点引出时）、XHDZ 型有载调节消弧线圈、ZXHK 智能型消弧线圈控制器及 PK 控制屏、ZNX 型阻尼电阻箱、非线性电阻（MOA）和 JDZ 型外附电压互感器组成。

（1）多用途的接地变压器。①提供中性点。一般电网主变压器 6～10kV 侧多为△接线，没有中性点。如果要安装消弧线圈须有 Z 型接地变压器引出中性点。接地变压器符合国际 GB 10229—88《电抗器》和 Q/BTG 001—1998《接地变压器》规定的技术指标。

②零序阻抗小。Z 型联结接地变压器零序阻抗只有几欧姆/相，单相接地时有 95％的电压加到消弧线圈上，使其有相当好的补偿能力。③接地变压器带有二次绕组可作站用变压器，一变多用，节省投资。④接地变压器高压侧除了原三相无载分接外又增加了不平衡调节档（0.5％、1％、2％），用于调节电网不对称电压，满足自动调谐的需要。⑤接地变压器二次侧装有开口三角形作为稳定绕组，其作用是吸收三次及以上谐波，利用系统信号的采样，消除谐波对采样信号的干扰。

（2）有载调节消弧线圈。XHDZ 系列有载调节消弧线圈具有跟踪速度快、性能稳定、可靠等特点，开关选用该公司生产的 DYZ 系列有载调节开关，开关级电压达 100V，切换速度提高 1 倍以上，并可做成 9～18 档，满足残流和脱谐度要求。

消弧线圈容量调节范围可达 1∶5（老式 1∶2）。

（3）微机控制器。装置接入电网和电网运行方式变化时，微机控制器自动跟踪并准确测量、计算系统电容电流，实时显示电容电流、消弧线圈档位及中性点位移电压，并能根据测得的电容电流当前值自动预置消弧线圈补偿档位。当系统发生单相接地故障时，微机控制器自动投切阻尼电阻。

有追忆功能、双机通讯功能，具有多种通信串口，实现消弧线圈自动跟踪补偿和多台消弧线圈并联运行、自动化无人值守。

（4）限压阻尼电阻器。消弧线圈串联电阻接地是一种新的中性点接地方式，能有效控制补偿网络稳态的中性点位移电压和系统暂态（单相接地时）的间歇性弧光接地过电压及铁磁谐振过电压，起到限压作用。

（5）MOA 非线性电阻及外附电压互感器提高了该装置限制各种过电压的可靠性，尤其对欠补状态下的断线过电压和传递过电压有明显的抑制效果。

三、使用条件

（1）环境温度：－20～＋40℃。

（2）空气相对湿度：≤80％（＋20℃）。

（3）海拔：不超过 1000m。

（4）不含有腐蚀性气体。

（5）无导电灰尘。

（6）无剧烈振动的场所。

（7）微机控制器装于电站主控室内，接地变压器、消弧线圈、阻尼电阻箱可装于户外或通风良好的室内。

四、型号含义

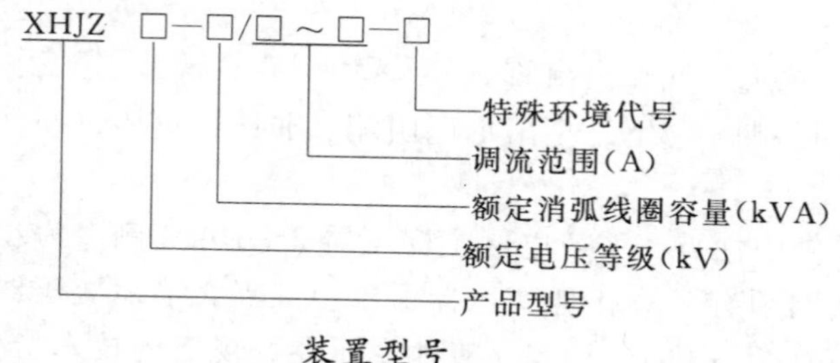

装置型号

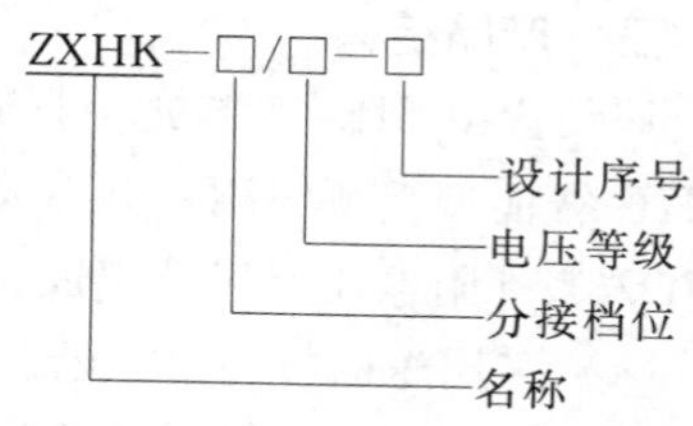

微机控制器型号

五、消弧线圈技术数据

消弧线圈技术数据，见表13-14。

表13-14 消弧线圈技术数据

型号	额定电压(kV)	额定容量(kVA)	调流范围(A)	型号	额定电压(kV)	额定容量(kVA)	调流范围(A)
$XHDZ_6$—100/8—28	6	100	8～28	$XHDZ_{35}$—250/5—12	35	250	5～12
$XHDZ_6$—125/10—35	6	125	10～35	$XHDZ_{35}$—315/6—16	35	315	6～16
$XHDZ_6$—160/13—44	6	160	13～44	$XHDZ_{35}$—400/8—20	35	400	8～20
$XHDZ_6$—200/16—55	6	200	16～55	$XHDZ_{35}$—500/10—25	35	500	10～25
$XHDZ_6$—250/20—70	6	250	20～70	$XHDZ_{35}$—630/12—31	35	630	12～31
$XHDZ_6$—315/29—87	6	315	29～87	$XHDZ_{35}$—800/16—40	35	800	16～40
$XHDZ_6$—400/36—110	6	400	36～110	$XHDZ_{35}$—1000/20—50	35	1000	20～50
$XHDZ_6$—500/56—138	6	500	56～138	$XHDZ_{35}$—1250/25—62	35	1250	25～62
$XHDZ_6$—630/70—174	6	630	70～174	$XHDZ_{35}$—1600/32—79	35	1600	32～79
$XHDZ_6$—800/88—220	6	800	88～220	$XHDZ_{35}$—2000/40—99	35	2000	40～99
$XHDZ_6$—1000/110—275	6	1000	110～275	$XHDZ_{35}$—2500/50—124	35	2500	50～124
$XHDZ_{10}$—100/4—17	10	100	4～17	$XHDZ_{35}$—3150/62—156	35	3150	62～156
$XHDZ_{10}$—125/5—21	10	125	5～21	$XHDZ_{66}$—400/4—10	66	400	4～10
$XHDZ_{10}$—160/8—27	10	160	8～27	$XHDZ_{66}$—500/5—13	66	500	5～13
$XHDZ_{10}$—200/11—33	10	200	11～33	$XHDZ_{66}$—630/7—17	66	630	7～17
$XHDZ_{10}$—250/14—41	10	250	14～41	$XHDZ_{66}$—800/8—21	66	800	8～21
$XHDZ_{10}$—315/18—52	10	315	18～52	$XHDZ_{66}$—1000/10—26	66	1000	10～26
$XHDZ_{10}$—400/22—66	10	400	22～66	$XHDZ_{66}$—1250/25—62	66	1250	25～62
$XHDZ_{10}$—500/30—82	10	500	30～82	$XHDZ_{66}$—1600/17—42	66	1600	17～42
$XHDZ_{10}$—630/45—105	10	630	45～105	$XHDZ_{66}$—2000/21—53	66	2000	21～53
$XHDZ_{10}$—800/60—132	10	800	60～132	$XHDZ_{66}$—2500/26—66	66	2500	26～66
$XHDZ_{10}$—1000/80—165	10	1000	80～165	$XHDZ_{66}$—3150/33—83	66	3150	33～83
$XHDZ_{35}$—200/4—10	35	200	4～10				

注 1. 型号XHDZ与XHJZ为同一系列产品型号。
2. 表中型号产品均采用单项有载调节开关，调换分接9～18档。
3. 各分接电流在规定调流范围内等差分布。

六、外形及安装尺寸

ZHJZ智能型消弧限压接地补偿装置外形及安装尺寸，见图13-11。

七、生产厂

保定天威特变配电设备有限公司、保定天威集团工贸实业有限公司（金特电气分公司）、保定天威集团特变电气有限公司、保定天威顺达变压器有限公司。

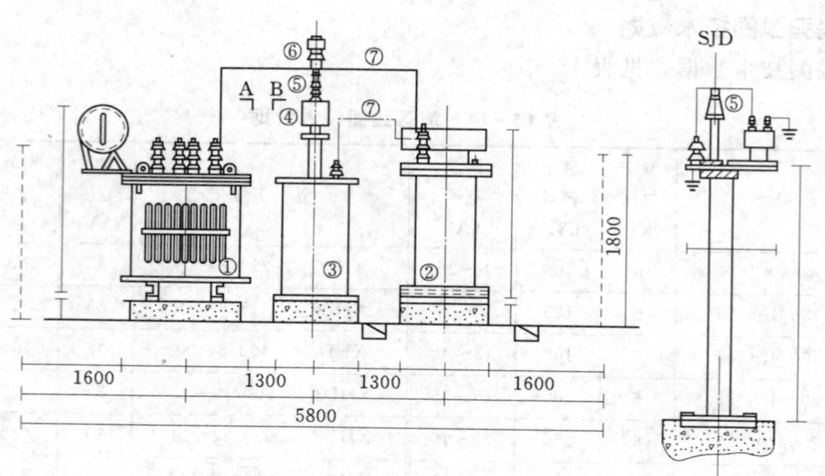

图13-11 XHJZ智能型消弧限压接地补偿装置外形及安装尺寸
①—SJD。接地变压器；②—XHDZ消弧线圈；③—ZNX阻尼箱；④—JDZ外附电压互感器；
⑤—ZS—1支持瓷瓶；⑥—HY1WN非线性电阻；⑦—LMY铝带

13.6 WXHK—Ⅰ（R）型消弧线圈成套装置

一、概述

WXHK—Ⅰ（R）型消弧线圈成套装置由许继集团生产，应用于电力系统、大型工矿、石油、冶炼厂矿、发电厂等。

该产品具有成套性强，干式结构，功能强大，运行可靠，安装灵活，无人值守等特点，适用于额定电压6、10kV，户内或户外，防护等级IP00或IP23。

二、产品结构

WXHK—Ⅰ型调匝式消弧线圈补偿成套装置由接地变压器、有载调节消弧线圈、微机控制器、阻尼电阻、开关、互感器等构成。

WXHK—R型调容式消弧线圈补偿成套装置由接地变压器、调容式消弧线圈、电容柜、微机控制器、开关等构式。

三、生产厂

许继集团、许继变压器有限公司、许继集团通用电气销售有限公司。

13.7 ZGWL—K系列自动跟踪消弧补偿及选线成套装置

一、用途

ZGML—K系列自动跟踪消弧补偿及选线成套装置可广泛用于电力行业、大型厂矿企业的6、10、35、66kV消弧补偿系统中。

二、产品特点

（1）通用性、互换性强。该系列控制器包括用于调容式消弧线圈的ZGML—KC型、用于调匝式消弧线圈的 ZGML—KZ 型和用于调感式消弧线圈的 ZGWL—KL 型 3 个型号，可适应各种调流方式。控制器采用全新设计的通用硬件平台，除面板和调档控制板不同外，其余硬件全部通用。软件采用模块化设计，3 个型号通用，可通过控制字选择不同功能。

（2）适用性好。可用于 1 控 1（1 台控制器 1 台消弧线圈）不带选线，用于单台消弧线圈的自动跟踪控制；1 控 1 带 1 段选线，用于单台消弧线圈的自动跟踪控制和同一母线馈出线的接地选线；1 控 1 带 2 段选线，用于单台消弧线圈的自动跟踪控制和同一母线馈出线及另外一段母线馈出线的接地选线，两段母线可并列也可分列运行；1 控 2（1 台控制器控制 2 台消弧线圈）不带选线，用于同一变电站中两台消弧线圈的自动跟踪控制；1 控 2 带 1 段选线，用于两台消弧线圈的自动跟踪控制和两台消弧线圈中任一母线馈出线的接地选线；1 控 2 带 2 段选线，用于两台消弧线圈的自动跟踪控制和与两台消弧线圈同母线馈出线的接地选线等各种消弧选线应用场合。

（3）自适应跟踪。根据运行中位移电压的实际值，自动调整残流的下限，保证在满足位移电压要求的情况下，线圈总是在最合理的档位，残流的值也总是最合适的。

（4）自动选择判线算法。装置可根据消弧线圈调流方式自动选择系统单相接地的判线算法，对于调容式和调感式消弧线圈采用“残流增量”法，对于调匝式消弧线圈采用“有功功率”法。当消弧线圈退出运行时，控制器采用“基波幅值”法判线，可作为选线装置使用。

（5）选线误判补救算法。由于采用了先进的判线算法，装置具有极高的选线准确率，对于某些特殊情况下出现的误判，可将选出的接地线路跳开，装置自动启动补救选线算法准确报出接地线路。

（6）负载自动均衡。1 控 2（1 台控制器控制 2 台消弧线圈）并列运行时，两个线圈的负载自动均衡分配，每个线圈所负担的载荷与其最大承载能力的比值总是相等或接近相等的。

（7）多机协调。通过对调档延时的设置和调整可以实现多机自动协调工作，能够控制多台消弧线圈对多段母线协调跟踪。

（8）结构先进。机箱板件采用先进的前、后插拔结构，即交流板件为前插拔，CT 二次不会开路，控制板件为后插拔；接线端子采用插拔端子，方便维修。

（9）可靠性高。采用 PC104 工控机和 16 位单片机构成 3CPU 结构，上、下位机数据交换采用双口 RAM，配合 CPLD 及 PSD 等大规模可编程电路芯片，功耗低、电磁兼容性能好，可靠性高。

（10）功能齐全。采用 320×240 点阵液晶显示屏，全汉化显示；输入输出及报警信号齐全，使用方便；配备有 RS232/485/422 串行通讯接口，满足综合自动化要求，实现远程监控；带有远方控制接点，实现远方控制调档；带有跳闸接口和标准打印接口，满足不同需要；配备有终端接口和标准键盘接口可直接连接笔记本电脑或标准键盘，进行软件升级、修改及文件数据的上传、下传。

三、使用条件

（1）适用环境：0～40℃，无腐蚀性气体及导电尘埃，无剧烈振动场合。

（2）控制器工作电源：直流 220V/110V，50W。

（3）调档电源：交流 220V，50Hz，100VA。

四、技术数据

(1) 输入电压电流测量误差(%):<1。

(2) 电压电流测量周期(s):1。

(3) 选线延时时间(s):<2。

(4) 调谐方式:

预调谐(ZGML—KZ、KC);

接地后调谐(ZGML—KC、KL)。

(5) 选线方法:

基波幅值法/有功功率法(ZGML—KZ);

残流增量法/有功功率法/基波幅值法(ZGML—KC、KL)。

(6) 控制消弧线圈数量:1控1型1台;1控2型2台。

(7) 选线路数/母线数:

1控1型32路/2段(或40路/1段);1控2型32路/2段。

(8) 跳闸功能:

32路/40路(需加装跳闸控制箱)。

(9) 输入开关量:

4(ML1－ML4)＋8(KR1－KR8)空接点。

(10) 输出开关量:

"装置故障"报警空接点1对,容量DC220V/0.2A。

"外部故障"报警空接点1对,容量DC220V/0.2A。

"系统接地"报警空接点1对,容量DC220V/0.2A。

"电源接地"报警空接点1对,容量DC220V/0.2A。

"编码输出"空接点8路,容量AC220V/5A。

(11) 接地信息记忆次数(次):200。

(12) 电压输入范围(V):0~120。

(13) 电压回路输入阻抗(kΩ):100。

(14) 零序电流输入范围(A):0~30(一次值,配用CLD系列零序CT)。

(15) I_0输入范围(A):0~10(一次值)。

(16) I_L输入范围(A):0~5(二次值)。

(17) 串行通讯接口:RS—485/422/232 1个(内部可选择),终端接口(RS—232)1个,标准打印接口1个,标准键盘接口1个,跳闸接口1个。

五、生产厂

河北旭辉电气有限公司。

13.8 ZGTD—C系列调容式自动跟踪消弧补偿及选线成套装置

一、用途

ZGTD—C系列调容式自动跟踪消弧补偿及选线成套装置,可广泛用于电力行业、大型厂矿企业的 6、10、35kV 系统中。

二、产品特点

(1) 采用变压器及阻抗变换原理，消弧线圈增设二次绕组，通过调整二次绕组投入的电容量大小来调节消弧线圈的电感电流，可在 0～100%额定电流全范围调节。

(2) 集自动跟踪消弧线圈和单相接地选线为一体，采用“残流增量法”和“有功功率法”对单相接地线路进行选线，准确率 100%。

(3) 控制器采用 PC104 工控机，双 CPU 结构，液晶全汉化显示，带有 3.5in 软驱，具有完善的功能和极高的可靠性。

(4) 成套装置具有调节范围宽、调节速度快、调节方式灵活、选线快速和准确、调节开关寿命长、工作完全、可靠。

三、产品结构

该成套装置由 Z 型接地变压器（当系统有中性点时也可不用）、二次调节消弧线圈、电容调节柜（装于消弧线圈导轨上）、阻尼电阻箱、自动跟踪调节及选线控制器（装于控制屏中）、控制屏六部分组成。

（一）Z 型接地变压器

接地变压器的作用是在系统为△形接线或 Y 形接线中性点未引出时，用于引出中性点连接消弧线圈。

接地变压器采用 Z 形接线（或称曲折形接线），即每一相线圈分别绕在两个磁柱上，两相绕组产生的零序磁通相互抵消，因而 Z 型接地变压器的零序阻抗很小（<100Ω），可带 90%～100%容量的消弧线圈，节省投资。

接地变压器也可带二次负荷，代替站用变压器，接地变的一次容量为消弧线圈容量与二次负载容量之和。

（二）二次调节消弧线圈

额定电流小于 100A 的消弧线圈，一、二次绕组无抽头，其电流调节范围为 10A 至额定电流。

额定电流大于、等于 150A 的消弧线圈，一、二次绕组带有中间抽头，对于投运初期电容电流较小时，可在低电流档运行，其电流起调点为 10A。电容电流增大后，可运行于高电流档。这样既可满足远、近期运行的不同要求，又减少二次电容器容量，简化设备结构，降低造价。

消弧线圈为油浸式和干式两种形式。

（三）电容器调节柜

该柜由控制器根据电网对地电容的大小自动跟踪调节二次侧电容器的容量，获得理想的补偿效果。

电容器调节柜一般装有 4～5 只电容，容量配置为 C1：C2：C3：C4：C5＝1：2：4：8：16。根据二进制组合原理，4 只电容有 16 种组合，即 16 级调节，5 只电容器可实现 32 级调节。

电容器选用 BFM 薄膜自愈型电容，额定工作电压 1050V，其内部或外部装有限流线圈，以限制合闸瞬间的浪涌电流。内部还装有放电电阻。

电容器调节柜有三种型号：

(1) ZGTD—CC1型电容器柜，调节开关EVS—160 (630) 型真空接触器，额定工作电压1140V，额定工作电流160～630A，最高操作频率3000次/h，开合时间＜35ms，调档时间＜40ms，额定寿命100万次，具有极高的可靠性。

(2) ZGTD—CC2型电容器柜，调节开关为大功率双向晶闸管，额定工作电压1800V，额定工作电流160～1000A，开合时间＜10ms，调档时间＜10ms，速度极快，采用过零触发，无合闸涌流。

(3) ZGTD—CC3型电容器柜，调节开关为大功率双向晶闸管和真空接触器组合开关，正常运行由晶闸管控制电容器投切，接地后由真空接触器控制电容器投切。可靠性极高。

与调匝式消弧线圈相比，调容式消弧线圈调节速度快，调节精度更高，可节省价格较高的有载开关，降低造价。

电容器柜与消弧线圈本体安装在同一导轨上，构成一整体，便于运输安装。

(四) 自动跟踪调节及选线控制器

控制器是整套装置的核心，具有测量系统的电容电流及消弧线圈的调节控制、单相接地故障的选检功能。

控制器有ZGML—C、ZGML—C104型。

ZGML—C型采用80C196微处理器，数码管显示，配有微型打印机，带24路选线，用于预调谐工作方式。

ZGML—C104型是最新一代控制器，采用PC—104工控机和80C196微处理器双CPU结构，除具备ZGML—C型的全部功能外，还增加32×240点阵大屏幕液晶显示器，全汉化显示，功能强大，可靠高。

(五) 限压阻尼电阻箱

阻尼电阻选用ZX18型不锈钢电阻，根据消弧线圈容量选用不同的阻值。

电阻短接装置采用两套独立的控制回路，一套为交流220V操作，一套为直流220V(或110V) 操作。

短接开关采用2只EVS—160—630/11型真空接触器，一只为交流操作，一只为直流操作，均装于电阻箱内。

(六) 控制屏

控制屏为前单开玻璃门，后双门PK—10型控制柜，外表面静电喷塑，外形尺寸(mm，长×宽×高)：2360×800×600，2260×800×600。一面屏最多安装3台控制器。

四、型号含义

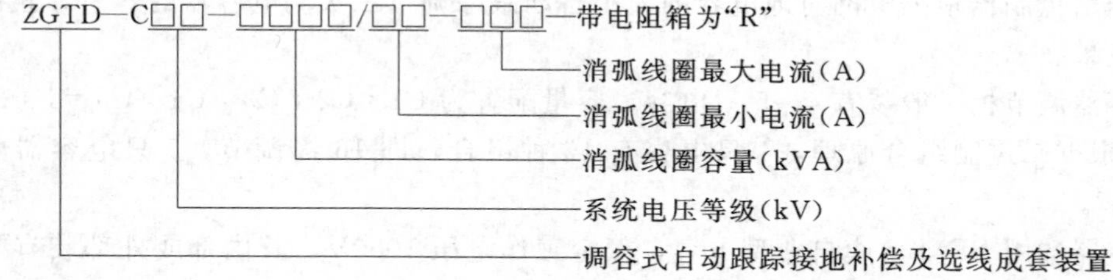

五、技术数据

该产品技术数据，见表 13－15。

表 13－15　ZGTD—C 系列调容式自动跟踪接地补偿及选线成套装置技术数据

电压（kV）	容量（kVA）	调流范围（A）	电容数量（只）	调流级数	级差（残流）（A）	电压（kV）	容量（kVA）	调流范围（A）	电容数量（只）	调流级数	级差（残流）（A）
6	90	5～25	4	16	≤1.35	10	300	10～50	4	16	≤2.68
	180	10～50	4	16	≤2.68		450	10～75	5	32	≤2.1
	270	10～75	5	32	≤2.13		600	10～100	5	32	≤2.88
	360	10～100	5	32	≤2.88		900	10～100	5	32	≤2.88
	540	10～100	5	32	≤2.88			60～150	5	32	≤2.88
		60～150	5	32	≤2.88	35	550	5～25	4	16	≤1.35
10	150	5～25	4	16	≤1.35		1100	10～50	4	16	≤2.7

六、订货须知

订货时必须提供控制屏屏体尺寸和颜色、电阻箱与电容箱颜色。

七、生产厂

河北旭辉电气有限公司。

13.9　ZGTD 系列自动跟踪消弧线圈及专用单相接地选线装置

一、概述

ZGTD 系列自动跟踪消弧线圈及专用单相接地选线装置，是 BPEG 根据市场需要由北京电力设备总厂自行开发生产的产品，可在 0～100％额定电流全范围调节，集自动跟踪消弧线圈和单相接地选线为一体，采用残流增量法和有功功率法，对单相接地线路进行选线，准确率达 100％。成套装置具有调节范围宽、调节速度快、调节方式灵活、选线快速、准确等特点，且调节开关寿命长、工作安全，可靠。

二、技术数据

（1）电压等级（kV）：6～35。

（2）电容电流测量误差（％）：＜2％。

（3）调档响应时间（ms）：＜40。

（4）选线时间（s）：＜3。

（5）选线路数：24 路。

（6）控制屏尺寸（mm）：2260×800×600。

三、生产厂

北京电力设备总厂。

13.10　ZBXH 综合自动补偿消弧线圈

一、概述

ZBXH 综合自动补偿消弧线圈应用于10、35、66kV配电系统中，可自动补偿单相接地故障时的电容电流，降低故障相恢复电压上升速度，限制电磁式电压互感器饱和引起的工频过电压，降低故障跳闸率，提高系统供电可靠性。

二、产品特点

采用基于PC104嵌入式工业控制机的实时检测控制系统，自动跟踪补偿接地故障电流，运行可靠性高，抗干扰能力强。

电网正常运行时，自动实时测量电网对地电容电流的大小。

电网发生单相接地故障时，自动启动选线功能。

系统配置灵活，功能扩展方便，人机界面友好，操作简单方便。具有通讯接口，可实现报警、显示、打印及信号远距离传输。

三、技术数据

(1) 电容电流测量误差＜2%。

(2) 接地点残余电流＜5A。

(3) 系统脱谐度＜10%。

(4) 小电流接地选线路线＞28路。

(5) 消弧线圈分接开关档位、阻尼电阻器、母联状态显示正确。

(6) 控制器工作电压：交流220V±10%。

(7) 频率：50Hz。

(8) 控制器功率损耗＜120W。

四、生产厂

西安森宝电气工程有限公司。

13.11　XHDC 系列干式消弧线圈

一、概述

消弧线圈属单相电抗器，通常连接于接地变压器中性点或大型发电机中性点与大地之间，用于补偿中性点绝缘的系统发生弧光接地故障时产生的容性线对地电流，可降低流过故障点的残流，达到灭弧和消除故障及提高电力系统运行可靠性的目的。该产品应用国外技术和生产与检验设备，具有绝缘强度好、局放小、机械强度高、节能、体积小、重量轻、防潮、阻燃、噪音低、可靠性高等优点，可广泛应用于输变电系统、电气铁道、冶金等领域，特别适于安装空间有限和具有特殊防火要求的域网变电站及地下变电站等场所。

对两柱绕组的产品，其两柱绕组上的分接位置必须在同一个分接位置。对两柱绕组串联的产品，其两柱绕组上的分接必须按接线说明接线。对短时运行的分接，必须在铭牌所标明的允许运行时间内运行。

该产品为户内装置，冷却方式为 AN 或 AF，保护等级为 IP00、IP20、IP23 等，绝缘等级为 F 级（2h 运行温度极限为 190℃），使用环境温度－10～＋40℃。

二、型号含义

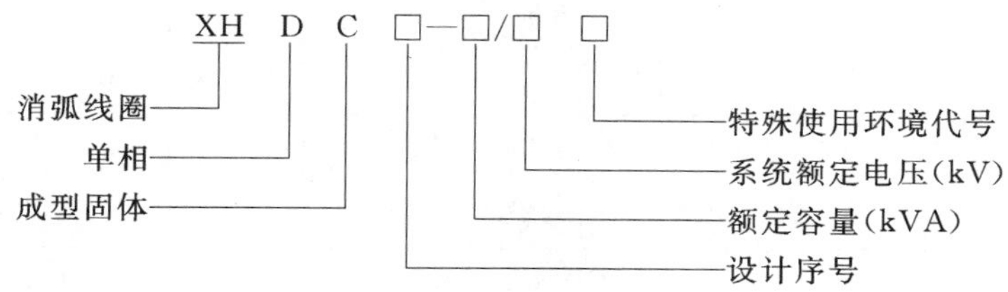

三、技术数据

（1）各项技术指标符合 GB 10229、IEC 289、Q/SJ 11014 等标准的规定。

（2）绝缘水平：雷电冲击电压 60、75、185kV；短时交流电压 25、35、85kV。

（3）分接数：9～25 分接。

（4）系统电压、额定电压、额定电抗等技术数据，见表 13－16。

表 13－16 XHDC 系列干式消弧线圈技术数据

型号	电流范围（A）	系统电压（kV）	容量范围（kVA）	额定电压（V）	额定电抗（Ω）	损耗（120℃）（W）	尺寸（mm）							重量（kg）
							a	b	c	d/e	f	h	i	
XHDC—175/6	15.0～48.0	6	55～175	3637	242.5～75.8	2267	880	740	1303	400/550	1191	351	410	790
XHDC—175/6	20.0～50.0	6	73～182	3637	181.9～72.7	2421	780	740	1433	550/550	1296	361.5	370	800
XHDC—47/6.3	6.26～12.52	6.3	24～48	3819	610.1～305	1059	660	660	1023	400/400	905	337	300	385
XHDC—70/6.3	5.0～18.0	6.3	19～69	3819	763.8～212.2	1394	660	740	1288	550/550	1171	337	300	480
XHDC—190/6.3	25.0～50.0	6.3	95～191	3819	152.8～76.4	2525	870	740	1258	400/550	1121	351	405	760
XHDC—200/6.3	130.0～90.0	6.3	50～172	3819	293.8～84.9	2400	860	740	1302	550/550	1186	360.5	400	815
XHDC—285/6.3	35.0～75.0	6.3	134～286	3819	109.1～50.9	3161	870	740	1323	550/550	1216	361.5	405	880
XHDC—315/6.3	30.0～90.0	6.3	115～344	3819	127.3～42.4	3725	970	740	1343	550/500	1226	375.5	455	1110
XHDC—350/6.6	46.0～92.0	6.3	176～351	3819	83.02～41.51	3737	920	850	1413	550/660	1301	367	430	1020
XHDC—160/6.3	12.0～42.0	6.6	48～168	4001	333.4～95.3	2169	900	740	1363	550/500	1226	356.5	420	840
XHDC—42/10	3.0～7.0	10	18～42	6062	2020.7～866	1039	690	600	1003	400/400	881	332	315	360
XHDC—100/10	8.0～28.0	10	48～170	6062	757.8～216.5	1575	790	740	1187	550/550	1071	342.5	365	550
XHDC—150/10	8.0～25.0	10	48～152	6062	757.8～242.5	2041	880	740	1203	400/550	1091	351	480	680
XHDC—150/10	10.0～25.0	10	61～152	6062	606.2～242.5	2055	760	740	1366	550/550	1250	355.5	350	745
XHDC—180/10	10.0～30.0	10	61～182	6062	606.2～202.1	2378	880	740	1283	400/550	1171	355.5	410	790
XHDC—250/10	10.0～40.0	10	61～242	6062	606.2～1516	2745	960	740	1363	400/550	1231	427	450	1097

续表 13-16

型　号	电流范围(A)	系统电压(kV)	容量范围(kVA)	额定电压(V)	额定电抗(Ω)	损耗(120℃)(W)	尺寸(mm)							重量(kg)
							a	b	c	d/e	f	h	i	
XHDC—250/10	10.0～41.0	10	61～249	6062	606.2～147.9	3070	910	740	1363	400/550	1246	356	425	1000
XHDC—250/10	15.0～41.0	10	91～249	6062	404.1～147.9	3026	880	740	1353	550/550	1236	361.5	410	900
XHDC—250/10	15.0～41.2	10	91～250	6062	404.1～147.1	3048	880	740	1353	550/550	1236	411.5	410	870
XHDC—270/10	18.0～45.0	10	109～273	6062	336.8～134.7	3194	880	740	1353	550/550	1236	361.5	410	9000
XHDC—300/10	10.0～50.0	10	61～303	6062	606.2～121.2	3520	970	740	1323	550/550	1211	375.5	455	1170
XHDC—300/10	15.0～50.0	10	91～303	6062	404.1～121.2	4210	910	740	1512	550/500	1396	360.5	425	1040
XHDC—300/10	15.0～50.0	10	90～303	6062	404.2～121.2	3703	920	850	1458	550/550	1321	401	430	1010
XHDC—300/10	20.0～50.0	10	121～303	6062	303.1～121.2	4199	910	740	1492	550/550	1376	360.5	425	1020
XHDC—300/10	20.0～50.0	10	121～303	6062	303.1～121.2	4201	880	740	1522	550/550	1406	360.5	410	980
XHDC—300/10	20.0～50.0	10	121～303	6062	303.1～121.2	3320	910	740	1373	400/550	—	368	425	980
XHDC—300/10	25.0～50.0	10	152～303	6062	242.5～121.2	3753	880	740	1438	550/550	—	355.5	410	910
XHDC—300/10	25.0～50.0	10	152～303	6062	242.5～121.2	3300	930	740	1328	400/550	1211	368	435	1000
XHDC—315/10	15.0～52.0	10	91～315	6062	404.1～116.6	3450	970	740	1323	550/550	1211	375.5	455	1170
XHDC—350/10	20.0～58.0	10	121～352	6062	303.1～104.5	3558	990	850	1463	550/660	1331	382	465	1300
XHDC—360/10	12.0～60.0	10	73～364	6062	505.2～101	3451	1020	740	1456	550/550	1361	382	480	1460
XHDC—360/10	15.0～60.0	10	91～364	6062	404.1～101	3451	1020	740	1323	550/550	1361	382	480	1430
XHDC—360/10	20.0～60.0	10	121～364	6062	303.1～101	3447	970	740	1642	550/550	1211	375.5	455	1120
XHDC—360/10	24.0～60.0	10	145～364	6062	252.6～101	5019	880	740	1592	550/550	1562	360.5	410	1070
XHDC—400/10	25.0～66.0	10	152～400	6062	242.5～91.8	5433	910	740	1598	550/550	1476	360.5	425	1110
XHDC—418/10	23.0～69.0	10	139～418	6062	263.6～87.9	4130	980	740	1598	550/550	1466	382	460	1440
XHDC—420/10	20.0～70.0	10	121～424	6062	303.1～86.6	4270	990	740	1598	550/550	1466	382	465	1470
XHDC—450/10	30.0～75.0	10	182～455	6062	202.1～80.8	3938	980	740	1523	550/550	1466	382	460	1480
XHDC—450/10	30.0～75.0	10	182～455	6062	202.1～80.8	5104	1020	740	1523	550/550	1392	373	—	1430
XHDC—450/10	30.0～75.0	10	182～455	6062	202.1～80.8	5104	1020	740	1523	550/550	1392	373	475	1250
XHDC—500/10	30.0～80.0	10	182～455	6062	202.1～75.8	5920	1020	740	1593	550/550	1461	373	—	1350
XHDC—500/10	33.0～82.0	10	200～497	6062	183.7～73.9	5794	1030	740	1543	550/550	1405	371.5	485	1530
XHDC—500/10	35.0～82.0	10	212～497	6062	173.2～73.9	4365	980	740	1633	440/550	1501	382	460	1460
XHDC—500/10	35.0～82.0	10	212～497	6062	173.2～73.9	5046	980	740	1636	550/550	1521	389	460	1500
XHDC—600/10	20.0～100	10	121～606	6062	303.1～60.6	5007	1080	740	1693	550/550	1561	397	500	1920

续表 13－16

型 号	电流范围（A）	系统电压（kV）	容量范围（kVA）	额定电压（V）	额定电抗（Ω）	损耗(120℃)（W）	尺 寸（mm）							重量（kg）
							a	b	c	d/e	f	h	i	
XHDC—600/10	20.0～100	10	121～606	6062	303.1～60.6	5249	1000	740	1853	550/550	1721	384	470	1720
XHDC—600/10	30.0～100	10	182～606	6062	202.1～60.6	6002	978	740	1882	550/550	1746	380.5	455	1730
XHDC—600/10	30.0～100	10	182～606	6062	202.1～60.6	6002	978	740	1882	550/550	1746	380.5	455	1730
XHDC—600/10	50.2～100	10	303～606	6062	121.2～60.6	5310	990	740	1628	400/550	1496	382	465	1520
XHDC—630/10	20.0～104	10	121～630	6062	303.1～58.3	5497	1060	1017	1723	550/820	1581	395	500	1800
XHDC—630/10	50.0～104	10	303～606	6062	121.2～58.3	5516	1100	740	1633	400/550	1496	387	475	1570
XHDC—1210/10	80.0～200	10	485～1212	6062	75.78～30.31	10465	—	980	—	660/660	—	—	—	2760
XHDC—125/10.5	10.0～20.0	10.5	61～121	6062	606.2～303.1	1880	840	740	1198	400/550	1081	390	390	610
XHDC—200/10.5	8.00～33.0	10.5	51～210	6365	795.6～192.9	2997	910	740	1317	550/550	1201	425	425	870
XHDC—200/10.5	10.0～33.0	10.5	64～210	6365	636.5～192.9	2971	880	740	1317	550/550	1201	355.5	410	830
XHDC—200/10.5	12.0～33.0	10.5	76～210	6365	530.4～192.9	2969	880	740	1317	550/550	1201	355.5	410	810
XHDC—300/10.5	25.0～50.0	10.5	159～318	6365	252.6～127.3	3753	880	740	1438	550/550	1321	355.5	410	910
XHDC—400/10.5	10.0～60.0	10.5	61～364	6062	606.2～101	3992	1020	740	1553	550/550	1426	447	480	1350
XHDC—750/10.5	70.0～120	10.5	424～727	6062	86.6～50.52	6803	1190	1070	1965	—	1787	475	565	2780
XHDC—180/11	10.0～28.0	11	67～187	6668	666.8～238.1	2205	880	740	1283	550/500	1171	355.5	410	790
XHDC—309/11	17.0～51.0	11	113～340	6668	392.2～130.7	3433	970	740	1323	550/550	1211	375.5	455	1100
XHDC—75/13.8	4.50～9.0	13.8	38～75	8366	1859～929.6	1203	990	740	1432	550/550	1316	343	380	630
XHDC—120/15.75	5.3～13.2	15.75	48～120	9093	1715～688.9	1792	1060	740	1413	550/550	1276	406	470	910
XHDC—550/35	10.0～25.0	35	212～530	21218	2121～848.7	6976	1590	1070	1887	—	1750	644	765	2290
XHDC—550/35	12.5～25.0	35	265～530	21218	1697～848.7	7265	1590	1070	1889	—	1750	644	765	2380
XHDC—1100/35	25.0～50.0	35	530～1061	21218	848.7～424.4	10670	1700	1070	2021	—	1980	797	820	3500

型 号	系统电压（kV）	额定容量（kVA）	额定电压（V）	额定电流（A）	额定电抗（Ω）	损耗（W）	外形尺寸（mm）（长×宽×高）	重量（kg）
XHDC—44/6	6	23～45.5	3637	6.25～12.5	582～291	1290	625×540×890	290
XHDC—87.5/6		45.5～91		12.5～25	291～145.5	1850	745×540×985	460
XHDC—175/6		91～182		25～50	145.5～72.8	3350	760×540×1320	630
XHDC—350/6		182～364		50～100	72.8～36.4	5700	825×540×1520	1060
XHDC—700/6		364～728		100～200	36.4～18.2	9200	985×740×1755	1630
XHDC—1400/6		728～1455		200～400	18.2～9.1	15300	1190×740×1840	2630

续表 13-16

型　号	系统电压(kV)	额定容量(kVA)	额定电压(V)	额定电流(A)	额定电抗(Ω)	损耗(W)	外形尺寸(mm)(长×宽×高)	重量(kg)
XHDC—47/6.3	6.3	23.9～47.8	3820	6.25～12.5	611.2～305.6	1300	640×540×925	320
XHDC—95/6.3		47.8～95.5		12.5～25	305.6～152.8	2150	760×540×1105	460
XHDC—190/6.3		95.5～191		25～50	152.8～76.4	3560	760×540×1370	650
XHDC—380/6.3		191～382		50～100	76.4～38.2	5480	830×540×1585	1060
XHDC—760/6.3		382～764		100～200	38.2～19.1	9780	990×740×1805	1650
XHDC—1520/6.3		764～1528		200～400	19.1～9.6	16400	1190×740×1890	2720
XHDC—75/10	10	37.9～75.8	6062	6.25～12.5	969.6～484.8	1790	760×540×1030	385
XHDC—150/10		75.8～151.6		12.5～25	484.8～242.4	3010	760×540×1420	640
XHDC—300/10		151～303		25～50	242.4～121.2	5040	880×740×1341	890
XHDC—600/10		303～606		50～100	121.2～60.6	8210	1040×740×1585	1600
XHDC—1210/10		606～1212		100～200	60.6～30.3	14000	1160×740×1825	2520
XHDC—2420/10		1212～2424		200～400	30.3～15.1	23800	1190×740×2205	3700

四、外形及安装尺寸

该产品外形及安装尺寸，见图 13-12。

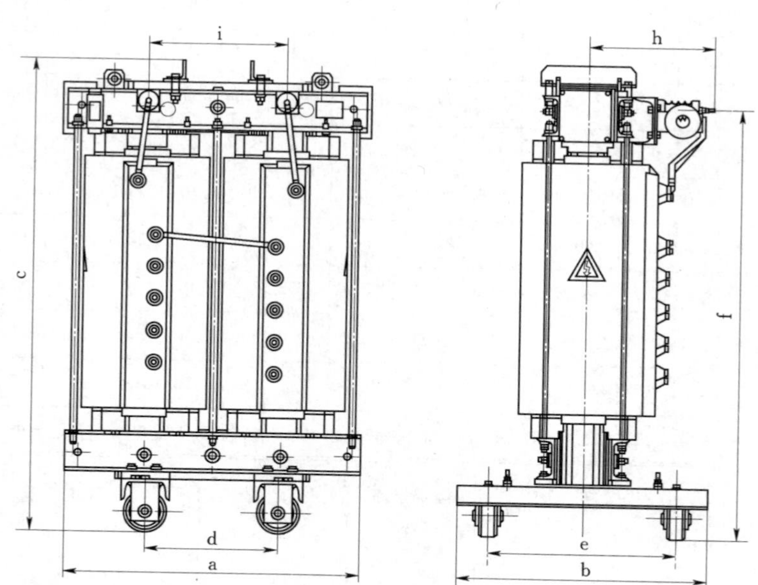

图 13-12　XHDC 系列干式消弧线圈外形及安装尺寸

五、订货须知

订货时必须提供系统额定电压、电流调节范围、分接数、各分接允许运行时间、冷却方式（AN 或 AF）、使用条件（户内）及其它性能等要求。

六、生产厂

顺特电气有限公司、广东特种变压器厂有限公司。

13.12 FRD—XHC—Ⅱ系列调匝式消弧线圈自动跟踪接地补偿装置

一、概述

FRD—XHC—Ⅱ系列有载开关调匝式消弧线圈自动跟踪接地补偿成套装置，利用有载开关调节实现消弧线圈等值电抗的变化。消弧线圈的可调范围宽，对电网的适应能力强。使用有载开关实现0秒补偿。微机控制器采用内嵌式工控机，自动检测、识别电网的运行状态。在电网正常运行时，实时跟踪计算电网对地电容电流及补偿电网的脱谐度；在发生单相接地时实现快速、合理的补偿。可选配小电流接地选线装置准确报出接地出线。

二、产品特点

所谓调匝式消弧线圈就是通过有载开关换档改变消弧线圈电感电流，由于感性电流和容性电流的相位相差180°，两者进行算术运算，抵消电网接地时的电容电流。

适用于全国城乡供电和钢铁、石油、化工、煤炭等行业的6～66kV的中压配电网。

调匝式自动跟踪消弧线圈补偿成套装置由接地变压器、有载开关、消弧线圈、阻尼电阻箱、微机控制器（装于控制屏中）、控制屏五部分组成。

三、技术数据

（1）适用电压等级：6kV、10kV、35kV、66kV。

（2）调节最大级数：根据消弧线圈的容量及调流范围，有载开关设有9～15档。

（3）电容电流测量误差≤2%。

（4）单相接地故障时残流≤5A。

（5）单相接地故障时补偿电网脱谐度≤10%（与接地残流设定值有关）。

（6）可选配小电流接地选线功能。

四、使用环境

（1）海拔高度不超过3000m。

（2）空气相对湿度不大于90%，无导电尘埃存在。

（3）不含有腐蚀金属和破坏绝缘的气体以及蒸汽的场所。

（4）环境温度－5～＋40℃，通风状态良好。

（5）无火灾、爆炸危险。

（6）无剧烈振动和冲击，垂直倾斜度不超过5°的场所。

五、外形及安装尺寸

FRD—XHC—Ⅱ系列调匝式消弧线圈自动跟踪接地补偿装置外形及安装尺寸，见表13-17。

表13-17 FRD—XHC—Ⅱ系列调匝式消弧线圈自动跟踪接地补偿装置外形及安装尺寸

额定电压（kV）	型　号	备　注
6	FRD—XHC—Ⅱ—6/***	***为最大补偿电流
10	FRD—XHC—Ⅱ—10/***	***为最大补偿电流
35	FRD—XHC—Ⅱ—35/***	***为最大补偿电流
66	FRD—XHC—Ⅱ—66/***	***为最大补偿电流

六、生产厂

保定市鑫友联合电力设备有限公司。

13.13 XHDZ型有载调节消弧线圈

一、概述

XHDZ型有载调节消弧线圈，主要是用于ZXHK智能型消弧限压接地补偿装置，在电力系统发生单相接地故障时提供电感电流，从而起到补偿接地电容电流的作用。其主要功能特点：

(1) XHDZ型有载调节消弧线圈，主要结构基本上与普通调匝式消弧线圈相同，为了适用于微机控制器自动调谐的需要，在原结构性能上进行了改进：①把原来的手动无励磁调节开关改为有载调节开关，满足电力系统对地电容电流的变化，自动跟踪调节消弧线圈的分接头，实现改变电感电流。②将原来的5～9个调匝分接，增加到9～18个调匝分接，缩小了档位间隔电流的差值，提高了补偿精度，降低了补偿残流值。③把原来最大补偿电流与最小补偿电流之比由2：1提高到2.5：1以上，最大可达5：1，扩大了对接地电容电流的补偿范围。④各档位电流采用等差分配，便于微机控制自动跟踪调谐，确保良好的伏安特性，在过电压10%时伏安特性仍保持线性。

(2) XHDZ型有载调节消弧线圈，10kV及以下电压等级均采用全绝缘结构，35kV及以上（66kV）电压等级，如无特殊要求多采用半绝缘结构。消弧线圈主线圈引出端子与接地变压器（或供电系统）中性点连接。

(3) 在消弧线圈内部设有一电感线圈和CT，便于对电力系统中性点移位电压和中性点电流的监测。

(4) 对于66kV级消弧线圈，带一个6.6kV的副线圈，其额定电流为主线圈最大电流的12倍。其作用是当消弧线圈一旦不能自动消除故障时用来查找故障点。

二、使用条件

(1) 海拔不超过1000m。

(2) 环境温度最高气温＋40℃。

(3) 户外使用最低气温－20℃，户内使用最低气温－5℃。

(4) 空气相对湿度≤80%（＋20℃）。

(5) 不含有腐蚀性气体及导电尘埃存在。

(6) 无剧烈和强力振动的场所。

(7) 无火灾、爆炸危险的场所。

三、产品结构

XHDZ型有载调节消弧线圈外形结构有两种：一种将有载调节开关放在油箱盖对称中心位置；另一种当产品容量在315kVA及以上后，将有载调节开关放在油箱盖一侧位置，不使消弧线圈油箱过高，方便接线操作。

四、型号含义

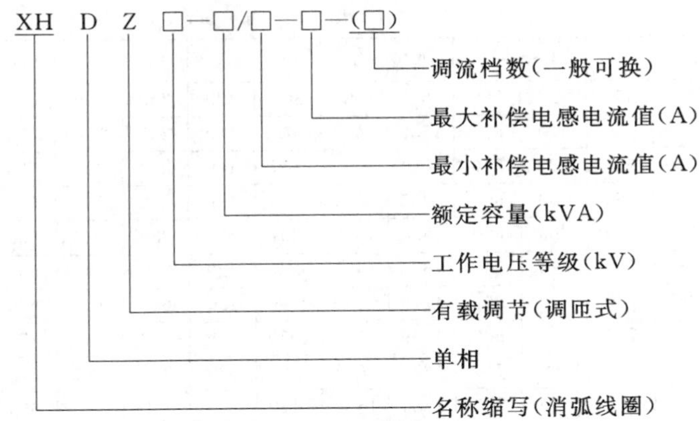

五、技术数据

XHDZ 型有载调节消弧线圈技术数据，见表 13-18。

表 13-18 XHDZ 型有载调节消弧线圈技术数据

电压(kV)	额定容量(kVA)	100	125	160	200	250	315	400	500	630	800
6	绝缘水平（kV）	冲击 40，工频 18，感应 100Hz，200%额定电压									
	调流范围（A）	8～28	10～35	13～44	16～55	20～70	29～87	36～110	56～138	70～174	88～220
	器身吊重（kg）	281	351	426	513	550	722	760	820	877	940
	油重（kg）	257	265	268	330	400	350	360	380	647	625
	总重（kg）	658	736	814	978	1021	1298	1352	1413	1876	1917
	安装尺寸（D×E）	550×550	550×550	550×550	550×580	550×600	550×660	550×660	550×660	660×740	660×740
10	绝缘水平（kV）	冲击 60，工频 25，感应 100Hz，200%额定电压									
	调流范围（A）	4～17	5～21	8～27	11～33	14～41	18～52	22～66	30～82	45～105	60～132
	器身吊重（kg）	287	375	453	538	555	745	785	826	877	940
	油重（kg）	257	265	268	335	406	357	374	384	647	625
	总重（kg）	664	760	841	998	1032	1315	1372	1423	1876	1917
	安装尺寸（D×E）	550×550	550×550	550×550	550×580	550×600	550×660	550×660	550×660	660×740	660×740
35	绝缘水平（kV）	冲击 125，工频 55，感应 100Hz，200%额定电压									
	调流范围（A）				4～10	5～12	6～16	8～20	10～25	12～31	16～40
	器身吊重（kg）								725	835	1628
	油重（kg）								580	670	840
	总重（kg）								1850	2180	2460
	安装尺寸（D×E）								550×600	550×680	660×820

注 绝缘水平按系统电压/$\sqrt{3}$进行设计，上述所列数值为产品出厂试验值，安装现场验收可按 85%执行。

六、外形及安装尺寸

XHDZ 型有载调节消弧线圈外形尺寸，见表 13-19 及图 13-13。

表 13-19 XHDZ 型有载调节消弧线圈外形尺寸

电压(kV)	容量(kVA)	外形尺寸(mm)														
		A	A_1	B	B_1	B_2	C	C_1	C_2	C_3	C_4	C_5	D	E	L	ϕD
6	100	1350	1100	660	520	500	1519	1334	800	129	250	120	550	550	55	250
	125	1350	1100	660	520	500	1589	1404	870	129	250	120	550	550	55	250
	160	1350	1100	660	520	500	1744	1559	1025	129	250	120	550	550	55	250
	200	1400	1130	680	550	600	1783	1598	1064	129	250	120	550	580	50	250
	250	1467	1194	700	590	600	1835	1650	1116	129	250	120	550	600	50	250
	315	1694	1380	770	620	600	1675	1490	956	129	250	120	550	660	55	250
	400	1694	1380	770	620	600	1715	1530	996	129	250	120	550	660	55	250
	500	1694	1380	770	620	600	1799	1614	1080	129	250	120	550	660	55	250
	630	1854	1540	860	660	700	1879	1694	1160	129	250	120	660	740	60	250
	800	1916	1540	860	660	700	1885	1694	1160	129	250	120	660	740	60	310
	1000	2014	1700	920	700	700	1924	1734	1200	129	250	120	660	800	60	310
10	100	1350	1100	660	520	500	1519	1334	800	129	250	120	550	550	55	250
	125	1350	1100	660	520	500	1589	1404	870	129	250	120	550	550	55	250
	160	1350	1100	660	520	500	1744	1559	1025	129	250	120	55	550	550	250
	200	1400	1130	680	550	600	1813	1628	1094	129	250	120	550	580	50	250
	250	1467	1194	700	590	600	1845	1660	1126	129	250	120	550	600	50	250
	315	1694	1380	770	620	600	1705	1520	986	129	250	120	550	660	55	250
	400	1694	1380	770	620	600	1739	1554	1020	129	250	120	550	660	55	250
	500	1694	1380	770	620	600	1829	1644	1110	129	250	120	550	660	55	250
	630	1854	1540	860	660	700	1879	1694	1160	129	250	120	660	740	60	250
	800	1854	1540	860	660	700	1924	1739	1160	129	250	120	660	740	60	310
	1000	2014	1700	920	700	700	1954	1779	1200	129	250	120	660	800	60	310

注 1. 有载调节消弧线圈在315kVA以下，有载开关放在箱盖对称中心位置；容量在315kVA及以上，有载开关放在箱盖一侧。

2. 有载调节消弧线圈油箱外形有椭圆和长方形两种，由用户订货时任选 。本表所列尺寸只供参考，实际尺寸见随机总装配图。

3. 有载调节消弧线圈是否配带小车，请订货时说明，一般供货产品不配带小车。

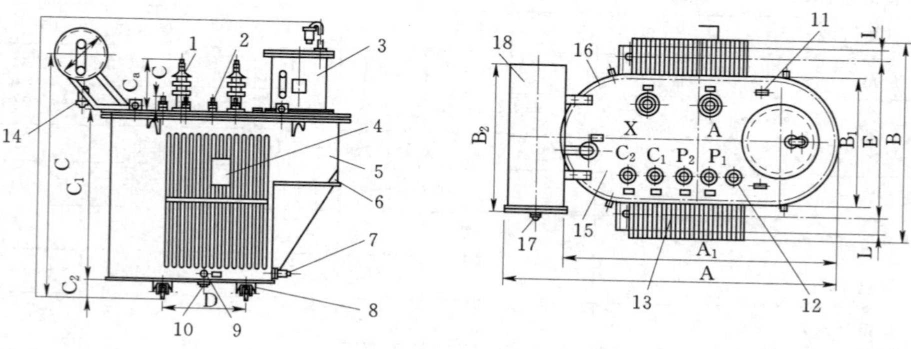

图 13-13 XHDZ 型有载调节消弧线圈外形

1—高压接线端子；2—内附PT接线端子；3—有载调节开关；4—铭牌；5—油箱；6—变压器油；7—油标活门；8—小车；9—接地螺钉；10—放油塞座；11—吊板；12—温度计座；13—字牌；14—吸湿器；15—箱盖；16—箱盖连接螺栓；17—油表管件；18—储油柜

七、生产厂

保定天威集团有限公司、保定天威集团特变电气有限公司、保定天威集团工贸实业有限公司（金特电气分公司）、保定天威顺达变压器有限公司。

13.14 SW—XHZ 系列调匝式消弧线圈自动跟踪补偿成套装置

一、概述

对于不同电压等级的电力系统，其中性点的接地方式是不同的，根据我国国情，我国6～66kV 配电系统中主要采用小电流接地运行方式。为了有效防止系统弧光接地，消除接地故障，提高供电质量，按照国家对过电压保护设计规范新规程规定，电网电容电流超过 10A 时，均应安装消弧线圈装置。由于中性点经消弧线圈接地的电力系统接地电流小，其对附近的通信干扰小也是这种接地方式的一个优点。

保定上为电气科技有限公司所研制生产的 SW—XHZ 系列调匝式消弧线圈装置，该成套装置采用标准的工业级计算机系统，总线式结构，多层电路板设计，全彩色大屏幕液晶屏，全汉字显示。具有运行稳定可靠、显示直观，抗干扰能力强等特点，同时系统具有完善的参数设置及信息查询功能。该系统克服了以前各消弧线圈装置调节范围小的缺陷，能够进行全面调节。

二、产品特点

（1）控制器采用工业级计算机平台，双 CPU 架构，多层电路板处理，运行稳定可靠。

（2）采用全彩色液晶全中文显示，参数显示、设置及查询方便直观。

（3）调节准确、速度快，且调节范围宽，可在 0～100%额定电流全范围调节。

（4）内嵌高压接地选线模块，采用残流增量法及有功功率法，使选线快速准确。

（5）设有 RS232 及 RS485 通讯接口，可实现与上位机的通讯，达到信号的远距离传送。

（6）可实现单相接地故障的声光控报警功能。

（7）设有标准并口打印机，可实现数据打印，接地信息打印。

（8）具有一控二功能，可实现同一系统内两套消弧线圈随系统运行情况自动变换。

三、型号含义

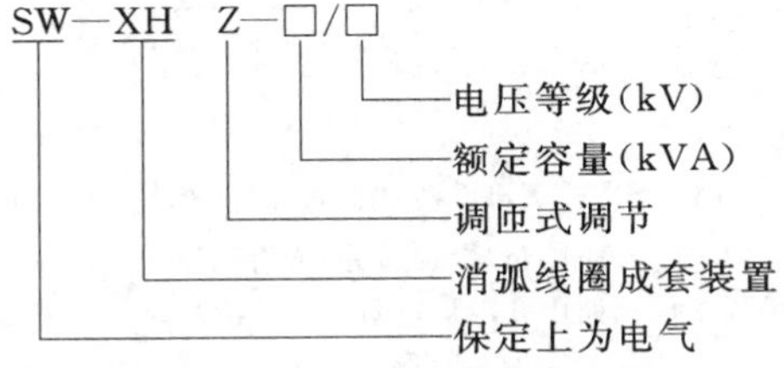

四、技术数据

（1）电压等级：6～110kV。

(2) 母线段数：两段。

(3) 电容电流测量误差：小于 2%。

(4) 调档时间：小于 20ms。

(5) 接地残流：小于 5A。

(6) 控制器电源：一路交流 220V，额定频率：50Hz；一路直流 220V/110V，额定频率：50Hz。

五、使用环境

温度：－10～＋45℃。

湿度：小于 95%。

六、系统结构图

SW—XHZ 系列调匝式消弧线圈自动跟踪补偿成套装置系统结构，见图 13－14。

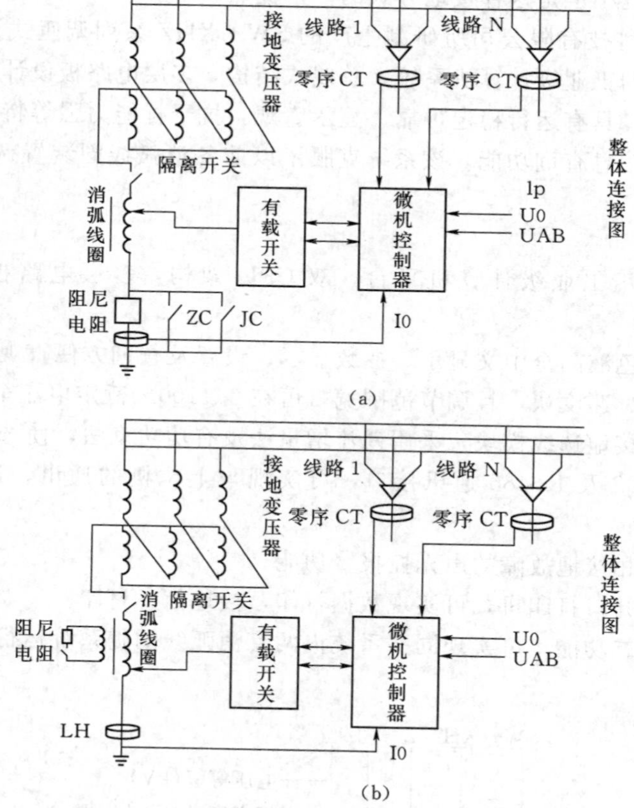

图 13－14　SW—XHZ 系列调匝式消弧线圈自动跟踪补偿成套装置系统结构图

(a) 消弧线圈回路串联阻尼电阻系统结构图；(b) 消弧线圈二次侧并阻形式系统结构图

七、生产厂

保定上为科技有限公司。

13.15 XHDG—50H级消弧线圈

一、用途

XHDG—50H级消弧线圈主要作用是为了使间歇电弧很快熄灭，必须通过消弧线圈使接地电流流过电感电流来补偿电容电流。可广泛应用于防火要求高、负荷波动大及污秽潮湿的恶劣环境中。

二、产品结构

该产品铁芯选用日本优质的30ZH120高导磁性能硅钢片，空载损耗低，铁芯表面涂以H级绝缘树脂，防潮、防锈。线圈的绝缘系统采用杜邦公司的NOMEX®绝缘材料，经VP真空压力浸漆无溶剂绝缘漆，高温烘焙固化，机械强度好，电气强度高。

三、产品特点

（1）承受热冲击强。

（2）电气强度高。

（3）绝缘材料难燃、阻熄、防火性能高。

（4）低损耗、低噪音、低局放。

（5）三防性能好，对温度、灰尘不敏感，无龟裂。

（6）体积小、重量轻、维护方便、使用寿命长。

（7）运行安全、可靠、节能。

（8）寿命期后易回收，无污染。

四、生产厂

中电电气集团有限公司。

13.16 XD（Z）J系列油浸式消弧线圈

一、概述

XD（Z）J系列油浸式消弧线圈用于补偿中性点绝缘的系统发生对地故障时的容性线对地的单相电抗器，其作用是当电力系统三相线路发生单相接地时产生电感电流，抵消因线路单相接地所产生的电弧，避免故障范围的扩大，以提高供电系统安全性和可靠性。

二、型号含义

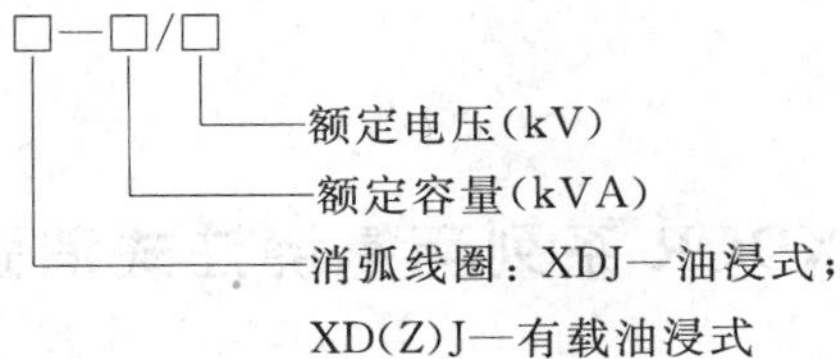

三、技术数据

（1）额定容量（kVA）：55～500。

（2）额定电压（kV）：6～66。

（3）调节方式：无载调谐及有载调谐，调匝、调容。

（4）级差：等差、等比。

（5）调节级差：5～32级。

主要技术数据，见表13-20。

表13-20 XD（Z）J系列油浸式消弧线圈技术数据

型号	额定容量（kVA）	额定电压（kV）	工作电压（kV）	额定电流（A）	重量（kg）			外形尺寸（mm）（长×宽×高）	轨距（mm）
					器身	油	总体		
XDJL—3800/60	380	60	38.1	50～100 9档	4150	2700	7500	2424×1270×3730	1505
XDJL—1900/60	1900	60	38.1	25～50 9档	3200	1700	5600	1274×1200×3080	660
XDJL—950/60	950	60	38.1	12.5～25 9档	2800	1500	5000	1274×1200×2913	660
XDJL—2200/35	2200	35	22.2	50～100 9档	2000	1260	3900	1500×1000×2540	600
XDJL—1100/35	1100	35	22.2	25～50 9档		900	2750	1420×1040×2230	540
XDJ1—1100/35	1100	35	22.2	25～50 9档	1600	800	2700	1420×1040×2085	540
XDJ1—550/35	550	35	22.2	12.5～25 9档	1100	650	2000	1290×840×2050	560
XDJ1—550/35	550	35	22.2	12.5～25 9档	1200	660	2200	1290×840×2050	560
XDJ1—275/35	275	35	22.2	6.25～12.5 5档	560	540	1370	1220×900×1670	460
XDJ1—600/10	600	10	6.06	50～100 9档	800	410	1450	1150×900×1585	400
XDJ1—600/10	600	10	6.06	50～100 9档	820	440	1500	1150×900×1585	400
XDJ1—300/10	300	10	6.06	20～50 9档	550	450	1160	1150×900×1325	400
XDJ1—350/6	350	6	3.63	50～100 9档	550	450	1160	1150×900×1325	400
XDJ1—175/6	175	6	3.63	25～500 9档	300	210	610	1000×550×1470	480
XDJ1—87.5/6	87.5	6	3.63	12.5～25 9档	300	210	610	1000×550×1420	480
XDJ1—55/6	55	6	3.63	7.5～15 5档	300	210	610	1000×550×1420	480
XDJ1—210/18	210	18	10.4	10～20 9档	480	450	1100	1150×900×1320	370
XDJ1—80/13.8	80	13.8	7.96	5～10 5档	300	210	610	1000×550×7520	480
XDZJL—1900/60	1900	60	38.1	25～50 9档	3200	2800	7250	2745×1500×3080	1250
XDZJL—600/10	600	10	6.06	50～100 9档	850	500	1600	1250×900×2060	430
XDZJL—300//10	300	10	6.06	25～50 9档	1000	460	1850	1250×790×1890	430

四、生产厂

北京电力设备总厂。

13.17 XD（Z）C、XDCR系列环氧浇注式消弧线圈

一、概述

XD（Z）C、XDCR系列环氧浇注式消弧线圈为具有可调节电抗的干式电抗器。该产

品是由北京电力设备总厂以 BPEG 多年来生产油浸消弧线圈的设计经验和整体生产工艺为基础，结合从瑞士和意大利引进的用于干式变压器的先进设计和先进设备而开发研制生产。

该产品是国内唯一通过国家电力公司的新产品，也是国内首家批量生产的产品，是用于补偿中性点绝缘的系统发生对地故障时的容性线对地的单相电抗器，在三相系统中接在电力变压器或接地变压器中性点与大地之间、也用于大容量发电机定子中性点接地。

二、技术数据

(1) 额定容量（kVA）：22～1100。

(2) 额定电压（kV）：6～25。

(3) 调节方式：有载调谐及无载调谐，调匝、调容。

(4) 级差：等差、等比。

(5) 调节级数：5～32 级。

三、生产厂

北京电力设备总厂。

13.18 ZTJD 消弧限压装置

一、概述

ZTJD 型消弧限压装置的主要作用是在电网发生单相接地时产生电感电流以补偿电网的对地电容电流，使故障点残流变小，达到自行熄弧，消除故障。新型消弧线圈的使用，对抑制间歇型电弧过电压、清除电磁式压变饱和引起的铁磁谐振过电压、降低故障跳闸率起到明显效果。

该装置选用台湾研华工控机作为控制核心，大屏幕 CRT 或 LCD 显示器、大容量硬盘及电子盘作为信息存储介质，对信息记录无限制，软件采用 Windows98 操作系统，全中文图形化操作界面，系统运行参数一目了然。成套系统是集一代二自动调谐技术，集散式小电流接地选线技术，接地故障波形记录功能及内部过电压综合治理于一体的新型控制系统，成功解决了自动调谐技术中双机并列、电容电流在线实时测量及自动接地选线等多项技术难题。

该装置由邯山电力自动化研究所、新民科技发展有限公司生产。

二、型号含义

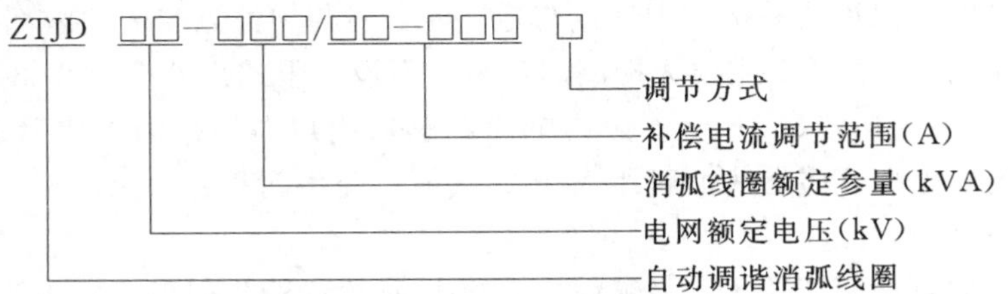

三、产品结构

ZTJD 型调匝式成套装置，主要包括 Z 形接线接地变压器、有载调流宽调节范围消弧线圈、阻尼电阻及其控制部分、微机控制器及控制屏、内部过电压保护器及专用 PT 五个部分。ZTJD 型调匝式成套装置接线，见图 13-15。

(1) Z 形接线接地变压器（油浸式、干式均可选），对 35、66kV 系统主变有中性点引出时不需接地变。

接地变的作用为连接消弧线圈提供有效的中性点、可带二次负荷供站用电使用，可适当调整电网的不对称。

(2) 消弧线圈（油浸、干式均可任选）。为自动调谐创造条件，调流范围一般 1/3 调至 1，必要时可做到 1/4 调到 1，根据消弧线圈容量及调流范围，有载开关为 9～15 档（干式可调到 19 档）。新的消弧线圈二次根据需要设多个二次线圈，满足测量、阻尼的需要。

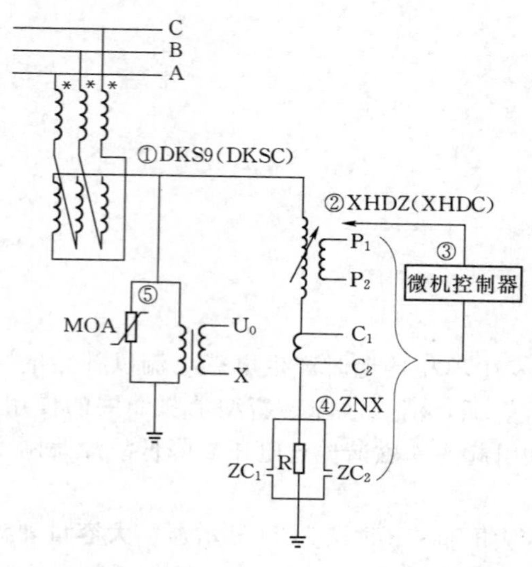

图 13-15 ZTJD 型调匝式成套装置接线图

(3) 阻尼电阻采用大功率耐高压的特制的不锈钢无感电阻，在正常运行时接于消弧线圈一次与大地之间。接线图 13-15 中的 R 或并接于消弧线圈专用的阻尼线圈上，用来限制串联谐振过电压，使谐振点的位移电压降低到相电压的 15%以下。因此该产品装置工作方式灵活，过补、全补、欠补方式可任选。

当系统发生单相接地时，经零序电流（电压）保护，真空接触器快速将阻尼电阻短接（串联）或断开（二次并阻），使残流小于规定值（一般小于 5A）。

为防止因操作不当熔丝熔断等烧坏阻尼电阻，装置设有交、直流电源失压报警和系统接地时真空接触器不动作报警等功能。

35kV 及 66kV 串联的阻尼电阻较大时，在电阻两端并接快速导通器，以达到单相接地时快速短接阻尼电阻保护真空接触器。

(4) 微机控制器采用 586 工控机为主体，配上外围电路而成。用来自动测量系统电容电流，按规定的残流值，自动调节消弧线圈的分接头，当有故障发生时，准确判断接地线路，并能实现接地故障波形记录。通过通讯接口，实现远程通讯，满足无人值守站的需要。

(5) 内部过电压保护器并接于中性点与地之间，对与中性点有关的内部过电压均能起到有效的抑制作用。专用 PT 主要为提高测量精度而设。干式户外电压互感器用户外型树脂注成（APG）－25～＋65℃；干式户内电压互感器用户内型树脂注成（APG）－10～＋55℃；全封闭式电压互感器表面爬距大于 290mm，Ⅲ级污秽。

四、产品特点

(1) 一代二的自动调谐技术，妥善解决双机并列及双机并列后电容电流的测量问题，并且在调节过程中，双台配合调节不会出现一台负载很重，另一台负载很轻的不合理运行状态。

(2) 微机控制部分采用 586/PC104 工控机，具有容量大、速度快、计算功能强、人机界面好、大屏幕汉显、强大的信号存储功能和方便的通讯功能，工作稳定可靠并能实现一机多用。

(3) 先进的 LH 系列小电流接地选线技术，国内唯一的多 CPU 架构，分散安装于开关柜上，选线准确率为国内领先水平。

(4) 独具接地故障波形记录功能，为故障时过电压水平提供第一手资料。

(5) 采用分体式结构，可以很方便地组合成不同需要的产品，如全自动式、半自动式、局部改造等。

(6) 由于采用了增大电网阻尼率的措施，使谐振点的位移电压降低到规程允许长期运行的 15%相电压之下，所以不会出现调谐过电压，可以工作在全补状态，从消弧角度，这是最理想的工作状态。

(7) 增强了内部过电压的抑制功能，中性点不接地系统和消弧线圈接地系统内过电压水平比较高，这是老式消弧线圈接地系统存在的比较致命的问题。

(8) 阻尼电阻及控制部分，采用大功率耐高压的不锈钢无感电阻，采用零序电流双短接措施，其短接采用改进的 EVS 型真空接触器，同时并联双向可控硅，短接时间为 0.01s。当系统不对称电压比较高，所配的阻尼电阻比较大时，还可配上特制的大容量具有过电压保护功能的快速导通器，保证暂态过程中的可靠性。

(9) 自动化水平比较高。成套装置为智能型在线测量电容电流，根据电容电流的变化需要调节时，自动发出调节指令，始终保持在最佳工作点，并能在屏幕上显示参数，实现远程通讯，无人值守。

(10) 采用先进的多种电容电流的测量方式，如幅值相位法、外加注入信号法等。根据电网不同情况，选用不同的测量方式，适应性比较强，测量精度高。

五、技术数据

(1) ZTJD 型消弧限压装置技术数据，见表 13-21。

表 13-21 ZTJD 型智能消弧限压装置技术数据

型号	系统额定电压 (kV)	调流范围 (A)	接地变压器容量 (kVA)	消弧线圈容量 (kVA)	型号	系统额定电压 (kV)	调流范围 (A)	接地变压器容量 (kVA)	消弧线圈容量 (kVA)
ZTJD6—100	6	9～28	100	32～100	ZTJD10—200	10	10～33	200	60～200
ZTJD6—125	6	11～35	125	40～125	ZTJD10—250	10	15～41	250	91～250
ZTJD6—160	6	15～44	160	54～160	ZTJD10—315	10	20～52	315	121～315
ZTJD6—200	6	18～55	200	65～200	ZTJD10—400	10	25～66	400	151～400
ZTJD6—250	6	23～70	250	82～250	ZTJD10—500	10	30～82	500	182～500
ZTJD6—315	6	30～87	315	108～315	ZTJD10—550	10	35～90	550	212～500
ZTJD6—400	6	40～110	400	144～400	ZTJD10—630	10	40～104	630	242～630
ZTJD6—500	6	50～138	500	180～500	ZTJD10—800	10	50～132	800	303～800
ZTJD6—550	6	60～153	550	216～550	ZTJD10—1000	10	60～165	1000	363～1000

续表 13-21

型　号	系统额定电压(kV)	调流范围(A)	接地变压器容量(kVA)	消弧线圈容量(kVA)	型　号	系统额定电压(kV)	调流范围(A)	接地变压器容量(kVA)	消弧线圈容量(kVA)
ZTJD6—630	6	70～175	630	250～630	ZTJD35—270	35	5～12		111～270
ZTJD6—800	6	80～222	800	288～800	ZTJD35—400	35	6～18		133～400
ZTJD10—125	10	7～20	125	42～125	ZTJD35—500	35	8～22		177～500
ZTJD10—160	10	9～26	160	55～160	ZTJD35—630	35	10～28		222～630
ZTJD35—800	35	13～36		288～800	ZTJD66—800	66	7～21		266～800
ZTJD35—1000	35	15～45		333～1000	ZTJD66—1000	66	9～26		342～1000
ZTJD35—1250	35	20～56		444～1250	ZTJD66—1250	66	12～33		456～1250
ZTJD35—1600	35	25～72		555～1600	ZTJD66—1600	66	15～42		570～1600
ZTJD35—2000	35	35～90		777～2000	ZTJD66—2000	66	18～52		684～2000
ZTJD66—550	66	5～14		190～550					

注　1. 35kV也可配接地变压器。

2. 接地变容量为不带二次负载时容量，若带二次负载时，其容量另定。

3. 以上参数为油浸式，干式可参考。

（2）接地变压器技术数据，见表13-22、表13-23。

表13-22　油浸式接地变压器技术数据

型　号	额定容量(kVA)	额定一次电压(kV)	额定中性点电流(A)	外形尺寸（mm）(长×宽×高)	轨　距(mm)	重量(kg)
SJD9—100/6	100/50	6.3±5%	28	1000×800×1250	550×550	520
SJD9—100/10	100/50	10.5±5%	16.5	1020×800×1250	550×550	520
SJD9—125/6	125/50	6.3±5%	34.5	1060×810×1270	550×550	590
SJD9—125/10	125/50	10.5±5%	20.6	1060×810×1270	550×550	590
SJD9—160/6	160/50	6.3±5%	44	1197×810×1311	550×550	646
SJD9—160/10	160/50	10.5±5%	26.5	1197×810×1311	550×550	646
SJD9—200/6	200/50	6.3±5%	55	1400×1030×1410	550×550	895
SJD9—200/10	200/50	10.5±5%	33	1400×1030×1410	550×550	895
SJD9—250/6	250/80	6.3±5%	70	1313×920×1459	550×550	1010
SJD9—250/10	250/80	10.5±5%	41	1313×920×1459	550×550	1010
SJD9—315/6	315/100	6.2±5%	87	1579×1090×1410	660×660	1170
SJD9—315/10	315/100	10.5±5%	52	1579×1090×1410	660×660	1170
SJD9—400/6	400/160	6.3±5%	110	1772×1006×1692	820×660	1533
SJD9—400/10	400/160	10.5±5%	66	1772×1006×1692	820×660	1533
SJD9—500/6	500/200	6.3±5%	138	1960×1160×1692	820×660	1708

续表 13-22

型号	额定容量(kVA)	额定一次电压(kV)	额定中性点电流(A)	外形尺寸(mm)(长×宽×高)	轨距(mm)	重量(kg)
SJD9—500/10	500/200	10.5±5%	82	1960×1160×1692	820×660	1708
SJD9—630/6	630/200	6.3±5%	173	1665×1219×1707	770×820	1836
SJD9—630/10	630/200	10.5±5%	104	1665×1219×1707	770×820	1836
SJD9—800/6	800/250	6.3±5%	220	1600×1250×1841	660×660	1900
SJD9—800/10	800/250	10.5±5%	132	1600×1250×1841	660×660	1900
SJD9—1000/6	1000/250	6.3±5%	275	1720×1300×1910	820×820	2275
SJD9—1000/10	1000/250	10.5±5%	165	1720×1300×1910	820×820	2275
SJD9—1250/6	1250/250	6.4±5%	344	1800×1360×2060	820×820	2960
SJD9—1250/10	1250/250	10.5±5%	206	1800×1360×2060	820×820	2960

表 13-23 干式接地变压器技术数据

型号	额定容量(kVA)	电抗率(%)	零序阻抗(Ω)	空载损耗(W)	负载损耗(120℃)(W)	空载电流(%)	阻抗电压(%)	重量(kg)	外形尺寸(mm)(长×宽×高)
DKSC—100/6	100	2.60	9.4	342	1637	0.81		680	1110×740×1006
DKSC—630/6	630	2.48	1.42	1014	5635	0.37		1560	1390×850×1350
DKSC—200/6.3	200	1.92	3.81	628	3037	0.72		770	1150×740×1220
DKSC—315/6.3	315	2.03	2.56	740	3707	0.54		1000	1200×740×1230
DKSC—500/6.3	500	2.56	2.03	835	5440	0.37		1190	1270×850×1245
DKSC—160/10.5	160	2.42	16.7	498	2329	0.70		760	1175×740×1140
DKSC—200/10.5	200	2.52	13.9	537	2469	0.61		900	1240×850×1110
DKSC—250/10.5	250	2.02	8.92	744	2920	0.70		940	1270×850×1175
DKSC—315/10.5	315	2.34	8.2	692	3566	0.52		1000	1240×850×1250
DKSC—315/10.5	315	2.34	8.2	716	3569	0.52		990	1240×850×1250
DKSC—315/10.5	315	2.16	7.57	765	3391	0.59		1050	1240×740×1310
DKSC—315/10.5	315	2.16	7.57	765	3391	0.59		1160	1240×740×1310
DKSC—400/10.5	400	2.44	6.73	825	4564	0.54		1050	1290×850×1280
DKSC—420/10.5	420	2.55	6.69	774	5056	0.39		1150	1270×850×1325
DKSC—500/10.5	500	1.91	4.21	1032	5159	0.48		1350	1330×850×1311
DKSC—500/10.5	500	4.01	8.83	610	6515	0.27		1200	1280×850×1370
DKSC—500/10.5	500	0.74	1.63	1670	2054	0.77		2050	1390×850×1650
DKSC—600/10.5	600	1.53	2.81	1374	4776	0.53		1750	1420×850×1456
DKSC—630/10.5	630	1.61	2.82	1380	5461	0.50		1780	1420×850×1455
DKSC—750/10.5	750	2.20	1.33	1188	6576	0.38		1550	1390×850×1375
DKSC—500/10.5	500	4.42	35.8	2104	8229	0.86		2950	2415×1070×2049

（3）消弧线圈技术数据，见表13－24、表13－25。

表13－24 XDZ型油浸式消弧线圈技术数据

型 号	电 流 (A)	电 压 (V)	容 量 (kVA)	调流 级数	外形尺寸（mm） （长×宽×高）	轨 距 (mm)	重 量 (kg)
XDZ—100/6	9～28	3637	32.7～101.8		1100×630×1420	280×550	635
XDZ—100/10	5.5～16.5	6062	33.3～100		1100×630×1420	280×550	635
XDZ—125/6	11.5～34.5	3637	41.8～125.5		1130×650×1550	400×550	695
XDZ—125/10	7～20.6	6062	42.4～125		1130×650×1550	400×550	695
XDZ—160/6	15～44	3637	54.6～160		1210×650×1540	280×550	695
XDZ—160/10	9～26.5	6062	54.6～160		1210×650×1540	280×550	695
XDZ—200/6	18.5～55	3637	67.3～200		1105×850×1680	350×550	890
XDZ—200/10	11～33	6062	66.7～200		1105×850×1680	350×550	890
XDZ—250/6	23～69	3637	83.7～251		1225×950×1746	400×660	986
XDZ—250/10	14～41	6062	84.9～250		1225×950×1746	400×660	986
XDZ—315/6	29～87	3637	105～316		1225×950×1746	400×660	1322
XDZ—315/10	17～52	6062	103～315		1225×950×1746	400×660	1322
XDZ—400/6	37～110	3637	135～400		1318×940×2036	400×660	1310
XDZ—400/10	22～66	60602	133～400		1318×940×2036	400×660	1310
XDZ—500/6	46～138	3637	167～502		1640×1110×1996	480×660	1610
XDZ—500/10	28～82	6062	170～500		1640×1110×1996	480×660	1610
XDZ—630/6	58～173	3637	211～630	9～15	1410×1040×2090	400×820	2010
XDZ—630/10	35～104	6062	212～630		1410×1040×2090	400×820	2010
XDZ—800/6	73.5～220	3637	267～800		1410×1150×2090	400×820	2010
XDZ—800/10	44～132	6062	266～800		1410×1150×2090	400×820	2010
XDZ—1000/6	92～275	3627	335～1000		1560×1230×2240	400×1070	2750
XDZ—1000/10	55～165	6062	333～1000		1560×1230×2240	400×1070	2750
XDZ—250/35	3.7～11.2	22230	82.3～249				
XDZ—315/35	4.7～14.2	22230	104.5～315.7				
XDZ—400/35	6～18	22230	133.4～400.1		1245×1123×2328	440×660	1426
XDZ—500/35	7.5～22.5	22230	166.7～500.2		1413×1235×2295	550×820	1711
XDZ—630/35	9.4～28.3	22230	209～629.1		1530×1230×2310	550×820	2080
XDZ—800/35	12～36	22230	266.8～800.3		1600×1270×2415	550×820	2370
XDZ—1000/35	15～45	22230	333.5～1000.4		1620×1410×2521	550×820	2866
XDZ—1250/35	18.7～56.2	22230	415.7～1249.3		1760×1470×2610	550×820	3470
XDZ—1600/35	24～72	22230	533.5～1600.6		1840×1480×2720	660×1070	3750
XDZ—2000/35	30～90	22230	666.9～2000.7		1890×1540×2910	660×1070	4035

表 13-25 XHDC 干式消弧线圈技术数据

型　号	额定电流（A）	系统电压（kV）	额定容量（kVA）	额定电压（kV）	额定电抗（Ω）	损耗120℃（W）	外形尺寸（mm）（长×宽×高）	重量（kg）
XHDC—175/6	15.0～48.0	6	55～175	3637	242.5～75.8	2267	880×740×1303	790
XHDC—200/6.3	13.0～90.0	6.3	50～172	3819	293.8～84.9	2400	860×740×1302	815
XHDC—315/6.3	30.0～90.0	6.3	115～344	3819	127.3～42.4	3725	970×740×1343	1110
XHDC—100/10	8.0～28.0	10	48～170	6062	757.8～216.5	1575	790×740×1187	550
XHDC—250/10	10.0～40.0	10	61～242	6062	606.2～1516	2745	960×740×1363	1097
XHDC—315/10	15.0～52.0	10	91～315	6062	404.1～116.6	3450	970×740×1323	1170
XHDC—400/10	25.0～66.0	10	152～400	6062	242.5～91.8	5433	910×740×1598	1110
XHDC—500/10	30.0～80.0	10	182～455	6062	202.1～75.8	5920	1020×740×1593	1350
XHDC—630/10	20.0～104	10	121～630	6062	303.1～58.3	5497	1060×1017×1723	1800
XHDC—125/10.5	10.0～20.0	10.5	61～121	6062	606.2～303.1	1880	840×740×1198	610
XHDC—200/10.5	8.00～33.0	10.5	51～210	6365	795.6～192.9	2997	910×740×1317	870
XHDC—200/10.5	10.0～33.0	10.5	64～210	6365	636.5～192.9	2977	880×740×1317	830
XHDC—400/10.5	10.0～60.0	10.5	61～364	6062	606.2～101	3992	1020×740×1553	1350

（4）阻尼箱技术数据，见表 13-26。

表 13-26 ZNX 型阻尼箱技术数据

型　号	系统电压（V）	电阻配置（Ω）	外形尺寸（mm）（高×宽×深）	安装尺寸（mm）	型　号	系统电压（V）	电阻配置（Ω）	外形尺寸（mm）（高×宽×深）	安装尺寸（mm）
ZNX—6/20	6	20	1000×640×450	600×350	ZNX—35/600	35	600	1700×1000×600	950×400
ZNX—10/20	10	20	1000×640×450	600×350	ZNX—66/750	66	750	1900×1000×600	950×400
ZNX—35/360	35	360	1200×1000×600	950×400					

（5）内过电压保护器技术数据，见表 13-27。

表 13-27 内过电压保护器技术数据

型　号	系统电压（kV）	外形尺寸（mm）	安装尺寸（mm）	备注	型　号	系统电压（kV）	外形尺寸（mm）	安装尺寸（mm）	备注
XY1WN—5	6	ϕ90×212	ϕ11		XY1MN—32	35	ϕ117×680	3—ϕ10.5	附计数器
XY1WN—10	10	ϕ90×218	ϕ11		XY1WN—54	66	ϕ117×700	3—ϕ10.5	附计数器

六、订货须知

订货时必须提供：

（1）网络电压等级及电容电流的实测值（无条件测量时提供估算值）、一次系统图、直流电源电压等。

（2）电网中性点不对称电压：35、66kV 电网中性点不对称电压实测值，6～10kV 电网母线PT开口角电压值及变化，新站的网络结构。

(3) 该产品装置所配接地变压器可代替站用变压器，注明二次容量。

(4) PC—104工控机及586工控机选择。

七、生产厂

邯山电力自动化研究所、新民科技发展有限公司。

13.19 ZBZH自动跟踪补偿消弧装置

一、用途

ZBZH自动跟踪补偿消弧装置适用于6、10kV中性点不接地系统，用于自动跟踪补偿电网单相接地故障电容电流和限制电网暂态及稳态的过电压，广泛应用于煤炭、矿井、油田、冶金、建材以及大中城市的高压配电网。

二、产品特点

(1) 消弧电抗器无级连续可调，在额定电压范围内电抗器电压和电流具有良好的线性关系。

(2) 成套装置采用消弧电抗器串联电阻联合接地方式，并将接地变压器和可调电抗器装在同一油箱内，减少体积。

(3) 控制装置分手动控制和自动控制两部分。若电网参数（主要是单相接地电容电流）改变时，自动控制装置能根据电网实际参数调节消弧电抗器电感值到最佳值。

(4) 自动跟踪补偿在电网发生单相接地故障以前完成，响应速度快。

(5) 自动显示控制系统电源、电抗器上、下限位，以及电网发生单相接地故障时的消弧电抗器电压和流经消弧电抗器的电流及报警信号。

(6) 可单独在电网中运行，也可两台或多台并联运行。

三、产品性能

测量精度高，响应速度快，运行可靠，补偿效果好，对高阻接地也能可靠动作。

四、技术数据

系统电压（kV）：10。

补偿电流（A）：ZBZH—10～25/10：10～25；
ZBZH—20～50/10：20～50；
ZBZH—40～100/10：40～100。

五、生产厂

江苏江都雷宇高电压设备有限公司。

第14章 放 电 线 圈

14.1 FDGZEX8 型放电线圈

一、概述

FDGZGEX8/$\frac{7.2}{\sqrt{3}}$、10、$\frac{11}{\sqrt{3}}$—1.7、2.5、3.4—1(W)(G) 型放电线圈系单相户内、户外装置，环氧树脂绝缘的全封闭产品与高压并联电容器组并联连接，当电容器组与系统断开后，能在5s内将电容器组上的剩余电压由$\sqrt{2}U_n$降至50V以下。在正常运行时，二次绕组可以作电压指示，剩余绕组接成开口三角，当电容器极间局部发生故障时会产生零序电压，驱动继电保护装置。

该型产品特点为体积小、重量轻、无局部放电、抗过电压能力强、空载损耗小、空载电流小、防污能力强、使用安装方便，免维护，是替代油浸式放电线圈的首选产品。

二、型号含义

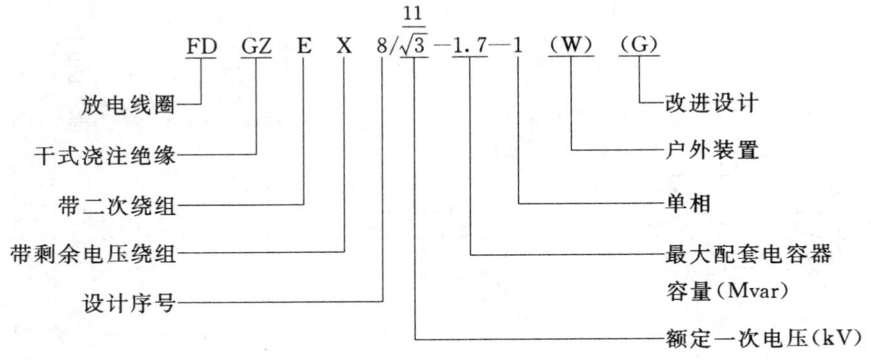

三、产品结构

该产品为树脂绝缘全封闭结构，FDGZE(X)8/11/$\sqrt{3}$—1.7—1WG 为户外干式瓷绝缘结构，采用环型铁芯，在同一个铁芯柱上同心地装有一次、二次线圈。

四、技术数据

该产品技术数据，见表14-1。

表 14-1 FDGZEX8 型放电线圈技术数据

型号	额定一次电压（kV）	额定二次电压（V）	额定二次输出（VA）cosϕ=0.8（滞后） 0.2	0.5	1	剩余电压绕组额定输出（VA）	放电容量（Mvar）
FDGZEX8/6.3/$\sqrt{3}$—1.7—1	6.3/$\sqrt{3}$	100/$\sqrt{3}$ 或 100 100/$\sqrt{3}$ 或 100	20	50	100	100/3V 6P 50	1.7
FDGZEX8/6.6/$\sqrt{3}$—1.7—1	6.6/$\sqrt{3}$						
FDGZEX8/11/$\sqrt{3}$—1.7—1	11/$\sqrt{3}$						
FDGZEX8/11/$\sqrt{3}$—2.5—1	11/$\sqrt{3}$						2.5
FDGZEX8/11/$\sqrt{3}$—3.4—1	11/$\sqrt{3}$						3.4
FDGZE8/10—1.7—1	10	100	20	50	100		1.7
FDGZE8/10—2.5—1							2.5
FDGZE8/10—3.4—1							3.4
FDGZEX8/6.3/$\sqrt{3}$—1.7—1W（G）	6.3/$\sqrt{3}$	100/$\sqrt{3}$ 或 100 100/$\sqrt{3}$ 或 100	20	50	100	100/3V 6P 50	1.7
FDGZEX8/6.6/$\sqrt{3}$—1.7—1W（G）	6.6/$\sqrt{3}$						
FDGZEX8/11/$\sqrt{3}$—1.7—1W（G）	11/$\sqrt{3}$						
FDGZEX8/11/$\sqrt{3}$—2.5—1W（G）	11/$\sqrt{3}$						2.5
FDGZEX8/11/$\sqrt{3}$—3.4—1W（G）	11/$\sqrt{3}$						3.4
FDGZE8/10—1.7—1W（G）	10	100	20	50	100		1.7
FDGZE8/10—2.5—1W（G）							2.5
FDGZE8/10—3.4—1W（G）							3.4

五、外形及安装尺寸

该产品外形及安装尺寸，见图 14-1。

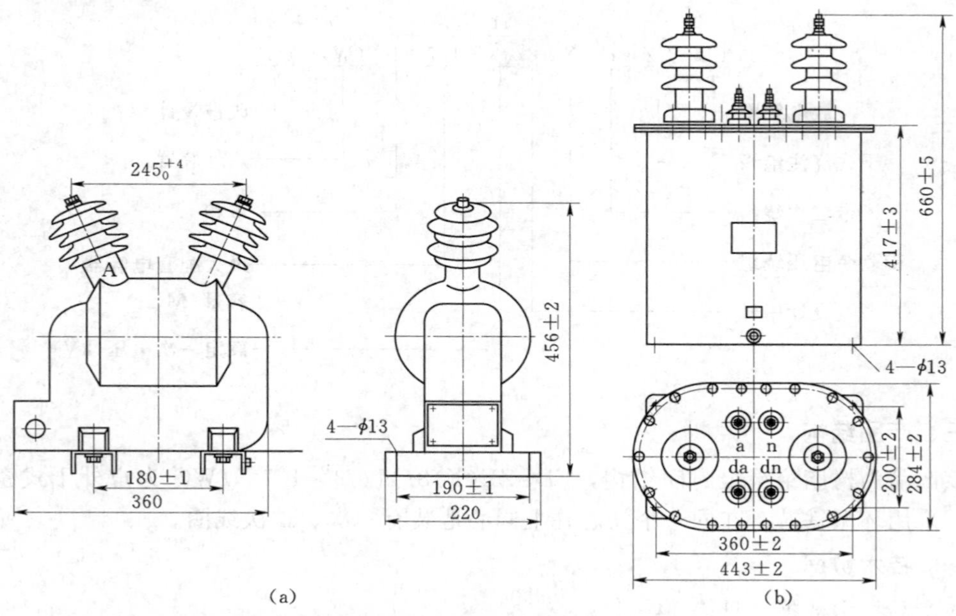

图 14-1 FDGZEX8 型放电线圈外形及安装尺寸

（a）户内、户外型；（b）户外干式瓷绝缘

六、生产厂

江苏靖江互感器厂。

14.2 FDGE8 型半封闭干式放电线圈（户内型）

一、概述

FDGE8 型放电线圈为环氧树脂真空浇注单相户内半封闭型产品，适用于额定频率为 50Hz、额定电压 10kV 及以下的电力系统中，与高压并联电容器组并联连接，当电容器组与系统断开后能在 5s 内将电容器组上的剩余电压降至安全电压。在正常运行时，二次绕组可以为电压指示。有特殊要求时，亦可带剩余电压绕组，起到继保护作用。

二、型号含义

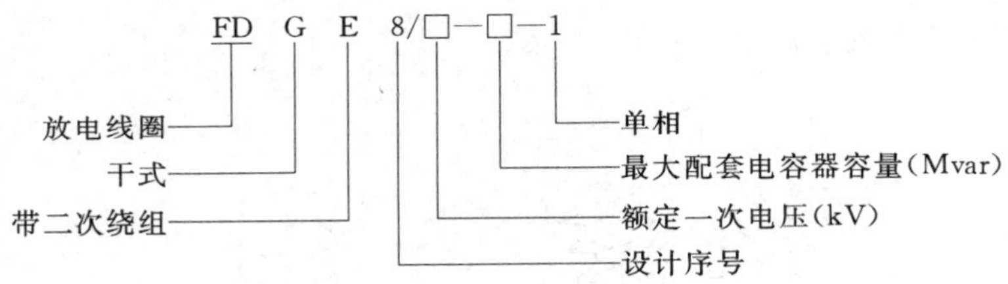

三、使用条件

(1) 户内。

(2) 环境温度（℃）：－5～＋40。

(3) 海拔（m）：＜1000。

(4) 无腐蚀性气体、蒸汽、无导电性或爆炸性尘埃。

(5) 无剧烈的机械振动。

(6) 相对湿度（%）：月平均不超过 90，日平均不超过 95。

四、产品结构

该放电线圈采用铁芯外露半浇注式结构。铁芯为优质硅钢片叠装而成。体积小，重量轻，空载小，抗过电压能力强，使用安装方便，免维护，是替代油浸式放电线圈的理想产品。

五、技术数据

(1) 执行标准：DL/T 653—1998《高压并联电容器用放电线圈订货技术条件》。

(2) 负荷功率因数：$\cos\phi=0.8$（滞后）。

(3) 表面爬电距离（mm）：＞300。

(4) 其它技术数据，见表 14－2。

表 14－2　FDGE8 型放电线圈技术数据

型　　号	额定电压比 (kV)	额定二次输出 (VA)			放电容量 (Mvar)	额定绝缘水平 (kV)
		0.2	0.5	1		
FDGE8/6.5/$\sqrt{3}$—1.7—1	6.6/$\sqrt{3}$/0.1	20	50	100	1.7	7.2/32/60
FDGE8/7.2/$\sqrt{3}$—1.7—1	7.2/$\sqrt{3}$/0.1					
FDGE8/11/$\sqrt{3}$—1.7—1	11/$\sqrt{3}$/0.1				1.7	12/42/75
FDGE8/11/$\sqrt{3}$—2.5—1					2.5	
FDGE8/11/$\sqrt{3}$—3.4—1					3.4	
FDGE8/12/$\sqrt{3}$—1.7—1	12/$\sqrt{3}$/0.1				1.7	12/42/75
FDGE8/12/$\sqrt{3}$—2.5—1					2.5	
FDGE8/12 $\sqrt{3}$—3.4—1					3.4	

六、外形及安装尺寸

该放电线圈外形及安装尺寸，见图 14－2。

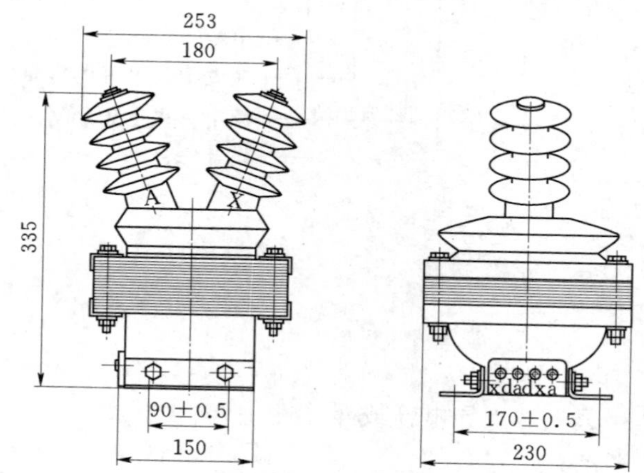

图 14－2　FDGE8 型放电线圈外形及安装尺寸

七、订货须知

订货时必须提供产品型号、额定一次电压、额定二次电压、准确级、额定输出、放电容量及特殊要求。

八、生产厂

大连第二互感器厂、上海欧宜电气有限公司。

14.3　FDGE9 型全封闭干式放电线圈（户内型）

一、概述

FDGE9 型放电线圈为环氧树脂真空浇注单相户内全封闭型产品，适用于额定频率为 50Hz、额定电压 10kV 及以下的电力系统中。与高压并联电容器组并联连接，当电容器组与系统断开后，能在 5s 内将电容器组上的剩余电压降至安全电压。在正常运行时，二次绕组可以做电压指示。有特殊要求时亦可带剩余电压绕组，起到继电保护作用。

二、型号含义

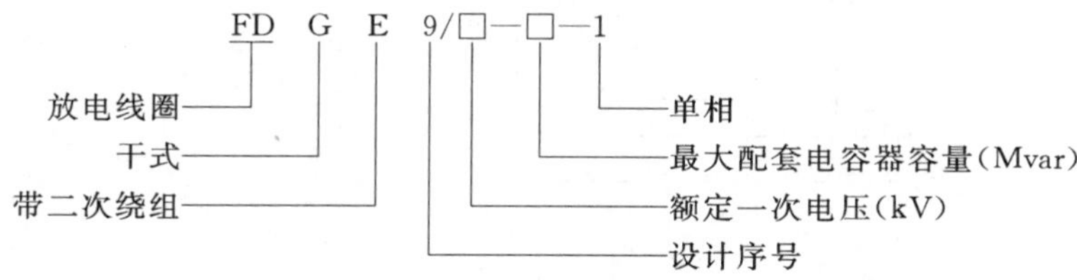

三、产品结构

该型放电线圈为全封闭结构。铁芯采用优质冷轧硅钢片叠装而成，铁芯与一、二次绕组以先进的真空浇注工艺浇注成型。体积小，重量轻，空载小，抗过电压能力强，使用安装方便，免维护，是替代油浸式放电线圈的理想产品。

四、使用条件

（1）户内型。

（2）环境温度（℃）：－5～＋40。

（3）海拔（m）：＜1000。

（4）无腐蚀性气体、蒸汽、无导电性及爆炸性尘埃，无剧烈的机械振动。

（5）相对湿度（%）：月平均＜90，日平均＜95。

五、技术数据

（1）执行标准：DL/T 653—1998《高压并联电容器用放电线圈订货技术条件》。

（2）负荷功率因数：$\cos\phi=0.8$（滞后）。

（3）表面爬电距离（mm）：＞300。

（4）其它技术数据，见表 14-3。

表 14-3 FDGE9 型全封闭干式放电线圈技术数据

型号	额定电压比 (kV)	额定二次输出 (VA)			放电容量 (Mvar)	额定绝缘水平 (kV)
		0.2	0.5	1		
FDGE9/6.6/$\sqrt{3}$—1.7—1	6.6/$\sqrt{3}$/0.1	20	50	100	1.7	7.2/32/60
FDGE9/7.2/$\sqrt{3}$—1.7—1	7.2/$\sqrt{3}$/0.1					
FDGE9/11/$\sqrt{3}$—1.7—1	11/$\sqrt{3}$/0.1				1.7	12/42/75
FDGE9/11/$\sqrt{3}$—2.5—1					2.5	
FDGE9/11/$\sqrt{3}$—3.4—1					3.4	
FDGE9/12/$\sqrt{3}$—1.7—1	12/$\sqrt{3}$/0.1				1.7	12/42/75
FDGE9/12/$\sqrt{3}$—2.5—1					2.5	
FDGE9/12/$\sqrt{3}$—3.4—1					3.4	

六、外形及安装尺寸

该放电线圈外形及安装尺寸，见图 14-3。

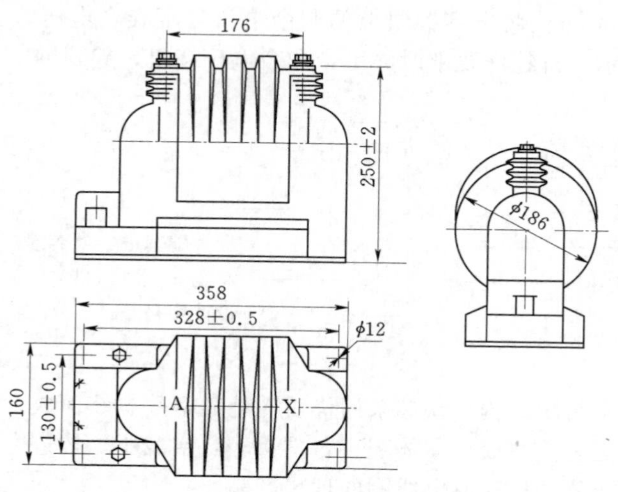

图 14 - 3 FDGE9 型放电线圈外形及安装尺寸

七、订货须知

订货时必须提供产品型号、额定一次电压、额定二次电压、准确级、额定输出、放电容量及特性要求。

八、生产厂

大连第二互感器厂。

14.4 FDGE10 型桶装干式放电线圈（户外型）

一、概述

FDGE10 型放电线圈为单相户外桶装干式产品，适用于额定频率 50Hz、额定电压 10kV 及以下的电力系统中。与高压并联电容器组并联连接，当电容器组与系统断开后能在 5s 内将电容器组上的剩余电压降至安全电压。在正常运行时，二次绕组可以做电压指示。有特殊要求时亦可带剩余电压绕组，起到继电保护作用。

二、型号含义

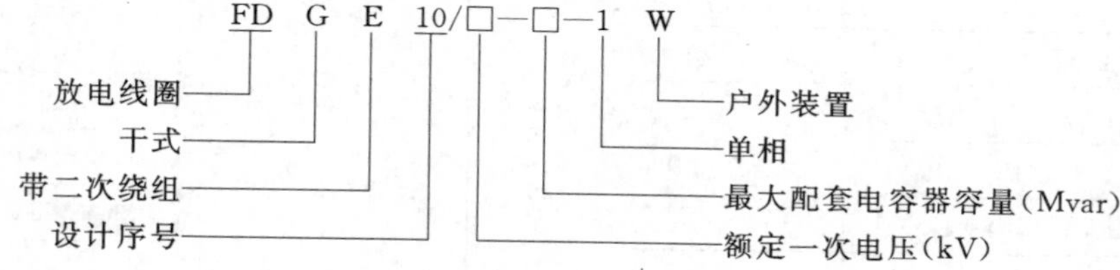

三、产品特点

该放电线圈为户外桶装干式结构。器身采用环氧树脂真空浇注成型装于铁桶内。全封闭，不受潮，耐高低温，耐电弧，耐紫外线，抗老化。特别适用于户外环境运行，体积小，重量轻，空载小，抗过电压能力强，使用安装方便，免维护，是替代户外油浸式放电线圈的理想产品。

四、使用条件

（1）户外型。

（2）环境温度（℃）：－40～＋40。

（3）海拔（m）：＜1000。

（4）安装场所无腐蚀性气体、蒸气，无导电性和爆炸性尘埃，无剧烈的机械振动。

五、技术数据

（1）执行标准：DL/T 653—1998《高压并联电容器用放电线圈订货技术条件》。

（2）负荷功率因数：cosϕ=0.8（滞后）。

（3）表面爬电距离（m）：＞380。

（4）其它技术数据，见表 14－4。

表 14－4　FDGE10 型桶装干式放电线圈技术数据

型　　号	额定电压比（kV）	额定二次输出（VA）			放电容量（Mvar）	额定绝缘水平（kV）
		0.2	0.5	1		
FDGE10/6.6/$\sqrt{3}$—1.7—1W	6.6/$\sqrt{3}$/0.1	20	50	100	1.7	7.2/32/60
FDGE10/7.2/$\sqrt{3}$—1.7—1W	7.2/$\sqrt{3}$/0.1					
FDGE10/11/$\sqrt{3}$—1.7—1W	11/$\sqrt{3}$/0.1				1.7	12/42/75
FDGE10/11/$\sqrt{3}$—2.5—1W					2.5	
FDGE10/11/$\sqrt{3}$—3.4—1W					3.4	
FDGE10/12/$\sqrt{3}$—1.7—1W	12/$\sqrt{3}$/0.1				1.7	12/42/75
FDGE10/12/$\sqrt{3}$—2.5—1W					2.5	
FDGE10/12$\sqrt{3}$—3.4—1W					3.4	

六、外形及安装尺寸

该放电线圈外形及安装尺寸，见图 14－4。

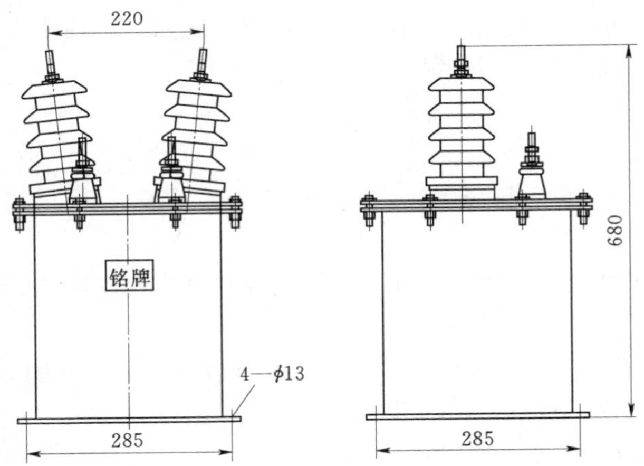

图 14－4　FDGE10 型放电线圈外形及安装尺寸

七、订货须知

订货时必须提供产品型号、额定一次电压、额定二次电压、准确级、额定输出、放电容量及特殊要求。

八、生产厂

大连第二互感器厂。

14.5 FDGE11型户外环氧树脂真空浇注式放电线圈

一、概述

FDGE11型放电线圈为环氧树脂真空浇注单相户外全封闭型产品，适用于额定频率为50Hz、额定电压10kV及以下的电力系统中。与高压并联电容器组并联连接，当电容器组与系统断开后能在5s内将电容器组上的剩余电压降至安全电压。在正常运行时，二次绕组可以做电压指示。有特殊要求时亦可带剩余电压绕组，起到继电保护作用。

二、型号含义

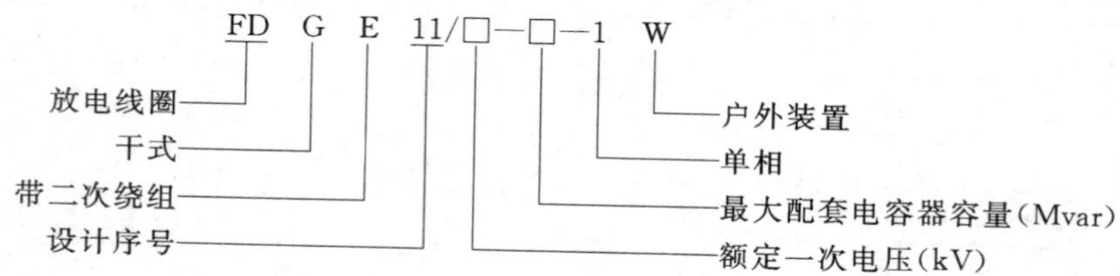

三、产品结构

该放电线圈为户外环氧树脂浇注全密封支柱式结构，由于采用户外环氧树脂真空浇注，产品具有耐电弧、耐紫外线、抗老化、寿命长等优良性能。二次接线端封闭好，既防窃电，又防火。体积小，重量轻，空载小，抗过电压能力强，使用安装方便，免维护，是替代户外油浸式放电线圈的理想产品。

四、使用条件

(1) 户外型。

(2) 环境温度（℃）：－40～＋40。

(3) 海拔（m）：＜1000。

(4) 安装场所无腐蚀性气体、蒸气，无导电性和爆炸性尘埃，无剧烈的机械振动。

五、技术数据

(1) 执行标准：DL/T 653—1998《高压并联电容器用放电线圈订货技术条件》。

(2) 负荷功率因数：$\cos\phi=0.8$（滞后）。

(3) 表面爬电距离（m）：＞420。

(4) 其它技术数据，见表14-5。

表 14-5 FDGE11 型户外环氧浇注放电线圈技术数据

型号	额定电压比 (kV)	额定二次输出 (VA)			放电容量 (Mvar)	额定绝缘水平 (kV)
		0.2	0.5	1		
FDGE11/6.6/$\sqrt{3}$—1.7—1W	6.6/$\sqrt{3}$/0.1	20	50	100	1.7	7.2/32/60
FDGE11/7.2/$\sqrt{3}$—1.7—1W	7.2/$\sqrt{3}$/0.1					
FDGE11/11/$\sqrt{3}$—1.7—1W	11/$\sqrt{3}$/0.1				1.7	12/42/75
FDGE11/11/$\sqrt{3}$—2.5—1W					2.5	
FDGE11/11/$\sqrt{3}$—3.4—1W					3.4	
FDGE11/12/$\sqrt{3}$—1.7—1W	12/$\sqrt{3}$/0.1				1.7	12/42/75
FDGE11/12/$\sqrt{3}$—1.5—1W					2.5	
FDGE11/12$\sqrt{3}$—3.4—1W					3.4	

六、外形及安装尺寸

该产品外形及安装尺寸，见图 14-5。

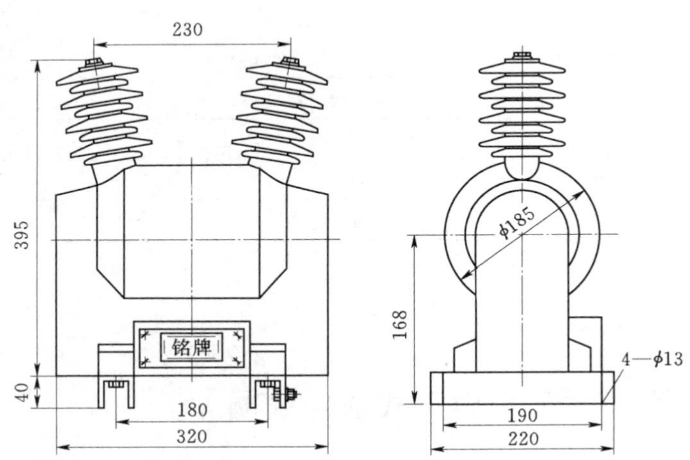

图 14-5 FDGE11 型放电线圈外形及安装尺寸

七、订货须知

订货时必须提供产品型号、额定一次电压、额定二次电压、准确级、额定输出、放电容量及特殊要求。

八、生产厂

大连第二互感器厂。

14.6 FDGE12 放电线圈

一、概述

本型放电线圈为环氧树脂真空浇注单相户内全封闭产品，适用于额定频率 50Hz、额定电压10kV以下的电力系统中。与高压并联电容器组并联连接，当电容器组与系统断开后，可在5s内将电容器组上的剩余电压降至安全电压。在正常运行时，二次绕组可以做电压指示，用户如有特别要求时，亦可带剩余电压绕组，起到继电保护作用。

二、技术数据

(1) 产品执行标准：DL/T 653—1998《电压并联电容器用放电线圈订货技术条件》。

(2) 负荷功率因数：cos=ϕ0.8（滞后）。

(3) 表面爬电距离：大于300mm。

FDGE12放电线圈技术数据，见表14-6。

表14-6 FDGE12放电线圈技术数据

型　　号	电压比（V）	准确级（0.2）
FDGE12/6.6/$\sqrt{3}$—4—1W	6600/$\sqrt{3}$/100	0.5
FDGE12/7.2/$\sqrt{3}$—4—1W	7200/$\sqrt{3}$/100	0.5
FDGE12/11/$\sqrt{3}$—4—1W	11000/$\sqrt{3}$/100	0.5
FDGE12/12/$\sqrt{3}$—4—1W	12000/$\sqrt{3}$/100	0.5
FDGE12/6.6/$\sqrt{3}$—5—1W	6600/$\sqrt{3}$/100	0.5
FDGE12/7.2/$\sqrt{3}$—5—1W	7200/$\sqrt{3}$/100	0.5
FDGE12/11/$\sqrt{3}$—5—1W	11000/$\sqrt{3}$/100	0.5
FDGE12/12/$\sqrt{3}$—5—1W	12000/$\sqrt{3}$/100	0.5
FDGE12/38.5/$\sqrt{3}$—4—1W	38500/$\sqrt{3}$/100	0.5
FDGE12/41.5/$\sqrt{3}$—4—1W	41500/$\sqrt{3}$/100	0.5

三、生产厂

上海欧宜电气有限公司。

14.7 FDN_2型半封闭户内干式放电线圈

一、用途

FDN_2型半封闭户内干式放电线圈适用于10kV电力系统中，与高压并联电容器组并联连接，使电容器从电力系统中切除后的剩余电荷迅速泄放，电容器的剩余电压在规定时间内达到要求值。该产品带有二次线圈，可供线路监控、监测和二次保护用。

二、结构特点

一、二次线圈采用高强度聚酯漆包线缠绕的圆筒式结构，加强绝缘结构，真空浇注，固化成型。铁芯采用日本优质冷轧低耗硅钢片卷绕。该产品损耗低、空载电流小，性能优良。

执行标准：DL/T 653—1998《高压并联电容器用放电线圈订货技术条件》。

三、使用条件

(1) 安装位置：户内式。

(2) 环境温度：－5～＋40℃。

（3）海拔：不超过 1000m。

（4）抗污秽能力：外绝缘的爬电比距不小于 25mm/kV（相对于系统最高电压）。

（5）安装地点无腐蚀性气体、蒸汽及导电性或爆炸性尘埃。

（6）安装场所无剧烈机械震动。

（7）相对湿度：月平均相对湿度不超过 90%，日平均相对湿度不超过 95%。

四、型号含义

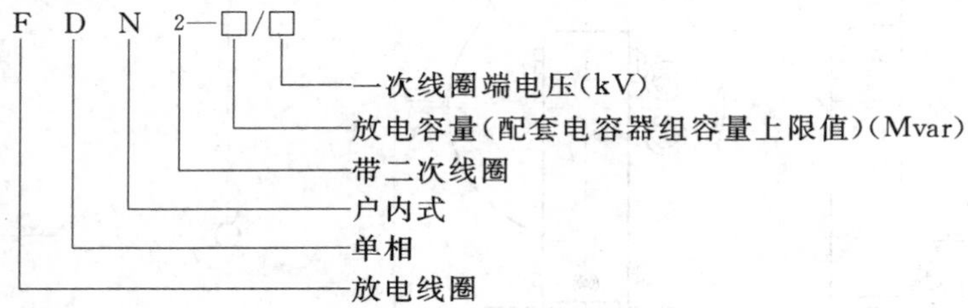

五、技术数据

（1）运行条件：在 1.1 倍额定电压下长期运行；在 1.15 倍额定电压下，每 24h 中少于 30min；1.2 倍额定电压下每月中 5min 以内少于 2 次；1.3 倍额定电压下每月中 1min 以内少于 2 次。

（2）绝缘水平：工频耐受电压 42kV；冲击耐受电压 75kV。

（3）误差：额定负荷容量下±1%。

（4）局部放电量：≤20pC。

（5）温升（线圈）：≤75℃（电阻法）。

（6）放电性能：电容器组断电后，经 5s 放电，端子间电压由$\sqrt{2}U_n$ 降至 50V 以下（U_n—额定一次电压）。放电线圈能承受 1.58$\sqrt{2}U_n$ 配套电容器组的储能放电。

（7）短路承受能力：在额定二次电压下，能承受二次短路电流在 1s 时间内所产生的热和机械力的作用而无损伤。

（8）额定电压比、二次负荷等技术数据，见表 14-7。

表 14-7 FDN_2 半封闭户内干式放电线圈

型号	额定电压比	二次负荷 (VA)	外形尺寸 (mm)			安装尺寸 (mm)			重量 (kg)
			L1	L2	H	L3	L4	ϕ1	
FDN_2—1.7/11/$\sqrt{3}$	6351/100	100	234	240	379	136	174	14	19.5
FDN_2—1.7/12/$\sqrt{3}$	6928/100								
FDN_2—2.0/11/$\sqrt{3}$	6351/100								
FDN_2—2.0/12/$\sqrt{3}$	6928/100								
FDN_2—2.5/11/$\sqrt{3}$	6351/100								
FDN_2—2.5/12/$\sqrt{3}$	6928/100								
FDN_2—3.4/11/$\sqrt{3}$	6351/100								
FDN_2—3.4/12/$\sqrt{3}$	6928/100								

六、外形及安装尺寸

FDN_2 型半封闭户内干式放电线圈外形及安装尺寸，见图 14－6。

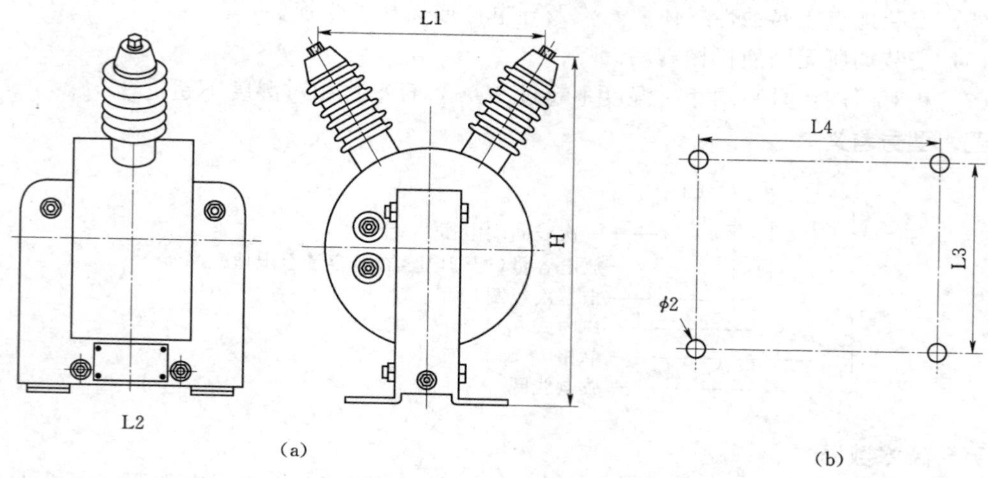

图 14－6　FDN_2 型半封闭户内干式放电线圈外形及安装尺寸
(a) 外形图；(b) 安装尺寸

七、订货须知

订货时必须提供系统额定电压和频率、额定一次电压、额定二次电压和二次负荷、配套电容器的容量及额定端电压等要求。

八、生产厂

西安中扬电气股份有限公司、西安拓朴利电气有限责任公司。

14.8　FDMEC 型放电线圈

一、概述

本型放电线圈用于交流 50Hz、6～35kV 电力系统中，与高压并联电容器组并联连接，使电容器从电力系统切除后的剩余电荷能快速泄放，电容器的剩余电压在规定时间内达到要求值。

本型放电线圈一次中间有抽头，并有两个二次，电压都为 100V，供电压差动保护用。

二、产品特点

本型放电线圈有两个独立的器身，互相没有磁联系。箱盖上有三个高压瓷套和四个低压瓷套。本型放电线圈采用全密封卧式结构，密封性能可靠，保证绝缘油与外界空气完全隔离，其补偿方式不用储油柜，而是采用结构先进补偿装置，放电线圈在运行中，箱体内始终保持微正压（最大＜0.01MPa，最小＞0.001MPa）。各个部位密封性能好，保证不渗漏油。在预期寿命期内不需检修或更换部件，属免维护产品。整个结构合理、性能优良、体积小、造型美观。

三、型号含义

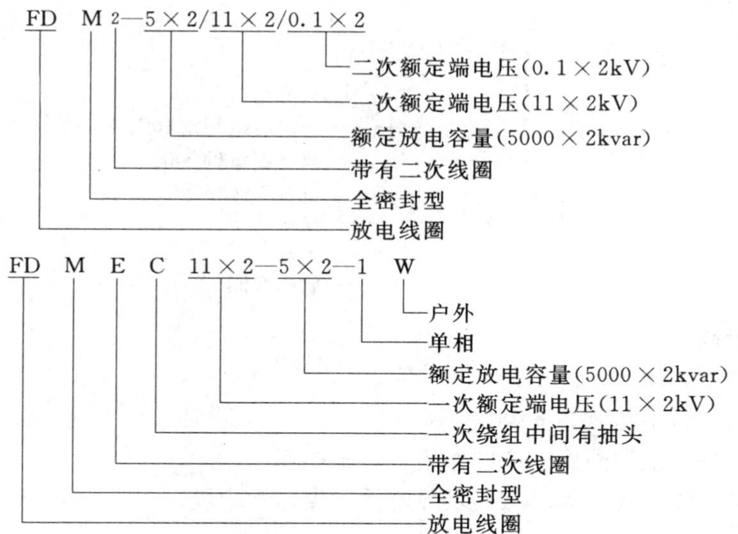

四、使用条件

(1) 安装位置：户外或户内。

(2) 环境温度：户外－40～＋40℃，－25～＋45℃，－5～＋55℃；户内－5～＋40℃。

(3) 海拔：不超过 1000m。

(4) 抗污秽能力：外绝缘爬电比距不小于 31mm/kV（相对于系统最高电压）。对重污秽区应适当加大爬电比距。

(5) 安装地点无腐蚀气体、蒸汽、无导电性或爆炸性尘埃。

(6) 安装场所无剧烈的机械振动。

(7) 最大风速：35m/s。

(8) 相对湿度：户内放电线圈，月平均相对湿度不超过 90%，日平均相对湿度不超过 95%。

五、生产厂

丹东长兴电器有限公司。

14.9 $FDGC_2$ 差压式户外干式放电线圈

一、产品特点

(1) 产品采用环氧树脂真空浇注结构，实现了无油化，完全免除了油渗漏、污染环境和易燃等缺点。

(2) 产品结构简单，安装使用方便。

(3) 加强的内外绝缘使产品具有极高的安全性。

(4) 产品维护简单，只需在停电检修时擦去表面灰尘即可。

（5）产品坚固可靠，机械强度高。

二、型号含义

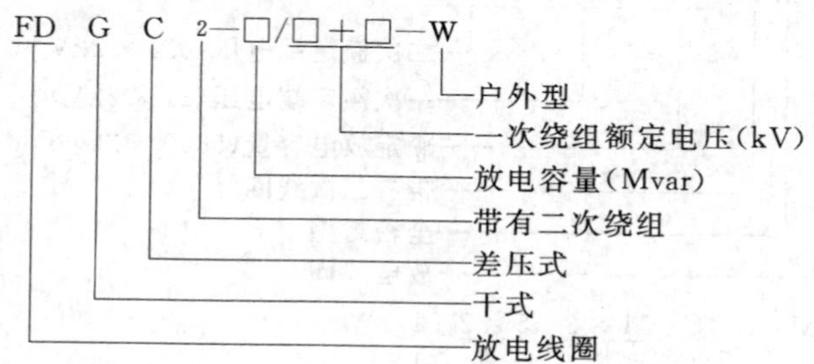

三、使用条件

（1）环境温度：用于户内－40～＋55℃。

（2）海拔高度：不超过 2000m。

（3）抗震水平：地震烈度 8 度的作用下，不损坏。

（4）安装场所无有害气体、蒸气及导电性、爆炸性尘埃。

四、技术数据

$FDGC_2$ 差压式户外干式放电线圈技术数据，见表 14－8。

表 14－8 $FDGC_2$ 差压式户外干式放电线圈技术数据

<table>
<tr><td>1</td><td colspan="3">系统标称电压（kV）</td><td>10 及以下</td></tr>
<tr><td>2</td><td colspan="3">一次绕组额定电压（kV）</td><td>$11/\sqrt{3}$、$12/\sqrt{3}$等</td></tr>
<tr><td>3</td><td colspan="3">二次绕组额定电压（V）</td><td>100、$100/\sqrt{3}$</td></tr>
<tr><td>4</td><td colspan="3">配套电容器组容量（kvar）</td><td>4000 及以下</td></tr>
<tr><td>5</td><td colspan="3">二次绕组额定负荷（VA）</td><td>100、50</td></tr>
<tr><td>6</td><td colspan="3">准确级别</td><td>1、0.5</td></tr>
<tr><td rowspan="3">7</td><td rowspan="3">绝缘水平</td><td rowspan="2">工频耐受电压（kV）（1min）</td><td>一次对二次对地（干试）</td><td>42</td></tr>
<tr><td>二次对地</td><td>3</td></tr>
<tr><td>雷电冲击电压（kV 峰值 1.2/50μs）</td><td>正、负极性标准雷电冲击波各三次</td><td>75</td></tr>
<tr><td>8</td><td colspan="3">局部放电水平</td><td>＜5pC</td></tr>
<tr><td>9</td><td colspan="4">工频的整倍频率电压：频率 400Hz，2.15 倍额定电压，历时 15s</td></tr>
<tr><td>10</td><td colspan="4">温升：在额定负荷，1.1 倍的额定电压下，温升＜20K</td></tr>
<tr><td rowspan="2">11</td><td rowspan="2">放电</td><td colspan="3">$\sqrt{2}$倍的额定电压降至 50V，时间＜5s</td></tr>
<tr><td colspan="3">能承受 1.58$\sqrt{2}$倍电容器组储能放电</td></tr>
<tr><td>12</td><td colspan="4">爬电比距：外绝缘的爬电比距不小于 35mm/kV</td></tr>
</table>

五、订货须知

（1）系统额定电压和频率。

（2）放电线圈各一次端子之间电压。

（3）放电线圈各一次端子之间配套的电容器的容量。

（4）放电线圈二次电压和负荷。

（5）放电线圈的二次测量准确级。

六、生产厂

西安拓朴利电气有限责任公司。

14.10 FDGQ型全封闭干式户外型放电线圈（10kV及以下）

一、概述

FDGQ型全封闭干式放电线圈用于电力系统中与高压并联电容器连接，使电容器组从电力系统中切除后的剩余电荷迅速泄放。因此，安装放电线圈是变电站内并联电容器的必要技术安全措施，可以有效地防止电容器组再次合闸时，由于电容器仍带有电荷而产生危及设备安全的合闸过电压和过电流，并确保人员的安全。该产品带有二次绕组，可供线路监控、监测和二次保护用。

二、使用条件

环境温度：－40～＋55℃。

海拔：不超过2000m。

抗震水平：地震烈度8度的作用下不损坏。

安装场所无有害气体、蒸气及导电性、爆炸性尘埃。

三、结构及性能特点

（1）采用环氧树脂真空浇注结构，实现了无油化，完全免除了渗漏油和易燃等缺点。

（2）结构简洁，整体性好，安装及使用方便。

（3）十分坚固、牢靠、机械强度高。

（4）加强了内外绝缘，安全可靠性高。

（5）维护工作量小，只需利用停电检修时适当擦去放电线圈外绝缘上的污秽即可。

（6）技术性能优越，完全满足了DL/T 653—1998标准的规定。

（7）顺应了国内输变电现场实施无油化管理的需求，具有很好的环境保护价值。

三、型号含义

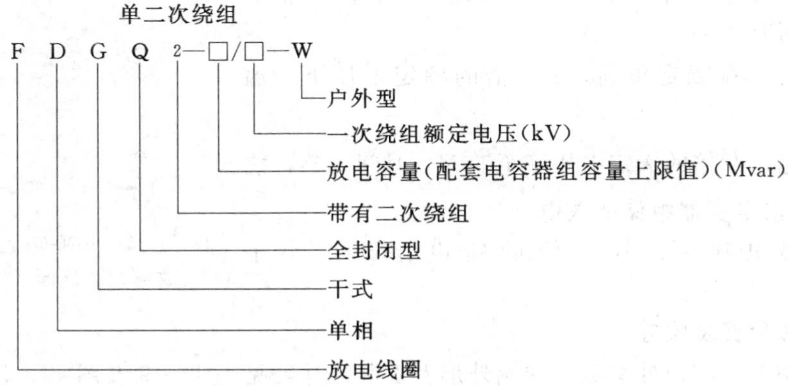

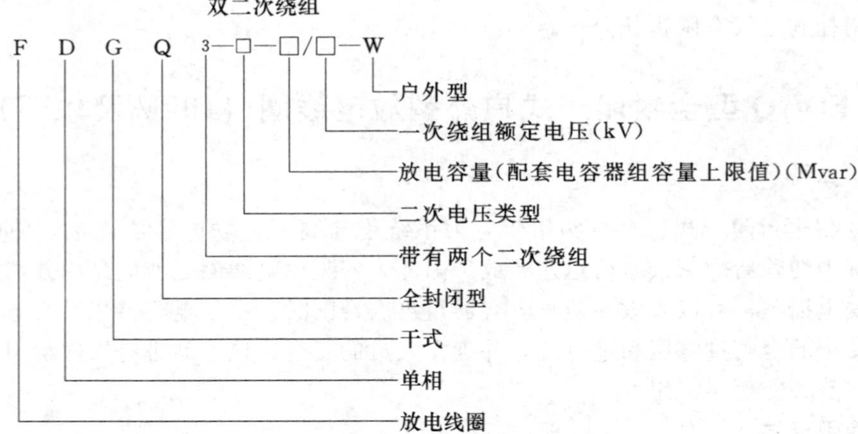

四、技术数据

(1) 系统标称电压 (kV)：10 及以下。

(2) 二次绕组额定电压 (V)：100 (二次带双线圈的例外)。

(3) 二次绕组额定负荷 (VA)：100，50。

(4) 准确级别：1，0.5。

(5) 绝缘水平：

工频耐受电压 (kV/1min)：一次对二次对地 (干试) 42；二次对二次对地 (湿试) 35；二次对铁芯及对地 3。

雷电冲击电压 ($kV_{峰值}$ 1.2/50μs)：正负极性标准雷电冲击波各三次 75。

(6) 局部放电水平 (pC)：<5。

(7) 工频的整倍频率电压：3 倍额定频率、2.15 倍额定端电压、历时 40s。

(8) 温升：在额定负荷、1.1 倍的额定电压下，温升<10K。

(9) 放电：$\sqrt{2}$倍的额定电压降至 50V，时间<5s，能承受 1.58$\sqrt{2}$倍电容器组储能放电。

(10) 爬电比距：外绝缘的爬电比距不小于 40mm/kV。

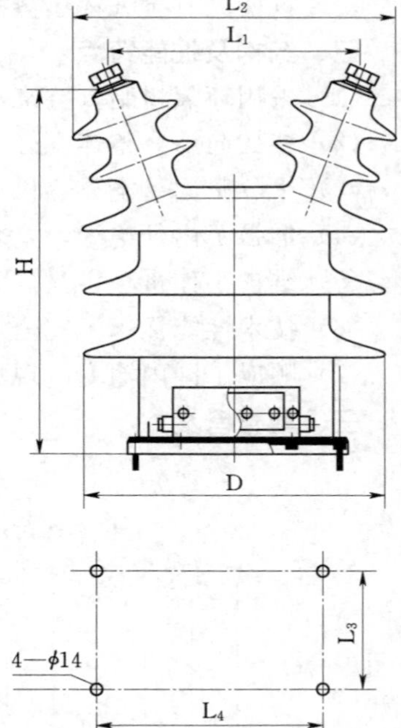

图 14-7 FDGQ 全封闭户外型放电线圈外形及安装尺寸

五、外形及安装尺寸

FDGQ 型全封闭户外型放电线圈外形及安装尺寸，见表 14-9 及图 14-7。

表 14-9 FDGQ全封闭户外型放电线圈外形及安装尺寸

<table>
<tr><th rowspan="2">型　号</th><th rowspan="2">额定电压比</th><th colspan="4">外形尺寸（mm）</th><th colspan="2">安装尺寸（mm）</th><th rowspan="2">重　量
(kg)</th></tr>
<tr><th>L_1</th><th>L_2</th><th>H</th><th>D</th><th>L_3</th><th>L_4</th></tr>
<tr><td>$FDGQ_2$—1.7/6.6/$\sqrt{3}$—W</td><td>3810/100</td><td rowspan="8">256</td><td rowspan="8">341</td><td rowspan="8">411</td><td rowspan="8">ϕ330</td><td rowspan="8">120</td><td rowspan="8">280</td><td rowspan="8">29</td></tr>
<tr><td>$FDGQ_2$—1.7/11/$\sqrt{3}$—W</td><td>6351/100</td></tr>
<tr><td>$FDGQ_2$—1.7/11.5/$\sqrt{3}$—W</td><td>6640/100</td></tr>
<tr><td>$FDGQ_2$—1.7/12/$\sqrt{3}$—W</td><td>6928/100</td></tr>
<tr><td>$FDGQ_2$—2.0/6.6/$\sqrt{3}$—W</td><td>3810/100</td></tr>
<tr><td>$FDGQ_2$—2.0/11/$\sqrt{3}$—W</td><td>6351/100</td></tr>
<tr><td>$FDGQ_2$—2.0/11.5/$\sqrt{3}$—W</td><td>6640/100</td></tr>
<tr><td>$FDGQ_2$—2.0/12/$\sqrt{3}$—W</td><td>6928/100</td></tr>
<tr><td>$FDGQ_2$—2.5/6.6/$\sqrt{3}$—W</td><td>3810/100</td><td rowspan="16">265</td><td rowspan="16">350</td><td rowspan="16">431</td><td rowspan="16">ϕ360</td><td rowspan="16">125</td><td rowspan="16">280</td><td rowspan="8">36</td></tr>
<tr><td>$FDGQ_2$—2.5/11/$\sqrt{3}$—W</td><td>6351/100</td></tr>
<tr><td>$FDGQ_2$—2.5/11.5/$\sqrt{3}$—W</td><td>6640/100</td></tr>
<tr><td>$FDGQ_2$—2.5/12/$\sqrt{3}$—W</td><td>6928/100</td></tr>
<tr><td>$FDGQ_2$—3.4/6.6/$\sqrt{3}$—W</td><td>3810/100</td></tr>
<tr><td>$FDGQ_2$—3.4/11/$\sqrt{3}$—W</td><td>6351/100</td></tr>
<tr><td>$FDGQ_2$—3.4/11.5/$\sqrt{3}$—W</td><td>6640/100</td></tr>
<tr><td>$FDGQ_2$—3.4/12/$\sqrt{3}$—W</td><td>6928/100</td></tr>
<tr><td>$FDGQ_2$—4.0/6.6/$\sqrt{3}$—W</td><td>3810/100</td><td rowspan="8">37</td></tr>
<tr><td>$FDGQ_2$—4.0/11/$\sqrt{3}$—W</td><td>6351/100</td></tr>
<tr><td>$FDGQ_2$—4.0/11.5/$\sqrt{3}$—W</td><td>6640/100</td></tr>
<tr><td>$FDGQ_2$—4.0/12/$\sqrt{3}$—W</td><td>6928/100</td></tr>
<tr><td>$FDGQ_{3-1}$—1.7/11/$\sqrt{3}$—W</td><td>6351/100/57.7</td></tr>
<tr><td>$FDGQ_{3-2}$—1.7/11/$\sqrt{3}$—W</td><td>6351/57.7/33</td></tr>
<tr><td>$FDGQ_{3-1}$—2.5/11/$\sqrt{3}$—W</td><td>6351/100/57.7</td></tr>
<tr><td>$FDGQ_{3-2}$—2.5/11/$\sqrt{3}$—W</td><td>6351/57.7/33</td></tr>
</table>

六、订货须知

订货时必须提供系统额定电压和频率、放电线圈的额定一次电压、放电线圈的额定二次电压和二次负荷、配套电容器组的容量及额定端电压。

七、生产厂

西安中扬电气股份有限公司、西安拓朴利电气有限责任公司。

14.11 FDG系列户内放电线圈/FDG系列并联电容放电线圈

一、概述

干式放电线圈为并联电容器配套适用于额定频率50Hz，额定相电压6～35kV电力系统中，并作并联电容器组退出运行后的放电，以保证再次投入运行时电容器的安全或检修时的工作安全。由于放电线圈带有准确级为1级的二次绕组，即可为正常运行时的电压指示或电压保护提供电压信号源。

二、使用条件

（1）户外或户内安装。

（2）环境空气温度类别为－25～＋40℃。

（3）可在高温、凝露及Ⅱ级污秽条件下长期使用。

（4）在高温、凝露条件下海拔高度不超过1000m。

（5）安装使用场所无严重的振动和颠簸。

三、技术数据

（1）连续稳态过电压：1.1倍额定电压。

（2）电压比误差：≤±1%（0～100%额定负荷下）。

（3）放电性能：与等于放电容量的并联电容器相并接，在额定电压下当电容器断电后，能使电容器端子间的电压在5秒内由 $2U_{1n}$ 降至50V以下。

（4）温升：在1.1倍额定电压及二次负荷下，干式线圈平均温升≤55℃（电阻法）。FDG系列半封闭干式放电线圈技术数据，见表14－10及表14－11。

表14－10 FDG系列半封闭干式放电线圈技术数据（一）

型号	放电容量 (kvar)	额定一次电压 (V)	额定二次电压 (V)	额定二次负荷 (VA)	重量 (kg)
FDG—3.4/11/—N	3400	11/	100	100	19
FDG—3.4/12/—N	3400	12/	100	100	19
FDG—3.4/11/—N	3400	11/	100，100/	100，57.7	19
FDG—3.4/12/—N	3400	12/	100/，100/3	57.7，33.3	19
FDG—3.4/11/—N	3400	11/	100，100	100，100	19
FDG—3.4/12/—N	3400	12/	100/，100/	57.7，57.7	19
适用于户内场合使用，海拔1000m，温度－5～40℃，各项参数也可根据用户要求设计，外绝缘爬电距离不小于30mm/kV（相对于系统最高电压）					

全封闭干式放电线圈

型号	放电容量 (kvar)	额定一次电压 (V)	额定二次电压 (V)	额定二次负荷 (VA)	重量 (kg)
FDGQ—3.4/11/—W	3400	11/—W	100	100	36
FDGQ—3.4/12/—W	3400	12/—W	100	100	36
FDGQ—3.4/11/—W	3400	11/—W	100，100/	100，57.7	36
FDGQ—3.4/12/—W	3400	12/—W	100/，100/3	57.7，33.3	36
FDGQ—3.4/11/—W	3400	11/—W	100，100	100，100	36
FDGQ—3.4/12/—W	3400	12/—W	100/，100/	57.7，57.7	36
适用于户内外各种场合使用，海拔2000m，温度－25～40℃，各项参数也可根据用户要求设计，外绝缘爬电距离不小于70mm/kV（相对于系统最高电压）					

表 14-11 FDG 系列半封闭干式放电线圈技术数据（二）

全封闭干式放电线圈					
型　号	放电容量 (kvar)	额定一次电压 (V)	额定二次电压 (V)	额定二次负荷 (VA)	重量 (kg)
FDGQ—3.4/11/—W—1	3400	11/	100	100	19
FDGQ—3.4/12/—W—1	3400	12/	100	100	19
FDGQ—3.4/11/—W—1	3400	11/	100，100/	100，57.7	19
FDGQ—3.4/12/—W—1	3400	12/	100/，100/3	57.7，33.3	19
FDGQ—3.4/11/—W—1	3400	11/	100，100	100，100	19
FDGQ—3.4/12/—W—1	3400	12/	100/，100/	57.7，57.7	19

适用于户内外各种场合使用，海拔 2000m，温度－25～40℃，各项参数也可根据用户要求设计，外绝缘爬电距离不小于 50mm/kV（相对于系统最高电压）

全封闭式差压式放电线圈						
型　号	放电容量 (kvar)	额定一次电压（V）		额定二次电压 (V)	额定二次负荷 (VA)	重量 (kg)
		A—A1	A1—X			
FDGC—3.4/5.5＋5.5/—W	3400	5.5/	5.5/	100，100	100，100	36
FDGC—3.4/6＋6/—W	3400	6/	6/	100，100	100，100	36
FDGC—5.0/5.5＋5.5/—W	5000	5.5/	5.5/	100，100	100，100	36
FDGC—5.0/6＋6/—W	5000	6/	6/	100，100	100，100	36

适用于户内外各种场合使用，海拔 2000m，温度－25～40℃，各项参数也可根据用户要求设计，外绝缘爬电距离不小于 50mm/kV（相对于系统最高电压）

四、生产厂

西安凯瑞电器设备有限公司。

14.12 FDG_2 型全封闭干式户内型放电线圈（10kV 及以下）

一、概述

FDG_2 型全封闭干式户内型放电线圈用于电力系统中与高压并联电容器连接，使电容器组从电力系统中切除后的剩余电荷迅速泄放，可有效地防止电容器组再次合闸时，由于电容器仍带有电荷而产生危及设备安全的合闸过电压和过电流，确保检修人员的安全。安装放电线圈是变电站内并联电容器的必要技术安全措施。

该产品使用条件：

环境温度：－25～＋45℃。

用于户内。

海拔：不超过 1000m。

抗震水平：地震烈度 8 度的作用下不损坏。

安装场所无有害气体、蒸气及导电性、爆炸性尘埃。

相对湿度：户内安装放电线圈月平均相对湿度不超过90%，日平均相对湿度不超过95%。

二、结构及性能特点

二次线圈采用高强度聚酯漆包线缠绕的圆筒式结构，真空浇注，固化成型，加强了内外绝缘。铁芯采用日本优质冷轧硅钢片卷绕。该产品重量轻、体积小、损耗低、空载电流小，性能优良，使用过程中维护工作量少，只需利用停电检修时适当擦去放电线圈外表面的污秽即可。

三、技术数据

（1）系统标称电压（kV）：10及以下。

（2）一次绕组额定电压（kV）：6.6$\sqrt{3}$，11/$\sqrt{3}$，12/$\sqrt{3}$等。

（3）二次绕组额定电压（V）：100。

（4）配套电容器组容量（Mvar）：4.0及以下。

（5）二次绕组额定负荷（VA）：100，50。

（6）准确级别：1，0.5。

（7）绝缘水平：

工频耐受电压（kV/1min）：一次对二次对地（干试）42；二次对铁芯对地3。

雷电冲击电压（$kV_{峰值}$1.2/50μs）：正、负极性标准雷电冲击波各三次75。

（8）局部放电水平（pC）：＜5。

（9）工频的整倍频率电压：3倍额定频率、2.15倍额定端电压，历时40s。

（10）温升：在额定负荷，1.1倍的额定电压下，温升＜10K。

（11）放电：$\sqrt{2}$倍的额定电压降至50V，时间5s，能承受1.58$\sqrt{2}$倍电容器组储能放电。

（12）爬电比距：外绝缘的爬电比距不不于25mm/kV。

四、订货须知

订货时必须提供系统额定电压和频率，放电线圈的额定一次电压、额定二次电压和二次负荷，配套电容器组的容量及额定端电压。

五、生产厂

西安中扬电气股份有限公司、西安拓朴利电气有限责任公司。

14.13 FDDC型干式放电线圈

一、概述

FDDC型干式放电线圈是青岛恒顺电器有限公司专为并联电容器配套的无油化的专利产品（专利号ZL95 2 20536x），适用于额定频率50Hz、额定电压6～10kV电力系统中，并作并联电容器组退出运行后的放电，以保证再次投入运行时电容器的安全或检修时的工作安全。由于放电线圈带有准确级为1级的二次线圈，即可为正常运行时的电压指示或电压保护提供电压信号源。

二、型号含义

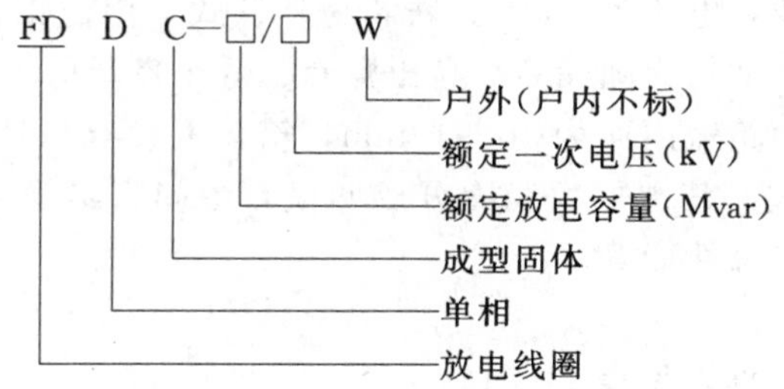

三、技术数据

(1) 连续稳态过电压：1.1倍额定电压。

(2) 电压比误差：≤±1%（0～100%额定负荷下）。

(3) 放电性能：与等于放电容量的并联电容器相并联，在额定电压下当电容器断电后，能使电容器在5s内由$\sqrt{2}U_{in}$降至50V以下。

(4) 温升：在1.1倍额定电压及二次负荷下，油浸式线圈平均温升≤55℃（温度计法）。干式线圈平均温升≤55℃（电阻法）。

四、使用条件

(1) 户内，户外。

(2) 环境温度（℃）：－25～＋40。

(3) 可在高温、凝露及Ⅱ级污秽条件下长期使用。

(4) 在高温、凝露条件下海拔不超过1000m。

(5) 安装使用场所无严重的振动和颠簸。

五、生产厂

青岛恒顺电器有限公司。

14.14 FD2 放电线圈

一、概述

FD2放电线圈用于6～10kV交流50Hz电力系统中，作为并联或滤波电容器组放电之用，在断电后短时将电容器剩余电荷放电，以保护设备和检修人员安全。放电线圈的二次绕组供测量、控制和保护回路使用。

二、型号含义

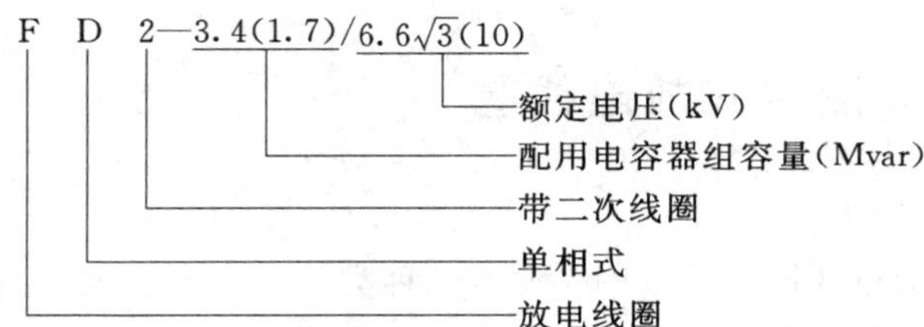

三、产品结构

该产品带有二次线圈，电压为 100V。铁芯为外铁式，用硅钢片叠装而成，在中心柱上装置一次及二次线圈。油箱为圆桶型，高压瓷套、低压瓷套均固定箱盖上，器身固定在盖下，浸在油中，油面距箱盖内面为 10～15mm，箱盖上设有与外界自由通气的注油箱。一、二次线圈均为圆桶式，其中一次线圈分成两段，中间有绝缘垫圈隔开。整个结构紧凑，体积小，重量轻，绝缘性能好。

四、技术数据

FD2 放电线圈技术数据，见表 14-12。

表 14-12 FD2 放电线圈技术数据

型　　号	系统额定电压 (kV)	配用电容器组容量 (Mvar)	额定端电压 (kV)	额定电压比 (kV)	试验电压 (kV)	二次额定电压 (V)	二次额定负荷 (VA)
FD2—3.4/6.6$\sqrt{3}$	6	3.4	3.8	6/0.1	25	100	50×2
FD2—1.7/10	10	1.7	6.35	10/0.1	35	100	100

五、外形及安装尺寸

FD2—3.4/6.6$\sqrt{3}$型放电线圈外形及安装尺寸，见图 14-8。

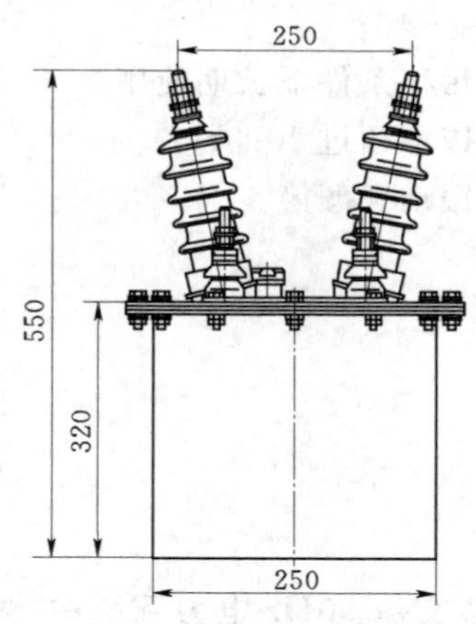

图 14-8 FD2 放电线圈外形及安装尺寸

六、生产厂

浙江三爱互感器有限公司。

14.15 FD2—2.5 油浸式放电线圈

一、概述

FD2—2.5 油浸式放电线圈应用范围：滤波；种类：电流互感器；品牌：DONGRONG；型号：FD2—2.5；绕线形式：单层间绕式。

二、产品特点

6、10、35kV 和 66kV 户外型放电线圈铁芯采用优质硅钢片迭装而成，在芯柱上配置适当的绝缘装上线圈（作差压保护专用的内装二个铁芯，高压侧有三个接线端子），器身固定在箱盖上，经真空干燥处理后，真空注变压器油浸透，再装入油箱内，然后油箱抽真空注满油，油箱上两侧装上不锈钢金属膨胀器，并由罩壳保护，使绝缘油与气隔绝，不易老化及吸湿，为全封闭结构，下部底脚装有槽钢供安装固定用。

三、技术数据

一次额定电压（kV）$6/\sqrt{3}$、$10/\sqrt{3}$、11×2、11.5×2、12×2、21×2、$38.5/\sqrt{3}$、$42/\sqrt{3}$、$66/\sqrt{3}$。

二次额定电压（V）100、100×2 并可根据用户要求特殊设计。

额定二次负荷（VA）100、100×2。

绝缘水平：符合 GB 311—83 规定。

晕高长期工作电压 $1.1U_n$。

变比误差：≤±1%。

放电容量：1700、2500、3400、1700×2、3000×2、5000×2、5000、10000。

放电时间：电容器上剩余电压在 5 秒钟自 U_n 降至 $0.1U_n$，5 分钟内自降至 50V 以下满足 GB 3983—83 要求。特殊设计的可使剩余电压在 5 秒钟内降至 50V 以下。

温升：线圈≤30k（电阻法）油面≤28k（温度计法）。

使用环境温度：－25～＋40℃，户内或户外。

四、生产厂

无锡市东亭电容器厂。

14.16　FD2/FM2 系列放电线圈

一、概述

本型放电线圈带有二次线圈，电压为 100V，其中 FD2A 型为带有两个二次线圈的产品，此放电线圈铁芯为壳式，用硅钢片迭装而成，在中心柱上设置一次及二次线圈，高压套管、低压套管均固定在箱盖上。器身固定在箱盖下，器身浸在油箱中，油面距箱盖为 10～15mm，箱盖上设有与外界自由通气的注油塞。箱底有安装底脚，以供安装用。一、二次线圈均为圆筒式。其中一次线圈分成二段，中间用绝缘垫圈隔开。整个结构紧凑，体积小，重量轻，绝缘良好。全密封放电线圈油箱底部安装膨胀器。

二、使用环境

（1）本放电线圈使用环境温度为－40～＋40℃，相对湿度为 85%。

（2）海拔不超过 1000m，户外安装。

（3）本型放电线圈安装地点应无腐蚀性气体、蒸气、化学沉积、灰尘污垢。

（4）没有强烈振动及撞击的地方。

（5）放电线圈的外壳必须可靠接地。

三、技术数据

FD2/FM2 系列放电线圈技术数据，见表 14-13。

表 14-13 FD2/FM2 系列放电线圈技术数据

型号	系统电压(kV)	配用电容器组容量(kvar)	一次额定端电压(kV)	工频耐压试验电压(kV)	二次额定电压(kV)	工频耐压试验电压(kV)	二次额定负荷(VA)
FD2—1.7/11/$\sqrt{3}$	10	1700	11/3	42	100	3	100
FD2A—1.7/11/$\sqrt{3}$	10	1700	11/3	42	100/$\sqrt{3}$，100/3	3	50×2
FM2—1.7/11/$\sqrt{3}$	10	1700	11/3	42	100	3	100
FD2C—5×2/11×2	35	5000×2	11×2	95	100×2	3	100×2
FM2C—5×2/11×2	35	5000×2	11×2	95	100×2	3	100×2
FD2—10/38.5/$\sqrt{3}$	35	10000	38.5/$\sqrt{3}$	95	100×2	3	100×2
FD2—10/35	35	10000	35	95	100×2	3	100×2

四、生产厂

上海华通互感器有限公司。

14.17 FDDR 型油浸式放电线圈

一、概述

FDDR 型油浸式放电线圈与高压并联电容器配套使用，能在 5s 内将断电的电容器组上的剩余电荷释放至安全电压以下，以保证操作人员的安全，防止重复合闸时产生叠加过电压；带有二次绕组的放电线圈，可做信号、监测和继电保护用。

二、型号含义

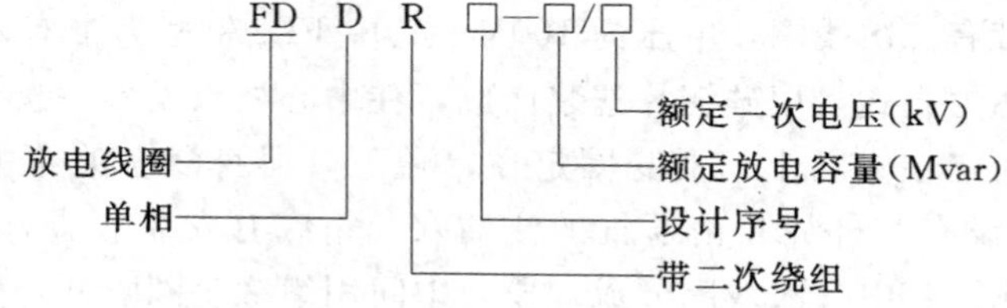

三、使用条件

(1) 户外。

(2) 海拔 (m)：≤1000。

(3) 环境温度 (℃)：−25～+40。

(4) 最大风速 (m/s)：≤35。

(5) 无强烈振动或冲击。

(6) 无腐蚀性气体、化学沉积和爆炸性尘垢。

四、技术数据

（1）最高工作电压：1.1倍额定电压。

（2）电压比误差（%）：≤±1（额定负荷时）。

（3）放电时间（s）：≤5。

（4）温升（℃）：线圈平均温升≤55（电阻法）；油面温升≤50（温度计法）。

五、生产厂

青岛恒顺电器有限公司。

14.18 FDZ_2 型干式放电线圈（开口）

一、概述

本型放电线圈用于交流50Hz、35kV电力系统中，与高压并联电容器组并联连接，使电容器从电力系统切除后的剩余电荷能快速泄放，电容器的剩余电压在规定时间内达到要求值。本型放电线圈有一个二次绕组可以兼作电气保护装置用。

二、使用环境

（1）安装位置：户外或户内。

（2）环境温度：户外－40～＋40℃，－25～＋45℃，－5～＋55℃；户内－5～＋40℃。

（3）海拔：不超过2000m。

（4）抗污秽能力：外绝缘爬电比距不小于31mm/kV。

（5）安装地点无腐蚀气体、蒸气、无导电性或爆炸性尘埃。

（6）安装场所无剧烈的机械振动。

（7）最大风速：35m/s。

三、型号含义

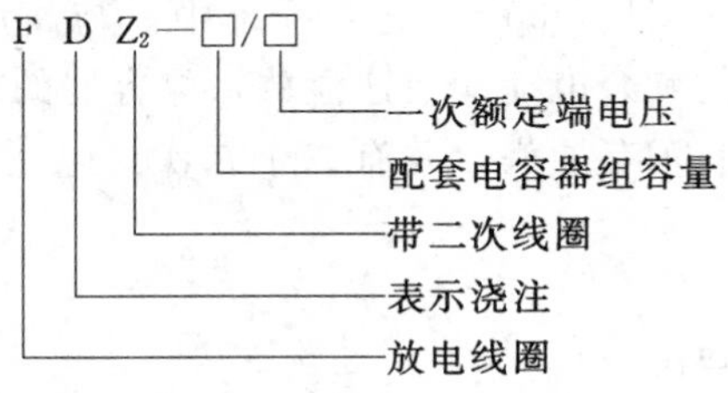

四、产品特点

FDZ_2 型放电线圈是树脂浇注干式装置，在中心柱上装有一次及二次线圈。采用进口户外树脂全浇注而成。整个结构一、二次线圈均为圆筒式。本放电线圈结构紧凑，体积小，重量轻，绝缘好，无油迹，免维护。

五、技术数据

FDZ_2 型干式放电线圈（开口）技术数据，见表14-14。

表 14-14 FDZ_2 型干式放电线圈（开口）技术数据

序号	项目		数据	
1	系统标称电压（kV）		35	
2	一次额定端电压（kV）		38.5/$\sqrt{3}$，42/$\sqrt{3}$	
3	二次额定端电压（V）		100	100/$\sqrt{3}$，100/3
4	二次额定负荷（V·A）		50，100	50×2，100×2
5	准确级		0.5，1	0.5，1
6	配套电容器最大容量（kvar）		10000	10000
7	绝缘水平	工频耐受电压（kV）	95	
		雷电冲击电压（kV）	200	
8	匝间耐受电压：3 倍额定频率 2.15 倍额定电压历时 40s			
9	局部放电水平≤20pC			
10	放电时间＜5s			
11	抗污秽能力：外绝缘爬电比距≥31mm/kV			
12	接线方式：减极性			
13	频率：50Hz			
14	相数：单相			

六、生产厂

丹东长兴电器有限公司。

14.19 FDZ_2 型干式放电线圈（差压）

一、概述

本型放电线圈用于交流 50Hz、35kV 电力系统中，与高压并联电容器组并联连接，使电容器从电力系统切除后的剩余电荷能快速泄放，电容器的剩余电压在规定时间内达到要求值。本型放电线圈一次中间有抽头，并有二个二次，电压都为 100V，供电压差动保护用。

二、使用条件

（1）安装位置：户外或户内。

（2）环境温度：户外－40～＋40℃，－25～＋45℃，－5～＋55℃；户内－5～＋40℃。

（3）海拔：不超过 2000m。

（4）抗污秽能力：外绝缘爬电比距不小于 31mm/kV。

（5）安装地点无腐蚀气体、蒸汽、无导电性或爆炸性尘埃。

（6）安装场所无剧烈的机械振动。

（7）最大风速：35m/s。

三、型号含义

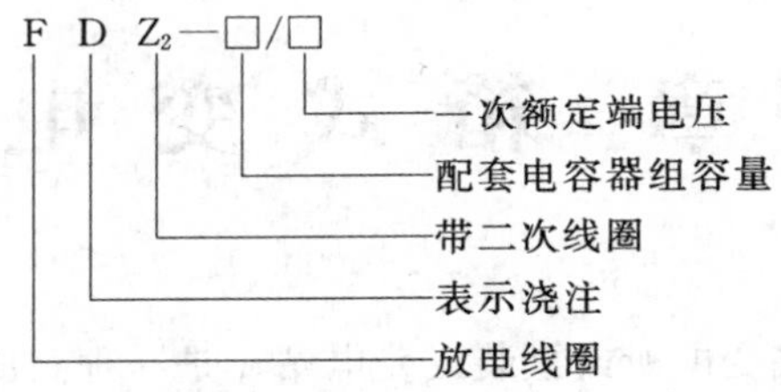

四、产品特点

FDZ_2 型放电线圈是树脂浇注干式装置，在中心柱上装有一次及二次线圈。本型放电线圈有两个独立的器身，互相没有磁联系。采用进口户外树脂全浇注而成。本放电线圈结构紧凑，体积小，重量轻，绝缘好，无油迹，免维护。

五、技术数据

FDZ_2 型干式放电线圈（差压）技术数据，见表 14-15。

表 14-15 FDZ_2 型干式放电线圈（差压）技术数据

1	系统标称电压（kV）		35
2	一次额定端电压（kV）		11×2，12×2
3	二次额定端电压（V）		100×2
4	二次额定负荷（V·A）		50×2，100×2
5	准确级		0.5，1
6	配套电容器最大容量（kvar）		10000
7	绝缘水平	工频耐受电压（kV）	95
		雷电冲击电压（kV）	200
8	匝间耐受电压：3 倍额定频率 2.15 倍额定电压历时 40s		
9	局部放电水平≤20pC		
10	放电时间<5s		
11	抗污秽能力：外绝缘爬电比距≥31mm/kV		
12	接线方式：减极性		
13	频率：50Hz		
14	相数：单相		

六、生产厂

丹东长兴电器有限公司。

第15章 箱式变电站

箱式变电站又叫预装式变电所或预装式变电站。是一种高压开关设备、配电变压器和低压配电装置，按一定接线方案排成一体的工厂预制户内、户外紧凑式配电设备，即将高压受电、变压器降压、低压配电等功能有机地组合在一起，安装在一个防潮、防锈、防尘、防鼠、防火、防盗、隔热、全封闭、可移动的钢结构箱体内，机电一体化，全封闭运行，特别适用于城网建设与改造，是继土建变电站之后崛起的一种崭新的变电站。箱式变电站适用于矿山、工厂企业、油气田和风力发电站。它替代了原有的土建配电房，配电站，成为新型的成套变配电装置。

15.1 YB系列箱式变电站

15.1.1 上海输配YB型预装式变电站

一、概述

本预装式变电站组件采用国内外优质元器件，性能可靠，结构紧凑，既适用于环网运行，又适用于终端运行，特别适用于城市公用配电、高新技术开发区、工矿企业、居民小区等用电场所，作配电系统中接受和分配电能之用。

二、型号含义

上海输配YB型预装式变电站型号含义，见表15-1。

表15-1 上海输配YB型预装式变电站型号含义

结构特征代号		高压主回路方案号				
1	2	1	2	3	4	5
目字形	品字形	终端不带计量	终端带计量	环网不带计量	环网带计量	双端

三、产品特点

(1) 运行灵活：利用V型或T型负荷开关环网或终端供电方式。

(2) 配电自动化：增加适当配制，可实现预装式变电站远方监控、遥控、报警、保护等自动化功能。

(3) 深入负荷中心：缩小供电半径，节省电缆投资，提高供电质量。

(4) 占地面积小：节约土地资源。

(5) 有利环保：节能降耗，减少环境污染。

四、技术数据

上海输配YB型预装式变电站技术数据，见表15-2。

表 15-2 上海输配 YB 型预装式变电站技术数据

单元	项目	单位	参数
高压单元	额定电压	kV	10
	额定频率	Hz	50
	额定电流	A	630
	工频耐受电压 对地和相间/隔离断口	kV/1min	42/48
	雷电冲击电压 对地和相间/隔离断口	kV	75/85
	额定短时耐受电流	kA/2s	20
	额定峰值耐受电流	kA	50
低压单元	额定电压	kV	0.4
	主回路额定电流	A	400～2000
	额定短时耐受电流	kA/1s	30
	额定峰值耐受电流	kA	63
	支路电流	A	100～630
	分支回路路数	路 Way	0～8
	补偿容量	kvar	0～160
变压器单元	额定电压	kV	10
	额定容量	kVA	315～1000
	频耐受电压	kV	35
	雷电冲击电压	kV	95
	连接组别	Dyn11	
	分接范围	5%、±2×2.5%、±3×2.5%	
	阻抗电压	4%、4.5%	
	损耗	据用户要求，最高性能水平可达到 S16 型	
箱体	防护等级	≥IP33	
	声级水平	≤50dB（距变电站 1m 处）	

五、外形尺寸

上海输配 YB 型预装式变电站外形尺寸，见表 15-3。

表 15-3 上海输配 YB 型预装式变电站外形尺寸

容量（kVA）	L（mm）	B（mm）	H（mm）	M（mm）	N（mm）
315～500	2600	1800	2300	2840	2040
630～800	2800	2100	2300	3040	3040
1000	3100	2200	2500	3340	2440

六、生产厂

上海输配电气有限公司。

15.1.2 济南济变志亨YB系列预装式变电站

一、概述

本系列产品适用于户外及户内安装，广泛应用于工矿企业、住宅小区、高层建筑、车站、码头、临时工地等。具有体积小、结构紧凑、造型美观、检修方便、安装调试周期短、无需专人值守、经济效益高等特点。特别是它可以深入负荷中心，对提高供电质量，减少电能损耗，增强供电系统的安全可靠性以及对配电网路改造都是十分重要的。

本系列产品符合GB/T 17467—1998《高压低压预装式变电站》、QB/DQ 9466—88《低压成套开关设备基本试验方法》、DL/T 537—93《6～35kV箱式变电站订货技术条件》、IEC 1330等相关标准要求。

二、产品特点

(1) 本系列产品箱体骨架结构采用槽钢、型钢、角钢构成，具有较高的机械强度，可整体吊装和运输。

(2) 外壳依照客户需要可分别选用彩钢复合板、不锈钢板、镀铝锌板＋压力浸漆木板或玻纤水泥材料。产品美观大方且具有良好的防腐、隔热、降噪性能。

(3) 各室之间均用隔板隔成各自独立的小室，变压器室装有自动除凝温控排风装置。

(4) 为了方便监视和检修，变压器室、低压室、高压室均设有照明装置。

三、使用环境

海拔高度不超过1000m。

环境温度：最高气温＋40℃，最低气温－25℃；最高日平均气温＋30℃，最高年平均气温＋20℃。

户外风速不超过35m/s。

空气相对温度不超过90％（＋25℃）。

地面倾斜度不大于3％。

地震水平加速度不大于0.4m/s。

地震垂直加速度不大于0.2m/s。

安装地点无火灾、爆炸危险、化学腐蚀及剧烈震动。

四、技术数据

济南济变志亨YB系列预装式变电站技术数据，见表15－4。

表15－4 济南济变志亨YB系列预装式变电站技术数据

单元	项目	单位	参数		
高压单元	额定频率	Hz	50		
	额定电压	kV	6	10	35
	最高工作电压	kV	6.9	11.5	40.5
	工频耐受电压对地和相间/隔离断口	kV	32/36	42/48	95/118
	雷电冲击电压对地和相间/隔离断口	kV	60/70	75/85	185/215
	额定电流	A	400A/600A		
	额定短时耐受电流	kA	12.5 (2s)	16 (2s)	20 (2s)
	额定峰值耐受电流	kA	31.5	40	50

续表 15-4

单元	项目	单位	参数		
低压单元	额定电压	V	380/220		
	主回路额定电流	A	100～3200		
	额定短时耐受电流	kA	15	30	50
	额定峰值耐受电流	kA	30	63	110
	支路电流	A	10～800		
	分支路数	路	1～12		
	补偿容量	kvar	0～360		
变压器单元	额定容量	kVA	50～2500		
	阻抗电压	%	4	4～6	
	分接范围		±2×2.5%　±5%		
	连接组别		Y,yn0	D,yn11	

五、生产厂

济南济变志亨电力设备有限公司。

15.1.3 宁夏力成YB□系列交流预装式变电站

一、概述

YB□系列预装式变电站，具有成套性强、体积小、结构紧凑、运行安全可靠、维护方便以及可移动等特点。与常规土建式变电站相比，同容量的箱式主电站占地面积通常仅为常规变电站的1/10～1/5，大大减少了设计工作量及施工量，减少了建设费用。在配电系统中，可用于环网配电系统，也可用于双电源或放射终端配电系统，是目前城乡变电站建设和改造的新型成套设备。

YB□系列预装式变电站符合SD 320—1992《箱式变电站技术条件》和GB/T 17467—1998《高压/低压预装式变电站》的标准。

二、型号含义

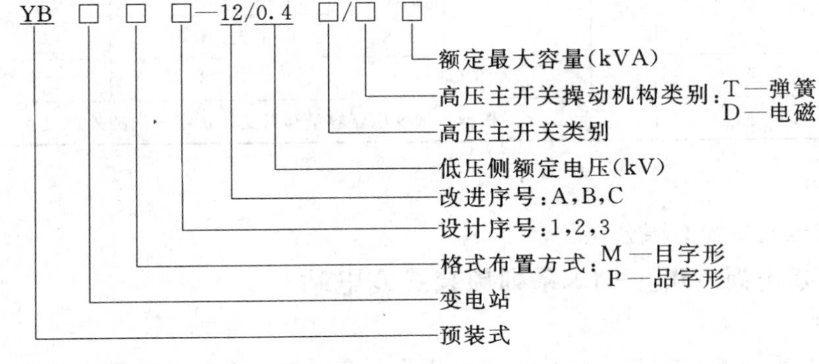

三、使用环境

海拔高度不超过1000m。

环境温度最高不超过＋40℃，最低不低于－25℃，24小时周期内平均温度不超过＋35℃。

户外风速不超过35m/s。

空气相对湿度不超过90%（＋25℃）。

地震水平加速度不大于0.4m/s²，垂直加速度不大于0.2m/s²。

无火灾、爆炸危险、严重污秽、化学腐蚀及剧烈振动的场所。

四、技术数据

宁夏力成YB□系列交流预装式变电站技术数据，见表15－5。

表15－5 宁夏力成YB□系列交流预装式变电站技术数据

序号	项目	单位	高压电器	变压器	低压电器
1	额定电压 U_e	kV	7.2、12	6/0.4、10/0.4	0.4
2	额定容量 S_e	kVA		目字形：200～1250	
				品字形：50～400	
3	额定电流 I_e	A	200～630		100～3000
4	额定开断电流	A	负荷开关400～630A		15～63
		kA	组合电器取决于熔断器		
5	额定短时耐受电流	kAxs	20×2	200～400kVA	5×1
			12.5×4	400kVA	30×1
6	额定峰值耐受电流	kA	31.5，50	200～400kVA	30
				400kVA	63
7	额定关合电流	kA	31.5，50		
8	工频耐受电压1min	kV	相对地及相间40，30	油漆：35/5min	≤300V时2kV
			隔离断口48，34	干式：28/5min	300、680V时2.5kV
9	雷电冲击	kV	相对地及相间75，60	75	
			隔离断口85，75		
10	噪声水平	dB		油漆：<55	
				干式：<65	
11	防护等级		IP33	IP23	IP33
12	外形尺寸	根据所选变压器容量和形式，选定不同的外形尺寸			

五、生产厂

宁夏力成电气集团有限公司。

15.1.4 江苏正尚YB□—12系列预装式变电站

一、概述

YB□—12系列预装式变电站是集高压开关、变压器、低压开关于一体的成套变配电装置，是江苏正尚电气有限公司为满足城网建设需要自行开发设计的系列产品，具备工艺先进、造型美观、运行可靠、维护简便、结构紧凑、移动方便、占地面积小等优点。适用于城市高层建筑、住宅小区、风景小区、工矿企业、公共场所及临时性设备等变配电场所。产品既可用于环网配电系统，又可作为放射式电网终端供电，并可配高低压计量单元与低压电容补偿装置。

二、产品特点

（1）外壳采用环保型非金属箱体，隔热抗辐射、防湿抗凝露、隔音抗风防尘能力强。墙面及贴面瓷砖颜色可与周围环境协调。

（2）内部结构呈“目”字或“品”字形排列，将变电站分为三个独立的空间，每个空间均有独立的自然通风口与室内照明装置，变压器室另装有按温度自动开启排风功能风扇。

（3）高压单元为各种方案的高压开关柜组合。包括进出线柜、馈线柜、计量柜、环网柜。采用进口负荷开关环网单元，对于以后配电自动化的发展在硬件上作了充分的储备。模块化设计，方便加装电动操作机构及数据采集单元。

（4）变压器采用低损耗、低温升、低噪音、全密封免维护油浸式或环氧树脂绝缘干式变压器，充分体现节约能源、利于环保，实际运行满足短时满载过负荷要求。

（5）低压单元为各种方案的低压开关组合。包括母线计量柜、总断路器柜、低压馈线柜、电容补偿柜，采用板式结构。作为线路分配与过载短路保护的断路器，选用高分断电网专业型，满足用户对开关电流动热稳态要求，配备低压自动无功补偿装置及低压计量单元，系统采用 PLC 采集数据，应用逻辑分析与判断现场的开关状态，通过触摸屏显示开关跳闸时间与跳闸次数，记载变压器历史温度曲线与电容器投运累计时间。

（6）高压连接采用全密封电缆拔插件，实现全绝缘零电位，裸电部位加热塑管、低压铜排过渡软连接等。

（7）整机体现工艺先进、确保人身安全、无故障免维护，节能与控制先进。

（8）工艺先进、造型美观、运行可靠、维护简便、结构紧凑、移动方便、占地面积小等优点。

三、使用环境

（1）由于箱变是免维护设计，在维护上不是很方便，因此在开关设备的选择上应优先选择性能比较优良的，变压器选用性能好、低损型的。

（2）现阶段市面上的欧式箱变虽然体积较大但散热都不是尽善尽美的，尤其是在太阳直晒比较严重的地区，温度升高，影响塑壳断路器分断，使得断路器不能正常开断负载及短路电流，易引发故障，因此散热装置是必要的，江苏正尚电气有限公司建议要在箱式变基础中做成散热池，以增加对流。

四、技术数据

江苏正尚 YB□—12 系列预装式变电站技术数据，见表 15-6。

表 15-6 江苏正尚 YB□—12 系列预装式变电站技术数据

序号	技术性能	单位	高压电器部分	变压器	低压电器部分
1	额定电压	kV	12	10/0.4	0.4
2	额定容量	kVA		100～1600	
3	额定电流	A	400、630	由变压器容量定	100～2500

续表 15-6

序号	技术性能	单位	高压电器部分	变压器	低压电器部分
4	额定短路开断电流	kA	31.5		50
5	额定短时耐受电流	kA	20/4s		≤200kVA、250～400kVA、≥500kVA
6	额定峰值耐受电流	kA	50		免试 15/1s、30/1s
7	额定关合短路电流	kA	50		免试 30、63
8	1min 工频耐压	kV	对地、相间 42 断口间 48	35（28）	
9	雷电冲击耐压	kV	对地、相间 75 断口间 85	75	2.5
10	箱体防护等级		IP33	IP53	IP33
11	噪声水平	dB		油变≤55 干变≤65	

五、安装尺寸

江苏正尚 YB□—12 系列预装式变电站安装尺寸，见表 15-7。

表 15-7 江苏正尚 YB□—12 系列预装式变电站安装尺寸

序号	容量（kVA）	外形尺寸（mm）
1	160	3000×2400×2500
2	200	3000×2400×2500
3	250	3000×2400×2500
4	315	3000×2400×2500
5	400	4000×2300×2500
6	500	4500×2300×2500
7	630	4500×2400×2500
8	800	4500×2400×2500
9	1000	4500×2400×2500
10	1250	5000×2400×2500
11	1600	5000×2400×2500

六、生产厂

江苏正尚电气有限公司。

15.1.5 河北坤腾 YB（ZBW）系列预装景观式变电站

一、概述

YB（ZBW）系列预装景观式变电站，是将高压电器设备、变压器、低压电器设备等组合成紧凑型成套配电装置（又分欧式箱变，美式箱变），用于城市高层建筑、城乡建筑、居民小区、高新技术开发区、中小型工厂、矿山油田以及临时施工用电等场所，作配电系统中接受和分配电能之用。

二、型号含义

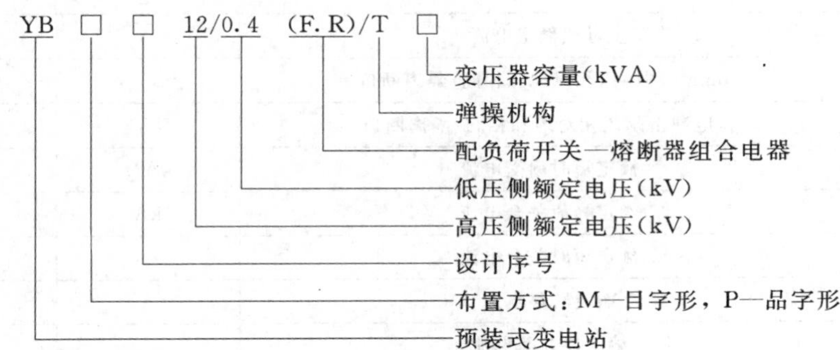

三、产品特点

变电站结构呈“目”字形或“品”字形布置。

产品壳体材料采用铝合金板、不锈钢板、复合板、玻璃纤维增强水泥板等。

变电站底座为镀锌槽钢或水泥制作，耐腐蚀性强，具有足够的机械强度。

箱体顶盖采用双层结构，具有良好的隔热、防辐射和通风效果。

变电站各室用铁板隔开形成独立的小室，各室均设有照明设施，变压器室顶部及侧部装有自动排风装置，调节变压器室温度。

箱变箱体颜色灵活，可与周围环境协调。

高压室内放置本公司生产高压开关柜，其特点为结构紧凑，操作简单，可任意组合。

高压开关柜维护方便，安全可靠，具有“五防”操作功能。

变压器采用节能型 S11—M、S11—MR 全密封油浸式变压器，或者用 SC10、SCB10 干式变压器，由用户指定。

变压器室顶部装有风机，当变压器室温度超过设定值，风机就会自动启动降低室内温度。

可根据用户要求，设计任意配置低压方案。

四、使用环境

（1）海拔不超过 1000m。

（2）周围空气温度不高于＋45℃；不低于－25℃。

（3）户外风速不超过 35m/s。

（4）相对湿度：日平均值不大于 95％，月平均值不大于 90％。

（5）安装地点：安装在没有火灾、爆炸危险、没有严重污秽、化学腐蚀及剧烈振动的场所。

五、技术数据

河北坤腾 YB（ZBW）系列预装景观式变电站技术数据，见表 15－8。

表 15-8 河北坤腾 YB（ZBW）系列预装景观式变电站技术数据

单 元	项 目	单 位	参 数
高压单元	额定电压	kV	12
	额定频率	Hz	50
	主母线额定电流	A	630
	1min 工频耐压相对地和相间/隔离断口	kV	42/48
	雷电冲击耐压相对地和相间/隔离断口	kV	75/85
	额定短时耐受电流	kA/s	25/2
	额定峰值关合电流	kA	63
	额定短时关合电流	kA	50
	额定转移电流	A	1500
	熔断器开断电流	kA	31.5
低压单元	额定电压	V	400
	主回路额定电流	A	按容量确定
	额定极限短路分断能力	kA	80
	额定运行短路分断能力	kA	50（65）
	额定短时耐受电流	kA/s	50（65）
	支路电流、补偿容量	按用户要求	
变压器单元	额定容量	kVA	100～400
	阻抗电压	%	4.0、4.5
	分接范围	%	±2×2.5、±5
	连接组别	Y，yn0	D，yn11
箱体	外壳防护等级		IP23
	声级水平	dB	≤50

六、生产厂

河北坤腾实业集团有限公司。

15.1.6 广东紫光 YBD1—12 地埋预装式变电站

一、概述

YBD1—12 地埋预装式变电站（地埋式箱变）是由埋入地下的变压器部分及位于地上的高低压配电部分组成，预装地下式箱变其变压器可在水中安全运行一段时间，地上的配电柜部分是由灯箱广告牌封闭，能与周围环境完美结合，特别适用于城市道路两侧及小区内部，由于灯箱式广告位可以出售或者出租，该设备所需费用可在很短的时间内回收。

二、产品特点

适合城市环境（安装在地下室或地坑内），尤其适合人口密集的中心城市。适合街道、高速公路、桥梁、隧道、停车场、机场、港口、旅游景点等的照明和动力系统。

高低压进出线采用防水全密封、全绝缘、全屏蔽的接线方式。

箱体外壳采用防腐不锈钢制作、全密封，在一段时间内可浸入水中并保证安全运行。

保护系统充分考虑操作方便和安全性。

充分考虑散热条件的特殊性，变压器以低损耗设计。

变压器地坑内安装防水进入保护及自动排水措施。

低压柜采用双层门结构，防护等级达到IP34，第二层为仪表门，确保灯箱式外壳被破坏以后，低压柜仍然达到一个完整独立的户外低压产品的保护水平，低压主断路器采用结构紧凑的进口框架断路器或电子式塑壳断路器。

低压柜的保护外壳采用户外灯箱式保护外壳，灯箱式外壳的两面可安装全天候广告板，采用体积小，绿色节能的LED发光组件。

地埋式变压器基础为预制式结构，可根据客户要求灵活采用不同的材料进行预制。

产品的整体预装程度高，现场安装简单快捷。

三、使用环境

(1) 海拔高度：不超过1000m。

(2) 最高气温：+40℃。

(3) 最低气温：−45℃。

(4) 最高月平均温度：+35℃。

(5) 最高年平均温度：+25℃。

(6) 安装环境：无爆炸性、腐蚀性液体、气体和粉尘，安装场所无剧烈振动；允许在一定时段内部分或全部浸没在水中运行。

(7) 地震引发的地面加速度：水平方向低于$3m/s^2$；垂直方向低于$1.5m/s^2$。

(8) 电源电压的波形：近似于正弦波。

(9) 三相电源对称性：对于三相地下式变压器，三相电源电压应大致对称。

四、技术数据

广东紫光YBD1—12地埋预装式变电站技术数据，见表15-9。

表15-9 广东紫光YBD1—12地埋预装式变电站技术数据

序号	名称	单位	高压侧	变压器	低压侧
1	额定电压	kV	10		0.4
2	最高工作电压	kV	12		
3	额定容量	kVA		30～1600	
4	额定电流（元件）	A	5～630		50～3200
5	短时耐受电流	kA	12.5、16、20		15～75
6	额定短路耐受时间	s	2		1
7	峰值耐受电流	kA	20、31.5、4		30～165
8	工频耐压	kV	42	35	5
9	雷电冲击耐压	kV	75	75	
10	高压限流熔断路额定开断电流	kA	31.5		
11	噪声水平	dB		≤48	
12	额定频率	Hz		50	

五、生产厂

广东紫光电气有限公司。

15.1.7 浙江海盟YBD地埋式箱式变电站

一、概述

箱式变电站又称户外成套变电站，也称作组合式变电站，因其具有组合灵活、便于运输、迁移、安装方便、施工周期短、运行费用低、占地面积小、无污染、免维护等优点，被广泛应用于城市小型变配电站、厂矿及流动作业用变电站的建设与改造。因其易于深入负荷中心，减少供电半径，提高末端电压质量，特别适用于城市电网改造。

随着城乡现代化建设进程的加快，城市的建设已步入旨在改善街景市貌的都市美容阶段。传统的箱式变电站错落无序地挤占闹市的黄金地面，与优美的城市环境显得格格不入。城市规划、高速公路、公共设施的建设对电力设备的要求越来越高，在欧、美、日等发达国家，已按照城市生态设计理念，逐步将变压器埋入地下安装。地埋式箱变就是为了满足上述领域的要求而设计开发的全新的一种电力成套设备。

二、型号含义

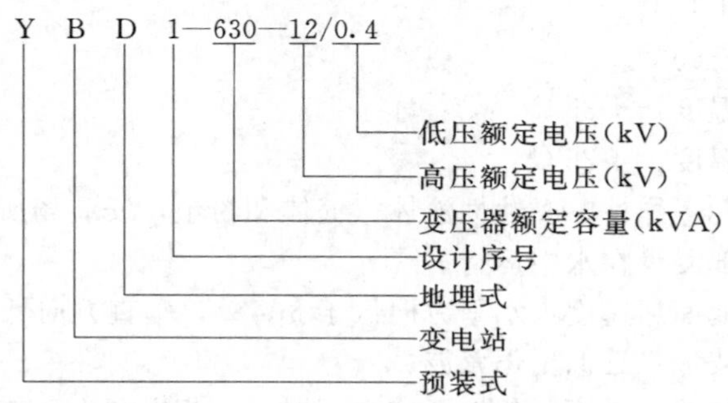

三、产品特点

(1) 箱体采用不锈钢制作、全密封，防护等级达IP68，可浸入水中运行。

(2) 高低压进出线采用防水全密封、全绝缘、全屏蔽的接线方式，运行更加安全。

(3) 采用环烷基变压器油，确保具有良好的散热能力。

(4) 可采用非晶合金铁芯，节能效果显著。

(5) 绝缘耐热等级高，环保。

(6) 后备及插入式熔断器，给予变压器更安全的保护。

(7) 负荷开关具有二、三、四位置形式，适用于多种供电系统。

四、使用环境

(1) 海拔高度：不超过1000m。

(2) 最高气温：+40℃。

(3) 最低气温：-45℃。

(4) 最高月平均温度：+35℃。

(5) 最高年平均温度：+25℃。

(6) 安装环境：无爆炸性、腐蚀性液体、气体和粉尘，安装场所无剧烈振动；允许在一定时段内部分或全部浸没在水中运行。

(7) 地震引发的地面加速度：水平方向低于$3m/s^2$；垂直方向低于$1.5m/s^2$。

（8）电源电压的波形：近似于正弦波。

（9）三相电源对称性：对于三相地下式变压器，三相电源电压应大致对称。

五、技术数据

浙江海盟YBD地埋式箱式变电站技术数据，见表15-10。

表15-10 浙江海盟YBD地埋式箱式变电站技术数据

序号	名 称	单位	高压侧	变压器	低压侧
1	额定电压	kV	10		0.4
2	最高工作电压	kV	12		
3	额定容量	kVA		30～1600	
4	额定电流（元件）	A	5～630		50～3200
5	短时耐受电流	kA	12.5、16、20		15～75
6	额定短路耐受时间	s	2		1
7	峰值耐受电流	kA	20、31.5、4		30～165
8	工频耐压	kV	42	35	5
9	雷电冲击耐压	kV	75	75	
10	高压限流熔断路额定开断电流	kA	31.5		
11	噪声水平	dB		≤48	
12	额定频率	Hz		50	

六、外形及安装尺寸

浙江海盟YBD地埋式箱式变电站外形及安装尺寸，见图15-1。

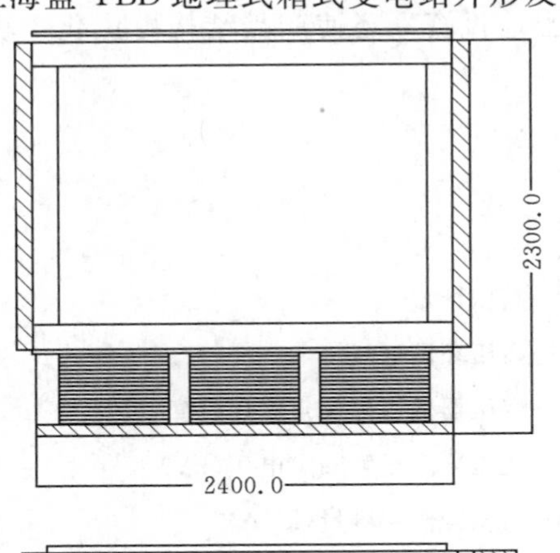

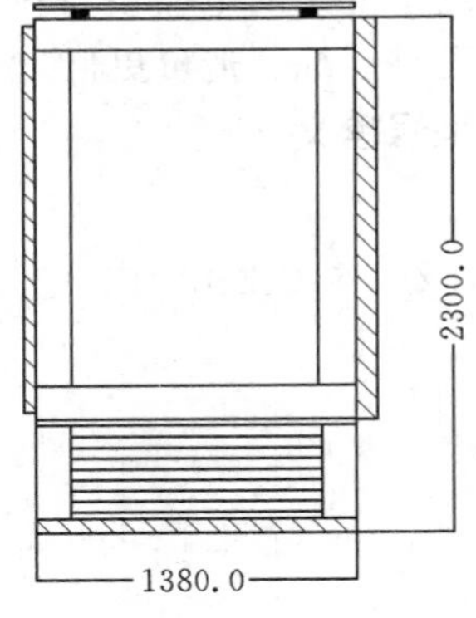

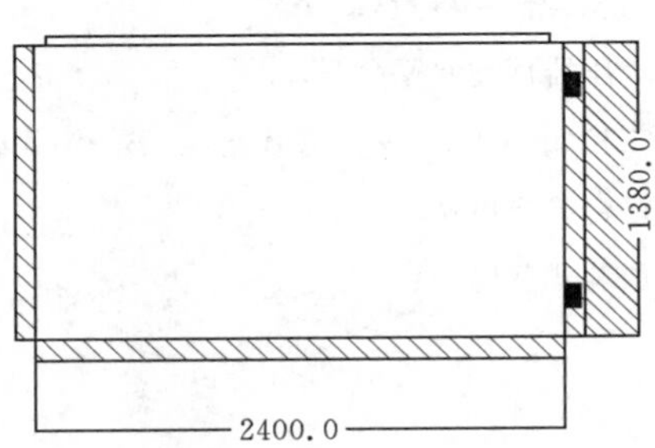

图15-1 浙江海盟YBD地埋式箱式变电站外形及安装尺寸

七、生产厂

浙江海盟电力设备有限公司。

15.1.8 云南昆变YB（FZ）分箱式变电站（美式箱变）

一、概述

随着电网科技的进步和发展，箱式变电站得到广泛应用，尤其是在提高供电质量和节能降耗等方面的显著特点，使老式结构配（变）电站逐步退出市场。云南电力技术有限责任公司结合我国城市电网结构和商品房住宅用电的特点，开发、研制了分箱组合式变电站（美式箱变）和预装式变电站（欧式箱变）两大产品，昆明变压器厂严格按照云南电力技术有限责任公司的技术、设计及工艺要求，在试制成功的基础上，通过了省内权威机构鉴定，该系列产品大大提高了抗雷电、抗短路、节能、环保等性能，根据运行地点短路电流（125kA/2s、30kA/2s）及过电压水平分类配置，大大的提高了供电可靠性。

该系列箱式变电站根据用户需要，可采用高压计量或低压计量，低压采用自动控制技术，还可进行个性化、人性化、环境配套协调等各种风格设计，广泛适用于额定容量30～16000kVA、额定电压6～10～35kV、额定频率50Hz的三相交流系统，适用于住宅小区、商厦宾馆、高层建筑、工矿企业、电网变电站、城镇建设、电网改造及临时性施工场所等各种用电场所，满足各种用电环境使用需求，适用于环网供电，也适用于放射式终端供电。

箱式变电站系列产品，先进的设计理念，完美的精品制造，既节约了建配电室的土建投资，节约了复杂的电器设备投资，节约了土地投资，还使产品结构更优化、功能更强大、供电可靠、综合造价更低。

二、型号含义

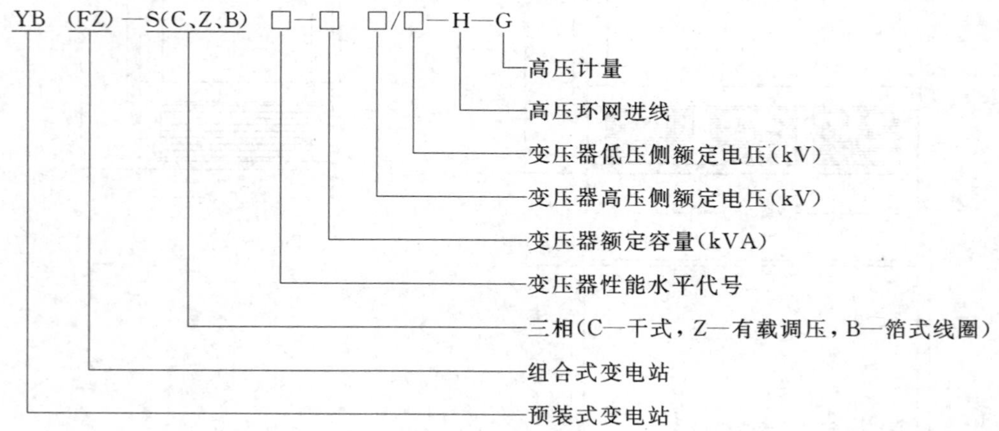

三、技术数据

云南昆变YB（FZ）分箱式变电站（美式箱变）技术数据，见表15-11及表15-12。

表15-11 云南昆变YB（FZ）分箱式变电站（美式箱变）技术数据（一）

序号	项　目	参　数	备　注
1	额定容量（kVA）	30～1250	标称电压
2	额定电压（kV）	6、10、35/0.4	
3	高压分接范围	±2×2.5%、±4×2.5%	
4	连接组标号	D,yn11	60Hz
5	工频耐压（kV）	25、35、85	全波
6	冲击电压（kV）	60、75、200	
7	熔断器遮断容量	50kA	开断电流
8	负荷开关（A）	630	
9	环境温度（℃）	-15～40	
10	顶层油温（℃）	85	
11	噪声水平（dB）	50～60	
12	高压电压互感器	20VA　0.2级	
13	高压电流互感器	15VA　0.2S级	

表15-12 云南昆变YB（FZ）分箱式变电站（美式箱变）技术数据（二）

额定容量（kVA）	高压（kV）	低压（kV）	空载损耗（kW）	负载损耗（kW）	短路阻抗（%）
100		0.4	0.20	1.50	4.0
160			0.24	2.20	
200	6.0		0.33	2.60	
250	6.3		0.40	3.05	
315	10.0		0.48	3.65	
400	10.5		0.57	4.30	
500	35.0		0.68	5.10	
630			0.81	6.20	4.5
800			0.98	7.50	
1000			1.15	10.30	
1250			1.36	12.00	

四、典型接线方案

典型接线方案，见图15-2。

五、生产厂

云南昆变电气有限公司。

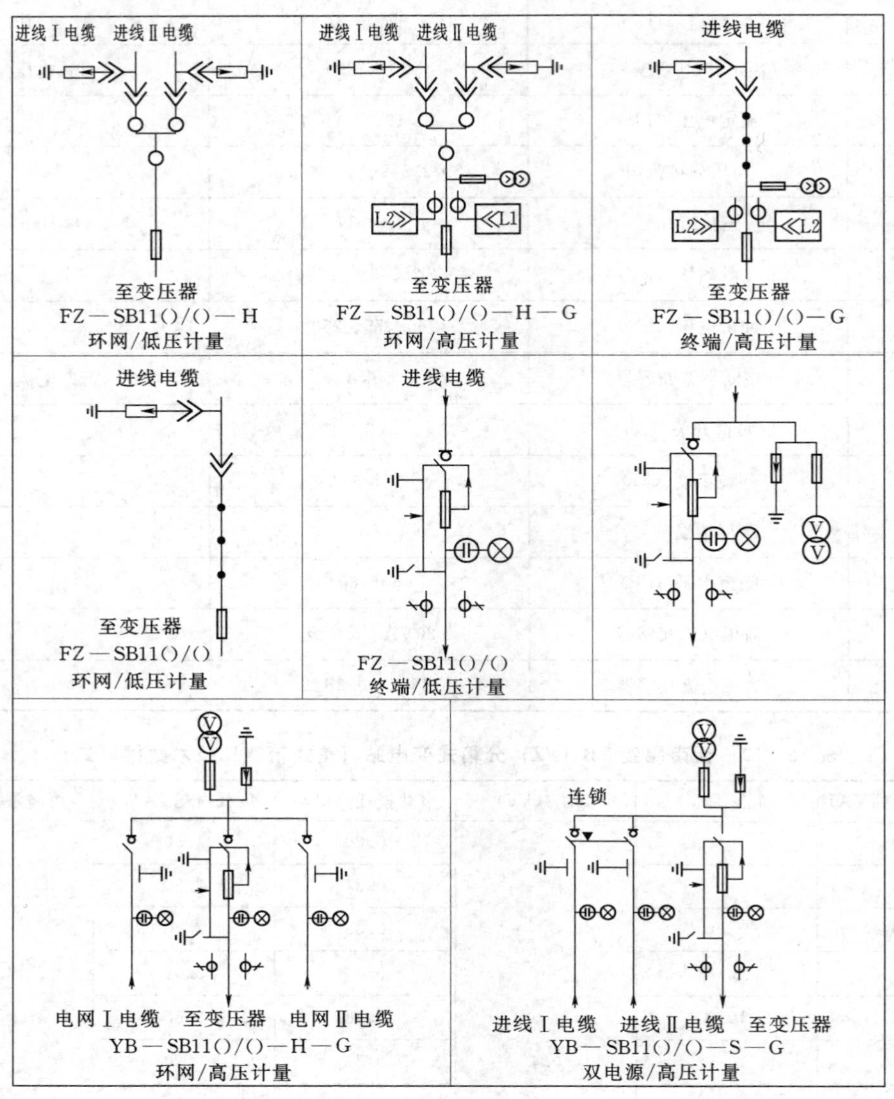

图 15-2 典型接线方案

15.1.9 昆明变压器厂 YB（FZ）系列组合变电站

一、概述

箱式变电站（简称箱变）可以深入到用电负荷中心把电网高压电压变换成用户负载所需的电压，实现电能的传递与分配。箱变特别适宜住宅小区、集中的村寨、集中施工的工地、高层建筑及临时性的施工场所供电。根据用户需要，箱变可以设计为环网供电，也可以设计为放射式终端供电，还可以设计为具有高压电缆分支功能的高压配网方式。由于箱变深入负荷中心，所以减少了低压电网线路损耗，改善供电质量。

二、型号含义

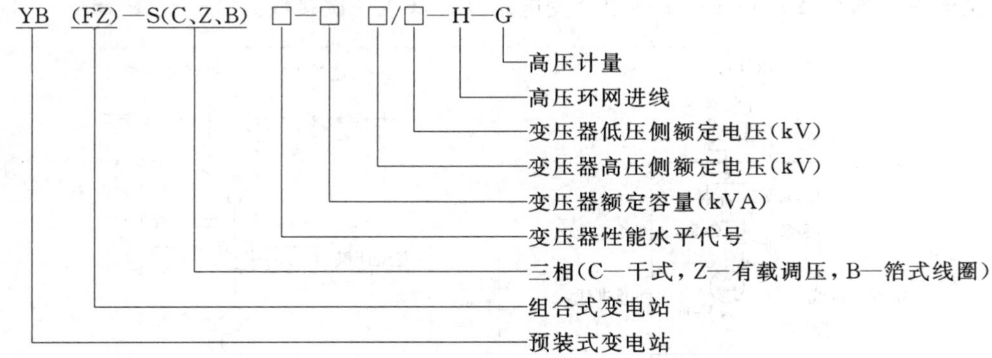

三、技术数据

昆明变压器厂 YB（FZ）系列组合变电站技术数据，见表 15-13 及表 15-14。

表 15-13 昆明变压器厂 YB（FZ）系列组合变电站技术数据（一）

序号	项　目	参　数	备　注
1	额定容量（kVA）	30～1250	标称电压
2	额定电压（kV）	6、10、35/0.4	
3	高压分接范围	±2×2.5%、±4×2.5%	
4	连接组标号	D,yn11	60Hz
5	工频耐压（kV）	25、35、85	全波
6	冲击电压（kV）	60、75、200	
7	熔断器遮断容量	50kA	开断电流
8	负荷开关（A）	630	
9	环境温度（℃）	−15～40	
10	顶层油温（℃）	85	
11	噪声水平（dB）	50～60	
12	高压电压互感器	20VA 0.2级	
13	高压电流互感器	15VA 0.2S级	

表 15-14 昆明变压器厂 YB（FZ）系列组合变电站技术数据（二）

额定容量（kVA）	高压（kV）	低压（kV）	空载损耗（kW）	负载损耗（kW）	短路阻抗（%）
100			0.20	1.50	
160			0.24	2.20	
200	6.0		0.33	2.60	
250	6.3		0.40	3.05	4.0
315	10.0		0.48	3.65	
400	10.5	0.4	0.57	4.30	
500	35.0		0.68	5.10	
630			0.81	6.20	
800			0.98	7.50	4.5
1000			1.15	10.30	
1250			1.36	12.00	

四、典型接线方案

昆明变压器厂 YB（FZ）系列组合变电站高、低压一次接线方式，见图 15－3。

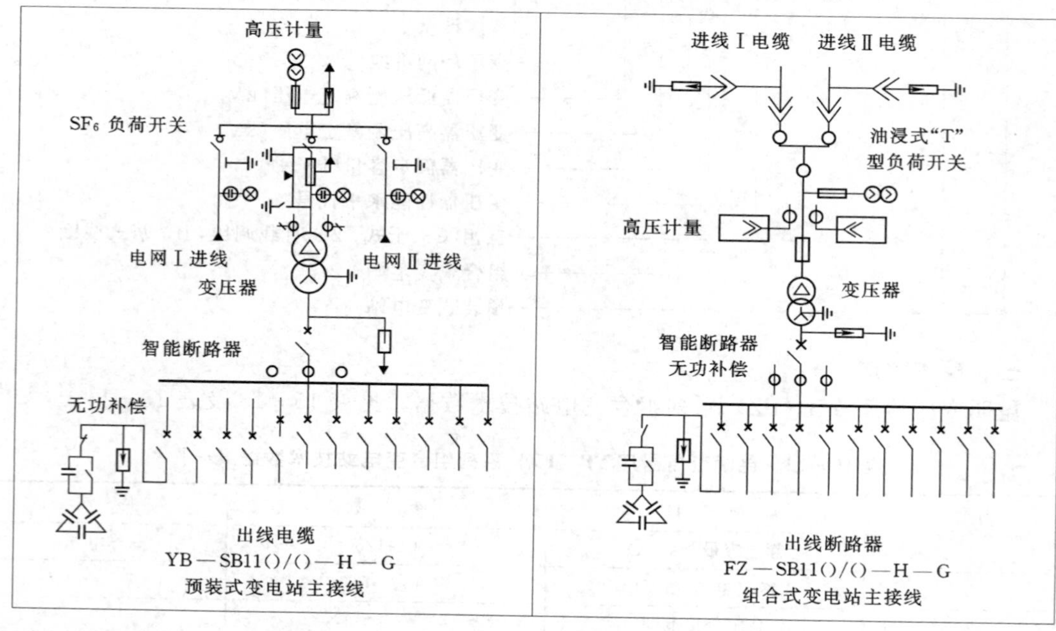

图 15－3 昆明变压器厂 YB（FZ）系列组合变电站高、低压一次接线方式

五、生产厂

昆明变压器厂。

15.1.10 鞍山变压器有限公司 YBL—20 系列全封闭紧凑型预装式变电站

一、概述

作为交流 50Hz、额定电压 10kV 的供配电网络中，额定容量为 50～800kVA 的独立成套配电装置，广泛适用于住宅小区、厂矿、宾馆医院、公园、油田、机场、码头、铁路及临时性设施等户外供电场所。本产品既可用于环网供电系统，也可作为放射式电网的终端供电和小高压用户。

二、型号含义

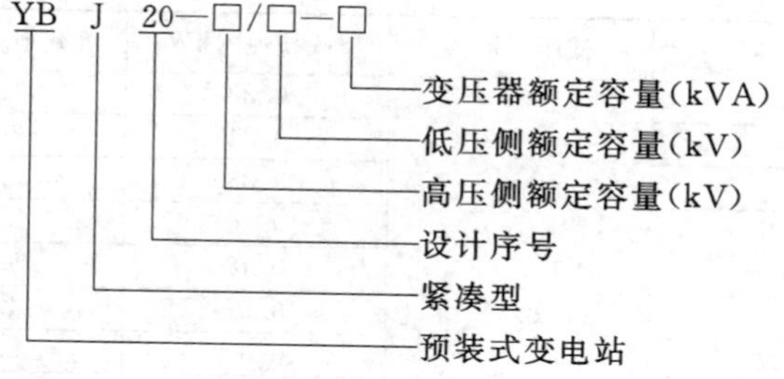

三、使用环境

环境温度：最高气温＋40℃，最低气温－30℃。

海拔：≤1000m。

风速：相当 34m/s（不大于 700Pa）。

湿度：日相对湿度平均值不大于 95%，月相对湿度平均值不大于 95%。

防震：水平加速度不大于 $0.4m/s^2$，垂直加速度不大于 $0.15m/s^2$。

安装地点倾斜度：不大于 3°。

安装环境：周围空气不受腐蚀性、可燃性气体等污染，安装地点无剧烈振动。

四、产品特点

1. 箱体结构特点

YBJ20 紧凑型预装式箱式变电站一改老式箱变“目”字形结构，而采用“品”字形结构，即将变压器放在箱变长轴一端。箱体采用自然通风，这种全新的结构具有老式箱变无法比拟的优点：

(1) 这种结构使变电站比老式 FXB—10 箱式变电站体积缩小 50%，占地面积减少 35%，高度降低 900mm，箱变总高为 1600mm，便于节省安装空间，有利安装地的选择，特别适用居民小区使用，外形尺寸如下：3000mm×2000mm×1600mm。

(2) 箱变结构采用组装式，便于变压器的更换、维修与维护。

2. 变压器室

(1) 网状变压器室的采用，充分改善了自冷变压器的通风散热条件，提高了自冷变压器的使用效率，有利于变压器的安全稳定运行。

(2) 变压器采用侧出线方式，高低压出线在同一侧引出，高低压套管直接引入高低压室且变压器室内无任何裸露带电体，进一步提高了安全系数，以确保设备及人身安全。同时，也使箱变结构更加紧凑。

3. 高压室

高压侧采用气体绝缘环网柜配 SF_6 负荷开关，比以往选用的 GZG—10 真空开关设备体积缩小了 1/3，且防误功能齐全，运行可靠，保护熔断器采用正面水平插入装配，更换熔断器方便。

4. 低压室

低压配电室内所使用的电气元件均采用定型产品，其技术性能满足相应标准或规范要求。其负荷开关采用零飞弧低压断路器，提高操作的可靠、安全性能。同时，改善低压室的通风散热条件，进一步保证了低压电器元件的安全稳定运行。

5. 防腐能力

箱体采用静电喷涂加烤漆工艺，防腐性能大大提高，可达到 20 年以上。

五、技术数据

鞍山变压器有限公司 YBL—20 系列全封闭紧凑型预装式变电站技术数据，见表 15-15。

表 15-15 鞍山变压器有限公司 YBL—20 系列全封闭紧凑型预装式变电站技术数据

项目	单位	高压电源	变压器	低压电源
额定电压	kV	6/10	6/0.4，10/0.4	0.4
额定容量	kVA		50～800	100～1250
额定电流	A	630		

续表 15-15

项　目	单位	高压电源	变压器	低压电源
额定短路开断电流	kA	16，20（4s）		
额定短时关合电流	kA	40（50）		
额定短时耐受电流	kA	16，20（4s）		5（1s），30（1s）
额定峰值耐受电流	kA	40，50		30，60
		相对地及相间 42	35（油浸）	≤300V，2
工频耐压	kV	隔离断口 48	28（干式）	>300，2.5
		相对地相间 75		
雷电冲击耐压（峰值）		隔离断口 85	75	
箱体防护等级		IP23	IP23	IP23
噪声水平	dB		≤50	

高压侧一次方案及低压侧一次方案，见图 15-4。

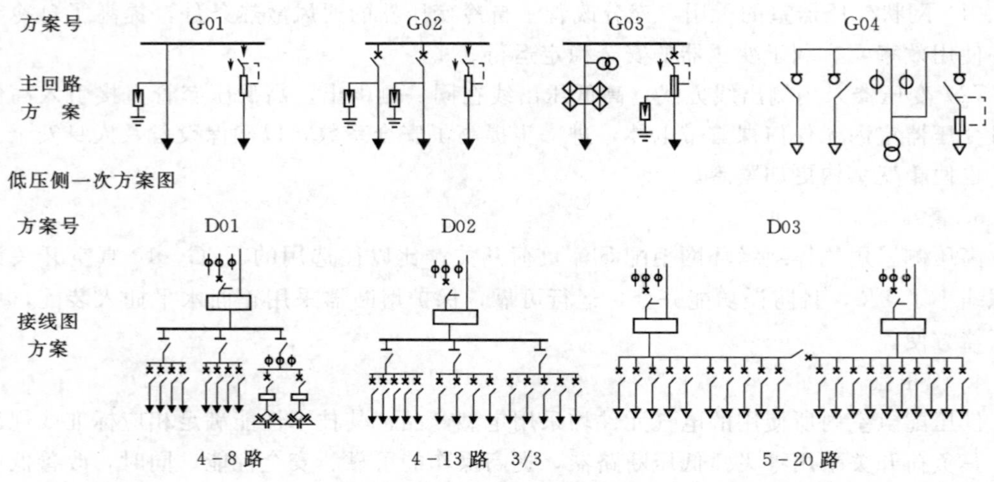

图 15-4 高压侧一次方案及低压侧一次方案

六、生产厂

鞍山变压器有限公司。

15.1.11 湖北世纪森源电气 YBM 型低压抽出式开关柜

一、概述

湖北世纪森源电气有限公司生产的 12kV 移动式箱式变电站系列产品，是一种将中低压开关设备按一定的接线方案组成一体的成套配电设备。

本系列移动式箱式变电站适用于额定电压为 12kV，额定频率为 50Hz 的三相交流系统，容量在 1000kVA 及以下的住宅小区、大型工地、高层建筑、工矿企业及临时性设施等场所使用。该系列箱变既适用于环网供电，也适用于放射式终端供电。本系列移动式箱式变电站具有体积小、占地面积小、结构紧凑、造型美观、可选择性大、运行安全可靠、检修方便、现场安装工作量小、安装调试周期短以及可移动等特点。

二、型号定义

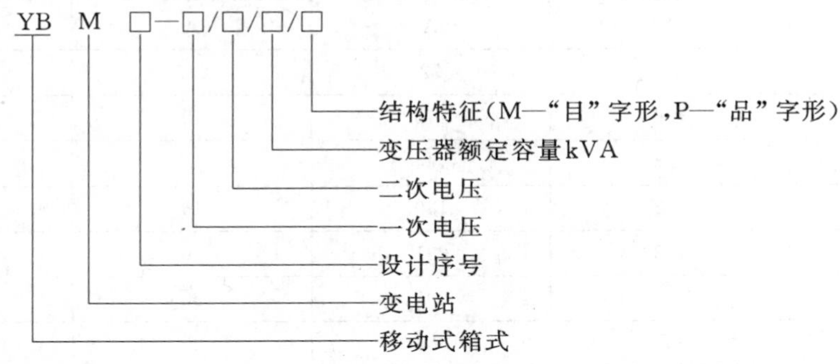

三、使用环境

(1) 海拔不超过 1000m。

(2) 周围空气温度不超过+40℃，周围空气最低温度-25℃。

(3) 户外风速不超过 35m/s。

(4) 相对湿度：日平均值不大于 95%，月平均值不小于 90%。

(5) 安装地点：安装在没有火灾、爆炸危险、严重污染、化学腐蚀及剧烈振动的场所。

四、产品结构

(1) YBM 预装式变电站由高压室、变压器室、低压室三部分组成。根据方案的不同选用"目"字形或"品"字形排列。高低压设备均为国内优质产品，其中高压设备采用负荷开关环网柜，低压设备采用低压配电柜，操作维护方便，变压器采用油浸式或干式。

(2) 变电站骨架结构采用型钢及角钢制造，有较高的机械强度。产品外壳采用冷板、彩板、景观及铝合金板等材料制造，表面光滑平整，产品美观大方。

(3) 箱体顶盖及箱体为双层结构，以防止热辐射增加室内温度。

(4) 变压器室两侧或顶部根据使用的环境和容量大小装有排风扇，自动控制变压器温度，增加空气对流降低室温。

(5) 高压室装有 HXGN17—12 系列环网柜，柜体采用 8MF 型材制作，柜内装有负荷开关、熔断器（在有要求时也可采用断路器）、避雷器、接地开关及机械连锁装置。

(6) 低压室：YBM1 低压元件为正面布置，上方两侧为仪表室，中间安装主开关。下方安装馈电断路器，开关直接安装于室内支架上。该型变电站的最多出线回路为 8 路。YBM2 低压元件安装于用 8MF 型材制成的柜体内，分进线柜、馈电柜、电容柜。馈电柜内元件为横装，出缆方便。根据无功补偿的需要，可以配电力电容器，其容量一般为变压器容量的 15%～20%。该型变电站的最多出线回路为 10 路，当不需无功补偿装置时，出线回路可达 16 路。

五、产品选择

湖北世纪森源电气变压器容量与一、二次电流计高压熔断器、低压断路器参考选择表，见表15-16。

表15-16 湖北世纪森源电气变压器容量与一、二次电流计高压熔断器、低压断路器参考选择表

变压器额定容量（kVA）	一次电流（I_1）（A）	二次电流（I_2）（A）	高压熔断器（I_S）（A）	低压主断路器（I_N）（A）
50	2.9	72	6.3	100
80	4.6	115	10	125
100	5.8	144	16	160
125	7.2	180	16	250
160	9.2	231	16	400
200	11.5	290	20	400
250	14.4	360	25	400
315	18.2	455	31.5	630
400	23	576	40	630
500	28.9	720	50	800
630	36.4	910	63	1250
800	46.0	1160	80	1250
1000	58.0	1440	100	1600

六、高压技术数据

湖北世纪森源电气YBM型低压抽出式开关柜高压技术数据，见表15-17。

表15-17 湖北世纪森源电气YBM型低压抽出式开关柜高压技术数据

项目	数据
额定电压/最高工作电压（kV）	12，12
额定频率（Hz）	50，50
额定电流（A）	630，100
额定耐受工频电压（kV）	42/48，42/48
额定耐受冲击电压（kV）	75/85，75/85
额定动稳定电流（kA）	50
额定热稳定电流（kA）	20（3s）
额定有功负载电流（A）	630，200
额定闭环开断电流（A）	630，200
额定电缆充电电流（A）	45，45
额定转移电流（A）	2800

七、YBM预装式箱式变电站一次系统方案图

湖北世纪森源电气YBM预装式箱式变电站一次系统方案图，见图15-5。

八、配电装置技术数据

湖北世纪森源电气配电装置技术数据，见表15-18及表15-19。

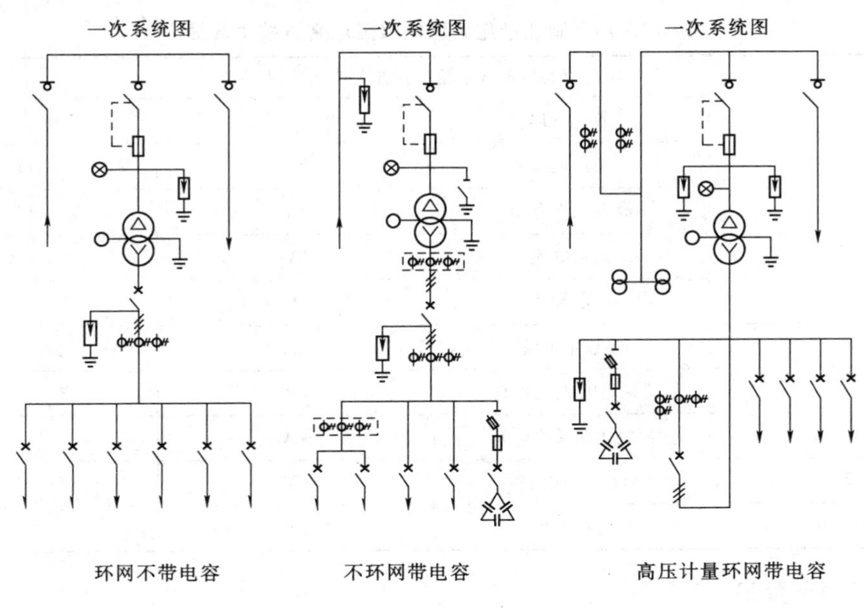

环网不带电容　　不环网带电容　　高压计量环网带电容

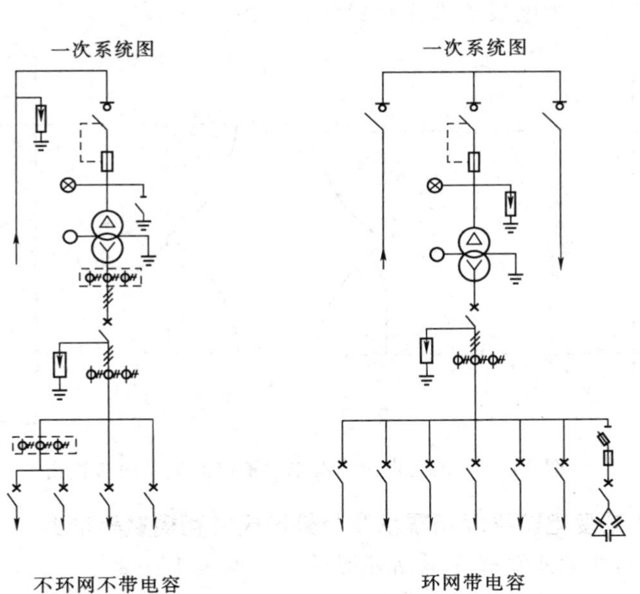

不环网不带电容　　环网带电容

图 15-5　湖北世纪森源电气 YBM 预装式箱式变电站一次系统方案图

表 15-18　湖北世纪森源电气配电装置技术数据

低压配电装置（变压器容量 160～1000kVA）			
序号	名称	单位	参数
1	额定电压	V	400
2	额定电流	A	400～1250
3	额定通电能力	kA	28、35、50

表 15-19 湖北世纪森源电气配电装置技术数据

高压配电装置（配用负荷开关或断路器）			
序号	名　称	单　位	参　数
1	额定电压	kV	12
2	最高工作电压	kV	12
3	额定电流	A	400，630
4	额定频率	Hz	50
5	热稳定电流	kA	12.5（3s），20（3s）
6	动稳定电流（峰值）	kA	31.5，50
7	额定短路关合电流	kA	20，31.5，50
8	1min 工频耐压	kV	42
9	雷电冲击电压	kV	

九、平面布置图

湖北世纪森源电气配电装置平面布置图，见图 15-6。

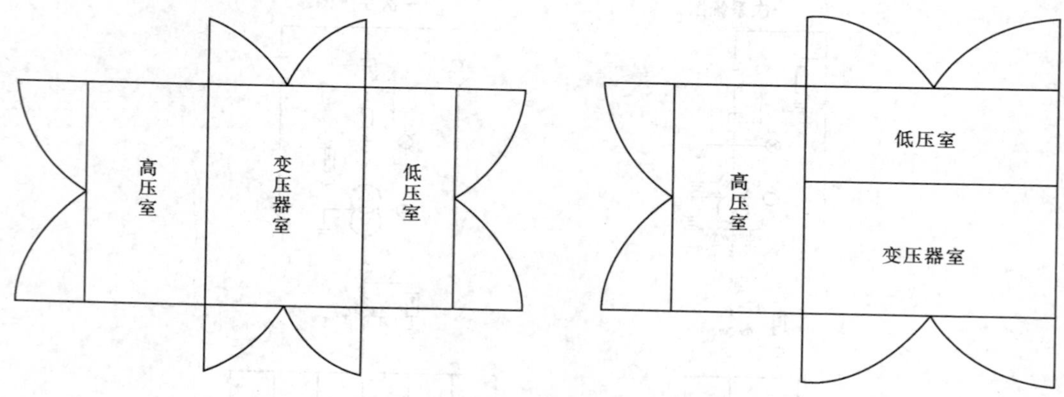

图 15-6 湖北世纪森源电气配电装置平面布置图

十、移动式箱式变电站平面布置示意及外形尺寸和重量等数据

"目"字形系列移动式箱式变电站外形尺寸，见表 15-20。

表 15-20 "目"字形系列移动式箱式变电站外形尺寸

型　号	外形尺寸（mm）	占地面积（m^2）	体积包含底座（m^2）	重量（t）	变压器容量及最大变压器外形尺寸（长×宽×高）
YBM—12/0.4—200 不环网	L=3070，L1=2800，W=2070，W1=1800，H=2356	5.04	11.87	2.2	200kVA 以内 1300×760×1185
YBM—12/0.4—200—315 环网	L=3470，L1=3200，W=2570，W1=2300，H=2356	7.36	18.9	4.5	200～315kVA 之间 1670×950×1360

续表 15-20

型　　号	外形尺寸（mm）	占地面积（m^2）	体积包含底座（m^2）	重量（t）	变压器容量及最大变压器外形尺寸（长×宽×高）
YBM—12/0.4—200—315 不环网	L＝3470，L1＝3200，W＝2270，W1＝2000，H＝2356	6.4	15	4.0	200～315kVA 之间 1670×950×1360
YBM—12/0.4—800—1000 环网	L＝4070，L1＝3800，W＝3070，W1＝2800，H＝2356	10.64	25	5	800～1000kVA 之间 2000×1410×1760
YBM—12/0.4—400—630 不环网	L＝3670，L1＝3400，W＝2570，W1＝2300，H＝2356	7.82	18.4	4.5	400～630kVA 之间

十一、移动式箱式变电站安装基础示意图

平置系列移动式箱式变电站安装基础示意图，见图 15-7。

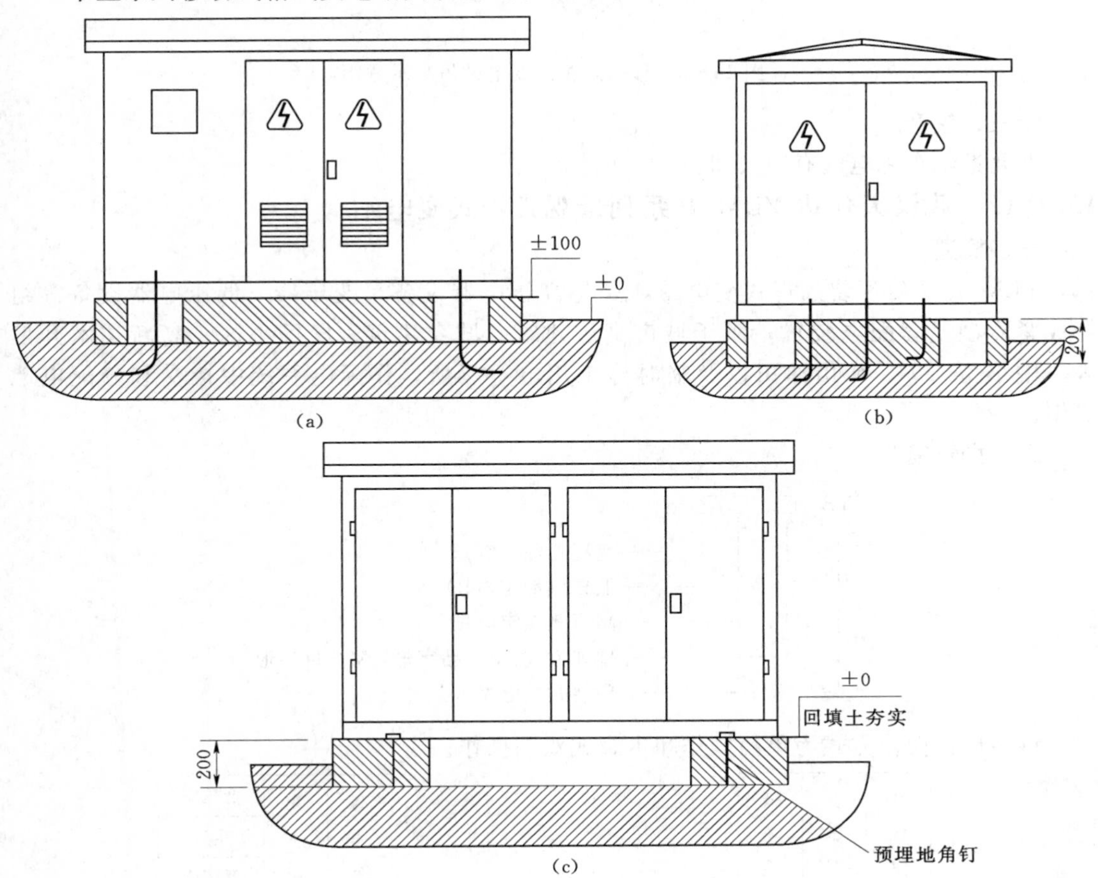

图 15-7　平置系列移动式箱式变电站安装基础示意图

十二、移动式箱式变电站吊装示意图

移动式箱式变电站吊装示意图，见图15-8。

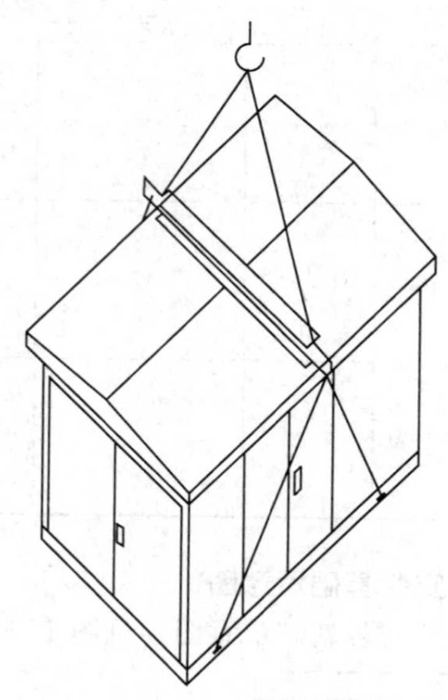

图15-8 移动式箱式变电站吊装示意图

十三、生产厂

湖北世纪森源电气有限公司。

15.1.12 武汉天仕达YBM/P系列景观式箱式变电站

一、概述

YBM/P系列预装景观式变电站，是将高压电器设备、变压器、低压电器设备等组合成紧凑型成套配电装置，用于城市高层建筑、城乡建筑、居民小区、高新技术开发区、中小型工厂、矿山油田以及临时施工用电等场所，作配电系统中接受和分配电能之用。

二、型号含义

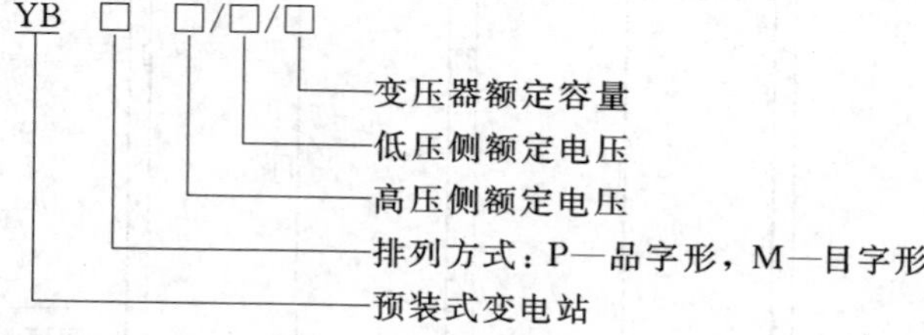

目字形：操作方式为单面操作和走廊式双面操作。

高压室	变压器	低压室

<table>
<tr><td rowspan="3">高压室</td><td rowspan="3">变压器</td><td>低压室</td></tr>
<tr><td>走廊</td></tr>
<tr><td>低压室</td></tr>
</table>

品字形：户外单面操作方式。

变压器	高压室
	低压室

低压室	
变压器	高压室

三、使用环境

（1）海拔不超过1000m。

（2）周围空气温度不高于＋45℃；不低于－25℃。

（3）户外风速不超过35m/s。

（4）相对湿度：日平均值不大于95%，月平均值不大于90%。

（5）安装地点：安装在没有火灾、爆炸危险，没有严重污秽、化学腐蚀及剧烈振动的场所。

四、产品特点

变电站结构呈“目”字形或“品”字形布置。

产品壳体材料采用铝合金板、不锈钢板、复合板、玻璃纤维增强水泥板等，变电站底座为镀锌槽钢或水泥制作，耐腐蚀性强，具有足够的机械强度，箱体顶盖采用双层结构，具有良好的隔热、防辐射和通风效果，变电站各室用铁板隔开形成独立的小室，各室均设有照明设施，变压器室顶部及侧部装有自动排风装置，调节变压器室温度。

箱变箱体颜色灵活，可与周围环境协调。

高压室内放置本公司生产高压开关柜，其特点为结构紧凑，操作简单，可任意组合。

高压开关柜维护方便，安全可靠，具有“五防”操作功能。

变压器采用节能型S11—M、S11—MR全密封油浸式变压器，或者用SC10、SCB10干式变压器，由用户指定。

变压器室顶部装有风机，当变压器室温度超过设定值，风机就会自动启动降低室内温度，低压室可根据用户要求，设计任意配置低压方案。

五、技术数据

武汉天仕达YBM/P系列景观式箱式变电站技术数据，见表15-21。

表15-21 武汉天仕达YBM/P系列景观式箱式变电站技术数据

单元	项目	单位	参数		
高压单元	额定频率	Hz	50或60		
	额定电压	kV	6	10	35
	最高工作电压	kV	6.9	11.5	40.5
	工频耐受电压 对地和相间/隔离断口	kV	32/36	42/48	95/118
	雷电冲击耐压 对地和相间/隔离断口	kV	60/70	75/85	185/215
	额定电流	A	315、400、630		
	额定短时耐受电流	kA	12.5（2s）、16（2s）、20（2s）		
	额定峰值耐受电流	kA	31.5、40、50		

续表 15-21

单　元	项　　目	单位	参　　数
低压单元	额定电压	V	380、220
	主回路额定电流	A	100～3200
	额定短时耐受电流	kA	15、30、50
	额定峰值耐受电流	kA	30、63、110
	支路电流	A	10～800
	分支回路数	路	1～6
	补偿容量	kvar	0～360 按变压器容量的15%～20%补偿

六、生产厂

武汉天仕达电气有限公司。

15.1.13 中国普天YBM、YBP预装式箱式变电站

一、概述

YBM、YBP系列预装式变电站（箱式变压器），是将高压电器设备、变压器、低压电器设备等组合成紧凑型成套配电装置，俗称欧式箱变，用于城市高层建筑、城乡建筑、居民小区、高新技术开发区、中小型工厂、矿山油田以及临时施工用电等场所，作配电系统中接受和分配电能之用。

YBM、YBP系列预装式变电站，具有成套性强、体积小、结构紧凑、运行安全可靠、维护方便以及可移动等特点。与常规土建式变电站相比，同容量的箱式变电站占地面积通常仅为常规变电站的1/10～1/5，大大减少了设计工作量及施工量，减少了建设费用。在配电系统中可用于环网配电系统，也可用于双电源或放射终端配电系统，是目前城乡变电站建设和改造的新型成套设备。

二、型号含义

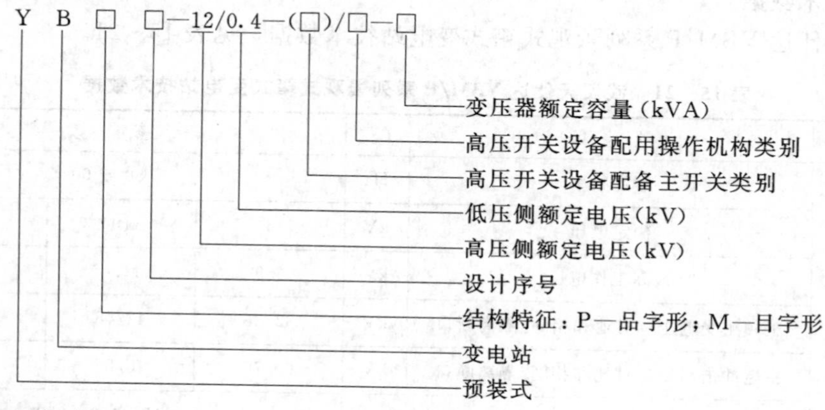

三、产品特点

(1) 产品结构产品的箱体结构采用覆铝锌板或非金属材料等组装形式，底部基础采用槽钢焊接而成；箱体外壳采用喷塑或喷漆图层；箱内用接地金属隔板分隔成高压室、低压室和变压器室三个单元，并设有阻燃隔热板，装有换气扇与箱体内部通风道进行通风循

环，保证箱体内良好通风；顶部四周设有防水檐，能防止雨水进入。

（2）高压室由XGN15—12环网开关柜组成一次供电系统，可布置成环网供电、终端供电、双电源供电等多种供电方式，具有“五防”功能；高压开关采用高压负荷开关加熔断器组合电器，结构更紧凑合理，并且无需维护、操作简单、安全可靠、经济耐用；根据用户要求也可选用施奈德、ABB等进口元件；可装设高压计量元件，满足高压计量的要求。

（3）变压器室可选择S11—M系列以及其它低损耗、低升温、低噪音、全密封油浸式变压器或SCB10系列干式变压器，充分体现节约能源、利于环保要求；变压器室顶装有自动温控排风装置，可根据需要任意设定温控值，能保证变压器满负荷运行；变压器室设有网门，防止误入带电间隔；变压器的维修由可拆装的小车轻便地推进拉出。

（4）低压室可根据用户要求采用面板或柜装式结构。面板结构可增加出现回路数；柜装式结构，标准化程度高，便于组织生产，有利于零件的表面处理，可较大程度提高箱体的使用寿命。柜体根据原件可靠性和操作性，合理布置低压元件。低压断路器、隔离开关、熔断器、接触器等易损元件均布置在柜正面，方便从正面检修、维护。铜母排、绝缘子等可靠性很强的原件布置在柜后，一般不需检修、维护。低压室还具有自动无功率补偿、电能计量等功能，为用户提供多种供电方案，满足不同要求，方便供电管理和提高供电质量。

四、使用环境

（1）海拔高度：不高于1000m。

（2）周围环境温度：最高气温±40℃；最低气温－25℃；24小时周期内平均气温不超过＋20℃。

（3）相对湿度：日平均值不大于95％；月平均值不大于90％。

（4）地面倾斜度：不超过3°。

（5）风速不超过34m/s。

（6）地震水平加速度不大于0.4m/s^2，垂直加速度不大于0.2m/s^2。

（7）无火灾、爆炸危险、严重污秽、化学腐蚀及剧烈震动的场所。

五、技术数据

中国普天YBM、YBP预装式箱式变电站技术数据，见表15－22。

表15－22　中国普天YBM、YBP预装式箱式变电站技术数据

序号	项　目	单位	高压电器	变压器	低压电器
1	额定电压 U_e	kV	7.2、12	6/0.4、10/0.4	0.4
2	额定容量 S_e	kVA		目字形：200～1250	
				品字形：50～400	
3	额定电流 I_e	A	200～630		100～3000
4	额定开断电流	A	负荷开关400～630A		15～63
		kA	组合电器取决于熔断器		
5	额定短时耐受电流	kA	20	200～400kVA	15
		(2s)	12.5	400kVA	30

续表 15-22

序号	项　目	单位	高压电器	变压器	低压电器
6	额定峰值耐受电流	kA	31.5、50	200～400kVA	30
				400kVA	63
7	额定关合电流	kA	31.5、50		
8	工频耐受电压（1min）	kV	相对地及相间 32、40	油漆：35/5min	≤300V 时 2kV
			隔离断口 34、48	干式：28/5min	300、680V 时 2.5kV
9	雷电冲击	kV	相对地及相间 60、75	75	
			隔离断口 75、85	75	
10	噪声水平	dB		油漆：＜55	
				干式：＜65	
11	防护等级			IP23D	I
12	外形尺寸	根据所选变压器容量和形式，选定不同的外形尺寸			

六、外形及安装尺寸

（1）YBM、YBP 系列预装式箱式变电站（欧式箱变），根据排列方式分为："目"字形排列方式，见图 15-9；"品"字形排列方式，见图 15-10。

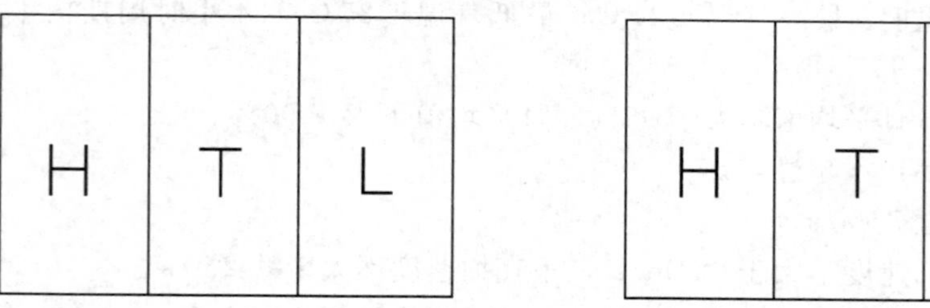

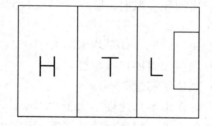

图 15-9　"目"字形排列方式

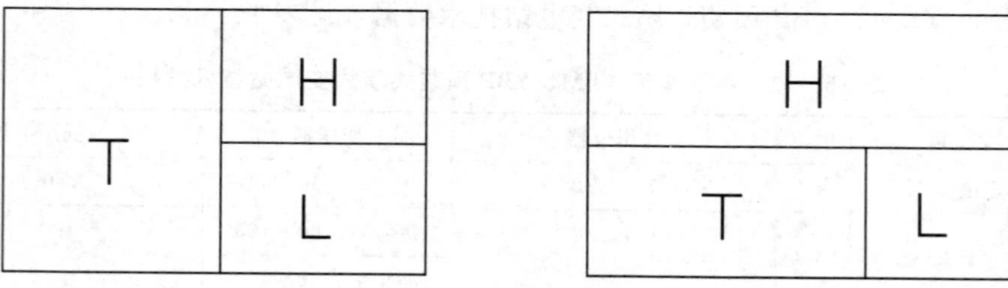

图 15-10　"品"字形排列方式

H—高压室，T—变压器室，L—低压室

（2）中国普天 YBM、YBP 系列预装式箱式变电站（欧式箱变）外形及安装尺寸，见表 15-23、图 15-11 及图 15-12。

表 15-23 中国普天 YBM、YBP 系列预装式箱式变电站（欧式箱变）外形及安装尺寸

类别			A	a	B	b	Ⅱ	最佳使用场所
三相	目字形	100～630kVA	4140	3750	2590	2290	2320	工况、油田、建筑施工等
		800～1250kVA	5184	4880	2500	2290	2626	生活小区
	品字形	50～400kVA	2500	2300	2400	2200	2320	
单相	目字形	＜50kVA	2500	2300	1260	1060	3215	路灯供电
		80～100kVA	2500	2300	1840	1640	2215	

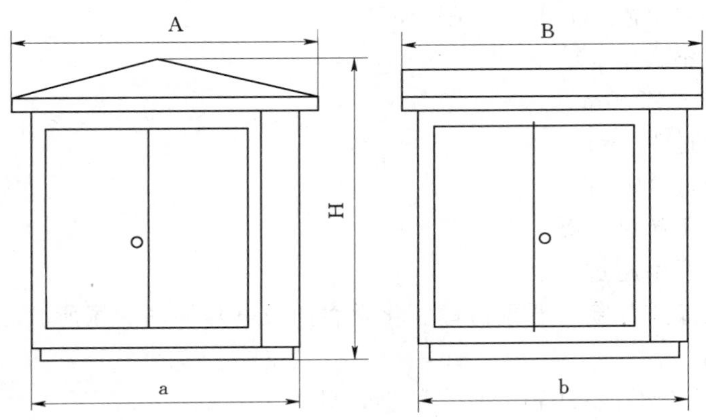

图 15-11 中国普天 YBM、YBP 系列预装式箱式变电站（欧式箱变）外形及安装尺寸

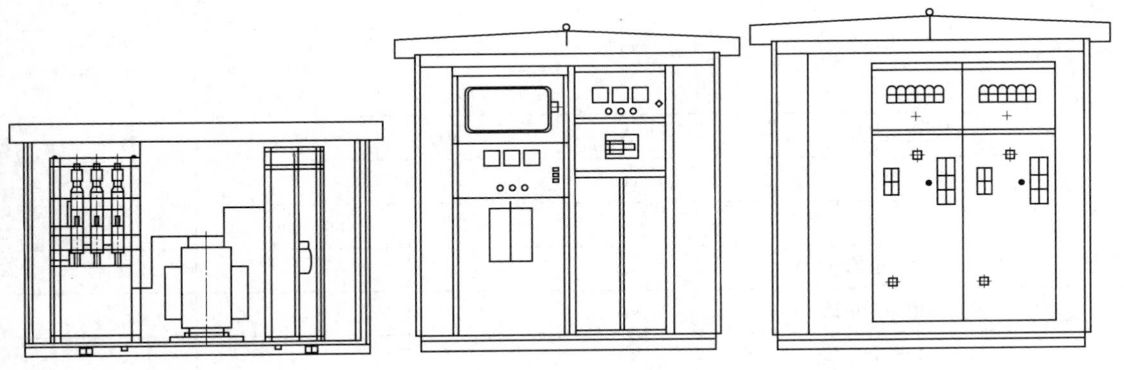

图 15-12 中国普天 YBM、YBP 系列预装式箱式变电站（欧式箱变）外形及安装尺寸

七、生产厂

中国普天控股集团。

15.1.14 广东紫光 YBP（M）欧式箱变

一、概述

YB□—12/0.4 系列欧式箱变，是将高压电器设备、变压器、低压电器设备等组合成

紧凑型成套装置，用于城市高层建筑、城乡建筑、豪华别墅、广场公园、居民小区、高新技术开发区、中小型电厂、矿山油田以及临时施工用电等场所，作为接受和分配电能并向用户提供低压电能之用。

YB□—12/0.4 系列欧式箱变，具有成套性强、体积小、结构紧凑、运行安全可靠、维护方便以及可移动等特点。与常规土建式变电站相比，同容量的箱式变电站占地面积通常仅为常规变电站的 1/10～1/5，大大减少了设计工作量及施工量，减少了建设费用。在配电系统中，可用于环网配电系统，也可用于双电源或放射终端配电系统，是目前城乡变电站建设和改造的新型成套设备。

二、使用环境

(1) 环境温度：上限＋45℃，下限－35℃。

(2) 相对湿度不大于 90%。

(3) 海拔不超过 2500m。

(4) 覆冰不超过 10mm。

(5) 风速不超过 34m/s。

(6) 地震烈度不超过 8 级。

(7) 安装倾斜度不超过 5°。

(8) 没有火灾爆炸危险、严重污秽、化学腐蚀及剧烈振动的场所。

三、技术数据

广东紫光 YBP (M) 欧式箱变技术数据，见表 15-24。

表 15-24 广东紫光 YBP (M) 欧式箱变技术数据

内容			单位	高压开关	电力变压器		低压开关
额定电压			kV	3.6	3/0.4		0.4/0.22
				7.2	6/0.4		
				12	10/0.4		
额定电流			A	≤630			≤3200
额定频率			Hz	50 (60)			
额定容量			kVA		50～2000		
额定短时耐受电流 (2s)			kA	25			
额定峰值耐受电流			kA	50			
额定短路关合电流			kA	50			
10kV 额定绝缘水平	工频耐受电压值	通用值	kV	42	干式 28	油浸 35	2.5
		隔离断口	kV	48			
	冲击耐受电压	通用值	kV	75	75		8
		隔离断口	kV	85			
防护等级				IP33			
噪音			dB		干式≤55，油浸≤65		

四、生产厂

广东紫光电气有限公司。

15.1.15 平高集团YBP系列智能型预装式变电站

一、概述

YBP系列智能型预装式变电站，适用于10kV、500kVA的电力用户，作为配电系统中接受、分配和计量电能之用。具备远程可控、自动调容、自动调压、微机保护、无功精细补偿、环保箱体等独特功能和优点。

二、型号含义

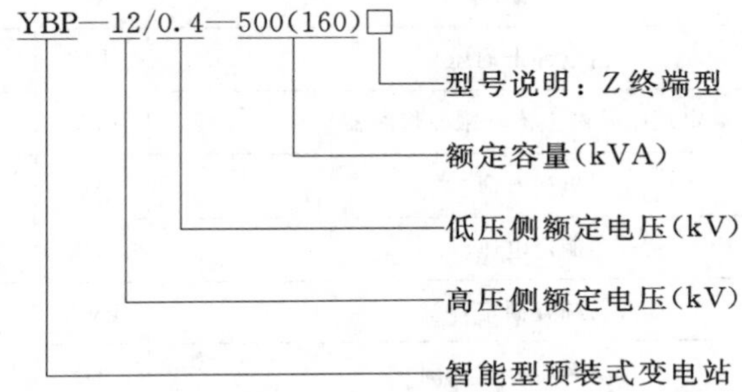

三、使用环境

(1) 海拔高度：≤2000m。

(2) 环境温度：−25～+45℃，24小时内平均温度不超过+35℃。

(3) 相对湿度：≤90%（25℃）。

(4) 抗震能力：地面水平加速度0.3g，地面垂直加速度0.15g，同时作用持续三个正弦波，安全系数1.67。

(5) 最大风速：35m/s。

(6) 安装位置：户外。

四、产品特点

(1) 远程高、低压可控。

(2) 自动调容、自动调压。

(3) 30路精细无功补偿兼三相有功不平衡调节。

(4) 磁保持同步编码开关（过零投切）。

(5) 高压侧计量，防窃电。

(6) 配合《配电运行管理系统》实时监测和无线“四遥”。

(7) GRC环保型箱体。

(8) 优异的散热性能及结构。

五、技术数据

平高集团YBP系列智能型预装式变电站技术数据，见表15-25。

表 15-25 平高集团 YBP 系列智能型预装式变电站技术数据

单元	项目	单位	参数
高压单元	额定频率	Hz	50
	额定电压	kV	10
	最高工作电压	kV	12
	额定电流（熔断器）	A	50
	短时耐受电流	kA	20（3s）
	峰值耐受电流	kA	50
	工频耐压	kV	42
	雷电冲击耐压	kV	75
	额定短路开断电流（限流熔断器）	kA	31.5
	机械寿命	次	20000
智能型配电变压器	额定电压	kV	10/0.4
	自动调容额定容量	kVA	500（160）
	自动调压分接范围	%	±5
	连接组标号		D,yn11（Y,yn0）
	空载损耗	W	680（280）
	负载损耗	W	5410（2200）
	空载电流	%	1.2（0.6）
	短路阻抗	%	4.0（4.0）
低压单元	额定电压	kV	0.4
	主回路额定电流	A	721（230）
	主回路额定短时耐受电流	kA	50（1s）
	分支路数	路	6～8
	补偿容量	kvar	150
外壳	防护等级		IP33D
	噪声水平	dB	≤55

六、外形及安装尺寸

平高集团 YBP 系列智能型预装式变电站外形及安装尺寸，见表 15-26 及图 15-13。

表 15-26 平高集团 YBP 系列智能型预装式变电站外形及安装尺寸

容量（kVA）	L（m）	B（m）	H（m）	I（m）	b（m）	总重（kg）
500（160）	3100	2300	2100	2800	2000	5700

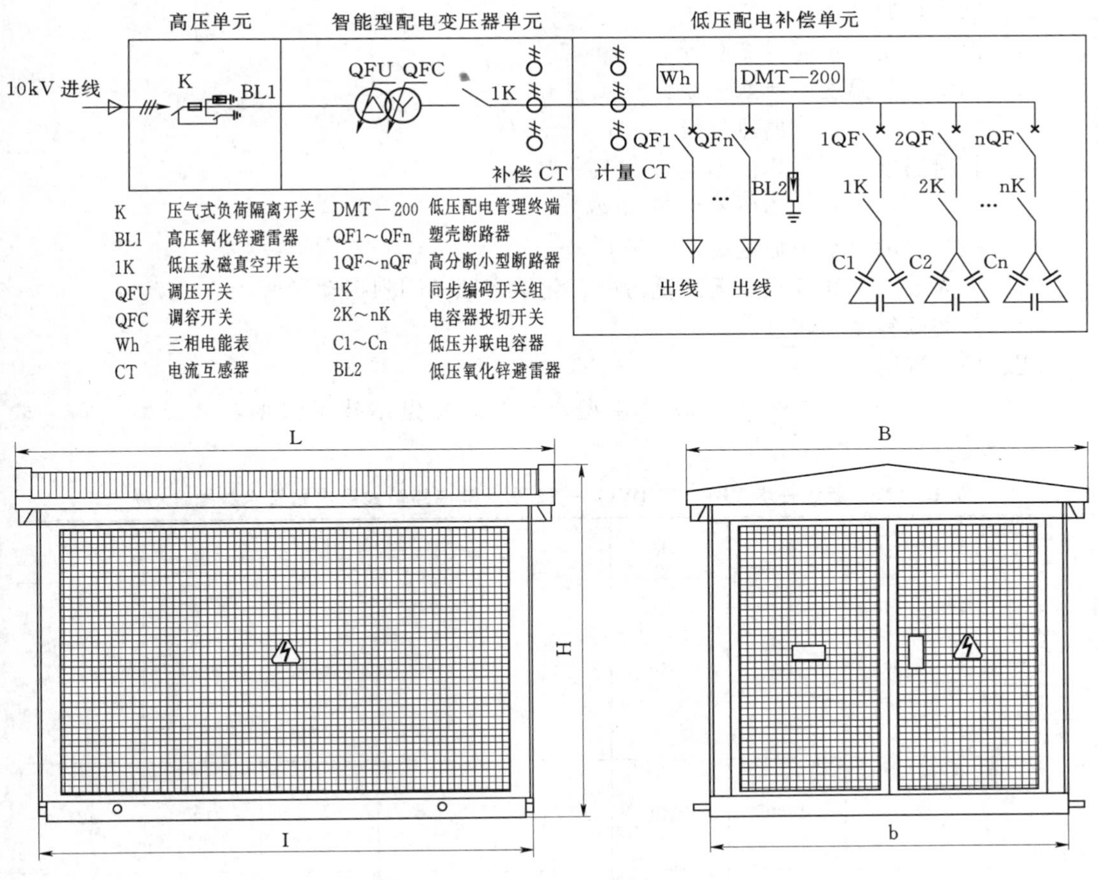

图15-13 平高集团YBP系列智能型预装式变电站外形及安装尺寸

七、生产厂

平高集团智能电气有限公司。

15.1.16 浙江丹华YBW（ZBW1）—12/0.4型户外箱式变电站

一、概述

YBW系列户外箱式变电站是将12kV高压柜、变压器和0.4kV低压柜组合在一起的成套变压配电装置，是当今城网改造的新装备。本系列具有体积小，造型美观，安装周期短，维修方便，经济效益高等优点。

特别适用于临时施工用电、油田、矿山、高层建筑、城市路灯、公共场所、大型工地、住宅小区、码头、工厂企业单位。

凡有12kV高压电源的场所可作低压配电之用，不需另建配电房。

二、产品特点

本产品系列框架结构，用型钢经热镀锌防腐处理而成。框架外蒙不锈钢，并喷漆或喷塑处理，抗腐蚀能力强。箱顶为双层结构，有效地降低了箱体内的温度。整体产品由相对独立的三个部分组成，即高压室、变压器室、低压室。

三、使用环境

（1）海拔高度：不超过2000m。

（2）周围空气温度：严寒气候：－50～＋40℃。
酷热气候：－5～＋50℃。

（3）相对温度：日平均值不大于95％；
月平均值不大于90％。

（4）地震烈度：水平加速度不大于0.3g。

（5）无火灾、爆炸危险，无严重污染、化学腐蚀及剧烈振动场所。

（6）安装倾斜度不超过5°。

四、技术数据

浙江丹华YBW（ZBW1）—12/0.4型户外箱式变电站技术数据，见表15－27、表15－28及表15－29。

表15－27 浙江丹华YBW（ZBW1）—12/0.4型户外箱式变电站技术数据（一）

变压器容量（kVA）	L	B	H	L1	B1	H1	I	b
50	2500	4440	2340	2200	4140	2000	2120	4060
80								
100								
160								
200								
250	2500	4640	2340	2200	4340	2000	2120	4260
315								
400								
500	2500	4840	2360	2200	4540	2000	2120	4460
630								
800	2900	5140	3100	2200	4840	2800	2120	4760
1000								

表15－28 浙江丹华YBW（ZBW1）—12/0.4型户外箱式变电站技术数据（二）

	名　称	单　位	数　量	备　注
低压单元	额定电压	V	380	
	主回路额定电流	A	660 800 1200	
	主回路动稳定电流	kA	50	
	分支回路额定电流	A	100 250 630	
	分支回路最多数量	路	12	
	主回路开断电流	kA	50	

表 15-29 浙江丹华 YBW（ZBW1）—12/0.4 型户外箱式变电站技术数据（三）

	名　称	单　位	数　量	备　注
高压单元	额定电压	kV	12	
	主回路额定电流	A	400	FN为630A
	最大开断电流	A	1450	
	最大关合电流	kA	15	峰值
	动稳定电流	kA	25	峰值
	4s热稳定电流	kA	9.5	有效值
	工频耐压（1min）	kV	42	有效值
	冲击耐压	kV	75	全波
	熔断器开断容量	MVA	200 300 500	

五、外形及安装尺寸

浙江丹华 YBW（ZBW1）—12/0.4 型户外箱式变电站外形及安装尺寸，见图 15-14。

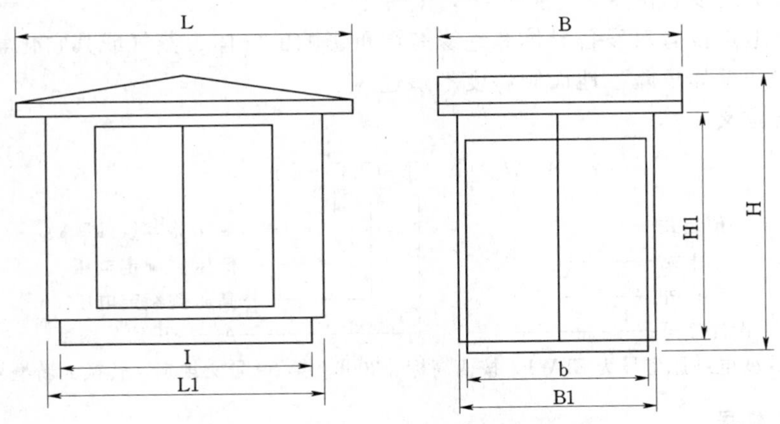

图 15-14 浙江丹华 YBW（ZBW1）—12/0.4 型户外箱式变电站外形及安装尺寸

六、生产厂

浙江丹华电气有限公司。

15.1.17 广东顺德 YBW11（A）系列预装式变电站

一、概述

YBW11、YBW11A 系列高压/低压预装式变电站是广东省顺德开关厂有限公司吸收国内外同类产品优点的基础上，结合目前配电实际而开发的新一代产品。该产品符合 GB 17467—1998《高低压预装式变电站》标准。

该产品由高压开关柜、低压配电柜、配电变压器及外壳四部分组合而成。高压开关采用压气式负荷开关或 SF_6 负荷开关；变压器采用 SC9 型环氧干式变压器或 S9—M 型全密封电力变压器；箱体采用良好的隔热通风结构，机架经前处理上锌后喷涂特殊防腐底漆和面漆，箱壳采用彩色涂层钢板和自熄性聚苯乙烯泡沫塑料制成的超轻型隔热板。箱体内可装设温控散热风机和湿度自动控制装置。各独立单元装设完善的控制、保护、带电显示和照明系统。变电站分为全箱型和变压器外露型两种结构形式。全箱型为变压器、高压柜、低压柜在各自独立的隔室中；变压器外露型是在综合各种形式的预装式变电站优点的基础上，最新开发的新产品。采用独特的油浸式变压器，变压器散热片完全外露在室外，不但散热良好，整个变电站的结构也更加紧凑。

该系列产品用于6～10kV的环网供电和终端供电系统中，把高压电变为400/230V低压，直接供用电。产品适用于住宅小区、公共场所、机场、码头、地铁、宾馆、学校、医院、工厂及流动性强的建设施工工地、矿山、油田等场合使用。

二、使用条件

（1）户外。

（2）海拔（m）：＜1000。

（3）环境温度（℃）：－30～＋40。

（4）风速（m/s）：＜35。

（5）空气相对湿度（%）：＜90（＋25℃时）。

（6）地震加速度（m/s^2）：水平＜0.4；垂直＜0.2。

（7）安装地点没有对设备导体和绝缘有严重影响的气体、蒸气或其它化学腐蚀物质存在，没有火灾和爆炸危险，地面倾斜度不超过5°。

三、型号含义

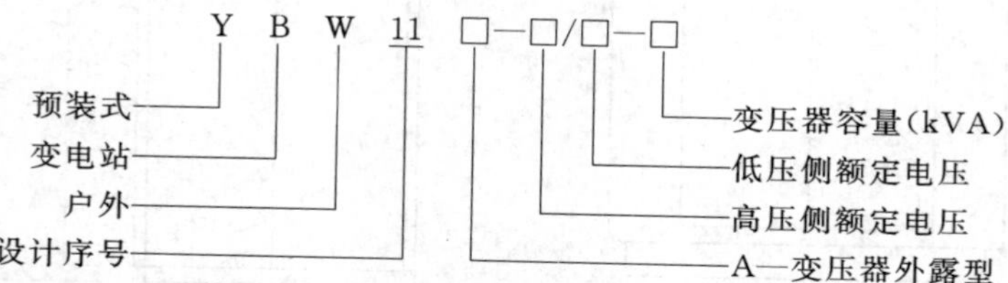

注 预装式变电站原型号为ZBW1，按西高标［2000］第89号文规定，转换为新型号YBW11。

四、技术数据

广东省顺德开关厂有限公司YBW11、YBW11A系列高压/低压预装式变电站技术数据：

（1）高低压开关柜、变压器主要技术数据，见表15-30。

（2）一次接线方案，见表15-31。

表15-30 广东顺德YBW11（A）系列高压/低压预装式变电站技术数据

预装式变电站	高压侧	变压器	低压侧	
额定容量（kVA）	100～1000			
额定电压（kV）	12（6.3）	10（6）/0.4	0.4	
开关额定电流（A）	630		200～1600	
额定短路开断电流（kA）	31.5		≤400kVA 30	＞400kVA 50
额定短时耐受电流（kA/s）	20/4		30/1	50/1

续表 15－30

预装式变电站		高压侧				变压器				低压侧	
绝缘水平	额定电压（kV）	12		6.3		10		6		0.4	
		相间相地	断口	相间相地	断口	油浸	干式	油浸	干式	相间	相地
	1min 工频耐压（kV）	42	48	32	36	35	35	25	25	2.5	
	全波雷电冲击耐压（kV）	75	85	60	65	75	75	60	60		
噪音（dB）	油浸变压器	≤55									
	干式变压器	≤65									
防护等级		IP23D									

表 15－31 广东顺德 YBW11（A）系列高压/低压预装式变电站一次接线方案

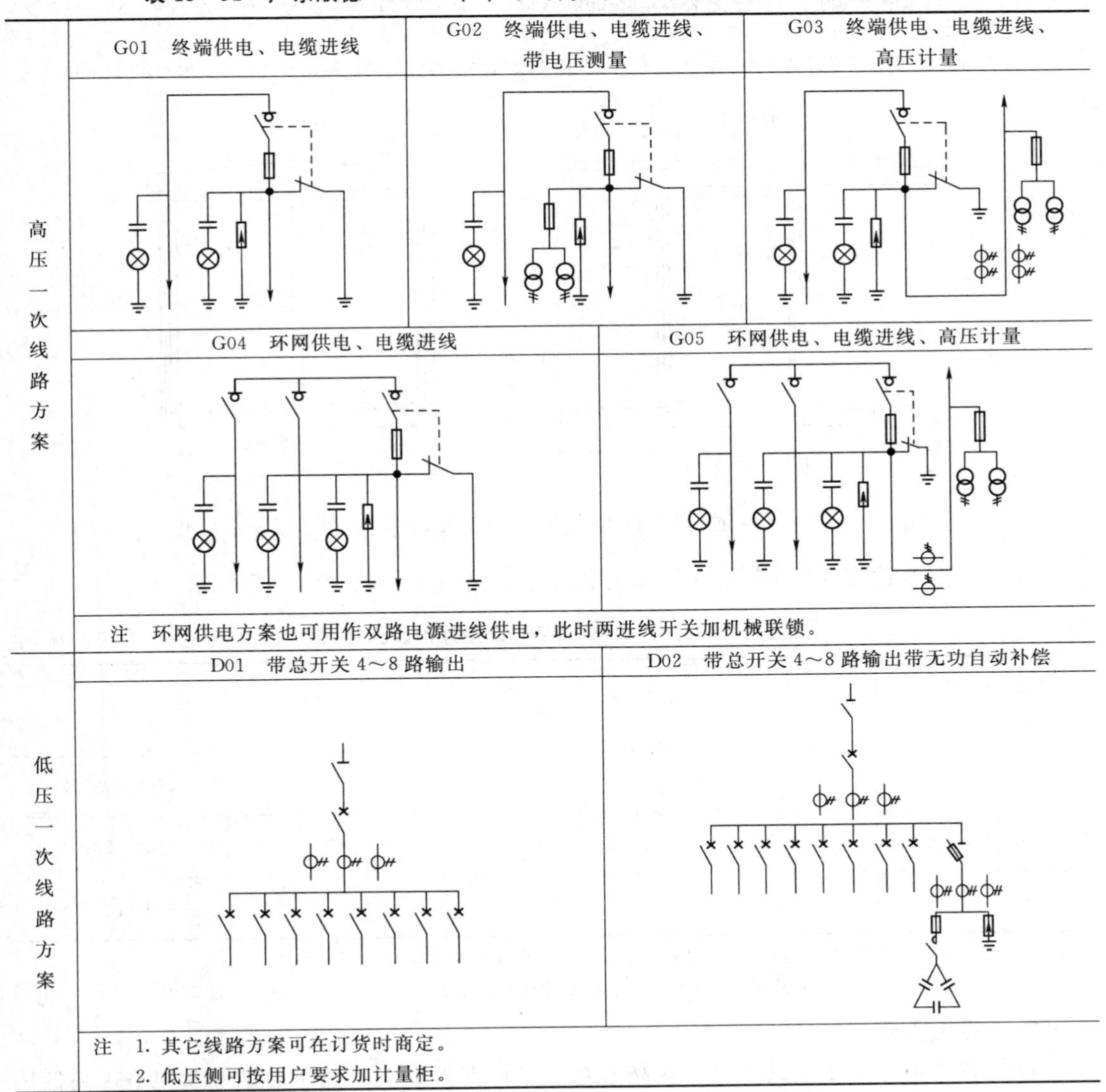

高压一次线路方案
G01 终端供电、电缆进线
G02 终端供电、电缆进线、带电压测量
G03 终端供电、电缆进线、高压计量
G04 环网供电、电缆进线
G05 环网供电、电缆进线、高压计量
注 环网供电方案也可用作双路电源进线供电，此时两进线开关加机械联锁。
低压一次线路方案
D01 带总开关 4～8 路输出
D02 带总开关 4～8 路输出带无功自动补偿
注 1. 其它线路方案可在订货时商定。
2. 低压侧可按用户要求加计量柜。

五、外形及安装尺寸

（1）广东顺德 YBW11 型外形及安装尺寸，见表 15－32 及图 15－15。

表 15－32 广东顺德 YBW11 型外形及安装尺寸 单位：mm

变压器容量（kVA）	L	B	H
≤315	3100	2000	2200/2400/2700
315＜P≤630	3300	2200	2200/2400/2700
630＜P≤1000	3500	2400	200/2400/2700

注 1. 当高/低压柜高度为 1700 且变压器容量＜800kVA 时，选 H＝2200；当高度为 1900，选 H＝2400；当高度为 2200，选 H＝2700。

2. L 和 B 除受变压器容量大小影响外，还与高低压柜配置多少有关。考虑运输方便，B 一般不超过 2400。

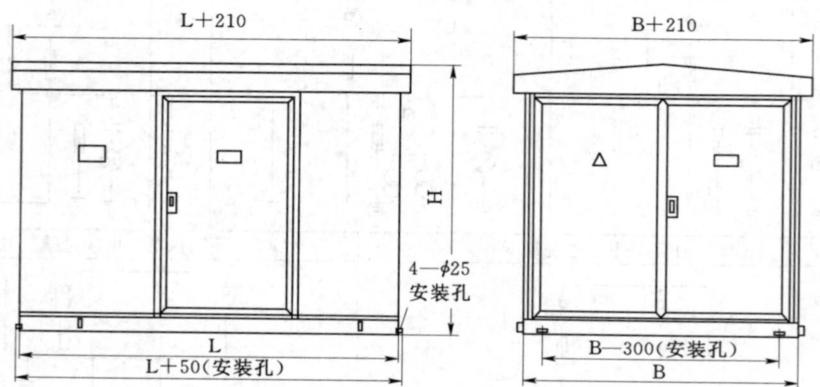

图 15－15 广东顺德 YBW11 型高压/低压预装式变电站外形及安装尺寸

（2）广东顺德 YBW11A 型外形及安装尺寸，见表 15－33 及图 15－16。

表 15－33 广东顺德 YBW11A 型外形及安装尺寸 单位：mm

变压器容量（kVA）	L	L_2	B	H
≤315	2100	1390	1700	2100（2300）
315＜P≤630	2300	1390	1850	2100（2300）
630＜P≤1000	2500	1390	1850	2100（2300）

注 1. 当高/低压柜高度为 1700，选 H＝2100；当高/低压柜高度为 1900，选 H＝2300。

2. L 和 B 除受变压器容量影响外，还与高低压柜配置有关。考虑运输方便，B 一般不超过 2400。

六、订货须知

订货时必须提供变电站型号、规格参数、平面布置形式。变压器型号及规格、高低压

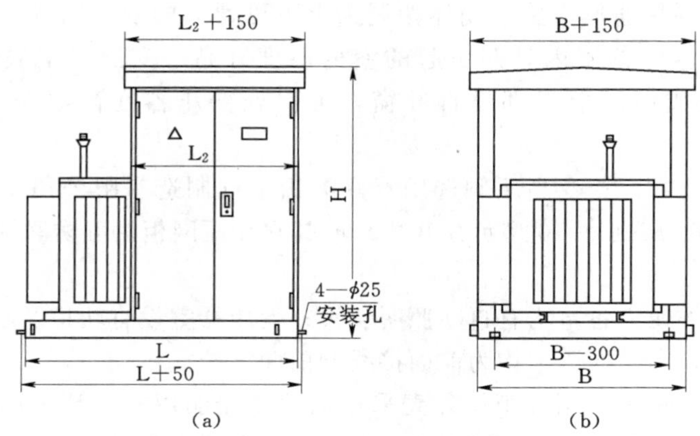

图 15－16　广东顺德 YBW11A 型高压/低压预装式变电站外形及安装尺寸

(a) 外形尺寸；(b) 安装基础尺寸

主回路接线方案、主要元件型号规格及特殊要求。

七、生产厂

广东省顺德开关厂有限公司。

15.1.18　泰州海田 YBM（P）系列箱式变电站

一、概述

YBM（P）系列箱式变电站是一种把高压开关设备、配电变压器、低压开关设备、电能计量设备和无补补偿装置等，按一定的接线方案组合在一个或几个箱体内的紧凑型成套配电装置。该产品适用于额定电压 10/0.4kV 三相交流系统中，作为接受和分配电能之用，适用于工厂、矿山、油田、港口、机场、城市公共建筑、居民小区、高速公路、地下设施等场所。

YBM（P）箱变具有成套性强、体积小、造型美观、运行安全可靠、维护方便、可选择性大、占地面积小、移动方便、深入负荷中心、建设周期短等优点。

该产品使用条件：

海拔（m）：＜2000。

环境温度（℃）：－30～＋40。

空气相对湿度（%）：日平均＜95，月平均＜90。

风速（m/s）：＜35。

安装在没有火灾、爆炸危全、化学腐蚀及剧烈振动的场所。

二、结构特点

（1）箱体有两种构成方式。一种为骨架焊接式（“目”字形布置），即先用型钢焊接骨架，再拉铆或焊接面板。“目”字形高压室较宽，便于实现环网或双电源接线的环网供电方案。另一种为无骨架装配式（“品”字形布置），钢板经折弯成形后进行表面处理，最后用螺栓连接装配而成。“品”字形布置的特点是扩大了低压出线单元，可放置 6 面低压柜，有 8～12 回路出线。箱变也可设置操作走廊及值班室。

（2）有良好的隔热通风措施。箱体四周为上下可通气的双层结构，箱顶夹层中还设有隔热材料，有效地降低了因日照引起的室内温度升高。变压器室底部、顶部均装有自动换气扇，侧面或门的上半部设百叶窗，可保证变压器在高温季节内能满载安全运行。

（3）运行安全可靠。箱变高压侧选用泰州海田电气制造有限公司生产 YBM（P）型环网开关装置（内配 FN12—10 型负荷开关）或其它高压网柜。五防联锁完备。各门框采用良好的防水结构。

（4）操作维修方便。各室均有自动照明装置；变压器室设有轨道及小车，便于变压器安装、维护、更换；高、低压室均为前面接线和前面维护。

（5）外形美观、经久耐用。箱体外壳采用高性能船舶用富锌环氧底漆和环氧防腐砂浆，防腐性能好、表面色彩可随环境而任意配置；各电器安装梁均为镀锌处理，门锁采用专用的防堵防锈的通用锁。

三、型号含义

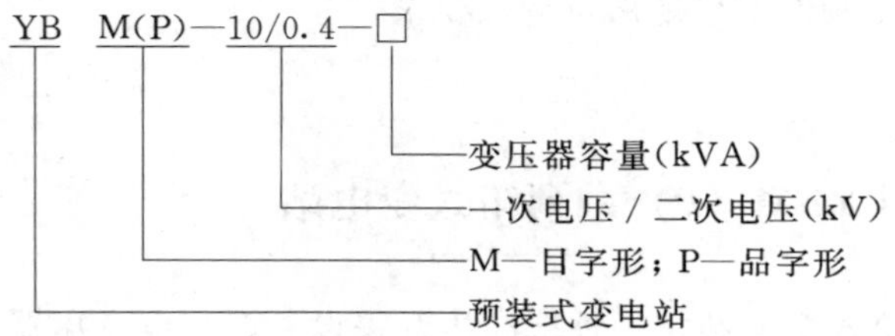

四、技术数据

泰州海田 YB（M）P 系列箱式变电站技术数据，见表 15－34。

表 15－34 泰州海田 YBM（P）系列箱式变电站技术数据

箱式变压站	高压侧	变压器	低压侧
额定容量（kVA）		50～1250	
额定电压（kV）	10	10/0.4	0.4
额定电流（A）	400～630	72.2/1820	2000
额定短路开断电流（kA）	50（熔断器）		15～65
额定关合电流（kA）	50		
热稳定电流（kA×s）	20×2		15×1，30×1

箱式变压站	高压侧	变压器	低压侧
1min 工频耐压（kV）	对地：42 断口：48	干式：28 油浸：35	2.0/2.5
雷电冲击耐压（kV）	对地：75 断口：85		
箱壳防护等级	IP33	IP23	IP33
噪音水平（dB）	65（干式变压器） 55（油浸式变压器）		

五、外形及安装尺寸

泰州海田 YBM（P）系列箱式变电站外形及安装基础尺寸，见图 15－17。

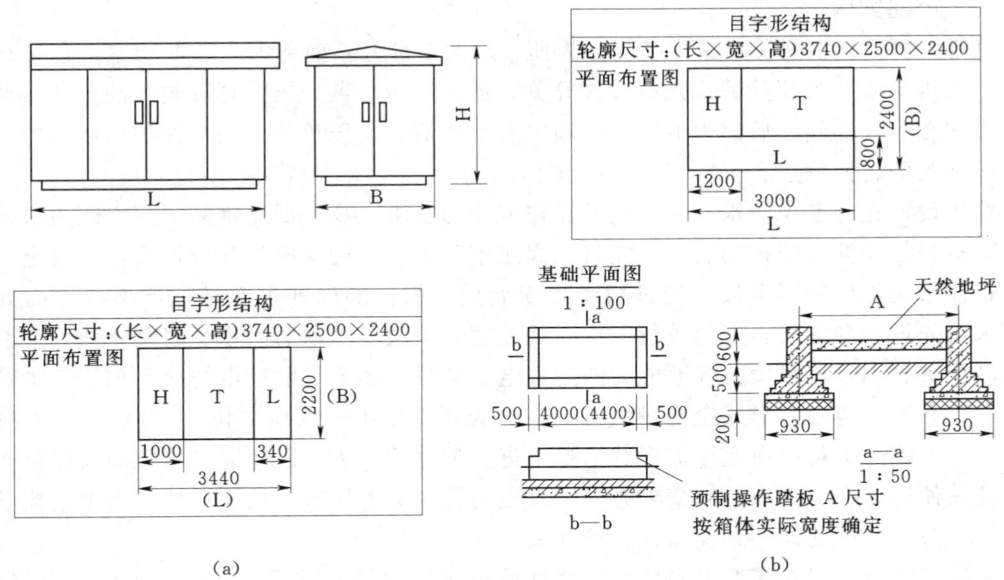

(a)　　(b)

图15-17　泰州海田YBM（P）系列箱式变电站外形及安装基础尺寸

(a) 外形尺寸；(b) 安装基础尺寸

六、订货须知

订货时必须提供产品型号、规格参数、电器元件型号和规格、外壳颜色、数量及特殊要求。

七、生产厂

泰州海田电气制造有限公司。

15.1.19 许继YB系列美式箱式变电站

一、概述

许继集团YB系列美式箱式变电站是一种新型配电设备，是将变压器、高压负荷开关、高压限流熔断器安装在变压器油箱内，以矿物油进行绝缘和冷却。该产品具有结构合理紧凑、体积小、安装灵活、操作方便、占地面积小等优点。YB系列美式箱式变电站特别适用于城市电网的负荷中心，降低损耗，提高供电质量。按照国家标准GB 17467—1998《高低压预装式变电站》设计，YB系列美式箱变无疑是城市电网改造的最佳配电设备。

二、产品特点

(1) 体积小，结构合理紧凑。

(2) 全密封油箱，全绝缘设计，运行安全可靠。

(3) 环网和终端供电均可使用，运转方便，供电可靠。

(4) 过载能力强，抗突发短路性能优越。

(5) 冲击性能好。

(6) 节能，低损耗，不高于新S9损耗值。

(7) 电缆接头可操作200A负荷电流，机械寿命和电气寿命长。

三、产品结构

许继集团 YB 系列美式箱变结构分为前、后两个部分。前部为高、低压室，包括高压端子、低压端子、负荷开关、无载分接开关、插入式熔断器、压力释放阀、油温计、油位计、注油孔、放油阀。后部为油箱，油箱中有变压器、高压负荷开关、保护用熔断器，无载分接开关的转换触点。

箱体设计充分考虑防水、安全性及操作方便的要求。高、低压室防护门之间为机械联锁，只有当打开低压防护门后，才能打开高压室防护门，确保操作和维护人员的安全。

箱体采用优质碳素钢板，经过精密加工而成。箱体的内外表面经过严格的表面处理后，采用先进的静电喷粉工艺进行三次喷粉处理，漆层坚固耐磨防水、耐紫外线照射。

高压套管用于连接负荷开断能力的肘型电缆插头，套管与肘型电缆接头相接，将带电部分密封在绝缘体内，形成全绝缘结构，端子表面不带电—（地电位），可靠保证人身安全。压型电缆插头可以在变压器满载情况下进行带电插、拔，因此肘型电缆插头也可作为负荷开关使用。在全绝缘的箱变外壳上，靠近套管接头的地方焊接有壁挂，当带电拔下肘型电缆插头时，可立即插到支座式套管插头上。

根据需要也可以在箱变上安装肘型全绝缘金属氧化锌避雷器。这种避雷器是全屏蔽、全绝缘，可插拔，安装非常方便。

插入式熔断器与后备保护熔断器串联起来为箱变提供保护，保护原理先进，经济可靠、操作简便。

后备保护熔断器是限流熔断器，安装在箱体内部，只在箱变内部发生故障时动作，用了保护高压线路。插入式熔断器熔断后，可以在现场方便地更换熔丝。

油浸式负荷开关是三相联动开关，具有弹簧操作机构，可完成负荷开断和关合操作。负荷开关分二位置和四位置两种，分别用于放射型配电系统和环网型配电系统。

四、型号含义

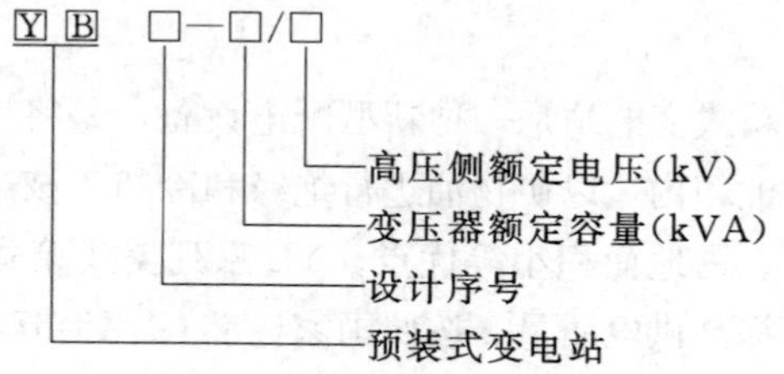

五、技术数据

(1) 许继 YB 系列美式箱变技术数据：

额定电压（kV）：高压10，低压0.4。

最高工作电压（kV）：12。

额定频率（Hz）：50。

额定容量（kVA）：30～2500。

1min 工频耐受电压（kV）：35。

雷电冲击耐压（kV）：95。

短时耐受电流（kA/2s）：12。

高压后备限流熔断器遮断容量（kA）：50。

无载调压：10kV±2×2.5%。

环境温度（℃）：−45～+40。

允许温升（K）：65。

（2）高压负荷开关技术数据：

额定电压（kV）：12。

额定电流（A）：630。

额定频率（Hz）：50。

额定开断电流（A）：630。

热稳定电流（kA/s）：16/2。

动稳定电流（kA）：40。

满负荷开断次数（次）：200。

机械寿命（次）：3000。

1min工频耐压（相间及对地）（kV）：42。

雷电冲击水平（相间及对地）（kV）：95。

（3）高压电缆插头技术数据：

额定电压（kV）：12。

额定电流（A）：200，600。

1min工频耐压（kV）：42。

绝缘电阻（MΩ）：2000。

触头接触电阻（MΩ）：100。

（4）许继熔断器技术数据，见表15-35。

表15-35　许继YB系列美式箱变熔断器技术数据

额定容量（kVA）	额定电压6kV		额定电压10kV		额定容量（kVA）	额定电压6kV		额定电压10kV	
	限流熔断器（A）	插入式熔断器型号	限流熔断器（A）	插入式熔断器型号		限流熔断器（A）	插入式熔断器型号	限流熔断器（A）	插入式熔断器型号
50	40	C06	40	C04	400	150	C12	100	C11
80	50	C08	40	C06	500	175	C14	125	C12
100	50	C08	40	C06	630	175	C14	150	C12
160	80	C10	50	C08	800	200	C16	150	C14
200	80	C10	80	C10	1000	200	C16	200	C16
250	125	C10	80	C10	1250	200		200	C16
315	150	C12	80	C10	1600	200		200	C16

（5）许继变压器技术数据，见表15-36。

表 15－36　许继 YB 系列美式箱变变压器技术数据

额定容量 (kVA)	空载损耗 (W)	负载损耗 (W)	空载电流 (%)	阻抗电压 (%)	额定容量 (kVA)	空载损耗 (W)	负载损耗 (W)	空载电流 (%)	阻抗电压 (%)
50	170	870	2.0	4	400	800	4300	1.0	4
80	240	1250	1.8		500	960	5100	1.0	
100	290	1500	1.6		630	1150	6200	0.9	4.5
160	290	2200	1.4		800	1400	7500	0.8	
200	470	2600	1.3		1000	1650	10300	0.7	
250	560	3050	1.2		1250	1950	12000	0.6	
315	670	3650	1.1		1600	2350	14500	0.6	

（6）许继高低压组成方案，见表 15－37。

表 15－37　许继 YB 系列美式箱变高低压组成方案

高低压组成方案	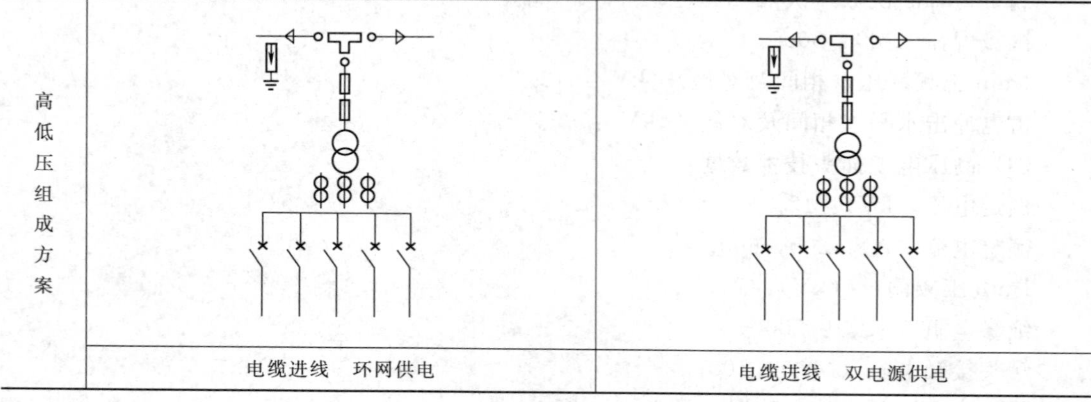	
	电缆进线　环网供电	电缆进线　双电源供电

（7）许继高压系统方案，见表 15－38。

（8）许继低压回路方案，见表 15－39。

表 15－38　许继 YB 系列美式箱变高压系统方案

编号	Ⅰ	Ⅱ	Ⅲ	Ⅳ	Ⅴ
接线方案					
	用于终端	双电源供电	用于环网、双电源供电	用于环网	高压计量方案
负荷开关	200、400、630A	200、400、630A	200、400、630A	200、400、630A	200、400、630A

注　插入式熔断器、后备限流熔断器由制造厂按容量确定。

表 15-39 许继 YB 系列美式箱变低压回路方案

编号		001	002	003	004
主回路方案		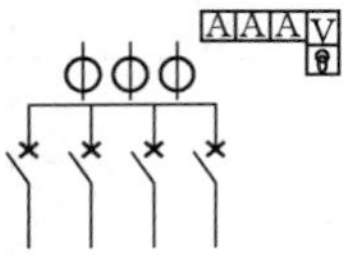	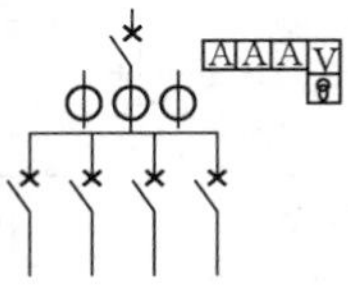	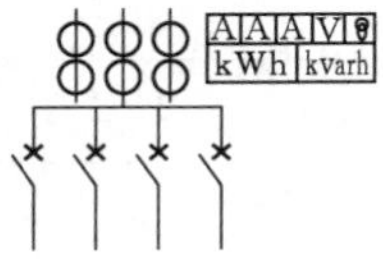	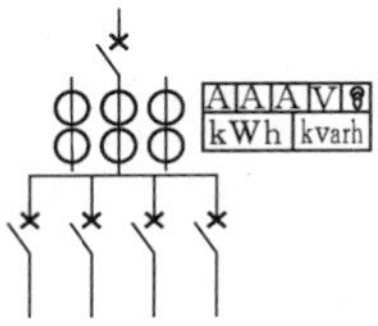
主要元件					
	支路开关	CM1—400/3（或 400A 以下）×4	CM1--400/3（或 400A 以下）×4	CM1—400/3（或 400A 以下）×4	CM1—400/3（或 400A 以下）×4
		TM30—400/3（或 400A 以下）×4	TM30—400/3（或 400A 以下）×4	TM30—400/3（或 400A 以下）×4	TM30—400/3（或 400A 以下）×4
		DZ20—400/3×1 +200/3×3	DZ20—400/3×1 +200/3×3	DZ20—400/3×1 +200/3×3	DZ20—400/3×1 +200/3×3
编号		005	006	007	008
主回路方案		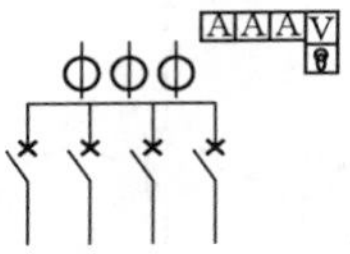	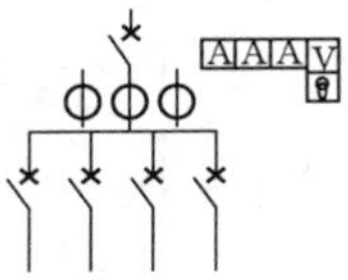	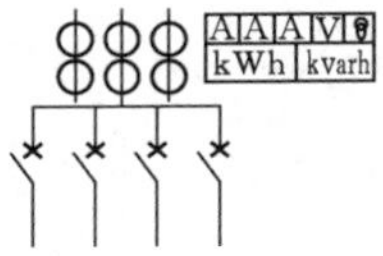	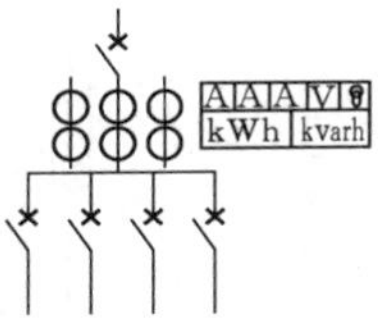
主要元件			主开关 TM30—630 至 1250/3		主开关 TM30—630 至 1250/3
	支路开关	T0—400/3（或 400A 以下）×5	T0—400/3（或 400A 以下）×5	T0—400/3（或 400A 以下）×5	T0—400/3（或 400A 以下）×5
		TM30—400/3（或 400A 以下）×5	TM30—400/3（或 400A 以下）×5	TM30—400/3（或 400A 以下）×5	TM30—400/3（或 400A 以下）×5
		DZ20—400/3×1 +200/3×4	DZ20—400/3×1 +200/3×4	DZ20—400/3×1 +200/3×4	DZ20—400/3×1 +200/3×4
		(DZ20—400/3×2 +200/3×2)①	(DZ20—400/3×2 +200/3×2)①	(DZ20—400/3×2 +200/3×2)①	(DZ20—400/3×2 +200/3×2)①

① 可按照用户需要提供其它电气方案产品。

六、外形及安装尺寸

许继 YB 系列美式箱变外形及安装尺寸，见表 15-40 及图 15-18。

表 15-40 许继 YB 系列美式箱变外形及安装尺寸 单位：mm

箱变容量 (kVA)	A	B	C	D	E	重 量 (kg)
100	1840	1145	1700	1800	600	1700
162	1840	1145	1700	1800	600	1800

续表 15-40

箱变容量 (kVA)	A	B	C	D	E	重 量 (kg)
200	1840	1145	1700	1800	600	1920
250	1940	1145	1700	1800	600	2080
315	1940	1345	1800	1900	650	2470
400	1940	1345	1800	1900	650	2600
500	1940	1345	1800	1900	650	2880
630	1940	1345	1900	1900	650	3520
800	1940	1345	1900	1900	650	3890
1000	2040	1545	1900	2000	650	4670

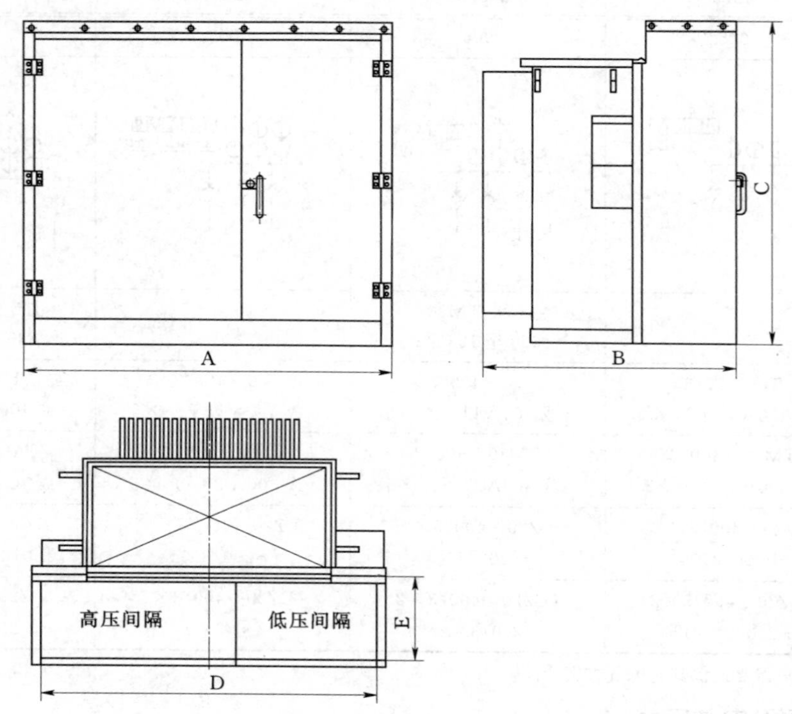

图 15-18 许继 YB 系列美多箱变外形及安装尺寸

七、生产厂

许继集团有限公司、许继变压器有限公司、许继集团通用电气销售有限公司。

15.1.20 许继 YBM 系列预装式变电站

一、概述

预装式变电站（简称箱变）为一种新型供电装置，比传统土建型变电站具有体积小、占地面积小、结构紧凑、便于搬迁、基建周期短、基建费用少、现场安装简单、供电迅速、设备维修简单、无需专人值守等优点，特别是该产品可以深入负荷中心，对提高供电质量、减少电能损失、增强供电的可靠性以及对配电网络改造都是十分需要的。现代化的电网中普遍采用箱式变电站，可改变在电杆上安装变压器和蜘蛛网式的布线方式，因此我国电力部门在城市配电网的改造中正在积极推广应用。

YB系列预装式变电站是许继变压器有限公司在吸收国内外同类产品优点的基础上，结合目前配电实际而开发的新一代产品。该产品符合国家标准 GB 17467—1998《高低压预装式变电站》和电力部 DL/T 537—93《6—35kV 箱式变电站订货技术条件》、IEC 1330 等标准。

二、产品结构

YBM系列预装式变电站由高压开关柜、低压配电屏、配电变压器及外壳四部分组合而成。高压采用意大利 VEI 公司的 ISABC 型压气式负荷开关，变压器 SC9、SCB9 型环氧干式变压器或 S9 型电力变压器，箱体采用了良好的隔热通风结构，壁纸采用夹芯板(即两外侧为钢板，中间为隔热材料)，外形由铝型材包裹，外形美观大方，隔热性能良好，且箱体设有上下可通风的风道，户外太阳辐射对变压器及低压室造成的温升可减小到最低限度。箱体内可装设温控强迫通风装置和温度自动控制装置。各独立单元装设完善的控制、保护、带显示和照明系统。

三、使用条件

海拔（m）：＜1000。

环境温度（℃）：最高＋40；最低－25（户外）、－5（户内）；最高日平均气温＋30；最高年平均气温＋20。

户外风速（m/s）：＜35。

空气相对湿度（%）：＜90（＋25℃时）。

地面倾斜度（°）：＜3。

地震加速度（m/s^2）：水平＜0.4；垂直＜0.2。

安装地点无火灾、爆炸危险。化学腐蚀及剧烈振动。

四、型号含义

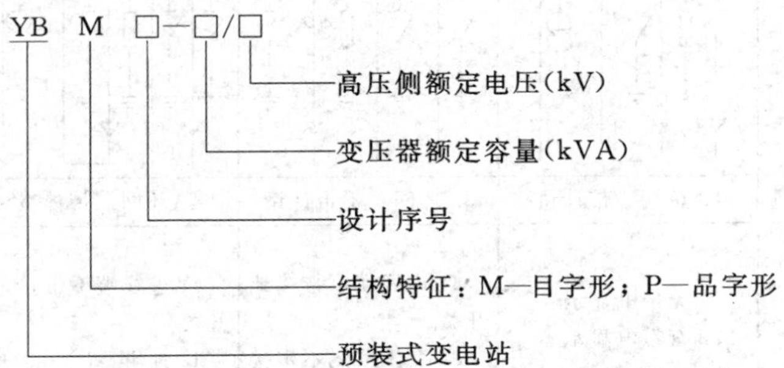

五、技术数据

(1) 许继 YBM 系列预装式变电站技术数据，见表 15-41。

表 15-41 许继 YBM 系列预装式变电站技术数据

单元	项目			
高压单元	额定频率（Hz）	50		
	额定电压（kV）	6	10	35
	最高工作电压（kV）	6.9	11.5	40.5
	工频耐受电压（kV） 对地和相间/隔离断口	32/36	42/48	95/118
	雷电冲击耐压（kV） 对地和相间/隔离断口	60/70	75/85	185/215
	额定电流（A）	400 630		
	额定短时耐受电流（kA）	12.5（2s）	16（2s）	20（2s）
	额定峰值耐受电流（kA）	1.5	40	50
低压单元	额定电压（V）	380		220
	主回路额定电流（A）	100～3200		
	额定短时耐受电流（kA）	15	30	50
	额定峰值耐受电流（kA）	30	63	110
	支路电流（A）	10～800		
	分支回路数（路）	1～12		
	补偿容量（kvar）	0～360		
变压器单元	额定容量（kVA）	50～2000		
	阻抗电压（%）	4		6
	分接范围	±2×2.5%		±5%
	连接组别	Y，yn0		D，yn11

（2）许继主回路基本方案，见表 15-42。

表 15-42 许继 YBM 系列预装式变电站主回路基本方案

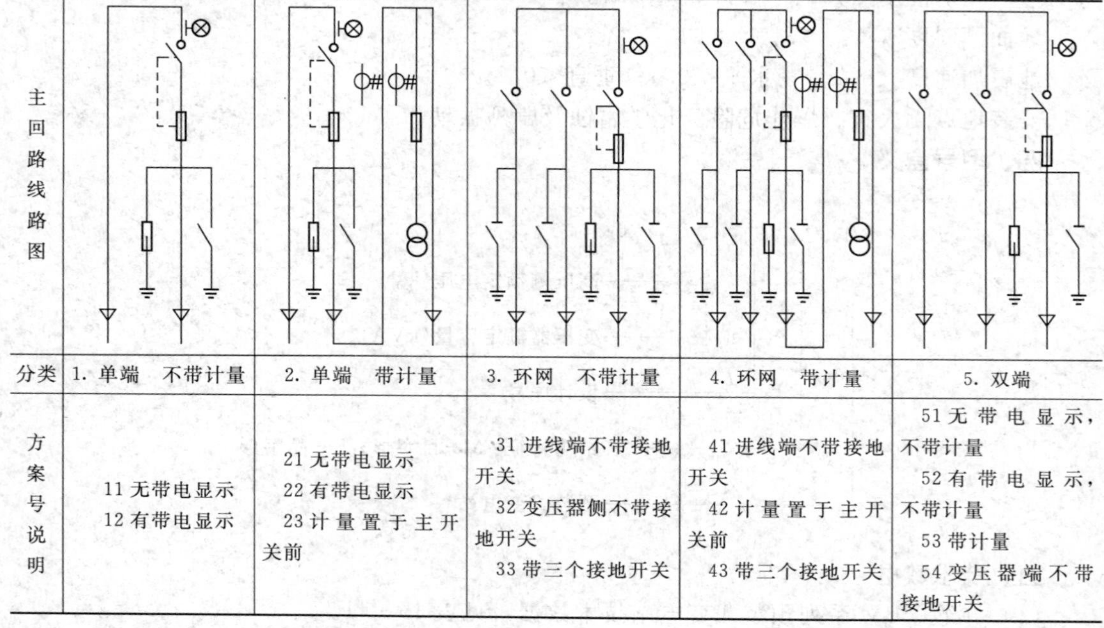

主回路线路图					
分类	1. 单端 不带计量	2. 单端 带计量	3. 环网 不带计量	4. 环网 带计量	5. 双端
方案号说明	11 无带电显示 12 有带电显示	21 无带电显示 22 有带电显示 23 计量置于主开关前	31 进线端不带接地开关 32 变压器侧不带接地开关 33 带三个接地开关	41 进线端不带接地开关 42 计量置于主开关前 43 带三个接地开关	51 无带电显示，不带计量 52 有带电显示，不带计量 53 带计量 54 变压器端不带接地开关

续表 15-42

主回路线路图	1～8	1～8	1～6　1～6	1～9
分类	1. 无补偿　单级系统	2. 有补偿　单级系统	3. 有补偿　多级系统	4. 刀熔开关简化系统
方案号说明	102 二回路出线 103 三回路出线 104 四回路出线 105 五回路出线 106 六回路出线 107 七回路出线 108 八回路出线	202 二回路出线 203 三回路出线 204 四回路出线 205 五回路出线 206 六回路出线 207 七回路出线 208 八回路出线	301 一加二回路出线 302 二加二回路出线 303 二加三回路出线 304 二加四回路出线 305 三加三回路出线 306 三加四回路出线 307 四加四回路出线 308 五加五回路出线 309 六加六回路出线	402 二回路出线 403 三回路出线 404 四回路出线 405 五回路出线 406 六回路出线 407 七回路出线 408 八回路出线 409 九回路出线

六、外形及安装尺寸

许继 YBM 系列预装式变电站外形及安装尺寸，见表 15-43 及图 15-19。

表 15-43　许继 YBM 系列预装式变电站外形及安装尺寸

变压器容量 (kVA)	外形尺寸 (mm)							安装尺寸 (mm)	
30～250	A=2960	B=2110	H=2370	A1=2750	A3=2800	B1=1800	H1=2120	A2=2820	B2=1740
315～630	A=3500	B=2300	H=2410	A1=3200	A3=3320	B1=2000	H1=2160	A2=3270	B2=1940
800～1250	A=3800	B=2700	H=2660	A1=3500	A3=3600	B1=2400	H1=2360	A2=3570	B2=2340

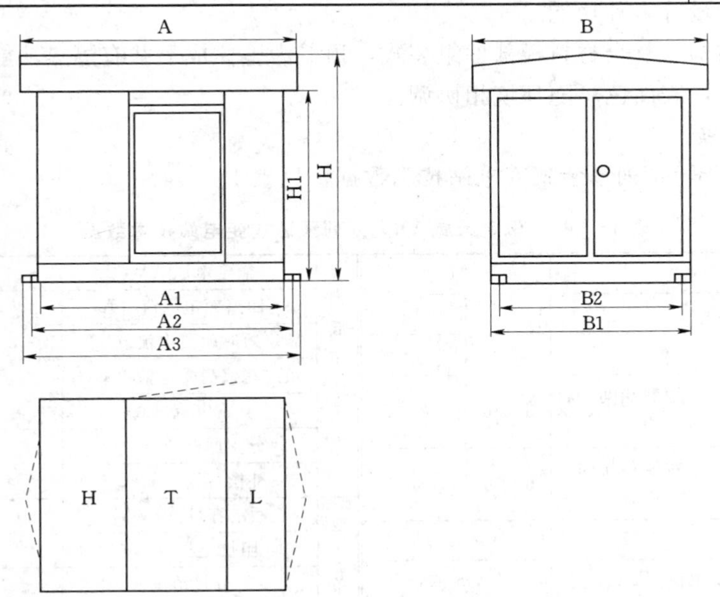

图 15-19　许继 YBM 系列预装式变电站外形及安装尺寸

七、订货须知

订货时必须提供数量、额定电压、频率中性点接线方法、变压器型号和规格，确定主回路接线方案及主要元器件型号和额定参数等要求。

八、生产厂

许继集团有限公司、许继变压器有限公司、许继集团通用电气销售有限公司。

15.1.21 保定天威YB□系列紧凑型预装式变电站

一、概述

YB□系列预装式变电站是一种把高压开关设备、配电变压器和低压配电设备、按照一定的接线方案组合在一个箱体内构成户外紧凑型成套配电装置，适用于系统标称电压6～10kV三相交流系统中，作为接受和分配电能之用。

该产品系列化、模数化、功能强大，设施齐全、体积小、重量轻、外形美观、维护方便、运行安全可靠，完全满足GB/T 17467—1998标准要求，并可实现智能化操作。适用于城市公用配电、路灯供电、工矿企业、高层建筑、生活小区、油田码头及工程临时施工等场所。产品可接近负荷中心，减少线路损耗，是城乡电网建设理想配电装置。

一、产品结构

(1) 高压室由HXGN—12环网柜组成一次供电系统，可布置环网供电、终端供电、双电源供电等多种供电方式，还可装设高压计量元件，满足高压计量的要求，具有防误操作功能。

(2) 变压器可选择SM9～SM11及非晶铁芯低损耗油浸变压器、干式变压器。变压器室可采用自然风冷，也可设有自启动风冷系统，以利于变压器满负荷运行。

(3) 低压室采用柜装式结构组成所需的供电方案，具有动力配电、照明配电、无功功率补偿、电能计量等多种功能。

(4) 箱体结构为复合材料板部件组装式，顶盖为整体成形并有隔热功能，封板和门框为防锈铝合金板，表面色彩随环境相协调。

三、技术数据

保定天威YB□系列预装式变电站技术数据，见表15-44。

表15-44 保定天威YB□系列预装式变电站技术数据

<table>
<tr><td rowspan="9">高压单元</td><td>额定频率（Hz）</td><td colspan="2">50</td><td rowspan="7">低压单元</td><td>额定电压（V）</td><td>380V</td></tr>
<tr><td>额定电压（kV）</td><td>6</td><td>10</td><td>主回路额定电流（A）</td><td>100～2500</td></tr>
<tr><td>最高工作电压（kV）</td><td>6.9</td><td>12</td><td>额定短时耐受电流（kA）</td><td>30</td></tr>
<tr><td rowspan="2">工频耐受电压 对地和相间/隔离断口（kV）</td><td rowspan="2">32/36</td><td rowspan="2">42/48</td><td>额定峰值耐受电流（kA）</td><td>63</td></tr>
<tr><td>支路电流（A）</td><td>10～800</td></tr>
<tr><td rowspan="2">雷电冲击耐压 对地和相间/隔离断口（kV）</td><td rowspan="2">60/70</td><td rowspan="2">75/85</td><td>分支回路数（A）</td><td>1～12</td></tr>
<tr><td>补偿容量（kvar）</td><td>0～360</td></tr>
<tr><td>额定电流（A）</td><td colspan="2">10～200A</td><td rowspan="4">变压器单元</td><td>额定容量（kVA）</td><td>50～500；630～1600</td></tr>
<tr><td>额定短时耐受电流（kA）</td><td colspan="2">31.5（2s）</td><td>阻抗电压（%）</td><td>4；4.5</td></tr>
<tr><td></td><td>额定峰值耐受电流（kA）</td><td colspan="2">80</td><td>分接范围</td><td>±2×2.5%；±5%</td></tr>
<tr><td></td><td></td><td colspan="2"></td><td>连接组别</td><td>Y，yn0 D，yn11</td></tr>
</table>

四、外形及安装尺寸

保定天威YB□系列预装式变电站外形及安装尺寸，见表15-45及图15-20。

表15-45 保定天威YB□系列预装式变电站外形及安装尺寸

变压器容量（kVA）	外形尺寸（mm）（长×宽×高）	安装尺寸（mm）	变压器容量（kVA）	外形尺寸（mm）（长×宽×高）	安装尺寸（mm）
50～315	2950×2000×2800	1950×1950	800～1000	5200×2100×2800	4200×2050
400	3900×2700×2800	2900×2650	1250～1600	6000×2800×2800	5000×2750
500～630	4200×2700×2800	3200×2650			

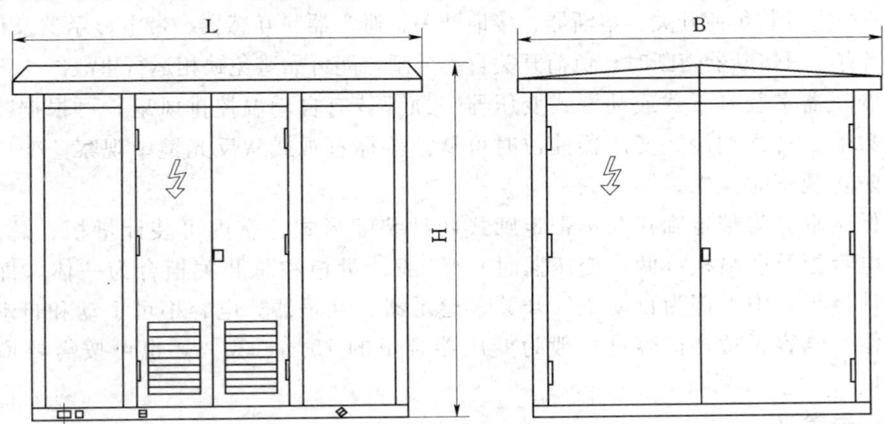

图15-20 保定天威YB□系列预装式变电站外形尺寸

五、生产厂

保定天威集团特变电气有限公司。

15.1.22 中电电气YB—10系列组合式（箱式）变电站

一、概述

YB—10系列组合式（箱式）变电站是由高压开关设备、电力变压器、低压开关设备三部分组合在一起而构成的户内、外配电成套装置。

该产品具有成套性强，占地面积小，投资少，安装维护方便，造型美观，耐候性强等特点，广泛应用于高层建筑、住宅小区、矿山、油田、公用配电、车站、码头等企事业单位及临时用电场所变配电之用。

二、正常使用条件

环境温度（℃）：−25～+40。

海拔（m）：<1000。

相对湿度<90%（+25℃时），允许短时达100%。

安装在没有火灾、爆炸危险、化学腐蚀性及剧烈振动的场所。

三、产品结构

（1）产品为框架结构，用型钢焊接而成，框架外蒙铝合金板，并涂专用漆层，使之具有较强的机械性能、耐候性能、防腐蚀性能。组合式（箱式）变电站为整体结构时，箱内用钢板隔成3个相对独立的小室即高压室、变压器室和低压室。各室照明均随门的开启而自动关停。

该产品顶部有隔热层，高温高寒地区，箱内温度易剧烈变化而凝露，可增装箱体四周隔热层。为使箱内温度稳定，变压器室、低压室设有温度自动控制装置。

该产品能有效防止小动物的侵入。变压器的维修由可拆装的小车轻便地推进拉出。箱体底座两侧设有四只对应的可拉出推进的吊栓，顶檐两侧设有同样功能的四只支撑，可整体吊装和运输。

(2) 高压室内设有HXGN—10型高压环网开关柜，具有“五防”功能。装一台时为终端式，装2～3台时为环网式，装3台以上时可具备开闭所功能，且可实现分路进出线计量。高压环网开关柜内可装负荷开关、熔断器、接地开关、避雷器、互感器、带电显示器及仪表、电能表等。当有一只熔断器熔断时，负荷开关自动分闸，能可靠避免缺相运行事故。

(3) 变压器室装有干式或油浸式变压器。顶部装有自动温控排风扇，可根据需要任意设定温控数值。观察油浸式变压器油位时可从油位标直观或从反光镜中观察。变压器设有网门，以防止观察时误入。

(4) 低压室分为带走廊式和不带走廊式两种装配形式。室内可装计量柜、总开关柜、出线柜、电容柜及联络柜（两台变压器时）。一般计量柜和总开关柜合为一体，即柜上部为仪表、计量箱，中下部为自动空气开关、避雷器、互感器。电容柜可手动和自动控制进行自动补偿。电容无功补偿容量一般为变压器容量的15%～20%，也可按需要增加或减少补偿容量。

四、型号含义

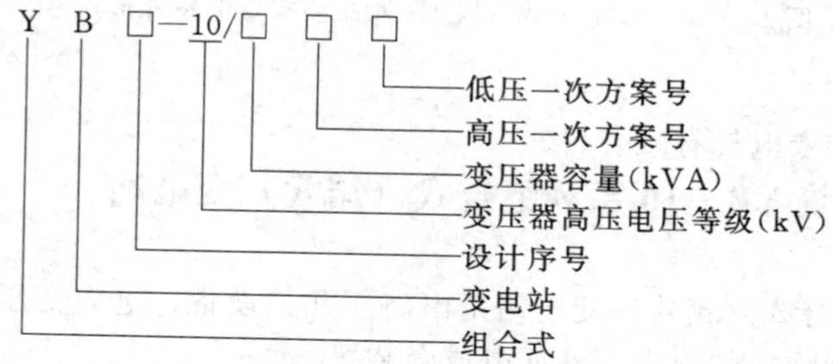

五、技术数据

(1) 中电电气YB—10系列组合式（箱式）变电站主要技术数据，见表15-46。

表15-46　中电电气YB—10系列组合式变电站主要技术数据

箱内结构	高压侧	变压器	低压侧
额定电压（kV）	6，10	6，10/0.4	0.4
额定电流（A）	20～200	115.5/4000	100～4000
变压器容量（kVA）		50～2500	
额定短路开断电流（kA）	31.5，50		30～50
额定短路关合电流（kA）	50		
额定热稳定电流（kA/s）	20/2		30/1

箱内结构	高压侧	变压器	低压侧
额定动稳定电流（峰值）（kA）	50		63
工频耐压1min（kV）	高压回路42 高压断口48	35	2.5
雷电冲击耐压（kV）	回路75， 断口85		
箱体防护等级	IP3X	IP2X	IP3X
噪音水平	干变小于65dB，油变小于55dB		
回路数	1～10	1～2（台）	4～20

(2) 中电电气典型一次方案，见表 15-47。

表 15-47 中电电气 YB—10 系列组合式变电站典型一次方案

编号		01	02	03	04
主回路方案		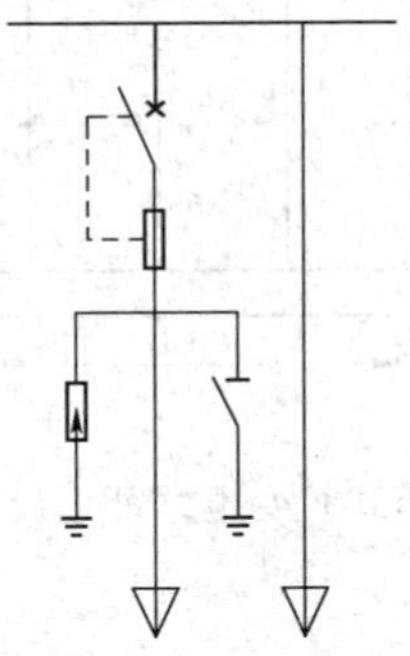	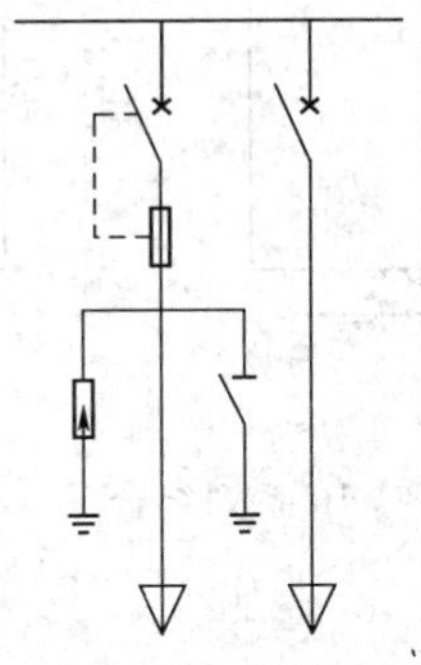	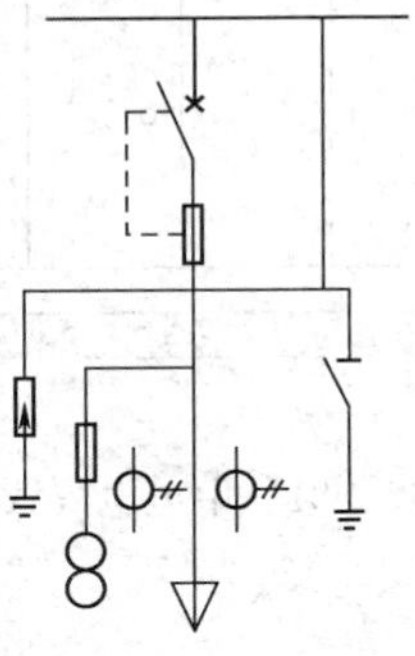	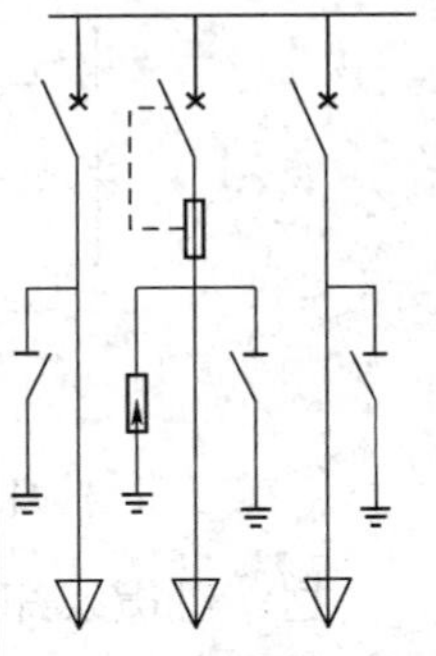
主要电器设备	名称	数量	数量	数量	数量
	负荷开关	1	2	1	3
	避雷器	3	3	3	3
	电流互感器			2	
	电压互感器			2	
	接地开关	1	1	1	3
	熔断器	3	3	6	3

六、外形及安装尺寸

中电电气 YB—10 系列组合式变电站外形尺寸，见表 15-48 及图 15-21。

表 15-48 中电电气 YB—10 系列组合式（箱式）变电站外形尺寸

变压器容量 (kVA)	高压室装配形式	低压室装配形式	A	B	C	D	H
50～250	终端	Y	2900	1800	3130	2030	2530
		Z	3500	2100	3730	2330	2530
	环网	Y	2900	2400	3130	2630	2530
		Z	3500	2400	3730	2630	2530
315～630	终端	Y	3200	2200	3330	2430	2530
		Z	4000	2200	4230	2430	2530
	环网	Y	3200	2400	3430	2630	2530
		Z	4000	2400	4230	2630	2530
800～1000 (干式)	终端	Y	3800	2200	3430	2430	2530
		Z	4250	2200	4480	2430	2530
	环网	Y	3800	2400	3430	2630	2530
		Z	4250	2400	4480	2600	2530

注 1. 1000kVA 以上按高低压出线回路数确定。
2. Y 为低压室不带走廊，Z 为低压室带走廊。
3. 该尺寸以低压出线 6～8 回路为例。
4. 高压室带操作走廊，长度（A、C）另加 700～800mm。

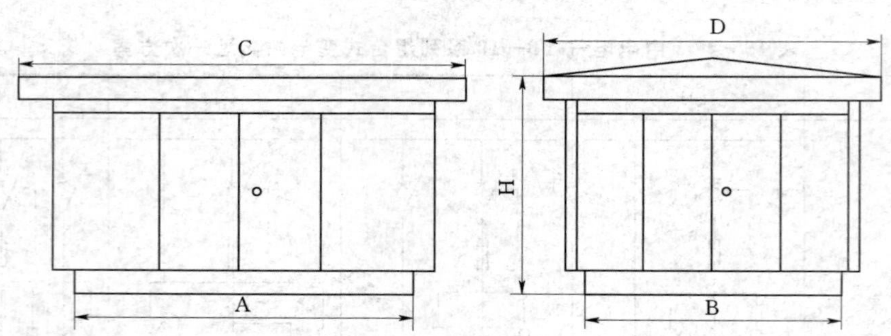

图15-21 中电电气 YB—10 系列组合式（箱式）变电站外形尺寸

七、订货须知

订货必须进供电网特性、额定电压、频率、变压器容量、阻抗、分接范围、连接组别、高压部分的供电方案和高压计量及高压开关型号、低压部分的电器元件、外壳材质等要求。

八、生产厂

中电电气集团有限公司（杜邦 ReliatraN®变压器特许制造商）。

15.1.23 宁波耐吉 YBP□—12/0.4 高压/低压预装式变电站

一、概述

YBP□—12/0.4（F.R）T—400—1250 预装式变电站是宁波耐吉集团有限公司引进西门子技术的产品，又在散热板上加防护网，防止蛇类侵入。采用框架式断路器作为主开关，由高压室、低压室和变压器三部分组成。安装方式采用半埋式，降低视觉高度，外形看上去小巧。

YBP□—12/0.4（F.R）/T—800 预装式变电站用于 10kV 双电源环网配电网中，作配网自动化（DA）和电能的控制、降压并分配的成套装置。变电站的高压、低压和变压器 3 个室按品字形布置。高压侧使用西门子原装专为预装式变电站设计的 8DJ10—10SF_6 环网负荷开关设备或法国施耐德 RM6 SF_6 环网负荷开关设备，其两条环网进线回路，带有电动储能的弹簧操动机构，为配网自动化提供了必要条件。变压器采用树脂绝缘干式电力变压器。低压室为面板布置，装有空气断路器及计量表计等，主开关为框架室断路器，分路开关为塑壳式断路器。

该产品满足各种开关设备和电器元件各自的有关标准，还符合 GB 17467—1998《高低压预装式变电站》、ONJ.520.067.JT《技术条件》、IEC 标准。

二、使用条件

海拔（m）：<1000。

环境温度（℃）：−25～+40。

相对湿度（%）：<90。

安装在没有火灾、爆炸危全、严重污秽、化学腐蚀及剧烈振动的场所。

三、型号含义

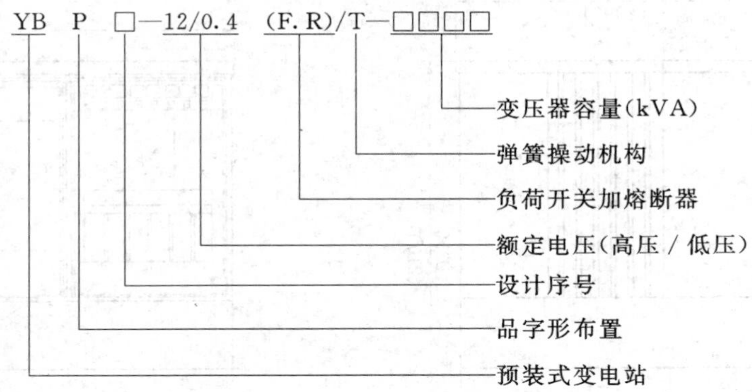

四、技术数据

宁波耐吉 YBP□—12/0.4（F.R）/T—800 预装式变电站技术数据见表 15-49，负荷开关技术数据见表 15-50。

表 15-49　宁波耐吉 YBP□—12/0.4（F.R）/T—800 预装式变电站技术数据

额定电压（kV）	高压侧	12	变压器连接方式		D/Yn11
	低压侧	0.4	变压器的额定绝缘水平（峰值，kV）	雷电冲击耐压	75
变压器额定容量（kVA）		160，315，400，630，800，1000，1250		工频耐压	35/5min
			低压侧相间及对地工频耐压（kV）	主回路	2.5/1min
变压器调压范围		±2×2.5%		辅助回路	2.0/1min

表 15-50　宁波耐吉 YBP 预装式变电站负荷开关技术数据

负荷开关	SF_6 环网负荷开关		SF_6 终端负荷开关
	主回路	变压器支路	
额定电流（A）	630	200	200
额定短路关合电流（kA）	50	20	30
额定短时耐受电流（kA/s）	20/3	/	10/3
雷电冲击耐受电压峰值全波（kV）	对地	75	75

负荷开关		SF_6 环网负荷开关		SF_6 终端负荷开关
		主回路	变压器支路	
雷电冲击耐受电压峰值全波（kV）		相间		
1min 工频耐受电压（kV）		对地	42	42
		相间		
额定峰值耐受电流（kA）		50		20

五、外形及安装尺寸

宁波耐吉 YBP□—12/0.4（F.R）/T—630～800 预装式变电站外形尺寸，见图 15-22。

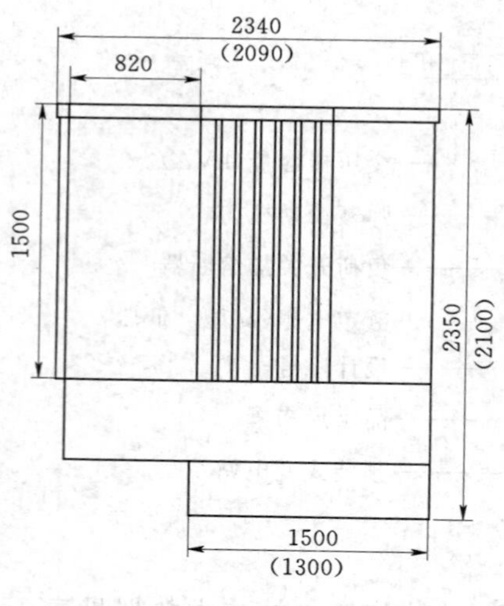

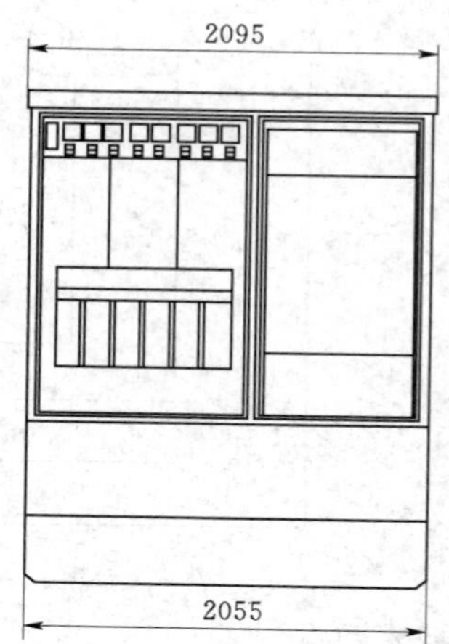

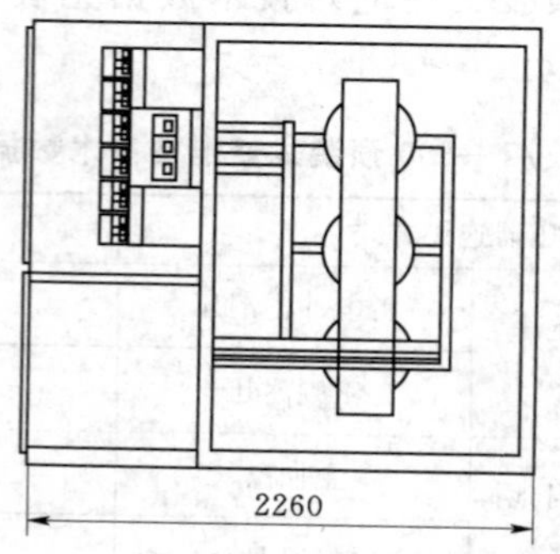

图 15-22 宁波耐吉 YBP□—12/0.4（F.R）/T—630～800
预装式变电站外形尺寸

六、订货须知

订货时必须提供变电站型号及数量、变压器类型及型号、电气系统原理图等要求。

七、生产厂

宁波耐吉集团有限公司。

15.1.24 广州特变 YB□—12/0.4 型预装式变电站

一、概述

广州特种变压器有限公司生产的 YB 型预装式变电站是国家经贸委首批推荐的“全国城乡电网建设与改造所需主要设备产品”，结构紧凑，体积小，工程周期短，投资少，运行安全可靠、维护量小，造型美观，可取代传统式户内外变电站，为小型变电站的发展方向。

执行标准 GB 17467—1998、IEC 1330：1995、GB 1094.1—1996、GB 1094.2—1996、GB 6450—1986、GB 7251.1—1997、GB/T 1094.10—2003。

二、型号含义

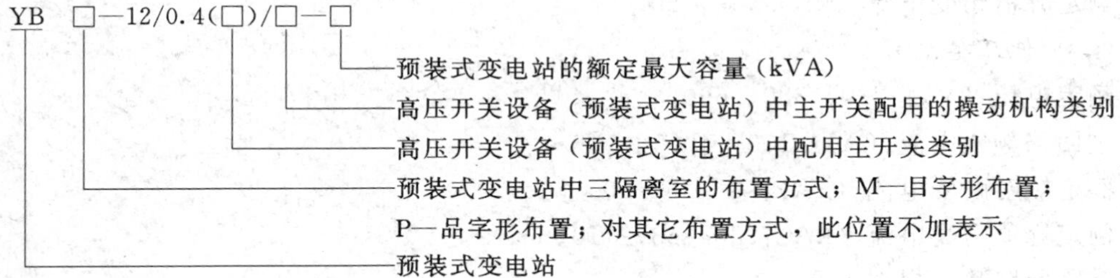

三、使用条件

海拔（m）：＜1000。

环境温度（℃）：−5～+40（户内）；−25～+40（户外）。

户外风速（m/s）：＜35。

相对湿度（%）：＜90（+25℃时）。

地震水平加速度（m/s^2）：＜0.4。

垂直加速度（m/s^2）：＜0.2。

地面倾斜度（°）：＜5。

安装地点没有爆炸危险、没有导电尘埃及足以腐蚀破坏金属和绝缘的气体场所。

四、产品结构

预装式变电站按功能要求间隔成高压室、变压器室、低压室三个独立单元，底座用型钢焊接，并与框架连成一体。外壳是钢板或复合板（也可自定其它材料）。金属材料均经过防腐处理，表现覆盖层有牢固的附着力。箱顶为双层高空间结构，形成空气对流通道和隔热空气层，有效地防止日辐射并达到隔热、排气降温的目的。箱体底部和各室之间设有冷却进出风口，采用自然风或有自动控制的强迫散热风冷装置等形式，保证电气设备的正常运行，箱体内各外露的通风口均采取滤网结构，防尘、防小动物入内，不影响空气流通。

需要强迫通风时由变压器的温控器控制风机的启停，同时具有超温报警及跳闸功能。外壳为IP23防护等级，为变电站内一、二次设备提供良好的运行环境。

高压设备采用负荷开关，低压设备采用框架式万能断路器及塑壳断路器。也可根据需要选用高低压设备。

箱体设有可供整体吊装的吊环。

五、技术数据

（一）高压单元

额定频率（Hz）：50。

额定电压（kV）：3，6，10，35。

最高工作电压（kV）：3.6，7.2，12，40.5。

工频耐受电压（kV）：24/26，32/36，42/48，95/118。

雷电冲击电压（kV）：40/46，60/70，75/85，118/215。

额定电流（A）：10～630。

额定短时耐受电流（kA）：16（2s 或 4s）；20（2s 或 4s）。

额定峰值耐受电流（kA）：40，50。

（二）低压单元

额定电压（V）：220，380，690。

主回路额定电流（A）：100～4000。

额定短时耐受电流（kA）：3～30～50。

额定峰值耐受电流（kA）：30～63～110。

支路回路数：根据需要。

支路电流（A）：10～800。

补偿容量（kvar）：0～25%变压器容量。

（三）变压器单元

额定容量（kVA）：100～2500。

额定分接（%）：±2×2.5，±5。

连接组别：Y，yn0，D，yn11。

阻抗电压（%）：4，4.5，6。

变压器类别：S9、S9—M 系列油浸式变压器；

S11—MR 系列卷铁芯油浸式变压器；

SCB11 系列树脂绝缘干式变压器；

SC9、SC10、SC11、SCB9、SCB10、SC11—R 系列树脂绝缘卷铁芯干式变压器。

（四）外壳

防护等级：高低压室 IP33，变压器室 IP23。

噪声（dB）：≤50。

六、主回路基本方案

（1）广州特变高压主回路方案，见表 15－51。

（2）广州特变低压主回路方案，见表 15－52。

表 15－51 广州特变 YB□—12/0.4 型预装式变电站高压主回路方案

高压主回路线路图	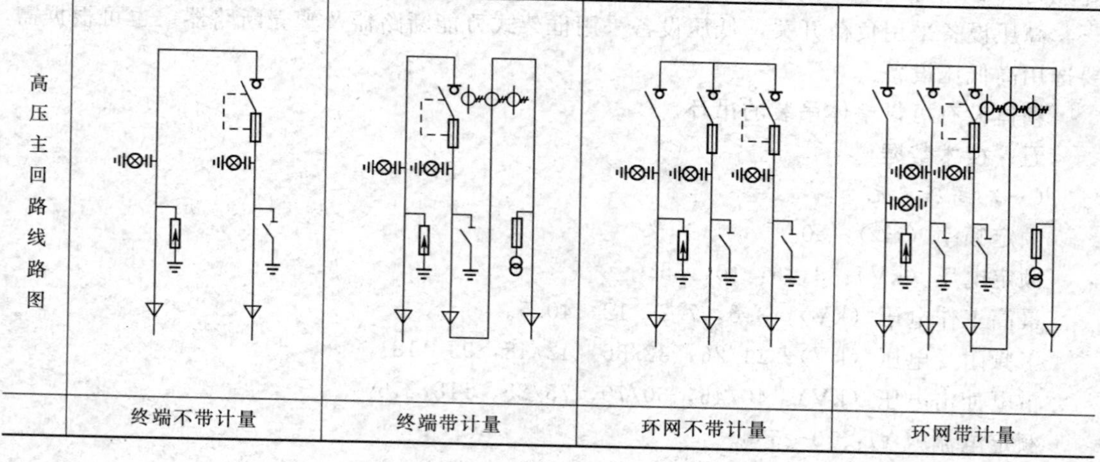			
	终端不带计量	终端带计量	环网不带计量	环网带计量

表 15-52 广州特变 YB□—12/0.4 预装式变电站低压主回路方案

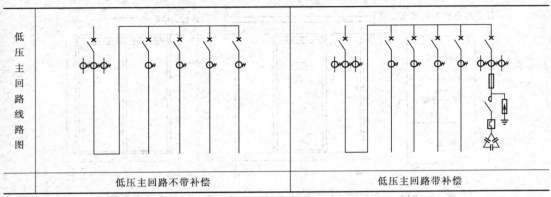

低压主回路线路图	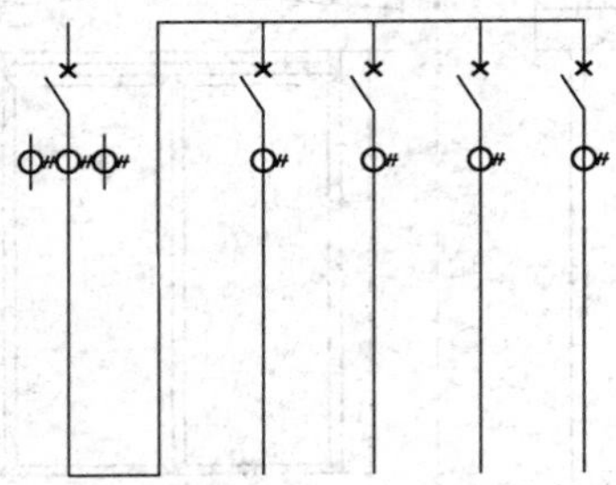	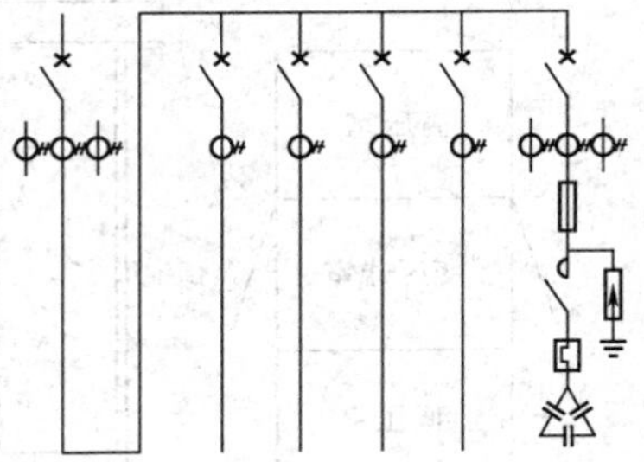
	低压主回路不带补偿	低压主回路带补偿

注 低压回路可根据需要而改动。

七、外形及安装尺寸

(1) 广州特变品字形布置外壳外形及安装尺寸，见表 15-53 及图 15-23。

表 15-53 广州特变 YB 型预装式变电站品字形布置外形尺寸

变压器容量 (kVA)	外 形 尺 寸 (mm)				
	A	B	H	A1	B1
315～500	4240	2540	2540	4000	2300
630～2500	5040	2600	2540	4800	2360

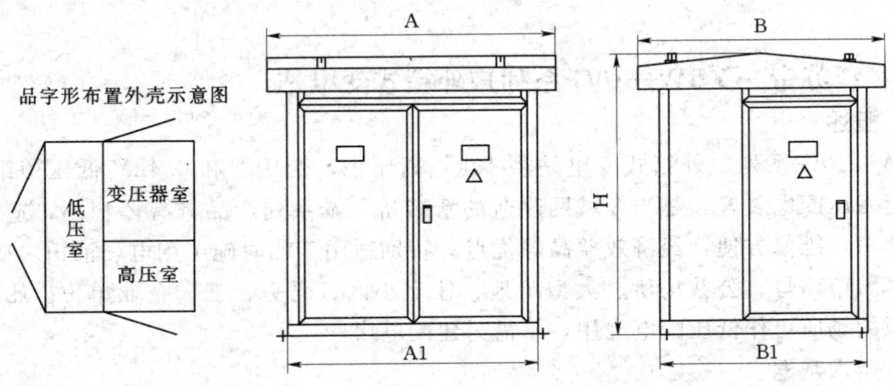

图 15-23 广州特变 YB 型预装式变电站品字形布置外形及安装尺寸

(2) 广州特变目字形布置外壳外形及安装尺寸，见表 15-54 及图 15-24。

表 15-54 广州特变 YB 型预装式变电站目字形布置外形尺寸

变压器容量 (kVA)	外 形 尺 寸 (mm)				
	A	B	H	A1	B1
315～6300	3440	2640	2540	3200	2400
800～2500	3780	2900	2540	3540	2660

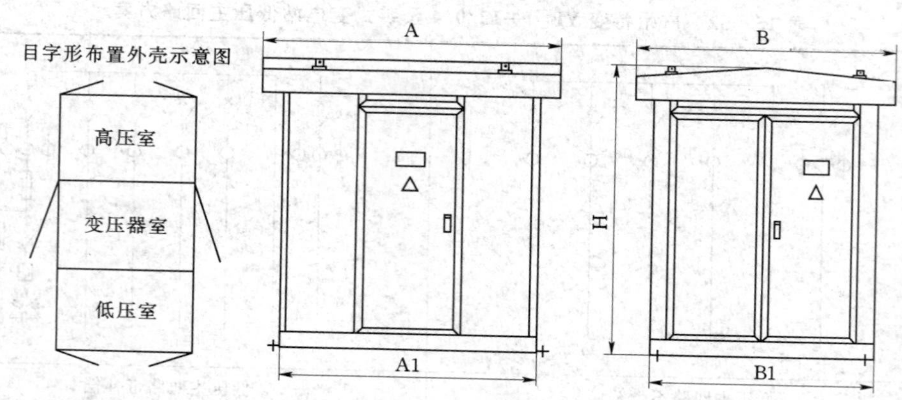

图 15-24 广州特变 YB 型预装式变电站目字形布置外形及安装尺寸

八、订货须知

订货时必须提供变压器型号及接线方式、高低压额定电压及最高电压、安装方式（户内或户外）、主接线图、外壳材料及颜色、最大外形尺寸及布置、元件的型式（如 SF_6 负荷开关、真空开关等）、防护等级及特殊要求。

九、生产厂

广州特种变压器有限公司。

15.2 ZB 系列箱式变电站

15.2.1 江苏帝一 ZBW—10G 系列户外箱式变电站

一、概述

ZBW—10G 系列户外箱式变电站将 10kV 高压柜，变压器和 0.4kV 低压柜组合在一起的成套变压配电装置，是当今城网改造的新装备。本系列产品具有体积小，造型美观，安装周期短，维修方便，经济效益高等优点。特别适用于临时施工用电，油田、矿山、高层建筑、城市路灯、公共场所、大型工地、住宅小区、码头、工厂企业单位。凡有 10kV 高压电源的场所可作低压配电之用，不需另建配电房。

二、技术数据

江苏帝一 ZBW—10G 系列户外箱式变电站技术数据，见表 15-55。

表 15-55 江苏帝一 ZBW—10G 系列户外箱式变电站技术数据

变压器容量（kVA）	L	B	H	L1	B1	H1
50	2440	4040	2500	2200	3800	2300
80						
100						
160						
200						

续表 15－55

变压器容量（kVA）	L	B	H	L1	B1	H1
250	2440	4240	2530	2200	4000	2300
315						
400						
500	2540	4440	2530	2300	4200	2300
630						
800	2540	4740	2730	2300	4500	2500
1000						

名称		单位	数值	备注
低压单元	额定电压	V	380	
	主回路额定电流	A	600、800、1200	
	主回路动稳定电流	kA	50	
	分支回路额定电流	A	100、250、630	
	分支回路最多数量	个	12	
	主回路开断电流	kA	50	
额定电压		kV	10	
高压单元	最高工作电压	kV	11.5	
	主回路额定电流	A	400	FN 为 630A
	最大开断电流	A	1450	
	最大关合电流	kA	15	峰值
	动稳定电流	kA	25	峰值
	4s 热稳定电流	kA	9.5	有效值
	工频耐压（1min）	kV	42	有效值
	冲击耐压	kV	75	全波
	熔断器开断容量	MVA	200、300、500	

三、生产厂

江苏帝一集团有限公司。

15.2.2 浙江海盟 ZBW—10/0.4kV 型户外组合式变电站

一、概述

ZBW—10/0.4kV 型户外组合式变电站是由高压室、变压器室、低压室三者组成一体的预装式成套变配电设备。适用于环网、双线、终端供电方式，且三种方式互换性极好。进线方式采用电缆。高压室采用完全可靠的紧凑设计，具有全面的防误操作连锁功能，可靠性高，操作检修方便。高压室可兼容终端负荷开关、空气环网开关、SF_6 环网柜等。变压器可采用油浸式变压器、干式变压器。变压器室采用温度控制，可采用自然通风或顶部强迫通风。低压室设有计量和无功补偿，可根据用户需要设计二次回路及出线数，满足不同需要。

二、产品性能

预装（组合、箱式）变电站：

（1）6（10）/0.4（0.7）kV 预装（组合、箱式）变电站。

（2）矿用组合（箱式）变电站。

（3）6（10）/0.4kV 预装（组合、箱式）变电站。

（4）35/6（10）kV 组合（箱式）变电站。

进线方式可采用电缆线或架空绝缘线，按照使用环境和不同用途任意选择。作为公用箱式变电站时，箱式变电站的低压出线视变压器容量而定，一般不超过4回路，最多不超过6回路，也可以一回总出线，到邻近的配电室再进行分支供电。作为独立用户用箱式变电站时，可以采用一回路供电。

三、产品特点

（1）适用于环网、双线、终端供电方式，且三种方式互换性极好，进线方式采用电缆。

（2）高压室采用完全可靠的紧凑设计，具有全面的防误操作连锁功能，可靠性高，操作检修方便。

（3）高压室可兼容终端负荷开关、空气环网开关、SF_6 环网柜等。变压器可采用油浸式变压器、干式变压器。变压器室采用温度控制，可采用自然通风或顶部强迫通风。

（4）低压室设有计量和无功补偿，可根据用户需要设计二次回路及出线数，满足不同需要。

（5）外壳采用钢板或者合金板，配有双层顶盖，隔热性好。外壳及骨架全部经过防腐处理，具有长期户外使用的条件，外形及色彩可与环境相互协调一致。

（6）安装方便，在箱式变电站的基础下面设有电缆室，而在低压市内设有人孔可进入电缆室进行工作。

（7）各室之间均用隔板隔离成独立的小室。

（8）为了便于监视和检修，在各小室内均有照明装置，由门控制照明开关。

四、技术数据

浙江海盟 ZBW—10/0.4kV 型户外组合式变电站技术数据，见表15-56。

表15-56 浙江海盟 ZBW—10/0.4kV 型户外组合式变电站技术数据

额定电压（kV）	10/0.4	10/0.4
分接电压	±2×2.5%	+3×2.5% −1×2.5%
连接组别	Y，yn	D，yn11
高压电流（A）	高压为28.9或其它	28.9
阻抗电压百分数	4%或其它	4%
空载损耗（W）	960	960
负载损耗（W）	5100	5100
低压配电回路	4～6回	3～4回
油种类	沪石10号，沪石25号	普通油或β

五、生产厂

浙江海盟电力设备有限公司。

15.2.3 三变科技 ZBW 系列组合式变电站

一、概述

ZBW 系列组合式变电站，具有结构紧凑、成套性强、运行安全可靠、维护方便、造型美观、移动方便、占地面积小等特点。在配电系统中可用于环网配电系统，也可用于双电源或放射终端配电系统。是目前城乡变电站建设和改造的新型成套设备。

二、产品特点

变电站的箱体主要由底座、围板、隔板、门和顶盖等部分组装而成。箱体内分为高压室、变压器室及低压室。底座用槽钢为骨干支架焊接而成，围板、隔板、门和顶盖采用冷扎钢板、铝合金板、复合板和不锈钢板等加工而成（外观式样可根据用户需要另行制作），通过焊接或紧固件连接在一起，有足够的机械强度，箱体各部件内外表面均经过先进的涂装工艺生产线，具有很好的防腐、防锈性能。

箱体顶盖设计成为双层结构，具有良好的隔热作用，夹层间可通气流。高、低压室，变压器室在其内部设有独立的防凝露顶板。

箱体采用自然通风，也可以在低压室和变压器室内加装温度监控器，由轴流风机强迫散热。所有的门板上开有百叶窗，对应内侧位置装有滤网结构，既可防止有害异物进入箱体和防尘，又不影响空气流通。所有围板和门都采用双层结构，中间夹放隔热、阻燃的耐温材料，以抵御外部对电器产品的影响。

底座两侧边梁上设有吊装轴及加强结构，以保证吊装运输不变形。

高压室内装设有 HXGN—10 型高压环网柜，具有“五防”功能。高压方案可根据用户要求任意组合。高压环网柜内可装负荷开关、熔断器、接地开关、避雷器、互感器、带电显示器及仪表、电能表等。当有一只熔断器熔断时负荷开关自动分闸，能可靠避免缺相运行事故。变压器室装有油浸式变压器或干式变压器。顶部装有自动温控排风扇，可根据需要任意设定温控数值。变压器室设有网门，以防止观察时误入。

低压室分为带走廊和不带走廊两种形式。市内可装计量柜、进线柜、出线柜、电容柜及联络柜（两台变压器时），具有低压成套开关设备的总体功能。一般计量柜和总开关柜合为一体，即柜上部为仪表、计量箱、中下部为自动空气开关、避雷器、互感器。电容柜可手动和自动控制进行自动补偿。电容无功补偿容量一般为变压器容量的 15%～20%，也可按客户需要增加或减少补偿容量。

三、使用环境

（1）海拔高度不超过 1000m。

（2）环境温度：最高气温 40℃，最低气温－25℃。

（3）最高日平均气温不超过 30℃，日温差≤20℃。

（4）空气相对湿度不超过 90%（＋25℃时）。

（5）户外风速不超过 35m/s。

（6）地面倾斜度不超过 3°。

（7）安装地点无爆炸危险、火灾、严重污秽、化学腐蚀及剧烈振动。

四、技术数据

三变科技 ZBW 系列组合式变电站技术数据，见表 15－57、表 15－58 及表 15－59。

表 15－57 三变科技 ZBW 系列组合式变电站技术数据（一）

序号	名称	单位	参数
1	额定电压	kV	12
2	额定频率	Hz	50
3	额定电流	A	630
4	额定短时耐受电流	kA/2s	20
5	额定短时峰值电流	kA	50
6	接地开关短时闭合耐受电流	kA/2s	20
7	接地开关短时闭合峰值电流	kA	50
8	5% 额定开断电流	A	31.5
9	额定负荷开断电流	A	630
10	转移电流	A	1400
11	空载变压器开断电流	A	16
12	熔断器组合开关短路开断电流	kA/2s	20
13	关合电流	kA	50
14	1min 工频耐压对地，相间、隔离断口	kV，有效值	42/48
15	冲击耐受电压对地，相间、隔离断口	kV，有效值	75/85

表 15－58 三变科技 ZBW 系列组合式变电站技术数据（二）

型号	额定电压（kV）	额定容量（kVA）
S9—M，S11—M	6，10	50～1600
SC9，SC10，SG10	6，10	50～1600

表 15－59 三变科技 ZBW 系列组合式变电站技术数据（三）

型号	额定电压（kV）	额定开断电流（kA）	熔断器额定电流（A）	熔体额定电流（A）
SFLDJ SFLAJ	12	31.5	40	6.3、10、16、20、25、31.5、40
			100	50、63、80、100
			125	125
		40	200	160、200

五、生产厂

三变科技股份有限公司。

15.2.4 浙江丹华ZBW系列户外箱式变电站

一、概述

ZBW户外箱式变电站具有成套性强、体积小、结构紧凑、运行安全可靠、维护方便以及可移动等特点，与常规土建式变电站相比，同容量的箱式变电站占地面积通常仅为常规变电站的1/10～1/5，大大减少了设计工作量及施工量，减少了建设费用。在配电系统中，可用于环网配电系统，也可用于双电源或放射终端配电系统，是目前城乡变电站建设和改造的新型成套设备。

ZBW户外箱式变电站符合GB/T 17467—1998《高压/低压预装式变电站》国家标准。

二、型号含义

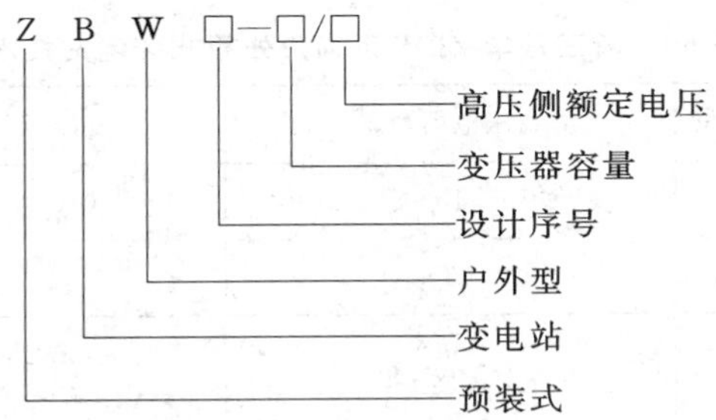

三、产品特点

(1) 本产品由高压配电装置、变压器及低压配电装置连接而成，分成三个功能隔室，即高压室、变压器室和低压室。高、低压室功能齐全，高压侧一次供电系统，可布置成环网供电、终端供电、双电源供电等多种供电方式，还可装设高压计量元件，满足高压计量的需求。变压器室可选择S9、SC以及其它系列低损耗油浸式变压器或干式变压器。低压室根据用户要求可采用面板或柜装式结构组成用户所需供电方案，有动力配电、照明配电、无功功率补偿，电能计量和电量测量等多种功能，满足用户的不同要求。并方便用户的供电管理和提高供电质量。

(2) 高压室结构紧凑合理，并具有全面防误操作联锁功能。变压器在用户有要求时，可设有轨道能方便地从变压器两侧大门进出。各室均有自动照明装置，另外高、低压室所选用全部元件性能可靠、操作方便、使产品运行安全可靠、维护方便。

(3) 采用自然通风和强迫通风两种形式。变压器室和高、低压室均有通风道，排风扇有温控装置按整定温度能自动启动和关闭，保证变压器正常运行。

(4) 箱体结构能防止雨水和污物进入，材料选用彩色钢板制作，有防腐隔热功能。具备长期户外使用的条件，确保防腐、防水、防尘性能，使用寿命长，同时外形美观。

四、使用环境

(1) 周围空气温度：上限≤40℃，下限≥－10℃。

(2) 阳光辐射≤1000W/m^2。

（3）海拔≤1000m。

（4）覆冰≤20mm。

（5）风速≤35m/s。

（6）湿度：日平均相对湿度≤95%；
月平均相对湿度≤90%；
日平均相对水蒸气压力≤2.2kPa；
月平均相对水蒸气压力≤1.8kPa。

（7）地震≤8度。

（8）无火灾、爆炸危险、严重污秽、化学腐蚀及剧烈振动的场所。

五、技术数据

浙江丹华 ZBW 系列户外箱式变电站技术数据，见表15-60。

表15-60 浙江丹华ZBW系列户外箱式变电站技术数据

名称	单位	高压电器设备	变压器	低压电器设备
额定电压	kV	10	10/0.4	0.4
额定电流	A	630		100～2500
额定频率	Hz	50	50	50
额定容量	kVA		100～1250	
额定热稳定电流	kA	20/45		30/15
额定动稳定电流（峰值）	kA	50		63
额定关合短路电流（峰值）	kA	50		15～30
额定开断负荷电流	kA	31.5（熔断器）		
额定开断负荷电流	A	630		
1min工频耐受电压	kV	对地、相间42、断口间48	35/28（5min）	20/2.5
雷电冲击耐受电压	kV	对地、相间75、断口间85	75	
壳体防护等级		IP23	IP23	IP23
噪音水平	d8		油变≤55、干变≤65	
回路数	个	1～6	2	4～30
低压侧最大无功补偿量	kvar			300

六、外形及安装尺寸

浙江丹华 ZBW 系列户外箱式变电站外形及安装尺寸，见图15-25。

七、生产厂

浙江丹华电气有限公司。

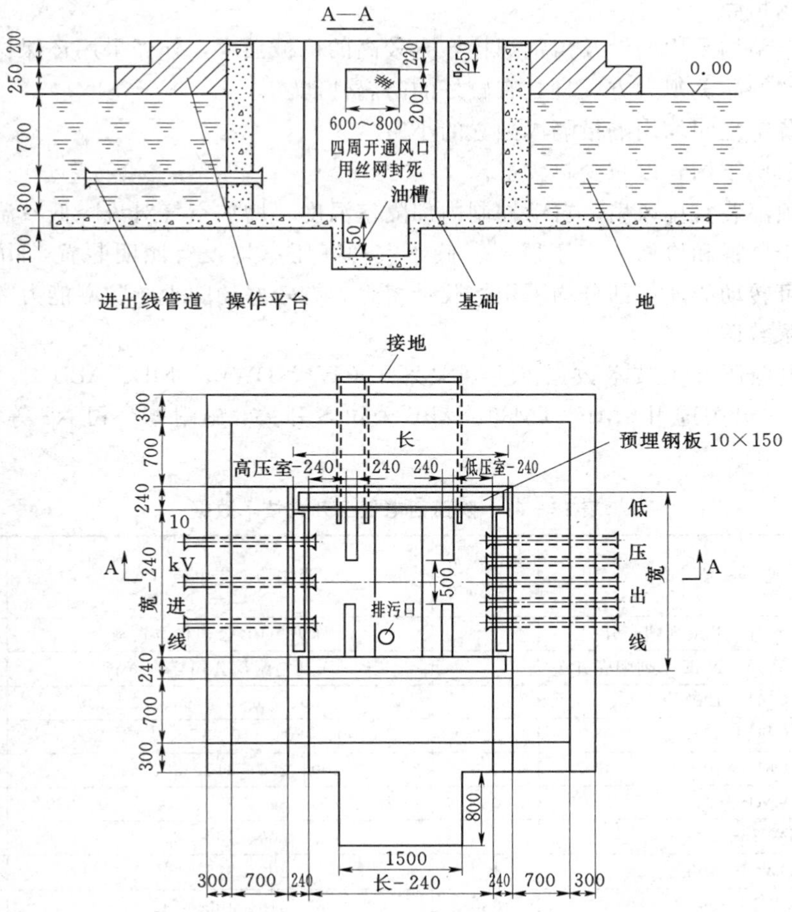

图 15-25 浙江丹华 ZBW 系列户外箱式变电站外形及安装尺寸

15.2.5 陕西西电 ZBW 高压/低压预装式变电站（户外箱式变电站）

一、概述

组合（箱式）变电站系三相交流 50Hz，6～35kV 的户内、外组合式变配电成套装置。产品以合理的设计手段，使高压开关设备、变压器、低压电器元件有机地组合在一个或几个箱体内，该产品可适用于城市的生活小区、工矿企业、矿山、油田、码头、机场，也可以作为各种建设工地的临时性供电设备。

二、使用环境

海拔不超过 1000m。

周围空气温度：上限＋40℃，下限－25℃。

户外风速不超过 35m/s。

相对湿度平均值不大于 95％（25℃时），月平均值不大于 90％（25℃时）。

没有水灾、爆炸危险和严重污秽及化学腐蚀的场所。

无经常性剧烈振动或冲撞。

三、结构特点

箱变骨架结构采用槽钢及角钢焊接，有较高的机械强度，外壳采用环保材料制造，表面光滑平整，产品美观大方，且具有较好的防腐性能。

变电站各室之间均用隔板隔成独立的小室。

顶盖为双层结构，以减少热辐射。

变压器顶部装有排风扇，自动控制内部隔室温度，增加空气对流降低室温。

为了便于监视和检修，变压器室、低压室和高压室均设有照明装置，由门控开关控制。变电站可转动的连接部分均采用橡胶带密封，有较好的防尘、防潮能力。

四、技术数据

陕西西电低压开关技术数据（主开关采用 CW1、DW15、ME、ABB/E、施奈德公司 MT 等开关，分开关选用 CM1、TM30、ABB 公司 S 开关、施耐德公司 NS 等系列），见表 15-61。

表 15-61 陕西西电低压开关技术数据

型号	额定电流（A）	脱扣器额定电流（A）	通断能力（kA）	
			220V	380V
ABB公司 S 系列、T 系列塑壳开关		详见 ABB 公司样本资料		
施耐德公司 NS 系列、NSE 系列塑壳开关		详见施耐德公司样本资料		
CM1—100	100	25、30、40、50、63、80、100		35～85
CM1—225	225	100、120、140、170、200、225		35～85
CM1—400	400	200、250、315、350、400		35～85
CM1—630	630	200、250、315、350、400、500、630		35～85
DW15—200	200	100、160、200		20
DW15—400	400	200、315、400		25
DW15—600	630	315、400、630		30
DW15—1000	1000	630、800、1000		40
DW15—1600	1600	1600		40
DW15—2500	2500	1600、2000、2500		60
ME630～2500	630～2500	630、800、1000、1250、1600、2000、2500		50～80

陕西西电高压断路器技术数据，见表 15-62。

表 15-62 陕西西电高压断路器技术数据

型号	额定电压（kV）	额定电流（A）	额定短路开断电流（A）
ZN—35C 或 LN—35C	35	1250、1600	20、25、31.5
ZN—10 或 LN—10、VD4、EV 等系列	10	1250、1600	25、31.5、40

陕西西电高压负荷开关技术数据，见表 15-63。

表 15-63 陕西西电高压负荷开关技术数据

型号	额定电压（kV）	额定电流（A）
FN5—10	10	400、630
FN16—10、FZN25—10	10	630

陕西西电变压器技术数据，见表15-64。

表15-64　陕西西电变压器技术数据

型　号	额定电压（kV）	变比（kV/kV）	容量（kVA）
S9M、SZ_7、SC_8	35	35/0.4～10	200～2500
S9M、SCB9、SC_8	10	10/0.4	50～2500

五、外形及安装尺寸

陕西西电ZBW高压/低压预装式变电站（户外箱式变电站）外形及安装尺寸，见图15-26。

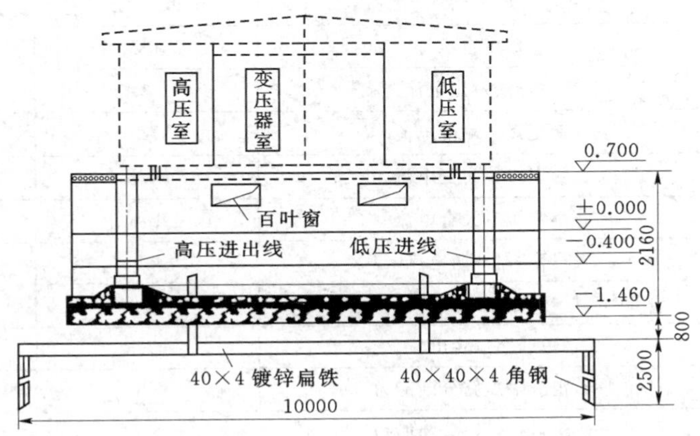

图15-26　陕西西电ZBW高压/低压预装式变电站（户外箱式变电站）外形及安装尺寸

六、生产厂

陕西西电长城电力开关有限公司。

15.2.6　宁波天安ZBW1系列组合式变电站

一、概述

ZBW1系列组合式变电站是宁波天安（集团）股份有限公司为满足城网建设的需要，自行设计的系列产品。具有结构紧凑、成套性强、运行安全可靠、维护方便、造型美观等特点。广泛应用于高层建筑、住宅、小区、车站、码头、港口、公园、商场、工矿企业等场所。既可用于环网配电系统，也可作为放射式电网终端供电。该产品于1991年在国内首家通过机电部、能源部联合鉴定，产品性能达到国内先进水平。

二、产品特点

（1）变电站骨架采用经镀锌处理的槽钢和角钢制造，具有足够的机械强度和刚性。

（2）外壳材料采用冷轧钢板、不锈钢板、铝合金板、复合彩板等。

（3）各室之间采用钢板隔成独立的小室，其内部形状可布置为“目”字形，“品”字形等多种形式。

（4）为了便于监视和检修，变压器室和高、低压室均设有照明装置。

(5) 顶盖为双层结构，能防止热辐射增加室内温度。

(6) 变压器以自然通风为主，当变压器室温度超过设定温度时，装在顶部的轴流风机自动启动来控制变压器室的温度。

(7) 可以转动的连接部分均设有密封装置，使其具有良好的防潮能力。

(8) 保护性能完善、操作方便，高压侧具有齐全的五防功能，确保检修的安全。

(9) 结构紧凑，外形美观，可与周围环境相协调。

三、技术数据

宁波天安ZBW1系列组合式变电站技术数据，见表15-65。

表15-65 宁波天安ZBW1系列组合式变电站技术数据

名　称	项　目	单　位	参　数
高压单元	额定电压	kV	12
	主母线额定电流	A	630
	额定短时耐受电流	kA/s	25/2
	额定峰值耐受电流	kA	63
	额定短时关合电流	kA	63
	熔断器开断电流	kA	31.5、40
低压单元	额定电压	V	400
	主回路额定电流	A	100～4000
	额定极限短路分断能力	kA	80
	额定运行短路分断能力	kA	50（65）
	额定短时耐受电流	kA/1s	50（65）
	支路电流、补偿容量		按用户要求
变压器单元	额定容量	kVA	30～2000
	阻抗电压	%	4、4.5
	分接范围	%	±2×2.5、±5
	连接组别		Y，yn0；D，yn11
箱体	外壳防护等级		IP23
	声级水平	dB	≤55

四、订货须知

订货方在订货时应给本厂提供与产品有关的下列数据：

(1) 变电站型号。

(2) 变压器类型。

(3) 变电站接线方案及选择电器元件和参数。

(4) 外壳颜色。

(5) 如客户有其它要求可在订货时面洽。

五、生产厂

宁波天安（集团）股份有限公司。

15.2.7　宁波天安ZBW1—12系列组合式变电站（杉木型）

一、概述

ZBW1—12箱变（杉木型）系列高、低压预装式变电站是宁波天安（集团）股份有限公司为满足城网建设的需要，自行设计的系列产品。具有结构紧凑、成套性强、运行安全可靠、维护方便、造型美观等特点。广泛应用于高层建筑、住宅、小区、车站、码头、港口、公园、商场、工矿企业等场所。既可用于环网配电系统，也可作为放射式电网终端供电。该产品结构新颖、性能可靠、品质优良、技术性能达到国内领先、国际同类产品水平。

二、产品特点

（1）变电站骨架采用经镀锌处理的槽钢和角钢制造，具有足够的机械强度和刚性。

（2）外壳材料采用冷轧钢板、不锈钢板、铝合金板、复合彩板等。

（3）各室之间采用钢板隔成独立的小室，其内部形状可布置为“目”字形，“品”字形等多种形式。

（4）为了便于监视和检修，变压器室和高、低压室均设有照明装置。

（5）顶盖为双层结构，能防止热辐射增加室内温度。

（6）变压器以自然通风为主，当变压器室温度超过设定温度时，装在顶部的轴流风机自动启动来控制变压器室的温度。

（7）可以转动的连接部分均设有密封装置，使其具有良好的防潮能力。

（8）保护性能完善、操作方便，高压侧具有齐全的五防功能，确保检修的安全。

（9）结构紧凑，外形美观，可与周围环境相协调。

三、技术数据

宁波天安ZBW1—12系列组合式变电站（杉木型）技术数据，见表15-66。

表15-66　宁波天安ZBW1—12系列组合式变电站（杉木型）技术数据

名　称	项　目	单　位	参　数
高压单元	额定电压	kV	12
	主母线额定电流	A	630
	额定短时耐受电流	kA/s	25/2
	额定峰值耐受电流	kA	63
	额定短时关合电流	kA	63
	熔断器开断电流	kA	31.5、40
低压单元	额定电压	V	400
	主回路额定电流	A	100～4000
	额定极限短路分断能力	kA	80
	额定运行短路分断能力	kA	50（65）
	额定短时耐受电流	kA/1s	50（65）
	支路电流、补偿容量		按用户要求
变压器单元	额定容量	kVA	30～2000
	阻抗电压	%	4、4.5
	分接范围	%	±2×2.5、±5
	连接组别		Y,yn0；D,yn11
箱体	外壳防护等级		IP23
	声级水平	dB	≤55

四、生产厂

宁波天安（集团）股份有限公司。

15.2.8 格辉阳电气ZBW3—40.5、KYN10—40.5、HXGN11—12系列箱式变电站

一、概述

本系列组合式变电站系高压侧为35kV，低压侧为0.4～10kV，容量为50～20000kVA三相交流50Hz户外成套设备，普遍适用于城市、乡镇、工厂及油田、码头等场所，也适用于一些大型建设工地，作为接受、转换和分配电能之用。

二、技术数据

格辉阳电气ZBW3—40.5、KYN10—40.5、HXGN11—12系列箱式变电站技术数据，见表15-67及表15-68。

表15-67 格辉阳电气ZBW3—40.5、KYN10—40.5、HXGN11—12系列箱式变电站技术数据（一）

单元		开关柜	断路器	项目	单位	参数
高压单元	40.5kV	KYN10—40.5 JYN1—40.5	ZN23—35 ZN12—35 LN2—35（Z）	额定电压	kV	40.5
				额定电流	A	1250～1600
				额定短路开断电流	kA	20～31.5
				额定短路关合电流（峰值）	A	50～80
		负荷开关NAL36 NALF36		额定电流	A	630
				额定短时耐受电流	kA/s	25/2
低压单元	12kV	XGN56—12 XGN2—12 KZN1—12 KYN1—12	ZN28A—12 ZN28B—12 VD4 VT2—12 VT1—12	额定电压	kV	12
				额定电流	A	630～3150
				额定短路开断电流（有效值）	kA	16～50
				额定短路关合电流（峰值）	kA	40～125
		HXGN11—12 （F） HXGN26—12 （F）	负荷开关 FN16—12 FN26—12 FN26—12R	额定电流	A	630
				额定短时耐受电流	kA/s	20/3，25/2
	0.4kV	GGD GCT GCS	DW15 ME、M、F DZ20 CM、H、S系列	断路器额定电流	A	70～3900
				通断能力（400V）	kA	28～80
变压器单元		SC9、S9、SZ9变压器		额定电压	kV	40.5
				额定容量	kVA	400～20000
				变比	kV/kV	35/10，35/6.3，35/0.4

表 15-68 格辉阳电气 ZBW3—40.5、KYN10—40.5、HXGN11—12 系列箱式变电站技术数据（二）

单元		开关柜	断路器	项目	单位	参数
高压单元	40.5kV	KYN10—40.5 JYN1—40.5	ZN23—35 ZN12—35 LN2—35（Z）	额定电压	kV	40.5
				额定电流	A	1250～1600
				额定短路开断电流	kA	20～31.5
				额定短路关合电流（峰值）	A	50～80
		负荷开头 NAL36 NALF36		额定电流	A	630
				额定短时耐受电流	kA/s	25/2
低压单元	12kV	XGN56—12 XGN2—12 KZN1—12 KYN1—12	ZN28A—12 ZN28B—12 VD4 VT2—12 VT1—12	额定电压	kV	12
				额定电流	A	630～3150
				额定短路开断电流（有效值）	kA	16～50
				额定短路关合电流（峰值）	kA	40～125
		HXGN11—12（F） HXGN26—12（F）	负荷开关 FN16—12 FN26—12 FN26—12R	额定电流	A	630
				额定短时耐受电流	kA/s	20/3，25/2
	0.4kV	GGD GCT GCS	DW15 ME、M、F DZ20 CM、H、S 系列	断路器额定电流	A	70～3900
				通断能力（400V）	kA	28～80
变压器单元		SC9、S9、SZ9 变压器		额定电压	kV	40.5
				额定容量	kVA	400～20000
				变比	kV/kV	35/10，35/6.3，35/0.4

三、生产厂

四川省格辉阳电气有限责任公司。

15.2.9 青岛特锐德 ZBWJ－12 型 10kV 经济型箱变

一、产品特点

青岛特锐德 ZBWJ—12 型 10kV 经济型箱变特点：

（1）高压采用 FTR 型 SF_6 充气式环网柜，防护等级达到 IP67。

（2）低压采用施耐德 EZD 系列塑壳断路器，双断点设计，保证供电可靠性。

（3）变压器采用低功耗、环保型节能变压器，体积小、损耗小、噪音小。

（4）电缆进出线采用全密封、全绝缘、可触摸式电缆头，可靠地保证了操作人员的安全。

（5）箱体采用双层、密封结构，实现防尘、防潮、防凝露，箱内运行环境更稳定。

（6）箱体采用独特的防腐处理工艺，保证箱体 20 年不锈蚀。

（7）紧凑型结构，体积小，运输安装方便。

(8) 外形美观大方，颜色协调。

(9) 高端配置，低端价格；批量生产，经验丰富。

(10) 采用“目”字形布局方式，即高压室、变压器室、低压室一字排开。

二、技术数据

青岛特锐德10kV部分技术数据，见表15-69。

表15-69 青岛特锐德10kV部分技术数据

项目		数据
额定电压		10kV
额定频率		50Hz
额定电流		200A、630A
短时耐受电流		20/4s
峰值耐受电流	其它单元	50kA
	组合电器	熔丝值

青岛特锐德变压器部分技术数据，见表15-70。

青岛特锐德0.4kV部分技术数据，见表15-71。

表15-70 青岛特锐德变压器部分技术数据

项目	数据
额定电压	10/0.4kV
额定频率	50Hz
额定容量	30～630kVA

表15-71 青岛特锐德0.4kV部分技术数据

项目	数据
额定电压	0.4kV
额定频率	50Hz
主回路额定电流	50～1000A
分支回路额定电流	5～630A

三、生产厂

青岛特锐德电气股份有限公司。

15.2.10 南阳金冠ZBW21—10（G）型系列组合变电站

一、概述

南阳金冠ZBW21—10（G）型系列组合变电站，由南阳金冠电气股份有限公司（原南阳氧化锌避雷器厂）生产。该产品由高压开关设备、电力变压器、低压开关设备三部分组合在一起而构成的户内、外变配电成套装置，具有成套性强、占地面积小、投资少、安装维护方便、造型美观、耐候性强等特点，广泛应用于高层建筑、住宅小区、矿山、油田、公用配电、车站、码头等企事业单位及临时用电场所变配电之用。

二、型号含义

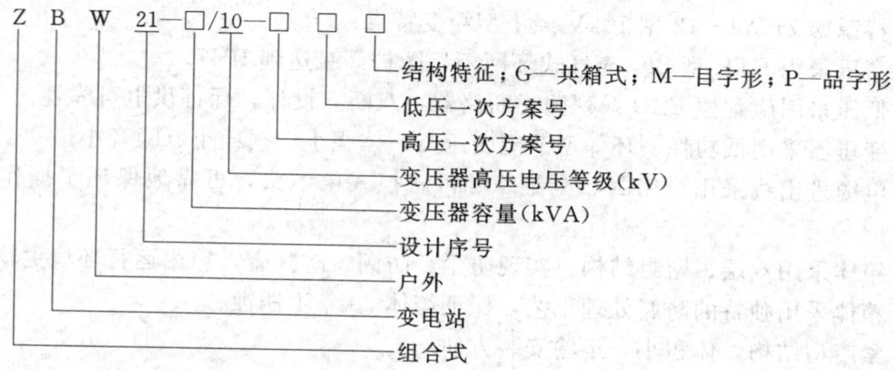

三、技术数据

ZBW21—10型系列组合式（箱式）变电站（欧式变）技术数据，见表15-72。

表15-72 ZBW21—10系列组合式变电站（欧式变）技术数据

组合式变电站	高压侧	变压器	低压侧
额定电压（kV）	6，10	6，10/0.4	0.4
额定容量（kVA）		50～1600	
额定电流（A）	20～200		100～2500
额定短路开断电流（kA）	31.5，50		30～50
额定短路关合电流（kA）	50		
额定热稳定电流（kA/s）	20/2		30/1
额定动稳定电流（峰值）（kA）	50		63
工频耐压1min（kV）	高压回路42 高压断口48	35	2.5
雷电冲击耐压（kV）	回路75、断口85		
箱体防护等级	IP3X	IP2X	IP3X
噪音水平（dB）	干变小于65，油变小于55		
回路数	1～10	1～2（台）	4～20

ZBW21—10（G）型系列组合变电站（美式变）用于三相地下交联电缆系统，主要技术数据：

（1）额定电压（kV）：10±2×2.5％/0.4；10±5％/0.4。

（2）最高电压（kV）：12。

（3）接线组别：D，yn11；Y，yn0。

（4）额定容量（kVA）：100～1600。

（5）额定频率（Hz）：50。

（6）绝缘水平：1min工频耐压35kV；雷电冲击耐压75kV。

（7）ELSP后备保护高压熔断器开断容量（kA）：50。

（8）高压负荷开关短路关合电流（kA）：12.5。

（9）线圈及导体材料：铜。

（10）环境温度（℃）：－45～＋40（45号油）。－25～＋40（25号油）。

（11）允许温升（℃）：65。

（12）噪音水平（dB）：48～55。

（13）防护等级：IP57。

（14）冷却方式：油浸自冷。

（15）短路阻抗、损耗技术数据，见表15-73。

表 15－73　ZBW21—10G 环网型组合式变压器技术数据（美式变）

型　　号	额定容量（kVA）	连接组标号	电压组合 高压（kV）	电压组合 低压（kV）	空载损耗（W）	负载损耗（W）	空载电流（%）	短路阻抗（%）
ZBW21—100/10G	100	Y，yn0 D，yn11	6 6.3±5% 10±2.5% 10.5 11	4.0	290	1500	2.1/2.3	4.0
ZBW21—125/10G	125				340	1800	2.0/2.2	
ZBW21—160/10G	160				400	2200	1.9/2.1	
ZBW21—200/10G	200				480	2600	1.8/2.0	
ZBW21—250/10G	250				560	3050	1.7/1.9	
ZBW21—315/10G	315				670	3650	1.6/1.8	
ZBW21—400/10G	400				800	4300	1.5/1.7	
ZBW21—500/10G	500				960	5100	1.4/1.6	
ZBW21—630/10G	630				1200	6200	1.3/1.5	4.5
ZBW21—800/10G	800				1400	7500	1.2/1.4	
ZBW21—1000/10G	1000				11700	10300	1.1/1.3	
ZBW21—1250/10G	1250				11950	12800	1.0/1.2	
ZBW21—1600/10G	1600				12400	14500	0.9/1.1	

注　1. 表中斜线上方的数值为 Y，yn0 连接组变压器用，斜线下方的数值为 D，yn11 连接组变压器用。

2. 终端型组合式变压器其技术数据与环网组合式变压器相同。

四、外形及安装尺寸

（1）ZBW21—10 型组合式变电站（欧式变）“目”字形产品外表及安装尺寸，见表 15－74 及图 15－27。

表 15－74　ZBW21—10 型组合式变电站（欧式变）“目”字形外形及安装尺寸　　单位：mm

变压器容量（kVA）	高压室装配形式	低压室装配形式	A	B	C	D	H
50～250	终端	Y	2900	1800	3130	2030	2530
		Z	3500	2100	3730	2330	2530
	环网	Y	2900	2400	3130	2630	2530
		Z	3500	2400	3730	2630	2530
315～630	终端	Y	3200	2200	3330	2430	2530
		Z	4000	2200	4230	2430	2530
	环网	Y	3200	2400	3430	2630	2530
		Z	4000	2400	4230	2630	2530
800～1000（干式）	终端	Y	3800	2200	3430	2430	2530
		Z	4250	2200	4480	2430	2530
	环网	Y	3800	2400	3430	2630	2530
		Z	4250	2400	4480	2600	2530

注　1. 1000kVA 以上按高低压出线回路数确定。

2. Y 为低压室不带走廊，Z 为低压室带走廊。

3. 该尺寸以低压出线 6～8 回路为例。

4. 高压室带操作走廊，长度（A、C）另加 700～800mm。

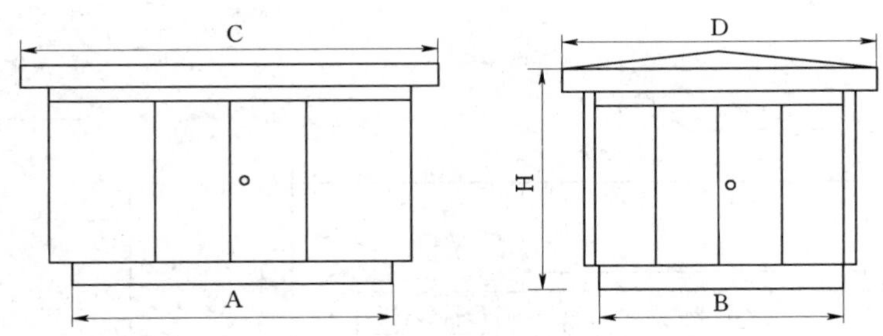

图 15－27　ZBW21—10 型组合式变电站（欧式变）
“目”字形外形及安装尺寸

(2) ZBW21—10 (G) 环网型组合变电站（美式变）外形及安装尺寸，见表 15－75 及图 15－28。

表 15－75　ZBW21—10G 环网型组合变电站外形及安装尺寸　　单位：mm

容　量 (kVA)	A	B	C	D	E	F	G	H
100	110	1840	1040	800	440	500	950	1500
125	110	1840	1040	800	440	500	1000	1500
160	110	1840	1040	800	440	500	1020	1500
200	1100	1840	1040	800	440	500	1050	1500
250	1100	1840	1040	800	440	500	1100	1500
315	1100	1840	1040	800	440	560	1140	1500
400	1100	1840	1040	800	440	560	1210	1570
500	100	1840	1040	800	440	560	1210	1570
630	1100	1840	1040	800	440	600	1350	1625
800	1100	1840	1040	800	440	600	1400	1625
1000	1100	1840	1040	800	440	800	1400	1770
1250	1350	2100	1200	1100	550	860	1050	1800
1600	1350	2100	1200	1150	550	900	1550	1900

注　终端型美式变，其中负荷开关由四位置改为两位置，高压套管去除 A_2、B_2、C_2，其余器件及尺寸与相等容量的环网型组合变相同。

五、订货须知

订货时必须提供高低压一、二次线路原理图以及电器元件的规格型号，变压器型号规格及参数，外观颜色与备品、备件及其它特殊要求。

六、生产厂

南阳金冠电气股份有限公司。

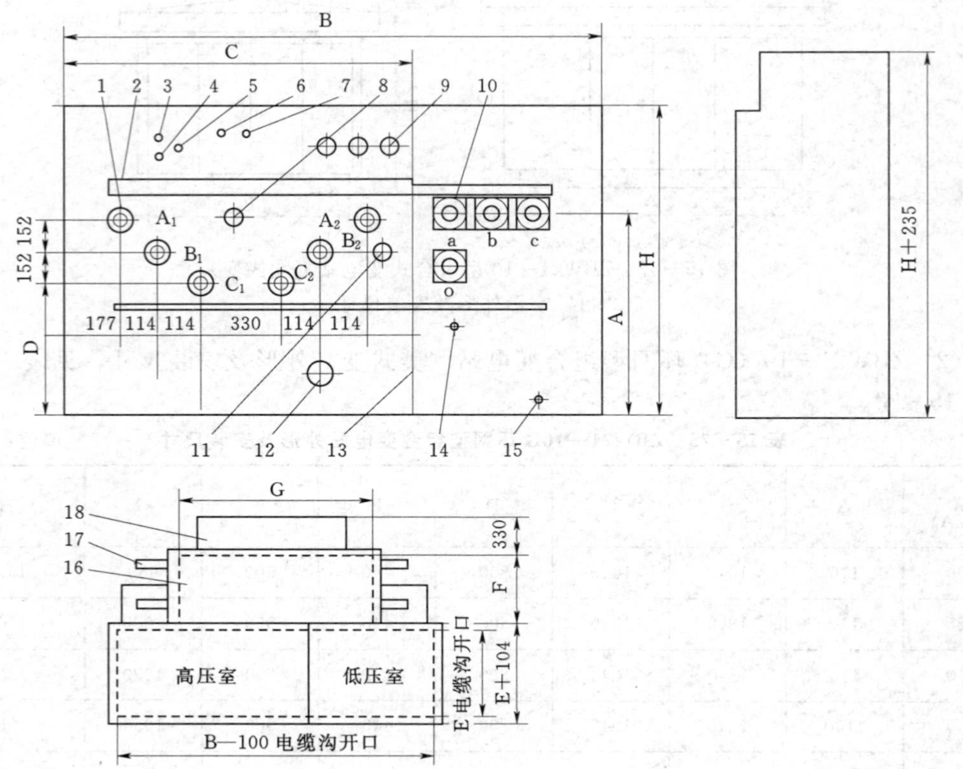

图 15-28 ZBW21—10G环网型组合变电站（美式变）外形及安装尺寸

1—高压套管；2—挡板；3—真空压力表；4—温度计；5—油位计；6—压力释放阀；7—注油放气塞；8—四位置负荷开关；9—插入式熔断器；10—低压套管；11—无励磁分接开关；12—油箱接地；13—隔离板；14—低压接地；15—活门；16—全密封箱体；17—吊板；18—波纹散热片

15.2.11 宁波天安 ZBW20—10 系列全封闭紧凑组合式变电站

一、概述

宁波天安（集团）股份有限公司生产的ZBW20—10系列全封闭紧凑型组合式变电站作为交流50Hz、额定电压10kV的网络中，额定容量为50～1600kVA的独立成套配电装置，广泛用于住宅小区、厂矿、宾馆、医院、公园、油田、机场、码头、铁路及临时性设施等户外供电场所。该产品既可用于环网供电系统，也可作为放射式电网的终端供电。该产品特点：

（1）结合了美式箱变和欧式箱变的优点，高压部分和变压器分开，占地面积小，高度低，结构紧凑。

（2）高压侧采用HXGN26SF$_6$环网柜，可防止设备缺相运行，提高了运行的可靠性。维护工作量少，防误功能齐全，过负荷能力可达120％。

（3）外壳有钢板、覆铝锌板等多种材料可供选择，外形美观，形式多样。

二、型号含义

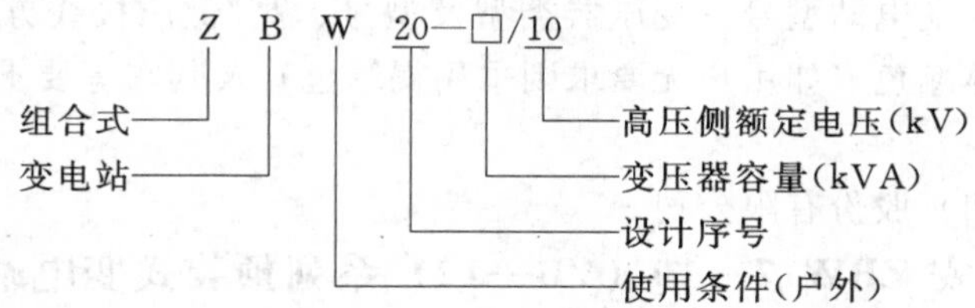

三、技术数据

(1) 主变容量 (kVA)：30～1250。

(2) 高压侧：

额定电压 (kV)：12。

额定电流 (A)：630。

负荷开关额定短时耐受电流 (kA/s)：25/2。

额定短路开断电流 (kA)：31.5、40 (熔断器)。

额定短路关合电流 (kA)：50。

(3) 低压侧：

额定电压 (kV)：0.4。

主开关额定电流 (A)：200～2500。

(4) 低压侧一次方案，见表 15-76。

表 15-76 低压侧一次方案

编号	01	02	03	04
接线图				
路数	4～6 路	4～6 路	4～6 路	4～6 路

(5) 高压侧一次方案，见表 15-77。

表 15-77 高压侧一次方案

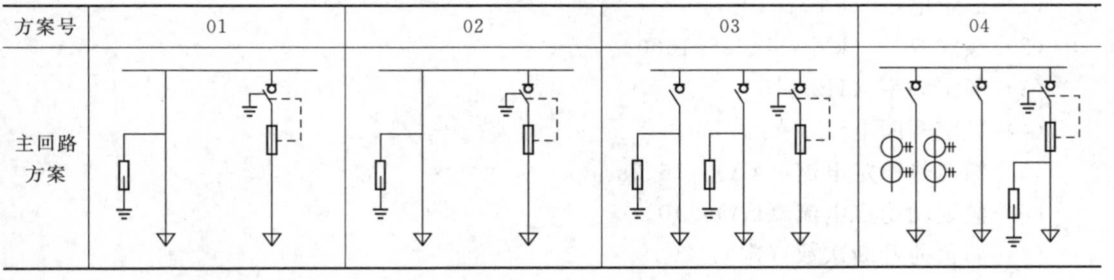

方案号	01	02	03	04
主回路方案				

四、订货须知

订货时必须提供变电站型号、变压器类型及型号、高/低压接线方案及选择电器元件的类型和参数、壳体颜色（如用户无要求则采用褐绿色）及其它等要求。

五、生产厂

宁波天安（集团）股份有限公司。

15.2.12 宁波天安ZBW17—10（YB—12）系列预装式变电站

一、概述

宁波天安（集团）股份有限公司生产的ZBW17—10（YB—12）系列预装式变电站用于10/0.4kV、50Hz的配电系统，变压器额定容量为50～1600kVA，广泛适用于住宅小区、厂矿、宾馆、医院、公园、油田、机场、码头、铁路及临时性设施等户外供电场所。该产品既可用于环网供电的配电系统中，也可作为放射式电网的终端供电。

该产品是由变压器室、高压室和低压室三大部分组成，变压器性能符合S9—M型变压器。高压侧采用V型或T型负荷开关加两级熔断器保护，并安装在变压器的箱体内，利用变压器的绝缘液作为整个产品的绝缘介质和散热介质。高压侧的进线采用高压电缆插头，高压室内全绝缘。常规产品低压侧出线采用直接出线。根据用户的要求可加低压计量和分路出线。

二、产品特点

(1) 全密封，全绝缘，安全可靠。

(2) 体积小，结构紧凑。

(3) 电缆头可带200A负荷操作。

(4) 有较强的过载能力。

(5) 箱体采用特殊工艺处理，具有良好的防腐能力。

(6) 采用高燃点油，消除了火灾隐患。

(7) 外形美观，可与环境协调。

三、型号含义

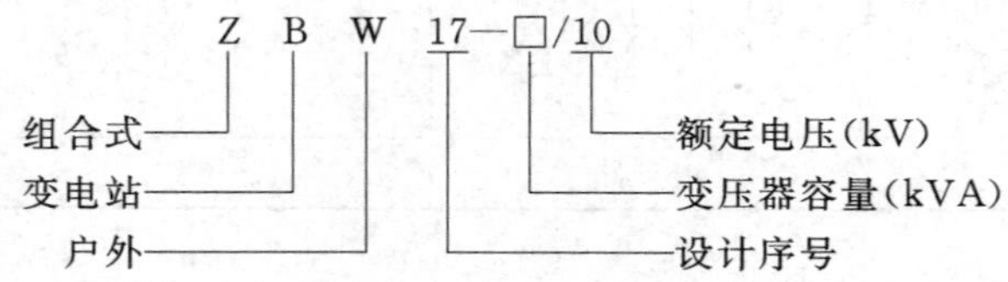

四、技术数据

(1) 额定电压（kV）：10。

(2) 额定容量（kVA）：30～1600。

(3) 额定频率（Hz）：50。

(4) 额定开断电流（A）：630。

(5) 额定热稳定电流（kA）：16/2s。

(6) 额定动稳定电流（kA）：40。

(7) 满负荷开断次数（次）：20。

(8) 机械寿命（次）：2000。

(9) 工频耐压（相间及对地）(kV)：35。

(10) 雷电冲击耐压（相间及对地）(kV)：75。

(11) 低压侧一次方案，见表15-78。

表15-78 ZBW17—10 (YB—12) 组合式变电站低压侧一次方案

方案号	01	02	03	04
低压侧接线图	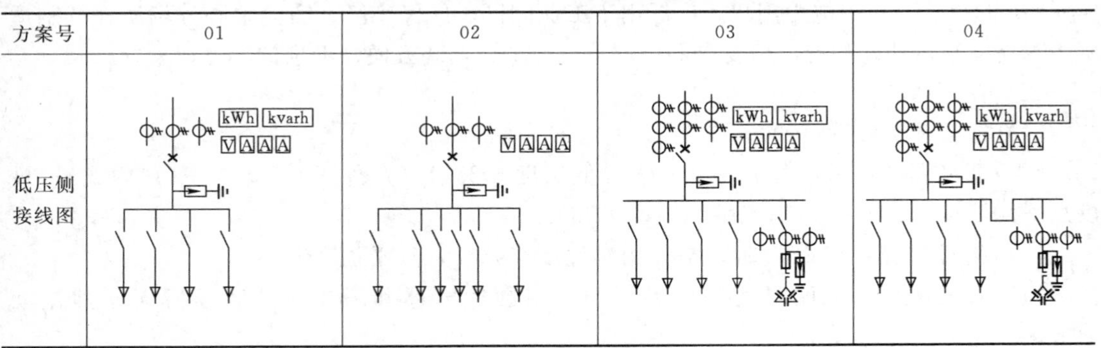			

(12) 高压侧一次方案，见表15-79。

表15-79 ZBW17—10 (YB—12) 组合式变电站高压侧一次方案

方案号		01（环网）	02（终端）
高压侧一次方案图		限流熔断器 插入式熔断器 S9—M 避雷器(选配件)	限流熔断器 插入式熔断器 S9—M 避雷器(选配件)
主要电器设备	负荷开关	1（四位置负荷开关）	（两位置负荷开关）1
	限流熔断器	3（型号随容量定）	3
	插入式熔断器	3（型号随容量定）	3
	避雷器（选配件）	E167（进口）	E167（进口）

注 低压侧电器设备：电流互感器BH—0.66系列主开关可用塑壳开关，DW15、ME、M等系列断路器各出线开关可用CM1、DZ20Y、NSD等系列塑壳开关。

五、订货须知

订货时必须提供变电站型号、变压器类型及型号、高/低压接线方案及选择电器元件的类型和参数、壳体颜色（如用户无要求则采用褐绿色）及其它等要求。

六、生产厂

宁波天安（集团）股份有限公司。

15.2.13　顺特电气ZBW11系列紧凑型组合变电站

一、概述

顺特电气有限公司生产的ZBW11系列紧凑型组合变电站（简称紧凑型欧变），是融合组合式变电站和美式箱变的结构特点，并以欧式建筑物风格的外形设计而生产的新型组合变电站产品，符合IEC 1330标准和中国GB 17467标准。该产品适用于6～10kV、50Hz、30～800kVA的户外及户内电力用户，广泛用于工业园区、居民小区、商业中心等场所，特别适用于对高度和占地面积有严格要求的用户。占地少、安装方便、少维护、美观大方。

二、使用条件

（1）海拔（m）：＜1000。

（2）环境温度：最高气温＋40℃；最低温度－25℃（户外式），－5℃（户内式）；最热月平均温度＋30℃；最高年平均温度＋20℃。

（3）相对湿度：在25℃时，空气相对湿度＜95％，月平均＜90％。

（4）安装环境：无明显污秽，无爆炸、腐蚀性气体和粉尘，安装场所无剧烈振动冲击。

（5）地震引发的地面加速度：水平方向$<3m/s^2$，垂直方向$<1.5m/s^2$。

（6）地面倾斜度＜3°。

三、产品特点

（1）运输和起吊极为方便简单。用户只需直接起吊顶盖上的4个吊环，不需另配制吊具，更不需把变压器拆出运输到用户现场再装配。

（2）大众化配置。该产品是基于常规高、低压开关设备而设计的产品，既紧凑又具备通用性和灵活性。若采用小型化开关，体积可缩小。

（3）超凡的通风和隔热设计。顶盖的设计蕴含多项新技术，使内部热空气几乎是畅通无阻地排出箱外，外壳温升仅为6K以下。变压器油箱与低压开关单元之间采用隔热，使低压室内的温度不受变压器温度的影响，保障低压设备长期可靠运行。

（4）采用防腐防锈合金材料的新型内置式门锁，美观、防水、防尘、防盗、防止运输和安装过程中外力对门锁的撞击破坏，可靠性更高。

四、产品结构

（1）箱体采用品字形结构，分别为高压室、变压器室和低压室，采用上起吊方式吊起整箱变。

（2）顶盖采用A形斜倾顶式结构，其独特的烟囱式散热方式，使箱变内最顶层的热空气能顺利散出，两侧装设迷宫式防水百叶通风窗，增强通风效果。箱盖外层的琉璃瓦装饰美观，又形成空气隔热层，有效阻挡太阳光照射对箱内温度的影响。

（3）高压单元常规采用真空或压气式负荷开关，也可采用更为紧凑的SF_6负荷开关。可根据要求选择不同的单元组合。

（4）变压器单元常规采用顺特电气有限公司生产的全密封油浸式变压器，用优质环烷基变压器绝缘油。

（5）低压单元的低压开关可选用任何厂家的断路器或刀熔开关。根据要求提供计量和测量装置，以及自动无功（电容）补偿装置。

五、型号含义

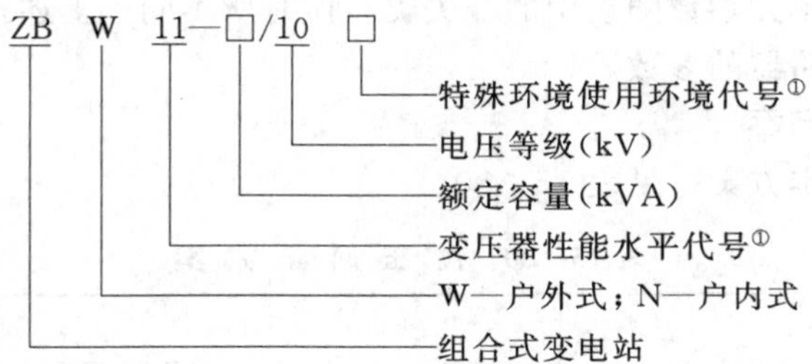

① 性能水平代号及特殊使用环境代号均按 JB/T 3837 的规定。

六、技术数据

（一）高压单元

（1）额定频率（Hz）：50。

（2）额定电压（kV）：10。

（3）最高工作电压（kV）：12。

（4）额定电流（A）：630。

（5）闭环开断电流（A）：630。

（6）转移电流（A）：2200。

（7）短时耐受电流（kA）：20（2s 或 4s）。

（8）峰值耐受电流（kA）：50。

（9）工频耐压（kV）：相间及对地 42，断口间 48。

（10）雷电冲击耐压（kV）：相间及对地 75，断口间 85。

（11）额定短路开断电流（限流熔断器）（kA）：31.5。

（12）开断空载变压器容量（kVA）：1600。

（二）变压器单元

（1）额定电压（kV）：6，10。

（2）额定容量（kVA）：30～800。

（3）分接范围（%）：±2×2.5。

（4）连接组别：Y，yn0；D，yn11。

（5）阻抗电压（%）：4，4.5。

（三）低压单元

（1）额定电压（V）：400，800。

（2）主回路额定电流（A）：50～1250。

（3）支路电流（A）：5～800。

（4）主回路额定短时耐受电流（kA）：50（1s）。

（5）主回路额定极限短路分断能力（kA）：50～100。

（四）外壳

（1）防护等级：高压室 IP34，变压器室 IP21，低压室 IP33。

（2）噪声水平（dB）：≤50。

（3）温升等级（K）：10（自然通风）。

高压单元和低压单元参数随选用的开关类型而有所不同。上述技术参数为常规高压真空开关和常规低压断路器的参数。

七、主回路基本方案

（1）高压回路基本方案，见表 15－80。

表 15－80　高 压 回 路 方 案

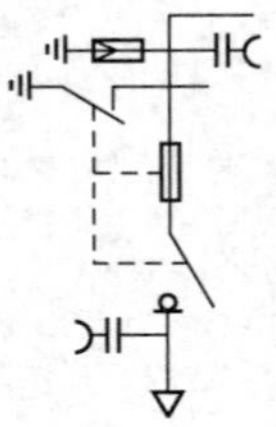 单　端	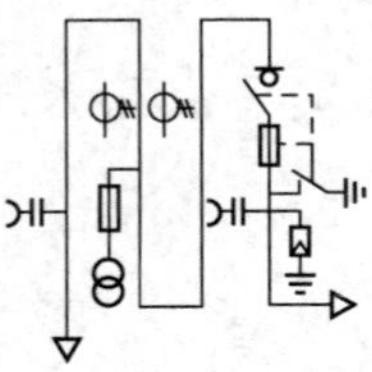 单端高压计量	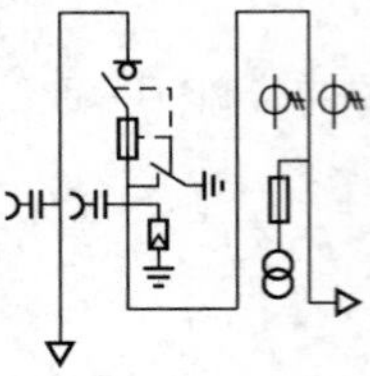 单端高压计量 置于开关之后	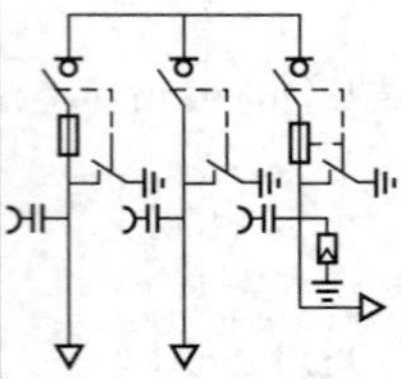 环　网	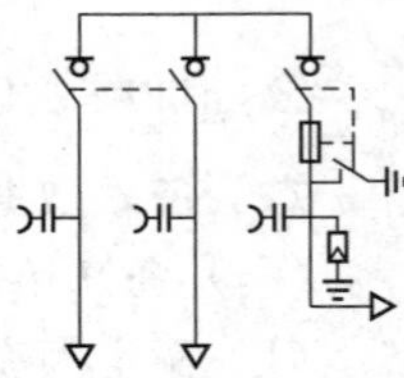 双电源供电 进线开关互锁

注　以上仅为真空开关或压气式开关方案。

（2）低压回路基本方案，见表 15－81。

表 15－81　低 压 回 路 基 本 方 案

一次系统图		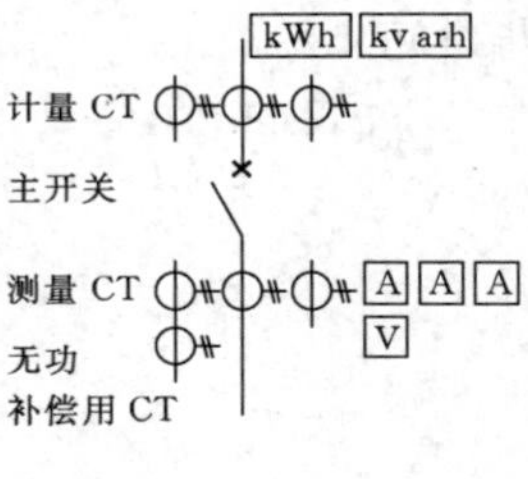 计量 CT kWh kvarh 主开关 测量 CT A A A V 无功补偿用 CT	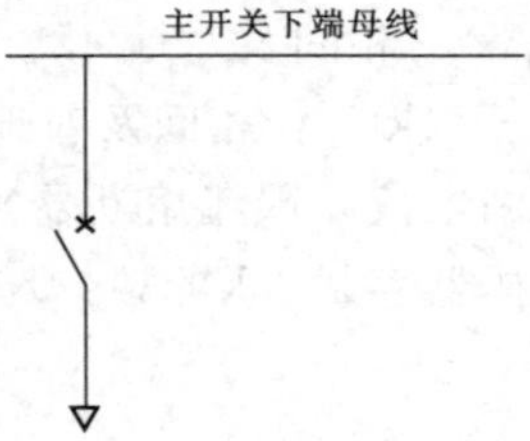 主开关下端母线	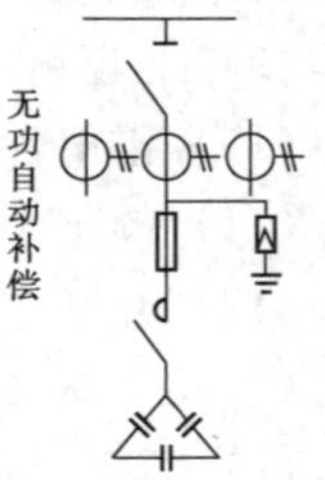 无功自动补偿
变压器容量	200kVA	315A	4～6 路开关	60kvar
	250kVA	400A	4～6 路开关	60kvar
	315kVA	500A	4～6 路开关	80kvar
	400kVA	630A	4～6 路开关	100kvar
	500kVA	800A	4～6 路开关	120kvar
	630kVA	1000A	6～8 路开关	140kvar
	800kVA	1250A	6～8 路开关	200kvar
备注		以上为主开关整定值	支路开关具体 整定值由用户确定	

八、外形及安装尺寸

（1）单端紧凑型欧变外形及安装尺寸，见表 15－82 及图 15－29。

（2）环网紧凑型欧变外形及安装尺寸，见表 15－83 及图 15－30。

表 15-82 单端紧凑型欧变外形及安装尺寸

容 量 (kVA)	外 形 尺 寸 (mm)							重 量 (kg)
	L	W	H	L1	L2	L3	H1	
30～200	2300	1800	2090	740	840	730	1640	2210
250～500	2300	1800	2090	580	1000	890	1640	2930
630～800	2400	1800	2240	440	1140	1030	1790	3770

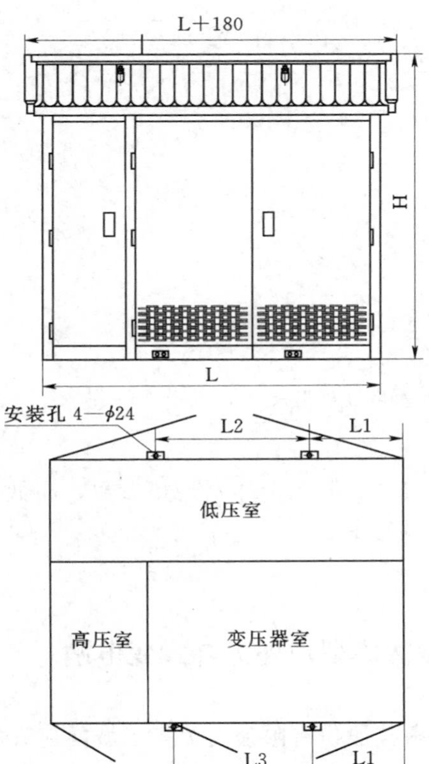

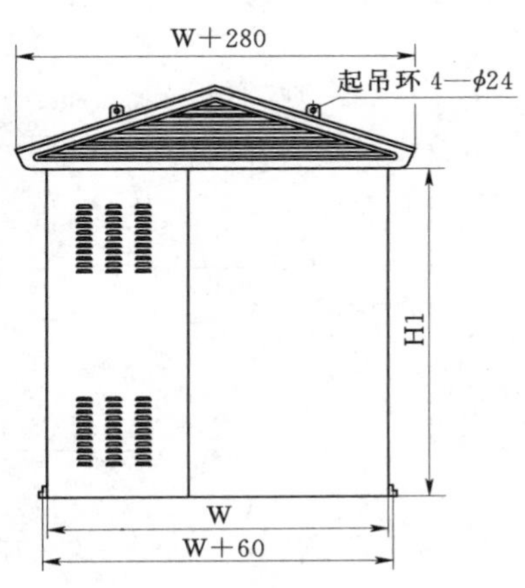

图 15-29 单端紧凑型欧变外形尺寸

表 15-83 环网紧凑型欧变外形尺寸

容 量 (kVA)	外 形 尺 寸 (mm)						重 量 (kg)
	L	W	H	L1	L2	H1	
30～200	2550	2000	2130	1145	800	1640	2210
250～500	2550	2000	2130	1145	960	1640	2930
630～800	3000	2000	2380	1000	1000	1790	3770

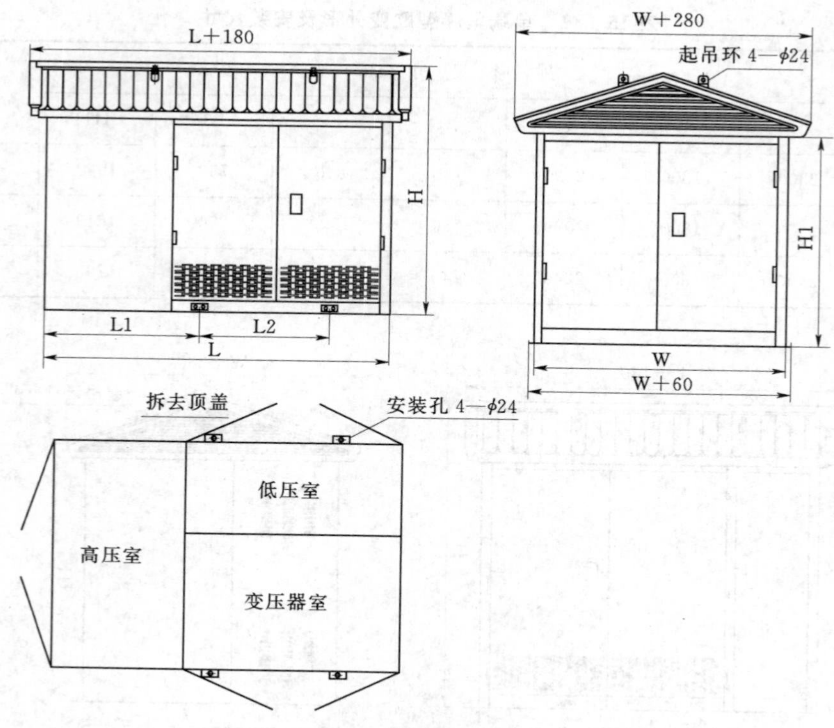

图 15－30 环网紧凑型欧变外形尺寸

九、订货须知

订货必须提供组合式变电站型号和规格、外壳材料、变压器规格参数、高低压单元方案及电器元件参数、支路开关、功能件选项及其它要求。

十、生产厂

顺特电气有限公司。

15.2.14 三变科技 ZBW9—JZ 系列紧凑智能型户外组合式变电站

一、概述

ZBW9—JZ 系列组合式变电站是浙江三变科技股份有限公司为满足城网建设的需要自行设计的系列产品，具有结构紧凑、成套性强、运行安全可靠、维护方便、造型美观、移动方便、占地面积小，并能满足 10kV 配网自动化系统的要求。

该产品作为交流 50Hz、额定电压 6～10kV 的电网中，额定容量为 50～1000kVA 的独立成套变配电装置，适用于城市高层建筑、住宅小区、厂矿企业、公共场所及临时性设施等配电场所。ZBW9—JZ 系列组合式变电站可用于环网配电系统，也可作为放射式电网终端供电。

二、使用条件

(1) 海拔（m）：＜1000。

(2) 环境温度（℃）：－25～＋40。

(3) 空气相对湿度（%）：＜90（＋25℃时）。

(4) 户外风速（m/s）：＜35。

(5) 地面倾斜度不超过 3°。

(6) 安装地点无爆炸危险、火灾、严重污秽、化学腐蚀及剧烈振动。

三、结构特点

(1) 箱体内分为高压室、变压器室和低压室，具有牢固、隔热、通风性能好、防尘、防潮、维护方便、外形美观等特点。变电站各室之间均用隔板隔离成独立的小室，按其内部形状布置可分“目”字和“品”字形两种结构。箱体的防护等级 IP23。

(2) 顶盖采用双层盖板，两板之间与箱体内部不通，为隔热层，阻止太阳直晒箱体盖板。箱体盖板下弯边开有通风孔，以便达到更好的通风效果。屋顶四侧面齐平，与框架安装后四周有屋檐。顶盖有 3°的坡度。

(3) 底座用槽钢为骨干支架焊接而成，四周和底部蒙以 4mm 厚的钢板与槽钢焊成一个整体。两侧设计有 4 根起吊轴，底座表面经过特殊的防腐处理。由于箱式底座是一个全封闭体，即便内置的油浸式变压器发生漏油，也绝不会使油液渗入地下污染环境。因此，该产品具有环保特性。

(4) 变压器室：箱体采用自然通风，变压器室也可加装强迫通风设备，自动控制变压器温度，增加空气对流降低室温。变压器可安装容量为 1000kVA 及以下、电压为 6～10/0.4kV 的全密封变压器和干式变压器。

(5) 高压单元：高压侧一般采用进口 SF_6 开关柜，并能实现遥控运行。高压室装有环网柜，柜内装有负荷开关、熔断器（在有要求时也可采用断路器）、接地开关及机械联锁装置。如果需要高压计量，也可加装计量柜。

(6) 低压单元：低压室可根据用户的不同要求设计，并能实现远程监视控制。低压侧采用进口塑壳空气开关，分断能力高，保护性能好。出线回路最多可达 8 路，并可安装自动无功补偿装置，其容量一般为变压器容量的 15%～20%。

(7) 智能单元：性能基本满足配网自动化终端设备通用技术条件。也可根据用户的实际情况设计。智能单元通过对线路上各电气设备的实时监控，实现配电网络的优化运行，提高配网安全运行水平，从而大大提高供电可靠性。它的基本功能是实时监测配网中各种电气设备的运行状况，及时发现故障、隔离故障、迅速恢复非故障区段的供电。也可根据用户的实际情况进行自动化功能的设计及配置。

四、组合变电站典型方案

(1) 组合式变电站高压单元主电路方案，见表 15-84。

表 15-84 ZBW9—JZ 系列高压单元主电路方案

方案编号	1	2	3	4
高压单元主电路方案	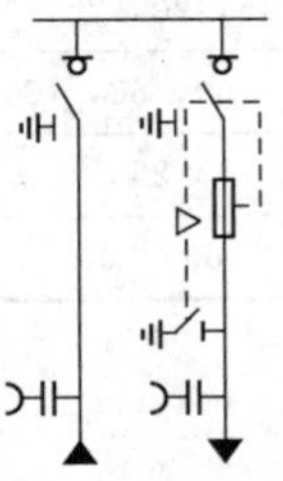	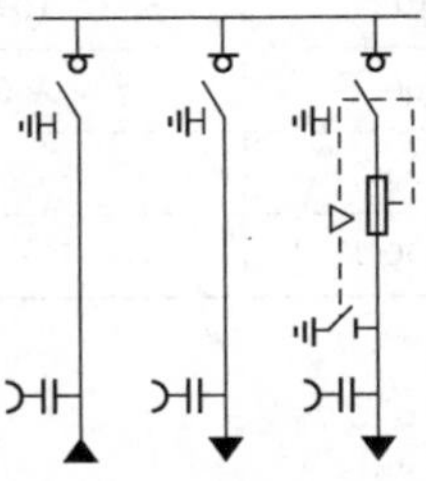	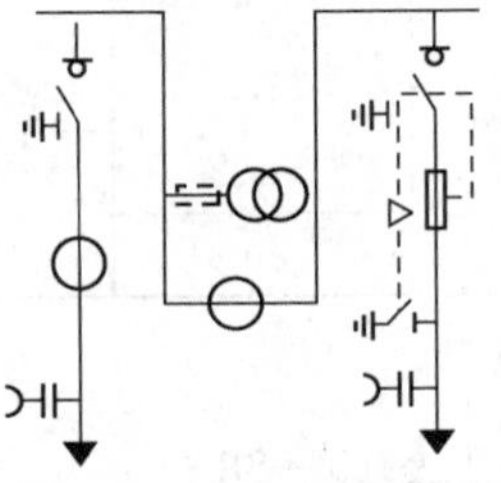	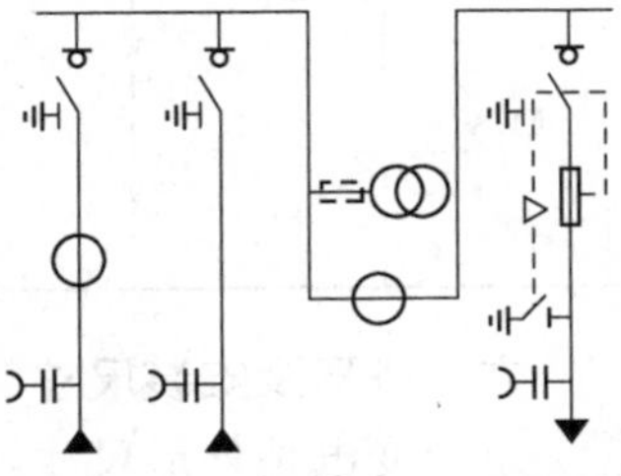

（2）组合式变电站低压单元主电路方案，见表 15－85。

表 15－85 ZBW9—JZ 系列低压单元主电路方案

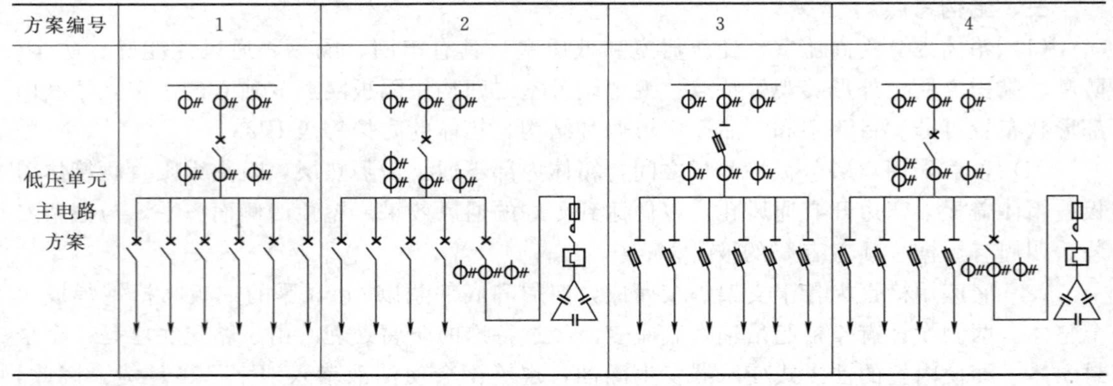

方案编号	1	2	3	4
低压单元主电路方案				

五、技术数据

（1）高压开关柜技术数据，见表 15－86。

表 15－86 ZBW9—JZ 系列组合式变电站高压开关柜技术数据

额定电压（kV）	12	额定负荷开断电流（A）	200，630
额定频率（Hz）	50	转移电流（A）	1400
额定电流（A）	200，630	空载变压器开断电流（A）	16
额定短时峰值电流（kA）	40，50	熔断器组合开关短路开断电流（kA/2s）	16，20
额定短时耐受电流（kA/2s）	16，20	关合电流（kA）	40，50
接地开关短时闭合耐受电流（kA/2s）	20	1min 工频耐压（有效值，kV）（对地、相间/隔离断口）	42/48
接地开关短时闭合峰值电流（kA）	50		
5%额定开断电流（A）	20，31.5	冲击耐受电压（有效值，kV）（对地、相间/隔离断口）	95/110

（2）变压器、熔断器主要技术数据，见表 15－87。

表 15－87 ZBW9—JZ 系列组合变电站变压器、熔断器主要技术数据

型 号	额定电压（kV）	额定容量（kVA）	额定开断电流（kA）	熔断器额定电流（A）	熔体额定电流（A）
S9—M	6，10	50～1000			
SC9	6，10	50～1000			
SFLAJ	12		31.5	40	6.3，10，16，20，25，31.5，40
				100	50，60，80，100
				125	125
			40	200	160，200

六、外形及安装尺寸

组合变电站外形尺寸，见表 15－88。

表 15-88 ZBW9—JZ 系列 10kV 级组合变电站外形尺寸

型　号	额定容量（kVA）	外形尺寸（mm）（长×宽×高）	占地面积（m^2）	体　积（m^3）	重　量（kg）
ZBW9—JZ（10kV 级）	50～200	2500×1700×2020	3.5	7.0	2500
	250～500	2700×1900×2120	4.3	9.0	3500
	630～11000	3000×2300×2320	5.9	13.5	5600

七、订货须知

订货时必须提供变电站型号、变压器的类型和额定容量、高压室和低压室接线方案及选择电器元件的类型和参数或电气原理图、壳体颜色及其它要求。

八、生产厂

浙江三变科技股份有限公司。

15.2.15 宁波天安 ZBW3—35 系列户外组合式变电站

一、概述

宁波天安（集团）股份有限公司生产的 ZBW3—35 系列组合式变电站系高压侧 35kV、低压侧为 0.4～10kV 三相交流 50Hz 户外成套设备，普遍适用于城市、乡镇、工厂及油田、码头等场所，也适用于一些大型建设工地，作为接受、转换和分配电能之用。

二、产品特点

（1）建站周期短，占地面积小，投资省。

（2）可迁移，浪费少，成套性强，安装使用方便。

（3）可靠性高。

（4）外壳采用铝金板（彩色复合板），抗腐蚀性好，使用寿命长，内衬绝热材料，可防太阳热辐射。

（5）箱内设有降温设备及防凝露设备。

（6）可配置综合自动化设备。

（7）可任意配置各种通信设备。

三、型号含义

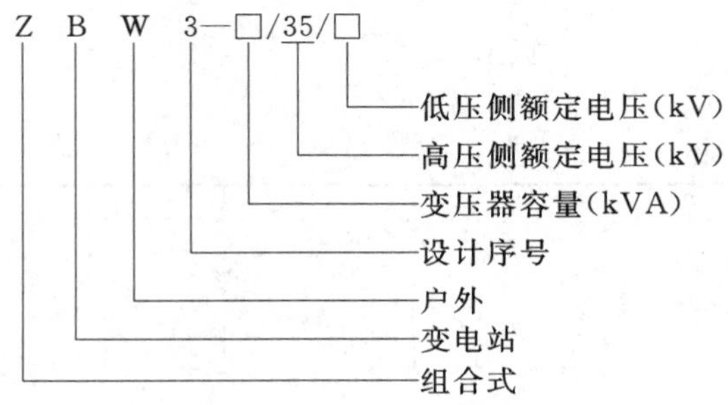

四、技术数据

(1) 主变容量 (kVA)：400～20000。

高压侧 (kV)：35。

低压侧 (kV)：10，6.3，0.4。

(2) 高压侧：

额定电压 (kV)：35。

额定电流 (A)：1250，1600。

额定短路开断电流 (kA)：20，25。

额定短路关合电流 (kA)：50，63。

(3) 低压侧：

额定电压 (kV)：10，6.3，0.4。

额定电流 (A)：630，1250，2000，2500，3150。

额定短路开断电流 (kA)：20，25，31.5，40。

额定短路关合电流 (kA)：50，63，80，100。

(4) 主接线方案，见图 15-31。

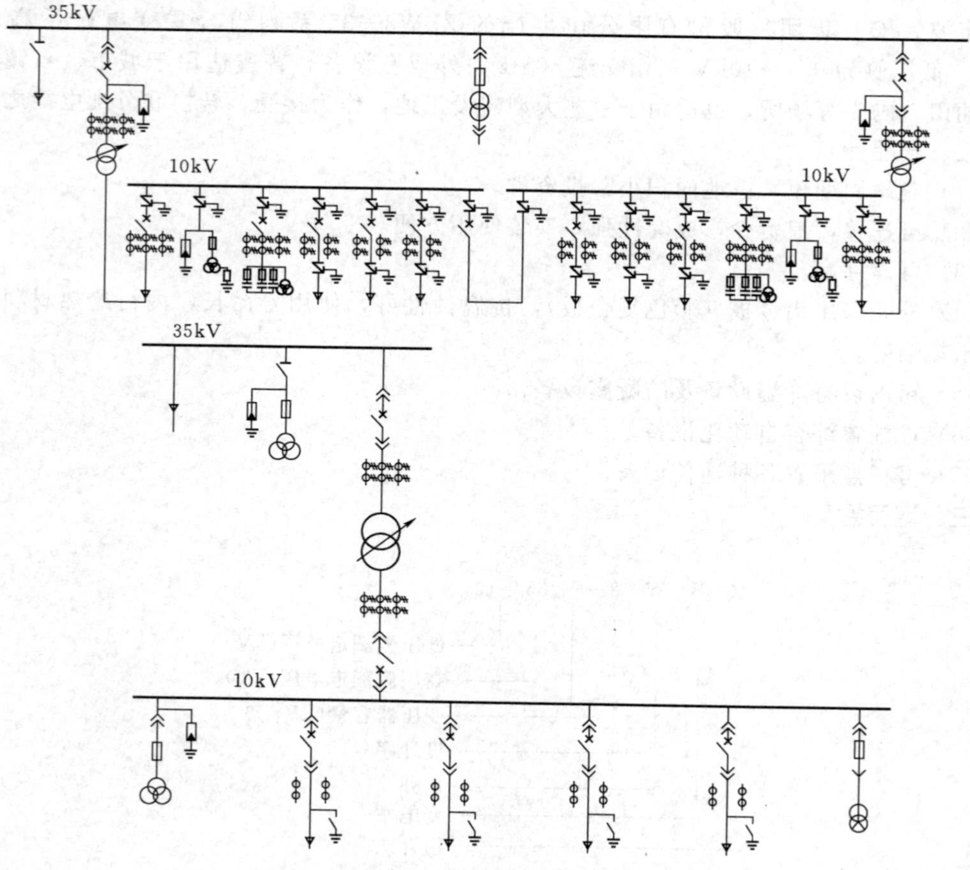

图 15-31 ZBW3—35 户外组合式变电站主接线方案

五、订货须知

订货时必须提供组合式变电站的型号、数量、颜色，变压器类型及容量，电气一次系统图与原理图及特殊要求。

六、生产厂

宁波天安（集团）股份有限公司。

15.2.16 江西ZBW—2系列组合式变电站

一、概述

江西ZBW—2系列组合式变电站是将高压电器设备、变压器、低压电器设备等组合成紧凑型成套配电装置，适用于城市高层建筑、居民小区、工业小区、矿山、油田，野外作业用电及临时施工用电等场所，作配电系统中接受和分配电能之用。

该产品具有性能强、结构紧凑、运行安全可靠、维护方便以及可移动等特点，与常规土建型变电站相比，同容量的组合变电站占地面积通常仅为常规变电站的1/10～1/5，大大减少设计工作量和施工量，降低设计费用，是城乡变电站建设和改造选型成套设备之一。

二、使用条件

（1）环境温度（℃）：－25～＋40。

（2）海拔（m）：＜1000。

（3）户外风速（m/s）：＜35。

（4）空气相对湿度（%）：＜90。

（5）地震水平加速度0.4m/s^2，垂直加速度0.2m/s^2。

（6）无火灾、爆炸危险、严重污染、化学腐蚀及剧烈振动场所。

三、结构特点

该产品由高压配电装置和低压配电装置连接而成，分成3个功能隔室，即高压室、变压器室和低压室，高低压室功能齐全。高压侧一次供电系统可布置成环网供电、终端供电、双电源供电等多种供电方式，还可装设高压计量箱满足高压计量的要求。变压器室可选择S9、S10、S11、S12以及其它低损耗油浸式变压器和干式变压器，变压器室设有自起强迫风冷系统及照明系统。低压室可采用面板和柜装式组成用户的需供电方案，有动力配电、照明配电、无功补偿、电能计量和电能测量等多种功能，满足不同需求，并方便供电管理和提高供电质量。

高压室结构紧凑合理，并具有防误操作联锁功能。变压器在用户有要求时，可利用轨道方便地从变压器室两侧的大门进出。各室均有自动照明装置，高低压室所选的全部元件性能可靠、操作方便，使产品运行安全可靠、操作维护方便。

采用自然通风和强迫通风两种方式，通风冷却良好。变压器室、低压室均有通风道，排风扇有温控装置，按整定温度能自动启动和关闭，保证变压器满负荷运行。

箱体结构能防止雨水和污物进入，并采用特种钢板和铝合金制作，经防腐处理，具备长期户外使用条件，确保防腐、防水、防尘性能，使用寿命长，外形美观。

四、型号含义

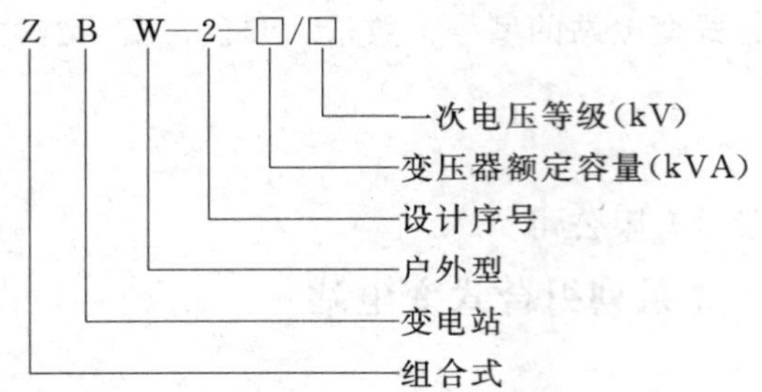

五、技术数据

(1) ZBW—2 系列组合式变电站技术数据，见表 15 - 89。

表 15 - 89　ZBW—2 系列组合式变电站技术数据

ZBW—2 系列组合式变电站	高压电器设备	变压器	低压电器设备
额定电压（kV）	10	10/0.4	0.1
额定电流（A）	630		10～2000
额定频率（Hz）	50	50	50
额定容量（kVA）		30～1600	
额定热稳定电流（峰值）（kA）	20/4s		20/1s
额定开断负荷电流（kA）	31.5（熔断器）		
1min 工频耐受电压（kV）	对地，相间 42，断口间 48	35/28（min）	30/0.2s
雷电冲击耐压（kV）	对地，相间 42，断口间 48	75	
壳体防护等级（IP）	IP23	IP23	IP23
噪音水平（dB）		油变≤55，干变≤50	
回路数（个）	3	2	8～15
低压最大无功补偿量（kvar）			300
额定动稳定电流（峰值）（kA）	50		63
额定关合短路电流（峰值）（kA）	580	15～30	

(2) 主回路方案，见表 15 - 90。

表 15 - 90　ZBW—2 系列组合式变电站主回路方案

编号	01	02	03	04	05
接线方案	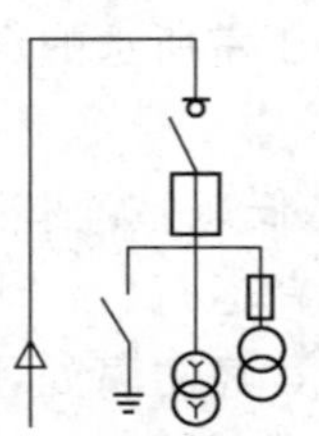	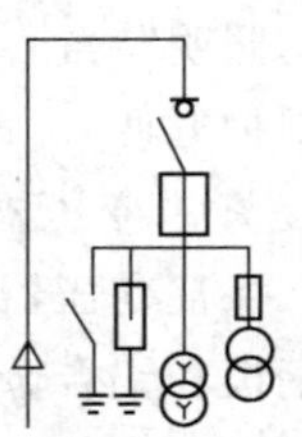	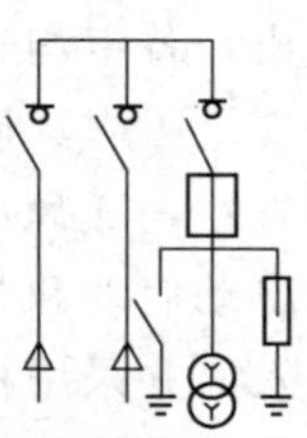	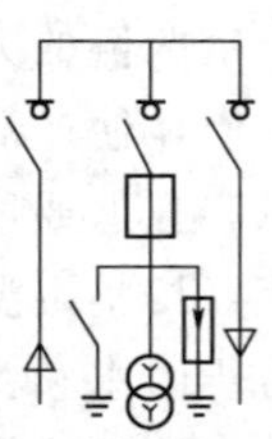	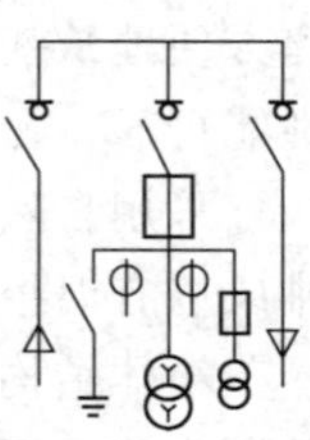

续表 15-90

编号	06	07	08	09
接线方案				
接线方案				

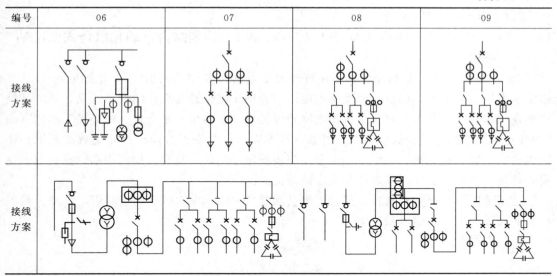

六、外形及安装尺寸

ZBW—2 系列组合变电站外形尺寸，见图 15-32。

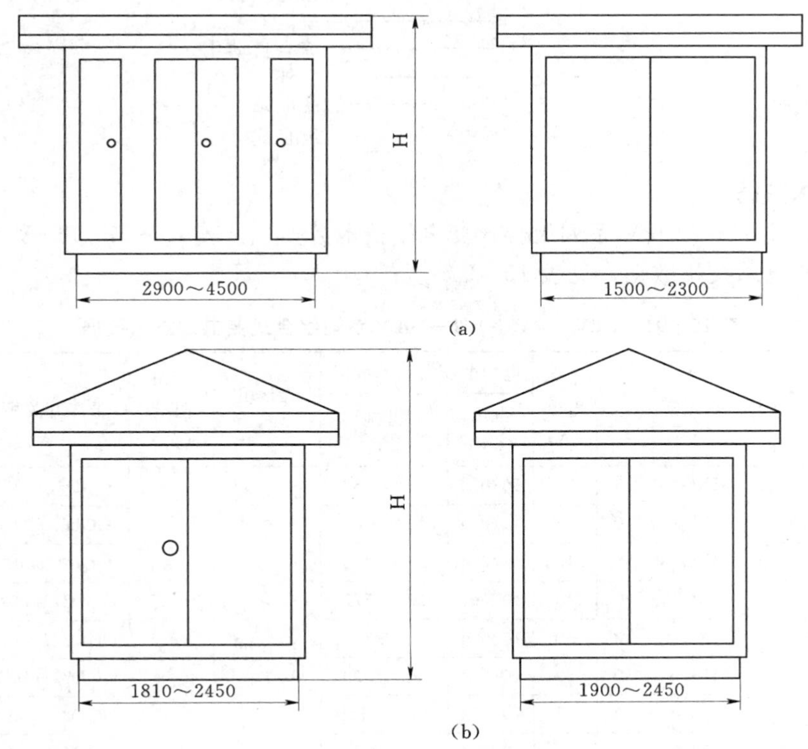

图 15-32 ZBW—2 系列组合变电站外形尺寸

(a)“目”字形排列；(b)“品”字形排列

七、生产厂

江西变电设备有限公司。

15.2.17 甘肃宏宇ZBW（A、N）2—10，35kV系列综合自动化组合式变电站

一、概述

ZBW—10、35kV系列综合自动化组合式变电站（也称无人值守箱式变电站），是甘肃宏宇变压器有限公司围绕农村及城市电网建设的实况而开发生产的新型产品。该产品集中体现了国家电力公司对农村及城市电网建设提出“小容量、密布点、短半径”的原则和“户外式、小型化、造价低、安全、可靠、技术先进”的发展方向。产品集载波通讯、计算机监控、数字化保护、远程自动控制、防盗报警于一体，具有占地面积小、投资少、建设工期短、供电可靠性高和自动化程度高等优点。

使用范围：主要针对农村、城镇、郊县新建的10、35kV小型化变电所，以及大型工矿企业、油田的终端供电系统中。

二、型号含义

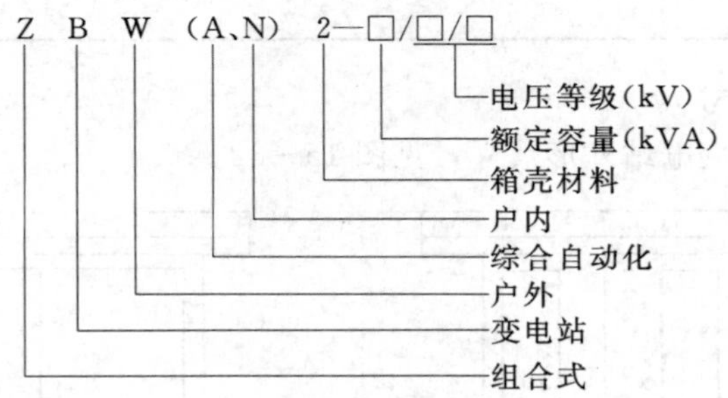

三、技术数据

ZBW（A.N）2—10kV系列组合式变电站技术数据，见表15-91；35kV系列综合自动化组合式变电站技术数据，见表15-92。

表15-91 ZBW（A、N）2—10kV系列组合式变电站技术数据

型号	高压开关柜	熔体电流（A）	电力变压器技术数据		连接组标号	短路阻抗（%）	低压开关柜	无功补偿（kvar）
			电压（kV）	电流（A）				
ZBW（N）—200/10	HXGN$_1$—10	20	10/0.4	11.5/288	Y，yn0 D，yn11	4	GGD2/400A	50
ZBW（N）—250/10	HXGN$_1$—10	25	10/0.4	14.4/361			GGD2/600A	60
ZBW（N）—315/10	HXGN$_1$—10	31.5	10/0.4	18.2/455			GGD2/600A	80
ZBW（N）—400/10	HXGN$_1$—10	40	10/0.4	23.1/577			GGD2/1000A	100
ZBW（N）—500/10	HXGN$_1$—10	50	10/0.4	28.9/722			GGD2/1000A	125
ZBW（N）—630/10	HXGN$_1$—10	63	10/0.4	36.4/909		4.5	GGD2/1600A	160
ZBW（N）—800/10	HXGN$_1$—10	85	10/0.4	46.2/1155			GGD2/1600A	200
ZBW（N）—1000/10	HXGN$_1$—10	90	10/0.4	57.7/1443			GGD3/2000A	250
ZBW（N）—1250/10	HXGN$_1$—10	112	10/0.4	72.2/1804			GGD3/2500A	310
ZBW（N）—1600/10	HXGN$_1$—10	125	10/0.4	92.4/2309			GGD3/3150A	400

表 15-92 ZBW（A、N）2—35kV 系列综合自动化组合式变电站技术数据

型号	额定容量(kVA)	进线保护	电力变压器技术数据					出线保护
			高压(kV)	分接范围	低压(kV)	连接组标号	短路阻抗(%)	
ZBW（A）—800/35	800	户外跌落熔断器保护	35	±5%或±2×2.5%遥调	10.5 6.3 3.15 0.4	Y，d11 Y，yn0	6.5	真空断路器微机保护遥控遥信遥测
ZBW（A）—1000/35	1000							
ZBW（A）—1250/35	1250							
ZBW（A）—1600/35	1600							
ZBW（A）—2000/35	2000				10.5 6.3 3.15	Y，d11	6.5	
ZBW（A）—2500/35	2500	真空断路器微机保护遥控遥信遥测						
ZBW（A）—3150/35	3150		35 38.5				7.0	
ZBW（A）—4000/35	4000							
ZBW（A）—5000/35	5000							
ZBW（A）—6300/35	6300						7.5	

四、生产厂

甘肃宏宇变压器有限公司。

15.2.18 宁波天安 ZBW1—10 系列组合式变电站

一、概述

宁波天安（集团）股份有限公司生产的 ZBW1—10 系列组合式变电站用于 50Hz、6～10kV 的网络中，额定容量为 30～2000kVA 独立成套变配电装置，适用于城市高层建筑、住宅小区、厂矿、宾馆、公园、油田、机场码头、铁路、商场及临时性设施等户外供电场所。该产品既可用于环网供电的配电系统中，也可作为放射式电网的终端供电。

二、产品结构

ZBW1—10 系列组合式变电站是由变压器室、高压室和低压室三大部分组成。

高压侧一般采用 HXGN 系列环网柜（产气、压气、真空、SF_6），内配负荷开关、熔断器（有要求时可用断路器）。

低压侧采用最新型的塑壳自动空气开关，分断能力高，保护性能好。

变压器既可采用油浸式变压器，也可用干式变压器。

外壳有铝合金板、钢板、复合板等多种材料供选择。内衬绝热材料，顶盖为双层，可有效防止热辐射。

箱内设有降温设备及防凝露设备。

三、型号含义

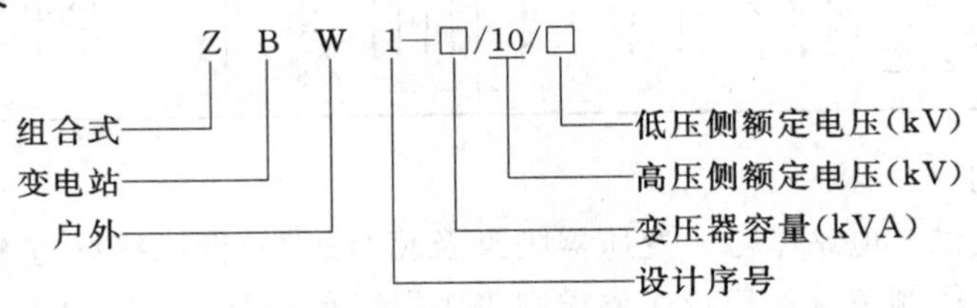

四、技术数据

（1）主变压器容量（kVA）：30～2000；

高压侧（kV）：10；

低压侧（kV）：0.4。

（2）高压侧：

额定电压（kV）：10；

额定电流（A）：400，1250；

额定短路开断电流（kA）：31.5～40；

额定短路关合电流（kA）：50。

（3）低压侧：

额定电压（kV）：0.4；

主开关额定电流（A）：200～2500；

主开关额定分断能力（kA）：30～65。

（4）高压侧一次方案，见表 15－93。

表 15－93 ZBW1—10 系列组合式变电站高压侧一次方案

方案号	01	02	03	04
主回路方案	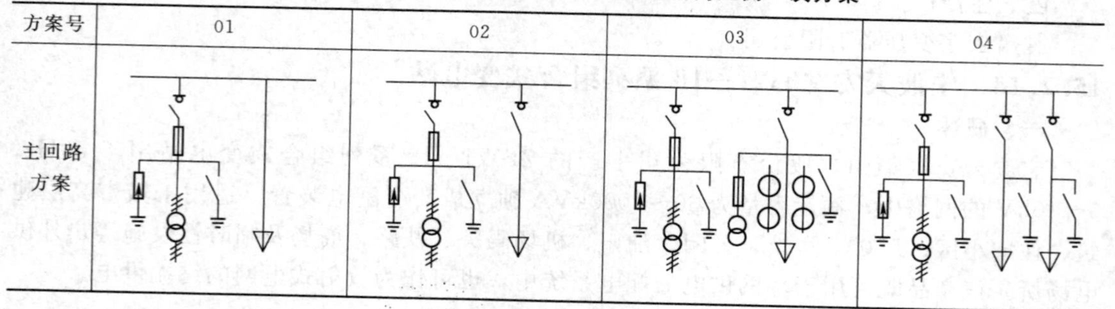			

（5）低压侧一次方案，见表 15－94。

表 15－94 ZBW1—10 系列组合式变电站低压侧一次方案

编号	01	02	03	04	05	备注
低压侧接线图						出线回路按用户要求

五、订货须知

订货时必须提供变电站型号、变压器类型及型号、高/低压接线方案及选择电器元件的类型和参数、壳体颜色（如用户无要求则采用褐绿色）及其它等要求。

六、生产厂

宁波天安（集团）股份有限公司。

15.2.19 顺特电气ZB系列组合式变电站

一、概述

顺特电气ZB系列组合式变电站（原XB系列箱式变电站）亦称预装式变电站、欧式箱变，是由高、低压开关设备、变压器和外壳组成，并由预先装备完成的可移动变配电成套设备，主要用于取代传统土建型变电站实现变电、配电功能。

组合式变电站可用于户外、户内，广泛应用于工业园区、居民小区、商业中心、公共场所、机场、码头、地铁、宾馆、学校、医院及流动性强的建设施工工地、矿山、油田等场合。按特殊用途还可分为城市市政照明用组合式变电站、城农网改造用组合式变电站、工厂配电用组合变电站、核电站用组合式变电站、风力发电用组合式变电站、高速公路用组合式变电站、海港码头用组合式变电站和机场用组合式变电站等产品。

该系列产品具有以下优点：

(1) 功能齐全、可靠。能切断短路及负荷电流，能进行全范围的电流保护，高压有环网（包括双电源）、终端、带高压计量等多种供电方式可供选择，具有传统土建型变电站的所有功能。

(2) 投入少、占地少、安装简便、见效快。

省钱：比配电变＋配电房的资金投入少。

省地：体积小，约为同容量配电变＋配电房体积的1/3或更小。

省时：不到1个月即可供货，现场安装简便，现场只需拧紧4个安装螺栓及接好进出线电缆即可。

(3) 安全性好。采用全封闭设计，外壳接地，外表面无任何带电部件，因此无需绝缘距离，能可靠保证人身安全。

二、使用条件

(1) 海拔（m）：＜1000。

(2) 环境温度（℃）：－30～＋40。

(3) 相对湿度（%）：日平均值＜95；月平均值＜90。

(4) 地面倾斜度（°）：＜3。

(5) 地震强度（m/s^2）：水平加速度＜0.4；垂直加速度＜0.2。

(6) 户外风速（m/s）：＜35。

(7) 安装地点：无火灾、爆炸危险、化学腐蚀及剧烈振动。

三、结构特点

(1) 组变散热能力强。组变采用上下直通风的形式，利用烟囱效应（形成高度方向的较大温差，产生空气压力差，形成较强的对流）和优化设计的通风结构，使产品具有很强的散热能力。组变的外壳等级符合国标和IEC标准规定的最高级别10K的要求，该产品实际小于5K级，级别越小，组变外壳通风散热能力越强。

组变用变压器的温升设计裕量特殊考虑，组变在选用变压器时（油变、干变）均要求温升裕量加大，保证满容量运行，即置于组变中的变压器不需降容，在自然通风条件下能满容量运行。

(2) 组变外壳材料有钢板、复合板、三防组变外壳供选用，具有机械抗弯、抗冲击、抗拉强度、抗暴晒、抗辐射及隔热能力、防冻、防裂、防腐蚀、防潮阻燃特性，在骤冷、骤热环境温度的变化下不易产生凝露。还开发出不锈钢复合板外壳，双层钢板中对外一层为进口优质不锈钢板材，进行更先进的防腐处理，使不锈钢复合板外壳组变更可靠运用在海盐雾重的沿岸城市地区和海边化工厂盐场等较重污秽区。

(3) 组变采用防腐防锈合金材料的新型内置式门锁，美观、防水、防尘、防盗、防止运输和安装中外力对门锁的撞击破坏，可靠性更高。

(4) 组变高压设备采用高压负荷开关加熔断器组合电器取代高压断路器，由高压负荷开关实现正常负荷电流，由熔断器实现开断短路电流，还实现隔离开关的功能。造价低，外形尺寸小，95%以上的组合式变电站高压设备均采用高压负荷开关。

组变用高压负荷开关对照表，见表15-95。

表15-95 组变用高压负荷开关对照表

负荷开关类型	产气式负荷开关	压气式负荷开关	真空负荷开关	SF_6 负荷开关
典型代表产品	FN7、FN8 等	LK—LBS、VEI	LK—VLBS、ZFN	LK—GLBS、SFG，8DJ20
灭弧方式	灼烧产气材料产生大量气体灭弧	开关运动压缩空气灭弧	真空灭弧	SF_6 灭弧
可靠性	低	一般	高	高
使用寿命	短	较长	长	长
开发时间	国内20世纪70年代产品，国内已淘汰不再使用	国内20世纪90年代引进产品	1996年西高所统一设计产品	国内20世纪90年代中期引进产品，目前进口国外产品相对成熟
附件情况	不能装电动操作和脱扣线圈	可加装电动操作和脱扣线圈	可加装电动操作和脱扣线圈	可加装电动操作、脱扣线圈和FTU
价格	最低	较低	较高	高
建议配合使用的变压器容量		1000kVA 及以下	630～2500kVA	800～1600kVA

(5) 变压器。

干式变压器：SC9和SC10系列，常规带温显温控装置，变压器不带风机。

油浸式变压器：S9和S11系列，常规为全封闭型，绝缘介质为25号矿物油。

(6) 低压设备。采用自行开发的GGL系列组变专用低压开关柜。GGL低压柜是结合PGL柜构架和GCL抽屉柜布置形式设计的组变专用低压柜，可维护性高。该柜根据元件可靠性和操作性，合理布置低压元件。低压断路器、隔离开关、熔断器、接触器等易损元件均布置在柜正面，并能方便地从正面检修、维护；铜母排、绝缘子等可靠性很高的元件布置在柜后，一般不需检修和维护。

(7) 附加功能。为保证变压器安全运行，顺特电气的组变用干式变压器都配置温控温显器，在变压器过负荷严重、线圈温度上升到规定值时，温控温显器发出跳闸信号给低压开关的脱扣线圈，使低压开关跳闸甩掉低压负荷保护变压器。

组变内变压器在自然通风下可满容量运行，一般不配变压器风机。若考虑环境温度超标和过负荷要求，也可加装风机。可根据环境条件要求考虑加装凝露控制系统。可根据组变使用场所（如路灯照明等）考虑加装光控时控装置。

四、型号含义

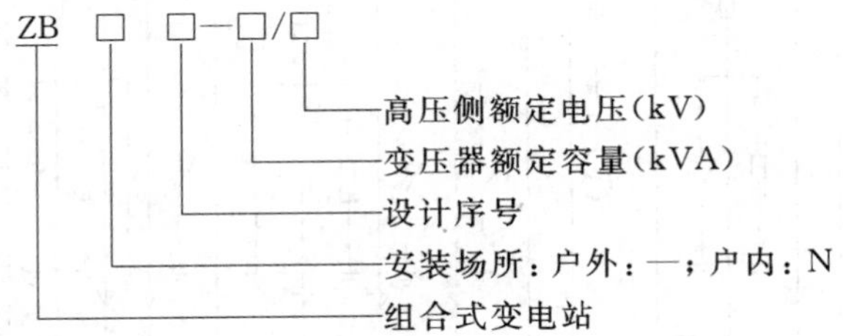

五、技术数据

(1) ZB系列组合式变电站主要技术数据，见表15-96。

表15-96 ZB系列组合式变电站技术数据

高压单元	额定频率（Hz）	50		
	额定电压（kV）	6	10	35
	最高工作电压（kV）	6.9	11.5	40.5
	工频耐受电压 对地和相间/隔离断口（kV）	32/36	42/48	95/118
	雷电冲击耐压 对地和相间/隔离断口（kV）	60/70	75/85	185/215
	额定电流（A）	400 630		
	额定短时耐受电流（kA）	12.5（2s）	16（2s）	20（2s）
	额定峰值耐受电流（kA）	31.5	40	50
低压单元	额定电压（V）	380 220		
	主回路额定电流（A）	100～3200		
	额定短时耐受电流（kA）	15	30	50
	额定峰值耐受电流（kA）	30	63	110
	支路电流（A）	10～800		
	分支回路数（路）	1～12		
	补偿容量（kvar）	0～360		
变压器单元	额定容量（kVA）	50～2000		
	阻抗电压（%）	4		6
	分接范围（%）	±2×2.5		±5
	连接组别	Y，yn0		D，yn11

(2) 高压主回路方案，见表15-97。

表 15－97　ZB 系列组合式变电站高压主回路方案

主回路线路图	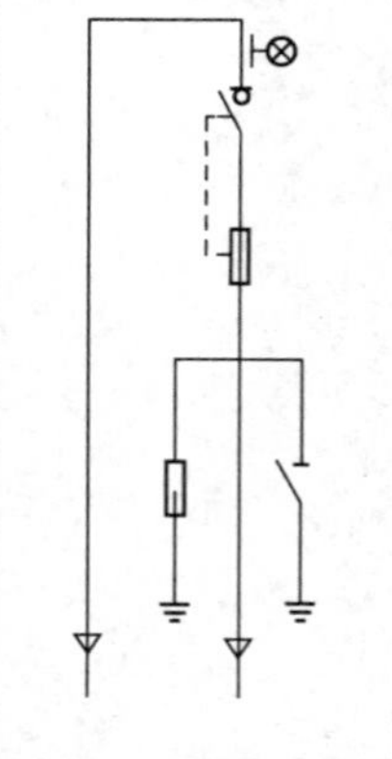	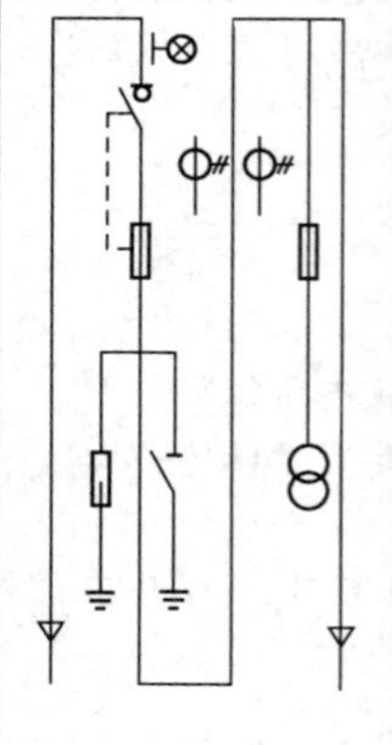	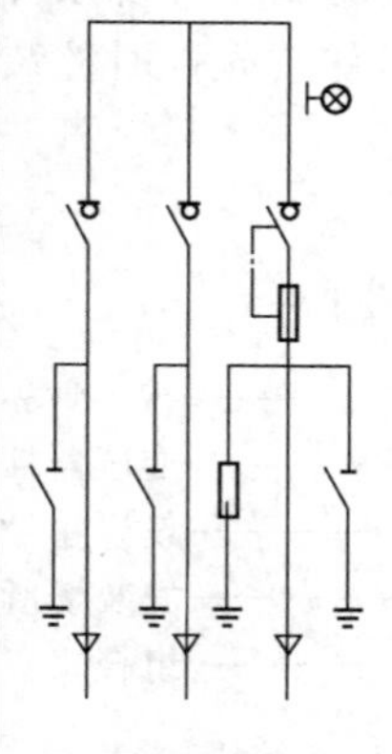	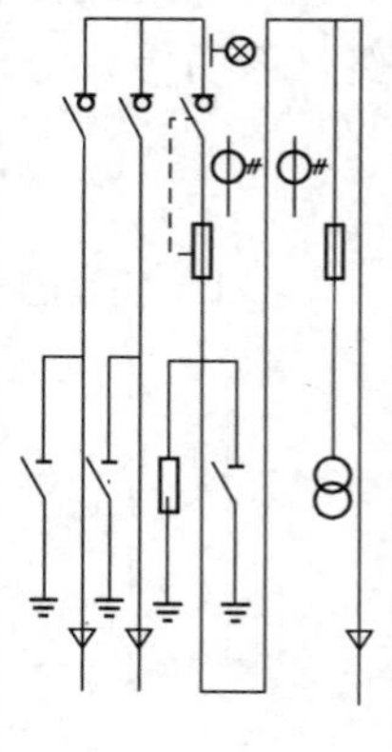	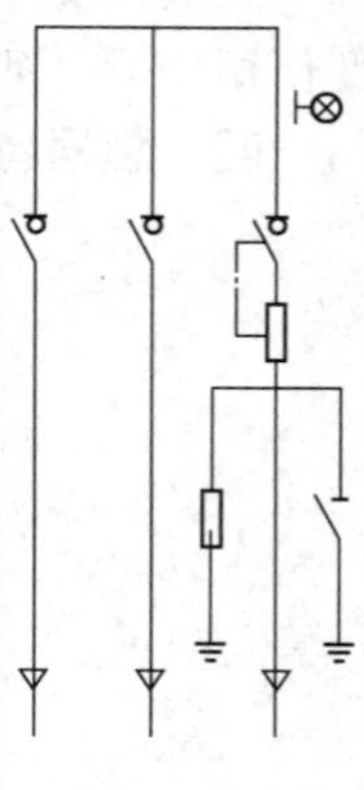
分类	1. 单端　不带计量	2. 单端　带计量	3. 环网　不带计量	4. 环网　带计量	5. 双端
方案号及说明	11 无带电显示 12 有带电显示	21 无带电显示 22 有带电显示 23 计量置于主开关前	31 进线端不带接地开关 32 变压器侧不带接地开关 33 带三个接地开关	41 进线端不带接地开关 42 计量置于主开关前 43 带三个接地开关	51 无带电显示，不带计量 52 有带电显示，不带计量 53 带计量 54 变压器端不带接地开关

（3）低压主回路方案，见表 15－98。

表 15－98　ZB 系列组合式变电站低压主回路方案

主回路线路图	1～8	1～8	1～6　1～6	1～9
分类	1. 无补偿　单级系统	2. 有补偿　单级系统	3. 有补偿　多级系统	4. 刀熔开关简化系统
方案号及说明	102　二回路出线 103　三回路出线 104　四回路出线 105　五回路出线 106　六回路出线 107　七回路出线 108　八回路出线	202　二回路出线 203　三回路出线 204　四回路出线 205　五回路出线 206　六回路出线 207　七回路出线 208　八回路出线	301　一加二回路出线 302　二加二回路出线 303　二加三回路出线 304　二加四回路出线 305　三加三回路出线 306　三加四回路出线 307　四加四回路出线 308　五加五回路出线 309　六加六回路出线	402　二回路出线 403　三回路出线 404　四回路出线 405　五回路出线 406　六回路出线 407　七回路出线 408　八回路出线 409　九回路出线

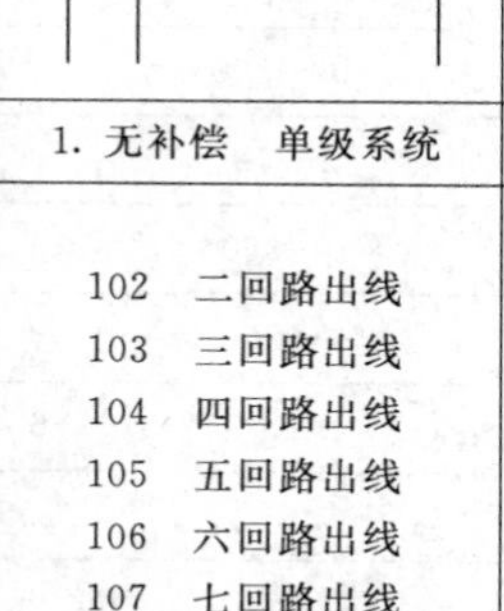

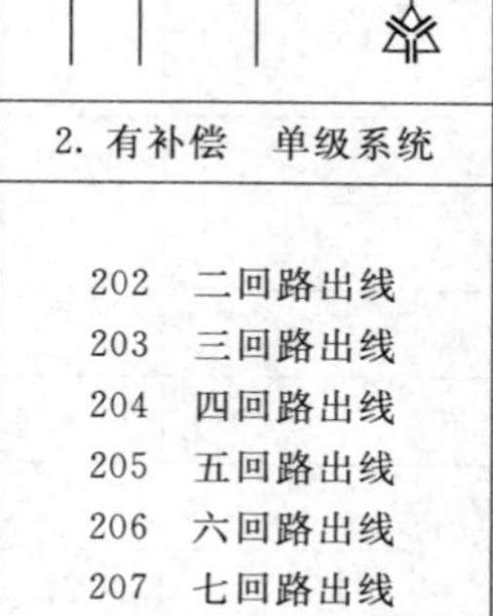

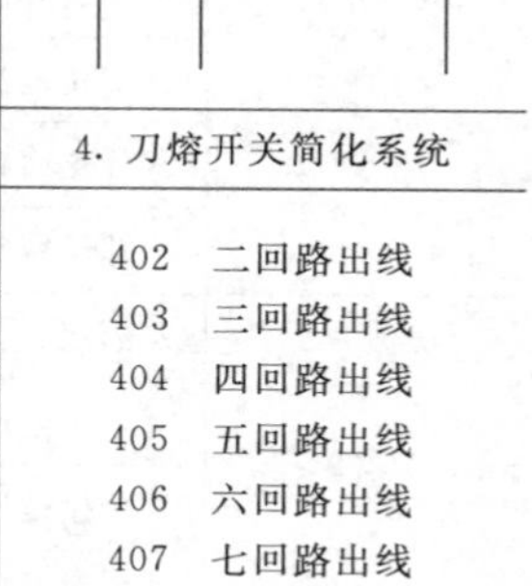

注　可按照用户需要，提供其它电气方案的产品。

六、外形及安装尺寸

（1）品字形布置外壳ZB系列组合式变电站外形及安装尺寸，见表15－99及图15－33。

表15－99 品字形布置外壳ZB系列组合式变电站外形及安装尺寸

外形尺寸（mm）	安装尺寸（mm）	6、10kV高压系统电器配置范围
A＝2600 B＝2050 H＝2060 A_1＝2400 A_3＝2500 B_1＝1850 H_1＝1810 H_2＝2020	A_2＝2455 B_2＝1650	变压器型号：SC3，SC8，BS7，BS9 变压器容量：30～315kVA 高压方案：1□3□ 高压柜型：VEI，RGC，8DJ10，GA，GE 低压主案：1□，2□，4□ 低压柜型：GGD—1X，PGL
A＝2705 B＝2055 H＝2035 A_1＝2500 A_3＝2600 B_1＝1850 H_1＝1795 H_2＝2060	A_2＝2555 B_2＝1650	变压器型号：SC3，SC8，BS7，BS9 变压器容量：30～315kVA 高压方案：1□3□ 高压柜型：VEI，RGC，8DJ10，GA，GE 低压方案：1□，2□，4□ 低压柜型：GGD—1X，PGL

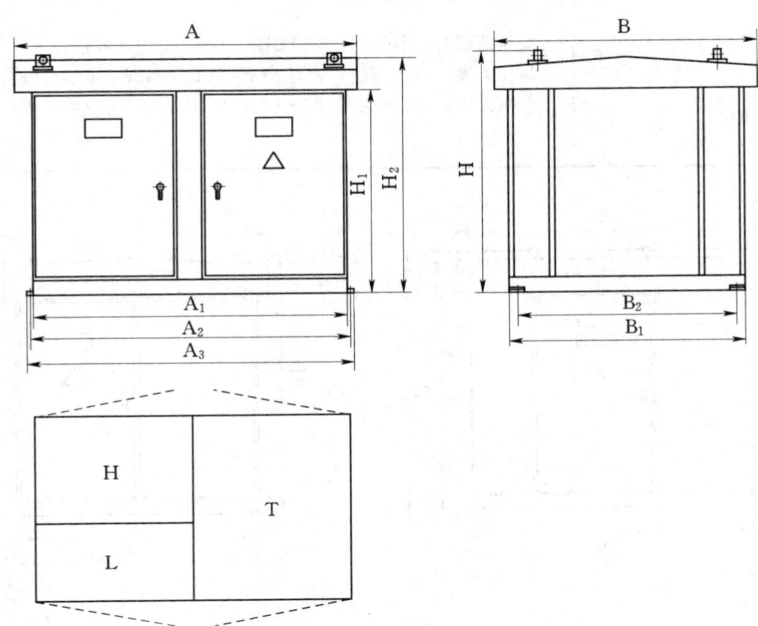

图15－33 品字形布置外壳ZB系列组合式变电站外形及安装尺寸

（2）目字形布置外壳ZB系列组合式变电站外形及安装尺寸，见表15－100及图15－34。

表15－100 目字形布置外壳ZB系列组合式变电站外形及安装尺寸

外形尺寸（mm）	安装尺寸（mm）	6、10kV高压系统电器配置范围
A＝3344 B＝2444 H＝2453 A_1＝3100 A_3＝3200 B_1＝2200 H_1＝2150 H_2＝2423	A_2＝3160 B_2＝1900	变压器型号：SC3，SC8，BS7，BS9；容量：400～630kVA 高压方案：1□～5□ 高压柜型：VEI，GZG，XGN，RGC，CTC等 低压方案：1□～4□ 低压柜型：PGL

续表 15-100

外 形 尺 寸 (mm)	安装尺寸 (mm)	6、10kV 高压系统电器配置范围
A=3480 B=2280 H=2450 $A_1=3200$ $A_3=3320$ $B_1=2000$ $H_1=2140$ $H_2=2373$	$A_2=3270$ $B_2=1940$	变压器型号：SC3，SC8，BS7，BS9；容量：400～630kVA 高压方案：1□～5□ 高压柜型：VEI，GZG，XGN，RGC，CTC 等 低压方案：1□～4□ 低压柜型：PGL
A=3680 B=2580 H=2650 $A_1=3400$ $A_3=3500$ $B_1=2300$ $H_1=2360$ $H_2=2570$	$A_2=3450$ $B_2=2240$	变压器型号：SC3，SC8，SCB8，BS7，BS9；容量：800～1250kVA 高压方案：1□～5□ 高压柜型：VEI，GZG，RGC，CTC 等 低压方案：1□～4□ 低压柜型：PGL，GGD，GCK 等
A=3780 B=2680 H=2650 $A_1=3500$ $A_3=3600$ $B_1=2400$ $H_1=2360$ $H_2=2630$	$A_2=3550$ $B_2=2340$	变压器型号：SC3，SC8，SCB8，BS7，BS9；容量：800～1250kVA 高压方案：1□～5□ 高压柜型：VEI，GZG，CGN，RGC，CTC 等 低压方案：1□～4□ 低压柜型：PGL，GGD，GCK 等

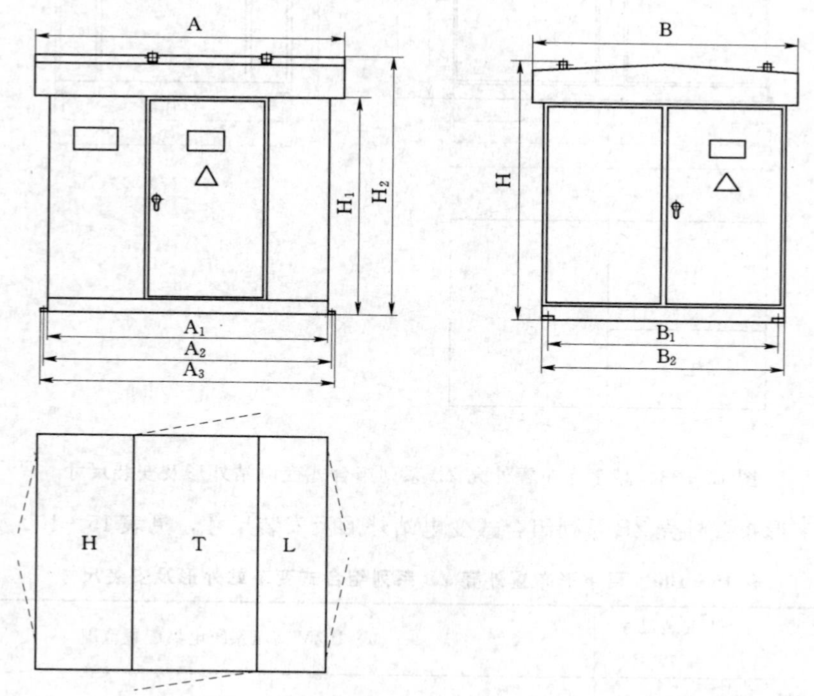

图 15-34 目字形布置外壳 ZB 系列组合式变电站外形及安装尺寸

(3) 分体布置外壳 ZB 系列组合式变电站外形及安装尺寸，见表 15-101 及图 15-35。

表 15-101 分体布置外壳ZB系列组合式变电站外形及安装尺寸

外形尺寸 (mm)	安装尺寸 (mm)	6、10kV高压系统电器配置范围
A=6050 B=2400 H=2700 a_1=3490 a_3=2100 B_1=2100 H_1=2360 H_2=2600 A_1=3790 A_2=2250 a=5750	a_2=3410 a_4=2020 B_2=2155	变压器规格：SC3，SC8，SCB8，BS7，BS9；容量：800～2000kVA 高压方案：1□～5□ 高压柜型：GZG，RGC，CTC，GA，8DJ10等 低压方案：1□～4□ 低压柜型：PGL，GGD，GCK等
A=5406 B=2190 H=2600 a_1=3000 a_3=2200 B_1=2000 H_1=2245 H_2=2520 A_1=3100 A_2=2300 a=5205	a_2=2700 a_4=1900 B_2=2055	变压器规格：SC3，SC8，BS7，BS9；容量：400～630kVA 高压方案：1□～5□ 高压柜型：VEI，GZG，XGN等 低压方案：1□～4□ 低压柜型：PGL

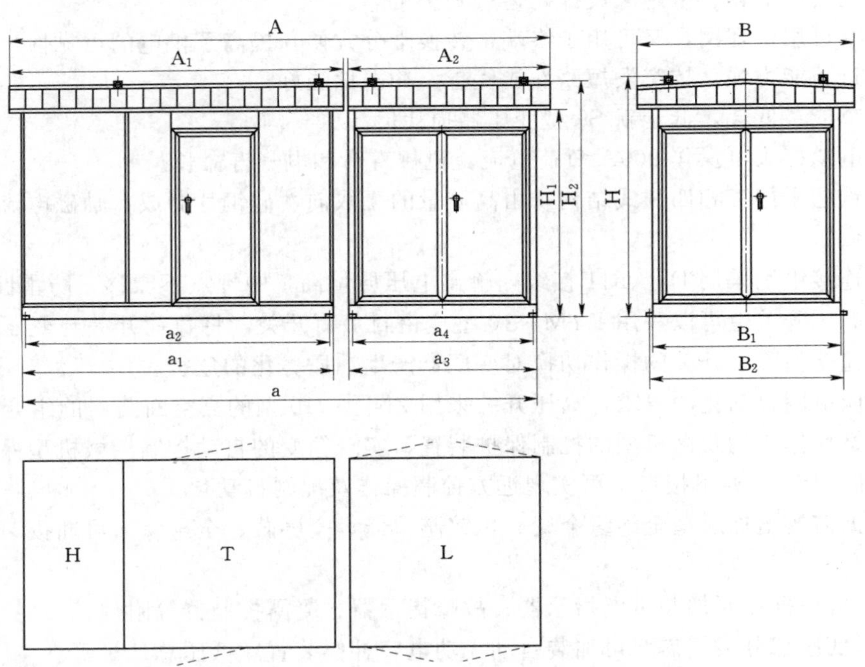

图 15-35 分体布置外壳ZB系列组合式变电站外形及安装尺寸

七、订货须知

订货时必须提供产品型号、变压器类型及参数、高低压单元主回路方案及开关柜型号和进线方式、功能件选项装置和保护及特殊要求。

八、生产厂

顺特电气有限公司。

15.2.20 江西ZB—M系列组合式变电站

一、概述

江西变电设备有限公司的ZB—M［即ZGS□—Z（H）］系列组合式变压器产品是最新型配电设备，是将变压器身、高压负荷开关、保护用熔断器安装在变压器油箱内，以矿物油进行绝缘和冷却，具有结构合理紧凑、体积小、安装灵活操作方便、占地面积少、可移动重复使用等优点。该产品能深入负荷中心，降低损耗，提高供电质量。

该产品符合国家标准JB/T 10217—2000《三相油浸式电力变压器》、GB/T 6451—1999《三相油浸式电力变压器技术参数和要求》、GB 17467—1998《高低压预装式变电站》及电力部标准DL/T 537—93《6—35kV箱式变电站订货技术条件》。该系列变压器是城网建设和改造的最佳配电设备。

二、结构特点

（1）体积小、结构紧凑。

（2）全密封油箱、全绝缘设计，运行安全可靠。

（3）既可用于环网，又可用于终端，转换十分方便，提高了供电的可靠性。

（4）过载能力强，抗突发短路性能优越，冲击性能好。

（5）节能、低耗，低于新S9型变压器损耗值。

（6）电缆接头可操作200A负荷电流，机械寿命和电气寿命长。

（7）铁芯采用三相四柱式结构，由高质量的无取向性硅钢片制成，励磁电流小，损耗小，噪音低。

（8）连接组别采用D，yn11接线，输出电压质量高，中性点不漂移，防雷性能好。

（9）高压开关也可以采用FYM—10型全密封负荷开关，将负荷开关与变压器油有效地隔离，完全消除了开关的操作切换对变压器产生油质劣化的危害。

为适应电网自动化的要求，高压开关采用ZN□—10型的真空断路器的组合式变压器配电动弹簧操作机构及微机型的控制保护装置，实现箱变的自动控制。微机型保护装置上留有标准的RS485通讯接口，可实现远方控制操作及配网自动化。

可根据需要增加肘型全绝缘金属氧化锌避雷器，全屏蔽、全绝缘、可插拔，安装非常方便。

（10）可根据需要加装带电指示器、故障指示器、凝露控制器等附件。

（11）低压部分根据需要可加装自动无功电容补偿装置、低压总计量等。

（12）箱壳采用特殊的防腐设计，进行严格的前处理和特殊的喷漆处理，使产品的表面漆寿命延长、性能持久。适应各种恶劣环境，其耐候性能长达15年以上。

（13）采用高压真空断路器开断故障电流，取消了限流熔断器，从而减少了由于更换熔丝而造成的停电时间和费用，可迅速恢复供电。

（14）采用真空断路器，可手动或电动。一般配有备用电源，用于保护装置、通讯系统和电动操作。

组合变压器结构，见图15-36。

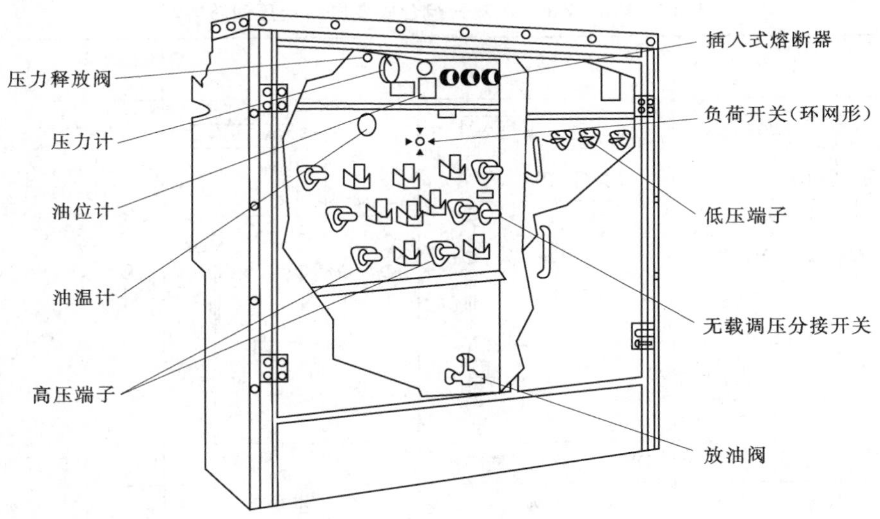

图15-36　ZB—M系列组合式变压器结构

三、型号含义

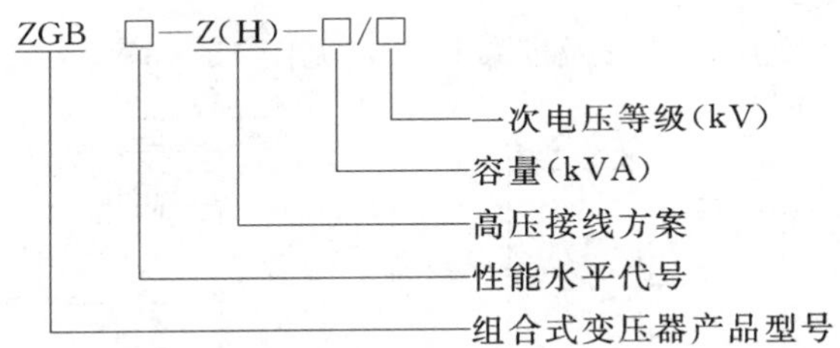

四、技术数据

ZB—M［即ZGS□—Z（H）］系列组合式变压器技术数据：

（1）额定电压（kV）：高压10，低压0.4。

（2）最高工作电压（kV）：12。

（3）额定频率（Hz）：50。

（4）额定容量（kVA）：30～1600。

（5）1min工频耐受电压（kV）：35。

（6）雷电冲击耐压（kV）：75。

（7）短时耐受电流（kA/2s）：12。

（8）高压后备限流熔断器遮断电流（kA）：50。

（9）无载调压：10kV±2×2.5％。

（10）环境温度（℃）：－25～＋40。

（11）允许温升（K）：60。

低压回路方案：组合式变压器一般不带低压回路，为满足国内用户要求，特设计低压回路方案供选用，也可按照要求提供其它电气方案。

低压回路方案，见表15-102。

表 15－102　ZB—M 系列组合式变电站低压回路方案

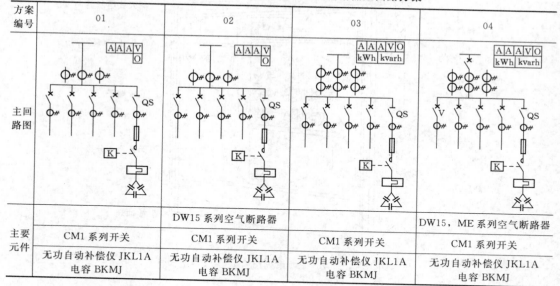

方案编号	01	02	03	04
主回路图	A A A V O QS K	A A A V O QS K	A A A V O kWh kvarh QS K	A A A V O kWh kvarh V QS K
主要元件		DW15 系列空气断路器		DW15，ME 系列空气断路器
	CM1 系列开关	CM1 系列开关	CM1 系列开关	CM1 系列开关
	无功自动补偿仪 JKL1A 电容 BKMJ	无功自动补偿仪 JKL1A 电容 BKMJ	无功自动补偿仪 JKL1A 电容 BKMJ	无功自动补偿仪 JKL1A 电容 BKMJ

五、外形及安装尺寸

ZB—M 系列组合式变压器外形及安装尺寸，见图 15－37。

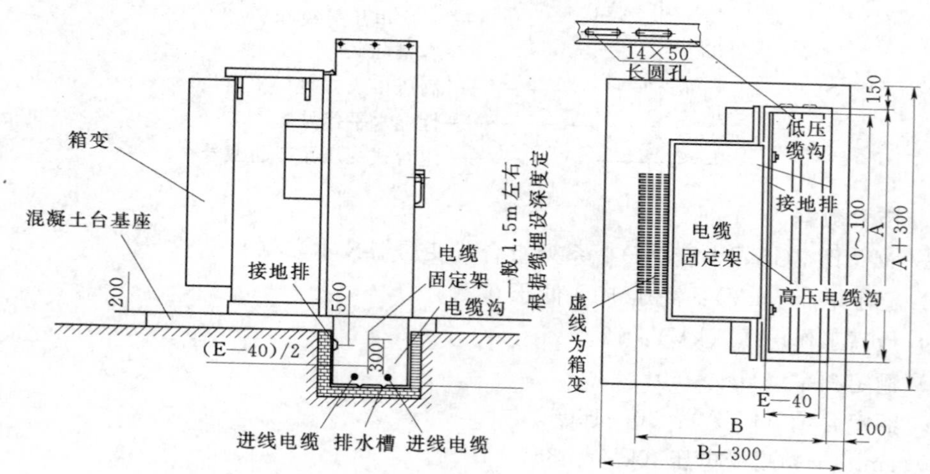

图 15－37　ZB—M 系列组合式变压器外形及安装尺寸

六、生产厂

江西变电设备有限公司。

15.2.21　西安西电 ZBW□—10 箱式变电站

一、概述

ZBW□—10 箱式变电站是用于三相交流、频率为 50Hz 的 6～10kV 单母线与环路供电系统的中、小容量独立变电站，额定容量为 50～1000kVA 及以下的工厂、矿山、港口、车站、住宅小区、宾馆、医院、油田、机场及临时性设施等户外场所，可用于环网配电系统，也可作为放射式电网终端供电。

ZBW 箱式变电站也是城市电网改造首选设备之一，采用先进的高压受电设备，易于环网供电，因其占地面积小，移动灵活，所以能深入负荷中心调整供电半径，既可作为临时性的，亦可作为永久性的变电设施。

二、使用条件

(1) 海拔 (m)：<2000。

(2) 环境温度 (℃)：−30～+40。

(3) 空气相对湿度 (%)：<90 (+25℃时)。

(4) 风速 (m/s)：<35。

(5) 没有导电性尘埃和腐蚀性气体的场所。

(6) 安装场所无剧烈振动与颠簸，垂直倾斜度<5°。

三、产品结构

ZBW 箱式变电站是框架式结构，用型钢经特殊处理后焊接而成，框架外蒙防锈合金铝板，并喷防潮漆，防腐蚀能力强。产品采用整体结构，由相对独立的三部分组成，即高压室、变压器室和低压室。

变电站箱顶有隔热措施，变压器室顶部装有自动排风装置，以强迫空气对流，为了防止湿度过大，高压室可增装自动加热及温度检测仪。

高压侧采用 HXGN—10 环网开关柜，内配 FN5—10 等户内高压负荷开关。低压侧采用新型塑壳自动空气开关，配电回路共 4～10 回路供选用。

四、型号含义

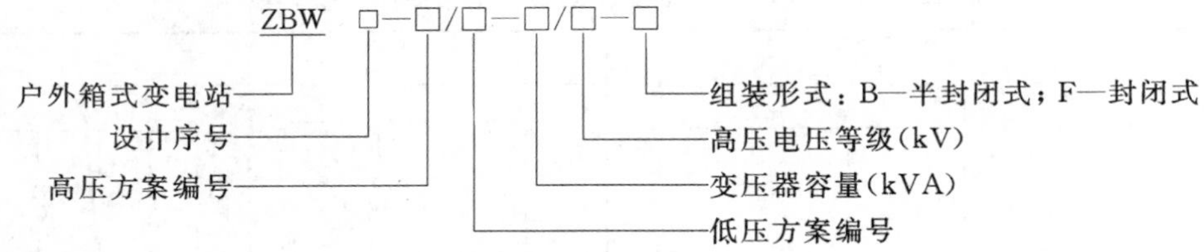

五、技术数据

(1) 变压器额定容量 (kVA)：50、100、125、160、200、250、315、400、500、630、800、1000。

(2) 高压配电设备 10kV 负荷开关技术数据见表 15-103，熔断器技术数据，见表 15-104。

表 15-103 10kV 负荷开关技术数据

名称及型号	额定电压 (kV)	额定电流 (A)	热稳定电流 (kA)	动稳定电流 (kA)	额定开断电流 (A)
FN8—10 全绝缘负荷开关	10	400	14.4 (1s)	30	400
FN5—10 负荷开关	10	400，630，1250	10、16 (1s)、20	25、40、50	400、630、1250
GA—SF_6 负荷开关	12	630	22 (3s)	50	630
ZN□—10 真空断路器	10	630	20 (4s)	50	20000
KLF—12 负荷开关	10	630	26 (1s)	65	630
HK—10 负荷开关	10	630	16 (1s)	40	630

表 15-104 熔断器技术数据

名称及型号	额定电压（kV）	额定电流（A）	熔体额定电流（A）	额定开断电流（A）
RN2—10/0.5 熔断器	12	0.5	0.5	50
SDLAJ—12 熔断器	12	40	16、20、25、31.5、40	31.5
SFLAJ—12 熔断器	12	100	50、63、80、100	50
BPG 熔断器	12	50	6.3～50	40
BPG 熔断器	12	100	56～100	40
FFL 熔断器	12	50	10、16、20、25、31.5、40、50	50
FFL 熔断器	12	63	63	40

(3) 低压开关设备技术数据：

额定电压（V）：400。

主回路额定电流（A）：600～1500。

主回路短路开断电流（kA/1s，有效值）：30～40。

主回路动热稳定电流（kA/0.1s，峰值）：63。

分支回路短路开断电流（kA/1s，有效值）：30。

分支回路最多数量（回）：8～10。

分支回路额定电流（A）：100～200。

(4) 高压一次方案，见表 15-105。

表 15-105 ZBW□—10 交流箱式变电站高压一次方案

一次方案编号		1	2	3
一次方案图		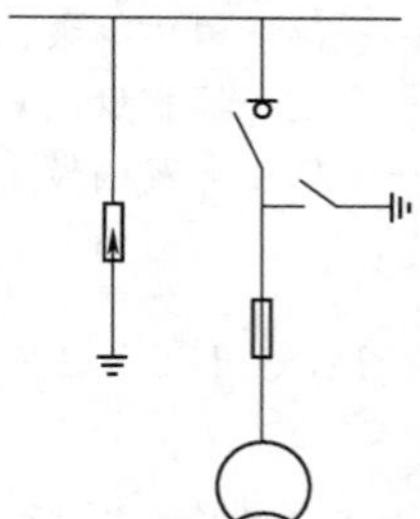	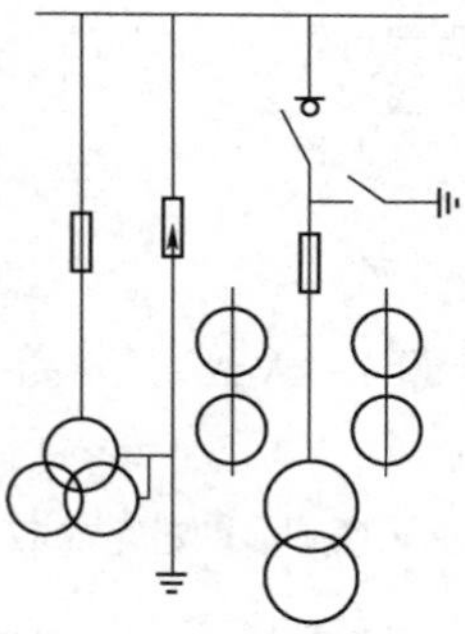	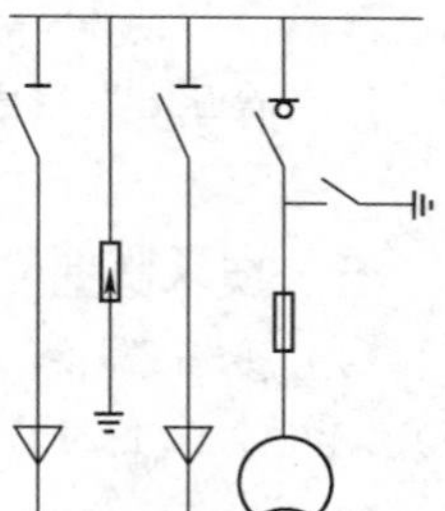
额定电流（A）		400	400	400
一次主要电器设备	FN_5—10D	1	1	1
	FCD_3、FS_3、Y_5W	3	3	3
	LA—10、LAJ—10		2	
	RN_2—10/0.5		3	
	GN19—10			2
	JDZJ—10		3	

续表 15-105

一次方案编号		1	2	3
		终端供电	终端供电带高压计量	终端供电带电缆分支
额定电流（A）		400	630	400
一次主要电器设备	FN_5—10D			1
	$FCD_3.FS_3.Y_5W$	3	3	3
	GN19—10		1	2
	ZN28—10		1	
	FN_5—10	1		
		农用配电站	终端供电	双电源供电

（5）低压开关设备典型一次方案，见表15-106。

表 15-106 $ZBW_{\square}$—10交流箱式变电站低压一次方案

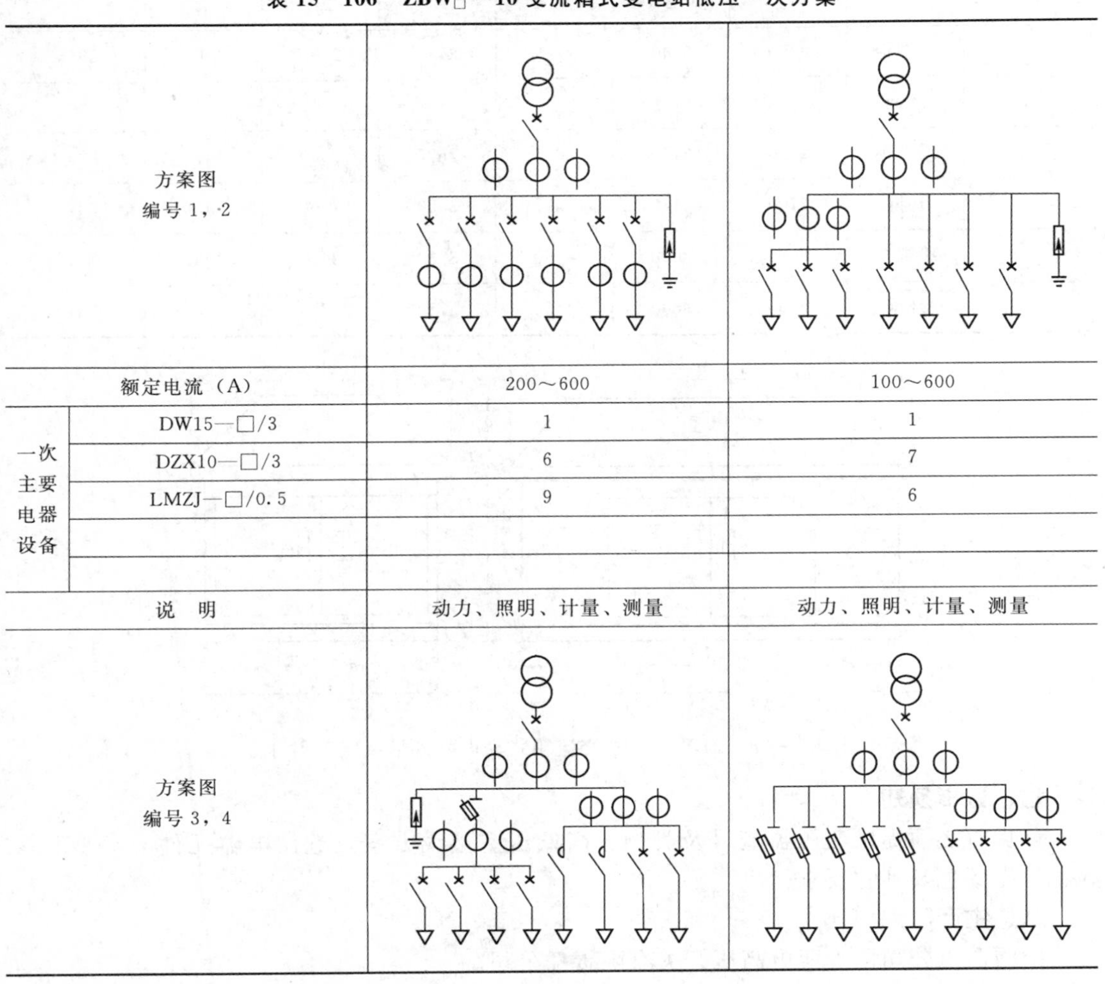

方案图 编号1，2		（方案图）	（方案图）
额定电流（A）		200～600	100～600
一次主要电器设备	DW15—□/3	1	1
	DZX10—□/3	6	7
	LMZJ—□/0.5	9	6
说　明		动力、照明、计量、测量	动力、照明、计量、测量
方案图 编号3，4		（方案图）	（方案图）

续表 15-106

额定电流（A）		100～600	100～600
一次主要电器设备	DZX10—□/3	7	5
	HR3—□/3	1	5
	CJ20—□/3	2	
	LMZJ—□/0.5	9	6
说　明		动力、照明、计量、测量	动力、照明、计量、测量

六、外形及安装尺寸

ZBW$_{\square}$—10 交流箱式变电站外形及安装尺寸，见表15-107及图15-38。

表15-107　ZBW$_{\square}$—10 交流箱式变电站外形及安装尺寸

变压器容量（kVA）		外形尺寸（mm）					安装尺寸（mm）	
		H	B	L	L1	L2	a	b
50～250	终端柜	2700	2440	2715	2475	2200	1400	2535
	环网							
315～500	终端柜	2700	2440	2815	2675	2200	1400	2735
	环网	2700	2440	3590	3350	2200	1400	3410
630～1000	终端柜	2900	3000	4150	3750	2600	1400	3810
	环网	2900	3000	4150	3750	2600	1400	3810

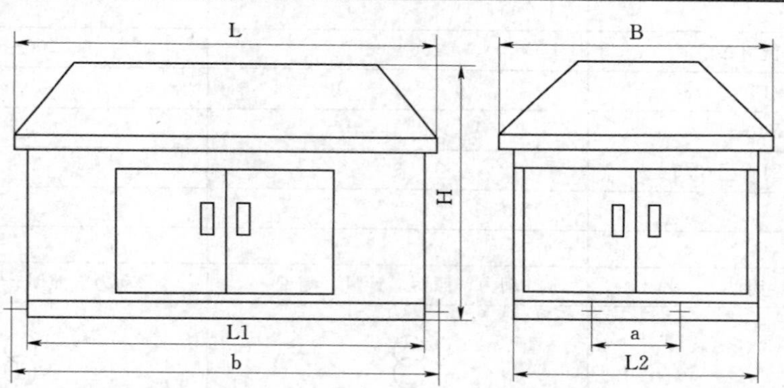

图15-38　ZBW$_{\square}$—10 交流箱式变电站外形及安装尺寸

七、订货须知

订货时必须提供变压器型号及类型、高低压室接线方案及选用电器元件的类型和参数、外壳颜色及其它要求。

八、生产厂

中国西电公司西安西电高压开关有限责任公司。

15.2.22 天威特变、四川变 ZBW 系列组合式变电站

一、保定天威集团特变电气有限公司生产的 ZBW 系列箱式变压器

（一）概述

保定天威集团特变电气有限公司生产的 ZBW 系列箱式变电站是一种把高压开关设备、配电变压器和低压配电设备，按照一定的接线方案组合在一个箱体内构成户外紧凑型成套配电装置，适用于系统标称电压 10～35kV 三相交流系统中，作为接受和分配电能之用。

该产品系列化、模数化、功能强大，设施齐全、体积小、重量轻、外形美观、维护方便、运行安全可靠，完全满足 GB 17467—1998 标准要求，并可实现智能化操作。适用于城市公用配电、路灯供电、工矿企业、高层建筑、生活小区、油田码头及工程临时施工等场所。该产品可接近负荷中心，减少线路损耗，是城乡电网建设理想配电装置。

（二）产品结构

该产品由高压配电装置、配电变压器及低压配电装置连接而成，分成 3 个功能隔室。高压室由 HXGN—12 环网柜组成一次供电系统，可布置成环网供电、终端供电、双电源供电等多种供电方式，还可装设高压计量元件，满足高压计量的要求，具有防误操作功能。变压器可选择 SM9～SM11 及非晶铁芯低损耗油浸变压器、干式变压器。变压器室设有自启动风冷系统，以利变压器满负荷运行。低压室采用柜装式结构组成所需的供电方案，具有动力配电、照明配电、无功功率补偿、电能计量等多种功能。

箱体结构为复合材料板部件组装式，底盘、立柱和顶框由型钢或钢板弯制焊接而成，并经热镀锌防腐处理。顶盖为整体成形并有隔热功能，封板和门框为防锈铝合金板，表面色彩可随环境相协调。产品体积小、重量轻、外形美观、经久耐用，能防止雨水和污物进入，具备长期户外使用条件。根据需求，还可生产智能型产品，以满足城乡电网发展和配电网自动化的要求。

（三）型号含义

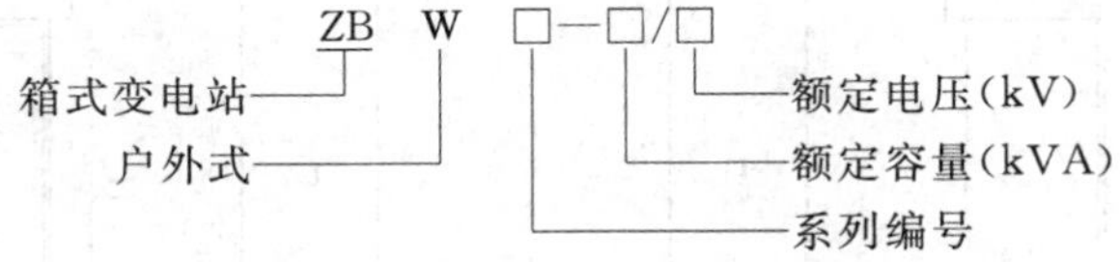

（四）技术数据

ZBW 系列箱式变电站技术数据，见表 15-108。

表 15-108 ZBW 系列箱式变电站技术数据

<table>
<tr><td rowspan="8">高压单元</td><td>额定频率（Hz）</td><td colspan="3">50</td></tr>
<tr><td>额定电压（kV）</td><td>6</td><td>10</td><td>35</td></tr>
<tr><td>最高工作电压（kV）</td><td>6.9</td><td>11.5</td><td>40.5</td></tr>
<tr><td>工频耐受电压 对地和相间/隔离断口（kV）</td><td>32/36</td><td>42/48</td><td>95/118</td></tr>
<tr><td>雷电冲击耐压 对地和相间/隔离断口（kV）</td><td>60/70</td><td>75/85</td><td>185/215</td></tr>
<tr><td>额定电流（开关）（A）</td><td colspan="2">200，400，630</td><td>630</td></tr>
<tr><td>额定短时耐受电流（kA）</td><td>12.5（2s）</td><td>16（2s）</td><td>20（2s）</td></tr>
<tr><td>额定峰值耐受电流（kA）</td><td>31.5</td><td>40</td><td>50</td></tr>
</table>

续表 15-108

低压单元	额定电压（V）	380		
	主回路额定电流（A）	100～3200		
	额定短时耐受电流（kA）	15	30	50
	额定峰值耐受电流（kA）	30	63	100
	支路电流（A）	10～800		
	分支回路数（A）	1～12		
	补偿容量（kvar）	0～360		
变压器单元	额定容量（kVA）	50～630，800～1600		
	阻抗电压（%）	4	6	
	分接范围	±2×2.5%	±5%	
	连接组别	Y，yn0　D，yn11	Y，yn0　D，yn11	

（五）外形及安装尺寸

ZBW系列箱式变电站外形及安装尺寸，见表15-109及图15-39。

表15-109　ZBW系列箱式变电站外形及安装尺寸

变压器容量（kVA）	外形尺寸（mm）（长×宽×高）	安装尺寸（mm）	变压器容量（kVA）	外形尺寸（mm）（长×宽×高）	安装尺寸（mm）
100～315	3344×2444×2453	1900×3160	800～1000	3780×2580×2650	3400×2240
400	3344×2444×2453	1900×3160	1250～1600	3780×2680×2650	3550×2340
500～630	3480×2280×2450	1940×3270	2000	6050×2400×2700	3410×2150

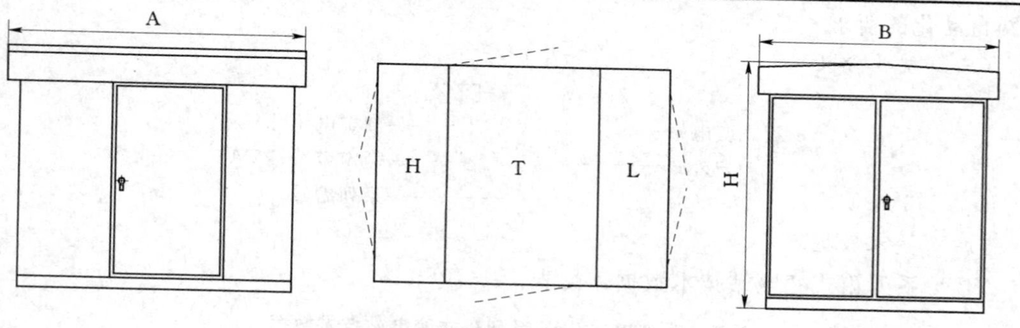

图15-39　ZBW系列箱式变电站外形尺寸

（六）生产厂

保定天威集团特变电气有限公司。

二、四川变压器厂ZBW—10系列组合变电站

（一）概述

四川变压器厂生产的ZBW—10系列组合变电站已全面通过国家高压电器质量监督检验测试中心型式试验及用户运行考核，产品符合IEC 1330、ZBK 40001、DL/T 537—93、GB 17467—1998标准。

该产品的基本结构分为“目”字形和“品”字形。“目”字形结构高压室较宽，能实现环网或双电源供电接线方案；“品”字形结构低压室较宽，可放置5～6台低压柜，有6～12回电缆出线。根据需要，箱式变电站可设置内操作走廊。

高压侧主开关一般采用带熔断器负荷开关的组合电器，也可采用真空断路器或SF_6负荷开关，并具有齐全的防护操作功能。配电变压器室根据要求配置低损耗、全密封的油浸节能变压器和非晶合金及环氧浇注干式变压器。低压侧开关采用高分断能力带智能化的DW45（HSW1）型或M系列框架式断路器，也可采用DW15、ME系列框架式断路器或HR5、QSA（QA、QP）系列隔离开关熔断器组。分路开关采用体积小、分断能力强、保护性能好的塑壳断路器。

该系列变电站操作方便、安全、保护性能安全，具有高低压计量可供使用，也可选用自动无功功率补偿装置。变压器采用自然通风方式，也可加装强迫风冷装置。箱体所有黑色材料均经过表面防腐蚀处理，保证长时间不锈蚀。

（二）型号含义

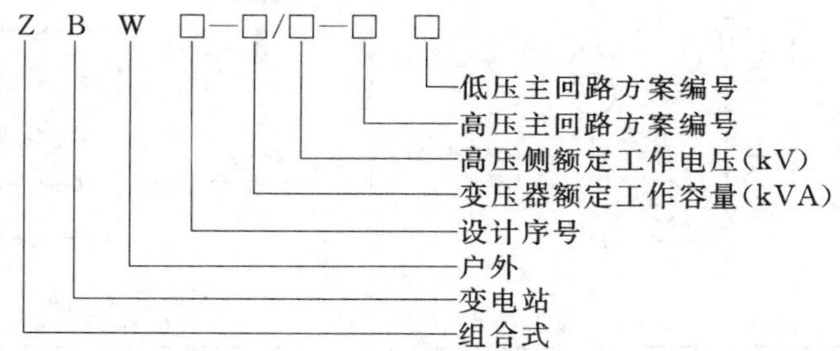

（三）技术数据

（1）该系列产品技术数据，见表15-110。

表15-110　ZBW—10系列组合式变电站技术数据

额定工作电压（kA）	6	10
最高工作电压（kA）	72	12
主回路额定工作电流（A）	400，630	
工频耐受电压、对地和相间/隔离断口（kV）	32/36	42/48
雷电冲击耐压、对地和相间/隔离断口（kV）	60/70	75/85
额定短时耐受电流（kA）	20/4s	
额定峰值耐受电流（kA）	31.5	
额定工作电压（V）	400	
主回路额定电流（A）	100～3200	
额定短时耐受电流（kA）	15　30	
额定峰值耐受电流（kA）	30　63	
支路电流（A）	100～630	
分支回路数（路）	4～12	
补偿容量（kvar）	0～360	
额定容量（kVA）	100～2000	
阻抗电压（%）	4　6	

续表 15-110

项目	参数	
分接范围	±2×2.5%	±5%
连接组别	Y，yn0	D，yn11
变压器型号（油浸）（kVA）	S9—M 100，125，160，200，315，400，500，630，800，1000，1250，1600	
（非晶合金）（kVA）	SH12—M 100，125，160，200，315，400，500，630，800，1000，1250，1600	
（干式）（kVA）	SC9 125，160，200，315，400，500，630，800，1000，1250，1600，2000	
噪音水平（dB）	55（干变）	45（油变）
防护等级	IP34	

（2）组合变电站典型组合方案，见图15-40。

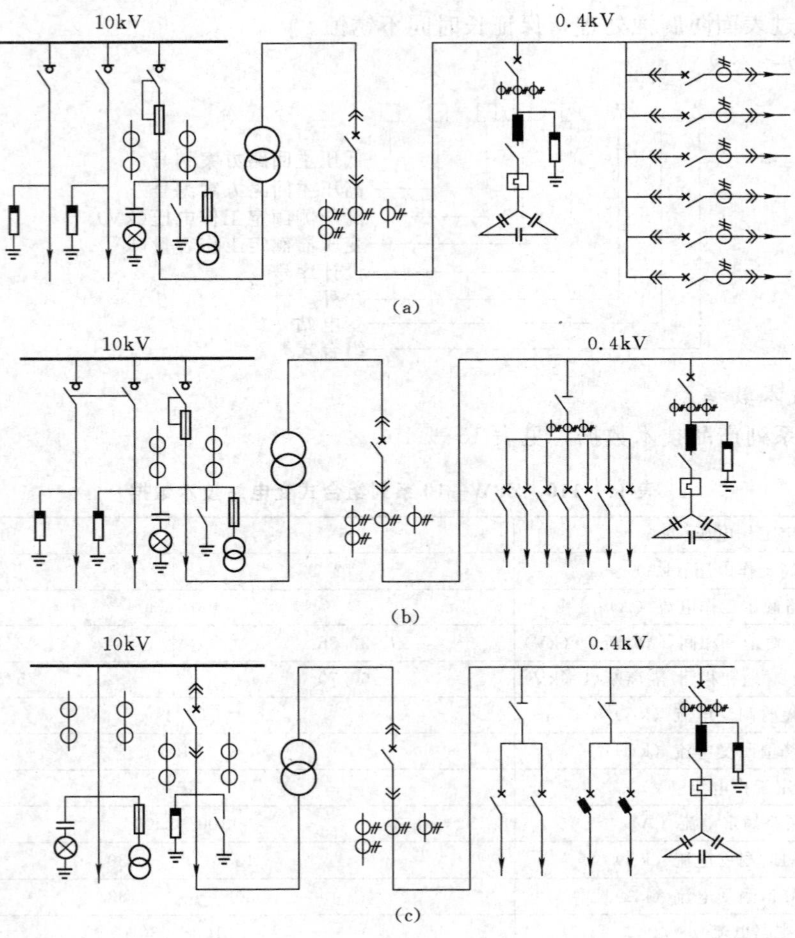

图15-40 组合变电站典型组合方案

（a）电缆进出线，环网供电，高供高计，低压抽屉式，带低压无功补偿；（b）电缆进出线，高压双电源供电，高供高计，低压面板式，带低压无功补偿；（c）电缆进出线，终端供电，高供高计，低压走廊式，带低压无功补偿

（四）外形及安装尺寸

该产品外形尺寸，见图15-41。

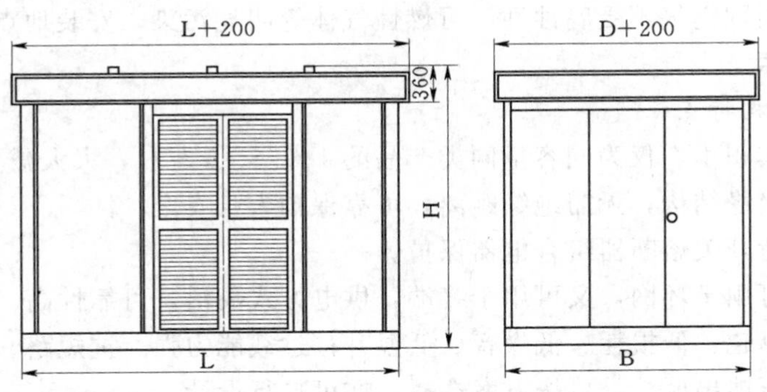

图15-41 ZBW—10系列组合式变压器外形尺寸

（五）订货须知

订货时必须提供产品型号、规格、平面布置形式、数量，变压器型号和规格，主接线方案及主要电器元件型号、额定参数、回路接线图，外壳着漆颜色及其它要求。

（六）生产厂

四川变压器厂。

15.3 ZG系列箱式变电站

15.3.1 浙江雷得隆ZGS□系列组合式变压器

一、概述

ZGS□系列组合式变压器是雷得隆公司推出的国产化美式箱变。自研制开发成功以来，雷得隆公司经多年精心打造，该产品作为城乡配电网络中的重要供电单元，集高压控制保护变电以及配电设备于一体的变配电产品，广泛应用于城乡配电网络之中。

该产品将高压负荷开关、高压熔断器置于变压器油中，具有变压器器身共箱或分箱两种结构形式。油箱采用全密封结构，配有油温表、油位表、压力表、压力释放阀、放油阀等元件，监测变压器运行状况。该产品分为环网型、终端型及双电源型供电方式。为了使产品更适合于我国电网的实际要求。雷得隆公司又推出了插拔型熔断器，熔丝的熔断不影响变压器性能。根据低压馈出要求的复杂程度，雷得隆ZGS□系列产品分为标准型、加强型和综合型三种外壳形式，做到使用户和设计单位在选型时更灵活、更经济。

二、使用环境

环境温度：最高气温+40℃；最低气温-30℃。

海拔：≤1000m。

风速：相当34m/s（不大于700Pa）。

湿度：日相对湿度平均值≤95%；月相对湿度平均值≤95%。

防震：水平加速度不大于0.4m/s²，垂直加速度不大于0.15m/s²。

安装地点倾斜度：不大于3°。

安装环境：周围空气不受腐蚀性、可燃性气体等明显污染，安装地点无剧烈震动。

三、产品特点

（一）产品结构特点

结构紧凑，体积小，仅为同容量同类产品的1/3～1/5左右，大大减少了占地面积。

全密封、全绝缘结构，无需绝缘距离，可靠保护人身安全。

高压采用负荷开关熔断器组合电器保护。

高压接线既可用于环网，又可用于终端，供电方式灵活，可靠性高。

变压器性能卓越：低损耗、低噪音、低温升；过载能力强，抗短路、耐冲击能力强。

满足各种低压馈出要求，可按方案选择，亦可自行设计。

电缆头有200A肘型电缆接头及600AT型接头两种，肘型电缆接头适用于电缆截面积为35～185mm²。

T型接头适用于电缆截面积为35～500mm²，电缆头的材质分为铜芯和铝芯，两者均可配置全绝缘氧化锌避雷器。200A肘型电缆头可以带负荷插拔，又可以起到隔离开关的作用。

（二）分箱结构特点

箱变采用分箱结构：变压器器身与高压负荷开关、插入式熔断器和后备限流熔断器等高压组件分别置于密封油箱中，两箱左右水平布置，用隔板完全隔开，隔板上有绝缘穿墙套管用于变压器与负荷开关的接线，可方便拆换，而不影响另一箱的使用。

（三）两箱左右布置优点

(1) 两箱互不影响：防止了因隔板渗漏导致上层油流入到底部油箱造成上部油箱缺油（缺油或无油导致操作负荷开关拉弧，对设备和人身产生危险）；

另一优点是左右布置检修方便。当变压器室、负荷开关室检修时两箱互不影响，方便快捷（如上下布置检修变压器，需上部油箱全部拆除后才能打开变压器的油箱，检修极不方便）。

(2) 分箱结构解决了负荷开关操作以及熔断器熔断对变压器油的污染问题。

浙江雷得隆美式箱变高压保护用熔断器配置情况一览表，见表15-111。

表15-111 浙江雷得隆美式箱变高压保护用熔断器配置情况一览表

变压器额定容量（kVA）	低压侧（0.4kV）额定电流（A）	高压侧（10kV）额定电流（A）	插入式熔断器容量（A）	后备熔断器容量（A）	低压配置主开关容量（A）
50	72.2	2.89	4或6	50	100
80	115.5	4.62	6	50	160
100	144.3	5.77	6或10	50	200
125	180.4	7.22	10	50	250
160	230.9	9.24	15	63	315
200	288.7	11.55	15	63	400

续表 15-111

变压器额定容量(kVA)	低压侧(0.4kV)额定电流(A)	高压侧(10kV)额定电流(A)	插入式熔断器容量(A)	后备熔断器容量(A)	低压配置主开关容量(A)
250	360.8	14.43	20	80	500
315	454.7	18.19	25	100	630
400	577.4	23.09	25	100	800
500	721.7	28.87	40	125	1000
630	909.3	36.37	40	125	1250
800	1154.7	46.19	63	150 或 175	1600
1000	1443.4	57.74	63 或 80	175	2000
1250	1804.2	72.17	80 或 100	175 或 100 双拼	2500
1600	2309.4	92.38	125	150 双拼	3000

四、技术数据

浙江雷得隆 10kV 组合式变压器 S9、S10、S11 系列油浸式变压器性能水平技术数据，见表 15-112。

表 15-112 浙江雷得隆 10kV 组合式变压器 S9、S10、S11 系列油浸式变压器性能水平技术数据

<table>
<tr><th rowspan="3">序号</th><th rowspan="3">额定容量(kVA)</th><th colspan="2">额定电压</th><th rowspan="3">调压范围(%)</th><th rowspan="3">连接组标号</th><th colspan="2" rowspan="2">空载电流(%)</th><th colspan="4">损耗(W)</th><th rowspan="3">阻抗电压(%)</th><th rowspan="3">噪音(dB)</th><th rowspan="3">温升(K)</th></tr>
<tr><th rowspan="2">高压(kV)</th><th rowspan="2">低压(kV)</th><th colspan="3">空载损耗</th><th>负数损耗</th></tr>
<tr><th>S9</th><th>S10/S11</th><th>S9</th><th>S10</th><th>S11</th><th>S9/S10/S11</th></tr>
<tr><td>1</td><td>30</td><td rowspan="17">6
6.3
10</td><td rowspan="17">0.4
0.69</td><td rowspan="17">±5
±2×2.5</td><td rowspan="17">Y,yn0
D,yn11</td><td>2.2</td><td>2.0</td><td>130</td><td>110</td><td>100</td><td>600</td><td rowspan="12">4</td><td rowspan="17">55</td><td rowspan="17">顶层油温55
线圈65</td></tr>
<tr><td>2</td><td>50</td><td>2.0</td><td>1.8</td><td>170</td><td>150</td><td>130</td><td>870</td></tr>
<tr><td>3</td><td>63</td><td>1.9</td><td>1.5</td><td>200</td><td>180</td><td>150</td><td>1049</td></tr>
<tr><td>4</td><td>80</td><td>1.7</td><td>1.2</td><td>250</td><td>200</td><td>180</td><td>1250</td></tr>
<tr><td>5</td><td>100</td><td>1.6</td><td>1.1</td><td>290</td><td>230</td><td>200</td><td>1500</td></tr>
<tr><td>6</td><td>125</td><td>1.5</td><td>1.0</td><td>340</td><td>270</td><td>240</td><td>1800</td></tr>
<tr><td>7</td><td>160</td><td>1.4</td><td>1.0</td><td>400</td><td>310</td><td>280</td><td>2200</td></tr>
<tr><td>8</td><td>200</td><td>1.4</td><td>0.8</td><td>480</td><td>380</td><td>340</td><td>2600</td></tr>
<tr><td>9</td><td>250</td><td>1.2</td><td>0.8</td><td>560</td><td>460</td><td>400</td><td>3050</td></tr>
<tr><td>10</td><td>315</td><td>1.1</td><td>0.7</td><td>670</td><td>540</td><td>480</td><td>3650</td></tr>
<tr><td>11</td><td>400</td><td>1.0</td><td>0.7</td><td>800</td><td>650</td><td>570</td><td>4300</td></tr>
<tr><td>12</td><td>500</td><td>1.0</td><td>0.6</td><td>960</td><td>780</td><td>680</td><td>5150</td></tr>
<tr><td>13</td><td>630</td><td>0.9</td><td>0.6</td><td>1200</td><td>920</td><td>810</td><td>6200</td><td rowspan="5">4.5</td></tr>
<tr><td>14</td><td>800</td><td>0.8</td><td>0.6</td><td>1400</td><td>1120</td><td>980</td><td>7500</td></tr>
<tr><td>15</td><td>1000</td><td>0.7</td><td>0.5</td><td>1700</td><td>1320</td><td>1150</td><td>10300</td></tr>
<tr><td>16</td><td>1250</td><td>0.60</td><td>0.5</td><td>1950</td><td>1560</td><td>1360</td><td>12000</td></tr>
<tr><td>17</td><td>1600</td><td>0.6</td><td>0.5</td><td>2400</td><td>1880</td><td>1640</td><td>14500</td></tr>
</table>

浙江雷得隆负荷开关性能数据，见表 15-113。

表 15－113 浙江雷得隆负荷开关性能数据

额定电流（A）	额定电压（kV）	冲击耐压（kV）	工频耐受电压（kV/min）	额定短时耐受电流（kA/s）	短路关合电流（kA）	额定峰值耐受电流（kA）	负荷操作次数	机械操作次数
315	12	75	42	12.5/2	31.5	31.5	100	2000
630	12	75	42	16/4	40	40	100	2000

五、主回路方案图

浙江雷得隆高压典型方案，见图 15－42。

浙江雷得隆低压典型方案，见图 15－43～图 15－45。

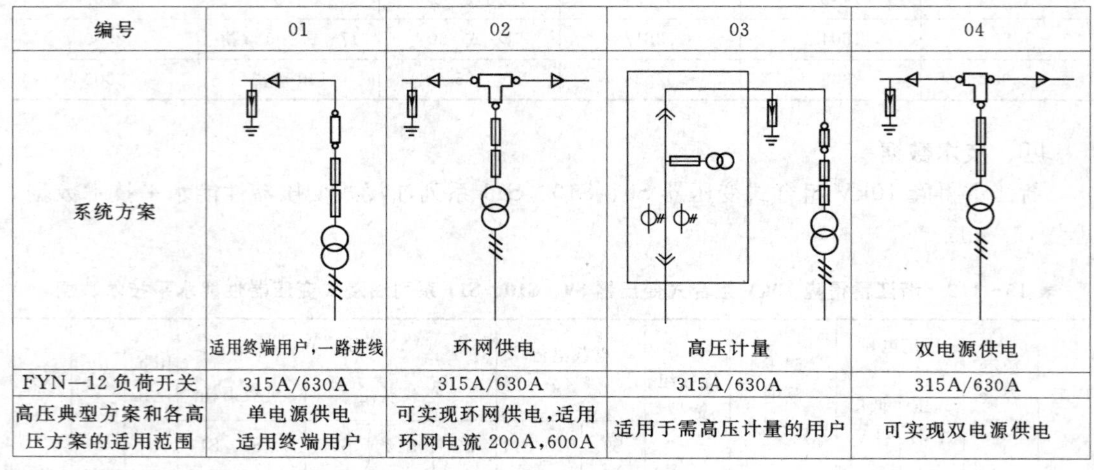

编号	01	02	03	04
系统方案	适用终端用户，一路进线	环网供电	高压计量	双电源供电
FYN—12 负荷开关	315A/630A	315A/630A	315A/630A	315A/630A
高压典型方案和各高压方案的适用范围	单电源供电 适用终端用户	可实现环网供电，适用环网电流 200A，600A	适用于需高压计量的用户	可实现双电源供电

图 15－42 浙江雷得隆高压典型方案

		标准型			
容量	01 800kVA 及以下	02 800kVA 及以下	03 800kVA 及以下	04 800kVA 及以下	05 1000kVA 及以下
主回路方案图	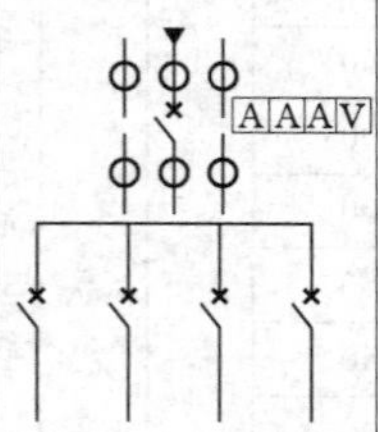 AAAV	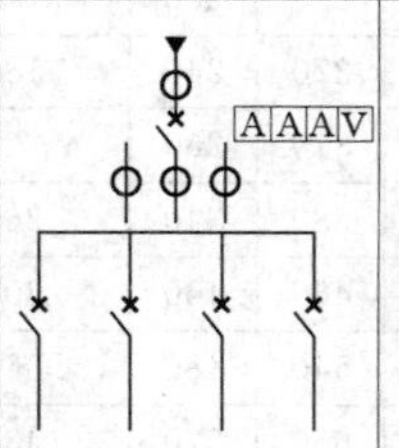 AAAV	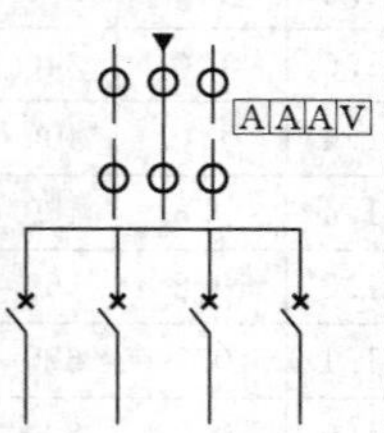 AAAV	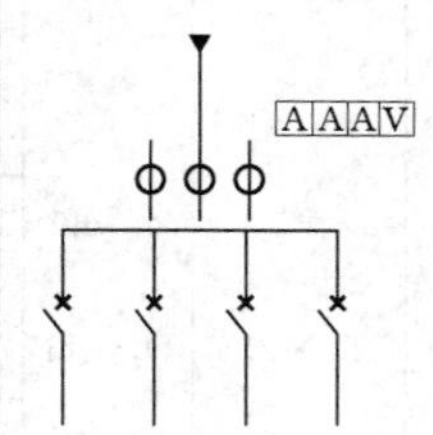 AAAV	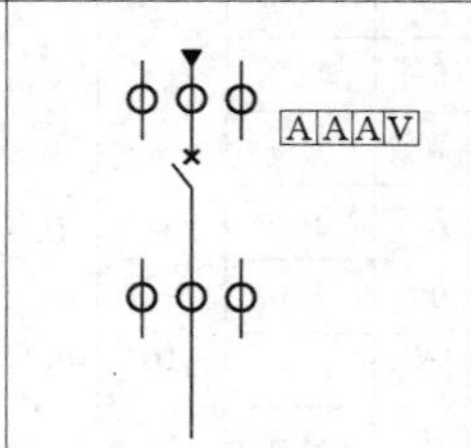 AAAV
主要元件	主开关 TM30—630 至 1250/3	主开关 TM30—630 至 1250/3			主开关智能型 2000A
支路开关	TM30—400/3 4 路	TM30—400/3 4 路	TM30—400/3 4 路	TM30—400/3 4 路	
支路开关	DZ20Y—400/3 4 路	DZ20Y—400/3 4 路	DZ20Y—400/3 4 路	DZ20Y—400/3 4 路	
支路开关	TM30—225/3 6 路	TM30—225/3 6 路	TM30—225/3 6 路	TM30—225/3 6 路	
支路开关	DZ20Y—225/3 6 路	DZ20Y—225/3 6 路	DZ20Y—225/3 6 路	DZ20Y—225/3 6 路	
注	A. 计量室单独密封		A. 计量室单独密封		A. 计量室单独密封
注	B. 低压柜尺寸 1500×800×500				

图 15－43 浙江雷得隆低压典型方案（一）

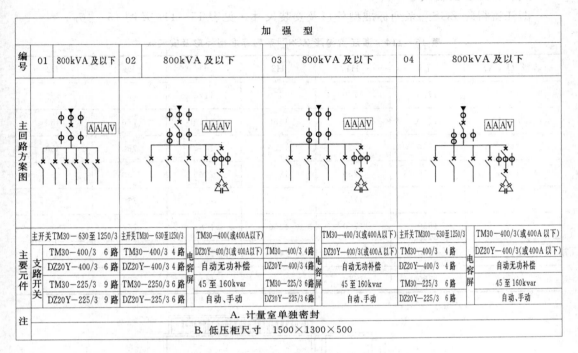

加强型											
编号		01 800kVA及以下	02 800kVA及以下			03 800kVA及以下			04 800kVA及以下		
主回路方案图		AAAV	AAAV			AAAV			AAAV		
主要元件		主开关TM30－630至1250/3	主开关TM30－630至1250/3	电容屏	TM30—400(或400A以下)		电容屏	TM30—400/3(或400A以下)	主开关TM300－630至1250/3	电容屏	TM30—400/3(或400A以下)
	支路开关	TM30—400/3 6路	TM30—400/3 4路		DZ20Y—400/3(或400A以下)	TM30—400/3 4路		DZ20Y—400/3(或400A以下)	TM30—400/3 4路		DZ20Y—400/3(或400A以下)
		DZ20Y—400/3 6路	DZ20Y—400/3 4路		自动无功补偿	DZ20Y—400/3 4路		自动无功补偿	DZ20Y—400/3 4路		自动无功补偿
		TM30—225/3 9路	TM30—2250/3 6路		45至160kvar	TM30—225/3 6路		45至160kvar	TM30—225/3 6路		45至160kvar
		DZ20Y—225/3 9路	DZ20Y—225/3 6路		自动、手动	DZ20Y—225/3 6路		自动、手动	DZ20Y—225/3 6路		自动、手动
注	A. 计量室单独密封										
	B. 低压柜尺寸 1500×1300×500										

图 15-44 浙江雷得隆低压典型方案（二）

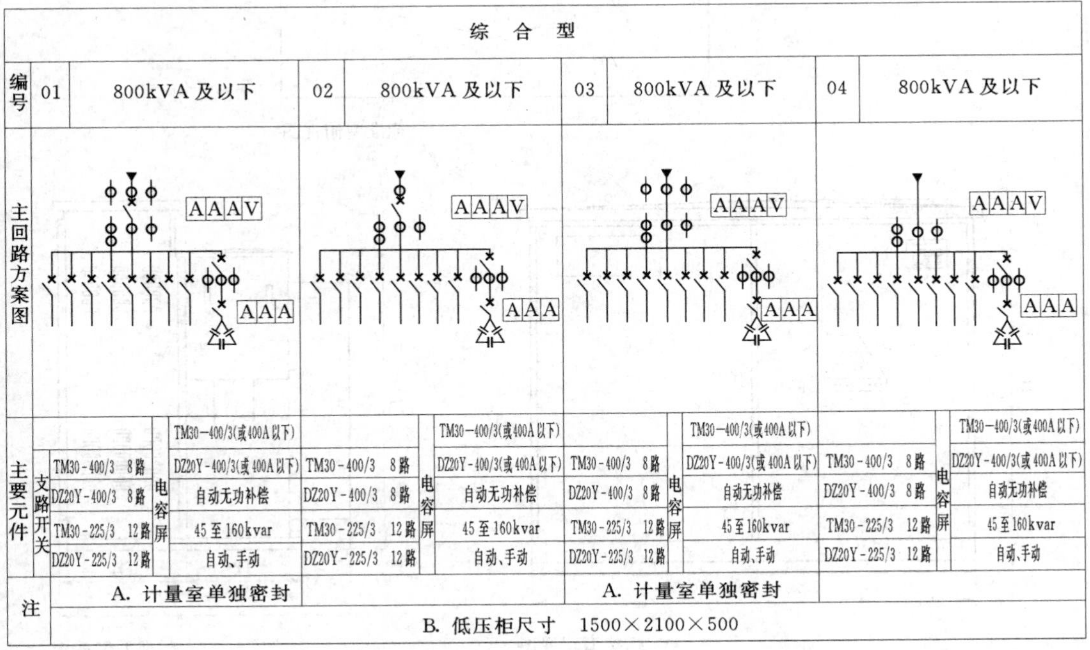

综合型													
编号		01 800kVA及以下			02 800kVA及以下			03 800kVA及以下			04 800kVA及以下		
主回路方案图		AAAV AAA			AAAV AAA			AAAV AAA			AAAV AAA		
主要元件			电容屏	TM30－400/3(或400A以下)		电容屏	TM30－400/3(或400A以下)		电容屏	TM30－400/3(或400A以下)		电容屏	TM30－400/3(或400A以下)
	支路开关	TM30－400/3 8路		DZ20Y－400/3(或400A以下)	TM30－400/3 8路		DZ20Y－400/3(或400A以下)	TM30－400/3 8路		DZ20Y－400/3(或400A以下)	TM30－400/3 8路		DZ20Y－400/3(或400A以下)
		DZ20Y－400/3 8路		自动无功补偿	DZ20Y－400/3 8路		自动无功补偿	DZ20Y－400/3 8路		自动无功补偿	DZ20Y－400/3 8路		自动无功补偿
		TM30－225/3 12路		45至160kvar	TM30－225/3 12路		45至160kvar	TM30－225/3 12路		45至160kvar	TM30－225/3 12路		45至160kvar
		DZ20Y－225/3 12路		自动、手动	DZ20Y－225/3 12路		自动、手动	DZ20Y－225/3 12路		自动、手动	DZ20Y－225/3 12路		自动、手动
注	A. 计量室单独密封							A. 计量室单独密封					
	B. 低压柜尺寸 1500×2100×500												

图 15-45 浙江雷得隆低压典型方案（三）

六、外形及安装尺寸

浙江雷得隆ZGS□系列标准型外形及安装尺寸，见表15-114及图15-46。

表15-114 浙江雷得隆ZGS□系列标准型外形及安装尺寸

容量（kVA）	L	H1	H2	D	D1	D2
160	1750	1750	1150	1170	750	450
200～250	1750	1750	1150	1410	750	450
315	1750	1750	1250	1410	750	450
400	1750	1750	1250	1460	750	460
500	1850	1750	1350	1490	750	480
630	1850	1750	1350	1580	750	520
800	1950	1750	1400	1650	750	550
1000	1950	1750	1450	1640	750	550

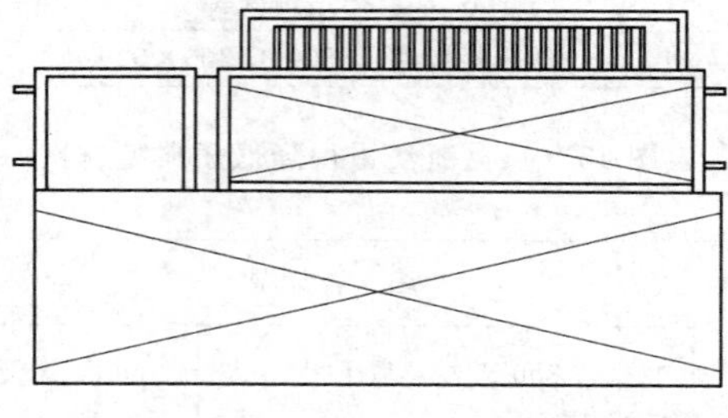

标准型俯视图

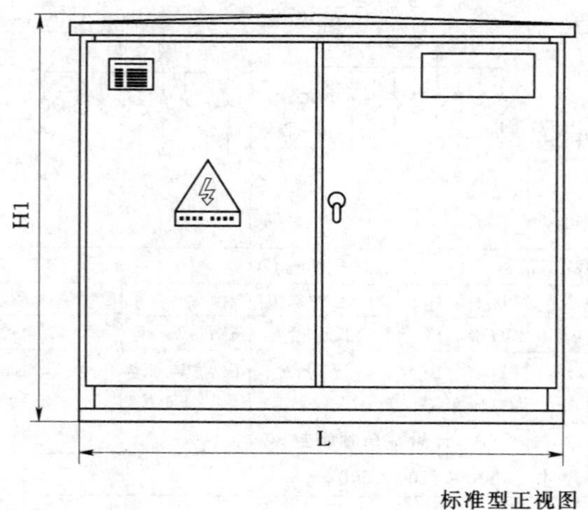

标准型正视图

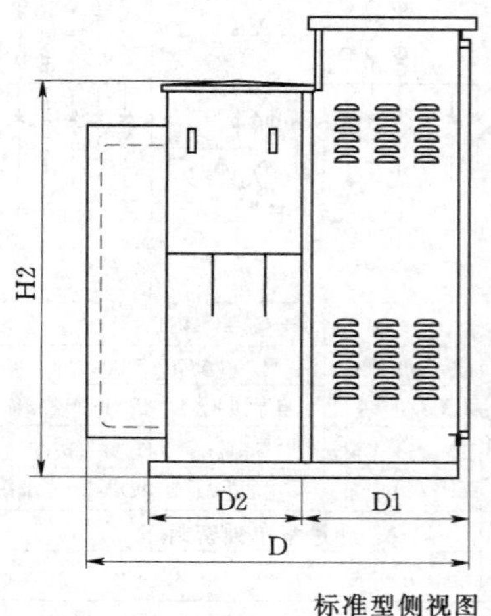

标准型侧视图

图15-46 浙江雷得隆ZGS□系列标准型外形及安装尺寸

浙江雷得隆 ZGS□系列加强型外形及安装尺寸，见表 15－115 及图 15－47。

表 15－115 浙江雷得隆 ZGS□系列加强型外形及安装尺寸

容量（kVA）	L	H1	H2	D	D1	D2
160	2250	1750	1150	1170	750	450
200～250	2250	1750	1150	1410	750	450
315	2250	1750	1250	1410	750	450
400	2250	1750	1250	1460	750	460
500	2250	1750	1350	1490	750	480
630	2250	1750	1350	1580	750	520
800	2250	1750	1400	1650	750	550
1000	2250	1750	1450	1640	750	550

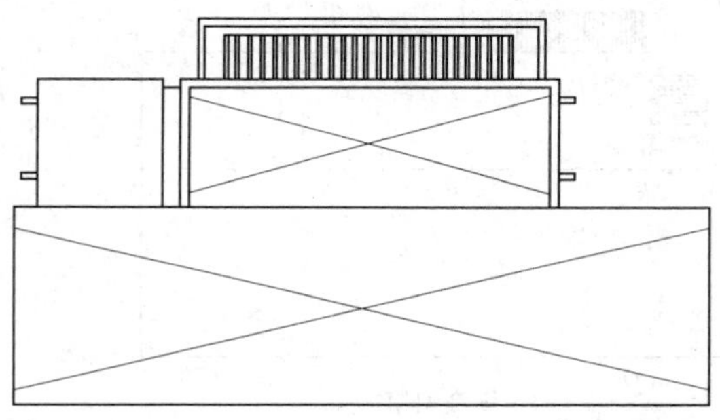

加强型俯视图

H1

L

加强型正式图

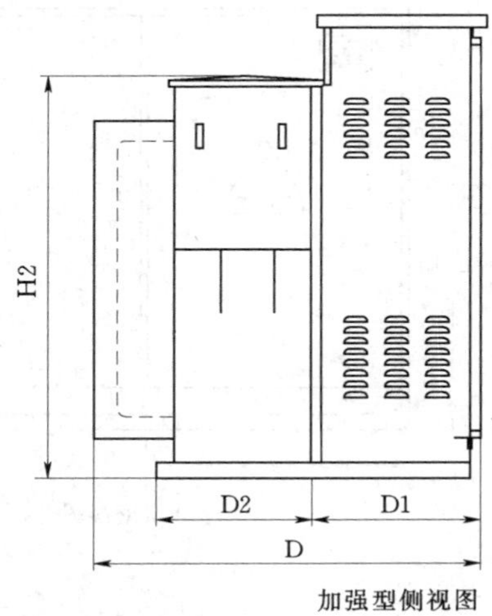

加强型侧视图

图 15－47 浙江雷得隆 ZGS□系列加强型外形及安装尺寸

浙江雷得隆 ZGS□系列综合型外形及安装尺寸，见表 15－116 及图 15－48。

表 15-116 浙江雷得隆 ZGS□系列综合型外形及安装尺寸

容量（kVA）	L	H1	H2	D	D1	D2
160	2300	1750	1600	1670	750	450
200～250	2300	1750	1600	1670	750	450
315	2300	1750	1600	1670	750	450
400	2300	1750	1600	1680	750	460
500	2300	1750	1600	1700	750	480
630	2300	1750	1600	1740	750	520
800	2300	1750	1700	1770	750	550
1000	2300	1750	1700	1770	750	550

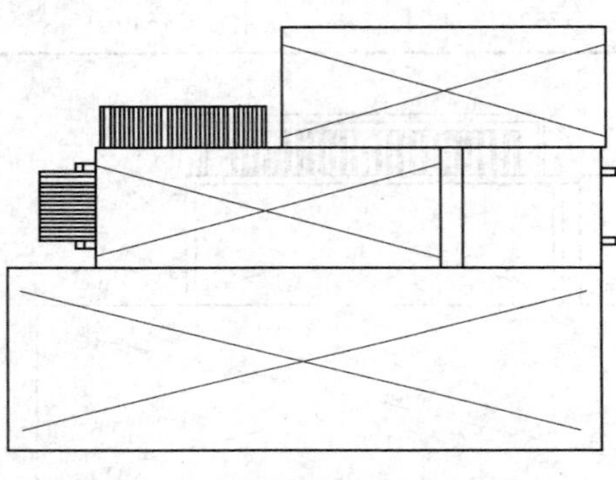

综合型俯视图

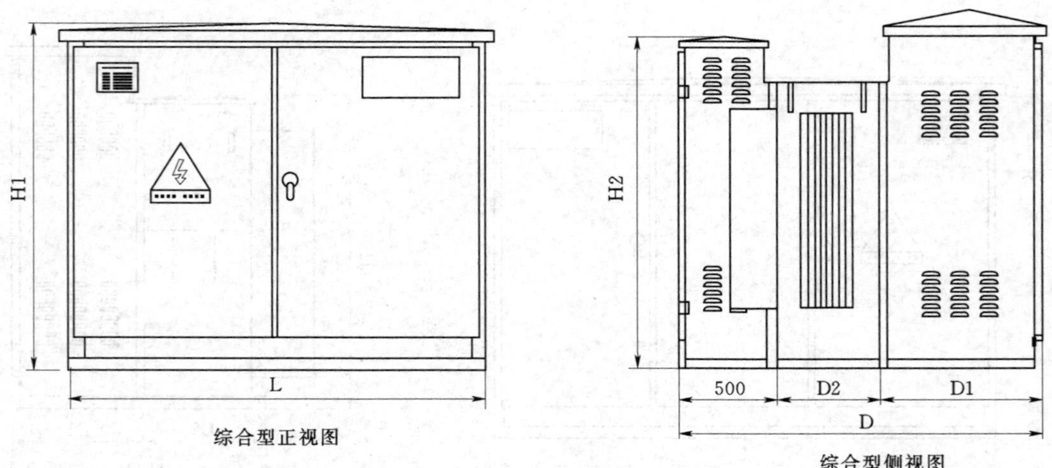

综合型正视图

综合型侧视图

图 15-48 浙江雷得隆 ZGS□系列综合型外形及安装尺寸

七、生产厂

浙江雷得隆电气有限公司。

15.3.2 武汉天仕达ZGS系列组合式箱式变电站（美式箱变）

一、概述

ZGS组合式变电站是武汉天仕达电气有限公司专业设计生产的组合式变电站，箱式变电站在电网中以它独特的优越性正起着越来越重要的作用，在国外得到了广泛应用，而目前在国内，随着城乡电网改造，箱式变电站得到更多用户的认可。

ZGS组合式变电站系高压12kV、低压侧为0.40kV三相交流50Hz户外成套设备，普遍应用于城市、乡镇、工厂及油田、码头等场所，也适用于一些建筑工地，作为接受、转换和分配电能用，具有成套性强、体积小、安装使用方便、造价低、综合自动化程度高、运行安全可靠等特点。

二、型号含义

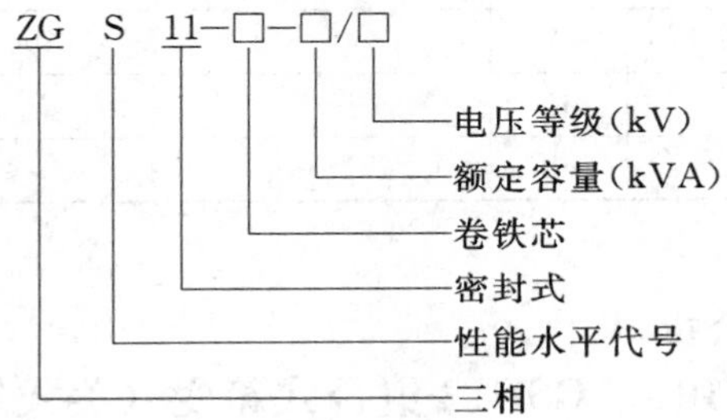

三、产品特点

（一）正常使用环境条件

海拔不超过1000m。

周围空气温度上限+40℃，下限−25℃。

相对湿度：日平均值不大于95%，月平均值不大于90%。

无经常性剧烈振动和冲击。

没有火灾、爆炸危险和严重污秽、化学腐蚀的场所。

（二）特殊使用环境条件

当上述正常使用条件不能满足使用要求时，由用户与制造厂协商解决。

（三）结构特点

ZGS组合式变电站由高压开关室、低压开关室和变压器室组成。

高压开关室、低压开关室、继电保护室外壳可采用铝合金板、钢板或复合板制作。铝合金板表面经阳极氧化处理，增强了铝合金板的耐腐蚀性强度。钢板及钢结构都经磷化处理，复合板具有色彩鲜艳美观并有绝热、阻燃等特点。压器室不设密封外壳机构而高置安全保护罩，既有利于变压器通风散热，又能确保人身和设备安全。

（1）高压开关室：安装HXGN15A—12（F）环网柜。

（2）变压器室：安装油浸式变压器、干式变压器。

（3）低压开关室：安装GHK—GCK、GCL、GCS、BFC—20、MNS抽出式配电柜、HK—GGD、PGL固定式配电柜。

四、技术数据

武汉天仕达ZGS系列组合式箱式变电站（美式箱变）技术数据，见表15-117。

表 15-117 武汉天仕达 ZGS 系列组合式箱式变电站（美式箱变）技术数据

序号	名　　称	单位	技 术 参 数
1	额定容量	kVA	100、125、160、200、250、315、400、500、630、800、1000、1250、1600
2	额定电压	kV	6、10、35
3	高压分接范围		±5%、±2×2.5%
4	连接组别		D,yn11；Y,yn0
5	工作耐压	kV	25kV/min、35kV/min、85kV/min
6	雷电冲击电压截波（峰值）	kV	65kV、85kV
7	后备式熔断器	A	制造厂家按容量确定
8	插入式熔断器	A	制造厂家按容量确定
9	负荷开关额定电流	A	300、630
10	油顶层温升	K	＜65
11	噪声水平	dB	≤52

五、生产厂

武汉天仕达电气有限公司。

15.3.3 江苏顺特 ZGS10、ZGSH12 组合式箱变（美式箱变）

一、概述

ZGS10、ZGSH12 组合式箱变，是在总结多年来对美式箱变的现场服务和运行经验的基础上，消化吸收国外先进技术和设计理念，专门为我国城市配网而制造的新型产品。主要用于电压为 10kV 的环网系统和城网改造中，既可用于户外，又可用于户内，适于各类工矿企业、机场、车站、港口、高速公路、地铁等交通场所。

二、产品特点

（1）全密封、全绝缘结构、体积小、结构紧凑，仅为同容量欧式箱变的 1/3 左右。

（2）可用于环网和终端供电方式。电缆接头可在 200A 负荷电流下多次插拔，在紧急情况下作负荷开关使用，同时具有隔离开关的特点。

（3）采用双迷人丝全范围保护方式，大大降低运行成本。

（4）箱体采用防腐设计和特殊喷漆处理，适用于各种恶劣环境，如多暴风雨和高污染地区。

（5）采用 D，yn11 接法，有中性点不漂移，噪音低、防雷性能好等优点。

（6）低压侧加装智能欠压控制器，在低压母线出现不正常电压时切断电源保证安全供电。

三、使用环境

（1）环境温度：上限＋40℃，下限：－25℃。

（2）相对湿度：日平均值不大于 95%，月平均值不大于 90%。

（3）防震水平：水平加速度≤0.3g，垂直加速度≤0.15g。

（4）风速：≤0.3m/s。

（5）污秽等级：Ⅲ级。

（6）地震烈度：8 度。

(7) 安装地点：安装在没有火灾、没有明显污染和剧烈振动的场所。

四、技术数据

江苏顺特ZGS10、ZGSH12组合式箱变（美式箱变）技术数据，见表15-118。

表15-118 江苏顺特ZGS10、ZGSH12组合式箱变（美式箱变）技术数据

项目		单位	技术参数
额定电压	原边	kV	10
	副边	kV	0.4
最高工作电压（原边）		kV	12
额定频率		Hz	50
额定容量		kVA	80、100、125、160、200、250、315、400、500、630、800、1000、1250、1600
1min工频耐压		kV	35
BIL冲击耐压		kV	75
冷却方式			油浸自冷式
ELSP熔断器遮断		kA	50
插入式熔断器		kA	2.5
无载调压		kV	10±2×2.5%
环境温度		℃	−45～+40
允许油顶层温升		K	50
噪音等级		dB	50
冷却方式			油浸自冷
防护等级			IP43
油箱机械强度		kPa	50

五、生产厂

江苏顺特电气有限公司。

15.3.4 上海丰辉ZGS11系列预装式变电站

一、概述

ZGS11系列预装式变电站（也叫美式变电站）是将组合式变压器、高压受电部分的负荷开关和保护熔断器装置、低压受电部分的负荷开关和保护熔断器装置、低压配电部分的计量和开关等三者组合在一起的成套变配电装置，是吸收国外先进技术，结合国内实际情况研制开发的一种新型成套变配电设备。由于美式变电站具有体积小、投资少、操作方便、安装快速、维护简单等特点，因而在国内的配电系统中被广泛应用，特别在城乡电网建设与改造中被广泛应用于工业区、居民小区、商业中心以及高层建筑等各种场合。

本产品除满足各自元器件的有关标准外，还满足GB/T 17467—1998《高压/低压预装式变电站》的有关规定，符合本产品技术条件。

二、产品特点

(1) 结构紧凑合理、体积小，仅为同等容量欧式箱变的1/3左右。

(2) 成套性强，能深入负荷中心，提高供电质量，减少线路损耗，缩短送电周期。

（3）全绝缘、全密封结构，对环境适应性强，且能美化城市环境、运行可靠及投资少。

（4）采用S9变压器，损耗小、温升低、过载能力强。

（5）低损耗，性能水平为11型，低噪音，低温升，抗突发短路能力强，性能优越。

（6）采用高品质钢板制作配电柜，极大地提高了产品的防腐能力，可确保产品30年不生锈。

（7）体积小，占地面积少，美化城市环境，选址灵活、安装方便、可免维护。

（8）高压部分：采用了全绝缘的高压进出线端子和电缆附件，使高压间隔内没有任何裸露的带电部分，具有安全可靠的运行特点；压双熔丝保护，插入式熔丝具有温度、电流双敏保护特性，后备熔丝对变压器故障进行保护。同时，具有齐全的运行检视仪器仪表，如压力表、压力阀、油位计、油温表等。主要元件全部采用进口件。

（9）低压部分：装设综合参数测试仪，定点测量电压、电流、有功电能、无功电能、温度等参数；装设用户自动抄表装置，可通过载波或有线方式，自动抄录本变压器所有低压用户的用电量；低压配电加装缺相保护功能，可检测缺相，并分励各用户，防止非全相运行带来的危害；低压柜加装风扇，根据温度自动投启排热，45℃启动，40℃返回。

三、使用环境

（1）海拔高度：不超过1000m。

（2）环境温度：不高于＋40℃，不低于－25℃；

日平均温差不超过35℃；

年平均温差不超过20℃。

（3）风速不超过35m/s。

（4）安装场所无爆炸危险，无化学腐蚀和剧烈振动。

（5）冷却方式：空气自冷（AN）。

四、技术数据

上海丰辉整机技术数据，见表15－119。

表15－119 上海丰辉整机技术数据

序号	项目		单位	数据
1	额定电压	原边	kV	10
		副边	kV	0.4
2	额定容量		kVA	100～800
3	无载调压			±2×2.5%
4	联系方式			D,yn11
5	额定绝缘水平	高压侧雷电冲击耐压	kV	75
		高压侧工频耐压1min	kV	35
		低压侧工频耐压1min	kV	2.5
		控制及计量回路1min	kV	2.0
6	噪音等级		dB	≤45
7	防护等级			IP34
8	冷缩方式			油浸自冷

上海丰辉负荷开关技术数据，见表15-120。

表15-120 上海丰辉负荷开关技术数据

序号	项目		单位	四工位负荷开关	二工位负荷开关
1	侧雷电冲击耐压（峰值，全波）	对地、相间	kV	75	75
		隔离断口间	kV	85	85
2	工频耐压1min	对地、相间	kV	42	42
		隔离断口间	kV	48	48
3	额定电流		A	630	100
4	额定短路关合电流（峰值）		kA	31.5	16
5	额定短时耐受电流（2s）		kA	12.5	6.3
6	额定峰值耐受电流		kA	31.5	16
7	机械寿命		次	2000	2000
8	分、合闸时主断口间的转换时间		ms	12～20/12～20	11～16

上海丰辉熔断器技术数据，见表15-121。

表15-121 上海丰辉熔断器技术数据

序号	1	2	3	4	5	6	7	8	9	10
容量（kVA）	100	125	160	200	250	315	400	500	630	800
后备熔断器额定电流（A）	40	50	63	80	80	80	100	100	125	175
后备熔断器开断电流（kA）	40									
插入式熔断器额定电流（A）	10	10	15	15	25	25	35	40	50	60

五、生产厂

上海丰辉电气有限公司。

15.3.5 南通市亚威ZGS11组合式变压器

一、概述

ZGS11组合式变压器是一种新型配电设备（又称美式箱变），是将高压负荷开关插入式熔断器，高压限流熔断器安装在变压器箱内，以矿物油进行绝缘和冷却。具有结构合理紧凑、体积小、安装灵活、操作方便、占地面积小等优点。组合式变压器特别适用于城市电网的负荷中心、住宅中心、医院、学校、机场、车站等，降低损耗，提高供电质量。

二、产品特点

(1) 体积小，结构紧凑，安装方便。

(2) 全密封油箱，全绝缘设计，运行安全可靠。

(3) 过载能力强，抗突发短路性能优越。

(4) 环网和终端供电均可使用。

(5) 运行方便，供电可靠。

(6) 节能，低损耗，不高于新S9损耗值。

(7) 冲击性能好。

(8) 电缆接头号可操作200A负荷电流，机械寿命和电气寿命长。

三、技术数据

南通市亚威ZGS11组合式变压器技术数据，见表15-122。

表15-122 南通市亚威ZGS11组合式变压器技术数据

额定容量(kVA)	连接组标号	电压组合			空载电流(%)	空载损耗(W)	负载损耗(75℃)(W)	短路阻抗(%)	A(mm)	B(mm)	C(mm)	D(mm)	E(mm)	重量(kg)
		高压(kV)	高压分接范围	低压(kV)										
100	D,yn11	6 6.3 10 10.5 11	±5%或 ±2×2.5%	0.4	1.6	290	1500	4.0	1840	1145	1800	1800	545	1840
160					1.4	400	2200		1840	1145	1800	1800	545	1840
200					1.3	480	2600		1840	1145	1800	1800	545	1840
250					1.2	560	3050		1940	1145	1800	1800	545	1940
315					1.1	670	3650		1940	1345	1800	1900	545	1940
400					1	800	4300		1940	1345	1800	1900	545	1940
500					1	960	5150		1940	1345	1800	1900	545	1940
630					0.9	1200	6200		1940	1345	1800	1900	545	1940
800					0.8	1400	7500	4.5	1940	1345	1800	1900	545	1940
1000					0.7	1700	10300		2040	1345	1900	2000	600	2040
1250					0.6	1950	12800		2040	1545	2000	2000	600	2040
1600					0.6	2400	14500		2140	1545	2000	2000	600	2140

四、生产厂

南通市亚威变压器厂。

15.3.6 乐清市威冠ZGS11—12/0.4预装式变电站（美式）

一、概述

ZGS11—12/0.4预装式变电站是国产化美式箱变。该产品作为电缆化配电网中重要的供电单元，集高压控制、保护、变电以及配电设备于一体的成套预装产品，广泛应用于城乡配电网之中。

该产品将高压负荷开关、高压熔断器置于变压器油中，具有与变压器器身共箱或分箱两种结构形式。油箱采用全密封结构，配有油温表、油位表、压力表、压力释放阀、放油阀等元件以监测变压器运行状况。该产品分为环网型、终端型及电源型供电方式。为了使此种产品更适合于我国电网的实际要求，公司又推了插拔型下式熔断器，熔丝的熔断不影响变压器油的性能。根据低压馈出要求的复杂程度，ZGS11—12/0.4型产品分为标准型、加强型和综合型三种外壳形式，使用户和设计单位在选型时，做到更灵活、更经济。

二、型号含义

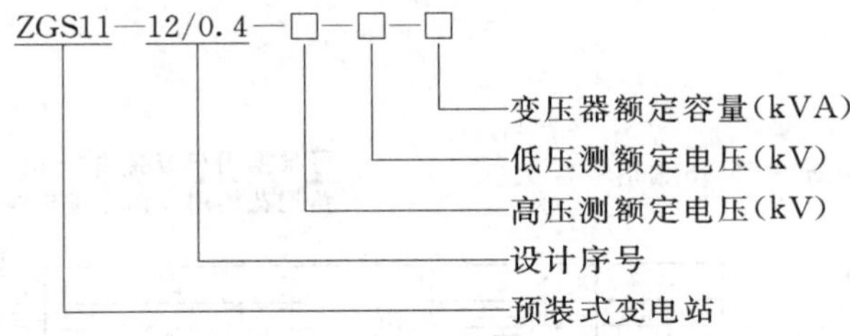

三、使用环境

（1）环境温度：最高气温＋40℃，最低气温－30℃。

（2）海拔：≤1000m。

（3）风速：相当34m/s（不大于700Pa）。

（4）湿度：日相对湿度平均值不大于95%，月相对湿度平均值不大于95%。

（5）防震：水平加速度不大于0.4m/s^2；垂直加速度不大于0.15m/s^2。

（6）安装地点倾斜度：不大于3°。

（7）安装环境：周围空气不受腐蚀性、可燃性气体等明显污染，安装地点无剧烈震动。

四、产品特点

（1）结构紧凑，体积小，仅为同容量国产欧式箱变的1/3～1/5左右，大大减少占地面积。

（2）全密封，全绝缘结构，无需绝缘距离，可靠保护人身安全。

（3）高压接线既可用于环网，又可用于终端，供电方式灵活，可靠性高。

（4）变压器性能卓越；低损耗、低噪音、低温升；过载能力强，抗短路，耐冲击能力强。

（5）满足各种低压馈出要求，可按方案选择，亦可自行设计。

（6）电缆头有200A肘型插头及600A“T”型同定式电缆接头两种，均可配置全绝缘氧化锌避雷针器，200A型电缆头可以带负荷插拔，又可以起到隔离开关的作用。

五、技术数据

（1）额定电压：10kV/0.4kV。

（2）高压侧额定电压：10kV。

（3）高压侧最高电压：12kV。

（4）低压侧额定电压：0.4kV。

（5）额定频率：50Hz。

（6）高压开关热稳定容量：20kA/26。

（7）低压主回路开关额定短路分断能力：35kA。

（8）低压配出回路开关额定短路分断能力：35kA。

（9）高压负荷开关转移电流：＞1500A。

六、外形及安装尺寸

乐清市威冠 ZGS11—12/0.4 预装式变电站（美式）外形及安装尺寸，见图 15－49～图 15－52。

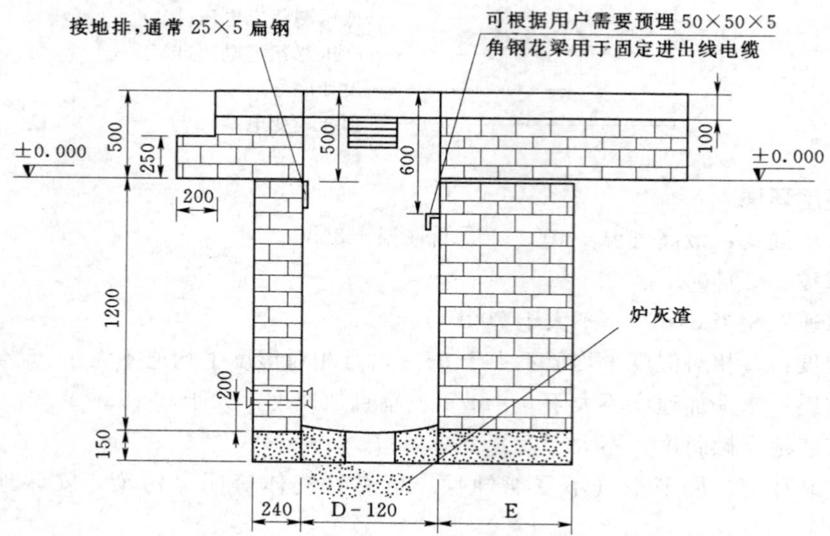

图 15－49 乐清市威冠 ZGS11—12/0.4 预装式变电站（美式）外形及安装尺寸（标准型）

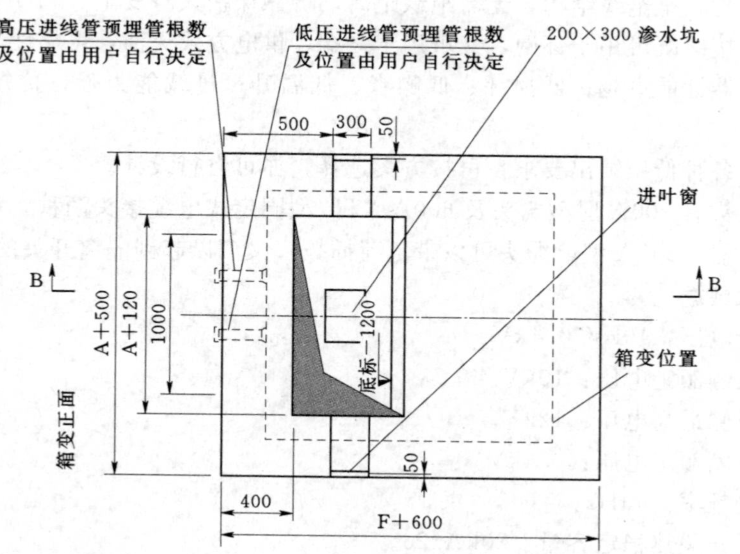

图 15－50 乐清市威冠 ZGS11—12/0.4 预装式变电站（美式）外形及安装尺寸（加强型）

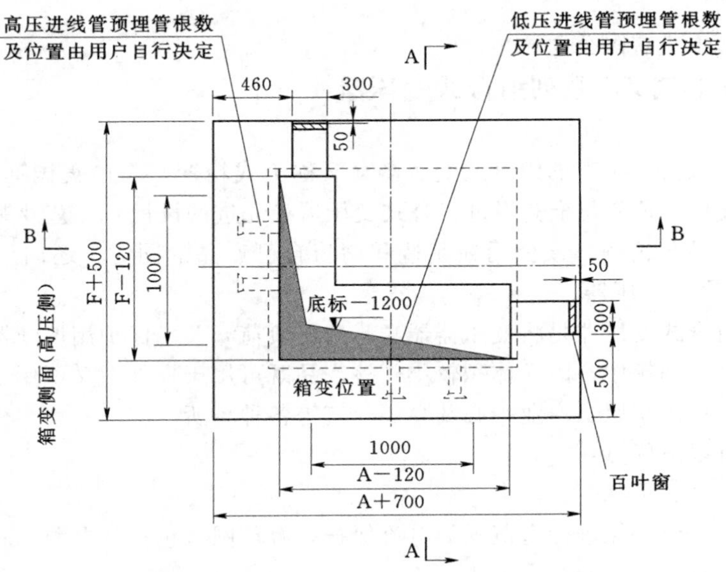

图 15-51 乐清市威冠 ZGS11—12/0.4 预装式变电站（美式）外形及安装尺寸（箱变正面低压侧）

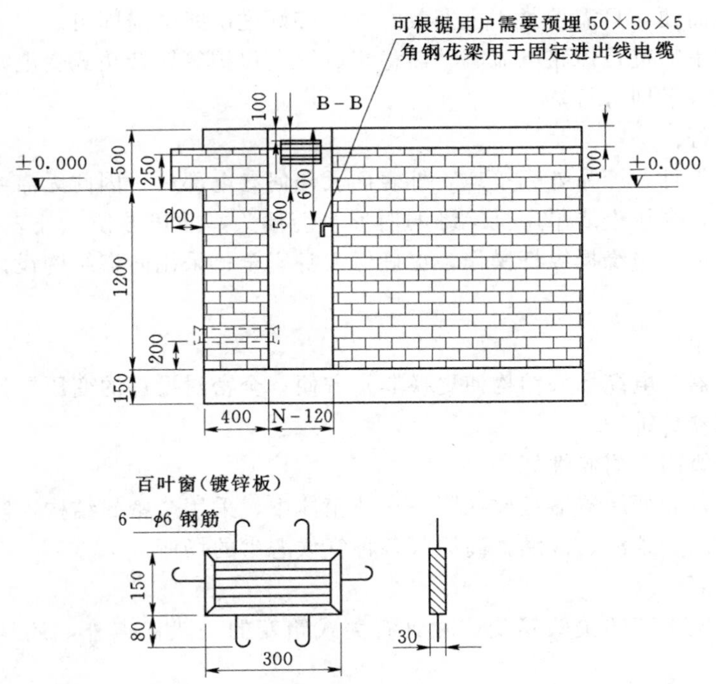

图 15-52 乐清市威冠 ZGS11—12/0.4 预装式变电站（美式）外形及安装尺寸

七、生产厂

乐清市威冠电气有限公司。

15.3.7 顺特电气 ZG 系列组合式变压器

一、概述

顺特电气有限公司生产的组合式变压器（又称美式箱变）是由美国通用（GE）公司授权制造，从美国 GE 公司全套引进组合式变压器最先进的设计、工艺及制造技术，既是合作伙伴又是产品分销商。该公司在制造和销售自己产品的同时，还向用户提供最新的 GE 原装进口组合式变压器。

顺特电气组合式变压器是将变压器器身、高压负荷开关、保护用熔断器等设备统一设计、放在同一密封油箱中，因而体积较小。该产品既可用于户外，又可用于户内、广泛应用于工业园区、居民小区、商业中心及高层建筑等各种场所。

该产品具有以下优点：

（1）功能齐全、可靠。

能切断负荷电流，能进行全范围的电流保护，有环网（包括从电源）和终端两种供电方式可选择，具有变电站的基本功能。

（2）投入少、占地小、安装简便、见效快。

省钱：比欧式箱变或配电变＋配电房两者的资金投入要少。

省地：体积小，约为同容量欧式箱变体积的 1/3，为配电变＋配电房体积的 1/5。

省时：安装简便，只需拧紧 4 个安装螺栓及接好进出线电缆即可。

省力：用户不需进行短路电流、动热稳定、继电保护等繁杂箱式变电站设计计算，只需确定变压器的容量即可订货。

（3）安全性好。

采用全封闭设计，产品外壳接地，外表面无任何导电部件，因此无需绝缘距离，能可靠保证人身安全；高压进线采用全绝缘的肘形电缆插头，插拔方便，外表面完全不带电，可直接触摸；借助于绝缘操纵杆操作，更确保人身安全；采用防盗结构设计，可防止无意和恶意的拆卸。

（4）维护简单。

插拔式熔断器和电缆插头结构使更换非常方便；全密封设计的变压器使变压器油与空气不接触，变压器免维护。

（5）防护等级高，耐候性好。

高压开关设备和变压器器身放在同一注油箱体中，采用全密封结构，防污力强，使美式箱变适用于矿山、荒漠、沙漠、高原等各种气候恶劣的场所。

二、产品特点

顺特电气开发生产的美式箱变，除具有美式箱变的一般优点外，还具有如下独特的优点：

（1）低耗节能。根据用户需要，顺特电气提供损耗水平为 9 系列、10 系列、11 系列以及非晶合金铁芯系列的组合式变压器供选择，其中 10 系列、11 系列产品的负载损耗均比最新行业标准 JB/T 3837 优胜 5%。

（2）低噪环保。顺特电气开发了低噪音的铁芯结构，全系列产品（除非晶合金器身外）的噪声水平由美国产品的55～65dB降为48dB以下，达到城市居民生活小区要求的噪声水平。

（3）无渗漏。顺特电气美式箱变的生产采用了美国GE公司全套焊接工艺，油箱顶盖采用全焊接结构，能承受50kPa的强度试验不变形。更为严格的是，每台产品出厂前均需承受50kPa的油箱密封试验无泄漏。

（4）过载能力强。顺特电气产品采用低温升设计，油顶温升控制在45K左右，远低于国家标准的60K。低油温保证了低压配电室的良好运行环境温度，避免低压保护设备因温度过高误动作及缩短寿命，既适合在低压室内装配低压开关元件，又增强了过载能力。

顺特电气的美式箱变是国内唯一全部采用进口环烷变压器油的产品。其优越的黏度—温度特性保证了温度升高时油的流动速度加快，使产品具有足够的散热能力和过载能力。

（5）电压质量稳定。采用三相五柱式铁芯结构和D，yn11连接组别，使器身高度低、发热量低、防雷性能好、电压质量高，特别在三相不平衡负荷下能够稳定运行。

（6）抗短路能力强。顺特电气是国内首家制造并两次通过1600kVA容量美式箱变短路试验的唯一厂家，证明顺特电气的产品结构牢固，具有极强的抗短路能力。

（7）绝缘强度高。采用国内变压器行业110kV产品采用的真空干燥和真空注油工艺，产品的绝缘水平上一个新台阶。进口的优质变压器油精炼程度高，故其含水量低和杂质少，击穿耐压值高。

顺特电气的每台美式箱变均在出厂试验中增加低压铜箔的耐压冲击试验，是国内的唯一厂家采用如此严格的检验技术控制产品质量。

（8）使用寿命长、耐候性优异。进口变压器油优良的氧化安定性和析气性，确保了负荷开关与变压器器身可以长期共箱运行，维护量极少。

采用进口防紫外线面漆，外壳按照ANSI标准进行严格的前处理，户外耐候性能长达10年以上。

（9）产品方案丰富，配置灵活。

结构：顺特电气开发了品字形、目字形、L形、高压计量等多种美式箱变结构。

电气方案：高压回路有单端、环网、双电源等配置，并可配置高压计量，加装避雷器、带电显示器、短路故障指示器等多种元件。低压配置可装设电能计量、无功补偿、多回支路出线、缺相保护，甚至远程通信等多项功能。众多的功能配置可全面满足需要。

外观方案：具备多种图样方案可供用户选择，外观设计精致、简洁、式样新颖，具有现代风格，与周围环境相协调。

（10）强大的技术后盾和开发能力。顺特电气产品与美国GE公司共同开发，并保持技术合作，经GE公司总部确认，产品符合美国ANSI标准，并享有使用“美国通用电气公司授权制造”标识的权利。顺特电气开发出的低压缺相保护、高压计量、电动式高压负荷开关、带限位锁的双电源供电美式箱变等多项突破性技术产品，多项技术获得国家专利。

三、型号含义

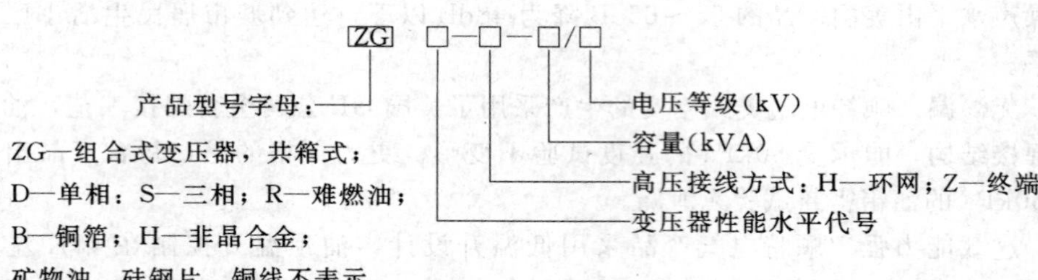

例如 ZGSB9—H—500/10 表示：用矿物油、硅钢片、低压箔式、高压环网结构的 9 系列 500kVA 三相 10kV 级组合式变压器。

ZGSRBH11—Z—630/10 表示：用难燃油、非晶合金、低压箔式、高压单终端结构的 11 系列 630kVA 三相 10kV 级组合式变压器。

四、技术数据

(1) 顺特电气多种一体式紧凑型美式箱变技术数据，见表 15-123。

(2) 变压器技术数据，见表 15-124。

表 15-123　顺特美式箱变（ZG 系列）技术数据

ZG 系列	高压侧	变压器	低压侧	ZG 系列	高压侧	变压器	低压侧
额定电压（kV）	10		0.4	工频耐压（kV）	35	35	5
最高工作电压（kV）	12			雷电冲击耐压（kV）	75	75	
额定容量（kVA）		30～2500		高压限流熔断器额定开断电流（kA）	50		
额定电流（元件）（A）	50～630		50～4000				
短时耐受电流（kA）	12.5，16，20		15～75	防护等级	IP33	全密封	IP33
额定短路耐受时间（s）	2		1	噪声水平（dB）	≤55		
峰值耐受电流（kA）	20，31.5，40		30～165	额定频率（Hz）	56，60		

表 15-124　9、10、11 系列及非晶合金系列双绕组无励磁调压配电变压器技术数据

变压器	额定容量（kVA）	电压组合（kV）		连接组标号	空载损耗（W）	负载损耗（W）	空载电流（%）	噪声（dB）	短路阻抗（%）
		高压	低压						
9 系列 30～2500kVA 双绕组无励磁调压配电变压器	30	6 6.3 10 10.5 11	0.23 0.4 0.69	D，yn11 （Y，yn0，Y，zn11）	130	600	2.1	37	4
	50				170	870	2.0	37	
	63				200	1040	1.9	37	
	80				250	1250	1.8	37	
	100				290	1500	1.6	37	
	125				340	1800	1.5	37	
	160				400	2200	1.4	37	
	200				480	2600	1.3	37	
	250				560	3050	1.2	37	

续表 15-124

变压器	额定容量（kVA）	电压组合（kV）		连接组标号	空载损耗（W）	负载损耗（W）	空载电流（%）	噪声（dB）	短路阻抗（%）
		高压	低压						
9系列30～2500kVA双绕组无励磁调压配电变压器	315	6 6.3 10 10.5 11	0.23 0.4 0.69	D，yn11 （Y，yn0、Y，zn11）	670	3650	1.1	45	4
	400				800	4300	1.0	45	
	500				960	5100	1.0	45	
	630				1200	6200	0.9	45	4.5
	800				1400	7500	0.8	48	
	1000				1700	10300	0.7	48	
	1250				1950	12800	0.6	48	
	1600				2400	14500	0.6	48	
	2000				2860	17400	0.5	48	
	2500				3370	20200	0.5	48	
10系列30～2500kVA双绕组无励磁调压配电变压器	30	6 6.3 10 10.5 11	0.23 0.4 0.69	D，yn11 （Y，yn0、Y，zn11）	110	570	1.9	37	4
	50				150	820	1.8	37	
	63				170	980	1.7	37	
	80				200	1180	1.6	37	
	100				230	1420	1.5	37	
	125				270	1710	1.4	37	
	160				310	2090	1.3	37	
	200				370	2470	1.2	37	
	250				450	2890	1.1	37	
	315				540	3460	1.0	45	
	400				650	4080	0.9	45	
	500				780	4840	0.9	45	
	630				920	5890	0.8	45	4.5
	800				1120	7120	0.7	48	
	1000				1320	9780	0.6	48	
	1250				1560	12200	0.5	48	
	1600				1880	13800	0.5	48	
	2000				2340	16500	0.4	48	
	2500				2640	19200	0.4	48	
11系列30～2500kVA双绕组无励磁调压配电变压器	30	6 6.3 10 10.5 11	0.23 0.4 0.69	D，yn11 （Y，yn0、Y，zn11）	100	570	1.9	37	4
	50				130	820	1.8	37	
	63				150	980	1.7	37	
	80				170	1180	1.6	37	
	100				200	1420	1.5	37	

续表 15-124

变压器	额定容量(kVA)	电压组合(kV)		连接组标号	空载损耗(W)	负载损耗(W)	空载电流(%)	噪声(dB)	短路阻抗(%)
		高压	低压						
11系列30～2500kVA双绕组无励磁调压配电变压器	125	6 6.3 10 10.5 11	0.23 0.4 0.69	D,yn11 (Y,yn0、Y,zn11)	240	1710	1.4	37	4
	160				270	2090	1.3	37	
	200				330	2470	1.2	37	
	250				400	2890	1.1	37	
	315				470	3460	1.0	45	
	400				560	4080	0.9	45	
	500				680	4840	0.9	45	
	630				800	5890	0.8	45	4.5
	800				980	7120	0.7	48	
	1000				1150	9780	0.6	48	
	1250				1360	12200	0.5	48	
	1600				1640	13800	0.5	48	
	2000				1960	16500	0.4	48	
	2500				2310	19200	0.4	48	
非晶合金30～1600kVA双绕组无励磁调压配电变压器	30	6 6.3 10 10.5 11	0.23 0.4 0.69	D,yn11	28	600	1.2	44	4
	50				34	870	1	44	
	63				40	1040	0.9	44	
	80				50	1250	0.8	48	
	100				60	1500	0.7	48	
	125				70	1800	0.6	48	
	160				80	2200	0.5	48	
	200				100	2600	0.5	48	
	250				120	3050	0.5	48	
	315				140	3650	0.5	50	
	400				170	4300	0.4	50	
	500				200	5100	0.4	52	4.5
	630				240	6200	0.3	52	
	800				300	7500	0.3	55	
	1000				340	10300	0.3	55	
	1250				390	12800	0.2	57	

(3) 配电基本方案，见表15-125。

表 15-125 顺特美式箱变（ZG 系列）配电基本方案

箱变形式	箱变容量（kVA）	开关选择	功能	接线方案
标准品字形	≤500	出线开关 400A 四路	总计量，电压表，三相电流表	kWh V A A A
	630～800	主开关 1000～1250A 出线开关 400A 五路	总计量，主开关，电压表，三相电流表	kWh V A A A
	1000～1600	主开关 1600～3000A	总计量，主开关，电压表，三相电流表	kWh V A A A
大品字形	160～500	主开关 400～800A 出线开关 400A 六路	总计量，主开关，电压表，三相电流表	kWh V A A A
		主开关 400～800A 出线开关 400A 四路	总计量，主开关，电压表，三相电流表，45～100kVA 无功补偿	kWh kvarh V A A A
	630～1000	主开关 1000～1600A 出线开关 630A 三路 225A 二路	总计量，主开关，电压表，三相电流表	kWh V A A A
		主开关 1000～1600A 出线开关 630A 三路	总计量，主开关，电压表，三相电流表，45～100kVA 无功补偿	kWh kvarh V A A A

续表 15-125

箱变形式	箱变容量(kVA)	开关选择	功能	接线方案
目字形	160～500	主开关 400～800A 出线开关 400A 四路 225A 四路	主开关、总计量（有功电能表，无功电能表），电压表，三相电流表 45～150kvar 无功补偿	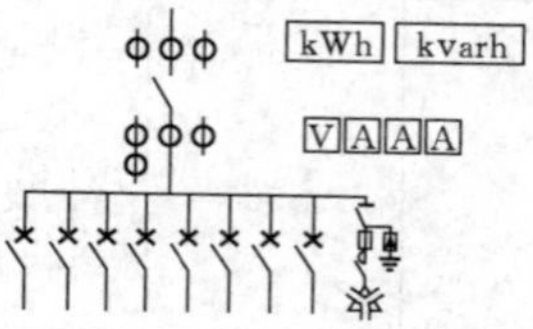 kWh kvarh VAAA
	630～800	主开关 1000～1250A 出线开关 630A 二路 400A 五路	主开关，总计量（有功电能表，无功电能表），电压表，三相电流表 120～160kvar 无功补偿	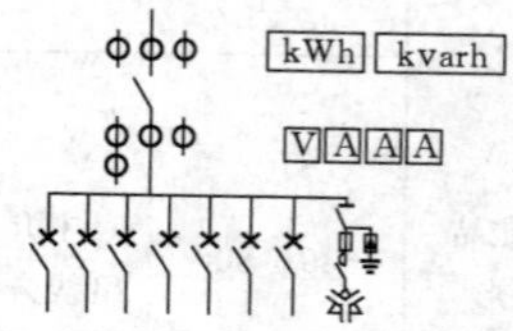 kWh kvarh VAAA
	1000	主开关 1600～2000A 出线开关 630A 四路	主开关，总计量（有功电能表，无功电能表），电压表，三相电流表 300kvar 无功补偿	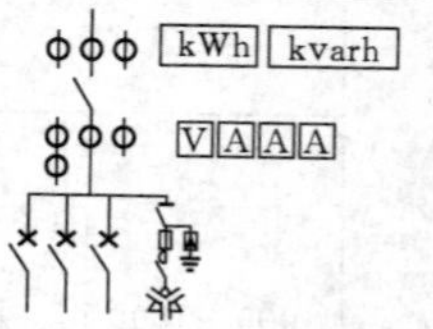 kWh kvarh VAAA
L形	160～500	主开关 400～800A 出线开关 400A 四路 225A 六路	总计量，主开关，电压表，三相电流表 45～120kVA 无功补偿	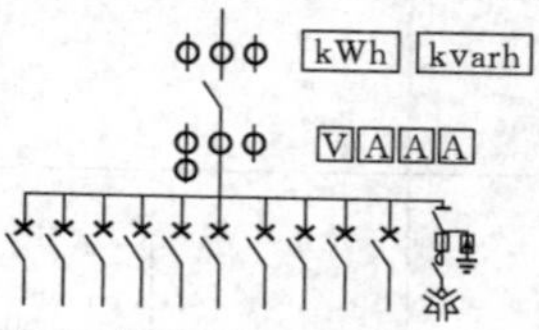 kWh kvarh VAAA
	630～800	主开关 1000～1600A 出线开关 630A 二路 400A 四路，225A 四路	总计量，主开关，电压表，三相电流表 120～160kVA 无功补偿	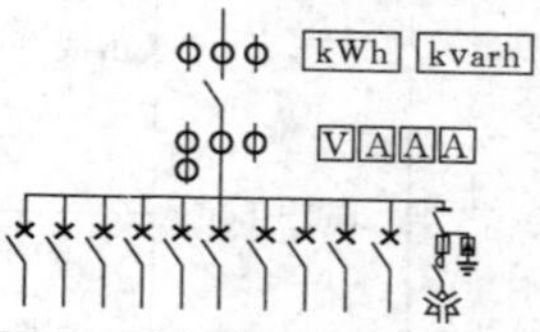 kWh kvarh VAAA
		主开关 1000～1600A 出线开关 630A 二路 400A 四路，225A 二路	总计量，主开关，电压表，三相电流表 180～300kVA 无功补偿	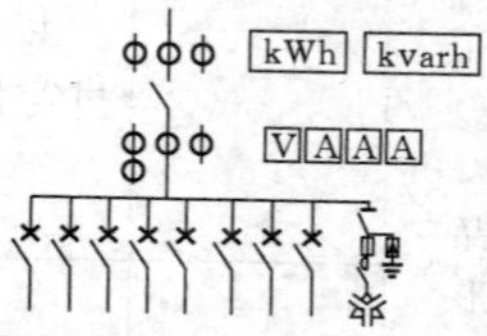 kWh kvarh VAAA
	1250～1600	主开关 2000～3200A 出线开关 800A 二路 630A 四路，400A 二路 225A 二路	总计量，主开关，电压表，三相电流表 180～300kVA 无功补偿	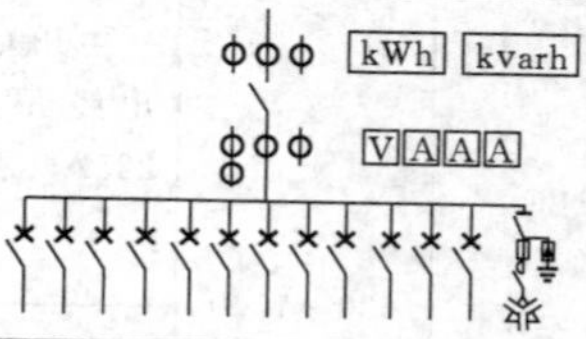 kWh kvarh VAAA
		主开关 2000～3200A 出线开关 800A 二路 630A 四路，400A 二路 225A 二路	总计量，主开关，电压表，三相电流表 320～400kVA 无功补偿	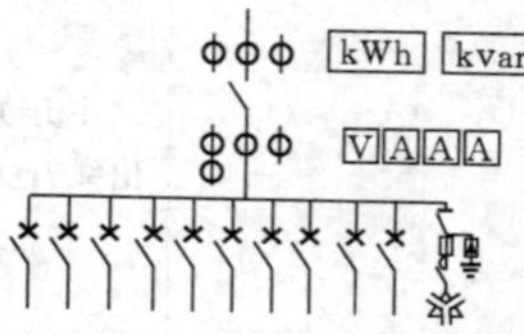 kWh kvarh VAAA

五、外形及安装尺寸

顺特电气 ZG 系列美式箱变外形及安装尺寸，见表 15－126 及图 15－53。

表 15－126 顺特电气 ZG 系列美式箱变外形及安装尺寸

箱变形式	容量 (kVA)	外形及安装尺寸 (mm)								重量 (kg)	适用场合
		W	W1	W2	H	H1	D	D1	D2		
标准品字形	≤125	2000	1180		1580	1240	1116	508	675	2000	适用于少回路低压出线
	160～500	2000	1330		1580	1340	1350	508	655	2950	
	630	2000	1420		1710	1480	1560	632	775	3400	
	800	2000	1420		1710	1480	1690	632	775	3600	
	1000	2000	1420		1710	1480	1820	632	815	4000	
	1250	2000	1560		1710	1480	1840	632	795	4800	
	1600	2205	1680		1710	1520	1920	632	920	5700	
大品字形	≤725	2200	1180		1900	1240	1240	632	575	2200	适用于少回路低压出线
	160～500	2200	1330		1900	1340	1474	632	655	3150	
	630	2200	1420		1900	1480	1560	632	775	3600	
	800	2200	1420		1900	1480	1690	632	775	3800	
	1000	2200	1420		1900	1480	1780	632	815	4200	
一体目字形	≤500	1850	1400	1820			1820	685		3250	适用于多回路低压出线
	630～800	2300	1400	2205			1860	725		3900	
	1000～1250	2500	1570	2205			1985	820		5100	
一体L形	≤125	2650	1180		1580	1240	1400	508	575	2400	适用于复杀多回路低压出线及分路计量
	160～500	2650	1330		1710	1340	1730	632	655	3350	
	630～800	2650	1420		1710	1480	1730	632	775	4000	
	1000	2650	1420		1710	1480	1730	632	815	4400	
	1250	2650	1560		1710	1480	2000	632	795	5200	
	1600	2855	1680		1710	1520	2000	632	920	6100	

注 9、11 系列及非晶合金的美式箱变外形尺寸与 10 系列有所不同。

六、订货须知

订货时必须提供组合式变压器型号和规格参数及绝缘油、高压单元供电方式及进线电缆截面、低压单元的电器元件及规格、功能件选项（高压带电显示、高压短路故障显示、高压肘型避雷器、高低压计量方式、低压保护）及特殊要求。

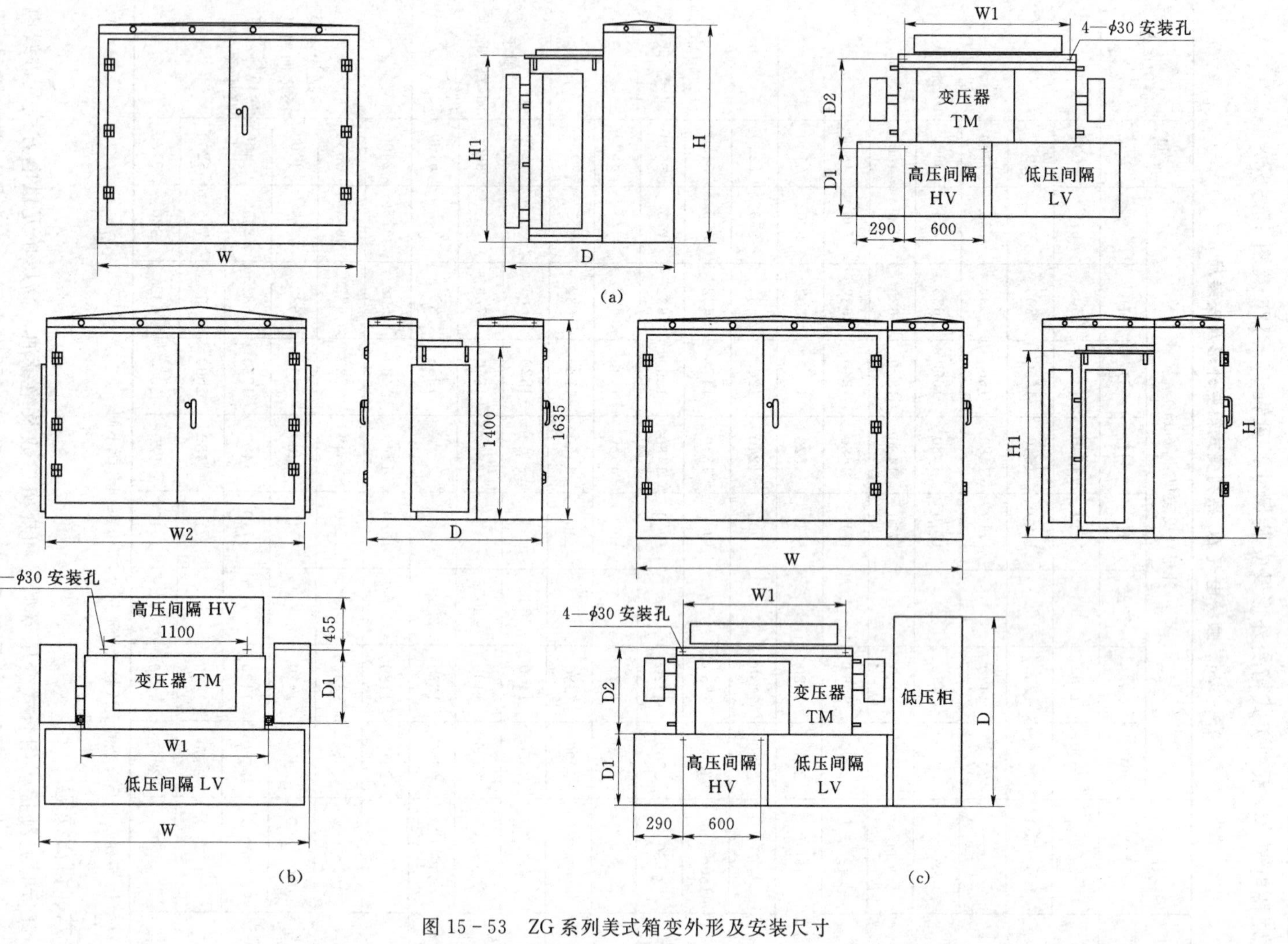

图 15-53 ZG 系列美式箱变外形及安装尺寸
(a) 品字形；(b) 目字形；(c) L 形

七、生产厂

顺特电气有限公司。

15.3.8 泰州海田 ZGS9—Z（H）系列组合变压器

一、概述

ZGS9—Z（H）型系列组合变压器是由泰州海田电气制造有限公司研制开发的，即美式箱变，是一种新型的一体化变配电装置。它将油浸密封式配电变压器与高低压电器元器件进行优化组合，将变压器器身、高压负荷开关、熔断器等元器件浸在绝缘液体内，同时可根据需要配置低压配电系统，产品在工厂预制成型后可方便快捷地投入运行。该箱变系高节能型变配电终端设备，是城市配电系统中最具吸引力的高科技产品。与传统欧式箱变相比，具有性能优越、技术先进、成套性强、安装迅速、操作安全简便、体积小、重量轻等显著特点，可广泛应用于住宅小区、商业娱乐中心、厂矿、宾馆、机场、车站、医院、学校等场所，尤其适用于城网建设改造。该产品能使10kV电网深入负荷中心，大幅度减小低压送电平均距离，显著减小线损，提高供电质量和可靠性，美化城市环境。

二、产品特点

（1）体积小，重量轻，结构紧凑，占地面积比普通箱变大为减少，可节省建筑费用，综合造价低。

（2）噪声小，损耗低，过载能力大，抗突发短路能力强。

（3）全绝缘、全密封结构，绝缘水平高，免维护，所有高压元件及箱体均全部接地，运行安全可靠。

（4）电缆接头采用插接形式，具有隔离开关的特点，操作灵活简便。

（5）高压负荷开关有终端、环网、双电源可切换三种运行方式，开关灭弧产生的碳粒不会散落在变压器芯上，变压器器身可直接由箱体中吊出，维修方便。

（6）高压采用双熔丝保护装置，插拔式熔断器可在带电状态下单独更换熔丝，操作简便。

（7）全密封结构无油污，没有电磁场与电磁辐射的污染，可美化城市环境，系符合环保要求的绿色产品。

三、型号含义

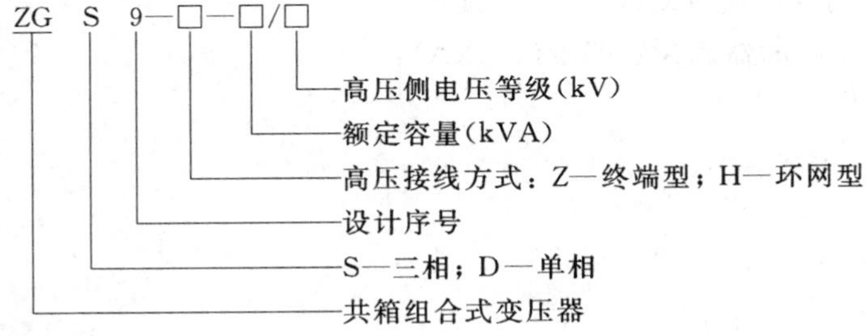

四、组合变压器结构

ZGS9—Z（H）型系列组合式变压器结构，见图15-54。

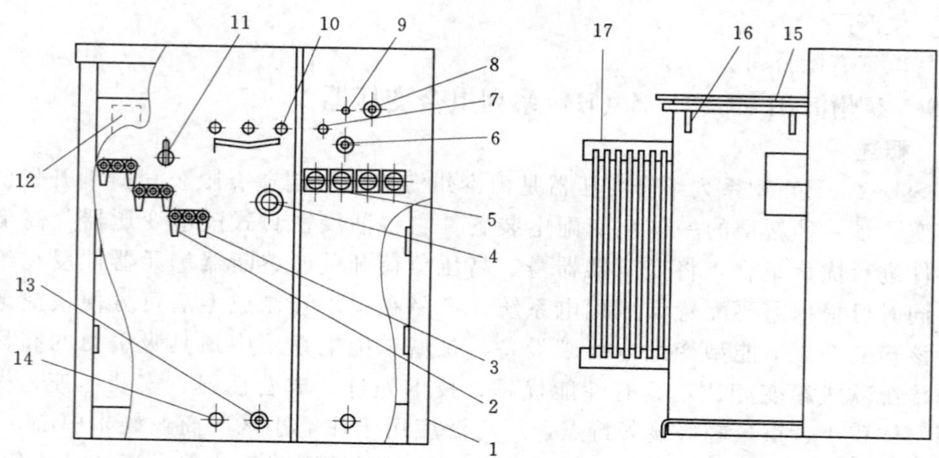

图 15-54 ZGS9—Z（H）型系列组合式变压器结构

1—箱体；2—高压套管；3—避雷器；4—分接开关；5—低压套管；6—温度计；7—油位计；8—真空压力表；9—压力释放阀；10—插入式熔断器；11—负荷开关；12—铭牌；13—活门；14—接地螺栓；15—箱盖；16—吊攀；17—散热器（波纹油箱或膨胀式散热器）

五、技术数据

（1）额定容量（kVA）：200～1000。

（2）分接范围：±5%。

（3）调压方式：无励磁调压。

（4）额定电压：高压侧 10kV，低压侧 0.4kV。

（5）高压侧最高电压（kV）：12。

（6）额定频率（Hz）：50。

（7）连接组别：D，yn11。

（8）短路阻抗：标准阻抗（见技术数据表）。

（9）冷却方式：油浸自冷。

（10）工频耐压（kV）：35。

（11）雷电冲击电压（kV）：75。

（12）2s 短时耐受电流（kA）：12.5，16。

（13）高压限流熔断器遮断短路电流（kA）：50。

（14）使用条件：

海拔（m）：≤1000。

环境温度（℃）：－30～＋40。

空气相对湿度（%）：＜90（＋25℃）。

风速（m/s）：≤35。

抗震烈度：水平加速度≤0.4m/s²；垂直加速度＜0.2m/s²。

安装地点无火灾、化学腐蚀、爆炸危险及剧烈震动和重粉尘。

（15）空载损耗、负载损耗、空载电流、短路阻抗技术数据，见表 15-127。

六、外形及安装尺寸

ZGS9—Z型组合式变压器外形及安装尺寸，见表15-128及图15-55。

表15-127 ZGS□—(Z) 系列组合式变压器技术数据

型 号	额定容量 (kVA)	电压组合 高压 (kV)	电压组合 低压 (kV)	电压组合 高压分接 (%)	连接组标号	空载损耗 (W)	负载损耗 (W)	空载电流 (%)	短路阻抗 (%)	外形尺寸 (mm) (长×宽×高)	B_1 (mm)	重量 (kg)
ZGS9—Z—200/10	200	6 6.3 6.6 10 10.5 11	0.4	±5	D，yn11	480	2600	1.3	4.0	1608×1470×1622	1050	1750
ZGS9—Z—250/10	250					560	3050	1.2		1608×1580×1622	1060	1825
ZGS9—Z—315/10	315					670	3650	1.1		1608×1490×1622	1070	2205
ZGS9—Z—400/10	400					800	4300	1.0		1708×1810×1762	1090	2510
ZGS9—Z—500/10	500					960	5100	1.0		1708×1630×1762	1110	2865
ZGS9—Z—630/10	630					1200	6200	0.9	4.5	1708×1760×1762	1140	3410
ZGS9—Z—800/10	800					1400	7500	0.8		1808×1760×1862	1160	3945
ZGS9—Z—1000/10	1000					1700	10300	0.7		1808×1790×1862	1170	4350
ZGS10—200/10	200	6 6.3 6.6 10 10.5 11	0.4	±5	D，yn11	380	2980	1.2	4.0			
ZGS10—250/10	250					460	3400	1.1				
ZGS10—315/10	315					540	4080	1.0				
ZGS10—400/10	400					650	4930	0.9				
ZGS10—500/10	500					780	5870	0.9				
ZGS10—630/10	630					920	6890	0.8	4.5			
ZGS10—800/10	800					1120	8420	0.7				
ZGS10—1000/10	1000					1320	9860	0.6				
ZGS11—200/10	200	6 6.3 6.6 10 10.5 11	0.4	±5	D，yn11	330	2780	1.1	4.0			
ZGS11—250/10	250					400	3400	1.0				
ZGS11—315/10	315					480	4080	0.9				
ZGS11—400/10	400					570	4930	0.8				
ZGS11—500/10	500					680	5870	0.7				
ZGS11—630/10	630					810	6890	0.6	4.5			
ZGS11—800/10	800					980	8420	0.6				
ZGS11—1000/10	1000					1160	9860	0.6				

表15-128 ZGS9—Z型组合式变压器外形及安装尺寸

额定容量 (kVA)	外形及安装尺寸 L	B	B_1	额定容量 (kVA)	外形及安装尺寸 L	B	B_1
200	2470	2008	1488	500	2630	2108	1588
250	2580	2008	1488	630	2760	2108	1588
315	2490	2008	1488	800	2780	2208	1688
400	2810	2108	1588	1000	2790	2208	1688

七、订货须知

订货时必须提供组合式变压器型号、装置类型（终端型、环网型）、变压器型号及规格、主接线方案及主要元器件型号和额定参数、箱壳颜色（无特殊要求时为绿色）及其它要求。

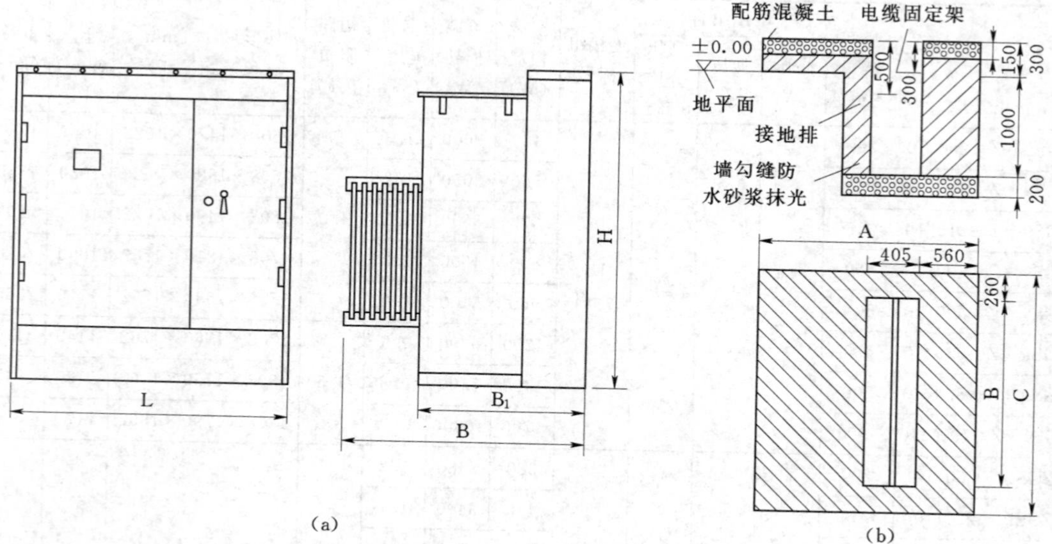

图 15-55 ZGS9—Z 型组合式变压器外形及安装尺寸
(a) 外形尺寸；(b) 安装基础尺寸

八、生产厂

泰州海田电气制造有限公司。

15.3.9 中国西电、西安西电、西安西开 ZGSB9/10 系列组合式变压器

一、概述

ZGSB9/10 系列组合式变压器是将变压器的器身、开关、熔断器、分接开关及相应辅助组件进行组合的变压器，同时还可以配置低压开关，无功补偿设备和低压计量系统。

中国西电集团生产的组合式变压器是在 ABB 全密封油浸式配电变压器基础上发展而成。可提供容量 100～1000kVA，电压为 6kV 和 10kV 的各种规格的组合变，具有供电可靠、结构合理、安装迅速、灵活、操作方便、体积小、工程造价低等特点，用于户内、户外，广泛适用于工业园区、居民小区、商业中心及高层建筑等各种场所。

二、产品特点

(1) 紧密的结构。组合式变压器是将变压器、负荷开关（终端或环网）、保护用熔断器等设备统一设计，放在同一油箱中，体积较小。

(2) 安全及环保。传统的产品需要专门的配电房，进线基本上为架空线，不但基建成本高，而且从安全、环保角度看不够理想。而组合式变压器无须配电房，可直接安装在绿化带内，进线可直接从电缆沟进入。

(3) 成本低。由于采用简便的安装和选用较少的零部件，组合式变压器的安装费用较传统的安装费用少。同样使用两台 800kVA，传统的产品比组合式变压器贵 1 倍多。

(4) ABB的技术。组合式变压器的高、低压线圈采用直接绕制工艺，铁芯、低压和高压线圈三者之间的结合十分紧密，无套装间隙，具有较强的承受短路能力。

(5) 标准化产品。全密封、全绝缘结构，无需绝缘距离，可靠保证人身安全，既可用于环网，又可用于终端，转换十分方便，提高供电的可靠性。采用双熔丝保护，降低了运行成本。箱体采用防腐设计和粉末喷涂处理，可广泛用于各种恶劣环境，如多暴风雨和高污染地区。为了便于安装，产品采用标准化设计。

正常使用条件：

1) 最高气温+40℃；最高日平均气温+30℃；最高年平均气温+20℃；最低气温−25℃（户外式），−5℃（户内式）。

2) 海拔不超过1000m。

根据要求可提供在特殊使用条件下运行的组合式变压器。

该产品符合GB 1094.1、2—1996《电力变压器》、GB 1094.3、5—1985《电力变压器》、GB/T 6451—1999《三相油浸式电力变压器技术参数和要求》、JB/T 10217—2000《组合式变压器》标准。

三、结构特点

组合式变压器的结构分为前后两部分。前面为高、低压操作间隔，包括高低压套管、负荷开关、无载调压分接开关、插入式熔断器、压力释放阀、温度计、油位计、注油管、放油阀等。后部为箱体及散热片。变压器的绕组和铁芯、高压负荷开关及保护用熔断器都在箱体内。箱体为全密封结构，采用隐蔽式高强度螺栓及硅胶来密封箱盖。

箱体在设计上充分考虑了防水、安全性和操作方便的要求，箱门为三点边锁，只有在打开低压间隔后才可打开高压间隔。

组合式变压器的高压端子配有绝缘套管，插入式电缆终端与绝缘子相接，将带电部分密封在绝缘体内，形成全绝缘结构，端子表面不带电（地电位），可确保人身安全。

组合式变压器由高压后备保护熔断器与插入式熔断器串联起来提供保护，保护原理先进，经济可靠、操作简便。

油浸式负荷开关是三相连动开关，具有弹簧操作机构，可完成负荷开断和关合操作。负荷开关分为二和四位置两种，分别用于放射型配电系统和环网型配电系统。

该产品变压器铁芯选用优质冷轧晶粒取向的硅钢片，采用45°全斜接缝和椭圆形截面结构，具有高度低、损耗小的特点。低压线圈采用铜箔绕制，铜箔的宽度与线圈高度一致，没有螺旋角，因而端部横向漏磁场较小。高压线圈用铜导线绕制采用层式结构，纵向电容较大，雷电冲击电压分布比较均匀。高低压线圈采用直接绕制工艺，铁芯、低压线圈和高压线圈三者之间结合十分紧密，无套装间隙，与同类产品相比具有较强的承受短路能力。

箱体表面采用先进工艺进行防腐处理。首先经五道表面预处理工序，然后再进行静电粉末喷涂和固化。采用的粉末是一种耐腐蚀力极强的热固性树脂材料，具有高强度的耐腐蚀性、耐磨性、抗冲击性和抗紫外线能力，所以适应各种恶劣环境的能力较强。

低压柜内留有位置，按不同要求可安装2～6个回路低压断路器。断路器一般选用ABB的S断路器和Schneider的NS断路器。低压断路器具有过载和短路保护装置，能保护低压侧线路和变压器不受损坏。

低压侧装有电压表、电流表、电能表、电流互感器及电压转换开关，随时观察电流、电压的变化。可根据用户要求加装自动无功补偿装置、缺相保护器和带有遥测、遥讯功能的综合配电测试仪或全电子式三相多功能电能表。

四、型号含义

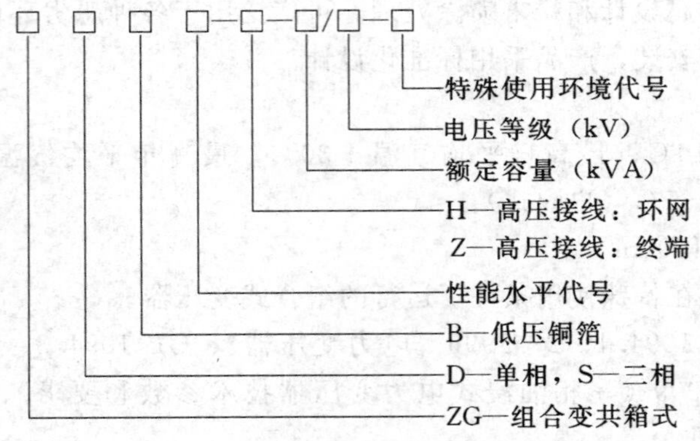

五、技术数据

组合式变压器基本参数。

（1）额定电压：高压侧 6、10kV；低压侧 0.4kV；高压侧设备最高电压 6、9、11.5kV；辅助回路 110、220、380V。

（2）额定容量（kVA）：100、160、315、400、500、630、800、1000。

（3）高压分接范围：±2×2.5%（可提供±5%）。

（4）连接方式：D，yn11。

（5）额定频率（Hz）：50（可提供 60Hz）。

（6）短路阻抗：若所需阻抗电压值不同常规的数值，应在询价时提出。

（7）温升限值：高压电器元件、低压电器元件和变压器符合各自的国家标准。

（8）高压后备保护熔断器开断容量：50kA。

（9）外壳防护等级：IP33。

ZGSB9/10 系列组合式变压器技术数据，见表 15-129。

表 15-129 ZGSB9/10 系列组合式变压器技术数据

型号	额定容量（kVA）	电压组合			连接组标号	空载损耗（kW）	负载损耗（kW）	空载电流（%）	短路阻抗（%）
		高压（kV）	高压分接范围（%）	低压（kV）					
ZGSB9—H（Z）—100/10	100	6 6.3 6.6 10 10.5 11	±2×2.5	0.4	D，yn11	0.29	1.5	1.6	4
ZGSB9—H（Z）—160/10	160					0.4	2.2	1.4	
ZGSB9—H（Z）—200/10	200					0.48	2.6	1.3	
ZGSB9—H（Z）—250/10	250					0.56	3.05	1.2	
ZGSB9—H（Z）—315/10	315					0.67	3.65	1.1	

续表 15-129

型　号	额定容量（kVA）	电压组合			连接组标号	空载损耗（kW）	负载损耗（kW）	空载电流（%）	短路阻抗（%）
		高压（kV）	高压分接范围（%）	低压（kV）					
ZGSB9—H（Z）—400/10	400	6 6.3 6.6 10 10.5 11	±2×2.5	0.4	D，yn11	0.8	4.3	1.0	4
ZGSB9—H（Z）—500/10	500					0.96	5.1	1.0	
ZGSB9—H（Z）—630/10	630					1.2	6.2	0.9	4.5
ZGSB9—H（Z）—800/10	800					1.4	7.5	0.8	
ZGSB9—H（Z）—1000/10	1000					1.7	10.3	0.7	
ZGSB10—H（Z）—100/10	100					0.24	1.5	1.55	4
ZGSB10—H（Z）—160/10	160					0.32	2.2	1.35	
ZGSB10—H（Z）—200/10	200					0.38	2.6	1.25	
ZGSB10—H（Z）—250/10	250					0.46	3.05	1.15	
ZGSB10—H（Z）—315/10	315					0.54	3.65	1.05	
ZGSB10—H（Z）—400/10	400					0.65	4.3	0.95	
ZGSB10—H（Z）—500/10	500					0.78	5.1	0.95	
ZGSB10—H（Z）—630/10	630					0.92	6.2	0.85	4.5
ZGSB10—H（Z）—800/10	800					1.12	7.5	0.75	
ZGSB10—H（Z）—1000/10	1000					1.32	10.3	0.65	

六、外形及安装尺寸

ZGSB9/10 系列组合式变压器外形及安装尺寸，见表 15-130 及图 15-56。

表 15-130　ZGSB9/10 系列组合式变压器外形尺寸　　单位：mm

额定容量（kVA）	A	B	C	D	E	F	重量（kg）
100	1900	1370	1640	620	1200	600	1950
160	1900	1380	1640	620	1200	600	2100
200	1900	1380	1640	620	1200	600	2150
250	1900	1400	1750	650	1200	600	2250
315	1900	1430	1750	650	1200	600	2350
400	1900	1430	1750	650	1200	600	2500
500	1900	1480	1750	700	1200	600	2850
630	1900	1520	1750	700	1400	600	2950
800	2050	1520	1920	700	1700	600	4150
1000	2050	1600	1920	720	1700	600	4300

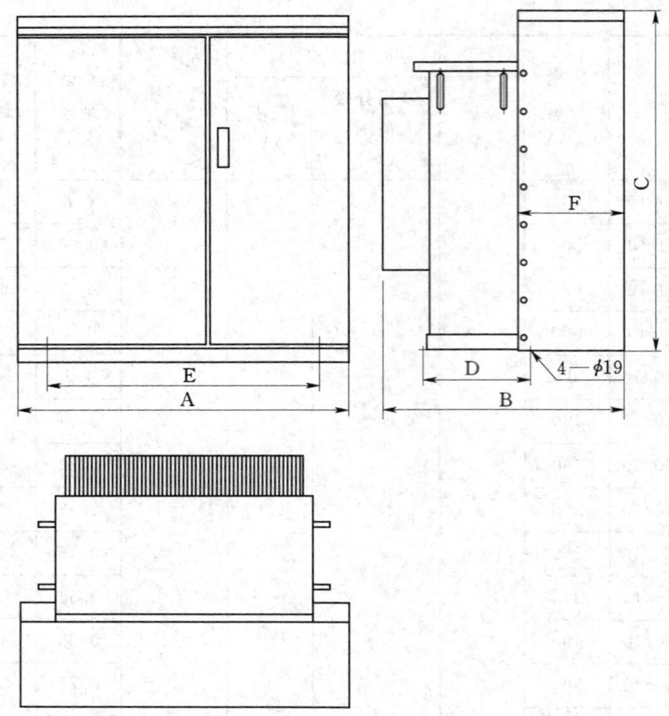

图 15-56 ZGSB9/10 系列组合变压器外形及安装尺寸

七、生产厂

中国西电集团、西安西电高压开关有限责任公司、西安西开中低压开关有限责任公司。

15.3.10 锦州 ZGS9—H、ZGS9—Z 系列组合式变压器

一、概述

ZGS9—H（Z）系列是锦州变压器股份有限公司参照美式箱变独立开发的新型配电成套设备，是专为我国城市配电网络而设计的新一代节能产品，其性能指标完全符合我国电力系统的要求。组合式变电站集变压器、配电控制及各种保护于一体，体积精巧、外观整洁。主要应用于 10、6.3kV 的环网或终端系统及城网改造中，可用于户内、户外，能够较大程度地深入到负荷中心供电，占地面积小，投入成本低，维护费用少，广泛应用于住宅小区、商业网点、车站、公园等公共场所，是新一代城网改造的首选产品。

二、产品特点

（1）全密封、全绝缘结构。三相联动，产品无裸露高压带电体，安全可靠。

（2）可用于环网、终端及双电源供电。

（3）采用双熔丝全范围保护方式，或采用真空断路器作过流保护，可迅速恢复供电，保护功能齐全。

（4）低能耗，过载能力强，采用“D，yn11”接法具有中性点不漂移、低噪音、防雷性能好等优点。

(5) 低压配电方案灵活多样，可加计量及多回路开关。

三、结构特点

该组合式变压器结构分为前后两个部分。前部为高低压操作间隔，高压间隔有高压进线端子、负荷开关、分接开关、插入式熔断器；低压间隔包括低压出线端子（可加标准计量、多回路开关）及各种计量保护装置。后部为变压器主体，高压负荷开关、插入式熔断器及后备保护熔断器置于其中。箱体充分考虑防水安全性和操作方便，箱门为三点联锁，只有打开低压间隔才可打开高压间隔。

四、型号含义

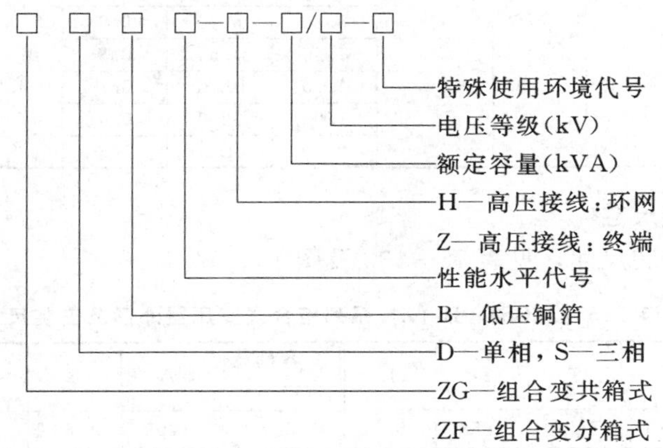

五、技术数据

ZGS9—H（Z）系列组合式变压器技术数据，见表15-131；变压器技术数据，见表15-132。

表15-131 ZGS9—H（Z）系列组合式变压器技术数据

组合式变压器	高压电器	变压器	低压电器
额定电压（kV）	10	6/0.4、10/0.4	0.4
额定容量（kVA）		100～1600	
额定电流（A）	630		100～2500
额定短时开断电流（kA）	16		
额定短时关合电流（kA）	40		
额定短时耐受电流（kA）	16（4s）	200～400kA	15（1s）
额定峰值耐受电流（kA）	40	200～400kA	30
工频耐压（1min）（kV）	相对地及相间42 隔离断口48	25/35	
雷电冲击耐压（kV）	相对地及相间75 隔离断口85	60/75	
箱体防护等级	IP33DH	IP33DH	IP33DH
噪声水平（dB）		55	

表 15-132 ZGS9—H（Z）系列组合式变压器技术数据

额定容量（kVA）	电压组合（kV）			连接组标号	空载损耗（kW）	短路损耗（kW）	空载电流（%）	短路阻抗（%）	噪声（dB）	温升（K）
	高压	分接范围	低压							
100	6 6.3 10	±5% ±2×2.5%	0.4 0.69	Y，yn0 D，yn11	0.29	1.50	1.6	4	＜55	顶层油温 55 线圈 60
125					0.34	1.80	1.5			
160					0.40	2.20	1.4			
200					0.48	2.60	1.3			
250					0.56	3.05	1.2			
315					0.67	3.60	1.1			
400					0.80	4.30	1.0			
500					0.96	5.15	1.0			
630					1.20	6.20	0.9	4.5		
800					1.40	7.50	0.8			
1000					1.70	10.30	0.7			
1250					1.95	12.0	0.6			
1600					2.40	14.50	0.6			

六、外形及安装尺寸

该产品外形及安装尺寸，见表 15-133 及图 15-57。

表 15-133 ZGS9—H（Z）系列组合式变压器外形及安装尺寸 单位：mm

容量（kVA）	A	B	C	D	E	容量（kVA）	A	B	C	D	E
200	1608	1470	1622	1558	520	630	1708	1760	1762	1658	520
250	1608	1580	1622	1558	520	800	1808	1780	1862	1758	520
315	1608	1490	1622	1558	520	1000	1808	1790	1862	1758	520
400	1708	1810	1762	1658	520	1250	1858	1840	1862	1808	520
500	1708	1630	1762	1658	520	1600	1858	1840	1862	1808	520

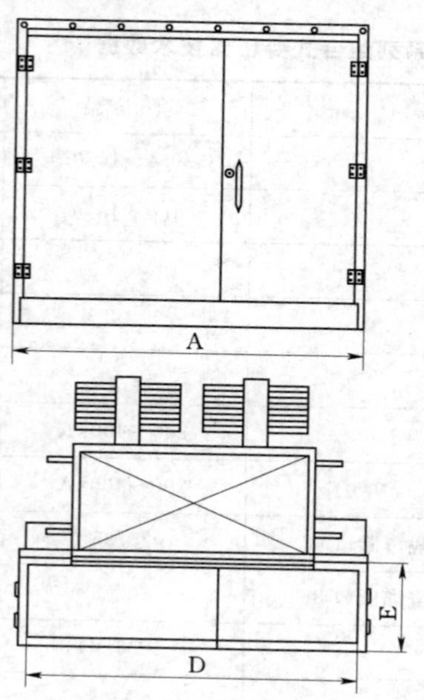

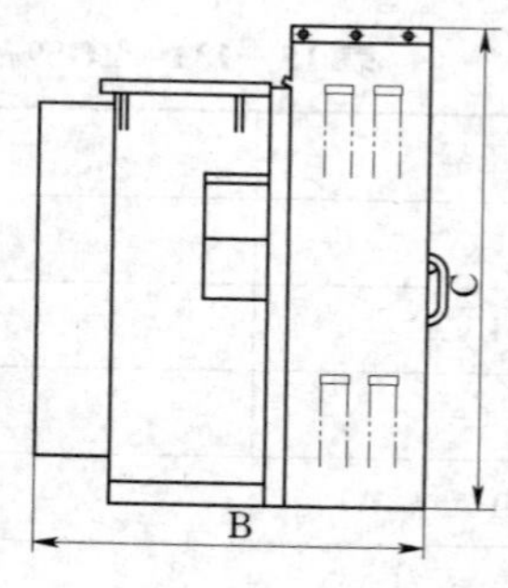

图 15-57 ZGS9—H（Z）系列组合式变压器外形及安装尺寸

七、订货须知

订货时必须提供产品型号，一、二次供电方案与交货日期及特殊要求。

八、生产厂

锦州变压器股份有限公司。

15.3.11 张家港五洲ZGS9—H（Z）型组合式变压器

一、概述

张家港五洲变压器有限公司生产的ZGS9—H（Z）型组合式变压器是将变压器器身、高压负荷开关、保护用熔断器等设备进行一体化设计，集中放置于同一油箱中的变压器。

该产品具有结构紧凑、体积小、全密封、无需绝缘距离、双熔丝保护、运行安全可靠、成本低等特点，既适用于环网供电方式，又可用于放射式终端供电。箱体采用防腐设计和特殊喷涂处理，可安装于各种恶劣环境，广泛适用于居民小区、商业中心、工业园区、公园、高层建筑等各种场所。

该产品符合中国国家标准GB 1094.1—2—1996《电力变压器》、GB 1094.3，5—85《电力变压器》、GB/T 6451—1999《三相油浸式电力变压器技术参数和要求》，中国机械行业标准JB/T 10217—2000《组合式变压器》，国际电工委员会标准IEC 76《电力变压器》。

二、结构特点

（1）铁芯为四柱式，熔断器与变压器高压绕组串联构成一相，并以此为单元构成D结，可解决故障相不干扰其它相的供电。

（2）有两种熔断器（插入式、后备熔断器）双重保护。插入式熔断器当二次侧发生短路、过负荷、油温过高时提供保护。后备熔断器当变压器内部发生故障时提供保护。

（3）全密封、全绝缘结构，无需绝缘距离，可靠保证人身安全。

（4）既可用于终端，又可用于环网，转换方便，供电可靠。

三、型号含义

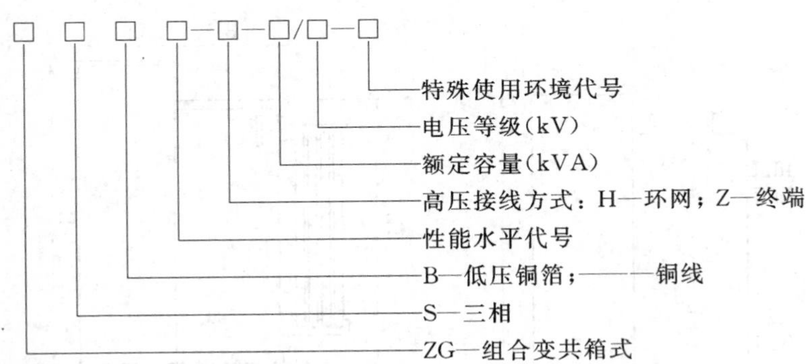

四、技术数据

ZGS9—H（Z）型组合式变压器技术数据，见表15-134。

五、外形及安装尺寸

该变压器外形及安装尺寸，见表15-135及图15-58。

表 15-134 ZGS9—H（Z）型组合式变压器技术数据

型号	额定容量（kVA）	电压组合			连接组标号	空载损耗（W）	负载损耗（W）	空载电流（%）	阻抗电压（%）
		高压（kV）	高压分接范围（%）	低压（kV）					
ZGS9—H（Z）—315/10	315	6 6.3 6.6 10 10.5 11	±5 ±2×2.5	0.4	D，yn11	670	3650	1.1	4
ZGS9—H（Z）—400/10	400					800	4300	1.0	
ZGS9—H（Z）—500/10	500					960	5100	1.0	
ZGS9—H（Z）—630/10	630					1200	6200	0.9	
ZGS9—H（Z）—800/10	800					1400	2500	0.8	4.5
ZGS9—H（Z）—1000/10	1000					1700	10300	0.7	

注 1. 正常使用条件温度−25～+40℃，海拔<1000m。
2. 根据要求可提供特殊使用条件下运行变压器。

表 15-135 ZGS9—H（Z）型组合变压器外形及安装尺寸 单位：mm

型号	额定容量（kVA）	L	L_1	B_1	B_2	H_1	H	重量（kg）
ZGS9—H（Z）—315/10	315	1620	1230	550	1100	1370	1640	2155
ZGS9—H（Z）—400/10	400	1720	1300	550	1260	1420	1780	2460
ZGS9—H（Z）—500/10	500	1720	1360	560	1260	1460	1780	2815
ZGS9—H（Z）—630/10	630	1720	1470	560	1220	1510	1780	3335
ZGS9—H（Z）—800/10	800	1820	1520	570	1230	1580	1880	3870
ZGS9—H（Z）—1000/10	1000	1820	1560	570	1240	1610	1880	4275

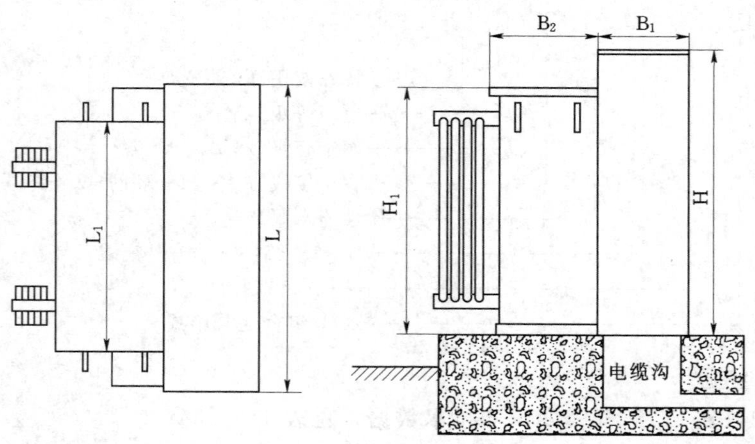

图 15-58 ZGS9—H（Z）型组合变压器外形及安装尺寸

六、生产厂

张家港五洲变压器有限公司。

15.3.12 中电电气ZGS□—Z（H）系列美式箱变

一、概述

ZGS□—Z（H）系列美式箱变是在变压器的基础上发展起来的一种综合设备，是将油浸密封式配电变压器与高低压电器元件进行组合。变压器器身、高压负荷开关、断路器等元件都浸在绝缘油中，同时可以根据需要配置低压计量和补偿等。

该产品可用于户内、户外，广泛适用于住宅小区、商业中心、车站、工矿企业、机场、地铁、学校、医院、高层建筑等各类公共场所。

使用条件：

海拔≤1000m。

环境温度−30～+45℃，最高日平均气温+30℃，最高年平均气温+20℃。

户外风速≤35m/s。

相对湿度：日平均≤95%，月平均≤90%。

抗震烈度：8级。

二、产品特点

（1）结构紧凑，体积小，占地面积少，仅为同容量欧式箱变的1/3。

（2）低损耗，低噪音，抗突发短路能力强。

（3）采用NOMEX®纸混合绝缘系统，过负载能力强，可以120%长期过载。

（4）全绝缘、全密封结构，可以免维护，运行安全可靠。

（5）接线方式灵活，既可用于环网，又可用于终端，双电源可切换，转换方便。

（6）采用D，yn11接法，中性点不漂移，电压质量高。

（7）电缆接头采用插接形式，具有隔离开关的特点，操作方便灵活。

（8）保护完备：高压双熔丝保护，插入熔丝具有温度、电流双敏保护特性。

（9）低压配电可配置保护、自动无功补偿、配变综合参数测试仪、无线监控终端等装置。

三、型号含义

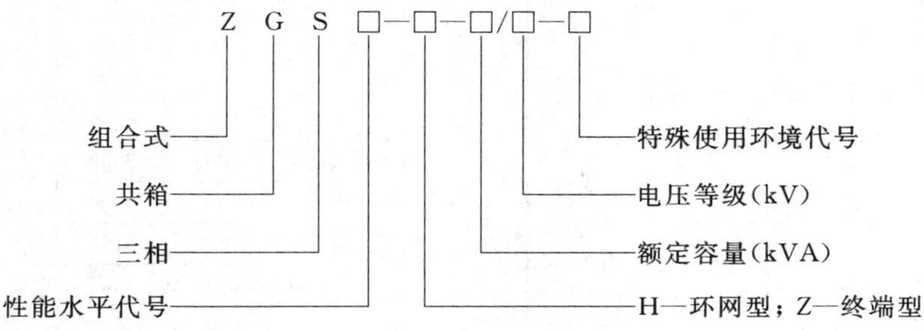

四、技术数据

（1）ZGS□—Z（H）系列美式箱变变压器技术数据，见表15-136。

（2）高压接线方案，见表15-137。

表15-136 ZGS□—Z（H）系列美式箱变变压器技术数据

型 号	电压组合			连接组标号	空载损耗（W）	负载损耗（W）	短路阻抗（%）	空载电流（%）
	高压（kV）	分接范围	低压（kV）					
ZGS9—H（Z）—100	6 6.3 10 11	±5% 或 ±2× 2.5%	0.4	Y，yn0 或 D，yn11	290	1500	4	1.6
ZGS9—H（Z）—125					340	1800		1.5
ZGS9—H（Z）—160					400	2200		1.4
ZGS9—H（Z）—200					480	2600		1.3
ZGS9—H（Z）—250					560	3050		1.2
ZGS9—H（Z）—315					670	3650		1.1
ZGS9—H（Z）—400					800	4300		1
ZGS9—H（Z）—500					960	5150		1
ZGS9—H（Z）—630					1200	6200	4.5	0.9
ZGS9—H（Z）—800					1400	7500		0.8
ZGS9—H（Z）—1000					1700	10300		0.7
ZGS9—H（Z）—1250					1950	12800		0.6
ZGS9—H（Z）—1600					2400	14500		0.6
ZGS10—H（Z）—100	6 6.3 10 11	±5% 或 ±2× 2.5%	0.4	Y，yn0 或 D，yn11	260	1500	4	1.5
ZGS10—H（Z）—125					305	1800		1.4
ZGS10—H（Z）—160					360	2200		1.3
ZGS10—H（Z）—200					430	2600		1.2
ZGS10—H（Z）—250					500	3050		1.1
ZGS10—H（Z）—315					600	3650		1
ZGS10—H（Z）—400					720	4300		0.9
ZGS10—H（Z）—500					860	5150		0.9
ZGS10—H（Z）—630					1080	6200	4.5	0.8
ZGS10—H（Z）—800					1260	7500		0.7
ZGS10—H（Z）—1000					1530	10300		0.6
ZGS10—H（Z）—1250					1750	12800		0.5
ZGS10—H（Z）—1600					2160	14500		0.5
ZGS11—H（Z）—100	6 6.3 10 11	±5% 或 ±2× 2.5%	0.4	Y，yn0 或 D，yn11	205	1500	4	1
ZGS11—H（Z）—125					240	1800		0.9
ZGS11—H（Z）—160					275	2200		0.8
ZGS11—H（Z）—200					330	2600		0.7
ZGS11—H（Z）—250					400	3050		0.7
ZGS11—H（Z）—315					480	3650		0.6
ZGS11—H（Z）—400					565	4300		0.6
ZGS11—H（Z）—500					680	5150		0.5
ZGS11—H（Z）—630					805	6200	4.5	0.5
ZGS11—H（Z）—800					980	7500		0.4
ZGS11—H（Z）—1000					1155	10300		0.4
ZGS11—H（Z）—1250					1365	12800		0.4
ZGS11—H（Z）—1600					1645	14500		0.4

表 15-137 ZGS□—Z（H）系列美式箱变高压接线方案

编号	01	02	03	04	05
高压方案	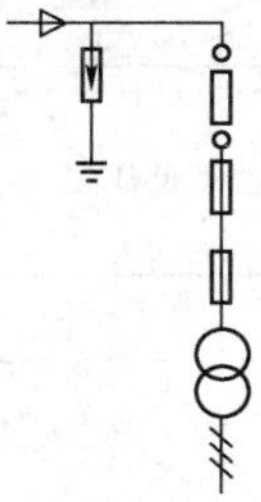	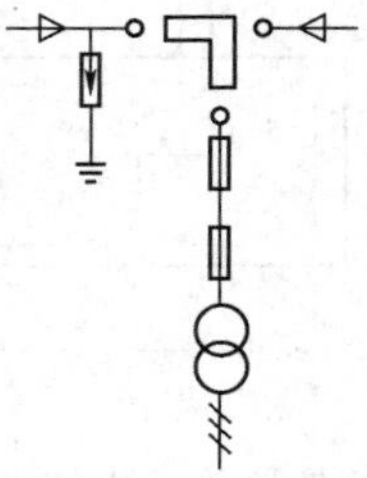	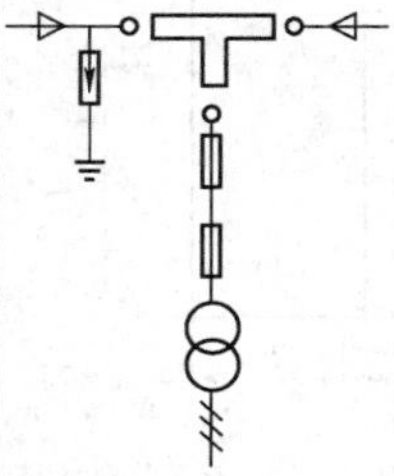	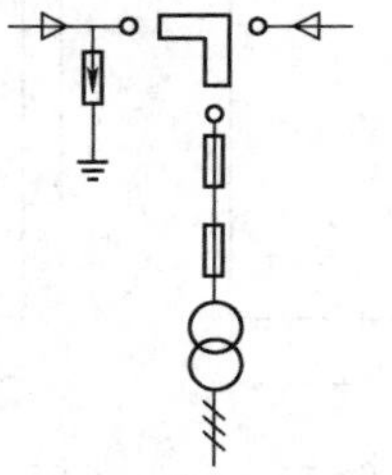	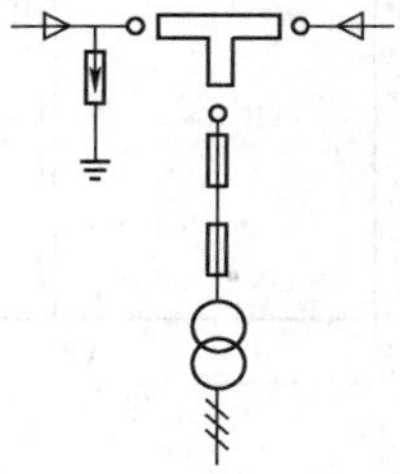
	用于终端	双电源供电	双电源供电	用于环网、双电源供电	用于环网

五、外形及安装尺寸

该产品外形及安装尺寸，见表 15-138 及图 15-59。

表 15-138 ZGS□—Z（H）系列美式箱变外形及安装尺寸　　单位：mm

容量（kVA）	A	B	C	D	E	F	H
100	1830	1080	750	1355	480	545	1735
125	1830	1080	750	1365	490	545	1735
160	1830	1080	750	1375	500	545	1735
200	1830	1080	750	1375	500	545	1735
250	1830	1080	750	1405	530	545	1735
315	1830	1080	750	1425	550	545	1735
400	1830	1080	750	1435	560	545	1805
500	1830	1080	750	1445	570	545	1805
630	1830	1080	750	1455	580	545	1860
800	1830	1080	750	1490	615	545	1860
1000	1830	1080	750	1675	800	545	2005
1250	2100	1200	900	1845	860	655	2035
1600	2100	1200	900	1885	900	655	2135

注　终端型组合变的负荷开关由四位置改为两位置，高压套管去除 A2、B2、C2，其余尺寸与相等容量的环网型组合变相同。

六、订货须知

订货必须提供电网特性、额定电压、频率、变压器容量、阻抗、分接范围、连接组别、高压供电方案、高低压电器元件、外壳材质等要求。

七、生产厂

中电电气集团有限公司。

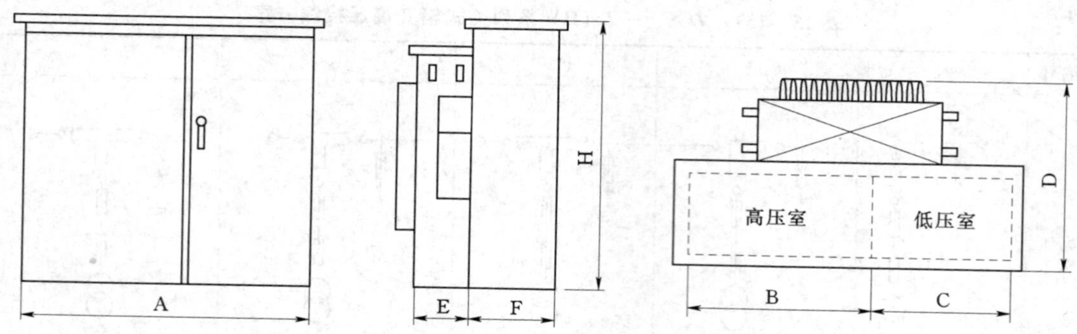

图 15-59 ZGS□—Z（H）系列美式箱变外形及安装尺寸

15.3.13 广西柳州 ZGS10—H（Z）系列组合变压器

一、概述

ZGS10—H（Z）系列组合变压器（俗称美式箱变），区别于传统的箱式变电站，将变压器、负荷开关、熔丝等保护元件装在绝缘油中，结构紧凑，采用高燃点绝缘油（>312℃），适应特殊场合的需要，可以根据需要配置低压配电、计量和补偿装置。

该系列产品广泛应用于居民小区、公共场所、厂矿企业、商业中心以及高层建筑等各种场所。

二、产品特点

（1）体积小、结构紧凑、安装方便。

（2）全密封、全绝缘结构，可靠保证人身安全。

（3）可用于环网，也可用于终端，转换十分方便。

（4）低损耗、低噪音、性能优越。

（5）电缆接头采用插接型式，具有隔离开关的特点，操作方便、灵活。

（6）采用双熔丝保护，降低了运行成本。插入式熔断器熔丝为双敏熔丝（温度、电流）。

（7）后备熔丝对变压器故障和二次线路故障进行保护。

（8）采用 D/Yn 接法，电压质量高，中性点不漂移，防雷性能好等。

（9）箱体采用防盗结构。

（10）温升低，过负荷能力强。

（11）高压元器件从美国进口。

三、型号含义

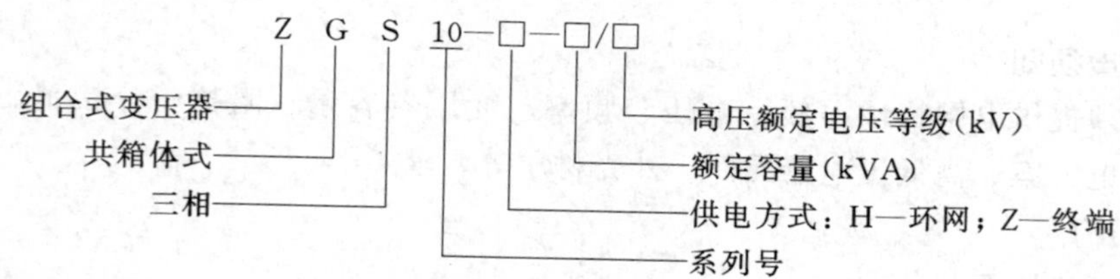

四、技术数据

ZGS10—H（Z）系列组合变压器技术数据，见表15-139。

表15-139 ZGS10—H（Z）系列组合变压器技术数据

项目	数据
额定容量（kVA）	50，63，80，100，125，160，200，250，315，400，500，630，800，1000，1250，1600
额定电压（kV）	6，6.3，6.6，10，10.5，11
高压分接范围（%）	±5，±2×2.5
连接组别	Y，yn0；D，yn11
工频耐压（kV/1min）	28（6kV级）；40（10kV级）
冲击耐压（kV）	70（6kV级）；90（10kV级）

项目	数据	
后备保护熔断器开断电流（kA）	50	
负荷开关（A）	300；600	热稳定电流2、16kA
		动稳定电流30、40kA
环境温度（℃）	－20～＋40	
油顶层温度（℃）	＜85	
噪声水平（dB）	≤50	

五、生产厂

广西柳州特种变压器有限责任公司。

15.3.14 天威集团美式箱变

一、概述

保定天威集团特变电气有限公司生产的美式箱变具有供电可靠、结构合理、安装迅速、灵活、操作方便、体积小、造价低等卓越性能，既可用于户外，又可用于户内，广泛应用于工业园区、居民小区、商业中心以及高层建筑等场所。

该产品与国内常规箱式变电站的不同，在于美式箱变将变压器器身、高压负荷开关、保护用熔断器等设备统一设计，放在同一注油铁箱中，因而体积较小。

二、产品特点

（1）体积小，结构紧凑，仅为国内同容量箱变的1/3左右。

（2）全密封、全绝缘结构，无需绝缘距离，可靠保证人身安全。既可用于环网，又可用于终端，转换十分方便，提高供电的可靠性。

（3）过载能力强，损耗小，噪音低。

三、产品结构

该产品结构分为前后两部分：前面为高、低压端子、负荷开关和无载分接开关操作柄。插入式熔断器、压力释放阀、油温计、油位计、注油孔、放油阀等。后部为油箱及散热片。变压器器身、高压负荷开关、无载分接开关及保护用熔断器都在油箱中，箱体为全密封结构，采用隐蔽式高强度不锈钢螺栓及耐油橡胶垫圈来密封箱盖。

四、技术数据

天威集团美式箱变技术数据，见表15-140。

五、外形及安装尺寸

保定天威集团美式箱变外形及安装尺寸，见表15-141及图15-60。

六、生产厂

保定天威集团特变电气有限公司。

表 15-140　天威集团美式箱变技术数据

美式箱变	高压侧	变压器	低压侧	美式箱变	高压侧	变压器	低压侧
额定电压（kV）	10		0.4	工频耐压（kV）	35	35	5
最高工作电压（kV）	12			雷电冲击耐压（kV）	75	75	
额定容量（kVA）		50～1600		高压限流熔断器遮断电流（kA）	50		
额定电流（A）	10～630		100～3200				
短时耐受电流（kV）	12，16		15，30	防护等级	IP33	IP65	IP33
短时耐受时间（s）	2		1	噪声水平（dB）		≤55	
峰值耐受电流（kV）	50		30，63	额定频率（Hz）		50，60	

表 15-141　美式箱变外形及安装尺寸

容量（kVA）	A	B	C	D	E	F	G	H	J	K	L
<200	1970	1180	560	540	1590	1350	1330	635	505	320	700
250～500	1970	1335	560	540	1590	1350	1330	635	505	320	700
630	2000	1555	660	660	1720	1440	1420	775	630	290	600
800	2000	1690	660	660	1720	1440	1420	775	630	290	600
1000	2000	1780	660	660	1720	1440	1420	775	630	290	600
1250	2205	1865	760	660	1720	1440	1420	880	630	380	730
1600	2205	1920	800	660	1720	1700	1680	920	630	250	775

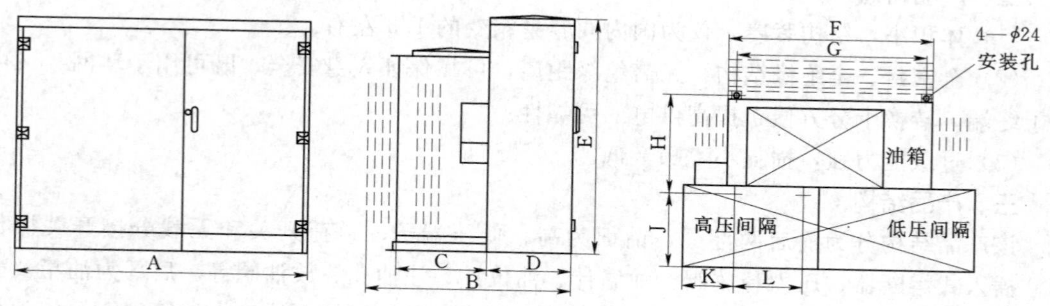

图 15-60　美式箱变外形及安装尺寸

15.3.15　江苏华鹏 ZGS11 系列组合式变压器

一、概述

ZGS11 系列组合式变压器即美式箱变，是将油浸密封式配电变压器与高低压电器元件进行组合。变压器器身、高压负荷开关、熔断器等元件都浸在绝缘液体内，同时可以根据需要配置低压配电、计量和补偿装置等。区别于传统的箱式变电站（欧式箱变），具有体积小、性能优越、安装简便灵活、可深入负荷中心等显著特点。该产品广泛应用于住宅小区、商业中心、车站、机场、厂矿、学校、医院等场所。

二、产品特点

(1) 体积小，占地面积少，安装方便，综合造价低。

(2) 低损耗，低噪音，低温升，超铭牌容量负载能力大，抗突发短路能力强，性能优越。

(3) 全绝缘，全密封结构，可免维护，运行安全可靠。

(4) 高压负荷开关有终端、环网、双电源可切换三种运行方式，转换十分方便。

(5) 电缆接头采用插接形式，具有隔离开关的特点，操作方便灵活。

(6) 高压双熔丝保护，降低了运行成本，插入式熔断器熔丝具有温度、电流双敏保护特性，后备熔丝对变压器故障和二次线路故障进行保护。

(7) 美化城市环境。

(8) 箱体采用防盗结构。

(9) 低压配电可配置缺相保护、自动无功补偿、配变综合参数测试仪、无线监控终端、载波抄表系统等装置。

三、型号含义

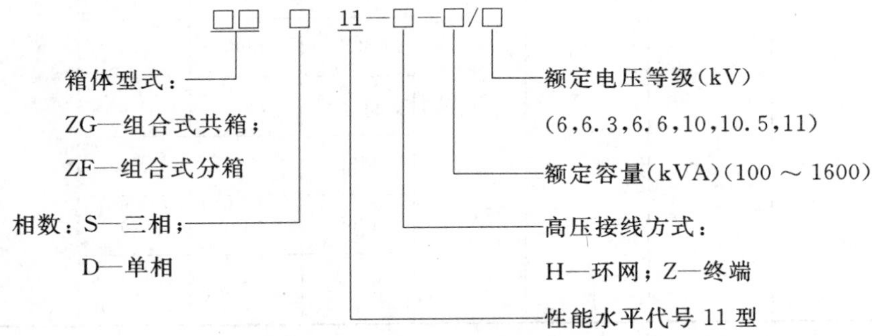

例：ZGSH—H—500/10组合式共箱三相、11型、环网型、500kVA、10kV级。

四、技术数据

(1) 组合式变压器技术数据，见表15-142。

(2) 组合式变压器高压接线方案，见表15-143。

(3) 低压柜可根据用户要求配置配电监控终端、无线抄表终端、载波表集抄器等。

(4) 组合式变压器低压接线方案，见表15-144。

五、外形尺寸

该系列组合式变压器外形尺寸，见表15-145及图15-61。

六、订货须知

订货时必须提供组合式变压器型号、装置类型（终端型、环网型、双电源型）、变压器的型号和规格、主接线方案及主要元器件型号和额定参数、箱体颜色及其它要求。

七、生产厂

江苏华鹏变压器厂。

表15-142 ZGS11系列组合式变压器技术数据

额定容量（kVA）	电压组合			连接组标号	空载损耗（W）	负载损耗（W）	空载电流（%）	短路阻抗（%）	噪音（dB）
	高压（kV）	分接范围	低压（kV）						
100	6 6.3 10 10.5 11	±5% ±2×2.5%	0.4	D，yn11	205	1425	1.0	4	43
125					240	1710	0.9		43
160					275	2090	0.8		43
200					330	2470	0.7		43
250					400	2900	0.7		43
315					480	3400	0.6		44
400					365	4085	0.6		44
500					680	4845	0.5		45
630					805	5890	0.5		45
800					980	7125	0.5		47
1000					1155	9785	0.4		47
1250					1365	12160	0.4		49
1600					1645	13775	0.4		49

表15-143 ZGS11系列组合式变压器高压接线方案

编号	01	02	03	04	05
高压方案图	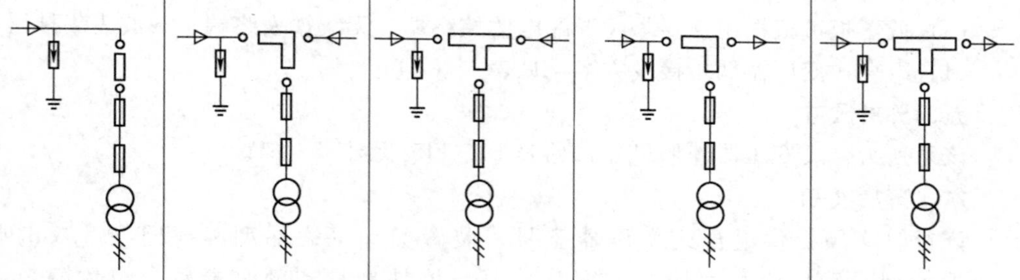				
用途	用于终端	双电源供电	双电源供电	用于环网、双电源供电	用于环网

表 15-144 ZGS11 系列组合式变压器低压接线方案

编号	01	02	03	04
低压方案图	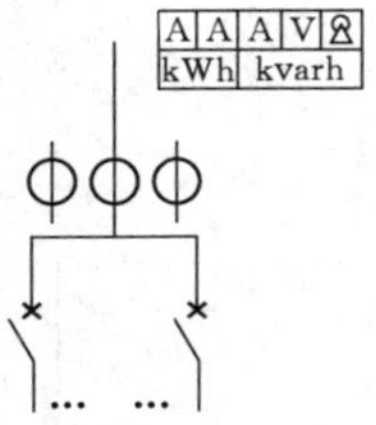 A A A V kWh kvarh	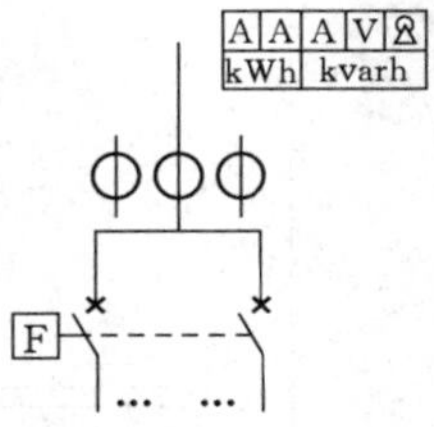 A A A V kWh kvarh F	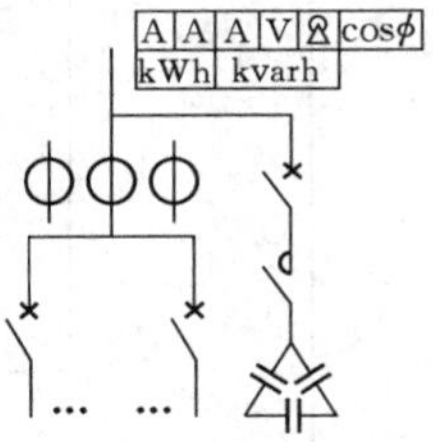 A A A V cosϕ kWh kvarh	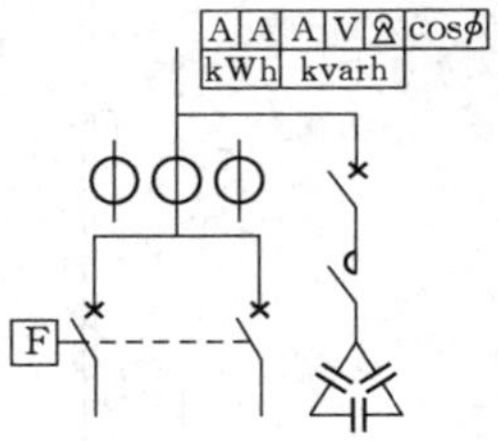 A A A V cosϕ kWh kvarh F
说明	011 一回路出线 012 二回路出线 013 三回路出线 014 四回路出线	021 一回路出线 022 二回路出线 023 三回路出线 024 四回路出线	031 一回路出线 032 二回路出线 033 三回路出线 034 四回路出线	041 一回路出线 042 二回路出线 043 三回路出线 044 四回路出线
编号	05	06	07	08
低压方案图	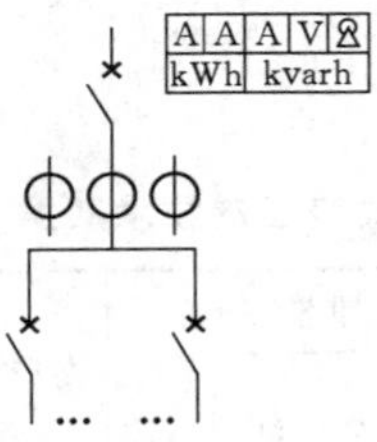 A A A V kWh kvarh	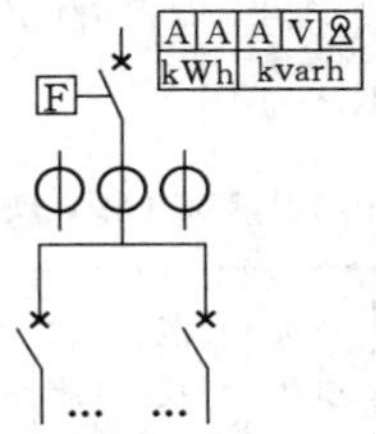 A A A V kWh kvarh F	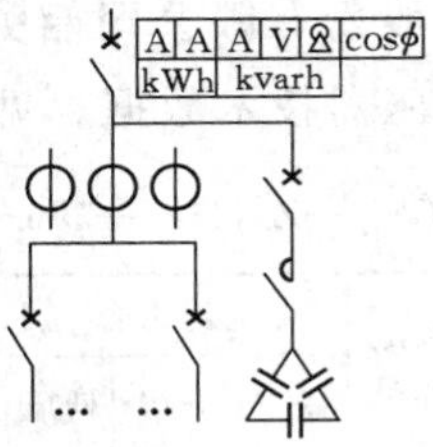 A A A V cosϕ kWh kvarh	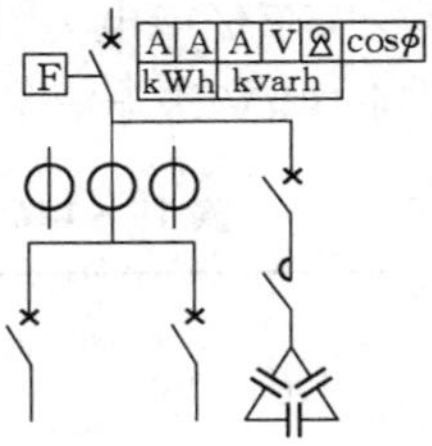 A A A V cosϕ kWh kvarh F
说明	052 二回路出线 053 三回路出线 054 四回路出线	062 二回路出线 063 三回路出线 064 四回路出线	072 二回路出线 073 三回路出线 074 四回路出线	082 二回路出线 083 三回路出线 084 四回路出线

表 15-145 ZGS11 系列组合式变压器外形尺寸

额定容量（kVA）	尺寸（mm）			ZGS11—H 型		ZGS11—Z 型	
	B1	B	H	L	重量（kg）	L	重量（kg）
100	1190	1390	1660	1740	1600	1460	1570
125	1190	1390	1660	1740	1700	1460	1670
160	1190	1390	1660	1740	1800	1460	1770
200	1190	1420	1680	1760	1920	1530	1880
250	1190	1420	1680	1760	2050	1530	2010
315	1195	1445	1695	1780	2190	1595	2140
400	1195	1445	1695	1780	2520	1595	2470
500	1215	1465	1735	1825	2780	1725	2730
630	1215	1465	1735	1825	3120	1725	3070
800	1265	1545	1795	1925	3950	1865	3890
1000	1265	1545	1795	1925	4470	1865	4400
1250	1315	1615	1845	2025	5140	1985	5050
1600	1315	1615	1845	2025	5660	1985	5570

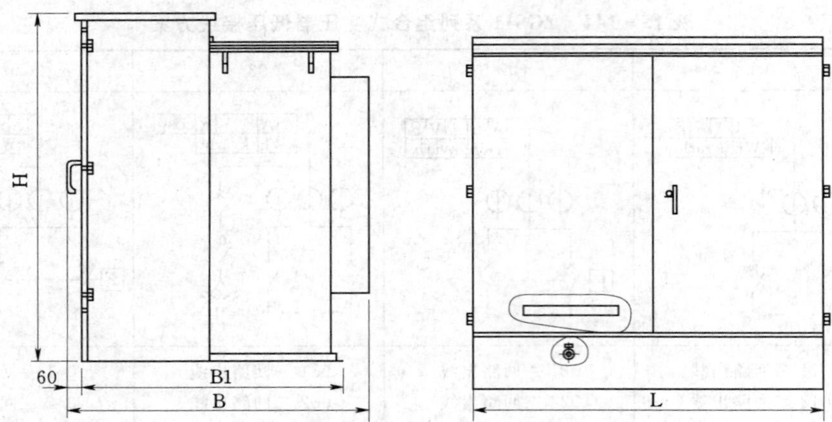

图 15－61　ZGS11 系列组合式变压器外形尺寸

15.3.16　广东亿能 ZGS_{11}^{9}—Z（H）系列 10kV 级组合式变压器

广东亿能电力设备股份有限公司韶关变压器厂生产的 ZGS_{11}^{9}—Z（H）—200～1600/10 系列 10kV 级组合式变压器技术数据，见表 15－146。

表 15－146　ZGS_{11}^{9}—Z（H）—200～1600/10 系列 10kV 级组合式变压器技术数据

型　　号	额定容量(kVA)	电压组合			连接组标号	空载损耗(kW)	负载损耗(kW)	空载电流(%)	短路阻抗(%)	重量（kg）			外形尺寸（mm）（长×宽×高）
		高压(kV)	分接范围	低压(kV)						器身	油	总体	
ZGS9—Z（H）—200/10	200	6 6.3 10	±5% ±2×2.5%	0.4	D，yn11	0.48	2.6	1.3	4	680	535	1700	1608×1470×1622
ZGS9—Z（H）—250/10	250					0.56	3.05	1.2		785	575	1875	1880×1485×1860
ZGS9—Z（H）—315/10	315					0.67	3.65	1.1		960	600	2240	1796×1340×1660
ZGS9—Z（H）—400/10	400					0.8	4.3	1.0		1125	670	2535	1796×1360×1710
ZGS9—Z（H）—500/10	500					0.96	5.15	1.0		1330	745	2875	1796×1400×1755
ZGS9—Z（H）—630/10	630					1.2	6.2	0.9	4.5	1640	870	3450	1796×1435×1815
ZGS9—Z（H）—800/10	800					1.4	7.5	0.8		1960	1050	3950	1856×1512×1885
ZGS9—Z（H）—1000/10	1000					1.7	10.3	0.7		2165	1100	4345	2194×1523×1915
ZGS9—Z（H）—1250/10	1250					1.95	12	0.6		2590	1250	4710	2250×1600×2000
ZGS9—Z（H）—1600/10	1600					2.4	14.5	0.6		3100	1400	5300	2300×1700×2100
ZGS11—Z（H）—200/10	200	6 6.3 10	±5% ±2×2.5%	0.4	D，yn11	0.325	2.6	0.9	4	750	590	1905	1900×1400×1700
ZGS11—Z（H）—250/10	250					0.395	3.05	0.8		870	640	2100	1900×1400×1700
ZGS11—Z（H）—315/10	315					0.475	3.65	0.8		1056	660	2510	2000×1500×1750
ZGS11—Z（H）—400/10	400					0.565	4.30	0.7		1238	737	2840	2000×1500×1750
ZGS11—Z（H）—500/10	500					0.675	5.10	0.7		1463	820	3220	2100×1600×1800
ZGS11—Z（H）—630/10	630					0.805	6.20	0.6	4.5	1805	957	3846	2100×1600×1800
ZGS11—Z（H）—800/10	800					0.98	7.50	0.6		2156	1155	4424	2200×1700×1900
ZGS11—Z（H）—1000/10	1000					1.155	10.3	0.5		2382	1210	4866	2200×1700×1900
ZGS11—Z（H）—1250/10	1250					1.365	12.0	0.5		2850	1380	5275	2300×1800×2100
ZGS11—Z（H）—1600/10	1600					1.650	14.5	0.4		3800	1550	5936	2300×1850×2100

15.3.17 河南新亚 ZGS11—Z/R 型组合变压器

一、概述

ZGS型组合变压器（美式箱变）结构合理，选型美观，在箱变类产品中更具推广应用优势，适用于住宅区、别墅区、高层建筑、车站、机场、地下设施、旅游风景区、商场、医院、学校等，同时也适用于油田、矿山及大型建筑施工工地供电之用。

该产品将高压开关设备、变压器、低压开关设备集于一体，具备小型变电站的各种功能的组合式成套供电装置。体积小，占地少，无需建房，便于搬迁，投资少，现场安装简便，建设周期短。可根据用电负荷情况合理分散布置于负荷中心，以减少电路线损，节约能源，降低供电系统运行成本。设备成套性好，操作简单，保护性能好，运行可靠，无需专人值守，属城乡配电系统的首选设备。

二、型号含义

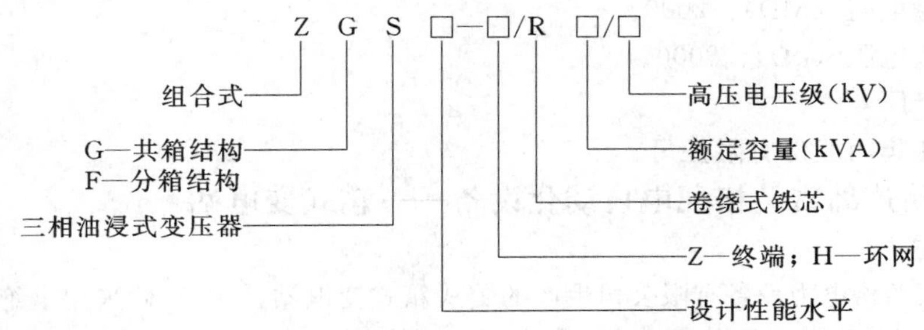

ZGS11—Z/R630/10 表示为：性能水平为 11、三相油浸式、终端型、卷铁芯、630kVA、10kV 电压级、组合式变压器。

三、产品特点

(1) 整体采用组合、共箱结构，全密封，全绝缘，安全可靠。

(2) 可用终端系统、环网系统。

(3) 高压部分、变压器和低压部分的结构排列可按高低压出线路数多少，分别按品字形或目字形排列。

(4) 高压保护采用插入式双敏熔丝（电流、温度）与后备保险的双重保护。

(5) 高压进线采用电缆插接件结构，具有隔离开关的作用，操作灵活方便。

(6) 变压器采用目前国内最先进的卷绕式铁芯结构，有三芯柱和五芯柱两种，可提高变压器过载能力和抗短路能力。

(7) 损耗小，空载电流小，空载电流比叠铁芯结构箱变平均下降 70%以上，明显提高电网功率因数。

(8) 噪声小，比同容量叠铁芯结构箱变小 8～10dB。

(9) 可按需要配置高低压计量装置。

(10) 低压配电可多路分支出线，并可配置无功补偿装置。

(11) 防护等级：IP2X（户内式）；IP33（户外式）。

四、技术数据

(一) 高压负荷开关

(1) 额定电压（kV）：12。

（2）额定电流（A）：315，630。

（3）额定频率（Hz）：50。

（4）开断电流（A）：315，630。

（5）短时耐受电流（kA/2s）：12.5，20。

（6）峰值耐受电流（kA）：31.5，63。

（7）1min 工频耐压（相间及对地 CA）（kV）：42。

（8）雷电冲击（相间及对地 LI）（kV）：95。

（二）高压电缆插头

（1）额定电压（kV）：12。

（2）额定电流（A）：315，630。

（3）1min 工频耐压 CA（kV）：35。

（4）绝缘电阻（MΩ）：2000。

（5）触头电阻（μΩ）：2000。

五、生产厂

河南新亚集团股份有限公司。

15.3.18 葫芦岛富兰格配电自动化设备——箱式变电站

一、概述

葫芦岛富兰格电力设备有限公司生产的美式箱式变电站，10kV 侧采用全绝缘全密封的套管和肘型电缆头与10kV 电源连接，没有带电部件裸露，操作安全。肘型电缆头和套管连接部位具有灭弧性能，可带电拔插，不产生电弧，操作安全，同时具有隔离开关的功能。

该产品不带低压分保护和监测计量，可按需要，在低压间隔内安装空气断路器和监测计量装置或配电监测仪。最多可装6路空气断路器。

该产品应用广泛，既可作为公用变电站用于居民区、街道等生活供电，又可作为专用变电站用于现代化工厂、商业中心、地铁、航空以及高层建筑等的可靠供电，还可作为临时施工变电站，用于经常移动的施工现场。

二、产品特点

（1）全绝缘、全密封，没有高压带电部位裸露，操作安全方便。

（2）变压器绕组与高压负荷开关共体安装，结构紧凑合理，体积小，安装简单、灵活、迅速。

（3）铁芯采用三相五柱式，漏磁小，发热小，损耗小，噪音低，过载能力强，防雷电性能好。

（4）采用△/Y 接线方法，谐波分量小，中性点不漂移，电压稳定、波形好，延长了用电设备的使用寿命。

（5）采用（电流、温度）双敏双熔丝保护，线路故障和过负荷时均能可靠动作，更换熔丝方便。

（6）环网型箱式变可连接两路高压线路，通过高压负荷开关的切换，具有双电源供电的特点，供电可靠性高。也具有电缆T型连接的特点，供电灵活，减少投资。

（7）箱体采用防腐设计和特殊喷涂漆处理，表面油漆性能稳定，不褪色，适合各种恶劣环境。

(8) 选用高热点R—TEMP绝缘油，燃点高达312℃，可安装在建筑物内以及对防火有较高要求的地方，消除火灾隐患。

(9) 箱式变电缆头附件有灭弧装置，可带电带负荷（200A）进行拔插操作，并具有隔离开关的特点，有明显的断路点。

(10) 箱式变电站符合NEMA（美国电力制造协会）和ANSI（美国国家标准）以及REA（农村电气化管理）最新标准，采用美国技术生产。

三、产品结构

该产品内部接线，见图15-62。

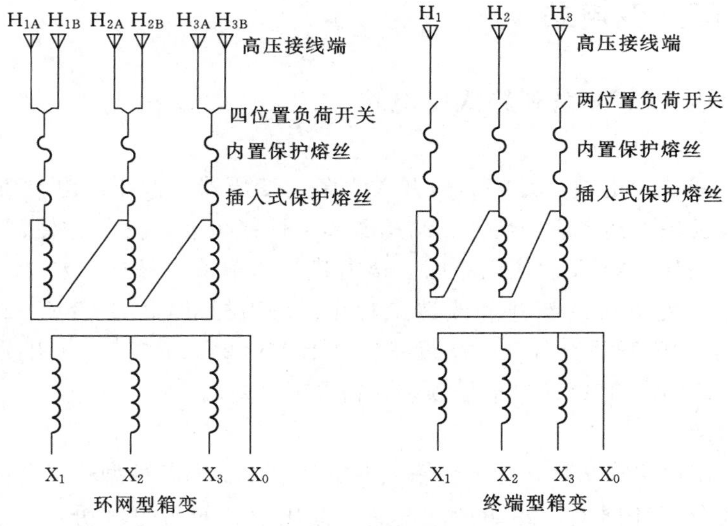

图15-62 配电自动化设备箱式变电站内部接线图

箱式变电站高压侧的负荷开关为三联动开关，结构分为一字形、T形和V形。一字形负荷开关用于终端型箱式变电站，只有关合与断开两个位置。T形和V形是四位置负荷开关，用于环网型箱式变电站。T形负荷开关在箱式变停止供电时，10kV线路仍能构成环网供电。V形负荷开关主要用双电源供电的箱式变电站。

箱式变电站内部有两组熔丝串联保护。后备熔丝保护箱变内部的高压连接线故障，插入式熔丝保护箱变过负荷及温升过高，同时作为低压线路的后备保护。

四、技术数据

(1) 额定容量（kVA）：150，225，300，500，750，1000，1500，2000。

(2) 额定电压（原边/副边）(kV)：10/0.4/0.23。

(3) 额定频率（Hz）：50。

(4) 1min工频耐受电压（kV）：35。

(5) 雷电冲击电压（kV）：95。

(6) 2s短时耐受电流（kA）：12。

(7) 高压后备限流熔断器开断电流（kA）：50。

(8) 无载调压：10kV±2×2.5%。

(9) 环境温度（℃）：－20～＋40。

(10) 允许温升（℃）：65。

五、订货须知

订货时必须提供箱变容量、连接电缆截面及选用附件的规格和数量，需要低压分路保护和监测计量的详细要求。

六、生产厂

葫芦岛富兰格电力设备有限公司。

15.4 其它箱式变电站

15.4.1 基业达TZBW系列箱式变电站

一、概述

TZBW系列箱式变电站，是将高压开关设备、变压器、低压配电设备组合成一体的预装式成套配电设备。具有成套性强、结构紧凑、性能可靠、安装方便、可移动等特点。适用于10kV/50～1600kVA的住宅小区、楼寓建筑、车站、码头、港口、工矿企业等电力用户，以及城乡变电站的新建和改造工程中。采用标准：GB 3906—2006《3.6kV～40.5kV交流金属封闭开关设备和控制设备》。GB 11022—2011《高压开关和控制设备共用技术》，GBT 17467—1998《高低压预装式箱式变电站》。

二、产品特点

产品结构采用模块式结构，每一台箱式变电站可由下列各种型式组合而成。按高压开关接入电网型式分：环网型；终端型。按高、低压设备布置方式分："目"字形结构；"品"字形结构。按内装变压器种类分：油浸全密封变压器；干式变压器。按高压开关选型分：真空式负荷开关；六氟化硫开关。按箱体（外壳）材质分：金属外壳；非金属外壳。其中非金属外壳采用增强玻纤和特种水泥预制合成作为壳体材料，具有较高的机械强度，耐冲击性能好，不易导热，还有防火阻燃特性，与金属壳体相比较，更具有良好的防腐性和使用寿命极长等特性。

底架的设计与箱式变电站总体形式和起吊方式相结合，采用了共同底架。底架材料采用槽钢、工字钢，焊接组合。底架的两侧有吊装脚、安装脚、金属底架、间隔金属板、壳体等金属部件。金属门均有良好地线连接，高低压电器设备的金属框架，变压器外壳各部分之间都有可靠连通的接地导体，其最小截面不小于30mm^2。在底架的四周有与接地线相连的端子，供用户在任何方向部位选择接地点。元件选择国产优质产品。

三、使用环境

海拔＜2000m。

温度－15～＋40℃。

24小时内平均温度不超过＋35℃。

月平均相对湿度小于90%。

四、技术数据

基业达 TZBW 系列箱式变电站技术数据，见表 15－147。

表 15－147 基业达 TZBW 系列箱式变电站技术数据

项目		单位	参数
高压单元	额定频率	Hz	50
	额定电压	kV	12
	额定工频耐受电压	kV	42/48
	额定雷电冲击耐压	kV	75/85
	额定电流	A	800
	额定短时耐受电流	kA	20（2s）
	额定峰值耐受电流	kA	50
低压单元	额定电压	V	400
	主回路额定电流	A	100～2000
	额定短时耐受电流	kA	30（1s）
	额定峰值耐受电流	kA	63
	馈出回路电流	A	10～800
	馈出回路数	路	1～12
	补偿容量	kvar	0～360
变压器单元	额定容量	kVA	50～1600
	阻抗电压	%	4 或 4.5
	分接范围		±2×2.5%或±5%
	连接组别		Y，yn0 或 D，yn11
箱体	外壳防护等级		43D
	声级水平	dB	≤55

五、外形及安装尺寸

基业达 TZBW 系列箱式变电站外形及安装尺寸，见表 15－148。

表 15－148 基业达 TZBW 系列箱式变电站外形及安装尺寸

TZBW—□/10 外形尺寸			
箱体尺寸（mm）			
推荐宽度	2150	2400	
推荐深度	1500	1700	2000
推荐高度	2150	2450	

六、订货须知

（1）注明进出线方向，进出线规格及对应的数量。

（2）箱式变电站一般情况下，用户必须提供配电电气系统图。

七、生产厂

基业达电气有限公司。

15.4.2 基业达TZBW/10箱式变电站

一、概述

TZBW系列箱式变电站，是将高压开光设备、变压器、低压配电设备组合成一体的预装式成套配电设备。具有成套性强、结构紧凑、性能可靠、安装方便、可移动等特点。适用于10kV/50～1600kVA的住宅小区、楼寓建筑、车站、码头、港口、工矿企业等电力用户，以及城乡变电站的新建和改造工程中。采用标准：GB 3906—2006《3.6kV～40.5kV交流金属封闭开关设备和控制设备》。GB 11022—2011《高压开关和控制设备共用技术》，GBT 17467—1998《高低压预装式箱式变电站》。

二、产品特点

(1) 采用新材料新工艺及先进的元件。

(2) 高压（12kV）侧能满足电力部门对于配电网自动化的要求。

(3) 低压（0.4kV）侧能满足小区物业管理智能化的要求。

(4) 运行安全可靠，外形美观，并具有安装方便。

(5) 少占地，少维护，少投资，见效快，寿命长。

三、技术数据

基业达TZBW/10箱式变电站技术数据，见表15-149。

表15-149 基业达TZBW/10箱式变电站技术数据

<table>
<tr><th colspan="2">项目</th><th>单位</th><th colspan="3">参数</th></tr>
<tr><td rowspan="8">高压单元</td><td>额定频率</td><td>Hz</td><td colspan="3">50</td></tr>
<tr><td>额定电压</td><td>kV</td><td>6</td><td>10</td><td>35</td></tr>
<tr><td>最高工作电压</td><td>kV</td><td>6.9</td><td>11.5</td><td>40.5</td></tr>
<tr><td>额定电流</td><td>A</td><td colspan="3">400、630、1250</td></tr>
<tr><td>转移电流</td><td>A</td><td colspan="3">1200～3150</td></tr>
<tr><td>工频耐受电压 对地和相间/隔离断口</td><td>kV</td><td colspan="3">42/48</td></tr>
<tr><td>雷电冲击耐压 对地和相间/隔离断口</td><td>kV</td><td colspan="3">75/85</td></tr>
<tr><td>额定短路开断电流（限流熔断器）</td><td>kA</td><td colspan="3">31.5</td></tr>
<tr><td rowspan="5">变压器单元</td><td>额定电压</td><td>kV</td><td colspan="3">6、10、35</td></tr>
<tr><td>额定容量</td><td>kVA</td><td colspan="3">30～2000</td></tr>
<tr><td>分接范围</td><td>%</td><td colspan="3">±2×2.5%、±5%</td></tr>
<tr><td>连接组别</td><td></td><td colspan="3">Y,yn0；D,yn11</td></tr>
<tr><td>阻抗电压</td><td>%</td><td colspan="3">4、4.5、6、8</td></tr>
<tr><td rowspan="3">低压单元</td><td>额定电压</td><td>V</td><td colspan="3">220、380、690、800</td></tr>
<tr><td>主回路额定电流</td><td>A</td><td colspan="3">50～4000</td></tr>
<tr><td>支路电流</td><td>A</td><td colspan="3">5～800</td></tr>
<tr><td rowspan="2">外壳</td><td colspan="2">防护等级（常规产品）</td><td colspan="3">高压室IP33；变压器IP23；低压室IP33</td></tr>
<tr><td>噪声水平</td><td>dB</td><td colspan="3">≤50</td></tr>
</table>

四、外形及安装尺寸

基业达 TZBW/10 箱式变电站外形及安装尺寸，见表 15－150。

表 15－150 基业达 TZBW/10 箱式变电站外形尺寸

TZBW—□/10 外形尺寸			
箱体尺寸（mm）			
推荐宽度	2150	2400	
推荐深度	1500	1700	2000
推荐高度	2150	2450	

五、生产厂

基业达电气有限公司。

15.4.3 武汉华通 XBW□—12 户外箱式变电站

一、概述

XBW□—12 户外箱式变电站是将高压柜、变压器、低压柜、计量单元及智能系统优化组合成的完整智能化配电成套装置。除了在结构上吸取目前在国内流行的欧式、美式、国产箱变的优点外，并真正实现了配电自动化技术。可用于城市高层建筑、居民小区、市政设施、工厂、矿山、公路、码头、油田及临时施工用电等场所。

XBW□—12 符合 GB/T 17467—1998《高压/低压预装式变电站》、GB/T 11022—1999《高压开关设备通用技术条件》标准。箱体材料材质符合 GBJ 82—85、GB/T 15231.1.3.4—94、GB 10294—88 标准、IEC—1330 等标准。

二、产品特点

（1）结构形式：箱体采用先进结构设计，配电间隔双列布置，共用一组主母线；控保屏与开关柜分室放置。

（2）进出线形式：有架空进线、电缆出线和电缆进出线两种形式。

（3）主要元件：①12kV 箱型固定间隔 ZGN—12：间隔为金属封闭结构，骨架由优质钢板折弯后组装而成；间隔内分断路器室、电缆室、仪表室等，主母线室为独立一体，安装于间隔前上方，双列间隔共用一组主母线，间隔中部为断路器室，在其左侧设置了联锁操作机构，采用了先进可靠的强制性联锁设计，达到“五防”要求。柜体下部为电缆室，并可安装带电显示传感器。柜体后框安装电流互感器及避雷器。②微机自动化监控系统：设有保护屏、直流屏、交流屏、电度表屏、通讯屏等后台部分。

（4）外壳材料：为金属材料：彩钢板、复合板、不锈钢板、覆铝锌板、铝板，箱体墙壁中间加隔热材料，箱体能防水、防火、防风沙、防腐；污秽等级适用于Ⅲ类，防护等级 IP23DH，能耐受国标要求的机械外力（能量 20J）冲击，顶部负荷≥2500N/m^2。外形美观大方，隔热性能良好，且箱体设有上下可通风的风道，户外太阳辐射对户内造成的温升减小到最低限度。

（5）辅助设备：箱体内可装设温控强迫通风装置、防凝露自动控制装置，也可装设空调。具有超温通风、防止凝露产生、故障报警等功能。各独立的单元装设完善的带电显示和照明系统。

(6) 外形结构：为平顶起脊式结构，顶盖为活盖，可拆装吊运，并留有明显的方向标记。总体设计科学、布置合理紧凑、功能完善、安全可靠，达无人值守条件。

三、使用环境

(1) 海拔高度不超过 1000m。

(2) 最高气温＋40℃，最低气温－25℃。

(3) 安装在无经常性剧烈振动和冲击，没有火灾、爆炸危险和严重污秽、化学腐蚀的地点。

(4) 使用条件由用户与厂方协商制造。

四、技术数据

武汉华通 XBW□—12 户外箱式变电站技术数据，见表 15－151。

表 15－151　武汉华通 XBW□—12 户外箱式变电站技术数据

序号	项　　目	单位	参　数			
1	额定电压	kV	7.2、12			
2	额定频率	Hz	50			
3	额定电流	A	630、1250、1600			
4	额定短路开断电流（有效值）	kA	20	25	31.5	40
5	额定短时耐受电流（有效值）	kA	20	25	31.5	40
6	额定短路关合电流（峰值）	kA	50	63	80	100
7	额定峰值耐受电流（峰值）	kA	50	63	80	100
8	额定短路电流开断次数	次	50（40kA 为 30 次）			
9	机械寿命	次	20000			
10	防护等级		IP23DH			
11	操作方式		弹簧储能式			
12	母线系统		单母线或单母线分段			
13	开关柜型号		ZGN—12 系列			
14	主开关		VS1 系列真空断路器			
15	隔离开关（上）		GN30—12 系列			
16	隔离开关（下）		GN19—12 系列			

武汉华通开关主要技术数据，见表 15－152。

表 15－152　武汉华通开关主要技术数据

序号	项　　目	单位	高 压 电 器	变 压 器	低 压 电 器
1	额定电压	kV	12	10/0.4	0.4
2	额定容量	kVA		100～1600	
3	额定电流	A	400、630	由变压器容量定	100～2500
4	额定短路开断电流	kA	31.5		50
5	额定短时耐受电流	kA	20/4s		≤200kVA、250～400kVA ≥500kVA
6	额定峰值耐受电流	kA	50		免试、15/1s、30/1s
7	额定关合短路电流	kA	50		免试、30、63
8	1min 工频耐压	kV	对地、相间 42，断口间 48	35（28）	
9	雷电冲击耐压	kV	对地、相间 75，断口间 85	75	2.5
10	箱体防护等级		IP531		
11	噪声水平	dB		≤55	

五、生产厂

武汉华通电气有限公司。

15.4.4 山东泰开 XBW—12 系列户外终端预装箱式变电站

一、概述

XBW—12 系列户外终端预装箱式变电站是将配电网末端变电站预先在工厂内制造装配，包括变压器、高压间隔和控制设备、低压间隔和控制设备、内部接线、计量、补偿、避雷器等辅助设备，配置在一个公用外壳或一组外壳内，并通过型式试验的一种成套变电站，是城乡变电站改造的新装备。普遍适用于城市路灯照明、绿化区、高层建筑、商业中心、居民小区、乡村、工厂和铁路等供电。广泛应用于城网建设，是取代建筑配电房和柱上变压器的新型配电装置。

二、产品特点

根据场地的要求和检修方便，可对高、低压室和变压器室进行目字形布置或品字形布置。

供电方式有终端型、环网型、双电源供电等多种方式，进出线方式也可采用架空或电缆进线等。

根据环境的要求可选择多种颜色和材质的外壳，使箱变与周围环境和谐统一。

具有成套性强、占地面积小、选址灵活、对环境适应性强，可以大大减少土地资源的浪费及投资方制作箱变地基的经济支出。

可根据用户的要求选择各种高低压配置的开关，满足用户的需求。

三、使用环境

（1）海拔高度：≤1000m。

（2）环境温度：最高温度＋40℃，最低温度－30℃。

（3）湿度：日相对湿度平均值不超过 95％，月相对湿度平均值不超过 90％。

（4）风速：户外风压不超过 700Pa（34m/s）。

（5）防震：水平加速度不大于 0.4m/s^2，垂直加速度不大于 0.15m/s^2。

（6）安装地点倾斜度：不大于 3°。

（7）安装环境：周围空气不受腐蚀性、可燃性气体等明显污染，安装地点无剧烈振动。

四、技术数据

山东泰开 XBW—12 系列户外终端预装箱式变电站技术数据，见表 15－153。

表 15－153 山东泰开 XBW—12 系列户外终端预装箱式变电站技术数据

项目		单位	参数	
高压单元	额定频率	Hz	50	
	额定电压	kV	7.2	12
	工频耐受电压　对地和相间/隔离断口	kV	32/36	42/48
	雷电冲击耐压　对地和相间/隔离断口	kV	60/70	75/85
	额定电流	A	400、630	
	额定短时耐受电流	kA	12（3s）、20（2s）	
	额定峰值耐受电流	kA	25、50	

续表 15-153

项目		单位	参数
低压单元	额定电压	V	380、220
	主回路额定电流	A	100～4000
	额定短时耐受电流	kA	31.5
	额定峰值耐受电流	kA	63
	支路电流	A	10～800
	分支回路数	路	根据用户的要求
	补偿容量	kvar	根据用户的要求
变压器单元	额定容量	kVA	50～2500
	阻抗电压	%	4、4.5
	分接范围		±2×2.5%、±5%
	连接组别		Y,yn0；D,yn11

五、生产厂

山东泰开箱变有限公司。

15.4.5 山东泰开XBW—40.5（12kV）型风力发电用预装式箱式变电站

一、概述

XBW—40.5（12kV）型风力发电用预装式箱式变电站，是针对风力发电的特殊性要求，而为用户提供的合理的解决方案。本产品采取的设计方案使其拥有了更长的使用寿命，更好的节能效果和环保型方案，以满足用户更高的要求。山东泰开箱变有限公司已为多家风场提供了上千台变电站设备，获得了丰富的工程经验。

二、产品特点

采用目字形或品字形布置方式，内部元件特殊的安装方式相比于传统欧式箱变结构更加紧凑，占地面积小，可以大大减少土地资源的浪费及投资方制作箱变地基的经济支出。

高压选用真空负荷开关，当熔断器一相熔断时负荷开关三相跳闸，实现了高压缺相保护功能。

高压开关能够实现电动操作和远方监控操作功能，并且可实现变压器的瓦斯、温度等保护和监控。

检修更合理和更方便，消除了风电美变在集电线路不停电的状况下对变压器进行维护和检修。

采用电缆进出线方式，消除了架空进线的视觉污染。箱变壳体多样性，可选择金属或环保玻纤水泥外壳。

三、使用环境

(1) 海拔高度：≤3000m。

(2) 环境温度：最高温度+50℃，最低温度−45℃。

(3) 湿度：日相对湿度平均值不超过95%，月相对湿度平均值不超过90%。

(4) 风速：户外风压不超过700Pa（34m/s）。

(5) 防震：水平加速度不大于0.4m/s²，垂直加速度不大于0.15m/s²。

（6）安装地点倾斜度：不大于3°。

（7）安装环境：周围空气不受腐蚀性、可燃性气体等明显污染，安装地点无剧烈振动。

四、技术数据

山东泰开XBW—40.5（12kV）型风力发电用预装式箱式变电站技术数据，见表15-154。

表15-154 山东泰开XBW—40.5（12kV）型风力发电用预装式箱式变电站技术数据

项目		单位	参数
高压单元	额定电压	kV	10～40.5
	主母线额定电流	A	630
	额定短时耐受电流	kA/s	20/2s
	额定峰值耐受电流	kA	50
	机械寿命	次	大于10000次
低压单元	额定电压	V	690
	主回路额定电流	A	800～2500
	额定极限短路分断能力	kA	65
	额定运行短路分断能力	kA	50
	额定短时耐受电流	kA/1s	50
变压器单元	额定容量	kVA	800～2500
	阻抗电压	%	4～6
	分接范围	%	±2×2.5或±5
	连接组别		D，yn11
箱体	外壳防护等级		IP33
	声级水平	dB	≤55

五、生产厂

山东泰开箱变有限公司。

15.4.6 都市化组合变压器

一、概述

组合式变压器由于功能齐全、安全性好、维护简单、占地面积小等众多突出优点，而在城网改造中得到广泛的推广和应用。顺特电气有限公司在原成功推向市场的全系列优质组合式变压器的基础上，研制出一种崭新概念的产品——都市化系列组合式变压器。该新型产品具有性能优良、结构紧凑、外形精致美观等突出特点，特别适用于城市道路绿化带、绿化生态居住小区、花园式工业园和厂区、城市主题公园等形象要求严格的场所，令供电设备与环境完美统一，并为都市增添一道亮丽的风景线。

二、结构特色

（1）产品外形融入欧式建筑的风格，箱盖采用大倾角人字形结构，顶部覆盖有金属琉璃瓦，箱体外挂经特殊防腐和防水处理的木板，整台产品透射出浓郁的建筑美感。

（2）箱体采用螺栓活装连接，便于安装和维护。

（3）主体结构采用不锈钢板，表面经特殊处理，既增强美感，提升产品档次，又保证产品亮丽外表的始终如一。

(4) 设计独到的通风散热结构，无须另设进风口便达到良好的自然通风效果，保证长期安全运行。

(5) 率先采用低温升设计，保证了变压器本身的温升，还隔离了变压器温升对低配的影响，避免阳光直接照射。采用烟囱式散热等多举并下全力保证低配的低温升。

(6) 特殊的箱盖设计具有优异的隔热、保温功能，并巧妙内置有起吊装置，使箱盖非常方便地吊起，还可实现箱变整体起吊及连接固定箱体和箱盖，不需要把变压器拆出运输而到用户现场再装配。

(7) 采用防腐防锈合金材料的新型内置式门锁，美观、防水、防尘、防盗、防止运输和安装过程中外力对门锁的撞击破坏，可靠性更高。

三、产品内部结构特点

(一) 技术先进

都市化组合变压器采用顺特电气先进的变压器设计制造技术，加以优质的进口环烷基变压器油，从内部保证产品的低损耗、低噪环保、过载能力强及最小的维护工作量。

(二) 保护可靠

高压采用两级熔断器保护、低压配有先进可靠的开关元件、缺相保护、凝露控制、温控装置，对产品安全运行提供强有力的保证。

(三) 方案灵活

备有灵活多样的电气方案供选择，高压回路有单端、环网、双电源等配置，并可实现高压计量。根据需要在高压侧可加装避雷器、带电显示器、短路故障指示器等功能元件。低压可装设电能计量、无功补偿、多回路出线、远程通信等多项功能。众多的功能配置，可全面满足需要。

四、使用条件

(1) 海拔不超过1000m。

(2) 环境温度－45～＋40℃，最高日平均温度不超过35℃。

(3) 相对湿度日平均值＜95％，月平均值＜90％。

(4) 地面倾斜度＜3°。

(5) 风速＜35m/s。

(6) 阳光辐射＜1000W/m²。

(7) 安装地点无剧烈冲击振动、无严重污染和化学腐蚀介质、无爆炸危险。

五、型号含义

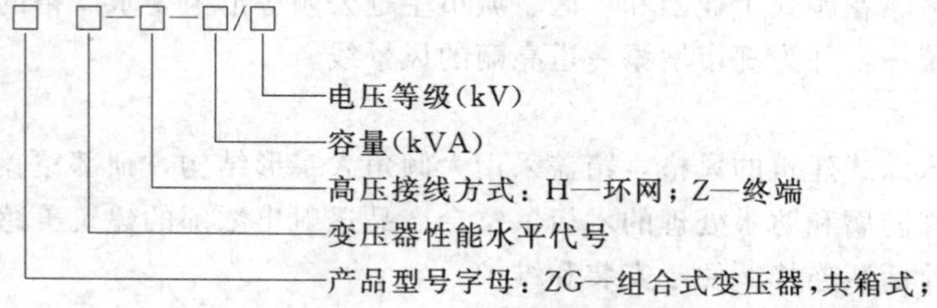

六、技术数据

（1）都市化组合变压器技术数据，见表 15－155。

（2）高压方案，见表 15－156。

表 15－155 都市化组合变压器技术数据

单元	项目	数据	单元	项目	数据
高压单元	额定电压（kV）	10	变压器单元	绝缘水平（kV）	LI75AC35/LI0AC5
	最高工作电压（kV）	12		冷却方式	ONAN
	额定电流（元件）（A）	5～630	低压单元	额定电压（kV）	0.4、0.69、0.8
	短时耐受电流（A）	12.5、16、20		主回路额定电流（A）	50～1250
	额定短路耐受时间（s）	2		支路电流（A）	5～800
	峰值耐受电流（kA）	20、31.5、40		主回路额定短时耐受电流（kA）	35（1s）
	高压限流熔断器额定开断电流（kA）	50		主回路额定运行短路分断能力（kA）	35
变压器单元	容量范围（kVA）	30～800		主回路额定极限短路分断能力（kA）	42
	额定电压（kV）	10			
	连接组标号	D，yn11；Y，yn0	外壳	防护等级（T/H/L）	IP22/IP33/IP33
	分接范围（%）	±2×2.5		声级水平（dB）	≤48
	阻抗电压（%）	4、4.5		温升等级	10K
	绝缘等级	A			

表 15－156 都市化组合变压器高压方案

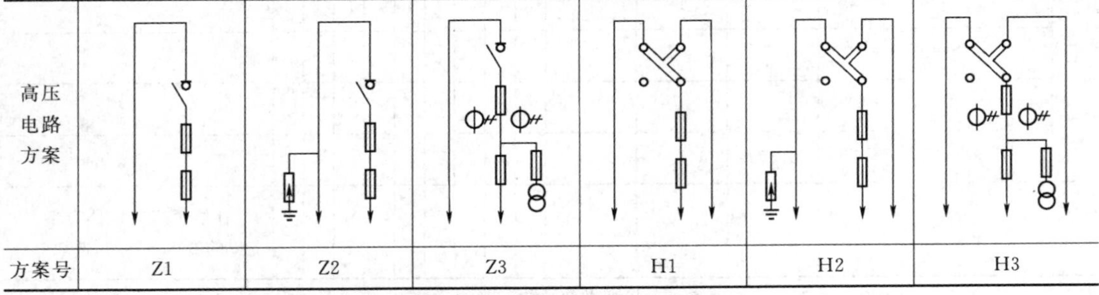

高压电路方案
方案号
Z1
Z2
Z3
H1
H2
H3

注 1. 高压侧带电显示器、短路故障指示器等功能元件为选配件。
2. H1、H2、H3 所示四位置开关为 T 形刀结构，也可采用 V 形刀开关。
3. Z3 和 H3 高压计量仅限于 DB3 外壳。

（3）低压方案，见表 15－157。

七、外形及安装尺寸

都市化组合变压器外形及安装尺寸，见表 15－158 及图 15－63。

八、订货须知

订货时必须提供产品型号和规格、变压器型号和规格、高低压单元方案和电器元件、功能件及特殊要求。

九、生产厂

顺特电气有限公司。

表 15-157 都市化组合变压器低压标准方案

低压标准方案编号	D1			D2									D3
一次方案	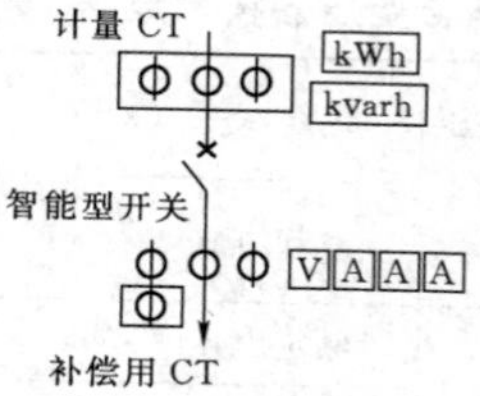 计量 CT kWh kvarh 智能型开关 V A A A 补偿用 CT			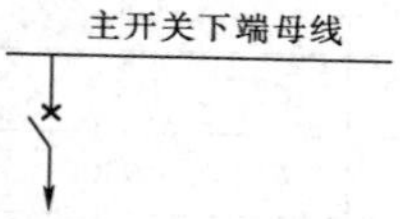 主开关下端母线									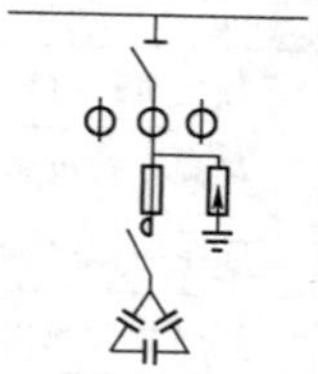
用途	进线			馈电									无功补偿
配电容量（kVA）	30～800			30～125			160～500			630～800			补偿容量（kvar）30～240
方案细分 / 开关框/壳架等级	a	b	c	a	b	c	d	e	f	g	j	i	旋转式隔离开关
主要元件 100				1	2	3							无功补偿控制器
160				2	1	1		1	2				避雷器
250				2	1	1	3	3	2	2	1	1	补偿用交流接触器
400	1			1	1	1	2	1	2	2	3	3	三相自愈式电容器
630		1					1	1		2	1	2	
800											1		
1600			1										
CT	6（7）	6（7）	6（7）										3
备注													补偿量按变压器容量的 20%～30%选取

注 1. 开关电流均指框架或壳架等级电流，可根据需要确定开关整定值。

2. 都市化组合变压器提供零飞弧的智能型框架断路器或短飞弧的塑壳断路器。

3. D2a 表示：馈电单元中有一路 100A、二路 160A、二路 250A、一路 400A 的出线。

表 15-158 都市化组合变压器外形及安装尺寸

外壳代号	外形尺寸（mm）（L×W×H）	低压柜外形尺寸（mm）	变压器容量（kVA）	变压器安装尺寸（mm）	备注
DB1	2150×1860×2015	1900×500×1500	30～500	1120×1730/387	无高压计量
DB2	2340×1950×2065	2050×600×1550	630～800	1280×2000/486	无高压计量
DB3	2000×2040×2015	1800×500×1500	30～500		可带高压计量

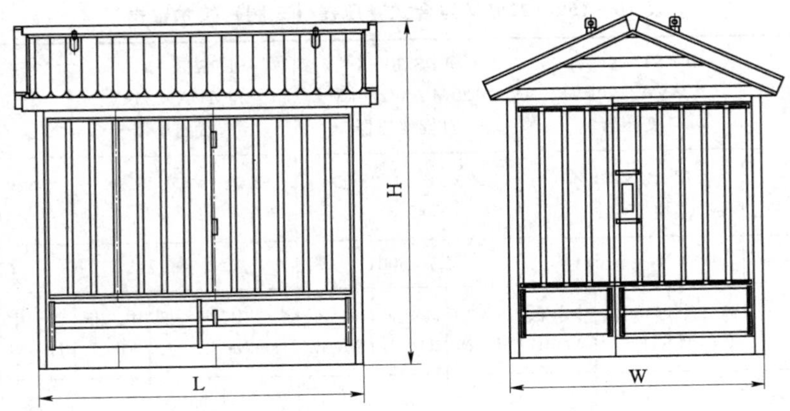

图 15-63 都市化组合变压器外形及安装尺寸

15.4.7 220kV组合式电力变压器

一、概述

我国“西部大开发”战略的实施，给西部地区电力事业的发展带来机遇。为了满足在边远山区或交通不便地区建立一个较大容量变电站的市场需要，西安西电变压器有限责任公司研制出一种新型的组合式变压器。它具有现场安装简单、占地面积不大、大大降低运输重量、降低运费、运行稳定、抗短路能力强等特点，其各项性能都优于国内外其它厂生产的同类型产品。220kV组合式电力变压器在西部地区得到广泛的认可，并在云南、贵州、四川、甘肃、湖北等省的山区得到推广应用，为我国西部大开发做出新的贡献。

二、结构特点

(1) 变压器共用一套冷却装置、一套储油柜及管路系统。若是有载调压变压器仅用一套有载操动机构，变压器现场占地面积只比传统变压器略大一些。

(2) 组合式变压器三角接的低压引线，通过在箱顶的波纹引线管内接成三角形，然后由低压套管引出，与以往的型式相比，可节省50%的现场工作量和安装周期。

(3) 降压变压器的三次出线直接引出接入变电所架空线，在外部接成三角，结构简单，安装方便，利于进行分相试验及对变压器状态进行检测。

(4) 三个单相变压器油管路采用波纹管连接，安装在专门提供的钢性底座上，安装方便，并可避免因现场土建特性差异而引起的位置相对变化。

(5) 铁芯采用单相三柱结构，使磁通分布均匀，从而大幅度降低变压器漏磁通，避免局部过热，提高了变压器的抗短路能力。

(6) 铁芯叠装采用不叠上铁轭工艺和其它特殊技术措施，有效降低噪音，一般带风机的不大于70dB，本体不大于65dB。这对于山区变电所或水电站的洞内升压站都是非常重要的。

三、技术数据

220kV组合式变压器（三圈）技术数据见表15-159，（双圈）技术数据见表15-160。

表 15－159 220kV 组合式变压器（三圈）技术数据

型　　号	SFPS8—X—120MVA/220kV 变压器			OSFPSZ8—X—120MVA/220kV 自耦变压器			SFPSZ8—X—120MVA/220kV 有载变压器			SFPSZ9—H—150MVA/220kV 有载变压器		
电压比（kV）	242±2×2.5％/121/38.5			220±8×1.25％/115/37			220±8×1.25％/115/35			220±8×1.5％/121/10.5		
连接组别	YN，yn0d11			YN，a0d11			YN，yn0d11			YN，yn0d11		
线圈组合	高—中 H—M	高—低 H—L	中—低 M—L	高—中 H—M	高—低 H—L	中—低 M—L	高—中 H—M	高—低 H—L	中—低 M—L	高—中 H—M	高—低 H—L	中—低 M—L
空载电流（％）	0.3	0.3	0.3	0.5	0.5	0.5	0.23	0.23	0.23	0.3	0.3	0.3
空载损耗（kW）	100	100	100	60	60	60	105	105	105	110	110	110
负载损耗（kW）	480	150	100	320	240	250	470.7	140.2	98.24	498	167	116
短路阻抗（％）	13.5	23	8	9	32	20	13.91	23.43	7.9	14.47	24.65	7.9
器身重量（kg）	3×33630			3×21680			3×36600			3×43800		
运输重量（kg）	3×38430（充氮）			3×28380（充氮）			3×44570（充氮）			2×51860＋52550(充氮)		
运输外形尺寸（mm）（长×宽×高）	3670×2980×3490			4895×2960×3330			3800×3210×3480			4300×3350×3575		

表 15－160 220kV 组合式变压器（双圈）技术数据

型　　号	SSP9—X—75MVA/220kV	SSP10—X—130MVA/220kV	SSP9—X—110MVA/220kV
电压比（kV）	242±2×2.5％/10.5	242±2×2.5％/13.8	242±2×2.5％/13.8
连接组别	YN，d11	YN，d11	YN，d11
组圈组合	高—低 H—L	高—低 H—L	高—低 H—L
空载电流（％）	0.5	0.4	0.5
空载损耗（kW）	53	90	82
负载损耗（kW）	226	362.5	327.3
短路阻抗（％）	13.32	13.245	13.4
器身重量（kg）	3×28290	3×37500	3×31000
运输重量（kg）	3×35000（充氮）	3×44500（充氮）	3×38000（充氮）
运输外形尺寸（mm）	3300×2480×2950	3530×2840×3380	3253×2680×3200

四、生产厂

西安西电变压器有限责任公司。

15.4.8 DXB□—12 系列箱式变电站

一、概述

DXB□—12 系列箱式变电站由天威集团保定高压开关厂生产，是一种把高压开关设备、配电变压器和低压开关设备，按照一定的接线方案组合在一个箱体内构成户外紧凑型成套配电装置，适用于系统标称电压 10/0.4kV 三相交流系统中，作为接受和分配电能之用。

该产品系列化、模数化、功能强大、设施齐全、体积小、重量轻、外形美观、维护方便、运行安全可靠，完全满足 IEC 1330 标准要求，并可实现智能化操作。适用于城市公用配电、路灯供电、工矿企业、高层建筑、生活小区、油田、码头及工程临时施工场所。该产品可接近负荷中心，减少线路损耗，是城乡电网建设理想配电装置。

二、使用条件

（1）海拔＜1000m。

（2）周围环境温度：上限＋40℃，下限－25℃。

（3）相对湿度＜90%（＋25℃时）。

（4）地震水平加速度＜0.4m/s²，垂直加速度＜0.2m/s²。

（5）无剧烈振动和冲击及爆炸危险的场所。

三、结构特点

（1）该产品由高压配电装置、配电变压器及低压配电装置连接而成，分成 3 个功能隔室。高压室由 HXGN—12 环网柜组成一次供电系统，可布置成环网供电、终端供电、双电源供电等多种供电方式，还可装设高压计量元件，满足高压计量的要求，具有防误操作功能。变压器选择 S9—M 及其它非晶态低损耗油浸变压器或干式变压器。变压器室设有自启动强迫风冷系统及照明系统，以利变压器满负荷运行。低压室采用柜装式结构组成所需的供电方案，有动力配电、照明配电、无功功率补偿、电能计量等多种功能。

（2）箱体结构为部件组装式，底盘、立柱和顶框由型钢或钢板弯制焊接而成，并经热镀锌防腐处理。顶盖为玻璃钢整体成形并有隔热功能，封板和门为防锈铝合金板，表面色彩可随环境相协调。产品体积小、重量轻、外形美观、经久耐用，能防止雨水和污物进入，具备长期户外使用条件。根据需要，还可生产智能型产品，以满足城乡电网改造和配电网自动化的要求。

四、型号含义

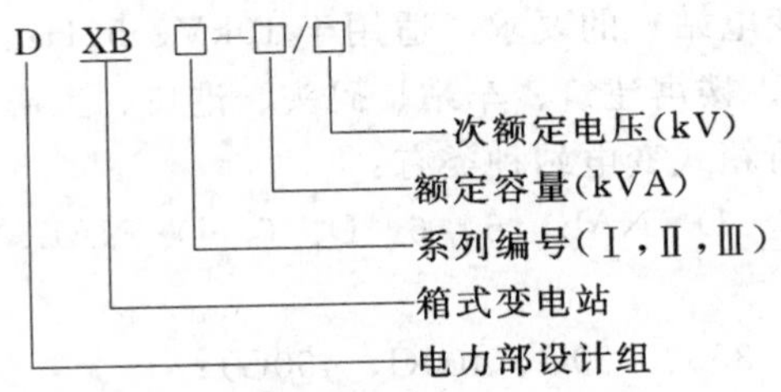

五、技术数据

DXB□—12系列箱式变电站技术数据，见表15-161。

表15-161 DXB□—12系列箱式变电站技术数据

箱变结构		高压配电装置	变压器	低压配电装置
系统的标称电压（kV）		6、10	6/0.4、10/0.4	0.4
额定容量（kVA）			Ⅰ型50～250 Ⅱ型315～630 Ⅲ型800～1250	
额定电流（A）		200～630		100～3000
额定开断电流	A	负荷开关400～630		15～63（kA）
	kA	组合电器取决于熔断器		
额定短时耐受电流（kA×s）		20×2	200～400kVA	15×1
		12.5×4	>400kVA	30×1
额定峰值耐受电流（kA）		31.5、50	200～400kVA	30
			>400kVA	63
额定关合电流（kA）		31.5、50		
工频耐压（1min）（kV）		相对地及相间 42	油浸式 35	≤300，2
		隔离断口 48	干式 28	>300，2.5
雷电冲击耐压（峰值，kV）		相对地及相间 75	75	
		隔离断口 85		
箱体防护等级		IP33	IP23	IP33
噪声水平（dB）			油浸式<55	
			干式<65	

六、生产厂

天威集团保定高压开关厂。

15.4.9 12kV紧凑型户外运行箱式变电站

一、概述

西安西开中低压开关有限责任公司生产的欧式箱式变电站主要有引进国外技术生产（Senior、Magnum）和自行设计开发（Ingenious）两个系列。它们是按一定线路方案组合成一体的紧凑型配电设备，具有结构紧凑、外形美观的特点。产品符合GB/T 17467—1998《高压/低压预装式变电站》的要求，适用于10kV、50Hz、50～1250kVA的电力用户，广泛应用于住宅小区、楼寓建筑、车站、码头、港口、工矿企业等。

12kV紧凑型户外运行箱式变电站种类有：

Senior（5、5—D、5—D—NAL、6、6—D、6—D—NAL、6M、6M—D、6M—D—NAL）；

Magnum（250、300、350、350G、400G、450G）；

Ingenious［BJ、BJ—630、250、250（2m）—NAL、300、300（2m）］。

外观有带木板（Senior、Magnum）及不带木板（Ingenious）。

内部结构有品字形（Senior、Magnum）、目字形（Ingenious）。

现场安装有平面 Magnum，Ingenious—250、250（2m）—NAL、300、300（2m），和半埋入（Senior、Ingenious—BJ、BJ—630）。

二、使用条件

（1）海拔不超过 1000m。

（2）环境温度：最高温度 40℃，最低温度－25℃，最高日平均温度不超过 35℃。

（3）相对湿度：日平均值不超过 95%，月平均值不超过 90%。

（4）户外风速不超过 35m/s。

（5）地面倾斜度不大于 3°。

（6）阳光辐射不得超过 $1000W/m^2$。

（7）安装地点无爆炸危险、火灾、化学腐蚀及剧烈振动。

注 Senior、Magnum、Ingenious 为企业内部名称，非产品正式型号。

三、产品结构

（一）箱体结构

（1）箱体采用模块化设计，全部采用螺栓连接，既便于组装，又方便更换损坏的部件。

（2）主体结构采用耐腐蚀能力极强的覆铝锌板材，外观颜色的可选择性使它能更好地与现代建筑群协调。

（3）特殊的屋顶设计使其有隔热、保温和防凝露滴落等多种功能，同时屋顶可方便地吊起，变压器及高低压开关设备可由上至下就位。

（4）优化设计的通风结构，以及独到的整体式迷宫布置，使箱体能达到很好的自然通风效果。

（二）高压单元

（1）高压单元采用 ABB 公司生产的 Safe Ring 和 Safe Pius 系列 SF_6 绝缘开关柜，特点是结构紧凑、组合方便、不受气候影响，保证人身安全以及最小的维护工作量。

（2）高压单元也可采用 ABB 公司面向终端用户的 NALR2 型负荷开关。熔断器组合电器是压气灭弧和产气灭弧相结合的负荷开关和熔断器组合而成的组合电器，结合了负荷开关和熔断器各自的优点，具有结构简单、操作方便、价格便宜等特点。

（三）变压器单元

（1）变压器单元采用 ABB 公司生产的全密封式油浸配电变压器，特点是采用波纹油箱技术，免吊芯，维护简单。

（2）也可采用 ABB 公司干式变压器，但考虑到干变绝缘裸露，对地绝缘和进出线需较大空间的原因，Senior 和 Ingenious—BJ 系列箱体不放置干式变压器。

（3）对于 Senior 和 Ingenious—BJ 系列箱体，变压器可安装在箱体中作为整体供货，也可与箱体分别运输；对于 Magnum 和 Ingenious—250～300 系列箱体，变压器只能与箱体分别运输，待箱体安装就位后再装入变压器。

（四）低压单元

（1）低压开关选用 ABB SACE 公司生产的 Magmax F 系列 ACB（空气断路器）和 Isomax S 系列 MCCB（塑壳断路器）。SACE 公司的产品能最大范围地满足额定电流和故障电流的要求。可根据要求提供测量和计量装置及自动电容补偿装置。

（2）低压单元还可选用 ABB 集团公司生产的 Fast Line—模块化设计、灵活的插拔式安装结构，熔断器保护的新型低压配电系统。

四、型号含义

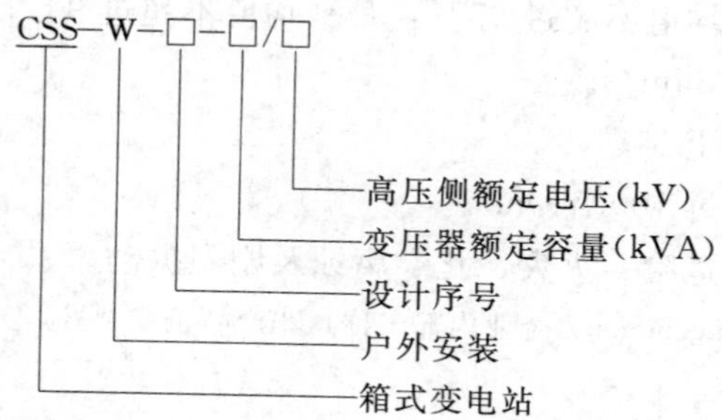

五、技术数据

（一）高压单元

（1）额定频率（Hz）：50。

（2）额定电压（kV）：12。

（3）额定工频耐受电压（kV）：对地和相间/隔离断口 42/48。

（4）额定雷电冲击耐压（kV）：对地和相间/隔离断口 95/110。

（5）额定电流（A）：630。

（6）额定短时耐受电流（kA）：25（2s）。

（7）额定峰值耐受电流（kA）：63。

（二）低压单元

（1）额定电压（V）：400。

（2）主回路额定电流（A）：100～2000。

（3）额定短时耐受电流（kA）：30（1s）。

（4）额定峰值耐受电流（kA）：63。

（5）馈出回路电流（A）：10～800。

（6）馈出回路数（路）：1～12。

（7）补偿容量（kvar）：0～360。

（三）变压器单元

（1）额定容量（kVA）：50～1250。

（2）阻抗电压（%）：4.0，4.5。

（3）分接范围（%）：±2×2.5，±5。

（4）连接组别：Y，yn0；D，yn11。

（四）箱体

（1）外壳防护等级：IP33。

（2）声级水平（dB）：≤55。

（3）箱式变电站有关技术数据，见表 15－162。

（4）高压主回路标准方案，见表 15－163。

表 15－162 12kV 紧凑型户外运行箱式变电站有关技术数据

变压器容量（kVA）	变压器一次电流（A）	高压电缆推荐值（mm²）	保护变压器用高压熔断器（A）	变压器二次电流（A）	低压主开关	无功补偿回路			
						补偿容量（kvar）（15%～20%）s	电容器配置（kvar）	补偿回路总电流（A）	补偿回路总开关
50	2.89		10	72.17	S3N—160/R80	7.5～10	15×2	10.8～14	OS32
80	4.62		10	115.47	S3N—160/R125	12～16	15×2	17～23	OS63
100	5.77		16	144.33	S3N—250/R250	15～20	15×2	22～29	OS63
125	7.22		16	180.42	S3N—250/R250	18.8～25	15×2	27～36	OS63
160	9.24		25	230.94	S5N—400/R400	24～32	15×2	35～46	OS125
200	11.55	50	25	288.68	S5N—400/R400	30～40	15×4	43～58	OS125
250	14.43		25	360.84	S5N—630/R630	37.5～50	15×4	54～72	OS160
315	18.19		40	454.66	S6S—630/R630	47.3～63	15×6	68～91	OS160
400	23.1		40	577.35	S6S—800/R800	60～80	15×6	87～116	OESA250
500	28.87		50	721.69	S6S—800/R800	75～100	15×8	108～144	OESA250
630	36.37		63	909.33	S7S—1250/R1250	94.5～126	15×10	136～182	OESA400
800	46.19	70	80	1154.7	F1S1600/R1600	120～160	30×6	173～231	OESA400
1000	57.74		80	1443.38	F1S2000/R2000	150～200	30×8	217～289	OESA630
1250	72.17		100	1804.22	F2S2500/R2500	187.5～250	30×10	271～361	OESA630

表 15－163 12kV 紧凑型户外箱变高压主回路标准方案

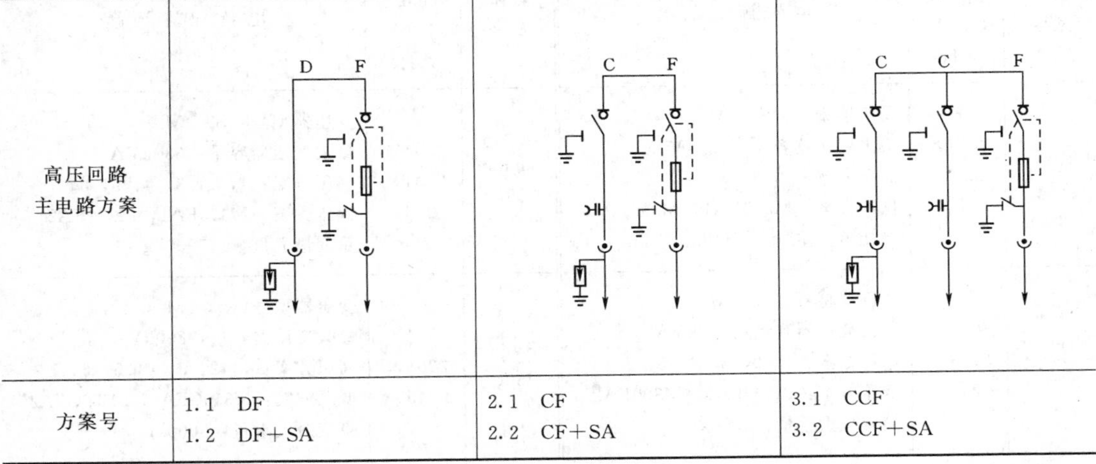

高压回路主电路方案	（图）	（图）	（图）
方案号	1.1 DF 1.2 DF＋SA	2.1 CF 2.2 CF＋SA	3.1 CCF 3.2 CCF＋SA

续表 15-163

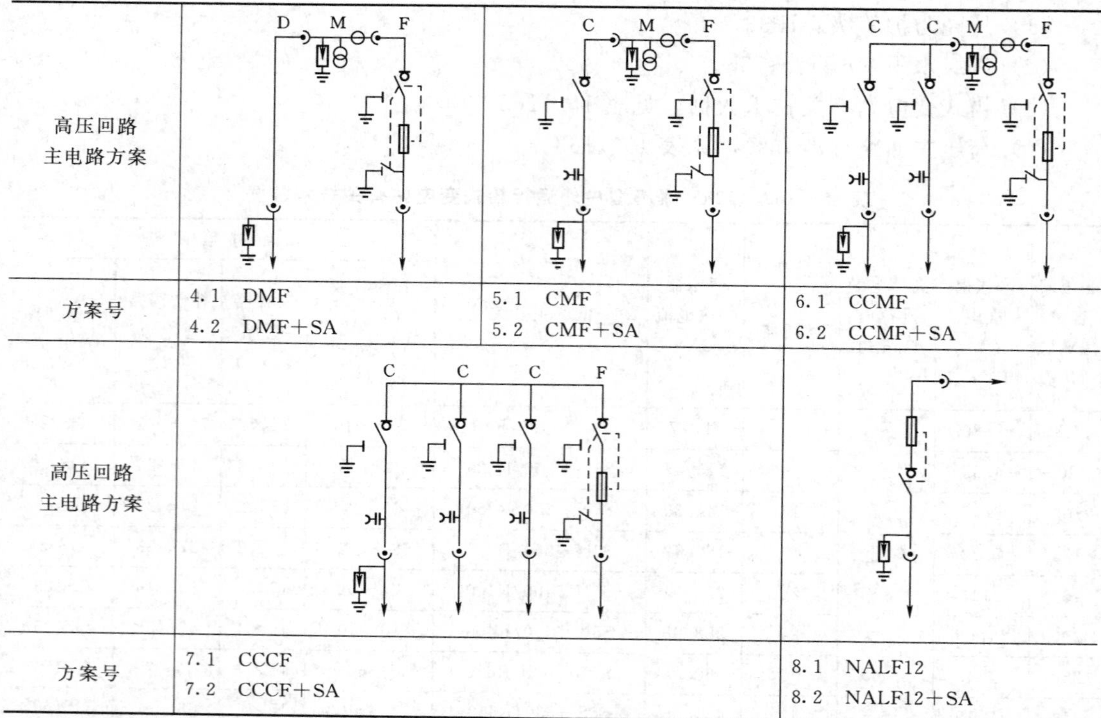

高压回路主电路方案	(图)	(图)	(图)
方案号	4.1 DMF 4.2 DMF+SA	5.1 CMF 5.2 CMF+SA	6.1 CCMF 6.2 CCMF+SA
高压回路主电路方案	(图)		(图)
方案号	7.1 CCCF 7.2 CCCF+SA		8.1 NALF12 8.2 NALF12+SA

注 D—直接电缆连接单元；C—电缆开关单元：F—负荷开关—熔断器组合电器；M—空气绝缘计量单元；NALF12—负荷开关—熔断器组合电器；SA—无间隙金属氧化物避雷器（SA 一般只用于电缆进线侧；用于母线侧 SA 需特殊设计）。

六、外形及安装尺寸

12kV 紧凑型户外运行箱式变电站外形及安装尺寸，见表 15-164 及图 15-64。

表 15-164 12kV 紧凑型户外运行箱式变电站外形及安装尺寸

箱体型号	外形尺寸（mm）（L×W×H）	电器配置选择	箱体型号	外形尺寸（mm）（L×W×H）	电器配置选择
Magnum 250	2504×2204×2450	变压器型号：S9—M 最大变压器容量：630kVA 高压方案：1，2，3 低压方案：M250FA1，M250FA2 箱变最大重量：4000kg	Magnum 350	3504×2204×2450	变压器型号：S9—M 最大变压器容量：630kVA 高压方案：1，2，3，4，5，6，7 低压方案：M350FA1，M350FA2 箱变最大重量：5000kg
Magnum 300	3004×2204×2450	变压器型号：S9—M 最大变压器容量：630kVA 高压方案：1，2，3，4，5，7 低压方案：M300FA1，M300FA2 箱变最大重量：5000kg	Magnum 350G	3504×2204×2450	变压器型号：S9—M 最大变压器容量：800kVA 高压方案：1，2，3，4，5，6，7 低压方案：M350GFA1，M350GFA2 箱变最大重量：5000kg

续表 15-164

箱体型号	外形尺寸（mm）（L×W×H）	电器配置选择
Magnum 400G	4004×2204×2450	变压器型号：S9—M 最大变压器容量：1000kVA 高压方案：1，2，3，4，5，6，7 低压方案：M400GFA1，M400GFA2 箱变最大重量：6000kg
Magnum 450G	4504×2204×2450	变压器型号：S9—M 最大变压器容量：1250kVA 高压方案：1，2，3，4，5，6，7 低压方案：M450GFA1，M450GFA2 箱变最大重量：7000kg
Senior5	2136×1706×2450	变压器型号：S9—M 最大变压器容量：500kVA 高压方案：1，2，3 低压方案：SFA1，SFA2 箱变最大重量：4000kg
Senior5—D	2136×1706×2450	变压器型号：S9—M 最大变压器容量：500kVA 高压方案：1，2 低压方案：SFA1＋SFA3，SFA2＋SFA3 箱变最大重量：4000kg
Senior5—D—NAL	2136×1706×2450	变压器型号：S9—M 最大变压器容量：500kVA 高压方案：8 低压方案：SFA1＋SFA3，SFA2＋SFA3 箱变最大重量：4000kg
Senior6	2136×1706×2450	变压器型号：S9—M 最大变压器容量：630kVA 高压方案：1，2，3，7 低压方案：SFA1，SFA2 箱变最大重量：5000kg
Senior6—D	2136×1706×2450	变压器型号：S9—M 最大变压器容量：630kVA 高压方案：1，2，3 低压方案：SFA1＋SFA3，SFA2＋SFA3 箱变最大重量：5000kg
Ingenious—250	2504×1854×1750	变压器型号：S9—M 最大变压器容量：500kVA 高压方案：1，2，3，7 低压方案：I250FA1，I250FA2，I250FA3 箱变最大重量：4000kg
Ingenious—250（2m）—NAL	2504×1854×2150	变压器型号：S9—M 最大变压器容量：500kVA 高压方案：8 低压方案：I250（2m）—NALFA1，I250（2m）—NALFA2 箱变最大重量：4000kg
Ingenious—300	3004×1854×1750	变压器型号：S9—M 最大变压器容量：630kVA 高压方案：1，2，3，7 低压方案：I300FA1，I300FA2，I300FA3 箱变最大重量：5000kg
Ingenious—300（2m）	3004×1854×2150	变压器型号：S9—M 最大变压器容量：630kVA 高压方案：1，2，3，4，5，7 低压方案：I300（2m）FA1，I300（2m）FA2 箱变最大重量：5000kg
Ingenious—BJ	2370×1500×2130	变压器型号：S9—M 最大变压器容量：500kVA 高压方案：1，2，3，7 低压方案：IBFA1，IBFA2，IBFA3 箱变最大重量：4000kg
Ingenious—BJ—630	2430×1800×2130	变压器型号：S9—M 最大变压器容量：630kVA 高压方案：1，2，3，7 低压方案：IBFA4，IBFA5，IBFA6 箱变最大重量：5000kg

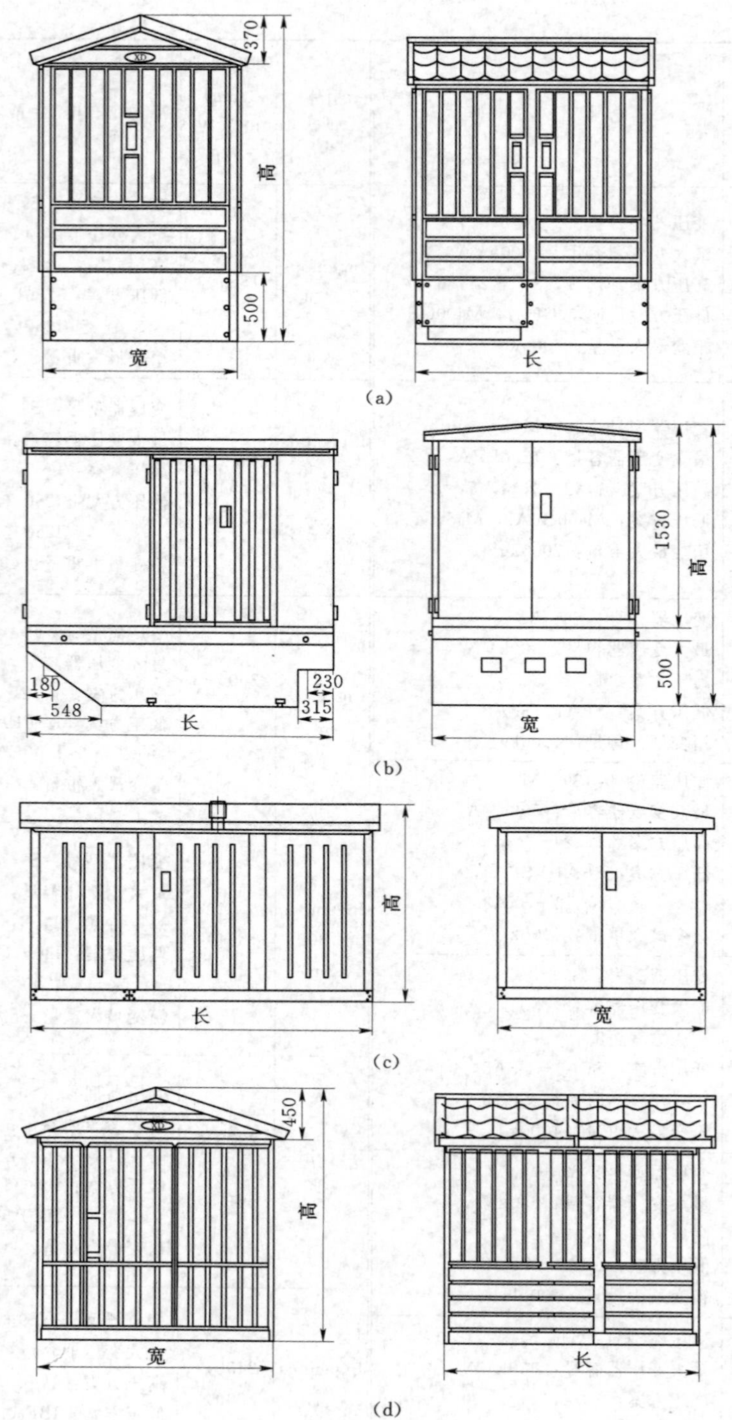

图 15-64 12kV 紧凑型户外运行箱式变电站外形及安装尺寸

(a) Senior；(b) Ingenious—BL、BJ—630；(c) Ingenious—250—300；(d) Magnum

七、生产厂

中国西电集团、西安西电高压开关有限责任公司、西安西开中低压开关有限责任公司。

15.4.10 WYBF1—35/10（6）系列无人值班预装式变电站

一、概述

WYBF1—35/10（6）系列无人值班预装式变电站是在传统的6～35kV预装式变电站的基础上，顺特电气有限公司采用成熟的高压开关技术、不间断电源技术、变电站自动化技术及先进的装配工艺制成的远方监视、远方控制的无人值班变电站。

该系列产品由外壳、高压配电开关柜间隔以及YBZ—100预装式变电站自动化系统等三部分组成。其中外壳与高压配电开关柜间隔铆接为一体，高压配电开关柜间隔分布于预装式变电站的两侧，其后门作为预装式变电站外壳的一部分；预装式变电站的中间为操作巡视走廊，走廊顶部（或低部）为母线室。

高压配电柜间隔，是在普通高压开关柜的基础上，经过功能的重新组合和优化设计制造而成。优化后的高压配电开关柜间隔比普通高压开关柜更紧凑。高压配电开关柜间隔配置微机保护测控单元。智能电能计量单元以及其它控制监视设备，实现变电站的继电保护、电能计量、通讯处理及监控管理等功能。

YBZ—100预装式变电站自动化系统是35kV无人值班预装式变电站、10（6）kV智能开关站设计的小型化变电站自动化系统。它集变电站的日常运行管理、事故处理及电能计费管理于一体，是6～35kV预装式变电站（开关站）实现无人值班管理的理想选择。

二、使用环境

（1）环境温度：－25～＋55℃。

（2）相对湿度：日平均不大于95％，月平均不大于90％。

（3）海拔：2000m以下。

（4）地震烈度：不超过8度。

（5）工作场所：无火灾、爆炸危险，无严重污秽化学腐蚀及剧烈震动。

（6）地面倾斜度：不大于3°。

三、产品特点

（1）结构紧凑。预装式变电站内高压配电开关柜间隔的空间利用比普通高压开关柜更合理（如隔室布置、元器件的配置等），结构更紧凑。

（2）维护方便。高压配电开关柜间隔后门作为预装式变电站外壳的一部分，维修时只须打开外壳侧门即可对配电开关柜间隔进行维修。

（3）联锁齐全。高压开关柜间隔在断路器、隔离开关、接地开关之间设置机械闭锁，在断路器室门与后门之间设置程序锁，在电缆室安装电磁锁。完备的联锁，完全满足高压开关“五防”操作要求。

（4）元器件选型合理。高压配电开关柜间隔采用体积小、开断性能好的一体化真空断路器作为主开关，采用集继电保护、测量、控制、监测、通讯等多种功能于一体的微机保护测控单元作为二次保护控制元件，采用计量方式多、组网能力强的全电子式电能表作为电能计量单元。这些性能优越的元器件的采用，保证了高压配电开关柜间隔的品质，也保证了自动化系统功能的实现。

(5) 全分散式分层分布式系统。本系统间隔层设备分散布置于预装式变电站各个间隔的仪表室内，间隔层设备与变电站层通信监控机只有通信线的信号连接，而无电力线的电气连接，节省了大量的电缆，有利于线路故障的查找。

(6) 继电保护功能独立。本系统继电保护按保护对象独立设置，直接由相关的 CT 及 PT 输入电气量，动作后由接点输出，直接操作相应断路器的跳闸线圈。保护装置设有通信接口，接入站内通讯网，以便保护动作后向变电站提供报告，但保护功能完全不依赖通信系统。

(7) 网络通信技术成熟。YBZ—100 预装式变电站自动化系统采用基于 RS—485/RS—422 标准的现场总线作为站内通信网。RS—485/RS—422 网络通信技术成熟，性能可靠，便于其它设备的接入。

(8) 监控软件功能强大。变电站监控软件不仅具备数据采集与处理、统计计算、画面显示、报表打印、遥控操作、保护定值下载等日常运行管理功能，还具有事件记录、故障录波、事故报警等事故处理功能。此外，监控软件还将变电站电能计费纳入管理范畴。

(9) 满足多种远程通信方式。监控主机内置远程通信功能模块和通信接口，能实现 101. CDT 等多种远程通信规约的向上转发。

(10) 安全体系完善。自动化系统具备“参数设置”、“遥控”、“保护定值下载”等功能，这些功能的实现都需要输入正确的操作口令。微机保护测控单元面板上设置三位置开关，对不同位置的权限进行限制。

(11) 监视界面友好。微机保护测控单元及监控主机均采用超大屏幕 LCD 显示器，全中文显示，信息量大，各种数据、参数、波形一览无遗。

(12) 软件驱动声音报警。变电站在监控主机上装设继电器输出卡，配合网络监测软件，可将微机保护测控单元上传的预告告警及事故告警信号用声光报警的形式输出。

(13) 运行环境好。变电站内装设空调、高压配电开关柜间隔装设凝露控制设备、变电站外壳防护等级为 IP43，都为变电站内一、二次设备及变电站自动化系统提供良好的运行环境。

(14) 建设周期短。无人值班预装式变电站在厂家已将高压配电设备、二次保护控制设备以及变电站自动化系统安装调试好，运至现场只需简单安装。

四、产品结构

(1) 内部结构，见图 15-65。

(2) 自动化系统结构。系统采用分层分布式结构，整个系统由三部分组成。第一部分为间隔层的分布式保护、测控单元和电能计量单元，它把模拟量、开关量数字化，实现保护功能和测量控制功能，并上行发送测量和保护信息，接收控制命令和定值信息，是整个系统与一次设备的接口。第二部分为站内通信网，它基于 RS—485/RS—422 标准通讯接口，将间隔层设备与变电站层设备互连，实现搜集各个保护、测控单元的上传信息，并下达控制命令及定值参数，是变电站内信息流的动脉。第三部分是变电站层的监控与管理系统，收集全站的信息并实时存入数据库，且能通过友好的人机界面和强大的数据处理能力实现变电站内就地监控功能，是系统与运行人员的接口。

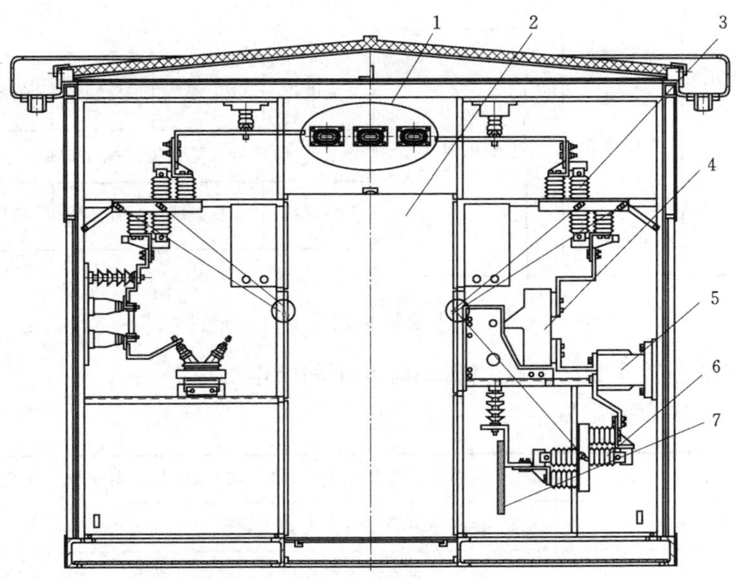

图 15-65 WYBF1—35/10（6）系列无人值班预装式变电站内部结构

1—母线室母线；2—操作巡视走廊；3—上隔离开关；4—断路器；
5—电流互感器；6—下隔离开关；7—馈线电缆

系统的总体结构配置原理，见图 15-66。

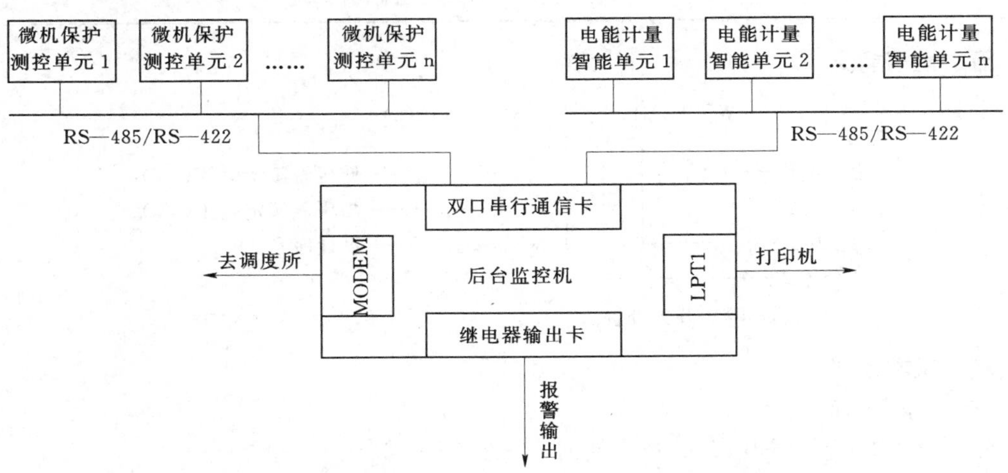

图 15-66 WYBF1—35/10（6）系列无人值班预装式变电站自动化系统的总体结构配置原理图

（3）系统配置及变电站布置方式。布置方式见图 15-67。

10（6）kV 开关站外壳为全封闭、恒温、防潮、防锈的箱体，冷却方式为 AF；35kV 高压室及主变压器室外壳冷却方式为 AN。

35kV 开关柜采用 KYN—35 手车柜（2200×1400×2600），10（6）kV 开关柜采用 XGN28—10 固定柜（1000×1100×2600）。

35kV 开关
操作走廊
避雷器柜
变压器柜
PT 柜
主变压器室
主进柜 PT 柜 补偿柜 监控屏
10（6）kV 开关站操作走廊
1号馈线 2号馈线 3号馈线 站用变

图 15-67 无人值班预装式变电站布置方式

监控屏内安装监控主机、声光报警系统及不间断电源。

各间隔主要二次设备配置：

外　壳	主变压器室装配风机、10（6）kV 开关站安装空调及抽湿机
35kV 开关柜（3台）	凝露控制器（每台配置1套）
10（6）kV 主进柜	变压器后备保护测控单元、智能电能表、凝露控制器
10（6）kV 馈线柜（3台）	微机线路保护测控单元、智能电能表、凝露控制器
10（6）kV 无功补偿柜	电容器保护测控单元、智能电能表、凝露控制器
10（6）kV PT 柜	电脑消谐器、凝露控制器
监控屏	监控主机、变压器差动保护测控单元

五、型号含义

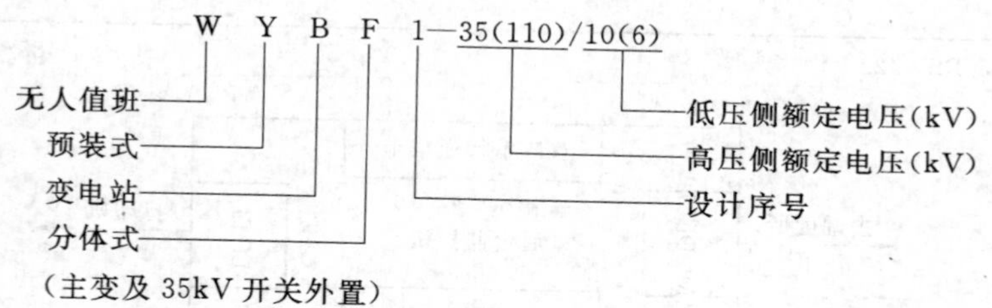

六、技术数据

（一）外壳及高压开关

外壳及10kV 高压配电开关技术数据，见表 15-165。

（二）不间断电源

(1) 输出功率（kW）：>2。

(2) 备用时间（h）：>2。

(3) 额定输入/输出电压（V）：AC220/AC220。

（三）自动化系统

1. 系统部分

(1) SOE 分辨率（ms）：≤10。

(2) 数据采集精度：

电流、电压≤0.5%；

有功功率≤1.0%；

无功功率≤2.0%。

(3) 数据处理速度：

遥信变位传输至监控主机时间≤3s；

表 15－165 外壳及 10kV 高压配电开关技术数据

额定电压（kV）	高压侧		35	
	低压侧		10	6
额定最高电压（kV）	高压侧		40.5	
	低压侧		12	7.2
1min 工频耐压（kV）	高压侧	相间、对地	80	
		断口间	90	
	低压侧	相间、对地	42	23
		断口间	48	28
雷电冲击耐压（峰值，kV）	高压侧	相间、对地	185	
		断口间	215	

雷电冲击耐压（峰值，kV）	低压侧	相间、对地	75		60	
		断口间	85		70	
额定电流（A）			400，630，1000，1250			
额定短路开断电流（kA）			16	20	25	31.5
额定短路关合电流（峰值，kA）			40	50	63	80
额定峰值耐受电流（kA）			40	50	63	80
额定短时耐受电流（4s）（kA）			16	20	25	31.5
额定操作顺序			分—0.3s—合分—180s—合分			
防护等级	外壳		IP43			
	高压配电开关间隔		IP2X			

遥测越限报警传输至监控主机时间≤3s；

遥控命令选择、执行或撤销传输时间≤3s；

遥调命令传输时间≤3s。

(4) 数据更新时间：

遥信量更新时间≤2s；

重要遥测量更新时间≤2s；

一般遥测量更新时间≤5s；

次要遥测量更新时间≤10s。

(5) 画面显示速度：

画面调入时间≤3s；

画面数据刷新时间≤3s。

(6) 进程切换及进程恢复时间：

进程切换≤20s；

进程恢复≤30s。

(7) 监控网负载率：

正常情况下≤25%；

电力系统故障情况下≤50%。

(8) 监控主机 CPU 负载率：

正常情况下≤40%；

电力系统故障情况下≤60%。

(9) 数据容量：

网络节点64个；

每节点数据容量：256个遥测量；1024个遥信量；64个电度量。

(10) 平均无故障运行时间：>10000h。

(11) 系统可利用率：99.8%。

2. 通讯处理

(1) 波特率（bps)：300，600，1200，2400，4800，9600。

(2) 通信工作方式：单工，半双工，全双工。

(3) 比特差错率$\leqslant 1\times 10^{-4}$。

(4) 接收电平（dB)：−40～0。

(5) 发送电平（dB)：−20～0。

3. 微机保护测控单元

(1) 额定值：

频率（Hz)：50。

交流电压（V)：100/57.7。

交流电流（A)：1/5。

最大允许连续电流值：$2I_n$。

最大允许连续电压值：$1.2U_n$。

电源电压：DC110V/DC220V/AC220V。

(2) 负载：

交流电流回路：≤1VA/相。

交流电压回路：≤0.5VA/相。

电源回路：≤50W。

4. 智能电能计量单元

(1) 额定电压（V)：3×100，3×220/380，3×57.7/100。

(2) 精度等级：有功0.5级，无功2.0级。

(3) 通信接口：RS—485/RS—422。

5. 抗电磁干扰能力

(1) 静电放电抗扰度：GB/T 17626.2　4级。

(2) 辐射电磁场抗扰度：GB/T 17626.3　3级。

(3) 快速瞬变电脉冲群抗扰度：GB/T 17626.4　4级。

(4) 冲击（浪涌）抗扰度：GB/T 17626.5　4级。

(5) 工频磁场抗扰度：GB/T 17626.8　5级。

(6) 阻尼振荡磁场抗扰度：GB/T 17626.10　5级。

(7) 振荡波抗扰度：GB/T 17626.12　3级。

6. 机械性能

(1) 工作条件：能承受严酷等级为Ⅰ级的振动响应、冲击响应的检验。

(2) 运输条件：能承受严酷等级为Ⅰ级的振动耐久、冲击耐久及碰撞检验。

七、外形及安装尺寸

具有三路馈线，主变额定容量为10000kVA的变电站外形及安装尺寸，见图15-68。

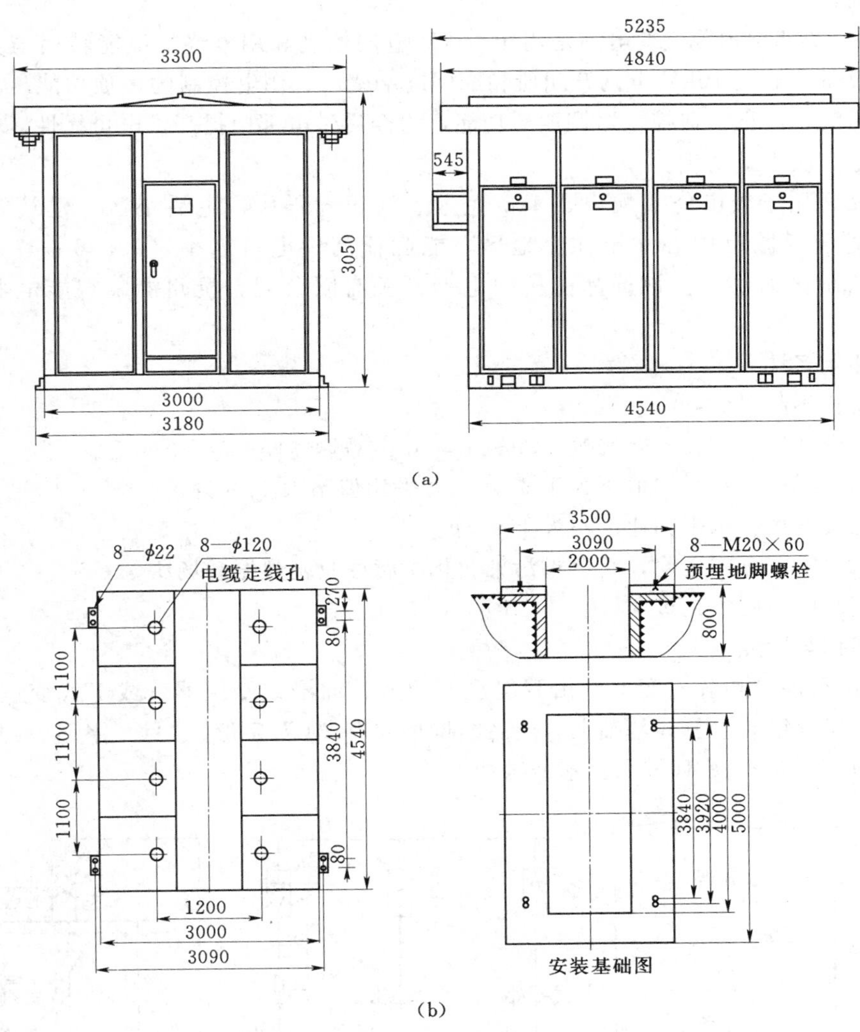

图15-68 无人值班预装式变电站外形及安装尺寸
(具有三路馈线，主变额定容量10000kVA)
(a) 外形尺寸图；(b) 安装尺寸及安装基础图

八、订货须知

订货必须提供高压一次系统图、继电保护功能要求、微机继电保护测控单元通信规约及生产厂家、电能计量要求、电能计量仪表通信规约及生产厂家、不间断电源型号及容量、监控软件的功能要求、远程通信规约、潮流图、地理图、运行日志、主变及35kV高压室的配置要求、变电站的运行环境、交货时间、交货方式和投运时间等。

九、生产厂

顺特电气有限公司。

15.4.11 YBM27—12/0.4智能型预装式变电站

一、概述

YBM27智能型预装式变电站是用于10kV电网控制和用电终端电能转换与分配的成套变配电设备，兼具10kV电网开闭所和配网终端变压、用电控制的多项功能。高压控制部分具有遥测、遥讯、遥控、遥调四遥功能，为今后供电部门提高供电可靠性、发展配网自动化奠定一次设备基础。

该产品适用于城市公共配电、工矿企业、油田、码头、生活小区、建筑施工等场所，特别适合于城市中心寸土如金地区，能胜任高供电可靠率（99.96%～99.99%）的城市中心地区的供电。该产品由杭州电器开关有限公司、杭州浙宝智能电器有限公司生产。

二、使用条件

（1）海拔不超过2000m。

（2）周围环境温度：严寒气候－50～＋40℃；酷热气候－5～＋50℃。

（3）相对湿度：日平均值不大于95%，月平均值不大于90%。

（4）地震烈度：水平加速度不大于0.3g。

（5）无火灾、爆炸危险，无严重污染、化学腐蚀及剧烈振动场所。

（6）安装倾斜度不超过3°。

三、结构与特点

YBM27智能型预装式变电站由智能型开闭所、油浸式变压器（或干式变压器）、低压配电室三组分组装于公共基础上，产品结构形式有“L”字形、“目”字形、“品”字形布置，见图15-69～图15-71。基结构特点：

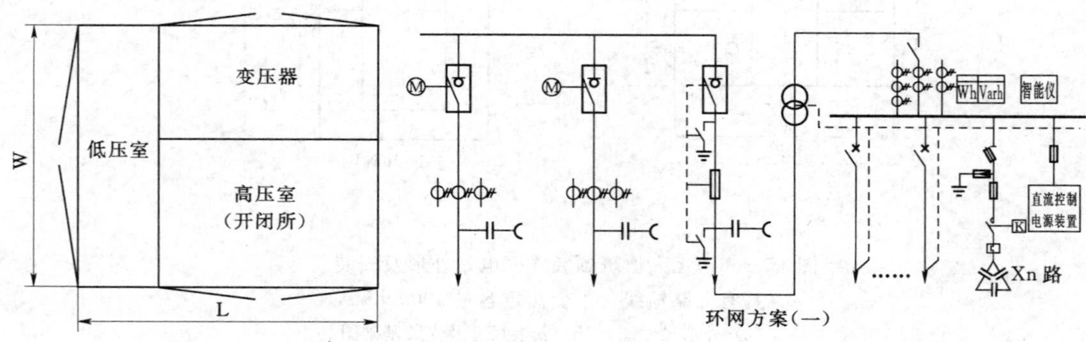

图15-69 “L”字形布置

（1）三大部件组装在公共的底座上，高压开闭所和低压配电室有独立金属封闭结构。壳体材料有镀锌钢板、不锈钢板两种供选用，顶盖有防锈铝合金板、不锈钢板两种选用。

（2）该产品具有当今世界三大流派同类产品的优点。

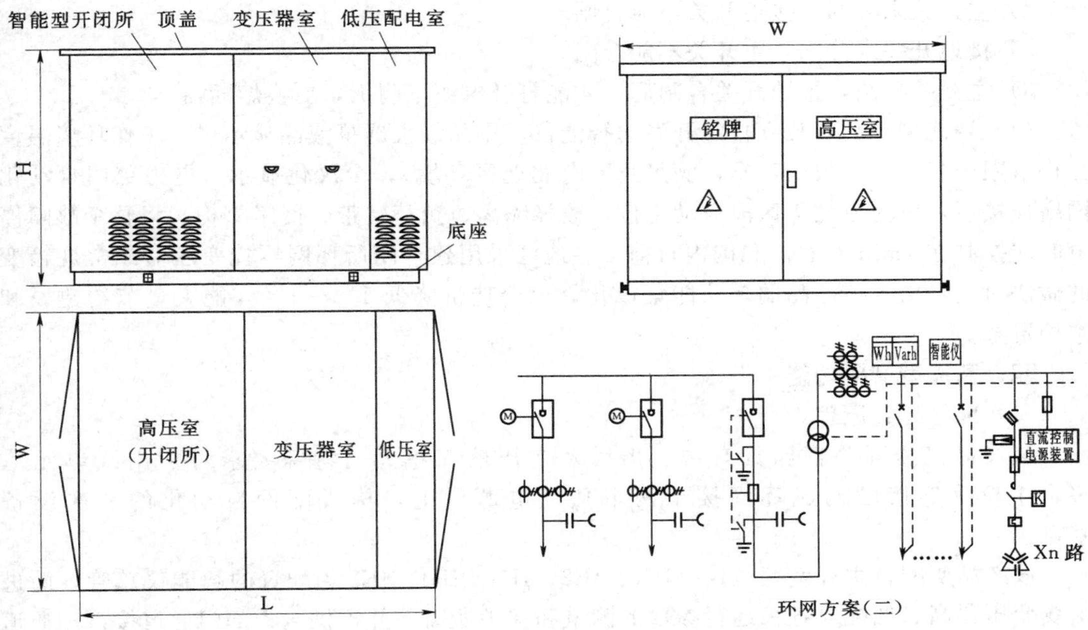

图 15－70 “目”字形结构及布置

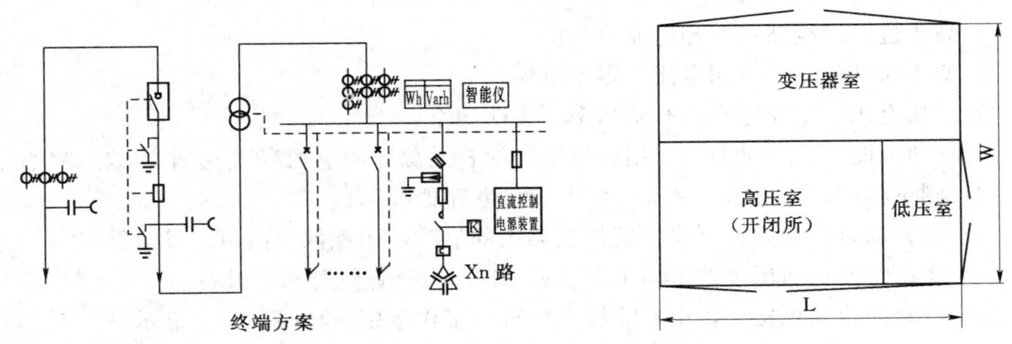

图 15－71 “品”字形布置

1）变压器保护户外设备本色、散热好（美式优点），并且加装盖阻挡烈日曝晒热量，负载能力更好。

2）高压开关用 SF_6 充气绝缘柜与变压器之间用电缆连接全封闭绝缘，不受污秽、凝露影响，免维护，不需检修，整机高度为 1.6m，不挡视线（欧式优点）。

3）符合我国电力部门各种法规要求，低压无功补偿度按 15%～30%配置，自动循环投切，专用电能计量箱，自控启动低压配电室排风装置（中国式优点）。

（3）高压开关有完善的防误功能。

1）高压负荷开关前部面板未安装好，开关不能合闸。

2）电缆室门（面板）未关好，开关不能合闸。

3）接地开关未合闸时电缆室门（面板）不能开启。

4）主开关未分闸，接地开关不能合闸。

5）接地开关未分闸，主开关不能合闸。

6）主开关分闸，接地开关合闸后，才能打开电缆室门板，更换熔断器。

（4）智能型产品有独立自主开发的智能仪，军品级大屏幕液晶显示屏（工作环境温度允许下限－40℃、上限＋70℃，满足我国南北地区环境），全汉化显示。电力部门自动化网络连接后，可完成故障区段自动定位、故障隔离、负荷转带、网络重构，将整个故障停电时间控制在1min左右。和国内目前一些地区采用建开闭所环网再挂变压器或常规箱变的做法对比，由于该产品的多功能集成化，综合造价降低1/3～1/2，能大量节约建设和维护资金。

四、智能型产品功能

（1）网络配置原理。

该产品高压开关柜已具有进、出线及变压器三单元（特殊要求可加出线单元），多台手拉手连接已构成环网接于两个独立电源供电，构成配网自动化的一次设备基础。

该产品所配自主开发智能仪，IE1、IE2、IE3、IE4、IE5为配置的智能仪总管本站进出线变压器高、低配电各种运行参数的测量和保护所需，并提供电力部门通道接口，通道及以上部分由电力部门负责。

（2）测量及遥讯参数。

1）高压进、出线路：三相电流及相序。

2）变压器低压侧：三相电流、零序电流。

3）三相电压、零序电压：有功功率、无功功率。

4）有功电能、无功电能（专用计量箱内配置无源脉冲电能表）、功率因数、频率。

（3）测量精度：交流量0.2％；有功、无功精度0.5％。

（4）完善的自检功能，可快速定位仪器内部故障，闭锁保护出口，发出警告。

（5）通讯特性：通讯规约POLLING或CDT。通讯速率≥1200b/s。

（6）全套汉化人机接口，由军品级大屏幕（工作范围－40～70℃）显示。

（7）有自动故障识别、故障切除、网络重构功能。

五、型号含义

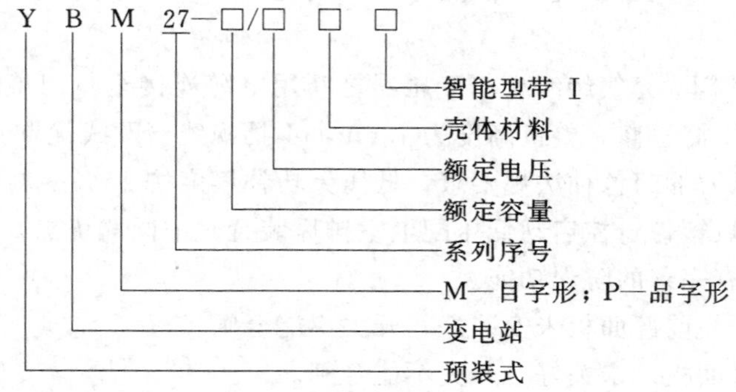

壳体材料分为两种类型：

（1）LS型侧面为钢板喷塑，顶盖为LF21防锈铝板喷塑。SS型侧面和顶盖全为不锈钢板。

（2）智能型带Ⅰ，非智能型的不加标志。

六、技术数据

YBM27智能型预装式变电站技术数据，见表15-166。

表15-166　YBM27智能型预装式变电站技术数据

性能指标	高压电器	变压器	低压电器
额定电压（kV）	12	10/0.4	0.4
额定容量（kVA）		50～2000	
额定电流（A）	400，630		100～2000
额定开断电流（A）	负荷开关400～630 组合电器取决于熔断器		15～63
额定短时耐受电流（kA/s）	20/3	160～400kVA　15/1 >400kVA　30/1	
额定峰值耐受电流（kA）	50	100～400kVA　30 >400kVA　63	
额定关合电流（kA）	50		
工频耐压（kV/min）	相对地及相间隔　42/1 隔离断口　48/1	28/1	≤300V，2/1 >300V，2.5/1
耐电冲击耐压（峰值，kV）	相对地及相间　75 隔离断口　85	75	
10kV连接电缆直流耐压（kV/min）	一相/其它相+地25/15		
箱体防护等级	IP33	IP22	IP33
噪声水平（dB）		≤55	

注　1. 变压器为特制全密封油变。

2. 当变压器容量≤200kVA时，额定短时耐受电流、额定峰值耐受电流性能指标不考核。

七、外形及安装尺寸

YBM27智能型预装式变电站外形及安装尺寸，见表15-167。

八、订货须知

订货时必须提供产品为智能型或非智能型，高低压回路主接线图及电器元件型号和参数，变压器容量和变压比，箱体外表颜色及材料有否特殊要求（如用不锈钢板等），进出线负荷开关是否配备电操作机构及其它特殊要求。

九、生产厂

杭州电器开关有限公司、杭州浙宝智能电器有限公司。

表 15-167 YBM27 智能型预装式变电站外形尺寸

组合站容量(kVA)	外形尺寸(长×宽×高)(mm)			组合站容量(kVA)	外形尺寸(长×宽×高)(mm)		
	"L"字形	"目"字形	"品"字形		"L"字形	"目"字形	"品"字形
250	2500×1900×1600	2900×1900×1600	2000×1900×1600	800	2900×2200×2000	3000×2200•×2000	2200×2100×2000
315	2000×1900×1600	2900×1900×1600	2000×1900×1600	1000	2900×2200×2000	3000×2200×2000	2200×2100×2000
400	2700×2100×1800	3000×2100×1800	2100×2000×1800	1250	2800×2200×2000	3000×2200×2000	2200×2100×2000
500	2700×2100×1800	3000×2100×1800	2100×2000×1800	1600	3000×2300×2200	3300×2300×2200	3300×2300×2200
630	2700×2100×1800	3000×2100×1800	2100×2000×1800	2000	3000×2300 2200	3300×2300×2200	3300×2300×2200

15.4.12 YBM27—40.5/12 智能型预装箱式变电站

一、概述

YBM27—40.5/12 智能型预装箱式变电站由杭州浙宝智能电器有限公司、杭州电器开关有限公司(原杭州电器开关厂)生产。该产品由 40.5kV 户外构架配电设备、35/10kV 变压器和 12kV 智能型开闭所组成,与传统变电站相比,占地面积由 1 亩降至 0.2 亩,造价降低为 2/3~1/2,施工周期降为 1/5,并使用工厂化生产,质量有保证。

40.5kV 户外构架由引进德国技术的内、外层热镀锌管组成,保用 50 年。

变压器置于室外。

12kV 侧为智能化开闭所,主要特征如下:

(1) 12kV 开关设备用真空开关中置柜,柜体采用覆铝锌板双折边、拼装式。

(2) 有内操作走廊,并配有断熔器维护,安装用的平台小车。

(3) 所配智能测控单元有馈线型、母联型、主变保护型、电容保护型、PT 保护型及通讯管理机,可由主站进行遥测、遥讯、遥控、遥调。

其余特征与 YBM27—12/0.4 型箱变相同。

二、典型接线

典型接线见图 15-72。

12kV 智能开关室内各柜体智能测控单元可通过本站的通讯管理机汇集后,经通讯通道上送中心站(或地区调度所)内设的监控主机。由中心站(或地区调度所)对本站进行遥测、遥讯、遥控、遥调,以及通过主机控制软件进行故障区域定位、自动切除、负荷转带、网络重构,实现配电自动化功能,提高供电可靠率,见图 15-73。

三、技术数据

YBM27—40.5/12 智能型预装箱式变电站技术数据见表 15-168,初级和次级电器都

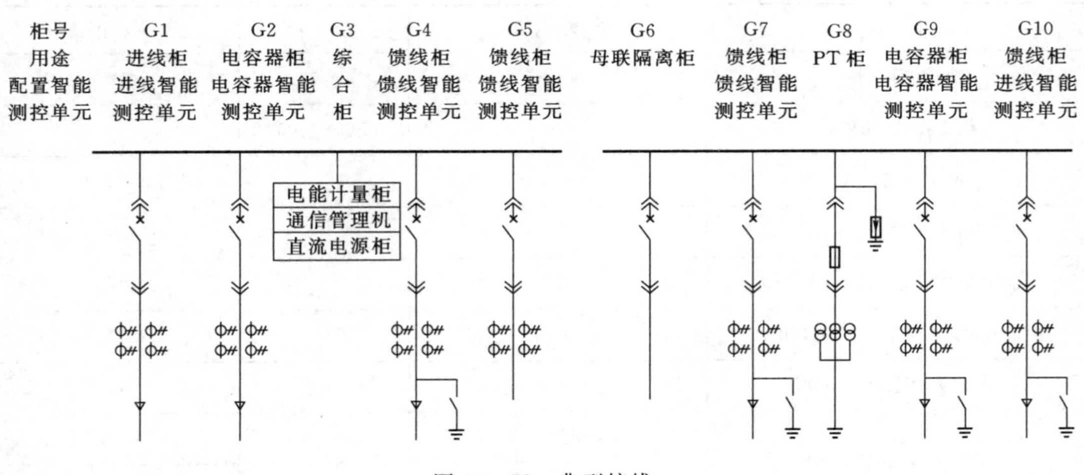

图 15-72 典型接线

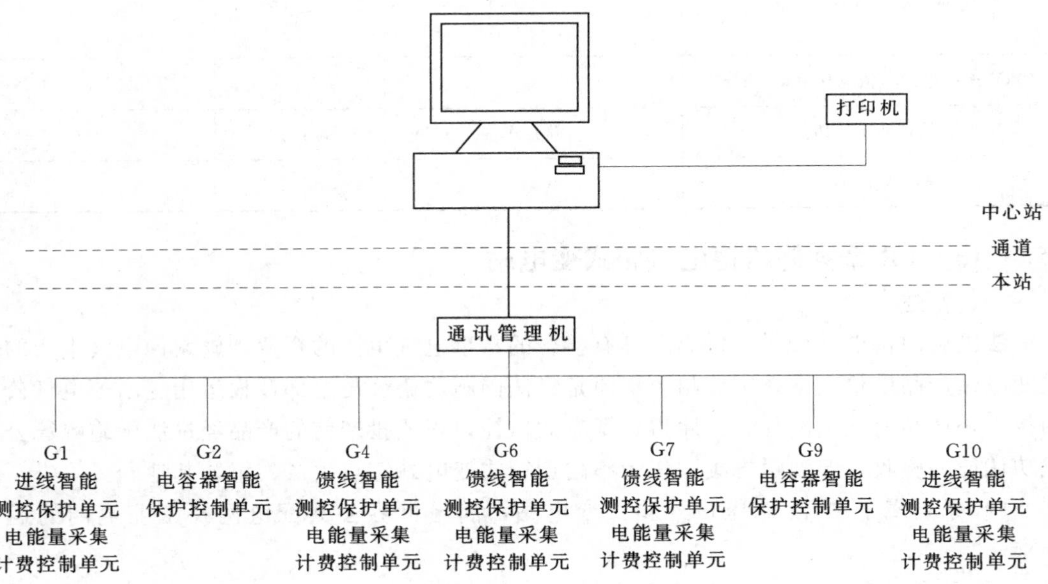

图 15-73 智能测控图

用断路器。

四、订货须知

订货时必须提供产品高低压回路一次接线图及电器元件型号和参数，主变压器容量、变压比、分接开关调压方式（有载还是无载），无功补偿容量及控制方式，智能测控单元所需功能及通讯接口的具体要求，箱体外表颜色及其它特殊要求。

五、生产厂

杭州浙宝智能电器有限公司、杭州电器开关有限公司。

表 15-168 YBM27—40.5/12 智能型预装箱式变电站技术数据

性 能 指 标	初 级 电 器		变 压 器	次 级 电 器
额定电压（kV）	40.5		35/10	12
额定容量（kVA）			1600～25000	
额定电流（A）	50～500			100～1200
额定开断电流（kA）	25			50
额定短时耐受电流（kA/s）	25/2			20/3
额定峰值耐受电流（峰值，kA）	66			66
额定关合电流（kA）	50			50
工频耐压（kV/min）	相对地及相间	80/1	85/1	42/1
	隔离断口	88/1		48/1
雷电冲击耐压（峰值，kV）	相对地及相间	170	200	
	隔离断口	195		
10kV 连接电缆直流耐压（kV/min）				一相/其它相＋地 25/5
箱体防护等级	敞开式		敞开式	IP33
噪声水平（dB）			≤55	

15.4.13 LR 系列施耐德电气箱式变电站

一、概述

法国施耐德电气公司是世界上享有盛誉的从事电气生产的企业。施耐德电气生产的箱式变电站产品质量上乘。宁波耐吉集团是经法国施耐德公司总部授权运用施耐德电气公司的技术，产品的工艺流程、工序得到了有效监控，正式投产前的产品经过法国施耐德公司成功认证并验收。宁波耐吉集团作为施耐德箱式变电站定点生产、组装基地。

LR 系列属于中压/低压户外箱式变电站，满足世界公共配电网及工业电网的运行要求。

LR 系列箱变适用于 24kV 以下公共配电网，最大容量可达 1600kVA。基本特点是：

(1) 整套装置由工厂装配和测试；

(2) 随时可以与电网连接使用；

(3) 户外运行；

(4) 符合 IEC 1330 标准；

(5) 可手动或由中压电网管理系统实现遥控。

LR 系列箱变适用于任何环境。LR 箱变外壳为金属（镀锌钢或铝）夹心板或混凝土，能够满足恶劣的气候条件、恶劣的地理环境及其它任何存在的环境条件。

该系列产品结构紧凑、重量轻，只须普通安装设备即可，安装简便。运输时整个箱变已完全装配好，只有与箱变的外部连接需到现场完成。

该产品运行可靠。简单的结构可以很安全地操作，无须移动电源接头即可到达整个电缆测试电路，接地可见，挂锁结构（带隔离开关，接地开关）。

二、产品结构

LR箱变主要包括：

(1) 一个2.5mm厚的铝壳体安装在4mm厚热镀锌底座上，变电站的侧面有两个双开门用以接近操作室和变压器，门可安装挂锁实现锁保护，不同室间隔板为2.5mm厚铝板。

(2) 中压开关柜为2、3或4功能RM6环网单元。

(3) 变压器为树脂绝缘干式电力变压器或油浸变压器。

(4) 低压开关柜：一个Compact主断路器及断路器保护馈线柜（根据用户要求）；作为选件可提供Talus200遥控界面。所有变电站遥控和模拟显示功能均含在此单元中。

(5) 中压和低压连接。

(6) 选项和附件：内燃弧耐受设备、低压计量、无功补偿、故障探测和指示灯、中压和低压室内部照明、安全标志。

LR系列箱变不同内部布置方案的结构，见图15-74。

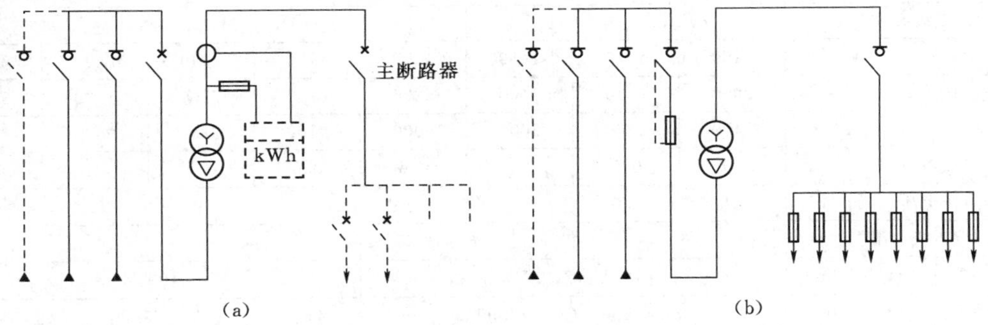

图15-74 LR系列箱变不同内部布置方案的结构

(a) LR箱变包含RM6中压开关柜和断路器保护的低压开关柜；

(b) LR箱变包含RM6中压开关柜和熔断器保护的低压馈线柜

三、技术数据

(1) LR系列中压配电箱式变电站技术数据，见表15-169。

(2) 变压器技术数据，见表15-170。

(3) 标准防护等级：中压和低压室IP34，变压器室IP21。

(4) 可选防护等级：中压和低压室IP54，变压器室IP34。

四、外形及安装尺寸

LR系列箱变外形及安装尺寸，见图15-75。

五、生产厂

宁波耐吉集团有限公司（法国施耐德电气公司定点生产、组装基地）。

表 15-169　LR 系列中压配电箱式变电站技术数据

额定电压（kV）		12	24	分断能力（A）	变压器空载	16
额定绝缘水平（kV）	1min 工频耐压	42/48	50		电缆空载	30
	雷电冲击电压（1.2/50μs）	95/110	125	短路开断能力（有效值，kA）	组合熔断器负荷开关	20 或 25
					断路器	20
额定频率（Hz）		50～60		关合能力（峰值，kA）	组合式熔断器负荷开关	50 或 63
连接中压网开关					断路器	50
额定电流（A）		630		变压器		
最大允许冲击耐受电流（kA）	有效值	25/1s 或 20/3s		额定容量（kVA）		50～1600
	峰值			额定二次电压（V）		220～440
由组合式熔断器负荷开关或断路器保护的变压器				接线组合		根据系统情况
额定电流（A）		200		分接范围（%）		±2.5，±5；±2.5/±5

表 15-170　LR 系列箱变变压器技术数据

额定电压（kV）			315	400	500	630	800	1000	1250	1600
额定电压	一次电压		12kV 或 24kV							
	二次电压		400V							
接线方式			Y，yn0（D，yn11）			D，yn11（Y，yn0）				
损耗（W）	空载		1100	1220	1450	1450	1730	1940	2400	3060
	负载	75℃	2900	3650	4400	5200	6200	7100	8200	10600
		120℃	3400	4200	5000	6000	7100	8100	9500	12100
空载电流（%）			0.6	0.5	0.5	0.6	0.6	0.5	0.5	0.5
阻抗电压（%）			4.0			6.0				
声压级（dB）			60		62		64		65	66
绝缘水平	额定电压		12kV（7.2kV）				400V			
	工频耐压		35kV/5min（25kV/5min）				3kV/5min			
	基本冲击水平		75kV（60kV）							

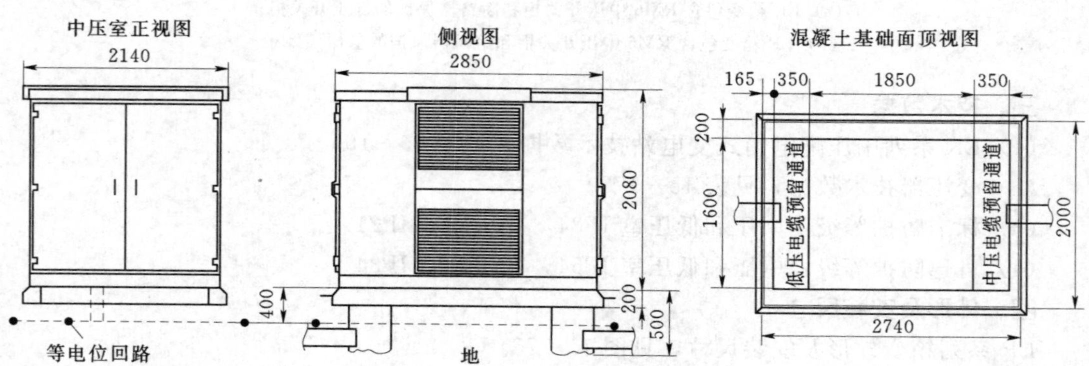

图 15-75　LR 系列箱变外形及安装尺寸（1000kVA）

15.4.14 S12—CZB（1）系列组合变压器

一、概述

S12—CZB（1）系列组合变压器称为美式箱变，区别于传统的箱式变电站，将变压器、高压负荷开关、熔丝等保护元件装在绝缘中，结构紧凑，可用高燃点绝缘油，适应特殊场合的需要。可以根据需要配置低压配电、计量和补偿装置。

该产品已在全国各地广泛应用于居民小区、公共场所、工矿企业等配电场合。

二、使用条件

（1）海拔：≤1000m。

（2）环境温度：最高气温+40℃，最低气温－25℃。

（3）空气湿度：日平均≤95%，月平均≤90%。

（4）防震水平：水平加速度≤0.3g，垂直加速度≤1.5g。

（5）风速：≤34m/s。

（6）安装地点：通风良好，无腐蚀性气体及腐蚀金属的场所，地面倾角≤3°。

三、产品特点

（1）体积小，结构紧凑，安装方便。

（2）全密封，全绝缘结构，可靠保证人身安全。

（3）可用于环网，也可用于终端，转换方便。

（4）低损耗、低噪音、性能优越。

（5）电缆接头采用插接型式，具有隔离开关的特点，操作方便、灵活。

（6）高压双熔丝保护，插入式熔丝具有温度、电流双敏保护特性。

（7）后备熔丝对变压器故障和二次线路故障进行保护。

（8）箱体采用防盗结构。

（9）温升低、过负荷能力强。

四、组合变压器结构

（一）整体结构

组合变压器后部为油箱及散热片，变压器绕组和铁芯、高压负荷开关及保护用熔断器都在油箱中。箱体为全密封结构，箱沿螺栓隐蔽在封盖里面以达到防盗效果。顶盖坡度5%，防水、防凝露、防积水。箱门为三点式联锁。

（二）高压间隔

高压间隔内有高压套管、负荷开关、无载分接开关、插入式熔断器、压力释放阀、压力表、油位表、温度表、注油塞、壁挂、接地铜排等。

（三）低压间隔

低压间隔主要由主开关、配电出线开关、无功补偿控制装置、有功和无功电能表。电流表、电压表等组成。可根据用户要求加装凝露、温度控制装置及带有遥测、遥讯功能的综合配电测试仪。

五、型号含义

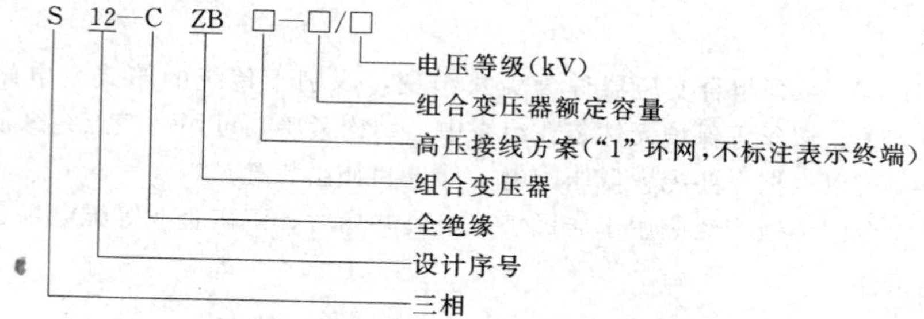

六、技术数据

(1) 额定容量(kVA):50~1600。

(2) 额定电压(kV):6,6.3,6.6,10,10.5,11。

(3) 高压分接范围:±5%,±2×2.5%。

(4) 连接组标号:Y,yn0;D,yn11。

(5) 工频耐压(kV):6kV级25kV/1min;10kV级35kV/1min。

(6) 冲击电压(kV):

额定电压	全波	截波	额定电压	全波	截波
6	60	65	10	75	85

(7) 后备保护熔断器(遮断容量kA):50。

(8) 负荷开关(A):

300,600	热稳定电流12、16kA
	动稳定电流30、40kA

(9) 环境温度(℃):-25~+40。

(10) 油顶层温度(℃):<85。

(11) 噪声(dB):≤50。

(12) 空载损耗、负载损耗、空载电流、短路阻抗等技术数据,见表15-171。

七、外形及安装尺寸

S12—CZB(1)系列组合变压器外形及安装尺寸,见表15-172及图15-76。

表15-171 S12—CZB(1)系列组合变压器技术数据

额定容量(kVA)	空载损耗(kW)	负载损耗(kW)	空载电流(%)	短路阻抗(%)	额定容量(kVA)	空载损耗(kW)	负载损耗(kW)	空载电流(%)	短路阻抗(%)
50	0.14	0.78	1.3	4	315	0.48	3.55	0.6	4
63	0.16	1.04	1.2		400	0.56	4.20	0.6	
80	0.18	1.20	1.0		500	0.68	5.00	0.5	
100	0.20	1.43	1.0		630	0.84	6.00	0.5	4.5
125	0.24	1.71	0.9		800	0.98	7.68	0.5	
160	0.29	2.15	0.8		1000	1.19	9.78	0.4	
200	0.35	2.55	0.7		1250	1.37	11.10	0.4	
250	0.40	3.00	0.7		1600	1.65	13.20	0.4	

表 15-172 S12—CZB（1）系列组合变压器外形及安装尺寸

额定容量（kVA）	B	B1	B2	B3	B4	L3	H	S12—CZB$_1$				S12—CZB 型				备注
								L	L1	L2	G	L	L1	L2	G	
80	340	575	615	550	580	550	1650	1916	1630	550	1360	1566	1280	200	1305	
100	340	575	645	550	580	550	1650	1916	1630	560	1380	1566	1280	210	1340	
125	340	575	645	550	580	550	1650	1916	1630	580	1480	1566	1280	230	1440	
160	340	575	715	550	580	550	1650	1916	1630	595	1590	1566	1280	245	1550	
200	340	575	745	550	580	550	1650	1916	1630	595	1710	1566	1280	245	1675	
250	340	575	790	550	580	660	1650	1916	1630	565	1900	1566	1280	215	1865	用于不配置低压装置的箱变
315	340	575	775	550	580	660	1650	1916	1630	595	2090	1566	1280	245	2050	
400	340	575	800	550	580	660	1750	1916	1630	620	2655	1566	1280	270	2600	
500	340	575	800	550	580	660	1750	1916	1630	620	2950	1566	1280	270	2900	
630	340	575	845	660	610	820	1750	1916	1630	540	3230	1566	1280	190	3170	
800	440	675	840	660	630	820	1950	1966	1680	540	4055	1716	1430	290	3980	
1000	440	675	875	820	650	820	1950	1966	1680	540	4560	1716	1430	290	4470	
50	400	635	600	550	580	550	1800	2136	1850	550	1360	1786	1500	200	1305	
63	400	635	600	550	580	550	1800	2136	1850	550	1360	1786	1500	200	1305	
80	400	635	600	550	580	550	1800	2136	1850	550	1360	1786	1500	200	1305	
100	400	635	630	550	580	550	1800	2136	1850	560	1380	1786	1500	210	1340	
125	400	635	630	550	580	550	1800	2136	1850	580	1480	1786	1500	230	1440	
160	400	635	700	550	580	550	1800	2136	1850	595	1590	1786	1500	245	1550	
200	400	635	730	550	580	550	1800	2136	1850	595	1710	1786	1500	245	1675	
250	400	635	775	550	580	660	1800	2136	1850	565	1900	1786	1500	215	1865	S12—CZB（1）型等同于 ZGS 12—H（Z）
315	400	635	760	550	580	660	1800	2136	1850	595	2090	1786	1500	245	2050	
400	500	735	785	550	580	660	1900	2236	1950	620	2655	1886	1600	270	2600	
500	500	735	785	550	580	660	1900	2236	1950	620	2950	1886	1600	270	2900	
630	500	735	840	660	610	820	1900	2236	1950	540	3230	1886	1600	190	3170	
800	600	835	880	660	630	820	2000	2336	2050	540	4055	2086	1800	290	3980	
1000	600	835	900	820	650	820	2000	2336	2050	540	4560	2086	1800	290	4470	
1250	600	835	930	820	680	820	2000	2336	2050	540	5200	2086	1800	290	5100	
1600	600	835	950	820	700	820	2000	2336	2050	540	5700	2086	1800	290	5600	

注 长度单位：mm；重量 G：kg。

八、生产厂

浙江三变科技股份有限公司。

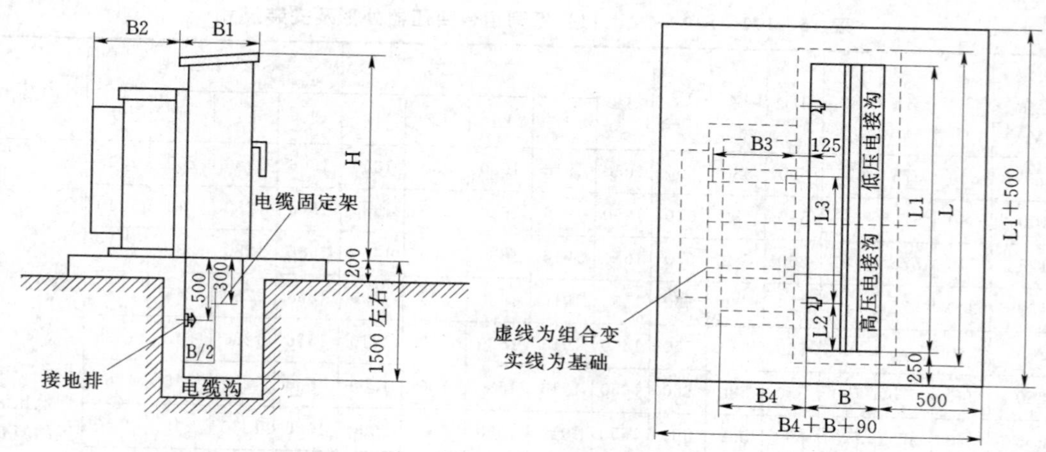

图15-76 S12—CZB（1）系列组合变压器外形及安装尺寸

15.4.15 FZBW系列非金属体组合式变电站

一、概述

FZBW系列非金属体组合式变电站，箱体采用特种玻纤水泥制造，为新一代变电产品，保持了原箱式变电站特点，更具有阻燃、隔热、防腐蚀、不产生凝露等功效，外形美观，与周围环境协调。变电站各室之间均隔离成独立的小室，为便于运行、监视和检修，均设有照明装置，变压器室装有自动通风装置。高压室有HXGN系列环网柜，五防功能齐全。

该产品特别适合于城市、住宅小区、宾馆、公园等场合使用。既可用于环网供电，也可作为终端供电。

二、使用条件

（1）海拔（m）：<1000。

（2）环境温度（℃）：－25～＋40。

（3）户外风速（m/s）：<35。

（4）相对湿度（%）：<90（＋25℃时）。

（5）安装无爆炸危险、严重污秽、化学腐蚀及剧烈振动的场所。

三、型号含义

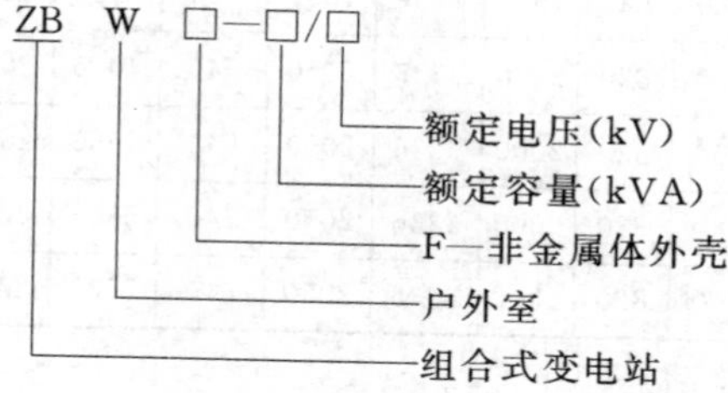

四、技术数据

（1）额定电压（kV）：高压侧10，20；低压侧0.4/0.23。

（2）变压器额定容量（kVA）：≤1600。

(3) 高压开关额定电流（A）：≤630。

(4) 高压开关热稳定电流（kA/2s）：16。

(5) 防护等级：IP33。

五、电气方案

高压一次方案、低压一次方案，见表 15－173。

表 15－173 FZBW 系列非金属体组合式变电站电气方案

方案号	01	02	03	方案号	01	02
高压一次主回路方案				低压一次主回路方案		

六、外形及安装尺寸

该产品外形及安装尺寸，见表 15－174 及图 15－77。

表 15－174 FZBW 系列非金属体组合式变电站外形尺寸 单位：mm

容量（kVA）	平面形			走廊形		
	L	B	H	L	B	H
≤630	3300	2300	2700	4300	2300	2700
800～1000	3500	2400	2800	4500	2400	2800
1250～1600	3700	2500	2800	4700	2500	2800

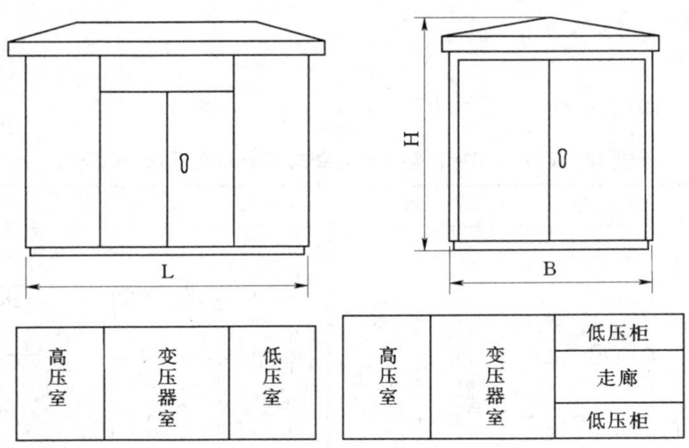

图 15－77 FZBW 系列非金属体组合式变电站外形尺寸

七、订货须知

订货时必须提供变电站型号和数量，变压器型号参数，高低压一次方案主要元件型号及其它特殊要求。

八、生产厂

苏州安泰变压器有限公司。

15.4.16　ZBW（J）紧凑型组合式变电站

一、概述

ZBW（J）紧凑型组合式变电站具有体积小、结构紧凑、隔热通风性好、防潮、外形美观、维护方便等优点，外壳色彩及材料有多种可选择。

变电站高低压室之间均隔离成独立小室，为便于监视和检修均设有照明装置。高压室装有 ABB 公司的 SAFELINK/12kV 系列环网柜，具有可靠的机械连锁装置，五防功能齐全。低压室内各元件正面布置，根据无功补偿的需要可配置电容补偿装置。

二、型号含义

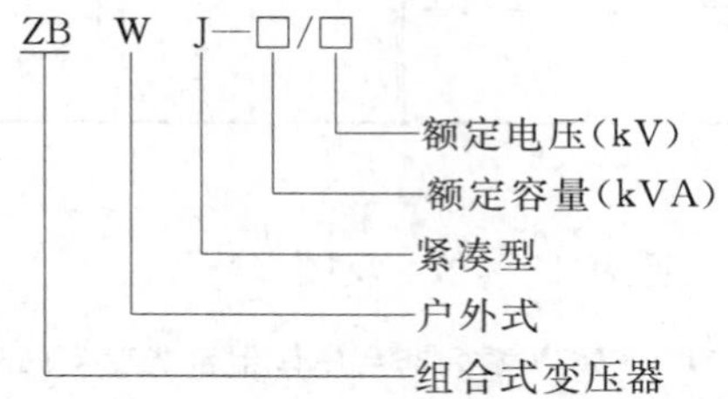

三、技术数据

（1）额定电压（kV）：高压侧 10；低压侧 0.4/0.23。

（2）变压器容量（kVA）：≤1000。

（3）高压开关额定电流（A）：≤630。

（4）高压开关热稳定电流（kA/2s）：16。

（5）防护等级：IP23。

四、电气方案

高低压一次方案，见表 15－175。

表 15－175　ZBWJ 紧凑型组合式变电站高低压一次方案

方案号	01	02	03	方案号	01	02
高压一次主回路方案	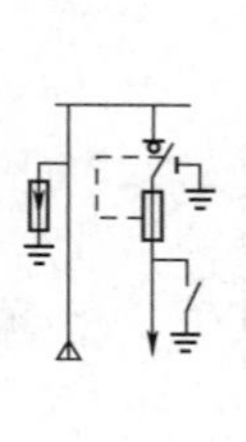	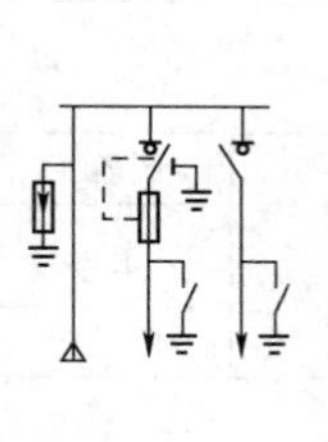	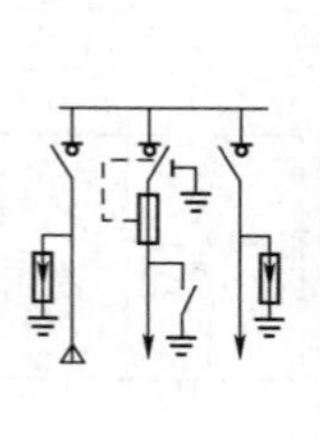	低压一次主回路方案	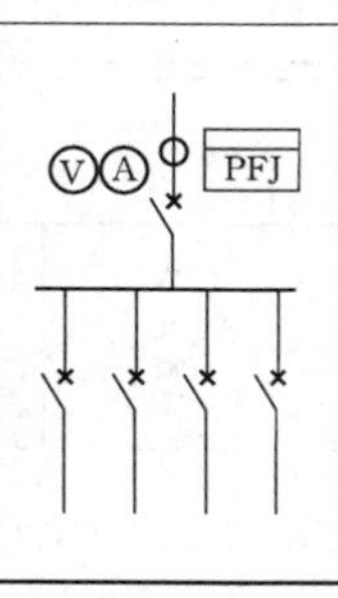	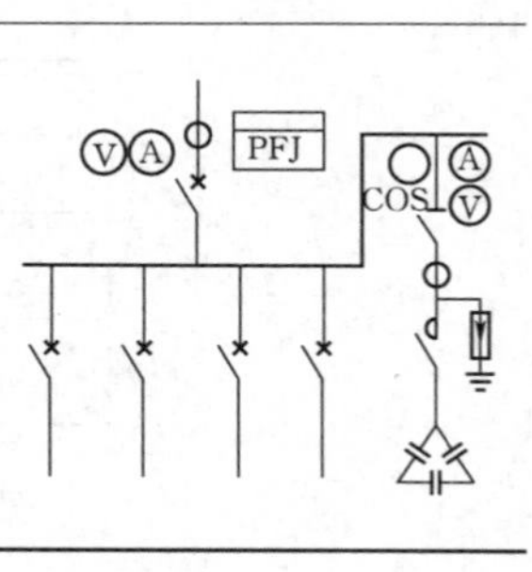

五、外形及安装尺寸

该产品外形及安装尺寸，见表 15－176 及图 15－78。

表 15－176 ZBWJ 变电站外形及安装尺寸　　单位：mm

容量（kVA）	L	B	容量（kVA）	L	B
≤400	1900	1800	800～1000	1900	2000
500～630	1900	1900			

注 1. L 根据需要确定尺寸。
2. 现尺寸为不带补偿基本型。

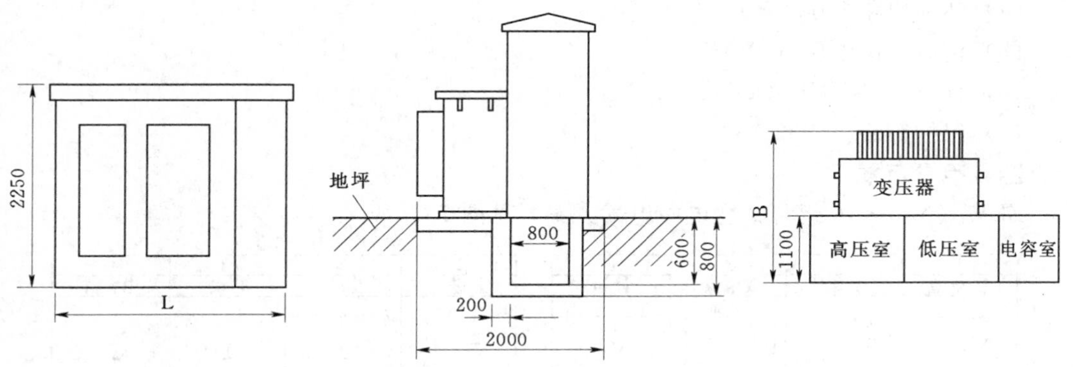

图 15－78 ZBWJ 紧凑型组合式变电站外形及安装尺寸

六、订货须知

订货时必须提供产品型号、变压器型号及参数、高低压一次方案及主要元件型号及特殊要求。

七、生产厂

苏州安泰变压器有限公司。

15.4.17 ZBW（N）—10 组合式变电站

一、概述

ZBW（N）—10 组合式变电站是一种在工厂按用电线路的要求，将高压受电设备、配电变压器和低压配电屏三位于一体，能直接向用户供电的户内、户外型的配电设备，具有体积小、占地少、重量轻、造价低、施工快、供电早、可靠、美观等优点。

该产品典型结构有环网、终端供电、高低压设备室可为带操作走廊和不带操作走廊结构。组合变电站有整体式和分单元拆装式，适用于居民区、高层建筑、石油勘探及工矿企业作为配电用变电站。

二、型号含义

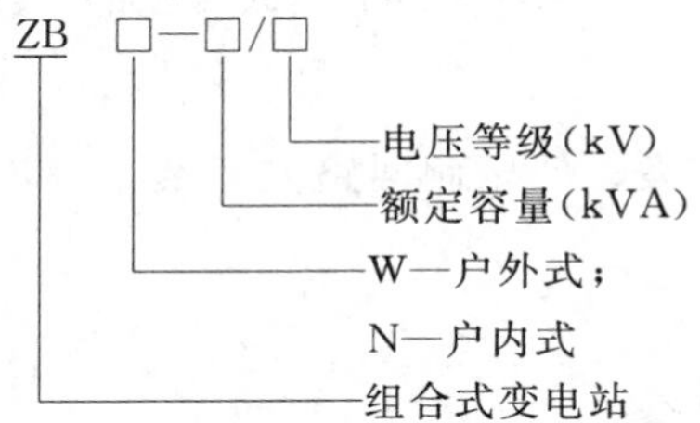

三、技术数据

（1）变压器额定容量（kVA）：≤1000。

（2）高压开关设备额定电流（A）：≤630。

热稳定电流（kA）：20/2s。

开断能力（kA）：31.5。

（3）额定电压（kV）：高压侧10，低压侧0.4，高压侧最高电压11.5。

（4）辅助回路电压（V）：380/220。

（5）雷电冲击电压（kV）：75。

（6）1min工频耐压（kV）：42/2.5。

（7）保护等级：IP33。

四、电气方案

ZBW（N）—10组合式变电站电气方案，见图15-79。

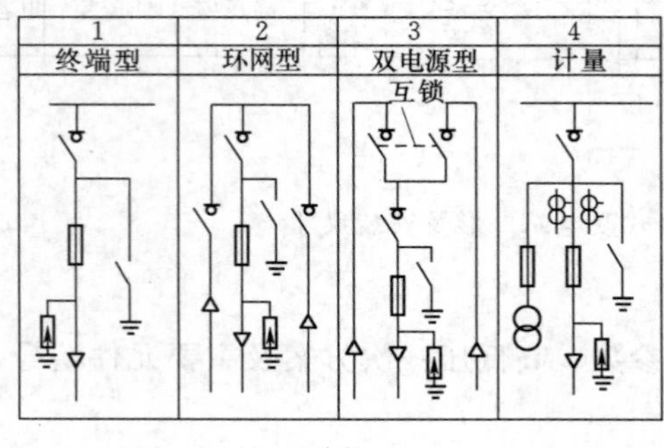

(a)

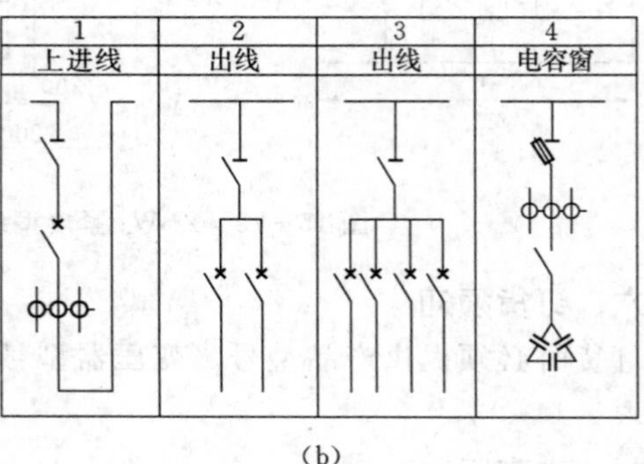

(b)

图15-79 ZBW（N）—10组合式变电站电气方案

(a) 高压侧；(b) 低压侧

五、外形及安装尺寸

ZBW（N）—10组合式变电站外形及安装尺寸，见图15-80。

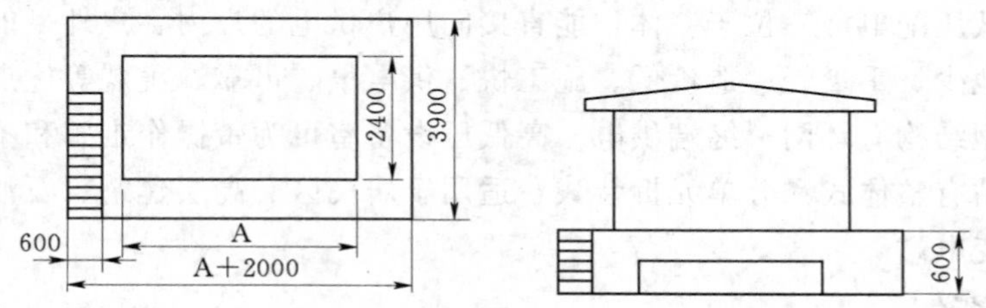

图15-80 ZBW（N）—10组合式变电站外形及安装尺寸

六、订货须知

订货时必须提供高压侧方案、低压侧回路方案及各电流值、变压器参数及其它特殊要求。

七、生产厂

苏州安泰变压器有限公司。

15.4.18 ZFQS9 系列组合式变压器（小型化箱变）

一、概述

ZFQS9 系列组合式变压器（又称美式箱变），是由高压开关设备、电力变压器及低压配电柜等组合在一个箱体内的综合变配电装置。用于三相交流系统中，作为接受和分配电能的成套设备。该产品由甘肃宏宇变压器有限公司生产，具有安全可靠、成套性强、结构紧凑、配置灵活、占地面积小、安装周期短、操作维修方便等特点，能满足高压电压6～10kV、低压电压400V，变压器容量1600kVA 及以下不同用户的需要，是城市电网改造的首选产品。可广泛用于城乡环网或终端供电系统中，适用于城乡生活小区、工矿企业、交通设施、建筑工地等用电场所。

二、型号含义

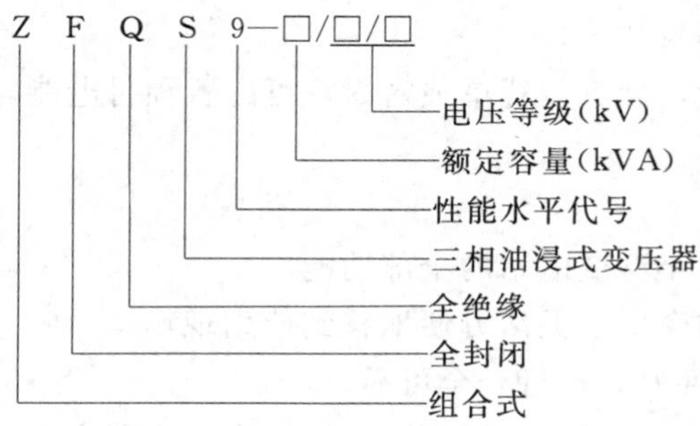

三、技术数据

ZFQS9 系列组合式变压器技术数据，见表 15 - 177。

表 15 - 177 ZFQS9 系列组合式变压器技术数据

型号	电压组合			连接组标号	空载损耗 (kW)	负载损耗 (kW)	空载电流 (%)	短路阻抗 (%)
	高压 (kV)	分接范围	低压 (kV)					
ZFQS9—100/10	6 6.3 10 10.5 11	±5% 或 ±2× 2.5%	0.4	D，yn11	0.29	1.50	1.6	4
ZFQS9—160/10					0.40	2.20	1.4	
ZFQS9—200/10					0.48	2.60	1.3	
ZFQS9—250/10					0.56	3.05	1.2	
ZFQS9—315/10					0.67	3.65	1.1	
ZFQS9—400/10					0.80	4.30	1.0	
ZFQS9—500/10					0.96	5.15	1.0	
ZFQS9—630/10					1.20	6.20	0.9	4.5
ZFQS9—800/10					1.40	7.50	0.8	
ZFQS9—1000/10					1.70	10.30	0.7	

四、生产厂

甘肃宏宇变压器有限公司。

15.4.19 YZPZ 移动式组合配电装置

一、用途

YZPZ 移动式组合配电装置也称“移动变电站”，为国家专利产品（专利号 ZL0029404.4），适用于农村、林场、排灌供电；野外施工临时用电；油田、地质钻井等短期用电及供电部门应急抢险、临时供电使用。

二、产品结构

该产品是将高压升降式下线及高压保护装置、配电变压器、低压开关、低压保护、计量及无功补偿装置有机组合，装于小型平板车内。高压以架空进线，低压出线有两种方式：一种可配地埋电缆，另一种自带馈线电缆，可直接使用。

三、技术数据

（1）高压进线（kV）：10。

（2）低压输出（kV）：0.4。

（3）配电变压器容量（kVA）：30～250。

（4）低压侧出线（路）：2～4。

（5）带自动保护装置，计量装置单独密封，可配置预付电能表，视实际需要可配功率因数补偿装置。

四、产品特点

（1）结构紧凑，具备小型变电站的全部功能。

（2）可在外来动力的牵引下灵活方便地移到使用现场。

（3）“移动变”整体性好，运行安全可靠。

（4）使用灵活，可随时移动，拖回到院（库）内，十分安全。

五、生产厂

河南新亚集团股份有限公司。

15.4.20 XBL3（WJP4）型户外农网配电箱

一、概述

XBL3（WJP4）型户外农网配电箱由杭州电器开关有限公司（原杭州电器开关厂）自行研制，专门为农村电网改造而设计的新产品。该产品具有可靠性高、安装维护方便等优点，性能符合国家 GB 7251《低压成套开关设备》和 JB 5877《低压固定封闭式成套开关设备》的标准，被国家经贸委列入《全国城乡电网建设与改造所需主要设备产品及生产企业推荐目录》。该产品为户外多功能配电装置，适用于农村交流电网电压 0.4～0.23kV 变压器容量为 10～250kVA，并对变压器低压侧的线路进行短路及漏电保护。

二、使用环境

（1）周围空气温度最高不超过＋40℃，最低不低于－25℃，日平均不超过＋35℃。

（2）海拔≤2000m。

（3）相对环境湿度在相对温度＋40℃时不超过 50％，在较低温度时允许有较大的相对湿度。

（4）地震烈度不超过 5 度。

（5）空气清洁，周围应不存在导电尘埃和腐蚀金属与破坏绝缘性能的气体，应远离爆炸危险场所。

（6）户外使用，受到雨雪侵袭的场所。

三、产品结构

配电箱前后开门，外壳全部采用不锈钢板弯制焊接而成，具有较强的防锈能力，配电箱上部设有网状通风口，下部装有百叶窗，形成上下通风通道，顶盖前后倾斜以达到不积水，且水不侵入配电箱内。配电箱达到了“三防一通”（防水、防雨雪、防飞虫和通风）的要求，又在电缆进出线等处加装了密封圈。产品外壳的防护等级 IP32。

配电箱具有配电计量、馈电、电压测量、无功补偿和漏电保护及（公用电）等功能，并可根据变压器容量选择相应的元器件，见表 15－178。

表 15－178　XBL3 配电箱根据变压器容量选择相应的元器件

型　号	T	C	DK	1DK	2DK	KM
XBL3—10/2	10kVA	1kvar	KH2—60/3	KH2—30/3	KH2—30/3	CJ20—40/220V
XBL3—20/2	20kVA	1kvar	HK2—60/3	KH2—60/3	KH2—30/3	CJ20—40/220V

型　号	T	C	FU1	FU	KM
XBL3—30/2	30kVA	1kvar	NT00—160/50	NT00—160/50	CJ20—40/220V
XBL3—50/2	50kVA	1kvar	NT00—160/100	NT00—160/63	CJ20—63/220V
XBL3—80/2	80kVA	2kvar	NT00—160/160	NT00—160/80	CJ20—63/220V
XBL3—80/3	80kVA	2kvar	NT00—160/160	NT00—160/80	CJ20—63/220V
XBL3—100/2	100kVA	3kvar	NT1—250/200	NT1—100/100	CJ20—100/220V
XBL3—100/3	100kVA	3kvar	NT1—250/200	NT1—100/80	CJ20—63/220V

型　号	T	C	QF	FU3	1KM	FU4	2KM
XBL3—100/5	100kVA	5×1kvar	DZ20Y—200/160A	NT00—160/50	CJ20—40/220V	RT14—32/10	CJ16C—32/220V
XBL3—125/5	125kVA	5×2kvar	DZ20Y—200/200A	NT00—160/63	CJ20—40/220V	RT14—32/16	CJ16C—32/220V
XBL3—160/5	160kVA	5×2kvar	DZ20Y—400/250A	NT00—160/80	CJ20—63/220V	RT14—32/16	CJ16C—32/220V
XBL3—200/5	200kVA	5×3kvar	DZ20Y—400/315A	NT00—160/80	CJ20—63/220V	RT14—32/20	CJ16C—32/220V
XBL3—250/5	250kVA	5×3kvar	DZ20Y—400/400A	NT00—160/100	CJ20—100/220V	RT14—32/25	CJ16C—32/220V

注　T—变压器，C—电容器，DK—刀闸开关，KM—交流接触器，FU—熔断器，QF—空气开关。

配电箱采用漏电继电器和交流接触器相配合组成的漏电脉冲保护装置。装置在当保护的供电系统对地泄漏电流逐渐增大到超过继电器额定漏电动作电流时，保护装置动作，切断电源，同时装置还具有脉冲触电保护及重合闸等功能。如被保护的供电系统发生人畜触电时，使人畜脱离电源，或供电系统中发生瞬时性接地故障时，继电器动作使装置切断电源，延时后自动合闸，重新送电。

四、型号含义

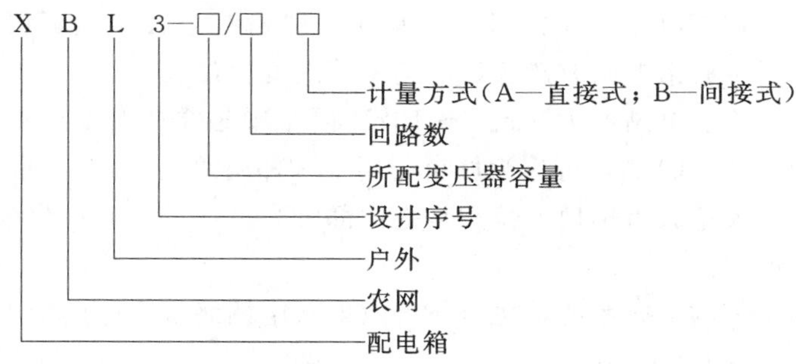

五、技术数据

(1) 额定工作电压 (V): ～400。

(2) 频率 (Hz): 50～60。

(3) 供电变压器容量 (kVA): 10～250。

(4) 供电工作电流 (A): 60～400。

(5) 额定绝缘电压 (V): ～660。

(6) 防护等级: IP32。

(7) 分路额定电流 (A): 25, 40, 50, 80, 100。

六、外形及安装尺寸

XBL3 型配电箱外形及安装尺寸, 见图 15-81。

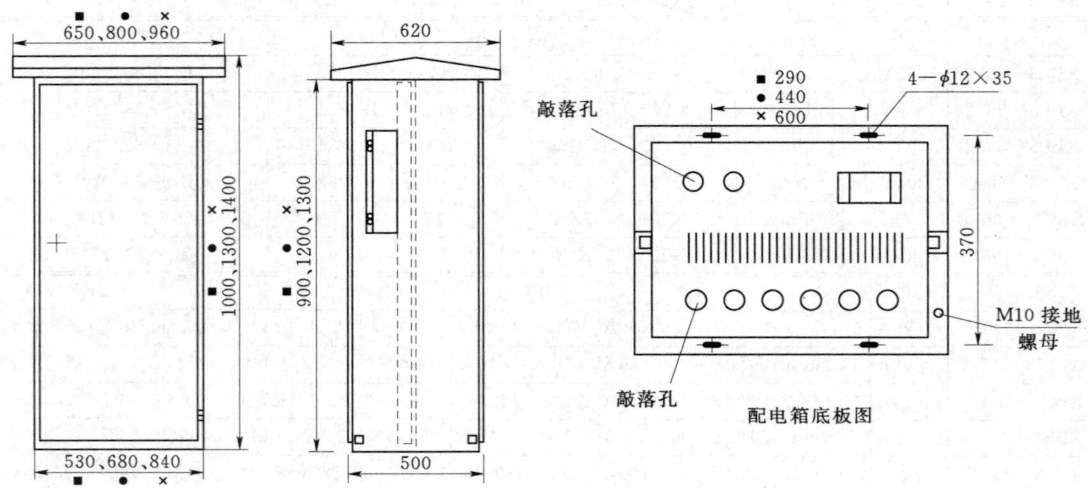

图 15-81 XBL3 型配电箱外形及安装尺寸

■—10～20kVA; ●—30～100kVA; ×—100～250kVA

七、生产厂

杭州电器开关有限公司。

15.4.21 DBW1 系列地埋式变电站

一、概述

DBW1 系列地埋式变电站为宁波开安（集团）股份有限公司最新研制开发产品, 填补了国内空白, 适用于城市电网改造建设的新型箱式变电站。

DBW1 系列地埋式变电站作为交流 6～10kV 网络中独立成套变配电装置, 额定频率 50Hz, 额定容量 50～500kVA, 可作为城市公用变和路灯变, 广泛应用于风景名胜古迹, 住宅小区, 并可节省大量城市用地, 特别是地面部分高度低, 不遮挡视线和影响景观, 非常适合放置于人行道边。

该产品既可用于环网配电系统, 也可作为放射式电网终端供电的变电站。

二、型号含义

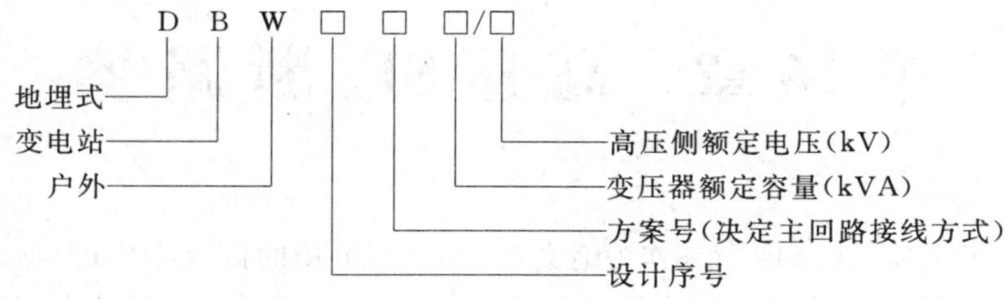

三、产品特点

该产品具有占地面积小、地上高度低，无噪音，供电可靠性高等特点，并配置了配网自动化终端设备 FTU 和自动排水、排风设备。

四、技术数据

(1) 额定电压：

高压侧（kV)：12。

低压侧（kV)：0.4。

(2) 额定电流：

高压侧（A)：630。

低压侧（A)：1000。

(3) 变压器容量（kVA)：50～500。

五、订货须知

订货时必须提供变电站型号、变压器型号及名称、变电站接线方案及选择电器元件的类型和参数、外壳颜色及特殊要求。

六、生产厂

宁波天安（集团）股份有限公司。

第16章 高压SF_6断路器

高压SF_6断路器是以SF_6气体作为绝缘介质和灭弧介质的新型高压断路器。与传统的高压断路器相比，SF_6断路器具有安全可靠、开断性能好、结构简单、尺寸小、重量轻、操作噪音小及检修维护方便等优点，已在电力系统的各电压等级电网中得到广泛应用。

本章介绍10～220kV级的高压SF_6断路器。

高压SF_6断路器按三相布置的形式可分为分相式和三相共箱式，其中分相式布置的较多；按断路器壳体的制造材料分，电压等级为10～35kV级的SF_6断路器有绝缘外壳和金属外壳两类，其中环氧树脂浇注的绝缘外壳占多数；按绝缘的整体结构可分为瓷柱式SF_6断路器和落地罐式SF_6断路器两大类。瓷柱式SF_6断路器属于积木式结构，以陶瓷作为对地的主绝缘介质，灭弧断口位于充SF_6气体的高强度瓷套中，灭弧单元由支持瓷套管支撑。落地罐式SF_6断路器的灭弧室置于接地的金属外壳中，高压带电部分与外壳之间的绝缘由SF_6气体和环氧树脂浇注绝缘子承担。

高压SF_6断路器灭弧室的结构形式有压气式、自能灭弧式（旋弧式、热膨胀式）和混合灭弧式（以上几种灭弧方式的组合，例如：压气＋旋弧、压气＋热膨胀、旋弧＋助吹、旋弧＋热膨胀＋助吹等）。其中定开距的开断电流大，变开距的断口电压高。

高压SF_6断路器的操纵机构有弹簧机构、液压机构和气动机构三种形式。

型号含义

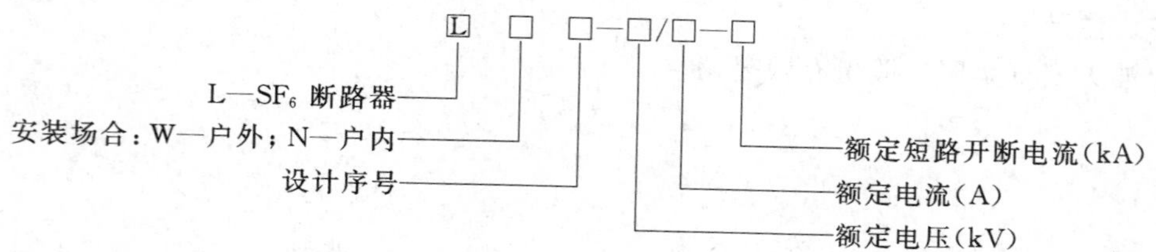

注 由国外引进生产的高压SF_6断路器的型号含义与上述不同，请注意选用。

16.1 10kV SF_6断路器

16.1.1 LN_2—10型户内SF_6断路器

一、概述

LN_2—10型高压SF_6断路器是50Hz三相交流户内装置，可供工矿企业、发电厂、变电站作为保护和控制高压电器设备之用，适用于频繁操作的场合，也可作为联络断路器使用。产品有固定式和手车式两种结构，配用CT型弹簧操纵机构。

固定式LN_2—10型断路器三相共装于一个底箱上，内部有一根三相连动轴，通过三个主拐臂带动绝缘拉杆来推动导电杆上下运动达到合闸或分闸的目的。

手车式 LN_2—10 型断路器是将固定式断路器装于手车上，并加装支持绝缘子。

二、使用环境

(1) 环境温度为－5～＋40℃。

(2) 海拔不大于 1000m。

(3) 相对湿度（＋20℃时）不大于 90%。

(4) 安装在没有火灾危险、爆炸危险、严重污秽、化学腐蚀及剧烈振动的场所。

三、技术数据

LN_2—10 型 SF_6 断路器技术数据，见表 16－1。

表 16－1 LN_2—10 型 SF_6 断路器技术数据

序号	名称		单位	参数	
1	额定电压		kV	10	
2	最高电压		kV	11.5	
3	额定绝缘水平	雷电冲击耐压（全波，峰值）	kV	75	
		工频耐压（1min）		42	
4	额定电流		A	1250	1260
5	额定短路开断电流		kA	25	31.5
6	额定操作顺序			分—0.3s—合分—180s—合分	
7	额定关合电流（峰值）		kA	63	80
8	动稳定电流（峰值）		kA	63	80
9	热稳定电流		kA	25	31.5
10	热稳定时间		s	4	2
11	额定失步开断电流		kA	6.5	8
12	额定单个电容器组开断电流		A	750	
13	电寿命	开断额定电流（2000A）	次	2000	
		开断额定电流（25kA）	次	10	
14	机械寿命		次	10000	
15	合闸时间			当操作电压为最低时不大于 0.15s	
				当操作电压为额定、最高时不大于 0.1s	
16	分闸时间			不大于 0.06s	
17	SF_6 额定气压（20℃，表压）		MPa	0.55	
18	闭锁压力（20℃，表压）		MPa	0.5	
19	气漏气率		%/年	≤1	
20	水分体积分数			小于 150×10^{-6}	
21	配用 CT10 型弹簧操纵机构	合闸线圈	V	AC110、220、380	DC48、110、220
		分闸线圈	V	AC110、220、380	DC48、110、220
		电动机	V	AC110、220、380	DC110、220
22	重量		kg	断路器：110/130	SF_6 气体：1/1.3

四、外形及安装尺寸

固定式 LN_2—10 型 SF_6 断路器外形及安装尺寸见图 16－1，手车式 LN_2—10 型 SF_6 断路器外形及安装尺寸见图 16－2。

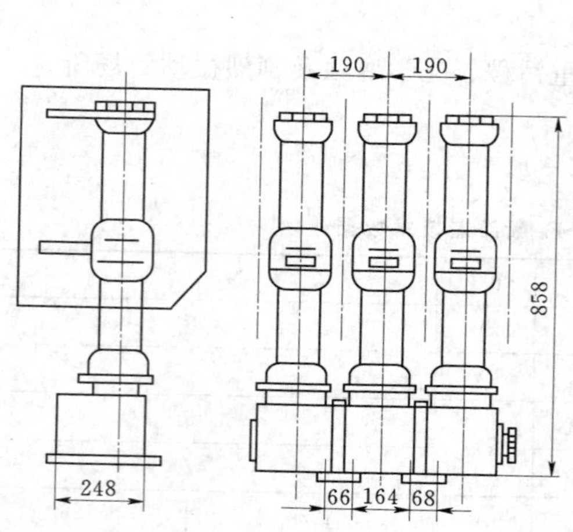

图 16－1　LN_2—10 型 SF_6 固定式断路器外形及安装尺寸（单位：mm）

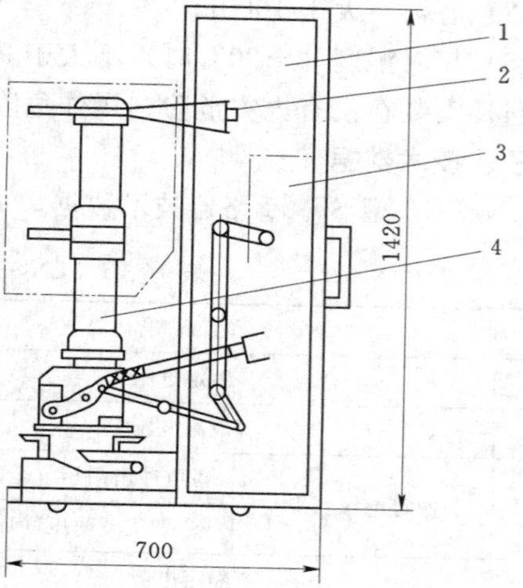

图 16－2　LN_2—10 型手车式 SF_6 断路器外形及安装尺寸（配 KYN—10 开关柜，单位：mm）
1—车架；2—支柱绝缘子；3—CT 弹簧操纵机构；4—开关主体

五、订货须知

订货时必须注明断路器型号、名称、数量、电流等级、固定式还是手车式；配用操纵机构的型号、名称、电机电压等级和性质；分、合闸线圈的电压等级和性质。

六、生产厂

湖北开关厂、福州第一开关厂、四川电器厂、天津开关厂、浙江开关厂、云南开关厂、福州第二开关厂。

16.1.2　LW3—10/12Ⅰ、Ⅱ、Ⅲ型户外高压 SF_6 断路器

一、概述

LW3—10/12Ⅰ、Ⅱ、Ⅲ型户外高压 SF_6 断路器是以 SF_6 气体为绝缘和灭弧介质的新型户外高压断路器，灭弧室采用旋弧原理，断路器和操动机构。与其它 10kV 级户外断路器相比，本产品具有结构简单、灭弧和绝缘性能可靠、操作功小、额定参数高、电寿命和不检修周期长等显著优点。

产品分为Ⅰ型、Ⅱ型和Ⅲ型三种。其区别在于Ⅰ型配手动储能弹簧操动机构主要供柱上用，Ⅱ型配电动储能弹簧操动机构，Ⅲ型用于电磁操作机构，除了实现就地手控操作外，还可实现远距离控制和自动重合闸操作，适用于中小型变电站中作为控制和保护之用。

二、使用环境

（1）环境温度：上限＋40℃，下限－40℃。

（2）海拔高度不超过 3000m。

（3）风压不超过 700Pa（风速不大于 35m/s）。

（4）地震烈度不超过8度。

（5）没有火灾、爆炸危险、严重污秽、化学腐蚀及剧烈振动的场所。

三、技术数据

LW3—10/12Ⅰ、Ⅱ、Ⅲ型户外高压 SF_6 断路器技术数据，见表16－2。

表16－2 LW3—10/12Ⅰ、Ⅱ、Ⅲ型户外高压 SF_6 断路器技术数据

序号	名称		单位	参数			
1	额定电压		kV	10			
2	最高电压		kV	12			
3	额定绝缘水平（当断路器所充 SF_6 气体为0.25，0.4MPa20℃时）	雷电冲击耐压全波	kV	75			
		工频耐压（1min）		42			
		淋雨耐压试验		34			
		反相冲击耐压		85			
4	零表压下的绝缘水平	工频耐压（1min）	kV	30			
		反相耐压（1min）		30			
		最高相电压（5min）		9			
5	额定电流		A	400	630	1000	1250
6	额定短路开断电流		kA	6.3	8	12.5	16
7	异相接地生命闸开断电流		kA	5.5	7	10.9	13.9
8	零表压下开始电流		A	400	630	1000	1250
9	额定短路开断电流下的开断次数		次	30			
10	额定操作顺序	Ⅰ型		分—180s—合分—180s—合分			
		Ⅱ型、Ⅲ型		分—0.3s—合分—180s—合分			
11	额定动关合电流（峰值）		kA	16	20	31.5	40
12	额定动稳定电流（峰值）		kA	16	20	31.5	40
13	额定热稳定电流		kA	6.3	8	12.5	16
14	额定热稳定时间		s	4			
15	合闸时间	Ⅱ型、Ⅲ型	s	≤0.06			
16	分闸时间	Ⅰ型	s	≤0.06			
		Ⅱ型、Ⅲ型	s	≤0.04			
17	电流互感器额定电流比			100/5、300/5			
				200/5、400/5、600/5			
18	过流脱扣器额定电流		A				
19	SF_6 气体额定工作压力（20℃时表压）		MPa	0.35	0.35	0.35	0.45
20	SF_6 气体最低工作压力（20℃时表压）		MPa	0.25	0.25	0.25	0.4
21	年漏气率		%/年	≤1			
22	SF_6 气体水分含量（20℃时）		ppm(V/V)	≤200			
23	机械寿命		次	3000			

续表 16-2

序号	名称		单位	参数
24	Ⅱ型断路器操动机构操作电压、电流	220V 合闸线圈	A	直流 2
			Ω	20℃电阻值 94
		220V 分闸线圈	A	直流 1
			Ω	20℃电阻值 94
		220V 合闸线圈	A	交流 2
			Ω	20℃电阻值 14
		220V 分闸线圈	A	直流 1
			Ω	20℃电阻值 14
		储能电机		交、直流 220
	Ⅲ型断路器操动机构操作电压、电流	220V 合闸线圈	A	直流 50
			Ω	20℃电阻值 3.7
		220V 分闸线圈	A	直流 2.5
			Ω	20℃电阻值 36
25	SF_6 气体重量		kg	1
26	断路器总重（包括操动机构）	Ⅰ型	kg	135
		Ⅱ型、Ⅲ型	kg	146

装配调试好后的断路器，电气性能符合规定，见表 16-3。

表 16-3 装配调试好后的断路器，电气性能技术数据

序号	名称	单位	参数
1	总行程	mm	58±2
2	超行程	mm	22±1
3	相间不同	mm	≤1.5
		ms	3
4	刚合速度	m/s	2.6±0.2
5	刚分速度	m/s	2.6±0.2
6	每相回路电阻	μΩ	≤130
7	脱扣器脱扣电流	A	5～5.5
8	分、合闸线圈额定电压	C	～220

四、结构特点

（一）产品结构

产品本体即断路器部分为三相共箱式结构，内部充 SF_6 气体，出厂时无论断路器本体或操作机构均已调试到最佳状态，用户只要按使用要求使用即可。

在搬动和安装本产品时，请用户特别注意，决不允许抬六只瓷套！否则，瓷套会受力产品移位、破裂而破坏密封，造成漏气，导致产品不能使用。

本产品额定电流有 400A 和 630A 二种，额定短路开断电流分别为 6.3kA、8kA、12.5kA，用户可根据需要选用。

LW3—10/12Ⅰ型断路器配手动储能弹簧操动机构，本体内 A 相和 C 相装有保护用的

3 级电流互感器，具有手动开断、手动关合和过电流（或短路）自动脱扣开断三种功能。

LW3—10/12Ⅱ型断路器配手动储能弹簧操动机构，具有电动储能、关合、开断、手动储能、关合、开断和过电流（或短路）自动脱扣（内装或外接电流互感器来实现）等多种功能，不但可实现手动就地操作，而且可实现远距离控制和自动重合闸操作。

（二）灭弧原理

本产品采用先进的旋转电弧灭弧原理进行设计，旋弧式灭弧原理具有结构简单，无须辅助触头或压气活塞，电寿命长等优点，完全正确能做到“无维修”。它与真空和油开关相比，在结构、安全性、耐电强度、过电压、寿命、维修和造价等方面均具有优越性，安全能满足运行要求。

旋转电弧灭弧室简要原理如下：

断路器在开断电流过程中，动静触头刚分离时便产生了电弧，这一电弧很快就由静触头转移到圆筒电极上，开断电流经圆筒电极，驱动线圈开成通路，并产生了一轴向磁场。这样弧轴中的带电粒子就在罗伦茨力的作用下调整旋转起来。电弧得以拉开被迅速冷却，直至电流过零时被熄灭。

（三）操作要求

本产品配用的弹簧储能操作机构，能保证断路器的分合闸速度，使其不因人力大小、操作的熟练程度而受到影响。这样就可保证断路器在线路短路状态下具有可靠的关合性能和开断性能。

弹簧操作机构由操作手柄、棘轮、凸轮、分闸弹簧、手动脱扣机构、连杆、脱扣器等部分组成。当操作手柄或电动机驱动棘爪上、下运动时，便推动棘轮作顺时针方向转动（手动时为操作手柄向下拉到底三到四次，听到“哒”的一声即表明合闸弹簧储能完毕)；合闸弹簧逐渐拉伸，达到“死点”位置时，合闸能量即已储满。当超过“死点”时 1 型断路器立即合闸，同时使分闸弹簧储能。此时，如果拉下分闸拉环则可使断路器立即分闸。Ⅱ型断路器则保持在储能位置，只有当合闸线圈受电时，合闸脱扣器动作，断路器才能合闸。在合闸的同时电动机再次驱动棘爪上、下运动，又使合闸弹簧储能，作好重合闸准备，当分闸线圈接受分闸指令后，断路器在分闸弹簧作用下快速分闸。如受重合闸继电器控制则继续完成重合闸动作。

五、生产厂

浙江西亚电力设备有限公司、湛江高压电器总厂、平江电器厂、河南获嘉高压开关厂、泰安高压开关厂、山东成武机电厂、南昌开关厂、太原高压电器厂、江苏泰兴开关厂、川东高压电器厂、天水长城高压电器厂。

16.1.3 HB 系列 10kV SF_6 断路器

一、概述

HB 系列 10kV SF_6断路器由上海华通开关厂引进 BBC 公司（ABB）的技术，按 ABB 公司许可证生产。

断路器采用旋弧＋助吹式灭弧原理，即在其电流回路中串联有旋弧线圈。此外，还有一个辅助压气活塞。在开断大电流时，电弧被置于旋弧线圈的磁场中，在磁场的作用下旋转，并与 SF_6 气体产生相对运动，使电弧冷却，当电流过零时熄灭电弧；在开断小电流时，因电流小，磁场作用小，旋弧灭弧的效能不强，须靠辅助压气活塞的助吹作用，使断路器在开断小电流时能够有同样短的燃弧时间。

HB 系列 10kV SF_6 断路器配用 KHB 型弹簧操纵机构。分闸线圈的额定电压有交流 110、220V 和直流 24、48、110、220V；合闸线圈的额定电压与分闸线圈的额定电压相同，储能电动机的额定电压有交（直）流 110、220V。

二、技术数据

HB 系列 10kV SF_6 断路器技术数据，见表 16－4。

表 16－4 HB 系列 10kV SF_6 断路器技术数据

型号	HB10、□、25						
序号	名称		单位	参数			
1	额定电压		kV	10			
2	最高工作电压		kV	12			
3	额定绝缘水平	雷电冲击耐压（全波，峰值）	kV	75			
		工频耐压（1min）		30			
4	额定电流		A	1250	1600	2000	2500
5	额定短路开断电流		kA	25			
6	额定短路关合电流（峰值）		kA	63			
7	额定操作顺序		分—0.3s—合分—180s—合分				
8	额定短路持续时间		s	3			
9	灭弧原理		旋弧＋助吹				
10	合闸时间		s	不大于 0.06s			
11	分闸时间		s	不大于 0.06s			
12	SF_6 额定气压（20℃，表压）		MPa	0.6			
13	年漏气率		%/年	≤1			
型号	HB10、□、40						
序号	名称		单位	数据			
1	额定电压		kV	10			
2	最高工作电压		kV	12			
3	额定绝缘水平	雷电冲击耐压（全波，峰值）	kV	75			
		工频耐压（1min）		30			
4	额定电流		A	1250	1600	2000	2500
5	额定短路开断电流		kA	40			
6	额定短路关合电流（峰值）		kA	100			
7	额定操作顺序		分—0.3s—合分—180s—合分				
8	额定短路持续时间		s	3			
9	灭弧原理		旋弧＋助吹				
10	合闸时间		s	不大于 0.06s			
11	分闸时间		s	不大于 0.06s			
12	SF_6 额定气压（20℃，表压）		MPa	0.6			
13	年漏气率		%/年	≤1			

三、生产厂

上海华通开关厂、锦州开关厂。

16.2 35kV SF_6 断路器

16.2.1 LN_2—35Ⅰ、Ⅱ、Ⅲ型断路器

一、概述

LN_2—35Ⅰ、Ⅱ、Ⅲ高压 SF_6 断路器是用于交流 50Hz 三相电力系统的户内高压开关装置，可供工矿企业、发电厂及变电所作保护和控制电气设备之用，适用于频繁操作的场所，也可作为联络短路器使用。

LN_2—35Ⅰ、Ⅱ、Ⅲ型配用 CT10 型弹簧操动机构（交、直流两用）或 CDⅢ电磁操动机构。

二、使用环境

（1）环境温度不高于＋40℃，不低于－10℃。

（2）海拔不超过 1000m。

（3）相对湿度不大于 90%（＋20℃）。

（4）没有火险、爆炸危险、严重污秽、化学腐蚀及剧烈振动的场合。

三、技术数据

LN_2—35Ⅰ、Ⅱ、Ⅲ型断路器技术数据，见表 16－5 及表 16－6。

表 16－5 LN_2—35Ⅰ、Ⅱ、Ⅲ型断路器技术数据（一）

序号	名称		单位	参数		
				LN_2—35Ⅰ/1250—16	LN_2—35Ⅱ/1250—25	LN_2—35Ⅲ/1600—25
1	额定电压		kV	35		
2	最高工作电压		kV	40.5		
3	额定绝缘水平	雷电冲击耐压（全波）	kV	185		
3	额定绝缘水平	工频耐压（1min）	kV	95		
4	额定频率		Hz	50		
5	额定电流		A	1250	1250	1600
6	额定短路开断电流		kA	16	25	25
7	额定操作顺序			分—0.3s—合分—180s—合分		
8	额定短路关合电流		kA（峰值）	40	63	63
9	额定峰值耐受电流（动稳定电流）		kA（峰值）	40	63	63
10	额定短时耐受电流（热稳定电流）		kA	16	25	25
11	额定短路持续时间（热稳定时间）		s	4		
12	开合单个电容器组开合电流		A	400		
13	额定失步开合电流		kA	4	6.3	6.3

续表 16-5

序号	名称			单位	参数		
					LN_2—35Ⅰ/1250—16	LN_2—35Ⅱ/1250—25	LN_2—35Ⅲ/1600—25
14	额定电流下的累计开断次数			次	2000		
15	额定短路开断电流下的累计开断次数			次	10	8	8
16	机械寿命			次	6000	6000	6000
17	合闸时间	电磁机构 CD10Ⅲ		s	≤0.2		
		弹簧机构 CT10			≤0.15		
18	固有分闸时间	操作电压	最低	s	≤0.10		
			额定		≤0.06		
			最高				
19	SF_6 气体额定压力（20℃时表压）			MPa	0.65		
20	闭锁压力（20℃时表压）			MPa	0.59		
21	年漏气率			MPa	≤1%		
22	SF_6 气体水分含量			ppm (V/V)	≤150		
23	配用弹簧操动机构的额定操作电压 CT10	合闸线圈		V	交流 110、220、380		
					直流 48、110、220		
		分闸线圈			交流 110、220、380		
					直流 48、110、220		
		电动机			交流 110、220、380		
					直流 110、220		
24	配用电磁操动机构的额定操作电压 CD10Ⅲ	合闸线圈		V	直流 110、220		
		分闸线圈			直流 48、110、220		
25	重量	断路器本体		kg	130	130	135
		SF_6 气体			1.5		

表 16-6 LN_2—35Ⅰ、Ⅱ、Ⅲ型断路器技术数据（二）

序号	名称	单位	参数	
			LN_2—35Ⅰ、Ⅱ	LN_2—35Ⅲ
1	导电杆行程	mm		
2	电动合闸位置导电杆上端距绝缘筒上端尺寸	mm	84±1.5	
3	三相分闸不同期性	ms	≤2	
4	最小空气绝缘距离	mm	300	
5	每相导电回路直流电阻	μΩ	≤40	≤35
6	刚分速度	m/s	2.2～2.5	
7	刚合速度	m/s	≥1.9	

四、生产厂

上海输配电气有限公司。

16.2.2　LN_2—40.5 SF_6 断路器

一、概述

LN_2—40.5 型户内高压 SF_6 断路器是交流 50Hz 三相系统中的户内装置，可供工矿企业、发电厂、变电站（所）作保护和控制之用，适用于频繁操作的场所，也可作为联络断路器和切合电容器组断路器。

LN_2—40.5 型配用 CT10、17、19 或连体型弹簧操动机构。LN_2—40.5 型 SF_6 断路器可配 GBC—40.5、JYN1—40.5、XGN17—40.5 开关柜，也可配 KYN61—40.5、KYN10—40.5 金属封闭移开式高压开关柜。

二、使用环境

(1) 环境温度：最低－25℃，最高＋40℃。

(2) 海拔高度：不大于 2000m。

(3) 地震烈度：不大于 8 度。

(4) 相对湿度：日平均不大于 95%，月平均不大于 90%。

(5) 无火灾、爆炸危险、无腐蚀性气体及剧烈振动场所。

三、技术数据

LN_2—40.5 SF_6 断路器技术数据，见表 16-7 及表 16-8。

表 16-7　LN_2—40.5 SF_6 断路器技术数据（一）

序号	名　　称		单位	参　　数
1	额定电压		kV	40.5
2	额定频率		Hz	50
3	额定电流		A	1600
4	额定短路开断电流		kA	25
5	额定短路关合电流（峰值）			63
6	额定短时耐受电流（4s）			25
7	额定峰值耐受电流			63
8	额定电容器组开断电流		A	800
9	开断小电感电流			0.5～15
10	额定操作顺序			分—0.3s—合分—180s—合分
11	合闸时间		ms	≤150
12	分闸时间		ms	≤60
13	绝缘水平	额定雷电冲击耐压	kV	185
		工频耐压（1min）		95
14	额定短路电流开断次数		次	8
15	机械寿命			6000
16	额定电流开断次数			2000

续表 16-7

序号	名称		单位	参数
17	额定失步开断电流		kA	6.3
18	SF_6 额定气压（20℃表压）		MPa	0.65
19	报警压力（20℃时）			0.62
20	闭锁压力（20℃时）			0.59
21	年漏气率			≤1%
22	水分含量		ppm	≤150
23	SF_6 气体重量		kg	约 2.5
24	断路器总重量			约 135
25	外形尺寸（宽×深×高）	相距 300	mm	1192×903×10（配 KYN61—40.5）
		相距 360	mm	1090×1397×1863（配 KYN10—40.5）
		相距 460	mm	1212×1350×1800（配 JYN1—40.5）

表 16-8 LN_2—40.5 SF_6 断路器技术数据（二）

序号	名称	单位	LN_2—40.5
1	触头行程	mm	
2	电动合闸位置导电杆上端距上绝缘筒上端尺寸 A		84±1.5
3	合闸速度	m/s	≥1.9
4	分闸速度		1.9～2.5
5	三相触头分，合闸同期性	ms	≤2
6	各相回路电阻	μΩ	≤45

四、生产厂

陕西森源电气。

16.2.3 LN_{38}—40.5 系列户内 SF_6 断路器

一、概述

LN_{38}—40.5 型户内高压 SF_6 断路器是交流 50Hz 三相系统中的户内装置，可供工矿企业、发电厂及变电所作为保护和控制之用，适用于频繁操作的场所，也可作为联络断路器和切合电容器组断路器。

LN_{38}—40.5 型配用 CT19—A 型弹簧操动机构或 CD10ⅢG 电磁操动机构。

二、使用环境

（1）环境温度不高于+40℃，不低于−40℃。

（2）海拔高度不超过 3000m。

（3）相对温度不大于 90%（+20℃）。

（4）没有火险、爆炸危险、严重污秽、化学腐蚀及剧烈振动的场合。

三、技术数据

LN_{38}—40.5 系列户内 SF_6 断路器技术数据，见表 16-9。

表 16-9 LN_{38}—40.5 系列户内 SF_6 断路器技术数据

序号	名称			单位	数据
					LN_{38}—40.5/1250A—31.5
1	额定电压			kV	35
2	最高工作电压			kV	40.5
3	额定绝缘水平	雷电冲击耐压（全波）		kV	185
		工频耐压（1min）			95
4	额定频率			Hz	50
5	额定电流			A	1250
6	额定短路开断电流			kA	31.5
7	额定操作顺序				分—0.3s—合分—180s—合分
8	额定短路关合电流			kA	63
9	额定动稳定电流			（峰值）	63
10	额定热稳定电流			kA	25
11	额定热稳定时间			s	4
12	开合单个电容器组开断电流			kA	400
13	额定失步开断电流			kA	6.3
14	额定电流下的累计开断次数			次	2000
15	额定短路开断电流下的累计开断次数				16
16	机械寿命	配 CT19—A 弹簧机构			6000
		配 CD10ⅢG 电磁机构			5000
17	合闸时间	弹簧机构		s	≤0.15
		电磁机构			≤0.2
18	固有分闸时间	当操作电压为	最低		≤0.10
			额定		≤0.07
			最高		
19	SF_6 气体额定压力（20℃时表压）			MPa	0.45
20	SF_6 气体报警压力（20℃时表压）				0.42
21	SF_6 气体闭锁压力（20℃时表压）				0.40
22	年漏气率				≤1%
23	SF_6 气体水分含量			ppm(V)	150
24	配用 CT19—A 弹簧操动机构的额定操作电压	合闸线圈		V	直流 48、110、220
		分闸线圈			直流 48、110、220
		电动机			直流 110、220
25	配用 CD10ⅢG 电磁操动机构的额定操作电压	合闸线圈			直流 110、220
		分闸线圈			直流 48、110、220
26	重量	断路器本体		kg	135
		SF_6 气体			1.5

四、生产厂

上海吉利电力设备有限公司。

16.2.4　LW_8—40.5 系列 SF_6 断路器

一、概述

LW_8—40.5 型户外高压 SF_6 断路器是三相交流 50Hz 的户外高压电气设备，适用于 40.5kV 输配电系统的控制和保护，也可用于联络断路器及开合电容器组的场合，并可内附电流互感器供测量与保护用。LW_8—40.5 型断路器配用 CT14 型弹簧操动机构。断路器符合国家标准 GB 1984—1989《交流高压断路器》和国际电工委员会标准 IEC 60056：1987《高压交流断路器》的要求。

断路器的主要特点：开断性能优良，采用压气式灭弧室，燃弧时间短，电寿命长，在额定电压下连续开断 25kA 20 次不检修，不更换 SF_6 气体；绝缘可靠，气压在零表压时可耐受 40.5kV 10 分钟；机械可靠性高，合闸能力强，能频繁操作；开合电容器组电流 400A 无重燃；切空长线 25、50km 无重燃；结构简单、体积小，不检修周期长。

二、使用环境

（1）海拔高度：不超过 2500m；
高原型 4000m。

（2）环境温度：－30～＋40℃（特殊要求－40～＋40℃）。

（3）相对湿度：日平均不大于 95％，月平均不大于 90％（25℃）。

（4）风速：不大于 35m/s。

（5）污秽等级为Ⅲ级。

（6）瓷套爬距为 1050mm（1320mm）（公称爬电比距不低于 25mm/kV）。

（7）日照：0.1W/cm^2。

（8）覆冰：10mm（max）。

（9）地震条件：垂直加速度 0.3g；水平加速度 0.15g（max）。

（10）没有易燃物质、爆炸危险、化学腐蚀及剧烈振动的场合。

三、技术数据

LW_8—40.5 系列 SF_6 断路器技术数据，见表 16－10。

表 16－10　LW_8—40.5 系列 SF_6 断路器技术数据

序号	名　　称		单位	参　　数	
1	额定电压		kV	40.5	
2	最高电压		kV	40.5	
3	额定绝缘水平	雷电冲击耐压（全波峰值）	kV	200＊/215（断口）注：标准化 185kV	
		工频耐压（1min）	kV	95/118（断口）	
4	额定电流		A	1600/2000	1600/2000/2500/3150
5	机械寿命		次	5000	
6	SF_6 额定压力（20℃时表压）		MPa	0.40	0.50
7	闭锁压力（20℃时表压）		MPa	0.30	0.40

续表 16-10

序号	名　　称	单 位	参　　数			
8	最低使用环境温度	℃	−40		−30	
9	额定短路开断电流	kV	20	25	25	31.5
10	额定短路关合电流（峰值）	kV	50	63	63	80
11	额定短时耐受电流（热稳定电流）	kV	20	25	25	31.5
12	额定峰值耐受电流（动稳定电流）	kV	50	63	63	80
13	额定失步开断电流	kV	5	6.3	6.3	8
14	额定短路开断电流下的累计开断次数	次	20			
15	额定短路持续时间	s	4			
16	合闸时间（额定操作电压下）	s	≤0.1			
17	分闸时间（额定操作电压下）	s	≤0.06			
18	额定操作顺序		分—03s—合分—180s—合分			
19	额定开合单个电容器组电流	A	400			
20	年漏气率	%/年	≤1			
21	SF_6 气体水分含量（20℃时）	μL/L	≤150			
22	配 CT14 型弹簧操动机构的额定操作电压	V	AC/DC：380/220/110			
	合闸线圈、分闸线圈电压	V	交流：220　380 直流：48　110　220			
	储能电机电压	V	交流：220 直流：220/110			
23	SF_6 气体重量	kg	5			
24	断路器（包括操动机构）重量	kg	1000			

CT14 弹簧机构主要技术数据，见表 16-11。

表 16-11　CT14 弹簧机构主要技术数据

合闸线圈	AC220V，3.5A	DC110V，3.6A	DC220V，1.8A
分闸线圈	AC220V，3.5A	DC110V，4.8A	DC220V，2.4A
电动机	AC220V，5A	DC220V，5A	DC110V，10A
储能时间	≤15s		

所配电流互感器技术数据，见表 16-12。

表 16-12　所配电流互感器技术数据

序号	型　　号	接线抽头	电流比（A）	准确级次	额定二次负荷（Ω）	10%倍数
1	LR—35—100	K1—K2	50/5	1	0.4	
		K1—K3	75/5	1	0.4	
		K1—K4	100/5	0.5	0.6	

续表16-12

序号	型　号	接线抽头	电流比（A）	准确级次	额定二次负荷（Ω）	10%倍数
2	LRB—35—100	k1—k2	50/5	10P	0.4	2
		k1—k3	75/5	10P	0.6	2
		k1—k4	100/5	10P	1.2	4
3	LR—35—200	k1—k2	100/5	0.5	0.6	
		k1—k3	150/5	0.5	0.6	
		k1—k4	200/5	0.5	0.8	
4	LRB—35—200	k1—k2	100/5	10P	1.2	4
		k1—k3	150/5	10P	1.2	6
		k1—k4	200/5	10P	1.2	10
5	LR—35—300	k1—k2	100/5	0.5	0.8	
		k1—k3	200/5	0.5	0.8	
		k1—k4	300/5	0.5	0.8	
6	LRB—35—300	k1—k2	100/5	10P	1.2	4
		k1—k3	200/5	10P	1.2	6
		k1—k4	300/5	10P	1.2	10
7	LR—35—400	k1—k2	200/5	0.5	1.2	
		k1—k3	300/5	0.5	1.2	
		k1—k4	400/5	0.5	1.2	
8	LRB—35—400	k1—k2	200/5	10P	1.2	10
		k1—k3	300/5	10P	1.2	10
		k1—k4	400/5	10P	1.2	10
9	LR—35—500	k1—k2	300/5	0.5（0.2）	1.2	
		k1—k3	400/5	0.5（0.2）	1.2	
		k1—k4	500/5	0.5（0.2）	1.2	
10	LRB—35—500	k1—k2	300/5	10P	1.2	10
		k1—k3	400/5	10P	1.2～1.6	10
		k1—k4	500/5	10P	1.2～1.6	10
11	LR—35—600	k1—k2	400/5	0.5（0.2）	1.2	
		k1—k3	500/5	0.5（0.2）	1.2～1.6	
		k1—k4	600/5	0.5（0.2）	1.2～1.6	
12	LRB—35—600	k1—k2	400/5	10P	1.2～1.6	10
		k1—k3	500/5	10P	1.2～1.6	10
		k1—k4	600/5	10P	1.2～1.6	10
13	LR—35—800	k1—k2	600/5	0.5（0.2）	1.2～1.6	
		k1—k3	700/5	0.5（0.2）	1.2～1.6	
		k1—k4	800/5	0.5（0.2）	1.2～1.6	

续表 16-12

序号	型　号	接线抽头	电流比（A）	准确级次	额定二次负荷（Ω）	10%倍数
14	LRB—35—800	k1—k2	600/5	10P	1.2～1.6	10（15）
		k1—k3	700/5	10P	1.2～1.6	10（15）
		k1—k4	800/5	10P	1.2～1.6	10（15）
15	LR—35—1000	k1—k2	600/5	0.5（0.2）	1.2～1.6	
		k1—k3	800/5	0.5（0.2）	1.2～1.6	
		k1—k4	1000/5	0.5（0.2）	1.2～1.6	
16	LRB—35—1000	k1—k2	600/5	10P	1.2～1.6	10（15）
		k1—k3	800/5	10P	1.2～1.6	10（15）
		k1—k4	1000/5	10P	1.2～1.6	10（15）
17	LR—35—1500	k1—k2	1000/5	0.5（0.2）	1.2～1.6	含 1250/5
		k1—k3	1200/5	0.5（0.2）	1.2～1.6	
		k1—k4	1500/5	0.5（0.2）	1.2～1.6	
18	LRB—35—1500	k1—k2	1000/5	10P	1.2～1.6	10（15）
		k1—k3	1200/5	10P	1.2～1.6	10（15）
		k1—k4	1500/5	10P	1.2～1.6	10（15）
19	LR—35—2000	k1—k2	1500/5	0.5（0.2）	1.2～1.6	
		k1—k3	1800/5	0.5（0.2）	1.2～1.6	
		k1—k4	2000/5	0.5（0.2）	1.2～1.6	

四、生产厂

上海吉利电力设备有限公司。

16.2.5 LW_8（A）—40.5（G）型户外高压 SF_6 断路器

一、概述

LW_8—40.5（G）、LW_8（A）—40.5（L）型户外高压 SF_6 断路器是三相交流 50Hz 的户外高压电器设备，适用于 40.5kV 输配电系统的控制和保护；也可用于联络断路器及开合电容器组的场合。

断路器符合国家标准 GB 1984—89《交流高压断路器》和国际电工委员会标准 IEC56 出版物《交流高压断路器》的要求。

二、产品特点

（1）情节断性能优良，燃弧时间短，电寿命长，在额定电压下连续断开 31.5（25）kA15 次不检修，不更换 SF_6 气体。

（2）绝缘可靠，气压在零表压时可耐受 30.4kV 5min。

（3）机构可靠性高，合闸能力强，能频繁操作。

（4）开合电容器组电流 400A 无重燃。

（5）切空长线 25、50km 无重燃。

（6）结构简单、体积小、不检修周期长。

三、使用环境

(1) 海拔高度：普通型1000m，高原型3000m。

(2) 环境温度：－30～＋40℃（特殊要求－40～＋40℃）。

(3) 相对湿度：日平均不大于95％（25℃）。

(4) 风压不大于700Pa。

(5) 污秽等级分Ⅱ级和Ⅲ级；Ⅱ级瓷套爬距810mm，Ⅲ级瓷套爬距1050mm，Ⅲ级瓷套爬距1350m可用于海拔高度3000m的地方。

(6) 没有易燃物质、爆炸危险、化学腐蚀及剧烈振动的场合。

(7) 地震烈度不超过8度。

四、技术数据

LW_8（A）—40.5（G）型户外高压 SF_6 断路器技术数据，见表16－13及表16－14。

表16－13 LW_8（A）—40.5（G）型户外高压 SF_6 断路器技术数据（一）

序号	项目		单位	参数			
1	额定电压		kV	40.5			
2	额定绝缘水平	雷电冲击耐压（全波峰值）	kV	185/215（断口）			
		工频耐压（1min）	kV	95/118（断口）			
3	额定电流		A	1600、2000			
4	机械寿命		次	3000			
5	最低使用环境温度		℃	－30		－40	
6	SF_6 气体额定压力（20℃时表压）		MPa	0.45		0.35	
7	闭锁压力（20℃时表压）		MPa	0.40		0.30	
8	额定短路开断电流		kA	25	31.5	20	25
9	额定短路关合电流（峰值）		kA	63	80	50	63
10	额定短时耐受电流（热稳定电流）		kA	25	31.5	20	25
11	额定峰值耐受电流（动稳定电流）		kA	63	80	50	63
12	额定失步开断电流		kA	6.3	8	5	6.3
13	额定短路持续时间		s	4			
14	合闸时间（额定操作电压下）		s	≤0.1			
15	分闸时间（额定操作电压下）		s	≤0.06			
16	额定操作顺序			分—0.3s—合分—180s—合分			
17	额定开合单个电容器组电流		A	400			
18	额定短路开断电流下的累计开断次数		次	15		10（－40℃）	
19	年漏气率		％/年	≤1			
20	SF_6 气体水分含量		ppm(V/V)	≤150（20℃）			
21	合闸线圈、分闸线圈电压		V	直流：110 220 交流：220 380			
	储能电机电压		V	直流：220 交流：220			
22	SF_6 气体重量		kg	8（LW_8）		5[LW_8(A)]	
23	断路器（包括操动机构）重量		kg	1400		1000	

表 16-14　LW_8（A）—40.5（G）型户外高压 SF_6 断路器技术数据（二）

<table>
<tr><th>序号</th><th>项　目</th><th>单位</th><th colspan="4">参　数</th></tr>
<tr><td>1</td><td>动触头行程</td><td>mm</td><td colspan="4">95±2</td></tr>
<tr><td>2</td><td>触头开距</td><td>mm</td><td colspan="4">60±1.5</td></tr>
<tr><td>3</td><td>极间合闸同期性</td><td>ms</td><td colspan="4">≤3</td></tr>
<tr><td>4</td><td>极间分闸同期性</td><td>ms</td><td colspan="4">≤2</td></tr>
<tr><td rowspan="4">5</td><td rowspan="4">主回路电阻</td><td rowspan="4">μΩ</td><td colspan="2">LW_8</td><td colspan="2">LW_8（A）</td></tr>
<tr><td>1600A</td><td>2000A</td><td>1600A</td><td>2000A</td></tr>
<tr><td rowspan="2">≤170</td><td rowspan="2">≤140</td><td>≤150（带 CT）</td><td>≤120（带 CT）</td></tr>
<tr><td>≤120（不带 CT）</td><td>≤100（不带 CT）</td></tr>
<tr><td>6</td><td>刚合速度</td><td>m/s</td><td colspan="4">3.2±0.2</td></tr>
<tr><td>7</td><td>刚分速度</td><td>m/s</td><td colspan="4">3.4±0.8</td></tr>
<tr><td>8</td><td>合闸缓冲行程</td><td>mm</td><td colspan="4">10</td></tr>
<tr><td>9</td><td>合闸缓冲的定位间隙</td><td>mm</td><td colspan="4">1～2</td></tr>
<tr><td rowspan="2">10</td><td rowspan="2">局部放电
40.5kV
25.7kV</td><td>pC</td><td colspan="4">20</td></tr>
<tr><td>pC</td><td colspan="4">10</td></tr>
</table>

CT14 弹簧操动机构主要技术数据，见表 16-15。

表 16-15　CT14 弹簧操动机构主要技术数据

<table>
<tr><th>序号</th><th colspan="2">项　目</th><th>单位</th><th colspan="4">参　数</th></tr>
<tr><td rowspan="4">1</td><td rowspan="4">储能电机</td><td>额定电压</td><td rowspan="2">V</td><td colspan="4">DC220 或 AC220</td></tr>
<tr><td>正常工作电压范围</td><td colspan="4">85%～110%</td></tr>
<tr><td>功率</td><td>kW</td><td colspan="4">1.1</td></tr>
<tr><td>额定电压下储能时间</td><td>s</td><td colspan="4">小于 15</td></tr>
<tr><td>2</td><td colspan="2">辅助回路电压</td><td>V</td><td>DC220</td><td>DC110</td><td>AC220</td><td></td></tr>
<tr><td>3</td><td colspan="2">分、合闸线圈电压</td><td>V</td><td>DC220</td><td>DC110</td><td>AC220</td><td>AC380</td></tr>
<tr><td>4</td><td colspan="2">分闸线圈电流</td><td>A</td><td>2.3</td><td>4.6</td><td>3.5</td><td>2</td></tr>
<tr><td>5</td><td colspan="2">20℃分闸线圈电阻</td><td>Ω</td><td>95.65</td><td>23.9</td><td>6.96</td><td>23.74</td></tr>
<tr><td>6</td><td colspan="2">分闸线圈正常工作电压范围</td><td></td><td colspan="4">65%～120%</td></tr>
<tr><td>7</td><td colspan="2">合闸线圈电流</td><td>A</td><td>1.7</td><td>3.44</td><td>3.5</td><td>2</td></tr>
<tr><td>8</td><td colspan="2">20℃合闸线圈电阻</td><td>Ω</td><td>129.4</td><td>32</td><td>8.25</td><td>18.58</td></tr>
<tr><td>9</td><td colspan="2">合闸线圈正常工作电压范围</td><td></td><td colspan="4">85%～110%</td></tr>
<tr><td>10</td><td colspan="2">辅助开关额定电压</td><td>V</td><td colspan="4">DC220 或 AC220</td></tr>
<tr><td>11</td><td colspan="2">辅助开关额定电流</td><td>A</td><td colspan="4">10</td></tr>
<tr><td>12</td><td colspan="2">辅助开关接点对数</td><td></td><td colspan="4">12 对</td></tr>
</table>

断路器的整体结构特点：

LW_8—40.5（G）为落地罐式，LW_8A—40.5（L）为瓷柱式，G表示高原产品，L表示垂直布置。

断路器内附高精度电流互感器技术数据，见表16-16。

表16-16 断路器内附高精度电流互感器技术数据

序号	型 号	接线抽头	电流比	准确级次	额定负荷（VA）	10%倍数
1	LR—35—200	$1k_1$—$1k_2$	100/5	5	15	
		$1k_1$—$1k_3$	150/5	3	15	
		$1k_1$—$1k_4$	200/5	3	15	
2	LRD—35—200	$2k_1$—$2k_2$	100/5	10P	15	6
		$2k_1$—$2k_3$	150/5	10P	15	8
		$2k_1$—$2k_4$	200/5	10P	15	8
3	LR—35—300	$1k_1$—$1k_2$	100/5	5	15	
		$1k_1$—$1k_3$	200/5	3	15	
		$1k_1$—$1k_4$	300/5	1	15	
4	LRD—35—300	$2k_1$—$2k_2$	100/5	10P	15	6
		$2k_1$—$2k_3$	200/5	10P	15	8
		$2k_1$—$2k_4$	300/5	10P	20	10
5	LR—35—400	$1k_1$—$1k_2$	200/5	1	15	
		$1k_1$—$1k_3$	300/5	1	15	
		$1k_1$—$1k_4$	400/5	1	15	
6	LRD—35—400	$2k_1$—$2k_2$	200/5	10P	20	8
		$2k_1$—$2k_3$	300/5	10P	20	10
		$2k_1$—$2k_4$	400/5	10P	20	10
7	LR—35—600	$1k_1$—$1k_2$	300/5	1	15	
		$1k_1$—$1k_3$	400/5	0.5	15	
		$1k_1$—$1k_4$	600/5	0.5	20	
8	LRD—35—600	$2k_1$—$2k_2$	300/5	10P	20	10
		$2k_1$—$2k_3$	400/5	10P	20	10
		$2k_1$—$2k_4$	600/5	10P	25	15
9	LR—35—800	$1k_1$—$1k_2$	400/5	0.5	25	
		$1k_1$—$1k_3$	600/5	0.5	25	
		$1k_1$—$1k_4$	800/5	0.5	30	
10	LRD—35—800	$2k_1$—$2k_2$	400/5	10P	25	10
		$2k_1$—$2k_3$	600/5	10P	25	15
		$2k_1$—$2k_4$	800/5	10P	30	15
11	LR—35—1000	$1k_1$—$1k_2$	600/5	0.5	25	
		$1k_1$—$1k_3$	800/5	0.5	30	
		$1k_1$—$1k_4$	1000/5	0.5	30	

续表 16-16

序号	型　号	接线抽头	电流比	准确级次	额定负荷（VA）	10%倍数
12	LRD—35—1000	$2k_1-2k_2$	600/5	10P	25	15
		$2k_1-2k_3$	800/5	10P	30	20
		$2k_1-2k_4$	1000/5	10P	30	20
13	LR—35—1200	$1k_1-1k_2$	800/5	0.5	30	
		$1k_1-1k_3$	1000/5	0.5	30	
		$1k_1-1k_4$	1200/5	0.5	30	
14	LRD—35—1200	$2k_1-2k_2$	800/5	10P	30	20
		$2k_1-2k_3$	1000/5	10P	30	20
		$2k_1-2k_4$	1200/5	10P	30	20
15	LR—35—1500	$1k_1-1k_2$	1000/5	0.5	30	
		$1k_1-1k_3$	1200/5	0.5	30	
		$1k_1-1k_4$	1500/5	0.5	30	
16	LRD—35—1500	$2k_1-2k_2$	1000/5	10P	30	20
		$2k_1-2k_3$	1200/5	10P	30	20
		$2k_1-2k_4$	1500/5	10P	30	20
17	LR—35—1800	$1k_1-1k_2$	1200/5	0.5	30	
		$1k_1-1k_3$	1500/5	0.5	30	
		$1k_1-1k_4$	1800/5	0.5	30	
18	LRD—35—1800	$2k_1-2k_2$	1200/5	10P	30	20
		$2k_1-2k_3$	1500/5	10P	30	20
		$2k_1-2k_4$	1800/5	10P	30	20

LW_8（A）断路器内附高精度电流互感器技术数据，见表 16-17。

表 16-17　LW_8（A）断路器内附高精度电流互感器技术数据

序号	型　号	接线抽头	电流比	准确级次	额定负荷（VA）	备注
1	LR—35—100	$1k_1-1k_2$	50/5	1（0.5）	10	
		$1k_1-1k_3$	75/5	0.5	10	
		$1k_1-1k_4$	100/5	0.5（0.2）	10	
2	LR—35—200	$1k_1-1k_2$	100/5	0.5（0.2）	10	
		$1k_1-1k_3$	150/5	0.5（0.2）	10	
		$1k_1-1k_4$	200/5	0.5（0.2）	10	
3	LR—35—300	$1k_1-1k_2$	150/5	0.5（0.2）	15	
		$1k_1-1k_3$	200/5	0.5（0.2）	15	
		$1k_1-1k_4$	300/5	0.5（0.2）	15	

续表 16-17

序号	型　号	接线抽头	电流比	准确级次	额定负荷（VA）	备注
4	LR—35—400	$1k_1—1k_2$	200/5	0.5（0.2）	15	
		$1k_1—1k_3$	300/5	0.5（0.2）	15	
		$1k_1—1k_4$	400/5	0.5（0.2）	15	
5	LR—35—600	$1k_1—1k_2$	300/5	0.2	15	
		$1k_1—1k_3$	400/5	0.2	15	
		$1k_1—1k_4$	600/5	0.2	20	
6	LR—35—800	$1k_1—1k_2$	400/5	0.2	20	
		$1k_1—1k_3$	600/5	0.2	20	
		$1k_1—1k_4$	800/5	0.2	20	
7	LR—35—1000	$1k_1—1k_2$	600/5	0.2	20	
		$1k_1—1k_3$	800/5	0.2	20	
		$1k_1—1k_4$	1000/5	0.2	20	
8	LR—35—1200	$1k_1—1k_2$	800/5	0.2	25	
		$1k_1—1k_3$	1000/5	0.2	25	
		$1k_1—1k_4$	1200/5	0.2	25	
9	LR—35—1500	$1k_1—1k_2$	1000/5	0.2	30	
		$1k_1—1k_3$	1200/5	0.2	30	
		$1k_1—1k_4$	1500/5	0.2	30	
10	LR—35—1800	$1k_1—1k_2$	1200/5	0.2	30	
		$1k_1—1k_3$	1500/5	0.2	30	
		$1k_1—1k_4$	1800/5	0.2	30	

五、生产厂

乐清市佳吉电气有限公司。

16.2.6 LW_{16}—40.5 户外 SF_6 断路器

一、概述

LW_{16}—40.5 型户外高压 SF_6 断路器是三相交流 50Hz 的户外高压电气设备，适用于 40.5kV 输配电系统的控制和保护，也可用于联络断路器及开合电容器组的场合，并可内附电流互感器供测量与保护用。LW_{16}—40.5 型 SF_6 断路器配用 CT14 型弹簧操动机构。断路器符合国家标准 GB 1984—1989《交流高压断路器》和国际电工委员会标准 IEC 60056：1987《高压交流断路器》的要求。

断路器的主要特点：开断性能优良，采用压气式灭弧室，燃弧时间短，电寿命长，在额定电压下连续开断 25kA20 次不检修，不更换 SF_6 气体；绝缘可靠，气压在零表压时可耐受 40.5kV 10 分钟；机械可靠性高，合闸能力强，能频繁操作；开合电容器组电流 400A 无重燃；切空长线 25、50km 无重燃；结构简单、体积小，不检修周期长。

二、使用环境

（1）海拔高度：不超过 2500m；

高原型 4000m。

（2）环境温度：－30～＋40℃（特殊要求－40～＋40℃）。

（3）相对湿度：日平均不大于95％，月平均不大于90％（25℃）。

（4）风速：不大于35m/s。

（5）污秽等级为Ⅲ级。

（6）瓷套爬距为1050mm（1320mm）（公称爬电比距不低于25mm/kV）。

（7）日照：0.1W/cm^2。

（8）覆冰：10mm（max）。

（9）地震条件：垂直加速度0.3g，水平加速度0.15g（max）。

（10）没有易燃物质、爆炸危险、化学腐蚀及剧烈振动的场合。

三、技术数据

LW_{16}—40.5户外 SF_6 断路器技术数据，见表16-18。

表16-18 LW_{16}—40.5户外 SF_6 断路器技术数据

序号	名称		单位	参数			
1	额定电压		kV	40.5			
2	最高电压		kV	40.5			
3	额定绝缘水平	雷电冲击耐压（全波，峰值）	kV	200＊/215（断口）注：标准化185kV			
		工频耐压（1min）	kV	95/118（断口）			
4	额定电流		A	1600/2000		1600/2000/2500/3150	
5	机械寿命		次	5000			
6	SF_6 气体额定压力（20℃时表压）		MPa	0.40		0.50	
7	闭锁压力（20℃时表压）		MPa	0.30		0.40	
8	最抵使用环境温度		℃	－40		－30	
9	额定短路开断电流		kA	20	25	25	31.5
10	额定短路关合电流（峰值）		kA	50	63	63	80
11	额定短时耐受电流（热稳定电流）		kA	20	25	25	31.5
12	额定峰值耐受电流（动稳定电流）		kA	50	63	63	80
13	额定失步开断电流		kA	5	6.3	6.3	8
14	额定短路开断电流下的累计开断次数		次	20			
15	额定短路持续时间		s	4			
16	合闸时间（额定操作电压下）		s	≤0.1			
17	分闸时间（额定操作电压下）		s	≤0.06			
18	额定操作顺序			分—03s—合分—180s—合分			
19	额定开合单个电容器组电流		A	400			
20	年漏气率		%/年	≤1			
21	SF_6 气体水分含量（20℃时）		μL/L	≤150			
22	配CT14型弹簧操动机构的额定操作电压		V	AC/DC：380/220/110			
	合闸线圈、分闸线圈电压		V	交流：220 380 直流：48 110 220			
	储能电机电压		V	交流：220 直流：220/110			
23	SF_6 气体重量		kg	5			
24	断路器（包括操动机构）重量		kg	1000			

四、外形及安装尺寸

LW_{16}—40.5 户外 SF_6 断路器外形及安装尺寸，见图 16-3。

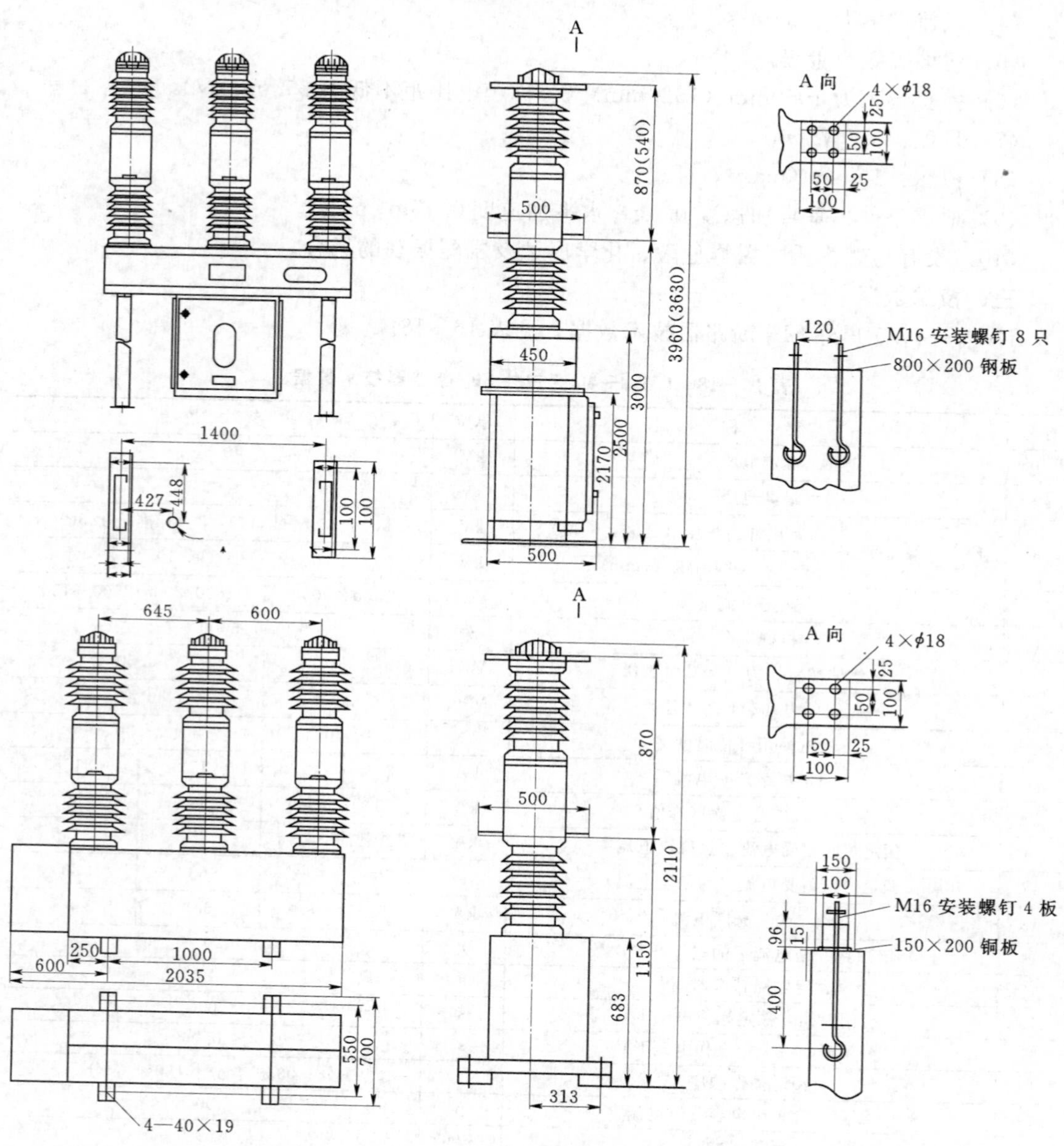

图 16-3 LW_{16}—40.5 户外 SF_6 断路器外形及安装尺寸

五、生产厂

上海吉利电力设备有限公司。

16.2.7 LW_{34}—40.5 户外 SF_6 断路器

一、概述

LW_{34}—40.5 型户外高压 SF_6 断路器是三相交流 50Hz 的户外高压电气设备，适用于

40.5kV 输配电系统的控制和保护，也可用于联络断路器及开合电容器组的场合，并可内附电流互感器供测量与保护用。LW_{34}—40.5 型断路器配用 CT14 型弹簧操动机构。断路器符合国家标准 GB 1984—1989《交流高压断路器》和国际电工委员会标准 IEC 60056：1987《高压交流断路器》的要求。

断路器的主要特点：开断性能优良，采用压气式灭弧室，燃弧时间短，电寿命长，在额定电压下连续开断 25kA 20 次不检修，不更换 SF_6 气体；绝缘可靠，气压在零表压时可耐受 40.5kV 10 分钟；机械可靠性高，合闸能力强，能频繁操作；开合电容器组电流 400A 无重燃；切空长线 25、50km 无重燃；结构简单、体积小，不检修周期长。

二、使用环境

（1）海拔高度：不超过 2500m；
高原型 4000m。

（2）环境温度：－30～＋40℃（特殊要求－40～＋40℃）。

（3）相对湿度：日平均不大于 95％，月平均不大于 90％（25℃）。

（4）风速：不大于 35m/s。

（5）污秽等级为Ⅲ级。

（6）瓷套爬距为 1050mm（1320mm）（公称爬电比距不低于 25mm/kV）。

（7）日照：0.1W/cm^2。

（8）覆冰：10mm（max）。

（9）地震条件：垂直加速度 0.3g，水平加速度 0.15g（max）。

（10）没有易燃物质、爆炸危险、化学腐蚀及剧烈振动的场合。

三、技术数据

LW_{34}—40.5 户外 SF_6 断路器技术数据，见表 16－19。

表 16－19 LW_{34}—40.5 户外 SF_6 断路器技术数据

序号	名称		单位	参数			
1	额定电压		kV	40.5			
2	最高电压		kV	40.5			
3	额定绝缘水平	雷电冲击耐压（全波峰值）	kV	200＊/215（断口）注：标准化 185kV			
		工频耐压（1min）	kV	95/118（断口）			
4	额定电流		A	1600/2000		1600/2000/2500/3150	
5	机械寿命		次	5000			
6	SF_6 气体额定压力（20℃时表压）		MPa	0.40		0.50	
7	闭锁压力（20℃时表压）		MPa	0.30		0.40	
8	最抵使用环境温度		℃	－40		－30	
9	额定短路开断电流		kA	20	25	25	31.5
10	额定短路关合电流（峰值）		kA	50	63	63	80
11	额定短时耐受电流（热稳定电流）		kA	20	25	25	31.5
12	额定峰值耐受电流（动稳定电流）		kA	50	63	63	80
13	额定失步开断电流		kA	5	6.3	6.3	8

续表 16－19

序号	名　称	单位	参　数
14	额定短路开断电流下的累计开断次数	次	20
15	额定短路持续时间	s	4
16	合闸时间（额定操作电压下）	s	≤0.1
17	分闸时间（额定操作电压下）	s	≤0.06
18	额定操作顺序		分—03s—合分—180s—合分
19	额定开合单个电容器组电流	A	400
20	年漏气率	%/年	≤1
21	SF_6 气体水分含量（20℃时）	μL/L	≤150
22	配 CT14 型弹簧操动机构的额定操作电压	V	AC/DC：380/220/110
	合闸线圈、分闸线圈电压	V	交流：220　380 直流：48　110　220
	储能电机电压	V	交流：220 直流：220/110
23	SF_6 气体重量	kg	5
24	断路器（包括操动机构）重量	kg	1000

四、生产厂

上海吉利电力设备有限公司。

16.2.8 LW_{38}—40.5 型户外 SF_6 断路器

一、概述

LW_{38}—40.5（G）—CJ 高架型瓷柱式户外交流高压 SF_6 断路器是一种以 SF_6 气体为灭弧和绝缘介质的户外安装、三相、交流 40.5kV 级高压输变电系统的控制和保护设备。可用来分、合额定电流和故障电流，投、切电容组、转换线路，尤其适合频繁操作，也可作为联络断路器使用。

本断路器符合 IEC《高压交流断路器》和 GB 1984《高压交流断路器》的要求。

二、使用环境

（1）环境温度：最高温度＋40℃，最低温度－30℃。

（2）相对湿度：日平均相对湿度≤90%，月平均相对湿度≤95%。

（3）海拔：正常使用条件海拔不超过 1000m（简称平原型）；特殊使用条件海拔不超过 3000m（简称高原型）。

（4）风速不超过 34m/s（相应于圆柱表面上的 700Pa）。

（5）地震烈度不超过 8 度（水平加速度 0.25g，垂直加速度 0.125g）。

（6）空气污秽程度：Ⅳ级；最小公称爬电比距：31mm/kV。

三、技术数据

LW_{38}—40.5 型户外 SF_6 断路器技术数据，见表 16－20。

表 16-20 LW_{38}—40.5 型户外 SF_6 断路器技术数据

序号	项目			单位	参数	
1	额定电压			kV	40.5	
2	额定绝缘水平	雷电冲击耐压（峰值）		kV	185/215	
		工频耐压 1min（有效值）			95/119	
3	额定电流			A	1600	3150
4	额定电容器组开断电流			A	400	
5	额定频率			Hz	50	
6	额定短路开断电流			kA	25	31.5
7	额定峰值耐受电流			kA	63	80
8	额定短时耐受电流			kA	25	31.5
9	额定失步开断电流			kA	6.3	7.9
10	额定短路关合电流			kA	63	80
11	额定短路开断电流开断次数			次	25	20
12	机械寿命			次	5000	
13	额定操作顺序				分—0.3s—合分—180s—合分	
14	分闸时间（额定操作电压时）			s	≤0.06	
15	合闸时间（额定操作电压时）			s	≤0.1	
16	额定短路持续时间			s	4	
17	金属短接时间			s	≥0.12	
18	全开断时间			s	≤0.078	
19	SF_6 气体额定压力（20℃时表压）			MPa	0.45	
20	SF_6 气体补气压力（20℃时表压）			MPa	0.42	
21	SF_6 气体闭锁压力（20℃时表压）			MPa	0.4	
22	漏气率			%/年	≤1	
23	SF_6 气体水分含量（20℃时表压）			ppm（V/V）	交接验收值 ≤150	
24					运行值≤300	
25	重量	断路器本体	带 CT	kg	1000	
			不带 CT		800	
		SF_6 气体			5	

四、外形及安装尺寸

LW_{38}—40.5 型户外 SF_6 断路器外形及安装尺寸，见图 16-4 及图 16-5。

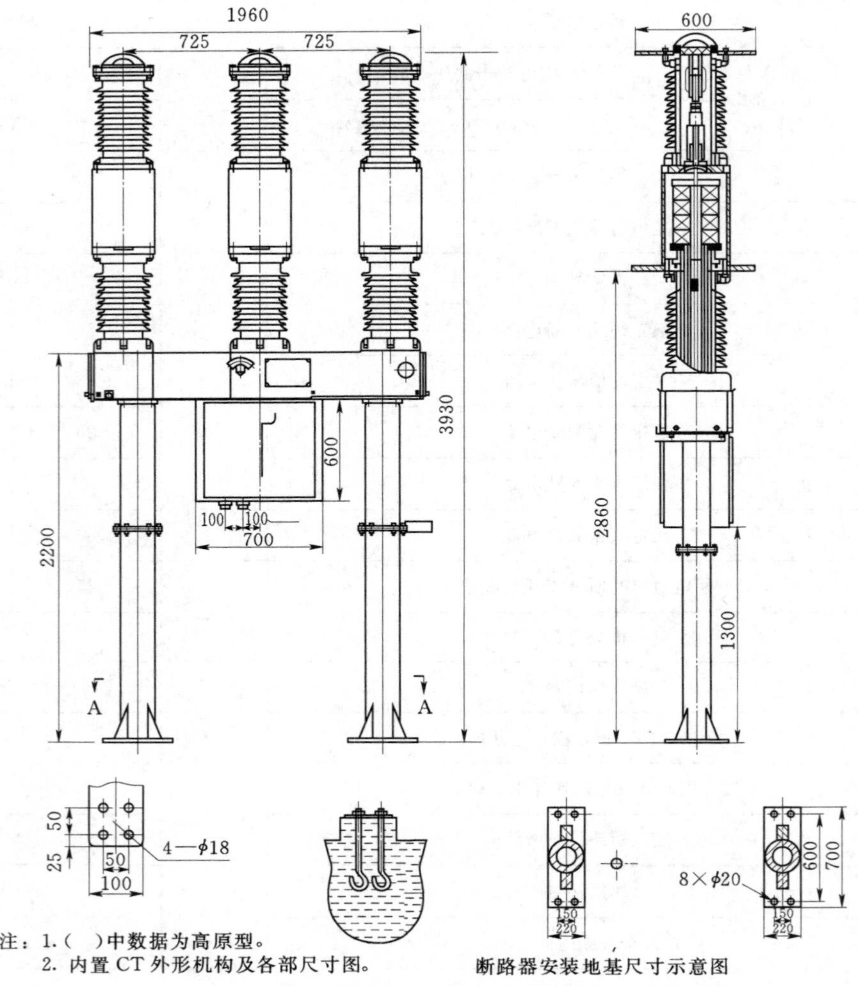

图 16-4 LW_{38}—40.5 型户外 SF_6 断路器外形及安装尺寸（一）

五、生产厂

上海吉利电力设备有限公司。

16.2.9 HB 系列 35kV SF_6 断路器

一、概述

HB 系列 35kV SF_6 断路器系由上海华通开关厂引进 ABB 公司 HB 系列技术生产的 35kV 电压级的 SF_6 断路器。可用于配电系统的正常操作和短路保护、投切电容器组以及控制电弧炉和高压电动机。断路器采用旋弧+助吹灭弧原理，配用 KHB 型弹簧操纵机构，由同一组螺旋压力弹簧供给断路器的分、合闸能量。

二、技术数据

HB 系列 35kV SF_6 断路器技术数据，见表 16-21。

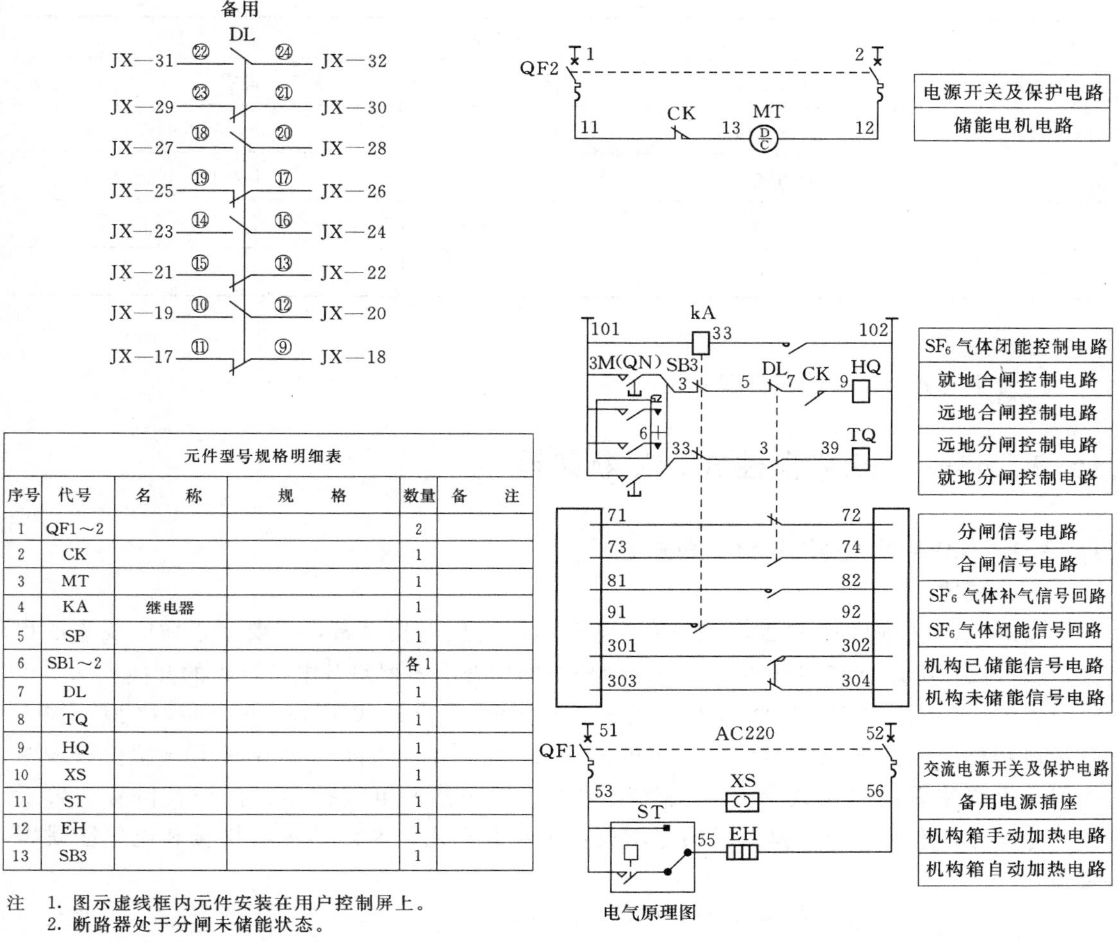

元件型号规格明细表					
序号	代号	名　　称	规　　格	数量	备　　注
1	QF1～2			2	
2	CK			1	
3	MT			1	
4	KA	继电器		1	
5	SP			1	
6	SB1～2			各1	
7	DL			1	
8	TQ			1	
9	HQ			1	
10	XS			1	
11	ST			1	
12	EH			1	
13	SB3			1	

注　1. 图示虚线框内元件安装在用户控制屏上。
　　2. 断路器处于分闸未储能状态。

图 16－5　LW_{38}—40.5 型户外 SF_6 断路器外形及安装尺寸（二）

表 16－21　HB 系列 35kV SF_6 断路器技术数据

<table>
<tr><th>序号</th><th colspan="2">名　　称</th><th>单位</th><th colspan="3">参　　数</th></tr>
<tr><td>1</td><td colspan="2">额定电压</td><td>kV</td><td colspan="3">35</td></tr>
<tr><td>2</td><td colspan="2">最高工作电压</td><td>kV</td><td colspan="3">40.5</td></tr>
<tr><td rowspan="2">3</td><td rowspan="2">额定绝缘水平</td><td>雷电冲击耐压（全波，峰值）</td><td rowspan="2">kV</td><td colspan="3">185</td></tr>
<tr><td>工频耐压（1min）</td><td colspan="3">80</td></tr>
<tr><td>4</td><td colspan="2">额定电流</td><td>A</td><td>1250</td><td>1600</td><td>2000</td></tr>
<tr><td>5</td><td colspan="2">额定短路开断电流</td><td>kA</td><td colspan="3">25</td></tr>
<tr><td>6</td><td colspan="2">额定短路关合电流（峰值）</td><td>kA</td><td colspan="3">63</td></tr>
<tr><td>7</td><td colspan="2">额定操作顺序</td><td colspan="4">分—0.3s—合分—180s—合分</td></tr>
<tr><td>8</td><td colspan="2">额定短路持续时间</td><td>s</td><td colspan="3">3</td></tr>
</table>

续表 16－21

序号	名　称	单位	参　数
9	灭弧原理		旋弧＋助吹
10	合闸时间	s	不大于 0.06s
11	分闸时间	s	不大于 0.06s
12	SF_6 额定气压（20℃，表压）	MPa	0.6
13	年漏气率	%/年	≤1

三、生产厂

上海华通开关厂、锦州开关厂。

16.3 63～220kV 瓷柱式 SF_6 断路器

16.3.1 63kV 级瓷柱式 SF_6 断路器

一、概述

63kV 级瓷柱式 SF_6 断路器为三相交流 50Hz 高压电器设备，主要用于输电线路的保护，也可以作为联络断路器使用，是一种理想的切合电容器组及电抗器组的开关。

63kV 级瓷柱式 SF_6 断路器有户内式 LN_3—66 和户外式 LW_9—63 两种类型，均为单断口结构。断路器三相组装在一个框架上，每相一柱单断口，配有 CT15 型弹簧操纵机构。灭弧室采用单压式变开距喷气型结构。断路器的电气控制、保护、信号装置及 SF_6 气体压力监视系统、弹簧机构等均放置于控制箱内。断路器配有机械和电气防跳跃装置。

（一）LN_3—66 型 SF_6 断路器的使用环境条件

环境温度为－30～＋40℃；海拔不大于 1000m；地震地面水平加速度不大于 3.92m/s²；垂直加速度不大于 1.96m/s²；最大日温差不大于 25℃。

（二）LW_3—63 型 SF_6 断路器使用环境条件

环境温度为－30～＋40℃；海拔不大于 1000m；风速不大于 35m/s；覆冰厚度不大于 10mm；地震地面水平加速度不大于 3.92m/s²；垂直加速度不大于 1.96m/s²；污秽等级Ⅲ级。

（三）LW_9—72.5/T3150 户外 SF_6 断路器

1. 产品简介

LW_9—72.5/T3150—31.5 高压 SF_6 断路器系户外三相交流 50Hz 高压电器设备，主要用于输变电线路的保护，也可作联络断路器使用。断路器为三相组装在一个框架上，配用 CT15 型弹簧机构，可以就地手控三相联动操作及远距离电控三相联动操作，但不能进行单相操作。

采用六氟化硫（SF_6）气体作为灭弧介质，具有优越的开断性能，操作噪音小；配用 CT15 型弹簧机构，结构简单、尺寸紧凑，具有检修维护工作量小，安全可靠等优点。

环境温度为－30～＋40℃（－40～＋40℃条件下开断电流为 25kA）；海拔不超过 1000m；自然风速不超过 35m/s；积冰厚度不超过 10mm；地震地面加速度不超过：水平加速度 0.4g，垂直加速度 0.2g；最大日温差 25℃。

LW_9—72.5/T3150—31.5 高压 SF_6 断路器符合 GB 1984—89《交流高压断路器》国家标准，满足 IEC 56《高压交流断路器》国际电工委员会标准的要求。

2. 其它技术数据

零表压 5min 工频耐受电压（有效值）84kV。

分—合时间≥0.3s；合—分时间 0.06s。

断路器内 SF_6 气体（20℃）额定压力 0.50MPa，报警压力 0.45MPa，闭锁压力 0.40MPa，含水量≤150ppm（V/V）。

机械寿命 3000 次。

（四）LW_{52}—126/T3150 户外自能式 SF_6 断路器

1. 产品简介

LW_{52}—126/T3150—40 自能式高压 SF_6 断路器系户外三相交流 50Hz 高压电器设备，主要用于输变电线路的保护，也可作联络断路器使用。断路器的三相组装在一个框架上，采用自能式灭弧原理，配用 CT15A 型弹簧操动机构，可以就地手控三相联动操作及远距离电控三相联动操作，不能进行单相操作。

采用六氟化硫（SF_6）气体作为灭弧介质，具有优越的开断性能，操作噪音小，结构简单、尺寸紧凑，检修维护工作量小，安全可靠等优点。

环境温度为－30～＋40℃（－45～＋40℃条件下开断电流为 31.5kA）；海拔不超过 1000、2000、3000m；自然风速不超过 34m/s；积冰厚度不超过 10mm；最大日温差 25℃；地震地面加速度不超过：水平加速度 0.3g，垂直加速度 0.15g。

LW_{52}—126 型自能式高压 SF_6 断路器符合 GB 1984—89《交流高压断路器》国家标准，满足 IEC 60056《高压交流断路器》国际电工委员会标准要求。

2. 技术数据

（1）额定电压 126kV。

（2）额定频率 50Hz。

（3）额定电流 3150A。

（4）额定短路开断电流 40kA。

（5）额定短时耐受电流（4s）40kA。

（6）额定短路关合电流（峰值）100kA。

（7）额定峰值耐受电流（峰值）100kA。

（8）额定绝缘水平（海拔 1000/2000/3000m），1min 工频耐受电压（干湿）（有效值）：断口间 230/260/295kV，相间 230/260/295kV，相对地 230/260/295kV；雷电冲击耐受电压（峰值）：断口间 550/625/705kV，相间 550/625/705kV，相对地 550/625/705kV。

（9）零表压 5min 工频耐受电压（有效值）（海拔 1000/2000/3000m）断口间 95/110/125kV，相间 95/110/125kV，相对地 95/110/125kV。

(10) 开断时间≤60ms；

分闸时间 30±5ms；

合闸时间 120±20ms；

分—合时间≥0.3s；

合—分时间 60ms；

分闸同期性≤2ms；

合闸同期性≤4ms。

(11) 断路器内 SF_6 气体（20℃时）额定压力 0.50MPa，报警压力 0.45MPa，闭锁压力 0.40MPa，含水量≤150ppm（V/V）年漏气率≤1%。

(12) 断路器内 SF_6 气体额定压力 0.40MPa（20℃时）使用环境温度－40～＋40℃：额定短路开断电流 31.5kA，报警压力 0.36MPa，闭锁压力 0.32MPa。

(13) 断路器内 SF_6 气体额定压力 0.35MPa（20℃时）使用环境温度－45～＋40℃：额定短路开断电流 31.5kA，报警压力 0.32MPa，闭锁压力 0.29MPa。

二、技术数据

LN_3—66、LW_9—63 型 SF_6 断路器技术数据，见表 16－22。

三、外形及安装尺寸

LN_3—66 型户内高压 SF_6 断路器的外形及安装尺寸，见图 16－6。

四、订货须知

订货时必须注明断路器型号、名称、数量、额定参数、分合闸线圈额定电压、储能电动机额定电压，以及所需附件、备件和专用工具等。

五、生产厂

瓦房店高压开关厂。

16.3.2 110kV 级瓷柱式 SF_6 断路器

一、概述

LW□—110 型 SF_6 断路器为高压户外装置，适用于三相交流 50Hz、额定电压为 110kV 的电力系统中，供发电厂、变电站作切换负荷电流及故障保护之用，并能快速重合闸。

断路器灭弧室为单压式双向吹弧结构。每台断路器配置一台液压操纵机构进行三相机械联动操作。

本产品不需并联电容器，可开断 40kA 近区故障电流。使用环境条件为环境温度－30～＋40℃，海拔不大于 1000m；风速不大于 34m/s；日温差不大于 25℃；日照强度不大于 0.1W/cm^2；覆冰厚度不大于 10mm；地震：水平加速度不大于 1.96m/s^2；垂直加速度不大于 0.98m/s^2；污秽等级符合 GB 5582 中的Ⅱ级。

二、技术数据

(一) LW□—110 型 SF_6 断路器

LW□—110 型 SF_6 断路器技术数据，见表 16－23。

(二) 配用 CY 型液压操纵机构

配用 CY 型液压操纵机构技术数据：

(1) 辅助回路电压：DC 110、220V。

表 16－22 63kV 级 SF_6 断路器技术数据

型号	额定电压（kV）	最高工作电压（kV）	额定电流（A）	额定绝缘水平（kV）				SF_6 气体压力 20℃表压（MPa）	额定短路开断电流（有效值，kA）	额定短路关合电流（峰值，kA）	3s 额定短时耐受电流（有效值，kA）	额定峰值耐受电流（峰值，kA）	控制回路电压（DC）（V）	分闸时间（ms）	合闸时间（ms）	额定开断时间（ms）	SF_6 气体年泄漏率（%）	额定操作顺序	断路器总重量（kg）
				雷电冲击耐受电压（峰值）		工频 1min 耐受电压（有效值）													
				对地	断口	对地	断口												
LW_9—63	63	72.5	2500	350	410	160	202	0.5	31.5	80	31.5 (4s)	80		≤30	≤150	＜60			1000
LW_9—72.5/T3150	72.5		3150	350	410	160	202		31.5	80	31.5	80		≤30	≤150	＜ 60	1%		
LW_6（FAl）—63	63	72.5	2500	386	456	178	202	0.4	25 31.5 40	125	25 31.5 40	125	110 220	≤30	≤90	＜60	≤1	分— 0.3s— 合分— 180s— 合分	
LW□（OFPI）—63	63	72.5	1250 1600 2000 3150 4000	350	350＋ 59	140	140＋ 42	0.4	25 31.5	63 80	25 31.5	63 80		≤30	≤120	＜60			2000
								0.5	25 31.5 40	63 80 100	25 31.5 40	63 80 100							
LW□［OFPT（B）］—63	63	72.5	1250 1600 2000 3150 4000	350	350＋ 59	140	140＋ 42	0.4	25 31.5	63 80	25 31.5	63 80		≤30	≤120	＜60			3500
								0.5	25 31.5 40	63 80 100	25 31.5 40	63 80 100							
LN_3—66	66	72.5	2500	325	325＋ 59	140	140＋ 42	0.4	31.5	80	31.5 (4s)	80		≤30	≤150	＜60			870

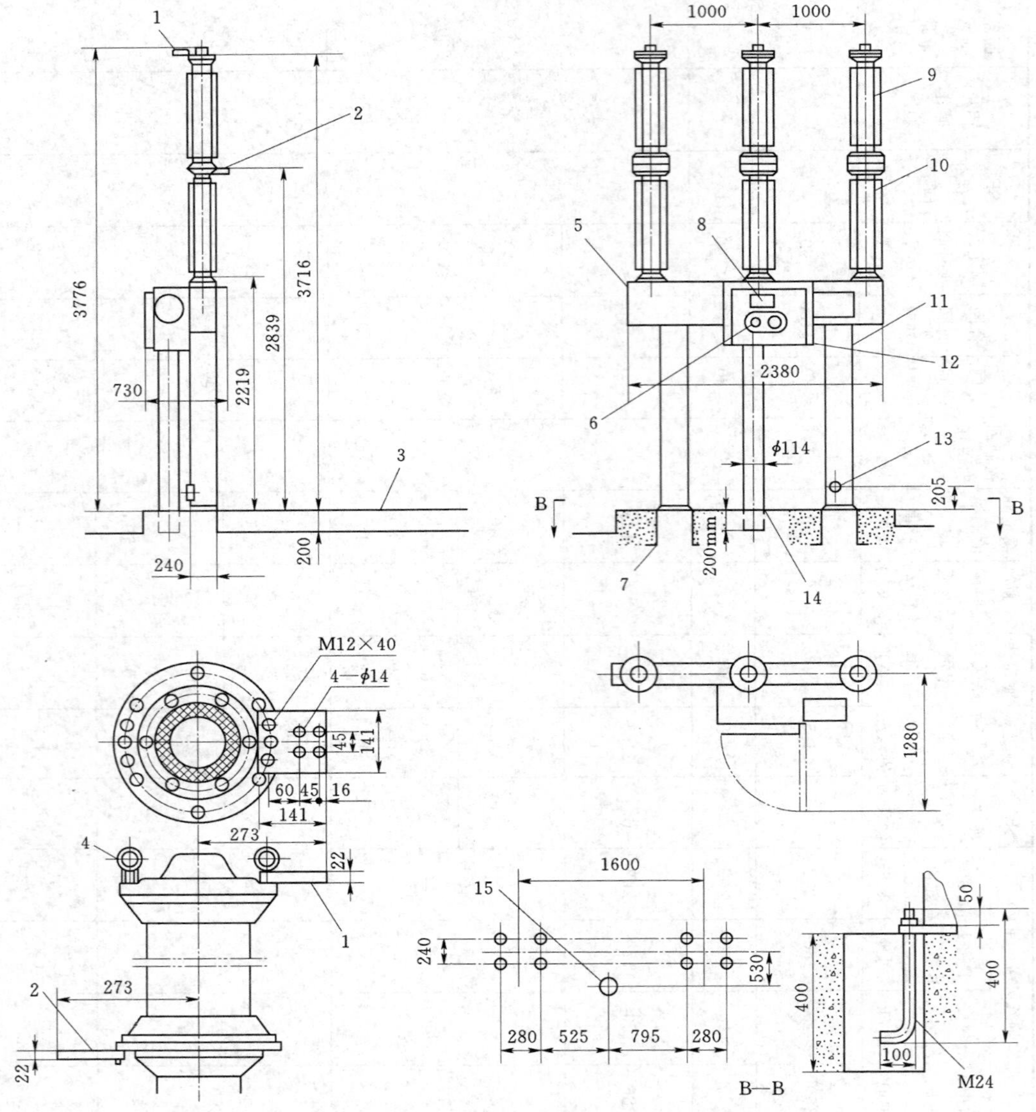

图 16-6 LN_3—66 型 SF_6 断路器外形及安装尺寸（单位：mm）

1—上接线板；2—下接线板；3—混凝土平面；4—吊环；5—框架；6—气压表操作计数器和位置指示；7—地脚螺栓；8—铭牌；9—灭弧室瓷套；10—支柱瓷套；11—支架；12—控制箱；13—接地板；14—聚氯乙烯电缆管；15—电缆入口

（2）分、合闸线圈电压：DC 110、220V。

（3）分、合闸线圈电流：DC 2、4A。

（4）油泵电机电压：AC 380V。

（5）油泵电机功率：1.5kW。

（6）额定油压：26.5MPa。

（7）最高操作油压：27.5MPa。

（8）油泵启动油压：25.5MPa。

表 16-23 110kV 级 SF_6 断路器技术数据

型号	额定电压（kV）	最高工作电压（kV）	额定电流（A）	额定绝缘水平（kV）雷电冲击耐受电压（峰值）对地	额定绝缘水平（kV）雷电冲击耐受电压（峰值）断口	额定绝缘水平（kV）工频 1min 耐受电压（有效值）对地	额定绝缘水平（kV）工频 1min 耐受电压（有效值）断口	SF_6 气体压力 20℃ 表压（MPa）	额定短路开断电流（有效值，kA）
LW□—110	110	126	2000 2500 3150	550		230		0.5	40
LW_6（FAl）—110	110	126	3150	550	550＋ 103	256		0.4 0.6	40 50
LW□（SFM）—110	110	126	2000 2500 3150 4000	550	630	230		0.4	31.5 40 50
LW□（OFPI）—110	110	126	1250 1600 2000 3150 4000	550	550＋ 103	230	230＋ 73	0.4	25 31.5
								0.5	31.5 40
LW□（SFMT）—110	110	126	2000 2500 3150	450	520	230		0.5	31.5 40 50
LW□［OFPT（B）］—110	110	126	1250 1600 2000 3150 4000	550	550＋ 103	230	230＋ 73	0.4	25 31.5 40
								0.5	31.5 40 50

型号	额定短路关合电流（峰值，kA）	3s 额定短时耐受电流（有效值，kA）	额定峰值耐受电流（峰值，kA）	控制回路电压（DC）（V）	分闸时间（ms）	合闸时间（ms）	额定开断时间（ms）	SF_6 气体年泄漏率（%）	额定操作顺序	断路器总质量（kg）
LW□—110	100	40（4s）	100	110 220	≤40	≤150	＜60	≤1	分—0.3s—合分—180s—合分	1500
LW_6（FAl）—110	100 125	40 50	100 125		≤30	≤90	＜60			2070
LW□（SFM）—110	80 100 125	31.5 40 50	80 100 125		≤30	≤100	＜60			1800
LW□（OFPI）—110	63 80	25 31.5	63 80		≤30	≤120	＜60			2300
	80 100	31.5 40	80 100							
LW□（SFMT）—110	80 100 125	31.5 40 50	80 100 125		≤30	≤100	＜60			4000
LW□［OFPT（B）］—110	63 80 100	25 31.5 40	63 80 100		≤30	≤120	＜60			5500
	80 100 125	31.5 40 50	80 100 125							

(9) 油泵停止油压：26.5MPa。

(10) 闭锁油压：23.0MPa（分闸）、24.0MPa（合闸）、25.5MPa（重合闸）。

(11) 一次油压降：不大于1.5MPa（分闸）、不大于1.0MPa（合闸）、不大于3.5MPa（重合闸）。

(12) 安全阀动作油压：31.0MPa。

(13) 安全阀复位油压：27.0MPa。

(14) 油泵从零表压升至额定压力时间：不大于3min。

(15) 预充氮气压力（20℃，表压）：20.0MPa。

(16) 分闸平均速度：(6.0±0.5) m/s。

(17) 合闸平均速度：(2.0±0.3) m/s。

(18) 分闸时间：(35±5) ms。

(19) 合闸时间：不大于120ms。

(20) 分—合时间：不大于300ms。

(21) 合—分时间：不大于80ms。

(22) 三相不同期时间：分闸不大于3ms、合闸不大于4ms。

(23) 动触头行程：$180\pm^{2}_{4}$mm。

(24) 动触头接触行程：(36±3) mm。

(25) 机构活塞杆行程：(120±1) mm。

(26) 液压系统24h渗漏率：不大于5%。

(27) 操作方式：三相机械联动。

三、外形及安装尺寸

LW□—110型SF_6断路器外形及安装尺寸，见图16-7。

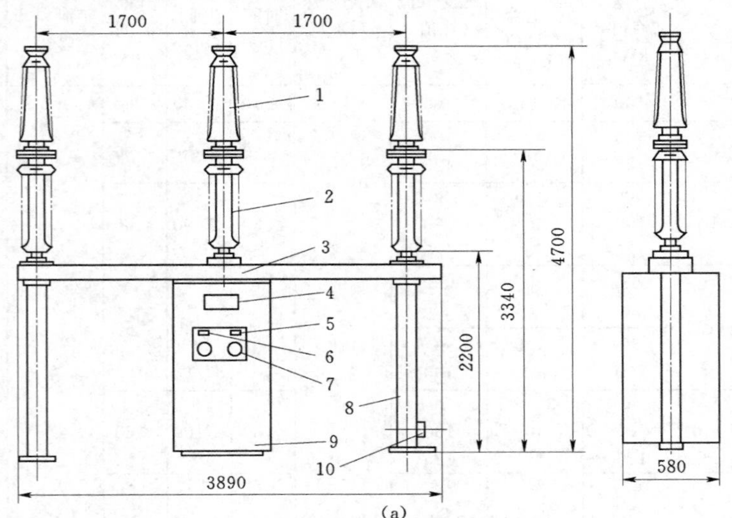

图16-7（一） LW□—110型SF_6断路器外形及安装尺寸（单位：mm）

(a) 外形及安装尺寸

1—灭弧室；2—支柱瓷套；3—传动框架；4—铭牌；5—操动计数器；6—分开指示器；7—压力表；8—支柱；9—机构箱；10—接地端子

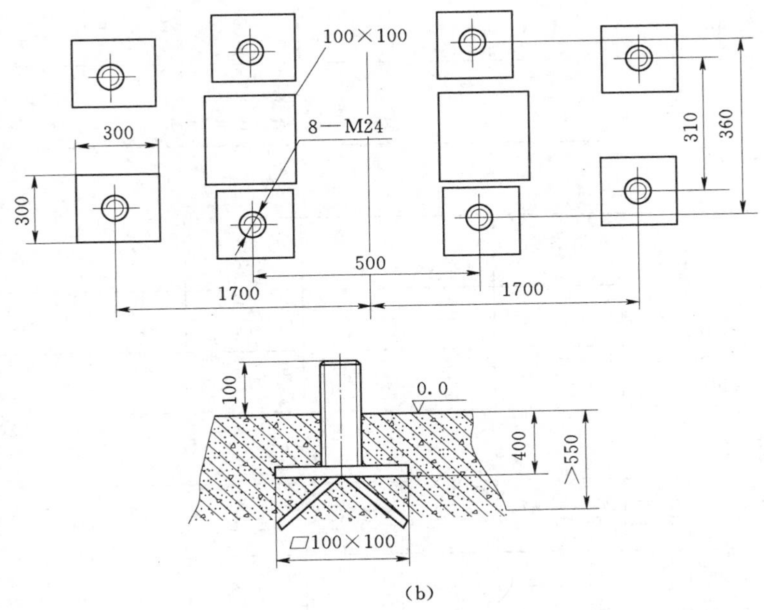

(b)

图 16-7（二） LW□—110 型 SF_6 断路器外形及安装尺寸（单位：mm）

（b）基础布置图

四、订货须知

订货时必须注明断路器型号、名称、数量；断路器的额定电压、额定电流、额定短路开断电流；操纵机构的型号、名称、额定操作电压。

五、生产厂

湖北开关厂。

16.3.3 220kV 级瓷柱式 SF_6 断路器

一、概述

LW_7—220 型 SF_6 断路器为户外三相交流 50Hz 高压输变电设备，用以切除短路故障电流及分、合或转换负载和线路，并可作为母线间联络断路器使用。断路器为瓷柱式结构，由三个独立安装的单极组成。每个单极以断路器配用的 CY 型液压操纵机构箱为底座，其上安装有支柱瓷套、传动机构箱和带有均压并联电容器的两个灭弧室，呈 T 字形布置。通过电控可以进行三相或单相分、合操动及快速自动重合闸；通过手控可以进行一相单分或单合操动。断路器所配用 CY 型液压机构具有防止失压后再建压时引起的慢分和慢合的特点，断路器运行的可靠性高。

LW_7—220 型 SF_6 断路器的使用环境条件：环境温度为－30～＋40℃；海拔不大于 2000m（作联络断路器用时不大于 1500m）；风速不大于 35m/s；可用于污秽（泄漏比距 2.7cm/kV）、防震地区。

二、技术数据

（一）LW_7—220 型 SF_6 断路器

LW_7—220 型 SF_6 断路器技术数据，见表 16-24。

表16-24 220kV级SF_6断路器技术数据

型号	额定电压(kV)	最高工作电压(kV)	额定电流(A)	额定绝缘水平(kV) 雷电冲击耐受电压(峰值) 对地	断口	工频1min耐受电压(有效值) 对地	断口	SF_6气体压力20℃表压(MPa)	额定短路开断电流(有效值,kA)	额定短路关合电流(峰值,kA)	3s额定短时耐受电流(有效值,kA)	额定峰值耐受电流(峰值,kA)	控制回路电压(DC)(V)	分闸时间(ms)	合闸时间(ms)	额定开断时间(ms)	SF_6气体年泄漏率(%)	额定操作顺序	断路器总质量(kg)
LW_7—□220	220	252	3150	350	410	160	202	0.5	40	100	40 (4s)	100		≤40	≤150	<60			7000
LW_6(FA2)—220	220	252	3150	1050	1050 +146	470	470+ 146	0.4 0.6	40 50	100 125	40 50	100 125		≤28	≤90	<60			
LW□(SFM)—220	220	252	2000 2500 3150 4000	1050	1200	460		0.6	31.5 40 50	80 100 125	31.5 40 50	80 100 125		≤30	≤100	<60			11000
LW□(OFPI)—220	220	252	1250 1600 2000 3150 4000	1050	1050 +206	460	460+ 146	0.4 / 0.5	31.5 40 50 / 40 50 63	80 100 / 100 125	31.5 40 50 / 40 50 63	80 100 / 100 125		≤30 (气) ≤20 (液)	≤120	<60			4200
LW_{12}—220	220	252	2000 3150 4000	950	950 +206	460	541	0.5	40 50	100 125	40 50	100 125	110 220	≤30 (气) ≤20 (液)	≤120	<60	≤1	分—0.3s—合分—180s—合分	11000
LW□(SFMT)—220	220	252	2000 2500 3150	950	1050	460		0.5	31.5 40 50	80 100 125	31.5 40 50	80 100 125		≤30	≤100	<60			4500 7000 (分相)
LW□[OFPT(B)]—220	220	252	1250 1600 2000 3150 4000	1050	1050 +206	460	460+ 146	0.4 / 0.5	31.5 40 63 / 40 50 63	80 100 125 / 100 125 160	31.5 40 50 / 40 50 63	80 100 125 / 100 125 160		≤30	≤120	<60			7500
LW—220	220	252	1600 2500	950		400		0.6	40	100	40 (4s)	80		≤30	≤150	<60			15000

（二）配用CY型液压操纵杆机构

配用CY型液压操纵机构的技术数据：

（1）额定油压：24MPa；蓄能器充氮预压力（20℃，表压）：（19±0.5）MPa；分、合闸线圈电压：DC 110、220V。

（2）分、合闸线圈电流：DC 2、4A。

（3）分、合闸线圈功率：440W。

（4）油泵电机：电压为AC 220、380V时，功率为1.5kW（JO_2—22—4型，7410r/min)。电压为DC 220V时，功率为1.1kW（Z_2—22型，1500r/min)。

（5）断路器电热：电压为AC 220V；功率为0.5、1kW。

（6）机构电热：电压为AC 220V；功率为0.5、2×0.5kW。

（7）驱潮电热：电压为AC 220V；功率为30W。

（8）照明：电压为：AC 220V；功率为25W。

三、外形及安装尺寸

LW_7—220型SF_6断路器的外形及安装尺寸，见图16-8。

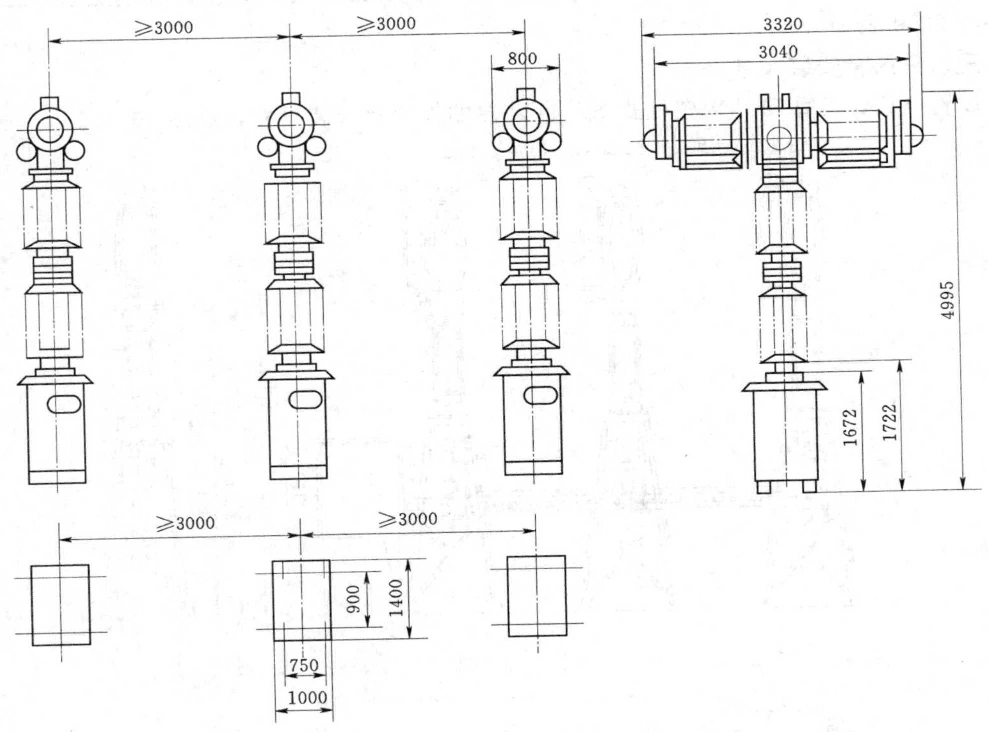

图16-8 LW_7—220型SF_6断路器外形及安装尺寸（单位：mm）

四、订货须知

订货时必须注明断路器型号、额定电压、额定电流、额定开断容量，分合闸直流电压，液压操纵机构额定工作油压，油泵电机的电流种类（直流或交流）及额定电压。

当环境温度低于－25℃时，订货时尚须注明断路器本体要带加热器。

五、生产厂

平顶山高压开关厂。

16.3.4 LW_6（FA）系列高压SF_6断路器

一、概述

LW_6（FA）系列高压SF_6断路器是我国引进法国（MG公司）技术（FA）生产的系列产品，现已全部实现国产化。

断路器由三个独立的单柱和一台共用的液压操纵机构组成。63、110kV级产品每相为单柱单断口，呈Ⅰ形布置；220kV级产品每相为单柱双断口，呈Y形布置。灭弧室为单压式、变开距、双向外喷式结构。断路器所配液压操纵机构采用标准化元件组合而成，互换性强，组装方式灵活，但外露连接管道较多，对安装维护的要求较高。

本系列产品有普通型、防污型、耐震型和防寒型等多种形式和各种不同的组合方式，可供用户选择。

二、技术数据

LW_6（FA）系列63、110、220kV瓷柱式SF_6断路器技术数据，分别见表16-22、表16-23和表16-24。

三、外形及安装尺寸

LW_6（FA_1）型110kV瓷柱式SF_6断路器的外形及安装尺寸，见图16-9。

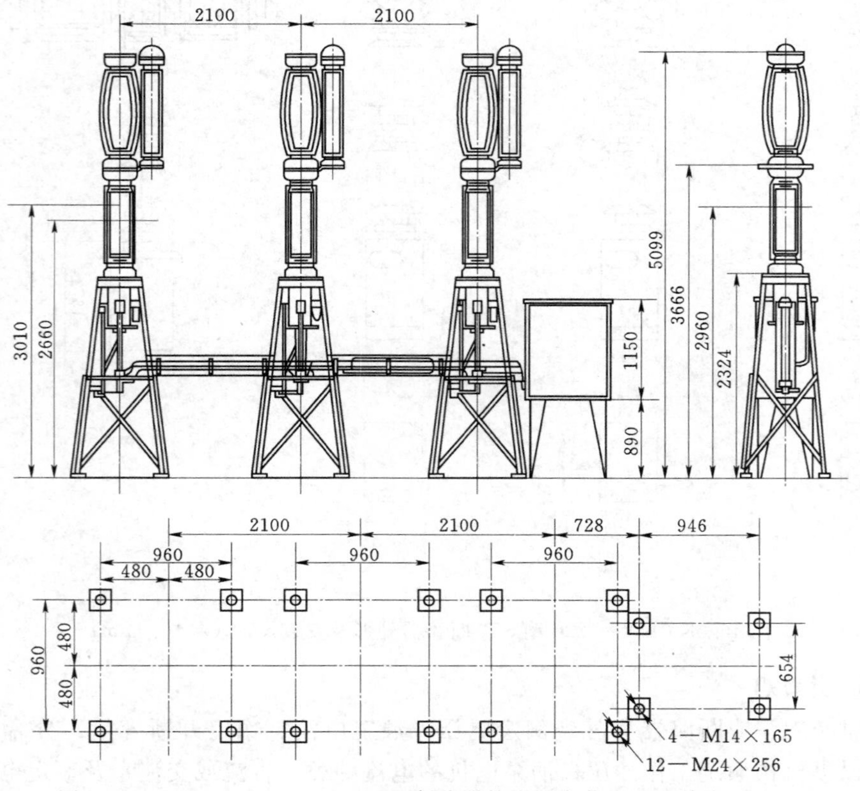

图16-9 LW_6（FA_1）—110SF_6断路器外形及安装尺寸（单位：mm）

四、订货须知

订货时须注明断路器型号、名称、数量、额定电压、额定电流、额定开断电流，操纵机构的型号、名称，分合闸线圈的电压等级和性质。

五、生产厂

平顶山高压开关厂、江苏如皋高压电器厂。

16.3.5　LW□（SFM）系列瓷柱式高压 SF_6 断路器

一、概述

LW□（SFM）系列产品是由西安高压开关厂与日本三菱公司合作生产的瓷柱式高压 SF_6 断路器。适用环境条件为环境温度－30～＋40℃；海拔不大于 1000m；最大日温差不大于 25℃；风速不大于 35m/s；地震水平加速度 1.96m/s²；垂直加速度 0.98m/s²。用于110～500kV 的电力系统中，作为大型电厂、变电站电力设备和电力线路控制和保护之用。

本系列产品中 110kV 断路器三相共用一个底架，220kV 断路器为三相分装式结构。这两种断路器每相都只有一个断口，总体呈Ⅰ形布置。110kV 断路器三相配用一台气动

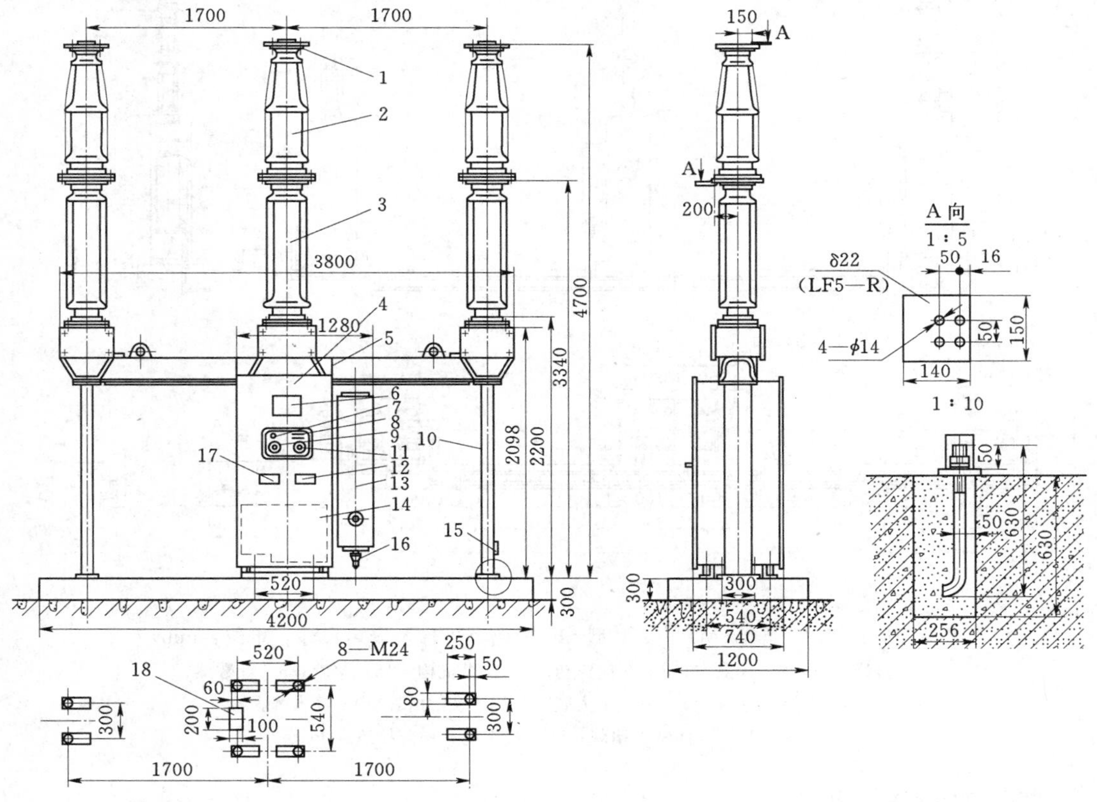

图 16-10　LW□（SFM）—110 型 SF_6 断路器外形及安装尺寸（单位：mm）

1—接线端子；2—灭弧室；3—支柱瓷套；4—操纵机构；5—框架；6—铭牌；7—位置指示器；8—计数器；9—SF_6 压力表；10—支柱；11—空气压力表；12—警告牌；13—贮气罐；14—空气压缩机；15—接地端子；16—排水阀；17—SF_6 气体特性铭牌；18—电缆进口

操纵机构。220kV 断路器每相配用一台操纵机构，既可单相操作，又能通过电气连接实现三相联动。气动操纵机构供气的方式有集中式和分散式两种。断路器的灭弧室采用变开距、双向吹弧原理。

本系列产品灭弧室主要结构参数相同，主要零部件通用程度高。

二、技术数据

LW□（SFM）—110、LW□（SFM）—220 型 SF_6 断路器的技术数据，分别见表 16-23、表 16-24。

三、外形及安装尺寸

LW□（SFM）—110 型 SF_6 断路器外形及安装尺寸，见图 16-10。

LW□（SFM）—220 型 SF_6 断路器外形及安装尺寸，见图 16-11。

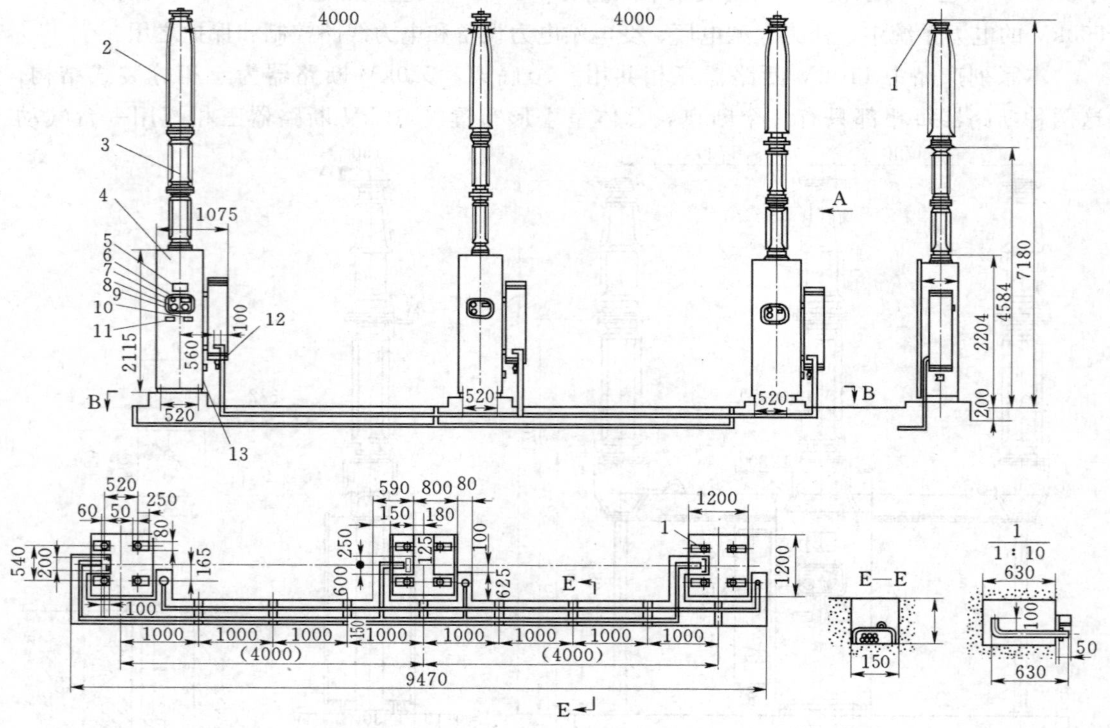

图 16-11　LW□（SFM）—220 型 SF_6 断路器外形及安装尺寸（单位：mm）

1—接线端子；2—灭弧室；3—支柱瓷套；4—操纵机构；15—铭牌；6—计数器；7—位置指示器；8—空气压力表；9—SF_6 压力表；10—警告牌；11—SF_6 气体特性铭牌；12—排水阀；13—接地端子

四、订货须知

订货时必须注明断路器型号、名称、数量、额定电压、额定电流、额定短路开断电流，操纵机构的分合闸额定控制电压、电动机的额定电压和其它特殊要求。

五、生产厂

北京北开电气股份有限公司、西安高压开关厂。

16.3.6 LW□（OFPI）系列瓷柱式高压 SF_6 断路器

一、概述

LW□（OFPI）系列产品是沈阳高压开关厂引进日本日立公司技术并与之合作生产的瓷柱式高压 SF_6 断路器。该产品适用于大型发电厂、变电站作为电力设备和电力线路的控制和保护之用。产品按使用最低环境温度可分为－30℃（额定 SF_6 气体压力为0.5MPa）和－40℃（额定 SF_6 气体压力为0.4MPa），抗震性能为水平加速度 3.92m/s²、垂直加速度 1.96m/s²。

本系列产品为瓷柱式，由三个相同的单极和操纵机构组成，每极有底座，上、下瓷套。传动机构室置于底座下部。下瓷套作为对地绝缘，中间有绝缘操作杆通过；上瓷套内装有灭弧室，合闸时动触头向上运动。63～220kV 级产品每相一个断口，灭弧室采用变开距、轴向同期吹弧结构，垂直安装，整体呈Ⅰ形布置。

断路器配用液压或气动操纵机构。液压机构额定工作压力为32MPa，气动机构额定工作压力为1.5MPa，供气方式有单台供气和集中供气两种方式。63、110kV 级断路器为三相共用一台操纵机构的三相联动式操作方式；220kV 级除三相联动式操作方式外，还可有每相配用一台操纵机构的分相操作方式。

LW□（OFPI）系列产品具有防跳跃保护装置、非同期保护装置、操动油（气）压降低和 SF_6 气压降低的闭锁装置和防慢分、慢合装置。

二、技术数据

LW□（OFPI）系列 63～220kV SF_6 断路器技术数据，分别见表 16－22、表 16－23和表 16－24。

三、外形及安装尺寸

LW□（OFPI）系列 63～220kV SF_6 断路器外形及安装尺寸，见图 16－12 和表 16－25。

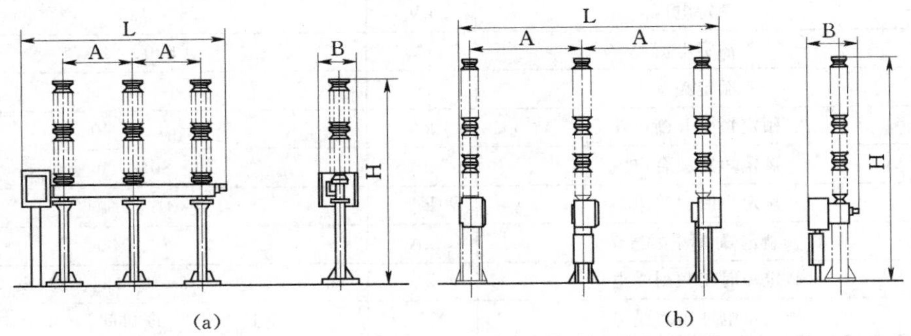

图 16－12 LW□（OFPI）系列 SF_6 断路器外形及安装尺寸

（a）63、110kV 级 SF_6 断路器；（b）220kV SF_6 断路器

表 16－25 LW□（OFPI）系列 SF_6 断路器外形尺寸 单位：mm

型　号	A	B	H	L	型　号	A	B	H	L
LW□（OFPI）—63	1300	900	4100	4300	LW□（OFPI）—220	4000	1600	7100	9000
LW□（OFPI）—110	2000	900	5400	5000					

四、订货须知

订货时必须注明断路器型号、名称、数量、额定电压、额定电流、额定短路开断电流，普通型或防污型，SF_6 气体工作压力，操纵机构种类，控制回路额定电压，专用检修工具及 SF_6 气体充气、回收、检漏装置。

五、生产厂

沈阳高压开关厂、北京北开电气股份有限公司。

16.3.7 LW_{35}—126W—3150 户外 SF_6 断路器

一、概述

LW—72.5kV、126kV、145kV 户外自能式高压 SF_6 断路器适用于交流 50Hz，126kV 的电力系统中，作为电力系统的控制和保护设备，也可作为联络断路器使用。

二、产品特点

(1) 断路器采用自能灭弧原理，开断能力强，满容量开断达 20 次。

(2) 配新型高可靠弹簧操动机构，机械可靠性可达 6000 次。

(3) 配 CT24 或新型弹簧机构，机械可靠性高，维修工作量小。

(4) 绝缘水平高，可同时满足国标和 IEC 标准。

(5) 厚钢板整体框架，具有高抗震能力。

三、技术数据

LW35—126W—3150 户外 SF_6 断路器技术数据，见表 16-26。

表 16-26 LW35—126W—3150 户外 SF_6 断路器技术数据

序号	项　目	单位	技术参数
1	海拔高度	m	1000（3000）
2	环境温度	℃	−25～+40
3	额定电压	kV	126
4	额定电流	A	2500、3150
5	额定频率	Hz	50
6	额定短路开断电流	kA	31.5、40
7	额定短路关合电流	kA	80、100
8	额定短时耐受电流	kA	31.5、40
9	额定峰值耐受电流	kA	80、100
10	额定短时工频耐受电压	kV	对地：230　断口间：230+73
11	额定雷电冲击耐受电压	kV	对地：550　断口间：550+103
12	额定短路电流持续时间	s	4
13	额定失步开断电流	A	8、10
14	近区故障开断电流		90%、75%
15	额定线路充电开合电流	A	31.5
16	额定操作顺序		分—0.3s—合分—180s—合分
17	SF_6 气体压力（20℃表压）	MPa	0.6
18	机械寿命	次	6000
19	控制回路电压	V	DC110 或 220

四、生产厂

上海输配电气有限公司。

16.3.8　LW_{36}—126/3150—40 户外高压 SF_6 断路器

一、概述

断路器采用三相瓷瓶支柱式结构，为户外设计。三相配用一个弹簧操动机构，具中布置，三相连动，故外观新颖精致。断路器以 SF_6 气体为绝缘和灭弧介质，运行时断路器三极 SF_6 气体应连通，并采用指针式密度继电器对其压力和密度进行监控。由于采用自能式灭弧原理，且在断路器运动系统中进行了优化设计，故有效地提高了机械效率，最大限度地降低了操作功。断路器配有安装支架，也有车式安装方式。

二、技术数据

LW_{36}—126/3150—40 户外高压 SF_6 断路器技术数据，见表 16-27。

表 16-27　LW_{36}—126/3150—40 户外高压 SF_6 断路器技术数据

序号	项　　目		单位	参　　数
1	额定电压		kV	126
2	额定工频耐受电压（1min）	对地		230
		断口间		230+73
3	额定雷电冲击耐受电压	对地		550
		断口间		550+103*
4	SF_6 零表压时的工频耐受电压（5min）			95
5	额定频率		Hz	50
6	额定电流		A	2500，3150
7	首开极系数			1.5
8	额定短路开断电流		kA	40
9	额定短路关合电流			100
10	额定短时耐受电流			40
11	额定峰值耐受电流			100
12	额定短路持续时间		s	4
13	额定失步开断电流		kA	10
14	近区故障开断电流			90%、75%
15	额定线路充电开合电流		A	31.5
16	额定操作顺序			分—0.3s—合分—180s—合分
17	分闸时间		ms	35±5
18	关合时间			105±15
19	开断时间			≯60
20	合分时间			≮100
21	主回路电阻		μΩ	≯ 30

续表 16-27

序号	项目		单位	参数
22	额定 SF_6 气体压力（20℃表压）		MPa	0.6
23	报警/闭锁压力（20℃表压）			0.55/0.50
24	SF_6 气体年漏气率		%	≯1
25	气体水分含量		ppm（V/V）	≯150
26	机械寿命		次	6000
27	无线电干扰电平		μV	≯2500
28	爬电距离	断口间	mm	3150
		对地		3150
29	每台充入 SF_6 气体质量		kg	10
30	每台断路器质量			1300

三、生产厂

湖北永鼎红旗电气有限公司。

16.3.9 LW_{38}—126 型自能式户外 SF_6 断路器

一、概述

LW_{38}—126 型敞开式组合电器是上海吉利电力设备有限公司自行研制开发的新型产品。该产品与国外同类型产品相比，更能满足国内电力市场的需求。上海吉利电力设备有限公司不仅可以根据用户的不同需求，设计出灵活多样的布置形式，并可以实行整个变电站一次设备（包括间隔支承母线、杆塔等）及二次设备的总承包。

LW_{38}—126 型敞开式组合电器，结构先进，性能优良，各项技术参数完全满足 GB 和 IEC 相关标准的要求。该产品既有封闭式组合电器结构紧凑、占地面积小的特点，又有敞开式电器价格便宜、检修方便的优点，其占地面积比常规电站减少约 60%，尤其适合城网、山区和工矿企业变电站选用。

二、产品特点

该产品有户内和户外两种布置形式，每种布置形式可分为断路器间隔和测保间隔。每个间隔均由固定部分和可动部分两大部分组成。固定部分包括隔离插头、接地开关和就地操作控制柜等。可动部分是以小车为基座而将不同电器元件组装在一起的可整体移动的电器模块。断路器间隔的可动部分由自能式 SF_6 断路器、电流互感器和隔离插头等组成。测保间隔的可动部分由电压互感器、避雷器和隔离插头等组成。

断路器为新一代自能式 SF_6 断路器，配弹簧操动机构。

断路器间隔和测保间隔的结构形式一致。

小车和接地开关均配电动操动机构，包括断路器在内均可在就地操作控制柜内进行近控操作。

从就地操作控制柜至各元件的二次接线为插接式，还可以提供智能控制柜，实现无人值守。

一次接线方式灵活，检修时不影响用户连续用电。

总体布置简捷、美观，既可适用于户内，也可适用于户外。

三、使用环境

(1) 环境温度：－30～＋40℃。

(2) 风压：≤700Pa。

(3) 海拔高度：≤3000m。

(4) 地震烈度：≤8 度。

(5) 空气污秽程度：Ⅲ级。

(6) 覆冰厚度：10mm。

四、技术数据

LW_{38}—126 型自能式户外 SF_6 断路器技术数据，见表 16－28。

表 16－28　LW_{38}—126 型自能式户外 SF_6 断路器技术数据

序号	项　　目		单位	技　术　参　数
1	额定电压		kV	126
2	额定频率		Hz	50
3	额定电流		A	3150
4	额定短路开断电流	短路电流	kA	40
		直流分量	—	40%
5	额定短路持续时间		s	4
6	额定短时耐受电流		kA	40
7	额定短路关合电流（峰值）		kA	100
8	额定峰值耐受电流			100
9	额定 1min 工频耐受电压（有效值）	相对地、相间	kV	230
		断口间		265
10	额定雷电冲击耐受电压（峰值）	相对地、相间		550
		断口间		630
11	5min 零表压耐压（有效值）	断口间、相对地		95
12	额定失步开断电流		kA	I_e×25%
13	近区故障开断电流			I_e×90%，I_e×75%
14	额定线路充电开断电流		A	50
15	额定操作顺序			分—0.3s—合分—180s—合分
16	首开极系数			1.5
17	合闸时间		ms	≤135
18	分闸时间			≤32
19	开断时间			≤60
20	合分时间			60
21	分闸同期性			2
22	合闸同期性			3

续表 16-28

序号	项　　目	单位	技 术 参 数
23	额定 SF_6 气体压力（20℃）	MPa	0.5
24	SF_6 气体年漏气率		≤0.5%
25	气体水分含量	ppm（V/V）	≤150
26	无线电干扰电平	μV	≤2500
27	机械寿命	次	6000
28	每台断路器重量	kg	1400
29	每台充入 SF_6 气体重量		6
30	每极主回路电阻	μΩ	40

五、外形及安装尺寸

LW_{38}—126 型自能式户外 SF_6 断路器外形及安装尺寸，见图 16-13 及图 16-14。

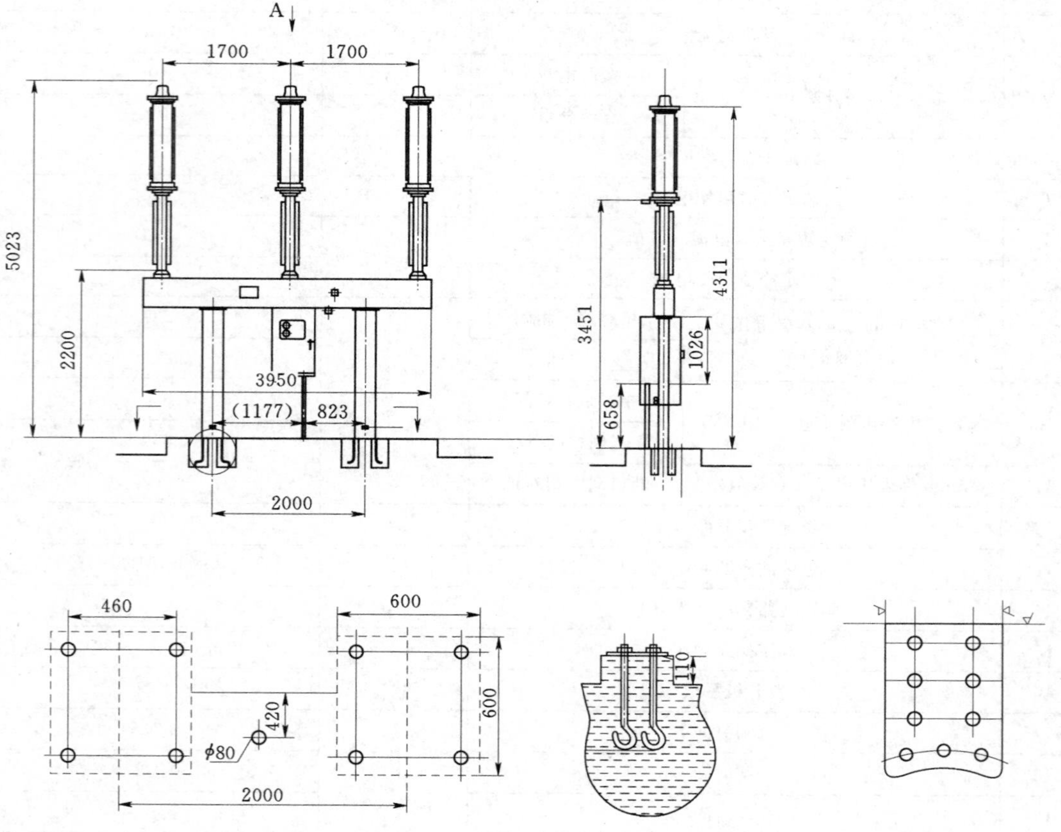

图 16-13　LW_{38}—126 型自能式户外 SF_6 断路器外形及安装尺寸（一）

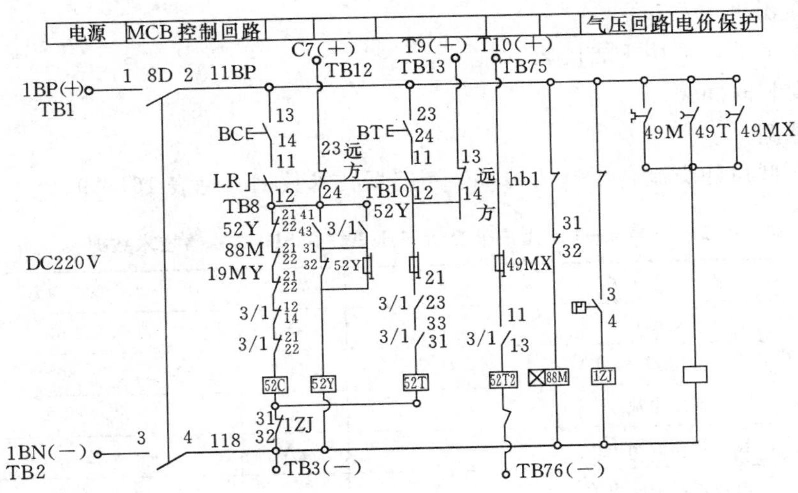

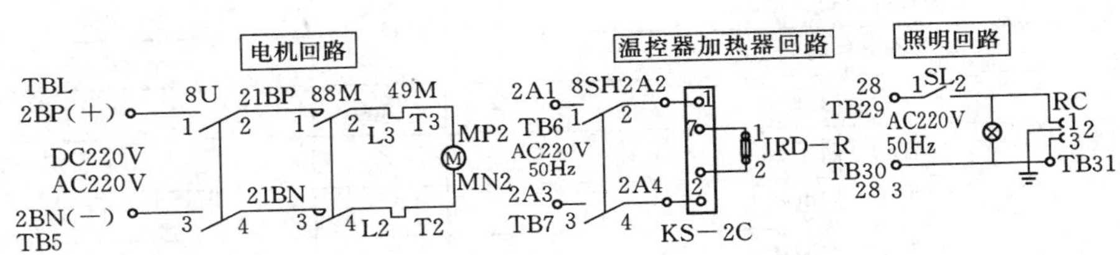

图 16-14 LW₃₈—126 型自能式户外 SF₆ 断路器外形及安装尺寸（二）

六、生产厂

上海吉利电力设备有限公司。

16.3.10 LW₃₉—126 型户外交流高压瓷柱式 SF₆ 断路器

一、概述

LW₃₉—126 型户外交流高压瓷柱式 SF₆ 断路器是在充分吸收和消化国外 SF₆ 断路器先进技术的基础上，根据国家标准的要求，并结合国内的工业制造水平而设计的一种高性能的新型高压 SF₆ 断路器。本产品用于频率 50Hz，系统标称电压为 110kV 的电力系统中，是发电厂、变电所控制和保护的主要电力设备。可配用 CT□型弹簧操动机构，三相机械联动操作。内充具有优良灭弧性能和电气绝缘性能的 SF₆ 气体。所有密封均采用双圈 O 型密封圈，可有效地防止泄漏。

二、产品特点

（1）开断性能高，能可靠地开断出线端短路、失步、近区故障。

（2）灭弧室采用旋压工艺制造，气流特性佳，结构简单。

（3）电寿命长，具有满容量开断 20 次的能力，检修周期长，维护工作量少，在正常运行条件下 10 年免维护。

（4）操作机构能量小，采用简单可靠的紧凑型弹簧操作机构。

（5）气体额定充气压力低，在低温下不易液化。

(6) 占地面积小。

(7) 噪音水平低，适用于居民区。

(8) 现场安装时间短。

三、技术数据

LW_{39}—126型户外交流高压瓷柱式 SF_6 断路器技术数据，见表16-29。

表16-29 LW_{39}—126型户外交流高压瓷柱式 SF_6 断路器技术数据

名称		单位	参数
额定电压		kV	126
额定频率		Hz	50
额定电流		A	3150
额定短路开断电流		kA	31.5/40
额定短时耐受电流		kA/s	31.5(4)/40(3)
额定峰值关合电流		kA	100
额定峰值耐受电流		kA	100
全开断时间		ms	≤65
合闸时间		ms	≤110
首相开断系数			1.5
失步开断电流		kA	10
额定操作循环			分—0.3s—合分—180s—合分
连续开断额定短路电流电寿命		次	20(40kA)
机械寿命		次	6000
额定 SF_6 气体压力		MPa	0.55MPa/0.60
工频耐受电压	相对地	kV	275
	断口间	kV	275
雷电冲击耐受电压峰值	相对地	kV	650
	断口间	kV	650

四、生产厂

宁波天安电气集团。

16.4 63～220kV 落地罐式 SF_6 断路器

16.4.1 LW_{12}—220型落地罐式 SF_6 断路器

一、概述

LW_{12}—220型落地罐式 SF_6 断路器是三相交流50Hz户外高压开关设备。主要用于输电线路的控制和保护。断路器的主要部件都装在接地的金属罐中，出线套管下端装有套管式电流互感器。灭弧室为单压式结构，采用双喷、轴向同步吹弧方式，断路器的每极为单断口结构。由于断路器采用接地的金属外壳结构，因此其绝缘性能受大气条件和环境影响小，且重心低、结构稳固，抗震能力强，运行安全，维修方便。罐式SF_6断路器制造难度大，对高压部位的电极形状要求严格、金属材料消耗多，所需SF_6气体的气量多，价格也比瓷柱式SF_6断路器高得多。

二、技术数据

（一）落地罐式SF_6断路器

LW_{12}—220型落地罐式SF_6断路器技术数据，见表16－24。

（二）气动操纵机构的技术数据

（1）额定操作气压：1.5MPa。

（2）重合闸闭锁气压：1.45MPa。

（3）分闸闭锁气压：1.28MPa。

（4）空压机额定电压：380V。

（5）空压机额定功率：2.2kW。

（6）空压机排气量：80L/min。

（7）合闸线圈额定电压：DC 220V。

（8）合闸线圈额定电流：1.65A。

（9）合闸线圈电阻：16Ω。

（10）线圈串联电阻：116Ω。

（11）分闸线圈额定电压：DC 220V。

（12）分闸线圈额定电流：1.7A。

（13）分闸线圈电阻：21Ω。

（14）线圈串联电阻：110Ω。

（三）液压操纵机构的技术数据

（1）预充氮气压力：20MPa。

（2）额定工作油压：32MPa。

（3）重合闸闭锁油压：30.5MPa。

（4）合闸闭锁油压：27.5MPa。

（5）分闸闭锁油压：26MPa。

（6）油泵电动机：额定电压为AC 380V；额定功率为1.5kW。

（7）合闸线圈额定电压：DC 220V。

（8）合闸线圈额定电流：1.7A。

（9）合闸线圈电阻：21Ω。

（10）线圈串联电阻：110Ω。

（11）分闸线圈额定电压：DC 220V。

（12）分闸线圈额定电流：1.8A。

（13）分闸线圈电阻：60Ω。

（14）线圈串联电阻：60Ω。

（15）机构电热：电压为AC 220V；功率为200W。

（16）油重量：65kg。

三、外形及安装尺寸

LW_{12}—220 型落地罐式 SF_6 断路器外形及安装尺寸，见图 16－15。

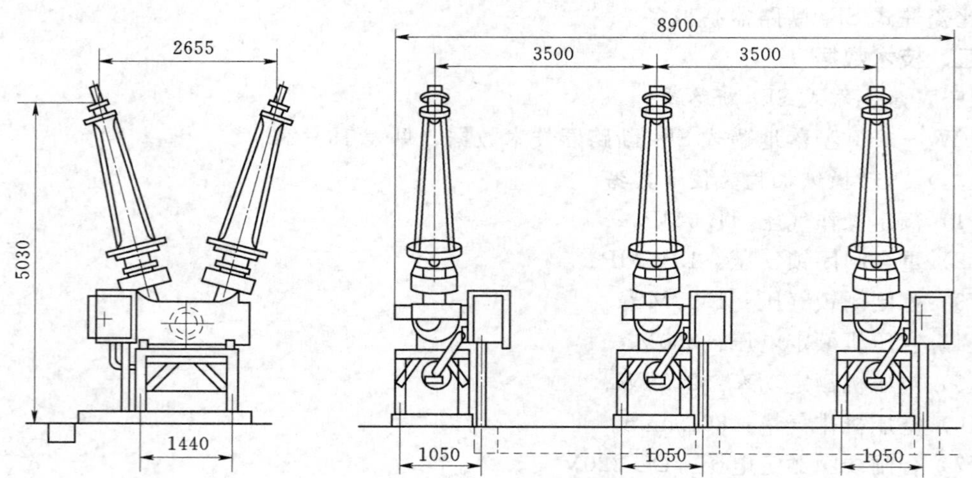

图 16－15　LW_{12}—220 型落地罐式 SF_6 断路器外形及安装尺寸（单位：mm）

四、订货须知

订货时须注明断路器型号、名称、数量、额定电压、额定电流和额定开断电流，操纵机构种类、控制回路电压，专用检修工具和 SF_6 气体充气、回收、检漏装置。

五、生产厂

北京北开电气股份有限公司、沈阳高压开关厂。

16.4.2　LW□（SFMT）系列落地罐式 SF_6 断路器

一、概述

本系列断路器是西安高压开关厂和日本三菱公司合作生产的高压落地罐式 SF_6 断路器，用于三相交流 50Hz，额定电压为 110、220kV 的电力系统中，控制和保护大型发电厂、变电站电力设备和电力线路。适用于海拔不大于 3000m，环境温度－35～＋40℃，最大日温差不大于 25℃，风速不大于 35m/s、地震水平加速度不大于 3.92m/s^2，垂直加速度不大于 1.96m/s^2 的地区及各种工业污秽及海洋盐雾污秽地区。

本系列产品中，110kV 级和部分 220kV 级产品的三相共用一个安装底架和一台操纵机构，采用三相机械联动操作。部分 220kV 级产品为三相分装结构，每相装有一台操纵机构，可以单相操作和三相电气联动操作。断路器每相由接地的金属罐、充气套管、电流互感器、操纵机构和底架等部件组成，三相联动产品共用一个操纵机构箱。

断路器采用压气式灭弧原理、变开距、单断口、双吹结构的灭弧室。断路器配用的气动操纵机构，具有机械和电气防跳跃装置，并备有三相分、合闸欠压保护和操作空气压力控制装置。压缩空气源可集中和分散安装在各台断路器的机构箱中。断路器没有慢分、慢合问题，机械效率高、寿命长，可以连续操作上万次而不需要更换零件。

二、技术数据

LW□（SFMT）系列 110～220kV 落地罐式 SF_6 断路器技术数据，分别见表 16－23、表 16－24。

三、外形及安装尺寸

LW□（SFMT）系列 110～220kV 落地罐式 SF_6 断路器外形及安装尺寸，见图 16－16 和表 16－30。

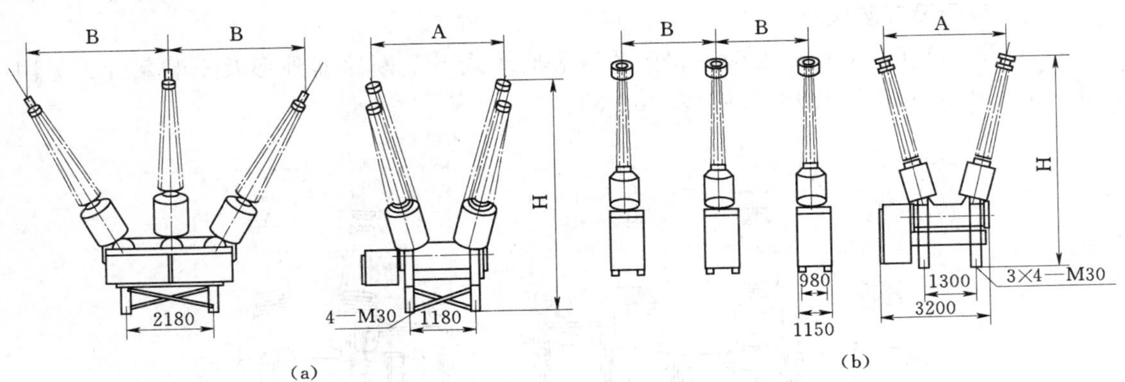

图 16－16 LW□（SFMT）系列落地罐式 SF_6 断路器外形及安装尺寸
(a) SFMT—110、SFMT—220（三相机械联动）；(b) SFMT—220（三相分装结构）

表 16－30 LW□（SFMT）系列 110～220kV 落地罐式 SF_6 断路器外形尺寸 单位：mm

型 号	A	B	H	型 号	A	B	H
LW□（SFMT）—110	2200	1500	3600	LW□（SFMT）—220	2800	2900	5000

四、订货须知

订货时必须注明断路器型号、名称、数量、额定电压、额定电流、额定开断电流，操纵机构分合闸线圈额定电压，电动机额定电压，所需附机、备件和专用工具。

五、生产厂

西安高压开关厂。

16.4.3 LW□［OFPT（B）］系列落地罐式 SF_6 断路器

一、概述

LW□［OFPT（B）］系列产品是沈阳高压开关厂引进日本日立公司技术并与之合作生产的落地罐式高压 SF_6 断路器，用于三相交流 50Hz、63～220kV 电力系统中，控制与保护大型发电厂、变电站电力设备和电力线路。

本系列 63～220kV 级断路器每相一个断口（对要求开断能力很强的 220kV 级断路器可提供有两个断口的产品）。灭弧室采用单压式轴向同期双吹结构。63～110kV 级断路器三相共用一台操纵机构，安装在一个共用底座上。220kV 级断路器有三相联动式（三相共用一台操纵机构）和分相操作式（每相配用一台操纵机构）。63～220kV 级断路器配用气动操纵机构，可单机供气或集中供气，供用户选用。220kV 级断路器也可配用液压操纵机构。两种形式的操纵机构都具有防跳跃装置、非同期保护装置、操动油（气）压降低

及 SF_6 气体压力降低的闭锁装置，以及防慢分、慢合装置。

产品使用的最低环境温度分为－30℃（额定 SF_6 气体压力为 0.5MPa）和－40℃（额定 SF_6 气体压力为 0.4MPa）。

二、技术数据

LW□［OFPT（B）］型 63～220 系列落地罐式 SF_6 断路器技术数据，分别见表 16－22～表 16－24。

三、外形及安装尺寸

LW□［OFPT（B）］型 63～220 系列落地罐式 SF_6 断路器外形及安装尺寸，见图 16－17、图 16－18 和表 16－31、表 16－32。

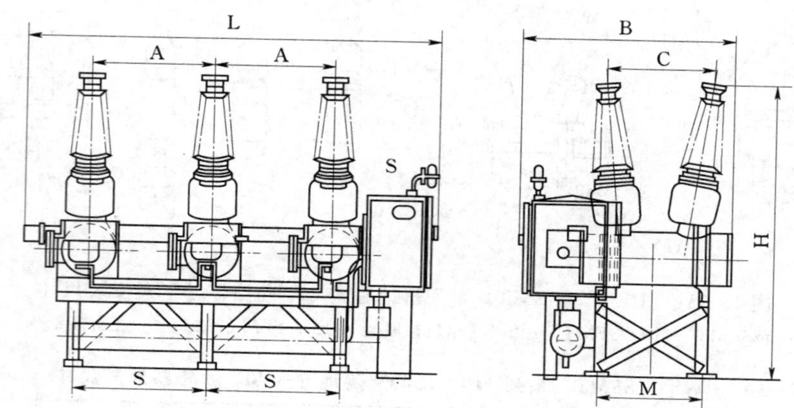

图 16－17 LW□［OFPT（B）］型 SF_6 断路器（三相联动）外形及安装尺寸

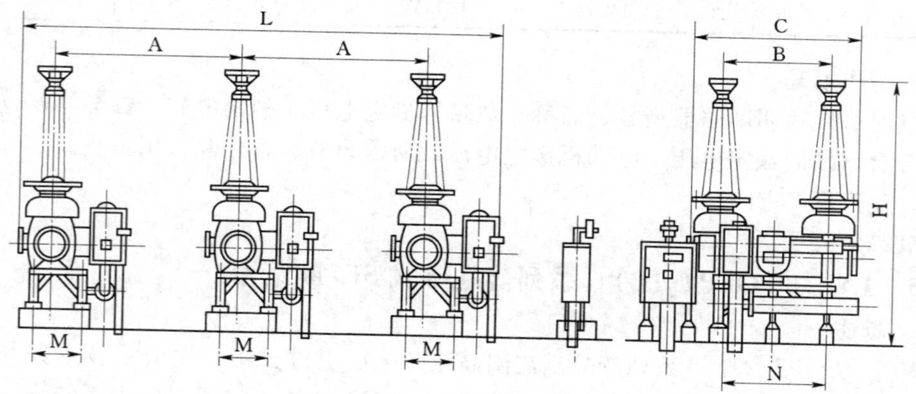

图 16－18 LW□［OFPT（B）］型 SF_6 断路器（分相操作）外形及安装尺寸

表 16－31 LW□［OFPT（B）］系列 63～220kV 落地罐式 SF_6 断路器安装尺寸

单位：mm

额定电压（kV）	A	B	C	H	L	S	M
63	1100	1000	2100	2900	4100	1200	1000
110	1700	1400	2100	3300	5300	1700	1000
220	2400	2400	2900	4400	6600		

表 16－32　LW□［OFPT（B）］—220SF_6 断路器（分相操作）安装尺寸　单位：mm

A	B	C	H	L	M	N
4000	2300	3400	5200	9600	10500	1440

四、订货须知

订货时必须注明断路器型号、名称、数量、额定电压、额定电流及额定开断电流，普通型或防污型，SF_6 气体工作压力，电流互感器规格数量，操纵机构种类，控制回路电压，专用检修工具和 SF_6 气体充气、回收、检漏装置。

五、生产厂

沈阳高压开关厂。

16.4.4　LW—220 型落地罐式高压 SF_6 断路器

一、概述

LW—220 型户外交流高压落地罐式 SF_6 断路器是上海华通开关厂自行设计的产品。断路器由三个独立的单相组成，每相有两个灭弧断口，利用支持绝缘子支撑在圆筒形密封罐体的中央部位。每个断口上并联有均压电容器。灭弧室采用压气式定开距双喷结构。断路器采用防污式瓷套管，泄漏比距为 2.5cm/kV，适用于Ⅰ级污秽区。每个套管的下部安装环形电流互感器，可供测量和保护之用。套管内部装有改善电场分布的屏蔽电极。套管气室与罐内气室用隔板分开，分别充有表压为 0.3MPa 和 0.6MPa 的 SF_6 气体，既减小了套管内的压力负荷，又可保证灭弧室的灭弧功能。断路器在低温环境中使用时需要装设加热保温装置。

LW—220 型户外交流高压 SF_6 断路器每相配有一台 CYⅡ型液压操纵机构进行快速自动重合闸操作。机构箱位于罐体下部基座上，工作缸与绝缘操作杆垂直运动，通过联杆机构转换为两个动触头的水平运动，分、合闸操作的同期性比较好。

LW—220 型落地罐式 SF_6 断路器在最高工作电压 252kV 下能开断 120～360MVA 变压器的电感电流和 200～400km 空载架空线路或 15km 电缆线路的电容电流。断路器在不检修情况下能承受满容量开断不大于 10 次或开断累计电流值 500kA 以上。

二、技术数据

LW—220 型落地罐式 SF_6 断路器技术数据，见表 16－24。

三、外形及安装尺寸

LW—220 型落地罐式 SF_6 断路器外形及安装尺寸，见图 16－19、图 16－20。

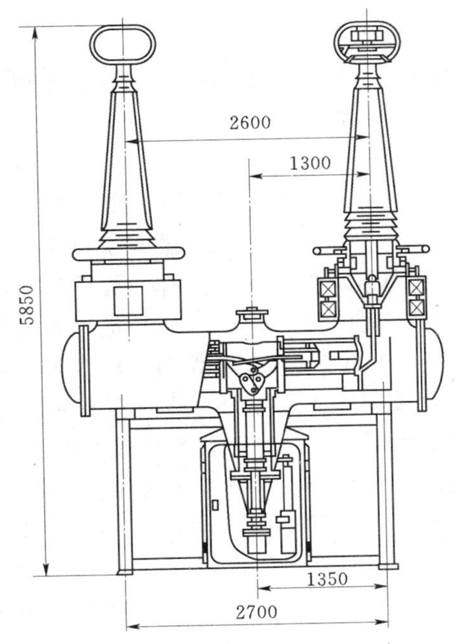

图 16－19　LW—220 型落地罐式 SF_6 断路器外形

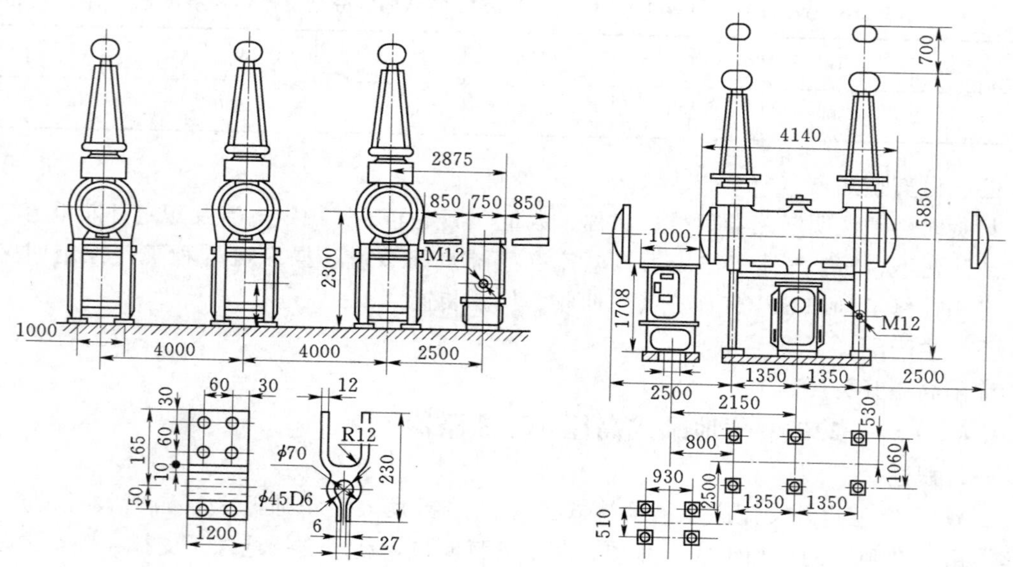

图 16-20 LW—220 型落地罐式 SF_6 断路器安装尺寸

四、订货须知

订货时必须注明断路器额定电流、开断电流、电流互感器组合形式和数据、操纵机构电源电压，SF_6 气体回收装置、微量水分测试仪、SF_6 气体检漏装置的订货数量。

五、生产厂

上海华通开关厂。

16.4.5 LW_3—12 系列、LW_6 系列、LW_{6B}—126/252 型、LW_8—40.5 型 SF_6 断路器

一、概述

LW_3—12 系列 SF_6 断路器是一种用 SF_6 气体作为灭弧和绝缘介质的柱上断路器，是目前城网和农网推广使用的换代产品。

LW_6 系列 SF_6 断路器是引进法国 M. G 公司（MERLIN GERIN）技术的具有先进水平的 SF_6 断路器。是我国高压开关行业首先引进国外技术研制成功的高压和超高压开关设备。适用于 72.5～550kV 电力系统中，用于对输变电线路和设备的控制和保护。

LW_{6B}—126/252 型 SF_6 断路器是以 LW_6—126/252 型产品为基础，通过重新设计和简化液压操作系统而生产的新产品。它满足 IEC 56、GB 1984、DL 402 及有关标准，该产品保留了原产品的优良性能。液压机构中，除贮压器和工作缸外其它简化后的液压元件均封装在油箱内，减少了大量管路。同时，由于液压系统效率的提高，使得工作油压由原来的 32.6MPa 降至 26MPa，所以从根本上解决了液压操作系统泄漏油问题，为断路器安全运行提供了可靠保障。

LW_8—40.5 型 SF_6 断路器是三相交流 50Hz 户外高压电器设备，适用于 40.5kV 输配电系统的控制和保护，也可用作联络断路器及开合电容器组场合。

二、主要技术数据

LW_3—12 系列、LW_6 系列、LW_{6B}—126/252 型及 LW_8—40.5 型户外高压 SF_6 断路

器主要技术数据，见表 16－33。

表 16－33 LW_3—12 系列、LW_6 系列、LW_{6B}—126/252 型及 LW_8—40.5 型户外高压 SF_6 断路器主要技术数据

型　号	LW_3—12	LW_6—72.5Ⅰ、Ⅲ	LW_6—126Ⅰ、Ⅲ	LW_6—145Ⅰ、Ⅲ	LW_{6B}—252	LW_8—40.5
额定电压（kV）	12	72.5	126	145	252	40.5
额定电流（A）	400/630	2500	3150	3150	3150	2000
额定短路开断电流（kA）	8/12.5/16/20	25、31.5				31.5
额定关合电流（峰值，kA）	20/31.5/40/50					
额定峰值耐受电流（kA）	20/31.5/40/50	100	125	125	125	
额定短时耐受电流（kA）	8/12.5/16/20	40（3s）	50（3s）	50（3s）	50（3s）	
额定频率（Hz）	50	50	50	50	50	
额定短时持续时间（s）	4					
连续开断额定短路电流次数	16	30（31.5kA）	20（31.5kA）	19（31.5kA）	20（50kA）	
SF_6 年漏气率（%）	≤1				≤1	
外形尺寸（mm）（长×宽×高）	1100×780×620					
异相接地额定开断电流（kA）	7/10.9/13.9/17.3					
SF_6 额定压力（20℃）（MPa）		0.4/0.6	0.4/0.6	0.4/0.6	0.4/0.6	0.45
额定开断电流（kA）		25、31.5	31.5、40	31.5、40	40/50	
额定反相开断电流（kA）		10、12.5	12.5	12.5		
额定空载开断电流（kA）		10	32	50		
额定电容器开断电流（A）		630	630	630		
额定电容器组合关合电流（kA）		12.5	12.5	12.5		
全开断时间（ms）		≤60	≤60	≤60		

三、生产厂

平顶山天鹰集团有限责任公司（原平顶山高压开关厂）。

16.4.6 LW_{11}系列、LW_{12}系列 SF_6 罐式断路器

一、概述

LW_{11}系列 SF_6 断路器系户外三相交流 50Hz 高压和超高压输变电设备，适用于发电厂、变电站各种接线方式下合、分负荷电流，切断故障电流和转换电力电路等（可作联络断路器用），从而实现对输变电线路、电容器组和变压器等电气设备的控制和保护。

LW_{11}系列以 SF_6 气体作为内绝缘和灭弧介质，单压式灭弧室采用沿轴双向内外喷同步吹弧工作原理，灭弧室体积小，结构简单、开断电流大、燃弧时间短、开断电容电流无重燃、无复燃、开断电感电流过电压低等特点。

断路器有比较完善的二次控制和保护回路，可有效防止断路器三相非全相动作，双分闸回路可确保断路器在复杂故障时分闸动作的可靠性。

断路器配用气动操动机构操作，工作压力低，耗气量少，动作准确可靠，无慢分可能。也可配用液压操动机构操作，具有自动防止断路器慢分性能。

LW_{12} 系列 SF_6 罐式断路器，系户外三相交流50Hz高压和超高压输变电设备。适用发电厂、变电站各种接线方式下，投切负荷电流，切断故障电流，及转换电力线路等操作。实现对输变电线路及电气设备的控制和保护。

LW_{12} 系列 SF_6 罐式断路器，采用具有优良灭弧性能和高绝缘强度的 SF_6 气体，作为灭弧和绝缘介质。利用单压式设计原理，采取轴向同步吹弧方式。具有结构简单、开断短路电流大、绝缘水平高、重心低、耐地震性能好、安全可靠、检修周期长、安装维护方便等特点。

二、技术数据

沈阳高压开关有限责任公司生产的系列户外高压 SF_6 断路器技术数据，见表16-34。

表16-34 沈阳高压开关有限责任公司生产的系列户外高压 SF_6 断路器技术数据

型 号	LW_{11}—63 (H)(P)	LW_{11}—110、145、220、330	LW_{12}—126/145、220
额定电压(kV)	63	110、145、220	145/126、220、330、500
最高工作电压(kV)	72.5	126、145、252	145/126、252、363、550
额定电流(A)	2000	1600～3150、1600～3150、3150/4000	2000/3150、2000/3150、3150/4000、3150/4000
额定频率(Hz)			50
额定短路开断电流(kA)	40/31.5	40/31.5、40/31.5、50	31.5/40、40/50、40/50、50/63
额定短路关合电流(峰值，kA)	100/80	100/80、100/80、125	80/100、100/125、100/125、125/160
3s额定短路耐受电流(kA)	40/31.5	40/31.5、40/31.5、50	31.5/40、40/50、40/50、50/63
SF_6 气体年漏气率(%)	<1	<1	<1
机械寿命(次)	3000	3000	3000/10000
额定峰值耐受电流(kA)	100/80	100/80、100/80、125	80/100、100/125、125/160
断路器总重量(kg/台)			5500、11000、18000、45000

16.4.7 LW_8—35型户外高压 SF_6 断路器

一、概述

LW_8—35是以 SF_6 气体作为绝缘和灭弧介质的户外安装、三相、交流40.5kV高压输变电的保护设备。断路器采用压气式灭弧原理，属金属外壳（即大外壳：主导电回路的安装室）式 SF_6 断路器，采用三相分箱式结构，每相一个断口。可用来分、合额定电流和故障电流、投切电容器组，转换线路，尤其适合频繁操作，也可作联络断路器用。

二、技术数据

湖南开关有限责任公司生产的系列户外高压 SF_6 断路器技术数据，见表16-35。

表 16-35 湖南开关有限责任公司生产的系列户外高压 SF_6 断路器技术数据

型号	LW_3—10/D630—8	LW_8—35/1600—25	LW_8—35/2000—31.5	LW_8—35/T2000—25、31.5	LW_{11B}—126/Q3150—40	LW—126
额定电压（kV）	12	40.5	40.5	40.5、40.5	126	126
额定电流（A）	630	1600	2000	1600、2000	3150	1600/2000/2500/3150
额定短路开断电流（kA）	8	25	31.5	25、31.5	40	40
额定峰值耐受电流（kA）	20	63	80	63、80	100	
额定短时耐受电流（kA）	8	25	31.5	25、31.5	40	
额定电容器组开断电流（A）		400	400			
额定失步开断电流（kA）		6.3	7.9			
额定短路关合电流（峰值，kA）		63	80			
额定短时耐受时间（s）		4	4			
金属短接时间（s）		≥0.12	≥0.12			
合闸时间（s）		≤0.1	≤0.1			
分闸时间（s）		≤0.06	≤0.06			
外形尺寸（mm）				1050×2746×2556	400×5045×4186	
额定关合电流（kA）						100
机械寿命（次）						3000

16.4.8 LW_{36}—126/T 型户外高压 SF_6 断路器

一、概述

LW_{36}—126/T 型户外高压 SF_6 断路器具采用传统瓷瓶支柱（或 LW_{36}—126/T 现代复合绝缘子）式结构，灭弧与对地绝缘套管组成一个单元，三（相）个单元之间固定于一个公共底架上。采作弹簧机构悬挂于 B 相下方，通过水平连杆同时操作三相灭弧室。

二、技术数据

LW_{36}—126/T 型及其它系列户外高压 SF_6 断路器技术数据，见表 16-36。

表 16-36 LW_{36}—126/T 型及其它系列户外高压 SF_6 断路器技术数据

型号	LW_{17}—145/Y	LW_{17A}—126/T	LW_{31}—252	LW_{31A}—252	LW_{36}—126/T
额定电压（kV）	126/145	128	252	252	126
额定电流（A）	2500/3150	2500/3150	3150/4000	3150/4000	3150
额定开断电流（kA）	31.5/40	31.5	50	50	40
额定操作电压					—110/220
直流分量 DC		32%			
额定短路关合电流（kA）	80/100	80/100	125	125	100
额定雷电冲击耐受电压（峰值，kV）	550/650	550	1050	1050	550

续表 16-36

型　　号	LW_{17}—145/Y	LW_{17A}—126/T	LW_{31}—252	LW_{31A}—252	LW_{36}—126/T
额定短时工频耐受电压（kV）	230/275		460	460	230
机构操作形式	三相联动	三相联动	分相操作	分相操作	
额定操作油压（MPa）	44			44	
额定操作气压			2.05		
分闸时间（ms）	30	40	23	20	
合闸时间（ms）	80	100	130	60	40
开断时间（ms）	3	65	20	2	80
SF_6气体充气压力（绝对压力20℃）（MPa）	0.7		0.7	0.7	0.6

三、生产厂

北京北开电气股份有限公司、上海华通开关厂。